# 建筑施工手册

(第六版)

**2**

《建筑施工手册》(第六版)编委会

中国建筑工业出版社

图书在版编目（CIP）数据

建筑施工手册. 2 /《建筑施工手册》（第六版）编委会编著. -- 北京：中国建筑工业出版社，2024. 10.
ISBN 978-7-112-30298-7

Ⅰ. TU7-62

中国国家版本馆 CIP 数据核字第 2024BN7965 号

《建筑施工手册》（第六版）在第五版的基础上进行了全面革新，遵循最新的标准规范，广泛吸纳建筑施工领域最新成果，重点展示行业广泛推广的新技术、新工艺、新材料及新设备。《建筑施工手册》（第六版）共 6 个分册，本册为第 2 分册。本册共分 7 章，主要内容包括：施工机械与设备；建筑施工测量；季节性施工；土石方及爆破工程；基坑工程；地基与桩基工程；脚手架及支撑架工程。

本手册内容全面系统、条理清晰、信息丰富且新颖独特，充分彰显了其权威性、科学性、前沿性、实用性和便捷性，是建筑施工技术人员和管理人员不可或缺的得力助手，也可作为相关专业师生的学习参考资料。

责任编辑：曹丹丹　王砾瑶　张伯熙　沈文帅　王华月

责任校对：赵　力

建筑施工手册
（第六版）
2

《建筑施工手册》（第六版）编委会

\*

中国建筑工业出版社出版、发行（北京海淀三里河路 9 号）
各地新华书店、建筑书店经销
北京红光制版公司制版
北京盛通印刷股份有限公司印刷

\*

开本：787 毫米×1092 毫米　1/16　印张：76½　字数：1906 千字
2025 年 5 月第一版　2025 年 5 月第一次印刷
定价：198.00 元
ISBN 978-7-112-30298-7
（43637）

版权所有　翻印必究
如有内容及印装质量问题，请与本社读者服务中心联系
电话：（010）58337283　　QQ：2885381756
（地址：北京海淀三里河路 9 号中国建筑工业出版社 604 室　邮政编码：100037）

# 第六版出版说明

《建筑施工手册》自1980年问世，1988年出版了第二版，1997年出版了第三版，2003年出版了第四版，2012年出版了第五版，作为建筑施工人员的常备工具书，长期以来在工程技术人员心中有着较高的地位，为促进工程技术进步和工程建设发展作出了重要的贡献。

近年来，建筑工程领域新技术、新工艺的应用和发展日新月异，数字建造、智能建造、绿色建造等理念深入人心，建筑施工行业的整体面貌正在发生深刻的变化。同时，我国加大了建筑标准领域的改革，多部全文强制性标准陆续发布实施。为使手册紧密结合现行规范，充分体现权威性、科学性、先进性、实用性、便捷性，内容更全面、更系统、更丰富、更新颖，我们对《建筑施工手册》（第五版）进行了全面修订。

第六版分为6册，全书共41章，与第五版相比在结构和内容上有较大变化，主要为：

（1）根据行业发展需要，在编写过程中强化了信息化建造、绿色建造、工业化建造的内容，新增了3个章节："3 数字化施工""4 绿色建造""19 装配式混凝土工程"。

（2）根据广大人民群众对于美好生活环境的需求，增加"园林工程"内容，与原来的"31 古建筑工程"放在一起，组成新的"35 古建筑与园林工程"。

为发扬中华传统建筑文化，满足低碳、环保的行业需求，增加"25 木结构工程"一章。

同时，为切实满足一线工程技术人员需求，充分体现作者的权威性和广泛性，本次修订工作在组织模式等方面相比第五版有了进一步创新，主要表现在以下几个方面：

（1）在第五版编写单位的基础上，本次修订增加了山西建设投资集团有限公司、浙江省建设投资集团股份有限公司、湖南建设投资集团有限责任公司、广西建工集团有限责任公司、河北建设集团股份有限公司等多家参编单位，使手册内容更能覆盖全国，更加具有广泛性。

（2）相比过去五版手册，本次修订大大增加了审查专家的数量，每一章都由多位相关专业的顶尖专家进行审核，参与审核的专家接近两百人。

手册本轮修订自2017年启动以来经过全国数百位专家近10年不断打磨，终于定稿出版。本手册在修订、审稿过程中，得到了各编写单位及专家的大力支持和帮助，在此我们表示衷心的感谢；同时感谢第一版至第五版所有参与编写工作的专家对我们的支持，希望手册第六版能继续成为建筑施工技术人员的好参谋、好助手。

中国建筑工业出版社<br>
2025年4月

# 《建筑施工手册》（第六版）编委会

**主　　　任：** 肖绪文　刘新锋

**委　　　员：**（按姓氏笔画排序）

马　记　亓立刚　叶浩文　刘明生　刘福建
苏群山　李　凯　李云贵　李景芳　杨双田
杨会峰　肖玉明　何静姿　张　琨　张晋勋
张峰亮　陈　浩　陈振明　陈硕晖　陈跃熙
范业庶　金　睿　贾　滨　高秋利　郭海山
黄延铮　黄克起　黄晨光　龚　剑　焦　莹
甄志禄　谭立新　翟　雷

**主编单位：** 中国建筑股份有限公司
中国建筑出版传媒有限公司（中国建筑工业出版社）

**副主编单位：** 上海建工集团股份有限公司
北京城建集团有限责任公司
中国建筑股份有限公司技术中心
北京建工集团有限责任公司
中国建筑第五工程局有限公司
中建三局集团有限公司
中国建筑第八工程局有限公司
中国建筑一局（集团）有限公司
中建安装集团有限公司
中国建筑装饰集团有限公司
中国建筑第四工程局有限公司
中国建筑业协会绿色建造与智能建筑分会
浙江省建设投资集团股份有限公司
湖南建设投资集团有限责任公司

河北建设集团股份有限公司
广西建工集团有限责任公司
中国建筑第六工程局有限公司
中国建筑第七工程局有限公司
中建科技集团有限公司
中建钢构股份有限公司
中国建筑第二工程局有限公司
陕西建工集团股份有限公司
南京工业大学
浙江亚厦装饰股份有限公司
山西建设投资集团有限公司
四川华西集团有限公司
江苏省工业设备安装集团有限公司
上海市安装工程集团有限公司
河南省第二建设集团有限公司
北京市园林古建工程有限公司

# 编 写 分 工

1. **施工项目管理**
   - 主编单位：中国建筑第五工程局有限公司
   - 参编单位：中建三局集团有限公司
     上海建工二建集团有限公司
   - 执 笔 人：谭立新　王贵君　何昌杰　许　宁　钟　伟　邹友清　姚付猛　蒋运高
     刘湘兰　蒋　婧　赵新宇　刘鹏昆　邓　维　龙岳甫　孙金桥　王　辉
     叶　建　洪　健　王　伟　尤伟军　汪　浩　王　洁　刘　恒　许国伟
     付　国　席金虎　富秋实　曹美英　姜　涛　吴旭欢
   - 审稿专家：王要武　张守健　尤　完

2. **施工项目科技管理**
   - 主编单位：中建三局集团有限公司
   - 参编单位：中建三局工程总承包公司
     中建三局第一建设工程有限公司
     中建三局第二建设工程有限公司
   - 执 笔 人：黄晨光　周鹏华　余地华　刘　波　戴小松　文江涛　饶　亮　范　巍
     程　剑　陈　骏　饶　淇　叶　建　王树峰　叶亦盛
   - 审稿专家：景　万　张晶波

3. **数字化施工**
   - 主编单位：中国建筑股份有限公司技术中心
   - 参编单位：广州优比建筑咨询有限公司
     中国建筑科学研究院有限公司
     浙江省建工集团有限责任公司
     广联达信息技术有限公司
     杭州品茗安控信息技术股份有限公司
     中国建筑一局（集团）有限公司
     中国建筑第三工程局有限公司
     中国建筑第八工程局有限公司
     中建三局第一建设工程有限责任公司
   - 执 笔 人：邱奎宁　何关培　金　睿　刘　刚　楼跃清　王　静　陈津滨　赵　欣
     李自可　方海存　孙克平　姜月菊　赛　菡　汪小东
   - 审稿专家：李久林　杨晓毅　苏亚武

4. **绿色建造**
   - 主编单位：中国建筑业协会绿色建造与智能建筑分会
   - 参编单位：中国建筑服务有限公司技术中心
     湖南建设投资集团有限责任公司
     中国建筑第八工程局有限公司

中亿丰建设集团股份有限公司
　　　　执 笔 人：肖绪文　于震平　黄　宁　陈　浩　王　磊　李国建　赵　静　刘　星
　　　　　　　　　彭琳娜　刘　鹏　宋　敏　卢　海　陆　阳　凡胡伟　楚洪亮　马　杰
　　　　审稿专家：汪道金　王爱勋
5　施工常用数据
　　　　主编单位：中国建筑股份有限公司技术中心
　　　　　　　　　中国建筑第四工程局有限公司
　　　　参编单位：哈尔滨工业大学
　　　　　　　　　中国建筑标准设计研究院有限公司
　　　　　　　　　浙江省建设投资集团股份有限公司
　　　　　　　　　湖南建设投资集团有限责任公司
　　　　　　　　　河北建设集团安装工程有限公司
　　　　执 笔 人：李景芳　于　光　王　军　黄晨光　陈　凯　董　艺　王要武　钱宏亮
　　　　　　　　　王化杰　高志强　武子斌　王　力　叶启军　曲　侃　李　亚　陈　浩
　　　　　　　　　张明亮　彭琳娜　汤明雷　李　青　汪　超
　　　　审稿专家：彭明祥　王玉岭
6　施工常用结构计算
　　　　主编单位：中国建筑股份有限公司技术中心
　　　　　　　　　中国建筑第四工程局有限公司
　　　　参编单位：哈尔滨工业大学
　　　　　　　　　中国建筑标准设计研究院有限公司
　　　　执 笔 人：李景芳　于　光　王　军　黄晨光　陈　凯　董　艺　王要武　钱宏亮
　　　　　　　　　王化杰　高志强　王　力　武子斌
　　　　审稿专家：高秋利
7　试验与检验
　　　　主编单位：北京城建集团有限责任公司
　　　　参编单位：北京城建二建设工程有限公司
　　　　　　　　　北京经纬建元建筑工程检测有限公司
　　　　　　　　　北京博大经开建设有限公司
　　　　执 笔 人：张晋勋　李鸿飞　钟生平　董　伟　邓有冠　孙殿文　孙　冰　王　浩
　　　　　　　　　崔颜伟　温美娟　沙雨亭　刘宏黎　秦小芳　王付亮　姜依茹
　　　　审稿专家：马洪晔　杨秀云　张先群　李　翀　刘继伟
8　施工机械与设备
　　　　主编单位：上海建工集团股份有限公司
　　　　参编单位：上海建工五建集团有限公司
　　　　　　　　　上海建工二建集团有限公司
　　　　　　　　　上海华东建筑机械厂有限公司
　　　　　　　　　中联重科股份有限公司
　　　　　　　　　抚顺永茂建筑机械有限公司
　　　　执 笔 人：陈晓明　王美华　吕　达　龙莉波　潘　峰　汪思满　徐大为　富秋实
　　　　　　　　　李增辉　陈　敏　黄大为　才　冰　雍有军　陈　泽　王宝强

审稿专家：吴学松　张　珂　周贤彪
**9　建筑施工测量**
　　主编单位：北京城建集团有限责任公司
　　参编单位：北京城建二建设工程有限公司
　　　　　　　北京城建安装工程有限公司
　　　　　　　北京城建勘测设计研究院有限责任公司
　　　　　　　北京城建中南土木工程集团有限公司
　　　　　　　北京城建深港装饰工程有限公司
　　　　　　　北京城建建设工程有限公司
　　执 笔 人：张晋勋　秦长利　陈大勇　李北超　刘　建　马全明　王荣权　任润德
　　　　　　　汤发树　耿长良　熊琦智　宋　超　佘永明　侯进峰
　　审稿专家：杨伯钢　张胜良
**10　季节性施工**
　　主编单位：中国建筑第八工程局有限公司
　　参编单位：中国建筑第八工程局有限公司东北分公司
　　执 笔 人：白　羽　潘东旭　姜　尚　刘文斗　郑　洪
　　审稿专家：朱广祥　霍小妹
**11　土石方及爆破工程**
　　主编单位：湖南建设投资集团有限责任公司
　　参编单位：湖南省第四工程有限公司
　　　　　　　湖南建工集团有限公司
　　　　　　　湖南省第三工程有限公司
　　　　　　　湖南省第五工程有限公司
　　　　　　　湖南省第六工程有限公司
　　　　　　　湖南省第一工程有限公司
　　　　　　　中南大学
　　　　　　　国防科技大学
　　执 笔 人：陈　浩　陈维超　张明亮　孙志勇　龙新乐　王江营　李　杰　张可能
　　　　　　　李必红　李　芳　易　谦　刘令良　朱文峰　曾庆国　李　晓
　　审稿专家：康景文　张继春
**12　基坑工程**
　　主编单位：上海建工集团股份有限公司
　　参编单位：上海建工一建集团有限公司
　　　　　　　上海市基础工程集团有限公司
　　　　　　　同济大学
　　　　　　　上海交通大学
　　执 笔 人：龚　剑　王美华　朱毅敏　周　涛　李耀良　罗云峰　李伟强　黄泽涛
　　　　　　　李增辉　袁　勇　周生华　沈水龙　李明广
　　审稿专家：侯伟生　王卫东　陈云彬
**13　地基与桩基工程**
　　主编单位：北京城建集团有限责任公司

参编单位：北京城建勘测设计研究院有限责任公司
中国建筑科学研究院有限公司
北京市轨道交通设计研究院有限公司
北京城建中南土木工程集团有限公司
中建一局集团建设发展有限公司
天津市勘察设计院集团有限公司
天津市建筑科学研究院有限公司
天津大学
天津建城基业集团有限公司

执 笔 人：张晋勋　高文新　金　淮　刘金波　郑　刚　周玉明　杨浩军　刘卫未
于海亮　徐　燕　娄志会　刘朋辉　刘永超　李克鹏

审稿专家：李耀良　高文生

14 **脚手架及支撑架工程**

主编单位：上海建工集团股份有限公司

参编单位：上海建工七建集团有限公司
中国建筑科学研究院有限公司
上海建工四建集团有限公司
北京卓良模板有限公司

执 笔 人：龚　剑　王美华　汪思满　尤雪春　李增辉　刘　群　曹文根　陈洪帅
吴炜程　吴仍辉

审稿专家：姜传库　张有闻

15 **吊装工程**

主编单位：河北建设集团股份有限公司

参编单位：河北大学建筑工程学院
河北省安装工程有限公司
中建钢构股份有限公司
河北建设集团安装工程有限公司
河北冶平建筑设备租赁有限公司

执 笔 人：史东库　李战体　陈宗学　高瑞国　陈振明　郭红星　杨三强　宋喜艳

审稿专家：刘洪亮　陈晓明

16 **模板工程**

主编单位：广西建工集团有限责任公司

参编单位：中国建筑第六工程局有限公司
广西建工第一建筑工程集团有限公司
中建三局集团有限公司
广西建工第五建筑工程集团有限公司
海螺（安徽）节能环保新材料股份有限公司

执 笔 人：肖玉明　黄克起　焦　莹　谢鸿卫　唐长东　余　流　袁　波　谢江美
张绮雯　刘晓敏　张　倩　徐　皓　杨　渊　刘　威　李福昆　李书文
刘正江

审稿专家：胡铁毅　姜传库

17 钢筋工程
    主编单位：中国建筑第七工程局有限公司
    参编单位：重庆大学中建七局第四建筑有限公司
              天津市银丰机械系统工程有限公司
              哈尔滨工业大学
              南通四建集团有限公司
    执 笔 人：黄延铮　张中善　冯大阔　闫亚召　叶雨山　刘红军　魏金桥　梅晓彬
              严佳川　季　豪
    审稿专家：赵正嘉　徐瑞榕　钱冠龙
18 现浇混凝土工程
    主编单位：上海建工集团股份有限公司
    参编单位：上海建工建材科技集团股份有限公司
              上海建工一建集团有限公司
              大连理工大学
    执 笔 人：龚　剑　王美华　吴　杰　朱敏涛　陈逸群　瞿　威　吕计委　徐　磊
              张忆州　李增辉　贾金青　张丽华　金自清　张小雪
    审稿专家：王巧莉　胡德均
19 装配式混凝土工程
    主编单位：中建科技集团有限公司
    参编单位：北京住总集团有限责任公司
              北京住总第三开发建设有限公司
    执 笔 人：叶浩文　刘若南　杨健康　胡延红　张海波　田春雨　刘治国　郑　义
              陈　杭　白　松　刘　今　苏衍江
    审稿专家：李晨光　彭其兵　孙岩波
20 预应力工程
    主编单位：北京市建筑工程研究院有限责任公司
    参编单位：北京中建建筑科学研究院有限公司
              天津大学
    执 笔 人：李晨光　王泽强　张开臣　尤德清　张　喆　刘　航　司　波　胡　洋
              王长军　芦　燕　李　铭　高晋栋　孙岩波
    审稿专家：曾　滨　郭正兴　李东彬
21 钢结构工程
    主编单位：中建钢构股份有限公司
    参编单位：同济大学
              华中科技大学
              中建科工集团有限公司
    执 笔 人：陈振明　周军红　赖永强　罗永峰　高　飞　霍宗诚　黄世涛　费新华
              黎　健　李龙海　冉旭勇　宋利鹏　刘传印　周创佳　姚　钊　国贤慧
    审稿专家：侯兆新　尹卫泽
22 索膜结构工程
    主编单位：浙江省建工集团有限责任公司

参编单位：浙江大学
　　　　　天津大学
　　　　　绍兴文理学院
　　　　　浙江科技大学
　　　　　浙江省建设投资集团股份有限公司
执 笔 人：金　睿　赵　阳　刘红波　程　骥　肖　锋　胡雪雅　冷新中　威珈峰
　　　　　徐能彬
审稿专家：张其林　张毅刚

## 23 钢-混凝土组合结构工程
主编单位：中国建筑第二工程局有限公司
参编单位：中建二局安装工程有限公司
　　　　　中国建筑第二工程局有限公司华南分公司
　　　　　中国建筑第二工程局有限公司西南分公司
执 笔 人：翟　雷　张志明　孙顺利　石立国　范玉峰　王冬雁　张智勇　陈　峰
　　　　　郝海龙　刘　培　张　茅
审稿专家：李景芳　时　炜　李　峰

## 24 砌体工程
主编单位：陕西建工集团股份有限公司
参编单位：陕西省建筑科学研究院有限公司
　　　　　陕西建工第二建设集团有限公司
　　　　　陕西建工第三建设集团有限公司
　　　　　陕西建工第五建设集团有限公司
　　　　　中建八局西北建设有限公司
执 笔 人：刘明生　时　炜　张昌叙　吴　洁　宋瑞琨　郭钦涛　杨　斌　王奇维
　　　　　孙永民　刘建明　刘瑞牛　董红刚　王永红　夏　巍　梁保真　柏　海
　　　　　袁　博　李列娟　李　磊
审稿专家：林文修　吴　体

## 25 木结构工程
主编单位：南京工业大学
参编单位：哈尔滨工业大学（威海）
　　　　　中国建筑西南设计研究院有限公司
　　　　　中国林业科学研究院木材工业研究所
　　　　　同济大学
　　　　　加拿大木业协会
　　　　　北京林业大学
　　　　　苏州昆仑绿建木结构科技股份有限公司
　　　　　大连双华木结构建筑工程有限公司
执 笔 人：杨会峰　陆伟东　祝恩淳　杨学兵　任海青　宋晓滨　倪　竣　岳　孔
　　　　　朱亚鼎　高　颖　陈志坚　史本凯　陶昊天　欧加加　王　璐　牛　爽
　　　　　张聪聪
审稿专家：张　晋　何敏娟

**26 幕墙工程**
　　主编单位：中建不二幕墙装饰有限公司
　　参编单位：中国建筑第五工程局有限公司
　　执 笔 人：李水生　郭　琳　刘国军　谭　卡　李基顺　贺雄英　谭　乐　蔡燕君
　　　　　　　涂战红　唐　安　陈　杰
　　审稿专家：鲁开明　刘长龙

**27 门窗工程**
　　主编单位：中国建筑装饰集团有限公司
　　参编单位：中建深圳装饰有限公司
　　　　　　　中建装饰总承包工程有限公司
　　执 笔 人：刘凌峰　郑　春　彭中要　周　昕
　　审稿专家：刘清泉　胡本国　呆晓东

**28 建筑装饰装修工程**
　　主编单位：浙江亚厦装饰股份有限公司
　　参编单位：北京中铁装饰工程有限公司
　　　　　　　深圳广田集团股份有限公司
　　　　　　　中建东方装饰有限公司
　　　　　　　深圳海外装饰工程有限公司
　　执 笔 人：何静姿　丁泽成　张长庆　余国潮　陈继云　王伟光　徐　立　安　峣
　　　　　　　彭中飞　陈汉成
　　审稿专家：胡本国　武利平

**29 建筑地面工程**
　　主编单位：中国建筑第八工程局有限公司
　　参编单位：中建八局第二建设有限公司
　　执 笔 人：潘玉珀　韩　璐　王　堃　郑　垒　邓程来　董福永　郑　洪　吕家玉
　　　　　　　杨　林　毕研超　李垾辉　张玉良　周　锋　汲　东　申庆赟　史　越
　　　　　　　金传东
　　审稿专家：朱学农　邓学才　佟贵森

**30 屋面工程**
　　主编单位：山西建设投资集团有限公司
　　参编单位：山西三建集团有限公司
　　　　　　　北京建工集团有限责任公司
　　执 笔 人：张太清　李卫俊　霍瑞琴　吴晓兵　郝永利　唐永讯　闫永茂　胡　俊
　　　　　　　徐　震　谢　群
　　审稿专家：曹征富　张文华

**31 防水工程**
　　主编单位：北京建工集团有限责任公司
　　参编单位：北京市建筑工程研究院有限责任公司
　　　　　　　北京六建集团有限责任公司
　　　　　　　北京建工博海建设有限公司
　　　　　　　山西建设投资集团有限公司

执 笔 人：张显来　唐永讯　刘迎红　尹　硕　赵　武　延汝萍　李雁鸣　李玉屏
　　　　　王荣香　王　昕　王雪飞　岳晓东　刘玉彬　刘文凭
审稿专家：叶林标　曲　慧　张文华

## 32 建筑防腐蚀工程

主编单位：中建三局集团有限公司
参编单位：东方雨虹防水技术股份有限公司
　　　　　中建三局数字工程有限公司
　　　　　中建三局第三建设工程有限公司
　　　　　中建三局集团北京有限公司
执 笔 人：黄晨光　卢　松　丁红梅　裴以军　孙克平　丁伟祥　李庆达　伍荣刚
　　　　　王银斌　卢长林　邱成祥　单红波
审稿专家：陆士平　刘福云

## 33 建筑节能与保温隔热工程

主编单位：北京中建建筑科学研究院有限公司
参编单位：中国建筑一局（集团）有限公司
　　　　　中建一局集团第二建筑有限公司
　　　　　中建一局集团第三建筑有限公司
　　　　　中建一局集团建设发展有限公司
　　　　　中建一局集团安装工程有限公司
　　　　　北京市建设工程质量第六检测所有限公司
　　　　　北京住总集团有限责任公司
　　　　　北京科尔建筑节能技术有限公司
执 笔 人：王长军　唐一文　唐葆华　任　静　张金花　孟繁军　姚　丽　梅晓丽
　　　　　郭建军　詹必雄　董润萍　周大伟　蒋建云　鲍宇清　吴亚洲
审稿专家：金鸿祥　杨玉忠　宋　波

## 34 建筑工程鉴定、加固与改造

主编单位：四川华西集团有限公司
参编单位：四川省建筑科学研究院有限公司
　　　　　西南交通大学
　　　　　四川省第四建筑有限公司
　　　　　中建一局集团第五建筑有限公司
执 笔 人：陈跃熙　罗苓隆　徐　帅　黎红兵　刘汉昆　薛伶俐　潘　毅　黄喜兵
　　　　　唐忠茂　游锐涵　刘嘉茵　刘东超
审稿专家：张　鑫　雷宏刚　卜良桃

## 35 古建筑与园林工程

主编单位：北京市园林古建工程有限公司
参编单位：中外园林建设有限公司
执 笔 人：
古建筑工程编写人员：张峰亮　张莹雪　张宇鹏　李辉坚
　　　　　　　　　　刘大可　马炳坚　路化林　蒋广全
园林工程编写人员：温志平　刘忠坤　李　楠　吴　凡　张慧秀　郭剑楠　段成林

审稿专家：刘大可（古建）　向星政（园林）

36 **机电工程施工通则**
主编单位：江苏省工业设备安装集团有限公司
参编单位：中国建筑土木建设有限公司
　　　　　河海大学
　　　　　中建八局第一建设有限公司
　　　　　中国核工业华兴建设有限公司
　　　　　北京市设备安装工程集团有限公司
　　　　　中亿丰建设集团股份有限公司
执 笔 人：马　记　季华卫　马致远　刘益安　陈固定　王元祥　王　毅　王　鑫
　　　　　柏万林　刘　玮
审稿专家：徐义明　李本勇

37 **建筑给水排水及供暖工程**
主编单位：中建一局集团安装工程有限公司
参编单位：中国建筑一局（集团）有限公司
　　　　　北京中建建筑科学研究院有限公司
　　　　　北京市设备安装工程集团有限公司
　　　　　中建一局集团建设发展有限公司
　　　　　北京建工集团有限责任公司
　　　　　北京住总建设安装工程有限责任公司
　　　　　长安大学
　　　　　北京城建集团安装公司
　　　　　北京住总第三开发建设有限公司
执 笔 人：孟庆礼　赵　艳　周大伟　王　毅　张　军　王长军　吴　余　唐葆华
　　　　　张项宁　王志伟　高惠润　吕　莉　杨利伟　李志勇　田春城
审稿专家：徐义明　杜伟国

38 **通风与空调工程**
主编单位：上海市安装工程集团有限公司
参编单位：上海理工大学
　　　　　上海新晃空调设备股份有限公司
执 笔 人：张　勤　张宁波　陈晓文　潘　健　邹志军　许光明　卢佳华　汤　毅
　　　　　许　骏　王坚安　金　华　葛兰英　王晓波　王　非　姜慧娜　徐一堃
　　　　　陆丹丹
审稿专家：马　记　王　毅

39 **建筑电气安装工程**
主编单位：河南省第二建设集团有限公司
参编单位：南通安装集团股份有限公司
　　　　　河南省安装集团有限责任公司
执 笔 人：苏群山　刘利强　董新红　杨利剑　胡永光　李　明　白　克　谷永哲
　　　　　耿玉博　丁建华　唐仁明　陆桂龙　蔡春磊　黄克政　刘杰亮　廖红盈
　　　　　张　华　付永锋　王宝洋

审稿专家：王五奇　陈洪兴　史均社

**40　智能建筑工程**
主编单位：中建安装集团有限公司
参编单位：中建电子信息技术有限公司
执　笔　人：刘　淼　毕　林　温　馨　王　婕　刘　迪　何连祥　胡江稳　汪远辰
审稿专家：洪劲飞　董玉安　吴悦明

**41　电梯安装工程**
主编单位：中建安装集团有限公司
参编单位：通力电梯有限公司
　　　　　江苏维阳机电工程科技有限公司
执　笔　人：刘长沙　项海巍　于济生　王　学　白咸学　唐春园　纪宝松　刘　杰
　　　　　魏晓斌　余　雷
审稿专家：陈凤旺　蔡金泉

## 出版社审编人员

岳建光　范业庶　张　磊　张伯熙　万　李　王砾瑶　杨　杰　王华月　曹丹丹
高　悦　沈文帅　徐仲莉　王　治　边　琨　张建文

# 第五版出版说明

《建筑施工手册》自 1980 年问世，1988 年出版了第二版，1997 年出版了第三版，2003 年出版了第四版，作为建筑施工人员的常备工具书，长期以来在工程技术人员心中有着较高的地位，对促进工程技术进步和工程建设发展作出了重要的贡献。

近年来，建筑工程领域新技术、新工艺、新材料的应用和发展日新月异，我国先后对建筑材料、建筑结构设计、建筑技术、建筑施工质量验收等标准、规范进行了全面的修订，并陆续颁布出版。为使手册紧密结合现行规范，符合新规范要求，充分体现权威性、科学性、先进性、实用性、便捷性，内容更全面、更系统、更丰富、更新颖，我们对《建筑施工手册》（第四版）进行了全面修订。

第五版分 5 册，全书共 37 章，与第四版相比在结构和内容上有很大变化，主要为：

（1）根据建筑施工技术人员的实际需要，取消建筑施工管理分册，将第四版中"31 施工项目管理"、"32 建筑工程造价"、"33 工程施工招标与投标"、"34 施工组织设计"、"35 建筑施工安全技术与管理"、"36 建设工程监理"共计 6 章内容改为"1 施工项目管理"、"2 施工项目技术管理"两章。

（2）将第四版中"6 土方与基坑工程"拆分为"8 土石方及爆破工程"、"9 基坑工程"两章；将第四版中"17 地下防水工程"扩充为"27 防水工程"；将第四版中"19 建筑装饰装修工程"拆分为"22 幕墙工程"、"23 门窗工程"、"24 建筑装饰装修工程"；将第四版中"22 冬期施工"扩充为"21 季节性施工"。

（3）取消第四版中"15 滑动模板施工"、"21 构筑物工程"、"25 设备安装常用数据与基本要求"。在本版中增加"6 通用施工机械与设备"、"18 索膜结构工程"、"19 钢—混凝土组合结构工程"、"30 既有建筑鉴定与加固"、"32 机电工程施工通则"。

同时，为了切实满足一线工程技术人员需要，充分体现作者的权威性和广泛性，本次修订工作在组织模式、表现形式等方面也进行了创新，主要有以下几个方面：

（1）本次修订采用由我社组织、单位参编的模式，以中国建筑工程总公司（中国建筑股份有限公司）为主编单位，以上海建工集团股份有限公司、北京城建集团有限责任公司、北京建工集团有限责任公司等单位为副主编单位，以同济大学等单位为参编单位。

（2）书后贴有网上增值服务标，凭 ID、SN 号可享受网络增值服务。增值服务内容由我社和编写单位提供，包括：标准规范更新信息以及手册中相应内容的更新；新工艺、新工法、新材料、新设备等内容的介绍；施工技术、质量、安全、管理等方面的案例；施工类相关图书的简介；读者反馈及问题解答等。

本手册修订、审稿过程中，得到了各编写单位及专家的大力支持和帮助，我们表示衷心地感谢；同时也感谢第一版至第四版所有参与编写工作的专家对我们出版工作的热情支持，希望手册第五版能继续成为建筑施工技术人员的好参谋、好助手。

中国建筑工业出版社

2012 年 12 月

# 《建筑施工手册》(第五版)编委会

主　　　任：王珮云　肖绪文
委　　　员：（按姓氏笔画排序）
　　　　　　马荣全　马福玲　王玉岭　王存贵　邓明胜
　　　　　　冉志伟　冯　跃　李景芳　杨健康　吴月华
　　　　　　张　琨　张志明　张学助　张晋勋　欧亚明
　　　　　　赵志缙　赵福明　胡永旭　侯君伟　龚　剑
　　　　　　蒋立红　焦安亮　谭立新　虢明跃
主 编 单 位：中国建筑股份有限公司
副主编单位：上海建工集团股份有限公司
　　　　　　北京城建集团有限责任公司
　　　　　　北京建工集团有限责任公司
　　　　　　北京住总集团有限责任公司
　　　　　　中国建筑一局（集团）有限公司
　　　　　　中国建筑第二工程局有限公司
　　　　　　中国建筑第三工程局有限公司
　　　　　　中国建筑第八工程局有限公司
　　　　　　中建国际建设有限公司
　　　　　　中国建筑发展有限公司

# 参 编 单 位

| | |
|---|---|
| 同济大学 | 中建二局土木工程有限公司 |
| 哈尔滨工业大学 | 中建钢构有限公司 |
| 东南大学 | 中国建筑第四工程局有限公司 |
| 华东理工大学 | 贵州中建建筑科研设计院有限公司 |
| 上海建工一建集团有限公司 | 中国建筑第五工程局有限公司 |
| 上海建工二建集团有限公司 | 中建五局装饰幕墙有限公司 |
| 上海建工四建集团有限公司 | 中建（长沙）不二幕墙装饰有限公司 |
| 上海建工五建集团有限公司 | 中国建筑第六工程局有限公司 |
| 上海建工七建集团有限公司 | 中国建筑第七工程局有限公司 |
| 上海市机械施工有限公司 | 中建八局第一建设有限公司 |
| 上海市基础工程有限公司 | 中建八局第二建设有限公司 |
| 上海建工材料工程有限公司 | 中建八局第三建设有限公司 |
| 上海市建筑构件制品有限公司 | 中建八局第四建设有限公司 |
| 上海华东建筑机械厂有限公司 | 上海中建八局装饰装修有限公司 |
| 北京城建二建设工程有限公司 | 中建八局工业设备安装有限责任公司 |
| 北京城建安装工程有限公司 | 中建土木工程有限公司 |
| 北京城建勘测设计研究院有限责任公司 | 中建城市建设发展有限公司 |
| 北京城建中南土木工程集团有限公司 | 中外园林建设有限公司 |
| 北京市第三建筑工程有限公司 | 中国建筑装饰工程有限公司 |
| 北京市建筑工程研究院有限责任公司 | 深圳海外装饰工程有限公司 |
| 北京建工集团有限责任公司总承包部 | 北京房地集团有限公司 |
| 北京建工博海建设有限公司 | 中建电子工程有限公司 |
| 北京中建建筑科学研究院有限公司 | 江苏扬安机电设备工程有限公司 |
| 全国化工施工标准化管理中心站 | |

## 第五版执笔人

**1**

| | | | | | | |
|---|---|---|---|---|---|---|
| 1 | 施工项目管理 | 赵福明 | 田金信 | 刘 杨 | 周爱民 | 姜 旭 |
| | | 张守健 | 李忠富 | 李晓东 | 尉家鑫 | 王 锋 |
| 2 | 施工项目技术管理 | 邓明胜 | 王建英 | 冯爱民 | 杨 峰 | 肖绪文 |
| | | 黄会华 | 唐 晓 | 王立营 | 陈文刚 | 尹文斌 |
| | | 李江涛 | | | | |
| 3 | 施工常用数据 | 王要武 | 赵福明 | 彭明祥 | 刘 杨 | 关 柯 |
| | | 宋福渊 | 刘长滨 | 罗兆烈 | | |
| 4 | 施工常用结构计算 | 肖绪文 | 王要武 | 赵福明 | 刘 杨 | 原长庆 |
| | | 耿冬青 | 张连一 | 赵志缙 | 赵 帆 | |
| 5 | 试验与检验 | 李鸿飞 | 宫远贵 | 宗兆民 | 秦国平 | 邓有冠 |
| | | 付伟杰 | 曹旭明 | 温美娟 | 韩军旺 | 陈 洁 |
| | | 孟凡辉 | 李海军 | 王志伟 | 张 青 | |
| 6 | 通用施工机械与设备 | 龚 剑 | 王正平 | 黄跃申 | 汪思满 | 姜向红 |
| | | 龚满哗 | 章尚驰 | | | |

**2**

| | | | | | | |
|---|---|---|---|---|---|---|
| 7 | 建筑施工测量 | 张晋勋 | 秦长利 | 李北超 | 刘 建 | 马全明 |
| | | 王荣权 | 罗华丽 | 纪学文 | 张志刚 | 李 剑 |
| | | 许彦特 | 任润德 | 吴来瑞 | 邓学才 | 陈云祥 |
| 8 | 土石方及爆破工程 | 李景芳 | 沙友德 | 张巧芬 | 黄兆利 | 江正荣 |
| 9 | 基坑工程 | 龚 剑 | 朱毅敏 | 李耀良 | 姜 峰 | 袁 芬 |
| | | 袁 勇 | 葛兆源 | 赵志缙 | 赵 帆 | |
| 10 | 地基与桩基工程 | 张晋勋 | 金 淮 | 高文新 | 李 玲 | 刘金波 |
| | | 庞 炜 | 马 健 | 高志刚 | 江正荣 | |
| 11 | 脚手架工程 | 龚 剑 | 王美华 | 邱锡宏 | 刘 群 | 尤雪春 |
| | | 张 铭 | 徐 伟 | 葛兆源 | 杜荣军 | 姜传库 |
| 12 | 吊装工程 | 张 琨 | 周 明 | 高 杰 | 梁建智 | 叶映辉 |
| 13 | 模板工程 | 张显来 | 侯君伟 | 毛凤林 | 汪亚东 | 胡裕新 |
| | | 王京生 | 安兰慧 | 崔桂兰 | 任海波 | 阎明伟 |
| | | 邵 畅 | | | | |

**3**

| | | | | | | |
|---|---|---|---|---|---|---|
| 14 | 钢筋工程 | 秦家顺 | 沈兴东 | 赵海峰 | 王士群 | 刘广文 |
| | | 程建军 | 杨宗放 | | | |

| | | | | | | |
|---|---|---|---|---|---|---|
| 15 | 混凝土工程 | 龚 剑 | 吴德龙 | 吴 杰 | 冯为民 | 朱毅敏 |
| | | 汤洪家 | 陈尧亮 | 王庆生 | | |
| 16 | 预应力工程 | 李晨光 | 王 丰 | 仝为民 | 徐瑞龙 | 钱英欣 |
| | | 刘 航 | 周黎光 | 宋慧杰 | 杨宗放 | |
| 17 | 钢结构工程 | 王 宏 | 黄 刚 | 戴立先 | 陈华周 | 刘 曙 |
| | | 李 迪 | 郑伟盛 | 赵志缙 | 赵 帆 | 王 辉 |
| 18 | 索膜结构工程 | 龚 剑 | 朱 骏 | 张其林 | 吴明儿 | 郝晨均 |
| 19 | 钢-混凝土组合结构工程 | 陈成林 | 丁志强 | 肖绪文 | 马荣全 | 赵锡玉 |
| | | 刘玉法 | | | | |
| 20 | 砌体工程 | 谭 青 | 黄延铮 | 朱维益 | | |
| 21 | 季节性施工 | 万利民 | 蔡庆军 | 刘桂新 | 赵亚军 | 王桂玲 |
| | | 项蔷行 | | | | |
| 22 | 幕墙工程 | 李水生 | 贺雄英 | 李群生 | 李基顺 | 张 权 |
| | | 侯君伟 | | | | |
| 23 | 门窗工程 | 张晓勇 | 戈祥林 | 葛乃剑 | 黄 贵 | 朱帷财 |
| | | 唐际宇 | 王寿华 | | | |

**4**

| | | | | | | |
|---|---|---|---|---|---|---|
| 24 | 建筑装饰装修工程 | 赵福明 | 高 岗 | 王 伟 | 谷晓峰 | 徐 立 |
| | | 刘 杨 | 邓 力 | 王文胜 | 陈智坚 | 罗春雄 |
| | | 曲彦斌 | 白 洁 | 宓文喆 | 李世伟 | 侯君伟 |
| 25 | 建筑地面工程 | 李忠卫 | 韩兴争 | 王 涛 | 金传东 | 赵 俭 |
| | | 王 杰 | 熊杰民 | | | |
| 26 | 屋面工程 | 杨秉钧 | 朱文键 | 董 曦 | 谢 群 | 葛 磊 |
| | | 杨 东 | 张文华 | 项桦太 | | |
| 27 | 防水工程 | 李雁鸣 | 刘迎红 | 张 建 | 刘爱玲 | 杨玉苹 |
| | | 谢 婧 | 薛振东 | 邹爱玲 | 吴 明 | 王 天 |
| 28 | 建筑防腐蚀工程 | 侯锐钢 | 王瑞堂 | 芦 天 | 修良军 | |
| 29 | 建筑节能与保温隔热工程 | 费慧慧 | 张 军 | 刘 强 | 肖文凤 | 孟庆礼 |
| | | 梅晓丽 | 鲍宇清 | 金鸿祥 | 杨善勤 | |
| 30 | 既有建筑鉴定与加固改造 | 薛 刚 | 吴学军 | 邓美龙 | 陈 娣 | 李金元 |
| | | 张立敏 | 王林枫 | | | |
| 31 | 古建筑工程 | 赵福明 | 马福玲 | 刘大可 | 马炳坚 | 路化林 |
| | | 蒋广全 | 王金满 | 安大庆 | 刘 杨 | 林其浩 |
| | | 谭 放 | 梁 军 | | | |

**5**

| | | | | | |
|---|---|---|---|---|---|
| 32 | 机电工程施工通则 | 刘 青 | 韦 薇 | 鞠 东 | |

| 33 | 建筑给水排水及采暖工程 | 纪宝松 张成林 曹丹桂 陈 静 孙 勇 |
|---|---|---|
| | | 赵民生 王建鹏 邵 娜 刘 涛 苗冬梅 |
| | | 赵培森 王树英 田会杰 王志伟 |
| 34 | 通风与空调工程 | 孔祥建 向金梅 王 安 王 宇 李耀峰 |
| | | 吕善志 鞠硕华 刘长庚 张学助 孟昭荣 |
| 35 | 建筑电气安装工程 | 王世强 谢刚奎 张希峰 陈国科 章小燕 |
| | | 王建军 张玉年 李显煜 王文学 万金林 |
| | | 高克送 陈御平 |
| 36 | 智能建筑工程 | 苗 地 邓明胜 崔春明 薛居明 庞 晖 |
| | | 刘 森 郎云涛 陈文晖 刘亚红 霍冬伟 |
| | | 张 伟 孙述璞 张青虎 |
| 37 | 电梯安装工程 | 李爱武 刘长沙 李本勇 秦 宾 史美鹤 |
| | | 纪学文 |

## 手册第五版审编组成员（按姓氏笔画排列）

卜一德　马荣华　叶林标　任俊和　刘国琦　李清江　杨嗣信　汪仲琦　张学助
张金序　张婀娜　陆文华　陈秀中　赵志缙　侯君伟　施锦飞　唐九如　韩东林

## 出版社审编人员

胡永旭　余永祯　刘 江　郦锁林　周世明　曲汝铎　郭 栋　岳建光　范业庶
曾 威　张伯熙　赵晓菲　张 磊　万 李　王砾瑶

# 第四版出版说明

《建筑施工手册》自1980年出版问世，1988年出版了第二版，1997年出版了第三版。由于近年来我国建筑工程勘察设计、施工质量验收、材料等标准规范的全面修订，新技术、新工艺、新材料的应用和发展，以及为了适应我国加入WTO以后建筑业与国际接轨的形势，我们对《建筑施工手册》(第三版)进行了全面修订。此次修订遵循以下原则：

1. 继承发扬前三版的优点，充分体现出手册的权威性、科学性、先进性、实用性，同时反映我国加入WTO后，建筑施工管理与国际接轨，把国外先进的施工技术、管理方法吸收进来。精心修订，使手册成为名副其实的精品图书，畅销不衰。

2. 近年来，我国先后对建筑材料、建筑结构设计、建筑工程施工质量验收规范进行了全面修订并实施，手册修订内容紧密结合相应规范，符合新规范要求，既作为一本资料齐全、查找方便的工具书，也可作为规范实施的技术性工具书。

3. 根据国家施工质量验收规范要求，增加建筑安装技术内容，使建筑安装施工技术更完整、全面，进一步扩大了手册实用性，满足全国广大建筑安装施工技术人员的需要。

4. 增加补充建设部重点推广的新技术、新工艺、新材料，删除已经落后的、不常用的施工工艺和方法。

第四版仍分5册，全书共36章。与第三版相比，在结构和内容上有很大变化，第四版第1、2、3册主要介绍建筑施工技术，第4册主要介绍建筑安装技术，第5册主要介绍建筑施工管理。与第三版相比，构架不同点在于：(1)建筑施工管理部分内容集中单独成册；(2)根据国家新编建筑工程施工质量验收规范要求，增加建筑安装技术内容，使建筑施工技术更完整、全面；(3)将第三版其中22装配式大板与升板法施工、23滑动模板施工、24大模板施工精简压缩成滑动模板施工一章；15木结构工程、27门窗工程、28装饰工程合并为建筑装饰装修工程一章；根据需要，增加古建筑施工一章。

第四版由中国建筑工业出版社组织修订，来自全国各施工单位、科研院校、建筑工程施工质量验收规范编制组等专家、教授共61人组成手册编写组。同时成立了《建筑施工手册》(第四版)审编组，在中国建筑工业出版社主持下，负责各章的审稿和部分章节的修改工作。

本手册修订、审稿过程中，得到了很多单位及个人的大力支持和帮助，我们表示衷心地感谢。

## 第四版总目（主要执笔人）

### 1

| | | |
|---|---|---|
| 1 | 施工常用数据 | 关 柯　刘长滨　罗兆烈 |
| 2 | 常用结构计算 | 赵志缙　赵 帆 |
| 3 | 材料试验与结构检验 | 张 青 |
| 4 | 施工测量 | 吴来瑞　邓学才　陈云祥 |
| 5 | 脚手架工程和垂直运输设施 | 杜荣军　姜传库 |
| 6 | 土方与基坑工程 | 江正荣　赵志缙　赵 帆 |
| 7 | 地基处理与桩基工程 | 江正荣 |

### 2

| | | |
|---|---|---|
| 8 | 模板工程 | 侯君伟 |
| 9 | 钢筋工程 | 杨宗放 |
| 10 | 混凝土工程 | 王庆生 |
| 11 | 预应力工程 | 杨宗放 |
| 12 | 钢结构工程 | 赵志缙　赵 帆　王 辉 |
| 13 | 砌体工程 | 朱维益 |
| 14 | 起重设备与混凝土结构吊装工程 | 梁建智　叶映辉 |
| 15 | 滑动模板施工 | 毛凤林 |

### 3

| | | |
|---|---|---|
| 16 | 屋面工程 | 张文华　项桦太 |
| 17 | 地下防水工程 | 薛振东　邹爱玲　吴 明　王 天 |
| 18 | 建筑地面工程 | 熊杰民 |
| 19 | 建筑装饰装修工程 | 侯君伟　王寿华 |
| 20 | 建筑防腐蚀工程 | 侯锐钢　芦 天 |
| 21 | 构筑物工程 | 王寿华　温 刚 |
| 22 | 冬期施工 | 项蕡行 |
| 23 | 建筑节能与保温隔热工程 | 金鸿祥　杨善勤 |
| 24 | 古建筑施工 | 刘大可　马炳坚　路化林　蒋广全 |

### 4

| | | |
|---|---|---|
| 25 | 设备安装常用数据与基本要求 | 陈御平　田会杰 |
| 26 | 建筑给水排水及采暖工程 | 赵培森　王树瑛　田会杰　王志伟 |
| 27 | 建筑电气安装工程 | 杨南方　尹 辉　陈御平 |
| 28 | 智能建筑工程 | 孙述璞　张青虎 |
| 29 | 通风与空调工程 | 张学助　孟昭荣 |
| 30 | 电梯安装工程 | 纪学文 |

### 5

| | | |
|---|---|---|
| 31 | 施工项目管理 | 田金信　周爱民 |

| | | | |
|---|---|---|---|
| 32 | 建筑工程造价 | 丛培经 | |
| 33 | 工程施工招标与投标 | 张 琰　郝小兵 | |
| 34 | 施工组织设计 | 关 柯　王长林　董玉学　刘志才 | |
| 35 | 建筑施工安全技术与管理 | 杜荣军 | |
| 36 | 建设工程监理 | 张 莹　张稚麟 | |

## 手册第四版审编组成员（按姓氏笔画排列）

王寿华　王家隽　朱维益　吴之昕　张学助　张 琰　张惠宗
林贤光　陈御平　杨嗣信　侯君伟　赵志缙　黄崇国　彭圣浩

## 出版社审编人员

胡永旭　余永祯　周世明　林婉华　刘 江　时咏梅　郦锁林

# 第三版出版说明

《建筑施工手册》自1980年出版问世，1988年出版了第二版。从手册出版、二版至今已16年，发行了200余万册，施工企业技术人员几乎人手一册，成为常备工具书。这套手册对于我国施工技术水平的提高，施工队伍素质的培养，起了巨大的推动作用。手册第一版荣获1971~1981年度全国优秀科技图书奖。第二版荣获1990年建设部首届全国优秀建筑科技图书部级奖一等奖。在1991年8月5日的新闻出版报上，这套手册被誉为"推动着我国科技进步的十部著作"之一。同时，在港、澳地区和日本、前苏联等国，这套手册也有相当的影响，享有一定的声誉。

近十年来，随着我国经济的振兴和改革的深入，建筑业的发展十分迅速，各地陆续兴建了一批对国计民生有重大影响的重点工程，高层和超高层建筑如雨后春笋，拔地而起。通过长期的工程实践和技术交流，我国建筑施工技术和管理经验有了长足的进步，积累了丰富的经验。与此同时，许多新的施工验收规范、技术规程、建筑工程质量验评标准及有关基础定额均已颁布执行。这一切为修订《建筑施工手册》第三版创造了条件。

现在，我们奉献给读者的是《建筑施工手册》（第三版）。第三版是跨世纪的版本，修订的宗旨是：要全面总结改革开放以来我国在建筑工程施工中的最新成果，最先进的建筑施工技术，以及在建筑业管理等软科学方面的改革成果，使我国在建筑业管理方面逐步与国际接轨，以适应跨世纪的要求。

新推出的手册第三版，在结构上作了调整，将手册第二版上、中、下3册分为5个分册，共32章。第1、2分册为施工准备阶段和建筑业管理等各项内容，分10章介绍；除保留第二版中的各章外，增加了建设监理和建筑施工安全技术两章。3~5册为各分部工程的施工技术，分22章介绍；将第二版各章在顺序上作了调整，对工程中应用较少的技术，作了合并或简化，如将砌块工程并入砌体工程，预应力板柱并入预应力工程，装配式大板与升板工程合并；同时，根据工程技术的发展和国家的技术政策，补充了门窗工程和建筑节能两部分。各章中着重补充近十年采用的新结构、新技术、新材料、新设备、新工艺，对建设部颁发的建筑业"九五"期间重点推广的10项新技术，在有关各章中均作了重点补充。这次修订，还将前一版中存在的问题作了订正。各章内容均符合国家新颁规范、标准的要求，内容范围进一步扩大，突出了资料齐全、查找方便的特点。

我们衷心地感谢广大读者对我们的热情支持。我们希望手册第三版继续成为建筑施工技术人员工作中的好参谋、好帮手。

1997年4月

## 手册第三版主要执笔人

### 第1册

1　常用数据　　　　　　　　关　柯　刘长滨　罗兆烈

| 2 | 施工常用结构计算 | 赵志缙 赵 帆 |
| 3 | 材料试验与结构检验 | 项蔷行 |
| 4 | 施工测量 | 吴来瑞 陈云祥 |
| 5 | 脚手架工程和垂直运输设施 | 杜荣军 姜传库 |
| 6 | 建筑施工安全技术和管理 | 杜荣军 |

## 第2册

| 7 | 施工组织设计和项目管理 | 关 柯 王长林 田金信 刘志才 董玉学 周爱民 |
| 8 | 建筑工程造价 | 唐连珏 |
| 9 | 工程施工的招标与投标 | 张 琰 |
| 10 | 建设监理 | 张稚麟 |

## 第3册

| 11 | 土方与爆破工程 | 江正荣 赵志缙 赵 帆 |
| 12 | 地基与基础工程 | 江正荣 |
| 13 | 地下防水工程 | 薛振东 |
| 14 | 砌体工程 | 朱维益 |
| 15 | 木结构工程 | 王寿华 |
| 16 | 钢结构工程 | 赵志缙 赵 帆 范懋达 王 辉 |

## 第4册

| 17 | 模板工程 | 侯君伟 赵志缙 |
| 18 | 钢筋工程 | 杨宗放 |
| 19 | 混凝土工程 | 徐 帆 |
| 20 | 预应力混凝土工程 | 杨宗放 杜荣军 |
| 21 | 混凝土结构吊装工程 | 梁建智 叶映辉 赵志缙 |
| 22 | 装配式大板与升板法施工 | 侯君伟 戎 贤 朱维益 张晋元 孙 克 |
| 23 | 滑动模板施工 | 毛凤林 |
| 24 | 大模板施工 | 侯君伟 赵志缙 |

## 第5册

| 25 | 屋面工程 | 杨 扬 项桦太 |
| 26 | 建筑地面工程 | 熊杰民 |
| 27 | 门窗工程 | 王寿华 |
| 28 | 装饰工程 | 侯君伟 |
| 29 | 防腐蚀工程 | 芦 天 侯锐钢 白 月 陆士平 |
| 30 | 工程构筑物 | 王寿华 |
| 31 | 冬季施工 | 项蔷行 |
| 32 | 隔热保温工程与建筑节能 | 张竹荪 |

# 第二版出版说明

《建筑施工手册》(第一版)自1980年出版以来，先后重印七次，累计印数达150万册左右，受到广大读者的欢迎和社会的好评，曾荣获1971~1981年度全国优秀科技图书奖。不少读者还对第一版的内容提出了许多宝贵的意见和建议，在此我们向广大读者表示深深的谢意。

近几年，我国执行改革、开放政策，建筑业蓬勃发展，高层建筑日益增多，其平面布局、结构类型复杂、多样，各种新的建筑材料的应用，使得建筑施工技术有了很大的进步。同时，新的施工规范、标准、定额等已颁布执行，这就使得第一版的内容远远不能满足当前施工的需要。因此，我们对手册进行了全面的修订。

手册第二版仍分上、中、下三册，以量大面广的一般工业与民用建筑，包括相应的附属构筑物的施工技术为主。但是，内容范围较第一版略有扩大。第一版全书共29个项目，第二版扩大为31个项目，增加了"砌块工程施工"和"预应力板柱工程施工"两章。并将原第3章改名为"施工组织与管理"、原第4章改名为"建筑工程招标投标及工程概预算"、原第9章改名为"脚手架工程和垂直运输设施"、原第17章改名为"钢筋混凝土结构吊装"、原第18章改名为"装配式大板工程施工"。除第17章外，其他各章均增加了很多新内容，以更适应当前施工的需要。其余各章均作了全面修订，删去了陈旧的和不常用的资料，补充了不少新工艺、新技术、新材料，特别是施工常用结构计算、地基与基础工程、地下防水工程、装饰工程等章，修改补充后，内容更为丰富。

手册第二版根据新的国家规范、标准、定额进行修订，采用国家颁布的法定计量单位，单位均用符号表示。但是，对个别计算公式采用法定计量单位计算数值有困难时，仍用非法定单位计算，计算结果取近似值换算为法定单位。

对于手册第一版中存在的各种问题，这次修订时，我们均尽可能一一作了订正。

在手册第二版的修订、审稿过程中，得到了许多单位和个人的大力支持和帮助，我们衷心地表示感谢。

## 手册第二版主要执笔人

### 上　册

| 项目名称 | 修订者 |
| --- | --- |
| 1. 常用数据 | 关　柯　刘长滨 |
| 2. 施工常用结构计算 | 赵志缙　应惠清　陈　杰 |
| 3. 施工组织与管理 | 关　柯　王长林　董五学　田金信 |
| 4. 建筑工程招标投标及工程概预算 | 侯君伟 |
| 5. 材料试验与结构检验 | 项蕎行 |
| 6. 施工测量 | 吴来瑞　陈云祥 |

7. 土方与爆破工程　　　　　　　　　　　　　　　　江正荣
8. 地基与基础工程　　　　　　　　　　　　　江正荣　朱国梁
9. 脚手架工程和垂直运输设施　　　　　　　　　　　杜荣军

中　册

10. 砖石工程　　　　　　　　　　　　　　　　　　朱维益
11. 木结构工程　　　　　　　　　　　　　　　　　王寿华
12. 钢结构工程　　　　　　　　　　赵志缙　范懋达　王　辉
13. 模板工程　　　　　　　　　　　　　　　　　　王壮飞
14. 钢筋工程　　　　　　　　　　　　　　　　　　杨宗放
15. 混凝土工程　　　　　　　　　　　　　　　　　徐　帆
16. 预应力混凝土工程　　　　　　　　　　　　　　杨宗放
17. 钢筋混凝土结构吊装　　　　　　　　　　　　　朱维益
18. 装配式大板工程施工　　　　　　　　　　　　　侯君伟

下　册

19. 砌块工程施工　　　　　　　　　　　　　　　　张稚麟
20. 预应力板柱工程施工　　　　　　　　　　　　　杜荣军
21. 滑升模板施工　　　　　　　　　　　　　　　　王壮飞
22. 大模板施工　　　　　　　　　　　　　　　　　侯君伟
23. 升板法施工　　　　　　　　　　　　　　　　　朱维益
24. 屋面工程　　　　　　　　　　　　　　　　　　项桦太
25. 地下防水工程　　　　　　　　　　　　　　　　薛振东
26. 隔热保温工程　　　　　　　　　　　　　　　　韦延年
27. 地面与楼面工程　　　　　　　　　　　　　　　熊杰民
28. 装饰工程　　　　　　　　　　　　　　侯君伟　徐小洪
29. 防腐蚀工程　　　　　　　　　　　　　　　　　侯君伟
30. 工程构筑物　　　　　　　　　　　　　　　　　王寿华
31. 冬期施工　　　　　　　　　　　　　　　　　　项蕭行

1988年12月

# 第一版出版说明

《建筑施工手册》分上、中、下三册，全书共二十九个项目。内容以量大面广的一般工业与民用建筑，包括相应的附属构筑物的施工技术为主，同时适当介绍了各工种工程的常用材料和施工机具。

手册在总结我国建筑施工经验的基础上，系统地介绍了各工种工程传统的基本施工方法和施工要点，同时介绍了近年来应用日广的新技术和新工艺。目的是给广大施工人员，特别是基层施工技术人员提供一本资料齐全、查找方便的工具书。但是，就这个本子看来，有的项目新资料收入不多，有的项目写法上欠简练，名词术语也不尽统一；某些规范、定额，因为正在修订中，有的数据规定仍取用旧的。这些均有待再版时，改进提高。

本手册由国家建筑工程总局组织编写，共十三个单位组成手册编写组。北京市建筑工程局主持了编写过程的编辑审稿工作。

本手册编写和审查过程中，得到各省市基建单位的大力支持和帮助，我们表示衷心的感谢。

## 手册第一版主要执笔人

### 上 册

| | | |
|---|---|---|
| 1. 常用数据 | 哈尔滨建筑工程学院 | 关 柯 陈德蔚 |
| 2. 施工常用结构计算 | 同济大学 | 赵志缙 周士富 |
| | | 潘宝根 |
| | 上海市建筑工程局 | 黄进生 |
| 3. 施工组织设计 | 哈尔滨建筑工程学院 | 关 柯 陈德蔚 |
| | | 王长林 |
| 4. 工程概预算 | 镇江市城建局 | 左鹏高 |
| 5. 材料试验与结构检验 | 国家建筑工程总局第一工程局 | 杜荣军 |
| 6. 施工测量 | 国家建筑工程总局第一工程局 | 严必达 |
| 7. 土方与爆破工程 | 四川省第一机械化施工公司 | 郭瑞田 |
| | 四川省土石方公司 | 杨洪福 |
| 8. 地基与基础工程 | 广东省第一建筑工程公司 | 梁 润 |
| | 广东省建筑工程局 | 郭汝铭 |
| 9. 脚手架工程 | 河南省第四建筑工程公司 | 张肇贤 |

### 中 册

| | | |
|---|---|---|
| 10. 砌体工程 | 广州市建筑工程局 | 余福荫 |
| | 广东省第一建筑工程公司 | 伍于聪 |
| | 上海市第七建筑工程公司 | 方 枚 |

| | | | |
|---|---|---|---|
| 11. 木结构工程 | 山西省建筑工程局 | 王寿华 | |
| 12. 钢结构工程 | 同济大学 | 赵志缙 | 胡学仁 |
| | 上海市华东建筑机械厂 | 郑正国 | |
| | 北京市建筑机械厂 | 范懋达 | |
| 13. 模板工程 | 河南省第三建筑工程公司 | 王壮飞 | |
| 14. 钢筋工程 | 南京工学院 | 杨宗放 | |
| 15. 混凝土工程 | 江苏省建筑工程局 | 熊杰民 | |
| 16. 预应力混凝土工程 | 陕西省建筑科学研究院 | 徐汉康 | 濮小龙 |
| | 中国建筑科学研究院建筑结构研究所 | 裴骦 | 黄金城 |
| 17. 结构吊装 | 陕西省机械施工公司 | 梁建智 | 于近安 |
| 18. 墙板工程 | 北京市建筑工程研究所 | 侯君伟 | |
| | 北京市第二住宅建筑工程公司 | 方志刚 | |

下　册

| | | | |
|---|---|---|---|
| 19. 滑升模板施工 | 河南省第三建筑工程公司 | 王壮飞 | |
| | 山西省建筑工程局 | 赵全龙 | |
| 20. 大模板施工 | 北京市第一建筑工程公司 | 万嗣诠 | 戴振国 |
| 21. 升板法施工 | 陕西省机械施工公司 | 梁建智 | |
| | 陕西省建筑工程局 | 朱维益 | |
| 22. 屋面工程 | 四川省建筑工程局建筑工程学校 | 刘占黑 | |
| 23. 地下防水工程 | 天津市建筑工程局 | 叶祖涵 | 邹连华 |
| 24. 隔热保温工程 | 四川省建筑科学研究所 | 韦延年 | |
| | 四川省建筑勘测设计院 | 侯远贵 | |
| 25. 地面工程 | 北京市第五建筑工程公司 | 白金铭 | 阎崇贵 |
| 26. 装饰工程 | 北京市第一建筑工程公司 | 凌关荣 | |
| | 北京市建筑工程研究所 | 张兴大 | 徐晓洪 |
| 27. 防腐蚀工程 | 北京市第一建筑工程公司 | 王伯龙 | |
| 28. 工程构筑物 | 国家建筑工程总局第一工程局二公司 | 陆仁元 | |
| | 山西省建筑工程局 | 王寿华 | 赵全龙 |
| 29. 冬季施工 | 哈尔滨市第一建筑工程公司 | 吕元骐 | |
| | 哈尔滨建筑工程学院 | 刘宗仁 | |
| | 大庆建筑公司 | 黄可荣 | |

| | |
|---|---|
| 手册编写组组长单位 | 北京市建筑工程局（主持人：徐仁祥　梅璋　张悦勤） |
| 手册编写组副组长单位 | 国家建筑工程总局第一工程局（主持人：俞伃文） |
| | 同济大学（主持人：赵志缙　黄进生） |
| 手册审编组成员 | 王壮飞　王寿华　朱维益　张悦勤　项蓁行　侯君伟　赵志缙 |
| 出版社审编人员 | 夏行时　包瑞麟　曲士蕴　李伯宁　陈淑英　周谊　林婉华 |
| | 胡凤仪　徐竞达　徐焰珍　蔡秉乾 |

1980 年 12 月

# 目 录

**8 施工机械与设备** ·················· 1

8.1 工程桩施工机械 ················ 1
  8.1.1 基础桩工程施工机械 ········ 1
    8.1.1.1 打入桩施工机械 ········ 1
    8.1.1.2 压入桩施工机械 ········ 5
    8.1.1.3 钻孔灌注桩施工机械 ···· 8
    8.1.1.4 免共振液压振动锤系统
           沉桩机械 ·············· 15
  8.1.2 深基坑止水支护施工机械 ···· 15
    8.1.2.1 CSM 工法 ·············· 15
    8.1.2.2 TRD 施工机械 ·········· 16
    8.1.2.3 钢筋混凝土地下连续墙
           施工机械 ·············· 17
    8.1.2.4 多轴水泥土搅拌桩施工机械 ··· 28
    8.1.2.5 咬合桩施工机械 ········ 32
    8.1.2.6 钢板桩施工机械 ········ 33
  8.1.3 地基处理机械 ················ 33
    8.1.3.1 真空预压地基处理机械 ··· 33
    8.1.3.2 注浆施工机械 ············ 34
    8.1.3.3 旋喷桩施工机械 ········· 35
    8.1.3.4 深层搅拌桩施工机械 ···· 37
    8.1.3.5 强夯法施工机械 ·········· 39
    8.1.3.6 换填预压夯实法施工机械 ··· 39
    8.1.3.7 水泥粉煤灰碎石桩（CFG）
           法施工机械 ············ 39
    8.1.3.8 振冲挤密冲扩法施工机械 ··· 40
  8.1.4 特殊桩施工机械 ············· 41

8.2 降水工程施工设备 ·············· 46
  8.2.1 轻型井点降水施工设备 ······ 47
    8.2.1.1 井点管 ················ 47
    8.2.1.2 连接管与集水总管 ······ 47
    8.2.1.3 抽水设备 ·············· 47
  8.2.2 喷射井点降水施工设备 ······ 49
    8.2.2.1 喷射井管 ·············· 49
    8.2.2.2 高压水泵 ·············· 50

    8.2.2.3 循环水箱 ·············· 50
    8.2.2.4 管路系统 ·············· 50
  8.2.3 电渗井点降水施工设备 ······ 50
  8.2.4 管井井点降水施工设备 ······ 50
    8.2.4.1 滤水井管 ·············· 50
    8.2.4.2 吸水管 ················ 50
    8.2.4.3 水泵 ·················· 50
  8.2.5 深井井点降水施工设备 ······ 50
    8.2.5.1 井管 ·················· 51
    8.2.5.2 水泵 ·················· 51
    8.2.5.3 集水井 ················ 51

8.3 土石方工程施工机械 ············ 52
  8.3.1 土石方挖掘施工机械 ········ 52
    8.3.1.1 反铲液压挖掘机 ········ 52
    8.3.1.2 其他挖掘机 ············ 53
  8.3.2 土石方装运施工机械 ········ 53
  8.3.3 土石方平整施工机械 ········ 54
    8.3.3.1 推土机 ················ 54
    8.3.3.2 平地机 ················ 55
  8.3.4 土石方压实施工机械 ········ 55
    8.3.4.1 压实机械的分类 ········ 55
    8.3.4.2 静作用压路机 ·········· 56
    8.3.4.3 振动压路机 ············ 56
    8.3.4.4 夯实机械 ·············· 57

8.4 工程起重机械 ·················· 58
  8.4.1 履带式起重机 ·············· 58
    8.4.1.1 履带式起重机的特点、分类、
           组成及构造 ············ 58
    8.4.1.2 履带式起重机的典型产品 ··· 59
  8.4.2 汽车起重机 ················ 61
    8.4.2.1 汽车起重机的特点、分类、
           组成及构造 ············ 61
    8.4.2.2 汽车起重机的典型产品 ··· 62
  8.4.3 塔式起重机 ················ 64
    8.4.3.1 塔式起重机的特点、分类、
           组成及构造 ············ 64

		8.4.3.2　国内外塔式起重机 …… 67
	8.4.4　桅杆式起重机 …………… 75
		8.4.4.1　桅杆式起重机的分类、
				特点及构造 …………… 75
		8.4.4.2　桅杆式起重机的使用要点 …… 76
	8.4.5　施工升降机 ………………… 77
		8.4.5.1　施工升降机的组成 …… 77
		8.4.5.2　施工升降机的主要技术性能 …… 78
		8.4.5.3　施工升降机的使用要点 …… 79
8.5　混凝土施工机械 ………………… 80
	8.5.1　混凝土搅拌楼 ……………… 80
		8.5.1.1　混凝土搅拌楼工艺流程 …… 80
		8.5.1.2　搅拌楼的主要组成 …… 80
		8.5.1.3　搅拌楼的选型 ………… 82
		8.5.1.4　搅拌楼的使用与保养 … 83
	8.5.2　固定式混凝土搅拌站 ……… 83
		8.5.2.1　混凝土搅拌站工艺流程 …… 83
		8.5.2.2　固定式混凝土搅拌站的
				主要组成 ……………… 84
		8.5.2.3　固定式混凝土搅拌站的选型 …… 85
		8.5.2.4　固定式混凝土搅拌站的使用
				与保养 ………………… 85
	8.5.3　移动式混凝土搅拌站 ……… 85
		8.5.3.1　移动式混凝土搅拌站的主要
				组成 …………………… 85
		8.5.3.2　移动式混凝土搅拌站选型 …… 87
		8.5.3.3　移动式混凝土搅拌站的使用
				与保养 ………………… 87
		8.5.3.4　混凝土搅拌机 ………… 87
	8.5.4　混凝土搅拌运输车 ………… 89
		8.5.4.1　混凝土搅拌运输车的主要
				组成 …………………… 89
		8.5.4.2　混凝土搅拌运输车的选型 …… 90
		8.5.4.3　混凝土搅拌运输车的使用
				与保养 ………………… 91
	8.5.5　混凝土拖泵 ………………… 91
		8.5.5.1　混凝土拖泵的主要组成 … 91
		8.5.5.2　混凝土拖泵的系列 …… 97
		8.5.5.3　混凝土拖泵的选型 …… 99
	8.5.6　混凝土泵车 ………………… 102
		8.5.6.1　混凝土泵车的主要组成 … 102
		8.5.6.2　混凝土泵车的系列 …… 108
		8.5.6.3　混凝土泵车的选型 …… 111

	8.5.7　混凝土布料机 ……………… 113
		8.5.7.1　混凝土布料机的分类 … 121
		8.5.7.2　混凝土布料机的选型 … 124
	8.5.8　混凝土振动施工机械 ……… 127
		8.5.8.1　混凝土振动施工机械的
				分类 …………………… 127
		8.5.8.2　插入式振动器 ………… 129
		8.5.8.3　外部振动器 …………… 129
8.6　钢筋工程施工机械设备 ………… 130
	8.6.1　钢筋机械连接施工机械 …… 130
		8.6.1.1　钢筋机械连接施工机械的
				技术性能 ……………… 130
		8.6.1.2　钢筋机械连接设备的种类及
				使用范围 ……………… 132
	8.6.2　钢筋对焊连接施工机械 …… 133
		8.6.2.1　钢筋对焊连接施工机械的
				技术性能 ……………… 133
		8.6.2.2　钢筋对焊连接施工机械的
				种类 …………………… 135
	8.6.3　钢筋成型施工机械 ………… 136
		8.6.3.1　钢筋成型施工机械的种类及
				使用范围 ……………… 136
		8.6.3.2　钢筋成型施工机械的主要
				技术性能 ……………… 137
8.7　其他施工机械 …………………… 138
	8.7.1　木工工具 …………………… 138
		8.7.1.1　切割机具 ……………… 138
		8.7.1.2　刨削机具 ……………… 140
		8.7.1.3　钻孔工具 ……………… 141
		8.7.1.4　钉固机具 ……………… 142
		8.7.1.5　打磨机具 ……………… 142
	8.7.2　装修机械 …………………… 143
	8.7.3　高处作业机械 ……………… 144
		8.7.3.1　高空作业平台 ………… 144
		8.7.3.2　高空作业车 …………… 144
8.8　施工机械设备绿色施工管理 …… 145
	8.8.1　机械设备绿色施工性能认定 … 145
	8.8.2　机械设备噪声管理 ………… 146
参考文献 ………………………………… 147

# 9　建筑施工测量 …………………… 148
9.1　施工测量前期准备工作 ………… 148

- 9.1.1 施工资料收集、分析 …………… 148
  - 9.1.1.1 资料收集 …………………… 148
  - 9.1.1.2 资料分析 …………………… 148
  - 9.1.1.3 测绘成果资料和测量控制点的交接与复测 ………………… 149
- 9.1.2 施工测量方案编制 ………………… 149
  - 9.1.2.1 施工测量方案编制基本要求 ………………………………… 149
  - 9.1.2.2 施工测量方案编制提纲 …… 149
- 9.2 测量仪器及其检校 ……………………… 149
  - 9.2.1 常用测量仪器介绍 ………………… 149
    - 9.2.1.1 GNSS 接收机 ……………… 149
    - 9.2.1.2 水准仪 …………………… 150
    - 9.2.1.3 垂准仪 …………………… 152
    - 9.2.1.4 激光扫平仪 ……………… 153
    - 9.2.1.5 激光测距仪 ……………… 154
    - 9.2.1.6 电子水平尺 ……………… 154
    - 9.2.1.7 BIM 全站仪 ……………… 155
    - 9.2.1.8 三维激光扫描仪 ………… 156
  - 9.2.2 测量仪器检验和校正 ……………… 157
    - 9.2.2.1 全站仪（经纬仪）的检验和校正 ………………………… 157
    - 9.2.2.2 水准仪的检验和校正 …… 158
    - 9.2.2.3 激光垂准仪的检验和校正 …… 161
    - 9.2.2.4 激光扫平仪的检验和校正 …… 161
  - 9.2.3 测量仪器计量检定 ………………… 163
    - 9.2.3.1 测量仪器计量检定定义 …… 163
    - 9.2.3.2 测量仪器计量法规要求 …… 163
    - 9.2.3.3 测绘仪器检定的周期要求 …… 163
    - 9.2.3.4 测绘仪器检定与校准 …… 164
- 9.3 测设的基本方法 ………………………… 165
  - 9.3.1 平面位置的测设 …………………… 165
    - 9.3.1.1 角度、距离测设 ………… 165
    - 9.3.1.2 极坐标法测设点的平面位置 ………………………… 167
    - 9.3.1.3 直角坐标法测设点的平面位置 ………………………… 167
    - 9.3.1.4 角度交会法测设点的平面位置 ………………………… 167
    - 9.3.1.5 距离交会法测设点的平面位置 ………………………… 167
    - 9.3.1.6 RTK 放样 ………………… 168
  - 9.3.2 已知高程的测设 …………………… 169
    - 9.3.2.1 已知高程点测设 ………… 169
    - 9.3.2.2 高程传递 ………………… 169
- 9.4 平面控制测量 …………………………… 170
  - 9.4.1 场区平面控制测量 ………………… 170
    - 9.4.1.1 导线测量 ………………… 170
    - 9.4.1.2 GNSS 测量 ……………… 173
    - 9.4.1.3 网络 RTK 平面控制测量 …… 176
  - 9.4.2 建筑物平面控制测量 ……………… 177
    - 9.4.2.1 概述 ……………………… 177
    - 9.4.2.2 导线网测量 ……………… 178
    - 9.4.2.3 建筑方格网测量 ………… 178
    - 9.4.2.4 建筑基线测量 …………… 180
- 9.5 高程控制测量 …………………………… 182
  - 9.5.1 水准测量 …………………………… 182
    - 9.5.1.1 水准测量的技术要求和方法 ………………………… 182
    - 9.5.1.2 三、四等水准测量 ……… 183
  - 9.5.2 电磁波测距三角高程测量 ………… 185
  - 9.5.3 GNSS 水准测量 …………………… 187
- 9.6 建筑施工场地测量 ……………………… 189
  - 9.6.1 场地平整测量 ……………………… 189
    - 9.6.1.1 场地平整的依据和合理规划 ………………………… 190
    - 9.6.1.2 场地平整的工序和准备工作 ………………………… 190
    - 9.6.1.3 场地平整的技术要求 …… 190
    - 9.6.1.4 场地平整相关计算 ……… 190
    - 9.6.1.5 场地平整测量方法 ……… 192
    - 9.6.1.6 填挖土方计算 …………… 194
  - 9.6.2 场地地形和布置测量 ……………… 195
    - 9.6.2.1 场地地形测量 …………… 195
    - 9.6.2.2 场地布置测量 …………… 197
    - 9.6.2.3 场地布置测量允许偏差技术要求 …………………………… 198
- 9.7 基础施工测量 …………………………… 199
  - 9.7.1 概述 ………………………………… 199
    - 9.7.1.1 基槽开挖施工测量 ……… 199
    - 9.7.1.2 条形基础施工测量 ……… 199
    - 9.7.1.3 杯形基础施工测量 ……… 199
    - 9.7.1.4 整体开挖基础施工测量 …… 199
  - 9.7.2 支护结构施工测量 ………………… 201
    - 9.7.2.1 护坡桩施工测量 ………… 201

9.7.2.2　地下连续墙施工测量………… 202
　　9.7.2.3　土钉墙施工测量…………… 204
　　9.7.2.4　沉井施工测量………………… 204
　9.7.3　基础结构施工测量………………… 207
　　9.7.3.1　桩基工程施工测量…………… 207
　　9.7.3.2　基础结构施工测量…………… 209
　　9.7.3.3　施工高程控制………………… 212
9.8　地上主体结构施工测量 ………………… 212
　9.8.1　混凝土结构施工测量……………… 212
　　9.8.1.1　轴线竖向传递测量…………… 213
　　9.8.1.2　楼层平面放线测量…………… 218
　　9.8.1.3　标高竖向传递测量…………… 220
　　9.8.1.4　楼层标高测量………………… 221
　　9.8.1.5　混凝土结构施工测量验收…… 222
　　9.8.1.6　基于BIM技术和三维激光
　　　　　　扫描技术的混凝土结构
　　　　　　质量验收…………………… 224
　9.8.2　钢结构安装测量…………………… 225
　　9.8.2.1　钢结构安装基本方法………… 225
　　9.8.2.2　钢结构安装测量方法………… 225
　　9.8.2.3　三维激光扫描进行钢结构
　　　　　　构件尺寸检测和计算机预
　　　　　　拼装………………………… 235
　　9.8.2.4　钢结构安装测量注意事项…… 236
　　9.8.2.5　钢结构工程安装测量验收
　　　　　　要求………………………… 236
　　9.8.2.6　钢结构工程强制验收的主要
　　　　　　项目………………………… 237
9.9　建筑装饰施工测量 …………………… 237
　9.9.1　室内装饰测量……………………… 237
　　9.9.1.1　室内装饰测量主要内容及常用
　　　　　　测量仪器和常用测量工具…… 237
　　9.9.1.2　室内装饰测量作业基本
　　　　　　要求………………………… 238
　　9.9.1.3　装饰测量误差要求…………… 239
　　9.9.1.4　室内装饰测量主要方法……… 239
　9.9.2　幕墙结构施工测量………………… 243
　　9.9.2.1　幕墙结构工作内容和测设技术
　　　　　　要求………………………… 243
　　9.9.2.2　幕墙结构测设方法…………… 244
　　9.9.2.3　屋面装饰结构测量…………… 247
　　9.9.2.4　小型单体结构测量…………… 249
9.10　设备安装施工测量 …………………… 250

　9.10.1　机械设备安装测量………………… 250
　　9.10.1.1　机械设备安装测量准备…… 250
　　9.10.1.2　机械设备安装测量………… 251
　9.10.2　场区管线工程测量………………… 254
　　9.10.2.1　管线工程测量的准备……… 254
　　9.10.2.2　管道中线定位测量………… 254
　　9.10.2.3　地下管线测量……………… 255
　　9.10.2.4　架空管线测量……………… 256
　　9.10.2.5　管线工程的竣工总图编绘… 256
　9.10.3　电梯安装测量……………………… 257
　　9.10.3.1　垂直电梯安装测量………… 257
　　9.10.3.2　自动扶梯、自动人行道安装
　　　　　　　测量……………………… 264
9.11　变形监测 ……………………………… 269
　9.11.1　变形监测的内容、等级划分及
　　　　　精度要求 …………………… 269
　　9.11.1.1　变形监测内容……………… 269
　　9.11.1.2　变形监测等级划分………… 270
　　9.11.1.3　变形监测精度要求………… 270
　9.11.2　变形监测控制测量………………… 270
　　9.11.2.1　变形监测控制测量一般
　　　　　　　要求……………………… 270
　　9.11.2.2　沉降位移监测控制测量…… 271
　　9.11.2.3　水平位移监测控制测量…… 273
　9.11.3　变形监测实施……………………… 274
　　9.11.3.1　沉降位移监测……………… 274
　　9.11.3.2　水平位移监测……………… 280
　　9.11.3.3　特殊变形监测……………… 285
　9.11.4　变形监测数据处理与资料整理 … 290
　　9.11.4.1　变形监测数据处理………… 290
　　9.11.4.2　变形监测成果整理………… 293
　9.11.5　远程自动化监测和监测信息管理
　　　　　系统 ………………………… 293
　　9.11.5.1　全站仪自动跟踪测量方法 … 293
　　9.11.5.2　GNSS动态实时差分
　　　　　　　测量法…………………… 294
　　9.11.5.3　监测信息管理系统………… 294
9.12　竣工总图的编绘与实测 ……………… 295
　9.12.1　竣工总图的编绘…………………… 295
　　9.12.1.1　编绘竣工总图的一般规定 … 295
　　9.12.1.2　编绘竣工总平面图的准备
　　　　　　　工作……………………… 296
　　9.12.1.3　竣工总平面图的编绘……… 297

9.12.1.4 竣工总图的附件 …… 298
9.12.2 竣工总图的实测 …… 298
　9.12.2.1 实测范围 …… 298
　9.12.2.2 实测内容 …… 299
　9.12.2.3 竣工总图实测方法 …… 300
9.12.3 竣工数字化交付 …… 300
　9.12.3.1 竣工数字化交付条件下的竣工测量要求 …… 300
　9.12.3.2 数字化竣工图和三维模型的测绘 …… 302
　9.12.3.3 竣工数字化交付的前景展望 …… 304
参考文献 …… 305

# 10 季节性施工 …… 306

## 10.1 冬期施工措施与要求 …… 306

10.1.1 冬期施工管理措施与要求 …… 306
　10.1.1.1 冬期施工基本资料（气象资料） …… 306
　10.1.1.2 冬施准备工作 …… 325
10.1.2 建筑地基基础工程冬期施工措施与要求 …… 325
　10.1.2.1 一般规定 …… 325
　10.1.2.2 土方工程 …… 326
　10.1.2.3 地基处理 …… 327
　10.1.2.4 桩基础 …… 327
　10.1.2.5 基坑支护 …… 328
10.1.3 钢筋工程冬期施工措施与要求 …… 328
　10.1.3.1 一般规定 …… 328
　10.1.3.2 钢筋负温焊接 …… 329
10.1.4 混凝土工程冬期施工措施与要求 …… 330
　10.1.4.1 一般规定 …… 330
　10.1.4.2 混凝土原材料加热、拌合、运输和浇筑 …… 331
　10.1.4.3 用成熟度法计算混凝土早期强度 …… 335
　10.1.4.4 混凝土蓄热法和综合蓄热法养护 …… 338
　10.1.4.5 混凝土蒸汽养护法 …… 340
　10.1.4.6 电加热法养护混凝土 …… 340
　10.1.4.7 暖棚法施工 …… 342
　10.1.4.8 负温养护法 …… 343
　10.1.4.9 硫铝酸盐水泥混凝土负温施工 …… 343
　10.1.4.10 混凝土质量控制及检查 …… 344
10.1.5 装配式混凝土结构工程冬期施工措施与要求 …… 345
　10.1.5.1 装配式混凝土构件的制作 …… 345
　10.1.5.2 装配式混凝土构件的堆放及运输 …… 345
　10.1.5.3 装配式混凝土构件的吊装 …… 346
　10.1.5.4 装配式混凝土构件的连接与校正 …… 346
10.1.6 砌体工程冬期施工措施与要求 …… 346
　10.1.6.1 一般规定 …… 346
　10.1.6.2 材料要求 …… 347
　10.1.6.3 外加剂法 …… 348
　10.1.6.4 暖棚法 …… 350
10.1.7 钢结构工程冬期施工措施与要求 …… 350
　10.1.7.1 一般规定 …… 350
　10.1.7.2 材料 …… 351
　10.1.7.3 钢结构制作 …… 351
　10.1.7.4 钢结构安装 …… 352
　10.1.7.5 钢结构负温焊接 …… 353
　10.1.7.6 钢结构防腐 …… 354
10.1.8 钢-混凝土组合结构工程冬期施工措施与要求 …… 355
　10.1.8.1 一般规定 …… 355
　10.1.8.2 钢-混凝土组合结构的材料要求 …… 356
　10.1.8.3 钢-混凝土组合结构冬期施工要点 …… 356
10.1.9 建筑装饰装修工程冬期施工措施与要求 …… 357
　10.1.9.1 抹灰 …… 357
　10.1.9.2 饰面砖（板） …… 359
　10.1.9.3 涂饰、刷浆、裱糊 …… 360
　10.1.9.4 幕墙及玻璃 …… 361
10.1.10 屋面工程冬期施工措施与要求 …… 362
　10.1.10.1 一般规定 …… 362
　10.1.10.2 屋面保温层施工 …… 363
　10.1.10.3 找平层施工 …… 363
　10.1.10.4 屋面防水层施工 …… 364

10.1.10.5　隔气层施工……………… 365
10.1.11　外保温工程冬期施工措施与
　　　　 要求……………………… 366
10.1.12　机电安装工程冬期措施与
　　　　 要求……………………… 367
　　10.1.12.1　一般规定……………… 367
　　10.1.12.2　给水排水及供暖工程… 367
　　10.1.12.3　电气工程………………… 368
　　10.1.12.4　通风与空调工程………… 368
10.1.13　越冬工程维护措施与要求…… 369
　　10.1.13.1　一般规定………………… 369
　　10.1.13.2　在建工程………………… 369
　　10.1.13.3　停、缓建工程……………… 370
10.2　雨期施工…………………………… 371
　10.2.1　雨期施工准备……………… 371
　　10.2.1.1　气象资料………………… 371
　　10.2.1.2　施工准备………………… 372
　10.2.2　设备材料防护……………… 373
　　10.2.2.1　土方工程………………… 373
　　10.2.2.2　基坑支护工程…………… 373
　　10.2.2.3　钢筋工程………………… 373
　　10.2.2.4　模板工程………………… 374
　　10.2.2.5　混凝土工程……………… 374
　　10.2.2.6　脚手架工程……………… 374
　　10.2.2.7　砌筑工程………………… 374
　　10.2.2.8　钢结构工程……………… 375
　　10.2.2.9　防水工程………………… 376
　　10.2.2.10　屋面工程………………… 376
　　10.2.2.11　装饰装修工程…………… 376
　　10.2.2.12　建筑安装工程…………… 377
　10.2.3　排水、防（雨）水………… 378
　10.2.4　防雷…………………………… 379
　　10.2.4.1　避雷针的设置…………… 379
　　10.2.4.2　避雷器……………………… 379
　　10.2.4.3　防止感应雷击的措施…… 379
　　10.2.4.4　接地装置…………………… 380
　　10.2.4.5　工频接地电阻……………… 380
　10.2.5　防台风………………………… 380
10.3　暑期施工…………………………… 381
　10.3.1　暑期施工概念………………… 381
　10.3.2　暑期施工措施………………… 382
　　10.3.2.1　混凝土工程施工…………… 382
　　10.3.2.2　暑期施工管理措施………… 385

10.3.2.3　暑期高温天气施工防暑降温
　　　　　 措施…………………… 385
10.4　绿色施工…………………………… 385
　10.4.1　雨期施工………………………… 385
　10.4.2　暑期施工………………………… 386

# 11　土石方及爆破工程……………… 387

11.1　土石性质及分类…………………… 387
　11.1.1　土石基本性质………………… 387
　　11.1.1.1　土的基本物理性质指标…… 387
　　11.1.1.2　岩石的基本物理性质指标… 389
　　11.1.1.3　土的力学性质……………… 389
　　11.1.1.4　岩石的力学性质…………… 390
　11.1.2　土石基本分类………………… 391
　　11.1.2.1　黏性土……………………… 391
　　11.1.2.2　砂土…………………………… 391
　　11.1.2.3　碎石土……………………… 392
　　11.1.2.4　岩石…………………………… 392
　11.1.3　土石工程分类与性质………… 394
　　11.1.3.1　土石工程分类……………… 394
　　11.1.3.2　土石的工程性质…………… 395
　11.1.4　岩土现场鉴别方法…………… 396
　　11.1.4.1　碎石土密实度现场鉴别…… 396
　　11.1.4.2　黏性土、粉土、砂土现场
　　　　　　 鉴别…………………… 396
　　11.1.4.3　岩石的坚硬程度现场鉴别… 397
　11.1.5　特殊性土……………………… 398
　　11.1.5.1　湿陷性黄土………………… 398
　　11.1.5.2　膨胀土……………………… 400
　　11.1.5.3　软土…………………………… 402
　　11.1.5.4　盐渍土……………………… 403
　　11.1.5.5　冻土…………………………… 404
　　11.1.5.6　新近填土…………………… 405
11.2　土石方施工………………………… 406
　11.2.1　工程场地平整………………… 406
　　11.2.1.1　场地平整的程序…………… 406
　　11.2.1.2　平整场地的一般要求……… 407
　　11.2.1.3　场地平整的土石方工程量
　　　　　　 计算…………………… 407
　11.2.2　土石方开挖及运输…………… 413
　　11.2.2.1　土石方施工准备工作……… 413
　　11.2.2.2　开挖的一般要求…………… 414

11.2.2.3 浅基坑、槽和管沟开挖 …… 415
11.2.2.4 浅基坑（槽）和管沟的
        支撑方法 …… 416
11.2.2.5 浅基坑（槽）和管沟支撑
        的计算 …… 418
11.2.2.6 土方开挖和支撑施工注意
        事项 …… 420
11.2.2.7 土石方堆放与运输的一般
        要求 …… 420
11.2.2.8 基坑边坡防护 …… 421
11.2.2.9 土石方开挖施工中的质量
        控制要点 …… 422
11.2.3 土石方回填 …… 424
11.2.3.1 土石方回填施工准备工作 …… 424
11.2.3.2 填料要求与含水量控制 …… 424
11.2.3.3 基底处理 …… 425
11.2.3.4 填方边坡 …… 425
11.2.3.5 人工填筑方法 …… 426
11.2.3.6 机械填筑方法 …… 427
11.2.4 土石方压实 …… 427
11.2.4.1 压实一般要求 …… 427
11.2.4.2 填土料压（夯）实方法 …… 428
11.2.4.3 填石料压（夯）实方法 …… 429
11.2.4.4 质量控制与检验 …… 429
11.2.5 土石方工程特殊问题的处理 …… 430
11.2.5.1 滑坡与塌方处理 …… 430
11.2.5.2 冲沟、土洞、古河道、
        古湖泊的处理 …… 433
11.2.5.3 橡皮土处理 …… 433
11.2.5.4 流沙处理 …… 433
11.3 爆破工程 …… 434
11.3.1 爆破器材 …… 434
11.3.1.1 工业炸药及其分类 …… 434
11.3.1.2 电雷管 …… 436
11.3.1.3 导爆索 …… 437
11.3.1.4 导爆管雷管 …… 437
11.3.1.5 电子雷管 …… 437
11.3.1.6 电力起爆法 …… 437
11.3.1.7 导爆索起爆法 …… 439
11.3.1.8 导爆管起爆法 …… 439
11.3.1.9 混合网路起爆法 …… 441
11.3.1.10 电子雷管起爆法 …… 441
11.3.2 露天爆破 …… 441
11.3.2.1 露天深孔台阶爆破 …… 441
11.3.2.2 露天浅孔台阶爆破 …… 445
11.3.2.3 预裂爆破和光面爆破 …… 445
11.3.2.4 路堑深孔爆破 …… 448
11.3.2.5 沟槽爆破 …… 448
11.3.2.6 冻土爆破 …… 449
11.3.3 拆除爆破 …… 451
11.3.3.1 拆除爆破的特点及适用
        范围 …… 451
11.3.3.2 拆除爆破工程设计 …… 451
11.3.3.3 钢筋混凝土支撑爆破 …… 454
11.3.3.4 楼房拆除爆破 …… 455
11.3.3.5 烟囱、水塔拆除爆破 …… 456
11.3.3.6 桥梁拆除爆破 …… 458
11.3.3.7 水压爆破 …… 461
11.3.4 爆破安全评估与监理 …… 462
11.3.4.1 爆破工程安全管理 …… 462
11.3.4.2 爆破工程安全评估 …… 463
11.3.4.3 爆破工程安全监理 …… 464
11.3.5 爆破工程施工作业 …… 465
11.3.5.1 爆破施工工艺流程与施工组织设
        计 …… 465
11.3.5.2 爆破工程的施工准备 …… 467
11.3.5.3 爆破施工安全管理制度与
        运行机制 …… 467
11.3.5.4 爆破施工的现场组织管理 …… 468
11.3.5.5 爆破工程效果的评价 …… 469
11.3.6 非炸药爆破技术 …… 469
11.3.6.1 静态破裂技术 …… 469
11.3.6.2 二氧化碳膨胀爆破技术 …… 471
11.4 安全施工 …… 471
11.4.1 土石方开挖与回填安全技术
      措施 …… 471
11.4.2 爆破危害控制 …… 471
11.4.2.1 爆破振动的控制 …… 471
11.4.2.2 爆破空气冲击波的控制 …… 473
11.4.2.3 爆破作业噪声的控制 …… 475
11.4.2.4 水中冲击波及涌浪安全的
        控制 …… 476
11.4.2.5 个别飞散物的控制 …… 478
11.5 绿色施工技术要求 …… 479
11.5.1 环境保护 …… 479
11.5.1.1 有害气体控制 …… 479

11.5.1.2 扬尘与预防粉尘控制 …… 480
11.5.1.3 噪声控制 …… 480
11.5.1.4 水下爆破时对水生物的保护 …… 481
11.5.1.5 振动液化控制 …… 481
11.5.1.6 土壤保护与水土流失 …… 482
11.5.2 人员健康 …… 482
参考文献 …… 483

# 12 基坑工程 …… 485

## 12.1 基坑工程的特点和内容 …… 485
12.1.1 基坑工程特点 …… 485
12.1.2 基坑工程的主要内容 …… 485

## 12.2 基坑工程勘察 …… 486
12.2.1 工程地质和水文地质勘察 …… 486
12.2.1.1 勘察内容和要求 …… 486
12.2.1.2 测试参数 …… 487
12.2.1.3 勘察成果 …… 488
12.2.2 周边环境调查 …… 489
12.2.2.1 基坑周边邻近建（构）筑物状况调查 …… 489
12.2.2.2 基坑周边管线状况调查 …… 489
12.2.2.3 基坑周边道路及交通状况调查 …… 489
12.2.2.4 基坑周边施工条件调查 …… 489
12.2.3 地下结构设计资料 …… 490

## 12.3 基坑支护结构的类型和选型 …… 490
12.3.1 环境变形控制要求 …… 490
12.3.2 总体方案选择 …… 492
12.3.2.1 顺作法 …… 492
12.3.2.2 逆作法 …… 493
12.3.2.3 顺逆结合 …… 493
12.3.2.4 分坑施工 …… 494
12.3.3 基坑支护结构选型 …… 494
12.3.3.1 围护墙选型 …… 495
12.3.3.2 支撑体系选型 …… 498

## 12.4 基坑支护的设计原则和方法 …… 500
12.4.1 基坑支护的设计原则 …… 500
12.4.1.1 基坑支护结构的极限状态设计 …… 500
12.4.1.2 基坑支护结构的安全等级 …… 500
12.4.2 基坑支护的设计计算内容 …… 501
12.4.2.1 基坑支护的破坏模式 …… 501
12.4.2.2 基坑支护工程设计内容 …… 501
12.4.3 基坑支护结构主要荷载计算方法 …… 501
12.4.3.1 水土压力计算 …… 501
12.4.3.2 基坑支护结构土压力计算 …… 502
12.4.3.3 支挡结构 …… 503
12.4.3.4 重力式水泥土墙 …… 511
12.4.3.5 土钉墙 …… 514

## 12.5 重力式水泥土墙施工 …… 517
12.5.1 施工机械与设施 …… 517
12.5.1.1 双轴重力式水泥土墙施工机械与设备 …… 517
12.5.1.2 三轴重力式水泥土墙施工机械与设备 …… 519
12.5.1.3 五轴重力式水泥土墙施工机械与设备 …… 520
12.5.2 施工准备 …… 521
12.5.2.1 材料准备 …… 521
12.5.2.2 场地准备 …… 521
12.5.2.3 试桩 …… 521
12.5.3 施工工艺 …… 522
12.5.3.1 双轴水泥土墙工程（湿法）施工工艺 …… 522
12.5.3.2 三轴水泥土墙工程（湿法）施工工艺 …… 524
12.5.3.3 五轴水泥土墙工程（湿法）施工工艺 …… 527
12.5.4 质量控制 …… 528
12.5.4.1 重力式水泥土墙的质量检验 …… 528
12.5.4.2 质量检验标准 …… 529

## 12.6 钢板桩工程施工 …… 529
12.6.1 常用钢板桩的种类 …… 529
12.6.1.1 热轧普通槽钢钢板桩 …… 530
12.6.1.2 拉森式（U形）钢板桩 …… 531
12.6.1.3 Z形钢板桩 …… 532
12.6.1.4 H形钢板桩 …… 533
12.6.1.5 箱形钢板桩 …… 534
12.6.1.6 组合钢板桩 …… 536
12.6.1.7 钢管桩 …… 537
12.6.2 施工机械 …… 537
12.6.3 钢板桩施工 …… 541

12.6.3.1 施工准备 …………… 541
12.6.3.2 钢板桩打设 ………… 543
12.6.3.3 钢板桩拔除 ………… 548
12.6.4 质量控制 ………………… 553
12.7 钻孔灌注排桩工程施工 ……… 556
12.7.1 施工机械与设备 ………… 557
12.7.2 施工工艺 ………………… 557
12.7.2.1 钻孔灌注桩施工工艺 …………………… 557
12.7.2.2 钻孔灌注排桩施工要求 ……… 561
12.7.3 质量控制 ………………… 563
12.8 咬合桩工程施工 ……………… 567
12.8.1 施工机械与设备 ………… 567
12.8.2 施工工艺 ………………… 569
12.8.2.1 咬合桩施工工艺 …… 569
12.8.2.2 咬合桩施工要求 …… 569
12.8.3 质量控制 ………………… 572
12.8.3.1 咬合桩导墙质量控制 …………………… 572
12.8.3.2 咬合桩垂直度控制 … 573
12.8.3.3 桩身质量控制 ……… 574
12.9 劲性水泥土搅拌墙工程施工 … 575
12.9.1 施工机械与设备 ………… 576
12.9.2 施工工艺 ………………… 576
12.9.2.1 施工准备 …………… 576
12.9.2.2 劲性水泥土搅拌墙施工工艺 …………………… 577
12.9.2.3 等厚度水泥土地下连续墙（TRD墙及CSM墙）施工工艺 …………………… 580
12.9.3 质量控制 ………………… 584
12.10 地下连续墙工程施工 ………… 585
12.10.1 施工机械与设备 ………… 585
12.10.2 施工工艺 ………………… 585
12.10.2.1 施工工艺流程 ……… 585
12.10.2.2 导墙制作 …………… 585
12.10.2.3 泥浆配制 …………… 587
12.10.2.4 成槽作业 …………… 591
12.10.2.5 钢筋笼加工与吊装 … 594
12.10.2.6 接头选择（套铣、预制接头）………… 595
12.10.2.7 水下混凝土浇筑 …… 600
12.10.3 质量检验 ………………… 601
12.11 土钉墙工程施工 ……………… 602
12.11.1 土钉墙的类型 …………… 602
12.11.1.1 土钉墙 ……………… 602
12.11.1.2 复合土钉墙 ………… 602
12.11.2 施工机械与设备 ………… 603
12.11.3 施工工艺 ………………… 603
12.11.3.1 施工准备 …………… 603
12.11.3.2 土钉墙施工流程 …… 603
12.11.3.3 土钉墙主要施工方法及操作要点 …………… 604
12.11.3.4 质量控制 …………… 605
12.12 土层锚杆工程施工 …………… 607
12.12.1 施工机械与设备 ………… 608
12.12.2 施工工艺 ………………… 608
12.12.2.1 施工准备 …………… 608
12.12.2.2 孔位测量矫正 ……… 609
12.12.2.3 成孔 ………………… 609
12.12.2.4 杆体组装安放 ……… 610
12.12.2.5 灌浆 ………………… 611
12.12.2.6 腰梁安装 …………… 611
12.12.2.7 张拉和锁定 ………… 612
12.12.2.8 拆芯回收 …………… 612
12.12.3 试验和检测 ……………… 614
12.12.3.1 基本试验 …………… 614
12.12.3.2 验收试验 …………… 614
12.12.3.3 蠕变试验 …………… 615
12.12.3.4 永久性锚杆及重要临时性锚杆的长期监测 …… 615
12.12.4 锚杆防腐 ………………… 616
12.12.4.1 锚杆锚固段的防腐处理 …………………… 616
12.12.4.2 锚杆自由段的防腐处理 …………………… 616
12.12.4.3 锚杆外露部分的防腐处理 …………………… 616
12.12.5 质量控制 ………………… 616
12.13 基坑支撑系统施工 …………… 617
12.13.1 支撑系统的主要形式 …… 617
12.13.1.1 圆形围护结构采用内衬墙方式 …………… 617
12.13.1.2 圆形围护结构采用腰梁方式 ………………… 618
12.13.1.3 内支撑有腰梁方式 … 618
12.13.1.4 内支撑无腰梁方式 … 619
12.13.2 支撑体系布置 …………… 620
12.13.2.1 支撑体系的平面布置 ……… 620

12.13.2.2 支撑体系的竖向布置……………… 621
12.13.3 支撑材料………………………………… 621
12.13.4 支撑系统构造措施…………………… 621
　12.13.4.1 钢支撑…………………………… 621
　12.13.4.2 混凝土支撑…………………… 623
12.13.5 钢支撑施工………………………………… 624
　12.13.5.1 工艺流程…………………………… 624
　12.13.5.2 施工要点…………………………… 624
　12.13.5.3 轴力伺服系统钢支撑……………… 625
12.13.6 混凝土支撑施工……………………… 628
　12.13.6.1 施工要点…………………………… 628
　12.13.6.2 轴力伺服系统混凝土支撑 ……………………………… 628
12.13.7 支撑立柱施工………………………… 629
12.13.8 双排桩结合注浆钢管内支撑施工…………………………………… 629
12.13.9 支撑系统质量控制…………………… 630
12.14 地下结构逆作法施工…………………… 630
　12.14.1 逆作法施工分类………………………… 630
　12.14.2 逆作法施工基本流程…………………… 631
　12.14.3 围护墙与结构外墙相结合的工艺…………………………………… 632
　12.14.4 立柱桩与工程桩相结合的工艺…………………………………… 633
　　12.14.4.1 一柱一桩施工控制…………… 633
　　12.14.4.2 一柱一桩施工质量控制……… 634
　12.14.5 支撑体系与结构楼板相结合的工艺…………………………………… 634
　12.14.6 逆作法施工中临时支撑系统施工…………………………………… 636
　12.14.7 逆作法结构施工措施…………………… 636
　　12.14.7.1 协调地下连续墙与主体结构沉降的措施……………… 636
　　12.14.7.2 后浇带与沉降缝位置的构造处理……………………… 637
　　12.14.7.3 立柱与结构梁施工构造措施…………………………… 637
　　12.14.7.4 水平结构与围护墙的构造措施…………………………… 638
　12.14.8 逆作法施工的监测…………………… 639
12.15 地下水控制………………………………… 639
　12.15.1 地下水控制主要方法和原则…………… 639
　　12.15.1.1 地下水控制主要方法………… 639

12.15.1.2 地下水控制主要原则………… 640
12.15.1.3 涌水量计算…………………… 641
12.15.2 集水明排与导渗法…………………… 645
　12.15.2.1 集水明排…………………… 645
　12.15.2.2 导渗法……………………… 646
12.15.3 基坑降水……………………………… 647
　12.15.3.1 基坑降水井点的选型………… 647
　12.15.3.2 轻型井点降水………………… 648
　12.15.3.3 喷射井点降水………………… 650
　12.15.3.4 用于疏干降水的管井井点…………………………… 652
　12.15.3.5 用于减压降水的管井井点…………………………… 654
　12.15.3.6 特殊地区……………………… 656
12.15.4 基坑隔水……………………………… 656
　12.15.4.1 一般要求和方法……………… 656
　12.15.4.2 适用条件……………………… 657
　12.15.4.3 隔水帷幕施工………………… 658
12.15.5 回灌与环境保护……………………… 658
　12.15.5.1 回灌…………………………… 658
　12.15.5.2 环境保护……………………… 659
12.16 基坑土方工程施工……………………… 661
　12.16.1 施工准备…………………………… 661
　12.16.2 开挖方案的选择…………………… 661
　12.16.3 施工机械…………………………… 662
　12.16.4 土方开挖的基本原则……………… 662
　12.16.5 常用施工方法……………………… 664
　　12.16.5.1 盆式开挖……………………… 664
　　12.16.5.2 岛式开挖……………………… 665
　　12.16.5.3 分层分段开挖………………… 665
　　12.16.5.4 岩质基坑开挖方法…………… 666
　12.16.6 基坑土方回填……………………… 666
　12.16.7 注意事项…………………………… 668
　12.16.8 基坑周边环境保护………………… 669
　12.16.9 质量控制…………………………… 669
12.17 基坑工程现场施工设施………………… 670
　12.17.1 塔式起重机及其基础设置（利用基础底板）……………… 670
　12.17.2 运输车辆施工道路设置…………… 673
　12.17.3 施工栈桥平台的设置……………… 673
　12.17.4 降排水系统………………………… 674
　12.17.5 通风及照明系统…………………… 674
　12.17.6 智能化监控系统…………………… 674

12.17.7　其他设施 ……………………………… 675
12.18　基坑拆除工程 …………………………… 676
　12.18.1　混凝土支撑拆除 …………………… 676
　　12.18.1.1　爆破拆除 ……………………… 676
　　12.18.1.2　原位破碎拆除 ………………… 677
　　12.18.1.3　整体切割拆除 ………………… 677
　12.18.2　钢支撑拆除 ………………………… 677
　12.18.3　围护分隔墙拆除 …………………… 678
　12.18.4　钢立柱拆除 ………………………… 678
12.19　基坑工程施工监测 ……………………… 679
　12.19.1　监测的目的和原则 ………………… 679
　　12.19.1.1　监测目的 ……………………… 679
　　12.19.1.2　监测原则 ……………………… 679
　12.19.2　监测方案 …………………………… 679
　12.19.3　监测项目和监测频率 ……………… 679
　　12.19.3.1　基坑工程监测的对象 ………… 679
　　12.19.3.2　基坑工程仪器监测项目 ……… 680
　　12.19.3.3　巡视检查 ……………………… 680
　　12.19.3.4　基坑工程监测频率 …………… 681
　12.19.4　监测点布置和监测主要方法 ……… 682
　　12.19.4.1　墙顶（边坡）位移 …………… 682
　　12.19.4.2　围护（土体）水平位移 ……… 682
　　12.19.4.3　立柱竖向位移及内力 ………… 683
　　12.19.4.4　支护结构内力 ………………… 683
　　12.19.4.5　锚杆轴力（土钉内力） ……… 683
　　12.19.4.6　坑底隆起（回弹） …………… 683
　　12.19.4.7　围护墙侧向土压力 …………… 684
　　12.19.4.8　孔隙水压力 …………………… 684
　　12.19.4.9　地下水位 ……………………… 684
　　12.19.4.10　周边建（构）筑物监测 …… 684
　　12.19.4.11　周边管线监测 ……………… 686
　　12.19.4.12　周边地铁隧道监测 ………… 686
12.20　基坑工程特殊问题的处理 ……………… 687
　12.20.1　特殊地质条件 ………………………… 687
　12.20.2　特殊环境条件下的处理 …………… 688
　12.20.3　特殊使用条件下的处理 …………… 689
　12.20.4　基坑地下障碍物的处理 …………… 689
12.21　基坑工程突发事件及预警机制 ………… 690
12.22　沉井与沉箱 ……………………………… 693
　12.22.1　沉井施工 ……………………………… 693
　　12.22.1.1　原理和特点 ……………………… 693
　　12.22.1.2　沉井类型 ………………………… 693
　　12.22.1.3　沉井施工技术 …………………… 694
　　12.22.1.4　沉井施工质量的控制措施 …… 703
　　12.22.1.5　质量控制 ………………………… 705
　12.22.2　气压沉箱施工 ………………………… 705
　　12.22.2.1　原理和特点 ……………………… 705
　　12.22.2.2　施工机械与设备 ………………… 707
　　12.22.2.3　气压沉箱施工技术 ……………… 707
　　12.22.2.4　质量控制 ………………………… 710
12.23　基坑工程的绿色施工 …………………… 712
　12.23.1　环境保护技术要点 …………………… 712
　　12.23.1.1　扬尘控制 ………………………… 712
　　12.23.1.2　噪声与振动控制 ………………… 712
　　12.23.1.3　光污染控制 ……………………… 712
　　12.23.1.4　水污染控制 ……………………… 712
　　12.23.1.5　土体保护 ………………………… 712
　　12.23.1.6　建筑垃圾控制 …………………… 713
　　12.23.1.7　地下设施、文物和资源保护 …… 713
　12.23.2　节材与材料资源利用技术要点 …… 713
　　12.23.2.1　节材措施 ………………………… 713
　　12.23.2.2　结构材料 ………………………… 713
　　12.23.2.3　周转材料 ………………………… 713
　12.23.3　节水与水资源利用技术要点 ……… 713
　　12.23.3.1　提高用水效率 …………………… 713
　　12.23.3.2　非传统水源利用 ………………… 713
　12.23.4　节能与能源利用的技术要点 ……… 714
　　12.23.4.1　节能措施 ………………………… 714
　　12.23.4.2　机械设备与机具 ………………… 714
　　12.23.4.3　施工用电及照明 ………………… 714
　12.23.5　节地与施工用地保护的技术要点 … 714
　　12.23.5.1　临时用地指标 …………………… 714
　　12.23.5.2　临时用地保护 …………………… 714
　　12.23.5.3　施工总平面布置 ………………… 714
12.24　基坑工程施工管理 ……………………… 714
　12.24.1　信息化施工 …………………………… 714
　12.24.2　施工安全技术措施 …………………… 715
　　12.24.2.1　土方开挖安全技术措施 ………… 715
　　12.24.2.2　支撑施工安全技术措施 ………… 715
　　12.24.2.3　施工用电安全技术措施 ………… 716

12.24.2.4　危大风险分析及应急
　　　　　　　预案 …………………… 716
　12.24.3　文明施工与环境保护 …………… 717
　　12.24.3.1　文明施工 ……………… 717
　　12.24.3.2　对建（构）筑物、地下
　　　　　　　管线的保护 …………… 718
　参考文献 ……………………………………… 718

# 13　地基与桩基工程 …………………… 719

## 13.1　地基 ……………………………………… 719
　13.1.1　地基土的工程特性 ………………… 719
　　13.1.1.1　地基土的物理性质 ………… 719
　　13.1.1.2　地基土的压缩性 …………… 721
　　13.1.1.3　地基土的强度与承载力 …… 721
　　13.1.1.4　地基土的稳定性 …………… 722
　　13.1.1.5　地基土的均匀性 …………… 722
　　13.1.1.6　地基土的动力特性 ………… 722
　　13.1.1.7　地基土的水理性 …………… 722
　13.1.2　地基土的工程勘察 ………………… 722
　　13.1.2.1　井探、槽探与洞探 ………… 723
　　13.1.2.2　工程钻探 …………………… 723
　　13.1.2.3　原位测试 …………………… 723
　　13.1.2.4　室内试验 …………………… 725
　　13.1.2.5　其他方法 …………………… 726
　13.1.3　地基承载力 ………………………… 726
　　13.1.3.1　地基承载力的基本概念 …… 726
　　13.1.3.2　按现场试验确定地基承
　　　　　　　载力 …………………………… 727
　13.1.4　地基变形 …………………………… 727
　　13.1.4.1　地基变形分类 ……………… 727
　　13.1.4.2　地基变形允许值 …………… 727
　13.1.5　施工对地基土的影响 ……………… 728
　　13.1.5.1　机械开挖土方时对地基土
　　　　　　　的影响 ………………………… 728
　　13.1.5.2　挤土效应对地基土的影响 … 728
　　13.1.5.3　水对地基土的影响 ………… 729
　　13.1.5.4　暴晒对地基土的影响 ……… 729
　　13.1.5.5　冰冻对地基土的影响 ……… 729
## 13.2　天然地基 ………………………………… 729
　13.2.1　天然地基的评价与防护 …………… 729
　　13.2.1.1　天然地基的稳定性评价 …… 729
　　13.2.1.2　天然地基的均匀性评价 …… 729
　　13.2.1.3　天然地基的承载力计算

　　　　　　　与评价 ………………………… 730
　　13.2.1.4　天然地基的防护 …………… 730
　13.2.2　地基局部处理 ……………………… 730
　　13.2.2.1　松土坑、古墓、坑穴处理 … 730
　　13.2.2.2　土井、砖井、废矿井处理 … 732
　　13.2.2.3　软硬地基处理 ……………… 733
## 13.3　地基处理技术 …………………………… 735
　13.3.1　地基处理技术概述 ………………… 735
　13.3.2　换填垫层 …………………………… 738
　　13.3.2.1　素土、灰土换填 …………… 739
　　13.3.2.2　砂和砂石换填 ……………… 741
　13.3.3　预压地基 …………………………… 745
　　13.3.3.1　堆载预压 …………………… 745
　　13.3.3.2　真空预压 …………………… 754
　　13.3.3.3　真空和堆载联合预压 ……… 756
　　13.3.3.4　增压式真空预压 …………… 756
　13.3.4　压实地基和夯实地基 ……………… 762
　　13.3.4.1　压实地基 …………………… 762
　　13.3.4.2　夯实地基 …………………… 765
　13.3.5　水泥土搅拌桩复合地基 …………… 774
　　13.3.5.1　加固原理及适用范围 ……… 774
　　13.3.5.2　设计 ………………………… 774
　　13.3.5.3　施工机具设备 ……………… 776
　　13.3.5.4　施工工艺 …………………… 779
　　13.3.5.5　施工注意事项 ……………… 780
　13.3.6　旋喷桩复合地基 …………………… 781
　　13.3.6.1　加固原理及适用范围 ……… 781
　　13.3.6.2　设计 ………………………… 781
　　13.3.6.3　施工机具设备 ……………… 783
　　13.3.6.4　施工工艺 …………………… 784
　　13.3.6.5　施工注意事项 ……………… 786
　13.3.7　灰土挤密桩和土挤密桩复合
　　　　　　地基 …………………………… 787
　　13.3.7.1　加固原理及适用范围 ……… 787
　　13.3.7.2　设计 ………………………… 788
　　13.3.7.3　施工机具设备 ……………… 789
　　13.3.7.4　施工工艺及注意事项 ……… 789
　13.3.8　夯实水泥土桩复合地基 …………… 790
　　13.3.8.1　加固原理及适用范围 ……… 790
　　13.3.8.2　设计 ………………………… 791
　　13.3.8.3　施工机具设备 ……………… 791
　　13.3.8.4　施工工艺及注意事项 ……… 791
　13.3.9　水泥粉煤灰碎石桩复合地基

　　　　　　(CFG) …………………… 792
　13.3.9.1　加固原理及适用范围 …… 792
　13.3.9.2　设计 ………………………… 792
　13.3.9.3　施工机具设备 …………… 794
　13.3.9.4　施工工艺及注意事项 …… 795
13.3.10　柱锤冲扩桩复合地基 ……… 797
　13.3.10.1　工作原理和适用范围 …… 797
　13.3.10.2　设计 ……………………… 797
　13.3.10.3　施工 ……………………… 798
13.3.11　注浆加固 …………………… 799
　13.3.11.1　加固原理及适用范围 …… 799
　13.3.11.2　设计 ……………………… 800
　13.3.11.3　施工 ……………………… 801
13.3.12　注浆钢管桩 ………………… 804
　13.3.12.1　加固原理及适用范围 …… 804
　13.3.12.2　设计计算 ………………… 804
　13.3.12.3　施工 ……………………… 805
13.3.13　振动水冲法 ………………… 807
　13.3.13.1　工作原理及使用范围 …… 807
　13.3.13.2　设计 ……………………… 808
　13.3.13.3　施工 ……………………… 810
13.3.14　潜孔冲击高压喷射注浆
　　　　　复合地基 ………………… 814
　13.3.14.1　加固原理及适用范围 …… 814
　13.3.14.2　设计 ……………………… 814
　13.3.14.3　施工设备 ………………… 818
　13.3.14.4　施工工艺及参数 ………… 819
　13.3.14.5　施工质量控制标准 ……… 821
13.3.15　特殊性岩土和不良地质地基 …… 822
　13.3.15.1　湿陷性土地基 …………… 822
　13.3.15.2　冻土地基 ………………… 825
　13.3.15.3　膨胀土地基 ……………… 829
　13.3.15.4　红黏土地基 ……………… 837
　13.3.15.5　岩溶地基 ………………… 841
13.4　桩基工程 ………………………… 846
　13.4.1　桩的分类与桩型选择 ……… 846
　　13.4.1.1　桩的分类 ………………… 846
　　13.4.1.2　桩型选择 ………………… 847
　13.4.2　桩基构造 …………………… 848
　　13.4.2.1　桩基构造 ………………… 848
　　13.4.2.2　承台构造 ………………… 848
　13.4.3　桩基承载力的确定 ………… 848
　　13.4.3.1　桩基竖向受压承载力 …… 848

　　13.4.3.2　桩基水平承载力 ………… 856
　　13.4.3.3　桩的抗拔承载力 ………… 861
　　13.4.3.4　桩的负摩阻力 …………… 862
　13.4.4　桩基成桩工艺的选择 ……… 863
　13.4.5　灌注桩施工 ………………… 865
　　13.4.5.1　施工准备 ………………… 865
　　13.4.5.2　常用机械设备 …………… 865
　　13.4.5.3　泥浆护壁成孔灌注桩 …… 865
　　13.4.5.4　旋挖成孔灌注桩 ………… 873
　　13.4.5.5　长螺旋钻孔压灌桩 ……… 877
　　13.4.5.6　岩石锚杆 ………………… 879
　　13.4.5.7　灌注桩后注浆 …………… 880
　　13.4.5.8　沉井与沉箱 ……………… 882
　　13.4.5.9　载体桩 …………………… 885
　13.4.6　混凝土预制桩与钢桩施工 …… 887
　　13.4.6.1　混凝土预制桩的制作 …… 887
　　13.4.6.2　混凝土预制桩的起吊、
　　　　　　　运输和堆放 ……………… 889
　　13.4.6.3　混凝土预制桩的接桩 …… 890
　　13.4.6.4　施工准备 ………………… 891
　　13.4.6.5　锤击法施工 ……………… 891
　　13.4.6.6　静压法施工 ……………… 894
　　13.4.6.7　钢桩施工 ………………… 898
　　13.4.6.8　钢桩的防腐 ……………… 902
13.5　承台施工 ………………………… 902
13.6　检验与验收 ……………………… 903
　13.6.1　地基基础检测现场试验 …… 904
　　13.6.1.1　基本规定 ………………… 904
　　13.6.1.2　土（岩）地基载荷试验 …… 906
　　13.6.1.3　复合地基载荷试验 ……… 907
　　13.6.1.4　竖向增强体载荷试验 …… 907
　　13.6.1.5　标准贯入试验 …………… 907
　　13.6.1.6　圆锥动力触探试验 ……… 907
　　13.6.1.7　静力触探试验 …………… 908
　　13.6.1.8　十字板剪切试验 ………… 908
　　13.6.1.9　水泥土钻芯法试验 ……… 908
　　13.6.1.10　扁铲侧胀试验 ………… 908
　　13.6.1.11　多道瞬态面波试验 …… 908
　13.6.2　桩基检测现场试验 ………… 909
　　13.6.2.1　基本规定 ………………… 909
　　13.6.2.2　桩基静载试验 …………… 909
　　13.6.2.3　低应变法 ………………… 910
　　13.6.2.4　高应变法 ………………… 910

13.6.2.5　声波透射法 …………… 910
　　13.6.2.6　基础锚杆检测 …………… 911
　　13.6.2.7　钻芯法检测 …………… 911
　　13.6.2.8　内力测试 …………… 911
　　13.6.2.9　管波法 …………… 911
　　13.6.2.10　成孔、成槽检测 …………… 912
　13.6.3　地基基础工程质量检查与
　　　　　验收 …………… 913
　　13.6.3.1　基本规定 …………… 913
　　13.6.3.2　天然地基的检验与验收 …… 917
　　13.6.3.3　地基处理工程质量检验
　　　　　　与验收 …………… 918
　　13.6.3.4　桩基工程质量检测与验收 … 928
　　13.6.3.5　基础工程质量检验与验收 … 935
　　13.6.3.6　工程验收资料 …………… 939
13.7　基槽开挖和回填 …………… 941
　13.7.1　基槽开挖技术要求 …………… 941
　13.7.2　基槽回填技术要求 …………… 941
　13.7.3　流态固化土回填技术 …………… 942
　　13.7.3.1　技术概述 …………… 942
　　13.7.3.2　施工准备 …………… 943
　　13.7.3.3　施工工艺 …………… 943
13.8　常见施工问题及处理 …………… 945
　13.8.1　地基基础施工顺序 …………… 945
　13.8.2　地基处理工程常见问题及处理 … 945
　　13.8.2.1　换填垫层 …………… 945
　　13.8.2.2　夯实地基 …………… 946
　　13.8.2.3　水泥土搅拌桩复合地基 …… 946
　　13.8.2.4　旋喷桩复合地基 …………… 947
　　13.8.2.5　夯实水泥土桩复合地基 …… 947
　　13.8.2.6　CFG桩复合地基 …………… 948
　13.8.3　桩基工程常见问题及处理 …… 949
　　13.8.3.1　灌注桩 …………… 949
　　13.8.3.2　混凝土预制桩 …………… 950
　　13.8.3.3　钢桩 …………… 952
　　13.8.3.4　锚杆静压桩 …………… 953
　13.8.4　土方工程常见问题及处理 …… 954
13.9　施工安全技术措施 …………… 955
　13.9.1　安全操作要求 …………… 955
　13.9.2　安全技术措施 …………… 955
　　13.9.2.1　地基处理工程 …………… 955
　　13.9.2.2　桩基工程 …………… 955
　　13.9.2.3　土方工程 …………… 957
13.10　文明施工与环境保护 …………… 958
　13.10.1　文明施工措施 …………… 958
　　13.10.1.1　文明施工管理目标 …………… 958
　　13.10.1.2　文明施工管理措施 …………… 958
　13.10.2　环境保护管理 …………… 958
　　13.10.2.1　环保目标 …………… 958
　　13.10.2.2　环境保护的教育与监督 …… 959
　　13.10.2.3　噪声污染控制措施 …………… 959
　　13.10.2.4　大气污染控制措施 …………… 959
　　13.10.2.5　固体废弃物控制措施 …… 960
　　13.10.2.6　水污染控制措施 …………… 960
　　13.10.2.7　节约水电、纸张措施 …… 960
参考文献 …………… 961

# 14　脚手架及支撑架工程 …………… 963

14.1　脚手架的分类 …………… 963
　14.1.1　按用途分类 …………… 963
　14.1.2　按脚手架杆件连接方式分类 …… 963
　14.1.3　按构架方式分类 …………… 963
　　14.1.3.1　作业脚手架构架方式分类 … 963
　　14.1.3.2　支撑架构架方式分类 …… 964
　14.1.4　按脚手架设置形式分类 …… 964
　14.1.5　按脚手架支固方式分类 …… 964
14.2　脚手架工程的一般规定 …………… 965
　14.2.1　脚手架安全等级和安全系数 … 965
　　14.2.1.1　脚手架安全等级 …………… 965
　　14.2.1.2　脚手架安全系数 …………… 966
　　14.2.1.3　脚手架结构重要性系数 …… 967
　　14.2.1.4　脚手架使用钢丝绳的安全
　　　　　　系数 $K_s$ …………… 967
　14.2.2　脚手架构配件 …………… 967
　　14.2.2.1　脚手架杆件 …………… 967
　　14.2.2.2　脚手架连接件等配件 …… 968
　　14.2.2.3　脚手板 …………… 968
　14.2.3　脚手架组架和构造 …………… 969
　　14.2.3.1　脚手架组架尺寸 …………… 969
　　14.2.3.2　杆件连接构造 …………… 970
　　14.2.3.3　脚手架剪刀撑构造 …………… 970
　　14.2.3.4　连墙件构造 …………… 972
　　14.2.3.5　单排脚手架的构架 …… 973
　　14.2.3.6　脚手架安全防（围）护 …… 973

14.2.3.7 脚手架搭设高度 …………… 974
14.2.4 脚手架搭设、使用和拆除 …… 974
　14.2.4.1 脚手架的搭设 ………… 975
　14.2.4.2 脚手架搭设质量的检查
　　　　　验收 …………………… 976
　14.2.4.3 脚手架的使用 ………… 977
　14.2.4.4 脚手架的拆除 ………… 977
　14.2.4.5 特种脚手架的使用 …… 977
　14.2.4.6 脚手架地基基础 ……… 978
14.3 脚手架的设计和计算 …………… 978
　14.3.1 脚手架的设计 ……………… 978
　　14.3.1.1 脚手架设计的基本要求 …… 978
　　14.3.1.2 脚手架设计的内容 …… 979
　14.3.2 脚手架设计计算的内容、方法
　　　　 和基本模式 ………………… 979
　　14.3.2.1 脚手架设计计算的内容 …… 979
　　14.3.2.2 脚手架设计计算的方法 …… 980
　　14.3.2.3 脚手架基本计算模式 …… 980
　14.3.3 脚手架荷载与效应组合 …… 981
　　14.3.3.1 荷载的分类 …………… 981
　　14.3.3.2 荷载标准值 …………… 982
　　14.3.3.3 荷载组合 ……………… 991
　　14.3.3.4 荷载基本组合计算 …… 993
　14.3.4 脚手架架体结构设计计算 … 994
　　14.3.4.1 计算参数取值 ………… 994
　　14.3.4.2 脚手架承载能力极限状态
　　　　　　设计计算 ……………… 995
　　14.3.4.3 脚手架正常使用极限状态
　　　　　　的设计计算 …………… 1000
　　14.3.4.4 脚手架连墙件杆件的设计
　　　　　　计算 …………………… 1001
　　14.3.4.5 脚手架立杆底座和地基
　　　　　　承载力验算 …………… 1002
14.4 常用落地式脚手架的设计和
　　 施工 …………………………… 1003
　14.4.1 扣件式钢管脚手架 ………… 1003
　　14.4.1.1 材料与构配件 ………… 1003
　　14.4.1.2 荷载与设计计算 ……… 1010
　　14.4.1.3 构造要求 ……………… 1026
　　14.4.1.4 搭拆、检查与验收 …… 1038
　14.4.2 盘扣式钢管脚手架 ………… 1048
　　14.4.2.1 材料与构配件 ………… 1049

14.4.2.2 荷载与设计计算 ……… 1055
14.4.2.3 构造要求 ……………… 1060
14.4.2.4 搭拆、检查与验收 …… 1071
14.4.3 碗扣式钢管脚手架 ………… 1071
　14.4.3.1 材料与构配件 ………… 1072
　14.4.3.2 荷载与设计计算 ……… 1074
　14.4.3.3 构造要求 ……………… 1080
　14.4.3.4 搭拆、检查与验收 …… 1084
14.4.4 榫卯（插槽）式钢管脚手架 …… 1085
　14.4.4.1 材料与构配件 ………… 1085
　14.4.4.2 荷载与设计计算 ……… 1087
　14.4.4.3 构造要求 ……………… 1092
　14.4.4.4 搭拆、检查与验收 …… 1095
14.4.5 门（框组）式钢管作业脚
　　　 手架 ………………………… 1096
　14.4.5.1 材料与构配件 ………… 1096
　14.4.5.2 荷载与设计计算 ……… 1101
　14.4.5.3 门式作业脚手架构造
　　　　　 要求 …………………… 1106
　14.4.5.4 搭拆、检查与验收 …… 1111
14.4.6 移动式脚手架 ……………… 1113
　14.4.6.1 材料与构配件 ………… 1113
　14.4.6.2 荷载与设计计算 ……… 1115
　14.4.6.3 构造要求 ……………… 1116
14.4.7 电动桥式脚手架 …………… 1117
　14.4.7.1 构配件 ………………… 1117
　14.4.7.2 系统组成 ……………… 1118
　14.4.7.3 技术特点 ……………… 1119
14.5 常用非落地式脚手架的设计与
　　 施工 …………………………… 1120
　14.5.1 悬挑式脚手架 ……………… 1120
　　14.5.1.1 悬挑式脚手架的型式、
　　　　　　 特点和构造要求 ……… 1120
　　14.5.1.2 悬挑式脚手架的搭设
　　　　　　 要求 …………………… 1123
　　14.5.1.3 设计计算方法 ………… 1124
　14.5.2 附着式升降脚手架 ………… 1128
　　14.5.2.1 附着式脚手架的形式、
　　　　　　 特点和构造要求 ……… 1128
　　14.5.2.2 附着式脚手架的安全规定
　　　　　　 和注意事项 …………… 1136
　14.5.3 吊挂式脚手架 ……………… 1140
　　14.5.3.1 吊挂式脚手架的形式、

　　　　　特点和构造要求…………… 1140
　　14.5.3.2 吊挂式脚手架的安全
　　　　　规定和注意事项…………… 1142
　14.5.4 吊篮……………………………… 1143
　　14.5.4.1 吊篮的形式、特点和构造
　　　　　要求………………………… 1143
　　14.5.4.2 吊篮设计、制作和使用的
　　　　　安全要求…………………… 1154
14.6 卸料平台的设计与施工 ……………… 1156
　14.6.1 卸料平台形式与用途……………… 1156
　14.6.2 落地式卸料平台…………………… 1156
　　14.6.2.1 落地式卸料平台的构造
　　　　　要求………………………… 1156
　　14.6.2.2 落地式卸料平台的设计与
　　　　　施工………………………… 1157
　14.6.3 悬挑式卸料平台…………………… 1158
　　14.6.3.1 悬挑式卸料平台的构造
　　　　　要求………………………… 1158
　　14.6.3.2 悬挑式卸料平台的设计与

　　　　　施工………………………… 1160
　14.6.4 自升式卸料平台…………………… 1162
　　14.6.4.1 自升式卸料平台的构造
　　　　　要求………………………… 1162
　　14.6.4.2 自升式卸料平台的设计与
　　　　　施工………………………… 1165
14.7 高处作业安全防护 …………………… 1167
　14.7.1 安全网……………………………… 1167
　　14.7.1.1 安全网的分类……………… 1168
　　14.7.1.2 安全网使用注意事项……… 1168
　14.7.2 安全防护棚………………………… 1169
　　14.7.2.1 交叉作业与坠落半径……… 1169
　　14.7.2.2 安全防护棚设置规定……… 1170
　　14.7.2.3 安全防护棚的构造要求…… 1170
　14.7.3 防护屏……………………………… 1173
　　14.7.3.1 防护屏的构造要求………… 1173
　　14.7.3.2 防护屏的安全注意事项…… 1175
14.8 脚手架工程的绿色施工 ……… 1175

# 8 施工机械与设备

## 8.1 工程桩施工机械

### 8.1.1 基础桩工程施工机械

#### 8.1.1.1 打入桩施工机械

**1. 柴油打桩锤**

柴油打桩锤是以柴油为燃料,以冲击作用方式进行打桩施工的桩工机械。其构造实际是一种单缸二冲程自由活塞式内燃机,具有结构简单、施工方便、不受电源限制等特点,应用广泛。

柴油打桩锤可分为导杆式柴油打桩锤和筒式柴油打桩锤。如图 8-1 所示。

(1) 导杆式柴油打桩锤

冲击部分沿导杆作上下运动,向上时由柴油燃爆推起,以自重下落实现冲击作用。

(2) 筒式柴油打桩锤

芯锤沿圆形筒体作上下运动,向上时由柴油压缩燃爆而推起,圆柱形芯锤以自重下落,实现夯击桩顶的作用。

**2. 液压打桩锤**

液压锤是以液压能作为动力,举起锤体然后快速泄油,或同时反向供油,使锤体加速下降,锤击桩帽并将桩体沉入土中。同时,液压锤通过桩帽这一缓冲装置,直接将能量传给桩体,因此可以不受限制地对各种形状的钢板桩、混凝土预制桩、木桩等进行沉桩作业,如图 8-2 所示。液压打桩锤打桩噪声小,无污染,适合于城市环保要求高的地区作业。

图 8-1 筒式柴油打桩锤

图 8-2 液压打桩锤

另外，液压锤还可以相当方便地进行陆上与水上的斜桩作业，比其他桩锤有独到的优越性。

液压锤可分为单作用和双作用两种类型。主要技术性能见表8-1。

液压打桩锤主要技术性能　　　　表8-1

| 型号 | ZCY3/40 | ZCY3/50 | ZCY4/60 | ZCY4/70 | ZCY5/80 | ZCY5/90 | ZCY6/100 | ZCY6/115 | ZCY7/130 | ZCY7/150 | ZCY8/170 | ZCY8/190 |
|---|---|---|---|---|---|---|---|---|---|---|---|---|
| 锤体质量（t） | 3 | | 4 | | 5 | | 6 | | 7 | | 8 | |
| 锤体最大下降高度（m） | 0.8 | 1.0 | 1.0 | 1.2 | 1.2 | 1.4 | 0.9 | 1.1 | 1.0 | 1.2 | 1.2 | 1.4 |
| 最大单次打击能量（kN·m） | 40 | 50 | 60 | 70 | 80 | 90 | 100 | 115 | 130 | 150 | 170 | 190 |
| 打击频率（b/min） | 40~110 | 32~110 | 35~110 | 30~110 | 35~110 | 30~110 | 38~110 | 32~110 | 36~110 | 31~110 | 36~110 | 30~110 |
| 液压锤总质量（t） | 8.5 | 9 | 10.5 | 11 | 12.5 | 13 | 14.5 | 15 | 16.5 | 17 | 18.5 | 19 |
| 整机重量（t） | 35 | 36.5 | 38 | 39.5 | 50 | 51.5 | 53 | 54.5 | 65 | 67 | 69 | 71 |
| 装机功率（kW） | 30×2+22+1.5 | | 30+37+22+1.5 | | 37×2+30+1.5 | | 37×2+30×2+1.5 | | 37×3+30+1.5 | | 37×2+30×3+1.5 | |
| 适应混凝土预制桩 | φ300~φ500 | | | | φ300~φ600 | | | | φ300~φ800 | | | |
| 适应钢管桩 | φ300~φ600 | | | | φ300~φ800 | | | | φ300~φ1000 | | | |

**3. 蒸汽打桩锤**

蒸汽打桩锤是以蒸汽（或压缩空气）作为动力，提升桩锤的冲击部分进行锤击沉桩。由于蒸汽打桩锤结构简单，工作可靠，能适应各种性质的地基，而且操作、维修也较容易；它可以做成超大型，可以打斜桩、水平桩，甚至打向上的桩，如图8-3所示。按蒸汽锤的动作方式可分为自由落体的单作用式和强制下落的双作用式。

**4. 振动桩锤**

振动桩锤又称振动沉拔桩锤，它是利用激振器沿桩柱的铅垂力方向产生正弦波规律变化的激振力，桩在激振力的作用下，以一定的频率和振幅发生振动，使桩的周围土壤处于"液化"状态，从而大大降低了土壤对桩下沉或拔出的摩擦阻力，如图8-4所示。振动桩锤在一定的地质条件下，具有沉桩或拔桩效率高、速度快、噪声小、便于施工等特点，最适合于打拔钢板桩和钢管桩，因而得到广泛使用，但瞬间电流量大，需要有足够的电源。

图 8-3 蒸汽打桩锤　　　图 8-4 振动打桩锤

振动桩锤可以作如下分类：

（1）按动力可分为电动振动和液压振动两类。

（2）按振动频率可分为低频（300～700r/min）、中频（700～1500r/min）、高频（2300～2500r/min）、超高频（约 6000r/min）。振频及振幅可在较大范围内进行调节，对不同的地质情况，不同的桩型，可以选择最佳的振动频率及振幅，保证动力系统始终满载输出，获得最佳的功效。

（3）按振动偏心块的结构，可分为固定式偏心块和可调式偏心块两类。

振动打桩锤的主要技术性能见表 8-2。

振动打桩锤主要技术性能表　　表 8-2

| 型号 | DZ15 | DZ30 | DZ40 | DZ50 | DZ60 | DZ75 | DZ120 | DZ180 | DZ45kS | DZ60kS | DZ75kS | DZ110kS |
|---|---|---|---|---|---|---|---|---|---|---|---|---|
| 激振力（kN） | 89 | 180 | 230 | 280 | 350 | 420 | 775 | 901 | 277 | 360 | 414 | 5930 |
| 偏心力矩（N·m） | 80 | 170 | 190 | 250 | 300 | 340 | 680 | 630×2 | 238 | 310 | 370 | 510 |
| 振动频率（次/min） | 1000 | 980 | 1050 | 1000 | 1000 | 1080 | 1000 | 800 | 1020 | 1020 | 1000 | 1020 |
| 空载振幅（mm） | 8.4 | 8.4 | 9.3 | 9.0 | 10.1 | 11 | 11.6 | 16.9 | 8.3 | 9.9 | 11.3 | 10 |
| 电机功率（kW） | 15 | 30 | 40 | 45 | 55 | 75 | 120 | 90×2 | 22×2 | 30×2 | 37×2 | 55×2 |
| 允许拔桩力（kN） | 60 | 100 | 100 | 120 | 120 | 160 | 300 | 400 | 160 | 160 | 200 | 240 |

续表

| 外形尺寸 (mm) | 长 | 900 | 1336 | 1336 | 1420 | 1420 | 1420 | 2800 | 1300 | 2020 | 2180 | 2100 | 2387 |
|---|---|---|---|---|---|---|---|---|---|---|---|---|---|
| | 宽 | 800 | 1015 | 1016 | 1040 | 1040 | 1040 | 1600 | 2000 | 1270 | 1100 | 1280 | 1414 |
| | 高 | 1420 | 1770 | 1770 | 2050 | 2050 | 2050 | 2750 | 5000 | 1720 | 2070 | 1900 | 2054 |
| 总质量 (t) | | 1.61 | 3.10 | 3.20 | 3.75 | 3.90 | 4.10 | 8.27 | 13.00 | 4.14 | 4.61 | 4.88 | 6.52 |
| 生产厂 | | 浙江振中工程机械股份有限公司 | | | | | | | | | | | |

### 5. 桩锤的合理选择

桩锤形式有落锤、汽锤、柴油锤、振动锤等，其使用条件和适用范围可参考表 8-3。

落锤、汽锤、柴油锤、振动锤使用条件和适用范围　　　表 8-3

| 桩锤种类 | 优缺点 | 适用范围 |
|---|---|---|
| 柴油桩锤（利用燃油爆炸，推动活塞，引起锤头跳动夯击桩顶） | 附有桩架、动力等设备，不需要外部能源，机架轻，移动便利，打桩快，燃料消耗少；但桩架高度低，遇硬土或软土不宜使用 | 1. 最适于打钢板桩、木桩<br>2. 在软弱地基打 12m 以下的混凝土桩 |
| 液压桩锤（以液压能作为动力，举起锤体然后快速泄油，或同时反向供油，使锤体加速下降，锤击桩帽） | 液压锤通过桩帽这一缓冲装置，直接将能量传给桩体，一般不需要特别的夹桩装置，因此可以不受限制地对各种形状的钢板桩、混凝土预制桩、木桩等进行沉桩作业。另外，液压锤还可以相当方便地进行陆上与水上的斜桩作业，比其他桩锤有独到的优越性 | 液压锤正被广泛地用于工业、民用建筑、道路、桥梁以及水中桩基施工（加上防水保护罩，可在水面以下进行作业） |
| 单动汽锤（利用蒸汽或压缩空气的压力将锤头上举，然后自由下落冲击桩顶） | 结构简单，落距小，对设备和桩头不易造成损坏，打桩速度及冲击力较落锤大，效率较高 | 1. 适于打各种桩<br>2. 最适于套管法打就地灌注混凝土桩 |
| 双动汽锤（利用蒸汽或压缩空气的压力将锤头上举及下冲，增加夯击能量） | 冲击次数多，冲击力大，工作效率高，但设备笨重，移动较困难 | 1. 适于打各种桩，并可用于打斜桩<br>2. 使用压缩空气时，可用于水下打桩<br>3. 可用于拔桩、吊锤打桩 |
| 振动桩锤（利用偏心轮引起激振，通过刚性连接的桩帽传到桩上） | 沉桩速度快，适用性强，施工操作简易安全，能打各种桩，并能帮助卷扬机拔桩；但不适于打斜桩 | 1. 适于打钢板桩、钢管桩、长度在 15m 以内的打入式灌注桩<br>2. 适于粉质黏土、松散砂土、黄土和软土，不宜用于岩石、砾石和密实的黏性土地基 |
| 静力压桩（系利用静力压桩机或利用桩架自重及附属设备的重量，通过卷扬机的牵引传至桩顶，将桩逐节压入土中） | 压桩无振动，对周围无干扰；不需打桩设备；桩配筋简单，短桩可接，便于运输，节约钢材；但不能适应多种土的情况，如利用桩架压桩，需要搭架设备，自重大，运输安装不便 | 1. 适于软土地基及打桩振动影响邻近建筑物或设备的情况<br>2. 可采截面 40cm×40cm 以下的钢筋混凝土空心管桩、实心桩 |

#### 8.1.1.2 压入桩施工机械

1. 常用压入桩施工机械的种类及适用范围

静力压桩机是以压桩机的自重克服沉桩过程中的阻力,当静压力超过桩周上的摩阻力时,桩就沿着压梁的轴线方向下沉。静力沉桩具有无振动、无噪声的特点,在城市居住密集区施工有明显的优越性,并且由于桩身只承受垂直静压力,无冲击力和锤击拉应力,因而减少了桩身、桩头的破损率,提高了施工质量,但在饱和软黏土地区沉桩时,若不控制沉桩的速率和降低孔隙水压力,也会引起土体的隆起和水平位移。

静力压桩机可分为机械式和液压式两种。机械式压桩力由机械方式传递,液压式用液压缸产生的静压力来压桩。

2. 常用压入桩施工机械的技术性能

常用压入桩施工机械的技术性能见表 8-4～表 8-7。

长沙天为压桩机参数（ZYC80～240）　　　表 8-4

| 型号 | | ZYC80 | ZYC100 | ZYC120 | ZYC150 | ZYC180 | ZYC240 |
|---|---|---|---|---|---|---|---|
| 额定压桩力（kN） | | 800 | 1000 | 1200 | 1500 | 1800 | 2400 |
| 压桩速度（m/min） | 高速 | 6.3 | 6.3 | 10.0 | 11.0 | 7.7 | 4.5 |
| | 低速 | 3.0 | 3.0 | 3.0 | 2.7 | 1.8 | 2.2 |
| 一次性压桩行程（m） | | 1.6 | 1.6 | 1.6 | 1.6 | 1.9 | 1.9 |
| 一次性行走距离（m） | 纵向 | 1.5 | 1.5 | 1.6 | 2.4 | 2.4 | 1.5 |
| | 横向 | 0.4 | 0.4 | 0.5 | 0.6 | 0.6 | 0.4 |
| 每次转角（°） | | 15 | 15 | 15 | 15 | 15 | 15 |
| 升降行程（m） | | 1.25 | 1.45 | 1.45 | 1.45 | 1.6 | 1.6 |
| 适用方桩（mm） | | 350 | 350 | 350 | 500 | 500 | 300 |
| 适用圆柱（mm） | | 350 | 350 | 350 | 500 | 500 | 300 |
| 边桩距离（mm） | | 300 | 400 | 350 | 350 | 450 | 450 |
| 角桩距离（mm） | | 500 | 800 | 700 | 700 | 900 | 900 |
| 吊机起重量（t） | | 5.0 | 5.0 | 8 | 8.0 | 8.0 | 12 |
| 吊装长度（m） | | 8 | 9.0 | 12 | 12 | 12 | 14 |
| 功率（kW） | 压桩 | 37 | 37 | 37 | 60 | 60 | 18.5 |
| | 起重 | 11 | 22 | 22 | 22 | 30 | 11 |
| 主要尺寸（m） | 工作长 | 6.7 | 9.1 | 9.45 | 9.9 | 11.1 | 5.4 |
| | 工作宽 | 4.2 | 4.7 | 5.2 | 5.5 | 5.8 | 3.9 |
| | 运输高 | 2.7 | 2.9 | 2.9 | 3.0 | 3.0 | 2.0 |
| 总重量（t）≥ | | 80 | 100 | 120 | 150 | 180 | 240 |

长沙天为压桩机参数（ZYC280～860） 表8-5

| 型号 | | ZYC280 | ZYC460 | ZYC600 | ZYC700 | ZYC860 |
|---|---|---|---|---|---|---|
| 额定压桩力（kN） | | 2800 | 4600 | 6000 | 7000 | 8600 |
| 压桩速度（m/min） | 高速 | 8.5 | 7.0 | 7.0 | 7.2 | 7.2 |
| | 低速 | 1.6 | 1.4 | 1.0 | 1.1 | 1.1 |
| 一次压桩行程（m） | | 1.9 | 1.9 | 1.9 | 1.9 | 1.9 |
| 一次行走距离（m） | 纵向 | 3.6 | 3.6 | 3.6 | 3.6 | 3.6 |
| | 横向 | 0.7 | 0.7 | 0.7 | 0.7 | 0.7 |
| 每次转角（°） | | 15 | 11 | 11 | 11 | 11 |
| 升降行程（m） | | 1.0 | 1.1 | 1.2 | 1.2 | 1.2 |
| 适用方桩（mm） | | 500 | 650 | 650 | 650 | 650 |
| 适用圆柱（mm） | | 600 | 800 | 800 | 800 | 800 |
| 边桩距离（mm） | | 900 | 1250 | 1380 | 1380 | 1400 |
| 角桩距离（mm） | | 1800 | 2500 | 2800 | 2800 | 2800 |
| 吊机起重量（t） | | 12.0 | 16 | 16 | 25 | 25 |
| 吊装长度（m） | | 14 | 16 | 16 | 17 | 17 |
| 功率（kW） | 压桩 | 111 | 111 | 111 | 141 | 141 |
| | 起重 | 30 | 30 | 37 | 37 | 37 |
| 主要尺寸（m） | 工作长 | 13.00 | 13.8 | 14.7 | 14.7 | 15.4 |
| | 工作宽 | 7.4 | 8.12 | 8.3 | 8.52 | 8.62 |
| | 运输高 | 3.25 | 3.3 | 3.3 | 3.35 | 3.35 |
| 总重量（t）≥ | | 280 | 460 | 600 | 700 | 860 |

长沙天为压桩机参数（ZYC960～1200） 表8-6

| 型号 | | ZYC960 | ZYC1060 | ZYC1200 |
|---|---|---|---|---|
| 额定压桩力（kN） | | 9600 | 10600 | 12000 |
| 压桩速度（m/min） | 高速 | 7.2 | 6.0 | 7.2 |
| | 低速 | 1.0 | 1.0 | 1.1 |
| 一次压桩行程（m） | | 1.9 | 1.9 | 1.9 |
| 一次行走距离（m） | 纵向 | 3.6 | 3.6 | 3.6 |
| | 横向 | 0.7 | 0.6 | 0.7 |
| 每次转角（°） | | 11 | 11 | 11 |
| 升降行程（m） | | 1.2 | 1.2 | 1.2 |
| 适用方桩（mm） | | 650 | 650 | 650 |

续表

| 适用圆柱（mm） | 800 | 800 | 800 |
|---|---|---|---|
| 边桩距离（mm） | 1400 | 1600 | 1600 |
| 角桩距离（mm） | 2800 | 3200 | 3200 |
| 吊机起重量（t） | 25 | 25 | 50 |
| 吊装长度（m） | 17 | 17 | 17 |
| 功率（kW） 压桩 | 141 | 141 | 141 |
| 起重 | 37 | 45 | 37 |
| 主要尺寸（m） 工作长 | 16 | 16.8 | 15.4 |
| 工作宽 | 8.9 | 9.2 | 8.62 |
| 运输高 | 3.40 | 3.40 | 3.35 |
| 总重量（t）≥ | 960 | 1060 | 1200 |

其他厂商压桩机参数　　　　　表 8-7

| 型号 | YZY80 | YZY120 | YZY160 | WYC150 | DYG320 |
|---|---|---|---|---|---|
| 最大夹持力（kN） | 2600 | 3530 | 5000 | 5000 | 6000 |
| 夹持速度（m/min） | 0.7 | 0.7 | 0.55 | 0.36 | |
| 最大夹入力（kN） | 800 | 1200 | 1600 | 1500 | 3200 |
| 压桩速度（m/min） | 1.7 | 2 | 1.81 | 2.4，1.2 | |
| 最大顶升力（kN） | 1440 | 2430 | 1840 | 3000 | |
| 顶升速度（m/min） | 1 | 1 | 1.01 | 0.6 | |
| 最大桩段长度（m） | 12 | 12 | 10 | 15 | 20 |
| 最大桩段截面（mm×mm） | 400×400 | 400×400 | 450×450 | 400×400 | 45～63号工字钢 |
| 最小桩段截面（mm×mm） | 300×300 | 350×350 | 350×350 | 350×350 | |
| 液压系统额定压力（MPa） | 13 | 17 | 17 | 16 | 32 |
| 液压系统额定流量（L/min） | 146 | 154 | 176.5 | 118 | 400 |
| 主电动机功率（kW） | 30 | 30 | 40 | 40 | 55 |
| 副电动机功率（kW） | 13 | 13 | 30 | 30 | 17 |
| 主要尺寸（m） 工作长 | 9 | 9 | 11.45 | 10.2 | 11.9 |
| 工作宽 | 6.76 | 6.76 | 7.8 | 8 | 11.09 |
| 工作高 | 6.45 | 6.45 | 15.48 | 6.53 | 15 |
| 总质量（t） | 110 | 120 | 188.5 | 180 | 150 |
| 生产厂 | ××× | | ××× | ××× | |

### 8.1.1.3 钻孔灌注桩施工机械

1. 螺旋钻孔机械

螺旋钻孔机具有以下特点:

(1) 振动小,噪声低,不扰民,造价低,无泥浆污染,设备简单,施工方便。

(2) 钻进速度快。在一般土层中,用长螺旋钻孔机钻凿一个深12m、直径0.4m的桩孔,作业时间只需7~8min,加上移位、定位,正常情况下,一台班可钻凿20~25个。

(3) 混凝土灌注质量较好。

(4) 单桩承载力较打入式预制桩低。

(5) 桩端或多或少留有虚土,适用范围限制较大。

螺旋钻孔机按照底盘行走方式可分为履带式、步履式和汽车式;按驱动方式可以分为电动与液压传动,电动主要用于步履式打桩架,液压传动用于履带式打桩架;按钻孔方式可以分为单根螺旋钻孔的单轴式和多根螺旋钻孔的多轴式,如图8-5所示。

长螺旋钻孔机主要技术性能见表8-8。

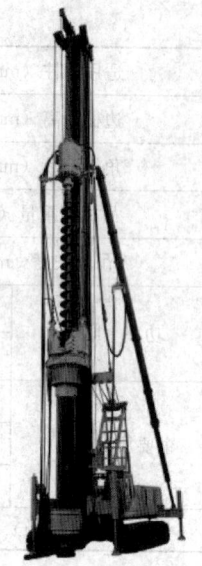

图 8-5 单轴式螺旋钻孔机

长螺旋钻孔机主要技术性能表　　表 8-8

| 型号 | | BQZ | KLB | ZKL400B | LZ | ZKL650Q |
|---|---|---|---|---|---|---|
| 钻孔深度 (m) | | 8~10.5 | 12 | 12 (15) | 13 | 10 |
| 钻孔直径 (mm) | | 300~400 | 300~600 | 300~400 | 300~600 | 350 510 600 |
| 钻进速度 (m/min) | | 1.5~2 | 1~1.5 | | | |
| 钻杆转速 (r/min) | | 140 | 88 | 98 | 70~110 | 39 64 99 |
| 钻杆转矩 (kN·m) | | 1.47 | 3.30 | 2.67 | 3.60 | 6.71 |
| 机头电动机功率 (kW) | | 22 | 40 | 30 | 30 | 40 |
| 整机行走速度 (m/min) | | 8 | | | | |
| 一次行走距离 (m) | | | | 1.5 | | |
| 提钻速度 (m/min) | | 13 | | | | |
| 卷扬电动机功率 (kW) | | 10 | | 11.4 | | |
| 卷扬起重能力 (kN) | | 30 | 90 | 20 | | |
| 整机回转角度 | | 190° | 100° | 120° | | 60° |
| 桩架形式 | | 步履式 | 步履式 | 步履式 | 履带式 W1001 | 汽车式 |
| 整机质量 (kg) | | 10000 | 13000 | 12500 | | 25000 |
| 工作状态外形尺寸 (m) | 长度 | 7.90 | 7.90 | 7.93 | | |
| | 宽度 | 4.10 | 4.10 | 4.46 | | |
| | 高度 | 12.39 | 15.50 | 13.90 | | |
| 运输状态外形尺寸 (m) | 长度 | 12.10 | 11.10 | 13.55 | | |
| | 宽度 | 2.60 | 2.60 | 2.60 | | |
| | 高度 | 3.65 | 3.78 | 3.78 | | |
| 生产厂 | | ××× | ××× | ××× | ××× | ××× |

短螺旋钻孔机的主要技术性能见表 8-9。

短螺旋钻孔机主要技术性能表　　　　　表 8-9

| 型号 | TEXOMA300 | TEXOMA600 | TEXOMA7011 | ZKL1500 | BZ-1 |
|---|---|---|---|---|---|
| 钻孔直径（mm） | 1828 | 1828 | 1828 | 1500 | 300~800 |
| 钻孔深度（m） | 6.09 | 10.6 | 18.28 | 70（最大）40（标准） | 11.8 |
| 钻杆转速（r/min） | 30/61/108/188 | 30/61/108/188 | 39/65/111/233 | 0~195 | 45（钻进）198（甩土） |
| 钻杆转矩（kN·m） | 52.9/26.3/14.8/8.4 | 52.9/26.3/14.8/8.4 | 73.2/32.6/19.0/9.1 | 105 | 5.2 |
| 方钻杆（mm） | 76.2 | 76.2 | 139.7/101.6 | | |
| 回转台回转角度 | 240° | 240° | 240° | | |
| 主轴前后移动距离（mm） | 91.4 | 91.4 | 91.4 | | |
| 主轴左倾、右倾角 | 35° | 9° | 6° | | |
| 主轴前倾角 | 15° | 15° | 10° | | |
| 主轴后倾角 | 15° | 15° | 10° | | |
| 动力型式 | 柴油机 | 柴油机 | 柴油机 | 柴油机 | 液压泵 |
| 功率（kW） | 80 | 100 | 100 | 83 | 40 |
| 底盘型式 | 车装式 | 车装式 | 车装式 | 履带式 | 车装式 |
| 总质量（kg） | 17200 | 24000 | 27600 | | 8000 |
| 生产厂 | | ××× | | ××× | ××× |

**2. 全套管钻孔机械**

全套管钻孔机主要在桥梁等大型建筑基础钻孔桩施工时使用，施工时在成孔过程中一面下沉钢质套管，一面在钢管中抓挖黏土或砂石，直至钢管下沉到设计深度，成孔后灌注混凝土，同时逐步将钢管拔出，以便重复使用。

(1) 采用全套管钻孔机施工具有以下优点：

1) 在打孔时，可以确切地分析清楚持力层的土质，因此可随时确定混凝土灌注深度。

2) 在软土地基中，由于套管先行压入，因此不会引起坍孔，也不必采用任何护壁方式。

3) 由于有套管护壁不会坍孔，因此可在邻近的建筑物处施工。

4) 可以在除岩层外的任何土层钻竖直孔、倾斜孔，特别适用于斜桩的需要。

(2) 全套管钻孔机适用于除岩层以外的任何土质，但在孤石、泥岩层或软岩层成孔时，成孔效率将显著降低。此外，当地下水位下有厚细砂层（厚度 5m 以上）时，由于摇动作业使砂层压密，造成压进或拉拔套管困难，应避免在有厚砂层的土层中使用。

全套管钻孔机按照结构形式可以分为整机式和分体式；按成孔直径可分为小型机（直

径在1.2m以下)、中型机（直径在1.2～1.5m）和大型机（直径在1.5m以上）。

全套管钻孔机的主要技术性能见表8-10。

全套管钻孔机主要技术性能表　　　　表8-10

| 型号 | | MT120 | MT130 | MT150 | MT200 | 20TH | 20THC | 20THD | 30THC | 30THCS | 50TH |
|---|---|---|---|---|---|---|---|---|---|---|---|
| 钻孔直径（m） | | 1.0～1.2 | 1.0～1.3 | 1.0～1.5 | 1.0～2.0 | 0.6～1.2 | 0.6～1.2 | 0.6～1.3 | 1.0～1.5 | 1.0～1.5 | 1.0～2.0 |
| 钻孔深度（m） | | 35～50 | 35～60 | 40～60 | 35～60 | 27 | 35～40 | 35～40 | 35～40 | 35～45 | 35～40 |
| 工作状态外形尺寸（mm） | 长度 | 7580 | 8700 | 10570 | 11020 | 7815 | 7810 | 8060 | 9450 | 9710 | 10745 |
| | 宽度 | 3300 | 3100 | 3180 | 3490 | 3700 | 2820 | 2820 | 3200 | 3200 | 4574 |
| | 高度 | 11180 | 14965 | 16060 | 16060 | 15300 | 10460 | 11960 | 13300 | 13300 | 16774 |
| 运输状态外形尺寸（mm） | 长度 | 12250 | 14080 | 15510 | 15920 | 15160 | 10625 | 12420 | 9550 | 9710 | 10774 |
| | 宽度 | 3000 | 3100 | 3180 | 3490 | 2820 | 2820 | 2820 | 3200 | 3200 | 4574 |
| | 高度 | 3315 | 4465 | 5180 | 5700 | 3135 | 3165 | 3165 | 3170 | 3170 | 3170 |
| 质量（kg） | | 24000 | 30000 | 51000 | 54000 | 27000 | 23000 | 24000 | 37500 | 37900 | 50000 |
| 摇动扭矩（kN·m） | | 510 | 680 | 1480 | 1600 | 460 | 506 | 632 | 1350 | 1350 | 1810 |
| 最大压管力（kN） | | 150 | 200 | 300 | 350 | | 150 | 150 | 260 | | |
| 最大拔管力（kN） | | 440 | 600 | 1180 | 1180 | 420 | 420 | 520 | 920 | 920 | 920 |
| 上下动时千斤顶能力（kN） | | 640 | 800 | 1000 | 1000 | | 560 | 700 | 1350 | | |
| 摇动角度 | | 15° | 13° | 12° | 12° | 17° | 12° | 12° | 13° | 13° | 17° |
| 发动机额定功率（kW） | | 125 | 114 | 125 | 125 | 72 | 106 | 106 | 162 | 162 | 96×2 |
| 发动机额定转速（r/min） | | 1600 | 1500 | 1600 | 1600 | 1800 | 1800 | 1800 | 1800 | 1800 | 1400 |
| 卷扬机起重力（kN） | | 35 | 35 | 50 | 50 | | 30 | 30 | 60 | | |
| 卷扬机提升速度（m/min） | | 120 | 120 | 85 | 85 | | 120 | 120 | 90 | | |
| 接地压力（MPa） | | 0.08 | 0.072 | 0.094 | 0.104 | | 0.06 | 0.067 | 0.079 | | |
| 爬坡能力 | | 19° | 16° | 15.3° | 13.3° | | 12° | 12° | 17° | | |
| 行走速度（km/h） | | 1.0 | 0.92 | 0.73 | 0.73 | | | | | | |
| 适用套管（m） | | 4 | 6 | 6 | 6 | | 6 | 6 | 6 | | |
| 液压泵常用输出压力（MPa） | | 21 | 14 | 14 | 14 | | | | | | |
| 液压泵常用输出流量（L/min） | | 100 | 200 | 120 | 120 | | | | | | |
| 生产厂 | | ×culo×× | | | | | ××× | | | | |

续表

| 型号 | | 900 | 1200 | 1500 | 2000 | 2200 | 2500 | GC700 | GC900 | GC1000 | GC1300 | GC1500 | GC1800 | GC2200 | GC2500 |
|---|---|---|---|---|---|---|---|---|---|---|---|---|---|---|---|
| 钻孔直径（mm） | | 900 | 1200 | 1500 | 2000 | 2200 | 2500 | 700 | 900 | 1000 | 1500 | 1800 | 2200 | 2500 | |
| 外形尺寸（mm） | 长 | 5000 | 5750 | 6500 | 7700 | 7700 | 8800 | 4800 | 5420 | 5580 | 5930 | 6530 | 8040 | 7860 | 8300 |
| | 宽 | 1900 | 2250 | 2850 | 3200 | 3400 | 4000 | 1740 | 1870 | 2200 | 2430 | 2490 | 3150 | 3500 | 3950 |
| | 高 | 1720 | 1800 | 1850 | 1950 | 2050 | 2580 | 2200 | 2190 | 2400 | 2480 | 2480 | 3150 | 3550 | 4000 |
| 拔管力（kN） | | 1300 | 1900 | 2350 | 3050 | 4500 | 5150 | 678 | 923 | 1205 | 1884 | 1884 | 2712 | 4350 | 4350 |
| 拔管行程（mm） | | 500 | 600 | 600 | 600 | 600 | 650 | 500 | 500 | 600 | 600 | 600 | 700 | 730 | 920 |
| 夹管力（kN） | | 1030 | 1400 | 1900 | 2490 | 3300 | 3780 | 503 | 842 | 842 | 989 | 1120 | 1837 | 3140 | 3670 |
| 压管行程（mm） | | 192 | 262 | 327 | 436 | 484 | 546 | | | | | | | | |
| 摇动扭矩（kN·m） | | 1200 | 2100 | 2920 | 4110 | 6900 | 7070 | 530 | 760 | 1060 | 2000 | 2100 | 3400 | 6740 | 8000 |
| 摇动角度 | | 25° | 25° | 25° | 25° | 25° | 25° | 32° | 30° | 26° | 26° | 24° | 24° | 23° | 26° |
| 钻机液压最大压力（MPa） | | | | | | | | 30 | 30 | 30 | 30 | 30 | 30 | 30 | 30 |
| 钻机液压工作压力（MPa） | | 31 | 31 | 31 | 31 | 31 | 31 | 20 | 20 | 20 | 20 | 20 | 20 | 20 | 20 |
| 钻机质量（kg） | | 8700 | 11600 | 14000 | 22000 | 24000 | 37000 | 5000 | 6500 | 8000 | 10500 | 12500 | 15500 | 30000 | 35000 |
| 发动机功率（kW） | | 59 | 94 | 107 | 149 | | 188 | 36 | | 48 | | 72 | 123 | | 186 |
| 发动机转速（r/min） | | 2200 | 2200 | 2200 | 2200 | | 2200 | 2000 | | 2000 | | 2000 | 2000 | | 2000 |
| 液压油排量（cm³） | | | | | | | | 2×35 | | 2×50 | | 2×75 | 2×105 | | 2×186 |
| 液压泵流量（L/min） | | 2×100 | 2×130 | 2×170 | 2×190 | | 2×235 | | | | | | | | |
| 液压泵工作压力（MPa） | | 31 | 31 | 31 | 31 | | 31 | 20 | 20 | 20 | 20 | 20 | 20 | 20 | 20 |
| 液压泵最大压力（MPa） | | 32 | 32 | 32 | 32 | | 32 | 32 | 32 | 32 | 32 | 32 | 32 | 32 | 32 |
| 生产厂 | | ×××  | | | | | | ××× | | | | | | | |

3. 转盘式钻孔机械

转盘式钻机是将动力系统动力通过变速、减速系统带动转盘驱动钻杆钻进，并通过卷扬机构或油缸升降钻具施加钻压，钻渣通过正循环或反循环排渣系统排到泥浆池。钻杆对钻具施加一定的压力，增加钻进能力，变更钻头型号满足施工提出的各种地质条件的要求。

转盘式钻孔机的特点和适用范围如下：

(1) 可以完成直径 10cm 直至几毫米的孔径。

(2) 对地层的适应性很强，只要变更钻头类型和对钻杆施加压力的大小，就可以应付各种软的覆盖层直到极硬的岩层，但对直径大于 2/3 钻杆内径的松散卵石层却无能为力。

(3) 具有噪声低和无振动的特点。

转盘式钻孔机的主要技术性能见表 8-11。

转盘式钻孔机主要技术性能表　　　表 8-11

| 型号 | KP1000 | KP2000 | KP3000 | KP3500 | JZ1500 | JZ1200 | QJ250-1 | GPS-15 | GPS-20 |
|---|---|---|---|---|---|---|---|---|---|
| 钻孔直径（mm） | 1000 | 2000 | 3000 | 3500 | 1500 | 1200 | 2500 | 1500 | 2000 |
| 钻孔深度（m） | 40 | 60 | 80 | 130 | 60 | 50 | 100 | 50 | 80 |
| 转盘扭矩（kN·m） | 10.4 | 28 | 80 | 210 | 14 | 10.5 | 117.6 | 17.65 | 30 |
| 转盘转速（r/min） | 16～114 | 5～34 | 6～35 | 0～24 | 20～147 | 26～196 | 7.8～26 | 13～42 | 8～56 |
| 转盘电机功率（kW） | 22 | 20/30 | 75 | 30×4 | 30 | 30 | 95 | 30 | 37 |
| 卷扬机牵引力（kN） | 20 | 30 | 75 | 75 | 20 | 20 | 54 | 30 | 30 |
| 钻机质量（t） | 5.5 | 26 | 62 | 47 | 8.1 | 7 | 13 | 8 | 10 |

| 型号技术性能 | SPJT-300 | SPC-500 | QJ250 | ZJ150-1 | G-4 | BRM-1 | BRM-4 | GJD-1500 | 红星-400XF-3 | GJC-400HF |
|---|---|---|---|---|---|---|---|---|---|---|
| 钻孔直径（mm） | 500 | 500～350 | 2500 | 1500 | 1000 | 1250 | 3000 | 1500～2000 | 1500 | 1000～1500 |
| 钻孔深度（m） | 300 | 600 | 100 | 70～100 | 50 | 40～60 | 40～100 | 50 | 50 | 40 |
| 转盘扭矩（kN·m） | 17.7 | — | 68.6 | 3.5～19.5 | 20 | 3.3～12.1 | 15～80 | 39.2 | 40.0 | 14.0 |
| 转盘转速（r/min） | 40～128 | 42～203 | 12～40 | 22～120 | 10～80 | 9～52 | 6～35 | 6.3～30.6 | 12 | 20～47 |
| 钻孔方式 | 正反循环 | 正循环 | 正反循环 | 正反循环 | 正反循环 | 正反循环 | 正反循环 | 正反循环冲击钻进 | 正反循环 | 正反循环 |
| 加压进给方式 | — | — | 自重 | 自重 | — | 配重 | 配重 | — | 自重 | — |
| 驱动功率（kW） | 40 | 75 | 95 | 55 | 20 | 22 | 75 | 63 | 40 | 116 |
| 重量（t） | 11 | 25 | 13 | 10 | | 9.2 | 32 | 20.5 | 7 | 15 |

4. 回转斗式钻孔机械

回转斗式钻孔机使用特制的斗式回转钻头，在钻头旋转时切土进入土斗，装满土斗后，回转停止旋转并提出孔外，打开土斗弃土，并再次进入孔中旋转切土，重复进行直至成孔。

回转斗式钻机适用于除岩层以外的各种地质条件，排渣设备设施简单，对泥浆排放较严的地区比较有利；缺点是桩长、桩直径有一定限制，在某些地质条件下，回转斗施工的速度不理想，对泥浆的质量要求比较高，施工选用时要加以综合比较选用。

回转斗式钻孔机按照驱动方式可以分为电动与液压电动机驱动；按照钻机机架与动力可分为履带式、步履式、导杆式、短立柱式和液压式。

回转斗式钻孔机的主要技术性能见表 8-12。

## 8.1 工程桩施工机械

**回转斗式钻孔机主要技术性能表**  表 8-12

| 型号 | | 20H | 20HR | 20THB | TH55 | KH100 | KH125 | ED400 | DH300 | RTAH | RTAH | RT3S | R18 |
|---|---|---|---|---|---|---|---|---|---|---|---|---|---|
| 最大钻孔直径(mm) | 一般土层 | 1000 | 1200 | 1200 | 1500 | 1700 | 1700 | 1500 | 1300 | 1200 | 1500 | 2200 | 3000 |
| | 软弱土层 | | | | 1700 | 2000 | 2000 | 1700 | | | | | |
| | 装上铰刀 | 2000 | 2000 | 2000 | 2000 | | | 2000 | | | | | |
| 钻孔深度(m) | 不用加深杆 两节 | 18.5 | | | | | | | | | | | |
| | 不用加深杆 三节 | 24.0 | 27.0 | 27.0 | 30.0 | 33.0 | 33.0 | | 27.0 | | | 32.0 | |
| | 不用加深杆 四节 | | | | | | | 43.0 | 33.0 | 22.0 | 32.0 | 42.0 | |
| | 不用加深杆 五节 | | | | | | | | | 28.0 | | | |
| | 用加深杆 两节 | | | | | | | | | | | | |
| | 用加深杆 三节 | | 42.0 | 42.0 | 40.0 | 43.0 | 43.0 | | | | | | |
| | 用加深杆 四节 | | | | | | | 53.0 | | | 35.0 | 78.0 | 62.0 |
| 钻斗转矩(kN·m) | 正转 | | 19 | 19 | 41 | 40 | 40 | 44 | 40 | 45 | 121 | 210 | 185 |
| | 反转 | | | | 51.0 | 50.0 | 50.0 | 52.0 | 50.0 | | | | |
| 钻斗转速(r/min) | 高速 | | | | 30 | 26 | 26 | 28 | 20 | 36 | 47 | 31 | 70 |
| | 低速 | | | | 15 | 13 | 13 | 14 | 12 | 9 | 21 | 14 | 6 |
| 钻斗提升力(kN) | | | | | 100 | 120 | 120 | 135 | 120 | 120 | 160 | 160 | 150 |
| 发动机功率(kW) | | 48 | 49 | 56 | 72 | 88 | 91 | | 91 | 114 | 95 | 66 | 90 |
| 外形尺寸(m) | 长度 | 7.70 | 7.57 | 7.95 | 7.30 | 8.59 | 8.70 | 8.65 | 7.90 | 11.00 | 9.00 | 13.5 | 13.8 |
| | 宽度 | 6.61 | 6.66 | 3.60 | 3.30 | 3.25 | 3.30 | 3.30 | 3.30 | 2.48 | 2.50 | | |
| | 高度 | 1.46 | 1.47 | 1.53 | 15.5 | 20.6 | 20.7 | 19.75 | 20 | 10.7 | 15.8 | 25.5 | 23.0 |
| 整机质量(kg) | | 20500 | 22000 | 30000 | 35000 | 39400 | 47200 | 43600 | 39800 | 19000 | 27500 | | |
| 底盘形式 | | 履带式 | | | 履带式 | | | 履带式 | | 车装式 | | 履带式 | |
| 生产厂 | | ××× | | | ××× | | | ××× | | ××× | | | |

**5. 潜水钻孔机械**

潜水钻机是一种深入到地下水中旋转钻土的新型灌注桩钻孔机械，它的动力装置与工作装置连成一体，潜入泥水中工作，多数情况下采用反循环排渣。由于设备简单、体积小、成孔速度快、移动方便，近年来被广泛地使用于覆盖层中进行成桩作业。

潜水钻孔机具有以下优点：

(1) 以潜水电动机作动力，工作时动力装置潜在孔底，耗用动力少，钻孔效率高。

(2) 电动机防水性能好，过载能力强，运转时温度较低。

(3) 可采用正、反两种循环方式排渣。

(4) 与全套管钻机相比，自重轻，没有很大的拔管反力，因此钻架对地耐力要求小。

(5) 钻孔时不需要提钻排渣，所以钻孔效率高。

(6) 只要循环水不发生间断，孔壁不会塌，且成孔精度高。

潜水钻孔机按冲洗液排渣方式可分为正循环排渣与反循环排渣；按行走装置分为简易式、轨道式、步履式和车载式。

潜水钻孔机的主要技术性能见表 8-13。

潜水钻孔机主要技术性能表　　　　表 8-13

| 型号 | | KQ800 | KQ1250A | KQ1500 | KQ2000 | KQ2500 | KQ3000 |
|---|---|---|---|---|---|---|---|
| 钻孔直径（mm） | | 450~800 | 450~1250 | 800~1500 | 800~2500 | 1500~2500 | 2000~3000 |
| 钻孔深度（m） | 潜水钻法 | 80 | 80 | 80 | 80 | 80 | 80 |
| | 钻斗钻法 | 35 | 35 | 35 | | | |
| 主轴转速（r/min） | | 200 | 45 | 38.5 | 21.3 | 8 | |
| 最大转矩（kN·m） | | 1.90 | 4.60 | 6.87 | 13.72 | 36.00 | 72.00 |
| 钻进速度（m/min） | | 0.3~1 | 0.3~1 | 0.06~0.16 | 0.03~0.10 | | |
| 潜水电动机功率（kW） | | 22 | 22 | 37 | 44 | 74 | 111 |
| 潜水电动机转速（r/min） | | 960 | 960 | 960 | 960 | 960 | |
| 钻头转速（r/min） | | 86 | 45 | 42 | | 16 | 12 |
| 整机外形尺寸（mm） | 长度 | 4306 | 5600 | 6850 | 7500 | | |
| | 宽度 | 3260 | 3100 | 3200 | 4000 | | |
| | 高度 | 7020 | 8742 | 10500 | 11000 | | |
| 主机质量（kg） | | 550 | 700 | 1000 | 1900 | 7500 | |
| 整机质量（kg） | | 7280 | 10460 | 15430 | 20180 | 32000 | |

6. 冲击式钻孔机械

冲击式钻孔机是灌注桩施工的一种主要钻孔机械，它能适应各种不同地质情况，特别是在卵石层中钻孔时，冲击式钻机较其他形式钻孔机适应性更强。同时，用冲击式钻孔机钻孔，成孔后，孔壁周围形成一层密实的土层，对稳定孔壁，提高桩基承载能力，均有一定作用。

国产常用冲击钻机技术性能见表 8-14。

国产常用冲击钻机技术性能表　　　　表 8-14

| 型号 | SPC300H | GJC-40H | GJD-1500 | YKC-31 | CZ-22 | CZ-30 | KCL-100 |
|---|---|---|---|---|---|---|---|
| 钻孔最大直径（mm） | 700 | 700 | 2000（土层）1500（岩层） | 1500 | 800 | 1200 | 1000 |
| 钻孔最大深度（m） | 80 | 80 | 50 | 120 | 150 | 180 | 150 |
| 冲击行程（mm） | 500，650 | 500，650 | 100~1000 | 600~1000 | 350~1000 | 500~1000 | 350~1000 |
| 冲击频率（次/min） | 25，50，72 | 20~72 | 0~30 | 29，30，31 | 40，45，50 | 40，45，50 | 40，45，50 |
| 冲击钻重量（kg） | | | 2940 | | 1500 | 2500 | 1500 |
| 卷筒提升力（kN） | 30 | 30 | 39.2 | 55 | 20 | 30 | 20 |
| 驱动动力功率（kW） | 118 | 118 | 63 | 60 | 22 | 40 | 30 |
| 钻机重量（kg） | 15000 | 15000 | 20500 | — | 6850 | 13670 | 6100 |
| 生产单位 | ××× | | ××× | | ××× | | ××× |

### 8.1.1.4 免共振液压振动锤系统沉桩机械

#### 1. 特点及优势

利用液压控制偏心变换装置，可实现"零"启动、"零"停机克服了带偏心力矩启动和停机时产生的共振及在运行过程中从零至设计最大值间任意无级调节偏心力矩，以适应不同的土层的沉拔桩要求，从而达到理想的沉拔桩速度和效率。DZP系列免共振变频振动锤与传统振动锤相比，显示出明显优势，主要有：

（1）使用变频器变频启动，降低启动能耗。配置电源功率一般仅是振动锤电机功率的2倍以内，符合节能减排的要求。

（2）使用变频器变频，能调节不同振动频率，满足针对不同地质条件选用不同最佳频率、以实现最佳施工频率的要求。

（3）停机时通过能量转换系统，实现了转动动能快速转化为电能、电能再转化为热能释放出，使停机过程既快速又平稳，避免了共振的产生，防止了由共振产生的强烈噪声和对振动锤本身及相关设备破坏现象的发生。

（4）配置的电机是具有自主知识产权的耐振变频电机，电机使用寿命更长。

#### 2. 技术性能

DZP系列免共振变频振动锤系统沉桩机械技术性能见表8-15。

DZP系列免共振变频振动锤系统沉桩机械技术性能表　　　表8-15

| 型号 | DZP150 | DZP150 | DZP300 | DZP500 | DZP600 |
| --- | --- | --- | --- | --- | --- |
| 功率（kW） | 150 | 180 | 300 | 500 | 300×2 |
| 静偏心力矩（kg·m） | 97 | 250 | 400 | 580 | 560 |
| 激振力（t） | 103 | 107 | 172 | 300 | 350 |
| 振动频率（r/min） | 970 | 620 | 620 | 680 | 750 |
| 空载振幅（mm） | 14 | 23.8 | 23.7 | 20.5 | 19.5 |
| 空载加速度（g） | 14.9 | 11.9 | 10.2 | 10.6 | 12.1 |
| 最大拔桩力（t） | 40 | 60 | 90 | 120 | 140 |
| 振动质量（kg） | 6900 | 11500 | 16900 | 28300 | 28725 |
| 总质量（kg） | 8800 | 14700 | 23600 | 25900 | 32640 |
| 长（mm） | 1975 | 2450 | 2050 | 2580 | 3060 |
| 宽（mm） | 1425 | 1500 | 1880 | 2241 | 1910 |
| 高（mm） | 3061 | 3440 | 4950 | 5185 | 6690 |
| 生产单位 | ××× | | | | |

## 8.1.2 深基坑止水支护施工机械

### 8.1.2.1 CSM工法

#### 1. CSM施工机械的种类及适用范围

CSM工法是结合现有液压铣槽机和深层搅拌技术进行创新的岩土工程施工新技术。

通过对施工现场原位土体与水泥浆进行搅拌，可以用于防渗墙、挡土墙、地基加固等工程。与其他深层搅拌工艺比较，CSM工法对地层的适应性更高，可以切削坚硬地层（卵砾石地层、岩层）。

现场施工可分为单液浆系统与双液浆系统。单液浆系统主要配备全自动搅拌机、水泥筒、供料螺旋、储浆罐、供浆泵、发电机。双液浆主要配置全自动搅拌机、水泥筒、预处理筛分机、软管泵、除砂机、储浆罐、发电机。

2. CSM施工机械的技术性能

（1）铣头技术参数，见表8-16。

铣头技术参数  表8-16

| 深搅铣轮 | BCM5 | BCM10 |
| --- | --- | --- |
| 扭矩 | 0～57kN·m | 0～100kN·m |
| 转速 | 0～35rpm | 0～30rpm |
| 高度 | 2.35m | 2.8m |
| 槽段长度 | 2.4m | 2.8m |
| 槽段厚度 | 5500～1000mm | 640～1200mm |
| 重量 | 5100kg | 7400kg |

（2）CSM工法施工工艺特点

1）设备成桩深度大，远大于常规设备；

2）设备成桩尺寸、深度、注浆量、垂直度等参数控制精度高，可保证施工质量，工艺没有"冷缝"概念，可实现无缝连接，形成无缝墙体；

3）设备功效高，原材料（水泥等）利用率高；

4）设备对地层的适应性强，从软土到岩石地层均可实施切削搅拌；

5）设备的自动化程度高，触摸屏控制系统，各功能部位设置大量传感器，信息化系统控制，施工过程中实时控制施工质量；

6）施工过程中几乎无振动；

7）履带式主机底盘，可360°旋转施工，便于转角施工。可紧邻已有建（构）筑物施工，可实现零间隙施工。

### 8.1.2.2 TRD施工机械

1. TRD施工机械的种类及适用范围

TRD工法基本原理是利用链锯式刀具箱竖直插入地层中，然后作水平横向运动，同时由链条带动刀具作上下的回转运动，搅拌混合原土并灌入水泥浆，形成一定厚度的墙。其主要特点是成墙连续、表面平整、厚度一致、墙体均匀性好。主要应用在各类建筑工程，地下工程，护岸工程，大坝、堤防的基础加固、防渗处理等方面。现市场上主要以TRD-D型、TRD-E型、TRD-Ⅲ型为主。

2. TRD施工机械的技术性能

（1）TRD施工机械技术参数，见表8-17。

TRD施工机械技术参数 表8-17

| 名称 | | 单位 | 参数 |
| --- | --- | --- | --- |
| 总高度 | | m | 13.3 |
| 立柱长度 | | m | 12.3 |
| 立柱可倾斜角度 | | ° | 左右±3.5，前后±5 |
| 斜撑油缸行程 | | mm | 1000 |
| 横移油缸行程 | | mm | 1100 |
| 大船行走油缸 | | mm | 2300 |
| 小船行走油缸 | | mm | 650 |
| 微调油缸行程 | | mm | 400 |
| 最大起重力 | | kN | 960 |
| 卷扬机 | 单绳拉力 | kN | 120 |
| | 钢丝绳速度 | m/min | 24.3 |
| | 钢丝绳直径 | mm | 22 |
| | 钢丝长度 | m | 107 |
| 立柱横移 | 速度 | m/min | 3.7 |
| | 移动宽度 | m | 2.3 |
| 立柱纵移 | 速度 | m/min | 3.6 |
| | 移动幅度 | m | 0.65 |
| 大船支腿油缸 | 升降速度 | m/min | 1.3 |
| | 行程 | m | 0.65 |
| 液压系统 | 动力 | kW | 360 |
| | 额定压力 | MPa | 25 |
| | 操作方式 | | 电磁阀 |
| 行走装置重量 | | kg | 86000 |
| 外形尺寸 | $L×W×H$ | m | 10.6×8×13.2 |

(2) 工艺特点

1) 稳定性高，与传统工法比较，机械的高度和施工深度没有关联，稳定性高、通过性好；

2) 成墙质量好，与传统工法比较，搅拌更均匀，连续性施工，不存在咬合不良，确保墙体高连续性和高止水性；

3) 施工精度高，与传统工法比较，施工精度不受深度影响。通过施工管理系统，实时监测切削箱体各深度 $X$、$Y$ 方向数据，实时操纵调节，确保成墙精度；

4) 适应性强，与传统工法比较，适应地层范围更广。可在砂、粉砂、黏土、砾石等一般土层及标准贯入度值超过50的硬质地层施工。

#### 8.1.2.3 钢筋混凝土地下连续墙施工机械

1. 软土地层钢筋混凝土地下连续墙施工机械

软土地层地墙施工主要采用抓斗式成槽机成槽和多头钻成槽机。

(1) 抓斗式成槽机成槽

常用的地下连续墙抓斗有三大类：悬吊式抓斗、导板式抓斗和导杆式抓斗。悬吊式抓斗的刃口闭合力大,成槽深度深,同时配有自动纠偏装置,可保证抓斗的工作精度,是中大型地下连续墙施工的主要机械,导板式抓斗结构简单,成本低,在国内使用较为普及;导杆式抓斗由于其成槽深度有限,应用并不广泛。

1) 悬吊式抓斗的构造及主要技术性能

①MHL型抓斗的构造及主要技术性能

a. MHL型抓斗的构造如图8-6所示:由直接挖土的斗体、液压系统及软管和软管卷筒、操作系统、电缆和电缆卷筒、测斜仪等部分组成。

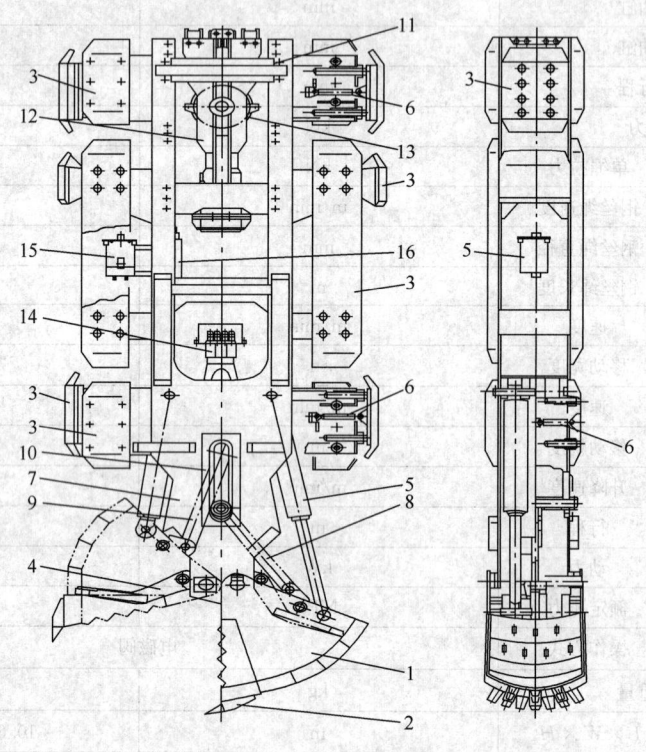

图 8-6 MHL型抓斗构造图

1—抓斗;2—斗齿;3—导板;4—刮土板;5—开闭油缸;6—导向油缸;7—固定锥;
8—A杆;9—B杆;10—滑槽;11—压板;12—滑轮托架;13—滑轮总成;
14—传感器;15—终端接线盒;16—传感元件

b. MHL型抓斗的主要技术性能:MHL型抓斗的主要技术性能见表8-18。

**MHL型抓斗主要技术性能表** 表8-18

| 型号 | | MHL5070AY | MHL60100AYH | MHL80120AY |
|---|---|---|---|---|
| 抓斗规格 | 壁厚(mm) | 500/600/700 | 600/700/800/1000 | 800/900/1000/1200 |
| | 容量(m³) | 0.6/0.74/0.86 | 0.65/0.75/0.85/1.05 | 0.95/1.09/1.15/1.3 |
| | 自重(t) | 8.3/8.8/9.2 | 10.7/11.2/11.5/12.0 | 10.0/10.7/11.0/11.9 |
| | 总质量(t) | 9.5/10.28/10.92 | 12.0/12.7/13.5/14.1 | 11.9/12.8/13.3/14.5 |
| | 支撑绳(mm) | φ20-2×2 | φ20-2×2 | φ20-2×2 |
| | 开闭液压缸 | 1×2 | 1×2 | 2×2 |

续表

| 抓斗规格 | 刃口力 | 14MPa 328kN | 14MPa 425kN | 14MPa 656kN |
|---|---|---|---|---|
| | 开启时间（s） | 约12.5 | 约16 | 约25 |
| | 关闭时间（s） | 约18 | 约23 | 约36 |
| 液压装置规格 | 使用压力（MPa） | 14 | | |
| | 主排出量（L/min） | 120/144 | | |
| | 主电动机功率（kW） | 4P-45 | | |
| | 卷盘排出量（L/min） | 48/57 | | |
| | 卷盘电动机功率（kW） | 4P-7.5 | | |
| | 电源 | 50/60Hz 200V/220V | | |
| | 油槽容量（L） | 700 | | |
| 油盘卷盘规格 | 卷升力矩 | 7.5MPa 660N·m | | |
| | 卷绕长度（m） | 60 | | |
| | 卷绕速度（m/min） | 25～50 | | |
| | 使用油管 耐压（MPa） | 14 | | |
| | 使用油管 内径（mm） | φ25 | | |

② MEH型抓斗的构造及主要技术性能

MEH型抓斗属于大型抓斗，一般工作深度为100m，最大工作深度为150m；成槽宽度为1.5～2m，最宽可达3m。

a. MEH型抓斗的构造：MEH型抓斗与MHL型抓斗的主要区别在于它的工作液压泵、驱动电动机及油箱置于抓斗内部，动力由电缆传递给抓斗，因而不用软管进行液压油的输送，这样不但减少软管送油的故障，也减少了由于长距离输送液压油造成的压力损失，因此这类抓斗具有较高的刃口切向关闭力。

b. MEH型抓斗的主要技术性能：MEH型抓斗的主要技术性能见表8-19。

**MEH型抓斗主要技术性能表** 表8-19

| | 型号 | MEH-80120 | MEH-1015 | MEH-1218 |
|---|---|---|---|---|
| 抓斗规格 | 抓取质量（t） | 1.71/2.04/2.45 | 2.11/2.52/3.15 | 2.52/3.15/3.51/3.78 |
| | 容量（m³） | 0.95/1.13/1.36 | 1.17/1.40/1.75 | 1.40/1.75/1.95/2.10 |
| | 自重（t） | 21.0/22.5/24.0 | 27.0/29.0/31.0 | 30.5/32.4/34.5/35.0 |
| | 总质量（t） | 22.8/24.6/26.5 | 29.2/31.6/34.2 | 33.1/35.6/38.1/38.8 |
| | 最大刃口力（kN） | 1032 | 1726 | 1726 |
| | 开启时间（s） | 21.6 | 22.6 | 22.6 |
| | 关闭时间（s） | 42.0 | 46.6 | 46.6 |
| 主要规格 | 最大使用压力（MPa） | 16 | 21 | 21 |
| | 主排出量（L/min） 高压 | 180 | 180 | 180 |
| | 主排出量（L/min） 低压 | 270 | 270 | 270 |
| | 主电动机 | 4P-22kW×2台 | 4P-30kW×2台 | 4P-30kW×2台 |

续表

| 主要规格 | 卷盘排出量（L/min） | 37.6 | 37.6 | 37.6 |
|---|---|---|---|---|
| | 卷盘电动机 | 4P-15kW | 4P-15kW | 4P-15kW |
| | 主电槽容量（L） | 800 | 1100 | 1100 |
| | 倾斜变位计（方向） | $x, y$ | $x, y$ | $x, y$ |
| | 纠偏导板（方向） | $x, y$ | $x, y$ | $x, y$ |
| 抓斗尺寸 | 壁厚（mm） | 800/1000/1200 | 1000/1200/1500 | 1200/1500/1700/1800 |
| | 斗厚（mm） | 790/990/1190 | 990/1190/1490 | 1190/1490/1690/1790 |
| | 导板厚（mm） | 760/960/1160 | 960/1160/1460 | 1160/1460/1660/1760 |
| | 闭时斗宽（mm） | 2600 | 2600 | 2600 |
| | 开时斗宽（mm） | 3200 | 3200 | 3200 |
| | 闭时总高（mm） | 8450 | 8450 | 8450 |
| | 开时总高（mm） | 7700 | 7700 | 7700 |

2) 导板式抓斗（成槽机）的构造及主要技术性能

① 导板式抓斗（成槽机）的构造

导板式抓斗的构造如图 8-7 所示，主要由斗体、提杆、斗齿、导板和上下滑轮组成。抓斗顶架与导板之间有紧固件连接，顶架上装有钢丝绳楔夹，钢丝绳通过顶架上的滑轮和滚子，从导板顶部引出到卷扬机。

导板式抓斗成槽机由电动机、钻孔机构、导板式抓斗和出土机构等组成，均悬装于轨道式塔式机架上，分别由卷扬机控制升降，其构造如图 8-8 所示。

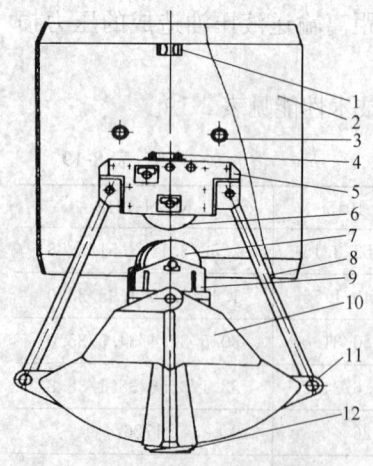

图 8-7 导板式抓斗构造图

1—导向块；2—导板；3—撑杆；4—导向辊；5—斗顶架；6—上滑轮；7—下滑轮；8—提杆；9—滑轮座；10—斗体；11—斗耳；12—斗齿

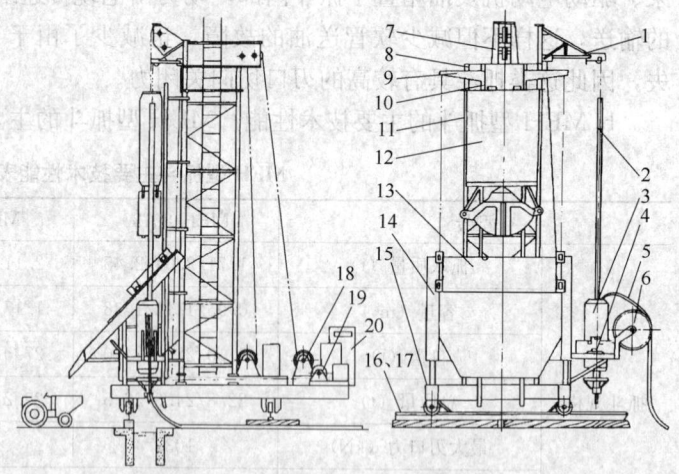

图 8-8 导板式抓斗成槽机构造图

1—电钻吊臂；2—钻杆；3—潜水电钻；4—钳制台；5—泥浆管及电缆；6—转盘；7—顶梁；8—圈梁；9—吊臂滑车；10—龙门；11—机架立柱；12—抓斗；13—上滑槽；14—下滑槽；15—底盘；16—轨道；17—枕木；18—卷扬机；19—小卷扬机；20—电器控制箱

② 导板式抓斗成槽机的主要技术性能

导板式抓斗成槽机的主要技术性能见表 8-20。

导板式抓斗成槽机主要技术性能表　　　　表 8-20

| 形式 | | 中心提拉式 | 斗体推压式 |
|---|---|---|---|
| 抓斗 | 斗容量（m³） | 0.3 | 0.3 |
| | 长度（mm） | 2100 | 2200 |
| | 宽度（mm） | 600 | 580 |
| | 高度（mm） | 3080 | 4310 |
| | 质量（kg） | 1800 | 4000 |
| 潜水电钻 | 功率（kW） | 30 | |
| | 钻头转速（r/min） | 215 | |
| | 钻机直径（mm） | 345 | |
| | 钻机长度（mm） | 1560 | |
| | 钻孔直径（mm） | 600～800 | |
| | 钻孔深度（m） | 50 | |
| | 质量（kg） | 700 | |

(2) 多头钻成槽机

多头钻成槽机又称并列式钻槽机，是一种并列许多钻头，同时旋转切削土壤、反循环排渣的钻机。

1) 国产 SF 型多头钻成槽机的构造及主要技术性能

① SF 型多头钻成槽机的构造

我国自行设计制造的 SF 型多头钻成槽机由多头钻、底盘、支架、卷扬机、空气压缩机组成，如图 8-9 所示，其钻头构造见图 8-10。

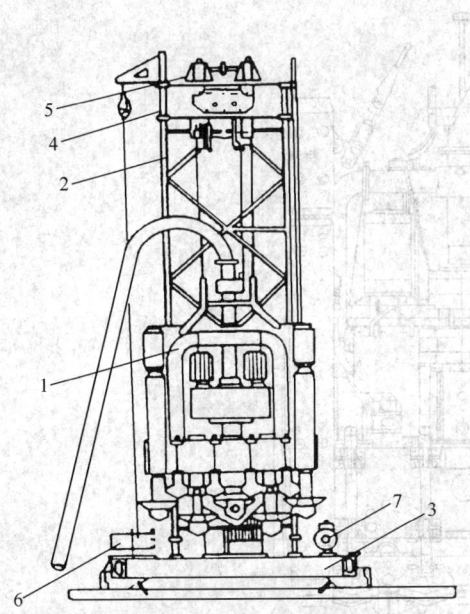
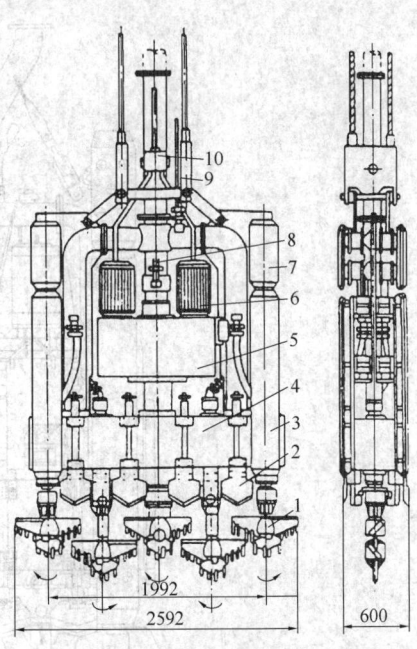

图 8-9　SF 型多头钻成槽机构造图
1—多头钻；2—机架；3—底盘；
4—顶部圈梁；5—顶梁；6—电缆收线盘；7—空气压缩机

图 8-10　SF 型多头钻成槽机钻头构造图
1—钻头；2—锄刀；3—导板；4—齿轮箱；
5—减速箱；6—潜水电机；7—纠偏装置；
8—高压进气管；9—泥浆管；10—电缆接头

② SF 型多头钻成槽机的主要技术性能

SF 型多头钻成槽机的主要技术性能见表 8-21。

SF 型多头钻成槽机主要技术性能表　　　表 8-21

| 型号 | | SF-60 型 | SF-80 型 |
|---|---|---|---|
| 钻机尺寸 | 外形尺寸（mm×mm×mm） | 4340×2600×600 | 4540×2800×800 |
| | 钻头个数 | 5 | 5 |
| | 钻头直径（mm） | 600 | 800 |
| | 机头质量（kg） | 9700 | 10200 |
| 成槽能力 | 成槽宽度（mm） | 600 | 800 |
| | 一次成槽有效长度（mm） | 2000 | 2000 |
| | 设计挖掘深度（m） | 40～60 | |
| | 挖掘效率（m/h） | 8.5～10.0 | |
| | 成槽垂直精度 | 1/300 | |
| 机械性能 | 潜水电机（kW） | 4 级 18.5×2 | |
| | 传动速比 | $i=50$ | |
| | 钻头转速（r/min） | 30 | |
| | 反循环管内径（mm） | 150 | |
| | 输出扭矩（N·m） | 7000 | |

2) BW 型多头钻成槽机的构造及主要技术性能

① BW 型多头钻成槽机的构造

BW 型多头钻成槽机构造与 SF 型成槽机基本一样，其外形如图 8-11 所示。

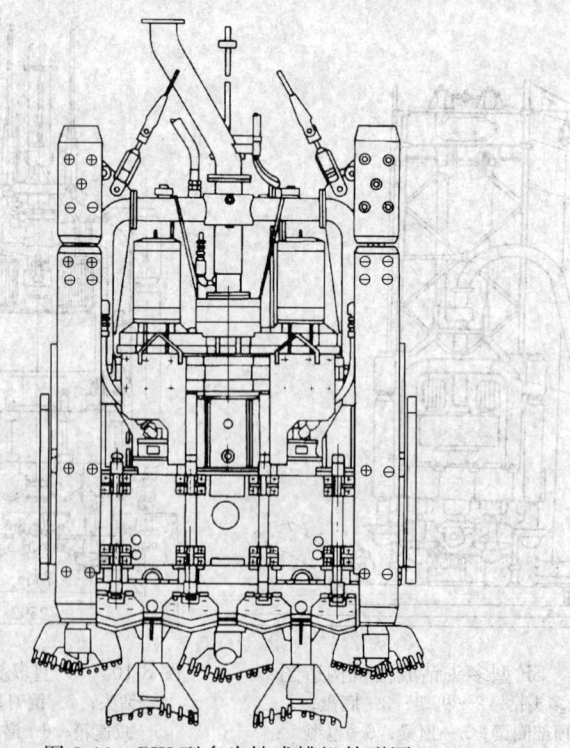

图 8-11　BW 型多头钻成槽机外形图

② BW 型多头钻成槽机的主要技术性能

BW 型多头钻成槽机的主要技术性能见表 8-22。

BW 型多头钻成槽机主要技术性能表　　　　　表 8-22

| 型号 | BWN-4055 | BWN-5580 | BWN-80120 |
|---|---|---|---|
| 钻头直径或成槽宽度 (mm) | 400, 450, 500, 550 | 550, 600, 650, 700, 750, 800 | 800, 900, 1000, 1100, 1200 |
| 一次挖掘长度 (mm) | 2500, 2550, 2600, 2650 | 2470, 2520, 2570, 2620, 2670, 2720 | 3600, 3700, 3800, 3900, 4000 |
| 有效长度 (mm) | 2100 | 1920 | 2800 |
| 钻机全高 (mm) | 4300~4320 | 4525~4555 | 5505~5555 |
| 挖掘深度 (m) | 50 | 50 | 50 |
| 钻头个数 | 7 | 5 | 5 |
| 钻头转速 (r/min) | 50 | 35 | 20 |
| 反循环管内径 (mm) | 150 | 150 | 200 |
| 电动机功率 (kW) | 15×2 | 15×2 | 18.5×2 |
| 钻机质量 (kg) | 7500 | 10000 | 18000 |

2. 砂砾地层钢筋混凝土地下连续墙施工机械

砂砾地层中地墙施工的成槽机械主要有液压铣槽机、抓斗成槽机、钢丝绳冲击式钻机。

(1) 液压铣槽机

液压铣槽机是一种带有 3 个潜入孔底的液压电动机和泥浆反循环系统的地墙成槽机械，成套设备包括起重机、铣槽轮总成、泥浆站三部分组成。

液压铣槽机槽机主要生产厂家及规格型号见表 8-23。

液压铣槽机槽机主要生产厂家及规格型号　　　　表 8-23

| 生产厂家 | 规格型号 | 铣轮性能参数 |
|---|---|---|
| 德国宝峨公司 | BC15/BC20 | 扭矩 2×30kN·m，重量 12~20t，长×宽×高 2.2×(0.5~1)×10.7m |
| | BC33 | 扭矩 2×81kN·m，重量 25~32t，长×宽×高 2.8×(0.64~1.5)×8.5m |
| | BC40 | 扭矩 2×81kN·m，重量 20~35t，长×宽×高 2.8×(0.64~1.5)×12m |
| | BC50 | 扭矩 2×100kN·m，重量 30~45t，长×宽×高 2.8×(0.8~1.8)×11.5m |
| | CB25(矮尺寸) | 高 5m，功率 365~414kW，铣槽深度 60m |
| | MBC30 | 高 5~6.5m，功率 634kW，铣槽深度 54m |
| 法国地基建筑公司 | HF4000 | 扭矩 40kN·m，功率 110kW，重量 30~50t，排渣泵流量 450m³/h，宽度 630~2000mm |
| | HF8000 | 扭矩 80kN·m，功率 220kW，重量 30~50t，排渣泵流量 450m³/h，宽度 630~2000mm |
| | HF12000 | 扭矩 120kN·m，功率 220kW，重量 30~50t，排渣泵流量 450m³/h，宽度 630~2000mm |
| | 改进 02 型 | 扭矩 2×40kN·m，重量 32t，排渣泵流量 450m³/h，压力 7.5bar |
| | HC03 紧凑型 | 扭矩 2×80kN·m，重量 20~25t，排渣泵流量 450m³/h，压力 7.5bar |

续表

| 生产厂家 | 规格型号 | 铣轮性能参数 |
|---|---|---|
| 意大利卡沙哥兰地集团 | K2 | 扭矩 2×36kN·m，重量 17t，排渣泵流量 450m³/h |
| | K3L | 扭矩 2×67kN·m，重量 29t，排渣泵流量 450m³/h |
| | K3C | 扭矩 2×67kN·m，重量 17t，排渣泵流量 450m³/h |

(2) 钢丝绳冲击钻机

钢丝绳冲击钻机是通过钻头向下的冲击运动破碎地基土，借助于泥浆护壁和出渣，形成钻孔。常用钢丝绳冲击钻机技术性能见表 8-24。

常用钢丝绳冲击钻机技术性能　　　　表 8-24

| 型号 | | CZ-20 | CZ-22 | CZ-30 |
|---|---|---|---|---|
| 开孔直径(mm) | | 635 | 710 | 1000 |
| 钻具最大重量(kg) | | 1000 | 1300 | 2500 |
| 钻具的冲程(m) | | 1.00～0.45 | 1.00～0.35 | 1.00～0.50 |
| 钻具冲击次数(次/min) | | 40，45，50 | 40，45，50 | 40，45，50 |
| 钻进深度(m) | | 120 | 150 | 180 |
| 工具、抽砂、辅助卷扬起重力(kN) | | 15，10，0 | 20，13，15 | 30，20，30 |
| 工具卷筒平均绳速(m/s) | | 0.52，0.58，0.65 | 1.1～1.4 | 1.1，1.25，1.42 |
| 抽砂筒平均绳速(m/s) | | 0.96，1.08，1.27 | 1.2～1.6 | 1.21，1.38，1.68 |
| 辅助卷桶绳速(m/s) | | — | 0.8～1.00 | 0.95～1.22 |
| 桅杆高度(m) | | 12.0 | 13.5 | 16.0 |
| 桅杆起重量(t) | | 5.0 | 12.0 | 25.0 |
| 电机功率(kW) | | 20 | 30 | 45 |
| 电机转速(r/min) | | 970 | 975 | 735 |
| 钻机重量(t) | | 6.27 | 7.5 | 13.5 |
| 外型尺寸 | 长(mm) | 5800 | 5600 | 7700 |
| | 宽(mm) | 1850 | 2300 | 2840 |
| | 高(mm) | 12300 | 14000 | 16000 |
| 牵引速度(km/h) | | 20 | 20 | 20 |

3. 嵌岩钢筋混凝土地下连续墙施工机械

嵌岩地墙施工的成槽机械主要有液压铣槽机、钢丝绳冲击式钻机等，机械性能可参考砂砾地层的地墙施工机械。

抓斗成槽机、双轮铣槽机和除砂机的规格见表 8-25～表 8-28。

SG60A 抓斗成槽机　　　　表 8-25

| 系列 | 成槽深度(m) | 成槽厚度(m) | 发动机额定输出(kW) | 抓斗最大提升高度(mm) | 机器级别(t) |
|---|---|---|---|---|---|
| SG60A | 100 | 1.2 | 298 | 14.3 | 122.1 |

## 8.1 工程桩施工机械

**BC 双轮铣槽机** 表 8-26

| 系列 | 铣槽深度(m) | 双轮铣规格(mm) | 主机发动机功率(kW) | 最大起重力(t) | 泥浆泵排量(m³/h) |
|---|---|---|---|---|---|
| BC40 | 120 | 1200×2800 | 670 | 120 | 400 |

**金泰 SX40-A 双轮铣槽机** 表 8-27

| 系列 | 铣槽深度(m) | 双轮铣规格(mm) | 主机发动机功率(kW) | 最大起重力(t) | 泥浆泵排量(m³/h) |
|---|---|---|---|---|---|
| SX40A | 80 | 1200×2800 | 300 | 66 | 74 |

**BE250 型除砂机** 表 8-28

| 类别 | 数量 | 筛孔尺寸(mm) | 备注 |
|---|---|---|---|
| 粗筛 | 4 | 5×25 | 一级过滤 |
| 脱水细筛 | 4 | 0.4×16 | 二级过滤 |

4. 泥浆处理机械

泥浆处理设备作为现代基础施工中的一款环保型桩基辅机设备，正越来越多地应用在例如采用泥浆护壁工艺的旋挖钻施工，循环钻进工艺的桩基施工、连续墙施工、泥水平衡法盾构施工和泥水顶管施工等非开挖性桩基基础施工中。该设备可以有效地提高造孔质量和造孔工效，缩短清孔时间，降低施工成本，减少卡钻事故。并且从环保施工角度来看，该类设备同时还实现了泥浆的循环再利用，使以往的废浆浆罐运输倾倒处理，转变为对废浆实行固液分离，进而实现渣土运输处理。

泥浆机械处理法主要采用加压等物理方法，使用脱水机进行废弃泥浆固液分离作业，达到废弃泥浆减量化处理的目的，国内外广泛采用的主要脱水机有真空过滤机、离心机、带式压滤机、板框压滤机和隔膜式压滤机，按脱水原理可以分成真空式脱水、离心式脱水以及压滤式脱水三大类。

(1) 真空过滤机

真空过滤机(图 8-12)是在转筒内产生 40～80kPa 的负压，将泥浆吸到滤布上，完成固液分离，并形成滤饼。常见的真空吸滤装置主要由一个大转鼓组成，转鼓被一个多孔滤布或金属卷覆盖，转鼓的底部浸没在泥浆池中，当转鼓转动时，泥浆在真空吸力作用下，被带到滤布形成泥饼，然后由刮泥器将泥饼排出。

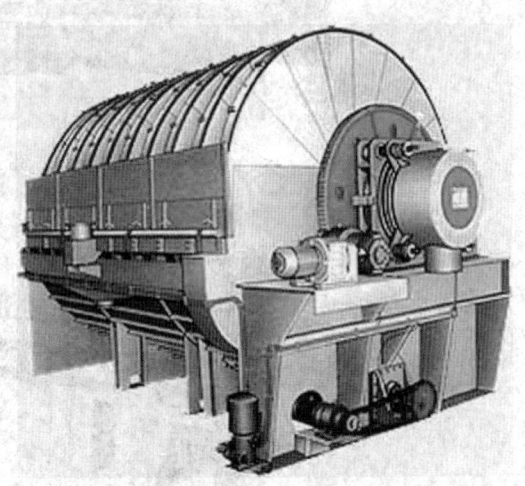

图 8-12 真空过滤机

(2) 离心脱水机

离心机脱水是利用离心力作为废弃泥浆固液分离的动力，代替重力、外加压力等对泥浆进行脱水处理的机具，如图 8-13 所示。该类型压滤机具有产量高、能连续运行、运行

图 8-13 离心脱水机

管理简单等优点,缺点是动力消耗和噪声较大,操作运行有一定的难度,工人需要培训。经济效益和社会效益方面,使用卧螺离心机对灌注桩废弃泥浆脱水处理成本较低,经济效益显著,具有较好的工程应用前景,同时可以有效地改善桩基施工现场的工作环境,减少废渣运输车辆对周围道路环境的污染,具有明显的社会效益。

(3) 压滤式脱水机

压滤式脱水主要有带式压滤机(图8-14)、板框式压滤机(图8-15)和隔膜式压滤机(图8-16)三大类。带式压滤机是利用滤布的张力对废弃泥浆施加压力使其完成脱水,达到固液分离的效果,由于该种压滤机并不需要真空环境以及加压设备,因此动力消耗少。板框压滤机在0.3~0.7MPa下,对废弃泥浆进行脱水处理,降低处理后的泥饼中的含水率。隔膜式压滤机利用隔膜板和厢式滤板排列组成滤室,由输液泵产生较大压力,将废弃泥浆输入滤室,通过滤布等过滤介质对废弃泥浆进行固液分离处理,当滤饼形成后,再向隔膜腔通入高压空气,充分压滤废弃泥浆固体,降低滤饼的含水率。

图 8-14 带式压滤机

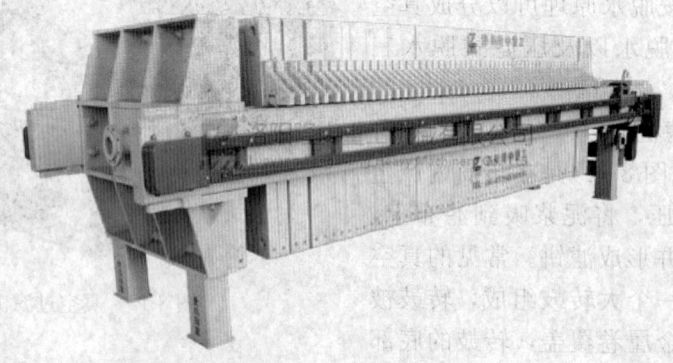

图 8-15 板框式压滤机

5. 泥浆搅拌机械

泥浆搅拌机械常用的有高速回转式搅拌机和喷射式搅拌机两类。

高速回转式搅拌机主要性能见表8-29。

图 8-16 隔膜式压滤机

高速回转式搅拌机主要性能表　　　　　　　表 8-29

| 型号 | 搅拌桶容量 ($m^3$) | 搅拌桶尺寸（直径×高度）(mm) | 搅拌机叶片回转速度 (r/min) | 功率(kW) | 尺寸(长×宽×高)(mm) | 重量 (kg) |
|---|---|---|---|---|---|---|
| HM-250 | 0.20 | 700×705 | 600 | 5.5 | 1100×920×1250 | 195 |
| HM-500 | 0.4×2 | 780×1100 | 500 | 11 | 1720×990×1720 | 550 |
| HM-8 | 0.25×2 | 820×720 | 280 | 3.7 | 1250×1000×2000 | 400 |
| GSM-15 | 0.5×2 | 1400×900 | 280 | 5.5×2 | 2400×1700×1600 | 900 |
| MH-2 | 0.39×2 | 800×910 | 1000 | 3.7 | 1470×950×2000 | 450 |
| MCE-200A | 0.2 | 762×710 | 800~1000 | 2.2 | 1000×800×1250 | 180 |
| MCE-600B | 0.60 | 1000×1095 | 600 | 5.5 | 1600×900×1720 | 400 |
| MS-1000 | 0.88×2 | 1150×1000 | 600 | 18.5×2 | 1850×1350×2600 | 850 |
| MS-1500 | 1.2×2 | 1200×1300 | 600 | 18.5×2 | 2100×1350×2600 | 850 |
| MCE-2000 | 2.0 | 1550×1425 | 550~650 | 15 | 2100×1550×1940 | 1200 |

6. 地连墙接头施工机械

地下连续墙单元槽段依靠接头连接，这种接头通常要满足受力和防渗要求，还要施工简单。按使用接头工具的不同可分为接头管（锁口管）、接头箱、套铣接头、工字钢、十字钢板、橡胶止水等几种常用形式。

(1) 接头管连接

这是国内外迄今使用最多的一种非刚性接头形式。其优点是用钢量少、造价低，但一次性投入较多，对起吊设备及时间控制要求较高，且存在整体刚度和渗漏问题。

(2) 接头箱连接

这种方法是在接头管旁再附一个敞口接头箱，可使两相邻槽段的水平钢筋搭接，变成刚性接头。

(3) 套铣接头

套铣接头是利用铣槽机直接切削已成型槽段的混凝土,在不采用锁口管、接头箱的情况下形成止水良好、致密的地下连续墙接头。

(4) 工字钢接头

工字钢既是承受垂直方向的力矩与水平剪力的主要构件,也是两槽段之间的结合构件,可当作由工字钢支承的简支梁来设计。这种接头在非常靠近大型建筑物而槽段长度较短的情况下是有效的。

(5) 十字钢板接头

十字钢板可连接左右墙体而成为刚性接头。

(6) 橡胶止水接头

橡胶止水接头是在传统接头的基础上研制出的一种新的接头形式,综合锁口管与工字钢两种接头的优点,接头凹凸形使Ⅰ、Ⅱ期槽段咬合更加紧密,加上在墙中位置嵌入橡胶止水带,延长或阻断地下水渗透路径,止水效果更好。橡胶止水接头为柔性接头,抗变形性能强。

#### 8.1.2.4 多轴水泥土搅拌桩施工机械

1. 种类及适用范围

SMW工法最常用的施工机械是三轴型钻掘搅拌机,其中钻杆有用于黏性土及用于砂砾土和基岩之分,此外还研制了其他一些机型,用于城市高架桥下等空间受限制的场合施工、海底筑墙及软弱地基加固。

(1) 标准机型

钻杆分节接成,每节由不同长度的分段组成。预钻所用的单轴钻杆分段长度为3.0m、6.0m、9.0m,都带有螺旋;3轴钻杆搅拌螺旋段长6.75m,无螺旋接杆分段长度为1.0m、2.0m、3.0m、6.75m($\phi$850另有0.82m分段)。施工时根据桩架高度和成墙深度选用不同的段组成节,按节进行接续钻削搅拌,如图8-17所示,其中待接分节放置在预先开挖的地槽中,以方便接续。标准机型性能参数见表8-30。

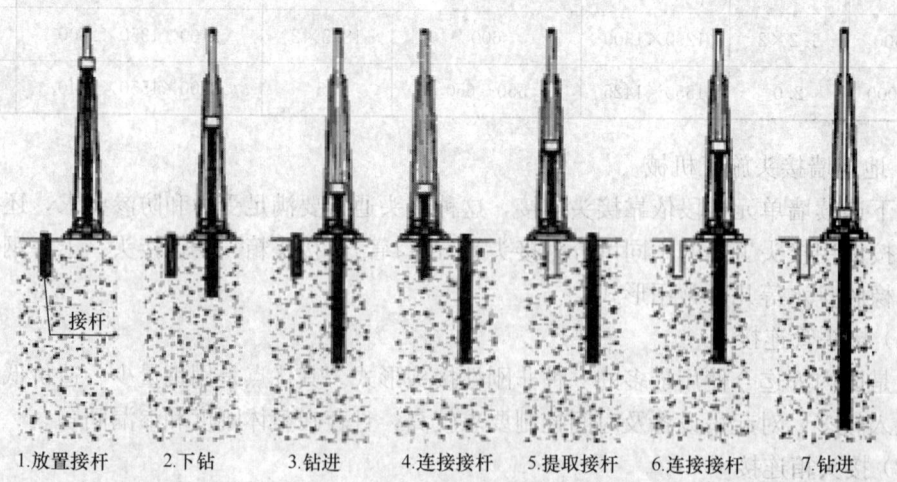

图8-17 钻杆钻进施工

标准机型性能参数表  表 8-30

| 钻头公称直径（mm） | ϕ550 | ϕ850 |
|---|---|---|
| 行走底盘 | DH608-120M | |
| 桩架高度（m） | 18～33 | 18～30 |
| 驱动电机 | 45～55kW 4/8P×2 | 75kW 4/6P×2 |
| 输出轴转速（r/min） | ≈30/17.5 | ≈30/15 |
| 最大施工深度（m） | 35.0 | 45.0 |

（2）低高度机型

SMW15M机型，如图8-18所示。钻杆分成两节，整机高17.9m，最大施工深度

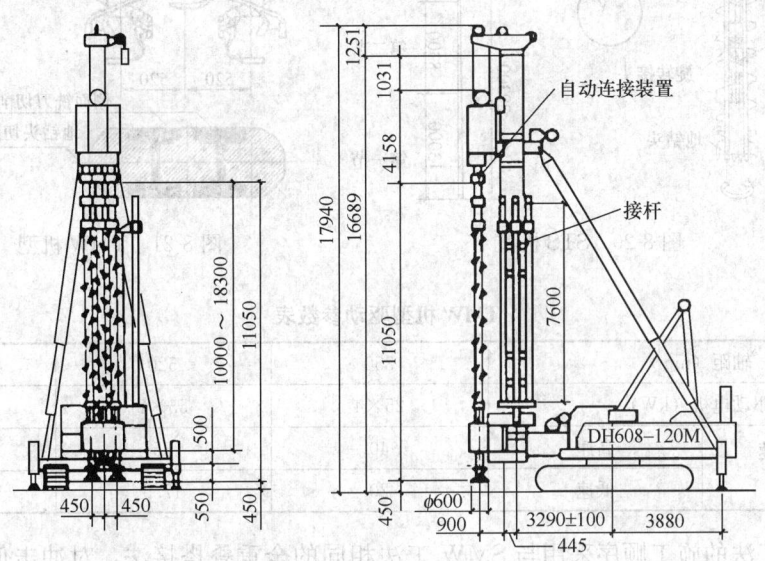

图8-18 SMW15M机型

25.3m，稳定角15.8°（标准机型配30m桩架时整机高32.6m，不接续最大施工深度23.4m，稳定角只有7.4°），接杆安置在专门设计的桩架侧面。

SMW500D系列机型最低整机高度只有5m，底盘可采用通用履带式或专用轨道式，如图8-19所示。

STS（Safety Telescopic System）机型，如图8-20所示。

（3）TMW机型

TMW机型（Toautsu Mixing Wall）则可行成等厚度混合土连续墙，如图8-21所示。

TMW机型以搅拌轴的轴距作为基本参数，其驱动参数见表8-31。

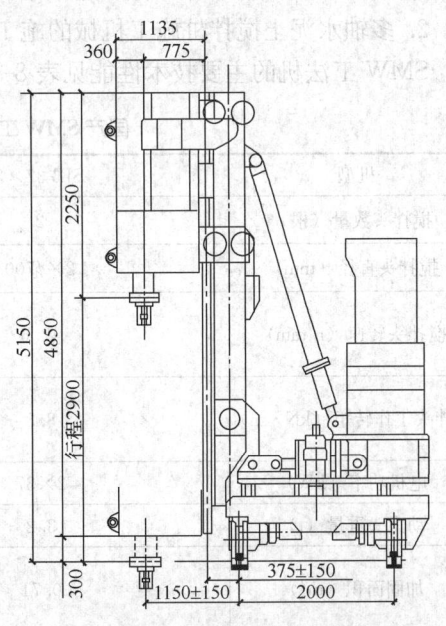

图8-19 SMW500D机型

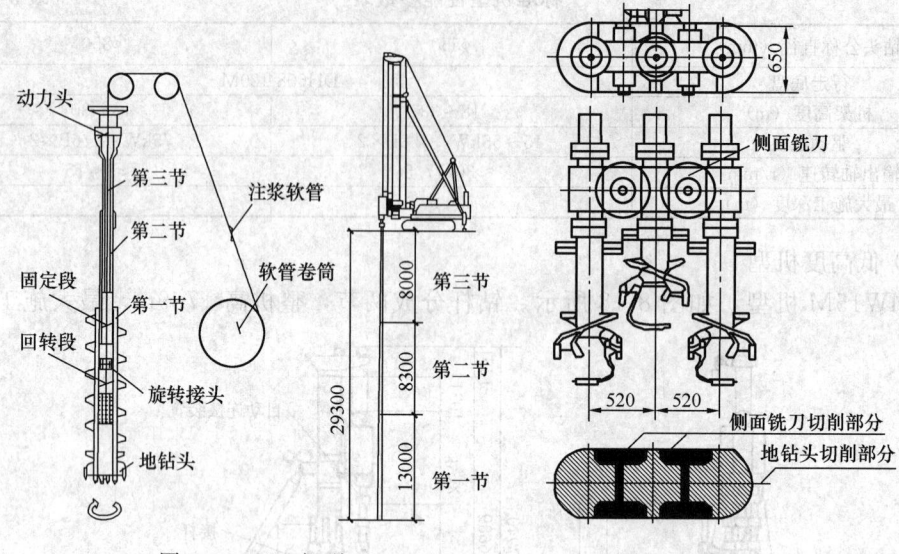

图 8-20 STS 机型　　　　图 8-21 TMW 机型

**TMW 机型驱动参数表**　　表 8-31

| 轴距（mm） | | 350 | 520 | 600 |
|---|---|---|---|---|
| 驱动电机（kW） | | 25×4 | 55×2 | 75×2 |
| 搅拌轴转速（r/min） | 高速 | 40 | 35 | 30 |
| | 低速 | 20 | 17.5 | 15 |

TMW 工法的施工顺序采用与 SMW 工法相同的全重叠搭接法，对冲击值大于 50 的地质，也采用预钻孔方式。钻杆接头由六角截面传递扭矩。

2. 多轴水泥土搅拌桩施工机械的施工性能

SMW 工法机的主要技术性能见表 8-32 和表 8-33。

**国产 SMW 工法机主要技术性能表**　　表 8-32

| 机型 | | SJB-37×2 | SJB-42/30×4 | |
|---|---|---|---|---|
| 搅拌头数量（根） | | 2 | 4 | |
| 搅拌头直径（mm） | | 2×φ700 | 4×φ700 | |
| 搅拌头转速（r/min） | | 42.6 | 高速 | 40 |
| | | | 低速 | 20 |
| 搅拌头工作转矩（kN·m） | | 8.3 | 高速 | 10.2 |
| | | | 低速 | 14.6 |
| 电机功率（kW） | | 2×37 | 4×42/30 | |
| 动力头重量（t） | | 3.2 | 6 | |
| 加固面积（m²） | | 0.71 | 正方形 | 1.38 |
| | | | 一字形 | 1.42 |
| 成墙深度（m） | | 28 左右 | 28 左右 | |

续表

| 成墙施工工艺 | 二喷三搅 | | 一喷二搅或二上二下 | |
|---|---|---|---|---|
| | 双排桩搭接200mm | | 双排桩 | 搭接260mm |
| | | | 单排桩 | 套接一孔位 |
| 一次成墙长度（mm） | 双排桩 | 700 | 双排桩 | 1260 |
| | | | 单排桩 | 1820 |
| 水泥土搅拌均匀性 | 双层拌叶 | 均速喷浆搅拌均匀 | 四层搅拌叶慢速喷浆 | 搅拌均匀性好 |
| | | 不均速喷浆 均匀性不稳定 | | |
| 墙体插入 | 好 | | 很好 | |
| H型钢插入 | 较容易 | | 容易 | |
| 施工涌土量 | 较少 | | 较多 | |
| 施工速度 | 较慢 | | 快 | |

**国外SMW工法机主要技术性能表**　　　表8-33

| 机种分类 | | | 合流一体机 | | | | 高速部脱卸型 | | |
|---|---|---|---|---|---|---|---|---|---|
| 型号 | | | 50-3-J | 80-3-J | 120-3-J | 150-3-J | 200-3-B | 200-3-B | 240-3-B |
| 功率（kW） | | | 37×1 | 30×2 | 45×3 | 55×2 | 75×2 | 75×2 | 90×2 |
| 回转速度（min$^{-1}$） | 4P | 50Hz | 38.8 | 中 33.0 | 38.5 | 33.1 | 35.6 | 30.6 | 31.3 |
| | | | | 外 39.6 | | | | | |
| | | 60Hz | 46.6 | 中 39.6 | 46.3 | 39.3 | 42.8 | 36.8 | 37.6 |
| | | | | 外 43.4 | | | | | |
| | 8P | 50Hz | 19.4 | 中 16.5 | 19.2 | 16.5 | 17.8 | 15.3 | 15.6 |
| | | | | 外 18.0 | | | | | |
| | | 60Hz | 23.3 | 中 19.8 | 23.1 | 19.9 | 21.4 | 18.4 | 18.6 |
| | | | | 外 21.7 | | | | | |
| 每根钻轴的钻削力矩（kN·m） | 4P | 50Hz | 3.03 | 中 5.78 | 7.43 | 10.55 | 13.38 | 15.58 | 18.30 |
| | | | | 外 5.27 | | | | | |
| | | 60Hz | 2.52 | 中 4.81 | 6.18 | 8.78 | 11.14 | 12.97 | 15.23 |
| | | | | 外 4.39 | | | | | |
| | 8P | 50Hz | 6.06 | 中 11.57 | 14.86 | 21.10 | 26.77 | 31.17 | 36.60 |
| | | | | 外 10.55 | | | | | |
| | | 60Hz | 5.04 | 中 9.63 | 12.37 | 17.56 | 22.28 | 25.94 | 30.46 |
| | | | | 外 8.78 | | | | | |
| 旋转接头口径（mm） | | | 42 | 42 | 42 | 42 | 53 | 53 | 53 |
| 重量（t） | | | 3.8 | 4.7 | 7.5 | 9.5 | 9.7 | 11.7 | 11.7 |
| 轴间距离（mm） | | | 450 | 450 | 450 | 450 | 450 | 600 | 600 |
| 生产厂商 | | | 日本三和机材株式会社 | | | | | | |

## 8.1.2.5 咬合桩施工机械

**1. 咬合桩施工机械的种类及适用范围**

咬合桩的施工机械包括全套管钻孔机械、取土机械、挖运土方设备、抽水设备、钢筋加工等施工机械，主要施工机械是全套管钻孔机械。

根据成孔设备硬法咬合桩可分为以下四种：

(1) FCEC 双回转套管机成孔

(2) CD 机成孔

(3) 旋挖钻机成孔

(4) 长螺旋后压灌施工法

**2. 咬合桩施工机械的技术性能**

(1) FCEC 正逆同步双回转套管机（图 8-22）

设备性能如下：

1) 旋挖钻机以履带自行走机械为基架，主要通过液压旋转动力装置驱动钻杆泥浆护壁旋挖取土钻孔，满足了不同深度、规格的钻孔灌注桩施工，SWRD25 最深可至 75m，垂直度可达到 1/300 以上。

2) 额定扭力达 25t·m，极限扭矩 28t·m。

3) 最大起拔力 25t。

4) 配置钻桶旋转挖掘土体，钻桶长度一般不超过 1.5m。

5) 施工部位离建筑物不少于 0.5m。

6) 自配动力，能自行埋设灌注桩钢护筒（2~6m），钻孔灌注桩成孔一机完成。

(2) 旋挖钻机（图 8-23）

1) 在土层、砂砾、软岩层等地层的挖掘取土深度可达 65m。

2) 垂直精度可达 1/300。

3) 主卷扬起拔力可达 25t。

4) 最大扭矩为 25t·m。

5) 通过自动控制套管的压入力，可以保持符合切削对象最合适的切削状态，以及防止切割钻头及驱动装置的超负荷。

图 8-22  FCEC 正逆同步双回转套管机

图 8-23  旋挖钻机

(3) CD机成孔（图8-24）

1）能够对单轴压缩强度为137～206MPa的巨砾、岩床进行切削。

2）在砂砾、软岩层等地层的挖掘深度可达62m，在淤泥、黏土层等的挖掘深度可达73m。

3）垂直精度可达1/500。

4）起拔力可达300t。

5）对于地下存在钢筋混凝土结构、钢筋混凝土桩、钢桩等的地层具有切割穿透的能力，并能将其清除。

6）通过自动控制套管的压入力，可以保持符合切削对象最合适的切削状态，以及防止切割钻头的超负荷。

图8-24 CD机成孔

### 8.1.2.6 钢板桩施工机械

**1. 钢板桩施工机械的种类及适用范围**

钢板桩的打入和拔除机械选择时主要根据地质特性以及钢板桩的型号、深度而定，具体机械选型方法可参照本书的预制桩打入机械选型原则执行。

**2. 振动锤拔桩施工机械的技术性能**

振动锤拔桩技术性能见表8-34。

振动锤拔桩技术性能表　　　　　表8-34

| | 型号 | VM2-2500E | VM2-4000E | VM2-5000A | VM4-10000A |
|---|---|---|---|---|---|
| 拔桩 | 电动机功率（kW） | 45 | 60 | 90 | 150 |
| | H、I型钢长（m） | 20 | 22 | 25 | 30 |
| | U形钢板桩长（m） | ≤20（Ⅳ型） | ≤22（Ⅳ型） | ≤25（Ⅳ型） | ≤30（Ⅳ型） |
| | 吊车吊装能力（t） | 25 | 25 | 30 | 30 |

## 8.1.3 地基处理机械

### 8.1.3.1 真空预压地基处理机械

抽真空设备主要分为水气分离式真空泵和流式真空泵，如图8-25、图8-26所示。

图8-25 水气分离式真空泵

图8-26 流式真空泵

水气分离式真空泵与传统的小型射流真空泵工艺比较中，在抽空速率、极限真空、抽水量和压缩比等性能上均有较大提高，具有效率高、占地面积小、施工方便、操作简单、集中度高及安全性高等优点，较传统射流式真空泵设备节省能耗50％以上。水气分离真空泵参数如表8-35所示。

水气分离真空泵参数 表8-35

| 抽气速率（L/s） | 50 | 进水管内径（mm） | 15 |
|---|---|---|---|
| 极限压力（mmHg） | 15 | 出水管内径（mm） | 15 |
| 转速（r/min） | 270 | 泵温升（℃） | ≤40 |
| 功率（kW） | 4 | 噪声［dB(A)］ | ≤70 |
| 吸气口法兰内径（mm） | 50 | 重量（kg） | 500 |
| 排气口法兰内径（mm） | 50 | | |

#### 8.1.3.2 注浆施工机械

1. 种类及适用范围

注浆施工的钻孔机械目前主要采用回转式钻机，包括立轴式回转钻机、转盘式回转钻机、动力头式回转钻机等。立轴式回转钻机体积小、占地小、质量小，调速范围大，扭矩较大，工程中使用最多；转盘式回转钻机是一种大扭矩、低转速的钻机，它对地层适应性强，钻孔直径大，多用于大口径的钻孔施工；动力头式回转钻机可以打任何角度的孔（水平孔、下向孔、上向扇面孔），主要使用在锚固孔、爆破孔、勘探孔、排水孔等工程施工中。

2. 注浆施工机械的技术性能（表8-36）。

注浆施工机械的技术性能表 表8-36

| 设备种类 | 型号 | 性能 | 重量（kg） | 备注 |
|---|---|---|---|---|
| 钻探机 | 立轴旋转式 D-2 | 340 给油式<br>旋转速度：160r/min、300r/min、600r/min、1000r/min<br>功率：5.5kW<br>钻杆外径：40.5mm<br>轮周外径：41.0mm | 500 | 钻孔用 |
| 注浆泵 | 卧式二连单管复活活塞式 BGW 型 | 容量：16～60L/min<br>最大压力：3.62MPa<br>功率：3.7kW | 350 | 注浆用 |
| 水泥搅拌机 | 立式上下两槽式 MVM5 型 | 容量：上下槽各250L<br>叶片旋转数：160r/min<br>功率：2.2kW | 340 | 不含有水泥时的化学浆液不用 |
| 化学浆液混合器 | 立式上下两槽式 | 容量：上下槽各220L<br>搅拌容量：20L<br>手动式搅拌 | 80 | 化学浆液的配置和混合 |
| 齿轮泵 | KI-6型 齿轮旋转式 | 排出量：40L/min<br>排出压力：0.1MPa<br>功率：2.2kW | 40 | 从化学浆液槽往混合器送入化学浆液 |
| 流量、压力仪表 | | 流量计测定范围：40L/min<br>压力计：3MPa | 120 | |

3. MJS桩（全方位高压喷射注浆桩）施工机械简介

MJS工法机械体积小，施工可满足净空4m及以上的要求；通过控制排泥控制地内压力，减少对地面的扰动；地内压力的控制保证成桩质量与成桩直径；成桩直径可达2～2.8m，可跨越部分障碍物施工造成连续桩体；能对50m超深深度进行加固止水作业施工；对排泥统一收集处理，减少污染；施工噪声小，减少对周边的影响。

### 8.1.3.3 旋喷桩施工机械

1. 种类及适用范围

常见的旋喷桩工法包括CCP工法、JSG工法和高压射水（气）旋喷工法等，新型旋喷桩工法有RJP工法（大直径超高压旋喷工法）和N-Jet工法［超高压喷射搅拌成桩（墙）止水帷幕N-Jet工法］等。

RJP工法是一种水、气喷射、浆液灌注搅拌混合喷射的方法，即用多层喷射管使高压水和空气同时横向喷射，先期切割地基土体，借空气的上升力把被破碎的土由地表排除，当地层内压力过大时由套管与钻杆的空隙排出浆液保持孔内压力平衡，减小对周边环境的影响；与此同时，另一个喷嘴将压缩空气包裹水泥浆超高压喷射再次切割土体及搅拌水泥浆置换土体，使水泥浆与土混合达到加固目的。RJP施工机械如图8-27所示。

N-Jet工法是通过钻管（杆）连接特殊喷浆装置（钻头）全方位旋转或角度旋转、向上提升、变换提升等方法结合多喷嘴、多角度喷射切削土体，通过水泥浆液的高压喷射切削土体，将切削土体与浆液混合搅拌，凝固后可形成圆形、扇形、网格状圆形、网格状扇形的桩体形状，同时配有一套施工管理装置，对浆、气、水流量及施工时地内压力实时监控，对周边扰动微小，特别是对于复杂敏感地质成桩（墙）、止水帷幕及加固效果很好，N-Jet施工机械如图8-28所示。

图8-27 RJP工法施工机械

图8-28 N-Jet工法施工机械

不同工法旋喷桩施工参数见表8-37。

表 8-37 不同工法旋喷桩施工参数表

| 工法 | CCP 工法 | JSG 工法 | RJP 工法 | N-Jet 工法 |
|---|---|---|---|---|
| 切削方法 | 超高压硬化材浆液 | 超高压硬化材浆液和空气 | 超高压水、空气与超高压浆液 | 超高压水、空气与超高压浆液 |
| 使用钻杆 | 单管钻杆 | 双重钻杆 | 三重钻杆 | 三重钻杆 |
| 工法概况 | 使在地层中旋转的钻杆喷射超高压硬化材浆液，浆液在切削地层的同时形成柱状固结体 | 钻杆在地层中旋转的同时喷射含有空气的超高压硬化材浆液，切削地层的同时形成圆柱状结体 | 利用上段超高压水与压缩空气喷射流先行切削土体；再利用下段超高压浆液与压缩空气喷射流扩大切削土体，使浆液与土体混合搅拌，形成大直径桩体 | 通过钻管（杆）连接特殊喷浆装置全方位旋转或角度喷射，向上提升、变换角度等方法结合多喷嘴、多角度喷射切削的高压液体，通过水泥浆液使切削土体与浆液混合搅拌，凝固后可形成圆形、扇形、网格状扇形的桩体 |
| 施工概况图 | 吸泥车 废泥 单管钻杆 φ40.5mm 超高压硬化材 20MPa | 吸泥车 废泥 二重管 钻头 φ60.5mm φ15~150mm 削孔径 φ115~150mm 压缩空气 0.7MPa 超高压硬化材 20MPa | 吸泥泵或吸泥车 废泥 三重管 φ90mm 硬化材 2MPa 导孔 (套杆 φ142mm) 压缩空气 0.7MPa 超高压水 40MPa | N-JET超高压喷射杆 轴心排浆 N-JET超高压喷射注浆法设计构柱直径 (2~10m) 钻孔深度 埋深 造桩长度 1m |
| 相关工作参数 | 切削压力：20MPa 硬化材喷射速度：25L/min | 切削压力：20MPa 硬化材喷射速度：60L/min | 切削压力：40MPa 喷射水的速度：70L/min 硬化材喷射速度：140~180L/min | 切削压力：40MPa 喷射水的速度：60~80L/min 硬化材料喷射速度：150~190L/min |

（续）切削压力：45MPa 喷射水的速度：60~80L/min 硬化材料喷射速度：最大600L/min

2. 旋喷桩的主要施工设备
(1) 单旋喷管
单旋喷管的主要结构分为导流器、钻杆、喷头三个部分。
(2) 二重旋喷管
二重旋喷管也是由导流器、钻杆和喷头三部分组成。
(3) 三重旋喷管
三重管旋喷工艺中的关键是三重旋喷管机具,它由导流器、三重钻杆和喷头组成。
3. 双高压旋喷桩施工机械的技术性能
旋喷注浆机具包括旋转喷射注浆的设备及制浆机具。机具主要包括钻机、高压泵、泥浆泵、空压机、注浆管、喷嘴、流量计、输浆管、制浆机等。旋喷施工(新二重管)每套主要设备见表8-38。

旋喷施工(新二重管)主要设备表　　　　　表8-38

| 设备名称 | 型号 | 数量 |
|---|---|---|
| 潜水泵 |  | 2 |
| 钻机 | XY-2(液压300型) | 1 |
| 空压机 | 2V-6/8 | 1 |
| 高压泥浆泵 | PP-120 | 1 |
| 高压胶管 |  | 200m |
| 高压台车 | CYP-50 | 1 |
| 送泥泵 | HB-80 | 2 |
| 搅拌机 | WJG-80 | 1 |
| 灌浆机 | HB/80 | 1 |

#### 8.1.3.4 深层搅拌桩施工机械

1. 单轴深层搅拌桩施工机械的种类及适用范围

目前国内常用的深层搅拌桩机分为动力式及转盘式两大类,转盘式多用大口径转盘,配制步履式底盘,主轮安装在底盘上,安有链轮、链条加压装置,其主要优点是:重心低,比较稳定,钻进及提升速度易于控制。动力式深层搅拌桩机可采用液压电动机或机械式电动机-减速器,主机悬吊在架子上,重心高,必须配有足够质量的底盘,另一方面电机与搅拌钻具连成一体,质量较大,可以不必配置加压装置。

2. 单轴深层搅拌桩施工机械的技术性能
(1) 常用动力式单轴技术性能(表8-39)

动力式单轴技术性能表　　　　　表8-39

| 机型 | | CZB-600 | DJB-14D |
|---|---|---|---|
| 搅拌装置 | 搅拌叶片外径(mm) | 600 | 500 |
| | 搅拌轴转数(r/min) | 50 | 60 |
| | 电机功率(kW) | 2×30 | 1×22 |

续表

|  |  |  |  |
|---|---|---|---|
| 起吊设备 | 提升能力（kN） | 150 | 50 |
|  | 提升高度（m） | 14 | 19.5 |
|  | 提升速度（m/min） | 0.6～1.0 | 0.95～1.2 |
|  | 接地压力（kPa） | 60 | 40 |
| 制浆系统 | 灰浆拌制台数×容量（L） | 2×500 | 2×200 |
|  | 灰浆泵量（L/min） | 281 | 33 |
|  | 灰浆泵工作压力（kPa） | 1400 | 1500 |
| 施工能力 | 一次加固桩面积（m²） | 0.283 | 0.196 |
|  | 最大加固深度（m） | 15 | 19 |
|  | 效率（m/台班） | 60 | 100 |
|  | 总质量（t） | 12 | 4 |

（2）常用转盘式单轴技术性能（表8-40）

转盘式单轴技术性能表　　　　　表8-40

|  | 机型 | GPP-5 | PH-5G |
|---|---|---|---|
| 搅拌装置 | 搅拌轴规格 | 108×108 | 114×114 |
|  | 搅拌叶片外径（mm） | 500 | 500 |
|  | 搅拌轴转数（正）/（反）(r/min) | (28、50、92)/(28、50、92) | (7、12、21、35、40)/(8.5、14、25、40、60) |
|  | 最大扭矩（kN·m） | 8.6 | 22 |
|  | 电机功率（kW） | 30 | 45 |
| 起吊设备 | 提升能力（kN） | 78.4 | 78.4 |
|  | 提升高度（m） | 14 | 20 |
|  | 速度（下沉）/（提升）(m/min) | (0.48、0.8、1.47)/(0.48、0.8、1.47) | (0.2、0.48、0.6、1、1.5)/(0.2、0.3、0.5、1.2) |
|  | 接地压力（kPa） | 34 | 30 |
| 制浆系统 | 灰浆拌制台数×容量（L） | 2×200 | 2×200 |
|  | 灰浆泵量（L/min） | 50 | 50 |
|  | 灰浆泵工作压力（kPa） | 1500 | 1500 |
| 施工能力 | 一次加固桩面积（m²） | 0.196 | 0.196 |
|  | 最大加固深度（m） | 12.5 | 18 |
|  | 效率（m/台班） | 100～150 | 100～150 |
|  | 总质量（t） | 9.2 | 12.5 |

#### 8.1.3.5 强夯法施工机械

1. 强夯法施工机械的种类及适用范围

夯锤底面有圆形和方形两种,圆形不易旋转,定位方便,稳定性和重合性好,采用较广。锤底面积宜按土的性质和锤重确定。

强夯法使用的起重机选择时,为了适应松软地基承载能力小和适用于强夯作业,宜选用接地压力小、稳定性好的履带式起重机。起重机的吊重和吊高应满足所选用的夯锤重和落距的要求。

2. 强夯法施工机械的技术性能

强夯施工机械性能及技术参数见表8-41。

强夯施工机械性能及技术参数　　　　表8-41

| 单位 | 夯机名称 | 数量(台) | 夯锤重量(t) | 提升高度(m) | 锤底直径(m) | 夯击能量(kN·m) |
|---|---|---|---|---|---|---|
| 强夯一队 | 300t-M 强夯机 | 3 | 16.5 | 12.13 | 2.05 | 2000 |
| | 300t-M 强夯机 | 1 | 18.5 | 10.82 | 2.50 | 2000 |
| | 300t-M 强夯机 | 1 | 13.0 | 7.70 | 2.70 | 1000 |
| | 300t-M 强夯机 | 1 | 11.5 | 8.70 | 2.50 | 1000 |
| | 300t-M 强夯机 | 1 | 18.5 | 10.82 | 2.55 | 2000 |
| 强夯二队 | 1252 强夯机 | 1 | 15.0 | 13.34 | 2.50 | 200 |
| | Q25 强夯机 | 2 | 15.6 | 12.83 | 2.50 | 200 |
| | QM-20J 强夯机 | 1 | 15.0 | 6.67 | 2.50 | 100 |
| | W-1001 强夯机 | 1 | 15.0 | 6.67 | 2.50 | 100 |

#### 8.1.3.6 换填预压夯实法施工机械

换填预压夯实法是软土地基的一种处理方法,可分为垫层法和强夯挤淤法。垫层法主要适用于浅层软弱地基及不均匀地基的处理;强夯挤淤法是指采用强夯、边填碎石、边挤淤的方法,在地基中形成碎石墩体,可提高地基承载力和减小变形,施工的机械主要有起重机和夯锤,强夯挤淤法主要适用于高饱和度粉土与软塑至流塑的黏性土。

#### 8.1.3.7 水泥粉煤灰碎石桩(CFG)法施工机械

1. 种类及适用范围

CFG桩成桩常用三种施工方法:长螺旋钻孔灌注成桩、长螺旋钻孔管内泵压混合料成桩和振动沉管灌注沉桩。

(1) 长螺旋钻孔灌注成桩

该方法适用于地下水位以上的黏性土、粉土、素填土、中等密实以上的砂土等,属非挤土成桩工艺,具有穿透能力强、低噪声、无振动、无泥浆污染的特点,适用于对周边环境(如噪声、泥浆污染)比较严格的场地。

(2) 长螺旋钻孔管内泵压混合料灌注成桩

该方法适用于黏土、粉土、砂土,以及对噪声和泥浆污染要求严格的场地,具有低噪声、无泥浆污染、无振动的优点。

(3) 振动沉管灌注成桩

该方法适用于无坚硬土层和粉土、黏性土、素填土、松散的饱和粉细砂地层条件，以及对振动噪声限制不严格的场地。

2. 水泥粉煤灰碎石桩（CFG）法施工机械的技术性能

(1) 部分振动沉管桩架型号的技术性能见表8-42。

部分振动沉管桩架型号技术性能　　　　　　　　表8-42

| 项目 | | 桩架型号 | | | | |
|---|---|---|---|---|---|---|
| | | ZJ40J | ZJ60J | DJB18 | DJB25 | DJB60 |
| 沉桩最大长度（m） | | 18 | 25 | 16 | 20 | 26 |
| 沉桩最大直径（mm） | | 400 | 500 | 350 | 500 | 500 |
| 最大加压力（kN） | | 120 | 200 | 78 | | |
| 最大拔桩力（kN） | | 150 | 250 | 120 | 250 | 350 |
| 桩架质量（t） | | 18 | 26.5 | 28 | 30 | 60 |
| 外形尺寸 | 长（m） | 11 | 11 | 8.5 | 9.8 | 13.5 |
| | 宽（m） | 10 | 12 | 4.5 | 7.0 | 6.1 |
| | 高（m） | 24 | 30 | 22 | 24.5 | 35 |

(2) 振动沉管桩锤型号及技术性能见表8-43。

振动沉管桩锤型号及技术性能　　　　　　　　表8-43

| 型号 | 电机功率（kW） | 激振力（kN） | 允许加压力（kN） | 允许拔桩力（kN） | 桩锤质量（t） |
|---|---|---|---|---|---|
| DZ45KS | 22×2 | 270 | 100 | 130 | 3.7 |
| DZ60KS | 30×2 | 360 | 120 | 200 | 4.5 |
| DZ75KS | 37×2 | 440 | 140 | 200 | 5.2 |
| DZ90KS | 45×2 | 520 | 180 | 300 | 6.05 |
| DZ40A | 90 | 400/550 | | 260 | 4.9/6.2 |
| DZ60 | 90 | 410/680 | | 260 | 6.67 |
| DZG-37K | 37 | 191.6 | 78 | 120 | 4.703 |
| DZG-45K | 45 | 239 | 98 | 160 | 4.8 |
| DZG-75K | 75 | 428 | 150 | 300 | 6.725 |

#### 8.1.3.8 振冲挤密冲扩法施工机械

1. 振冲挤密冲扩法施工机械的种类及适用范围

目前振冲尚没有统一标准，各种振冲器的电动机、振动器的构造结构也不相同，其性能存在较大的差异，施工中可在现场进行试验确定振冲器的型号和施工参数。

2. 振冲挤密冲扩法施工机械的技术性能

(1) 单向振冲器技术性能见表8-44。

单向振冲器技术性能 表8-44

| 项目 | | 型号 | | | |
|---|---|---|---|---|---|
| | | ZCQ13 | ZCQ30 | ZCQ55 | BL-75 |
| 潜水电机 | 功率（kW） | 13 | 30 | 55 | 75 |
| | 转速（r/min） | 1450 | 1450 | 1450 | 1450 |
| | 额定电流（A） | 25.5 | 60 | 100 | 150 |
| 振动机体 | 振动频率（L/min） | 1450 | 1450 | 1450 | |
| | 不平衡部分重量（kg） | 31 | 66 | 104 | |
| | 偏心距（cm） | 5.2 | 5.7 | 8.2 | |
| | 动力距（N·cm） | 1461 | 3775 | 8345 | |
| | 振动力（N） | 34321 | 88254 | 196120 | 160000 |
| | 振幅（mm） | 2 | 4.2 | 5.0 | 7.0 |
| | 加速度（g） | 4.5 | 9.9 | 11 | |
| 振动体直径（mm） | | φ274 | φ351 | φ450 | φ426 |
| 振动体长度（mm） | | 2000 | 2150 | 2359 | 3000 |
| 总重量（kg） | | 780 | 940 | 1800 | 2050 |

（2）双向振冲器的技术性能见表8-45。

双向振冲器的技术性能 表8-45

| 参数 | | ZCQ30-C | ZCQ30-Z |
|---|---|---|---|
| 电动机功率 | | 30 | 30 |
| 水平振冲 | 振动频率（次/min） | 1450 | 1450 |
| | 振动力（t） | 9 | 9 |
| | 振幅（mm） | 11 | 11 |
| | 加速度（g） | 23 | 23 |
| 垂直振冲 | 振动频率（次/min） | 1450 | 1450 |
| | 振动力 | 冲击能量1200kg·cm | 3t |
| 外部尺寸 | | φ355 | 400×400-φ355 |

## 8.1.4 特殊桩施工机械

### 1. 旋挖钻机

旋挖机是一种综合性的钻机，具有成孔速度快，污染少，机动性强等特点。短螺旋钻头进行干挖作业，也可以用回转钻头在泥浆护壁的情况下进行湿挖作业。旋挖机可以配合冲锤钻碎坚硬地层后进行挖孔作业。如果配合扩大头钻具，可在孔底进行扩孔作业。旋挖钻机性能参数见表8-46～表8-49。

三一重工旋挖钻机参数（SR65-S～SR275-S） 表8-46

| 型号 | | SR65-S | SR135-S | SR175-S | SR215-S | SR275-S |
|---|---|---|---|---|---|---|
| 钻孔 | 最大钻孔直径（mm） | 1100 | 1300 | 1500 | 1800 | 2200 |
| | 最大钻孔深度（m） | 20/27 | 36/45 | 44/56 | 51/64 | 58/73 |

续表

| | | | | | | |
|---|---|---|---|---|---|---|
| 动力头 | 额定输出扭矩（kN·m） | 70 | 135 | 175 | 215 | 275 |
| | 转速（rpm） | 5~40 | 6~45 | 5~37 | 5~30/54 | 5~34 |
| 加压系统 | 加压力（kN） | 110 | 120 | 160 | 210 | 240 |
| | 起拔力（kN） | 120 | 160 | 180 | 210 | 280 |
| | 行程（mm） | 3000 | 3700 | 4200 | 4200 | 5000 |
| 主卷场 | 提升力（kN） | 90 | 140 | 170 | 210 | 280 |
| | 钢丝绳直径（mm） | 20 | 24 | 26 | 28 | 32 |
| | 最大速度（m/min） | 80 | 80 | 80 | 75 | 80 |
| 副卷场 | 提升力（kN） | 40 | 60 | 60 | 100 | 80 |
| | 钢丝绳直径（mm） | 14 | 14 | 16 | 20 | 20 |
| | 最大速度（m/min） | 75 | 75 | 60 | 70 | 70 |
| 桅杆倾角 | 前/后（°） | 5/90 | 5/90 | 5/90 | 5/90 | 5/90 |
| | 左右（°） | ±3 | ±3 | ±4 | ±3 | ±3 |
| 底盘 | 发动机型号 | ISUZU 4JJ1 | ISUZU 4HK1 | Cummins B7 | ISUZU 6HK1 | Cummins L9 |
| | 发动机功率（kW/rpm） | 86/2200 | 128/2000 | 180/2000 | 210/1900 | 272/1900 |
| | 排放 | 国四 | 国四 | 国四 | 国四 | 国四 |
| | 排量（L） | 2.999 | 5.193 | 6.7 | 7.79 | 8.9 |
| | 底盘展开宽度（mm） | 2700 | 3650 | 4100 | 4170 | 4500 |
| | 履带宽度（mm） | 600 | 600 | 700 | 700 | 800 |
| | 尾部回转半径（mm） | 3065 | 3680 | 3655 | 3750 | 4525 |
| 主机 | 整机高度（mm） | 12770 | 16495 | 19040 | 21520 | 23870 |
| | 工作重量（t） | 24 | 37 | 52 | 69 | 90 |
| | 运输宽度（mm） | 2815 | 2660 | 3100 | 3170 | 3540 |
| | 运输高度（mm） | 3415 | 3400 | 3570 | 3550 | 3845 |
| | 运输长度（mm） | 11755 | 14530 | 14115 | 15470 | 17250 |

三一重工旋挖钻机参数（SR315-S～SR505-S）  表8-47

| | 型号 | SR315-S | SR375-S | SR395-S | SR455-S | SR505-S |
|---|---|---|---|---|---|---|
| 钻孔 | 最大钻孔直径（mm） | 2500 | 2500 | 2500 | 3000 | 3000 |
| | 最大钻孔深度（m） | 61/95 | 65/103 | 67/106 | 90/110 | 95/116 |
| 动力头 | 额定输出扭矩（kN·m） | 315 | 375 | 395 | 455 | 505 |
| | 转速（rpm） | 5~30 | 5~32 | 5~28 | 5~25 | 5~22 |

续表

| 加压系统 | 加压力（kN） | 280 | 300 | 310 | 400 | 420 |
| --- | --- | --- | --- | --- | --- | --- |
| | 起拔力（kN） | 335 | 345 | 360 | 400 | 420 |
| | 行程（mm） | 6000 | 6000 | 13000 | 6000 | 10000/21000 |
| 主卷场 | 提升力（kN） | 380 | 380 | 400 | 560 | 560 |
| | 钢丝绳直径（mm） | 36 | 36 | 36 | 40 | 40 |
| | 最大速度（m/min） | 75 | 75 | 75 | 63 | 60 |
| 副卷场 | 提升力（kN） | 105 | 105 | 105 | 105 | 105 |
| | 钢丝绳直径（mm） | 20 | 20 | 20 | 20 | 20 |
| | 最大速度（m/min） | 80 | 80 | 80 | 80 | 80 |
| 桅杆倾角 | 前/后（°） | 5/90 | 5/90 | 5/90 | 90/15 | 90/15 |
| | 左右（°） | ±4 | ±4 | ±4 | ±3 | ±3 |
| 底盘 | 发动机型号 | ISUZU 6WG1 | ISUZU 6WG1 | ISUZU 6WG1 | Volvo TAD1385VE | Volvo TAD1385VE |
| | 发动机功率（kW/rpm） | 310/1800 | 348/1800 | 348/1800 | 405/1900 | 405/1900 |
| | 排放 | 国四 | 国四 | 国四 | 国四 | 国四/欧V |
| | 排量（L） | 15.68 | 15.68 | 15.68 | 12.78 | 12.78 |
| | 底盘展开宽度（mm） | 4760 | 4820 | 4900 | 4900 | 4900 |
| | 履带宽度（mm） | 800 | 800 | 800 | 800 | 800 |
| | 尾部回转半径（mm） | 4680 | 4680 | 4900 | 4910 | 4910 |
| 主机 | 整机高度（mm） | 25450 | 26950 | 26940 | 29710 | 30740 |
| | 工作重量（t） | 112 | 120 | 130 | 158 | 178 |
| | 运输宽度（mm） | 3500 | 3500 | 3500 | 3600 | 3600 |
| | 运输高度（mm） | 3700 | 3700 | 3650 | 3805 | 3805 |
| | 运输长度（mm） | 19000 | 19540 | 20160 | 19650 | 20550 |
| 生产商 | | 三一重工 | | | | |

**徐州重工旋挖钻机参数（XR240E～XR400D）** 表8-48

| | 型号 | XR240E | XR360E | XR360 | XR400D |
| --- | --- | --- | --- | --- | --- |
| 工作参数 | 最大钻孔直径（mm） | $\phi2200/\phi2000$ | $\phi2600/\phi2300$ | $\phi2500$ | $\phi3000/\phi2800$ |
| | 最大钻孔深度（m） | 70 | 103 | 92（特配102） | 108 |
| 发动机参数 | 型号 | 6UZ1X | TAD1353VE | QSM11 | QSX15 |
| | 额定功率（kW） | 270 | 345 | 298 | 373 |

续表

| 动力头参数 | 最大输出扭矩 (kN·m) | 240 | 360 | 360 | 400 |
|---|---|---|---|---|---|
| | 转速 (r/min) | 7～30 | 6～27 | 5～20 | 7～21 |
| 加压油缸参数 | 最大压力 (kN) | 210 | 300 | 240 | 300 |
| | 最大提升力 (kN) | 220 | 350 | 320 | 400 |
| | 最大行程 (m) | 5 | 6 | 6 | 6 |
| 加压卷扬参数 | 最大压力 (kN) | 250 | 300 | — | 300 |
| | 最大提升力 (kN) | 250 | 350 | — | 400 |
| | 最大行程 (m) | 13 | 10/16 | — | 16 |
| 主卷扬参数 | 最大提升力 (kN) | 240 | 370 | 320 | 420 |
| | 最大卷扬速度 (m/min) | 70 | 60 | 72 | 60 |
| 副卷扬参数 | 最大提升力 (kN) | 80 | 100 | 100 | 100 |
| | 最大卷扬速度 (m/min) | 70 | 41 | 65 | 65 |
| | 钻桅倾度 侧向/前倾/后倾 (°) | ±4/5/15 | ±4/5/15 | ±4/5/15 | ±5/5/15 |
| 底盘参数 | 最大行走速度 (km/h) | 1.8 | 1.3 | 1.5 | 1.3 |
| | 最大爬坡度 (%) | 35 | 35 | 35 | 35 |
| | 履带板宽度 (mm) | 800 | 800 | 800 | 900 |
| | 履带最大总宽 (mm) | 3250～4400 | 3500～4900 | 3500～4800 | 3700～5100 |
| 系统参数 | 工作压力 (MPa) | 35 | 33 | 32 | 32 |
| | 整机质量 (t) | 84 | 115 | 92 | 132 |
| 外形尺寸参数 | 工作状态 (mm) | 8870×4400×22800 | 10870×4900×25820 | 11000×4800×24586 | 10530×5100×28572 |
| | 运输状态 (mm) | 17525×3250×3594 | 20650×3500×3845 | 17380×3500×3810 | 18025×3700×3500 |

**徐州重工旋挖钻机参数 (X400E～XR800E)**　　　　表 8-49

| | 型号 | XR400E | XR460D | XR550D | XR800E |
|---|---|---|---|---|---|
| 工作参数 | 最大钻孔直径 (mm) | $\phi$2800/$\phi$2500 | $\phi$3000/$\phi$2800 | $\phi$3500 | $\phi$4600 |
| | 最大钻孔深度 (m) | 103 | 120 | 132 | 150 |
| 发动机参数 | 型号 | QSX15 | QSX15 | QSX15 | QSK23 |
| | 额定功率 (kW) | 373 | 447 | 447 | 641 |
| 动力头参数 | 最大输出扭矩 (kN·m) | 400 | 460 | 550 | 793 |
| | 转速 (r/min) | 7～25 | 5.5～20 | 6～20 | 5～40 |

续表

| | | | | | |
|---|---|---|---|---|---|
| 加压油缸参数 | 最大压力（kN） | 300 | 300 | 300 | — |
| | 最大提升力（kN） | 400 | 400 | 400 | — |
| | 最大行程（m） | 6 | 6 | 6 | — |
| 加压卷扬参数 | 最大压力（kN） | 400 | 500 | 400 | 600 |
| | 最大提升力（kN） | 400 | 500 | 520 | 800 |
| | 最大行程（m） | 18 | 16 | 16 | 10/16 |
| 主卷扬参数 | 最大提升力（kN） | 360 | 520 | 600 | 800 |
| | 最大卷扬速度（m/min） | 60 | 60 | 60 | 60 |
| 副卷扬参数 | 最大提升力（kN） | 100 | 180 | 180 | 180 |
| | 最大卷扬速度（m/min） | 65 | 50 | 50 | 50 |
| | 钻桅倾度 侧向/前倾/后倾（°） | ±5/5/15 | ±5/5/15 | ±5/5/15 | ±4/90/10 |
| 底盘参数 | 最大行走速度（km/h） | 1.3 | 1 | 1 | 1 |
| | 最大爬坡度（%） | 35 | 35 | 35 | 35 |
| | 履带板宽度（mm） | 800 | 1000 | 1000 | 1200 |
| | 履带最大总宽（mm） | 3500~4900 | 4050~5500 | 4550~6000 | 6600 |
| 系统参数 | 工作压力（MPa） | 32 | 32 | 33 | 35 |
| | 整机质量（t） | 118 | 168 | 185 | 320 |
| 外形尺寸参数 | 工作状态（mm） | 10995×4900×26640 | 10750×5500×31060 | 12790×6000×33325 | 13780×6600×39473 |
| | 运输状态（mm） | 20755×3500×3910 | 18040×4050×3615 | 18040×4550×3800 | 9900×3700×3600 |

2. 潜孔钻机

潜孔钻机的特点是活塞打击钎杆时的能量损失不随钻孔的延伸而加大，因此，它适合于钻凿大孔径、深度大的炮孔。一体化液压潜孔钻机广泛应用于冶金、矿山、建材、铁路、水电建设、国防施工等露天工程的爆破孔钻凿及水下钻孔爆破炸礁工程中。根据使用地点不同，分为井下潜孔钻机和露天潜孔钻机两大类。

3. 水平定向钻机

水平定向钻机是在不开挖地表面的条件下，铺设多种地下公用设施（管道、电缆等）的一种施工机械，它广泛应用于供水、电力、电信、天然气、煤气、石油等管线铺设施工中，它适用于沙土、黏土、卵石等地况，我国大部分非硬岩地区都可施工。

水平定向钻机性能参数见表8-50。

**水平定向钻机性能参数** 表 8-50

| | 型号 | JVD-200 | JVD-280 | JVD-320 | JVD-380 |
|---|---|---|---|---|---|
| 规格 | 发动机型号 | 东风康明斯6BTA5.9-C180（132kW） | 东风康明斯6BTA5.9-C180（132kW） | 东风康明斯6CTA8.3-C215（160kW） | 东风康明斯6CTA8.3-C215（160kW） |
| | 整机重量（kg） | 8700 | 8700 | 10.7 | 11 |
| | 整机外形尺寸（m） | 6.3×2.1×2 | 6.5×2.1×2 | 7×2.235×2.415 | 7×2.235×2.415 |
| | 系统电压（V） | 24 | 24 | 24 | 24 |
| 操作性能 | 最大回拖力（kN） | 200 | 280 | 320 | 380 |
| | 最大顶进力（kN） | 140 | 175 | 220 | 380 |
| | 最大扭矩（N·m） | 6000 | 8500 | 14500 | 15500 |
| | 主轴转速（r/min） | 0~110 | 0~110 | 0~110 | 0~110 |
| | 入射角（°） | 10~20 | 10~20 | 10~20 | 10~20 |
| | 行走速度（km/h） | 0~1.5 | 0~1.5 | 0~3.8 | 0~3.8 |
| | 爬坡能力（°） | 25 | 25 | 25 | 25 |
| 钻具 | 钻杆直径（mm） | 60 | 73 | 73 | 73 |
| | 钻杆长度（m） | 3 | 3 | 3 | 3 |
| | 回扩孔头直径（mm） | 200~600 | 300~800 | 300~900 | 300~900 |
| 泥浆泵 | 泥浆泵最大压力（MPa） | 9 | 9 | 8 | 8 |
| | 泥浆泵最大流量（L/min） | 240 | 240 | 320 | 320 |
| 泥浆混配系统 | 泥浆系统形式 | 整体式 | 整体式 | 整体式 | 整体式 |
| | 泥浆罐容量（m³） | 2 | 2 | 3 | 3 |
| | 泥浆外形尺寸（m） | 2.25×1.3×1.45 | 2.25×1.3×1.45 | 2.45×1.4×1.45 | 2.45×1.4×1.55 |
| | 生产商 | 恒天九五 | | | |

## 8.2 降水工程施工设备

井点降水方法包括单层轻型井点、多层轻型井点、喷射井点、电渗井点、管井井点、深井井点、无砂混凝土管井点以及小沉井井点等。表 8-51 为各种井点适用的土层渗透系数和降水深度情况，可供选用参考。

**各种井点的适用范围表** 表 8-51

| 项次 | 井点类别 | 土层渗透系数（m/d） | 降低水位深度（m） |
|---|---|---|---|
| 1 | 单层轻型井点 | 0.1~80 | 3~6 |
| 2 | 多层轻型井点 | 0.1~80 | 6~9 |

续表

| 项次 | 井点类别 | 土层渗透系数（m/d） | 降低水位深度（m） |
|---|---|---|---|
| 3 | 喷射井点 | 0.1~50 | 82~0 |
| 4 | 电渗井点 | <0.1 | 5~6 |
| 5 | 管井点 | 20~200 | 3~5 |
| 6 | 深井点 | 10~80 | >15 |

### 8.2.1 轻型井点降水施工设备

轻型井点系统主要由井点管、连接管、集水总管及抽水设备等组成。

#### 8.2.1.1 井点管

构造如图 8-29 所示。滤管直径常与井点管相同，管壁上呈梅花形，管壁外包两层滤网，内层为细滤网，外层为粗滤网。为避免滤孔淤塞，在管壁与滤网间用铁丝绕成螺旋状隔开，滤网外面再围一层粗铁丝保护层。滤网下端放一个锥形的铸铁头，井点管的上端用弯管与总管相连。

#### 8.2.1.2 连接管与集水总管

连接管用塑料透明管、胶皮管或钢管。每个连接管均宜装设阀门，以便检修井点。

#### 8.2.1.3 抽水设备

轻型井点根据抽水机组类型不同，分为真空泵轻型井点、射流泵轻型井点和隔膜泵轻型井点三种。

1. 真空泵轻型井点抽水设备

真空泵轻型井点设备由真空泵一台、离心式水泵两台（一台备用）和气水分离器一台组成一套抽水机组，如图 8-30 所示。真空泵轻型井点设备的规格及技术性能见表 8-52。

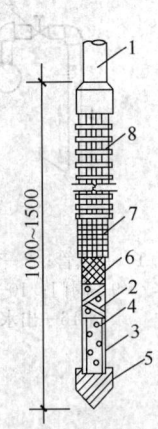

图 8-29 滤管构造
1—外管；2—内管；
3—喷射器；4—扩散管；
5—混合管；6—喷嘴；
7—缩节；8—连接座

真空泵轻型井点设备的规格及技术性能　　表 8-52

| 名称 | 数量 | 规格及技术性能 |
|---|---|---|
| 往复式真空泵 | 1台 | V5型（W6型）或V6型；生产率 4.4m³/min，真空度 100kPa，电动机功率 5.5kW，转速 1450r/min |
| 离心式水泵 | 2台 | B型或BA型；生产率 30m³/h，扬程 25m，抽吸真空高度 7m，吸口直径 50mm，电动机功率 2.8kW，转速 2900r/min |
| 水泵机组配件 | 1套 | 井点管 100 根，集水总管直径 75~100mm，每节长 1.6~4.0m，每套 29 节，总管上节管间距 0.8m，接头弯管 100 根，冲射管用冲管 1 根，机组外形尺寸 2600mm×1300mm×1600mm，机组重 1500kg |

注：地下水位降低深度 5.5~6.0m。

2. 射流泵轻型井点抽水设备

射流泵轻型井点抽水设备由离心水泵、射流器（射流泵）、水箱等组成，如图 8-31 所示。

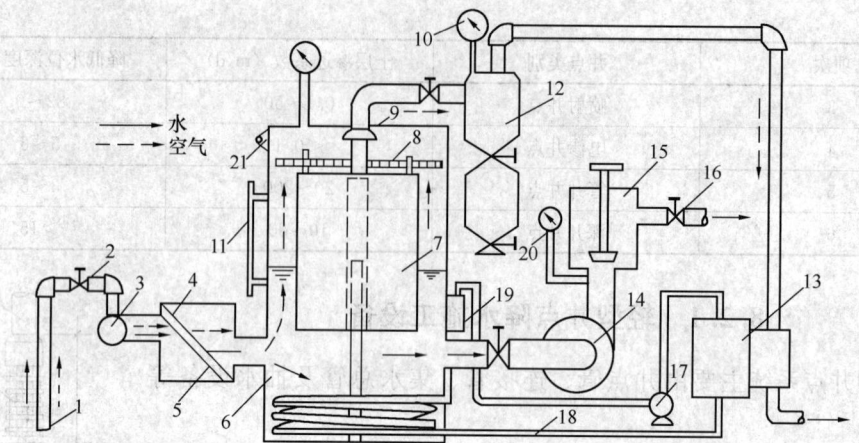

图 8-30 真空泵轻型井点抽水设备工作简图

1—井点管；2—弯联管；3—集水总管；4—过滤箱；5—过滤网；6—水气分离器；7—浮筒；8—挡水布；9—阀门；10—真空表；11—水位计；12—副水气分离器；13—真空泵；14—离心泵；15—压力箱；16—出水管；17—冷却泵；18—冷却水管；19—冷却水箱；20—压力表；21—真空调节阀

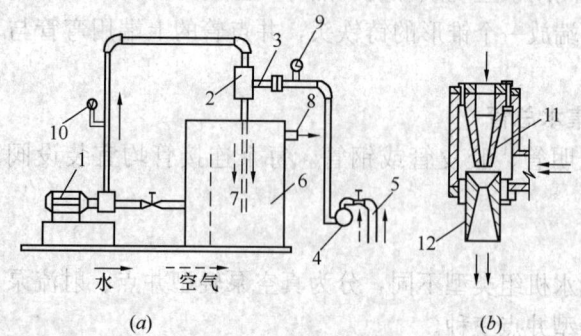

图 8-31 射流泵轻型井点抽水设备工作简图
(a) 工作简图；(b) 射流器构造
1—离心泵；2—射流器；3—进水管；4—集水总管；5—井点管；6—循环水箱；7—隔板；8—泄水口；9—真空表；10—压力表；11—喷嘴；12—喉管

$\phi50$ 型射流泵轻型井点设备的规格及技术性能见表 8-53。

$\phi50$ 型射流泵轻型井点设备的规格及技术性能　　表 8-53

| 名称 | 数量 | 规格及技术性能 | 备注 |
| --- | --- | --- | --- |
| 离心机 | 1台 | 3BL-9 型，流量 45m³/h，扬程 32.5m | 供给工作水 |
| 电动机 | 1台 | JO2-42-2，功率 7.5kW | 水泵的配套动力 |
| 射流泵 | 1个 | 喷嘴 $\phi$50mm，空载真空度 100kPa，工作水压 0.15～0.3MPa，工作水流 45m³/h，生产率 10～35m³/h | 形成真空 |
| 水箱 | 1个 | 1100mm×600mm×1000mm | 循环用水 |

注：每套设备带 9m 长井点管 25～30 根，间距 1.6m，总长 180m，降水深 5～9m。

3. 隔膜泵轻型井点抽水设备

隔膜泵轻型井点分真空型、压力型和真空压力型三种。前两种由真空泵、隔膜泵、气液分离器等组成；真空压力型隔膜泵则兼有前两种的特性，可一机代三机，其技术性能参见表 8-54。

## 8.2 降水工程施工设备

**φ400mm 真空压力型隔膜泵的技术性能**   表 8-54

| 隔膜数量（根） | 2 | 真空度（kPa） | 93.3~100 |
|---|---|---|---|
| 隔膜频率（min⁻¹） | 58 | 压力（MPa） | 0.1~0.2 |
| 隔膜行程（mm） | 90 | 工作流量（m³/h） | 10 |
| 电机功率（kW） | 3.0 | | |

三种轻型井点的配用功率、井点管根数及集水管长度参见表 8-55。

**三种轻型井点的配用功率、井点管根数及集水管长度参数**   表 8-55

| 轻型井点类别 | 配用功率（kW） | 井点管根数（根） | 集水管长度（m） |
|---|---|---|---|
| 真空泵轻型井点 | 18.5~22.0 | 80~100 | 96~120 |
| 射流泵轻型井点 | 7.5 | 30-50 | 40-60 |
| 隔膜泵轻型井点 | 3.0 | 50 | 60 |

### 8.2.2 喷射井点降水施工设备

喷射井点降水是在井点管内部装设特制的喷射器，用高压水泵或空气压缩机通过井点管中的内管向喷射器输入高压水（喷水井点）或压缩空气（喷气井点）形成水气射流，将地下水经井点外管与内管之间的间隙抽出排走，如图 8-32 所示。

喷射井点降水系统主要由喷射井管、高压水泵（或空气压缩机）和管路系统组成。

#### 8.2.2.1 喷射井管

喷射井管分内管和外管两部分，内管下端装有喷射器，并与滤管相接。喷射器由喷嘴、混合管、扩散管等组成，如图 8-33 所示。

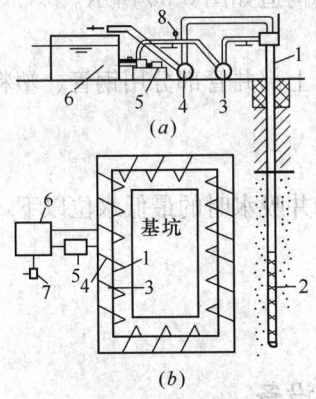

图 8-32 喷射井点设备及布置
(a) 喷射井点竖向布置；
(b) 喷射井点平面布置
1—喷射井点管；2—滤管；3—进水总管；
4—排水总管；5—高压水泵；6—集水池；
7—低压水泵；8—压力表

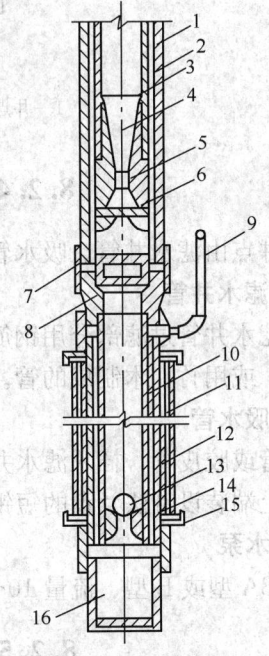

图 8-33 喷射井点管构造
1—外管；2—内管；3—喷射器；4—扩散管；5—混合管；6—喷嘴；7—缩节；8—连接座；9—真空测定管；10—滤管芯管；11—滤管有孔套管；12—滤管外缠滤网及保护网；13—逆止球阀；14—逆止阀座；15—护套；16—沉淀管

#### 8.2.2.2 高压水泵
用 6SH6 型或 15OS78 型高压水泵或多级高压水泵。

#### 8.2.2.3 循环水箱
循环水箱用钢板制成。

#### 8.2.2.4 管路系统
管路系统包括进水总管、排水总管、接头、阀门、水表、溢流管、调压管等管件、零件及仪表。

### 8.2.3 电渗井点降水施工设备

电渗排水是利用井点管本身作阴极,沿基坑(槽、沟)外围布置;用钢管或钢筋作阳极,埋设在井点管环圈内侧。阴、阳极分别用 BX 型铜芯橡皮线或扁钢、钢筋等连成通路,并分别接到直流发电机的相应电极上,如图 8-34 所示。

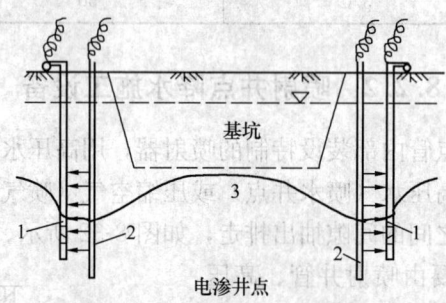

图 8-34 电渗井示意图
1—井点管;2—金属棒;3—地下水降落曲线

### 8.2.4 管井井点降水施工设备

管井井点由滤水井管、吸水管和抽水设备等组成,其构造如图 8-35 所示。

#### 8.2.4.1 滤水井管
下部滤水井管过滤部分用钢筋焊接骨架,外包滤网,上部井管部分用钢管、塑料管或混凝土管,或用竹、木制成的管。

#### 8.2.4.2 吸水管
用钢管或胶皮管,插入滤水井管内,其底端应沉到管井吸水时的最低水位以下,并装逆止阀,上端装设带法兰盘的短钢管一节。

#### 8.2.4.3 水泵
采用 BA 型或 B 型、流量 $10 \sim 25 m^3/h$ 离心式水泵。

### 8.2.5 深井井点降水施工设备

深井井点降水是在深基坑的周围埋置深于基底的井管,通过设置在井管内的潜水电泵将地下水抽出,使地下水低于坑底。

井点设备由深井井管和潜水泵等组成,其构造如图 8-36 所示。

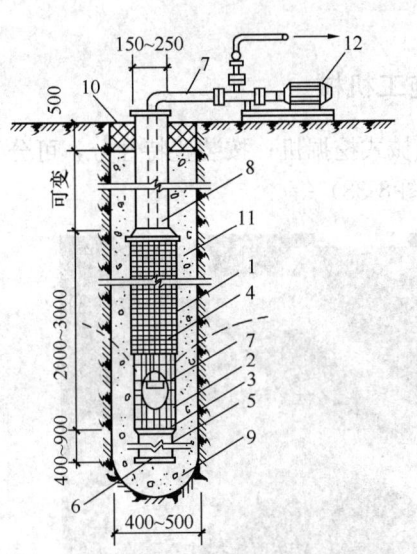
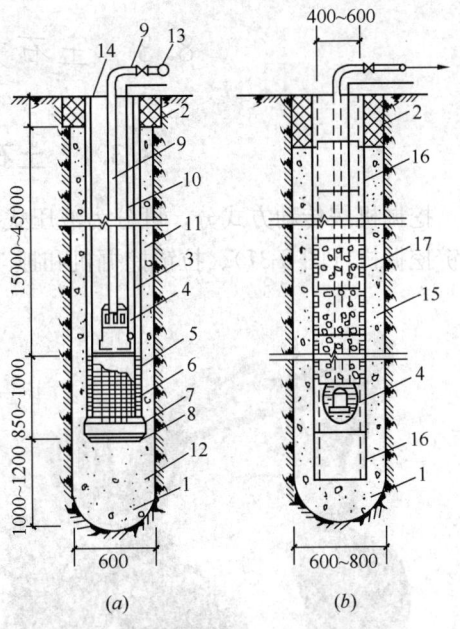

图 8-35 管井井点构造

1—滤水井管；2—$\phi14mm$ 钢筋焊接骨架；3—6mm×30mm 铁环@250mm；4—10号铁丝垫筋@250mm 焊于骨架上，外包孔眼 1～2mm 铁丝网；5—沉砂管；6—木塞；7—吸水管；8—$\phi100\sim200mm$ 钢管；9—钻孔；10—夯填黏土；11—填充砂砾；12—抽水设备

图 8-36 深井井点构造

(a) 钢管深井井点；(b) 无砂混凝土管深井井点

1—井孔；2—井口（黏土封口）；3—$\phi300\sim375mm$ 井管；4—潜水电泵；5—过滤段（内填碎石）；6—滤网；7—导向段；8—开孔底板（下铺滤网）；9—$\phi50mm$ 出水管；10—电缆；11—小砾石或中粗砂；12—中粗砂；13—$\phi50\sim75mm$ 出水总管；14—20mm 厚钢板井盖；15—小砾石；16—沉砂管（混凝土实管）；17—无砂混凝土过滤管

#### 8.2.5.1 井管

井管由滤水管、吸水管和沉砂管三部分组成。

（1）滤水管：在降水过程中，含水层中的水通过该管滤网将土、砂颗粒过滤在外边，使清水流入管内。

（2）吸水管：连接滤水管，起挡土、贮水作用，采用与滤水管相同直径的实钢管制成。

（3）沉砂管：在降水过程中，起极少量通过砂粒的沉淀作用，一般采用与滤水管相同直径的钢管，下端用钢板封底。

#### 8.2.5.2 水泵

用 QY-25 型或 QW-25 型、QW40-25 型潜水电泵，或 QJ50-52 型浸油或潜水电泵或深井泵。

#### 8.2.5.3 集水井

用 $\phi325\sim500mm$ 钢管或混凝土管，并设 3‰ 的坡度，与附近下水道接通。

## 8.3 土石方工程施工机械

### 8.3.1 土石方挖掘施工机械

挖掘机按传动方式分,可分为液压式挖掘机和机械式挖掘机;按装置特性分,可分为反铲挖掘机(图8-37)、拉铲挖掘机和抓斗挖掘机(图8-38)等。

图8-37 反铲挖掘机

图8-38 抓斗挖掘机抓斗

#### 8.3.1.1 反铲液压挖掘机

常用反铲液压挖掘机主要技术性能参见表8-56。

部分反铲液压挖掘机技术性能　　　　　表8-56

| 技术参数 | 型号 | | | | | | |
|---|---|---|---|---|---|---|---|
| | PC120-6 | PC160-7 | PC200-7 | PC220-7 | PC300LC-6 | PC400-7 | PC600-7 |
| 挖掘机质量(t) | 12.03 | 16.3 | 19.5 | 22.84 | 31.5 | 43.1 | 61.1 |
| 标准铲斗容量($m^3$) | 0.4 | 0.6 | 0.8 | 1 | 1.4 | | 4 |
| 挖掘深度(m) | 5.52 | 5.64 | 6.62 | 6.92 | 7.38 | 3.06 | 3.49 |
| 挖掘高度(m) | 8.61 | 8.8 | 10 | 10 | 10.21 | 9.83 | 10.1 |
| 倾卸高度(m) | 6.17 | 6.19 | 7.11 | 7.04 | 7.11 | 7.17 | 6.71 |
| 挖掘半径(m) | 8.17 | 8.51 | 9.7 | 10.02 | 10.92 | 8.77 | 8.85 |
| 行驶速度(km/h) | 5.0 | 5.5 | 5.5 | 5.5 | 5.5 | 5.5 | 4.9 |
| 履带长度(m) | 3.48 | 3.68 | 4.46 | 4.64 | 4.96 | 5.03 | 5.37 |
| 履带轨距(m) | 1.96 | 1.99 | 2.39 | 2.58 | 2.59 | | |
| 履带板宽(mm) | 500 | 500 | 800 | 700 | 600 | 600 | 600 |
| 全长(运输)(m) | 7.6 | 8.57 | 9.43 | 9.89 | 10.94 | 8.46 | 8.82 |
| 全高(运输)(m) | 2.72 | 2.94 | 3 | 3.16 | 3.28 | 4.4 | 5.54 |
| 全宽(履带)(m) | 2.49 | 2.49 | 2.8 | 3.28 | 3.19 | 3.34 | 4.21 |

#### 8.3.1.2 其他挖掘机

(1) 液压抓铲挖掘机

抓铲挖掘机的工作装置由抓斗、工作钢索和支杆组成。

常用液压抓铲挖掘机主要技术性能参见表 8-57。

常用液压抓铲挖掘机主要技术性能　　　　表 8-57

| 项目 | 机型 | | | | | | | |
|---|---|---|---|---|---|---|---|---|
| | W501 | | | | W1001 | | | |
| 抓斗容量（m³） | 0.5 | | | | 1.0 | | | |
| 伸臂长度（m） | 10 | | | | 13 | | 16 | |
| 回转半径（m） | 4 | 6 | 8 | 9 | 12.5 | 4.5 | 14.5 | 5.0 |
| 最大卸载高度（m） | 7.6 | 7.5 | 5.8 | 4.6 | 1.6 | 10.6 | 4.8 | 13.2 |
| 抓斗开度（m） | 2.4 | | | | | | | |
| 对地面平均压力（MPa） | 0.062 | | | | 0.093 | | | |
| 质量（t） | 20.5 | | | | 42.2 | | | |

(2) 拉铲挖掘机

常用拉铲挖土机主要技术性能参见表 8-58。

常用拉铲挖掘机主要技术性能　　　　表 8-58

| 项目 | 机型 | | | | | | | | | |
|---|---|---|---|---|---|---|---|---|---|---|
| | W1-50 | | | | W1-100 | | | | W-200 | |
| 铲斗容量（m³） | 0.5 | | | | 1.0 | | | | 2 | |
| 铲臂长度（m） | 10 | | 13 | | 13 | | 16 | | 15 | |
| 铲臂倾斜角度（°） | 30 | 45 | 30 | 45 | 30 | 45 | 30 | 45 | 30 | 45 |
| 最大卸土半径（m） | 10 | 8.3 | 12.5 | 10.4 | 12.8 | 10.8 | 15.4 | 12.9 | 15.1 | 12.7 |
| 最大卸土高度（m） | 3.5 | 5.5 | 5.3 | 8.0 | 4.2 | 6.9 | 5.7 | 9.0 | 4.8 | 7.9 |
| 最大挖掘半径（m） | 11.1 | 10.2 | 14.3 | 13.2 | 14.4 | 13.2 | 17.5 | 16.2 | 17.4 | 15.58 |
| 侧面挖掘深度（m） | 4.4 | 3.8 | 6.6 | 5.9 | 5.8 | 4.9 | 8.0 | 7.1 | 7.4 | 6.5 |
| 正面挖掘深度（m） | 7.3 | 5.6 | 10 | 9.6 | 9.5 | 7.4 | 12.2 | 9.6 | 12 | 9.6 |
| 对地面平均压力（MPa） | 0.059 | | 0.0637 | | 0.092 | | 0.093 | | 0.125 | |
| 质量（t） | 19.1 | | 20.7 | | 42.06 | | 42.42 | | 79.84 | |

(3) 长臂挖掘机

加长臂挖掘机（图 8-39）主要分为二段式挖掘机和三段式挖掘机，二段式挖掘机主要适用于土石方基础和深堑及远距离清淤泥挖掘作业等；三段式挖掘机主要适用于高层建筑的拆除等工程。

### 8.3.2 土石方装运施工机械

装载机按行走方式可分为轮胎式和履带式。轮胎式装载机具有行驶速度快、机动灵活的特点，可在城市道路上行驶，使用方便；履带式装载机接地比压低，牵引力大，但行驶速度慢，转移不灵活，目前市场上常见的主要为轮胎式装载机（图 8-40）。

图 8-39　长臂挖掘机　　　　　　图 8-40　轮胎式装载机

轮胎式装载机的主要技术性能参见表 8-59、表 8-60。

国内轮胎式装载机的主要技术性能　　　　　　　　　表 8-59

| 产品型号 | 徐工 LW100 | 徐工 LW250 | 龙工 LG833B | 柳工 CLG856 | 龙工 LG860 | 徐工 LW820G |
|---|---|---|---|---|---|---|
| 额定载重量（t） | 1 | 2.5 | 3 | 5 | 6 | 8 |
| 标准斗容量（m³） | 0.6 | 1.4 | 1.7 | 3 | 3.5 | 4.5 |
| 最大卸载高度（mm） | 2300 | | 2903 | 3100 | 3400 | 3300 |
| 最大高度的卸载距离（mm） | 945 | 960 | 1069 | 1035 | 1207 | 1311 |
| 提升、卸载、下降时间和（s） | 9 | 11 | 10.5 | 11.5 | 11.8 | 13 |
| 整机质量（t） | 4 | 7.8 | 10.3 | 16.8 | 21.5 | 28 |

国外轮胎式装载机的主要技术性能（美国卡特皮勒生产）　　　表 8-60

| 产品型号 | 920 | 930 | 950B | 966D | 980C | 988B | 992C |
|---|---|---|---|---|---|---|---|
| 铲斗容量（m³） | 1.15～1.34 | 1.34～1.72 | 2.4～2.7 | 3.1～3.5 | 4.0～4.4 | 5.4～6.0 | 9.6 |
| 额定载荷（t） | 2.08 | 2.78 | 4.29 | 5.55 | 7.14 | 9.8 | — |
| 最小转弯半径（mm） | 11.2 | 11.8 | 13.74 | 14.64 | 15.6 | 17.05 | 21.51 |
| 工作质量（kg） | 8440 | 9662 | 14700 | 19505 | 26310 | 40811 | 85679 |
| 卸载高度（mm） | 2770 | 2840 | 2900 | 3018 | 3170 | 3460 | 4485 |
| 卸载距离（mm） | 740 | 810 | 1040 | 1090 | 1320 | 1950 | 2089 |
| 离地间隙（mm） | 335 | 338 | 427 | 451 | 417 | 474 | 544 |

### 8.3.3　土石方平整施工机械

#### 8.3.3.1　推土机

推土机按行走机构可分为履带式和轮胎式两种。履带式推土机（图 8-41）牵引力大，接地比压小，爬坡能力强，但行驶速度较低；轮胎式推土机行驶速度高，机动性好，作业时间短，但牵引力较小，适合在野外硬地上或经常变换工地时使用。

部分国内履带式推土机的主要技术性能见表8-61。

**部分国内履带式推土机主要技术性能** 表8-61

| 产品型号 | 东方红802-A | TS160H | TY220H | TY320H | 宣工T165-2 | 宣工SD9 |
|---|---|---|---|---|---|---|
| 总质量（kg） | 7200 | 17678 | 25700 | 34500 | 17900 | 48880 |
| 接地比压（kPa） | 45.7 | 26.3 | 39 | 93 | 69.3 | 102 |
| 爬坡能力（°） | | 30 | 30 | 30 | 50 | 50 |
| 最大提升量（mm） | | 1026 | 1300 | 1560 | | |
| 最大切入量（mm） | 290 | 469 | 550 | 560 | 377 | 614 |

#### 8.3.3.2 平地机

平地机是一种效能高、作业精度好、用途广泛的施工机械，被广泛用于公路、铁路、机场、矿山、停车场等大面积场地的整平作业，也被用于进行农田整地、路堤整形及林区道路的整修等作业，如图8-42所示。

图8-41 TS160H履带式推土机

图8-42 PY160B平地机

部分常用平地机主要技术性能参见表8-62。

**部分常用平地机主要技术性能** 表8-62

| 产品型号 | | PY160B | PY160C | PY180 | PY200 |
|---|---|---|---|---|---|
| 最大牵引力（kN） | | 80 | 73.5 | 69 | 80 |
| 爬坡能力 | | 20° | 20° | 20° | 20° |
| 铲刀 | 长×弦高（mm） | 3660×610 | 3660×610 | 3965×610 | 3965×610 |
| | 回转角度（°） | 360 | 360 | 360 | 360 |
| | 倾斜角度（°） | 90 | 90 | 90 | 90 |
| | 最大入地深度（mm） | 490 | 500 | 500 | 500 |
| 整机质量（t） | | 14.20 | 13.65 | 15.40 | 15.40 |

### 8.3.4 土石方压实施工机械

#### 8.3.4.1 压实机械的分类

压实机械按压实原理主要可分为静作用压路机、振动式压路机、夯实机械。

#### 8.3.4.2 静作用压路机

常用静作用压路机的技术性能参见表 8-63。

常用静作用压路机的技术性能  表 8-63

| 项目 | | 型号 | | | | | |
|---|---|---|---|---|---|---|---|
| | | 两轮压路机 2Y6/8 | 两轮压路机 2Y8/10 | 三轮压路机 3Y8/10 | 三轮压路机 3Y10/12 | 三轮压路机 3Y12/15 | 三轮压路机 3Y15/18 |
| 重量（t） | 不加载 | 6 | 8 | 8 | 10 | 12 | 15 |
| | 加载后 | 8 | 10 | 10 | 12 | 15 | 18 |
| 压轮直径（mm） | 前轮 | 1020 | 1020 | 1020 | 1020 | 1120 | 1170 |
| | 后轮 | 1320 | 1320 | 1500 | 1500 | 1750 | 1800 |
| 压轮宽度（mm） | | 1270 | 1270 | 530×2 | 530×2 | 530×2 | 530×2 |
| 前轮（N/cm） | 不加载 | 0.192 | 0.259 | 0.264 | 0.332 | 0.346 | 0.402 |
| | 加载 | 0.259 | 0.393 | 0.332 | 0.445 | 0.470 | 0.481 |
| 后轮（N/cm） | 不加载 | 0.29 | 0.385 | 0.516 | 0.632 | 0.801 | 0.503 |
| | 加载 | 0.385 | 0.481 | 0.645 | 0.724 | 0.93 | 0.615 |
| 最小转弯半径（m） | | 6.2~6.5 | 6.2~6.5 | 7.3 | 7.3 | 7.5 | 7.5 |
| 爬坡能力（%） | | 14 | 14 | 20 | 20 | 20 | 20 |

#### 8.3.4.3 振动压路机

1. 拖式振动压路机的主要技术性能（表 8-64）

拖式振动压路机的主要技术性能  表 8-64

| 型号 | YZT12 | YZT15 | YZT18 | YZT16 | YZT18 | YZT20 | YZT22 |
|---|---|---|---|---|---|---|---|
| 工作质量（t） | 12 | 15 | 18 | 16 | 18 | 20 | 22 |
| 振动轮直径（mm） | 1800 | 1720 | 1800 | 1620 | 1620 | 1620 | 1620 |
| 振动轮宽度（mm） | 2000 | 2000 | 2000 | 2130 | 2130 | 2130 | 2130 |
| 振动频率（Hz） | 30 | 29 | 27.5 | 25 | 26 | 25 | 25 |
| 激振力（kN） | 298 | 343 | 392 | 373 | 420 | 460 | 530 |
| 振幅（mm） | 1.4 | 1.4 | 1.54 | 2.1 | 2.2 | 2.1 | 2.1 |
| 静线载荷（N/cm） | 562 | 735 | 882 | | | | |

2. 手扶式振动压路机的主要技术性能（表 8-65）

手扶式振动压路机的主要技术性能  表 8-65

| 型号 | YSZ05 | YSZ07 | YSZ06B | YSZ06C |
|---|---|---|---|---|
| 工作质量（t） | 0.5 | 0.85 | 0.735 | 0.86 |
| 振动轮直径（mm） | 350 | 406 | | |
| 振动轮宽度（mm） | 400 | 600 | 600 | 600 |
| 振动频率（Hz） | 43 | 48 | 48 | 48 |
| 激振力（kN） | 19.6 | 12 | 12 | 12 |

续表

| 振幅（mm） | | | 0.25 | 0.25 |
|---|---|---|---|---|
| 静线载荷（N/cm） | 62.5 | 62.5 | 73 | 73 |
| 爬坡能力（%） | 20 | 40 | 40 | 40 |

3. 自行式振动压路机的主要技术性能（表8-66）

自行式振动压路机主要技术性能　　　　表8-66

| 型号 | 中大 YZ22 | 中大 YZ32 | 徐工 XS222J | 柳工 CLG622 | 龙工 LG522A | 龙工 LG520B |
|---|---|---|---|---|---|---|
| 工作质量（t） | 22 | 32 | 22 | 22 | 22 | 20 |
| 前轮静线载荷（N/cm） | 540 | 940 | 516 | 506 | 475 | 435 |
| 激振力（高/低）（kN） | 390/300 | 590/450 | 374/290 | 420/240 | 400/225 | 351/200 |
| 振幅（高/低）（mm） | 2/1.08 | 1.8/1.1 | 1.86/0.93 | 2/1 | 1.9/1 | 1.9/1 |
| 爬坡能力（%） | 30 | 40 | 30 | 30 | 30 | 30 |
| 最小转弯半径（mm） | 6600 | 7000 | 6500 | 6500 | 6300 | 6300 |

#### 8.3.4.4 夯实机械

1. 振动冲击夯的主要技术性能（表8-67）

振动冲击夯的主要技术性能　　　　表8-67

| 型号 | | HC70 | HC70 | HC70 | HC75 | HC75 | HC70D | HC70D | HC75D |
|---|---|---|---|---|---|---|---|---|---|
| 形式 | | 内燃式 | | | | | 电动式 | | |
| 夯击频率（Hz） | | | 7~11.2 | 6.7~10 | 10.8~11.3 | 10~11.3 | | 10.7 | 6.7~7.0 |
| 跳起高度（mm） | | 80 | 45~65 | 45~60 | 5.5~50 | 15~70 | 40~50 | 45~65 | 45~60 |
| 冲击力（kN） | | 5.67 | 5.488 | | 5.68 | 23 | | 5.5 | |
| 动力机功率（kW） | | 1.9 | 2.2 | 2.2 | 2.2 | 2.2 | 2.2 | 2.2 | 2.2 |
| 夯板面积（mm） | 长 | 345 | 300 | 300 | 362 | 260 | 300 | 300 | 300 |
| | 宽 | 280 | 280 | 280 | 280 | 280 | 280 | 280 | 280 |
| 整机质量（kg） | | 70 | 70 | 70 | 75 | 75 | 75 | 70 | 70 |

2. 振动平板夯的主要技术性能（表8-68）

振动平板夯的主要技术性能　　　　表8-68

| 型号 | HZR70 | HZR130 | HZR250A | ZH85 | ZPH250-Ⅱ | HZD300 |
|---|---|---|---|---|---|---|
| 形式 | 内燃式 | | | 电动式 | | |
| 激振力（kN） | 98 | 17.64 | 20 | 22 | 24.5 | 23 |
| 振动频率（Hz） | 83.3 | 90 | 37.3 | 25 | 40 | 38 |
| 动力机功率（kW） | 2.59 | 3.67 | 4.42 | 2.2 | 4 | 4 |
| 夯板面积（mm） | 0.236 | 0.202 | 0.36 | 0.147 | 0.36 | 0.41 |
| 整机质量（kg） | 90 | 135 | 360 | 190 | 250 | 340 |

3. 蛙式夯实机的主要技术性能（表 8-69）

蛙式夯实机的主要技术性能　　　　表 8-69

| 型号 | HW20 | HW60 | HW140 | HW201-A | HW170 | HW280 |
|---|---|---|---|---|---|---|
| 夯击能量（N·m） | 200 | 620 | 200 | 220 | 320 | 620 |
| 夯击次数（min$^{-1}$） | 155～165 | 140～150 | 140～145 | 140 | 140～150 | 140～150 |
| 夯头跳高（mm） | 100～170 | 200～260 | 100～170 | 130～140 | 140～150 | 200～260 |
| 电动机功率（kW） | 2.2 | 3 | 1 | 1.5 | 1.5 | 3 |
| 夯板面积（m²） | 0.055 | 0.078 | 0.04 | 0.04 | 0.078 | 0.078 |
| 整机质量（kg） | 151 | 250 | 130 | 125 | 170 | 280 |

## 8.4　工程起重机械

### 8.4.1　履带式起重机

#### 8.4.1.1　履带式起重机的特点、分类、组成及构造

履带式起重机具有接地比压低、转弯半径小、爬坡能力大、可以带载行驶、履带可横向伸展扩大支承宽度等特点。

履带式起重机按其传动方式的不同，可分为机械式、液压式和电动式三种。按其起重方式的不同，可分为一般形式、人字臂架平衡起重形式、支撑圈起重形式三种。

履带式起重机主要由履带行走装置、起重臂、吊钩、起升钢丝绳、变幅钢丝绳、主机房等组成，如图 8-43 所示。

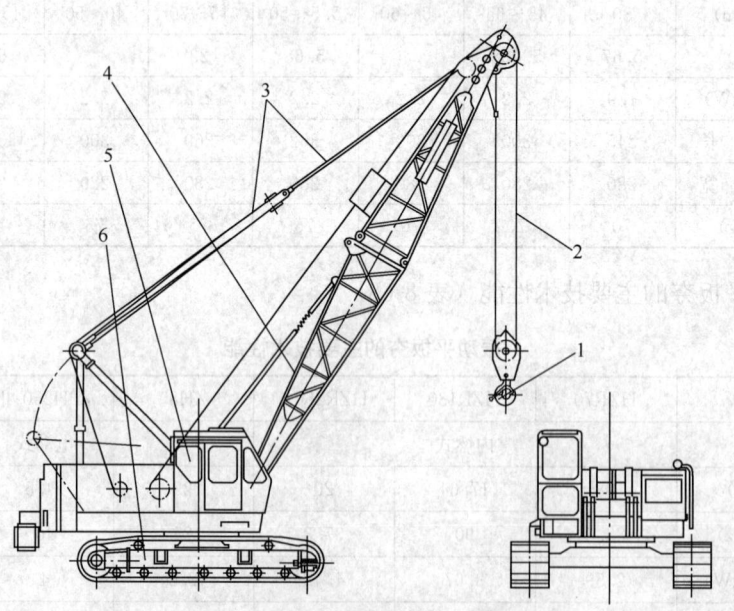

图 8-43　履带式起重机一般形式及其构造
1—吊钩；2—起升钢丝绳；3—变幅钢丝绳；4—起重臂；5—主机房；6—履带行走装置

### 8.4.1.2 履带式起重机的典型产品

**1. 三一履带式起重机**

部分三一履带式起重机技术性能参见表8-70。

部分三一履带式起重机技术性能　　表8-70

| 工作性能参数 | | 型号 | | | | |
|---|---|---|---|---|---|---|
| | | SCC500C | SCC800C | SCC1000C | SCC2000C | SCC2500C |
| 主臂工况 | 最大额定起重量（t） | 55 | 80 | 100 | 210 | 260 |
| | 最大起重力矩（t·m） | 55×3.7 | 80×4.3 | 100×5.5 | 210×4.8 | 260×4.8 |
| | 主臂长度（m） | 13~52 | 13~58 | 18~72 | 16.5~85.5 | 16.5~91.5 |
| | 主臂变幅角（°） | 30~80 | 30~80 | 30~80 | 30~81 | 30~81 |
| 固定副臂工况 | 主臂长度（m） | 22~43 | 39~52 | 39~63 | 40.5~73.5 | 28.5~76.5 |
| | 副臂长度（m） | 6.1~15.25 | 9~18 | 13~25 | 13~31 | 13~31 |
| | 最长主臂+最长固定副臂（m） | 43+15.25 | 52+18 | 60+25/63+19 | 73.5+31 | 76.5+31 |
| | 主臂变幅角（°） | 30~80 | 30~80 | 30~78 | 30~80 | 30~81 |
| | 副臂变幅角（°） | 10,30 | 15,30 | 15,30 | 15,30 | 10,30 |
| 变幅副臂工况 | 主臂长度（m） | | | | 58×9.8 | 72×10 |
| | 副臂长度（m） | | | | 37~58 | 22.5~61.5 |
| | 最长主臂+最长固定副臂（m） | | | | 22~52 | 22~61 |
| | 主臂变幅角（°） | | | | 58+52 | 61.5+52/52.5+61 |
| | 副臂变幅角（°） | | | | 15~75 | 63~88 |
| 速度参数 | 主（副）卷扬绳速（m/min） | 102/63 | 0~103 | 0~110 | 0~120 | 0~143 |
| | 主变幅卷扬绳速（m/min） | 0~73 | 0~70 | | (0~26)×2 | (0~31)×2 |
| | 回转速度（rpm） | 0~3.2/1.6 | 0~2.25 | 0~1.9 | 1.35 | 0~1.8 |
| | 爬坡能力（%） | 40 | 30 | 30 | 30 | 30 |
| 重量 | 整机重量（t） | 49 | 79 | 115 | 210 | 223 |
| | 配重（t） | 17.5 | 26.9 | 42 | 80+20 | 24+91 |
| | 最大单件重量（t） | 30 | 46.5 | 42.3 | 45 | 57 |

**2. 中联履带式起重机**

部分中联履带式起重机技术性能参见表8-71。

部分中联履带式起重机技术性能　　表8-71

| 工作性能参数 | | 型号 | | | | |
|---|---|---|---|---|---|---|
| | | QUY50 | QUY70 | QUY100 | QUY160 | QUY200 |
| 主臂工况 | 最大额定起重量（t） | 55 | 70 | 100 | 160 | 200 |
| | 最大起重力矩（t·m） | 55×3.7 | 70×3.8 | 100×5 | 160×5 | 200×5 |
| | 主臂长度（m） | 13~52 | 12~57 | 19~73 | 20~83 | 20~83 |

续表

| 工作性能参数 | | 型号 | | | | |
|---|---|---|---|---|---|---|
| | | QUY50 | QUY70 | QUY100 | QUY160 | QUY200 |
| 固定副臂工况 | 最大起重量（t） | 5 | 6.4 | 12 | 22 | 32 |
| | 副臂长度（m） | 6～15 | 6～18 | 13～31 | 13～31 | 12～30 |
| | 最长主臂+最长固定副臂（m） | 43+15 | 42+18 | 45+31,55+25,61+19 | 71+31 | 71+30 |
| 塔式工况 | 副臂长度（m） | | | | 27～51 | 21～51 |
| | 副臂最大起重量（t） | | | | 38 | 55 |
| | 主臂工作角度（°） | | | | 65、75、85 | 65、75、85 |
| | 主臂+副臂长度（m） | | | | 56+51 | 59+51 |
| 速度参数 | 主卷扬绳速（m/min） | 120 | 120 | 110 | 110 | 102 |
| | 副卷扬绳速（m/min） | 120 | 120 | 110 | 110 | 102 |
| | 回转速度（rpm） | 0～3.0 | 0～2.4 | 0～2.2 | 2.2 | 0～1.2 |
| | 行走速度（km/h） | 0～1.6 | 0～1.35 | 0～1.3 | 1.2 | 0～0.98 |
| | 爬坡能力（%） | 40 | 30 | 30 | 30 | 30 |
| 重量 | 基本臂时重量（t） | 48 | 61 | 110 | 160 | 196 |
| 外形尺寸 | 长（mm） | 6800 | 11200 | 9500 | 10300 | 10600 |
| | 宽（mm） | 3300 | 3300 | 6000 | 6900 | 7200 |
| | 高（mm） | 3020 | 3200 | 3500 | 3750 | 3200 |
| 履带 | 平均接地比压（MPa） | 0.066 | 0.074 | 0.1 | 0.1 | 0.1 |
| | 接地长度（mm） | 4700 | 5040 | 6850 | 7465 | 7935 |
| | 履带板宽度（mm） | 760 | 1000 | 900 | 1100 | 1200 |

3. 徐工履带式起重机

部分徐工履带式起重机技术性能参见表8-72。

**部分徐工履带式起重机技术性能** 表8-72

| 工作性能参数 | | 型号 | | | | |
|---|---|---|---|---|---|---|
| | | QUY35 | QUY50 | QUY100 | QUY150 | QUY300 |
| 主臂工况 | 最大额定起重量（t） | 35 | 50 | 100 | 150 | 300 |
| | 最大起重力矩（t·m） | 294.92 | 1815 | 5395 | 8240 | 8240 14715 |
| | 主臂长度（m） | 10～40 | 13～52 | 18～72 | 19～82 | 24～72 |
| | 主臂变幅角（°） | 30～80 | 0～80 | 0～80 | −3～82 | −3～84 |
| 固定副臂工况 | 副臂长度（m） | 9.15～15.25 | 9.15～15.25 | 12～24 | 12～30 | 24～60 |
| | 主臂变幅角（°） | | | | | 30～80 |
| 速度 | 主卷扬绳速（m/min） | | 0～65 | 0～100 | 0～100 | 0～100 |
| | 副卷扬绳速（m/min） | | 0～65 | 0～45 | 0～30 | 0～24 |
| | 最大回转速度（r/min） | 1.5 | 1.5 | 1.4 | 1.5 | 1.4 |

续表

| 工作性能参数 | | 型号 | | | | |
|---|---|---|---|---|---|---|
| | | QUY35 | QUY50 | QUY100 | QUY150 | QUY300 |
| 速度 | 行走速度（km/h） | 1.34 | 1.1 | 1.1 | 1.0 | 1.0 |
| | 爬坡能力（％） | 20 | 40 | 30 | 30 | 30 |
| 重量 | 整机重量（t） | | 48.5 | 114 | 190 | 285 |
| | 最大单件运输重量（t） | | 31 | 40 | 46 | 40 |
| 运输尺寸 | 长（mm） | | 11500 | 9500 | 11500 | 11200 |
| | 宽（mm） | | 3400 | 3300 | 3300 | 3350 |
| | 高（mm） | | 3400 | 3300 | 3300 | |
| | 平均接地比压（MPa） | 0.058 | 0.069 | 0.0927 | 0.093 | 0.127 |

**4. 部分国外履带式起重机产品**

部分国外履带式起重机技术性能参见表 8-73。

部分国外履带式起重机技术性能（神户制钢所） 表 8-73

| 技术参数 | 型号 | | | | | | | | |
|---|---|---|---|---|---|---|---|---|---|
| | 7035 | 7045 | 7055 | 7065 | 7080 | 7150 | 7250 | 7300 | 7450 |
| 最大起重量（t） | 35 | 45 | 55 | 65 | 80 | 150 | 250 | 300 | 450 |
| 最大起重力矩（t·m） | 1324 | 1665 | 2035 | 2600 | 3200 | 8652 | 12375 | 15100 | 26810 |
| 主臂起升高度（m） | 38 | 48 | 52 | 54 | 56 | 80 | 70 | 71 | 97 |
| 幅度范围（m） | 3~34 | 3.5~34 | 3.7~34 | 4~38 | 4~40 | 5~64 | 5~82 | 5~78 | 5.8~90 |
| 起升单绳速度（m/min） | 1.17 | 1.17 | 1.5 | 1.5 | 1.5 | 1.5 | 1.5 | 1.5 | 1.67 |
| 回转速度（r/min） | 3.7 | 3.5 | 3.7 | 3.0 | 3.3 | 2.2 | 2.0 | 1.9 | 1.0 |
| 行走速度（km/h） | 1.6 | 1.4 | 1.6 | 1.2 | 1.4 | 1.2 | 1.2 | 1.0 | 1.2 |
| 接地比压（MPa） | 0.053 | 0.060 | 0.065 | 0.070 | 0.076 | 0.092 | 0.088 | 0.123 | 0.105 |
| 整机质量（t） | 38 | 45 | 50.7 | 59.6 | 77.9 | 150 | | 275 | 335 |
| 长（mm） | 6350 | 7115 | 7450 | 7575 | 8370 | 8788 | 11949 | 11580 | 14656 |
| 宽（mm） | 3300 | 3300 | 3300 | 3400 | 3500 | 5600 | 6700 | 8220 | 8400 |
| 高（mm） | 3075 | 3075 | 3080 | 3390 | 3400 | 3770 | 4295 | 4280 | 5940 |

## 8.4.2 汽车起重机

### 8.4.2.1 汽车起重机的特点、分类、组成及构造

汽车起重机特点是载重大、方便灵活、工作效率高、转场快、提高工作效率。主要用于工程建设，如：公路、桥梁、建筑、抢险等。

按额定起重量分，一般额定起重量15t以下的为小吨位汽车起重机；额定起重量16~25t 的为中吨位汽车起重机；额定起重量26t以上的为大吨位汽车起重机。按吊臂结构分为定长臂汽车起重机、接长臂汽车起重机和伸缩臂汽车起重机三种。

汽车起重机主要由起升、变幅、回转、起重臂和汽车底盘组成，如图 8-44 所示。

图 8-44 汽车式起重机

#### 8.4.2.2 汽车起重机的典型产品

1. 中联汽车起重机

部分中联汽车起重机技术性能参见表 8-74。

部分中联汽车起重机技术性能    表 8-74

| | 工作性能参数 | 型号 | | |
|---|---|---|---|---|
| | | QY70V533 | QY25V532 | QY50V531 |
| 性能参数 | 最大额定起重量（t） | 70 | 25 | 55 |
| | 基本臂最大起重力矩（kN·m） | 2352 | 980 | 1764 |
| | 最长主臂最大起重力矩（kN·m） | 1098 | 494 | 940.8 |
| | 基本臂最大起升高度（m） | 12.2 | 11 | 11.6 |
| | 主臂最大起升高度（m） | 44.2 | 39 | 42.1 |
| | 副臂最大起升高度（m） | 60.2 | 47 | 58.3 |
| 行驶参数 | 最高速度（km/h） | 75 | 78 | 76 |
| | 最大爬坡度（%） | 35 | 37 | 32 |
| | 最小转弯半径（m） | 12 | ≤22 | 24 |
| | 最小离地间隙（mm） | 280 | 220 | 260 |
| 质量参数 | 总质量（t） | 45 | 31.7 | 40.4 |
| | 前轴轴荷（t） | 19 | 6.9 | 14.9 |
| | 后轴轴荷（t） | 26 | 24.8 | 22.5 |
| 尺寸参数 | 长（m） | 14.1 | 12.7 | 13.3 |
| | 宽（m） | 2.75 | 2.5 | 2.75 |
| | 高（m） | 3.75 | 3.45 | 3.55 |
| | 支腿纵向距离（m） | 6 | 5.36 | 5.92 |
| | 支腿横向距离（m） | 全伸7.6,半伸5.04 | 6.1 | 全伸6.9,半伸4.7 |
| | 主臂长（m） | 11.6~44.0 | 10.4~39.2 | 11.1~42.0 |
| | 副臂长（m） | 9.5/61 | 8 | 9.5/16 |

2. 三一重工汽车起重机

三一重工汽车起重机技术性能参见表 8-75。

三一重工汽车起重机技术性能  表 8-75

| 工作性能参数 | | 型号 | | | |
|---|---|---|---|---|---|
| | | QY52 | QY50C | QY20 | QY25C |
| 性能参数 | 最大额定起重量（t） | 55 | 55 | 20 | 25 |
| | 基本臂最大起重力矩（kN·m） | 1568 | 1786 | 600 | 962 |
| | 最长主臂最大起重力矩（kN·m） | 412 | 956 | 956 | 544 |
| | 基本臂最大起升高度（m） | 11.5 | 12 | 11.2 | 10.9 |
| | （最长主臂＋副臂）最大起升高度（m） | 55.1 | 58.5 | 41.2 | 42 |
| | （最长主臂＋副臂）最大起重力矩（kN·m） | 392 | 392 | | |
| 行驶参数 | 最高速度（km/h） | 75 | 78 | 72 | 83 |
| | 最大爬坡度（%） | 35 | 35 | 30 | 30 |
| | 最小转弯半径（m） | 12 | 12 | 12 | 11 |
| | 最小离地间隙（mm） | 232 | 232 | 270 | 272 |
| 质量参数 | 整车总质量（t） | 42 | 42 | 24.5 | 29.4 |
| | 一、二轴轴荷（t） | 16.7 | 15.6 | 7 | 7 |
| | 三、四轴轴荷（t） | 25.3 | 26.4 | 17.5 | 22.4 |
| 尺寸参数 | 长（m） | 13.07 | 13.75 | 12.35 | 12.605 |
| | 宽（m） | 2.75 | 2.75 | 2.5 | 2.5 |
| | 高（m） | 3.6 | 3.65 | 3.28 | 3.45 |
| | 纵向支腿跨距（m） | | 6 | 5.15 | 5.1 |
| | 横向支腿跨距（m） | | 7.2 | 6.2 | 6.0 |

3. 徐工汽车起重机

徐工汽车起重机技术性能参见表 8-76。

徐工汽车起重机技术性能  表 8-76

| 工作性能参数 | | 型号 | | |
|---|---|---|---|---|
| | | QY25K5C_2 | QY80K6C | QY110K8C |
| 性能参数 | 最大额定起重量（t） | 25 | 80 | 110 |
| | 最小额定幅度（m） | 3 | 3 | 3 |
| | 基本臂最大起重力矩（kN·m） | 1148 | 3381 | 4425 |
| | 转台尾部回转半径（mm） | 3700 | 4560 | 5110 |
| 行驶参数 | 最高速度（km/h） | ≥80 | 80 | 80 |
| | 最低稳定行驶速度（km/h） | 2.5～3 | 1.7～3 | 1.7～3 |
| | 最小转弯直径（m） | ≤21 | ≤24 | 23 |

续表

| 工作性能参数 | | 型号 | | |
|---|---|---|---|---|
| | | QY25K5C_2 | QY80K6C | QY110K8C |
| 尺寸参数 | 长（mm） | 13110 | 14970 | 15945 |
| | 宽（mm） | 2550 | 2800 | 3000 |
| | 高（mm） | 3490 | 3990 | 3990 |
| | 纵向支腿（m） | 5.5 | 7.84 | 8.59 |
| | 横向支腿（m） | 6.4 | 7.9 | 7.9 |
| | 基本臂长度（m） | 11.15 | 13 | 14.2 |
| | 最长主臂+副臂（m） | 52 | 77.5 | 108.6 |
| | 最大回转速度（r/min） | ≥1.8 | 2.0 | 1.5 |

### 8.4.3 塔式起重机

塔式起重机（建筑施工现场一般称为塔吊）主要用于建筑材料与构件的吊运与工业设备的安装，其主要功能是重物的垂直运输和施工现场内短距离水平运输，特别适用于高层建筑的施工。

#### 8.4.3.1 塔式起重机的特点、分类、组成及构造

1. 塔式起重机的特点

根据塔式起重机的基本形式及其主要用途，与其他起重机相比，它具有以下主要特点：

（1）起升高度高。
（2）幅度利用率高。
（3）起重载荷变化小。

2. 塔式起重机的分类

塔式起重机的机型构造形式较多，按其主体结构特征、变幅形式特征、回转形式特征、架设形式特征区分。

按照主体结构特征区分为：平头式、塔头式、动臂式，如图 8-45 所示。按照变幅形式特征区分为：水平臂小车变幅式和动臂变幅式。

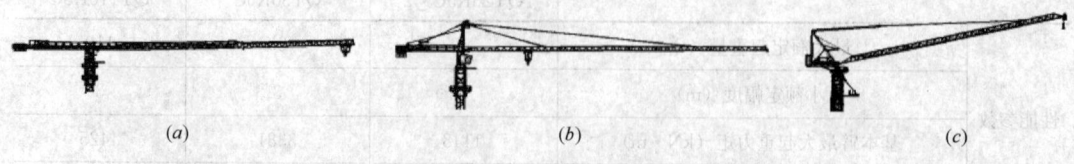

图 8-45 按照主体结构特征区分
(a) 平头式；(b) 塔头式；(c) 动臂式

按照回转形式特征区分为：上回转式和下回转式，如图 8-46 所示。
按照架设形式特征区分为：固定式、附着式、行走式和内爬式，如图 8-47 所示。

图 8-46 按照回转形式特征区分
(a) 下回转式；(b) 上回转式

图 8-47 按照架设形式特征区分
(a) 固定式

图 8-47 按照架设型式特征区分（续）
(b) 附着式；(c) 行走式；(d) 内爬式

固定式塔机根据装设位置的不同，随着建筑物施工高度升高，又可以安装成附着式和内爬式两种。

3. 塔式起重机的组成及构造

塔式起重机是由金属结构、工作机构、电气设备及安全控制和液压顶升系统等部分组成，见表8-77。

塔式起重机主要组成及构造  表8-77

| 组成及构造 | 说明 |
|---|---|
| 金属结构部分 | 包括：底架或地脚、塔身、套架、回转、平衡臂、起重臂、司机室、平衡重、塔头、变幅小车、吊钩 |
| 工作机构部分 | 包括：行走机构、起升机构、变幅机构、回转机构 |
| 电气设备及安全控制部分 | 包括：起重量限制器、起重力矩限制器、行程限位装置、小车断绳保护装置、小车断轴保护装置、钢丝绳防脱装置、风速仪、夹轨器、缓冲器、止挡装置、清轨板、顶升横梁防脱功能 |
| 液压顶升系统 | 包括：液压泵、液压油缸、液压油滤清器、控制元件、油管和油箱、管接头 |

### 8.4.3.2 国内外塔式起重机

国内塔式起重机的主要技术性能，见表8-78。

国内塔式起重机的主要技术性能  表8-78

| 生产厂商 | 抚顺永茂建筑机械有限公司 | | | | | | | | |
|---|---|---|---|---|---|---|---|---|---|
| 型号 | STT200A | STT253B | STT293 | STT373A | STT553B | STT1130 | STT1330 | STT2200 | STT3330 |
| 额定起重力矩（kN·m） | 2000 | 2530 | 2930 | 3530 | 5530 | 11300 | 13300 | 22000 | 33300 |
| 最大幅度（m） | 70 | 70 | 75 | 75 | 80 | 70 | 80 | 78 | 90 |
| 最大幅度时起重量（t） | 2.0 | 2.6 | 2.7 | 3.43 | 3.85 | 12.5 | 12.0 | 20.28 | 23.0 |
| 最大起重量（t） | 10 | 16 | 18 | 20 | 25 | 50 | 64 | 100 | 160 |
| 生产厂商 | 长沙中联重工科技发展有限公司 | | | | | | | | |
| 型号 | TC5013 | TC5610 | TC5015 | TC6013 | TC5613 | TC5616 | TC6517 | TC7035 | TC7052 |
| 额定起重力矩（kN·m） | 630 | 630 | 800 | 800 | 800 | 800 | 1600 | 3150 | 4000 |
| 最大幅度（m） | 50 | 56 | 50 | 60 | 56 | 56 | 56 | 70 | 70 |
| 最大幅度时起重量（t） | 1.3 | 1.0 | 1.5 | 1.3 | 1.3 | 1.6 | 1.7 | 3.5 | 5.2 |
| 最大起重量（t） | 6 | 6 | 6 | 6 | 8 | 6 | 10 | 16 | 25 |
| 生产厂商 | 中昇建机（南京）重工有限公司 | | | | | | | | |
| 型号 | ZSL500 | ZSL750 | ZSL1000 | ZSL1350 | ZSL2000 | ZSL2700 | ZSL3200 | | |
| 额定起重力矩（kN·m） | 500 | 750 | 1000 | 1350 | 2000 | 2700 | 3200 | | |
| 最大幅度（m） | 45 | 50 | 50 | 50 | 50 | 60 | 50 | | |
| 最大幅度时起重量（t） | 7.5 | 9.9 | 14.4 | 18.7 | 31 | 31.9 | 55.6 | | |
| 最大起重量（t） | 32 | 50 | 64 | 96 | 100 | 100 | 100 | | |

1. 自升式系列塔式起重机

（1）塔式起重机基础形式

适用于自升式和附着式塔式起重机设置，如图8-48所示。

配筋图如图8-49所示。

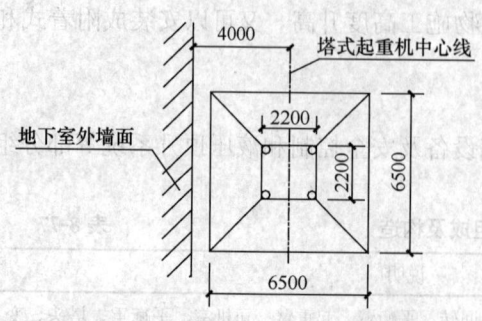

图 8-48 适用于自升式和附着式塔式起重机基础

(2) 塔式起重机基础计算

关于塔式起重机的钢筋混凝土基础,必须根据所在建筑物周围的地质条件进行设计。设计的依据是以塔式起重机最大自由高度下的垂直压力和弯矩组合作为主要载荷考虑。

1) 地基承载力计算

参照国家现行标准《建筑地基基础设计规范》GB 50007 和《塔式起重机混凝土基础工程技术规程》JGJ/T 187 规定。塔式起重机在独立状态时,作用于基础的荷载应包括塔式起重机作用于基础顶的竖向荷载标准值($F_k$)、水平荷载标准值($F_{vk}$)、倾覆力矩(包括塔式起重机自重、起重荷载、风荷载等引起的力矩)荷载标准值($M_k$)、扭矩荷载标准值($T_k$),以及基础及其上土的自重荷载标准值($G_k$),如图 8-50 所示。

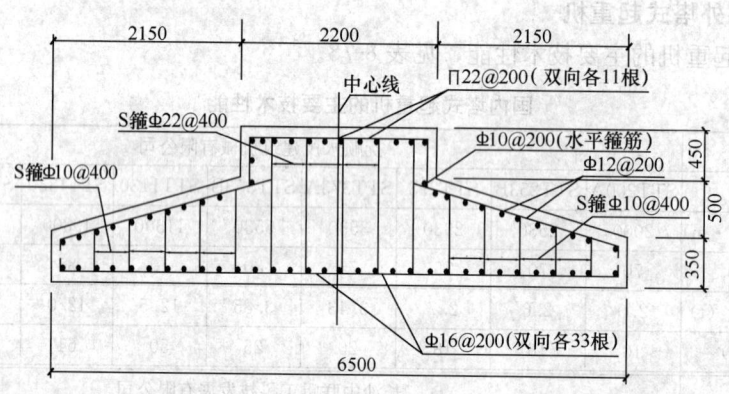

图 8-49 基础配筋图

塔式起重机的地基承载力计算方法如下:

① 基础底面的压力应符合下式要求:

当轴心荷载作用时

$$P_k \leqslant f_a \tag{8-1}$$

式中 $P_k$——相应于荷载效应标准组合时,基础底面处的平均压力值;

$f_a$——修正后的地基承载力特征值。

当偏心荷载作用时,除符合式(8-1)要求外,尚应符合下式要求:

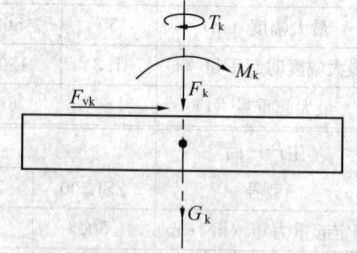

图 8-50 作用于基础的荷载示意图

$$P_{kmax} \leqslant 1.2 f_a \tag{8-2}$$

式中 $P_{kmax}$——相应于荷载效应标准组合时,基础底面边缘的最大压力值。

② 基础底面的压力可按下式确定:

当轴心荷载作用时,

$$P_k = \frac{F_k + G_k}{A} \tag{8-3}$$

式中 $F_k$——塔式起重机传至基础顶面的竖向力值;
$G_k$——基础自重和基础上的土重;
$A$——基础底面面积。

当偏心荷载作用,偏心距 $e \leqslant b/6$ 时,

$$P_{kmax} = \frac{F_k + G_k}{A} + \frac{M_k + F_{vk} \cdot h}{W} \tag{8-4}$$

式中 $M_k$——相应于荷载效应标准组合时,作用于矩形基础顶面短边方向的力矩值;
$F_{vk}$——相应于荷载效应标准组合时,作用于矩形基础顶面短边方向的水平荷载值;
$h$——基础的高度;
$b$——矩形基础底面的短边长度;
$W$——基础底面的抵抗矩。

当偏心距 $e > b/6$ 时(图 8-51),$P_{kmax}$ 按下式计算:

$$P_{kmax} = \frac{2(F_k + G_k)}{3la} \tag{8-5}$$

式中 $a$——合力作用点至基础底面最大压力边缘的距离;
$l$——矩形基础底面的短边长度。

地基承载力特征值可由载荷试验或其他原位测试等方法确定。

③ 偏心距 $e$ 应按式(8-6)计算,并应符合式(8-7)要求:

$$e = \frac{M_k + F_{vk} \cdot h}{F_k + G_k} \tag{8-6}$$

$$e \leqslant b/4 \tag{8-7}$$

地基土的承载冲切强度验算:

$$\sigma_t = \frac{2(F_k + G_k)}{3b} \leqslant [\sigma_a] \tag{8-8}$$

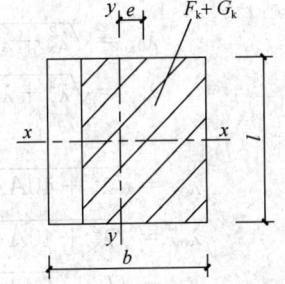
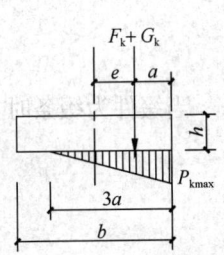

图 8-51 单向偏心载荷($e > b/6$)作用下的基底压力计算示意

式中 $\sigma_a$——地基土的承载力。

2)塔式起重机基础设置在基坑内,此形式利用原基础工程桩(工程桩形式采用钻孔灌注桩)承载,通过在钻孔桩灌注施工时,用插入的型钢立柱,来传递塔式起重机的载荷。

混凝土承台基础计算应符合现行国家标准《混凝土结构设计标准》GB/T 50010 和现行行业标准《建筑桩基技术规范》JGJ 94 的规定。可视格构式钢柱为基桩,应进行受弯、受剪承载力计算。

① 格构式钢柱应按轴心受压构件设计,并应符合下式规定:
格构式钢柱受压整体稳定性应符合下式要求:

$$\frac{N_{max}}{\varphi_A} \leqslant f \tag{8-9}$$

式中 $N_{max}$——格构式钢柱单柱最大轴心受压设计值,荷载效应的基本组合值;
$A$——构件毛截面面积,即分肢毛截面面积之和;
$f$——钢材抗拉、抗压强度设计值;
$\varphi$——轴心受压构件的稳定系数,应根据构件的换算长细比 $\lambda_{0max}$ 和钢材屈服强度,按现行国家标准《钢结构设计标准》GB 50017 的规定"按 b 类截面查表 C-2"取用。

② 格构式钢柱的换算长细比应符合下式要求:
$$\lambda_{0max} \leqslant [\lambda] \tag{8-10}$$

式中 $\lambda_{0max}$——格构式钢柱绕两主轴的换算长细比中较大值;
$[\lambda]$——轴心受压构件允许长细比,取 150。

格构式钢柱分肢的长细比应符合下式要求:
当缀件为缀板时:
$$\lambda_1 \leqslant 0.5\lambda_{0max}, \text{且} \lambda_1 \leqslant 40 \tag{8-11}$$

当缀件为缀条时:
$$\lambda_1 \leqslant 0.7\lambda_{0max} \tag{8-12}$$

式中 $\lambda_1$——格构式钢柱分肢对最小刚度轴的长细比,其中计算长度应取两缀板间或横缀条间的净距离。

③ 格构式轴心受压构件换算长细比($\lambda_0$)应按下式计算:
当缀件为缀板时:
$$\lambda_{0x} = \sqrt{\lambda_x^2 + \lambda_1^2} \tag{8-13}$$
$$\lambda_{0y} = \sqrt{\lambda_y^2 + \lambda_1^2} \tag{8-14}$$

当缀件为缀条时:
$$\lambda_{0x} = \sqrt{\lambda_x^2 + 40A/A_{1x}} \tag{8-15}$$
$$\lambda_{0y} = \sqrt{\lambda_y^2 + 40A/A_{1y}} \tag{8-16}$$
$$\lambda_x = H_0/\sqrt{I_x(4A_0)} \tag{8-17}$$
$$\lambda_y = H_0/\sqrt{I_y(4A_0)} \tag{8-18}$$
$$I_x = 4\left[I_{x0} + A_0\left(\frac{a}{2} - Z_0\right)^2\right] \tag{8-19}$$
$$I_y = 4\left[I_{y0} + A_0\left(\frac{a}{2} - Z_0\right)^2\right] \tag{8-20}$$

式中 $A_{1x}$——构件截面中垂直于 $x$ 轴的各斜缀条的毛截面面积之和;
$A_{1y}$——构件截面中垂直于 $y$ 轴的各斜缀条的毛截面面积之和;
$\lambda_x(\lambda_y)$——整个构件对 $x$ 轴($y$ 轴)的长细比;
$H_0$——格构式钢柱的计算长度,取承台厚度中心至格构式钢柱底的长度;
$A_0$——格构式钢柱分肢的截面面积;
$I_x$、$I_y$——格构式钢柱对 $x$ 轴、$y$ 轴的截面惯性矩;
$I_{x0}$——格构式钢柱的分肢平行于分肢形心 $x$ 轴的惯性矩;
$I_{y0}$——格构式钢柱的分肢平行于分肢形心 $y$ 轴的惯性矩;

$a$ —— 格构式钢柱的截面边长；
$Z_0$ —— 分肢形心轴距分肢外边缘距离。

④ 缀件所受剪力应按下式计算：

$$V = \frac{Af}{85}\sqrt{\frac{f_y}{235}} \tag{8-21}$$

式中 $A$ —— 格构式钢柱四肢的毛截面面积之和，$A = 4A_0$；
$f$ —— 钢材的抗拉、抗压强度设计值；
$f_y$ —— 钢材的强度标准值（屈服强度）。

剪力 $V$ 值可认为沿构件全长不变，此剪力应由构件两侧承受该剪力的缀件面平均分担。

⑤ 缀件设计应符合下式要求：

缀板应按受弯构件设计，弯矩和剪力值应按下列公式计算：

$$M_0 = \frac{V l_1}{4} \tag{8-22}$$

$$V_0 = \frac{V l_1}{2 b_1} \tag{8-23}$$

斜缀条应按轴心受压构件设计，轴向压力值应按下式计算：

$$N_0 = \frac{V}{2\cos\alpha} \tag{8-24}$$

式中 $M_0$ —— 单个缀板承受的弯矩；
$V_0$ —— 单个缀板承受的剪力；
$N_0$ —— 单个斜缀条承受的轴向压力；
$b_1$ —— 分肢型钢形心轴之间的距离；
$l_1$ —— 格构式钢柱的一个节间长度，即相邻缀板轴线距离；
$\alpha$ —— 斜缀条和水平面的夹角。

3）塔式起重机基础设置在基坑外，通过补桩承受塔式起重机载荷；考虑到工程地质条件的不同情况，应对补桩承载力及基础地基承载力进行验算。

塔式起重机的基础考虑到工程地质条件的不同及原围护结构的情况，应对补桩和原围护结构承载力及基础地基承载力进行验算，必要时对原围护结构进行加固处理。

(3) 塔式起重机的混凝土基础应符合下列要求：

1) 混凝土强度等级不低于 C35。
2) 基础表面平整度允许偏差 1/100。
3) 埋设件的位置、标高和垂直度以及施工工艺符合出厂说明书要求。

(4) 塔式起重机的安装与拆除方法

塔式起重机的安装方法根据起重机的结构形式、质量和现场的具体情况确定。同一台塔式起重机的拆除方法和安装方法相同，仅程序相反。

(5) 自升式塔式起重机加节顶升（自升）与降落

顶升加节的步骤如图 8-52 所示。

1) 起重机首先将塔身标准节吊起并放入套架的引进小车上。
2) 顶升时，油缸活塞杆的伸出端通过鱼腹梁抵在已固定的塔节上。开动液压顶升系

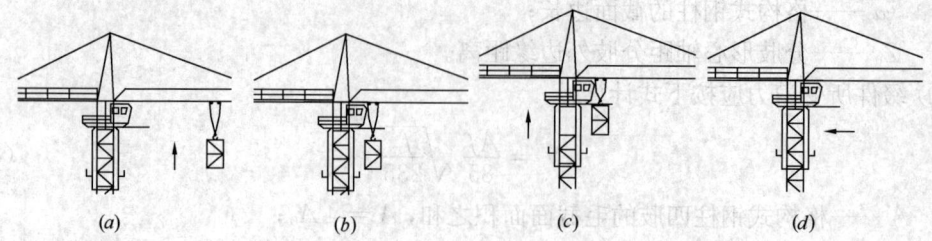

图 8-52 自升式起重机自升过程示意图
(a) 吊起标准节；(b) 标准节吊挂在引进小车上；(c) 外套架顶升；(d) 接高一个标准节

统，使活塞杆在压力油的作用下伸出，这时套架连同上部结构及各种装置，包括液压缸等被向上顶升，直到规定的高度。

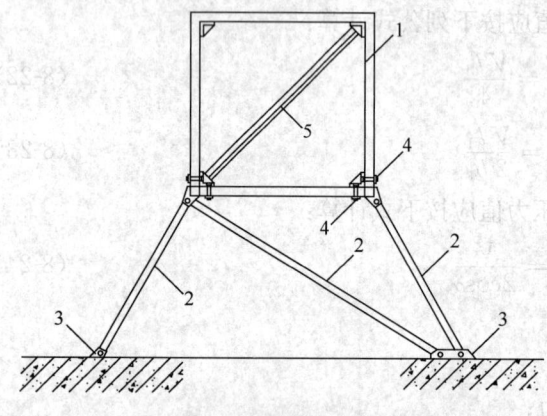

图 8-53 锚固装置的构造
1—附着框架；2—附着杆；3—附着支座；
4—顶紧螺栓；5—加强撑

3) 将套架与塔身固定，操纵液压系统使活塞杆缩回，形成标准节的引进空间。

4) 将引进小车上的标准节引进空间内，与下面的塔身连接校正。这时塔身自升了一个标准节的高度。

重复上述过程，可反复顶升加装标准节，直至达到要求高度。塔身降落与顶升方法相似，仅程序相反。

2. 附着式系列塔式起重机

自升塔式起重机的塔身接高到设计规定的独立高度后，须使用锚固装置将塔身与建筑物相连接（附着）。锚固装置由附着框架、附着杆和附着支座组成，如图 8-53 所示。

附着式塔式起重机附着力计算。附着支撑的水平力是根据塔式起重机的起重能力，塔身悬臂的自由长度以及载荷组合情况确定的。

一般来说，塔式起重机厂商在塔式起重机技术说明书或计算书上都在相应的附着高度上提供 $x$ 向水平力 $F_x$、$y$ 向水平力 $F_y$ 和扭矩 $M$，并提供附着杆系的形式和长度，但在特殊的情况下，施工单位因施工场地限制或由于塔式起重机平面合理布置的需要而改变塔式起重机与建筑物的距离时，需对附着各杆系受力情况和杆件强度进行验算。

3. FAVCO 系列塔式起重机

(1) M440D 塔式起重机

M440D 塔式起重机塔身高 40m，最大起重臂 55m，最大起重量 32t，起重力矩 6000kN·m，立面示意如图 8-54 所示。

(2) M600D 塔式起重机

M600D 塔机塔身高 56m，最大起重臂 70m，最大起重量 50t，起重力矩 7500kN·m。立面示意如图 8-55 所示。

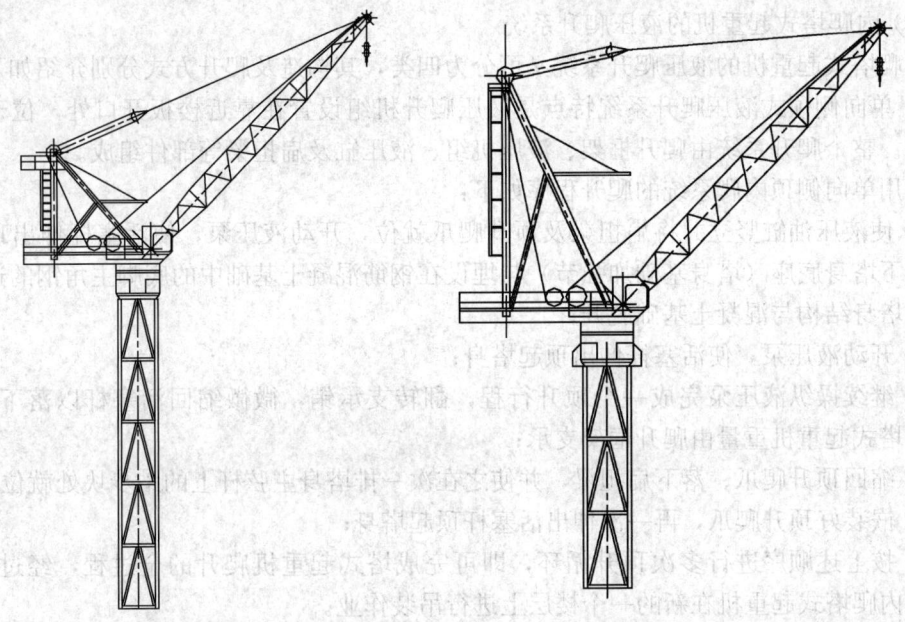

图 8-54　M440D 塔式起重机立面示意图　　图 8-55　M600D 塔式起重机立面示意图

(3) M900D 塔式起重机

M900D 塔机塔身高 60m，最大起重臂 70m，最大起重量 64t，起重力矩 1200kN·m。立面示意如图 8-56 所示。

4. 内爬式系列塔式起重机

(1) 内爬塔式起重机的概念

内爬塔式起重机是一种安装在建筑物内部（电梯井或特设空间）的结构上，依靠爬升机构随建筑物向上建造而向上爬升的起重机。适用于框架结构、剪力墙结构等高层建筑施工。如图 8-57 所示。

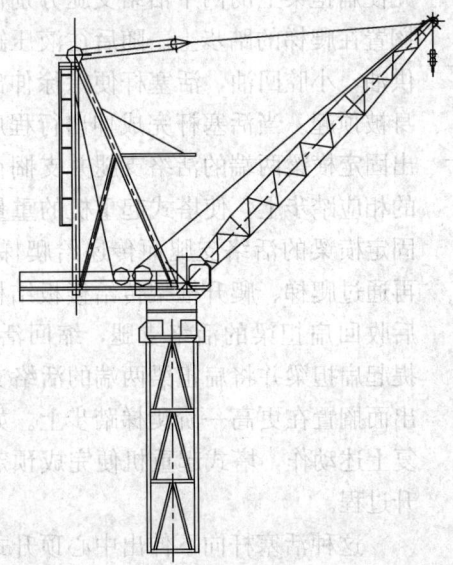 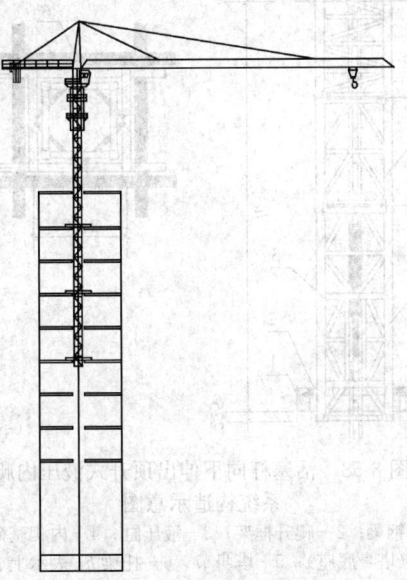

图 8-56　M900D 塔式起重机立面示意图　　图 8-57　内爬式塔式起重机工况

（2）内爬塔式起重机的液压爬升系统

内爬塔式起重机的液压爬升系统又可分为四类，其构造及爬升方式分别介绍如下：

1）单向侧顶式液压爬升系统特点是液压爬升机组设置在靠近楼板开口处，位于塔身的一侧。整个爬升系统由爬升框架、液压机组、液压缸及扁担梁等部件组成。

采用单向侧顶内爬系统的爬升程序如下：

① 使液压油缸竖立并将扁担梁及顶升爬爪就位，开动液压泵，使活塞杆伸出顶起塔身，卸下塔身底座（塔身基础加强节）与埋设在钢筋混凝土基础中的底脚主角钢的连接销轴，使塔身结构与混凝土基础脱开；

② 开动液压泵，使活塞杆伸出顶起塔身；

③ 继续操纵液压泵完成一个顶升行程，翻转支承销，微微缩回活塞杆以落下塔身，使整个塔式起重机重量由爬升框架支承；

④ 缩回顶升爬爪、落下扁担梁，并使之在次一排塔身主弦杆上的踏步块处就位；

⑤ 嵌装好顶升爬爪，再一次伸出活塞杆顶起塔身；

⑥ 按上述顺序进行多次顶升循环，即可完成塔式起重机爬升的全过程，经过固定，便可使内爬塔式起重机在新的一个楼层上进行吊装作业。

2）双向侧顶式液压爬升系统比单向侧顶式液压爬升系统增加了一套液压缸和扁担梁等部件，工作时同时作用于塔身的两侧。整个爬升系统由爬升框架、液压机组、两套液压缸及扁担梁等部件组成。

3）活塞杆向下伸出式中心顶升液压爬升系统特点是液压顶升机组设置在塔身底座处，液压油缸位于塔身中心，活塞杆向下。这种中心顶升式液压爬升系统的液压缸缸体上端铰装有一个固定横梁，活塞杆向下伸出，杆端铰固在扁担梁上。扁担梁可随活塞杆的伸缩而上、下升降。固定横梁和升降扁担梁上都装有可伸缩的活络支腿。顶升时，先使扁担梁上的两个活络支腿分别伸出并搁置在爬梯的踏步上。随后往液压缸大腔供油，小腔回油，活塞杆便徐徐伸出，塔身被顶起。当活塞杆完成伸出行程后，拔出固定横梁两端的活络支腿并支搁在爬梯的相应踏步上，使塔式起重机的重量通过固定横梁的活络支腿而传递给爬梯踏步，再通过爬梯、爬升框架传给楼板结构。然后收回扁担梁的活络支腿，缩回活塞杆，提起扁担梁并将扁担梁两端的活络支腿伸出而搁置在更高一阶爬梯踏步上。如此重复上述动作，塔式起重机便完成预定的爬升过程。

这种活塞杆向下伸出中心顶升式液压内爬系统的构造，如图8-58所示。

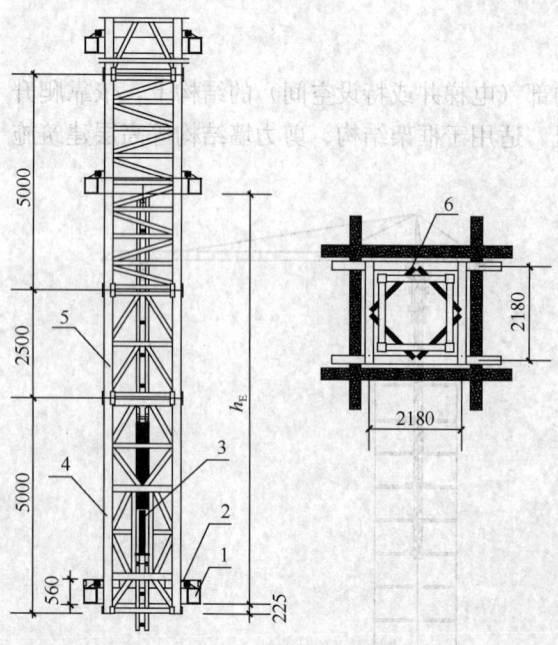

图8-58 活塞杆向下伸出顶升式液压内爬系统构造示意图

1—钢梁；2—爬升框架；3—液压缸；4—内爬基础节（塔身底座）；5—塔身节；6—托梁 $h_E$ 表示上、下道支承爬升架之间距离（m）

4) 活塞杆向上伸出式中心顶升液压内爬系统特点是，液压顶升机组设置在塔身底座处，液压缸位于塔身中心，活塞杆向上伸出，通过扁担梁托住塔身向上顶起。

(3) 内爬式塔式起重机的拆卸

将内爬式塔式起重机从高层建筑屋顶处拆卸到地面上，应根据具体情况采用不同实施方案。

内爬塔式起重机的拆卸顺序是：开动爬升系统使塔式起重机沿爬升井筒下降，让起重臂下落到与层面平齐→拆卸平衡重→拆卸起重臂→拆卸平衡臂→拆卸塔顶及司机室→开动爬升系统顶升塔身→拆卸转台及回转支承装置→逐节顶起并拆卸塔身→拆卸底座、爬升系统及附件。

5. 超高层内爬式塔式起重机的应用

超高层钢结构工程占地面积小，钢结构构件重，这种工程都是选择内爬式塔式起重机，为提高作业效率设置多台塔式起重机同时作业，使用动臂变幅式塔机既可以避免塔式起重机间的干涉又能满足起重量大的要求。

### 8.4.4　桅杆式起重机

桅杆式起重机由本体结构、起升系统、稳定系统、动力系统组成，其主要功能包括稳定系统固定本体结构，动力系统通过起升系统起吊重物。

本体结构：本体结构包括桅杆、基座及其附件等，根据结构形式的不同可分为格构式和实腹式。

起升系统：起升系统包括滑轮组、导线轮和钢丝绳等组成。

稳定系统：稳定系统包括缆风绳、地锚等，用于稳定桅杆。

动力系统：动力系统的主要作用是为桅杆式起重机提供动力。

#### 8.4.4.1　桅杆式起重机的分类、特点及构造

1. 桅杆式起重机的分类、特点

(1) 桅杆式起重机的分类

桅杆式起重机按桅杆的构成方式可以分成单立柱桅杆、人字（或 A 形）桅杆、悬臂桅杆、缆绳式桅杆起重机。

(2) 桅杆式起重机特点

桅杆式起重机结构简单、轻便、具有较大的提升高度和幅度，且易于拆卸和安装。

2. 桅杆式起重机的构造

(1) 单立柱桅杆

单立柱桅杆由桅杆本体（头部节、中间节、尾部节）、底座和缆风绳帽三部分组成。本体有格构式结构和钢管结构两种。

(2) 人字桅杆

人字桅杆是由两根圆木或两根钢管以钢丝绳绑扎或铁件铰接而成，底部设有拉杆或拉绳。其中一根桅杆的底部装有一导向滑轮组，起重索通过它连到卷扬机，另用一钢丝绳连接到锚碇，人字桅杆前倾，并在前、后面各用两根缆风绳拉结。

(3) 悬臂桅杆

悬臂桅杆是在单立柱桅杆中部或 2/3 高度处装一根起重臂而成。

## (4) 缆绳式桅杆起重机

缆绳式桅杆起重机由主桅杆、起重臂、顶部缆风绳帽及缆风绳、底座、起重滑轮组、变幅滑车组、回转盘等组成，如图8-59所示。

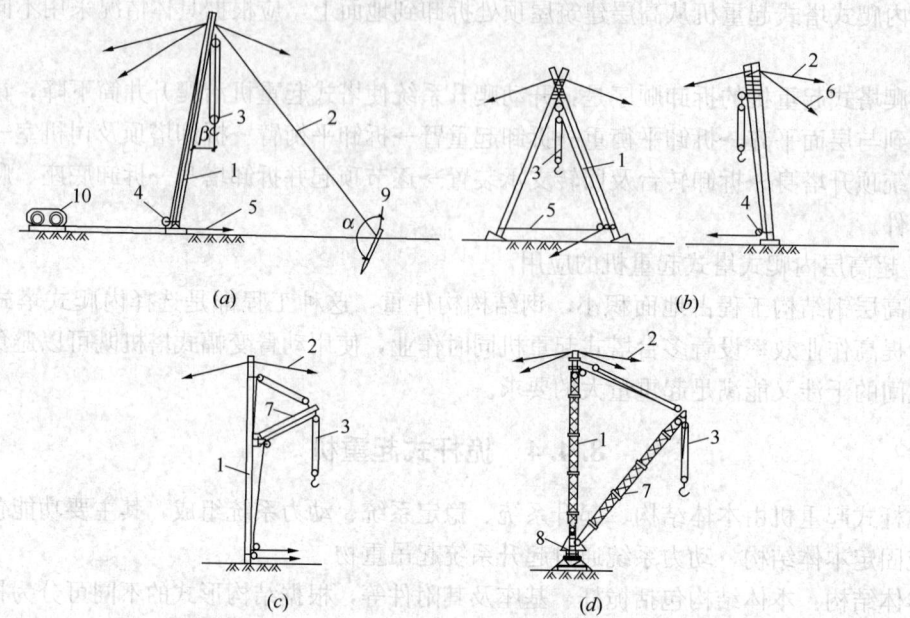

图8-59 桅杆式起重机
(a) 单立柱桅杆；(b) 人字桅杆；(c) 悬臂桅杆；(d) 缆绳式桅杆起重机
1—桅杆；2—缆风绳；3—起重滑轮组；4—导向装置；5—拉索；
6—主缆风绳；7—起重臂；8—回转盘；9—锚碇；10—卷扬机

### 8.4.4.2 桅杆式起重机的使用要点

#### 1. 桅杆式起重机的竖立

竖立轻型桅杆只需简单的机具，用人力即可胜任。而竖立大型桅杆等同于进行大型塔类设备的吊装，应该编制安装方案，配置合理的起吊工机具，并采取必要的吊装安全技术措施，以保证安装安全。

#### 2. 桅杆的拆除

一般情况桅杆的拆除方法较简单，常用滑车组或绳索加以控制，靠桅杆自重使其向预定方向缓慢放倒。当然，有时也需利用吊车或其他机具拆除。设备虽然高大坚固，为稳妥起见，可在放倒桅杆的反方向在设备顶部加临时缆风绳，然后，用其放倒桅杆。应注意同竖立桅杆一样，桅杆脚应设制动设施，两侧向设平衡绳，以防杆脚滑动、杆体摆动，进而使桅杆失稳。

#### 3. 桅杆的位移

行走式桅杆式起重机在底座下方配有钢梁，钢梁下方的行走油缸架设在轨道上。松开轨道梁的锚固装置即可实现行走作业。再次进行吊装作业前，要紧固锚固装置后方可进行吊装作业。

固定式桅杆式起重机移动桅杆的作业方式有两种，第一种是连续移动方式，一般用于只有一支脚的单桅杆移动，要求两侧缆风绳或松或紧必须与杆脚拖排的移动协调同步，始终保持桅杆在基本上直立的状态下移动。为确保安全，除具有娴熟的起重技术以外，尽量放慢桅杆的移动速度亦是关键，只要卷扬机通过多轮滑车组牵引拖排前行，就可达到缓慢移动的目的。

移动桅杆的第二种方式是分次移动，即分数次移动后将桅杆移至预定的新杆位。此方法可用于各种桅杆的移动。具体的操作步骤有两种，一种是先倾桅杆后移动拖排；另一种是先移动拖排后倾桅杆。

先倾桅杆后移动拖排方法的操作步骤是：①放松后侧各缆风绳，同时收紧移动方向的各缆风绳，桅杆向移动方向倾斜 $10°\sim15°$；②用拉葫芦或卷扬机将拖排向移动方向牵引，即从 Ⅰ 移至 Ⅱ 的位置，则桅杆又呈直立状态；③继续向移动方向牵引拖排，由 Ⅱ 至 Ⅲ 的位置，此时桅杆向后倾斜 $10°\sim15°$；④收紧移动方向各缆风绳，放松后侧各缆风绳，则桅杆再次呈直立状态；⑤重复以上各步骤，将桅杆移至新杆位。

先移动拖排后倾桅杆方法的操作步骤是：①适当放松全部缆风绳以后，向移动方向牵动拖排，即拖排从 Ⅰ 至 Ⅱ 的位置，此时桅杆向后倾斜 $10°\sim15°$；②收紧移动方向各缆风绳，放松后侧各缆风绳，使桅杆立直；③再向移动方向牵动拖排，即从 Ⅱ 到 Ⅲ 的位置，桅杆再次向后倾斜 $10°\sim15°$；④再次收紧移动方向各缆风绳，放松后侧各缆风绳，则桅杆再次立直；⑤重复以上各步骤，将桅杆移至新杆位。

### 8.4.5 施工升降机

#### 8.4.5.1 施工升降机的组成

施工升降机是一种可分层输送建筑材料和人员的高效率垂直施工机械，适用于高层建筑、桥梁、电视塔、烟囱、电站等工程的施工。施工升降机具有性能稳定、安全可靠，不用另设机房、井道、拆装方便、搬运灵活、提升高度大，运载能力强等特点。

升降机主要由基础平台（或地坑）、地面防护围栏（包括与基础连接的基础底架）、导架与附墙架、电缆导向装置、吊笼、传动机构、安装吊杆、对重装置、安全保护装置、电气设备与控制系统十大部分组成。

（1）基础平台

基础平台是由地脚螺栓、预埋底架和钢筋混凝土基础等组成，其上部承受升降机的全部自重和载荷，并对立柱导轨架起固定和定位作用。

（2）围栏

围栏主要由底架、门框、侧墙板、后墙板、接长墙板、缓冲弹簧、围栏门等组成。各墙板由钢板网拼装而成，依附在底架上。围栏门采用机械和电气联锁，使门锁住后就不能打开，只有吊笼降至地面后才能开启；但门开启时就切断电源，使吊笼立即停止，只有在门关上时，吊笼才能启动。底架安置在基础上用预埋地脚螺栓固定。

（3）导轨架

导轨架由若干标准节组装在底架标准节上，它既是升降机的主体构架，又是吊笼上下运行的轨道。

（4）附墙架

附墙架是由一组支撑杆组成。其一端用 U 形螺栓和标准节的框架相固结，另一端和建筑物结构中的预埋作用螺栓固定，每隔 $1\sim2$ 个楼层设置一组，使升降机附着于建筑物的一侧，以增加其纵向稳定性。

（5）电缆导向装置

吊笼上下运行时，其进线架和地面电缆筒之间拖挂随行电缆，依靠安装在导轨架上或外侧过道竖杆上的电缆导向架导向和保护。有的也可用电缆滑车形式导向。

（6）吊笼及传动机构

吊笼分为无驾驶室和有驾驶室两种。吊笼四壁用钢板网围成，四周装有安全护栏。吊笼立柱上装有12只带有滚珠轴承的导向滑轮，经调节后全部和导轨架上的立柱管相贴合，使吊笼沿导轨架运行时减少摇晃。吊笼内侧上部装有作为传动机构的传动底板，底板上装有两套包括电动机、蜗轮蜗杆减速器、制动器、联轴器等传动机构。当电动机驱动时，通过减速器输出轴上和齿条相啮合的齿轮沿齿条转动，从而带动吊笼作上、下运行。传动底板下侧还装有与导轨架齿条啮合的摩擦式限速器，当吊笼超出正常运行速度下坠时，限速器依靠离心力动作而使吊笼实现柔性制动，并切断控制电路。

（7）安装吊杆

安装吊杆装配在吊笼顶上的插座中，在安装或拆卸导轨架时，用它起吊标准节或附墙架等部件。吊杆上的手摇卷扬机具有自锁功能，起吊重物时按顺时针方向转动摇把，停止转动后卷扬机即可制动。下放重物时按相反方向转动。

（8）对重装置

对重装置用以平衡吊笼的自重，从而提高电动机功率利用率和吊笼的起重量，并可改善结构的受力情况。对重由钢丝绳通过导轨架顶部的天轮和吊笼对称悬挂。

（9）安全保护装置

施工升降机属高空载人机械，除从结构设计上提高安全系数来保障机械安全运行外，还要设置多种安全保护装置，包括电气安全保护装置和机械安全保护装置。

（10）电气设备

施工升降机的电气设备是由电动机、电气控制箱、操作开关箱或操纵箱等组成。

#### 8.4.5.2 施工升降机的主要技术性能

1. 变频调速升降机

国内变频调速施工升降机主要技术性能见表8-79。

采用变频调速方案的升降机通过变频器对供电电源的电压和频率进行调节，使电动机在变换的频率和电压条件下以所需要的转速运转。变频高速升降机主要应用在超高层建筑的垂直运输上。

变频调速施工升降机主要技术性能　　　　　　表8-79

| 生产厂家 | | 湖北江汉建筑工程机械有限公司 | 广州市特威工程机械有限公司 | 中联重科股份有限公司 |
|---|---|---|---|---|
| 型号 | | SC200/200B (SC200B) | SC200/200G (SC200G) | SC200/200EB-A1 (SC200EB-A1) |
| 每只吊笼 | 额定载重量（kg） | 2000 | 2000 | 2000 |
| | 额定安装载重量（kg） | 1000 | 1000 | 1000 |
| | 最大提升高度（m） | 443 | 250 | 493 |

续表

| | | | | |
|---|---|---|---|---|
| 额定起升速度（m/min） | | 46 | 46 | 50 |
| 每只吊笼配电动机 | 数量（只） | 2 | 2 | 2 |
| | 额定功率（S3，25%）(kW) | 2×12 | 2×11/18.5(50/87Hz) | 2×11/18.5(50/87Hz) |
| 防坠安全器 | 制动载荷（kN） | ≥40 | ≥40 | ≥40 |
| | 动作速度（m/min） | 60 | 60 | 60 |
| | 限速器型号 | SAJ40-1.2 | SAJ40-1.2 | SAJ40-1.2A |
| 标准节规格（mm） | | 650×650×1508 | | |
| 围栏重量（kg） | | 1480 | 1480 | 1300 |
| 每块对重重量（kg） | | — | — | — |
| 每只吊笼重量（kg）(包括传动机构) | | 2000 | 2000 | 2000 |
| 普通型标准节每节重量（kg）（带对重则包括对重导轨重量） | | 145 | 150 | 145 |

2. 特殊升降机

特殊升降机主要有双柱式升降机、曲线式升降机、倾斜式升降机、小型升降机。

双柱式大吨位升降机产品结构坚固，承载量大，升降平稳，安装维护简单方便，运行平稳，操作简单可靠，楼层间货物传输经济便捷。

曲线式升降机适用于曲面上的人货运输，在电力、化工、矿产等领域广泛使用。曲线式升降机是一种轿厢能沿建筑物表面为斜线或曲线运行的运输机械，可运送人员物料。该升降机采用矩形截面导轨；轿厢的调平机构采用下固定铰点，使工作平台统一，轿厢工作平稳。

倾斜式升降机导架按施工需要而倾斜安装（导架轴线与铅垂线夹角≤10°），但吊笼地板始终与水平面平行。附墙支撑具有可变段和螺杆调整，适应各道附墙长度不同的要求（最大附墙距离12m），传动机构有并联双传动或三传动两种供货形式，吊笼可以有驾驶室或无驾驶室。

小型升降机适用于狭小空间垂直运输，额定载重量200～1000kg，在悬空平台、工厂、桥梁、港口、码头、井道内部使用。

### 8.4.5.3 施工升降机的使用要点

（1）施工升降机应设专人管理，施工升降机的安装、操作、维修人员必须经过专业培训，并经考试合格方准操作。

（2）使用前先检查各部限位和安全装置情况，再将吊笼升高至离地面1m处停车，检查制动是否符合要求。然后继续上行检查各楼层站台、防护门、前后门及上限位，确认符合要求，做好机械例保记录方可正式投产。

（3）运行中如发现异常情况（如电气失控）时，应立即按下急停按钮，在未排除故障前不允许打开。运载货物应做到均匀分布，物料不得超出吊笼之外，严禁超载超负及打开天窗装载超长物料。

(4) 运行到上、下尽端时,不准以限位停车。在运行中严禁进行保养作业。双笼升降机一只吊笼进行维修保养时,另一只吊笼不得运行。

(5) 如遇雷雨、大风(六级以上)、大雾、导轨结冰等情况时,应停止运行。

(6) 工作后将吊笼降到底层,切断电源,做好班后检查保养作业,关锁门窗后再离去。

## 8.5 混凝土施工机械

### 8.5.1 混凝土搅拌楼

#### 8.5.1.1 混凝土搅拌楼工艺流程

混凝土搅拌楼工艺流程如图 8-60 所示。其工艺流程为:粉料贮料仓内的水泥、粉煤灰掺合料通过蝶阀和螺旋输送机或空气斜槽进入相应称量斗;砂石贮料仓中的砂、石通过其仓底的投料门投放到其下部砂子称量斗和石子称量斗;水、附加剂则通过电泵或高位水箱送入各自的称量斗中;配料完毕,进入搅拌机搅拌;搅拌后的混凝土通过混凝土卸料斗直接卸入混凝土输送车中。

#### 8.5.1.2 搅拌楼的主要组成

混凝土搅拌楼目前是比较成熟的设备,图 8-61、图 8-62 是目前市场常用的混凝土搅拌楼的产品设计图。主要由以下几个部分组成。

1. 骨料输送系统

最常用的骨料输送系统是皮带输送机,它的作用是将粗细骨料输送到搅拌楼的贮料仓内。

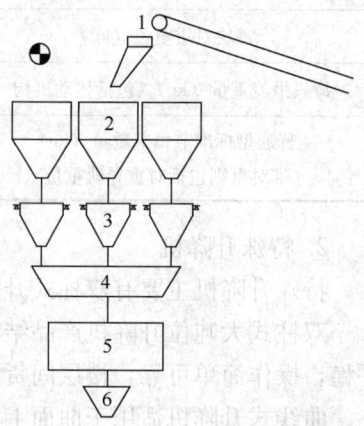

图 8-60 混凝土搅拌楼工艺流程
1—输送系统;2—贮料系统;
3—计量系统;4—集料系统;
5—搅拌系统;6—混凝土卸料斗

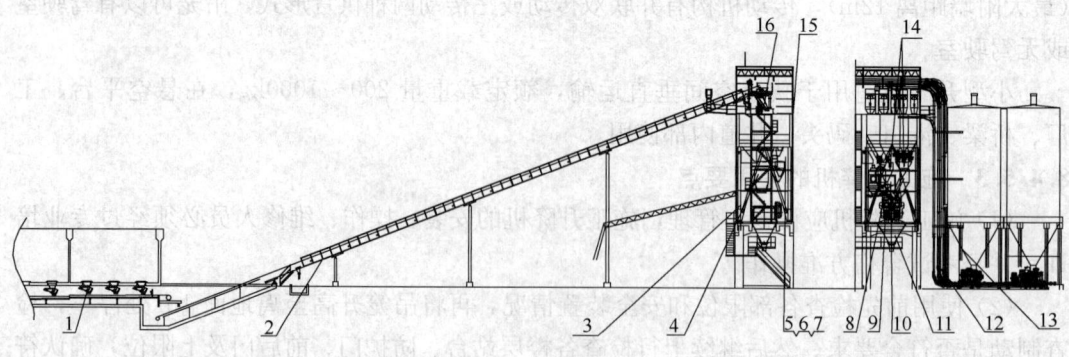

图 8-61 混凝土搅拌楼(一)
1—砂石供料斗;2—皮带机;3—机架;4—砂石称量装置;5—附加剂系统;6—供水系统;
7—供气系统;8—集料装置;9—搅拌主机;10—水和附加剂称量装置;11—混凝土卸料斗;
12—粉料输送系统;13—粉料贮料仓;14—粉料称量装置;15—砂石料仓;16—回转分料装置

8.5 混凝土施工机械

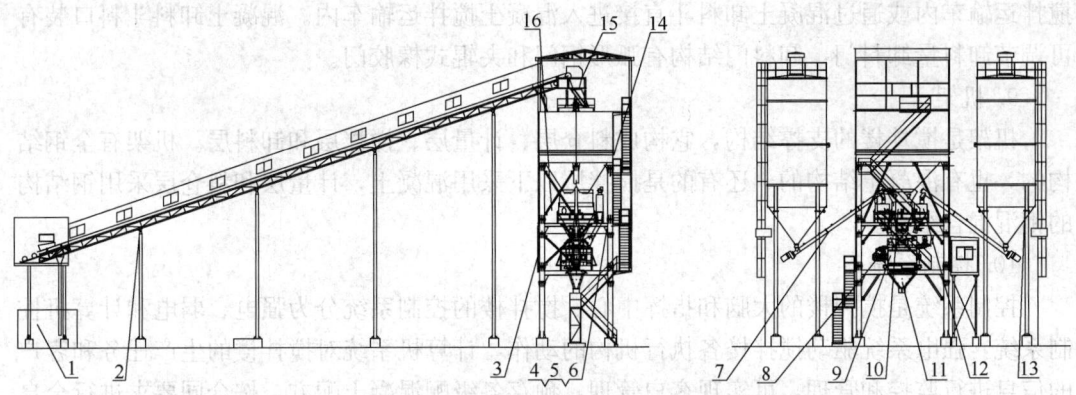

图 8-62 混凝土搅拌楼（二）
1—砂石供料斗；2—皮带机；3—机架；4—附加剂系统；5—供水系统；6—供气系统；
7—粉料输送螺旋机；8—集料装置；9—搅拌主机；10—砂石称量装置；11—混凝土
卸料斗；12—粉料称量装置；13—粉料料仓；14—砂石料仓；15—回转分料装置；
16—水和附加剂称量装置

2. 回转分料系统

在一座搅拌楼中，骨料的贮料仓通常配有 4~8 个，骨料的输送皮带通常只有一条，通过回转分料系统可以将皮带输送机送来的不同骨料分配至各自相应的贮料仓里。

3. 粉料输送系统

粉料输送系统有两种形式，一种是机械式输送系统，如斗式提升机和螺旋输送机；另一种是气力输送系统，通过压缩空气将粉料输送至贮料仓里。

4. 贮料系统

贮料系统是用于存贮石、砂、水泥和其他粉料的大的容器。一套完整的贮料系统包括贮料仓、给料门、料位计、砂含水率测定仪、粉料的破拱装置和振动器。

5. 计量系统

计量系统是按混凝土的配方要求由计算机自动完成各种物料计量的配料系统。目前的搅拌楼计量系统通常至少有四台计量秤。计量秤分为独立计量秤和累计计量秤两种。对于要求搅拌楼能生产高品质混凝土或能用裹砂法特殊工艺生产混凝土，对计量系统会进行调整。每一台计量秤都有一组称重传感器，一个装料容器和一套卸料机构。

6. 集料装置

集料装置是位于计量系统下方，搅拌主机上方的物料的导料装置。集料装置根据计量系统配置的不同有各种各样的形式。如果一座搅拌楼配置有 2 台或 2 台以上搅拌机时，在集料装置的下部还需配置相应的分料装置。

7. 搅拌装置

搅拌装置是搅拌楼的主要部件，它将按要求配好的各种物料搅拌成符合要求的混凝土混合料。混凝土搅拌装置的类型可以分为自落式和强制式。双锥形、梨形为自落式搅拌机，单卧轴、双卧轴和立轴为强制式搅拌机。

8. 混凝土卸料斗

搅拌好的新鲜混凝土被临时贮存在带贮料功能的混凝土卸料斗里，然后再卸到混凝土搅拌运输车内或通过混凝土卸料斗直接进入混凝土搅拌运输车内。混凝土卸料斗料口装有可调节卸料量卸料门，卸料门结构有弧形钢门和夹辊式橡胶门。

9. 机架

机架是搅拌楼的支撑结构，它构成料仓层、计量层、搅拌层和卸料层。机架有全钢结构的，也有混凝土结构的，还有的是搅拌层以下采用混凝土，计量层和料仓层采用钢结构的钢混混合结构。

10. 控制系统

控制系统是搅拌楼的大脑和指挥中心。搅拌楼的控制系统分为强电、弱电和计算机控制系统，强电系统驱动搅拌楼各执行机构的动作，计算机系统对搅拌楼的生产任务和客户的信息进行监控和管理，可实现客户管理，预存各级配混凝土配方，按合同要求进行全自动生产混凝土，生产数据的存贮，输出生产任务单，原材料统计报表分析输出等。

#### 8.5.1.3 搅拌楼的选型

根据生产的混凝土的不同，在选择混凝土搅拌楼时通常要考虑以下几方面：

1. 生产能力

生产能力是混凝土搅拌楼选型的最基本条件。

2. 搅拌主机形式

在实际使用中，根据搅拌楼使用场合的不同，要选择不同类型的搅拌主机。通常在水利工程的大坝浇筑中，骨料的粒径比较大，多选用自落式或水工型搅拌机。在水泥制品行业中，其混凝土级配中骨料粒径比较小，而其混凝土比较干硬，用水量很少，多选用立轴涡浆或立轴行星强制式搅拌机。在普通建筑工程中，混凝土级配中骨料粒径最大的用到60mm，用水量也比较多，混凝土的坍落度值在50~180mm，有的甚至要达到220mm左右，这样的场合多选用单卧轴或双卧轴强制式搅拌机。

3. 粉料的种数和用量

在选择混凝土搅拌楼时还要考虑混凝土配方中粉料的种类和用量。目前，混凝土中通常使用的粉料有水泥、粉煤灰、矿粉、UEA粉状外加剂等。

4. 骨料的上料形式

搅拌楼的骨料上料形式有两种，一种是皮带机上料形式，另一种是斗式提升机上料形式。皮带机上料的形式也有很多种类，从布置上，可以是"一"字形的，"L"形的，还可以布置成"Z"字形的。皮带的形式有平皮带、花纹皮带和裙边隔板皮带。

5. 粉料的上料形式

现在搅拌楼粉料的上料形式有多种。对上部配有粉料仓的搅拌楼，粉料的上料形式有两种方式，一种是斗式提升机，另一种是气力输送。

目前的搅拌楼大多都不采用上部配置粉料仓结构的形式，而是一种采用螺旋输送机或空气输送斜槽，粉料贮存采用独立的贮料仓，使用螺旋输送机或空气斜槽将粉料直接输送到粉料称量斗内。

6. 水的种类

普通混凝土中常用的水为清水，现在对商品混凝土搅拌站管理的要求越来越严格，很多搅拌站对清洗搅拌车和搅拌楼站收集起来的污水都采取了回用的措施，因此，在这种情况下，选择搅拌设备时还要考虑是否利用污水。

7. 称量系统的配置

在选择混凝土搅拌楼时,要根据混凝土的要求确定搅拌楼的工艺流程,对于要求裹砂法工艺的搅拌楼,则砂和石的称量装置必须采用独立的计量秤。水泥一般是单独的计量秤,也有和矿粉共用一个计量秤的,此时水泥秤要求设计成累计叠加秤。粉煤灰秤一般设计成累计叠加秤,适用于2~3种粉料的累计计量。水秤通常是设计成独立计量秤,当要采用污水回用时,水秤就设计成累计叠加秤。液体外加剂秤通常设计成双称斗独立计量秤,配置双套供给装置。

#### 8.5.1.4 搅拌楼的使用与保养

为了更好地发挥搅拌楼的优越性,保证搅拌楼的正常生产,延长搅拌楼的使用期限,平时必须对搅拌楼妥善地维修和保养。

### 8.5.2 固定式混凝土搅拌站

#### 8.5.2.1 混凝土搅拌站工艺流程

混凝土搅拌站工艺流程如图8-63、图8-64所示。

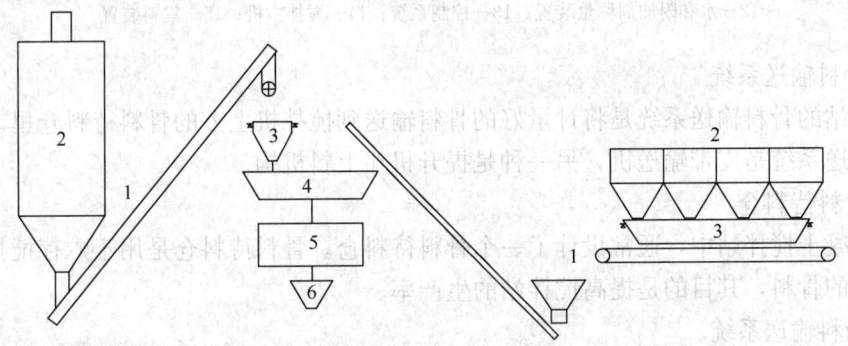

图 8-63 混凝土搅拌站工艺流程(一)

1—输送系统;2—贮料系统;3—计量系统;4—集料系统;
5—搅拌系统;6—混凝土卸料斗

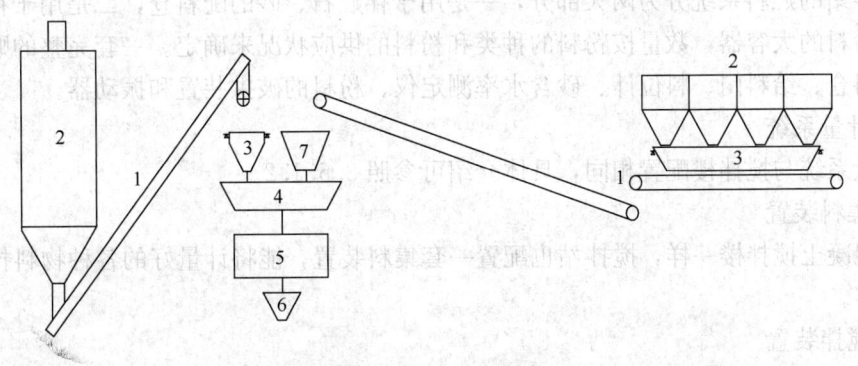

图 8-64 混凝土搅拌站工艺流程(二)

1—输送系统;2—贮料系统;3—计量系统;4—集料系统;
5—搅拌系统;6—混凝土卸料斗;7—待料斗

#### 8.5.2.2 固定式混凝土搅拌站的主要组成

图 8-65 是目前市场常用的混凝土搅拌站的产品设计图。主要由以下几个部分组成。

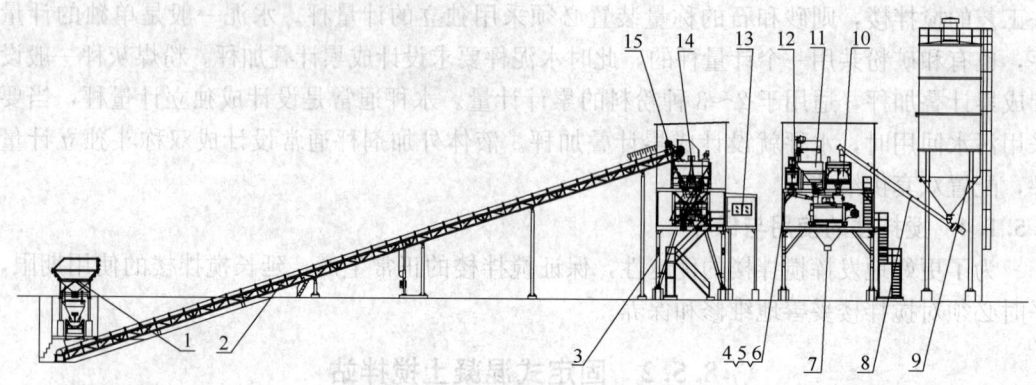

图 8-65 混凝土搅拌站

1—砂石料仓和砂石称量装置；2—皮带机；3—机架；4—附加剂系统；5—供水系统；6—供气系统；
7—混凝土卸料斗；8—粉料输送螺旋机；9—粉料料仓；10—粉料称量装置；11—待料斗；
12—水和附加剂称量装置；13—控制系统；14—搅拌主机；15—集料装置

1. 骨料输送系统

搅拌站的骨料输送系统是将计量好的骨料输送到搅拌机上方的骨料待料仓里。最常用的骨料输送系统是皮带输送机，另一种是提升机斗上料机构。

2. 骨料待料仓

在混凝土搅拌站中，通常设计了一个骨料待料仓。骨料待料仓是用于贮存搅拌一盘混凝土所需的骨料，其目的是提高搅拌站的生产率。

3. 粉料输送系统

在混凝土搅拌站中，粉料输送系统通常采用斗式提升机和螺旋输送机；也有采用空气斜槽输送系统，通过压缩空气将粉料输送至称量斗内。

4. 贮料系统

搅拌站的贮料系统分为两大部分，一是用于存贮石、砂的配料仓，二是用于存贮水泥和其他粉料的大容器，数量按粉料的种类和粉料的供应状况来确定。一套完整的贮料系统包括贮料仓、给料门、料位计、砂含水率测定仪、粉料的破拱装置和振动器。

5. 计量系统

计量系统与搅拌楼配置相同，具体介绍可参照 8.5.1.2。

6. 集料装置

同混凝土搅拌楼一样，搅拌站也配置一套集料装置，能将计量好的各种物料投入搅拌机中搅拌。

7. 搅拌装置

搅拌站通常采用与搅拌楼相同的搅拌装置，是搅拌站的主要部件。详细描述请参见 8.5.1.2。

8. 混凝土卸料斗

请参见 8.5.1.2。

9. 机架

与搅拌楼相同，机架是搅拌站的支撑结构，但搅拌站与搅拌楼的差别是少了一层料仓层。详见 8.5.1.2。

10. 控制系统

搅拌站与搅拌楼的控制系统是基本相同的。只是多了一层料仓层的控制以及主机内部监控，详见 8.5.1.2。

#### 8.5.2.3 固定式混凝土搅拌站的选型

在设备选型中有许多方面与搅拌楼的选型有相似的地方。在选型时，通常也是考虑以下几个方面：(1) 生产能力；(2) 搅拌主机形式；(3) 粉料的种数和用量；(4) 骨料的上料形式；(5) 粉料的上料形式；(6) 水的种类；(7) 称量系统的配置等。其中有差异的部分是：

1. 骨料的上料形式

搅拌站的骨料上料形式有两种，一种是皮带机上料形式，另一种是提升斗上料形式。通常皮带机连续送料，效率高，工作可靠性相对较高，运行也较平稳，噪声低，维护工作量小，但占用场地大。提升斗结构紧凑，占地小，但送料是间隙的，效率低，噪声较大，磨损较大，维护工作量大。

2. 粉料的上料形式

搅拌站粉料的上料形式有三种方式，一种是斗式提升机加螺旋输送机，第二种是螺旋输送机，第三种是空气斜槽输送。斗式提升机占用场地小，但有时会产生粉料堵塞，清除故障时产生很多的粉尘，既浪费粉料，又污染环境，现在很少采用。螺旋输送机对环境要求低，工作效率高，但受螺旋输送机输送角度和长度的限制，粉料仓需要提高一定的高度和保持一定的水平距离，因此，场地占用略大。空气斜槽输送方式工作可靠，成本低，维修量小，但要求环境的湿度要低一些，需要采用高置的粉料仓，这样能保持粉料输送的可靠平稳。

#### 8.5.2.4 固定式混凝土搅拌站的使用与保养

固定式混凝土搅拌站的使用与保养可参照"8.5.1.5 搅拌楼的使用和保养"一节进行。

### 8.5.3 移动式混凝土搅拌站

#### 8.5.3.1 移动式混凝土搅拌站的主要组成

移动式混凝土搅拌站设备配置不仅要满足各种混凝土生产要求，还要具有紧凑、灵活，快捷转移和拆装的特点。图 8-66 是移动式混凝土搅拌站的示意图。主要由以下几个部分组成：

1. 骨料输送系统

最常用的骨料输送系统是皮带输送机。皮带的形式受长度和高度的限制，有平皮带、花纹皮带和裙边隔板皮带。另一种是提升斗上料机构，另配一台水平皮带机。

2. 粉料输送系统

在移动式混凝土搅拌站中，粉料输送系统通常采用螺旋输送机。将立式粉料仓或拖挂车上粉料贮料仓里的粉料输送到搅拌机上方的粉料称量斗内。

3. 贮料系统

移动式搅拌站的贮料系统分为两大部分，一是用于存贮石、砂的配料仓，通常为二

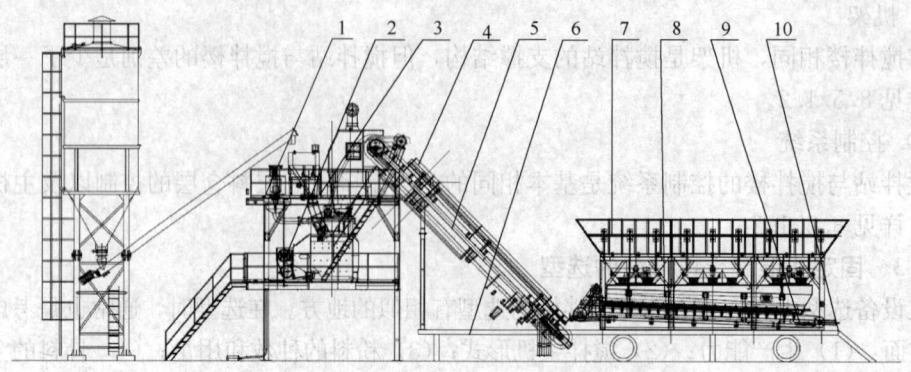

图 8-66 移动式混凝土搅拌站
1—机架；2—搅拌主机；3—粉料称量装置；4—皮带机附加剂系统；5—供水系统；6—车架；
7—砂石料仓；8—砂石称量装置；9—气路系统；10—牵引架

仓，也有配置三仓的，这主要取决于整机长度。二是用于存贮水泥和其他粉料的大容器，数量按粉料的种类和粉料的供应状况来确定。一套完整的贮料系统包括贮料仓、给料门、料位计、砂含水率测定仪、粉料的破拱装置和振动器。

4. 计量系统

目前的移动式搅拌站计量系统通常至少有四台计量秤。计量秤分为独立计量秤和累计计量秤两种，最普通的移动式搅拌站是配置一台砂、石累计计量秤；一台水泥和其他粉料累计计量秤；一台水独立计量秤和一台外加剂独立计量秤。对于粉料有特殊要求的移动式搅拌站需要配置两台独立的计量系统。每一台计量秤都有一组称重传感器，一个装料容器和一套卸料机构。

5. 集料装置

集料装置是将搅拌站计量系统计量好的各种物料在投入搅拌机时使物料能顺利地进入搅拌机中搅拌。集料装置除了有骨料和粉料的集料口外，还配置喷水管路，有些还配有高压清洗装置。

6. 搅拌装置

搅拌装置是搅拌站的主要部件，它将按要求配好的各种物料搅拌成符合要求的混凝土混合料。混凝土搅拌装置的类型可以分为自落式和强制式。双锥形、梨形为自落式搅拌机，单卧轴、双卧轴和立轴为强制式搅拌机。在一套移动式搅拌站内通常只安装有一台搅拌机。

7. 混凝土卸料斗

混凝土卸料斗是将搅拌好的新鲜混凝土导流到接料的运输装置中。移动式混凝土搅拌站不配置混凝土贮料斗。

8. 机架

机架构成计量层、搅拌层和卸料层。机架为全钢结构的，机架底部装有车轮，半拖挂的装有一组车轮，全拖挂的装有两组车轮。机架上集有砂石贮料仓、砂石计量系统、砂石输送系统、粉料螺旋输送机、粉料计量系统、水和外加剂计量和输送系统、气路系统、搅拌主机和混凝土卸料斗、控制室和电气控制系统。

9. 控制系统

搅拌站的控制系统分为强电、弱电和计算机控制系统,强电系统驱动搅拌站各执行机构的动作,计算机系统对搅拌站的生产任务和客户的信息进行监控和管理,可实现客户管理,预存各级配混凝土配方,按合同要求进行全自动生产混凝土,生产数据的存贮,输出生产任务单,原材料统计报表分析输出等。

**8.5.3.2 移动式混凝土搅拌站选型**

在实际应用中,如何选择移动式混凝土搅拌站的配置,是提高混凝土生产效率,保障工程顺利进行和生产优质的商品混凝土关键。选型时要考虑的方面可参照"8.5.2.3 固定式混凝土搅拌站的选型"。

**8.5.3.3 移动式混凝土搅拌站的使用与保养**

移动式混凝土搅拌站的使用与保养可参照"8.5.1.4 搅拌楼的使用与保养"一节进行。

**8.5.3.4 混凝土搅拌机**

混凝土搅拌机是混凝土搅拌楼(站)的主要配套件,主要产品有:双卧轴、行星式、涡桨式、连续式等系列,主要技术参数见表8-80~表8-83。

上海华建双卧轴搅拌机主要技术参数　　　　表8-80

| 型号 | JS1000b | JS1500b | JS2000b | JS3500b | JS4500b | JS6000b |
|---|---|---|---|---|---|---|
| 公称容量(L) | 1000 | 1500 | 2000 | 3500 | 4500 | 6000 |
| 进料容量(L) | 1600 | 2400 | 3200 | 4800 | 6400 | 9600 |
| 生产率($m^3/h$) | 60 | 90 | 120 | 180 | 240 | 288 |
| 骨料最大粒径(mm) | 60 | 60 | 60 | 50 | 50 | 48 |
| 搅拌轴转速(r/min) | 27.83 | 24.8 | 23.5 | 22.08 | 22.08 | 18.198 |
| 工作循环次数(次/h) | 60 | 60 | 60 | 50 | 50 | 48 |
| 减速机型号 | 307R2RA/307R2RO | 309R2RA/309R2RO | 310R2RA/310R2RO | 311R2RA/311R2RO | 313R2RA/313R2RO | 315R2RA/315R2RO |
| 减速机速比 | 23.5 | 23.5 | 27 | 27 | 28.2 | 70.7 |
| 减速机扭矩(N·m) | 12500 | 18000 | 25000 | 40000 | 50000 | 80000 |
| 电动机功率(kW) | 2×18.5 | 2×30 | 2×37 | 2×55 | 2×75 | 2×110 |
| 外形尺寸($L×W×H$)(mm) | 2740×2008×1562 | 2715×2320×1705 | 3233×2320×1839 | 3937×2600×1920 | 4416×2600×1979 | 4700×3890×2190 |
| 总重量(kg) | 4903 | 5662 | 8008 | 10075 | 11430 | 15540 |

**SICOMA 双卧轴搅拌机主要技术参数**　　　　表 8-81

| 型号 | MAO2250/ 1500 | MAO3000/ 2000 | MAO3750/ 2500 | MAO4500/ 3000 | MAO5250/ 3500 | MAO6000/ 4000 | MAO6750/ 4500 | MAO7500/ 5000 | MAO9000/ 6000 |
|---|---|---|---|---|---|---|---|---|---|
| 干料容量（L） | 2250 | 3000 | 3750 | 4500 | 5250 | 6000 | 6750 | 7500 | 9000 |
| 密实混凝土（L） | 1500 | 2000 | 2500 | 3000 | 3500 | 4000 | 4500 | 5000 | 6000 |
| 拌刀（个） | 12 | 14 | 16 | 16 | 18 | 20 | 22 | 20 | 24 |
| 电机功率（kW） | 2×30 | 2×37 | 2×45 | 2×55 | 2×55 | 2×75 | 2×75 | 2×90 | 4×55 |
| 重量（t） | 6.5 | 7.5 | 8.4 | 9.2 | 9.7 | 11.8 | 12.2 | 15 | 18 |

**SICOMA 行星式搅拌机主要技术参数**　　　　表 8-82

| 型号 | MPC375 | MPC550 | MPC750 | MPC1000 | MPC1250 | MPC1500 | MPC2000 | MPC3000 |
|---|---|---|---|---|---|---|---|---|
| 容积（L） | 375 | 550 | 750 | 1000 | 1250 | 1500 | 2000 | 3000 |
| 电机功率（kW） | 15 | 22 | 37 | 45 | 45(55) | 2×37 | 2×45(55) | 3×45(55) |
| 公转速度（r/min） | 19 | 21 | 20 | 21 | 15 | 15 | 14 | 12 |
| 自转速度（r/min） | 40 | 44 | 41 | 44 | 43+43 | 30+30 | 31+31 | 32+32+32 |
| 公转长臂搅拌臂数量（个） | 1 | 1 | 1 | 1 | 1 | 1 | 1 | 3 |
| 公转短臂搅拌臂数量（个） | 0 | 1 | 1 | 1 | 1 | 1 | 1 | 9 |
| 自转搅拌臂数量（个） | 3 | 3 | 3 | 3 | 6 | 6 | 6 | 9 |
| 公转侧刮刀数量（个） | 3 | 4 | 4 | 4 | 4 | 4 | 8 | |
| 底刮刀数量（个） | 3 | 3 | 3 | 3 | 3+3 | 3+3 | 3+3 | 3+3+3 |
| 重量（kg） | 1400 | 2400 | 3000 | 4000 | 5000 | 6300 | 8500 | 16000 |

**山东方圆 JS 系列搅拌机主要技术参数**　　　　表 8-83

| 型号 | 进料容量（L） | 出料容量（L） | 生产率（m³/h） | 骨料粒径，卵/碎（mm） | 搅拌电机功率（kW） |
|---|---|---|---|---|---|
| JS500 | 800 | 500 | 25 | 80/60 | 18.5 |
| JS750 | 1200 | 750 | 35 | 80/60 | 30 |
| FJS1000 | 1600 | 1000 | 50 | 80/60 | 2×22 |
| JS1000 | 1600 | 1000 | 50 | 80/60 | 37 |
| FJS1500 | 2400 | 1500 | 75 | 80/60 | 2×30 |
| JS1500 | 2400 | 1500 | 75 | 80/60 | 45 |
| FJS2000 | 3200 | 2000 | 120 | 120/100 | 2×37 |
| FJS3000 | 4800 | 3000 | 180 | 150/100 | 2×55 |

## 8.5.4 混凝土搅拌运输车

**8.5.4.1 混凝土搅拌运输车的主要组成**（图 8-67）

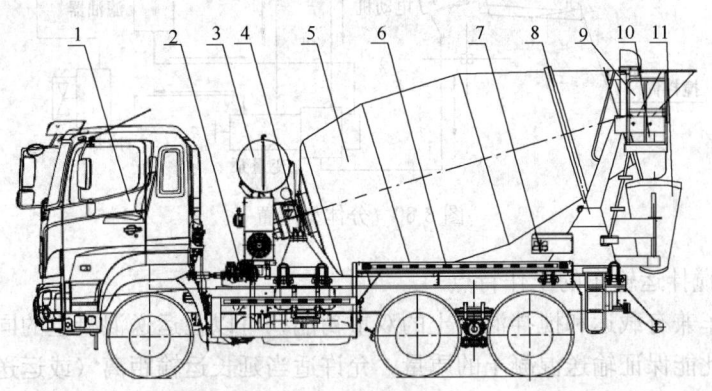

图 8-67 混凝土搅拌运输车主要组成
1—汽车底盘；2—液压泵；3—水箱；4—齿轮减速机、液压电动机；5—搅拌筒；6—护罩；
7—操作机构；8—托轮；9—进料斗；10—溜槽；11—卸料槽

1. 搅拌筒的驱动装置

搅拌运输车的搅拌筒驱动装置，目前实用的有机械式、液压机械混合式和纯电动三大类。

2. 液压系统的两种配置

（1）二合一型配置。由斜盘式轴向柱塞变量泵和二合一减速机组成，具有体积小、重量轻等优点，具体结构见图 8-68。

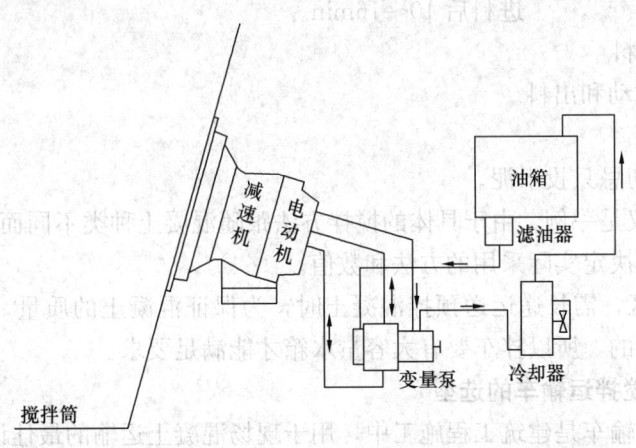

图 8-68 二合一型配置

（2）分体型配置。由斜盘式轴向柱塞变量泵、轴向柱塞电动机和带油箱的冷却器组成一闭式系统，驱动减速机带动搅拌筒转动，具体结构见图 8-69。

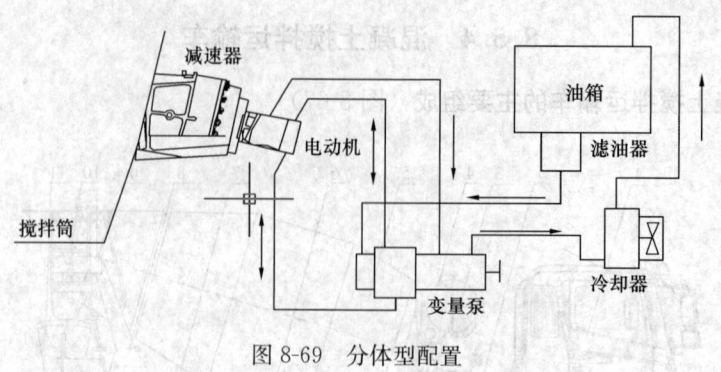

图 8-69 分体型配置

3. 混凝土搅拌运输车的工作特点

搅拌运输车兼有载运和搅拌混凝土的双重功能，可以在运送混凝土的同时对其进行搅动或搅拌。因此能保证输送混凝土的质量，允许适当延长运输距离（或运送时间）。

4. 用搅拌运输车拌制混凝土

如何使用搅拌运输车拌制混凝土：如不借助于搅拌站，而直接用搅拌运输车搅拌混凝土（湿拌），按下列步骤进行：

(1) 进料

先注入总用水量 2/3 的水；

接下来，将 1/2 的粗骨料、1/2 的砂、全部的水泥顺次送入拌筒，随后，将余下的 1/2 的砂送入；最后，再将余下的 1/2 的粗骨料和 1/3 的水送入。

(2) 筒转速及搅拌时间

进料时拌筒的转速　　6～10r/min。

搅拌时拌筒的转速　　6～10r/min。

搅拌时间　　　　　　进料后 10～16min。

(3) 搅动、出料

搅拌完毕的搅动和出料。

(4) 注意

1) 投料时，切忌只投水泥。

2) 上述方法仅是一例。由于具体的搅拌方法跟随混凝土种类不同而有所不同，因此，根据试拌的结果，决定实际采用的方法和数值。

3) 在干旱地区，需长途运送预拌混凝土时，为保证混凝土的质量，水是在运送至目的地后再加注搅拌的，所以拌车要有大容量水箱才能满足要求。

### 8.5.4.2 混凝土搅拌运输车的选型

混凝土搅拌运输车是建筑工程施工中，用于现场混凝土运输的最佳设备。如何选择混凝土搅拌运输车，通常要考虑以下几个方面：

(1) 选购的搅拌车产品必须符合相关的国家和行业标准，与产品公告及油耗公告相一致，并具有相应的 3C 证书。

(2) 底盘作为混凝土搅拌运输车的重要部件，要具备高可靠性和方便的维修网点。

(3) 混凝土搅拌运输车搅动容量的大小根据搅拌（楼）站生产能力和搅拌主机的出料

容量确定。

(4) 为方便维修保养，减少配件的储量，尽量采购同一制造厂家的产品。

### 8.5.4.3 混凝土搅拌运输车的使用与保养

装载混凝土时如搅拌运输车发生故障，拌筒不能旋转，应迅速将拌筒内的混凝土排出。

1. 发动机或液压泵发生故障时

用救援车紧急驱动故障车排除混凝土，见图 8-70。

操作步骤详见生产厂使用说明书。

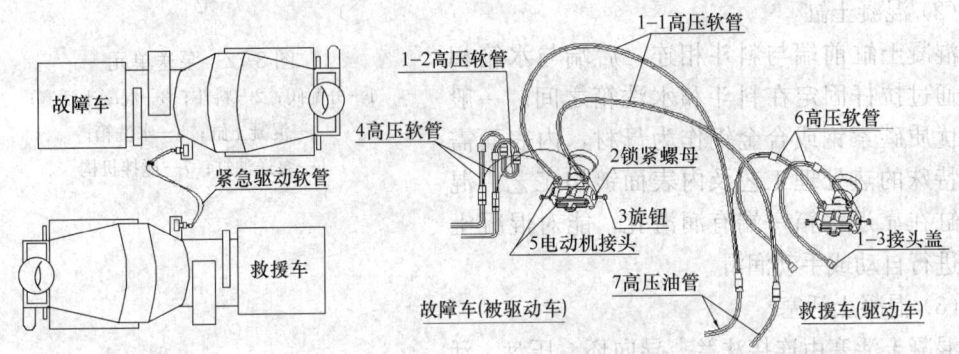

图 8-70　搅拌运输车发生故障救援

2. 液压电动机发生故障时的处理方法

(1) 换上新的液压电动机，使拌筒恢复正常运转，从而将混凝土排出。

(2) 打开拌筒检修孔盖，放松管接头，使混凝土从拌筒检修孔排出。

为了更好发挥混凝土搅拌运输车的优越性，延长使用期限，平时必须对其妥善保养，按厂方提供的使用说明书进行。

## 8.5.5　混凝土拖泵

### 8.5.5.1 混凝土拖泵的主要组成

混凝土拖泵只对混凝土进行泵送，无法独立行走和布料。以电机泵为例，主要由泵送单元、电控系统、液压系统、动力系统、润滑系统、机架等组成，如图 8-71 所示。

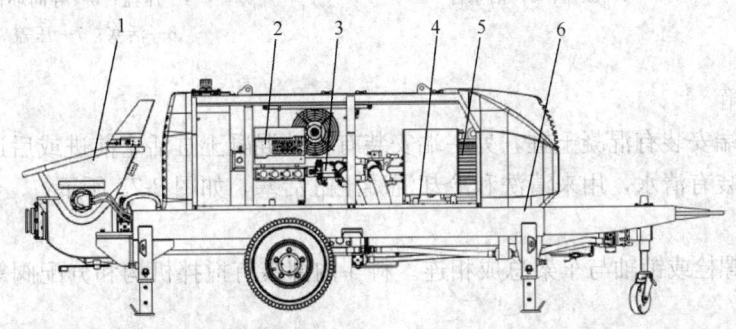

图 8-71　电机泵

1—泵送单元；2—电控系统；3—液压系统；4—润滑系统；5—动力系统；6—机架

1. 泵送单元

泵送单元是由混凝土料斗、分配阀、混凝土缸、水洗箱、推进装置和控制装置等零部件所组成的系统。活塞式泵送单元一般有单缸和双缸两类,其组成如图 8-72 所示。

(1) 泵送油缸

泵送油缸由活塞体、油缸体、活塞杆、压盖、密封装置等组成,如图 8-73 所示。

(2) 混凝土缸

混凝土缸前端与料斗相连,后端与水箱相连,通过拉杆固定在料斗和水洗箱之间。一般选用优质碳素钢或合金钢作为母材,内表面需通过特殊的热处理工艺及内表面镀铬工艺。混凝土缸在靠近水箱一端有润滑孔,能对混凝土活塞进行自动或手动润滑。

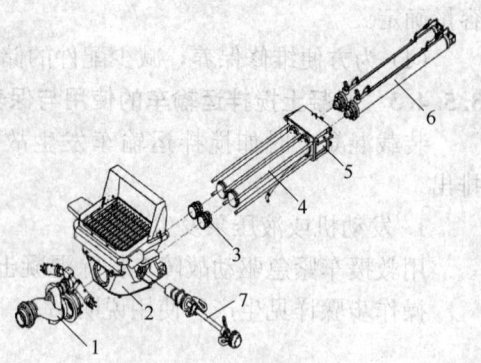

图 8-72 泵送单元
1—分配阀;2—料斗;3—混凝土活塞;
4—混凝土缸;5—水洗箱;
6—泵送油缸;7—搅拌机构

(3) 混凝土活塞

混凝土活塞由连接法兰、导向环、压盘、活塞、压盖等组成,如图 8-74 所示。

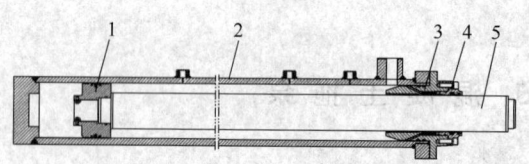

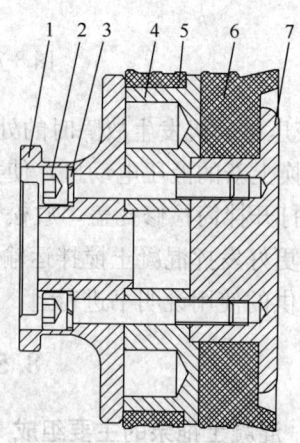

图 8-73 泵送油缸
1—活塞体;2—油缸体;3—密封装置;
4—压盖;5—活塞杆

图 8-74 混凝土活塞
1—连接法兰;2—螺栓;3—垫圈;
4—压盘;5—导向环;
6—活塞;7—压盖

(4) 水洗箱

水洗箱一端安装有混凝土缸,另一端安装有推动混凝土缸活塞前进或后退的油缸的箱形零件,箱内装有清水,用来清洗和冷却混凝土缸活塞,如图 8-75 所示。

(5) 料斗

料斗通过螺栓或销轴与车架总成相连。料斗内部装有搅拌机构和分配阀等,如图 8-76 所示。

(6) 搅拌机构

搅拌机构由搅拌电动机、搅拌轴、搅拌叶片等组成,如图 8-77 所示。

8.5 混凝土施工机械

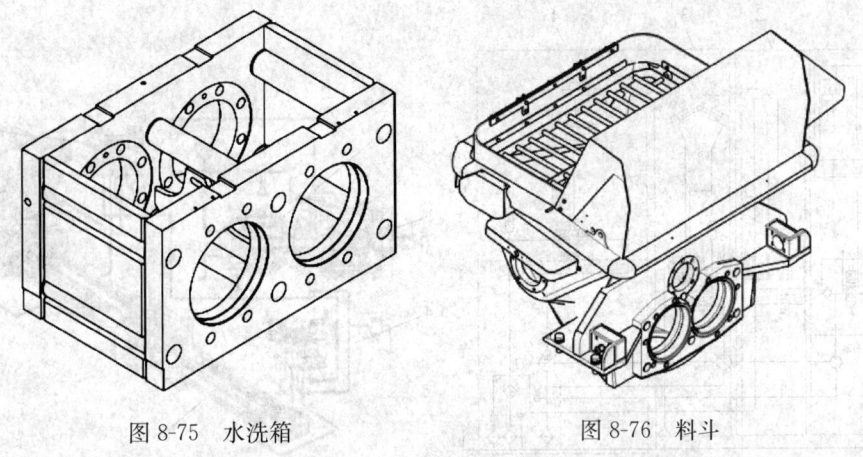

图 8-75 水洗箱　　　　　　　图 8-76 料斗

(7) 分配阀

分配阀与泵送机构相配合，达到连续泵送功能。S 管阀式分配阀由摇臂、摆动油缸、S 管、切割环和眼镜板等组成，如图 8-78 所示。

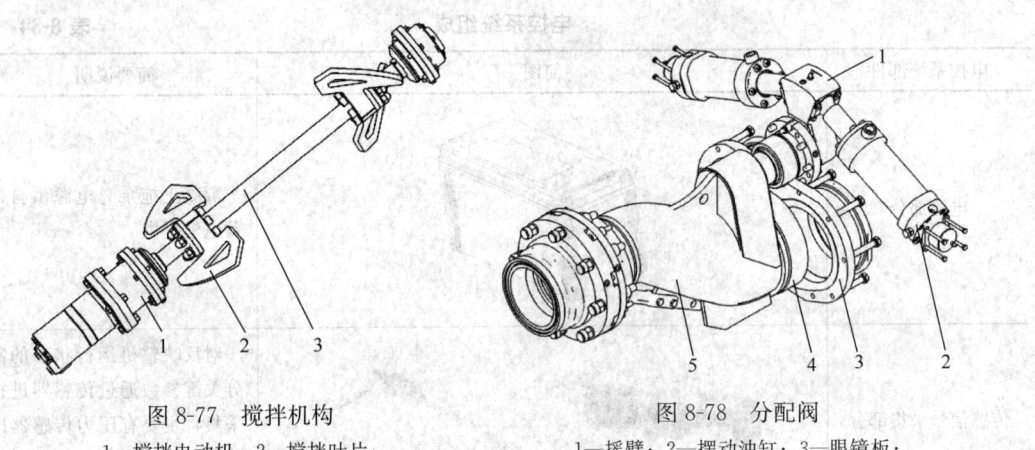

图 8-77 搅拌机构
1—搅拌电动机；2—搅拌叶片；
3—搅拌轴

图 8-78 分配阀
1—摇臂；2—摆动油缸；3—眼镜板；
4—切割环；5—S 管

2. 液压系统

根据混凝土拖泵的基本功能可以将液压系统分为泵送液压系统、分配液压系统、搅拌液压系统、冷却系统、清洗系统、支腿液压系统（机械伸缩支腿除外）。

根据液压系统的工作方式不同，混凝土拖泵的泵送液压系统有开式系统和闭式系统两种类型。下面就以开式液压系统为例，混凝土拖泵液压系统的组成如图 8-79 所示。

泵送、分配液压系统为混凝土拖泵的液压系统的主工作系统，其余为辅助系统。泵送、分配液压系统示意图如图 8-80 所示，主要由动力元件主油泵 1 和恒压泵 2；控制元件泵送阀组 4 和分配阀组 3；执行元件泵送油缸 5 和摆动油缸 6 组成。

3. 电控系统

电控系统主要由电源部分、传感信号采集部分、操控部分、控制中心部分、指令执行部分等组成，如表 8-84 所示。

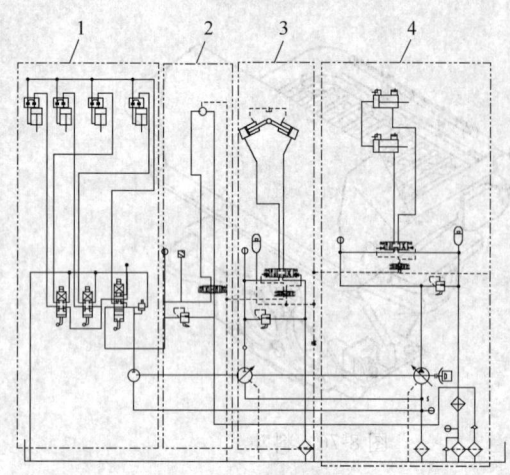

图 8-79 开式液压系统
1—支腿液压系统；2—搅拌液压系统；
3—分配液压系统；4—泵送液压系统

图 8-80 泵送、分配液压系统示意图
1—主油泵；2—恒油泵；3—分配阀组；
4—泵送阀组；5—泵送油缸；6—摆动油缸

电控系统组成　　　　　　　　　　　　　　　　表 8-84

| 电控系统部件 | 简图 | 简要说明 |
| --- | --- | --- |
| 电源部分 |  | 混凝土拖泵总电源由自带蓄电池提供 |
| 传感信号采集部分 |  | 对反映整机运行状态的部分关键参数通过传感器进行采集，主要有压力传感器以及用于判断位置信息的接近开关等 |
| 操控部分 |  | 混凝土拖泵操控一般有遥控操控（远端操作）及面控操作（近端操作）两种形式 |

续表

| 电控系统部件 | 简图 | 简要说明 |
|---|---|---|
| 控制中心部分 | | 电控系统的数据处理、逻辑运算及控制指令发出部件。一般由工业控制器（或PLC）、人机交互系统及部分辅助电路构成 |
| 指令执行部分 | | 实现对液压系统（一般通过对电磁阀的控制来实现）及其他执行机构的动作控制 |

### 4. 润滑系统

润滑系统主要包括：混凝土活塞、搅拌半轴，分配阀部分如S管两端、闸板阀部件等。

润滑系统一般采用液压驱动的润滑泵供油，通过分油器将加压的润滑脂或油源源不断地分配到各个润滑部位，在保证润滑的同时将渗入的混凝土浆带走，防止混凝土浆在各部位的凝结。常用的润滑系统有两种：锂基脂自动润滑和液压油自动润滑+手动泵辅助润滑，分别如图8-81、图8-82所示。

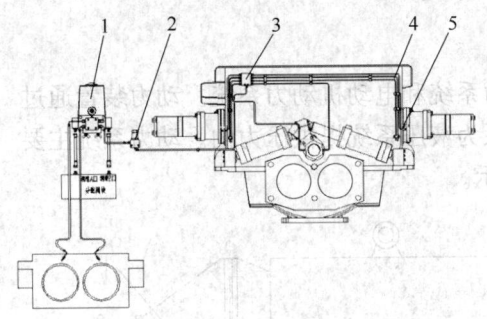
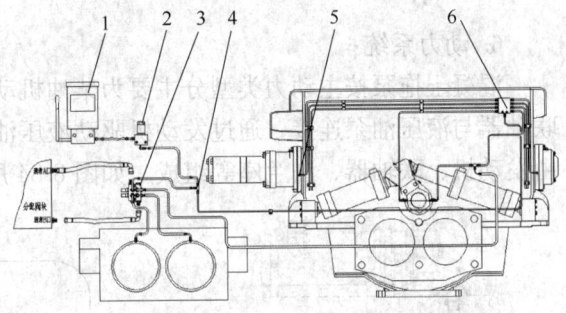

图8-81 锂基脂自动润滑系统
1—增压润滑泵；2—过滤器；3—润滑管路；
4—递进式分配器；5—润滑点

图8-82 液压油自动润滑+手动泵辅助润滑
1—手动泵；2—过滤器；3—分配器；4—润滑管路；
5—润滑点；6—递进式分配器

（1）锂基脂自动润滑

锂基脂自动润滑主要工作原理是在泵送作业时增压润滑泵不断地向轴承部位注入润滑脂来润滑轴承，同时大量的润滑脂将已浸入密封腔的混凝土浆排挤到密封腔外，达到延长轴承部位寿命的目的。该润滑方法因增压润滑泵的压力较高，故使用过程中具有故障少、成本低、维护简单等特点。

（2）液压油自动润滑＋手动泵辅助润滑

该润滑方式主要工作原理是在泵送作业时稀油润滑中心不断地向轴承部位注入液压油来润滑轴承，每隔一段时间再由操作者操作手动泵，向轴承部位压注润滑脂，其目的是加大轴承部位的润滑油黏度，同时大量的润滑脂将已浸入密封腔的混凝土浆排挤到密封腔外，达到延长轴承部位寿命的目的。该润滑方法综合润滑脂润滑和稀油润滑的优点，具有故障少、维护简单、使用寿命长等特点。

5. 清洗系统

混凝土泵送施工中，清洗是泵送后一个必不可少的重要步骤。良好的清洗方法既可清洗干净输送管道，又可将管道中的混凝土全部输送到浇筑点，不仅不浪费混凝土，而且经济环保。清洗系统的水泵有的采用液压电动机驱动，也有的采用电动机直接驱动，如图8-83所示，清洗系统的水压可以高达6～8MPa。

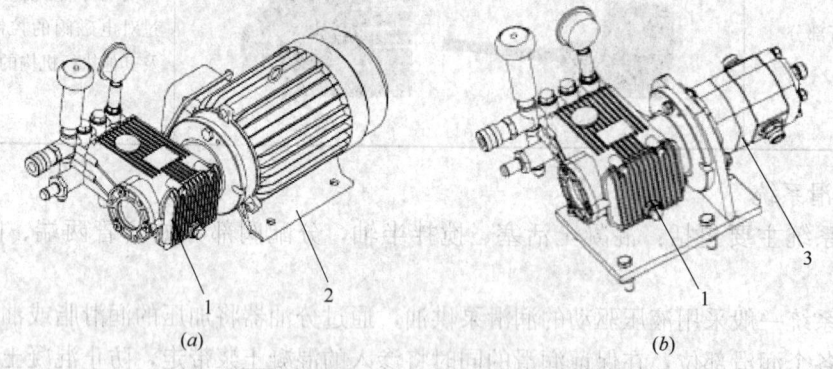

图 8-83 清洗系统
(a) 电动机直接驱动；(b) 液压电动机驱动
1—水泵；2—电动机；3—液压电动机

6. 动力系统

混凝土拖泵按主动力类型分主要为柴油机动力系统和电动机动力系统。动力装置通过联轴器与液压油泵连接，通过发动机驱动液压油泵为液压系统提供压力油。动力系统主要由发动机、联轴器、法兰座等组成，如图8-84所示。

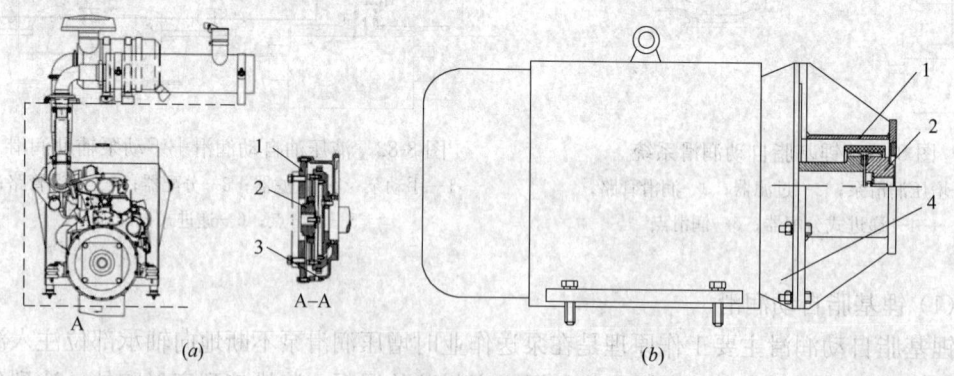

图 8-84 动力系统
(a) 柴油机；(b) 电动机
1—法兰座；2—联轴器；3—柴油机；4—电动机

#### 8.5.5.2 混凝土拖泵的系列

混凝土拖泵按分配阀形式，分类详见表 8-85。

按分配阀形式分类　　　　　　　表 8-85

| 分类 | | 简图 | 简要说明 |
|---|---|---|---|
| 活塞式 | 管阀 / S 管阀 | | 以 S 形管件摆动达到混凝土吸入和推送的结构。密封性好，出口压力高 |
| | 管阀 / 裙阀 | | 裙阀为施维英公司专利，裙型管件摆动达到混凝土吸入和推送的结构。特点：裙阀置于料斗内，阀体较短、变径较小，流道通畅、压力损失小 |
| | 管阀 / C 形阀 | | 以 C 形管件摆动达到混凝土吸入和推送的结构。密封性好，吸料性好，易维修 |
| | 板阀 / 闸板阀 | | 由板阀上下运动来达到混凝土吸入和推送的结构。吸料性好、混凝土适应性强 |
| | 板阀 / 蝶形阀 | | 由板阀上下运动来达到混凝土吸入和推送的结构。吸料性好、混凝土适应性强 |

| 分类 | | 简图 | 简要说明 |
| --- | --- | --- | --- |
| 挤压式 | 挤压阀 | 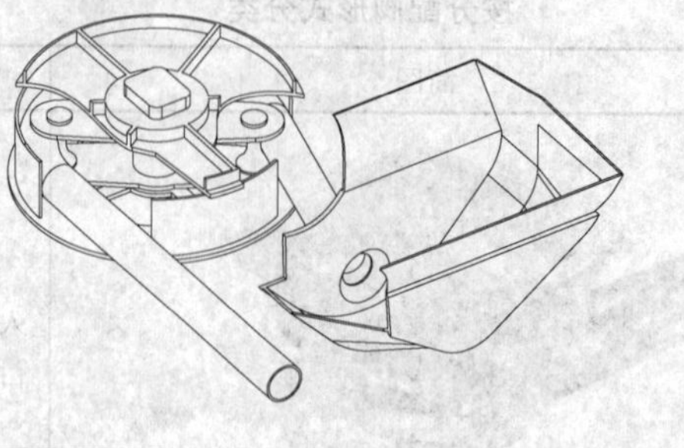 | 通过旋转挤压阀体内的软管实现混凝土的吸入和推送。结构简单，但是泵送压力低 |

混凝土拖泵按主动力类型可以分为电机泵和柴油机泵两种，分类详见表 8-86。

按主动力类型分　　　　　　　　　　　表 8-86

| 分类 | 简图 | 简要说明 |
| --- | --- | --- |
| 电机泵 | 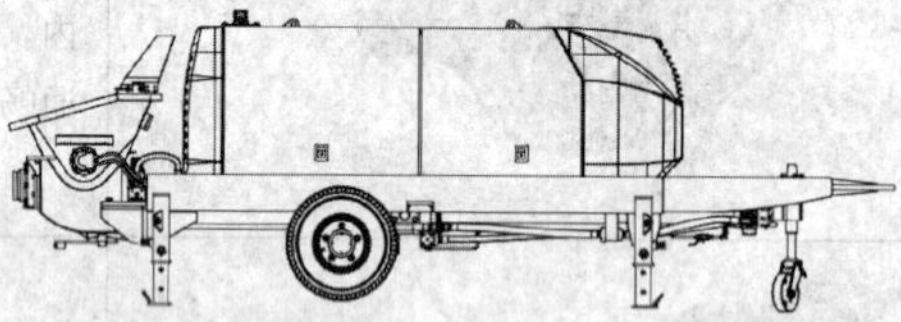 | 电机泵价格便宜，运行成本低，但其使用受电网及电网容量限制 |
| 柴油机泵 | 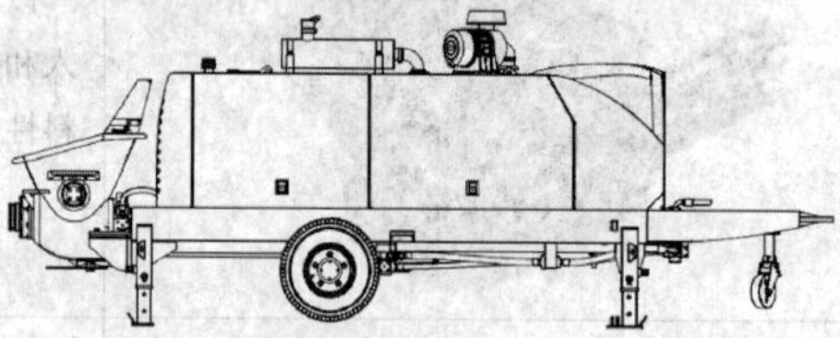 | 柴油机泵运行成本较高，但其使用不受地域限制 |

混凝土拖泵按泵送液压系统特征分。根据泵送液压系统的特征，可以分为开式液压系统和闭式液压系统，详见表 8-87。

按泵送液压系统特征分　　　　　　　　表 8-87

| 分类 | 简图 | 简要说明 |
| --- | --- | --- |
| 开式 | 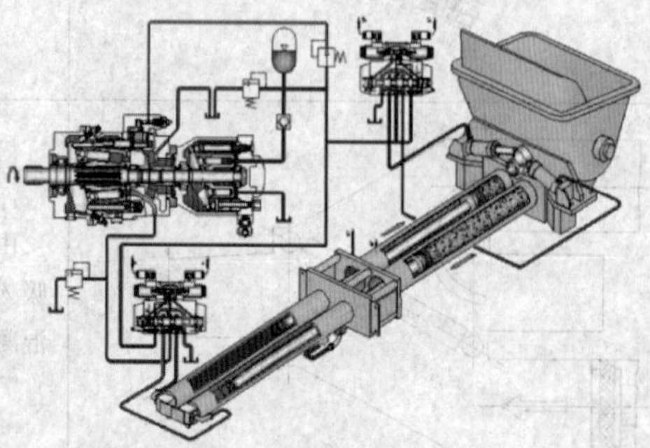 | 阀控系统，由主泵压油通过控制阀再到达执行元件，主回油回到油箱。冲击大、结构简单、散热性好 |

续表

| 分类 | 简图 | 简要说明 |
|---|---|---|
| 闭式 | 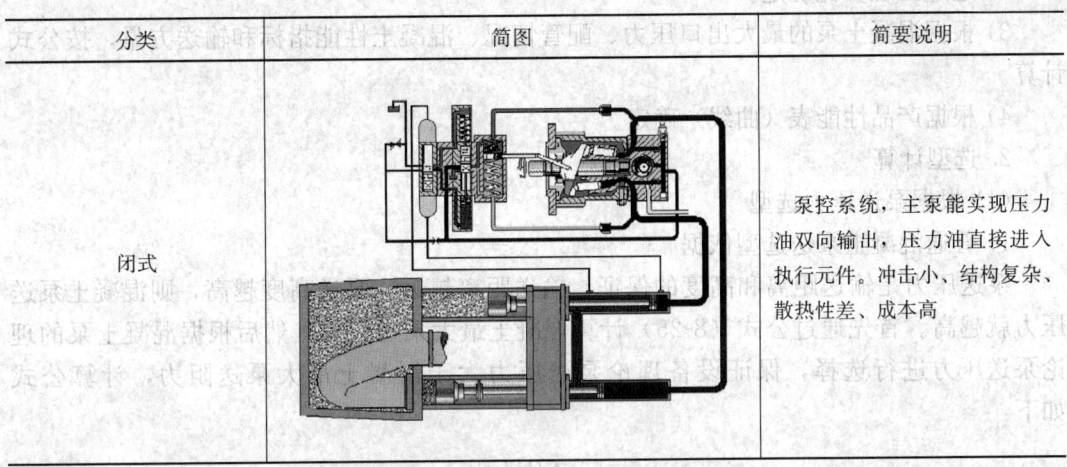 | 泵控系统,主泵能实现压力油双向输出,压力油直接进入执行元件。冲击小、结构复杂、散热性差、成本高 |

混凝土拖泵按泵送方量分,分类详见表8-88。

按泵送方量分　　　　　　　　　　表8-88

| 理论泵送方量 (m³/h) | | | | |
|---|---|---|---|---|
| 超小型 | 小型 | 中型 | 大型 | 超大型 |
| <30 | 30~60 | 60~100 | 100~150 | >150 |

混凝土拖泵按出口压力分,分类详见表8-89。

按出口压力分　　　　　　　　　　表8-89

| 根据出口压力大小分（MPa） | | | | 备注 |
|---|---|---|---|---|
| 低压 | 中压 | 高压 | 超高压 | 拖泵最大出口压力达50MPa,车载泵最大出口压力达28MPa |
| <10 | 10~18 | 18~21 | >21 | |

#### 8.5.5.3 混凝土拖泵的选型

1. 选型原则

混凝土泵送设备选型,主要依据以下原则进行:

(1) 首先应以施工组织设计为依据选择设备,所选设备应满足施工方法、工程质量及工期要求。

(2) 所选设备应该技术先进,可靠性高,经济性好,工作效率高。

(3) 所选设备必须满足施工中单位时间内最大混凝土浇筑方量要求和最高高度、最远水平距离要求。

(4) 同一场地不宜选用过多型号规格和多个生产厂家的设备,以降低营运成本和维修工作难度。

(5) 应满足特殊施工条件要求,如:有无符合设备使用要求的电源、是否有易爆气体等。

(6) 根据设备的泵送能力选择,有如下几种方法。

1) 由试验确定。

2) 通过工程类比确定。

3) 根据混凝土泵的最大出口压力、配管情况、混凝土性能指标和输送方量，按公式计算。

4) 根据产品性能表（曲线）确定。

2. 选型计算

(1) 根据泵送压力选型

1) 普通混凝土泵送选型依据

泵送压力是输送距离和高度的保证，输送距离越远、泵送高度越高，则混凝土泵送压力就越高。首先通过公式（8-25）计算混凝土最大泵送阻力，然后根据混凝土泵的理论泵送压力进行选择，保证设备理论泵送压力大于混凝土最大泵送阻力，计算公式如下：

$$P_{max} = \frac{\Delta P_H L}{10^6} + P_f \tag{8-25}$$

式中 $P_{max}$ ——混凝土最大泵送阻力；

$L$ ——各类布置状态下混凝土输送管路系统的累积水平换算距离，管道换算参考表 8-90；

$\Delta P_H$ ——混凝土在水平输送管内流动每米产生的压力损失；

$P_f$ ——混凝土泵送系统附件及泵体内部压力损失，损失值参见表 8-91。

**混凝土输送管的水平换算长度表**　　表 8-90

| 管类别或布置状态 | 换算单位 | 管规格 | | 水平换算长度（m） | 备注 |
|---|---|---|---|---|---|
| 向上垂直管 | 每米 | 管径（mm） | 100 | 3 | |
| | | | 125 | 4 | |
| | | | 150 | 5 | |
| 倾斜向上管（输送管倾斜角为 $\alpha$） | 每米 | 管径（mm） | 100 | $\cos\alpha + 3\sin\alpha$ | |
| | | | 125 | $\cos\alpha + 4\sin\alpha$ | |
| | | | 150 | $\cos\alpha + 5\sin\alpha$ | |
| 垂直向下及倾斜向下管 | 每米 | — | | 1 | |
| 锥形管 | 每根 | 锥径变化（mm） | 175→150 | 4 | |
| | | | 150→125 | 8 | |
| | | | 125→100 | 16 | |
| 弯管（弯头张角为 $\beta$，$\beta \leqslant 90°$） | 每只 | 弯曲半径（mm） | 500 | $12\beta/90$ | |
| | | | 1000 | $9\beta/90$ | |
| 胶管 | 每根 | 长 3～5m | | 20 | |

混凝土泵送系统附件的估算压力损失（$P_f$） 表8-91

| 附件名称 | | 换算单位 | 估算压力损失（MPa） |
|---|---|---|---|
| 管路截止阀 | | 每个 | 0.1 |
| 泵体附属结构 | 分配阀 | 每个 | 0.2 |
| | 启动内耗 | 每台泵 | 1.0 |

$\Delta P_H$ 按下式计算：

$$\Delta P_H = \frac{2}{r}\left[K_1 + K_2\left(1 + \frac{t_2}{t_1}\right)V_2\right]\alpha_2 \tag{8-26}$$

$$K_1 = 300 - S_1 \tag{8-27}$$

$$K_2 = 400 - S_1 \tag{8-28}$$

式中 $\Delta P_H$ ——混凝土在水平输送管内流动每米产生的压力损失；
$r$ ——混凝土输送管半径；
$K_1$ ——黏着系数；
$K_2$ ——速度系数；
$S_1$ ——混凝土坍落度；
$\frac{t_2}{t_1}$ ——混凝土泵分配阀切换时间与活塞推压混凝土时间之比，当设备性能未知时，可取0.3；
$V_2$ ——混凝土拌合物在输送管内平均流速；
$\alpha_2$ ——径向压力与轴向压力之比，对普通混凝土取0.90。

2）高强混凝土泵送选型依据

高强混凝土泵送的总压力损失，应根据混凝土在整个输送管内流动每米产生的压力损失、混凝土在垂直输送管内由重力的压力损失、各种弯管压力损失以及混凝土在布料机上压力损失进行计算，公式如下：

$$P = \Delta P_L L + \frac{\rho g H}{10^6} + \Sigma P_w \tag{8-29}$$

式中 $P$ ——管道总压力损失；
$\Delta P_L$ ——混凝土在整个输送管内流动每米产生的压力损失；
$L$ ——输送管道总长度；
$\rho$ ——混凝土密度，一般取2500kg/m³；
$g$ ——重力加速度，取9.8m/s²；
$H$ ——泵送高度；
$\Sigma P_w$ ——泵机内耗、截止阀、锥管及弯管压力损失估算值，一般取3MPa。

高强混凝土及掺和其他矿物粉料的高性能混凝土，输送管内流动每米产生的压力损失，可类比实际工程泵送数据确定，或由试验数据确定。根据施工经验，泵送时采用内径125mm输送管道，输送管长度为水平换算长度，管内混凝土流动速度为0.8~1m/s时，可按高强混凝土沿程压力损失参考表8-92选取每米管道压力损失值。

高强混凝土沿程压力损失参考表　　　　　　表 8-92

| | 强度等级 | 推荐值 | 备注 |
|---|---|---|---|
| 高强混凝土沿程压力损失（MPa/m） | C50 | 0.013～0.020 | 推荐值为泵送方量在 30～35m³/h，坍落度在 200～270mm，扩展度在 500～700mm，骨料粒径在 25mm 工况下的数据 |
| | C55 | 0.015～0.021 | |
| | C60 | 0.016～0.022 | |
| | C70 | 0.018～0.022 | |
| | C80 | 0.019～0.023 | |
| | C100 | 0.020～0.0255 | |

（2）根据泵送方量选型

选择设备泵送方量时，首先应满足投入使用工程单位时间内泵送混凝土最大方量，根据实际泵送方量要求，在满足泵送最远距离和最高高度要求压力的条件下，需要根据施工项目混凝土浇筑总方量、项目进度、搅拌站供料能力、混凝土浇筑速度来确定。另外可根据工程要求，通过公式计算混凝土泵的实际平均输送方量选择所需方量的混凝土泵。

混凝土的实际平均输出量需要考虑混凝土泵的理论输出方量、配管情况和作业效率，公式如下：

$$Q_1 = \eta \alpha_1 Q_{\max} \tag{8-30}$$

式中　$Q_1$——每台混凝土泵的实际平均输出方量；

　　　$Q_{\max}$——每台混凝土泵的最大输出量；

　　　$\alpha_1$——配管条件系数，可取 0.8～0.9；

　　　$\eta$——作业效率。根据混凝土搅拌运输车向混凝土泵供料的间断时间、拆装混凝土输送管和布料停歇等情况，可取 0.5～0.7。

选择好设备型号后，可根据工程要求，确定所需的设备数量，混凝土泵的配备数量可根据混凝土浇筑体积量、单机实际平均输出量和计划施工作业时间等进行计算，公式如下：

$$N_2 = \frac{Q}{Q_1 T_0} \tag{8-31}$$

式中　$N_2$——混凝土泵的台数，按计算结果取整，小数点以后的部分应进位；

　　　$Q$——混凝土浇筑体积量；

　　　$Q_1$——每台混凝土泵的实际平均输出量；

　　　$T_0$——混凝土泵送计划施工作业时间。

（3）根据施工的特殊性来选型

可根据客户使用地区转场次数，由用户确定选用混凝土泵。可依据客户使用地区的资源情况，由用户确定选用电机泵或柴油机泵。离易爆气体较近施工作业时，如油库、化工厂、有"瓦斯"的隧道施工作业场所，可选用防爆型拖泵等。

## 8.5.6　混凝土泵车

### 8.5.6.1　混凝土泵车的主要组成

混凝土泵车在结构上可大致分为底盘及动力系统、布料系统、泵送单元、液压系统及电控系统五个部分，组成如图 8-85。

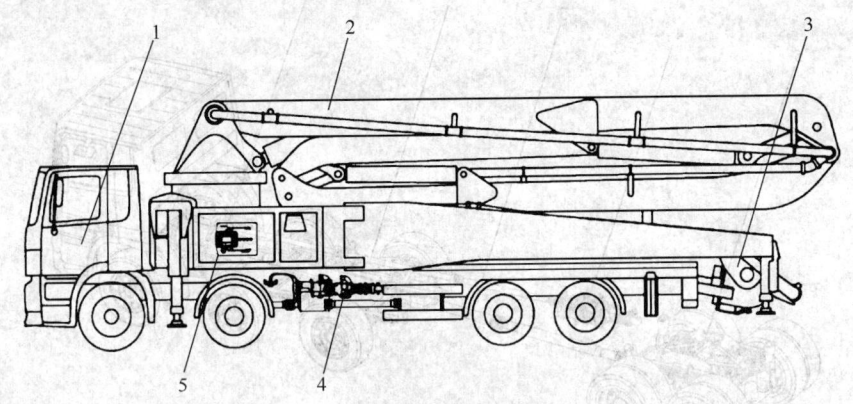

图 8-85 泵车的总体结构

1—底盘及动力系统；2—布料系统；3—泵送单元；4—液压系统；5—电控系统

1. 底盘及动力系统

泵车的取力装置一般采用图 8-86 的分动箱取力形式，泵车的所有动力来源于底盘发动机，发动机通过变速箱、分动箱将动力传递给泵车上装油泵和底盘后桥驱动。分动箱通过传动轴和万向节分别与变速箱和后桥相连，油泵集成安装在分动箱上，通过齿轮传递动力。

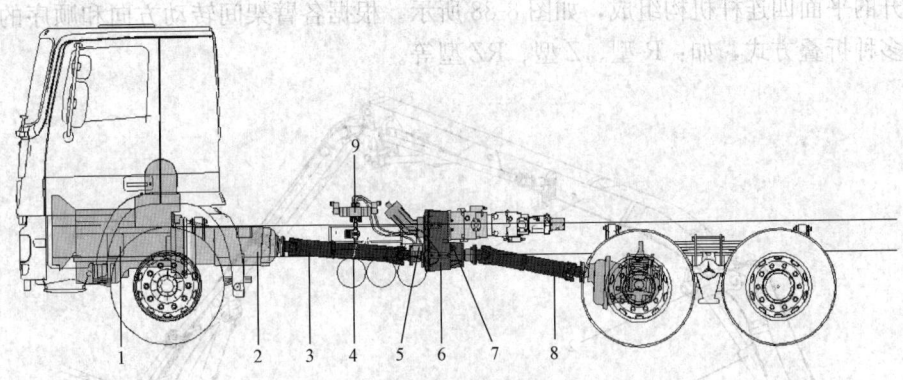

图 8-86 分动箱取力系统

1—发动机；2—变速箱；3—前传动轴；4—底盘气源接入点；5—切换气缸；
6—取力箱；7—行程传感器；8—后传动轴；9—切换气阀

取力装置中最重要的是分动箱的设计和布置，较常用的是齿轮结构的分动箱，其优点是体积小、性能好、改装方便。

混凝土泵车的取力也可采取底盘取力口直接取力的形式，将底盘动力直接输出给泵组，如图 8-87 所示。

此外，某些混凝土泵车的上装不从底盘获取动力，而是通过独立的柴油机这类副发动机来驱动油泵工作。

2. 布料系统

泵车的布料系统主要由布料臂、转台、回转机构和底架支腿组成。

104    8 施工机械与设备

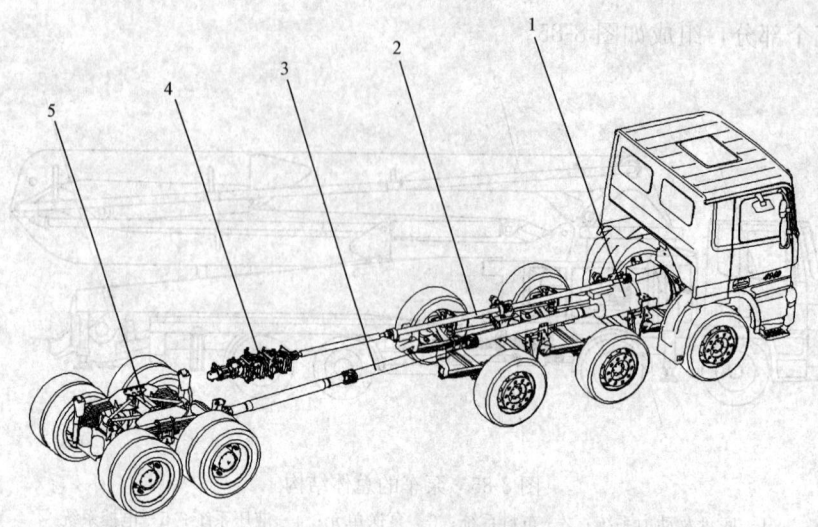

图 8-87　底盘直接取力系统
1—发动机及变速箱；2—动力输出轴；3—传动轴；4—泵组；5—后桥

(1) 布料臂

布料臂，用于混凝土的输送和布料。通过臂架油缸的伸缩，将混凝土经由附着在臂架上的输送管，直接送达浇筑点。布料臂由多节臂架、连杆、油缸、连接件铰接而成的可折叠和展开的平面四连杆机构组成，如图 8-88 所示。根据各臂架间转动方向和顺序的不同，臂架有多种折叠方式，如：R 型、Z 型、RZ 型等。

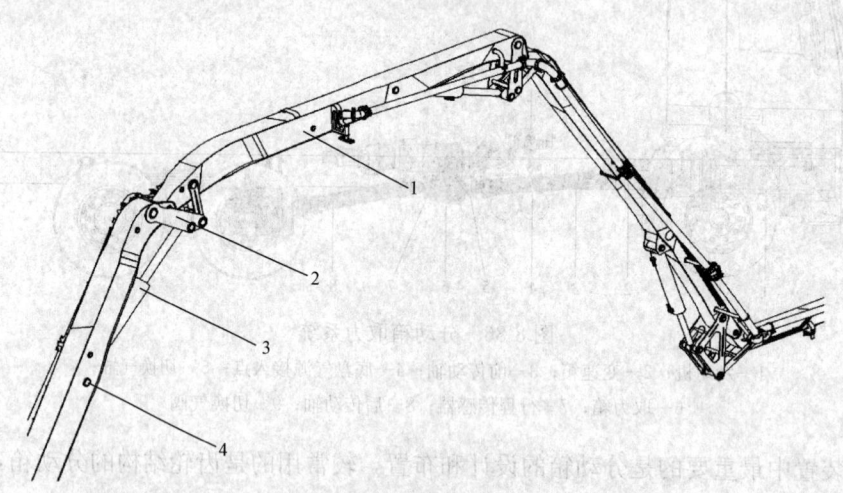

图 8-88　布料臂示意图
1—臂架；2—连杆；3—油缸；4—连接件

(2) 转台

转台是由高强度钢板焊接而成的结构件，如图 8-89 所示。上部通过销轴轴套与臂架连接，下部使用高强度螺栓与回转支承连接，承受臂架载荷并带动臂架在水平面内转动。

(3) 回转机构

回转机构由回转减速机（包括回转电机）、回转支承、小齿轮等通过高强度螺栓连接组成的,如图8-90所示。

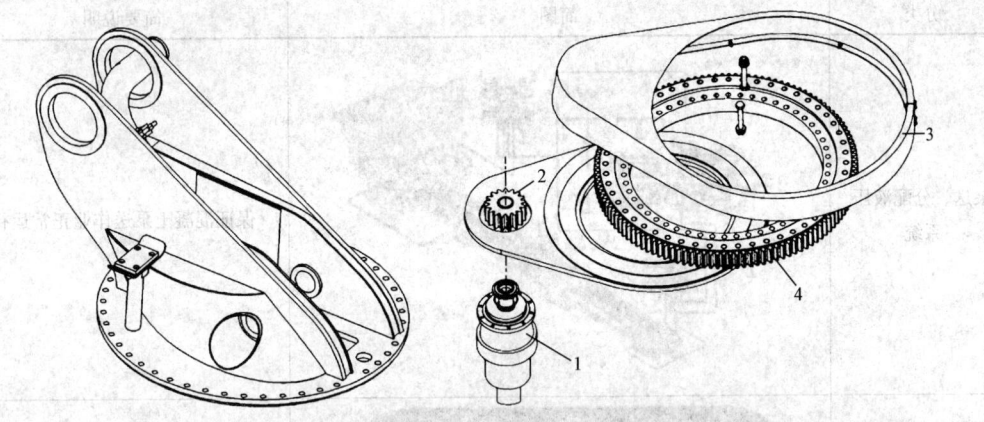

图8-89 转台示意图

图8-90 回转机构示意图
1—回转电机;2—传动齿轮;3—保护罩;4—回转支承

(4) 底架支腿

底架支腿由底架、支腿及其驱动油缸组成。底架由高强钢板焊接而成的箱形受力结构件,是臂架、转台和回转机构的固定底座,同时还可作为液压油箱和水箱。

支腿是将整车稳定地支承在地面上,直接承受整车的负载力矩和重量。一般泵车支腿支承结构由四条支腿、多个油缸或电动机组成,如图8-91所示。

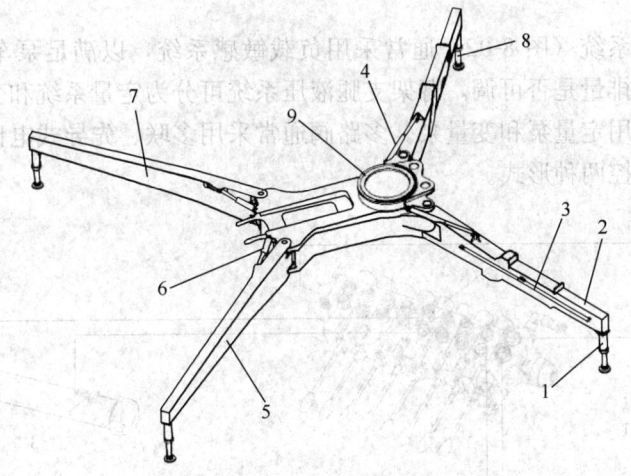

图8-91 底架支腿示意图
1—垂直支撑油缸;2——级支腿;3—伸缩油缸;4—展开油缸;5—右后支腿;
6—展开油缸;7—左后支腿;8—垂直支腿;9—底架

3. 泵送单元

混凝土泵车的泵送单元结构组成可参见8.5.5.1中关于泵送单元的相关介绍。

4. 液压系统

根据混凝土泵车的基本功能可以将泵车液压系统分为泵送液压系统、分配液压系统、臂架支腿液压系统等,见表8-93。各系统相对独立,有功能交互的系统控制存在联系。

泵车液压系统分类　　　　　　　　　　表 8-93

| 分类 | 简图 | 简要说明 |
| --- | --- | --- |
| 泵送、分配液压系统 |  | 保证混凝土泵送作业正常运行 |
| 臂架、支腿液压系统 |  | 保证臂架系统的正常动作 |

混凝土泵车的泵送、分配液压系统可参见 8.5.5.1 中关于泵送、分配液压系统的相关介绍。

臂架支腿液压系统（图 8-92）通常采用负载敏感系统，以满足泵车臂架的精细操控需求。根据液压泵排量是否可调，臂架支腿液压系统可分为定量系统和变量系统两种，对应的液压泵分别采用定量泵和变量泵。多路阀通常采用多联、先导式电比例换向阀，操作方式兼有手动及遥控两种形式。

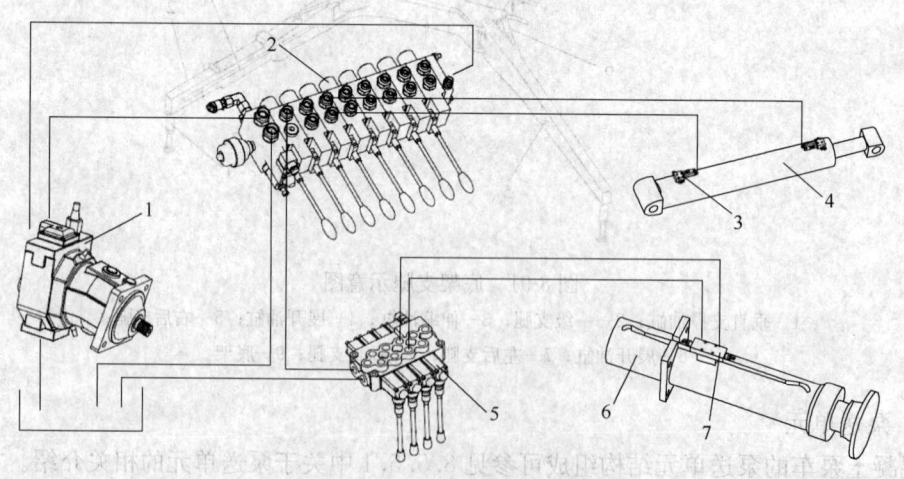

图 8-92　臂架支腿液压系统示意图
1—变量液压泵；2—先导式电比例多路阀；3—平衡阀；4—臂架油缸；
5—支腿多路阀；6—支腿油缸；7—液压锁

5. 电控系统

电控系统主要由取力控制部分、电源部分、传感信号采集部分、操控部分、控制中心、指令执行部分等组成。各部件功能介绍见表8-94。

电控系统主要部件功能说明　　　　　　　　　　　表 8-94

| 电控系统部件 | 简图 | 简要说明 |
| --- | --- | --- |
| 取力控制部分 |  | 完成泵车行程与作业状态的动力切换，该操作一般位于驾驶室，完成底盘动力的切换 |
| 电源部分 |  | 电控系统的总电源由底盘供电系统提供，按照控制电路的实际需要设计多条支路分散供电 |
| 传感信号采集部分 | 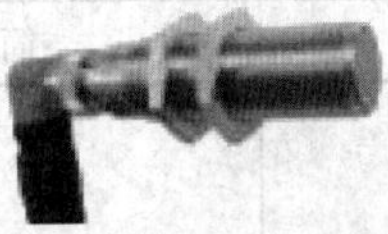 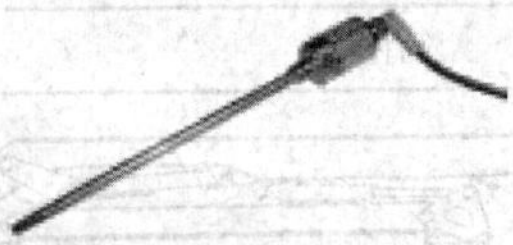 | 对反映整车运行状态的部分关键参数通过传感器进行采集，主要有压力传感器、温度传感器，以及用于判断位置信息的接近开关等 |
| 操控部分 |   | 泵车操控一般有遥控操控（远端操作）及面控操作（近端操作）两种形式 |
| 控制中心部分 | 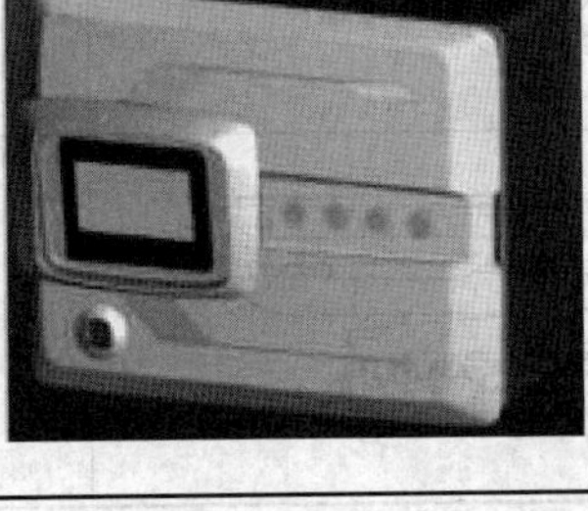 | 电控系统的数据处理、逻辑运算及控制指令发出部件。一般由工业控制器（或PLC）、人机交互系统及部分辅助电路构成<br>目前利用GPS终端实现对设备的远程控制也逐渐得到普遍应用 |

| 电控系统部件 | 简图 | 简要说明 |
|---|---|---|
| 指令执行部分 | | 实现对液压系统（一般通过对电磁阀的控制来实现）及其他执行机构的动作控制 |

#### 8.5.6.2 混凝土泵车的系列

1. 按臂架布料高度分类

混凝土泵车依据臂架布料高度分类，通常可分为短臂架、中长臂架、长臂架以及超长臂架泵车这四种类型，详见表 8-95。

泵车按布料高度分类 表 8-95

| 分类 | 简图 | 简要说明 |
|---|---|---|
| 短臂架 | | ＜34m |
| 中长臂架 | | 34～50m |
| 长臂架 | | 50～60m |
| 超长臂架 | | 60m 以上 |

## 2. 按臂架折叠方式分类

受布料范围、布料角度、展臂时间以及整车长度和高度等不同要求的限制，混凝土泵车的臂架具有多种折叠形式，如表 8-96 所示。

混凝土泵车折叠形式的分类　　　　　表 8-96

| 分类 | 简图 | 简要说明 |
| --- | --- | --- |
| R 型 |  | 俗称的绕卷式，大臂举升力大，展开空间要求较高，展开较慢 |
| Z 型 |  | 折叠式，操作灵活，大臂举升力小 |
| RZ 型 |  | 复合型，综合 R、Z 的优点 |
| RT 型 |  | 大臂伸缩结构，结构紧凑，设计制造困难 |

## 3. 按支腿展开形式分类

依据支腿展开形式的不同，可以将混凝土泵车分为前后摆动型，前后伸缩型，前伸后摆型泵车这三种类型，如表 8-97 所示。

混凝土泵车支腿展开形式的分类　　　　　表 8-97

| 分类 | 简图 | 简要说明 |
| --- | --- | --- |
| 前后摆动型 |  | 前支腿后摆伸缩，后支腿摆动 |
| | | 前支腿前摆伸缩，后支腿摆动 |

| 分类 | 简图 | 简要说明 |
| --- | --- | --- |
| | | 前支腿 X 形，后支腿侧向伸缩，简称为 XH 支腿 |
| 前后伸缩型 | | 前支腿弧形，后支腿侧向伸缩 |
| | | 前后支腿都为 H 形 |
| 前伸后摆型 | | 前支腿 X 形，后支腿摆动 |

续表

| 分类 | 简图 | 简要说明 |
|---|---|---|
| 前伸后摆型 | 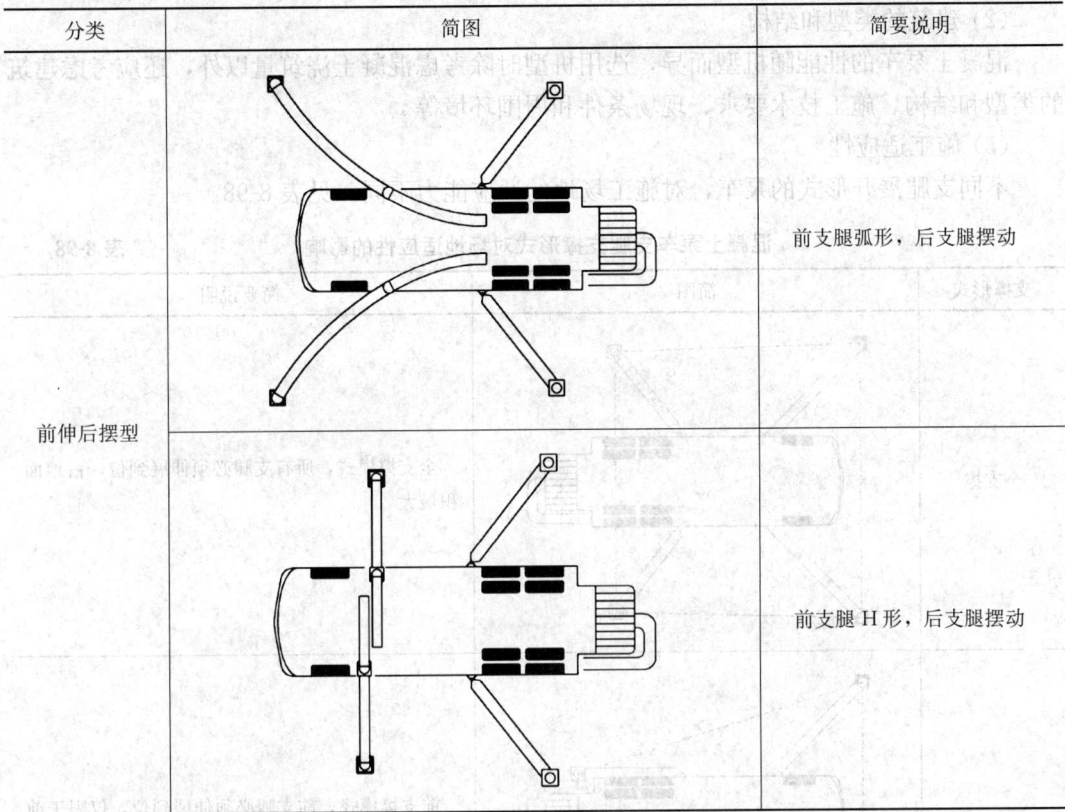 | 前支腿弧形,后支腿摆动<br><br>前支腿 H 形,后支腿摆动 |

#### 8.5.6.3 混凝土泵车的选型

1. 选型三大基本原则

混凝土泵车选型应根据混凝土工程对象、特点和要求综合考虑,主要有以下几点:

(1) 安全

指的是混凝土泵车的选用要与建筑的结构及施工工艺及当地的气象条件等相匹配,保证设备能按厂家的使用要求进行正确合理的使用和方便的检查维护。

(2) 高效

指的是混凝土泵车的布料范围要能满足浇筑施工的位置需要,泵送排量能够满足大型工程在短时间内浇筑大量混凝土的效率需要以及泵送压力能够满足不同强度等级、坍落度混凝土的输送要求。

(3) 经济

指的是在同等条件下,结合用户自己的实际需求,选用性价比高的混凝土泵车。性价比主要反映在产品的长桥比(臂架长度与底盘桥数比值)以及综合油耗(行驶油耗和泵送油耗)方面。

2. 选型注意事项

混凝土泵车选型时,还应注意以下 8 点事项:

(1) 混凝土浇筑要求

混凝土泵车的选型应根据混凝土工程对象、特点、要求的最大输送量、最大输送距离、混凝土建筑计划、混凝土泵形式以及具体条件综合考虑。

（2）建筑的类型和结构

混凝土泵车的性能随机型而异，选用机型时除考虑混凝土浇筑量以外，还应考虑建筑的类型和结构、施工技术要求、现场条件和周围环境等。

（3）施工适应性

不同支腿展开形式的泵车，对施工场地的适应能力不同。见表8-98。

混凝土泵车支腿支撑形式对场地适应性的影响　　　　　表8-98

| 支撑形式 | 简图 | 简要说明 |
| --- | --- | --- |
| 全支撑 | 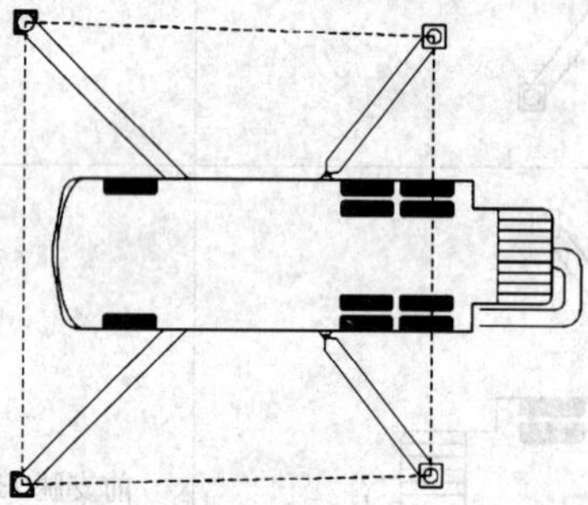  | 全支撑模式，所有支腿必须伸展到位，占地面积最大 |
| 前支撑 |  | 前支撑模式，前支腿必须伸展到位，仅限于前方布料，占地面积只有全支撑的约80% |
| 单侧支撑 | 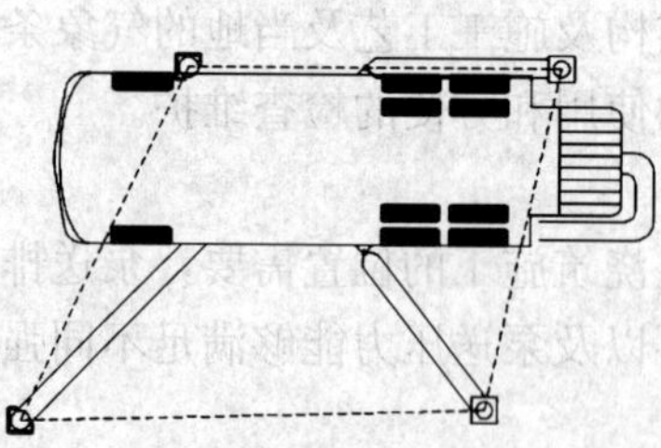  | 左/右单侧支撑模式，车身一侧支腿必须伸展到位，仅限于支腿伸展一侧的布料，占地面积只有全支撑的约60% |

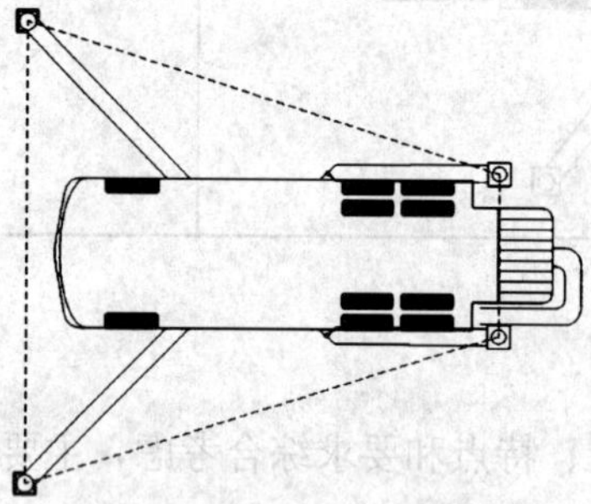

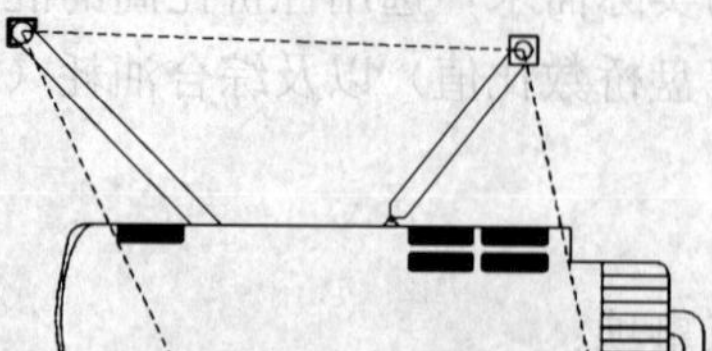

臂架高度越高,浇筑高度和布料半径就越大,施工适应性也越强,施工中应尽量选用长臂架的混凝土泵车。

(4)施工设备需求量

所用混凝土泵车的数量,可根据混凝土浇筑量、单机的实际输送量和施工作业时间进行计算。对一次性混凝土浇筑量很大的施工工程,除根据计算确定数量外,宜有一定的备用量。

(5)产品配置

混凝土泵车的产品性能在选型时应坚持高起点。若选用价值高的混凝土泵车,则对其产品的标准要求也必须提高。对产品主要组成部分的质量,从内在质量到外观质量都要与整车的高价值相适应。

(6)动力系统

混凝土泵车采用全液压技术,因此要考虑所用的液压技术是否先进,液压元件质量如何。因其动力来源于发动机,因此除考虑发动机性能与质量外,还要考虑汽车底盘的性能、承载能力及质量等。

(7)操控系统

混凝土泵车上的操作控制系统设有手动、有线以及无线的控制方式,有线控制方便灵活,无线可远距离操作,一旦电路失灵,可采用手动操作方式。

(8)售后服务

混凝土泵车作为特种车辆,因其特殊的功能,对安全性、机械性能、生产厂家的售后服务和配件供应均应提出要求。否则一旦发生意外,不但影响施工进度,还将产生人员伤亡等不可预测的严重后果。所以,客户在选择混凝土泵车制造商时,要充分考虑厂家的售后服务能力。

### 8.5.7 混凝土布料机

以典型产品有动力布料机为例进行介绍。可大致由上装总成、下装总成、液压动力系统和电气系统四个部分组成。

1. 上装总成

布料机的上装总成主要包括布料臂、转台、回转机构、作业平台、平衡臂及配重等。混凝土布料机上装总成如图8-93所示。

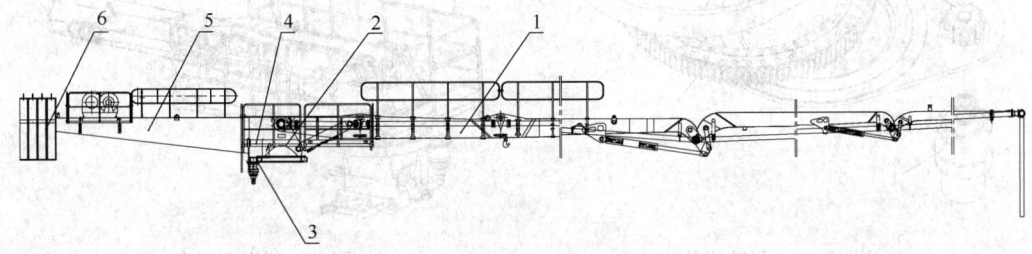

图8-93 上装总成
1—布料臂;2—转台;3—回转机构;4—作业平台;5—平衡臂;6—配重

(1)布料臂

布料臂用于混凝土的输送和布料。由多节臂架、吊钩、油缸、连杆、销轴和输送管等组成。

根据各臂架间转动方向和顺序的不同，臂架有多种折叠方式，如：R型、Z型、RZ型等，折叠形式定义见8.5.6.2。布料臂如图8-94所示。

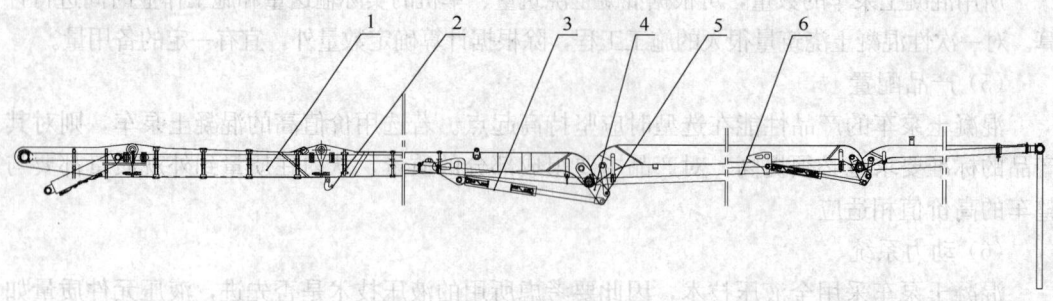

图8-94 布料臂
1—臂架；2—吊钩；3—油缸；4—连杆；5—销轴；6—输送管

（2）转台

转台是由高强度钢板焊接而成的结构件。作为臂架的基座，上部通过销轴、轴套与臂架连接，下部使用高强度螺栓与回转支承连接。承受臂架载荷并带动臂架在水平面内转动。

（3）回转机构

回转机构由回转减速机（包括回转电动机）、回转支承、小齿轮等通过高强度螺栓连接组成的。回转机构如图8-95所示。

（4）作业平台

作业平台是安装在臂架和转台上的供操作和维护保养时使用的平台结构。作业平台如图8-96所示。

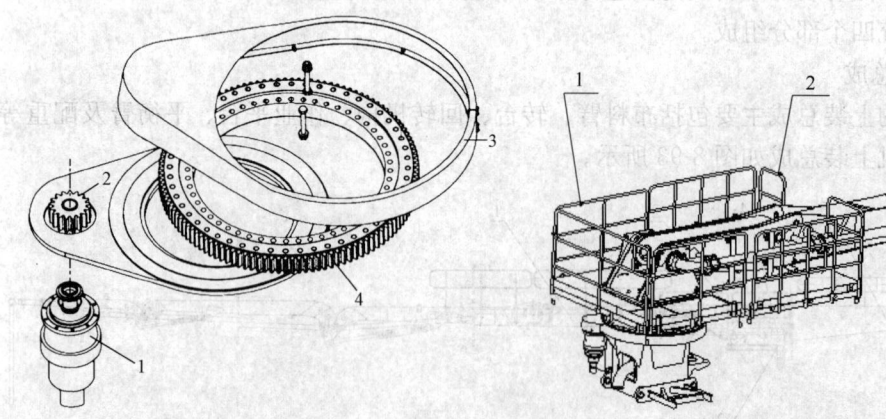

图8-95 回转机构
1—回转电动机；2—传动齿轮；3—保护罩；4—回转支承

图8-96 作业平台
1—转台平台；2—臂架平台

（5）平衡臂及配重

有些布料机的布料臂由于长度过长导致对下装的倾翻力矩过大，所以还设有平衡臂和配重，来减小对下装的倾翻力矩。

2. 下装总成

布料机的下装总成分为下支座、塔身、安装模块。如图 8-97 所示。

(1) 下支座

下支座是连接上装部分和下装部分的主要结构件。

(2) 塔身

塔身是支撑上装的主体受力构件，实现提升布料高度和其他辅助功能，如内爬、布置混凝土输送管等。按塔身的结构形式可分为格构式塔身（塔式标准节）、实腹管柱式结构塔身（方管式塔身、圆筒式塔身等）等。常见的塔身结构如图 8-98 所示。

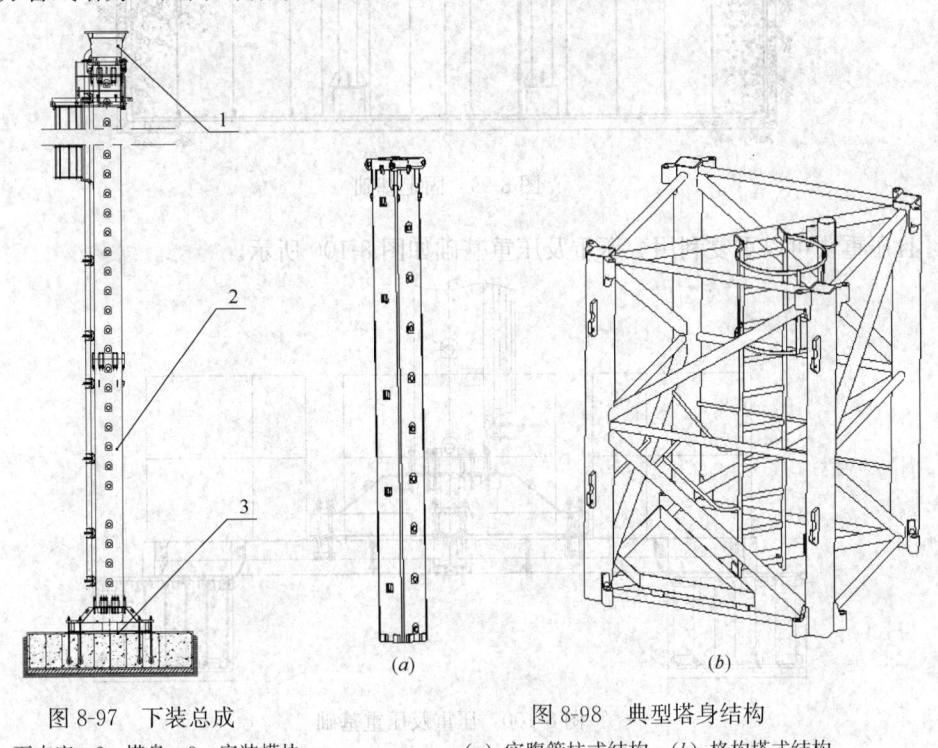

图 8-97　下装总成
1—下支座；2—塔身；3—安装模块

图 8-98　典型塔身结构
(a) 实腹管柱式结构；(b) 格构塔式结构

(3) 安装模块

安装模块用于安装固定布料机，保证布料机正常使用且传递其各种作用力到地基或建筑上。主要分为固定基础式、压重基础式、行走式、支腿式、底架式、楼面固定式和电梯井固定式等。

1) 固定基础式

采用固定基础式安装的布料机，一般通过预埋螺栓或者预埋支腿连接塔身和固定基础。固定基础一般尺寸较大，重量大，难以移动，适合于布料点比较集中，对布料机不移动或移动较少的场合。固定基础如图 8-99 所示。

2) 压重及压重基础式

塔身通过压重底架利用压重块固定于地面上，保证布料机正常使用且将各种作用力传递到地基上。由于压重块可以起吊，所以该形式一般用于要求移动但又不是很频繁的场

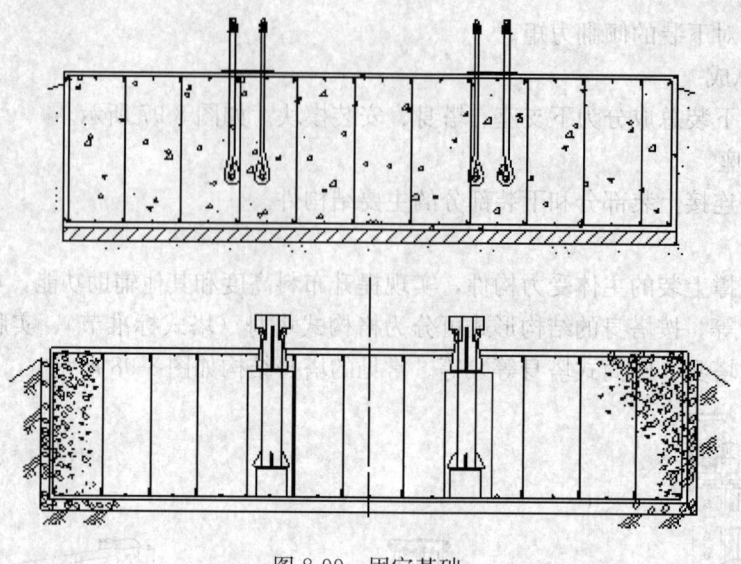

图 8-99 固定基础

合,且压重块可以重复利用。压重及压重基础如图 8-100 所示。

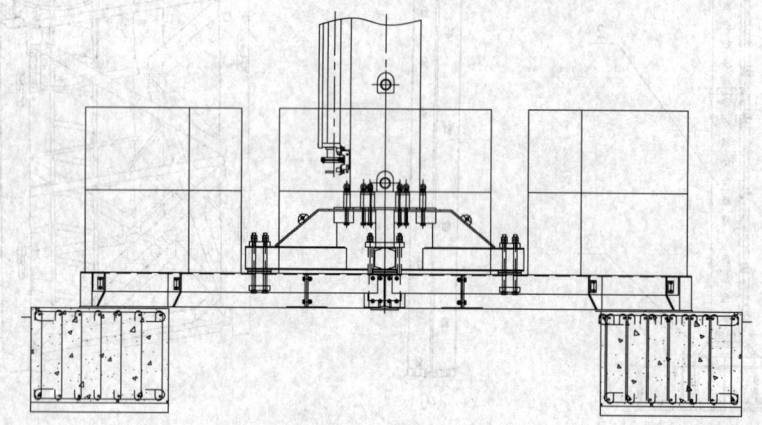

图 8-100 压重及压重基础

3) 行走式

塔身底部装有行走机构,一般需要预先铺设轨道以方便整机的行走,并使用压块将布料机与地基固定,但每次行走前后都需对管道重新拆卸安装。行走式安装如图 8-101 所示。

4) 支腿式

支腿式安装一般用于整机重量较轻,可直接放在建筑的楼面或钢筋上,利用周边的起吊设备直接吊起进行快速移位。支腿式安装如图 8-102 所示。

5) 底架式

底架式安装是用螺栓将底架部分与建筑梁固定,能实现快速安装和拆卸。底架式安装如图 8-103 所示。

6) 楼面固定式和电梯井固定式

楼面固定式和电梯井固定式安装是塔身通过楼面爬升框固定在楼面上或电梯井内部,并且还能通过爬升框上的顶升机构实现整机的爬升,一般用于高层及超高层施工。楼面固

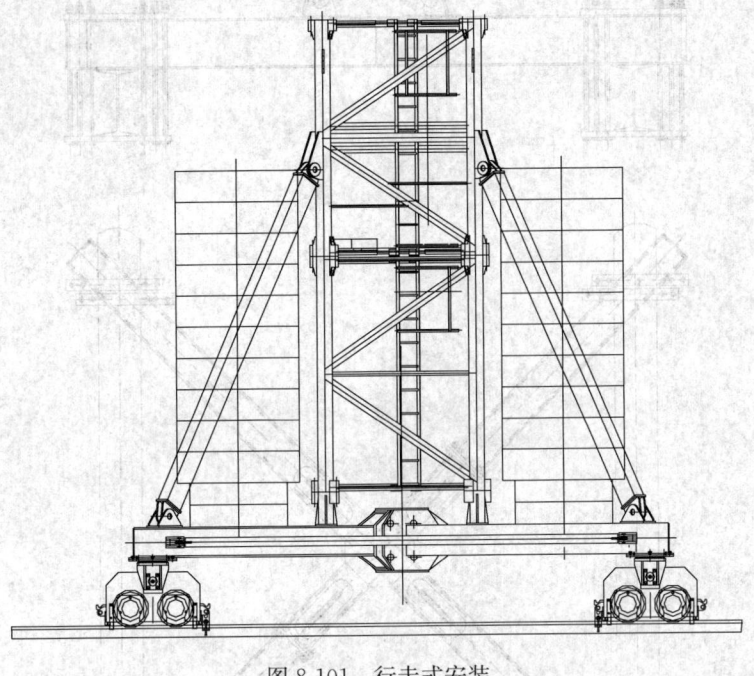

图 8-101 行走式安装

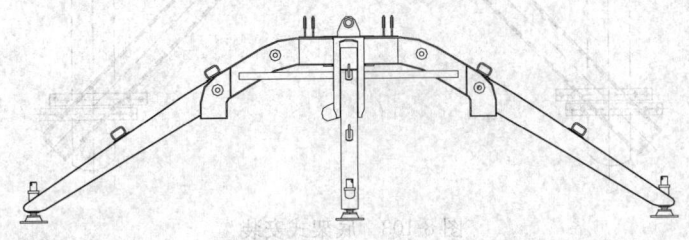

图 8-102 支腿式安装

定式和电梯井固定式安装分别如图 8-104 和图 8-105 所示。

7) 辅助安装

对于塔式布料机,一般受塔身强度、刚度和稳定性的限制,自由高度有极限值,通常为 50m 左右,要超过这一极限高度,必须采取与建筑物之间附着等措施。附着形式如图 8-106 所示。

3. 液压动力系统

液压系统如图 8-107 所示。布料机一般采用电机作为动力源,电机通过联轴器带动液压泵为整个液压系统提供压力油,通过多路阀将压力油分配给驱动每节臂架展收的臂架油缸、臂架回转的电动机、爬升所需要的顶升油缸。因臂架展开后要求能够保持某种姿态,也即臂架油缸回路应具备负载保持功能,该部分功能由臂架油缸平衡阀来实现。

4. 电气系统

混凝土布料机电气系统主要由电控柜、遥控器等部分组成,如图 8-108 所示。

电控柜内部有相序保护回路、供电保护回路、220V 交流、24V 直流供电回路、电机驱动控制回路和电磁阀驱动控制回路。

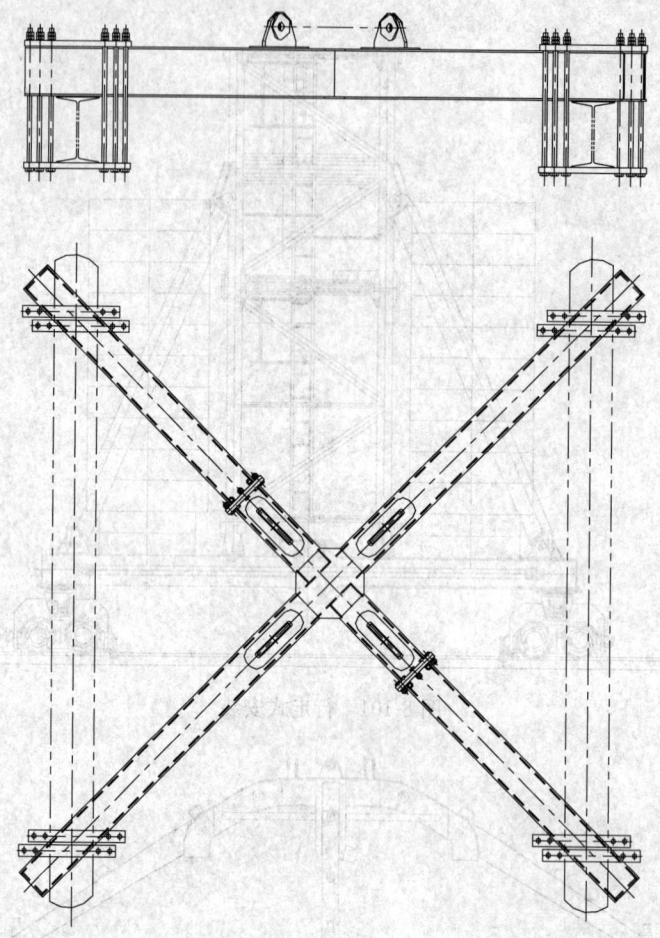

图 8-103 底架式安装

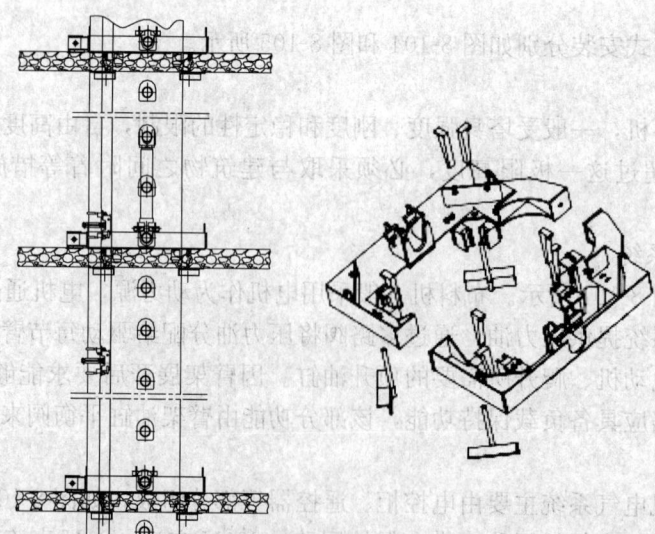

图 8-104 楼面固定式安装

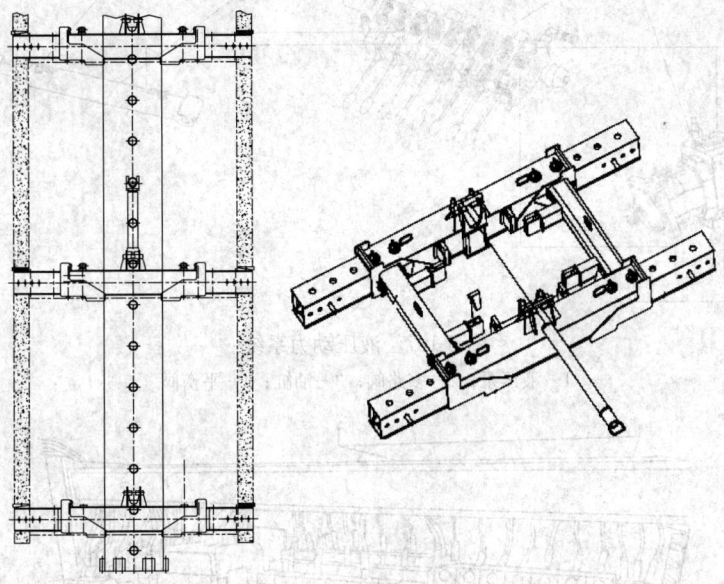

图 8-105　电梯井固定式安装

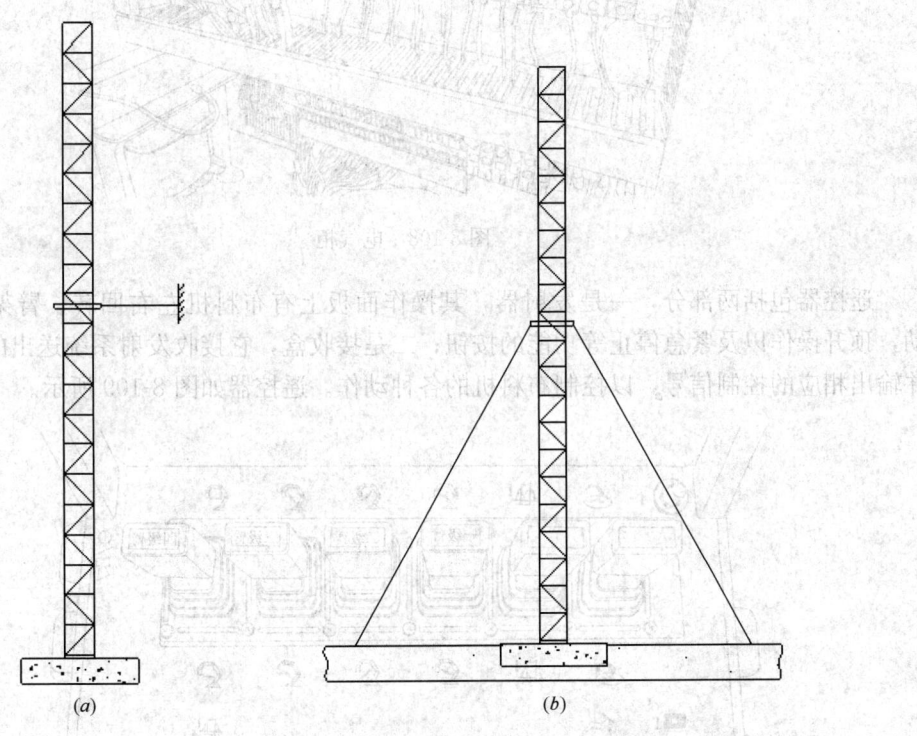

图 8-106　附着形式
(a) 加附着；(b) 软附着拉缆风绳

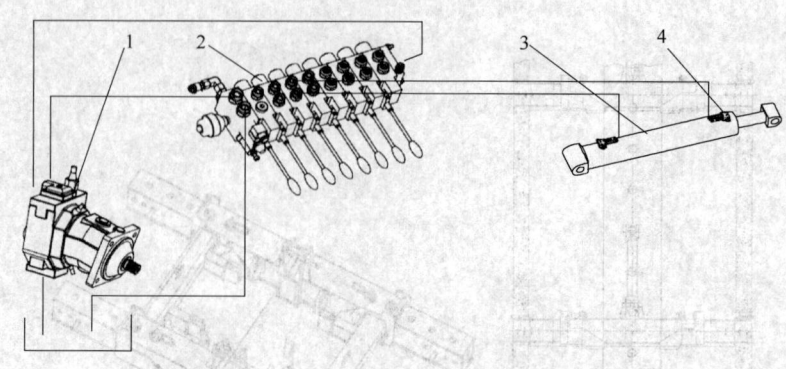

图 8-107 液压动力系统
1—液压泵；2—多路阀；3—油缸；4—平衡阀

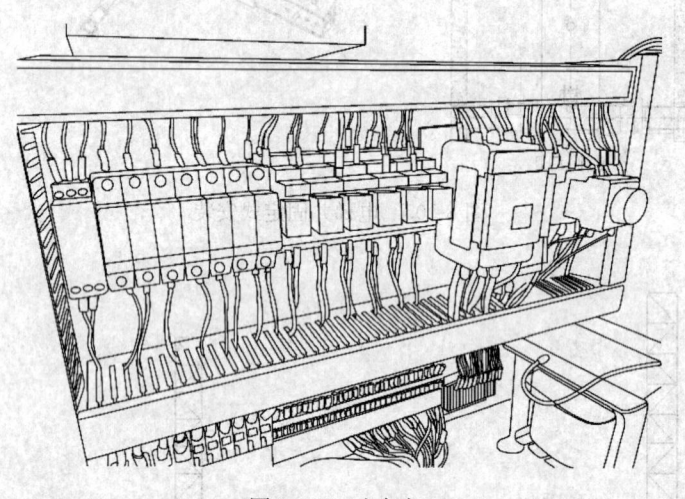

图 8-108 电气柜

遥控器包括两部分，一是发射器，其操作面板上有布料机左右回转、臂架的伸缩运动，顶升操作以及紧急停止等功能的按钮；二是接收盒，它接收发射系统送出的操作指令并输出相应的控制信号，以控制布料机的各种动作。遥控器如图 8-109 所示。

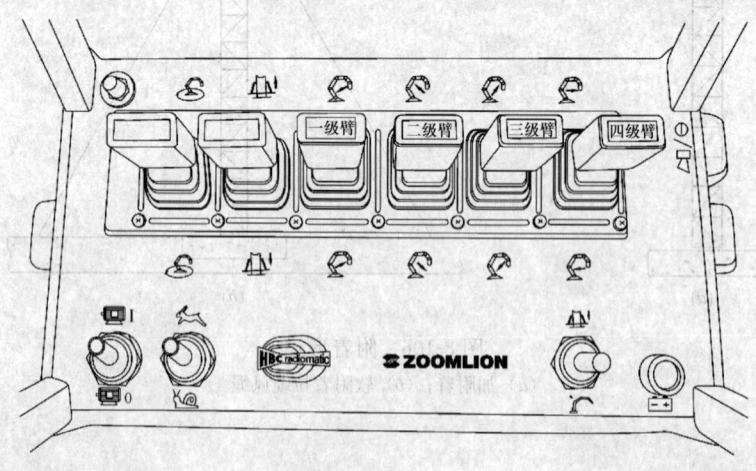

图 8-109 遥控器

### 8.5.7.1 混凝土布料机的分类

混凝土布料机的分类方法很多，主要有下列几种。

1. 按安装方式分

混凝土布料机按安装方式分类，分为固定基础式、压重基础式、行走式、支腿式、底架式、楼面固定式、电梯井固定式和其他。按安装方式分类，如表 8-99 所示。

按安装方式分类　　　　　　　　　　表 8-99

| 分类 | 简图 | 简要说明 |
| --- | --- | --- |
| 固定基础式 | 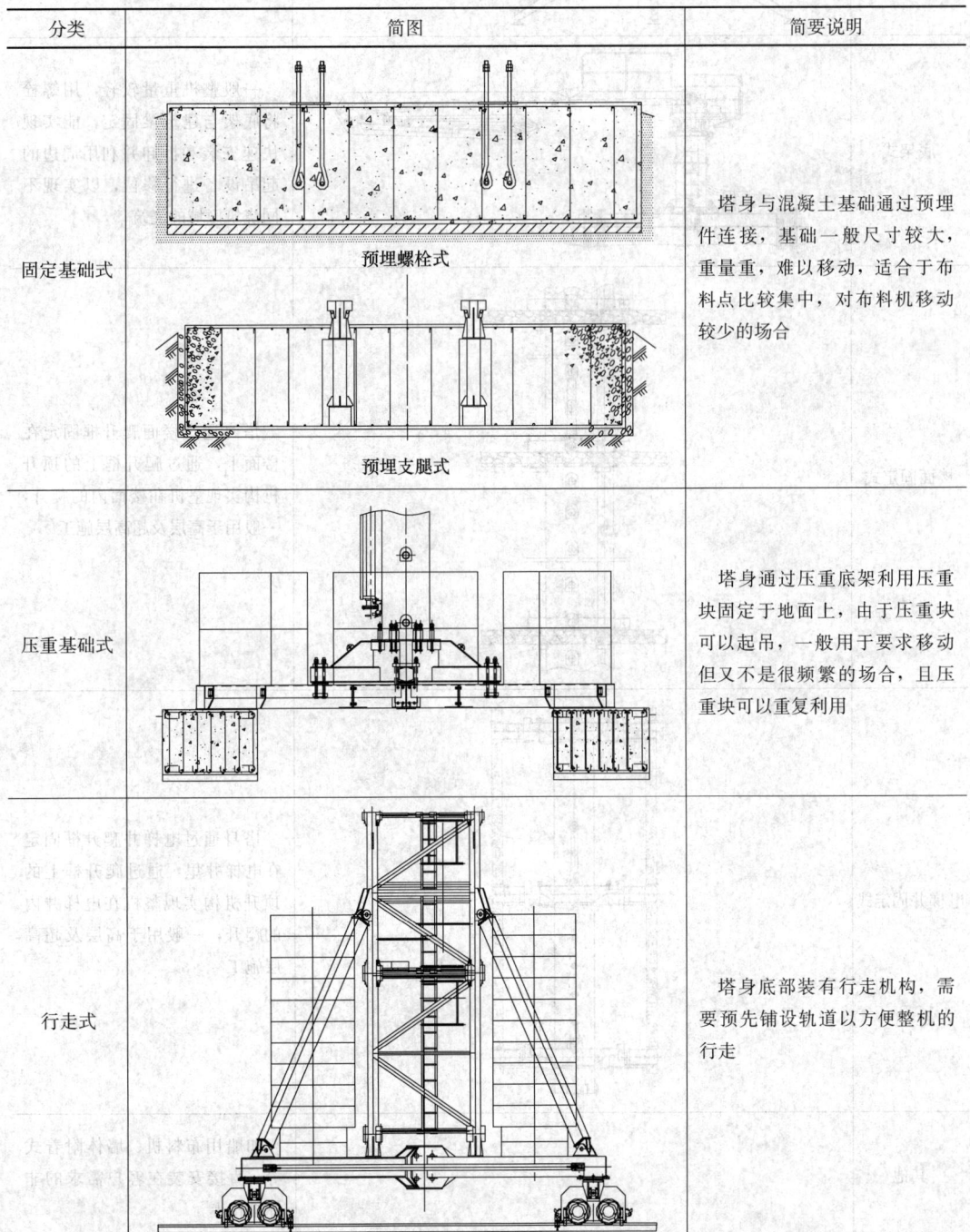预埋螺栓式<br><br>预埋支腿式 | 塔身与混凝土基础通过预埋件连接，基础一般尺寸较大，重量重，难以移动，适合于布料点比较集中，对布料机移动较少的场合 |
| 压重基础式 |  | 塔身通过压重底架利用压重块固定于地面上，由于压重块可以起吊，一般用于要求移动但又不是很频繁的场合，且压重块可以重复利用 |
| 行走式 |  | 塔身底部装有行走机构，需要预先铺设轨道以方便整机的行走 |

续表

| 分类 | 简图 | 简要说明 |
|---|---|---|
| 支腿式 | | 一般整机重量较轻,安装在建筑的楼面或钢筋上,可利用周边的起吊设备进行快速移位,以实现不同浇筑区域的浇筑 |
| 底架式 | | 一般整机重量较轻,用螺栓将底架与建筑梁固定,能实现快速安装和拆卸并利用周边的起吊设备进行移位,以实现不同浇筑区域的浇筑 |
| 楼面固定式 | | 塔身通过楼面爬升框固定在楼面上,通过爬升框上的顶升机构实现整机在楼面内的爬升,一般用于高层及超高层施工 |
| 电梯井固定式 | | 塔身通过电梯井爬升框固定在电梯井里,通过爬升框上的顶升机构实现整机在电梯井内的爬升,一般用于高层及超高层施工 |
| 其他 | | 如船用布料机、墙体附着式等,直接安装在客户需求的非标结构上 |

2. 按塔身结构形式分

混凝土布料机按塔身结构形式分类，分为管柱式、格构式和其他类，如表8-100所示。

3. 按动力方式分

混凝土布料机按动力方式分类，分为有动力和无动力。

按塔身机构形式分类　　　　　　　　　表 8-100

| 分类 | 简图 | 简要说明 |
|---|---|---|
| 管柱式 | 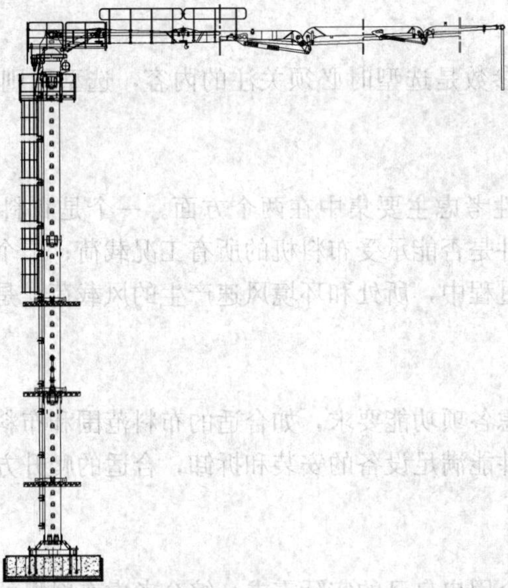  | 塔身为实腹式的管柱结构，目前较为常见的是方管式和圆筒式。高层及超高层施工的内爬式布料机多采用管柱式塔身，另外在施工现场及独立安装时也多采用该类型布料机 |
| 格构式 | 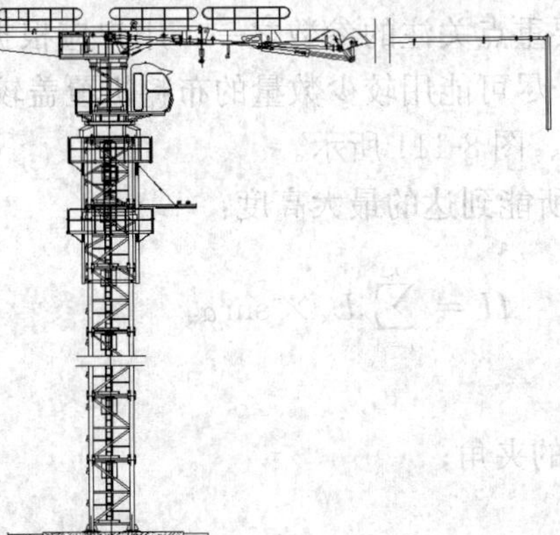  | 采用标准节连接的格构塔身结构，独立高度一般可高达50m左右，采用附墙后，可将塔身高度提高至200m不等，一般多用于大型核电、仓储、水利水电等建设 |

| 分类 | 简图 | 简要说明 |
|---|---|---|
| 其他 |  | 一般整机重量较轻，布料高度不高，一般用连接座对上装、下装进行连接，如移动式布料机等 |

#### 8.5.7.2 混凝土布料机的选型

1. 选型原则

布料机的技术规格和主要参数是选型时必须关注的内容，选型原则主要包括以下几方面：

(1) 安全性

混凝土布料机选型的安全性考虑主要集中在两个方面。一个是布料机的安装是否安全：其安装的基础、建筑、构件是否能承受布料机的所有工况载荷；二个是布料机的使用是否安全：布料机在布料作业过程中，所处和环境风速产生的风载荷，是否能够满足设计要求。

(2) 适应性

布料机选型时应当充分考虑各项功能要求，如合适的布料范围和布料高度，减少或避免设备的移动，工地现场的条件能满足设备的安装和拆卸，合适的爬升方式，合理的起吊单元重量等。

(3) 经济性

指的是在同等条件下，结合用户自己的实际需求，综合考虑布料机的安装位置、布料范围、使用台数等确定最经济实用的方案。

2. 选型计算

(1) 布料范围

布料范围是用户选型时需要重点关注的参数之一，用户应根据自己的工程项目特点，合理地选择布料机的安装位置，尽可能用较少数量的布料机覆盖较多的浇筑区域，布料范围图及对应计算简图如图 8-110、图 8-111 所示。

布料高度 $H$ 是指臂架立起所能到达的最大高度：

$$H = \sum_{x=1}^{n} L_x \times \sin \alpha_x \tag{8-32}$$

式中 $L_x$ ——各节臂的长度；
$\alpha_x$ ——各节臂与水平面的夹角；
$n$ ——臂节数。

布料深度是指整个臂架可以向下深探的最大距离：

$$D = L_1 \times \sin\alpha + \sum_{x=2}^{n} L_x + L_0 \tag{8-33}$$

式中　$L_1$——第一节臂的长度；
　　　$L_0$——末端软管的长度；
　　　$\alpha$——第一节臂与水平面的夹角；
　　　$n$——臂节数。

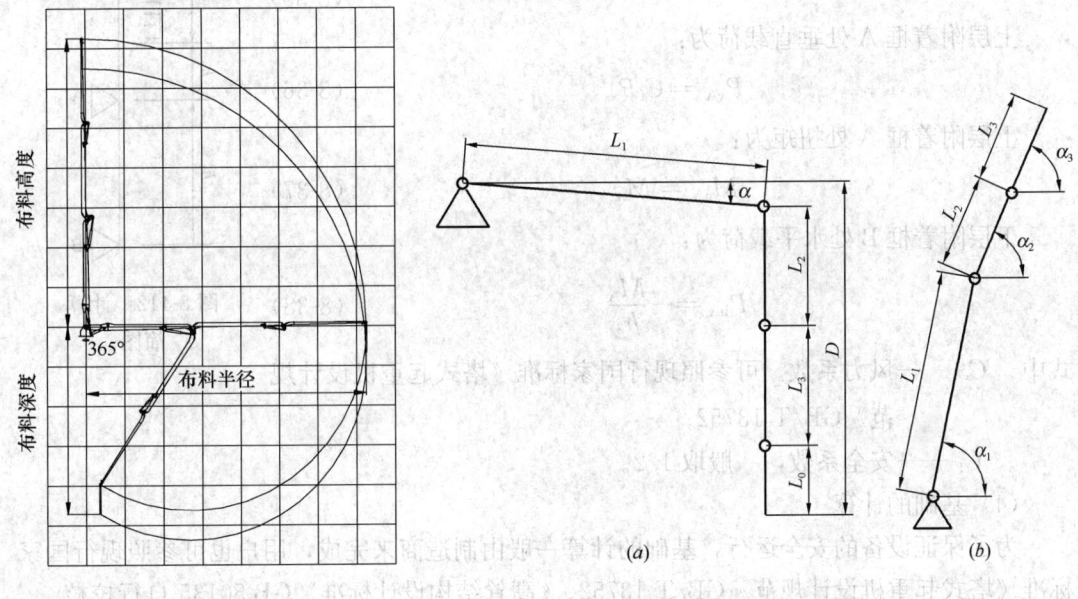

图 8-110　布料范围图

图 8-111　计算简图
(a) 布料深度计算简图；(b) 布料高度计算简图

(2) 抗风条件

在对布料机进行选型时，应充分考虑当地的气象条件，其中最重要的一条就是当地的风压条件。根据 JB/T 1070 规定，工作时，布料臂架工作高度处风速不应超过 13.8m/s（风力不大于 6 级）；布料机安装、爬升时，风速不大于 7.9m/s（风力不大于 4 级）。若风速超过 30m/s（11 级风），必须拆除布料机。鉴于此，当工作高度处的风速大于等于 6 级风时，必须停止作业，并将臂架收回水平，挂好安全钩。同时，用户也可以参照现行国家标准《塔式起重机设计规范》GB/T 13752 对非工作状态下的布料机抗风能力进行计算。如用户对设备的抗风能力有特殊需求时，应事先与厂家取得联系。

(3) 建筑载荷计算

对于内爬式布料机，布料机的塔身往往需要通过固定的框架与建筑连接，以便支撑整机，此时建筑与框架的连接处将承受较大的载荷，布料机制造商一般会提供一定条件下的建筑载荷，但实际使用条件有时会发生变化，此时用户可自行根据下述简单的方法计算出建筑载荷进行校验。

图 8-112 为简单的力学模型示意图，塔身头部载荷有弯矩 $M$，扭矩 $M_n$，水平载荷 $P_h$，垂直载荷 $P_v$，风压为 $q$，两道附着框之间的距离为 $h_3$，暴露在风中部分高度为 $h_1$。

上层附着框 A 处弯矩为：

$$M_A = M + P_h(h_1 + h_2) + C_w q h_1 \left(\frac{h_1}{2} + h_2\right) \tag{8-34}$$

上层附着框 A 处水平载荷为：

$$P_{hA} = \frac{M_A}{h_3} + P_h = \frac{M + P_h(h_1 + h_2) + C_w q h_1 \left(\frac{h_1}{2} + h_2\right)}{h_3} + P_h$$

(8-35)

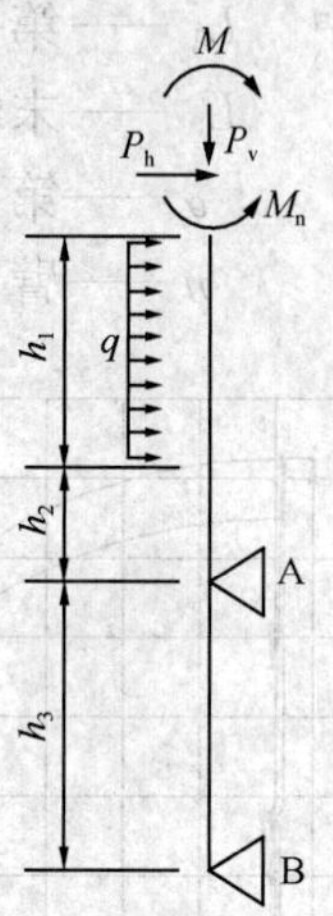

上层附着框 A 处垂直载荷为：

$$P_{vA} = C_f P_v \quad (8\text{-}36)$$

上层附着框 A 处扭矩为：

$$M_{nA} = M_n \quad (8\text{-}37)$$

下层附着框 B 处水平载荷为：

$$P_{hA} = -\frac{M_A}{h_3} \quad (8\text{-}38)$$

图 8-112 计算简图

式中  $C_w$——风力系数，可参照现行国家标准《塔式起重机设计规范》GB/T 13752；

$C_f$——安全系数，一般取 1.2。

（4）基础的计算

为了保证设备的安全运行，基础的计算一般由制造商来完成，用户也可参照现行国家标准《塔式起重机设计规范》GB/T 13752、《高耸结构设计标准》GB 50135 自行校核。

3. 选型流程

一般对布料机进行选型可以按下面三步进行操作：

（1）布料机类型初选

布料机无论是在高层建筑、铁路、桥梁、海底隧道、港口码头、仓储、水利水电、核电等领域都有着较好的用武之地。

（2）布料机型号确定

选型要素是设备选型时应重点关注的内容，布料机的选型要素如表 8-101 所示。可以根据选型要素确定布料机的具体型号。

选型要素表　　　　　　　　表 8-101

| 序号 | 选型要素 | 关注内容 |
| --- | --- | --- |
| 1 | 布料半径 | 布料半径是否能覆盖全部或大部浇筑区域 |
| 2 | 臂节形式 | 一般臂节越多，布料越灵活，但相同布料半径下，多臂节布料机的成本较高，需结合实际布料和经济性选择合适产品 |
| 3 | 独立高度 | 独立高度是否满足布料要求，整机是否与周边建筑或设备干涉 |
| 4 | 安装方式 | 根据工地实际情况选择合适的安装方式，如场地大小，地质结构，建筑结构特点等 |
| 5 | 最大起吊单元重量、整机重量 | 主要考虑运输、拆装时，设备能否满足起吊要求 |
| 6 | 最大运输单元外形尺寸 | 主要考虑运输过程或装箱过程的可行性 |

续表

| 序号 | 选型要素 | 关注内容 |
| --- | --- | --- |
| 7 | 电压/频率/电机功率 | 选择适合当地电网的电压/频率 |
| 8 | 控制方式 | 一般有无线控制、有线控制和手动控制,选择合适的控制方式 |
| 9 | 遥控器频段 | 有些国家或地区有此特殊要求 |
| 10 | 液压高/低配置 | 高配置的液压系统液压冲击较小,更具有操控性,但有较高的成本 |
| 11 | 液压油 | 根据当地的气候条件和使用条件选择合适的液压油 |
| 12 | 认证方式 | 是否经过认证或通过何种认证,以便符合当地的法规 |

(3) 施工方案设计

根据确定的布料机型号和具体的施工图纸,完成施工方案的设计,具体有:

1) 布料机台数的确定。

2) 布料机施工位置的确定。

3) 布料机安装方案的确定。

4) 布料机提升方案的确定。

### 8.5.8 混凝土振动施工机械

#### 8.5.8.1 混凝土振动施工机械的分类

1. 混凝土振动机械的分类及特点

按振动传递的方式可分为插入式振动器、外部式振动器。

插入式振动器又可分为软轴行星式振动器、软轴偏心式振动器和电动机内装式振动器。插入式振动器适合于深度或厚度较大的混凝土制品或结构,多用于振捣现浇基础、柱、梁、墙等结构构件和厚大体积基础的混凝土。

外部式振动器有平板式振动器、附着式振动器和混凝土振动台等几种,外部式振动器适用于插入式振动器使用受到限制的钢筋较密、深度或厚度较小的构件。

混凝土振动器根据振动传递方式的分类如图 8-113 所示。

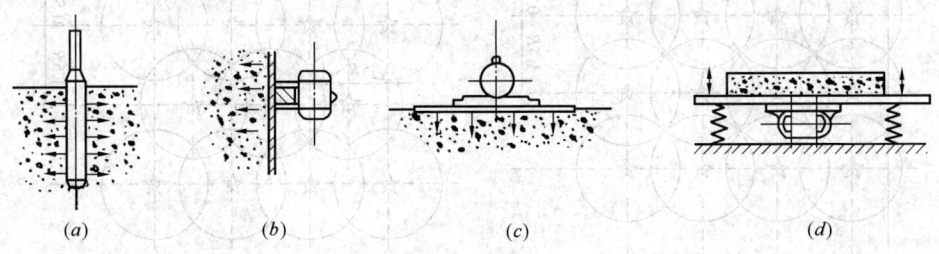

图 8-113 混凝土振动器根据振动传递方式的分类
(a) 插入式振动器;(b) 附着式振动器;(c) 平板式(直线振动式)振动器;
(d) 台架式振动器(振动台)

2. 混凝土振动机械的型号

混凝土振动机械型号的表示方法见表 8-102。

混凝土振动机械型号的表示方法　　　　　表 8-102

| 机类 | 机型 | 特性 | 代号 | 代号含义 | 主参数 |
|---|---|---|---|---|---|
| 混凝土振动器 Z（振） | 插入式振动器（内部振动器） | 电动软轴行星式（X） | ZX | 电动软轴行星插入式振动器 | 振动棒直径（mm） |
| | | 电动软轴偏心式（P） | ZP | 电动软轴偏心插入式振动器 | |
| | | 电动直联式（D） | ZD | 电动直联插入式振动器 | |
| | | 风动偏心式（Q） | ZQ | 风动偏心插入式振动器 | |
| | | 内燃行星式（R） | ZR | 内燃行星式插入式振动器 | |
| | 外部振动器（W） | 附着式（F） | ZW（F） | | 电动机功率（kW） |
| | | 平板式（B） | ZW（B） | | |
| | | 振动台（T） | ZT | | 台面尺寸（mm） |

3. 混凝土振动器的选型计算

（1）内部振动器的生产率计算

内部振动器的生产率 $Q$（m³/h）计算公式

$$Q = k\pi R^2 h \frac{3600}{t+t_1} \tag{8-39}$$

式中　$Q$——内部振动器的生产率；

$k$——振动器作业时的时间利用系数，一般为 0.8～0.85；

$R$——作用半径；

$h$——振动深度（每浇筑层厚度）；

$t$——振动器在每一振点上的振动时间（延续时间）；

$t_1$——振动器由一个振点移动到另一个振点时所需要的时间。

实际使用振动器时，往往需要计算需用振动器的总台数，一般可按振动点以平行式和交叉式（梅花形）排列方法来考虑，如图 8-114 所示。

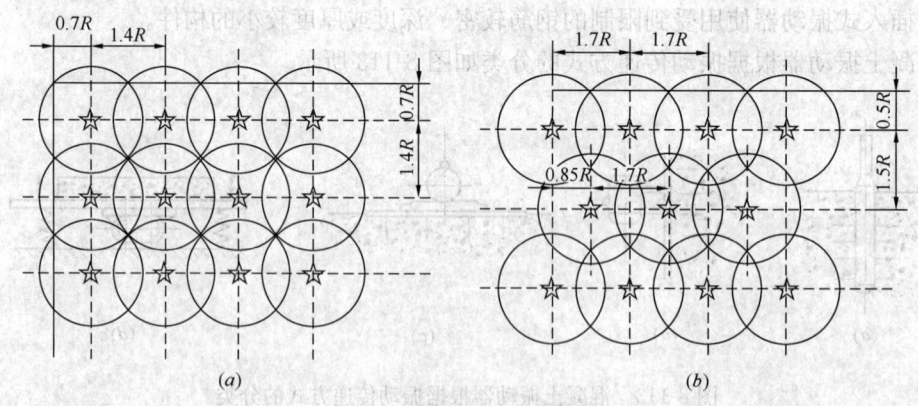

图 8-114　内部振动器振动点排列方法
(a) 平行式；(b) 交叉式

两相邻插点的间距与作业半径的关系为：

平行式排列时：$S \approx 1.4R$；

交叉式排列时：$S\approx 1.7R$。

分层浇筑时，振动器下部应插入下一层的 50～100mm 深，以消除两层间的接缝（否则应作特殊处理）。

振动器作业时的插入深度不准超过振动棒工作部分的长度，在上述情况下每个浇筑层所需要插入式振动器的数量，可按下式进行计算。

$$n = \frac{B \cdot L \cdot H}{Qt_{cs}/t_{cp}} 3600 \tag{8-40}$$

式中　$Q$——插入式振动器的生产率；
　　　$n$——插入式振动器的数量；
$B$、$L$、$H$——每个浇筑体的混凝土宽度、长度和厚度；
　　　$t_{cs}$——混凝土内水泥浆初凝时间；
　　　$t_{cp}$——混凝土从搅拌地点输送到浇筑地点所需要的时间。

实际施工时，要有相当的备用数量，一般要保持作业所需数量的 25%～30%。

（2）附着式振动器的生产率计算

$$Q = kSh \frac{3600}{t+t_1} \tag{8-41}$$

式中　$Q$——附着式振动器的生产率；
　　　$k$——振动器时间利用系数，一般 $k = 0.8$～$0.85$；
　　　$S$——振动器底板的面积；
　　　$h$——振动器的作用深度，若无现存数据时，可取 $h = 0.25$～$0.30$m 或根据试验测定；
　　　$t$——振动器在每一个振点上振动的时间；
　　　$t_1$——振动器从一个振点移到另一个振点时所需要的时间。

#### 8.5.8.2　插入式振动器

插入式振动器的合理选择：振动器的振动频率是影响混凝土振捣密实效果的重要因素，只有当振动器的振动频率与混凝土颗粒的自振频率相同或相近时，才能达到最佳捣实效果。

选用高频振动器要根据建筑施工的混凝土成分，插入式振动器的结构多采用软轴式，轻便灵活，可单人携带使用，转移十分方便，对上下楼层或通过狭隘场所通道等均能适应，很适合于基层建筑施工单位使用。

#### 8.5.8.3　外部振动器

1. 外部式振动器的选择

混凝土较薄或钢筋稠密的结构，以及不宜使用插入式振动器的地方，可选用附着式振动器；钢筋混凝土预制构件厂生产的空心板、平板及厚度不大的梁柱构件等，则选用振动台可收到快速而有效的捣实效果。

2. 外部式振动器的操作方法

（1）操作人员应穿绝缘胶鞋、戴绝缘手套，以防触电。

(2) 附着式振动器安装时应保证转轴水平或垂直，如图 8-115 所示。在一个模板上安装多台附着式振动器同时进行作业时，各振动器频率必须保持一致，相对面安装的振动器的位置应错开。振动器所装置的构件模板，要坚固牢靠，构件的面积应与振动器的额定振动板面积相适应。

(3) 混凝土振动台必须安装在牢固的基础上，地脚螺栓应有足够的强度并拧紧。同时在基础中间必须留有地下坑道，以便调整和维修。在振捣作业中，必须安置牢固可靠的模板锁紧夹具，以保证模板和混凝土与台面一起振动。

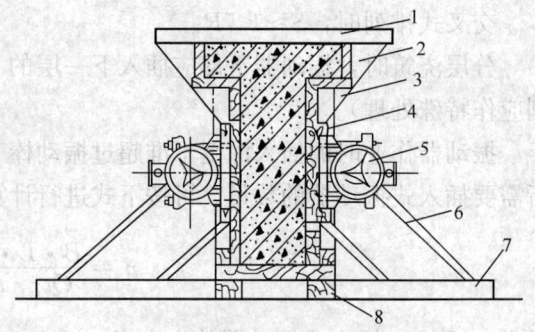

图 8-115 附着式振动器的安装示意图
1—模板面卡；2—模板；3—角撑；
4—夹木枋；5—附着式振动器；
6—斜撑；7—底横枋；8—纵向底枋

## 8.6 钢筋工程施工机械设备

### 8.6.1 钢筋机械连接施工机械

#### 8.6.1.1 钢筋机械连接施工机械的技术性能

**1. 钢筋套筒挤压连接**

带肋钢筋套筒挤压连接是将两根待连接钢筋插入钢套筒，用挤压连接设备沿径向挤压钢套筒，使之产生塑性变形，依靠变形后的钢套筒与被连接钢筋纵、横肋产生的机械咬合的钢筋连接方法（图 8-116）。

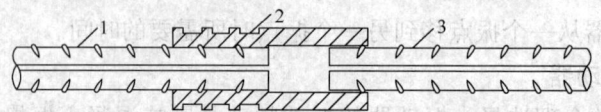

图 8-116 钢筋套筒挤压连接
1—已挤压的钢筋；2—钢套筒；3—未挤压的钢筋

挤压设备：钢筋挤压设备由压接钳、超高压泵站及超高压胶管等组成。其型号与参数见表 8-103。

钢筋挤压设备的主要技术参数　　　　表 8-103

| | 设备型号 | YJH-25 | YJH-32 | YJH-40 | YJ-32 | YJ-40 |
|---|---|---|---|---|---|---|
| 压接钳 | 额定压力（MPa） | 80 | 80 | 80 | 80 | 80 |
| | 额定挤压力（kN） | 760 | 760 | 900 | 600 | 600 |
| | 外形尺寸（mm） | φ150×433 | φ150×480 | φ170×530 | φ120×500 | φ150×520 |
| | 重量（kg） | 28 | 33 | 41 | 32 | 36 |
| | 适用钢筋（mm） | 20～25 | 25～32 | 32～40 | 20～32 | 32～40 |

续表

| 超高压泵站 | 电机 | 380V, 50Hz, 1.5kW | | 380V, 50Hz, 1.5kW | |
|---|---|---|---|---|---|
| | 高压泵 | 80MPa, 0.8L/min | | 80MPa, 0.8L/min | |
| | 低压泵 | 2.0MPa, 4.0～6.0L/min | | — | |
| | 外形尺寸（mm） | 790×540×785（长×宽×高） | | 390×525（高） | |
| | 重量（kg） | 96 | 油箱容积（L） | 20 | 40，油箱12 |
| 超高压胶管 | | 100MPa, 内径6.0mm, 长度3.0m（5.0m） | | | |

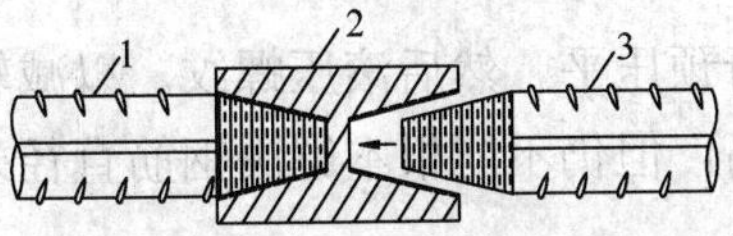

图 8-117 钢筋锥螺纹套筒连接
1—已连接的钢筋；2—锥螺纹套筒；
3—待连接的钢筋

**2. 钢筋锥螺纹套筒连接**

钢筋锥螺纹套筒连接是将两根待接钢筋端头用套丝机做出锥形外丝，用带锥形内丝的套筒将钢筋两端拧紧的钢筋连接方法（图 8-117）。

机具设备：

（1）钢筋预压机或镦粗机

钢筋预压机用于加工 GK 型等强锥螺纹接头，以超高压泵站为动力源，配备与钢筋规格对应的模具，用于直径 16～40mm 钢筋端部的径向预压。

（2）钢筋套丝机

钢筋套丝机是加工钢筋连接端头的锥形螺纹用的一种专用设备。型号：SZ-50A、GZL-40 等。

（3）扭力扳手

扭力扳手是保证钢筋连接质量的测力扳手。其型号：PW360（管钳型），性能 100～360N·m；HL-02 型，性能 70～350Nm。

（4）量规

量规主要有牙形规、卡规和锥螺纹塞规。牙形规用来检查钢筋连接端的锥螺纹牙形加工质量。卡规用来检查钢筋连接端的锥螺纹小端直径。锥螺纹塞规用来检查锥螺纹连接套筒加工质量。

**3. 钢筋镦粗直螺纹套筒连接**

钢筋镦粗直螺纹套筒连接方法是：将钢筋端头镦粗，切削成直螺纹，然后用带直螺纹的套筒将钢筋两端拧紧的钢筋连接方法（图 8-118）。

机具设备：

（1）钢筋液压冷镦机：钢筋端头镦粗用的一种专用设备。型号有：HJC200 型（18～40）、HJC250 型（20～40）、GZD40、CDJ-50 型等。

（2）钢筋直螺纹套丝机：将已镦粗或未镦粗的钢筋端头切削成直螺纹的一种专用设备。其型号有：GZL-40、HZS-40、GTS-50 型等。

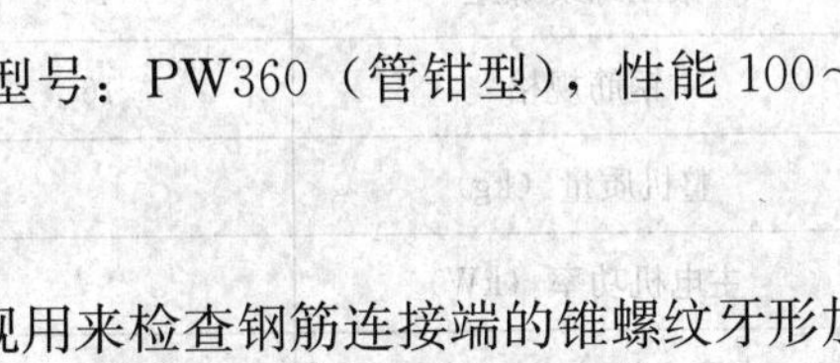

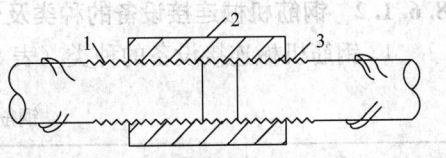

图 8-118 钢筋镦粗直螺纹套筒连接
1—已连接的钢筋；2—直螺纹套筒；
3—正在拧入的钢筋

（3）扭力扳手、量规（通规、止规）等。

### 4. 钢筋滚压直螺纹套筒连接

钢筋滚压直螺纹套筒连接是利用冷作硬化增强金属材料强度的特性，使接头与母材等强的连接方法。根据滚压直螺纹成型方式，分为直接滚压螺纹、挤肋滚压螺纹、剥肋滚压螺纹三种类型。

(1) 直接滚压螺纹加工

采用钢筋滚丝机（型号：GZL-32、GYZL-40、GSJ-40、HGS-40等）直接滚压螺纹。该工艺螺纹加工简单，设备投入少；但螺纹精度差，钢筋粗细不均导致螺纹直径差异，施工质量受影响。

(2) 挤肋滚压螺纹加工

采用专用挤压设备，滚轮先将钢筋的横肋和纵肋进行预压平，然后滚压螺纹。以减轻钢筋肋对成型螺纹的影响。该工艺对螺纹精度有一定提高，但仍不能根本解决钢筋直径差异对螺纹精度的影响，螺纹加工需要两套设备。

(3) 剥肋滚压螺纹加工

采用钢筋剥肋滚丝机（型号：GHG40、GHG50），将钢筋的横肋和纵肋进行剥切处理，使钢筋滚丝前的柱体直径达到一致，再进行螺纹滚压成型。该工艺螺纹精度高，接头质量稳定，施工速度快，价格适中。该机主要技术性能见表8-104。

**GHG40型钢筋剥肋滚丝机技术性能** 表8-104

| 滚丝头型号 | 40型[或Z40型（左旋）] | | | |
|---|---|---|---|---|
| | A20 | A25 | A30 | A35 |
| 滚压螺纹螺距 | 2 | 2.5 | 3.0 | 3.5 |
| 钢筋规格 | 16 | 18、20、22 | 25、28、32 | 36、40 |
| 整机质量（kg） | 590 | | | |
| 主电机功率（kW） | 4 | | | |
| 水泵电机功率（kW） | 0.09 | | | |
| 工作电压 | 380V | | | |
| 减速机输出转速（R·P·M） | 50/60 | | | |
| 外形尺寸（mm） | （长×宽×高）1200×600×1200 | | | |

### 8.6.1.2 钢筋机械连接设备的种类及使用范围

1. 钢筋机械连接设备的种类（表8-105）

**钢筋机械连接设备种类** 表8-105

| 名称 | 代号 | 名称 | 类组型代号 | 特性代号 | 主参数代号 |
|---|---|---|---|---|---|
| 钢筋挤压连接机械 | G(钢) | 钢筋挤压连接机 | GJ | J、Z | 最大加工钢筋直径（mm） |
| 钢筋螺纹连接机械 | G(钢) | 钢筋锥螺纹成型机 | GZ | | |
| | | 钢筋直螺纹成型机 | GH | B、J、Z、Q | |

## 2. 钢筋机械连接各种方法的使用范围（表 8-106）

钢筋机械连接各种方法使用范围　　　　　　表 8-106

| 机械连接方法 | | 使用范围 | |
|---|---|---|---|
| | | 钢筋级别 | 钢筋直径（mm） |
| 钢筋套筒挤压连接 | | HRB335、HRB400、RRB400 | 16～40 |
| | | | 16～40 |
| 钢筋锥螺纹套筒连接 | | HRB335、HRB400、RRB400 | 16～40 |
| | | | 16～40 |
| 钢筋滚压直螺纹套筒连接 | 直接滚压 | HRB335、HRB400 | 16～40 |
| | 挤肋滚压 | | 16～40 |
| | 剥肋滚压 | | 16～50 |
| 钢筋镦粗直螺纹套筒连接 | | HRB335、HRB400 | 16～40 |

### 8.6.2 钢筋对焊连接施工机械

#### 8.6.2.1 钢筋对焊连接施工机械的技术性能

钢筋焊接机械的主要技术性能见表 8-107～表 8-116。

点焊机的主要技术性能　　　　　　表 8-107

| 产品型号 | | DN-5 | DN-6 | DN-10 | DN-10 | DN-25 | $DN_1$-75 |
|---|---|---|---|---|---|---|---|
| 额定容量（kVA） | | 5 | 6 | 10 | 10 | 25 | 75 |
| 电源电压（V） | | 220/380 | 380 | 380 | 220 | 220/380 | 220/380 |
| 焊接厚度（mm） | 最大 | 1.5+1.5 | 1.5+1.5 | 2+2 | 0.8+0.8 | 4+4 | 5+5 |
| | 额定 | 1+1 | 1+1 | 1.5+1.5 | 0.5+0.5 | 3+3 | 2.5+2.5 |
| 产品型号 | | $DN_2$-50 | $DN_2$-75 | $DN_2$-100 | $DN_2$-6×35 | $DN_2$-3×100 | $DN_2$-6×100 |
| 额定容量（kVA） | | 50 | 75 | 100 | 6×35 | 3×100 | 6×100 |
| 电源电压（V） | | 380 | 380 | 380 | 380 | 380 | 380 |
| 焊接厚度（mm） | 最大 | 1.5+1.5 | 5+5 | 5+5 | | | 纵筋 $\phi6$～$\phi12$ 横筋 $\phi6$～$\phi12$ |
| | 额定 | | 2.5+2.5 | 2.5+2.5 | | | |

对焊机的主要技术性能　　　　　　表 8-108

| 产品型号 | UN-1 | UN-10 | $UN_1$-25 | $UN_1$-75 | $UN_1$-100 | $UN_2$-150 | $UN_9$-200 |
|---|---|---|---|---|---|---|---|
| 额定容量（kVA） | 1 | 10 | 25 | 75 | 100 | 150 | 200 |
| 电源电压（V） | 220/380 | 220/380 | 220/380 | 380 | 380 | 380 | 380 |
| 最大焊截面（$mm^2$） | 3.2 | 50 | 弹簧 120 杠杆 300 | 600 | 1000 | 连续闪光焊 ≤1000 预热闪光焊 ≤2000 | 1200 |

**UN1 系列对焊机的调节级数**　　表 8-109

| 级数 | 插头位置 | | | 次级空载电压 | | |
|---|---|---|---|---|---|---|
| | Ⅰ | Ⅱ | Ⅲ | $UN_1$-25 | $UN_1$-75 | $UN_1$-100 |
| 1 | 2 | 2 | 2 | 1.76 | 3.52 | 4.50 |
| 2 | 1 | 2 | 2 | 1.89 | 3.76 | 4.75 |
| 3 | 2 | 1 | 2 | 2.05 | 4.09 | 5.05 |
| 4 | 1 | 1 | 2 | 2.24 | 4.42 | 5.45 |
| 5 | 2 | 2 | 1 | 2.47 | 5.00 | 5.85 |
| 6 | 1 | 2 | 1 | 2.74 | 5.50 | 6.25 |
| 7 | 2 | 1 | 1 | 3.09 | 6.29 | 6.90 |
| 8 | 1 | 1 | 1 | 3.52 | 7.04 | 7.60 |

**不熔化极（钨极）氩弧焊机的主要技术性能**　　表 8-110

| 产品型号 | NSA-300-1 | NSA-400 | NSA-500-1 | NSA-300 | $NSA_4$-300-2 | $NSA_4$-300 | $NSA_2$-150 | $NSA_2$-250 |
|---|---|---|---|---|---|---|---|---|
| 电源电压（V） | 380 | 380 | 380 | 380 | 380 | 380 | 380 | 380 |
| 工作电压（V） | 20 | 12～30 | 20 | 12～20 | 12～20 | 25～30 | 15 | 10.4～20 |

**熔化极氩弧焊机的主要技术性能**　　表 8-111

| 产品型号 | $NBA_1$-500 | $NBA_{19}$-500-1 | $NBA_2$-200 | $NZA_2$-200 |
|---|---|---|---|---|
| 电源电压（V） | 380 | 380 | 380 | 380 |
| 工作电压（V） | 20～40 | 25～40 | 30 | 30 |
| 焊丝直径范围（mm） | 2～3 | 2.5～4.5 | 铝 1.4～2.0 不锈钢 1.0～1.6 | 铝 1.5～2.5 不锈钢 1～2 |
| 送丝速度（m/h） | 60～840 | 90～330 | 60～840 | 60～180 |
| 送丝方式 | 推丝 | 推丝 | 推丝 | 推丝 |

**交流弧焊机的主要技术性能**　　表 8-112

| 产品型号 | BP-3×1000 | BX1-1000 | BX1-1600 | BX2-1000 | BX2-2000 | BX3-120-1 | BX3-300-2 |
|---|---|---|---|---|---|---|---|
| 额定容量（kVA） | 160 | 77.75 | 148 | 76 | 170 | 9 | 23.4 |
| 初级电压（V） | 380 | 380 | 380 | 380 | 380 | 380 | 380 |
| 电流范围（A） | 1000 | 1000 | 1600 | 400～1200 | 800～1200 | 20～160 | 40～400 |
| 产品型号 | BX3-500-2 | BX3-1-400 | BX10-500 | SQW-1000 | T225AC | T225AD | |
| 额定容量（kVA） | 38.6 | 35.6 | 40.5 | 84 | 7.7 | 7.7 | |
| 初级电压（V） | 380 | 380 | 380 | 380 | 380 | 380 | |
| 电流范围（A） | 60～655 | 400 | 50～500 | 1000 | 225 | 150 | |

**直流弧焊机的主要技术性能**　　表 8-113

| 产品型号 | AX320-1 | AXD320 | AX1-165-1 | AX4-300-1 | AX5-500 |
|---|---|---|---|---|---|
| 输入功率（kW） | 14 | 9.5 | 6 | 10 | 26 |
| 初级电压（V） | 380 | | 380 | 380 | 380 |

弧焊整流器的主要技术性能　　　　　　表 8-114

| 产品型号 | ZDG-500-1 | ZDG-1000R | ZP-250 | ZPG1-500-1 | ZXG-300N | ZXG-250R |
|---|---|---|---|---|---|---|
| 输入功率（kW） | 37 | 100 | 10.7 | 37 | 21 | 19.5 |
| 初级电压（V） | 380 | 380 | 380 | 380 | 380 | 380 |
| 产品型号 | ZXG-1000R | ZXG-1600 | ZXG2-400 | ZXG3-300-1 | ZXM-250 | CP-200 |
| 输入功率（kW） | 100 | 160 | 130 | 18.6 | 37 | 7.44 |
| 初级电压（V） | 380 | 380 | 380 | 380 | 380 | 380 |
| 产品型号 | CP-300 | DW-450 | GS-300SS | GS-400SS | GS-500SS | GS-600SS |
| 输入功率（kW） | 13.16 | 28 | 23.3 | 33.6 | 38.8 | 45.6 |
| 初级电压（V） | 380 | 220/380/440 | 220/380/440 | 220/380/440 | 220/380/440 | 220/380/440 |

二氧化碳保护焊机的主要技术性能　　　　　　表 8-115

| 产品型号 | NZC-500-1 | $NZC_3$-500 | NZC-1000 | NZAC-1 | NQZCA-2×400 | NBC-160 |
|---|---|---|---|---|---|---|
| 电源电压（V） | 380 | 380 | 380 | 380 | 380 | 380 |
| 焊丝直径范围（mm） | 1~2 | 1.5~1.6 | 3~5 | 1~2 | 1~1.2 | 0.5~1.0 |
| 送丝速度（m/h） | 96~960 | 120~600 | 60~228 | 120~420 | 400 | 40~200 |
| 送丝方式 | 推丝 | 推丝 | 推丝 | 推丝 | 推丝 | 推丝 |
| 产品型号 | NBC-250 | $NBC_1$-250 | NBC-400 | NBC-250 | $NBC_1$-400 | |
| 电源电压（V） | 380 | 380 | 380 | 220 | 220 | |
| 焊丝直径范围（mm） | 0.8~1.2 | 1.0~1.2 | 0.8~1.6 | 1.0~1.2 | 1.2~1.6 | |
| 送丝速度（m/h） | 60~250 | 120~720 | 80~500 | 130~800 | 80~800 | |
| 送丝方式 | 推丝 | 推丝 | 推丝 | 推丝 | 推丝 | |

钨极脉冲氩弧焊机的主要技术性能　　　　　　表 8-116

| 产品型号 | $NZA_6$-30 | $NZA_7$-250-1 |
|---|---|---|
| 电源电压（V） | 380 | 380 |
| 额定焊接电流（A） | 30 | 250 |
| 电极直径（mm） | 0.5~1 | 4 |

#### 8.6.2.2 钢筋对焊连接施工机械的种类

1. 点焊机的分类

点焊机的种类很多，按结构形式分为固定式和悬挂式；按压力传动方式分为杠杆式、气动式和液压式；按电极类型分为单头式、双头式和多头式；按上、下电极臂的长度分为长臂式和短臂式。

2. 对焊机的分类

对焊机的种类很多，按焊接方式分为电阻对焊、连接闪光对焊和预热闪光对焊；按结构形式分为弹簧顶锻式对焊机、杠杆挤压弹簧式对焊机、电动凸轮顶锻式对焊机和气压顶锻式对焊机等。

3. 弧焊机的分类

弧焊机可分为交流弧焊机和直流弧焊机两类，直流弧焊机是一种将交流电变为直流电的手弧焊电源。

**4. 气压焊机的分类**

气压焊接有两种方法进行：一是接头闭合式，是金属在塑化状态下的气压焊接法；二是接头敞开式，是在结合面表层金属熔融状态下的气压焊接法。

**5. 电渣压力焊机的分类**

钢筋电渣压力焊机按控制方式分为手动式电渣压力焊机、半自动式电渣压力焊机和自动式电渣压力焊机；按传动方式分为手摇齿轮式电渣压力焊机和手压杠杆式电渣压力焊机。

### 8.6.3 钢筋成型施工机械

#### 8.6.3.1 钢筋成型施工机械的种类及使用范围

常用的钢筋成型机械有钢筋切断机、钢筋调直机、钢筋调直切断机、钢筋弯曲机和钢筋镦头机等。

**1. 钢筋切断机的分类及使用范围**

（1）按结构形式可分为手动式钢筋切断机、立式钢筋切断机、卧式钢筋切断机；按工作原理可分为凸轮式钢筋切断机、曲柄连杆式钢筋切断机；按传动方式可分为机械式钢筋切断机、液压式钢筋切断机；按驱动方式可分为电动式钢筋切断机、手动式钢筋切断机。

（2）钢筋切断机是把钢筋原材和已矫直的钢筋切断成所需长度的专用机械。它广泛应用于施工现场和混凝土预制构件厂剪切 6～40m 的钢筋。同时也可供其他行业作为圆钢、方钢的下料使用。

**2. 钢筋调直机的分类及使用范围**

（1）钢筋调直机一般分为机械式钢筋调直机和简易式钢筋调直机具，简易式钢筋调直机具又可分为导轮调直机具、手绞车调直机具、蛇形管调直机具，其中手绞车调直机具一般适用于工程量较小的零星钢筋加工。

（2）钢筋调直机用于将成盘的细钢筋和经冷拉的低碳钢丝调直。它具有一机多用的功能，能在一次操作完成钢筋调直、输送、切断，并兼有清除表面氧化皮和污迹的作用。

**3. 钢筋调直切断机的分类及使用范围**

（1）按调直原理可分为孔模式钢筋调直切断机、斜辊式（双曲线式）钢筋调直切断机；按切断原理可分为锤击式钢筋调直切断机、轮剪式钢筋调直切断机；按切断机构的不同可分为下切剪刀式钢筋调直切断机、旋转剪刀式钢筋调直切断机；按传动方式可分为液压式钢筋调直切断机、机械式钢筋调直切断机、数控式钢筋调直切断机；按切断运动方式可分为固定式钢筋调直切断机、随动式钢筋调直切断机。

（2）钢筋调直切断机能自动调直和定尺切断钢筋，并可清除钢筋表面的氧化皮和污迹。

**4. 钢筋弯曲机的分类及使用范围**

（1）按传动方式可分为机械式钢筋弯曲机、液压式钢筋弯曲机；按工作原理可分为蜗轮蜗杆式钢筋弯曲机、齿轮式钢筋弯曲机；按结构形式可分为台式钢筋弯曲机、手持式钢筋弯曲机。

（2）钢筋弯曲机是利用工作盘的旋转对钢筋进行弯曲、弯钩、半箍、全箍等作业，以满足钢筋混凝土结构中对各种钢筋形状的要求。

5. 钢筋镦头机的分类及使用范围

（1）钢筋镦头机按其固定状态可分为移动式钢筋镦头机和固定式钢筋镦头机两种；钢筋镦头机按其动力传递方式的不同可分为机械式冷镦机、液压式冷镦机和电热镦头机三种。

（2）机械式冷镦机适用于镦粗直径5mm以下的冷拔低碳钢丝。10型液压式冷镦机适用于冷镦直径为5mm的高强度碳素钢丝；45型液压式冷镦机适用于冷镦直径为12mm普通低合金钢筋。直径12mm以上、22mm以下的HRB335、HRB400（RRB400）级钢筋主要采用电热镦粗。

#### 8.6.3.2 钢筋成型施工机械的主要技术性能

1. 钢筋切断机的主要技术性能

机械式钢筋切断机的主要技术性能见表8-117；液压式钢筋切断机的主要技术性能见表8-118。

机械式钢筋切断机的主要技术性能  表8-117

| 产品型号 | GQL40 | GQ40 | GQ40A | GQ40B | GQ50 |
|---|---|---|---|---|---|
| 切断钢筋直径（mm） | 6~40 | 6~40 | 6~40 | 6~40 | 6~40 |
| 切断次数（次/min） | 38 | 40 | 40 | 40 | 30 |
| 功率（kW） | 3 | 3 | 3 | 3 | 5.5 |

液压式钢筋切断机的主要技术性能  表8-118

| 产品型号 | GQ-12 | GQ-20 | DYJ-32 | SYJ-16 |
|---|---|---|---|---|
| 切断钢筋直径（mm） | 6~12 | 6~20 | 8~32 | 6~40 |
| 工作总压力（kN） | 100 | 150 | 320 | 80 |
| 单位工作压力（MPa） | 34 | 34 | 45.5 | 79 |

2. 钢筋调直切断机的主要技术性能

常用钢筋调直切断机的主要技术性能见表8-119。

常用钢筋调直切断机的主要技术性能  表8-119

| 产品型号 | GT4/14 | GT4/14 | GT4/8 | GT3/9 | GT4/14 | GT4/8 |
|---|---|---|---|---|---|---|
| 调直钢筋直径（mm） | 4~14 | 4~14 | 4~8 | 3~9 | 4~14 | 4~8 |
| 自动剪切长度（mm） | 0.3~7 | 0.3~7 | 0.3~6.3 | 0.3~6 | 0.5~6 | 0.3~6 |
| 钢筋调直速度（r/min） | 30 | 58 | 58 | 40 | 50.30 | 40 |
| 功率（kW） | 4<br>5.5 | 4<br>5.5 | 3<br>2.2 | 7.5 | 15 | 7.5 |
| 产品型号 | GT4/8 | GT4/8 | GT6/14 | GT4/8 | GT4/8 | |
| 调直钢筋直径（mm） | 4~8 | 4~8 | 6~14 | 4~8 | 4~8 | |
| 自动剪切长度（mm） | 0.3~6 | 0.3~6 | 0.3~6 | 0.3~6 | | |
| 钢筋调直速度（r/min） | 30 | | 30.54 | 40 | 40 | |
| 功率（kW） | 4 | 5.5 | 11 | 4<br>5.5 | 3 | |

## 3. 钢筋弯曲机、镦头机的主要技术性能

### (1) 钢筋弯曲机的主要技术性能

钢筋弯曲机的主要技术性能见表 8-120；钢筋弯箍机的主要技术性能见表 8-121。

钢筋弯曲机的主要技术性能    表 8-120

| 产品型号 | GW32 | GW32A | GW40 | GW40A | GW50 |
| --- | --- | --- | --- | --- | --- |
| 弯曲钢筋直径（mm） | 6～32 | 6～32 | 6～40 | 6～40 | 25～50 |
| 钢筋抗拉强度（MPa） | 450 | 450 | 450 | 450 | 450 |
| 弯曲速度（r/min） | 10/20 | 8.8/16.7 | 5 | 9 | 2.5 |
| 功率（kW） | 2.2 | 4 | 3 | 3 | 4 |

钢筋弯箍机的主要技术性能    表 8-121

| 产品型号 | SGWK8B | GJG4/10 | GJG4/12 | LGW60Z |
| --- | --- | --- | --- | --- |
| 弯曲钢筋直径（mm） | 4～8 | 4～10 | 4～12 | 4～10 |
| 钢筋抗拉强度（MPa） | 450 | 450 | 450 | 450 |
| 工作盘转速（r/min） | 18 | 30 | 18 | 22 |
| 功率（kW） | 2.2 | 2.2 | 2.2 | 3 |

### (2) 钢筋镦头机的主要技术性能

电动钢筋镦头机的主要技术性能见表 8-122；液压钢筋镦头机的主要技术性能见表 8-123。

电动钢筋镦头机的主要技术性能    表 8-122

| 项目 | 性能参数 | 项目 | 性能参数 |
| --- | --- | --- | --- |
| 产品型号 | $GLD_5$ | 生产率（头/min） | 16～18 |
| 可镦钢筋直径（mm） | 4～5 | 电动机型号 | Y132S-6 |
| 工作转数（r/min） | 60 | 功率（kW） | 3 |

液压钢筋镦头机的主要技术性能    表 8-123

| 产品型号 | $YLD_{45}$ | $LD_{10}$ | $LD_{13}$ |
| --- | --- | --- | --- |
| 可镦钢筋直径（mm） | 12 | 5 | 7 |
| 最大镦头力（kN） | 450 | 90 | 130 |
| 最大切断力（kN） |  | 176 | 226 |

# 8.7 其他施工机械

## 8.7.1 木 工 工 具

### 8.7.1.1 切割机具

1. 手提锯

常用于切割木方、板材、轻金属的工具，不但方便移动，同时也适合在稳固的工作平

台上做锯割工作，可进行纵向、横向的直线锯割或斜角锯割，常用手提锯规格、性能详见表 8-124。

常用手提锯规格、性能　　　　　表 8-124

| 厂商 | 博世电动工具 | | |
|---|---|---|---|
| 型号 | GKS190 | GKS235 | GKS190 Upgrade |
| 功率（kW） | 1.05 | 2.1 | 1.4 |
| 转速（r/min） | 5000 | 5000 | 5500 |
| 锯片尺寸（mm） | 190 | 235 | 184 |
| 最大切割深度（mm） | 66 | 85 | 67 |
| 重量（kg） | 4.5 | 7.8 | 4.1 |

2. 切割机（云石锯）

主要用于石材、瓷砖等材料切割，也可用于混凝土、钢材等切割。常用切割机规格、性能详见表 8-125。

常用切割机规格、性能　　　　　表 8-125

| 厂商 | 牧田专业电动工具 | | |
|---|---|---|---|
| 型号 | 4100NH | 4107R | 4112HS |
| 功率（kW） | 1.2 | 1.4 | 2.4 |
| 转速（rpm） | 13000 | 5000 | 5500 |
| 锯片尺寸（mm） | 110 | 280 | 305 |
| 最大切割深度（mm） | 34 | 60 | 100 |
| 重量（kg） | 2.5 | 7.2 | 10.3 |

3. 木工圆锯机

常用木工圆锯机规格、性能见表 8-126。

常用木工圆锯机规格、性能　　　　　表 8-126

| 厂商 | 北京顺义永光清洁机械厂 | |
|---|---|---|
| 型号 | MJ104A 型 | MJ105D 型 |
| 电机型号 | Y100L-2 | Y112M-4 |
| 额定电压 | 380V | 380V |
| 额定功率 | 3kW | 4kW |
| 额定频率 | 50Hz | 50Hz |
| 电机额定转速 | 2880r/min | 1440r/min |
| 主轴转速 | 2220r/min | 1830r/min |
| 线速度 | 47m/s | 47m/s |
| 锯片规格 | $\phi 400 \times \phi 25 \times 2$mm | $\phi 500 \times \phi 30 \times 2$mm |
| 最大切厚 | 85mm | 120mm |
| 整机重量 | 100±5kg | 140±5kg |

### 4. 曲线锯

常用曲线锯规格、性能详见表 8-127。

常用曲线锯规格、性能　　　　　　　　　表 8-127

| 厂商 | 博世电动工具 | | |
|---|---|---|---|
| 型号 | GST 54 | GST 85 | GST 135 BCE |
| 功率（kW） | 0.4 | 0.58 | 0.72 |
| 割削深度（mm） | 54 | 85 | 135 |
| 冲程（mm） | 18 | 26 | 26 |
| 转速（r/min） | 3000 | 3100 | 500-2800 |
| 重量（kg） | 1.7 | 2.4 | 2.7 |

### 5. 马刀锯

又称军刀锯，适用于切割、锉削、磨光木材及轻金属材料。常用马刀锯规格、性能详见表 8-128。

常用马刀锯规格、性能　　　　　　　　　表 8-128

| 厂商 | 博世电动工具 | |
|---|---|---|
| 型号 | GFZ 600 E | GSA 900 |
| 功率（kW） | 0.6 | 0.9 |
| 割削深度（mm） | 165 | 250 |
| 往复频率（r/min） | 500～2600 | 2700 |
| 重量（kg） | 3.1 | 3.3 |

#### 8.7.1.2 刨削机具

### 1. 电刨

用于木材表面刨光处理，提高木材表面平整度，不但方便移动，也可以稳固地在工作台上进行操作。常用电刨规格、性能详见表 8-129。

常用电刨规格、性能　　　　　　　　　表 8-129

| 厂商 | 牧田专业电动工具 | |
|---|---|---|
| 型号 | N1900B | 1911B |
| 功率（kW） | 0.5 | 0.84 |
| 刨削宽度（mm） | 82 | 110 |
| 刨削深度（mm） | 1 | 2 |
| 转速（r/min） | 16000 | 16000 |
| 重量（kg） | 2.5 | 4.2 |

### 2. 修边机

适合在木材、塑胶板和轻质建材上进行修边、开槽的工作，也可以用作铣槽、雕刻、挖长的孔，甚至借助模板进行铣挖。常用修边机规格、性能详见表 8-130。

常用修边机规格、性能  表 8-130

| 厂商 | 牧田专业电动工具 | |
|---|---|---|
| 型号 | 3703 | 3710 |
| 功率（kW） | 0.35 | 0.53 |
| 夹头尺寸（mm） | 6 | 6 |
| 转速（r/min） | 30000 | 30000 |
| 重量（kg） | 1.5 | 1.6 |

3. 雕刻机

又称电木铣，多用于木材雕刻、开槽、钻孔等工作。常用雕刻机规格、性能详见表 8-131。

常用雕刻机规格、性能  表 8-131

| 厂商 | 牧田专业电动工具 | | |
|---|---|---|---|
| 型号 | RP1800 | 2301FC | 3612 |
| 功率（kW） | 1.85 | 2.1 | 1.65 |
| 夹头尺寸（mm） | 12 | 12 | 12 |
| 柱塞行程长度（mm） | 70 | 70 | 60 |
| 转速（r/min） | 22000 | 9000～22000 | 22000 |
| 重量（kg） | 5.9 | 6.0 | 5.8 |

### 8.7.1.3 钻孔工具

1. 手电钻

用于装饰工程中各类木材、轻金属材料的开孔、钻孔、固定等工作，也可根据钻头的调整作为电动螺丝刀等工具使用。常用手电钻规格、性能详见表 8-132。

常用手电钻规格、性能  表 8-132

| 厂商 | 博世电动工具 | | |
|---|---|---|---|
| 型号 | GBM13 | GBM6 | GBM23-2E |
| 功率（kW） | 0.6 | 0.35 | 1.15 |
| 最大钻孔直径（mm） | 30 | 15 | 50/35 |
| 转速（r/min） | 2600 | 4000 | 640 |
| 重量（kg） | 1.65 | 1.1 | 4.8 |

2. 电锤

适合在砖块、混凝土和石材上进行钻孔。另外也可以在木材、金属、陶瓷和塑料上钻孔。常用电锤规格、性能详见表 8-133。

常用电锤规格、性能  表 8-133

| 厂商 | 博世电动工具 | | |
|---|---|---|---|
| 型号 | GBH2-18E | GBH2-26E | GBH3-28E |
| 功率（kW） | 0.55 | 0.8 | 0.72 |

续表

| 最大钻孔直径（mm） | 30 | 30 | 30 |
|---|---|---|---|
| 最佳钻孔范围（mm） | 4～10 | 8～18 | 8～18 |
| 锤击率（n/min） | 4550 | 4000 | 4000 |
| 转速（r/min） | 1550 | 9000 | 800 |
| 重量（kg） | 1.5 | 2.7 | 3.3 |

#### 8.7.1.4 钉固机具

**1. 气钉枪**

广泛应用于装饰木基层的制作施工，具有省时省力、高效等特点，使用时必须配备空气压缩机，通过空气压力将钉子射出。常用气钉枪规格、性能详见表8-134。

常用气钉枪规格、性能　　　　表8-134

| 厂商 | 美国百事高（BESCO） | |
|---|---|---|
| 型号 | FS1013J | F50 |
| 使用气压（MPa） | 0.6～1 | 0.5～0.7 |
| 可装钉数（枚） | 100 | 100 |
| 钉子使用范围（mm） | 6～13 | 6～13 |
| 重量（kg） | 0.8 | 1.6 |

**2. 电动螺丝枪**

又称起子机，用于板材间的螺丝固定。常用电动螺丝枪规格、性能详见表8-135。

常用电动螺丝枪规格、性能　　　　表8-135

| 厂商 | 牧田专业电动工具 | | |
|---|---|---|---|
| 型号 | 6821 | 6823N | 6824N |
| 功率（kW） | 0.57 | 0.57 | 0.57 |
| 使用螺丝（mm） | 6 | 6 | 6 |
| 转速（r/min） | 4000 | 2500 | 4500 |
| 重量（kg） | 2.0 | 2.5 | 2.5 |

#### 8.7.1.5 打磨机具

**1. 角向磨光机**

常用于石材、金属的切割。常用角向磨光机规格、性能详见表8-136。

常用角向磨光机规格、性能　　　　表8-136

| 厂商 | 牧田专业电动工具 | | |
|---|---|---|---|
| 型号 | 9553B | 9555NB | 9566C |
| 功率（kW） | 0.71 | 0.71 | 1.4 |

续表

| 厂商 | 牧田专业电动工具 | | |
|---|---|---|---|
| 适用磨光片（mm） | 100 | 125 | 150 |
| 转速（r/min） | 11000 | 10000 | 9000 |
| 重量（kg） | 1.4 | 1.4 | 1.8 |

**2. 盘式抛光机**

主要用于木材、石材等装饰面的修整、磨光，如门扇、门套、窗帘箱、装饰木饰面等。常用盘式抛光机规格、性能详见表8-137。

常用盘式抛光机规格、性能　　　　表8-137

| 厂商 | 牧田专业电动工具 | | |
|---|---|---|---|
| 型号 | GV5000 | DV6010 | 9227CB |
| 功率（kW） | 0.4 | 0.44 | 1.2 |
| 适用砂轮片（mm） | 125 | 150 | 180 |
| 转速（r/min） | 4500 | 4500 | 3000 |
| 重量（kg） | 1.2 | 1.1 | 3.0 |

## 8.7.2 装修机械

**1. 型材切割机**

可在金属板上做纵向与横向的直线切割。常用型材切割机规格、性能详见表8-138。

常用型材切割机规格、性能　　　　表8-138

| 厂商 | 博世电动工具 | |
|---|---|---|
| 型号 | GCO2000 | LC1230 |
| 功率（kW） | 2 | 1.75 |
| 切片直径（mm） | 355 | 115 |
| 转速（r/min） | 3500 | 1300 |
| 重量（kg） | 15.8 | 19 |

**2. 喷涂机**

喷涂机按驱动方式分为：气动型、电动型、内燃机型、液压型。喷涂机参数见表8-139、表8-140。

气动型无气喷涂机参数表　　　　表8-139

| 名称 | 参数 |
|---|---|
| 压力比 | 2∶1，4∶1，8∶1，11∶1，16∶1，23∶1，32∶1，45∶1，55∶1，65∶1，70∶1，75∶1 |
| 空载排量（L/min） | 10，16，24，28，32，38，45，50，60，80，100 |
| 最大进气压力（MPa） | 0.6 |

**内动型、内燃机型、液压型无气喷涂机参数表** 表 8-140

| 名称 | 参数 |
|---|---|
| 功率（kW） | 0.55, 0.75, 1.1, 1.5, 2.2, 3, 4, 5, 7.5, 11, 15 |
| 空载排量（L/min） | 1.9, 2.5, 3.8, 4.5, 6, 8, 16, 28, 38, 45, 50 |
| 最大工作压力（MPa） | 15, 20, 25, 35, 40, 45 |

### 8.7.3 高处作业机械

#### 8.7.3.1 高空作业平台

高空作业平台，指用来向高处运送人员、工具和材料到指定位置进行工作的设备。包括带控制器的工作平台、伸展结构和底盘。本节介绍臂架式高空作业平台和剪叉式高空作业平台。

1. 臂架式高空作业平台

臂架式高空作业平台，指升降机构由一节或多节臂（包括可伸缩臂）铰接成臂架结构的高空作业平台，分为固定臂架式高空作业平台、移动臂架式高空作业平台和自行臂架式高空作业平台。

作业平台的主参数为平台最大高度。主参数系列见表 8-141。

**臂架式高空作业平台主参数表** 表 8-141

| 名称 | 数值 |
|---|---|
| 平台最大高度（m） | 3, 4, 5, 6, 8, 10, 12, 14, 16, 18, 20, 25, 30 |

2. 剪叉式高空作业平台

剪叉式高空作业平台指升降结构为剪叉式的高空作业平台，分为固定剪叉式高空作业平台、移动剪叉式高空作业平台和自行剪叉式高空作业平台。

作业平台的主参数为平台最大高度。主参数系列见表 8-142。

**剪叉式高空作业平台主参数表** 表 8-142

| 名称 | 数值 |
|---|---|
| 平台最大高度（m） | 1, 2, 2.5, 3, 4, 5, 6, 7, 8, 9, 10, 11, 12, 14, 16, 18, 20 |

#### 8.7.3.2 高空作业车

高空作业车，即高空作业平台的底盘为定型道路车辆，并有车辆驾驶员操纵其移动的设备。按伸展结构的类型，可分为伸缩臂式（代号S）、折叠臂式（代号Z）、混合式（代号H），垂直升降式（代号C）。示意图见图 8-119。

高空作业车的基本参数系列见表 8-143。

**高空作业车基本参数表** 表 8-143

| 项目 | 参数 |
|---|---|
| 最大作业高度（m） | 6, 8, 10, 12, 14, 16, 18, 20, 25, 32, 35, 40, 45, 50, 55, 60, 65, 70, 80, 90, 100 |
| 额定荷载（kg） | 125, 136, 160, 200, 250, 320, 400, 500, 630, 800, 1000, 2000, 3000, 4000, 5000 |

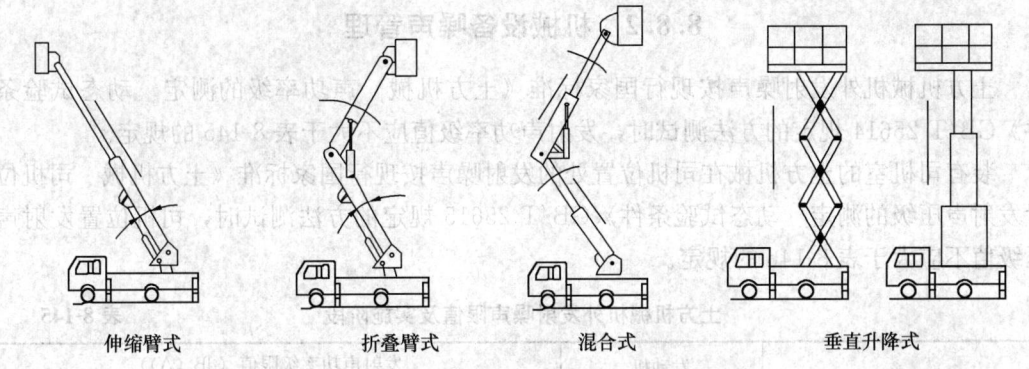

图 8-119 作业车按伸展结构类型的分类

## 8.8 施工机械设备绿色施工管理

### 8.8.1 机械设备绿色施工性能认定

**混凝土泵车绿色施工性能认定**

混凝土泵车的评价指标可从资源能源的消耗,以及对环境和人体健康造成影响的角度进行选取,混凝土泵车的评价指标由一级指标和二级指标组成。一级指标包括能源属性、环境属性和产品属性三类指标。二级指标为四类属性指标中具体评价项目,包括指标名称、基准值、判定依据、所属阶段等。混凝土泵车评价指标要求见表8-144。

混凝土泵车评价指标要求　　　　表 8-144

| 一级指标 | 指标名称 | 单位 | 基准值 | 判定依据 | 所属阶段 |
| --- | --- | --- | --- | --- | --- |
| 能源属性 | 产品综合油耗 | L/m³ | ≤0.7 | 依据《臂架式混凝土泵车能效测试方法》GXB/TY 0042—2016 检测 | 使用 |
| 环境属性 | 噪声 | dB（A） | 产品符合《混凝土泵车》QC/T 718 的标准要求 | 依据《混凝土泵车》QC/T 718—2013 检测 | 使用 |
| 环境属性 | 废气排放 | L | 产品符合《重型柴油车污染物排放限值及测量方法》GB 17691 的标准要求 | 依据《重型柴油车污染物排放限值及测量方法》GB 17691 检测 | 使用 |
| 产品属性 | 泵送效率 | % | 泵送混凝土坍落度为 150mm～200mm 时,混凝土泵吸入效率不应低于 85 | 依据《混凝土泵车》GB/T 13333 检测 | 使用 |
| 产品属性 | 产品安全性 | — | 产品符合《混凝土泵车》QC/T 718 的标准要求 | 依据《混凝土泵车》QC/T 718 检测 | 使用 |
| 产品属性 | 产品质量 | — | 产品符合《混凝土泵车》QC/T 718 的标准要求 | 依据《混凝土泵车》QC/T 718 检测 | 使用 |

## 8.8.2 机械设备噪声管理

土方机械机外发射噪声按现行国家标准《土方机械 声功率级的测定 动态试验条件》GB/T 25614 规定的方法测试时，发射声功率级值应不大于表 8-145 的规定。

装有司机室的土方机械在司机位置处的发射噪声按现行国家标准《土方机械 司机位置发射声压级的测定 动态试验条件》GB/T 25615 规定的方法测试时，司机位置发射声压级值不应大于表 8-146 的规定。

**土方机械机外发射噪声限值及实施阶段** 表 8-145

| 机器类型 | 发动机净功率（pab/kW） | 发射声功率级限值（dB（A）） | |
|---|---|---|---|
| | | Ⅰ阶段（2012-01-01 起实施） | Ⅱ阶段（2015-01-01 起实施） |
| 压路机（振动、振荡） | $P \leqslant 8$ | 110 | 107 |
| | $8 < P \leqslant 70$ | 111 | 108 |
| | $70 < P \leqslant 500$ | $91 + 11 \lg P$ | $88 + 11 \lg P$ |
| 履带式推土机、履带式装载机、履带式挖掘装载机、履带式吊管机、挖沟机 | $P \leqslant 40$ | 108 | 106 |
| | $40 < P \leqslant 500$ | $87 + 13 \lg P$ | $87 + 11.8 \lg P$ |
| 轮胎式装载机、轮胎式推土机、轮胎式挖掘装载机、自卸车、平地机、轮式回填压实机、压路机（非振动、非振荡）、轮胎式吊管机、铲运机 | $P \leqslant 40$ | 107 | 104 |
| | $40 < P \leqslant 500$ | $88 + 12.5 \lg P$ | $86 + 12 \lg P$ |
| 挖掘机 | $P \leqslant 15$ | 96 | 93 |
| | $15 < P \leqslant 500$ | $84.5 + 11 \lg P$ | $81.5 + 11 \lg P$ |

注：公式计算的噪声限值圆整至最接近的整数（位数<0.5 时，圆整到较小的整数，位数≥0.5 时，圆整到较大的整数）。
发动机净功率 $P$ 按现行国家标准《土方机械 发动机净功率试验规范》GB/T 16936 确定。
发动机净功率是机器安装发动机净功率的总和。

**土方机械司机位置处噪声限值及实施阶段** 表 8-146

| 机器类型 | 司机位置发射声压级限值/dB（A） | |
|---|---|---|
| | Ⅰ阶段（2012-01-01 起实施） | Ⅱ阶段（2015-01-01 起实施） |
| 履带式挖掘机 | 83 | 80 |
| 轮胎式装载机、轮胎式推土机、铲运机、轮胎式吊管机、轮胎式挖掘机、压路机（非振动、非振荡）、轮胎式挖掘装载机 | 89 | 86 |
| 平地机 | 88 | 85 |
| 轮式回填压实机 | 91 | 88 |
| 履带式推土机、履带式装载机、履带式挖掘装载机、挖沟机、履带式吊管机 | 95 | 92 |
| 压路机（振动、振荡） | 90 | 87 |
| 自卸车 | 85 | 82 |

# 参 考 文 献

[1] 朱维益. 建筑施工工程师手册[M]. 北京：中国建筑工业出版社，2003.
[2] 杜荣军. 建筑施工安全手册[M]. 北京：中国建筑工业出版社，2007.
[3] 柳春圃. 建筑施工常用数据手册[M]. 2版. 北京：中国建筑工业出版社，2001.
[4] 高振峰. 土木工程施工机械实用手册[M]. 济南：山东科学技术出版社，2009.
[5] 崔碧海. 起重技术[M]. 重庆：重庆大学出版社，2006.
[6] 靳同红，王胜春，张青. 混凝土机械构造与维修手册[M]. 北京：化学工业出版社，2012.

# 9 建筑施工测量

建筑施工测量是工程测量的重要组成部分，是为建筑工程施工提供全过程、全方位的测绘保障和服务的一项重要技术工作，对保障建筑工程施工质量具有不可替代的作用。

施工测量主要工作包括施工控制测量、建筑场地测量、基础施工测量、结构施工测量、装饰测量、设备安装测量、竣工测量以及为了解建筑工程和建筑环境在施工期间的安全所进行的变形监测等内容。

## 9.1 施工测量前期准备工作

施工测量前期准备工作，一般包括：施工资料的收集分析、红线点和测量控制点的交接与复测、测量方案编制以及测量仪器和工具检验校正等。

### 9.1.1 施工资料收集、分析

施工测量前，应根据建设工程的要求和施工类型、规模、特点、进度计划安排等，全面收集有关的施工资料，分析其必要性和可靠性，并对数据关系等进行必要的复核。

#### 9.1.1.1 资料收集

为了满足工程施工和施工测量的需要，一般需要收集的资料有：

（1）城市规划部门的建设用地规划审批图及说明。
（2）建设用地红线点测绘成果资料和测量平面控制点、高程控制点。
（3）总平面图、建筑施工图、结构施工图、设备施工图等施工设计图纸与有关变更文件。
（4）施工组织设计或施工方案。
（5）工程勘察报告。
（6）施工场区地形、地下管线、建（构）筑物等测绘成果。

#### 9.1.1.2 资料分析

1. 城市规划部门的建设用地规划审批文件的分析

各类工程建设都是经过国家规划管理部门统筹规划并通过审批的。规划用地批复文件，都明确地规定了用地的使用面积、范围、性质、与周边位置关系、建筑高度限制等重要规划指标和要求，是建设用地使用时必须遵守的。因此必须认真分析和理解规划数据和要求。

2. 施工设计图纸与有关变更文件的分析

建筑施工是按设计图纸进行施工的过程，对施工设计图纸与有关变更文件的分析就是对设计要素和条件的了解、掌握与消化、分析的过程,以便指导施工测量工作。
### 9.1.1.3 测绘成果资料和测量控制点的交接与复测

建设用地红线点成果,既是确定建设位置的更为详细的成果资料,同时也是施工测量的重要依据。首先要到现场通过正式交接实地确认桩点完好情况,交接后要进行复测以确定红线点成果坐标和边角关系。

测量所依据的平面和高程控制点,是施工测量放样定位的依据,一般平面坐标点不应少于三个、高程控制点不应少于两个。对测量控制点,同样通过正式交接确定红线点和测量控制点的完好性,并对其几何关系进行检测,其中角度限差为±60″,点位为限差±50mm,边长相对误差1/2500。对高程控制点按附合水准路线进行检测,允许闭合差为±10$\sqrt{n}$mm($n$为测站数)。

## 9.1.2 施工测量方案编制

施工测量方案是编制施工方案的重要内容之一。施工测量方案应包括施工准备测量、临时设施测量、管线改移测量、主体施工测量、附属设施及配套工程施工测量、工程监控测量以及竣工验收测量等。对于特殊工程,还应编制专项测量方案。

### 9.1.2.1 施工测量方案编制基本要求

施工测量方案编制基本要求,要遵守有依据性、全面性、合理性、针对性等基本要求。主要包括:编制施工测量方案的依据、编制施工测量方案的基本原则和施工测量方案的基本内容。

### 9.1.2.2 施工测量方案编制提纲

施工测量方案编制提纲内容主要包括:工程概况、任务要求、施工测量技术依据、施工测量测量方法、施工测量技术要求、起始依据点的检测、施工控制测量、建筑场地测量、基础施工测量、结构施工测量、装饰测量、设备安装测量、竣工测量、变形监测、安全、质量保证与具体措施、成果资料整理与提交等。

施工测量方案编制提纲内容可根据施工测量任务的大小与复杂程度,对上述内容进行选择。例如建筑小区工程、大型复杂建筑物、特殊工程的施工测量内容多,其方案编制可按上述提纲的内容编写,对于小型、简单建筑工程施工测量内容较少,可根据所涉及的工作进行施工测量方案编制。

# 9.2 测量仪器及其检校

## 9.2.1 常用测量仪器介绍

目前,在建筑施工测量中,常用测量仪器有GNSS接收机、经纬仪、全站仪、水准仪、铅垂仪和激光扫平仪等,近年来,手持激光测距仪、电子水平尺、三维激光扫描仪以及带BIM功能的全站仪等也在建筑施工测量领域逐渐开始应用。

### 9.2.1.1 GNSS接收机

1. 概述

GNSS是Global Navigation Satellite System的简称,即全球导航卫星系统,目前全

球性的卫星定位系统除了美国的 GPS 之外，还有我国的北斗、俄罗斯的"格洛纳斯"以及欧盟的"伽利略"等，并称为全球四大卫星定位导航系统。

GNSS 接收机有单频与双频之分，双频机最适宜于中、长基线（大于 20km）测量，单频机适宜于小于 20km 的短基线测量。GNSS 接收机有静态测量、快速静态测量、RTK（实时动态差分测量）、PPK（差分后处理）等测量模式，其中 RTK 和 PPK 只适用于双频接收机；RTK 系统由 GNSS 接收设备、无线电通信设备、电子手簿及配套设备组成，具有操作简便性、实时可靠性、厘米级精度等特点，可以满足数据采集和工程放样的要求。

2. 全站仪简介

全站仪是一种集测角，测距、计算记录于一体的测量仪器。在实际应用中，只要将各种固定参数（如测站坐标、仪器高、仪器照准差，指标差、棱镜参数、气温、气压等）预先置入仪器，然后照准目标上的反射镜，启动仪器，就可获得水平角、水平距或目标的 $X$、$Y$、$Z$ 坐标，且这些观测值都已经过多项改正，并显示在仪器的显示屏上。同时，数据记录在随机的存储器或外置的电子手簿当中，并利用随机的软件进行预处理，内业时直接传输到 PC（个人电脑）中，大大提高了作业的精度和效率。

全站仪大多有角度测量模式、距离测量模式、坐标测量模式、偏心测量模式等功能，其中在角度测量模式下可使仪器水平角置零、水平角读数锁定、从键盘输入设置水平角、设置倾斜改正、设置角度重复测量模式、垂直角及坡度显示等；在距离测量模式下设置距离精测或跟踪模式、偏心测量模式、放样测量模式等；在坐标测量模式下也可设置偏心测量模式等。根据测量任务和目的利用全站仪可以进行待定点坐标测量、导线测量、后方交会、坐标放样等。

全站仪安置与经纬仪相同，但各个厂家生产的全站仪功能和特点不一样，由于全站仪型号较多，篇幅所限不再详述，每款全站仪具体的功能和特点详见各仪器说明书。

### 9.2.1.2 水准仪

水准仪是进行高程测量的仪器，水准测量是采用水准仪和水准尺测定地面点高程的一种方法，该方法在高程测量中普遍采用。

随着数字技术的发展，数字电子水准仪相继出现，实现了水准标尺的精密照准、标尺读数、数据储存和处理等数据采集的自动化，从而减轻了水准测量的劳动强度，提高了测量成果质量。

1. 光学自动安平水准仪

光学自动安平水准仪见图 9-1。

光学自动安平水准仪取消了水准管及微倾螺旋，增加了光学补偿器，以补偿视准轴微小倾斜，但光学补偿器的补偿能力有限，因此在使用自动安平水准仪时，应将圆水准器气泡居中。

水准仪操作

1）置架

松开脚架固定螺旋，抽出三条活动架腿，使三条架腿大约等长，高度适中，张开架腿，使架头大致水平。在斜坡上置架时，应两腿置于坡下，一腿置于坡上。仪器基座三边与架头三边大致平行，拧紧连接螺旋后，将仪器的 3 个脚螺旋调到等高。架设水准仪要选

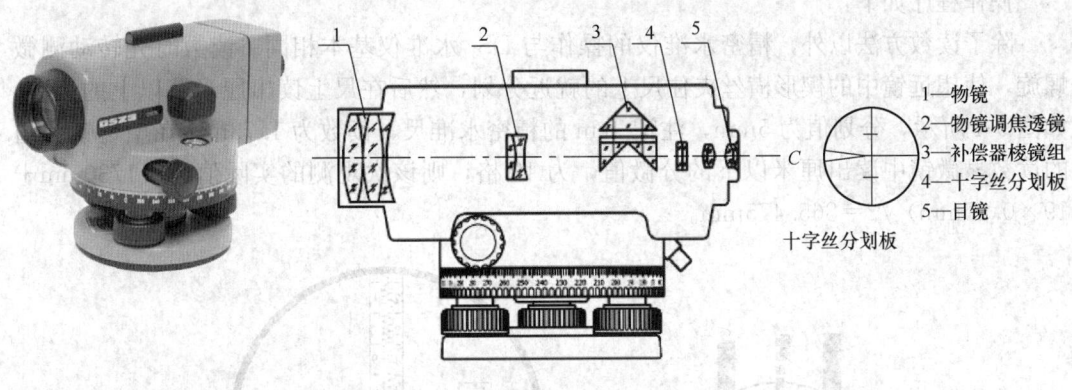

图 9-1 光学自动安平水准仪

1—物镜
2—物镜调焦透镜
3—补偿器棱镜组
4—十字丝分划板
5—目镜

坚实的地面,并将架腿尖角牢固地插入土中。

2)整平

水准仪整平同经纬仪。整平时,如果气泡无法调至水准器中间的圆圈内,说明架头不水平的程度超出圆水准器的调整范围,此时应再将脚螺旋全部调至等高位置,调整与圆水准器气泡方向相同或相反的架腿,将气泡调至靠近圆圈的位置后,再重新整平后即可使用,见图 9-2。

图 9-2 自动安平水准仪调平

3)照准及读数

读数前要打开补偿器锁定装置,确保补偿器处于自由状态。调节目镜对光螺旋,使十字丝清晰可见。用望远镜的照门、准星瞄准水准尺,使其成为一条直线。

调节物镜对光螺旋,使目标影像清晰,再调节水平微动螺旋,使目标影像与十字丝重合,用十字丝中央部分截取标尺读数。读数之前,要用眼睛在目镜处上下晃动,如果十字丝与目标影像相对运动,表示有视差存在,应反复调节目镜和物镜对光螺旋,仔细对光,消除视差。

消除视差后,如果目标清晰,圆水准器气泡居中即可开始读数,见图 9-3,所对应的读数为 0.204m。

2. 精密水准仪

$DS_{05}$ 级和 $DS_1$ 级水准仪属精密水准仪,主要用于国家一、二级等水准测量和高精度的工程测量。

操作程序如下：

除了读数方法以外，精密水准仪的操作与 $DS_3$ 水准仪基本相同。读数时先转动测微螺旋，使望远镜中的楔形横丝夹住尺上的就近分划，然后在尺上读出厘米及以上的读数。如图 9-4 所示，分划值为 5mm，注记 1cm 的精密水准尺，读数为 1.73m。在望远镜旁边的读数显微镜中读出厘米以下的分微值，为 19 格，则该次观测的实际值为（1730mm＋19×0.05mm）/2＝865.475mm。

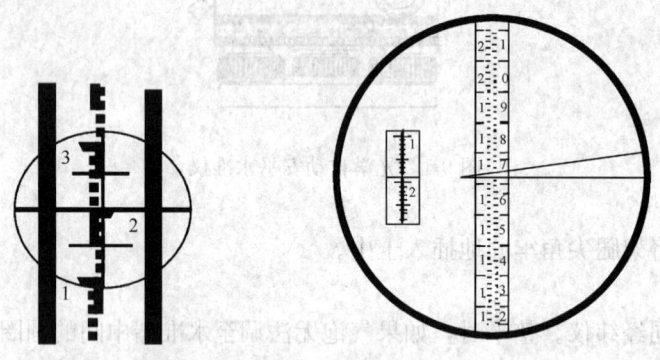

图 9-3　水准尺读数　　　　图 9-4　精密水准仪读数

3. 电子水准仪

电子自动安平水准仪也称电子数字水准仪，测量时，水准仪直接读取特制水准尺上代表数字的条形代码，通过处理器进行分析，并最终转化为电子数据进行显示或存储。

#### 9.2.1.3　垂准仪

激光垂准仪主要用于垂直高耸建筑物的内部垂线的放样控制。激光垂准仪分为一般垂准仪和全自动激光垂准仪。

1. 仪器特点及用途

激光垂准仪是在光学垂准系统的基础上添加两只半导体激光器，其中之一通过上垂准望远镜将激光束发射出来，激光束光轴与望远镜视准轴同心同轴同焦，当望远镜照准目标时会在目标处出现红色小亮斑。另一只激光器通过下对点系统将激光束发射出来，利用激光束对准基准点，快速直观。

激光垂准仪主要用于要求较高的垂直测量，可广泛用于建筑施工、安装工程及变形观测。

2. 仪器外形

仪器外形如图 9-5 所示。

3. 仪器使用

（1）对中、整平。对中整平同经纬仪。

（2）照准。在目标处放置网格激光靶，转动望远镜目镜使分划板十字丝清晰可见，转动调焦手轮使激光靶在分划板上成像清晰，反复调整消除视差。

图 9-6 是与激光垂准仪配套使用的激光网格靶，该靶为边长 160mm 的方形玻璃板，网格间距为 10mm。

（3）向上垂准。

1) 光学垂准。仪器对中、整平好后，指挥持靶人员将激光网格靶靶心置于十字丝交点上，然后利用通过网格靶心的延长线将点投测到目标平面上。为提高垂准精度，应将仪器照准部旋转180°，通过望远镜观测第二个点，取两点连线的中点为测量值。

 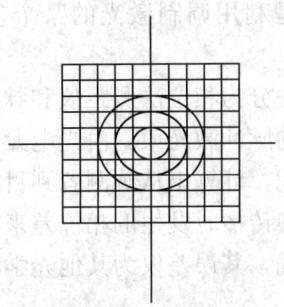

图 9-5　激光垂准仪　　　　图 9-6　激光网格靶

2) 激光垂准。打开垂准激光开关，激光从望远镜中射出，聚焦在激光靶上，光斑中心即为测设点。指挥持靶人员将激光网格靶靶心置于光斑中心，然后利用通过网格靶心的延长线将点投测到目标平面上。同时旋转照准部，采用对称测设的方法提高垂准精度。通过望远镜目镜观测时一定要在目镜外装上滤色片，避免激光对人眼造成伤害。

4. 全自动激光垂准仪

全自动型激光垂准仪只需居中圆水准器即可，精平由自动安平补偿器完成。它能提供向上或向下的激光铅垂线，向上和向下一测回垂准测量标准偏差为1/100000。上、下激光的有效射程均为150m，距激光出口100m处的光斑直径不大于20mm。

#### 9.2.1.4　激光扫平仪

激光扫平仪是一种新型的基准面定位仪器，激光扫平仪所发出的光束，在周边物体上可形成水平、铅垂或倾斜等光束基准面，实时提供一个共同的施工基准控制面。由于其工作特性，因此广泛应用于机械工程安装及建筑业等施工过程中，尤其是在建筑内部的装修中更为实用高效。

激光扫平仪扫描的工作范围可达到半径为100~300m，能快速、持续地解决烦琐的平面测量工作。

1. 激光扫平仪分类及特点

根据激光扫平仪的工作原理，该类仪器大致可分成三类：水泡式激光扫平仪、自动安平激光扫平仪和电子自动安平扫平仪。

(1) 水泡式激光扫平仪，其结构简单，适宜于建筑施工、室内装饰等施工工作。

(2) 自动安平激光扫平仪，利用吊丝式光机补偿器，以达到在补偿范围内自动安平的目的，这种仪器适合于振动较大的施工场地。

(3) 电子式自动安平激光扫平仪，其电子自动安平系统一般由传感器、电子线路和执行机构组成。一般补偿范围都限制在十几分之内，使安平范围得以扩大，与其他类别仪器相比，具有较高的稳定性和补偿精度。

2. 应用范围

激光扫平仪所建立的大范围基准面，常用于机场、广场、体育场馆等大面积的土方施工及基础扫平作业；在室内装修工程中，用于测设墙裙水平线、吊顶龙骨架水平面和检测地坪平整度等，工效高并省去设置标桩等工序和原材料。

#### 9.2.1.5 激光测距仪

激光测距仪是利用调制激光的某个参数实现对目标的距离测量的仪器，测量范围 3.5～5000m。

按照测距方法分为相位法测距仪和脉冲法测距仪，脉冲式激光测距仪是在工作时向目标射出一束短暂的脉冲激光束，由光电元件接收目标反射的激光束，计时器测定激光束从发射到接收的时间，计算出从观测者到目标的距离。相位法激光测距仪是利用检测发射光和反射光在空间中传播时发生的相位差来检测距离的。激光测距仪重量轻、体积小、操作简单速度快而准确，其误差仅为其他光学测距仪的五分之一到数百分之一，图9-7为手持激光测距仪。

用途

手持激光测距仪轻便小巧，价格低廉，测量精度高，在建筑施工测量中，可快速进行建筑构件尺寸测量，利用仪器内含的程序，还可进行面积测量，体积测量，对边测量等。目前手持激光测距仪正逐步替代皮尺和钢尺，成为距离测量的主要工具。

图 9-7 手持激光测距仪

#### 9.2.1.6 电子水平尺

电子水平尺又称数显水平尺，是利用液面水平的原理，以水准泡直接显示角位移，测量被测表面相对水平位置、铅垂位置、倾斜位置偏离程度的一种计量器具。电子水平尺的外观如图9-8所示，这种水平尺既能用于短距离测量，又能用于远距离的测量，也解决现有水平仪只能在开阔地测量，狭窄地方测量难的缺点，且测量精确，造价低，携带方便，经济适用。

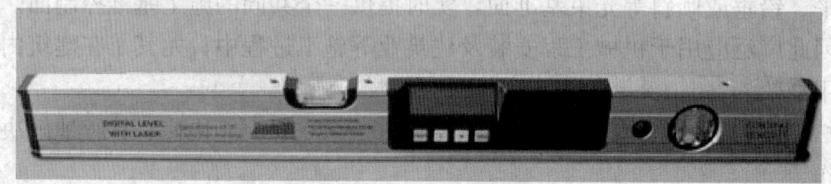

图 9-8 电子水平尺

1. 使用范围

(1) 建筑、装修、装饰行业中地面、墙面、门窗、玻璃幕墙的平整度、倾斜度、水平度、垂直度的施工、质监、验收以及测量。

(2) 水利建设、道路桥梁施工中水平度、坡度、倾斜度的测量、质监和验收。

(3) 通信设施天线定位测量。

(4) 工、矿、军工企业中精密机械制造、工业平台、设备定位以及相应的维护和保养。

(5) 铁道铁轨水平度、坡度施工检测。

(6) 其他：石油勘探、钻井、健身器材等。

2. 特性

(1) 主要特性：绝对角度测量、相对角度、斜度测量。

(2) 规格：400mm、1000mm、2000mm、3000mm。

3. 使用方法

(1) 绝对角度测量

按下电子水平尺［电源开关］键直接进入绝对角度的测量状态，液晶屏将显示被测面与水平面之间的角度值。当水平尺工作面与水平面角度发生变化时，角度值将随之改变。倾角方向提示符显示为"/"时，表示水平尺左低右高，此时显示角度值为正数；显示为"/"时，表示水平尺左高右低，此时显示角度值为负数；当所测角度超出测量范围时，水平尺将显示错误提示符"Err"。

(2) 相对角度测量

把水平尺放在第一个被测面上，按［绝对/相对］键，显示为 0.00°，液晶屏右上方同时出现相对角度测量提示符"<"，水平尺移向第二个被测量面，此时液晶屏显示值为上述两个被测量面的相对夹角。再次按下［绝对/相对］键，则转换为绝对角度的测量。

(3) 斜度测量

当所测角度在±5°范围内或 90°±5°范围内时，按下［角度/斜度］键，液晶屏显示该角度所对应的斜度值 $H$（单位 mm）。

(4) 平整度测量

将水平尺紧靠被测面，缝隙大小由楔形塞尺去检测，塞尺所指示的位置即被测面的平整度偏差。

#### 9.2.1.7 BIM 全站仪

随着 BIM 技术在建筑行业的快速发展，探索将 BIM 与智能型全站仪集成应用的解决方案成为当下工程测量主流。即通过具有 BIM 放样功能的测量机器人把三维模型与施工现场结合起来，不仅能克服传统全站仪施工放样至少需要两个人、受现场和人为因素影响较大、放样精度不高、效率低等问题，还能解决特大异形建筑物的复杂放样、管线碰撞验核、数字化测量等问题。目前具有代表性的 BIM 全站仪有：天宝 S9、Topcon LN100、徕卡 MS60、iCON Robot60 等。BIM 全站仪在施工测量放样中的典型应用有通过 BIM 模型进行放样定位，采集实际建造数据更新 BIM 模型，采集实际建造数据与 BIM 模型对比分析进行施工验收等功能，极大程度上推动了工程测量的发展。BIM 全站仪具体优点如下：

1. 放样精确，衔接设计施工。
2. 信息精准，助力工厂预制。
3. 突破精度，辅助施工验收。

采用 BIM 全站仪测量的具体放样流程包括数据预处理、提取放样点、数据导入测量机器人、设定测站和放样五部分。

当然 BIM 全站仪施工放样也存在着一些不足之处：①技术性更强，需要借助专业软件处理数据；②仪器成本高，传统全站仪的采购成本要远远低于 BIM 全站仪。

随着建筑和基础设施行业应用 BIM 技术的发展浪潮，BIM 全站仪的应用必将日益广泛。针对国内进行 BIM 施工放样过程中存在的不足，还需要制定统一的 BIM 标准来进行规范管理，开发新的仪器设备用来降低成本，从而推动实现 BIM 技术在各领域带来革命性的变化。

### 9.2.1.8 三维激光扫描仪

地面三维激光扫描技术的出现是以三维激光扫描仪的诞生为代表,有人称"三维激光扫描系统"是继 GNSS 技术以来测绘领域的又一次技术革命。三维激光扫描仪见图 9-9,激光点云图像见图 9-10。

图 9-9　三维激光扫描仪　　　图 9-10　激光点云图像

1. 三维激光扫描仪的分类：

三维激光扫描仪按照扫描平台的不同可以分为：机载（或星载）激光扫描系统、地面型激光扫描系统、便携式激光扫描系统。

三维激光扫描仪作为现今时效性最强的三维数据获取工具可以划分为不同的类型。通常情况下按照三维激光扫描仪的有效扫描距离进行分类，可分为：

（1）短距离激光扫描仪：其最长扫描距离不超过 3m，一般最佳扫描距离为 0.6～1.2m，通常这类扫描仪适合用于小型模具的量测，不仅扫描速度快且精度较高，可以多达三十万个点精度至±0.018mm。例如：美能达公司出品的 VIVID910 高精度三维激光扫描仪，手持式三维数据扫描仪 FastScan 等，都属于这类扫描仪。

（2）中距离激光扫描仪：最长扫描距离小于 30m 的三维激光扫描仪属于中距离三维激光扫描仪，其多用于大型模具或室内空间的测量。

（3）长距离激光扫描仪：扫描距离大于 30m 的三维激光扫描仪属于长距离三维激光扫描仪，其主要应用于建筑物、矿山、大坝、大型土木工程等的测量。例如：奥地利 Riegl 公司出品的 LMS Z420i 三维激光扫描仪和加拿大 Cyra 技术有限责任公司出品的 Cyrax2500 激光扫描仪等，属于这类扫描仪。

（4）航空激光扫描仪：最长扫描距离通常大于 1km，并且需要配备精确的导航定位系统，其可用于大范围地形的扫描测量。

目前阶段，需要通过两种类型的软件才能使三维激光扫描仪发挥其功能：一类是扫描仪的控制软件；另一类是数据处理软件。前者通常是扫描仪随机附带的操作软件，既可以用于获取数据，也可以对数据进行相应处理，如 Riegl 扫描仪附带的软件 RiSCAN Pro；而后者多为第三方厂商提供，主要用于数据处理。Optech 三维激光扫描仪所用数据处理软件为 Polyworks10.0。

2. 三维建模的步骤：

三维激光扫描系统采集的数据为点云数据，点云数据处理一般包含下面几个步骤：噪声去除、多视对齐、数据精简、曲面重构。

噪声去除指除去点云数据中扫描对象之外的数据。在扫描过程中，由于某些环境因素的影响，比如移动的车辆、行人及树木等，也会被扫描仪采集。这些数据在后处理就要删除。

多视对齐其指由于被测件过大或形状复杂，扫描时往往不能一次测出所有数据，而需要从不同位置、多视角进行多次扫描，这些点云就需要对齐、拼接称为多视对齐。

点云的数据精简指的是由于点云数据是海量数据，在不影响曲面重构和保持一定精度的情况下需要对数据进行精简。常用的精简方法可采用下列方式：平均精简—原点云中每 $n$ 个点保留 1 个；按距离精简—删除一些点后使保留的点云中点与点间的距离均大于某值。

为了真实地还原扫描目标的本来面目，需要将扫描数据用准确的曲面表示出来，这个过程叫曲面重构。曲面常见表示种类有：三角形网格，细分曲面，明确的函数表示，暗含的函数表示，参数曲面，张量积 B 样条曲面，NURBS 曲面，曲化的面片等。

经过曲面重构后，就可以进行三维建模，还原扫描目标的本来面目。点云数据处理步骤基本完成，可以应用点云数据来解决问题。

### 9.2.2 测量仪器检验和校正

#### 9.2.2.1 全站仪（经纬仪）的检验和校正

**1. 水准管的检验与校正**

(1) 检验，将水准管与任意两个脚螺旋连线平行，旋转这两个脚螺旋使管水准器气泡居中，将水准管水平旋转 180°，若水准管气泡不居中，则需校正。

(2) 校正，用校正旋具调整水准管一端的校正螺钉，将气泡向中心调整偏移量的 1/2。利用脚螺旋居中水准管气泡，将水准管再旋转 180°若气泡仍不居中，则重复上述步骤。

**2. 圆水准器的检验校正**

(1) 检验，利用已经检验、校正的管水准器精确整平全站仪，如果圆水准器气泡不居中，则需要校正。

(2) 校正，利用校正旋具调整圆水准器底部的 3 个校正螺钉，直至气泡居中。

**3. 光学对中器的检验与校正**

(1) 检验，将仪器置于白色地面上，在地面上标出黑色标志，用光学对中器严格对中该点，严格整平水准管，消除对中器视差。将仪器水平旋转 180°，若对中器十字丝交点不在该点上，则需校正。

(2) 校正，打开光学对中器目镜端护罩，用校正旋具旋转 4 颗校正螺钉，使其按偏移的相反方向移动偏移量的 1/2，再利用脚螺旋使十字丝交点与地面点重合，再将仪器水平旋转 180°，若不重合则继续校正，直至重合为止。

**4. 竖盘指标水准管的检验与校正**

(1) 检验方法

1) 安置仪器后，盘左位置照准某一高处目标（仰角大于 30°），用竖盘指标水准管微动螺旋使水准管气泡居中，读取竖直度盘读数，求出其竖直角 $a_{左}$。

2) 再以盘右位置照准此目标，用同样方法求出其竖直角 $a_{右}$。

3) 若 $a_{左} \neq a_{右}$ 说明有指标差，应进行校正。

(2) 校正方法

1) 计算出正确的竖直角 $a = a_左 + a_右$

2) 仪器仍处于盘右位置不动，不改变望远镜所照准的目标，再根据正确的竖直角和竖直度盘刻画特点求出盘右时竖直度盘的正确读数值，并用竖直指标水准管微动螺旋使竖直度盘指标对准正确读数值，这时，竖盘指标水准管气泡不再居中。

3) 用拨针拨动竖盘指标水准管上、下校正螺丝，使气泡居中即消除了指标差达到了检校的目的。

5. 仪器常数的检验

有棱镜模式和无棱镜模式有各自的常数，必须分开检验和校正。通常仪器常数应送专门机构检验。自行检查方法如下：

选一条 100m 长的直线 $AB$，在直线上选一点 $C$，分别观测直线 $AB$、$AC$、$BC$ 的长度，重复多次观测，取观测平均值。

$$棱镜常数 = AC + BC - AB$$

如果棱镜常数与出厂常数之差超过 5mm，应与销售商联系。如果不超过 5mm，则可根据该值设置棱镜常数。

6. 激光指示器光轴的检验与校正

激光指示器光轴的检验与校正如图 9-11 所示。

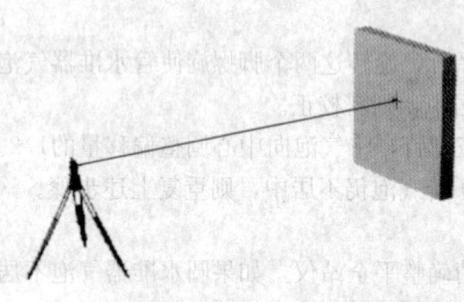

图 9-11 激光指示器光轴的检验与校正

(1) 检验，激光指示器只能指示视准轴的大致位置，不能指示精确位置。因此在 10m 距离内，激光指示器与望远镜视准轴相差在 6mm 以内，仪器无须校正。

在与仪器大致等高的墙面上画一"十"字，在距墙 10m 处置仪器，精确整平，用望远镜精确照准十字的交叉点。打开激光指示器，检查激光中心与十字交叉点的距离，如果小于 6mm，则无须校正。

(2) 校正，取出望远镜上部的橡胶盖，露出校正螺钉。用校正旋具调整 3 个校正螺钉，移动激光指示器的光斑，直到精确对准十字交叉点。

7. 全站仪程序自动校正

一些高端的全站仪，在机载程序中内置了检校功能，可以对 $l$、$t$（补偿器纵向和横向指标差）、$i$（竖直角指标差，与竖轴有关）、$c$（水平照准误差，也称为视准误差）以及仪器的 ATR（自动目标照准）功能进行自动测量和校准。不同品牌的全站仪校准方法略有差别，具体可参看仪器的操作手册或说明书。

### 9.2.2.2 水准仪的检验和校正

1. 一般性检验

安置仪器后检验：三脚架是否牢固；制动和微动螺旋、微倾螺旋、脚螺旋等是否有效；望远镜成像是否清晰等。同时了解水准仪各主要轴线及其相互关系。

2. 圆水准器轴平行于仪器竖轴的检验和校正

为使光学自动安平水准仪的光学补偿器在正常范围内调节视准轴，保证观测精度，要对圆水准器进行检验和校正。

(1) 检验：转动脚螺旋使圆水准器气泡居中，将仪器绕竖轴旋转180°后，若气泡仍居中，则说明圆水准器轴平行于仪器竖轴。否则如图9-12（b）和图9-12（c）所示需要校正。

(2) 校正：先稍松圆水准器底部中央的固紧螺丝，再拨动圆水准器校正螺丝，如图9-12（c）所示使气泡返回偏移量的一半，然后转动脚螺旋使气泡居中。如此反复检校，直到圆水准器在任何位置时，气泡都在刻画圈内为止，如图9-12（d）所示。最后旋紧固紧螺旋。

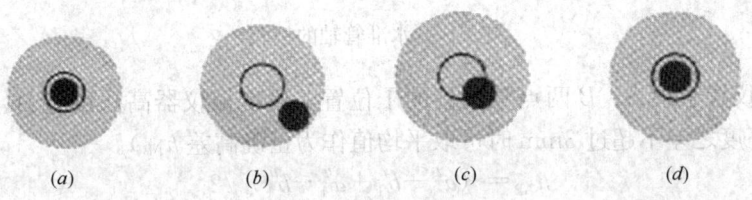

图9-12 圆水准器的检验

**3. 望远镜视准轴水平的检验（$i$角的检验）与校正**

方法一：

(1) 检验：选平坦地段，将60m长的直线距离等分三段，直线上4点分别为$A$、$B$、$C$、$D$，如图9-13所示。

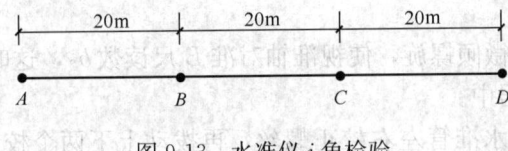

图9-13 水准仪 $i$ 角检验

仪器置于$A$点，同一塔尺分别立于$B$、$C$两点，由近及远分别读数为$b_1$、$c_1$；仪器置于$D$点，由近及远分别读数$c_2$、$b_2$，如果$(b_2-c_2)-(b_1-c_1)>3mm$，仪器需要校正。

(2) 校正：仪器置于$D$点不动，调整后的读数$B=b_2-(b_2-c_2)-(b_1-c_1)$，取下目镜罩用校正旋具拨动分划板调节螺丝（图9-14），使分划板的十字丝横丝与$B$值重合，旋紧目镜罩，然后按上述方法再校正一次。不同水准仪的分划板调节螺丝稍有不同，调节时要注意。

方法二：

在平坦地段选距离80m的$A$、$B$两点，取$AB$中点$M$。置仪器于$M$点，$A$、$B$两点分别立同一根水准尺，测得两值$a_1$、$b_1$，测$h_1=a_1-b_1$。原地改变仪器高后，测得$a_2$、$b_2$，测$h_2=a_2-b_2$，当$h_1$、$h_2$之差小于2mm时，取平均值为$AB$点的高差$h$。将仪器沿直线移到$A$点旁边，望远镜照准$A$点测得$a_3$，应读前视$b_3=a_3-h$。将望远镜照准$B$尺，如读数$b'_3$与$b_3$相差大于3mm，应校正。

**4. 水准管轴与视准轴平行关系的检验与校正**

(1) 检验

1) 如图9-15所示，选择相距75～100m稳定且通视良

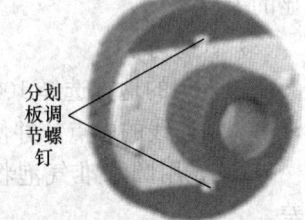

图9-14 分划板调节螺钉

好的两点 $A$、$B$，在两点上各打一个木桩固定其点位。

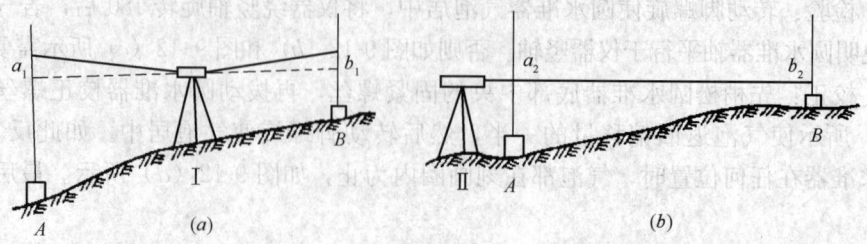

图 9-15 水准管轴的检验

2) 水准仪置于距 $A$、$B$ 两点等远处的 Ⅰ 位置，用变换仪器高法测定 $A$、$B$ 两点间的高差（两次高度之差不超过 3mm 时可取平均值作为正确高差 $h_{AB}$）。

$$h_{AB}=(a'_1-b'_1+a''_1-b''_1)/2$$

3) 在把水准仪置于离 $A$ 点 3~5m 的 Ⅱ 位置如图，精平仪器后读近尺 $A$ 上的读数 $a_2$。
4) 计算远尺 $B$ 上的正确读数 $b_2$。

$$b_2=a_2-h_{AB}$$

5) 照准远尺 $B$，旋转微倾螺旋。

将水准仪视准轴对准 $B$ 尺上的 $b_2$ 读数，这时，如果水准管气泡居中，即气泡影像符合，则说明视准轴与水准管平行，否则应进行校正。

(2) 校正

1) 重新旋转水准仪微倾螺旋，使视准轴对准 $B$ 尺读数 $b_2$，这时水准管符合气泡影像错开，即水准管气泡不居中。

2) 用校正针先松开水准管左右校正螺丝，再拨动上下两个校正螺丝［先松上（下）边的螺丝，再紧下（上）边的螺丝］，直到符合气泡影像为止。此项工作要重复进行，直到符合要求为止。

5. 自动安平水准仪补偿器性能的检验与校正

(1) 检验原理

自动安平水准仪"补偿器"的作用是，当视准轴倾斜时（即在"补偿器"允许的范围内），能在十字丝上读得水平视线的读数。检验"补偿器"性能的一般原理是，有意使仪器的旋转轴安置得不竖直。并测得两点间的高差，使之与正确高差相比较。如果"补偿器"的补偿性能正常，无论视线上倾或下倾，都可读得水平视线的读数，测得的高差亦是 $A$、$B$ 两点间的正确高差；如果"补偿器"的补偿性不正常，由于前后视的倾斜方向不一致，实际倾斜产生的读数误差不能在高差计算中抵消。因此，测得的高差与正确的高差有明显的差异。

(2) 检验方法

在较平坦的地方选择 100m 左右的 $A$、$B$ 两点，在 $A$、$B$ 点各钉入一木桩，将水准仪置于 $A$、$B$ 连线的中点，并使两个脚螺旋与 $AB$ 连线方向一致，见图 9-16。

1) 首先用圆水准气泡将仪器置平，测出 $A$、$B$ 两点间的高差 $h_{AB}$，以此作为正确高差。

2) 升高第 3 个脚螺旋，使仪器向左（或向右）倾斜，测出 $A$、$B$ 两点间的高差 $h_{AB左}$。

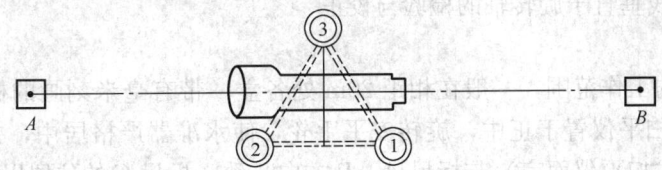

图 9-16　自动安平水准仪补偿器的检验

3）降低第 3 个脚螺旋，使仪器向右（或向左）倾斜，测出 $A$、$B$ 两点间的高差 $h_{AB右}$。

4）升高第 3 个脚螺旋，使圆水准气泡居中。

5）升高第 1 个脚螺旋，使后视时望远镜向上（或向下）倾斜，测出 $A$、$B$ 两点间的高差 $h_{AB上}$。

6）升高第 1 个脚螺旋，使后视时望远镜向下（或向上）倾斜，测出 $A$、$B$ 两点间的高差 $h_{AB下}$。

无论左、右、上、下倾斜，仪器的倾斜角度均由水准气泡位置而定，四次倾斜的角度相同，一般取"补偿器"所能补偿的最大角度。

将 $h_{AB右}$、$h_{AB左}$、$h_{AB上}$、$h_{AB下}$ 相比较，视其差数确定"补偿器"的性能。对于普通水准测量，此差数一般应小于 5mm。

（3）补偿器的校正可按仪器使用说明书上指明的方法和步骤进行。

6．电子水准仪 $i$ 角的程序自动校正

类似于全站仪的自动校正，电子水准仪也可以利用机载的程序进行 $i$ 角的自动校正。

#### 9.2.2.3　激光垂准仪的检验和校正

激光垂准仪应对仪器进行下述顺序的检验和校正，其中（1）、（2）项可自行检验与校正，其他各项校正应送检修单位。

1．管水准器的检验、校正

将仪器安置在脚架或校正台上，先整平，转动仪器照准部使管水准器平行任意两个脚螺旋的中心连线。以相反或相对方向等量旋转两个螺旋，使气泡居中，转动照准部 90°旋转第三个脚螺旋使气泡居中。再转动照准部 90°，此时气泡偏离量的一半用脚螺旋校正，另一半用校正改针转动管水准器校正旋具来校正，重复以上步骤直至仪器转到任意位置管水准器气泡都居中为止。

2．圆水准器圆水泡的检验、校正

保持上述仪器不动，用校正旋具转动圆水准器下面的两个校正钉，使气泡居中。

#### 9.2.2.4　激光扫平仪的检验和校正

激光扫平仪几何轴的要求，类似于水泡式光学水准仪，工作过程中一是旋转轴处于铅垂状态，二是激光束垂直于旋转轴，两者的任何偏离，都将使扫描出的激光平面偏离水平面，这就是形成扫平仪的误差主要来源，前者我们称为旋转轴倾斜误差 $i$，后者为锥角误差 $c$。如果是自动安平激光扫平仪，则补偿误差包含在 $i$ 以内。激光扫平仪的 $i$ 值和 $c$ 值如图 9-17 所示。

1. 水准器轴线垂直于旋转轴的检验与校正

(1) 检验

根据扫平仪的工作范围,一般在相距 20m 处各立一带有毫米刻画的标尺 $A$ 和 $B$,如图 9-18 所示,将扫平仪置于正中,旋转安平手轮,使水准器严格居中,并使其中一个长水准器(对水泡式扫平仪而言)与标尺 $A$、$B$ 方向一致,标尺 $C$ 的位置以不妨碍观测尺 $A$ 为宜,事先用水准仪找出标尺上同高点 $O$,打开激光扫平仪开关,观测激光点在标尺 $A$、$B$ 上的高差 $h_a$ 和 $h_b$,$h_a$ 和 $h_b$ 应相等,否则应进行校正。

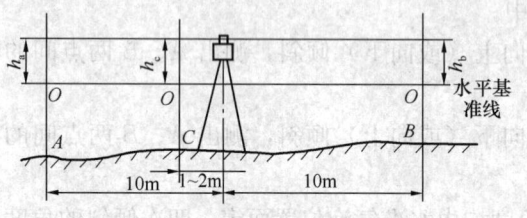 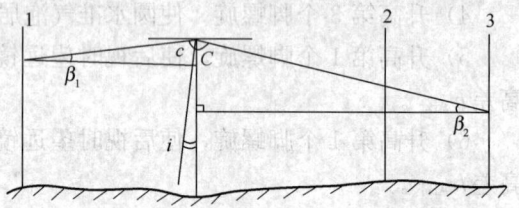

图 9-17 激光扫平仪的 $i$ 值和 $c$ 值关系示意图

图 9-18 激光扫平仪的水准器轴线垂直于旋转轴检验

(2) 校正

由于是等距离观测,这时扫平仪旋转轴严格在铅垂位置,并产生水泡偏移,根据扫平仪的几何要求,水泡式扫平仪此时在标尺 $A$、$B$ 方向的长水准器应使用校正工具,校正至水泡严格居中;同理自动安平扫平仪的圆水泡在 $A$、$B$ 方向上也应居中,同时两侧的补偿范围应相等。

(3) 将激光扫平仪转过 90°,采用相同方法,对另一水准器进行检验和校正。如果条件允许,可选择一场地,在与扫平仪等距为 0°、90°、180°、270°四个方位安置四根标尺和距仪器 1~2m 处安置一根标尺,这时两个水准器的检验与校正可一次完成。

2. 垂直旋转误差的检验与校正

(1) 检验

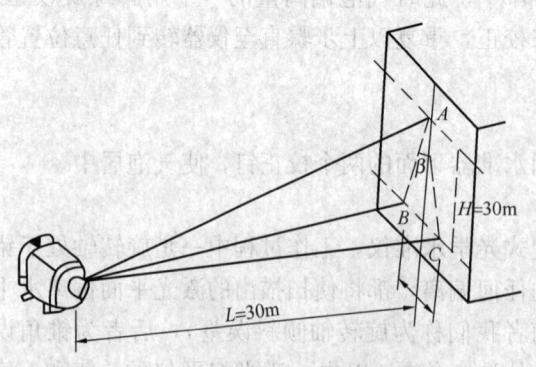

图 9-19 垂直旋转误差的检验

将激光扫平仪平卧,如图 9-19 所示,使垂直水准器居中,激光点自 $A$ 点向下移动,在低处为 $B$ 点。

搬动扫平仪(调头),使垂直水准器居中,并使激光点与 $A$ 重合,表明仪器存在垂直旋转误差。其允许值可根据说明与技术指标决定,如果超出要求,用户可自行校正。

(2) 校正

1) 仪器在上述状态,转动安平手轮,使激光点位于 $B$、$C$ 点的中间位置。

2) 调整垂直水准器校正螺钉使气泡严格居中。

## 9.2.3 测量仪器计量检定

### 9.2.3.1 测量仪器计量检定定义

测绘计量标准是指用于检定、测试各类测绘计量器具的标准装置、器具和设施。测绘计量器具是指用于直接或间接传递量值的测绘工作用仪器、仪表和器具。测绘仪器计量检定是指被检查测绘仪器的示值与相应的测绘计量标准的已知值之间的偏移是否小于标准、规程或技术规范规定的最大允许偏差。根据检定的结果，可对测绘仪器作出继续使用、调整、修理、降级使用或声明报废的决定。

### 9.2.3.2 测量仪器计量法规要求

国家测绘局在 1996 年发布了《测绘计量管理暂行办法》（以下简称《办法》），针对测绘计量作出相应的管理规定。《办法》中的第十三条规定：承担测绘任务的单位和个体测绘业者，其所使用的测绘计量器具必须经政府计量行政主管部门考核合格的测绘计量检定机构或测绘计量标准检定合格，方可申领测绘资格证书。无检定合格证书的，不予受理资格审查申请。第十六条规定：违反本办法第十三条规定，使用未经检定，或检定不合格或超过检定周期的测绘计量器具进行测绘生产的，所测成果成图不予验收并不准使用，产品质量监督检验时作不合格处理；给用户造成损失的，按合同约定赔偿损失；情节严重的，由测绘主管部门吊销其测绘资格证书。

在 2022 年 4 月 1 日起开始实施的全文强制国家标准《工程测量通用规范》GB 55018 第 2.3.2 中规定：需计量检定的仪器设备，应按有关技术标准规定进行检定，并在检定的有效期内使用。

### 9.2.3.3 测绘仪器检定的周期要求

在《测绘计量管理暂行办法》的附录中，给出了测绘计量器具目录和检定周期的要求，见表 9-1。

测绘计量器具目录（暂行） 表 9-1

| 项目 | 名称 | 检查周期 |
| --- | --- | --- |
| 计量标准器具 | 多齿分度台、彩电副载波校频仪、经纬仪检定仪、水准尺检定仪、激光干涉仪、水准器检定仪、因瓦基线尺、周期误差测试平台、长度基线场、GPS 接收机检定场、航测仪器检定场、重力仪格值检定场、高低温箱、温度膨胀系数检定设备、计时设备、温度计、气压计、频率计等 | 执行国务院计量行政主管部门或测绘主管部门的规定 |
| 工作计量器具 | 经纬仪：光学经纬仪、激光经纬仪、电子经纬仪、陀螺经纬仪。水准仪：光学水准仪、激光水准仪、电子水准仪、自动安平水准仪。测距仪：光学测距仪、微波测距仪、激光测距仪、电磁波测距仪。电子速测仪（全站仪）、全球定位系统（GPS）测量型接收机。重力仪：微伽级重力仪、毫伽级重力仪。尺类：钢卷尺、水准标尺、基线尺、线米尺、坐标格网尺 | J2 级以上经纬仪、S3 以上水准仪、精度优于 10mm＋3ppm 的 GPS 接收机、精度优于 5mm＋5ppm 的测距仪、全站仪、微伽级重力仪以及尺类等一般为一年，其他精度的仪器一般为两年。新购置的以及修理后的仪器、器具应及时检定 |
| 工作计量器具 | 平板仪：光学平板仪、电子平板仪。摄影：航空摄影仪、地面摄影经纬仪。测图仪器：立体坐标量测仪、精密立体测图仪、解析测图仪、自动绘图仪、数字采集仪、坐标展点仪、直角定点仪。工程仪器：准直仪、铅直仪、扫平仪。其他辅助设备：直角棱镜、重锤、拉力器等 | 一般为两年。新购置的以及修理后的仪器、器具应及时检定。测图仪器可暂由使用单位自行检校 |

#### 9.2.3.4 测绘仪器检定与校准

在日常施工测量工作中，经常有人分不清计量检定和计量校准的区别，现尝试说明：

在规定条件下，为确定测量仪器或测量系统所指示的量值，或实物量具或参考物质所代表的量值，与对应的由标准所复现的量值之间关系的一组操作，称为校准。

校准的主要含义有 2 点，即：

(1) 在规定的条件下，用一个可参考的标准，对包括参考物质在内的测量器具的特性赋值，并确定其示值误差。

(2) 将测量器具所指示或代表的量值，按照校准链，将其溯源到标准所复现的量值。

校准的主要目的有 4 点，即：

(1) 确定示值误差，并可确定是否在预期的允差范围之内。

(2) 得出标称值偏差的报告值，可调整测量器具或对示值加以修正。

(3) 给任何标尺标记赋值或确定其他特性值，或给参考物质特性赋值。

(4) 实现溯源性。

校准的依据是校准规范或校准方法，可作统一规定也可自行制定。校准的结果可记录在校准证书或校准报告中，也可用校准因数或校准曲线等形式表示。

计量器具的检定，则是查明和确认计量器具是否符合法定要求的程序，它包括检查、加标记和（或）出具检定证书。

检定具有法制性，其对象是法制管理范围内的计量器具。一个被检定过的计量器具，也就是根据检定结果已被授予法制特性的计量器具。强制检定应由法定计量检定机构或者授权的计量检定机构执行。需要指出的是：虽然《中华人民共和国强制检定的工作计量器具检定管理办法》没有将大部分测绘仪器列入强制检定范围，但是国家测绘局在 1996 年发布的《测绘计量管理暂行办法》里，明确要求测绘仪器必须进行强制检定，这是测绘仪器强制检定的法律依据。

对于检定结果，必须做出合格与否的结论，并出具证书或加盖印记。从事检定的工作人员必须是经考核合格，并持有有关计量行政部门颁发的检定员证书。

校准和检定的主要区别，可以归纳为如下 5 点，即：

(1) 校准不具法制性，是企业自愿溯源行为；检定具有法制性，属计量管理范畴的执法行为。

(2) 校准主要确定测量器具的示值误差；检定是对测量器具的计量特性及技术要求的全面评定。

(3) 校准的依据是校准规范，校准方法，可做统一规定也可自行制定；检定的依据是检定规程。

(4) 校准不判断测量器具合格与否，但当需要时，可确定测量器具的某一性能是否符合预期的要求；检定要对所检定的测量器具做出合格与否的结论。

(5) 校准结果通常发校准证书或校准报告；检定结果合格的发检定证书，不合格的发不合格通知书。

在 2022 年 4 月 1 日起开始实施的全文强制国家标准《工程测量通用规范》GB 55018 第 2.3.2 中规定：仪器设备应进行校准或检验。当仪器设备发生异常时，应停止测量。

## 9.3 测设的基本方法

### 9.3.1 平面位置的测设

#### 9.3.1.1 角度、距离测设

1. 已知水平角的测设

地面上一点到两个目标点的方向线，垂直投影到水平面上所形成的角称为水平角。测设已知水平角，就是在已知角顶点以一条边的方向为起始依据，按照测设的已知角度值，把该角的另一方向边测设到地面上。

测设水平角的方法按精度要求及使用仪器的不同，采用的方法亦不同。

（1）一般方法

如测设水平角精度要求不高时，可采用盘左、盘右分中法测设，见图 9-20 具体步骤如下：

1）在 $A$ 点安置经纬仪，对中、整平，用盘左位置照准已知 $B$ 点，配置水平读盘读数为 $0°00'00''$。

2）旋转照准部使读数为角值，在此视线方向上定出 $C'$ 点；

3）然后用盘右位置重复上述步骤，定出 $C''$ 点；

4）取 $C'C''$ 连线的中点 $C$ 钉桩，则 $AC$ 即为测设角值为 $\beta$ 的另一方向线，$\angle BAC$ 就是要测设的 $\beta$ 角。

（2）精确方法

当要求测设水平角的精度较高时，可采用测设端点的垂线改正的方法。如图 9-21 所示，操作步骤如下：

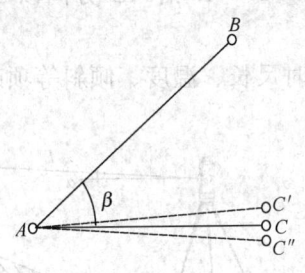
图 9-20 一般水平角测设示意图

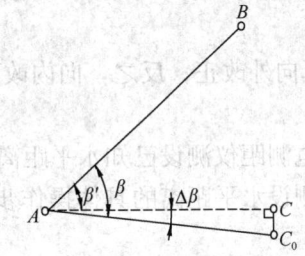
图 9-21 水平角精确测设示意图

1）按前述一般方法测设出 $AC$ 方向线，在实地标出 $C$ 点位置。

2）用经纬仪对 $\angle BAC$ 进行多测回水平角观测，设其观测值为 $\beta'$。

3）按下式计算出垂直改正距离：

$$\Delta\beta = \beta - \beta', \quad CC_0 = D_{AC} \cdot \tan\Delta\beta = D_{AC} \cdot \frac{\Delta\beta''}{\rho''} \tag{9-1}$$

4）从 $C$ 点起沿 $AC$ 边的垂直方向量出垂距 $CC_0$，定出 $C_0$ 点。则 $AC_0$ 即为测设角值为 $\beta$ 的另一方向线。

从 $C$ 点起向外还是向内量垂距,要根据 $\Delta\beta$ 的正负号来决定。若 $\beta'<\beta$,即 $\Delta\beta$ 为正值,则从 $C$ 点向外量垂距,反之则向内改正。

2. 已知水平距离的测设

已知水平距离的测设,是从地面上一个已知点出发,沿给定的方向,量出已知的水平距离,在地面上定出另一端点的位置。

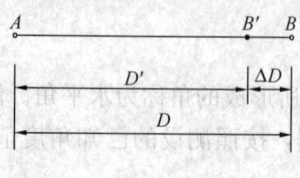

图 9-22 测设已知水平距离

已知水平距离的测设,按其精度要求和使用工具及仪器的不同,采用的方法也不同。如图 9-22 所示,欲在实地测设水平距离 $AB=D$,其中 $A$ 为地面上已知点,$D$ 为已知的水平距离,在地面上给定的 $AB$ 方向上测设水平距离 $D$,定出线段的另一端点 $B$。

(1) 一般方法

当测设水平距离精度要求不高时,可用钢尺直接丈量并对丈量结果加以改正,具体步骤如下:

1) 从 $A$ 点开始,沿 $AB$ 方向用钢尺拉平丈量,按已知水平距离 $D$ 在地面上定出 $B'$ 点的位置。

2) 为了检核,应进行两次测设或进行返测。若两次丈量之差在限差之内,取其平均值作为最后结果。

3) 根据实际丈量的距离 $D'$ 与已知水平距离 $D$,求出改正数 $\delta=D-D'$。

4) 根据改正数 $\delta$,将端点 $B'$ 加以改正,求得 $B$ 点的最后位置,使 $AB$ 两点间水平距离等于已知设计长度 $D$。当 $\delta$ 为正时,向外改正;当 $\delta$ 为负时,则向内改正。

(2) 精密方法

当测设精度要求较高时,可先用上述一般方法在地面上概略定出 $B'$ 点,然后再精密测量出 $AB'$ 的距离,并加尺长改正、温度改正和倾斜改正等三项改正数,求出 $AB'$ 的精确水平距离 $D'$。若 $D'$ 与 $D$ 不相等,则按其差值 $\delta=D-D'$ 沿 $AB$ 方向以 $B'$ 点为准进行改正。

$\delta$ 为正时,向外改正;反之,向内改正。计算时尺长、温度、倾斜等项改正数的符号与量距时相反。

(3) 用光电测距仪测设已知水平距离

用测距仪测设水平距离的具体操作步骤如下(图 9-23):

1) 在 $A$ 点设站,沿已知方向定出 $B$ 点的概略位置 $B'$ 点。

2) 再以测距仪精确测出 $AB'$ 距离为 $D'$,求出 $\delta=D-D'$。

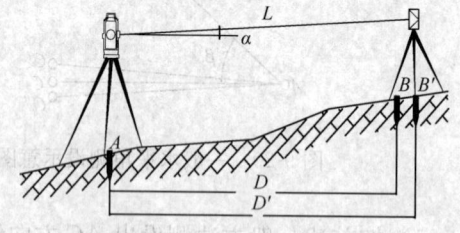

图 9-23 用测距仪测设水平距离

3) 根据 $\delta$ 的符号在实地用钢尺沿已知方向改正 $B'$ 至 $B$ 点。

4) 为了检核可用测距仪测量 $AB$ 距离,如其与 $D$ 之差在限差之内,则 $AB$ 为测设最后结果。

全站仪、测距仪有跟踪功能,可在测设方向上逐渐移动反光镜进行跟踪测量,直至显示接近测设距离定出 $B'$ 点,并改正 $B'$ 点至 $B$ 点。

#### 9.3.1.2 极坐标法测设点的平面位置

极坐标法是由已知的水平角和水平距离测设地面点平面位置方法。极坐标法适用于便于量距且保证通视的场地，该方法使用灵活，是施工现场最常用的一种点位测设方法。

如图 9-24 所示，用极坐标法测设 $P$ 点平面位置。$P$ 点坐标已知为 $(X_P, Y_P)$，$A$、$B$ 为两已知控制点，坐标分别为 $(X_A, Y_A)$，$(X_B, Y_B)$，根据给出的设计值反算出水平角 $\beta$ 及水平距离 $D$，在实地测设出 $P$ 点点位。

极坐标法灵活方便，安置一次仪器可以测设多点，适用于复杂形状的建筑物定位。当使用全站仪测设时，应用极坐标法的优越性更为明显。

#### 9.3.1.3 直角坐标法测设点的平面位置

直角坐标法是根据测点已知的设计坐标值，计算出设计坐标与已布设好的控制轴线点纵横坐标之差，从而测设出地面点的平面位置。

当建筑场地的施工控制网为方格网或轴线网形式时，采用直角坐标法放线最为方便。

如图 9-25 所示，Ⅰ、Ⅱ、Ⅲ、Ⅳ为方格网点，需要在地面上测设出点 $A$，其中，各方格网点及 $A$ 点坐标已知，计算出坐标差值 $\Delta x$、$\Delta y$，用直角坐标法测设 $A$ 点。

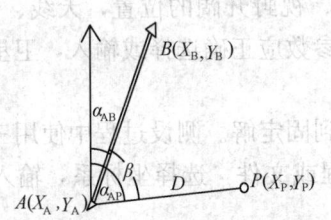
图 9-24 极坐标放线图

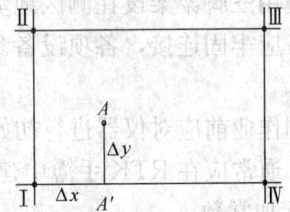
图 9-25 直角坐标法测设点位示意图

测设方法：

(1) 计算坐标增量：$\Delta x = x_A - x_Ⅰ$，$\Delta y = y_A - y_Ⅰ$。

(2) 置经纬仪于Ⅰ点，沿Ⅰ—Ⅳ边量取ⅠA'，使ⅠA'等于 $A$ 与Ⅰ横坐标之差 $\Delta x$ 得 $A'$ 点。

(3) 置经纬仪于 $A'$ 点，后视Ⅰ，以盘左、盘右分中法反时针测设 90°，测得Ⅰ—Ⅱ边的垂线，在垂线上量取 $A'A$，使 $A'A$ 等于 $A$ 与Ⅰ纵坐标之差 $\Delta y$，则 $A$ 点即为所求。

由此可见，用直角坐标法测设一个点的位置时，只需要按其坐标差值量取距离和测设直角，用加减法计算即可，工作方便，并便于检查。

#### 9.3.1.4 角度交会法测设点的平面位置

角度交会法是根据两个或两个以上已知角度的方向线交会出点的平面位置。当待定点离控制点距离较远，地形复杂量距不方便时，采用角度交会较为适宜。

如图 9-26 所示，用前方交会法测定 $P$ 点，其中 $M$、$N$ 为控制点，其坐标已知，$P$ 点设计坐标已知，则可反算出方位角 $\alpha_{MP}$、$\alpha_{NP}$、$\alpha_{MN}$，再计算出夹角 $\beta$ 及 $\gamma$，通过角度交会测设出 $P$ 点。

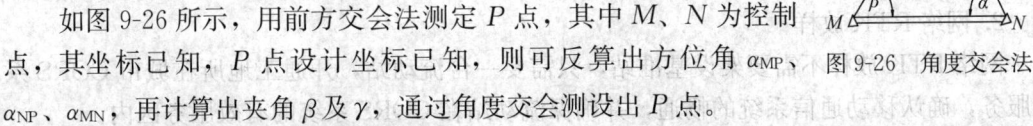
图 9-26 角度交会法

#### 9.3.1.5 距离交会法测设点的平面位置

距离交会法是根据两个或两个以上的已知距离交会出点的平面位置。如图 9-27 所示，

$A$、$B$ 为控制点，$P$ 为待测点，其坐标已知。距离 $D_{AP}=b$、$D_{BP}=a$ 可由坐标反算或在设计图上图解求得。

(1) 测设时分别以 $A$、$B$ 为圆心，以 $D_{AP}=b$ 和 $D_{BP}=a$ 半径，在场地上作弧线，两弧的交点就是 $P$ 点。在实际工作中应采用第三个距离进行校核。

(2) 距离交会法测设点位，不需使用仪器，操作简便，测设速度快，但精度较低。如用钢尺量距，则要求场地平整，交会距离不大于一整钢尺尺长，交会角度应在 $30°\sim120°$。

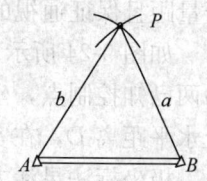

图 9-27　距离交会法

#### 9.3.1.6　RTK 放样

当平面位置精度要求不高时，可采用 GNSS RTK 放样测设点的平面位置。RTK 分为单基站 RTK 和网络 RTK，单基站 RTK 需要架设基准站；网络 RTK 应在城市 CORS 系统服务中心登记注册，取得系统服务的授权，并确保测区位于系统的有效服务区。

1. 单基站 RTK 放样

(1) 测前准备

基准站应使用三脚架架设在测区地势相对较高、视野开阔的位置，天线、通信接口、主机接口等设备应牢固连接，各项设备参数和计算参数应正确选择或输入，卫星高度角的设置不低于 $10°$。

流动站观测作业前应对仪器进行初始化，并得到固定解。测设过程中使用三脚架对中整平。放样前，通常应在 RTK 手簿中建立一个工程或文件，选择坐标系，输入中央子午线经度和 $Y$ 坐标加常数。

(2) 工地校正

工地校正可以将 RTK 接收机输出的 GNSS 经纬度坐标转化成施工测量坐标。一般平面位置放样至少应在两个已知控制点采集数据，通过 RTK 手簿的软件自动计算转换参数，平面的转换参数一般为四参数：$X$ 平移、$Y$ 平移、旋转角和尺度比。如果已知工地的转换参数，也可以在手簿参数设置菜单直接输入。

校正参数计算完成后，应最少在一个已知点上进行检验，通过测量其坐标与已知坐标进行对比，即可验证。检验点不应为计算校正参数时所使用的控制点。

(3) 点放样

选择 RTK 手簿中的点位放样功能，现场编辑输入或从预先上传的文件中选择需要放样点的坐标，系统会计算出流动站当前位置与目标点位的坐标差值（$\Delta_X$、$\Delta_Y$），然后按照系统提示方向前进，接近到达目标点时，一般系统屏幕会有一个圆圈出现，指示放样点和目标点的接近程度，精确移动流动站，使得 $\Delta_X$ 和 $\Delta_Y$ 小于放样精度要求时，即可钉桩。

钉桩后，应在桩点上进行 RTK 测量，得到放样点的坐标与设计坐标的差值。

2. 网络 RTK 放样

网络 RTK 放样不需要架设基准站，只需要一台流动站，开通工地所在城市 CORS 系统服务，确认移动通信系统的畅通，并确保流动站在 CORS 系统的有效服务区内。

放样的步骤与单基站 RTK 放样的流动站操作过程相同。

## 9.3.2 已知高程的测设

### 9.3.2.1 已知高程点测设

在进行施工测量时,经常要在地面上和空间设置一些已知高程点。测设已知高程是根据已知高程的水准点,将设计高程测设到实地上,并设置标志作为施工的依据,高程测设非常广泛,如进行建筑物室内地坪±0.00 的测设;道路工程线路中心设计高程的测设;桥墩、隧道口高程的测设;管道工程坡度钉的测设等。见图 9-28,欲测设设计高程为 $H_B$ 的 $B$ 点,其中 $A$ 点为已知水准点,高程 $H_A$。

测设方法:

(1) 以水准点 $A$ 为后视,读取后视读数,并计算出视线高。

(2) 根据视线高和设计高程,计算预测设计高程点的"应读前视读数"。

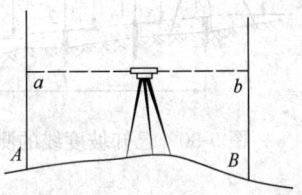

应读前视读数 = 视线高 − 设计高程

图 9-28 高程点测设示意图

(3) 以应读前视读数为基准,标出设计高程的位置或在所钉木桩上注明改正数。改正数为正数,表示桩顶低于设计高,应将桩顶接木条,自桩顶向上量改正数即可得设计高位置。

如改正数为负数,说明桩顶高于设计高,应自桩顶向下量取改正数,即可得设计高程位置。

### 9.3.2.2 高程传递

1. 用水准测量法传递高程

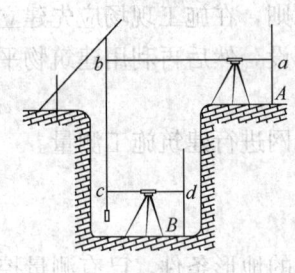

图 9-29 水准测量法
传递高程

在施工中,常需向深坑内测设已知高程点,或在高层建筑向上引测高程,一般是利用水准测量的方法通过悬吊钢尺进行高程传递测量。

如图 9-29 所示,拟利用地面水准点 $A$ 的高程 $H_A$,测量基坑内 $B$ 点高程 $H_B$。

高程传递的方法:在坑边架设一吊杆,从杆顶向下挂一根钢尺(钢尺 0 点在下),在钢尺下端吊一重锤,重锤的重量应与检定钢尺时所用的拉力相同。为了将地面水准点 $A$ 的高程 $H_A$ 传递到坑内的临时水准点 $B$ 上,在地面水准点和基坑之间安置水准仪,先在 $A$ 点立尺,测出后视读数 $a$,然后前视钢尺,测出前视读数 $b$。然后将仪器搬到坑内,测出钢尺上后视读数 $c$ 和 $B$ 点前视读数 $d$,则坑内临时水准点 $B$ 之高程 $H_B$ 按下式计算:

$$H_B = H_A + a - (b-c) - d \tag{9-2}$$

式中 $(b-c)$ ——通过钢尺传递的高差,如高程传递的精度要求较高时,对 $(b-c)$ 之值应进行尺长改正及温度改正。

上述是由地面向低处引测高程点的情况,当需要由地面向高处传递高程时,也可以采用同样方法进行。

## 2. 已知坡度线的测设

在道路、排水沟渠、上下水道等工程施工时，需要按一定的设计坡度（倾斜度）进行施工，这时需要在地面上测设坡度线。如图 9-30 所示，$A$、$B$ 为地面上两点，要求沿 $AB$ 测设一条坡度线。设计坡度为 $i$，$AB$ 之间的距离为 $L$，$A$ 点的高程为 $H_A$。为了测出坡度线，首先应根据 $A$、$B$ 之间的距离 $L$ 及设计坡度 $i$ 计算 $B$ 点的高程 $H_B$。

$$H_B = H_A + i \times L \qquad (9-3)$$

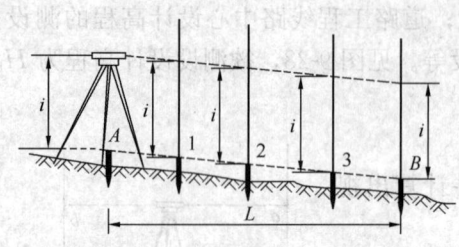

图 9-30 已知坡度线的测设示意图

然后按前述地面上点的高程测设方法，利用计算出 $B$ 点的高程值 $H_B$，测定出 $B$ 点。$A$、$B$ 之间的 1、2、3 各点则可以用经纬仪或水准仪来测定。如果设计坡度比较平缓时，可以直接使用水准仪来设置坡度线。方法是：将水准仪安置于 $B$ 点，使一个脚螺旋在 $BA$ 线上，另外两个脚螺旋之连线垂直于 $BA$ 线，旋转在 $BA$ 线上的那个脚螺旋，使立于 $A$ 点的水准尺上的读数等于 $B$ 点的仪器高，此后在 1、2、3 各点打入木桩，使立尺于各桩上时其尺上读数皆等于仪器高，这样就在地面上测出了一条坡度线。

对于坡度较大的情况，则采用经纬仪来测设。将仪器安置于 $B$，纵转望远镜，对准 $A$ 点水准尺上等于仪器高的地方。其他步骤与水准仪的测法相同。

## 9.4 平面控制测量

建筑施工测量平面控制网的建立一般遵守从整体到局部的原则，在施工现场应先建立统一的场区平面控制网，以此为基础进行建筑物平面控制网的布设，然后再利用建筑物平面控制点进行建筑物施工控制测量。

对于建筑场地较小或单体建筑则可直接建立建筑物平面控制网进行建筑施工测量。

### 9.4.1 场区平面控制测量

场区平面控制网的布设形式应根据建筑总平面图和施工场地的地形条件、已有测量控制点等情况，选择采用导线测量、三角测量和 GNSS 测量等方法进行布设。

#### 9.4.1.1 导线测量

导线测量布网形式灵活，在全站仪普及的情况下，更显示出其优越性。

1. 导线测量的等级与导线网的布设

（1）导线测量等级和技术指标

场区导线测量一般分为两级，在面积较大场区，一级导线可作为首级控制，以二级导线加密。在面积较小场区以二级导线一次布设。各级导线网的技术指标应符合表 9-2 的规定。

（2）导线网的布设

对于新建和扩建的建筑区，导线应根据总平面图布设，改建区应沿已有道路布网，布设的基本要求如下：

1) 根据建筑物本身的重要性和建筑之间的相关性选择导线的线路,各条导线应均匀分布于整个场区,每个环形控制面积应尽可能均匀。

各级导线网的技术指标　　　　表 9-2

| 等级 | 导线长度 (km) | 平均边长 (m) | 测角中误差 (″) | 测距相对中误差 | 测回数 2″级仪器 | 测回数 6″级仪器 | 方位角闭合差 (″) | 导线全长相对闭合差 |
|---|---|---|---|---|---|---|---|---|
| 一级 | 2.0 | 100~300 | 5 | 1/30000 | 3 | — | $10\sqrt{n}$ | ≤1/15000 |
| 二级 | 1.0 | 100~200 | 8 | 1/14000 | 2 | 4 | $16\sqrt{n}$ | ≤1/10000 |

注: $n$ 为测站数。

2) 各条单一导线尽可能布成直伸导线,导线网应构成互相联系的环形。

3) 各级导线的总长和边长应符合场区导线测量的有关规定。

2. 导线测量的步骤

(1) 选点与标桩埋设

导线点位应选在建筑场地外围或设计中的净空地带,所选定之点要便于使用、安全和能长期保存。导线点选定之后,应及时埋设标桩。控制点埋石应按如图 9-31 所示埋设,并绘制点之记。

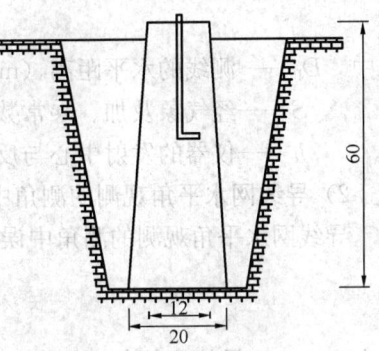

图 9-31　控制点埋石示意图

(2) 角度观测及测量限差要求

角度观测一般采用测回法进行,但当方向大于 3 个时采用全圆测回法,各级导线网的测回数及测量限差的规定见表 9-3。

测回数及测量限差的规定　　　　表 9-3

| 等级 | 仪器类别 | 测角中误差 (″) | 测回数 | 半测回归零差 (″) | 一测回中 2C 互差 (″) | 各测回方向较差 (″) |
|---|---|---|---|---|---|---|
| 一级 | J1 | 5 | 2 | ≤6 | ≤9 | ≤6 |
| 一级 | J2 | 5 | 3 | ≤8 | ≤13 | ≤9 |
| 二级 | J2 | 8 | 2 | ≤12 | ≤18 | ≤12 |
| 二级 | J6 | 8 | 4 | ≤18 | — | ≤24 |

(3) 边长观测及测量限差要求

边长测量的各项要求及限差参照表 9-4 的规定。

边长测量的各项要求及限差　　　　表 9-4

| 等级 | 仪器精度等级 | 每边测回数 往 | 每边测回数 返 | 一测回读数较差 (mm) | 单程各测回较差 (mm) | 往返测距较差 (mm) |
|---|---|---|---|---|---|---|
| 一级 | 5mm 级仪器 | 2 | — | ≤5 | ≤7 | $\leq 2(a+b\times D)$ |
| 二级 | 10mm 级仪器 | 2 | — | ≤10 | ≤15 | |

(4) 导线网的起算数据

新建场区的导线网起算数据应根据当地测量控制点测定。扩建、改建场区,新测导线应附合在已有施工控制网上；若原有之施工控制网已被破坏，则应根据当地测量控制网或主要建筑物轴线确定起算数据。

(5) 导线测量的数据处理

导线网平差前，应对观测数据进行处理和精度评定，各项数据处理内容和方法如下：

1) 导线测量水平距离计算要求。

① 测量的斜距，须经气象改正和仪器的加、乘常数改正后才能进行水平距离计算。

② 两点间的高差测量，宜采用水准测量。当采用电磁波测距三角高程测量时，其高差应进行大气折光改正和地球曲率改正。

③ 水平距离可按下式计算。

$$D_P = \sqrt{S^2 - h^2} \tag{9-4}$$

式中 $D_P$——测线的水平距离 (m)；

$S$——经气象及加、乘常数改正后的斜距 (m)；

$h$——仪器的发射中心与反光镜的反射中心之间的高差 (m)。

2) 导线网水平角观测的测角中误差计算

导线网水平角观测的测角中误差按下式计算。

$$m_\beta = \sqrt{\frac{1}{N}\left[\frac{f_\beta f_\beta}{n}\right]} \tag{9-5}$$

式中 $f_\beta$——导线环的角度闭合差或附合导线的方位角闭合差 (″)；

$n$——计算 $f_\beta$ 时的相应测站数；

$N$——闭合环及附合导线的总数。

3) 测距边的精度评定

测距边的精度评定：当网中的边长相差不大时，可按下式计算网的平均测距中误差。

单位权中误差：

$$\mu = \sqrt{\frac{[Pdd]}{2n}} \tag{9-6}$$

式中 $d$——各边往、返测的距离较差 (mm)；

$n$——测距边数；

$P$——各边距离的先验权，其值为 $\frac{1}{\sigma_D^2}$，$\sigma_D$ 为测距的先验中误差，可按测距仪器的标称精度计算。

任一边的实际测距中误差，见下式。

$$m_{Di} = \mu\sqrt{\frac{1}{P_i}} \tag{9-7}$$

式中 $m_{Di}$——第 $i$ 边的实际测距中误差 (mm)；

$P_i$——第 $i$ 边距离测量的先验权。

平均测距中误差：

$$m_{Di} = \sqrt{\frac{[dd]}{2n}} \tag{9-8}$$

式中 $m_{Di}$——平均测距中误差 (mm)。

4）测距边长度的归化投影计算，应符合以下要求。

① 归算到测区平均高程面上的测距边长度，按下式计算。

$$D_H = D_P \left(1 + \frac{H_P - H_m}{R_A}\right) \quad (9-9)$$

式中 $D_H$——归算到测区平均高程面上的测距边长度（m）；

$D_P$——测线的水平距离（m）；

$H_P$——测区的平均高程（m）；

$H_m$——测距边两端点的平均高程（m）；

$R_A$——参考椭球体在测距边方向法截弧的曲率半径（m）。

② 归算到参考椭球上的测距边长度，按下式计算。

$$D_0 = D_P \left(1 - \frac{H_m + h_m}{R_A + H_m + h_m}\right) \quad (9-10)$$

式中 $D_0$——归算到参考椭球面上的测距边长度（m）；

$h_m$——测区大地水准面高出参考椭球面的高差（m）。

测距边在高斯投影面上的长度，应按下式计算。

$$D_g = D_0 \left(1 + \frac{y_m^2}{2R_m^2} + \frac{\Delta y^2}{24R_m^2}\right) \quad (9-11)$$

式中 $D_g$——测距边在高斯投影面上的长度（m）；

$y_m$——测距边两端点横坐标的平均值（m）；

$R_m$——测距边中点处在参考椭球面上的平均曲率半径（m）；

$\Delta y$——测距边两端点横坐标的增量（m）。

3. 施工控制网布设示例

对于大型建筑场区，可以采用导线法与轴线法联合测设施工控制网。在地面上测定两条互相垂直的主轴线，作为首级控制，然后以主轴线上的已知点作为起算点，用导线网来进行加密。加密导线可以按照建筑物施工精度不同要求或按照不同的开工时间，来分期测设。如图9-32所示，纵横两条主轴线将场地分成四个象限。Ⅰ象限内采用具有两个结点的导线网加密，Ⅱ象限为简单的附合导线，Ⅲ、Ⅳ象限都是具有一个结点的导线网。

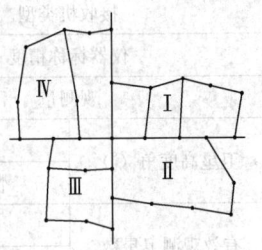

图 9-32 导线与轴线控制网

#### 9.4.1.2 GNSS 测量

1. GNSS 测量的等级与 GNSS 网的布设

场区 GNSS 测量一般分为两级，在面积较大场区，一级 GNSS 网可作为首级控制，以二级 GNSS 加密。在面积较小厂区以二级 GNSS 一次布设。

（1）GNSS 测量等级和技术指标

各级 GNSS 网的技术指标应符合表 9-5 的规定。

场区 GNSS 网测量的主要技术要求   表 9-5

| 等级 | 边长（m） | 固定误差 $A$（mm） | 比例误差系数 $B$（mm/km） | 边长相对中误差 |
|---|---|---|---|---|
| 一级 | 300~500 | ≤5 | ≤5 | ≤1/40000 |
| 二级 | 100~300 | | | ≤1/20000 |

(2) GNSS 网的布设

场区 GNSS 网应按设计总平面图布设，布设的基本要求如下：

1) 应根据测区的实际情况、精度要求、卫星状况、接收机的类型和数量以及测区已有的测量资料进行综合设计。

2) 首级网布设时，宜联测 2 个以上高等级国家控制点或地方坐标系的高等级控制点；对控制网内的长边，宜构成大地四边形或中点多边形。

3) 控制网应由独立观测边构成一个或若干个闭合环或附合路线，各等级控制网中构成闭合环或附合路线的边数不宜多于 6 条。

4) 各等级控制网中独立基线的观测总数，不宜少于必要观测基线数的 1.5 倍。

5) 加密网应根据工程需要，在满足精度要求的前提下可采用比较灵活的布网方式。

2. GNSS 网测量的步骤

(1) 选点与标桩埋设

1) 点位应选在土质坚实、稳固可靠的地方，同时要有利于加密和扩展，每个控制点至少应有一个通视方向。

2) 点位应选在视野开阔，高度角在 15°以上的范围内，应无障碍物；点位附近不应有强烈干扰接收卫星信号的干扰源或强烈反射卫星信号的物体。

3) 充分利用符合要求的旧有控制点。

(2) GNSS 观测

1) GNSS 控制测量作业的基本技术要求，应符合表 9-6 的规定。

GNSS 控制测量作业的基本技术要求　　　　表 9-6

| 等级 | | 一级 | 二级 |
|---|---|---|---|
| 接收机类型 | | 双频或单频 | 双频或单频 |
| 仪器标称精度 | | $10mm+5\times10^{-6}D$ | $10mm+5\times10^{-6}D$ |
| 观测量 | | 载波相位 | |
| 卫星高度角（°） | 静态 | ≥15 | ≥15 |
| | 快速静态 | ≥15 | ≥15 |
| 有效观测卫星数 | 静态 | ≥4 | ≥4 |
| | 快速静态 | ≥5 | ≥5 |
| 观测时段长度（min） | 静态 | ≥30 | ≥30 |
| | 快速静态 | ≥15 | ≥15 |
| 数据采样间隔（s） | 静态 | 10～30 | 10～30 |
| | 快速静态 | 5～15 | 5～15 |
| 点位几何图形强度因子 PDOP | | ≤8 | ≤8 |

注：$D$ 为基线长度，单位 mm。

2) GNSS 控制测量测站作业，应满足下列要求：

① 观测前，应对接收机进行预热和静置，同时应检查电池的容量、接收机的内存和可储存空间是否充足。

② 天线安置的对中误差，不应大于 2mm；天线高的量取应精确至 1mm。

③ 观测中，应避免在接收机近旁使用无线电通信工具。
④ 作业同时，应做好测站记录，包括控制点名称、接收机序列号、开关机时间等相关的测站信息。

3. GNSS 测量数据处理

(1) 基线解算，应满足下列要求：

1) 解算模式可采用单基线解算模式，也可采用多基线解算模式。

2) 解算成果，应采用双差固定解。

(2) GNSS 控制测量外业观测的全部数据应经同步环、异步环和复测基线检核，并应满足下列要求：

1) 同步环各坐标分量及全长闭合差应满足下列各式要求。

$$W_x \leq \frac{\sqrt{N}}{5}\sigma \tag{9-12}$$

$$W_y \leq \frac{\sqrt{N}}{5}\sigma \tag{9-13}$$

$$W_z \leq \frac{\sqrt{N}}{5}\sigma \tag{9-14}$$

$$W = \sqrt{W_x^2 + W_y^2 + W_z^2} \tag{9-15}$$

$$W \leq \frac{\sqrt{3N}}{5}\sigma \tag{9-16}$$

式中　$N$——同步环中基线边的个数；
　　　$W$——环闭合差。

2) 独立基线构成的独立环各坐标分量及全长闭合差应满足下列各式要求。

$$W_x \leq 2\sqrt{n}\sigma \tag{9-17}$$

$$W_y \leq 2\sqrt{n}\sigma \tag{9-18}$$

$$W_z \leq 2\sqrt{n}\sigma \tag{9-19}$$

$$W \leq 2\sqrt{3n}\sigma \tag{9-20}$$

式中　$n$——独立环中基线边的个数。

3) 复测基线长度较差应满足下式要求。

$$d_s \leq 2\sqrt{n}\sigma \tag{9-21}$$

式中　$n$——同一边复测的次数，通常等于 2。

(3) GNSS 测量控制网的无约束平差

1) 应在 WGS-84 坐标系中进行三维无约束平差。并提供各观测点在 WGS-84 坐标系中的三维坐标、各基线向量三个坐标差观测值的改正数、基线长度、基线方位及相关的精度信息等。

2) 无约束平差的基线向量改正数的绝对值，不应超过相应等级的基线长度中误差的 3 倍。

(4) GNSS 测量控制网的约束平差

1) 应在国家坐标系或地方坐标系中进行二维或三维约束平差。

2) 对于已知坐标、距离或方位，可以强制约束，也可加权约束。

3) 平差结果应输出观测点在相应坐标系中的二维或三维坐标、基线向量的改正数、基线长度、基线方位角以及相关的精度信息。需要时，还应输出坐标转换参数及其精度信息。

#### 9.4.1.3 网络RTK平面控制测量

当前全国很多地方都建立了CORS（连续运行参考站）并对外提供服务，因此对于精度要求不是特别高的工程控制网，也可以利用CORS站以网络RTK的方法快速布设。

**1. 网络RTK平面测量的等级**

网络RTK平面测量按精度一般分为三级，可根据工程的需要一次性布设。各等级网络RTK平面测量的技术要求应符合表9-7的规定。

网络RTK平面测量的主要技术要求  表9-7

| 等级 | 边长（m） | 点位中误差$A$（mm） | 边长相对中误差 | 测回数 |
|---|---|---|---|---|
| 一级 | ≥500 | 50 | ≤1/20000 | ≥4 |
| 二级 | ≥300 | 50 | ≤1/10000 | ≥3 |
| 三级 | ≥200 | 50 | ≤1/6000 | ≥3 |

**2. 网络RTK平面测量的步骤**

（1）选点与标桩埋设

网络RTK平面控制点的选点与标桩埋设同GNSS测量。

（2）网络RTK观测

网络RTK观测应符合下列规定：

1) 应在城市CORS系统服务中心登记注册，获取授权；确认测区在CORS系统的有效服务区域内。

2) RTK接收机应能接受并处理标准差分数据，标称精度不低于$10ppm+2\times10^{-6}D$；观测前设置的平面收敛精度不应大于2cm。

3) 观测时应采用三脚架架设天线，圆气泡稳定居中，卫星高度截止角15°以上卫星个数不少于5个，PDOP值小于6。

4) 一测回观测应满足下列规定：

① 观测前对仪器进行初始化。

② 观测值在得到RTK固定解且收敛稳定后开始记录。

③ 每测回的自动观测个数不少于20个观测值，取平均值作为定位结果。

④ 经纬度记录到0.00001″，坐标记录到0.001m。

5) 测回间应对仪器重新进行初始化，间隔不少于60s；测回间的坐标分量较差不大于2cm，取各测回结果的平均值作为最终结果。

**3. 网络RTK数据处理及检核**

（1）观测原始数据应进行输出、保存与备份，不得任何删除与修改。

（2）地心坐标成果可通过验证后的软件或通过发送CORS系统服务中心转换为参心坐标成果。

（3）坐标成果应进行100%的内业检查和不少于10%的外业检核，外业检核可采用GNSS静态（快速静态）、全站仪测量边角或导线联测等方法，检核点应均匀分布，检核测量的技术要求应符合表 9-8 的规定。

**网络 RTK 平面控制点检核测量技术要求**  表 9-8

| 等级 | 边长检核 | | 角度检核 | | 导线检核 | | 坐标检核 |
|---|---|---|---|---|---|---|---|
| | 测距中误差（mm） | 边长较差的相对中误差 | 测角中误差（″） | 角度较差限差（″） | 角度闭合差（″） | 边长相对闭合差 | 坐标较差中误差（cm） |
| 一级 | ≤15 | ≤1/14000 | ≤5 | ≤14 | ≤$16\sqrt{n}$ | ≤1/10000 | ≤5 |
| 二级 | ≤15 | ≤1/7000 | ≤8 | ≤20 | ≤$24\sqrt{n}$ | ≤1/6000 | ≤5 |
| 三级 | ≤15 | ≤1/5000 | ≤12 | ≤30 | ≤$40\sqrt{n}$ | ≤1/4000 | ≤5 |

### 9.4.2 建筑物平面控制测量

建筑物平面控制网通常局限于一定的施工现场及其附近，具有控制范围小、控制点密度大、精度要求高及使用频繁等特点。一般需要根据建筑物的设计形式和特点，布设成导线网、建筑方格网和建筑基线等形式，建筑物平面控制网要依据已建立的场区平面控制点为起算点，按一级或二级控制网进行布设。

#### 9.4.2.1 概述

1. 建筑物平面控制网测量的主要技术要求

建筑物平面控制网测量的主要技术要求应符合表 9-9 的规定。

**建筑物施工平面控制网的主要技术要求**  表 9-9

| 等级 | 边长相对中误差 | 测角中误差 |
|---|---|---|
| 一级 | ≤1/30000 | $7″\sqrt{n}$ |
| 二级 | ≤1/15000 | $15″\sqrt{n}$ |

注：$n$ 为建筑物结构的跨数。

2. 水平角观测的测回数

水平角观测的测回数，应根据测角中误差的大小，按表 9-10 的内容选定。

**水平角观测的测回数**  表 9-10

| 测角中误差仪器精度等级 | 2.5″ | 3.5″ | 4.0″ | 5″ | 10″ |
|---|---|---|---|---|---|
| 1″级仪器 | 4 | 3 | 2 | | |
| 2″级仪器 | 6 | 5 | 4 | 3 | 1 |
| 6″级仪器 | | | | | 3 |

3. 边长测量

边长测量宜采用电磁波测距的方法，作业的主要技术要求应符合相关规定。

4. 施工坐标系与测量坐标系的坐标换算

施工坐标系亦称建筑坐标系，其坐标轴与主要建筑物主轴线平行或垂直，以便用直角坐标法进行建筑物的放样。

施工控制测量的建筑基线和建筑方格网一般采用施工坐标系，而施工坐标系与测量坐标系往往不一致，因此，施工测量前通常需要进行施工坐标系与测量坐标系的坐标换算。

如图 9-33 所示，设 $xoy$ 为测量坐标系，$x'o'y'$ 为施工坐标系，$x_O$、$y_O$ 为施工坐标系的原点 $O'$ 在测量坐标系中的坐标，$\alpha$ 为施工坐标系的纵轴 $o'x'$ 在测量坐标系中的坐标方位角。

设已知 $P$ 点的施工坐标为 $(x'_P、y'_P)$，则可按下式将其换算为测量坐标 $(x_P、y_P)$：

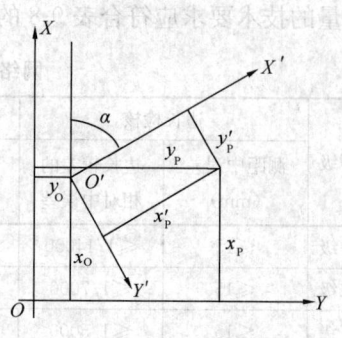

$$\begin{cases} x_P = x_O + x'_P\cos\alpha - y'_P\sin\alpha \\ y_P = y_O + x'_P\sin\alpha + y'_P\cos\alpha \end{cases} \quad (9-22)$$

图 9-33 施工坐标系与测量坐标系的换算

如已知 $P$ 的测量坐标，则可按下式将其换算为施工坐标：

$$\begin{cases} x'_P = (x_P - x_O)\cos\alpha + (y_P - y_O)\sin\alpha \\ y'_P = -(x_P - x_O)\sin\alpha + (y_P - y_O)\cos\alpha \end{cases} \quad (9-23)$$

#### 9.4.2.2 导线网测量

由于导线测量法布网形式灵活多样，根据建筑物的设计形式和特点，建筑物平面导线控制网可布设成单一附合导线或导线网的形式，以便满足建筑物平面放样的要求。建筑物平面导线控制网与场区平面导线控制网的测设方法大致相同。

#### 9.4.2.3 建筑方格网测量

建筑方格网是由正方形或矩形组成的施工平面控制网，或称矩形网，如图 9-34 所示。建筑方格网适用于按矩形布置的建筑群或大型建筑场地。

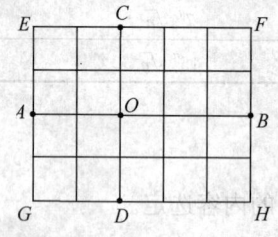

图 9-34 建筑方格网示意图

1. 建筑方格网的测设方法

（1）建筑方格网点初步定位

建筑方格网测量之前，应以建筑物主轴线为基础，对方格点的设计位置进行初步放样。要求初放样的点位误差（对方格网起算点而言）为 ±50mm。初步放样的点位用木桩临时标定，然后埋设永久标桩。如设计点所在位置地面标高与设计标高相差很大，这时应在方格点设计位置附近的方向线上埋设临时木桩。

（2）建筑方格网点坐标测定方法

建筑方格网点实地位置定出以后，一般采用导线测量法来建立建筑方格网。

1）采用导线测量法建立方格网一般有下列三种：

① 中心轴线法

在建筑场地不大，布设一个独立的方格网就能满足施工定线要求时，则一般先行建立方格网中心轴线。如图 9-35 所示，以 $AB$ 为纵轴，以 $CD$ 为横轴，中心交点为 $O$。轴线测设调整后，再测设方格网，从轴线端点定出 $N_1$、$N_2$、$N_3$ 和 $N_4$ 点，组成大方格，通过测角、量边、平差、调整后构成一个四个环形的一级方格网，然后根据大方格边上点位，定出边上的内分点和交会出方格中的中间点，作为网中的二级点。

② 合于主轴线法

如果建筑场地面积较大，需按其建筑物不同精度要求建立方格网，则可以在整个建筑场地测设主轴线，在主轴线下分部建立方格网。如图 9-36 所示，为在一条三点直角形主轴线下建立由许多分部构成的一个整体建筑方格网。

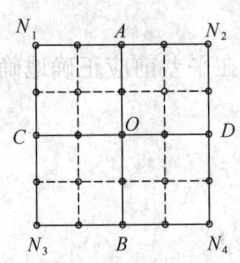
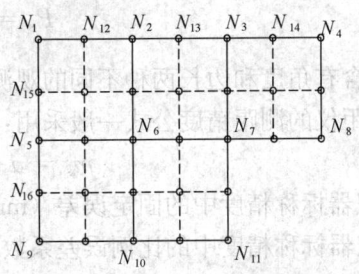

图 9-35　中心轴线方格网　　　　图 9-36　附合于主轴线方格网

图 9-36 中，$N_1 \sim N_9$ 为纵轴，$N_1 \sim N_4$ 为横轴。测设方法先在主轴线上定出 $N_2$、$N_3$、$N_5$、$N_{12}$、$N_{13}$、$N_{14}$、$N_{15}$、$N_{16}$ 等点作为方格网的起算数据，然后根据这些已知点各作与主轴线垂直方向线相交定出中间各 $N_6$、$N_7$、$N_8$、$N_{10}$ 和 $N_{11}$ 等环形结点，构成五个方格环形，经过测角、量距、平差、调整的工作后成为一级方格网。再将内分点、中间点的加密作为二级方格点，这样就形成一个有 31 个点的建筑方格网。

③ 次布网法

一般在小型建筑场地和在开阔地区中建立方格网，可以采用一次布网。测设方法有两种情况，一种方法不测设纵横主轴线，尽量布成二级全面方格网，如图 9-37 所示，可以将长边 $N_1 \sim N_5$ 先行定出，再从长边作垂直方向线定出其他方格点 $N_6 \sim N_{15}$，构成八个方格环形，通过测角、量距、平差、调整等工作，构成一个二级全面方格网。另一种方法，只布设纵横轴线作为控制，不构成方格网形。

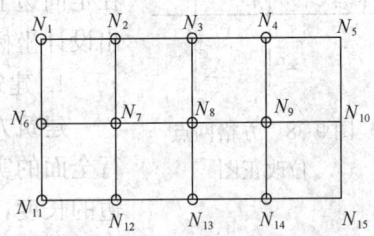

图 9-37　一次布设方格网图

2) 水平角观测方法及技术要求

采用导线法建立方格网时，水平方向观测可以采用全圆测回法。水平角观测的主要技术要求应符合 9.4.1.1 中的规定。

3) 光电测距

建筑方格网用光电仪测距时，对测距仪的精度和施测要求，应符合表 9-11 的规定。

光电测距仪测距的技术要求　　　　表 9-11

| 等级 | 平均边长（m） | 测距仪精度 | | 测回数 | 读数次数 | 单程或往返 |
| --- | --- | --- | --- | --- | --- | --- |
| | | 固定误差（mm） | 比例误差（ppm） | | | |
| 一级 | 200 | 5 | 5 | 2 | 4 | 往返 |
| 二级 | 200 | 10 | 5 | 2 | 4 | 单程 |

2. 建筑方格网的平差计算

建筑方格网的平差方法应同导线网平差一致，采用严密平差法平差。平差时权的确定与导线网平差时确定权的方法相同，即：

$$P_\beta = \frac{u^2}{m_\beta^2} \tag{9-24}$$

$$P_s = \frac{u^2}{m_s^2} \tag{9-25}$$

平差中包含有角度和边长两种不同的观测值。因此在平差前应正确地确定它们的测量精度,对于测距仪的测距精度公式一般采用:

$$m_s = a + b \times D \tag{9-26}$$

式中 $a$——仪器标称精度中的固定误差（mm）;

$b$——仪器标称精度中的比例误差系数（mm/km）;

$D$——测距边长度（km）。

3. 建筑方格网点的归化改正

方格网点经实测和平差计算后的实际坐标往往与设计坐标不一致,则需要在标桩的标板上进行调整,其调整的方法是先计算出方格点的实测坐标与设计坐标的坐标差,计算式如下所示。

$$\Delta x = x_{设计} - x_{实际}$$
$$\Delta y = y_{设计} - y_{实际}$$

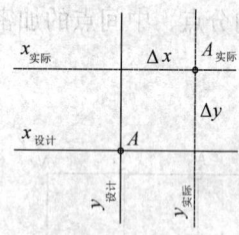

图 9-38 方格网点位改正图

然后以实测点位至相邻点在标板上方向线来定向,用三角尺在定向边上量出 $\Delta x$ 与 $\Delta y$,如图 9-38 所示,并依据其数值平行推出设计坐标轴线,其交点 $A$ 即为方格点正式点位并进行标定。

4. 建筑方格网的检查

建筑方格网的归化改正和加密工作完成以后,应对方格网进行全面的实地检查测量。检查时可隔点设站测量角度并实量几条边的长度,检查的结果应满足表 9-12、表 9-13 的要求,如个别超出规定,应重新进行归化改正和调整。

方格网的精度要求　　　　　　　　　　　表 9-12

| 等级 | 主轴线或方格网 | 边长精度 | 直线角误差 | 主轴线交角或直角误差 |
|---|---|---|---|---|
| 一级 | 主轴线 | 1:50000 | ±5″ | ±3″ |
|  | 方格网 | 1:40000 |  | ±5″ |
| 二级 | 主轴线 | 1:25000 | ±10″ | ±6″ |
|  | 方格网 | 1:20000 |  | ±10″ |

建筑方格网的主要技术要求　　　　　　　　　　　表 9-13

| 等级 | 边长（m） | 测角中误差（″） | 边长相对中误差 |
|---|---|---|---|
| 一级 | 100~300 | 5 | ≤1/30000 |
| 二级 | 100~300 | 8 | ≤1/2000 |

#### 9.4.2.4 建筑基线测量

建筑基线是建筑场地的施工控制基准线,即在建筑场地布置一条或几条轴线。它适用于建筑设计总平面图布置比较简单的小型建筑场地。

1. 建筑基线的布设形式和布设要求

(1) 建筑基线的布设形式应根据建筑物的分布、施工场地地形等因素来确定。常用的布设形式有"一"字形、"L"形、"十"字形和"T"形,如图 9-39 所示。

(2) 建筑基线的布设要求

① 建筑基线应尽可能靠近拟建的主要建筑物,并与其主要轴线平行,以便使用比较简单的直角坐标法进行建筑物的定位。

② 建筑基线上的基线点应不少于三个,以便相互检核。

③ 建筑基线应尽可能与施工场地的建筑红线相联系。

④ 基线点位应选在通视良好和不易被破坏的地方,为能长期保存,要埋设永久性的混凝土桩。

2. 建筑基线的测设

(1) 建筑基线点初步位置的测定方法及实地标定

1) 建筑基线点初步位置的测定方法

在新建筑区,可以利用建筑基线的设计坐标和附近已有建筑场区平面控制点,用极坐标法测设建筑基线。如图 9-40 所示,$A$、$B$ 为附近已有的建筑场区平面控制点,1、2、3 为选定的建筑基线点。

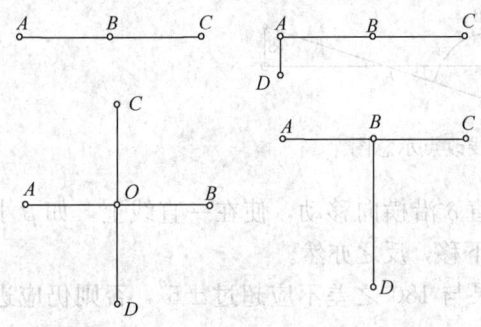
图 9-39 建筑基线的布设形式示意图

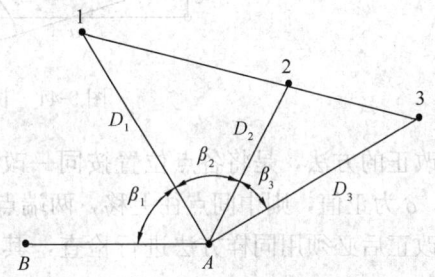
图 9-40 根据控制点测设建筑基线示意图

测设方法如下:

首先根据已知控制点和建筑基线点的坐标,计算出测设放样的数据 $\beta_1$、$D_1$、$\beta_2$、$D_2$、$\beta_3$、$D_3$。然后可采用极坐标法测设 1、2、3 点的概略位置。

测定点位的精度可按下式估算。

$$m_P = \sqrt{\frac{S^2}{\rho^2}m_\beta^2 + m_S^2} \tag{9-27}$$

式中 $m_\beta$——测设 $\beta$ 角度的误差;

$S$——控制点至测定点的距离;

$m_S$——测定距离 $S$ 的中误差。

2) 建筑基线点初步位置的实地标定

建筑基线是整个场地的坚强控制,无论采用何种方法测定,都必须在实地埋设永久标桩。同时在投点埋设标桩时,务必使初步点位居桩顶的中部,以便改点时,有较大活动余地。此外在选定主轴点的位置和实地埋标时,应掌握桩顶的高程。一般的桩顶面高于地面设计高程0.3m为宜。否则可先埋设临时木桩,到场地平整以后,进行改点时,再换成永久性标桩。

(2) 建筑基线点精确位置的测定和建筑基线方向调整

1) 建筑基线点精确位置的测定

按极坐标法所测定主轴点初步位置,不会正好符合设计位置,因而必须将其联系在测量控制点上,并构成附合导线图形,然后进行测量和平差计算,求得主轴点实测坐标值,并将其与设计坐标进行比较。然后,根据它们的坐标差,将实测点与设计点相对位置展绘在透明纸上,在实地以测量控制点定向,改正至设计位置。

一般要求建筑基线定位点的点位中误差不得大于50mm(相对于测量控制点而言)。

2) 建筑基线方向的调整

建筑基线点放到实地上,并非严格在一条直线上,调整的方法,可以在轴线的交点上测定轴线的交角 $\beta$(图9-41),测角中误差不应超过±2.5″。若交角不为180°,则应按下式计算改正值$\delta$。

$$\delta = -\frac{a \cdot b}{a+b}\left(90° - \frac{\beta}{2}\right) \cdot \frac{1}{\rho} \tag{9-28}$$

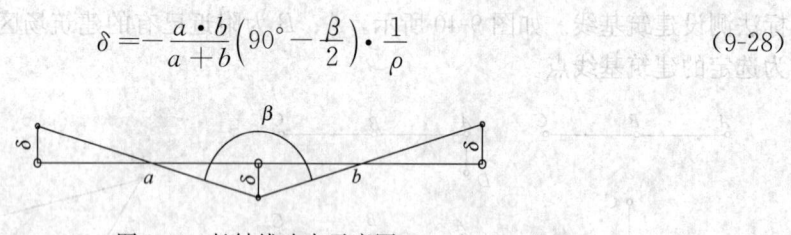

图 9-41 长轴线改点示意图

改正的方法,是将各点位置按同一改正值$\delta$沿横向移动,使在一直线上,如$\beta$小于180°,$\delta$为正值,则中间点往上移,两端点往下移,反之亦然。

改正后必须用同样方法进行检查,其结果与180°之差不应超过±5″,否则仍应进行改正。

## 9.5 高程控制测量

场区高程控制网一般采用三、四等水准测量的方法建立。四等也可采用电磁波测距三角高程测量。大型建筑场区的高程控制网应分两级布设。首级为三等水准,次级用四等水准加密。小型建筑场区可用四等水准一次布设。水准网的高程应从附近的高等级水准点引测,作为高程起算的依据。

### 9.5.1 水 准 测 量

#### 9.5.1.1 水准测量的技术要求和方法

1. 水准测量的主要技术要求

高程控制网应布设成闭合或附合路线,水准测量的主要技术要求应符合表 9-14 的规定。

**水准测量的主要技术要求**  表9-14

| 等级 | 每千米高差全中误差(mm) | 路线长度(km) | 水准仪型号 | 水准尺 | 观测次数 | | 往返较差、附合或环线闭合差 | |
|---|---|---|---|---|---|---|---|---|
| | | | | | 与已知点联测 | 附合或环线 | 平地(mm) | 山地(mm) |
| 三等 | 6 | ≤50 | DS1 | 因瓦 | 往返各一次 | 往一次 | $12\sqrt{L}$ | $4\sqrt{n}$ |
| | | | DS3 | 双面 | | 往返各一次 | | |
| 四等 | 10 | ≤16 | DS3 | 双面 | 往返各一次 | 往一次 | $20\sqrt{L}$ | $6\sqrt{n}$ |

注：1. 结点之间或结点与高级点之间，其路线的长度，不应大于表中规定的0.7倍。
2. $L$ 为往返测段、附合或环线的水准路线长度（km）；$n$ 为测站数。
3. 数字水准仪测量的技术要求和同等级的光学水准仪相同。
4. 水准观测的主要技术要求，见表9-15。

**水准观测的主要技术要求**  表9-15

| 等级 | 水准仪的型号 | 视线长度(m) | 前后视距较差(m) | 前后视距较差累计(m) | 视线离地面最低高度(m) | 基本分划、辅助分划或黑、红面读数较差(mm) | 基、辅分划或黑、红面所测高差较差(mm) |
|---|---|---|---|---|---|---|---|
| 三等 | DS$_1$ | 100 | 3 | 6 | 0.3 | 1.0 | 1.5 |
| | DS$_3$ | 75 | | | | 2.0 | 3.0 |
| 四等 | DS$_3$ | 100 | 5 | 10 | 0.2 | 3.0 | 5.0 |

注：三、四等水准采用变动仪器高度单面水准尺时，所测两次高差较大，应与黑面、红面所测高度之差要求相同。

2. 水准测量对水准仪及水准尺的要求

（1）水准仪：水准仪视准轴与水准管轴的夹角 $i$，DS$_1$ 型不应超过 $15''$；DS$_3$ 型不应超过 $20''$；补偿式自动安平水准仪的补偿误差 $\Delta\alpha$ 对于三等水准不应超过 $0.5''$。

（2）水准尺：水准尺上的米间隔平均长与名义长之差，对于木质双面水准尺，不应超过 0.5mm。

3. 水准点的布设和埋石

各级水准点标桩要求坚固稳定，应选在土质坚硬、便于长期保存和使用方便的地点；墙上水准点应选设于稳定的建筑物上，点位应便于寻找、保存和引用；各等级水准点，应埋设水准标石，并绘制点之记，必要时设置指示桩。

四等水准点也可利用已建立的场区或建筑物平面控制点，点间距离随平面控制点而定。三等水准点一般应单独埋设，点间距离一般以 600m 为宜，可在 400～800m 变动。三等水准点一般距离厂房或高大建筑物应不小于 25m、距振动影响范围以外应不小于 5m、距回填土边线应不小于 15m。水准基点组应采用深埋水准标桩或利用稳固的建（构）筑物设立墙上水准点。

#### 9.5.1.2 三、四等水准测量

1. 三、四等水准测量观测程序

三、四等水准测量所使用的水准尺均为 3m 长红黑两面的水准尺。其观测方法也相同，即采用中丝测高法，三丝读数。每一测站的观测程序可按"后前前后"进行。

具体观测程序如下：

（1）按中丝和视距丝在后视尺黑色面上进行读数；

（2）按中丝和视距丝在前视尺黑色面上进行读数；

(3) 按中丝在前视尺红色面上读数；
(4) 按中丝在后视尺红色面上读数。

2. 三、四等水准测量的记录与计算

每一测站的观测成果应在观测时直接记录于规定格式的手簿（表 9-16）中，不允许记在其他纸张上再进行转抄。每一测站观测完毕之后，应立即进行计算和检核。各项检核数值都在允许范围时，仪器可被搬站。

三、四等水准测量记录手簿　　　　　　　表 9-16

测线：自_____至_____　　　天气及成像：_____　　观测_____
日期___年___月___日　尺常数 K: No. 12 之 K=4787　记录_____
___时___分始___时___分终　　No. 13 之 K=4687　　检查_____

| 测站编号 | 后尺 下丝 上丝　后视距离　视距差 | 前尺 下丝 上丝　前视距离　视距累积差 | 方向及尺号 | 水准尺读数 黑面 | 水准尺读数 红面 | K+黑−红 | 平均高差 |
|---|---|---|---|---|---|---|---|
|  | (1)<br>(2)<br>(15)<br>(17) | (4)<br>(5)<br>(16)<br>(18) | 后<br>前<br>后−前 | (3)<br>(6)<br>(11) | (8)<br>(7)<br>(12) | (10)<br>(9)<br>(13) | (14) |
| 1 | 157.1<br>119.7<br>37.4<br>−0.2 | 73.9<br>36.3<br>37.6<br>−0.2 | 后 12<br>前 13<br>后−前 | 1.384<br>0.551<br>+0.833 | 6.171<br>5.239<br>+0.932 | 0<br>−1<br>+1 | +0.8325 |
| 2 | 212.1<br>174.7<br>37.4<br>−0.1 | 219.6<br>182.1<br>37.5<br>−0.3 | 后 13<br>前 12<br>后−前 | 1.934<br>2.008<br>−0.074 | 6.621<br>6.796<br>−0.175 | 0<br>−1<br>+1 | −0.0745 |

现根据三、四等水准测量记录格式，以实例表示其记录计算的方法与程序。示例表格内格中括号中的号码，表示相应的观测读数与计算的次序。现说明如下：

(1) 高差部分

$(10)=(3)+K-(8)$；$(9)=(6)+K-(7)$；(9) 及 (10) 对三等不得大于 2mm，对四等不得大于 3mm。式中 $K$ 为水准尺黑红面的常数差。本例中标尺 No. 12 之 $K=4787$，No. 13 之 $K=4687$。

$(11)=(3)-(6)$，$(12)=(8)-(7)\pm100$ (100 为两尺红面常数差)。

$(13)=(11)-(12)\pm100=(10)-(9)$ (校核)；(13) 对三等不得大于 3mm，四等不得大于 5mm。

(2) 视距部分

$(15)=(1)-(2)=$ 后视距离。

$(16)=(4)-(5)=$ 前视距离。

$(17)=(15)-(16)=$ 前后视距差数，在使用光学水准仪的情况下，此值对三等不应超出 3m，四等不应超过 5m。

$(18)=$ 前站 $(18)+(17)$。(18) 表示前后视距的累计值，对三等不应超过 6m，四等不应超过 10m。

(3) 检核与高差平均值的计算

观测后应按下式进行验核：

(13)=(11)-(12)±100=(10)-(9)

高差平均值按下列三式计算并校核：

(14)=1/2[(11)+(12)±100]=(11)-1/2(13)=(12)±100+1/2(13)

(4) 末站检核与总视距的计算

求出∑(15)、∑(16)，并用∑(15)-∑(16)=(18)对末站作检核。

所测路线的总视距=∑(15)+∑(16)。

3. 水准网的平差计算和精度评定

水准网的平差，根据水准路线布设的情况，可采用各种不同的方法。附合在已知点上构成结点的水准网，采用结点平差法。若水准网只具有 2～3 个结点，路线比较简单，则采用等权代替法。作为场区高程控制的水准网，一般都构成环形，而且网中只具有唯一的高程起算点，因而多采用多边形图解平差法。

当每条水准路线分测段施测时，应按下式。计算每千米水准测量的高差偶然中误差，其绝对值不应超过相应等级每千米高差全中误差的 1/2。

$$M_\Delta = \sqrt{\frac{1}{4n}\left(\frac{\Delta\Delta}{L}\right)} \tag{9-29}$$

式中 $M_\Delta$——高差偶然中误差（mm）；

$\Delta$——测段往返高差不符值（mm）；

$L$——测段长度（km）；

$n$——测段数。

水准测量结束后，应按下式计算每千米水准测量高差全中误差，其绝对值不应超过式 (9-30) 中相应等级的规定。

$$M_W = \sqrt{\frac{1}{N}\left(\frac{WW}{L}\right)} \tag{9-30}$$

式中 $M_W$——高差全中误差（mm）；

$W$——附合或环线闭合差（mm）；

$L$——计算各 $W$ 时，相应的路线长度（km）；

$N$——附合路线和闭合环的总个数。

当三等水准测量与国家水准点附合时，高山地区除应进行正常位水准面不平行修正外，还应进行其重力异常的归算修正。

各等级水准网，应按最小二乘法进行平差并计算每千米高差全中误差。

高差成果的取值，三、四等水准应精确至 1mm。

## 9.5.2 电磁波测距三角高程测量

电磁波测距三角高程测量一般适用于测定在山区或位于高层建筑物上控制点的高程，宜在平面控制点的基础上布设成三角高程网或高程导线，电磁波三角高程测量在一定条件下可以代替四等水准测量。

如图 9-42 所示，已知 $A$ 点的高程 $H_A$，欲求 $B$ 点高程 $H_B$，可将全站仪安置在 $A$ 点，量取仪器高 $i$，照准 $B$ 点目标的反光镜或觇牌 $B'$，测得竖直角 $\alpha$，量取 $B$ 点目标高 $v$ 为。设已知两点间水平距离为 $D_{AB}$，则两点间的高差计算式为：

$$h_{AB} = D_{AB} \text{tg}\alpha + i - v \quad (9-31)$$

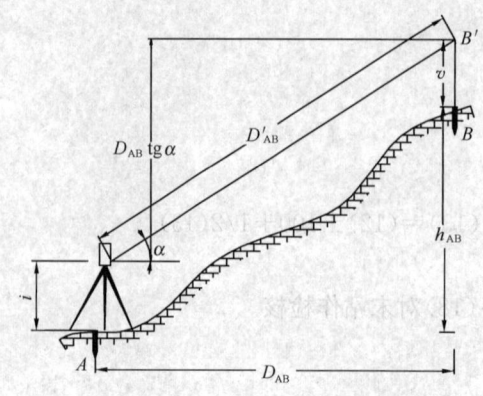

图 9-42 电磁波测距三角高程测量

1. 电磁波测距三角高程测量的主要技术要求（表 9-17）

电磁波测距三角高程测量的主要技术要求　　　表 9-17

| 等级 | 每千米高差全中误差（mm） | 边长（km） | 观测方式 | 对向观测高差较差（mm） | 附合或环形闭合差（mm） |
|---|---|---|---|---|---|
| 四等 | 10 | ≤1 | 对向观测 | $40\sqrt{D}$ | $20\sqrt{\sum D}$ |

注：1. $D$ 为测距边的长度（km）。
　　2. 起讫点的精度等级，四等应起讫于不低于三等水准的高程点上。
　　3. 路线长度不应超过相应等级水准路线的长度限值。

2. 电磁波测距三角高程观测的技术要求

（1）电磁波测距三角高程观测的主要技术要求，应符合表 9-18 的规定。

电磁波测距三角高程观测的主要技术要求　　　表 9-18

| 等级 | 垂直角观测 | | | | 边长测量 | |
|---|---|---|---|---|---|---|
| | 仪器精度等级 | 测回数 | 指标差较差（″） | 测回较差（″） | 仪器精度等级 | 观测次数 |
| 四等 | 2″级仪器 | 3 | ≤7″ | ≤7″ | 10mm 级仪器 | 往返各一次 |

（2）垂直角的对向观测，当直觇完成后应即刻迁站进行返觇测量。

（3）仪器、反光镜或觇牌的高度，应在观测前后各量测一次并精确至 1mm，取其平均值作为最终高度。

3. 电磁波测距三角高程测量的数据处理，应符合下列规定：

（1）直返觇的高差，应进行地球曲率和折光差的改正。

（2）平差前，应按下式计算每千米高差全中误差。

$$M_W = \sqrt{\frac{1}{N}\left(\frac{WW}{L}\right)} \quad (9-32)$$

式中　$M_W$——高差全中误差（mm）；
　　　$W$——附合或环线闭合差（mm）；
　　　$L$——计算各 $W$ 时，相应的路线长度（km）；
　　　$N$——附合路线和闭合环的总个数。

(3) 各等级高程网，应按最小二乘法进行平差并计算每千米高差全中误差。

(4) 高程成果的取值，应精确至1mm。

### 9.5.3 GNSS 水准测量

下面以中海达 IRTK5 为例，简单说明通过 RTK 手段实现 GNSS 水准的操作步骤。

本例采用几何法中的平面拟合法，平面拟合至少需要 3 个起算点，现有 4 个控制点（KZD1～KZD4）。实现步骤如下：

1) 架设基准站和移动站，新建项目，设置坐标系统。

2) 进行 RTK 基准站及流动站设置，并完成设备连接，达到"固定解"状态。

3) 逐一对 4 个控制点进行 WGS-84 大地坐标的"平滑采集"。

4) 将移动站设置在控制点上，气泡居中，依次点击"测量"-"碎部测量"-"平滑采集"，弹出对话框自动采集坐标 10 次后点击"确定"，进入"坐标点保存对话框"，填写点名，目标高（对中杆刻度高），点击"确定"保存（图 9-43）。用此操作顺序依次采集 KZD1、KZD2、KZD3、KZD4。

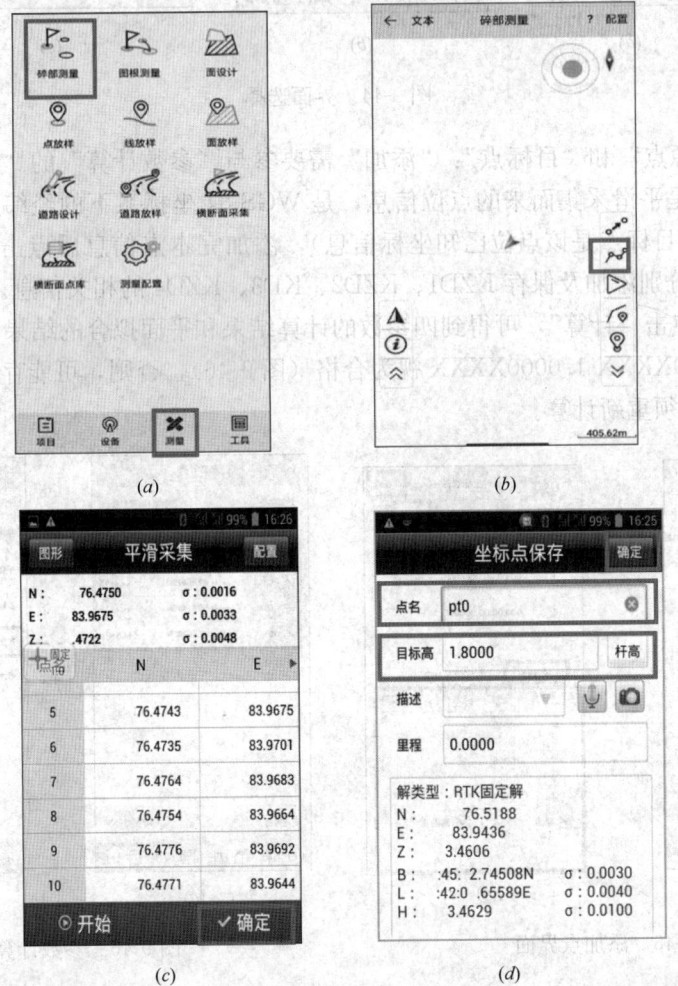

图 9-43 控制点测量

5) 参数计算。

① 界面选择：依次点击"项目"-"参数计算"，计算类型："四参数＋高程拟合"，高程拟合："平面拟合"（图9-44）。

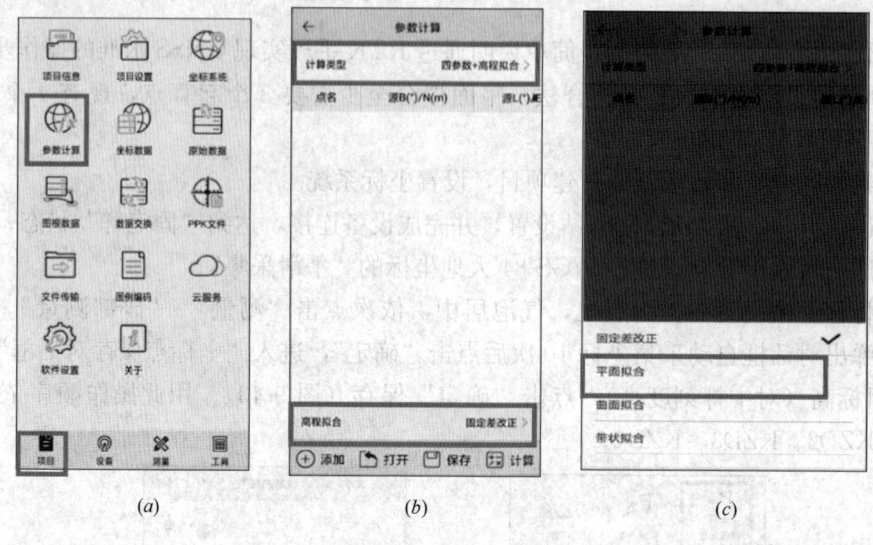

图 9-44　界面选择

② 添加"源点"和"目标点"："添加"需要参与"参数计算"的"源点"和"目标点"（源点坐标是平滑采集而来的点位信息，是WGS-84坐标系下的经纬度，直接从坐标库中调入即可；目标点是该点位已知坐标信息），添加完本点信息后点击"保存"（图9-45）。按此方法分别添加及保存KZD1、KZD2、KD3、KZD4的相关信息。

③ 计算：点击"计算"，可得到四参数的计算结果和平面拟合的结果，需要注意的是尺度值在 0.9999XXXX-1.0000XXXX 视为合格（图9-46），否则，可能存在操作错误或控制点有问题，必须重新计算。

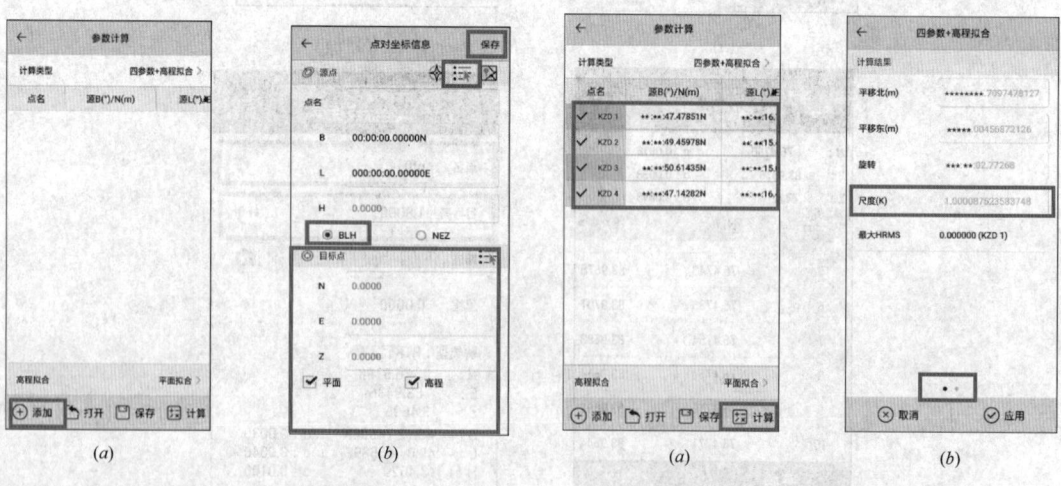

图 9-45　添加点界面　　　　　　　图 9-46　参数计算界面

④ 参数计算结果合格后，点击"应用"之后，坐标转换结束，就可以进行后续测量工作了（图 9-47）。测量前，可在已知控制点上进行精度检核。

通过 RTK 测量方式进行高程拟合，当控制点数量有限或点位代表性不佳时，计算结果误差较大；当地形起伏不大时，可以获得较为理想的结果。

通过网络 RTK 实现 GNSS 水准

网络 RTK 实现 GNSS 水准的基本原理是，用户在待定点上测量时，通过移动互联网接收 CORS 系统传送的差分信号，测定待定点的大地坐标，然后将测量结果发送到网络中心，网络中心利用经过精化处理的似大地水准面模型，内插求出待定点的高程异常和正常高。由于似大地水准面模型在一定程度上考虑了地形起伏的影响，因此其结果一般比较可靠，在条件较好时可以达到甚至超过四等水准精度，但在地形起伏较大区域，其模型误差也越大，从而导致测量结果误差也较大。

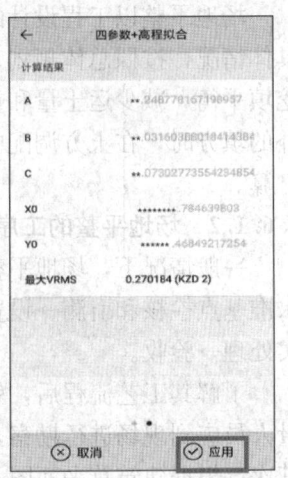

图 9-47 计算结果应用界面

在实际操作中，待定点的 GNSS 水准高程由网络中心统一解算，用户只需提供外业测量数据即可。以表 9-19 数据为某工程 CORS 测量及计算结果案例，本区域属于城区，地势平坦，测量结果较为理想。

某工程 CORS 测量及计算结果（CGCS2000 坐标转换为××地方坐标成果） 表 9-19

| 点名 | 纬度 $B$ (°.′″) | 经度 $L$ (°.′″) | 大地高 $H$ (m) | $Y$ (m) | $X$ (m) | 正常高 $h$ (m) |
|---|---|---|---|---|---|---|
| J03 | *9.582481181 | 1*6.322528697 | 17.298 | **6186.796 | **1950.999 | 27.086 |
| FL1 | *9.392521168 | 1*6.060253454 | 28.216 | **8530.786 | **6816.000 | 38.014 |
| FL2 | *9.392554556 | 1*6.062540068 | 27.866 | **9075.914 | **6824.803 | 37.654 |
| FL3 | *9.393798703 | 1*6.062526343 | 27.721 | **9073.681 | **7208.520 | 37.502 |
| F01a | *9.3816435270 | 1*6.4318816640 | 5.317 | **1849.644 | **4731.214 | 13.909 |
| F02a | *9.3818213090 | 1*6.4321808220 | 4.704 | **1920.752 | **4786.340 | 13.291 |
| F03a | *9.3814405230 | 1*6.4322954830 | 7.148 | **1948.580 | **4669.015 | 15.739 |
| F04a | *9.3813898350 | 1*6.4318613830 | 10.490 | **1845.132 | **4652.953 | 19.084 |

注：为了保密，表中经纬度和坐标某几位数字用*替代。

J03、F02a 为检核点，其已知高程分别为 27.101、13.298，与测量值之差分别为 15mm、7mm，此外用水准测量方法检测了相邻点的相对关系，其高差差值一般在 10mm 以内，GNSS 水准测量成果满足工程要求。

## 9.6 建筑施工场地测量

### 9.6.1 场地平整测量

场地平整是指在建筑红线范围内的自然地形现状，通过人工或机械挖填平整改造成为设计所需要的平面，以利现场平面布置和文明施工。

#### 9.6.1.1 场地平整的依据和合理规划

场地平整以工程设计的建筑总平面图的室外地坪标高为前提，要综合考虑工程施工的具体情况，按照总体规划、生产施工工艺、交通运输和场地排水等要求，并尽量使土方的挖填平衡，减少运土量和重复挖运。若基础开挖为深基坑开挖时，即挖方远大于开挖区域外的填方时，在土方调配中，还需要考虑回填土的预存计划，为以后的土方回填做长远的打算。

#### 9.6.1.2 场地平整的工序和准备工作

一般情况下，场地平整的施工工序为：现场勘察→清除地面障碍物→标定整平范围→水准基点检核和引测→设置方格网和测量标高→计算土方挖填工程量→平整土方→场地压实处理→验收。

了解其工艺流程后，就可以根据其步骤进行测量工作。首先，在现场勘察过程中，测量人员应到现场进行勘察，了解场地地形、地貌、周围环境、平面控制和高程控制基点；其次，根据建筑总平面图及施工现场平面布置规划了解并确定现场平整场地的施工工序和主次关系，必要时测绘出场区的大比例尺地形图，为改进现场平面规划提供更全面的资料；再次，复核平面控制点和高程控制基点，需要时还应进行基点加密测设，为场地测量作好前期准备。

#### 9.6.1.3 场地平整的技术要求

平整场地的一般要求如下：

（1）平整场地应做好地面排水。平整场地的表面坡度应符合设计要求，一般应向排水沟方向做成不小于0.2%的坡度。

（2）平整后的场地表面应逐点检查，检查点为每100～400m取1点，但不少于10点；长度、宽度和边坡均为每20m取1点，每边不少于1点。

（3）场地平整应经常测量和校核其平面位置、水平标高和边坡坡度是否符合设计要求。平面控制桩和水准控制点应采取可靠措施加以保护，定期复测和检查。

#### 9.6.1.4 场地平整相关计算

确定场地平整标高后，以此为基准进行土方挖填平衡计算，确定平衡调配方案，并根据工程规模、施工期限、现场机械设备条件，选用土方机械，拟定施工方案，合理选择土方计算方法。填挖土方计算的常用方法有：方格网法、截面积法、等高线法、四棱柱体法、三棱柱体法和数字化计算法等。在以下章节将对土方计算方法进行详细的说明。

场地平整标高的计算

对较大面积的场地平整，正确地选择场地平整标高，对节约工程成本、加快建设速度均具有重要意义。场地平整高度计算常用的方法为"挖填土方量平衡法"，因其概念直观，计算简便，精度能满足工程要求，应用最为广泛，其计算步骤和方法如下：

（1）计算场地平整标高

在建筑群的建筑总平面图中，都会反映出室外地坪标高和总体规划道路的坡度方向和标高，因此，在考虑争取一步平整到位的"效益原则"上，场地平整应以建筑总平面图的数据为依据，并结合现场施工总平面布置图，进行挖填平衡计算。场地平整标高计算如下：

见图9-48(a)，将地形图划分方格网，每个方格的角点标高，一般可根据地形图上相邻两等高线的标高，用内插法求得。当无地形图时，亦可在现场布置方格网，然后用仪器直接测出。

一般应使场地内的土方在平整前和平整后相等而达到挖方和填方量平衡，见图9-49(b)。设达到挖填平衡的场地平整标高为$H_0$，$H_0$值可由下式求得：

$$H_0 = \frac{\sum H_1 + 2\sum H_2 + 3\sum H_3 + 4\sum H_4}{4N}$$

(9-33)

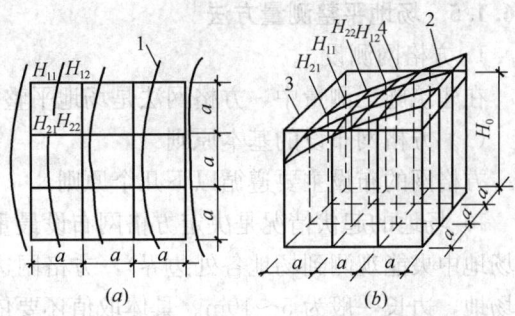

图9-48 场地设计标高计算简图
(a) 地形图上划分方格；(b) 设计标高示意图
1—等高线；2—自然地坪；3—平整标高平面；
4—自然地面与平整标高平面的交线（零线）

式中 $N$——方格网数（个）；

　　$H_1$——一个方格共有的角点标高（m）；

　　$H_2$——二个方格共有的角点标高（m）；

　　$H_3$——三个方格共有的角点标高（m）；

　　$H_4$——四个方格共有的角点标高（m）。

此时，仅考虑基坑开挖区域外的挖填平衡时，若$H_0$与场外地坪标高$H'$的差值在±100mm时，则可取$H_0$作为场地平整的标高。

(2) 场地平整标高的适度调整值

上式计算的$H_0$为一理论数值，实际尚需考虑土的可松散系数、设计标高以下各种填方工程用土量或设计标高以上的各种挖方工程量、边坡填挖土方量不等、部分挖方就近弃土于场外或部分填方就近从场外取土、开挖方案等因素。考虑这些因素所引起的挖填土方量的变化后，可适当提高或降低设计标高。

(3) 施工现场总平面布置图对场地平整标高的影响

计算的$H_0$未考虑场地中规划道路和排水的要求，因此，应根据规划道路和排水坡度的技术要求，增加规划道路施工和排水设施所产生的挖方量。如场地面积较大，应有2‰以上排水坡度，尚应考虑排水坡度对设计标高的影响。故场地内任一点实际施工时所采用的平整标高$H_0$可由下式计算：

单向排水时　　　　　　　　　$H_n = H_0 + l_{排}$　　　　　　　　　(9-34)

双向排水时　　　　　　　　　$H = H_0 \pm l_x i_x \pm l_y i_y$　　　　　　　　　(9-35)

式中 $l$——该点至$H_0$的距离（m）；

　　$i$——$x$方向或$y$方向的排水坡度（不少于2‰）；

　　$l_x$、$l_y$——该点于$x$-$x$、$y$-$y$方向距场地中心线的距离（m）；

　　$i_x$、$i_y$——分别为$x$方向和$y$方向的排水坡度；

　　±——该点比$H_0$高则取"+"号，反之取"-"号。

### 9.6.1.5 场地平整测量方法

1. 方格网测设

在建筑施工测量中，方格网法是场地平整的土方计算主要方法。

（1）方格网布设的基本原则

方格网的布设主要遵循以下几个原则：

1）场地的起伏情况是决定方格网布设最重要的依据，一般起伏不大的场地（成人站在场地中央能观测到场地各处边界），方格网边长一般为10~40m，对于场地起伏比较大的场地，边长一般为5~10m。具体取值还要依据对土方计算的精度要求和场地具体情况确定。

2）方格网的坐标系应尽量与建筑物坐标系平行。

3）方格网点的布置应布满整个施工区域。

4）地形起伏不一致的场地，应根据局部区域的场地起伏情况，适当地增大或减小方格网的边长。

（2）方格网测设的方法

方格网测设方法主要有：经纬仪测设法、全站仪测设法、GNSS RTK 测设法。

1）经纬仪测设法

经纬仪测设法是使用经纬仪测设角度和钢尺量距确定网点位置的方法。适用于地势比较平缓的地形。

操作方法如下：

a. 在场区一边的边界线附近选择其边界的一个角点作为测设起始点，在起始点上架设经纬仪，选择场区的长边方向尽量平行拟建建筑物的同方向轴线，并在该方向另一边边界上定方向点。

b. 在选定的方向上，以角点为起点，用钢尺量距，经纬仪定向，按一定间距测设出此方向上的网点。

c. 经纬仪分别在每个网点拨设90°在另一方向上按同样方法测设网点。

d. 在直角长边方向的网点上，依次架设经纬仪拨设90°，并以此方向点定向，用同样的方法测设其他直角边的网点。

2）全站仪测设法

全站仪采集数据主要包括控制测量与碎部测量两部分。

用全站仪进行野外控制测量步骤如下：

a. 在观测区域布设控制点，做到控制点通视。

b. 将控制点布设成闭合导线，附合导线或支导线的形式。

c. 测量各控制点的高程，各测站的转折角和距离。

d. 数据合格后，由已知数据进行导线网的平差计算，计算出控制点的坐标。

用全站仪进行野外碎部测量步骤如下：

a. 进入程序测量模式

将全站仪采用光学对中方法安置于测站控制点上，进入标准测量程序模块中。

b. 创建作业

在程序测量模块中，创建新的作业，输入作业文件名字。进行碎部测量，碎部点观测数据和坐标高程，将直接保存在文件中，供下一步内业数字成图使用。创建作业，相当于给观测的数据存放起一个文件名。当然也可打开一个原有的作业名。

c. 设置测站点、后视点信息，并后视归零。

测站点信息设置

进入测站点信息输入屏幕，输入该测站点的详细信息，并确认。若该点信息已经存放在创建的作业中，则系统自动调用该点的坐标和高程，若文件中没有该点信息，则屏幕显示坐标和高程输入屏幕，此时输入以上测站点信息，便设置完成。

后视点信息设置

进入后视点信息输入屏幕，输入后视点号，若内存中已有该点的信息，则屏幕显示后视方位角。若文件中无该点信息，屏幕提示你输入该点的坐标。然后按屏幕提示照准后视目标，将水平度盘归零，然后确认，便完成后视点信息设置。

d. 碎部点数据采集

进入碎部点数据采集屏幕，第一个点的测量需要置入碎部点点号和反射棱镜高，然后照准碎部点所立对中杆，按确认键开始测量。待坐标显示于屏幕上后，按相应的确认键，测量碎部点的信息自动存储于创建的作业文件中。此时观测员用对讲机将该点的点号报告给立镜员。立镜员听到自己的名字和点号后就可以移动到下一个测点上。再次出现测量屏幕，其碎部点点号递增，默认上一个碎部点的反射棱镜高，并准备下一次测量。如此反复将各个碎部点测量出来，用于地形图、地籍图或断面图的绘制。

e. 碎部记录

立镜员要现场记录立镜处的点号、地物属性及连线关系。

3）GNSS RTK 测设法

RTK 实时动态测量技术，是以载波相位为根据的实时差分 GNSS 技术，它是测量技术发展里程中的一个突破，它由基准站接收机、数据链、流动站接收机三部分组成。观测时基准站对卫星进行连续观测，并将其观测数据和测站信息，通过无线电传输设备实时发送给流动站，然后根据相对定位原理，实时解算出流动站的三维坐标。

操作方法如下：

a. 基站架设

架设仪器之前首先考虑测区的范围大小，周围环境情况：是否有高压线、大面积水域或者高层建筑，尽量减少多路径效应对接收机的影响。如果在已知点架设，基准站必须严格对中整平，保证测量数据的准确度和精度。架设好基站后打开主机设置为基准站模式，再根据实际情况设置模块。若使用外接模块，就要把主机和电台连接起来，确保所有的连接线都连接正确后打开电台电源。

b. 手簿连接

手簿的连接分为蓝牙连接和电缆连接，连接后要设置移动站模式，保持跟基准站工作模式一致。

c. 新建工程

注意中央子午线的设定，如果有四参数或者七参数就可以直接套用参数，然后找到一个已知点进行单点校正。如果没有参数，需求解转换参数。

d. 采集坐标点

完成以上所有的设置及转换参数后，就可以进行采点。按照制定的方格网边长逐点采集坐标，遇到高程变化较大地形适当加密。

2. 三维激光扫描

近些年三维激光扫描技术的兴起，使得测量数据获取方式发生巨大改变，将传统单点测量模式推进至面式扫描模式方式，可以大面积地获取目标表面的点云数据，在数据获取效率、数据采集范围、数据源的准确性、测量作业安全性和自动化方面实现了全面提升。

三维激光扫描的布设主要遵循以下几个原则：

1) 设站点须稳定、视场开阔。

2) 对于起伏较大的困难测区，须选择正对测区的较高位置架设扫描仪。

3) 对于植被茂密的区域，尽量选取制高点设站，利于激光脉冲束穿过植被到达地表，获取尽可能多的地面点信息。

4) 为保证点区配准精度，实际作业中，一般每个测站布设三到四个靶标。

### 9.6.1.6 填挖土方计算

填挖土方计算的方法有多种，常用的方法有：方格网法、截面积法、等高线法、不规则三角网法（DTM）等。每种方法都有其适用的条件和局限性，应根据场地条件合理选择计算方法。

因技术发展，前三种手工计算方法已不常用，实际操作大多采用不规则三角网法（DTM）。

实际工作中不规则三角网法（DTM）的土方计算多采用 CASS 软件完成，具体操作流程如下：

打开 CASS 软件，依次单击"等高线"—"建立 DTM"。在弹出的对话框中的设置如图 9-49 所示：

单击确定即可绘制出三角网，如图 9-50 所示：

图 9-49　建立 DTM 示意图

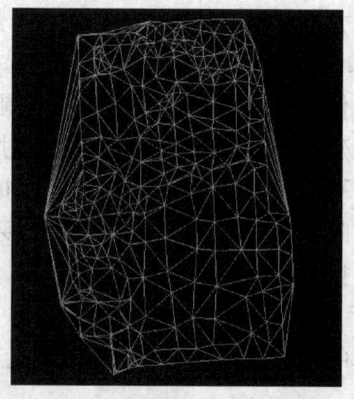

图 9-50　绘制三角网示意图

绘制出三角网后，三角网包含的区域可能和设计给出的区域不同，此时要修改绘制出的三角网区域。选中需要删除的组成三角网的线后按"E"+"空格"即可删除。修改后如图 9-51 所示。

依次单击"工程应用"——"DTM 法土方计算"——"根据图上三角网",根据工程需要输入平场标高（设计高）,将三角网所在区域全选,按"Enter"键即可得出需要填挖的土方量,如图 9-52 所示。

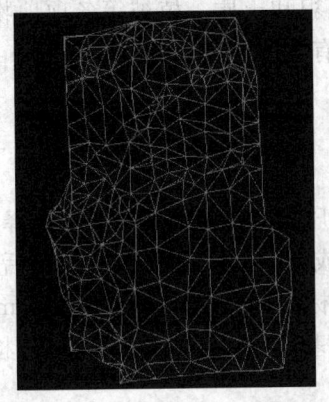
图 9-51 修改后的 DTM 示意图

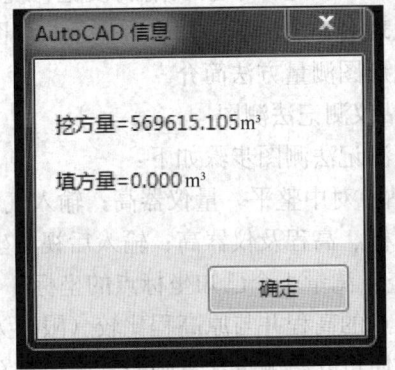
图 9-52 土方计算结果示意图

### 9.6.2 场地地形和布置测量

#### 9.6.2.1 场地地形测量

1. 场地地形测量的目的

在建筑施工中,为规划施工场区的现场平面布置,需要测绘场区地形图,从地形图上了解场地详细地貌和地物的信息,以便根据拟建建筑物与场区的位置关系,根据挖填平衡原则,能更经济合理对场区进行规划。

2. 地形测量的方法

场地地形测量为大比例尺地形图测量,比例尺为 1：200、1：500、1：1000 和 1：2000。地形测量控制网是在施工控制网基础上进行加密得到。坐标系统和高程系统应与施工坐标系、高程系统相一致,有时候考虑方便施测也可以采用独立坐标系统,然后根据需要进行数据转换。地形测量图幅按正方形或矩形法分幅,图式符号执行国家最新版本的《1：500 1：1000 1：2000 地形图图式》。地形测量由于外业数据采集和内业成图所使用的仪器和软件不同而采用不同的方法,不论采用何种方法,成图都必须满足相关规范和用户要求。

（1）图根控制点的测量

一般规定

① 图根点是直接供测图使用的平面和高程控制点,可在各等级控制点上采用经纬仪交会法、测距导线法、全站仪坐标法、三角高程、水准测量、GNSS 等方法测量。

② 图根点或测站点的精度以相对于邻近控制点的中误差来衡量,其点位中误差不应超过图上±0.1mm;其高程中误差不应超过测图基本等高距的 1/10。

③ 图根点可以采用临时地面标志。

④ 图根点的密度因测图使用的仪器不同要求也不同,只要能够保证碎部点的平面高程精度即可。

⑤ 测站点可以在测图过程中根据需要随时测设。
⑥ 其他相关规定见现行国家标准《工程测量标准》GB 50026。
(2) 地形测量测绘内容及取舍

地形图应表示测量控制点、居民地和垣栅、工矿建筑物及其他设施、交通及附属设施、管线及附属设施、水系及附属设施、境界、地貌和土质、植被等各项地物、地貌要素，以及地理名称注记等。并着重显示与测图用途有关的各项要素。

(3) 地形图测量方法简介

1) 全站仪测记法测图

全站仪测记法测图步骤如下：

① 设站：对中整平，量仪器高，输入气温、气压、棱镜常数；建立（选择）文件名；输入测站坐标、高程及仪器高；输入后视点坐标（或方位角），瞄准后视目标后确定。

② 检查：测量1个已知坐标点的坐标并与原坐标比较（限差为图上0.1mm）；测量1个已知高程点的高程并与原高程比较（限差为1/10基本等高距）；如果前两项检查都在限差范围内，便可开始测量，否则检查原因重新设站。

③ 立镜：依比例尺地物轮廓线折点，半依比例尺或不依比例尺地物的中心位置和定位点。

④ 观测：在建筑物的外角点、地界点、地形点上竖棱镜，回报镜高；全站仪跟踪棱镜，输入点号和改变的棱镜高，在坐标测量状态下按测量键，显示测量数据后，输入测点类型代码后存储数据。继续下一个点的观测。

⑤ 皮尺量距：对于那些本站需要测量而仪器无法看见的点，可用皮尺量距来确定点位；半径大于0.5m的点状地物，如不能直接测定中心位置，应测量偏心距，并在草图上注明偏心方向；丈量的距离应标注在草图上。

⑥ 绘草图：现场绘制地形草图，标注立镜点的点号和丈量的距离，房屋结构、层次、道路铺材，植被，地名，管线走向、类别等。草图是内业编绘工作的依据之一，应尽量详细。草图的绘制应与碎部测量同步进行。

⑦ 检查：测量过程中每测量30点左右及收站前，应检查后视方向，也可以在其他控制点上进行方位角或坐标、高程检查。

⑧ 数据传输：连接全站仪与计算机之间的数据传输电缆；设置超级终端的通信参数与全站仪的通信参数一致；全站仪中选择要传输的文件和传输格式后按发送命令；计算机接收数据后以文本文件的形式存盘。

⑨ 数据转换：通过软件将测量数据转换为成图软件识别的格式。

⑩ 编绘：在专业软件平台下进行地形图编绘，具体操作依照软件使用说明进行。

⑪ 建立测区图库，图幅接边，必要时输出成图。

⑫ 注意：每次外业观测的数据应当天输入计算机，以防数据丢失；外业绘制草图的人员与内业编绘人员最好是同一个人，且同一区域的外业和内业工作间隔时间不要太长。

2) 无人机航空摄影测量

近年来随着小型化民用无人机技术迅猛发展和数字摄影测量技术的进步，小型无人机加非量测相机进行大比例尺地形测量正在成为测绘界一项热门技术。小型无人机搭载了

GNSS差分模块，能够获取飞行时摄影平台的坐标和空间方位等信息，配合非量测的民用消费型相机进行航空摄影，就可以进行原来要大型飞机和专业航摄像机才能完成的地形测绘任务。在北京冬奥会高山滑雪中心项目中，测绘人员利用一架eBee Plus测量无人机，进行了场地地形测绘和建模，取得良好效果。

下面介绍一下高山滑雪场项目无人机摄影测量的操作步骤：

① 若需要转换到施工控制点坐标系，则根据现有场地控制点，用GNSS采集各个控制点WGS84的经纬度。

② 采用GNSS手簿中计算转换参数程序，计算出转换参数。

③ 现场航拍。

a. 将一GNSS基站安置在某一个控制点上，量取仪器高；开机，进入静态采集状态；

b. 按航拍精度要求，规划航拍飞行路径和重叠度、高度；

c. 放飞无人机，沿规划路径进行航拍。

④ 数据预处理。通过飞行控制软件，以基准站为基准，将每一张航拍照片的曝光时的坐标，进行后差分处理（PPK），然后写入照片属性中。

⑤ 数据处理：采用摄影测量软件，如Pix4dmapper、Contextcapure（原3dsmart）、Photoscan、inpho等，进行空三解算，计算点云坐标，生成三维纹理模型。如果仅计算面积和土方量，不需要进行坐标系转换，在WGS84坐标系下解算，模型可以直接上传到WebGIS系统中。

⑥ 采用遥感软件进一步剔除植被；最后生成场地模型，见图9-53。

⑦ 根据软件提供的面积、土方计算功能，计算面积、土方量，见图9-54。

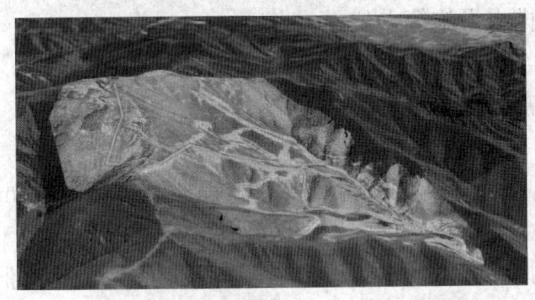 

图9-53　冬奥会高山滑雪中心航拍场地模型　　图9-54　利用建模成果进行填挖方计算

3. 地形测量的精度要求

地形测量精度应该符合现行国家标准《工程测量标准》GB 50026中"地形测量"的相关规定。

#### 9.6.2.2　场地布置测量

1. 布置的依据

场地布置测量应根据建筑总平面图、施工组织设计、施工现场总平面布置图进行，并应遵守各项规程、规范的相关技术要求。

（1）建筑总平面图

首先，我们要根据建筑总平面图获得室外地坪的标高和拟建建筑物的平面位置，结合场地平整标高，找出场地布置的标高和平面测量的施工依据。

(2) 施工组织设计

施工组织设计详细地说明施工生产的安排工序，因此，场地布置的测量顺序应以施工组织设计为依据，根据施工生产的安排进行施工。

(3) 施工现场平面总布置图

施工现场平面总布置图对布置内容、尺寸和位置都有详细的表示，结合建筑总平面图，测设出场地测量的平面和标高控制点，按照施工组织设计的安排，有序地测量。

2. 临时设施布置测量（包括施工区域现有管线的测量整理）

根据土方和基础工程规模、工期长短、施工力量安排等需要修建简易的临时性生产和生活设施（如工具库、材料库、油库、机具库、修理棚、休息棚、茶炉棚等），同时敷设现场供水、供电、供压缩空气管线，并进行试水、试电、试气。修筑施工场地内机械运行的道路。

(1) 平面测量的依据

通常情况下，平面测量的依据主要有：现场已有建筑物的定位桩、施工控制网、测设出建筑物的轮廓线或轴线控制线等。

若施工场地比较大时，可加密施工控制网，从而测设出连接建筑物与临时设施的相对位置关系的基线，以此作为平面控制的依据。

(2) 平面测量

① 通过建筑总平面设计图与施工现场平面布置图，找出所放样的点位与拟建建筑物的相对位置关系；

② 根据平面控制线，考虑实际情况，选择适宜的方法进行测设，通过拨角量边的方法放样出临时房屋、临时道路、管线埋设和排水设施等点位。

(3) 高程测量的依据

高程测量的依据为施工场地的首级和加密高程控制点。

(4) 高程测量

① 临时房屋：根据施工现场平面图中的设计标高，临时房屋的高程控制可用+50cm或+1.00m标高线控制；

② 临时管线：根据施工现场平面图中的设计埋设或架设标高，管线的埋设可用水准仪直接观测来控制，管线的架设则可用+50cm或+1.00m标高线控制。

### 9.6.2.3 场地布置测量允许偏差技术要求

施工场地测量允许偏差，应符合表9-20的规定。

施工场地测量允许偏差 表9-20

| 内容 | 平面位置（mm） | 高程（mm） |
| --- | --- | --- |
| 场地平整测量方格网点 | 50 | ±20 |
| 场区施工道路 | 70 | ±50 |
| 场区临时给水管道 | 50 | ±50 |
| 场区临时排水管道 | 50 | ±30 |
| 施工临时电缆管线 | 70 | ±70 |
| 暂设建（构）筑物 | 50 | ±30 |

## 9.7 基础施工测量

### 9.7.1 概　述

#### 9.7.1.1 基槽开挖施工测量

基槽开挖的基础根据结构形式可分为：条形基础、杯形基础、筏板基础和箱形基础。其中筏板基础和箱形基础为整体开挖基础，基础形式的不同，开挖过程中的测量工作也不尽相同，下面分别介绍每种基础形式的基槽开挖测量工作。

#### 9.7.1.2 条形基础施工测量

建筑物墙的基础通常连续设置成长条形，称为条形基础，是浅基础的一种常见形式。施工测量工作包括基槽开挖上、下口线、基槽坡度，基槽底面高程测量。

首先根据设计图纸和开挖方案，计算出开挖上下口线的位置，然后利用轴线控制桩和计算的数据，放样出开挖上、下口线，撒上白灰作为开挖标记。

由于条形基础为浅基础，因此一般是一次开挖到位。在开挖过程，以轴线控制桩为准测设基槽边线，两灰线外侧为槽宽；从第一开挖点开始，测量其挖点的标高，根据所测数据指挥下一个挖点的挖深。

#### 9.7.1.3 杯形基础施工测量

当建筑物上部结构采用框架结构或单层排架及门架结构承重时，其基础常采用方形或矩形的单独基础，这种基础称独立基础或柱式基础。独立基础是柱下基础的基本形式，当柱采用预制构件时，则基础做成杯口形，然后将柱子插入并嵌固在杯口内，故称杯形基础，见图9-55。

测量时同样首先根据设计图纸和开挖方案，计算出开挖上下口线的位置，利用轴线控制桩和计算的数据，放样出开挖上、下口线，撒上白灰作为开挖标记。

柱形基础为独立基础，其开挖面小而浅，在开挖过程，以轴线控制桩为准测设基槽边线，

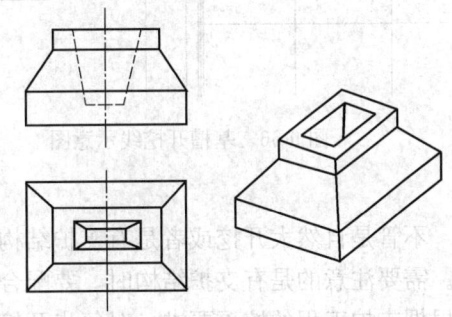

图 9-55　杯形基础

两灰线外侧为槽宽；从第一开挖点开始，测量其挖点的标高，根据所测数据指挥下一个挖点的挖深。

#### 9.7.1.4 整体开挖基础施工测量

当柱子或墙传来的荷载很大，地基土较软弱，用单独基础或条形基础都不能满足地基承载力要求时，往往需要把整个房屋底面（或地下室部分）做成一片连续的钢筋混凝土板，作为房屋的基础，称为筏板基础。为了增加基础板的刚度，以减少不均匀沉降，高层建筑往往把地下室的底板、顶板、侧墙及一定数量的内隔墙一起构成一个整体刚度很强的钢筋混凝土箱形结构，称为箱形基础。筏板基础与箱形基础形式在基坑开挖过程中的特征基本相同，因此，下面以梁式筏板基础为例，详细介绍开挖中的施工测量。

1. 开挖线的测设

(1) 基础测量数据的查找

测设前，应熟悉建筑物的设计图纸，了解施工建筑物与相邻地物的相互关系，以及建筑物的尺寸和施工的要求等，并仔细核对各设计图纸的有关尺寸，并从以下图纸中查找测量所需基础数据：

1) 从总平面图上查取或计算设计建筑物与原有建筑物或测量控制点之间的平面尺寸和高差，作为测设建筑物总体位置的依据。

2) 从建筑平面图中查取建筑物的总尺寸，以及内部各定位轴线之间的关系尺寸，这是施工测设的基本资料。

3) 从基础平面图上查取基础边线与定位轴线的平面尺寸，这是测设基础轴线的必要数据。

4) 从基础详图中查取基础立面尺寸和设计标高，这是基础高程测设的依据。

5) 从建筑物的立面图和剖面图中查取基础、地坪、门窗、楼板、屋架和屋面等设计高程，这是高程测设的主要依据。

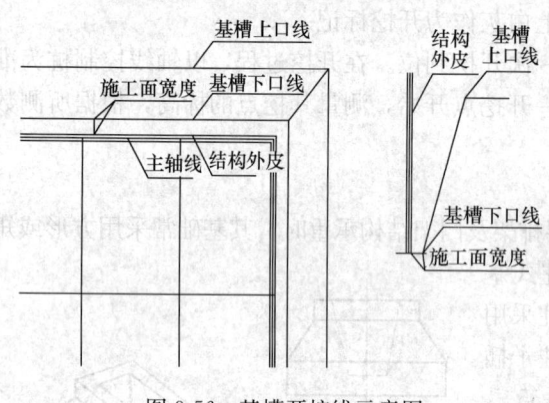

图 9-56 基槽开挖线示意图

(2) 测设数据计算

了解以上数据之后，根据施工方案，按基槽开挖线示意图见图 9-56。计算出基槽上口下口的开挖尺寸。基槽上口线＝结构外皮线＋施工面宽度＋放坡系数 $x$ 基槽深度 $h$。

(3) 开挖线的测设

依据做好的平面控制网测设轴线控制桩，根据轴线控制线与开挖线的位置关系，用钢尺丈量出开挖线的位置，并用白灰把基槽外边线交点连在一起。

2. 开挖过程平面控制

不管是自然大开挖或者是有支护结构的基坑开挖，均应严格按照开挖方案进行测量控制。需要注意的是有支护结构时，要配合支护工程进行挖深控制，因此，在开挖过程中，应根据支护工程的挖深要求，对每步开挖的下口线进行控制。

开挖过程中，根据每步开挖所撒的开挖下口线，从开挖的第一个开挖点起，根据挖深、坡度和标高严格控制其开挖的下口位置；并沿开挖路线每挖进 3～4m 时，采用"经纬仪挑线法"等方法，在轴线控制桩上架设经纬仪，在挖深部位投测出轴线控制线，并钉桩拉线，然后通过每步挖深下口线与轴线控制线的相对关系，对下口线进行平面控制，准确放样出该挖深标高的坡脚平面位置；依此方法，一直监控到槽底开挖设计标高预留位置。

3. 开挖过程的标高控制

开挖过程中，通过标高控制，避免因超过或少挖而造成高程误差累积，从而保证按设计要求进行开挖高程控制。标高控制的重要任务是开挖过程中的标高传递，可以根据开挖深度和坡度来选择水准测量或钢尺法等进行。图 9-57 为高程传递示意图。

4. 测量技术要求

(1) 条形基础放线，以轴线控制桩测设基槽边线并撒灰线，两灰线外侧为槽宽，允许偏差为－10～＋20mm。

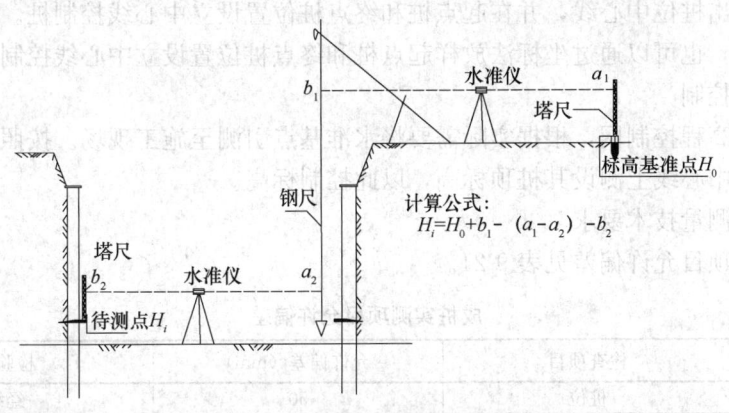

图 9-57　高程传递示意图

(2) 杯形基础放线，以轴线控制桩测设柱中心桩，再以柱中心桩及其轴线方向定出柱基开挖边线，中心桩的允许偏差为±3mm。

(3) 整体开挖基础放线，地下连续墙施工时，应以轴线控制桩测设连续墙中线，中线横向允许偏差为±10mm；混凝土灌注桩施工时，应以轴线控制桩测设灌注桩中线，中线横向允许偏差为±20mm；大开挖施工时应根据轴线控制桩分别测设出基槽上、下口径位置桩，并标定开挖边界线，上口桩允许偏差为−20～+50mm，下口桩允许偏差为−10～+20mm。

(4) 在条形基础与杯形基础开挖中，应在槽壁上每隔 3m 距离测设距槽底设计标高 500mm 或 1000mm 的水平桩，允许偏差为±5mm。

(5) 整体开挖基础，当挖土接近槽底时，应及时测设坡脚与槽底上口标高，并拉通线控制槽底标高。

## 9.7.2　支护结构施工测量

支护结构包括护坡桩、地下连续墙、土钉墙和沉井等，支护结构施工测量包括施工测量方法和监测，下面主要阐述施工测量方法，监测内容在 9.11 变形监测中介绍。

### 9.7.2.1　护坡桩施工测量

1. 护坡桩及施工工艺简介

护坡桩是直接在所设计的桩位上开截面为圆形的孔，然后在孔内加放钢筋骨架，灌注混凝土而成。由于其具有施工时无振动、无挤土、噪声小、宜于在城市建筑物密集地区使用等优点，灌注桩在施工中得到较为广泛的应用。根据成孔工艺的不同，灌注桩可以分为干成孔灌注桩、长螺旋压浆灌注桩等。

护坡桩施工工艺流程为：场地平整→桩位放线、开挖浆池、浆沟→护筒埋设→钻机就位、孔位校正→冲击造孔、泥浆循环、清除废浆、泥渣→清孔换浆→终孔验收→下钢筋笼和钢导管→灌注水下混凝土→成桩养护。

2. 施工测量

根据护坡桩施工工艺流程，施工测量方法和技术要求如下：

(1) 桩位定位

根据图纸与施工方案，确定桩位中心线与轴线控制线的位置关系，然后利用投测的轴线控制线放样出桩位中心线，并在起点桩和终点桩位置设立中心线控制桩。当然，在条件允许的情况下，也可以通过坐标法放样起点桩和终点桩位置设立中心线控制桩。

(2) 标高控制

利用施工高程控制网，根据实际需要将水准基点引测至施工现场。按照施工方案，在所测设的桩位中心线上测设其桩顶标高，以此控制标高。

(3) 成桩测量技术要求

成桩实测项目允许偏差见表9-21。

成桩实测项目允许偏差　　　　　　　　表 9-21

| 项目 | 检查项目 | 允许偏差（mm） | 检验方法 |
| --- | --- | --- | --- |
| 主控项目 | 桩位 | 50 | 经纬仪 |
|  | 孔深 | 0，+300 | 测绳 |
|  | 混凝土强度 | 符合设计要求 | 试件报告 |
| 一般项目 | 桩径 | −20 | 孔径仪 |
|  | 垂直度 | 不宜大于 0.5% | 测斜仪 |
|  | 钢筋笼安装深度 | ±100 | 卷尺 |
|  | 桩顶标高 | +30，−50 | 水准尺 |

#### 9.7.2.2　地下连续墙施工测量

1. 地下连续墙及施工工艺简介

地下连续墙指利用各种挖槽机械，借助于泥浆的护壁作用，在地下挖出窄而深的沟槽，并在其内浇筑适当的材料而形成一道具有防渗、挡土和承重功能的连续的地下墙体。其按成墙方式可分为桩排式、槽板式和组合式；按墙的用途可分为防渗墙、临时挡土墙、永久挡土（承重）墙、作为基础用的地下连续墙。

地下连续墙施工工艺流程：场地平整→测量定位→导墙施工→成槽施工→清槽→吊放接头管（箱）→吊放钢筋笼→灌注混凝土→拔接头管（箱）。

2. 施工测量

根据地下连续墙施工工艺，施工测量方法和技术要求如下：

(1) 导墙的施工

导墙土方开挖：土方开挖时，根据图纸所示关系计算出连续墙中线坐标，用极坐标法放样出中线控制点，在不影响施工的一侧测设轴线控制桩，用来控制土方的开挖，见图9-58，轴线控制桩一般距离基坑边缘 1000mm 为宜。

导墙混凝土浇筑：在模板支护好以后用中线的栓桩检查模板的相对关系，确保导墙成型后不发生偏移，影响以后连续墙的位置。

(2) 连续墙的施工

连续墙施工前的准备：在导墙施工完成以后，根据图纸设计断面尺寸计算出连续墙的分段线控制坐标，一般在导墙的结构面上做控制点，根据施工技术交底，在导墙的中心位置设置控制点，用极坐标法放样。同时用水准仪测量出该段导墙顶的高程，根据设计图纸计算出每段连续墙两端的深度。并在导墙面上标注每段连续墙的编号和深度。

连续墙成槽：在成槽设备就位时，利用导墙面上的控制点调整成槽设备抓斗的中心位置。在成槽过程中利用经纬仪的铅直线观察成槽机的连接钢绳的偏移垂线方向的距离来判断抓斗的偏移情况。指挥成槽机司机调整抓斗的垂直度。连续墙的深度直接用测绳丈量。

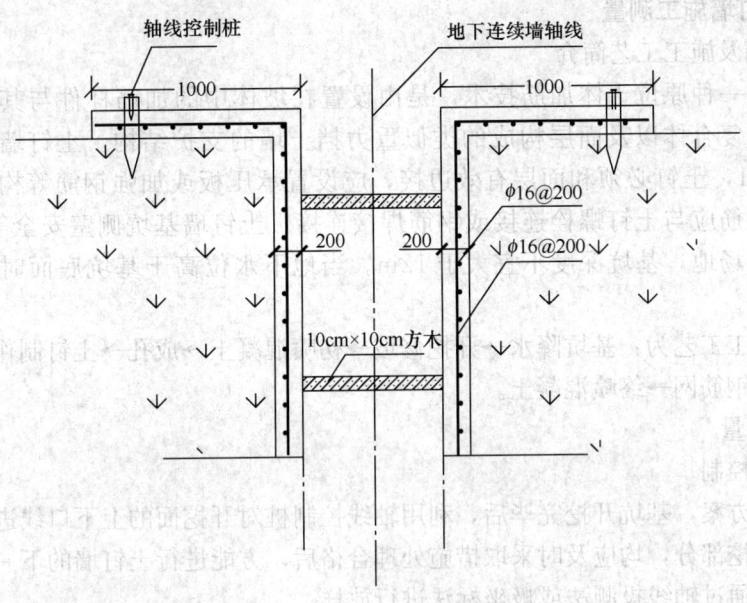

图 9-58 导墙剖面图

连续墙浇筑：在成槽完成后，下钢筋笼以前，计算吊点与导墙面的长度，利用吊筋的长短来控制连续墙顶的设计高度。

(3) 连续墙测量技术要求

连续墙测量技术要求见表 9-22。

连续墙测量技术要求    表 9-22

| 项目 | 序号 | 检查项目 | | 允许偏差或允许值 | | 检查方法 |
|---|---|---|---|---|---|---|
| | | | | 单位 | 数值 | |
| 主控项目 | 1 | 墙体强度 | | — | 设计要求 | 查试块记录或取芯压实 |
| | 2 | 垂直度 | 永久结构 | | 1/300 | 声波测槽仪或成槽机上的检测系统 |
| | | | 临时结构 | | 1/150 | |
| 一般项目 | 1 | 导墙尺寸 | 宽度 | mm | W+40 | 钢尺量，W 为设计墙厚 |
| | | | 墙面平整度 | mm | ≤5 | 钢尺量 |
| | | | 导墙平面位置 | mm | ±10 | 钢尺量 |
| | 2 | 沉渣厚度 | 永久结构 | mm | ≤100 | 重锤测或沉积物测定仪测 |
| | | | 临时结构 | mm | ≤200 | |
| | 3 | 槽深 | | mm | +100 | 重锤测 |
| | 4 | 混凝土坍落度 | | mm | 180~220 | 坍落度测定器 |
| | 5 | 钢筋笼尺寸 | | | | |
| | 6 | 地下连续墙表面平整度 | 永久结构 | mm | ≤100 | 此为均匀黏土层，松散及易坍土层由设计决定 |
| | | | 临时结构 | mm | ≤150 | |
| | | | 插入式结构 | mm | ≤20 | |
| | 7 | 永久结构的预埋件位置 | 水平向 | mm | ≤10 | 钢尺量 |
| | | | 垂直向 | mm | ≤20 | 水准仪 |

### 9.7.2.3 土钉墙施工测量

1. 土钉墙及施工工艺简介

土钉墙是一种原位土体加筋技术，是由设置在坡体中的加筋杆件与其周围土体牢固粘结形成的复合体以及面层构成的类似重力挡土墙的支护结构。土钉墙墙面坡度不宜大于1∶0.1，土钉必须和面层有效边接，应设置承压板或加强钢筋等构造措施，承压板或加强钢筋应与土钉螺栓连接或钢筋焊接连接。土钉墙基坑侧壁安全等级宜为二、三级的非软土场地，基坑深度不宜大于12m。当地下水位高于基坑底面时，应采取降水或截水措施。

土钉墙施工工艺为：基坑降水→开挖修坡→初喷混凝土→成孔→土钉制作→土钉推送→注浆→编制钢筋网→终喷混凝土。

2. 施工测量

（1）平面控制

按照设计方案，基坑开挖完毕后，利用轴线控制桩对开挖面的上下口线进行严格的核实，超挖或少挖部分，均应及时采取措施处理合格后，方能进行土钉墙的下一步施工。上下口控制线可通过轴线投测法或极坐标法进行放样。

（2）标高控制

基坑开挖已经确定了开挖工作面的标高，在进行土钉墙施工时只需要复核一下就可。然后利用所传递的标高点，在边坡上测设出每一排土钉的设计标高，控制土钉施工。

（3）土钉墙测量技术要求

土钉墙成孔应按设计要求设定孔位，具体要求见表9-23。此外孔径允许偏差在±2cm；孔深允许偏差在±5cm；孔内碎土，杂物及泥浆应清除干净；成孔后用织物等将孔口临时堵塞；编号登记。

土钉墙支护工程技术要求　　　　　　　　　　　　　表 9-23

| 项目 | 序号 | 检查项目 | 允许偏差或允许值 | | 检查方法 |
|---|---|---|---|---|---|
| | | | 单位 | 数值 | |
| 主控项目 | 1 | 锚杆、土钉长度 | mm | ±30 | 钢尺量 |
| | 2 | 锚杆锁定力 | 设计要求 | | 现场实例 |
| 一般项目 | 1 | 锚杆或土钉位置 | mm | ±100 | 钢尺量 |
| | 2 | 钻孔倾斜度 | | ±1 | 测钻机倾角 |
| | 3 | 浆体强度 | 设计要求 | | 试样送检 |
| | 4 | 注浆量 | 大于理论计算浆量 | | 检查计量数据 |
| | 5 | 土钉墙面厚度 | mm | ±10 | 钢尺量 |

### 9.7.2.4 沉井施工测量

沉井是修建深基础和地下深构筑物的主要基础类型。施工时先在地面或基坑内制作开口的钢筋混凝土井身，待其达到规定强度后，在井身内部分层挖土运出，随着挖土和土面的降低，沉井井身依其自重或在其他措施协助下克服与土壁间的摩阻力和刃脚反力，不断下沉，直至设计标高就位，然后进行封底。

沉井工艺一般适用于工业建筑的深坑、设备基础、水泵房、桥墩、顶管的工作井、深地下室、取水口等工程施工。

1. 沉井施工工艺

沉井的施工工艺流程为：平整场地→测量定位→基坑开挖→铺砂垫层和垫木或砌刃脚砖座→沉井浇筑→布设降水井点或挖排水沟、集水井→抽出垫木→沉井下沉封底→浇筑底板混凝土→施工内隔墙、梁、板、顶板及辅助设施。

2. 沉井施工测量

沉井施工测量主要包括沉井的定位、倾斜观测和位移观测。下面从施工工艺依次说明沉井施工测量的过程。

(1) 沉井定位

首先，按照设计图纸设计和计算沉井的中心控制线，沉井平面控制测量一般采用"十字形"中心控制线，然后，用经纬仪利用施工控制网测设出该控制线，作为沉井施工的平面控制和定位依据。

在沉井施工过程中，依据"十字形"中心控制线，采用经纬仪进行沉井定位。为了确保"十字形"中心控制线稳定可靠，每次施测前要对所测设的控制线进行复核。

1) 基坑开挖

开挖前，按照开挖方案根据开挖上口线与沉井控制线的位置关系，用钢尺丈量的方法放出开挖线，并撒上白灰作为开挖的依据。在开挖过程中，每步挖深均应对开挖下口线进行控制。

2) 模板工程

模板支设过程中，根据沉井中心控制线和沉井的设计尺寸，放出+30或+50控制线作为模板支设和验收的平面依据。

3) 沉井下沉

施工中沉井下沉各阶段进行测量控制。

(2) 沉井施工的标高控制

利用水准基点，在施工区域建立高程控制网，然后在每个沉井周边设置三个以上的标高控制点，作为沉井施工的各项标高测量的基准点。

1) 基坑开挖

基坑开挖测量方法参照 9.7.1 相关内容。

2) 刃脚标高测量

沉井下沉前求出刃脚假定标高，下沉接高时，将刃脚底面标高返至沉井顶面。接高测量时底节顶面应高出地面 0.5～1.0m，并应在下沉偏差允许范围内接高，可采用现场实时监测的方法进行操作。利用下沉控制点进行接高的测量控制。

(3) 沉井下沉中的测量控制

因为沉井下沉的测量控制为沉井施工测量控制的重要内容，因此下面根据下沉的各阶段的特点和技术要求进行说明。

1) 下沉阶段

沉井初沉阶段：即下沉深度 0.3m 内，为保证沉井形成稳定准确的下沉轨迹，此时缓慢下沉，速度严格控制在 0.2～0.5m/d，刃脚高差控制在 20cm 以内。

沉井中沉阶段：仍以缓慢为主，因沉井较高，应缓慢控制下沉，纠偏为主，保证下沉过程中缓慢下沉，防止出现突沉或倾斜等情况发生。

沉井终沉阶段：即距设计标高还有2.5m时，应减缓下沉速度，仍以纠偏为主，做到有偏必纠，速度宜在0.2~0.5m/d。当下沉至设计标高还有2m时，停止下沉24h，观测出预留沉降量后继续下沉至距设计标高还有50cm，再停止下沉观察24h，根据连续观测得出的沉降量，严格控制沉井下沉标高，使沉井终沉达到设计要求。

2) 测量控制

沉井下沉过程中，自始至终对沉井高程、平面位置和垂直度进行测控，具体方法如下：

① 高程控制

在不受施工影响的区域设置高程控制点（离沉井周围40m以外），用油漆在沉井四角井壁上画出四个相同的标尺作为沉井水平观测点，采用水准仪每隔1h全方位观测一次，做好记录，如发现倾斜立即纠偏；终沉严格控制刃脚标高及周边高差，控制在设计允许的范围内。

② 平面位置控制

在沉井井壁上画出中线，沿中线轴线方向在不受施工影响的地方设置坐标控制点，用经纬仪及钢尺直接量测沉井中轴线位置，及时做好记录，按设计要求严格控制沉井平面位置。

③ 沉井垂直度的控制

沉井垂直度的控制，是在井筒内按4或8等分标出垂直轴线，各吊线坠一个对准下部标板来控制（图9-59），并定时用两台经纬仪进行垂直偏差观测。挖土时，随时观测垂直度，当线坠离墨线达50mm，或四面标高不一致时，即应纠正。沉井下沉的控制，系在井筒壁周围弹水平线，或在井外壁上两侧画出标尺，用水平尺或水准仪来观测沉降。

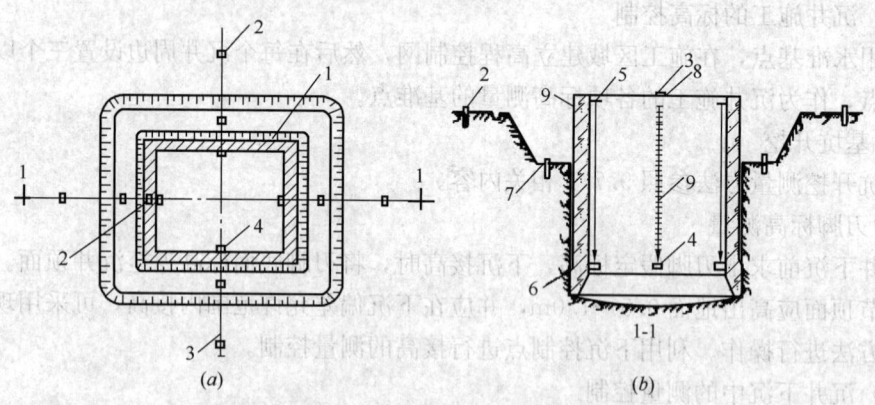

图9-59 沉井下沉测量控制方法

1—沉井；2—中心线控制点；3—沉井中心线；4—钢标板；5—铁件；6—线坠；
7—下沉控制点；8—沉降观测点；9—壁外下沉标尺

(4) 沉井测量技术要求

沉井测量技术要求见表9-24。

沉井测量技术要求　　　　　　　　　　表 9-24

| 检 查 项 目 | 允许偏差或允许值 | | 检 查 方 法 |
| --- | --- | --- | --- |
| | 单位 | 数值 | |
| 封底结束后的位置：<br>刃脚平均标高（与设计标高比）<br>刃脚平面中心线位移<br><br>四角中任何两角的底面高差 | mm | <100<br><1%H<br><br><1%L | 水准仪<br>经纬仪。$H$ 为下沉总深度，$H<10m$ 时，控制在 100mm 之内<br>水准仪。$L$ 为两角的距离。但不超过 300mm，$L<10m$ 时，控制在 100mm 之内 |

注：上述三项偏差可同时存在，下沉总高度，系指下沉前、后刃脚之高差。

## 9.7.3 基础结构施工测量

### 9.7.3.1 桩基工程施工测量

桩基础由基桩和连接在桩顶的承台共同组成，见图 9-60。桩基础示意图。桩基工程施工测量的主要任务是把设计总图上的建筑物基础桩位，按设计和施工的要求，准确地测设到拟建区地面上，为桩基础工程施工提供标志。

桩基工程施工工艺流程为：场地平整→桩位放线、开挖浆池、浆沟→护筒埋设→钻机就位、孔位校正→冲击造孔、泥浆循环、清除废浆、泥渣→清孔换浆→终孔验收→钢筋笼和钢导管→灌注水下混凝土→成桩养护。

1. 桩基定位

建筑物桩基定位是根据设计所给定的条件，将其四周外廓主轴线的交点（简称角桩），测设到地面上，作为测设建筑物桩基定位轴线的依据。由于在桩基础施工时，所有的角桩均要因施工而被破坏无法保存，为了满足桩基础施工期间和竣工后续工序恢复建筑物桩位轴线和投测建筑物轴线的需要，所以，在建筑物定位测量时，不是直接测设建筑物外廓主轴线交点的角桩，而是在距建筑物四周外廓 5~10m，并平行建筑物处，首先测设建筑物定位矩形控制网，然后，测出桩位轴线在此定位矩形控制网上的交点桩，称之为轴线控制桩或叫引桩。桩基定位方法和技术要求简述如下。

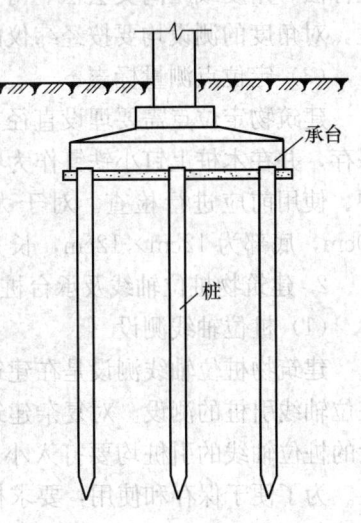

图 9-60　桩基础示意图

（1）编制桩位测量放线图及说明书

为便于桩基础施工测量，在熟悉资料的基础上，在作业前需编制桩位测量放线图及说明书，说明书包括以下主要内容。

1）确定定位轴线。为便于施测放线，对于平面成矩形，外形整齐的建筑物一般以外廓墙体中心线作为建筑物定位主轴线，对于平面成弧形，外形不规则的复杂建筑物是以十字轴线和圆心轴线作为定位主轴线。以桩位轴线作为承台桩的定位轴线。

2) 根据桩位平面图所标定的尺寸，建立与建筑物定位主轴线相互平行的施工坐标系统，一般应以建筑物定位矩形控制网西南角的控制点作为坐标系的起算点，其坐标应假设成整数。

3) 为避免桩点测设时的混乱，应根据桩位平面布置图对所有桩点进行统一编号，桩点编号应由建筑物的西南角开始，从左到右，从下而上的顺序编号。

4) 根据设计资料计算建筑物定位矩形网、主轴线、桩位轴线和承台桩位测设数据，并把有关数据标注在桩位测量放线图上。

5) 根据设计所提供的水准点或标高基点，拟定高程测量方案。

(2) 建筑物的定位

1) 建筑物定位依据

根据设计所给定的定位条件不同，建筑物的定位依据不同。实际工作中一般根据建筑施工控制点进行建筑物定位，如果没有建筑施工控制点也可利用原有建筑物、道路中心线（或路沿）、城市建设规划红线、三角点或导线点进行建筑物定位。

2) 建筑物定位方法

在进行建筑物定位测量时，可根据设计所给的定位形式采用直角坐标法、内分法、极坐标法、角度或距离交会法、等腰三角形与勾股弦等测量方法。为确保建筑物的定位精度，对角度的测设均要按经纬仪的正倒镜位置测定，距离丈量必须按精密测量方法进行。

(3) 定位点测量标志

建筑物定位点需要埋设直径 8cm，长 35cm 的大木桩，桩位既要便于作业，又要便于保存，并在木桩上钉小铁钉作为中心标志，对木桩要用水泥加固保护，在施工中要注意保护、使用前应进行检查。对于大型或较复杂、工期较长的工程应埋设顶部为 10cm×10cm，底部为 12cm×12cm，长为 80cm 的水泥桩为长期控制点。

2. 建筑物桩位轴线及承台桩位测设

(1) 桩位轴线测设

建筑物桩位轴线测设是在建筑物定位完成后进行的，一般使用经纬仪采用内分法进行桩位轴线引桩的测设。对复杂建筑物或曲线圆心点的测设一般采用极坐标法测设。对所测设的桩位轴线的引桩均要打入小木桩，木桩顶上应钉小铁钉作为桩位轴线引桩的中心点位。为了便于保存和使用，要求桩顶与地面齐平，并在引桩周围撒上白灰。

在桩位轴线测设完成后，应及时对桩位轴线间长度和桩位轴线的长度进行检测，要求实量距离与设计长度之差，对单排桩位不应超过 $\pm 10$mm，对群桩不超过 $\pm 20$mm。在桩位轴线检测满足设计要求后才能进行承台桩位的测设。

(2) 建筑物承台桩位测设

建筑物承台桩位的测设是以桩位轴线的引桩为基础进行测设的，桩基础设计根据地上建筑物的需要分群桩和单排桩。规范规定 3～20 根桩为一组的称为群桩。1～2 根为一组的称为单排桩。群桩的平面几何图形分为正方形、长方形、三角形、圆形、多边形和椭圆形等。测设时，可根据设计所给定的承台桩位与轴线的相互关系，选用直角坐标法、线交会法、极坐标法等进行测设。对于复杂建筑物承台桩位的测设，往往根据设计所提供的数据经过计算后进行测设。在承台桩位测设后，应打入小木桩作为桩位标志，并撒上白灰，便于桩基础施工。在承台桩位测设后，应及时检测，对本承台桩位间的实量距离与设计长度之差不应大于±20mm，对相邻承台桩位间的实量距离与设计长度之差不应大于±30mm。在桩点位经检测满足设计要求后，才能移交给桩基础施工单位进行桩基础施工。

3. 桩基础竣工测量

桩基础竣工测量成果图是桩基础竣工验收重要资料之一，其主要内容：测出地面开挖后的桩位偏移量、桩顶标高、桩的垂直度等，有时还要协助测试单位进行单桩垂直静载实验。

（1）恢复桩位轴线。在桩基础施工中由于确定桩位轴线的引桩，往往因施工被破坏，不能满足竣工测量要求，所以首先应根据建筑物定位矩形网点恢复有关桩位轴线的引桩点，以满足重新恢复建筑物纵、横桩位轴线的要求。恢复引桩点的精度要求应与建筑物定位测量时的作业方法和要求相同。

（2）桩位偏移量测定。桩位偏移量是指桩顶中心点在设计纵、横桩位轴线上的偏移量。对桩位偏移量的允许值，不同类型的桩有不同要求。当所有桩顶标高差别不大时，桩位偏移量的测定方法可采用拉线法，即在原有或恢复后的纵、横桩位轴线的引桩点间分别拉细尼龙绳各一条，然后用角尺分别量取每个桩顶中心点至细尼龙绳的垂直距离，即偏移量，并要标明偏移方向；当桩顶标高相差较大时，可采用经纬仪法。把纵、横桩位轴线投影到桩顶上，然后再量取桩位偏移量，或采用极坐标法测定每个桩顶中心点坐标与理论坐标之差计算其偏移量。

（3）桩顶标高测量。采用普通水准仪，以散点法施测每个桩顶标高，施测时应对所用水准点进行检测，确认无误后才进行施测，桩顶标高测量精度应满足±10mm要求。

（4）桩身垂直度测量。桩身垂直度一般以桩身倾斜角来表示的，倾斜角系指桩纵向中心线与铅垂线间的夹角，桩身垂直度测定可以用自制简单测斜仪直接测完其倾斜角，要求度盘半径不少300mm，度盘刻度不低于10′。

（5）桩位竣工图编绘。桩位竣工图的比例尺一般与桩位测量放线图一致，采用1∶500或1∶200，其主要包括内容：建筑物定位矩形网点、建筑物纵、横桩位轴线编号及其间距、承台桩点实际位置及编号、角桩、引桩点位及编号。

### 9.7.3.2 基础结构施工测量

基础结构施工具备条件后，以场地或建筑平面控制点为依据，在基坑边上可直接利用场地或建筑平面控制点进行地下主轴线投测。如果已有各类控制点不能满足要求，可加密施工控制点。测量前，先检查各级控制点位有无碰动后再置仪器向下投测各控制线。每次放线每个方向应至少投测两条控制线，经闭合校核后，再以地下各层平面图为准详细放出其他各轴线，并用墨线弹出施工中需要的边界线、墙宽线、集水坑线等。施工用线必须进行多次检测，确保符合规范要求。

**轴线投测**

垫层混凝土浇筑并凝固达到一定强度后，现场测量人员根据基坑边上的轴线控制桩，将经纬仪（或全站仪）架设在控制桩位上，经对中、整平后，后视同一方向桩（轴线标志），将控制轴线投测到作业面上。如图9-61所示为常用的经纬仪投测法。不同的基础形式，有其不同的方法，下面分别进行介绍。

（1）条形基础轴线投测

条形基础由于其"狭长"的特点，一般采取将基础轴线投测到龙门桩上，龙门桩形式见图9-62。

1)龙门桩设置

在建筑物四角与隔墙两端,基槽开挖边界线以外1.5~2m处,设置龙门桩。龙门桩要钉得竖直、牢固,龙门桩的外侧面应与基槽平行。

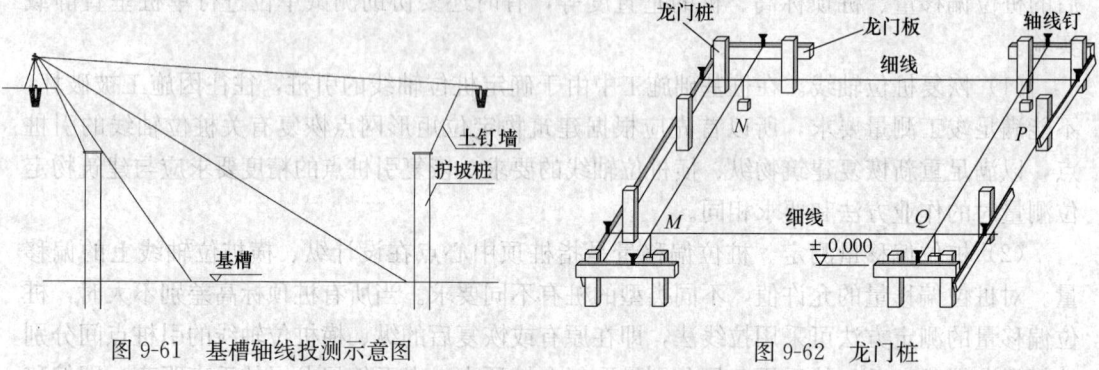

图9-61 基槽轴线投测示意图　　　　图9-62 龙门桩

一般将各轴线引测到基槽外的水平龙门板上,固定龙门板的木桩称为龙门桩,设置龙门板的步骤如下:

① 据施工场地的水准点,用水准仪在每个龙门桩外侧,测设出该建筑物室内地坪设计高程线(即±0.00标高线),并作出标志。

② 龙门桩上±0.00标高线钉设龙门板,使龙门板顶面的高程在±0.00的水平面上。然后,用水准仪校核龙门板的高程,如有差错应及时纠正,其允许偏差为±5mm。

③ 在轴线一端控制点安置经纬仪,瞄准另一端点,沿视线方向在龙门板上定出轴线点,用小钉作标志。用同样的方法,将各轴线引测到龙门板上,所钉之小钉称为轴线钉。轴线钉定位误差应小于±5mm。

④ 最后,用钢尺沿龙门板的顶面,检查轴线钉的间距,其误差不超过1:2000。检查合格后,以轴线钉为准,将墙边线、基础边线、基础开挖边线等标定在龙门板上。

2)轴线投测

根据轴线控制桩或龙门板上的轴线钉,用经纬仪或用拉绳挂锤球的方法,把轴线投测到垫层上即可,见图9-63。操作时通过龙门板上的控制线桩点,轴线桩点两两连成控制线,然后通过测量两两控制线交点间的角度和边长的方法来检核轴线控制线的精度。

(2)独立基础轴线投测

以厂房混凝土杯形基础施工测量为例,独立基础投测方法和测量步骤如下:

1)基坑开挖后,当基坑快要挖到设计标高时,应在基坑的四壁或者坑底边沿及中央打入小木桩,在木桩上引测同一高程的标高,以便根据标点拉线修整坑底和打垫层。

2)支模板时的测量工作

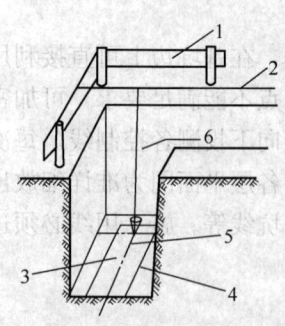

图9-63 龙门桩轴线投测示意图
1—龙门板;2—细线;
3—垫层;4—基础边线;
5—墙中线;6—垂线

垫层打好以后，根据柱基定位桩在垫层上放出基础中心线，并弹墨线标明，作为支模板的依据。支模上口还可由坑边定位桩直接拉线，用吊垂球的方法检查其位置是否正确。然后在模板的内表面用水准仪引测基础面的设计标高，并画线标明。在支杯底模板时，应注意使实际浇灌出来的杯底顶面比原设计的标高略低30～50mm，以便拆模后填高修平杯底。

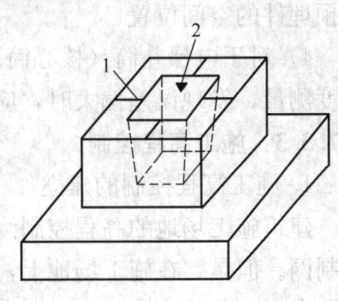

图9-64 柱基中线投测和标高抄测
1—柱基中线；2—标高控制点

3) 杯口中线投点与抄平

在柱基拆模以后，根据矩形控制网上柱中心线端点，用经纬仪把柱中线投到杯口顶面，并绘标志，以备吊装柱子时使用（图9-64）。中线投点有两种方法：一种是将仪器安置在柱中心线的一个端点，照准另一端点而将中线投到杯口上，另一种是将仪器置于中线上的适当位置，照准控制网上柱基中心线两端点，采用正倒镜法进行投点。

为了修平杯底，须在杯口内壁测设某一标高线、该标高线应比基础顶面略低30～50mm。与杯底设计标高的距离为整分米数，以便根据该标高线修平杯底。

(3) 整体开挖基础轴线投测

在筏板基础和箱形基础的基础轴线投测中，一般都采用经纬仪投测法进行投测，在此不再赘述。

(4) 测量技术要求

主轴线投测允许偏差见表9-25。

主轴线投测允许偏差　　　　　　　　　　　　　表9-25

| 主轴线间距 | 允许偏差（mm） |
| --- | --- |
| $L \leqslant 30m$ | ±5 |
| $30m < L \leqslant 60m$ | ±10 |
| $60m < L \leqslant 90m$ | ±15 |
| $L > 90m$ | ±20 |

(5) 细部控制线放线

轴线投测完毕验收后，即可进行细部控制线的放线。在基础施工中，集水坑、联体基坑（电梯井筒部位）和地脚螺栓等重要部位埋件的定位控制，应采取下面所述针对性措施进行放线，以保证其放线精度。

1) 以轴线控制线为依据，依次放出各轴线。在此过程中，要坚持"通尺"原则，即放南北方向轴线时，其依据为南北方向上距离最远的两条南北方向的轴线控制线，先测量此两条控制线的间距，若存在误差范围允许的误差，则在各轴线的放样中逐步消除，不能累积到一跨中。

2) 轴线放样完毕后，根据就近原则，以各轴线为依据，依次放样出离其较近的墙体或门窗洞口等控制线和边线。放样完毕后，务必再联测到另一控制线以做检核。若误差超限时应重新看图和检查，修正后方可进行下一步的工作。

3) 在厂房施工中，由于吊车梁的施工精度要求较高，因此，此部位的柱子拆模后，要将其对应的轴线投测到柱身上，再根据所抄测的标高控制线找出其标高位置，以此来控制预埋件的空间位置。

4）对于电梯井筒（核心筒），结构剪力墙一定要在放线过程中对已浇筑的楼层进行垂直度测量，发现误差偏大时，应及时采取技术措施进行弥补，以免留下错台等质量问题。

#### 9.7.3.3 施工高程控制

1. 施工高程控制的建立

建筑施工场地的高程控制测量已在本章前面的内容进行说明，可按相关要求建立高程控制网。但是，在施工场地上，水准点的密度往往不够，还需加密高程控制点。加密高程控制点可以单独测设，也可以利用建筑基线点、建筑方格网点以及导线点等平面控制点兼作高程控制点。利用这些平面控制点时只要在其桩面上中心点旁边，设置一个突出的半球状标志即可。加密高程控制点是用来直接测设建筑物高程的。为了测设方便和减少误差，加密点应靠近建筑物。

此外，由于设计的建筑物常以底层室内地坪高±0.00标高为高程起算面，为了施工引测方便，常在建筑物内部或附近测设±0.00水准点。±0.00水准点的位置，一般选在稳定的建筑物墙、柱的侧面，用红漆绘成顶为水平线的"▼"形，其顶端表示±0.00位置。

2. 高程控制点的测设

在向基坑内引测标高时，应对已建立的高程控制点进行检测。经确认无误后，方可向基坑内引测标高。

（1）基坑标高基准点的引测方法

以现场高程控制点为依据，采用S3水准仪以中丝读数法往基坑测设附合水准路线，将高程引测到基坑施工面上。标高基准点用红油漆标注在基坑侧面上，并标明数据。

（2）施工标高点的测设

施工标高点的测设是以引测到基坑的标高基准点为依据，采用水准仪以中丝读数法进行测设。施工标高点测设在墙、柱外侧立筋上，并用红油漆做好标记。

（3）标高测量的精度

标高测量的精度应控制在如表9-26所示允许范围内。

标高测量允许偏差表　　　　　　　　　表9-26

| 高度 $H$ | 允许偏差（mm） |
| --- | --- |
| 每层 | ±3 |
| $H<30m$ | ±5 |
| $30m<H\leq 60m$ | ±10 |
| $60m<H\leq 90m$ | ±15 |
| $H>90m$ | ±20 |

## 9.8 地上主体结构施工测量

### 9.8.1 混凝土结构施工测量

随着经济的发展和施工技术的提高，深基础和超高层的混凝土结构建筑物越来越多，对于建筑施工测量要求也越来越高。在建筑施工中，施工测量的原则依然是先整体后局部，高精度控制低精度。此外，还要根据具体建筑物的构造特点和施工难度，合理地选择施测方法、测量仪器等进行有序而科学的测量工作。下面简要介绍混凝土结构的地上建筑主体结构施工测量基本方法。

#### 9.8.1.1 轴线竖向传递测量

主体结构施工测量中的主要工作之一是将建筑物的控制轴线准确地向上层引测，并控制竖向偏差，使轴线向上投测的偏差值满足规范规定的误差要求。轴线向上投测时，要求竖向误差在本层内不超过 5mm，全楼累计误差值不应超过 $2H/10000$（$H$ 为建筑物总高度），且应符合表9-27的规定。

轴线竖向投测的允许偏差 表 9-27

| 项目 | | 允许偏差（mm） |
|---|---|---|
| | 每层 | 3 |
| 总高度 $H$（m） | $H\leqslant 30m$ | 5 |
| | $30m<H\leqslant 60m$ | 10 |
| | $60m<H\leqslant 90m$ | 15 |
| | 每层 | 3 |
| 总高度 $H$（m） | $90m<H\leqslant 120m$ | 20 |
| | $120m<H\leqslant 150m$ | 25 |
| | $150m<H\leqslant 200mm$ | 30 |
| | $H>200m$ | 符合设计要求 |

建筑物轴线的竖向投测，根据控制点与建筑物的位置关系可分为外控法和内控法两种。

1. 外控法

外控法是在建筑物外部，利用经纬仪或全站仪，根据建筑物轴线控制桩来进行轴线的竖向投测，也称作"引桩投测法"，具体方法和操作步骤如下：

（1）在建筑物底部投测中心轴线位置

建筑物基础工程完工后，将经纬仪或全站仪安置在轴线控制桩 $k_1$、$k_1'$、$k_2$、$k_2'$、$k_3$、$k_3'$、$k_4$、$k_4'$ 上，把建筑物主轴线精确地投测到建筑物的底部，并设立标志，如图中的 $K_1$、$K_1'$、$K_2$、$K_2'$、$K_3$、$K_3'$、$K_4$、$K_4'$，以供下一步施工与向上投测之用。

（2）向上投测中心线

随着建筑物不断升高，要逐层将轴线向上传递。具体做法是：将仪器安置在中心轴线控制桩 $K_1$ 上，严格整平仪器，用望远镜瞄准建筑物底部控制桩 $K_1'$，用盘左和盘右分别向上投测到施工层楼板上，并取其中点作为该层中心轴线的投影点 $T_1$；然后把仪器搬到 $K_1'$ 上，用同样的方法向施工层投测得 $T_1'$，$T_1 T_1'$ 即为 $K_1 K_1'$ 投测的轴线控制线。其他控制线 $K_2 K_2'$、$K_3 K_3'$ 和 $K_4 K_4'$ 的投测方法相同，见图 9-65。

（3）增设轴线引桩

当楼房逐渐增高，而轴线控制桩距建筑物又较近时，望远镜的仰角较大，操作不便，投测精度也会降低。为此，将原中心轴线控制桩引测到更远的安全地方，或者附近大楼的屋面。具体做法如下：将经纬仪安置在 $K_1$ 上，瞄准 $K_1'$，用正倒镜投影法，将轴线延伸到远处的 $K_1$ 和 $K_1'$ 上，并设置固定标志，$K_1$ 和 $K_1'$ 即为新投测的 $k_1$、$k_1'$ 轴控制桩。然后在控制桩上进行（2）的操作。

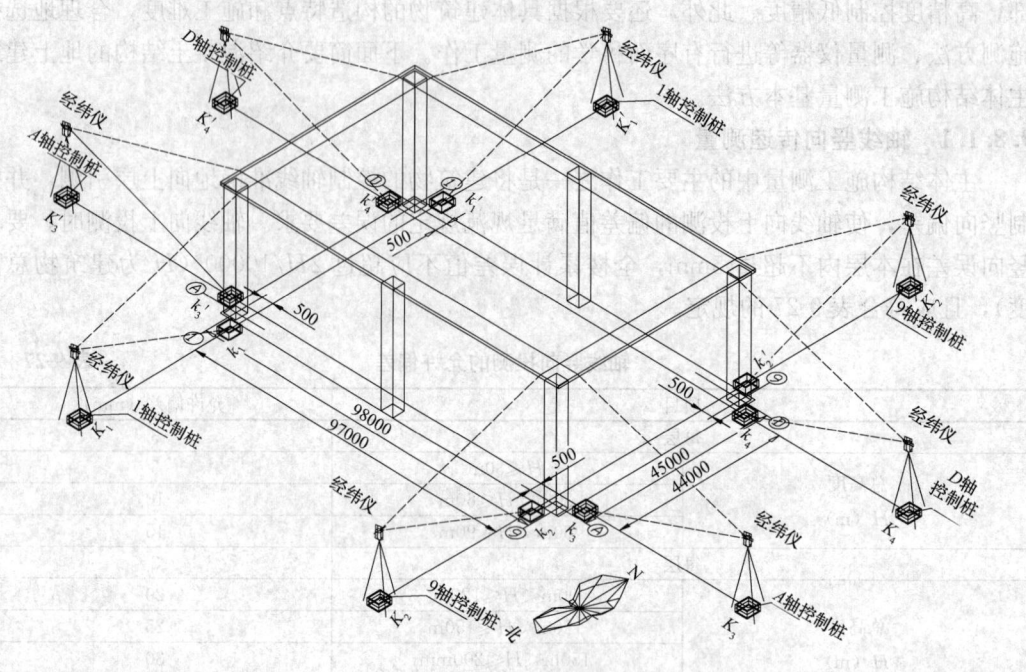

图 9-65 外控法投测示意图

(4) 外控法测量要点

1) 测前要对经纬仪或全站仪的轴线关系进行严格的检校,观测时要精密对中整平,全站仪则可以用其电子水准器进行精平,以减少竖轴不铅直的误差。

2) 保证轴线的延长桩点的精度,标志要准确、明显,并妥善保护好,并联测两至三个控制点,避免引桩时误差累积引起轴线偏移,然后直接向施工层投测,避免逐层上投造成误差积累。

3) 利用正倒镜法取投测的平均位置,以抵消仪器的视准轴不垂直横轴和横轴不垂直竖轴的误差影响。

2. 内控法

随着建筑物高度的增加,施工场地和周围建筑物的条件限制,外控法在定向、投测、仪器选择诸方面有时难以保证投测精度,在高层建筑竖向投测中有明显局限性。因此,对于高层建筑,宜选择内控法进行建筑物轴线的投测。

内控法,顾名思义就是在建筑物内建立轴线控制网,利用吊线坠法、激光垂准仪和经纬仪等把点位投测到工作面的方法。

(1) 内控网的布设原则

1) 规则建筑布设

建筑施工一般分流水作业段,为了确保每个作业段都能独立地进行施工,需要在各作业段内合理布设足够的测量控制点,保证每段都能独立地进行测量放线,且具有一定的检校条件。此外,第一流水段一般要求布设四个构成矩形或四边形的内控点;每三个构成直角或任意角度的内控点要求通视,条件限制时至少在长控制线两端的内控点分别与其构成直角关系的内控点要求通视。每相邻流水段间均应至少有相互检校的两个内控点。

2) 异型建筑布设

当建筑物由众多几何体组合构成特殊形状时，可根据各个几何体的特征分开进行放样，对几何体衔接点位在两次或多次独立放样的过程中同一点位的数据要一致，避免不同时间放样误差的影响。若建筑物为圆形或扇形几何体时，可根据实际情况选择其圆心为基站用极坐标法进行放样。

除以上要求外，不管建筑物是否为规则矩形几何体，构成每流水段内控点的几何图形的线元素都应与其相对应的轴线平行，并与轴线相距500～1000mm为宜。当然，内控点的埋设位置要避开梁和柱子，为了满足上下通视条件，间距可适当地调整。

(2) 内控网的测设

合理选择内控点的埋设位置后，应按照设计要求的精度对内控网进行预埋和测设。

1) 内控点预埋

在工程浇筑首层顶板混凝土前，按照内控点位置预埋见图9-66，规格为200mm×200mm×8mm的钢板。在钢板下面焊接φ12mm钢筋，预埋钢板时要求与板筋进行焊接，并要求尽量水平，使预埋钢板的顶部高于板顶结构标高5mm为宜，以避免预埋过低或过高而受积水浸泡、外力碰撞等外在因素的影响产生变形移位。内控点采用电钻在钢板上钻孔作为点位标记，钻孔直径应≤2mm。

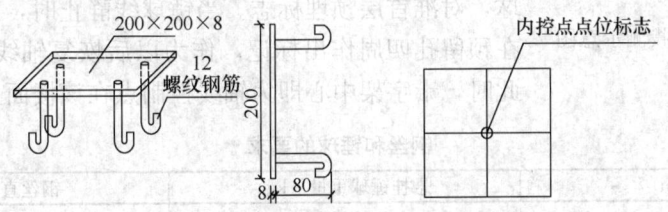

图9-66 内控点位置预埋

2) 内控点的测设

内控点的测设方法和步骤如下：

首先，对首级控制网中的控制点间的角度、距离和坐标进行复测，确保控制点可靠；其次，选择合适的三个点，用双站极坐标法对内控点依次进行放样。放样过程中，通过两次放样的点位进行归化改正，在钢板上用钢钉做出点标志。最后，用双站极坐标法对其进行复核，直至满足精度要求。

3) 内控网的点位几何及边长校正

考虑到建筑物的高度和结构特点，为了保证施工的精度，我们还必须对所放点位进行相对几何关系的校正。校正可按传统方法如下进行：

① 180°时的校正方法

可按照9.4.2.3中建筑基线方向调整的方法进行180°的校正。

② 90°时的校正

见图9-67，按公式 $d = l \times \dfrac{\delta}{\rho}$，$\delta = \dfrac{\beta - \alpha}{2}$（其中，$l$ 为轴线点至轴线端点的距离，$\delta$ 为设计角为直角时的偏差值）算

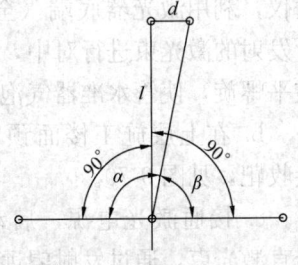

图9-67 90°时的校正

出改正值,然后对其进行改正,改正后检查其结果,90°之差应≤±6″。

③ 边长的校正

边长的校正方法有钢尺丈量法和全站仪(测距仪)测量法等。其操作步骤为:首先,从长轴线一端为起点架设仪器,测量其实际水平距离;然后,转动仪器测量此端点的短轴线的水平距离;最后,测量对角线距离。

若实际测量值与理论值出现较大误差时,应重新进行测设,若误差不大但超过允许偏差时就要进行校正。

4) 轴线投测的方法

① 吊线坠法

吊线坠法是传统的轴线投测方法,适用于单层和多层建筑。利用钢丝悬挂重锤球的吊线坠法进行轴线竖向投测一般用于高度在50~100m的高层建筑施工中,钢丝和锤球选择参数见表9-28。

投测方法见图9-68,在预留孔上面安置十字架,挂上锤球,对准首层预埋标志。当锤球线静止时,固定十字架,并在预留孔四周作出标记,作为以后恢复轴线及放样的依据。此时,十字架中心即为轴线控制点在该楼面上的投测点。

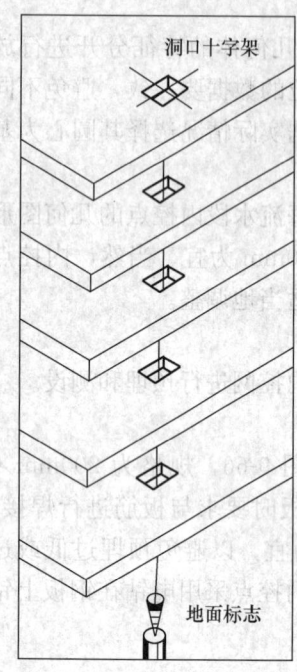

图9-68 线坠法投测示意图

钢丝和锤球的要求　　　　　　　　　　　　　表 9-28

| 高差(m) | 悬挂锤球重量(kg) | 钢丝直径(mm) |
|---|---|---|
| <10 | >1 | 0.5 |
| 10~30 | >5 | 0.5 |
| 30~60 | >10 | 0.5 |
| 60~90 | >15 | 0.5 |
| >90 | >20 | 0.7 |

② 激光铅垂仪法

当建筑物为多层或高层时,用传统的线坠法进行轴线投测不能满足精度要求,一般采用激光铅垂仪进行轴线投测。激光铅垂仪是光、机、电集于一身的高精度激光仪器。

激光铅垂仪投测轴线,测设示意图见图9-69。实际测设步骤如下:

a. 在首层轴线控制点上安置激光铅垂仪,利用激光器底端(全反射棱镜端)所发射的激光束进行对中,通过调节基座整平螺旋,使管水准器气泡严格居中。

b. 在上层施工楼面预留孔处,放置接收靶,见图9-70。

c. 接通激光电源,启动激光器发射铅直激光束,通过发射望远镜调焦,使激

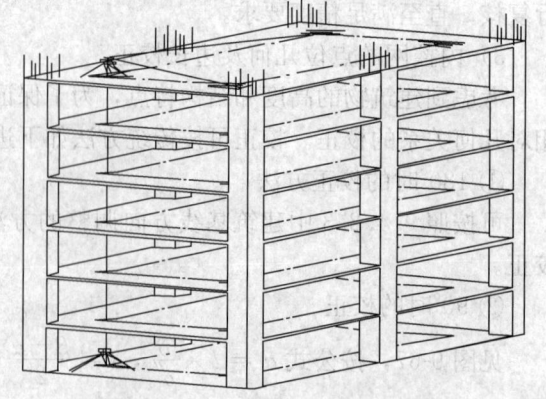

图9-69 激光铅垂仪投测示意图

光束聚成的红色光斑投射到接收靶上。

d. 移动接收靶，使靶心与红色光斑重合，固定接收靶，并在预留孔四周作出标记，此时，靶心位置即为轴线控制点在该楼面上的投测点。

③ 经纬仪天顶法

经纬仪天顶法垂准测量是利用带有弯管目镜的经纬仪望远镜进行天顶观测，该方法对竖轴垂直度要求较高。

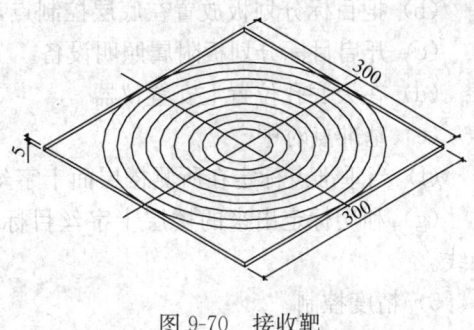

图 9-70　接收靶

经纬仪天顶法施测步骤如下：

a. 将仪器在地面测站标志上置中、整平、装上弯管棱镜。

b. 在测站天顶上方设置目标分划板，位置大致与仪器铅垂或置于已标出位置上。

c. 将望远镜指向天顶，并固定之。然后调焦，使目标分划呈现清晰。

d. 置望远镜十字丝与目标分划板上的参考坐标 $X$、$Y$ 轴相平行，分别置横丝与纵丝读取 $x$、$y$ 的格值 $GJ$ 和 $CJ$ 或置横丝与目标分划板 $Y$ 轴重合，读取 $x$ 格值 $GJ$。转动仪器照准架 180 度重复上述程序，分别读取 $x$ 格值 $G'J$ 和 $y$ 格值 $C'J$。然后调动望远镜微动手轮，将横丝与 $GJ+G'J/2$ 格值相重合。

e. 将仪器照准架转 $90°$，置横丝与目标分划板 $X$ 轴平行，读取 $y$ 格值 $C'J$，略调微动手轮，使横丝与 $CJ+C'J/2$ 值相重合。

所测得 $XJ=GJ+G'J/2$；$YJ=CJ+C'J/2$ 的读数为一个测回，计入手簿作为原始依据。

④ 经纬仪天底法（俯视法）

a. 经纬仪天底法垂准测量的基本方法

进行经纬仪天底法垂准测量时，基准点的对中是利用仪器的望远镜和目镜，先把望远镜指向天底方向，然后调焦到所观测目标清晰、无视差，使望远镜十字丝与基准点十字分划线相互平行，读出基准点的坐标读数 $A1$，转动仪器照准架 $180°$，再读一次基准点坐标读数 $A2$，由于仪器本身存在系统误差，$A1$ 与 $A2$ 不重合，故中数 $A=(A1+A2)/2$，这样仪器中心与基准点坐标 $A$ 在同一铅垂线上，再将望远镜调焦至施工层楼面上，在俯视孔上放置十字坐标板（此板为仪器的必备附件），用望远镜十字丝瞄准十字坐标板，移动十字坐标板，使十字坐标板坐标轴平行于望远镜十字丝，并使 $A$ 读数与望远镜十字丝中央重合，然后转动仪器，使望远镜与坐标板原点 $O$ 重合，这样完成一次铅垂点的投测。

b. 垂准点的标定

按照上述方法确定的一系列的垂准点后，即可以记下每个垂准点在不同高度平面上目标分划板处 $X_i$、$Y_i$ 坐标值或用"十"字丝刻线，把它标定在垂准点上，则一系列的垂准点标定后作为测站，即可进行测角、放样以及测设建筑物各楼层的轴线或进行垂直度控制和倾斜观测等测量工作。

c. 施测程序和操作方法

（a）依据工程的外形特点及现场情况，拟定出测量方案，并做好观测前的准备工作，定出建筑物底层天底法专用控制目标的位置以及在相应各楼层面留设天底孔。

(b) 把目标分划板放置在底层控制点，使目标分划板中心与控制点重合。

(c) 开启目标分划板附属照明设备。

(d) 在天底孔位置上安置仪器。

(e) 基准点对中。

(f) 当垂准点标定在所测楼层面十字丝目标上后，用墨斗弹线在天底孔边上。

(g) 利用标定出来的楼层十字丝目标作为测站，进行测角、放样以及测设建筑物的轴线。

5) 精度控制

内控网的精度是整个竖向投测精度的保证，随着结构标高的不断增加，内控网的精度显得越来越重要。因此内控网精度的控制关系到了整个建筑施工测量质量。

① 影响内控网精度主要因素

影响内控网精度的主要因素有：建筑物的沉降、气候的变化、混凝土的特性和其他非自然力量因素。

② 解决的相应措施

a. 建筑物的沉降

随着建筑物的荷载的增加，建筑物会在不同的部位有不同的沉降。而内控点所在部位的沉降量的不同，就造成了整个内控网精度的下降。经研究沉降对边长上的影响是很小的，可以忽略不计。但对其角度的影响较大，必须对其进行校正。校正方法如下：首先，用全站仪对各点进行测量，然后选择最长边的点位偏移量满足精度要求的两个点间距最远两点作为定向点，然后对理论上在同一直线或构成直角关系的点进行改正。直到满足精度要求为止。

b. 气候的变化

日照可以引起各控制点的温差变形，所以有必要进行温差变形观测，并对其进行改正，然后总结出变化的规律，选择最佳的时间段进行投测、放线。

c. 混凝土特性

混凝土由于其特性在平面上有收缩现象，因此对内控点的点位也有不小的影响，特别是在后浇带附近的点位变化尤为明显。不同型号的混凝土在不同的强度时收缩是有差别的，针对此现象，总结出其伸缩的规律，并在投测过程中根据测量数据对控制线进行改正，保证投测的精度。

d. 非自然因素

非自然因素的影响也不容忽视。在施工中，难免会出现内控点被外力碰撞而引起的位移。此外，如果预埋标高控制不当的话，也还会出现由于积水长时间浸泡而引起的位移。因此，我们应对每个控制点做好防护工作，保证它们不会受到外力的剧烈冲击。

#### 9.8.1.2 楼层平面放线测量

1. 放线的技术要领和注意事项

轴线投测验收满足要求后，就可根据轴线控制线进行楼层细部的放线了。放线技术要领和注意事项同 9.7.3.2 中第 (5) 条的内容。

## 2. 放样方法

由于建筑物造型从单一矩形逐步向"S"形、扇面形、圆筒形、多面体形等复杂的几何图形发展，建筑物的放样定位越来越复杂，但极坐标法仍是目前比较灵活的基本放样定位方法。采用极坐标法进行放样定位时，首先要了解设计要素如轮廓坐标、曲线半径、圆心坐标等与施工控制点的关系，据此计算放样的方向角及边长，在控制点上按其计算所得的方向角和边长，逐一测定点位。

圆弧平面曲线放样

圆弧平面曲线定位有拉线法、坐标法、偏角法、矢高法等。

1) 直线拉线画弧法：根据建筑物轴线与轴线控制点确定圆弧曲线圆心 $O$ 后，用半径 $R$ 在实地直接拉线画弧即能放样出其圆弧曲线。

2) 圆弧曲线坐标法：根据已知弧半径、弦长，求出弦上各点坐标值，采用极坐标法进行放样。

3) 圆曲线矢高法定位：见图 9-71，根据已知半径 $R$ 及 $AB$ 弦长，取弦中点矢高 $OC$，定得 $C$ 点，再将弦 $AB$、$BC$，取弦中点矢高，得 $G$、$F$ 点，逐渐加密弧上各点，然后画成弧线。

4) 圆弧曲线偏角法：过圆曲线上某一点做一弦，该弦与该点的切线所夹角称为偏角，根据几何定理可知，偏角等于该弦所对圆心角的一半，用偏角法定位圆曲线以此原理为基础。见图 9-72，$h$ 为弧长，$R$ 为半径，则圆心角 $\phi$ 及偏角 $\sigma$ 可由以下式求得：

$$\phi = h/R \times 180°/\Pi, \sigma = 1/2\phi = h/R \times 180°/2\pi \tag{9-36}$$

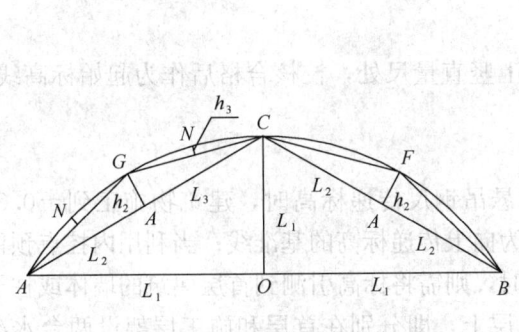

图 9-71 圆曲线矢高定位

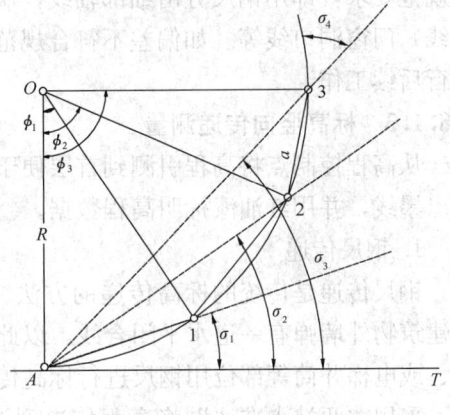

图 9-72 圆弧曲线偏高

圆曲线偏角法定位步骤如下：

① 在 $A$ 点安置经纬仪，使读盘读数对 $0°00'00''$，照准 $T$ 点。

② 转动照准部使视线与切线成 $\sigma_1$ 角，在视线方向上量出弦长 $a$，此处弦长 $a$ 可以认为等于弧长 $k$，即得出第二点 1。

③ 再转动照准部使视线与切线成 $\sigma_2$ 角，由点 1 量出 $a$，并使其终点落在视线 A2 的方向线上，即得出第二点 2。

④ 用同样的方法定出其他各点，量此点至最后点长度作校核。

⑤ 由曲线的两端向中央定位，当曲线中点不闭合时，曲线上各点按离曲线起点（或

终点）长度之比按比例进行改正。

3. 楼层放线允许偏差

（1）轴线竖向投测的允许偏差为：每层 3mm；高度（$H$）≤30m 时，5mm；高度（$H$）30m<$H$≤60m 时，10mm；高度（$H$）60m<$H$≤90m 时，15mm；总高 90m<$H$ 时，为 20mm。

（2）各部位放线的允许偏差见表 9-29。

放线允许偏差　　　　　　　　表 9-29

| 序号 | 项目 | | 允许偏差（mm） |
|---|---|---|---|
| 1 | 主轴线 | $L$≤30m | 5 |
| | | 30m<$L$≤60 | 10 |
| | | 60<$L$≤90m | 15 |
| | | 90m<$L$≤120m | 20 |
| | | 120m<$L$≤150m | 25 |
| | | 150m<$L$≤200m | 30 |
| | | $L$>200m | 符合设计要求 |
| 2 | 细部轴线 | | 2 |
| 3 | 承重墙、梁、柱边线 | | 3 |
| 4 | 非承重墙边线 | | 3 |
| 5 | 门窗洞口线 | | 3 |

控制点投测到施工层后，进行闭合校核，并与相邻流水段控制点闭合校核。如偏差符合规范要求，即用钢尺分出细部轴线，墙（柱）位置线、墙（柱）边 50 控制线（支模控制线）门窗洞口线等。如偏差不符合规范要求，则需重新投测控制点至符合规范要求，再进行后续工作。

### 9.8.1.3 标高竖向传递测量

从高程控制点将高程引测到首层便于向上竖直量尺处，校核合格后作为起始标高线，弹出墨线，并用红油漆标明高程数据。

1. 钢尺传递

钢尺传递是传统的标高传递的方法。当悬吊钢尺传递标高时，建筑物施工到±0.00 时建筑物外墙弹有一道水平闭合线，以此作为向上传递标高的基准线；当利用内控点预留洞、或电梯井筒等部位用钢尺进行标高传递时，则需将标高引测到首层建筑的墙体或柱子上。采用"两站水准法"将高程传递到施工层上，即分别在首层和施工层架设两台水准仪，从内控点预留洞或能通过垂直路线能直接到达施工层的电梯井筒等部位，以钢尺作为水准尺，将标高传递到施工层上。

高程传递过程中，不管采用什么方法，每一大流水段均要保证 3 个水准点，并且要进行校核，保证水平面一定要闭合。高程基准点一般设置在外窗、阳台或电梯井等容易传递的地方。因为施工过程要经历夏、冬季，所以施工测量时要进行尺长校正。

在各层抄测时，先校测各流水段传递上来的标高，闭合后偏差小于 3mm，再抄测各结构构件的水平标高线，不允许就近引用上一流水段的标高线，以防止偏差积累。

2. 测距仪法

当高度不断增加时，采用测距仪法避免了因高度大于尺长而造成的偏差累积。测距仪法的主要操作步骤如下：

(1) 选择从首层测站点能垂直通视到施工作业层的部位作为标高竖向传递位置，内控点的预留洞或电梯井道均可；

(2) 然后将场区高程控制点引测至所要传递的地方；

(3) 在点位上架设测距仪或全站仪，严格对中整平，调整其垂直角显示为 $0°00'00''$，然后通过弯管目镜观测，使视线与反光镜或棱镜的中心重合，测量其水平距离 $l$，并与棱镜参数 $k$ 一同记录；

(4) 量取仪器高 $h$，取棱镜的背部站牌厚度为 $h'$ 得到作业层棱镜中点的绝对标高 $H = l + h + h'$；

(5) 在施工层架设水平仪，以棱镜中心点为测站，将标高引测到施工作业层；

使用测距仪法时，必须向施工层至少引测两个水准点，以便复核测量。

3. 三角高程法

三角高程也是一种很传统的传递高程的方法，但是由于其受外界影响的因素甚多，不适合于高精度的水准测量。但是，在施工过程中，运用三角高程法进行标高传递时，对于精度要求不高的工程也有其优势，对于精度要求高的高程传递应采用高精度的仪器和特殊方法，对于三角高程测量在建筑施工测量中应用的文献很多，此处不作介绍。

#### 9.8.1.4 楼层标高测量

1. 楼层标高点的布设

在楼层标高测量中，标高点的布设原则主要有以下几点：

(1) 独立柱宜在每个柱面抄测两个点。

(2) 剪力墙应在转角部位、有门窗洞口部位、墙体范围内每 3~4m 设置一个抄测点。

(3) 楼梯在休息平台、梯段板有结构墙部位均应在板内两端各设一个抄测点。

(4) 坡道标高点的布设，应根据其坡度及弧度布设；其沿坡道延伸方向的相邻两点间的高差应小于 50mm，个别情况根据实际情况而定，原则上不应大于 100mm。

2. 楼层标高测量

(1) 单一矩形几何建筑

每一施工段墙、柱支模后均应在上节所提部位的（暗柱）钢筋上抄测结构 50cm 控制点，作为墙体支模和混凝土浇筑的控制依据。墙体混凝土浇筑后及时校正结构 50cm 控制点，作为顶板支模、钢筋绑扎、各种预埋等控制依据；每一施工段墙体拆模后应在同样部位抄测建筑 50cm 线或 1m 线，作为装饰与安装标高依据。抄测完毕后，每一测站均应进行重点部位的抽样复查，合格后方可进行下一测站。

在高大空间框架结构的厂房标高施测中，如果有吊车梁的柱子，应在施测完毕后，对准备预埋牛腿的柱子再进行一次小范围的闭合复核，使得控制埋件的标高控制线之间的差满足技术要求。

(2) 复杂特殊几何建筑

对于复杂几何图形的建筑，圆弧部位应在平面控制线的上方相应部位抄测标高，在衔接点以及与建筑物轴线相交部位应有标高控制点；若有坡度，根据标高抄测点的布设原则，可通过计算或计算机辅助（CAD）等方法，算出标高值，然后，依次抄测即可。

抄测完毕，将所有标高点连成直线或平滑曲线，至此楼层标高抄测完毕。

### 9.8.1.5 混凝土结构施工测量验收

**1. 验收内容**

混凝土结构工程验收内容包括建筑物定位桩点、施工现场引测的水准点位、基槽平面位置及高程、各楼层平面位置及高程、建筑物各个大角的垂直度及高程等。

**2. 验收程序**

上述验收内容在施工单位自检合格后，填写相关表格资料报监理单位，并配合监理单位进行现场实测验收和内业资料签认验收。

**3. 验收标准**

验收依据现行国家标准《混凝土结构工程施工质量验收规范》GB 50204 的规定。

**4. 主控项目**

（1）现浇结构不应有影响结构性能和使用功能的尺寸偏差。混凝土设备基础不应有影响结构性能和设备安装的尺寸偏差。

（2）对超过尺寸允许偏差且影响结构性能和安装、使用功能的部位，应由施工单位提出技术处理方案，并经监理（建设）单位认可后进行处理。对经处理的部位，应重新检查验收。

**5. 一般项目**

现浇结构和混凝土设备基础拆模后的尺寸允许偏差应符合表 9-30～表 9-32 的规定。

现浇结构尺寸允许偏差和检验方法　　　　　　　表 9-30

| 项目 | | 允许偏差（mm） | 检验方法 |
|---|---|---|---|
| 轴线位置 | 基础 | 15 | 钢尺检查 |
| | 独立基础 | 10 | |
| | 墙、柱、梁 | 8 | |
| | 剪力墙 | 5 | |
| 垂直度 | 层高 ≤5m | 8 | 经纬仪或吊线、钢尺检查 |
| | 层高 >5m | 10 | 经纬仪或吊线、钢尺检查 |
| | 全高（$H$） | $H/1000$ 且 ≤30 | 经纬仪、钢尺检查 |
| 标高 | 层高 | ±10 | 水准仪或拉线、钢尺检查 |
| | 全高 | ±30 | |
| 截面尺寸 | | +8，−5 | 钢尺检查 |
| 电梯井 | 井筒长、宽对定位中心线 | +25，0 | 钢尺检查 |
| | 井筒全高（$H$）垂直度 | $H/1000$ 且 ≤30 | 经纬仪、钢尺检查 |
| 表面平整度 | | 8 | 2m靠尺和塞尺检查 |
| 预埋设施中心线位置 | 预埋件 | 10 | 钢尺检查 |
| | 预埋螺栓 | 5 | |
| | 预埋管 | 3 | |
| 预留洞中心线位置 | | 15 | 钢尺检查 |

注：检查轴线、中心线位置时，应沿纵、横两个方向量测，并取其中的较大值。

**混凝土设备基础尺寸允许偏差和检验方法**  表 9-31

| 项目 | | 允许偏差（mm） | 检验方法 |
|---|---|---|---|
| 坐标位置 | | 20 | 钢尺检查 |
| 不同平面的标高 | | 0，-20 | 水准仪或拉线、钢尺检查 |
| 平面外形尺寸 | | ±20 | 钢尺检查 |
| 凸台上平面外形尺寸 | | 0，-20 | 钢尺检查 |
| 凹穴尺寸 | | +20，0 | 钢尺检查 |
| 平面水平度 | 每米 | 5 | 水平尺、塞尺检查 |
| | 全长 | 10 | 水准仪或拉线、钢尺检查 |
| 垂直度 | 每米 | 5 | 经纬仪或吊线、钢尺检查 |
| | 全高 | 10 | |
| 预埋地脚螺栓 | 标高（顶部） | +20，0 | 水准仪或拉线、钢尺检查 |
| | 中心距 | ±2 | 钢尺检查 |
| 预埋地脚螺栓孔 | 中心线位置 | 10 | 钢尺检查 |
| | 深度 | +20，0 | 钢尺检查 |
| | 孔垂直度 | 10 | 吊线、钢尺检查 |
| 预埋活动地脚螺栓锚板 | 标高 | +20，0 | 水准仪或拉线、钢尺检查 |
| | 中心线位置 | 5 | 钢尺检查 |
| | 带槽锚板平整度 | 5 | 钢尺、塞尺检查 |
| | 带螺纹孔锚板平整度 | 2 | 钢尺、塞尺检查 |

注：检查轴线、中心线位置时，应沿纵、横两个方向量测，并取其中的较大值。

**预制构件尺寸允许偏差及检验方法**  表 9-32

| 项目 | | 允许偏差（mm） | 检验方法 |
|---|---|---|---|
| 长度 | 板、梁 | +10，-5 | 钢尺检查 |
| | 柱 | +5，-10 | |
| | 墙板 | ±5 | |
| | 薄腹梁、桁架 | +15，-10 | |
| 宽度、高（厚）度 | 板、梁、柱、墙板、薄腹梁、桁架 | ±5 | 钢尺量一端及中部，取其中较大值 |
| 侧向弯曲 | 梁、柱、板 | $l/750$ 且 $\leq 20$ | 拉线、钢尺量最大侧向弯曲处 |
| | 墙板、薄腹梁、桁架 | $l/1000$ 且 $\leq 20$ | |
| 预埋件 | 中心线位置 | 10 | 钢尺检查 |
| | 螺栓位置 | 5 | |
| | 螺栓外露长度 | +10，-5 | |
| 预留孔 | 中心线位置 | 5 | 钢尺检查 |
| 预留洞 | 中心线位置 | 15 | 钢尺检查 |
| 主筋保护层厚度 | 板 | +5，-3 | 钢尺或保护层厚度测定仪测量 |
| | 梁、柱、墙板、薄腹梁、桁架 | +10，-5 | |

续表

| 项目 | | 允许偏差（mm） | 检验方法 |
| --- | --- | --- | --- |
| 对角线差 | 板、墙板 | 10 | 钢尺量两个对角线 |
| 表面平整度 | 板、墙板、柱、梁 | 5 | 2m靠尺和塞尺检查 |
| 预应力构件预留孔道位置 | 梁、墙板、薄腹梁、桁架 | 3 | 钢尺检查 |
| 翘曲 | 板 | $l/750$ | 调平尺在两端量测 |
| | 墙板 | $l/1000$ | |

注：1. $l$ 为构件长度（mm）。

2. 检查中心线、螺栓和孔道位置时，应沿纵、横两个方向量测，并取其中的较大值。

3. 对形状复杂或有特殊要求的构件，其尺寸偏差应符合规程规范和设计的要求。

#### 9.8.1.6 基于BIM技术和三维激光扫描技术的混凝土结构质量验收

近年来，随着BIM技术和三维激光扫描技术在国内的推广应用，为我们提供了新的检测手段。两者的结合组成了全新的三维非接触检测手段，这是一种全数检查，避免了抽样检测的随机性。

图9-73 利用三维激光扫描进行结构质量验收检查

1. 设站与扫描

在被检测楼层模板拆除完成后清理卫生，将与主体结构无关的杂物及垃圾一并清理干净，以防止其干扰检测工作。利用楼层平面放线时所测设的模板边线作为设站点，在楼面上架设扫描仪并对中整平（图9-73）。测站设置完成后，设置扫描参数为360°扫描，点间距3cm，扫描完成后利用点云处理软件将数据输出为".XYZ"格式。

2. 点云数据对齐与处理

将扫描获得的点云数据导入点云处理软件进行处理，导入点云时采样率选择100%，单位选择"米"，利用点云裁切工具将泵管、现场防护措施等无用点云与建筑点云删除，目标点云创建后将文件保存为".wrp"格式。

3. 建立结构BIM模型

使用BIM建模软件，建立结构模型。根据工程结构施工图对标准层的剪力墙、暗柱、梁、楼板、挑窗板等构件进行建模，并在模型上发布坐标。完成后的模型作为与点云进行三维对比分析的参考模型，将BIM模型导出为".dwg"格式后用其他软件导出为".3ds"格式，再导入点云处理软件。

4. 点云与模型的对齐和分析

将点云和模型导入对比分析软件，分别检核点云模型和参考模型的坐标，将点云模型和参考模型精确对齐，使用对比分析功能对点云与模型的一致性进行检查。检查结果可以输出3D图形及文字报告，也可将报告输出为PDF和3DPDF文档方便查阅和存档。

BIM技术结合三维激光扫描技术进行质量检测并输出三维结果，可以直观地反映出误差对建筑的影响。该方法检测数据的完整性和系统性，是以全数检查为基础的快速检测手段，将来可广泛应用于混凝土结构质量检查验收。

### 9.8.2 钢结构安装测量

钢结构工程安装精度要求高，必须采用精密施工测量方法才能满足要求，根据钢结构施工工艺的过程，钢结构测量施工测量内容一般包括前期测量工作准备、胎架制作及构件拼装测量、地脚螺栓埋设测量、钢柱安装及校正测量、钢桁架拼装测量、采用整体提升或滑移的网架拼装测量，以及安装过程中的变形监测等。

#### 9.8.2.1 钢结构安装基本方法

钢结构安装方法多种多样，高层、超高层钢结构工程，一般采用逐节逐层柱梁拼装法。网架、网壳安装方法有高空散拼法、分条分块安装法、高空滑移法、逐条累积滑移法，整体吊装法，整体提升/顶升法。球面网壳可采用内扩法，由内向外逐圈拼装。悬索结构安装根据结构形式分为单层悬索屋盖、单向双层悬索屋盖、双层辐射状悬索屋盖、双向单层悬索屋盖，不同的悬索结构采取不同的钢索制作及张拉工艺。

#### 9.8.2.2 钢结构安装测量方法

尽管钢结构形式多种多样，安装方法各异，但安装过程中的测控方法基本归纳为三种方法：散拼测量方法，滑移测量方法，提升/顶升测量方法。其中，散拼测量方法又分为单层和高层、超高层散拼测量方法及大型网架散拼测量方法；滑移测量方法又分为整体滑移和累积滑移测量方法；提升和顶升测量方法基本是一致的。

各种安装测量方法又是由地脚螺栓埋设、钢柱垂直校正、轴线（或内控点）竖向投测、高程传递、胎架制作与构件拼装等基本相同的工序组成的。下面根据钢结构施工工艺中各道工序施工过程，分别介绍其施工测量方法。

1. 地脚螺栓埋设

地脚螺栓埋设是钢结构安装工序的第一步，埋设精度对钢结构安装质量有重要的影响，因此，要求安装精度高，其中平面误差小于2mm，标高误差在0～+30mm。

(1) 地脚螺栓埋设方法

地脚螺栓施工时，根据轴线控制网，在绑扎楼板梁钢筋时，将定位控制线投测到钢筋上，再测设出地脚螺栓的中心"十"字线，用油漆作标记。拉上小线，作为安装地脚螺栓定位板的控制线。浇筑混凝土过程中，要复测定位板是否偏移，并及时调正。地脚螺栓定。埋设过程中，要用水准仪抄测地脚螺栓顶标高。

(2) 地脚螺栓埋设注意事项

1) 对于圆形地脚螺栓，埋设时，应注意螺栓的方向和角度。

2) 对于不规则的地脚螺栓，如复杂的组合钢柱，应放样出各部分的中心线，相互间距精度误差要在2mm以内。

3) 地脚螺栓浇筑混凝土后，将柱子的"十"字控制线用墨线弹在混凝土面上，为首节钢柱安装做准备。

## 2. 钢柱垂直度的校正

钢柱垂直度的校正有多种方法，主要有以下几种：

### （1）线坠法或激光垂准仪法

线坠法是最原始而实用的方法，当单节柱子高度较低时，通过悬挂锤球的铅垂线与立柱比较，上端水平距离与下端在互相垂直的两个方向分别相同时，说明柱子处于垂直状态。此方法要避免风吹而摆动，为此，可把锤球放在水桶或油桶中，避免摆动。

铅垂仪法是利用激光铅垂仪的垂直光束代替线坠，量取上端和下端垂直光束到柱边的水平距离是否相等，判断柱子是否垂直。

### （2）经纬仪法

经纬仪法是用两台经纬仪分别架在互相垂直的两个方向上，同时对钢柱进行校正，经纬仪校正钢柱垂直度。此方法精度较高，是施工中常用的校正方法。

### （3）全站仪法

采用全站仪校正柱顶坐标，使柱顶坐标等于柱底的坐标，钢柱处于垂直状态。此方法适于只用一台仪器批量地校正钢柱。

### （4）标准柱法

标准柱法是采用以上三种方法之一种，校正出一根或多根垂直的钢柱作为标准柱，相邻的或同一排的柱子以此柱为基准，用钢尺、钢线来校正其他钢柱的垂直度。标准柱法校正钢柱垂直度所示，将四个角柱用经纬仪校正垂直作为标准垂直柱，其他柱子通过校正柱顶间距的距离，使之等于柱间距，然后，在两根标准柱之间拉细钢丝线，使另一侧柱边紧贴钢丝线，从而达到校正钢柱的目的。

### （5）组合钢柱的垂直度校正

进行组合钢柱垂直度校正时，采用某种特定方法或多种方法同时校正。其中，组合钢柱结构有铅垂的构件，宜用经纬仪校正；若构件全为复杂异型结构，则选用全站仪法测定构件上多个关键点的坐标，从而将组合钢柱校正到位。

### （6）高层、超高层钢柱的校正

不管是平行立柱，还是复合钢柱，当柱超过两节柱子时，则需要从下向上分段逐段向上安装，分段校正，校正方法可根据施工现场条件采用以上（1）～（5）的任一种方法。

### （7）复杂组合钢柱的校正

对于复杂组合钢柱立柱，例如国家体育场组合钢柱，以及中央电视台新址钢斜柱，宜用全站仪坐标法进行分段校正。

由于复杂组合钢柱的结构复杂，这类工程安装允许偏差在钢结构安装规范中没有明确的规定，需经专家进行专项论证，设定允许偏差，以便执行。

## 3. 轴线、平面控制点的竖向投测

轴线、平面控制点的竖向投测一般分为外控法、内控法、后方交会法，下面分别介绍相关方法。

### （1）外控法

外控法又分为挑直线法和坐标法。该方法是在建筑物外部布设施工测量控制网，将经纬仪或全站仪安置在控制点上，把地面上的轴线或控制线引测到较高的作业面上的方法，见第9.8.1节相关内容。外控法适用于较低的建筑物。

(2) 内控法

内控法是将施工测量控制网布设在建筑物内部，在控制点的正上方的楼面上预留出200mm×200mm 的孔洞，采用铅垂仪逐一将控制点垂直投测到上部的作业面上，再以投测上来的控制点为依据进行放样。当建筑物超过 100m 时，宜分段进行接力投测。接力楼层应选在已经浇筑过混凝土楼板的稳定的楼层。

钢柱从地下结构出首层楼面后，在首层楼板上建立的施工测量控制网的方格网精度要达到一级方格网的要求，标高控制点精度不超过 2mm，同时要将标高+50 线抄测到钢柱上。

(3) 后方交会法

将全站仪架设在高层作业面上自由设站，分别后视地面上的三个以上的控制点，通过观测距离或角度，从而计算出测站点的坐标，并进行定向，然后再进行作业面的测量放线工作。此方法要求地面控制点离建筑物本身较远，俯角较小为宜。

4. 高程传递

钢结构施工中，高程传递方法同 9.8.1 节相关内容。

5. 胎架制作与构件拼装

(1) 胎架制作测量

大型钢构件每一个拼装单元进行组装时，需要制作支撑系统（简称胎架），将散件放在胎架进行拼装，然后焊接成拼装单元。胎架的制作，要根据桁架的几何结构尺寸和构件设计图，建立便于进行拼装的坐标系统，利用经纬仪或全站仪在拼装场地上放出桁架的地面投影控制线和各特征点的地面投影点，然后用水准仪抄测各个杆件的控制标高，以此配合胎架制作的测量工作。

不同形式的构件，其胎架的制作和构件拼装也不一样，下面分别进行介绍。

1) 轴线法

对于构件为直线形状，具有明显纵、横轴线的构件，宜采用轴线法制作胎架。先在拼装场地测设出各条轴线，按轴线架设胎架，在竖向支架上抄测控制标高。

2) 极坐标散拼法

对于不规则的桁架和网架，结点复杂，不便于采用轴线法进行拼装，则采用极坐标散拼法逐点测设拼装关键点。以圆球作为节点的网架，可采用全站仪测设各个钢球圆心的三维坐标 $(x, y, z)$。对于接近地面的最下一层的钢球和桁架，则在地面放出圆心的投影点（或投影圆）；上部可用全站仪三维坐标放样，然后安装杆件，焊接即可。其中，钢球的圆心 $z$ 坐标不便于直接测量，一般测量球底或球顶的三维坐标，再加或减上半径值得到球心位置三维坐标。球节点定位后，将连接杆与球节点焊接起来，形成完整的桁架单元，以便分节进行吊装。

(2) 单元构件拼装测量

在胎架制作结束后，对于矩形和规则的单元构件，在胎架上测设各道轴线及平移控制线，然后进行构件拼装即可。

对于不规则的复杂单元构件，需要采用极坐标法根据构件空间三维位置，通过测量控制放置在胎架上构件关键点，并调整到位。测设步骤和具体方法同胎架制作测量。

对于钢网架，球结点定位完成后，可采用距离交会法，由安装工人安装杆件。各个杆件安装固定后,验收各个关键节点之间的间距,符合验收规范和质量要求后,再进行焊接。

**6. 大型网架散拼安装测量**

大型钢结构网架结构形式多种多样,结构复杂,测量工作量非常大。

(1) 超大型屋顶支撑系统测量

超大型屋顶在进行散拼拼装前先要建立支撑系统,该支撑系统一般由支撑架组成。屋顶支撑系统测量就是根据支撑架的设计方案,将安装支撑架的位置和高度测设出来,以便在其上面进行超大型屋顶拼装。

(2) 球形网架散拼测量

球形网架由球结点和连接球结点的杆件组成。球形网架施工测量是将复杂的网架分解成球结点定位和杆件定位测量。在球结点放样时,又采用将三维坐标分解成平面($X$, $Y$)和高程($H$)分别进行放样的方法,有效简化了放样工作,便于现场测设和安装工人操作。

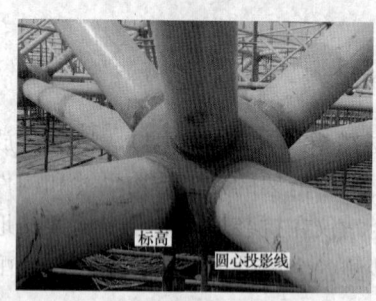

图 9-74 球节点测设安装控制线

实际测量时,采用全站仪根据各个球结点圆心的三维坐标($x$, $y$, $z$),对于地面上的最下一层的球结点和桁架,则在地面放出其的投影点(或投影圆),标高采用水准仪抄测;上部球结点,可用全站仪在支撑架上放样坐标,并标"十"字控制线,然后安装工人根据提供的安装控制线安装球结点到位,各球结点之间的几何距离满足要求后,连接杆件进行焊接,形成空间网架,见图 9-74。其中,钢球的圆心 $z$ 坐标不便于直接测量,一般测量球底部(或顶部)的高程,再加上(或减去)半径值。

对于球结点体积较大杆件与球结点连接位置不好掌握时,还需要制作特殊的辅助工具,便于现场放样正确。

(3) 不规则且复杂散拼测量

对于不规则且复杂的大型屋架每一个安装位置,采用极坐标法在支撑架顶面上测设出桁架的轴线交点,在支撑架顶面抄测标高控制点,供拼装就位之用。

**7. 钢结构整体或局部提升测量**

钢结构整体或局部提升是一种施工工艺方法,他是将钢结构在地面整体或局部拼装及焊接后,采用液压提升系统提升到安装部位。该施工工艺的施工测量方法和步骤介绍如下。

(1) 地面拼装放线

现场地面拼装的工作主要是将运输来的构件分段拼装成吊装单元,其主要的工作包括运输构件到场的检验、拼装平台搭设与检验、构件组拼、焊接后的检验、吊耳及对口校正卡具安装、中心线及标高控制线标识、安装用脚手架搭设、上下垂直爬梯设置,吊装单元验收等测量工作,测量放线主要的流程如下:

1) 根据本区域内的内控网测放出桁架的轴线,胎架定位线;

2) 拼装平台搭设结束后,用水准仪抄测胎架标高,调整标高到位;

3)安装过程中,用经纬仪、水准仪配合桁架安装,校正到位。为拼装放线图,图9-75为已拼装完的桁架;

4)提升点的桁架安装,应以牛腿的垂直投影点位置进行提升点的桁架安装,保证上、下在同一垂线上,见图9-76、图9-77。

(2)提升过程测量

1)将桁架基座定位"十"字线测放到基座埋件上,供提升安装液压千斤顶定位用。

图9-75 已拼装完的桁架

2)提升前,用水准仪测量每一条桁架的挠度。

3)预提升中,复测每一条桁架挠度的变化情况,变形量是否在安全许可范围内。

图9-76 提升牛腿和千斤顶

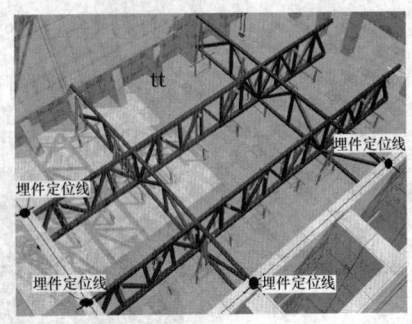

图9-77 提升点部位

4)提升过程中,除了液压提升系统能自行监控水平同步外,还应采用全站仪监测桁架的提升同步状况,保证桁架整体水平提升,发现某些部位不同步时(超过5cm),应通知操作人员进行调整。

5)提升后进行桁架挠度测量,提供桁架的变形量,供技术人员分析是否满足结构安全要求。桁架挠度测量采用全站仪,在桁架四个大角贴上反射片监测挠度变化。

8. 桁架滑移安装测量

桁架滑移安装也是一种施工工艺方法,在桁架的拼装过程中,先在建筑安装部位一侧拼装出一部分或整体结构,然后通过液压千斤顶将桁架推移到设计位置。图9-78为滑移平面图。桁架滑移安装测量步骤和方法如下。

(1)在拼装平台上测设出轴线,制作胎架,拼装桁架。

(2)根据滑移区域的内控点测放出两条滑移中心线,确保中心线不平行度小于10mm;并测放出本区域内的各条轴线。

(3)在拼装平台上放出桁架轴线、胎架控制线,制作第一榀桁架。

(4)用水准仪抄测标高,控制桁架安装标高。安装过程中,要按设计要求和施工经验,对桁架进行预起拱,起拱值应稍大于设计要求的起拱值。

(5)检查滑移轨道的水平度,轨道两边高差和平行度都不应大于10mm。

(6)每安装一榀桁架后,向前滑移一榀跨距。滑移后,检测每一榀桁架的上、下挠度。桁架上沿挠度采用水准仪监测,下沿采用激光全站仪观测,见图9-79。

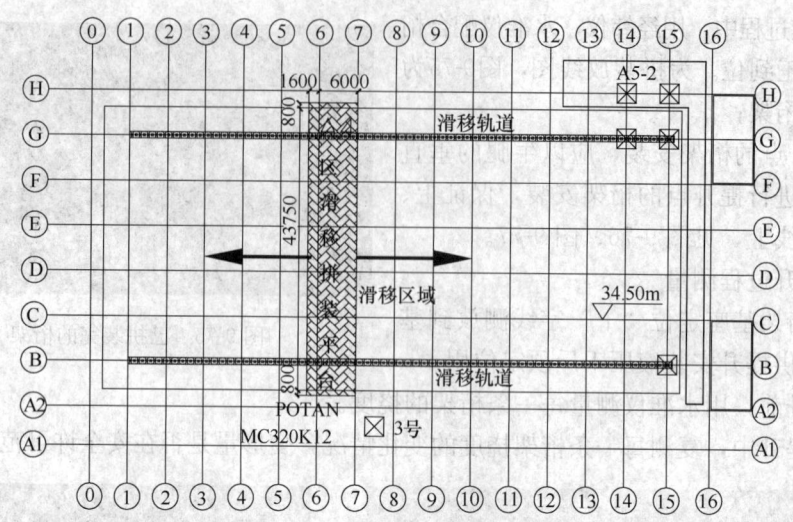

图 9-78 滑移平面图

图 9-79 滑移挠度监测

(7) 本区域滑移结束,卸载后,重测每条桁架的挠度值,并存档备查。

9. 高耸结构的施工测量

高耸结构工程主要包括烟囱、电视塔等建筑。由于这些建筑具有塔身超高、水平截面小,且塔身在不同的高度截面变径、筒体扭曲、外形变化大等特点,施工测量控制难度大。

(1) 高耸结构施工测量特点及要求

高耸结构施工测量包括施工控制测量和施工测量,其特点如下:

1) 施工控制测量

施工控制测量应采用外控和内控相结合的控制测量方法,外控网一般在地面上布置成田字形、圆形或辐射多边形。内控点应设置在建筑结构内部主要轴线位置。

2) 施工测量

施工测量中平面控制点(内控点)向上引测时,由于相邻两点的距离较近,需要对引测的相邻两点间的边长、角度、对角线等几何要素进行校核,引测测量允许偏差不宜超过4mm。

塔身铅垂度的控制宜采用激光铅垂仪,激光铅垂仪在100m高处激光仪旋转360°画出的激光点轨迹圆直径应小于10mm。对于低于100m的高耸建(构)筑物,宜在塔身的中心内控点上设置铅垂仪,有条件也可以设置多台铅垂仪;100m以上的高耸建(构)筑物,宜在多个内控点上设置多台铅垂仪,分段进行投测。设置铅垂仪的内控点必须利用外控网控制点直接测定,并采用不同的测设方法进行校核。

高耸结构测量时,激光铅垂仪投测到接收靶的测量允许偏差应符合表9-33的要求。对于有特殊要求的塔形建筑,其允许偏差应通过专家论证确定。

高耸钢结构中心线铅垂度的测量允许偏差 表9-33

| 项目 | 允许偏差(mm) | 测量允许偏差(mm) |
| --- | --- | --- |
| 主体结构整体垂直度 | (H/2500+10.0),且不应大于50.0 | 10.0 |
| 主体结构总高度 | H/1000,且不应大于30.0 | 6.0 |

3)高耸结构动态变形测量

由于高耸结构对日照、风振的敏感性较其他高层建筑结构更加明显,一般应进行日照变形观测。根据日照观测,绘制出日照变形曲线,并列出最小日照变形区间,以指导施工测量。

(2)高耸结构施工测量实例

1)工程概况

河南广播电视发射塔(图9-80),总高度388m,地下1层,地上48层。整体造型如五瓣盛开的梅花在空中绽放。结构形式采用了巨型钢结构体系,分为塔座、塔身、塔楼及天线桅杆四部分。其中,塔身结构由内筒、外筒和底部五个"叶片"形斜向网架构成,外筒为格构式巨型空间钢架,内筒为竖向井道空间桁架构成的巨型柱。

2)钢结构施工测量概述

塔体钢结构测量工作主要内容包括:平面和高程控制网测量,井道安装、桅叶糖柱安装、塔楼安装等部位的测量放线及校正,超高塔桅钢结构安装轴线、标高、垂直度控制,变形观测等。

图9-80 河南广播电视发射塔

3)测量控制网建立

① 平面控制网的布设

根据电视塔的施工特点,采用外控+内控相结合的方法来控制钢构件的轴线位置和整体垂直度。平面控制网由塔中心点O和距塔体中心点120m设置的TM1、TM2、TM3、TM4、TM5五个点,以及在塔体东、南、西、北四个方向距塔体中心300m设置的KZ1、KZ2、KZ3、KZ4四个点组成,见图9-81。平面控制网采用GPS测量方法,并按现行国家标准《工程测量标准》GB 50026中三等卫星定位测量控制网技术要求进行观测和数据处理,精度满足规范要求。

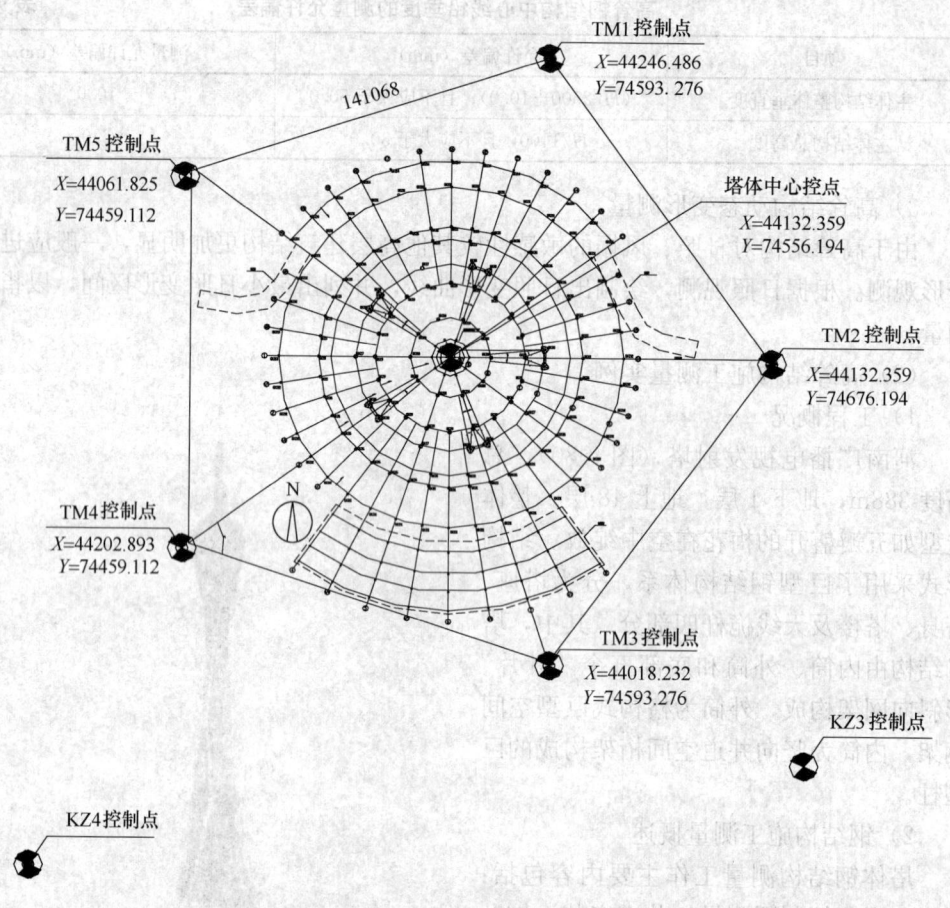

图 9-81 控制点位布置示意

② 高程控制网测量

根据工程的实际情况，依据业主或总包移交的原始高程控制点，采用水准测量方法将高程引测到塔体钢柱上，并用红油漆做好标记。

施工中根据钢结构安装进度的要求加密水准点，对于布设的水准点应定期进行检测，以便确定高程控制点的稳定性。

4）施工测量

① 塔中心点 O 向上传递测量

每安装完成一个结构楼层，塔体的中心点就要向上传递，通过测量塔中心与每一根井道柱的中心距离，就可以分析出塔体安装完成部分的整体垂直度偏差。通过整体垂直度偏差数据，及时对下一层钢柱进行调整，从而保证塔体整体垂直度。由于塔体中心有一道梁

## 9.8 地上主体结构施工测量

使塔体中心不能通视，在塔座楼层另选择两个点，该两个点与塔体中心点通视，并利用其向上投测。在投测面采用距离交会法即可交会出塔体中心点，具体做法如图9-82所示。

与此同时，在TM1、TM2（或当结构安装到+120m以上的时候，在KZ1，KZ2）点架设两台激光经纬仪，测定P1点。用同样的方法在TM4、TM5（或当结构安装到+120m的时候，在KZ3、KZ4）点测量出P2点，见图9-83。通过下式计算出P1、P2点坐标：

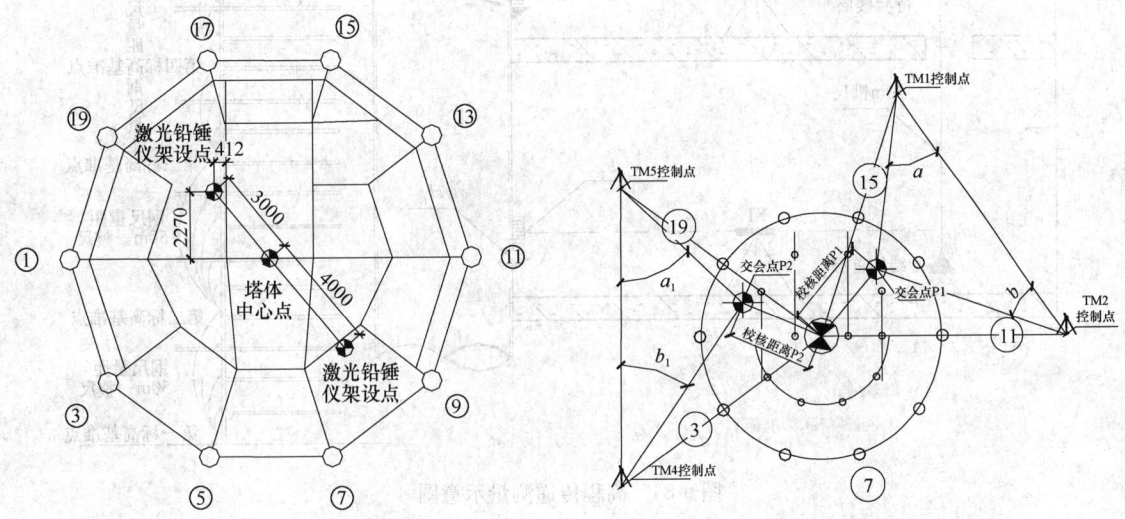

图9-82 激光投测塔体中心示意图　　图9-83 交汇法复核塔体中心点示意图

$$x_p = \frac{x_a \cdot \text{ctg}b + x_b \cdot \text{ctg}a + (y_b - y_a)}{\text{ctg}a + \text{ctg}b}$$

$$y_p = \frac{y_a \cdot \text{ctg}b + y_b \cdot \text{ctg}a + (x_a - x_b)}{\text{ctg}a + \text{ctg}b} \quad (9\text{-}37)$$

通过P1、P2点位坐标即用距离交会的方法检查出中心点的偏差。

激光铅准投测中心和经纬仪复核都应同步进行，并且尽量安排在同一时间段完成，这样可以避开日照和施工机械对测量的影响。

② 高程传递测量

如图9-84所示，利用井道，使用水准仪、塔尺和50m钢尺依次将标高由预留洞口传递至待测楼层，并用式（9-38）进行计算，得该楼层的仪器的视线标高，同时依此制作本楼层统一的标高基准点。

$$H_2 = H_1 + b_1 + a_2 - a_1 - b_2 \quad (9\text{-}38)$$

式中　$H_1$——首层基准点标高值；

　　　$H_2$——待测楼层基准点标高值；

　　　$a_1$——$S_1$水准仪在钢尺读数；

　　　$a_2$——$S_2$水准仪在钢尺读数；

　　　$b_1$——$S_1$水准仪在塔尺读数；

　　　$b_2$——$S_2$水准仪在塔尺读数。

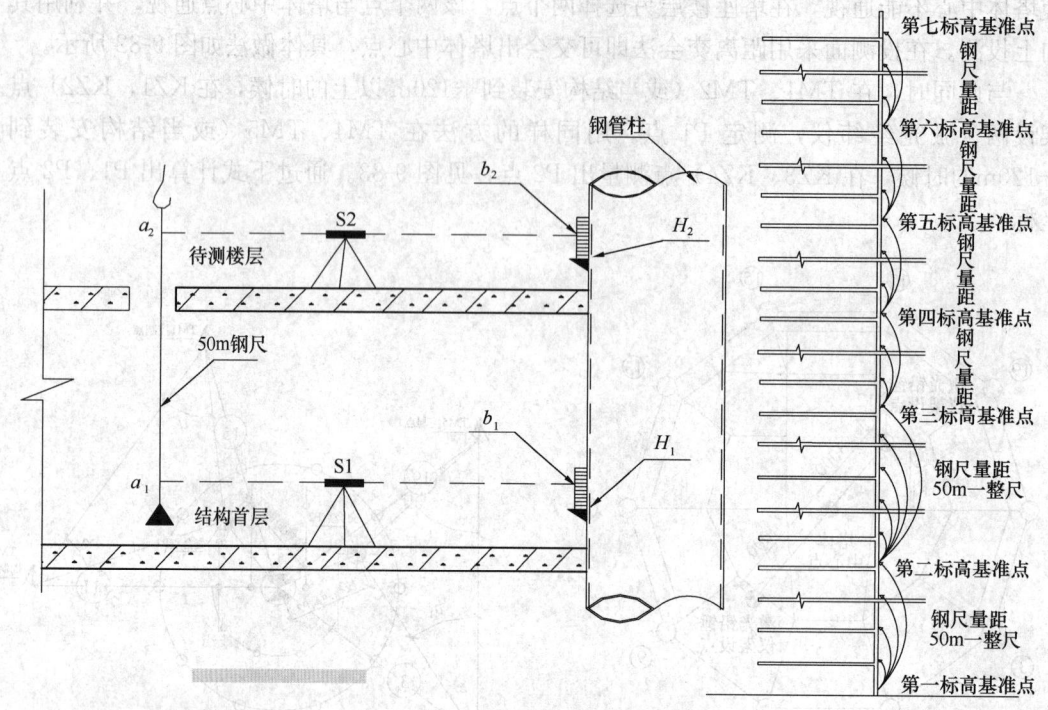

图 9-84　高程传递测量示意图

标高的竖向传递应从首层起始标高线竖直量取，且每一次应由三处分别向上传递。当三个点的标高差值小于 3mm 时，应取其平均值；否则应重新引测。

10. 索膜结构施工测量

膜结构又叫空间膜、张拉膜结构。索膜结构是以建筑织物，即膜材料为张拉主体，与支撑构件或拉索共同组成的结构体系。它以其新颖独特的建筑造型，良好的受力特点，成为大跨度空间结构的主要形式之一，见图 9-85。

图 9-85　索膜结构图

索膜结构施工测量中的支撑结构定位、安装测量基本方法可参照 9.8.2.1 和 9.8.2.2 相关内容。

膜结构安装前应对安装位置和其本身几何尺寸进行复核测量，以满足安装要求，然后按照支撑结构与膜结构连接关系进行安装。

索膜结构施工测量中应注意的事项：

（1）受钢索拉力的影响，安装过程中，支撑结构定位应向受力相反方向预留一定的变形量。

（2）索膜结构的倾斜支撑结构较多，支撑结构上的不同位置在空间的三维坐标不一样，应采用三维坐标放样。

（3）索膜结构安装完成后，应对主要结构进行复测，检查其变形状态，避免变形过大造成安全隐患。

### 9.8.2.3 三维激光扫描进行钢结构构件尺寸检测和计算机预拼装

**1. 钢结构构件尺寸的三维激光扫描检测**

(1) 现场采用三维激光扫描仪对钢结构或构件进行扫描,见图9-86。

(2) 采用扫描处理软件对点云进行精确拼接,形成完整的钢结构或构件点云模型,见图9-87。

(3) 在BIM软件中,载入钢结构模型,然后插入钢结构点云模型,精确定位到相同的轴线和标高。

(4) 通过软件,查看点云与模型的重叠、偏差状况,见图9-88。

图9-86 现场三维激光扫描

(5) 采用专用分析模块,分析结构偏差分布情况。

**2. 计算机预拼装**

对大型、复杂、异型钢结构构件,进行拼装质量检查,现场实测各个关键角点之间的距离很不方便。一般采用全站仪测定各个角点的坐标,输入CAD软件中分析。此外,采用三维激光扫描已拼装的构件,导入软件进行分析、匹配,加工及拼装误差检测。

图9-87 根据扫描点云建模

图9-88 通过标注、测量检查构件尺寸

(1) 对构件进行扫描。

(2) 采用扫描软件对点云进行拼装出完整的构件模型。

(3) 通过点云模型量测各个关键角点之间的角度、距离,判定是否满足拼接几何尺寸。

(4) 若有钢构BIM模型,则将点云插入BIM模型中,以关键点定位,然后比较关键角点模型和点云之间的差距,判定拼装质量。

(5) 若有安装现场环境扫描点云模型,则对拼接构件点云建模,然后导入现场环境点云,进行比较、分析、量测各个关键角点之间的间距、角度、位置是否能满足现场安装要求。

#### 9.8.2.4 钢结构安装测量注意事项

（1）注意混凝土收缩对首层内控点的影响，定期检测内控点的间距。

（2）焊缝收缩影响轴线间距和标高，从而影响垂直度和总高度，柱头标高复测结果应及时返给加工厂家进行调整。

（3）三级以上的大风天气，不宜进行内控点的投点；一般在清晨或夜间投点较好。

（4）在钢梁和压型板上架设测量仪器时，支腿应落在钢梁上或制作专用仪器架，焊接在钢柱上，确保仪器稳固。

（5）采用多种方法检验钢柱的垂直度，防止仪器的系统误差影响。

（6）经常检校仪器的各项技术指标，确保仪器处于正常工作状态下。

（7）密切监视日照、风力、焊接、沉降对钢结构垂直度的影响，当影响过大时应进行垂直改正。

#### 9.8.2.5 钢结构工程安装测量验收要求

根据现行标准《钢结构工程施工质量验收规范》GB 50205 和《高层民用建筑钢结构技术规程》JGJ 99，钢结构工程安装测量常用的验收指标如下：

1. 钢柱安装的允许偏差

钢柱安装的允许偏差见表 9-34。

**钢柱安装的允许偏差**　　　　　　　　　　　　　　　　　　　　　表 9-34

| 项目 | | 允许偏差（mm） |
| --- | --- | --- |
| 柱子定位轴线 | | 1mm |
| 地脚螺栓位移 | | 2mm |
| 柱脚底座中心线对定位轴线的偏移 | | 3mm |
| 柱基准点标高 | | ±2mm |
| 挠曲矢高 | | $H/1200$，且≤15mm |
| 同一层柱顶标高 | | ±5mm |
| 柱轴线垂直度 | 单节柱（$H>10m$） | $H/1000$，且≤10mm |
| | 单节柱（$H\leqslant10m$） | ≤5mm |
| | 总高 $H$ | $3H/10000$，且≤30mm |
| 主体结构整体平面弯曲 | 总长 $L$ | $L/1500$，且≤25mm |
| 主体结构总高 | 总高 $H$ | $H/1000$，且≤±30mm |

2. 柱、桁架、梁的安装测量允许偏差

柱、桁架、梁的安装测量允许偏差见表 9-35。

**柱、桁架、梁的安装测量允许偏差**　　　　　　　　　　　　　　　表 9-35

| | |
| --- | --- |
| 钢柱垫层标高误差 | ±2mm |
| 钢柱±0.00 标高检查 | ±2mm |
| 桁架和实腹梁、桁架和钢架的支承结点间相邻高差的偏差 | ±5mm |
| 梁间距误差 | ±3mm |
| 梁面垫板标高误差 | ±2mm |
| 上柱和下柱的相对扭转 | ±3mm |

3. 构件预装测量的允许偏差

构件预装测量的允许偏差见表 9-36。

构件预装测量的允许偏差　　　　　表 9-36

| 项目 | 允许偏差 | |
|---|---|---|
| 平台抄平 | ±1mm | |
| 纵横中心线的正交度 | ±0.8mm$\sqrt{l}$mm | $l$ 为自交点起算的横向中心线长度（mm），不足时，以 5m 计 |
| 预装过程中的抄平工作 | ±2mm | |

4. 压型金属板安装的允许偏差

压型金属板安装的允许偏差见表 9-37。

压型金属板安装的允许偏差　　　　　表 9-37

| 项目 | | 允许偏差 | |
|---|---|---|---|
| 屋面 | 檐口与屋脊的垂直度 | 12mm | $L$ 为屋面半坡或单坡长度 |
| | 压型金属板波纹线地屋脊的垂直度 | $L/800$，且≤25mm | |
| 墙面 | 墙板波纹线的垂直度 | $L/800$，且≤25mm | |
| | 墙板包角板的垂直度 | $L/800$，且≤25mm | |

#### 9.8.2.6 钢结构工程强制验收的主要项目

根据现行国家标准《钢结构工程施工质量验收规范》GB 50205，钢结构工程施工结束后，应提供如下的验收数据：

(1) 挠度。
(2) 整体垂直度。
(3) 主体结构总高度。
(4) 主体结构整体平面弯曲。

以上各项数据的内容见现行国家标准《钢结构工程施工质量验收规范》GB 50205 的具体规定。

## 9.9　建筑装饰施工测量

建筑装饰施工测量是建筑装饰中的一项重要工作，如果测量放线不精确或轴线距离不准，都会导致错缝、拼接不上或无法安装等诸多问题，影响工程质量。随着大量新型建筑材料的不断涌现，高级装饰装修中对于墙面、吊顶和地面的施工和施工测量要求逐渐提高。特别是块材的对缝要求、复杂的吊顶造型和地面拼花以及工厂化加工现场拼装等，都对建筑装饰测量提出了较高的精度要求。

### 9.9.1　室内装饰测量

#### 9.9.1.1　室内装饰测量主要内容及常用测量仪器和常用测量工具

1. 室内装饰测量主要内容

室内装饰测量主要包括：地面施工测量，吊顶施工测量及墙面施工测量（包括隔墙及填充墙体）等内容。

2. 常用测量仪器工具

在室内装饰测量中常用的测量仪器主要有：水准仪、水准尺、塔尺、经纬仪、激光垂线仪、激光扫平仪、激光标线仪等；测量工具主要有：水平管与水平尺、净空尺、钢尺、靠尺、角尺、塞尺等。具体使用方法请参考有关介绍，此处不再赘述。

#### 9.9.1.2 室内装饰测量作业基本要求

室内地面、墙面、顶面等结构施工误差，往往会给装饰装修工程带来一定的影响，为了消除这些误差和不利影响，室内装饰施工前，应根据主体结构的实际情况，利用测量仪器和工具进行结构复核测量。并在实际测量的基础上确定地面、墙面、吊顶及外幕墙等装饰测量控制线，作为装饰工程施工的控制依据。然后再以控制线为基础，弹出相应的基准线或位置线，继而完成整个室内装饰的测量施工任务。室内地面、墙面、顶面等装饰测量主要技术要求介绍如下。

1. 分间基准线测设基本要求

分间基准线测设技术要求如下：

（1）主体结构工程完成后，应对每一层的标高线控制轴线进行复核，核查无误后，须分间弹出基准线，并将结构构件之间的实际距离标注在该层施工图上，并依此进行装饰细部弹线和水电安装的细部弹线。

（2）计算实际距离与原图标示距离的误差，并按照不同情况，研究采取消除结构误差的相应措施。消除误差应保证装饰装修和安装精度的要求，尽量将误差消化在精度要求较低的部位。首先，要保证电梯井的净空和垂直度，其次保证卫生间、厨房等安放定型设施和家具的房间净空要求；其次，保证有消防要求的走廊、通道的净空要求。在满足上述要求的前提下，把误差调整到精度要求不高的房间或部位，并判断这些误差在该房间或部位是否影响其使用功能，若影响到使用功能，则应对结构进行剔凿、修整。在高度方向上，保证吊顶下的净高要求和吊顶上管道、设备的最小安装空间，同时兼顾地面平整和管道坡度要求。若无法满足，则需进行楼地面剔凿或改用高度较矮的管道、设备。

（3）根据调整后的误差消除方案，以每层轴线为直角坐标系，测设各间十字基准线，弹出各间的 1000mm 线或 500mm 线。

2. 墙面弹线（隔墙或外墙弹线）基本要求

（1）砌筑填充墙弹线

砌筑填充墙无论采用何种材料，也无论是隔墙还是外墙均应根据放线图，以分间十字线为基准，弹出墙体边线，在边线外侧注明门窗洞口尺寸和标高。嵌贴装饰面层的墙体，在贴饰面一侧的边线外弹出一条平行的参考线，并注明其到墙体的距离。

（2）龙骨饰面板墙弹线

核对龙骨饰面板墙的总厚度与龙骨宽度、两侧饰面板层数和厚度是否吻合，在地面上弹出地龙骨的两侧边线，同时用线坠或接长的水平尺把地面上的龙骨边线返到顶棚上。注意当两侧饰面板层数不同时，地龙骨不可居中放线。

（3）装饰墙面弹线

在墙面各阴、阳角吊垂线，依线对墙面进行找直、找方的剔凿、修补，抹出底灰。门窗洞口两侧吊垂线，洞口上下弹出水平通线。在墙面底部弹出地面标高线，并在沿墙的地面弹出墙面装饰外皮线，有对称要求的弹出对称轴。从对称轴向两侧测量墙面尺寸，然后根据饰面分隔尺寸进行调整，以免出现破活或不对称。

**3. 楼、地面弹线基本要求**

重新测量房间地面各部分尺寸，查明房间各墙面装饰面层的种类及其厚度，预留出四周墙面装饰面层厚度并弹出地面边线。有对称要求的弹出对称轴，有镶贴图案的在相应位置弹出图案边线。楼梯踏步铺贴饰面的，在楼梯两侧墙面弹出上、下楼层平台和休息平台的设计标高，然后根据楼梯踏步详图样式，弹出各踏步踢面的位置。

**4. 吊顶弹线基本要求**

查明图纸和其他设计文件对房间四周墙面装饰面层类型及厚度要求，重新测量房间四周墙面是否规方。考虑四周墙面留出饰面层厚度，将中间部分的边线规方后弹在地面上，对于有对称要求的吊顶，先在地面上弹出对称轴，然后从对称轴向两侧量距弹线。对有高度变化的吊顶，应在地面上弹出不同高度吊顶的分界线，对有灯盒、风口和特殊装饰的吊顶，也应在地面上弹出这些设施的对应设置。用线坠或接长的水平尺将地面上弹的线返到顶棚上，对有标高变化的吊顶，在不同高度吊顶分界线的两侧标明各自的吊顶底标高。根据以上的弹线，在顶棚上弹出龙骨布置线，沿四周墙面弹出吊顶底标高线。

### 9.9.1.3 装饰测量误差要求

精装修工程施工测量放线应使用精密仪器和科学的测量放线方法，测量放线的精度一般为允许施工误差的 1/3～1/2，室内垂直度精度应高于 1/3000。在全高范围内应小于 2mm。水平线每 3m 两端高差小于 1mm，同一条水准线的标高允许偏差为 2mm（此线长大于 3m 小于 50m）。具体要求如下：

**1. 地面面层测量**

在四周墙身与柱身上投测出 500mm 水平线，作为地面面层施工标高控制线。根据每层结构施工轴线放出各分隔墙线及门窗洞口的位置线，根据图纸要求控制门窗洞口位置及大小误差应控制在 1～2mm。

**2. 吊顶施工测量**

以 1000mm 线为依据，用钢尺量至吊顶设计标高，并在四周墙上弹出水平控制线。对于装饰物比较复杂的吊顶，应在顶板上弹出十字分格线，十字线应将顶板均匀分格，以此为依据向四周扩展等距方格网来控制装饰物的位置，同时按照吊顶工程的允许偏差进行控制。

**3. 墙面装饰施工测量**

内墙面装饰控制线，竖直线的精度不应低于 1/3000，水平线精度每 3m 两端高差小于 ±1mm，同一条水平线的标高允许偏差为 ±3mm。

### 9.9.1.4 室内装饰测量主要方法

**1. 楼、地面施工测量**

（1）标高控制

1）装饰标高基准点设置

对于结构形式复杂的工程，为了能够便于施工及标高控制，需要在给定原有标高控制点的基础上，引测新的标高控制点，即装饰标高基准点。新的标高控制点设置应综合考虑施工的便捷性、易于保护性和准确性。新的标高控制点标识设置应与原有标高点的标识具有可区别性，如采用不同颜色、不同形状的标志，且要注意对控制点的保护。

2) 标高控制线测设

在装饰施工之前,根据装饰标高基准点,采用 $DS_3$ 型水准仪(适于大开间区域使用)或4线激光水准仪(适于室内小开间使用)在墙体、柱体上引测出装饰用标高控制线,并用墨斗弹出控制线,通常控制线设置为+50线,即距装饰地面的完成面0.5m高的水平线。也可以根据现场情况引测+1m线,原则上引测的标高控制线要便于在使用时的计算,尽量取整数,并应在弹好墨线后做好标识,明确标高。

使用 $DS_3$ 型水准仪时视距一般不超过100m,视线高度应使上、中、下三丝都能在水准尺上读数以减少大气折光影响。前、后视的距离不应相差太大,尽量使测点与仪器的距离一致,这样可以减少测量误差。条件许可时也可采用增加了激光发射系统的DSJ3型激光水准仪,使测量放线更加方便快捷。

由于室内标高相对独立性更高,因此在较小空间可以使用4线激光水准仪进行标高线的引测,一般4线激光水准仪在室内环境使用的有效距离不宜大于10m,以减少折光和视线误差。

标示在墙面、柱面上的标高控制线,要注意保护,在面层施工覆盖后要及时进行恢复,保证控制线的准确性和延续性。

3) 测量复核

在全部标高线引测完成后,应使用水准仪对所有高程点和标高控制线进行复测,以避免粗差。

4) 施工控制

地面的标高控制是装饰施工的重点,如混凝土垫层施工、各种装饰面层施工等对标高控制都有很高的要求。一般地面施工的标高控制分为整体楼地面标高控制和块材楼地面标高控制。

整体地面标高控制:在混凝土地面、自流平地面等整体地面施工时,根据建筑+50线(或其他水平控制线),用水准仪测设出地面上的控制点(地面上为了控制标高设定的距墙2m,间距不大于2.5m呈梅花状布置的标志点)的标高,检查是否存在基层超高问题,如有基层超高现象及时和相关施工单位予以沟通,及时处理解决。每个控制点用砂浆做成的灰饼表示,施工中用3m靠尺随时检测地面标高的控制情况。

块材楼地面标高控制:在石材地面、木地板、抗静电地板、地砖地面等块材地面施工时,标高控制方法和整体地面施工标高控制基本一致,不同的是在面层施工时用水平尺和靠尺反复检测块材的水平和标高。在有坡度要求的地面施工时,应按设计的坡度要求设置坡度控制点或使用坡度尺进行控制,使成活后的地面坡度满足设计和施工规范的要求。

(2) 平面控制

1) 平面坐标系确定

对于装饰地面施工来说,一般都需要进行地面的平面控制。造型相对简单的地面砖铺贴,通常在排版后需要进行纵横分格线的测设和相对墙面控制线的测设。但对于造型复杂的拼花地面来说,就需要对每个拼花的控制点进行准确地放线和定位。因此在测量放线之前,首先要根据现场情况和拼花形状建立平面控制的坐标体系,一般应遵守便于测量,方便施工控制的原则,平面控制坐标系可采用极坐标系或直角坐标系或网格坐标系等。

2) 关键控制点测设

通常应先在图纸上找出需要进行控制的关键点,如造型的中心点、拐点、交接点等,之后通过计算得出平面拼花各个关键控制点的平面坐标,在计算室内关键控制点的坐标时,要考虑和天花吊顶造型的配合与呼应,不能只按房间几何尺寸进行计算;在计算室外关键控制点的坐标时,也要考虑与周边建筑物、构筑物的协调呼应,同样不能只考虑几何尺寸;现场关键控制点定位前还要注意检查结构尺寸偏差,并根据偏差情况调整关键控制点的计算坐标值,以保证造型观感效果的美观大方,并充分体现设计意图。然后用经纬仪、钢尺或全站仪根据计算出的坐标值测设现场关键控制点;测设关键控制点时一般应通过现场坐标系原点导出多个装饰坐标基准原点,再以装饰坐标基准原点的坐标值进行定位和施工控制。室外大面积广场地面拼花铺装建议采用平面直角坐标,以便在确定了基本坐标原点、坐标轴（$X$ 轴、$Y$ 轴）的正方向后,更方便地建立起装饰直角坐标系,方便多点同时施工。

在布局规矩的室内地面拼花也采用平面网格坐标系。根据图纸中关键控制点与周边墙柱体的相对关系建立平面网格坐标系,网格尺寸可根据图形复杂程度控制在 0.5~2m,根据控制点在网格中的相对位置使用钢尺进行定位。此种方法施工简便,但人工定位误差相对较大,适用于相对独立的拼花图形施工。

3) 测量复核

所有控制点的定位完成之后,应根据图纸尺寸和计算得到的坐标值进行复核,确认无误后方可进行施工作业。

2. 吊顶施工测量

(1) 标高控制

1) 标高控制线测设

根据室内标高控制线（+50 线或其他水平控制线）弹出吊顶边龙骨的底边标高线。通常用水准仪和 3m 塔尺进行测设;也可在房间内先测设一圈标高控制线（+50cm 或 100cm 水平线）,然后用钢尺量测吊顶边龙骨的底边标高控制点,最后连成标高控制线。对于造型复杂的吊顶,中间部位还应测设关键标高控制点。

最后应根据各层的标高控制线拉小白线检查机电专业已施工的管线是否影响吊顶,如存在影响应及时向总承包、设计和监理反映,对专业管线或吊顶标高做出调整。

2) 测量复核

标高控制线全部完成测设后,应进行复核检查验收,合格后方可进行下一道工序的施工。通常应采用水准仪对标高控制线,关键标高控制点进行闭合复测并进行平差,以减少误差。在施工过程中还应随时进行标高复测,减少施工过程中的误差。

(2) 平面控制

1) 平面坐标系确定

针对吊顶造型的特点和室内平面形状,建立平面坐标系,建立方法同地面平面坐标系。

2) 关键控制点测设

建立了坐标系之后,先在图纸上找出需要进行控制的关键点,如造型的中心点、拐点、交接点、标高变化点等,之后通过计算得出平面内各个关键控制点的平面坐标;然后按照吊顶造型关键控制点的坐标值在地面上放线，最后再用激光铅直仪将地面的定位控制点投影到顶板上，施工时再按照顶板控制点位置，吊垂线进行平面位置控制。

关键控制点的设置，还应考虑吊顶上的各种设备（灯具、风口、喷淋、烟感、扬声器、检修孔等），以便在放线时进行初步定位，施工时调整龙骨位置或采取加固措施，避免吊顶封板后设备与龙骨位置出现不合理现象。

3）测量复核

完成所有控制点的定位之后，根据设计图纸和实际几何尺寸进行复核，确认无误后方可进行下步施工。在施工过程中还应随时进行复查，减少施工粗差。

（3）综合放线

1）控制坐标系确定

针对吊顶造型的复杂程度、特点和室内形状，可建立综合坐标系，综合坐标系可采用直角坐标、柱坐标、球坐标或它们的组合坐标系。

2）综合控制点测设

综合坐标系建立后，先在图纸上找出关键点，如造型的中心点、拐点、交接点、标高变化点等，然后计算出各个关键点的空间坐标值；再按照关键点空间坐标在水平面的投影在地面上放线；再用激光铅直仪将地面的关键控制点投影到顶板上，并在顶板上各关键控制点位置安装辅助吊杆。辅助吊杆安好后，根据关键点的垂直坐标值分别测设各个关键点的高度，并用油漆在辅助吊杆上做出明确标志。这样复杂吊顶的造型关键控制点的空间位置就得到了确定。

各种曲面造型的吊顶，同样根据图纸和现场实际尺寸，计算得到空间坐标值之后进行定位。一般曲面施工采取折线近似法（将多段较短的直线相连近似成曲线），用关键点（辅助吊杆）的疏密调整和控制曲面的精确度。关键控制点的测设方法同上。

3. 墙面施工测量

墙面装饰施工测量，适用于室内各种墙体位置的定位和室内外墙体垂直面上造型的测量定位。

（1）墙面上造型控制

1）建立控制坐标

根据图纸要求在墙面基层上画出网格控制坐标系，网格尺寸可根据图形复杂程度控制在 0.1～1m。

2）关键控制点测设

立体造型墙面，依据建筑水平控制线（+50 线或其他水平控制线），按照图纸上关键控制点在网格中的相对位置，用钢尺进行定位。同时标示出造型与墙体基层大面的凹凸关系（即出墙或进墙尺寸），便于施工时控制安装造型骨架。所标示的凹凸关系尺寸一般为成活面出墙或进墙尺寸。

平面内造型墙面，关键控制点一般确定为造型中心或造型的四个角。放线时先将关键控制点定位在墙面基层上，再根据网格按1∶1尺寸进行绘图即可。也可将设计好的图样用计算机或手工按1∶1的比例绘制在大幅面的专用绘图纸上，然后在绘好的图纸上用粗针沿图案线条刺小孔，再将刺好孔的图纸按照关键控制点固定到墙面上，最后用色粉包在图纸上擦抹，取下图纸，图案线条就清晰地印到墙面基底。还可采用传统方法，将按1∶1绘制好的图纸按关键控制点固定在需要放线的墙面上,然后用针沿绘好的图案线条刺扎,直接在墙面上刺出坑点作为控制线。

3) 复核

完成所有控制点的定位之后,根据设计图纸进行复核,确认无误后方可进行下步施工,并在施工过程中随时进行复查,减少施工粗差。

(2) 墙体定位控制

1) 建立控制坐标系

根据设计图纸和现场实际尺寸,在地面上测设墙体成活面的控制线和墙体中心线。一般情况下,墙体定位采用直角坐标系;有时根据复杂程度可采用极坐标或直角坐标配合网格法进行定位放线。

2) 关键控制点测设

对于简单的直墙,依据设计图纸和现场实际尺寸,按照墙体的相对位置,用钢尺进行定位,同时测设出墙体的中心线和成活面的控制线。对于复杂的曲线墙体,应先确定关键控制点,然后根据设计图纸和现场实际尺寸计算相对位置坐标,再按照相对位置坐标用经纬仪和钢尺测设关键控制点,最后通过关键控制点之间连线,测设出墙体中心线和成活面控制线。

3) 复核

完成所有控制点、线的测设后,应根据图纸进行复核,确认无误后方可进行施工。在施工开始后还应进行一次复查,避免出现错误。

### 9.9.2 幕墙结构施工测量

幕墙结构施工测量是整个幕墙施工的基础工作,直接影响着幕墙的安装质量,因此必须对此项工作引起足够的重视,努力提高测量放线的精度。

#### 9.9.2.1 幕墙结构工作内容和测设技术要求

1. 幕墙结构施工测量工作内容

幕墙结构施工测量工作内容包括基准点、线和轴线的测设及复核;水平标高控制线的测设及复核;测设幕墙内、外控制线;测设幕墙分格线;垂直钢线的布设;结构预埋件的检查测量等。

2. 测量误差控制要求

幕墙结构施工测量仍遵循"由整体至局部、测量过程步步校核"的原则,其各项测量误差控制要求如下:

(1) 标高测量误差控制要求

1) ±0.00 至 1m 线≤±1mm。

2) 层与层之间 1m 线≤±2mm。

3) ±0.00 至楼顶层总标高≤±10mm。

(2) 控制线测量误差控制要求

1) 墙完成面控制线≤±2mm。

2) 外控线≤±2mm。

3) 结构封闭线≤±2mm。

(3) 投点测量误差控制要求

各层之间对应的点与点之间垂直偏差≤±1mm。

#### 9.9.2.2 幕墙结构测设方法

1. 首层基准点、线测设

(1) 放线之前,要交接确认主体结构的水准测量基准点和平面控制测量基准点,对水准基准点和平面控制基准点进行复核,并根据基准点和复核结果进行放线。

一般现场提供基准点线布置图和首层原始标高点图,见图9-89。测量放线人员依据基准点、线布置图,对基准点、线和原始标高点进行复核,一般原始标高点只有一个,结构施工或总包单位提供的标高,应复核后符合要求才能使用。

(2) 首层基准点通常设置在站首层顶板预留的方孔下方,见图9-90。

(3) 基准点、线的确认

依据提供的基准点、线布置图,先检查各个基准点、线的数据是否正确;基准点、线与轴线的尺寸是否一致并符合要求;建筑物平面、对角线尺寸是否在允许偏差范围内。之后结合幕墙设计图、建筑结构图对原始标高的位置及数据进行认可,经检查确认合格后,填写轴线、控制线记录表。

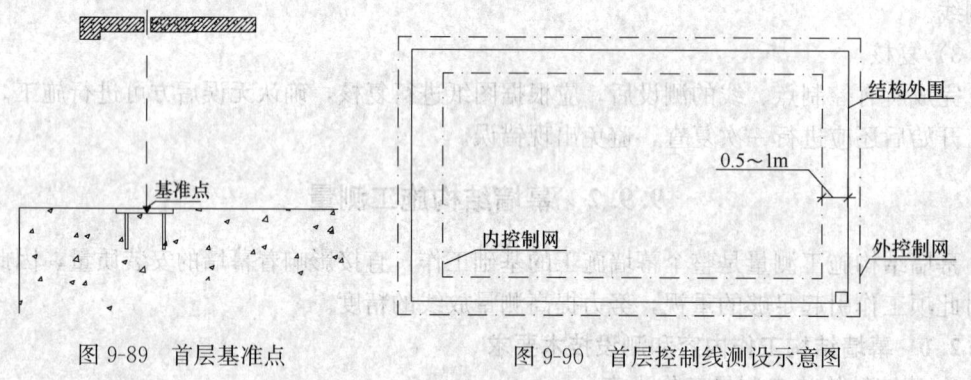

图 9-89 首层基准点　　图 9-90 首层控制线测设示意图

(4) 首层控制点、线测设

首层控制轴线一般设定在距结构2m,幕墙施工时,需将内控制线外移0.5～1m。外移时,依据首层控制轴线,建立幕墙首层内控制网,再由内控制网外移形成外控制网,高程控制点测设是把复核后并符合要求的既有标高控制点作为已知点,把标高引测到建筑物外表面上。根据建筑物的大小,一般间隔小于25m用绿油漆做标高标记,并做好保护,然后用经纬仪进行复核,复核误差应小于±2mm。合格后弹闭合控制线。内、外装控制网要进行复合交圈,误差应在±2mm之内为合格。

2. 测量方法

(1) 首层基准点、线测设

首层的基准点、线主要用来控制幕墙的垂直度,保证各楼层的几何尺寸,满足放样要求。首层基准控制点、线为一级基准控制,通过楼板上的光孔利用激光铅垂仪把一级基准控制点、线传递到各楼层,形成各层施工控制点、线。并应在底层和顶层分别架设全站仪进行控制基准点、线的检查复核,检查底层和顶层各投测点之间的距离和角度是否一致,若超过允许偏差,应查找原因及时纠正。若在误差范围之内,则进行下一步对投测点之间的连线工作。

(2) 投点测量实施方法

将铅垂仪架设在底层的基准点上对中、调平，向上投点定位，定位点必须牢固可靠见图 9-91。投点完毕后进行连线，在全站仪或经纬仪监控下将墨线分段弹出。

(3) 内控线的测设

各层投点工作结束后，进行内控线的布控。以主控制线为准，通常把结构控制线进行平移得到幕墙内控线，内控线一般应放在离结构边缘 1000mm、避开柱子便于连线的位置，平移主控制线、弹线过程中，应使用全站仪或经纬仪进行监控。最后检查内控线与放样图是否一致，误差是否满足要求，有无重叠现象，最终使整个楼层内控线呈封闭状。检查合格后再以内控线为基准，进行外围幕墙结构的测量。

(4) 外围控制线的测设

内控线测设完成后，以基准点、线为基准，用测距仪或全站仪在首层地面测出结构外围控制点。外控点应放在幕墙的外表控制线上，测设完各外控点后将各外控点之间连线并延长至交会，形成闭合二级外控制网。

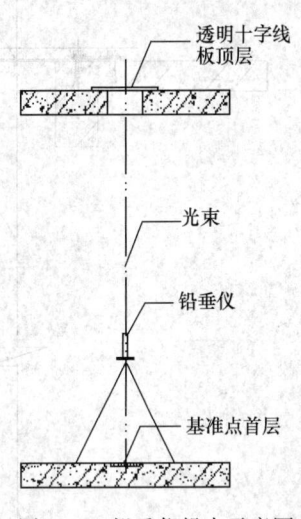

图 9-91 铅垂仪投点示意图

(5) 层间标高控制点测设

层间标高的测量，首先在关键轴线和控制线上用全站仪或经纬仪由下而上测设垂直线，同时在仪器的监控下，在建筑物上弹出垂直墨线，然后依据垂直线在建筑物外立面上悬挂不小于 30m 长的钢尺，上端用大力钳把钢卷尺夹紧，下端挂 10kg 重的砝码，在风力小于 4 级的气候条件下，量测出各楼层的实际高度和建筑物的总高度，再用等分法分别计算出各层的实际标高，然后每层按照计算标高设 +1m 水平线作为本层的标高控制线，并将各层的标高用绿色（与结构施工的红色标记区别）油漆记录在立柱或剪力墙的同一位置。整个幕墙施工安装过程，必须保持各标高、水平标记清晰完好。层与层之间的标高测量误差应≤±2mm，总标高测量误差应≤±10mm。

(6) 钢丝控制线的设定

用 $\phi 1.5mm$ 钢丝和 5mm×50mm 角钢制成的钢丝固定支架挂设钢丝控制线。角钢支架的一端用 M8 膨胀螺栓固定在建筑物外立面的相应位置，而另一端钻 $\phi 1.6 \sim 1.8mm$ 的孔。支架固定时用铅垂仪或经纬仪监控，确保所有角钢支架上的小孔在同一直线上，且与控制线重合。最后把钢丝穿过孔眼，用花篮螺栓绷紧。钢丝控制线的长度较大时稳定性较差，通常水平方向的钢丝控制线应间隔 15~20m 设一角钢支架，垂直方向的钢丝控制线应每隔 5~7 层设一角钢支架，以防钢丝晃动过大，引起不必要的施工误差，见图 9-92。

(7) 控制线的布置

竖向控制线一般采用钢丝控制线，幕墙平面上的所有转角处均应设置竖向控制线，并确保竖向控制线正好与幕墙的转角线重合。水平控制线每层均应设置，在长度较大的平面上还应间隔 2 层设置一道水平钢丝控制线，水平钢丝控制线应设在幕墙外表面外侧，距外表面 20~50mm 为宜。

(8) 结构误差的测量

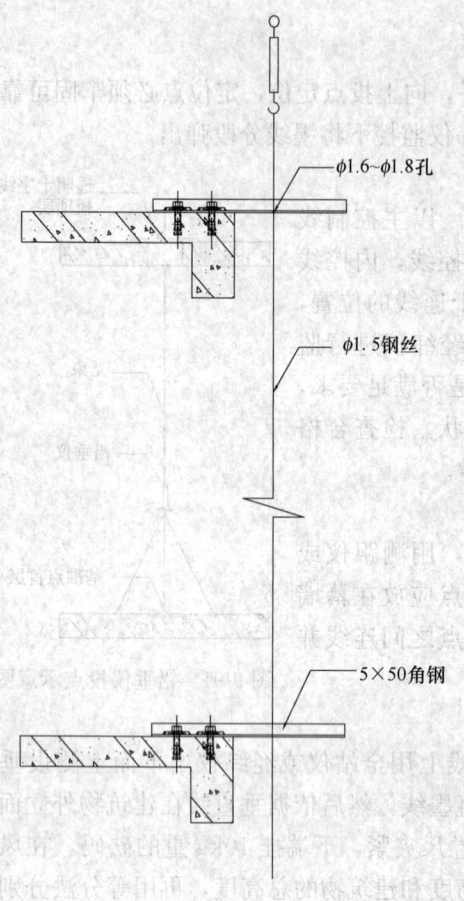

图 9-92 钢丝控制线示意图

将各层水平控制线与竖向控制线连成一体就形成了立体控制网，依据控制网就可确定出幕墙基础结构的内外轮廓。同时利用立体控制网可以复核建筑结构的外围实际尺寸，对于偏差超过设计允许偏差影响幕墙结构的区域，应进行详细记录，报送相关单位和部门进行处理。

(9) 各分格线及龙骨线的确定

幕墙转角的竖向钢丝控制线测设完成后，根据分格尺寸和龙骨位置尺寸，在两转角点之间进行分格，分格线一般弹在墙上或在水平钢丝控制线上做标记。根据幕墙图设计的外轮廓面距龙骨线的尺寸，通过外控制线测设出龙骨线，龙骨线是安装和检验龙骨的依据。

(10) 预埋件与结构误差检查

1) 预埋件位置检查

在测量放样过程中，应进行预埋件位置检查与结构尺寸、方正的检查，检查时测量人员将埋件水平标高线、垂直分格线均用墨线弹在结构上，然后依据十字线用尺子进行量测，检查出预埋件上、下、左、右的偏差，并做好记录。

2) 预埋件进出检查

检查埋件进出时，应从首层至顶层拉钢线进行检查，一般 15m 布置一根钢线，为减少垂直钢线的数量，横向挂尼龙鱼丝线检查，见图 9-93。偏差计算公式为：

$$理论尺寸 - 实际尺寸 = 偏差尺寸$$

3) 埋件检查记录

预埋件应按埋件图进行检查，并按埋件图的埋件编号填写偏差记录表，详细记录埋件上、下、左、右、进出的偏差数据。

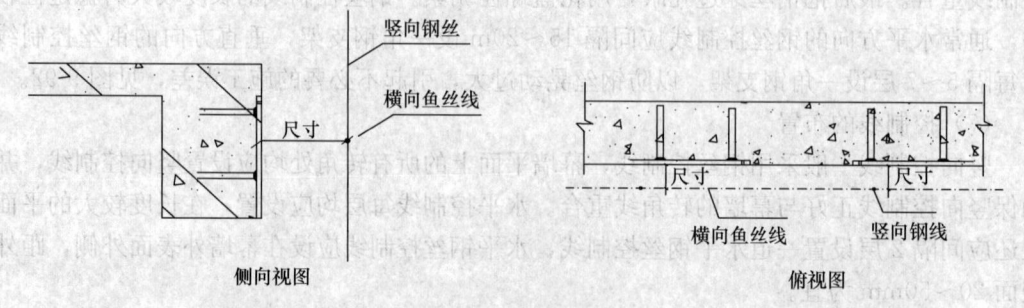

图 9-93 预埋件进出检查示意图

4) 结构偏差的处理

① 预埋件检查完毕后，将记录表整理成册，用尺寸计算的方法对每个埋件尺寸进行分析，依据施工图给定的尺寸，检查结构尺寸是否超过设计尺寸偏差。

② 依据测量所得的结构偏差表，经计算超过设计尺寸，与设计进行沟通，将检查表提交给设计进行分析，若偏差超出设计范围，则要报告业主、监理和总承包，采用推移或部分剔凿、部分推移等方式进行处理。

5) 预埋件偏移处理

① 埋件发生偏差，因将结构检查表提供给设计，设计师依据偏差情况制订埋件偏差施工方案，以及补埋的方式，并提供施工图及强度计算书，重新埋设预埋件。

② 埋件补埋施工图及强度计算书应提交给业主、监理，待确认后方可施工。

③ 当锚板预埋左右偏差大于 30mm 时，角码一端已无法焊接，如图 9-94

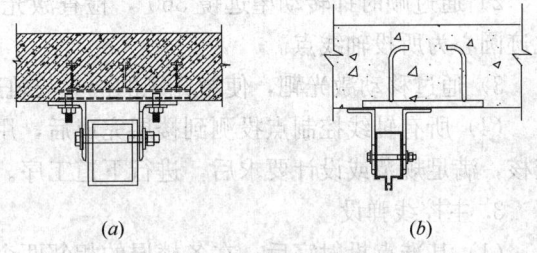

图 9-94 埋件埋设偏差示意图

(a) 所示。当哈芬槽式埋件大于 45mm 时，一端则连接困难，如图 9-94 (b) 所示。预埋件超过偏差要求，应采用与预埋件等厚度、同材质的钢板进行补板。锚板埋件补埋一端采用焊接方式，另一端采用化学螺栓固定。

### 9.9.2.3 屋面装饰结构测量

屋面装饰结构测量工艺过程为：测量基准点→投射基准点→主控线弹设→交点布置→外控制线布置→屋面标高设置→屋面外控线尺寸闭合→分格线布置→测量结构偏差。下面根据该工艺顺序进行屋面装饰结构主要环节测量介绍。

1. 首层基准点、线布置

(1) 测量与复核基准点

进入工地，施工人员依据基准点、线布置图，进行基准点、线及原始标高点复核。用全站仪对基准点轴线尺寸、角度进行检查校对，对出现的误差进行适当合理的分配，经检查确认后，填写轴线、控制线实测角度、尺寸、记录表。经相关负责人确认后方可再进行下一道工序的施工。

(2) 首层控制线的布置

首层控制线的布置同幕墙结构首层控制点、线测设方法。

2. 投射基准点

(1) 通常建筑工程外形幕墙基准点投测，一般投测到顶、底、中间楼层（根据各工程幕墙的总体高度和楼层，决定中间投测基准点楼层部位及数量），对于高层建筑一般每隔五层为一个标准控制层。

(2) 投测基准点之前安排施工人员把测量孔部位的混凝土清理干净，然后在一层的基准点上架设垂准仪。以底层一级基准控制点为基准点，采用铅垂仪向高层传递基准点。为了保证轴线竖向传递的准确性，把基准点一次性分别投到各标准控制楼层，重新布设内控点（轴线控制点）在楼面上。架设垂准仪时，必须反复进行整平及对中调节，以便提高投测精度。确认无误后，分别在各楼层的楼面上测量孔位置处把激光接收靶放在楼面上定点，再用墨斗线准确地弹十字线。十字线的交点为基准点。

（3）内控点（轴线控制点）竖向投测操作方法：

将激光经纬仪架设在首层楼面基准点上，调平后，接通电源射出激光束。

1）通过调焦，使激光束打在作业层激光靶上，并使激光点最小而清晰。激光接收靶由300mm×300mm×5mm有机玻璃制作而成，接收靶上由不同半径的同心圆及正交坐标线组成。

2）通过顺时针转动望远镜360°，检查激光束的误差轨迹。如轨迹在允许限差内，则轨迹圆心为所投轴线点。

3）通过移动激光靶，使激光靶的圆心与轨迹圆心同心，后固定激光靶。

（4）所有轴线控制点投测到楼层完成后，用全站仪及钢尺对控制轴线进行角度、距离校核，满足规范或设计要求后，进行下道工序。

3. 主控线弹设

（1）基准点投射完后，在各楼层的相邻两个测量孔位置做一个与测量通视孔相同大小的聚苯板塞入孔中，聚苯板保持与楼层面平。

（2）依据先前做好的十字线交出墨线交点，再把全站仪架在墨线交点上对每个基准点进行复查，对出现的误差进行合理分配。

（3）基准点复核无误后，用全站仪或经纬仪操作进行连线工作。先将仪器架在测量孔上并进行对中、整平调节，使仪器在水平状态下完全对准基准点。

（4）仪器架设好后，把目镜聚焦到与所架仪器基准点相对应的另一基准点上，调整清楚目镜中的十字光圈并对中基准点，锁死仪器方向。再用红蓝铅笔及墨斗配合全站仪或经纬仪把两个基准点用一条直线连接起来。

（5）仪器旋转180°进行复测，如有误差取中间值。同样方法对其他几条主控制线进行连接弹设。

4. 外控点控制网平面图制作

把每个面单元分格交接的部位，点、线、面位置定位准确、紧密衔接是后期顺利施工的保障和基础。一般将控制分格点布置在幕墙分格立柱缝中，与竖龙骨室内表面齐平，这样定位在铝立柱里面，可以避免板块吊装过程碰撞控制线而造成施工偏差，也可保证板块安装至顶层、外控线交点位置后还能保留原控制线。平面图制作时，先在电脑里边作一个模图，然后再按模图施工。模图制作方法步骤如下：

第一步：依据幕墙施工立面、平面、节点图找出分布点在不同楼层相对应轴线的进出、左右、标高尺寸，确定每个点 $X$、$Y$、$Z$ 三维坐标。

第二步：依据提供的基准点控制网以及控制网与轴线关系尺寸，幕墙外控点与轴线的关系尺寸，转换为幕墙外控点与基准点控制网的关系尺寸。

第三步：依据计算出基准点与各轴线进出、左右的关系尺寸，把主控线绘制到平面图上，见图9-95。再依据第二步中计算出的幕墙外控点与基准点控制网的关系尺寸数据，把每个点展绘到平面图上。同样方法绘制其余三个面的控制网。

5. 现场外控点、线布置

（1）依据放线平面图，把经纬仪架设在与幕墙定点对应的楼层主控线点上，依主控线为起点旋转90°定点,定点完毕后用墨斗进行连线,再对照放线图用钢卷尺,从主控线的点上顺90°墨线量取对应尺寸,进行控制幕墙立柱定位,也就是每个点$X$、$Y$坐标的定位。再用水平仪检查此点是否在理论的标高点上,也就是每个点$Z$坐标的定位。

(2) 用L50角钢制成支座,用胀栓固定在楼台上。每个支座必须保持与对应点在同一高度。再用墨斗把分格线延长到支座上。利用钢尺在钢支座上定外控点,用$\phi2.8mm$麻花钻在外控点上打孔。依此方法从首层开始每隔5层在各标准楼层的每个面上做钢支座定外控点。

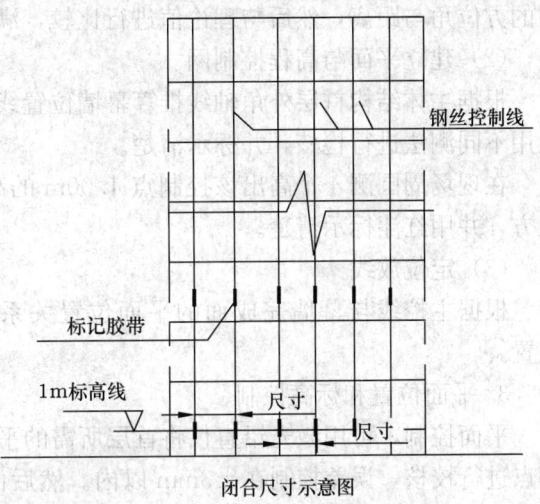

图9-95 外控点控制网平面图

(3) 所有外控点做完后,用钢丝进行上下楼层对应点的连线。当外控钢丝线间距和倾斜长度太大,会导致中间部位控制线塌腰,对施工精度会造成影响,因此规定两点间距大于50m的外控线,在总长度二分之一处对应楼层也要投测主控线,增加控制支点。

(4) 放线完毕后必须对外控点进行检测,确保外控制线尺寸准确无误。

6. 屋面标高的设置

以提供的基准标高点为计算点。引测高程到首层便于向上竖直量尺位置(如电梯井周围墙立面),校核合格后作为起始标高线,并弹出墨线,用红油漆标明高程数据,以便于相互之间进行校核。

标高的竖向传递,采用钢尺从首层起始标高线竖直向上进行量取或用悬吊钢尺与水准仪相配合的方法进行,直至达到需要投测标高的楼层,并做好明显标记。以此方法依次把各楼层都设置好。在幕墙施工安装完成之前,所有的高度标记及水平标记必须清晰完好,不能被消除破坏。

另考虑到整个大楼在施工过程中位移变形,确保水平标高的准确性,在主体结构外围施工中进行复核检查。过程中的施工误差及因结构变形而造成误差,在幕墙施工允许偏差中合理分配,确保立面标高处顺畅连接。

### 9.9.2.4 小型单体结构测量

1. 测量放线的程序

小型单体结构测量放线的程序为:交接主体控制线→复核主体的水平控制线、高程线→建立幕墙外围控制线→定位测量→验线→高程定位→验线。

2. 施工测量步骤和方法

(1) 控制网检核

首先对交接的平面控制线及高程点进行检核测量。

检测时根据施工图中各轴线相对位置与间距,将仪器置于其中一点上,前视其中最远的一点,输入测站点与后视点的坐标值,对其他各点进行坐标测量,测出各网点相对于测站的方位角与距离，然后与理论值进行比较，满足要求后方可使用。

（2）建立平面与高程控制网

根据主体结构首层外角轴线推算幕墙位置线，将主控点测设于主体结构相对应的位置上用不同测法进行检核，并标示清楚。

在现场周围测4个高出该控制点1.00m的高程点，点位要牢固、设置在不易碰动的地方，并用红漆标示清楚。

（3）定位放线

根据主控线与幕墙完成面的平面位置关系放出幕墙的外框线，确定各造型的平面位置。

3. 平面位置和标高控制

平面控制，可用激光铅直仪将首层所需的平面控制点，投测至屋面，然后对投测上的各点进行校核，误差控制在±3mm以内。然后由主控线再结合各施工层图纸放出整体外围线，与主体结构各道墙皮和墙皮两侧的500mm控制线进行复核，经各级验线人员查验合格后再进行下一道工序。

标高控制，根据主体结构的标高线，直接往上通尺的墙面上用红漆做好标记，写清标高数字。对各施工层的水平控制线与该层的主体的建筑标高线要进行复核，各层标高引测均应为从首层处的基点上直接量得的水平控制线，每次引测到的各施工层（段）上的标高点要层层校核，段段闭合，确保工程的质量，便于以下各道工序的顺利完成。

## 9.10 设备安装施工测量

### 9.10.1 机械设备安装测量

#### 9.10.1.1 机械设备安装测量准备

在机械设备安装前须对设备基础进行测量控制网复核、外观检查、相对位置及标高复查，检查合格后才能进行交接工序，开始机械设备的安装。

1. 设备基础的测量控制网复核

设备基础施工的单位结构施工完成后，应在基础表面上弹出纵、横中心标记线，大型设备基础还要加弹其他必要的辅助标记线，并在设备基础的立面用油漆画出标记，设备安装单位根据相关单位提供的轴线和高程基准点，对上述标记线进行复核，凡超过规定值不可进行交接工序。

2. 设备基础的外观检查

根据现行国家标准《混凝土结构工程施工质量验收规范》GB 50204中的相关规定，对设备基础进行外观检查，检查有否蜂窝、孔洞、麻面、露筋、裂纹等缺陷，凡超过规定值不可进行交接工序。

3. 设备基础尺寸和位置允许偏差的检查

依据表9-38对设备基础的尺寸和位置允许偏差进行检查，凡超过规定值不可进行交接工序。

设备基础尺寸和位置的允许偏差                                           表 9-38

| 项目 | | 允许偏差（mm） |
|---|---|---|
| 坐标位置（纵、横轴线） | | ±20 |
| 不同平面的标高 | | −20 |
| 平面外形尺寸 | | ±20 |
| 凸台上平面外形尺寸 | | −20 |
| 凹穴尺寸 | | ±20 |
| 平面的水平度（包括地坪上需安装设备的部分） | 每米 | 5 |
| | 全长 | 10 |
| 垂直度 | 每米 | 5 |
| | 全长 | 10 |
| 预埋地脚螺栓 | 标高（顶端） | ±20 |
| | 中心距（在根部和顶部测量） | ±2 |
| 预埋地脚螺栓孔 | 中心位置 | ±10 |
| | 深度 | +20 |
| | 孔壁铅垂度每米 | 10 |
| 预埋活动地脚螺栓锚板 | 标高 | +20 |
| | 中心位置 | ±5 |
| | 水平度（带槽的锚板）每米 | 5 |
| | 水平度（带螺纹孔的锚板）每米 | 2 |

#### 9.10.1.2 机械设备安装测量

机械设备安装测量放线的目的是找出设备安装的基准线，将机械设备安放和固定在设计规定的位置上。

要保证设备安放到正确的位置，并满足设备的精度要求，需通过查找设备的中心线以保证设备在水平方向位置的正确性；通过查找设备的标高以保证设备在垂直方向位置的正确性；通过查找设备的水平度以保证设备在安装方面的精度。

1. 确定基准线和基准点

（1）利用水准仪、经纬仪等仪器，检查设备基础施工单位移交的基础结构的中心线、安装基准线及标高精度是否符合规范，平面位置安装基准线与基础实际轴线，或是厂房墙柱的实际轴线、边缘线的距离偏差等进行复核检查，对于超出允许偏差的应校正。

（2）根据已校正的中心线与标高点，测出基准线的端点及基准点的标高。

2. 确定设备中心线

（1）确定基准中心点

1）在一些建筑物，比如厂房，在建筑物的控制网和主轴线上设有固定的水准点和中心线，可通过测量仪器直接定出基准中心点。

2）对于无固定水准点和中心线的建筑物，可直接利用设备基础为基准确定基准中心点。

（2）埋设中心标板

在一些大中型设备及要求坐标位置精确的设备安装中，可用预埋或后埋的方法，将一定长度的型钢埋设在基础表面，并使用经纬仪投点标记中心点，以作为设备安装时中心线放线的依据。

（3）基准线放线

基准中心点测定后，即可放线。基准线放线常用的有以下三种形式：

1）画线法：在设备安装精度要求 2mm 以下且距离较近时常采用画线法。

2）经纬仪投点：此法精度高、速度快。放线时将经纬仪架设在某一端点，后视另一点，用红铅笔在该直线上画点。点间的距离、部位可根据需要确定。

3）拉线法：拉线法为最为常用的方法。但拉线法对线、线坠、线架以及使用方法都有一定的要求，现说明如下：

线：可采用直径为 0.3～0.8mm 的钢丝。

线坠：将线坠的锤尖对准中心点然后进行引测。

线架：线架上必须具备拉紧装置和调心装置。通过移动滑轮调整所拉线的位置，线架形式见图 9-96。

（4）设备中心找正的方法

设备中心找正的方法有两种：

1）钢板尺和线坠测量法：通过在所拉设的安装基准线上挂线坠和在设备上放置钢板尺测量。

2）边线悬挂法：在测量圆形物品时可采用此法，使线坠沿圆形物品表面自然下垂以测量垂线间的距离，边线悬挂法示意图见图 9-97。

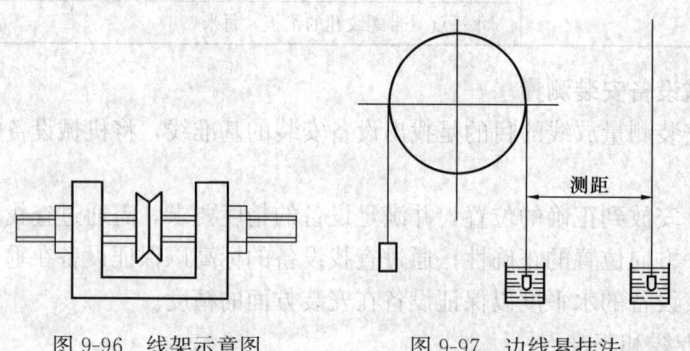

图 9-96　线架示意图　　　图 9-97　边线悬挂法

3. 确定设备的标高

（1）设备标高

1）设备标高基准点从建筑物的标高基准点引入到其他设备的基准点时，应一次完成。对一些大型、重型设备应多布置一些基准点，且基准点尽量布置在轴承部位和加工面附件上。

2）设备标高一般为相对标高。

3）设备标高基准点一般分为临时基准点和永久基准点，对一些大型、重型设备而言，永久基准点也应作为沉降观测点使用。

（2）设备标高基准点的形式

1）标记法：在设备基础上或设备附近的墙体、柱子上画出标高符号即可。

2) 铆钉法:用一只焊在方铁板上的铆钉,埋设在设备附近的基础上。

(3) 埋设标高基准点要求

1) 标高基准点可采用 $\phi 20mm$ 的铆钉,牢固埋设在设备基础表面,并露出铆钉的半圆形端。

2) 如铆钉可以焊在基础钢筋上,应采用高强度水泥砂浆以保证灌浆牢固。在灌浆养护期后需进行复测。

3) 标高基准点应设在方便测量作业的位置且便于保护。

(4) 测量标高的方法

测量标高的方法主要有以下三种。

1) 利用水平仪和钢尺在不同加工面上测定标高。以加工平面为例:将水平仪放在加工平面上,调整设备使水平仪为零位,然后用钢尺测出加工平面到标高基准点之间的距离,即可测量出加工平面的标高(弧面和斜面可参考本方法)。

2) 利用样板测定标高:对于一些无规则面的设备,可制作样板,置放于设备上,以样板上的平面作为测定标高的基准面,样板测定标高示意图见图9-98。

3) 利用水准仪测定标高:这种方法操作较简单,在设备上安放标尺并将测量仪器放在无建筑物影响测量视线的位置即可。

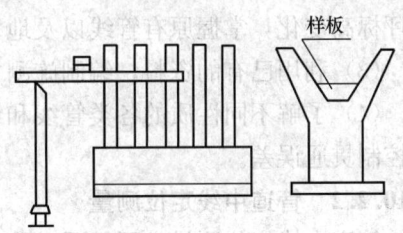

图 9-98 样板测定标高示意图

4. 确定设备的水平度

(1) 准备工作

按照现行国家标准《机械设备安装工程施工及验收通用规范》GB 50231 中的相关规定,对设备的平面位置和标高对安装基准线的允许偏差(表9-39)进行检查,凡超过规定值应进行调整。

设备的平面位置和标高对安装基准线的允许偏差　　　　表 9-39

| 项目 | 允许偏差(mm) | |
|---|---|---|
| | 平面位置 | 标高 |
| 与其他设备无机械联系的 | ±10 | +20<br>-10 |
| 与其他设备有机械联系的 | ±2 | ±1 |

(2) 找平工作面的确定

当设备技术文件没有规定的时候,可从设备的主要工作面、支撑滑动部件的导向面、保持转动部件的导向面或轴线、部件上加工精度较高的表面、设备上应为水平或铅垂的主要轮廓面等部位中选择连续运输设备和金属结构上,宜选在可调的部位,两测点间距不宜大于 6m。

(3) 设备找平

设备的找平主要通过平尺和水平仪按照施工规范和设备技术文件要求偏差进行,但需要注意以下事项:

1) 在较大的测定面上测量水平度时，应放上平尺，再用水平仪检测，两者接触应均匀。
2) 在高度不同的加工面上测量水平度时，可在低的平面垫放垫铁。
3) 在有斜度的测定面上测量水平度时，可采取角度水平仪进行测量。
4) 在使用平尺和水平仪前，应先到相关单位进行校正。
5) 对于一些精度要求不高的设备，可以采用液体连通器和钢板尺进行测量。
6) 对于一些精度要求高和测点距离远的可采用光学仪器进行测量。

### 9.10.2　场区管线工程测量

#### 9.10.2.1　管线工程测量的准备

（1）熟悉设计图纸内容，了解管线布置和走向、接驳点。

（2）熟悉现场情况，了解管线周围已有的平面和高程控制点分布情况，了解施工场区地坪标高变化，掌握原有管线以及地下障碍物的分布情况。

（3）利用已有的资料，编制施测方案，绘制施测草图，布设和加密现场施工控制网。

（4）了解不同性质的各类管线和综合管廊，确定不同的测量精度要求和测量工作重点以控制贯通误差。

#### 9.10.2.2　管道中线定位测量

管道中线定位测量主要是通过确定管线的交点桩、中桩，将管线中线位置在地面上测设出来。

**1. 交点桩测设**

（1）交点桩主要包括转折点、起点及终点桩。

（2）交点桩测设方法

1) 图解法：当管线规划设计图的比例尺较大，且管线交点附近又有明显可靠的地物，交点桩与地物有明显的几何关系，则可采用图解法。

2) 解析法：根据已有管线的坐标资料，利用导线点进行测设并获得相关数据。

（3）交点桩的校核：用多余的测设数据或重复量测的测设数据，进行校核。

**2. 中桩测设**

（1）中桩测设主要指沿管线中心线由起点开始测设，用以测定管线长度和测绘纵、横断面图。

（2）中桩测设起点的确定：对于排水管道以下游出水口、给水管道以水源、煤气管道以气源、热力管道以热源、电力电信管道以电源为起点。

**3. 转向角测量**

管线转角均应实测。线路密集部分或居民区的低压电力线和通信线，可选择主干线测绘；当管线直线部分的支架、线杆和附属设施密集时，可适当取舍；当多种线路在同一杆柱上时，应择其主要表示。

**4. 卫星定位测量**

利用卫星定位测量 RTK 技术，经过接收机对控制系统测量导入，利用管线中线的坐标资料，可快速对管线位置进行测设和标定。

### 9.10.2.3 地下管线测量

**1. 地下管线测量说明**

（1）地下管线测量的对象包括：给水、排水、燃气、热力管道；各类工业管道；电力、通信电缆。其中排水管道还可分为雨水、污水及雨污合流管道；工业管道主要包括油管、化工管、通风管、压缩空气、氧气、氮气、氯气和二氧化碳等管道；地下电缆有电力和电信，其中电信包括电话、广播、有线电视和各种光缆等；为了便于管理维护，提升绿色环保品质，通过对各种管线综合，形成综合管廊，内分各种箱室和功能空间，根据管线性质分布于不同的功能空间。

（2）地下管线测量的坐标系统和高程基准，宜与原有基础资料相一致。平面和高程控制测量，可根据测区范围大小及工程要求，分别按现行国家标准《工程测量标准》GB 50026 有关规定执行。

（3）地下管线测量成图比例尺，宜选用 1：500 或 1：1000。

（4）地下管线图的测绘精度，应满足实际地下管线的线位与邻近地上建（构）筑物、道路中心线或相邻管线的间距中误差不超过图上 0.6mm。

（5）作业前，应充分收集测区原有的地下管线施工图、竣工图、现状图和管理维修资料等。

（6）地下管线的开挖、调查，应在安全的情况下进行。电缆和燃气管道的开挖，必须有专业人员的配合。下井调查，必须确保作业人员的安全，且应采取防护措施。

**2. 开槽管线测量**

（1）施工控制桩测设

1）地下管线施工时，各控制桩应设在引测方便、便于保存桩位的地方。

2）中线控制桩一般测设在管线起点、终点及转折点处的中线延长线上。井位控制桩则应测设在中线的垂直线上。

（2）槽口测设

根据槽口横断面坡度、埋深、土质情况、管径大小等计算开槽宽度，并在地面上定出槽边线位置，作为开槽的依据。

（3）中线及坡度控制标志测设

通过全站仪技术、卫星测量 RTK 技术等方法控制管线中线及高程。

**3. 顶管施工测量**

（1）顶管顶进过程前测量准备工作

1）设置顶管中线桩

依据非顶管部分的管道中线桩结合管线控制点，用全站仪在工作坑的前后分别测设中线控制桩和开挖边界，当工作坑挖到设计深度后，根据中线控制桩用仪器将中线投测到坑壁上或测量固定支架上，并做好标识。

2）设置临时水准点

当工作坑挖到设计高度后，将高程引测到工作坑内，作为安装导轨和管材顶进时高程和坡度控制的依据，为了相互校核，一般设置两个水准点。

（2）顶管顶进过程中的测量工作

1）中线测量

在顶管中线桩支架上架设激光垂线仪等指向设备，将激光精确调整到中线方向，通过激光指向设置调整管道方向线。当距离较远可用经纬仪或全站仪指向。

2) 高程测量

利用水准仪,以临时水准点为后视,进行管底内壁高程测量。

4. 管廊的施工测量

(1) 测量工作准备

根据管廊线路走向和断面图,编制测量施工方案,布设施工导线控制网和高程网,计算开槽和支护位置线坐标数据,计算管廊中线和边线坐标数据。

(2) 开挖测量

根据开槽和支护数据,用全站仪极坐标或卫星定位测量RTK技术测放开槽上下口线或支护结构中心位置线,开挖过程中,及时复测基底标高,防止超挖,基槽开挖完成后测放管廊中线和边线。

(3) 结构测量

根据基槽底管廊边线,进行垫层施工,垫层施工完成后,测放管廊结构边线,进行管廊结构施工,竖向结构拆模后,测放管廊各箱室中线和竖向1m标高控制线,进行水平向结构模板支设,最终完成结构施工。

(4) 安装测量

根据箱室中线和竖向标高1m线,进行管廊断面各种安装位置线测放,进行各功能管线的实体安装和施工。

5. 管线测量允许偏差

测点相对于邻近控制点的测量点位中误差不应大于5cm,测量高程中误差不应大于2cm。

### 9.10.2.4 架空管线测量

1. 选线测量工作

实地选线前,先确定选线方案,选线测量主要工作是中线测量,纵、横断面测量,纵、横断面图绘制。

2. 管线施工测量

对于单杆、双杆高压线路测量工作主要控制线路方向,即拐点定位。对于塔式线架主要放样塔脚位置和抄平工作。此外还要控制每个支架的位置和支撑底座的高程以满足设计要求。

### 9.10.2.5 管线工程的竣工总图编绘

1. 竣工总图的编绘

(1) 竣工总图的编绘,应收集下列资料:总平面布置图;施工设计图;设计变更文件;施工检测记录;竣工测量资料;其他相关资料。

(2) 编绘前,应对所收集的资料进行实地对照检核。

(3) 竣工总图的编制,应符合下列规定:地面建(构)筑物,应按实际竣工位置和形状进行编制;地下管道及隐蔽工程,应根据回填前的实测坐标和高程记录进行编制;施工中,应根据施工情况和设计变更文件及时编制;对实测的变更部分,应按实测资料编制;当平面布置改变超过图上面积1/3时,不宜在原施工图上修改和补充,应重新编制。

(4) 竣工总图的绘制,应满足下列要求:应绘出地面的建(构)筑物、道路、铁路、地面排水沟渠、树木及绿化地等；矩形建（构）筑物的外墙角，应注明两个以上点的坐标；圆形建（构）筑物，应注明中心坐标及接地处半径；主要建筑物，应注明室内地坪高程；道路的起终点、交叉点，应注明中心点的坐标和高程；弯道处，应注明交角、半径及交点坐标；路面，应注明宽度及铺装材料；当不绘制分类专业图时，给水管道、排水管道、动力管道、工艺管道、电力及通信线路等在总图上的绘制，还应符合现行国家标准《工程测量标准》GB 50026 的规定。

（5）给水排水管道专业图的绘制，应满足下列要求：给水管道，应绘出地面给水建筑物及各种水处理设施和地上、地下各种管径的给水管线及其附属设备；对于管道的起终点、交叉点、分支点，应注明坐标；变坡处应注明高程；变径处应注明管径及材料；不同型号的检查井应绘制详图。当图上按比例绘制管道节点有困难时，可用放大详图表示；排水管道，应绘出污水处理构筑物、水泵站、检查井、跌水井、水封井、雨水口、排出水口、化粪池以及明渠、暗渠等。检查井，应注明中心坐标、出入口管底高程、井底高程、井台高程；管道，应注明管径、材质、坡度；对不同类型的检查井，应绘出详图。

（6）动力、工艺管道专业图的绘制，应满足下列要求：应绘出管道及有关的建（构）筑物。管道的交叉点、起终点，应注明坐标、高程、管径和材质；对于沟道敷设的管道，应在适当地方绘制沟道断面图，并标注沟道的尺寸及各种管道的位置。

（7）电力及通信线路专业图的绘制，应满足下列要求：电力线路，应绘出总变电所、配电站、车间降压变电所、室内外变电装置、柱上变压器、铁塔、电杆、地下电缆检查井等；并应注明线径、送电导线数、电压及送变电设备的型号、容量；通信线路，应绘出中继站、交接箱、分线盒（箱）、电杆、地下通信电缆人孔等；各种线路的起终点、分支点、交叉点的电杆应注明坐标；线路与道路交叉处应注明净空高；地下电缆，应注明埋设深度或电缆沟的沟底高程；电力及通信线路专业图上，还应绘出地面有关建（构）筑物、铁路、道路等。

（8）当竣工总图中图面负载较大但管线不甚密集时，除绘制总图外，可将各种专业管线合并绘制成综合管线图。综合管线图的绘制，也应满足现行国家标准《工程测量标准》GB 50026 的要求。

（9）综合管廊竣工图的绘制，应满足下列要求：应绘制出管廊的起终点、交叉点、分支点、专业管线的分支进出点、管廊的纵横断面图、埋深、人孔位置，注明管道的分布位置、尺寸、管径、材质、标高、坡度等。

2. 竣工总图的实测

竣工总图的实测，宜采用全站仪测图及数字编辑成图的方法。成图软件和绘图仪的选用，应分别满足现行国家标准《工程测量标准》GB 50026 的要求。

### 9.10.3 电梯安装测量

电梯安装测量包括垂直电梯、自动扶梯和自动人行道安装测量。

#### 9.10.3.1 垂直电梯安装测量

1. 电梯土建尺寸测量

测量人员在测量前应收集与电梯有关的建筑施工图纸。经各方复核图纸无误后，测量人员在建筑施工图或电梯图纸中找到与电梯井道相关的图纸，其中包括：电梯井道剖面图、电梯井道平面图、厅门口立面图、电梯机房平面及剖面图等。

对于电梯数量较多的施工项目，测量人员要根据电梯井道详图与建筑总平面图中的定位轴线确定每台电梯的位置及编号，才能测量。

（1）电梯井道垂直偏差测量方法及测量要求

1）测量方法

① 激光垂准仪放线

当上样板位置确定后，在其上方约500mm两根轿厢导轨安装位置处的墙面上，临时安装两个支架用于放置激光仪。固定好激光仪，调整检查仪器顶部圆水泡上的气泡在刻度范围内，调整仪器使光斑与孔的十字刻线对正，将光斑中心在下样板做标记。在其他支架处重复上述步骤，再按传统工艺进行检验无误后，便确定了基准线。

使用激光垂准仪进行井道放线定位时，首先将激光仪架设在井道样板架托架上并进行水平、垂直调整，按照需要，先后在几个控制点上，通过地面的孔洞向下打出激光束，逐层对井道进行测量。对测量数据综合分析后按实际净空尺寸在最合理的位置安置稳固的样板。

② 线坠放线测量

见图9-99，将样板架固定在电梯井道顶板下面1m处，按照设计规定的电梯井道平面图纸尺寸，在样板架上标注2根间距为门口净宽线的厅门口线、2根间距为轿厢导轨顶面间距轨的轿厢导轨轨面线、2根间距为对重导轨顶面间距的对重导轨轨面线，共计6个放线位置点，尺寸应符合图纸规定。放线后核实各线偏差不大于0.3mm。

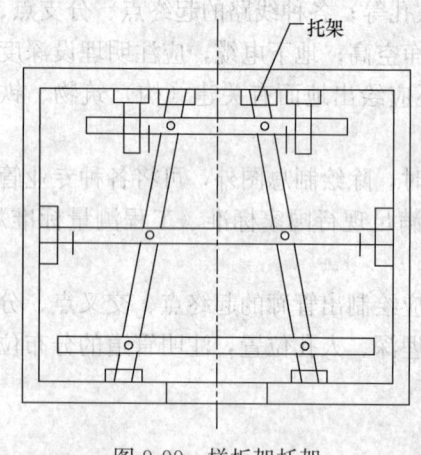

图9-99 样板架托架

在此处6个放线位置点分别放钢丝垂线坠入井道，钢丝垂线中间不能与脚手架或其他物体接触，并不能使钢丝有死结。在放线位置点处用锯条垂直锯V形小槽，使V形槽顶点为放线位置点，将线放入，以防放线位置点上的基准线移位造成误差，并在放线处注明此线名称，把尾线固定在角钢上绑牢。在底坑平面高800～1000mm处将50mm×50mm角的钢定位架支架固定于井道壁上，在定位架放线位置点处同样锯V形小槽，将线放入，并把尾线固定在角钢上绑牢。定位后核实各线偏差不大于0.3mm，然后复核各尺寸无误后再进行测量。

③ 测量步骤

井道左墙壁、右墙壁、后墙壁共三个立面，用墨线在墙壁上弹出轿厢、对重导轨支架位置水平线，并从下向上标注每一个导轨支架编号，所有导轨支架位置应符合电梯安装图纸要求。左、右墙壁允许偏差测量：用钢卷尺（测量上限2m）分别测量井道左壁标注水平线到轿厢左侧导轨轨面线垂直距离、对重左侧导轨轨面线垂直距离、厅门口线左侧基准线垂直距离。按顺序编号测量并记录。取左墙壁每根基准线测量最小值，计算出偏差值，最小偏差值与国家规定比较，判断左墙壁是否符合允许偏差要求。依此方法判断右墙壁是否符合允许偏差要求。

后墙壁允许偏差测量：用钢卷尺（测量上限2m）分别测量井道后壁标注水平线到对重左侧和右列导轨轨面线垂直距离。按顺序编号测量并记录。取后墙壁每根基准线测量最小值，计算偏差值，判断后墙壁是否符合允许偏差要求。

当电梯井道左墙壁、右墙壁距厅门中心线的尺寸，以及后墙壁距对重中心线的尺寸（即井道进深）大于标准布置图尺寸200mm以内时，可以安装电梯而不改变井道土建结构，但要将实际尺寸注明在图纸上，并通知厂家相应加长导轨支架的长度。若井道宽度或井道深度过大，可采取导轨支架处增加钢梁的补救措施或向订购加长加固特制的导轨支架办法，其特制导轨支架需由厂家设计人员进行验算，验算结果必须符合相关制造规范才可采用。井道内壁的左墙壁、右墙壁、后墙壁垂直面偏差可放宽在0~+50mm。

厅门口墙壁允许偏差测量：用钢卷尺（测量上限2m）分别测量井道厅门口墙壁到厅门口线垂直距离。按楼层编号测量并记录。取厅门口每根基准线测量的最小值，最小值分别减去标准值得出偏差值，再从偏差值中选出最小偏差值与相关规定比较，可判断厅门口墙壁是否符合土建布置图允许偏差要求。厅门口墙壁的垂直面偏差应在0~+25mm。

2) 测量要求

井道四壁（包括各层厅门口预留孔洞、导轨支架圈梁）应是垂直的，井道壁垂直允许偏差在不同情况下分别为：提升高度≤30m的井道，为0~+25mm；提升高度≥30m且≤60m的井道，为0~+35mm；提升高度≥60m且≤90m的井道，为0~+50mm；提升高度≥90m的井道，允许偏差应符合土建布置图要求。

(2) 井道宽度、井道进深、电梯顶层高度、提升高度、地坑深度、标准层楼土建尺寸测量

1) 井道宽度测量：面对电梯厅门，用钢卷尺测量井道两侧壁间的净空水平尺寸。逐层测量并记录。

2) 井道进深测量：用一根细长木条由厅门洞口水平探入井道后壁，再将木条抽出来用钢卷尺测量探入部分长度，逐层测量并记录。

3) 电梯顶层高度测量：将土建提供的上端站（顶层地面）基准线（50线）反到电梯井道墙壁内，在墙壁上弹出水平线墨线。配合人员手持钢卷尺（5m）的头部将钢卷尺沿着墙壁垂直方向拉到井道顶部，测量人员在水平线左右移动尺，读出尺上的刻度线与水平线最小重合部分即为测量值，测量值加上500mm为电梯顶层高度。

4) 地坑深度测量：将土建提供的下端站（底层地面）基准线（50线）反到电梯井道墙壁内，在墙壁上弹出水平线墨线。同样以尺上的刻度线与水平线最小重合部分为测量值，测量值减去500mm为电梯地坑深度。

5) 提升高度测量：在顶层测量人员将卷尺或测量绳头，缓缓放下至井道底部。配合人员接到卷尺或测量绳头部后，将卷尺或测量绳头部与电梯井道墙壁内的水平线对齐，测量人员沿着墙壁方向垂直将卷尺或测量绳轻微拉紧到上端站电梯井道墙壁内的水平线，读出卷尺或测量绳上的刻度线与水平线最小重合部分即为提升高度。

6) 标准层楼高度测量：即测量标准层电梯井道墙壁内的水平线与标准层上一层电梯井道墙壁内的水平线的距离，方法基本同提升高度测量。

(3) 安全门、检修门土建尺寸测量

1) 测量方法

外观检查，必要时用钢卷尺测量。

2) 测量要求

当相邻两层安全门门地坎的间距大于 11m 时，其间应设置井道安全门。在同一井道内，两相邻轿厢间的水平距离不大于 0.75m，且大于等于 0.3m 时，可使用轿厢安全门。

检修门的高度不得小于 1.40m，宽度不得小于 0.60m。井道安全门的高度不得小于 1.80m，宽度不得小于 0.35m。检修活板门的高度不得大于 0.50m，宽度不得大于 0.50m。

(4) 并列及相对电梯各层门口尺寸测量

1) 测量方法

当多台电梯并列且相对时，必须测量 2 根门口净宽线的厅门口线到电梯厅中心线，当多台电梯并列且相对时，还必须测量电梯厅门口中心线偏差，使所有厅门口线保持相对一致，偏差应小于 2mm。

2) 测量要求

并列电梯厅门口净宽线与土建厅门口中心线之间的距离偏差不大于 20mm。相对电梯偏差不大于 20mm。

2. 轿厢侧、对重侧导轨安装测量

(1) 导轨垂直度测量

1) 测量方法

① 激光垂准仪测量导轨垂直度

在导轨最上端导轨支架处架设激光垂准仪，调整检查仪器水泡在刻度线范围内。在仪器下方 150mm 左右的地方将光靶靠紧导轨拧好，调整光靶定位螺钉，使光靶上面中心处的坐标点与激光束光斑对正，拧好光靶定位螺钉，并用细铅笔标好中心点，该中心点为该列导轨的测量基准点。移动光靶到下一个导轨之处，固定好光靶，在光靶坐标纸上点出激光束光斑中心点，该测量中心点与测量基准点的坐标距离即为导轨垂直偏差。依此类推测量出该列导轨所有支架处导轨顶面的垂直偏差后，再测量该列导轨侧面的垂直偏差。按此方法测量各列导轨顶面、侧面的垂直偏差。

② 线坠测量导轨垂直度

未拆脚手架及样板架前，测量人员可站在井道脚手架内的脚手板上面，手拿直角尺，从下或从上按照导轨编号，将直角尺一直角边靠在轿厢导轨左侧（人站在厅门口面对电梯厅门左手位，行业内称左边）第一个导轨支架固定的导轨侧面和顶面另一直角边靠近样板垂线，直角尺慢慢向样板垂线移动，读取直角边与样板垂线接触时直角边刻度线的切点值，并记录第一个读数。以此方法逐排测量轿厢侧（两列）、对重侧（两列）导轨支架与样板垂线间的距离，并逐排逐一记录读数。取最大值减去标准值，差值不应超出相关技术标准。

拆脚手架及样板架后，测量人员可站在轿厢顶上，用检修控制电梯，从上按照导轨编号，选择轿厢导轨左侧其中一个导轨支架，作为开始点，将磁力线坠靠在此处导轨侧面或顶面，并确认磁力线坠牢固吸附在导轨上，手持吊坠拉出 500mm，待磁力线坠吊坠静止时，离出口处 100mm 处将直角尺一直角边靠在导轨侧面或顶面，直角尺慢慢向吊线移动,直到另一直角边靠近吊线,读取直角边与吊线接触时直角边刻度线的切点值,并记录第一个读数。在此点向下5m处(开始点导轨支架作为第一点,向下数第三导轨支架处约为5m)再测量出导轨支架与吊线间的距离,并记录第一个5m读数。以第三个导轨支架为第二个开始点,5m处(约第五个导轨支架处)再测量出导轨支架与吊线间的距离,并记录第二个5m读数。以此方法逐排测量轿厢侧(两列)、对重侧(两列)导轨支架与样板垂线间的距离,并逐排逐一记录读数。取最大值减去标准值,差值不应超出相关技术标准的两倍。

2) 测量要求

在有安装基准线时,每列导轨应相对基准线整列检测,取最大偏差值。每列导轨工作面(包括侧面与顶面)对安装基准线每5m的偏差均应不大于下列数值:轿厢导轨和设有安全钳的对重导轨为0.6mm;不设安全钳的T形对重导轨为1.0mm。

电梯安装完成后检验导轨时,可对每5m铅垂线分段连续检测(至少测3次),取测量值间的相对最大偏差应不大于上述规定值的2倍。即轿厢导轨和设有安全钳的对重导轨为1.2mm;不设安全钳的T形对重导轨为2.0mm。

(2) 导轨对向度测量

1) 测量方法

① 激光校导仪测量(图9-100)

测量时将激光校导仪上的磁铁定位面吸附在轿厢左侧导轨的侧面上,调整水泡,接通激光校导仪电源开关,使激光束射向对面轿厢右列导轨,上下调整对面轿厢右列导轨的磁力尺,使激光束打在尺面上,读取激光束光斑的中心点与尺面刻度线重合的刻度值即是导轨的扭曲度。若电梯轿厢左右列导轨的读数都为0,即表示无扭曲,调整正确。

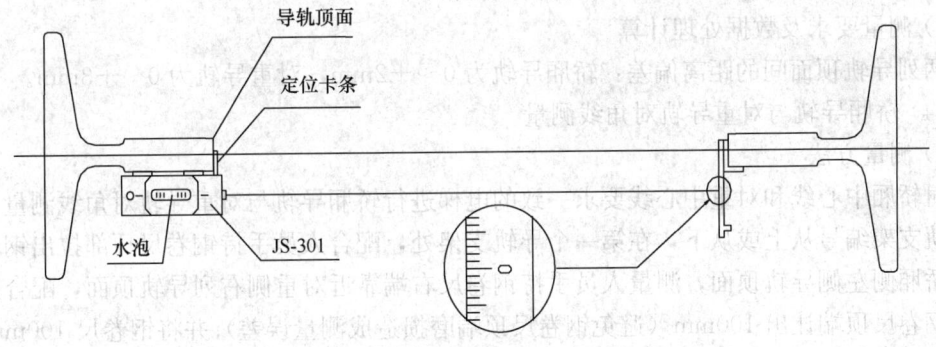

图9-100 激光校导仪测量

② 导轨尺测量(图9-101)

测量相对轿厢侧和对重侧的两列导轨侧面对向度(或称平行、扭曲度),按照导轨支架编号从上或从下,在第一个导轨支架处,一人手持导轨尺左端靠近轿厢侧左侧导轨的侧面和顶面,另一人手持导轨尺右端靠近轿厢侧右列导轨的侧面和顶面,两人配合好将导轨尺端平(若两人无法端平可在导轨尺托板上用水平尺校正),并使两指针尾部侧面和导轨侧面贴平、贴严,两端指针尖端指在同一水平线上,说明无扭曲现象。为确保测量精度和准确度,用上述方法测量后,可将导轨尺反向180°,用同一方法再进行测量。如果贴不

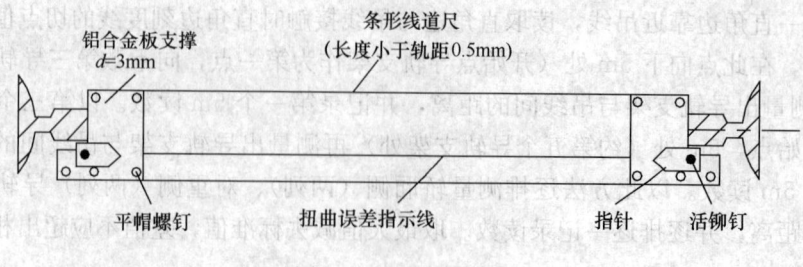

图 9-101 导轨尺测量

严或指针偏离扭曲误差相对指示水平线，说明有扭曲现象。对向度等于轨距乘以指针偏差值除以指针长度，对向度允许值控制在 10mm 以内。依此方法在每个导轨支架处逐个进行测量导轨对向度。

2) 测量要求

对向度等于轨距乘以指针偏差值除以指针长度，对向度允许值控制在 10mm 以内。

(3) 轿厢侧、对重侧两列导轨顶面间距测量

1) 测量方法

测量相对轿厢侧和对重侧的两列导轨顶面间距，按照导轨支架编号从上或从下，在第一个导轨支架处，配合人员手持钢卷尺顶部拉出卷尺靠近轿厢侧左侧导轨顶面，测量人员手持钢卷尺右端靠近轿厢侧右列导轨顶面，配合人员手持钢卷尺顶端让出 100mm（避免钢卷尺顶端磨损造成测量误差），并将钢卷尺 100mm 刻度线与轿厢侧左侧导轨顶面对齐，测量人员在轿厢侧导轨侧面上下移动钢卷尺找出卷尺刻度线与导轨顶面对齐的最小值，最小值减去 100mm 即为实测的导轨顶面间距。依此方法在每个导轨支架处逐个进行测量导轨顶面间距。取最大值减去标准值，即为偏差值。

2) 测量要求及数据处理计算

两列导轨顶面间的距离偏差：轿厢导轨为 0～+2mm，对重导轨为 0～+3mm。

(4) 轿厢导轨与对重导轨对角线测量

1) 测量方法

对轿厢中心线和对重中心线要求一致的电梯进行轿厢导轨与对重导轨对角线测量，按照导轨支架编号从上或从下，在第一个导轨支架处，配合人员手持钢卷尺顶部拉出钢卷尺靠近轿厢侧左侧导轨顶面，测量人员手持钢卷尺右端靠近对重侧右列导轨顶面，配合人员手持钢卷尺顶端让出 100mm（避免钢卷尺顶端磨损造成测量误差）并将钢卷尺 100mm 刻度线与轿厢侧左侧导轨顶面对齐，测量人员在对重侧导轨侧面上下移动钢卷尺找出钢卷尺刻度线与导轨顶面对齐的最小值，最小值减去 100mm 即为实测的轿厢导轨与对重导轨对角线值。依此方法在每个导轨支架处逐个进行测量轿厢导轨与对重导轨对角线值。取最大值减去标准值，即为偏差值。

2) 测量要求

对轿厢中心线和对重中心线要求一致的电梯，轿厢导轨与对重导轨两对角线偏差不大于 3mm。

(5) 导轨接头处测量

1) 测量方法

测量人员一只手手持 600mm 钢直尺或刀口尺,另一只手手持塞尺,在导轨接头处将钢直尺或刀口尺垂直分别靠在导轨接头连接处工作顶面和工作侧面上,并使钢直尺或刀口尺测试面与导轨接头连接处工作顶面和工作侧面紧贴平行放置,用适当塞尺上的塞尺片测量钢直尺或刀口尺与导轨接头连接处工作顶面和工作侧面两平行平面的最大空隙,读出塞尺片上数字即为导轨工作面接头处台阶。依此方法在每个导轨接头处逐一进行测量导轨工作面接头处台阶。导轨工作面接头处台阶应不大于 0.15mm,见图 9-102。

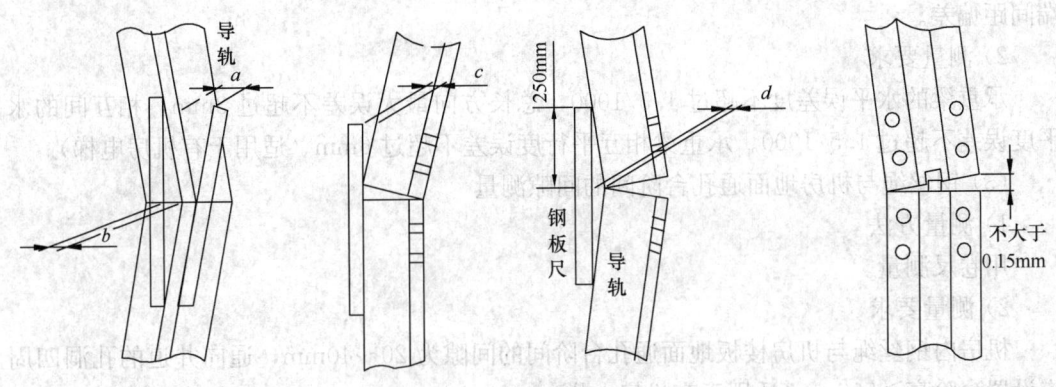

图 9-102 导轨接头处测量

2) 测量要求

轿厢导轨和设有安全钳的对重导轨工作面接头处不应有连续缝隙,且局部缝隙不大于 0.5mm,导轨接头处台阶用直线度为 0.01/300 的钢直尺或刀口尺测量,应不大于 0.05mm,如超过应修平,修整长度为 150mm 以上,不设安全钳的对重导轨接头处缝隙不得大于 1mm,导轨工作面接头处台阶应不大于 0.15mm,如超差亦应校正。

3. 机房设备安装测量(承重梁、孔洞、曳引机底座、曳引轮、导向轮、制动器间隙)

(1) 承重梁的入墙测量

1) 测量方法

其两端施力点必须置于井道承重墙或承重梁上,一般要求埋入承重墙内并会同有关人员作隐蔽工程检查记录。要求承重钢梁支承长度超过墙中心 20mm,且不应小于 75mm,在承重钢梁与承重墙(或梁)之间垫一块 $\delta \geq 16mm$ 的钢板,以加大接触面积,见图 9-103。

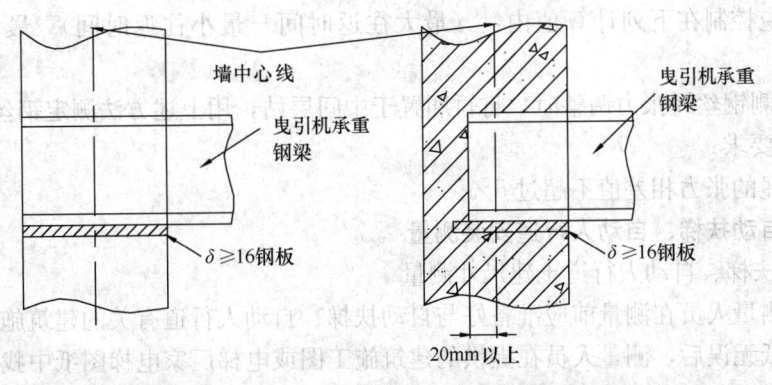

图 9-103 承重梁入墙测量

2) 测量要求

当曳引机承重钢梁需埋入承重墙时，埋入端长度应超过墙厚中心至少 20mm，且支承长度不应小于 75mm。

(2) 承重梁的水平度测量

1) 测量方法

用水平尺测量梁的水平度；用尼龙线紧贴在梁的上端面测量；用钢卷尺测量承重梁两端间距偏差。

2) 测量要求

承重梁的水平误差度不超过 1.5/1000，总长方向最大误差不超过 3mm，相互间的水平度误差不超过 1.5/1000。承重梁相互平行度误差不超过 6mm（适用于有机房电梯）。

(3) 钢丝绳与机房地面通孔台阶间的间隙测量

1) 测量方法

用卷尺测量。

2) 测量要求

机房内钢丝绳与机房楼板地面通孔台阶间的间隙为 20～40mm，通向井道的孔洞四周应设置台阶高≥50mm（适用于有机房电梯）。

(4) 曳引钢丝绳张力测量

1) 测量方法

调整绳头弹簧高度，使其高度保持一致。用拉力计将钢丝绳逐根拉出同等距离，其相互的张力差不大于 5%。钢丝绳张力调整后，绳头上双螺母必须拧紧，穿好开口销，并保证绳头杆上丝扣留有必要的调整量。

① 拉秤测量法

此方法适用于提升高度小于 40m 的场合。在电梯动车后，将轿厢处于井道高度 2/3 的位置。用弹簧秤测量对重侧的每一钢丝绳张力（拉同一距离）。

② 锤击法：

此方法适用于提升高度大于 40m 的场合。

a. 调整轿厢侧钢丝绳张紧时，将轿厢置于中间层站，在轿厢上方 1m 处以相同的力用橡胶锤子对每根钢丝绳进行侧向敲击，使其产生振动，测定每根钢丝绳往返 5 次所需的时间，其误差应控制在下列计算值内：（最大往返时间－最小往返时间）/最小往返时间 ≤0.2。

b. 对重侧钢丝绳张力调整时，将轿厢置于中间层站，用上述方法测定钢丝绳张力。

2) 测量要求

各钢丝绳的张力相差值不超过 5%。

### 9.10.3.2 自动扶梯、自动人行道安装测量

1. 自动扶梯、自动人行道土建尺寸测量

同样，测量人员在测量前应准备好与自动扶梯、自动人行道有关的建筑施工图纸。经各方复核图纸无误后，测量人员在提供的建筑施工图或电梯厂家电梯图纸中找到与自动扶梯、自动人行道井道相关的图纸和有关的参数，其中包括：自动扶梯或自动人行道井道剖面图、自动扶梯或自动人行道井道平面图、井道立面图等。

对于自动扶梯、自动人行道数量较多的施工项目，测量人员要根据自动扶梯、自动人行道土建设计布置图与建筑总平面图中的定位轴线确定每台自动扶梯、自动人行道的位置及编号后才能测量。

(1) 底坑及开口尺寸的测量

1) 测量方法

自动扶梯、自动人行道仅在大楼地面处设置，其余中间楼层没有底坑。

① 引测基准点，测量人员先将施工现场的标高线引至支承平台楼面，方法是：可将一根无色透明的φ10mm软塑料管灌满清水，软塑料管水中不能有空气，管的一端水平面靠在大楼标高线处（施工现场的标高线一般标在显眼的建筑承重柱或墙面上，高500mm，通常称为50线），并使水平面与标高线重合，管的另一端置于支承平台的正上方，此时管中的水平面即为大楼标高线，根据装饰完工楼层地面的标高尺寸，用钢卷尺从管中的水平面向下反尺寸并制作水泥桩作为本楼层±0.00基准点。

② 底坑深度测量，测量人员将钢卷尺拉出，钢卷尺头部触到底坑地平面，保持钢卷尺垂直并顺沿底坑内墙壁，读出尺上刻度线与本楼层±0.00基准点水泥桩上平面重合部分的刻度值即为底坑深度尺寸。底坑深度尺寸允许偏差0～+50mm。

③ 底坑宽度和底坑进深测量，测量时一人拉出钢卷尺手持钢卷尺的头部靠在底坑宽度墙壁内侧边缘，另一人手持钢卷尺尺盒到底坑宽度墙壁另一内侧边缘，保持钢卷尺水平，读出尺上刻度线与边缘重合部分的刻度值即为底坑宽度尺寸。底坑宽度尺寸允许偏差0～+50mm。用相同方法测量出底坑进深尺寸，底坑进深尺寸允许偏差0～+50mm。

④ 开口尺寸测量，在底坑的上一层楼面，用钢卷尺测量出开口处的宽度、长度尺寸，开口处的宽度尺寸允许偏差0～+50mm，开口处的长度尺寸允许偏差0～+50mm，对角线允许偏差0～+50mm，上下开口边在同一直线上。

2) 测量要求

自动扶梯、自动人行道要求土建工程按照厂家提供的土建布置图进行施工，且其主要尺寸允许偏差为：底坑宽度0～+50mm，底坑进深0～+50mm，底坑深度0～+50mm；开口处的宽度0～+50mm，开口处的长度0～+50mm；上下开口边在同一直线上。

(2) 支承平台尺寸的测量

1) 测量方法

支承平台宽度与底坑宽度或开口处的宽度允许偏差一致。支承平台宽度尺寸允许偏差为0～+50mm。

支承平台进深测量。用钢卷尺的头部触到支承平台侧面，保持钢卷尺水平，读出尺上刻度线与边缘重合部分的刻度值即为支承平台进深尺寸。支承平台进深尺寸允许偏差为0～+20mm。

支承平台深度测量。用钢卷尺的头部触到支承平台底部平面，保持钢卷尺垂直于支承平台底部平面，读出尺上刻度线与本楼层±0.00基准点水泥桩上平面重合部分的刻度值即为支承平台深度尺寸。支承平台深度尺寸允许偏差0～+20mm。

2) 测量要求

支承平台宽度允许偏差0～+50mm，支承平台进深允许偏差0～+20mm，支承平台深度允许偏差0～+20mm。

(3) 提升高度 $H$ 的测量

1) 测量方法

本楼层±0.00基准点测量,是利用软塑料管中灌水找水平的方法,在上下支承平台处把最终装饰完工楼层地面的标高找出,并制作水泥桩作为本楼层±0.00基准点。

用钢卷尺测量上下支承平台处±0.00基准点水泥桩上平面之间的垂直距离即为 $H$,见图9-104。

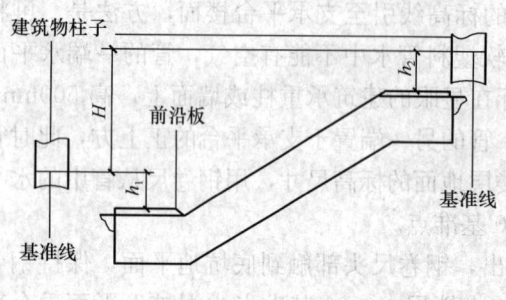

图9-104 $H$ 测定图

2) 测量要求

$H$ 允许偏差为 $-15$~$+15$mm。

(4) 上下支承平台间水平距离的测量

1) 测量方法

在上支承平台处用线坠挂出铅垂线到下支承平台所处楼层地面,一人手持钢卷尺的头部对齐下支承平台底坑内墙边缘,另一人手持钢卷尺尺盒拉出卷尺到铅垂线处,读出尺上刻度线与铅垂线重合部分的刻度值即为上下支承平台水平距离。上下支承平台间水平距离允许偏差为 0~$+15$mm。

上下支承平台间水平距离较长,测量时要注意钢卷尺必须拉直,并在同一水平面保持水平状态,钢卷尺拉出的尺下面不应有杂物,以避免影响测量的准确度。

为确保上下支承平台间水平距离测量的准确性,上下支承平台宽度方向两端角处放铅垂线,分别测量出下支承平台相应两端角底坑内墙边缘到铅垂线水平距离,并拉出矩形对角线,使对角线长度相等的办法来核实。矩形对角线允许偏差为 0~$+5$mm。避免出现一边支承平台间水平距离大,一边支承平台间水平距离小,或者上下支承平台宽度方向与两端水平距离测量线组成平行四边形现象。

2) 测量要求

上下支承平台间水平距离测量的允许偏差为 0~$+15$mm。矩形对角线测量的允许偏差 0~$+5$mm。

(5) 上下支承平台间的斜线距离 $Z$ 的测量

1) 测量方法

一人手持钢卷尺的头部对齐下支承平台底坑内墙边缘,另一人手持钢卷尺尺盒拉出卷尺到上支承平台底坑内墙边缘处,读出尺上刻度线与支承平台底坑内墙边缘重合部分的刻度值即为上下支承平台之间的斜线距离尺寸。上下支承平台间的斜线距离尺寸允许偏差为 0~$+15$mm。

上下支承平台间的斜线距离较长,测量时要注意钢卷尺必须拉直,为确保上下支承平台的斜线距离测量的准确性,拉出矩形对角线,使对角线长度相等的办法来核实。矩形对角线允许偏差为 0~$+5$mm。避免出现一边距离大,一边距离小,或者出现平行四边形现象。

2) 测量要求

上下支承平台之间的斜线距离为 0~$+15$mm。矩形对角线为 0~$+5$mm。

2. 自动扶梯、自动人行道安装就位测量

(1) 桁架两端角钢支承长度的测量

1) 测量方法

将钢直尺水平放置支承平台上,测量桁架端部角钢与支承平台重合部分尺寸,支承长度应大于 100mm。或者将钢直尺水平放置桁架端部角钢上平面,测量出桁架端部角钢边缘到支承平台内侧墙面的水平距离,用支承平台进深尺寸减此水平尺寸即为桁架角钢支承长度。

2) 测量要求

桁架两端角钢支承长度应大于 100mm,并应符合产品设计要求。

(2) 支承处(梳齿前沿板)水平度测量

1) 测量方法

梳齿前沿板横向水平度测量:将水平尺放置到梳齿板前面第一个可见梯级或水平踏板上,查验水平尺尺身上镶装的水平水准器的气泡在刻度范围内,上下梳齿板处的梯级水平度≥1/1000。

梳齿前沿板纵向水平度测量:在梳齿前沿板与支承平台处的本楼层±0.00 基准点水泥桩上面架设直规。将水平尺(300mm)放置在直规上面,查验水平尺尺身上镶装的水平水准器的气泡在刻度范围内。

2) 测量要求

两端支承处应保持水平,其水平度不大于 1/1000。

测量时注意:桁架端部角钢上的调整螺栓已去除,且桁架端部角钢与支承平台之间所垫垫片的数量不得超过 5 片,若超过 5 片可用钢板代替垫片。

(3) 梳齿前沿板与楼面高度的测量

1) 测量方法

用钢直尺、直规测量。一人将直规靠紧、贴实在梳齿前沿板上,另一人将钢直尺的头部垂直于楼面,钢直尺的背面靠在直规侧面,读取钢直尺刻度线与直规下平面重合的刻度值。

2) 测量要求

梳齿前沿板与楼面接平或高出地面 2~5mm 应平缓过渡。

(4) 段与段连接螺栓紧固力矩的测量

1) 测量方法

分段桁架接头连接好后,为安全起见,必须对所有连接螺栓进行检查测量,不管拧紧时是采用哪一种施工方法,都需要用力矩扳手将螺母再扭紧 10°。检验测量完毕后,在螺母与螺栓上用油漆进行标识。

2) 测量要求

段与段连接螺栓紧固力矩应符合产品设计要求。若厂家未提供 10.9 级高强度螺栓的检测力矩值,检测力矩值见表 9-40。

检测力矩值　　　表 9-40

| 螺栓(10.9级) | 检测力矩(N·m) |
| --- | --- |
| 16 | 310 |
| 20 | 540 |
| | 320(20×90 螺栓) |
| 22 | 800 |

(5) 二台或二台以上两端前后、高低偏差的测量

1) 测量方法

用钢直尺、直规测量。

二台或二台以上并排又紧靠的自动扶梯上、下两端前后偏差。以其中一台端部盖板边缘拉一条直线到另一台端部盖板边缘处，将钢直尺的头部紧靠在端部盖板的边缘，钢直尺的背面紧贴楼面或端部盖板上，在端部盖板边缘的两头分别读出钢板尺上的刻度线与拉线的重合部分的刻度值，此值即为二台或二台以上并排又紧靠的自动扶梯上、下两端前后偏差。前后偏差值允许不大于15mm。

二台或二台以上并排又紧靠的自动扶梯上、下两端高低偏差。在其中一台较高的端部盖板上放置直规，直规紧贴、贴实较高的端部盖板上平面，并使直规伸向另一台端部盖板处，将钢直尺的头部紧靠在端部盖板的上平面，钢直尺的背面紧贴直规侧面，在端部盖板的两头分别读出钢板尺上的刻度线与直规下平面的重合部分的刻度值，此值即为二台或二台以上并排又紧靠的自动扶梯上、下两端高低偏差。高低偏差值允许不大于8mm。

2) 测量要求

二台或二台以上并排又紧靠的自动扶梯上、下两端前后偏差不大于15mm 高低偏差不大于8mm。

3. 自动扶梯、自动人行道扶手装置测量

自动扶梯、自动人行道扶手装置结构见图9-105。

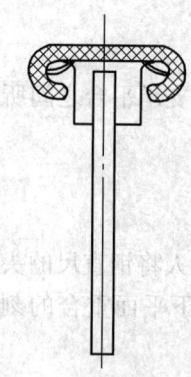

图 9-105 扶手装置结构

（1）压条或镶条凸出高度的测量

1) 测量方法

用钢直尺测量。

2) 测量要求

朝向梯级、踏板（或胶带）一侧的扶手装置应是光滑的，压条或镶条的装设方向与运行方向不一致时，其凸出高度不应超过3mm，且应坚固和具有圆角或倒角的边缘。此类压条或镶条不允许设在围裙板上。

（2）扶手板边缘的测量

1) 测量方法

用钢直尺测量。

2) 测量要求

扶手板边缘应是倒圆或倒角，钢化玻璃之间应有间隙，其值不大于4mm，玻璃的厚度不应小于6mm。

（3）扶手带开口处与导轨或扶手支架之间的距离的测量

1) 测量方法

用钢直尺或游标卡尺测量。

2) 测量要求

扶手带开口处与导轨或扶手支架之间的距离不得超过8mm。

（4）玻璃板夹紧座螺栓扭力的测量

1) 测量方法

板要求与裙板基本相同，但其试验加载力要比裙板小。在板表面任何部位的25cm² 面积上垂直施加一个500N的力，不应出现大于4mm以上的凹陷和永久变形。

① 玻璃板安装

玻璃板接缝间隙，间隙上下一致，且间隙一般调整为2mm，调好后紧固夹紧座。用力矩扳手拧紧夹紧座上的螺栓，注意用力不能过猛，以免损坏玻璃（夹紧力矩一般为35N·m）。

② 金属板安装

压条或镶条的装设方向与运行方向不一致时，其凹凸高度不应超过3mm，且应坚固和具有圆角或倒角的边缘。此类压条或镶条不允许装设在围裙板上。

2）测量要求

(5) 围裙板的测量

1）测量方法

围裙板测量时，在力传感器上加置一个圆形或方形的尼龙或橡胶块，其面积为25cm$^2$。然后用一杠杆机构或小型的千斤顶，缓慢地加力，直至1500N为止。此时，裙板的凹陷变形应不大于4mm，且在载荷卸除后检查其有否永久变形。

2）测量要求

围裙板应有足够的强度和刚度。对裙板的最不利部分垂直施加一个1500N的力于25cm$^2$的面积上，此时其凹陷值应不大于4mm，且不应产生永久变形。

## 9.11 变形监测

### 9.11.1 变形监测的内容、等级划分及精度要求

在工程建设过程中，由于建筑场地和建筑基础岩土条件、建筑形式、结构特点、施工方法等因素和气候变化、建筑场地环境状况的影响，建筑将会产生沉降、位移、倾斜等变形现象，当这些变形量在允许范围内对建筑本身不会产生影响，但是一旦这些变形量超过允许范围，将对建筑本身的施工安全、建筑场地环境安全和质量产生影响，形成重大安全和质量隐患，为了保证建筑物在施工期间的安全和质量，预防发生重大安全事故，在建设中加强变形监测非常必要。

本节所述的变形监测包括对工业、民用及市政工程在施工阶段建（构）筑物的地基、基础、上部结构及建设场地的沉降测量、位移测量及特殊变形测量等。根据目前建筑施工单位测量仪器、技术水平等状况，本节主要介绍建筑施工中变形监测的一些常用方法。

#### 9.11.1.1 变形监测内容

在工程建设过程中，根据建筑基坑可能产生的地基回弹、侧向位移，建筑可能产生的沉降、位移、倾斜、挠度、裂缝等以及建筑施工对建筑场地和建设环境影响情况，需要进行的变形监测的主要内容见表9-41。

变形监测的主要内容　　　　　　表9-41

| 变形监测对象 | 变形监测的内容 |
| --- | --- |
| 建筑基坑 | 基坑回弹观测、基坑侧向位移观测、建筑场地滑坡观测等 |
| 建筑物主体 | 沉降观测、水平位移观测、倾斜观测、挠度观测、裂缝观测等 |
| 建设环境中的建筑场地和周边已有建筑 | 沉降观测等 |
| 超高层、高耸、钢结构等建筑的特殊变形监测 | 日照变形、风振变形等 |

#### 9.11.1.2 变形监测等级划分

现行国家标准《建筑变形测量规范》JGJ 8 针对监测对象的特点和对变形敏感的程度，将建筑变形测量分为特等、一等、二等、三等和四等共五个等级，每个等级主要适用范围见表 9-42。

建筑变形测量等级划分  表 9-42

| 变形测量等级 | 主要适用范围 |
| --- | --- |
| 特等 | 特高精度要求的变形测量 |
| 一等 | 地基基础设计为甲级的建筑物的变形测量；重要的古建筑、历史建筑的变形测量；重要的城市基础设施的变形测量等 |
| 二等 | 地基基础设计为甲、乙级的建筑物的变形测量；重要场地的边坡监测；重要的基坑监测；重要管线的变形测量；地下工程施工及运营中的变形测量；重要的城市基础设施的变形测量等 |
| 三等 | 地基基础设计为乙、丙级的建筑物的变形测量；一般场地的边坡监测；一般的基坑监测；地表、道路及一般管线的变形测量；一般的城市基础设施的变形测量；日照变形测量；风振变形测量等 |
| 四等 | 精度要求低的变形测量 |

注：建筑物地基基础设计等级按现行国家标准《建筑地基基础设计规范》GB 50007 的规定。

#### 9.11.1.3 变形监测精度要求

《建筑变形测量规范》JGJ 8 对各等级变形测量精度的要求见表 9-43。

建筑变形测量精度的要求  表 9-43

| 变形测量等级 | 沉降观测 | 位移观测 |
| --- | --- | --- |
| | 观测点测站高差中误差（mm） | 观测点坐标中误差（mm） |
| 特等 | 0.05 | 0.3 |
| 一等 | 0.15 | 1.0 |
| 二等 | 0.5 | 3.0 |
| 三等 | 1.5 | 10.0 |
| 四等 | 3.0 | 20.0 |

注：1. 观测点测站高差中误差，系指几何水准测量的测站高差中误差或静力水准测量、电子测距三角高程测量中相邻观测点相应测段间等价的相对高差中误差。
2. 观测点坐标中误差，系指观测点相对测站点（如工作基点）的坐标中误差、坐标差中误差以及等价的观测点相对基准线的偏差值中误差、建筑物或构件相对底部的水平位移分量中误差。
3. 观测点点位中误差为观测点坐标中误差的 $\sqrt{2}$ 倍。

### 9.11.2 变形监测控制测量

#### 9.11.2.1 变形监测控制测量一般要求

采用几何测量仪器和方法进行变形监测，首先应建立变形监测控制网。变形监测控制网要根据变形监测内容及变形监测区域的监测环境和条件进行设计、布设。变形监测控制网设计的监测方法要简单易行，埋设的控制点点位要稳定，布局要合理，并能满足监测设计及精度要求，便于长期监测等。

采用静力水准仪、测斜仪等传感器进行变形监测时，则不需要布设变形监测控制网，直接在变形体上埋设传感器，并利用电子仪器采集变形数据。

1. 变形监测控制网的组成

变形监测控制网一般由基准点和工作基点组成。控制网中基准点应埋设在变形影响范围之外，当基准点能满足变形监测要求时，则直接利用基准点进行变形监测。当基准点密度不够，不能直接监测时，应加密工作基点，监测时则可利用工作基点对监测对象上能反映变形状况的变形监测点进行变形监测。

变形监测控制网的标石、标志埋设完，应在其达到稳定后方可开始观测。标石、标志稳定时间要根据观测要求与地质条件确定，一般不少于7d。

2. 变形监测控制网布设形式

变形监测控制网一般为独立网。但有条件时应与当地测量控制网联测，通过联测以便了解监测对象在所采用的当地平面和高程系统中的变形状况。

3. 变形监测控制网的复测

在变形测量期间，变形监测控制网应定期复测，复测周期应视基准点的稳定情况确定。一般在建筑施工过程中宜1~2月复测一次，施工结束后宜每季度或每半年复测一次。在变形监测过程中，当观测点的变形测量成果出现异常，或当测区受到地震、强降雨、洪水、爆破、邻近场地施工等外界因素影响时，应及时进行复测，并对其稳定性、可靠性进行分析和评价。

#### 9.11.2.2 沉降位移监测控制测量

1. 沉降位移监测高程控制网布设方法

进行垂直位移变形监测时，高程控制网布设一般采用高精度水准测量方法，基准点测量及基准点与工作基点之间联测的精度等级，对四等变形测量，应采用三等沉降或位移观测精度；对其他等级变形测量，不应低于所选沉降或位移观测精度等级。建立沉降位移监测高程控制网的具体做法是：在建设场地外围埋设控制点，构成闭（附）合路线（网）。由于布设的控制点是变形监测的基准点，为此在布设时基准点要选在施工变形区外、场地稳固、便于寻找、保存和引测的地方。变形监测基准点布设个数不应少于3个，以便在监测过程中进行对其稳定性进行检核。

2. 基准点标石类型和埋设

基准点标石可分为混凝土水准标石、墙脚水准标石、基岩水准标石、深桩水准标石和深层金属管基准点标石五种。基准点埋设时，应以工程的地质条件为依据，因地制宜地进行埋设。标石类型和埋设方法参照现行国家标准《建筑变形测量规范》JGJ 8规定。

3. 基准点测量、工作基点联测作业方式

采用水准测量方法进行基准点测量、工作基点联测时，沉降观测作业方式应符合表9-44的规定。

沉降观测作业方式　　　　　　　　　　　　表9-44

| 沉降观测等级 | 基准点测量、工作基点联测 | | | 观测顺序 |
|---|---|---|---|---|
| | DS05 型仪器 | DS1 型仪器 | DS3 型仪器 | |
| 一等 | 往返测 | — | — | 奇数站：后-前-前-后 |
| | | | | 偶数站：前-后-后-前 |

续表

| 沉降观测等级 | 基准点测量、工作基点联测 | | | 观测顺序 |
|---|---|---|---|---|
| | DS05 型仪器 | DS1 型仪器 | DS3 型仪器 | |
| 二等 | 往返测 | 往返测或单程双测站 | — | 奇数站：后-前-前-后 |
| | | | | 偶数站：前-后-后-前 |
| 三等 | 单程双测站 | 单程双测站 | 往返测或单程双测站 | 后-前-前-后 |
| 四等 | — | 单程双测站 | 往返测或单程双测站 | 后-后-前-前 |

4．高程控制网基本测量方法

水准测量方法

水准测量仪器型号和标尺类型

应用几何水准测量方法进行各等级垂直位移监测控制网测量所使用的仪器型号和标尺类型按表 9-45 的规定选择。

水准测量仪器型号和标尺类型　　　表 9-45

| 等级 | 水准仪型号 | 标尺类型 |
|---|---|---|
| 一等 | DS05 | 因瓦条码标尺 |
| 二等 | DS05 | 因瓦条码标尺、玻璃钢条码标尺 |
| | DS1 | 因瓦条码标尺 |
| 三等 | DS05、DS1 | 因瓦条码标尺、玻璃钢条码标尺 |
| | DS3 | 玻璃钢条码标尺 |
| 四等 | DS1 | 因瓦条码标尺、玻璃钢条码标尺 |
| | DS3 | 玻璃钢条码标尺 |

1）水准观测技术要求

水准观测的有关技术参数应符合以下规定：

① 水准观测的视线长度、前后视距差和视线高度应符合表 9-46 的规定。

水准仪观测的视线长度、前后视距差和视线高（m）　　　表 9-46

| 沉降观测等级 | 视线长度 (m) | 前后视距差 | 前后视距累积差 | 视线高度 | 重复测量次数 (次) |
|---|---|---|---|---|---|
| 一等 | ≥4 且≤30 | ≤1.0 | ≤3.0 | ≥0.65 | ≥3 |
| 二等 | ≥3 且≤50 | ≤1.5 | ≤5.0 | ≥0.55 | ≥2 |
| 三等 | ≥3 且≤75 | ≤2.0 | ≤6.0 | ≥0.45 | ≥2 |
| 四等 | ≥3 且≤100 | ≤3.0 | ≤10.0 | ≥0.35 | ≥2 |

注：1．在室内作业时，视线高度不受本表的限制。
　　2．当采用光学水准仪时，观测要求应满足表中各项要求。

② 水准观测的限差应符合表 9-47 的规定。

水准仪观测的限差（mm）　　　表 9-47

| 沉降观测等级 | 两次读数所测高度之差限差 | 往返较差及附合或环线闭合差 | 单程双测站所测高差较差 | 检测已测测段高度之差 |
|---|---|---|---|---|
| 一等 | 0.5 | $0.3\sqrt{n}$ | $0.2\sqrt{n}$ | $0.45\sqrt{n}$ |
| 二等 | 0.7 | $1.0\sqrt{n}$ | $0.7\sqrt{n}$ | $1.5\sqrt{n}$ |

续表

| 沉降观测等级 | 两次读数所测高度之差限差 | 往返较差及附合或环线闭合差 | 单程双测站所测高差较差 | 检测已测测段高度之差 |
| --- | --- | --- | --- | --- |
| 三等 | 3.0 | $3.0\sqrt{n}$ | $2.0\sqrt{n}$ | $4.5\sqrt{n}$ |
| 四等 | 5.0 | $6.0\sqrt{n}$ | $4.0\sqrt{n}$ | $8.5\sqrt{n}$ |

注：1. 表中 $n$ 为测站数。
2. 当采用光学水准仪时，基、辅分画或黑、红面读数较差应满足表中两次读数所测高度之差限差。

2）水准测量作业要求

① 水准仪、水准标尺检验

水准仪、水准标尺应定期检验。其中 $i$ 角对用于特级水准观测的仪器不得大于 $10''$，对用于一、二级水准观测的仪器不得大于 $15''$，对用于三级水准观测的仪器不得大于 $20''$。补偿式自动安平水准仪的补偿误差 $\Delta \alpha$ 绝对值不得大于 $0.2''$；水准标尺分划线的分米分划线误差和米分划间隔真长与名义长度之差，对线条式因瓦合金标尺不应大于 $0.1mm$，对区格式木质标尺不应大于 $0.5mm$。

② 水准测量作业要求

水准观测作业应在标尺分划线成像清晰和稳定的条件下进行观测，避免在日出后或日落前约半小时、太阳中天前后等成像跳动而难以照准时进行观测。晴天观测时，应打测伞。每测段往测与返测的测站数均应为偶数，否则应加入标尺零点差改正。由往测转向返测时，两标尺应互换位置，并应重新整置仪器。在同一测站上观测时，不得两次调焦。转动仪器的倾斜螺旋和测微鼓时，其最后旋转方向，均应为旋进。

3）水准观测成果的重测与取舍

水准观测成果凡超出表 9-47 规定限差的成果，均应进行重测，并根据实际情况返工。

### 9.11.2.3 水平位移监测控制测量

1. 水平位移监测控制网布设要求和方法

（1）水平位移监测控制网布设要求

水平位移监测控制网同样由基准点、工作基点组成，其中基准点不得少于 3 个，工作基点可根据需要设置。基准点、工作基点设置位置应便于检核。

当水平位移监测控制网采用 GNSS 测量方法时，基准点位置还要满足 GNSS 测量的一些基本要求，例如要便于安置接收设备和操作；视场内障碍物的高度角不宜超过 $15°$；离电视台、电台、微波站等大功率无线电发射源的距离不小于 200m；离高压输电线和微波无线电信号传送通道的距离不得小于 50m，附近不应有强烈反射卫星信号的大面积水域或大型建筑物等；通视条件好，有利于其他测量手段联测等。

（2）水平位移监测控制网布设方法

平面控制测量可采用边角测量、导线测量及 GNSS 测量等形式。

2. 基准点、工作基点标志的形式及埋设形式

（1）对特等、一等及有需要的二等位移观测的基准点、工作基点，应建造观测墩或埋设专门观测标石（图 9-106），并应根据使用仪器和照准标志的类型，顾及观测精度要求，配备强制对中装置，强制对中装置的对中误差不应超过 ±0.1mm。

（2）照准标志应具有明显的几何中心或轴线，并应符合图像反差大、图案对称、相位

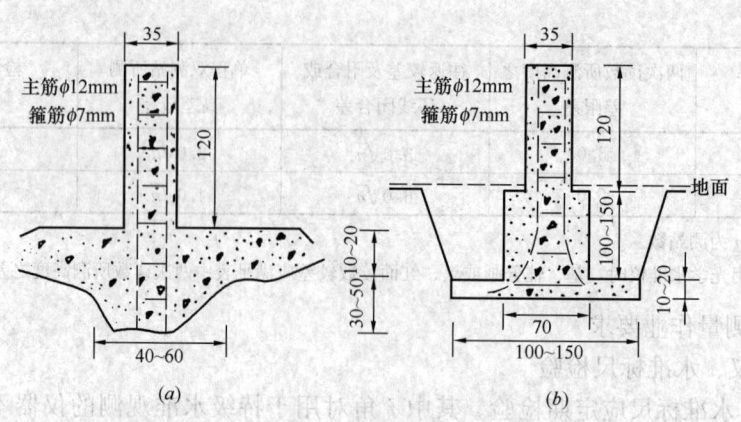

图 9-106 水平位移观测墩（单位：cm）
(a) 岩层点观测墩；(b) 土层点观测墩

差小和本身不变形等要求。

3. 全站仪水平位移测量精度要求

（1）基准网精度设计原则

水平位移测量的基准网精度设计要求边角网、导线网或 GNSS 网的最弱边边长中误差，不应大于所选等级的观测点坐标中误差；工作基点相对于邻近基准点的点位中误差，不应大于相应等级的观测点点位中误差（点位中误差约定为坐标中误差的 $\sqrt{2}$ 倍，下同）；用基准线法测定偏差值的中误差，不应大于所选等级的观测点坐标中误差。

（2）全站仪水平位移测量技术要求

特等变形测量控制网和其他大型、复杂工程变形控制网应经专门设计论证，采用全站仪进行水平位移测量的技术要求应符合表 9-48、表 9-49 的规定。

全站仪标称精度要求　　　　　　　　　　　表 9-48

| 位移观测等级 | 一测回水平方向标准差 (″) | 测距中误差（mm） |
| --- | --- | --- |
| 一等 | ≤0.5 | ≤$1mm+1×10^{-6}·D$ |
| 二等 | ≤1.0 | ≤$1mm+2×10^{-6}·D$ |
| 三等 | ≤2.0 | ≤$2mm+2×10^{-6}·D$ |
| 四等 | ≤2.0 | ≤$2mm+2×10^{-6}·D$ |

基准点及工作基点网边长要求　　　　　　　　　　　表 9-49

| 位移观测等级 | 边长（m） |
| --- | --- |
| 一等 | ≤300 |
| 二等 | ≤500 |
| 三等 | ≤800 |
| 四等 | ≤1000 |

## 9.11.3 变形监测实施

### 9.11.3.1 沉降位移监测

对某观测对象进行沉降位移监测时，应根据工程的规模、性质及预计沉降量的大小及沉降速度等，选择观测的等级和精度要求。在观测过程中由于沉降量和沉降速度的变化，可以对观测的等级和精度进行调整，以便适应沉降位移观测需要。对于深基础建筑或高层、超高层建筑，为获取基础和主体荷载的全部沉降量，沉降监测应从基础施工开始。

沉降监测可采用几何水准测量方法，也可采用静力水准测量等其他方法。布置和埋设沉降观测点（变形点）时，应考虑观测方便、易于保存、稳固和美观。

1. 建筑场地沉降观测

为测定建筑物相邻影响范围之内的相邻地基沉降与建筑物相邻影响范围之外的场地地面沉降状况，需要对建筑场地进行沉降观测。沉降观测采用水准测量方法。

(1) 相邻地基沉降观测点的设置

对相邻地基进行沉降观测的观测点可选在建筑物纵横轴线或边线的延长线上，或选在通过建筑物重心的轴线延长线上。其点位间距应视基础类型、荷载大小及地质条件确定，一般10～20m。点位可在以建筑物基础深度1.5～2.0倍距离为半径的范围内，由外墙附近向外由密到疏布设。相邻地基沉降观测点标志为浅埋标。浅埋标可采用普通水准标石或用直径25cm左右的水泥管现场浇灌，埋深1～2m；深埋标可采用内管外加保护管的标石形式，埋深应与建筑物基础深度相适应，标石顶部须埋入地面下20～30cm，并砌筑带盖的窨井加以保护。

(2) 场地地面沉降观测点的设置

场地地面沉降观测点，应在相邻地基沉降观测点布设线路之外的地面上均匀布设。布设时可根据地质地形条件选用平行轴线方格网法、沿建筑物四角辐射网法或散点法等。场地地面沉降观测点的标志与埋设，应根据观测要求确定，可采用浅埋标志。

(3) 建筑场地沉降观测的周期

建筑场地沉降观测的周期要根据不同任务要求、产生沉降的不同情况以及沉降速度等因素具体分析确定。对基础施工相邻地基沉降观测，一般在基坑降水时和基坑土开挖中每天观测一次；混凝土底板浇完10d以后，可每2～3d观测一次，直至地下室顶板完工和水位恢复；此后可每周观测一次至回填土完工。

2. 基础工程沉降监测

(1) 基坑支护结构监测

1) 监测点布设和精度要求

基坑的支护结构一般由护坡桩、连续墙构成。基坑支护结构变形观测点的点位，应根据工程规模、基坑深度、支护结构和支护设计要求合理布设。普通建筑基坑，变形观测点点位宜布设在基坑侧壁顶部周边的冠梁上，点位间距以10～20m为宜。

变形监测的精度，不宜低于二等变形监测。

2) 监测方法

垂直位移可采用水准测量方法、电磁波三角高程测量方法等。

3) 监测周期

基坑变形监测周期，应根据施工进程确定。当开挖速度或降水速度较快引起变形速率较大时，应加密观测，当有变形量接近预警值或事故征兆时，应持续观测。

(2) 基坑回弹观测

基坑回弹观测是测定深埋大型基础在基坑开挖后，由于卸除基坑土自重而引起的基坑内外影响范围内相对于开挖前的地表回弹量。

1) 回弹观测点

布设回弹观测点位,应根据基坑形状及地质条件以最少点数能测出所需各纵横断面回弹量为原则。对于矩形基坑,只沿基坑对称轴的一半的纵横断面布设,在基坑中央纵(长边)横(短边)轴线上布设,其间隔纵向每8～10m,横向每3～4m布一点。对图形不规则的基坑,可与设计人员商定。基坑外的观测点,应在所选坑内方向线的延长线上距基坑深度1.5～2倍距离内布置。当所选点位遇到旧地下管道或其他构筑物时,可将观测点移至与之对应方向线的空位上。

回弹标志应埋入基坑底面以下20～30cm,根据开挖深度和地层土质情况,可采用钻孔法或探井法埋设。根据埋设与观测方法,可采用辅助杆压入式、钻杆送入式或直埋式标志。

① 辅助杆压入式标志埋设步骤

a. 回弹标志的直径应与保护管内径相适应,可取长约20cm的圆钢一段,一端中心加工成半球状($r=15$～$20$mm),另一端加工成楔形。

b. 钻孔可用小直径(如127mm)工程地质钻机,孔深应达孔底设计平面以下数厘米。孔口与孔底中心偏差不宜大于3/1000,并应将孔底清除干净。

c. 应将回弹标套在保护管下端顺孔口放入孔底。

d. 利用辅助杆将回弹标压入孔底。不得有孔壁土或地面杂物掉入,应保证观测时辅助杆与标头严密接触。

e. 先将保护管提起约10cm,在地面临时固定,然后将辅助杆立于回弹标头即行观测。测毕,将辅助杆与保护管拔出地面,先用白灰回填约厚50cm,再填素土至填满全孔,回填应小心缓慢进行,避免撞动标志。见观测前后示意图(图9-107)。

② 钻杆送入式标志埋设步骤

a. 钻杆送入式标志形式见图9-108。标志的直径应与钻杆外径相适应。标头可加工成

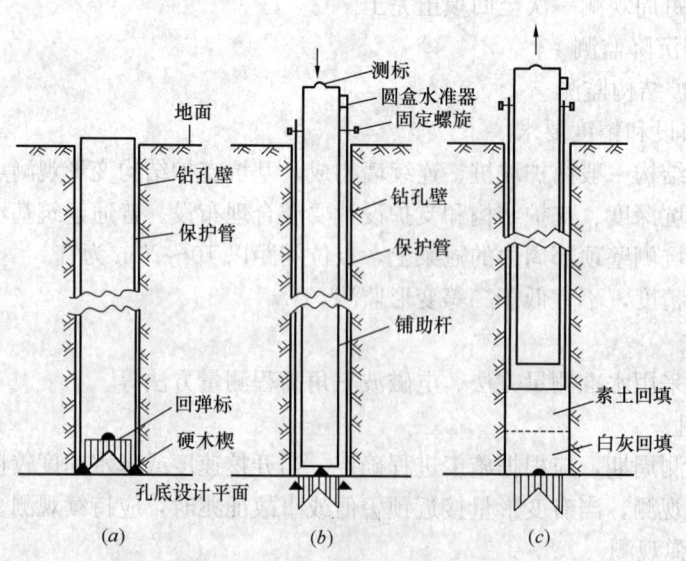

图9-107 辅助杆压入式标志埋设步骤

$\phi$20mm、高 25mm 的半球体；连接圆盘可用 $\phi$100mm、厚 18mm 钢板制成；标身可由断面 50mm×50mm×5mm、长 400～500mm 的角钢制成，图示四部分应焊接成整体。

b. 钻孔要求同埋设辅助杆压入式标志要求。

c. 当用磁锤观测时，孔内应下套管至基坑设计标高以下，提出钻杆卸下钻头，换上标志打入土中，使标头进至低于坑底面 20～30cm 以防开挖基坑时被铲坏。然后，拧动钻杆使与标志自然脱开，提出钻杆后即可进行观测。

d. 当用电磁探头观测时，在上述埋标过程中可免除下套管工序，直接将电磁探头放入钻杆内进行观测。

③ 直埋式标志

直埋式标志可用于浅基坑（深度在 10m 内）配合探井成孔使用。标志可用一段 $\phi$20～24mm、长约 400mm 的圆钢或螺纹钢制成，一端加工成半球状，另一端锻尖。探井口径要小，直径

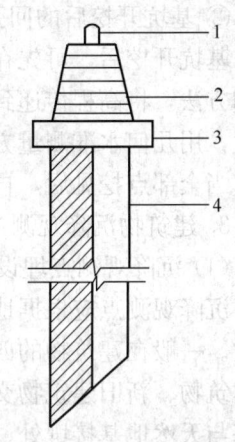

图 9-108 钻杆送入式标志
1—标头；2—连接钻杆反丝扣；
3—连接圆盘；4—标身

不应大于 1m，挖深应至基坑底部设计标高以下约 10cm 处，标志可直接打入至其顶部低于坑底设计标高数厘米为止。

2) 回弹观测精度要求

回弹观测的精度可根据预估的最大回弹量作为变形允许值，按现行行业规范《建筑变形测量规范》JGJ 8 相关规定进行观测点的测站高差中误差估算后，选择相应精度级别。但最弱观测点相对邻近工作基点的高差中误差不得大于±1.0mm。

3) 观测时机

回弹观测不应少于 3 次，其中第一次应用在基坑开挖之前，第二次在基坑挖好之后，第三次在浇灌基础混凝土之前。当基坑挖完至基础施工的间隔时间较长时，亦应适当增加观测次数。

4) 观测方法

回弹观测采用水准测量方法，回弹观测路线为起讫于工作基点的闭合或附合路线。

① 基坑开挖前的回弹观测

基坑较深时，采用水准测量配以铅垂钢尺读数的钢尺法进行观测。观测时，钢尺在地面的一端，应用三脚架、滑轮和重锤牵拉。在孔内的一端，应配以能在读数时准确接触回弹标志头的装置，观测时要配挂磁锤。当地质条件复杂时，可用电磁探头装置观测。

基坑较浅时，采用水准测量配辅助杆垫高水准尺读数的辅助杆法进行观测。采用辅助杆法时，辅助杆宜用空心两头封口的金属管制成，顶部应加工成半球状，并于顶部侧面安置圆盒水准器，杆长以放入孔内后露出地面 20～40cm 为宜。也可用挂钩法，此时标志顶端应加工成弯钩状。

测前与测后应对钢尺和辅助杆的长度进行检定。长度检定中误差不应大于回弹观测站高差中误差的 1/2。每一测站的观测可按先后视水准点上标尺面、再前视孔内尺面的顺序进行，每组读数 3 次，重复两组为一测回。每站不应少于两测回，并同时测记孔内温度。观测结果应加入尺长和温度的改正。

② 基坑开挖后的回弹观测

基坑开挖后，可先在坑底一角埋设一个临时工作点，使用与基坑开挖前相同的观测设备和方法，将高程传递到坑底的临时工作点上。然后细心挖出各回弹观测点，按所需观测精度，用几何水准测量方法测出各观测点的标高。为了防止回弹点被破坏，应挖一点测一点，当全部点挖见后，再统一观测一次。

3. 建筑物沉降观测

(1) 沉降观测点埋设位置

沉降观测点应根据地质条件及建筑结构特点，在能反映建筑物及地基变形特征处进行布设。一般在建筑物的四角、大转角处及沿外墙 10~15m 处或每隔 2~3 根柱基上；高低层建筑物、新旧建筑物交接处的两侧和沉降缝、伸缩缝两侧；基础埋深相差悬殊处、人工地基与天然地基接壤处、不同结构的分界处及填挖方分界处；框架结构建筑物的每个或部分柱基上或沿纵横轴线设点，筏形基础、箱形基础底板或接近基础的结构部分之四角处及其中部位置；电视塔、烟囱、水塔等高耸建筑物，沿周边在与基础轴线相交的对称位置上布点，点数不少于 4 个。

(2) 沉降观测的标志

沉降观测的标志可根据不同的建筑结构类型、建筑材料和委托人要求，采用墙（柱）标志、基础标志和隐蔽式标志等形式。各类标志的立尺部位应加工成半球形或有明显的突出点，并涂上防腐剂。标志的埋设位置应避开雨水管、窗台线等有碍设标与观测的障碍物，并应视立尺需要离开墙（柱）面和地面一定距离。隐蔽式沉降观测点标志的型式见图 9-109~图 9-111。

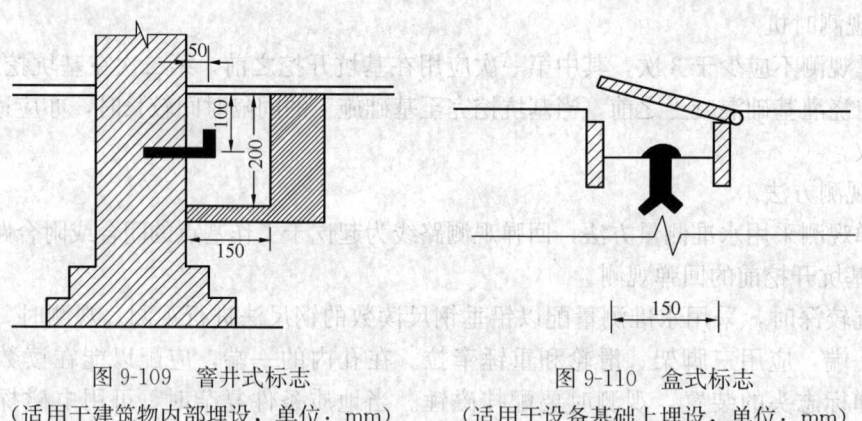

图 9-109　窨井式标志　　　　　图 9-110　盒式标志
(适用于建筑物内部埋设，单位：mm)　(适用于设备基础上埋设，单位：mm)

(3) 沉降观测点的施测精度

沉降观测点的施测精度应根据观测对象特点和相关具体要求，见表 9-43。

(4) 沉降观测点的观测周期和观测时间

建筑物施工阶段的观测，沉降观测的周期和观测时间应随施工进度及时进行。一般建筑在基础完工后或地下室砌完后开始观测，大型、高层建筑可在基础垫层或基础底部完成后开始观测。观测次数与间隔时间应视地基与加荷情况而定，民用建筑每加高 1~5 层观测一次，工业建筑可按不同施工阶段如回填基坑、安装柱子和屋架、砌筑墙体、设备安装等分别进行观测。如建筑物均匀增高，应至少在增加荷载的 25%、50%、75% 和 100% 时

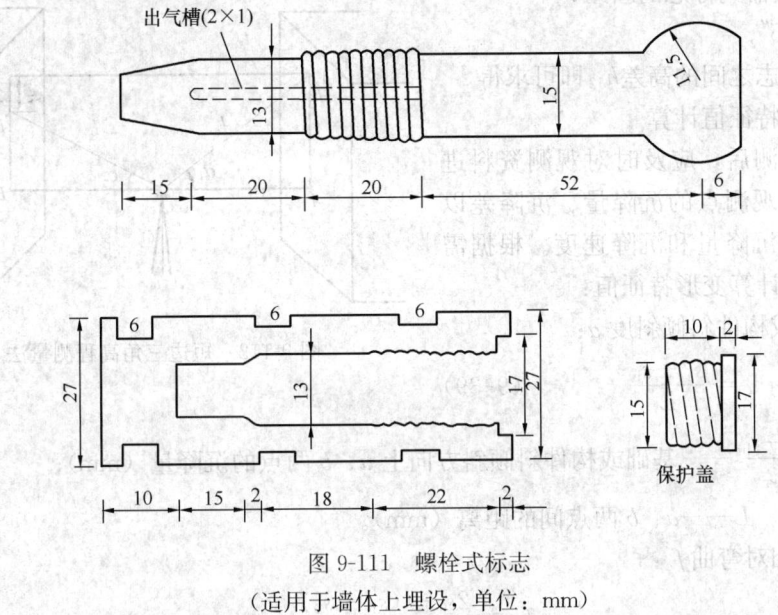

图 9-111 螺栓式标志
（适用于墙体上埋设，单位：mm）

各测一次。施工过程中如暂停工，在停工时及重新开工时应各观测一次。停工期间可每隔 2～3 个月观测一次。

建筑物使用阶段的观测，要根据地基土类型和沉降速率大小确定，一般第一年观测 3～4 次，第二年观测 2～3 次，第三年及以后每年观测 1 次，直至稳定为止。沉降是否进入稳定阶段应由沉降量与时间关系曲线判定。对一级工程，若最后三个周期观测中每周期沉降量不大于 $2\sqrt{2}$ 倍测量中误差可认为已进入稳定阶段。对其他等级观测工程，若沉降速度小于 0.01～0.04mm/日可认为已进入稳定阶段，具体取值宜根据各地区地基土的压缩性确定。

在观测过程中，如有基础附近地面荷载突然增减、基础四周大量积水、长时间连续降雨等情况，均应及时增加观测次数。当建筑物突然发生大量沉降、不均匀沉降或严重裂缝时，应立即进行每天或几天一次的连续观测。

(5) 沉降观测点的观测方法和技术要求

对特级和一级观测点，按相应控制测量的观测方法和技术要求进行。对二级、三级观测点，除建筑物转角点、交接点、分界点等主要变形特征点外，可允许使用间视法进行观测，但视线长度不得大于相应等级规定的长度。观测时，仪器应避免安置在有空压机、搅拌机、卷扬机等振动影响的范围内，塔式起重机等施工机械附近也不宜设站。每次观测应记载施工进度、增加荷载量、仓库进货吨位、建筑物倾斜裂缝等各种影响沉降变化和异常的情况。

另外采用短边三角高程测量法进行二级、三级精度建筑物的沉降观测，其测量方法如图 9-112 所示，在建筑物上分别固定标志 1 和 2；在建筑物之间安置精密光学经纬仪，测定倾斜角 $\alpha_1$ 及 $\alpha_2$。当 $\alpha_1$ 及 $\alpha_2$ 很小的情况下，标志的高程 $H$ 可按下式计算：

$$H = l\frac{\alpha}{\rho}$$

式中 $l$——仪器到标志的斜距；
$\rho = 206265''$。
则两个标志之间的高差 $h_{12}$ 即可求得。

(6) 变形特征值计算

每周期观测后，应及时对观测资料进行整理，计算观测点的沉降量、沉降差以及本周期平均沉降量和沉降速度。根据需要，可按下式计算变形特征值：

1) 基础或构件斜倾斜度 $\alpha$：

$$\alpha = \frac{s_a - s_b}{L} \quad (9\text{-}39)$$

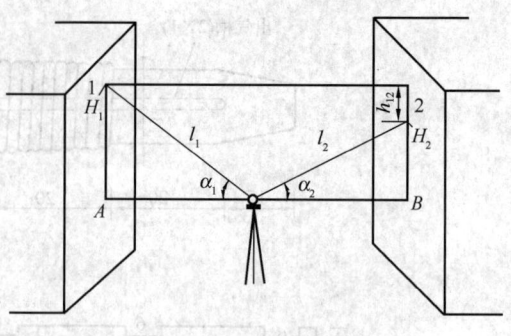

图 9-112 短边三角高程测量法

式中 $s_a$、$\dfrac{s_a - s_b}{L}$——基础或构件斜倾斜方向上 $a$、$b$ 两点的沉降量（mm）；

$L$——$a$、$b$ 两点间的距离（mm）。

2) 基础相对弯曲 $f_c$：

$$f_c = \frac{2s_0 - (s_1 + s_2)}{L} \quad (9\text{-}40)$$

式中 $s_0$——基础中点的沉降量（mm）；
$s_1$、$s_2$——基础两个端点的沉降量（mm）；
$L$——两个端点间的距离（mm）。

注：弯曲量以向上凸起为正，反之为负。

#### 9.11.3.2 水平位移监测

建筑水平位移观测内容包括建筑物主体倾斜观测、建筑物水平位移观测、基坑侧向位移观测、挠度观测、裂缝观测等。

**1. 建筑物主体倾斜观测**

建筑物主体倾斜观测是测定建筑物顶部相对于底部或各层间上层相对于下层的水平位移与高差，由此数据分别计算整体或分层的倾斜度、倾斜方向以及倾斜速度。对具有刚性建筑物的整体倾斜，亦可通过测量顶面或基础的相对沉降来间接确定。

(1) 观测点位的布设

主体倾斜观测点要沿建筑某一主体竖直线布设，对整体倾斜按顶部、底部，对分层倾斜按分层部位、底部上下对应布设。当从建筑物外部观测时，测站点或工作基点的点位应选在与照准目标中心连线呈接近正交或呈等分角的方向线上，距照准目标 1.5~2.0 倍目标高度的固定位置处。当利用建筑物内竖向通道观测时，可将通道底部中心点作为测站点。按纵横轴线或前方交会布设的测站点，每点应选设 1~2 个定向点。

(2) 观测点标志设置

建筑物顶部和墙体上的观测点标志可采用埋入式照准标志形式。不便埋设标志的塔形、圆形建筑物以及竖直构件，可以照准视线所切同高边缘认定的位置或用高度角控制的位置作为观测点位。位于地面的测站点和定向点，可根据不同的观测要求，采用带有强制对中设备的观测墩或混凝土标石。对于一次性倾斜观测项目，观测点标志可采用标记形式或直接利用符合位置与照准要求的建筑物特征部位，测站点可采用小标石或临时性标志。

(3) 观测点精度

主体倾斜观测的精度可根据给定的倾斜量允许值，按《建筑变形测量规范》JGJ 8 相关规定进行观测点的坐标中误差估算后，选择相应精度级别。当由基础倾斜间接确定建筑物整体倾斜时，按沉降观测要求确定测站高差中误差估算后，选择相应精度级别。

(4) 观测方法

1) 从建筑物或构件的外部观测

从建筑物或构件的外部观测主体倾斜时，可采用以下经纬仪观测法：

投点法。观测时，应在底部观测点位置安置水平读数尺等量测设施。在每测站安置经纬仪，应按正倒镜法以测定每对上下观测点标志间的水平位移分量见图 9-113，按矢量相加法求得水平位移值（倾斜量）和位移方向（倾斜方向）。

测水平角法。对塔形、圆形建筑物或构件，每测站的观测应以定向点作为零方向，以所测各观测点的方向值和至底部中心的距离，计算顶部中心相对底部中心的水平位移分量。对矩形建筑物，可在每测站直接观测顶部观测点与底部观测点或上层观测点与下层观测点之间的夹角，以所测角值与距离值计算整体的或分层的水平位移分量和位移方向。

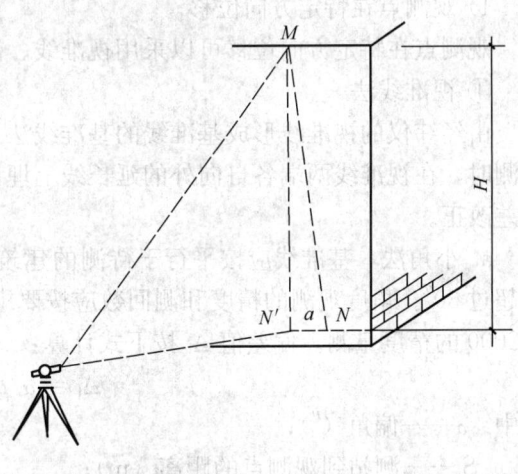

图 9-113　投点法

2) 利用建筑物内竖向通道观测

当利用建筑物或构件的顶部与底部之间竖向通视条件进行主体倾斜观测时，可选用下列铅垂观测方法：

① 激光铅直仪观测法。应在顶部适当位置安置接收靶，在其垂线下的地面或地板上安置激光铅直仪或激光经纬仪，按一定周期观测，在接收靶上直接读取或量出顶部的水平位移量和位移方向。作业中仪器应严格置平、对中。

② 吊垂球法。应在顶部或需要的高度处观测点位置上，直接或支出一点悬挂适当重量的垂球，在垂线下的底部固定毫米格网读数板等读数设备，直接读取或量出上部观测点相对底部观测点的水平位移量和位移方向。

3) 间接测定建筑物整体倾斜

当按相对沉降间接确定建筑物整体倾斜时，可选用下列方法：

① 倾斜仪测记法。可采用倾斜仪进行观测。倾斜仪应具有连续读数、自动记录和数字传输的功能。监测建筑物上部层面倾斜时，仪器可安置在建筑物顶层或需要观测的楼层的楼板上；监测基础倾斜时，仪器可安置在基础面上，以所测楼层或基础面的水平角变化值反映和分析建筑物倾斜的变化程度。

② 测定基础沉降差法。在基础上选设观测点，采用水准测量方法，以所测各周期的基础沉降差换算求得建筑物整体倾斜度及倾斜方向。

(5) 观测周期

主体倾斜观测的周期可视倾斜速度每 1～3 个月观测一次。当遇基础附近因大量堆载或卸载、场地降雨长期积水等原因而导致倾斜速度加快时，应及时增加观测次数。主体倾斜观测应避开日照和风荷载影响大的时段。

2. 建筑物水平位移观测

(1) 观测点埋设位置和形式

建筑物的水平位移观测点一般选在墙角、柱基及裂缝两边等处，观测点可采用墙上标志。

(2) 观测精度

水平位移观测的精度按现行国家标准《建筑变形测量规范》JGJ 8 相关规定进行观测点的坐标中误差估算后，选择相应精度级别。

(3) 观测方法

1) 观测点在特定方向位移

观测点在特定方向位移可以采用视准线、激光准直和测边角等方法。

① 视准线法

由经纬仪的视准线形成基准线的基准线法，称为视准线法。当采用视准线法进行位移监测时，在视准线两端各自向外的延长线上埋设检核点，数据处理中要顾及视准线端点的偏差改正。

a. 小角法，基准线应按平行于待测的建筑物边线布置，观测点偏离视准线的偏角不应超过 $30''$。角度观测的精度和测回数应按要求的偏差值观测中误差估算确定，距离可按 1/2000 的精度量测。偏差值 $\Delta_l$ 按下式计算：

$$\Delta_l = \alpha/\rho \times S_i \tag{9-41}$$

式中　$\alpha$——偏角 ($''$)；

$S_i$——测站到观测点的距离 (m)；

$\rho$——常数，值为 206265。

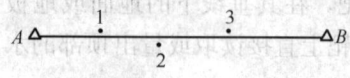

图 9-114　活动觇牌法

b. 活动觇牌法，该方法适用于变形方向为已知的建（构）筑物，是一种常用方法，见图 9-114。视准线的两个端点 $A$、$B$ 为基准点，变形点 1、2、3…布设在 $AB$ 的连线上，变形点相对于视准线偏移量的变化，即是建（构）筑物在垂直于视准点方向上的位移。量测偏移量的设备为活动觇牌，觇牌图案可以左右移动，移动量可在刻画上读出。当图案中心与竖轴中心重合时，其读数应为零，这一位置称为零位。

采用活动觇牌法时基准线离开观测点的距离不应超过活动觇牌读数尺的读数范围。观测时在基准线一端安置经纬仪或视准仪，瞄准安置在另一端的固定观测标志进行定向，将活动觇牌安置在变形点上，左右移动觇牌，直至中心位于视准线上，这时的读数即为变形点相对视准线的偏移量。每个观测点应按确定的测回数进行往测与返测。

② 测边角法，对主要观测点，可以该观测点为测站测定对应基准线端点的边长和角度，求得偏差值。对其他观测点，可选适宜的主要观测点为测站，测出对应其他观测点的距离与方向值，按坐标法求得偏差值。角度观测测回数与长度的丈量精度要求，应根据要求的偏差值观测中误差确定。

2) 观测点任意方向位移观测

测量观测点任意方向位移时，可视观测点的分布情况，采用前方交会或方向差交会及极坐标等方法。单个建筑物亦可采用直接量测位移分量的方向线法，在建筑物纵、横轴线的相邻延长线上设置固定方向线，定期测出基础的纵向位移和横向位移。

(4) 观测的周期

水平位移观测的周期，对于不良地基土地区的观测，可与一并进行的沉降观测协调考虑确定；对于受基础施工影响的有关观测，应按施工进度的需要确定，可逐日或隔数日观测一次，直至施工结束。

3. 基坑壁侧向位移观测

壁侧向位移观测是测定基坑支护结构桩墙顶水平位移和桩墙深层挠曲所进行的测量工作。

(1) 观测点位置

基坑侧向位移观测点沿基坑周边桩墙顶每隔10～15m布设一点。当采用测斜仪方法观测时，测斜管宜埋设在基坑每边中部及关键部位。对变形较大的区域，应适当加密观测点位和增设相应仪表。

(2) 观测点的标志

侧向位移观测点宜布置在冠梁上，可采用铆钉枪射入铝钉，亦可钻孔埋设膨胀螺栓或用环氧树脂胶粘标志。基坑较高安全监测要求的基坑，变形观测点点位宜布设在基坑侧壁的顶部和中部；变形比较敏感的部位，应加测关键断面或埋设应力和位移传感器。

采用测斜仪方法观测时，测斜管宜布设在围护结构桩墙内或其外侧的土体内。埋设时将测斜管绑扎在钢筋笼上，同步放入成孔或槽内，通过浇筑混凝土后固定在桩墙中或外侧。测斜管的埋设深度与围护结构入土深度一致。

(3) 观测方法

位移测定可根据现场条件选用视准线法、测小角法、前方交会法、极坐标等几何测量方法，几何测量方法同前所述。

采用测斜仪观测方法时，要选择能连续进行多点测量的滑动式测斜仪，测头可选用伺服加速度计式或电阻应变计式；接收指示器应与测头配套；电缆应有距离标记，使用时在测头重力作用下不应有伸长现象；测斜管的模量既要与土体模量接近，又不致因土压力而压偏导管，导槽须具有高成型精度；在观测点上埋设测斜管之前，应按预定埋设深度配好所需测斜管和钻孔或槽。连接测斜管时应对准导槽，使之保持在一直线上。管底端应装底盖，每个接头及底盖处应密封。埋设于结构（如基坑围护结构）中的测斜管，应绑扎在钢筋笼上，同步放入成孔或槽内，通过浇筑混凝土后固定在结构中；埋设于土体中的测斜管，应先用地质钻机成孔，将分段测斜管连接放入孔内，测斜管连接部分应密封处理，测斜管与钻孔壁之间空隙宜回填细砂或水泥与膨润土拌和的灰浆。将测斜管吊入孔或槽内时，应使十字形槽口对准观测的水平位移方向。埋好管后，需停留一段时间，使测斜管与土体或结构固连为一整体；观测时，可由管底开始向上提升测头至待测位置，或沿导槽全长每隔500mm（轮距）测读一次，测完后，将测头旋转180°再测一次。两次观测位置（深度）应一致，合起来作为一测回。每周期观测可测两测回，每个测斜导管的初测值，应测四测回，观测成果均取中数值。

(4) 观测精度

基坑水平侧向位移观测的精度应根据基坑支护结构类型、基坑形状和深度、周边建筑及设施的重要程度、工程地质与水文地质条件和设计变形报警预估值等因素，按现行国家标准《建筑变形测量规范》JGJ 8相关规定进行观测点的坐标中误差估算后，选择相应精度级别，综合确定。

(5) 观测周期

基坑开挖期间2~3d观测一次，位移量较大时应每天1~2次，在观测中应视其位移速率变化，以能准确反映整个基坑施工过程中的位移及变形特征为原则相应地增减观测次数。

**4. 挠度观测**

挠度观测包括建筑物基础和建筑物主体以及墙、柱等独立构筑物的挠度观测。通过挠度观测数据按一定周期分别测定其挠度值及挠曲程度。挠度值由建筑物上不同高度点相对于底点的水平位移值确定。

(1) 观测点布设

建筑基础观测点要沿基础的轴线或边线布设，每一轴线或边线上不得少于3点。建筑主体观测点按建筑结构类型在各不同高度或各层处沿一定垂直方向布设。

(2) 观测方法

建筑物基础挠度观测可参考建筑物沉降观测方法进行。建筑主体挠度观测可参考建筑物倾斜和位移观测方法进行。独立构筑物的挠度观测，除可采用建筑物主体挠度观测要求外，当观测条件允许时，亦可用挠度计、位移传感器等设备直接测定挠度值。

(3) 观测周期与精度

挠度观测的周期应根据荷载情况并考虑设计、施工要求确定观测精度。

(4) 挠度值及跨中挠度值计算

挠度值及跨中挠度值应按下式计算：

1) 挠度值 $f_c$：

$$f_c = \Delta s_{AE} - \frac{L_a}{L_a + L_b} \Delta s_{AB} \tag{9-42}$$

$$\Delta s_{AE} = s_E - s_A \tag{9-43}$$

$$\Delta s_{AB} = s_B - s_A \tag{9-44}$$

式中　$s_A$——基础上 $A$ 点的沉降量（mm）；
　　　$s_B$——基础上 $B$ 点的沉降量（mm）；
　　　$s_E$——基础上 $E$ 点的沉降量（mm）；
　　　$L_a$——$AE$ 的距离；
　　　$L_b$——$EB$ 的距离。

2) 跨中挠度值 $f_z$：

$$f_z = \Delta s_{AE} - \frac{1}{2} \Delta s_{AB} \tag{9-45}$$

**5. 裂缝观测**

裂缝观测是测定建筑物上的裂缝分布位置，裂缝的走向、长度、宽度及其变化程度。

观测的裂缝数量视需要而定，主要的或变化大的裂缝应进行观测。对需要观测的裂缝应统一进行编号。每条裂缝至少应布设两组观测标志，一组在裂缝最宽处，另一组在裂缝末端。每组两个标志，分别位于裂缝两侧。

(1) 观测标志

裂缝观测标志，应具有可供量测的明晰端面或中心。观测期较长时，可采用镶嵌或埋入墙面的金属标志（图 9-115）、金属杆标志或楔形板标志；观测期较短或要求不高时可采用油漆平行线标志或用建筑胶粘贴的金属片标志；当要求较高、需要测出裂缝纵横向变化值时，可采用坐标方格网板标志。

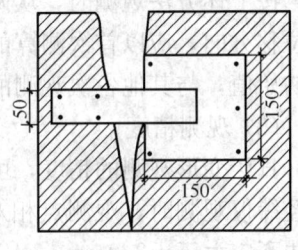

图 9-115　观测标志

(2) 测量方法

对于数量不多、易于量测的裂缝，可视标志形式不同采用比例尺、小钢尺或游标卡尺等工具定期量出标志间距离求得裂缝变位值，或用方格网板定期读取"坐标差"计算裂缝变化值。对于较大面积且不便于人工量测的众多裂缝可采用近景摄影测量方法；当需连续监测裂缝变化时，还可采用测缝计或传感器自动测记方法观测。

裂缝观测中，裂缝宽度数据应量至 0.1mm，每次观测应绘出裂缝的位置、形态和尺寸，注明日期，需要时附必要的照片资料。

(3) 观测周期

裂缝观测的周期应视其裂缝变化速度而定。通常开始可半月测一次，以后一月左右测一次。当发现裂缝加大时，应增加观测次数，直至几天或逐日一次连续观测。

#### 9.11.3.3　特殊变形监测

特殊变形是指建筑物或构件在日照、风荷、振动等动荷载作用下而产生的动态变形，通过特殊变形监测，测定其变形量，并分析其变化规律。

1. 日照变形观测

高耸建筑物或单柱（独立高柱）受阳光照射或辐射后，由于向阳面与背阳面的温差引起其上部结构发生位移。通过日照变形观测测定建筑物或单柱的偏移量，以了解其变化规律。

(1) 观测点的设置

当利用建筑物内部竖向通道进行日照变形观测时，应以通道底部中心位置作为测站点，以通道顶部垂直对应于测站点的位置作为观测点。

当从建筑物或单柱外部进行日照变形观测时，观测点应选在受热面的顶部或受热面上部的不同高度与底部适中位置设置照准标志，单柱亦可直接在照准顶部与底部中心线位置设置照准标志。外部观测的测站点要选在与观测点连线呈正交或近于正交的两条方向线上，其中一条宜与受热面垂直，距观测点的距离约为照准目标高度 1.5 倍的固定位置处，并埋设标石。

(2) 观测方法

当建筑物内部具有竖向通视条件时，应采用激光铅直仪观测法。在测站点上可安置激光铅直仪或激光经纬仪，在观测点上安置接收靶。每次观测，可从接收靶读取或量出顶部观测点的水平位移值和位移方向，亦可借助附于接收靶上的标示光点设施，直接获得各次观测的激光中心轨迹图和日照变形曲线图。

从建筑物外部观测时，可采用测角前方交会法或方向差交会法。对于单柱的观测，按不同量测条件，可选用经纬仪投点法、测顶部观测点与底部观测点之间的夹角法或极坐标法。按上述方法观测时，从两个测站对观测点的观测应同步进行。所测顶部的水平位移量与位移方向，应以首次测算的观测点坐标值或顶部观测点相对底部观测点的水平位移值作为初始值，与其他各次观测的结果相比较后计算求取。

(3) 观测精度

日照变形观测的精度，可根据观测对象的不同要求和不同观测方法，具体分析确定。用经纬仪观测时，观测点相对测站点的点位中误差，对投点法不应大于±1.0mm，对测角法不应大于±2.0mm。

(4) 观测时间

日照变形的观测时间，宜选在夏季的高温天进行。一般观测项目，可在白天时间段观测，从日出前开始，日落后停止，每隔约1h观测一次。在每次观测的同时，应测出建筑物向阳面与背阳面的温度，并测定风速与风向。

2. 风振观测

风振观测是在高层、超高层建筑物受强风作用的时间段内同步测定建筑物的顶部风速、风向和墙面风压以及顶部水平位移，以获取风压分布、体形系数及风振系数。

(1) 风速、风向和风压观测

风速、风向观测，可在建筑物顶部天面的专设桅杆上安置两台风速仪，分别记录脉动风速、平均风速及风向，并在距建筑物100~200m距离的一定高度（如10~20m）处安置风速仪记录平均风速，以与建筑物顶部风速比较观测风力在不同高度的变化。

风压观测，应在建筑物不同高度的迎风面与背风面外墙上，对应设置适当数量的风压盒作为传感器，或采用激光光纤压力计与自动记录系统，以测定风压分布和风压系数。

(2) 水平位移测量方法

顶部水平位移观测可根据要求和现场情况选用下列方法：

1) 自动测记方法

① 激光位移计自动测记法。位移计宜安置在建筑物底层或地下室地板上，接收装置可设在顶层或需要观测的楼层，激光通道可利用楼梯间梯井，测试室宜选在靠近顶部的楼层内。当位移计发射激光时，从测试室的光线示波器上可直接获取位移图像及有关参数，并自动记录成果。

② 长周期拾振器测记法。将拾振器设在建筑物顶部天面中间，由测试室内的光线示波器记录观测结果。

③ 双轴自动电子测斜仪（电子水枪）测记法。测试位置应选在振动敏感的位置，仪器的 $x$ 轴与 $y$ 轴（水枪方向）应与建筑物的纵横轴线一致，并用罗盘定向，根据观测数据计算出建筑物的振动周期和顶部水平位移值。

④ 加速度计法。将加速度传感器安装在建筑物顶部，测定建筑物在振动时的加速度，通过加速度积分求解位移值。

⑤ GNSS实时动态差分测量法。将一台GNSS接收机安置在距待测建筑物一段距离

且相对稳定的基准站上，另一台接收机的天线安装在待测建筑物楼顶。接收机高度角5°以上范围应无建筑物遮挡或反射物。其他技术要求应符合本手册9.4.1.3的规定。

2）经纬仪测角前方交会法或方向差交会法

此法适用于在缺少自动测记设备和观测要求不高时建筑物顶部水平位移的测定，但作业中应采取措施防止仪器受到强风影响。

（3）位移观测精度

风振位移的观测精度，当用自动测记法时，应视所用仪器设备的性能和精确程度要求具体确定；当采用经纬仪观测时，观测点相对测站点的点位中误差不应大于±15mm。由实测位移值计算风振系数 $\beta$ 时，可用下式计算：

$$\beta = (s + 0.5A)/s \tag{9-46}$$

或

$$\beta = (s_s + s_d)/s_s \tag{9-47}$$

式中 $s$——平均位移值（mm）；
$A$——风力振幅（mm）；
$s_s$——静态位移（mm）；
$s_d$——动态位移（mm）。

3. 动荷载作用下的变形观测

建筑在动荷载作用下会产生动态变形，因此需要测定其瞬时变形量，通过对变形数据的分析，了解变形特征、变形规律和变形趋势，以便采取应对措施。

（1）观测方法

动荷载作用下的变形测量宜采用多测（摄）站自动实时的同步观测系统。观测方法可采用全站仪自动跟踪测量方法、激光测量方法、位移传感器和加速度传感器测量方法、GNSS动态实时差分测量法各种测量方法的选用，应根据工程项目的特点、精度要求、变形速率、变形周期特性以及建构筑物的安全性等指标灵活选用，也可同时采用多种测量方法进行综合实时观测。

1）全站仪自动跟踪测量方法

当采用全站仪自动跟踪测量方法时，测站应设立在控制点或工作基点上，并采用有强制对中装置的观测台或观测墩；测站视野应开阔无遮挡，周围应设立安全警示标志；应同时具有防水、防尘设施。观测体上的变形点宜采用观测棱镜，距离较短时也可采用反射片。数据通信电缆宜采用光纤或专用数据电缆，并应安全敷设。连接处应采取绝缘和防水措施。作业前应将自动观测成果与人工测量成果进行比对，确保自动观测成果无误后，方能进行自动观测。测站和数据终端设备应备有不间断电源。数据处理软件应具有观测数据自动检核、超限数据自动处理、不合格数据自动重测、观测目标被遮挡时可自动延时观测以及变形数据自动处理、分析、预报和预警等功能。

2）激光测量方法

当采用激光测量方法时，激光器（包括激光经纬仪、激光导向仪、激光准直仪等）宜安置在变形区影响之外或受变形影响较小的区域。激光器应采取防尘、防水措施。安置激光器后，应同时在激光器附近的激光光路上，设立固定的光路检核标志。整个光路上应无障碍物，光路附近应设立安全警示标志。目标板（或感应器），应稳固设立在变形比较敏感的部位并与光路垂直；目标板的刻画应均匀、合理。观测时，应将接收到的激光光斑调至最小、最清晰。

3）位移传感器和加速度传感器测量方法

各种类型位移传感器使用说明、接线方法、安装、调试方法和注意事项等都有各自的特点，使用单位可根据生产厂家相关信息要求，进行安装和使用。

4）GNSS 动态实时差分测量法

当采用 GNSS 动态实时差分测量法时，应建立 GNSS 参考站。GNSS 参考站应设立在变形区之外或受变形影响较小的地势较高区域。参考站上部天空应开阔，无高度角超过10°的障碍物，且周围无 GNSS 信号反射物（大面积水域，大型建筑、构筑物）及高压线、电视台、无线电发射源、微波站等干扰源。变形观测点，宜设置在建构筑物顶部变形比较敏感的部位，变形观测点的数目应依具体的项目和建构筑物的结构灵活布设，接收天线的安置应稳固，并采取保护措施，周围无高度角超过 10°的障碍物。卫星接收数量不应少于5 颗，应采用固定解成果。数据通信，长期的变形观测宜采用光纤电缆或专用数据电缆，短期的也可采用无线电数据链通信。

（2）观测点位置

动态变形观测点应选在变形体受动荷载作用最敏感并能稳定牢固地安置传感器、接收靶、反光镜等照准目标的位置。

（3）观测精度

应根据观测体建筑设计时允许的最大位移量按照本手册 9.11.1.2 的规定推算变形观测的观测中误差。

4. 近景摄影测量变形观测

近景摄影测量本身是摄影测量的一种，因此它的发展历程在前期是和摄影测量一样的，比较公认的近景摄影测量的发展大致可以分为三个阶段。

近景摄影测量一般需要借助摄像机来进行工作，目前近景摄影测量使用的相机主要有两种：量测型摄像机和非量测型摄像机。由于量测型摄像机比较笨重而且价格昂贵因此相对来说具有调焦灵活、分辨率高、价格低优点的非量测型摄像机在近景摄影测量中的应用越来越广。

控制测量作为近景摄影测量的第一步，对于测量成果的质量有着很大的影响。对于控制点的选择，我们一般要求成像清晰、便于辨认。除此之外控制点的材质选择也会影响到观测的精度，因此在近景摄影测量之前我们需要对不同材质的控制点进行对比来得到最佳的观测质量。

近景摄影测量的测量方式分为：交向摄影和正直摄影两种方式，具体采用哪种摄影方式需要根据具体的工程做出最优选择。在近景摄影测量的过程中，左片和右片的拍摄位置是固定的，这样能够保证每次拍摄的变形监测的照片都是在基本相同的外界条件下拍摄，为了达到这一目的我们选择的两个拍摄位置应地形简单、无较大变形移动、外界干扰较少。

5. 支撑轴力监测

基坑一般都是采用连续墙（桩）加钢支撑的支护结构，支撑轴力是必测的项目。支承轴力监测，监测基坑在施工过程中支承轴力的变化，避免支承轴力超过设计强度导致支承破坏引起整个支护体系失稳。支撑轴力监测方法为使用多功能读数仪进行测量，一般情况下轴力计的电缆线分为红色和黑色，先打开读数仪，将仪器模式切切换到 F 模式下，测量时将读数仪的鳄鱼夹红色的夹子夹到轴力计红色的电缆线上，黑色的夹子夹到黑色的电缆线上，读取读数仪显示屏上 F 值并作好记录。

(1) 测点布置原则

根据基坑监测相关规范要求测点布设原则如下：

1) 每层支撑的测点不少于 3 处，各层支撑的监测点位置在竖向宜保持一致。

2) 沿主体基坑长边支撑体系每 40m 布置 1 断面，在同一竖直面内每道支撑均应布设测点。

3) 轴力较大、在支撑体系中起控制作用或基坑深度变化部位的支撑应增设测点。

4) 监测点与围护结构变形监测点处于同一断面。

轴力计的现场布置见图 9-116。

(2) 测点埋设及技术要求

1) 埋设方法

图 9-116 轴力计安装现场图

① 采用专用的轴力架安装架固定轴力计，安装架圆形钢筒上没有开槽的一端面与支撑的牛腿（活络头）上的钢板电焊焊接牢固，电焊时必须将钢支撑中心轴线与安装中心点对齐。

② 待焊接冷却后，将轴力计推入安装架圆形钢筒内，并用螺丝（M10）把轴力计固定在安装架上。

③ 钢支撑吊装到位后，即安装架的另一端（空缺的那一端）与围护墙体上的钢板对上，中间加一块 250mm×250mm×25mm 的加强钢垫板，以扩大轴力计受力面积，防止轴力计受力后陷入钢板影响测试结果。

④ 将读数电缆接到基坑顶上的观测站；电缆统一编号，用白色胶布绑在电缆线上作出标识，电缆每隔两米进行固定，外露部分做好保护措施。

对于混凝土支撑，采用钢筋计进行监测，在支撑绑扎钢筋时埋设，为了能够真实反映出支撑杆件的受力状况，在每一个截面均匀分布钢筋计，上下侧各不少于 2 个。

2) 埋设技术要求

① 安装前测量一下轴力计的初频，是否与出厂时的初频相符合（≤±20Hz），如果不符合应重新标定或者然后另选用符合要求的轴力计。

② 安装过程必须注意轴力计和钢支撑轴线在一条直线上，各接触面平整，确保钢支撑受力状态通过轴力计（反力计）正常传递到支护结构上。在钢支撑吊装前，把轴力计的电缆妥善地绑在安装架的两翅膀内侧，防止在吊装过程中损伤电缆。

(3) 观测方法及数据采集

1) 观测仪器及方法

轴力计采用 FLJ 型各种规格的轴力计（图 9-117），采用振弦式频率读数仪进行读数，并记录温度。

2) 监测观测方法及数据采集技术要求

① 轴力计安装后，在施加钢支撑预应力前进行轴力计的初始频率的测量，在施加钢

图 9-117 轴力计

支撑预应力时,应该测量其频率,计算出其受力,同时要根据千斤顶的读数对轴力计的结果进行校核,进一步修正计算公式。

② 基坑开挖前应测试 2~3 次稳定值,取平均值作为计算应力变化的初始值。

③ 支撑轴力量测时,同一批支撑尽量在相同的时间或温度下量测,每次读数均应记录温度测量结果。

(4) 数据处理及分析

轴力计的工作原理是:当轴力计受轴向力时,引起弹性钢弦的张力变化,改变了钢弦的振动频率,通过频率仪测得钢弦的频率变化,即可测出所受作用力的大小。一般计算公式如下:

$$P = K\Delta F + b\Delta T + B \tag{9-48}$$

式中 $P$——支撑轴力(kN);

$K$——轴力计的标定系数(kN/F);

$\Delta F$——轴力计输出频率模数实时测量值相对于基准值的变化量;

$b$——轴力计的温度修正系数(kN/℃);

$\Delta T$——轴力计的温度实时测量值相对于基准值的变化量(℃);

$B$——轴力计的计算修正值(kN)。

注:频率模数 $F = f^2 \times 10^{-3}$。

### 9.11.4 变形监测数据处理与资料整理

当建筑变形观测结束后,首先要对各项观测数据,应进行认真的检查和验算,剔除超限的观测值,并对存在的系统误差进行补偿改正。然后依据测量误差理论和统计检验原理对获得的观测数据进行处理,计算变形量,有条件时还应对观测点的变形进行几何分析,做出物理解释。

#### 9.11.4.1 变形监测数据处理

1. 观测数据的检查和限差验算

根据测量内容按规范要求分别对水准测量、电磁波测距三角高程测量、三角测量、三边测量、导线测量和 GNSS 测量观测数据进行检查和限差计算。

2. 平差计算

在检查和验算合格的基础上,应对变形观测数据进行平差计算。平差计算应使用严密的方法和经验证合格的软件系统来进行。对于多期观测成果,其平差计算应建立在一个统一的基准上。

变形测量平差计算规定:

(1) 一般基准点应单独构网,每次对基准点都应进行复测,并应对其单独进行平差计算,确定基准点稳定后利用其对观测点进行监测并作为起算点。如果基准点与观测点统一构网,每期变形观测后,都应利用其中稳定的基准点作为起算点对观测网进行平差计算。

(2) 变形测量成果计算和分析中的数据取位应符合表 9-50 的规定。

观测成果计算和分析中的数据取位要求　　　　　　　　表 9-50

| 等级 | 角度(″) | 边长(mm) | 坐标(mm) | 高程(mm) | 沉降值(mm) | 位移值(mm) |
|---|---|---|---|---|---|---|
| 一、二级 | 0.01 | 0.1 | 0.1 | 0.01 | 0.01 | 0.1 |
| 三级 | 0.1 | 0.1 | 0.1 | 0.1 | 0.1 | 0.1 |

注：特级变形测量的数据取位，根据需要确定。

3. 变形监测分析

(1) 基准点稳定性分析

不论基准点单独构网或与观测点统一构网，每次复测后，根据本次基准点复测数据与上次数据的差值，经比较进行判断。当采用相邻复测数据不能进行判断时，应通过统计检验的方法进行稳定性检测分析。

(2) 观测点变化分析

1) 对于观测点的变化，可依相邻两期观测成果中观测点的平差值之差与最大测量误差（取中误差的两倍）相比较进行。当平差值之差小于最大误差时，可认为观测点在这一周期内没有变动或变动不显著。

2) 对多周期观测成果，如相邻周期平差值之差虽然很小，但呈现出一定的趋势，则应视为有变动。

(3) 变形趋势分析

变形监测数据处理方法分为统计学方法和确定性方法两大类，其中统计学方法是以监测数据为基础，利用各种数理统计方法建立预报模型，从而达到对监测对象进行分析和预测今后变形趋势。工程中常用的监测数据处理典型方法如下：

1) 监测曲线形态判断法

根据变形观测收集和记录的数据，求得监测时间、变形量（包括应力、应变）、施工状态（阶段）、荷载等参数，绘制变形过程曲线是一种最简单、直观而有效的数据处理方法。由过程曲线可找出监测对象不同时间的变形值和变形发展趋势，预测可能出现的最大变形值，由此判断出安全状态。

变形过程曲线有时间—变形曲线、时间—荷载—变形曲线、变形与施工开挖工作面距离关系曲线等，通常将时间作为横轴，其他变形量等作为纵轴，表示方法见图 9-118 和图 9-119。

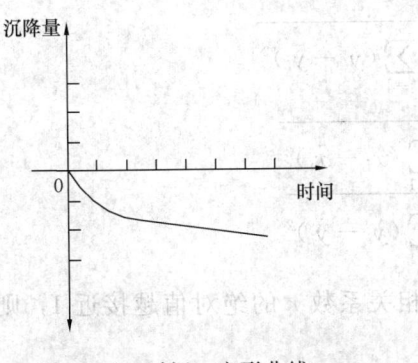

图 9-118　时间—变形曲线

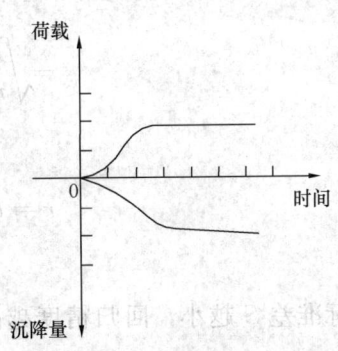

图 9-119　时间—荷载—变形曲线

2) 回归分析

回归分析是数理统计中处理变量之间关系的常用方法。对一组监测数据进行处理时,通过回归分析找出引起变形原因与变形值之间的内在联系和统计规律。研究、处理两个变量之间关系的回归分析称为一元回归分析;研究、处理多个变量的回归分析称为多元回归分析。

下面主要介绍一元线性回归分析。

当两个变量之间关系为线性时,则称一元线性回归分析,可用 $y = a + bx$ 函数进行回归。由于观测误差因素的影响,观测值并不符合上式要求,而产生观测误差 $\Delta$,则

$$\Delta = y - (a + bx) \tag{9-49}$$

对于一组观测值来说,则有 $\Delta_i = y_i - (a + bx_i)$

按最小二乘法估计原理,应在 $[\Delta\Delta] = \min$ 的条件下求回归常数 $a$ 和回归系数 $b$ 的估值,即

$$M = \sum_{i=1}^{n}(y_i - \bar{y}_i)^2 = \sum_{i=1}^{n}(y_i - a - bx_i^2) = \min \tag{9-50}$$

为此,$a$、$b$ 必须满足下式:

$$\frac{\partial M}{\partial a} = -2\sum_{i=1}^{n}[y_i - (a + bx_i)] = 0 \tag{9-51}$$

$$\frac{\partial M}{\partial b} = -2\sum_{i=1}^{n}(y_i - a - bx_i)x_i = 0 \tag{9-52}$$

由此可以计算出回归常数 $a$ 和回归系数 $b$ 的估值。

$$a = \bar{y} - b\bar{x} \tag{9-53}$$

$$b = \frac{\sum_{i=1}^{n}x_i y_i - \frac{1}{n}\sum_{i=1}^{n}x_i \sum_{i=1}^{n}y_i}{\sum_{i=1}^{n}x_i^2 - \frac{1}{n}(\sum_{i}^{n}x_i)^2} \tag{9-54}$$

判断回归方程的有效性,还要计算和分析回归方程的剩余标准差 $S$ 和相关系数 $r$。剩余标准差 $S$ 和相关系数 $r$ 可利用下式计算:

$$s = \sqrt{\frac{1}{n-2}\sum_{i=1}^{n}(y_i - \bar{y}_i)^2} \tag{9-55}$$

$$r = b\sqrt{\frac{\sum_{i=1}^{n}(x_i - \bar{x}_i)^2}{\sum_{i=1}^{n}(y_i - \bar{y}_i)^2}} \tag{9-56}$$

剩余标准差 $S$ 越小,回归精度越高,相关系数 $r$ 的绝对值越接近 1,则线性关系越好。

上述计算一般可用计算器来完成。

#### 9.11.4.2 变形监测成果整理

观测数据的检查和限差验算、平差计算、变形监测分析后,对监测成果进行整理分析,最终形成监测成果。监测成果应包含如下内容:

(1) 技术设计或监测方案。
(2) 变形监测基准点和观测点位置图。
(3) 标石和标志规格和埋设图。
(4) 仪器检验与校正资料。
(5) 平差计算、质量评定资料及成果表。
(6) 变形体变形量随时间、荷载等变化的时态曲线图。
(7) 变形监测技术报告。

### 9.11.5 远程自动化监测和监测信息管理系统

很多情况下,由于监测对象位置不能或不适合接近,但需要实时了解变形状况和稳定状态,同时也为提高监测效率,由此发展了远程监测技术。远程实时监控就是利用现代计算机技术、现代控制技术和现代网络通信技术对监测对象的状态进行全面的监测、控制和管理。远程监测技术所形成的智能化、自动化监测系统,可以对各种物理量的测量传感器进行数据采集、实时监控、在线运算以及分析处理,及时向施工、设计、业主等单位反馈信息,为保障工程建设过程中建设项目和工程环境安全,为工程的顺利进展,远程自动化监测发挥了重要作用。

远程自动化监测主要方法有:全站仪自动跟踪测量方法、位移传感器和加速度传感器测量方法、激光测量方法及 GNSS 动态实时差分测量法等。

#### 9.11.5.1 全站仪自动跟踪测量方法

当采用全站仪自动跟踪测量方法进行远程自动化监测时,应建立远程自动化监测系统,该系统包括具有自动识别目标、自动跟踪测量功能,带有电动机驱动自动照准装置的全站仪;在测站和数据终端间连接的数据通信电缆以及室内控制电脑等组成,通过室内控制电脑的指令进行远程自动化监测。

1. 仪器设备要求

对于监测使用的全站仪要带有电动机驱动自动照准装置,具有自动识别目标、自动跟踪测量功能,测角精度不应低于±1″,测距精度不应低于±(2mm+2ppm·D)。角度和距离观测的测回数应根据监测精度要求进行设计。数据通信电缆宜采用光纤或专用数据电缆,为保证数据传输安全,连接处应采取绝缘和防水措施,同时测站和数据终端设备应备有不间断电源,以防电源中断。

2. 测站和变形观测点要求

安置监测仪器的测站应为基准点或工作基点,测站必须采用有强制对中装置的观测台或观测墩。为满足长时间观测要求,测站视野应开阔无遮挡,周围应设立醒目的安全警示标志。同时还要具有防水、防尘设施。观测体上的变形点应采用观测棱镜,距离较短时也可采用反射片。

3. 观测与数据处理要求

作业前应将自动观测成果与人工测量成果进行比对,确保自动观测成果无误后,方能进行自动观测。

数据处理软件应具有观测数据自动检核、超限数据自动处理、不合格数据自动重测、观测目标被遮挡时可自动延时观测以及变形数据自动处理、分析、预报和预警等功能。

#### 9.11.5.2　GNSS动态实时差分测量法

高层建筑、桥梁等大型结构在特殊环境外力，如强台风、地震等的作用下产生的运动响应，可能会产生破坏性的影响，因此对大型结构尤其是高层结构物受外力作用下运动位置的实时连续监测是高层建筑物监测中非常重要的一个环节。

GNSS动态实时差分测量方法与传统手段相比，具有直接获取运动物体的空间三维绝对位置，并可以分析得到运动的频率和振幅；独立数据采样，可以更高精度捕获建筑物的运动位置和频率；全天候、24h连续进行高速采样率观测；对其他监测系统进行独立检核等优点。

**1. 参考站设置**

GNSS参考站要设置在变形区以外的地势高处，参考站上方避免高度角超过10°的障碍物，附近不应有大面积的水域或对电磁波反射（或吸引）强烈的物体，以避开多路径效应影响，同时要远离无线电发射装置和高压输电线，避免干扰。

**2. 观测点设置**

观测点宜设置在建筑物的顶部变形敏感部位，变形观测点数量根据建筑结构要求布设，接收天线埋设稳固并有保护装置，周围无高度角超过10°的障碍物，见图9-120。

图9-120　监测设备

**3. 系统功能**

监测系统具有集成化、一体化的特征，具有遥测遥控、数据远程传输、预警、一体化网络功能。通过自动化监测系统可以对异常、潜在隐患实现实时监控。大量监测数据自动传输至监测中心，进行数据存储、查询和比较验证。借助系统配套软件，可迅速对此数据进行分析，对结构健康状态进行评估。

#### 9.11.5.3　监测信息管理系统

监测信息管理系统具有施工监测信息可视化管理、统计分析等功能。用于土建工程施工监测信息化管理，当接入互联网可访问该系统，可使任何相关主管在任何时间、任意地点，完成系统中涵盖的所有管理工作。

**1. 系统组成**

系统由数据采集和监测信息管理两部分组成，如图9-121所示。采用笔记本电脑或电子手簿野外自动、半自动采集数据，通过互联网或无线网络向监测系统主机发送监测原始数据，并通过监测信息管理部分完成数据的处理、存储、统计分析和预警信息发布。

**2. 系统主要功能**

提供以下功能：数据入库、数据处理及精度评定；生成报表，生成变形曲线图、变形速率图；通过回归分析进行变形预报、安全预警、网上信息发布及信息交流。

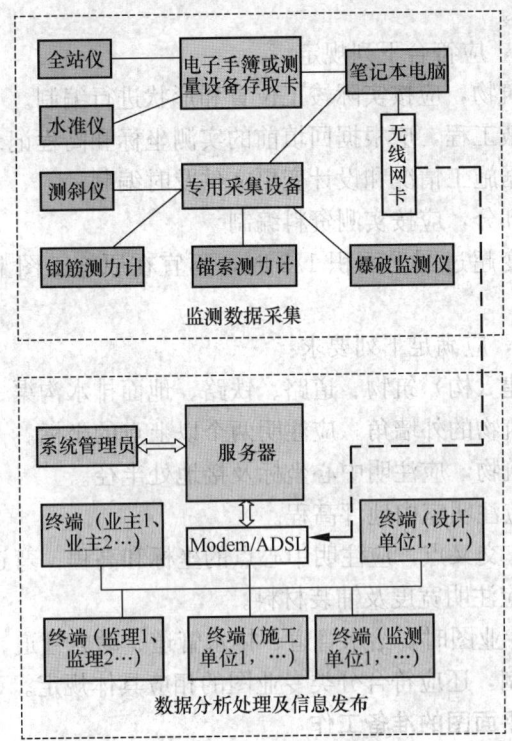

图 9-121　监测信息管理系统组成示意图

## 9.12　竣工总图的编绘与实测

建筑工程项目施工结束后，应根据工程的需要进行竣工总图的编绘和实测工作。竣工总图是提供工程竣工成果的重要组成部分，它是验收和评价工程施工质量的基本依据之一。竣工总图一般根据设计和施工资料进行编绘，当资料不全或施工变更无法完全编绘时，应进行更加翔实的测绘工作。

### 9.12.1　竣工总图的编绘

#### 9.12.1.1　编绘竣工总图的一般规定

1. 建筑工程项目竣工后，应根据工程需要编绘或实测竣工总图。有条件时，宜采用数字竣工图。

竣工总图及附属资料是验收和评价工程质量的依据。竣工总图编绘完成后，应经原设计及施工单位技术负责人审核、会签。

编绘竣工总图，需要在施工过程中收集一切相关的资料，加以整理，及时进行编绘。

竣工总图的比例尺，宜选用 1/500；坐标系统、高程系统、图幅大小、图上注记、线条规格，应与原设计图一致。图例符号应采用现行国家标准《总图制图标准》GB/T 50103。

对于复杂场区，地上、地下管线密集，可采用计算机辅助绘图系统（CAD）或地理信息系统 GIS 进行绘制。

2. 竣工总图的编制，应符合下列规定：

(1) 地面建（构）筑物，应按实际竣工位置和形状进行编制。

(2) 地下管道及隐蔽工程，应根据回填前的实测坐标和高程记录进行编制。

(3) 施工中，应根据施工情况和设计变更文件及时编制。

(4) 对实测的变更部分，应按实测资料编制。

(5) 当平面布置改变超过图上面积 1/3 时，不宜在原施工图上修改和补充，应重新编制。

3. 竣工总图的绘制，应满足下列要求：

(1) 应绘出地面的建（构）筑物、道路、铁路、地面排水沟渠、树木及绿化地等。

(2) 矩形建（构）筑物的外墙角，应注明两个以上点的坐标。

(3) 圆形建（构）筑物，应注明中心坐标及接地处半径。

(4) 主要建筑物，应注明室内地坪高程。

(5) 道路的起终点、交叉点，应注明中心点的坐标和高程；弯道处，应注明交角、半径及交点坐标；路面，应注明宽度及铺装材料。

(6) 当不绘制分类专业图时，给水管道、排水管道、动力管道、工艺管道、电力及通信线路等在总图上的绘制，还应符合分类专业图的相应具体规定。

### 9.12.1.2 编绘竣工总平面图的准备工作

1. 绘制前准备

总平面图的编绘，应收集以下各种资料：总平面布置设计图；施工设计图纸；设计变更文件；施工检测记录；竣工测量资料；其他相关资料。

2. 竣工总平面图比例尺的选择

竣工总平面图的比例尺，宜选用 1/500。也可根据建筑规模大小和密集程度参考下列规定：小区内为 1/500 或 1/1000；小区外为 1/5000～1/1000。采用电子编辑时，单位宜设为米，比例可提前设定，也可出图时设定。

3. 绘制竣工总图图底坐标方格网

为了能长期保存竣工资料，竣工总图应采用质量较好的图纸。聚酯薄膜作为常用图纸，具有坚韧、透明、不易变形等特性，但要选用毛面颗粒大小适中、均匀，以增加绘图墨水的附着力。

编绘竣工总平面图，首先要在图纸上精确地绘出坐标方格网。一般使用坐标格网尺和比例尺来绘制。坐标格网绘好后，应立即进行检查。其精度应符合下列规定：

(1) 方格网实际长度与名义长度之差不应大于 0.2mm。

(2) 图廓对角线长度与理论长度之差不应大于 0.3mm。

(3) 控制点间图上长度与坐标反算长度之差不应大于 0.3mm。

在当前计算机技术水平下，应尽量采用电子制图的方法绘制，常用的制图软件为计算机辅助设计（CAD）制图软件和地理信息系统（GIS）。

4. 展绘控制点

以图底上绘出的坐标方格网为依据，将施工控制网点按坐标展绘在图上。细部点展绘对所邻近的方格线而言，其允许偏差为±0.2mm。

采用电子制图的方法绘制时,应注意绘图坐标系的选择,X、Y坐标互换等设置问题。

控制点输入可采用"点"或"线"命令输入,亦可批量输入所有点。

5. 展绘设计总平面图

在编绘竣工总图之前,应根据坐标格网,先将设计总平面图的图面内容,按其设计坐标,用铅笔展绘于图纸上,作为底图。

### 9.12.1.3 竣工总平面图的编绘

1. 绘制竣工总图的依据

(1) 设计总平面图、单体工程平面图、纵横断面图和设计变更资料;对设计总平面图,宜进行扫描数字化,便于进行电子编辑绘图。

(2) 定位测量资料、施工检查测量及竣工测量资料。

2. 根据设计资料展点成图

凡按设计坐标定位施工的工程,应以测量定位资料为依据,按设计坐标(或相对尺寸)和标高编绘。建筑物和构筑物的拐角、起止点、转折点应根据坐标数据展点成图;对建筑物和构筑物的附属部分,如无设计坐标,可用相对尺寸绘制。

若原设计变更,则应根据设计变更资料编绘。

3. 根据竣工测量资料或施工检查测量资料展点成图

在工业与民用建筑施工过程中,在每一个单体工程完成后,应该进行竣工测量,并提出该工程的竣工测量成果。

对凡有竣工测量资料的工程,若竣工测量成果与设计值之差不超过所规定的定位允许偏差时,按设计值编绘;否则应按竣工测量资料编绘。

4. 展绘竣工位置时的要求

根据上述资料编绘成图时,对于厂房应使用黑色墨线绘出该工程的竣工位置,并应在图上注明工程名称、坐标和标高及有关说明。对于各种地上、地下管线,应用各种不同颜色的墨线绘出其中心位置,注明转折点及井位的坐标、高程及有关注明。在一般没有设计变更的情况下,墨线绘的竣工位置与按设计原图用铅笔绘的设计位置应该重合,但坐标及标高数据与设计值比较有的会有微小出入。随着施工的进展,逐渐在底图上将铅笔线都绘成为墨线。

在图上按坐标展绘工程竣工位置时,与在图底一样展绘控制点的要求一样,均以坐标格网为依据进行展绘,展点对邻近的方格而言,其允许偏差为±0.3mm。

5. 当竣工总图中图面负载较大但管线不甚密集时,除绘制总图外,可将各种专业管线合并绘制成综合管线图。综合管线图的绘制,也应满足分类专业图的相应要求。

6. 分类竣工总平面图的编绘

对于大型工矿企业、居民住宅小区和较复杂的工程,如将场区地上、地下所有建筑物和构筑物都绘在一张总平面图上,这样将会形成图面线条密集,不易辨认。为了使图面清晰醒目,便于使用,可根据工程的密集与复杂程度,按工程性质分类编绘竣工总平面图。

电子编辑绘图时,复杂的总图,应按专业,分图层进行绘制。

(1) 综合竣工总平面图

综合竣工总平面图即总体竣工总平面图，包括地上地下一切建筑物、构筑物和竖向布置及绿化情况等。如地上地下管线及运输线路密集，只编绘主要的。

(2) 工业管线竣工总平面图

工业管线竣工总平面图又可根据工程性质分类编绘，如上下水道竣工总平面图、动力管道竣工总平面图等。

(3) 场区铁路、公路竣工总平面图

图上须注明线路的起止点、转折点、变坡点、桥涵及附属建筑物和构筑物的坐标，以及曲线元素的数值等。

(4) 随工程的竣工相继进行编绘

工业企业竣工总平面图的编绘，最好的办法是：随着单位或系统工程的竣工，及时地编绘单位工程或系统工程平面图；并由专人汇总各单位工程平面图编绘竣工总平面图。这样可及时利用当时竣工测量成果进行编绘，如发现问题，能及时到现场实测查对。同时由于边竣工边编绘竣工总平面图，可以考核和反映施工进度。

7. 竣工总图的图面内容和图例

竣工总图的图面内容和图例，一般应与设计图一致。图例不足时，可补充编制，但必须加以图例说明。

### 9.12.1.4　竣工总图的附件

为了全面反映竣工成果，便于生产管理、维修和日后企业的扩建或改建，下列与竣工总图有关的一切资料，应分类装订成册，作为竣工总图附件的保存。

(1) 地下管线竣工纵断面图。

(2) 建筑场地及其附近的测量控制点布置图及坐标与高程一览表。

(3) 建筑物或构筑物沉降及变形观测资料。

(4) 工程定位、检查及竣工测量的资料。

(5) 设计变更文件。

(6) 建设场地原始地形图。

## 9.12.2　竣工总图的实测

### 9.12.2.1　实测范围

凡属下列情况之一者，必须进行现场实测，以编绘竣工总图：

(1) 由于未能及时提出建筑物或构筑物的设计坐标，而在现场指定施工位置的工程；

(2) 设计图上只标明工程与地物的相对尺寸而无法推算坐标和标高；

(3) 由于设计多次变更，而无法查对设计资料；

(4) 竣工现场的竖向布置、围墙和绿化情况，施工后尚保留的大型临时设施。

为了进行实测工作，可以利用施工期间使用的平面控制点和水准点进行施测。如原有控制点不够使用时，应补测控制点。

建筑物或构筑物的竣工位置应根据控制点采用极坐标法或直角坐标法实测其坐标。实测坐标与标高的精度应不低于建筑物和构筑物的定位精度。外业实测时，必须在现场绘出草图，最后根据实测成果和草图，在室内进行展绘，便成为完整的竣工总平面图。

#### 9.12.2.2 实测内容

**1. 建筑小区市政测量**

(1) 应绘出地面的建（构）筑物、道路、架空与地面上的管线、地面排水沟渠、地下管线等隐蔽工程、绿地园林等设施。

(2) 建筑小区道路中心线起点、终点、交叉点应测定坐标与高程，变坡点与直线段每30~40m处应测量高程；曲线应测量转角、半径与交点坐标，路面应注明材料与宽度。

(3) 架空电力线与电信线杆（塔）中心、架空管道应测量支架中心的起点、终点、转点、交叉点坐标，注写坐标的点与变坡点应测量基座面或地面的高程，与道路交叉处应测量净空高度。

**2. 建（构）筑物测量**

(1) 对地上建（构）筑物外部轮廓线的测量

1) 应测量建（构）筑物外部轮廓线、规划许可证附图中标注坐标的建（构）筑物外轮廓点位。

2) 建（构）筑物外部轮廓线平面图形、次要点位及其附属、配套设施的测量可采用极坐标法或数字化成图法。采用极坐标法应记录观测数据；采用数字化成图法应符合现行规范《城市测量规范》CJJ/T 8的规定；平面图绘制可根据建筑规模选定比例尺，尽量与原施工图比例尺一致。

(2) 主要角点距四至的距离测量

建（构）筑物四至边界点坐标宜实地测量，也可利用验线的测量成果。建（构）筑物与四至的距离测量可采用实量法或解析法。建（构）筑物每侧应计算的数据，应与规划许可证附图中标注的位置、数据一一对应。

(3) 建（构）筑物的高度测量

1) 应测量建（构）筑物的高度、层数和建（构）筑物室外地坪的高程，并在建设工程竣工测量成果报告书中绘制楼高示意图。

2) 平屋顶建（构）筑物的高度，应测量女儿墙顶到室外地坪的高度；坡屋面或其他曲面屋顶建（构）筑物的高度，应测量建（构）筑物外墙皮与屋面板交点至室外地坪的高度。

3) 楼高示意图应标注整体高度、女儿墙顶至楼顶、楼顶至设计±0.00、设计±0.00至室外地坪的高度；如果室外地坪没有成形，应标注整体高度、女儿墙顶至楼顶、楼顶至设计±0.00、设计±0.00至散水高度；如果散水也没成形，应标注整体高度、女儿墙顶至楼顶、楼顶至设计±0.00的高度，同时应在"说明"栏注明"现场室外地坪（散水）未成形"。

4) 阶梯式建筑应测出各楼层的高度，各楼层要标出分段高差和整体高度。一个楼高示意图表示不清的，应绘制多个楼高示意图。

5) 室外地坪或散水高程应标注在楼高示意图上。

(4) 地下建（构）筑物的测量

1) 地下建（构）筑物包括地下水泵房、地下配电室、地下停车场、地下人防工程、过街地道、地下商场和地下隐蔽工程等。应测量地下建（构）筑物外部轮廓线、地下建（构）筑物高度、主要细部点位距四至的距离，外部轮廓线及主要细部点位是内墙时，应在竣工测量成果图中说明。

2) 规划许可证附图中需要标注坐标的点位，其水平角应左、右角各观测一测回，圆周角闭合差不应大于±60″，其他点位可采用碎部测量方法。

(5) 地下管线测量

地下管线是指埋设在道路下的给水、排水、燃气、热力、工业等各种管道、电力、电信电缆以及地下管线综合管沟（廊）等。地下管线是建筑小区重要的组成部分，对建筑小区的运营管理极为重要。

地下管线细部点应按种类顺线路编号，编号宜采用"管线代号＋线号＋顺序号"组成，管线代号按本节上表的规定执行，管线起点、交叉点和终点应注编号全称，其他点可仅注顺序号，管线交叉点仅编一个号，四通应顺干线编号，排水管道应顺水流方向编号。

地下管线细部测量应测出地下管线起点、终点、转折点、分支点、交叉点、变径点、变坡点、主要构筑物中心，直线段宜每隔150m一点和曲线段起、中、终三点的坐标与高程（相近同高的细部点可测一个高程）。对于同种类双管或多管并行的直埋管线，当两最外侧管线的中心间距不大于1m时，应测并行管线的几何中心；大于1m时，应分别测各管线的中心。有检查井的管线可测井盖中心，地下管线小室应以检查井中心为定向点量测小室地下空间尺寸。

非自流管线应在回填土之前，而自流管道可在回填土之后测量其特征点的实际位置。特殊情况不能在回填土前测量时，则可先用三个固定地物用距离交会法拴出点位，测出与一个固定地物的高差，待以后还原点位再测坐标和联测高程。

#### 9.12.2.3 竣工总图实测方法

(1) 平面和高程控制测量的手段和方法与原施工控制测量方法相同，应充分利用原有的测量成果和点位。原有的控制桩遭到破坏后，应重新建立或恢复控制网，点位精度能满足施测细部点精度要求为准。

(2) 细部点的测量宜采用全站仪三维坐标法进行测定，便于数字成图和电子编辑。某些隐蔽点，可采用其他碎部点测量法进行观测，如距离交会法等。

### 9.12.3 竣工数字化交付

#### 9.12.3.1 竣工数字化交付条件下的竣工测量要求

在竣工数字化交付的条件下，竣工测量究竟应该如何实施呢？竣工测量在竣工图编制中有如下几个目的：

(1) 对建筑物，构筑物的关键尺寸，主要空间定位点的坐标等进行实际测量，以便在编制竣工图时对设计图纸进行标注和修改。因为施工误差和设计变更等因素的影响，实际竣工的建、构筑物在尺寸和空间定位上与设计图纸并不完全一致，需要实测实量来反映真实情况。在竣工数字化交付的条件下，这一步可以通过根据测量结果对竣工数据库的相关数据进行修改以及对三维模型的参数进行标注和修正来完成。

(2) 测绘包含建筑物、构筑物、地下管线、其他市政和绿化设施等的竣工总平面图，以反映上述对象的位置及其空间分布。在竣工数字化交付的条件下，竣工总图应该不仅是包含线条、尺寸、一些简单标注的DWG格式的线画电子地图，也是符合地理信息数据交换标准格式的GIS数据。

(3) 测绘和制作竣工三维模型。对于竣工数字化交付中的三维模型交付，当前一般采用将设计阶段和施工阶段建立的三维模型直接移交的方法，但是这种做法实际上存在一定的问题，原因前面已经提及，就是由于施工和设计变更等因素的存在，设计和施工阶段的模型与成品建（构）筑物并不完全相符。其实得益于现代测绘科技的发展，测绘人员已经能够通过先进测绘技术对成品的建构筑物进行实量实测，并生成真实尺寸，真实色彩纹理的三维模型。虽然这种模型不包含材质、物理力学性能等重要参数，但是它包含了建筑真实尺寸和实际空间定位等重要信息，可以作为三维模型的一个"图层"进行交付。

为了规范建设工程竣工测量工作，原国家测绘地理信息局于2014年12月18日发布了行业标准《城市建设工程竣工测量成果规范》CH/T 6001，对于城市建设工程竣工测量成果的范围、组成、内容、规格、质量等技术要求做了规定，以期不仅能满足规划建设管理的基本要求，同时也能在城市大比例尺地形图数据库、地下管线数据库更新，以及三维模型制作与更新方面发挥更大作用。

关于数字竣工测量成果组织，《城市建设工程竣工测量成果规范》有如下规定：4.4.3 数字竣工测量成果报告书应采用电子文件夹或数据库进行组织管理。4.4.6 以数据库形式进行组织管理的应按竣工测量成果类型分为不同的表单。4.4.8 数字竣工测量成果宜按数据文件进行组织，如竣工测量地形图或专题图等的数据文件。以上各条规定了数字竣工测量成果的数据组织形式，其中数据库形式是比电子文件夹更为先进，信息化程度更高的组织形式，在实际工程中应尽量采用数据库形式来组织数据。

关于竣工测量成果内容，《城市建设工程竣工测量成果规范》CH/T 6001 在4.5节规定，竣工测量的成果包括竣工测量成果报告书、成果表、成果图、三维模型、表面纹理、元数据、质量检验报告、成果目录等。该规范进一步规定：成果图的种类宜包括竣工测量地形图和竣工测量专题图，竣工测量专题图应包括竣工测量平面图、建筑物立面示意图、市政道路纵断面图、市政道路横断面图、地下管线纵断面图、宜包括建筑物规模测量分层平面示意图、地下管线横断面图。规范规定：城市建设工程竣工测量成果的三维模型宜包括地形三维模型、建筑物三维模型、市政道路三维模型、地下管线三维模型等。

关于竣工测量成果的规格，现行标准《城市建设工程竣工测量成果规范》4.6节要求：竣工测量地形图、竣工测量平面图的地形地物要素宜进行分层和编码，地形要素代码宜符合现行国家标准《基础地理信息要素分类和代码》GB/T 13923 的要求，竣工测量地形图宜采用通用的地理信息系统软件格式、公共交换格式存储和对外交换；三维模型和表面纹理的规格应符合现行行业标准《城市三维建模技术规范》CJJ/T 157 的规定，并宜分别采用通用三维模型数据格式、通用栅格数据格式。

关于竣工测量成果的质量，现行标准《城市建设工程竣工测量成果规范》要求：竣工测量地形图和平面图数据结构宜与当地地形图或地下管线数据库结构保持一致，或者可转换到当地地形图或地下管线数据库结构。图形数据宜以点、线、面和注记特征存在；面状数据应严格封闭，并建立拓扑关系。图面各相关要素关系表达宜符合现行标准《基础地理信息城市数据库建设规范》GB/T 21740 和《城市基础地理信息系统》CJJ 100 的相关规定。跨越图幅边界要素的线状或面状数据及其属性数据应进行接边处理。各项属性内容应正确、完整，逻辑关系合理。三维模型质量应符合现行标准《城市三维建模技术规范》CJJ/T 157 的规定。表面纹理应反映建设工程的原貌，图像清晰无扭曲变形，无污点，曝光率适宜。

#### 9.12.3.2 数字化竣工图和三维模型的测绘

**1. 数字化竣工地形图和平面图测绘**

无论是竣工地形图还是竣工平面图，实质上都是大比例尺地形图。现行标准《城市建设工程竣工测量成果规范》规定，竣工地形图和竣工平面图的比例尺宜为1∶500。早期的大比例尺地形测量采用经纬仪、皮尺加小平板的作业模式，后来全站仪和GPS RTK以及CAD制图软件广泛应用在地形测量中，作业模式逐步向数字化地形测量转化。到目前为止，这种作业模式仍然是地形图测绘的主要方式。近些年随着三维激光扫描移动测量、无人机航空摄影测量技术的逐渐发展和成熟，大有取代传统大比例尺地形测量方法之势。

**2. 竣工三维模型建模**

三维激光扫描技术是目前较先进的实景建模技术，三维激光扫描仪（图9-122）利用仪器发射的定向激光束快速扫描被测物体表面，可以得到海量的被测物体表面点三维坐标，这些密集的测点显示在计算机屏幕上，被形象地称为"点云图像"。通过对点云数据的去噪、抽稀、TIN（三角网表面模型）构建，就可以得到被测物体的表面模型，有的扫描仪还配有同轴相机，可以在扫描的同时对被扫物体摄影，并自动对点云赋予RGB颜色，从而得到彩色点云，更加真实地还原被扫物体的信息。我们可以利用这种技术进行竣工三维模型的测绘和建模，扫描点云成果见图9-123，利用点云数据建模成果见图9-124。

图9-122　三维激光扫描仪

图9-123　彩色点云图像

图9-124　利用点云制作的三维模型

与BIM软件进行三维建模时所依据的是设计数据不同，使用测绘技术手段建立的模型，其数据是由实际测绘而得到，实测的数据包含了施工误差和变形的信息，这一点在进行建造质量控制和变形监测时十分有用。

在Autodesk公司的NAVIS WORKS软件中，可以使用CLASH DETECTIVE功能在传统的三维几何图形（点、线、面）和激光扫描点云之间直接进行碰撞检测。通过检测我们可以得知施工在多大程度上符合设计要求。

另外，Autodesk公司的REVIT软件专门提供了点云工具，允许直接将三维激光扫描数据连接至 BIM 流程,用以创建竣工模型。这样我们就可以直接在 REVIT 软件中,使用点云成果对模型进行空间位置和尺寸的修正,以得到精确的竣工模型。

3. 竣工立面图的测绘

在进行立面图测绘时,除了可以使用三维激光扫描方法之外,我们还可以使用近景摄影测量的方法。近景摄影测量是出现较早的一种实景建模技术,摄影测量的历史已有近百年之久,历经了由模拟摄影测量—解析摄影测量—全数字摄影测量的发展过程。所谓的近景摄影,是相对于航空摄影这种相机远离被摄对象的摄影方式而言的,通常摄影时物距不大于 300m。

多基线数字近景摄影测量系统属于最新数字近景摄影测量应用软件。它是以计算机视觉替代传统的人眼双目视觉原理而获得实质性发展的一套全数字近景摄影测量系统。能对普通单反数码相机获得的影像,完成从自动空三测量到测绘各种比例尺的线划地形图的生产,及对普通数码相机所获的近景影像进行快速精密三维重建;并可作为直接由地面摄影的数字影像中获取测绘信息的软件平台。我们以获取某栋楼房的立面图过程为例来简要说明:

首先是拍摄工程影像,依次从左往右拍摄 6 张影像,相邻两张影像之间重叠度约 80%;摄距约 10m、楼层高约 16m、仰角约 60°,见图 9-125。

图 9-125 原始影像获取

其次根据获取的原始影像进行匹配,并根据匹配结果进行正射纠正,得到正射影像,并在影像上进行立面图绘制,见图 9-126。

图 9-126 在近景摄影测量得到的建筑表面正射影像上绘制立面图

最后对绘制的立面图进行整饰，得到立面图，见图9-127。

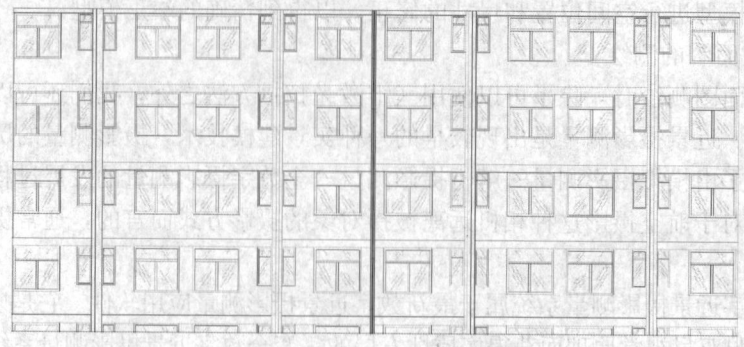

图 9-127　成品的建筑立面图

4. 地下管线竣工三维模型

地下管线调查与探测近年来的技术进步主要集中在两方面：一是物探技术的进步，二是地下管线管理信息系统和管线三维建模技术的快速发展。尤其是管线管理信息系统和管线三维建模技术的发展，实现了管线信息的动态管理，可视化表达，能够方便地查询分析和统计，改变了设计人员使用管线成果的方式，在某建设项目的设计过程中，测绘人员根据管线探测的成果对沿线所有地下管线进行了三维建模（图9-128）并提交设计单位，设计单位使用BIM软件进行设计工作时，

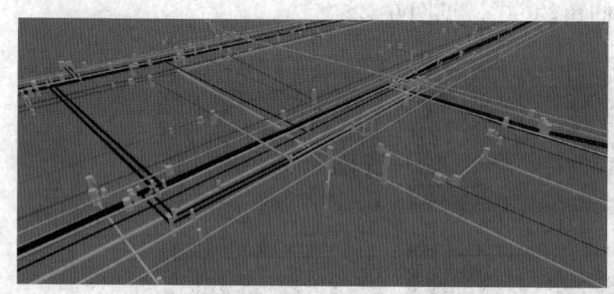

图 9-128　地下管线三维建模成果

能够一键查询与结构发生碰撞冲突的管线，并能够以断面图、列表等形式统计受到影响的管线，极大提高了设计工作的效率，降低了出错的可能性。这样建立的管线三维模型，同样可以用于管线竣工图的编绘。

#### 9.12.3.3　竣工数字化交付的前景展望

目前竣工数字化交付还属于探索和试用阶段，单就竣工测量成果而言，竣工测量成果的编绘和应用需要运用多个软件平台，有些特定的应用还需要定制化开发。而且竣工数字化交付的行业标准还不够成熟和完善，一些规定过于粗疏。但是竣工数字化交付是技术发展的方向，将来必然会成为主流。通过完善技术标准以及软件的整合，或者促进无损的数据交换格式标准的出台，可以逐步解决信息互联互通以及便捷化应用的要求。

竣工档案资料交付的目的，从根本上是为了运营阶段能够对建筑更好地管理、维护和使用。建筑使用空间的规划安排，建筑维护、维修和改扩建，建筑周边施工等都需要查阅建筑竣工档案获取相关信息。竣工测量成果的数字化交付比起传统的纸质资料交付，相关信息得到了更有效的组织，能使查询、分析等工作更加高效便捷，对于建筑本身和周边环境的反映更加直观、全面，细节更加丰富。而且基于计算机信息技术在数字化三维模型基础上进行的安保，应急，防灾等预案的设计和模拟演练，是传统的纸质竣工档案无法做到的。竣工数字化交付，代表了建筑业未来技术发展的方向，必将发展得更加完善，应用得更加普及。

## 参 考 文 献

[1] 建筑施工手册(第五版)编委会. 建筑施工手册[M]. 5 版. 北京：中国建筑工业出版社，2012.
[2] 中华人民共和国住房和城乡建设部. 建筑施工测量标准：JGJ/T 408—2017[S]. 北京：中国建筑工业出版社，2017.
[3] 北京市测绘设计研究院. 城市测量规范：CJJ/T 8—2011[S]. 北京：中国建筑工业出版社，2012.
[4] 中华人民共和国住房和城乡建设部. 建筑变形测量规范：JGJ 8—2016[S]. 北京：中国计划出版社，2016.
[5] 国家测绘局标准化研究所. 国家一、二等水准测量规范：GB/T 12897—2006[S]. 北京：中国标准出版社，2006.
[6] 国家测绘局测绘标准化研究所. 区域似大地水准面精化基本技术规定：GB/T 23709—2009[S]. 北京：中国标准出版社，2009.
[7] 国家认证认可监督管理委员会. 实验室资质认定工作指南[M]. 北京：中国计量出版社，2007.
[8] 独知行，刘智敏. GPS 测量实施与数据处理[M]. 北京：测绘出版社，2011.
[9] 张勤，李家权. GPS 测量原理及应用[M]. 北京：科学出版社，2005.
[10] 李征航，黄劲松. GPS 测量与数据处理[M]. 武汉：武汉大学出版社，2005.
[11] 施一民. 现代大地控制测量(第二版)[M]. 北京：测绘出版社，2008.
[12] 李久林. 智慧建造理论与实践[M]. 北京：中国建筑工业出版社，2015.
[13] 冯金钰. 建筑工程竣工图绘制[M]. 重庆：重庆大学出版社，2015.
[14] 葛清. BIM 第一维度—项目不同阶段的 BIM 应用[M]. 北京：中国建筑工业出版社，2013.
[15] 中华人民共和国住房和城乡建设部. 城市轨道交通工程测量规范：GB/T 50308—2017[S]. 北京：中国建筑工业出版社，2017.
[16] 北京城建集团. 建筑结构工程施工工艺标准[M]. 北京：中国计划出版社，2004.
[17] 北京城建集团. 地基与基础工程施工工艺[M]. 北京：中国计划出版社，2004.
[18] 国家测绘局测绘标准化研究所. 全球导航卫星系统(GNSS)测量规范：GB/T 18314—2024[S]. 北京：中国标准出版社，2024.
[19] 秦长利. 城市轨道交通工程测量[M]. 北京：中国建筑工业出版社，2008.
[20] 中国建筑科学研究院机械化研究院电梯工程施工质量验收规范：GB 50310—2002[S]. 北京：中国建筑工业出版社，2002.
[21] 朱德文. 电梯施工技术[M]. 北京：中国电力出版社，2005.
[22] 张元培. 电梯与自动扶梯的安装维修[M]. 北京：中国电力出版社，2005.
[23] 北京城建集团. 建筑 路桥 市政工程施工工艺标准：电梯 智能建筑施工标准(第Ⅶ分册)[M]. 北京：中国计划出版社，2004.
[24] 城市地下管线探测技术规程：CJ 61—2017[S]. 北京：中国建筑工业出版社，2017.

# 10 季节性施工

我国疆域幅员辽阔,东西跨越的经度为60多度,跨越5个时区,东西距离约为5200km,南北跨越的纬度近50度,南北距离约为5500km,气候条件非常复杂。

本章主要介绍冬期、雨期及高温暑期等极端气候条件下的施工方法,包含冬期、雨期及暑期施工管理、地基基础、钢筋、混凝土、装配式混凝土结构、砌体、钢结构、钢-混凝土组合结构、装饰、屋面、外保温、机电等工程施工内容。

## 10.1 冬期施工措施与要求

在淮河-秦岭(我国南北方的地理分界线)以北的广大地区,每年都有较长时间的负温天气。在这些地区合理的利用冬期进行工程施工,对快速完成工程建设投资有重大的意义。

### 10.1.1 冬期施工管理措施与要求

#### 10.1.1.1 冬期施工基本资料(气象资料)

1. 冬期施工期限划分原则

《建筑工程冬期施工规程》JGJ/T 104—2011规定,根据当地多年气象资料统计,当室外日平均气温连续5d稳定低于5℃即进入冬期施工;当室外日平均气温连续5d高于5℃时即解除冬期施工。

2. 冬期施工起止时间

根据全国各地气象观测站2008年～2019年的气象资料统计,全国部分城市室外旬平均气温稳定低于5℃的起止日期见表10-1。

全国部分城市室外旬平均气温稳定低于5℃的起止日期表　　　表10-1

| 序号 | 城市 | 起止时间 | 序号 | 城市 | 起止时间 |
| --- | --- | --- | --- | --- | --- |
| 1 | 北京 | 11月中旬～3月上旬 | 7 | 嫩江 | 10月中旬～4月上旬 |
| 2 | 哈尔滨 | 10月中旬～4月上旬 | 8 | 沈阳 | 11月上旬～3月下旬 |
| 3 | 齐齐哈尔 | 10月中旬～4月上旬 | 9 | 大连 | 11月上旬～3月中旬 |
| 4 | 牡丹江 | 10月中旬～4月上旬 | 10 | 丹东 | 11月中旬～3月下旬 |
| 5 | 海伦 | 10月中旬～4月上旬 | 11 | 锦州 | 11月上旬～3月下旬 |
| 6 | 鸡西 | 10月中旬～4月上旬 | 12 | 朝阳 | 11月上旬～3月下旬 |

续表

| 序号 | 城市 | 起止时间 | 序号 | 城市 | 起止时间 |
|---|---|---|---|---|---|
| 13 | 营口 | 11月中旬~3月下旬 | 41 | 西安 | 11月下旬~2月下旬 |
| 14 | 本溪 | 11月上旬~3月下旬 | 42 | 榆林 | 11月上旬~3月中旬 |
| 15 | 银川 | 11月上旬~3月上旬 | 43 | 汉中 | 12月上旬~2月上旬 |
| 16 | 盐池 | 11月上旬~3月中旬 | 44 | 济南 | 12月上旬~2月下旬 |
| 17 | 拉萨 | 11月上旬~3月上旬 | 45 | 潍坊 | 11月下旬~3月上旬 |
| 18 | 昌都 | 11月上旬~3月中旬 | 46 | 青岛 | 12月上旬~3月上旬 |
| 19 | 那曲 | 9月上旬~4月中旬 | 47 | 威海 | 12月上旬~3月上旬 |
| 20 | 长春 | 11月上旬~4月上旬 | 48 | 菏泽 | 12月上旬~2月中旬 |
| 21 | 延吉 | 10月下旬~4月上旬 | 49 | 曲阜 | 11月下旬~2月下旬 |
| 22 | 延安 | 11月中旬~3月上旬 | 50 | 西宁 | 10月下旬~3月下旬 |
| 23 | 四平 | 11月上旬~3月下旬 | 51 | 格尔木 | 10月中旬~4月上旬 |
| 24 | 临江 | 11月上旬~4月上旬 | 52 | 贵南 | 10月中旬~4月上旬 |
| 25 | 上海 | 1月中旬~2月上旬 | 53 | 玉树 | 10月中旬~4月上旬 |
| 26 | 郑州 | 12月上旬~2月下旬 | 54 | 敦煌 | 11月上旬~3月中旬 |
| 27 | 安阳 | 11月下旬~2月下旬 | 55 | 酒泉 | 10月下旬~3月下旬 |
| 28 | 武汉 | 12月下旬~1月下旬 | 56 | 武都 | 12月上旬~2月上旬 |
| 29 | 呼和浩特 | 10月下旬~3月下旬 | 57 | 天水 | 11月下旬~2月下旬 |
| 30 | 海拉尔 | 10月上旬~4月上旬 | 58 | 乌鲁木齐 | 11月上旬~3月下旬 |
| 31 | 锡林浩特 | 10月中旬~4月中旬 | 59 | 吐鲁番 | 11月下旬~2月下旬 |
| 32 | 二连浩特 | 10月下旬~4月上旬 | 60 | 哈密 | 11月上旬~3月下旬 |
| 33 | 通辽 | 10月下旬~3月下旬 | 61 | 伊宁 | 11月上旬~3月中旬 |
| 34 | 长治 | 11月上旬~3月中旬 | 62 | 徐州 | 12月中旬~2月中旬 |
| 35 | 大同 | 10月下旬~3月中旬 | 63 | 赣榆 | 12月上旬~3月上旬 |
| 36 | 运城 | 11月中旬~2月下旬 | 64 | 蚌埠 | 12月上旬~3月上旬 |
| 37 | 天津 | 11月下旬~3月上旬 | 65 | 安庆 | 1月上旬~2月上旬 |
| 38 | 石家庄 | 11月下旬~2月下旬 | 66 | 甘孜 | 10月下旬~3月下旬 |
| 39 | 泊头 | 11月中旬~2月下旬 | 67 | 理塘 | 10月中旬~4月中旬 |
| 40 | 承德 | 11月上旬~3月中旬 | | | |

**3. 全国部分城市冬期旬平均气温**

根据全国各地气象观测站2008~2019年的气象资料统计，全国部分城市冬期分旬平均气温见表10-2。

表 10-2　全国部分城市冬期分旬平均气温表（℃）

| 城市名称 | 气温类别 | 1月上旬 | 1月中旬 | 1月下旬 | 2月上旬 | 2月中旬 | 2月下旬 | 3月上旬 | 3月中旬 | 3月下旬 | 4月上旬 | 4月中旬 | 4月下旬 | 9月上旬 | 9月中旬 | 9月下旬 | 10月上旬 | 10月中旬 | 10月下旬 | 11月上旬 | 11月中旬 | 11月下旬 | 12月上旬 | 12月中旬 | 12月下旬 |
|---|---|---|---|---|---|---|---|---|---|---|---|---|---|---|---|---|---|---|---|---|---|---|---|---|---|
| 阿勒泰 | 旬平均气温 | −15.8 | −15.7 | −17.6 | −14.8 | −15.0 | −12.6 | −9.0 | −3.8 | 2.4 | 5.3 | 10.2 | 13.2 | 16.8 | 14.6 | 10.7 | 9.6 | 7.2 | 3.3 | 1.5 | −4.6 | −8.3 | −10.2 | −14.0 | −13.9 |
| 阿勒泰 | 旬平均最高气温 | −9.5 | −9.2 | −10.7 | −7.7 | −7.7 | −5.6 | 1.9 | 1.4 | 8.7 | 11.7 | 16.5 | 19.8 | 21.5 | 17.6 | 10.6 | 16.1 | 13.1 | 8.9 | 6.8 | 0.0 | −2.7 | −4.2 | −7.9 | −8.1 |
| 阿勒泰 | 旬平均最低气温 | −20.0 | −21.0 | −23.2 | −19.9 | −18.5 | −20.6 | −14.9 | −8.6 | −2.8 | −0.3 | 4.3 | 6.8 | 9.7 | 8.1 | 4.9 | 4.6 | 2.3 | −0.7 | −2.3 | −8.3 | −12.7 | −15.0 | −18.7 | −19.0 |
| 安庆 | 旬平均气温 | 4.1 | 4.2 | 4.3 | 5.2 | 6.2 | 8.4 | 8.4 | 11.9 | 13.4 | 15.4 | 17.4 | 19.1 | 25.4 | 21.0 | 22.4 | 20.6 | 19.0 | 16.9 | 14.5 | 11.7 | 9.9 | 8.1 | 5.6 | 4.8 |
| 安庆 | 旬平均最高气温 | 7.9 | 8.1 | 7.8 | 10.7 | 10.1 | 9.1 | 11.9 | 16.6 | 18.4 | 20.3 | 22.1 | 23.8 | 29.3 | 28.6 | 26.2 | 22.4 | 21.3 | 20.8 | 19.1 | 15.4 | 14.1 | 12.6 | 9.3 | 8.9 |
| 安庆 | 旬平均最低气温 | 1.1 | 1.3 | 1.5 | 5.5 | 3.0 | 2.2 | 5.1 | 8.4 | 9.2 | 11.4 | 13.6 | 15.1 | 22.6 | 21.3 | 19.5 | 17.1 | 15.5 | 13.8 | 11.1 | 8.8 | 6.7 | 4.5 | 2.6 | 1.6 |
| 安阳 | 旬平均气温 | −0.8 | −0.7 | −1.2 | 4.9 | 2.7 | 0.6 | 6.2 | 9.8 | 12.2 | 13.7 | 15.8 | 18.1 | 22.4 | 21.0 | 19.6 | 18.0 | 16.2 | 12.7 | 10.5 | 6.6 | 4.0 | 2.9 | 0.6 | −0.1 |
| 安阳 | 旬平均最高气温 | 4.6 | 4.7 | 3.8 | 10.7 | 8.2 | 5.9 | 12.3 | 16.0 | 18.1 | 20.1 | 21.6 | 23.9 | 27.4 | 26.7 | 25.4 | 22.4 | 22.6 | 18.6 | 16.3 | 12.0 | 9.6 | 8.9 | 5.8 | 6.2 |
| 安阳 | 旬平均最低气温 | −4.9 | −4.7 | −5.0 | 0.7 | −1.4 | −3.3 | 1.4 | 4.8 | 6.9 | 8.2 | 10.5 | 12.5 | 18.8 | 16.8 | 15.3 | 17.1 | 11.2 | 8.5 | 10.5 | 8.8 | 6.7 | 4.5 | −3.3 | −4.6 |
| 蚌埠 | 旬平均气温 | 2.1 | 1.9 | 1.7 | 3.1 | 4.3 | 6.7 | 6.9 | 10.5 | 11.9 | 13.9 | 16.2 | 18.3 | 23.7 | 22.6 | 20.8 | 19.3 | 17.6 | 15.2 | 12.8 | 9.6 | 7.7 | 5.7 | 3.5 | 2.4 |
| 蚌埠 | 旬平均最高气温 | 6.5 | 6.1 | 6.5 | 11.4 | 9.4 | 7.8 | 12.1 | 16.0 | 17.5 | 19.7 | 21.8 | 23.5 | 27.8 | 27.2 | 25.4 | 22.8 | 22.8 | 20.1 | 17.9 | 14.6 | 12.4 | 11.1 | 8.1 | 7.6 |
| 蚌埠 | 旬平均最低气温 | −1.7 | −1.9 | −1.9 | 2.8 | 0.3 | −0.6 | 2.8 | 5.8 | 7.1 | 8.8 | 11.4 | 12.9 | 20.6 | 19.2 | 17.6 | 15.1 | 13.5 | 11.5 | 8.7 | 6.0 | 4.0 | 1.5 | −0.2 | −1.4 |
| 北京 | 旬平均气温 | −3.0 | −3.1 | −1.9 | 2.0 | 1.0 | −1.4 | 4.2 | 7.8 | 10.8 | 13.5 | 15.3 | 17.5 | 23.0 | 21.8 | 19.1 | 16.7 | 14.6 | 11.5 | 8.2 | 4.9 | 2.3 | 0.7 | −1.2 | −2.2 |
| 北京 | 旬平均最高气温 | 2.1 | 1.7 | 1.9 | 7.3 | 5.3 | 4.2 | 9.7 | 13.6 | 16.7 | 19.5 | 21.3 | 23.4 | 27.9 | 26.9 | 10.2 | 22.0 | 20.1 | 16.6 | 13.8 | 9.6 | 7.0 | 5.5 | 3.3 | 2.7 |
| 北京 | 旬平均最低气温 | −7.0 | −7.0 | −7.4 | −2.7 | −4.7 | −6.0 | −1.1 | 2.2 | 4.7 | 7.1 | 9.6 | 11.0 | 18.9 | 17.0 | 14.5 | 11.9 | 9.5 | 6.8 | 3.3 | 0.6 | −2.1 | −3.4 | −4.9 | −6.3 |

续表

| 城市名称 | 气温类别 | 1月下旬 | 1月中旬 | 1月上旬 | 2月下旬 | 2月中旬 | 2月上旬 | 3月下旬 | 3月中旬 | 3月上旬 | 4月下旬 | 4月中旬 | 4月上旬 | 9月下旬 | 9月中旬 | 9月上旬 | 10月下旬 | 10月中旬 | 10月上旬 | 11月下旬 | 11月中旬 | 11月上旬 | 12月下旬 | 12月中旬 | 12月上旬 |
|---|---|---|---|---|---|---|---|---|---|---|---|---|---|---|---|---|---|---|---|---|---|---|---|---|---|
| 本溪 | 旬平均气温 | -11.0 | -11.1 | -11.3 | -3.4 | -6.6 | -8.4 | 4.7 | 1.8 | -2.3 | 13.0 | 10.3 | 7.6 | 15.3 | 18.2 | 19.4 | 7.3 | 10.5 | 12.6 | -3.1 | 0.1 | 4.7 | -9.7 | -8.9 | -5.4 |
| | 旬平均最高气温 | -4.7 | -4.9 | -5.2 | 2.4 | -0.7 | -2.3 | 10.6 | 7.5 | 3.2 | 19.2 | 16.4 | 13.4 | 22.0 | 20.6 | 25.5 | 13.6 | 17.3 | 19.2 | 2.1 | 4.8 | 10.5 | -3.9 | -3.7 | -0.1 |
| | 旬平均最低气温 | -16.3 | -16.0 | -15.9 | -8.3 | -11.7 | -13.4 | -0.6 | -2.9 | -6.7 | 7.1 | 4.8 | 2.3 | 10.2 | 13.1 | 14.8 | 2.5 | 5.1 | 7.3 | -7.2 | -3.8 | 0.3 | -14.2 | -13.2 | -9.8 |
| 泊头 | 旬平均气温 | -2.5 | -2.4 | -2.9 | 2.8 | 0.9 | -1.1 | 11.1 | 8.4 | 4.7 | 17.3 | 15.0 | 13.1 | 19.6 | 21.6 | 22.9 | 12.1 | 15.6 | 17.6 | 2.7 | 5.6 | 9.4 | -1.7 | -0.9 | 1.3 |
| | 旬平均最高气温 | 2.8 | 2.9 | 2.3 | 8.2 | 6.5 | 4.4 | 17.3 | 14.8 | 10.9 | 23.5 | 21.2 | 19.6 | 25.2 | 26.9 | 27.7 | 17.5 | 21.5 | 23.4 | 7.8 | 10.9 | 14.9 | 3.5 | 4.2 | 6.4 |
| | 旬平均最低气温 | -6.4 | -6.3 | -6.8 | -1.3 | -3.2 | -5.1 | 5.5 | 3.2 | -0.3 | 11.5 | 9.7 | 7.6 | 15.3 | 17.2 | 19.1 | 7.8 | 10.9 | 13.1 | -1.1 | 1.5 | 5.2 | -5.6 | -4.5 | -2.5 |
| 昌都 | 旬平均气温 | -0.5 | -1.7 | -1.7 | 2.8 | 2.4 | 1.5 | 6.4 | 4.7 | 3.9 | 9.2 | 8.5 | 7.4 | 12.8 | 13.9 | 14.4 | 6.5 | 9.0 | 10.6 | 1.7 | 3.7 | 5.2 | -1.6 | -0.5 | 0.5 |
| | 旬平均最高气温 | 9.9 | 9.0 | 8.3 | 11.3 | 11.4 | 11.9 | 15.0 | 13.4 | 12.3 | 17.1 | 17.1 | 15.5 | 21.4 | 22.4 | 22.3 | 15.8 | 18.2 | 19.3 | 12.7 | 14.4 | 14.0 | 9.6 | 10.5 | 12.4 |
| | 旬平均最低气温 | -8.8 | -10.2 | -9.5 | -4.3 | -5.3 | -7.0 | -2.5 | -2.5 | -3.1 | 3.5 | 2.0 | 1.1 | 7.1 | 8.3 | 9.2 | -0.4 | 2.5 | 4.7 | -6.1 | -4.2 | -2.9 | -9.6 | -8.3 | -7.8 |
| 朝阳 | 旬平均气温 | -3.2 | -3.2 | -3.3 | 1.9 | -0.1 | -1.3 | 4.0 | 7.6 | 13.5 | 17.5 | 15.5 | 13.4 | 18.7 | 21.4 | 23.0 | 10.9 | 14.2 | 16.4 | 1.8 | 4.4 | 7.6 | -2.4 | -1.4 | 0.4 |
| | 旬平均最高气温 | 1.8 | 2.1 | 1.8 | 7.2 | 5.3 | 4.2 | 9.7 | 13.5 | 17.6 | 23.4 | 21.2 | 19.5 | 10.1 | 27.1 | 28.1 | 16.4 | 20.1 | 21.9 | 7.1 | 9.5 | 13.9 | 2.7 | 3.4 | 5.4 |
| | 旬平均最低气温 | -7.5 | -7.4 | -7.7 | -3.0 | -4.9 | -6.2 | -1.5 | 1.6 | 4.4 | 10.8 | 9.4 | 6.8 | 13.9 | 16.4 | 18.5 | 6.1 | 8.8 | 11.3 | -2.8 | -0.1 | 2.4 | -6.7 | -5.3 | -3.9 |
| 承德 | 旬平均气温 | -9.1 | -9.5 | -9.5 | -2.3 | -4.9 | -6.8 | 3.6 | 6.9 | 12.0 | 17.5 | 12.0 | 9.3 | 14.5 | 17.2 | 19.0 | 6.5 | 9.7 | 12.0 | -3.8 | -0.5 | 3.6 | -9.0 | -7.7 | -5.5 |
| | 旬平均最高气温 | -1.7 | -1.9 | -2.2 | 4.8 | 2.4 | 0.6 | 12.0 | 15.0 | 7.2 | 21.9 | 19.8 | 17.3 | 22.2 | 25.1 | 26.1 | 13.8 | 18.0 | 19.8 | 3.2 | 6.0 | 11.4 | -1.1 | -1.7 | 1.2 |
| | 旬平均最低气温 | -14.8 | -14.5 | -14.7 | -8.1 | -10.9 | -12.8 | -3.4 | -0.4 | -6.8 | 6.3 | 5.0 | 1.8 | 8.5 | 11.2 | 13.9 | 1.0 | 3.5 | 6.0 | -9.0 | -5.4 | -2.2 | -14.3 | -12.6 | -10.4 |

续表

| 城市名称 | 气温类别 | 1月上旬 | 1月中旬 | 1月下旬 | 2月上旬 | 2月中旬 | 2月下旬 | 3月上旬 | 3月中旬 | 3月下旬 | 4月上旬 | 4月中旬 | 4月下旬 | 9月上旬 | 9月中旬 | 9月下旬 | 10月上旬 | 10月中旬 | 10月下旬 | 11月上旬 | 11月中旬 | 11月下旬 | 12月上旬 | 12月中旬 | 12月下旬 |
| --- | --- | --- | --- | --- | --- | --- | --- | --- | --- | --- | --- | --- | --- | --- | --- | --- | --- | --- | --- | --- | --- | --- | --- | --- | --- |
| 达日 | 旬平均气温 | -11.9 | -12.4 | -10.4 | -7.7 | -7.1 | -5.9 | -5.2 | -3.7 | -2.3 | -0.3 | 0.8 | 1.9 | 7.6 | 7.2 | 5.8 | 3.0 | 1.0 | -1.2 | -3.7 | -5.1 | -7.2 | -8.4 | -10.1 | -11.5 |
| 达日 | 旬平均最高气温 | -2.5 | -2.5 | -1.0 | 1.6 | 1.2 | 2.2 | 2.5 | 4.6 | 5.7 | 7.0 | 8.3 | 8.7 | 14.5 | 14.6 | 12.9 | 10.2 | 8.2 | 6.1 | 4.3 | 3.8 | 1.7 | 1.8 | -0.2 | -1.6 |
| 达日 | 旬平均最低气温 | -19.3 | -20.3 | -18.5 | -15.8 | -14.2 | -13.3 | -12.1 | -10.2 | -8.7 | -5.9 | -5.1 | -3.5 | 3.0 | 2.3 | 1.4 | -1.6 | -3.6 | -6.1 | -9.3 | -11.7 | -14.1 | -16.2 | -17.6 | -19.0 |
| 大柴旦 | 旬平均气温 | -12.0 | -12.0 | -9.8 | -6.9 | -7.3 | -4.7 | -4.1 | -1.3 | 0.7 | 2.7 | 4.6 | 6.3 | 12.0 | 11.1 | 8.7 | 6.1 | 3.1 | 0.0 | -2.1 | -4.7 | -7.1 | -8.2 | -10.5 | -11.6 |
| 大柴旦 | 旬平均最高气温 | -3.3 | -3.2 | -1.0 | 1.8 | 0.6 | 2.6 | 3.5 | 6.9 | 8.7 | 10.3 | 12.0 | 13.5 | 18.4 | 18.1 | 15.6 | 14.1 | 11.1 | 8.0 | 6.1 | 3.4 | 1.1 | 0.8 | -1.7 | -3.0 |
| 大柴旦 | 旬平均最低气温 | -18.9 | -19.4 | -17.7 | -14.5 | -14.5 | -11.6 | -11.2 | -8.8 | -6.8 | -4.6 | -2.5 | -1.7 | 6.1 | 4.9 | 2.5 | -1.1 | -4.1 | -6.7 | -9.1 | -11.5 | -13.7 | -15.4 | -17.3 | -18.7 |
| 大连 | 旬平均气温 | -3.6 | -3.6 | -4.2 | -2.9 | -1.5 | 0.4 | 1.0 | 4.2 | 6.6 | 8.5 | 10.6 | 13.4 | 22.3 | 21.3 | 18.9 | 16.6 | 15.0 | 11.7 | 9.2 | 5.6 | 3.2 | 1.5 | -1.5 | -2.2 |
| 大连 | 旬平均最高气温 | -0.5 | -0.2 | -0.9 | 0.4 | 1.9 | 4.1 | 4.8 | 8.3 | 10.8 | 12.8 | 14.7 | 17.5 | 25.6 | 24.7 | 22.3 | 19.9 | 18.5 | 15.3 | 12.5 | 8.6 | 6.7 | 4.9 | 1.7 | 1.2 |
| 大连 | 旬平均最低气温 | -6.2 | -6.3 | -7.1 | -5.6 | -4.2 | -2.2 | -1.7 | 1.2 | 3.3 | 5.2 | 7.2 | 10.0 | 19.8 | 18.5 | 16.1 | 13.6 | 12.1 | 8.8 | 6.3 | 2.7 | 0.2 | -1.6 | -4.3 | -5.2 |
| 大同 | 旬平均气温 | -11.0 | -10.7 | -10.7 | -8.3 | -6.4 | -3.5 | -2.6 | 2.3 | 4.6 | 6.9 | 10.4 | 12.1 | 16.3 | 15.3 | 12.9 | 10.6 | 8.2 | 5.1 | 2.3 | -1.8 | -4.5 | -6.4 | -9.0 | -10.1 |
| 大同 | 旬平均最高气温 | -3.3 | -2.2 | -2.2 | -0.1 | 1.6 | 4.8 | 5.6 | 10.9 | 12.5 | 15.0 | 18.5 | 20.1 | 23.2 | 22.9 | 20.4 | 18.6 | 16.4 | 12.6 | 9.7 | 5.2 | 2.5 | 0.5 | -1.6 | -2.5 |
| 大同 | 旬平均最低气温 | -16.9 | -17.4 | -17.3 | -14.6 | -13.2 | -10.6 | -9.6 | -5.3 | -3.2 | -0.9 | 2.3 | 3.5 | 10.4 | 8.9 | 6.4 | 4.1 | 1.3 | -0.7 | -3.5 | -7.2 | -10.2 | -11.9 | -14.6 | -16.1 |
| 丹东 | 旬平均气温 | -7.2 | -7.6 | -7.6 | -5.8 | -4.2 | -1.3 | -0.3 | 2.5 | 4.3 | 6.6 | 9.2 | 11.9 | 20.7 | 19.4 | 16.5 | 14.0 | 12.0 | 9.3 | 7.0 | 2.4 | -0.6 | -3.3 | -5.9 | -7.0 |
| 丹东 | 旬平均最高气温 | -2.1 | -2.6 | -2.4 | -0.4 | 1.2 | 3.5 | 4.8 | 7.8 | 10.0 | 12.1 | 14.8 | 17.6 | 26.0 | 25.1 | 22.8 | 20.1 | 18.0 | 15.3 | 12.2 | 6.9 | 4.0 | 1.3 | -1.4 | -2.3 |
| 丹东 | 旬平均最低气温 | -11.6 | -11.6 | -11.8 | -10.0 | -8.7 | -5.4 | -4.5 | -1.9 | -0.5 | 2.0 | 4.5 | 6.9 | 16.8 | 15.1 | 11.9 | 9.2 | 7.0 | 4.8 | 2.9 | -1.2 | -4.3 | -7.2 | -9.6 | -10.8 |

10.1 冬期施工措施与要求　311

续表

| 城市名称 | 气温类别 | 1月下旬 | 1月中旬 | 1月上旬 | 2月下旬 | 2月中旬 | 2月上旬 | 3月下旬 | 3月中旬 | 3月上旬 | 4月下旬 | 4月中旬 | 4月上旬 | 9月下旬 | 9月中旬 | 9月上旬 | 10月下旬 | 10月中旬 | 10月上旬 | 11月下旬 | 11月中旬 | 11月上旬 | 12月上旬 | 12月中旬 | 12月下旬 |
|---|---|---|---|---|---|---|---|---|---|---|---|---|---|---|---|---|---|---|---|---|---|---|---|---|---|
| 东台 | 旬平均气温 | 2.2 | 2.3 | 2.3 | 6.5 | 4.0 | 3.1 | 10.5 | 9.4 | 6.2 | 17.0 | 14.6 | 12.6 | 21.6 | 23.1 | 26.2 | 16.1 | 17.9 | 19.4 | 8.7 | 10.8 | 13.7 | 6.0 | 3.9 | 2.9 |
| | 旬平均最高气温 | 6.6 | 6.9 | 6.6 | 10.8 | 8.6 | 7.4 | 15.9 | 14.8 | 11.1 | 22.7 | 19.9 | 18.3 | 25.7 | 27.2 | 28.3 | 20.6 | 22.7 | 25.1 | 13.4 | 15.2 | 18.6 | 11.0 | 8.4 | 7.5 |
| | 旬平均最低气温 | −1.3 | −1.3 | −1.1 | 3.1 | 0.3 | −0.2 | 6.0 | 5.2 | 2.5 | 11.9 | 10.2 | 8.0 | 18.5 | 19.9 | 21.1 | 12.4 | 14.0 | 15.6 | 5.1 | 7.1 | 10.0 | 2.1 | 0.5 | −0.7 |
| 都兰 | 旬平均气温 | −8.0 | −9.9 | −9.9 | −3.3 | −5.9 | −5.0 | 1.6 | 0.1 | −2.7 | 6.6 | 5.4 | 3.7 | 8.5 | 10.8 | 11.2 | 1.1 | 3.8 | 6.7 | −5.6 | −3.3 | −0.5 | −6.2 | −8.7 | −9.9 |
| | 旬平均最高气温 | −0.3 | −2.3 | −2.5 | 3.4 | 1.3 | 2.9 | 8.6 | 7.4 | 3.9 | 13.5 | 12.3 | 10.7 | 15.5 | 18.3 | 18.2 | 8.5 | 11.2 | 14.2 | 2.1 | 4.0 | 6.8 | 1.9 | −1.0 | −2.2 |
| | 旬平均最低气温 | −13.8 | −15.4 | −15.1 | −8.9 | −11.6 | −11.0 | −4.3 | −5.9 | −8.2 | −0.7 | −0.7 | −2.6 | 2.9 | 4.6 | 5.4 | −3.8 | −1.7 | 0.5 | −10.5 | −7.9 | −5.4 | −11.6 | −13.8 | −15.1 |
| 敦煌 | 旬平均气温 | −7.5 | −8.1 | −8.6 | 1.1 | −2.8 | −4.1 | 9.9 | 6.6 | 2.7 | 16.7 | 14.1 | 11.6 | 15.5 | 18.4 | 19.8 | 6.8 | 9.8 | 12.8 | −1.7 | 0.9 | 4.5 | −3.0 | −6.1 | −8.1 |
| | 旬平均最高气温 | 0.1 | −0.6 | −1.4 | 9.3 | 5.6 | 3.5 | 18.7 | 15.5 | 11.1 | 25.6 | 22.6 | 20.3 | 25.7 | 27.9 | 28.4 | 16.3 | 20.7 | 23.5 | 5.8 | 8.8 | 13.2 | 4.3 | 0.5 | −1.1 |
| | 旬平均最低气温 | −13.6 | −14.6 | −14.6 | −5.7 | −10.0 | −10.1 | 1.9 | −0.8 | −4.5 | 8.0 | 6.2 | 3.5 | 8.0 | 10.5 | 12.3 | −0.2 | 1.8 | 4.8 | −7.5 | −5.2 | −2.2 | −8.9 | −11.6 | −14.0 |
| 二连浩特 | 旬平均气温 | −17.0 | −17.2 | −18.4 | −8.8 | −11.9 | −14.1 | 2.0 | −1.4 | −6.8 | 10.9 | 8.4 | 4.6 | 12.3 | 16.0 | 17.6 | 2.7 | 6.6 | 9.9 | −9.7 | −6.4 | −0.8 | −11.5 | −14.5 | −15.7 |
| | 旬平均最高气温 | −9.0 | −9.8 | −11.4 | −0.3 | −3.2 | −5.9 | — | 7.5 | 1.7 | 18.7 | 16.3 | 12.3 | 20.1 | 23.5 | 24.7 | 10.2 | 14.7 | 17.2 | −2.8 | 0.2 | 6.7 | −4.8 | −7.9 | −9.0 |
| | 旬平均最低气温 | −22.8 | −23.5 | −23.5 | −15.3 | −18.5 | −20.3 | −5.3 | −9.0 | −13.7 | 3.2 | 0.6 | −2.6 | 5.8 | 9.1 | 11.4 | −2.8 | 0.2 | 3.8 | −14.8 | −11.5 | −6.0 | −16.3 | −19.6 | −20.8 |
| 甘孜 | 旬平均气温 | −2.5 | −3.3 | −3.7 | 1.3 | 0.6 | −0.3 | 4.8 | 3.6 | 2.4 | 7.8 | 7.3 | 6.1 | 11.5 | 12.3 | 13.0 | 5.4 | 7.3 | 8.8 | −1.2 | 1.9 | 2.8 | −2.3 | −2.8 | −3.8 |
| | 旬平均最高气温 | 7.6 | 6.3 | 6.3 | 9.8 | 9.7 | 9.9 | 13.0 | 12.3 | 10.7 | 15.4 | 15.7 | 14.2 | 19.2 | 20.4 | 20.4 | 13.9 | 15.4 | 16.8 | 8.9 | 12.3 | 12.2 | 8.6 | 7.4 | 6.9 |
| | 旬平均最低气温 | −9.8 | −10.7 | −10.2 | −5.1 | −6.2 | −7.9 | −1.5 | −3.2 | −4.1 | 2.0 | 0.7 | −0.2 | 6.5 | 7.2 | 8.1 | −0.5 | 1.9 | 3.8 | −8.0 | −5.2 | −3.5 | −9.4 | −9.3 | −10.9 |

续表

| 城市名称 | 气温类别 | 1月 上旬 | 1月 中旬 | 1月 下旬 | 2月 上旬 | 2月 中旬 | 2月 下旬 | 3月 上旬 | 3月 中旬 | 3月 下旬 | 4月 上旬 | 4月 中旬 | 4月 下旬 | 9月 上旬 | 9月 中旬 | 9月 下旬 | 10月 上旬 | 10月 中旬 | 10月 下旬 | 11月 上旬 | 11月 中旬 | 11月 下旬 | 12月 上旬 | 12月 中旬 | 12月 下旬 |
|---|---|---|---|---|---|---|---|---|---|---|---|---|---|---|---|---|---|---|---|---|---|---|---|---|---|
| 赣榆 | 旬平均气温 | −0.4 | −0.3 | −0.1 | 0.9 | 2.4 | 4.1 | 5.1 | 8.0 | 9.5 | 12.0 | 13.4 | 16.7 | 23.1 | 22.0 | 20.1 | 18.2 | 16.6 | 14.0 | 11.7 | 8.5 | 6.1 | 3.9 | 1.6 | 0.7 |
| | 旬平均最高气温 | 4.9 | 4.7 | 4.6 | 5.6 | 7.2 | 8.2 | 10.4 | 13.1 | 14.8 | 17.8 | 18.5 | 22.2 | 26.9 | 26.0 | 10.3 | 23.2 | 21.7 | 19.0 | 16.7 | 13.4 | 11.0 | 9.0 | 6.5 | 5.7 |
| | 旬平均最低气温 | −4.7 | −4.2 | −4.0 | −2.9 | −1.6 | 0.6 | 0.6 | 3.4 | 4.6 | 6.7 | 8.9 | 11.4 | 19.5 | 18.3 | 16.2 | 13.5 | 11.8 | 9.5 | 7.2 | 4.2 | 1.9 | −0.4 | −2.4 | −3.2 |
| 格尔木 | 旬平均气温 | −8.0 | −8.0 | −6.0 | −3.4 | −3.6 | −1.0 | 0.1 | 2.7 | 4.7 | 6.6 | 8.4 | 9.9 | 14.5 | 13.9 | 11.7 | 9.5 | 6.7 | 3.6 | 1.5 | −1.2 | −3.7 | −4.7 | −7.2 | −8.3 |
| | 旬平均最高气温 | −0.7 | −1.1 | 1.9 | 5.2 | 3.9 | 6.5 | 7.5 | 10.7 | 12.5 | 14.3 | 15.9 | 17.4 | 21.1 | 21.0 | 18.6 | 17.5 | 14.8 | 11.4 | 9.4 | 6.5 | 3.8 | 2.9 | 0.0 | −1.1 |
| | 旬平均最低气温 | −13.7 | −13.2 | −12.1 | −9.8 | −9.6 | −6.8 | −6.0 | −3.8 | −1.5 | 0.2 | 2.1 | 3.3 | 9.4 | 8.4 | 6.4 | 3.6 | 0.9 | −1.9 | −4.3 | −6.7 | −9.1 | −10.2 | −12.3 | −13.7 |
| 贵南 | 旬平均气温 | −10.9 | −10.9 | −9.3 | −6.4 | −6.4 | −3.9 | −3.1 | −0.2 | 1.2 | 3.5 | 5.1 | 6.2 | 10.5 | 10.0 | 7.9 | 5.9 | 3.3 | 0.9 | −1.7 | −4.4 | −6.7 | −7.9 | −9.8 | −11.3 |
| | 旬平均最高气温 | −0.5 | 0.2 | 2.2 | 4.8 | 3.6 | 6.1 | 6.3 | 9.4 | 10.4 | 12.2 | 13.2 | 14.0 | 18.0 | 17.9 | 15.5 | 14.9 | 12.3 | 10.2 | 8.7 | 6.2 | 4.2 | 3.8 | 1.1 | 0.1 |
| | 旬平均最低气温 | −17.7 | −18.2 | −17.1 | −14.2 | −13.8 | −11.2 | −10.3 | −7.9 | −6.2 | −4.3 | −1.8 | −1.1 | 4.8 | 4.1 | 3.1 | −0.4 | −2.5 | −5.1 | −8.0 | −10.9 | −13.4 | −10.2 | −12.3 | −13.7 |
| 哈尔滨 | 旬平均气温 | −18.1 | −19.1 | −17.8 | −15.4 | −13.6 | −10.4 | −8.9 | −3.0 | 1.5 | 4.7 | 7.4 | 11.4 | 18.3 | 16.3 | 13.2 | 10.1 | 7.1 | 3.7 | 0.4 | −5.4 | −9.5 | −7.9 | −9.8 | −11.3 |
| | 旬平均最高气温 | −12.7 | −13.7 | −12.1 | −9.2 | −7.6 | −4.7 | −3.3 | 2.3 | 7.4 | 10.4 | 13.4 | 17.6 | 23.5 | 22.5 | 19.3 | 16.3 | 13.1 | 8.9 | 5.4 | −1.4 | −4.6 | 3.8 | 1.1 | 0.1 |
| | 旬平均最低气温 | −22.7 | −23.1 | −17.8 | −21.3 | −19.4 | −16.2 | −14.6 | −8.4 | −4.4 | −1.0 | 1.8 | 5.2 | 10.0 | 10.7 | 7.7 | 4.5 | 1.7 | −1.0 | −4.1 | −9.1 | −13.9 | −15.2 | −16.7 | −18.6 |
| 哈密 | 旬平均气温 | −10.1 | −10.4 | −9.4 | −5.4 | −3.9 | 0.0 | 2.1 | 6.5 | 10.4 | 12.7 | 15.8 | 18.4 | 20.6 | 18.9 | 15.7 | 13.3 | 10.1 | 6.9 | 5.4 | −5.4 | −9.5 | −8.0 | −15.5 | −17.2 |
| | 旬平均最高气温 | −2.9 | −2.9 | −1.9 | 2.1 | 4.3 | 8.1 | 10.8 | 14.5 | 18.9 | 20.5 | 23.6 | 26.6 | 30.2 | 29.3 | 26.0 | 20.0 | 20.9 | 16.4 | 4.5 | −1.4 | −4.6 | 4.5 | 1.1 | −12.3 |
| | 旬平均最低气温 | −16.0 | −16.6 | −15.3 | −11.4 | −10.5 | −6.8 | −5.4 | −0.5 | 2.5 | 5.1 | 8.0 | 10.1 | 13.1 | 11.3 | 8.5 | 6.3 | 2.9 | 0.8 | 12.9 | 7.4 | 4.4 | 2.7 | −0.2 | −3.6 |

## 10.1 冬期施工措施与要求

续表

| 城市名称 | 气温类别 | 1月上旬 | 1月中旬 | 1月下旬 | 2月上旬 | 2月中旬 | 2月下旬 | 3月上旬 | 3月中旬 | 3月下旬 | 4月上旬 | 4月中旬 | 4月下旬 | 9月上旬 | 9月中旬 | 9月下旬 | 10月上旬 | 10月中旬 | 10月下旬 | 11月上旬 | 11月中旬 | 11月下旬 | 12月上旬 | 12月中旬 | 12月下旬 |
|---|---|---|---|---|---|---|---|---|---|---|---|---|---|---|---|---|---|---|---|---|---|---|---|---|---|
| 海拉尔 | 旬平均气温 | −26.7 | −28.0 | −26.3 | −23.8 | −22.4 | −19.5 | −17.8 | −11.4 | −4.9 | −1.2 | 2.9 | 7.1 | 14.0 | 12.1 | 7.2 | 4.7 | 1.4 | −2.6 | −6.4 | −14.1 | −17.9 | −20.6 | −23.5 | −25.1 |
| | 旬平均最高气温 | −22.3 | −23.3 | −21.1 | −18.4 | −16.5 | −13.3 | −11.4 | −4.9 | 1.2 | 5.2 | 9.2 | 14.0 | 20.6 | 19.2 | 14.0 | 11.5 | 8.0 | 3.4 | −0.9 | −9.4 | −12.8 | −15.8 | −19.3 | −20.8 |
| | 旬平均最低气温 | −30.4 | −32.2 | −30.9 | −28.7 | −27.7 | −25.0 | −23.7 | −17.6 | −10.6 | −6.7 | −3.3 | 0.3 | 8.3 | 6.0 | 1.6 | −1.1 | −3.9 | −7.5 | −11.0 | −18.4 | −22.2 | −10.8 | −27.5 | −29.2 |
| 海仑 | 旬平均气温 | −22.1 | −23.0 | −22.1 | −19.5 | −17.6 | −14.6 | −12.6 | −6.7 | −1.1 | 1.9 | 5.1 | 9.4 | 16.2 | 14.2 | 10.6 | 7.9 | 4.7 | 1.1 | −2.9 | −9.2 | −13.6 | −17.1 | −20.1 | −21.1 |
| | 旬平均最高气温 | −17.4 | −17.9 | −16.7 | −13.6 | −11.6 | −8.5 | −6.6 | −1.0 | 4.5 | 7.4 | 11.1 | 16.0 | 22.4 | 20.9 | 16.9 | 13.8 | 10.8 | 6.5 | 2.5 | −5.0 | −8.8 | −12.5 | −15.5 | −16.7 |
| | 旬平均最低气温 | −26.4 | −28.0 | −27.3 | −25.1 | −23.4 | −21.0 | −18.8 | −12.4 | −6.7 | −3.5 | −0.6 | 2.9 | 10.9 | 8.3 | 5.0 | 2.5 | −0.5 | −3.6 | −7.6 | −13.3 | −18.3 | −21.4 | −25.4 | −25.4 |
| 汉中 | 旬平均气温 | 3.3 | 3.7 | 3.9 | 5.0 | 5.8 | 8.0 | 9.0 | 12.0 | 13.4 | 15.3 | 16.9 | 19.2 | 22.7 | 21.1 | 19.7 | 18.2 | 16.1 | 14.2 | 12.0 | 9.7 | 7.2 | 6.3 | 4.6 | 3.4 |
| | 旬平均最高气温 | 7.2 | 8.3 | 8.5 | 9.2 | 10.1 | 12.5 | 13.8 | 17.6 | 19.2 | 20.6 | 22.8 | 25.3 | 27.1 | 25.1 | 23.5 | 22.4 | 20.1 | 17.6 | 15.5 | 13.0 | 11.1 | 11.1 | 8.6 | 8.1 |
| | 旬平均最低气温 | 0.7 | 0.7 | 0.8 | 2.1 | 2.9 | 5.0 | 5.7 | 8.1 | 9.3 | 11.6 | 12.6 | 14.3 | 19.8 | 18.4 | 17.2 | 15.5 | 13.5 | 12.1 | 9.7 | 7.5 | 4.7 | 3.0 | 1.7 | 0.5 |
| 菏泽 | 旬平均气温 | −0.3 | 0.5 | 0.5 | 1.5 | 3.8 | 6.1 | 6.9 | 10.5 | 12.5 | 14.0 | 16.1 | 18.3 | 23.1 | 21.7 | 20.1 | 18.6 | 16.9 | 13.9 | 11.2 | 7.8 | 5.2 | 4.0 | 1.7 | 0.9 |
| | 旬平均最高气温 | 4.4 | 5.7 | 5.5 | 6.7 | 9.1 | 11.4 | 12.5 | 16.2 | 18.1 | 20.1 | 21.9 | 25.9 | 27.9 | 26.9 | 25.9 | 23.1 | 20.0 | 19.5 | 16.8 | 12.9 | 10.1 | 9.5 | 6.7 | 6.4 |
| | 旬平均最低气温 | −3.1 | −3.1 | −3.1 | −2.0 | −0.1 | 2.2 | 2.6 | 5.9 | 7.7 | 9.0 | 11.3 | 12.9 | 19.6 | 18.0 | 16.5 | 14.3 | 12.5 | 10.0 | 7.3 | 4.0 | 1.5 | 0.1 | −1.8 | −2.9 |
| 呼和浩特 | 旬平均气温 | −10.5 | −10.7 | −10.7 | −7.6 | −6.1 | −3.2 | −2.5 | 2.3 | 5.0 | 7.2 | 10.5 | 12.6 | 17.2 | 16.0 | 13.2 | 11.0 | 8.5 | 5.3 | 2.2 | −1.9 | −4.9 | −6.7 | −8.6 | −10.4 |
| | 旬平均最高气温 | −4.3 | −4.3 | −4.3 | −3.6 | 0.6 | 3.4 | 4.2 | 9.5 | 11.7 | 14.0 | 17.6 | 19.8 | 23.4 | 22.4 | 19.7 | 17.8 | 15.5 | 11.5 | 8.2 | 3.5 | 0.6 | −1.4 | −3.2 | −4.9 |
| | 旬平均最低气温 | −15.3 | −15.2 | −15.6 | −12.5 | −11.4 | −8.5 | −8.1 | −3.7 | −1.1 | 0.7 | 3.6 | 5.3 | 12.0 | 10.4 | 7.5 | 5.2 | 2.8 | 0.4 | −2.3 | −5.9 | −9.2 | −10.8 | −12.8 | −14.6 |

续表

| 城市名称 | 气温类别 | 1月上旬 | 1月中旬 | 1月下旬 | 2月上旬 | 2月中旬 | 2月下旬 | 3月上旬 | 3月中旬 | 3月下旬 | 4月上旬 | 4月中旬 | 4月下旬 | 9月上旬 | 9月中旬 | 9月下旬 | 10月上旬 | 10月中旬 | 10月下旬 | 11月上旬 | 11月中旬 | 11月下旬 | 12月上旬 | 12月中旬 | 12月下旬 |
|---|---|---|---|---|---|---|---|---|---|---|---|---|---|---|---|---|---|---|---|---|---|---|---|---|---|
| 怀来 | 旬平均气温 | -7.4 | -7.2 | -7.5 | -5.2 | -3.6 | -1.5 | 0.4 | 4.5 | 7.5 | 10.0 | 12.5 | 14.4 | 19.3 | 18.1 | 15.4 | 13.1 | 10.9 | 7.6 | 4.8 | 1.0 | -2.0 | -3.4 | -5.4 | -6.4 |
| | 旬平均最高气温 | -1.9 | -1.3 | -1.3 | 0.8 | 2.7 | 5.0 | 7.1 | 12.0 | 14.5 | 16.9 | 19.4 | 21.2 | 25.5 | 25.0 | 22.1 | 19.8 | 18.0 | 13.8 | 11.2 | 6.2 | 3.6 | 1.9 | -0.2 | -0.8 |
| | 旬平均最低气温 | -11.6 | -11.7 | -12.2 | -10.0 | -8.7 | -6.6 | -5.0 | -1.8 | 1.2 | 3.5 | 6.3 | 7.6 | 14.2 | 12.2 | 9.8 | 7.7 | 5.2 | 2.9 | -0.2 | -2.9 | -6.0 | -7.3 | -9.2 | -10.4 |
| 惠民 | 旬平均气温 | -2.9 | -2.3 | -2.6 | -1.2 | 0.9 | 3.0 | 4.6 | 8.3 | 10.6 | 12.5 | 14.7 | 16.8 | 22.5 | 21.2 | 19.3 | 17.2 | 15.4 | 12.2 | 9.3 | 5.9 | 3.3 | 1.4 | -0.7 | -1.7 |
| | 旬平均最高气温 | 2.6 | 3.5 | 3.0 | 4.4 | 6.7 | 9.2 | 10.7 | 14.9 | 16.8 | 19.0 | 20.9 | 22.9 | 27.7 | 27.0 | 25.2 | 23.4 | 21.8 | 18.3 | 15.3 | 11.3 | 8.7 | 6.9 | 4.5 | 3.8 |
| | 旬平均最低气温 | -7.0 | -6.7 | -6.9 | -5.5 | -3.6 | -1.4 | -0.5 | 2.9 | 5.0 | 7.2 | 9.0 | 11.1 | 18.5 | 16.8 | 14.6 | 12.2 | 10.3 | 7.3 | 4.6 | 1.4 | -1.1 | -2.9 | -4.8 | -5.8 |
| 鸡西 | 旬平均气温 | -14.9 | -17.1 | -16.4 | -14.0 | -12.5 | -9.9 | -8.2 | -3.0 | 0.8 | 3.8 | 6.0 | 9.7 | 17.3 | 15.4 | 12.4 | 9.4 | 6.7 | 3.2 | 0.1 | -5.3 | -9.0 | -12.3 | -14.7 | -15.3 |
| | 旬平均最高气温 | -10.4 | -12.1 | -10.9 | -8.5 | -7.0 | -4.4 | -3.4 | 2.2 | 6.2 | 9.4 | 12.2 | 15.7 | 23.0 | 21.7 | 18.6 | 15.4 | 12.7 | 8.6 | 5.2 | -1.1 | -4.5 | -7.7 | -10.3 | -11.1 |
| | 旬平均最低气温 | -18.6 | -21.2 | -20.8 | -18.6 | -17.1 | -15.0 | -12.9 | -8.1 | -4.4 | -1.4 | 0.5 | 4.0 | 12.5 | 9.9 | 7.1 | 4.0 | 1.5 | -1.3 | -4.0 | -8.9 | -13.0 | -16.1 | -18.4 | -19.0 |
| 吉兰泰 | 旬平均气温 | -9.8 | -9.6 | -9.3 | -6.7 | -5.1 | -0.9 | -0.4 | 4.7 | 7.1 | 9.5 | 13.2 | 15.4 | 19.8 | 19.3 | 15.9 | 13.6 | 10.5 | 7.4 | 4.2 | 0.0 | -2.5 | -4.6 | -7.6 | -9.1 |
| | 旬平均最高气温 | -2.3 | -1.3 | -1.0 | 1.6 | 3.7 | 7.7 | 8.3 | 13.2 | 15.4 | 17.5 | 21.1 | 23.7 | 26.6 | 26.4 | 23.5 | 21.9 | 18.8 | 14.8 | 11.7 | 6.9 | 4.8 | 2.6 | -0.6 | -1.3 |
| | 旬平均最低气温 | -15.6 | -16.0 | -15.6 | -13.2 | -12.2 | -7.7 | -7.5 | -2.4 | -0.4 | 2.1 | 5.6 | 7.0 | 13.9 | 12.8 | 9.5 | 6.8 | 3.9 | 1.7 | -1.2 | -5.2 | -7.8 | -10.1 | -12.7 | -14.7 |
| 济南 | 旬平均气温 | -0.9 | 0.1 | -0.4 | 0.9 | 3.0 | 5.5 | 6.1 | 10.2 | 12.1 | 14.0 | 16.3 | 18.4 | 22.9 | 21.8 | 20.5 | 18.8 | 17.3 | 14.0 | 11.3 | 7.7 | 5.3 | 3.8 | 1.2 | 0.4 |
| | 旬平均最高气温 | 3.6 | 4.8 | 4.2 | 5.3 | 8.1 | 10.8 | 11.4 | 15.7 | 17.6 | 19.8 | 22.0 | 24.0 | 27.9 | 26.8 | 25.5 | 23.9 | 22.4 | 19.0 | 16.0 | 12.1 | 9.6 | 8.3 | 5.5 | 5.0 |
| | 旬平均最低气温 | -4.0 | -3.5 | -3.8 | -2.4 | -0.7 | 1.7 | 1.9 | 5.8 | 7.5 | 9.2 | 11.4 | 13.4 | 19.3 | 17.8 | 16.7 | 14.8 | 13.2 | 10.2 | 7.7 | 4.1 | 1.9 | 0.1 | -2.0 | -3.0 |

续表

| 城市名称 | 气温类别 | 1月 上旬 | 1月 中旬 | 1月 下旬 | 2月 上旬 | 2月 中旬 | 2月 下旬 | 3月 上旬 | 3月 中旬 | 3月 下旬 | 4月 上旬 | 4月 中旬 | 4月 下旬 | 9月 上旬 | 9月 中旬 | 9月 下旬 | 10月 上旬 | 10月 中旬 | 10月 下旬 | 11月 上旬 | 11月 中旬 | 11月 下旬 | 12月 上旬 | 12月 中旬 | 12月 下旬 |
|---|---|---|---|---|---|---|---|---|---|---|---|---|---|---|---|---|---|---|---|---|---|---|---|---|---|
| 介休 | 旬平均气温 | −3.5 | −3.4 | −3.3 | −1.2 | 0.0 | 2.7 | 4.2 | 8.2 | 9.8 | 11.8 | 14.4 | 16.4 | 19.0 | 18.2 | 16.1 | 14.2 | 12.3 | 9.6 | 7.1 | 3.9 | 2.0 | −0.2 | −1.9 | −2.9 |
| | 旬平均最高气温 | 2.9 | 3.8 | 3.9 | 5.5 | 6.7 | 9.9 | 11.2 | 15.9 | 17.1 | 19.2 | 21.8 | 23.8 | 25.5 | 24.6 | 22.6 | 21.4 | 19.4 | 16.3 | 14.1 | 10.1 | 7.9 | 5.9 | 3.7 | 3.4 |
| | 旬平均最低气温 | −9.1 | −9.3 | −8.5 | −6.8 | −5.4 | −2.9 | −1.7 | 1.6 | 2.7 | 4.7 | 7.6 | 8.5 | 14.4 | 13.0 | 10.7 | 8.3 | 6.3 | 4.2 | 1.7 | −1.4 | −2.8 | −5.1 | −6.3 | −7.9 |
| 锦州 | 旬平均气温 | −7.4 | −7.8 | −7.2 | −5.2 | −3.8 | −1.8 | −0.5 | 3.3 | 6.7 | 9.0 | 11.3 | 14.5 | 21.5 | 20.4 | 17.6 | 15.0 | 12.9 | 9.0 | 1.8 | 1.8 | −1.0 | −2.6 | −5.3 | −6.5 |
| | 旬平均最高气温 | −1.6 | −2.1 | −1.7 | 0.7 | 1.8 | 3.4 | 5.3 | 9.1 | 12.9 | 15.0 | 16.9 | 20.3 | 26.8 | 26.3 | 23.4 | 20.7 | 19.2 | 14.6 | 12.2 | 6.6 | 4.1 | 2.9 | 0.0 | −0.7 |
| | 旬平均最低气温 | −11.9 | −12.1 | −11.4 | −9.7 | −8.5 | −6.0 | −4.9 | −1.4 | 1.3 | 3.8 | 6.4 | 9.0 | 17.0 | 15.3 | 12.4 | 9.9 | 7.8 | 4.2 | 1.8 | −2.3 | −5.2 | −6.9 | −9.5 | −10.8 |
| 泾河 | 旬平均气温 | 0.6 | 0.6 | 0.2 | 2.4 | 4.2 | 6.7 | 7.6 | 11.2 | 12.8 | 14.7 | 16.7 | 18.8 | 22.2 | 21.0 | 19.3 | 17.6 | 15.6 | 12.9 | 10.9 | 7.5 | 5.5 | 4.2 | 2.0 | 0.9 |
| | 旬平均最高气温 | 5.7 | 5.4 | 4.6 | 7.1 | 9.1 | 12.1 | 12.9 | 17.2 | 18.6 | 20.5 | 22.7 | 25.3 | 26.6 | 25.5 | 23.4 | 22.5 | 20.5 | 17.3 | 15.6 | 11.6 | 10.0 | 9.3 | 6.3 | 6.0 |
| | 旬平均最低气温 | −3.3 | −3.3 | −3.1 | −1.2 | 0.5 | 2.6 | 3.5 | 6.7 | 8.1 | 10.0 | 11.9 | 13.4 | 19.0 | 17.7 | 16.0 | 14.1 | 11.9 | 9.7 | 7.4 | 4.3 | 1.9 | 0.2 | −1.4 | −2.9 |
| 泾县 | 旬平均气温 | 3.3 | 3.6 | 3.5 | 4.6 | 5.4 | 7.9 | 7.7 | 11.3 | 12.3 | 14.4 | 16.6 | 17.9 | 26.3 | 25.5 | 26.3 | 19.0 | 17.6 | 15.6 | 13.5 | 10.7 | 14.9 | 6.5 | 4.5 | 3.8 |
| | 旬平均最高气温 | 8.5 | 8.7 | 8.4 | 9.5 | 11.0 | 13.2 | 13.6 | 17.9 | 19.5 | 21.2 | 23.3 | 25.0 | 29.8 | 28.5 | 26.3 | 23.8 | 23.71 | 21.3 | 19.8 | 16.1 | 14.9 | 13.3 | 10.0 | 9.9 |
| | 旬平均最低气温 | −0.1 | 0.2 | 0.2 | 1.1 | 1.7 | 4.4 | 3.8 | 6.9 | 7.4 | 9.5 | 12.1 | 13.0 | 21.1 | 19.8 | 18.2 | 15.2 | 13.71 | 12.1 | 9.6 | 7.2 | 5.2 | 1.9 | 0.8 | −0.3 |
| 酒泉 | 旬平均气温 | −8.9 | −8.7 | −9.6 | −6.5 | −4.7 | −1.3 | −0.2 | 3.7 | 6.6 | 8.2 | 11.4 | 14.3 | 17.1 | 15.7 | 12.9 | 11.0 | 9.0 | 5.1 | 3.2 | −0.4 | −2.5 | −3.9 | −7.5 | −8.5 |
| | 旬平均最高气温 | −1.6 | −1.2 | −2.4 | 0.9 | 2.8 | 6.2 | 7.5 | 11.7 | 14.5 | 15.9 | 18.6 | 22.1 | 23.9 | 23.9 | 21.2 | 19.6 | 17.6 | 12.6 | 10.7 | 6.6 | 4.4 | 2.8 | −0.8 | −1.1 |
| | 旬平均最低气温 | −14.6 | −15.0 | −14.5 | −12.4 | −10.9 | −7.2 | −6.4 | −2.8 | −0.2 | 1.4 | 4.7 | 6.7 | 11.0 | 9.4 | 6.7 | 4.5 | 2.6 | −0.3 | −2.2 | −5.4 | −7.7 | −9.3 | −12.5 | −14.0 |

续表

| 城市名称 | 气温类别 | 1月 上旬 | 1月 中旬 | 1月 下旬 | 2月 上旬 | 2月 中旬 | 2月 下旬 | 3月 上旬 | 3月 中旬 | 3月 下旬 | 4月 上旬 | 4月 中旬 | 4月 下旬 | 9月 上旬 | 9月 中旬 | 9月 下旬 | 10月 上旬 | 10月 中旬 | 10月 下旬 | 11月 上旬 | 11月 中旬 | 11月 下旬 | 12月 上旬 | 12月 中旬 | 12月 下旬 |
|---|---|---|---|---|---|---|---|---|---|---|---|---|---|---|---|---|---|---|---|---|---|---|---|---|---|
| 克拉玛依 | 旬平均气温 | -17.1 | -15.8 | -15.6 | -13.5 | -12.8 | -9.2 | -5.0 | 1.4 | 8.2 | 10.7 | 14.9 | 17.6 | 22.5 | 19.9 | 15.7 | 14.2 | 10.9 | 6.9 | 4.8 | 0.0 | -4.4 | -6.4 | -11.3 | -13.3 |
|  | 旬平均最高气温 | -13.3 | -12.2 | -11.9 | -9.7 | -8.5 | -5.0 | -0.6 | 5.5 | 13.5 | 16.1 | 20.4 | 23.6 | 28.4 | 25.3 | 21.0 | 19.3 | 16.1 | 11.3 | 9.0 | 3.4 | -1.1 | -3.5 | -8.3 | -9.7 |
|  | 旬平均最低气温 | -20.0 | -18.5 | -18.4 | -16.5 | -16.4 | -12.7 | -8.8 | -2.2 | 3.6 | 6.3 | 10.1 | 12.7 | 17.2 | 15.3 | 11.3 | 10.2 | 7.0 | 3.5 | 1.7 | -2.7 | -6.9 | -8.8 | -13.7 | -15.9 |
| 哈密 | 旬平均气温 | -3.8 | -3.8 | -3.8 | -1.9 | -0.6 | 2.4 | 2.7 | 6.8 | 8.1 | 9.8 | 12.3 | 13.9 | 16.8 | 15.7 | 14.0 | 12.3 | 10.2 | 8.0 | 6.2 | 3.2 | 1.1 | -0.4 | -2.6 | -3.5 |
|  | 旬平均最高气温 | 3.4 | 3.1 | 2.2 | 4.5 | 5.8 | 8.8 | 9.0 | 13.9 | 15.2 | 16.5 | 19.1 | 21.3 | 21.7 | 20.7 | 19.1 | 18.4 | 16.3 | 13.7 | 12.5 | 9.3 | 7.6 | 6.5 | 3.6 | 3.7 |
|  | 旬平均最低气温 | -8.8 | -8.7 | -7.8 | -6.3 | -5.3 | -2.1 | -1.8 | 1.2 | 2.5 | 4.4 | 6.6 | 7.4 | 13.2 | 12.2 | 10.2 | 7.9 | 5.9 | 3.9 | 1.8 | -1.1 | -3.2 | -5.3 | -6.9 | -8.4 |
| 拉萨 | 旬平均气温 | 0.8 | -0.5 | -0.8 | 2.8 | 3.8 | 4.3 | 5.5 | 5.7 | 8.0 | 8.9 | 9.8 | 10.9 | 15.4 | 15.1 | 14.1 | 12.4 | 10.4 | 7.6 | 5.0 | 4.7 | 3.5 | 2.2 | 0.6 | 0.4 |
|  | 旬平均最高气温 | 9.7 | 8.6 | 7.5 | 11.6 | 11.4 | 11.8 | 12.8 | 12.7 | 15.3 | 16.2 | 17.2 | 18.1 | 22.2 | 21.8 | 21.4 | 20.2 | 18.7 | 15.9 | 14.0 | 14.7 | 13.5 | 12.8 | 10.4 | 10.2 |
|  | 旬平均最低气温 | -6.2 | -7.4 | -7.1 | -4.5 | -3.3 | -2.3 | -1.3 | -0.6 | 1.5 | 2.8 | 3.7 | 5.0 | 10.5 | 10.3 | 8.8 | 6.7 | 4.1 | 1.1 | 1.8 | -1.1 | -3.2 | -4.2 | -5.8 | -6.5 |
| 乐亭 | 旬平均气温 | -4.3 | -4.0 | -4.2 | -2.6 | -1.1 | 0.4 | 2.1 | 5.5 | 8.2 | 10.5 | 12.7 | 15.4 | 22.6 | 21.3 | 18.9 | 16.5 | 14.3 | 11.0 | 8.2 | 4.6 | 1.8 | 0.3 | -2.0 | -3.0 |
|  | 旬平均最高气温 | 0.7 | 0.9 | 0.7 | 2.8 | 4.0 | 5.7 | 7.7 | 11.5 | 14.4 | 16.9 | 18.6 | 21.3 | 27.3 | 26.7 | 25.0 | 22.0 | 20.0 | 16.4 | 13.7 | 9.5 | 6.5 | 5.1 | 2.7 | 1.9 |
|  | 旬平均最低气温 | -8.0 | -7.8 | -7.9 | -6.5 | -5.0 | -3.3 | -1.9 | 1.1 | 3.3 | 5.4 | 7.8 | 10.2 | 18.9 | 17.0 | 14.5 | 11.9 | 9.4 | 6.6 | 3.8 | 0.8 | -1.9 | -3.4 | -5.5 | -6.7 |
| 理塘 | 旬平均气温 | -3.0 | -3.9 | -3.9 | -1.8 | -1.0 | -1.0 | -0.1 | 0.7 | 1.7 | 3.3 | 4.6 | 5.2 | 10.6 | 10.1 | 9.7 | 7.4 | 6.3 | 3.8 | 1.2 | 1.3 | -0.9 | -2.1 | -2.6 | -3.5 |
|  | 旬平均最高气温 | 6.0 | 4.9 | 4.3 | 7.3 | 7.3 | 7.0 | 7.7 | 8.7 | 9.5 | 10.9 | 12.0 | 12.3 | 17.1 | 16.9 | 16.6 | 14.4 | 13.8 | 11.7 | 9.5 | 10.4 | 8.3 | 7.9 | 6.3 | 6.0 |
|  | 旬平均最低气温 | -10.3 | -11.8 | -10.4 | -9.5 | -7.7 | -7.3 | -6.1 | -5.8 | -4.0 | -2.5 | -1.6 | -0.1 | 6.6 | 5.9 | 5.3 | 2.7 | 0.9 | -2.0 | -4.9 | -5.5 | -7.9 | -9.5 | -9.5 | -10.8 |

续表

| 城市名称 | 气温类别 | 1月 下旬 | 1月 上旬 | 1月 中旬 | 2月 下旬 | 2月 上旬 | 2月 中旬 | 3月 下旬 | 3月 上旬 | 3月 中旬 | 4月 下旬 | 4月 上旬 | 4月 中旬 | 9月 下旬 | 9月 上旬 | 9月 中旬 | 10月 下旬 | 10月 上旬 | 10月 中旬 | 11月 下旬 | 11月 上旬 | 11月 中旬 | 12月 下旬 | 12月 上旬 | 12月 中旬 |
|---|---|---|---|---|---|---|---|---|---|---|---|---|---|---|---|---|---|---|---|---|---|---|---|---|---|
| 林西县 | 旬平均气温 | −14.8 | −14.5 | −14.5 | −8.4 | −12.5 | −11.0 | 1.7 | −7.0 | −1.6 | 10.2 | 4.3 | 7.0 | 11.6 | 16.4 | 14.8 | 2.8 | 9.2 | 6.5 | −8.2 | 0.0 | −5.7 | −13.3 | −9.8 | −12.3 |
| | 旬平均最高气温 | −7.7 | −7.7 | −7.4 | −1.7 | −5.3 | −3.8 | 8.6 | −0.4 | 6.2 | 17.0 | 11.3 | 14.0 | 19.5 | 23.6 | 22.2 | 10.0 | 16.8 | 14.1 | −1.8 | 6.6 | 0.2 | −7.0 | −3.6 | −6.3 |
| | 旬平均最低气温 | −20.6 | −20.3 | −20.2 | −14.8 | −18.6 | −17.5 | −5.7 | −13.7 | −9.2 | 2.4 | −3.1 | −0.1 | 4.3 | 9.6 | 7.6 | −3.2 | 2.6 | −0.3 | −13.8 | −5.7 | −10.6 | −18.4 | −15.0 | −17.3 |
| 卢氏 | 旬平均气温 | −0.8 | −0.7 | −1.1 | 5.0 | 0.7 | 2.4 | 10.6 | 5.6 | 8.9 | 16.4 | 12.7 | 14.7 | 17.5 | 20.3 | 19.0 | 11.5 | 15.6 | 13.7 | 4.0 | 9.6 | 6.3 | −0.7 | 2.6 | 0.6 |
| | 旬平均最高气温 | 6.8 | 6.9 | 5.7 | 12.0 | 7.6 | 9.3 | 18.2 | 12.6 | 17.0 | 22.2 | 20.3 | 22.2 | 23.5 | 25.0 | 25.0 | 18.2 | 23.0 | 21.0 | 10.9 | 16.7 | 13.0 | 7.3 | 10.9 | 7.5 |
| | 旬平均最低气温 | −5.7 | −5.9 | −5.7 | 0.3 | −3.8 | −2.4 | 4.5 | 0.6 | 3.2 | 9.6 | 6.8 | 8.8 | 13.7 | 15.0 | 15.0 | 7.3 | 10.9 | 8.9 | −0.5 | 5.0 | 2.1 | −5.8 | −2.7 | −3.9 |
| 牡丹江 | 旬平均气温 | −16.6 | −17.7 | −16.1 | −9.8 | −14.5 | −12.7 | 1.0 | −7.8 | −2.8 | 10.2 | 4.0 | 6.6 | 12.6 | 15.3 | 15.0 | 3.2 | 9.3 | 6.5 | −8.8 | 0.4 | −5.0 | −15.5 | −12.0 | −14.8 |
| | 旬平均最高气温 | −10.2 | −11.4 | −10.2 | −3.1 | −7.5 | −5.8 | 7.4 | −2.0 | 3.2 | 17.1 | 10.4 | 13.0 | 19.8 | 22.6 | 22.2 | 9.9 | 16.7 | 13.9 | −3.4 | 6.3 | −0.3 | −10.5 | −6.3 | −9.3 |
| | 旬平均最低气温 | −22.1 | −22.7 | −20.8 | −16.1 | −20.4 | −18.5 | −4.6 | −13.4 | −8.4 | 3.8 | −1.9 | 0.8 | 6.5 | 9.7 | 12.4 | −2.1 | 3.2 | 0.6 | −13.5 | −4.3 | −9.0 | −20.4 | −16.6 | −19.3 |
| 那曲 | 旬平均气温 | −10.3 | −11.2 | −11.2 | −6.4 | −8.0 | −7.3 | −2.1 | −5.2 | −4.8 | 1.4 | −0.8 | 0.1 | 6.0 | 7.0 | 7.8 | −2.4 | 3.7 | 1.7 | −6.5 | −4.7 | −5.0 | −9.8 | −7.2 | −9.4 |
| | 旬平均最高气温 | −1.0 | −1.7 | −2.6 | 1.3 | 1.0 | 1.0 | 5.7 | 2.3 | 3.0 | 8.9 | 6.7 | 8.0 | 13.3 | 14.2 | 14.8 | 5.2 | 11.3 | 9.1 | 3.0 | 3.3 | 4.2 | 0.1 | 3.2 | 0.5 |
| 嫩江 | 旬平均气温 | −18.6 | −19.3 | −18.4 | −13.7 | −16.7 | −15.5 | −9.0 | −12.3 | −12.6 | −4.8 | −7.2 | −6.7 | 0.9 | 2.1 | 3.0 | −7.9 | −3.8 | −1.6 | −14.2 | −10.8 | −12.2 | −18.0 | −15.4 | −17.7 |
| | 旬平均最高气温 | −10.0 | −25.2 | −22.8 | −17.1 | −20.0 | −22.0 | −2.0 | −8.3 | −14.9 | −4.6 | 4.5 | −4.6 | 9.3 | 13.1 | 15.3 | −0.3 | 6.6 | 3.1 | −16.2 | −11.0 | −6.1 | −23.1 | −19.4 | −21.3 |
| | 旬平均最低气温 | −17.4 | −18.7 | −16.5 | −9.6 | −14.5 | −12.3 | 4.1 | −1.8 | −7.4 | 16.5 | 10.8 | 9.2 | 15.8 | 20.0 | 21.8 | 5.2 | 13.1 | 9.4 | −10.5 | 1.3 | −6.1 | −17.2 | −14.3 | −15.7 |
| | 旬平均最高气温 | −30.1 | −30.9 | −28.4 | −22.8 | −27.0 | −22.8 | −8.7 | −15.5 | −22.8 | 1.0 | −5.2 | −2.5 | 3.0 | 6.4 | 9.3 | −5.9 | 0.5 | −2.6 | −22.0 | −10.3 | −16.0 | −28.5 | −10.3 | −26.8 |

续表

| 城市名称 | 气温类别 | 1月上旬 | 1月中旬 | 1月下旬 | 2月上旬 | 2月中旬 | 2月下旬 | 3月上旬 | 3月中旬 | 3月下旬 | 4月上旬 | 4月中旬 | 4月下旬 | 9月上旬 | 9月中旬 | 9月下旬 | 10月上旬 | 10月中旬 | 10月下旬 | 11月上旬 | 11月中旬 | 11月下旬 | 12月上旬 | 12月中旬 | 12月下旬 |
|---|---|---|---|---|---|---|---|---|---|---|---|---|---|---|---|---|---|---|---|---|---|---|---|---|---|
| 齐齐哈尔 | 旬平均气温 | -18.8 | -19.9 | -18.2 | -16.3 | -14.4 | -11.8 | -9.7 | -3.8 | 1.2 | 3.8 | 6.9 | 11.7 | 17.7 | 15.8 | 12.0 | 9.2 | 6.2 | 2.6 | -1.0 | -7.3 | -10.9 | -14.5 | -17.2 | -18.1 |
|  | 旬平均最高气温 | -13.0 | -14.1 | -12.2 | -9.7 | -8.0 | -5.6 | -3.6 | 2.3 | 7.4 | 10.2 | 13.2 | 17.8 | 23.2 | 21.8 | 17.8 | 15.1 | 12.1 | 7.9 | 4.2 | -3.1 | -6.1 | -9.8 | -12.1 | -12.9 |
|  | 旬平均最低气温 | -23.0 | -24.1 | -23.0 | -22.0 | -20.4 | -18.1 | -16.1 | -10.1 | -5.3 | -2.5 | 0.5 | 4.9 | 13.0 | 10.4 | 6.8 | 4.1 | 1.0 | -2.0 | -5.5 | -10.9 | -15.2 | -18.9 | -21.9 | -22.6 |
| 青岛 | 旬平均气温 | -0.3 | 0.1 | -0.1 | 0.6 | 1.8 | 3.4 | 4.0 | 6.4 | 7.9 | 9.8 | 11.2 | 14.1 | 23.4 | 22.4 | 20.7 | 18.9 | 17.5 | 14.6 | 12.2 | 9.0 | 6.7 | 4.6 | 2.0 | 0.9 |
|  | 旬平均最高气温 | 2.8 | 3.4 | 3.1 | 3.8 | 5.3 | 6.6 | 7.8 | 10.1 | 11.8 | 14.1 | 15.1 | 18.1 | 26.8 | 25.9 | 22.3 | 22.3 | 21.0 | 18.1 | 15.5 | 11.9 | 10.0 | 7.9 | 5.0 | 4.3 |
|  | 旬平均最低气温 | -2.8 | -2.4 | -2.6 | -1.8 | -0.7 | 1.0 | 1.1 | 3.8 | 5.1 | 6.9 | 8.5 | 11.1 | 21.0 | 19.8 | 18.0 | 16.2 | 14.7 | 11.9 | 9.5 | 6.4 | 3.9 | 2.0 | -0.4 | -1.7 |
| 沈阳 | 旬平均气温 | -12.0 | -12.3 | -12.5 | -9.1 | -7.3 | -4.4 | -2.6 | 1.7 | 4.8 | 7.7 | 10.5 | 13.4 | 19.5 | 18.5 | 15.1 | 12.5 | 10.2 | 6.7 | 4.3 | -0.5 | -3.8 | -6.2 | -9.9 | -10.7 |
|  | 旬平均最高气温 | -5.1 | -5.3 | -5.8 | -2.4 | -0.8 | 1.9 | 2.9 | 7.6 | 11.2 | 13.9 | 16.9 | 19.7 | 26.1 | 25.1 | 22.3 | 19.4 | 17.4 | 13.1 | 10.5 | 4.6 | 1.7 | 6.2 | -4.0 | -4.1 |
|  | 旬平均最低气温 | -18.1 | -18.3 | -18.1 | -15.0 | -13.5 | -10.5 | -7.8 | -4.2 | -1.8 | 1.3 | 4.0 | 6.6 | 14.1 | 12.2 | 8.7 | 6.2 | 3.8 | 1.4 | -1.0 | -5.1 | -8.9 | -11.4 | -15.2 | -16.3 |
| 石家庄 | 旬平均气温 | -1.7 | -1.6 | -1.9 | 0.1 | 1.9 | 3.4 | 6.2 | 9.6 | 12.1 | 14.2 | 16.1 | 18.4 | 22.8 | 21.8 | 19.6 | 17.8 | 16.0 | 12.2 | 9.6 | 5.9 | 3.3 | 2.3 | 0.5 | -0.4 |
|  | 旬平均最高气温 | 3.3 | 3.2 | 2.5 | 5.1 | 7.1 | 8.5 | 11.9 | 15.3 | 17.6 | 20.3 | 21.8 | 24.8 | 27.3 | 26.8 | 24.8 | 23.0 | 21.5 | 17.1 | 14.9 | 10.8 | 8.3 | 7.2 | 4.8 | 4.5 |
|  | 旬平均最低气温 | -5.6 | -5.4 | -5.6 | -4.1 | -2.1 | -0.7 | 4.4 | 6.9 | 3.4 | 8.5 | 10.7 | 12.7 | 19.0 | 17.7 | 15.6 | 13.5 | 11.3 | 8.2 | 5.2 | 1.8 | -0.6 | -1.7 | -2.9 | -4.2 |
| 四平 | 旬平均气温 | -14.1 | -14.6 | -14.1 | -11.4 | -9.3 | -6.7 | -5.3 | -0.2 | 9.3 | 12.1 | 9.3 | 12.2 | 18.5 | 17.2 | 14.2 | 11.5 | 8.9 | 5.3 | 2.8 | -2.5 | -6.0 | -8.4 | -11.9 | -13.1 |
|  | 旬平均最高气温 | -8.1 | -8.7 | -8.5 | -5.3 | -3.7 | -1.2 | 5.2 | 5.2 | 9.3 | 12.1 | 15.2 | 18.5 | 23.8 | 23.8 | 20.8 | 17.9 | 15.3 | 11.0 | 8.3 | 1.8 | -1.0 | -3.2 | -7.0 | -7.5 |
|  | 旬平均最低气温 | -19.5 | -19.9 | -18.9 | -17.0 | -14.9 | -12.7 | -10.5 | -5.4 | -2.6 | 0.3 | 3.2 | 5.6 | 13.0 | 10.8 | 7.8 | 5.2 | 2.6 | -0.1 | -2.0 | -6.7 | -11.0 | -13.3 | -16.5 | -18.1 |

续表

| 城市名称 | 气温类别 | 1月上旬 | 1月中旬 | 1月下旬 | 2月上旬 | 2月中旬 | 2月下旬 | 3月上旬 | 3月中旬 | 3月下旬 | 4月上旬 | 4月中旬 | 4月下旬 | 9月上旬 | 9月中旬 | 9月下旬 | 10月上旬 | 10月中旬 | 10月下旬 | 11月上旬 | 11月中旬 | 11月下旬 | 12月上旬 | 12月中旬 | 12月下旬 |
|---|---|---|---|---|---|---|---|---|---|---|---|---|---|---|---|---|---|---|---|---|---|---|---|---|---|
| 塔中 | 旬平均气温 | -12.3 | -11.1 | -9.2 | -5.6 | -3.0 | 1.5 | 3.7 | 8.2 | 11.1 | 14.0 | 16.3 | 18.5 | 22.5 | 21.8 | 18.5 | 15.2 | 11.2 | 6.7 | 3.2 | -0.9 | -4.7 | -6.2 | -9.2 | -11.1 |
|  | 旬平均最高气温 | -1.6 | -0.5 | 0.8 | 3.6 | 6.8 | 11.0 | 13.5 | 17.9 | 20.8 | 23.3 | 25.4 | 28.2 | 31.4 | 31.0 | 28.6 | 26.3 | 23.0 | 18.1 | 14.8 | 10.3 | 6.5 | 5.2 | 0.3 | -0.7 |
|  | 旬平均最低气温 | -20.5 | -19.7 | -18.0 | -14.3 | -12.7 | -8.3 | -6.3 | -2.0 | 0.4 | 3.8 | 6.5 | 8.0 | 13.1 | 11.7 | 8.1 | 4.4 | 0.3 | -3.2 | -6.1 | -9.6 | -12.9 | -14.5 | -16.6 | -19.1 |
| 太原 | 旬平均气温 | -4.6 | -4.6 | -4.4 | -2.6 | -1.0 | 1.6 | 2.9 | 7.0 | 8.9 | 11.1 | 13.7 | 15.8 | 18.9 | 18.0 | 15.8 | 14.0 | 11.7 | 8.9 | 6.4 | 2.8 | 0.7 | -1.4 | -2.9 | -4.4 |
|  | 旬平均最高气温 | 2.0 | 2.7 | 3.0 | 4.5 | 5.9 | 8.8 | 10.2 | 14.7 | 16.5 | 18.6 | 21.4 | 23.5 | 25.1 | 23.0 | 22.6 | 21.1 | 19.2 | 15.9 | 13.5 | 9.4 | 7.0 | 5.0 | 3.0 | 2.3 |
|  | 旬平均最低气温 | -9.7 | -10.0 | -10.0 | -8.0 | -6.5 | -4.0 | -2.9 | 0.7 | 2.3 | 4.2 | 7.0 | 8.3 | 14.2 | 13.1 | 10.8 | 8.5 | 6.0 | 3.9 | 1.2 | -2.1 | -4.3 | -6.2 | -7.5 | -9.3 |
| 天水 | 旬平均气温 | -1.4 | -1.2 | -0.8 | 1.0 | 2.2 | 4.9 | 5.3 | 9.1 | 10.6 | 12.1 | 14.3 | 15.9 | 19.0 | 17.9 | 15.9 | 14.3 | 12.3 | 10.1 | 7.8 | 5.5 | 3.0 | 1.6 | -0.2 | -1.3 |
|  | 旬平均最高气温 | 3.9 | 5.0 | 5.7 | 7.2 | 8.2 | 11.0 | 11.4 | 16.1 | 17.7 | 18.6 | 21.4 | 23.5 | 25.4 | 23.0 | 21.1 | 20.1 | 18.0 | 15.3 | 13.5 | 11.1 | 8.7 | 8.4 | 5.5 | 5.0 |
|  | 旬平均最低气温 | -4.6 | -5.0 | -5.3 | -3.2 | -1.9 | 0.7 | 0.8 | 3.9 | 5.2 | 7.0 | 8.5 | 9.6 | 15.4 | 14.2 | 12.5 | 10.6 | 8.6 | 6.7 | 4.2 | 1.8 | -0.9 | -3.0 | -4.1 | -5.5 |
| 通化 | 旬平均气温 | -13.7 | -13.6 | -13.5 | -11.3 | -9.5 | -5.8 | -4.6 | -0.5 | 1.4 | 5.4 | 8.3 | 10.9 | 19.0 | 16.1 | 12.8 | 10.3 | 8.1 | 5.0 | 2.6 | -2.2 | -5.9 | -8.3 | -11.8 | -12.7 |
|  | 旬平均最高气温 | -6.7 | -5.4 | -5.3 | -4.3 | -2.7 | 0.9 | 1.4 | 5.3 | 8.7 | 11.5 | 14.7 | 17.5 | 17.6 | 22.8 | 20.2 | 17.9 | 15.5 | 11.8 | 8.2 | 2.5 | -1.9 | -2.6 | -5.7 | -6.5 |
|  | 旬平均最低气温 | -19.1 | -18.7 | -17.1 | -15.3 | -13.2 | -11.6 | -9.9 | -5.8 | -3.5 | -0.2 | 2.3 | 4.8 | 13.4 | 11.5 | 7.7 | 4.6 | 2.4 | 0.0 | -1.9 | -6.1 | -10.5 | -13.3 | -16.6 | -17.7 |
| 通辽 | 旬平均气温 | -12.7 | -13.6 | -12.5 | -10.1 | -8.5 | -4.8 | -4.8 | -5.5 | 1.1 | 6.9 | 9.9 | 12.9 | 19.4 | 17.8 | 14.8 | 11.8 | 8.9 | 5.3 | 8.7 | 1.8 | -5.9 | -8.4 | -11.0 | -12.3 |
|  | 旬平均最高气温 | -6.9 | -7.0 | -6.7 | -3.8 | -2.4 | 0.5 | 1.1 | 7.2 | 11.0 | 13.2 | 16.4 | 19.4 | 25.7 | 21.8 | 17.9 | 18.2 | 15.9 | 11.6 | 2.5 | -3.2 | -0.2 | -3.0 | -5.6 | -6.7 |
|  | 旬平均最低气温 | -17.6 | -18.1 | -16.9 | -15.2 | -13.9 | -11.3 | -10.2 | -5.5 | -1.9 | 0.9 | 3.5 | 6.7 | 14.0 | 11.7 | 8.6 | 6.3 | 3.3 | 0.3 | -2.4 | -7.2 | -10.7 | -12.8 | -15.3 | -16.5 |

续表

| 城市名称 | 旬平均气温类别 | 1月 下旬 | 1月 中旬 | 1月 上旬 | 2月 下旬 | 2月 中旬 | 2月 上旬 | 3月 下旬 | 3月 中旬 | 3月 上旬 | 4月 下旬 | 4月 中旬 | 4月 上旬 | 9月 下旬 | 9月 中旬 | 9月 上旬 | 10月 下旬 | 10月 中旬 | 10月 上旬 | 11月 下旬 | 11月 中旬 | 11月 上旬 | 12月 下旬 | 12月 中旬 | 12月 上旬 |
|---|---|---|---|---|---|---|---|---|---|---|---|---|---|---|---|---|---|---|---|---|---|---|---|---|---|
| 吐鲁番 | 旬平均气温 | -5.6 | -6.9 | -8.0 | 5.5 | 1.4 | -0.8 | 16.4 | 12.0 | 7.9 | 10.0 | 21.4 | 18.8 | 22.0 | 25.8 | 27.4 | 11.5 | 15.4 | 19.3 | 1.3 | 5.1 | 8.8 | -5.9 | -3.7 | -1.2 |
| | 旬平均最高气温 | -1.1 | -2.7 | -4.0 | 11.3 | 6.8 | 3.9 | 23.2 | 17.9 | 14.2 | 31.9 | 28.7 | 25.5 | 30.0 | 33.8 | 35.3 | 18.8 | 23.6 | 27.4 | 6.3 | 10.3 | 15.3 | -2.5 | 0.3 | 3.1 |
| | 旬平均最低气温 | -9.2 | -10.2 | -11.2 | 0.4 | -3.3 | -4.7 | 10.3 | 6.6 | 2.6 | 17.1 | 14.7 | 12.9 | 16.3 | 19.8 | 21.4 | 6.8 | 9.8 | 13.8 | -2.3 | 1.2 | 4.5 | -8.8 | -6.8 | -4.6 |
| 威海 | 旬平均气温 | -1.5 | -0.9 | -0.5 | 2.5 | 0.4 | -0.7 | 7.9 | 6.1 | 3.0 | 14.4 | 12.1 | 10.1 | 20.1 | 22.2 | 23.2 | 14.1 | 16.7 | 18.1 | 6.1 | 8.2 | 11.7 | 0.3 | 1.4 | 3.8 |
| | 旬平均最高气温 | 1.3 | 2.2 | 2.1 | 6.3 | 3.7 | 2.3 | 12.2 | 10.5 | 6.8 | 18.6 | 16.6 | 14.8 | 23.5 | 25.2 | 26.3 | 17.3 | 20.2 | 21.3 | 9.3 | 11.2 | 15.0 | 3.3 | 4.3 | 7.0 |
| | 旬平均最低气温 | -3.9 | -3.3 | -2.7 | -0.4 | -2.1 | -3.0 | 4.4 | 2.7 | 0.0 | 10.8 | 8.4 | 6.5 | 17.5 | 19.6 | 20.7 | 11.4 | 13.8 | 15.3 | 3.4 | 5.7 | 9.0 | -2.0 | -0.8 | 1.2 |
| 潍坊 | 旬平均气温 | -1.9 | -1.8 | -2.2 | 3.4 | 1.2 | -0.8 | 9.9 | 7.9 | 4.2 | 16.7 | 14.1 | 12.0 | 19.9 | 21.8 | 23.1 | 12.9 | 16.0 | 17.6 | 4.2 | 6.8 | 10.2 | -1.1 | 0.0 | 2.5 |
| | 旬平均最高气温 | 3.4 | 3.8 | 3.0 | 9.4 | 7.0 | 4.3 | 16.4 | 14.7 | 10.4 | 22.9 | 20.5 | 18.8 | 25.4 | 27.1 | 27.9 | 18.7 | 22.2 | 23.5 | 9.5 | 11.9 | 15.8 | 4.3 | 4.9 | 7.8 |
| | 旬平均最低气温 | -5.8 | -5.9 | -6.1 | -1.1 | -3.3 | -4.8 | 4.2 | 2.6 | -0.8 | 11.0 | 8.6 | 6.4 | 15.4 | 17.3 | 19.1 | 8.3 | 10.8 | 12.7 | 0.1 | 2.4 | 5.7 | -5.1 | -3.8 | -1.7 |
| 乌鲁木齐 | 旬平均气温 | -13.4 | -11.5 | -11.8 | -7.6 | -10.9 | -11.0 | 6.0 | 0.0 | -4.5 | 15.1 | 12.4 | 8.4 | 20.3 | 17.9 | 17.3 | 5.4 | 9.7 | 12.7 | -3.8 | -1.1 | 3.6 | -10.2 | -9.3 | -5.7 |
| | 旬平均最高气温 | -8.9 | -6.4 | -7.3 | -2.9 | -6.0 | -6.9 | 11.3 | 4.9 | 0.3 | 21.5 | 17.9 | 13.7 | 26.1 | 23.8 | 20.1 | 10.3 | 15.3 | 18.2 | 0.0 | 2.6 | 8.0 | -5.1 | -5.5 | -1.8 |
| | 旬平均最低气温 | -16.6 | -15.1 | -15.1 | -10.9 | -13.9 | -14.0 | 1.8 | -3.4 | -8.0 | 10.2 | 7.9 | 4.4 | 15.5 | 13.4 | 12.7 | 2.0 | 5.6 | 8.6 | -6.7 | -3.5 | 0.4 | -14.1 | -12.0 | -8.6 |
| 武都 | 旬平均气温 | 4.4 | 3.8 | 3.5 | 9.0 | 6.5 | 6.1 | 13.9 | 12.9 | 9.2 | 18.3 | 17.2 | 15.4 | 19.1 | 20.8 | 22.0 | 14.2 | 15.9 | 17.9 | 7.8 | 10.3 | 12.1 | 3.3 | 4.7 | 6.5 |
| | 旬平均最高气温 | 9.8 | 8.9 | 8.2 | 14.1 | 11.5 | 11.2 | 19.9 | 18.9 | 14.3 | 25.3 | 23.8 | 21.4 | 23.9 | 25.4 | 27.0 | 18.3 | 20.7 | 22.7 | 12.8 | 15.0 | 17.2 | 8.5 | 9.7 | 12.1 |
| | 旬平均最低气温 | 0.4 | 0.0 | 0.1 | 5.3 | 3.0 | 2.4 | 9.6 | 8.5 | 5.5 | 13.6 | 12.3 | 11.0 | 16.0 | 17.5 | 18.7 | 11.3 | 12.6 | 14.6 | 4.3 | 7.1 | 8.8 | -0.4 | 1.0 | 2.4 |

续表

| 城市名称 | 气温类别 | 1月 上旬 | 1月 中旬 | 1月 下旬 | 2月 上旬 | 2月 中旬 | 2月 下旬 | 3月 上旬 | 3月 中旬 | 3月 下旬 | 4月 上旬 | 4月 中旬 | 4月 下旬 | 9月 上旬 | 9月 中旬 | 9月 下旬 | 10月 上旬 | 10月 中旬 | 10月 下旬 | 11月 上旬 | 11月 中旬 | 11月 下旬 | 12月 上旬 | 12月 中旬 | 12月 下旬 |
|---|---|---|---|---|---|---|---|---|---|---|---|---|---|---|---|---|---|---|---|---|---|---|---|---|---|
| 武汉 | 旬平均气温 | 3.5 | 4.0 | 3.9 | 8.5 | 6.1 | 4.7 | 8.7 | 12.2 | 13.9 | 15.7 | 17.5 | 19.4 | 25.1 | 10.3 | 22.1 | 20.3 | 18.4 | 16.1 | 13.7 | 11.1 | 9.3 | 7.5 | 5.2 | 4.1 |
|  | 旬平均最高气温 | 8.2 | 9.3 | 8.8 | 12.9 | 11.2 | 9.7 | 13.9 | 17.4 | 19.6 | 21.0 | 22.5 | 10.8 | 29.6 | 29.3 | 26.9 | 25.8 | 23.6 | 21.0 | 19.1 | 16.1 | 14.6 | 13.5 | 10.2 | 9.7 |
|  | 旬平均最低气温 | 0.0 | 0.1 | 0.2 | 5.0 | 2.2 | 1.2 | 4.6 | 7.9 | 9.2 | 11.1 | 13.2 | 14.8 | 21.8 | 20.6 | 19.0 | 16.4 | 14.8 | 12.7 | 9.8 | 7.6 | 5.4 | 3.1 | 1.6 | 0.1 |
| 西宁 | 旬平均气温 | −8.3 | −8.3 | −7.5 | −1.2 | −4.2 | −5.1 | −0.4 | 2.8 | 4.4 | 6.9 | 8.6 | 10.0 | 13.4 | 12.7 | 11.0 | 8.9 | 6.7 | 4.3 | 1.5 | −0.6 | −3.4 | −4.5 | −7.2 | −8.2 |
|  | 旬平均最高气温 | 1.8 | 2.6 | 3.6 | 8.2 | 5.6 | 5.5 | 9.1 | 12.7 | 13.6 | 15.5 | 17.5 | 18.6 | 20.5 | 20.5 | 18.4 | 17.7 | 15.7 | 12.8 | 11.1 | 8.8 | 6.2 | 6.2 | 3.0 | 2.7 |
|  | 旬平均最低气温 | −15.6 | −15.6 | −15.1 | −8.0 | −11.2 | −12.4 | −7.5 | −4.6 | −2.9 | −0.1 | 1.3 | 2.4 | 8.6 | 7.8 | 6.4 | 3.4 | 1.2 | −1.1 | −4.3 | −6.5 | −9.5 | −11.5 | −13.6 | −15.2 |
| 西宁 | 旬平均气温 | −3.3 | −3.3 | −3.6 | 1.7 | −0.2 | −1.8 | 3.8 | 7.3 | 10.5 | 12.8 | 15.0 | 17.4 | 23.0 | 21.6 | 19.3 | 17.0 | 14.8 | 11.4 | 8.6 | 5.0 | 2.0 | 0.4 | −1.7 | −2.7 |
|  | 旬平均最高气温 | 1.9 | 1.9 | 1.9 | 7.3 | 5.4 | 3.7 | 9.8 | 13.7 | 16.8 | 19.4 | 21.2 | 23.6 | 27.8 | 27.1 | 10.9 | 22.8 | 20.8 | 16.7 | 14.3 | 10.1 | 7.0 | 5.6 | 3.3 | 2.7 |
|  | 旬平均最低气温 | −7.3 | −7.3 | −7.8 | −2.6 | −4.6 | −6.2 | −1.0 | 2.2 | 4.9 | 7.2 | 9.5 | 11.5 | 19.2 | 17.2 | 15.1 | 12.4 | 10.0 | 7.2 | 4.3 | 0.9 | −2.1 | −3.5 | −5.5 | −6.7 |
| 锡林浩特 | 旬平均气温 | −18.9 | −18.9 | −19.1 | −10.8 | −14.5 | −16.7 | −9.0 | −3.3 | 0.2 | 2.8 | 6.2 | 9.1 | 16.0 | 14.2 | 10.8 | 8.0 | 4.9 | 1.2 | −1.7 | −7.8 | −10.8 | −12.8 | −16.7 | −17.8 |
|  | 旬平均最高气温 | −11.9 | −11.9 | −11.8 | −3.1 | −6.6 | −9.1 | −1.4 | 4.7 | 7.7 | 10.2 | 13.5 | 16.5 | 23.2 | 21.9 | 18.8 | 15.6 | 12.9 | 8.4 | 5.2 | −1.5 | −4.4 | −6.6 | −10.6 | −11.3 |
|  | 旬平均最低气温 | −25.1 | −10.5 | −25.1 | −17.4 | −21.2 | −22.8 | −15.7 | −10.5 | −6.9 | −4.1 | −0.7 | 1.2 | 9.3 | 7.3 | 3.7 | 1.4 | −1.7 | −4.5 | −7.2 | −13.0 | −16.4 | −18.1 | −21.8 | −23.1 |
| 信阳 | 旬平均气温 | 2.5 | 3.0 | 2.9 | 7.6 | 5.4 | 3.5 | 8.2 | 11.5 | 13.4 | 15.1 | 17.1 | 19.4 | 23.3 | 22.3 | 20.3 | 19.4 | 17.5 | 14.8 | 12.8 | 10.1 | 8.1 | 7.5 | 4.4 | 3.7 |
|  | 旬平均最高气温 | 6.7 | 7.7 | 7.4 | 12.0 | 10.1 | 8.0 | 13.1 | 16.6 | 18.8 | 20.6 | 22.2 | 10.7 | 27.4 | 26.6 | 10.5 | 10.5 | 22.4 | 19.5 | 17.7 | 14.5 | 12.8 | 12.6 | 9.1 | 8.7 |
|  | 旬平均最低气温 | −0.7 | −0.5 | −0.5 | 4.1 | 1.8 | 0.2 | 4.6 | 7.9 | 9.1 | 10.7 | 12.8 | 14.7 | 20.3 | 19.0 | 17.3 | 15.7 | 13.8 | 11.7 | 9.4 | 6.9 | 4.5 | 3.7 | 1.2 | 0.1 |

续表

| 城市名称 | 气温类别 | 1月下旬 | 1月中旬 | 1月上旬 | 2月下旬 | 2月中旬 | 2月上旬 | 3月下旬 | 3月中旬 | 3月上旬 | 4月下旬 | 4月中旬 | 4月上旬 | 9月下旬 | 9月中旬 | 9月上旬 | 10月下旬 | 10月中旬 | 10月上旬 | 11月下旬 | 11月中旬 | 11月上旬 | 12月下旬 | 12月中旬 | 12月上旬 |
|---|---|---|---|---|---|---|---|---|---|---|---|---|---|---|---|---|---|---|---|---|---|---|---|---|---|
| 徐家汇 | 旬平均气温 | 5.1 | 5.4 | 5.7 | 8.6 | 6.7 | 6.1 | 12.4 | 11.5 | 8.6 | 18.4 | 16.6 | 14.6 | 23.8 | 25.2 | 26.5 | 18.7 | 20.4 | 21.8 | 12.0 | 13.8 | 16.5 | 6.4 | 7.3 | 9.3 |
| | 旬平均最高气温 | 8.5 | 8.4 | 8.7 | 12.0 | 10.2 | 9.4 | 17.0 | 15.9 | 12.5 | 23.2 | 21.5 | 19.2 | 26.9 | 28.7 | 30.3 | 21.8 | 23.8 | 25.2 | 15.3 | 16.8 | 19.9 | 9.5 | 10.3 | 12.8 |
| | 旬平均最低气温 | 2.7 | 3.0 | 3.5 | 6.2 | 4.0 | 3.6 | 9.1 | 8.3 | 5.9 | 14.7 | 13.1 | 11.2 | 21.6 | 22.8 | 10.0 | 16.4 | 18.0 | 19.2 | 9.5 | 11.6 | 14.1 | 3.9 | 5.0 | 6.8 |
| 徐州 | 旬平均气温 | 1.2 | 1.2 | 0.8 | 6.4 | 3.9 | 2.3 | 12.1 | 10.4 | 6.9 | 18.5 | 16.0 | 14.2 | 20.8 | 22.5 | 23.7 | 14.4 | 17.2 | 19.1 | 6.4 | 8.8 | 11.8 | 1.4 | 2.4 | 4.6 |
| | 旬平均最高气温 | 6.0 | 6.2 | 5.5 | 11.1 | 9.0 | 6.9 | 17.3 | 15.7 | 12.2 | 23.2 | 21.4 | 19.7 | 25.3 | 27.0 | 27.9 | 19.7 | 22.6 | 27.9 | 11.1 | 13.7 | 16.9 | 6.6 | 7.2 | 9.6 |
| | 旬平均最低气温 | −2.5 | −2.6 | −2.6 | 2.7 | −0.1 | −1.2 | 7.2 | 5.6 | 2.3 | 10.0 | 11.0 | 8.6 | 17.1 | 18.9 | 20.2 | 10.3 | 12.8 | 14.5 | 2.6 | 4.9 | 7.6 | −2.4 | −1.2 | 0.6 |
| 延安 | 旬平均气温 | −4.6 | −4.7 | −4.9 | 2.2 | −0.9 | −2.2 | 8.5 | 7.4 | 2.9 | 14.8 | 13.0 | 10.5 | 15.0 | 17.1 | 18.0 | 8.5 | 11.0 | 13.2 | 1.1 | 3.3 | 6.7 | −4.4 | −3.2 | −1.0 |
| | 旬平均最高气温 | 3.1 | 3.0 | 1.8 | 9.4 | 6.1 | 4.8 | 16.3 | 15.4 | 9.9 | 23.2 | 20.9 | 18.4 | 21.4 | 23.3 | 23.9 | 15.5 | 18.6 | 20.5 | 8.0 | 9.7 | 13.8 | 3.0 | 3.2 | 6.0 |
| | 旬平均最低气温 | −10.7 | −10.9 | −10.2 | −3.4 | −6.5 | −7.7 | 1.8 | 1.0 | −2.8 | 7.3 | 6.5 | 4.0 | 10.5 | 12.7 | 13.8 | 3.5 | 5.4 | 8.1 | −3.9 | −1.5 | 1.5 | −10.1 | −8.2 | −6.3 |
| 延吉 | 旬平均气温 | −12.9 | −13.0 | −11.9 | −6.9 | −9.5 | −10.5 | 2.4 | −0.8 | −4.9 | 10.5 | 7.3 | 5.1 | 13.2 | 15.9 | 17.8 | 4.8 | 8.0 | 10.4 | −1.4 | −3.2 | 1.5 | −12.2 | −11.0 | −9.0 |
| | 旬平均最高气温 | −7.3 | −8.0 | −7.0 | −0.9 | −3.5 | −4.6 | 8.8 | 5.3 | 0.3 | 17.5 | 14.0 | 11.6 | 20.5 | 22.7 | 23.6 | 11.3 | 15.1 | 17.4 | −1.4 | 1.3 | 7.7 | −7.3 | −6.3 | −4.0 |
| | 旬平均最低气温 | −17.5 | −17.3 | −16.1 | −12.7 | −14.9 | −15.6 | −3.8 | −6.4 | −9.8 | 3.9 | 1.2 | −0.9 | 7.2 | 10.4 | 13.0 | −0.5 | 1.8 | 4.2 | −10.6 | −6.8 | −3.3 | −16.3 | −14.9 | −13.2 |
| 盐池 | 旬平均气温 | −7.6 | −7.4 | −7.7 | −0.3 | −4.2 | −5.3 | 6.5 | 5.2 | 0.4 | 13.7 | 11.8 | 8.7 | 13.9 | 16.3 | 16.7 | 6.6 | 9.6 | 12.0 | −1.5 | 0.6 | 4.2 | −7.2 | −6.2 | −3.5 |
| | 旬平均最高气温 | 1.0 | 1.0 | −0.1 | 7.5 | 4.3 | 2.6 | 14.5 | 13.3 | 8.4 | 21.3 | 19.2 | 16.4 | 20.7 | 22.6 | 22.8 | 14.1 | 17.4 | 20.0 | 5.9 | 8.2 | 11.9 | 0.7 | 1.0 | 4.0 |
| | 旬平均最低气温 | −14.1 | −13.9 | −13.4 | −6.5 | −10.7 | −11.6 | −0.9 | −1.6 | −6.3 | 5.5 | 4.9 | 1.4 | 8.3 | 11.0 | 11.7 | 1.1 | 3.5 | 5.6 | −6.8 | −4.9 | −1.4 | −13.1 | −11.6 | −9.2 |

10.1 冬期施工措施与要求

续表

| 城市名称 | 气温类别 | 1月上旬 | 1月中旬 | 1月下旬 | 2月上旬 | 2月中旬 | 2月下旬 | 3月上旬 | 3月中旬 | 3月下旬 | 4月上旬 | 4月中旬 | 4月下旬 | 9月上旬 | 9月中旬 | 9月下旬 | 10月上旬 | 10月中旬 | 10月下旬 | 11月上旬 | 11月中旬 | 11月下旬 | 12月上旬 | 12月中旬 | 12月下旬 |
|---|---|---|---|---|---|---|---|---|---|---|---|---|---|---|---|---|---|---|---|---|---|---|---|---|---|
| 兖州 | 旬平均气温 | -1.3 | -1.0 | -0.7 | 0.7 | 2.6 | 5.2 | 5.9 | 9.5 | 11.5 | 13.3 | 15.4 | 17.5 | 22.6 | 21.0 | 19.6 | 17.5 | 15.6 | 13.0 | 10.2 | 6.8 | 4.4 | 2.5 | 0.4 | -0.7 |
|  | 旬平均最高气温 | 4.4 | 5.3 | 5.2 | 6.5 | 8.7 | 11.0 | 12.0 | 15.7 | 17.6 | 19.6 | 21.5 | 23.7 | 28.0 | 26.9 | 25.7 | 22.6 | 19.5 | 16.3 | 12.6 | 9.9 | 8.7 | 6.2 | 5.5 |  |
|  | 旬平均最低气温 | -5.7 | -5.6 | -5.2 | -3.9 | -2.1 | 0.5 | 0.3 | 3.8 | 5.4 | 7.2 | 9.4 | 11.1 | 18.5 | 16.6 | 15.0 | 12.3 | 10.4 | 8.2 | 5.5 | 2.3 | -0.1 | -2.2 | -3.9 | -5.3 |
| 伊宁 | 旬平均气温 | -8.0 | -7.1 | -6.7 | -5.5 | -5.0 | -1.0 | 2.1 | 5.0 | 8.2 | 11.3 | 14.1 | 16.4 | 20.2 | 17.9 | 15.4 | 13.2 | 10.4 | 6.8 | 5.4 | 1.6 | -0.6 | -1.7 | -4.6 | -6.1 |
|  | 旬平均最高气温 | -1.1 | -0.5 | -0.7 | -0.1 | 0.7 | 4.4 | 8.2 | 11.5 | 15.6 | 18.8 | 21.7 | 23.6 | 28.9 | 26.5 | 23.6 | 21.6 | 19.5 | 14.9 | 12.5 | 7.7 | 5.3 | 3.9 | 0.8 | -0.2 |
|  | 旬平均最低气温 | -13.1 | -12.2 | -11.6 | -9.8 | -9.9 | -5.7 | -3.1 | -0.1 | 3.6 | 5.2 | 7.6 | 10.6 | 12.7 | 10.7 | 8.6 | 7.1 | 4.2 | 1.3 | 0.7 | -2.4 | -4.6 | -5.5 | -8.9 | -10.7 |
| 银川 | 旬平均气温 | -6.4 | -6.4 | -6.4 | -3.9 | -2.5 | 1.4 | 2.0 | 6.8 | 8.6 | 10.7 | 13.8 | 15.6 | 18.5 | 18.2 | 15.4 | 13.6 | 10.9 | 8.0 | 5.4 | 1.9 | -0.1 | -2.1 | -5.0 | -6.0 |
|  | 旬平均最高气温 | 0.2 | 0.6 | 0.8 | 2.7 | 4.5 | 8.4 | 9.2 | 14.1 | 15.5 | 17.7 | 20.5 | 23.1 | 25.6 | 22.3 | 18.6 | 15.1 | 13.6 | 12.3 | 7.8 | 1.9 | 5.8 | 3.8 | 0.5 | 0.2 |
|  | 旬平均最低气温 | -11.8 | -11.7 | -11.7 | -9.2 | -8.2 | -4.2 | -3.7 | 0.9 | 2.4 | 4.6 | 7.6 | 8.1 | 10.3 | 10.7 | 8.1 | 5.3 | 3.1 | -1.1 | -2.5 | -4.4 | -0.9 | -6.5 | -9.3 | -10.8 |
| 营口 | 旬平均气温 | -8.4 | -8.4 | -8.0 | -4.5 | -4.5 | -2.2 | -1.4 | 3.0 | 5.6 | 10.5 | 12.4 | 13.4 | 21.4 | 20.1 | 17.4 | 14.8 | 12.9 | 9.2 | 5.4 | 2.0 | 3.3 | -2.7 | -5.8 | -6.6 |
|  | 旬平均最高气温 | -3.3 | -3.3 | -3.3 | 0.2 | 0.2 | 2.3 | 3.3 | 7.7 | 10.3 | 15.3 | 18.1 | 18.1 | 25.6 | 10.5 | 22.0 | 17.5 | 17.5 | 13.1 | 11.0 | 6.0 | 3.3 | 1.7 | -1.8 | -1.8 |
|  | 旬平均最低气温 | -12.8 | -12.4 | -12.4 | -12.5 | -6.4 | -8.8 | -5.1 | -1.4 | 1.4 | 4.0 | 6.3 | 9.2 | 17.5 | 16.0 | 13.1 | 10.7 | 8.6 | 4.9 | 2.6 | -1.8 | -4.8 | -6.7 | -9.7 | -10.8 |
| 榆林 | 旬平均气温 | -6.9 | -6.9 | -7.0 | -3.2 | -3.2 | -4.6 | 0.8 | 5.6 | 7.2 | 9.2 | 12.4 | 14.4 | 17.6 | 16.0 | 14.4 | 12.9 | 10.7 | 7.7 | 5.4 | 1.1 | -1.0 | 1.7 | -5.8 | -7.2 |
|  | 旬平均最高气温 | -1.0 | 0.1 | 0.1 | 3.5 | 3.5 | 7.0 | 7.5 | 12.7 | 14.1 | 16.3 | 19.5 | 21.4 | 22.9 | 22.4 | 20.2 | 17.0 | 13.6 | 13.6 | 11.6 | 7.0 | 5.1 | 11.6 | 0.2 | -0.6 |
|  | 旬平均最低气温 | -12.9 | -12.9 | -13.1 | -8.9 | -8.9 | -5.2 | -4.9 | -0.3 | 3.2 | 6.1 | 6.1 | 7.5 | 13.4 | 12.5 | 10.0 | 8.0 | 5.5 | 2.8 | -3.7 | -5.8 | -5.8 | 0.3 | -10.9 | -12.6 |

续表

| 城市名称 | 气温类别 | 1月 下旬 | 1月 中旬 | 1月 上旬 | 2月 下旬 | 2月 中旬 | 2月 上旬 | 3月 下旬 | 3月 中旬 | 3月 上旬 | 4月 下旬 | 4月 中旬 | 4月 上旬 | 9月 下旬 | 9月 中旬 | 9月 上旬 | 10月 下旬 | 10月 中旬 | 10月 上旬 | 11月 下旬 | 11月 中旬 | 11月 上旬 | 12月 下旬 | 12月 中旬 | 12月 上旬 |
|---|---|---|---|---|---|---|---|---|---|---|---|---|---|---|---|---|---|---|---|---|---|---|---|---|---|
| 玉树 | 旬平均气温 | -6.0 | -7.4 | -7.1 | -1.7 | -2.5 | -3.6 | 1.8 | 0.1 | -1.0 | 5.4 | 4.4 | 3.2 | 8.7 | 10.2 | 10.8 | 1.6 | 4.0 | 6.0 | -2.9 | -1.3 | -0.2 | -7.1 | -6.0 | -4.4 |
| | 旬平均最高气温 | 3.6 | 2.5 | 2.0 | 6.4 | 5.7 | 6.1 | 10.3 | 8.7 | 7.2 | 13.0 | 12.6 | 11.4 | 16.7 | 18.3 | 18.7 | 10.0 | 12.2 | 13.9 | 7.0 | 8.6 | 8.8 | 3.5 | 4.4 | 6.9 |
| | 旬平均最低气温 | -14.2 | -15.5 | -14.5 | -8.9 | -9.9 | -12.4 | -5.1 | -7.0 | -8.1 | -0.7 | -2.5 | -3.3 | 3.8 | 5.1 | 5.7 | -4.2 | -1.3 | 0.7 | -10.3 | -8.6 | -6.7 | -15.0 | -13.8 | -12.8 |
| 原平 | 旬平均气温 | -6.0 | -6.1 | -6.1 | 0.3 | -2.5 | -3.7 | 8.0 | 5.8 | 1.7 | 15.1 | 13.0 | 10.2 | 15.1 | 17.5 | 18.4 | 8.0 | 11.0 | 13.3 | -1.0 | 1.6 | 5.3 | -6.0 | -4.7 | -3.0 |
| | 旬平均最高气温 | 1.0 | 0.8 | -0.1 | 7.1 | 4.1 | 2.6 | 15.1 | 13.2 | 8.4 | 22.1 | 20.1 | 17.6 | 21.6 | 23.9 | 10.3 | 14.2 | 17.9 | 20.1 | 4.8 | 7.5 | 11.9 | 0.3 | 0.9 | 2.7 |
| | 旬平均最低气温 | -11.2 | -11.2 | -10.7 | -4.8 | -7.6 | -8.6 | 1.7 | -0.2 | -3.8 | 8.3 | 6.6 | 3.8 | 10.1 | 12.6 | 13.6 | 3.3 | 5.7 | 8.1 | -5.3 | -2.8 | 0.4 | -10.6 | -9.0 | -7.2 |
| 运城 | 旬平均气温 | -0.7 | -0.9 | -1.4 | 6.1 | 3.3 | 1.1 | 12.6 | 10.6 | 6.9 | 18.5 | 16.8 | 14.5 | 19.1 | 21.1 | 22.3 | 12.5 | 15.3 | 17.4 | 4.0 | 6.4 | 10.2 | -1.1 | 0.5 | 2.4 |
| | 旬平均最高气温 | 5.9 | 6.1 | 4.9 | 12.4 | 9.5 | 7.7 | 19.3 | 17.7 | 13.5 | 25.8 | 23.5 | 21.4 | 10.6 | 26.3 | 27.5 | 18.1 | 21.8 | 23.5 | 10.3 | 12.2 | 16.4 | 5.6 | 6.5 | 9.2 |
| | 旬平均最低气温 | -5.6 | -6.0 | -5.9 | 1.1 | -1.4 | -3.7 | 6.6 | -1.1 | 1.6 | 11.8 | 10.8 | 8.6 | 15.0 | 16.9 | 18.3 | 8.4 | 10.4 | 12.7 | -0.5 | 2.1 | 5.7 | -5.8 | -3.8 | -2.5 |
| 长春 | 旬平均气温 | -14.8 | -15.5 | -14.8 | -7.6 | -10.4 | -12.1 | -1.1 | -6.5 | -1.4 | 11.8 | 8.7 | 5.6 | 14.0 | 16.9 | 18.5 | 4.9 | 8.4 | 11.0 | -7.1 | -3.6 | 2.1 | -14.0 | -13.0 | -9.8 |
| | 旬平均最高气温 | -5.6 | -9.6 | -9.9 | -2.7 | -5.2 | -6.6 | 4.1 | 4.1 | -1.4 | 18.1 | 14.5 | 11.3 | 20.1 | 23.1 | 10.0 | 10.1 | 14.4 | 17.1 | -2.4 | 0.4 | 7.0 | -9.4 | -8.7 | -5.0 |
| | 旬平均最低气温 | -19.4 | -19.7 | -19.0 | -13.0 | -15.4 | -17.2 | -6.3 | -11.5 | -6.3 | 5.8 | 3.0 | 0.0 | 8.3 | 11.1 | 13.6 | 0.1 | 2.9 | 5.3 | -11.8 | -7.3 | -2.3 | -18.3 | -17.1 | -14.2 |
| 郑州 | 旬平均气温 | 1.3 | 1.5 | 0.9 | 6.5 | 4.6 | 2.3 | 13.4 | 11.1 | 7.8 | 19.5 | 17.2 | 15.0 | 20.5 | 22.1 | 23.5 | 14.2 | 17.4 | 19.3 | 6.3 | 9.0 | 12.0 | 2.6 | 3.1 | 5.5 |
| | 旬平均最高气温 | 6.4 | 6.6 | 5.7 | 11.9 | 9.7 | 7.4 | 18.8 | 16.8 | 13.2 | 25.2 | 22.6 | 20.9 | 25.4 | 26.8 | 27.9 | 19.5 | 22.9 | 10.5 | 11.3 | 13.8 | 17.5 | 8.1 | 7.9 | 11.0 |
| | 旬平均最低气温 | -2.7 | -2.8 | -2.9 | 2.0 | 0.3 | -1.8 | 8.1 | 6.0 | 3.1 | 13.3 | 11.9 | 9.3 | 16.5 | 17.9 | 19.5 | 10.1 | 12.7 | 14.8 | 2.1 | 4.8 | 7.7 | -1.9 | -0.7 | 0.7 |
| 驻马店 | 旬平均气温 | 1.8 | 1.9 | 1.4 | 6.6 | 4.6 | 2.7 | 12.5 | 10.6 | 7.4 | 18.7 | 16.3 | 14.1 | 20.2 | 21.8 | 22.8 | 14.8 | 17.5 | 19.3 | 7.2 | 9.6 | 12.3 | 3.0 | 3.7 | 6.5 |
| | 旬平均最高气温 | 6.8 | 7.0 | 7.5 | 11.7 | 9.8 | 7.5 | 18.1 | 16.1 | 12.8 | 10.5 | 21.8 | 20.0 | 25.2 | 27.0 | 27.6 | 19.5 | 22.9 | 10.7 | 11.7 | 14.0 | 17.5 | 8.2 | 8.3 | 11.7 |
| | 旬平均最低气温 | -2.1 | -1.8 | -2.1 | 2.7 | 0.6 | -0.9 | 7.6 | 3.2 | 3.2 | 13.0 | 11.5 | 9.0 | 16.7 | 18.1 | 19.4 | 11.5 | 13.4 | 15.3 | 3.7 | 6.3 | 8.6 | -0.7 | 0.4 | 2.6 |

注：以上资料摘自中国气象科学数据网2008~2019年逐月分旬平均气温统计。

#### 10.1.1.2 冬施准备工作

1. 组织准备

根据建设工程项目的施工总进度计划要求,确定建设工程要进行的冬期施工部位和分部分项工程。

设立室外气温观测点,安排好冬期测温人员,在进入规定冬期施工前15d开始进行大气测温,掌握日气温状况并与当地气象台站建立联系,及时收集气象预报情况,防止寒流突然袭击。

2. 技术准备

在进入冬期施工前,应根据工程特点及气候条件做好冬期施工方案编制。做好冬期施工混凝土、砂浆配合比的技术复核及掺外加剂的试配试验工作。钢构件对温度变化的敏感性强,进入冬期施工前,应提前做好焊接工艺评定。

3. 现场准备

冬期施工前认真查看现场总平面布置图、临水平面布置图(临时排水沟、临水管线等)、临电平面布置图及相关资料,了解各类临时地下地上管线、管沟平面位置及标高,找出要保温的地上管线及管沟等,并按施工方案保温。

为了防止大雪封路,保证施工道路畅通,现场配备一定数量的道路清扫机械,随时进行道路的清运工作。搭建加热用的锅炉房、搅拌站,敷设管道,对锅炉进行试火试压,对各种加热的材料、设备要检查其安全可靠性。

4. 资源准备

设置百叶箱、温度计等测温设备,监控每天气温以指导冬期施工。

大型机械设备要做好冬期施工所需油料的储备和工程机械润滑油的更换补充以及其他检修保养工作,以便在冬期施工期间运转正常。

保温材料:根据冬期施工的部位和分部分项工程,选择适当的保温材料,如塑料布、棉被、苯板、岩棉管等。

5. 安全与防火

做好冬期施工安全教育工作。

加强冬期劳动保护,做好防滑、防冻、防煤气中毒工作。

对供电线路做好检查,防止触电事故发生。

要采取防滑措施。大风雪后及时检查脚手架,雪后必须将架子上的积雪清扫干净,并检查马道平台,防止空中坠落事故发生。

冬期风大,物件要做相应固定,防止被风刮倒或吹落伤人,机械设备按操作规程要求,5级风以上应停止工作。

配备足够的消防器材,并应及时检查更换。

### 10.1.2 建筑地基基础工程冬期施工措施与要求

#### 10.1.2.1 一般规定

冬期施工的地基基础工作,除应有建筑场地的工程地质勘察资料外,尚应根据需要提出地基土的主要冻土性能指标。

建筑场地宜在冻结前清除地上和地下障碍物、地表积水,并应平整场地和道路。及时清除积雪，春融期应做好排水。

对建筑物、构筑物的施工控制坐标点、水准点及轴线定位点的埋设，应采取防止土体冻胀、融沉变位和施工振动影响的措施，并应定期复测校正。

在冻土上进行桩基础和强夯施工时所产生的振动，对周围建筑物及各种设施有影响时，应采取隔振措施。

靠近建筑物、构筑物基础的地下基坑施工时，应采取防止相邻地基土遭冻的措施。

同一建筑物基槽（坑）开挖应同时进行，基底不得留冻土层。基础施工中，应防止地基土被融化的雪水或冰水浸泡。

#### 10.1.2.2 土方工程

冻土挖掘应根据冻土层的厚度和施工条件，采用机械、人工或爆破等方法进行，并应符合下列规定：

（1）人工挖掘冻土可采用锤击铁楔子劈冻土的方法分层进行；铁楔子长度应根据冻土层厚度确定，且宜在300～600mm之间取值。

（2）机械挖掘冻土可根据冻土层厚度按表10-3选用设备。

机械挖掘冻土设备选择　　　　　　　　　表10-3

| 冻土厚度（mm） | 挖掘设备 |
| --- | --- |
| <500 | 铲掘机、挖掘机 |
| 500～1000 | 松土机、挖掘机 |
| 1000～1500 | 重锤或重球 |

（3）爆破法挖掘冻土应选择具有专业爆破资质的队伍，爆破施工应按国家有关规定进行。

在挖方上边弃置冻土时，其弃土堆坡脚至挖方边缘的距离应为常温下规定的距离加上弃土堆的高度。

挖掘完毕的基槽（坑）应采取防止基底受冻的措施，因故未能及时进行下道工序施工时，应在基槽（坑）底标高以上预留土层，并应覆盖保温材料。

土方回填时，每层铺土厚度应比常温施工时减少20%～25%，预留沉陷量应比常温施工时增加。

对于大面积回填土和有路面的路基及其人行道范围内的平整场地填方，可采用含有冻土块的土回填，但冻土块的粒径不得大于150mm，其含量不得超过30%。铺填时冻土块应分散开，并应逐层夯实。

冬期施工应在填方前清除基底上的冰雪和保温材料，填方上层部位应采用未冻的或透水性好的土方回填。其厚度应符合设计要求。填方边坡的表层1m以内，不得采用含有冻土块的土填筑。

室外的基槽（坑）或管沟可采用含有冻土块的土回填，冻土块粒径不得大于150mm，含量不得超过15%，且应均匀分布。管沟底以上500mm范围内不得用含有冻土块的土回填。

室内的基槽（坑）或管沟不得采用含有冻土块的土回填，施工应连续进行并应夯实。

当采用人工夯实时,每层铺土厚度不得超过200mm,夯实厚度宜为100~150mm。

冻结期间暂不使用的管道及其场地回填时,冻土块的含量和粒径可不受限制,但融化后应作适当处理。

室内地面垫层下回填的土方,填料中不得含有冻土块,并应及时夯实。填方完成后至地面施工前,应采取防冻措施。

永久性的挖、填方和排水沟的边坡加固修整,宜在解冻后进行。

#### 10.1.2.3 地基处理

同一建筑物基槽(坑)开挖时应同时进行,基底不得留冻土层。

基础施工应防止地基土被融化的雪水或冰水浸泡。

在寒冷地区工程地基处理中,为解决地基土防冻胀、消除地基土湿陷性等问题,可采用强夯法施工。

(1) 强夯法冬期施工适用于各种条件的碎石土、砂土、粉土、黏性土、湿陷性土、人工填土等。当建筑场地地下水位距地表面在2m以下时,可直接施夯;当地下水位较高不利施工或表层为饱和黏土时,可在地表铺填0.5~2m的中(粗)砂、片石,也可以根据地区情况,回填含水量较低的黏性土、建筑垃圾、工业废料等然后再进行施夯。

(2) 强夯施工技术参数应根据加固要求与地质条件在场地内经试夯确定,试夯应按现行行业标准《建筑地基处理技术规范》JGJ 79的规定进行。

(3) 强夯施工时,不应将冻结基土或回填的冻土块夯入地基的持力层,回填土的质量应符合本手册第10.1.2.2的有关规定。

(4) 冻土地基强夯施工时,应对周围建筑物及设施采取隔振措施。

(5) 黏性土或粉土地基的强夯,宜在被夯土层表面铺设粗颗粒材料,并应及时清除粘结于锤底的土料。

(6) 强夯加固后的地基越冬维护,应按本手册第10.1.13的有关规定进行。

#### 10.1.2.4 桩基础

冻土地基可采用干作业钻孔桩、挖孔灌注桩等或沉管灌注桩、预制桩等施工。

桩基施工时,当冻土层厚度超过500mm,冻土层宜采用钻孔机引孔,引孔直径不宜大于桩径20mm。

钻孔机的钻头宜选用锥形钻头并镶焊合金刀片。钻进冻土时应加大钻杆对土层的压力,并防止摆动和偏位。钻成的桩孔应及时覆盖保护。

振动沉管成孔时,应制定保证相邻桩身混凝土质量的施工顺序。拔管时,应及时清除管壁上的水泥浆和泥土。当成孔施工有间歇时,宜将桩管埋入桩孔中进行保温。

灌注桩的混凝土施工应符合下列要求:

(1) 混凝土材料的加热、搅拌、运输、浇筑应按本手册10.1.5有关规定进行。混凝土浇筑温度应根据热工计算确定,且不得低于5℃。

(2) 地基土冻深范围内的和露出地面的桩身混凝土养护,应按本手册10.1.5有关规定进行。

(3) 在冻胀性地基土上施工,应采取防止或减小桩身与冻土之间产生切向冻胀力的防护措施。

预制桩施工应符合下列要求：
(1) 施工前，桩表面应保持干燥与清洁。
(2) 起吊前，钢丝绳索与桩机的夹具应采取防滑措施。
(3) 沉桩施工应连续进行，施工完成后应采用保温材料覆盖于桩头上进行保温。
(4) 接桩可采用焊接或机械连接。焊接和防腐要求应遵照本手册10.1.8有关规定执行。
(5) 起吊、运输与堆放应符合《建筑工程冬期施工规程》JGJ/T 104—2011中第10章有关规定。

桩基静荷载试验前，应将试桩周围的冻土融化或挖除。试验期间，应对试桩周围地表土和锚桩横梁支座进行保温。

### 10.1.2.5 基坑支护

基坑支护冬期施工宜选用排桩和土钉墙的方法。

采用液压高频锤法施工的型钢或钢管排桩基坑支护工程，除应考虑对周边建筑物、构筑物和地下管道的振动影响外，尚应符合下列规定：

(1) 当在冻土上施工时，应采用钻机在冻土层内引孔，引孔的直径应大于型钢或钢管的最大边缘尺寸。
(2) 型钢或钢管的焊接应按本手册10.1.8有关规定进行。
(3) 钢筋混凝土灌注桩的排桩施工应符合本手册10.1.2.4的规定，并符合下列要求：
1) 基坑土方开挖应待桩身混凝土达到设计强度时方可进行。
2) 基坑土方开挖时，排桩上部的自由端和外侧土应进行保温。
3) 排桩上部的冠梁钢筋混凝土施工遵照本手册10.1.5有关规定进行。
4) 桩身混凝土施工可选用掺防冻剂混凝土进行。
(4) 锚杆施工应遵守下列规定：
1) 锚杆注浆的水泥浆配制宜掺入适量的防冻剂。
2) 锚杆体钢筋端头与锚板的焊接应遵守本手册10.1.8的相关规定。
3) 预应力锚杆张拉应待锚杆水泥浆体达到设计强度后方可进行。
(5) 土钉施工应符合本手册关于锚杆施工的规定。严寒地区土钉墙混凝土面板施工应符合下列规定：
1) 面板下宜铺设60～100mm厚聚苯乙烯泡沫板。
2) 浇注后的混凝土应按本手册10.2.5相关规定立即进行保温养护。

## 10.1.3 钢筋工程冬期施工措施与要求

### 10.1.3.1 一般规定

钢筋调直冷拉温度不宜低于−20℃。预应力钢筋张拉温度不宜低于−15℃。

钢筋负温焊接，可采用闪光对焊、电弧焊、电渣压力焊等方法。当采用细晶粒热轧钢筋时，其焊接工艺应经试验确定。当环境温度低于−20℃时，不宜进行施焊。

负温条件下使用的钢筋，施工过程中应加强管理和检验，钢筋在运输和加工过程中应防止撞击和刻痕。

钢筋张拉与冷拉设备、仪表和液压工作系统油液应根据环境温度选用，并应在使用温度条件下进行配套校验。

当环境温度低于−20℃时，不得对HRB400钢筋进行冷弯加工。

#### 10.1.3.2 钢筋负温焊接

雪天或施焊现场风速超过三级风焊接时，应采取遮蔽措施，焊接后未冷却的接头应避免碰到冰雪。

热轧钢筋负温闪光对焊，宜采用预热-闪光焊或闪光-预热-闪光焊工艺。钢筋端面比较平整时，宜采用预热-闪光焊；端面不平整时，宜采用闪光-预热-闪光焊。

钢筋负温闪光对焊工艺应控制热影响区长度。焊接参数应根据当地气温按常温参数调整。

采用较低变压器级数，宜增加调整长度、预热留量、预热次数、预热间歇时间和预热接触压力，并宜减慢烧化过程的中期速度。

钢筋负温电弧焊宜采取分层控温施焊。热轧钢筋焊接的层间温度宜控制在150～350℃。

钢筋负温电弧焊可根据钢筋牌号、直径、接头形式和焊接位置选择焊条和焊接电流。焊接时应采取防止产生过热、烧伤、咬肉和裂缝等措施。

钢筋负温帮条焊或搭接焊的焊接工艺应符合下列规定：

(1) 帮条与主筋之间应采用四点定位焊固定，搭接焊时应采用两点固定；定位焊缝与帮条或搭接端部的距离不应小于20mm。

(2) 帮条焊的引弧应在帮条钢筋的一端开始，收弧应在帮条钢筋端头上，弧坑应填满。

(3) 焊接时，第一层焊缝应具有足够的熔深，主焊缝或定位焊缝应熔合良好；平焊时，第一层焊缝应先从中间运弧，再向两端运弧；立焊时，应先从中间向上方运弧，再从下端向中间运弧；在以后各层焊缝焊接时，应采用分层控温施焊。

(4) 帮条接头或搭接接头的焊缝厚度不应小于钢筋直径的30%，焊缝宽度不应小于钢筋直径的70%。

钢筋负温坡口焊的工艺应符合下列规定：

(1) 焊缝根部、坡口端面以及钢筋与钢垫板之间均应熔合，焊接过程中应经常除渣。

(2) 焊接时，宜采用几个接头轮流施焊。

(3) 加强焊缝的宽度应超出V形坡边缘3mm，高度应超出V形坡口上下边缘3mm；并应平缓过渡至钢筋表面。

(4) 加强焊缝的焊接，应分两层控温施焊。HRB400钢筋多层施焊时，焊后可采用回火焊道施焊，其回火焊道的长度应比前一层焊道的两端缩短4～6mm。

钢筋负温电渣压力焊应符合下列规定：

(1) 电渣压力焊宜用于HRB400热轧带肋钢筋。

(2) 电渣压力焊机容量应根据所焊钢筋直径选定。

(3) 焊剂应存放于干燥库房内，在使用前经250～300℃烘焙2h以上。

(4) 焊接前，应进行现场负温条件下的焊接工艺试验，经检验满足要求后方可正式作业。

(5) 电渣压力焊焊接参数可按表10-4选用。

钢筋负温电渣压力焊焊接参数 表 10-4

| 钢筋直径 (mm) | 焊接温度 (℃) | 焊接电流 (A) | 焊接电压（V） | | 焊接通电时间 (s) | |
|---|---|---|---|---|---|---|
| | | | 电弧过程 | 电渣过程 | 电弧过程 | 电渣过程 |
| 14~18 | −10 | 300~350 | 35~45 | 18~22 | 20~25 | 6~8 |
| | −20 | 350~400 | | | | |
| 20 | −10 | 350~400 | | | | |
| | −20 | 400~450 | | | | |
| 22 | −10 | 400~450 | | | 25~30 | 8~10 |
| | −20 | 500~550 | | | | |
| 25 | −10 | 450~500 | | | | |
| | −20 | 550~600 | | | | |

注：本表系采用常用 HJ431 焊剂和半自动焊机参数。

(6) 焊接完毕，应停歇 20s 以上方可卸下夹具回收焊剂，回收的焊剂内不得混入冰雪，接头渣壳应待冷却后清理。

### 10.1.4 混凝土工程冬期施工措施与要求

#### 10.1.4.1 一般规定

冬期浇筑的混凝土，其受冻临界强度应符合下列规定：

(1) 采用蓄热法、暖棚法、加热法等施工的普通混凝土，采用硅酸盐水泥、普通硅酸盐水泥配制时，其受冻临界强度不应小于设计混凝土强度等级值的 30%；采用矿渣硅酸盐水泥、粉煤灰硅酸盐水泥、火山灰质硅酸盆水泥、复合硅酸盐水泥时，不应小于设计混凝土强度等级值的 40%。

(2) 当室外最低气温不低于−15℃时，采用综合蓄热法、负温养护法施工的混凝土受冻临界强度不应小于 4.0MPa；当室外最低气温不低于−30℃时，采用负温养护法施工的混凝土受冻临界强度不应小于 5.0MPa。

(3) 对强度等级等于或高于 C50 的混凝土，不宜小于设计混凝土强度等级值的 30%。

(4) 对有抗渗要求的混凝土，不宜小于设计混凝土强度等级值的 50%。

(5) 对有抗冻耐久性要求的混凝土，不宜小于设计混凝土强度等级值的 70%。

(6) 当采用暖棚法施工的混凝土中掺入早强剂时，可按综合蓄热法受冻临界强度取值。

(7) 当施工需要提高混凝土强度等级时，应按提高后的强度等级确定受冻临界强度。

混凝土工程冬期施工热工计算应符合以下规定。

混凝土的配制宜选用硅酸盐水泥或普通硅酸盐水泥，并应符合下列要求：

(1) 当采用蒸汽养护时，宜选用矿渣硅酸盐水泥。

(2) 混凝土最小水泥用量不宜低于 280kg/m³，水胶比不应大于 0.55。

(3) 大体积混凝土的最小水泥用量，可根据实际情况决定。

(4) 强度等级不大于 C15 的混凝土，其水胶比和最小水泥用量可不受以上限制。

拌制混凝土所用骨料应清洁，不得含有冰、雪、冻块及其他易冻裂物质。掺加含有钾、钠离子的防冻剂混凝土，不得采用活性骨料或在骨料中混有此类物质的材料。

冬期施工混凝土选用外加剂应符合现行国家标准《混凝土外加剂应用技术规范》GB 50119 的相关规定。非加热养护法混凝土施工，所选用的外加剂应含有引气组分或掺入引气剂，含气量宜控制在 3.0%～5.0%。

钢筋混凝土掺用氯盐类防冻剂时，氯盐掺量不得大于水泥质量的 1.0%。掺用氯盐的混凝土应振捣密实，且不宜采用蒸汽养护。

在下列情况下，不得在钢筋混凝土结构中掺用氯盐：
（1）排出大量蒸汽的车间、浴池、游泳馆、洗衣房和经常处于空气相对湿度大于 80%的房间以及有顶盖的钢筋混凝土蓄水池等在高湿度空气环境中使用的结构。
（2）处于水位升降部位的结构。
（3）露天结构或经常受雨、水淋的结构。
（4）有镀锌钢材或铝铁相接触部位的结构，和有外露钢筋、预埋件而无防护措施的结构。
（5）与含有酸、碱或硫酸盐等侵蚀介质相接触的结构。
（6）使用过程中经常处于环境温度为 60℃以上的结构。
（7）使用冷拉钢筋或冷拔低碳钢丝的结构。
（8）薄壁结构，中级和重级工作制吊车梁、屋架、落锤或锻锤基础结构。
（9）电解车间和直接靠近直流电源的结构。
（10）直接靠近高压电源（发电站、变电所）的结构。
（11）预应力混凝土结构。

模板外和混凝土表面覆盖的保温层，不应采用潮湿状态的材料，也不应将保温材料直接铺盖在潮湿的混凝土表面，新浇混凝土表面应铺一层塑料薄膜。

采用加热养护的整体结构，浇筑程序和施工缝位置的设置，应采取能防止产生较大温度应力的措施。当加热温度超过 45℃时，应进行温度应力核算。

型钢混凝土组合结构，浇筑混凝土前应对型钢进行预热，预热温度宜大于混凝土入模温度。

#### 10.1.4.2 混凝土原材料加热、拌合、运输和浇筑

混凝土原材料加热宜采用加热水的方法。当加热水仍不能满足要求时，可对骨料进行加热。水、骨料加热的最高温度应符合表 10-5 的规定。

当水和骨料的温度仍不能满足热工计算要求时，可提高水温到 100℃，但水泥不得与 80℃以上的水直接接触。

拌合水及骨料加热最高温度（℃）　　　　　　　　表 10-5

| 水泥强度等级 | 拌合水（℃） | 骨料（℃） |
| --- | --- | --- |
| 小于 42.5 级 | 80 | 60 |
| 42.5 级、42.5R 级及以上 | 60 | 40 |

水加热宜采用蒸汽加热、电加热、汽水热交换罐或其他加热方法。水箱或水池容积及水温应能满足连续施工的要求。

砂加热应在开盘前进行，加热应均匀。当采用温加热料斗时，宜配备两个，交替加热

使用。每个料斗容积可根据机械可装高度和侧壁厚度等要求进行设计，每一个斗的容量不宜小于 3.5m³。

预拌混凝土用砂应提前备足料，运至有加热设施的保温封闭储料棚（室）或仓内备用。

水泥不得直接加热，袋装水泥使用前宜运入暖棚内存放。

混凝土搅拌的最短时间应符合表 10-6 的规定。

混凝土搅拌的最短时间（s）　　　　　　　　　　　　　　表 10-6

| 混凝土坍落度（mm） | 搅拌机容积（L） | 混凝土搅拌最短时间（s） |
|---|---|---|
| ≤80 | <250 | 90 |
|  | 250～500 | 135 |
|  | >500 | 180 |
| >80 | <250 | 90 |
|  | 250～500 | 90 |
|  | >500 | 135 |

注：采用自落式搅拌机时，应较本表搅拌时间延长 30～60s；采用预拌混凝土时，应较常温下预拌混凝土时间延长 15～30s。

混凝土在运输、浇筑过程中的温度和覆盖的保温材料，进行热工计算后确定，且入模温度不应低于 5℃，当不符合要求时，应采取措施进行调整。

混凝土运输与输送机具应进行保温或具有加热装置。泵送混凝土在浇筑前应对泵管进行保温，并应采用与施工混凝土同配比砂浆进行预热。

混凝土浇筑前，应清除模板和钢筋上的冰雪和污垢。

冬期不得在强冻胀性地基土上浇筑混凝土；在弱冻胀性地基土上浇筑混凝土时，基土不得受冻。在非冻胀性地基土上浇筑混凝土时，混凝土受冻临界强度应符合规定。

大体积混凝土分层浇筑时，已浇筑层的混凝土在未被上一层混凝土覆盖前，温度不应低于 2℃。采用加热法养护混凝土时，养护前的混凝土温度也不得低于 2℃。

混凝土拌合物的温度计算：

一般混凝土拌合物的温度应通过热工计算予以确定。混凝土的拌合物温度计算包括两类：一是利用热量公式计算；二是利用有关数据，事先编制现成的图表来计算。

由于混凝土拌合物的热量是由各种材料提供，各种材料的热量则可按材料的重量、比热容及温度的乘积相加求得，因而混凝土拌合物的温度计算见式（10-1）：

$$T_0 = \frac{0.92(m_{ce}T_{ce} + m_{sa}T_{sa} + m_gT_g) + 4.2T(m - \omega_{sa}m_{sa} - \omega_g m_g)}{4.2m_w + 0.9(m_{ce} + m_{sa} + m_g)} + \frac{c_1(\omega_{sa}m_{sa}T_{sa} + \omega_g m_g T_g) - c_2(\omega_{sa}m_{sa} + \omega_g m_g)}{4.2m_w + 0.9(m_{ce} + m_{sa} + m_g)} \quad (10-1)$$

式中　　$T_0$——混凝土拌合物的温度（℃）；

$m$、$m_{ce}$、$m_{sa}$、$m_g$——水、水泥、砂、石用量（kg）；

$T$、$T_{ce}$、$T_{sa}$、$T_g$——水、水泥、砂、石的温度（℃）；

$\omega_{sa}$、$\omega_g$——砂、石的含水率（%）；

$c_1$、$c_2$——水的比热容 [kJ/(kg·K)] 及冰的熔解热（kJ/kg）。

当骨料的温度低于0℃时，所含的水处于冻结状态，考虑到将冰的温度提高到0℃并变成水所需的热量：

当骨料温度大于0℃时，$c_1 = 4.2$，$c_2 = 0$；
当骨料温度小于等于0℃时，$c_1 = 2.1$，$c_2 = 335$。
混凝土拌合物出机温度计算：
可由式（10-2）计算：

$$T_1 = T_0 - 0.16(T_0 - T_i) \tag{10-2}$$

式中　$T_1$——混凝土拌合物出机温度（℃）；
　　　$T_0$——混凝土拌合物的温度（℃）；
　　　$T_i$——搅拌机棚内温度（℃）。
混凝土拌合物运输与输送至浇筑地点时的温度计算：
可按式（10-3）～式（10-5）计算：
（1）现场拌制混凝土采用装卸式运输工具时：

$$T_2 = T_1 - \Delta T_y \tag{10-3}$$

（2）现场拌制混凝土采用泵送施工时：

$$T_2 = T_1 - \Delta T_b \tag{10-4}$$

（3）采用商品混凝土泵送施工时：

$$T_2 = T_1 - \Delta T_y - \Delta T_b \tag{10-5}$$

其中，$\Delta T_y$、$\Delta T_b$ 分别为采用装卸式运输工具运输混凝土时的温度降低和采用泵管输送混凝土时的温度降低，可按照式（10-6）、式（10-7）计算：

$$\Delta T_y = (\alpha t_1 + 0.032n)(T_1 - T_a) \tag{10-6}$$

$$\Delta T_b = 4\omega \times \frac{3.6}{0.4 + \frac{d_b}{\lambda_b}} \times \Delta T_1 \times T_2 \times \frac{D_w}{c_c \cdot \rho_c \cdot D_l^2} \tag{10-7}$$

式中　$T_2$——混凝土拌合物运输与输送到浇筑地点时温度（℃）；
　　　$\Delta T_y$——采用装卸式运输工具运输混凝土时的温度降低（℃）；
　　　$\Delta T_b$——采用泵管输送混凝土时的温度降低（℃）；
　　　$\Delta T_1$——泵管内混凝土的温度与环境气温差（℃），当现场拌制混凝土采用泵送工艺输送时：$\Delta T_1 = T_1 - T_a$；当商品混凝土采用泵送工艺输送时：$\Delta T_1 = T_1 - T_y - T_a$；
　　　$T_a$——室外环境温度（℃）；
　　　$T_1$——混凝土拌合物运输的时间（h）；
　　　$T_2$——混凝土在泵管内输送的时间（h）；
　　　$n$——混凝土拌合物运转次数；
　　　$c_c$——混凝土的比热容［kJ/（kg·K）］；
　　　$\rho_c$——混凝土的质量密度（kg/m³）；
　　　$\lambda_b$——泵管外保温材料导热系数［W/（m·K）］；
　　　$d_b$——泵管外保温层厚度（m）；

$D_l$ ——混凝土泵管内径（m）；

$D_w$ ——混凝土泵管外围直径（包括外围保温材料）（m）；

$\omega$ ——透风系数，可按照表10-7取值；

$\alpha$ ——温度损失系数（$h^{-1}$）；采用混凝土搅拌车时：$\alpha=0.25$；采用开敞式大型自卸汽车时：$\alpha=0.30$；采用封闭式自卸汽车时：$\alpha=0.1$；采用手推车或吊斗时：$\alpha=0.50$。

透风系数 $\omega$    表10-7

| 围护层种类 | 透风系数 $\omega$ | | |
|---|---|---|---|
| | $V_w<3m/s$ | $3m/s\leqslant V_w\leqslant 5m/s$ | $V_w>3m/s$ |
| 围护层由易透风材料组成 | 2.0 | 2.5 | 3.0 |
| 易透风保温材料外包不易透风材料 | 1.5 | 1.8 | 2.0 |
| 围护层由不易透风材料组成 | 1.3 | 1.45 | 1.6 |

注：$V_w$——风速。

混凝土图浇筑完成时的温度计算：

混凝土入模温度和自然温度、保温材料及条件、结构表面系数和混凝土强度要求等因素有关，一般由热工设计来确定。考虑模板和钢筋的吸热影响，混凝土浇筑成型完成时的温度，可按式（10-8）计算：

$$T_3=\frac{C_c m_c T_2+C_f m_f T_f+C_s m_s T_s}{C_c m_c+C_f m_f+C_s m_s} \tag{10-8}$$

式中 $T_3$ ——考虑模板和钢筋吸热影响，混凝土成型完成时的温度（℃）；

$C_c$、$C_f$、$C_s$ ——混凝土、模板、钢筋的比热容［kJ/（kg·K）］；混凝土取1kJ/（kg·K），钢材取0.48kJ/（kg·K）；

$m_c$ ——每立方米混凝土重量（kg）；

$m_f$、$m_s$ ——与每立方米混凝土相接触的模板、钢筋重量（kg）；

$T_f$、$T_s$ ——模板、钢筋的温度，未预热者可采用当时的环境气温（℃）。

【例1】设每立方米混凝土中的材料用量为：水150kg，水泥300kg，砂600kg，石1350kg。材料温度为：水70℃、水泥5℃、砂40℃、石－3℃。砂含水率5%，石含水率2%。搅拌棚内温度为5℃。混凝土拌合物用人力手推车运输，倒运共2次，运输和成型共历时0.5h，当时气温－5℃。与每立方米混凝土相接触的钢模板和钢筋共重450kg，并未预热。试计算混凝土浇筑完毕后的温度。

【解】混凝土拌合物的理论温度：

$T_0=[0.92\times(300\times5+600\times40-1350\times5)+4.2\times70\times(150-0.05\times600$
$-0.02\times1350)+4.2\times0.05\times600\times40-2.1\times0.02\times1350\times3-330$
$\times0.02\times1350]\div[4.2\times150+0.9\times(300+600+1350)]=15.3℃$

混凝土从搅拌机中倾出时的温度：

$T_1=15.3-0.16\times(15.3-5)=13.7℃$

混凝土经运输成型后的温度：

$T_2=13.7-(0.5\times0.5+0.032\times2)(13.7+5)=7.8℃$

混凝土因钢模板和钢筋吸热后的温度：

$T_3 = (2400 \times 1 \times 7.8 - 450 \times 0.48 \times 5) \div (2400 \times 1 + 450 \times 0.48) = 6.7℃$

混凝土浇筑完毕后的温度为 6.7℃。

冬期不得在强冻胀性地基土上浇筑混凝土，在弱冻胀性地基土上浇筑时，基土应进行保温，以免遭冻。

混凝土在浇筑前，应清除模板和钢筋上的冰雪和污垢。运输和浇筑混凝土用的容器应有保温措施。

混凝土拌合物入模浇筑，必须经过振捣，使其内部密实，并能充分填满模板各个角落，制成符合设计要求的构件，木模板更适合混凝土的冬期施工。模板各棱角部位应注意做加强保温。

冬期振捣混凝土要采用机械振捣，振捣要迅速，浇筑前应做好必要的准备工作。混凝土浇筑前宜采用热风机清除冰雪和对钢筋、模板进行预热。

浇筑基础大体积混凝土时，施工前要对地基进行保温以防止冻胀。新拌混凝土的入模温度以 7～12℃为宜。混凝土内部温度与表面温度之差不得超过 20℃。必要时应做保温覆盖。

分层浇筑厚大的整体式结构混凝土时，已浇筑层的混凝土温度在未被上一层混凝土覆盖前不得低于 2℃。采用加热养护时，养护前的温度不得低于 2℃。

浇筑承受内力接头的混凝土（或砂浆），宜先将结合处的表面加热到正温。浇筑后的接头混凝土（或砂浆）在温度不超过 45℃的条件下，应养护至设计要求强度，当设计无要求时，其强度不得低于设计强度的 70%。

预应力混凝土构件在进行孔道和立缝的灌浆前，浇灌部位的混凝土须经预热，并宜采用热的水泥浆、砂浆或混凝土，浇灌后在正温下养护到强度不低于 $15\text{N/mm}^2$。

#### 10.1.4.3 用成熟度法计算混凝土早期强度

成熟度法的适用范围及条件应符合下列规定：

(1) 本法适用于不掺外加剂在 50℃以下正温养护和掺外加剂在 30℃以下正温养护的混凝土，亦可用于掺防冻剂负温养护法的混凝土。

(2) 本法适用于预估混凝土强度标准值 60% 以内的强度值。

(3) 应用工程实际使用的混凝土原材料和配合比，制作不少于 5 组混凝土立方体标准试件，在标准条件下养护，得出 1d、2d、3d、7d、28d 的强度值。

(4) 采用本法应取得现场养护混凝土的连续温度实测资料。

用计算法确定混凝土强度应按下列步骤进行：

(1) 用标准养护试件各龄期强度数据，经回归分析拟合成下式曲线方程：

$$f = ae^{\frac{b}{D}} \tag{10-9}$$

式中　$f$——混凝土立方体抗压强度（MPa）；

　　　$D$——混凝土养护龄期（d）；

　　　$e$——自然对数，$e=2.72$；

　　　$a$、$b$——参数。

(2) 根据现场的实测混凝土养护温度资料，用式（10-10）计算混凝土已达到的等效龄期：

$$t = \sum(\alpha_T \cdot t_T) \tag{10-10}$$

式中　$t$——等效龄期（h）；

$\alpha_T$——温度为 $T$℃的等效系数，按表10-8采用；

$t_T$——温度为 $T$℃的持续时间（h）。

等效系数 $\alpha_T$　　　　表10-8

| 温度 $T$（℃） | 等效系数 $\alpha_T$ | 温度 $T$（℃） | 等效系数 $\alpha_T$ | 温度 $T$（℃） | 等效系数 $\alpha_T$ |
| --- | --- | --- | --- | --- | --- |
| 50 | 2.95 | 28 | 1.41 | 6 | 0.45 |
| 49 | 2.87 | 27 | 1.36 | 5 | 0.42 |
| 48 | 2.78 | 26 | 1.30 | 4 | 0.39 |
| 47 | 2.71 | 25 | 1.25 | 3 | 0.35 |
| 46 | 2.63 | 24 | 1.20 | 2 | 0.33 |
| 45 | 2.55 | 23 | 1.15 | 1 | 0.31 |
| 44 | 2.48 | 22 | 1.10 | 0 | 0.28 |
| 43 | 2.40 | 21 | 1.05 | −1 | 0.26 |
| 42 | 2.32 | 20 | 1.00 | −2 | 0.24 |
| 41 | 2.25 | 19 | 0.95 | −3 | 0.22 |
| 40 | 2.19 | 18 | 0.90 | −4 | 0.20 |
| 39 | 2.12 | 17 | 0.86 | −5 | 0.18 |
| 38 | 2.04 | 16 | 0.81 | −6 | 0.17 |
| 37 | 1.98 | 15 | 0.77 | −7 | 0.15 |
| 36 | 1.92 | 14 | 0.74 | −8 | 0.13 |
| 35 | 1.84 | 13 | 0.70 | −9 | 0.12 |
| 34 | 1.77 | 12 | 0.66 | −10 | 0.11 |
| 33 | 1.72 | 11 | 0.62 | −11 | 0.10 |
| 32 | 1.66 | 10 | 0.58 | −12 | 0.08 |
| 31 | 1.59 | 9 | 0.55 | −13 | 0.08 |
| 30 | 1.53 | 8 | 0.51 | −14 | 0.07 |
| 29 | 1.47 | 7 | 0.48 | −15 | 0.06 |

（3）以等效龄期 $t$ 代替 $D$ 代入式（10-4）可算出强度。

用图解法估算混凝土强度的步骤：

（1）根据标准养护试件各龄期强度数据，在坐标系上绘出龄期-强度曲线；

（2）根据现场实测的混凝土养护温度资料，计算混凝土达到的等效龄期；

（3）根据等效龄期数值，在龄期-强度曲线上查出相应强度值，即为所求值。

【例2】某混凝土在试验室测得20℃标准养护条件下的各龄期强度值见表10-9。混凝土浇筑后测得构件的温度见表10-10。试估算混凝土浇筑后38h时的强度。

标养试件试验结果　　　　表10-9

| 标养龄期（d） | 1 | 2 | 3 | 7 |
| --- | --- | --- | --- | --- |
| 抗压强度（N/mm²） | 4.0 | 11.0 | 15.4 | 21.8 |

混凝土浇筑后测温记录及计算　　　　　　　表 10-10

| 从浇筑起算的时间（h） | 温度（℃） | 间隔的时间 | 平均温度 | $a_T$ | $a_T \cdot t_T$ |
|---|---|---|---|---|---|
| 0 | 14 | | | | |
| 2 | 20 | 2 | 17 | 0.86 | 1.72 |
| 4 | 26 | 2 | 23 | 1.15 | 2.30 |
| 6 | 30 | 2 | 28 | 1.41 | 2.82 |
| 8 | 32 | 2 | 31 | 1.66 | 3.32 |
| 10 | 36 | 2 | 34 | 1.77 | 3.54 |
| 12 | 40 | 2 | 38 | 2.04 | 4.08 |
| 14 | 40 | 26 | 40 | 2.19 | 56.94 |
| | | | $T = a_T \cdot t_T$ | | 74.72 |

【解】①计算法

根据表 10-9 的数据，通过回归分析求得曲线方程为：

$$f = 29.459 e^{-\frac{1.989}{D}}$$

根据测温记录，经计算求得等效龄期 $t=74.72\mathrm{h}$（3.11d），见表 10-10。

取 $t$ 作为龄期 $D$ 代入上式，求得混凝土强度值：$f=15.54$（MPa）

② 解法

将表 10-9 中的数据在坐标系上绘出龄期-强度曲线，如图 10-1 所示。

根据测温记录（表 10-10）计算等效龄期 $t$，在龄期-强度曲线上查得强度值为 15.54N/mm²，即为所求值。

用蓄热法或综合蓄热法养护时亦可按如下步骤求算混凝土强度：

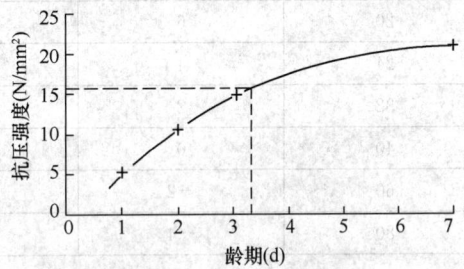

图 10-1　某混凝土的龄期-强度曲线（标养）

（1）用标准养护试件各龄期强度数据，经回归分析拟合成成熟度强度曲线方程

$$f = ae^{-\frac{b}{M}} \tag{10-11}$$

式中　　$f$——混凝土立方体抗压强度（N/mm²）；

$a$、$b$——参数；

$M$——混凝土养护的成熟度（℃·h），按式（10-12）计算。

$$M = \sum_0^t (T+15)t \tag{10-12}$$

式中　　$T$——在时间段 $t$ 内混凝土平均温度（℃）；

$t$——温度的持续时间（h）。

（2）取成熟度 $M$ 代入式（10-11）可算出强度 $f$。

（3）取强度 $f$ 乘以综合蓄热法调整系数 0.8。

【例3】某混凝土采用综合蓄热法养护，浇筑后混凝土测温记录见表 10-11。用该混凝土成型的试件，在标准条件下养护各龄期强度见表 10-12。求混凝土养护到 80h 时的强度。

【解】① 根据标准养护试件的龄期和强度资料算出成熟度，见表10-12。

② 用表10-12的成熟度-强度数据，经回归分析拟合成如下曲线方程：

$$f = 20.627 e^{-\frac{2310.688}{M}}$$

③ 根据养护测温资料，按式（10-12）计算成熟度，见表10-11。

④ 取成熟度 $M$ 值代入方程即求出 $f$ 值：

$$f = 20.627 e^{-\frac{2310.688}{M}} = 3.8 \text{MPa}$$

⑤ 将所得的 $f$ 值乘以系数0.8。

3.8×0.8＝3.04MPa，即为经养护后混凝土达到的强度。

混凝土浇筑后测温记录及计算　　　　　表10-11

| 1 | 2 | 3 | 4 | 5 |
|---|---|---|---|---|
| 从浇筑起算 | 实测养护 | 间隔的时间 $t$ | 平均温度 | $(T+15)t$ |
| 0 | 15 |  |  |  |
| 4 | 12 | 4 | 13.5 | 114 |
| 8 | 10 | 4 | 11.0 | 104 |
| 12 | 9 | 4 | 9.5 | 98 |
| 16 | 8 | 4 | 8.5 | 94 |
| 20 | 6 | 4 | 7.0 | 88 |
| 24 | 4 | 4 | 5.0 | 80 |
| 32 | 2 | 4 | 3.0 | 144 |
| 40 | 0 | 4 | 1.0 | 128 |
| 60 | －2 | 20 | －1.0 | 280 |
| 80 | －4 | 20 | －3.0 | 240 |
| $M = \sum_0^t (T+15)t$ |  |  |  | 1370 |

标准养护各龄期混凝土强度例表　　　　　表10-12

| 龄期（d） | 1 | 2 | 3 | 4 |
|---|---|---|---|---|
| 强度 MPa | 1.3 | 5.4 | 8.2 | 13.7 |
| 成熟度（℃·h） | 840 | 1680 | 2520 | 5880 |

#### 10.1.4.4 混凝土蓄热法和综合蓄热法养护

当室外最低温度不低于－15℃时，地面以下的工程，或表面系数不大于$5\text{m}^{-1}$的结构，宜采用蓄热法养护。对结构易受冻的部位，应加强保温措施。

当室外最低气温不低于－15℃时，对于表面系数为$5\text{m}^{-1} \sim 15\text{m}^{-1}$的结构，宜采用综合蓄热法养护，围护层散热系数宜控制在$50\text{kJ}/(\text{m}^3 \cdot \text{h} \cdot \text{K}) \sim 200\text{kJ}/(\text{m}^3 \cdot \text{h} \cdot \text{K})$之间。

综合蓄热法施工的混凝土中应掺入早强剂或早强型复合外加剂，并应具有减水、引气作用。

混凝土浇筑后应采用塑料布等防水材料对裸露表面覆盖并保温。对边、棱角部位的保温层厚度应增大到面部位的 2~3 倍。混凝土在养护期间应防风、防失水。

混凝土蓄热养护过程中的计算：

(1) 混凝土蓄热养护开始到任一时刻 $t$ 的温度，可按式（10-13）计算：

$$T = \eta e^{-\theta \cdot v_{ce} \cdot t} - \varphi e^{-v_{ce} \cdot t} + T_{m,a} \tag{10-13}$$

(2) 混凝土蓄热养护开始到任一时刻 $t$ 的平均温度，可按式（10-14）计算：

$$T_m = \frac{1}{v_{ce} t}\left[\varphi e^{-v_{ce} \cdot t} - \frac{\eta}{\theta} e^{-\theta \cdot v_{ce} \cdot t} + \frac{\eta}{\theta} - \varphi\right] + T_{m,a} \tag{10-14}$$

其中 $\theta$、$\varphi$、$\eta$ 为综合参数，按式（10-15）计算：

$$\theta = \frac{\omega \cdot K \cdot M}{v_{ce} \cdot Q_{ce} \cdot \rho_c}$$

$$\varphi = \frac{v_{ce} \cdot Q_{ce} \cdot m_{ce}}{v_{ce} \cdot Q_{ce}\rho_c - \omega \cdot K \cdot M}$$

$$\eta = T_3 - T_{m,a} + \varphi \tag{10-15}$$

$$K = \frac{3.6}{0.04 + \sum_{i=1}^{n} \frac{d_i}{\lambda_i}}$$

式中 $T$——混凝土蓄热养护开始到任一时刻 $t$ 的温度（℃）；

　　　$T_m$——混凝土蓄热养护开始到任一时刻 $t$ 的平均温度（℃）；

　　　$t$——混凝土蓄热养护开始到任一时刻的时间（h）；

　　　$T_{m,a}$——混凝土蓄热养护开始到任一时刻 $t$ 的平均气温（℃），可采用蓄热养护开始至 $t$；

　　　$M$——结构表面系数（$m^{-1}$）；

　　　$K$——结构围护层的总传热系数 [kJ/（$m^2 \cdot h \cdot K$）]；

　　　$Q_{ce}$——水泥水化累积最终放热量（kJ/kg）；

　　　$v_{ce}$——水泥水化速度系数（$h^{-1}$）；

　　　$m_{ce,1}$——每立方米混凝土水泥用量（kg/$m^3$）；

　　　$d_i$——第 $i$ 层围护层厚度（m）；

　　　$\lambda_i$——第 $i$ 层围护层的导热系数 [W/（$m \cdot K$）]。

水泥水化累积最终放热量 $Q_{ce}$ 水泥水化速度系数 $v_{ce}$ 及透风系数 $\omega$ 取值见表 10-13 和表 10-7。

| 水泥水化累积最终放热量 $Q_{ce}$ 和水化速度系数 $v_{ce}$ | | 表 10-13 |
|---|---|---|
| 水泥品种及强度等级 | $Q_{ce}$（kJ/kg） | $v_{ce}$（$h^{-1}$） |
| 硅酸盐、普通硅酸盐及强度等级 52.5 | 400 | 0.018 |
| 硅酸盐、普通硅酸盐及强度等级 42.5 | 350 | 0.015 |
| 矿渣、火山灰质、粉煤灰、复合硅酸盐水泥及强度等级 42.5 | 310 | 0.013 |
| 矿渣、火山灰质、粉煤灰及强度等级 32.5 | 260 | 0.011 |

当需要计算混凝土蓄热养护冷却至0℃的时间时，可根据式（10-13）采用逐次逼近的方法进行计算。如果蓄热养护条件满足 $\frac{\varphi}{T_{m,a}} \geq 1.5$，且 $KM \geq 50$ 时，也可按式（10-16）直接计算：

$$t_0 = \frac{1}{v_{ce}} \ln \frac{\varphi}{T_{m,a}} \tag{10-16}$$

式中　$t_0$——混凝土蓄热养护冷却至0℃的时间（h）。

混凝土冷却至0℃的时间内，其平均温度可根据式（10-16）取 $t = t_0$ 进行计算。

#### 10.1.4.5　混凝土蒸汽养护法

混凝土蒸汽养护法可采用棚罩法、蒸汽套法、热模法、内部通汽法等方式进行。其适用范围应符合下列规定：

（1）棚罩法适用于预制梁、板、地下基础、沟道等。
（2）蒸汽套法适用于现浇梁、板、框架结构、墙、柱等。
（3）热模法适用于端、柱及框架架构。
（4）内部通汽法适用于预制梁、柱、桁架，现挠梁、柱、框架单梁。

蒸汽养护法应采用低压饱和蒸汽，当工地有高压蒸汽时，应通过减压阀或过水装置后方可使用。

蒸汽养护的混凝土，采用普通硅酸盐水泥时最高养护温度不得超过80℃，采用矿渣硅酸盐水泥时可提高到85℃。当采用内部通汽法时，最高加热温度不应超过60℃。

整体浇筑的结构，采用蒸汽加热养护时，升温和降温速度不得超过表10-14规定。

蒸汽加热养护混凝土升温和降温速度　　　　　　　表10-14

| 结构表面系数（m$^{-1}$） | 升温速度（℃/h） | 降温速度（℃/h） |
|---|---|---|
| ≥6 | 15 | 10 |
| <6 | 10 | 5 |

蒸汽养护应包括升温—恒温—降温三个阶段，各阶段加热延续时间可根据养护结束时要求的强度确定。

采用蒸汽养护的混凝土，可掺入早强剂或非引气型减水剂。

蒸汽加热养护混凝土时，应排除冷凝水，并应防止渗入地基土中。当有蒸汽喷出口时，喷嘴与混凝土外露面的距离不得小于300mm。

#### 10.1.4.6　电加热法养护混凝土

电加热法养护混凝土的温度应符合表10-15的规定。

电加热法养护混凝土的温度（℃）　　　　　　　　表10-15

| 水泥强度等级 | 结构表面系数（m$^{-1}$） | | |
|---|---|---|---|
| | <10 | 10~15 | >15 |
| 32.5 | 70 | 50 | 45 |
| 42.5 | 40 | 40 | 35 |

注：采用红外线辐射加热时，其辐射表面可采用70~90℃，32.5级的水泥强度等级仅代表砂渣、粉煤灰、火山灰质硅酸盐水泥。

电极加热法养护混凝土的适用范围宜符合表 10-16 的规定。

**电极加热法养护混凝土的适用范例** 表 10-16

| 分类 | | 常用电极规格 | 设置方法 | 适用范围 |
|---|---|---|---|---|
| 内部电极 | 棒极电极 | φ6～φ12 的钢筋短棒 | 混凝土浇筑后,将电极穿过模板或在混凝土表面插入混凝土体内 | 梁、柱、厚度大于 150mm 的板、墙及设备基础 |
| | 弦型电极 | φ6～φ12 的钢筋,长为 2.0～2.5m | 在浇筑混凝土前将电极装入,与结构纵向平行,电极两端弯成直角,由模板孔引出 | 含筋较少的墙、柱、梁、大型柱基础以及厚度大于 200mm 单侧配筋的板 |
| 表面电极 | | φ6 钢筋或厚 1～2mm,宽 30～60mm 的扁钢 | 电极固定在模板内侧,或装在混凝土的外表面 | 条形基础、墙及保护层大于 50mm 的大体积结构和地面等 |

混凝土采用电极加热法养护应符合下列规定:

(1) 电路接好应经检查合格后方可合闸送电。当结构工程量较大,需边浇筑边通电时,应将钢筋接地线。电加热现场应设安全围栏。

(2) 棒形和弦形电极应固定牢固,并不得与钢筋直接接触。电极与钢筋之间的距离应符合表 10-17 的规定;当因钢筋密度大而不能保证钢筋与电极之间的距离满足表 10-17 的规定时,应采取绝缘措施。

**电极与钢筋之间的距离** 表 10-17

| 工作电压(V) | 最小距离(mm) |
|---|---|
| 65.0 | 50～70 |
| 87.0 | 80～100 |
| 106.0 | 120～150 |

(3) 加热均匀,且应加热到设计的混凝土强度标准值的 50%。在电极附近的辐射半径方向每隔 10mm 距离的温度差不得超过 1℃。

(4) 电极加热应在混凝土浇筑后立即送电。送电前混凝土表面应保温覆盖。混凝土在加热养护过程中,洒水应在断电后进行。

混凝土采用电热毯法养护应符合下列规定:

(1) 电热毯宜由四层玻璃纤维布中间夹以电阻丝制成。其几何尺寸应根据混凝土表面或模板外侧与龙骨组成的区格大小确定;电热毯的电压宜为 60～80V,功率宜为 75～100W。

(2) 布置电热毯时,在模板周边的各区格应连续布毯,中间区格可间隔布毯,并应与对面模板错开。电热毯外侧应设置岩棉板等性质的耐热保温材料。

(3) 电热毯养护的通电持续时间应根据气温及养护温度确定,可采取分段、间断或连续通电养护工序。

混凝土采用工频涡流法养护应符合下列规定:

(1) 工频涡流法养护的涡流管应采用钢管,其直径宜为 12.5mm,壁厚宜为 3mm。

钢管内穿铝芯绝缘导线，其截面宜为 25~35mm²，技术参数宜符合表 10-18 的规定。

工频涡流管技术参数　　　　　　　　　表 10-18

| 项目 | 取值 |
| --- | --- |
| 饱和电压降值（V/m） | 1.05 |
| 饱和电流值（A） | 200 |
| 钢管极限功率（W/m） | 195 |
| 涡流管间距（mm） | 150~250 |

（2）各种构件涡流模板的配置应通过热工计算确定，也可按下列规定配置；
1）柱：四面配置。
2）梁：当高宽比大于 2.5 时，侧模宜采用涡流模板，底模宜采用普通模板；当高宽比小于等于 2.5 时，侧模和底模皆宜采用涡流模板。
3）墙板：距墙板底部 600mm 范围内，应在两侧对称拼装涡流板；600mm 以上部位，应在两侧采用涡流和普通钢模交错拼装，并应使涡流模板对应面为普通模板。
4）梁、柱节点：可将涡流钢管插入节点内，钢管总长度应根据混凝土量按 6.0kW/m³ 功率计算；节点外围应保温养护。

（3）当采用工频涡流法养护时，各阶段送电功率应使预养与恒温阶段功率相同，升温阶段功率应大于预养阶段功率的 2.2 倍。预养、恒温阶段的变压器一次接线为 Y 形，升温阶段接线应为 △形。

线圈感应加热法养护宜用于梁、柱结构，以及各种装配式钢筋混凝土结构的接头混凝土的加热养护。亦可用于型钢混凝土组合结构的钢体、密筋结构的钢筋和模板预热，以及受冻混凝土结构构件的解冻。

混凝土采用线圈感应加热养护应符合下列规定：
（1）变压器宜选择 50kVA 或 100kVA 低压加热变压器，电压宜在 6~110V 间调整。当混凝土较少时，也可采用交流电焊机。变压器的容量宜比计算结果增加 20%~30%。
（2）感应线圈宜选用截面面积为 35mm² 的铝质或铜质电缆，加热主电缆的截面面积宜为 150mm²，电流不宜超过 400A。
（3）当缠绕感应线圈时，宜靠近钢模板。构件两端线圈导线的间距应比中间加密一倍，加密范围宜由端部开始向内至一个线圈直径的长度为止。端头应密缠 5 圈。
（4）最高电压值宜为 80V，新电缆电压值可采用 100V，但应确保接头绝缘。养护期间电流不得中断，并应防止混凝土受冻。
（5）通电后应采用钳形电流表和万能表随时检查测定电流，并应根据具体情况随时调整参数。

采用电热红外线加热器对混凝土进行辐射加热养护，宜用于薄壁钢筋混凝土结构和装配式钢筋混凝土结构接头处混凝土加热。

### 10.1.4.7　暖棚法施工

暖棚法施工适用于地下结构工程和混凝土构件比较集中的工程。
暖棚法施工应符合下列规定：
（1）应设专人监测混凝土及暖棚内温度，暖棚内各测点温度不得低于 5℃。测温点应选择其有代表性的位置进行布置。在离地面500mm高度处应设点，每昼夜测温不应少于4次。

（2）养护期间应监测暖棚内的相对湿度，混凝土不得有失水现象，否则应及时采取增湿措施或在混凝土表面洒水养护。

（3）暖棚的出入口应设专人管理，并应采取防止棚内温度下降或引起风口处混凝土受冻的措施。

（4）在混凝土养护期间应将烟或燃烧气体排至棚外，并应采取防止烟气中毒和防火的措施。

#### 10.1.4.8　负温养护法

混凝土负温养护法适用于不易加热保温，且对强度增长要求不高的一般混凝土结构工程。

负温养护法施工的混凝土，应以浇筑后5d内的预计日最低气温来选用防冻剂，起始养护温度不应低于5℃。

混凝土浇筑后，裸露表面应采取保湿措施；同时，应根据需要采取必要的保温覆盖措施。

负温养护法施工应加强测温；混凝土内部温度降到防冻剂规定温度之前，混凝土的抗压强度应符合规定。

#### 10.1.4.9　硫铝酸盐水泥混凝土负温施工

硫铝酸盐水泥混凝土可在不低于－25℃环境下施工，适用于下列工程：

（1）工业与民用建筑工程的钢筋混凝土梁、柱、板、墙的现浇结构；

（2）多层装配式结构的接头以及小截面和薄壁结构混凝土工程；

（3）抢修、抢建工程及有硫酸盐腐蚀环境的混凝土工程。

使用条件经常处于温度高于80℃的结构部位或有耐火要求的结构工程，不宜采用硫铝酸盐水泥混凝土施工。

硫铝酸盐水泥混凝土冬期施工可选用$ZaNO_2$防冻剂或$NaNO_2$与$Li_2CO_3$复合防冻剂，其掺量可按表10-19选用。

硫铝酸盐水泥防冻剂掺量表　　　　表10-19

| 环境最低气温（℃） | | ≥－5 | －5～－15 | －15～－25 |
|---|---|---|---|---|
| 单掺$NaNO_2$（%） | | 0.50～1.00 | 1.00～3.00 | 3.00～4.00 |
| 复掺$NaNO_2$与$Li_2CO_3$ | $NaNO_2$（%） | 0.00～1.00 | 1.00～2.00 | 2.00～4.00 |
| | $Li_2CO_3$（%） | 0.00～0.02 | 0.02～0.05 | 0.05～0.10 |

注：防冻剂掺量按水泥质量百分比计。

拼装接头或小截面构件、薄壁结构施工时，应适当提高拌合物温度，并应加强保温措施。

硫铝酸盐水泥可与硅酸盐类水泥混合使用，硅酸盐类水泥的掺用比例应小于10%。

硫铝酸盐水泥混凝土可采用热水拌合，水温不宜超过50℃，拌合物温度宜为5～15℃，坍落度应比普通混凝土增加10～20mm。水泥不得直接加热或直接与30℃以上热水接触。

采用机械搅拌和运输车运输，卸料时应将搅拌筒及运输车内混凝土排空，并应根据混凝土凝结时间情况，及时清洗搅拌机和运输车。

混凝土应随拌随用，并应在拌制结束 30min 内浇筑完毕，不得二次加水拌合使用。混凝土入模温度不得低于 2℃。

混凝土浇筑后覆盖保温材料。

混凝土养护不宜采用电热法或蒸汽法。当混凝土结构体积较小时，可采用暖棚法养护，但养护温度不宜高于 30℃。当混凝土结构体积较大时，可采用蓄热法养护。

### 10.1.4.10 混凝土质量控制及检查

混凝土冬期施工质量检查除应符合现行国家标准《混凝土结构工程施工质量验收规范》GB 50204 以及国家现行有关标准规定外，尚应符合下列规定：

（1）应检查外加剂质量及掺量；外加剂进入施工现场后应进行抽样检验，合格后方准使用。

（2）应根据施工方案确定的参数检查水、骨料、外加剂溶液和混凝土出机、浇筑、起始养护时的温度。

（3）应检查混凝土从入模到拆除保温层或保温模板期间的温度。

（4）采用预拌混凝土时，原材料、搅拌、运输过程中的温度及混凝土质量检查应由预拌混凝土生产企业进行，并应将记录资料提供给施工单位。

施工期间的测温项目与频次应符合表 10-20 规定。

施工期间的测温项目与次数　　　　　　　　表 10-20

| 测温项目 | 频次 |
|---|---|
| 室外气温 | 测量最高、最低气温 |
| 环境温度 | 每昼夜不少于 4 次 |
| 搅拌机棚温度 | 每一工作班不少于 4 次 |
| 水、水泥、矿物掺合料、砂、石及外加剂溶液温度 | 每一工作班不少于 4 次 |
| 混凝土出机、浇筑、入模温度 | 每一工作班不少于 4 次 |

混凝土养护期间的温度测量应符合下列规定：

（1）采用蓄热法或综合蓄热法时，在达到受冻临界强度之前应每隔 4~6h 测量一次。

（2）采用负温养护法时，在达到受冻临界强度之前应每隔 2h 测量一次。

（3）采用加热法时，升温和降温阶段应每隔 1h 测量一次，恒温阶段每隔 2h 测量一次。

（4）混凝土在达到受冻临界强度后，可停止测温。

（5）大体积混凝土养护期间的温度测量尚应符合现行国家标准《大体积混凝土施工标准》GB 50496 的相关规定。

养护温度的测量方法应符合下列规定：

（1）测温孔应编号，并应绘制测温孔布置图，现场应设置明显标识。

（2）测温时，测温元件应采取措施与外界气温隔离；测温元件测量位置应处于结构表面下 20mm 处，留置在测温孔内的时间不应少于 3min。

（3）采用非加热法养护时，测温孔应设置在易于散热的部位；采用加热法养护时，测温孔应分别设置在离热源不同的位置。

混凝土质量检查应符合下列规定：

（1）应检查混凝土表面是否受冻、粘连、收缩裂缝，边角是否脱落，施工缝处有无受冻痕迹。

（2）应检查同条件养护试块的养护条件是否与结构实体相一致。

（3）推定混凝土强度时，应检查测温记录与计算公式要求是否相符。

（4）采用电加热养护时，应检查供电变压器二次电压和二次电流强度，每一工作班不应少于两次。

模板和保温层在混凝土达到要求强度并冷却到5℃后方可拆除。拆模时混凝土表面与环境温差大于20℃时，混凝土表面应及时覆盖，缓慢冷却。

混凝土抗压强度试件的留置除应按现行国家标准《混凝土结构工程施工质量验收规范》GB 50204规定进行外，尚应增设不少于2组同条件养护试件。

### 10.1.5 装配式混凝土结构工程冬期施工措施与要求

#### 10.1.5.1 装配式混凝土构件的制作

装配式混凝土构件厂应具备相应的生产工艺设施，并应有完善的质量管理体系和必要的试验检测手段。冬期施工期间，编制详细的冬期施工方案，保证构件的成型质量。

构件用混凝土的原材料及配合比设计应符合国家现行标准《混凝土结构工程施工规范》GB 50666、《混凝土结构工程施工质量验收规范》GB 50204、《建筑工程冬期施工规程》JGJ/T 104等有关规定。

构件用钢筋的加工、连接与安装应符合国家现行标准《混凝土结构工程施工规范》GB 50666、《混凝土结构工程施工质量验收规范》GB 50204、《建筑工程冬期施工规程》JGJ/T 104等有关规定。

构件用模板应符合国家现行标准《混凝土结构工程施工规范》GB 50666、《混凝土结构工程施工质量验收规范》GB 50204、《建筑工程冬期施工规程》JGJ/T 104等有关规定。

#### 10.1.5.2 装配式混凝土构件的堆放及运输

构件运输及堆放前，应将车辆、构件、垫木及堆放场地的积雪、结冰清除干净，场地应平整、坚实。

构件在冻胀性土壤的自然地面上或冻结前回填土地面上堆放时，应符合下列规定：

（1）每个构件在满足强度、承载力条件下，应尽量减少支撑点数量。

（2）对于大型板、槽板及空心板等板类构件，两端的支点应选用长度大于板宽的垫木。

（3）构件堆放时，如支点为两个及以上时，应采取可靠措施防止土壤的冻胀和融化下沉。

（4）构件用垫木垫起时，地面与构件之间的间隙应大于150mm。

在回填冻土并经一般压实的场地上堆放构件时，如构件重叠堆放时间长，应根据构件重量，尽量减少重叠层数，底层构件支撑与地面接触面积应适当加大。在冻土融化之前，应采取防止因冻土融化下沉造成构件变形和破坏的措施。

构件运输时，混凝土强度不得小于设计混凝土强度等级值的75%。在运输车上的支点设置应按设计要求确定，对于重叠运输的构件，应与运输车固定并防止滑移。

#### 10.1.5.3 装配式混凝土构件的吊装

吊车行走的场地应平整，并应采取防滑措施，起吊的支撑点地基应坚实。

地锚应具有稳定性，回填冻土的质量应符合设计要求，活动地锚应设防滑措施。

构件在正式起吊前，应先松动、后起吊。

凡使用滑行法起吊的构件，应采取控制定向滑行，防止偏离滑行方向的措施。

多层框架结构的吊装，接头混凝土强度未达到设计要求前，应加设缆风绳等防止整体倾斜的措施。

#### 10.1.5.4 装配式混凝土构件的连接与校正

冬期施工的装配整浇式构件接头应根据混凝土体积小、表面系数大、配筋密等特点，采取相应的保证质量措施。

构件接头采用现浇混凝土连接时，应符合下列规定：

(1) 接头部位的积雪、冰霜等应清除干净。

(2) 承受内力接头的混凝土，当设计无要求时，其受冻临界强度不应低于设计强度等级值的70%。

(3) 接头处混凝土的养护应符合本手册第10.1.5节有关规定。

(4) 接头处钢筋的焊接应符合本手册第10.1.4节有关规定。

混凝土构件预埋连接板的焊接除应符合本手册10.1.8节有关规定。

混凝土柱、屋架及框架冬期安装，在阳光照射下校正时，应计入温差的影响，各固定支撑校正后，应立即固定。

### 10.1.6 砌体工程冬期施工措施与要求

#### 10.1.6.1 一般规定

冬期施工所用材料应符合下列规定：

(1) 砖、砌块在砌筑前，应清除表面污物、冰雪等，不得使用遭水浸和受冻后表面结冰、污染的砖或砌块。

(2) 砌筑砂浆宜采用普通硅酸盐水泥配制，不得使用无水泥拌制的砂浆。

(3) 现场拌制砂浆所用砂中不得含有直径大于10mm的冻结块或冰块。

(4) 石灰膏、电石渣膏等材料应有保温措施，遭冻结时应经融化后方可使用。

(5) 砂浆拌合水温不宜超过80℃，砂加热温度不宜超过40℃，且水泥不得与80℃以上热水直接接触；砂浆稠度宜较常温适当增大，且不得二次加水调整砂浆和易性。

砌筑间歇期间，宜及时在砌体表面进行保护性覆盖，砌体面层不得留有砂浆。继续砌筑前，应将砌体表面清理干净。

砌体工程宜选用外加剂法进行施工，对绝缘、装饰等有特殊要求的工程，应采用其他方法。

施工日记中应记录大气温度、暖棚内温度、砌筑时砂浆温度、外加剂掺量等有关资料。

砂浆试块的留置，除应按常温规定要求外，尚应增设一组与砌体同条件养护的试块，用于检验转入常温28d的强度。如有特殊需要，可另外增加相应龄期的同条件试块。

砌体工程冬期施工主要方法，一般有外加剂法、暖棚法等。由于掺外加剂法施工工艺简单，操作方便，负温条件下砂浆强度可持续增长，砌体不会发生冻胀变形，砌体工程冬期施工，通常优先采用外加剂法。对便于覆盖保温的地下工程，或急需使用的小体量工程，可采用暖棚法。

当地基土无冻胀性时，可在冻结的地基上砌筑，有冻胀性时，则应在未冻结的基土上砌筑。施工期间或回填之前，应防止地基受冻。

砌筑施工时，砂浆温度不应低于5℃。砂浆的搅拌出机温度不宜高于35℃。

普通砖、空心砖和多孔砖在气温高于0℃以上条件时，仍应进行浇水湿润，当气温等于或低于0℃时，不宜再浇水湿润，但砂浆必须增大稠度。抗震设防烈度为9度的建筑物，普通砖、空心砖和多孔砖无法浇水湿润时，如无特殊措施不得砌筑施工。

加热方法，当有供汽条件时，可将蒸汽直接通入水箱，将水加热。也可将汽管直接插入砂内送汽加热，此时应测定砂的含水率的变化。砂子还可用火坑加热，加热时可在砂上浇些温水，加水量不宜超过5%，以免冷热不匀，也可加快加热速度。砂不得在钢板上烧灼加热。

水、砂的温度应经常检查，每小时不少于一次。温度计停留在砂内的时间不应少于3min，在水内停留时间不应少于1min。

冬期施工砂浆搅拌时间应适当延长，一般要比常温时增加0.5～1倍。

通常情况下，采取以下措施减少砂浆在搅拌、运输、存放过程中的热量损失：

（1）搅拌机搭设保温棚或设在室内，采取供暖措施，保证环境温度不低于5℃。砂浆要随拌随运随用，避免二次倒运和积存。搅拌站应尽量设置在靠近施工点的位置，缩短运距。

（2）砂浆运输存放工具、设备应采取保温措施，如手推车、吊斗、灰槽，可在外面加设保温岩棉、棉被或聚苯板等保温材料作为保温层，手推车、吊斗上口可加木盖，进行保温。

（3）施工时砂浆应储存在保温灰槽中，砂浆应随拌随用，砂浆存放时间为普通砂浆不宜超过15min，掺外加剂砂浆不宜超过20min。

（4）保温灰槽和运输工具等应及时清理，下班后用热水冲洗干净，以免冻结。

严禁使用已冻结的砂浆，不得重新搅拌使用。

冬期施工的砖砌体应采用"三一"砌筑法施工。砌砖铺灰时，宜随铺随砌，防止砂浆温度降低太快。

冬期施工中，每日砌筑高度不宜超过1.2m，墙体留置的洞口，距交接墙处不应小于500mm。每天完工后，应将砌体上面灰浆刮掉，用草帘、棉被等保温材料覆盖保温，基础砌体可随时用未冻土、中砂等回填沟槽保温防冻。

施工现场留置的砂浆试块，除按常温规定留置外，应增设不少于一组与砌体同条件养护试块，用于检验转入常温28d的强度。

当混凝土小砌块冬期施工砌筑砂浆强度等级低于M10时，其砂浆强度等级应比常温施工提高一级。

**10.1.6.2 材料要求**

普通砖、空心砖、灰砂砖、混凝土小型空心砌块、加气混凝土砌块和石材在砌筑前，应清除表面的冰雪、污物等，严禁使用遭水浸泡和冻结的砖或砌块。

砌筑砂浆宜优先选用干粉砂浆和预拌砂浆，水泥优先采用普通硅酸盐水泥，冬期砌筑不得使用无水泥拌制的砂浆。

石灰膏、电石膏等宜保温防冻，当遭冻结时，应融化后才能使用。

拌制砂浆所用的砂，不得含有直径大于10mm的冻结块和冰块。

拌合砂浆时，水温不得超过80℃，砂的温度不得超过40℃。砂浆稠度应比常温时适当增加10～30mm。当水温过高时，应调整材料添加顺序，应先将水加入砂内搅拌，后加水泥，防止水泥出现假凝现象。冬期砌筑砂浆的稠度见表10-21。

冬期砌筑砂浆的稠度　　表10-21

| 砌体种类 | 常温时砂浆稠度（mm） | 冬期时砂浆稠度（mm） |
| --- | --- | --- |
| 烧结砖砌体 | 70～90 | 90～110 |
| 烧结多孔砖、空心砖砌体 | 60～80 | 80～100 |
| 轻骨料小型空心砌块砌体 | 60～90 | 80～110 |
| 加气混凝土砌块砌体 | 50～70 | 80～100 |
| 石材砌体 | 30～50 | 40～60 |

### 10.1.6.3 外加剂法

采用外加剂法配制砂浆时，可采用氯盐或亚硝酸盐等外加剂。氯盐应以氯化钠为主，当气温低于－15℃时，可与氯化钙复合使用。氯盐外加剂掺量可按表10-22选用。

氯盐外加剂掺量　　表10-22

| 氯盐及砌体材料种类 | | | 日最低气温（℃） | | | |
| --- | --- | --- | --- | --- | --- | --- |
| | | | ≥－10 | －11～－15 | －16～－20 | －21～－25 |
| 单掺氯化钠（%） | | 砖、砌块 | 3 | 5 | 7 | — |
| | | 石材 | 4 | 7 | 10 | — |
| 复掺（%） | 氯化钠 | 砖、砌块 | | | 5 | 7 |
| | 氯化钙 | | | | 2 | 3 |

砌筑施工时，砂浆温度不应低于5℃。

当设计无要求，且最低气温等于或低于－15℃时。砌体砂浆强度等级应较常温施工提高一级。

采用氯盐砂浆时，应对砌体中配置的钢筋及钢预埋件进行防腐处理。

砌体采用氯盐砂浆施工，每日砌筑高度不宜超过1.2m，墙体留置的洞口距交接墙处不应小于500mm。

在拌合水中掺入如氯化钠（食盐）、氯化钙或亚硝酸钠等抗冻外加剂，使砂浆砌筑后能够在负温条件下继续增长强度，继续硬化，可不必采取防止砌体冻胀沉降变形的措施。

砂浆中的外加剂掺量及其适用温度应事先通过试验确定。

当施工温度在－15℃以上时，砂浆中可采用单掺氯化钠，当施工温度在－15℃以下时，单掺低浓度的氯化钠溶液降低冰点效果不佳，可与氯化钙复合使用，其比例为氯化钠：氯化钙2∶1，总掺盐量不得大于用水量的10%，否则会导致砂浆强度降低。

当室外大气温度在-10℃以上时，掺盐量在3%~5%时，砂浆可以不加热；当低于-10℃时，应加热原材料。首先应加热水，当满足不了温度需要时，再加热砂子。

通常情况固体食盐仍含有水分，含量一般在91%左右，氯化钙的纯度在83%~85%之间。

外加剂溶液应由专人配制，并应先配制成规定浓度溶液置于专用容器中，再按使用规定加入搅拌机中。氯盐砂浆中复掺引气型外加剂时，应在氯盐砂浆搅拌的后期掺入；在氯盐砂浆中掺加砂浆增塑剂时，应先加氯盐溶液后再加砂浆增塑剂。

氯盐对钢筋有腐蚀作用，采用掺盐砂浆砌筑配筋砌体时，应对钢筋采取防腐措施，常用方法如下：

方法一：涂刷樟丹两至三道，在涂料干燥后即可以进行砌筑。

方法二：刷沥青漆，沥青漆可按照以下比例配制，30号沥青：10号沥青：汽油=1：1：2。

方法三：刷防锈涂料。防锈涂料可按照以下比例配制，水泥：亚硝酸钠：甲基硅酸钠：水=100：6：2：30。配制时，先用水溶解亚硝酸钠，与水泥搅拌后再加入甲基硅酸钠，最后搅拌4~5min。配好的涂料涂刷在钢筋表面约1.5mm厚，干燥后即可进行砌筑。

在下列情况下不得采用掺氯盐的砂浆砌体：

(1) 选用特殊材料，对装饰有特殊要求的工程。

(2) 建筑工程使用环境湿度超过80%的。

(3) 配筋、配管、钢铁埋件等金属没有可靠的防腐防锈处理措施的砌体。

(4) 接近高压电线、高压设备的建筑物。

(5) 经常处于地下水位变化范围内，处在水位以下未设防水层的结构。

(6) 热工要求高的工程。

(7) 经常受40℃以上高温影响的建筑物，砖与砂浆的温度差值砌筑时宜控制在20℃以内，且不超过30℃。

掺盐砂浆的粘结强度见表10-23。

掺盐砂浆的粘结强度（N/mm²）　　　　　表10-23

| 材料 | 常温养护28d | | -15℃恒温28d转常温养护28d的粘结强度 |
|---|---|---|---|
| | 砂浆抗压强度 | 粘结强度 | |
| 砖-砖 | 7.1 | 0.095 | 0.057 |
| 砖-石 | 11.3 | 0.118 | 0.097 |
| 石-石 | 5.7 | 0.153 | 0.135 |

注：常温养护的砌体，用普通砂浆砌筑；负温转常温养护的砌体，用掺盐砂浆砌筑，砂浆中掺入5%的食盐。

用掺盐砂浆砌筑的砖砌体，其抗压强度与抗剪强度见表10-24。

**用掺盐砂浆砌筑的砖砌体的抗压与抗剪强度**　　　　　表10-24

| 砌筑季节 | 砖 | 龄期（d） | 抗压强度（N/mm²） | 抗剪强度（N/mm²） | 砌筑时气温（℃） |
|---|---|---|---|---|---|
| 冬期 | 干砖 | 90 | 2.6 | 0.36 | 日最低气温为-14~-26℃，日最高气温为-9~-19℃ |
| | | 180 | 3.1 | 0.45 | |
| | 湿砖 | 90 | 2.9 | 0.21 | |
| | | 180 | 3.5 | 0.34 | |
| 常温期 | 湿砖 | 22 | 3.2 | 0.27 | 平均气温21℃ |

注：砖采用MU7.5，砂浆采用M5，冬期所用砂浆，掺入占水重5%的食盐。

普通水泥掺氯化钠砂浆强度增长率见表10-25。

**普通水泥掺氯化钠砂浆强度增长率（%）** 表10-25

| 砂浆硬化温度（℃） | 5%氯化钠 | | 10%氯化钠 | |
| --- | --- | --- | --- | --- |
| | $f_7$ | $f_{28}$ | $f_7$ | $f_{28}$ |
| -5 | 32 | 75 | 45 | 95 |
| -15 | 14 | 30 | 20 | 40 |

#### 10.1.6.4 暖棚法

暖棚法是将需要保温的砌体和工作面，利用简单或廉价的保温材料，进行临时封闭，并在棚内加热，使其在正温条件下砌筑和养护。由于暖棚搭设投入大，效率低，通常宜少采用。

暖棚法适用于地下工程、基础工程以及工期紧迫的砌体结构。

暖棚法施工时，暖棚内的最低温度不应低于5℃。

砌体在暖棚内的养护时间应根据暖棚内的温度确定，并应符合表10-26的规定。

**暖棚法施工时的砌体养护时间** 表10-26

| 暖棚内的温度（℃） | 5 | 10 | 15 | 20 |
| --- | --- | --- | --- | --- |
| 养护时间（d） | ≥6 | ≥5 | ≥4 | ≥3 |

暖棚的加热可根据现场条件，应优先采用热风装置或电加热等方式，若采用燃气、火炉等，应加强安全防火、防中毒措施。

采用暖棚法施工时，块体和砂浆在砌筑时的温度均不得低于5℃，而距所砌结构底面0.5m处的棚内气温也不应低于5℃。

在确定暖棚的热耗时，应考虑围护结构材料的热量损失，地基土吸收的热量和在暖棚内加热或预热材料的热量损耗。

采用暖棚法施工，搭设的暖棚应牢固、整齐。宜在背风面设置一个出入口，并应采取保温避风措施。当需设置两个出入口时，两个出入口不应对齐。

### 10.1.7 钢结构工程冬期施工措施与要求

#### 10.1.7.1 一般规定

在负温下进行钢结构的制作和安装时，应按照负温施工的要求，编制钢结构制作工艺规程和安装施工组织设计文件。

钢结构制作和安装采用的钢尺和量具，应和土建单位使用的钢尺和量具相同，并应采用同一精度级别进行鉴定。土建结构和钢结构应采取不同的温度膨胀系数差值调整措施。

钢构件在正温下制作、负温下安装时，施工中应采取相应调整偏差的技术措施。

参加负温钢结构施工的电焊工应经过负温焊接工艺培训，并应取得合格证，方能参加钢结构的负温焊接工作。定位点焊工作应由取得定位点焊合格证的电焊工来担任。

焊接环境温度低于-10℃时，必须进行相应焊接环境下的工艺评定试验，并应在评定合格后再进行焊接。

#### 10.1.7.2 材料

冬期施工宜采用 Q345 钢、Q390 钢、Q410 钢，其质量应分别符合国家现行标准的规定。

负温下钢结构的焊接梁、柱接头板厚大于 40mm，且在板厚方向承受拉力作用时，钢材板厚方向的伸长率应符合现行国家标准《厚度方向性能钢板》GB/T 5313 的规定。

负温下施工的钢铸件应按现行国家标准《一般工程用铸造碳钢件》GB/T 11352 中规定的 ZG200-400、ZG230-450、ZG270-500、ZG310-570 号选用。

钢材及有关连接材料应附有质量证明书，性能应符合设计和产品标准的要求。根据负温下结构的重要性、荷载特征和连接方法，应按国家标准的规定进行复验。

负温下钢结构焊接用的焊条、焊丝应在满足设计强度要求的前提下，选择屈服强度较低、冲击韧性较好的低氢型焊条，重要结构可采用高韧性超低氢型焊条。

负温下钢结构用低氢型焊条烘焙温度宜为 350～380℃，保温时间为 1.5～2h，烘焙后应缓冷存放在 110～120℃烘箱内，使用时应取出放在保温筒内，随用随取。当负温下使用的焊条外露超过 4h 时，应重新烘焙。焊条的烘焙次数不宜超过 2 次，受潮的焊条不应使用。

焊剂在使用前应按照质量证明书的规定进行烘焙，其含水量不得大于 0.1%。在负温下露天进行焊接工作时，焊剂重复使用的时间间隔不得超过 2h，当超过时应重新进行烘焙。

气体保护焊采用的二氧化碳，气体纯度按体积比计不宜低于 99.5%，含水量按质量比计不得超过 0.005%。

使用瓶装气体时，瓶内气体压力低于 1MP 时应停止使用。在负温下使用时，要检查瓶嘴有无冰冻堵塞现象。

在负温下钢结构使用的高强螺栓、普通螺栓应有产品合格证，高强螺栓应在负温下进行扭矩系数、轴力的复验工作，符合要求后方能使用。

钢结构使用的涂料应符合负温下涂刷的性能要求，不得使用水基涂料。

负温下钢结构基础锚栓施工时，应保护好锚栓螺纹端，不宜进行现场对焊。

#### 10.1.7.3 钢结构制作

钢结构在负温下放样时，切割、铣刨的尺寸，应考虑负温对钢材收缩的影响。

端头为焊接接头的构件下料时，应根据工艺要求预留焊缝收缩量，多层框架和高层钢结构的多节柱应预留荷载使柱子产生的压缩变形量。焊接收缩量和压缩变形量应与钢材在负温下产生的收缩变形量相协调。

形状复杂和要求在负温下弯曲加工的构件，应按制作工艺规定的方向取料。弯曲构件的外侧不应有大于 1mm 的缺口和伤痕。

低合金钢环境温度低于 -15℃ 时不得剪切、冲孔，普通碳素结构钢工作地点温度低于 -16℃、低合金结构钢工作地点温度低于 -12℃ 时不得进行冷矫正和冷弯曲。当工作地点温度低于 -30℃ 时，不宜进行现场火焰切割作业。

负温下对边缘加工的零件应采用精密切割机加工，焊缝坡口宜采用自动切割口采用坡口机、刨条机进行坡口加工时，不得出现鳞状表面。重要结构的焊缝坡口，应采用机械加工或自动切割加工，不宜采用手工气焊切割加工。

构件的组装应按工艺规定的顺序进行，由里往外扩展组拼。在负温下组装焊接结构时，预留焊缝收缩值宜由试验确定，点焊缝的数量和长度应经计算确定。

零件组装应把接缝两侧各50mm内铁锈、毛刺、泥土、油污、冰雪等清理干净,并应保持接缝干燥,不得残留水分。

当构件在负温下进行热矫正时,钢材加热矫正温度应控制在750~900℃之间,加热矫正后应保温覆盖使其缓慢冷却。

在负温下钢构件需成孔时,成孔工艺应选用钻成孔或先冲后扩钻孔。

在负温下制作的钢构件在进行外形尺寸检查验收时,应考虑检查当时的温度影响。

低于0℃的钢构件上涂刷防腐或防火涂层前,应进行涂刷工艺试验。涂刷时应将构件表面的铁锈、油污、边沿孔洞的飞边毛刺等清除干净,并应保持构件表面干燥。可用热风或红外线照射干燥,干燥温度和时间应由试验确定。雨雪天气或构件上有薄冰时不得进行涂刷工作。

钢结构焊接加固时,应由对应类别合格的焊工施焊:施焊镇静钢板的厚度不大于30mm时,环境空气温度不应低于-15℃,当厚度超过30mm时,温度不应低于0℃;当施焊沸腾钢板时,环境空气温度应高于5℃。

栓钉施焊环境温度低于0℃时、打弯试验的数量应增加1‰;当栓钉采用手工电弧焊或其他保护性电弧焊焊接时,其预热温度应符合相应工艺的要求。

#### 10.1.7.4 钢结构安装

冬期运输、堆存钢结构时,应采取防滑措施。构件堆放场地应平整坚实并无水坑,地面无结冰。同一型号构件叠放时,构件应保持水平,垫块应在同一垂直线上,并应防止构件溜滑。

钢结构安装前除应按常温规定要求内容进行检查外,尚应根据负温条件下的要求对构件质量进行详细复验。凡是在制作漏检和运输、堆放中造成的构件变形等,偏差大于规定影响安装质量时,应在地面进行修理、矫正,符合设计和规范要求后方能起吊安装。

在负温下绑扎、起吊钢构件用的钢索与构件直接接触时,应加防滑隔垫。凡是与构件同时起吊的节点板、安装人员用的挂梯、校正用的卡具,应采用绳索绑扎牢固。直接使用吊环、吊耳起吊构件时应检查吊环、吊耳连接焊缝有无损伤。

在负温下安装构件时,应根据气温条件编制钢构件安装顺序图表,施工中应按照规定的顺序进行安装。平面上应从建筑物的中心逐步向四周扩展安装,立面上宜从下部逐件往上安装。

钢结构安装的焊接工作应编制焊接工艺。在各节柱的一层构件安装、校正、栓接并预留焊缝收缩量后,平面上应从结构中心开始向四周对称扩展焊接,不得从结构外圈向中心焊接,一个构件的两端不得同时进行焊接。

构件上有积雪、结冰、结露时,安装前应清除干净,但不得损伤涂层。

在负温下安装钢结构用的专用机具应按负温要求进行检验。

在负温下安装柱子、主梁、支撑等大构件时应立即进行校正,位置校正正确后应立即进行永久固定。当天安装的构件,应形成空间稳定体系。

高强度螺栓接头安装时,构件的摩擦面应干净,不得有积雪、结冰,且不得雨淋、接触泥土、油污等脏物。

多层钢结构安装时,应限制楼面上堆放的荷载。施工活荷载、积雪、结冰的质量不得超过钢梁和楼板(压型钢板)的承载能力。

栓钉焊接前，应根据负温值的大小，对焊接电流、焊接时间等参数进行测定。

在负温下钢结构安装的质量除应符合现行国家标准《钢结构工程施工质量验收标准》GB 50205 规定外，尚应按设计的要求进行检查验收。

钢结构在低温安装过程中，需要进行临时固定或连接时，宜采用螺栓连接形式；当需要现场临时焊接时，应在安装完毕后及时清理临时焊缝。

### 10.1.7.5 钢结构负温焊接

在负温度下露天焊接钢结构时，应考虑雨、雪和风的影响，当焊接场地环境温度低于−10℃时，应考虑焊接区域的保温措施，当焊接场地环境温度低于−30℃时，宜搭设临时防护棚。防止雨水、雪花飘落在尚未冷却的焊缝上。

焊接施工时，同一条焊缝内，不同焊层宜选用不同直径的焊条。如：打底和盖面焊采用较细焊条，中部叠层焊采用较粗的焊条，提高焊接质量。

冬期负温焊接时，须焊前预热、焊后缓冷。预热可采用火焰加热或电加热法。预热温度应不低于 20℃规定预热温度的较高值。预热范围应在焊缝四周大于等于 100mm 区域内。

钢结构冬期施工时，尽量缩小制作单元块体，防止个别杆件因焊口应力集中产生裂缝。通过试验和计算，确定杆件焊接收缩量，总拼时应从中间向两边或四周发展。单元块体焊接时，一般先焊下弦，使下弦收缩向上拱起，然后焊腹杆及上弦，减少或消除约束应力。

厚钢板组成的钢构件在负温度下焊接完成后，立即进行后热处理，既可消除焊接产生的残余应力，又可防止发生氢脆事故。在焊缝两侧板厚的 2~3 倍范围内，加热温度150~300℃，保持 1~2h。后热处理完后，要采取石棉布、石棉灰等保温措施，使焊缝缓慢冷却，冷却速度不应大于 10℃/min。

栓钉焊接前，应根据负温度值的大小，对焊接电流、焊接时间等参数进行测定，保证栓钉在负温度下的焊接质量。栓钉施焊环境温度低于 0℃时，打弯试验的数量应增加 1%；当栓钉采用手工电弧焊和其他保护电弧焊接时，其预热温度应符合相应工艺的要求。

钢结构的焊接加固时，必须由有对应类别合格的焊工施焊。施焊镇静钢板的厚度不大于 30mm 时，环境空气温度不应低于−15℃，当厚度超过 30mm 时，温度不应低于 0℃；当施焊沸腾钢板时，环境空气温度应高于 5℃。

焊接预热温度应符合下列规定：

(1) 焊接作业区环境温度低于 0℃时，应将构件焊接区各方向大于或等于 2 倍钢板厚度且不小于 100mm 范围内的母材，加热到 20℃以上时方可施焊，且在焊接过程中均不得低于 20℃；

(2) 负温焊接中厚钢板、厚钢板、厚钢管的预热温度可由试验确定，当无试验资料时可按表 10-27 选用。

负温焊接中厚钢板、厚钢板、厚钢管的预热温度　　　　　表 10-27

| 钢材种类 | 钢材厚度（mm） | 工作地点温度（℃） | 预热温度（℃） |
| --- | --- | --- | --- |
| 普通碳素钢构件 | <30 | <−30 | 36 |
|  | 30~50 | −30~−10 | 36 |
|  | 50~70 | −10~0 | 36 |
|  | >70 | <0 | 100 |

续表

| 钢材种类 | 钢材厚度（mm） | 工作地点温度（℃） | 预热温度（℃） |
|---|---|---|---|
| 普通碳素钢管构件 | <16 | <-30 | 36 |
| | 16～30 | -30～-20 | 36 |
| | 30～40 | -20～-10 | 36 |
| | 40～50 | -10～0 | 36 |
| | >50 | <0 | 100 |
| 低合金钢构件 | <10 | <-26 | 36 |
| | 10～16 | -26～-10 | 36 |
| | 16～24 | -10～-5 | 36 |
| | 24～40 | -5～0 | 36 |
| | >40 | <0 | 100～150 |

在负温度下构件组装定型后进行焊接应符合焊接工艺规定。单条焊缝的两端应设置引弧板和熄弧板，引弧板和熄弧板的材料应和母材相一致。严禁在焊接的母材上引弧。

负温度下厚度大于9mm的钢板应分多层焊接，焊缝应由下往上逐层堆焊。每条焊缝应一次焊完，不得中断。当发生焊接中断，再次施焊时应先清除焊接缺陷，合格后方可按焊接工艺规定再继续施焊，且再次预热温度应高于初期预热温度。

在负温度下露天焊接钢结构时，应考虑雨、雪和风的影响。当焊接场地环境温度低于-10℃时，应在焊接区域采取相应保温措施；当焊接场地环境温度低于-30℃时，宜搭设临时防护棚。严禁雨水、雪花飘落在尚未冷却的焊缝上。

当焊接场地环境温度低于-15℃时，应适当提高焊机的电流强度。每降低3℃，焊接电流应提高2%。

采用低氢型焊条进行焊接时，焊接后焊缝宜进行焊后消氢处理，消氢处理的加热温度应为200～250℃，保温时间应根据工件的板厚确定，且每25mm板厚不小于0.5h，总保温时间不得小于1h，达到保温时间后应缓慢冷却至常温。

在负温度下厚钢板焊接完成后，在焊缝两侧板厚的2～3倍范围内，应立即进行焊后热处理，加热温度宜为150～300℃，并宜保持1～2h。焊缝焊完或焊后热处理完毕后，应采取保温措施，使焊缝缓慢冷却，冷却速度不应大于10℃/min。

焊缝外观检查应全部合格，等强接头和要求焊透的焊缝应100%超声波检查，其余焊缝可按30%～50%超声波抽样检查。如设计有要求时，应按设计要求的数量进行检查。负温下超声波探伤仪用的探头与钢材接触面间应采用不冻结的油基耦合剂。

不合格的焊缝应铲除重焊，并仍应按在负温度下钢结构焊接工艺的规定进行施焊，焊后应采用同样的检验标准进行检验。

#### 10.1.7.6 钢结构防腐

在负温度条件下，钢结构禁止使用水基涂料，且涂料应符合负温条件下涂刷的性能要求。

在低于0℃的钢构件上涂刷防腐或防火涂层前，应进行涂刷工艺试验。涂刷时必须将构件表面的铁锈、油污、边沿孔洞的飞边毛刺等清除干净，并保持构件表面干燥。

负温度下涂刷，为了加快涂层干燥速度，可用热风、红外线照射干燥。干燥温度和时间由试验确定。

钢结构制作前，应对构件隐蔽部位、夹层、成型后难以操作的复杂节点提前除锈、涂刷。

室内防腐涂装作业时，应有通风措施。露天作业时，雨、雪、大风天气或构件上有薄冰时不得进行涂刷工作。

构件涂装后需要运输时，应防止磕碰，防止地面拖拉，防止涂层损坏。

油漆工施工作业应有特殊工种作业操作证。

环境温度低于－10℃以下，应停止涂刷作业。

### 10.1.8 钢-混凝土组合结构工程冬期施工措施与要求

钢-混凝土组合结构的混凝土性能应根据设计要求和所选择的浇筑方式进行试配确定，钢-混凝土组合结构中混凝土施工及养护应参照现行国家标准《混凝土结构工程施工规范》GB 50666、《混凝土结构工程施工质量验收规范》GB 50204 中相关规定。

#### 10.1.8.1 一般规定

钢骨混凝土工程施工前，施工单位应编制专项施工方案，并经监理（建设）单位确认。当冬期施工时，应制定季节性施工技术措施。

钢-混凝土组合结构的混凝土冬期施工一般规定：

（1）冬期混凝土浇筑，需满足其受冻临界强度的规定；

（2）掺用防冻剂的混凝土，当室外最低气温不低于－15℃时，其受冻临界强度不得小于 $4.0N/mm^2$；当室外最低气温不低于－30℃时，其受冻临界强度不得小于 $5.0N/mm^2$；

（3）混凝土冬期施工应进行混凝土热工计算；

（4）模板外和混凝土表面覆盖的保温层，不应采用潮湿状态的材料，也不应将保温材料直接覆盖在潮湿的混凝土表面，新浇混凝土表面应铺一层塑料薄膜；

（5）整体结构如为加热养护时，浇筑程序和施工缝位置设置应采取能防止加大温度应力的措施。当加热温度超过 45℃时，应进行温度应力核算。

钢-混凝土组合结构的钢结构冬期施工一般规定：

（1）在负温度下进行钢结构的制作和安装时，应按照负温度施工的要求，编制钢结构制作工艺规程和安装施工组织设计。

（2）钢结构制作和安装使用的钢尺、量具，应和土建施工单位使用的测量工具相一致，采用同一精度级别进行鉴定。并制定钢结构和土建结构的不同验收标准，不同温度膨胀系数差值的调整措施。

（3）冬期负温度下安装钢结构时，要注意温度变化引起的钢结构外形尺寸的偏差。

（4）在负温度下施工使用的钢材，应具有负温冲击韧性保证值，宜采用平炉或氧气转炉 Q235 钢、16Mu、15MnV、16Muq 和 15Muq 钢。Q235 钢应具有－20℃的冲击韧性合格保证，16Mu、15MnV、16Muq 和 15Muq 钢应具有－40℃的冲击韧性合格保证。

（5）负温度下焊接接头的板厚大于 40mm 时，节点的约束力较大，在板厚方向承受拉力作用时，要求钢板有板厚方向伸长率的保证，以防出现层状撕裂。

（6）负温度下钢结构焊接用的焊条、焊丝，在满足设计强度要求的前提下，应选用屈服强度较低、冲击韧性较好的低氢性焊条，重要结构可采用高韧性超低型焊条。但选用时，必须满足设计强度要求。

(7) 焊条的烘焙应按产品说明书规定要求进行，对于负温度下施工的重要结构，所使用的焊条其含氢量有特殊要求时，应在 400℃ 条件下进行烘焙 1～2h，烘焙合格后，在 80～100℃ 的低温烘箱内保存，使用时取出放在保温筒内，随用随取，负温度下焊条外露超过 2h 时，应重新烘焙。焊条的烘焙次数不宜超过 3 次。

(8) 焊剂的含水量不得大于 0.1%，在使用前必须按照质量证明书的规定进行烘焙。在负温度下露天进行焊接工作时，焊剂重复使用的时间间隔不得超过 2h，当超过时，必须重新进行烘焙。

(9) 二氧化碳气体保护焊，其二氧化碳气体纯度不宜低于 99.5%（体积比），含水率不得超过 0.005%（重量比）。使用瓶装气体时，瓶内压力低于 $1N/mm^2$ 时，应停止使用。在负温度下使用时，应检查瓶嘴有无冰冻堵塞现象。

(10) 钢结构中使用的螺栓，应有产品合格证。冬期施工时，高强度螺栓应在负温度下进行扭矩系数、轴力的复验工作，符合要求后方能使用。

(11) 在负温度下钢结构基础锚栓施工应保护好螺纹端，不宜进行现场对焊。

(12) 负温度下进行钢-混凝土组合结构的组合梁和组合柱施工时，浇筑混凝土前应采取措施对钢结构部分进行加温至 5℃。

钢骨混凝土浇筑前应完成钢结构焊接、螺栓和栓钉的检测和验收。

#### 10.1.8.2 钢-混凝土组合结构的材料要求

1. 钢骨材料要求

(1) 钢材必须符合设计要求，进场后应及时按照国家现行相关规范规定对钢材的品种、规格、外观质量等进行检查验收，同时按照国家现行规范规定，对需要进行复试的钢材进行见证取样复试，复试结果应符合现行国家产品标准和设计要求。

(2) 钢材露天堆放时，堆放场地要平整，且高于周围地面，四周设置排水沟。堆放时尽量使钢材截面的背面朝上或朝外，顶部覆盖防雨防雪材料。

2. 混凝土材料要求

(1) 钢-混凝土组合结构的混凝土性能应根据设计要求和所选择的浇筑方法进行试配确定。

(2) 钢骨混凝土的配合比设计考虑为了避免混凝土与钢骨产生剥离现象，钢骨混凝土内掺适量减水剂、微膨胀剂及防冻剂等，掺量通过现场试验确定。

(3) 钢-混凝土组合结构的混凝土粗骨料最大粒径不宜大于型钢外侧混凝土厚度的 1/3，且不宜大于 25mm。对不易保证混凝土浇筑质量的节点和部位，应采用自密实混凝土。

(4) 泵送混凝土塌落度宜控制在 160～200mm，其扩展度大于或等于 500mm，水胶比宜控制在 0.40～0.45，且应避免混凝土拌合物泌水、离析。

#### 10.1.8.3 钢-混凝土组合结构冬期施工要点

钢-混凝土组合结构中的钢构件钢骨焊接、连接安装，具体实施按照本手册 10.1.8 钢-混凝土组合结构工程冬期施工措施与要求施工。

钢-混凝土组合结构中的混凝土施工及养护，具体实施按照本手册 10.1.5 装配式混凝土结构工程冬期施工措施与要求施工。

钢-混凝土组合结构，浇筑混凝土前应对型钢进行预热，预热温度宜大于混凝土的入模温度，预热方法采用电加热法相关规定进行。

钢骨混凝土柱施工采用埋入式柱脚施工，柱脚灌浆施工在负温度下施工时，灌浆环境温度不宜低于−5℃，灌浆完毕后30min内，应立即喷洒养护剂或覆盖塑料薄膜进行养护，养护时间不少于7d。

型钢防腐、防火涂装前需进行除锈，除锈施工现场环境湿度高于80%，或钢管表面温度低于空气温度3℃时，禁止除锈施工。

### 10.1.9 建筑装饰装修工程冬期施工措施与要求

冬期室内装饰施工可采用建筑物正式热源、临时性管道或火炉、电气取暖。若采用火炉取暖时，应预防煤气中毒，防止烟气污染，并应在火炉上方吊挂铁板，使煤火热度分散。室外装饰工程施工前，宜根据外架子搭设，在西、北面应采取挡风措施。

室外建筑装饰装修工程施工不得在五级及以上大风或雨、雪天气下进行。施工前，应采取挡风措施。

外墙饰面板、饰面砖以及陶瓷锦砖（马赛克）饰面工程采用湿贴法作业时，不宜进行冬期施工。

外墙抹灰后需进行涂料施工时，抹灰砂浆内所掺的防冻剂品种应与所选用的涂料材质相匹配，具有良好的相溶性，防冻剂掺量和使用效果应通过试验确定。

装饰装修施工前，应将墙体基层表面的冰、雪、霜等清理干净。

室内抹灰前，应提前做好屋面防水层、保温层及室内封闭保温。

室内装饰施工可采用建筑物正式热源、临时性管道或火炉、电气取暖。若采用火炉取暖时，应采取预防煤气中毒的措施。

室内抹灰、块料装饰工程施工与养护期间的温度不应低于5℃。

冬期抹灰及粘贴面砖所用砂浆应采取保温、防冻措施。室外用砂浆内可掺入防冻剂，其掺量应根据施工及养护期间环境温度经试验确定。

室内粘贴壁纸时，其环境温度不宜低于5℃。

#### 10.1.9.1 抹灰

室内抹灰的环境温度不应低于5℃。抹灰前，应将门口和窗口、外墙脚手眼或孔洞等封堵好，施工洞口、运料口及楼梯间等处应采取封闭保温措施。

砂浆应在搅拌棚内集中搅拌，并应随用随拌，运输过程中应进行保温。

室内抹灰工程结束后，在7d以内应保持室内温度不低于5℃。当采用热空气加温时，应注意通风，排除湿气。当抹灰砂浆中掺入防冻剂时，温度可相应降低。

室外抹灰采用冷作法施工时，可使用掺防冻剂水泥砂浆或水泥混合砂浆。

含氯盐的防冻剂不宜用于有高压电源部位和有油漆墙面的水泥砂浆基层内。

砂浆防冻剂的掺量应按使用温度与产品说明书的规定经试验确定。当采用氯化钠作为砂浆防冻剂时，其掺量可按表10-28选用。当采用亚硝酸钠作为砂浆防冻剂时，其掺量可按表10-29选用。

| | 砂浆内氯化钠掺量 | | 表10-28 |
|---|---|---|---|
| 室外气温（℃） | | 0~−5 | −5~−10 |
| 氯化钠掺量（占拌合水质量百分比,%） | 挑檐、阳台、雨罩、墙面等外抹灰水泥砂浆 | 4 | 4~8 |
| | 墙面为水刷石、干粘石水泥砂浆 | 5 | 5~10 |

砂浆内亚硝酸钠掺量  表10-29

| 室外温度（℃） | 0~-3 | -4~-9 | -10~-15 | -16~-20 |
|---|---|---|---|---|
| 亚硝酸钠掺量（占水泥质量百分比，%） | 1 | 3 | 5 | 8 |

当抹灰基层表面有冰、霜、雪时，可采用与抹灰砂浆同浓度的防冻剂溶液冲刷，并应清除表面的尘土。

当施工要求分层抹灰时，底层灰不得受冻。抹灰砂浆在硬化初期应采取防止受冻的保温措施。

抹灰工程冬期施工时，房屋内部和室外大面积抹灰采用热作法，室外抹灰采用冷作法，气温低于-2℃时宜暂停施工。

(1) 热作法

1) 采用热作法施工时，应设专人进行测温，距地面500mm以上处，环境温度应大于等于5℃，并且需要保持抹灰层基本干燥。

2) 热作法施工的具体操作方法与常温施工基本相同，但应注意以下几点：

① 在进行室内抹灰前，应将门口和窗口，外墙脚手眼或孔洞等封堵好，施工洞口、运料孔及楼梯间等处封闭保温。在进行室外施工前，应尽量利用外架子搭设暖棚；

② 需要抹灰的砌体，应提前加热，使墙面保持在5℃以上，湿润墙面时不会结冰，砂浆和墙面可以牢固粘结；

③ 用临时热源加热时，应当随时检查抹灰层的温度，如干燥过快发生裂纹时，应当进行洒水湿润，使其与各层能很好地粘结，防止脱落；

④ 用热作法施工的室内抹灰工程，应在每个房间设置通风口或适当开放窗户，进行定期通风，排除湿空气；

⑤ 用火炉加热时，必须装设烟囱，严防煤气中毒；

⑥ 抹灰工程所用的砂浆，在正温度的室内或临时暖棚中制作。砂浆使用时的温度在5℃以上。为了获得砂浆应有温度，可采用热水搅拌。

(2) 冷作法

1) 施工用的砂浆配合比和化学附加剂的掺入量，应按使用温度和产品说明书的规定经试验确定。

2) 采用氯化钠的化学附加剂时，应由专人配制成溶液，提前两天用冷水配制1∶3（重量比）的浓溶液，使用时再加清水配制成若干种符合要求比重的溶液。其掺量可参考表10-30。氯盐防冻剂禁用于高压电源部位和油漆墙面的水泥砂浆基层。

砂浆中氯化钠掺量（占用水量的百分比）  表10-30

| 项目 | 室外气温（℃） | |
|---|---|---|
| | 0~-5 | -5~-10 |
| 挑檐、阳台、雨罩、墙面等抹水泥砂浆 | 4 | 4~8 |
| 墙面为水刷石、干粘石水泥砂浆 | 5 | 5~10 |

3) 砂浆中掺入亚硝酸钠作防冻剂时，其掺量可参考表10-31。

**砂浆中亚硝酸钠掺量（占用水量的百分比）** 表 10-31

| 室外气温（℃） | 0～-3 | -4～-9 | -10～-15 | -16～-20 |
|---|---|---|---|---|
| 掺量（%） | 1 | 3 | 5 | 8 |

4）冷做法施工所用的砂浆须在暖棚中制作。砂浆要求随拌随用，冻结后的砂浆应待融化后再搅拌均匀方可使用，砂浆使用时的温度应控制在5℃以上。

5）防冻剂的配制和使用须由专业人员进行，配置时要先制成20%浓度的标准溶液，然后根据气温再配制成使用浓度溶液。

6）防冻剂的掺入量是根据砂浆的总含水量计算的，其中包括石灰膏和砂子的含水量。石灰膏中的含水率可按表10-32计算。

**石灰膏的含水率** 表 10-32

| 石灰膏稠度（mm） | 10 | 20 | 30 | 40 | 50 | 60 | 70 | 80 | 90 | 100 | 110 | 120 | 130 |
|---|---|---|---|---|---|---|---|---|---|---|---|---|---|
| 含水率（%） | 32 | 34 | 36 | 38 | 40 | 42 | 44 | 46 | 48 | 49 | 52 | 54 | 56 |

砂子的含水量可以通过试验确定。

7）采用氯盐作为防冻剂时，砂浆内埋设的铁件均需涂刷防锈漆。

8）抹灰基层表面如有冰、霜、雪时，可用与抹灰砂浆同浓度的防冻剂热水溶液冲刷，将表面杂物清除干净后再行抹灰。

9）当施工要求分层抹灰时，底层灰不得受冻。抹灰砂浆在硬化初期应采取防止受冻的保温措施。

#### 10.1.9.2 饰面砖（板）

外墙面的饰面板、饰面砖及陶瓷锦砖施工，在严寒季节不宜进行，当需要进行施工时，需要采用暖棚法进行。施工温度应符合以下要求：

(1) 建筑块材地面工程施工时，对于采用掺有水泥、石灰的拌和料铺设以及用石油沥青胶结料铺贴时，各层环境温度不应低于5℃。采用有机胶结剂粘贴时，不应低于10℃。采用砂、石材料铺设时，不应低于0℃。

(2) 细木板、多层板，木质材料应离开热源0.8m，避免过热开裂、变形。

(3) 室内贴壁纸时，室内温度不得低于5℃。

石材干挂施工前，在结构施工阶段可依据块材大小采用螺栓固定的干作业法预埋一定数量的锚固件，锚固螺栓应采取防水、防锈措施。

如果结构施工时没留预埋件，可根据工程实际情况，采用"后锚固技术"（将钢筋或螺栓及其他杆件体牢固地锚植于混凝土、岩石等基材中的施工技术）设置锚固件，并在锚固件上焊接干挂石材骨架。具体要求如下：

(1) 冬期施工外墙干挂石材植筋（化学锚栓）技术的一般适宜环境温度是日最低气温-5℃以上。当日最低气温低于-5℃时，应采取相应措施升温；若经试验证明所用植筋胶可在-5℃以下施工，可按实验规定条件进行而不采取升温措施。植筋的环境温度应按产品说明规定执行，并严格遵守植筋胶的固化及安装时间（表10-33），待胶体完全固化后方可承载，固化期间严禁扰动，以防锚固失效。植筋后注意保温，防止受冻从而影响性能。

植筋胶的固化及安装时间　　　　　　　　表 10-33

| 基材温度 | 安装时间 | 固化时间 |
| --- | --- | --- |
| −5℃ | 25min | 6h |
| 0℃ | 18min | 3h |
| 5℃ | 13min | 1.5h |

(2) 植筋时要明确基材状况确保其符合下列要求：

1) 被锚固的钢筋或螺栓各项性能指标应达到设计要求。

2) 混凝土体坚固、密实、平整、不应有起砂、起壳、蜂窝、麻面、油污等影响锚固承载力的疵病。

3) 根据设计要求的植筋直径，确定钻孔孔径与深度，一般孔径大于植筋直径 4mm，孔深度不小于钢筋锚固长度；植筋的锚固长度为 $10d \sim 15d$。植筋间距应符合结构设计要求。

钻孔时应避开钢筋，尤其是预应力筋和非预应力受力钢筋。保证钻机、钻头与基材表面垂直，保证孔径与孔距尺寸准确，垂直孔或水平孔的偏差应小于 2°。如果钻机突然停止或钻头不前进时，应马上停止钻孔，检查是否碰到内部钢筋。对于失败孔，应填满化学粘结剂或用一个高强度等级的水泥砂浆灌注，另选新孔，重新操作。

4) 根据工程施工时的环境温度选择干挂结构胶，一般在 0℃ 以上的环境下施工。施工温度低于 0℃ 时，可在粘胶部位加热，温度不超过 65℃，或使用低温型石材干挂胶。

5) 植筋胶应存放于阴凉、干燥的地方，避免受阳光直接照射，长期（保质期内）存放温度为 5~25℃。如果存放时间超过产品规定的保质期，则不得继续使用。

6) 干挂石材嵌缝应使用中性硅酮耐候密封胶，同一干挂石材墙面工程应采用具有证明无污染试验报告的同一品牌的中性硅酮耐候密封胶，在有效期内使用。使用时应设法将室内温度提高至 5℃ 以上。

7) 在锚固件上焊接龙骨时，焊接融合点距锚固件根部不宜小于 50mm，或按厂家说明书操作，并符合设计要求，以免影响胶体，使锚固件承载力下降。

8) 钢筋插入孔内的部分要保持清洁、干燥、无锈蚀，如果孔壁潮湿，应用热风吹干。

9) 冬期施工中钻孔、清孔、注胶、插钢筋等工序的操作要求与常温操作相同。

### 10.1.9.3 涂饰、刷浆、裱糊

涂饰、刷浆、裱糊工程应在供暖条件下进行施工。当需要在室外施工时，其最低环境温度不应低于 5℃。

刷调合漆时，应在其内加入调合漆质量 2.5% 的催干剂和 5.0% 的松香水，施工时应排除烟气和潮气，防止失光和发黏不干。

室外喷、涂、刷油漆和高级涂料时应保持施工均衡。粉浆类料浆宜采用热水配制，随用随配并应将料浆保温，料浆使用温度宜保持在 15℃ 左右。

裱糊工程施工时，混凝土或抹灰基层含水率不应大于 8%。施工中当室内温度高于 20℃，且相对湿度大于 80%，应开窗换气，防止壁纸皱折起泡。

**1. 油漆工程**

(1) 冬期油漆工程的施工应在供暖条件下进行，宜选择晴天干燥无风的环境。木料制

品含水率不得大于12%，油漆需要添加催干剂，禁止热风吹油漆面，以防止产生凝结水，基层应干燥，湿度应小于等于5%，不得有冰霜。

（2）油漆应搅拌均匀，加盖，调配好当天的使用量，因为油漆在低温下容易稠化，所以使用前应放在热水器中用水间接加热，不得直接放在火炉、电炉上加热，以防着火。

（3）配制腻子时要用热水，可在加入的水中掺加1/4的酒精，按照产品说明书要求的温度进行控制，-3℃时腻子会结冰。

（4）油漆工程冬期施工时，气温不能有剧烈的变化，施工完毕后至少保养两昼夜以上，直至油膜和涂层干透为止。

（5）如果受冻木材的湿度不大于15%时，则应先涂干性油并满刮腻子。

（6）冬期安装木门窗框后，及时刷底油，防止因北方冬期室内比较干燥，门窗框出现变形。

（7）刷油质涂料时，环境温度不宜低于5℃，刷水质涂料时不宜低于3℃，并结合产品说明书所规定的温度进行控制，-10℃时各种油漆均不得施工。

（8）涂料涂饰施工时，应注意通风换气和防尘。

2. 水溶性涂料

（1）水溶性涂料涂饰施工时，应注意通风换气和防尘。

（2）冬期施工时墙面要求保持干燥，涂刷时先刷一遍底漆，待底漆干透后，再涂刷施工。涂料施工时严禁加水，若涂料太稠，可加入稀释剂调释。

（3）水溶性涂料在使用前应搅拌均匀，并应在产品说明书规定时间内用完，若超过规定时间不得使用。

3. 溶剂型涂料

（1）冬期室内施工时，现浇混凝土墙面龄期不少于一个月，水泥砂浆抹面龄期不少于7d，涂刷溶剂型涂料时基层含水率小于等于8%。

（2）施工基面要求平整，没有蜂窝麻面，清扫干净，不能有严重灰尘或油污现象，处理干净后再涂刷。混凝土或抹灰基层在涂刷涂料前，应随刷抗碱封闭漆，以免墙面泛碱。若泛碱时，需用5%~10%的磷酸溶液处理，待酸性泛后1h，用清水冲洗墙面，干燥后再进行施工。

（3）涂料太稠时，可用稀释剂调释。

### 10.1.9.4 幕墙及玻璃

玻璃工程施工时，应将玻璃、镶嵌用合成橡胶等材料运到有供暖设备的室内，施工环境温度不宜低于5℃。

外墙铝合金、塑料框、大扇玻璃不宜在冬期安装。

幕墙建筑密封胶、结构胶的选用应根据施工环境温度和产品使用温度条件确定，其技术性能应符合国家现行相关标准规定，化学植筋应根据结构胶产品使用温度规定进行，且不宜低于-5℃。

幕墙构件正温制作负温安装时，应根据环境温度的差异考虑构件收缩量，并在施工中采取调整偏差的技术措施。

负温下使用的挂件连接件及有关连接材料须附有质量证明书，性能符合设计和产品标准的要求。

负温下使用的焊条外露不得超过 2h，超过 2h 应重新烘焙，焊条烘焙次数不超过 3 次。

焊剂在使用前按规定进行烘烤，使其含水量不超过 0.1%。

负温下使用的高强度螺栓须有产品合格证，并在负温下进行扭矩系数、轴力的复验工作。

环境温度低于 0℃时，在涂刷防腐涂料前进行涂刷工艺试验，涂刷时必须将构件表面的铁锈、油污、毛刺等物清理干净，并保持表面干燥。雪天或构件上有薄冰时不得进行涂刷工作。

冬期运输、堆放幕墙结构时采取防滑措施，构件堆放场地平整坚实无水坑，地面无结冰。同一型号构件叠放时，构件应保持水平，垫铁放在同一垂直线上，并防止构件溜滑。

冬期施工从寒冷处运到温暖处的玻璃和镶嵌用的合成橡胶等型材，应待其缓暖后方可进行裁割和安装。

预装门窗玻璃安装、中空玻璃组装施工，宜在保暖、洁净的房间内进行。外墙铝合金、塑钢框、大扇玻璃不宜在冬期安装，如必须在冬期安装，应使用易低温施工的硅酮密封胶，其施工环境最低气温不宜低于−5℃，施工时宜在中午气温较高时进行，并根据产品使用说明书要求操作。

### 10.1.10 屋面工程冬期施工措施与要求

屋面各层在施工前，均应将基层上面的冰、水、积雪和杂物等清扫干净，所用材料不得含有冰雪冻块。同时，应合理安排隔气层、保温层、找平层、防水层的各项工序，连续操作，已完成部位应及时覆盖，防止受潮与受冻。穿过屋面防水层的管道、设备或预埋件，应在防水施工前安装完毕并做好防水处理。

#### 10.1.10.1 一般规定

保温工程、屋面防水工程冬期施工应选择晴朗天气进行，不得在雨、雪天和五级风及其以上或基层潮湿、结冰、霜冻条件下进行。

保温及屋面工程应依据材料性能确定施工环境气温界限，最低施工环境气温宜符合表 10-34 的规定。

保温及屋面工程施工环境气温要求　　　表 10-34

| 防水与保温材料 | 施工环境气温 |
| --- | --- |
| 粘结保温板 | 有机胶粘剂不低于−10℃，无机胶粘剂不低于 5℃ |
| 现喷硬泡聚氨酯 | 15～30℃ |
| 高聚物改性沥青防水卷材 | 热熔性不低于−10℃ |
| 合成高分子防水卷材 | 冷粘法不低于 5℃，焊接法不低于−10℃ |
| 高聚物改性沥青防水涂料 | 溶剂型不低于 5℃，热熔型不低于−10℃ |
| 合成高分子防水涂料 | 溶剂型不低于−5℃ |
| 防水混凝土、防水砂浆 | 符合混凝土、砂浆相关规定 |
| 改性石油沥青密封材料 | 不低于 0℃ |
| 合成高分子密封材料 | 溶剂型不低于 0℃ |

保温与防水材料进场后,应存放于通风、干燥的暖棚内,并严禁接近火源和热源。棚内温度不宜低于0℃。

屋面防水施工时,应先做好排水比较集中的部位,凡节点部位均应加铺一层附加层。

施工时应合理安排隔气层、保温层、找平层、防水层的各项工序,连续操作,已完成部位应及时覆盖,防止受潮与受冻。穿过屋面防水层的管道、设备或预埋件,应在防水施工前安装完毕并做好防水处理。

**10.1.10.2 屋面保温层施工**

屋面保温材料应符合设计要求,且不得含有冰雪、冻块和杂质。

干铺的保温层可在负温下施工;采用沥青胶结的保温层应在气温不低于-10℃时施工;采用水泥、石灰或其他胶结料胶结的保温层应在气温不低于5℃时施工。当气温低于上述要求时,应采取保温、防冻措施。

采用水泥砂浆粘贴板状保温材料以及处理板间缝隙,可采用掺有防冻剂的保温砂浆。防冻剂掺量应通过试验确定。

干铺的板状保温材料在负温施工时,板材应在基层表面铺平垫稳,分层铺设。板块上下层缝应相互错开,缝间隙应采用同类材料的碎屑填嵌密实。

倒置式屋面所选用材料应符合设计相关规定,施工前应检查防水层平整度及有无结冰、霜冻或积水现象,满足要求后方可施工。

**10.1.10.3 找平层施工**

屋面找平层施工应符合下列规定:

(1) 找平层应牢固坚实、表面无凹凸、起砂、起鼓现象。如有积雪、残留冰霜、杂物等应清扫干净,并应保持干燥。

(2) 找平层与女儿墙、立墙、天窗壁、变形缝、烟囱等突出屋面结构的连接处,以及找平层的转角处、水落口、檐口、天沟、檐沟、屋脊等均应做成圆弧。采用沥青防水卷材的圆弧,半径宜为100~150mm;采用高聚物改性沥青防水卷材,圆弧半径宜为50mm;采用合成高分子防水卷材,圆弧半径宜为20mm。

采用水泥砂浆或细石混凝土找平层时,应符合下列规定:

(1) 应依据气温和养护温度要求掺入防冻剂,且掺量应通过试验确定。

(2) 采用氯化钠作为防冻剂时,宜选用普通硅酸盐水泥或矿渣硅酸盐水泥。不得使用高铝水泥。施工温度不应低于-7℃。氯化钠掺量可按表10-35采用。

氯化钠掺量  表10-35

| 施工时室外气温(℃) | | 0~-2 | -3~-5 | -6~-7 |
|---|---|---|---|---|
| 氯化钠掺量(占水泥质量百分比,%) | 用于平面部位 | 2 | 4 | 6 |
| | 用于檐口、天沟等部位 | 3 | 5 | 7 |

沥青砂浆找平层施工应符合下列规定:

(1) 采用沥青砂浆作为找平层时,基层应干燥、平整,不得有冰层或积雪。基层应先满涂冷底子油1~2道,待干燥后方可做找平层。

(2) 沥青砂浆施工时,应采取分段流水作业,并应采取保温措施。沥青砂浆的施工温度应符合表10-36规定。

沥青砂浆施工温度（℃） 表 10-36

| 施工时室外气温 | 搅拌温度 | 铺设温度 | 滚压完毕温度 |
|---|---|---|---|
| 5℃以上 | 140～170 | 90～120 | 60 |
| 5～-10℃ | 160～180 | 110～130 | 40 |

（3）铺设沥青砂浆时，按所放的坡度线采取分段流水作业和保温措施，铺抹厚度不应小于 15mm（天沟、屋面突出物的根部 50mm 范围内不小于 25mm），虚铺砂浆的厚度应为实际厚度的 1.3～1.4 倍。

水泥砂浆预制板找平层施工时，预制板块几何尺寸可选用 500mm×500mm×25mm，并在正温度下制作达到设计强度。表面干燥后需在暖棚内至少先涂上一道冷底子油。铺设时，板下应采用厚度 50mm 的干砂或炉渣找平，并用沥青或沥青砂浆灌缝，施工温度不宜低于-10℃。

找平层宜留设分格缝，缝宽宜为 20mm，并应填充密封材料。当分格缝兼作排气屋面的排气道时，可适当加宽，并应与保温层连通。找平层表面宜平整，平整度不应超过 5mm，且不得有酥松、起砂、起皮现象。

#### 10.1.10.4 屋面防水层施工

高聚物改性沥青防水卷材、合成高分子防水卷材、高聚物改性沥青防水涂料、合成高分子防水涂料等防水材料的物理性能应符合现行国家标准《屋面工程质量验收规范》GB 50207 的相关规定。

热熔法施工宜使用高聚物改性沥青防水卷材，并应符合下列规定：

（1）基层处理剂宜使用挥发快的溶剂，涂刷后应干燥 10h 以上，并应及时铺贴。

（2）水落口、管根、烟囱等容易发生渗漏部位的周围 200mm 范围内，应涂刷一遍聚氨脂等溶剂型涂料。

（3）热熔铺贴防水层应采用满粘法。当坡度小于 3% 时，卷材与屋脊应平行铺贴；坡度大于 15% 时，卷材与屋脊应垂直铺贴；坡度为 3%～15% 时，可平行或垂直屋脊铺贴。铺贴时应采用喷灯或热喷枪均匀加热基层和卷材，喷灯或热喷枪距卷材的距离宜为 0.5m，不得过热或烧穿，应待卷材表面熔化后，缓缓地滚铺铺贴。

（4）卷材搭接应符合设计规定。当设计无规定时，横向搭接宽度宜为 120mm，纵向搭接宽度宜为 100mm。搭接时应采用喷灯或热喷枪加热搭接部位。趁卷材熔化尚未冷却时，用铁抹子把接缝边抹好，再用喷灯或热喷枪均匀细致地密封。平面与立面相连接的卷材，应由上向下压缝铺贴，并应使卷材紧贴阴角，不得有空鼓现象。

（5）卷材搭接缝的边缘以及末端收头部位应以密封材料嵌缝处理，必要时也可在经过密封处理的末端接头处再用掺防冻剂的水泥砂浆压缝处理。

热熔法铺贴卷材施工安全应符合下列规定：

（1）易燃性材料及辅助材料库和现场严禁烟火，并应配备适当灭火器材。

（2）溶剂型基层处理剂未充分挥发前不得使用喷灯或热喷枪操作。操作时应保持火焰与卷材的喷距，严防火灾发生。

（3）在大坡度屋面或挑檐等危险部位施工时，施工人员应系好安全带，四周应设防护措施。

冷粘法施工宜采用合成高分子防水卷材。胶粘剂应采用密封桶包装，储存在通风良好的室内，不得接近火源和热源。

冷粘法施工应符合下列规定：

(1) 基层处理时应将聚氨酯涂膜防水材料的甲料：乙料：二甲苯按1：1.5：3的比例配合，搅拌均匀，然后均匀涂布在基层表面上，干燥时间不应少于10h。

(2) 采用聚氨酯涂料做附加层处理，应将聚氨酯甲料和乙料按1：1.5的比例配合搅拌均匀，再均匀涂在阴角、水落口和通气口根部的周围，涂刷边缘与中心的距离不应小于200mm，厚度不应小于1.5mm，并应在固化36h以上，方能进行下一工序施工。

(3) 铺贴立面或大坡面合成高分子防水卷材宜用满粘法。胶粘剂应均匀涂刷在基层或卷材底面，并应根据其性能，控制涂刷与卷材铺贴的间隔时间。

(4) 铺贴的卷材应平整顺直粘结牢固，不得有皱折。搭接尺寸应准确，并应辊压排除卷材下面的空气。

(5) 卷材铺好压粘后，应及时处理搭接部位，并应采用与卷材配套的接缝专用胶粘剂，在搭接缝粘合面上涂刷均匀。根据专用胶粘剂的性能，应控制涂刷与粘合的间隔时间，排除空气、辊压粘结牢固。

(6) 接缝口应采用密封材料封严，其宽度不应小于10mm。

涂膜屋面防水施工应选用溶剂型合成高分子防水涂料。涂料进场后，应储存于干燥、通风的室内，环境温度不宜低于0℃，并应远离火源。

涂膜屋面防水施工应符合下列规定：

(1) 基层处理剂可选用有机溶剂稀释而成。使用时应充分搅拌，涂刷均匀，覆盖完全，干燥后方可进行涂膜施工。

(2) 涂膜防水应由两层以上涂层组成，总厚度应达到设计要求，其成膜厚度不应小于2mm。

(3) 可采用涂刮或喷涂施工。当采用涂刮施工时，每遍涂刮的推进向方宜与前一遍互相垂直，并应在前一遍涂料干燥后，进行后一遍涂料的施工。

(4) 使用双组分涂料时应按配合比正确计量，搅拌均匀，已配成的涂料及时使用。配料时可加入适量的稀释剂，但不得混入固化涂料。

(5) 在涂层中夹铺胎体增强材料时，位于胎体下面的涂层厚度不应小于1mm，最上层的涂料层不应少于两遍。胎体长边搭接宽度不得小于50mm，短边搭接宽度不得小于70mm。采用双层胎体增强材料时，上下层不得互相垂直铺设，搭接缝应错开，间距不应小于一个幅面宽度的1/3。

(6) 天沟、檐沟、檐口、泛水等部位，均应加铺有胎体增强材料的附加层。水落口周围与屋面交接处，应作密封处理，并应加铺两层有胎体增强材料的附加层，涂膜伸入水落口的深度不得小于50mm，涂膜防水层的收头应用密封材料封严。

(7) 涂膜屋面防水工程在涂膜层固化后应做保护层。保护层可采用分格水泥砂浆或细石混凝土或块材等。

**10.1.10.5 隔气层施工**

隔气层可采用气密性好的单层卷材或防水涂料。冬期施工采用卷材时，可采用花铺法施工，卷材搭接宽度不应小于80mm。采用防水涂料时，宜选用溶剂型涂料。隔气层施工时气温不应低于-5℃。

### 10.1.11 外保温工程冬期施工措施与要求

外墙外保温工程冬期施工宜采用 EPS 板薄抹灰外墙外保温系统、EPS 板现浇混凝土外墙外保温系统或 EPS 钢丝网架板现浇混凝土外墙外保温系统。

建筑外墙外保温工程冬期施工最低温度不应低于-5℃。

外墙外保温工程施工期间以及完工后 24h 内，基层及环境空气温度不应低于 5℃。

进场的 EPS 板胶粘剂、聚合物抹面胶浆应存放于暖棚内。液态材料不得受冻，粉状材料不得受潮，其他材料应符合本章有关规定。

EPS 板薄抹灰外墙外保温系统应符合下列规定：

(1) 应采用低温型 EPS 板胶粘剂和低温型聚合物抹面胶浆，并应按产品说明书要求进行使用。

(2) 低温型 EPS 板胶粘剂和低温型聚合物抹面胶浆的性能应符合表 10-37 和表 10-38 的规定。

**低温型 EPS 板胶粘剂技术指标**　　　　　　　　　　　　　　表 10-37

| 试验项目 | | 性能指标 |
|---|---|---|
| 拉伸粘结强度（MPa）（与水泥砂浆） | 原强度 | ≥60 |
| | 耐水 | ≥0.40 |
| 拉伸粘结强度（MPa）（与 EPS 板） | 原强度 | ≥0.10，破坏界面在 EPS 板上 |
| | 耐水 | ≥0.10，破坏界面在 EPS 板上 |

**低温型 EPS 板聚合物抹面胶浆技术指标**　　　　　　　　　　表 10-38

| 试验项目 | | 性能指标 |
|---|---|---|
| 拉伸粘结强度（MPa）（与 EPS 板） | 原强度 | ≥0.10，破坏界面在 EPS 板上 |
| | 耐水 | ≥0.10，破坏界面在 EPS 板上 |
| | 耐冻融 | ≥0.10，破坏界面在 EPS 板上 |
| 柔韧性 | 抗压强度/抗折强度 | ≤3.00 |

注：低温型胶粘剂与聚合物抹面胶浆检验方法与常温一致，试件养护温度取施工环境温度。

(3) 胶粘剂和聚合物抹面胶浆拌合温度皆应高于 5℃，聚合物抹面胶浆拌合水温度不宜大于 80℃，且不宜低于 40℃。

(4) 拌合完毕的 EPS 板胶粘剂和聚合物抹面胶浆每隔 15min 搅拌一次，1h 内使用完毕。

(5) 施工前应按常温规定检查基层施工质量，并确保干燥、无结冰、霜冻。

(6) EPS 板粘贴应保证有效粘贴面积大于 50%。

(7) EPS 板粘贴完毕后，应养护至表 10-37、表 10-38 规定强度后方可进行面层薄抹灰施工。

EPS 板现浇混凝土外墙外保温系统和 EPS 外钢丝网架板现浇混凝土外墙外保温系统冬期施工应符合下列规定：

（1）施工前应经过试验确定负温混凝土配合比。选择合适的混凝土防冻剂。

（2）EPS板内外表面应预先在暖棚内喷刷界面砂浆。

（3）EPS板现浇混凝土外墙外保温系统和EPS外钢丝网架板现浇混凝土外墙外保温系统的外抹面层施工应符合本手册第10.1.11节的有关规定，抹面抗裂砂浆中可掺入非氯盐类砂浆防冻剂。

（4）抹面层厚度应均匀，钢丝网应完全包于抹面层中；分层抹灰时，底层灰不得受冻，抹灰砂浆在硬化初期应采取保温措施。

其他施工技术要求应符合现行行业标准《外墙外保温工程技术标准》JGJ 144的相关规定。

## 10.1.12 机电安装工程冬期措施与要求

### 10.1.12.1 一般规定

机电安装工程冬期施工时，室内温度不得低于5℃。当不能满足上述要求时，应采取保温防护措施。

冬期施工所用的保温材料要求其保温性能好、就地取材，个别材料要求具有良好的防火性能。

在负温下进行管道的制作和安装时，应按照负温施工的要求，编制管道制作工艺流程和安装专项施工方案文件。

施工现场严禁使用裸线。露天布施的电缆要腾空挂起，防止电线冻结在冰雪中。

场内的水泵房、库房等设施要做好保温，进入冬期施工前，完成对消火栓、水龙头、管道的保温防冻措施。

布设或调整现场的施工用水、消防用水管线时，优先采取埋设入地的方式，埋置深度以管线深于冰冻线为限，同时做好保温。

室外管道沟槽回填时，槽底至管顶以上500mm范围内，土中不得含有机物、冻土以及大于50mm的砖、石等硬块，管顶以上500mm范围以外可均匀掺入冻土，其数量不得超过填土总体积的15%，且冻块尺寸不得超过100mm。

### 10.1.12.2 给水排水及供暖工程

给水排水管道施工时，管内严禁存水，防止冻裂。管道焊接要做好焊前预热及焊后缓冷措施。

在气温低于0℃焊接时，应对焊接部位进行预热，焊件在始焊处100mm范围内预热到15℃以上，预热采取氧乙炔火焰预热，预热温度测量使用远红外测温仪测量。

PPR管道系统热熔时间若环境温度低于5℃时，加热时间应延长50%，管件和管材连接必须避免直对通风口方向。如环境温度低于-5℃不宜进行安装施工。

PP-R管、PVC管存在一定低温脆性，冬期施工要当心，切管时要用锋利刀具缓慢切割。对已安装的管道不能重压、敲击，必要时对易受外力部位覆盖保护。

当环境温度低于-20℃施焊时，管道焊接必须搭设防护棚，防护棚采用型钢及阻燃篷布搭设，以提高焊接环境温度及防风沙。

在环境温度低于5℃的情况下，阀门试压应在防护棚内进行，并保证棚内温度高于5℃。阀门试压完毕后，应将水及时排除，防止冻裂。

所有停用的机械设备，应排净其存水，如水暖用手动试压泵，要组织清除积水。

施工中的临时管线埋设深度应在冰冻线以下，外露的水管应用保温材料包扎起来，免遭冻裂。

室内供暖系统在冬季投入运行，运行前必须做好一切准备，水源、电源保证正常供给，且排水等工具齐备。

管道水压试验冬期施工措施：

（1）在环境温度低于5℃的环境下，如不采取措施严禁进行管道水压试验。
（2）冬期内，管道水压试验时可在试压介质中加入防冻剂。
（3）试压完毕后，必须将管道内积水放尽，排水阀敞开，不允许管道内有水过夜。
（4）当试压介质温度低于管道材料的脆性转变温度时，试压介质必须加温。
（5）凡已通水的管道必须采用保温措施。

#### 10.1.12.3 电气工程

施工现场的所有电气设备在冬期施工前进行全面检查及维修，保证不塌陷、不漏水、不积水，并加强相应的保温措施，防止设备和仪表的损坏。

制作电缆终端头、中间接头时，现场环境温度应保持在5℃以上。

电气设备工作间、配电室严禁使用热光源，临时照明电源绝缘检测应合格。

真空泵、滤油机等机械在冬期不用时，必须将油、水放净，防止泵体和管路冻裂。

油箱、容器及油泵内的油料冻结时，应用热水或蒸汽化冻，严禁用火烤。

冬期电缆轴应放在适宜温度的地方，防止电缆冻裂，电缆敷设时环境温度不得低于电缆的使用条件。

施工用钢丝绳、电焊软线、氧气带、乙炔带及气压表，收工后应妥善处理，以免冷脆断裂、老化。

施工用电应有良好的接地、接零保护以及安装漏电保护器，现场临时用电电缆宜架空敷设，禁止电缆在雪、水中浸泡，开关箱应防雨、雪。

采用电弧焊焊接时，风速等于或大于8m/s；气体保护焊接时，风速等于或大于2m/s时，如没采取适当的防护措施时，应立即停止焊接工作。

#### 10.1.12.4 通风与空调工程

管道焊接时，应保证焊接区不受恶劣天气影响。当环境温度较低时应采取适当措施（如预热、暖棚、加热），保证焊接所需的足够温度。焊条应烘干后放入保温桶内。

安装过程中所用的塑料管必须妥善保管，避免露天存放，由于积雪覆盖而导致管线变脆，影响工程质量。使用空气压缩机将空调机组、风机盘管内存水吹除干净，防止冻裂盘管。

矫直合格后的钢材在运输及上墙安装过程中，裸钢管在绳索处要加防滑隔垫或防滑卡具。如构件上有积雪、结冰、结露时，要清理干净，并不得破坏镀锌层。

焊接件与埋件焊接，在0℃以下时应设引弧板和熄弧板，严禁在焊接母材上引弧。采用两层焊接，竖向焊缝由下往上逐层堆焊，两道接横向焊缝由中心向两边焊，焊接方向要一致，先焊横向焊缝，再焊竖向焊缝。每条焊缝应一次焊完，不得中断。如果发生中断，再次焊接时，先清除焊接缺陷，检查合格后再进行施焊。

在焊接过程中，如下雪需搭设防护棚，雪花不得飘落在炽热的焊缝上。

在温度低于0℃涂刷防锈漆、银粉漆时,要清除焊缝表面的焊渣等杂物,并进行涂刷工艺的试验,根据室外温度的实际情况,在焊接结束后的合适时间内进行涂刷。要做到温度不得过高或完全冷却,以保证涂层的粘结强度和附着力。

由于各种原因引起的漏刷,以及雪天或构件上有薄冰,要在清理干净的基础上用热风烘干。

在环境温度低于5℃的环境下不采取措施严禁进行管道水压试验,如若采用气压试验,应编制安全专项方案并严格执行。

应尽可能增加预制量,减少现场的组焊工作量。

### 10.1.13　越冬工程维护措施与要求

#### 10.1.13.1　一般规定

对于有供暖要求,但却不能保证正常供暖的新建工程、跨年施工的在建工程以及停建、缓建工程等,在入冬前均应编制越冬维护方案。

越冬工程保温维护,应就地取材,保温层的厚度应由热工计算确定。

在制定越冬工程维护措施之前,应认真检查核对有关工程地质、水文、当地气温资料以及地基土的冻胀特征和最大冻结深度等资料。

施工场地和建筑物周围应做好排水,地基和基础不得被水浸泡。

在山区坡地建造的工程,入冬前应根据地表水流动的方向设置截水沟、泄水沟,但不得在建筑物底部设置暗沟和盲沟疏水。

凡按供暖要求设计的房屋竣工后,应及时供暖,室内温度不得低于5℃。当不能满足上述要求时,应采取越冬防护措施。

在靠近地下车库坡道出入口处的消防、给水管道保温措施(电伴热保温等)应可靠有效。

#### 10.1.13.2　在建工程

在冻胀土地区建造房屋基础时,应按设计要求做防冻害处理。当设计无要求时,应按下列规定进行:

(1)当采用独立式基础或桩基时,基础梁下部应进行掏空处理。强冻胀性土可预留200mm,弱冻胀性土可预留100~150mm,空隙两侧应用立砖挡土回填。

(2)当采用条形基础时,可在基础侧壁回填厚度为150~200mm的混砂、炉渣贴一层油纸,其深度宜为800~120mm。

设备基础、构架基础、支墩、地下沟道及地墙等越冬工程,均不得在已冻结的土层上施工,且应进行维护。

支撑在基土上的雨篷、阳台等悬臂构件的临时支柱,当入冬后不能拆除时,其支点应采取保温防冻胀措施。

水塔、烟囱、烟道等构筑物基础在入冬前应回填至设计标高。

室外地沟、阀门井、检查井等除应回填至设计标高外,尚应覆盖盖板进行越冬维护。

供水、供热系统试水、试压后,不能立即投入使用时,在入冬前应将系统内的存、积水排净。

地下室、地下水池在入冬前应按设计要求进行越冬维护。当设计无要求时,应采取下列措施：

（1）基础及外壁侧面回填土应填至设计标高，当不具备回填条件时，应填充松土或炉渣进行保温。

（2）内部残积水应排净，底板应采用保温材料覆盖，覆盖厚度应由热工计算确定。

#### 10.1.13.3 停、缓建工程

冬期停、缓建工程越冬停工时的停留位置应符合下列规定：

（1）混合结构可停留在基础上部地梁位置、楼层间的圈梁或楼板上皮标高位置。

（2）现浇混凝土框架应停留在施工缝位置。

（3）烟囱、冷却塔或筒仓宜停留在基础上皮标高或筒身任何水平位置。

（4）混凝土水池底部应按施工缝要求确定，并应设有止水设施。

已开挖的基坑或基槽不宜挖至设计标高，应预留 200~300mm 土层；越冬时，应对基坑或基槽保温维护，保温层厚度可按《建筑工程冬期施工规程》JGJ/T 104—2011 附录 C 计算确定。

混凝土结构工程停、缓建时，入冬前混凝土的强度应符合下列规定：

（1）越冬期间不承受外力的结构构件，除应符合设计要求外，尚应符合《建筑工程冬期施工规程》JGJ/T 104—2011 第 6.1.1 条规定。

（2）装配式结构构件的整浇接头，不得低于设计强度等级值的 70%。

（3）预应力混凝土结构不应低于混凝土设计强度标准值的 75%。

（4）升板结构应将柱帽浇筑完毕，混凝土应达到设计要求的强度等级。

对于各类停、缓建的基础工程，顶面均应弹出轴线，标注标高后，用炉渣或松土回填保护。

装配式厂房柱子吊装就位后，应按设计要求嵌固好；已安装就位的屋架或屋面梁，应安装上支撑系统，并按设计要求固定。

不能起吊的预制构件，除应符合《建筑工程冬期施工规程》JGJ/T 104—2011 第 10.1.2 条规定外，尚应弹上轴线、作记录。外露铁件涂刷防锈油漆，螺栓应涂刷防腐油进行保护。

对于有沉降要求的建（构）筑物，应会同有关部门作沉降观测记录。

现浇混凝土框架越冬，当裸露时间较长时，除按设计要求留设伸缩缝外，尚应根据建筑物长度和温差留设后浇缝。后浇缝的位置，应与设计单位研究确定。后浇缝伸出的钢筋应进行保护，待复工后应经检查合格方可浇筑混凝土。

屋面工程越冬可采取下列简易维护措施：

（1）在已完成的基层上，做一层卷材防水，待气温转暖复工时，经检查认定该层卷材没有起泡、破裂、皱折等质量缺陷时，方可在其上继续铺贴上层卷材。

（2）在已完成的基层上，当基层为水泥砂浆无法继续做卷材防水施工时，可在其上刷一层冷底子油，涂一层热沥青玛琋脂做临时防水，但雪后应及时清除积雪。当气温转暖后，经检查认定该层玛琋脂没有起层、空鼓、龟裂等质量缺陷时，可在其上涂刷热沥青玛琋脂铺贴卷材防水层。

所有停、缓建工程均应由施工单位、建设单位和工程监理部门，对已完工程在入冬前进行检查和评定，并应作记录，存入工程档案。

停、缓建工程复工时，应先按图纸对标高、轴线进行复测，并应与原始记录对应检查，当偏差超出允许限值时，应分析原因，提出处理方案，经与设计、建设、监理单位等商定后，方可复工。

## 10.2 雨期施工

南方广大地区，每年都有较长的雨期。在这些地区，采取雨期施工措施，对于保证工程进度和质量有着重要意义。

### 10.2.1 雨期施工准备

#### 10.2.1.1 气象资料

雨期施工的起止时间：当日降水量大于等于 10mm 时，即为一个雨日。应当采取雨期施工措施，保证现场施工质量和安全，使工程施工顺利进行。

各地历年降雨情况，根据当地历年降雨资料，按照下列原则确定雨期的起始和终止时间：

(1) 雨期开端日的确定：从开端日（作为第 1d）算起往后 2d、3d、……、10d 的雨日天数，占相应时段内天数的比例均大于等于 50%。

(2) 雨日结束期的确定：从结束日（作为第 1d）算起往前 2d、3d、……、10d 的雨日天数，占相应时段内天数的比例均大于等于 50%。

(3) 一个雨期中（开端日至结束日）任何 10d 的雨日比例均大于等于 40%，且没有连续 5d（含 5d）以上的非雨日。

全国部分城市各月平均降水量见表 10-39。

全国部分城市各月平均降水量（mm）　　　　表 10-39

| 城市 | 月份 | | | | | | | | | | | |
|---|---|---|---|---|---|---|---|---|---|---|---|---|
| | 1 | 2 | 3 | 4 | 5 | 6 | 7 | 8 | 9 | 10 | 11 | 12 |
| 北京 | 3.0 | 7.4 | 8.6 | 19.4 | 33.1 | 77.8 | 192.5 | 212.3 | 57.0 | 10.0 | 6.6 | 2.6 |
| 天津 | 3.1 | 6.0 | 6.4 | 21.0 | 30.6 | 69.3 | 189.8 | 162.4 | 43.4 | 10.9 | 9.3 | 3.6 |
| 石家庄 | 3.2 | 7.8 | 11.4 | 25.7 | 33.1 | 49.3 | 139.0 | 168.5 | 58.9 | 31.7 | 17.0 | 4.5 |
| 太原 | 3.0 | 6.0 | 10.3 | 23.8 | 30.1 | 52.6 | 118.3 | 103.6 | 64.3 | 30.8 | 13.2 | 3.4 |
| 呼和浩特 | 3.0 | 6.4 | 10.3 | 18.0 | 26.8 | 45.7 | 102.1 | 126.4 | 45.9 | 10.4 | 7.1 | 1.3 |
| 沈阳 | 7.2 | 8.0 | 12.7 | 39.9 | 56.3 | 88.5 | 196.0 | 168.5 | 82.1 | 44.8 | 19.8 | 10.6 |
| 长春 | 3.5 | 4.6 | 9.1 | 21.9 | 42.3 | 90.7 | 183.5 | 127.5 | 61.4 | 33.5 | 11.5 | 4.4 |
| 哈尔滨 | 3.7 | 4.9 | 11.3 | 23.8 | 37.5 | 77.9 | 160.7 | 97.1 | 66.2 | 27.6 | 6.8 | 5.8 |
| 上海 | 44.0 | 62.6 | 78.1 | 106.7 | 122.9 | 158.9 | 134.2 | 126.0 | 150.5 | 50.1 | 48.8 | 40.9 |
| 南京 | 30.9 | 50.1 | 72.7 | 93.7 | 100.2 | 167.4 | 183.6 | 111.3 | 95.9 | 46.1 | 48.0 | 29.4 |
| 杭州 | 62.2 | 88.7 | 114.4 | 130.7 | 179.2 | 196.2 | 126.9 | 136.5 | 177.6 | 77.9 | 54.7 | 54.0 |
| 合肥 | 31.8 | 49.8 | 75.6 | 102.0 | 101.8 | 117.8 | 174.1 | 119.9 | 86.5 | 51.6 | 48.0 | 29.7 |
| 福州 | 49.8 | 76.3 | 120.0 | 149.7 | 207.5 | 230.2 | 112.0 | 160.5 | 131.9 | 41.5 | 33.1 | 31.6 |

续表

| 城市 | 月份 | | | | | | | | | | | |
|---|---|---|---|---|---|---|---|---|---|---|---|---|
| | 1 | 2 | 3 | 4 | 5 | 6 | 7 | 8 | 9 | 10 | 11 | 12 |
| 南昌 | 58.3 | 95.1 | 163.9 | 225.5 | 301.9 | 291.1 | 125.9 | 103.2 | 75.8 | 55.4 | 53.0 | 47.2 |
| 济南 | 6.3 | 10.3 | 15.6 | 33.6 | 37.7 | 78.6 | 217.2 | 152.4 | 63.1 | 38.0 | 23.8 | 8.6 |
| 台北 | 86.5 | 100.4 | 139.4 | 118.7 | 201.6 | 283.3 | 167.3 | 250.7 | 275.5 | 107.4 | 70.8 | 68.2 |
| 郑州 | 8.6 | 12.5 | 26.8 | 53.7 | 42.9 | 68.0 | 154.4 | 119.3 | 71.0 | 43.8 | 30.5 | 9.5 |
| 武汉 | 34.9 | 59.1 | 103.3 | 140.0 | 161.9 | 209.5 | 156.2 | 119.4 | 76.2 | 62.9 | 50.5 | 30.7 |
| 长沙 | 59.1 | 87.8 | 139.8 | 201.6 | 230.8 | 188.9 | 112.5 | 116.9 | 62.7 | 81.4 | 63.0 | 51.5 |
| 广州 | 36.9 | 54.5 | 80.7 | 175.0 | 293.8 | 287.8 | 212.7 | 232.5 | 189.3 | 69.2 | 37.0 | 10.7 |
| 南宁 | 38.0 | 36.4 | 54.4 | 89.9 | 186.8 | 232.0 | 195.1 | 215.5 | 118.9 | 69.0 | 37.8 | 26.9 |
| 海口 | 23.6 | 30.4 | 52.0 | 92.8 | 187.6 | 241.2 | 206.7 | 239.5 | 302.8 | 174.4 | 97.6 | 38.0 |
| 成都 | 5.9 | 10.9 | 21.4 | 50.7 | 88.6 | 111.3 | 235.5 | 234.1 | 118.0 | 46.4 | 18.4 | 5.8 |
| 重庆 | 20.7 | 20.4 | 34.9 | 105.7 | 160.0 | 160.7 | 176.7 | 137.7 | 148.5 | 96.1 | 50.6 | 26.6 |
| 贵阳 | 19.2 | 20.4 | 33.5 | 109.9 | 194.3 | 210.0 | 167.9 | 137.8 | 93.8 | 96.6 | 53.5 | 23.8 |
| 昆明 | 11.6 | 11.2 | 15.2 | 21.2 | 93.0 | 183.7 | 212.3 | 202.2 | 119.5 | 85.0 | 38.6 | 13.0 |
| 拉萨 | 0.2 | 0.5 | 1.5 | 5.4 | 25.4 | 77.1 | 129.5 | 138.7 | 56.3 | 7.9 | 1.6 | 0.5 |
| 西安 | 7.6 | 10.6 | 10.6 | 52.0 | 63.2 | 52.2 | 99.4 | 71.7 | 98.3 | 62.4 | 31.5 | 6.7 |
| 兰州 | 1.4 | 2.4 | 8.3 | 17.4 | 36.2 | 32.5 | 63.8 | 85.3 | 49.1 | 10.7 | 5.4 | 1.3 |
| 西宁 | 1.0 | 1.8 | 4.6 | 20.2 | 44.8 | 49.1 | 80.7 | 81.6 | 55.1 | 10.9 | 3.4 | 0.9 |
| 银川 | 1.1 | 2.0 | 6..0 | 12.4 | 14.8 | 19.9 | 43.6 | 55.9 | 27.0 | 14.0 | 5.0 | 0.7 |
| 乌鲁木齐 | 8.7 | 10.6 | 21.3 | 34.1 | 35.1 | 39.3 | 21.5 | 23.6 | 25.8 | 10.4 | 18.6 | 14.6 |

注：以上资料出自中国国家气象局，仅供参考。

#### 10.2.1.2 施工准备

雨期施工主要解决雨水的排除，其原则是上游截水、下游散水；坑底抽水、地面排水。规划设计时，应根据各地历年最大降雨量和降雨时期，结合各地地形和施工要求通盘考虑。

雨期到来之前应编制雨期施工方案。

雨期到来之前应对所有施工人员进行雨期施工安全、质量交底，并做好交底记录。

雨期到来之前，应组织一次全面的施工安全、质量大检查，主要检查雨期施工措施落实情况、物资储备情况，清除一切隐患，对不符合雨期施工要求的要限期整改。

做好项目上的施工进度安排，室外管线工程、大型设备的室外焊接工程等应尽量避开雨期。露天堆放的材料及设备要垫离地面一定的高度，防潮设备要有毡布覆盖，防止日晒雨淋。施工道路要用级配砂石铺设，防止雨期道路泥泞，交通受阻。

施工机具要统一规划放置，要搭设必要的防雨棚、防雨罩，并垫起一定高度，防止受潮而影响生产。雨期施工所有用电设备，不允许放在低洼的地方，防止被水浸泡。雨期前对现场配电箱、电缆临时支架等仔细检查，需加固的及时加固。缺盖、罩、门的及时补齐，确保用电安全。

## 10.2.2 设备材料防护

**10.2.2.1 土方工程**

1. 排水要求

(1) 坡顶应做散水及挡水墙,四周做混凝土路面,保证施工现场水流畅通,不积水,周边地区不倒灌。

(2) 基坑内,沿四周挖砌排水沟、设集水井,泵抽至市政排水系统,排水沟设置在基础轮廓线以外,排水沟边缘应离开坡脚大于等于0.3m。排水设备优先选用离心泵,也可用潜水泵。

2. 土方开挖

(1) 土方开挖施工中,基坑内临时道路上铺渣土或级配砂石,保证雨后通行不陷。

(2) 雨期土方工程需避免浸水泡槽,一旦发生泡槽现象,必须进行处理。

(3) 雨期时加密对基坑的监测频次,确保基坑安全。

3. 土方回填

(1) 土方回填应避免在雨天进行施工。

(2) 严格控制土方的含水率,含水率不符合要求的回填土,严禁进行回填,暂时存放在现场的回填土,用塑料布覆盖防雨。

(3) 回填过程中如遇雨,用塑料布覆盖,防止雨水淋湿已夯实的部分。雨后回填前认真做好填土含水率测试工作,含水率较大时将土铺开晾晒,待含水率测试合格后方可回填。

**10.2.2.2 基坑支护工程**

1. 土钉墙施工

(1) 需防止雨水稀释拌制好的水泥浆。

(2) 在强度未达到设计要求时,需采取防止雨水冲刷的措施。

(3) 自然坡面需防止雨水直接冲刷,遇大雨时可覆盖塑料布。

(4) 机电设备要经常检查接零、接地保护,所有机械棚要搭设严密,防止漏雨,随时检查漏电装置功能是否灵敏有效。

(5) 砂子、石子、水泥进场后必须使用塑料布覆盖避免雨淋。

2. 护坡桩施工

(1) 为防止雨水冲刷桩间土,随着土方开挖,需及时维护好桩间土。

(2) 需注意到坑内的降雨积水可能会对成桩机底座下的土层形成浸泡,从而影响到成桩机械的稳定性及桩身的垂直度。

3. 锚杆施工

(1) 需防止雨水稀释拌制好的水泥浆。

(2) 需注意锚杆周围雨期渗水冲刷对锚杆锚固力的影响,并及时采取有效的补救措施。

**10.2.2.3 钢筋工程**

钢筋的进场运输应尽量避免在雨天进行。

雨后钢筋视情况进行防锈处理,不得把锈蚀的钢筋用于结构上。

若遇连续时间较长的阴雨天，对钢筋及其半成品等需采用塑料薄膜进行覆盖。

大雨时应避免进行钢筋焊接施工。小雨时如有必须施工部位应采取防雨措施以防触电事故发生，可采用雨布或塑料布搭设临时防雨棚，不得让雨水淋在焊点上，待完全冷却后，方可撤掉遮盖，以保证钢筋的焊接质量。

雨后要检查基础底板后浇带，清理干净后浇带内的积水，避免钢筋锈蚀。

#### 10.2.2.4 模板工程

雨天使用的木模板拆下后应放平，以免变形。钢模板拆下后应及时清理、刷隔离剂（遇雨应覆盖塑料布），大雨过后应重新刷一遍。

模板拼装后应尽快浇筑混凝土，防止模板遇雨变形。若模板拼装后不能及时浇筑混凝土，又被雨水淋过，则浇筑混凝土前应重新检查、加固模板和支撑。

制作模板用的多层板和木方要堆放整齐，且须用塑料布覆盖防雨，防止被雨淋而变形，影响其周转次数和混凝土的成型质量。

#### 10.2.2.5 混凝土工程

雨期搅拌混凝土要严格控制用水量，应随时测定砂、石的含水率，及时调整混凝土配合比，严格控制水灰比和塌落度。雨期浇筑混凝土应适当减小塌落度，必要时可将混凝土强度等级提高半级或一级。

随时接听、搜集气象预报及有关信息，应尽量避免在雨天进行混凝土浇筑施工，大雨和暴雨天不得浇筑混凝土。小雨可以进行混凝土浇筑，但浇筑部位应进行覆盖。

底板大体积混凝土施工应避免在雨天进行。如突然遇到大雨或暴雨，不能浇筑混凝土时，应将施工缝设置在合理位置，并采取适当措施，已浇筑的混凝土用塑料布覆盖。

雨后应将模板表面淤泥、积水及钢筋上的淤泥清除掉，施工前应检查板、墙模板内是否积水，若有积水应清理后再浇筑混凝土。

雨期如果高温、阴雨造成温差变化较大，要特别加强对混凝土振捣和拆模时间的控制，依据高温天气混凝土凝固快，阴雨天混凝土强度增长慢的特点，适当调整拆模时间以保证混凝土施工质量的稳定性。

混凝土中掺加的粉煤灰应注意防雨、防潮。

#### 10.2.2.6 脚手架工程

脚手架基础座的基土必须坚实，立杆下应设垫木或垫块，并有可靠的排水设施，防止积水浸泡地基。

遇风力6级以上（含六级）强风和高温、大雨、大雾、大雪等恶劣天气，应停止脚手架搭设与拆除作业。风、雨、雾、雪过后要检查所有的脚手架、井架等架设工程的安全情况，发现倾斜下沉、松扣、崩扣要及时修复，合格后方可使用。每次大风或大雨后，必须组织人员对脚手架、龙门架及基础进行复查，有松动应及时处理。

要及时对脚手架进行清扫，并要采取防滑和防雷措施，钢脚手架、钢垂直运输架均应可靠接地，防雷接地电阻不大于10Ω。高于四周建筑物的脚手架应设避雷装置。

雨期要及时排除架子基底积水，大风暴雨后要认真检查，发现立杆下沉、悬空、接头松动等问题应及时处理，并经验收合格后方可使用。

#### 10.2.2.7 砌筑工程

施工前，准备足够的防雨应急材料（如油布、塑料薄膜等）。尽量避免砌体被雨水冲刷，以免砂浆被冲走，影响砌体的质量。

对砖堆应加以保护，淋雨过湿的砖不得使用，以防砌体发生溜砖现象。

雨后砂浆配合比按实验室配合比调整为施工配合比，水泥用量不变，其计算公式如下：

施工配合比中砂用量： $S = S_{SY} + S \times a$ (10-17)

施工配合比中水用量： $W = W_{SY} - S \times a$ (10-18)

式中　$S_{SY}$——实验室配合比中砂用量；

　　　$S$——施工配合比中砂用量；

　　　$W_{SY}$——实验室配合比中水用量；

　　　$W$——施工配合比中水用量；

　　　$a$——砂子含水率。

每天的砌筑高度不得超过1.2m，收工时应覆盖砌体表面。确实无法施工时，可留接槎缝，但应做好接缝的处理工作。

雨后继续施工时，应复核砌体垂直度。

遇大雨或暴雨时，砌体工程应停止施工。

### 10.2.2.8　钢结构工程

高强度螺栓、焊丝、焊条全部入仓库，保证不漏、不潮，下面应架空通风，四周设排水沟，避免积水。雨天不进行高强度螺栓的作业。

露天存放的钢构件下面应用木方垫起避免被水浸泡，并在周围挖排水沟以防积水。

在仓库内保管的焊接材料，要保证与墙、地面不小于300mm的距离，室内要通风干燥，以保证焊接材料在干燥的环境下保存。电焊条使用前应烘烤，但每批焊条烘烤次数不超过2次。所有的电焊机底部必须架空，严禁焊机放置位置有积水。雨天严禁焊接作业。

涂料应存放在专门的仓库内，不得使用过期、变质、结块失效的涂料。

设专职值班人员，保证昼夜有人值班并做好值班记录，同时要设置天气预报员，负责收听和发布天气情况。

氧气瓶、乙炔瓶在室外放置时，放入专用钢筋笼，并加盖。

电焊机设置地点应防潮、防雨、防晒，并放入专用的钢筋笼中。雨期室外焊接时，为保证焊接质量，施焊部位都要有防雨棚，雨天没有防雨措施不准施焊。

因降雨等原因使母材表面潮湿（相对湿度大于80%）或大风天气，不得进行露天焊接，但焊工及被焊接部分如果被充分保护且对母材采取适当处置（如预热、去潮等）时，可进行焊接。

雨水淋过的构件，吊装之前应将摩擦面上的水擦拭干净。

现场施工人员一律穿着防滑鞋，严禁穿凉鞋、拖鞋。及时清扫构件表面的积水。

大雨天气严禁进行构件的吊运以及人工搬运材料和设备等工作。

雨天校正钢结构的测量设备需要进行防雨保护，测量的数据要在晴天复测。

环境相对湿度大于80%及下雨期间禁止进行涂装作业。

露天涂装构件，要时刻注意观察涂装前后的天气变化，尽量避免刚涂装完毕就下雨造成油漆固化缓慢，影响涂装质量。

潮湿天气进行涂装，要用气泵吹干构件表面，保持构件表面达到涂装要求。

防火喷涂作业禁止在雨中施工。

#### 10.2.2.9 防水工程

防水涂料在雨天不得施工，不宜在夏季太阳暴晒下和后半夜潮露时施工。

夏季屋面如有露水潮湿，应待其干燥后方可铺贴卷材。

#### 10.2.2.10 屋面工程

保温材料应采取防雨、防潮的措施，并应分类堆放，防止混杂。

金属板材堆放地点宜选择在安装现场附近，堆放应平坦、坚实且便于排除地面水。

保温层施工完成后，应及时铺抹找平层，以减少受潮和浸水，尤其在雨期施工，要采取遮盖措施。

雨天不得施工防水层，油毡瓦保温层严禁在雨天施工。材料应在环境温度不高于45℃的条件下保管，应避免雨淋、日晒、受潮，并应注意通风和避免接近火源。

#### 10.2.2.11 装饰装修工程

1. 一般规定

（1）中雨、大雨或五级以上大风天气不得进行室外装饰装修工程的施工。水溶性涂料应避免在烈日或高温环境下施工；硅酮密封胶、结构胶、胶粘剂等材料施工应按照使用要求监测环境温度和空气相对湿度；空气相对湿度过高时应考虑合理的工序技术间歇时间。

（2）抹灰、粘贴饰面砖、打密封胶等粘结工艺的雨期施工，尤其应保证基体或基层的含水率符合施工要求。

（3）雨期进行外墙外保温的施工，所用保温材料的类型、品种、规格及施工工艺应符合设计要求。应采取有效措施避免保温材料受潮，保持保温材料处于干燥状态。

（4）雨期室外装饰装修工程施工过程中应做好半成品的保护，大风、雨天应及时封闭外窗及外墙洞口，防止室内装修面受潮、受淋产生污染和损坏。

2. 外墙贴面砖工程

（1）基层应清洁，含水率小于9%。外墙抹灰遇雨冲刷后，继续施工时应将冲刷后的灰浆铲掉，重新抹灰。

（2）水泥砂浆终凝前遇雨冲刷，应全面检查砖粘结程度。

3. 外墙涂料工程

（1）涂刷前应注意基层含水率小于8%；环境温度不宜低于+10℃，相对湿度不宜大于60%。

（2）腻子应采用耐水性腻子。使用的腻子应坚实牢固，不得粉化、起皮和裂纹。

（3）涂装施工过程中应注意气候变化。当遇有大风、雨、雾情况时不可施工。当涂刷完毕，但漆膜未干即遇雨时应在雨后重新涂刷。

（4）外墙抹灰在雨期时控制基层及材料含水率。外墙抹灰遇雨冲刷后，继续施工时应将冲刷后的灰浆铲掉，重新抹灰。

4. 木饰面涂饰清色油漆

（1）木饰面涂饰清色油漆时，不宜在雨天进行且应保证室内干燥。

（2）阴雨天刮批腻子时，应用干布将施涂表面水气擦拭干净，保证表面干燥，并根据天气情况，合理延长腻子干透时间，一般情况以2~3d为宜。可在油漆中加入一定量化白粉，吸收空气中的潮气。

(3) 必须等头遍油漆干透后方可进行二遍油漆涂刷。油漆涂刷后应保持通风良好，使施涂表面同时干燥。

5. 内墙涂饰工程

(1) 内墙混凝土或抹灰基层涂刷溶剂型涂料时，含水率不得大于8%；涂刷乳液型时，含水率不得大于8%。木材基层的含水率不得大于8%。

(2) 阴雨天刮批腻子时，应用干布将墙面水气擦拭干净，并根据天气情况，合理延长腻子干透时间，一般情况以2～3d为宜。

(3) 采用防水腻子施工，使涂料与基层之间粘结更牢固，不容易脱落，同时避免因潮湿导致的墙面泛黄。

(4) 雨期对于墙面乳胶漆的影响不太大，第一遍涂料刷完后进行墙体干燥的时间，一般情况间隔2h左右，雨天可根据天气及现场情况作适当延长。

#### 10.2.2.12 建筑安装工程

1. 水暖工程

(1) 材料及机具准备：提前准备好雨靴、雨布、水泵等防雨材料和用具。

(2) 提前做好路面，修好路边排水沟，做到有组织排水以保证水流畅通、雨后不滑不陷、现场不存水。

(3) 管材要做好防腐，架空码放，以防锈蚀。室外埋地和架空管道要定时检查基础支撑，发现问题应及时处理。

(4) 露天存放保温材料要架空码放，下方垫塑料布，上方用雨布覆盖，能入库尽量入库保管。所有机械棚要搭设严密，防止漏雨，机电设备采取防雨、防淹措施，安装接地装置，机动电闸箱的漏电保护装置要安全可靠。

(5) 对现场各类排水管井、管道进行疏通。准备水泵放在集水坑内，及时将地下室内雨水排出。

(6) 进行露天管道焊接工程施工时应注意以下几点：

1) 对受雨淋而锈蚀的管材应除锈。

2) 雨期施工防止焊条、焊药受潮，如不慎受潮，应烘干后方可使用。

3) 刮风时（风速大于8m/s，五级风），需采取挡风措施。

2. 电气工程

(1) 将现场所有用电设备、机具、电线、电缆等的绝缘电阻及塔式起重机、脚手架的接地电阻测试完毕并做好记录。

(2) 每天加强现场巡视，重点是配电箱内的电器是否完好、漏电开关是否动作、接线是否压接牢固、电缆线是否过热等。

(3) 发现问题应及时处理并做好记录，不能处理时应及时向上反映。

(4) 严格执行临时用电施工组织所有规定。现场用电必须按照《施工现场临时用电安全技术规范》JGJ 46—2005的规定实施。

(5) 在雨期施工前，对现场所有动力及照明线路、供配电电气设施进行一次全面检查，对线路老化、安装不良、瓷瓶裂纹、绝缘性降低以及漏跑电现象，必须及时修理或更换，严禁使用。

(6) 配电箱要采取防雨、防潮、防淹、防雷等措施，外壳要做接地保护。

(7) 现场的脚手架、塔式起重机外用电梯及高于15m的机具设备，均应设置避雷装置，并应经常检查和摇测。

(8) 接地体的埋深不小于800mm，垂直接地体的长度不小于2.5m，接地体的断面按电气专业设计要求埋设。

(9) 各种电气动力设备必须经常进行绝缘、接地、接零保护的摇测，发现问题应及时处理，严禁带隐患运行。动力设备的接地线不得与避雷地线一起安放。接地线如因某种原因必须拆除时，必须先做好新的接地线后再进行操作。

(10) 线路架设及避雷系统敷设时，要掌握气象预报情况，严禁在雷电降雨天气作业。

### 10.2.3 排水、防（雨）水

高于地面的施工现场只要相应的排水渠道不使场内积水即可，低于地面的基坑排水只要确定相应流量就可选用相匹配的水泵和组织人工排水。

1. 水泵选型原则

(1) 使所选泵的型式和性能符合装置流量、扬程、轴功率、转速、效率、汽蚀余量等工艺参数的要求。

(2) 必须满足介质特性的要求。

对输送易燃、易爆有毒或贵重介质的泵，要求轴封可靠或采用无泄漏泵，如磁力驱动泵、隔膜泵、屏蔽泵。

对输送腐蚀性介质的泵，要求对流部件采用耐腐蚀性材料，如AFB不锈钢耐腐蚀泵、CQF工程塑料磁力驱动泵。

(3) 机械方面可靠性高、噪声低、振动小。

(4) 经济上要综合考虑设备费、运转费、维修费和管理费的总成本最低。

2. 水泵的选择

(1) 流量是选泵的重要性能数据之一，它直接关系到整个装置的生产能力和输送能力。选择泵时，以最大流量为依据，兼顾正常流量，在没有最大流量时，通常可取正常流量的1.1倍作为最大流量。

(2) 装置系统所需的扬程是选泵的又一重要性能数据，一般要用放大5%～10%余量后扬程来选型。

(3) 液体性质，包括液体介质名称，物理性质，化学性质和其他性质，物理性质有温度$c$、密度$d$、黏度$u$，介质中固体颗粒直径和气体的含量等，这涉及系统的扬程、有效汽蚀余量计算和合适泵的类型。化学性质，主要指液体介质的化学腐蚀性和毒性，是选用泵材料和选用轴封型式的重要依据。

(4) 装置系统的管路布置条件指的是送液高度、送液距离、送液走向、吸入侧最低液面、排出侧最高液面等一些数据和管道规格及其长度、材料、管件规格、数量等，以便进行系统扬程计算和汽蚀余量的校核。

(5) 操作条件的内容很多，如饱和蒸汽力$P$、吸入侧压力$PS$（绝对）、排出侧容器压力$PZ$、海拔高度、环境温度操作是间隙的还是连续的、泵的位置是固定的还是可移的。

### 10.2.4 防　　雷

**10.2.4.1　避雷针的设置**

1. 安装避雷针是防止直击雷的主要措施

当施工现场位于山区或多雷地区，变电所、配电所应装设独立避雷针。正在施工建造的建筑物，当高度在20m以上应装设避雷针。施工现场内的塔式起重机、井字架及脚手架机械设备，若在相邻建筑物、构筑物的防雷装置的保护范围以外，则应安装避雷针。若在最高机械设备上装有避雷针，且保证最后退出现场，则其他设备可不设避雷针。

2. 施工现场机械设备需安装避雷针的规定

避雷针的接闪器一般选用$\phi16mm$圆钢，长度为$1\sim2m$，其顶端应制成锥尖。接闪器须采用热镀锌。

机械设备上的避雷针的防雷引下线可利用该设备的金属结构体，但应保证电气连接。机械设备所有的动力、控制、照明、信号及通信等线路，应采用钢管敷设。钢管与机械设备的金属结构体作焊接以保证其接地通道的电气连接。

**10.2.4.2　避雷器**

装设避雷器是防止雷电侵入波的主要措施。

高压架空线路及电力变压器高压侧应装设避雷器，避雷器的安装位置应尽可能靠近变电所。避雷器宜安装在高压熔断器与变压器之间，以保护电力变压器线路免于遭受雷击。避雷器可选用FS-10型阀式避雷器，杆上避雷器应排列整齐、高低一致。10kV避雷器安装的相间距离不小于350mm。避雷器引线应力求做到短直、张弛适度、连接紧密，其引上线一般采用$16mm^2$的铜芯绝缘线，引下线一般采用$25mm^2$的钢芯绝缘软线。

避雷器防雷接地引下线采用"三位一体"的接线方式，即：避雷器接地引下线、电力变压器的金属外壳接地引下线和变压器低压侧中性点引下线三者连接在一起，然后共同与接地装置相连接。这样，当高压侧落雷使避雷器放电时，变压器绝缘上所承受的电压，即为避雷器的残压，能减少高、低压绕组间和高压绕组对变压器外壳之间发生绝缘击穿的危险。

在多雷区变压器低压出线处，应安装一组低压避雷器，以用来防止由于低压侧落雷或由于正、反变换电压波的影响而造成低压侧绝缘击穿事故。低压避雷器可选用FS系列低压阀式避雷器或FYS型低压金属氧化物避雷器。

尚应注意，避雷器在安装前及在用期的每年三月份应作预防性试验。经检验证实处于合格状态方可投入使用。

此外，配电所的低压架空进线或出线处，宜将绝缘子铁脚与配电所接地装置用$\phi8$圆钢相连接。这样做的目的也是防止雷电侵入波。

**10.2.4.3　防止感应雷击的措施**

防止感应雷击的措施是将被保护物接地。

遵照《电气装置安装工程　接地装置施工及验收规范》GB 50169—2016的要求，建筑物在施工过程中，其避雷针（网、带）及其接地装置，应采取自下而上的施工程序，即首先安装集中接地装置，然后安装引下线，最后安装接闪器。建筑物内的金属设备、金属管道、结构钢筋均应做到有良好的接地。这样做可保证建筑物在施工过程中防止感应雷。

高度在20m以上施工用的大钢模板，就位后应及时与建筑物的接地装置连接。

#### 10.2.4.4 接地装置

众所周知，避雷装置是由接闪器（或避雷器）、引下线的接地装置组成。而接地装置由接地极和接地线组成。

独立避雷针的接地装置应单独安装，与其他保护的接地装置的安装分开，且保持有3m以上的安全距离。

除独立避雷针外，在接地电阻满足要求的前提下，防雷接地装置可以和其他接地装置共用。接地极宜选用角钢，其规格为40mm×40mm×4mm及以上；若选用钢管，直径应不小于50mm，其壁厚不应小于3.5mm。垂直接地极的长度应为2.5m；接地极间的距离为5m；接地极埋入地下深度，接地极顶端要在地下0.8m以下。接地极之间的连接是通过规格为40mm×4mm的扁钢焊接。焊接位置距接地极顶端50mm。焊接采用搭接焊。扁钢搭接长度为宽度的2倍，且至少有3个棱边焊接。扁钢与角钢（或钢管）焊接时，为了保证连接可靠，应事先在接触部位将扁钢弯成直角形（或弧形），再与角钢（或钢管）焊接。

接地极与接地线应选用镀锌钢材，其将埋于地下的焊接处应涂沥青防腐。

#### 10.2.4.5 工频接地电阻

建筑施工现场内所有施工用的设备、装置的防雷装置的工频接地电阻值不得大于30Ω。而建筑物防雷装置的工频接地电阻值应满足施工图的设计要求。

### 10.2.5 防 台 风

成立以项目经理为首的防台风领导小组，并在接到气象台发布的台风预警后，现场立即停止施工。

台风到来之前，对现场排水系统进行全面检查，确保排水系统通畅、有效。

现场要根据各自的具体情况备足抢险物资和救生器材。

对现场所有大型机械进行检查。塔式起重机必须保证可以自由旋转，塔身附着装置无松动、无开焊、无变形。塔式起重机的避雷设施必须确保完好有效，塔式起重机电源线路必须切断。塔身存有易坠物、设有标牌和横幅的应全部清除。

施工临时用电必须符合标准规范要求，尤其要做好各配电箱的防雨措施，所有施工现场在台风期间要全部停止供电。

将脚手架上杂物清除，并检查脚手架的拉结点是否有效，及时整改。检查脚手架底部基础是否坚实，排水是否通畅。

对现场的临时设施进行全面检查，根据检查情况进行维护和加固，对不能保证人身安全的，要坚决予以拆除，防止坍塌。

施工单位须有专人24h值班，主动与气象台联系，随时掌握台风变化情况，并进行通报，根据台风变化调整应对措施。

当气象中心解除台风警报后，施工单位应首先对现场大型机械、临时水电、脚手架等进行全面检查，维护和加固完成后再复工。

## 10.3 暑期施工

### 10.3.1 暑期施工概念

最高气温超过35℃，现场施工必须采取防暑降温的措施，对施工人员也要进行必要的防暑降温措施，暑期施工包括对施工现场的技术措施和对施工人员身体健康的关注。

全国主要城市平均气温见表10-40，全国主要城市历年最高及最低气温见表10-41。

全国主要城市平均气温（℃）　　　　　　表10-40

| 城市 | 月份 气温 | | | | | | | | | | | |
|---|---|---|---|---|---|---|---|---|---|---|---|---|
| | 1 | 2 | 3 | 4 | 5 | 6 | 7 | 8 | 9 | 10 | 11 | 12 |
| 北京 | −4.6 | −2.2 | 4.5 | 13.1 | 19.8 | 10.0 | 25.8 | 10.4 | 19.4 | 12.4 | 4.1 | −2.7 |
| 天津 | −4.0 | −1.6 | 5.0 | 13.2 | 20.0 | 10.1 | 26.4 | 25.5 | 20.8 | 13.6 | 5.2 | −1.6 |
| 石家庄 | −2.9 | −0.4 | 6.6 | 14.6 | 20.9 | 23.6 | 26.6 | 25.0 | 13.7 | 5.7 | −0.9 | |
| 太原 | −6.6 | −3.1 | 3.7 | 11.4 | 17.7 | 21.7 | 23.5 | 21.8 | 16.1 | 9.9 | 2.1 | −4.9 |
| 呼和浩特 | −13.1 | −9.0 | −0.3 | 7.9 | 15.3 | 20.1 | 21.9 | 20.1 | 13.8 | 6.5 | −2.7 | −11.0 |
| 沈阳 | −12.0 | −8.4 | 0.1 | 9.3 | 16.9 | 21.5 | 10.6 | 23.5 | 17.2 | 9.4 | 0.0 | −8.5 |
| 长春 | −16.4 | −12.7 | −3.5 | 6.7 | 15.0 | 20.1 | 23.0 | 21.3 | 15.0 | 6.8 | −3.8 | −12.8 |
| 哈尔滨 | −19.4 | −15.4 | −4.8 | 6.0 | 14.3 | 20.0 | 22.8 | 21.1 | 14.4 | 5.6 | −5.7 | −15.6 |
| 上海 | 3.5 | 4.6 | 8.3 | 14.0 | 18.8 | 23.3 | 27.8 | 27.7 | 23.6 | 18.0 | 12.3 | 6.2 |
| 南京 | 2.0 | 3.8 | 8.4 | 14.8 | 19.9 | 24.2 | 27.8 | 27.8 | 22.7 | 16.9 | 10.5 | 4.4 |
| 杭州 | 3.8 | 5.1 | 9.3 | 15.4 | 20.0 | 10.3 | 28.6 | 28.0 | 23.3 | 17.7 | 12.1 | 6.3 |
| 合肥 | 2.1 | 4.2 | 9.2 | 15.5 | 20.6 | 25.0 | 28.3 | 28.0 | 22.9 | 17.0 | 10.6 | 4.5 |
| 福州 | 10.5 | 10.7 | 13.4 | 18.1 | 22.1 | 25.5 | 28.8 | 28.2 | 26.0 | 21.7 | 17.5 | 13.1 |
| 南昌 | 5.0 | 6.4 | 10.9 | 17.1 | 21.8 | 25.7 | 29.6 | 29.2 | 10.8 | 19.1 | 13.1 | 7.5 |
| 济南 | −1.4 | 1.1 | 7.6 | 15.2 | 21.8 | 26.3 | 27.4 | 26.2 | 21.7 | 15.8 | 7.9 | 1.1 |
| 台北 | 14.8 | 15.4 | 17.5 | 21.5 | 10.5 | 26.6 | 28.5 | 28.3 | 26.8 | 23.6 | 20.3 | 17.1 |
| 郑州 | −0.3 | 2.2 | 7.8 | 14.9 | 21.0 | 26.2 | 27.7 | 25.8 | 20.9 | 15.1 | 7.8 | 1.7 |
| 武汉 | 3.0 | 5.0 | 10.0 | 16.1 | 21.3 | 25.7 | 28.8 | 28.3 | 23.3 | 17.5 | 11.1 | 5.4 |
| 长沙 | 4.7 | 6.2 | 10.9 | 16.8 | 21.6 | 25.9 | 29.3 | 28.7 | 10.2 | 18.5 | 12.5 | 7.1 |
| 广州 | 13.3 | 14.4 | 17.7 | 21.9 | 25.6 | 27.2 | 28.4 | 28.1 | 26.9 | 23.7 | 19.4 | 15.2 |
| 南宁 | 12.8 | 14.1 | 17.6 | 22.0 | 26.0 | 27.4 | 28.3 | 27.8 | 26.6 | 23.3 | 18.6 | 14.7 |
| 海口 | 17.2 | 18.2 | 21.6 | 10.9 | 27.4 | 28.3 | 28.4 | 27.7 | 26.8 | 10.8 | 21.8 | 18.7 |
| 成都 | 5.5 | 7.5 | 12.1 | 17.0 | 20.9 | 23.7 | 25.6 | 25.1 | 21.2 | 16.8 | 11.9 | 7.3 |
| 重庆 | 7.2 | 8.9 | 13.2 | 18.0 | 21.8 | 24.5 | 27.8 | 28.0 | 22.8 | 18.2 | 13.3 | 8.6 |
| 贵阳 | 4.9 | 6.5 | 11.5 | 16.3 | 19.5 | 21.9 | 10.0 | 23.4 | 20.6 | 16.1 | 11.4 | 7.1 |
| 昆明 | 7.7 | 9.6 | 13.0 | 16.5 | 19.1 | 19.5 | 19.8 | 19.1 | 17.5 | 14.9 | 11.3 | 8.2 |

续表

| 城市 | 月份 气温 | | | | | | | | | | | |
|---|---|---|---|---|---|---|---|---|---|---|---|---|
| | 1 | 2 | 3 | 4 | 5 | 6 | 7 | 8 | 9 | 10 | 11 | 12 |
| 拉萨 | −2.2 | 1.0 | 4.4 | 8.3 | 12.3 | 15.3 | 15.1 | 14.3 | 12.7 | 8.3 | 2.3 | −1.7 |
| 西安 | −1.0 | 2.1 | 8.1 | 14.1 | 19.1 | 25.2 | 26.6 | 25.5 | 19.4 | 13.7 | 6.6 | 0.7 |
| 兰州 | −6.9 | −2.3 | 5.2 | 11.8 | 16.6 | 20.3 | 22.2 | 21.0 | 15.8 | 9.4 | 1.7 | −5.5 |
| 西宁 | −8.4 | −4.9 | 1.9 | 7.9 | 12.0 | 15.2 | 17.2 | 16.5 | 12.1 | 6.4 | −0.8 | −6.7 |
| 银川 | −9.0 | −4.8 | 2.8 | 10.6 | 16.9 | 21.4 | 23.4 | 21.6 | 16.0 | 9.1 | 0.9 | −6.7 |
| 乌鲁木齐 | −14.9 | −12.7 | −0.1 | 11.2 | 18.8 | 23.5 | 25.6 | 10.0 | 17.4 | 8.2 | −1.9 | −11.7 |

**全国主要城市历年最高及最低气温（℃）** 表 10-41

| 城市 | 最高气温 | 最低气温 | 城市 | 最高气温 | 最低气温 |
|---|---|---|---|---|---|
| 北京 | 41.5 | −9.1 | 武汉 | 44.5 | −18 |
| 西安 | 42.9 | −8.9 | 福州 | 42.3 | −1.2 |
| 昆明 | 31.5 | −5.4 | 唐山 | 32.9 | −14.8 |
| 海口 | 40.5 | 2.8 | 杭州 | 40.8 | −12.7 |
| 重庆 | 44.0 | −3.8 | 成都 | 43.7 | −21.1 |
| 大连 | 35.3 | −20.1 | 哈尔滨 | 36.4 | −38.1 |
| 广州 | 38.7 | 0 | 兰州 | 36.0 | −12 |
| 南京 | 43.0 | −14 | 西宁 | 33.0 | −16 |
| 宁波 | 39.4 | −10 | 银川 | 36.0 | −14 |
| 青岛 | 35.4 | −16 | 乌鲁木齐 | 47.8 | −41.5 |
| 上海 | 40.2 | −12.1 | 呼和浩特 | 36.9 | −32.8 |
| 深圳 | 38.7 | 0.2 | 石家庄 | 36.0 | −10.0 |
| 天津 | 39.1 | −18.3 | 长春 | 38.0 | −36.5 |
| 温州 | 41.3 | −4.5 | 沈阳 | 34.6 | −30.6 |

## 10.3.2 暑期施工措施

### 10.3.2.1 混凝土工程施工

暑期高温天气会对混凝土浇筑施工造成负面影响，消除这些负面影响的施工措施，要着重对混凝土分项工程施工进行计划与安排。

高温天气不仅仅是指夏季环境温度较高的情况，而是下述情形的任意组合：
(1) 高的外界环境温度。
(2) 高的混凝土温度。
(3) 低的相对湿度。
(4) 较大风速。
(5) 强的阳光照射。

在混凝土浇筑过程中，因温度变化而导致混凝土收缩产生的早期裂痕也相当严重。即使天气温度是相同的，有风、有阳光的天气与无风、潮湿的天气相比，施工中应采取更为严格的预防性的措施。

1. 高温天气下对混凝土浇筑的影响

(1) 对混凝土搅拌的影响

1) 拌合水量的增加。

2) 混凝土流动性下降快，因而要求现场施工水量增加。

3) 混凝土凝固速率的增加，从而增加了摊铺、压实及成形的困难。

4) 控制气泡状空气存于混凝土中的难度增加。

(2) 混凝土固化过程的影响

1) 因为较高的含水量、较高的混凝土温度，将导致混凝土 28d 和后续强度的降低，或者是混凝土凝固过程中及初凝过程中混凝土强度的降低。

2) 因整体结构冷却或不同断面温度的差异，使得固化收缩裂缝以及温度裂缝产生的可能性增加。

3) 由于水合速率或水中黏性材料比率的不同，会导致混凝土表面摩擦度的变化，如颜色差异等。

4) 高含水量、不充分的养护、碳酸化、轻骨料或不适当的骨料混合比例，可导致混凝土渗透性增加。

2. 高温天气下混凝土浇筑施工措施

(1) 商品混凝土的措施，此部分由商品混凝土厂家完成混凝土的降温工作，表现为以下几点：

1) 冷却混凝土拌合水，降低混凝土温度。

通过降低拌合水的温度可以使混凝土冷却至理想温度，采用该种方法，混凝土温度的最大降幅可以达到 6℃。但是在施工过程中应注意冷却水的加入量不能超过混凝土拌合水的需求量，需求量的多少与混凝土骨料的湿度和配合比例有关。

2) 用冰替代部分拌合水。

用冰替代部分拌合水可以降低混凝土温度，其降低温度的幅度受到用冰替代拌合水数量的限制，对于大多数混凝土，可降低的最大温度为 11℃。为了保证正确的配合比例，应对加入混凝土中冰的重量进行称重。如果采用冰块进行冷却，需要使用粉碎机将块冰粉碎，然后加入至混凝土搅拌器中。

3) 粗骨料的冷却

粗骨料冷却的有效方法是用冷水喷洒或用大量的水冲洗。由于粗骨料在混凝土搅拌过程中占有较大的比例，降低粗骨料（1±0.5）℃的温度，混凝土的温度可以降低 0.5℃。由于粗骨料可以被集中在筒仓内或箱柜容器内，因此粗骨料的冷却可以在很短时间内完成，在冷却过程中要控制水量的均匀性，以避免不同批次之间形成的温度差异。骨料的冷却也可以通过向潮湿的骨料内吹空气来实现。粗骨料内空气流动可以加大其蒸发量，从而使粗骨料降温在 1℃ 温度范围内。该方法的实施效果与环境温度、相对湿度和空气流动的速度有关。如果用冷却后的空气代替环境温度下的空气，可以使粗骨料降低 7℃。

4) 混凝土拌制和运输

混凝土拌制时应采取措施控制混凝土的升温，并一次控制附加水量，减小坍落度损失，减少塑性收缩开裂。在混凝土拌制、运输过程中可以采取以下措施：使用减水剂或以粉煤灰取代部分水泥以减小水泥用量，同时在混凝土浇筑条件允许的情况下增大骨料粒径；混凝土拌合物的运输距离如较长，可以用缓凝剂控制混凝土的凝结时间，但应注意缓凝剂的掺量应合理，对于大面积的混凝土地坪工程尤其如此；如需要较高坍落度的混凝土拌合物，应使用高效减水剂。有些高效减水剂产生的拌合物其坍落度维持2h。高效减水剂还能够减少拌合过程中骨料颗粒之间的摩擦，减缓拌合筒中的热积聚；在满足施工规范要求的情况下，尽量使用矿渣硅酸盐水泥、粉煤灰硅酸盐水泥；向骨料堆中洒水，降低混凝土骨料的温度；如有条件用地下水或井水喷洒，冷却效果更好；在暑期或大体积混凝土施工时，可以用冷水或冰块来代替部分拌合水；对于高温季节里长距离运输混凝土的情况，可以考虑搅拌车的延迟搅拌，使混凝土到达工地时仍处于搅拌状态，混凝土浇筑过程中，用麻袋或草袋覆盖泵管，严禁泵管暴晒，同时在覆盖物上浇水，降低混凝土入模温度，明确混凝土温度降至规定要求的10～30℃。

(2) 施工现场的施工方法与措施

暑期气温高、干燥快，新浇筑的混凝土可能出现凝结速度加快、强度降低等现象，这时进行混凝土的浇筑、修整和养护等作业时应特别细心。在炎热气候条件下浇筑混凝土时，要求配备足够的人力、设备和机具，以便及时应对预料不到的不利情况。

1) 检测运到工地上的混凝土的温度，混凝土温度应在10～30℃，如超过30℃，则要求搅拌站予以调节。

2) 暑期混凝土施工时，振动设备较易发热损坏，故应准备好备用振动器。

3) 与混凝土接触的各种工具、设备和材料等，如浇筑溜槽、输送机、泵管、混凝土浇筑导管、钢筋和手推车等，不要直接受到阳光曝晒，并应检查其温度，如温度超过40℃，则对模板采取浇水降温等措施，使模板温度控制在5～35℃。

4) 浇筑混凝土地面时，应先湿润基层和地面边模。

5) 暑期浇筑混凝土应精心计划，混凝土应连续、快速地浇筑。混凝土表面如有泌水时，要及时进行修整。

6) 当根据具体气候条件，发现混凝土有塑性收缩开裂的可能性时，应采取措施（如喷洒养护剂、麻袋覆盖等），以控制混凝土表面的水分蒸发。混凝土表面水分蒸发速度如超过$0.5kg/(m^2 \cdot h)$就可能出现塑性收缩裂缝；当超过$1.0kg/(m^2 \cdot h)$就需要采取适当措施，如冷却混凝土，向表面喷水或采用防风措施等，以降低表面蒸发速度。

7) 应做好施工组织设计，以避免在日最高气温时浇筑混凝土。在高温干燥季节，晚间浇筑混凝土受风和温度的影响相对较小，且可在接近日出时终凝，而此时的相对湿度较高，因而早期干燥和开裂的可能性最小。

3. 混凝土的养护

暑期浇筑的混凝土必须加强对混凝土的养护：

(1) 在修整作业完成后或混凝土初凝后立即进行养护。

(2) 优先采用麻袋覆盖养护方法，连续养护。在混凝土浇筑后的1～7d，应保证混凝土处于充分湿润状态，并应严格遵守国家标准规定的养护龄期。

(3) 当完成规定的养护时间后拆模时,最好为其表面提供潮湿的覆盖层。

**10.3.2.2 暑期施工管理措施**

成立夏季工作领导小组,由项目经理任组长,办公室主任担任副组长,对施工现场管理和职工生活管理做到责任到人,切实改善职工食堂、宿舍、办公室、厕所的环境卫生,定期喷洒杀虫剂,防止蚊、蝇滋生,杜绝常见病的流行。关心职工,特别是生产第一线和高温岗位职工的安全和健康,对高温作业人员进行就业和入暑前的体格检查,凡检查不合格者不得在高温条件下作业。认真督促检查,做到责任到人,措施得力,确实保证职工健康。

做好用电管理,暑期是用电高峰期,定期对电气设备逐台进行全面检查、保养,禁止乱拉电线,特别是对职工宿舍的电线及时检查,加强用电知识教育。

加强对易燃、易爆等危险品的贮存、运输和使用的管理,在露天堆放的危险品采取遮阳降温措施。严禁烈日曝晒,避免发生泄露,杜绝一切自燃、火灾、爆炸事故。

**10.3.2.3 暑期高温天气施工防暑降温措施**

当气象台发布高温天气预告最高气温达35℃以上(含35℃)时,各工地应根据下列要求,合理安排工人作息时间,确保工人劳逸结合、有足够的休息时间,但因人身财产安全和公众利益需要,必须紧急处理或抢险的情况除外:

(1) 日最高气温达到39℃以上,当日应停止作业。

(2) 日最高气温达到37℃以上,当日工作时间不得超过4h。

(3) 日最高气温达到35℃,应采取换班轮休等方法,缩短工人连续作业时间,并不得安排加班;12:00~15:00应停止露天作业(注:在没有降温设施的塔式起重机、挖掘机等的驾驶室内作业视同露天作业);因特殊情况不能停止作业的,12:00~15:00工人露天连续作业时间不得超过2h。

防暑降温措施:

(1) 施工现场应视高温情况向作业人员免费供应符合卫生标准的含盐清凉饮料,饮料种类包括盐汽水、凉茶和各种汤类等。

(2) 施工现场应设置休息场所,场所应能降低热辐射影响,内设有座椅、风扇等设施。

(3) 改善集体宿舍的内外环境,宿舍内有必要的通风降温设施,确保作业人员的充分休息,减少因高温天气造成的疲劳。

(4) 高温时段发现有身体感觉不适的作业职工,及时按防暑降温知识急救方法办理或请医生诊治。

# 10.4 绿 色 施 工

## 10.4.1 雨 期 施 工

施工前根据工程所处地理位置,了解现场所在地区的气象资料及特征,主要包括降雨资料,如全年降雨量、雨季起止日期、一日最大降雨量等。

结合雨期气候特征,合理选择施工方法、施工机械,合理安排施工顺序,布置施工场地时充分考虑雨期气候特征，减少因雨期气候原因而带来施工措施、资源和能源用量的增加，有效降低施工成本，减少因为额外措施对施工现场及环境的干扰，改善施工现场环境，提高工程施工质量。结合雨期气候，施工时主要采取的措施有以下内容。

1. 工程施工方面

（1）尽可能合理安排施工顺序，使会受到不利气候影响的施工工序能够在不利气候来临时完成。如在雨期来临之前完成土方工程、基础工程的施工，以减少地下水位上升对施工的影响，减少其他需要增加的额外雨期施工保证措施。

（2）安排好全场性排水、防洪，减少雨水对现场及周边环境的影响。

（3）结合雨期气候条件合理布置施工场地，符合劳动保护、安全、防火的要求。雨期应针对工程特点，尤其是对土方工程、深基础工程、水下工程、混凝土工程和高空作业等，选择适合的季节性施工方法或有效措施。

（4）大雨天气不得进行露天拆除施工。

2. 环境保护方面

绿色施工应遵循以人为本、因地制宜、环保优先、资源高效利用的原则。施工现场各类设施应统筹规划、合理布置并实施动态管理。施工中应减少土方开挖量及对土壤的扰动。因施工而破坏的植被、造成的裸土应采取覆盖、绿化、抑尘剂固化等抑尘措施。施工结束后，对临时占用的场地应及时腾退并恢复原貌。

3. 节水与水资源利用

有条件的地区和工程应收集雨水养护。

利用雨水收集系统对现场机具、设备、车辆冲洗、喷洒路面、绿化浇灌、屋面及卫生间淋水蓄水试验、污水管道及雨水管道试验冲洗等。大型施工现场，在施工现场建立雨水收集利用系统，充分收集自然降水用于施工和生活中适宜的部位。

## 10.4.2 暑期施工

施工前根据工程所处地理位置，了解现场所在地区气象资料及特征，主要包括：气温资料，如年平均气温，最高、最低气温及持续时间等。

（1）施工场地布置时应结合暑期气候，符合劳动保护、安全、防火的要求。

（2）高温作业应采取有效措施，配备和发放防暑降温用品，合理安排作息时间。

（3）炎热夏季施工中应针对工程特点，尤其对土方工程、深基础工程、水下工程、混凝土工程和高空作业等，选择适合的暑期施工方法或有效措施。

（4）土石方工程开挖宜采用逆作法或半逆作法进行施工，施工中应采取通风和降温等改善地下工程作业条件的措施。

（5）现场喷涂硬泡聚氨酯时，环境温度宜为 $10 \sim 40℃$，空气相对湿度宜小于 $80\%$，风力不宜大于 3 级。

（6）夏季炎热地区，由于太阳辐射原因，应在其外窗设置外遮阳，以减少太阳辐射热。

（7）建立太阳能收集系统，用来加热洗澡等方面的用水。

（8）高温沙尘天气建议沙尘系统，防止环境污染。

# 11 土石方及爆破工程

## 11.1 土石性质及分类

### 11.1.1 土石基本性质

#### 11.1.1.1 土的基本物理性质指标

土的物理性质是指三相的质量与体积之间的相互比例关系及固、液两相相互作用表现出来的性质。它在一定程度上反映了土的力学性质，所以物理性质是土的最基本的工程特性。土的三相结构见图 11-1。

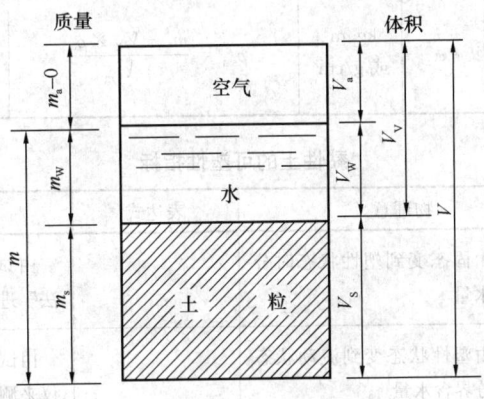

图 11-1 土的三相结构

土的基本物理性质指标见表 11-1；黏性土、砂土的物理性质指标见表 11-2、表 11-3。

土的基本物理性质指标　　　　表 11-1

| 名称 | 定义 | 符号 | 单位 | 表达式 | 测定方法 | 备注 |
|---|---|---|---|---|---|---|
| 密度 | 土在天然状态下单位体积的质量 | $\rho$ | $kg/m^3$ 或 $g/cm^3$ | $\rho = \dfrac{m}{V} = \dfrac{m_s + m_w + m_a}{V_s + V_w + V_a}$ | 采用环刀法直接测定 | 随着土的颗粒组成、孔隙多少和水分含量而变化 |
| 比重 | 土的质量（或重量）与同体积 4℃ 时纯水的质量之比（无因次） | $G_s$ | | $G_s = \dfrac{m_s}{V_s \times (\rho_w)_{4℃}} = \dfrac{\rho_s}{(\rho_w)_{4℃}}$ | 比重瓶法 | |

续表

| 名称 | 定义 | 符号 | 单位 | 表达式 | 测定方法 | 备注 |
|---|---|---|---|---|---|---|
| 含水量（含水率） | 土中水的质量与土粒质量之比，以百分数表示 | $\omega$ | % | $\omega = \dfrac{m_w}{m_s} \times 100\%$ | 烘干法 | 对挖土的难易、土方边坡的稳定性、填土的压实等均有影响 |
| 孔隙比 | 土中孔隙的体积与土粒的体积之比 | $e$ | | $e = \dfrac{V_v}{V_s}$ | 计算求得 | |
| 孔隙率 | 土中的孔隙的体积与总体积之比 | $n$ | % | $n = \dfrac{V_v}{V} \times 100\%$ | 计算求得 | |
| 饱和度 | 土中孔隙水体积与孔隙体积之比 | $S_r$ | % | $S_r = \dfrac{V_w}{V_V} \times 100\%$ | 计算求得 | |
| 干密度 | 单位体积内土粒的质量 | $\rho_d$ | kg/m³ 或 g/cm³ | $\rho_d = \dfrac{m_s}{V}$ | 试验方法测定后计算 | 常用以控制填土工程的施工质量 |
| 饱和密度 | 孔隙完全被水充满，处于饱和状态时单位体积质量 | $\rho_{sat}$ | kg/m³ 或 g/cm³ | $\rho_{sat} = \dfrac{m_s + V_V \times \rho_w}{V}$ | 计算求得 | |

黏性土的可塑性指标　　　　　表 11-2

| 指标名称 | 符号 | 单位 | 物理意义 | 表达式 | 附注 |
|---|---|---|---|---|---|
| 塑限 | $\omega_P$ | % | 土由固态变到塑性状态时分界含水量 | | 由试验直接测定（通常用"搓条法"进行测定） |
| 液限 | $\omega_L$ | % | 土由塑性状态变到流动状态时的分界含水量 | | 由试验直接测定（通常由锥式液限仪来测定） |
| 塑性指数 | $I_p$ | | 液限和塑限之差 | $I_p = \omega_L - \omega_P$ | 由计算求得。是进行黏土分类的重要指标 |
| 液性指数 | $I_L$ | | 土的天然含水量与塑限之差对塑性指数之比 | $I_L = (\omega - \omega_P)/I_p$ | 由计算求得。是判别黏性土软硬程度的指标 |
| 含水比 | $\alpha$ | | 土的天然含水量与液限的比值 | $\alpha = \omega/\omega_L$ | 由计算求得 |

砂土的密实度指标　　　　　表 11-3

| 指标名称 | 符号 | 单位 | 物理意义 | 试验方法 | 取土要求 |
|---|---|---|---|---|---|
| 最大干密度 | $\rho_{dmax}$ | t/m³ | 土在最紧密状态下的干质量 | 击实法 | 扰动土 |
| 最小干密度 | $\rho_{dmin}$ | t/m³ | 土在最松散状态下的干质量 | 注入法、量筒法 | 扰动土 |

#### 11.1.1.1.2 岩石的基本物理性质指标

1. 密度（$\rho$）

密度为岩石的颗粒质量与所占体积之比。常见岩石的密度一般在 $2000\sim3000\text{kg/m}^3$。

2. 孔隙率

孔隙率为岩石中孔隙体积（气相、液相所占体积）与岩土的总体积之比，也称孔隙度。常见岩体的孔隙率一般为 0.1%～10%。随着孔隙率的增加，岩石中冲击波和应力波的传播速度降低。

3. 岩石波阻抗

岩石波阻抗为岩石中纵波波速（$C$）与岩石密度（$\rho$）的乘积。这一性质与炸药爆炸后传给岩石的总能量及能量传递给岩石的效率有直接关系。爆破要求炸药波阻抗与岩石波阻抗相匹配。

4. 岩石的风化程度

岩石的风化程度指岩石在地质内力和外力的作用下发生疏松破坏的程度。岩石的风化程度分为：未风化、微风化、中等风化、强风化、全风化和残积土。

5. 岩体基本质量级别

岩体所固有的、影响工程岩体稳定性的最基本属性。岩体基本质量由岩石坚硬程度和岩体完整程度所决定，分为Ⅰ、Ⅱ、Ⅲ、Ⅳ、Ⅴ五个级别。

#### 11.1.1.1.3 土的力学性质

1. 压缩系数

土的压缩性通常用压缩系数（或压缩模量）来表示，其值由原状土的压缩试验确定。压缩系数按下式计算：

$$a = 1000 \times \frac{e_1 - e_2}{p_1 - p_2} \tag{11-1}$$

式中　$a$——土的压缩系数（$\text{MPa}^{-1}$）；

$p_1$、$p_2$——固结压力（kPa）；

$e_1$、$e_2$——与 $p_1$、$p_2$ 相对应时的孔隙比。

评价地基压缩性时，按 $p_1$ 为 100kPa，$p_2$ 为 200kPa，以压缩系数 $a_{1\sim2}$ 值划分为低、中、高压缩性，并应按以下规定进行评价：

(1) 当 $a_{1\sim2}<0.1\text{MPa}^{-1}$ 时，为低压缩性土；

(2) 当 $0.1\leqslant a_{1\sim2}<0.5\text{MPa}^{-1}$ 时，为中压缩性土；

(3) 当 $a_{1\sim2}\geqslant 0.5\text{MPa}^{-1}$ 时，为高压缩性土。

2. 压缩模量

工程上常用室内试验，获取压缩模量 $E_s$ 作为土的压缩性指标。压缩模量按下式计算：

$$E_s = (1+e_0)/a \tag{11-2}$$

式中　$E_s$——土的压缩模量（MPa）；

$e_0$——土的天然（自重压力下）孔隙比；

$a$——从土的自重应力至土的自重加附加应力段的压缩系数（$\text{MPa}^{-1}$）。

用压缩模量划分压缩性等级和评价土的压缩性，可按表 11-4 规定。

## 地基土按 $E_s$ 值划分压缩性等级的规定　　表 11-4

| 室内压缩模量 $E_s$（MPa） | 压缩等级 | 室内压缩模量 $E_s$（MPa） | 压缩等级 |
| --- | --- | --- | --- |
| <2 | 特高压缩性 | 7.6～11 | 中压缩性 |
| 2～4 | 易压缩性 | 11.1～15 | 中低压缩性 |
| 4.1～7.5 | 中高压缩性 | >15 | 低压缩性 |

**3. 抗剪强度**

土在外力作用下抵抗剪切滑动的极限强度，用室内直剪、三轴剪切、十字板剪切、标准贯入、动力触探、静力触探等试验方法测定，是评价地基承载力、边坡稳定性、计算土压力的重要指标。

（1）抗剪强度计算

土的抗剪强度一般按下式计算：

$$\tau_f = \sigma \cdot \tan\varphi + c \tag{11-3}$$

式中　$\tau_f$——土的抗剪强度（kPa）；

　　　$\sigma$——作用于剪切面上的法向应力（kPa）；

　　　$\varphi$——土的内摩擦角（°），剪切试验中法向应力与剪应力曲线的切线倾斜角；

　　　$c$——土的黏聚力（kPa），剪切试验中土的法向应力为零时的抗剪强度，砂类土 $c=0$。

（2）土的内摩擦角 $\varphi$ 和黏聚力 $c$ 的确定

同一土样，切取不少于 4 个环刀进行不同垂直压力作用下的剪力试验后，绘制抗剪强度 $\tau$ 与法向应力 $\sigma$ 的关系直线，直线交 $\tau$ 轴的截距即为土的黏聚力 $c$，砂土的 $c=0$，直线的倾斜角即为土的内摩擦角 $\varphi$，抗剪强度与法向应力的关系曲线见图 11-2。

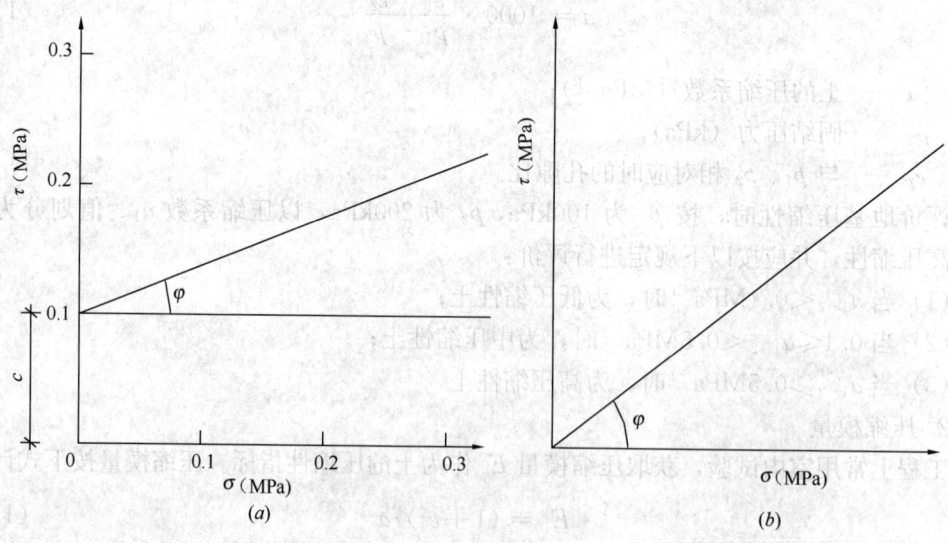

图 11-2　抗剪强度与法向应力的关系曲线
（a）黏性土；（b）砂土

### 11.1.1.4　岩石的力学性质

岩石的力学性质可视为其在一定力场作用下性态的反映。岩石在外力作用下将发生变形，这种变形因外力的大小、岩石物理力学性质的不同会呈现弹性、塑性、脆性的性质。当外力继续增大至某一值时，岩石便开始破坏，岩石开始破坏时的强度称为岩石的极限强度。因受力方式的不同而有抗拉、抗剪、抗压等强度极限。岩石的主要力学性质，见表 11-5。

岩石的主要力学性质　　　　　　　　　　表 11-5

| 名称 | | 定义 |
|---|---|---|
| 变形特征 | 弹性 | 岩石受力后发生变形，当外力解除后恢复原状的性能 |
| | 塑性 | 当岩石所受外力解除后，岩石没能恢复原状而留有一定残余变形的性能 |
| | 脆性 | 在外力作用下，不经显著的残余变形就发生破坏的性能 |
| 强度特征 | 单轴抗压强度 | 岩石试件在单轴压力下发生破坏时的强度 |
| | 单轴抗拉强度 | 岩石试件在单轴拉力下发生破坏时的强度 |
| | 抗剪强度 $\tau$ | 岩石抵抗剪切破坏的最大能力<br>用发生剪断时剪切面上的应力表示，它与对试件施加的压应力 $\sigma$、岩石的内聚力 $c$ 和内摩擦角 $\varphi$ 有关，即 $\tau = \sigma\tan\varphi + c$ |
| | 弹性模量 $E$ | 岩石在弹性变形范围内，应力与应变之比 |
| | 泊松比 $\mu$ | 岩石试件单向受压时，横向应变与竖向应变之比 |

## 11.1.2　土石基本分类

### 11.1.2.1　黏性土

黏性土按塑性指数 $I_p$ 分类见表 11-6；按液性指数 $I_L$ 分类见表 11-7。

黏性土按塑性指数 $I_p$ 分类　　　　　　　　表 11-6

| 黏性土的分类名称 | 黏土 | 粉质黏土 |
|---|---|---|
| 塑性指数 | $I_p > 17$ | $10 < I_p \leq 17$ |

注：1. 塑性指数由相应 76g 圆锥体沉入土样中深度为 10mm 时测定的液限计算而得；
　　2. $I_p \leq 10$ 的土，称粉土（少黏性土）；粉土又分黏质粉土（粉粒>0.05mm 占比不到 50%，$I_p \leq 10$）、砂质粉土（粉粒>0.05mm 占比 50% 以上，$I_p \leq 10$）。

黏性土的状态按液性指数 $I_L$ 分类　　　　　　表 11-7

| 塑性状态 | 坚硬 | 硬塑 | 可塑 | 软塑 | 流塑 |
|---|---|---|---|---|---|
| 液态指数 $I_L$ | $I_L \leq 0$ | $0 < I_L \leq 0.25$ | $0.25 < I_L \leq 0.75$ | $0.75 < I_L \leq 1$ | $I_L > 1$ |

### 11.1.2.2　砂土

砂土的密实度（表 11-8）分为松散、稍密、中密、密实；砂土的分类见表 11-9。

砂土的密实度　　　　　　　　　　表 11-8

| 密实度 | 松散 | 稍密 | 中密 | 密实 |
|---|---|---|---|---|
| 标准贯入击数 $N$ | $N \leq 10$ | $10 < N \leq 15$ | $15 < N \leq 30$ | $N > 30$ |

**砂土的分类**　　　　　　　　　　　　　　　　　　　　　　　　　　　表 11-9

| 名称 | 颗粒级配 |
|---|---|
| 砾砂 | 粒径大于 2mm 的颗粒占全重的 25%～50% |
| 粗砂 | 粒径大于 0.5mm 的颗粒超过全重的 50% |
| 中砂 | 粒径大于 0.25mm 的颗粒超过全重的 50% |
| 细砂 | 粒径大于 0.075mm 的颗粒超过全重的 85% |
| 粉砂 | 粒径大于 0.075mm 的颗粒超过全重的 50% |

### 11.1.2.3 碎石土

碎石土分类见表 11-10；碎石土的密实度（表 11-11）分为松散、稍密、中密、密实。

**碎石土分类**　　　　　　　　　　　　　　　　　　　　　　　　　　表 11-10

| 名称 | 颗粒形状 | 颗粒级配 |
|---|---|---|
| 漂石 | 圆形及亚圆形为主 | 粒径大于 200mm 的颗粒超过全重的 50% |
| 块石 | 棱形为主 | |
| 卵石 | 圆形及亚圆形为主 | 粒径大于 20mm 的颗粒超过全重的 50% |
| 碎石 | 棱形为主 | |
| 圆砾 | 圆形及亚圆形为主 | 粒径大于 2mm 的颗粒超过全重的 50% |
| 角砾 | 棱形为主 | |

**碎石土的密实度**　　　　　　　　　　　　　　　　　　　　　　　　表 11-11

| 重型圆锥动力触探击数 $N_{63.5}$ | 密实度 | 重型圆锥动力触探击数 $N_{63.5}$ | 密实度 |
|---|---|---|---|
| $N_{63.5} \leqslant 5$ | 松散 | $10 < N_{63.5} \leqslant 20$ | 中密 |
| $5 < N_{63.5} \leqslant 10$ | 稍密 | $N_{63.5} > 20$ | 密实 |

### 11.1.2.4 岩石

岩石坚硬程度的定性划分见表 11-12；岩体完整程度的划分见表 11-13。

**岩石坚硬程度的定性划分**　　　　　　　　　　　　　　　　　　　表 11-12

| 类别 | | 饱和单轴抗压强度 $f_r$（MPa） | 定性鉴定 | 代表性岩石 |
|---|---|---|---|---|
| 硬质岩 | 坚硬岩 | $f_r > 60$ | 锤击声清脆，有回弹，振手，难击碎<br>基本无吸水反应 | 未风化～微风化的花岗岩、闪长岩、辉绿岩、玄武岩、安山岩、石英岩、硅质砾岩、石英砂岩、硅质石灰岩等 |
| | 较硬岩 | $60 \geqslant f_r > 30$ | 锤击声较清脆，有轻微回弹，稍振手，较难击碎<br>有轻微吸水反应 | 1. 中等风化的坚硬岩<br>2. 未风化～微风化的大理岩、板岩、石灰岩、钙质砂岩等 |
| 软质岩 | 较软岩 | $30 \geqslant f_r > 15$ | 锤击声不清脆，无回弹，较易击碎<br>指甲可刻出印痕 | 1. 强风化的坚硬岩和较硬岩<br>2. 未风化～微风化的凝灰岩、千枚岩、砂质泥岩、泥灰岩等 |

续表

| 类别 | | 饱和单轴抗压强度 $f_r$（MPa） | 定性鉴定 | 代表性岩石 |
|---|---|---|---|---|
| 软质岩 | 软岩 | $15 \geqslant f_r > 5$ | 锤击声哑，无回弹，易击碎 浸水后，可捏成团 | 1. 强风化的坚硬岩和较硬岩 2. 中风化的较软岩 3. 未风化～微风化的泥质砂岩、泥岩等 |
| | 极软岩 | $f_r \leqslant 5$ | 锤击声哑，无回弹，有较深凹痕，手可捏碎 浸水后，可捏成团 | 1. 风化软岩 2. 全风化的各类岩石 3. 各种半成岩 |

岩体完整程度的划分　　　　　　　　　　　　　　　　　　　　表 11-13

| 类别 | 完整指数（$K_v$） | 结构面组数 | 控制性结构面平均间距（m） | 代表性结构类型 |
|---|---|---|---|---|
| 完整 | >0.75 | 1～2 | >1.0 | 整体状结构 |
| 较完整 | 0.75～0.55 | 2～3 | 0.4～1.0 | 块状结构 |
| 较破碎 | 0.55～0.35 | >3 | 0.2～0.4 | 镶嵌状结构 |
| 破碎 | 0.35～0.15 | >3 | <0.2 | 碎裂状结构 |
| 极破碎 | <0.15 | 无序 | | 散体状结构 |

注：岩体完整性指数（$K_v$）为岩体纵波波速与同一岩体的岩石纵波波速之比的二次方。选定岩体、岩石测定波速时应有代表性。

岩体基本质量分级，应根据岩体基本质量的定性特征和岩体基本质量指标 $BQ$ 两者相结合，并应按表 11-14 确定。

岩体基本质量分级　　　　　　　　　　　　　　　　　　　　表 11-14

| 岩体基本质量级别 | 岩体基本质量的定性特征 | 岩体基本质量指标（$BQ$） |
|---|---|---|
| Ⅰ | 坚硬岩，岩体完整 | >550 |
| Ⅱ | 坚硬岩，岩体较完整 较硬岩，岩体完整 | 550～451 |
| Ⅲ | 坚硬岩，岩体较破碎 较硬岩，岩体较完整 较软岩，岩体完整 | 450～351 |
| Ⅳ | 坚硬岩，岩体破碎 较硬岩，岩体较破碎～破碎 较软岩，岩体较完整～较破碎 软岩，岩体完整～较完整 | 350～251 |
| Ⅴ | 较软岩，岩体破碎 软岩，岩体较破碎～破碎 全部极软岩及全部极破碎岩 | ≤250 |

注：岩体基本质量指标（$BQ$）由岩石饱和单轴抗压强度（$R_C$）与岩体完整性指数（$K_v$）确定，按公式计算：$BQ = 100 + 3R_C + 250K_v$。

## 11.1.3 土石工程分类与性质

### 11.1.3.1 土石工程分类

土石工程分类见表 11-15。

土石工程分类　　　　表 11-15

| 土的类别 | 土的级别 | 土的名称 | 坚实系数（坚固性系数）$f$ | 密度 (g/cm³) | 开挖方法及工具 |
| --- | --- | --- | --- | --- | --- |
| 一类土（松软土） | Ⅰ | 砂土、粉土、冲积砂土层、疏松的种植土、淤泥（泥炭） | 0.5~0.6 | 0.6~1.5 | 用锹、锄头开挖，少许用脚蹬，或采用挖掘机 |
| 二类土（普通土） | Ⅱ | 粉质黏土；潮湿的黄土；夹有碎石、卵石的砂；粉土混卵（碎）石；种植土、填土 | 0.6~0.8 | 1.1~1.6 | 用锹、锄头开挖，少许用镐翻松，或采用挖掘机 |
| 三类土（坚土） | Ⅲ | 软及中等密实黏土；重粉质黏土；砾石土；干黄土；粉质黏土；压实的填土 | 0.8~1.0 | 1.75~1.9 | 主要用镐，少许用锹、锄头挖掘，部分撬棍，或采用挖掘机 |
| 四类土（砂砾坚土） | Ⅳ | 坚硬密实的黏性土或黄土；含碎石卵石的中等密实的黏性土或黄土；粗卵石；天然级配砂石；软泥灰岩 | 1.0~1.5 | 1.9 | 整个先用镐、撬棍，后用锹挖掘，部分使用风镐，或采用挖掘机 |
| 五类土（软石） | Ⅴ~Ⅵ | 硬质黏土；中密的页岩、泥灰岩、白垩土；胶结不紧的砾岩；软石灰岩及贝壳石灰岩 | 1.5~4.0 | 1.1~2.7 | 用镐或撬棍，大锤挖掘，或采用风镐、液压破碎锤、挖掘机，部分使用爆破方法 |
| 六类土（次坚石） | Ⅶ~Ⅸ | 泥岩、砂岩、砾岩；坚硬的页岩、泥灰岩、密实的石灰岩；风化花岗岩、片麻岩及正常岩 | 4.0~10.0 | 2.2~2.9 | 用液压破碎锤、爆破方法开挖，部分用风镐 |
| 七类土（坚石） | Ⅹ~ⅩⅢ | 大理石；辉绿岩；玢岩；粗、中粒花岗岩；坚实的白云岩、砂岩、砾岩、片麻岩、石灰岩；微风化安山岩；玄武岩 | 10.0~18.0 | 2.5~3.1 | 用爆破方法开挖 |
| 八类土（特坚石） | ⅩⅣ~ⅩⅥ | 安山岩；玄武岩；花岗片麻岩；坚实的细粒花岗岩、闪长岩、石英岩、辉长岩、辉绿岩、玢岩、角闪岩 | 18.0~25.0 以上 | 2.7~3.3 | 用爆破方法开挖 |

注：1. 土的级别为相当于一般 8 级土石级别；
　　2. $f$ 为相当于普氏强度系数，在土中称为坚实系数，岩石中称为坚固性系数。

### 11.1.3.2 土石的工程性质

**1. 土石的可松性**

土石的可松性是经挖掘以后,组织破坏,体积增加的性质,以后虽经回填压实,仍不能恢复成原来的体积。岩土的可松性程度一般以可松性系数表示(表 11-16),它是挖填土方时,计算土方机械生产率、回填土方量、运输机具数量、进行场地平整规划竖向设计、土方平衡调配的重要参数。

岩土的可松性参考值　　　　　　　表 11-16

| 土的类别 | 体积增加百分比(%) | | 可松性系数 | |
| --- | --- | --- | --- | --- |
| | 最初 | 最终 | $K_p$ | $K'_p$ |
| 一类土(种植土除外) | 8~7 | 1~2.5 | 1.08~1.17 | 1.01~1.03 |
| 一类土(植物性土、泥炭) | 20~30 | 3~4 | 1.20~1.30 | 1.03~1.04 |
| 二类土 | 14~28 | 1.5~5 | 1.14~1.28 | 1.02~1.05 |
| 三类土 | 24~30 | 4~7 | 1.24~1.30 | 1.04~1.07 |
| 四类土(泥灰岩、蛋白石除外) | 26~32 | 6~9 | 1.26~1.32 | 1.06~1.09 |
| 四类土(泥灰岩、蛋白石) | 33~37 | 11~15 | 1.33~1.37 | 1.11~1.15 |
| 五~七类土 | 30~45 | 10~20 | 1.30~1.45 | 1.10~1.20 |
| 八类土 | 45~50 | 20~30 | 1.45~1.50 | 1.20~1.30 |

注:最初体积增加百分比 $= \dfrac{V_2 - V_1}{V_1} \times 100\%$;最后体积增加百分比 $= \dfrac{V_3 - V_1}{V_1} \times 100\%$;

$K_p$——最初可松性系数,$K_p = V_2/V_1$;

$K'_p$——最终可松性系数,$K'_p = V_3/V_1$;

$V_1$——开挖前土的自然体积;

$V_2$——开挖后土的松散体积;

$V_3$——运至填方处压实后的体积。

**2. 土的压缩性**

土回填,经运输、填压以后,均会压缩,土的压缩率 $P$ 的参考值,见表 11-17。

土的压缩率 $P$ 的参考值　　　　　　　表 11-17

| 类别 | 名称 | 压缩率(%) | 每 m³ 松散土压实后的体积(m³) | 类别 | 名称 | 压缩率(%) | 每 m³ 松散土压实后的体积(m³) |
| --- | --- | --- | --- | --- | --- | --- | --- |
| 一~二类土 | 种植土 | 20 | 0.80 | 三类土 | 天然湿度黄土 | 12~17 | 0.85 |
| | 一般土 | 10 | 0.90 | | 一般土 | 5 | 0.95 |
| | 砂土 | 5 | 0.95 | | 干燥坚实黄土 | 5~7 | 0.94 |

一般可按填方截面增加 10%~20% 考虑。

**3. 土石的休止角**

土石的休止角是指在某一状态下堆积的岩土体可以稳定的坡度,一般土石的休止角如表 11-18 所示。

土石的休止角  表 11-18

| 土的名称 | 干土 | | 湿润土 | | 潮湿土 | |
|---|---|---|---|---|---|---|
| | 角度（°） | 高度与底宽比 | 角度（°） | 高度与底宽比 | 角度（°） | 高度与底宽比 |
| 砾石 | 40 | 1：1.25 | 40 | 1：1.25 | 35 | 1：1.50 |
| 卵石 | 35 | 1：1.50 | 45 | 1：1.00 | 25 | 1：2.75 |
| 粗砂 | 30 | 1：1.75 | 35 | 1：1.50 | 27 | 1：2.00 |
| 中砂 | 28 | 1：2.00 | 35 | 1：1.50 | 25 | 1：2.25 |
| 细砂 | 25 | 1：2.25 | 30 | 1：1.75 | 20 | 1：2.75 |
| 重黏土 | 45 | 1：1.00 | 35 | 1：1.50 | 15 | 1：3.75 |
| 粉质黏土、轻黏土 | 50 | 1：1.75 | 40 | 1：1.25 | 30 | 1：1.75 |
| 粉土 | 40 | 1：1.25 | 30 | 1：1.75 | 20 | 1：2.75 |
| 腐殖土 | 40 | 1：1.25 | 35 | 1：1.50 | 25 | 1：2.25 |
| 填方的土 | 35 | 1：1.50 | 45 | 1：1.00 | 27 | 1：2.00 |

### 11.1.4　岩土现场鉴别方法

#### 11.1.4.1　碎石土密实度现场鉴别

碎石土密实度现场鉴别见表 11-19。

碎石土密实度现场鉴别  表 11-19

| 密实度 | 骨架颗粒含量和排列 | 可挖性 | 可钻性 |
|---|---|---|---|
| 密实 | 骨架颗粒含量大于总重量的70%，呈交错排列，连续接触 | 锹镐挖掘困难，用撬棍方能松动，坑壁一般稳定 | 钻进极困难，冲击钻探时，钻杆、吊锤跳动剧烈，孔壁较稳定 |
| 中密 | 骨架颗粒含量等于总重量的60%～70%，呈交错排列，大部分接触 | 锹镐可挖掘，坑壁有掉块现象，从坑壁取出大颗粒处，能保持颗粒凹面形状 | 钻进较困难，冲击钻探时，钻杆、吊锤跳动不剧烈，孔壁有坍塌现象 |
| 稍密 | 骨架颗粒含量等于总重量的50%～60%，排列混乱，大部分不接触 | 锹可以挖掘，坑壁易坍塌，从坑壁取出大颗粒后砂土立即坍落 | 钻进较容易，冲击钻探时，钻杆稍有跳动，孔壁易坍塌 |
| 松散 | 骨架颗粒含量小于总重量的50%，排列十分混乱，绝大部分不接触 | 锹易挖掘，坑壁极易坍塌 | 钻进很容易，冲击钻探时，钻杆无跳动，孔壁极易坍塌 |

注：1. 骨架颗粒系指与表 11-10 相对应粒径的颗粒；
　　2. 碎石土的密实度应按表列各项要求综合确定。

#### 11.1.4.2　黏性土、粉土、砂土现场鉴别

黏性土、粉土、砂土的现场鉴别见表 11-20。

## 11.1 土石性质及分类

**黏性土、粉土、砂土的现场鉴别**　　　　表 11-20

| 名称 | 湿润时用刀切 | 湿土用手捻摸时的感觉 | 状态 | | 湿土搓条情况 |
|---|---|---|---|---|---|
| | | | 干土 | 湿土 | |
| 黏土 | 切面光滑，有黏刀阻力 | 有滑腻感，感觉不到砂粒，水分较大，很黏手 | 土块坚硬，用锤才能打碎 | 易粘着物体，干燥后不易剥去 | 塑性大，能搓成直径小于 0.5mm 的长条，手持一端不易断裂 |
| 粉质黏土 | 稍有光滑面，切面平整 | 稍有滑腻感，有黏滞感，感觉到有少量砂粒 | 土块用力可压碎 | 能粘着物体，干燥后较易剥去 | 有塑性，能搓成直径为 0.5～2mm 的土条 |
| 粉土 | 无光滑面，切面稍粗糙 | 有轻微黏滞感或无黏滞感，感觉有砂粒较多、粗糙 | 土块用手捏或抛扔时易碎 | 不易粘着物体，干燥后一碰就掉 | 塑性小，能搓成直径为 2～3mm 的短条 |
| 砂土 | 无光滑面，切面粗糙 | 无黏滞感，感觉到全是砂粒、粗糙 | 松散 | 不能粘着物体 | 无塑性，不能搓成土条 |

### 11.1.4.3 岩石的坚硬程度现场鉴别

岩石坚硬程度等级现场鉴别见表 11-21。

**岩石坚硬程度等级现场鉴别**　　　　表 11-21

| 坚硬程度等级 | | 定性鉴定 | 代表性岩石 |
|---|---|---|---|
| 硬质岩 | 坚硬岩 | 锤击声清脆，有回弹，振手，难击碎，基本无吸水反应 | 未风化～微风化的花岗岩、闪长岩、辉绿岩、玄武岩、安山岩、片麻岩、石英岩、石英砂岩、硅质砾岩、硅质石灰岩等 |
| | 较硬岩 | 锤击声较清脆，有轻微回弹，稍振手，较难击碎，有轻微吸水反应 | 1. 中等风化的坚硬岩<br>2. 未风化～微风化的大理岩、板岩、石灰岩、白云岩、钙质砂岩等 |
| 软质岩 | 较软岩 | 锤击声不清脆，无回弹，较易击碎，浸水后指甲可刻出印痕 | 1. 强风化的坚硬岩和中等（弱）风化较坚硬岩<br>2. 未风化～微风化的凝灰岩、千枚岩、泥灰岩、砂质泥岩等 |
| | 软岩 | 锤击声哑，无回弹，有凹痕，易击碎，浸水后手可掰开 | 1. 强风化的坚硬岩<br>2. 中等（微）风化～强风化的较坚硬岩<br>3. 中等风化的较软岩<br>4. 未风化的泥岩、泥质页岩等 |
| 极软岩 | | 锤击声哑，无回弹，有较深凹痕，手可捏碎，浸水后可捏成团 | 1. 全风化的各种岩石<br>2. 各种半成岩<br>3. 强风化的软岩 |

岩石风化程度等级现场鉴别见表 11-22。

**岩石风化程度等级现场鉴别**　　　　表 11-22

| 风化程度 | 野外特征 | 风化程度参数指标 | |
|---|---|---|---|
| | | 波速比 $K_v$ | 风化系数 $K_f$ |
| 未风化 | 岩质新鲜，偶见风化痕迹 | 0.9～1.0 | 0.9～1.0 |

续表

| 风化程度 | 野外特征 | 风化程度参数指标 | |
| --- | --- | --- | --- |
| | | 波速比 $K_v$ | 风化系数 $K_f$ |
| 微风化 | 结构基本未变,仅节理面有渲染或略有变色,有少量风化裂隙 | 0.8~0.9 | 0.8~0.9 |
| 中等风化 | 结构部分破坏,沿节理面有次生矿物,风化裂隙发育,岩体被切割成岩块。用镐难挖,岩芯钻方可钻进 | 0.6~0.8 | 0.4~0.8 |
| 强风化 | 结构大部分破坏,矿物成分显著变化,风化裂隙很发育,岩体破碎,用镐可挖,干钻不易钻进 | 0.4~0.6 | <0.4 |
| 全风化 | 结构基本破坏,但尚可辨认,有残余结构强度,可用镐挖,干钻可钻进 | 0.2~0.4 | — |
| 残积土 | 组织结构全部破坏,已风化成土状,锹镐易挖掘,干钻易钻进,具可塑性 | <0.2 | — |

## 11.1.5 特 殊 性 土

### 11.1.5.1 湿陷性黄土

在上覆土的自重应力作用下,或在上覆土自重应力和附加应力共同作用下,受水浸湿后土的结构迅速破坏而发生显著附加下沉的黄土,称湿陷性黄土。

1. 湿陷性黄土的特征

（1）在天然状态下,具有肉眼能看见的大孔隙（孔隙比一般大于1）,并常有由于生物作用形成的管状孔隙,天然剖面呈竖直节理。

（2）干燥时呈淡黄色,稍湿时呈黄色,湿润时呈褐黄色。

（3）含有石英、高岭土成分,含盐量大于0.3%,有时含有石灰质结核（通常称为"礓石"）。

（4）透水性较强,土样浸入水中后,很快崩解,同时有气泡冒出水面。

（5）干燥状态下,有较高的强度和较小的压缩性,垂直方向分布的小管道几乎能保持竖立,但在遇水后,土的结构迅速破坏,发生显著的附加下沉,产生严重湿陷。

湿陷性黄土按湿陷性质的不同又分非自重湿陷性黄土和自重湿陷性黄土两种。

2. 黄土湿陷性的判定

黄土的湿陷性应按室内压缩试验,在一定压力下测定的湿陷系数 $\delta_s$ 来判定。

黄土的湿陷性判别见表 11-23。

黄土的湿陷性判别　　　　表 11-23

| 类别 | 非湿陷性黄土 | 湿陷性黄土 |
| --- | --- | --- |
| 湿陷系数 | $\delta_s < 0.015$ | $\delta_s \geq 0.015$ |

3. 湿陷性黄土场地的自重湿陷性判定

根据计算的自重湿陷量 $\Delta_{zs}$ 值,按表 11-24 结合场地地质条件确定黄土场地的湿陷性类别。

11.1 土石性质及分类

**黄土的自重湿陷性场地判别** 表 11-24

| 类别 | 非自重湿陷性场地 | 自重湿陷性场地 |
|---|---|---|
| 计算自重湿陷量 | $\Delta_{zs} \leqslant 70mm$ | $\Delta_{zs} > 70mm$ |

**4. 湿陷性等级的划分**

湿陷性黄土地基的湿陷等级,可根据基底下各土层累计的总湿陷量 $\Delta_s$(mm)和计算自重湿陷量 $\Delta_{zs}$(mm)的大小等因素,按表 11-25 判定。

**湿陷性黄土地基的湿陷等级** 表 11-25

| 总湿陷量(mm) | 湿陷类型 | | |
|---|---|---|---|
| | 非自重湿陷性场地 | 自重湿陷性场地 | |
| | | 计算自重湿陷量(mm) | |
| | $\Delta_{zs} \leqslant 70$ | $70 < \Delta_{zs} \leqslant 350$ | $\Delta_{zs} > 350$ |
| $\Delta_s \leqslant 300$ | Ⅰ(轻微) | Ⅱ(中等) | — |
| $300 < \Delta_s \leqslant 700$ | Ⅱ(中等) | Ⅱ(中等)或Ⅲ(严重) | Ⅲ(严重) |
| $\Delta_s > 700$ | Ⅱ(中等) | Ⅲ(严重) | Ⅳ(很严重) |

注:当湿陷量的计算值 $\Delta_s > 600mm$、自重湿陷量的计算值 $\Delta_{zs} > 300mm$ 时,可判为Ⅲ级,其他情况可判为Ⅱ级。

**5. 湿陷性黄土地基防治措施**

(1) 建筑结构措施

1) 在山前斜坡地带,建筑物宜沿等高线布置,填方厚度不宜过大;散水坡宜用混凝土,宽度不宜小于 1.5m,其下应设垫层,其宽度宜超过散水 50cm,散水每隔 6~10m 设一条伸缩缝。

2) 加强建筑物的整体刚度,如长宽比控制在 3 以内,设置沉降缝,增设钢筋混凝土圈梁等。

3) 局部加强构件和砌体强度,底层横墙与纵墙交接处用钢筋拉结,宽度大于 1m 的门窗设钢筋混凝土过梁等,以提高建筑物的整体刚度和抵抗沉降变形的能力,保证正常使用。

(2) 地基处理

1) 垫层法

将基础下的湿陷性土层全部或部分挖出,然后用黄土(灰土),在最优含水量状态下分层回填夯(压)实;垫层厚度为 1~2 倍基础宽度,控制干密度不小于 $1.6t/m^3$,能改善土的工程性质,增强地基的防水效果,费用较低,适于地下水位以上进行局部的处理。

2) 重锤夯实法

将 2~3t 重锤,提到 4~6m 高度,自由下落,一夯挨一夯地重复夯打,使土的密度增加,减小或消除地基的湿陷变形,能消除 1~2m 厚土层的湿陷性,适于地下水位以上,饱和度 $S_r < 60\%$ 的湿陷性黄土的局部或整片的处理。

3) 强夯法

一般锤重 10~12t,落距 10~18m 时,可消除 3~6m 深土层的湿陷性,并提高地基的承载能力,适于饱和度$S_r$<60%的湿陷性黄土深层局部或整片的处理。

4) 挤密法

将钢管打入土中,拔出钢管后在孔内填充素土或灰土,分层夯实,要求密实度不低于0.95。通过桩的挤密作用改善桩周土的物理力学性能,可消除桩深度范围内黄土的湿陷性。处理深度一般可达5~10m,适于地下水位以上局部或整片的处理。

5) 灌注(预制)桩基础

将桩穿透厚度较大的湿陷性黄土层,使桩尖(头)落于承载力较高的非湿陷性黄土层上,桩的长度和入土深度以及桩的承载力,应通过荷载试验或根据当地经验确定。处理深度为地面下30m以内。

6) 预浸水法

根据地形条件布置开挖浸水坑,采用钻机在坑内打砂井,成井后及时用粗砂和碎石灌填,最后在坑内连续放水浸泡。宜用于处理湿陷性黄土层厚度大于10m,自重湿陷量的计算值不小于500mm的场地。可消除地面下6m以下土层的全部湿陷性,地面下6m以上土层的湿陷性也可大幅度减小。地基预浸水结束后应进行补充勘察工作重新评估地基土的湿陷性,并应采用垫层或其他方法处理上部湿陷性黄土层。

(3) 防水措施

1) 做好总体的平面和竖向设计及屋面排水和地坪防洪设施,保证场地排水畅通。

2) 保证水池或管道与建筑物有足够的防护距离,防止管网和水池、生活用水渗漏。

(4) 施工措施

1) 合理安排施工程序,先地下后地上;对体型复杂的建筑物,先施工深、重、高的部分,后施工浅、轻、低的部分;敷设管道时,先施工防洪、排水管道,并保证其畅通。

2) 临时防洪沟、水池、洗料场等应距建筑物外墙不小于12m,自重湿陷性黄土不小于25m。

3) 基础施工完毕,应及时分层回填夯实,至散水垫层底面或室内地坪垫层底面。

4) 屋面施工完毕,应及时安装天沟、水落管和雨水管道等,将雨水引至室外排水系统。

### 11.1.5.2 膨胀土

土中黏粒成分主要由亲水性矿物组成,同时具有显著的吸水膨胀和失水收缩两种变形特征的黏性土。

1. 膨胀土的特征和判别

(1) 多出现于河谷阶地、垅岗、山梁、斜坡、山前丘陵和盆池边缘,地形坡度平缓。

(2) 在自然条件下,结构致密,多呈硬塑或坚硬状态;呈黄红、褐、棕红、灰白或灰绿等色;裂隙较发育,隙面光滑,裂隙中常充填灰绿、灰白色黏土,浸湿后裂隙回缩变窄或闭合。

(3) 自由膨胀率≥40%;天然含水量接近塑限,塑性指数大于17(多在22~35);液性指数小于零;天然孔隙比在0.5~0.8。

(4) 含有较多亲水性强的蒙脱石、多水高岭土、伊利石等,在空气中,易干缩龟裂。

2. 膨胀土地基的膨胀潜势和等级

(1) 膨胀土的膨胀潜势

膨胀土的膨胀潜势分类见表11-26。

**膨胀土的膨胀潜势分类** 表11-26

| 自由膨胀率（%） | 膨胀潜势 | 自由膨胀率（%） | 膨胀潜势 |
| --- | --- | --- | --- |
| $40 \leqslant \delta_{ef} < 65$ | 弱 | $\delta_{ef} \geqslant 90$ | 强 |
| $65 \leqslant \delta_{ef} \geqslant 90$ | 中 | | |

注：自由膨胀率（$\delta_{ef}$）由人工制备的烘干土，在水中增加的体积与原体积之比按下式计算：

$$\delta_{ef} = \left[\frac{V_W - V_0}{V_0}\right] \times 100\%$$

式中　$V_W$——土样在水中膨胀稳定后的体积（mL）；
　　　$V_0$——土样原有体积（mL）。

（2）膨胀土地基的胀缩等级

根据地基的膨胀、收缩变形对房屋的影响程度，地基的膨胀等级，按表11-27分为3级。

**膨胀土地基的胀缩等级** 表11-27

| 地基分级变形量 $S_c$（mm） | 级别 | 破坏程度 |
| --- | --- | --- |
| $15 \leqslant S_c < 35$ | Ⅰ | 轻微 |
| $35 \leqslant S_c < 70$ | Ⅱ | 中等 |
| $S_c \geqslant 70$ | Ⅲ | 严重 |

3. 膨胀土对建筑物的危害

膨胀土有受水浸湿后膨胀，失水后收缩的特性，在其上的建筑物随季节变化而反复产生不均匀沉降，可高达10cm，使建筑物产生大量竖向裂缝，端部斜向裂缝和窗台下水平裂缝等；地坪上出现纵向长条和网格状裂缝，使构筑物（道路、管线等）开裂或损坏。成群出现，给房屋带来极大的危害，往往不易修复。

4. 膨胀土地基防治措施

（1）建筑措施

1）选择没有陡坎、地裂、冲沟不发育、地质分层均匀的有利地段设置建（构）筑物。

2）建筑物体型力求简单，不要过长，并尽可能依山就势平行等高线布置，保持自然地形。

3）山梁处、建筑结构类型（或基础）不同部位，适当设置沉降缝分隔，减少膨胀的不均匀性。

4）房屋四周种植草皮及蒸发量小的树种、花种，减少水分蒸发。

（2）结构措施

1）基础适当埋深（>1m）或设置地下室，减少膨胀土层厚度，使作用于土层的压力大于膨胀土的上举力，或采用墩式基础以增加基础附加荷重。或采用灌注桩穿透膨胀土层，并抵抗膨胀力。

2）加强上部结构刚度，如设置地梁、圈梁，在角端和内外墙连接处设置水平钢筋加强连接等。

（3）地基处理措施

采用换土、砂土垫层、土性改良等方法。采用非膨胀土或灰土置换膨胀土。平坦场地上Ⅰ、Ⅱ级膨胀土的地基处理，宜采用砂、碎石垫层、垫层厚度不应小于300mm。

(4) 防水保湿措施

1) 在建筑物周围做好地表渗、排水沟等防水、排水设施，沟底做防渗处理，散水坡适当加宽，其下做砂或炉渣垫层，并设隔水层，防止地表水向地基渗透。

2) 对室内炉、窑、暖气沟等采取隔热措施，如做300mm厚的炉渣垫层，防止地基水分过多散失。

3) 严防埋设的管道漏水，使地基尽量保持原有天然湿度。

4) 屋面排水宜采用外排水。排水量较大时，应采用雨水明沟或管道排水。

(5) 施工措施

1) 合理安排施工程序，先施工室外道路、排水沟、截水沟等工程，疏通现场排水。

2) 加强施工用水管理，做好现场临时排水，防止管网漏水。

3) 分段连续快速开挖基坑，尽快施工基础，及时回填夯实，避免基槽泡水或暴晒。

### 11.1.5.3 软土

软土是承载力低的软塑到流塑状态的饱和黏性土，包括淤泥、淤泥质土、泥炭、泥炭质土等。

1. 软土的特征

天然含水量高，一般大于液限 $w_L$（40%～90%）；天然孔隙比 $e$ 一般大于或等于1；压缩性高，压缩系数 $\alpha_{1-2}$ 大于 $0.5\text{MPa}^{-1}$；强度低，不排水抗剪强度小于30kPa，长期强度更低；渗透系数小，$k$ 为 $1\times10^{-8}\sim1\times10^{-6}\text{cm/s}$；黏度系数低，$\eta$ 为 $10^9\sim10^{12}\text{Pa}\cdot\text{s}$。

2. 软土的工程性质

(1) 触变性：软土在未破坏时，具有固态特征，一经扰动或破坏，即转变为稀释流动状态。

(2) 高压缩性：压缩系数大，大部分压缩变形发生在垂直压力为0.1MPa左右时，造成变形量大。

(3) 低透水性：透水性很低，排水固结需要很长的时间，常在数年至10年以上。

(4) 不均匀性：土质不均匀常使建筑物产生较大的差异沉降，造成建筑物裂缝或损坏。

(5) 流变性：在一定剪应力作用下，发生缓慢长期变形。因流变产生的变形持续时间，可达几十年。

3. 软土地基防治措施

(1) 建筑措施

1) 建筑设计力求荷载均匀，体型复杂的建筑，应设置必要的沉降缝或在中间用连接框架隔开。

2) 选用轻型结构，如框架轻板体系、钢结构及选用轻质墙体材料。

(2) 结构措施

1) 采用浅基础，利用软土上部硬壳层作持力层，避免室内过厚的填土。

2) 选用筏形基础或箱形基础，提高基础刚度，减小不均匀沉降。

3) 增强建筑物的整体刚度，如控制建筑物的长高比，合理布置纵横墙，墙上设置圈梁等。

(3) 地基处理措施

1) 采用置换及拌入法，用砂、碎石等材料置换软弱土体，或用振冲置换法、生石灰桩法、深层搅拌法、高压喷浆法、CFG桩法等进行加固，形成复合地基。

2) 对大面积厚层软土地基，采用砂井预压、真空预压、堆载预压等措施，加速地基排水固结。

(4) 施工措施

1) 合理安排施工顺序，先施工高度大、重量重的部分，使其在施工期内先完成部分沉降。

2) 在坑底保留20cm，施工垫层时再挖除，如已被扰动，可挖去扰动部分，用砂、碎石回填处理。同时注意井点降低地下水位对邻近建筑物的影响。

3) 适当控制活荷载的施加速度，使软土逐步固结，地基强度逐步增长，以适应荷载增长的要求，同时可借以降低总沉降量，防止土的侧向挤出，避免建筑物产生局部破坏或倾斜。

### 11.1.5.4 盐渍土

土体中含有石膏、芒硝、岩盐等易溶盐，其含量大于0.3%且小于20%，且自然环境具有溶陷、盐胀等特性的土称为盐渍土。盐渍土多分布在气候干燥、年降雨量较少、地势低洼、地下水位高的地区，地表呈一层白色盐霜或盐壳，厚度有数厘米至数十厘米（《盐渍土地区建筑技术规范》GB/T 50942—2014）。

1. 盐渍土的分类

(1) 根据含盐性质分为氯盐渍土、亚氯盐渍土、亚硫酸盐渍土、硫酸盐渍土、碱性盐渍土。

(2) 按含盐量分为弱盐渍土、中盐渍土、强盐渍土和超盐渍土。

2. 盐渍土对地基土性状的影响

(1) 含盐量小于0.3%时，对土的物理力学性能影响很小；大于0.3%时，有一定影响；大于3%时，土的物理力学性能主要取决于盐分和含盐的种类，土本身的颗粒组成将居其次。含盐量越多，则土的液限、塑限越低，在含水量较小时，土就会达到液性状态，失去强度。

(2) 盐渍土在干燥时呈结晶状态，地基土具有较高的强度，但在遇水后易崩解，造成地基土失稳。

3. 盐渍土地基防治处理措施

(1) 防水措施

1) 做好场地的竖向设计，避免降水、洪水、生活用水及施工用水浸入地基或其附近场地，防止盐分向建筑场地及土中聚集而造成建筑材料的腐蚀及盐胀。

2) 绿化带与建筑物距离应加大，严格控制绿化用水，严禁大水漫灌。

(2) 防腐措施

1) 采用耐腐蚀的建筑材料，不宜用盐渍土本身作防护层；在弱、中盐渍土区不得采用砖砌基础，管沟、踏步等应采用毛石或混凝土基础；对于强盐渍土区，地面以上1.2m墙体亦应采用浆砌毛石。

2) 隔断盐分与建筑材料接触的途径，采用沥青类防水涂层、沥青或树脂防腐层做外部防护措施。

3) 对强盐渍土和超盐渍土地区，在卵石垫层上浇100mm厚沥青混凝土，基础外部先刷冷底子油一道，再粘沥青卷材，室外贴至散水坡，室内贴至±0.00。

(3) 防盐膨胀措施

1) 清除地基含盐量超过规定的土层，使非盐渍土层或含盐类型单一且含盐低的土层作为地基持力层，以非盐渍土类的粗颗粒土层替代含盐多的盐渍土，隔断有害毛细水的上升。

2) 铺设隔绝层或隔离层，以防止盐分向上运移。

3) 采取降排水措施，防止水分在土表层的聚集，以避免土层中盐分含水量的变化而引起盐胀。

(4) 地基处理措施

1) 采用垫层、重锤击实及强夯法处理浅部土层，提高其密实度及承载力，阻隔盐水向上运移。

2) 对溶陷性高、土层厚及荷载很大的盐沼地，可视情况采用桩基础、灰土墩、混凝土墩或砾石墩，埋置深度应大于盐胀临界深度及蜂窝状的淋滤层或溶蚀洞穴。

3) 盐渍土边坡适当放缓；对软弱夹层破碎带及中、强风化带，应部分或全部加以防护。

(5) 施工措施

1) 做好现场排水、防洪等，各种用水点均应保持离基础10m以上。

2) 先施工埋置较深、荷重较大或需处理的基础；尽快施工基础，及时回填，认真夯实填土。

3) 先施工排水管道，并保证其畅通，防止管道漏水。

4) 清除含盐的松散表层，用不含盐晶、盐块或含盐植物根茎的土料分层夯实，控制干密度不小于1.55（对黏土、粉土、粉质黏土、粉砂和细砂）～$1.65t/m^3$（对中砂、粗砂、砾石、卵石）。

5) 采用防腐蚀性较好的矿渣水泥或抗硫酸盐水泥配制混凝土、砂浆；不使用pH≤4的酸性水和硫酸盐含量超过1.0%的水；在强腐蚀的盐渍土地基中，应选用不含氯盐和硫酸盐的外加剂。

#### 11.1.5.5 冻土

温度等于或小于0℃，含有固态水，当温度条件改变时，其物理力学性质随之改变，并产生冻胀、融陷、热融滑塌等现象的土称为冻土。

1. 冻土的分类

冻土按冻结状态的持续时间，分为多年冻土、隔年冻土和季节冻土。

2. 冻土的冻深

标准冻深：非冻胀黏性土，地表平坦、裸露、城市之外的空旷场地中，不少于10年实测最大冻深的平均值。

3. 冻土地基的冻胀性特征与判定

地基土冻胀性特征、分类及对建筑物的危害见表11-28。

地基土冻胀性特征、分类及对建筑物的危害　　　　　表 11-28

| 冻胀类别 | 冻胀率 $\eta$ | 特征 | 对建筑物危害性 |
| --- | --- | --- | --- |
| 不冻胀土（或称Ⅰ类土） | $\eta \leqslant 1\%$ | 冻结时无水分转移，在天然情况下，有时地面呈现冻缩现象 | 对一般浅埋基础无危害 |
| 弱冻胀土（或称Ⅱ类土） | $1\% < \eta \leqslant 3.5\%$ | 冻结时水分转移极少，冻土中的冰一般呈晶粒状。地表或散水无明显隆起，道路无翻浆现象 | 一般无危害，在最不利条件下建筑物可能出现细微裂缝，但不影响建筑物安全和正常使用 |
| 冻胀土（或称Ⅲ类土） | $3.5\% < \eta \leqslant 6\%$ | 冻结时水分转移，并形成冰夹层，地面和散水明显隆起，道路有翻浆现象 | 埋置较浅的基础，建筑物将产生裂缝，在冻深较大地区，非供暖建筑物因基础侧面受切向冻胀力而破坏 |
| 强冻胀土（或称Ⅳ类土） | $\eta > 6\%$ | 冻结时有大量水分转移，形成较厚或较密的冰夹层。道路严重翻浆 | 浅埋基础的建筑物将产生严重破坏。在冻深较大地区，即使基础埋深超过冻深，也会因切向冻胀力而使建筑物破坏 |

注：冻胀率 $\eta = \Delta h / \Delta H$。式中 $\Delta h$ 为地表最大冻胀量（cm）；$\Delta H$ 为最大冻结深度（cm）。

4. 地基冻胀对建筑物的危害

基础埋深超过冻深时，基础侧面承受切向冻胀力；基础埋深浅于冻深时，基础侧面除承受切向冻胀力外，基础底面还承受法向冻胀力。当基础自身及其上荷载不足以平衡法向和切向冻胀力时，基础就要隆起；融化时，基础产生沉陷。当房屋结构不同时，会使房屋周边产生周期性的不均匀冻胀和沉陷，使墙身开裂，顶棚抬起，门口、台阶隆起，散水坡冻裂，严重时使建筑物倾斜或倾倒。

5. 冻害防治措施

(1) 建筑场地应尽量选择地势高、地下水位低、地表排水良好的地段。

(2) 设计前查明土质和地下水情况，正确判定土的冻胀类别、冻深，以便合理地确定基础埋深，当冻深和土的冻胀性较大时，宜采用独立基础、桩基或砂垫层等措施，使基础埋设在冻结线以下。

(3) 对低洼场地，宜在沿建筑物四周向外一倍冻深范围内，使室外地坪至少高出自然地面 300～500mm。

(4) 做好排水设施，避免施工和使用期间的雨水、地表水、生产废水和生活污水等浸入地基。需做好截水沟及暗沟，以排走地表水和潜水，避免因基础堵水而造成冻害。

(5) 对建在标准冻深大于 2m、基底以上为强冻胀土上的供暖建筑物及标准冻深大于 1.5m、基底以上为冻胀土和强冻胀土上的非供暖建筑物，可在基础侧面回填粗砂、中砂、炉渣等非冻胀性材料或其他保温材料，防止冻切力对基础侧面的作用。

(6) 冬季开挖，随挖、随砌、随回填。对跨年度工程，采取过冬保温措施。

#### 11.1.5.6　新近填土

新近填土是指堆填时间短（小于 5 年），结构松散，密实度低，且未完成自重固结的人工填土。

(1) 新近填土的特征

1) 成分复杂：多产生于工程建设中的填方施工，来源广泛，土体中一般含有黏土、砾石、块石、混凝土块、生活垃圾等多种成分,且分布不均匀。

2) 结构松散:由于堆填时间短,尚未完成自重固结,其结构松散,孔隙发育,强度较低,土体自稳性差,天然含水量一般较大。

(2) 新近填土的工程性质

1) 高压缩性:压缩系数大,孔隙发育,天然状态承载力低。

2) 不均匀性:土体成分复杂,各种组分分布极不均匀,变形差异性大。

3) 高透水性:土体固结程度低,孔隙连通性较好,粗粒组之间的孔隙充填较差。

4) 低自稳性:土体孔隙发育且连通性好,结构强度较低,开挖施工时其自稳性较低,易出现局部滑塌等失稳现象。

(3) 新近填土对建筑物的影响

天然状态新近填土承载力较低,一般不作为建筑物地基持力层;其高压缩性使得土体承载能力低,不均匀性使得土体变形差异大。经注浆、强夯等改良措施后可用作地基,但需要满足建筑物承载力和变形需求。

(4) 新近填土处治措施

1) 做好施工现场截水、排水等工作,防止施工期间雨水、地表水等浸入土体造成结构破坏失稳。

2) 采用预注浆加固新近填土,充填土体孔隙,胶结粗颗粒与细颗粒,形成土体-浆液结石体,提高新近填土密实度及其承载力;也可根据实际条件选择强夯、高压旋喷桩等加固措施。

3) 新近填土基坑开挖之前可采用双液注浆加固侧壁外围土体,提高其自稳性;对于放坡开挖的新近填土基坑,可采用斜向注浆钢管支护,钢管注浆后不拔出,用作土体加筋;对于垂直开挖的新近填土基坑,可采用D108钢管桩+斜向注浆钢管支护。

4) 新近填土开挖后需要及时做好坡面防护工作,在雨期施工要重视坡面防水。

## 11.2 土石方施工

### 11.2.1 工程场地平整

#### 11.2.1.1 场地平整的程序

场地平整的一般施工工艺程序如下:

现场勘察→编制土石方填挖施工方案、水土保持方案以及地面排水和地下水控制的专项方案→清除地表障碍物→标定整平范围→设置图根点→采集原地面数据→计算土石方挖填工程量→平整土石方→场地碾压→质量检验。

(1) 施工人员应到现场进行勘察,了解地形、地貌和周围环境,确定现场平整场地的大致范围。

(2) 平整前把场地内的地表障碍物清理干净,然后选择在通视良好、土质坚实、便于施测、便于长期保存的地点设置平面和高程控制点,作为原地面数据采集的控制网点。

(3) 应用方格网法、BIM土方算法和横断面法,计算出该场地按设计要求平整需挖和回填的土石方量,做好土石方平衡调配。

（4）大面积平整土石方宜采用推土机、平地机等机械进行，大量挖方用挖掘机，用压路机压实。

**11.2.1.2 平整场地的一般要求**

（1）平整场地应做好地面排水。平整场地的表面坡度应符合设计要求，设计无要求时，沿排水方向的坡率不应小于2‰。

（2）平整后的场地应进行质量检验。标高检验点为每100m² 取1点，且不应少于10点；平面几何尺寸（长度、宽度等）应全数检验，边坡为每20m取1点，且每边不应少于1点；表面平整度检验点为每100m² 取1点，且不应少于10点。

（3）场地平整应定期测量和校核设计平面位置、边坡坡率和水平标高。平面控制桩和水准控制点应采取可靠措施加以保护，并应定期检验和复测。土石方不应堆在边坡影响范围内。

（4）应根据水土保持方案做好水土流失防治措施。

**11.2.1.3 场地平整的土石方工程量计算**

平整前，确定场地整平设计标高，进行土石方挖填平衡复核计算，确定平衡调配方案。

（1）场地平整高度的计算

场地平整高度计算常用的方法为"挖填土石方量平衡法"，其计算步骤和方法如下：

1）计算场地平整标高

在建筑总平面图中，都会反映出室外地坪标高 $H'$ 和总体规划道路的坡度方向和标高，因此，在争取一步平整到位的"效益原则"上，场地平整应以建筑总平面图的数据为依据，并结合现场施工总平面布置图，进行挖填平衡计算。场地平整标高计算如下：

场地设计标高计算简图如图11-3所示，将地形图划分边长为 $a$ 的方格网，每个方格网的角点标高可根据地形图上相邻两等高线的标高用内插法求得；当无地形图时，亦可在现场布置方格网，然后用仪器直接测出。

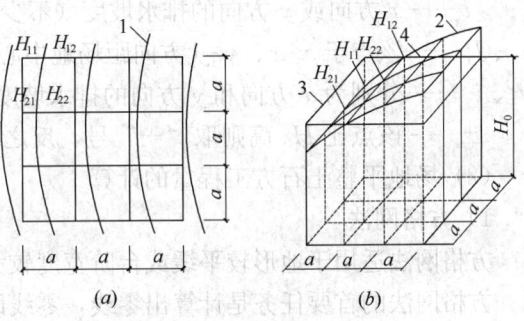

图11-3 场地设计标高计算简图
（a）地形图上划分方格；（b）设计标高示意图
1—等高线；2—自然地坪；3—平整标高平面；
4—自然地面与平整标高平面的交线（零线）

一般应使场地内的土方在平整前和平整后相等，达到挖方和填方量平衡。设达到挖填平衡的场地平整标高为 $H_0$，$H_0$ 值可由下式求得：

$$H_0 = \frac{\sum H_1 + 2\sum H_2 + 3\sum H_3 + 4\sum H_4}{4N} \tag{11-4}$$

式中 $N$ ——方格网数（个）；

$H_{11} \cdots H_{22}$ ——任意方格的四个角点的标高（m）；

$H_1$ ——一个方格共有的角点标高（m）；

$H_2$ ——二个方格共有的角点标高（m）；

$H_3$——三个方格共有的角点标高（m）；

$H_4$——四个方格共有的角点标高（m）。

仅考虑开挖区域外的挖填平衡时，若 $H_0$ 与场外地坪标高 $H'$ 的差值在±100mm时，则可取 $H_0$ 作为场地平整的标高。

2）场地平整标高的适度调整值

式（11-4）计算的 $H_0$ 为理论数值，实际尚需考虑土的可松散系数、平整标高以下各种填方工程用土量或平整标高以上的各种挖方工程量、边坡填挖土方差异、部分挖方就近弃土于场外或部分填方就近从场外取土、开挖方案等因素，可适当提高或降低平整标高。

3）施工现场总平面布置图对场地平整标高的影响

式（11-4）计算的 $H_0$ 未考虑场地中规划道路和排水的要求，因此，应根据规划道路和排水坡度的技术要求，增加规划道路施工和排水放坡所产生的挖方量。如场地面积较大时，应有2‰以上排水坡度，尚应考虑排水坡度对平整标高的影响。故场地内任一点实际施工时所采用的平整标高 $H_n$（m）可由下式计算：

$$单向排水时 H_n = H_0 + l \cdot i \qquad (11-5)$$

$$双向排水时 H_n = H_0 \pm l_x \cdot i_x \pm l_y \cdot i_y \qquad (11-6)$$

式中　$l$——该点至 $H_0$ 的距离（m）；

　　　$i$——$x$ 方向或 $y$ 方向的排水坡度（不少于2‰）；

　　$l_x$、$l_y$——该点于 $x$-$x$、$y$-$y$ 方向距场地中心线的距离（m）；

　　$i_x$、$i_y$——分别为 $x$ 方向和 $y$ 方向的排水坡度；

　　　±——该点比 $H_0$ 高则取"+"号，反之取"-"号。

（2）场地平整土石方工程量的计算

1）方格网法

方格网法适用于地形较平缓或台阶宽度较大的地段，精度较高，其计算步骤如下：

方格网法的首要任务是计算出零线，零线即挖方区与填方区的交线，在该线上，施工高度为零。零线的确定方法：在相邻角点施工高度为一挖一填的方格边线上，用插入法求出方格边线上零点的位置，再将各相邻的零点连线即得零线，零点计算图如图11-4所示。

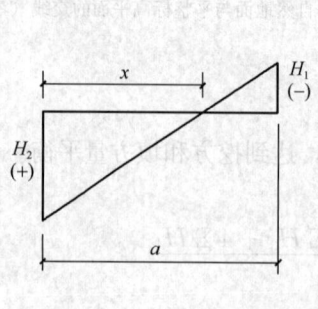
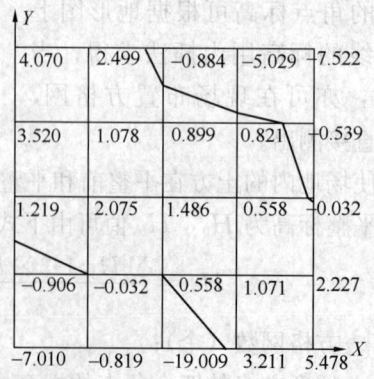

图11-4　零点计算图

方格网土方量的图形计算见表 11-29。

**方格网土方量的图形计算**　　　　　表 11-29

| 土方量特点 | 方格网示意图 | 计算公式 |
|---|---|---|
| 一点填方或挖方<br>（三角形） | | $V = \dfrac{1}{2}bc\dfrac{\sum h}{3} = \dfrac{bch_3}{6}$<br><br>当 $b = c = a$ 时，$V = \dfrac{a^2 h_3}{6}$ |
| 二点填方或挖方<br>（三角形） | | $V_- = \dfrac{b+c}{2}a\dfrac{\sum h}{4}$<br>$= \dfrac{a}{8}(b+c)(h_1+h_3)$<br><br>$V_+ = \dfrac{b+e}{2}a\dfrac{\sum h}{4}$<br>$= \dfrac{a}{8}(b+c)(h_2+h_4)$ |
| 三点填方或挖方<br>（三角形） | | $V = (a^2 - \dfrac{bc}{2})\dfrac{\sum h}{5}$<br>$= (a^2 - \dfrac{bc}{2})\dfrac{h_1+h_2+h_3}{5}$ |
| 四点填方或挖方<br>（三角形） | | $V = \dfrac{a^2}{4}\sum h$<br>$= \dfrac{a^2}{4}(h_1+h_2+h_3+h_4)$ |

2）横截面法

横截面法适用于地形起伏、狭长，挖填深度较大又不规则的地区。其计算步骤和方法见表 11-30、表 11-31，土方量汇总见表 11-32。

## 截面积法计算步骤  表 11-30

| 示意图 | 计算步骤方法 |
|---|---|
| 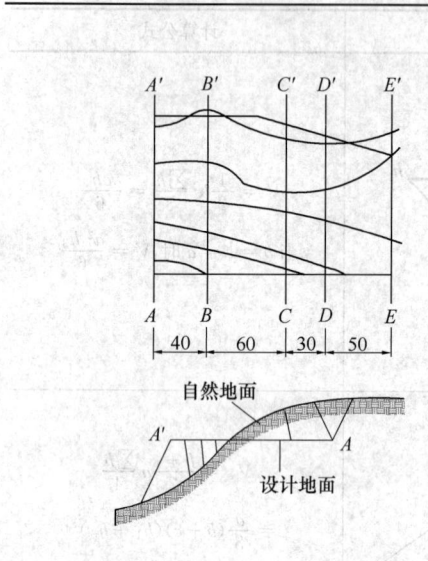 | 1. 划分横截面。根据地形图、竖向布置图或现场检测，将要计算的场地划分为若干个横截面 $AA'$、$BB'$、$CC'$ ……使截面尽量垂直等高线或建筑物边长；截面间距可不等，一般取 10m 或 20m，但最大不大于 100m。<br>2. 画横截面图形。按比例绘制每个横截面的自然地面和设计地面的轮廓线。自然地面轮廓线与设计地面轮廓线之间的面积，即为挖方或填方的截面积。<br>3. 计算横截面面积按表 11-31 中面积计算公式，计算每个横截面的挖方或填方截面积。<br>4. 计算土方工程量根据横截面面积计算土方工程量：<br>$$V = \frac{(A_1 + A_2)}{2} \cdot S$$<br>式中 $V$——相邻两截面间土方量（m³）；<br>$A_1$、$A_2$——相邻两截面的挖方（+）或填方（-）的截面积（m²）；<br>$S$——相邻两截面间的间距。<br>5. 汇总。按表 11-32 格式汇总全部土方工程量 |

## 常用截面计算公式  表 11-31

| 项次 | 示意图 | 面积计算公式 |
|---|---|---|
| 1 | 上底 $b$，高 $h$，边坡 1:n | $A = h(b + nh)$ |
| 2 | 上底 $b$，高 $h$，左坡 1:m，右坡 1:n | $A = h\left[b + \dfrac{h(m+n)}{2}\right]$ |
| 3 | 底 $b$，左高 $h_1$，右高 $h_2$，左坡 1:m，右坡 1:n | $A = b \cdot \dfrac{h_1 + h_2}{2} + n h_1 h_2$ |
| 4 | 分段 $a_1,a_2,a_3,a_4,a_5,a_6$，高 $h_1,h_2,h_3,h_4,h_5$ | $A = h_1 \cdot \dfrac{a_1 + a_2}{2} + h_2 \cdot \dfrac{a_2 + a_3}{2} + h_3 \cdot \dfrac{a_3 + a_4}{2} + h_4 \cdot \dfrac{a_4 + a_5}{2} + h_5 \cdot \dfrac{a_5 + a_6}{2}$ |

续表

| 项次 | 示意图 | 面积计算公式 |
|---|---|---|
| 5 | | $A = \dfrac{a}{2}(h_0 + 2h + h_7)$<br>$h = h_1 + h_2 + h_3 + h_4 + h_5 + h_6$ |

土方量汇总表  表 11-32

| 截面 | 填方面积（m²） | 挖方面积（m²） | 截面间距（m） | 填方体积（m³） | 挖方体积（m³） |
|---|---|---|---|---|---|
| A-A' | | | | | |
| B-B' | | | | | |
| C-C' | | | | | |
| 合计 | | | | | |

(3) 边坡土方量计算

图算法常用于平整场地、修筑路基、路堑的边坡挖、填土石方量计算。

图算法系根据地形图和边坡竖向布置图或现场测绘，将要计算的边坡划分为两种近似的几何形体（图 11-5），一种为三角棱体（如体积①~③、⑤~⑪）；另一种为三角棱柱体（如体积④），然后应用表 11-33 中的几何公式分别进行土石方计算，最后将各级汇总即得场地总挖土（一）、填土（＋）的量。

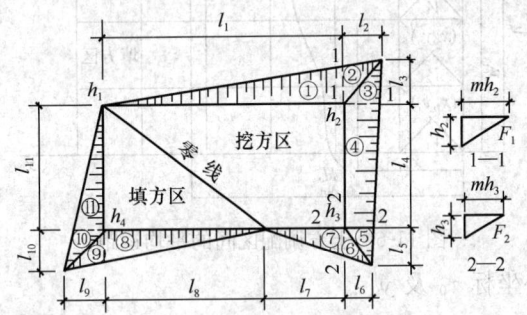

图 11-5 场地边坡计算简图

常用边坡三角棱体、棱柱体计算公式  表 11-33

| 项目 | 计算公式 | 符号意义 |
|---|---|---|
| 边坡三角棱体体积 | 边坡三角棱体体积 $V$ 可按下式计算<br>（例如图 11-20 中的①）<br>$V_1 = F_1 \times l_1/3$<br>其中 $F_1 = h_2 \times (h_2 m)/2 = m h_2^2/2$<br>$V_2$、$V_3$、$V_5 \sim V_{10}$ 计算方法同上 | $V_1$、$V_2$、$V_3$、$V_5 \sim V_{10}$ ——边坡①~③、⑤~⑪三角棱体体积（m³）<br>$l_1$——边坡①的边长（m）<br>$F_1$——边坡①的端面积（m²）<br>$h_2$——角点的挖土高度（m）<br>$m$——边坡的坡度系数 |
| 边坡三角棱柱体体积 | 边坡三角棱柱体体积 $V_4$ 可按下式计算<br>（见图 11-20 中的④）<br>$V_4 = (F_1 + F_2) l_4/2$<br>当两端横截面面积相差很大时，则<br>$V_4 = (F_1 + 4F_0 + F_2) \times l_4/6$<br>$F_1$、$F_2$、$F_0$ 计算方法同上 | $V_4$——边坡④三角棱柱体体积（m³）<br>$l_4$——边坡④的长度（m）<br>$F_1$、$F_2$、$F_0$——边坡④两端及中部的横截面面积 |

(4) 土石方的平衡与调配计算

计算出土石方的施工标高、挖填区面积、挖填区土石方量，并考虑各种变动因素（如土的松散率、压实率、变形量等）进行调整后，应对土石方进行综合平衡与调配。

进行土石方平衡与调配，必须综合考虑工程要求和现场情况、进度要求和土石方施工方法以及分期分批施工工程的土石方堆放和调运问题，确定平衡调配的原则之后，才可进行土方平衡与调配工作，如划分土石方调配区、计算土石方的平均运距、单位土石方的运价，确定土方的最优调配方案。

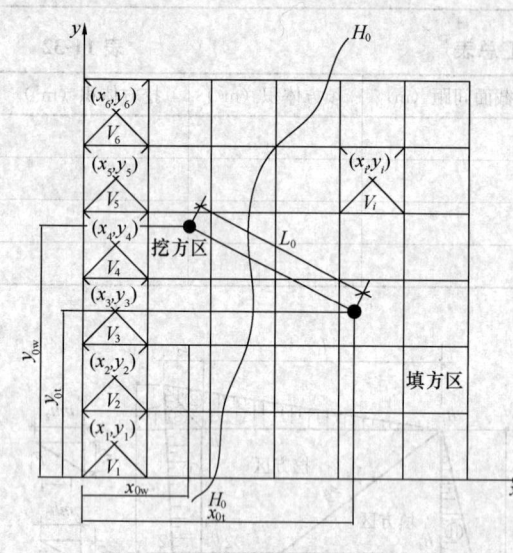

图 11-6 土方调配区间的平均运距

土石方平衡与调配需绘制相应的土石方调配图，其步骤如下：

(1) 划分调配区。在平面图上先划出挖填区的分界线，并在挖方区和填方区适当划出若干调配区，确定调配区的大小和位置。借土区或弃土区可作为一个独立的调配区。

(2) 计算各调配区的土石方量并标明在图上。

(3) 计算各挖、填方调配区之间的平均运距，即挖方区重心至填方区重心的距离，取场地或方格网中的纵横两边为坐标轴，以一个角作为坐标原点（图 11-6），按下式求出各挖方或填方调配区土石方重心坐标 $x_0$ 及 $y_0$：

$$x_0 = \Sigma(x_i V_i)/\Sigma V_i \tag{11-7}$$

$$y_0 = \Sigma(y_i V_i)/\Sigma V_i \tag{11-8}$$

式中　$x_i$、$y_i$——$i$ 块方格的重心坐标；

　　　$V_i$——$i$ 块方格的土方量。

填、挖方区之间的平均运距 $L_0$ 为：

$$L_0 = [(X_{ot} - X_{ow})^2 + (Y_{ot} - Y_{ow})^2]^{1/2} \tag{11-9}$$

式中　$X_{ot}$、$Y_{ot}$——填方区的重心坐标；

　　　$X_{ow}$、$Y_{ow}$——挖方区的重心坐标。

一般情况下，亦可用作图法近似地求出调配区的形心位置 O 以代替重心坐标。重心求出后，标于图上，用比例尺量出每对调配区的平均运输距离（$L_{11}$、$L_{12}$、$L_{13}$……）。

所有填挖方调配区的平均运距均需一一计算，并将计算结果列于土石方平衡与运距表内，土方平衡与运距见表 11-34。

(4) 确定土方最优调配方案。对于线性规划中的运输问题，可以用"表上作业法"来求解，使总土方运输量 $W$ 为最小值，即为最优调配方案。

$$W = \sum_{i=1}^{m} \sum_{i=1}^{n} L_{ij} \cdot x_{ij} \tag{11-10}$$

式中 $L_{ij}$ ——各调配区之间的平均运距（m）；

$x_{ij}$ ——各调配区的土方量（$m^3$）。

土方平衡与运距  表 11-34

| 挖方区 | 填方区 | | | | | | 挖方量 ($m^3$) |
|---|---|---|---|---|---|---|---|
| | $B_1$ | $B_2$ | $B_3$ | $B_j$ | …… | $B_n$ | |
| $A_1$ | $L_{11}$ $X_{11}$ | $L_{12}$ $X_{12}$ | $L_{13}$ $X_{13}$ | $L_{1j}$ $X_{1j}$ | | $L_{1n}$ $X_{1n}$ | $a_1$ |
| $A_2$ | $L_{21}$ $X_{21}$ | $L_{22}$ $X_{22}$ | $L_{23}$ $X_{23}$ | $L_{2j}$ $X_{2j}$ | | $L_{2n}$ $X_{2n}$ | $a_2$ |
| $A_3$ | $L_{31}$ $X_{31}$ | $L_{32}$ $X_{32}$ | $L_{33}$ $X_{33}$ | $L_{3j}$ $X_{3j}$ | …… | $L_{3n}$ $X_{3n}$ | $a_3$ |
| $A_i$ | $L_{i1}$ $X_{i1}$ | $L_{i2}$ $X_{i2}$ | $L_{i3}$ $X_{i3}$ | $L_{ij}$ $X_{ij}$ | | $L_{in}$ $X_{in}$ | $a_i$ |
| …… | …… | …… | …… | …… | | …… | |
| $A_m$ | $L_{m1}$ $X_{m1}$ | $L_{m2}$ $X_{m2}$ | $L_{m3}$ $X_{m3}$ | $L_{mj}$ $X_{mj}$ | | $L_{mn}$ $X_{mn}$ | $a_m$ |
| 填方量 ($m^3$) | $b_1$ | $b_2$ | $b_3$ | $b_j$ | …… | $b_n$ | $\sum_{i=1}^{m} a_i = \sum_{j=1}^{n} b_j$ |

（5）绘出土方调配图。根据以上计算，标出调配方向、土方数量及运距（平均运距再加施工机械前进、倒退和转弯必需的最短长度）。

## 11.2.2 土石方开挖及运输

### 11.2.2.1 土石方施工准备工作

（1）学习和审查图纸。

（2）查勘施工现场，摸清工程场地情况，收集施工需要的各项资料为施工规划和准备提供可靠的资料和数据。

（3）编制施工方案，研究制定场地整平、基坑开挖施工方案；绘制施工总平面布置图和基坑土石方开挖图；提出机具、劳动力计划。

（4）平整施工场地，清除现场障碍物。

（5）做好排水降水设施。

（6）设置测量控制网，将永久性控制坐标和水准点，引测到现场，在工程施工区域设置测量控制网，做好轴线控制的测量和校核。

（7）根据工程特点，修建进场道路，生产和生活设施，敷设现场供水、供电线路。

（8）做好设备调配和维修工作，准备工程用料，配备工程施工技术、管理和作业人员；制定技术岗位责任制和技术、质量、安全、环境管理网络；对拟采用的土石方工程新机具、新工艺、新技术、新材料，组织力量进行研制和试验。

## 11.2.2.2 开挖的一般要求

### 1. 边坡开挖

边坡稳定地质条件良好，土质均匀，高度在 10m 内的边坡，按表 11-35 选取；永久性场地，坡度无设计规定时，按表 11-36 选用；对岩石边坡，根据其岩石类别、坡度，按表 11-37 采用。

土质边坡坡度允许值　　　　　　　　　表 11-35

| 土的类别 | 密实度或状态 | 坡度允许值（高宽比） | |
|---|---|---|---|
| | | 坡高在 5m 以下 | 坡高为 5～10m |
| 碎石土 | 密实 | 1:0.35～1:0.50 | 1:0.50～1:0.75 |
| | 中密 | 1:0.50～1:0.75 | 1:0.75～1:1.00 |
| | 稍密 | 1:0.75～1:1.00 | 1:1.00～1:1.25 |
| 黏性土 | 坚硬 | 1:0.75～1:1.00 | 1:1.00～1:1.25 |
| | 硬塑 | 1:1.00～1:1.25 | 1:1.25～1:1.50 |
| 新近填土 | 中密（堆填 5～8 年） | 1:0.75～1:1.00 | 1:1.00～1:1.25 |
| | 稍密（堆填 3～5 年） | 1:1.00～1:1.50 | 1:1.50～1:1.75 |
| | 疏松（堆填小于 3 年） | 1:1.50～1:1.75 | 1:1.75～1:2.50 |

永久性土工构筑物挖方的边坡坡度　　　　　　表 11-36

| 项次 | 挖土性质 | 边坡坡度 |
|---|---|---|
| 1 | 在天然湿度、层理均匀、不易膨胀的黏土、粉质黏土和砂土（不包括细砂、粉砂）内挖方深度不超过 3m | 1:1～1:1.25 |
| 2 | 在天然湿度、层理均匀、不易膨胀的黏土、粉质黏土和砂土（不包括细砂、粉砂）内挖方深度为 3～12m | 1:1.25～1:1.50 |
| 3 | 干燥地区内土质结构未经破坏的干燥黄土及类黄土，深度不超过 12m | 1:0.10～1:1.25 |
| 4 | 碎石上和泥灰岩土，深度≤12m，根据土的性质、层理特性确定 | 1:0.50～1:1.50 |
| 5 | 新近填土，残坡积土等结构松散的土体，根据土的成分、密实度确定 | 1:1.75～1:2.50 |
| 6 | 在风化岩内的挖方，根据岩石性质、风化程度、层理特性确定 | 1:0.20～1:1.50 |
| 7 | 在微风化岩石内的挖方，岩石无裂缝且无倾向挖方坡脚的岩层 | 1:0.10 |
| 8 | 未风化的完整岩石的挖方 | 直立的 |

岩石边坡坡度允许值　　　　　　　　　表 11-37

| 岩石类土 | 风化程度 | 坡度允许值（高宽比） | | |
|---|---|---|---|---|
| | | 坡高在 8m 以下 | 坡高 8～15m | 坡高 15～30m |
| 硬质岩石 | 微风化 | 1:0.10～1:0.20 | 1:0.20～1:0.35 | 1:0.35～1:0.50 |
| | 中等风化 | 1:0.20～1:0.35 | 1:0.35～1:0.50 | 1:0.50～1:0.75 |
| | 强风化 | 1:0.35～1:0.50 | 1:0.50～1:0.75 | 1:0.75～1:1.00 |
| 软质岩石 | 微风化 | 1:0.35～1:0.50 | 1:0.50～1:0.75 | 1:0.75～1:1.00 |
| | 中等风化 | 1:0.50～1:0.75 | 1:0.75～1:1.00 | 1:1.00～1:1.50 |
| | 强风化 | 1:0.75～1:1.00 | 1:1.00～1:1.25 | |

2. 边坡开挖的一般要求

(1) 边坡开挖应采取沿等高线自上而下,分层、分段依次进行。

(2) 边坡台阶开挖,应做成一定坡度,边坡下部设有护脚及排水沟时,应尽快处理台阶的反向排水坡,进行护脚矮墙和排水沟的砌筑和疏通,否则应采取临时性排水措施。

(3) 软土土坡或易风化的软质岩石边坡在开挖后应对坡面、坡脚采取喷浆、抹面、嵌补、护砌等保护措施,并做好坡顶、坡脚排水,避免在影响边坡稳定的范围内积水。

### 11.2.2.3 浅基坑、槽和管沟开挖

(1) 浅基坑(槽)开挖,应先进行测量定位,抄平放线,定出开挖长度,根据土质和水文情况,采取在四侧或两侧直立开挖或放坡,以保证施工操作安全。

(2) 当土质为天然湿度、构造均匀、水文地质条件良好,且无地下水时,开挖基坑根据开挖深度,参考表11-38、表11-39中数值进行施工操作。

基坑(槽)和管沟不加支撑时的容许深度　　　　表11-38

| 项次 | 土的种类 | 容许深度(m) |
|---|---|---|
| 1 | 稍密的杂填土、素填土、碎石类土、砂土 | 1.00 |
| 2 | 密实的碎石类土(充填物为黏土) | 1.25 |
| 3 | 可塑状的黏性土 | 1.50 |
| 4 | 硬塑状的黏性土 | 2.00 |

临时性挖方边坡值　　　　表11-39

| 土的类别 | | 边坡坡率(高、宽) |
|---|---|---|
| 砂土 | 不包括细砂、粉砂 | 1:1.25～1:1.50 |
| 黏性土 | 坚硬 | 1:0.75～1:1.00 |
| | 硬塑、可塑 | 1:1.00～1:1.25 |
| | 软塑 | 1:1.50 或更缓 |
| 碎石类土 | 充填坚硬黏土、硬塑黏土 | 1:0.50～1:1.00 |
| | 充填砂土 | 1:1.00～1:1.50 |

注:1. 本表适用于无支护措施的临时性挖方工程的边坡坡率;
　　2. 设计有要求时,应符合设计标准;
　　3. 本表适用于地下水位以上的土层,采用降水或其他加固措施时,可不受本表限制,但应计算复核;
　　4. 一次开挖深度,软土不应超过4m,硬土不超过8m。

(3) 当开挖基坑(槽)的土体含水量大,或基坑较深,或受到场地限制需用较陡的边坡或直立开挖而土质较差时,应采用临时性支撑加固结构。挖土时,土壁要求平直,挖好一层,支撑一层,挡土板要紧贴土面,并用小木桩或横撑钢管顶住挡板。开挖宽度较大的基坑,当在局部地段无法放坡,或下部土方受到基坑尺寸限制不能放较大的坡度时,应在下部坡脚采取加固措施,如采用短桩与横隔板支撑或砌砖、毛石或用编织袋装土堆砌临时矮挡土墙保护坡脚。

(4) 基坑开挖尽量防止对地基土的扰动。人工挖土,基坑挖好后不能立即进行下道工序时,应预留15～30cm土不挖,待下道工序开始再挖至设计标高。采用机械开挖基坑

时，应在基底标高以上预留 20～30cm，由人工挖掘修整。

（5）在地下水位以下挖土，应在基坑（槽）四侧或两侧挖好临时排水沟和集水井，或采用井点降水，将水位降低至坑、槽底以下 500mm，降水工作应持续至基础施工完成。

（6）雨期施工时，基坑槽应分段开挖，挖好一段浇筑一段垫层，并在基槽两侧围以土堤或挖排水沟，以防地面雨水流入基坑槽，同时应经常检查边坡和支撑情况，以防止坑壁受水浸泡造成塌方。

（7）基坑开挖时，应对平面控制桩、水准点、基坑平面位置、标高、边坡坡度等经常复测检查。

（8）基坑应进行验槽，做好记录，发现地基土质与勘探、设计不符，应与有关人员研究及时处理。

#### 11.2.2.4 浅基坑（槽）和管沟的支撑方法

基坑（槽）、管沟的支撑方法见表 11-40，一般浅基坑（槽）的支撑方法见表 11-41。

基坑（槽）、管沟的支撑方法　　　　　　　表 11-40

| 支撑方式 | 简图 | 支撑方法及适用条件 |
|---|---|---|
| 间断式水平支撑 | （木楔、横撑、水平挡土板） | 两侧挡土板水平放置，用工具式或木横撑借木楔顶紧，挖一层土，支顶一层<br>适于能保持立壁的干土或天然湿度的黏土类土，地下水很少、深度在 2m 以内 |
| 断续式水平支撑 | （立楞木、横撑、木楔、水平挡土板） | 挡土板水平放置，中间留出间隔，并在两侧同时对称立竖方木，再用工具式或木横撑上、下顶紧<br>适于能保持直立壁的干土或天然湿度的黏土类土，地下水较少、深度在 3m 以内 |
| 连续式水平支撑 | （立楞木、横撑、水平挡土板、木楔） | 挡土板水平连续放置，不留间隙，然后两侧同时对称立竖方木，上、下各顶一根撑木，端头加木楔顶紧<br>适于较松散的干土或天然湿度的黏土类土，地下水很少、深度为 3～5m |
| 连续或间断式垂直支撑 | （木楔、横撑、垂直挡土板、横楞木） | 挡土板垂直放置，可连续或留适当间隙，然后每侧上、下各水平顶一根方木，再用横撑顶紧<br>适于土质较松散或湿度很高的土、地下水较少 |
| 水平垂直混合式支撑 | （立楞木、横撑、木楔、水平挡土板、横楞木、垂直挡土板） | 沟槽上部连续式水平支撑，下部设连续式垂直支撑<br>适于沟槽深度较大，下部有含水土层的情况 |

## 一般浅基坑的支撑方法　　　表 11-41

| 支撑方式 | 简图 | 支撑方法及适用条件 |
|---|---|---|
| 斜柱支撑 | (柱桩、斜撑、回填土、挡板、短桩) | 水平挡土板钉在柱桩内侧，柱桩外侧用斜撑支顶，斜撑底端支在木桩上，在挡土板内侧回填土<br>适于开挖较大型、深度不大的基坑或使用机械挖土时 |
| 锚拉支撑 | (柱桩、拉杆、回填土、挡板、$H\tan\theta$、$H$) | 水平挡土板支在柱桩的内侧，柱桩一端打入土中，另一端用拉杆与锚桩拉紧、在挡土板内侧回填土<br>适于开挖较大型、深度不大的基坑或使用机械挖土，不能安设横撑时 |
| 型钢桩横挡板支撑 | (型钢桩、挡土板、楔子、型钢桩挡土板) | 沿挡土位置预先打入钢轨、工字钢或 H 型钢桩，间距 1.0～1.5m，然后边挖方，边将 3～6cm 厚的挡土板塞进钢桩之间挡土，并在横向挡板与型钢桩之间打上楔子，使横板与土体紧密接触<br>适于地下水位较低，深度不很大的一般黏性或砂土层 |
| 短桩横隔板支撑 | (横隔板、短桩、填土) | 打入小短木桩，部分打入土中，部分露出地面，钉上水平挡土板，在背面填土、夯实<br>适于开挖宽度大的基坑，当部分地段下部放坡不够时 |
| 临时挡土墙支撑 | (扁丝编织袋或草袋装土、砂；或干砌、浆砌毛石) | 沿坡脚用砖、石叠砌或用装水泥的聚丙烯扁丝编织袋、草袋装土、砂堆砌、使坡脚保持稳定<br>适于开挖宽度大的基坑，当部分地段下部放坡不够时 |
| 挡土灌注桩支护 | (连系梁、挡土灌注桩) | 在开挖基坑的周围，用钻机或洛阳铲成孔、桩径 $\phi400\sim500$mm，现场灌注钢筋混凝土桩，桩间距为 1.0～1.5m，在桩间土方挖成外拱形使之起土拱作用<br>适用于开挖较大，较浅（<5m）基坑，邻近有建筑物，不允许背面地基下沉、位移时 |
| 叠袋式挡墙支护 | (=1.0～1.5m、编织袋装碎石堆砌、<5000、500、砌块石) | 采用编织袋或草袋装碎石（砂砾石或土）堆砌成重力式挡墙作为基坑的支护，在墙下部砌 500mm 厚块石基础，墙底宽 1500～2000mm，顶宽 500～1200mm，顶部适当放坡卸土 1.0～1.5m，表面抹砂浆保护<br>适用于一般黏性土、面积大、开挖深度应在 5m 以内 |
| 注浆钢管支撑 | (竖向注浆钢管、斜向注浆钢管) | 采用煤电钻机钻入 D25 钢管，同时用作钻杆和注浆管，采用水泥-水玻璃双液注浆后不拔除钢管，留作加筋。基坑侧壁竖向开挖时可添加 D108 钢管桩<br>适用于新近填土、残积土等密实度较低的地层 |

#### 11.2.2.5 浅基坑（槽）和管沟支撑的计算

以连续水平板式支撑为例，计算简图如图 11-7（a）所示。水平挡土板与梁的作用相同，承受土的水平压力的作用，设土与挡土板间的摩擦力不计，则深度 $h$ 处的主动土压力强度为：

$$p_n = \gamma h \tan\left(45° - \frac{\varphi}{2}\right)^2 \text{（kN/m}^2) \tag{11-11}$$

式中　$\gamma$——基坑（槽）或管沟（下同）壁土的平均重度（kN/m³）；

$$\gamma = \frac{\gamma_1 h_1 + \gamma_2 h_2 + \gamma_3 h_3}{h_1 + h_2 + h_3} \tag{11-12}$$

　　　　$h$——基坑槽深度（m）；

　　　　$\varphi$——基坑槽的平均内摩擦角（°）。

$$\varphi = \frac{\varphi_1 h_1 + \varphi_2 h_2 + \varphi_3 h_3}{h_1 + h_2 + h_3} \tag{11-13}$$

挡土板厚度按受力最大的下面一块板计算，它所承受的压力图为梯形，可以简化为矩形压力图，设深度 $h$ 处的挡土板宽度为 $b$，则主动土压力作用在该水平挡土板上的荷载 $q_1 = p_a \cdot b$。

将挡土板视作简支梁，当立柱间距为 $L$ 时，则挡土板承受的最大弯矩为：

$$M_{\max} = \frac{p_a b L^2}{8} \tag{11-14}$$

挡土板的截面抵抗矩 $W$ 为：

$$W = \frac{M_{\max}}{f_m} \tag{11-15}$$

式中　$f_m$——木材的抗弯强度设计值（N/mm²）。

需用木挡土板的厚度为：

$$d = \sqrt{\frac{6W}{b}} \tag{11-16}$$

立柱为承受三角形荷载的连续梁，按多跨简支梁计算，并按控制跨度设计其尺寸。图 11-7 为连续水平板式支撑计算简图当坑槽壁仅设两道横撑木时，其上下横撑间距为 $l_1$，立柱间距为 $L$，则下端支点处主动土压力为：

$$q_2 = p_a L \tag{11-17}$$

式中　$p_a$——木材的抗弯强度设计值（kN/m²）。

立柱承受三角形荷载作用，下端支点反力为：$R_a = (q_2 l_1)/3$；上端支点反力为：$R_b = (q_2 l_1)/6$。

最大弯矩所在截面与上端支点的距离为：$x = 0.578 l_1$。

最大弯矩为 $M_{\max} = 0.0642 q_2 l_1^2$ \tag{11-18}

最大应力为 $\sigma = \dfrac{M_{\max}}{W} \leqslant f_m$ \tag{11-19}

当坑槽壁设多道横撑木时，可将各跨间梯形分布荷载简化为均布荷载 $q_i$（等于其平均值），然后取其控制跨度求其最大弯矩：$M_{\max} = q_3 L_3^3/8$，可同上法确定立柱尺寸。多道横撑的立柱计算简图如图 11-8 所示。

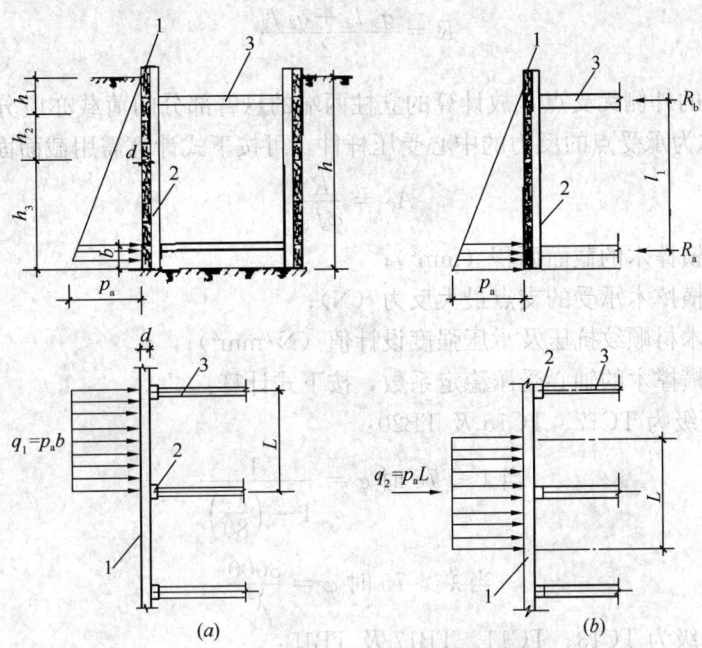

图 11-7 连续水平板式支撑计算简图
(a) 水平挡土板受力情况；(b) 立柱受力情况
1—水平挡土板；2—立柱；3—横撑

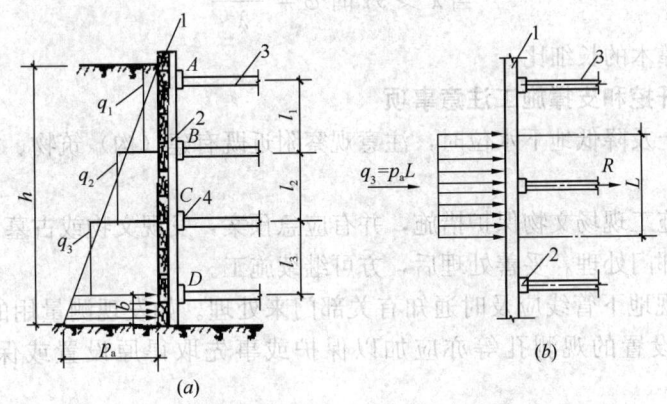

图 11-8 多道横撑的立柱计算简图
(a) 多道横撑支撑情况；(b) 立柱承受荷载情况
1—水平挡土板；2—立柱；3—横撑木；4—木楔

支点反力可按承受相邻两跨度上各半跨的荷载计算，图 11-8(b) 中间支点的反力为：

$$R = \frac{q_3 l_3 + q_2 l_2}{2} \tag{11-20}$$

A、D 两点的外侧无支点，故计算的立柱两端的悬臂部分的荷载亦应分别由上下两个支点承受横撑木为承受点的反力的中心受压杆件，可按下式计算：

$$R = \frac{q_3 l_3 + q_2 l_2}{2} \tag{11-21}$$

$A$、$D$ 两点的外侧无支点，故计算的立柱两端的悬臂部分的荷载亦应分别由上下两个支点承受横撑木为承受点的反力的中心受压杆件，可按下式计算需用截面面积：

$$A_C = \frac{R}{\varphi f_c} \tag{11-22}$$

式中　$A_C$——横撑木的截面面积（mm²）；
　　　$R$——横撑木承受的支点最大反力（N）；
　　　$f_c$——木材顺纹抗压及承压强度设计值（N/mm²）；
　　　$\varphi$——横撑木的轴心受压稳定系数，按下式计算：

树种强度等级为 TC17、TC15 及 TB20：

$$当 \lambda \leqslant 75 \text{ 时 } \varphi = \frac{1}{1 + \left(\frac{\lambda^2}{80}\right)^2} \tag{11-23}$$

$$当 \lambda > 75 \text{ 时 } \varphi = \frac{3000}{\lambda^2} \tag{11-24}$$

树种强度等级为 TC13、TC11、TB17 及 TB15：

$$当 \lambda \leqslant 91 \text{ 时 } \varphi = \frac{1}{1 + \left(\frac{\lambda}{65}\right)^2} \tag{11-25}$$

$$当 \lambda > 91 \text{ 时 } \varphi = \frac{2800}{\lambda^2} \tag{11-26}$$

式中　$\lambda$——横撑木的长细比。

#### 11.2.2.6　土方开挖和支撑施工注意事项

（1）大型挖土及降低地下水位时，注意观察附近既有建（构）筑物、管线，有无沉降和位移。

（2）应制定施工现场文物保护措施，并有应急预案，发现文物或古墓，妥善保护并及时报请当地有关部门处理，妥善处理后，方可继续施工。

（3）挖掘发现地下管线应及时通知有关部门来处理。如发现测量用的永久性标桩或地质、地震部门设置的观测孔等亦应加以保护或事先取得原设置或保管单位的书面同意。

（4）支撑应挖一层支撑好一层，并严密顶紧、支撑牢固、严禁一次将土挖好后再支撑。

（5）挡土板或板桩与坑壁间的填土要分层回填夯实，使之严密接触。

（6）经常检查支撑和观测邻近建筑物的情况，如发现支撑有松动、变形、位移等情况，应及时加固或更换，换支撑时，应先加新支撑和拆旧支撑。

（7）支撑的拆除应按回填顺序依次进行，多层支撑应自下而上逐层拆除，边拆除，边回填，拆除支撑时，应注意防止附近建（构）筑物产生沉降和破坏，必要时采取加固措施。

#### 11.2.2.7　土石方堆放与运输的一般要求

（1）土方工程施工应进行土方平衡计算，应按土方运距最短、运程合理和各个工程项目的施工顺序做好调配，减少重复搬运，合理确定土方机械的作业路线、运输车辆的行走路线、弃土地点等。

（2）临时堆土的坡角至坑边距离应按挖坑深度、边坡坡度和土的类别确定。

（3）在基坑（槽）、管沟等周边堆土的堆载限值和堆载范围应符合基坑围护设计要求，严禁在基坑（槽）、管沟、地铁及建构（筑）物周边影响范围内堆土。对于临时性堆土，应视挖方边坡处的土质情况、边坡坡率和高度，检查堆放的安全距离，确保边坡稳定。在挖方下侧堆土时应将土堆表面平整，其顶面高程应低于相邻挖方场地设计标高，保持排水畅通，堆土边坡坡率不宜大于1∶1.5。在河岸处堆土时，不得影响河堤的稳定和排水，不得阻塞污染河道。

（4）土石方施工中应检查安全文明施工、堆放位置、堆放的安全距离、堆土的高度、边坡坡率、排水系统、边坡稳定、防扬尘措施等内容。

（5）土石方堆放工程的质量检验标准应符合表 11-42 要求。

土石方堆放工程的质量检验标准　　　　　表 11-42

| 项目 | 序号 | 项目 | 允许值或允许偏差 | | 检查方法 |
| --- | --- | --- | --- | --- | --- |
| | | | 单位 | 数值 | |
| 主控项目 | 1 | 总高度 | | 不大于设计值 | 水准测量 |
| | 2 | 长度、宽度 | | 设计值 | 全站仪或用钢尺量 |
| | 3 | 堆放安全距离 | | 设计值 | 全站仪或用钢尺量 |
| | 4 | 坡率 | | 设计值 | 目测法或用坡度尺检查 |
| 一般项目 | 1 | 防扬尘 | | 满足环境保护要求或施工组织设计要求 | 目测法 |

（6）严禁超载运输土石方，严格控制车速，做到不超速、不超重，安全生产。

（7）施工现场运输道路要布置有序，避免运输混杂、交叉，影响安全及进度。

（8）运输土石方的车辆应用加盖车辆或采取覆盖措施，土石方运输装卸要有专人指挥倒车。

### 11.2.2.8　基坑边坡防护

当基坑放坡高度较大，施工期和暴露时间较长，应保护基坑边坡的稳定。

（1）薄膜覆盖或砂浆覆盖法

在边坡上铺塑料薄膜，在坡顶及坡脚用编织袋装土压住或用砖压住；或在边坡上抹水泥砂浆 2～2.5cm 保护，在土中插适当锚筋连接，在坡脚设排水沟，薄膜或砂浆覆盖如图 11-9（a）所示。

（2）挂网或挂网抹面法

对施工期短，土质差的临时性基坑边坡，垂直坡面楔入直径 10～20mm，长 40～60cm 的插筋，纵横间距为 1m，上铺 20 号铁丝网，上下用编织袋装土或砂压住，在铁丝网上抹 2.5～3.5cm 厚的 M5 水泥砂浆，在坡顶坡脚设排水沟，挂网或挂网抹面法如图 11-9（b）所示。

（3）喷射混凝土或混凝土护面法

对邻近有建筑物的深基坑边坡，垂直坡面楔入纵横间距不大于1m的插筋。上铺直径为6～10mm，间距为150～250mm的钢筋网，喷射厚度不小于80mm，强度等级不低于C20的混凝土面层。喷射混凝土式混凝土护面如图11-9（c）所示。

（4）土袋或砌石压坡法

深度在5m以内的临时基坑边坡，在边坡下部用草袋或聚丙烯扁丝编织袋装土堆砌或砌石压住坡脚。边坡高3m以内可采用单排顶砌法，5m以内，水位较高，用二排顶砌或一排一顶构筑法，保持坡脚稳定。在坡顶设挡水土堤或排水沟，防止冲刷坡面，在底部做排水沟，防止冲坏坡脚，土袋或砌石压坡如图11-9（d）所示。

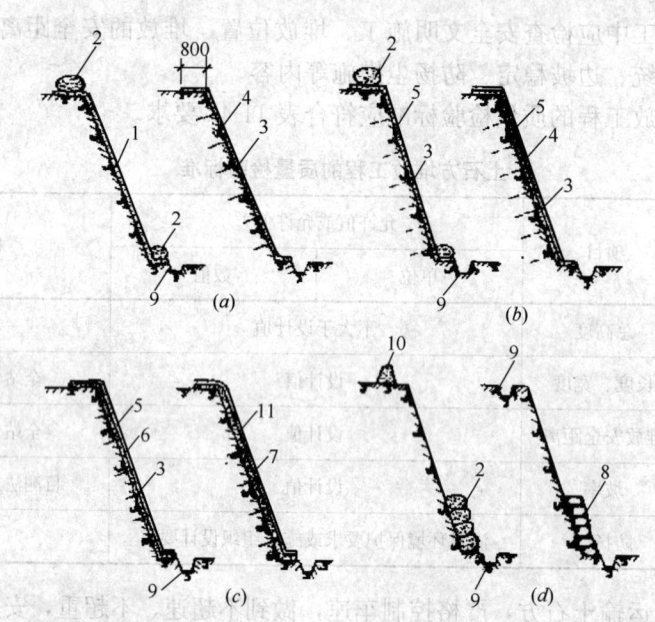

图11-9 基坑边坡护面方法

（a）薄膜或砂浆覆盖；（b）挂网或挂网抹面；（c）喷射混凝土或混凝土护面；（d）土袋或砌石压坡
1—塑料薄膜；2—草袋或编织袋装土；3—插筋$\phi$10～20mm；4—抹M5水泥砂浆；5—20号钢丝网；
6—C20喷射混凝土；7—C15细石混凝土；8—M5砂浆砌石；9—排水沟；10—土堤；
11—$\phi$6～10mm钢筋网片，纵横间距为150～250mm

### 11.2.2.9 土石方开挖施工中的质量控制要点

（1）对定位放线的控制

复核建筑物的定位桩、轴线、方位和几何尺寸。

（2）对土方开挖的控制

检查挖土标高、截面尺寸、放坡和排水。地下水位应保持低于开挖面500mm以下。

（3）基坑（槽）验收

由施工单位、设计单位、监理单位或建设单位、质量监督部门等共同进行验槽，一般用表面检查验槽法，必要时采用钎探检查，经检查合格，填写基坑槽验收记录，办理交接手续。

（4）土方开挖工程的质量检验标准应符合表11-43、表11-44的规定。

**柱基、基坑、基槽土方开挖工程的质量检验标准** 表11-43

| 项目 | 序号 | 项目 | 允许值或允许偏差（mm） | | | | | 检查方法 |
|---|---|---|---|---|---|---|---|---|
| | | | 柱基、基坑、基槽 | 挖方场地平整 | | 管沟 | 地（路）面基层 | |
| | | | | 人工 | 机械 | | | |
| 主控项目 | 1 | 标高 | -50 | ±30 | ±50 | -50 | -50 | 水准测量 |
| | 2 | 长度、宽度（由设计中心线向两边量） | +200 -50 | +300 -100 | +500 -150 | +100 | 设计值 | 全站仪或用钢尺量 |
| | 3 | 坡率 | 设计值 | | | | | 目测法或用坡度尺检查 |
| 一般项目 | 1 | 表面平整度 | ±20 | ±20 | ±50 | ±20 | ±20 | 用2m靠尺 |
| | 2 | 基底土性 | 设计要求 | | | | | 目测法或土样分析 |

注：地（路）面基层的偏差只适用于直接在挖、填方上做地（路）面的基层。

**石方开挖工程质量检验标准** 表11-44

| 项目 | 序号 | 检查项目 | | 质量标准 | 单位 | 检验方法及器具 |
|---|---|---|---|---|---|---|
| 主控项目 | 1 | 底基岩土质 | | 必须符合设计要求 | — | 观察检查及检查试验记录 |
| | 2 | 边坡坡度偏差 | | 应符合设计要求，不允许偏陡，稳定无松石 | — | 用坡度尺检查 |
| 一般项目 | 1 | 顶面标高偏差 | 基坑、基槽、管沟 | 0～-200 | mm | 水准仪检查 |
| | | | 场地平整 | +100～-300 | | |
| | 2 | 几何尺寸偏差 | 基坑、基槽、管沟 | +200～0 | mm | 从定位中心线至纵横边拉线和尺量 |
| | | | 场地平整 | +400～-100 | | |

（5）柱基、基坑、基槽、管沟岩质基坑开挖工程的质量检验标准应符合表11-45的规定。

**柱基、基坑、基槽、管沟岩质基坑开挖工程的质量检验标准** 表11-45

| 项目 | 序号 | 项目 | 允许值或允许偏差 | | 检查方法 |
|---|---|---|---|---|---|
| | | | 单位 | 数值 | |
| 主控项目 | 1 | 标高 | mm | 0 -200 | 水准测量 |
| | 2 | 长度、宽度（由设计中心线向两边量） | mm | +200 0 | 全站仪或用钢尺量 |
| | 3 | 坡率 | 设计值 | | 目测法或用坡度尺检查 |
| 一般项目 | 1 | 表面平整度 | mm | ±100 | 用2m靠尺 |
| | 2 | 基底土性 | 设计要求 | | 目测法或岩（土）样分析 |

注：柱基、基坑、基槽、管沟应将炸松的石渣清除后检查。

(6) 挖方场地平整岩土开挖工程的质量检验标准应符合表11-46的规定。

**挖方场地平整岩土开挖工程的质量检验标准**　　　　　表11-46

| 项目 | 序号 | 项目 | 允许值或允许偏差 | | 检查方法 |
| --- | --- | --- | --- | --- | --- |
| | | | 单位 | 数值 | |
| 主控项目 | 1 | 标高 | mm | +100<br>-300 | 水准测量 |
| | 2 | 长度、宽度（由设计中心线向两边量） | mm | +400<br>-100 | 全站仪或用钢尺量 |
| | 3 | 坡率 | 设计值 | | 目测法或用坡度尺检查 |
| 一般项目 | 1 | 表面平整度 | mm | ±100 | 用2m靠尺 |
| | 2 | 基底岩（土）质 | 设计要求 | | 目测法或岩（土）样分析 |

注：场地平整应在整平完后检查。

## 11.2.3 土石方回填

### 11.2.3.1 土石方回填施工准备工作

(1) 开工前，应依据批准的施工方案进行技术安全交底，强调技术要点、安全措施。

(2) 土石方回填前，应根据设计要求和不同的质量等级要求确定施工工艺和施工方法。

(3) 土石方回填施工前，施工范围内新建地下管线、地下构筑物宜先行施工完成。对埋深较浅的既有地下管线，作业时可能受到损坏时，应及时通知管线产权单位，并采取加固措施或挪移方案。

### 11.2.3.2 填料要求与含水量控制

填方土料应符合设计要求，如设计无要求时应符合以下规定：

(1) 碎石类土、砂土和爆破石渣（粒径不大于每层铺土厚度的2/3），可用于表层下的填料。大块碎石填料不宜集中，且不宜回填在分段连接处或回填在与山坡的连接处。

(2) 含水量符合压实要求的黏性土，可作各层填料。

(3) 淤泥和淤泥质土，一般不作填料，在软土层区，经处理符合要求后，可填筑次要部位或无压实度要求区域。

(4) 湿陷性黄土、膨胀土、盐渍土、多年冻土等特殊性土作为回填料时，需经技术处理并符合填筑材料设计要求后方可填筑。

(5) 两种透水性不同的填料分层填筑时，上层宜填筑透水性较小的回填料。

(6) 管道、构筑物两侧及顶部一定范围内应采用砂、细粒土、砂砾和砂砾土等回填料回填。

(7) 回填前，不同土类回填料应在回填前通过试验确定最佳含水量和最大干密度。各种土的最佳含水量和最大干密度见表11-47。黏性土料施工含水量与最佳含水量之差，可控制在±2%范围内。

各种土的最佳含水量和最大干密度  表 11-47

| 项次 | 土的种类 | 变动范围 | |
|---|---|---|---|
| | | 最佳含水量（%）（重量比） | 最大干密度（g/cm³） |
| 1 | 砂土 | 8~12 | 1.80~1.88 |
| 2 | 黏土 | 19~23 | 1.58~1.70 |
| 3 | 粉质黏土 | 12~15 | 1.85~1.95 |
| 4 | 粉土 | 16~22 | 1.61~1.80 |

（8）土料含水量以手握成团，落地开花为宜。含水量过大，应翻松、晾干、风干、掺入干土或其他吸水性材料；土料过干，预先洒水润湿，每 1m³ 铺好的土层需要补充水量按下式计算：

$$V = \rho_\omega \cdot (\omega_{op} - \omega)/(1+\omega) \tag{11-27}$$

式中　$V$——单位体积内需要补充的水量（L）；

　　　$\omega$——土的天然含水量（%）（以小数计）；

　　　$\omega_{op}$——土的最佳含水量（%）（以小数计）；

　　　$\rho_\omega$——填土碾压前的密度（g/cm³）。

（9）当含水量小时，亦可采取增加压实遍数或使用大功率压实机械等措施，在气候干燥时，须加快施工速度，减少土的水分散失。当填料为碎石类土时，碾压前应充分洒水湿透，以提高压实效果。

**11.2.3.3　基底处理**

（1）场地回填应先清除基底上垃圾、草皮、树根，排除坑穴中的积水、淤泥和杂物，并应采取措施防止地表滞水流入填方区，或者将填方区域渗水通过盲沟导出填筑体外，防止浸泡地基，造成基土塌陷。

（2）当填方基底为松土时，应将基底充分夯实和碾压密实。

（3）当填方位于水田、沟渠、池塘等松散土地段，应排水疏干，或做换填处理。填方区域为淤泥或软土时，一般采用换填、抛石挤淤等技术处理，当软土层厚度较大时，可以采用砂垫层、预压堆载、排水板、砂井、碎石桩、填石强夯等施工方法。

（4）当填土场地陡于 1：5 时，应将斜坡挖成阶梯形，阶高 0.2~0.3m，阶宽大于 1m，分层填土，分层压实。对于新老界面搭接处或有特殊要求时，为了提高填方区域稳定性，防止不均匀沉降，高填方区域可在每层搭接台阶处加铺土工格栅等合成材料。

**11.2.3.4　填方边坡**

（1）填方的边坡坡度按设计规定施工，设计无规定时，可按表 11-48 和表 11-49 采用。

永久性填方边坡的高度限值  表 11-48

| 项次 | 土的种类 | 填方高度（m） | 边坡坡度 |
|---|---|---|---|
| 1 | 黏土类土，黄土、类黄土 | 6 | 1：1.50 |
| 2 | 粉质黏土、泥灰岩土 | 6~7 | 1：1.50 |
| 3 | 中砂或粗砂 | 10 | 1：1.50 |

续表

| 项次 | 土的种类 | 填方高度（m） | 边坡坡度 |
|---|---|---|---|
| 4 | 砾石或碎石土 | 10～12 | 1：1.50 |
| 5 | 易风化的岩土 | 12 | 1：1.50 |
| 6 | 轻微风化，尺寸25cm内的石料 | 6以内 | 1：1.33 |
| 6 | 轻微风化，尺寸25cm内的石料 | 6～12 | 1：1.50 |
| 7 | 轻微风化，尺寸大于25cm内的石料，边坡用最大石块，分排整齐铺砌 | 12以内 | 1：1.50～1：0.75 |
| 8 | 轻微风化，尺寸大于40cm内的石料，具边坡分排整齐 | 5以内 | 1：0.50 |
| 8 | 轻微风化，尺寸大于40cm内的石料，具边坡分排整齐 | 5～10 | 1：0.65 |
| 8 | 轻微风化，尺寸大于40cm内的石料，具边坡分排整齐 | ≥10 | 1：1.00 |

压实填土边坡允许值　　　　表 11-49

| 填料类别 | 压实系数 $\lambda_c$ | 边坡允许值（高宽比） 填料厚度 $H$（m） | | | |
|---|---|---|---|---|---|
| | | $H \leq 5$ | $5 < H \leq 10$ | $10 < H \leq 15$ | $15 < H \leq 20$ |
| 碎石、卵石 | 0.94～0.97 | 1：1.25 | 1：1.50 | 1：1.75 | 1：2.00 |
| 砂夹石（其中碎石、卵石占全重的30%～50%） | 0.94～0.97 | 1：1.25 | 1：1.50 | 1：1.75 | 1：2.00 |
| 土夹石（其中碎石、卵石占全重的30%～50%） | 0.94～0.97 | 1：1.25 | 1：1.50 | 1：1.75 | 1：2.00 |
| 粉质黏土，黏粒含量 $\rho_c \geq 10\%$ 的粉土 | 0.94～0.97 | 1：1.50 | 1：1.75 | 1：2.00 | 1：2.25 |

（2）对使用时间超过2年的临时性填方边坡坡度，当填方高度小于10m时，可采用1：1.5；超过10m可做成折线形，折线部位平台填筑宽度应≥1m，上部采用1：1.5，下部采用1：1.75，超过10m临时性填方边坡示意图见图11-10。

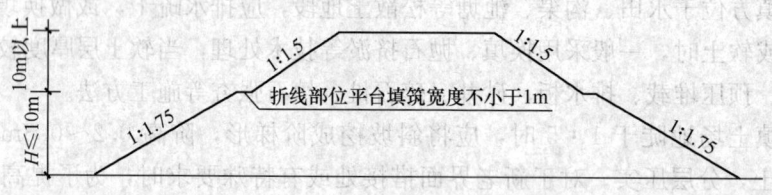

图 11-10　超过10m临时性填方边坡示意图

### 11.2.3.5　人工填筑方法

（1）从场地最低部分开始，由一端向另一端自下而上分层铺填。每层虚铺厚度，用打夯机械夯实时不大于25cm；采取分段填筑，交接处应填成阶梯形。

（2）墙基周围采用细粒土回填，管道回填在两侧或顶部一定范围内采用砂、细土、砂砾、砂砾土等回填料，回填应同时对称均匀回填、夯实，防止墙基及管道中心线位移。

（3）回填用打夯机夯实，两机平行间距不小于3m，在同一路线上，前后间距不小于10m。

#### 11.2.3.6 机械填筑方法

（1）推土机填土

自下而上分层铺填，每层虚铺厚度不大于30cm。推土机运土回填，可采用分堆集中，一次运送方法，分段距离为10～15m，以减少运土漏失量。用推土机来回行驶进行碾压，履带应重复宽度的一半，填土程序应采用纵向铺填顺序，从挖土区至填土区段，以40～60m距离为宜。

（2）铲运机填土

铺填土区段长度不宜小于20m，宽度不宜小于8m，铺土应分层进行，每次铺土厚度不大于30～50cm，铺土后，空车返回时将地表面刮平，填土尽量采取横向或纵向分层卸土。

（3）汽车运输

自卸汽车成堆卸土，配以推土机摊平，每层厚度不大于30～50cm，汽车不能在虚土层上行驶，卸土推平和压实工作须分段交叉进行。

### 11.2.4 土石方压实

#### 11.2.4.1 压实一般要求

（1）密度要求

填方的密度要求和质量指标通常以压实系数 $\lambda_c$ 表示。压实系数为土的实际干土密度 $\rho_d$ 与最大干土密度 $\rho_{dmax}$ 的比值。最大干土密度 $\rho_{dmax}$ 应在最佳含水量时，通过标准的压实方法确定。密实度要求，由设计根据工程结构性质，使用要求确定；如未作规定，可参考表11-50数值。

压实填土的质量控制　　表11-50

| 结构类型 | 填土部位 | 压实系数 $\lambda_c$ | 控制含水量（%） |
|---|---|---|---|
| 砌体承重结构和框架结构 | 在地基主要受力层范围内 | ≥0.97 | $\omega_{op} \pm 2$ |
| | 在地基主要受力层范围以下 | ≥0.95 | |
| 排架结构 | 在地基主要受力层范围内 | ≥0.96 | $\omega_{op} \pm 2$ |
| | 在地基主要受力层范围以下 | ≥0.94 | |

压实填土的最大干密度 $\rho_{dmax}$（t/m³）宜采用击实试验确定。当无试验资料时，可按下式计算：

$$\rho_{dmax} = \eta \frac{\rho_w d_s}{1 + 0.01 \omega_{op} d_s} \tag{11-28}$$

式中　　$\eta$——经验系数，黏土取0.95，粉质黏土取0.96，粉土取0.97；

$\rho_w$——水的密度（t/m³）；

$d_s$——土粒相对密度；

$\omega_{op}$——最佳含水量（%），可按当地经验或取 $\omega_p + 2$（$\omega_p$—土的塑限）。

（2）含水量控制

参见11.2.3.2。

（3）摊铺厚度和压实遍数

每层摊铺厚度和压实遍数，视土的性质、设计要求和使用的压实机具性能，通过现场碾（夯）压试验确定。表 11-51 为参考数值，如无试验依据，可参考应用。

对于填筑厚度超过 20m 的高填方建筑施工场地，一般采用有组织分层填筑和强（压）夯法相结合，其摊铺厚度及夯（压）遍数应根据现场单点夯击试验变形特征确定。

填土分层厚度及压实遍数  表 11-51

| 压实机具 | 分层厚度（mm） | 每次压实遍数 |
| --- | --- | --- |
| 平碾 | 250~300 | 6~8 |
| 振动压实机 | 250~350 | 3~4 |
| 柴油打夯 | 200~250 | 3~4 |
| 人工打夯 | <200 | 3~4 |

#### 11.2.4.2 填土料压（夯）实方法

(1) 一般要求

1) 土石方回填压实一般以机械作业为主，人工配合为辅。

2) 应尽量采用同类土填筑，不同填料不应混填，并控制土的含水率在最佳含水量范围内。当采用不同的土填筑时，应按土类有规则地分层铺填，不得混杂使用，边坡不得用透水性较小的土料封闭，避免形成水囊和产生滑动现象。

3) 填土应从最低处开始，由下向上整个宽度分层铺填碾压或夯实。分层填筑时，下层压实系数经试验合格后方可进行上层填土，填土宽度应比设计规定宽 50cm。

4) 地形起伏之处，应做好接槎，修筑 1:2 阶梯形边坡，台阶高可取 50cm、宽 100cm。分段填筑时每层接缝处应做成大于 1:1.5 的斜坡，碾迹重叠 0.5~1.0m，上下层错缝距离不应小于 1m。接缝部位不得在基础、墙角、柱墩等重要部位。

5) 应预留一定的沉降量，以备在行车、堆重或干湿交替等自然因素作用下，土体逐渐沉降稳定，并确保填筑体标高满足设计要求。预留沉降量根据工程性质、填方高度、填料种类、压实系数和地基情况等确定。当用机械分层夯实时，其预留下沉高度（以填方高度的百分数计）：对砂土为 1.5%；对粉质黏土为 3%~3.5%。

(2) 人工夯实法

1) 人力打夯前应将填土初步整平，按一定方向进行，一夯压半夯，夯夯相接，行行相连，两遍纵横交叉，分层夯打。夯实基槽及地坪时，行夯路线应由四边开始，然后再夯向中间。

2) 用柴（汽）油打夯机等小机具夯实时，填土厚度不宜大于 25cm，均匀分布，不留间隙。

3) 基坑（槽）回填，应在相对两侧或四周同时进行回填与夯实。

4) 回填管沟时，先用人工在管子周围对称填土夯实，直至管顶 0.5m 以上，方可机械夯填。

(3) 机械压实法

1) 机械压实法（式）分为重力压实（静压）和振动压实。施工过程中，根据设计质量要求、工程大小、地质条件、作业环境和工期要求合理选择压实机具。

2) 碾压机械碾压之前，宜先用轻型推土机、平地机整平，低速预压，使表面平实。土类回填料一般采用振动平碾压实，爆破石渣或碎石类土优先选用羊足碾碾压机械。

3) 压实应遵循"先轻后重、先静后振、先低后高、先快后慢、轮迹重叠"的原则。

碾压机械压实填方时，应控制行驶速度，一般平碾、振动碾不超过2km/h，羊足碾不超过3km/h，并要控制压实遍数。碾压机械与基础或管道应保持一定的距离，防止将基础或管道压坏或位移，填方区域管涵和构筑物顶50cm以上才能用压路机碾压。

4) 用压路机进行填方压实，填土厚度不应超过25～30cm；碾压方向应从两边逐渐压向中间，碾轮每次重叠宽度15～25cm，避免漏压。运行中碾轮边距填方边缘应大于50cm，边坡边缘压实不到之处，辅以人力夯或小型夯实机具夯实，防止漏夯，夯击面积重叠1/4～1/3。

5) 对于填筑厚度超过20m的高填方建筑施工场地，一般采用分层填筑和强（压）夯法相结合的施工方法。其施工工艺及质量检验应符合《高填方地基技术规范》GB 51254—2017中第6.3节规定。

(4) 压实排水要求

1) 填土层如有地下水或滞水时，应在四周设置排水沟和集水井，将水位降低；在地下水位较高区域，必要时设置盲沟将水导流。

2) 雨期施工时，应集中力量分段回填碾压。填土区应保持一定横坡（2%～3%），或中间稍高两边稍低，以利排水。当天填土，应在当天压实。因雨造成局部翻浆或弹簧土，可以采取换填或翻松晾晒措施处理。

#### 11.2.4.3 填石料压（夯）实方法

(1) 一般要求

1) 填石料的基底处理同填土料，填石应分层填筑，分层压实。逐层填筑时，应安排好石料运输路线，水平分层，先低后高、先两侧后中央卸料，大型推土机摊平，边部采用码砌。不平处人工用细石块、石屑找平。

2) 石料强度不应小于15MPa；石料最大粒径不宜超过层厚的2/3。

3) 分段填筑时每层接缝处应做成大于1:1.5的斜坡，碾迹重叠0.5～1.0m，上下层错缝距离不应小于1m。接缝部位不得在基础、墙角、柱墩等重要部位。

4) 应将不同岩性的填料分层或分段填筑。

5) 施工范围内管线、构筑物四周的沟槽宜回填级配较好的土料。

(2) 机械压实方法

1) 石方压实应使用重型振动压路机进行碾压。先静压，后振压。

2) 碾压时，控制行驶速度，一般振动碾不超过2km/h；碾压机械与基础或管道保持一定距离。

3) 用压路机进行石料填方压实，分层松铺厚度不宜大于0.5m；碾压时，直线段先两侧后中间，压实路线应纵向互相平行，反复碾压，曲线段，则由内侧向外侧进行。

#### 11.2.4.4 质量控制与检验

(1) 回填施工过程中应检查排水措施，每层填筑厚度、含水量控制和压实程序。

(2) 对每层回填的质量进行检验，采用环刀法、灌砂法、灌水法取样测定土（石）的压实度，或用小轻便触探仪检验地基承载能力或夯实程度。

(3) 回填料每层压实系数应符合设计要求。基坑和室内填土，每层按100～500m² 取样1组，且每层不少于1组；场地平整填方，每层按400～900m² 取样1组；基坑和管沟回填每20～50m² 取样1组，且每层不少于1组；柱基回填，每层抽样柱基总数的10%，且不少于5组；道路路基回填，每1000m² 取1组。取样部位在每层压实后的下半部。

（4）压实度应有90%以上符合设计要求，10%的最低值与设计值之差，不大于0.08t/m³，且不应集中。

（5）填方施工结束后应检测标高、边坡坡度、压实程度等，检验评定标准参见表11-52。

**填土工程质量检验评定标准**　　　　　　　　　　　　　　　表 11-52

| 项目 | 序号 | 检验项目 | 允许偏差或允许值 | | | | | 检查方法 |
|---|---|---|---|---|---|---|---|---|
| | | | 桩基、基坑、基槽 | 场地平整 | | 管沟 | 地（路）面基础层 | |
| | | | | 人工 | 机械 | | | |
| 主控项目 | 1 | 标高 | -50 | ±30 | ±50 | -50 | -50 | 水准仪 |
| | 2 | 分层压实系数 | 设计要求 | | | | | 环刀法、灌水法、灌砂法 |
| 一般项目 | 1 | 回填土料 | 设计要求 | | | | | 取样检查或直观鉴别 |
| | 2 | 分层厚度及含水量 | 设计要求 | | | | | 水准仪及抽样检查 |
| | 3 | 表面平整度 | ±20 | ±20 | ±30 | ±20 | ±20 | 用靠尺或水准仪 |

（6）高填方区域回填质量检验项目应符合表11-53的规定。

**高填方区域回填质量检验项目**　　　　　　　　　　　　　　　表 11-53

| 项目 | 应用范围 | | |
|---|---|---|---|
| | 检测频数 | | |
| | 建（构）筑物用地区和边坡区 | 场地平整区 | 规划预留发展区 |
| 层厚检验 | 每500m² 至少有一个点 | 每500m² 至少有一个点 | 每2000m² 至少有一个点 |
| 压（夯）层面沉降量 | 10m×10m 方格网测量 | 20m×20m 方格网测量 | 50m×50m 方格网测量 |
| 土的物理力学指标 | 每500m² 至少有一个点 | 每1000m² 至少有一个点 | 每2000m² 至少有一个点 |
| 重型动力触探 | 每500m² 至少有一个点 | 每1000m² 至少有一个点 | 每2000m² 至少有一个点 |

### 11.2.5 土石方工程特殊问题的处理

#### 11.2.5.1 滑坡与塌方处理

（1）滑坡与塌方原因分析

1）斜坡土（岩）体本身存在倾向相近、层理发达、裂隙发育，或内部夹有易滑动的软弱带，如软泥、黏土质岩层，受水浸后易滑动或塌落；黄土地区高阶地的前缘坡脚，受水浸湿而强度降低。

2）土层下有倾斜度较大的岩层，或软弱夹层，或岩层结构面虽近于水平，但距边坡过近，边坡倾度过大，堆土或堆置材料、建筑物荷重，增加了土体的负担。

3）边坡坡度倾角过大，土体因雨水或地下水浸入，下滑力增大，抗剪强度降低，粘聚力减弱。

4) 开垦挖方，不合理的切割坡脚；或坡脚被地表、地下水掏空；或斜坡地段下部被冲沟所切，地表、地下水浸入坡体；或开坡放炮使坡脚松动，加大坡体坡度，破坏了土（岩）体的内力平衡；或破坏坡体表面覆盖层及植被，加速岩体风化，使大量地表水下渗。

5) 在坡体上不适当的堆土或填土，设置建筑物；或土工构筑物设置在尚未稳定的古（老）滑坡上，或设置在易滑动的坡积土层上，填方或建筑物增荷后，重心改变，在外力（堆载、大爆破、机械振动、地震等）和地表、地下水双重作用下，坡体失去平衡或触发古（老）滑坡复活，而产生滑坡。

(2) 预防措施和方法

1) 加强工程地质勘察，对拟建场地（包括边坡）的稳定性进行认真分析和评价；对具备滑坡形成条件或存在有古（老）滑坡的地段，一般不应选作建筑场地，或采取必要的措施加以预防。

2) 在滑坡范围外设置多道环形截水沟，以拦截附近的地表水；为迅速排除雨水和减少地表水下渗，在滑坡区域内，修设或疏通原排水系统，缩短地表水径流距离。

3) 妥善处理好滑坡区域附近的生活及生产用水，防止浸入滑坡地段。

4) 如因地下水活动有可能形成山坡浅层滑坡时，可采取设置截水盲沟、支撑盲沟、边坡渗沟、排水隧洞及渗管疏干等措施疏干地下水或降低地下水位。

5) 不能随意切割坡脚。土体削成平缓的坡度，或做成台阶，以增加稳定 [图 11-11 (a)]；土质不同时，削成 2~3 种坡度 [图 11-11 (b)]。在坡脚有弃土条件时，将土石方填至坡脚，起反压作用，筑挡土堆或修筑台阶，避免在滑坡地段切去坡脚或深挖方。如整平场地必须切割坡脚，且不设挡土墙时，应按切割深度，将坡脚随原自然坡度由上而下削坡，逐渐挖至要求的坡脚深度，切割坡脚措施如图 11-12 所示。

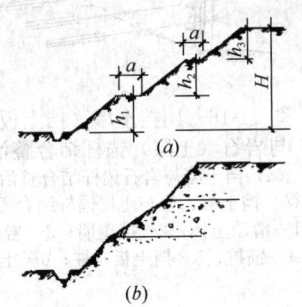

图 11-11 边坡处理
(a) 做台阶或边坡；(a=1500~2000mm)；
(b) 不同土层留设不同坡度

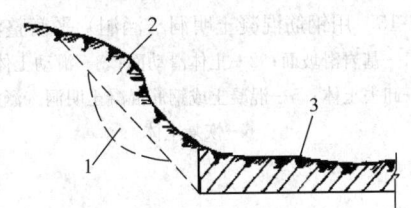

图 11-12 切割坡脚措施
1—滑动面；2—应削去的不稳定部分；
3—实际挖去部分

6) 避免在坡脚处取土或在坡肩上设置弃土或建筑物。在斜坡地段挖方时，应遵守由上而下分层的开挖程序。在斜坡上填方，由下往上分层填压，避免对滑坡体的各种振动作用。

(3) 处理措施和方法

1) 对出现的浅层滑坡，如滑坡量不大，应将滑坡体全部挖除；如土方量较大，难于全部挖除，且表层破碎或含有滑坡夹层时，可对滑坡体采取深翻、推压、打乱滑坡夹层、表面压实等措施，减少滑坡因素。

2) 对主滑地段采取后缘挖方卸荷，拆除滑体已有建筑物等减重措施，对抗滑地段采取堆方加重措施。

3) 滑体表面土质松散或具有大量裂缝时，应填平、夯填，防止地表水下渗。

4) 对已滑坡工程，稳定后采取设置混凝土锚固排桩、挡土墙、抗滑明洞、抗滑锚杆或混凝土墩与挡土墙相结合、预应力锚索框架和抗滑挡墙相结合、微型钢花管注浆群桩的方法加固坡脚，并做截水沟、排水沟，倾角过大部分采取去土减重，保持适当坡度，整治滑坡的方式见图 11-13～图 11-19。

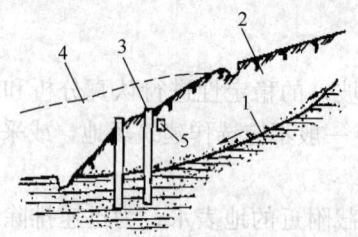

图 1-13　用钢筋混凝土锚固桩（抗滑桩）整治滑坡
1—基岩滑坡面；2—滑动土体；3—原地面线钢筋；
4—钢筋混凝土锚固排桩；5—排水盲沟

图 11-14　用挡土墙与卸荷组合整治滑坡
1—基岩滑坡面；2—滑动土体；
3—混凝土或块石挡土墙；4—卸去土体

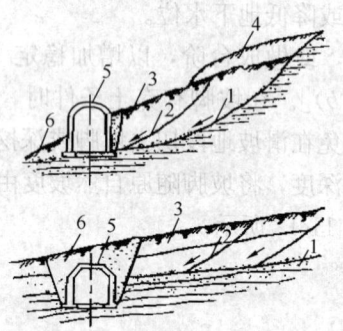

图 11-15　用钢筋混凝土明洞（涵洞）平衡整治滑坡
1—基岩滑坡面；2—土体滑动面；3—滑动土体；
4—卸去土体；5—混凝土或钢筋混凝土明洞（涵洞）；
6—恢复土体

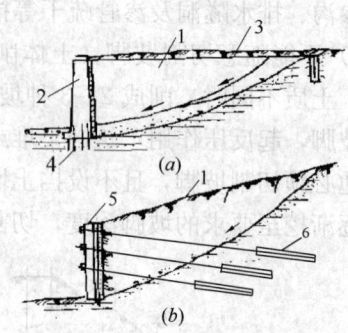

图 11-16　用挡土墙（挡土板、柱）
与岩石（土层）锚杆结合整治滑坡
(a) 挡土墙与岩石锚杆结合整治滑坡
(b) 挡土板、柱与土层锚杆结合整治滑坡
1—滑动土体；2—挡土墙；3—岩石锚杆；
4—锚桩；5—挡土板、柱；6—土层锚杆

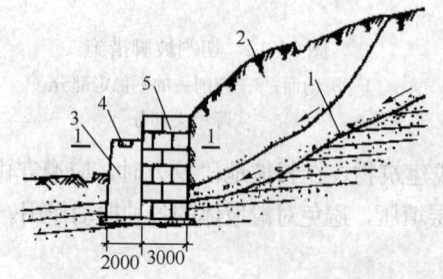
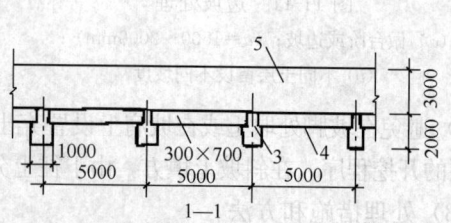

图 11-17　用混凝土墩与挡土墙结合整治滑坡
1—基岩滑坡面；2—滑动土体；3—混凝土墩；
4—钢筋混凝土横梁；5—块石挡土墙

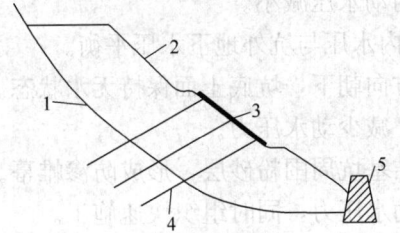 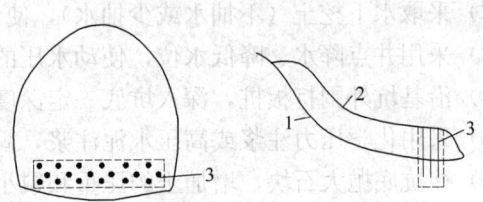

图 11-18 预应力锚索框架和
抗滑挡墙结合治理滑坡
1—基岩滑动面；2—滑动土体；3—框架梁；
4—锚索；5—抗滑挡墙

图 11-19 微型钢花管注浆群桩治理滑坡
1—基岩滑动面；2—滑动土体；
3—微型钢花管注浆群桩

#### 11.2.5.2 冲沟、土洞、古河道、古湖泊的处理

（1）冲沟处理

对边坡上不深的冲沟，用好土或3:7灰土逐层回填夯实，或用浆砌块石填砌至坡面，并在坡顶做排水沟及反水坡，对地面冲沟用土分层夯填。

（2）土洞处理

将土洞上部挖开，清除软土，分层回填好土（灰土或砂卵石）夯实，面层用黏土夯填并使之高于周围地表，同时做好地表水的截流，将地表径流引到附近排水沟中，不使下渗；对地下水采用截流改道的办法；如用作地基的深埋土洞，宜用砂、砾石、片石或混凝土填灌密实，或用灌浆挤压法加固。对地下水形成的土洞和陷穴，除先挖除软土抛填块石外，还应做反滤层，面层用黏土夯实。

（3）古河道、古湖泊处理

1）对年代久远的古河道、古湖泊，已被密实的沉积物填满，底部尚有砂卵石层，土的含水量小于20%，且无被水冲蚀的可能性，可不处理；对年代近的古河道、古湖泊，土质较均匀，含有少量杂质，含水量大于20%，如沉积物填充密实，亦可不处理；

2）底部如为松软含水量大的土，应挖除后用好土分层夯实，或采取地基加固措施；用作地基部位用灰土分层夯实，与河、湖边坡接触部位做成阶梯形接槎，阶宽不小于1m，接槎处应仔细夯实，回填应按先深后浅的顺序进行。

#### 11.2.5.3 橡皮土处理

（1）暂停一段时间施工，避免反复外力作用，使"橡皮土"含水量逐渐降低，或将土层翻晒。

（2）如地基已成"橡皮土"，可在上面铺一层碎石或碎砖后进行夯击，将表土层挤紧。

（3）强夯地基若形成"橡皮土"，可在夯坑内铺一层块石或碎石利于做成排水通道，进行点夯形成强夯置换墩。

（4）"橡皮土"较严重的，可将土层翻起并粉碎均匀，掺加石灰粉，改变原土结构成为灰土，提高地基土的强度和抗水性。

（5）挖去"橡皮土"，重新填低含水量土或级配砂石等性质稳定、无膨胀性土料夯实。

#### 11.2.5.4 流沙处理

发生流沙时，土完全失去承载力，不但使施工条件恶化，而且流沙严重时，会引起基础边坡塌方，附近建筑物会因地基被掏空而下沉、倾斜，甚至塌方。

(1) 安排在全年最低水位季节施工，使基坑内动水压减小。
(2) 采取水下挖土（不抽水或少抽水），使坑内水压与坑外地下水压平衡。
(3) 采用井点降水、降低水位，使动水压的方向朝下，坑底土面保持无水状态。
(4) 沿基坑外围打板桩，深入坑底一定深度，减少动水压力。
(5) 采用化学压力注浆或高压水泥注浆，固结基坑周围粉砂层，形成防渗帷幕。
(6) 往坑底抛大石块，增加土的压重和减小动水压力，同时组织快速施工。
(7) 当基坑面积较小，也可采取在四周设钢板护筒（或钢固竹夹板），随着挖土不断加深，直到穿过流沙层。

采用地下连续墙，形成封闭的止水"墙体"，使地下水从止水结构下端向基坑渗流。

## 11.3 爆 破 工 程

### 11.3.1 爆 破 器 材

#### 11.3.1.1 工业炸药及其分类

(1) 在一定条件下，能够发生快速化学反应，放出能量，生成大量气体产物，显示爆炸效应的化合物或混合物称为炸药；工业炸药又称为民用炸药，是由氧化剂、可燃剂和其他添加剂等组分按照氧平衡的原理配制，并均匀混合制成的爆炸物。

1) 按主要化学成分分类

① 硝铵类炸药，以硝酸铵为主要成分，加入适量的可燃剂、敏化剂及其他添加剂的混合炸药。

② 硝化甘油类炸药，以硝化甘油为主要成分，加入硝酸钾、硝酸铵作氧化剂，硝化棉为吸收剂，木粉为疏松剂，多种组分混合而成的混合炸药。就其外观来说，有粉状和胶状之分。

③ 芳香族硝基化合物类炸药，凡含有苯及其同系物，如甲苯的硝基化合物以及苯胺和萘的硝基化合物，如 TNT。

2) 按使用条件分类

① 第一类炸药，准许在一切地下和露天爆破工程中使用的炸药，又称安全炸药或煤矿许用炸药。

② 第二类炸药，一般可在地下或露天爆破工程中使用的炸药，但不能用于有瓦斯或煤尘爆炸危险的地方。

③ 第三类炸药，专用于露天作业场所工程爆破的炸药。

(2) 工程爆破对工业炸药的基本要求

1) 具有较低的机械感度和适宜的起爆感度，既能保证生产、贮存、运输和使用过程中的安全，又能保证使用操作中方便顺利地起爆。

2) 爆炸性能好，具有足够的爆炸威力，以满足不同岩体的爆破需要。

3) 其组分、配比应达到零氧平衡或接近于零氧平衡，不含或含少量有毒成分。

4) 有适当的稳定贮存期，在规定的贮存期间内，不应变质失效。

(3) 常用工业炸药

1) 膨化硝铵炸药

膨化硝铵炸药是指由膨化硝酸铵、燃料油（复合油）和木粉等混合而成的粉状混合炸药。其关键技术是硝酸铵的膨化敏化改性，膨化硝酸铵颗粒中含有大量的"微气泡"，颗粒表面被"歧性化""粗糙化"，当其受到外界强力激发作用时，这些不均匀的局部就可能形成高温高压的"热点"进而发展成为爆炸，实现硝酸铵的"自敏化"设计。常用膨化硝铵炸药的组分和性能如表11-54所示。

常用膨化硝铵炸药的组分和性能  表 11-54

| 组分和性能 | 岩石膨化硝铵炸药 | 露天膨化硝铵炸药 | 一级煤矿许用膨化硝铵炸药 | 二级煤矿许用膨化硝铵炸药 |
|---|---|---|---|---|
| 硝胺酸（%） | 90.0～94.0 | 89.5～92.5 | 81.0～85.0 | 80.0～84.0 |
| 木粉（%） | 3.0～5.0 | 6.0～8.0 | 4.5～5.5 | 3.0～4.0 |
| 食盐（%） | — | — | 8～10 | 10～12 |
| 油相（%） | 3.0～5.0 | 1.5～2.5 | 2.5～3.5 | 3.0～4.0 |
| 水分($H_2O$)（%） | ≤0.30 | ≤0.30 | ≤0.30 | ≤0.30 |
| 密度（$g \cdot cm^{-3}$） | 0.80～1.00 | 0.80～1.00 | 0.85～1.05 | 0.85～1.05 |
| 猛度（mm） | ≥12.0 | ≥10.0 | ≥10.0 | ≥10.0 |
| 做功能力（mL） | ≥298 | ≥228 | ≥228 | ≥218 |
| 殉爆距离（cm） | ≥4 | ≥4 | ≥4 | ≥3 |
| 爆速（$m \cdot s^{-1}$） | ≥3200 | ≥2400 | ≥2800 | ≥2600 |
| 保质期（月） | 6 | 4 | 4 | 4 |

2) 铵油类炸药

由硝酸铵和燃料油为主要成分的粉状或粒状爆炸性混合物。

① 铵油炸药的组分配比、性能与适用条件如表11-55所示。

铵油炸药的组分配比、性能与适用条件  表 11-55

| 炸药名称 | 组分 | | | 水分（不大于）（%） | 装药密度 | 爆炸性能 | | | | 炸药保证期（d） | 炸药保证期内 | | 适用条件 |
|---|---|---|---|---|---|---|---|---|---|---|---|---|---|
| | 硝酸铵 | 柴油 | 木粉 | | | 殉爆距离（不小于）（cm） | 猛度（不小于）（mm） | 爆力（不小于）（mm） | 爆速（不小于）（$m \cdot s^{-1}$） | | 殉爆距离（不小于）（cm） | 水分（不大于）（%） | |
| 1号铵油炸药（粉状） | 92±1.5 | 4±1 | 4±0.5 | 0.25 | 0.9～1.0 | 5 | 12 | 300 | 3300 | (7) 15 | 5 | 0.5 | 露天或无矿尘无瓦斯爆炸危险的中硬以上矿石的爆破工程 |
| 2号铵油炸药（粉状） | 92±1.5 | 1.8±0.5 | 6.2±1 | 0.8 | 0.8～0.9 | — | 18 | 250 | 3800 | 15 | — | 1.5 | 露天中硬以上矿岩的爆破和硐室爆破工程 |
| 3号铵油炸药（粒状） | 94.5±1.5 | 5.5±1.5 | | 0.8 | 0.9～1.0 | | 18 | 250 | 3800 | 15 | | 1.5 | 露天大爆破工程和地下中深孔爆破 |

② 重铵油炸药

重铵油炸药又称乳化铵油炸药，是将 W/O 型乳胶基质按一定的比例掺混到粒状铵油炸药中，形成的乳胶与铵油炸药掺合物。

③ 膨化铵油炸药

用膨化硝酸铵替代结晶硝酸铵或多孔粒状硝酸铵制备的炸药称为膨化铵油炸药。

3）乳化炸药

乳化炸药是以氧化剂水溶液为分散相，以不溶于水、可液化的碳质燃料作连续相、乳化作用及敏化剂的敏化作用面形成的一种油包水型的乳胶状含水炸药。

#### 11.3.1.2 电雷管

(1) 瞬发电雷管，是一种通电即爆炸的雷管，管内装有电点火装置，由脚线、桥丝和引火药组成。

(2) 秒和半秒延期电雷管，通电后延时起爆，在电引火元件与起爆药之间加入延期装置。

(3) 毫秒延期电雷管，其组成基本上与秒和半秒延期电雷管相同，不同点在于其延期装置是毫秒级延期药，国产毫秒延期电雷管段别及延期时间如表 11-56 所示。

国内毫秒延期电雷管段别与延期时间　　　表 11-56

| 段别 | 第 1ms 系列（ms） | 第 2ms 系列（ms） | 第 3ms 系列（ms） | 第 4ms 系列（ms） |
| --- | --- | --- | --- | --- |
| 1 | 0 | 0 | 0 | 0 |
| 2 | 25 | 25 | 25 | 25 |
| 3 | 50 | 50 | 50 | 45 |
| 4 | 75 | 75 | 75 | 65 |
| 5 | 110 | 100 | 100 | 85 |
| 6 | 150 | | 128 | 105 |
| 7 | 200 | | 157 | 125 |
| 8 | 250 | | 190 | 145 |
| 9 | 310 | | 230 | 165 |
| 10 | 380 | | 280 | 185 |
| 11 | 460 | | 340 | 205 |
| 12 | 550 | | 410 | 225 |
| 13 | 650 | | 480 | 250 |
| 14 | 760 | | 550 | 275 |
| 15 | 880 | | 625 | 300 |
| 16 | 1020 | | 700 | 330 |
| 17 | 1200 | | 780 | 360 |
| 18 | 1400 | | 860 | 395 |
| 19 | 1700 | | 945 | 430 |
| 20 | 2000 | | 1035 | 470 |
| 21 | | | 1125 | 510 |
| 22 | | | 1225 | 550 |
| 23 | | | 1350 | 590 |
| 24 | | | 1500 | 630 |
| 25 | | | 1675 | 670 |
| 26 | | | 1875 | 710 |
| 27 | | | 2075 | 750 |
| 28 | | | 2300 | 800 |
| 29 | | | 2550 | 850 |
| 30 | | | 2800 | 900 |
| 31 | | | 3050 | |

### 11.3.1.3 导爆索

以黑索金或泰安为索芯，棉线、麻线或人造纤维为被覆材料的传递爆轰波的一种索状起爆器材。外观尺寸，导爆索的外径为 5.7~6.2mm，爆速标准规定不低于 6500m/s，以黑索金为药芯的药量为 12~14g/m。

### 11.3.1.4 导爆管雷管

(1) 导爆管：一种内壁涂有混合炸药粉末的塑料软管，管壁材料是高压聚乙烯，外径 $(2.95\pm0.15)$mm，内径 $(1.40\pm0.10)$mm。起爆感度高、传爆速度快，有良好的传爆、耐火、抗冲击、抗水、抗电和强度性能，应用普遍，与非电毫秒雷管配合使用。

(2) 导爆管的连通元件：主要有连接块，用于固定击发雷管和被爆导爆管的连通元件，用普通塑料制成；另一种是连通管，直接把主爆导爆管和被爆导爆管连通导爆的装置，采用高压聚乙烯压铸而成，有分岔式和集束式。

(3) 导爆管毫秒雷管：用塑料导爆管引爆，延期时间以毫秒级计量的雷管，由塑料导爆管的爆轰波点燃延期药。

除非电导爆管毫秒雷管外，还有非电导爆管秒延期雷管和非电导爆管瞬发雷管。

### 11.3.1.5 电子雷管

电子雷管是指采用电子控制模块实现延时的工业雷管。电子雷管的延期发火时间由其内部的一只微型电子芯片控制，延时控制精度达到微秒级。对岩石爆破工程来说，电子雷管实际上已达到起爆延时控制的零误差，更为重要的是，雷管的延期时间可在爆破现场组成起爆网路后才设定。

### 11.3.1.6 电力起爆法

电力起爆法是利用电能引爆电雷管进而直接或通过其他起爆器材起爆工业炸药的起爆方法；特点是敷设起爆网路前后，能用仪表检查电雷管和对网路进行测试，保证网路的可靠性；可以远距离起爆并控制起爆时间，实现分段延时起爆。缺点是雷雨期和存在电干扰的危险区内不能使用电爆网路。

(1) 电爆网路的组成

1) 电雷管：见第 11.3.1.2 节。

2) 起爆电源：主要有起爆器、照明电、动力交流电源、干电池、蓄电池和移动式发电机。起爆电源的功率，应能保证流经每个雷管的电流值必须满足以下要求：一般爆破，交流电≥2.5A，直流电≥2A；硐室爆破，交流电≥4A，直流电≥2.5A。

专用起爆器，是引爆电雷管和激发笔的专用电源，主要性能及规格见表 11-57。遇复杂电爆网路时，要认真阅读起爆器说明书，严格按照要求选择联网方式，保证可靠起爆。

**专用起爆器的性能与规格** 表 11-57

| 型号 | 起爆能力(发) | 输出峰值(V) | 最大外电阻(Ω) | 充电时间(s) | 冲击电流持续时间(ms) | 电源 | 质量(kg) | 外形尺寸(mm)长×宽×高 |
|---|---|---|---|---|---|---|---|---|
| MFB-50/100 | 50/100 | 960 | 170 | <6 | 3~6 | 1号电池3节 |  | 135×92×75 |
| NFJ-100 | 100 | 900 | 320 | <12 | 3~6 | 1号电池4节 | 3 | 180×1085×165 |
| J20F-300-B | 100/200 | 900 | 300 | 7~20 | <6 |  | 1.25 | 148×82×115 |

续表

| 型号 | 起爆能力（发） | 输出峰值（V） | 最大外电阻（Ω） | 充电时间（s） | 冲击电流持续时间（ms） | 电源 | 质量（kg） | 外形尺寸（mm）长×宽×高 |
|---|---|---|---|---|---|---|---|---|
| MFB-200 | 200 | 1800 | 620 | <6 | | | | 165×105×102 |
| QLDF-1000-C | 300/1000 | 500/600 | 400/800 | 15/40 | | 1号电池8节 | 5 | 230×140×190 |
| GM-2000 | 最大4000抗杂雷管 | 2000 | | <80 | | 8V（XQ-1蓄电池） | 8 | 360×165×184 |
| GNDF-4000 | 铜4000 铁2000 | 3600 | 600 | 10~30 | 50 | 蓄电池或干电池12V | 11 | 385×195×360 |

3）导线：导线一般采用绝缘良好的铜线，在大型电爆网路中，常将导线按其位置和作用划分为：端线、连接线、区域线和主线。

（2）电爆网路的连接方式

1）串联电爆网路如图 11-20 所示，是将所有要起爆的电雷管的两根脚线或端线依次串联成一回路。串联回路的总电阻 $R$ 为：

$$R = R_1 + nR_2 + nr \tag{11-29}$$

式中　$R_1$——主线电阻（Ω）；

　　　$R_2$——药包之间的连接电阻（不计差别）（Ω）；

　　　$r$——电雷管的电阻（不计差别）（Ω）；

　　　$n$——串联回路中电雷管数目。

串联回路总电流为：

$$i = I = E/(R_1 + nR_2 + nr) \tag{11-30}$$

式中　$E$——起爆电源的电压（V）；

　　　$i$——通过每个雷管的电流（A）。

2）并联电爆网路，并联电爆网路典型的连接方式如图 11-21 所示，是将所有要起爆的电雷管两脚线分别连接到两主线上，然后再与电源相接。并联电爆网路总电阻 $R$ 为：

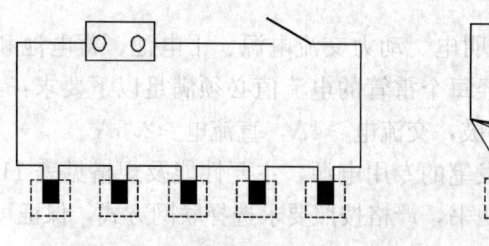
图 11-20　串联电爆网路

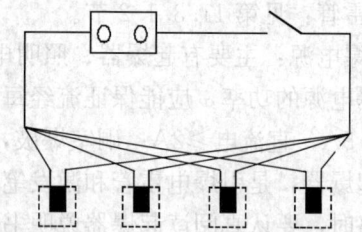
图 11-21　并联电爆网路

$$R = R_1 + R_2/n + r/n \tag{11-31}$$

式中　$n$——电爆网路中并联的电雷管数目；其他符号含义同前。

并联电爆网路总电流为：　$I = E/(R_1 + R_2/n + r/n) \tag{11-32}$

通过每发电雷管的电流 $i$ 为：　$i = I/n \tag{11-33}$

并联电爆网路连接要求每条支路的连接线电阻和雷管电阻相同，各支路的电阻值平衡。为确保安全，检测电雷管及电爆网路的电阻必须采用爆破专用欧姆表。

3) 混合联电爆网路，混合电爆网路是由串联和并联组合起来的一种网路，有串并联、并串联和并串并联等类型。

(3) 电力起爆法施工

1) 装药、堵塞：注意起爆导线的保护，特别是在深孔爆破中，孔内不宜有接头，如有接头应连接牢固，并做防水、防绝缘处理。堵塞时要防止把导线、接头碰伤或打断。

2) 网路的连线：装药、堵塞全部完成，无关人员已全部撤到安全地方后进行连线，接头不要和金属导体或地面接触，导线要留有一定的伸缩量；从现场向起爆站后退方式进行。

3) 电爆网路的导通与检测：网路敷设和连接完毕后，要对其进行导通与检测，用专用的爆破欧姆表或导通器检查网路是否接通，测量网路的电阻值是否和设计值一致，发现断路或短路，要立即找出原因，排除故障。

4) 起爆：导通检测后，将主线与电源插头连接，控制充电时间，起爆后立即切断电源。

### 11.3.1.7 导爆索起爆法

导爆索起爆网路常用于深孔爆破、光面爆破、预裂爆破、水下爆破以及硐室爆破等。

(1) 导爆索起爆网路：由导爆索和雷管组成；导爆索传递爆轰波的能力有一定方向性。连接网路时必须使每一支线的接法迎着主线的传爆方向，支线与主线传爆方向的夹角应小于90°，如图11-22所示。

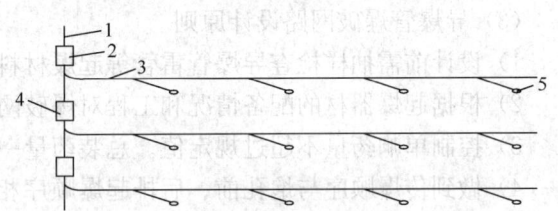

图 11-22 导爆索分段并联微差起爆网路
1—主导爆索；2—起爆雷管；3—支导爆索；
4—导爆管继爆管；5—炮孔

导爆索之间的搭接长度不应小于15cm，搭接方式有平行搭接、扭接、水手接及三角形连接等方式，如图11-23所示。

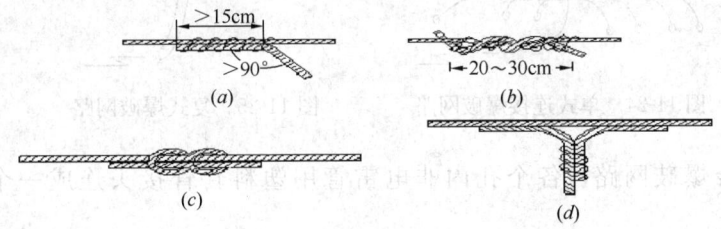

图 11-23 导爆索连接方式
(a) 平行搭接；(b) 扭接；(c) 水手接；(d) 三角形连接

(2) 导爆索与炸药连接：有两种常用方式，炮孔内连接是将导爆索插入袋装药包内与药袋捆扎结实后送入炮孔内；硐室爆破的网路往往用导爆索组成辅助网路，用导爆索做成辅助起爆药包与主起爆药包连接，导爆索宜用塑料布包裹防油浸入产生拒爆。

(3) 导爆索的引爆：可由炸药、雷管引爆；当用雷管引爆时，雷管聚能穴应朝向导爆索传爆方向，并绑扎在距导爆索端部15cm以外的位置。

### 11.3.1.8 导爆管起爆法

利用导爆管传递冲击波点燃雷管进而直接或通过导爆索起爆工业炸药的一种起爆法，

特点是可以在有电干扰的环境下进行操作，安全性较高；起爆的药包数量不受限制，不用进行复杂的计算，缺点是没有检测网路的有效手段。

(1) 导爆管的引爆方法

1) 导爆管引爆器引爆：导爆管引爆器形同起爆器，可远距离连接导线直接引爆导爆管。

2) 用雷管引爆导爆管：导爆管在雷管上应分布均匀，用雷管引爆导爆管。

(2) 导爆管爆破网路的基本形式

1) 孔内延期爆破网路：把非电延期雷管直接装入孔内，用瞬发电雷管一次引爆。

2) 孔外延期爆破网路：地面网路中的传爆雷管用毫秒延期雷管，炮孔内用瞬发雷管（或高段别毫秒延期雷管），可以实施多排多孔爆破。

3) 孔内、外延期相结合爆破网路：减少地面网路中的传爆雷管用量，孔内用不同段别雷管并实行分区分块，然后用大于孔内段别的雷管作孔外延期雷管，引爆另一分区分块的导爆管雷管，达到大方量爆破的目的。

(3) 导爆管爆破网路设计原则

1) 设计前需抽样检查导爆管雷管等起爆材料，确定雷管准爆率及延时精度。

2) 根据起爆器材的配备情况和工程对爆破网路的要求，确定网路的类型。

3) 控制单响药量不超过规定值。总装药量一定时，单响药量越小，分段数越多。

4) 做到传爆顺序与炮孔前、后排起爆顺序相一致，有利于对其连接质量进行直观检查；除搭接处，网路应避免交叉，以免造成连接上的混乱与错误。

(4) 导爆管爆破网路连接的主要形式

1) 单式连接爆破网路（每个孔装一发雷管），这种网路适用小爆破，如图 11-24 所示。

2) 复式爆破网路（每个孔内装两发雷管，形成两个独立的传爆路线），如图 11-25 所示。

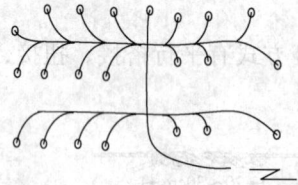
图 11-24　单式连接爆破网路

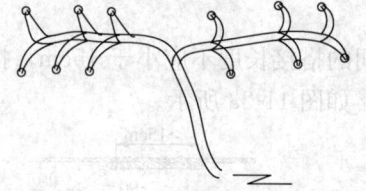
图 11-25　复式爆破网路

3) 单闭合爆破网路，各个孔内非电雷管用塑料套管接头连成一个闭合圈，如图 11-26 所示。

4) 多闭合爆破网路，每排孔组成一个小闭合网路，各小闭合网路之间又用一个闭合网路连接起来，如图 11-27 所示。

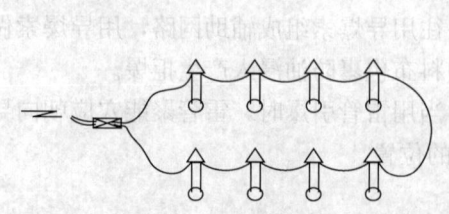
图 11-26　单闭合爆破网路

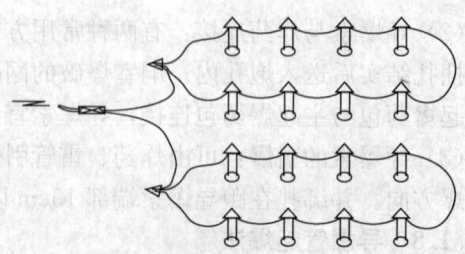
图 11-27　多闭合爆破网路

5）并联闭合爆破网路，用3联或4联塑料套管把网路一头并在一起，使每一支路与其他支路均组成闭合网路，安全准爆性又提高了一步，如图11-28所示。

6）采用塑料套管组成孔外延期闭合网路，如图11-29所示。

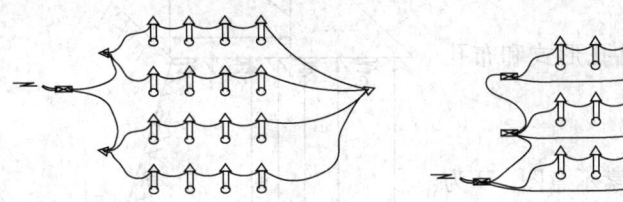

图 11-28　并联闭合爆破网路　　图 11-29　孔外延期闭合网路

#### 11.3.1.9　混合网路起爆法

工程爆破中，将起爆方法组合使用，形成两套完整独立，准爆率和安全性较高的混合网路。

（1）电—导爆管混合网路：由孔外用电雷管网路引爆炮孔内导爆管雷管，拆除爆破使用较多。

（2）导爆索—导爆管混合网路：导爆管与导爆索垂直连接，将导爆管放在导爆索上，呈"十"字形，交叉点用胶布包捆好，炮孔内可装入同段导爆管雷管，也可装入不同段雷管。

（3）电—导爆索起爆网路：硐室爆破使用较多，也可用在深孔台阶爆破中。

#### 11.3.1.10　电子雷管起爆法

电子雷管起爆法就是采用电子雷管并通过专门配套的起爆器起爆药包的一种起爆方法。它是将普通瞬发雷管与计算机技术、数码电子技术、智能控制技术、网路检测技术和起爆器等科学地结合在一起的起爆系统，集中了密码控制、精确延时、专用起爆、GPS定位、区域控制等多种功能。可以实现控制爆破振动波传播、降低爆破振动危害效应，并适用于光面爆破、预裂爆破等对起爆同步性要求高的爆破工程；因电子雷管起爆系统几乎不受外界电能的影响，因而具有良好的安全性；此外，与导爆管起爆系统不同，该起爆法可以在起爆前检测网路的完好性，并且能够自动检测和控制。

以铱钵起爆系统为例，说明电子雷管起爆网路系统组成。该系统由起爆器、铱钵表、数字密钥、隆芯1号数码电子雷管组成。其中数字密钥可对起爆进行授权，防止对起爆系统的非法操作。其中的核心元件是隆芯1号数码电子雷管，它是系统的电子控制器，由它对起爆所需各项工作进行协调管理。隆芯1号数码电子雷管必须用其配套的铱钵起爆系统起爆，该起爆系统由主、从两级控制起爆器设备构成：主设备为铱钵起爆器，用于电子雷管起爆流程的全流程控制，是系统唯一可以起爆雷管网路的设备；设备为铱钵表，用于实现电子雷管联网注册、在线编程、网路测试和网络通信的专用设备。

### 11.3.2　露　天　爆　破

#### 11.3.2.1　露天深孔台阶爆破

深孔台阶爆破一般是在台阶上或事先平整的场地上进行钻孔作业，并在孔中装入延长药包，朝向自由面，以一排或数排炮孔进行爆破的一种作业方式。深孔台阶爆破按孔径、孔深不同，分为深孔台阶爆破和浅孔台阶爆破。通常将孔径大于 50mm，孔深大于 5m 的钻孔称为深孔。反之，则称为浅孔。

(1) 台阶要素、钻孔形式和布孔方式

1) 台阶要素

图 11-30 为台阶要素示意图，$H$ 为台阶高度 (m)；$W_1$ 为前排钻孔的底盘抵抗线 (m)；$L$ 为钻孔深度 (m)；$L_1$ 为装药长度 (m)；$L_2$ 为堵塞长度 (m)；$h$ 为超深 (m)；$\alpha$ 为台阶坡面角 (°)；$a$ 为孔距 (m)；$b$ 为排距 (m)。

2) 钻孔形式

露天深孔台阶爆破的钻孔形式分为垂直钻孔和倾斜钻孔两种，露天深孔形式布置示意图如图 11-31 所示。

特殊情况下采用水平钻孔。

3) 布孔方式

分为单排布孔和多排布孔两种。多排布孔又分为方形、矩形及三角形 3 种，如图 11-32 所示。

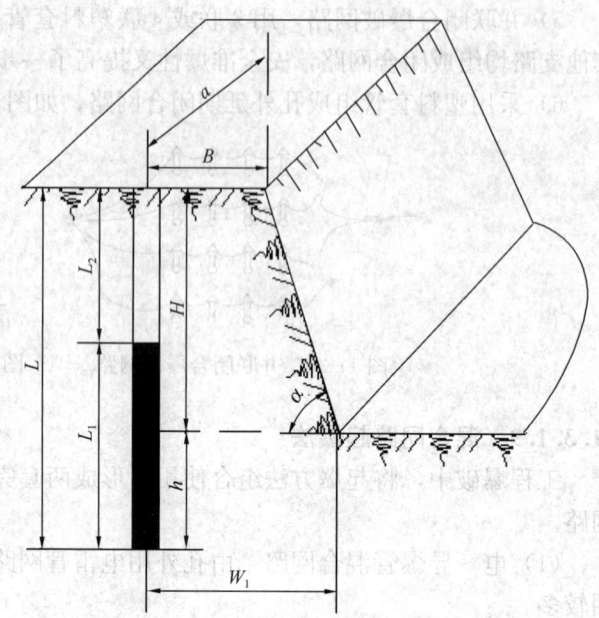

图 11-30 台阶要素示意图

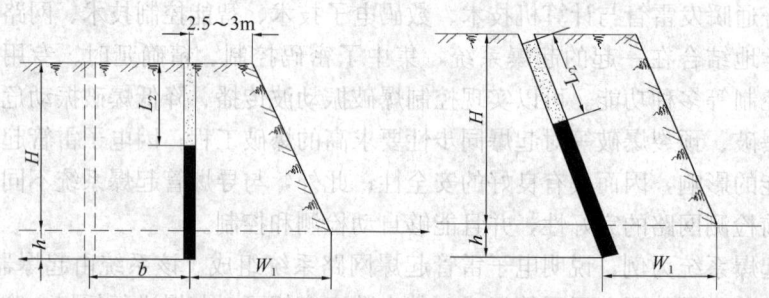

图 11-31 露天深孔形式布置示意图

$H$—台阶高度 (m)；$h$—超深 (m)；$W_1$—底盘抵抗线 (m)；$L_2$—堵塞长度 (m)；$b$—排距 (m)

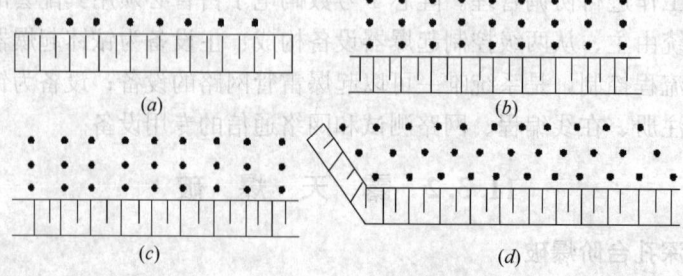

图 11-32 深孔布置方式

(a) 单排布孔；(b) 方形布孔；(c) 矩形布孔；(d) 三角形布孔

(2) 爆破参数设计（经验法）

1) 孔径 $d$，主要取决于钻机类型、台阶高度和岩石性质，宜为 76～170mm。

2) 台阶高度 $H$，宜为 8～15m。

3) 底盘抵抗线 $W_1$ 和排距 $b$。

① 根据钻孔作业的安全条件计算：
$$W_1 \geqslant H\mathrm{ctg}\alpha + B \tag{11-34}$$

② 按台阶高度和孔径计算：
$$W_1 = (0.6 \sim 0.9)H \text{ 或 } W_1 = k \cdot d \tag{11-35}$$

式中 $W_1$——底盘抵抗线（m）；

$\alpha$——台阶坡面角（°），一般为 60°～75°；

$H$——台阶高度（m）；

$B$——钻孔中心至坡顶线的安全距离（m），$B \geqslant 2.5 \sim 3.0$m；

$k$——系数，为 30～40；

$d$——炮孔直径（mm）。

③ 排距 $b$，是指多排孔爆破时，相邻两排钻孔间的距离。

4) 孔距 $a$，是指同一排相邻两钻孔中心线间的距离。
$$a = mW_1（前排）\text{ 或 } a = mb（后排）\tag{11-36}$$

式中 $m$——炮孔密集系数，$m$ 通常大于 1.0，一般为 1.0～1.4。

5) 超深 $h$：
$$h = (0.15 \sim 0.30)W \text{ 或 }(10 \sim 20)d \tag{11-37}$$

6) 孔深 $L$：
$$\text{直孔}: L = H + h \tag{11-38}$$
$$\text{斜孔}: L = (H+h)/\sin\alpha \tag{11-39}$$

7) 堵塞长度 $L_2$：
$$L_2 = (0.7 \sim 1.0)W_1 \tag{11-40}$$
$$\text{或 } L_2 = (30 \sim 40)d \tag{11-41}$$

8) 单位炸药消耗量 $q$，可参考实践经验，或按表 11-58 取。

单位炸药消耗量 $q$ 值　　　　　表 11-58

| 岩石坚固性系数 $f$ | 0.8～2 | 3～4 | 5 | 6 | 8 | 10 | 12 | 14 | 16 | 20 |
|---|---|---|---|---|---|---|---|---|---|---|
| $q$ (kg/m³) | 0.40 | 0.45 | 0.50 | 0.55 | 0.61 | 0.67 | 0.74 | 0.81 | 0.88 | 0.98 |

9) 每孔装药量 $Q$，单排孔爆破或多排孔爆破的第一排孔的每孔装药量按下式计算：
$$Q = qaW_1H \tag{11-42}$$

多排孔爆破时，从第二排炮孔起，以后各排孔的每孔装药量按下式计算：
$$Q = kqabH \tag{11-43}$$

式中 $k$——考虑受前排各排孔的矿岩阻力作用的增加系数，$k=1.1 \sim 1.2$；

其余符号意义同前。

(3) 装药结构

1) 连续装药结构，沿着炮孔轴方向连续装药，孔深超过 8m 时，布置两个起爆药包，一个置于距孔底 0.3～0.5m 处，另一个置于药柱顶端 0.5m 处。

2) 分段装药结构，将深孔中的药柱分为若干段，用空气、岩渣或水间隔，如图 11-33 所示。

3) 孔底间隔装药结构，底部一定长度不装药，以空气、水或柔性材料作为间隔介质，如图 11-34 所示。

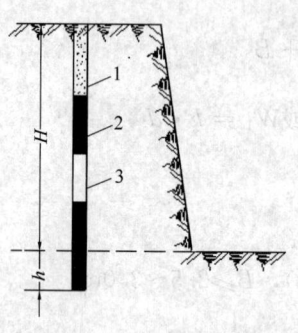 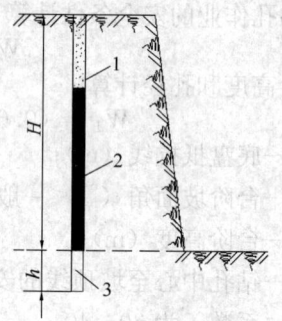

图 11-33　空气分段装药　　　　　　图 11-34　孔底间隔装药
1—堵塞；2—炸药；3—空气　　　　　1—堵塞；2—炸药；3—空气

4) 混合装药结构，孔底装高威力炸药，上部装普通炸药。

(4) 起爆顺序

1) 排间顺序起爆，分为排间全区顺序起爆和排间分区顺序起爆，如图 11-35 所示。

2) 排间奇偶式顺序起爆，从自由面开始，由前排至后排逐步起爆，在每一排里均按奇数孔和偶数孔分成两段起爆，如图 11-36 所示。

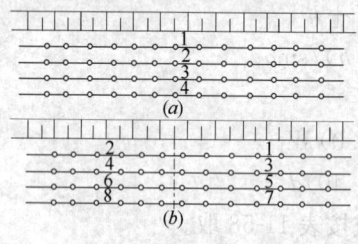 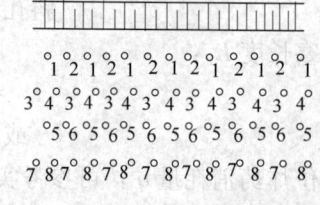

图 11-35　排间顺序起爆　　　　　　图 11-36　排间奇偶式顺序起爆
(a) 排间全区顺序起爆；(b) 排间分区顺序起爆

3) 波浪式顺序起爆，即相邻两排炮孔的奇偶数孔相连，其爆破顺序犹如波浪，见图 11-37。

4) V 字形顺序起爆，前后排孔同段相连，起爆顺序似 V 字形。起爆时，先从爆区中部爆出一个 V 字形的空间，为后段炮孔创造自由面，然后两侧同段起爆，如图 11-38 所示。

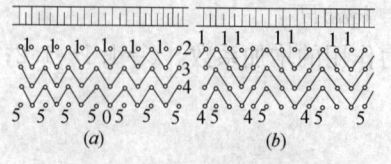 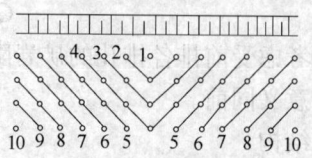

图 11-37　波浪顺序起爆　　　　　　图 11-38　V 字形顺序起爆
(a) 小波浪式；(b) 大波浪式

5）梯形顺序起爆，前后排同段炮孔连线似梯形，该起爆顺序碰撞挤压效果好，如图 11-39 所示。

6）对角线顺序起爆，从爆区侧翼开始，同时起爆的各排炮孔均与台阶坡顶线斜交，毫秒爆破为后爆炮孔创造了新的自由面，如图 11-40 所示。

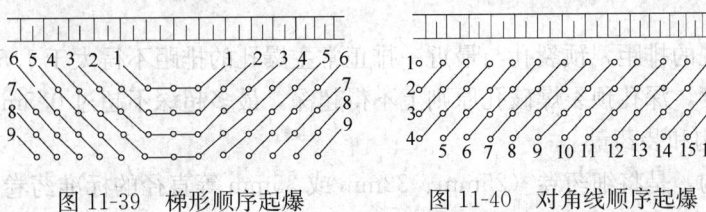

图 11-39　梯形顺序起爆　　　图 11-40　对角线顺序起爆

#### 11.3.2.2　露天浅孔台阶爆破

浅孔爆破是指孔深不超过 5m、孔径在 50mm 以下的爆破。露天浅孔台阶爆破与露天深孔台阶爆破的基本原理、爆破参数选择相似，露天浅孔台阶爆破的孔径、孔深、孔间距、爆破规模比较小。

浅孔台阶爆破主要参数可参考表 11-59。

浅孔台阶爆破主要参数　　　　　　　　　表 11-59

| 孔径<br>(mm) | 台阶高<br>(m) | 孔深<br>(m) | 抵抗线<br>(m) | 孔间距<br>(m) | 堵塞<br>(m) | 装药量<br>(kg) | 单耗<br>(kg/m³) |
|---|---|---|---|---|---|---|---|
| 26～34 | 0.2 | 0.6 | 0.4 | 0.5 | 0.5 | 0.05 | 1.25 |
| 26～34 | 0.3 | 0.6 | 0.4 | 0.5 | 0.5 | 0.05 | 0.83 |
| 26～34 | 0.4 | 0.6 | 0.4 | 0.5 | 0.5 | 0.05 | 0.63 |
| 26～34 | 0.6 | 0.9 | 0.5 | 0.65 | 0.8 | 0.10 | 0.51 |
| 26～34 | 0.8 | 1.1 | 0.6 | 0.75 | 0.1 | 0.20 | 0.56 |
| 26～34 | 1.0 | 1.4 | 0.8 | 1.0 | 1.0 | 0.40 | 0.50 |
| 51 | 1.0 | 1.4 | 0.8 | 1.1 | 1.0 | 0.40 | 0.50 |
| 51 | 1.5 | 2.0 | 1.0 | 1.2 | 1.2 | 0.85 | 0.47 |
| 51 | 2.0 | 2.6 | 1.3 | 1.6 | 1.3 | 1.70 | 0.41 |
| 51 | 2.5 | 3.2 | 1.5 | 1.9 | 1.5 | 2.70 | 0.38 |
| 64 | 1.0 | 1.1 | 0.8 | 1.1 | 1.1 | 0.40 | 0.50 |
| 64 | 2.0 | 2.7 | 1.3 | 1.6 | 1.5 | 1.90 | 0.46 |
| 64 | 3.0 | 3.8 | 1.6 | 2.0 | 1.6 | 3.80 | 0.40 |
| 64 | 4.0 | 4.9 | 2.1 | 2.6 | 2.0 | 6.50 | 0.30 |
| 76 | 1.0 | 1.6 | 1.1 | 1.3 | 1.2 | 0.57 | 0.40 |
| 76 | 2.0 | 2.6 | 1.3 | 1.6 | 1.3 | 1.70 | 0.41 |
| 76 | 3.0 | 3.8 | 1.5 | 1.8 | 1.5 | 3.20 | 0.40 |
| 76 | 4.0 | 5.0 | 1.7 | 2.1 | 1.7 | 5.60 | 0.39 |
| 76 | 5.0 | 6.2 | 2.0 | 2.5 | 2.0 | 10.00 | 0.40 |
| 76 | 6.0 | 7.4 | 2.6 | 3.2 | 2.6 | 18.1 | 0.36 |

#### 11.3.2.3　预裂爆破和光面爆破

为了使爆破开挖的边界尽量与设计的轮廓线符合，对临近永久边坡和堑沟、基坑、基槽的爆破，常采用预裂爆破和光面爆破，来保护边坡，以确保爆破安全。

（1）预裂爆破

沿开挖边界布置密集炮孔，采取不耦合装药或装填低威力炸药，在主爆区之前起爆，从而在爆区与保留区之间形成预裂缝，以减弱主爆孔爆破对保留岩体的破坏并形成平整轮廓面的爆破作业。

1) 爆破参数选择

① 孔径和孔距，孔径一般为 50～100mm，也可选择孔径为 150～200mm。孔距取 8～12 倍的孔径。

② 与邻近孔的排距，预裂孔与最近一排正常主爆孔的排距不得大于 1.5～2.0m。

③ 炮孔深度，深孔预裂爆破孔原则上不得超深，最多超深不超过 0.5m。

2) 装药结构和装药量

① 装药结构，是将细药卷（25mm、32mm 或 35mm 等直径的标准药卷）顺次连续或间隔绑在导爆索上。绑在导爆索上的药串可以再绑在竹片上，缓缓送入孔中间，使竹片贴靠保留岩壁一侧。

② 装药量，预裂爆破孔的线装药密度一般为 0.1～1.5kg/m，孔底部 1～2m 增加装药量 1～4 倍，上部 1m 装药量减小 1/3～1/2。炮孔不耦合系数 2～5。

a. 经验公式计算法：

$$（地下隧道爆破）Q_{线} = 0.034 [\delta_y]^{0.63} a^{0.67} \quad (11-44)$$

$$（露天深孔爆破）Q_{线} = 0.367 [\delta_y]^{0.50} a^{0.86} \quad (11-45)$$

$$（露天深孔爆破）Q_{线} = 0.127 [\delta_y]^{0.50} a^{0.82} (d/2)^{0.24} \quad (11-46)$$

式中　$Q_{线}$——线装药密度（kg/m）；

　　　$[\delta_y]$——岩石的极限抗压强度（MPa）；

　　　$d$——炮孔直径（m）；

　　　$a$——炮孔间距（m）。

b. 经验数据法：

根据经验提出一些数据供选取，再通过试验确定合理的装药量和装药结构。预裂爆破参数经验数据如表 11-60 所示。

预裂爆破参数经验数据　　　　表 11-60

| 岩石性质 | 岩石抗压强度（MPa） | 钻孔直径（mm） | 钻孔间距（mm） | 装药量（g/m） |
|---|---|---|---|---|
| 软弱岩石 | <50 | 50 | 0.45～0.7 | 100～160 |
| 软弱岩石 | <50 | 80 | 0.6～0.8 | 100～180 |
| 软弱岩石 | <50 | 100 | 0.8～1.0 | 150～250 |
| 中硬岩石 | 50～80 | 50 | 0.4～0.65 | 160～260 |
| 中硬岩石 | 50～80 | 80 | 0.6～0.8 | 180～300 |
| 中硬岩石 | 50～80 | 100 | 0.8～1.0 | 250～350 |
| 次坚石 | 80～120 | 90 | 0.8～0.9 | 250～400 |
| 次坚石 | 80～120 | 100 | 0.8～1.0 | 300～450 |
| 坚石 | >120 | 90～100 | 0.8～1.0 | 300～700 |

3) 起爆网路

采用导爆索线型爆破网路，起爆药量太大时，采用导爆索微差爆破网路。

4) 质量标准

① 裂缝必须贯通，壁面上不应残留未爆落岩体。

② 相邻炮孔间岩壁面的不平整度小于±15cm。

③ 壁面应残留有炮孔孔壁痕迹，且不小于原炮孔壁的 1/3～1/2。残留的半孔率，对于节理裂隙不发育的岩体应达 85% 以上，节理裂隙发育的应达 50%～85%，节理裂隙极发育的应达 10%～50%。

(2) 光面爆破

沿开挖边界布置密集炮孔，采取不耦合装药或装填低威力炸药，在主爆区之后起爆，以形成平整的轮廓面的爆破作业。

1) 爆破参数选择

① 光面爆破最小抵抗线的确定：

$$W = (15 \sim 20)d \tag{11-47}$$

式中 $W$——光面爆破最小抵抗线（m）；
$d$——钻孔直径（m）。

② 光面爆破炮孔间距可采用下式计算：

$$a = (0.6 \sim 0.8)W \text{ 或}(10 \sim 16)d \tag{11-48}$$

式中 $a$——光面爆破孔间距（m）。

2) 装药结构和装药量

① 装药结构是将细药卷（25mm、32mm 或 35mm 等直径的标准药卷）顺次连续或间隔绑在导爆索上。绑在导爆索上的药串可以再绑在竹片上，缓缓送入孔中间，使竹片贴靠保留岩壁一侧。

② 装药量

a. 计算法：

$$Q = qahW \tag{11-49}$$

式中 $Q$——装药量（kg）；
$a$——炮孔间距（m）；
$h$——炮孔深度（m）；
$q$——炸药单耗药量（kg/m³）。

b. 经验数据法，光面爆破装药量主要依据经验数值，可参考表 11-61、表 11-62 数据。

隧洞光面爆破参数  表 11-61

| 围岩条件 | 钻爆参数 | | | 适用条件 |
| --- | --- | --- | --- | --- |
| | 炮孔间距 $a$ (m) | 最小抵抗线 $W$ (m) | 线装药密度 $q$ (kg/m) | |
| 坚硬岩 | 0.55～0.70 | 0.60～0.80 | 0.30～0.35 | 炮孔直径为 40～50mm，药卷直径为 20～25mm。炮孔深度为 1.3～3.5m |
| 中硬岩 | 0.45～0.65 | 0.60～0.80 | 0.20～0.30 | |
| 软岩 | 0.35～0.50 | 0.40～0.60 | 0.08～0.12 | |

土石方工程的光面爆破参数  表 11-62

| 工程名称 | 岩石种类 | 孔径 (mm) | 孔距 (m) | 抵抗线 (m) | 线装药密度 (kg/m) | 炸药单耗 (kg/m³) |
| --- | --- | --- | --- | --- | --- | --- |
| 张家船路堑 | 矿岩 | 150 | 1.5～2.0 | 3.0～3.3 | 0.31 | 0.12～0.18 |
| 前坪路堑 | 砂岩 | 150 | 1.5 | 2.3 | 0.70 | 0.13 |
| 马颈坳路堑 | 石灰岩 | 150 | 1.5～1.6 | 1.6～1.9 | 0.90 | 0.6 |
| 休宁站场 | 红砂岩 | 150 | 2.0 | 2～3 | 1.2～2.7 | 0.3～0.4 |
| 凡洞铁矿 | 斑岩、花岗岩 | 150 | 2.0～2.3 | 2.0～2.5 | 1.0 | — |

3) 质量标准

同预裂爆破质量标准要求。

#### 11.3.2.4 路堑深孔爆破

铁路、公路路堑爆破与露天深孔爆破有所不同,特点是地形变化大,多在条形地带施工,爆破区域不规则,孔深、孔间距、抵抗线、每孔装药量等变化大,布孔条件复杂,通常有两种布孔方法。

(1) 半壁路堑开挖布孔方式

半壁路堑开挖,多以纵向台阶法布置,平行线路方向钻孔。对于高边坡半壁路堑,应采用分层布孔,如图11-41所示。复线扩建路堑,采用浅层横向台阶纵向推进法布孔,边坡用预裂爆破,如图11-42所示。

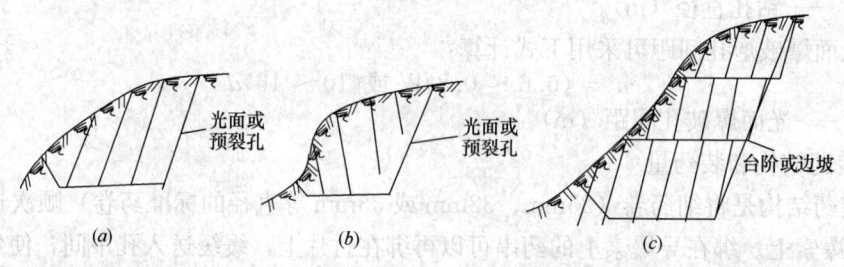

图11-41 半壁路堑布孔
(a) 倾斜孔;(b) 垂直孔;(c) 分层布孔

(2) 全路堑开挖布孔方式

全路堑开挖断面小,缺少自由面,爆破易影响边坡的稳定性。最好采用纵向浅层开挖。上层边孔可布置倾斜孔进行预裂爆破,下层靠边坡的垂直孔深度应控制在边坡线以内,如图11-43所示。

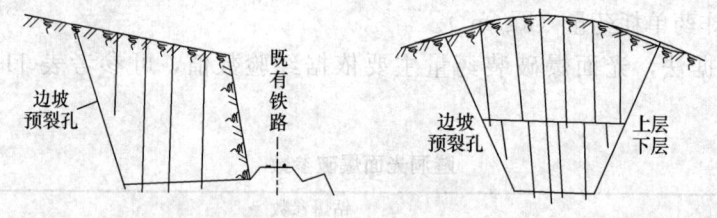

图11-42 复线扩建路堑开挖法    图11-43 单线全路堑分层开挖法

#### 11.3.2.5 沟槽爆破

宽度小于4m的台阶爆破称为沟槽爆破。沟槽爆破通常应在沟槽外沿设计光面或预裂炮孔,沟槽爆破炮孔布置方式如图11-44所示,常规沟槽爆破参数如表11-63所示。

常规沟槽爆破参数  表11-63

| 沟槽深度 $H$ (m) | 2.0 | 2.5 | 3.0 | 3.5 | 4.0 | 4.5 | 5.0 |
|---|---|---|---|---|---|---|---|
| 炮孔深度 $L$ (m) | 2.6 | 3.2 | 3.7 | 4.2 | 4.7 | 5.3 | 5.8 |
| 抵抗线 $W$ (m) | 1.6 | 1.6 | 1.6 | 1.6 | 1.5 | 1.5 | 1.5 |

续表

| 装药集中度 (kg/m) | 2.6 | 2.6 | 2.6 | 2.6 | 2.6 | 2.6 | 2.6 |
|---|---|---|---|---|---|---|---|
| 装药高度 $L_1$ (m) | 0.6 | 1.2 | 1.7 | 2.2 | 2.7 | 3.3 | 3.8 |
| ANFO 装药量 $Q_1$ (kg) | 1.55 | 3.10 | 4.40 | 5.70 | 7.00 | 8.60 | 9.90 |
| 起爆药量 $Q_2$ (kg) | 1.25 | 1.25 | 1.25 | 1.25 | 1.25 | 1.25 | 1.25 |
| 堵塞长度 $L_2$ (m) | 1.5 | 1.5 | 1.5 | 1.5 | 1.5 | 1.5 | 1.5 |
| 平均单耗 (kg/m³) | 1.2 | 1.2 | 1.6 | 1.6 | 1.8 | 1.8 | 1.8 |

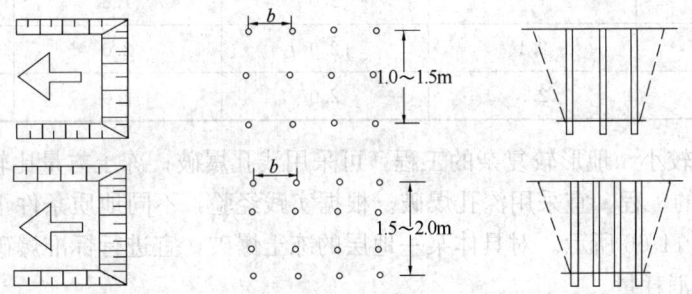

图 11-44 沟槽爆炮破孔布置方式

沟槽爆破的注意事项：

1) 为保护开挖边坡，边孔位置距沟槽顶口边线的距离一般以一个炮孔直径为佳。

2) 在沟槽边坡较缓（大于 1∶0.75）的边坡上进行垂直布孔时，应考虑炮孔底部距边坡的保护层厚度，边坡保护层示意图如图 11-45 所示。边坡保护层厚度 $\rho$，即：$\rho=(5\sim8)d_0$，式中，$d_0$ 为底部药包直径（mm）。

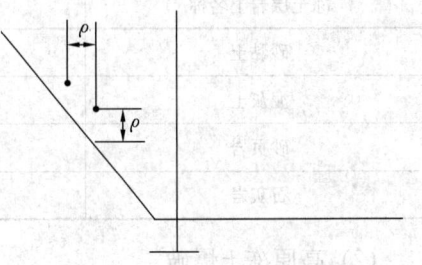

图 11-45 边坡保护层示意图

#### 11.3.2.6 冻土爆破

冻土爆破的起爆器材与常规爆破相同，选用电爆网路时要注意防雷电措施，选用导爆管爆破网路时要注意低温对导爆管的影响。

(1) 一般冻土爆破

一般冻土指平原、丘陵地区非永久冻层的多年冻土，含冰量不大、冻结深度较浅。冻土层厚度不足 1m 时，在冻土层以下装药爆破，其爆破参数如表 11-64 所示。冻土层厚度超过 1m 时，在冻土层中装药爆破，其爆破参数如表 11-65 所示；当单孔药量不超过 2kg 时，每孔可作为同一个延时段起爆；当单孔药量超过 2kg 时，可在孔内分层爆破，上层先爆，下层后爆，延时间隔取 20~25ms。

冻土层下装药爆破参数　　表 11-64

| 冻土层厚度 (m) | 药包埋深 (m) | 炮孔间距 (m) | 单孔药量 (kg) |
|---|---|---|---|
| 0.3 | 0.5 | 0.8 | 0.15 |
| 0.5 | 0.7 | 1.1 | 0.25 |
| 0.7 | 0.9 | 1.5 | 0.50 |
| 1.0 | 1.4 | 2.0 | 1.00 |

冻土层中装药爆破参数　　　　　　　　　表 11-65

| 冻土层厚度（m） | 药包埋深（m） | 炮孔间距（m） | 最小抵抗线（m） | 单孔药量（kg） |
|---|---|---|---|---|
| 1.2 | 1.0 | 1.2 | 0.9 | 0.45 |
| 1.4 | 1.2 | 1.4 | 1.2 | 0.8 |
| 1.6 | 1.4 | 1.8 | 1.5 | 1.4 |
| 1.8 | 1.6 | 2.0 | 1.7 | 2.0 |
| 2.0 | 1.8 | 2.0 | 1.8 | 2.5 |
| 2.4 | 2.1 | 2.0 | 2.0 | 3.2 |
| 2.8 | 2.5 | 2.0 | 2.0 | 3.9 |

冻土开挖量较小、地形较复杂的工程，可采用浅孔爆破；冻土方量比较集中、台阶开挖高度大于 5m 的工程，宜采用深孔爆破。根据实践经验，不同地质条件下冻土层的单位炸药消耗量如表 11-66 所示。对具体某一地层的冻土爆破，宜进行标准爆破漏斗试验以确定最佳单位炸药消耗量。

不同地质条件下冻层的单位炸药消耗量（单位：$kg/m^3$）　　　表 11-66

| 冻土层岩土名称 | 松动爆破 | 加强松动爆破 |
|---|---|---|
| 砂黏土 | 0.30～0.40 | 0.60～0.75 |
| 泥灰土 | 0.40～0.50 | 0.80～1.00 |
| 砂页岩 | 0.50～0.65 | 1.00～1.20 |
| 石灰岩 | 0.60～0.75 | 1.10～1.30 |

（2）高原冻土爆破

在高原地区，例如青藏高原的冻土爆破不同于一般地区的冻土爆破，具体表现在以下几个方面：一是生态环境原始、独特、脆弱、敏感，一经破坏难以恢复，甚至是不可逆的。二是多为富冰冻土和饱冰冻土，表层少有植被。冰冻期从 9 月到次年 4 月，平均温度 −4℃，最低温度 −45℃。冻土层厚度达 4～80m，冻结上限很浅，一般为 1.5～2.5m。三是高原地区气压低，严重缺氧，无论是人工和机械效率都很低。所以，高原冻土的钻孔和爆破难度极大，其施工原则及经验如下：

1）遵循快速施工原则

路堑开挖爆破应分段施工，分段长度一般以路堑冻土暴露时间不超过 7 天为宜。一次爆破规模应根据工程地质条件及施工力量确定，宜在一天内完成"钻-爆-清挖-地基处理"一次循环进尺。

2）爆破方法选择

为保护生态环境，应以浅孔、深孔松动爆破为主。开挖方量小、地形较复杂工地可采用浅孔爆破；方量比较集中、台阶高度大于 5m 采用深孔爆破；挖深不超过 15m 的路堑，宜一次爆破成型。

3）爆破参数

一般松动爆破的单耗为 $0.45～0.65kg/m^3$，弱松动爆破的单耗为 $0.25～0.45kg/m^3$。

炮孔直径一般取80～110mm，最小抵抗线为1.5～3.0m，孔距为2.0～3.0m，排距为1.5～3.0m。在冻土中钻孔易发生塌孔、回淤、回冻现象，因此钻孔超深对浅孔取为0.20～0.30m，对深孔取为0.40～0.50m。

4）其他注意事项

清挖机械不宜采用履带式推土机和铲运机。严禁挖、运机械直接碾压已爆破开挖到位的冻土层的基地面。应在固定的便道上行驶，场内通道应铺设一定厚度的粗粒土工作垫层。

爆破开挖后，边坡面、基地面要采用特制的防紫外线的遮阳篷布覆盖。暴露的冰结冻土在遮盖篷布前，应先用干土进行覆盖。暖季施工时，爆破开挖边界外，宜设排水沟截留地表水。

### 11.3.3 拆除爆破

#### 11.3.3.1 拆除爆破的特点及适用范围

利用少量炸药爆破拆除废弃的建（构）筑物，使其塌落解体或破碎；受环境约束，严格控制爆破产生的振动、飞石、粉尘、噪声等危害的影响，保护周围建（构）筑物和设备安全的控制爆破技术。

(1) 拆除爆破的特点

1）保证拟拆除范围塌散、破碎充分，邻近的保留部分不受损坏。

2）控制建（构）筑物爆破后的倒塌方向和堆积范围。

3）控制爆破时个别碎块的飞散方向和抛出距离。

4）控制爆破时产生的冲击波、爆破振动和建（构）筑物塌落振动的影响范围。

(2) 拆除爆破建（构）筑物的类别

1）按爆破拆除设计方案的基本特点，分为两大类，一类是有一定高度的建（构）筑物，如：楼房、桥梁、烟囱等；另一类是基础结构物、构筑物，如：建筑基础、桩基、基坑支撑等；

2）按爆破对象材质分类，有钢筋混凝土、素混凝土、砖砌体、浆砌片石、钢结构物等。

#### 11.3.3.2 拆除爆破工程设计

拆除爆破工程大多数位于城市建筑物密集区，周围环境复杂，既要拆旧又要建新，为了不扰民或少扰民，应尽量减小爆破危害的影响，爆破设计包括设计方案、爆破参数和控制危害的措施。

(1) 拆除爆破总体设计方案

在了解周围环境及拆除爆破可能产生的各种危害的前提下，对要拆除的对象选择确定的最基本的爆破方案、设计思想，如对一座建筑物是采用折叠倒塌方案，还是分段（跨）原地塌落的方案；对多个楼房进行拆除爆破，是逐座分别爆破，还是一次爆破实施完成等。

(2) 拆除爆破技术设计

在总体爆破设计方案基础上编制的具体爆破设计方案，包括：工程概况、爆破参数选择、爆破网路、爆破安全及防护措施等。

1) 详细描述设计方案的内容，如倒塌方案的依据，爆破部位的确定，起爆次序的安排等。

2) 爆破参数选择，包括炮孔布置，各个药包的最小抵抗线、药包间距、炮孔深度、药量计算、堵塞长度等参数的确定。

3) 爆破网路设计，包括起爆方法的确定、网路设计、连接方法、起爆方式等。

4) 爆破安全防护措施设计，根据要保护对象允许的地面振动速度，确定最大一段的起爆药量及一次爆破的总药量，采取的减振、防振措施。对烟囱、水塔类建（构）筑物爆破后可能产生的后座、残体滚落、前冲、坍塌触地飞溅等，采取的防护措施；对爆破体表面的覆盖或防护屏障的设置。

(3) 拆除爆破设计参数选择

1) 最小抵抗线 $W$

根据拆除物特点选择最小抵抗线 $W$，对墙、梁、柱等物，一般抵抗线为 $12B$（$B$ 为断面厚度）；对拱形或圆形结构物，外侧的最小抵抗线为 $(0.65 \sim 0.68)B$，内侧的最小抵抗线 $W = (0.3 \sim 0.35)B$；对大体积构筑物，混凝土基础 $W = 35 \sim 50$ cm；浆砌片石 $W = 50 \sim 70$ cm；钢筋混凝土墩台帽：$W = (3/4 \sim 4/5)H$（$H$ 为墩台帽厚度）。

2) 炮孔间距 $a$ 和排距 $b$

炮孔间排距按 $a = mW$，$b = nW$ 确定。$m$、$n$ 系数一般凭经验选取。钢筋混凝土，$a = (1.2 \sim 2.0)W$；浆砌片石，$a = (1.0 \sim 1.5)W$；浆砌砖墙，$a = (1.2 \sim 2.0)W$；多排炮孔排距，$b = (0.6 \sim 0.9)a$。

3) 炮孔直径 $d$ 和炮孔深度 $L$

炮孔直径 $d$ 采用 $38 \sim 44$ mm。炮孔深度 $L$ 不宜超过 2m。爆破体底部有临空面时，取 $L = (0.5 \sim 0.65)H$；底部无临空面时，取 $L = (0.7 \sim 0.8)H$。堵塞长度，$L_1 \geqslant (1.1 \sim 1.2)W$。

4) 单位体积耗药量 $q$

对重要的拆除爆破工程，或对爆破体的材质、强度和原施工质量不了解，则应对爆破体进行小范围局部试爆，摸索 $q$ 值，也可做模拟试验。

(4) 拆除爆破的药量计算

1) 爆破破碎的药量可用下式计算：

① $Q_i = qWaH$；② $Q_i = qabH$；③ $Q_i = qBaH$。

式中　$Q_i$——单个炮孔装药量（kg）；

　　　$W$——最小抵抗线（m）；

　　　$a$——炮孔间距（m）；

　　　$b$——炮孔排距（m）；

　　　$B$——爆破体的宽度或厚度（m）；

　　　$H$——爆破体的高度（m）；

　　　$q$——单位体积耗药量（kg/m³）。

2) 各种不同材质及爆破条件下的 $q$ 值参考表 11-67、表 11-68。

单位体积耗药量 $q$  表 11-67

| 爆破对象 | $W$ (cm) | $q$ (g/m³) | | |
|---|---|---|---|---|
| | | 一个临空面 | 二个临空面 | 三个临空面 |
| 混凝土圬工强度较低 | 35~50 | 150~180 | 120~150 | 100~120 |
| 混凝土圬工强度较高 | 35~50 | 180~220 | 150~180 | 120~150 |
| 混凝土桥墩及桥台 | 40~60 | 250~300 | 200~250 | 150~200 |
| 混凝土公路路面 | 45~50 | 300~360 | | |
| 钢筋混凝土桥墩台帽 | 35~40 | 440~500 | 360~440 | |
| 钢筋混凝土铁路桥板梁 | 30~40 | | 480~550 | 400~480 |
| 浆砌片石或料石 | 50~70 | 400~500 | 300~400 | |
| 钻孔桩的桩头直径 1.00m | 50 | | | 250~280 |
| 钻孔桩的桩头直径 0.80m | 40 | | | 300~340 |
| 钻孔桩的桩头直径 0.60m | 30 | | | 530~580 |
| 浆砌砖墙厚约37cm（$a=1.5W$） | 18.5 | 1200~1400 | 1000~1200 | |
| $b=(0.8~0.9)a$ 厚约50cm（$a=1.5W$） | 25 | 950~1100 | 800~950 | |
| （$a=1.2W$）厚约63cm | 31.5 | 700~800 | 600~700 | |
| （$a=1.2W$）厚约75cm | 37.5 | 500~600 | 400~500 | |

钢筋混凝土梁柱爆破单位体积耗药量 $q$  表 11-68

| $W$ (cm) | $q$ (g/m³) | 布筋情况 | 爆破效果 |
|---|---|---|---|
| 10 | 1150~1300 | 正常布筋 | 混凝土破碎、疏松、与钢筋分离、部分碎块逸出钢筋笼 |
| | 1400~1500 | 单箍筋 | 混凝土破碎、疏松、脱离钢筋笼、箍筋拉断、主筋膨胀 |
| 15 | 500~560 | 正常布筋 | 混凝土破碎、疏松、与钢筋分离、部分碎块逸出钢筋笼 |
| | 650~740 | 单箍筋 | 混凝土粉碎、疏松、脱离钢筋笼、箍筋拉断、主筋膨胀 |
| 20 | 380~420 | 正常布筋 | 混凝土破碎、疏松、与钢筋分离、部分碎块逸出钢筋笼 |
| | 420~460 | 单游筋 | 混凝土破碎、疏松、脱离钢筋笼、箍筋拉断、主筋膨胀 |
| 30 | 300~340 | 正常布筋 | 混凝土破碎、疏松、与钢筋分离、部分碎块逸出钢筋笼 |
| | 350~380 | 单箍筋 | 混凝土破碎、疏松、脱离钢筋笼、箍筋拉断、主筋膨胀 |
| | 380~400 | 布筋较密 | 混凝土破碎、疏松、与钢筋分离、部分碎块逸出钢筋笼 |
| | 460~480 | 双箍筋 | 混凝土破碎、疏松、脱离钢筋笼、箍筋拉断、主筋膨胀 |
| 40 | 260~280 | 正常布筋 | 混凝土破碎、疏松、与钢筋分离、部分碎块逸出钢筋笼 |
| | 290~320 | 单箍筋 | 混凝土破碎、疏松、脱离钢筋笼、箍筋拉断、主筋膨胀 |
| | 350~370 | 布筋较密 | 混凝土破碎、疏松、与钢筋分离、部分碎块逸出钢筋笼 |
| | 420~440 | 双箍筋 | 混凝土破碎、疏松、脱离钢筋笼、箍筋拉断、主筋膨胀 |
| 50 | 220~240 | 正常布筋 | 混凝土破碎、疏松、与钢筋分离、部分碎块逸出钢筋笼 |
| | 250~280 | 单箍筋 | 混凝土破碎、疏松、脱离钢筋笼、箍筋拉断、主筋膨胀 |
| | 320~340 | 布筋较密 | 混凝土破碎、疏松、与钢筋分离、部分碎块逸出钢筋笼 |
| | 380~400 | 双箍筋 | 混凝土破碎、疏松、脱离钢筋笼、箍筋拉断、主筋膨胀 |

#### 11.3.3.3 钢筋混凝土支撑爆破

高层建筑基坑开挖时用钢筋混凝土支撑作临时支护,在基础施工时要拆除,用爆破法拆除是行之有效的办法。钢筋混凝土支撑的特点是混凝土强度等级高达 C40 以上,含钢量高达 10% 以上,断面大 (1.12~1.26m²),部分工程的钢筋混凝土支撑梁爆破拆除工程量有上万立方米。

(1) 爆破拆除方案

因基坑条件限制,爆破拆除钻孔采用手风钻钻孔、孔径为 38~42mm,标准药卷 $\phi$=32mm,导爆管毫秒雷管爆破网路进行爆破拆除。为了保证爆破后支撑中钢筋便于切割,分段爆破切口长度不应小于 2 倍的构件高度,即 $L \geq 2H \approx 200cm$。对于较长的支撑梁,除支点进行爆破外,还应根据吊车起吊能力,进行分段切割爆破,分段长度为 10~15m 为宜。围檩最靠墙的炮孔距墙 0.2m。

(2) 爆破孔网参数

1) 炮孔参数:最小抵抗线 $W = 35 cm$;孔距 $a = (1.2 \sim 1.4)W = 45 (48) cm$;排距 $b = W = 35cm$;孔深 $L = 2/3H = 52 (60) cm$;回填长度 $L_2 = (0.8 \sim 1.0)W = 28 \sim 35cm$;排与排分段延期时间 $t = 75 \sim 100ms$。

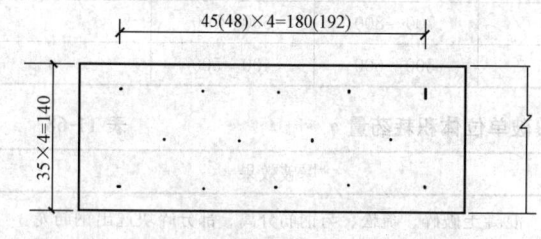

图 11-46 炮孔平面布置示意图

注:上述括号内数据为构件高度 $H=0.9m$ 的参数值,括号外数据为 $H=0.8m$ 的参数值。

2) 确定炮孔参数时应注意,孔深 $L$ 应大于孔距 $a$,否则应减小孔距,采用梅花形布孔,炮孔平面布置示意图如图 11-46 所示。节点区段炮孔参数按此原则适当进行调整。

(3) 药量计算

爆破拆除的药量按下式进行估算,然后进行试炮校核决定。

$$Q = KabH \tag{11-50}$$

式中 $Q$ ——单孔药量 (g);
$K$ ——单位体积耗药量 (g/m³);
$a$ ——炮孔间距 (m);
$b$ ——炮孔排距 (m);
$H$ ——构件高度 (m)。

(4) 区段划分及网路保护

1) 一般先炸支撑,后炸围檩;或用微差爆破先切割分开围檩和支撑,再进行破碎爆破。

2) 支撑沿纵向分段,限定一段药量,支撑的节点断面大,布筋密,应当成一个独立体爆破,由外层到内层延期起爆,如图 11-47 所示。

3) 围檩爆破要严格控制单响药量,先沿纵向分成若干区,区间延时,每区从外向内再分排延期起爆,如图 11-48 所示。

4) 由于每次起爆延期段数多达上百段,时间延期长,为了保护爆破网路,防止拒爆,采取三项措施:爆破体网路均用湿草袋覆盖保护,各区段之间采用孔外复式延期雷管,同段各排之间用导爆管复式闭合网路。

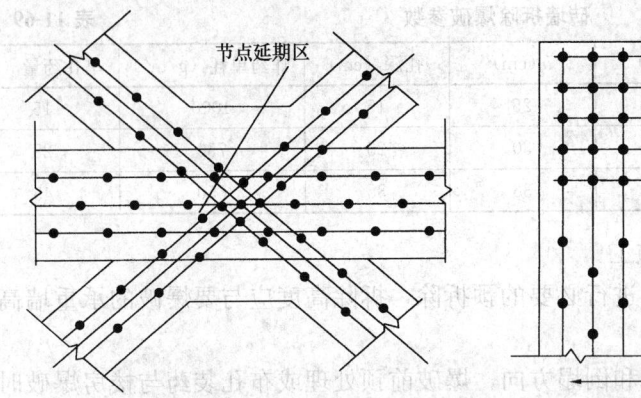

图 11-47 节点炮孔布置及延期划分示意图

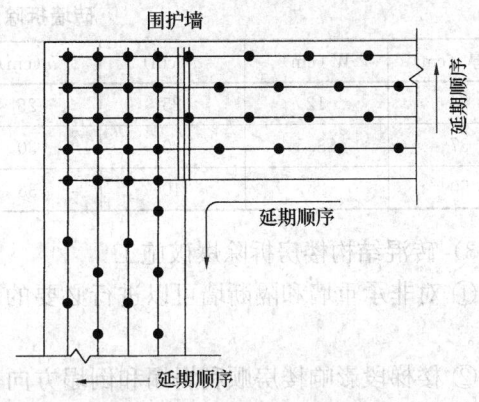

图 11-48 围檩炮孔布置及延期划分示意图

(5) 安全技术措施

1) 爆破振动强度用最大一段药量控制，按下式进行计算：

$$V = K(Q^{1/3}R)^a \tag{11-51}$$

式中 $V$——爆破振动速度（cm/s），根据《爆破安全规程》GB 6722—2014 规定选择；

$Q$——最大一段安全起爆药量（kg）；

$K$、$a$——与地形、地质条件有关系数和衰减系数；

$R$——爆源到保护物的距离（m）。

2) 控制飞石不出基坑。对药量、孔深、回填质量、起爆顺序进行严格控制，使飞石向下、侧向运动；对最上层支撑用湿草袋主动覆盖；在坑口用钢管脚手架、一层竹排、二层湿草袋进行被动防护；如图 11-49 所示。

3) 根据基坑四周环境条件情况，可以挖掘有一定深度、宽度 1m 左右减振沟，以减小爆破振动对四周建（构）筑物的影响。

以上防护还可以减弱空气冲击波，噪声及烟尘，保障环境安全。

### 11.3.3.4 楼房拆除爆破

(1) 砖混结构楼房拆除爆破

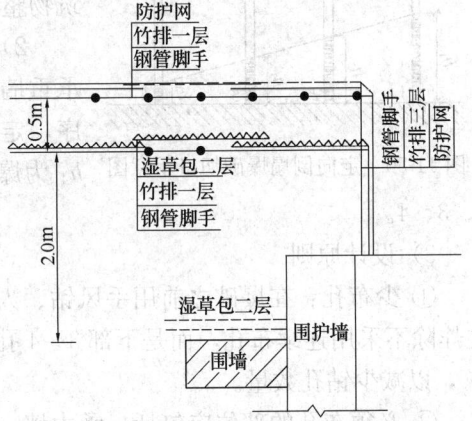

图 11-49 坑口安全防护示意图

1) 砖混结构楼房爆破拆除的特点

砖混结构楼房一般 10 层以下，有的含部分钢筋混凝土梁柱，拆除爆破多采用定向倒塌方案或原地塌落方案。爆破楼房要往一侧倾倒时，对爆破缺口范围的柱、墙实施爆破时，一定使保留部分的柱和墙体有足够的支撑强度，成为铰点使楼房倾斜后向一侧塌落。

2) 砖墙爆破设计参数的选取原则

一般采用水平钻孔。$W$ 为砖墙厚度的一半，即 $W = B/2$，炮孔水平方向；间距 $a$ 随墙体厚度及其浆砌强度而变化，取 $a = (1.2\sim2.0)W$，排距 $b = (0.8\sim0.9)a$，砖墙拆除爆破参数见表 11-69。

**砖墙拆除爆破参数** 表 11-69

| 墙厚（cm） | W（cm） | a（cm） | b（cm） | 孔深（cm） | 炸药单耗（g/m³） | 单孔药量（g） |
|---|---|---|---|---|---|---|
| 24 | 12 | 25 | 25 | 15 | 1000 | 15 |
| 37 | 18.5 | 30 | 30 | 23 | 750 | 25 |
| 50 | 25 | 40 | 36 | 35 | 650 | 45 |

3) 砖混结构楼房拆除爆破施工

① 对非承重墙和隔断墙可以进行必要的预拆除，拆除高度应与要爆破的承重墙高度一致。

② 楼梯段影响楼房顺利坍塌和倒塌方向，爆破前预处理或布孔装药与楼房爆破时一起起爆。

(2) 框架结构楼房拆除爆破

1) 框架结构楼房内承重构件是钢筋混凝土立柱，它们和梁构成框架，爆破拆除时，将立柱一段高度的混凝土充分爆破破碎，使之和钢筋骨架脱离开，柱体上部失去支撑，爆破部位以上的建筑结构物在重力作用下失稳，在动力和重力矩作用下，爆破柱体以上的构件受剪力破坏，向爆破一侧倾斜塌落，若后排立柱根部和前排立柱同时或延期进行松动爆破破碎，则建筑物整体将以其作为支撑点转动、倾倒、塌落。

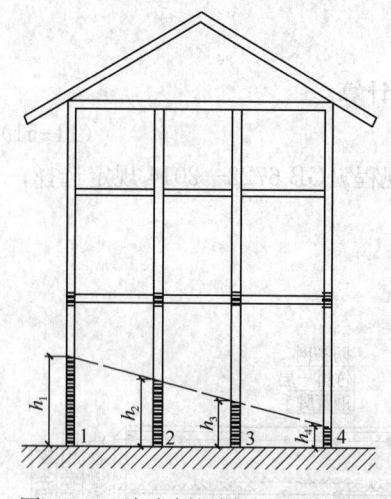

图 11-50 定向倒塌爆破切口示意图

2) 实现定向倒塌的办法，一是在沿倾斜方向的承重墙、柱上布置不同炸高；二是安排恰当的起爆顺序，定向倒塌爆破切口示意图如图 11-50 所示，$h_1 \sim h_4$ 为爆破切口，且 $h_1 > h_2 > h_3 > h_4$，起爆顺序为 1、2、3、4。

3) 设计原则

① 少布孔：在爆破之前用手风钻、人工进行充分的预拆除，拆高 0.5～1.0m。对立柱炸除不采用连续布孔，而是下部 3～4 孔，上部节点 2～3 孔，炮孔间距可取 $a = (2 \sim 4)W$，以减少钻孔数量。

② 必须布孔的部位应包括：承力墙、柱，炸毁一定高度使之失稳；承重主梁与桩的结合部，需布 2～3 个炮孔切断，使上部结构随着梁的切断而扭曲下落；室内和地下室承重构件（楼梯、电梯间）部分，应提高钻爆比例，与整体一起起爆炸毁。

4) 设计方法

① 确定倒塌方案。

② 划出爆破区段：包括炸高、破坏结构、截断各种作用的钻爆的地点范围。

③ 布孔及药量计算：墙、柱、梁、板等单体上钻孔、爆破，参见 11.3.3.2 节。

**11.3.3.5 烟囱、水塔拆除爆破**

特点是重心高，支撑面积小，最常用的是"定向倒塌"爆破拆除方案。

(1) 烟囱、水塔拆除爆破设计

采用"定向倒塌"时,倒塌方向应有一定的场地,其长度不小于烟囱的高度,倒塌中心线侧面的宽度,不小于其底部外径的3倍。若倒塌的场地小,采用分段折叠爆破的倒塌方式或提高爆破的位置。

1) 爆破部位的确定

对其底部筒壁实施爆破,不考虑烟道口和出灰口的位置时,爆破范围宜为筒壁周长的$1/2 \sim 2/3$。即:

$$\frac{1}{2}\pi D \leqslant L \leqslant \frac{2}{3}\pi D \tag{11-52}$$

式中 $L$——爆破部位长度,其对应的圆心角为$180° \sim 240°$;

$D$——爆破部位筒壁的外径。

为了控制烟囱倒塌方位,爆破部位(爆破缺口)不是全部采用爆破完成,而是在设计的爆破缺口的两端预先开设定向窗口,只对余下的一段弧长的筒体实施爆破。设计要求爆破部位的高度$h$:

$$h \geqslant (3.0 \sim 5.0)\delta \tag{11-53}$$

式中 $\delta$——爆破缺口部位烟囱的壁厚,筒壁较厚时取小值。钢筋混凝土烟囱壁较薄时取大值,同样壁厚条件下烟囱高的取小值,高度小的取大值。

2) 定向窗的形状

定向窗有三角形、梯形、倒梯形、人字形等。常用三角形,其底角一般先取$25° \sim 35°$,三角形底边长为$2 \sim 3$倍壁厚,其高度可与爆破高度相同,也可小于爆破高度,两侧定向窗一定要对称设置。

3) 爆破设计参数的选择可参考表11-70、表11-71。

钢筋混凝土烟囱爆破单位炸药消耗量 $q$ 表11-70

| 壁厚$\delta$(cm) | $q$(g/m³) | $\sum Q_i/V$(g/m³) | 壁厚$\delta$(cm) | $q$(g/m³) | $\sum Q_i/V$(g/m³) |
|---|---|---|---|---|---|
| 50 | 900~1000 | 700~800 | 70 | 480~530 | 380~420 |
| 60 | 660~730 | 530~580 | 80 | 410~450 | 330~360 |

砖烟囱爆破单位炸药消耗量 表11-71

| 壁厚$\delta$(cm) | 径向砖块数(块) | $q$(g/m³) | $\sum Q_i/V$(g/m³) |
|---|---|---|---|
| 37 | 1.5 | 2100~2500 | 2000~2400 |
| 49 | 2.0 | 1350~1450 | 1250~1350 |
| 62 | 2.5 | 830~950 | 840~900 |
| 75 | 3.0 | 640~690 | 600~650 |
| 89 | 3.5 | 440~480 | 420~460 |
| 101 | 4.0 | 340~370 | 320~350 |
| 114 | 4.5 | 270~300 | 250~280 |

(2) 烟囱、水塔拆除爆破工程施工

1) 爆破缺口中心线位置的确定和钻孔布置

准确测量定向倾倒中心线方向、位置,从中心线向两侧均匀对称布孔,炮孔应指向截面的圆心。

2) 爆破缺口内衬的处理

爆破前采用人工方法破碎拆除或与筒壁同时进行爆破,处理范围应与爆破缺口部位一致。

3) 定向窗的预处理

要准确测量两侧三角形底角顶点的位置,进行小药量爆破,人工剔凿,两边三角形的剔凿面宜对称,其连线的中垂线应是烟囱倒塌的方向;对于钢筋混凝土烟囱,定向窗部位的钢筋应预切除。

4) 烟囱、水塔倒塌方向的地面处理

在设计倒塌的地面铺上沙、土等缓冲材料,严禁堆放煤渣、块状材料。

**11.3.3.6　桥梁拆除爆破**

(1) 基本特点

桥梁主要由桥脚(包括桥台和桥墩)和上部结构组成,因此桥梁的拆除爆破可以从这两个部分的拆除爆破进行分析。桥梁的拆除爆破方案可分为以下三种。

1) 当桥面和桥墩均需拆除时,可应用失稳原理先爆桥墩,使桥面塌落解体破坏。塌落后若块度较大不便清理时,可进行二次破碎。

2) 当桥面为拱形钢筋混凝土预制构件,而桥墩被泥沙掩埋无法钻孔时,可以炸毁拱基从而导致桥面塌落,桥墩可用钻垂直法爆破。

3) 当拆除城市交通要道上的桥梁时,可将桥面吊运到人员车辆稀少的宽阔地带施爆,而仅对桥墩进行爆破。

(2) 桥台的爆破拆除

桥台一般用块石或混凝土块砌成,也有混凝土浇筑成的。根据施工条件可采用垂直孔或水平孔。爆破参数可参照下述方法确定:

1) 最小抵抗线

采用人工清渣时,混凝土 $W=0.4\sim0.6\mathrm{m}$;浆砌块石 $W=0.5\sim0.8\mathrm{m}$;钢筋混凝土 $W=0.3\sim0.5\mathrm{m}$。采用机械清渣时,最小抵抗线可适当增大。

2) 孔距和排距

孔距:浆砌块石 $a=(1\sim2.5)W$;混凝土 $a=(1\sim2)W$;钢筋混凝土 $a=(1\sim1.8)W$。排距:多排炮孔同时起爆时,$b=(0.5\sim0.7)W$;多排炮孔逐排起爆时,$b=W$。

3) 孔深

采用水平炮孔时,孔深 $L=(0.8\sim0.9)\delta$,其中 $\delta$ 为桥台厚度。

采用垂直炮孔时,若桥台高度 $H$ 不大,则 $L=(0.85\sim0.95)H$;若桥台高度较大,则可视钻孔能力,分次钻孔和爆破。

孔深 $L$ 应大于最小抵抗线 $W$。

4) 单孔装药量

多排垂直孔之边孔装药量:$Q=qWaL$;多排垂直孔之中间孔:$Q=qabL$;单排垂直孔:$Q=qa\delta L$;多排水平孔:$Q=qabL$。

式中　$Q$——单孔装药量(g);

$q$——单位体积耗药量(g/m³),如表 11-72 所示。

**桥台爆破单位体积耗药量** 表 11-72

| 桥台材质 | 最小抵抗线（m） | 单位体积耗药量（g/m³） |
| --- | --- | --- |
| 浆砌块石桥台 | 0.5~0.7 | 400~500 |
| 混凝土桥台 | 0.4~0.6 | 250~300 |
| 钢筋混凝土桥台 | 0.35~0.4 | 440~500 |

(3) 桥墩的爆破拆除

桥墩一般为浆砌块石、混凝土或钢筋混凝土结构。按其断面形状可分为墙式和柱式。柱式通常有单柱式和双柱式，双柱式有"H"形、"Π"形等，其截面有正方形、长方形和圆形等。

桥墩较高且底部无水时，可先将其根部炸倒，再钻孔进行二次破碎；水深较大时，可从桥墩顶部向下钻垂直孔至墩底部，一次性爆除。

1) 最小抵抗线

桥墩厚度较小时，$W=\delta/2$；爆破正四棱柱桥墩时，$W$ 取截面边长 $B$ 的 $1/2$，即 $W=B/2$；爆破圆柱形桥墩时，$W=D/2$，$D$ 为圆柱的直径。

桥墩厚度较大时，对浆砌块石，$W=0.5\sim0.8\mathrm{m}$；对混凝土，$W=0.4\sim0.6\mathrm{m}$；对钢筋混凝土，$W=0.3\sim0.5\mathrm{m}$。

2) 孔距和排距

孔距 $a$ 和排距 $b$ 的确定与爆破桥台时相同。

3) 孔深

钻垂直孔时，如桥墩高度 $H$ 较小，$L=(0.85\sim0.95)H$；如桥墩较高，可根据钻孔能力确定孔深，分次钻孔和爆破。

钻水平孔时，如桥墩厚度 $\delta$ 较小，每孔只需设置单层药包时，$L=2\delta/3$；如桥墩厚度较大，每孔需设置双层或多层药包时，$L=\delta-W$。

4) 单孔装药量

采用单排垂直孔时，单孔装药量 $Q=q_1 a\delta L$；多排垂直孔之边孔装药量 $Q=q_1 aWL$；多排垂直孔之中间孔装药量 $Q=q_1 abL$；多排水平孔装药量 $Q=q_1 abL$；小截面的桩柱（四面或多面临空）装药量 $Q=q_1 W^2 L$。$q_1$ 为单位体积耗药量，其取值参考值为：浆砌石块取 $300\sim440\mathrm{g/m^3}$；混凝土取 $200\sim250\mathrm{g/m^3}$；钢筋混凝土取 $360\sim440\mathrm{g/m^3}$；直径 1m 的立柱取 $250\sim280\mathrm{g/m^3}$；直径 0.8m 的立柱取 $300\sim400\mathrm{g/m^3}$；直径 0.6m 的立柱取 $530\sim580\mathrm{g/m^3}$。

(4) 桥梁上部结构的爆破拆除

桥梁的上部结构形式多样，爆破拆除的旧桥梁多为拱式和梁式。

1) 拱桥的上部结构爆破

拱桥的上部结构爆破主要是炸拱圈（主要材质是砖石、混凝土或钢筋混凝土）。拱圈主要承受压力，其抗压强度较高，但只要在一处沿横向炸断拱圈的全截面，这一跨的上部结构便会坍塌，冲击地面时，会使拱圈解体或摔碎。

对于砖砌拱圈和浆砌块石拱圈，一般只需爆破 1~2 个截面，每个截面布设 2~3 排炮孔，爆破后上部结构就会坍塌和解体。

对于混凝土和钢筋混凝土拱圈，通常需全面布孔爆破，以保证充分解体和破碎。

① 最小抵抗线

最小抵抗线取拱圈厚度的一半，即 $W=\delta/2$；如在拱顶上的桥面上钻孔，则取拱顶厚度的一半，$W=\delta/2$；如在拱波上对正拱肋钻孔，$w=(H+\delta)/2$，式中 $H$ 为拱肋高。

② 炮孔深度

炮孔深度一般取拱圈厚度的 2/3，即 $L=2/3\delta$；在拱顶上钻孔时，$L=2/3\delta$；在拱波上对正拱肋钻孔，$L=2/3(H+\delta)$。

③ 孔距和排距

孔距 $a=(0.8\sim1.0)L$；排距 $b=(0.87\sim1.0)a$。

④ 单孔装药量

$$Q=qab\delta \tag{11-54}$$

式中　$q$——单位体积耗药量（g/m³），砖拱、浆砌块石拱，$q=900\sim1000$g/m³；混凝土拱，$q=800\sim900$g/m³；钢筋混凝土拱，$q=900\sim1200$g/m³；

　　　$\delta$——拱圈厚度（m）。在拱顶上钻孔时，$\delta$ 取拱顶全厚；在拱波上对正拱肋钻孔时，$\delta$ 取拱肋高与拱波厚之和。

2）钢筋混凝土梁式桥上部结构的爆破

钢筋混凝土梁式桥的上部结构主要由主梁和桥板组成。按梁的结构形式分为简支梁、悬臂梁和连续梁。按梁的截面形状不同可分为矩形梁、T形梁和箱形梁等。爆破梁式桥的上部结构，主要是爆破主梁，桥板较薄，通常不爆破。

用钻孔法爆破主梁，通常从桥面上对准主梁轴线配置 1 排垂直孔，若轴线处有配筋时，可在轴线两侧交错配置炮孔。

① 最小抵抗线

最小抵抗线等于主梁厚度 $\delta_L$ 的一半，即 $W=\frac{1}{2}\delta_L$。

② 炮孔深度

孔深等于主梁高 $H$ 加桥板厚 $\delta_B$ 再减去最小抵抗线 $W$，即 $L=H+\delta_B-W$。

③ 孔距

$$a=(1.2\sim2.0)W \tag{11-55}$$

④ 单孔装药量

$$Q=q(H+\delta_B)\delta_L a \tag{11-56}$$

式中　$q$——单位体积耗药量（g/m³），对厚度为 0.3~0.5m 的钢筋混凝土梁，$q$ 取 600~750g/m³；

　　　$H$——主梁高度（m）；

　　　$\delta_B$——桥板厚度（m）；

　　　$\delta_L$——主梁厚度（m）；

　　　$a$——孔距（m）。

(5) 安全防护

1）控制爆破振动，一般用毫秒爆破技术，严格控制最大段起爆药量。

2）控制飞石和噪声，第一是保证钻孔质量，严格控制装药量；第二用草袋加胶帘或荆芭帘进行密集防护覆盖。

**11.3.3.7 水压爆破**

利用水传递炸药的爆炸能量，破坏结构物达到拆除目的的爆破称为水压拆除爆破。主要用于拆除能够充水的容器状构筑物，如水槽、水罐、蓄水池、管桩、料斗、水塔和碉堡等。

(1) 水压爆破拆除设计原则

1) 药包布置

直径、高度相当的圆柱形容器的爆破体，在容器中心线下方一定高度设置一个药包；若直径大于高度，可采用对称布置多个集中药包的爆破方案；若结构物的长宽比或高宽比大于1.2，可设置两层或多层药包，药包间距按下式计算：

$$a \leqslant (1.3 \sim 1.4)R \tag{11-57}$$

式中　$a$——药包间距（m）；

　　　$R$——药包中心至容器壁的最短距离（m）。

2) 注水与药包入水深度

① 爆破拆除的容器的水深不小于药包中心至容器壁的最短距离 $R$，应根据水深降低药包位置，通常药包的入水深度 $h$ 采用下式计算：

$$h = (0.6 \sim 0.7)H \tag{11-58}$$

式中　$H$——注水深度，注水深度应不低于结构物净高的0.9倍。

药包入水深度最小值按下式验算：

$$h_{\min} \geqslant 3Q^{1/2} \text{ 或 } h_{\min} \geqslant (0.35 \sim 0.5)B \tag{11-59}$$

式中　$Q$——单个药包质量（kg）；

　　　$B$——容器直径或内短边长度（m）。

当 $h_{\min}$ 计算值小于0.4m时，应取0.4m。

② 对两侧壁厚不同的方形断面的容器结构物，采用偏薄的药包设计方案，使药包偏向壁厚的一侧。药包偏离容器中心的距离 $x$ 用下式计算：

$$x = R(\delta_1^{1.143} - \delta_2^{1.143})/(\delta_1^{1.143} + \delta_2^{1.143}) \approx [R(\delta_1 - \delta_2)]/(\delta_1 + \delta_2) \tag{11-60}$$

式中　$x$——偏炸距离（m）；

　　　$R$——容器中心至侧壁的距离（m）；

　　　$\delta_1$、$\delta_2$——容器两侧的壁厚（m）。

3) 药量计算

① 水压爆破药量计算公式：

$$Q = KR^{1.41}\delta^{1.59} \tag{11-61}$$

式中　$Q$——炸药量（kg）；

　　　$R$——圆筒形结构物的半径（m）；

　　　$\delta$——筒体的壁厚（m）；

　　　$K$——药量系数，与结构物的材质、结构特点、要求的破碎程度有关。一般 $K$ 取值范围为2.5~10，对素混凝土 $K=2\sim4$，对钢筋混凝土 $K=4\sim8$，配筋密、要求破碎块度小时取大值，反之取小值。

② 对截面不是圆环形的结构物，采用等效半径和等效壁厚进行计算。

等效半径 $R$：

$$R = [S_r/\pi]^{1/2} \tag{11-62}$$

式中 $S_r$——爆破结构物横断面的面积（$m^2$）。

等效壁厚 $S$：

$$S = R[(1 + S_s/S_r)^{1/2} - 1] \tag{11-63}$$

式中 $S_s$——爆破结构物要拆除材料的截面积（$m^2$）。

(2) 水压爆破拆除施工

1) 通常容器类结构物不是理想的贮水结构，要对其进行防漏和堵漏处理，其外侧一般是临空面，对半埋式的构筑物，应对周边覆盖物进行开挖，若要对其底板获得良好的效果，需挖底板下的土层。

2) 注意有缺口的封闭处理，孔隙漏水的封堵，注水速度，排水，用防水炸药和电爆网路和导爆管网路。药包采用悬挂式或支架式，需附加配重防止上浮和移位。

3) 水压爆破引起的地面振动比一般基础结构物爆破时大，为控制振动的影响范围，应采取开挖减振沟等隔离措施。

### 11.3.4 爆破安全评估与监理

#### 11.3.4.1 爆破工程安全管理

(1) 爆破工程分级管理

1) 爆破工程按工程类别、一次爆破总药量、爆破环境复杂程度和爆破物特征，分 A、B、C、D 四个级别，实行分级管理。爆破工程分级见表 11-73。

爆破工程分级　　　　　　　　　　表 11-73

| 作业范围 | 分级计量标准 | 级别 | | | |
|---|---|---|---|---|---|
| | | A | B | C | D |
| 岩土爆破[a] | 一次爆破药量 $Q$（t） | $100 \leq Q$ | $10 \leq Q < 100$ | $0.5 \leq Q < 10$ | $Q < 0.5$ |
| 拆除爆破 | 高度 $H$（m）[b] | $50 \leq H$ | $30 \leq H < 50$ | $20 \leq H < 30$ | $H < 20$ |
| | 一次爆破药量 $Q$（t）[c] | $0.5 \leq Q$ | $0.2 \leq Q < 0.5$ | $0.05 \leq Q < 0.2$ | $Q < 0.05$ |
| 特种爆破[d] | 单张复合板使用药量 $Q$（t） | $0.4 \leq Q$ | $0.2 \leq Q < 0.4$ | $Q < 0.2$ | |

注：a. 表中药量对应的级别指露天深孔爆破。其他岩土爆破相应级别对应的药量系数：地下爆破 0.5；复杂环境深孔爆破 0.25；露天硐室爆破 5.0；地下硐室爆破 2.0；水下钻孔爆破 0.1；水下炸礁及清淤、挤淤爆破 0.2。

b. 表中高度对应的级别指楼房、厂房及水塔的拆除爆破；烟囱和冷却塔拆除爆破相应级别对应的高度系数为 2 和 1.5。

c. 拆除爆破按一次爆破药量进行分级的工程类别包括：桥梁、支撑、基础、地坪、单体结构等；城镇浅孔爆破也按此标准分级；围堰拆除爆破相应级别对应的药量系数为 20。

d. 其他特种爆破都按 D 级进行分级管理。

2) B、C、D 级一般岩土爆破工程，遇下列情况应相应提高一个工程级别：距爆区 1000m 范围内有国家一、二级文物或特别重要的建（构）筑物、设施；距爆区 500m 范围内有国家三级文物、风景名胜区、重要的建（构）筑物、设施；距爆区 300m 范围内有省级文物、医院、学校、居民楼、办公楼等重要保护对象。

3) B、C、D 级拆除爆破及城镇浅孔爆破工程，遇下列情况应相应提高一个工程级别：距爆破拆除物或爆区5m范围内有相邻建（构）筑物或需重点保护的地表、地下管线；爆破拆除物倒塌方向安全长度不够，需用折叠爆破时；爆破拆除物或爆区处于闹市区、风景名胜区时。

4）矿山内部且对外部环境无安全危害的爆破工程不实行分级管理。

（2）爆破作业行政管理

在城市、风景名胜区和重要工程设施附近实施爆破作业的，应经爆破作业所在地设区的市级公安机关批准后方可实施，进行安全评估、安全监理，并按规定发布施工公告、爆破公告。

爆破设计施工、安全评估与安全监理应由具备相应资质和从业范围的爆破作业单位承担。爆破设计施工、安全评估与安全监理负责人及主要人员应具备相应的资格和作业范围。爆破作业单位不得对本单位的设计进行安全评估，不得监理本单位施工的爆破工程。

（3）爆破作业现场管理

1）爆破前应对爆区周围的自然条件和环境状况进行调查，了解危及安全的不利环境因素，并采取必要的安全防范措施。

2）露天和水下爆破装药前，应与当地气象、水文部门联系，及时掌握气象、水文资料，遇恶劣气候和水文情况时，应停止爆破作业，所有人员应立即撤到安全地点。

3）采用电爆网路时，应对高压电、射频电等进行调查，对杂散电流进行测试；发现存在危险，应立即采取预防或排除措施。浅孔爆破应采用湿式凿岩，深孔爆破凿岩机应配收尘设备；在残孔附近钻孔时应避免凿穿残留炮孔，在任何情况下均不许钻残孔。

4）爆破作业单位应在施工前3天发布施工公告。

5）爆破作业单位应在爆破前1天发布爆破公告。

6）实施爆破作业，应当遵守国家有关标准和规范，在安全距离以外设置警示标志并安排警戒人员，防止无关人员进入；爆破作业结束后应当及时检查、排除未引爆的民用爆炸物品。

7）爆破作业单位跨省、自治区、直辖市行政区域从事爆破作业的，应当事先将爆破作业项目的有关情况向爆破作业所在地县级人民政府公安机关报告。

8）营业性爆破作业单位接受委托实施爆破作业，应事先与委托单位签订爆破作业合同，并在签订爆破作业合同后3日内，将爆破作业合同向爆破作业所在地县级公安机关备案。

9）对由公安机关审批的爆破作业项目，爆破作业单位应在实施爆破作业活动结束后15日内，将经爆破作业项目所在地公安机关批准确认的爆破作业设计施工、安全评估、安全监理的情况，如实向核发《爆破作业单位许可证》的公安机关书面报告，并提交《爆破作业项目备案表》。

#### 11.3.4.2 爆破工程安全评估

需经公安机关审批的爆破作业项目，提交申请前应进行安全评估。

（1）爆破安全评估的依据

1）《民用爆炸物品安全管理条例》。

2）《爆破安全规程》GB 6722—2014。

3）国家、地方及行业相关法规和设计标准。

4) 申请单位提交的材料,包括:
① 安全评估单位及建设单位签订的安全评估合同。
② 工程立项批文或有关文件。
③ 合法有效的爆破施工合同。
④ 爆破设计、施工单位及主要人员资质材料。
⑤ 工程爆破设计方案及施工组织设计。
⑥ 与爆区周边相关单位签订的安全协议。
⑦ 其他有关材料。
5) 爆破施工现场踏勘得到的资料。

(2) 爆破安全评估的内容
1) 爆破作业单位及涉爆人员的资质是否符合规定。
2) 爆破作业项目的等级是否符合《爆破安全规程》GB 6722—2014 中的有关规定。
3) 设计所依据的资料是否完整可靠。
4) 设计方法、设计参数是否合理。
5) 起爆网路是否可靠。
6) 设计选择方案是否可行。
7) 存在的有害效应及可能影响的范围是否全面。
8) 保证工程环境安全的措施是否可行。
9) 制定的应急预案是否适当。

(3) A、B 级爆破工程的安全评估应至少有 3 名具有相应作业级别和作业范围的持证爆破工程技术人员参加;环境十分复杂的重大爆破工程应邀请专家咨询,并在专家组咨询意见的基础上,编写爆破安全评估报告。

(4) 爆破安全评估报告内容应该翔实,结论应当明确。

(5) 经安全评估通过的爆破设计,施工时不得任意更改。经安全评估否定的爆破技术设计文件,应重新编写,重新评估。施工中如发现实际情况与评估时提交的资料不符,需修改原设计文件时,对重大修改部分应重新上报评估。

### 11.3.4.3 爆破工程安全监理

经公安机关审批的爆破作业项目,实施爆破作业时,应进行安全监理。

(1) 爆破安全监理的依据
1) 工程建设文件。经批准的可行性研究报告、政府相关部门的批文、施工许可证等。
2) 有关的法律、法规、规章和标准规范。包括《建筑法》《安全生产法》《合同法》《民用爆炸物品安全管理条例》《爆破安全规程》GB 6722—2014、《建设工程监理规范》GB/T 50319—2013 等以及有关的工程技术标准、规范、规程。
3) 相关资料、爆破工程委托监理合同和有关的建设工程合同。包括《监理规划》《监理实施细则》《爆破设计方案》及相关资料、《爆破评估报告》、公安机关的批复(文)、依法签订的委托监理合同文件、爆破施工合同文件等。

(2) 爆破安全监理的主要内容
1) 爆破作业单位是否按设计方案施工。
2) 爆破有害效应是否控制在设计范围内。

3）审验爆破作业人员的资格，制止无资格人员从事爆破作业。

4）监督民用爆炸物品领取、清退制度的落实情况。

5）监督爆破作业单位遵守国家有关标准和规范的落实情况，发现违章指挥和违章作业，有权停止其爆破作业，并向委托单位和公安机关报告。

（3）爆破安全监理单位应在详细了解安全技术规定、应急预案后认真编制监理规划和实施细则，并制定监理人员岗位职责。

（4）爆破安全监理人员应在爆破器材领用、清退、爆破作业、爆后安全检查及盲炮处理的各环节上实行旁站监理，并做好监理记录。

（5）每次爆破的技术设计均应经监理机构签认后，再组织实施。爆破工作的组织实施应与监理签认的爆破技术设计相一致。

（6）发生下列情况之一时，监理机构应当签发爆破作业暂停令：

1）爆破作业严重违规经制止无效时；

2）施工中出现重大安全隐患，须停止爆破作业以消除隐患。

（7）爆破安全监理单位应定期向委托单位提交安全监理报告，工程结束时提交安全监理总结和相关监理资料。

### 11.3.5　爆破工程施工作业

#### 11.3.5.1　爆破施工工艺流程与施工组织设计

（1）爆破工程工艺流程

爆破工程的作业程序可以分为工程准备、爆破设计阶段、施工阶段、爆破实施阶段。以下介绍两个工程实例，可供实际操作时参考。

1）拆除爆破施工工艺流程

① 工程准备及爆破设计阶段，收集被拆除建（构）筑物的设计、施工验收等资料，对被拆除的建（构）筑物和周围环境的了解，根据资料和施工要求进行可行性论证，提出爆破方案。爆破设计包括爆破参数、起爆网路、防护设计和施工组织设计等内容。爆破设计的同时，应进行施工准备，包括人员、机具和现场安排。爆破设计应报相关部门审查批准、安全评估，做好爆破器材的检查和起爆网路的试验工作。

② 施工阶段，拆除爆破一般采用钻孔法施工。钻孔前，将孔位准确地标注在爆破体上；逐孔检查炮孔位置、深度、倾角等，有无堵孔、乱孔现象。预处理施工，在钻孔前进行，要保证结构稳定，而承重部位的预处理，以钻孔完毕后实施较好，即预处理与拆除爆破之间的时间应尽可能短。

③ 施爆阶段，成立爆破指挥部，负责施爆阶段的管理、协调和指挥工作。爆破实施阶段中装药、填塞、防护和连线作业，进入施工现场的应是经过培训合格的爆破工程技术人员和爆破员。爆破器材进入施工现场，应设置警戒区，全天候配备安全警戒人员。

④ 装药必须按设计编号进行，严防装错。药包要安放到位，尤其注意分层药包的安装。要选择合适的填塞材料，保证填塞质量，同时严格按设计要求进行起爆网路的连接和爆破防护工作。

2）深孔爆破施工工艺流程

深孔爆破的施工工艺流程图如图11-51所示。

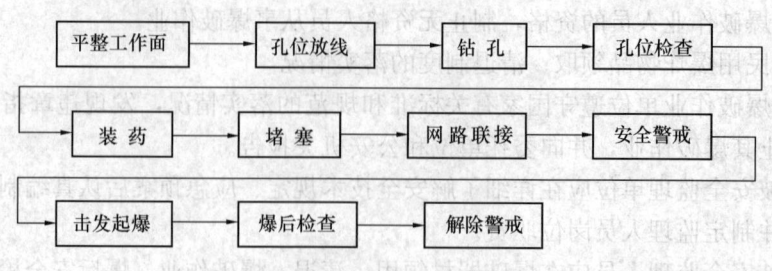

图 11-51 深孔爆破施工工艺流程图

① 爆破设计。根据选定的爆破技术参数,结合现场地形地质条件和分选装车要求,工程技术人员对爆区位置、爆破规模、布孔参数、装药结构、起爆网络、警戒界限进行设计,填写爆破技术参数表,布孔网路图,形成技术审批资料,经审核审批后,方可施工。

② 平整工作面。土石方挖装过程中尽量做到场地平整,遇个别孤石采用手风钻凿眼,进行浅孔爆破,推土机整平。台阶宽度满足钻机安全作业、并保证按设计方向钻凿炮孔。

③ 孔位放线。用全站仪进行孔位测放,从台阶边缘开始布孔,边孔与台阶边缘保留一定距离,确保钻机安全作业,炮孔避免布置在松动、节理发育或岩性变化大的岩面上。

④ 钻孔。采用潜孔钻进行凿岩造孔。掌握"孔深、方向和倾斜角度"三大要素。从台阶边缘开始,先钻边、角孔,后钻中部孔。钻孔结束后应将岩粉吹除干净,并将孔口封盖好,防止杂物掉入。

⑤ 孔位检查。用测绳测量孔深;用长炮棍插入孔内检查孔壁及堵塞与否。测量时做好炮孔记录。

⑥ 装药结构。采用连续柱状或间隔柱状装药结构,药包(卷)要装到设计位置,严防药包在孔中卡住;用高压风将孔内积水吹干净;选用防水炸药,做好装药记录。

⑦ 堵塞。深孔爆破必须保证堵塞质量,以免造成爆炸气体逸出,影响爆破效果,产生飞石。堵塞材料首先选用石屑粉末,其次选用细砂土。

⑧ 网路联接。将导爆管、传爆元件和导爆雷管捆扎联接。接头必须连接牢固,传爆雷管外侧宜排列 8~15 根塑料导爆管,且排列均匀。导爆管末梢的余留长度≥10cm。

⑨ 安全警戒。爆炸物品运到工作面,应设置警戒,警戒人员封锁爆区,检查进出现场人员的标志和随身携带的物品。装药、堵塞、连线结束,检查正确无误后,所有人员和设备撤离至安全地点,并将警戒范围扩大到规定的范围。指挥部将按爆破公告规定的信号,发布预告,准备起爆及解除警戒信号。相关人员做好各自安全警戒记录。

⑩ 击发起爆。采用非电导爆管引爆器击发起爆,并做好击发起爆记录。

⑪ 爆破安全检查。起爆后,爆破员按规定的时间进入爆破场地进行检查,发现危石、盲炮要及时处理,现场设置危险警戒标志,并设专人警戒。经检查,确认安全后,方可解除警戒,做好爆破后安全检查记录。

(2) 施工组织设计

1) 施工组织设计的编制依据

工程招标投标的有关文件,施工合同,爆破技术设计文件,有关规范、规程,施工现场的实际情况等。

2) 施工组织设计的主要内容

工程概况及施工方法、设备、机具概述，施工准备，钻孔及施工组织，装药及填塞，起爆网路敷设及起爆，安全警戒撤离区域及信号标志，主要设施和设备的安全防护措施，预防事故的措施，爆破组织机构，爆破器材的购买、运输、贮存、加工、使用的安全制度，工程进度计划等。

### 11.3.5.2 爆破工程的施工准备

(1) 进场前后的准备

1) 调查工地及其周围环境情况。包括邻近区域的水、电、气和通信管线的位置、埋深、材质和重要程度；邻近的建（构）筑物、道路、设备仪表或其他设施的位置、重要程度和对爆破的安全要求；附近有无危及爆破安全的射频电源及其他产生杂散电流的不安全因素。

2) 了解爆破区周围的居民情况，车流和人流的规律，做好施工的安民告示，消除居民对爆破存在的紧张心理，妥善解决施工噪声、粉尘等扰民问题。

3) 对地形地貌和地质条件进行复核；对拆除爆破体的图纸、质量资料等进行校核。

4) 组织施工方案评估，办理相关手续、证件，包括《爆炸物品使用许可证》《爆炸物品安全贮存许可证》《爆炸物品购买证》和《爆炸物品运输证》等。

(2) 施工现场管理

1) 拆除爆破工程和城镇岩土爆破工程，应采用封闭式施工，设置施工牌，标明工程名称、主要负责人和作业期限等，并设置警戒标志和防护屏障。

2) 爆破前以书面形式发布爆破公告，通知当地有关部门、周围单位和居民，以布告形式进行张贴，内容包括：爆破地点、起爆时间、安全警戒范围、警戒标志、起爆信号等。

(3) 施工现场准备

根据爆破施工组织设计，对施工场地进行规划和清理的准备工作。

(4) 施工现场的通信联络

为了及时处置突发事件，确保爆破安全，有效地组织施工，项目经理部与爆破施工现场、起爆站、主要警戒哨之间应建立并保持通信联络。

### 11.3.5.3 爆破施工安全管理制度与运行机制

(1) 爆破施工安全管理运行机制

1) 爆破工程开工前，结合具体情况，有针对性地进行爆破安全教育。工程结束后，进行施工安全总结。对从事爆破作业的人员，定期组织安全教育和学习。

2) 制订爆破安全事故处理预案。爆破事故处理流程图如图11-52所示。

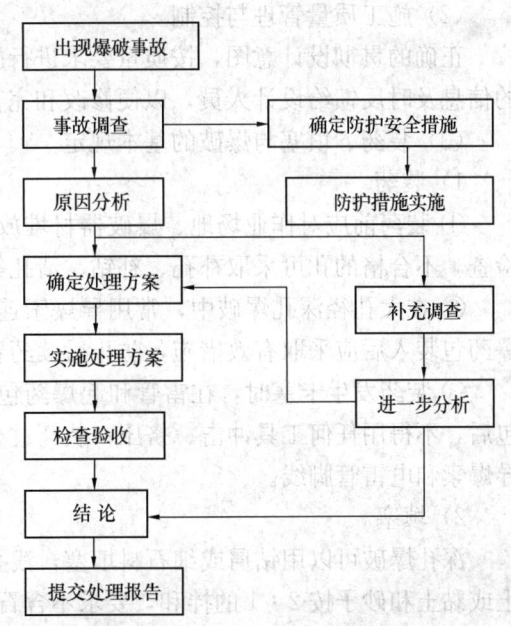

图11-52 爆破事故处理流程图

(2) 爆破施工安全管理制度

每一个爆破项目，都必须建立和健全爆破施工安全管理制度。爆破施工安全管理制度体系如图11-53所示。

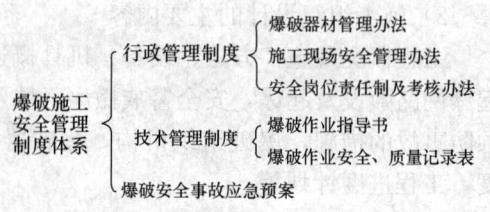

图11-53 爆破施工安全管理制度体系

### 11.3.5.4 爆破施工的现场组织管理

(1) 爆破器材的现场管理

1) 爆破器材保管员应建立并认真填写爆破器材收、发流水账、三联式领用单和退料单，逐项逐次登记，定期核对账目，做到账物相符。

2) 严格履行领、退签字手续，对无《爆破员作业证》和无专用运输车辆牌证人员，爆破器材保管员有权拒绝发放爆破器材。

3) 爆破班长和安全员应检查爆破器材的现场使用情况和剩余爆破器材的及时退库情况。

4) 爆破员应凭批准的爆炸物品领料单，从仓库领取爆炸物品，数量不得超过当班使用量。

5) 爆破员应保管好所领取的爆破器材，不得遗失或转交他人，不得擅自销毁或挪作他用。

6) 领取爆破器材后，应直接运送到爆破地点，运送过程必须确保爆炸物品安全，防止发生意外爆炸事故和爆炸物品丢失、被盗、被抢事件。

7) 任何人发现爆破器材丢失、被盗以及其他安全隐患，应及时报告单位和当地公安机关。

8) 爆破器材应实行专项使用制，即审批一个工程中使用的爆破器材不得挪作另外工程中使用，不同单位爆破器材未经公安机关批准不得互相调剂使用。

(2) 施工质量管理与控制

正确的贯彻设计意图，按质量要求进行施工，以保证质量目标的实现；将施工中发现的信息及时反馈给设计人员，以便修改和完善施工质量管理。

(3) 装药、填塞与爆破的基本规定

1) 装药

① 装药前应对作业场地、爆破器材堆放场地进行清理，对准备装药的全部炮孔进行检查，不合格的孔可采取补孔、补钻、清孔等处理措施。

② 在大孔径深孔爆破中，常用导爆索连接炮孔不同起爆体。不应投掷起爆药包，起爆药包装入后应采取有效措施，防止后续药卷直接冲击起爆药包。

③ 装药发生卡塞时，在雷管和起爆药包放入之前，用非金属长杆处理。装入起爆药包后，不得用任何工具冲击、挤压；装药过程中，不应拔出或硬拉起爆药包中的导爆管、导爆索和电雷管脚线。

2) 填塞

深孔爆破可以用钻屑或细石料填塞，浅孔爆破宜用炮泥填塞。拆除爆破中，一般用黄土或黏土和砂子按2:1的拌和，要求不含石块和较大颗粒，含水量宜为15%～20%；填塞时要注意填塞料的干湿度，保证填塞密实；分层间隔装药应注意间隔填塞段的位置和填塞长度,保证间隔药包到位。

3)爆破警戒与信号

爆破前,必须制订安全警戒方案,做好安全警戒工作。起爆前后要发布三次信号,第一次信号为预警信号,第二次信号为起爆信号,第三次信号为解除信号。

#### 11.3.5.5 爆破工程效果的评价

评价爆破工程效果的标准和主要技术经济指标

(1) 评价爆破工程效果的标准

1)安全标准。一是爆破作业本身的安全,是否安全准爆,拆除爆破建筑物是否顺利倒塌;二是环境安全,爆破振动、冲击波、个别飞石、有害气体、噪声和粉尘等有害效应是否控制在允许的范围之内;三是爆区周围需要保护的建筑物和其他设施是否安全。

2)质量标准。不同的爆破工程有不同的爆破质量标准。质量标准是根据爆破工程的目的、采用的爆破方法、爆破对象的具体条件、周围环境情况来确定的。

3)经济标准。提高炸药能量的利用率,降低炸药单耗,降低爆破成本。但有时适当增加爆破成本,改善石方爆堆的破碎效果和松散程度,改善被拆除建(构)筑物的解体程度,可以提高挖装机械的施工效率和清运速度,降低其配件损耗,有利于降低整个工程项目的成本。

(2) 爆破工程的主要技术经济指标

1)炸药单耗:爆破$1m^3$或$1t$岩石所消耗的炸药量,单位为$kg/m^3$或$kg/t$。

2)延米爆破量:$1m$炮孔所能崩落的岩石的平均体积或质量,单位为$m^3/m$或$t/m$。

3)炮孔利用率:一般用于地下井巷和隧道掘进爆破,指一次爆破循环的进尺与炮孔平均深度之比;深孔爆破中,常常把炮孔中装药长度与孔深之比也称为炮孔利用率,单位为%。

4)大块率:指爆破产生的不合格大块占总爆破量的比率,单位为%。

5)爆破成本:爆破$1m^3$岩石所消耗的材料、人工、设备及管理等方面的费用,单位为元$/m^3$。

6)除了上述指标外,还采用岩石松动、抛掷堆积效果,保留边坡、围岩的稳定性,爆破对周围环境的安全影响等来评价爆破的技术经济效果。

### 11.3.6 非炸药爆破技术

#### 11.3.6.1 静态破裂技术

静态破裂技术在混凝土构筑物安全拆除、基岩开挖、石材成型切割、孤石破碎及其他环境要求极高的建(构)筑物控制拆除等工程应用领域得到应用。

(1) 静态破裂机理及特点

静态破裂剂的主要膨胀源为氧化钙,最主要的膨胀力来源于生石灰水化,即:

$$CaO + H_2O = Ca(OH)_2 + 62.8kJ \tag{11-64}$$

氧化钙水化成氢氧化钙,固相体积显著增大,随之孔隙体积也相应增大,从而产生对外的膨胀力。按$1kg$静态破裂剂$CaO$的比例换算,其理论计算发热量约为$1000kJ/kg$,体积约增加100倍,可将自身加热到300℃,产生的膨胀压力一般可达$40\sim60MPa$,可以满足混凝土和各类岩石解体工程的需要。

静态破裂技术有如下特点：

1) 静态破裂剂不属于危险品，在购买、运输、保管和使用上没有严格限制。
2) 破碎过程安全，不存在爆破振动、空气冲击波、飞石、噪声等危害。
3) 施工简单，不需要防护和警戒工作。
4) 破裂时间较长，与温度有着密切关系；与爆破法相比，破碎范围、破碎效果、抛掷能力和经济效果等相差较大。

国内使用的普通型静态破裂剂，一般为 JC-1 和 $S_cA$ 两个系列，其适用条件列于表 11-74。

静态破裂剂种类及其适用温度　　　表 11-74

| 种类 | JC-1 系列 | | | | $S_cA$ 系列 | | | |
|---|---|---|---|---|---|---|---|---|
| | Ⅰ | Ⅱ | Ⅲ | Ⅳ | Ⅰ | Ⅱ | Ⅲ | Ⅳ |
| 使用温度（℃） | >25 | 10～25 | 0～10 | <0 | 20～35 | 10～25 | 5～15 | −5～8 |
| 42 | | 15～50，常用为 38 | | | | 30～50 | | |

（2）技术参数

1) 孔径：一般采用手提式凿岩机（$\phi38\sim42mm$）。
2) 孔距：一般孔间距 $L$ 与孔径 $d$ 有如下关系：

$$L = Kd \tag{11-65}$$

式中　$K$——破碎系数，如表 11-75 所示。

破碎系数 K 值　　　表 11-75

| 材料名称 | 钢筋量（kg/cm³） | 标准 K 值 |
|---|---|---|
| 无筋、少筋混凝土 | 0～30 | 10～18 |
| 钢筋混凝土 | 30～60 | 8～10 |
| | 60～100 | 6～8 |
| | >100 | 5～7 |

根据被破碎体的种类和破碎目标，一般选用梅花形炮孔布置。

（3）施工注意事项

1) 往炮孔中灌注浆体，必须充填密实。对于垂直孔可直接倾倒；对于水平孔或倾斜孔，应设法把浆体压入孔内，然后用塞子堵口。充填时，施工人员面部避免直接对准孔口。
2) 夏季充填完浆体后，孔口应适当覆盖，避免冲孔。冬季气温过低时，应采取保温或加温措施。
3) 施工时为确保安全，施工人员应戴防护眼镜。破碎剂有一定的腐蚀性，粘到皮肤上后要立即用水冲洗。
4) 解体钢筋混凝土物体时，一般先用破碎剂或风镐把表层混凝土剥离，然后把暴露钢筋切断或拆除，再用破碎剂将内部的混凝土或钢筋混凝土破碎，即采用分阶段解体。

#### 11.3.6.2 二氧化碳膨胀爆破技术

二氧化碳膨胀爆破技术（简称 $CO_2$ 爆破），其核心是通过压缩灌装机将液态 $CO_2$ 压缩后灌装入一特制膨胀管内，通过激发管快速放热，在极短时间内将 $CO_2$ 从液态转变成气态，形成高压 $CO_2$ 气团（类似于高压爆轰气体产物）；当气团压力超过一定压力阈值时，高压 $CO_2$ 气体则对外膨胀做功，从而达到爆破的目的。

$CO_2$ 爆破具有如下特点：

(1) 做功能源为 $CO_2$，不属于爆炸物品，来源广泛，成本低廉。

(2) 与炸药爆破相比，$CO_2$ 爆破产生的作用力低一个数量级，弱振动、弱冲击、无火花、无毒害气体生成，爆破危害性小且容易控制。

(3) 与静态破裂相比，作用时间快，作用力大，效率高。

(4) 主要适用于环境复杂、不宜使用炸药的爆破工程；在高瓦斯煤矿中应用具有独特的优势。

## 11.4 安 全 施 工

### 11.4.1 土石方开挖与回填安全技术措施

(1) 挖土石方不得在危岩、孤石的下边或贴近未加固的危险体的下面进行。

(2) 基坑开挖时，两人操作间距应大于 2.5m。有边坡的挖土作业，开挖土方的操作人员之间，横向间距不小于 2m，纵向间距不小于 3m。多台机械开挖，挖土机间距应大于 10m。在挖土机工作范围内，不许进行其他作业。土方开挖时指挥人员及施工人员应在挖机回转半径以外指挥或施工，并时刻注意挖机回转半径范围内不得有人。开挖应由上而下，逐层进行，严禁先挖坡脚或逆坡挖土。

(3) 基坑开挖严格按要求放坡。随时注意边坡的变动情况，发现有裂纹或部分坍塌现象，及时进行支撑，并注意支撑的稳固和边坡形态的变化。不放坡开挖时，应通过计算设置临时支护。

(4) 机械多台阶同时开挖，应验算边坡的稳定性，挖土机离边坡应有一定的安全距离，以防塌方。

(5) 在有支撑的基坑（槽）中使用机械挖土时，应防止碰坏支撑。在坑（槽）边使用机械挖土时，应计算支撑强度，必要时应加强支撑。

(6) 基坑（槽）和管沟回填时，下方不得有人；检查打夯机的电器线路，防止漏电、触电。

(7) 拆除护壁支撑时，应按回填顺序从下而上逐步拆除；更换支撑，必须先安后拆。

(8) 基坑四周应设防护栏杆，人员上下应设置专用梯道。

### 11.4.2 爆破危害控制

#### 11.4.2.1 爆破振动的控制

(1) 爆破振动安全允许标准

1) 评估爆破对不同类型建（构）筑物、设施设备和其他保护对象的振动影响，应采用不同的安全判据和允许标准。

2) 地面建筑物、电站（厂）中心控制室设备、隧道与巷道、岩石高边坡和新浇大体积混凝土的爆破振动判据，采用保护对象所在地基础质点峰值振动速度和主振频率。爆破振动安全允许标准如表 11-76 所示。

爆破振动安全允许标准  表 11-76

| 序号 | 保护对象类型 | 安全允许质点振动速度 (cm/s) | | |
|---|---|---|---|---|
| | | $f \leqslant 10Hz$ | $10Hz < f \leqslant 50Hz$ | $f > 50Hz$ |
| 1 | 土窑洞、土坯房、毛石房屋 | 0.15～0.45 | 0.45～0.9 | 0.9～1.5 |
| 2 | 一般民用建筑物 | 1.5～2.0 | 2.0～2.5 | 2.5～3.0 |
| 3 | 工业和商业建筑物 | 2.5～3.5 | 3.5～4.5 | 4.2～5.0 |
| 4 | 一般古建筑与古迹 | 0.1～0.2 | 0.2～0.3 | 0.3～0.5 |
| 5 | 运行中的水电站及发电厂中心控制室设备 | 0.5～0.6 | 0.6～0.7 | 0.7～0.9 |
| 6 | 水工隧洞 | 7～8 | 8～10 | 10～15 |
| 7 | 交通隧道 | 10～12 | 12～15 | 15～20 |
| 8 | 矿山巷道 | 15～18 | 18～25 | 20～30 |
| 9 | 永久性岩石高边坡 | 5～9 | 8～12 | 10～15 |
| 10 | 新浇大体积混凝土（C20）：<br>龄期：初凝～3d<br>龄期：3d～7d<br>龄期：7d～28d | 1.5～2.0<br>3.0～4.0<br>7.0～8.0 | 2.0～2.5<br>4.0～5.0<br>8.0～10.0 | 2.5～3.0<br>5.0～7.0<br>10.0～12 |

注：1. 爆破振动监测应同时测定质点振动相互垂直的三个分量。
2. 表中质点振动速度为三个分量中的最大值，振动频率为主振频率。
3. 频率范围根据现场实测波形确定或按如下数据选取：硐室爆破 $f$ 小于 20Hz，露天深孔爆破 $f$ 为 10～60Hz，露天浅孔爆破 $f$ 为 40～100 Hz；地下深孔爆破 $f$ 为 30～100 Hz，地下浅孔爆破 $f$ 为 60～300Hz。

3) 在按表 11-76 选定安全允许质点振速时，应认真分析以下影响因素：

① 选取建筑物安全允许质点振速时，应综合考虑建筑物的重要性、建筑质量、新旧程度、自振频率、地基条件等。

② 省级以上（含省级）重点保护古建筑与古迹的安全允许质点振速，应经专家论证后选取，并报相应文物管理部门批准。

③ 选取隧道、巷道安全允许质点振速时，应综合考虑构筑物的重要性、围岩分类、支护状况、开挖跨度、埋深大小、爆源方向、周边环境等。

④ 对永久性岩石高边坡，应综合考虑边坡的重要性、边坡的初始稳定性、支护状况、开挖高度等。

⑤ 隧道和巷道的爆破振动控制点为距离爆源 10～15m 处；高边坡的爆破振动控制点为上一级马道的内侧坡脚。

⑥ 非挡水新浇大体积混凝土的安全允许质点振速按本表给出的上限值选取。

4) 爆破振动安全允许距离，按式（11-66）计算。

$$R = (KV)^{1/\alpha} Q^{1/3} \tag{11-66}$$

式中 $R$——爆破安全允许距离（m）；
$Q$——炸药量，齐发爆破为总药量，延时爆破为最大单段药量（kg）；
$V$——保护对象所在地安全允许质点振速（cm/s）；
$K$，$\alpha$——与爆破点至保护对象间的地形、地质条件有关的系数和衰减指数，应通过现场试验确定；在无试验数据的条件下，可参考表11-77选取。

爆区不同岩性的 $K$、$\alpha$ 值　　　　　　　　　　表 11-77

| 岩性 | $K$ | $\alpha$ |
|---|---|---|
| 坚硬岩石 | 50～150 | 1.3～1.5 |
| 中硬岩石 | 150～250 | 1.5～1.8 |
| 软岩石 | 250～350 | 1.8～2.0 |

5）在复杂环境中多次进行爆破作业时，应从确保安全的单响药量开始，逐步增大到允许药量，并控制一次爆破规模。

6）核电站及受爆破振动惯性力控制的精密仪器、仪表等特殊保护对象，应采用爆破振动加速度作为安全判据，安全允许质点加速度由相关管理单位确定。

7）高耸建（构）筑物拆除爆破的振动安全允许距离包括建（构）筑物塌落触地振动安全距离和爆破振动安全距离。

(2) 降低爆破振动效应的措施

1）采用毫秒延期爆破。与齐发爆破相比，平均降振率为 50%，毫秒延期段数越多，降振效果越好。

2）采用预裂爆破或开挖减振沟槽。在爆破体与被保护物之间，钻凿不装药的单排防振孔或双排防振孔，降振率可达 30%～50%。

3）限制一次爆破最大用药量。被保护物爆破振动标准 $V_{KP}$ 确定后，可根据下式计算一次爆破最大用药量，即：

$$Q_{\max} = R^3 (V_{KP}/K)^{3/\alpha} \tag{11-67}$$

4）拆除爆破降低塌落振动的措施有：采用分段分层拆除爆破；在地面开挖减振沟槽或铺垫缓冲材料等。采用土埂沟槽减振措施后，高大烟囱爆破拆除的塌落振动速度可以减少 70%以上。

### 11.4.2.2 爆破空气冲击波的控制

(1) 爆破空气冲击波的破坏判据及安全允许标准

1）露天地表爆破当一次爆破炸药量不超过 25kg 时，按式（11-68）确定空气冲击波对在掩体内避炮作业人员的安全允许距离。

$$R_k = 25 Q^{1/3} \tag{11-68}$$

式中 $R_k$——空气冲击波对掩体内人员的最小允许距离，单位为米（m）；
$Q$——一次爆破梯恩梯炸药当量，秒延时爆破为最大一段药量，毫秒延时爆破为总药量，单位为千克（kg）。

2）爆炸加工或特殊工程需要在地表进行大当量爆炸时，应核算不同保护对象所承受的空气冲击波超压值，并确定相应的安全允许距离。在平坦地形条件下爆破时，可按式(11-69) 计算超压。

$$\Delta P = 14Q/R^3 + 4.3Q^{2/3}/R^2 + 1.1Q^{1/3}/R \qquad (11-69)$$

式中 $\Delta P$——空气冲击波超压值($10^5$Pa);

$Q$——一次爆破梯恩梯炸药当量,秒延时爆破为最大一段药量,毫秒延时爆破为总药量,单位为千克(kg);

$R$——爆源至保护对象的距离(m)。

3)空气冲击波超压的安全允许标准:空气冲击波超压对人和建筑物的安全标准如表 11-78 和表 11-79 所示。

空气冲击波超压对人体的危害情况　　　　　　表 11-78

| 序号 | 超压($10^5$Pa) | 伤害程度 | 伤害情况 |
|---|---|---|---|
| 1 | <0.02 | 安全 | 安全无伤 |
| 2 | 0.02~0.03 | 轻微 | 轻微挫伤 |
| 3 | 0.03~0.05 | 中等 | 听觉、气管损伤;中等挫伤、骨折 |
| 4 | 0.05~0.1 | 严重 | 内脏受到严重挫伤;可能造成伤亡 |
| 5 | >0.1 | 极严重 | 大部分人死亡 |

建筑物的破坏程度与超压关系　　　　　　表 11-79

| | 破坏等级 | 1 | 2 | 3 | 4 | 5 | 6 | 7 |
|---|---|---|---|---|---|---|---|---|
| | 破坏等级名称 | 基本无破坏 | 次轻度破坏 | 轻度破坏 | 中等破坏 | 次严重破坏 | 严重破坏 | 完全破坏 |
| | 超压($10^5$Pa) | <0.02 | 0.02~0.09 | 0.09~0.25 | 0.25~0.40 | 0.40~0.55 | 0.55~0.76 | >0.76 |
| 建筑物破坏程度 | 玻璃 | 偶然破坏 | 少量破坏大块、大部分呈小块 | 大部分破成小块到粉碎 | 粉碎 | — | — | — |
| | 木门窗 | 无损坏 | 窗扇少量破坏 | 窗扇大量破坏,门扇、窗框破坏 | 窗扇掉落、内倒、窗框、门扇大量破坏 | 门、窗摧毁,窗框掉落 | — | — |
| | 砖外墙 | 无损坏 | 无损坏 | 出现小裂缝,宽度小于 5mm,稍有倾斜 | 出现较大裂缝,缝宽 5~50mm,明显倾斜,砖踪出现小裂缝 | 出现大于 50mm 的大裂缝,严重倾斜,砖踪出现较大裂缝 | 部分倒塌 | 大部分到全部倒塌 |
| | 木屋盖 | 无损坏 | 无损坏 | 木屋面板变形,偶见折裂 | 木屋面板、木檩条折裂,木屋架支座松动 | 木檩条折断,木屋架杆件偶见折断,支座错位 | 部分倒塌 | 全部倒塌 |
| | 瓦屋面 | 无损坏 | 少量移动 | 大量移动 | 大量移动到全部掀动 | | | |
| | 钢筋混凝土屋盖 | 无损坏 | 无损坏 | 无损坏 | 出现小于 1mm 宽的小裂缝 | 出现 1~2mm 宽的裂缝,修复后可继续使用 | 出现大于 2mm 的裂缝 | 承重砖墙全部倒塌,钢筋混凝土承重柱严重破坏 |
| | 顶棚 | 无损坏 | 抹灰少量掉落 | 抹灰大量掉落 | 木龙骨部分破坏,出现下垂缝 | 塌落 | — | — |
| | 内墙 | 无损坏 | 板条墙抹灰少量掉落 | 板条墙抹灰大量掉落 | 砖内墙出现小裂缝 | 砖内墙出现大裂缝 | 砖内墙出现严重裂缝至部分倒塌 | 砖内墙大部分倒塌 |
| | 钢筋混凝土柱 | 无损坏 | 无损坏 | 无损坏 | 无破坏 | 无破坏 | 有倾斜 | 有较大倾斜 |

4) 地表裸露爆破空气冲击波安全允许距离,应根据保护对象、所用炸药品种、药量、地形和气象条件由设计确定。

5) 露天及地下爆破作业,对人员和其他保护对象的空气冲击波安全允许距离由设计确定。

(2) 降低爆破冲击波的主要措施

1) 采用毫秒延期爆破技术来削弱空气冲击波强度。

2) 严格按设计抵抗线施工可防止强烈冲击波的产生。

3) 露天爆破,合理确定爆破参数、选择微差起爆方式、保证合理的填塞长度和填塞质量等;对建筑物拆除爆破、城镇浅孔爆破,做好爆破部位的覆盖防护;井巷掘进爆破,要重视爆破空气冲击波的影响。

4) 预设阻波墙。常见的阻波墙有:水力阻波墙、沙袋阻波墙、防波排柱、木垛阻波墙、防护排架等。还可在爆源上加覆盖物,如盖砂袋或草袋,或盖胶管帘、废轮胎帘、胶布帘等覆盖物。对建筑物而言,还应打开窗户并设法固定,或摘掉窗户。如要保护室内设备,可用厚木板或砂袋等密封门窗。

### 11.4.2.3 爆破作业噪声的控制

当爆破空气冲击波的超压降至 0.02MPa 以下时,冲击波衰变为声波以波动形式继续向外传播,并产生声响,这种声响便是爆破噪声。在爆破作业中,爆破噪声虽然短促,但由于是间歇性的脉冲噪声,容易引起人们精神紧张,产生不愉快的感觉,特别是在城镇居民区尤为明显。

(1) 爆破作业噪声控制标准

爆破突发噪声判据,采用保护对象所在地最大声级。爆破噪声控制标准如表11-80所示。

爆破噪声控制标准    表 11-80

| 声环境功能区类别 | 对应区域 | 不同时段控制标准 [dB(A)] | |
|---|---|---|---|
| | | 昼间 | 夜间 |
| 0 类 | 康复疗养区、有重病号的医疗卫生或生活区,进入冬眠期的养殖动物区 | 65 | 55 |
| 1 类 | 居民住宅、一般医疗卫生、文化教育、科研设计、行政办公为主要功能,需要保持安静的区域 | 90 | 70 |
| 2 类 | 以商业金融、集市贸易为主要功能,或者居住、商业、工业混杂,需要维护住宅安静的区域;噪声敏感动物集中养殖区,如养鸡场等 | 100 | 80 |
| 3 类 | 以工业生产、仓储物流为主要功能,需要防止工业噪声对周围环境产生严重影响的区域 | 110 | 85 |
| 4 类 | 人员警戒边界,非噪声敏感动物集中养殖区,如养猪场等 | 120 | 90 |
| 施工作业区 | 矿山、水利、交通、铁道、基建工程和爆炸加工的施工厂区内 | 125 | 110 |

在 0~2 类区域进行爆破时,应采取降噪措施并进行必要的爆破噪声监测。监测应采用爆破噪声测试专用的 A 计权声压计及记录仪;监测点宜布置在敏感建筑物附近和敏感

建筑物室内。

(2) 降低和控制爆破噪声的措施

1) 在城镇、厂矿、居民区等对爆破噪声有限制的区域进行拆除及岩土爆破作业时，应采用控制爆破方法，不允许采用裸露爆破，也不允许采用导爆索起爆网路。

2) 在爆破设计时，对基础、石方爆破，一般采用松动爆破，并实施微差爆破；严格控制炸药单耗、单孔药量以及一次齐爆药量。对于建筑物拆除爆破，遵循"多打孔，少装药"原则，避免实际炸药单耗过高。

3) 精心施工，在施工过程中发现设计时未考虑到的因素时，应及时调整设计参数；当钻孔实际位置与设计出入较大时，必须校核最小抵抗线和炸药单耗，防止因施工过程中的疏忽造成爆破设计参数变化而增大了爆破噪声。应保证填塞质量和长度，做好爆破部位的覆盖和防护，避免将雷管直接放在地面起爆。若需要直接放在地面使用，则应在地面雷管上用土或聚乙烯水袋进行覆盖防护，也可用短胶管沿纵向切口后将雷管包裹在里面。

4) 对爆破噪声敏感的方向，可以采取截断传播路径的方法，架设防噪声排架、屏障，必要时挂上吸声性能好的材料。

5) 在城镇等人口密集区实施拆除爆破、场平、基坑、孔桩等爆破前，做好爆破安全提示工作，告知爆区附近居民，使居民对爆破噪声事先有一定的心理准备，也可以有效减少人们对爆破噪声的投诉。爆区周围有学校、医院、居民点时，应与各有关单位协商，实施定点、准时爆破。

6) 在爆破施工现场，施工机械引起的噪声也不可忽视。噪声源主要有凿岩机、风动工具、空压机、推土机、运输工具、冲击锤等，其声压级一般在80～100dB。为了控制施工机械产生的噪声，除应使参加施工的工程机械发出的噪声满足工程机械噪声限制标准外，还可在施工区域四周进行围挡，必要时，应限制在噪声敏感时段（如夜间）进行施工作业。

#### 11.4.2.4 水中冲击波及涌浪安全的控制

(1) 爆破水中冲击波的安全允许距离

1) 水下裸露爆破，当覆盖水厚度小于3倍药包半径时，对水面以上人员或其他保护对象的空气冲击波安全允许距离的计算原则，与地表爆破相同。

2) 在水深不大于30m的水域内进行水下爆破，水中冲击波的安全允许距离，应遵守下列规定：对人员按表11-81确定；客船为1500m；施工船舶按表11-82确定；对非施工船舶可参照表11-83和式（11-70），根据船舶状况由设计确定。

对人员的水中冲击波安全允许距离　　　　表11-81

| 装药及人员状况 | | 炸药量（kg） | | |
|---|---|---|---|---|
| | | $Q \leqslant 50$ | $50 < Q \leqslant 200$ | $200 < Q \leqslant 1000$ |
| 水中裸露装药（m） | 游泳 | 900 | 1400 | 2000 |
| | 潜水 | 1200 | 1800 | 2600 |
| 钻孔或药室装药（m） | 游泳 | 500 | 700 | 1100 |
| | 潜水 | 600 | 900 | 1400 |

对施工船舶的水中冲击波安全允许距离　　　　　表 11-82

| 装药及船舶类别 | | 炸药量（kg） | | |
|---|---|---|---|---|
| | | $Q \leqslant 50$ | $50 < Q \leqslant 200$ | $200 < Q \leqslant 1000$ |
| 水中裸露装药（m） | 木船 | 200 | 300 | 500 |
| | 铁船 | 100 | 150 | 250 |
| 钻孔或药室装药（m） | 木船 | 100 | 150 | 250 |
| | 铁船 | 70 | 100 | 150 |

3）一次爆破药量大于1000kg时，对人员和施工船舶的水中冲击波安全允许距离可按式（11-70）计算。

$$R = K_0 \times Q^{1/3} \quad (11-70)$$

式中　$R$——水中冲击波的最小安全允许距离（m）；

　　　$Q$——一次起爆的炸药量（kg）；

　　　$K_0$——系数，按表11-83选取。

$K_0$值　　　　　表 11-83

| 装药条件 | 保护人员 | | 保护施工船舶 | |
|---|---|---|---|---|
| | 游泳 | 潜水 | 木船 | 铁船 |
| 裸露装药 | 250 | 320 | 50 | 25 |
| 钻孔或药室装药 | 130 | 160 | 25 | 15 |

4）在水深大于30m的水域内进行水下爆破时，水中冲击波安全允许距离由设计确定。

5）在重要水工、港口设施附近及水产养殖场或其他复杂环境中进行水下爆破，应通过测试和邀请专家对水中冲击波和涌浪的影响作出评估，确定安全允许距离。

6）水中爆破或大量爆渣落入水中的爆破，应评估爆破涌浪影响，确保不产生超大坝、水库校核水位涌浪、不淹没岸边需保护物和不造成船舶碰撞受损。

（2）爆破水中冲击波的控制和防护

1）气泡帷幕减压措施。在水下爆破中，采用气泡帷幕防护技术来降低水中冲击波强度。气泡帷幕层的厚度和含气量大小对削减超压峰值的效果有关，厚度越大，空气量越多，峰值降低越大；气泡帷幕应尽量靠近爆源安设。

2）合理分段延迟爆破减振措施。如果一次起爆的总炸药量超过安全标准，则可采用毫秒分段延迟爆破技术，借以降低其强度。同时爆破的顺序亦有一定的关系。例如在水底钻孔爆破时，离保护目标最近一排先响，按由近及远的顺序起爆，则前面爆破所产生的气泡对后爆所产生的水冲击波有减弱作用。同时由于先后各排炮孔爆破产生的水冲击波到达目标的时间差越来越大，因此波的叠加机遇较小，相反则影响较大。

3）波浪效应及防护措施。浅水爆破时容易产生爆破涌浪。它对水面设施和护岸工程有一定威胁。由于爆破涌浪的传播速度较慢，频率较低，因此大大滞后于爆破振动波和水中冲击波的作用时间，不致起叠加作用。为了防止和削减爆破涌浪的影响，可以在保护目标的前面，在水面布设防浪木排或竹排并用钢丝绳固定。

#### 11.4.2.5 个别飞散物的控制

(1) 爆破个别飞散物的安全允许距离

1) 一般工程爆破个别飞散物对人员的安全允许距离见表 11-84 的规定；对设备或建(构)物的安全允许距离，应由设计确定。

爆破个别飞散物对人员的安全允许距离　　　　表 11-84

| 爆破类型和方法 | | 个别飞散物的最小安全允许距离（m） |
|---|---|---|
| 露天岩土爆破 | 浅孔爆破法破大块 | 300 |
| | 浅孔台阶爆破 | 200（复杂地质条件下或未形成台阶工作面时不小于 300） |
| | 深台阶孔爆破 | 按设计，但不大于 200 |
| | 硐室爆破 | 按设计，但不小于 300 |
| 水下爆破 | 水深小于 1.5m | 与露天岩土爆破相同 |
| | 水深大于 1.5m | 由设计确定 |
| 破冰工程 | 爆破薄冰凌 | 50 |
| | 爆破覆冰 | 100 |
| | 爆破阻塞的流冰 | 200 |
| | 爆破厚度＞2m 的冰层或爆破阻塞流冰一次用药量超过 300kg | 300 |
| 爆破金属物 | 在露天爆破场 | 1500 |
| | 在装甲爆破坑中 | 150 |
| | 在厂区内的空场中 | 由设计确定 |
| | 爆破热凝结物和爆破压接 | 按设计，但不大于 30 |
| | 爆炸加工 | 由设计确定 |
| 拆除爆破、城镇浅孔爆破及复杂环境深孔爆破 | | 由设计确定 |
| 爆破振动勘探爆破 | 浅井或地表爆破 | 按设计，但不大于 100 |
| | 在深孔中爆破 | 按设计，但不大于 30 |
| | 用爆破器扩大钻井 | 按设计，但不大于 50 |
| 沿山坡爆破时，下坡方向的飞石安全允许距离应增大 50%。 | | |

2) 抛掷爆破时，个别飞散物对人员、设备和建筑物的安全允许距离应由设计确定。

3) 硐室爆破个别飞散物安全距离，可按式（11-71）计算：

$$R_f = 20 K_f n^2 W \qquad (11-71)$$

式中　$R_f$——爆破飞石安全距离，单位为米（m）；
　　　$K_f$——安全系数，一般取 $K_f = 1.0 \sim 1.5$；
　　　$n$——爆破作用指数；
　　　$W$——最小抵抗线，单位为米（m）。

应对每个药包进行计算，选取最大值为个别飞散物安全距离。

(2) 爆破个别飞散物的控制和防护

1) 精心设计，选择合理的抵抗线 $W$ 和爆破作用指数 $n$；精心施工，药室、炮孔位置测量验收严格,是预防飞散物事故的基础工作。装药前,应校核各药包的抵抗线,如有变化,修正装药量。

2) 注意避免药包位于岩石软弱夹层或基础的接打面,以免薄弱面冲出飞散物。慎重对待断层、软弱带张开裂隙、成组发育的节理、覆盖层等地质构造,采取间隔填塞、避免过量装药等措施。

3) 保证填塞质量、填塞长度,填塞物中不能夹杂碎石。采用不耦合装药、挤压爆破和毫秒延时爆破等措施。选择合理的延迟时间,防止前排爆破后,造成后排最小抵抗线大小与方向失控。

4) 控制爆破施工中,应对爆破体采取覆盖和对保护对象采取防护措施;覆盖范围,应大于炮孔的分布范围;覆盖时要注意保护起爆网路,捆扎牢固,防止覆盖物滑落和抛散,分段起爆时,防止覆盖物受先爆药包影响,提前滑落、抛散。

5) 在重点保护物方向及飞散物抛出主要方向上,设立屏障,材料可以用木板、荆笆或铁丝网,屏障的高度和长度,应能完全挡住飞散碎块。

6) 对于高耸建筑物定向拆除爆破,应当特别注意爆破体定向倾倒冲砸地面引起的碎石飞溅,必须做好地面缓冲垫,加大对人员的安全距离。

## 11.5 绿色施工技术要求

### 11.5.1 环 境 保 护

土石方及爆破工程施工过程中,应严格按照"预防为主,保护优先,开发与保护并重"的原则,明确环保目标,落实环保制度,落实保护措施,全员参与,加强教育宣传。环境保护应从有害气体、扬尘、噪声、水下爆破、振动液化、土壤保护与水土流失等多方面入手,做到全面保护。

**11.5.1.1 有害气体控制**

土石方及爆破工程施工过程中,有害气体对环境、人体的影响,需引起足够重视,对可能遇到的有害气体,应该制定应急预案。

工程机械严禁使用劣质油品,尾气排放达标,严禁冒烟作业。

树木、杂草、建筑垃圾等应集中堆放,外运到指定地点,严禁现场焚烧或填埋。

施工过程中,应加强有害气体的监测,特别是在隧道等较封闭的空间施工时,必须实行标准化作业,严格控制有害气体的含量(表11-85、表11-86),防止人员中毒。

中毒程度与CO浓度的关系 表11-85

| 中毒程度 | 中毒事件 | CO浓度 | |
|---|---|---|---|
| | | mg/L | (按体积计算)% |
| 无征兆或有轻微征兆 | 数小时 | 0.2 | 0.016 |
| 轻微中毒 | 1h以内 | 0.6 | 0.048 |
| 严重中毒 | 0.5~1h | 1.6 | 0.128 |
| 致命中毒 | 短时间内 | 5.0 | 0.400 |

中毒程度与 $NO_2$ 浓度的关系　　　　　　　　　　　　　表 11-86

| $NO_2$ 浓度（%） | 人体中毒反应 |
|---|---|
| 0.004 | 经过 2～4h 还不会引起中毒反应现象 |
| 0.006 | 短时间呼吸器官有刺激作用，咳嗽，胸部发痛 |
| 0.010 | 短时间内对呼吸器官起强烈刺激作用，剧烈咳嗽，声带痉挛性收缩、呕吐、神经系统麻木 |
| 0.025 | 短时间内很快死亡 |

地下爆破作业时，应保持通风良好，防止瓦斯积累；按规程进行布孔、装药、填塞、起爆，以防爆破引爆瓦斯；采用防爆型电器设备，严格控制杂散电流。地下爆破作业点的爆破有害气体允许浓度如表 11-87 所示。

地下爆破作业点的有害气体允许浓度　　　　　　　　　表 11-87

| 有害气体名称 | | CO | $N_nO_m$ | $SO_2$ | $H_2S$ | $NH_3$ | $R_n$ |
|---|---|---|---|---|---|---|---|
| 允许浓度 | 按体积（%） | 0.00240 | 0.00025 | 0.00050 | 0.00066 | 0.00400 | 3700Bq/$m^3$ |
| | 按质量（mg·$m^{-3}$） | 30 | 5 | 15 | 10 | 30 | |

对存在瓦斯等易燃易爆气体的石方爆破作业时，需采用电力起爆，控制炸药和雷管的种类，加强监控和通风。

#### 11.5.1.2 扬尘与预防粉尘控制

（1）扬尘治理

施工前，做好扬尘控制计划。应采用清理积尘、淋湿地面、外设高压喷雾状水系统、搭设防尘排栅、封闭车厢等综合降尘。短期的裸土采用覆盖防尘，对于三个月以上不施工的裸土采用撒草籽、植草等绿化措施。施工现场出入口及车行道路宜硬化处理，设置车辆冲洗设施，减少扬尘。土石方施工应采用湿法施工，四级以上大风天气，应暂停土石方作业。

在确保爆破作业安全的条件下，城镇拆除爆破工程应采取以下减少粉尘污染的措施：
1）适当预拆除非承重墙，清理构件上的积尘。
2）建（构）筑物内部洒水或采用泡沫吸尘措施。
3）各层楼板设置水袋。
4）起爆前后组织消防车或其他喷水装置喷水降尘。

（2）粉尘控制

在隧道、顶管等较封闭的区域进行土石方爆破施工时，应遵守有关粉尘防爆的规定。采用有效的通风和除尘措施，严禁吸烟及明火作业，实现粉尘在线监测系统全覆盖，离爆区 10m 范围内的空间和表面应做喷水降尘处理。严防粉尘爆炸。

#### 11.5.1.3 噪声控制

土石方施工的噪声控制主要包括声源控制和传输途径的控制。

（1）声源控制

开挖作业宜采用挖掘机直接挖装，或松土器配合的凿裂法。加强工程机械和自卸汽车的日常维护保养工作，减少机械振动。当采用爆破施工时，应对爆破方案进行设计，特别对用药量进行准确计算，控制噪声。

施工过程中，合理安排作业时间，运输车辆经过居民区时，严禁鸣笛，放缓车速通行。宜减少夜间施工，强夯、爆破等噪声较大的作业禁止在夜间施工。

（2）对传输过程控制

设备宜安装密封罩或在周边设置围护结构，阻隔噪声的传播。在声源处、界墙周边设置噪声监测点，实施动态监测。施工过程中场界环境噪声不得超过表11-88规定的排放限值。夜间噪声最大声级超过限值的幅度不得高于15dB(A)。

建筑施工场界环境噪声排放限值　　　　　　表11-88

| 昼间 | 夜间 |
| --- | --- |
| 70dB（A） | 55dB（A） |

爆破施工按爆破作业噪声控制标准或《爆破安全规程》GB 6722—2014执行。

### 11.5.1.4　水下爆破时对水生物的保护

在靠近有养殖业水产资源的水域实施岩土爆破或水中爆破时，应事先评估爆破飞石、水中冲击波涌浪对水中生物的影响，提出可行的安全保护措施。

（1）爆破设计时，应采用低威力、低爆速炸药、间隔装药、微差爆破，降低炸药单耗，降低爆破地震效应。当设计药量较大且没有其他降振措施时，则必须分次爆破，控制一次爆破的炸药量。

（2）减少向水域抛落爆岩总量和一次抛落量；需向水域大量抛入岩土时，应事先评估其对水中生态环境的影响，提出可行性报告，经环保和生物保护管理部门批准，方可实施；受影响水域内有重点保护生物时，应与生物保护管理单位协商保护措施。

（3）水下爆破应控制一次起爆药量和采用削减水中冲击波的措施。在施工前在爆破体与被保护体之间，钻凿不装药的单排减振孔或双排减振孔，可以起到降振效果。

（4）起爆前应驱赶受影响水域内的水生物。采用制造声响、振动和小药量预爆等驱赶法提前对爆破区附近水生物进行驱赶。

（5）可采用气泡帷幕进行较大范围的爆区控制。在爆源与被保护水生物之间的水底设置气泡发射装置，气泡群自水底向水面运动，形成一道"帷幕"，有效地削弱冲击波的压力峰值，对被保护物起到防护作用。

### 11.5.1.5　振动液化控制

振动液化是饱和土在动荷作用下，丧失抗剪强度而转变为一种类似液体状态的现象。

（1）对砂层浅藏、相对密度低等容易发生液化的土层，宜采用抗液化能力强的材料进行置换或改良。土石方填筑时，应选择抗液化能力强的土料填筑。

（2）实施爆破前，应查明可能产生液化土层的分布范围，并采取相应的处理措施，如：增加土体相对密度，降低浸润线，加强排水，减小饱和程度；控制爆破规模，降低爆破振动强度，增大振动频率、缩短振动持续时间。

（3）采用强夯、爆破等振动力较大的施工工艺时，应邀请专家评估爆破引起基振动液化的可能性和危害程度；提出预防土层受爆破振动压密、孔隙水压力骤升的措施；评估因土体"液化"对地基基础产生的损害。

（4）地下水位高时，根据现场条件，可以采用围封的方法限制液化时的侧流危害，或采用降排水的方法降低振动液化的可能性。

### 11.5.1.6 土壤保护与水土流失

(1) 施工前,应先挖好临时排水设施,防止雨水冲刷造成土壤流失。雨期施工的工作面不宜过大,应逐段、逐片地分期完成;在施工场地周围应防止地面水流入场地内,在傍山、沿河地区施工,应采取必要的防洪措施。

(2) 施工所产生的垃圾和废弃物质,如清理场地的表层腐殖土、砍伐的荆棘丛林、工程剩余的废料,应根据各自不同的情况,分别处理,不得任意裸露弃置。

(3) 清洗施工机械、设备及工具的废水、废油等有害物质以及生活污水,不得直接排放于河流、湖泊或其他水域中,不得倾泻于饮用水源附近的土地上,以防污染水质和土壤。

(4) 使用工业废渣填筑时,如废渣中含有可溶性有害物质,可能造成土质、水质污染时,应采取措施,予以处理。

(5) 土石方开挖应从上至下分层分段依次进行,严格按照设计进行边坡开挖,并在开挖上做成一定的流水坡度,设置临时排水沟,沟底比开挖面低300~500mm。坡面做好防雨水冲刷措施,路基填方段边缘压实到位,每层施工作业面均应做出一定的坡度便于排水,两侧做好水沟或土垄等排挡水措施,防止水流四溢而冲刷边坡。

(6) 按设计或施工组织设计指定的位置规范取弃土,严格取弃土场选址审批流程,控制取弃土量的规模。弃土作业时,需分级整平、压实,做好挡墙防护、排水设计、恢复绿化等措施。弃土场原则上不得设置在河道内,条件限制时,必须提前得到河道管理部门的批准。取弃土完成后,应及时对场地进行修整,恢复排水设施和植被,做好边坡防护。

(7) 河滩地取土不得改变河道流向,不得形成低洼地。

## 11.5.2 人员健康

(1) 主要有害因素

粉尘、有毒有害气体、高噪声是爆破作业危害身体健康的主要三大因素。

(2) 职业卫生健康对策措施

采用湿式凿岩抑制粉尘的产生,喷雾洒水,改进爆破方法等措施抑制爆破粉尘的产生;对挖装工作面,运输道路等定期喷雾洒水抑尘;操作人员佩戴防尘罩;正确选择机型,装配尾气净化器;选用高标准优质油料,严禁超负荷,严格维修保养;爆破前关注天气、风向情况,爆破时人员撤离危险区,爆破后人员不得提前进入危险区。

露天爆破有毒有害气体的影响范围可参照下式计算:

$$R = KQ^{1/3} \tag{11-72}$$

式中 $R$——有毒有害气体的影响范围(m);

$Q$——爆破总药量(t);

$K$——系数,平均160。

(3) 噪声的控制及对策措施

选择低噪声设备;提高安装技术,保证安装质量;改变能量结构,用液压代替电动或压缩空气动力;操作人员佩戴防噪声用品。

(4) 委托有资质的职业健康体检机构为作业人员进行上岗前、离岗后的职业健康体检,并建立健全职业健康档案。

(5) 对劳动者进行针对性的应急救援培训，使劳动者掌握事故预防和自救互救等应急处理能力。针对土石方施工过程中可能产生的机械伤害、坍塌、飞石等危险源，制定切实可行的应急措施和预案，组织应急演练。

# 参 考 文 献

[1] 中华人民共和国国家标准．岩土工程勘察规范：GB 50021—2001[S]．北京：中国建筑工业出版社，2009．

[2] 中华人民共和国国家标准．湿陷性黄土地区建筑标准：GB 50025—2018[S]．北京：中国建筑工业出版社，2004．

[3] 中华人民共和国国家标准．建筑地基基础工程施工质量验收标准：GB 50202—2018[S]．北京：中国计划出版社，2018．

[4] 中华人民共和国国家标准．工程测量标准：GB 50026—2020[S]．北京：中国计划出版社，2007．

[5] 中华人民共和国国家标准．岩土锚杆与喷射混凝土支护工程技术规范：GB 50086—2015[S]．北京：中国计划出版社，2015．

[6] 中华人民共和国国家标准．建筑地基基础工程施工规范：GB 51004—2015[S]．北京：中国计划出版社，2015．

[7] 中华人民共和国国家标准．土方与爆破工程施工及验收规范：GB 50201—2012[S]．北京：中国建筑工业出版社，2012．

[8] 中华人民共和国国家标准．高填方地基技术规范：GB 51254—2017[S]．北京：中国建筑工业出版社，2017

[9] 中华人民共和国国家标准．建筑地基基础工程质量验收标准：GB 50202—2018[S]．北京：中国计划出版社，2018．

[10] 中华人民共和国国家标准．建筑工程施工质量验收统一标准：GB 50300—2013[S]．北京：中国建筑工业出版社，2014．

[11] 中华人民共和国国家标准．建筑地基基础设计规范：GB 50007—2011[S]．北京：中国建筑工业出版社，2012．

[12] 中华人民共和国国家标准．爆破安全规程：GB 6722—2014[S]．北京：中国标准出版社，2015．

[13] 中华人民共和国国家标准．工程岩体分级标准：GB/T 50218—2014[S]．北京：中国计划出版社，2014．

[14] 中华人民共和国国家标准．盐渍土地区建筑技术规范：GB/T 50942—2014[S]．北京：中国计划出版社，2014．

[15] 中华人民共和国国家标准．建筑与市政工程绿色施工评价标准：GB/T 50640—2023[S]．北京：中国计划出版社，2011．

[16] 中华人民共和国国家标准．建筑工程施工质量评价标准：GB/T 50375—2016[S]．北京：中国建筑工业出版社，2017．

[17] 中华人民共和国国家标准．建筑工程绿色施工规范：GB/T 50905—2014[S]．北京：中国建筑工业出版社，2014．

[18] 中华人民共和国行业标准．湿陷性黄土地区建筑基坑工程安全技术规程：JGJ 167—2009[S]．北京：中国建筑工业出版社，2009．

[19] 中华人民共和国行业标准．建筑施工土石方工程安全技术规范：JGJ 180—2009[S]．北京：中国建筑工业出版社，2009．

[20] 中华人民共和国行业标准. 公路土工试验规程: JTG 3430—2020[S]. 北京: 人民交通出版社, 2007.
[21] 中华人民共和国行业标准. 公路路基施工技术规范: JTG/T 3610—2019[S]. 北京: 人民交通出版社, 2006.
[22] 中华人民共和国行业标准. 公路工程土工合成材料试验规程: JTG E50—2006[S]. 北京: 人民交通出版社, 2015.
[23] 中华人民共和国行业标准. 水利水电工程土建施工安全技术规程: SL 399—2007[S]. 北京: 中国水利水电出版社, 2015.
[24] 江正荣. 建筑施工计算手册[M]. 4版. 北京: 中国建筑工业出版社, 2018.
[25] 中国建筑工程总公司. 建筑工程施工工艺标准汇编(缩印本)[M]. 北京: 中国建筑工业出版社, 2005.
[26] 胡坤, 夏雄. 土木工程地质[M]. 北京: 北京理工大学出版社, 2017.
[27] 中国工程爆破协会, 汪旭光. 爆破设计与施工(全国工程爆破技术人员统一培训教材)[M]. 冶金工业出版社, 2018.
[28] 杨宇航, 张可能, 张顺清. 注浆钢管加筋在基坑支护工程中的应用[J]. 土工基础, 2017, 31(2): 123-127.
[29] 杨文敬. 强夯过程中软弱土和橡皮土的处理技术[J]. 岩土工程技术, 2012, 26(1): 18-22.
[30] 王新建.《民用爆炸物品安全管理条例》浅析[J]. 中国人民公安大学学报(社会科学版), 2006(4): 112-116.

# 12 基坑工程

## 12.1 基坑工程的特点和内容

### 12.1.1 基坑工程特点

随着城市建设的快速发展，地下空间大规模开发利用已成为一种趋势。基坑工程是集地质工程、岩土工程、结构工程和测试技术等于一体的系统工程，其设计和施工成为岩土工程学科的主要研究课题之一。近年来，深基坑工程的计算理论、设计计算方法、施工技术和监测手段在我国都有长足的发展。基坑工程具有如下特点：

（1）基坑工程具有较大的风险性。基坑支护体系一般为临时措施，其荷载、强度、变形、防渗和耐久性等方面的安全储备相对较小。

（2）基坑工程具有明显的区域特征。不同的区域具有不同的工程地质和水文地质条件，即使是同一城市的不同区域也可能会有较大差异。

（3）基坑工程具有明显的环境保护特征。基坑工程的施工会引起周围地下水位变化和应力场的改变，导致周围土体的变形，对相邻环境产生影响。

（4）基坑工程理论尚不完善。基坑工程是岩土、结构及施工相互交叉的学科，且受多种复杂因素影响，其在土压力理论、基坑设计计算理论等方面尚待进一步发展。

（5）基坑工程具有时空效应规律。基坑的几何尺寸、土体性质等对基坑有较大影响。施工过程中，每个开挖步骤中的开挖尺寸、开挖部分的无支撑暴露时间和基坑变形具有一定的相关性。

（6）基坑工程具有很强的个体特征。每个基坑的工程水文地质条件、环境条件、基坑的形状和挖深、基坑的支护结构都会与其他基坑不同，决定了基坑工程具有明显的个体特征。

### 12.1.2 基坑工程的主要内容

为给地下结构的施工创造条件，需要挖除基坑内的土方，基坑开挖最简单、最经济的方法就是放坡大开挖。由于经常受到场地条件和周边环境的限制，常常需要设置基坑支护系统来保证施工的顺利进行，并保护好周边环境。

基坑工程的主要内容包括工程勘察、支护结构设计计算、地下水控制、土方开挖、信息化施工及环境保护等。

工程勘察的任务是提供支护结构设计计算必要的参数、土层的分布状况、地下水状况、地下障碍物状况和不良地质现象等内容。

支护结构分为围护结构和支撑（或锚杆）结构。围护结构是指设置在地下室外侧，为地下室的施工提供操作空间的结构物。基坑开挖深度较大时需要采用支撑结构，支撑结构为围护结构提供弹性支撑，控制墙体的内力和变形。

在高水位地区一般要采取降水、排水或隔水等措施保证施工作业面的干燥。

坑内土方开挖应在支护结构的保护下进行。土方开挖必须严格控制范围、开挖深度和速度，不得超挖，不得在应架设而未架设支撑的区域开挖，不得任意延长无支撑暴露时间。

基坑工程施工有一定的风险，施工过程中应利用信息化手段，分析施工监测数据并及时作出预测，动态地调整设计参数和施工工艺，以达到保护环境的目的。

## 12.2 基坑工程勘察

基坑工程支护设计前，应对影响设计和施工的基础资料进行全面收集和深入分析，以便正确地进行基坑支护结构设计，合理地组织基坑工程施工。这些基础资料主要包括工程地质和水文地质资料、周边环境资料、地下结构设计资料、施工计划、条件及工期要求等。

### 12.2.1 工程地质和水文地质勘察

目前基坑工程的勘察很少单独进行，一般都包含在工程勘察中。勘察前委托方应提供基本的工程资料和设计对勘察的技术要求、建设场地及周边地下管线和设施资料及可能采用的围护方式、施工工艺要求等。勘察单位应提供勘察方案，该方案应依据主体工程和基坑工程的设计与施工要求统一制定。

岩质基坑的勘察要求和土质基坑有较大差别，目前为止，我国基坑工程的勘察经验主要在土质基坑方面，岩质基坑的经验较少。对岩质基坑，应根据场地的地质构造、岩体特征、风化情况、基坑开挖深度等，按当地标准或当地经验进行勘察。

#### 12.2.1.1 勘察内容和要求

1. 基坑工程勘察应针对以下内容进行分析，提供有关计算参数和建议：
(1) 边坡的局部稳定性、整体稳定性和坑底抗隆起稳定性。
(2) 坑底和侧壁的渗透稳定性。
(3) 挡土结构和边坡可能发生的变形。
(4) 降水效果和降水对环境的影响。
(5) 开挖对邻近建筑物和地下设施的影响。

2. 岩土工程勘察报告中与基坑工程勘察有关的部分应包括下列内容：
(1) 与基坑开挖有关的场地条件、土质条件和工程条件。
(2) 提出处理方式、计算参数和支护结构选型的建议。
(3) 提出地下水控制方法、计算参数和施工控制的建议。
(4) 提出施工方法和施工中可能遇到的问题的防治措施和建议。
(5) 对施工阶段的环境保护和监测工作的建议。

3. 勘察基本要求

在受基坑开挖影响和可能设置支护结构的范围内,应查明岩土分布情况,分层提供支护设计所需的抗剪强度指标。土的抗剪强度试验方法,应与基坑工程设计要求一致,符合设计采用的标准,并应在勘察报告中说明。深基坑工程的水文地质勘察的目的是满足降水设计需要和对环境影响评估的需要。

勘察布孔及取样要求:

(1) 勘探点范围应根据基坑开挖深度及场地的岩土工程条件确定;基坑外宜布置勘探点,其范围不宜小于基坑深度的1倍;当需要采用锚杆时,基坑外勘探点的范围不宜小于基坑深度的2倍;当基坑外无法布置勘探点时,应通过调查取得相关勘察资料并结合场地内的勘察资料进行综合分析。

(2) 勘探点应沿基坑边布置,基坑主要转角处宜有勘探孔;当场地存在软弱土层、暗沟或岩溶等复杂地质条件时、相邻孔揭露的地层变化较大并影响到设计或施工时,应加密勘探点并查明其分布和工程特性。

(3) 基坑周边勘探孔的深度不宜小于基坑深度的2倍;基坑面以下存在软弱土层或承压含水层时,勘探孔深度应穿过软弱土层或承压含水层;同时还应满足不同基础类型、施工工艺及基坑稳定性验算对孔深的要求。

(4) 应按现行国家标准《岩土工程勘察规范》GB 50021 的规定进行原位测试和室内试验并提出各层土的物理性质指标和力学参数;对主要土层和厚度大于3m的素填土,应进行抗剪强度试验并提出相应的抗剪强度指标。

(5) 浅层勘察宜沿基坑周边布置小螺纹钻孔,发现暗浜及厚度较大的杂填土等不良地质现象时,应加密孔距,场地条件容许时宜将范围适当外延。

(6) 取土数量应根据工程规模、钻孔数量、地基土层的厚度和均匀性等确定。

(7) 当有地下水时,应查明各含水层的埋深、厚度和分布,判断地下水类型、补给和排泄条件;有承压水时,应分层测量其水头高度,钻探结束后应及时采用有效措施进行回填封孔。

(8) 应对基坑开挖与支护结构使用期内地下水位的变化幅度进行分析。

(9) 当基坑需要降水时,宜采用抽水试验测定各含水层的渗透系数与影响半径;应提供各含水层的渗透系数。

(10) 当建筑地基勘察资料不能满足基坑支护设计与施工要求时,宜进行补充勘察。

### 12.2.1.2 测试参数

基坑工程地质和水文地质的测试参数一般包括土的常规物理试验指标、土的抗剪强度指标、室内或原位试验测试土的渗透系数、特殊条件下所需的参数,岩土测试参数、试验方法与参数功能见表12-1。

**岩土测试参数、方法与参数的功能表** 表12-1

| 试验类别 | 测试参数 | 试验方法 | 参数的功能 |
|---|---|---|---|
| 物理性质 | $\omega$<br>$\rho$<br>$G_s$ | 含水量试验<br>密度试验<br>比重试验 | 土的基本参数计算 |

续表

| 试验类别 | 测试参数 | 试验方法 | 参数的功能 |
|---|---|---|---|
| 物理性质 | 颗粒大小分布曲线<br>不均匀系数 $C_u = d_{60}/d_{10}$<br>有效粒径 $d_{10}$<br>中间粒径 $d_{30}$<br>平均粒径 $d_{50}$<br>限制粒径 $d_{60}$ | 颗粒分析试验 | 评价流砂、管涌可能性 |
| 水理性质 | 渗透系数 $k_v$、$k_h$ | 渗透试验 | 土层渗透性评价，降水、抗渗计算 |
| 力学性质 | $e \sim p$ 曲线<br>压缩系数 $a$<br>压缩模量 $E_s$<br>回弹模量 $E_{ur}$ | 固结试验 | 土体变形及回弹量计算 |
| | $e \sim \lg p$ 曲线<br>先期固结压力 $p_c$<br>超固结比 $OCR$<br>压缩指数 $C_c$<br>回弹指数 $C_s$ | 固结试验 | 土体应力历史评价、<br>土体变形及回弹量计算 |
| | 内摩擦角 $\varphi_{cq}$<br>黏聚力 $c_{cq}$ | 直剪固结快剪试验 | 土压力计算及稳定性验算 |
| | 内摩擦角 $\varphi_s$<br>黏聚力 $c_s$ | 直剪慢剪试验 | 土压力计算及稳定性验算 |
| | 内摩擦角 $\varphi_{cu}$（总应力）<br>黏聚力 $c_{cu}$（总应力）<br>有效内摩擦角 $\varphi'$<br>有效黏聚力 $c'$ | 三轴固结不排水剪（CU）试验 | 土压力计算及稳定性验算 |
| | 有效内摩擦角 $\varphi'$<br>有效黏聚力 $c'$ | 三轴固结排水剪（CD）试验 | 土压力计算 |
| | 内摩擦角 $\varphi_{uu}$<br>黏聚力 $c_{uu}$ | 三轴不固结不排水剪（UU）试验 | 施工速度较快，排水条件差的黏土的稳定性验算 |
| | 无侧限抗压强度 $q_u$<br>灵敏度 $S_t$ | 无侧限抗压强度试验 | 稳定性验算 |
| | 静止土压力系数 $K_0$ | 静止土压力系数试验 | 静止土压力计算 |

　　基坑工程勘察除提供直剪固结快剪强度指标外，尚宜提供渗透性指标，对于粉性土、砂土还宜提供土的颗粒级配曲线等。对安全等级或环境等级为一、二级的基坑工程应进行三轴固结不排水剪试验或直剪慢剪试验，并提供土的静止土压力系数，必要时还宜进行回弹再压缩试验。基坑工程勘察除应进行静力触探试验外，还应选择部分勘探孔在粉土和砂土中进行标准贯入试验。对安全等级或环境等级为一、二级的基坑工程宜在软黏土层进行十字板剪切试验，必要时可以进行旁压试验、扁铲侧胀试验等。对安全等级或环境等级为一、二级的基坑工程宜进行现场简易抽（注）水试验综合测定土层的渗透系数。

#### 12.2.1.3 勘察成果

　　勘察成果文件是基坑设计、施工的依据。勘察成果应对基坑工程影响深度范围内的土层埋藏条件、分布和特性进行综合分析评价，并分析填土、暗浜、地下障碍物等浅层不良地质现象分布情况及其对基坑工程的影响；应阐明场地浅部潜水及深部承压水的埋藏条件、水位变化幅度和与地表水间的联系以及土层渗流条件，并对产生流砂、管涌、坑底突涌等的可能性进行分析评价；应提供基坑工程影响范围内的各土层物理、力学试验指标的统计值；应对基坑工程支护类型、设计和施工中应注意的岩土问题及对基坑监测工作提出建议。

### 12.2.2 周边环境调查

基坑开挖必定会使周边一定范围内的土层产生水平位移和沉降，将对其内的建（构）筑物、道路和地下管线产生或大或小的影响。为确保其正常使用，必须将影响控制在安全范围内。

基坑工程设计和施工前应对周边环境进行详尽的调查并记录，做到心中有数，以便设计时可采取有效措施进行保护，施工出现险情时可采取针对性措施进行补救。

#### 12.2.2.1 基坑周边邻近建（构）筑物状况调查

基坑支护设计前，应对基坑周边影响范围内的建（构）筑物进行调查，调查内容包括既有建（构）筑物的结构类型、层数、位置、基础类型和尺寸、埋深、使用年限、用途等，例如：

（1）平面分布情况（现状地形图）、与围护结构边线和红线的距离。

（2）上部结构类型及荷载使用情况，下部基础类型及埋深，有无桩基和桩基类型，对变形和差异沉降的敏感程度。

（3）是否属于历史文物建筑或近代优秀建筑，是否有精密仪器与设备的厂房等使用特殊严格的要求。

（4）如周围建（构）筑物在基坑开挖之前已经存在倾斜、裂缝、使用不正常等情况，则需收集此方面资料，并做标记、摄片和绘图形成原始资料，必要时应事先对其承受变形的性能做出分析鉴定。

（5）如附近有地铁隧道和车站等大型公共建筑，除进行上述调查外，尚应掌握其变形控制指标或其他特殊要求。

#### 12.2.2.2 基坑周边管线状况调查

基坑支护设计前，应对基坑周边影响范围内的地下管线进行调查，调查内容包括各种既有地下管线的类型、位置、尺寸、埋深、使用年限、用途等；对既有供水、污水、雨水等地下输水管线，尚应包括其使用状况及渗漏状况等。

不同管材、不同接头对变形的承受能力差异较大。光缆的保护要求较普通电缆高。

废弃管线及其附属设施可作为地下障碍物进行处理。继续使用的管线可采用搬迁或悬挂等方式进行保护。

#### 12.2.2.3 基坑周边道路及交通状况调查

基坑支护设计前，应对基坑周边影响范围内的道路进行调查，调查内容包括道路的类型、位置、宽度、道路行驶情况、最大车辆荷载等，例如：

（1）道路与基坑的相对位置、路基和路面结构、路面裂缝和破损、路面沉降等情况。

（2）周边道路交通的运输能力，包括交通流量、通行能力、路面承载力、人流量、通行规则、交通管理等，确保施工阶段的材料和设备进出场便利。

#### 12.2.2.4 基坑周边施工条件调查

基坑支护设计前，应对基坑周边的施工条件进行调查，调查内容包括：

(1) 施工现场周围的交通运输,对土方、混凝土等材料运输有无限制,是否允许阶段性封闭施工等。

(2) 对噪声和振动有无限制,以便确定施工时段、选择支撑结构的拆除方式等。

(3) 是否有足够场地供运输车辆行驶、材料堆放、施工机械停放、钢筋加工等,以便确定是否分区施工,采用顺作法还是逆作法施工,并确定施工荷载大小。

(4) 雨季时场地周围地表水汇流和排泄条件,地表水的渗入对地层土性影响的状况。

### 12.2.3 地下结构设计资料

主体结构地下结构的设计资料是基坑工程设计的重要依据。一般情况下,基坑工程设计在主体结构设计完成后、基坑工程施工前进行。一些大型的、重要的基坑工程,在主体结构设计阶段即可进行基坑工程的设计工作,以便更好地协调基坑与主体结构,如支撑立柱与工程桩的结合、水平支撑与结构楼层标高的协调、地下结构换撑、分隔墙拆除与结构对接等关系的处理。支护结构与主体结构相结合的基坑工程的设计,应与主体结构设计同步进行。利用地下结构兼作基坑支护结构,基坑施工阶段与永久使用期的荷载状况和结构状况有较大差别,结构设计应同时满足各工况下的承载能力极限状态和正常使用极限状态的要求,并应考虑不同阶段的变形协调。基坑工程设计前,应主要掌握以下地下结构工程设计资料:

(1) 主体地下结构的平面布置和形状。包括电梯井、集水井、管道沟等各种落深区域的平面布置和形状,地下室与建筑红线的相对位置。这些资料是选择基坑支护形式、设计支撑的重要依据。

(2) 主体工程基础桩位布置图。支撑立柱设置时考虑尽量利用工程桩,以节约成本。

(3) 主体地下结构的层数、各层楼板和底板的布置与标高、地面标高等。根据结构标高和结构形式,可确定基坑的开挖深度,从而选择合适的支护结构形式、确定支撑布置形式和支撑标高、制定降水和土方开挖方案。根据结构形式,选择合适的支撑形式。

(4) 主体结构顶板的承载能力。施工阶段可根据地下室顶板的设计承载力,确定合理的施工平面布置,以加快施工速度。

## 12.3 基坑支护结构的类型和选型

### 12.3.1 环境变形控制要求

基坑开挖必须要满足环境的技术要求,不能导致基坑失稳;不能影响地下结构的尺寸、形状和地下工程的正常施工;不能导致周边已有建筑的变形超过相关技术规范的要求或影响其正常使用;不能影响周边道路、管线、设施的正常使用。

周边环境的适应能力和要求各不相同,因此基坑支护结构监测报警值应根据土质特征、设计结果及当地经验等因素确定,基坑周边环境监测报警值应根据周边环境对变形的承受能力及主管部门的要求确定,实际操作中,一般由基坑工程设计方确定监测项目的报警值。报警值包括累计变化量和变化速率。

当无经验和具体规定，可按照各地相关规范采用。

当无本地相关规范时，可按表 12-2～表 12-4 采用。表中基坑设计安全等级按支护结构破坏、土体失稳或过大变形对基坑周边环境及地下结构施工影响的破坏后果确定。

（1）一级：破坏后果很严重。
（2）二级：破坏后果一般。
（3）三级：破坏后果不严重。
（4）有特殊要求的建筑基坑侧壁安全等级可根据具体情况另行确定。

**基坑支护结构监测报警值**　　　　　表 12-2

| 监测项目 | 基坑类别 | | | | | | | | |
|---|---|---|---|---|---|---|---|---|---|
| | 一级 | | | 二级 | | | 三级 | | |
| | 累计值 | | 变化速率 (mm/d) | 累计值 | | 变化速率 (mm/d) | 累计值 | | 变化速率 (mm/d) |
| | 绝对值 (mm) | 相对基坑深度控制值 | | 绝对值 (mm) | 相对基坑深度控制值 | | 绝对值 (mm) | 相对基坑深度控制值 | |
| 围护墙（边坡）顶部水平位移 | 25～35 | 0.2%～0.4% | 2～10 | 40～60 | 0.5%～0.8% | 4～15 | 60～80 | 0.6%～1.0% | 8～20 |
| 围护墙（边坡）顶部竖向位移 | 10～40 | 0.1%～0.4% | 2～5 | 25～60 | 0.3%～0.8% | 3～8 | 35～80 | 0.5%～1.0% | 4～10 |
| 深层水平位移 | 30～60 | 0.3%～0.7% | 2～10 | 50～85 | 0.6%～0.8% | 4～15 | 70～100 | 0.8%～1.0% | 8～20 |
| 立柱竖向位移 | 25～35 | — | 2～3 | 35～45 | — | 4～6 | 55～65 | — | 8～10 |
| 基坑周边地表竖向位移 | 25～35 | | 2～3 | 50～60 | | 4～6 | 60～80 | | 8～10 |
| 坑底隆起（回弹） | 25～35 | | 2～3 | 50～60 | | 4～6 | 60～80 | | 8～10 |
| 土压力 | (60%～70%) $f_1$ | | | (70%～80%) $f_1$ | | | (70%～80%) $f_1$ | | |
| 孔隙水压力 | | | | | | | | | |
| 支撑内力 | (60%～70%) $f_2$ | | | (70%～80%) $f_2$ | | | (70%～80%) $f_2$ | | |
| 围护墙内力 | | | | | | | | | |
| 立柱内力 | | | | | | | | | |
| 锚杆内力 | | | | | | | | | |

注：1. $h$ 为基坑设计开挖深度，$f_1$ 为荷载设计值，$f_2$ 为构件承载能力设计值。
2. 累计值取绝对值和相对基坑深度控制值两者的小值。
3. 当监测项目的变化速率达到表中规定值或连续 3d 超过该值的 70%，应报警。
4. 嵌岩的灌注桩或地下连续墙位移报警值宜按表中数值的 50% 取用。

**基坑工程周边环境监测报警值** 表 12-3

| 监测对象 | | | 项目 | | 备注 |
|---|---|---|---|---|---|
| | | | 累计值（mm） | 变化速率（mm/d） | |
| 地下水位变化 | | | 1000 | 500 | |
| 管线位移 | 刚性管道 | 压力 | 10~30 | 1~3 | 直接观测点数据 |
| | | 非压力 | 10~40 | 3~5 | |
| | 柔性管道 | | 10~40 | 3~5 | |
| 邻近建筑位移 | | | 10~60 | 1~3 | |
| 裂缝宽度 | 建筑 | | | 1.5~3.0 | 持续发展 |
| | 地表 | | | 10~15 | 持续发展 |

注：建筑整体倾斜度累计值达 2/1000 或倾斜速度连续 3d 且大于 0.001$H$/d（$H$ 为建筑物承重结构高度）时应报警。

如设计方没有要求，基坑支护结构监测报警值也可参照现行国家标准《建筑地基基础工程施工质量验收标准》GB 50202 中的基坑分级和变形监测值规定（表 12-4）。

**基坑分级和变形的监测值** 表 12-4

| 基坑类别 | 围护结构墙顶位移监测报警值（mm） | 围护结构墙体最大位移监测报警值（mm） | 地面最大沉降监测报警值（mm） |
|---|---|---|---|
| 一级基坑 | 30 | 50 | 30 |
| 二级基坑 | 60 | 80 | 60 |
| 三级基坑 | 80 | 100 | 100 |

## 12.3.2 总体方案选择

基坑支护总体方案的选择直接关系到基坑本身及周边环境安全、施工进度、工程建设成本，方案分为顺作法和逆作法两类，在同一基坑工程中，顺作法和逆作法可以在不同的区域组合使用，从而满足工程的经济技术要求。

### 12.3.2.1 顺作法

顺作法是指先施工周边围护结构，然后由上而下开挖土方并设置支撑（锚杆），挖至坑底后，再由下而上施工主体结构，并按一定顺序拆除支撑的过程。顺作法施工基坑支护结构通常由围护墙、支撑（锚杆）及其竖向支撑结构组成。顺作法是基坑工程传统的施工方法，设计较便捷，施工工艺成熟，支护结构与主体结构相对独立，关联性较低。顺作法的总体设计方案包括放坡开挖、土钉墙、重力式水泥土墙和支挡结构（排桩、地下连续墙或型钢水泥土搅拌墙等）施工等，其中排桩与板墙可结合内支撑或锚杆系统。

基坑工程中常用的支护形式如表 12-5 所示。

**基坑工程中常用的支护形式** 表 12-5

| 常用支护形式 | 备注 |
|---|---|
| 放坡 | 必要时应采取护坡等措施 |
| 重力式水泥土墙或高压旋喷围护墙 | 依靠自重和刚度保护坑壁；一般不设内支撑 |

续表

| 常用支护形式 | | 备注 |
|---|---|---|
| 土钉墙、复合土钉墙 | | 复合土钉墙有：<br>1. 土钉墙结合隔水帷幕。<br>2. 土钉墙结合预应力锚杆。<br>3. 土钉墙结合微型桩等形式 |
| 支挡结构 | 型钢横挡板 | 应设置内支撑 |
| | 钢板桩 | 可结合内支撑或锚杆系统 |
| | 混凝土板桩 | 可结合内支撑或锚杆系统 |
| | 灌注桩 | 有分离式、咬合式、双排式、交错式、格栅式、钻孔式、人工挖孔式等<br>可结合内支撑或锚杆系统<br>高水位地区需与隔水帷幕组合 |
| | 预制（钢管、混凝土）桩 | 可结合内支撑或锚杆系统 |
| | 地下连续墙 | 有现浇和预制地下连续墙，可结合内支撑或锚杆系统 |
| | 型钢水泥土搅拌墙 | 可结合内支撑或锚杆系统 |

#### 12.3.2.2 逆作法

逆作法是指利用主体地下结构水平梁板作为内支撑，按楼层自上而下并与基坑开挖交替进行的施工方法。逆作法围护墙可与主体结构外墙结合，也可采用临时围护墙。逆作法是借助地下结构自身能力对基坑产生支护作用，即利用各层水平结构作为基坑围护墙水平支撑。在采用逆作法进行地下结构施工的同时，还可同步进行上部结构的施工，但上部结构允许施工的层数（高度）须经设计计算确定。

1. 逆作法的优点

（1）基坑变形较小，有利于保护周边环境。

（2）地上和地下同步施工时，可缩短工期。

（3）支护结构与主体结构相结合，可节约支撑等材料。

（4）围护墙与主体结构外墙结合时，可减少土方开挖和回填。

（5）有利于解决特殊平面形状支撑设置的难题。

（6）可利用地下室顶板作施工场地，解决施工场地狭小的难题。

2. 逆作法的缺点

（1）基坑设计与结构设计的关联度较大，设计与施工的沟通和协作紧密。

（2）施工技术要求高，如结构构件节点复杂、中间支撑柱垂直度控制要求高。

（3）土方挖运效率受到限制。

（4）立柱之间及立柱与围护墙之间的差异沉降控制要求高。

（5）结构局部区域需采用二次浇筑施工工艺。

（6）施工作业环境较差。

#### 12.3.2.3 顺逆结合

对于某些条件复杂或具有特殊技术经济要求的基坑，可采用顺作法和逆作法结合的设计方案，从而可发挥顺作法和逆作法的各自优势，满足基坑工程特定要求。工程中常用顺逆结合的施工方法主要有主楼先顺作裙房后逆作、裙房先逆作主楼后顺作、中心顺作周边逆作等方案。

#### 12.3.2.4 分坑施工

当基坑面积较大、开挖深度变化较大、形状复杂不利于支撑平面布置或施工条件受到限制、有工期要求，特别是当基坑周边有需要保护的建（构）筑物时，可采用分坑开挖的方式施工，将基坑开挖中一次性较大的影响分为几个阶段的小影响，利于施工中采取措施将影响降至最低。分坑施工时，有条件的情况下，宜一次性将围护结构施工完成。

### 12.3.3 基坑支护结构选型

为了在基坑工程中做到技术先进、经济合理，确保基坑侧壁及周边环境安全，应综合场地工程地质与水文地质条件、地下结构设计、基坑平面及开挖深度、周边环境和坑边荷载、场地条件、施工季节、支护结构使用期限等因素，因地制宜地选择合理的支护结构类型。结构选型时，应考虑结构的空间效应和受力条件，采用有利支护结构材料受力性状的类型。设计时可按表12-6选用，或采用上述类型的组合。几种常用的支护结构如图12-1所示。

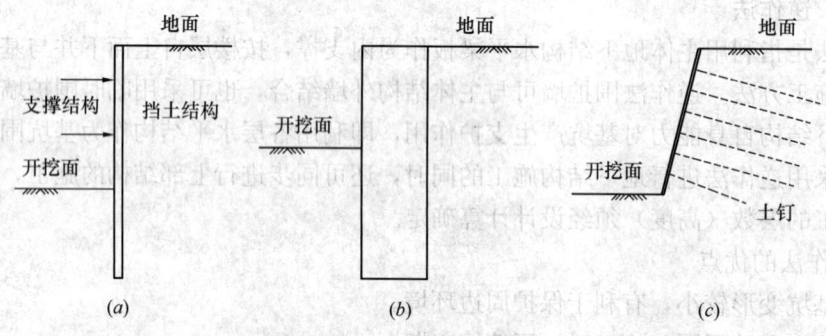

图 12-1 几种常用的支护结构
(a) 支挡结构；(b) 重力式水泥土墙结构；(c) 土钉墙结构

支护结构选型表　　　　　　　　　　　　　　　　表 12-6

| 结构型式 | 适用条件 |
| --- | --- |
| 支挡结构 | 1. 适于安全等级为一级、二级及三级的基坑。<br>2. 对需要隔水的基坑，挡土构件采用排桩时，应同时设置隔水帷幕。<br>3. 挡土构件采用地下连续墙或型钢水泥土搅拌墙时，宜同时用于隔水。<br>4. 采用锚拉式结构时，应具备允许在土层中设置锚杆和不会受到周边地下建筑阻碍的条件，且应有能够提供足够锚固力的地层。<br>5. 采用支挡结构时，应能够满足主体结构及防渗结构的设计与施工的要求。<br>6. 基坑周边环境复杂、环境保护要求很严格时，宜采用支护与主体结合的逆作法支护。<br>7. 基坑深度较浅时，可采用悬臂式排桩、悬臂式地下连续墙或双排桩等。 |
| 重力式水泥土墙 | 1. 适于安全等级为二级及三级的基坑。<br>2. 软土地层中，基坑深度不宜大于6m。<br>3. 水泥土桩底以上地层的硬度，应满足水泥土桩施工能力的要求。 |

续表

| 结构型式 | 适用条件 |
|---|---|
| 土钉墙、复合土钉墙 | 1. 适于安全等级为二级及三级的基坑。<br>2. 在基坑潜在滑动体内没有永久建筑或重要地下管线。<br>3. 不宜用于淤泥质土,不应用于淤泥或没有自稳能力的松散填土。<br>4. 对地下水位以上或经常降水的非软土土层,当采用垂直复合型土钉墙时,基坑深度不宜大于12m。<br>5. 坡度不大于1:0.3的复合土钉墙,基坑深度不宜大于15m。<br>6. 淤泥质土层中,当采用垂直复合型土钉墙时,基坑深度不宜大于6m。<br>7. 基坑潜在滑动范围内的淤泥厚度大于3m时不得采用土钉墙 |
| 放坡 | 1. 适于安全等级为三级的基坑。<br>2. 具有放坡的场地。<br>3. 可与各类支护结构结合,在基坑上部采用放坡 |

#### 12.3.3.1 围护墙选型

**1. 重力式水泥土墙**

重力式水泥土墙结构是在地下室外围形成具有一定宽度的刚性实体(或格栅状)结构,以其重量抵抗基坑侧向土压力,满足抗滑移和抗倾覆要求。一般采用水泥土搅拌桩,有时也采用相互搭接的旋喷桩。

重力式水泥土墙的渗透系数可以达到不大于 $10^{-7}$ cm/s,能止水防渗,具有挡土、隔水双重功能。

重力式水泥土墙基坑不设内支撑,可方便机械化快速挖土。但一般基坑挖深不宜大于6m;位移相对较大,尤其在基坑边长较大时,需要采用增加中间墩或起拱等措施来限制位移;重力式水泥土墙宽度较大,场地需具备足够的宽度。

国内目前重力式水泥土搅拌桩多用单轴、双轴、三轴和五轴。国外还有四轴、六轴或更多钻头的搅拌桩机,可提高生产效率,其整体性更好。

墙体宽度以双轴搅拌桩为例,以500mm为一个单位进位,常用格栅状布置,各排插入深度可稍有不同。

重力式水泥土加固体的强度取决于土体强度和水泥掺入比(水泥重量与加固土体重量的比值),常用的水泥掺入比为12‰~15‰。强度以28d龄期无侧限抗压强度为标准。为改善水泥土的性能和提高早期强度,可掺加木钙、三乙醇胺、氯化钙、碳酸钠等。重力式水泥土墙未达到设计强度前不得开挖基坑。

高压旋喷桩所用的材料亦为水泥浆,但施工机械和工艺不同。高压旋喷桩的造价比水泥土搅拌桩高,适合于场地狭窄处。施工时要严格控制上提速度、喷射压力和水泥浆喷射量。

**2. 钢板桩**

(1)槽钢钢板桩

一种简易的钢板桩围护墙,由槽钢正反扣搭接或并排组成,适用于小型工程。其截面抗弯能力弱,一般用于深度不超过4m的基坑;不能止水,高地下水位地区,可辅设轻型井点降水。优点是材料来源广,施工简便,可以重复使用。

(2)热轧锁口钢板桩

热轧锁口钢板桩的形式有U形、L形、一字形、H形和组合形。常用U形拉森桩。

优点是材料质量可靠，在软土地区搭设方便，施工速度快而且简便；采用小咬口时有一定的挡水能力；可多次重复使用；一般费用较低。缺点是刚度较小，变形较大；挡水效果差；拔除时易带土，处理不当会引起土层移动，可能危害周围环境。

**3. 型钢横挡板**

型钢横挡板围护墙亦称桩板式支护结构。这种围护墙由型钢和横挡板（亦称衬板）组成。施工时沿挡土位置预先打入钢轨、工字钢或H型钢，然后边挖土，边将挡土板塞入型钢桩之间挡土。施工结束后拔出钢轨、工字钢或H型钢。

型钢横挡板围护墙适用地下水位较低、深度不是很大的一般黏土或砂土层中。施工成本低，沉桩易，噪声小，振动小，但不能止水。

**4. 灌注桩**

灌注桩作围护墙使用时一般采用柱列式，净距一般大于100mm。桩径选择较为灵活，一般为500～1200mm，甚至更大。多设置支撑或拉锚。

其施工时无噪声、无振动、无挤土，刚度较大，抗弯能力强，变形较小。还可用作双排桩支挡结构，不再另行设置支撑。但其不具备挡水功能，需另做隔水帷幕，目前应用较多的是水泥土搅拌桩，如图12-2（a）和（b）所示。地下水位较低时可不做隔水帷幕。基坑场地狭窄时，可在水泥土桩中套打灌注桩，如图12-2（c）所示，或在外侧采用高压旋喷桩作隔水帷幕。

还有一种采用全套管灌注桩机施工形成的，桩与桩之间相互咬合排列的咬合灌注桩，一般不需要另做隔水帷幕，其咬合搭接长度一般为200mm，如图12-2（d）所示。

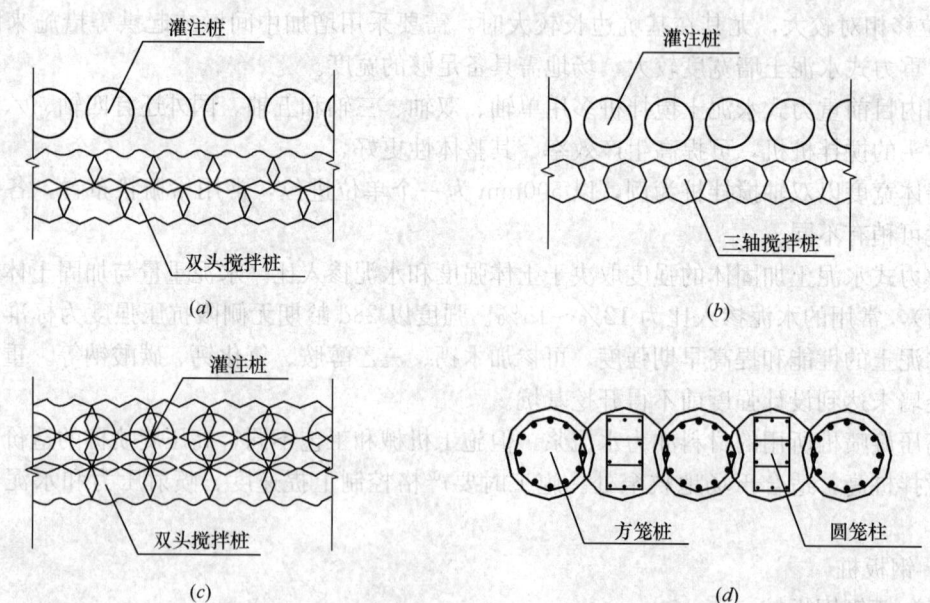

图 12-2 灌注桩及隔水帷幕
(a) 双头搅拌桩隔水帷幕；(b) 三轴搅拌桩隔水帷幕；
(c) 套打式双头搅拌桩隔水帷幕；(d) 咬合灌注桩隔水帷幕

5. 挖孔桩

挖孔桩作围护墙使用时一般也采用柱列式，我国东南沿海地区使用较多。为方便人工挖土成桩，其直径一般较大，适用于土质较好地区。当土质松软、地下水位高时，需设置钢筋混凝土拱圈，边挖土边施工拱圈。在高地下水位地区施工时，应注意挡水问题。

挖孔桩利于肉眼检验土层，且扩孔容易。大直径挖孔桩用作围护桩可不设或少设支撑，但施工条件差、劳动强度高，遇流砂时有较大风险。

6. 地下连续墙

地下连续墙是分槽段用专用机械成槽、浇筑钢筋混凝土所形成的连续地下墙体。成槽时一般采用泥浆护壁。常用厚度为600mm、800mm、1000mm和1200mm，多用于周边环境复杂的大型深基坑。

地下连续墙施工时对周围环境影响小、刚度较大、整体性好、变形小。可用逆作法施工，还可两墙合一，降低工程成本。地下连续墙造价较高，泥浆需要特殊处理。

7. 型钢水泥土搅拌墙

型钢水泥土搅拌墙为在连续套接的三轴水泥土搅拌桩或等厚度水泥土搅拌墙内插入型钢形成的复合挡土截水结构。

三轴水泥土搅拌桩以水泥作为固化剂，通过三轴搅拌机将固化剂和地基土强制搅拌，使地基土硬化成具有连续性、抗渗性和一定强度的桩体，水泥掺量一般采用20%，强度较高。

等厚度水泥土搅拌墙以水泥作为固化剂，通过链锯式刀具箱等设备采用三道工序（即先行挖掘、回撤挖掘和成墙搅拌）成墙，水泥掺量一般为20%～30%，水灰比为1.0～1.5，强度较三轴水泥土搅拌桩稍高，桩体具有连续性和抗渗性。挖掘液一般采用膨润土拌制，水灰比为5～10。适应地层范围更广，可在砂、粉砂、黏土、砾石等一般土层及$N$值不超过50的硬质地层（鹅卵石、黏性淤泥、砂岩、石灰岩等）中施工。还具有稳定性高、施工精度高、对周边土体影响较小等优点。

三轴水泥土搅拌桩中型钢的布置方式通常按桩中心采用密插、插二跳一和插一跳一分为三种方式，如图12-3所示；等厚度水泥土搅拌墙中型钢的布置方式通常可按设计间距布置。H型钢一般靠自重下插至设计标高。三轴水泥土搅拌桩与H型钢粘结较好，能共同作用。

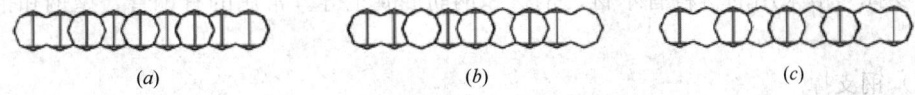

图12-3 三轴水泥土搅拌桩中型钢的布置方式
(a) 密插；(b) 插二跳一；(c) 插一跳一

三轴水泥土搅拌桩采用的规格有$\phi 650mm$、$\phi 850mm$和$\phi 1000mm$三种；等厚度水泥土搅拌墙墙宽为550～1200mm，最大深度可达80m。

插入的型钢规格主要有H500mm×300mm、H700mm×300mm和H850mm×300mm。

8. 土钉墙及复合土钉墙

土钉墙（图12-4）是一种边坡稳定式的支护结构，它是通过主动嵌固作用增加边坡稳定性。施工时每挖深1.0~1.5m，即钻孔插入钢筋或钢管（钢管也有采用打入式的）并注浆，然后在坡面挂钢筋网，喷射细石混凝土面层，依次循环进行直至坑底。

软土场地亦有应用，但受到一定的限制。

当地下水位高于基坑底面时，可采取降水措施或采用隔水的复合式土钉墙。复合式土钉墙可采用微型桩或水泥土搅拌桩，采用水泥土搅拌桩时，其兼作隔水帷幕。

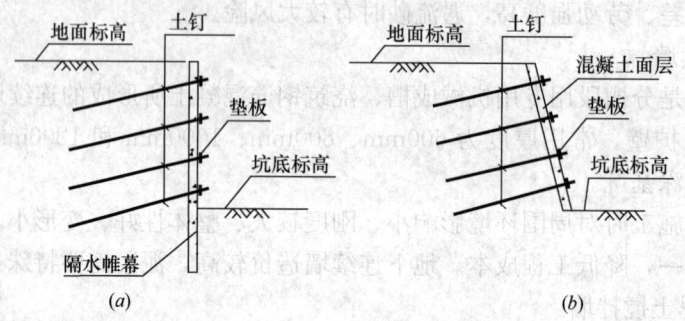

图 12-4 土钉墙
(a) 复合土钉墙；(b) 面层护坡土钉墙

#### 12.3.3.2 支撑体系选型

当基坑深度较大时，支挡结构一般需设置一道或多道支撑以减小支挡结构的跨度，使支挡结构受力合理以及约束支挡结构受力后的变形。

支挡结构支撑点的设置有内支撑和外拉锚（土锚）两种方式。内支撑系统受力合理、安全可靠、易于控制支挡结构的变形，但不便于坑内挖土和地下结构施工。外拉锚系统，坑内施工无障碍，但对土层强度要求较高，外拉锚外伸也会受到周边密集建筑物、地下结构和地下管线的限制。

内支撑系统包括冠梁（或圈梁或帽梁）、腰梁、内支撑和立柱。冠梁和腰梁搁置或固定在支挡结构上，水平水、土压力传递给支撑时，其作为受压构件将在对向的水平水、土压力的作用下平衡。有时候，也可采用无腰梁的支撑体系，如应用在长条形的地铁车站中。

1. 内支撑类型

内支撑一般采用的材料有木材、钢材和钢筋混凝土等。常用的有钢管、型钢和钢筋混凝土。

(1) 钢支撑

钢支撑的优点是安装和拆除便捷快速，可尽早发挥支撑的作用，有利于控制支挡结构变形；可重复利用，适用于专业化施工；可反复施加预应力以限制支挡结构变形。缺点是刚度较小，支撑布置较密，不便于施工。

钢支撑双向布置的交叉部位，可采用上下叠交固定，亦可采用专门的"十"字形或"井"字形定型接头连接。

钢管多采用$\phi609mm \times (10~16)$mm 也可采用$\phi580mm$ 和$\phi406mm$ 等规格。型钢多采用 H 型钢，如 H700mm×300mm、H400mm×400mm 等规格，可采用双拼或多拼组合的方式解决双向刚度不等问题。

(2) 混凝土支撑

混凝土支撑一般采用现场支模浇筑而成。冠梁高度一般为600～1000mm，宽度为800～1200mm，支撑高度一般为600～1000mm，宽度为600～1200mm（环梁支撑可达1500～3000mm）。

平面布置灵活，可适用于各种平面形状的基坑，并使其受力合理；整体刚度大，安全可靠，可有效地减少支挡结构的变形、保护周边环境。缺点是支撑完成和发挥作用时间较长，期间支挡结构的变形会有增长；无法重复利用，造价较高；人工拆除时间长、劳动强度大，有时不允许爆破拆除，即使允许，清渣也较困难。

(3) 钢支撑和混凝土支撑组合形式

在一定条件下的基坑可采用钢支撑和混凝土支撑组合的形式。组合的方式一般有两种，一种是分层组合，另一种为同层支撑平面内钢和混凝土组合。

(4) 鱼腹式支撑系统

鱼腹式支撑系统一般由装配式预应力鱼腹梁、对撑、角撑、立柱、横梁、拉杆、冠梁（腰梁）、三角连接构件和预压顶紧装置组合而成。由钢绞线和钢桁架组成的装配式预应力鱼腹梁通过钢绞线施加预应力，鱼腹梁的支撑杆件会产生反作用力，此反作用力作用于腰梁上，可减少腰梁的跨度、弯矩和变形，起到支撑作用。

优点是可提供大空间作业；装配式施工，速度快，现场操作时间短；拆除简单快捷；可重复利用。缺点是专业性强，施工不当易造成受力不平衡；设计和施工难度较大。

(5) 支撑立柱

支撑作为受压构件，其稳定性要求计算长度不能太大。支撑平面内可利用支撑相互约束，平面外则必须设置临时支撑立柱来约束。支撑立柱的间距根据支撑截面和内力等因素确定，一般为10～20m。

支撑立柱常采用二段式。上段采用由角钢或槽钢组成的格构柱、钢管或型钢，等边角钢格构柱应用较多，便于基础、梁和板等构件的钢筋施工。下段一般采用灌注桩，可利用工程桩也可专门设置灌注桩，灌注桩的长度应满足承载力和抗拔的要求。上段插入灌注桩的深度不宜过小。

当采用钢管柱和型钢柱时也可采用打入法或压入法，下段不设灌注桩。

2. 内支撑的布置和型式

内支撑结构的布置要受力明确、整体性好、施工方便；尽量采用连接可靠、对称平衡的结构形式；还要协调主体地下结构施工顺序，要利于基坑土方开挖、运输和主体结构的施工；还要考虑作为施工平台。内支撑结构宜采用超静定结构；在复杂环境或软弱土质中，应选用平面或空间的超静定结构。

内支撑结构布置应综合考虑基坑平面的形状、尺寸、开挖深度、周边环境条件、主体结构的形式等因素。内支撑布置一般分为平面布置和竖向布置。

平面布置对混凝土支撑有对撑、角撑、井字撑、八字形、环形边桁架、环梁加辐射状杆件杆系或板系及其组合式等支撑形式，对钢支撑有对撑、角撑、井字撑、鱼腹式及其组合式等支撑形式（图12-5）。

竖向布置有水平撑和斜撑形式。竖向布置的道数和支撑竖向间距，取决于基坑开挖深度、地质条件、支护结构类型、挖土方式、地下室的剖面布置等，应考虑使分步开挖和隧

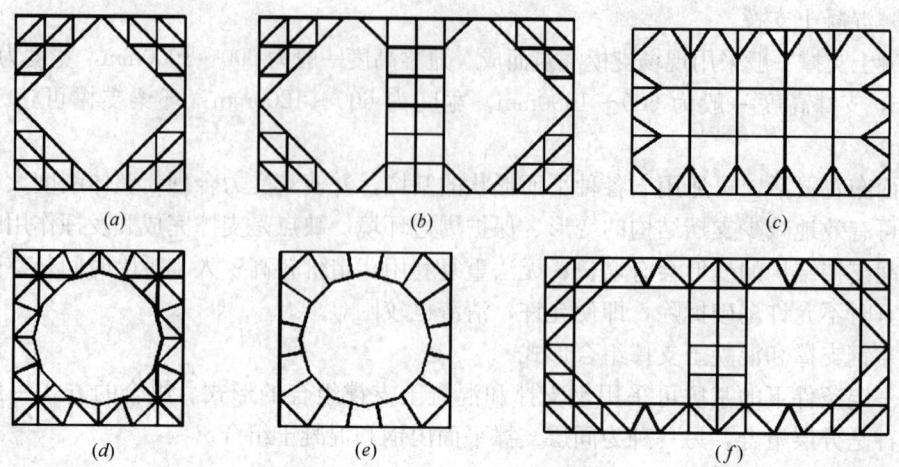

图 12-5 支撑的平面布置型式
(a) 角撑;(b) 角撑加对撑;(c) 对撑;(d) 环形边桁架;(e) 环梁加辐射状杆系;(f) 边桁架式

道拆除支撑时各工况的支护结构受力合理,不致产生过大的弯矩和变形,要考虑挖土设备的操作空间,还要考虑换撑方便。竖向间距不宜小于 3m。

无论是平面布置或竖向布置,支撑(包括腰梁和立柱)均应尽量避开地下结构墙、柱、主梁和楼盖位置,以便于支模浇筑地下结构。

3. 外拉锚(土锚)

在土质较好地区,以外拉锚方式锚固支护结构的围护墙,可便于基坑土方开挖和主体结构地下工程的施工,对平面尺寸较大的基坑一般也较经济。

外拉锚一般由锚头、锚头垫座、防护套管、拉杆(拉索)、锚固体、锚底板(有时无)等组成。

## 12.4 基坑支护的设计原则和方法

### 12.4.1 基坑支护的设计原则

#### 12.4.1.1 基坑支护结构的极限状态设计

基坑支护结构设计采用可靠性分析设计方法(概率极限状态设计法),采用以分项系数表示的极限状态设计表达式进行设计。极限状态可分为承载能力极限状态和正常使用极限状态。

(1) 承载能力极限状态:对应于支护结构达到最大承载能力或土体失稳、过大变形导致结构或基坑周边环境破坏的状态。

(2) 正常使用极限状态:对应于支护结构的变形已妨碍地下结构施工或影响基坑周边环境的正常使用功能的状态。

#### 12.4.1.2 基坑支护结构的安全等级

基坑支护结构设计应根据表 12-7 选用相应的安全等级及重要性系数。

**基坑支护结构安全等级及重要性系数 $\gamma_0$**    表 12-7

| 安全等级 | 破坏后果 | 重要性系数 |
| --- | --- | --- |
| 一级 | 基坑支护结构破坏、土体失稳或过大变形对基坑周边环境及地下结构施工影响很严重 | 1.10 |
| 二级 | 基坑支护结构破坏、土体失稳或过大变形对基坑周边环境及地下结构施工影响一般 | 1.00 |
| 三级 | 基坑支护结构破坏、土体失稳或过大变形对基坑周边环境及地下结构施工影响不严重 | 0.90 |

注：有特殊要求的基坑支护结构等级可根据具体情况另行确定。

### 12.4.2 基坑支护的设计计算内容

#### 12.4.2.1 基坑支护的破坏模式

基坑支护结构的破坏或失效有多种形式，主要包括：基坑支护结构整体失稳破坏、基坑支护结构构件破坏、基坑支护结构正常使用功能丧失、地下水作用下土的渗透破坏（基坑流土、管涌破坏和坑底隔水层突涌破坏等）。

#### 12.4.2.2 基坑支护工程设计内容

1. 基坑支护结构均应进行承载能力极限状态的计算，应包括：
（1）按基坑支护形式及其特点进行稳定性验算。
（2）基坑支护结构的受压、受弯、受剪承载力计算。
（3）对锚杆或支撑进行承载力计算和稳定性验算。
2. 基坑支护结构变形计算，必要时还应进行周边环境变形评估。
3. 地下水控制计算和验算，应包括：
（1）抗渗透稳定性验算。
（2）基坑底突涌稳定性验算。
（3）地下水位控制计算。

### 12.4.3 基坑支护结构主要荷载计算方法

#### 12.4.3.1 水土压力计算

作用在基坑围护结构上的水平荷载，主要有土压力、水压力和地面超载产生的水平荷载。基坑围护结构的水平荷载受到土质、围护结构刚度、施工方法、基坑空间布置方式、开挖进度安排以及气候变化影响。

基坑支护工程的土压力、水压力计算，常采用以朗肯土压力理论为基础的计算方法，根据不同的土质和施工条件，分为水土合算和水土分算两种方法。

水土合算和水土分算的计算结果对基坑挡土结构工程造价影响较大，需要根据具体情况合理选择、慎重取舍。

1. 水土合算

水土合算是将土和土孔隙中的水看作同一分析对象，适用于不透水和弱透水的黏土、粉质黏土和粉土。

2. 水土分算

水土分算是分别计算土压力和水压力，以两者之和为总侧压力。水土分算适用于土孔隙中存在自由的重力水的情况或土的渗透性较好的情况，一般适用于砂土、砂质粉土和碎石土，这些土无黏聚性或具有弱黏聚性，地下水在土颗粒间容易流动。

地下水无渗流时，作用于挡土结构上的水压力按静水压力分布计算。地下水有稳定渗流时，作用于挡土结构上的水压力可通过渗流分析计算各点的水压力，或近似地按静水压力计算。

水位以下的土的重度应采用浮重度，土的抗剪强度指标宜取有效应力抗剪强度指标。

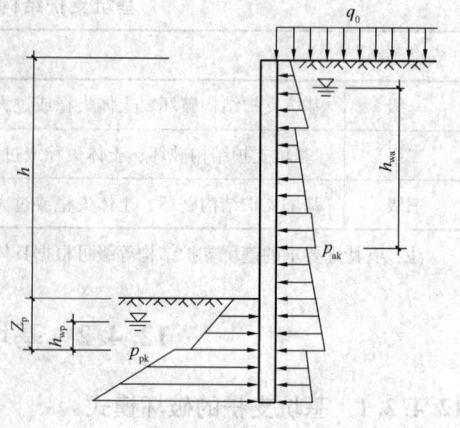

图 12-6　土压力计算

#### 12.4.3.2　基坑支护结构土压力计算

土压力计算采用朗肯土压力方法（图 12-6）。

1. 采用水土合算时

$$P_{ak} = (\sigma_{ac} + \sum \Delta\sigma_{k,j}) K_{a,i} - 2 c_i \sqrt{K_{a,i}} \tag{12-1}$$

$$K_{a,i} = \tan^2\left(45° - \frac{\varphi_i}{2}\right) \tag{12-2}$$

$$P_{pk} = \sigma_{pc} K_{p,i} + 2 c_i \sqrt{K_{p,i}} \tag{12-3}$$

$$K_{p,i} = \tan^2\left(45° + \frac{\varphi_i}{2}\right) \tag{12-4}$$

式中　$P_{ak}$——支护结构外侧，第 $i$ 层土中计算点的主动土压力强度标准值（kPa）；当 $P_{ak} < 0$ 时，应取 $P_{ak} = 0$；

　　　$P_{pk}$——支护结构内侧，第 $i$ 层土中计算点的被动土压力强度标准值（kPa）；

　　　$\sigma_{ac}$、$\sigma_{pc}$——支护结构外侧、内侧计算点，由土的自重产生的竖向总应力（kPa）；

　　　$\Delta\sigma_{k,j}$——支护结构外侧第 $j$ 个附加荷载作用下计算点的土中附加竖向应力标准值（kPa）；应根据附加荷载类型，按式（12-7）计算；

　　　$K_{a,i}$、$K_{p,i}$——分别为第 $i$ 层土的主动土压力系数、被动土压力系数；

　　　$c_i$、$\varphi_i$——第 $i$ 层土的黏聚力（kPa）、内摩擦角（°）。

2. 采用水土分算时

$$P_{ak} = (\sigma_{ac} + \sum \Delta\sigma_{k,j} - \gamma_w h_{wa}) K_{a,i} - 2 c_i \sqrt{K_{a,i}} + \gamma_w h_{wa} \tag{12-5}$$

$$P_{pk} = (\sigma_{pc} - \gamma_w h_{wp}) K_{p,i} - 2 c_i \sqrt{K_{p,i}} + \gamma_w h_{wp} \tag{12-6}$$

式中　$\gamma_w$——地下水的重度（kN/m³）；

　　　$h_{wa}$——基坑外侧地下水位至主动土压力强度计算点的垂直距离（m）；对承压水，地下水位取测压管水位；当有多个含水层时，应以计算点所在含水层的地下水位为准；

　　　$h_{wp}$——基坑内侧地下水位至被动土压力强度计算点的垂直距离（m）；对承压水，地下水位取测压管水位。

3. 支护结构外侧建筑物的基底压力、地面施工材料与设备的重量、车辆的重量等附加荷载引起的地层中附加竖向应力标准值的计算：

当支护结构外侧地面荷载的作用面积较大时，可按均布荷载考虑。此时，支护结构外侧任意深度 $z$ 处的附加竖向应力标准值可按下式计算（图 12-7），计算简图如图 12-7 所示。

$$\Delta\sigma_{k,j} = q_0 \tag{12-7}$$

式中 $q_0$——地面均布荷载标准值（kPa）。

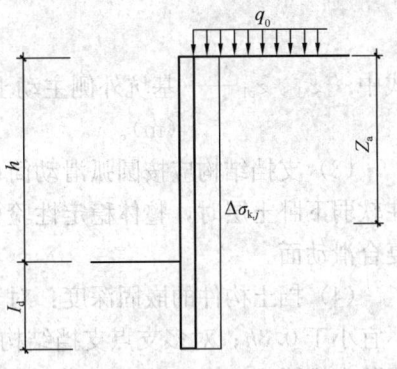

图 12-7 均布竖向附加荷载作用下的土中附加竖向应力计算简图

### 12.4.3.3 支挡结构

计算作用在支挡结构上的水平荷载时，应考虑土压力、水压力、影响范围内的地面上建（构）筑物荷载、施工荷载、邻近基础工程施工影响（如打桩、土方开挖、降水、夯实和堆载等）。作为主体结构一部分时，还应考虑上部结构传来的荷载及地震作用，需要时应结合工程经验考虑温度变化影响和混凝土收缩、徐变引起的作用以及时空效应。

支挡结构的破坏，包括强度破坏、变形过大破坏和稳定性破坏。

**1. 稳定性验算**

（1）悬臂式支挡结构的嵌固深度应符合式（12-8）中嵌固稳定性的要求（验算图如图 12-8 所示）：

$$\frac{E_{pk} z_{p1}}{E_{ak} z_{a1}} \geqslant K_{em} \tag{12-8}$$

式中 $K_{em}$——嵌固稳定安全系数；安全等级为一级、二级、三级支挡结构，分别不应小于 1.25、1.20、1.15；

$E_{ak}$、$E_{pk}$——基坑外侧主动土压力、基坑内侧被动土压力合力的标准值（kN）；

$z_{a1}$、$z_{p1}$——基坑外侧主动土压力、基坑内侧被动土压力合力作用点至挡土构件底端的距离（m）。

（2）单支点支挡结构的嵌固深度应符合式（12-9）中嵌固稳定性的要求（验算图如图 12-9 所示）：

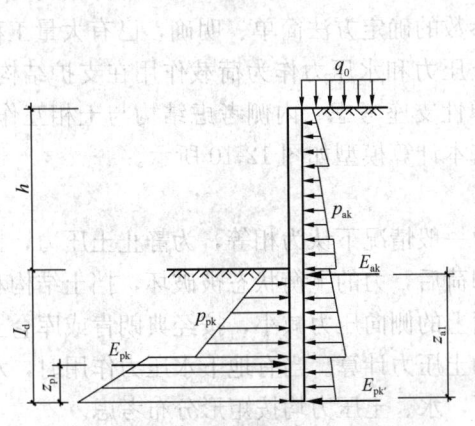

图 12-8 悬臂式支挡结构的嵌固稳定性验算图

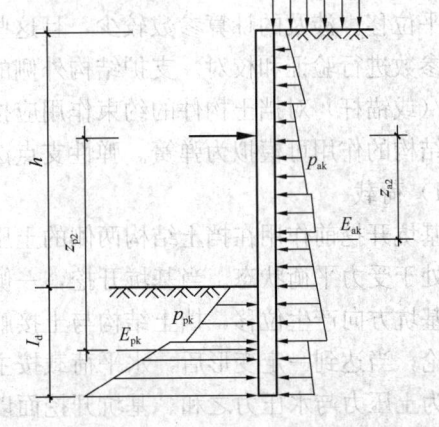

图 12-9 单支点支挡结构的嵌固稳定性验算图

$$\frac{E_{pk}z_{p2}}{E_{ak}z_{a2}} \geqslant K_{em} \tag{12-9}$$

式中 $z_{a1}$、$z_{p1}$——基坑外侧主动土压力、基坑内侧被动土压力合力作用点至支点的距离（m）。

(3) 支挡结构应按圆弧滑动简单条分法进行整体稳定性验算。当挡土构件底端以下存在软弱下卧土层时，整体稳定性验算滑动面中尚应包括由圆弧与软弱下卧土层层面组成的复合滑动面。

(4) 挡土构件的嵌固深度：对于悬臂式结构尚不宜小于 $0.8h$；对单支点支挡结构尚不宜小于 $0.3h$；对多支点支挡结构尚不宜小于 $0.2h$；$h$ 为基坑开挖深度。基坑采用悬挂式截水帷幕或坑底以下存在水头高于坑底的承压含水层时，嵌固深度尚应符合地下水渗透稳定性要求。

2. 结构计算

(1) 支挡结构应根据受力条件分段按平面问题计算。排桩（含型钢水泥土搅拌墙）水平荷载计算宽度可取排桩的中心距或按刚度折算的单位宽度；地下连续墙计算宽度可取单位宽度或单个墙段宽度。

(2) 支挡结构宜按平面杆系结构弹性支点法计算，支点刚度系数及地基土水平抗力系数应按地区经验取值，当缺乏地区经验时可通过计算确定。

悬臂及单层支点结构的支点力、截面弯矩和剪力可按静力平衡条件确定。当有可靠经验时，可采用空间结构分析方法对支挡结构进行整体分析或采用数值分析方法对支挡结构与土进行整体分析。

计算工况应包括支撑（或锚杆）设置、基坑分步开挖至坑底、支撑（或锚杆）拆除和构件替换后的状态。支挡结构的构件应按各设计工况内力和支点力的最大值进行承载力计算。替换支撑（或锚杆）的主体地下结构构件应满足各工况下的承载力、变形及稳定性要求。

支撑（或锚杆）对挡土构件的约束作用应按弹性支座考虑。

(3) 平面杆系结构弹性支点法基本计算步骤：

采用杆系有限元模型作为结构计算的基本模型。杆系有限元模型更能体现基坑开挖过程的实际工况，边界条件可根据工程特点灵活确定和选择，能较为准确地计算结构的变形和水平位移。涉及的计算参数较少，且这些参数的确定方法简单、明确，已有大量工程经验对参数进行验证和校对。支护结构外侧的土压力和水压力作为荷载作用在支护结构上，支撑（或锚杆）对挡土构件的约束作用应按弹性支座考虑。内侧考虑结构与土相互作用，土对结构的作用可模拟为弹簧。弹性支点法基本计算模型如图 12-10 所示。

1) 荷载

基坑开挖前作用在挡土结构两侧的土压力一般情况下认为相等，为静止土压力，挡土结构处于受力平衡状态。当基坑开挖，一侧卸荷后，力的平衡状态被破坏，挡土结构和土体向基坑方向产生位移，挡土结构与土接触面上的侧向压力减小，按经典朗肯或库仑土压力理论，当达到一定变形后，水平荷载按主动土压力计算。当有地下水压力作用时，水平荷载为土压力与水压力之和。基坑开挖面以下，水、土压力均按矩形分布考虑。

2) 弹性支点

## 12.4 基坑支护的设计原则和方法

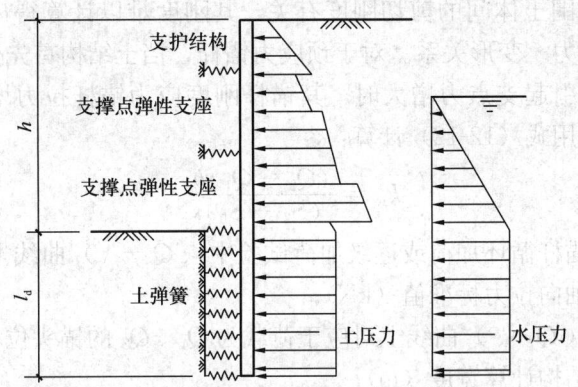

图 12-10 弹性支点法基本计算模型

支撑（或锚杆）对支护结构体系的作用按式（12-10）确定：

$$F_h = k_R(v_R - v_{R0}) + P_h \qquad (12\text{-}10)$$

式中 $F_h$——挡土构件计算宽度内的弹性支点水平反力（kN）；

$k_R$——计算宽度内弹性支点刚度系数（kN/m），根据支撑（或锚杆）设置的实际情况由计算或试验确定；

$v_R$——挡土构件在支点处的水平位移值（m）；

$v_{R0}$——设置支点时，支点的初始水平位移值（m）；

$P_h$——挡土构件计算宽度内的法向预加力（kN）。

对不同的支点形式，$k_R$ 值的计算方法不同。下面列举三种常用支点形式的水平刚度 $k_R$ 确定方法。

① 简单对撑

如图 12-11 所示，对撑两侧挡土结构对称，水平荷载对称。此时支撑受力后，支撑不动点在支撑长度 L 的中点处。根据材料力学理论，钢支撑或钢筋混凝土支撑的刚度理论值为：

$$k_R = \frac{2EA}{L} \qquad (12\text{-}11)$$

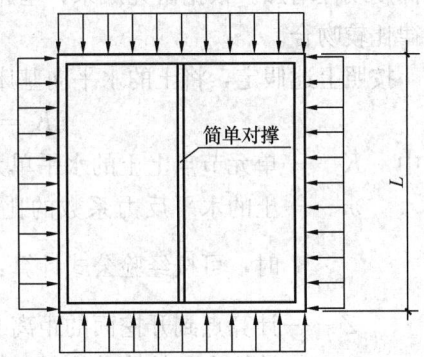

图 12-11 简单对撑示意图

式中 $A$——支撑的截面面积；

$E$——支撑材料的弹性模量；

$L$——支撑长度。

② 平面框架支撑

平面框架支撑为任意的复杂结构，框架四周的水平荷载是桩墙结构作用在支撑外框的作用力。严格地讲，该作用力是随挡土结构在支点处的变形而变化的。同时，作为平面问题，沿框架外缘各点的支点水平刚度是不同的，所以各点的变形与力的大小也是不同的。为简化分析，可假定其各边水平荷载为均布荷载，从而用有限元法计算出各支点处的弹性刚度。

③ 锚杆

锚杆的支点刚度可根据锚杆自由段的材料刚度与锚固段的变形确定，但锚固段的变形伸长量与锚杆体和周围土体间的剪切刚度有关,其刚度难以计算得出。通过锚杆拉伸试验,可以测出锚杆拉力—变形关系。对于预应力锚杆,挡土结构首先受到锚杆预加锁定拉力,当基坑向下开挖引起支点力增大时,其锚杆刚度应为锚杆拉力增量与位移增量的比值,实际受力水平下用式(12-12)计算:

$$k_R = \frac{(Q_2 - Q_1)b_a}{(S_2 - S_1)s} \tag{12-12}$$

式中 $Q_1$、$Q_2$——锚杆循环加荷或逐级加荷试验中($Q-s$)曲线上对应锚杆锁定值与轴向拉力标准值(kN);

$S_1$、$S_2$——($Q-s$)曲线上对应于荷载为 $Q_1$、$Q_2$ 的锚头位移值(m);

$b_a$——结构计算宽度(m);

$s$——锚杆水平间距(m)。

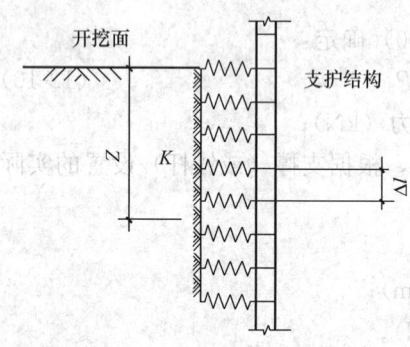

图 12-12 土弹簧刚度计算示意图

对于具体工程,往往设计前无法得到锚杆拉伸曲线。因此,用试验确定锚杆的刚度很难实现。在这种情况下,可以根据地质条件与工程条件相近的工程类比,根据经验确定锚杆的刚度。

3) 土的水平弹簧刚度

土与结构间的相互作用可将土按挡土结构单元的划分相应离散化后,模拟为加在桩墙结构上的水平弹簧,土弹簧为单向只压缩型弹簧。弹簧作用在挡土结构单元划分的节点上,弹簧刚度由土的水平向基床系数确定,如图 12-12 所示。按"$m$"法确定水平基床系数,基坑开挖面处取基床系数为 0,并沿深度线性增加。根据研究成果,基床系数沿深度线性增长假定与土的实际基床系数变化规律比较吻合。

按照上述假定,将土的水平向基床系数转化为土的弹簧刚度,可由式(12-13)求得:

$$K = m \times Z \times \Delta L \times b_0 \tag{12-13}$$

式中 $K$——单元节点上土的水平单元弹簧刚度(kN/m);

$m$——土的水平反力系数的比例系数,即基床系数(kN/m$^4$),缺少试验和经验时,可按经验公式计算:$m = \dfrac{0.2\varphi^2 - \varphi + c}{v_b}$

$Z$——计算点到开挖面的距离(m);

$\Delta L$——计算点处桩墙结构单元划分长度(m);

$b_0$——桩墙结构水平抗力计算宽度(m);

$c$、$\varphi$——土的黏聚力(kPa)、内摩擦角(°),对多层土,按不同土层分别取值;

$v_b$——挡土结构在坑底处的水平位移量(mm),当此处的水平位移不大于 10mm 时,可取 $v_b = 10$mm。

4) 弹性杆系有限元法的基本方程

桩墙结构的有限元法基本方程按以下步骤建立:将挡土结构简化为杆件、挡土结构离散化、建立单元刚度方程、建立结构总刚度矩阵和总节点荷载向量、边界条件的引入和结构基本方程。求解上述方程即得到挡土结构的节点位移,把求得的节点位移代回单元刚度方程,即可计算出挡土结构各节点的弯矩和剪力。

(4) 结构内力及支点力设计值的确定

确定截面弯矩、剪力和支点结构支点力的设计值时,分项系数取为 1.25,尚要考虑基坑重要性系数。

3. 支撑体系计算

(1) 支撑体系结构构件的内力计算

1) 支撑体系(含冠梁和腰梁)或其与锚杆混合的支撑体系应按支撑体系与支挡结构的空间作用协同分析方法,计算支撑体系及支挡结构的内力与变形。

2) 支撑体系竖向荷载应包括构件自重及施工荷载,构件内力可按多跨连续梁计算,计算跨度取相邻立柱中心距。

3) 当基坑形状接近矩形且基坑对边条件相近时,支点水平荷载可沿冠梁(腰梁)长度方向分段简化为均布荷载,对撑构件轴向力可近似取水平荷载设计值乘以支撑点中心距;冠梁(腰梁)内力可按多跨连续梁计算,计算跨度取相邻支撑点中心距。

(2) 支撑构件的受压计算长度的确定

1) 当在支撑交会点设置竖向支撑立柱时,竖向平面内的受压计算长度取相邻两竖向立柱的中心距;水平面内的受压计算长度取与该支撑相交的相邻横向水平支撑的中心距。当支撑交会点不在同一水平面时,其受压计算长度应取与该支撑相交的相邻横向水平支撑或联系构件中心距的 1.5 倍。

2) 当支撑交会点处未设竖向支撑立柱时,在竖向平面内的受压计算长度取支撑的全长。

3) 钢支撑尚应考虑构件安装误差产生的偏心距,偏心距可取计算长度的 1‰。

(3) 钢支撑体系设计

钢支撑体系多为对撑或角撑,为直线形构件。所承受的支点水平荷载为由冠梁(腰梁)传来的土压力、水压力和地面超载产生的水平力;竖向荷载则为构件自重和施工荷载。钢支撑多按压弯杆件(单跨压弯杆件、多跨连续压弯杆件)计算。钢支撑如施加预应力,预应力值宜为支撑力设计值的 40%~80%。

(4) 混凝土支撑体系设计

混凝土支撑体系按平面封闭框架结构设计,外荷载直接作用在封闭框架周边与围护墙连接的冠梁(腰梁)上。用有限单元法计算混凝土支撑体系的内力并进行配筋计算。

外荷载为由前述的弹性支点法计算得到的对应的各层支撑的轴力值。

封闭框架的周边约束条件视基坑形状、地基土物理力学性质和围护体系的刚度而定。

(5) 支撑立柱的计算

1) 支撑立柱轴力可根据支撑条件按空间框架计算,也可按式 (12-14) 确定。

$$N_z = N_{z1} + \Sigma(0.05 \sim 0.1) N_i \tag{12-14}$$

式中  $N_z$ ——立柱轴向力;

$N_{z1}$——水平支撑及柱自重产生的轴力值;

$N_i$——第 $i$ 层交会于本立柱的最大支撑轴力值;

$n$——支撑层数。

立柱可按偏心受压构件计算,也可按轴心受压构件计算。

2) 各层水平支撑间的立柱的受压计算长度，可按各层水平支撑间距计算；最下层水平支撑下的立柱的受压计算长度，可按底层高度加 5 倍上段立柱的直径或边长计算。

3) 立柱基础应满足抗压和抗拔要求，并应考虑基坑回弹的影响。

**4. 截面承载力计算**

支挡结构及支撑体系混凝土结构的承载力应按下列规定计算。

(1) 正截面受弯及斜截面受剪承载力计算以及钢筋的构造要求，均应按现行混凝土结构设计规范要求进行。

(2) 沿截面受拉区和受压区周边配置局部均匀纵向钢筋的圆形截面混凝土支护桩，应计算其正截面受弯承载力，纵向受拉、受压钢筋截面面积的重心至圆心的距离、受压区圆心半角的余弦等应符合要求。

**5. 锚杆计算**

土层锚杆根据潜在滑裂面，分为自由段（非锚固段）$l_f$ 和锚固段 $l_a$。自由段处于不稳定土层中，拉杆与土层是分离的，土层滑动时拉杆可以自由伸缩，将锚头所承受的荷载传递到锚固段。锚固段处在稳定土层中，通过与土层的紧密接触将锚杆所承受的荷载分布到周围土层中去。锚固段是承载力的主要来源。

(1) 土层锚杆布置

锚杆的上下排垂直间距不宜小于 2m，水平间距不宜小于 1.5m，倾角宜为 15°～25°，但不应大于 45°，且不应小于 10°。锚杆成孔直径宜取 100～150mm。

锚固体上覆土层厚度不宜小于 4m。

自由段长度不宜小于 5m，并应超过潜在滑裂面 1.5m；锚固段长度不宜小于 6m，宜设置在粘结强度高的土层内。外露长度需满足腰梁、台座尺寸及张拉锁定的要求。

锚固体宜采用水泥浆或水泥砂浆，注浆固结体强度不宜低于 20MPa。锚杆注浆宜采用二次压力注浆工艺。锚杆杆体可采用钢绞线或螺纹钢筋。

(2) 土层锚杆计算

1) 锚杆的极限抗拔承载力应符合式 (12-15) 要求：

$$\frac{R_k b_a \cos\alpha}{F_h s} \geqslant K_t \tag{12-15}$$

式中　$K_t$——锚杆抗拔安全系数；安全等级为一级、二级、三级的支护结构，分别不应小于 1.8、1.6、1.4；

$R_k$——锚杆极限抗拔承载力标准值（kN）；

$F_h$——挡土构件计算宽度内的弹性支点水平反力（kN）；

$s$——锚杆极限抗拔承载力标准值（kN）；

$b_a$——结构计算宽度（m）；

$\alpha$——锚杆倾角。

2) 锚杆极限抗拔承载力通过抗拔试验确定，也可按式 (12-16) 估算：

$$R_k \geqslant \pi d \sum q_{sik} l_i \tag{12-16}$$

式中　$d$——锚杆的锚固体直径（m）；

$l_i$——锚杆的锚固段在第 $i$ 土层中的长度（m）；锚固段长度为锚杆在理论直线滑动面以外的长度，理论直线滑动面按图 12-13 确定；

$q_{sik}$ ——锚固体与第 $i$ 土层之间的极限粘结强度标准值（kPa），应根据工程经验并规范取值。

3）锚杆的自由段长度应按式（12-17）确定：

$$l_f \geq \frac{(a_1 + a_2 - d\tan\alpha)\sin\left(45°-\frac{\varphi_m}{2}\right)}{\sin\left(45°+\frac{\varphi_m}{2}+\alpha\right)} + \frac{d}{\cos\alpha} + 1.5 \quad (12\text{-}17)$$

式中 $l_f$ ——锚杆的自由段长度（m）；

$\alpha$ ——锚杆的倾角（°）；

$a_1$ ——锚杆的锚头中点至基坑底面的距离（m）；

$a_2$ ——基坑底面至挡土构件嵌固段上基坑外侧主动土压力强度与基坑内侧被动土压力强度等值点 $O$ 的距离（m）；对多层土地层，当存在多个等值点时应按其中最深处的等值点计算（m）；

$d$ ——挡土构件的水平尺寸（m）；

$\varphi_m$ —— $O$ 点以上各土层按厚度加权的内摩擦角平均值（°）。

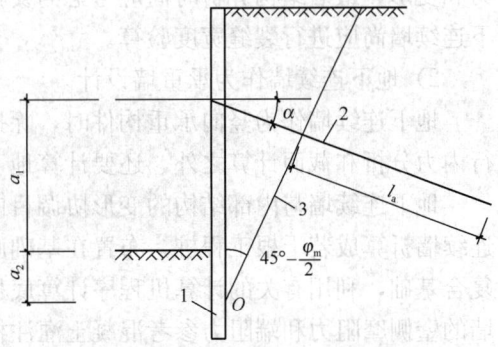

图 12-13 锚杆承载力计算
1—挡土构件；2—锚杆；3—理论直线滑动面

4）锚杆杆体的受拉承载力应符合式（12-18）规定：

$$N = f_{py} A_p \quad (12\text{-}18)$$

式中 $N$ ——锚杆杆体的受拉承载力（kN）；

$f_{py}$ ——预应力钢筋抗拉强度设计值（kPa）；当锚杆杆体采用普通钢筋时，取普通钢筋强度设计值（$f_y$）；

$A_p$ ——预应力（或普通）钢筋的截面面积（m²）。

锚杆锁定值应根据地层条件及支护结构变形要求确定，宜取为锚杆轴向拉力标准值的 0.75～0.90 倍。

5）整体稳定性验算

进行土层锚杆设计时，不仅要研究土层锚杆的承载能力，而且要研究支护结构与土层锚杆所支护土体的稳定性，以保证在使用期间土体不发生滑动失稳。土层锚杆的稳定性分为整体稳定性和深部破裂面稳定性两种，需分别予以验算。

整体失稳时，土层滑动面在支护结构的下面，由于土体的滑动，使支护结构和土层锚杆失效而整体失稳。对于此种情况可按土坡稳定的验算方法进行验算。深部破裂面失稳，土层滑动面在基坑支护结构的下端处，可利用 Kranz 的简易计算法进行验算。

6. 逆作法的计算要点

地下连续墙计算

在逆作法工程中，地下连续墙一般前期作为支护结构，后期作为地下结构的外墙。这种作法称为两墙合一，具体结合形式有单一墙、复合墙和叠合墙。

两墙合一地下连续墙设计，除满足支护结构围护墙的设计要求外，还要着重解决以下问题：①使地下连续墙与主体结构的桩基础在垂直荷载作用下变形协调一致，沉降基本同步，沉降差异小。②地下连续墙墙段之间构造的接头要简单、费用低、施工方便，但在水平和垂直荷载作用下其整体性和抗渗性能要好，变形要小。③地下连续墙与地下室楼盖结构（梁、板）和底板采用的接头要求构造简单、施工方便，但刚度和抗剪性能要好。

1) 地下连续墙作为围护墙设计

首先要按支护结构的各项稳定性要求进行验算，其次要计算支护阶段地下连续墙的内力和变形，最后结构分析时尚应考虑与支护阶段地下连续墙内力和变形叠加的工况，且地下连续墙尚应进行裂缝宽度验算。

2) 地下连续墙作为承重墙设计

地下连续墙作为竖向承重构件时，除按一般的结构计算方法，根据上部传下的荷载进行内力分析和截面计算之外，还要计算地下连续墙的竖向承载力和沉降量。

地下连续墙与内部结构的变形协调目前可采用群桩设计理论，通过等量代换，将地下连续墙折算成若干根工程桩，布置在基础底板的周边上，将桩、土、底板视为共同结构的复合基础，利用有关的计算机程序计算底板的内力、桩端轴力以及整体沉降量。地下连续墙的壁侧摩阻力和端阻力参考混凝土灌注桩计算方法。

在逆作法施工过程中，存在地下连续墙、工程桩、地下室结构和上部结构（采用封闭式逆作法时）的共同作用问题，应通过该复合结构的沉降计算，来控制施工进度。中间支承桩（中柱桩）设计。中间支撑柱是逆作法施工中，在底板未封底受力之前与地下连续墙共同承受地下结构、上部结构自重和施工荷载的承重构件。其布置、数量和结构形式都对逆作法施工有较大影响。

3) 结构形式

目前常用的中间支撑柱结构形式有底端插入灌注桩的格构柱或钢管混凝土支撑柱（图12-14）。

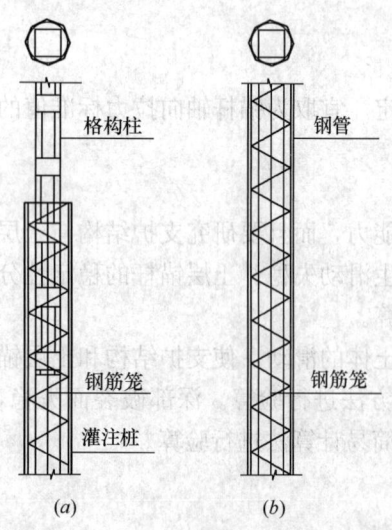

图12-14 常用的中间支撑柱结构形式
(a) 格构柱式；(b) 钢管混凝土式

一般在地下室开挖时中间支撑柱作为临时承重柱，后期作为地下结构柱的一部分浇筑在工程柱内；中间支撑柱还需要与楼盖梁连接，由于柱先已形成，梁接上去的节点较为复杂。选择中间支撑柱的结构形式时，不仅要考虑使其有较高的承载能力、施工方便，还要便于与梁板的连接。中间支撑柱采用底端插入灌注桩的角钢格构柱和钢管较多。

采用钢管时，会在钢管中浇筑混凝土形成钢管混凝土，因而钢管的内径不宜过小，以保证钢管内混凝土的浇捣质量。

4) 设计计算

① 荷载

逆作法分敞开式逆作法和封闭式逆作法。

为便于挖土和有利于通风、照明，先浇筑楼盖梁，待底板完成后再逐层浇筑楼板，即为敞开式逆作法。此时结构自重和施工荷载都较小；如果楼盖梁、板同时浇筑，则为封闭式逆作法。荷载计算时不仅比敞开式增加了楼板的自重，如楼板作为施工场地还应加上施工荷载。

② 计算原则

当以封闭式逆作法施工时，利用地下室的楼盖结构作支护结构的水平支撑。水平支撑的刚度可假定为无限大，因而中间支撑柱假定为无水平位移，如果中间支撑柱是等跨均匀布置，则地下结构上的荷载在中间支撑柱上不产生弯矩，因此上部结构荷载传递到最下层中间支撑柱上的弯矩较小，因而对中间支撑柱可近似地按轴心受压柱简化计算。

进行逆作法施工时，当下层土方已开挖，上一层的中间支撑柱一般在楼盖混凝土浇筑的同时也浇筑成复合柱，其承载能力增大很多，故仅需验算最底一层的中间支撑柱的承载能力。最底层的中间支撑柱，上端固定在楼盖中，由于楼盖的刚度大可视为固结；下端插入工程桩内，由于工程桩周围土体的刚度小，下端认为可转动的，因而将下端视为铰接。

#### 12.4.3.4 重力式水泥土墙

重力式水泥土墙设计包括水泥土搅拌桩桩型和桩径选择、平面布置、桩长选择、稳定性计算、强度计算、水泥掺量与外加剂用量确定、构造处理等。

1. 重力式水泥土墙布置

重力式水泥土墙的平面布置，主要是确定其平面形状、格栅形式及局部构造等。平面布置的原则如下：重力式水泥土墙应布置在地下室外侧，与地下结构外墙、承台、工程桩和底板等应保持一定的净距。此空间用于底板、外墙等构件模板的安装与拆除和外墙防水层施工，空间大小一般控制在 800~1000mm。当无防水层时，也应控制在 200mm 以上，以避免施工偏差和基坑开挖变形对结构施工造成影响。

重力式水泥土墙应尽可能不采用内折角，避免由于双向应力使墙角产生裂缝。

(1) 搭接长度

水泥土搅拌桩桩与桩之间的搭接长度应根据挡土及止水要求确定，一般取 150~300mm。考虑抗渗作用且土层渗透性好或土质较差时，搭接长度宜不小于 200mm；当不考虑止水作用或土质较好时，搭接长度可取 100~150mm，大桩径取大值。

(2) 宽度和嵌固深度

水泥土墙的宽度和嵌固深度均可按重力式结构的力的平衡条件估算，也可根据工程经验确定。一般的嵌固深度不宜小于 0.8 倍开挖深度；对淤泥质土，宽度不宜小于 0.7 倍开挖深度，嵌固深度不宜小于 1.2 倍开挖深度；对淤泥，宽度不宜小于 0.8 倍开挖深度，嵌固深度不宜小于 1.3 倍开挖深度。

选定的水泥土墙宽度和嵌固深度均应满足计算要求。

(3) 格栅的面积置换率

重力式水泥土墙采用格栅形式时，格栅的面积置换率：对淤泥质土不宜小于 0.7；对淤泥不宜小于 0.8；对一般黏土、砂土不宜小于 0.6。

格栅内侧的长宽比不宜大于 2，并应对格栅稳定性进行验算。

2. 重力式水泥土墙计算

重力式水泥土墙的计算包括抗倾覆稳定验算、抗滑移稳定验算、整体稳定（圆弧滑动稳定）验算、坑底抗隆起稳定验算、抗管涌（抗渗透）稳定验算、正截面应力、基底地基承载力、格栅稳定和位移等。

一般先按工程经验确定水泥土墙宽度和嵌固深度，再按计算结果进行调整，并满足构造要求。

(1) 抗滑移稳定性验算应符合式（12-19）规定（图12-15）

$$\frac{E_{pk} + (G - \mu_m B)\tan\varphi + cB}{E_{ak}} \geqslant K_{sl} \quad (12-19)$$

式中 $K_{sl}$——抗滑移稳定安全系数，其值不应小于1.2；

$E_{ak}$、$E_{pk}$——作用在水泥土墙上的主动土压力、被动土压力合力的标准值（kN/m），按式（12-1）~式（12-4）计算的土压力强度标准值得出；

$G$——水泥土墙的自重（kN/m）；

$\mu_m$——水泥土墙底面上的水压力（kPa）；水泥土墙底面在地下水位以下时，可取 $\mu_m = \gamma_w(h_{wa} + h_{wp})/2$，在地下水位以上时，取 $\mu_m = 0$，此处，$h_{wa}$ 为基坑外侧水泥土墙底处的水头高度（m），$h_{wp}$ 为基坑内侧水泥土墙底处的水头高度（m）；

$c$、$\varphi$——水泥土墙底面下土层的黏聚力（kPa）、内摩擦角（°）；

$B$——水泥土墙的底面宽度（m）。

(2) 抗倾覆稳定性验算应符合式（12-20）规定（图12-16）

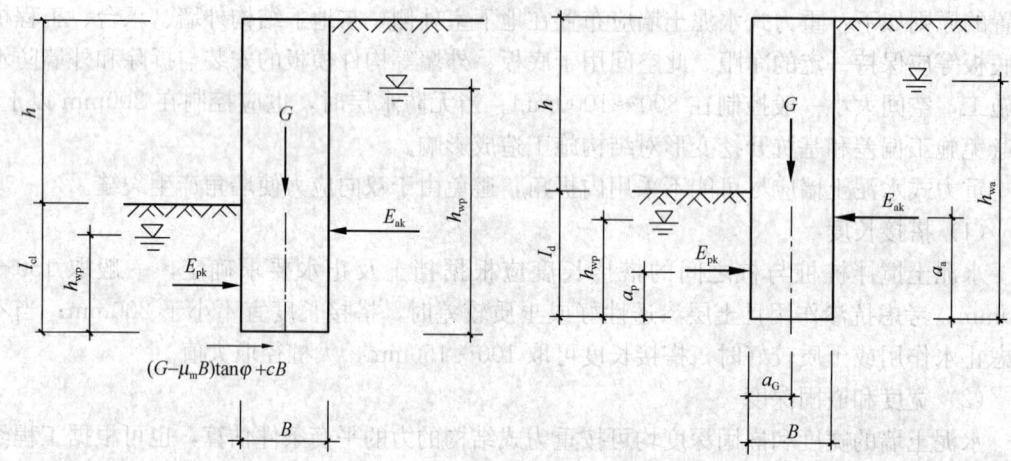

图 12-15 抗滑移稳定性验算　　图 12-16 抗倾覆稳定性验算

$$\frac{E_{pk} a_p + (G - \mu_m B) a_G}{E_{ak} a_a} \geqslant K_{ov} \quad (12-20)$$

式中 $K_{ov}$——抗倾覆稳定安全系数，其值不应小于1.3；

$a_a$——水泥土墙外侧主动土压力合力作用点至墙趾的竖向距离（m）；

$a_p$——水泥土墙内侧被动土压力合力作用点至墙趾的竖向距离（m）；

$a_G$——水泥土墙自重与墙底水压力合力作用点至墙趾的水平距离（m）。

(3) 圆弧滑动稳定性验算应符合式（12-21）规定（图12-17）

$$\frac{\sum\{c_j l_j + [(q_j b_j + \Delta G_j)\cos\theta_j - \mu_j l_j]\tan\varphi_j\}}{\sum(q_j b_j + \Delta G_j)\sin\theta_j} \geqslant K_s \quad (12-21)$$

式中 $K_s$——圆弧滑动稳定安全系数，其值不应小于1.3；

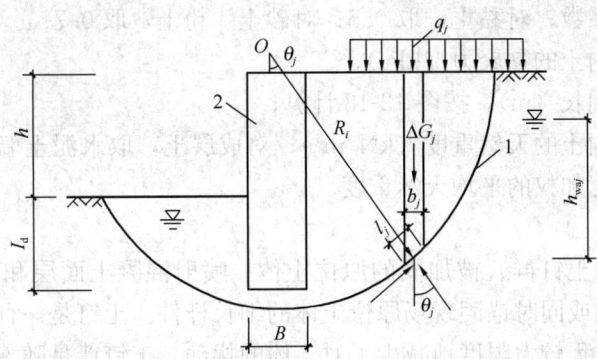

图 12-17 圆弧滑动稳定性验算
1—圆弧滑动面；2—重力坝

$c_j$、$\varphi_j$ ——第 $j$ 土条滑弧面处土的黏聚力（kPa）、内摩擦角（°）；

$b_j$ ——第 $j$ 土条的宽度（m）；

$q_j$ ——作用在第 $j$ 土条上的附加分布荷载标准值（kPa）；

$\Delta G_j$ ——第 $j$ 土条的自重（kN），按天然重度计算；分条时，水泥土墙可按土体考虑；

$\mu_j$ ——第 $j$ 土条在滑弧面上的孔隙水压力（kPa）；对于地下水位以下的砂土、碎石土、粉土，当地下水是静止的或渗流水力梯度可忽略不计时，在基坑外侧，可取 $\mu_j = \gamma_w h_{wa,j}$，在基坑内侧，可取 $\mu_j = \gamma_w h_{wp,j}$；对地下水位以上的各类土和地下水位以下的黏土，取 $\mu_j = 0$；

$\gamma_w$ ——地下水重度（kN/m³）；

$h_{wa,j}$ ——基坑外地下水位至第 $j$ 土条滑弧面中点的深度（m）；

$h_{wp,j}$ ——基坑内地下水位至第 $j$ 土条滑弧面中点的深度（m）；

$\theta_j$ ——第 $j$ 土条滑弧面中点处的法线与垂直面的夹角（°）。

当墙底以下存在软弱下卧土层时，稳定性验算的滑动面中尚应包括由圆弧与软弱下卧土层层面组成的复合滑动面。

(4) 正截面应力应符合以下规定

重力式水泥土墙的强度主要以受拉及受压控制验算。

1) 拉应力

$$\frac{6 M_i}{B^2} - \gamma_{cs} z \leqslant 0.15 f_{cs} \quad (12-22)$$

2) 压应力

$$\gamma_0 \gamma_F \gamma_{cs} z + \frac{6 M_i}{B^2} \leqslant f_{cs} \quad (12-23)$$

(5) 格栅稳定性进行验算

重力式水泥土墙采用格栅形式时，每个格栅的土体面积应符合式 (12-24) 要求 (图 12-18)

$$A \leqslant \delta \frac{cu}{\gamma_m} \quad (12-24)$$

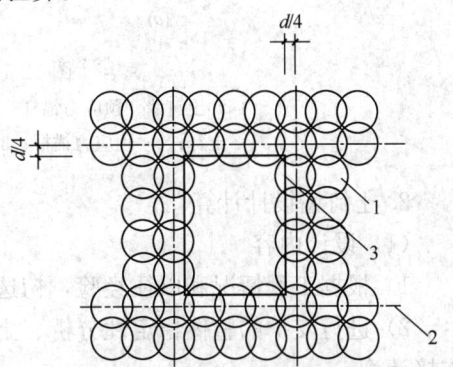

图 12-18 格栅式重力水泥土墙
1—水泥土桩；2—水泥土桩中心线；3—计算周长 $u$

式中 $A$ ——格栅内土体的截面面积（m²）；

$\delta$——计算系数;对黏土,取 0.5;对砂土、粉土,取 0.7;
$c$——格栅内土的黏聚力(kPa);
$u$——计算周长(m),按图 12-18 计算;
$\gamma_m$——格栅内土的天然重度(kN/m³);对成层土,取水泥土墙深度范围内各层土按厚度加权的平均天然重度。

#### 12.4.3.5 土钉墙

土钉墙由密集的土钉群、被加固的原位土体、喷射混凝土面层和必要的防水系统组成。土钉是用来加固或同时锚固现场原位土体的细长杆件。土钉是一种原位土加筋加固工具,土钉体的设置过程较大限度地减少了对土体的扰动。土钉墙是随着从上到下的土方开挖过程,逐层将土钉设置于土体中,可以与土方开挖同步施工。

1. 设计基本要求

土钉墙支护适用于可塑、硬塑或坚硬的黏土;胶结或弱胶结(包括毛细水粘结)的粉土、砂土和角砾;填土;风化岩层等。在松散砂和夹有局部软塑、流塑黏土的土层中采用土钉墙支护时,应在开挖前预先对开挖面上的土体进行加固,如采用注浆或微型桩托换。

采用土钉墙支护的基坑,使用期限不宜超过 18 个月。土钉墙支护工程的设计、施工与监测应密切配合,及时根据现场测试与监控结果进行反馈、沟通。

当支护变形需要严格限制且在不良土体中施工时,宜联合使用其他支护技术。可采用的组合有:土钉墙与预应力锚杆的组合,垂直土钉墙、水泥土桩及预应力锚杆的组合,土钉墙、微型桩及预应力锚杆的组合,垂直土钉墙、水泥土桩或微型桩及预应力锚杆的组合等(图 12-19)。

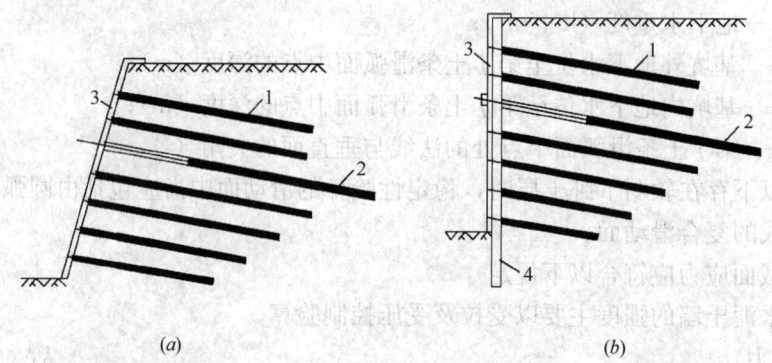

图 12-19 复合土钉墙形式
(a) 土钉墙、预应力锚杆;(b) 垂直土钉墙、水泥土桩及预应力锚杆
1—土钉;2—预应力锚杆;3—喷射混凝土面层;4—水泥土桩或微型桩

2. 土钉墙设计计算
(1) 设计内容
1) 根据工程情况和以往经验,初选支护各部件的尺寸和参数。
2) 进行支护的整体稳定性分析、土钉计算、喷射混凝土面层计算以及土钉与面层的连接计算。
3) 对尺寸和参数进行修改和调整,绘制施工图。

4）对重要的工程，宜采用有限元法对支护的内力和变形进行分析，并根据施工中获得的量测数据进行分析，反馈设计。

土钉墙的整体稳定性验算和土钉计算采用总安全系数法，仅考虑标准值。

喷混凝土面层计算，采用以概率理论为基础的极限状态设计方法，作用于面层上的土压力分项系数取 1.2，尚应考虑结构重要性系数。

土钉支护的设计计算可取单位长度支护按平面应变问题进行分析。

土钉墙的计算主要包括局部稳定性及整体稳定性验算。

(2) 土钉抗拉承载力计算（图 12-20）

1）单根土钉抗拉承载力计算应符合式（12-25）要求：

$$\frac{R_{k,j}}{N_{k,j}} \leqslant K_t \tag{12-25}$$

式中　$K_t$——土钉抗拔安全系数；安全等级为二级、三级的土钉墙，分别不应小于 1.6、1.4；

　　　$N_{k,j}$——第 $j$ 层土钉的轴向拉力标准值（kN）；

　　　$R_{k,j}$——第 $j$ 层土钉的极限抗拔承载力标准值（kN）。

2）单根土钉的极限抗拔承载力标准值 $R_{k,j}$ 应通过抗拔试验确定，也可按式（12-26）估计算：

$$R_{k,j} = \pi d_j \sum q_{sik,j} l_{i,j} \tag{12-26}$$

式中　$d_j$——第 $j$ 层土钉的锚固体直径（m）；对成孔注浆土钉，按成孔直径计算，对打入钢管土钉，按钢管直径计算；

　　　$q_{sik,j}$——第 $j$ 层土钉在第 $i$ 层土的极限粘结强度标准值（kPa），应由现场试验或当地经验确定；

　　　$l_{i,j}$——第 $j$ 层土钉在滑动面外第 $i$ 土层中的长度（m），破裂面与水平的夹角为 $\frac{\beta+\varphi_m}{2}$。

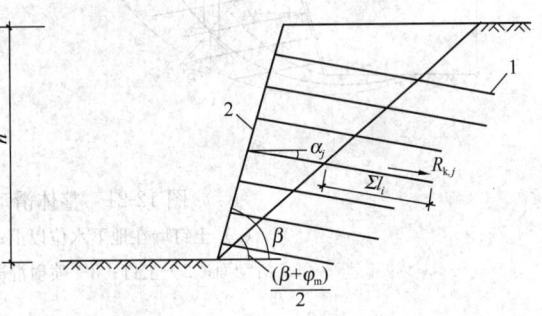

图 12-20　土钉抗拉承载力计算
1—土钉；2—喷射混凝土面层

3）单根土钉的轴向拉力标准值 $N_{k,j}$ 可按式（12-27）～式（12-29）计算：

$$N_{k,j} = \zeta \eta_j P_{ak,j} s_{x,j} s_{z,j} / \cos \alpha_j \tag{12-27}$$

$$\zeta = \tan\frac{\beta-\varphi_m}{2}\left[\frac{1}{\tan\frac{\beta+\varphi_m}{2}} - \frac{1}{\tan\beta}\right] \Big/ \tan^2\left(45° - \frac{\varphi_m}{2}\right) \tag{12-28}$$

$$\eta_j = \left(1 - \frac{z_j}{h}\right)\frac{\sum_{j=1}^{n}(h-\eta_b z_j)\Delta E_{a,j}}{\sum_{j=1}^{n}(h-z_j)\Delta E_{a,j}} + \eta_b \frac{z_j}{h} \tag{12-29}$$

式中　$\zeta$——墙面倾斜时的土压力折减系数；

$\beta$ ——土钉墙坡面与水平面的夹角;

$\varphi_m$ ——基坑底面以上各土层按土层厚度加权平均的内摩擦角平均值;

$\alpha_j$ ——第 $j$ 根土钉与水平面的夹角;

$\eta_j$ ——第 $j$ 层土钉轴向拉力调整系数;

$P_{ak,j}$ ——第 $j$ 层土钉位置处的主动土压力强度标准值;

$s_{x,j}$、$s_{z,j}$ ——第 $j$ 层土钉与相邻土钉的平均水平、垂直间距;

$z_j$ ——第 $j$ 个土钉至基坑顶面的垂直距离;

$h$ ——基坑深度;

$E_{a,j}$ ——第 $j$ 根土钉在 $s_{x,j}$、$s_{z,j}$ 所围土钉墙坡面面积内的土压力标准值;

$\eta_b$ ——基坑底面处的主动土压力调整系数,对黏土取 0.6,对砂土取 0.7;

$n$ ——土钉层数。

(3) 土钉墙整体稳定性验算

土钉墙整体稳定验算是针对土钉墙整体性失稳的破坏形式进行的验算,假定边坡沿某弧面或平面,整体向坑内滑移或塌滑,此时土钉或者与土体一起滑入基坑,或者与土钉墙面层脱离,或者被拉断。

整体滑动稳定性验算采用极限平衡状态的圆弧滑动条分法(图 12-21)进行验算。

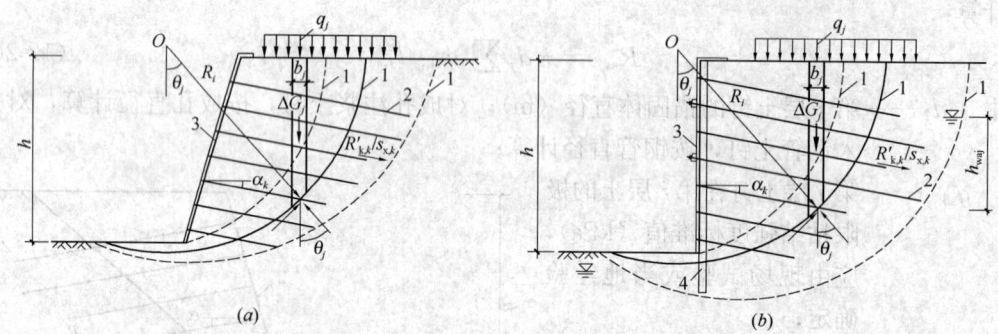

图 12-21 整体滑动稳定性验算简图
(a) 土钉墙在地下水位以上;(b) 水泥土桩复合土钉墙
1—滑动面;2—土钉;3—喷射混凝土面层;4—水泥土桩或微型桩

采用圆弧滑动条分法时,其整体稳定性应符合下列规定:

$$\min\{K_{s,1}, K_{s,2}, \cdots, K_{s,i}, \cdots\} \geqslant K_s \quad (12-30)$$

$$K_{s,i} = \frac{\sum[c_j l_j + (q_j b_j + \Delta G_j)\cos\theta_j \tan\varphi_j] + \sum R'_{k,k}[\cos(\theta_k + \alpha_k) + \psi_v] s_{x,k}}{\sum(q_j l_j + \Delta G_j)\sin\theta_j}$$

(12-31)

式中 $K_s$ ——圆弧滑动整体稳定安全系数;安全等级为二级、三级的土钉墙,分别不应小于 1.30、1.25;

$K_{s,i}$ ——第 $i$ 个滑动圆弧的抗滑力矩与滑动力矩的比值;抗滑力矩与滑动力矩之比的最小值宜通过搜索不同圆心及半径的所有潜在滑动圆弧确定;

$c_j$、$\varphi_j$ ——第 $j$ 土条滑弧面处土的黏聚力(kPa)、内摩擦角(°);

$b_j$ ——第 $j$ 土条的宽度(m);

$q_j$——作用在第 $j$ 土条上的附加分布荷载标准值（kPa）；

$\Delta G_j$——第 $j$ 土条的自重（kN），按天然重度计算；

$\theta_j$——第 $j$ 土条滑弧面中点处的法线与垂直面的夹角（°）；

$R'_{k,k}$——第 $k$ 层土钉对圆弧滑动体的极限拉力值（kN）；应取土钉在滑动面以外的锚固体极限抗拔承载力标准值与杆体受拉承载力标准值（$f_{yk}A_s$ 或 $f_{ptk}A_p$）的较小值；

$\alpha_k$——第 $k$ 层土钉的倾角（°）；

$\theta_k$——滑弧面在第 $k$ 层土钉处的法线与垂直面的夹角（°）；

$s_{x,k}$——第 $k$ 层土钉的水平间距（m）；

$\psi_v$——计算系数；可取 $\psi_v = 0.5\sin(\theta_k + \alpha_k)\tan\varphi$，此处，$\varphi$ 为第 $k$ 层土钉与滑弧交点处土的内摩擦角。

（4）喷射混凝土面层计算

喷射混凝土面层所受荷载应考虑土体自重及地面均布荷载作用下产生的侧向压力。

喷射混凝土面层按以土钉为支座的连续板进行强度验算，作用于面层上的侧压力，在同一间距内可按均布考虑，其反力作为土钉的端部拉力。

喷射混凝土面层验算内容包括板在跨中和支座截面处的受弯、板在支座截面处的冲切等。复合型土钉墙中的水泥土搅拌桩和微型桩，主要解决基坑开挖中的隔水、土体自立和防止涌土等问题，在土钉墙计算中多不考虑其受力作用。

## 12.5 重力式水泥土墙施工

### 12.5.1 施工机械与设施

目前，重力式水泥土墙施工机械种类繁多。按机械传动方式可分为转盘式和动力头式；按喷射方式可分为中心管喷浆式和叶片喷浆式；按搅拌轴数量可分为单轴、双轴、三轴及多轴深层水泥土搅拌机。本节按搅拌轴数量不同来介绍重力式水泥土墙施工机械与设备，主要介绍目前应用最普遍的双轴水泥土搅拌机、三轴水泥土搅拌机以及最新的五轴水泥土搅拌机。

#### 12.5.1.1 双轴重力式水泥土墙施工机械与设备

我国生产的双轴水泥土搅拌机主要有 SJB 型双搅拌头中心注浆式深层搅拌机，SJB 型深层搅拌机由电机、减速器、搅拌轴、搅拌头、中心管、输浆管、单向球阀、横向系板等组成，SJB 型深层搅拌机的配套设备有灰浆搅拌机、灰浆泵、冷却水泵、输浆胶管等。SJB-30 型（即原来的 SJB-1 型）双轴水泥土搅拌机是双搅拌轴、中心管输浆的水泥搅拌专用机械。目前深层搅拌机主要有 SJBF-37 型和 SJBF-45 型，两者加固最大深度为 18m，成桩直径分别为 $\phi700$mm 和 $\phi760$mm，加固面积分别为 0.8mm² 和 0.85mm²。SJB-1 型

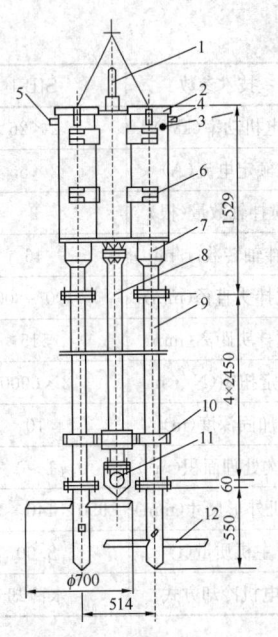

图 12-22 SJB-1 型深层双轴搅拌机

1—输浆管；2—外壳；3—电动机；4—出水口；5—进水口；6—导向滑块；7—减速器；8—中心管；9—搅拌轴；10—横向系板；11—球形阀；12—搅拌头

深层双轴搅拌机的构造如图 12-22 所示，其配套设备如图 12-23 所示。SJB 系列深层双轴搅拌机技术参数如表 12-8 所示。

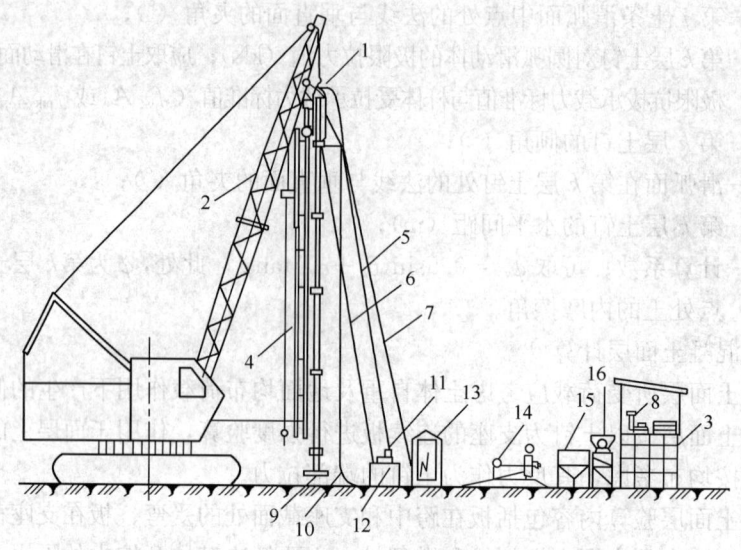

图 12-23　SJB-1 型深层双轴搅拌机配套设备

1—深层搅拌机；2—履带式起重机；3—工作平台；4—导向架；5—进水管；
6—回水管；7—电缆；8—磅秤；9—搅拌头；10—输浆压力胶管；11—冷却泵；
12—贮水池；13—电气控制柜；14—灰浆泵；15—集料斗；16—灰浆搅拌机

SJB 系列深层双轴搅拌机技术参数　　　表 12-8

| 技术参数 | SJB-1 | SJB-30 | SJB-37 | SJB-40 | SJBF-45 |
|---|---|---|---|---|---|
| 电机功率(kW) | 2×26 | 2×30 | 2×37 | 2×40 | 2×45 |
| 额定电流(A) | 2×55 | 2×60 | 2×72 | 2×75 | 2×85 |
| 搅拌轴数量(根) | 2 | 2 | 2 | 2 | 2 |
| 搅拌轴转数(r/min) | 46 | 43 | 42 | 43 | 40 |
| 搅拌头直径(mm) | 700～800 | 700 | 700 | 700 | 760 |
| 搅拌头距离(mm) | 515 | 515 | 530 | 515 | 515 |
| 额定扭矩(N·m) | 2×6000 | 2×6400 | 2×8500 | 2×8500 | 2×10000 |
| 加固深度(m) | 10 | 10～12 | 15～20 | 15～20 | 18～25 |
| 一次处理面积($m^2$) | 0.71～0.88 | 0.71 | 0.71 | 0.71 | 0.85 |
| 主机外形尺寸(mm) | 950×440×1150 | 950×482×1617 | 1165×740×1750 | 950×480×1737 | — |
| 主机质量(t) | 3.00 | 2.25 | 2.50 | 2.45 | |
| 电机冷却方式 | 水冷却 | 水冷却 | 风冷却 | 水冷却 | 风冷却 |

此外，还有 GDP-72 型和 GDPG-72 型深层双轴搅拌机械。GDP-72 型深层双轴搅拌机是采用液压步履运行方式，GDPG-72 型深层双轴搅拌机是采用滚管运行方式，两者加固的最大深度为 18m，成桩直径 $\phi$700mm，加固面积 0.71$mm^2$。其技术参数如表 12-9 所示。

**GDP 系列深层双轴搅拌机技术参数**  表 12-9

| 技术参数 | | GDP-72 | GDPG-72 |
|---|---|---|---|
| 深层双轴搅拌机 | 搅拌轴数量（根） | 2 | |
| | 搅拌叶片外径（mm） | 700 | |
| | 搅拌轴转速（r/min） | 46 | |
| | 电动功率（kW） | 2×37 | |
| 起吊设备 | 提升能力（kN） | >150 | |
| | 提升高度（m） | 23 | |
| | 提升速度（m/min） | 0.64~1.12 | 0.37~1.16 |
| | 接地压力（kPa） | 38 | — |
| 技术指标 | 移动方式 | 步履 | 滚筒 |
| | 纵向行程（m） | 1.2 | 5.5 |
| | 横向行程（m） | 0.7 | 4.0 |
| | 一次加固面积（m²） | 0.71 | |
| | 最大加固深度（m） | 18 | |
| | 效率（m·台班$^{-1}$） | 100~120 | |
| | 总质量（t） | 16 | |

### 12.5.1.2 三轴重力式水泥土墙施工机械与设备

三轴重力式水泥土搅拌机主要有 ZKD65-3 型和 ZKD85-3 型深层三轴搅拌机，主要是为配合地下基坑支挡墙 SMW 工法而开发研制的专用机械。ZKD85-3 型深层三轴搅拌机由动力头、钻杆、中间支撑、底部支撑架、驾驶室、起塔装置、斜撑、钢丝绳及立柱组成。钻孔的最大深度（和钻孔直径）分别为 30m（$\phi$650mm）和 27m（$\phi$850mm），在钻孔内可插入工字钢，以提高水泥土搅拌桩的抗弯刚度。ZKD85-3 型深层三轴搅拌机如图 12-24 所示，ZKD 型深层三轴搅拌机技术参数如表 12-10 所示。此外，还有 BSJB37-Ⅲ 三轴搅拌机，BSJB37-Ⅲ 三轴搅拌机主机如图 12-25 所示，其技术参数如表 12-11 所示。

**ZKD 型深层三轴搅拌机技术参数**  表 12-10

| 技术参数 | ZKD65-3 | ZKD85-3 |
|---|---|---|
| 搅拌轴数量（根） | 3 | |
| 搅拌叶片外径（mm） | 650 | 850 |
| 搅拌轴转速（r/min） | 17.6 | 16.0 |
| 电动功率（kW） | 2×45 | 2×90 |
| 提升能力（kN） | >250 | |
| 提升高度（m） | >30 | |
| 杆中心距 | 450mm | 600mm |
| 移动方式 | 履带 | |
| 一次加固面积（m²） | 0.87 | 1.50 |
| 最大加固深度（m） | 30 | 27 |

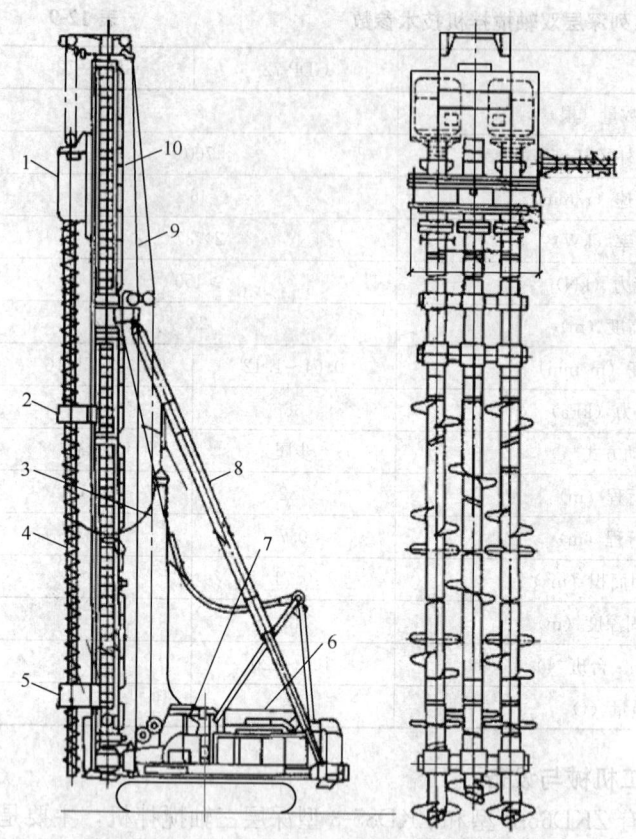

图 12-24　ZKD85-3 型深层三轴搅拌机　　　　图 12-25　BSJB37-Ⅲ三轴搅拌机主机

1—动力头；2—中间支撑；3—注浆管电线；4—钻杆；5—下部支撑；
6—电气柜；7—操作盘；8—斜撑；9—钻机用钢丝绳；10—立柱

BSJB37-Ⅲ三轴搅拌机主机技术参数　　　　表 12-11

| 项目 | 参数 |
| --- | --- |
| 电机功率（kW） | 2×37 |
| 搅拌机转速（r/min） | 42.6 |
| 额定扭矩（N·m） | 3×5200 |
| 搅拌轴数 | 3 |
| 一次处理面积（m²） | 0.406 |
| 一次成墙面积（m²） | (0.72～0.78)×h |
| 成墙厚度（mm） | 200～400 |
| 搅拌头直径（mm） | 380～500 |
| 搅拌深度（m） | ≤18 |

### 12.5.1.3　五轴重力式水泥土墙施工机械与设备

五轴重力式水泥土搅拌机目前主要有 ZKD70-5A 型、ZKD80-5A 型、ZKD90-5A 型和

ZKD95-5A 型深层五轴搅拌机。强制搅拌式五轴水泥土搅拌桩机由主机和动力头系统组成。主机包括底盘系统、动力系统、操作系统、机架系统。ZKD70-5A 型深层五轴搅拌机如图 12-26 所示，ZKD 型深层五轴搅拌机技术参数表如表 12-12 所示。

ZKD 型深层五轴搅拌机技术参数　　表 12-12

| 技术参数 | ZKD70-5A | ZKD85-5 |
| --- | --- | --- |
| 搅拌轴数量（根） | 5 | |
| 搅拌叶片外径（mm） | 700 | 850 |
| 搅拌轴转速（r/min） | 25.0 | 16.0 |
| 电动功率（kW） | 2×90 | 2×110+75 |
| 杆中心距（mm） | 500 | 600 |
| 移动方式 | 履带 | |
| 最大加固深度（m） | 30 | 30 |

图 12-26　ZKD70-5A 型深层五轴搅拌机

### 12.5.2　施　工　准　备

#### 12.5.2.1　材料准备

（1）重力式水泥土墙可采用不同品种的水泥，如普通硅酸盐水泥、矿渣水泥、火山灰水泥及其他品种的水泥，也可选择不同强度等级的水泥，要求水泥新鲜无结块。一般工程中以强度等级 32.5 的普硅酸盐水泥为宜。使用前，承建人应将水泥的样品送中心试验室或监理工程师指定的试验室进行检验。

（2）重力式水泥土墙所用砂子为中砂或粗砂，要求含泥量小于 5%；所用外加剂、塑化剂采用木质素磺酸钙，促凝剂采用硫酸钠、石膏，应有产品出厂合格证，掺量通过试验确定。搅拌用水按现行行业标准《混凝土用水标准》JGJ 63 的规定执行，要求搅拌用水不影响水泥土的凝结与硬化，水泥土搅拌用水中的物质含量限值可参照素混凝土的要求。

（3）配合比一般按如下确定，水泥掺量一般为加固土体重的 7%～15%，每加固 1m³ 土体掺入水泥约 110～240kg；当用水泥砂浆作固化剂时，其配合比为 1：（1～2）（水泥：砂）。为增强流动性，可掺入水泥重量 0.2%～0.5% 的木质素磺酸钙减水剂，1% 的硫酸钠和 2% 的石膏。湿法的水泥浆水灰比为 0.5～0.6。

#### 12.5.2.2　场地准备

重力式水泥土墙施工前应熟悉地质资料、施工图纸；施工前应进行清表和原场地平整，应清除搅拌桩施打范围内的一切障碍，如旧建筑基础、树根、枯井等，以防止施工受阻或成桩偏斜；当清除障碍范围较大或深度较深时，应做好覆土压实，防止机架倾斜；对影响施工机械运行的松软场地应进行适当处理，并有排水措施，场地低洼时应回填土；根据测量放出平面布桩图，并根据布桩图现场布桩，桩位应用小木桩或竹片定位并做出醒目标志以便查找，定位误差＜2cm；接通施工现场用水、电。设置测量基准线、水准基点，并妥加保护。

#### 12.5.2.3　试桩

重力式水泥土墙是将软土与固化剂强制拌合，搅拌次数越多、拌合越均匀，水泥土的强度也超高。但是搅拌次数多，施工时间会相应加长，将降低施工效率。试桩的目的是根据实际情况确定施工方法，寻求最佳搅拌次数，确定水泥浆的水灰比、泵送时间及压力、搅拌机提升及下钻速度以及复搅深度等参数，以指导下一步水泥搅拌桩大规模施工。

### 12.5.3 施 工 工 艺

水泥土搅拌桩的施工工艺分为浆液搅拌法（简称湿法）和粉体搅拌法（简称干法）。由于干法喷粉搅拌不易控制，要严格控制固化剂的喷入量方能满足设计要求，因此重力式水泥土墙施工一般采用湿法。

#### 12.5.3.1 双轴水泥土墙工程（湿法）施工工艺

双轴水泥土搅拌桩成桩应采用两喷三搅工艺，处理粗砂、砾砂时，宜增加搅拌次数。双轴水泥土墙施工顺序如图12-27示，施工工艺流程如图12-28示。

1. 施工流程

（1）桩机定位

水泥土搅拌桩机开行到达指定桩位（安装、调试）就位。当地面起伏不平时应注意调整机架的垂直度。

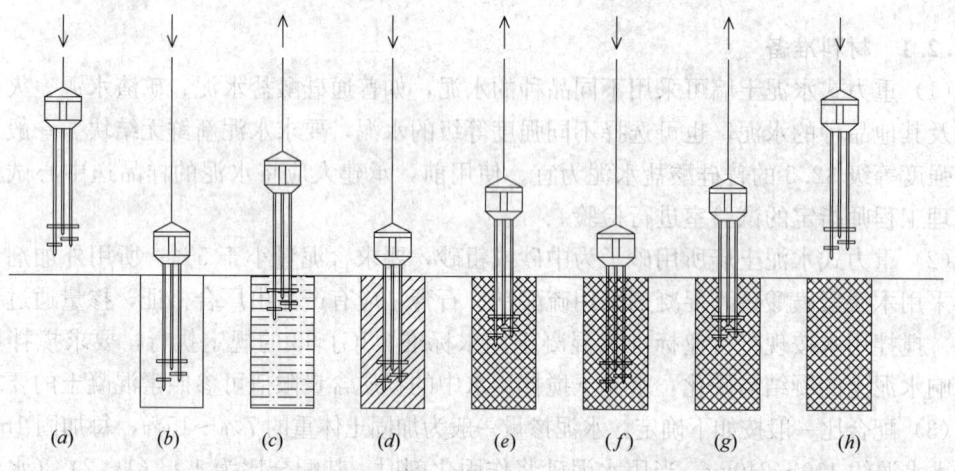

图 12-27 双轴水泥土墙施工顺序图
(a)桩机定位；(b)预搅下沉；(c)喷浆搅拌提升；(d)重复搅拌下沉；(e)重复喷浆搅拌提升；
(f)重复搅拌下沉；(g)重复搅拌提升直至孔口；(h)停搅

（2）预搅下沉

待搅拌机的冷却水循环及相关设备运行正常后，启动搅拌机电机。放松桩机钢丝绳，使搅拌机沿导向架旋转搅拌切土下沉，钻头搅拌下沉速度不宜大于1.0m/min，可由电气装置的电流监测表控制，工作电流不应大于额定值。如遇硬黏土等下沉速度过慢，可以给输浆系统适当补给清水以利钻进。

（3）制备水泥浆

水泥土搅拌机预搅下沉到一定深度后，即开始按设计及试验确定的配合比拌制水泥浆，压浆前将水泥浆倾倒入集料斗中。水泥浆采用普通硅酸盐水泥，标号P.O42.5级，严禁使用快硬型水泥。制浆时，水泥浆拌合时间不得少于5～10min，制备好的水泥浆不

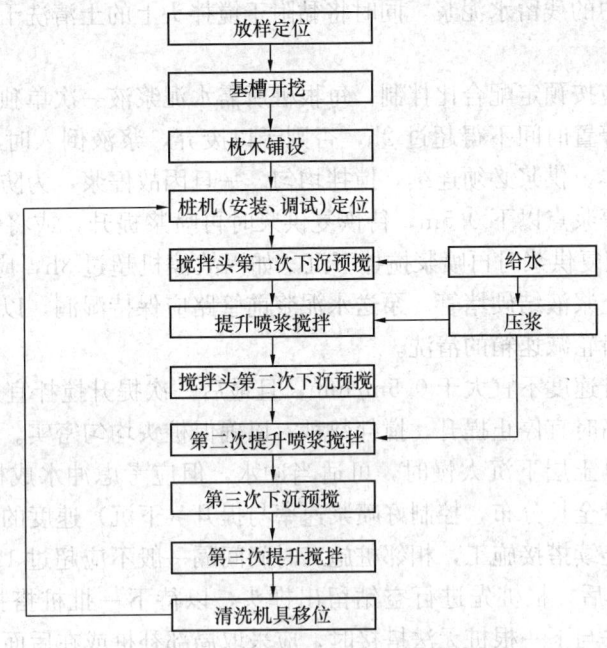

图 12-28 双轴水泥土墙施工工艺流程图

得离析、沉淀，每个储浆池必须配备专用的搅拌机具进行搅拌，以防水泥浆离析、沉淀，已配置好的水泥浆在倒入储浆池时，应加筛过滤，以免浆内结块。水泥浆存储时间不得超过 2h，否则应予以废弃。注浆泵出口压力应保持在 0.40~0.60MPa，双轴水泥土搅拌桩桩液水灰比宜为 0.55~0.65。

(4) 喷浆搅拌提升

水泥土搅拌机下沉到达设计深度后，开启灰浆泵将水泥浆压入地基土中，且边喷浆边搅拌直至到达设计桩顶标高。此时应注意喷浆速率与提升速度相协调，以确保水泥浆沿桩长均匀分布，并使提升至桩顶后集料斗中的水泥浆正好排空。钻头喷浆搅拌提升速度一般应控制在 0.5m/min 以内，确保喷浆量，以满足桩身强度达到设计要求。施工中因故停浆时，应将钻头下沉至停浆点以下 0.5m 处，待恢复供浆时再喷浆搅拌提升，或将钻头抬高至停浆点以上 0.5m 处，待恢复供浆时再喷浆搅拌下沉。

(5) 重复搅拌下沉、提升搅拌

为使已喷入土中的水泥浆与土充分搅拌均匀，再次沉钻进行复搅，复搅下沉速度控制在 0.5~0.8m/min，复搅提升速度控制在 0.5m/min 以内。

(6) 第三次搅拌

停浆，进行第三次搅拌，钻头搅拌下沉，钻头搅拌提升至地面停机。第三次搅拌下沉速度控制在 1.0m/min 以内，提升搅拌速度控制在 0.5m/min 以内。

(7) 移位

桩机移位至新的桩位，进行下一根桩的施工。机器移位，特别在转向时要注意桩机的稳定。相邻桩施工时间间隔保持在 16h 内，若超过 16h，在搭接部位采取加桩防渗措施。

(8) 清洗

当施工告一段落后，应及时进行清洗。向已排空的集料斗中注入适量清水，开启灰浆泵，清洗全部管道中的残留水泥浆，同时将黏附于搅拌头上的土清洗干净。

2. 施工要点

(1) 水泥浆液应按预定配合比拌制，每根桩所需水泥浆液一次单独拌制完成；拌制好的泥浆不得离析，停置时间不得超过 2h，否则予以废弃，浆液倒入时应加筛过滤，以免浆内结块，损坏泵体。供浆必须连续，搅拌均匀。一旦因故停浆，为防止断桩和缺浆，应使搅拌钻头下沉至停浆点以下 0.5m，待恢复供浆时再喷浆提升，或将钻头抬高至停浆点以上 0.5m 处，待恢复供浆时再喷浆搅拌下沉。如因故停机超过 3h，应先拆卸输浆管路，清洗后备用，以防止浆液结硬堵管。泵送水泥浆前管路应保持湿润，以便输浆。应定期拆卸清洗浆泵，注意齿轮减速箱的清洗。

(2) 搅拌头提升速度不宜大于 0.5m/min，且最后一次提升搅拌宜采用慢速提升，当喷浆口到达桩顶标高时宜停止提升，搅拌数秒，以确保桩头均匀密实。水泥浆下沉时不宜冲水，当遇到较硬黏土层下沉太慢时，可适当冲水，但应考虑冲水成桩对桩身质量的影响。为保证水泥浆沿全长分布，控制好喷浆速率与提升（下沉）速度的关系十分重要。

(3) 水泥墙应连续搭接施工，相邻桩施工时间间隔一般不应超过 12h，如因故停歇时间超过 12h，应对最后一根桩先进行空钻留出榫头，以待下一批桩搭接。如间隔时间太长，超过 24h 所无法与下一根桩无法搭接时，应采取局部补桩或在后面桩体施工中增加水泥掺量及注浆等措施。前后排桩施工应错位或呈踏步式，以便发生停歇时，前后施工桩体呈错位搭接，有利于墙体稳定且止水效果较好。

### 12.5.3.2 三轴水泥土墙工程（湿法）施工工艺

1. 施工流程

三轴水泥土墙工程施工流程如图 12-29 所示。

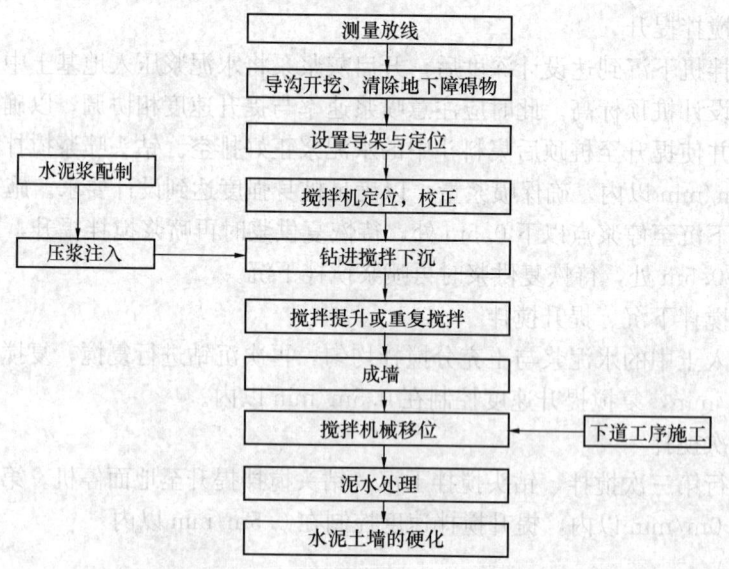

图 12-29 三轴水泥土墙工程施工流程

(1) 测量放线

根据坐标基准点，按布置图放出桩位，设立临时控制桩，做好测量复核单，提请验收。

(2) 开挖导沟及定位型钢放置

根据基坑围护边线用挖机开挖沟槽,并清除地下障碍物。开挖沟槽土体应及时处理,保证正常施工。在沟槽两侧打入若干槽钢,作为固定支点,垂直方向放置两根工字钢与支点焊接,再在平行沟槽方向放置两根工字钢与下面工字钢焊接作为定位型钢。

(3) 三轴水泥搅拌桩孔位及桩机定位

根据三轴水泥搅拌桩中心间距尺寸在平行工字钢表面画线定位。桩机就位,移动前、移动结束后检查定位情况并及时纠正。桩机应平稳、平正,并用经纬仪或线锤进行观测以控制钻机垂直度。三轴水泥搅拌桩桩位定位偏差应小于 20mm。

(4) 水泥土搅拌桩成桩施工

三轴水泥搅拌桩在下沉和提升过程中均应注入水泥浆液,同时严格控制下沉和提升速度,下沉速度不大于 1m/min,提升速度不大于 2m/min,在桩底部分重复搅拌注浆,并做好原始记录。

在施工现场搭建拌浆施工平台,平台附近搭建水泥库,开机前应按事先确定的配比进行水泥浆液的拌制,注浆压力根据实际施工状况确定。水泥土搅拌桩施工时,不得冲水下沉,相邻两桩施工间隔不得超过 12h。

(5) 成墙

三轴水泥土搅拌桩应采用套接一孔施工,施工过程如图 12-30 所示。保证搅拌桩质量,土性较差或者周边环境较复杂的工程,搅拌桩底部采用复搅施工。

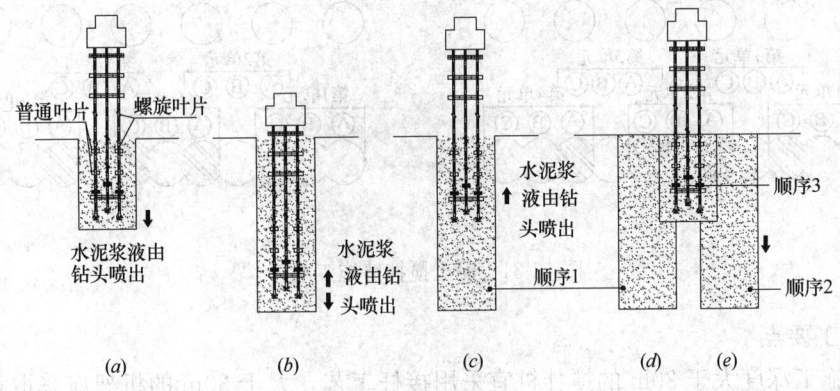

图 12-30 三轴水泥土搅拌桩施工过程
(a) 钻进搅拌下沉;(b) 桩底重复搅拌;(c) 钻杆搅拌提升;
(d) 完成一幅墙体搅拌;(e) 下一循环开始

三轴水泥土搅拌桩的施工顺序一般分为以下三种:

1) 跳打方式

一般适用于 $N<30$ 的土层。施工时先施工第一单元,然后施工第二单元。第三单元的 A 轴及 C 轴分别插入到第一单元的 C 轴孔及第二单元的 A 轴孔中,完成套接施工。依次类推,施工第四单元和套接的第五单元,形成连续的水泥土搅拌墙体,如图 12-31 (a) 所示。

2) 单侧挤压方式

一般适用于 $N<30$ 的土层。受施工条件的限制，搅拌桩机无法来回行走时或搅拌墙转角处常用这类施工顺序，具体施工顺序如图12-31（b）所示，先施工第一单元，第二单元的A轴插入第一单元的C轴中，边孔套接施工，依次类推施工完成水泥土搅拌墙体。

3) 先行钻孔套打方式

适用于 $N>30$ 的硬质土层。施工时，用装备有大功率减速机的钻孔机先行钻孔，局部松散硬土层，然后用三轴搅拌机采用跳打或单侧挤压的方式施工完成水泥土搅拌墙。搅拌桩直径与先行钻孔直径关系如表12-13所示，施工如图12-31（c）、图12-31（d）所示的 $a_1$、$a_2$、$a_3$ 等孔。

搅拌桩直径与先行钻孔直径关系表　　　　　表12-13

| 搅拌桩直径（mm） | 650 | 850 | 1000 |
|---|---|---|---|
| 先行钻孔直径（mm） | 400~650 | 500~850 | 700~1000 |

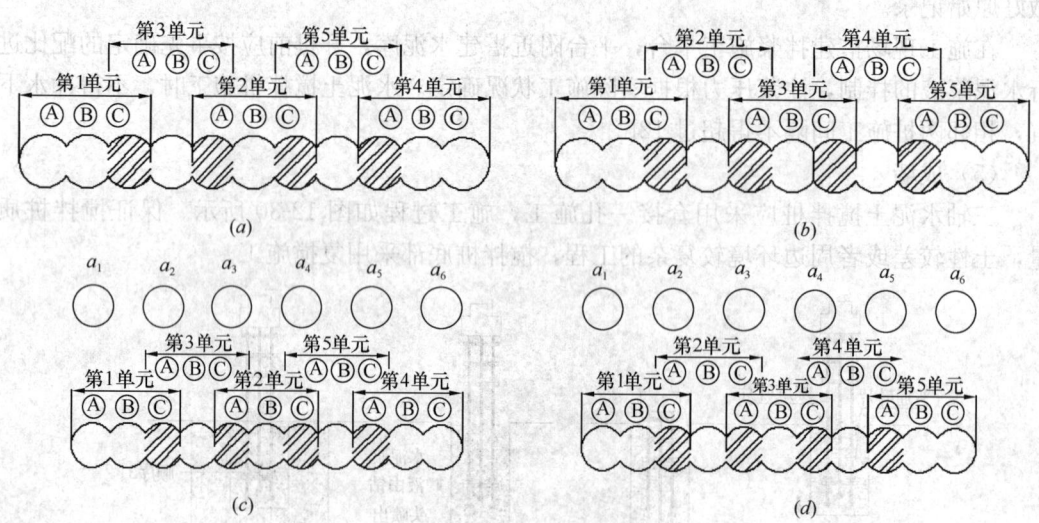

图12-31　泥土搅拌墙施工顺序

2. 施工要点

(1) 施工深度大于30m的搅拌桩宜采用接杆工艺，大于30m的机架应采取稳定性措施，导向架垂直度偏差不应大于1/250。

(2) 三轴水泥土搅拌桩水泥浆液的水灰比宜为1.5~2.0，制备好的浆液不得离析，泵送应连续，且应采用自动压力流量记录仪。

(3) 桩体施工应严格控制接头施工质量，桩体搭接长度应满足设计要求，以达到隔水的作用。如因特殊原因造成搭接时间超过24h，则需在图纸及现场标明位置并记录在案，经监理和设计单位认可后，必须采取在其接头外侧补做搅拌桩或旋喷桩等技术措施，以保证隔水效果。

(4) 三轴水泥土搅拌桩作为隔断隔开场地内浅部潜水层或深部承压水层时，施工应采取有效措施确保截水帷幕的质量，在砂土中进行搅拌桩施工时，施工应采取有效措施确保隔水帷幕的质量。

(5) 采用三轴水泥土搅拌桩施工时，在加固区以上的土层被扰动区应采用低掺量水泥回掺加固。

(6) 三轴水泥土搅拌桩施工过程中，搅拌头的直径应定期检查，其磨损量不应大于10mm，水泥土搅拌桩的施工直径应符合设计要求。可以选用普通叶片与螺旋叶片交互配置的搅拌翼或在螺旋叶片上开孔，添加外掺剂等辅助方法施工，以避免较硬的黏土层发生三轴水泥土搅拌翼大量包泥"糊钻"影响施工质量。

#### 12.5.3.3 五轴水泥土墙工程（湿法）施工工艺

五轴水泥土墙是以水泥为固化剂，通过五轴搅拌机将固化剂和地基土进行搅拌，使地基土硬化成具有连续性、抗渗性和一定强度的墙。一般分为置换式五轴水泥土搅拌桩和强制搅拌式五轴水泥土搅拌墙。

1. 施工流程

五轴水泥土墙工程施工流程如图12-32所示。

(1) 定位放线

根据测量成果表提供的坐标基准点，遵照图纸制定的尺寸位置，在施工现场放置围护结构的轴线，并做好永久及临时标志，放样定线后做好测量技术复核单，提请监理进行复核验收签证。确认无误后进行搅拌施工。

(2) 开挖导向

采用挖机开挖工作沟槽，沿围护内边控制线开挖。遇有地下障碍物时，利用挖土机清除，如遇特殊情况，由总包负责制定清除方案后，协助配合施工，直至清除完毕，清障后产生过大的空洞，需回填土压实，重新开挖导沟以保证五轴水泥土墙施工顺利进行。

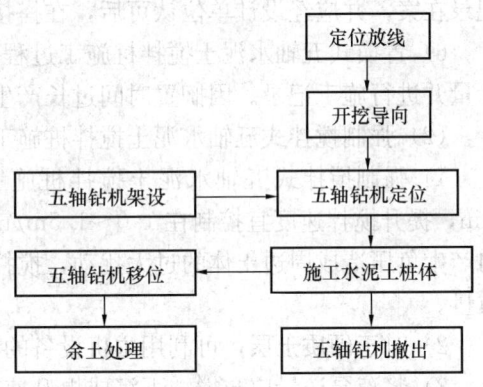

图12-32 五轴水泥土墙工程施工流程

(3) 钻机定位

前台指挥人员根据确定的位置严格控制钻机桩架的移动，确保钻杆轴心就位不偏；同时为控制钻杆下钻深度达标，根据图纸确定的设计标高，换算钻进深度，在钻杆上用红油漆做好标记。

(4) 施工水泥土桩体

开启动力头驱动多功能钻头，边搅拌边喷水泥浆，正转打开下喷浆口，关闭上喷浆口，正转下沉喷浆70%至设计桩底标高。在桩底标高0.5~1.0m内进行复搅。反转打开上喷浆口，关闭下喷浆口，反转边喷浆边提钻，反转喷浆30%至桩顶标高。

(5) 五轴钻机移位

一组施工结束，移至第二组继续施工。

2. 施工要点

(1) 置换式五轴水泥土搅拌桩施工

1) 置换式五轴水泥土搅拌桩施工时，喷浆搅拌下沉速度宜控制在0.5~1.0m/min，提升搅拌速度宜控制在1.0~2.0m/min，并保持匀速下沉或提升。提升时不应在孔内产生负压造成周边土体的扰动过大，搅拌次数和搅拌时间应能保证水泥土搅拌桩的成桩质量。

2) 对于硬质土层，当成桩有困难时，可采用预先松动土层的先行钻孔套打方式施工。

3) 浆液泵送量应与搅拌下沉或提升速度相匹配，保证搅拌桩中水泥掺量的均匀性。启动空气机送气，开启动力头驱动全螺旋掘进钻头，边搅拌边喷气边喷水泥浆，正转下沉喷浆70%到设计桩底标高；在桩底标高0.5～1.0m区间内进行复搅；反转边喷浆边提钻，反转喷浆30%至桩顶标高。

4) 施工时如因故停浆，应在恢复喷浆前，将搅拌机头提升或下沉0.5m后再喷浆搅拌施工。

5) 置换式五轴水泥土搅拌桩搭接的间隔时间不宜大于24h；当超过24h时，处理方式可采用放慢搅拌速度搭接或采取其他补救措施等。若无法搭接或搭接不良，应作为冷缝记录在案，并应经设计单位认可后，在搭接处采取补救措施。

6) 置换式五轴水泥土搅拌桩施工过程中，应严格控制水泥用量，宜采用流量计进行计量并进行施工记录。因搁置时间过长产生初凝的浆液，应做废浆处理，严禁使用。

(2) 强制搅拌式五轴水泥土搅拌桩施工

1) 强制搅拌式五轴水泥土搅拌桩施工时，喷浆搅拌下沉速度宜控制0.5～1.5m/min，提升搅拌速度宜控制在1.0～1.5m/min，并保持匀速下沉或提升。提升时不应在孔内产生负压造成周边土体的过大扰动，搅拌次数和搅拌时间应能保证水泥土搅拌桩的成桩质量。

2) 对于硬质土层，可利用主机设备的加压卷扬进行搅拌。

3) 浆液泵送量应与搅拌下沉或提升速度相匹配，保证搅拌桩中水泥掺量的均匀性。

4) 搅拌机头应向下正转掘进同时喷浆至设计墙底标高，喷浆量控制为总量的70%，在设计桩底标高区间进行复搅，之后钻杆反转提升喷搅，并喷浆30%。对含砂量大的土层，宜在搅拌桩底部2～3m范围内上下重复喷浆搅拌1次。

5) 水泥浆液应按设计配比和拌浆机操作规定拌制。

6) 强制搅拌式五轴水泥土搅拌桩施工过程中，应严格控制水泥用量，宜采用流量计进行计量并进行施工记录。超过初凝时间的浆液，应做废浆处理，严禁使用。

7) 施工时如因故停浆，应在恢复喷浆前，将搅拌机头提升或下沉0.5m。在确保桩体上下喷浆搭接0.5m后再进行施工。

8) 强制搅拌式五轴水泥土搅拌桩搭接施工的间隔时间不宜大于16h；当超过16h时，应作为冷缝记录在案，并应经设计单位认可后，在搭接处采取补救措施。

### 12.5.4 质 量 控 制

#### 12.5.4.1 重力式水泥土墙的质量检验

1. 成桩施工期质量检验

检验内容主要包括机械性能、材料质量、配合比试验以及逐根检查桩位、桩长、桩顶标高、桩架垂直度、桩身水泥掺量、上提喷浆速度、外掺剂掺量、水灰比、搅拌喷浆起止时间、喷浆量的均匀情况、搭接桩施工间歇时间等。

2. 基坑开挖前质量检验

宜在重力式水泥土墙压顶混凝土浇筑之前进行。检验内容包括桩身强度、桩的数量。

宜采取钻取桩芯法检测桩长和桩身强度，对开挖深度大于5m的基坑应采用制作水泥土试块的方法检测桩身强度，质量检测应符合下列规定：

（1）应采用边长为70.7mm的立方体试块，宜每个机械台班抽查2根桩，每根桩制作水泥土试块3组，取样点应低于有效桩顶下3m，试块应在水下养护并测定龄期28d的无侧限抗压强度。

（2）钻取桩芯宜采用$\phi$100mm的钻头，在开挖前或搅拌桩龄期达到28d后连续钻取全桩长范围内的桩芯，桩芯应呈硬塑状态并无明显的夹泥、夹砂断层，芯样应立即封存并及时进行强度试验，取样数量不少于总桩数的1‰且不应少于6根，单根取芯数量不应少于3组，每组3件试块，第一次取芯不合格应加倍取芯，取芯应随机进行。

3. 基坑开挖期间应对开挖面桩体外观质量以及桩体渗漏水等情况进行质量检查。

#### 12.5.4.2 质量检验标准

水泥土搅拌桩成桩施工期间和施工完成后的质量检验标准如表12-14所示。

水泥土搅拌桩成桩施工期间和施工完成后的质量检验标准　　　表12-14

| 项 | 序 | 检查项目 | 允许偏差或允许值 | 检查方法 |
|---|---|---|---|---|
| 主控项目 | 1 | 桩体强度 | 不小于设计值 | 钻芯法 |
| | 2 | 水泥用量 | 不小于设计值 | 查看流量表 |
| | 3 | 桩长 | 不小于设计值 | 测钻杆长度 |
| 一般项目 | 1 | 桩径（mm） | ±10 | 量搅拌叶回转直径 |
| | 2 | 水胶比 | 设计值 | 测机头上升距离及时间 |
| | 3 | 桩顶标高 | 设计值 | 测机头下沉距离及时间 |
| | 4 | 提升速度 | 设计值 | 用钢尺量 |
| | 5 | 桩位（mm） | ≤50 | 用钢尺量，D为桩径 |
| | 6 | 桩顶标高（mm） | ±200 | 水准测量 |
| | 7 | 导向架垂直度 | ≤1/100 | 经纬仪测量 |
| | 8 | 施工间歇 | ≤16h | 检查施工记录 |

## 12.6 钢板桩工程施工

钢板桩是带锁口或钳口的热轧型钢，钢板桩靠锁口或钳口相互连接咬合形成连续的钢板桩墙，用来挡土和挡水，一般用于开挖深度大于3～4m的基坑。钢板桩为建造水上、地下构筑物或基础施工中的围护结构，由于它具有强度高、结合紧密、不漏水性好、施工简便、速度快、可减少基坑开挖土方量、对临时工程可以多次重复使用等特点，因此在一定条件下使用会取得较好的效益。本章同时适用于锤击钢管桩沉桩工程的施工。

### 12.6.1 常用钢板桩的种类

钢板桩断面形式很多，常用的钢板桩有Z形和U形，其他还有H形、直腹板式、箱形和组合钢板桩。现对其中一部分钢板桩进行介绍。

#### 12.6.1.1 热轧普通槽钢钢板桩

热轧普通槽钢的示意图如图 12-33 所示，热轧普通槽钢的尺寸规格如表 12-15 所示。

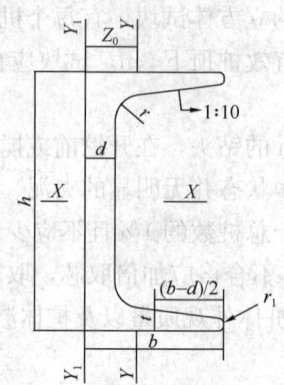

图 12-33　热轧普通槽钢示意图

$h$—高度；$r_1$—腿端圆弧半径；
$b$—腿宽度；$d$—腰厚度；$t$—平均腿厚度；
$r$—内圆弧半径；$Z_0$—$Y$-$Y$轴与$Y_1$-$Y_1$轴间距离

热轧普通槽钢的尺寸规格　　　　表 12-15

| 型号 | 尺寸（mm） | | | | | | 截面面积 ($cm^2$) | 理论重量 ($kg \cdot m^{-1}$) |
| --- | --- | --- | --- | --- | --- | --- | --- | --- |
| | $h$ | $b$ | $d$ | $t$ | $r$ | $r_1$ | | |
| 5 | 50 | 37 | 4.5 | 7.0 | 7.0 | 3.50 | 6.928 | 5.438 |
| 6.3 | 63 | 40 | 4.8 | 7.5 | 7.5 | 3.75 | 8.451 | 6.634 |
| 8 | 80 | 43 | 5.0 | 8.0 | 8.0 | 4.00 | 10.248 | 8.045 |
| 10 | 100 | 48 | 5.3 | 8.5 | 8.5 | 4.25 | 12.748 | 10.007 |
| 12.6 | 126 | 53 | 5.5 | 9.0 | 9.0 | 4.50 | 15.692 | 12.318 |
| 14a | 140 | 58 | 6.0 | 9.5 | 9.5 | 4.75 | 18.516 | 14.535 |
| 14b | 140 | 60 | 8.0 | 9.5 | 9.5 | 4.75 | 21.316 | 16.733 |
| 16a | 160 | 63 | 6.5 | 10.0 | 10.0 | 5.00 | 21.962 | 17.240 |
| 16 | 160 | 65 | 8.5 | 10.0 | 10.0 | 5.00 | 25.162 | 19.752 |
| 18a | 180 | 68 | 7.0 | 10.5 | 10.5 | 5.25 | 25.699 | 20.174 |
| 18 | 180 | 70 | 9.0 | 10.5 | 10.5 | 5.25 | 29.299 | 23.000 |
| 20a | 200 | 73 | 7.0 | 11.0 | 11.0 | 5.50 | 28.837 | 22.637 |
| 20 | 200 | 75 | 9.0 | 11.0 | 11.0 | 5.50 | 32.831 | 25.777 |
| 22a | 220 | 77 | 7.0 | 11.5 | 11.5 | 5.75 | 31.846 | 24.999 |
| 22 | 220 | 79 | 9.0 | 11.5 | 11.5 | 5.75 | 36.246 | 28.453 |
| 25a | 250 | 78 | 7.0 | 12.0 | 12.0 | 6.00 | 34.917 | 27.410 |
| 25b | 250 | 80 | 9.0 | 12.0 | 12.0 | 6.00 | 39.917 | 31.335 |
| 25c | 250 | 82 | 11.0 | 12.0 | 12.0 | 6.00 | 44.917 | 35.260 |
| 28a | 280 | 82 | 7.5 | 12.5 | 12.5 | 6.25 | 40.034 | 31.427 |

续表

| 型号 | 尺寸 (mm) | | | | | | 截面面积 ($cm^2$) | 理论重量 ($kg \cdot m^{-1}$) |
| --- | --- | --- | --- | --- | --- | --- | --- | --- |
| | $h$ | $b$ | $d$ | $t$ | $r$ | $r_1$ | | |
| 28b | 280 | 84 | 9.5 | 12.5 | 12.5 | 6.25 | 45.634 | 35.823 |
| 28c | 280 | 86 | 11.5 | 12.5 | 12.5 | 6.25 | 51.234 | 40.219 |
| 32a | 320 | 88 | 8.0 | 14.0 | 14.0 | 7.00 | 48.513 | 38.083 |
| 32b | 320 | 90 | 10.0 | 14.0 | 14.0 | 7.00 | 54.913 | 43.107 |
| 32c | 320 | 92 | 12.0 | 14.0 | 14.0 | 7.00 | 61.313 | 48.131 |
| 36a | 360 | 96 | 9.0 | 16.0 | 16.0 | 8.00 | 60.910 | 41.814 |
| 36b | 360 | 98 | 11.0 | 16.0 | 16.0 | 8.00 | 68.110 | 53.466 |
| 36c | 360 | 100 | 13.0 | 16.0 | 16.0 | 8.00 | 75.310 | 59.928 |
| 40a | 400 | 100 | 10.5 | 18.0 | 18.0 | 9.00 | 75.068 | 58.928 |
| 40b | 400 | 102 | 12.5 | 18.0 | 18.0 | 9.00 | 83.068 | 65.208 |
| 40c | 400 | 104 | 14.5 | 18.0 | 18.0 | 9.00 | 91.068 | 71.488 |
| 6.5 | 65 | 40 | 4.3 | 7.5 | 7.5 | 3.75 | 8.547 | 6.709 |
| 12 | 120 | 53 | 5.5 | 9.0 | 9.0 | 4.50 | 15.362 | 12.059 |
| 24a | 240 | 78 | 7.0 | 12.0 | 12.0 | 6.00 | 34.217 | 26.860 |
| 24b | 240 | 80 | 9.0 | 12.0 | 12.0 | 6.00 | 39.017 | 30.628 |
| 24c | 240 | 82 | 11.0 | 12.0 | 12.0 | 6.00 | 43.817 | 34.396 |
| 27a | 270 | 82 | 7.5 | 12.5 | 12.5 | 6.25 | 39.284 | 30.838 |
| 27b | 270 | 84 | 9.5 | 12.5 | 12.5 | 6.25 | 44.684 | 35.077 |
| 27c | 270 | 86 | 11.5 | 12.5 | 12.5 | 6.25 | 50.084 | 39.316 |
| 30a | 300 | 85 | 7.5 | 13.5 | 13.5 | 6.75 | 43.902 | 34.463 |
| 30b | 300 | 87 | 9.5 | 13.5 | 13.5 | 6.75 | 49.902 | 39.173 |
| 30c | 300 | 89 | 11.5 | 13.5 | 13.5 | 6.75 | 55.902 | 43.833 |

#### 12.6.1.2 拉森式（U形）钢板桩

拉森式（U形）钢板桩如图12-34所示，拉森式（U形）钢板桩尺寸规格及特性参数如表12-16所示。

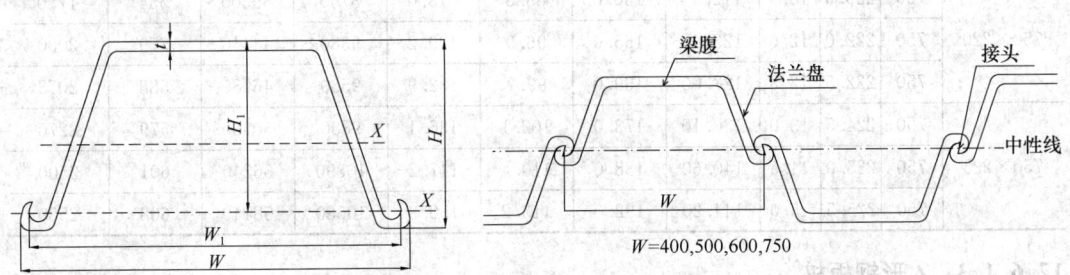

图12-34 拉森式（U形）钢板桩

$W$—总宽度；$W_1$—有效宽度；$H$—总高度；$H_1$—有效宽度；$t$—腹板厚度

拉森式（U形）钢板桩尺寸规格及特性参数表　　　　表 12-16

| 型号 | 钢板桩尺寸 | | | 截面积 | | 单位重 | | 惯性矩 | | 截面模数 | |
|---|---|---|---|---|---|---|---|---|---|---|---|
| | 宽 W (mm) | 高 H (mm) | 厚 t (mm) | 每根桩 ($cm^2$) | 每米墙宽 ($cm^2/m$) | 每根桩 (kg/m) | 每米墙宽 ($kg/m^2$) | 每根桩 ($cm^4$) | 每米墙宽 ($cm^4/m$) | 每根桩 ($cm^3$) | 每米墙宽 ($cm^3/m$) |
| SP-Ⅰ | 400 | 85.0 | 8.0 | 45.21 | 113.0 | 35.5 | 88.8 | 598 | 4500 | 88 | 529 |
| SP-ⅠA | 400 | 85.0 | 8.0 | 45.20 | 113.0 | 35.5 | 89.0 | 598 | 4500 | 88 | 529 |
| SP-Ⅱ | 400 | 100.0 | 10.5 | 61.20 | 153.0 | 48.0 | 120.0 | 1240 | 8740 | 152 | 874 |
| SP-ⅡA | 400 | 120.0 | 9.2 | 55.01 | 137.5 | 43.3 | 108.0 | 1460 | 10600 | 160 | 880 |
| SP-ⅡW | 600 | 130.0 | 10.3 | 78.70 | 131.2 | 61.8 | 103.0 | 2110 | 13000 | 203 | 1000 |
| SP-Ⅲ | 400 | 125.0 | 13.0 | 76.40 | 191.0 | 60.0 | 150.0 | 2220 | 16800 | 223 | 1340 |
| SP-ⅢA | 400 | 150.0 | 13.1 | 74.40 | 186.0 | 58.4 | 146.0 | 2790 | 22800 | 250 | 1520 |
| SP-ⅢAD | 400 | 150.0 | 13.0 | 76.40 | 191.0 | 60.0 | 150.0 | 3060 | 22600 | 278 | 1510 |
| SP-ⅢAE | 400 | 150.0 | 13.1 | 74.40 | 186.0 | 58.4 | 146.0 | 2790 | 22800 | 250 | 1520 |
| SP-ⅢAW | 600 | 180.0 | 13.4 | 103.90 | 173.2 | 81.6 | 136.0 | 5220 | 32400 | 376 | 1800 |
| SP-Ⅳ | 400 | 170.0 | 15.5 | 96.90 | 242.5 | 76.1 | 190.0 | 4670 | 38600 | 362 | 2270 |
| SP-ⅣA | 400 | 185.0 | 16.1 | 94.21 | 235.1 | 74.0 | 185.0 | 5300 | 41600 | 400 | 2250 |
| SP-ⅤA | 500 | 200.0 | 19.5 | 133.80 | 267.6 | 105.0 | 210.0 | 7960 | 63000 | 520 | 3150 |
| SP-ⅤL | 500 | 200.0 | 24.3 | 133.80 | 267.6 | 105.0 | 210.0 | 7960 | 63000 | 520 | 3150 |
| SP-ⅥL | 500 | 225.0 | 27.6 | 153.00 | 306.0 | 120.0 | 240.0 | 11400 | 86000 | 680 | 3820 |
| SP-SX10 | 600 | 130.0 | 10.3 | 78.70 | 131.2 | 61.8 | 103.0 | 2110 | 13000 | 203 | 1000 |
| SP-SX18 | 600 | 180.0 | 13.4 | 103.90 | 173.2 | 81.6 | 136.0 | 5220 | 32400 | 376 | 1800 |
| SP-SX27 | 600 | 210.0 | 18.0 | 135.30 | 225.5 | 106.0 | 177.0 | 8630 | 56700 | 539 | 2700 |
| 750×205 | 750 | 204.0 | 10.0 | 99.40 | 132.0 | 77.9 | 103.8 | 6590 | 28710 | 456 | 1410 |
| | 750 | 205.5 | 11.5 | 109.90 | 147.0 | 86.6 | 115.0 | 7110 | 32850 | 481 | 1600 |
| | 750 | 206.0 | 12.0 | 118.40 | 151.0 | 89.0 | 118.7 | 7270 | 34270 | 488 | 1665 |
| 750×220 | 750 | 220.5 | 10.5 | 112.10 | 150.0 | 88.5 | 118.0 | 8760 | 39300 | 554 | 1780 |
| | 750 | 222.0 | 12.0 | 123.40 | 165.0 | 96.9 | 129.2 | 9380 | 44440 | 579 | 2000 |
| | 750 | 222.5 | 12.5 | 127.00 | 169.0 | 99.7 | 132.9 | 9580 | 46180 | 588 | 2075 |
| 750×225 | 750 | 224.5 | 13.0 | 130.10 | 173.0 | 102.1 | 136.1 | 9830 | 50700 | 579 | 2270 |
| | 750 | 225.0 | 14.5 | 140.60 | 188.0 | 110.4 | 147.2 | 10390 | 56240 | 601 | 2500 |
| | 750 | 225.5 | 15.0 | 144.20 | 192.0 | 113.2 | 150.9 | 10580 | 58140 | 608 | 2580 |

#### 12.6.1.3　Z 形钢板桩

Z 形钢板桩相对于 U 形钢板桩来说，其惯性矩更大，截面模数更大，具有更强的抗弯性能。Z 形钢板桩如图 12-35 所示，其尺寸规格及特性参数如表 12-17 所示。

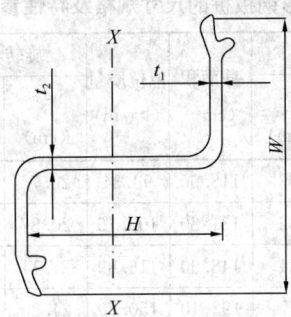

图 12-35 Z形钢板桩

**Z形钢板桩的尺寸规格及特性参数表**　　　　表 12-17

| 型号 | 宽 $W$ (mm) | 高 $H$ (mm) | 厚 $t$ (mm) | | 截面积 ($cm^2/m$) | 单位质量 (kg/m) | 每米墙身 ($kg/m^2$) | 惯性矩 ($cm^4/m$) | 截面模数 ($cm^3/m$) |
|---|---|---|---|---|---|---|---|---|---|
| WRZ14 | 700 | 420 | 7.0 | | 111.00 | 61.0 | 87.1 | 30907 | 1472 |
| WRZ18 | 700 | 420 | 9.0 | | 140.00 | 77.0 | 110.0 | 38865 | 1842 |
| WRZ14-650 | 650 | 320 | 8.0 | | 127.00 | 64.8 | 99.7 | 22047 | 1378 |
| WRZ18-635 | 635 | 380 | 8.0 | | 138.60 | 69.1 | 108.8 | 34291 | 1805 |
| NKSP Z-25 | 400 | 305 | 13.0 | 9.6 | 94.32 | 74.0 | 185.0 | 38300 | 2510 |
| NKSP Z-32 | 400 | 344 | 14.2 | 10.4 | 107.70 | 84.5 | 211.0 | 55000 | 3200 |
| NKSP Z-38 | 400 | 364 | 17.2 | 11.4 | 122.20 | 96.0 | 240.0 | 69200 | 3800 |
| NKSP Z-45 | 400 | 367 | 21.9 | 13.2 | 148.20 | 116.0 | 290.0 | 83500 | 4550 |

#### 12.6.1.4 H形钢板桩

H形钢板桩分单H形和双H形，分别如图 12-36 和图 12-37 所示，其尺寸规格及特性参数见表 12-18 和表 12-19 所示。

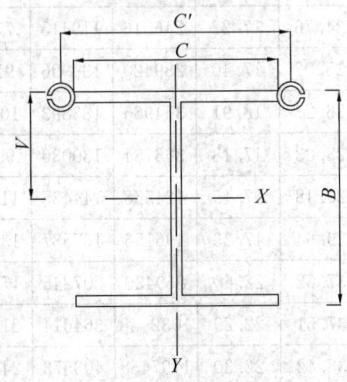

图 12-36 单H形钢板桩

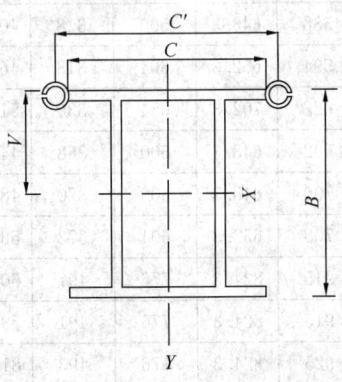

图 12-37 双H形钢板桩

单 H 形钢板桩的尺寸规格及特性参数表　　　　　表 12-18

| 截面 | 钢板桩尺寸 | | | | 截面积 $(cm^2)$ | 单位质量 $(kg/m)$ | 旋转半径 | | 惯性矩 | | 截面模数 | |
|---|---|---|---|---|---|---|---|---|---|---|---|---|
| | $B$ (mm) | $C'$ (mm) | $C$ (mm) | $V$ (mm) | | | $r_x$ (cm) | $r_y$ (cm) | $l_x$ $(cm^4)$ | $l_y$ $(cm^4)$ | $Z_x$ $(cm^3)$ | $Z_y$ $(cm^3)$ |
| H50/20A | 496 | 247.3 | 199 | 283 | 118.90 | 93.34 | 20.75 | 6.12 | 51210 | 4460 | 1810 | 302 |
| H50/20B | 500 | 248.3 | 200 | 282 | 131.80 | 103.46 | 20.87 | 6.02 | 57409 | 4778 | 2036 | 322 |
| H50/20C | 506 | 249.3 | 201 | 281 | 148.90 | 116.89 | 21.11 | 5.93 | 66345 | 5239 | 2361 | 352 |
| H60/30A | 582 | 348.3 | 300 | 317 | 192.10 | 150.80 | 24.35 | 8.18 | 113944 | 12868 | 3594 | 649 |
| H60/30B | 588 | 348.3 | 300 | 318 | 210.10 | 164.93 | 24.84 | 8.23 | 129607 | 14218 | 4076 | 717 |
| H60/30C | 594 | 350.3 | 302 | 318 | 240.00 | 188.40 | 24.93 | 8.12 | 149109 | 15842 | 4689 | 795 |
| H60/30D | 622 | 375.3 | 327 | 330 | 266.00 | 208.81 | 26.34 | 8.71 | 184541 | 20200 | 5592 | 954 |
| H70/30A | 692 | 348.3 | 300 | 368 | 229.10 | 179.84 | 28.81 | 7.69 | 190092 | 13537 | 5166 | 683 |
| H70/30B | 700 | 348.3 | 300 | 370 | 253.10 | 198.68 | 29.49 | 7.78 | 220159 | 15336 | 5950 | 773 |
| H70/30C | 708 | 350.3 | 302 | 372 | 291.10 | 228.51 | 29.66 | 7.74 | 256139 | 17451 | 6885 | 876 |
| H90/40A | 915 | 436.3 | 388 | 497 | 320.69 | 251.74 | 37.65 | 10.24 | 454547 | 33655 | 9146 | 1389 |
| H90/40B | 915 | 436.3 | 388 | 491 | 383.94 | 301.39 | 37.55 | 10.02 | 541375 | 38545 | 11026 | 1591 |
| H90/40C | 925 | 436.3 | 388 | 493 | 422.74 | 331.85 | 38.43 | 10.13 | 624452 | 43411 | 12666 | 1792 |

双 H 形钢板桩的尺寸规格及特性参数表　　　　　表 12-19

| 截面 | 钢板桩尺寸 | | | | 截面积 $(cm^2)$ | 单位质量 $(kg/m)$ | 旋转半径 | | 惯性矩 | | 截面模数 | |
|---|---|---|---|---|---|---|---|---|---|---|---|---|
| | $B$ (mm) | $C'$ (mm) | $C$ (mm) | $V$ (mm) | | | $r_x$ (cm) | $r_y$ (cm) | $l_x$ $(cm^4)$ | $l_y$ $(cm^4)$ | $Z_x$ $(cm^3)$ | $Z_y$ $(cm^3)$ |
| H50/20A | 496 | 446.3 | 398 | 283 | 220.20 | 172.86 | 20.71 | 12.16 | 94406 | 32561 | 3336 | 1317 |
| H50/20B | 500 | 448.3 | 400 | 282 | 246.00 | 193.11 | 20.81 | 12.10 | 106518 | 36022 | 3777 | 1451 |
| H50/20C | 506 | 450.3 | 402 | 281 | 280.20 | 219.96 | 21.04 | 12.05 | 124070 | 40660 | 4415 | 1631 |
| H60/30A | 582 | 648.3 | 600 | 317 | 366.60 | 287.78 | 24.26 | 17.41 | 215802 | 111078 | 6808 | 3189 |
| H60/30B | 588 | 648.3 | 600 | 318 | 402.60 | 316.04 | 24.76 | 17.22 | 246816 | 119415 | 7762 | 3429 |
| H60/30C | 594 | 652.3 | 604 | 318 | 462.40 | 362.98 | 25.02 | 17.40 | 289420 | 139996 | 9101 | 3996 |
| H60/30D | 622 | 702.3 | 654 | 330 | 514.40 | 403.80 | 26.27 | 18.91 | 354966 | 183893 | 10757 | 4900 |
| H70/30A | 692 | 648.3 | 600 | 368 | 440.60 | 345.87 | 28.83 | 17.18 | 366184 | 130036 | 9951 | 3733 |
| H70/30B | 700 | 648.3 | 600 | 370 | 488.60 | 383.55 | 29.48 | 17.19 | 424568 | 144435 | 11475 | 4147 |
| H70/30C | 708 | 652.3 | 604 | 372 | 564.60 | 443.21 | 29.64 | 17.23 | 496156 | 167587 | 13338 | 4784 |
| H90/40A | 915 | 824.3 | 776 | 497 | 607.14 | 476.60 | 37.62 | 22.50 | 859430 | 307245 | 17292 | 7042 |
| H90/40B | 915 | 824.3 | 776 | 491 | 733.60 | 575.91 | 37.51 | 22.29 | 1032438 | 364614 | 21027 | 8357 |
| H90/40C | 925 | 824.3 | 776 | 493 | 811.24 | 636.82 | 38.42 | 22.30 | 1197458 | 403573 | 24289 | 9250 |

#### 12.6.1.5　箱形钢板桩

一般的箱形钢板桩有拉森式箱形钢板桩、富丁汉式金属平板箱形钢板桩和富丁汉式双箱形钢板桩三种，分别如图 12-38、图 12-39 和图 12-40 所示，其尺寸规格及特性参数如

表12-20、表12-21和表12-22所示。

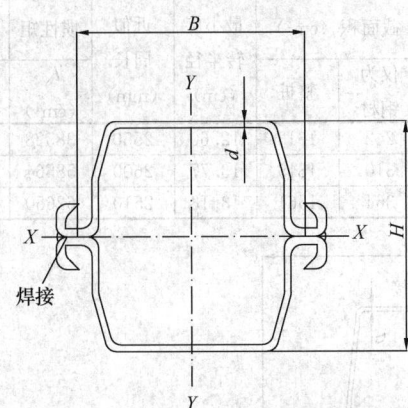

图12-38 拉森式箱形钢板桩

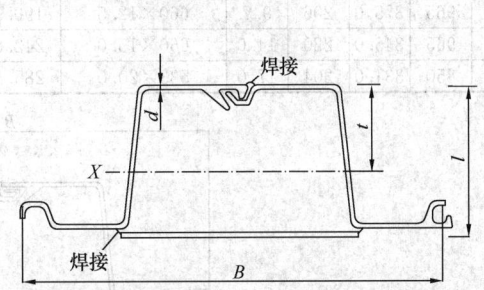

图12-39 富丁汉式金属平板箱形钢板桩

拉森式箱形钢板桩的尺寸规格和特性参数　　　表12-20

| 型号 | 宽$B$ (mm) | 高$H$ (mm) | 厚$d$ (mm) | 单位质量 (kg/m) | 截面积 ($cm^2$) 仅为钢材 | 整桩 | 基本旋转半径 (cm) | 近似周长 (mm) | 惯性矩 $l_x$ ($cm^4$) | $l_y$ ($cm^4$) | 截面模数 $Z_x$ ($cm^3$) | $Z_y$ ($cm^3$) |
|---|---|---|---|---|---|---|---|---|---|---|---|---|
| 6W | 525 | 252 | 7.8 | 89.4 | 113.8 | 1122 | 9.33 | 1652 | 10028 | 39280 | 796 | 1400 |
| 9W | 525 | 300 | 8.9 | 102.0 | 129.9 | 1344 | 11.43 | 1748 | 16976 | 43812 | 1132 | 1562 |
| 12W | 525 | 349 | 9.0 | 120.8 | 153.9 | 1589 | 13.00 | 1872 | 25992 | 55442 | 1490 | 1970 |
| 16W | 525 | 391 | 10.5 | 136.6 | 174.0 | 1776 | 14.80 | 1952 | 38126 | 60920 | 1950 | 2164 |
| 20W | 525 | 447 | 11.3 | 154.6 | 196.9 | 2005 | 16.63 | 2084 | 54474 | 70120 | 2438 | 2482 |
| 25W | 525 | 502 | 12.1 | 175.8 | 223.9 | 2221 | 18.33 | 2164 | 75240 | 80082 | 2998 | 2830 |
| 32W | 525 | 502 | 17.0 | 207.3 | 264.1 | 2224 | 18.02 | 2168 | 96584 | 85806 | 3848 | 3032 |
| 3 | 400 | 299 | 14.1 | 124.4 | 158.6 | 1020 | 11.22 | 1596 | 19954 | 30559 | 1348 | 1399 |
| 4A | 400 | 428 | 15.7 | 148.0 | 188.7 | 1413 | 13.82 | 1772 | 47055 | 36039 | 2199 | 1649 |
| 6 (122kg) | 420 | 502 | 22.0 | 244.0 | 310.6 | 1794 | 14.77 | 2080 | 106780 | 67756 | 4237 | 2920 |
| 6 (131kg) | 420 | 502 | 25.4 | 262.0 | 333.6 | 1794 | 14.47 | 2080 | 118588 | 69859 | 4725 | 3011 |
| 6 (138.7kg) | 420 | 502 | 28.6 | 277.4 | 353.2 | 1794 | 14.27 | 2080 | 128448 | 71392 | 5117 | 3077 |

富丁汉式金属平板箱形钢板桩的尺寸规格和特性参数　　　表12-21

| 型号 | $B$ (mm) | $H$ (mm) | $t$ (mm) | $d$ (mm) | 平板尺寸 (mm) | 单位质量 (kg/m) | 截面积 ($cm^2$) 仅为钢材 | 整桩 | 最小旋转半径 (cm) | 近似周长 (mm) | 惯性矩 $l_x$ ($cm^4$) | 截面模数 $Z_x$ ($cm^3$) |
|---|---|---|---|---|---|---|---|---|---|---|---|---|
| 1BXN | 953 | 158.0 | 103 | 12.7 | 711×15.0 | 208.0 | 265 | 864 | 5.74 | 2210 | 8705 | 845 |
| 1N | 965 | 180.0 | 117 | 9.0 | 686×10.0 | 149.4 | 191 | 935 | 7.04 | 2240 | 9407 | 804 |
| 2N | 965 | 247.5 | 164 | 9.7 | 660×12.5 | 173.3 | 221 | 1290 | 9.75 | 2390 | 20970 | 1279 |
| 3N | 965 | 298.0 | 196 | 11.7 | 660×15.0 | 210.2 | 268 | 1555 | 11.73 | 2470 | 36840 | 1880 |

续表

| 型号 | $B$ (mm) | $H$ (mm) | $t$ (mm) | $d$ (mm) | 平板尺寸 (mm) | 单位质量 (kg/m) | 截面积 ($cm^2$) 仅为钢材 | 截面积 ($cm^2$) 整桩 | 最小旋转半径 (cm) | 近似周长 (mm) | 惯性矩 $I_x$ ($cm^4$) | 截面模数 $Z_x$ ($cm^3$) |
|---|---|---|---|---|---|---|---|---|---|---|---|---|
| 3NA | 965 | 375.0 | 206 | 9.7 | 660×12.5 | 190.1 | 242 | 1613 | 12.60 | 2550 | 38528 | 1870 |
| 4N | 965 | 345.0 | 220 | 14.0 | 660×15.0 | 242.8 | 310 | 1819 | 13.77 | 2600 | 58564 | 2662 |
| 5 | 850 | 331.0 | 204 | 17.0 | 533×20.0 | 285.4 | 364 | 1561 | 13.13 | 2510 | 62650 | 3071 |

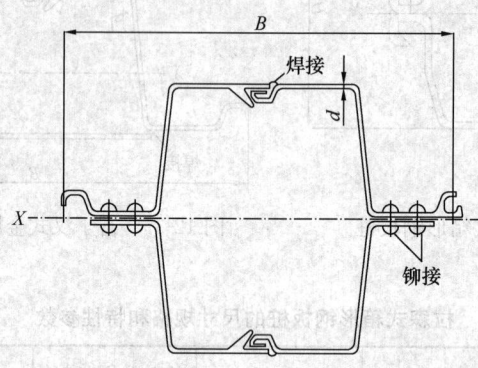

图 12-40 富丁汉式双箱形钢板桩

富丁汉式双箱形钢板桩的尺寸规格和特性参数　　　　表 12-22

| 型号 | $B$ (mm) | $H$ (mm) | $d$ (mm) | 单位质量 (kg/m) | 截面积 ($cm^2$) 仅为钢材 | 截面积 ($cm^2$) 整桩 | 最小旋转半径 (cm) | 近似周长 (mm) | 惯性矩 $I_x$ ($cm^4$) | 截面模数 $Z_x$ ($cm^3$) |
|---|---|---|---|---|---|---|---|---|---|---|
| 1BXN | 953 | 286 | 12.7 | 231.3 | 290 | 1496 | 9.00 | 2450 | 25515 | 1785 |
| 1N | 965 | 340 | 9.0 | 179.5 | 225 | 1717 | 10.95 | 2520 | 29279 | 1722 |
| 2N | 965 | 470 | 9.7 | 201.8 | 225 | 2384 | 15.24 | 2790 | 64305 | 2735 |
| 3N | 965 | 565 | 11.7 | 246.3 | 310 | 2856 | 18.34 | 2970 | 113415 | 4015 |
| 3NA | 966 | 610 | 9.7 | 235.4 | 298 | 3035 | 19.69 | 3100 | 123861 | 4064 |
| 4N | 965 | 660 | 14.0 | 305.1 | 384 | 3350 | 21.34 | 3200 | 191660 | 5805 |
| 5 | 850 | 622 | 17.0 | 367.8 | 464 | 2853 | 20.12 | 3230 | 208430 | 6700 |

#### 12.6.1.6　组合钢板桩

近些年，出现了许多复合加工型钢板桩。一些生产厂家在将钢板桩冷加工成型后，利用焊接方式将特制的锁扣焊接至钢板桩，实现了钢板桩连接的灵活性和更高的防水性能。此外，还出现了许多组合式的钢板桩结构，大大提高了整片桩墙的承载能力。某种组合钢板桩如图 12-41 所示，冷弯钢板桩两根组合如图 12-42 所示，冷弯钢板桩两根组合外形尺

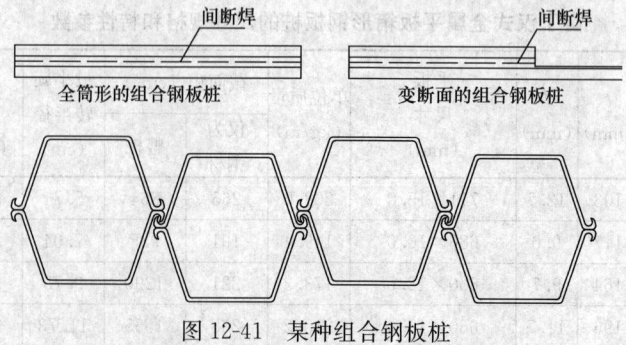

图 12-41　某种组合钢板桩

寸及截面特性见表12-23。

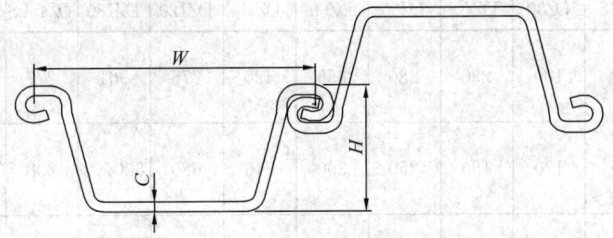

图12-42 某种冷弯钢板桩两根组合

冷弯钢板桩两根组合外形尺寸及截面特性　　　　　表12-23

| 型号 | 宽度 W (mm) | 高度 H (mm) | 厚度 C (mm) | 断面积 (cm²) | 重量 (kg/m²) | 惯性矩 $I_x$ (cm⁴) | 截面模数 $W_x$ (cm³) |
|---|---|---|---|---|---|---|---|
| LWBU10A | 400 | 175 | 10 | 203.0 | 159.35 | 13534 | 908 |
| LWBU10B | 500 | 210 | 10 | 193.2 | 151.66 | 27570 | 1498 |
| LWBU12A | 400 | 175 | 12 | 240.0 | 188.40 | 16074 | 1078 |
| LWBU12B | 500 | 210 | 12 | 229.4 | 180.10 | 32814 | 1783 |
| LWBU14A | 400 | 175 | 14 | 276.5 | 217.05 | 18562 | 1245 |
| LWBU14B | 500 | 210 | 14 | 262.4 | 206.00 | 37972 | 2063 |

#### 12.6.1.7 钢管桩

钢管桩，又称钢桩，根据荷载特性制成各种有利于提高承载力的断面。管形和箱形断面桩的桩端常做成敞口式，以减小沉桩过程中的挤土效应。当桩壁轴向抗压强度不足时，可将挤入管、箱中的土挖除后灌注混凝土（图12-43）。

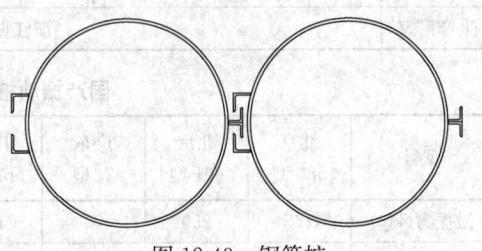

图12-43 钢管桩

### 12.6.2 施 工 机 械

打钢板桩所用机械的选择与其他桩相似。但以采用三支点导杆式履带打桩机较为理想，因为它稳定性好、行走方便、导杆可水平、垂直和前后调节，便于每块板桩随时矫正，对保证垂直度起很大作用。桩锤应根据板桩打入阻力进行选择，即根据不同土层土质确定其侧壁摩阻力和端部阻力。

打钢板桩，常用的沉桩机械主要有：冲击式打桩机械、振动打桩机械、压桩机械等，但使用较多的为振动锤。振动锤是将振动体上下振动而使板桩沉入，贯入效果好，但振动会使钢板桩锁口的咬合和周围土体受到影响。

国产及日本部分振动锤技术参数如表12-24、表12-25和表12-26所示。

国产振动桩锤技术性能（一）　　表 12-24

| 型号 | | DZ11 | DZ15 | DZ30 | DZ40 | DZ50 | DZ60 | DZ75 | DZ120 | DZ180 | DZ45kS | DZ60kS | DZ75kS | DZ110kS |
|---|---|---|---|---|---|---|---|---|---|---|---|---|---|---|
| 激振力（kN） | | 67 | 89 | 180 | 230 | 280 | 350 | 420 | 775 | 901 | 277 | 360 | 414 | 5930 |
| 偏心力矩（N·m） | | 60 | 80 | 170 | 190 | 250 | 300 | 340 | 680 | 630×2 | 238 | 310 | 370 | 510 |
| 振动频率（min⁻¹） | | 1000 | 1000 | 980 | 1050 | 1000 | 1000 | 1080 | 1000 | 800 | 1020 | 1020 | 1000 | 1020 |
| 空载振幅（mm） | | 6.76 | 8.40 | 8.40 | 9.30 | 9.00 | 10.10 | 11.00 | 11.60 | 16.90 | 8.30 | 9.90 | 11.30 | 10.00 |
| 电机功率（kW） | | 11 | 15 | 30 | 40 | 45 | 55 | 75 | 120 | 90×2 | 22×2 | 30×2 | 37×2 | 55×2 |
| 允许拔桩力（kN） | | 60 | 60 | 100 | 100 | 120 | 120 | 160 | 300 | 400 | 160 | 160 | 200 | 240 |
| 外形尺寸（mm） | 长 | 900 | 900 | 1336 | 1336 | 1420 | 1420 | 1420 | 2800 | 1300 | 2020 | 2180 | 2100 | 2387 |
| | 宽 | 800 | 800 | 1015 | 1016 | 1040 | 1040 | 1040 | 1600 | 2000 | 1270 | 1100 | 1280 | 1414 |
| | 高 | 1420 | 1420 | 1770 | 1770 | 2050 | 2050 | 2050 | 2750 | 5000 | 1720 | 2070 | 1900 | 2054 |
| 总质量（kg） | | 1554 | 1619 | 3100 | 3200 | 3750 | 3900 | 4100 | 8274 | 13000 | 4138 | 4613 | 4875 | 6523 |
| 生产厂家 | | 浙江振中工程机械股份有限公司 | | | | | | | | | | | | |

国产振动桩锤技术性能（二）　　表 12-25

| 型号 | | 北京580型 | 北京601型 | 广东7t型 | 广东10t型 | 通化601型 | 成都C-2型 | 中-160型 | 江阴DZ5 | 江阴DZ37 |
|---|---|---|---|---|---|---|---|---|---|---|
| 激振力（kN） | | 175 | 250 | 75 | 112 | 235 | 80 | 1030～1600 | 50 | 271 |
| 偏心力矩（N·m） | | 302 | 370 | 76.4 | 114.5 | 347 | 70 | 3520 | — | — |
| 振动频率（min⁻¹） | | 720 | 720 | 939 | 931 | 720 | 730 | 404～1010 | 960 | 900 |
| 空载振幅（mm） | | 12.2 | 14.8 | 5.7 | 5.7 | 14.0 | 13.0 | — | 7.8 | 6.3 |
| 电机功率（kW） | | 45 | 45 | 20 | 28 | 50 | 22 | 155 | 11 | 37 |
| 电机转速（r/min） | | 960 | 960 | 980 | 1460 | 860 | 1470 | 735 | | |
| 外形尺寸（mm） | 长 | 1010 | 1010 | 1180 | 1095 | 1010 | 1460 | 1630 | 1000 | 1500 |
| | 宽 | 875 | 875 | 840 | 744 | 875 | 781 | 1200 | 780 | 1100 |
| | 高 | 1650 | 1650 | 1400 | 1157 | 1650 | 2364 | 3100 | 1400 | 1980 |
| 总质量（kg） | | 2500 | 2500 | 1500 | 2000 | 2500 | 1500 | 11400 | 950 | 3300 |

日本部分振动锤技术性能　　　　　　　　　　表 12-26

| 型号 | | VM$_2$-2500E | VM$_2$-4000E | KM$_2$-12000A | VS-400E |
|---|---|---|---|---|---|
| 激振力（kN） | | 280~370 | 379~490 | 350 | 271~406 |
| 偏心力矩（N·m） | | 190~250 | 280~400 | 1200 | 430~300 |
| 振动频率（min$^{-1}$） | | 1150 | 1100 | 510 | 750~1100 |
| 空载振幅（mm） | | 5.8~7.7 | 7.4~10.8 | 22.1 | 10~7.0 |
| 电机功率（kW） | | 45 | 60 | 90 | 60 |
| 外形尺寸（mm） | 长 | 968 | 1042 | 1202 | 1083 |
| | 宽 | 1236 | 1370 | 1150 | 1480 |
| | 高 | 3027 | 3239 | 4612 | 3406 |
| 总质量（kg） | | 3800 | 4600 | 5440 | 5020 |

振动打桩机的原理是将机器产生的垂直振动传给桩体，导致桩周围的土体因振动而强度降低。对砂土土层，颗粒间的结合被破坏，产生液化；对黏土土层，破坏了原来的构造，使土层密度改变，黏聚力降低，灵敏度增加，板桩周围的阻力便会减小。

振动打桩机打钢板桩施工速度较快，有利于拔钢板桩；相对冲击打桩机施工的噪声小；不易损坏桩顶，操作简单；无柴油或蒸汽锤施工产生的烟雾。但其对硬土层（砂土 $N>50$；黏土 $N>30$）贯入性能较差；对桩体周围土层要产生振动；设备容量的大小与停打之间的关系不明确；大容量振动耗电较多。

选择振动锤时，可根据需要的振幅 $A_s$ 和偏心力矩 $M_0$ 来进行选择。

需要的振幅 $A_s$，按式（12-32）及式（12-33）计算：

对砂土层：

$$A_s = \sqrt{0.8N + L} \tag{12-32}$$

对黏土、粉土层：

$$A_s = \sqrt{1.6N + L} \tag{12-33}$$

式中　　$N$——桩尖所在土层的标准贯入值；

$L$——钢板桩长度（m）。

需要的偏心力矩 $M_0$，按式（12-34）计算：

$$M_0 = \left[ \frac{15A_s + \sqrt{225A_s^2 + (1.56 - A_s)225A_s + 1.56A_s Q_p}}{1.56 - A_s} \right]^2 \tag{12-34}$$

式中　　$Q_p$——钢板桩自重（N）；

$A_s$——板桩需要的振幅（mm）。

钢管桩一般采用锤击成桩。桩锤应根据工程地质条件、桩的类型、密集程度、单桩竖向承载力特征值及现有施工条件等合理选用，并遵循重锤低击的原则。同时，还应考虑下列因素：

(1) 钢管桩的结构、总长、外径、沉桩深度。

(2) 标准贯入击数 $N_{63.5}$ 值。

(3) 钢管桩材料的抗压强度。

常用的柴油锤性能等也可参考表 12-27。

常用的柴油锤性能参考表　　　　　表 12-27

| 锤型 | | | 柴油锤 | | | | | | |
|---|---|---|---|---|---|---|---|---|---|
| | | | 25 | 35 | 45 | 60 | 72 | D80 | D100 |
| 锤的动力性能 | | 冲击部分重（kN） | 25 | 35 | 45 | 60 | 72 | 80 | 100 |
| | | 总重（kN） | 65 | 72 | 96 | 150 | 180 | 170 | 200 |
| | | 冲击力（kN） | 2000～2500 | 2500～4000 | 4000～5000 | 5000～7000 | 7000～10000 | >10000 | >12000 |
| | | 常用冲程（m） | 1.8～2.3 | | | | | 2.1～3.1 | — |
| 适用的桩规格 | | 预制方桩、预应力管桩的边长或直径（mm） | 350～400 | 400～450 | 450～500 | 500～550 | 550～600 | 600 以上 | 600 以上 |
| | | 钢管桩直径（m） | 400 | | 600 | 900 | 900～1000 | 900 以上 | 900 以上 |
| 持力层 | 黏土 | 一般进入深度（m） | 1.5～2.5 | 2.0～3.0 | 2.5～3.5 | 3.0～4.0 | 3.0～5.0 | — | — |
| | | 静力触探比贯入阻力 $P_s$ 平均值（MPa） | 4 | 5 | >5 | >5 | >5 | — | — |
| | 砂土 | 一般进入深度（m） | 0.5～1.5 | 1.0～2.0 | 1.5～2.5 | 2.0～3.0 | 2.5～3.5 | 4.0～5.0 | 5.0～6.0 |
| | | 标准贯入击数 $N_{63.5}$ 值 | 20～30 | 30～40 | 40～45 | 45～50 | 50 | >50 | >50 |
| 锤的常用控制贯入度（cm/10 击） | | | 2～3 | | 3～5 | 4～8 | | 5～10 | 7～12 |
| 单桩极限承载力（kN） | | | 800～1600 | 2500～4000 | 3000～5000 | 5000～7000 | 7000～10000 | >10000 | >10000 |

钢管桩选择桩架应考虑的因素：

(1) 施工场地的条件、作业环境、作业空间。

(2) 沉桩的形式（垂直或倾斜）。

(3) 桩架的高度：桩架高度≥单节桩长度＋桩锤长度＋滑轮组所占高度＋桩锤所需工作余裕高度。

(4) 桩机的技术性能（桩机型号、桩长、桩重、地面平均压力等）。

主要沉桩机械与设备（以一台桩机配备）选用可参考表 12-28。

主要沉桩机械与设备（以一台桩机配备）选用表　　　　　表 12-28

| 名称 | 数量 | 用途 | 备注 |
|---|---|---|---|
| 桩机 | 1 台 | 起吊钢管桩 | — |
| 桩锤 | 2 台 | 沉入钢管桩 | 1 台备用 |
| 辅机 | 1 台 | 捎送钢管桩 | — |
| 送桩器 | 2 只 | 送入钢管桩 | 1 台备用 |
| 经纬仪 | 2 台 | 矫正桩身垂直度 | — |
| 水准仪 | 1 台 | 控制桩顶标高 | — |
| 电焊机 | 3 台 | 焊接钢管桩接头 | 1 台备用 |

续表

| 名称 | 数量 | 用途 | 备注 |
|---|---|---|---|
| 角向砂轮机 | 2台 | 打磨钢管桩接头 | — |
| 氧气切割设备 | 1台 | 切割钢管桩接头 | — |
| 碳弧气刨设备 | 1台 | 刨钢管桩接头焊缝<br>刨除钢管桩接头焊缝 | — |

常用施工工具和料索具（以一台桩机配备）选用可参考表12-29。

常用施工工具和料索具（以一台桩机配备）选用　　　　表12-29

| 名称 | 数量 | 用途 | 备注 |
|---|---|---|---|
| 捆扎千斤及配套卸甲 | — | 起吊钢筋混凝土预制桩 | 视桩根数定 |
| 起重千斤及配套卸甲 | — | 就位钢筋混凝土预制桩 | 视桩根数定 |
| 捎桩千斤及配套卸甲 | — | 捎送钢筋混凝土预制桩进桩帽 | 视桩根数定 |
| 路基箱、钢板 | 6块 | 稳定施工机械 | — |
| 路基箱千斤 | 4根 | — | — |
| 焊条或焊丝 | — | — | 视桩根数定 |

### 12.6.3 钢板桩施工

#### 12.6.3.1 施工准备

1. 场地处理

(1) 开工前，应对现场进行勘察。试沉桩发现异常时，应对地质状况进行补勘。

(2) 沉桩前，应处理架空（高压线）和地下障碍物，填土区域应用白粉线标明界限示警。

(3) 沉桩范围的场地应坚实平整，坡度小于1‰，局部高差小于100mm。

(4) 沉桩区域内应排水畅通，无明显积水。

2. 场地平面布置

(1) 在施工区应设置环形道路，以便桩架开进移出以及大量钢板桩运输。

(2) 设置钢板桩堆放场地，便于60t以上的大型平板车进出。堆放场地应平整坚实，底层用道木垫起，根据施工流水堆放。

(3) 必要的办公室及料库和有关工种的临时用房，例如钳工间、电工间等。

(4) 水电布置。

3. 钢板桩准备

桩于打入前应将桩尖处的凹槽底口封闭，避免泥土挤入，锁口应涂以黄油或其他油脂。用于永久性工程的桩表面应涂红丹和防锈漆。对于年久失修、锁口变形、锈蚀严重的钢板桩，应整修矫正；弯曲变形的桩可用油压千斤顶压或火烘等方法进行矫正。

(1) 钢板桩检验

钢板桩进入施工现场前均需检查整理，只有完整平直的板桩可运入现场使用。钢板桩检验分为材质检验和外观检验，对焊接钢板桩，尚需进行焊接部位的检验。对用于基坑临时支护结构的钢板桩,主要进行外观检验,并对不符合形状要求的钢板桩进行矫正,以减少打桩过程中的困难。

1) 外观检验包括长度、宽度、高度、厚度等是否符合要求,表面有无缺陷,端头矩形比及平直度和锁口形状等是否符合要求。

2) 材质检验对钢板桩母材的化学成分及机械性能进行全面试验及分析。

(2) 钢板桩的矫正

钢板桩为多次周转使用的材料,在使用过程中会发生板桩的变形、损伤,偏差超过表12-30中数值者,使用前应进行矫正与修补。

重复使用的钢板桩检验标准　　　　　　　　　　　表12-30

| 序号 | 检查项目 | 允许偏差 | | 检查方法 |
| --- | --- | --- | --- | --- |
| | | 单位 | 数值 | |
| 1 | 桩垂直度 | % | <1 | 钢尺量 |
| 2 | 桩身弯曲度 | — | <2‰$l$ | $l$ 为桩长,钢尺量 |
| 3 | 齿槽平直度及光滑度 | 无电焊渣或毛刺 | | 1m长桩段做通过试验 |
| 4 | 桩长度 | 不小于设计长度 | | 钢尺量 |

其矫正与修补方法如下:

1) 表面缺陷修补,通常先清洗缺陷附近表面的锈蚀和油污,然后用焊接修补的方法补平,再用砂轮磨平。

2) 端部平面矫正,一般用氧乙炔切割部分桩端,使端部平面与轴线垂直,然后再用砂轮对切割面进行磨平修整。

3) 桩体挠曲矫正,腹向弯曲矫正时两端固定在支撑点上,用设置在龙门式顶梁架上的千斤顶顶在钢板桩凸处进行冷弯矫正;侧向弯曲矫正在专门的矫正平台上,将钢板桩弯曲段两端固定在矫正平台支座上,在钢板桩弯曲段侧面矫正平台上间隔一定距离设置千斤顶,用千斤顶顶压钢板桩凸处进行冷弯矫正。

4) 桩体扭曲矫正,这种矫正较复杂。视扭曲情况,可采用 3) 中的方法矫正。

5) 桩体局部变形矫正,对局部变形处用千斤顶顶压、大锤敲击与氧乙炔焰热烘相结合的方法进行矫正。

6) 锁口变形矫正,用标准钢板桩作为锁口整形胎具,采用慢速卷扬机牵拉调整处理,或采用氧乙炔焰热烘和大锤敲击胎具推进的方法进行调直处理。

(3) 钢管桩检验

施工前,应对进入现场的成品钢管桩进行检验。制作钢管桩的材料质量必须符合设计要求和有关国家现行标准的规定,钢管桩进入现场应具有产品合格证、出厂试验报告等。对成品钢管桩应进行外观及尺寸的检查,成品钢管桩质量检验标准可参考表12-31。

钢管桩的分段长度应满足有关的规定,且不宜超过12~15m。可按照桩的编号,出质量检验记录。应在桩身一侧划分1m为单位的标尺线。接桩用的焊条、焊丝、焊剂等应有产品合格证。

4. 导架安装

为保证沉桩轴线位置的正确和桩的竖直、控制桩的打入精度、防止板桩的屈曲变形和提高桩的贯入能力,一般都需要设置一定刚度的、坚固的导架,亦称"施工腰梁",其作用是保持钢板桩打入的垂直度和打入后板桩墙面平直。

成品钢管桩质量检验标准　　　　　　　　　　　表 12-31

| 序号 | 项目 | | 允许偏差 |
| --- | --- | --- | --- |
| 1 | 钢管桩外径或断面尺寸 | 桩端 | ±0.5%外径或边长 |
| | | 桩身 | ±1%外径或边长 |
| 2 | 长度 | | +10mm |
| 3 | 矢高 | | <1‰桩长 |
| 4 | 端部平整度 | | ≤2mm |
| 5 | 端部平面与桩中心线的倾斜值 | | ≤2mm |

导架通常由导梁和导桩等组成,它的形式,在平面上有单面和双面之分,在高度上有单层、双层以及多层之分,在移动方式上有锚固式和移动式之分,在刚度上有刚性和柔性之分。一般常用的是单层双面导架(图 12-44)。导桩可用工字钢和槽钢等,导桩的间距一般为 3~5m,双面导梁之间的间距一般比板桩墙高度大 8~15mm,其打入土中深度以 5m 左右为宜。导梁底面距地面高度设为 50mm,双层或多层导梁的层高间距按导梁刚度情况而定,但不宜过大,导梁宽度略大于桩厚度 3~5cm。

导架应结构简单、牢固和设置方便,导架的位置不能与钢板桩相碰,导桩不能随着钢板桩的打设而下沉或变形。导架每次设置长度根据施工具体情况而定,同时可以考虑周转使用。导梁的高度要适宜,要有利于控制钢板桩的施工高度和提高施工效率,要用经纬仪和水平仪控制导梁的位置和标高。

5. 转角桩的制作

由于板桩墙构造的需要,常要配备改变打桩轴线方向的特殊形状的钢板桩,在矩形墙中为 90°的转角桩。一般是将工程所用的钢板桩从背面中线处切断,再根据所选择的截面进行焊接或铆接组合而成为转角桩。

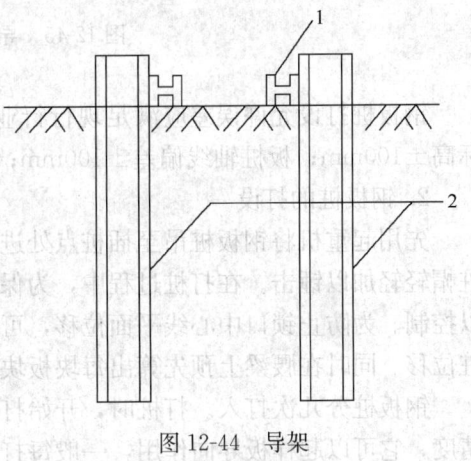

图 12-44　导架
1—导梁；2—导桩

#### 12.6.3.2　钢板桩打设

1. 打桩方式选择

钢板桩打设方式可分为"单独打入法"和"屏风式打入法"两种。其各自优缺点及适用条件见表 12-32。

单独打入法是最普通的施工法,这种方法是从板桩墙的一角开始,逐块(或两块为一组)打设,直至工程结束。为此,这种方法只适用于板桩墙要求不高且板桩长度较小(如小于 10m)的情况。

屏风式打入法是将多根板桩插入土中一定深度,呈屏风状,然后再分批施打。该打入法又可按屏风组立的排数,分为单屏风、双屏风和全屏风。导架及屏风式打钢板桩如图 12-45 所示。

**单独打入法和屏风式打入法优缺点及适用条件表** 表 12-32

| | 优点 | 缺点 | 适用条件 |
|---|---|---|---|
| 单独打入法 | 打入方法简便迅速不需辅助支架 | 易使板桩向一侧倾斜，误差积累后不易纠正 | 板桩墙要求不高，板桩长度较小的情况 |
| 屏风式打入法 | 可减少倾斜误差积累，防止过大的倾斜，易于实现封闭合拢，保证施工质量 | 桩位的自立高度较大，必须注意插桩稳定和施工安全，较单独打入法施工速度慢 | 除个别情况外均适用 |

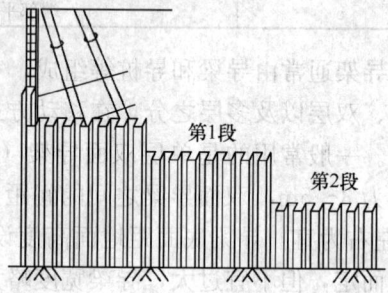

图 12-45 导架及屏风法打钢板桩

钢板桩打设允许误差应满足现行行业标准《建筑桩基技术规范》JGJ 94 规定：桩顶标高±100mm；板桩轴线偏差±100mm；板桩垂直度 1%。

2. 钢板桩的打设

先用起重机将钢板桩吊至插桩点处进行插桩，插桩时锁口要对准，每插入一块即套上桩帽轻轻加以锤击。在打桩过程中，为保证钢板桩的垂直度，用两台经纬仪在两个方向加以控制。为防止锁口中心线平面位移，可在打桩进行方向的钢板桩锁口处设卡板，阻止板桩位移。同时在腰梁上预先算出每块板块的位置，以便随时检查矫正。

钢板桩分几次打入。打桩时，开始打设的第一、二块钢板桩的打入位置和方向要确保精度，它可以起样板导向作用，一般每打入 1m 应测量一次。

(1) 要求

1) 钢板桩适用于埋深较浅的支护结构。

2) 钢板桩沉桩适用黏土、砂土、淤泥等软弱地层。

3) 钢板桩沉桩施工先试桩，试桩数量不少于 10 根。

4) 钢板桩放线施工，桩头就位必须正确、垂直，沉桩过程中，随时检测，发现问题，应及时处理。沉桩容许偏差：平面位置纵向 100mm，横向为 −50～0mm；垂直度为 1/100。

5) 沉桩施工前必须整平场地，清除地下、地面及高空障碍物，需保留的地下管线应挖露出来，加以保护。

6) 基坑开挖后钢板桩应垂直平顺，无严重扭曲、倾斜和劈裂现象，锁口连接严密。

7) 基坑土方和结构施工期间，对基坑围岩和支护系统进行动态观测。发现问题，及时处理。

(2) 冲击沉桩

1) 冲击沉桩根据沉桩数量和施工条件选用沉桩机械，按技术性能要求操作和施工。

2) 钢桩使用前先检查，不符合要求的应修整。钢桩上端设置补强板后钻设吊板装孔。钢板桩锁口内涂油，下端用易拆物塞紧，并按2m标准进行通过试验。

3) 工字钢桩单根沉没，钢板桩采用腰梁法沉没，以保证墙面的垂直、平顺。

4) 钢板桩腰梁支架的腰梁桩必须垂直、腰梁水平，设置位置正确、牢固可靠。腰梁支架高度在地面以上不小于5m；最下层腰梁距地面不大于50cm；腰梁间净距比2根钢板桩组合宽度大8～15mm。

5) 钢板桩以10～20根为一段，逐根插腰梁后，先打入两端的定位桩，再以2～4根为一组，采取阶梯跃式打入各组的桩。

6) 钢板桩腰梁在转角处两桩墙各10根桩位轴线内调整后合拢，不能闭合时，该处两桩可搭接，背后要进行防水处理。

7) 沉桩前先将钢桩立直并固定在桩锤的桩帽卡口内，然后拉起桩锤击打工字钢桩使其垂直就位或钢板桩锁口插入相邻桩锁口内，先打2～3次空锤，再轻轻锤击使桩稳定，检查桩位和垂直度无误后，方可沉桩。

8) 沉桩过程中，随时检测桩的垂直度并矫正。钢桩沉设贯入度每击20次不小于10mm，否则停机检查，采取矫正措施。

9) 沉桩过程中，发现打桩机导向架的中心线偏斜时必须及时调整。

(3) 振动沉桩

1) 振动锤振动频率应大于钢桩的自振频率。振桩前，振动锤的桩夹应夹紧钢桩上端，并使振动锤与钢桩重心在同一直线上。

2) 振动锤夹紧钢桩吊起，使工字钢桩垂直就位或钢板桩锁口插入相邻桩锁口内，待桩稳定、位置正确并垂直后，再振动下沉。钢桩每下沉1～2mm，停振检测桩的垂直度，发现偏差，及时纠正。

3) 振动沉没钢板桩试桩数量不少于10根。

4) 沉桩中钢桩下沉速度突然减小，应停止沉桩，并钢桩向上拔起0.6～1.0m，然后重新快速下沉，如仍不能下沉，采取其他措施。

(4) 静力压桩

1) 压桩机压桩时，桩帽与桩身的中心线必须重合。

2) 压桩过程中随时检查桩身的垂直度，初压过程中，发现桩身位移、倾斜和压入过程中桩身突然倾斜或设备达到额定压力持续20min，仍不能下沉时，及时采取措施。

(5) 钢板桩墙的转角和封闭

钢板桩墙的设计水平总长度，有时并不是钢板桩标准宽度的整倍数，或者钢板桩墙的轴线较复杂，钢板桩的制作和打设有误差，均会给钢板桩墙的最终封闭合拢施工带来困难，这时候可采用异形板桩法、连接件法、骑缝搭接法、轴线调整法等方法。

(6) 打桩时问题的处理

1) 打桩阻力过大不易贯入

这由两种原因造成，一是在坚实的砂层、砂砾层中沉桩，桩的阻力过大；二是钢板桩连接锁口锈蚀、变形，入土阻力大，致使板桩不能顺利沿锁口而下。对第一种原因，需在打桩前对地质情况做详细分析，充分研究贯入的可能性，在施工时可伴以高压冲水或振动法沉桩，不要用锤硬打；对第二种原因，应在打桩前对钢板桩逐根检查，有锈蚀或变形的加以除锈、矫正，还可在锁口内涂油脂，以减少阻力。

2) 板桩向行进方向倾斜

在软土中打桩时，由于连接锁口处的阻力大于板桩与土体间的阻力，形成一个不均衡力，使板桩易向前进方向倾斜。纠正方法是用卷扬机和钢丝绳将板桩反向拉住后再锤击，或改变锤击方向。当倾斜过大，靠上述方法不能纠正时，可用特制的楔形板桩进行纠正。

3) 将相邻板桩带走

在软土中打设钢板桩，当遇到不明障碍物或板桩倾斜时，板桩阻力增大，会把相邻板桩带入。可按下列措施处理：①不能一次把板桩打到标高，留一部分在地面，待全部板桩入土后，用屏风法打设余下部分。②把相邻钢板桩焊在导梁上。③在连接锁口处涂润滑油减少阻力。④数根钢板桩用型钢连在一起。⑤运用特殊塞子，防止土砂进入连接锁口。板桩被带入土中后，应在其顶部焊以同类型的板桩以补充不足的长度。

3. 钢管桩的打设

钢管桩成桩的工艺要求如下：

(1) 钢管桩的起吊、运输和堆存

1) 堆放场地应平整、坚实、排水畅通。

2) 桩的两端应有适当保护措施，钢管桩应设保护圈。

3) 起吊时，宜采用两点吊、双吊点（桩身两端的 $0.207L$ 处）或两头钩吊法。

4) 搬运时，应保持平稳，严禁撞击，以免桩端、桩体损坏或弯曲。

5) 钢管桩应按规格、材质分别堆放，堆放层数不宜太高，应按表12-33的要求堆放。

6) 钢管桩支点设置应合理，其两侧应用木楔塞住，防止滚动。管端挂上标志，防止其他物件的碰撞损伤。

钢管桩堆放要求　　　　　　表 12-33

| 桩径（mm） | 堆放层数 |
| --- | --- |
| $\phi 900$ | 不宜超过 3 层 |
| $\phi 600$ | 不宜超过 4 层 |
| $\phi 400$ | 不宜超过 4 层 |

(2) 施工流水

施工流水应依据设计提供的桩位平面布置图及施工现场的实际情况（包括地质条件和周围环境情况）制定，打桩施工流水应符合下列规定：

1) 对于密集桩群，自中间向两个方向或四周对称施打。

2) 当一侧毗邻建筑物时，由毗邻建筑物处向另一方向施打。

3) 根据基础的设计标高，宜先深后浅。

4) 根据桩的规格，宜先大后小、先长后短。

(3) 测量、定位、放线

1) 应对业主（设计）提供的定位点进行复核。根据定位点放出建筑物轴线，并实地设置控制轴线。

2）在沉桩影响区域外设置轴线控制点，施工期间应对定位点和轴线控制点进行复核。

3）根据轴线放出桩位，桩位之间尺寸必须逐根检查、校核并妥善保护。钢管桩位的放设应以桩位中心为圆心，以钢管桩半径为半径画圆，用石灰粉标出圆周灰线。

4）在打桩区域外应设置水准点，埋设要固定，并妥善保护桩区内水准点。

5）桩顶标高应使用水准仪测量。如设计有送桩要求，送桩的桩顶标高宜用标定在送桩杆上的停打线来控制。

(4) 锤击沉桩

1）垂直沉桩时，应使桩架处于铅垂状态，插桩的垂直度偏差不应超过 0.5%。打斜桩时，应使桩架处于要求的倾斜角（倾斜角系桩架的纵向中心线与铅垂线间夹角），插桩时倾斜度偏差应控制在规定的范围内，如设计对斜桩有送桩要求，应按计算的偏移量插桩。桩锤、桩帽（送桩杆）和钢管桩处于同一轴线上。

2）桩帽或送桩器与桩周围的间隙应为 5~10mm。

3）桩锤与桩帽、桩帽与桩之间应加设弹性衬垫，如硬木、麻袋、钢丝绳等。

4）吊桩宜采用两点吊，桩机吊上点（宜为桩身 0.207L 处），辅机吊下点（宜在桩端部）。

5）开始起锤时，宜先关闭油门冷锤锤击，无异常情况即可启动柴油锤连续沉桩。

6）施工过程中应随时监测桩身的垂直度或倾斜度，不许偏心锤击。

7）如锤击沉桩有困难，可在管内取土助沉。

8）沉桩过程中，如遇到贯入度剧变，桩身突然发生倾斜、移位、有严重回弹、桩顶或桩身出现严重裂缝、破碎等情况时，应暂时停止打桩，并分析原因，采取相应措施。

9）沉桩过程中，如桩位底下有障碍物，应进行清除。

10）沉桩过程中，应及时更换损坏的桩垫。

11）当桩贯穿的土层有较厚的砂土时，应避免在砂层中进行接桩。

12）当桩顶至离地面 1m 左右，即可停锤，应在检查桩顶完整状况后接桩。

13）送桩时，应选用合适的送桩器，并使送桩器中心线与桩身中心线保持一致。送桩宜随打随送。送桩结束，立即拔出送桩器，并及时将桩孔填盖或填实。

14）沉桩记录应及时、准确。记录内容包括：锤型、落距、每米锤击数、最后贯入度、总锤击数、回弹量、土芯高度、入土深度、平面偏差等。

(5) 钢管桩的连接

对首次采用的钢材、焊接材料、焊接方法等，应进行焊接工艺评定，并应根据评定报告确定焊接工艺。钢管桩宜采用电弧焊接，包含手工焊、半自动焊、全自动焊等方法。施工现场应确保焊机的电源容量。钢管桩应采用上下节桩等强度的对焊连接，使用的焊条、焊丝、焊剂等应符合设计要求及现行行业标准《建筑钢结构焊接技术规程》JGJ 81 的规定。钢管桩焊接应符合下列规定：

1）接桩时，下节桩应在地面留出 1m 左右的接桩工作高度。

2）端部的浮锈、油污等脏物必须清除，保持干燥；下节桩顶经锤击后的变形部分应进行调整修复或割除。

3）钢管桩节段拼接时，纵缝的错缝间距均应大于 300mm。上下节桩焊接时应矫正垂直度或倾斜度，对口的间隙为 2~3mm。

4) 焊条、焊丝、焊剂等应与钢管桩材质相适应，储存在干燥、通风良好的地方，由专人保管。

5) 焊条或焊丝使用前应按其产品说明书及焊接工艺文件的规定进行存放。

6) 焊接应对称进行，并应控制焊机的电流、电压和焊接速度。

7) 焊接应采用多层焊，钢管桩各层焊缝接头应错开，焊渣应清除，并采取措施减少焊接变形。

8) 电焊焊缝应进行外观检查，无气孔、无焊瘤、无裂缝，接桩焊缝的允许偏差应符合表 12-34 的规定。此外，应做 10% 的焊缝探伤检查。

**电焊接桩焊缝的允许偏差** 表 12-34

| 序号 | 项目 | 允许偏差（mm） |
| --- | --- | --- |
| 1 | 上下节端部错口：①钢管桩外径≥700mm | ≤3 |
|  | ②钢管桩外径＜700mm | ≤2 |
| 2 | 焊缝咬边深度（焊缝） | ≤0.5 |
| 3 | 焊缝加强层高度（焊缝） | 2 |
|  | 焊缝加强层宽度（焊缝） | 2 |

9) 每个接头焊接完毕，应冷却 1min 后方可锤击。

10) 焊接作业时，应避开降雨、降雪和强风天气。气温低于 0℃、雨雪天或风速大于 10m/s（约 5 级风）时应停止作业。

(6) 钢管桩停止锤击控制原则

1) 桩端（指桩的全端面）位于一般土层时，应以控制桩端设计标高为主，贯入度作参考。

2) 桩端达到坚硬、硬塑的黏土、中密以上粉土、砂土、碎石类土、风化岩时，应以贯入度控制为主，桩端标高作参考。

3) 贯入度已达到而桩端标高未达到时，应继续锤击 3 阵，按每阵 10 击的贯入度不大于设计规定的数值加以确认。

4) 必要时施工控制贯入度应根据试沉桩资料或当地实践经验，并结合所用桩锤性能会同设计单位等确定。

(7) 钢管桩引孔

1) 引孔宜采用螺旋钻干作业法，引孔的垂直度偏差不宜大于 0.5%。

2) 引孔作业和压桩作业应连续进行，间隔时间不宜大于 12h；在软土地基中不宜大于 3h。

3) 引孔中有积水时，宜采用开口型桩尖。

#### 12.6.3.3 钢板桩拔除

在进行基坑回填土时，要拔除钢板桩，以便修整后重复使用。拔除前要研究钢板桩的拔除顺序、拔除时间及桩孔处理方法。

1. 钢板桩拔桩阻力计算

拔桩阻力由式（12-35）计算：

$$F = F_E + F_S \qquad (12\text{-}35)$$

式中 $F_E$——钢板桩与土的吸附力；

$F_S$——钢板桩的断面阻力。

(1) 钢板桩与土的吸附力计算

$$F_E = f_1 + f_2 + f_3 + \cdots\cdots + f_e \tag{12-36}$$

式中 $f_1,\cdots\cdots,f_e$——钢板桩在不同土层中的吸附力。

$$f = UL\tau \tag{12-37}$$

式中 $U$——钢板桩周长；

$L$——钢板桩在不同土中的长度；

$\tau$——钢板桩在不同土质中的静吸附力（用于静力拔桩）或动吸附力（用于振动拔桩），参见表 12-35。

钢板桩在不同土质中的静吸附力或动吸附力　　表 12-35

| 土质 | 静吸附力 $\tau_d$ (kN/m²) | 动吸附力 $\tau_v$ (kN/m²) | 动吸附力 $\tau_v$ （含水量很少时）(kN/m²) |
|---|---|---|---|
| 粗砂砾 | 34.0 | 2.5 | 5.0 |
| 中砂（含水） | 36.0 | 3.0 | 4.0 |
| 细砂（含水） | 39.0 | 3.5 | 4.5 |
| 粉土（含水） | 24.0 | 4.0 | 6.5 |
| 砂质粉土（含水） | 29.0 | 3.5 | 5.5 |
| 粘质粉土（含水） | 47.0 | 5.5 | — |
| 粉质黏土 | 30.0 | 4.0 | — |
| 黏土 | 50.0 | 7.5 | — |
| 硬黏土 | 75.0 | 13.0 | — |
| 非常硬的黏土 | 130.0 | 25.0 | — |

当有关土层的各类指标可以确定时，对静吸附力 $F_E$ 也可用下式计算：

$$F_E = LU\overline{S} \tag{12-38}$$

$L$，$U$ 同上，$\overline{S}$ 由式（12-38）确定：

$$\overline{S} = \sum(c_i + Kq_i \mathrm{tg}\varphi_i)\Delta H_i / \sum \Delta H_i \tag{12-39}$$

式中 $\overline{S}$——钢板桩与土的平均静吸附力 (kN/m²)；

$\Delta H_i$——钢板桩所在各层土的厚度 (m)；

$c_i$——钢板桩所在土层的黏着力 (kN/m²)；

$q_i$——钢板桩所在土层中心点上的压力 (kN/m²)；

$\varphi_i$——钢板桩所在土层的内摩擦角 (°)；

$K$——土压力系数。

一般情况下，$\varphi_i$ 取土层抗剪内摩擦角的 $2/3 \sim 3/4$，$K$ 为 $0.3 \sim 0.5$。

(2) 钢板桩的断面阻力计算

拔桩时钢板桩的断面阻力较难分析，精确求解比较困难，一般考虑为作用在钢板桩上的土压力与表面间的摩擦阻力。当拔桩时，支撑已拆除，开挖部分是回填土，一般不密实，实际上这部分的钢板桩成了悬臂梁，承受主动土压力。埋入部分的钢板桩两侧土、被

动土压力差予以忽略,故该部分断面阻力无需考虑,钢板桩的断面阻力按式(12-40)计算:

$$F_S = 1.2 E_a B H \mu \tag{12-40}$$

式中　$F_S$——钢板桩的断面阻力;
　　　$E_a$——作用在钢板桩上的主动土压力强度（kN/m²）;
　　　$B$——钢板桩宽度（m）;
　　　$H$——除去埋入深度后的钢板桩长度（m）;
　　　$\mu$——钢板桩与土体之间的摩擦力系数（0.35～0.40）。

2. 钢板桩拔除方法

钢板桩拔除不论采用何种方法都是从克服钢板桩的阻力着眼,根据所用机械的不同,拔桩方法分为静力拔桩、振动拔桩、冲击拔桩和液压拔桩四种。

(1) 与土质有关的振动拔桩参数

1) 振动频率。2) 振幅。3) 激振力。

(2) 振动拔桩机的选用

目前市场上振动拔桩机的型号较多,各有其适用范围,要选择得当,才能取得较好的效果。应尽可能地使拔桩机在机器限定的范围内作业,表12-36可供初选机种使用。

振动拔桩机的适用范围　　　　　　　　　　　　　　　表 12-36

| 拔桩机功率（kW） | 钢板桩型号和长度（m） | |
|---|---|---|
| | 砂土 | 黏土 |
| 3.7～7.5 | 轻型 8 | 轻型 6 |
| 11～15 | Ⅱ型 12 | Ⅱ型 9 |
| 22～30 | Ⅲ型 16 | Ⅲ型 12 |
| 55～60 | Ⅳ型 24 | Ⅳ型 18 |
| 120～150 | Ⅴ型 36 | Ⅴ型 36 |

拔桩机型选择

① 确定必须的振幅。打入土中的钢板桩必须有振幅才可用振动拔桩机拔出,该振幅称为必须振幅,用 $A_{min}$ 表示,其值可按表12-37确定,板桩长度不是 5 的整数倍的按表12-37线性插值取值。

钢板桩长度与必须振幅　　　　　　　　　　　　　　表 12-37

| 钢板桩长度（m） | 钢板桩必须振幅（mm） | |
|---|---|---|
| | 砂土 | 黏土 |
| 5 | 3.7 | 4.9 |
| 10 | 4.4 | 5.8 |
| 15 | 5.1 | 6.7 |
| 20 | 5.8 | 7.6 |
| 25 | 6.5 | 8.5 |
| 30 | 7.2 | 9.4 |

② 振动拔桩机的激振力与拔桩阻力的关系

拔桩阻力与激振力之间关系可用表12-38数值之间的对应关系表示，其中$K$为衰减系数，$P_0$为激振力，一般可在机械的产品目录中找到，也可用式（12-41）计算：

$$P_0 = \frac{M\omega^2}{g} = M \cdot (0.014n)^2/980 \tag{12-41}$$

式中　$P_0$——拔桩机激振力（N）；

　　　$M$——振动拔桩机的偏心矩（N·m）；

　　　$\omega$——拔桩机角振动数（$Sec^{-1}$）；

　　　$n$——拔桩机每分钟的振动数（r/min）；

　　　$g$——重力加速度（9.8m/s²）。

拔桩阻力与激振力之间关系　　　　　表 12-38

| $F/P_0$ | $K$ | |
|---|---|---|
| | 不含水土 | 含水土 |
| 0 | 1.16 | 1.16 |
| 0.2 | 1.11 | 1.14 |
| 0.4 | 0.96 | 1.12 |
| 0.6 | 0.63 | 1.05 |
| 0.8 | 0.36 | 0.97 |
| 1.0 | 0.17 | 0.88 |
| 1.5 | 0.03 | 0.52 |
| 2.0 | — | 0.2 |
| 2.5 | | 0.06 |
| 3.0 | — | 0.12 |

③ 选定拔桩机类型

每台拔桩机都有额定振幅，或称空运转时的振幅$A_0$，该振幅在拔桩时受到板桩周围土体的约束会衰减，衰减后的数值为$A$。

$$A = KA_0 \tag{12-42}$$

其中$K$值由表12-38来确定。

这样，按式（12-35）计算出$F$，根据已有的或计算出来的$P_0$，即可确定$K$值，再按式（12-42）计算出$A$。如$A$值大于$A_{min}$，即所选的机种是合适的。

④ 最终确定所需的设备起重力$T$

根据

$$T \geqslant F + W_M + W_P \tag{12-43}$$

式中　$T$——起重设备能力；

　　　$F$——拔桩阻力；

　　　$W_M$——振动拔桩机自重；

　　　$W_P$——钢板桩自重。

3. 拔桩施工

钢板桩拔除的难易，取决于打入时顺利与否。如果在硬土或密实砂土中打入时困难，则板桩拔除时也很困难。此外，在基坑开挖时，支撑不及时，使板桩产生很大的变形，拔除也很困难，这些因素必须予以充分重视。

振动拔除钢板桩采用振动锤与起重机共同排除。后者用于振动锤拔不出的钢板桩，在钢板桩上设吊架，起重机在振动锤振拔的同时向上引拔。

振动锤产生强迫振动，破坏板桩与周围土体间的黏着力，依靠附加的起吊力克服拔桩阻力将桩拔出。拔桩时，先用振动锤将锁口振活以减小与土的粘结，然后边振边拔。

(1) 钢板桩拔除施工要点

1) 作业开始时的注意事项

① 作业前详细了解土质及板桩打入情况、基坑开挖深度及开挖后板桩变形情况、地下管线恢复竣工图及桩位附近原有管线分布图等，依此判断拔桩作业的难易程度，做到事先有充分的准备。

② 基坑内结构施工结束后，要进行回填及清除桩头附近堆土，尽量使板桩两侧土压平衡，有利于拔桩作业。

③ 拔桩设备有一定的重量，要验算其下的结构承载力。如压在土层上，由于地面荷载较大，需要时设备下应放置路基箱或枕木，确保设备不发生倾斜。

④ 由于拔桩设备的重量及拔桩时对地基的反力，会使板桩受到侧向压力，为此需使板桩设备同拔桩保持一定距离。当荷载较大时，甚至要搭临时脚手架，减少对板桩的测压。

⑤ 作业前拆除、改移高空障碍物，平整夯实作业场地。作业范围内的重要管线、高压电缆等要注意观察和保护。

⑥ 作业前，对设备要认真检查，确认无误后方可作业，对操作说明书要充分掌握。

⑦ 有关噪声与振动等公害，需征得有关部门认可。

2) 作业中需注意事项

① 作业过程中要保持机械设备处于良好的工作状态。

② 拔桩时用拔桩机卡头卡紧桩头，使起拔线与桩中心线重合。

③ 为防止邻近板桩同时拔出，可将邻近板桩临时焊死或在其上加配重。

④ 钢板桩逐根试拔，易拔桩先拔出。起拔时用落锤向下振动少许，待锁口松动后再起拔。

⑤ 钢板桩起到可用起重机直接吊起时，停振。钢板桩同时振起几根时，用落锤打散。

⑥ 振出的钢桩及时吊出，起吊点必须在桩长 1/3 以上部位。拔桩过程中，随时观察吊机尾部翘起情况，防止倾覆。

⑦ 板桩拔出会形成孔隙，必须及时填充，否则会造成邻近建筑和设施产生位移及地表沉降。为使填充效果更好，宜用膨润土浆液填充，也可跟踪注入水泥浆。

⑧ 拔桩中，操作方法正确、拔桩机振幅达到最大负荷、振动 30min 时仍不能拔起时，停止振动，采取其他措施。

⑨ 在地下管线附近拔桩时，必须对管线进行保护，机械不得在上面作业。

3) 作业结束后的注意事项

① 对孔隙填充的情况及时检查，发现问题随时采取措施弥补。

② 拔出的钢板桩应及时清除土砂，涂以油脂。变形较大的板桩需调直。完整的板桩

要及时运出工地，堆置在平整的场地上。

拔出的钢桩进行修整，并用冷弯法调直后待用。

(2) 钢板桩拔不出时的措施

1) 将钢板桩用振动锤或柴油锤等再复打一次，以克服与土的黏着力及咬口间的铁锈等产生的阻力。

2) 按与钢板桩打设顺序相反的次序拔桩。

3) 板桩承受土压一侧的土较密实，在其附近并列打入另一根板桩，可使原来的板桩顺利拔出。

4) 在板桩两侧开槽，放入膨润土浆液（或黏土浆），拔桩时可减小阻力。

(3) 有利于拔桩的其他辅助手段

1) 以便于拔桩为目标的特殊打桩方法。

①膨润土泥浆槽施工法（图 12-46）；②排除板桩齿口中的土砂（图 12-47）；③涂油脂或沥青；④射水施工法（图 12-48）；⑤与长螺旋钻并用。

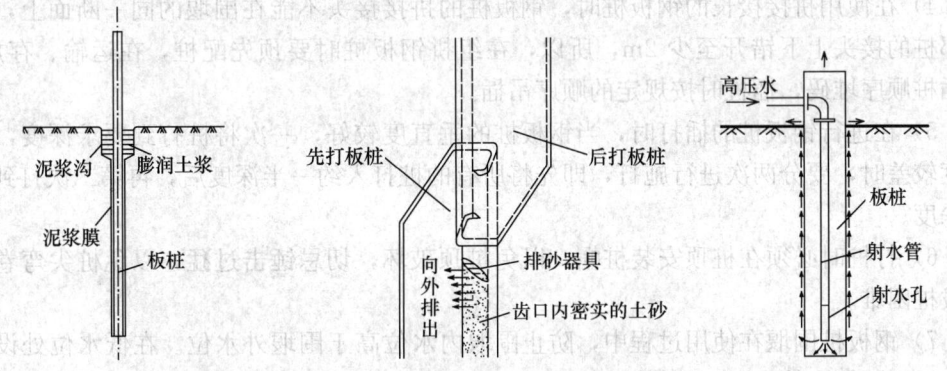

图 12-46　膨润土泥浆槽施工法　　图 12-47　排除板桩齿口内土砂　　图 12-48　射水施工法

2) 为减少已打入钢板桩的摩阻而采用的特殊施工方法。

①钻孔法。②电渗施工法（图 12-49）；③不同机械并用。

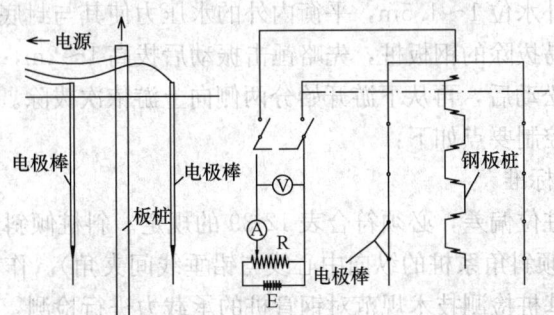

图 12-49　电渗施工法拔板桩

### 12.6.4　质量控制

钢板桩的施工质量控制贯穿于施工前的吊放、检验、加工、放样、防腐；施工中的插桩和送桩，以及桩位偏差测量与处理和桩尖标高与最后贯入度诸工序上。

对于重要工程，当钢板桩作为永久支撑、挡土、止水结构时，还要做事后监测控制。

（1）钢板桩质量控制要点如下：

1) 在拼接钢板桩时，两端钢板桩要对正、顶紧进行焊接，要求两钢板桩端头间缝隙不大于3mm，断面上的错位不大于2mm，使用新钢板桩时，要有其机械性能和化学成分的出厂证明文件，并详细丈量尺寸，检验是否符合要求。

2) 对组拼的钢板桩两端要平齐，误差不大于3mm，钢板桩组上下一致，误差不大于30mm，全部的锁口均要涂防水混合材料，使锁口嵌缝严密。

3) 为保证插桩顺利合拢，要求桩身垂直，并且围堰周边的钢板数要均分，为保证桩身垂直，于第一组钢板桩设固定于围堰支撑上的导向木，顺导向木下插，使第一组钢板桩桩身垂直，由于钢板桩桩组上下宽度不完全一致，锁口间隙也不完全一致，桩身仍有可能倾斜，在施工中加强测量工作，发现倾斜，及时调整，使每组钢板桩在顺围堰周边方向及其垂直方向的倾斜度均不大于5‰。

4) 在使用拼接接长的钢板桩时，钢板桩的拼接接头不能在围堰的同一断面上，而且相邻桩的接头上下错开至少2m，所以，在组拼钢板桩时要预先配桩，在运输、存放时，按插桩顺序堆码，插桩时按规定的顺序吊插。

5) 在进行钢板桩的插打时，当钢板桩的垂直度较好，一次将桩打到要求深度，当垂直度较差时，要分两次进行施打，即先将所有的桩打入约一半深度后，再第二次打到要求的深度。

6) 打桩时必须在桩顶安装桩帽，以免桩顶破坏，切忌锤击过猛，以免桩尖弯卷，造成拔桩困难。

7) 钢板桩围堰在使用过程中，防止围堰内水位高于围堰外水位。在低水位处设置连通管，到围堰内抽水时，再予封闭，在围堰内抽水时，钢板桩锁口漏水，在围堰外撒大量细煤渣、木屑、谷糠等细物，借漏水的吸力附于锁口内堵水，或者在围堰内用板条、棉絮等楔入锁口内嵌缝。

8) 围堰使用完毕，拔除钢板桩时，首先将钢板桩与导梁木板焊接物切除，然后在围堰内灌水至高出围堰外水位1~1.5m，平衡内外的水压力使其与封底混凝土脱离，再在下游选择一组或一块较易拔除的钢板桩，先略锤击振动后拔高1~2m，然后依次将所有钢板均拔高1~2m，使其松动后，再从下游开始分两侧向上游依次拔除。

（2）钢管桩质量控制要点如下：

1) 主控项目质量标准

钢管桩沉桩后的桩位偏差，必须符合表12-39的规定。斜桩倾斜度的偏差不得大于倾斜角正切值的15%（倾斜角系桩的纵向中心线与铅垂线间夹角）。作为工程桩的钢管桩应进行承载力检验。按基桩检测技术规范对钢管桩的承载力进行检测，其结果应符合规范的要求。

2) 一般项目质量标准

① 桩位的放样群桩允许偏差20mm；单排桩允许偏差10mm。

② 进入现场的成品钢管桩应具有出厂合格证、试验报告等；所采用的材料、制作的质量必须符合设计要求和有关现行国家标准的规定。

③ 施工中应检查钢管桩的垂直度或倾斜度、沉入过程、桩身连接质量、桩顶锤击后的完整状况等。接桩焊缝无气孔、无焊瘤、无裂缝。钢管桩位的允许偏差如表 12-39 所示。

钢管桩位的允许偏差（mm） 表 12-39

| 序号 | 项目 | 允许偏差 |
| --- | --- | --- |
| 1 | 盖有基础梁的桩：<br>垂直基础梁的中心线<br>沿基础梁的中心线 | $100+0.01H$<br>$150+0.01H$ |
| 2 | 桩数为 1～3 根桩基中的桩 | 100 |
| 3 | 桩数为 4～16 根桩基中的桩 | 1/2 桩径或边长 |
| 4 | 桩数大于 16 根桩基中的桩：<br>最外边的桩<br>中间的桩 | 1/3 桩径或边长<br>1/2 桩径或边长 |

注：$H$ 为施工现场地面标高与桩顶设计标高的距离。

④ 应做 10% 的焊缝探伤检查，检验值应满足设计要求。
⑤ 电焊结束后停歇时间应大于 1.0min。
⑥ 节点弯曲矢高应小于 $L/1000$（$L$ 为桩长）。
⑦ 桩顶标高允许偏差 ±50mm。
⑧ 停锤标准须符合设计要求。
⑨ 桩体质量应进行检验，抽检数量不应少于总桩数的 20%，且不应少于 10 根。每根柱子承台下不少于 1 根。

钢板桩施工常见问题的分析及处理见表 12-40。

钢板桩施工常见问题的分析及处理 表 12-40

| 常见问题 | 原因分析 | 防治措施及处理方法 |
| --- | --- | --- |
| 倾斜（板桩头部向打桩行进方向倾斜） | 被打桩与邻桩锁口间阻力较大，而打桩行进方向的贯入阻力小 | 施工过程中用仪器随时检查、控制、纠正<br>发生倾斜时，用钢丝绳拉住桩身，边拉边打，逐步纠正<br>对先打的板桩适度预留偏差（反向倾斜） |
| 扭转 | 锁口是铰式连接，钢板桩在下插和锤击力的作用下会发生扭转 | 在打桩行进方向用卡板锁住板桩的前锁口<br>在钢板桩与围檩之间的两边空隙内，设滑轮支架，制止板桩下沉中的转动<br>在两块板桩锁口扣搭处的两边，用垫铁和木榫填实 |
| 共连（打板桩时和已打入的邻桩一起下沉） | 钢板桩倾斜弯曲，使槽口阻力增加 | 一发生板桩倾斜就及时纠正<br>把发生共连的邻桩与其他邻桩一块或几块用角钢通过电焊临时固定起来 |
| 水平伸长（沿打桩行进方向长度增加） | 钢板桩锁口扣搭处有空隙 | 属正常现象。对四角要求封闭的挡墙，设计时要考虑水平伸长值，可在轴线修正时纠正，严格控制板桩的垂直度，严格控制轴线平面偏差 |

## 12.7 钻孔灌注排桩工程施工

排桩式围护结构又称桩排式地下墙，它是把单个桩体如钻孔灌注桩、挖孔桩及其他混合式桩等并排连接起来形成的地下挡土结构。排桩式围护结构属板式支护体系，是以排桩作为主要承受水平力的构件，并以水泥土搅拌桩、压密注浆、高压旋喷桩等作为防渗止水措施的围护结构形式。

按照单个桩体成桩工艺的不同，排桩式围护结构桩型大致有以下几种：钻孔灌注桩、预制混凝土桩、挖孔桩、压浆桩、SMW（加劲水泥土搅拌桩）。钻孔灌注排桩即为由钻孔灌注桩作为单个桩体组成的排桩体系。这些单个桩体可在平面布置上采取不同的排列形式形成连续的板式围护挡土结构，来支撑不同地质和施工技术条件下基坑开挖时的侧向水土压力。图 12-50 中列举了几种常用排桩式围护结构形式。

其中，间隔排列式适用于无地下水或地下水位较深，土质较好的情况。在地下水位较高时应与其他防水措施结合使用。一字形相切或搭接排列式，往往因在施工中桩的垂直度不能保证及桩体扩颈等原因影响桩体搭接施工，从而达不到防水要求。因此常采用间隔排列与防水措施结合，具有施工方便，防水可靠的优点，成为地下水位较高软土地层中最常用的排桩式围护结构形式，如图 12-50（e）所示。

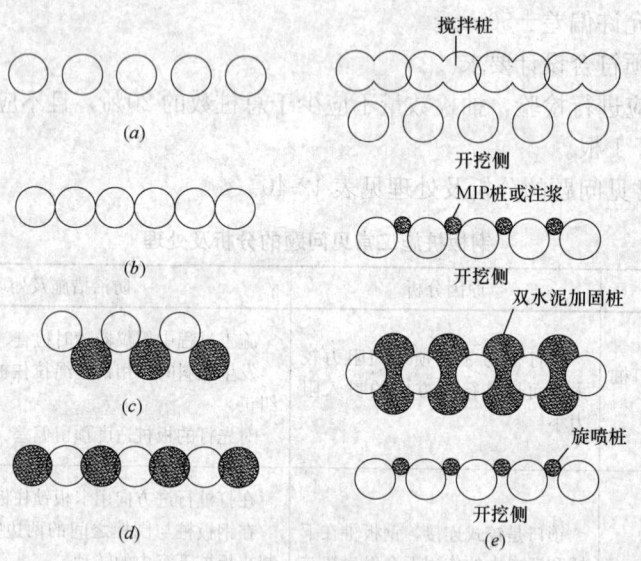

图 12-50 几种常用的排桩式围护结构形式
(a) 间隔排列；(b) 一字形相切排列；(c) 交错相切排列；
(d) 一字形搭接排列；(e) 间隔排列时与防水措施结合

排桩式挡土围护结构与壁式钢筋混凝土地下墙相比，其优点在于施工工艺简单，成本低，平面布置灵活，缺点是防渗和整体性较差，一般适用于中等深度的基坑围护，但近年来也应用于开挖深度 20m 以内的基坑。其中压浆桩适用的开挖深度一般在 6m 以下，在深基坑工程中，有时与钻孔灌注桩结合，作为防水抗渗措施。采用间隔排列形式布桩时一般应与防水墙等结合形成混合式桩墙，这是排桩式围护结构的一个重要特点，在这种情况下，防水效果的好坏，直接关系到基坑工程的成败，须认真对待。

钻孔灌注排桩最早在北京、广州、武汉等地使用，之后逐渐推广到沿海软土地区。近年来，通过上海等地的大量基坑工程实践，以及随着防渗技术的提高，钻孔灌注排桩式挡土墙适用的深度范围已逐渐被突破并取得了较好的效果。钻孔灌注排桩应用于深基坑支护中，减少了边坡开挖工程量，避免了因基坑工程处理对周边建筑物的影响，同时也缩短了前期的施工工期，节省了工程投资。

### 12.7.1 施工机械与设备

钻孔灌注桩施工机械与设备主要分为干作业成孔施工机械设备和湿作业成孔施工机械设备。目前国内主要的钻孔机械有螺旋钻孔机、全套管钻孔机、转盘式钻孔机、回转斗式钻孔机、潜水钻孔机、冲击式钻孔机。

钻孔灌注桩干作业成孔的主要方法有螺旋钻孔机成孔、机动洛阳挖孔机成孔及旋挖钻机成孔等方法。

钻孔灌注桩湿作业成孔的主要方法有冲击成孔、潜水电钻机成孔、工程地质回转钻机成孔及旋挖钻机成孔等。

### 12.7.2 施 工 工 艺

钻孔灌注排桩施工工艺包括两部分：构成钻孔灌注排桩的钻孔灌注桩的施工工艺和构成钻孔灌注排桩后其相关要求和施工注意事项。

#### 12.7.2.1 钻孔灌注桩施工工艺

钻孔灌注桩施工工艺，主要有成孔、成桩各工序，它是施工方案的核心。钻孔灌注桩成孔、成桩的一般工艺流程如图 12-51 所示。

钻孔灌注桩的施工，因其所选护壁形式的不同，有泥浆护壁和全套管施工法两种。

1. 泥浆护壁施工法

（1）准备工作

施工前对桩位进行详细的测设，确定桩位；工地储备足够数量的并经检验合格的各种原材料，符合要求的全套钻孔灌注桩施工设备；施工场地要预先标明和清除桩位处地下障碍物和地表杂物并平整压实处理；对邻近建筑物、构筑物、架空线等进行调查，并根据需要采取防护措施；做好施工区域内的供水供电，挖设排水沟并保证排水顺畅；在施工准备期间填筑钻孔施工平台，施工道路、材料堆场、桩位区施工场地等表面须铺设混凝土硬地，以及做好其他与钻孔灌注桩施工有关的一切准备工作。

（2）护筒的埋设

制作护筒的材料有钢、钢筋混凝土两种。护筒要求坚固耐用，不漏水，其内径应比钻孔直径大（旋转钻约大 20cm，潜水钻、冲击或冲抓锥约大 40cm）。一般常用钢护筒。

钢护筒的埋设采用人工挖埋的方法，即把桩护筒四周 0.5m 范围内的土挖除，坑底处理平整，通过定位控制桩把钻孔的中心位置标于孔底，埋设护筒时，用十字线在护筒顶部或底部找出护筒的圆心位置，移动护筒，使护筒中心线与设计桩位重合，使护筒精确就位，此后在护筒周围对称、均匀地回填黏土，分层夯实。

（3）泥浆制备

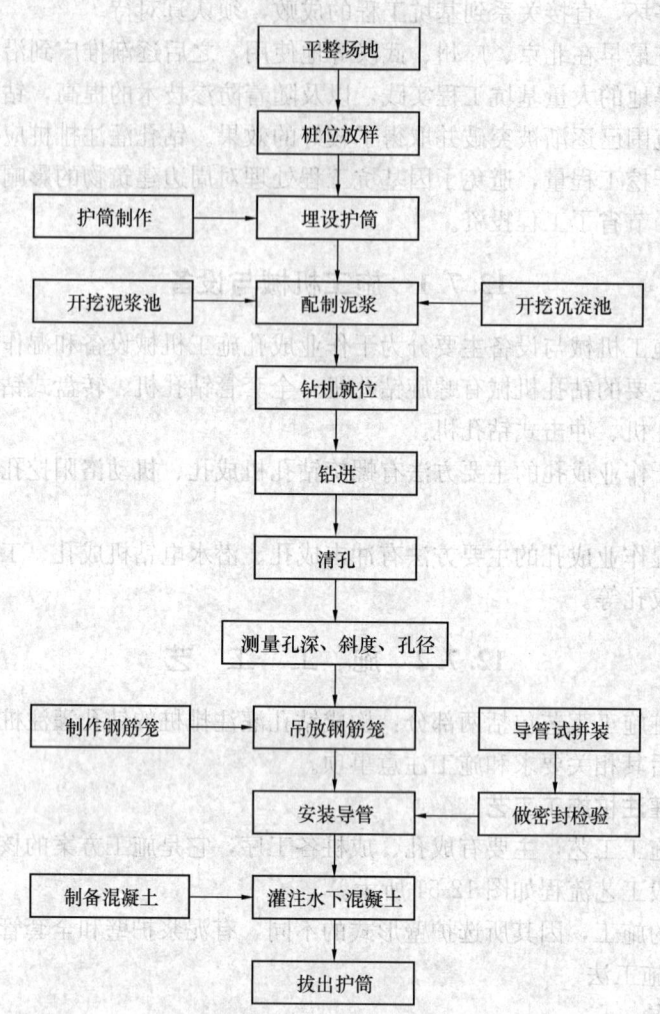

图 12-51 钻孔灌注桩成孔、成桩的一般工艺流程图

常用的钻孔泥浆的主要性能指标可参照表 12-41。

常用的钻孔泥浆的主要性能指标表　　　　　表 12-41

| 钻孔方法 | 地层情况 | 泥浆性能指标 ||||||||
|---|---|---|---|---|---|---|---|---|---|
| | | 相对密度 | 黏度 (Pa·s) | 含砂率 (%) | 胶体率 (%) | 失水率 (mL/30min) | 泥皮厚 (mm/30min) | 静切力 (Pa) | 酸碱度 (pH) |
| 正循环 | 一般 | 1.05~1.20 | 16~22 | 4~8 | ≥96 | ≤25 | ≤2 | 1~2.5 | 8~10 |
| | 易坍 | 1.20~1.45 | 19~28 | 4~8 | ≥96 | ≤15 | ≤2 | 3~5 | 8~10 |
| 反循环 | 一般 | 1.02~1.06 | 16~20 | ≤4 | ≥95 | ≤20 | ≤3 | 1~2.5 | 8~10 |
| | 易坍 | 1.06~1.10 | 18~28 | ≤4 | ≥95 | ≤20 | ≤3 | 1~2.5 | 8~10 |
| | 卵石 | 1.10~1.15 | 20~35 | ≤4 | ≥95 | ≤20 | ≤3 | 1~2.5 | 8~10 |

在现场设置泥浆池、沉淀池，并用循环槽连接。泥浆池采用在墩位附近就地挖设，表面水泥砂浆抹面形成。

成孔时有大量土渣或泥浆。根据成孔工艺不同，分为干作业成孔的灌注桩泥浆护壁、成孔的灌注桩套管、成孔的灌注桩和爆扩成孔的灌注桩等。灌注桩施工工艺近年来发展很快，还出现夯扩沉管灌注桩钻孔压浆成桩等一些工艺。这里所谈的主要是泥浆护壁成孔的灌注桩产生的泥浆水。

（4）钻机就位

钻机就位前，对钻孔各项准备工作进行检查。钻机安装后的底座和顶端应平稳。

为防止桩位不准，施工中很重要的是定好中心位置和正确地安装钻孔机，对有钻塔的钻孔机，先利用钻机的动力与附近的地笼配合，将钻杆移动大致定位，再用千斤顶将机架顶起，准确定位，使起重滑轮、钻头或固定钻杆的卡孔与护筒中心在一垂线上，以保证钻机的垂直度。钻机位置的偏差不大于2cm。对准桩位后，用枕木垫平钻机横梁，并在塔顶对称于钻机轴线上拉上缆风绳。

（5）钻孔

初钻时，先启动泥浆泵和转盘，空转一段时间，待泥浆输进钻孔中一定数量后开始钻进。开始钻进时，要控制进尺速度，在护筒底部时应降低钻进速度，以便护筒底部有坚硬的泥皮护壁。钻至护筒底部下1m后，按土质情况正常钻进。

采用正反循环钻孔均应采用减压钻进，即钻机的主吊钩始终要承受部分钻具的重力，而孔底承受的钻压不超过钻具重力之和（扣除浮力）的80%。

（6）清孔

清孔采用换浆法进行，钻进终孔后，停止进尺，将钻锥提离孔底20~40cm空转，以大泵量泵入符合清孔性能指标的新泥浆，并保持泥浆的正常循环，将孔内悬浮钻渣较多的泥浆换出，直到清除孔底沉渣、减薄孔壁泥皮、泥浆性能指标符合要求为止。在清孔排渣时，必须注意保持孔内水头，防止坍塌。清孔后泥浆的指标控制为，含砂率＜2%；黏度：17~20s；相对密度：1.03~1.10，且孔底沉渣厚度小于300mm。

（7）除砂机

泥浆除砂净化装置主要由进浆管、粗筛器、储浆槽、水力旋流器、渣浆泵、细筛器、脱水筛、中储箱和出浆管9大部分组成，使用除砂设备能带来泥浆的充分净化，有利于控制泥浆的性能指标。对土渣的有效分离，有利于提高造孔效率。泥浆的重复使用，有利于节约造浆材料和施工成本。泥浆的闭路循环及较低的渣料含水率有利于减少污染。其工作原理主要为：泥浆先由进浆管进入粗筛器进行粗筛，主要滤除粒径大于3mm的砂粒。粗筛后的砂粒通过出渣口排出，而粗筛后的泥浆则流入储浆槽，泥浆由渣浆泵抽吸射入水力旋流器入浆口，通过水力旋流器分选后，粒径较小的砂粒落入细筛器，细筛器主要滤除粒径大于0.06mm的颗粒，滤出的细砂颗粒再落入脱水筛进行脱水处理，将相对干燥的砂粒排到出渣口。细筛后的泥浆则流入中储箱再由总出浆管进入到泥浆池中进行利用。

（8）钢筋笼套接

桩基施工中钢筋笼的对接一直是困扰施工单位的一个难题，钢筋笼对接时间一般占整个钢筋笼下笼时间的70%~80%，因此钢筋笼的对接速度直接影响到下笼的时间，特别是在一些地质条件不好的地区，威胁到成桩的质量。目前较先进的技术是直螺纹连接套筒，剥肋滚压直螺纹连接技术的基本原理是将待连接钢筋端头表面纵、横肋剥落，然后滚轧成规整的直螺纹，再用相配套的带有内螺纹的套管将两根钢筋相对拧紧连接成一体。根据钢材形变强化的原理，钢筋上滚轧出的直螺纹强度大幅提高，足以弥补剥肋所造成的强度损失，且其延性好，能充分发挥钢材母材的强度和延性。

工艺流程如下：现场钢筋母材检验→钢筋端部平头→初选连接参数→直接滚轧螺纹→直螺纹扣丝检验→套筒连接→送检→确定连接参数。

(9) 制作、安装钢筋笼

1) 钢筋进场后在指定钢筋场区分类堆放整齐，钢筋存放在 50cm 以上的台座上。

2) 钢筋骨架制作在加工厂集中下料加工，采用钢筋弯曲机、钢筋切断机等加工，用箍筋成型法制作。

3) 在钢筋骨架的顶端焊接 $\phi 20\text{mm}$ 吊环，以便将钢筋骨架临时搁置在钻机平台上。

4) 钢筋笼安装时采用两点吊，第一点设在骨架的下部，第二点设在骨架的中点到上三分点之间。

5) 钢筋骨架的制作和吊放的允许偏差为：主筋间距 $\pm 10\text{mm}$；箍筋间距 $0 \sim 20\text{mm}$；骨架外径 $\pm 10\text{mm}$；骨架倾斜度 $\pm 0.5\%$；骨架保护层厚度 $\pm 10\text{mm}$；骨架中心平面位置 $20\text{mm}$；骨架底面高程 $\pm 50\text{mm}$。

(10) 灌注水下混凝土

水下混凝土采用钢导管灌注，导管采用双螺纹方扣导管，直径 $\phi 250 \sim 350\text{mm}$，视桩径大小而定。每根导管安装密封圈，防止导管内进水或者导管深层地下水漏浆。导管吊装前进行试拼，检查其垂直度，进行水密承压和接头抗拉试验。根据孔深提前做好配管工作，按导管底距孔底距离 $0.20 \sim 0.40\text{m}$ 控制。

1) 灌注混凝土前，对孔底沉淀层厚度、泥浆指标进行检测，符合要求后，立即灌注水下混凝土；否则进行二次清孔，直到满足规范要求为止。

2) 进行水密承压试验，严禁用压气试压，确保导管接头良好，不漏气。进行水密试验的水压不应小于孔内水深 1.3 倍的压力，也不应小于导管壁和焊缝可能承受灌注混凝土时最大内压力 $P$ 的 1.3 倍，$P$ 可按式 (12-44) 计算：

$$1.3P = \gamma_c h_c - \gamma_w H_w \tag{12-44}$$

式中　$P$——导管可能受到的最大内压力 (kPa)；

$\gamma_c$——混凝土拌合物的重度 (取 $24\text{kN/m}^3$)；

$\gamma_w$——井孔内水或泥浆的重度 (取 $11\text{kN/m}^3$)；

$H_w$——井孔内水或泥浆的深度 (m)；

$h_c$——导管内混凝土柱最大高度 (m)，以导管全长或预计的最大高度计算。

3) 首批灌注混凝土的数量应能满足导管首次埋置深度 ($\geqslant 1.0\text{m}$) 和填充导管底部的需求 (图 12-52)，所需混凝土数量可参考式 (12-45) 计算：

$$V \geqslant \frac{\pi D^2}{4}(H_1 + H_2) + \frac{\pi d^2}{4} h_1 \tag{12-45}$$

式中　$V$——灌注首批混凝土所需数量 ($\text{m}^3$)；

$D$——桩的直径 1.6m；

$H_1$——桩孔底至导管底端的间距，一般为 0.4m；

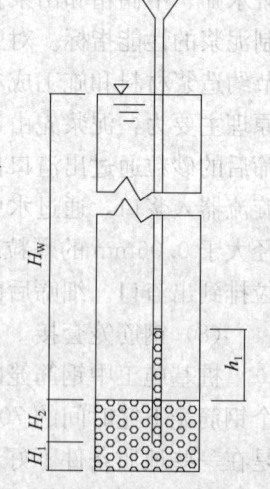

图 12-52　首批灌注混凝土示意图

$H_2$——导管初次埋置深度（m）；
$d$——导管直径（m）；
$h_1$——桩孔内混凝土达到埋置深度 $H_2$ 时，导管内混凝土柱平衡导管外（或泥浆）压力所需的高度（m）。

即：

$$h_1 = \frac{H_w \gamma_w}{\gamma_c} \tag{12-46}$$

式中 $\gamma_c$——混凝土拌合物的重度（取 24kN/m³）；
$\gamma_w$——井孔内水或泥浆的重度（取 11kN/m³）；
$H_w$——井孔内水或泥浆的深度（m）。

4) 混凝土拌合物运至灌注地点时，检查其和易性和坍落度等指标，如不符合要求，应进行第二次拌合，二次拌合后仍不符合要求的，不得使用。

5) 在灌注过程中紧凑、连续地进行，严禁中途停工，防止混凝土从漏斗溢出或掉入孔内。

6) 为了防止钢筋骨架上浮，当灌注的混凝土顶面距钢筋骨架底部 1m 以上时，应降低混凝土的灌注速度。

7) 为确保质量，在设计标高加灌 0.5～1.0m，多余部分在接桩前凿除。

2. 全套管施工法

全套管施工法又称贝诺特（Benoto）工法。该法利用摇动装置的摇动，使钢套管与土层间摩阻力大大减小，边摇动边压入，同时利用冲抓斗挖掘取土，直至套管下到桩端持力层为止。挖掘完毕后立即进行挖掘深度的测定，并确认桩端持力层，然后清除虚土。成孔后将钢筋笼放入，接着将导管竖立在钻孔中心，最后灌筑混凝土成桩。

全套管施工法一般的施工过程是：整平场地、铺设工作平台、安装钻机、压套管、钻进成孔、安放钢筋笼、插入导管、浇筑混凝土、拉拔套管、检查成桩质量。

全套管施工法的施工程序如图 12-53 所示。

全套管钻机的挖掘过程如图 12-54 所示。

### 12.7.2.2 钻孔灌注排桩施工要求

钻孔灌注排桩是把单个钻孔灌注桩并排连续起来形成的地下基坑挡土结构。当基坑不考虑防水（或已采取了降水措施）时，钻孔灌注桩可按一字形间隔排列或相切排列形成排桩。相邻桩间净距宜为 150～200mm，土质较好时，可利用桩侧"土拱"作用恰当扩大桩距。当基坑需考虑防水时，可按一字形搭接排列，也可按间隔或相切排列，外加防水墙形成钻孔灌注排桩。搭接排列时，搭接长度通常为保护层厚度；当按间隔或相切排列，需另设防渗措施时，桩体净距可根据桩径、桩长、开挖深度、垂直度，以及扩颈情况来确定，一般为 100～150mm。

钻孔灌注排桩中桩的直径和桩长根据地质和环境条件由计算确定，一般桩径可取 $\phi500$～1000mm，但通常以采用 $\phi600$mm 或大于 $\phi600$mm 为宜。密排式钻孔灌注排桩每根桩的中心线间距一般应为桩直径加 100～150mm，即两根桩的净间距为 100～150mm，以免钻孔时碰及邻桩。分离式钻孔灌注排桩的中心距，应由设计根据实际受力情况确定。桩的埋入深度由设计根据结构受力和基坑底部稳定性以及环境要求确定。施工单位必须按设

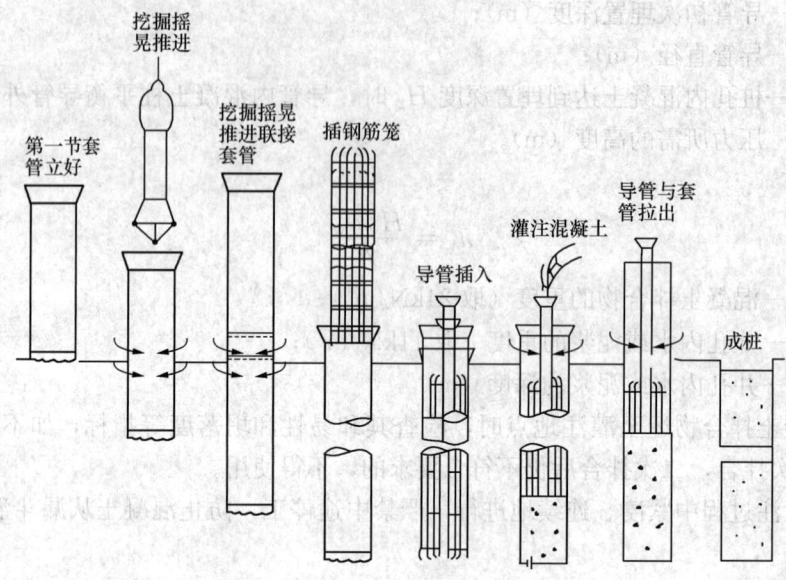

图 12-53 全套管施工法的施工程序

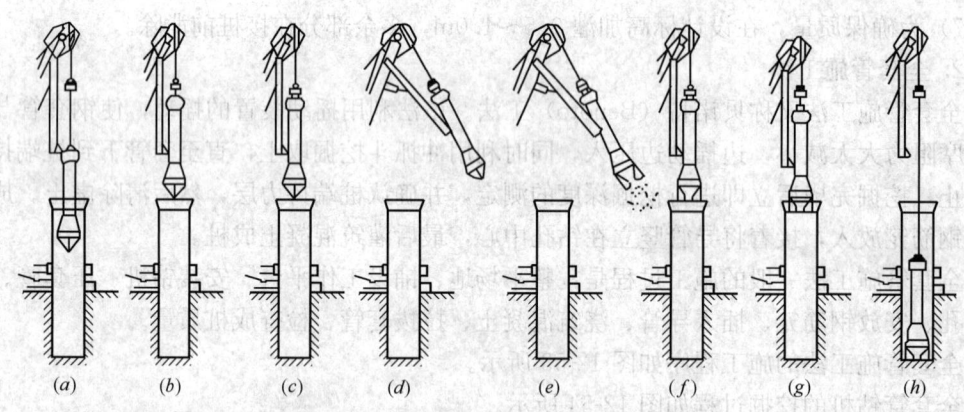

图 12-54 全套管钻孔机挖掘过程
(a) 提土过程；(b)、(c) 抓斗将土提出套管；(d) 排土板液压缸将抓斗顶向外侧；(e) 排土；
(f) 抓斗回到套管上方；(g)、(h) 放松钢丝绳，重新开始挖掘

计要求施工。

钻孔灌注排桩施工前必须试成孔，成孔数量不得少于 2 个，以便核对地质资料，检验所选的设备、机具、施工工艺以及技术是否适宜。如孔径、垂直度、孔壁稳定和沉淤等检测指标不能满足设计要求时，应拟定补救技术措施，或重新选择施工工艺。

由于排桩要承受地面超载和侧向水土压力，其配筋量往往比一般工程桩大。尤其当挖土面及其背面配有不同数量钢筋时，施工必须严格按受力要求采取技术措施保证钢筋笼的正确位置。非均匀配筋排桩的钢筋笼在绑扎、吊装和埋设时，应保证钢筋笼的安放方向与设计方向一致。

钻孔灌注排桩施工时要采取间隔跳打，隔桩施工，并应在灌注混凝土 24h 后进行邻桩成孔施工，防止由于土体扰动对已浇筑的桩带来的影响。

按照工程经验，当距钻孔灌注排桩外侧100mm做双钻头排列（宽度1200mm）制作搅拌桩，以防渗止水时，其深度应满足基坑底防止管涌的要求。如果采用注浆（一般对粉土或砂土），也必须满足形成防渗帷幕墙体的要求。

对于砂土，可采用套排桩的形式，即对有严重液化砂土地基先进行搅拌桩加固，然后在加固土中制成钻孔灌注排桩以保证成孔质量。这就需要在搅拌桩结束后不久即进行钻孔排桩施工。

钻孔灌注排桩顶部一般需做一道冠梁，将桩圈成整体，便于开挖时可整体受力和满足控制变形的要求。

当钻孔排桩单桩成为受力单元，在开挖时需采用围檩以构成整体受力。围檩要有一定刚度。尤其对钢围檩、钢支撑，防止由于围檩和支撑发生变形而导致围护墙体变形过大或失稳破坏。

钻孔灌注排桩施工时要严防个别桩坍孔，以致后施工的邻桩无法成孔，造成开挖时严重流砂或涌土。钻孔灌注排桩采用泥浆护壁作业法成孔时，要特别注意孔壁护壁问题。由于通常采用跳孔法施工，当桩孔出现坍塌或扩径较大时，会导致两根已经施工的桩之间插入后施工的桩时发生成孔困难，必须把该根桩向排桩轴线外移才能成孔。

多年的应用实践经验也证明，钻孔灌筑排桩作为基坑围护结构往往容易发生下列问题：

(1) 由于钻桩垂直度控制不好，桩的间隙过大，虽然其后有深层搅拌桩墙可防渗，但因搅拌的不均匀性，施工质量不佳等因素，经常发生地下水从桩之间的空隙中渗出，有时且携带泥砂，如不及时堵截，则渗透造成的空隙会越来越大，以致围护墙外地面沉降，建筑物或地下管道倾斜、断裂。

(2) 钻孔施工时大量泥浆排放，对环境保护不利。钻孔桩一般均为天然泥浆护孔，一根桩的土方将相当于3根多桩的泥浆排放量。

(3) 因钻孔灌注桩后多数情况下均要有深层搅拌桩作防渗墙，相对其他（如地下连续墙）结构而言，围护结构厚度加大，施工场地减少。今后的趋势应是选用相互搭接的结构形式，省去后面的深层搅拌桩。但是施工时应间隔着进行。每相邻两根桩施工结束后，要在其中间插入一根桩，这就要求较高的施工精度，而且钻孔机钻头需有切割刀具，对机械的扭矩要求也高，非一般的机械所能达到。国外已很普遍采用这类结构，实质上这种形式已属柱列式地下连续墙范畴了。

### 12.7.3 质 量 控 制

**1. 钻孔灌注桩施工中应引起足够重视的质量控制要点**

(1) 施工机具的选择

施工机具的好坏对能否保证施工质量以及施工效率的高低起着至关重要的作用。选择合适的施工机具是实现质量控制的首要条件。泥浆循环回转钻成孔灌注桩的施工机具主要包括成孔的钻机、泥浆循环设备、钻杆、钻头与保径圈，成桩的导管、料斗、球塞、混凝土拌制与输送设备。

(2) 钻机就位的控制

钻机的安装就位包含两层意思，一是所钻桩位在大地平面的位置控制，二是所钻桩孔本身的立体位置控制。

钻机安装的基本要求是水平、稳固、三点（天车、转盘、护筒中心）呈一垂线，这样才能保证桩的垂直度和桩位偏差符合要求，安装完毕后要用水平尺和测锤校验。

钻机完成一个桩孔后一般不应直接到邻桩位施工而应实行跳打原则，这是为了防止因钻机荷载或成孔的应力释放而影响到刚灌注完混凝土的邻桩的质量，实在无法调整桩位时，应停顿36h以后才可在邻桩上进行施工。

(3) 泥浆的调制和使用

实践证明泥浆是钻孔灌注桩施工质量好坏的重要环节，必须从严控制。在施工中应注意检测泥浆的各项指标，尤其是比重和黏度这两项最直观、最重要的指标。

(4) 钻进过程

钻进过程中主要应加强以下事项的控制：

1) 总的原则要快，一个桩的施工时间越短，质量也越不容易出现问题，当然，也不是要绝对的快，该慢的孔段要慢。

2) 钻进过程中泥浆循环量应根据地层和钻进速度加以调整，若进尺速度快而泵量小，泥浆必定黏稠而且泥块沉渣多，影响成孔质量；在松软易坍地层中钻进时若泵量和压力太大，会造成扩径甚至坍孔。

3) 在钻孔排渣、提钻头除土或因故停钻时，应保持孔内具有规定水位和要求的泥浆比重和黏度。处理孔内事故或因故停钻，必须将钻头提出孔外。

4) 终孔时，需对桩孔的孔深、孔径、倾斜度进行检测，符合要求才能终孔，否则需继续。

(5) 清孔

通常用两次清孔来达到规定的混凝土灌注前的泥浆比重。

第一次清孔是钻进至设计深度后直接利用钻具进行的换浆清孔工作。第一次清孔是能否达到技术要求的根本基础，不能因为有第二次清孔而忽视第一次清孔的重要性。

第二次清孔是在下完钢筋笼和导管以后利用导管进行的清孔，目的是清除这段时间里从泥浆中沉淀到孔底或是被钢筋笼撞打下去的泥块沉渣。

在清孔过程中必须注意保持孔内水头，防止坍孔。清孔完毕后，应从孔底取出泥浆样品，进行性能指标试验。

(6) 钢筋笼

钻孔灌注桩的钢筋笼制作一般使用热轧钢筋，材质与焊接要求应符合相关国家现行标准。

钢筋笼制作的技术要求主要是：1) 钢筋笼直径应符合设计尺寸。2) 每节的长度不宜超过9m，也不宜短于5m。3) 使用法兰接头导管时，最下面的一节钢筋笼底端应使主筋向外张开，以防导管挂钩导管造成钢筋笼上浮。4) 制作好的钢筋笼应平卧堆放在平整干净的场地，堆高不得超过两层。钢筋笼在下笼过程中应匀速，一般桩孔应在2~4h内完成。

(7) 水下混凝土的灌注

混凝土的强度等级必须满足设计要求，砂石料、水泥、水等应符合国家现行标准。此外，根据灌注桩的特点，水下混凝土还需控制：1) 初凝时间。2) 流动性。

水下混凝土在灌注中应控制以下几点：

1) 水下混凝土灌注前应检查桩底的沉淀层厚度与泥浆指标，不符合要求则应再次清孔。2) 当混凝土灌到孔口不再返出泥浆时，说明混凝土压力已等于或小于其在桩内顶升的阻力，此时应提升导管。3) 导管的埋深太大或太小都是不利的，应做到勤提勤拆，不能出现一次拆十几米的情况。

2. 钻孔灌注桩质量标准

钻孔灌注桩质量标准如表12-42所示。
$D$ 为桩径（≤1000mm），$H$ 为桩长。

钻孔灌注桩质量标准　　　　表 12-42

| 序号 | 项目 | | 允许偏差（mm） | 检验方法 |
|---|---|---|---|---|
| 1 | 钢筋笼 | 主筋间距 | ±10 | 尺量检查 |
| | | 箍筋间距 | ±20 | |
| | | 箍筋直径 | ±10 | |
| | | 主筋长度 | ±100 | |
| 2 | 混凝土 | 保护层厚度 | 不小于70 | 尺量检查 |
| 3 | 桩位中心线偏差边桩 | | $D/6$ 且 ≤100 | 拉线和尺量检查 |
| 4 | 桩位中心线偏差中心桩 | | $D/6$ 且 ≤150 | 拉线和尺量检查 |
| 5 | 孔的垂直度 | | $H/100$ | 吊线和尺量检查 |

3. 钻孔灌注桩容易出现的问题及解决的方法

(1) 施工中孔壁坍塌的处理措施

1) 施工现场在埋设灌注桩的护筒时，坑地与四周应选用最佳含水率的黏土分层夯实，必须注意保持护筒垂直安装，在护筒的适当高度开孔，使护筒内保持1.0～1.5m的水头高度。

2) 当发现地基有地下水时，应密切注意是否夹有不透水层。当下层的承压地下水的水头比下层的地下水位高时，必须能保持足够的泥水压力，在施工前的地质情况勘测中，一定要求给出地下水的压力、出水量、水流方向等要素条件。

3) 泥浆的比重以1.02～1.08为宜。另外，在成孔时，如果遇到砾石层等土层产生大量漏浆时，应考虑是否改成其他施工方法。

4) 当中断成孔作业时，要着重监视漏水、跑浆的情况。

5) 在反循环钻孔法的成孔施工中，钻孔速度不宜过快，如果孔壁未形成有效泥浆膜，施工中将易出现孔壁坍塌的质量事故。

(2) 缩颈

缩颈是钻孔灌注桩最常见的质量问题，主要由于桩周土体在桩体浇筑过程中产生的膨胀造成。针对这种情况，应采用优质泥浆，降低失水量。成孔时，应加大泵量，加快成孔速度，在成孔一段时间内，孔壁形成泥皮，则孔壁不会渗水，亦不会引起膨胀。或在导正器外侧焊接一定数量的合金刀片，在钻进或起钻时起到扫孔作用。另外，可采用上下反复扫孔的办法，以扩大孔径。

(3) 钢筋笼上浮

用全套管法成孔后，在浇筑混凝土时，有时钢筋笼会发生上浮，其原因及相应对策如下：

1) 套管底部内壁黏附砂浆或土粒，由于管的变形，使内壁凹凸不平，在拔出套管时，将钢筋笼带上来。此时，应注意在成孔前，必须首先检查最下部的套管内壁，当堆积大量黏着物时，一定要及时清理。如确认有变形，必须进行修补，待成孔结束时，可用张大锤式抓斗，使其反复升降几次，以敲掉残余在管内壁上的土砂，确保孔底水平。

2) 当钢筋笼的外径及套管内壁之间的间隙太小，有时套管内壁与箍筋之间夹有粗骨料时，会发生钢筋上浮现象，出现这种问题处理的方法是，使箍筋与套管内壁之间的间隙要大于粗骨料的最大尺寸的2倍。

3) 钢筋笼自身弯曲，钢筋笼之间的接点不好、弯曲，箍筋变形脱落，套管倾斜等，使得钢筋与套管内壁的接触过于紧密时，也将造成钢筋笼上浮。在处理此类问题时，应注意提高钢筋笼加工、组装的精度，防止钢筋笼在运输工程中由于碰撞等因素引起的变形。在沉放笼时要确认钢筋笼的轴向准确度等，不得使钢筋笼自由坠落到桩孔中，不得敲打钢筋笼的顶部。

4) 由于混凝土灌注钢筋笼且导管埋深较大，其上层混凝土因浇筑时间较长，已接近初凝，表面形成硬壳，混凝土与钢筋笼有一定的握裹力，如此时导管底端未及时提到钢筋笼底部以上，混凝土在导管流出后将以一定的速度向上顶升，同时也带动钢筋笼上升。当此类现象发生时，应立即停止灌注混凝土，并准确计算导管埋深和已浇混凝土面的标高，提升导管后再进行浇筑，上浮现象即可消失。

5) 钢筋笼放置初始位置过高，混凝土流动性过小，导管在混凝土中埋置深度过大，钢筋笼将被混凝土拖顶上升。

(4) 桩底沉渣量过多

清孔是灌注桩施工中保证成桩质量的重要环节，通过清孔应尽可能地使桩孔中的沉渣全部清除，使混凝土与岩基结合完好，提高桩基的承载力。施工中发生桩底沉渣的主要原因及处理的措施如下：

1) 桩底的沉渣过多主要由于施工中违反操作规定，清孔不干净或未进行二次清孔造成的；施工中应保证灌注桩成孔后，钻头提高至孔底以上 10~20cm，保持慢速空转，维持循环清孔时间不少于 30min，然后将锤式抓斗慢慢放入孔底，抓出孔底的沉渣。

2) 钢筋笼吊放过程中，如果钢筋笼的轴向位置未对准孔位，将会发生碰撞孔壁的事故，孔壁的泥土会坍落在桩底；因此，钢筋笼吊放时，务必使钢筋笼的中心与桩中心保持一致，避免碰撞孔壁。钢筋笼的加工工艺，可选用冷压接头工艺加快钢筋笼对接速度，减少空孔时间，从而减少沉渣。下完钢筋笼后，检查沉渣量，如沉渣量超过规范要求，则应利用导管进行二次清孔，使用的方法是用空气升液排渣法或空吸泵反循环法。这种方法是用已有的空吸泵、空压机，在导管上备有承接管，它无需特殊设备，在任何施工方法中均可采用。

3) 清孔后，待灌时间过长，致使泥浆沉积。开始灌注混凝土时，导管底部至孔底的距离宜为 30~40mm，应有足够的混凝土储备量，使导管一次埋入混凝土面以下 1.0m 以上，以利用混凝土的巨大冲击力溅除孔底沉渣，达到清除孔底沉渣的目的。

(5) 导管进水

在浇筑混凝土过程中，有时会发生由于过量上提导管，使接头部分产生漏水等情况，将造成混凝土离析、流动等质量事故，在桩身上留下致命的质量隐患。因此要严格进行施工管理，不得发生泥浆水进入导管的质量事故。一旦生发上述事故，可采取如下的处理措施：

1）浇筑混凝土之前，若发现导管口出现漏水现象时，应立即提起导管进行检查，对漏水部位进行严格的防水处理后，再重新放入桩孔中，浇筑混凝土。

2）在任何情况下，都应该尽可能地将导管底部深深地埋在混凝土中，当发现导管上提明显过量时，应迅速将导管插到混凝土中，利用小型水泵或小口径的抽水设备，将导管中的水抽掉之后，再继续浇筑混凝土。

（6）断桩

由于混凝土凝固后不连续，中间被冲洗液等疏松体及泥土填充形成间断桩。造成原因及防治措施如下：

1）施工中若发生导管底端距孔底过远，则混凝土被冲洗液稀释，使水灰比增大，造成混凝土不凝固，导致混凝土桩体与基岩之间被不凝固的混凝土填充，这就要求在灌注混凝土前，应认真进行孔径测量，准确算出全孔及首次混凝土灌注量。

2）有时受地下水活动的影响可能使导管密封不良，冲洗液浸入混凝土水灰比增大，导致桩身中段出现混凝土不凝体。绑扎水泥隔水塞的铁丝，应根据首次混凝土灌入量的多少而定，严防断裂。确保导管的密封性，导管的拆卸长度应根据导管内外混凝土的上升高度而定，切勿起拔过多。

3）施工中浇筑混凝土时，没有从导管内灌入，而采用从孔口直接倒入的办法灌注，会产生混凝土离析造成凝固后不密实坚硬，个别孔段出现疏松、空洞的现象，因此，施工要求中要严格确定混凝土的配合比，使混凝土有良好的和易性和流动性，坍落度亦满足灌注要求。灌注混凝土应从导管内灌入，要求灌注过程连续、快速，准备灌注的混凝土要足量，避免埋下质量事故的隐患。

## 12.8 咬合桩工程施工

所谓咬合桩，是通过不同类型桩相互重叠咬合形成密封性很好的，既挡水又挡土的桩墙。在大量的工程实践中，根据不同地区的地质、水文及深层地下障碍物差异情况，继"软法切割"咬合桩墙施工工艺之后，又形成了"硬法切割"施工工艺，相比于"软法切割"施工工艺，"硬法切割"施工工艺在复杂地质条件下具有更强的安全性、可操作性及施工效益。本手册介绍的咬合桩施工技术均为硬法切割工艺。

### 12.8.1 施工机械与设备

硬法切割连续桩墙作为围护结构，其主要作用是防水和抗位移，因此在成桩过程中必须严格控制桩身垂直度及桩身质量，垂直度最低要求必须控制在 1/300 以内，桩身的混凝土不得有离析现象；另外连续桩墙施工采用硬咬合的方法，即在 A 桩混凝土终凝以后进行 B 桩的咬合切割施工，因此本试验工程对连续桩墙施工设备及混凝土的要求都很高。

目前,硬法切割咬合桩较为常用的施工机械为全回转CD套管机(图12-55),全回转套管CD钻机由主机、液压动力站、操纵室三个部分组成。施工过程中由全回转套管CD钻机液压驱动双壁钢套管全回转切割钻进,双壁钢套管底端镶嵌钛合金刀头,具备很强的切割切削能力,可将地下抛石、残留旧桩、旧混凝土等障碍物一并清除。

该设备的主要性能如下:

(1) 能够对单轴压缩强度为137~206MPa的巨砾、岩床进行切削。

(2) 在砂砾、软岩层等地层的挖掘深度可达62m,在淤泥、黏土层等的挖掘深度可达73m。

(3) 垂直精度可达1/500。

(4) 起拔力可达300t。

(5) 对于地下存在钢筋混凝土结构、钢筋混凝土桩、钢桩等的地层具有切割穿透的能力,并能将其清除。

图 12-55 全回转 CD 套管机

(6) 通过自动控制套管的压入力,可以保持符合切削对象最合适的切削状态,以及防止切割钻头的超负荷。

除用于咬合成孔的全回转CD套管机外,一般还需配备以下设备:

(1) 钢筋笼加工设备

根据该工程钢筋用量,平均每根桩用钢筋3t,每天需加工钢筋笼12t以上,钢筋笼加工平台为1个平台加工,实行三班连续作业,配备10台电焊机,每天能加工5套以上$\phi 1000mm$连续桩墙钢筋笼,实际平均每天使用钢筋笼4.4套。

(2) 混凝土灌注设备

混凝土灌注配备灌注用导管及机械两套,能够保证2根桩同时灌注;考虑到全回转CD套管机高度在3.5m以上,灌注混凝土时采用泵车灌注。

主要施工机械设备配置可参考表12-43。

主要施工机械设备CD配置汇总表　　　表12-43

| 序号 | 名称 | 型号 | 数量 |
|---|---|---|---|
| 1 | 自行走全回转CD套管机 | MT-150RN | 1台套 |
| 2 | 全回转CD套管机 | CD1500-2000 | 2台套 |
| 3 | FCEC双回转套管机 | — | 1台套 |
| 4 | 发电机 | 600kW | 1台 |
| 5 | 履带起重机 | 100T | 1台 |
| 6 | 履带起重机 | 50-80T | 1台 |
| 7 | 特种旋挖钻机 | — | 2台 |
| 8 | $\phi 1000mm$双壁钢套管 | | 115m |
| 9 | 冲抓斗 | $\phi 1000mm$ | 4个 |

## 12.8.2 施 工 工 艺

### 12.8.2.1 咬合桩施工工艺

"硬法切割"施工工艺的施工步骤与传统"软法切割"施工基本一致,即采用施工机械先施工钢筋混凝土桩(B桩)两侧的2根无钢筋笼或小方笼的桩(A桩),等A桩桩身混凝土达到终凝后再用全套管施工机械按设计要求切割A桩成孔,然后下放钢筋笼并灌注混凝土形成连续桩墙,其工艺主要有以下优点:

1. 规避了管涌风险

当邻桩混凝土强度达到终凝后再进行咬合切割,可有效规避相邻孔混凝土管涌的发生,同时由于采用了常规混凝土,降低了对混凝土的要求,节约了成本。

2. 施工不受时空限制

由于采用硬法切割工艺,允许混凝土A桩强度正常发展,即使A桩混凝土强度超过10MPa也仍能进行B桩咬合施工。当场地狭小时可先将A序列桩全部施工完成后再进行咬合施工,而无需反复跳打,从施工管理和场地安排上都更为便捷。

3. 有效保护邻孔桩体

在硬法切割咬合的过程中由于不是来回磨动而是360°全回转切割,这就避免了切割时会对桩身产生破坏。从现场实施效果看没有出现A序列桩桩体受损出现渗漏水的情况。

(1) 咬合桩施工流程

咬合桩墙导墙施工→咬合桩墙清障成孔→咬合桩墙钢筋笼吊放→咬合桩墙混凝土灌注。

(2) 咬合桩桩位布置及施工顺序

硬法切割连续桩墙分A桩和B桩,A桩为无钢筋笼的柔性桩,B桩为圆形钢筋笼的刚性桩,先施工A桩,当A桩桩身混凝土终凝后再施工两A桩之间的B桩。咬合桩墙施工顺序如图12-56所示。

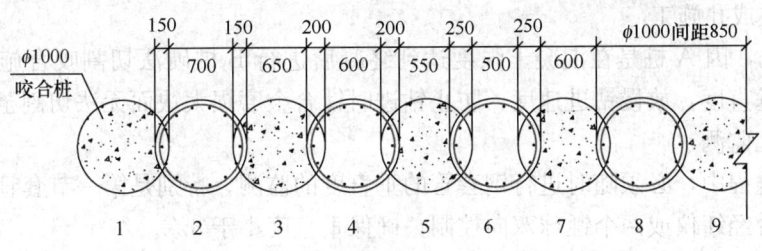

图 12-56 咬合桩墙施工顺序图

### 12.8.2.2 咬合桩施工要求

1. 导墙的施工

为了提高钻孔咬合桩孔口的定位精度并提高就位效率,在桩顶上部施做混凝土或钢筋混凝土导墙,这是钻孔咬合桩施工的第一步。

具体步骤:

(1) 平整场地:清除地表杂物,填平碾压地面管线迁移的沟槽。

(2) 测放桩位:根据设计图纸提供的坐标按外放100mm(为抵消咬合桩在基坑开挖时在外侧土压力作用下向内位移和变形而造成的基坑结构净空减小变化),计算排桩中心线坐标,采用全站仪根据地面导线控制点进行实地放样,并做好护桩,作为导墙施工的控制中线。

(3) 导墙沟槽开挖:在桩位放样线符合要求后即可进行沟槽的开挖,采用人工开挖施工。开挖结束后,立即将中心线引入沟槽下,以控制底模及模板施工,确保导墙中心线正确无误。

(4) 钢筋绑扎:沟槽开挖结束后绑扎导墙钢筋,导墙钢筋设计用 $\phi 12mm$ 螺纹钢,施工时单层双向布置,钢筋间距按 200mm×200mm 排列,水平钢筋置于内侧经验收合格后方可进行下道工序施工。

(5) 模板施工:模板采用自制整体钢模,导墙预留定位孔模板直径为套管直径扩大 2cm。模板加固采用钢管支撑,支撑间距不大于 1m,确保加固牢固,严防跑模,并保证轴线和净空的准确,混凝土浇筑前先检查模板的垂直度和中线以及净距是否符合要求,经"三检"合格后报甲方、监理通过方可进行混凝土浇筑。

(6) 混凝土浇筑施工:混凝土浇筑采用人工与反铲配合,混凝土浇筑时两边对称交替进行,严防走模。振捣采用插入式振捣器,振捣间距为 600mm 左右,防止振捣不均,同时也要防止在一处过振而发生走模现象。

2. 清障成孔

先进行素混凝土桩(A 桩)的成孔及灌注,等两相邻的 A 桩混凝土达到初凝,强度有所发展后(10h~3d 等不同时间间隔),再用全回转套管钻机驱动钢套管硬法切割咬合钻进。

(1) A 桩成孔施工

A 桩先施工无需咬合,针对现场实际情况,在施工时全回转 CD 套管机可结合清障一次性成孔,钢套管入土进入一定深度后,施工中边旋转钢套管边抓土或用旋挖钻机取土至孔底标高后浇筑混凝土。

(2) B 桩成孔施工

B 桩成孔,因 A 桩是在混凝土强度达到终凝后进行 B 桩硬法切割咬合施工,切割咬合时要控制垂直度,放慢钻进速度,防止钻进时钛合金磨损太快而无法切割至桩底部。

(3) 成孔监测

在成孔过程中,必须随时进行钢套管的垂直度的监测,特别是第一节套管钻进时,监测可采用两台经纬仪或两个锤球双向控制,确保垂直度小于 3‰。

3. 钢筋笼吊放

如为钢筋混凝土桩,成孔检测合格后进行安放钢筋笼工作,安装钢筋笼时应采取有效措施保证钢筋笼标高的正确。

钢筋笼应设置加强筋,以确保钢筋笼在吊装过程中不发生弯曲和扭曲。钢筋笼底端应做 30°的收口,便于吊装入孔。在钢筋笼吊放安装时,应注意钢筋笼坑内侧和坑外侧配筋不同,不得调转方向放反,确保受力符合设计意图。并且钢筋笼应正对基坑内,若偏转到两桩咬合处,则 B 桩咬合碰到 A 桩钢筋笼时,将难以成孔。

(1) 钢筋笼制作要求

1) 钢筋笼制作前应清除钢筋表面污垢、锈蚀,钢筋下料时应准确控制下料长度。

2) 钢筋笼采用环形、矩形模制作,制作场地保持平整。

3）钢筋笼焊接选用 E50 焊条，焊缝宽度不应小于 $0.7d$，厚度不小于 $0.3d$。

4）钢筋笼焊接过程中，应及时清渣，钢筋笼两端的加强箍与主筋应全部点焊，必须焊接牢固，其余部分按设计要求进行焊接。

5）钢筋笼主筋连接根据设计要求，采用单面焊接，焊缝长度$\geqslant 10D$，且同一截面接头数$\leqslant 50\%$错开。

6）在每只钢筋笼上、下各设置一道钢筋定位控制件，每道沿圆周布置 3 只。保护层厚度为 50mm。

7）成型的钢筋笼应平卧堆放在平整干净的地面上，堆放层数不应超过 2 层。

（2）钢筋笼安放

1）钢筋笼安放标高，由套管顶端处的标高来计算，安放时必须保证桩顶的设计标高准确，允许误差为±100mm。

2）钢筋笼下放时，应对准孔位中心，采用正、反旋转慢慢地逐步下放，放至设计标高后立即固定。

3）钢筋笼安装入孔时和上下节笼进行对接施焊时，钢筋笼保持垂直状态，对接钢筋笼时两边对称施焊。

4）孔口对接钢筋笼完毕后，进行中间验收，合格后方可继续下笼进行下一节笼安装。

5）为防止钢筋笼在浇筑混凝土时上浮，在钢筋笼底部焊上一块比钢筋笼直径略小的薄钢板以增加其抗浮能力。

**4. 混凝土灌注**

如孔内有水时需采用水下混凝土灌注法施工，如孔内无水时则采用干孔灌注法施工，此时应加强振捣。灌注混凝土注意如下几点：

（1）在钢筋笼吊装合格后，安装导管。导管应采用直径不小于 250mm 的管节组成，接头应装卸方便，连接牢固，并带有密封圈，保证不漏水不透水。导管的支撑应保证在需要减慢或停止混凝土流动时使导管能迅速升降。

（2）安放混凝土漏斗与隔水橡皮球胆，并将导管提离孔底 0.5m。混凝土初灌量必须保证能埋住导管 0.8~1.3m。

（3）灌注过程中，导管埋入深度宜保持在 3~9m 之间，最小埋入深度不得小于 2m。浇灌混凝土时随浇随提，严禁将导管提出混凝土面或埋入过深，一次提拔不得超过 6m。

（4）混凝土浇灌中应防止钢筋笼上浮，在混凝土面接近钢筋笼底端时灌注速度应适当放慢，当混凝土进入钢筋笼底端 1~2m 后，可适当提升导管，导管提升要平稳，避免出料冲击过大或钩带钢筋笼。

（5）每车混凝土在使用前由试验室检测其坍落度及观感质量是否符合要求，坍落度超标或观感质量太差的禁止使用。

（6）每车混凝土均取一组试件，监测其缓凝时间及坍落度损失情况，直至该桩两侧桩全部完成为止。如发现问题及时反馈信息，以便采取应急措施。

**5. 拔管成桩**

一边浇筑混凝土一边拔管，应注意始终保持套管底低于混凝土面$\geqslant 2.5m$。

## 12.8.3 质 量 控 制

### 12.8.3.1 咬合桩导墙质量控制

(1) 根据地面控制点采用全站仪实地测放桩位,并做好龙门桩。

(2) 桩位测量放线定位并验收合格后,由桩位中心向两侧600mm宽采用人工开挖样导墙沟槽,为防止连续桩墙部位有不明管线,沟槽开挖深度为2m,确认下部无管线后回填素土并夯实,以防止钻机在上面行走时导墙下陷。

(3) 施工导墙混凝土垫层,严格控制其厚度、截面尺寸及表面平整度。

(4) 按照龙门桩上的点位在垫层上定出每组连续桩墙的中心线,将所有连续桩墙的中心线相连形成排桩中心线。

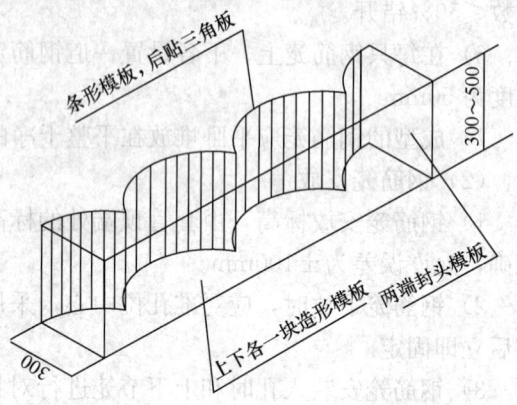

图 12-57 导墙模板布置图

(5) 按连续桩墙中心线弹出两边的模板内边线(模板内边线距离 $L=D/2-300$,$D$ 为孔径,300mm 为连续桩墙模板宽度),根据模板内边线安装定型模板,并按图 12-57 和图 12-58 所示固定。

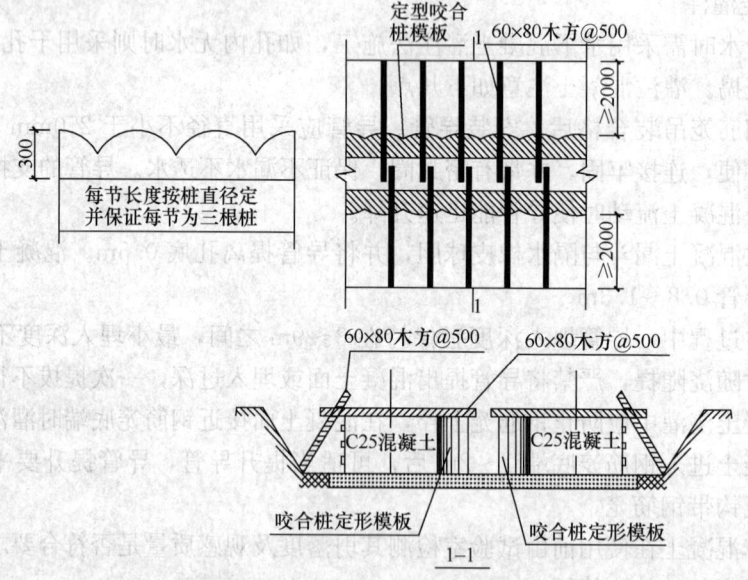

图 12-58 硬法切割连续桩墙导墙模板固定图

(6) 按设计要求安放钢筋,所有钢筋绑扎必须牢固。

(7) 导墙混凝土采用商品混凝土,浇捣时两边对称交替浇捣,严防走模。并按规范要求预留试块,另外再做一组强度试块,以便确定70%强度时间。

(8) 导墙质量检验标准如表 12-44 所示。

导墙质量检验标准表　　　　　　　　　　　表 12-44

| 项目 | 序号 | 检查项目 | 允许偏差或允许值 | 检查方法 |
|---|---|---|---|---|
| 主控项目 | 1 | 模板隔离剂 | 涂刷模板隔离剂时不得玷污钢筋或混凝土接搓处 | 观察 |
| | 2 | 轴线位置 | 5mm | 用钢尺量 |
| | 3 | 截面内部尺寸 | ±10mm | 用钢尺量 |
| | 4 | 钢筋材质检验 | 符合设计要求 | 抽样送检 |
| | 5 | 钢筋连接方式 | 符合设计要求 | 观察 |
| | 6 | 钢筋接头试件 | 符合设计要求 | 抽样送检 |
| | 7 | 混凝土强度 | 符合设计要求 | 试块强度报告 |
| 一般项目 | 1 | 模板安装 | 模板的接缝不应漏浆，木模板应浇水湿润，但模板内不应有积水 | 观察 |
| | | | 模板与混凝土的接触面应清理干净并涂刷隔离剂 | |
| | | | 模板内的杂物应清理干净 | |
| | 2 | 相邻两板高低差 | 2mm | 用钢尺量 |
| | 3 | 模板拆除 | 模板拆除时保证混凝土表面及棱角不受损伤 | 观察 |

#### 12.8.3.2　咬合桩垂直度控制

1. 孔口定位误差控制

在钻孔连续桩墙桩顶以上设置钢筋混凝土导墙，导墙上定位孔的直径宜比桩径大20～30mm。钻机就位后，将第一节套管插入定位孔并检查调整，使套管周围与定位孔之间的空隙保持均匀。

2. 套管自身的顺直度检查和矫正

钻孔连续桩墙施工前在平整地面上进行套管顺直度的检查和矫正，首先检查和矫正单节套管的顺直度，然后将按照桩长配置的全部套管连接，整根套管的顺直偏差≤15mm。

3. 成孔过程中桩的垂直度监测和控制

(1) 地面监测：在地面选择两个相互垂直的方向，设置经纬仪或垂球监测地面以上的套管的垂直度，发现偏差随时纠正。

(2) 孔内检查：在每节套管压完后安装下一节套管之前，进行孔内垂直度检查。具体方法：先在套管顶部放一个钢筋十字架，放入线锤，吊入测量工人，沿十字钢筋两个方向，利用线锤上下分别量测，测出偏差值，做好记录。超偏差必须纠偏，合格后进行下一节套管施工。

4. 垂直度超差的纠偏

(1) 利用钻机油缸进行纠偏：如果偏差不大或套管入土深度≤5.0m，可直接利用钻机的两个顶升油缸和两个推拉油缸调节套管的垂直度。

(2) A桩纠偏：如果A桩偏差较大或套管埋入深度>5.0m，先利用钻机油缸直接纠偏，如达不到要求，向套管内灌砂或黏土，边灌边拔起套管，直至将套管提升到上一次检查合格的位置，然后调直套管，检查其垂直度再重新下压。

(3) B桩纠偏：如果B桩偏差较大或套管埋入深度>5.0m，先利用钻机油缸直接纠偏，如达不到要求，向套管内灌素混凝土，边灌边拔起套管，直至将套管提升到上一次检查合格的位置，然后调直套管，检查其垂直度再重新旋转下压。

5. 咬合桩垂直度及施工过程质量检验标准

咬合桩垂直度及施工过程质量检验标准如表 12-45 所示。

咬合桩垂直度及施工过程质量检验标准　　　表 12-45

| 项目 | 序号 | 检查项目 | | 允许偏差或允许值 | | 检查方法 |
|---|---|---|---|---|---|---|
| | | | | 单位 | 数值 | |
| 主控项目 | 1 | 桩位 | 顺纵轴方向 | mm | ±10 | 全站仪 |
| | | | 垂直纵轴方向 | mm | ±10 | |
| | 2 | 孔深 | | mm | +300 | 用测绳测量 |
| | 3 | 桩体质量检测 | | 按桩基检测技术规范 | | 按桩基检测技术规范 |
| | 4 | 混凝土强度 | | 设计要求 | | 试件报告或钻芯取样送检 |
| | 5 | 垂直度 | | 3‰ | | 经纬仪、线锤 |
| 一般项目 | 1 | 桩径 | | mm | −10 | 钢尺测量钢套管外径 |
| | 2 | 钢筋笼安装深度 | | mm | ±100 | 井径仪或超声波检测，或用钢尺测量 |
| | 3 | 混凝土充盈系数 | | >1 | 检查每根桩的实际灌注量 | 查看混凝土灌注记录 |
| | 4 | 桩顶标高 | | mm | +300, −50 | 水准仪 |

#### 12.8.3.3　桩身质量控制

1. 咬合桩钢筋笼的质量控制

（1）成孔检测合格后安放钢筋笼，钢筋笼合格必须符合：

1) 制作要求

① 钢筋笼制作前清除钢筋表面污垢、锈蚀，准确控制下料长度。

② 钢筋笼采用环形、圆形模制作，制作场地保持平整。

③ 钢筋笼焊接选用 E50 焊条，焊缝宽度≥$0.70d$，高度≥$0.30d$。钢筋笼焊接过程中，及时清查。

④ 钢筋笼主筋连接根据设计要求，采用闪光对焊，箍筋采用双面搭接焊，焊缝长度≥$5d$，且同一截面接头数≤50%。

⑤ 成型的钢筋笼平卧堆放在平整干净地面上，堆放层数不应超过 2 层。

2) 安放要求

① 钢筋笼安放标高，由套管顶端处标高计算，安放时必须保证桩顶的设计标高，允许误差为±100mm。

② 钢筋笼下放时，应对准孔位中心，采用正、反旋转慢慢地逐步下放，放至设计标高后立即固定。

③ 钢筋笼安装前在钢筋笼底焊接安装 3～5mm 抗浮钢板，抗浮钢板尺寸一般小于钢筋笼直径 100～200mm，较大直径的连续桩墙抗浮钢板直径超过 600mm 时在抗浮钢板中心开一个不少于 200mm 的圆孔，便于混凝土灌注进入桩底。

（2）咬合桩钢筋笼质量检验标准如表 12-46 所示。

**咬合桩钢筋笼质量检验标准** 表 12-46

| 项目 | 序号 | 检查项目 | 允许偏差或允许值 | 检查方法 |
| --- | --- | --- | --- | --- |
| 主控项目 | 1 | 主筋间距 | ±10 | 用钢尺量 |
| | 2 | 长度 | ±100 | 用钢尺量 |
| | 3 | 钢筋连接方式 | 符合设计要求 | 观察 |
| 一般项目 | 1 | 钢筋材质检验 | 符合设计要求 | 抽样送检 |
| | 2 | 钢筋连接检验 | 符合设计要求 | 抽样送检 |
| | 3 | 箍筋间距 | ±20 | 用钢尺量 |
| | 4 | 直径 | −10 | 用钢尺量 |
| | 5 | 保护层厚度100mm | 0,+10 | 用钢尺量 |

2. 咬合桩混凝土浇灌的质量控制

(1) 钢筋笼吊装验收合格后，安装混凝土灌注导管。

(2) 安放混凝土漏斗，导管提离孔底小于0.80m。混凝土初灌量必须保证埋管0.80~1.30m。

(3) 灌注过程中，导管埋入深度宜保持在2.0~6.0m，最小埋入深度不得小于2.0m。浇灌混凝土时随浇随提，严禁将导管提出混凝土面或埋入过深，一次提拔不得超过6.0m。

(4) 在混凝土面接近钢筋笼底端时灌注速度适当放慢，当混凝土进入钢筋笼底端1.0~2.0m后，导管提升要缓慢、平稳，避免出料冲击过大或钩带钢筋笼，以防钢筋笼上浮。

(5) 对于采用硬法切割施工方法的A桩混凝土，现场施工人员取一组试件，监测混凝土强度，当混凝土强度达到终凝后方可施工咬合的B桩，一般不少于24h。

(6) 咬合桩混凝土浇灌的质量检验标准如表12-47所示。

**咬合桩混凝土浇灌的质量检验标准** 表 12-47

| 项目 | 序号 | 检查项目 | 允许偏差或允许值 | 检查方法 |
| --- | --- | --- | --- | --- |
| 主控项目 | 1 | B桩混凝土强度 | 符合设计要求 | 试块强度报告 |
| | 2 | A桩混凝土强度 | 初凝时间大于5h，后正常发展 | 试块强度报告 |
| | 3 | | 28d强度符合设计要求 | 试块强度报告 |
| | 4 | 硬法切割A桩混凝土 | 符合设计要求 | 试块强度报告 |
| 一般项目 | 1 | 混凝土坍落度140~180mm | ±20 | 坍落度筒 |
| | 2 | A、B桩完好性 | 符合设计要求 | 超声波 |

## 12.9 劲性水泥土搅拌墙工程施工

型钢水泥土搅拌墙（图12-59），通常称为SMW墙（Soil Mixed Wall），是一种在连续套接的三轴水泥土搅拌桩内插入型钢形成的复合挡土隔水结构。即型钢承受土侧压力，而水泥土则具有良好的抗渗性能，因此SMW墙具有挡土与止水双重作用。除了插入H型钢外，还可插入钢管、拉森板桩等。由于插入了型钢，故也可设置支撑。劲性水泥土墙

图 12-59 型钢水泥土搅拌墙

是在水泥土连续桩墙内插入型钢构件或预制混凝土构件形成的复合挡土隔水结构。

等厚度水泥土地下连续墙是通过对地基土的切割与搅拌,并与注入的水泥浆液混合固化,然后插入芯材形成的等厚度水泥土地下连续墙体,根据施工机械设备和施工工艺的不同,可分为 TRD 工法(Trench cutting Remixing Deep wall-method)和 CSM 工法(Cutter Soil Mixing method)。

渠式切割水泥土搅拌墙(TRD 墙)是采用渠式切割机,垂直切削下沉至设计深度,横向推进并注入水泥浆液,形成连续、等厚、无缝的水泥土墙体。铣削式水泥土搅拌墙(CSM 墙)则是采用铣削设备成墙施工,在切削下沉和提升搅拌过程中通过铣轮将水泥浆液等固化液和(岩)土搅拌混合,形成连续、等厚的水泥土墙体。

## 12.9.1 施工机械与设备

型钢水泥土搅拌桩施工应根据地质条件和周边环境条件、成桩深度、桩径等选用不同形式和不同功率的三轴搅拌机,与其配套的桩架性能参数应与三轴搅拌机成桩深度和提升力相匹配,钻杆及搅拌叶片构造应满足在成桩过程中水泥和土能充分搅拌的要求。型钢水泥土搅拌墙标准施工配置主要有三轴水泥土搅拌机、全液压履带式(步履式)桩架、水泥运输车、水泥筒仓、高压洗净机、电脑计量拌浆系统、空压机、履带吊、挖掘机等。目前常用的三轴水泥土搅拌机型号有 ZKD65-3、ZKD85-3 和 ZKD100-3,成桩深度可达 30m,桩径分别为 650mm、850mm 和 1000mm。

目前国内的 TRD 工法设备主要有 TRD-D、TRD-E、CMD850、TRD-Ⅲ 等型号,最大成墙宽度可达 850mm,成墙深度为 40~60m。TRD 工法施工配置主要有 TRD 主机、切割箱及刀具、水泥筒仓、高压洗净机、全自动拌浆系统、空压机、履带吊、挖掘机、钢垫板、水槽、反铲、翻斗车、泥土坑、发电机等。

铣削式水泥土搅拌墙施工设备可分为导杆式设备和悬吊式设备。导杆式设备主要型号有 SC30、SC35、SC45、SC55、SC65,最大成墙深度可达 65m,悬吊式设备主要型号为 MC64,最大成墙深度可达 80m。CSM 工法施工配置主要有 CSM 主机、水泥运输车、水泥筒仓、高压洗净机、全自动拌浆系统、空压机、履带吊、挖掘机等,根据注浆方式的不同有时还需要除砂机。

## 12.9.2 施 工 工 艺

### 12.9.2.1 施工准备

(1) 施工现场应先进行场地平整,清除施工区域的表层硬物和地下障碍物,遇明浜(塘)及低洼地时应抽水和清淤,回填黏土并分层夯实。路基承载能力应满足施工设备和

## 12.9 劲性水泥土搅拌墙工程施工

起重机平稳行走移动的要求。

（2）应按照搅拌桩桩位（搅拌墙槽段）平面布置图，确定合理的施工顺序及配套机械、水泥等材料的放置位置。

（3）测量放样定线后应做好测量技术复核工作，并经监理复核验收签证。

（4）应根据基坑围护设计水泥土墙的轴线位置，在沟槽边设置定位型钢或设置定位标志。应根据内插型钢规格尺寸，制作相应的型钢定位导向架和防止下沉的悬挂构件。对进场型钢及其接头焊接质量进行验收，合格后方可使用。同时应按照产品操作规程在内插型钢表面涂抹减摩剂。

（5）施工设备进场组装并试运转正常后方可就位。施工设备运送至指定位置、对中，并使施工设备平台保持水平状态。

（6）搭建拌浆设施和水泥堆场，供浆系统相应设备试运转正常后方可就位。

（7）按设计确定的配合比制备水泥浆。正式施工前应通过试成桩（试成墙），检验各项参数指标。

### 12.9.2.2 劲性水泥土搅拌墙施工工艺

1. 三轴水泥土搅拌桩（SMW工法桩）工程施工流程（图12-60）。

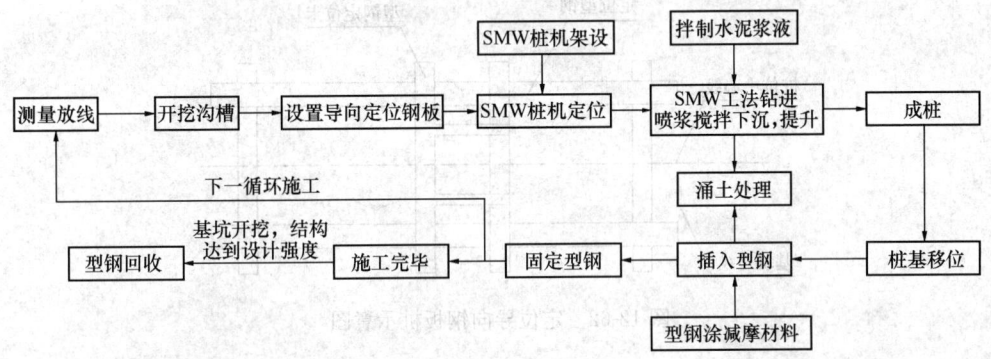

图 12-60 三轴水泥土搅拌桩（SMW工法桩）工程施工流程图

2. 三轴水泥土搅拌桩（SMW工法桩）工程施工方法（图12-61）。

（1）测量放线

根据轴线基准点、围护平面布置图，放出围护桩边线和控制线，设立临时控制标志，做好技术复核。

（2）开挖沟槽

开挖槽沟并清除地下障碍物，开挖出来的土体应及时清理，以保证搅拌桩正常施工。在沟槽上部两侧设置定位导向钢板桩，标出插筋位置、间距，如图12-62所示。

（3）桩机就位

桩机应平稳、平正，应用线锤对龙门立柱垂直定位观测以确保桩机垂直度，并经常校核，桩机立柱导向架垂直度偏差应小于1/250。三轴水泥土搅拌桩桩位定位后应再进行定位复核，偏差值应小于20mm。

（4）制备水泥浆液及浆液注入

开机前按要求进行水泥浆液的搅制。将配制好的水泥浆送入贮浆桶内备用。待三轴搅

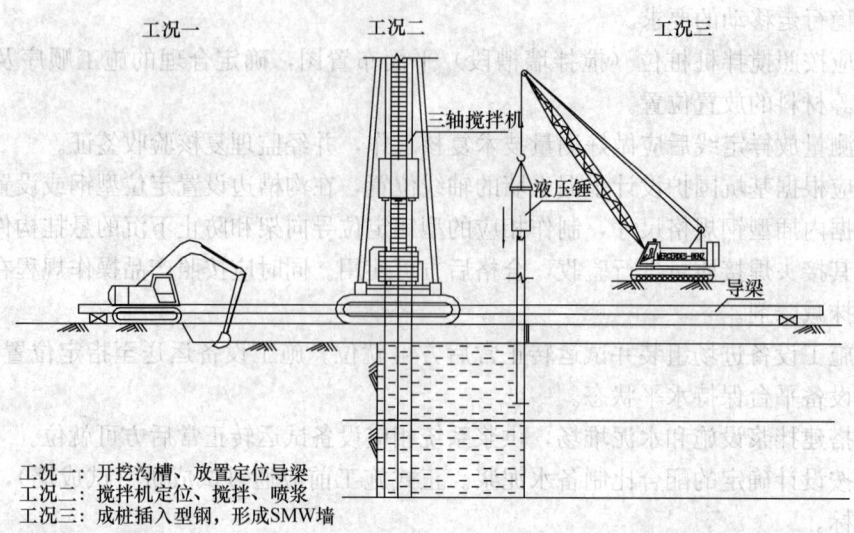

图 12-61 三轴水泥土搅拌桩（SMW 工法桩）工程施工方法图

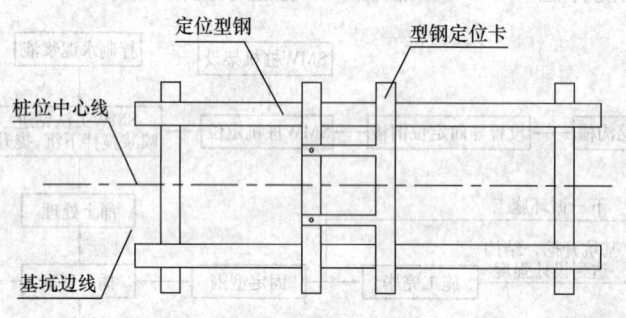

图 12-62 定位导向钢板桩示意图

拌机启动，用空压机送浆至搅拌机钻头。应设计合理的水泥浆液及水灰比，使其在确保水泥土强度的同时，尽量使型钢能靠自重插入水泥土。水泥掺入比设计应确保水泥土强度满足要求，应降低土体置换率，减少施工对环境的不利影响。对黏土，特别是标贯值和黏聚力高的地层，水灰比控制在 1.5～2.0；对于透水性强的砂土地层，水灰比宜控制在 1.2～1.5，必要时可在水泥浆液中掺入 5％左右的膨润土，以提高墙体抗渗性。

（5）钻进搅拌

1）型钢水泥土搅拌墙的钻进搅拌施工顺序。跳槽式双孔全套打复搅式连接是常用的方式，施工时先施工第一单元，然后施工第二单元，第三单元的 A 轴及 C 轴分别插入到第一单元的 C 轴孔及第二单元的 A 轴孔中，完成套接施工。依次类推，施工第四单元和套接的第五单元，形成连续墙体，如图 12-63 所示。

单侧挤压式连接方式一般在施工受限制时采用，如在墙体转角处或施工间断的情况下。其施工顺序如图 12-64 所示，先施工第一单元，第二单元的 A 轴插入第一单元的 C 轴中，边孔套接施工，依次类推施工完成水泥土搅拌墙体。

2）三轴水泥搅拌桩在下沉和提升过程中均应注入水泥浆液，并严格控制下沉和提升速度，喷浆下沉速度应控制在 0.5～1.0m/min，提升速度应控制在 1.0～2.0m/min，在

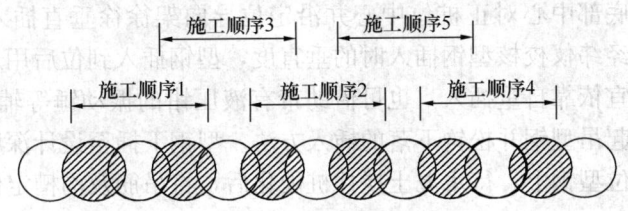

图 12-63 跳槽式双孔全套打复搅式连接示意图

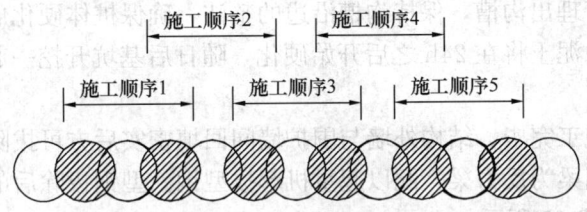

图 12-64 单侧挤压式连接示意图

桩底部分适当持续搅拌注浆,并尽可能做到匀速下沉和提升,使水泥浆和原地基土充分搅拌。

每幅水泥土搅拌桩,单位桩长内,水泥浆液的喷出量 $Q$ 取决于三轴搅拌桩机钻头断面积、水泥掺入比、水灰比、搅拌机下沉(提升)速度,其关系如式(12-47):

$$Q = \frac{\pi}{4} D^2 \gamma_s c_p w_c / v \tag{12-47}$$

式中 $Q$——水泥浆液喷出量(L);
$D$——三轴水泥搅拌机钻头断面积($m^2$);
$\gamma_s$——土的重度($kN/m^3$);
$c_p$——水泥掺入比(%);
$w_c$——水灰比(%);
$v$——三轴水泥搅拌机下沉(提升)速度(m/min)。

(6)清洗、移位

将集料斗中加入适量清水,开启灰浆泵,清洗压浆管道及其他所用机具,然后移位再进行下一根桩的施工。

(7)涂刷减摩剂

应清除型钢表面的污垢及铁锈,减摩剂应在干燥条件下均匀涂抹在型钢插入水泥土的部分。减摩剂必须加热至完全熔化,搅拌均匀后方可涂敷于型钢上,否则涂层不均匀,易剥落。如遇雨天等情况造成型钢表面潮湿,应先用抹布擦干后再涂刷减摩剂,不可在潮湿表面上直接涂刷,否则将剥落。浇筑围护墙压冠梁时,埋设在圈梁中的型钢部分应用泡沫塑料片等硬质隔离材料将其与混凝土隔开,以利于型钢的起拔回收。

(8)插入型钢

三轴水泥搅拌桩施工完毕后,吊机应立即就位,准备吊放型钢。型钢插入宜在搅拌桩施工结束后 30min 内进行,插入前应检查其规格型号、长度、直线度、接头焊缝质量等,以满足设计要求。型钢插入应采用牢固的定位导向架,先固定插入型钢的平面位置,然后起吊型钢,将型钢底部中心对正桩位中心并沿定位导向架徐徐垂直插入水泥土搅拌桩体内。必要时可采用经纬仪校核型钢插入时的垂直度,型钢插入到位后用悬挂物件控制型钢顶标高。型钢插入宜依靠自重插入,也可借助带有液压钳的振动锤等辅助手段下沉到位,严禁采用多次重复起吊型钢并松钩下落的插入方法。型钢下插至设计深度后,用槽钢穿过吊筋将其搁置在定位型钢上,待水泥土搅拌桩硬化后,将吊筋及沟槽定位型钢撤除。

(9) 涌土处理

由于水泥浆液的定量注入搅拌和型钢插入,一部分水泥土被置换出沟槽,采用挖土机将沟槽内的水泥土清理出沟槽,保持沟槽沿边的整洁,确保桩体硬化成型和下道工序的正常进行,被清理的水泥土将在 24h 之后开始硬化,随日后基坑开挖一起运出场地。

(10) 型钢拔除

主体地下结构施工完毕,结构外墙与围护墙间回填密实后方可拔除型钢,应采用专用夹具及千斤顶,以圈梁为反力梁,配以起重机起拔型钢。型钢拔除后的空隙应及时充填密实。型钢拔除如图 12-65 所示。

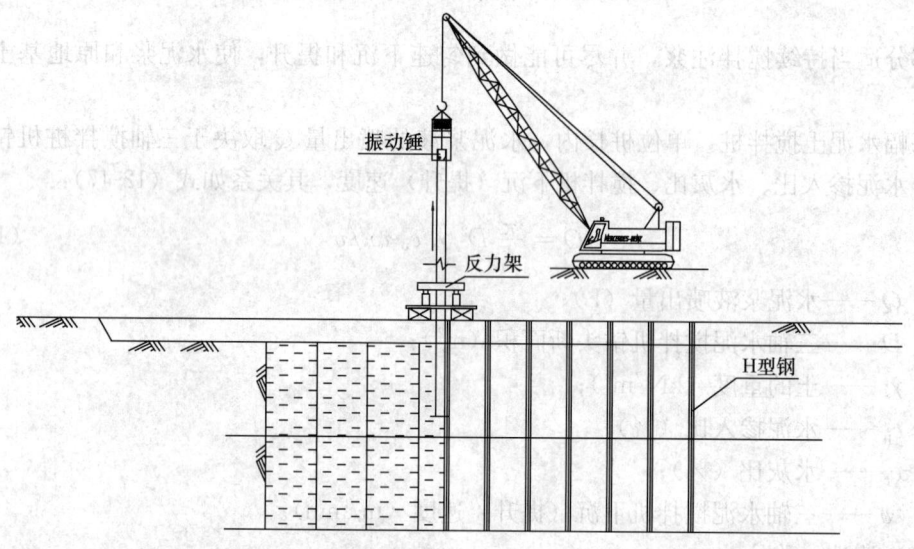

图 12-65 型钢拔除图

### 12.9.2.3 等厚度水泥土地下连续墙 (TRD 墙及 CSM 墙) 施工工艺

1. TRD 工法施工流程 (三步施工法,如图 12-66 所示)
2. TRD 工法施工方法 (图 12-67)

(1) 测量放线

施工前,根据设计图纸或甲方提供的坐标基准点,精确计算出水泥土搅拌墙中心线角点坐标,利用测量仪器进行放样,并进行坐标数据复核,同时做好护桩。

(2) 开挖沟槽

水泥土搅拌墙中心线放样后,对施工场地进行铺设钢板等加固处理措施,确保施工场地满足机械设备对地基承载力的要求,确保桩机的稳定性。用挖掘机沿水泥土搅拌墙中心线平行方向开挖工作沟槽。

(3) 吊放预埋箱

12.9 劲性水泥土搅拌墙工程施工 581

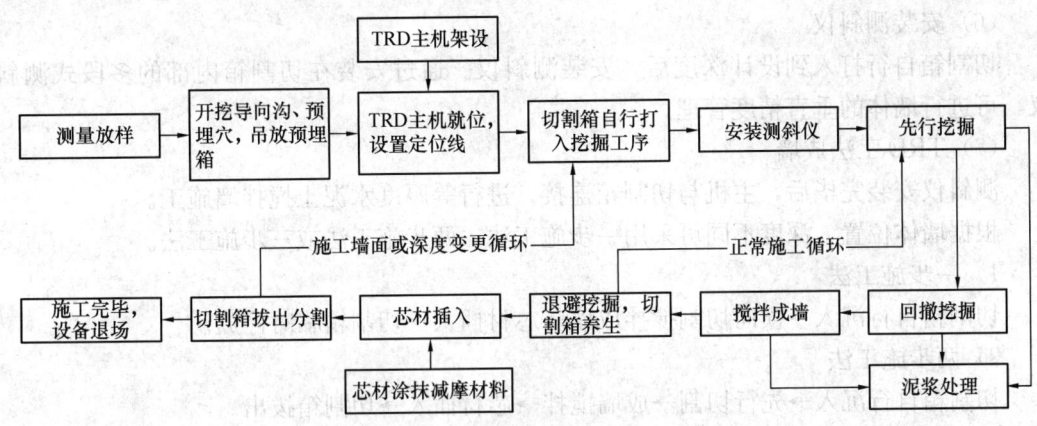

图 12-66 TRD 工法施工流程图

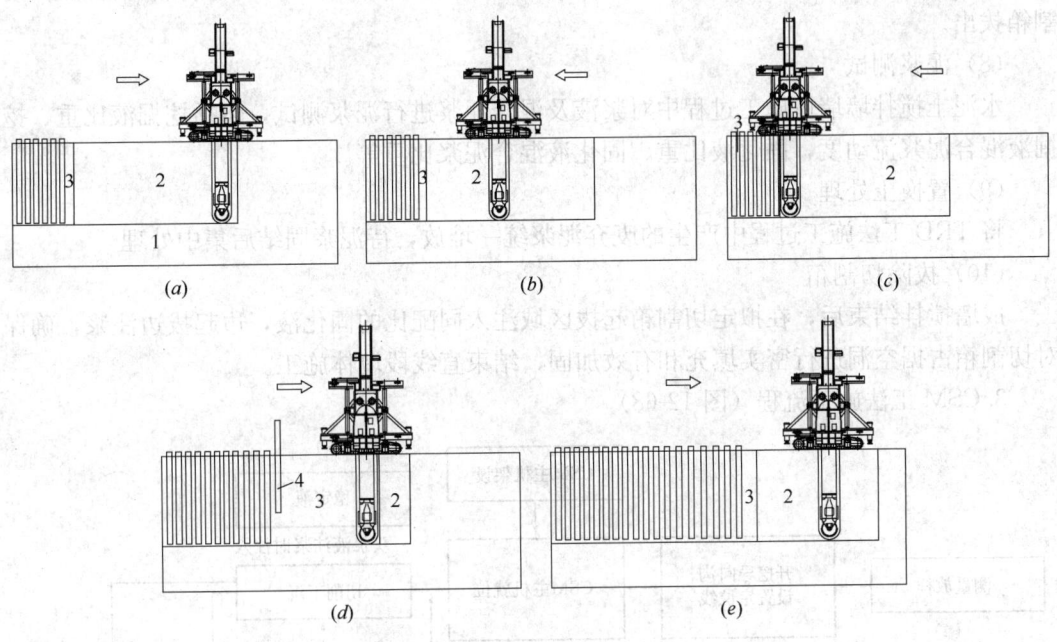

图 12-67 三工序施工顺序示意

(a) 现行挖掘；(b) 回撤挖掘；(c) 切入已成型墙体；(d) 成墙搅拌、插入芯材；(e) 退避挖掘、切割箱
1—原状土；2—挖掘液混合泥浆；3—搅拌墙；4—芯材

利用挖掘机沿水泥土搅拌墙墙体中心线开挖预埋穴，用起重机将预埋箱吊放入预埋穴内。

(4) 桩机就位

移动桩机就位，移动前看清上、下、左、右各方面的情况，发现有障碍物应及时清除，移动结束后检查定位情况并及时纠正，桩机应平稳、平正。

(5) 切割箱与主机连接

用起重机将切割箱逐段吊入预埋穴，利用支撑台固定；TRD 主机移动至预埋穴位置连接切割箱，主机再返回预定施工位置进行切割箱自行打入挖掘至设计深度。

(6) 安装测斜仪

切割箱自行打入到设计深度后，安装测斜仪。通过安装在切割箱内部的多段式测斜仪，可进行墙体的垂直精度管理。

(7) TRD工法成墙

测斜仪安装完毕后，主机与切割箱连接，进行等厚度水泥土搅拌墙施工。

根据墙体位置、深度不同可采用一步施工法、两步施工法或三步施工法。

1) 一步施工法

切割箱自行沉入→横向切割搅拌成墙→芯材插入→切割箱临时停放。

2) 两步施工法

切割箱自行沉入→先行切割→成墙搅拌→芯材插入→切割箱拔出。

3) 三步施工法

切割箱自行沉入→先行切割→回撤切割→成墙搅拌→芯材插入→切割箱临时停放→切割箱拔出。

(8) 泥浆测试

水泥土搅拌墙墙体施工过程中对浆液及混合泥浆进行泥浆测试，包括挖掘液比重、挖掘液混合泥浆流动度，固化液比重、固化液混合泥浆比重等。

(9) 置换土处理

将TRD工法施工过程中产生的废弃泥浆统一堆放，待泥浆固结后集中处理。

(10) 拔除切割箱

成墙搅拌结束后，在拟定切割箱起拔区域注入同配比的固化液，边起拔边注浆，确保对切割箱占据空洞进行密实填充和有效加固，结束直线段墙体施工。

3. CSM工法施工流程（图12-68）

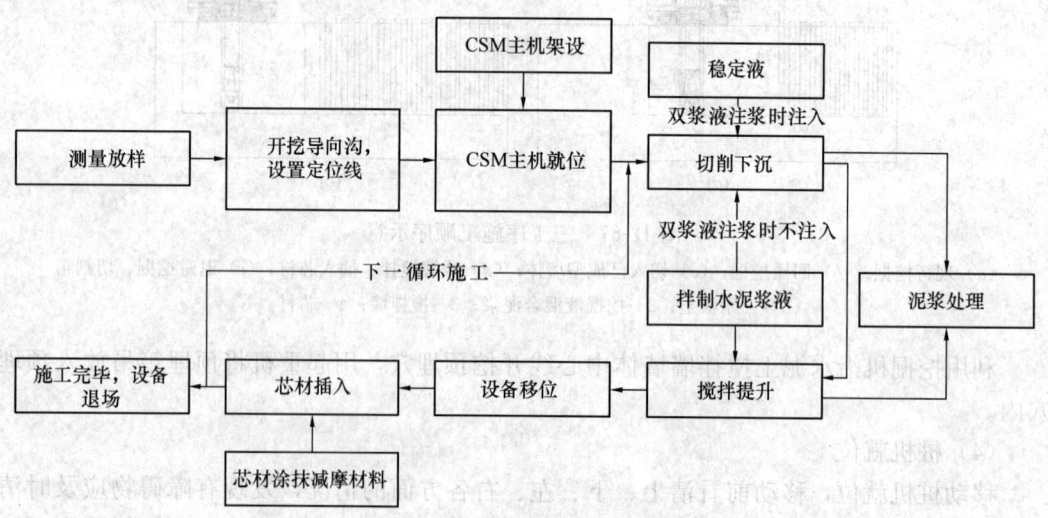

图12-68 CSM工法施工流程图

4. CSM 工法施工工艺

(1) 测量放样

根据首级控制网在不受施工影响处采用全站仪坐标测量法建立二级控制网点和轴线网。再利用首级控制网、二级控制网或轴线网,确定槽段位置并进行复核。

(2) 开挖导向沟槽

水泥土搅拌墙中心线定位后用挖掘机开挖导向沟槽,并设置槽段定位标志,需要插入芯材时还应标出芯材插入位置。

(3) CSM 就位

CSM 主机自行到达作业位置,铣头与槽段位置对正,并调整垂直度达到设计要求,将倾角传感器和深度位置归零。CSM 主机移动前必须仔细观察现场情况,移位要做到平稳、安全。桩机定位后,对桩位进行复核,偏差不得大于 20mm。

(4) 浆液制备

施工前应安装调试好自动化拌浆系统,筒仓内备足水泥,根据设计要求和试成墙情况拌制水泥浆液。水泥浆液的配比中可根据场地地质条件加入相应的外加剂。

(5) 铣轮切削下沉及搅拌提升

铣轮按一定下沉速度切削下沉至设计深度后进行喷浆搅拌提升。根据成墙深度和地层条件,成墙施工可采用单浆液方式或双浆液方式。

单浆液方式是下沉切削与提升搅拌时均注入水泥浆液的成墙施工方式,适用于墙体较浅且地层以软黏土为主的情况。双浆液方式是下沉切削时注入水或稳定液,提升搅拌时注入水泥浆液的成墙施工方式,适用于墙体较深或地层较为坚硬的情况。

切削下沉时应控制下沉速度,随时纠偏,保证墙体垂直度满足要求。搅拌提升时提升速度不宜过快,保证土体充分搅拌,避免产生负压力扰动周边土体。

(6) 泥浆处理

成墙施工中产生的置换泥浆可集积在导向沟槽内或现场临时设置的沟槽内,并及时通过泵吸排处理。导向沟或临时沟槽应能存储足够多的置换泥浆,避免影响 CSM 工法施工。

(7) 设备移位

一幅墙体施工完成后移动主机至下一幅墙体。CSM 工法应根据墙体深度和地质条件采用顺槽式施工(图 12-69)或跳槽式施工(图 12-70)。

顺槽式施工时沿墙体轴线以此连续搭接施工每幅墙体的施工方式,适用于墙体深度较小且地质条件较为简单的情况。

跳槽式施工是先隔幅跳仓施工,后施工中间连接幅的施工方式,适用于深度较大或存在深厚砂土、较厚填土、碎石土等复杂地层的情况。

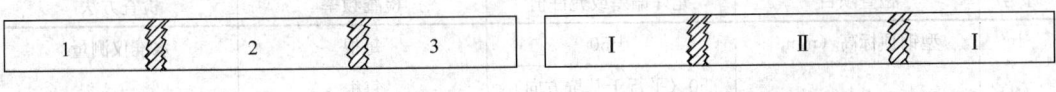

图 12-69 顺槽式施工示意图　　　　图 12-70 跳槽式施工示意图

两幅墙体之间应进行有效搭接,搭接长度应满足要求。顺槽式施工时相邻两幅墙体施工间隔时间不宜过长。

(8) 芯材插入

CSM工法搅拌墙先行施工的墙幅内插芯材与后施工的连接墙幅应留有一定距离,施工过程中还应控制芯材内插时与成墙设备的安全距离。

## 12.9.3 质 量 控 制

劲性水泥土搅拌墙的质量包括两个方面。一方面是检验水泥土的质量,包括水泥土桩(墙)的材料质量、配合比、桩位、桩长、桩顶标高、桩架垂直度、桩身水泥掺量、上提喷浆速度、外掺剂掺量、水灰比、搅拌和喷浆起止时间、喷浆量的均匀程度、搭接施工间歇时间、水泥土桩身强度、桩的数量等;另一方面是检验插入芯材的质量,包括芯材的长度、垂直度、插入标高、平面位置、型钢转向等。各种工艺的劲性水泥土搅拌墙具体质量控制标准应符合表12-48~表12-53的规定。

劲性水泥土搅拌墙水泥土搅拌桩成桩允许偏差　　表12-48

| 序号 | 检查项目 | 允许偏差或允许值 | 检查频率 | 检查方法 |
|---|---|---|---|---|
| 1 | 桩底标高(mm) | +50 | 每根 | 测钻杆长度 |
| 2 | 桩位偏差(mm) | 50 | 每根 | 钢尺测量 |
| 3 | 桩径(mm) | ±10 | 每根 | 用钢尺量钻头 |
| 4 | 施工间歇(h) | 24 | 每根 | 查施工记录 |

劲性水泥土搅拌墙型钢插入允许偏差　　表12-49

| 序号 | 检查项目 | 允许偏差或允许值 | 检查频率 | 检查方法 |
|---|---|---|---|---|
| 1 | 型钢顶标高(mm) | ±50 | 每根 | 水准仪测量 |
| 2 | 型钢平面位置(mm) | 50(平行于基坑方向) | 每根 | 钢尺测量 |
| | | 10(垂直于基坑方向) | 每根 | |
| 3 | 形心转角(°) | 3 | 每根 | 量角器测量 |

渠式切割水泥土连续墙成墙质量标准　　表12-50

| 序号 | 检查项目 | 允许偏差或允许值 | 检查频率 | 检查方法 |
|---|---|---|---|---|
| 1 | 墙底标高(mm) | ±30 | 每切割幅 | 切割链长度 |
| 2 | 墙中心线位置(mm) | ±25 | 每切割幅 | 钢尺测量 |
| 3 | 墙宽(mm) | ±30 | 每切割幅 | 钢尺测量 |
| 4 | 墙垂直度 | 1/250 | 每切割幅 | 多段式测斜仪测量 |

渠式切割水泥土连续墙型钢插入允许偏差　　表12-51

| 序号 | 检查项目 | 允许偏差或允许值 | 检查频率 | 检查方法 |
|---|---|---|---|---|
| 1 | 型钢顶标高(mm) | ±50 | 每根 | 水准仪测量 |
| 2 | 型钢平面位置(mm) | 50(平行于基坑方向) | 每根 | 钢尺测量 |
| | | 10(垂直于基坑方向) | 每根 | |
| 3 | 型钢垂直度 | 1/250 | 每根 | 经纬仪测量 |
| 4 | 形心转角(°) | 3 | 每根 | 量角器测量 |

铣削式施工成墙质量检验标准　　　　　　　　表12-52

| 序号 | 检查项目 | 允许偏差或允许值 | 检查频率 | 检查方法 |
|---|---|---|---|---|
| 1 | 墙体垂直度 | ≤1/250 | 每幅 | 设备自带测斜仪 |
| 2 | 墙体深度 | 不小于设计值 | 每幅 | 测钻杆长度 |
| 3 | 墙体厚度（mm） | ±10 | 每幅 | 用钢尺量铣轮 |
| 4 | 墙中心线位置（mm） | ≤20 | 每幅 | 钢尺测量 |

铣削式施工成墙劲性芯材插入允许偏差　　　　　　　　表12-53

| 序号 | 检查项目 | 允许偏差或允许值 | 检查频率 | 检查方法 |
|---|---|---|---|---|
| 1 | 垂直度 | ≤1/250 | 全数 | 经纬仪测量 |
| 2 | 劲性芯材顶标高（mm） | ±50 | 全数 | 水准仪测量 |
| 3 | 型钢平面位置（mm） | 50（平行于基坑方向） | 全数 | 钢尺测量 |
|   |   | 10（垂直于基坑方向） | 全数 |   |
| 4 | 型钢垂直度 | 1/250 | 全数 | 量角器测量 |

## 12.10　地下连续墙工程施工

### 12.10.1　施工机械与设备

地下连续墙是在地面上利用各种挖槽机械，沿支护轴线，在泥浆护壁条件下，开挖出一条狭长深槽，清槽后在槽内吊放钢筋笼，然后用导管法浇筑水下混凝土，筑成一个单元槽段，如此逐段进行，在地下筑成一道连续的钢筋混凝土墙，作为截水、防渗、承重、挡土结构。地下连续墙的特点是墙体刚度大、整体性好，基坑开挖过程安全性高，支护结构变形较小；施工振动小，噪声低，对环境影响小；墙身具有良好的抗渗能力，坑内降水时对坑外的影响较小；可用于密集建筑群中深基坑支护及逆作法施工；可作为地下结构的外墙；可用于多种地质条件。但由于地下连续墙施工机械的因素，其厚度具有固定的模数，不能像灌注桩一样对桩径和刚度进行灵活调整，且地下连续墙的成本较为昂贵，因此地下连续墙只有用在一定深度的基坑工程或其他特殊条件下才能凸显其经济性和特有的优势。

### 12.10.2　施　工　工　艺

#### 12.10.2.1　施工工艺流程

我国建筑工程中应用最多的是现浇钢筋混凝土壁板式地下连续墙，其施工工艺流程如图12-71所示。

#### 12.10.2.2　导墙制作

1. 导墙的作用

导墙也叫槽口板，是地下连续墙槽段开挖前沿墙面两侧构筑物设置的临时性结构，其作用是：

（1）成槽导向、测量基准。

（2）稳定上部土体，防止槽口塌方。

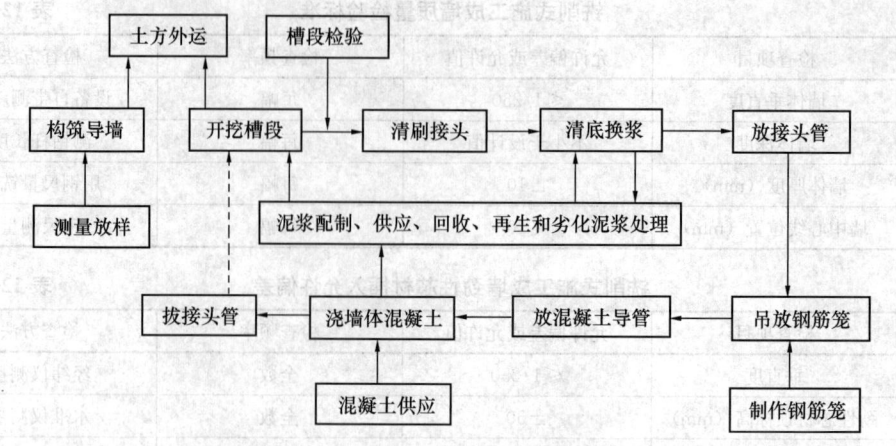

图 12-71 现浇钢筋混凝土壁板式地下连续墙的施工工艺流程

(3) 重物支撑平台,承受施工荷载。
(4) 存储泥浆、稳定泥浆液位、围护槽壁稳定。
(5) 对地面沉降和位移起到一定控制作用。

2. 导墙的结构形式

导墙一般为现浇的钢筋混凝土结构,也有钢制或预制钢筋混凝土结构。图 12-72 所示是适用于各种施工条件的现浇钢筋混凝土导墙的形式。形式(a)和(b)适用于表层土良好和导墙荷载较小的情况;形式(c)和(d)适用于表层土承载力较弱的土层;形式(e)适用于导墙上的荷载很大的情况;形式(f)适用于邻近建(构)筑物需要保护的情况;当地下水位很高而又不采用井点降水时,可采用形式(g)的导墙;当施工作业面在地下时,导墙需要支撑于已施工的结构作为临时支撑用的水平导梁,可采用形式(h)的导

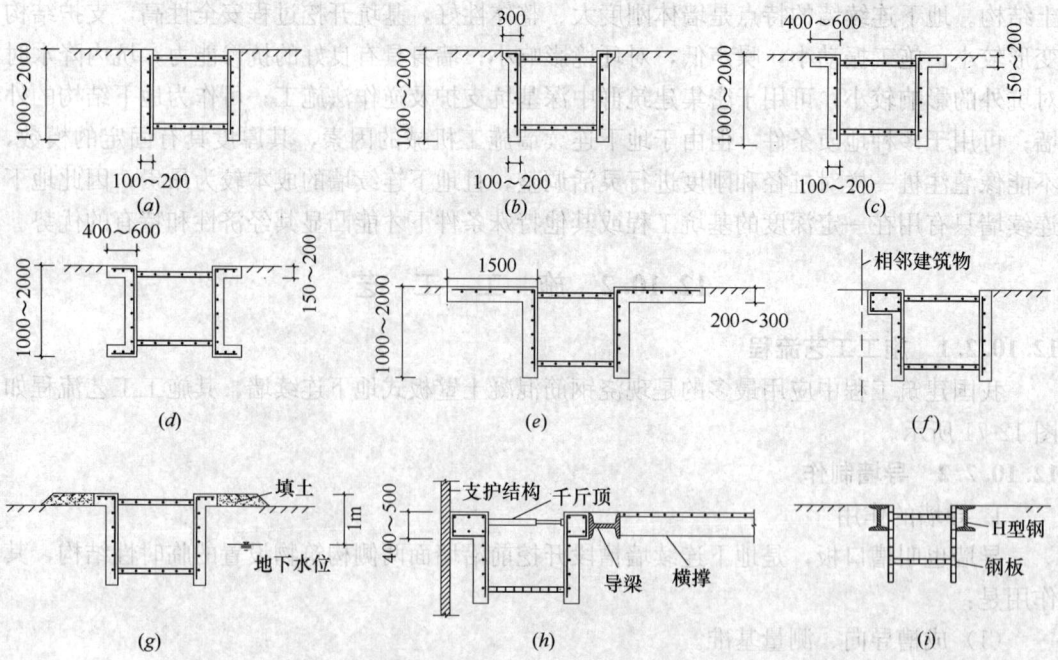

图 12-72 适用于各种施工条件的现浇混凝土的导墙的形式

墙；形式（$i$）是金属结构的可拆装导墙中的一种，由 H 型钢和钢板组成。

3. 导墙施工

导墙混凝土强度等级多采用 C20～C30，配筋多为 $\phi 8mm$～$\phi 16mm$，间距 150～200mm，水平钢筋应连接使其成为整体。导墙肋厚 150～300mm，墙底进入原土 0.2m。导墙顶墙面应水平，且至少应高于地面约 100mm，以防地面水流入槽内污染泥浆。导墙内墙面应垂直且应平行于地下连续墙轴线，导墙底面应与原土面密贴，以防槽内泥浆渗入导墙后侧。墙面平整度应控制在 5mm 内，墙面垂直度不大于 1/500。内外导墙间净距比设计的地下连续墙厚度大 40～60mm，净距的允许偏差为±5mm，轴线距离的最大允许偏差为±10mm。导墙应对称浇筑，强度达到 70% 后方可拆模。现浇钢筋混凝土导墙拆模后，应立即加设上、下两道木支撑（10cm 直径圆木或 10cm 见方木方），防止导墙向内挤压，支撑水平间距 1.5～2.0m，上下为 0.8～1.0m。

#### 12.10.2.3 泥浆配制

1. 泥浆的作用

泥浆是地下连续墙施工中成槽槽壁稳定的关键。在地下连续墙挖槽时，泥浆起到护壁、携渣、冷却机具和切土滑润的作用。槽内泥浆液面应高出地下水位一定高度，以防槽壁倒塌、剥落和防止地下水渗入。同时由于泥浆在槽壁内的压差作用，在槽壁表面形成一层透水性很低的固体颗粒胶结物——泥皮（图 12-73），起到护壁作用。

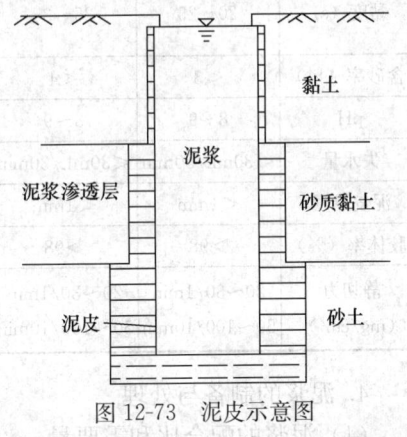

图 12-73 泥皮示意图

2. 泥浆的成分

泥浆除通常使用的膨润土泥浆外，还有高分子聚合物泥浆、CMC（羧甲基纤维素）泥浆和盐水泥浆等，其种类、主要成分和常用的外加剂如表 12-54 所示。

泥浆的种类、主要成分和常用的外加剂　　表 12-54

| 泥浆种类 | 主要成分 | 常用的外加剂 |
| --- | --- | --- |
| 膨润土泥浆 | 膨润土、水 | 分散剂、增黏剂、加重剂、防漏剂 |
| 高分子聚合物泥浆 | 高分子聚合物、水 | |
| CMC 泥浆 | CMC、水 | 膨润土 |
| 盐水泥浆 | 膨润土、盐水 | 分散剂、特殊黏土 |

高分子聚合物泥浆是以长链高分子有机聚合物和无机硅酸盐为主体的泥浆，该种泥浆一般不加（或掺很少量）膨润土，是近十多年才研制成功的。该聚合物泥浆遇水后产生膨胀作用，提高黏度的同时可在槽壁表面形成一层坚韧的胶膜，防止槽壁坍塌。高分子聚合物泥浆无毒无害，且不与槽段开挖出的土体发生物理化学反应，不产生大量的废泥浆，钻渣含水量小，可直接装车运走，故称其为环保泥浆。这种泥浆已经在长江堤防等工程中试用，固壁效果良好，确有环保效应，具有一定的推广价值和研究价值。目前应用最广泛的还是膨润土泥浆，其主要成分是膨润土、外加剂和水。

3. 泥浆质量的控制指标

在地下连续墙施工过程中，泥浆需具备物理稳定性、化学稳定性、合适的流动性、良好的泥皮形成能力和适当的比重。既要使泥浆在长时间静置情况下，不至于产生离析沉淀，又要使泥浆有良好的触变性。对新制备的泥浆或循环泥浆都应利用专用仪器进行质量控制，控制指标主要有：泥浆比重、泥浆黏度和切力、泥浆失水量和泥皮厚度、泥浆含砂量、泥浆pH及泥浆稳定性等。对于一般的软土地基，泥浆质量的控制指标如表12-55所示。

泥浆质量的控制指标　　　　表12-55

| 泥浆性能 | 新配制 | | 循环泥浆 | | 废弃泥浆 | | 检验方法 |
|---|---|---|---|---|---|---|---|
| | 黏土 | 砂土 | 黏土 | 砂土 | 黏土 | 砂土 | |
| 比重（g/cm³） | 1.03～1.10 | 1.03～1.10 | 1.05～1.25 | 1.05～1.25 | >1.25 | >1.35 | 比重计 |
| 黏度（s） | 20～25 | 25～35 | 20～30 | 30～40 | >50 | >60 | 漏斗黏度计 |
| 含砂率（％） | <3 | <4 | <4 | <7 | >8 | >11 | 含砂量杯 |
| pH | 8～9 | 8～9 | 8～11 | 8～11 | >12 | >12 | pH试纸 |
| 失水量 | <30mL/30min | <30mL/30min | <30mL/30min | <30mL/30min | — | — | 失水仪 |
| 泥皮厚度 | <1mm | <1mm | <3mm | <3mm | — | — | |
| 胶体率（％） | >98 | >98 | >98 | >98 | — | — | 量筒法 |
| 静切力（mg/cm²） | 20～30/1min 50～100/10min | 20～30/1min 50～100/10min | 20～30/1min 50～100/10min | 20～30/1min 50～100/10min | — | — | 静切力仪或旋转黏度计 |

4. 泥浆的制备与处理

(1) 泥浆的配合比和需要量

确定泥浆配合比时，根据为保持槽壁稳定所需的黏度来确定各类成分的掺量，膨润土的掺量一般为6%～10%，膨润土品种和产地较多，应通过试验选择；增黏剂CMC的掺量一般为0.01%～0.3%；分散剂（纯碱）的掺量一般为0～0.5%。不同地区、不同地质水文条件、不同施工设备，对泥浆的性能指标都有不同的要求，为达到最佳的护壁效果，应根据实际情况由试验确定泥浆最优配合比。

计算地下连续墙施工泥浆需要量主要是按泥浆损失量进行计算，作为参考，可用式(12-48)进行估算：

$$Q = \frac{V}{n} + \frac{V}{n}\left(1 - \frac{K_1}{100}\right)(n-1) + \frac{K_2}{100}V \tag{12-48}$$

式中　$Q$——泥浆总需要量（m³）；

　　　$V$——设计总挖土量（m³）；

　　　$n$——单元槽段数量；

　　　$K_1$——浇筑混凝土时的泥浆回收率（％），一般为60%～80%；

　　　$K_2$——泥浆消耗率（％），一般为10%～20%。

(2) 泥浆制备

泥浆制备包括泥浆搅拌和泥浆贮存。制备膨润土泥浆一定要充分搅拌，否则会影响泥浆的失水量和黏度。泥浆投料顺序一般为水、膨润土、CMC、分散剂、其他外加剂。

CMC 较难溶解，最好先用水将 CMC 溶解成 1%～3%的溶液，CMC 溶液可能会妨碍膨润土溶胀，宜在膨润土之后再掺入进行拌合。

为充分发挥泥浆在地下连续墙施工中的作用，泥浆最好在膨润土充分水化之后再使用，新配制的泥浆应静置贮存 3h 以上，如现场实际条件允许静置 24h 后再使用更佳。泥浆存贮位置以不影响地下连续墙施工为原则，泥浆输送距离不宜超过 200m，否则应在适当地点位置设置泥浆回收接力池。

(3) 泥浆处理

在地下连续墙施工过程中，泥浆与地下水、砂、土、混凝土等接触，膨润土、外加剂等成分会有所消耗，而且也会混入一些土渣和电解质离子等，使泥浆受到污染而性质恶化。被污染后性质恶化的泥浆，经过处理后仍可重复使用。如污染严重难以处理或处理不经济者则舍弃。泥浆处理方法通常因挖槽方法而异：对于泥浆循环挖槽方法，要处理挖槽过程中含有大量土渣的泥浆以及浇筑混凝土所置换出来的泥浆；对于直接出渣挖槽方法只处理浇筑混凝土置换出来的泥浆。泥浆处理分为土渣的分离处理（物理再生处理）和污染泥浆的化学处理（化学再生处理），其中物理处理又分重力沉淀和机械处理两种，重力沉淀处理是利用泥浆与土渣的相对密度差使土渣产生沉淀而分离的方法，机械处理是使用专用除砂除泥装置处理。泥浆再生处理用物理再生处理和化学再生处理联合进行效果更好。

从槽段中回收的泥浆经振动筛除，除去其中较大的土渣，进入沉淀池进行重力沉淀，再通过旋流器分离颗粒较小的土渣，若还达不到使用指标，再加入掺和物进行化学处理。浇筑混凝土置换出来的泥浆混入阳离子时，土颗粒就易互相凝聚，增强泥浆的凝胶化倾向。泥浆产生凝胶化后，泥浆的泥皮性能减弱，槽壁稳定性较差，黏性增高，土渣分离困难，在泵和管道内的流动阻力增大。对这种恶化的泥浆要进行化学处理。化学处理一般用分散剂，经化学处理后再进行土渣分离处理。通常槽段最后 2～3m 浆液因污染严重而直接废弃。泥浆经过化学处理后，用控制泥浆质量的各项指标进行检验，如果需要可再补充掺入泥浆材料进行再生调制。经再生调制的泥浆，送入贮浆池（罐），待新掺入的材料与处理过的泥浆完全融合后再重复使用。化学处理泥浆的一般规则如表 12-56 所示。

化学处理泥浆的一般规则　　　　　　　　　　表 12-56

| 调整项目 | 处理方法 | 对其他性能的影响 |
| --- | --- | --- |
| 增加黏度 | 加膨润土 | 失水量减小，稳定性、静切力、密度增大 |
|  | 加 CMC | 失水量减小，稳定性、静切力增大，密度不变 |
|  | 加纯碱 | 失水量减小，稳定性、静切力、pH 增大，密度不变 |
| 减小黏度 | 加水 | 失水量增大，密度、静切力减小 |
| 增大密度 | 加膨润土 | 黏度、稳定性增大 |
| 减小密度 | 加水 | 黏度、稳定性减少，失水量增大 |
| 减小失水量 | 加膨润土和 CMC | 黏度、稳定性增大 |
| 增大稳定性 | 加膨润土和 CMC | 黏度增大，失水量减小 |
| 增大静切力 | 加膨润土和 CMC | 黏度、稳定性增大，失水量减小 |
| 减小静切力 | 加水 | 黏度、密度减小，失水量增大 |

注：泥浆稳定性是指在地心引力作用下，泥浆是否容易下沉的性质。测定泥浆稳定性常用"析水性试验"和"上下相对密度差试验"。对静置 1h 以上的泥浆，从其容器的上部 1/3 和下部 1/3 处各取出泥浆试样，分别测定其密度，如两者没有差别则泥浆质量满足要求。

### (4) 泥浆控制要点及质量要求

泥浆制备包括泥浆搅拌和泥浆贮存。泥浆搅拌可采用低速卧式搅拌机搅拌、高速回转式搅拌机搅拌、螺旋桨式搅拌机搅拌、喷射式搅拌机搅拌、压缩空气搅拌、离心泵重复循环搅拌等。搅拌设备应保证泥浆性能，搅拌效率要高，能在规定时间内供应所需泥浆，使用和拆装方便，噪声小。亦可将高速回转式搅拌机与喷射式搅拌机组合使用进行泥浆制备，即先经过喷嘴喷射拌合后再进入高速回转搅拌机拌合，直至泥浆达到设计浓度。

高速回转式搅拌机（亦称螺旋桨式搅拌机）由搅拌筒和搅拌叶片组成，是以高速回转的叶片使泥浆产生激烈的涡流，将泥浆搅拌均匀。其主要性能如表12-57所示。

高速回转式搅拌机的主要性能　　　　　　　表12-57

| 型号 | 结构形式 | 搅拌桶容量 ($m^3$) | 搅拌桶尺寸 （尺寸×高度）(mm) | 搅拌叶片回转速度 (r/min) | 电机功率 (kW) | 尺寸 （高×宽×长）(mm) | 质量 (kg) |
|---|---|---|---|---|---|---|---|
| HM-250 | 单筒式 | 0.20 | 700×705 | 600 | 5.5 | 1100×920×1250 | 195 |
| HM-500 | 双筒并列式 | 0.40×2 | 780×1100 | 500 | 11.0 | 1720×990×1720 | 550 |
| HM-8 | 双筒并列式 | 0.25×2 | 820×720 | 280 | 3.7 | 1250×1000×2000 | 400 |
| GSM-15 | 双筒并列式 | 0.50×2 | 1400×900 | 280 | 5.5×2 | 2400×1700×1600 | 900 |
| MH-2 | 双筒并列式 | 0.39×2 | 800×910 | 1000 | 3.7 | 1470×950×2000 | 450 |
| MCE-200A | 单筒式 | 0.20 | 762×710 | 800～1000 | 2.2 | 1000×800×1250 | 180 |
| MCE-600B | 单筒式 | 0.60 | 1000×1095 | 600 | 5.5 | 1600×990×1720 | 400 |
| MCE-2000 | 单筒式 | 2.00 | 1550×1425 | 550～650 | 15.0 | 2100×1550×1940 | 1200 |
| MS-600 | 双筒并列式 | 0.48×2 | 950×900 | 400 | 7.5×2 | 1500×1200×2200 | 550 |
| MS-1000 | 双筒并列式 | 0.88×2 | 1150×1000 | 600 | 18.5×2 | 1850×1350×2600 | 850 |
| MS-1500 | 双筒并列式 | 1.20×2 | 1200×1300 | 600 | 18.5×2 | 2100×1350×2600 | 850 |

将泥浆搅拌均匀所需的搅拌时间，取决于搅拌机的搅拌能力（搅拌筒大小、搅拌叶片回转速度等）、膨润土浓度、泥浆搅拌后贮存时间长短和加料方式，一般应根据搅拌试验结果确定，常用搅拌时间为4～7min，即搅拌后贮存时间较长者搅拌时间为4min，搅拌后立即使用者搅拌时间为7min。

喷射式搅拌机是一种利用喷水射流进行拌合的搅拌方式，可进行大容量搅拌。其工作原理是用泵把水喷射成射流状，利用喷嘴附近的真空吸力把加料器中的膨润土吸出与射流拌合（图12-74），在泥浆达到设计浓度之前可循环进行。我国使用的喷射式搅拌机其制备能力为8～60$m^3$/h，泵的压力约0.3～0.4MPa。喷射式搅拌机的效率高于高速回转式搅拌机，耗电较少，而且达到相同黏度时其搅拌时间更短。

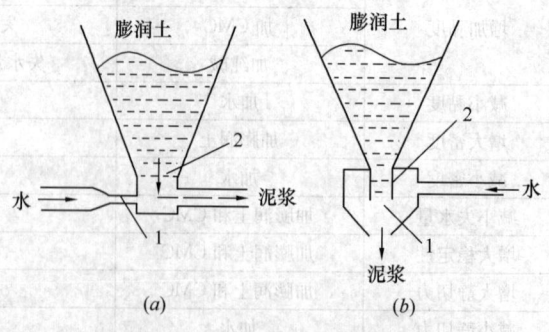

图12-74　喷射式搅拌机工作原理
(a) 水平型；(b) 垂直型
1—喷嘴；2—真空部位

制备膨润土泥浆一定要充分搅拌，否则如果膨润土溶胀不充分，会影响泥浆的失水量和黏度。一般情况下膨润土和水混合 3h 后就有很大的溶胀，可供施工使用，经过一天就可达到完全溶胀。膨润土比较难溶于水，如搅拌机的搅拌叶片回转速度在 200r/min 以上，则可使膨润土较快地溶于水。增黏剂 CMC 较难溶解，如用喷射式搅拌机则可提高 CMC 的溶解效率。

泥浆贮存池分搅拌池、储浆池、重力沉淀池及废浆池等，其总容积为单元槽段体积的 3~3.5 倍。贮存泥浆宜用钢贮浆罐或地下、半地下式贮浆池。如用立式贮浆罐或离地一定高度的卧式贮浆罐，则可自流送浆或补浆，无需送浆泵。贮浆罐容积应适应施工的需要。如用地下或半地下式贮浆池，要防止地面水和地下水流入池内。

（5）泥浆控制要点

应严格控制泥浆液位，确保泥浆液位在地下水位 0.5m 以上，且不低于导墙顶面以下 0.3m，液位下落及时补浆，以防槽壁坍塌。为减少泥浆损耗，在导墙施工中遇到的废弃管道要堵塞牢固；施工时遇到土层空隙大、渗透性强的地段应加深导墙。

在施工中定期对泥浆指标进行检查测试，随时调整，做好泥浆质量检测记录。在遇有较厚粉砂、细砂地层时，可恰当提高黏度指标，但不宜大于 45s；在地下水位较高，又不宜提高导墙顶标高的情况下，可恰当提高泥浆密度，但不宜超过 $1.25g/cm^3$。

为防止泥浆污染，浇筑混凝土时导墙顶加盖板阻止混凝土掉入槽内；挖槽完毕应仔细用抓斗将槽底土渣清完，以减少浮在上面的劣质泥浆量；禁止在导墙沟内冲洗抓斗；不得无故提拉浇筑混凝土的导管，并注意经常检查导管水密性。

### 12.10.2.4 成槽作业

成槽是地下连续墙施工中的主要工艺，成槽工期约占地下连续墙工期的一半，提高成槽的效率是缩短工期的关键。成槽精度决定了地下连续墙墙体的制作精度。

1. 单元槽段划分

地下连续墙通常分段施工，每一段称为地下连续墙的一个槽段，一个槽段是一次混凝土的灌注单位。地下连续墙施工时，预先沿墙体长度方向把地下连续墙划分为若干个一定长度的施工单元，该施工单元称"单元槽段"，挖槽是按一个个单元槽段进行挖掘，在一个单元槽段内，挖槽机械挖土时可以是一个或几个挖掘段。

（1）槽段长度的确定

槽段的划分就是确定单元槽段的长度，并按设计平面构造要求和施工的可能性，将墙划分为若干个单元槽段。单元槽段的最小长度不得小于一个挖掘段（挖槽机械的挖土工作装置的一次挖土长度）。单元槽段长度长，则接头数量少，墙体整体性和隔水防渗能力高，施工效率高。一般决定单元槽段长度的因素有设计构造要求、墙的深度和厚度、地质水文情况、开挖槽面的稳定性、对相邻结构物的影响、挖掘机最小挖槽长度、泥浆生产和护壁的能力、钢筋笼重量和尺寸、吊放方法和起重机能力、单位时间内混凝土供应能力、导管作用半径、拔锁口管的能力、作业空间、连续操作的有效工作时间、接头位置等，而最重要的是要保证槽壁的稳定性。单元槽段长度应是挖槽机挖槽长度的整数倍，一般采用挖槽机最小挖掘长度（即一个挖掘单元的长度）为一单元槽段。地质条件良好，施工条件允许，亦可采用 2~4 个挖掘单元组成一个槽段，槽段长度一般为 4~8m。

（2）单元槽段的常见形式

按地下连续墙的平面形状划分,单元槽段的常见形式如图 12-75 所示。

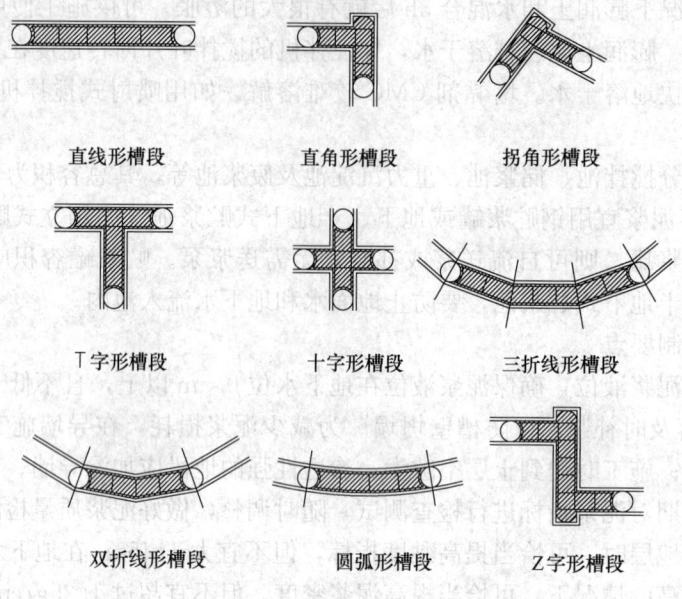

图 12-75　单元槽段的常见形式

(3) 单元槽段接缝位置

槽段分段接缝位置应尽量避开转角部位及与内隔墙连接部位,以保证地下连续墙有良好的整体性和足够的强度。图 12-76 为地下连续墙常用的交接处理方法。

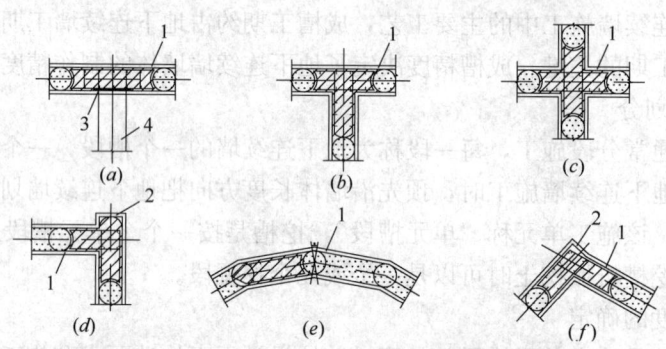

图 12-76　地下连续墙常用的交接处理方法
(a) 预留筋连接；(b) 丁字形连接；(c) 十字形连接；(d) 90°拐角连接；
(e) 圆形或多边形连接；(f) 钝角拐角连接
1—导墙；2—导墙伸出部分；3—聚苯烯板；4—后浇墙

2. 成槽施工工艺

(1) 成槽作业顺序

首先根据已划分的单元槽段长度,在导墙上标出各槽段的相应位置。一般可采取两种施工顺序：1) 顺槽法,按序（顺墙）施工：顺序为 1, 2, 3, 4, ⋯, $n$。将施工的误差在最后一单元槽段解决。2) 跳槽法,间隔施工：即 $(2n-1) - (2n+1) - (2n)$,能保证墙体的整体质量,但较费时。

(2) 单元槽段施工

采用接头管的单元槽段的施工顺序如图 12-77 所示。

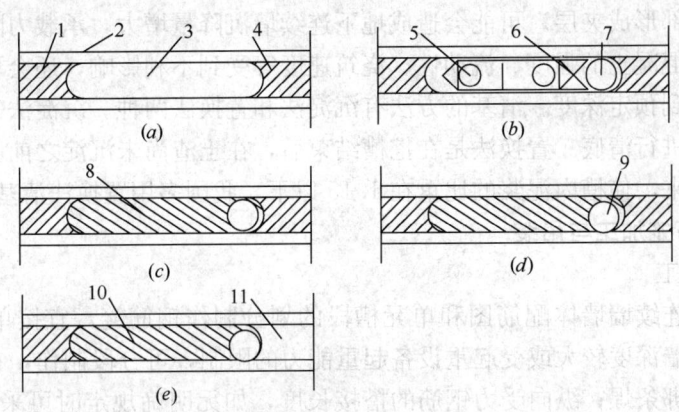

图 12-77 采用接头管的单元槽段的施工顺序
(a) 挖槽; (b) 吊放接头管钢筋笼; (c) 浇筑混凝土; (d) 拔接头管;
(e) 形成半圆接头,开挖下一槽段
1—已完成槽段;2—导墙;3—已挖完槽段;4—未开挖槽段;5—混凝土导管;6—钢筋笼;
7—接头管;8—混凝土;9—拔管后形成的圆孔;10—已完成槽段;11—开挖新槽段

(3) 成槽作业施工方法

1) 多头钻施工法

下钻应使吊索保持一定张力,即使钻具对地层保持适当压力,引导钻头垂直成槽。下钻速度取决于钻渣的排出能力及土质的软硬程度,注意使下钻速度均匀。

2) 抓斗式施工法

导杆抓斗安装在一般的起重机上,抓斗连同导杆由起重机操纵上下、起落卸土和挖槽,抓斗挖槽通常用"分条抓"或"分块抓"两种方法(图 12-78)。

3) 钻抓式施工法

钻抓式挖槽机成槽时,采取两孔一抓挖槽法,预先在每个挖掘单元的两端,先用潜水钻机钻两个直径与槽段宽度相同的垂直导孔,然后用导板抓斗形成槽段。

4) 冲击式施工法

挖槽方法为常规单孔桩方法,采取间隔挖槽施工。

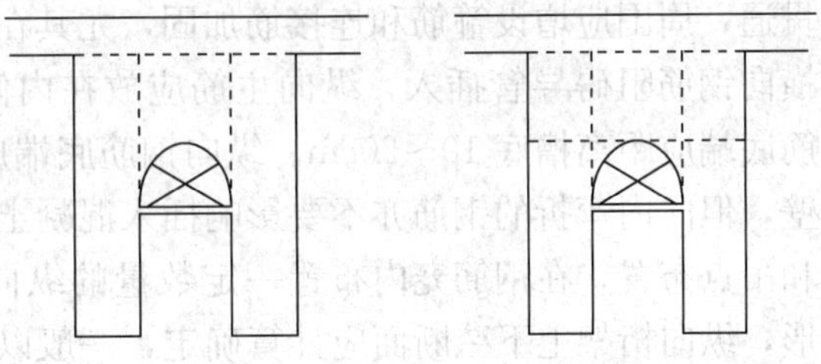

图 12-78 抓斗挖槽方法
(a) "分条抓"抓斗挖槽; (b) "分块抓"抓斗挖槽

3. 防止槽壁塌方的措施

施工时保持槽壁的稳定性是十分重要的,与槽壁稳定有关的因素主要有地质条件、地下水位、泥浆性能及施工措施等几个方面。当挖槽出现坍塌迹象时,如泥浆大量漏失和液位明显下降、泥浆内有大量泡沫上冒或出现异常扰动、导墙及附近地面出现沉降、排土量超出设计土方量、多头钻或蚌式抓斗升降困难等,应及时将挖槽机械提至地面,防止其埋入地下,然后迅速采取措施避免坍塌进一步扩大。

4. 清基

挖槽结束后清除以沉渣为主的槽底沉淀物的工作称为清基。地下连续墙槽孔的沉渣如不清除，会在底部形成夹层，可能会造成地下连续墙沉降量增大，承载力降低，减弱隔水防渗性能，会使混凝土的强度、流动性、浇筑速度等受到不利影响，还会可能造成钢筋笼上浮或无法吊放到预定深度。清基的方法有沉淀法和置换法两种。沉淀法是在土渣基本都沉至槽底之后再进行清底。置换法是在挖槽结束后，在土渣尚未沉淀之前就用新泥浆把槽内的泥浆置换出来，使槽内泥浆的比重在1.15以下，我国多用置换法清基。

#### 12.10.2.5 钢筋笼加工与吊装

1. 钢筋笼加工

应根据地下连续墙墙体配筋图和单元槽段的划分制作钢筋笼，宜按单元槽段整体制作。若地下连续墙深度较大或受起重设备起重能力的限制，可分段制作，在吊放时再逐段连接；接头宜用绑条焊；纵向受力钢筋的搭接长度，如无明确规定时可采用60倍的钢筋直径。

钢筋笼应在型钢或钢筋制作的平台上成型。工程场地设置的钢筋笼制作安装平台应有一定的尺寸（应大于最大钢筋笼尺寸）和平整度。为便于纵向钢筋定位，宜在平台上设置带凹槽的钢筋定位条。为便于钢筋放样布置和绑扎，应在平台上根据钢筋间距、插筋、预埋件的位置画出控制标记，以保证钢筋笼和各种埋件的布设精度。

钢筋笼端部与接头管或混凝土接头面间应留有15~20cm的空隙。主筋净保护层厚度通常为7~8cm，保护层垫块厚5cm，在垫块和墙面之间留有2~3cm的间隙。垫块一般用薄钢板制作，以防止吊放钢筋笼时垫块损坏或擦伤槽壁面。作为永久性结构的地下连续墙的主筋保护层，应根据设计要求确定。

制作钢筋笼时应确保钢筋的位置、间距及数量正确。纵向钢筋接长宜采用接驳器。钢筋连接除四周两道钢筋的交点需全部点焊外，其余可采用50%交叉点焊。成型用的临时扎结铁丝焊后应全部拆除。制作钢筋笼时应预先确定浇筑混凝土用导管的位置，应保持上下贯通，周围应增设箍筋和连接筋加固，尤其在单元槽段接头附近等钢筋较密集区域。为防横向钢筋阻碍导管插入，纵向主筋应放在内侧，横向钢筋放在外侧（图12-79）。纵向钢筋底端应距离槽底10~20cm。纵向钢筋底端应稍向内弯折，以防止吊放钢筋笼时擦伤槽壁，但向内弯折的钢筋亦不要影响插入混凝土导管。应根据钢筋笼重量、尺寸及起吊方式和吊点布置，在钢筋笼内布置一定数量的纵向桁架（图12-79）。由于钢筋笼起吊时易变形，纵向桁架上下弦断面应计算确定，一般以加大相应受力断面钢筋作桁架的上下弦。

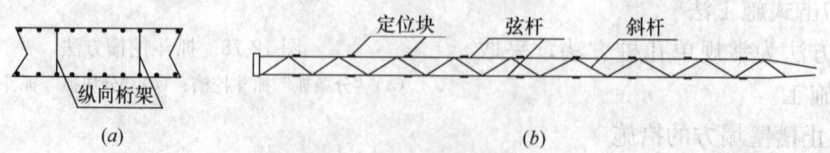

图12-79 钢筋笼构造示意图
(a) 纵向桁架横剖面图；(b) 纵向桁架纵剖面图

地下连续墙与基础底板以及内部结构板、梁、柱、墙的连接，如采用预留锚固钢筋的方式，锚固筋一般用光圆钢筋，直径不超过20mm。锚固筋布置应确保混凝土可自由流动以充满锚固筋周围的空间,如采用预埋钢筋连接器则宜用较大直径的钢筋。

2. 钢筋笼的吊装

钢筋笼的起吊、运输和吊放应制定施工方案。钢筋笼的整体吊放应进行验算,并应对经验算的钢筋笼进行试吊放。吊具、吊点加固钢筋及确定钢筋笼吊放标高的吊筋,应进行起吊重量分析,通过强度验算确定合适的规格,以防止钢筋笼散架对人员和周边设施的损害。钢筋笼高宽比、高厚比较大,纵横钢筋连接的笼体整体刚度较差,为防止吊放过程中产生不可恢复的变形,可以通过设置纵横向钢筋桁架、外侧钢筋剪刀撑、笼口上部钢筋剪刀撑、吊点加固筋等加强钢筋笼刚度,提高钢筋笼的整体稳定性。钢筋笼的构造与起吊方法如图12-80所示。

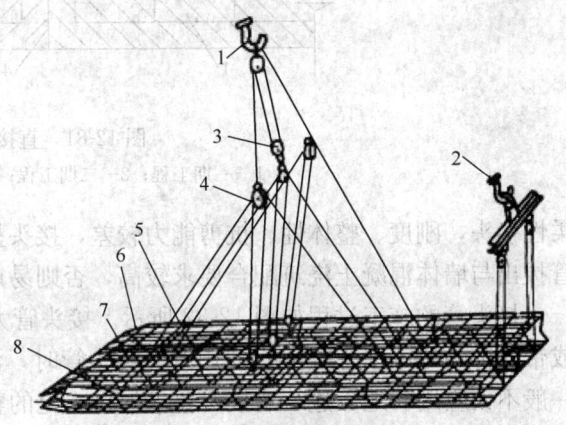

图12-80 钢筋笼的构造与起吊方法
1、2—吊钩;3、4—滑轮;5—卸甲;6—钢筋笼底端向内弯折;
7—纵向桁架;8—横向架立桁架

两台起重机同时起吊,每台起重机分配质量的负荷不应超过允许负荷的80%。起重机行走时,所吊钢筋笼不得大于其自身额定起重能力的70%。

钢筋笼吊放时应对准槽段中心线缓慢沉入,不得强行入槽。钢筋笼入槽后应检查其顶端高度是否满足设计要求,然后将其搁置在导墙上。

#### 12.10.2.6 接头选择(套铣、预制接头)

1. 接头形式分类

地下连续墙由若干个槽段分别施工后连成整体,各槽段间的接头成为挡土挡水的薄弱部位。地下连续墙接头形式很多,一般分为施工接头(纵向接头)和结构接头(水平接头)。施工接头是浇筑地下连续墙时纵向连接两相邻单元墙段的接头;结构接头是已竣工的地下连续墙在水平向与其他构件(地下连续墙内部结构,如梁、柱、墙、板等)相连接的接头。

2. 施工接头

施工接头应满足受力和防渗的要求,并要求施工简便、质量可靠;对下一单元槽段的成槽不会造成困难;不会造成混凝土从接头下端及侧面流入背面;传递单元槽段之间的应力起到伸缩接头的作用;能承受混凝土侧压力但不致有较大变形等。

(1) 直接连接构成接头

单元槽段浇灌混凝土后,混凝土与未开挖土体直接接触,在开挖下一单元槽段时,用冲击锤等将与土体相接触的混凝土改造成凹凸不平的连接面,再浇灌混凝土形成所谓"直接接头"(图12-81)。而黏附在连接面上的沉渣与土用抓斗的斗齿或射水等方法清除,但难以清除干净,受力与防渗性能均较差。故此种接头目前已很少使用。

(2) 接头管(锁口管)接头

接头管接头是地下连续墙应用最多接头的形式。该类型接头构造简便,施工方便,工艺成熟,刷壁方便,槽段侧壁泥浆易清除,下放钢筋笼方便,造价较低。但该类型接头属

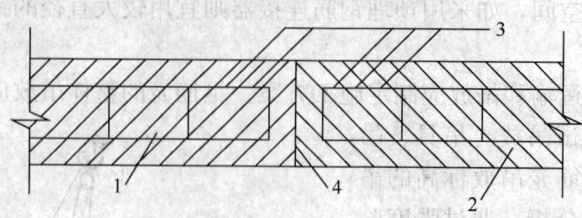

图 12-81 直接接头
1——期工程；2—二期工程；3—钢筋；4—接缝

柔性接头，刚度、整体性、抗剪能力较差，接头呈光滑圆弧面，接头处易产生渗水，接头管拔出与墙体混凝土浇筑配合要求较高，否则易产生"埋管"或"塌槽"的情况。

接头管的施工过程如图 12-82 所示。接头管大多为圆形，此外还有缺口圆形、带翼的或带凸榫的等（图 12-83）。使用带翼接头管时，泥浆容易淤积在翼的旁边影响工程质量，一般不太应用。地下连续墙接头要求保持一定的整体性、抗渗性，常见的接头平面形式如图 12-84 所示。图 12-84（a）至图 12-84（g）为多头钻成孔接头形式，图 12-84（h）为冲击钻成孔接头形式。

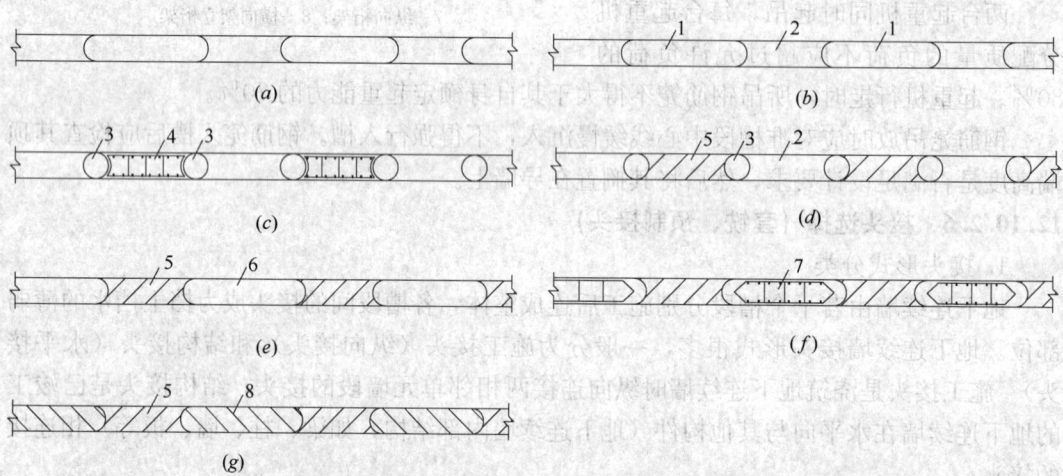

图 12-82 接头管的施工过程
(a) 待开挖的连续墙；(b) 开挖一期槽段；(c) 下接头管和钢筋笼；(d) 浇筑一期槽段混凝土；
(e) 拔起接头管；(f) 开挖二期槽段及下钢筋笼；(g) 浇筑二期槽段混凝土
1—已开挖的一期槽段；2—未开挖的二期槽段；3—接头管；4—钢筋笼；5——期槽段混凝土；
6—拔去接头管尚未开挖的二期槽段；7—二期槽段钢筋笼；8—二期槽段混凝土

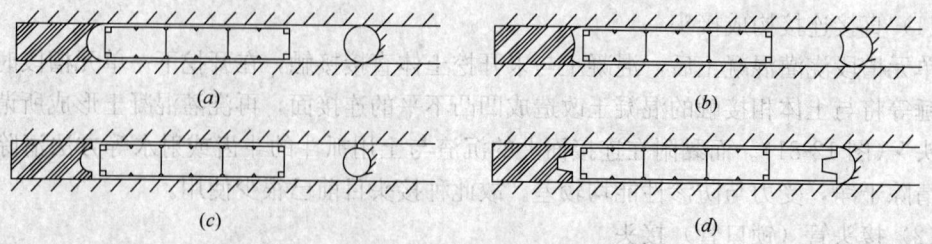

图 12-83 各式接头
(a) 圆形；(b) 缺口圆形；(c) 带翼形；(d) 带凸榫形

(3) 接头箱接头

接头箱接头是可使地下连续墙形成整体的接头,接头刚度较大,变形小,防渗效果较好。但该接头构造复杂,施工工序多,刷壁清浆困难,伸出接头钢筋易弯,给刷壁清浆和安放钢筋笼带来一定的困难。接头箱接头施工方法与接头管接头相似,只是以接头箱代替接头管。接头箱接头的施工过程如图 12-85 所示,构造如图 12-86 所示。

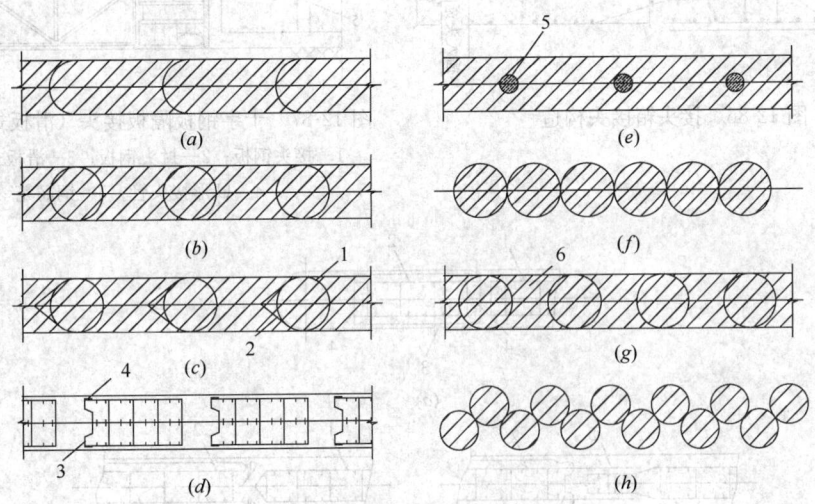

图 12-84 常见的接头平面形式

(a) 半圆形;(b) 半圆间隔浇筑式;(c) V 形隔板接头;(d) 榫形隔板接头;(e) 单销接头;
(f) 排桩对接接头;(g) 排桩与鼓形冲击孔交错接头;(h) 排桩交错接头

1—接头管;2—V 形隔板;3—分隔钢板;4—罩布;5—销管二次灌浆;6—单销冲击孔

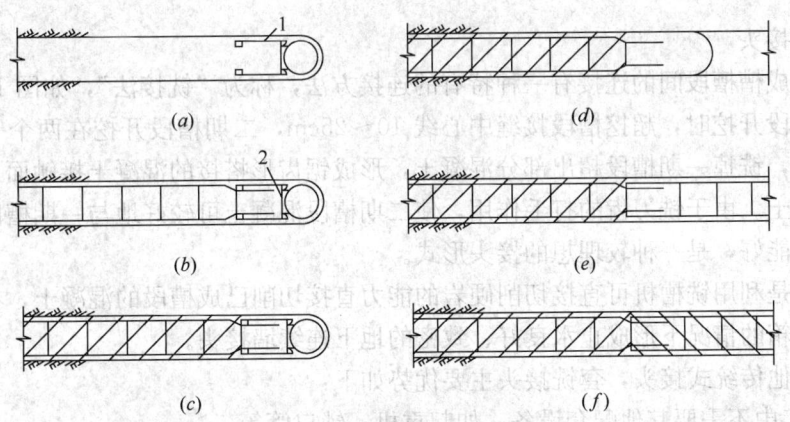

图 12-85 接头箱接头的施工过程

(a) 插入接头箱;(b) 吊放钢筋笼;(c) 浇筑混凝土;(d) 吊出接头箱;
(e) 吊放后一个槽段的钢筋笼;(f) 浇筑后一个槽段的混凝土形成整体接头

1—接头箱;2—焊在钢筋笼端部的钢板

(4) 隔板式接头

隔板式接头按隔板的形状分为十字钢板隔板接头(图 12-87)、平隔板接头 [图 12-88

(a)]工字型钢隔板接头、榫形隔板接头[图12-88(b)]和V形隔板接头[图12-88(c)]等。

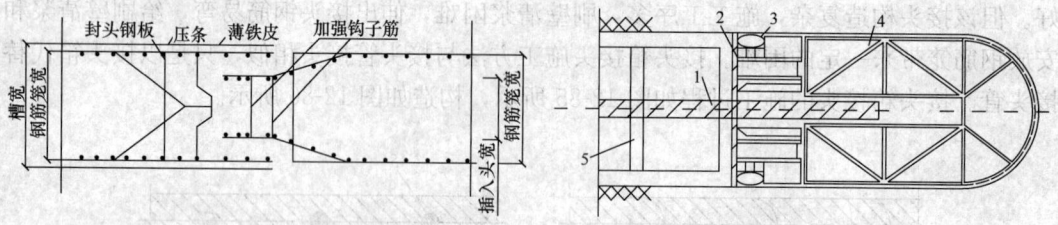

图12-86 接头箱接头构造    图12-87 十字钢板隔板接头（滑板式接头箱）
1—接头钢板；2—封头钢板；3—滑板式接箱；
4—U形接头管；5—钢筋笼

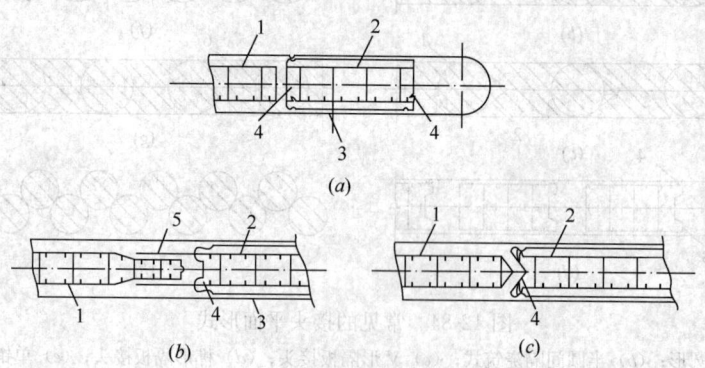

图12-88 隔板式接头
(a)平隔板接头；(b)榫形隔板接头；(c)V形隔板接头
1—钢筋笼（正在施工地段）；2—钢筋笼（完工地段）；3—用化纤布铺盖；4—钢制隔板；5—连接钢筋

(5) 铣接头

铣槽机成槽槽段间的连接有一种特有的连接方法，称为"铣接法"，如图12-89所示。即在一期槽段开挖时，超挖槽段接缝中心线10~25cm，二期槽段开挖在两个一期槽段中间入铣槽机，铣掉一期槽段超出部分混凝土，形成锯齿形搭接的混凝土接触面，再浇筑二期槽段混凝土。由于铣刀齿的打毛作用，使二期槽段混凝土可较好地与一期槽段混凝土结合，密水性能好，是一种较理想的接头形式。

铣接头是利用铣槽机可直接切削硬岩的能力直接切削已成槽段的混凝土，在不采用锁口管、接头箱的情况下形成止水良好、致密的地下连续墙接头。

对比其他传统式接头，套铣接头主要优势如下：

1) 施工中不需要其他配套设备，如起重机、锁口管等。

2) 可节省昂贵的材料费用，同时钢筋笼重量减轻，可采用吨数较小的起重机，降低施工成本且利于工地动线安排。

3) 不论一期或二期槽段挖掘或浇筑混凝土时，均无预挖区，且可全速灌注无扰流问题，确保接头质量和施工安全性。

4) 挖掘二期槽段时双轮铣套铣掉两侧一期槽段已硬化的混凝土，新鲜且粗糙的混凝土面在浇筑二期槽段时形成水密性良好的混凝土套铣接头。

12.10 地下连续墙工程施工

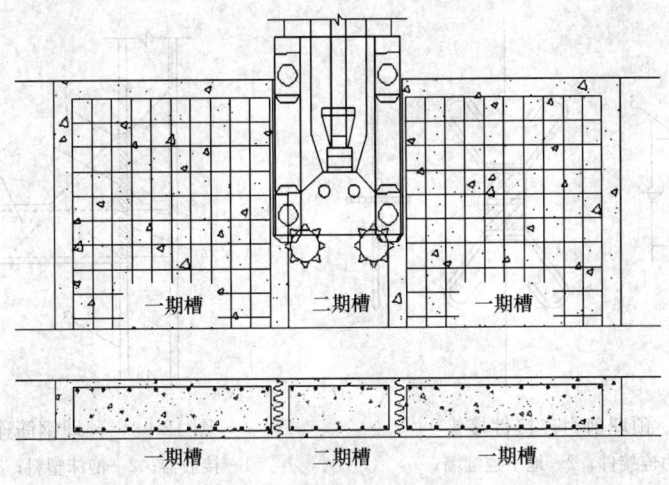

图 12-89 铣接头施工示意图

3. 结构接头

(1) 直接连接接头

在浇筑墙体混凝土之前,在连接部位预先埋设连接钢筋。即将该连接筋一端直接与地下墙的主筋连接,另一端弯折后与地下连续墙墙面平行且紧贴墙面。待开挖地下连续墙内侧土体,露出此墙面时,凿去该处的墙面混凝土面层,露出预埋钢筋,然后再弯成所需的形状与后浇主体结构受力筋连接(图 12-90)。

(2) 间接接头

间接接头是通过钢板或钢构件连接地下连续墙和地下工程内部构件的接头。一般有预埋连接钢板接头(图 12-91)、预埋剪力连接件接头(图 12-92)和预埋钢筋连接器接头(图 12-93)三种接头。

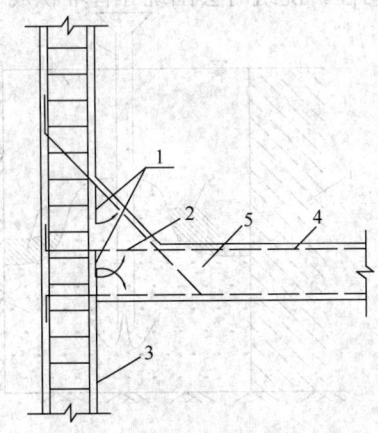

图 12-90 预埋钢筋连接头
1—预埋的连接钢筋;2—焊接处;3—地下连续墙;
4—后浇结构中受力钢筋;5—后浇结构

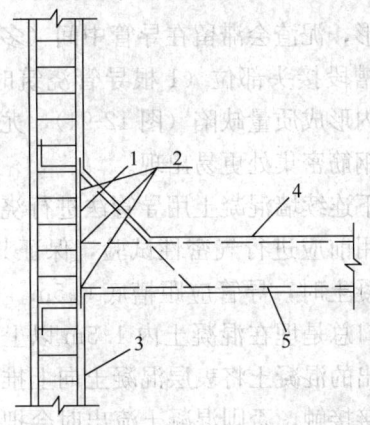

图 12-91 预埋连接钢板接头
1—预埋的连接钢筋;2—焊接处;3—地下连续墙;
4—后浇结构;5—后浇结构中受力钢筋

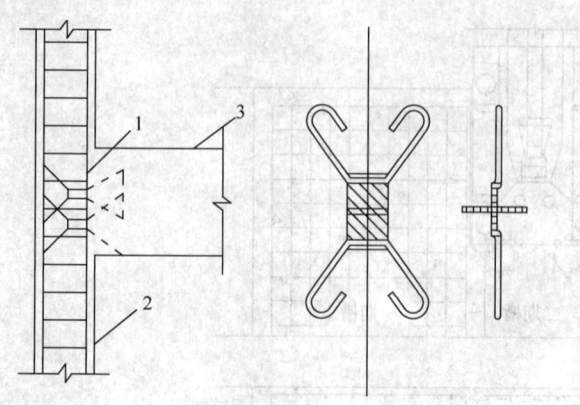
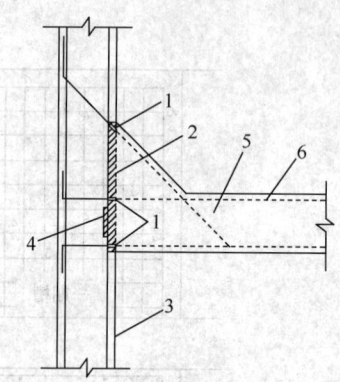

图 12-92 预埋剪力连接件接头
1—预埋剪力连接件；2—地下连续墙；
3—后浇结构

图 12-93 预埋钢筋连接器接头
1—接驳器；2—泡沫塑料；3—地下连续墙；
4—剪力槽；5—后浇结构；6—后浇结构中受力钢筋

#### 12.10.2.7 水下混凝土浇筑

地下连续墙所用混凝土的配合比除满足设计强度要求外，还应考虑其应具有和易性好、流动度大、缓凝的施工特点。

混凝土性能除满足一般水工混凝土要求外，尚应考虑泥浆中浇筑混凝土的强度随施工条件变化较大，同时在整个墙面上的强度分散性亦大，因此混凝土应按照结构设计规定的强度提高等级进行配合比设计。若无试验情况下，上海地区对水下混凝土强度比设计强度提高的等级做了相应的规定，如表12-58所示。

上海地区对水下混凝土强度比设计强度提高的等级对照表　　表12-58

| 设计强度等级 | C25 | C30 | C35 | C40 | C45 | C50 |
|---|---|---|---|---|---|---|
| 水下混凝土强度等级 | C30 | C35 | C40 | C50 | C55 | C60 |

混凝土应具有黏性和良好的流动性。若缺乏流动性，浇筑时会围绕导管堆积成一个尖顶的锥形，泥渣会滞留在导管中间（多根导管浇筑时）或槽段接头部位（1根导管浇筑时），易卷入混凝土内形成质量缺陷（图12-94），尤其在槽段端部连接钢筋密集处更易出现。

地下连续墙混凝土用导管法进行浇筑，导管在首次使用前应进行气密性试验，保证其密封性能。浇筑混凝土时，导管应距槽底0.5m。浇筑过程中导管下口总是埋在混凝土内1.5m以上，使从导管下口流出的混凝土将表层混凝土向上推动而避免与泥浆直接接触，否则混凝土流出时会把混凝土上升面附近的泥浆卷入混凝土内。导管插入太深会使混凝土在导管内流动不畅，有时还可能产生钢筋笼上浮，因此导管最大插入深度亦不宜超过9m。

当混凝土浇筑到地下连续墙顶部附近时，导管

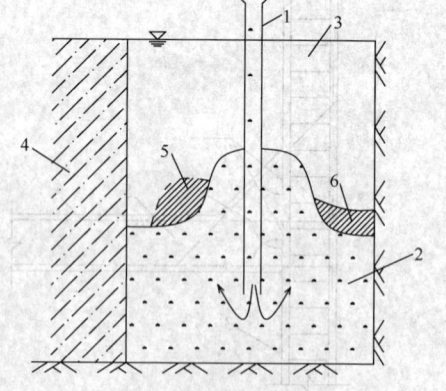

图 12-94 混凝土流动性小
围绕导管形成的锥形
1—导管；2—正在浇灌的混凝土；3—泥浆；
4—已浇筑混凝土的槽段；5—易卷入混凝土
内的泥渣；6—滞留的泥渣

内混凝土不易流出，应降低浇筑速度，并将导管最小埋入深度控制在1m左右，可将导管上下抽动，但抽动范围不得超过30cm。混凝土浇筑过程中导管不得横向运动，以防止沉渣和泥浆混入混凝土内；应随时掌握混凝土的浇筑量、混凝土上升高度和导管埋入深度；应防止导管下口暴露在泥浆内，造成泥浆涌入导管。

导管的间距一般为3~4m，导管距槽段端部的距离不宜超过2m；若管距过大，易使导管中间部位的混凝土面低，泥浆易卷入；若一个槽段内用两根及以上导管同时浇筑，应使各导管处的混凝土面大致处在同一水平面上。

宜尽量加快单元槽段混凝土浇筑速度，一般槽内混凝土面上升速度不宜小于2m/h。混凝土应超浇30~50cm，以便在明确混凝土强度情况下，将设计标高以上的浮浆层凿除。

### 12.10.3 质量检验

地下连续墙质量控制标准如表12-59所示，地下连续墙钢筋笼质量控制标准如表12-60所示。

地下连续墙质量控制标准  表12-59

| 项 | 序 | 检查项目 | | 允许偏差或允许值 | | 检查方法 |
|---|---|---|---|---|---|---|
| | | | | 单位 | 数值 | |
| 主控项目 | 1 | 墙体强度 | | 不小于设计值 | | 28d试块强度或钻芯法 |
| | 2 | 垂直度 | 临时结构 | | ≤1/200 | 20%超声波2点/幅 |
| | | | 永久结构 | | ≤1/300 | 100%超声波2点/幅 |
| | 3 | 槽段深度 | | 不小于设计值 | | 测绳2点/幅 |
| 一般项目 | 1 | 导墙尺寸 | 宽度（设计墙厚+40mm） | mm | ±10 | 钢尺测量 |
| | | | 垂直度 | | ≤1/500 | 线锤测量 |
| | | | 导墙顶面平整度 | mm | ±5 | 钢尺测量 |
| | | | 导墙平面定位 | mm | ≤10 | 钢尺测量 |
| | | | 导墙顶标高 | mm | ±20 | 水准测量 |
| | 2 | 槽段宽度 | 临时结构 | | 不小于设计值 | 20%超声波2点/幅 |
| | | | 永久结构 | | 不小于设计值 | 100%超声波2点/幅 |
| | 3 | 槽段位 | 临时结构 | mm | ≤50 | 钢尺1点/幅 |
| | | | 永久结构 | mm | ≤30 | |
| | 4 | 沉渣厚度 | 临时结构 | mm | ≤150 | 100%测绳2点/幅 |
| | | | 永久结构 | mm | ≤100 | |
| | 5 | 混凝土坍落度 | | mm | 180~220 | 坍落度仪 |
| | 6 | 地下连续墙表面平整度 | 临时结构 | mm | ±150 | 钢尺测量 |
| | | | 永久结构 | mm | ±100 | |
| | | | 预制地下连续墙 | mm | ±20 | |
| | 7 | 预制墙顶标高 | | mm | ±10 | 水准测量 |
| | 8 | 预制墙中心位移 | | mm | ≤10 | 钢尺测量 |
| | 9 | 永久结构的渗漏水 | | | 无渗漏、线流，且≤0.1L/(m²·d) | 现场检验 |

地下连续墙钢筋笼质量控制标准（mm）　　　　　　　　　表 12-60

| 项目 | 序号 | 检查项目 | 允许偏差或允许值 | 检查方法 |
| --- | --- | --- | --- | --- |
| 主控项目 | 1 | 主筋间距 | ±10 | 钢尺测量 |
|  | 2 | 长度 | ±100 | 钢尺测量 |
| 一般项目 | 1 | 钢筋材质检验 | 设计要求 | 抽样送检 |
|  | 2 | 箍筋间距 | ±20 | 钢尺测量 |
|  | 3 | 直径 | ±10 | 钢尺测量 |

## 12.11 土钉墙工程施工

### 12.11.1 土钉墙的类型

#### 12.11.1.1 土钉墙

土钉墙是用于土体开挖时保持基坑侧壁或边坡稳定的一种挡土结构，主要由密布于原位土体的土钉、黏附于土体表面的钢筋混凝土面层、土钉之间的被加固土体和必要的防水系统组成，其构造如图 12-95（a）所示。土钉是置于原位土体中的细长受力杆件，通常可采用钢筋、钢管、型钢等。按土钉置入方式可分为钻孔注浆型、直接打入型、打入注浆型。面层通常采用钢筋混凝土结构，可采用喷射工艺或现浇工艺。面层与土钉通过连接件进行连接，连接件一般采用钉头筋或垫板，土钉之间的连接一般采用加强筋。土钉墙支护一般需设置防排水系统，基坑侧壁有透水层或渗水土层时，面层可设置泄水孔。土钉墙的结构较合理，施工设备和材料简单，操作方便灵活，施工速度快捷，对施工条件要求不高，造价较低；但其不适合变形要求较为严格或较深的基坑，对用地红线有严格要求的场地具有局限性。

#### 12.11.1.2 复合土钉墙

复合土钉墙是土钉墙与各种隔水帷幕、微型桩及预应力锚杆等构件结合所成的结构，可根据工程具体条件选择与其中一种或多种结合，形成了复合土钉墙。它具有土钉墙的全部优点，克服了其较多的缺点，应用范围大大拓宽，适用性更广，整体稳定性、抗隆起及抗渗流性能大大提高，基坑风险相应降低。土钉与隔水帷幕结合的复合土钉墙，如图 12-95（b）所示。

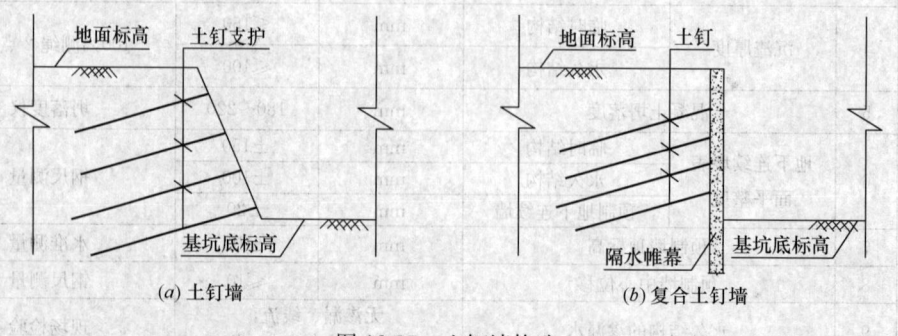

图 12-95　土钉墙构造

## 12.11.2 施工机械与设备

土钉墙施工主要机械设备包括钻孔机具、注浆泵、混凝土喷射机、空气压缩机等。其中空气压缩机是提供钻孔机械和注浆泵的动力设备。钻孔机具包括锚杆钻机、地质钻机和洛阳铲。

## 12.11.3 施 工 工 艺

### 12.11.3.1 施工准备

1. 材料准备

土钉一般采用带肋钢筋（$\phi18mm\sim\phi32mm$）、钢管、型钢等，使用前应调直、除锈、除油；面层混凝土水泥应优先选用强度等级为 42.5 的普通硅酸盐水泥；砂应采用干净的中粗砂，含水量应小于 5%；钢筋网采用的钢筋为 $\phi6mm\sim\phi8mm$ 绑扎成型；速凝剂应做与水泥相溶性试验及水泥浆凝结效果试验；土钉注浆采用水泥浆或强度等级不低于 M10 的水泥砂浆。

2. 施工机具准备

（1）成孔机具和工艺视场地土质特点及环境条件选用，要保证进钻和抽出过程中不引起坍孔，一般宜选用体积较小、重量较轻、装拆移动方便的机具。常用的有锚杆钻机、地质钻机、洛阳铲等，在易坍孔的土体中钻孔时宜采用套管成孔或挤压成孔工艺。

（2）注浆泵规格、压力和输浆量应满足设计要求。宜选用小型、可移动、可靠性好的注浆泵，压力和输浆量应满足施工要求。工程中常用灰浆泵和注浆泵。

（3）混凝土喷射机应密封良好，输料连续均匀，输送距离应满足施工要求，输送水平距离不宜小于 10m，垂直距离不宜小于 30m。

（4）空压机应满足喷射机工作风压和风量要求。作为钻孔机械和混凝土喷射机械的动力设备，一般选用风量 $9m^3/min$ 以上、压力大于 0.5MPa 的空压机。若 1 台空压机带动 2 台以上钻机或混凝土喷射机时，要配备储气罐。

（5）宜采用商品混凝土，若现场搅拌混凝土，宜采用强制式搅拌机。

（6）输料管应能承受 0.8MPa 以上的压力，并应有良好的耐磨性。

（7）供水设施应有足够的水量和水压（不小于 0.2MPa）。

### 12.11.3.2 土钉墙施工流程

1. 土钉墙施工流程

开挖工作面→修整坡面→施工第一层面层→土钉定位→钻孔→清孔检查→放置土钉→注浆→绑扎钢筋网→安装泄水管→施工第二层面层→养护→开挖下一层工作面→重复上述步骤直至基坑设计深度。

2. 复合土钉墙施工流程

止水帷幕或微型桩施工→开挖工作面→修整坡面→施工第一层混凝土面层→土钉或锚杆定位→钻孔→清孔检查→放置土钉或锚杆→注浆→绑扎面层钢筋网及腰梁钢筋→安装泄水管→施工第二层混凝土面层及腰梁→养护→锚杆张拉→开挖下一层工作面→重复上述步骤直至基坑设计深度。

### 12.11.3.3 土钉墙主要施工方法及操作要点

1. 土方开挖

基坑土方应分层开挖，且应与土钉支护施工作业紧密协调和配合。挖土分层厚度应与土钉竖向间距一致，开挖标高宜为相应土钉位置下 20mm，逐层开挖并施工土钉，严禁超挖。每层土开挖完成后应进行修整，并在坡面施工第一层面层，若土质条件良好，可省去该道面层，开挖后应及时完成土钉安设和混凝土面层施工；在淤泥质土层开挖时，应限时完成土钉安设和混凝土面层。完成上一层作业面土钉和面层后，应待其达到 70% 设计强度以上后，方可进行下一层作业面的开挖。开挖应分段进行，分段长度取决于基坑侧壁的自稳能力，且与土钉支护的流程相互衔接，一般每层的分段长度不宜大于 30m。有时为保持侧壁稳定，保护周边环境，可采用划分小段开挖的方法，也可采用跳段同时开挖的方法。基坑土方开挖应提供土钉成孔施工的工作面宽度，土方开挖和土钉施工应形成循环作业。

2. 土钉施工

土钉施工根据选用的材料不同可分为两种，即钢筋土钉施工和钢管土钉施工。

钢筋土钉施工是按设计要求确定孔位标高后先成孔。成孔可分机械成孔和人工成孔，其中人工成孔一般采用洛阳铲，目前应用较少。机械成孔一般采用小型钻孔机械，保持其与面层的一定角度先采用合金钻头钻进，放入护壁套管，再冲水钻进。钻到设计位置后应继续供水洗孔，待孔口溢出清水为止。机械成孔采用机具应符合土层特点，在进钻和抽出钻杆过程中不得引起土体坍孔。易坍孔土体中钻孔时宜采用套管成孔或挤压成孔。成孔过程中应按土钉编号逐一记录取出土体的特征、成孔质量等，并将取出土体与设计认定的土质对比，发现有较大的偏差时要及时修改土钉的设计参数。

钢管土钉施工一般采用打入法，即在确定孔位标高处将管壁留孔的钢管保持与面层一定角度打入土体内。打入最早采用大锤、简易滑锤，目前一般采用气动潜孔锤或钻探机。

施工前应完成土钉杆件的制作加工。钢筋土钉和钢管土钉的构造如图 12-96 所示。

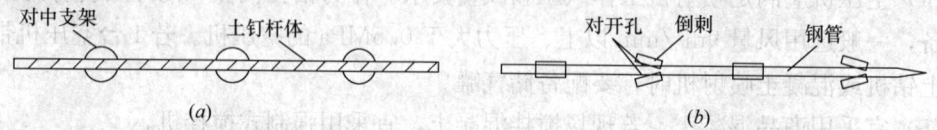

图 12-96 钢筋土钉和钢管土钉构造
(a) 钢筋土钉；(b) 钢管土钉

插入土钉前应清孔和检查。土钉置入孔中前，先在其上安装连接件，以保证钢筋处于孔位中心位置且注浆后保证其保护层厚度满足要求。连接件一般采用钢筋或垫板，如图 12-97 所示。

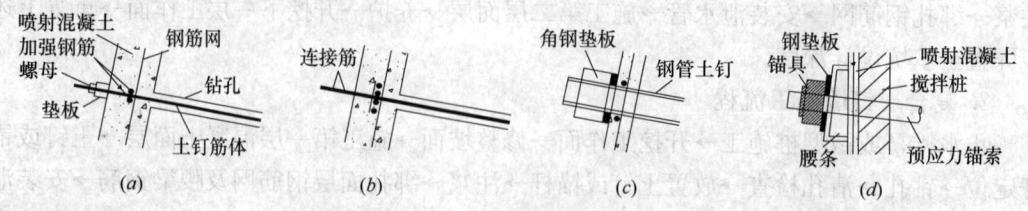

图 12-97 土钉（锚索）与面层连接构造
(a) 螺母垫板连接；(b) 钢筋连接；(c) 角钢连接；(d) 锚索与腰梁、面层连接

3. 注浆

钢筋土钉注浆前应将孔内残留或松动的杂土清除。根据设计要求和工艺试验，选择合适的注浆机具，确定注浆材料和配合比。注浆材料一般采用水泥浆或水泥砂浆。一般采用重力、低压（0.4~0.6MPa）或高压（1~2MPa）注浆。水平注浆多采用低压或高压，注浆时应在孔口或规定位置设置止浆塞，注满后保持压力3~5min；斜向注浆则采用重力或低压注浆，注浆导管底端插至距孔底250~550mm处，在注浆时将导管匀速缓慢地撤出，过程中注浆导管口始终埋在浆体表面下。有时为提高土钉抗拔能力还可采用二次注浆工艺。每批注浆所用砂浆至少取3组试件，每组3块，立方体试块经标准养护后测定3d和28d强度。

4. 混凝土面层施工

应根据施工作业面分层分段铺设钢筋网，钢筋网之间的搭接可采用焊接或绑扎，钢筋网可用插入土中的钢筋固定。钢筋网宜随壁面铺设，与坡面间隙不小于20mm。土钉与面层钢筋网的连接可通过垫板、螺母及端部螺纹杆、井字加强钢筋焊接等方式连接。

喷射混凝土一般采用混凝土喷射机，施工时应分段进行，同一分段内喷射顺序应自下而上，喷头运动一般按螺旋式轨迹一圈压半圈均匀缓慢移动；喷头与受喷面应保持垂直，距离宜为0.6~1.0m，一次喷射厚度不宜小于40mm；在钢筋部位可先喷钢筋后方以防其背面出现空隙；混凝土上下层及相邻段搭接结合处，搭接长度一般为厚度的2倍以上，接缝应错开。混凝土终凝2h后应喷水养护，保持混凝土表面湿润，养护期视当地环境条件而定，宜为3~7d。

5. 排水系统的设置

基坑边若含有透水层或渗水土层时，混凝土面层上应做泄水孔，即按间距1.5~2.0m均匀布设长0.4~0.6m、直径不小于40mm的塑料排水管，外管口略向下倾斜，管壁上半部分可钻透水孔，管中填满粗砂或圆砾作为滤水材料，以防土颗粒流失。也可在喷射混凝土面层施工前预先沿土坡壁面每隔一定距离设置一条竖向排水带，即用带状皱纹滤水材料夹在土壁与面层之间形成定向导流带，使土坡中渗出的水有组织地导流到坑底后集中排出。

#### 12.11.3.4 质量控制

1. 土钉墙工程质量控制标准

土钉支护成孔、注浆、喷混凝土等工艺可参照国家现行标准《基坑土钉支护技术规程》CECS 9697、《建筑基坑支护技术规程》JGJ 120、《喷射混凝土施工技术规程》YBJ 226、《复合土钉墙基坑支护技术规范》GB 50739、《建筑地基基础工程施工质量验收标准》GB 50202等。

2. 土钉墙工程质量检验

（1）材料

所使用原材料（钢筋、钢管、水泥、砂、碎石等）质量应符合国家现行有关标准规定和设计要求，并要具备出厂合格证及试验报告书。材料进场后应按有关标准进行抽样质量检验。

（2）土钉抗拔承载力检测

土钉抗拔承载力的检测数量不宜少于土钉总数的1%，且同一土层中的土钉检测数量不应少于3根；对安全等级为二级、三级的土钉墙，抗拔承载力检测值分别不应小于土钉轴向拉力标准值的1.3倍、1.2倍；检测土钉应采用随机抽样的方法选取；检测试验应在注浆固结体强度达到10MPa或达到设计强度的70%后进行，应按现行行业标准《建筑基坑支护技术规程》JGJ 120附录D的试验方法进行；当检测的土钉不合格时，应扩大检测数量。可抽取不合格数量2倍的样本扩大试验。将扩大抽检结果计入总样本后如仍不合格，则应判断该检验批产品不合格，并应对不合格部位采取相应的补救措施。

(3) 混凝土面层的质量检验

混凝土应养护28d后进行抗压强度试验。试块数量为每500$m^2$喷射混凝土面积的试验数量不应少于一组，每组试块不应少于3个。墙面喷射混凝土厚度应采用钻孔检测，每500$m^2$喷射混凝土面积的检测数量不应少于一组，每组的检测点不应少于3个；全部检测点的面层厚度平均值不应小于厚度设计值，最小厚度不应小于厚度设计值的80%；混凝土面层外观检查应符合设计要求，无漏喷现象。

(4) 施工质量检验

根据现行国家标准《建筑地基基础工程施工质量验收标准》GB 50202，土钉墙支护质量检验标准应符合表12-61的要求。

土钉墙支护质量检验标准    表12-61

| 项 | 序 | 检查项目 | 允许值或允许偏差 | | 检查方法 |
|---|---|---|---|---|---|
| | | | 单位 | 数值 | |
| 主控项目 | 1 | 抗拔承载力 | | 不小于设计值 | 土钉抗拔试验 |
| | 2 | 土钉长度 | | 不小于设计值 | 钢尺测量 |
| | 3 | 分层开挖厚度 | mm | ±200 | 水准测量或用钢尺测量 |
| 一般项目 | 1 | 土钉位置 | mm | ±100 | 钢尺测量 |
| | 2 | 土钉直径 | | 不小于设计值 | 钢尺测量 |
| | 3 | 土钉孔倾斜度 | ° | ≤3 | 测倾角 |
| | 4 | 水胶比 | | 设计值 | 实际用水量与水泥等胶凝材料的重量比 |
| | 5 | 注浆量 | | 不小于设计值 | 查看流量表 |
| | 6 | 注浆压力 | | 设计值 | 检查压力表读数 |
| | 7 | 浆体强度 | | 不小于设计值 | 试块强度 |
| | 8 | 钢筋网间距 | mm | ±30 | 钢尺测量 |
| | 9 | 土钉面层厚度 | mm | ±10 | 钢尺测量 |
| | 10 | 面层混凝土强度 | | 不小于设计值 | 28d试块强度 |
| | 11 | 预留土墩尺寸及间距 | mm | ±500 | 钢尺测量 |
| | 12 | 微型桩桩位 | mm | ≤50 | 全站仪或钢尺测量 |
| | 13 | 微型桩垂直度 | | ≤1/200 | 经纬仪测量 |

注：第12项和第13项的检测仅适用于微型桩结合土钉的复合土钉墙。

本表根据现行国家标准《建筑地基工程施工质量验收标准》表7.6.5修订。

## 12.12 土层锚杆工程施工

土层锚杆简称土锚杆,它是在深开挖的地下室墙面(排桩墙、地下连续墙或挡土墙)或地面,或已开挖的基坑立壁土层钻孔(或掏孔),达到一定设计深度后,或再扩大孔的端部,形成柱状或其他形状,在孔内放入钢筋、钢管或钢丝束、钢绞线或其他抗拉材料,灌入水泥浆或化学浆液,使之与土层结合成为抗拉(拔)力强的锚杆。锚杆是一种新型受拉杆件,它的一端与工程结构物或挡土桩墙连接,另一端锚固在地基的土层或岩层中,以承受结构物的上托力、拉拔力、倾侧力或挡土墙的土压力、水压力等。其特点是:能与土体结合在一起承受很大的拉力,以保持结构的稳定;可用高强度钢材,并可施加预应力,可有效地控制建筑物的变形量;施工所需钻孔孔径小,不用大型机械;用它代替钢横撑作侧壁支护,可节省大量钢材;能为地下工程施工提供开阔的工作面;经济效益显著,可大量节省劳力,加快工程进度。土层锚杆施工适用于深基坑支护、边坡加固、滑坡整治、水池、泵站抗浮、挡土墙锚固及结构抗倾覆等工程。

锚杆由锚头、锚具、锚筋(粗钢筋、钢绞线、钢丝束)、塑料套管、分隔器及锚固体等组成,如图12-98~图12-101所示。锚头是锚杆体的外露部分,锚固体通常位于钻孔的深部,锚头与锚固体间一般还有一段自由段,锚筋是锚杆的主要部分,贯穿锚杆全长。

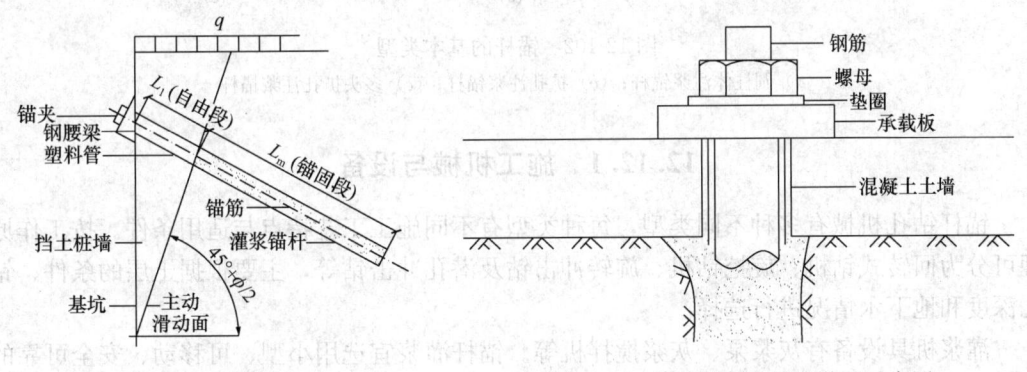

图 12-98 锚杆示意图          图 12-99 钢筋锚杆、锚头装置示意图

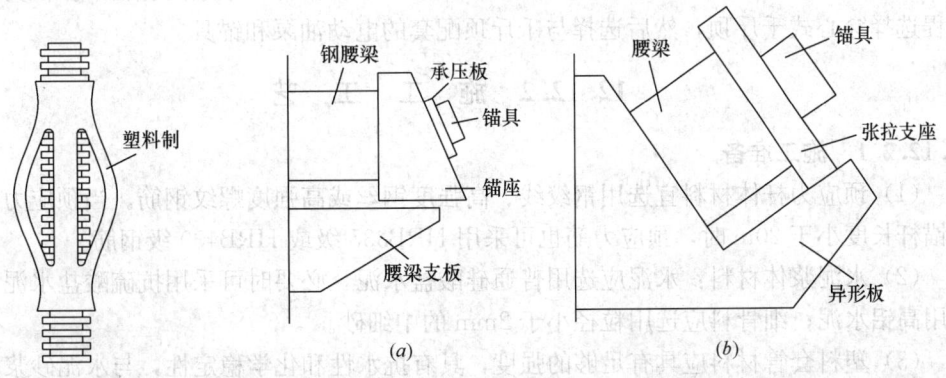

图 12-100 定位分隔器示意图    图 12-101 腰梁示意图
(a) 直梁式腰梁;(b) 斜梁式腰梁

锚杆有三种基本类型。第一种锚杆类型如图 12-102 (a) 所示，系一般注浆（压力为 0.3~0.5MPa）圆柱体，孔内注水泥浆或水泥砂浆，适用于拉力不高、临时性锚杆；第二种锚杆类型如图 12-102 (b) 所示，为扩大的圆柱体或不规则体，系用压力注浆，压力从 2MPa（二次注浆）到高压注浆 5MPa 左右，在黏土中形成较小的扩大区，在无黏性土中可以形成较大扩大区；第三种锚杆类型如图 12-102 (c) 所示，是采用特殊的扩孔机具，在孔眼内沿长度方向扩一个或几个扩大头的圆柱体，这类锚杆用特制扩孔机械，通过中心杆压力将扩张式刀具缓缓张开削土成型，在黏土及无黏土中都可适用，可以承受较大的拉拔力。

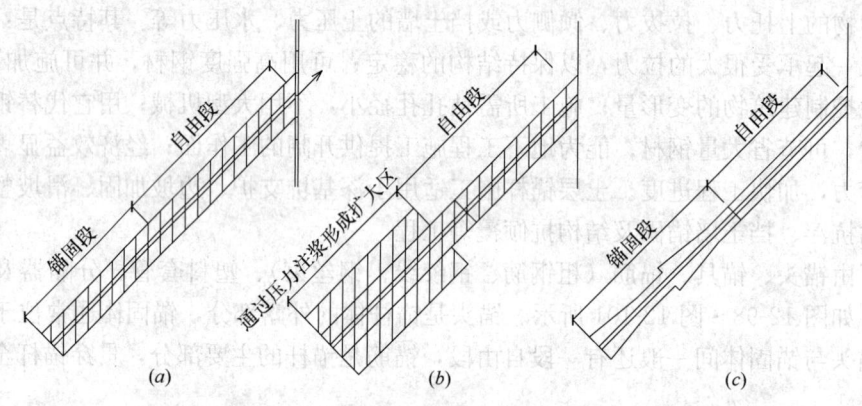

图 12-102 锚杆的基本类型
(a) 圆柱体注浆锚杆；(b) 扩孔注浆锚杆；(c) 多头扩孔注浆锚杆

### 12.12.1 施工机械与设备

锚杆钻孔机械有多种不同类型，每种类型有不同施工工艺特点与适用条件。按工作原理可分为回转式钻机、旋挖钻机、旋转冲击钻及潜孔冲击钻等，主要根据土层的条件、钻孔深度和地下水情况进行选择。

灌浆机具设备有灰浆泵、灰浆搅拌机等。锚杆灌浆宜选用小型、可移动、安全可靠的注浆泵。主要有 UBJ 系列挤压式灰浆泵、BMY 系列锚杆注浆泵等。

张拉设备包括穿心式千斤顶锚具和电动油泵。根据锚杆、锚索的直径、张拉力、张拉行程选择穿心式千斤顶，然后选择与千斤顶配套的电动油泵和锚具。

### 12.12.2 施 工 工 艺

#### 12.12.2.1 施工准备

（1）预应力杆体材料宜选用钢绞线、高强度钢丝或高强度螺纹钢筋。当预应力值较小或锚杆长度小于 20m 时，预应力筋也可采用 HRB335 级或 HRB400 级钢筋。

（2）水泥浆体材料：水泥应选用普通硅酸盐水泥，必要时可采用抗硫酸盐水泥，不得使用高铝水泥；细骨料应选用粒径小于 2mm 的中细砂。

（3）塑料套管材料应具有足够的强度，具有抗水性和化学稳定性，与水泥砂浆和防腐剂接触无不良反应。隔离架应由钢、塑料或其他杆体无害的材料制作，不得使用木质隔离架。

(4) 防腐材料应保持其耐久性，在规定的工作温度内或张拉过程中不开裂、变脆或成为流体，应保持其化学稳定性和防水性，不得对锚杆自由段的变形产生任何限制。

(5) 锚杆施工必须掌握施工区域的工程地质和水文条件。

(6) 应查明锚杆施工地区的地下管线、构筑物等的位置和情况。

(7) 应根据设计要求、土层条件和环境条件，合理选择施工设备、器具和工艺。相关的电源、注浆机泵、注浆管钢索、腰梁、预应力张拉设备等应准备就绪。

(8) 工程锚杆施工前，按锚杆尺寸宜取两根锚杆进行钻孔、穿筋、灌浆、张拉与锁定等工艺的试验性作业，应检验锚杆质量，考核施工工艺和施工设备的适应性。掌握锚杆排数、孔位高低、孔距、孔深、锚杆及锚固件形式。清点锚杆及锚固数量。定出挡土墙、桩基线和各个锚杆孔的孔位及锚杆的倾斜角。

#### 12.12.2.2 孔位测量矫正

钻孔前按设计及土层定出孔位做出标记。钻机就位时应测量矫正孔位的垂直、水平位置和角度偏差，并保证在垂直于坑壁的平面内钻进。钻孔要保证位置正确，要随时注意调整好锚杆位置及角度，防止高低参差不齐和相互交错。锚杆水平方向孔距误差不大于50mm，垂直方向孔距误差不大于100mm。钻孔底部偏斜尺寸，不大于长度的3%。

#### 12.12.2.3 成孔

由于土层锚杆的施工特点，要求孔壁不得松动和坍陷，以保证钢拉杆安放和锚杆承载力；孔壁要求平直以便于安放钢拉杆和浇筑水泥浆；为了保证锚固体与土壁间的摩阻力，钻孔时不得使用膨润土循环泥浆护壁，以免在孔壁上形成泥皮；应保证钻孔的准确方向常用的钻进成孔方法有螺旋干作业钻孔法、潜钻成孔法和清水循环钻进法等。

钻进过程中应随时注意钻进速度、压力及钻杆的平直。钻进速度一般以0.3~0.4m/min为宜。对于自由段钻进速度可稍快；对锚固段，尤其是扩孔时，钻进速度宜适当降低。如遇流砂层，应适当加快钻进速度以提高孔内水头压力，成孔后要尽快灌浆。

螺旋干作业钻孔法适用于无地下水、处于地下水位以上或呈非浸水状态时的黏土、粉质黏土、密实性和稳定性都较好的砂土等地层。这种方法是利用回转的螺旋钻杆，在一定的钻压和钻速下，一面向土体钻进，同时将切削下来的土屑顺螺旋钻杆和螺旋叶片排出孔外。采用螺旋干作业钻孔法应根据不同的土质选用不同的回转速度和扭矩。

潜钻成孔法主要用于孔隙率大，含水量低的土层，它采用风动成孔装置，由压缩空气驱动，内部装有配气阀、气缸和活塞等，利用活塞的往复运动定向冲击，使成孔器挤压土层向前运动成孔。由于它始终潜入孔底工作，冲击功在传递过程中损失小，具有成孔效率高、噪声小、孔壁光滑而坚实等特点。由于不出土，孔壁无坍落和堵塞现象。冲击器体形细长，且头部带有螺旋状细槽纹，有较好的导向作用，即使在卵石、砾石的土层中，成孔亦较直，成孔速度可达1.3m/min。

清水循环钻进法是锚杆施工应用较多的一种钻孔工艺，适合于各种软硬地层，可采用地质钻机或专用钻机，但需要配备一套供排水系统。对于土质松散的粉质黏土、粉细砂以及有地下水的情况下应采用护壁套管。该钻孔方法的优点是可以把钻进、出渣、固壁、清孔等工序一次完成，可以防止坍孔，不留残土。但采用此法施工应具备良好的排水系统。

扩孔主要有机械法扩孔、爆破法扩孔、水力法扩孔和压浆法扩孔四种方法。机械法扩孔多适用黏土，需要用专门的扩孔装置。爆破法扩孔是引爆预先放置在钻孔内的炸药，把土向四侧挤压形成球形扩大头,多适用于砂土,但在城市中不使用。水力法扩孔虽会扰动土体,但因施工简易,常与钻进并举。压浆法扩孔是用10~20个大气压,使浆液能渗入土中充满孔隙与土结成共同工作块体,提高土的强度,在国外广泛采用,但需采用堵浆设施。我国多用二次灌浆法来达到扩大锚固段直径的目的。

#### 12.12.2.4 杆体组装安放

锚杆用的拉杆,常用的有钢管(钻杆用作拉杆)、粗钢筋、钢丝束和钢绞线。主要根据锚杆的承载能力和现有材料的情况来选择。承载能力较小时,多用粗钢筋;承载能力较大时,多用钢绞线。

**1. 钢筋拉杆**

钢筋拉杆(包括各种钢筋、精轧螺纹钢筋、中空螺纹钢管)的制作较简单,预应力筋前部常焊有导向帽以便于预应力筋的插入,在预应力筋长度方向每隔1~2m焊有对中支架。自由段需外套塑料管隔离,对防腐有特殊要求的锚固段钢筋应提供具有双重防腐作用的波形管并注入灰浆或树脂。钢筋拉杆长度一般都在10m以上,为了将拉杆安置在钻孔的中心,防止其自由段挠度过大、插入钻孔时扰动土壁及拉杆锚固体与锚固体的握裹力较小,需在拉杆表面设置定位器(或撑筋环)。定位器的外径宜小于钻孔直径1cm,定位器示意如图12-103所示。

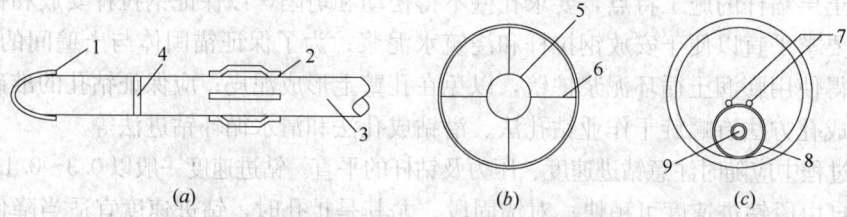

图12-103 粗钢筋拉杆用的定位器示意图
(a) 中信投资大厦用的定位器;(b) 美国用的定位器;(c) 北京地下铁道用的定位器
1—挡土板;2—支撑滑条;3—拉杆;4—半圆环;5—$\phi$38mm钢管内穿$\phi$32mm拉杆;
6—35mm×3mm钢带;7—2$\phi$32mm钢筋;8—$\phi$65mm钢管$l$=60mm,间距1~1.2m;9—灌浆胶管

**2. 钢丝束拉杆**

钢丝束拉杆在施工时将灌浆管与钢丝束绑扎在一起同时沉放。钢丝束拉杆的自由段需进行防腐处理,防腐方法可用玻璃纤维布缠绕两层,外面再用粘胶带缠绕;也可将钢丝束拉杆的自由段插入特制护管内,护管与孔壁间的空隙可与锚固段同时进行灌浆。钢丝束拉杆的锚固段亦需用定位器,该定位器为撑筋环,如图12-104所示。

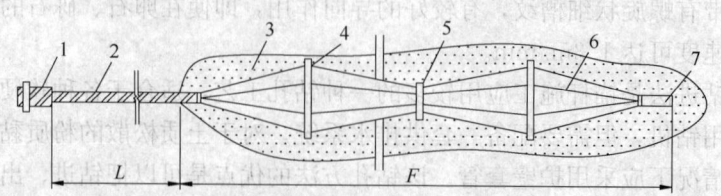

图12-104 钢丝束拉杆的撑筋环
1—锚头;2—自由段及防腐层;3—锚固体砂浆;4—撑筋环;
5—钢丝束结;6—锚固段的外层钢丝;7—小竹筒

钢丝束外层钢丝绑扎在撑筋环上，撑筋环的间距为0.5~1.0m。锚固段形成一连串菱形，使钢丝束与锚固体砂浆的接触面积增大，增强了黏着力。

3. 钢绞线拉杆

钢绞线分为有粘结钢绞线和无粘结钢绞线，有粘结钢绞线锚杆制作时应在锚杆自由段的每根钢绞线上施作防腐层和隔离层。由于钢绞线的柔性好，在向钻孔中沉放时较容易方便，因此在国内外应用较多，常用于承载能力大的锚杆。锚固段的钢绞线要清除掉其表面的油脂，以防止其与锚固体砂浆粘结不良。自由段的钢绞线要套聚丙烯防护套等进行防腐处理。钢绞线拉杆还需用特制的定位架。钢丝束或钢绞线一般在现场装配，下料时应对各股的长度进行精确控制，每股长度误差不大于50mm，以保证他们受力均匀和同步工作，装配方式如图12-105所示。

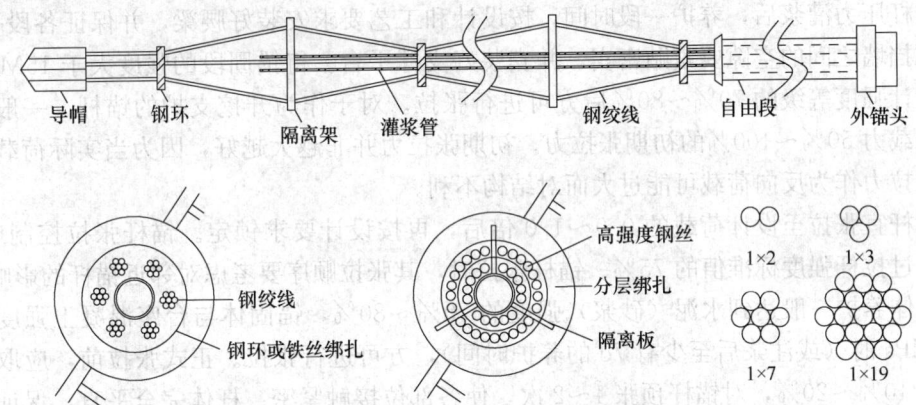

图12-105 钢丝束或钢绞线装配示意图

**12.12.2.5 灌浆**

灌浆用水泥砂浆的成分及拌制、注入方法决定了灌浆体与周围土体的粘结强度和防腐效果。灌浆浆液为水泥砂浆或水泥浆。水泥通常采用质量良好的普通硅酸盐水泥，不宜用高铝水泥，氯化物含量不应超过水泥重的0.1%。压力型锚杆最好采用更高强度的水泥。拌合水泥浆或水泥砂浆所用的水，一般应避免采用含高浓度氯化物的水。

一次灌浆法宜选用灰砂比0.8~1.5、水灰比0.38~0.45的水泥砂浆，或水灰比0.40~0.50的纯水泥浆；二次灌浆法中的二次高压灌浆，宜用水灰比0.45~0.55的水泥浆。浆体强度一般7d后不应低于20MPa，28d后不应低于30MPa；压力型锚杆浆体强度7d后不应低于25MPa，28d后不应低于35MPa。二次灌浆法是在一次灌浆形成注浆体的基础上，对锚杆锚固段进行二次高压劈裂注浆，使浆液向周围地层挤压渗透，形成直径较大的锚固体并提高周围地层的力学性能，可提高锚杆承载能力。二次灌浆通常在一次注浆后4~24h进行，具体间隔时间由浆体强度达到5MPa的时间加以控制。二次灌浆非常适用于承载力低的软弱土层中的锚杆。

**12.12.2.6 腰梁安装**

腰梁是传力结构，将锚头的轴拉力进行有效传递。腰梁设计应考虑支护结构特点、材料、锚杆倾角，锚杆的垂直分力以及结构形式等。直梁式腰梁是利用普通托板将工字钢组合梁横置，其特点是垂直分力较小，由腰梁托板受力，制作简单，拆装方便。斜梁式腰梁是通过异形支撑板,将工字钢组合梁斜置,其特点是由工字组合梁承受轴压力,由异形钢板承受垂直分力,结构受力合理、节约钢材、加工简单。腰梁的加工安装要保证异形支撑板承压面在一个平面内,以保证梁受力均匀。安装腰梁应考虑围护墙的偏差。一般是通过实测桩偏差,现场加工异形支撑板,锚杆尾部也应进行标高实测,找出最大偏差和平均值,用腰梁的两根工字钢间距进行调整。

腰梁安装有直接安装法和整体吊装法。直接安装法是把工字钢按设计要求放置在挡土桩上,垫平后焊板组成箱梁,安装较为方便,但后焊缀板焊缝质量较难控制。整体吊装法是在现场将梁分段组装焊接,再运到坑内整体吊装安装;该方法质量可靠。安装时可与锚杆施工流水作业,但要有吊运机具,较费工时。

### 12.12.2.7 张拉和锁定

锚杆压力灌浆后,养护一段时间,按设计和工艺要求安装好腰梁,并保证各段平直,腰梁与挡墙之间的空隙要紧贴密实,并安装好支撑平台。待锚固段的强度大于 15MPa 并达到设计强度等级的 70%~80% 后方可进行张拉。对于作为开挖支护的锚杆,一般施加设计承载力 50%~100% 的初期张拉力。初期张拉力并非越大越好,因为当实际荷载较小时,张拉力作为反向荷载可能过大而对结构不利。

锚杆宜张拉至设计荷载的 0.9~1.0 倍后,再按设计要求锁定。锚杆张拉控制应力,不应超过拉杆强度标准值的 75%。锚杆张拉时,其张拉顺序要考虑对邻近锚杆的影响。

锚体养护一般达到水泥(砂浆)强度的 70%~80%,锚固体与台座混凝土强度均大于 15MPa 时(或注浆后至少有 7d 的养护时间),方可进行张拉。正式张拉前,应取设计拉力的 10%~20%,对锚杆预张 1~2 次,使各部位接触紧密、杆体完全平直,保证张拉数据准确。

正式张拉宜分级加载,每级加载后,保持 3min,记录伸长值。锚杆张拉至 1.1~1.2 倍设计轴向拉力值 $N_t$ 时,土质为砂土时保持 10min,为黏土时保持 15min,且不再有明显伸长,然后方可卸荷至锁定荷载进行锁定作业。锚杆张拉荷载分级观测时间如表 12-62 所示。

**锚杆张拉荷载分级观测时间** 表 12-62

| 张拉荷载分级 | 观测时间 (min) | |
|---|---|---|
| | 砂土 | 黏土 |
| $0.1N_t$ | 5 | 5 |
| $0.25N_t$ | 5 | 5 |
| $0.50N_t$ | 5 | 5 |
| $0.75N_t$ | 5 | 5 |
| $1.0N_t$ | 5 | 10 |
| $1.1~1.2N_t$ | 10 | 15 |
| 锁定荷载 | 10 | 10 |

锚杆锁定工作,应采用符合技术要求的锚具。当拉杆预应力没有明显衰减时,即可锁定拉杆,锁定预应力以设计轴拉力的 75% 为宜。锚杆锁定后,若发现有明显预应力损失时,应进行补偿张拉。

### 12.12.2.8 拆芯回收

可回收锚杆是指用于临时性工程加固的锚杆,其在工程完成后可回收预应力钢筋。可回收锚杆施工使用经过特殊加工的张拉材料、注浆材料和承载体,可分为以下三类:

### 1. 机械式可回收锚杆

将锚杆体与机械的联结器联结起来，回收时施加与紧固方向相反力矩，使杆体与机械联结器脱离后取出。如采用全长带有螺纹的预应力钢筋作为拉杆，拆除时，先用空心千斤顶卸荷，然后再旋转钢筋，使其撤出。其构造如图 12-106 所示，它由三部分组成：锚固体、带套管全长有螺纹的预应力钢筋、传荷板。

### 2. 热熔锚回收锚杆

如用高热燃烧剂将拉杆熔化切断，在锚杆的锚固段与自由段的连接处先设置有高热燃烧剂的容器，拆除时，通过引燃导线点火，将锚杆在该处熔化切割拔出，燃烧剂设置如图 12-107 所示，用高热燃烧剂将拉杆的一部分熔化，也可采用燃烧剂将拉杆全长去除。

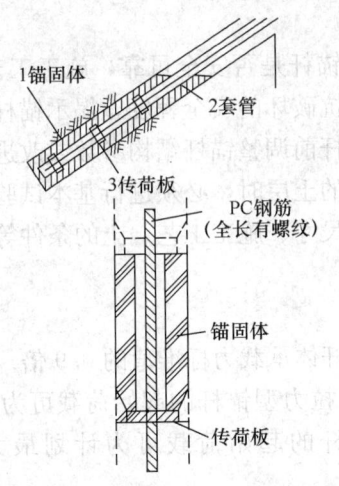

图 12-106　采用全长带有螺纹的预应力钢筋拆除拉杆构造图　　图 12-107　燃烧剂设置图

### 3. 力学式可回收锚杆

如用使夹具滑落拆除锚杆法，采用预应力钢绞线作为拉杆，靠前在前端的夹具，将荷载传递给锚固体。如图 12-108 所示。设计时，保证在外力 A 作用下，夹具绝对不会脱落。拆除时，可施加远远大于 A 的外力 B（但此力必须在 PC 钢绞线极限荷载 85% 以内），使夹具脱落，从而拔出拉杆。如图 12-109 所示为一种采用 U 形承载体的压力分散型锚杆，

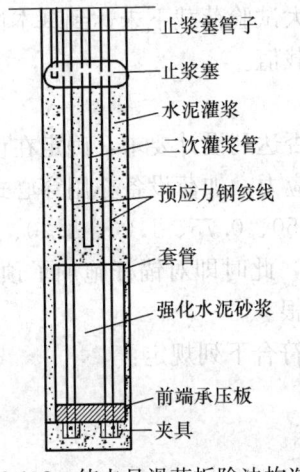

图 12-108　使夹具滑落拆除法构造图　　图 12-109　U 形承载体的压力分散型锚杆构造图

采用无粘结钢绞线，使钢绞线与注浆体隔离，将无粘结钢绞线绕过 U 形承载体弯曲成 U 形固定在承载体上。回收时分别对每一承载体的钢绞线进行回收，先卸除锚具内同一钢绞线两端头的夹片，对钢绞线的一端用小型千斤顶施加拉力，在钢绞线一端被拉出的同时，另一端的钢绞线拉入孔内、绕过 U 形承载体后再拉出孔外。

另有一种装置是对锚杆施加超限应力使锚杆破损而清除，或在锚固体中心处设置一个用合成树脂制成的芯子，用专门拆除用的高速千斤顶，可快速地抽芯。

### 12.12.3 试验和检测

锚杆工程常用的试验主要有基本试验、验收试验和蠕变试验。

#### 12.12.3.1 基本试验

基本试验亦称极限抗拔试验，用以确定设计锚杆是否安全可靠，施工工艺是否合理，并根据极限承载力确定允许承载力，掌握锚杆抵抗破坏的安全程度，揭示锚杆在使用过程中可能影响其承载力的缺陷，以便在正式使用锚杆前调整锚杆结构参数或改进锚杆制作工艺。任何一种新型锚杆或已有锚杆用于未曾应用的土层时，必须进行基本试验。试验应在有代表性的土层中进行。所有锚杆的材料、几何尺寸、施工工艺、土的条件等应与工程实际使用的锚杆条件相同。

(1) 基本试验锚杆数量不得少于 3 根。

(2) 基本试验最大的试验荷载不宜超过锚杆杆体承载力标准值的 0.9 倍。

(3) 锚杆基本试验应采用分级加、卸载法。拉力型锚杆的起始荷载可为计划最大试验荷载的 10%，压力分散型或拉力分散型锚杆的起始荷载可为计划最大试验荷载的 20%。

(4) 锚杆破坏标准：后一级荷载产生的锚头位移增量达到或超过前一级荷载产生位移增量的 2 倍；锚头位移不稳定；锚杆杆体拉断。

(5) 试验结果宜按循环荷载与对应的锚头位移读数列表整理，并绘制锚杆荷载-位移 ($Q$-$s$) 曲线，锚杆荷载-弹性位移 ($Q$-$s_e$) 曲线和锚杆荷载-塑性位移 ($Q$-$s_p$) 曲线。

(6) 锚杆弹性变形不应小于自由段长度变形计算值的 80%，且不应大于自由段长度与 1/2 锚固段长度之和的弹性变形计算值。

(7) 锚杆极限承载力取破坏荷载的前一级荷载，在最大试验荷载下未达到基本试验中第 4 条规定的破坏标准时，锚杆极限承载力取最大试验荷载值。

#### 12.12.3.2 验收试验

验收试验的目的是检验现场施工的锚杆的承载能力是否达到设计要求，确定在设计荷载作用下的安全度，在试验时对锚杆的拉杆施加一定的预应力。加荷设备亦用穿心式千斤顶在原位进行。检验时的加荷方式，依次为设计荷载的 0.50、0.75、1.00、1.20、1.33、1.50 倍，然后卸载至某一荷载值，接着将锚头的螺母紧固，此时即对锚杆施加了预应力。验收试验锚杆数量不少于锚杆总数的 15%，且不得少于 3 根。

1. 锚杆验收试验加荷等级及锚头位移测读间隔时间应符合下列规定：

(1) 初始荷载宜取锚杆轴向拉力设计值的 0.5 倍。

(2) 验收试验锚杆加荷等级及观测时间如表 12-63 所示。

验收试验锚杆加荷等级及观测时间　　　　　　　　表 12-63

| 加荷等级 | $0.50N_u$ | $0.75N_u$ | $1.00N_u$ | $1.20N_u$ | $1.33N_u$ | $1.50N_u$ |
|---|---|---|---|---|---|---|
| 观测时间（min） | 5 | 5 | 5 | 10 | 10 | 15 |

（3）在每级加荷等级观测时间内，测读锚头位移不应少于3次。

（4）达到最大试验荷载后观测 15min，并测读锚头位移。

2. 试验结果宜按每级荷载对应的锚头位移列表整理，并绘制锚杆荷载-位移（$Q\text{-}s$）曲线。

3. 锚杆验收标准：在最大试验荷载作用下，锚头位移稳定，应符合上述基本试验中第 5 条规定。

#### 12.12.3.3　蠕变试验

蠕变可能来自锚固体与地基之间的蠕变特性，也可能来自锚杆区间的压密收缩，应在设计荷载下长期量测张拉力与变位量，以便决定什么时候需要做再张拉，这就是蠕变试验。对于设置在岩层和粗粒土里的锚杆，没有蠕变问题。但对于设置在软土里的锚杆必须做蠕变试验，判定可能发生的蠕变变形是否在容许范围内。

蠕变试验需要能自动调整压力的油泵系统，使作用于锚杆上的荷载保持恒量，不因变形而降低，然后按一定时间间隔（1min、2min、3min、4min、5min、10min、15min、20min、25min、30min、45min、60min）精确测读 1h 的变形值，在半对数坐标纸上绘制蠕变时间关系图，曲线（近似为直线）的斜率即锚杆的蠕变系数 $K_s$。一般认为，$K_s \leqslant 0.4\text{mm}$，锚杆是安全的；$K_s > 0.4\text{mm}$ 时，锚固体与土之间可能发生滑动，使锚杆丧失承载力。

#### 12.12.3.4　永久性锚杆及重要临时性锚杆的长期监测

锚杆监测的目的是掌握锚杆预应力或位移变化规律，确认锚杆的长期工作性能。必要时，可根据检测结果，采取二次张拉锚杆或增设锚杆等措施，以确保锚固工程的可靠性。

永久性锚杆及用于重要工程的临时性锚杆，应对其预应力变化进行长期监测。永久性锚杆的监测数量不应少于锚杆数量的 10%，临时性锚杆的监测数量不应少于锚杆数量的 5%。预应力变化值不宜大于锚杆设计拉力值的 10%，必要时可采取重复张拉或恰当放松的措施以控制预应力值的变化。

1. 锚杆预应力变化的外部因素

温度变化、荷载变化等外部因素会使锚杆的应力发生变化，影响锚杆的性能。爆破、重型机械和地震作用发生的冲击引起的锚杆预应力损失量，较之长期静荷载作用引起的预应力损失量大得多，必须在受冲击范围内定期对锚杆重复施加预应力。车辆荷载、地下水位变化等可变荷载，对保持锚杆预应力和锚固体的锚固力具有不利影响。温度变化会使锚杆和锚固结构产生膨胀或收缩，被锚固结构的应力状态变化对锚杆预应力产生较大影响，土体内部应力增大也会使锚杆预应力增加。

2. 锚杆预应力随时间的变化

随着时间的推移，锚杆的初始预应力总是会有所变化。一般情况下，通常表现为预应力的损失。在很大程度上，这种预应力损失是由锚杆钢材的松弛和受荷地层的徐变造成的。长期受荷的钢材预应力松弛损失量通常为 5%～10%。钢材的应力松弛与张拉荷载大小密切相关，当施加的应力大于钢材强度的 50% 时，应力松弛就会明显加大。地层在锚杆拉力作用下的徐变，是由于岩层或土体在受荷影响区域内的应力作用下产生的塑性压缩或破坏造成的。对于预应力锚杆，徐变主要发生在应力集中区，即靠近自由段的锚固区域及锚头以下的锚固结构表面处。

3. 锚杆预应力的测量仪器

对预应力锚杆荷载变化进行观测，可采用按机械、液压、振动、电气和光弹原理制作的各种不同类型的测力计。测力计通常都布置在传力板与锚具之间。必须始终保证测力计中心受荷，并定期检查测力计的完好程度。

### 12.12.4 锚 杆 防 腐

土层锚杆要进行防腐处理，锚杆的防腐主要有如下三个方面：

#### 12.12.4.1 锚杆锚固段的防腐处理

(1) 一般腐蚀环境中的永久锚杆，其锚固段内杆体可采用水泥浆或砂浆封闭防腐，但杆体周围必须有 2.0cm 厚的保护层。

(2) 严重腐蚀环境中的永久锚杆，其锚固段内杆体宜用纹管外套，管内孔隙用环氧树脂水泥浆或水泥砂浆充填，套管周围保护层厚度不得小于 1.0cm。

(3) 临时性锚杆锚固段杆体应采用水泥浆封闭防腐，杆体周围保护层厚度不得小于 1.0cm。

#### 12.12.4.2 锚杆自由段的防腐处理

(1) 永久性锚杆自由段内杆体表面宜涂润滑油或防腐漆，然后包裹塑料布，在塑料布面再涂润滑油或防腐漆，最后装入塑料套管中，形成双层防腐。

(2) 临时性锚杆的自由段杆体可采用涂润滑油或防腐漆，再包裹塑料布等简易防腐措施。

#### 12.12.4.3 锚杆外露部分的防腐处理

(1) 永久性锚杆采用外露头时，必须涂沥青等防腐材料，再采用混凝土密封，外露钢板和锚具的保护层厚度不得小于 2.5cm。

(2) 永久性锚杆采用盒具密封时，必须用润滑油填充盒具的空隙。

(3) 临时性锚杆的锚头宜采用沥青防腐。

### 12.12.5 质 量 控 制

1. 锚杆工程所用材料，钢材、水泥、水泥浆、水泥砂浆的强度等级，必须符合设计要求，锚具应有出厂合格证和试验报告。水泥、砂浆及接驳器必须经过试验，并符合设计和施工规范要求，有合格的试验资料。

2. 锚固体的直径、标高、深度和倾角必须符合设计要求。

3. 锚杆的组装和安放必须符合现行行业标准《岩土锚杆（索）技术规程》CECS 22 的要求。在进行张拉和锁定时，台座的承压面应平整，并与锚杆的轴线方向垂直。

4. 锚杆的张拉、锁定和防锈处理必须符合设计和施工规范的要求。

5. 土层锚杆的试验和监测必须符合设计和施工规范的规定。进行基本试验时，所施加最大试验荷载（$Q_{max}$）不应超过钢丝、钢绞线、钢筋强度标准值的 0.8 倍。基本试验所得的总弹性位移应超过自由段理论弹性伸长的 80%，且小于自由段长度与 1/2 锚固段长度之和的理论弹性伸长。

6. 允许偏差

锚杆水平方向孔距误差不应大于50mm，垂直方向孔距误差不应大于100mm。钻孔底部的偏斜尺寸不应大于锚杆长度的3%。锚杆孔深不应小于设计长度，也不宜大于设计长度的1%。锚杆锚头部分的防腐处理应符合设计要求。土层锚杆施工质量检验标准如表12-64所示。

土层锚杆施工质量检验标准　　　　表12-64

| 项 | 序 | 检查项目 | 允许偏差或允许值 | | 检查方法 |
|---|---|---|---|---|---|
| | | | 单位 | 数值 | |
| 主控项目 | 1 | 锚杆土钉长度 | mm | ±50 | 钢尺测量 |
| | 2 | 锚杆锁定力 | 设计要求 | | 现场实测 |
| 一般项目 | 1 | 锚杆或土钉位置 | mm | ±100 | 钢尺测量 |
| | 2 | 钻孔倾斜度 | ° | ±3 | 测钻机倾角 |
| | 3 | 浆体强度 | 设计要求 | | 试样送检 |
| | 4 | 注浆量 | 大于理论计算浆量 | | 检查计量数据 |
| | 5 | 土钉墙面厚度 | mm | ±10 | 钢尺测量 |
| | 6 | 墙体强度 | 设计要求 | | 试样送检 |

## 12.13　基坑支撑系统施工

### 12.13.1　支撑系统的主要形式

基坑支撑系统是增大围护结构刚度，改善围护结构受力条件，确保基坑安全和稳定性的构件。目前支撑体系主要有钢支撑和混凝土支撑。支撑系统主要由腰梁、支撑和立柱组成。根据基坑的平面形状、开挖面积及开挖深度等，内支撑可分为有腰梁和无腰梁两种，对于圆形围护结构的基坑，可采用内衬墙和腰梁两种方式而不设置内支撑。近年也出现其他支撑形式，如利用双排桩和斜向注浆钢管组合形成的支撑体系、预应力鱼腹式钢支撑体系及型钢组合钢支撑体系等。

#### 12.13.1.1　圆形围护结构采用内衬墙方式

圆形围护结构的内衬墙一般由圆形基坑的地下连续墙与内衬墙相结合（图12-110）。

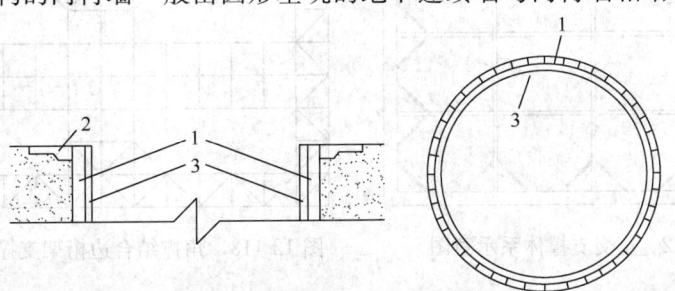

图12-110　圆形围护结构的内衬墙剖面图及俯视图
1—围护墙；2—导墙；3—内衬墙

圆形结构的"拱效应"可将结构体上可能出现的弯矩转化成轴力,充分利用结构的截面尺寸和材料的抗压性能,支护结构较安全经济。同时圆形围护结构无内支撑,可在坑内提供一个良好的开挖空间,适合大型挖土机械的施工,缩短工期。

#### 12.13.1.2 圆形围护结构采用腰梁方式

圆形围护结构的腰梁一般由圆形基坑的地下连续墙与腰梁相结合(图12-111)。该方式与内衬墙方式相比,在施工便利性、成本、工期方面更具有优势。

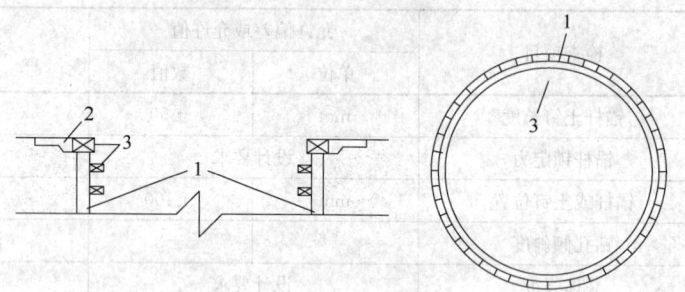

图 12-111 圆形围护结构腰梁的剖面图及俯视图
1—围护墙;2—导墙;3—冠梁及腰梁

#### 12.13.1.3 内支撑有腰梁方式

内支撑有腰梁方式从空间结构上可分为平面支撑体系和竖向斜撑体系。根据工程的不同平面形状,水平支撑可采用对撑、角撑以及边桁架、八字撑和预应力鱼腹式钢支撑等组成的平面结构体系;对于方形基坑也可以采用内环形平面结构体系。支撑布置形式目前常用的主要有正交支撑、角撑结合边桁架、圆形支撑、竖向斜撑等布置形式。

正交支撑系统(图 12-112)具有刚度大、受力直接、变形小、适应性强的特点,工程应用较为广泛,较适合敏感环境下面积较小的基坑工程。但该支撑形式的支撑杆件较密集,工程量较大,出土空间较小,土方开挖效率受到一定影响。

角撑结合边桁架支撑体系(图 12-113)近年来在深基坑工程中得到了广泛的应用,设计和施工经验较成熟。该支撑体系受力简单明确,各块支撑受力相对独立,可实现支撑与土方开挖的流水作业,可缩短绝对工期,同时该支撑体系无支撑空间较大,有利于出土,可在对撑及角撑区域结合栈桥设计。

 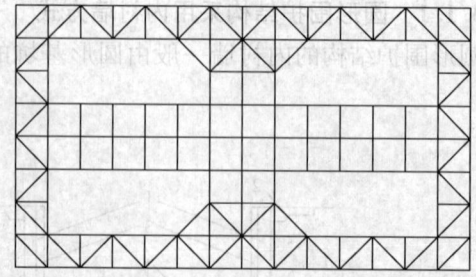

图 12-112 正交支撑体系示意图　　图 12-113 角撑结合边桁架支撑体系示意图

圆环形支撑体系(图 12-114)可充分利用混凝土抗压能力高的特点,基坑周边的侧压力通过围护墙传给腰梁和边桁架腹杆,最后集中传递至圆环。中部无支撑,空间大,有利于出土。圆形支撑体系适用于面积较大基坑。

预应力鱼腹式钢支撑体系（图12-115）由钢构件组成，使用螺栓装配，通过对鱼腹梁下弦的钢绞线、对撑和角撑杆件施加预应力，实现对基坑支挡结构变形控制的支撑体系，是一种可回收、重复装配的支撑体系。该体系适用于平面形状较规则的基坑，对于形状不规则的基坑可采用调整基坑边线、局部位置与混凝土支撑相结合的方式；通常情况下，对撑长度不宜大于130m，鱼腹梁跨度不宜大于52m。

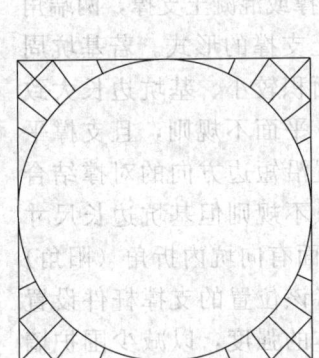

图12-114　圆环形支撑体系示意图

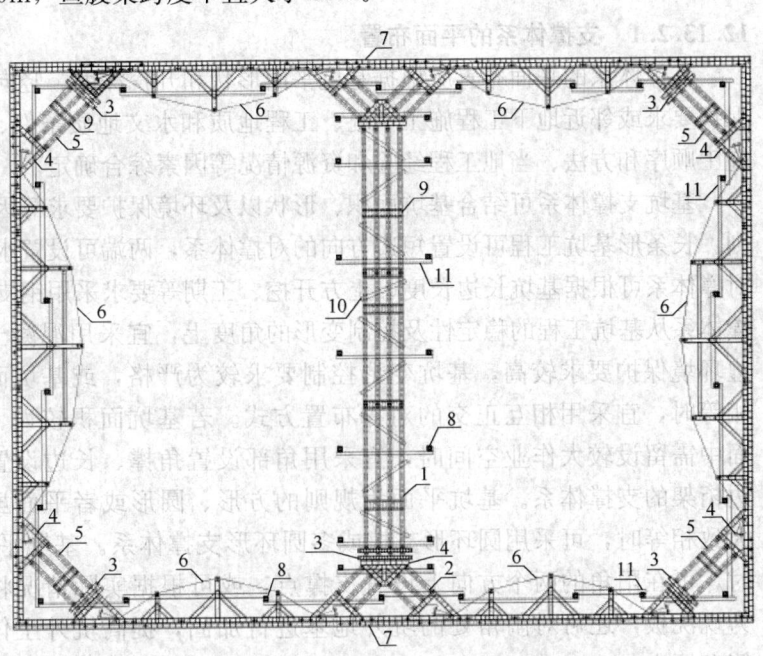

图12-115　预应力鱼腹式钢支撑体系平面布置图

1—对撑杆件；2—八字撑杆件；3—预应力装置；4—连接件；5—角撑杆件；6—鱼腹梁；7—腰梁；8—立柱；9—盖板；10—系杆；11—托梁

采用竖向斜撑体系的基坑，先开挖基坑中部土方，施工中部基础底板或地下结构，然后安装斜撑，再挖除周边土方。该体系适用于平面尺寸较大、形状不规则、深度较浅、周边环境较好的基坑，其施工较简单，可节省支撑材料。竖向斜撑体系通常由斜撑、腰梁和斜撑基础等构件组成，斜撑基础一般为基础底板，也可以地下室结构作为斜撑基础。斜撑长度较长时宜在中部设置立柱，如图12-116所示。采用该支撑体系应考虑基坑周边土方变形、斜撑变形、斜撑基础变形等因素可能导致的围护墙位移。

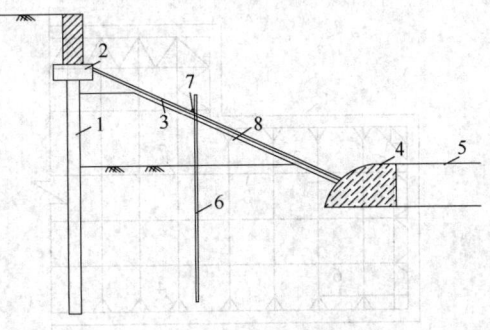

图12-116　竖向斜撑体系

1—围护墙；2—冠梁；3—斜撑；4—斜撑基础；5—基础；6—立柱；7—系杆；8—土堤

#### 12.13.1.4　内支撑无腰梁方式

地铁等狭长形基坑的施工中常采用无

腰梁支撑体系,该支撑体系在地下连续墙每幅槽段应有不少于2个支撑点。该支撑体系与有腰梁的内支撑体系较相似,施工方便,材料节省,且在支撑拆除过程中对围护墙影响较小;但该支撑体系在结构受力方面要求较高,在支撑端头会产生较大集中力,可能会造成围护墙局部破坏。

## 12.13.2 支撑体系布置

### 12.13.2.1 支撑体系的平面布置

支撑体系的平面布置应根据基坑平面形状和开挖深度、竖向围护结构特性、周边环境保护要求或邻近地下工程施工情况、工程地质和水文地质条件、主体工程地下结构设计、施工顺序和方法、当地工程经验和资源情况等因素综合确定。

基坑支撑体系可结合基坑面积、形状以及环境保护要求等因素,采用如下平面布置原则:长条形基坑工程可设置短边方向的对撑体系,两端可设置水平角撑体系;短边方向的对撑体系可根据基坑长边长度、土方开挖、工期等要求采用钢支撑或混凝土支撑,两端角撑体系从基坑工程的稳定性及控制变形的角度上,宜采用混凝土支撑的形式。若基坑周边环境保护要求较高,基坑变形控制要求较为严格,或基坑面积较小、基坑边长大致相等时,宜采用相互正交的对撑布置方式。若基坑面积较大、平面不规则,且支撑平面中需留设较大作业空间时,宜采用角部设置角撑、长边设置沿短边方向的对撑结合边桁架的支撑体系。基坑平面为规则的方形、圆形或者平面虽不规则但基坑边长尺寸大致相等时,可采用圆环形支撑或多圆环形支撑体系。基坑平面有向坑内折角(阳角)时,可在阳角的两个方向上设置支撑点,或可根据实际情况将该位置的支撑杆件设置为现浇板,还可对阳角处的坑外地基进行加固,提高坑外土体的强度,以减少围护墙侧向压力。

一般情况下平面支撑体系由腰梁、水平支撑和立柱组成。根据工程具体情况,水平支撑可用对撑、对撑桁架、斜角撑、斜撑桁架以及边桁架和八字撑等形式组成的平面结构体系,如图12-117所示。支撑平面位置应避开主体工程地下结构的柱网轴线。当采用混凝土腰梁时,沿腰梁方向支撑点的间距不宜大于9m,采用钢腰梁时支撑点间距不宜大于4m。采用无腰梁支撑体系时,每幅槽段墙体上应设2个以上对称支撑点。若相邻水平支

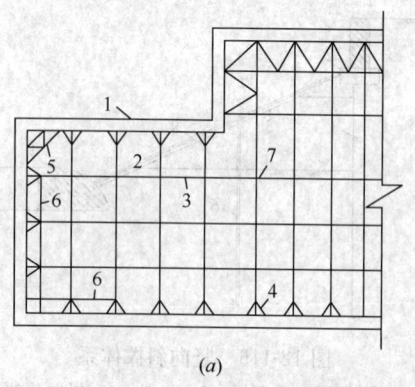
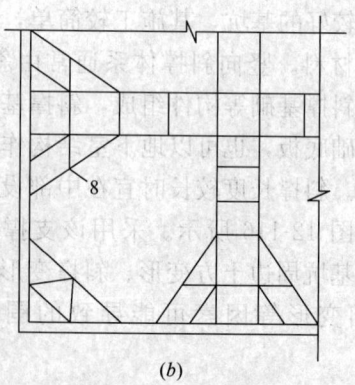

(a)　　　　　　　　　　　　　(b)

图12-117　水平支撑体系
1—围护墙;2—腰梁;3—对撑;4—八字撑;5—角撑;6—系杆;7—立柱;8—对撑桁架

撑间距较大，可在支撑端部两侧与腰梁间设置八字撑，八字撑宜对称设置。基坑平面有阳角时，应在阳角两个方向上设支撑点，地下水位较高的软土地区尚宜对阴角处的坑外地基进行处理。

#### 12.13.2.2 支撑体系的竖向布置

在竖向平面内布置水平支撑的层数，应根据开挖深度、工程地质条件、环境保护要求、围护结构类型、工程经验等确定。上下层水平支撑轴线应布置在同一竖向平面内，竖向相邻水平支撑的净距不宜小于3m，当采用机械坑下开挖及运输时，尚应适当放大。设定的各层水平支撑标高，不得妨碍主体地下结构的施工。一般情况下围护墙顶水平圈梁可与第一道腰梁结合，当第一道水平支撑标高低于墙冠梁时可另设腰梁，但不宜低于自然地面以下3m。当为多层支撑时，最下一层支撑的标高在不影响主体结构底板施工的条件下，应尽可能降低。立柱应布置在纵横向支撑的交点处或桁架式支撑的节点位置，并应避开主体结构梁、柱及承重墙的位置，立柱的间距一般不宜超过15m；立柱下端一般应支撑在较好土层上或锚入钻孔灌注桩中，开挖面以下埋入深度应满足支撑结构对立柱承载力和变形的要求。

竖向斜撑体系的斜撑长度大于15m时，宜在中部设置立柱（图12-116）。斜撑宜采用型钢或组合型钢。竖向斜撑宜均匀对称布置，水平间距不宜大于6m；斜撑与坑底间的夹角不宜大于35°，在地下水位较高的软土地区不宜大于26°，并应与基坑周边土体边坡一致。斜撑基础与围护墙间的水平距离不宜小于围护墙在开挖面以下插入深度的1.5倍。盆边留土宽度应根据基坑挖深、地质条件以及周边环境保护要求综合确定。斜撑与腰梁、斜撑与基础以及腰梁与围护墙间的连接应满足斜撑水平分力和垂直分力的传递要求。

### 12.13.3 支 撑 材 料

作为水平支撑的材料主要有钢管、型钢和钢筋混凝土。

木材支撑以圆木为主，一般用于简单的小型基坑。采用木材作为支撑材料施工十分方便，还可用于抢险辅助支撑。

钢支撑通常分为钢管支撑和型钢支撑两种形式，近年来工程应用中还出现了组合型钢支撑的形式。钢管和型钢是工厂生产的规格化材料，钢管一般有 $\phi 609mm \times 16mm$、$\phi 609mm \times 14mm$、$\phi 580mm \times 14mm$、$\phi 580mm \times 12mm$、$\phi 800mm \times 20mm$ 等型号，H型钢有焊接H型钢和轧制H型钢。钢支撑质量轻、强度高、稳定性好、可施加预应力、施工速度快、可重复使用，已广泛应用。

钢筋混凝土支撑一般在现场浇筑。该类型支撑杆件设计灵活、整体性好、可靠度高、节点易处理，但施工工序多，后期支撑拆除费工费时。

### 12.13.4 支撑系统构造措施

#### 12.13.4.1 钢支撑

钢支撑结构形式较多，结构形式的选择应考虑地质及环境条件、平面尺寸、深度及地下结构特点和施工要求等诸多因素，常见钢支撑结构形式的构造措施如图12-118所示。

图12-119为H型钢支撑与腰梁连接节点详图。

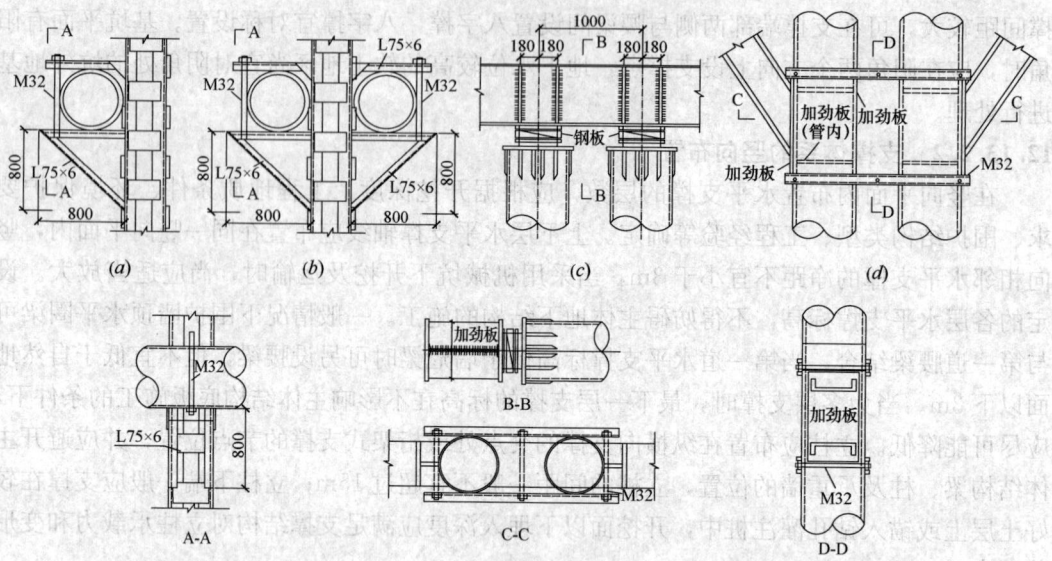

图 12-118 常见钢支撑结构形式的构造措施图
(a) 单肢钢管支撑与格构式立柱连接节点构造详图；(b) 双肢钢管支撑与格构式立柱连接节点构造详图；
(c) 钢管支撑与 H 型钢腰梁连接节点构造详图；(d) 双肢钢管支撑与八字撑连接节点构造详图

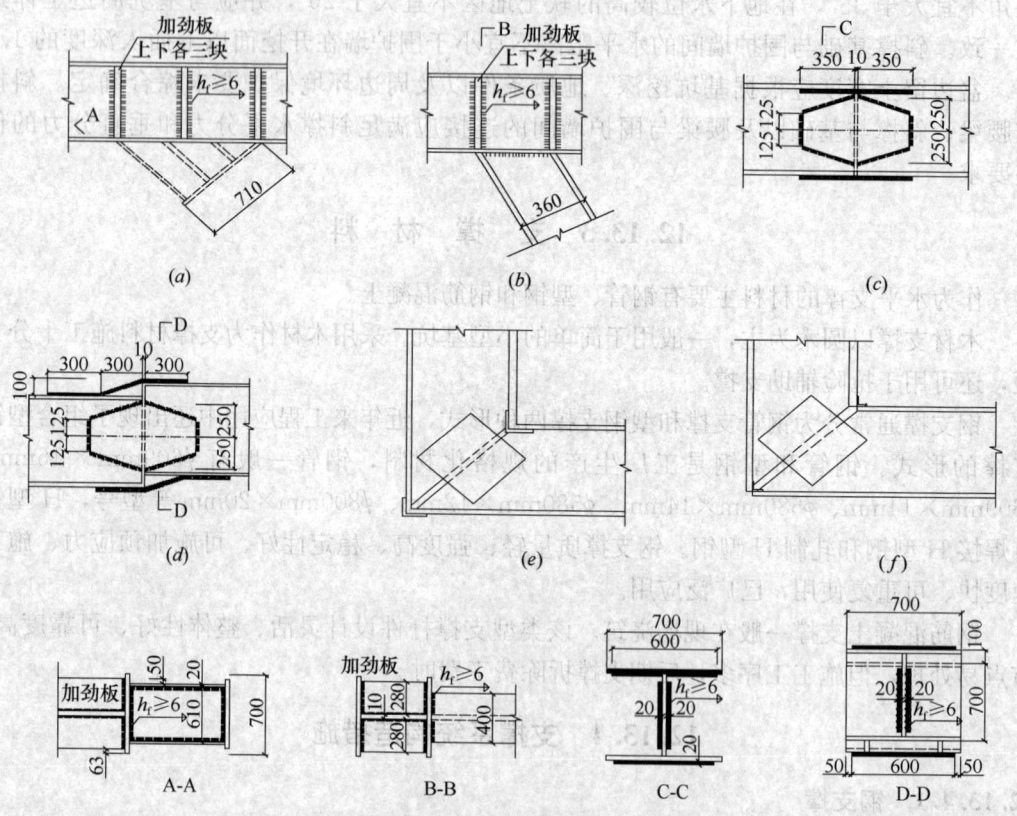

图 12-119 H 型钢支撑与腰梁连接节点详图
(a) 斜撑与腰梁连接节点牛腿详图；(b) 八字撑与腰梁连接节点详图；(c) 钢腰梁连接节点详图；
(d) 钢腰梁异形连接节点详图；(e) 钢腰梁转角处连接节点详图一；(f) 钢腰梁转角处连接节点详图二

钢支撑构件连接可采用焊接或高强度螺栓连接；腰梁连接节点宜设置在支撑点附近且不应超过支撑间距的1/3；钢腰梁与围护墙间宜采用细石混凝土填充，钢腰梁与钢支撑的连接节点宜设加劲板；支撑拆除前应在主体结构与围护墙之间设置换撑传力构件或回填夯实。

#### 12.13.4.2 混凝土支撑

混凝土支撑在达到一定强度后具有较大刚度，变形控制可靠度高，制作方便，对基坑形状要求不高，对基坑周边环境具有较好的保护作用，已被广泛采用。混凝土支撑构件的混凝土强度等级不应低于C20，同一平面内宜整体浇筑。

图12-120为钢筋混凝土支撑与腰梁连接节点详图。

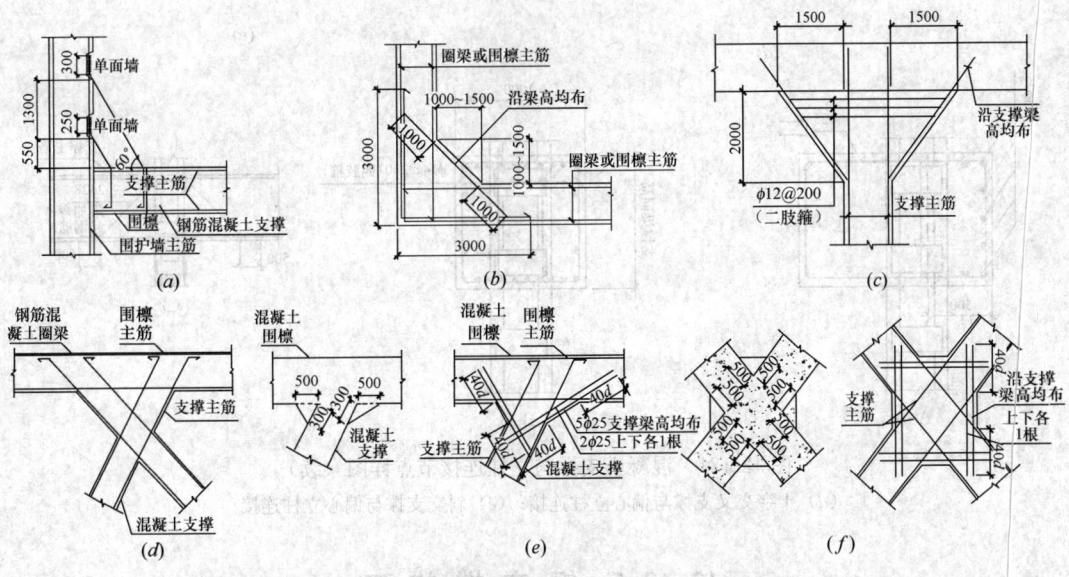

图12-120 混凝土支撑与腰梁连接节点详图
(a) 腰梁与围护结构连接大样；(b) 圈梁或腰梁折角加强构造；
(c) 支撑扩大头与圈梁腰梁连接大样；(d) 双支撑与腰梁的连接大样；
(e) 单支撑与腰梁的连接大样；(f) 支撑相交处倒角处理

图12-121为钢筋混凝土支撑与立柱连接节点详图。

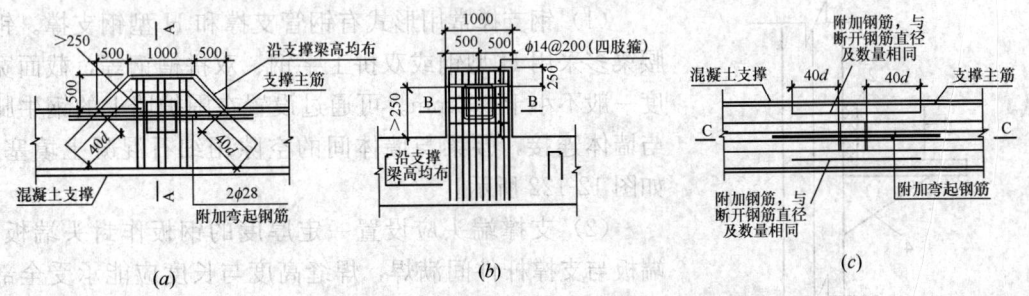

图12-121 混凝土支撑与立柱连接节点详图
(a) 支撑与偏心立柱连接平面一；(b) 支撑与偏心立柱连接平面二；(c) 支撑钢筋与立柱连接

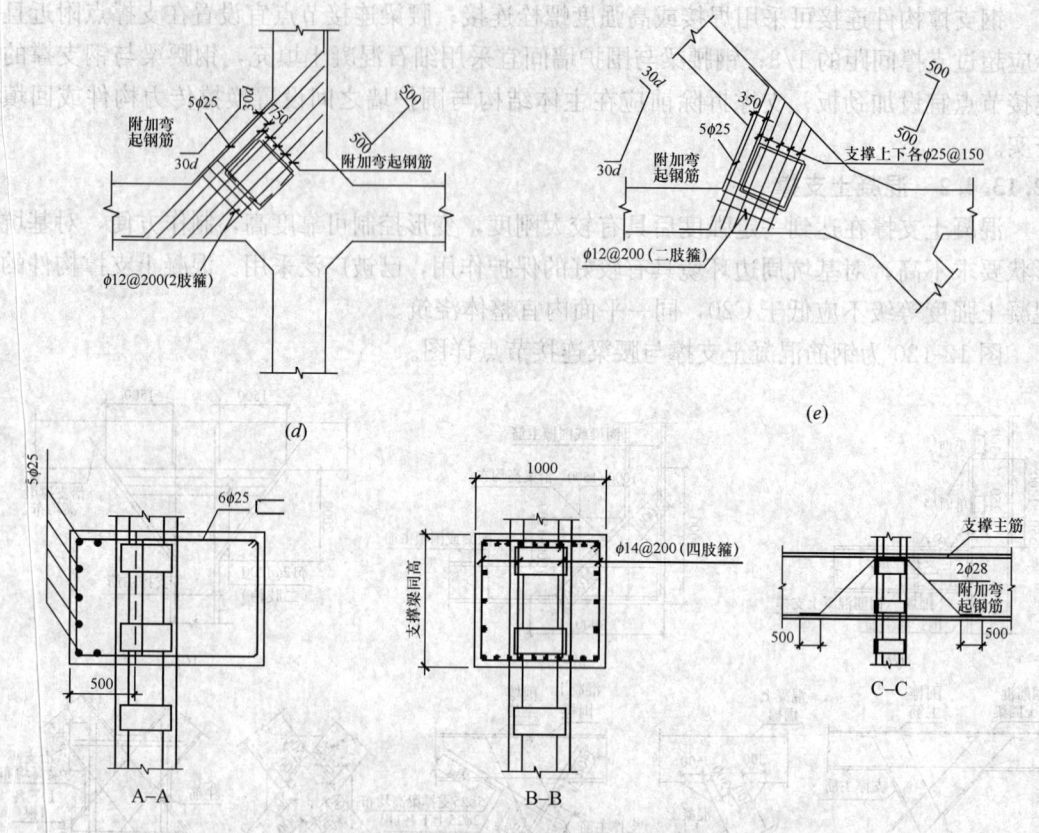

图 12-121 混凝土支撑与立柱连接节点详图（续）
(d) 十字交叉支撑与偏心立柱连接；(e) 斜交支撑与偏心立柱连接

## 12.13.5 钢支撑施工

### 12.13.5.1 工艺流程

机械设备进场→测量放线→土方开挖→设置腰梁托架→安装腰梁→设置立柱托架→安装支撑→支撑与立柱抱箍固定→腰梁与围护墙空隙填充→施加预应力。

### 12.13.5.2 施工要点

(1) 钢支撑常用形式有钢管支撑和 H 型钢支撑。钢腰梁多采用 H 型钢或双拼工字钢、双拼槽钢等，截面宽度一般不小于 300mm。可通过设置在围护墙上的钢牛腿与墙体连接，腰梁与墙体间的空隙用细石混凝土填塞，如图 12-122 所示。

(2) 支撑端头应设置一定厚度的钢板作封头端板，端板与支撑杆件间满焊，焊缝高度与长度应能承受全部支撑力或与支撑等强度。必要时可增设加劲板，加劲板数量、尺寸应满足支撑端头局部稳定要求和传递支撑力的要求，如图 12-123 (a) 所示。为方便对钢支撑预加压力，端部可做成活络头，活络头应考虑液压千斤顶的安

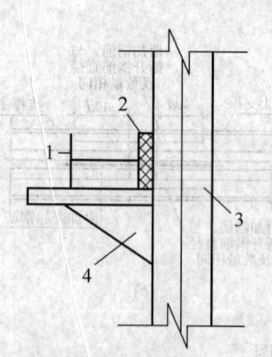

图 12-122 钢腰梁与支护墙的固定
1—钢腰梁；2—填塞细石混凝土；
3—支护墙体；4—钢牛腿

装及千斤顶顶压后钢楔的施工。活络头的构造如图12-123（b）所示。钢支撑轴线与腰梁不垂直时，应在腰梁上设置预埋铁件或采取其他构造措施以承受支撑与腰梁间的剪力。

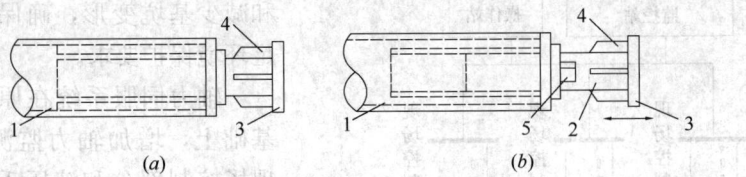

图12-123 钢支撑端部构造
(a) 固定端头；(b) 活络端头
1—钢管支撑；2—活络头；3—端头封板；4—肋板；5—钢楔

（3）水平纵横向钢支撑宜设置在同一标高，宜采用定型的十字接头连接，该种连接整体性好，节点可靠。采用重叠连接施工方便，但整体性较差。纵横向水平支撑采用重叠连接时，相应腰梁在基坑转角处不在同一平面内相交，也需采用重叠连接，此时应在腰梁端部采取加强构造措施，防止腰梁端部产生悬臂受力状态，可采用如图12-124所示的连接形式。

（4）立柱间距应根据支撑稳定及竖向荷载大小确定，一般不大于15m。常用截面形式及立柱底部支撑桩的形式如图12-125所示，立柱穿过基础底板时应采取止水构造措施。

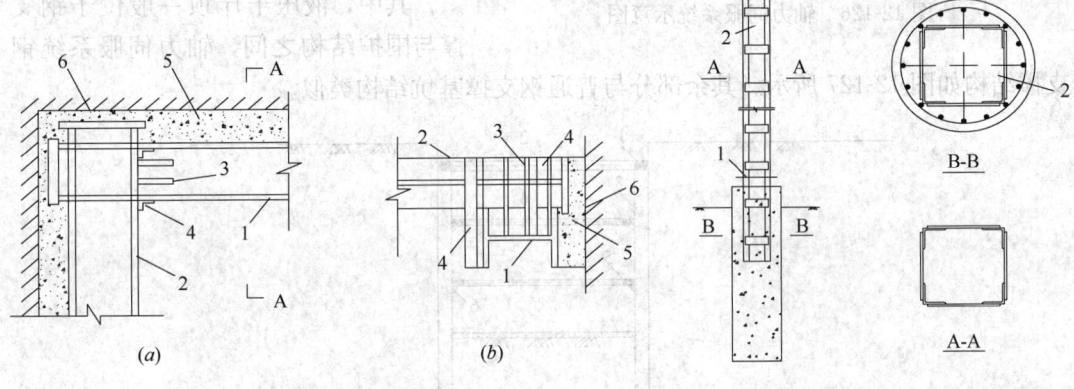

图12-124 腰梁叠接示意图
(a) 平面图；(b) A-A剖面图
1—下腰梁；2—上腰梁；3—连接肋板；
4—连接角钢；5—细石混凝土；6—围护桩

图12-125 常用截面的形式及立柱底部支撑桩的形式
1—止水片；2—格构柱

（5）钢支撑应按要求施加预应力，预应力一般为设计应力的50%~75%。钢支撑预应力施加可减少围护墙体的侧向位移，并使支撑受力均匀。施加预应力的方法有两种，一种是用千斤顶在腰梁与支撑交接处加压，在缝隙处塞钢楔锚固，然后撤去千斤顶；另一种是用特制的千斤顶作为支撑部件，安装在各支撑上，施加预应力后保留至支撑拆除。支撑安装完毕后应及时检查各节点的连接情况，经确认符合要求后方可施加预压力，预压力施加宜在支撑两端同步对称进行；预压力应分级施加，重复进行，加至设计值时，再次检查各连接点的情况，必要时应对节点进行加固，待额定压力稳定后锁定。

#### 12.13.5.3 轴力伺服系统钢支撑

为了提高基坑的稳定性和安全性，常常在钢支撑体系中加入轴力伺服设备以实现对基

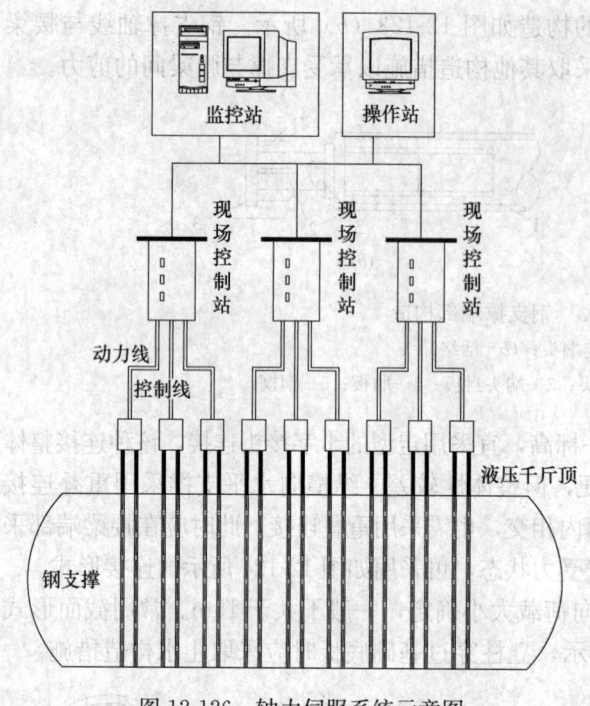

图 12-126 轴力伺服系统示意图

坑微变形的主动控制,通过对钢支撑轴力的实施监控和补偿,有效地控制和减少基坑变形,确保基坑安全并满足环境保护要求。

轴力伺服系统在原有钢支撑体系基础上,增加轴力监测与控制部分、现场控制部分和液压千斤顶部分(图12-126)。支撑体系通过轴力监测部分获得各支撑轴力实时数据,控制伺服泵站和调压千斤顶对支撑轴力进行动态闭环调节,从而定量精准调控支撑轴力。轴力伺服系统安装操作简单方便,且控制精度高、自动化程度好,能够动态化实时调控,一般适用于对环境敏感或变形控制要求高的基坑工程施工。

其中,液压千斤顶一般位于钢支撑与围护结构之间,轴力伺服系统钢支撑结构如图12-127所示。其余部分与普通钢支撑基坑结构类似。

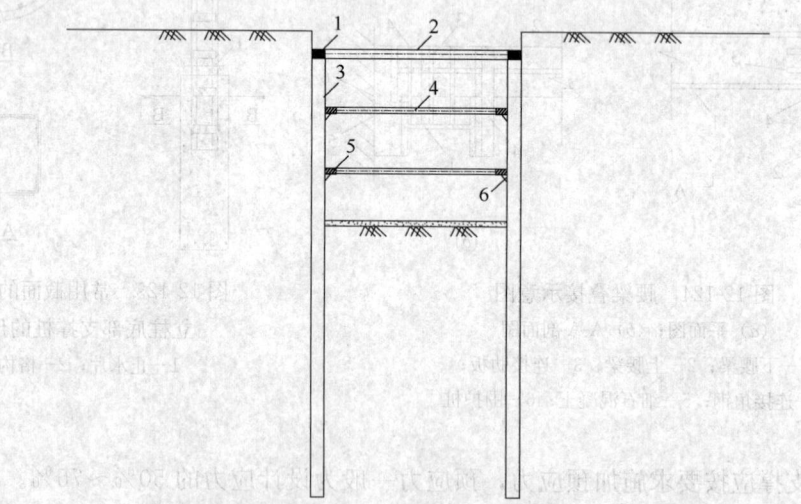

图 12-127 轴力伺服系统钢支撑结构示意图
1—压顶梁;2—混凝土支撑;3—基坑围护结构;4—钢支撑;
5—钢箱体及液压千斤顶;6—托架

轴力伺服钢支撑体系的安装流程如下:

1. 连接钢箱体与钢支撑,如图12-128所示,将用于安设液压千斤顶的钢箱体与普通钢支撑结构进行有效连接,形成整体。

2. 安装支架平台,如图12-129所示,在围护结构上安装用于搭放钢箱体与支撑连接体的钢支架平台,在未施加顶撑时对钢箱-支撑连接体起临时支托作用。

图 12-128　连接钢箱体与钢支撑　　　　　图 12-129　安装支架平台

3. 安装钢箱体和钢支撑,如图 12-130 所示,将钢箱-支撑连接体吊放至托架平台上,此时应注意吊点的位置,同时放置方向和位置要准确。

4. 将千斤顶吊入钢箱体内部并进行固定,如图 12-131 所示。

图 12-130　安装钢箱体和钢支撑　　　图 12-131　将千斤顶吊入钢筋体内部并固定

5. 预撑钢支撑,如图 12-132 所示,预撑到位后安装限位构件。

6. 通过千斤顶对钢支撑施加预应力,如图 12-133 所示。

图 12-132　预撑钢支撑　　　　　　图 12-133　施加预应力

7. 启动轴力伺服控制系统对基坑变形实施监测并控制。

在结构回筑和换撑阶段,轴力伺服钢支撑体系的拆除流程如下:关闭调压程序→解除机械锁→活塞回缩→拆除油管→吊离千斤顶→拆除钢支撑和支座。

## 12.13.6 混凝土支撑施工

### 12.13.6.1 施工要点

混凝土支撑体系宜在同一平面内整体浇筑，支撑与支撑、支撑与腰梁相交处宜采用加腋等构造措施，使其形成刚性节点。支撑施工时宜采用开槽浇筑的方法，底模板可用素混凝土、木模、小钢模等铺设，土质条件较好时也可利用槽底作为土模；侧模多用木模或钢模板。混凝土支撑浇筑前应保持基槽平整，底模支立牢固。

支撑与立柱的连接，在顶层支撑处可采用钢板承托方式，其余支撑位置一般可由立柱直接穿过，如图12-134所示。中间腰梁与围护墙间应浇筑密实，悬吊钢筋直径不宜小于20mm，间距一般为1~1.5m，两端应弯起，吊筋锚入腰梁的长度不小于$40d$。应清理与腰梁接触部位的围护墙，凿除钢筋保护层，在围护墙主筋上焊接吊筋。

挖土时必须坚持先撑后挖的原则，上层土方开挖至腰梁或支撑下沿位置时，应立即施工支撑系统，且需待支撑达到设计强度方可进入下道工序，若工期较紧时可采取提高混凝土强度等级的措施。

应保证腰梁与内支撑配筋方位与设计规定的方位一致，同时面层钢筋和构造钢筋布置应满足设置爆破孔位的要求。钢筋绑扎时应将监测所需的传感器及时预埋且做好保护工作。采用地下连续墙围护时，腰梁施工缝除了应设置在支撑1/3跨度位置之外，还应错开地下连续墙接缝位置。

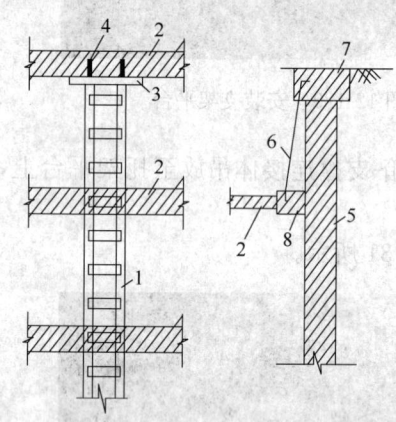

图12-134 支撑与立柱、围护墙的连接
1—钢立柱；2—支撑；3—承托钢板；
4—插筋；5—支护墙；6—悬吊钢筋；
7—冠梁；8—腰梁

### 12.13.6.2 轴力伺服系统混凝土支撑

对于面积较大或形状不规则的基坑工程通常采用刚度大、承载力高、平面布置灵活的混凝土支撑，混凝土支撑属于被动受力支护结构，围护结构需要先发生变形，支撑受到挤压后再产生水平抗力。针对这类基坑的变形控制，可将伺服系统应用于混凝土支撑体系中，实现对混凝土支撑的主动调控，从而有效控制基坑变形。

针对采用混凝土支撑的软土深大基坑，首道支撑不进行伺服系统主动调控，在第二道及以下支撑布置伺服系统。如图12-135所示，通过围檩与地下连续墙之间设置千斤顶凹槽，凹槽之间的围檩作为传力墩，围檩与地下连续墙之间采用吊筋拉接以提高结构安全性。在混凝土支撑实测强度满足设计指标后，千斤顶开始分级加载。加载到锁定值后千斤顶进行保压调控，此时在地下连续墙和支撑围檩的脱开缝隙中浇筑高强度砂浆，可避免围檩与地下连续墙脱开后千斤顶失效。将多组同步耦合伺服控制系统与动态精准伺服管控技术相结合，通过对支撑轴力自动监测、预警和调控实现自动化控制。各阶段的结构传力途径为：在千斤顶施加轴力之前，地墙与传力墩密贴，地墙所受侧压力直接通过传力墩传递至围檩与支撑上；开始施加轴力后，传力墩和千斤顶共同将侧压力传递至围檩与支撑上；当伺服力超过一定数值后，传力墩与地墙脱开，侧压力则全部通过千斤顶传递至围檩与支

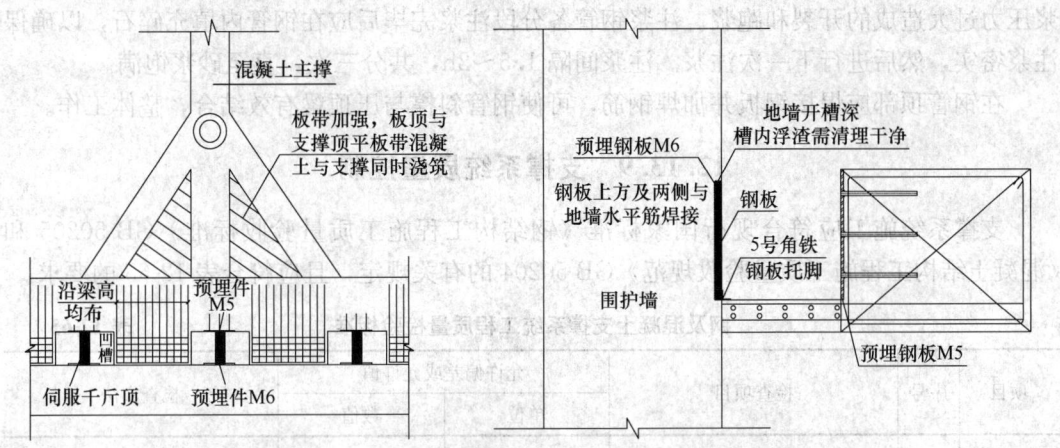

图 12-135 混凝土支撑及围檩设置

撑上，从而支护结构转变为由伺服千斤顶控制的轴力补偿体系。

## 12.13.7 支撑立柱施工

支撑立柱用于承受支撑自重等荷载，支撑立柱通常采用钢立柱插入立柱桩的形式。立柱一般采用角钢格构式钢柱、H型钢式立柱或者钢管式立柱。立柱桩通常采用灌注桩，该灌注桩可利用工程桩，也可新增立柱桩。角钢格构柱构造简单、便于加工、承载力较大，在各种基坑工程中广泛应用。立柱拼接钢缀板应采用平行、对称分布，在满足设计计算间距要求的基础上，应尽量设置在能够避开支撑钢筋的标高位置。各道支撑位置需设置抗剪构件以传递相应的竖向荷载。立柱一般插入立柱桩顶以下3m左右。

格构柱吊装施工应选用合适的吊装机械，吊点位于格构柱上部，格构柱固定采用钢筋笼部分主筋上部弯起，与格构柱缀板及角钢焊接固定，固定时格构柱应居于钢筋笼正中心，定位偏差小于20mm，垂直度偏差要求≤1/200。焊接时吊装机械始终吊住格构柱，避免其受力。格构柱吊装后应采取固定措施，防止其沉降。立柱在穿越底板的范围内应设置止水片。格构柱四个面中的一个面应保证与支撑轴线平行，施工中应有防止立柱转向的措施。

## 12.13.8 双排桩结合注浆钢管内支撑施工

双排桩结合注浆钢管内支撑的施工流程为：沟渠开挖→平整场地→施工双排钻孔灌注桩→钻机就位→钻孔、引孔→钻机移位→钢管加工就位→吊装就位→角度矫正→钢管下放→注浆管安放→分段注浆施工→焊接钢板→施工连梁、压顶梁。

斜向钢管钻孔施工前，一般需开挖蓄水沟渠并整平施工区域，以便成孔施工。通常采用机械成孔，过程中应根据地层情况随时调整钻机成孔器具，钻孔后进行清孔检查，对孔中出现的局部渗漏水、塌孔或掉落松土等应立即处理。成孔位置和角度偏差应严格控制，成孔倾角不大于1%。

成孔后将钢管放入孔内，以钻孔机的倾斜角作为矫正依据，下放过程宜准确、平稳且速度均匀。安设钢管完毕后应检查有无破裂并及时注浆，接口位置要保持牢固，防止因注浆压力过大造成的开裂和跑浆。注浆钢管各分段注浆完毕后应在钢管内填充碎石，以确保注浆密实，然后进行下一次注浆。注浆间隔1.5~2h，共分三次，直至砂浆饱满。

在钢管顶部应焊接钢板并加焊钢筋，可使钢管斜撑与压顶梁有效结合，整体工作。

### 12.13.9 支撑系统质量控制

支撑系统施工应符合现行国家标准《钢结构工程施工质量验收标准》GB 50205和《混凝土结构工程施工质量验收规范》GB 50204的有关规定，且应符合表12-65的要求。

钢及混凝土支撑系统工程质量检验标准　　　　表12-65

| 项目 | 序号 | 检查项目 | 允许偏差或允许值 | | 检查方法 |
| --- | --- | --- | --- | --- | --- |
| | | | 单位 | 数值 | |
| 主控项目 | 1 | 支撑位置：标高 | mm | 30 | 水准仪 |
| | | 平面 | mm | 100 | 钢尺测量 |
| | 2 | 预加顶力 | kN | ±50 | 油泵读数或传感器 |
| 一般项目 | 1 | 腰梁标高 | mm | 30 | 水准仪 |
| | 2 | 立柱桩 | 参见桩基部分 | | 参见桩基部分 |
| | 3 | 立柱位置：标高 | mm | 30 | 水准仪 |
| | | 平面 | mm | 50 | 钢尺测量 |
| | 4 | 开挖超深（开槽放支撑除外） | mm | <200 | 水准仪 |
| | 5 | 支撑安装时间 | 设计要求 | | 用钟表估测 |

## 12.14 地下结构逆作法施工

逆作法施工时，先沿地下室外墙轴线（两墙合一或桩墙合一）或外墙周边（围护墙作临时结构）施工围护结构；在结构柱或墙体处施工中间支撑桩柱（临时或永久立柱），作为施工期承受永久结构、施工荷载的支撑；然后开挖土方，逆作法施工梁板结构，作为基坑水平支撑兼作逆作阶段施工平台层；逐层向下开挖土方，施工各层地下结构，直至结构底板完成，其后再由下而上逐层顺作法施工墙、柱等主体竖向构件并封闭出土口等开洞位置。逆作法施工可根据设计要求、进度及场地条件，同时施工上部结构。逆作法施工时，两墙合一地下连续墙、桩墙合一钻孔灌注桩、中间支撑桩柱、基坑土方开挖及地下结构施工、施工环境改善等技术均有别于传统的顺作法施工。

### 12.14.1 逆作法施工分类

（1）全逆作法：利用地下各层永久水平结构对四周围护结构形成水平支撑，自逆作界面层向下依次施工地下结构的施工方法。

（2）部分逆作法：基坑部分采取顺作法，部分采用逆作法的施工方法。部分逆作法一般有主楼先顺作裙房后逆作、裙房先逆作主楼后顺作、中间顺作周边逆作等。

（3）上下同步逆作法：在地下主体结构向下逆作施工的同时，同步进行地上主体结构施工的方法。

## 12.14.2 逆作法施工基本流程

各种逆作法施工原理基本相同,但施工步骤有所不同,以全逆作法为例,其典型施工流程如图12-136～图12-143所示。

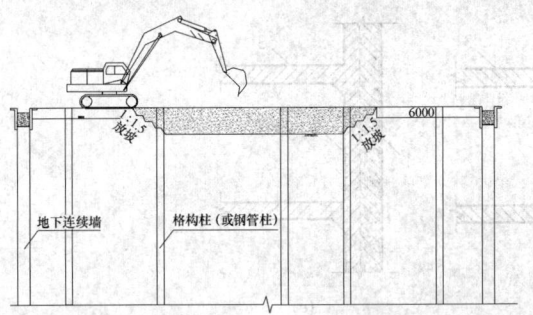

图 12-136 第一层土方盆式开挖

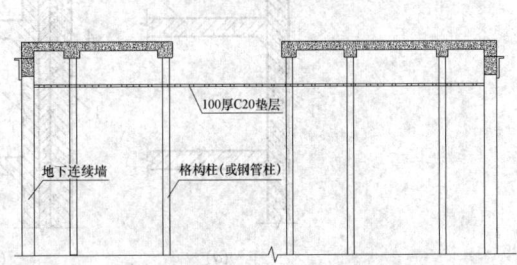

图 12-137 施工垫层及首层梁板

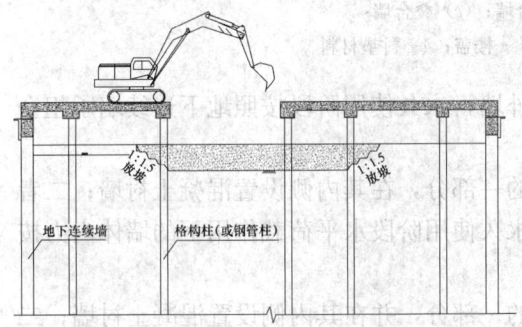

图 12-138 盆式开挖第二层土方

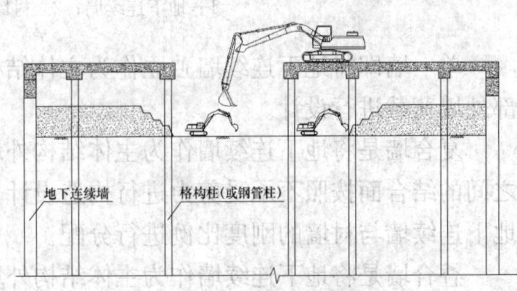

图 12-139 开挖第二层周边土方

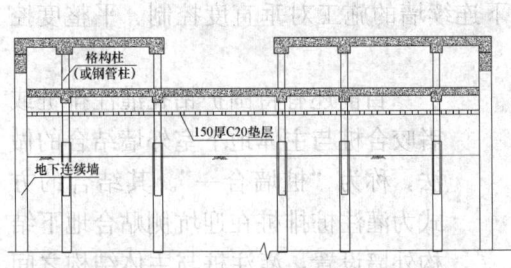

图 12-140 施工 B1 层梁板

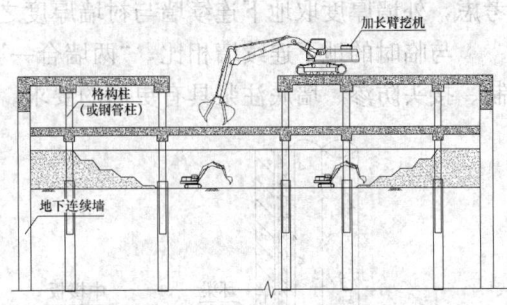

图 12-141 盆式开挖第三层土

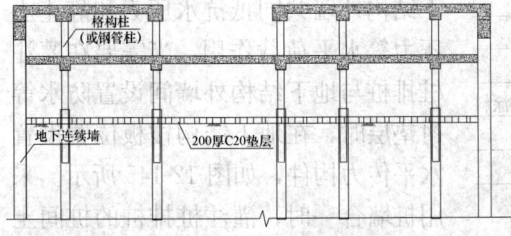

图 12-142 施工混凝土垫层

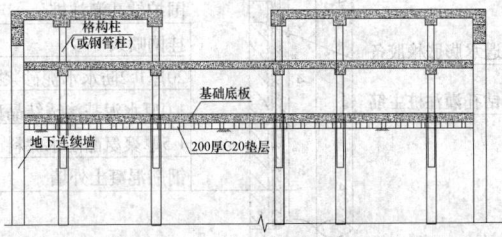

图 12-143 施工基础底板

### 12.14.3 围护墙与结构外墙相结合的工艺

地下连续墙作为主体地下室外墙与围护墙相结合的方式通常称为"两墙合一"。其结合的方式又分为单一墙、复合墙、叠合墙（图12-144）。

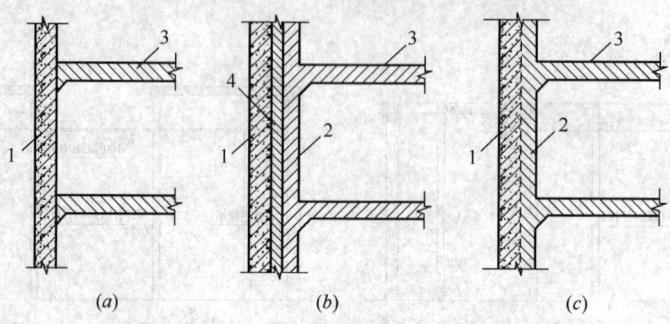

图12-144 地下连续墙的结合方式
(a) 单一墙；(b) 复合墙；(c) 叠合墙
1—地下连续墙；2—衬墙；3—楼盖；4—衬垫材料

单一墙即将地下连续墙独立作为主体结构外墙，永久使用阶段按照地下连续墙承担全部外墙荷载进行设计。

复合墙是将地下连续墙作为主体结构外墙的一部分，在其内侧设置混凝土衬墙；二者之间的结合面按照不承受剪力进行构造设计，永久使用阶段水平荷载作用下的墙体内力按地下连续墙与衬墙的刚度比例进行分配。

叠合墙是将地下连续墙作为主体结构外墙的一部分，并在其内侧设置混凝土衬墙；二者之间的结合面按照承受剪力进行连接构造设计，永久使用阶段地下连续墙与衬墙按整体考虑，外墙厚度取地下连续墙与衬墙厚度之和。

与临时的地下连续墙相比，"两墙合一"地下连续墙的施工对垂直度控制、平整度控制、接头防渗、墙底注浆具有更高的要求。

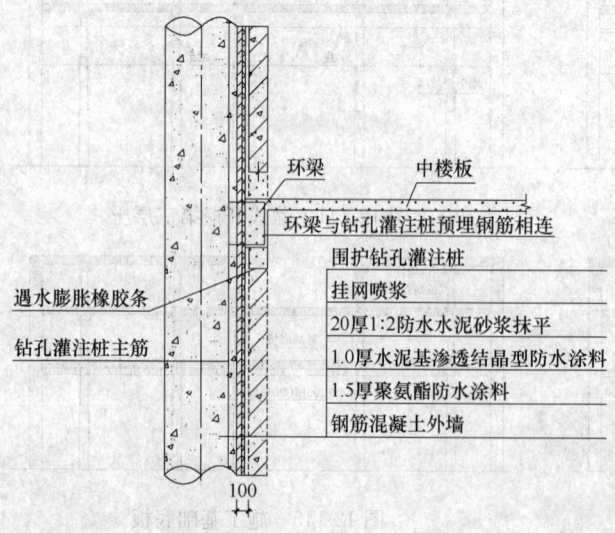

图12-145 桩墙合一结合方式

目前还有将围护钻孔灌注排桩或者咬合桩与主体地下室外墙结合的做法，称为"桩墙合一"。其结合的方式为灌注桩排桩在迎坑侧贴合地下结构外墙设置，灌注桩与主体结构之间设置结构连接措施，灌注桩排桩与地下结构外墙共同抵抗水压力和静止土压力等水平荷载作用，当需要在灌注桩排桩与地下结构外墙间设置防水等衬垫层时，在地下结构楼板位置设置水平传力构件，如图12-145所示。采用桩墙合一时，灌注桩排桩的桩间土防护应采用内置钢筋网或钢丝网的喷射混凝土面层。

## 12.14.4 立柱桩与工程桩相结合的工艺

考虑到基坑支护体系成本及主体结构体系的具体情况，竖向支撑结构立柱一般尽量设置于主体结构柱位置，支撑桩宜采用钻孔灌注桩，并宜利用结构柱下工程桩作为立柱桩。立柱可采用角钢格构柱、H型钢柱或钢管混凝土柱等形式。竖向支撑结构宜采用一根结构柱位置布置一根立柱和立柱桩的形式（一柱一桩），也可采用一根结构柱位置布置多根立柱和立柱桩的形式（一柱多桩）。

### 12.14.4.1 一柱一桩施工控制

1. 一柱一桩定位与调垂施工控制技术

首先应严格控制工程桩的施工精度，精度控制贯穿于定位放线、护筒埋设、校验复核、机架定位、成孔全过程，必须对每一个环节加强控制。

立柱的施工必须采用专用的定位调垂装置。目前立柱的垂直度控制有机械调垂法、导向套筒法等方法。

机械调垂系统主要由传感器、纠正架、调节螺栓等组成。在立柱上端X和Y方向上分别安装1个传感器，支撑柱固定在纠正架上，支撑柱上设置2组调节螺栓，每组共4个，两两对称，两组调节螺栓有一定的高差以形成扭矩。测斜传感器和上下调节螺栓在东西、南北各设置1组。若支撑柱下端向X正方向偏移，X方向的两个上调螺栓一松一紧，使支撑柱绕下调螺栓旋转，当支撑柱进入规定的垂直度范围后，即停止调节螺栓；同理Y方向通过Y方向的调节螺栓进行调节。

导向套筒法是把矫正立柱转化为导向套筒。导向套筒的调垂可采用气囊法或机械调垂法。待导向套筒调垂结束并固定后，从导向套筒中间插入支撑柱，导向套筒内设置滑轮以利于支撑柱的插入，然后浇筑立柱桩混凝土，直至混凝土能固定支撑柱后拔出导向套筒。

2. 钢管混凝土立柱一柱一桩不同强度等级混凝土施工控制技术

竖向支撑体系采用钢管混凝土立柱时，一般钢管内混凝土强度等级高于工程桩混凝土，此时在一柱一桩混凝土施工时应严格控制不同强度等级的混凝土施工界面，确保混凝土浇捣施工顺利进行。

当钢管立柱采用先插法施工时，水下混凝土浇灌至钢管底标高下约1.2m，即可更换高强度等级混凝土进行浇筑。典型的钢管混凝土柱不同强度等级混凝土浇筑流程如图12-146所示。

当钢管立柱采用先插法施工时，支撑桩混凝土宜采用缓凝混凝土，初凝时间不宜小于36h，钢管柱插放过程中应及时调垂，钢管柱内混凝土浇筑完成后，应对钢管外侧均匀回填砂石至地面，并填充注浆。

3. 立柱桩差异沉降控制技术

立柱桩在上部荷载及基坑开挖土体应力释放的作用下，发生竖向变形，同时由于立柱桩承载的不均匀，增大了立柱桩间及立柱桩与围护结构之间产生较大沉降差的可能性。控制整个结构的不均匀沉降是支护结构与主体结构相结合工程施工的关键技术之一，差异沉降控制一般可采取桩端后注浆、坑内增设临时支撑、坑内外土体的加固、立柱间及立柱与围护墙间增设临时剪刀撑、快速完成永久结构、局部节点增加压重等措施。

桩端后注浆施工技术可提高一柱一桩的承载力，有效解决差异沉降的问题。施工前应

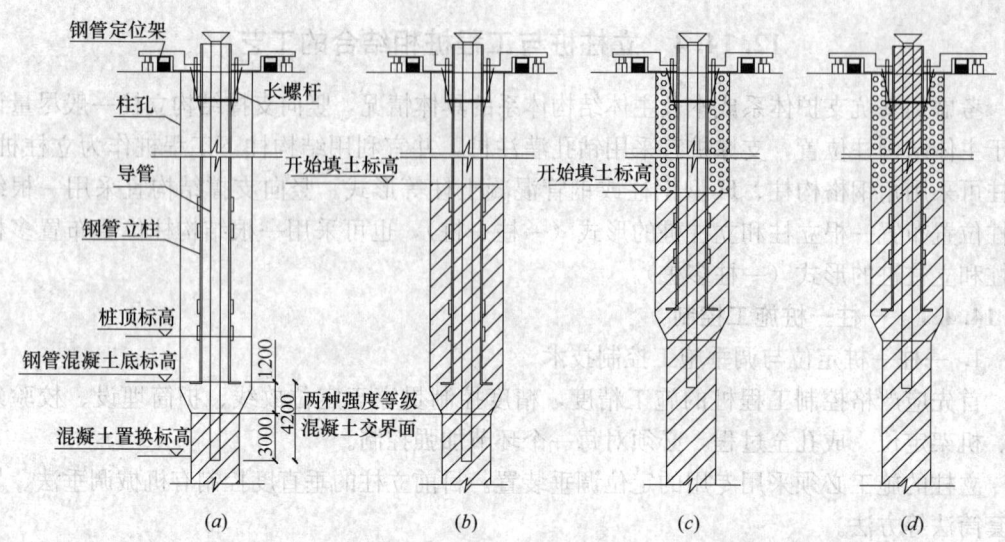

图 12-146 典型的钢管混凝土柱不同强度等级混凝土浇筑流程示意图
(a) 置换开始；(b) 混凝土置换至回填高度；(c) 砂石回填；(d) 浇筑至顶面，桩孔注浆

通过现场试验来确定注浆量、压力等施工参数进而掌握桩端后注浆和工程桩的实际承载力。注浆管应采用钢管，注浆管应沿桩周均匀布置且伸出桩端 200~500mm。灌注桩成桩后的 7~8h，应对注浆管进行清水开塞，注浆宜在成桩 48h 后进行。若注浆量达到设计要求，或注浆量达到设计要求的 80% 以上，且压力达到 2MPa 时，可视为注浆合格，可以终止注浆。

#### 12.14.4.2 一柱一桩施工质量控制

立柱和立柱桩定位偏差不应大于 10mm；成孔后浇筑混凝土前的沉渣厚度不大于 100mm；立柱桩成孔垂直度一般不大于 1/150，立柱插入段成孔垂直度一般不大于 1/200；立柱的垂直度偏差不大于 1/300；格构柱、H 型钢柱的转向偏差不宜大于 5°。每根立柱桩的抗压强度试块数量不少于 1 组；立柱桩应全数进行成孔检测，内容包括成孔中心位置、孔深、孔径、垂直度、孔底沉渣厚度，并应采用超声波透射法检测桩身完整性，检测数量不小于立柱桩总数的 20%；当立柱采用钢管混凝土柱时，应采用超声波透射法检测支撑柱质量，检测数量不小于立柱总数的 20%。

### 12.14.5 支撑体系与结构楼板相结合的工艺

1. 出土进料口

逆作法施工即是地下结构施工由上而下进行，在土方开挖和地下结构施工时，需进行施工设备、土方、模板、钢筋、混凝土等上下运输，需预留若干上下贯通的施工孔洞作为竖向运输通道口，其平面布置应结合施工部署、行车路线、先期地下结构分区、上部结构施工平面布置确定，宜结合主体结构的楼梯间、电梯井等结构开口部位进行布置。其尺寸大小根据施工需要设置，应满足进出材料、设备及结构件的尺寸要求，在满足结构受力的情况下宜加大开孔尺寸。逆作法施工工程中，水平结构一般采用梁板结构体系和无梁楼盖结构体系。梁板结构体系的孔洞一般开设在梁间，并在首层孔洞边梁周边预留止水片，逆作法结束后再浇筑封闭；在无梁楼盖上设置施工孔洞时，一般需设置边梁并在首层孔洞边梁周边附加止水构造。

2. 模板体系

地下室结构混凝土浇筑方法有两种，即利用土模浇筑和利用支模浇筑。施工通常采用土模、架立模板或垂吊模板，采用土胎模时应避免超挖，并确保降水深度在开挖面以下1m，确保地基土具有一定的承载能力；采用架立矮排架模板体系时，应验算排架整体稳定性。

（1）利用土模浇筑梁板

开挖至设计标高后，将土面整平夯实，浇筑素混凝土垫层，然后设置隔离层，即成楼板模板。对于梁模板，如土质好可用土模，挖出槽穴即可，土质较差时可用支模或砖砌梁模板。所浇筑的素混凝土层，待下层挖土时一同挖去。

对于结构柱模板，施工时先把结构柱处的土挖出至梁底下500mm左右，设置结构柱的施工缝模板，为使下部的结构柱易于浇筑，该模板宜呈斜面安装。柱子钢筋穿过模板向下伸出接头长度，在施工缝模板上组立柱模板与梁模板相连接。施工缝处常用的浇筑方法有三种，即直接法、充填法和注浆法（图12-147）。直接法是在施工缝下部继续浇筑相同的混凝土，或添加一些铝粉以减少收缩；充填法是在施工缝处留出充填接缝，待混凝土面处理后，再在接缝处充填膨胀混凝土或无收缩混凝土；注浆法是在施工缝处留出缝隙，待后浇混凝土硬化后用压力压入水泥浆充填。施工时可对接

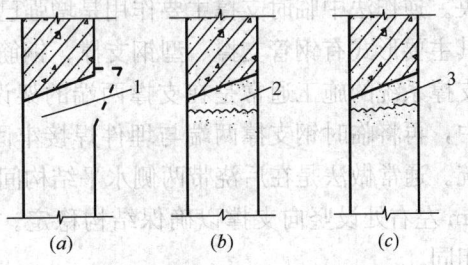

图12-147 施工缝处常用的浇筑方法
(a) 直接法；(b) 充填法；(c) 注浆法
1—浇筑混凝土；2—填充无收缩混凝土；
3—压入水泥浆

缝处混凝土进行二次振捣，以进一步排除混凝土中的气泡，确保混凝土密实和减少收缩。

（2）利用支模方式浇筑梁板

先挖土至结构楼板面标高以下不少于1.6m，然后按常规方法搭设梁板模板，浇筑梁板混凝土，再向下延伸竖向结构（柱或墙板）。为此需对梁板支撑的沉降和结构的变形进行控制，并确保竖向构件上下连接和混凝土浇筑便利。采用盆式开挖的较大基坑，开挖形成的临时边坡应修筑成台阶状，模板支撑系统应采取加固措施；在基坑周边的矮排架高度应考虑土方超挖可能造成的基坑变形过大的问题，并应满足矮排架的作业净空要求。为减少模板支撑的沉降和结构变形，施工时需对土层采取措施进行临时加固。加固方法一般为浇筑素混凝土以提高土层承载力，该方法需额外耗费少量混凝土；也可铺设砂垫层并上铺枕木以扩大支撑面积，且竖向结构钢筋可插入砂垫层，以便与下层后浇筑结构的钢筋连接。

有时也可采用悬吊模板的方式，即模板悬吊在上层已浇筑水平结构上，用吊杆悬吊模板，模板骨架采用刚度较大的型钢，悬吊模板也可在下层土方开挖后通过动力系统下降至下层结构标高。悬吊支模施工速度快，不受坑底土质影响，但构造复杂，成本较高。

（3）竖向结构的浇筑

逆作法工程竖向结构大部分待结构底板施工完成后再由下往上浇筑。由于水平结构已

经完成，竖向结构的施工较为困难，一般通过留设浇捣孔或搭设顶部开口喇叭形模板的方式。浇捣孔一般设置在柱四周楼板的位置或墙两侧，采用100~220mm的PVC管材或钢管，可根据施工需要设置成垂直竖向或斜向以满足浇捣要求，浇捣孔可兼作振捣孔使用。顶部开口喇叭形模板施工竖向结构时，由于混凝土是从顶部的侧面进入，为便于浇筑和保证连接处质量，除对竖向钢筋间距适当调整外，模板开口面标高应高出竖向结构的水平施工缝300mm以上。为防止竖向结构施工缝处存在缝隙，可在施工缝处的模板上预留若干压浆孔，必要时可采取压力灌浆的方式消除缝隙，保证竖向结构连接处的密实。

### 12.14.6 逆作法施工中临时支撑系统施工

逆作法施工中遇到水平结构体系出现过多的开口或高差、斜坡、局部开挖作业深度较大等情况，将不利于侧向水土压力的传递，也难以满足结构安全、基坑稳定以及保护周边环境要求。对于该类问题常通过对开口区域采取临时封板、增设临时支撑等加固措施解决。逆作法中临时支撑主要作用是增强已有支撑系统的水平刚度，加固局部薄弱结构等，其主要形式有钢管支撑、型钢支撑、钢筋混凝土支撑等，其中钢管支撑应用较广泛。临时支撑系统的施工通常是在支撑两端的架设位置设预埋件，埋件埋设在已完成混凝土结构中，再将临时钢支撑两端与埋件焊接牢固。逆作法施工中，后浇带位置亦有临时支撑系统。通常做法是在后浇带两侧水平结构间设置水平型钢临时支撑，在水平肋梁下距后浇带1m左右处设竖向支撑以确保结构稳定。具体施工方法及相关节点构造与临时支撑基本相同。

### 12.14.7 逆作法结构施工措施

#### 12.14.7.1 协调地下连续墙与主体结构沉降的措施

两墙合一地下连续墙和主体桩基之间可能会产生差异沉降，尤其是当地下连续墙作为竖向承重墙体时。一般需采取如下的措施控制差异沉降：

1. 地下连续墙和立柱桩尽量处于相同的持力层，或在地下连续墙和立柱桩施工时预设注浆管，通过槽底注浆和桩端后注浆提高地下连续墙和立柱桩的竖向承载力。

2. 合理确定地下连续墙和立柱桩的设计参数，选择承载力较高的持力层，并对地下连续墙和立柱桩的设计进行必要的协调。

3. 可在基础底板靠近地下连续墙位置设置边桩，或对基坑内外土体进行加固；为增加地下结构刚度，可采取增设水平临时支撑、周边设置斜撑、增设竖向剪刀撑、局部结构构件加强等措施。

4. 成槽结束后及入槽前，往槽底投放适量碎石，使碎石面标高高出设计槽底5~10cm，依靠墙段的自重压实槽底碎石层及土体，以提高墙端承载力，改善墙端受力条件。

5. 应严格控制地下连续墙、立柱及立柱桩的施工质量；合理确定土方开挖和地下结构的施工顺序，适时调整施工工况；若上部结构同时施工，应根据监测数据适时调整上部结构的施工区域和施工速度。

6. 为增强地下连续墙纵向整体刚度，协调各槽段间的变形，可在墙顶设置贯通、封闭的压冠梁。压冠梁上预留与上部后浇筑结构墙体连接的插筋。此外压冠梁与地下连续墙、后浇筑结构外墙之间应采取止水措施，也可在底板与地下连续墙连接处设置嵌入地下连续墙中的底板环梁,或采用刚性施工接头等措施,将各幅地下连续墙槽段连成整体。

#### 12.14.7.2 后浇带与沉降缝位置的构造处理

1. 施工后浇带

地下连续墙在施工后浇带位置时通常的处理方法是将相邻的两幅地下连续墙槽段接头设置在后浇带范围内,且槽段之间采用柔性连接接头,即为素混凝土接触面,不影响底板在施工阶段的各自沉降。同时为确保地下连续墙分缝位置的止水可靠性以及与主体结构连接的整体性,施工分缝位置设置的壁柱待后浇带浇捣完毕后再施工。

2. 永久沉降缝

在沉降缝等结构永久设缝位置,两侧两墙合一地下连续墙也应完全断开,但考虑到在施工阶段地下连续墙起到挡土和止水的作用,在断开位置需要采取一定的构造措施。设缝位置在转角处时,一侧连续墙应做成转角槽段,与另一侧平直段墙体相切,两幅槽段空档在坑外采用高压旋喷桩进行封堵止漏,地下连续墙内侧应预留接驳器和止水钢板,与内部后接结构墙体形成整体连接。设缝位置在平直段时,两侧地下连续墙间空开一定宽度,在外侧增加一副直槽段解决挡土和止水的问题,或直接在沉降缝位置设置槽段接头,该接头应采用柔性接头,另外在正常使用阶段应将沉降缝两侧地下连续墙的压顶梁完全分开。

#### 12.14.7.3 立柱与结构梁施工构造措施

1. 角钢格构柱与梁的连接节点

角钢格构柱与结构梁连接节点处的竖向荷载,主要通过立柱上的抗剪栓钉或钢牛腿等抗剪构件承受(图12-148)。

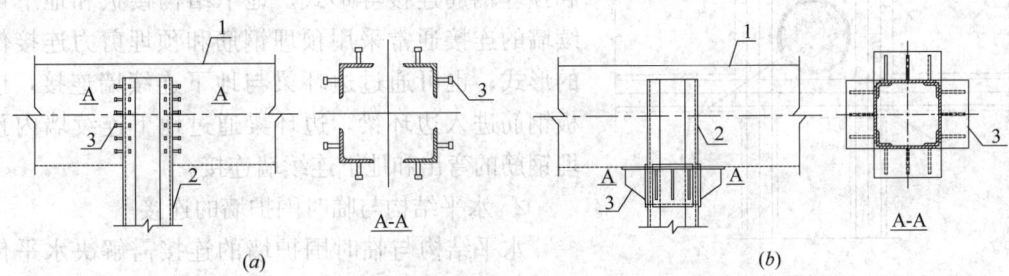

图 12-148 钢立柱设置抗剪构件与结构梁板的连接节点
(a) 设置栓钉;(b) 设置钢牛腿
1—结构梁;2—立柱;3—栓钉或钢牛腿

结构梁钢筋穿越立柱时,梁柱连接节点一般有钻孔钢筋连接法、传力钢板法、梁侧加腋法。钻孔钢筋连接法是在角钢格构柱的缀板或角钢上钻孔穿钢筋的方法。该方法应通过严格计算以确保截面损失后的角钢格构柱承载力满足要求。传力钢板法是在格构柱上焊接连接钢板,将无法穿越的结构梁主筋与传力钢板焊接连接的方法。梁侧加腋法是通过在梁侧加腋的方式扩大节点位置梁的宽度,使梁主筋从角钢格构柱侧面绕行贯通的方法。

2. 钢管混凝土立柱与梁的连接节点

平面上梁主筋均无法穿越钢管混凝土立柱,该节点可通过传力钢板连接,即在钢管周边设置带肋环形钢板,梁板钢筋焊接在环形钢板上(图12-149);也可采用钢筋混凝土环梁的形式(图12-150)。结构梁宽度与钢管直径相比较小时,可采用双梁节点,即将结构梁分成两根梁从钢管立柱侧面穿越(图12-151)。

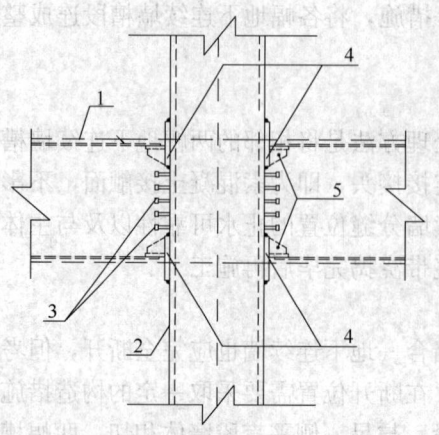

图 12-149 钢管立柱环形钢板传力件节点
1—结构框架梁；2—钢管立柱；3—栓钉；
4—弧形钢板；5—加劲环板

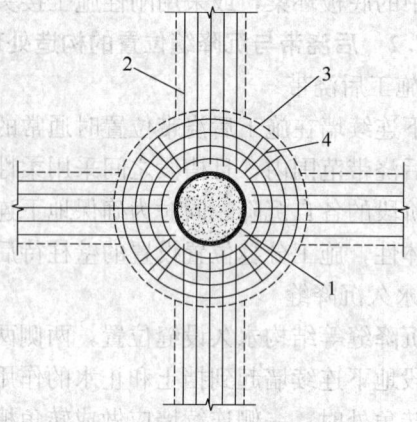

图 12-150 环梁节点构造
1—钢管混凝土支撑柱；2—框架梁主筋；
3—环梁主筋；4—环梁箍筋

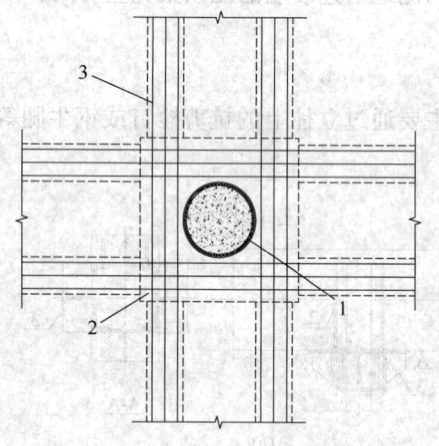

图 12-151 双梁节点构造
1—钢管混凝土支撑柱；2—框架柱；
3—双梁主筋

#### 12.14.7.4 水平结构与围护墙的构造措施

1. 水平结构与两墙合一地下连续墙的连接

结构底板和地下连续墙的连接一般采用刚性连接。常用连接方式主要有预埋钢筋接驳器连接和预埋钢筋连接等形式。地下结构楼板和地下连续墙的连接通常采用预埋钢筋和预埋剪力连接件的形式；也可通过边环梁与地下连续墙连接，楼板钢筋进入边环梁，边环梁通过地下连续墙内预埋钢筋的弯出和地下连续墙连接。

2. 水平结构与临时围护墙的连接

水平结构与临时围护墙的连接需解决水平传力和接缝防水问题。临时围护墙与地下结构之间水平传力支撑体系一般采用钢支撑、混凝土支撑或型钢混凝土组合支撑等形式。地下结构周边一般应设置通长闭合的边环梁，可提高逆作阶段地下结构的整体刚度，改善边跨结构楼板的支撑条件；水平支撑应尽量对应地下结构梁中心，若不能满足，应进行必要的加固。边跨结构存在二次浇筑的工序要求，逆作阶段先施工的边梁与后浇筑的边跨结构接缝处应采取止水措施。若顶板有防水要求，可先凿毛边梁与后浇筑结构顶板的接缝面，然后通长布置遇水膨胀止水条；也可在接缝处设注浆管，待结构达到强度后注浆充填接缝处的微小缝隙。周边设置的临时支撑穿越外墙，应在临时支撑穿越外墙位置采取设置止水钢板或止水条的措施，也可在临时支撑处留洞，洞口设置止水钢板，待支撑拆除后再封闭洞口。

3. 底板与钢立柱连接处的止水构造

钢立柱在底板位置应设置止水构件以防止地下水上渗，通常采用在钢立柱周边加焊止水钢板的措施。

### 12.14.8 逆作法施工的监测

由于逆作法施工采用永久结构与支护结构相结合的工艺，除了常规的基坑工程施工监测外，尚应进行针对性的施工监测。

采用两墙合一地下连续墙的墙顶竖向位移监测点与水平位移监测点宜为共用点，布点宜按立柱桩轴线与围护墙的交叉点布置，既可以监测围护墙顶部的沉降，又可掌握围护墙与立柱桩之间的沉降差。与永久结构相结合的围护墙应考虑施工阶段和使用阶段的内力情况，故应在围护墙内布设钢筋应力测孔，每个监测孔中宜分两个剖面埋设，分别为迎土面、迎坑面，每个监测孔在竖向范围埋设若干应力计。应在围护墙外侧设置土压力计，实测坑外土压力的变化，其埋设的位置宜与围护结构深层侧向变形监测点一致。通过在坑内外埋设分层沉降观测孔，利用分层沉降仪可量测基坑开挖过程中土层的沉降量及坑外土体的沉降量。立柱桩与工程桩结合时，应对每根立柱桩的垂直位移进行监测，监测点一般设置在立柱桩的顶部。同时应监测立柱桩桩身应力，应根据立柱桩设计荷载分布和立柱桩平面分布特点，确定设点比例，荷载越大，设点比例越高，布点时还应考虑压力差较大的立柱桩。水平结构与支撑相结合时，梁板结构的应力监测涉及结构安全，一般在梁的上下皮钢筋各布1只应力计，测试时按预先标定的率定曲线，根据应变计频率推算梁板轴向力；设点应考虑楼板取土口等结构相对薄弱区域。逆作法施工中，在基础底板浇筑以前，围护结构、各层梁板、立柱桩、剪力墙等构件通过相互作用承担了来自侧向水、土压力，坑底的隆起和上部结构荷载等外力，因此有必要监测剪力墙的应力。若采取地下结构和上部结构双向同步的施工工艺，还应在上部结构的典型位置设置沉降观测点。

## 12.15 地下水控制

### 12.15.1 地下水控制主要方法和原则

#### 12.15.1.1 地下水控制主要方法

对地下水位进行控制的方法通常有四种，包括集水明排、基坑降水、隔水和回灌，根据不同的土层条件、水力参数、降水深度、水文地质特性等采取不同的技术手段，示例如表12-66所示。基坑降水又分为疏干降水和减压降水，常用的疏干降水方法一般包括轻型井点（含多级轻型井点）降水、喷射井点降水、管井降水（管材可采用钢管、混凝土管、PVC硬管等）、真空管井降水等方法。可根据工程场地的工程地质与水文地质条件以及基坑工程特点，选择针对性较强的疏干降水方法，以求获得较好的降水效果。而对于减压降水井，除过滤管应位于承压含水层及封孔要求不同外，其他的结构（除减压井）与疏干降水管井相同。

基坑施工中，考虑降低坑底承压水压力、降低地下水位、防止流砂、管涌、坑底突涌、减少对施工难度等因素时，采用基坑排水和基坑降水，主要作用有：

（1）减少或阻碍基坑底面与坡面渗水，保证坑底干燥，便于施工。

（2）提高边坡、坑底稳定性，从而大大减少边坡或坑底的土层颗粒流失，防止流砂产生。

对地下水位常用控制的方法和适用条件　　　　　表 12-66

| 降水方法 | 适用范围 | | | |
|---|---|---|---|---|
| | 降水深度（m） | 渗透系数（cm/s） | 适用地层 | 水文地质特性 |
| 集水明排 | <5 | $1\times10^{-7}\sim1\times10^{-4}$ | 淤泥质黏土，含薄层粉砂的粉质黏土，黏质粉土，砂质粉土，粉细砂 | 上层滞水或水量不大的潜水 |
| 轻型井点 | <6 | | | |
| 多级轻型井点 | 6～10 | | | |
| 喷射井点 | 8～20 | | | |
| 导渗井 | 按下卧导水层性质确定 | $>5\times10^{-7}$ | | |
| 管井（深井） | >6 | $>1\times10^{-6}$ | 黏土、淤泥质黏土，含薄层粉砂的粉质黏土，砂质粉土，各类砂土，砂砾、卵石 | 含水丰富潜水、承压水 |
| 隔水 | 不限 | 不限 | 不限 | 不限 |
| 回灌 | 不限 | $>1\times10^{-4}$ | 含薄层粉砂的粉质黏土，砂质粉土，各类砂土，砂砾、卵石 | 中等渗透性以上土层 |

(3) 降低开挖土体含水量，便于机械挖土、土方外运、坑内施工作业。

(4) 有效提高土体的抗剪强度与基坑稳定性。对于放坡开挖而言，可提高边坡稳定性。对于支护开挖，可增加被动区土抗力，减少主动区土体侧压力，从而提高支护体系的稳定性，减少支护体系的变形。

(5) 减少承压水头对基坑底板的顶托力，防止坑底突涌。

同时，基坑开挖过程中，降水不当造成周边环境破坏的案例屡见不鲜，为防止开挖对地下水条件改变、控制对周边环境的影响和减小与控制降水引起的地面沉降等因素时，通常采用隔水和回灌的办法。

各种地下水控制方法可以单独或组合使用，当两种或以上地下水控制方法组合使用时，应划为复杂工程。

#### 12.15.1.2　地下水控制主要原则

(1) 对于疏干降水，要求降水后坑内水位线低于基坑的开挖面和基坑底面 0.5～1m，且应该依据不同的降水环境，采用针对性的降水方案。

(2) 基坑开挖过程中承压水压力应不高于上覆土压力。

(3) 水文地质参数是反映含水层或透水层水文地质性能的指标，是进行各种水文地质计算时不可缺少的数据，是基坑降水设计中不可缺少的因子，它的性质直接影响到基坑降水设计的准确性、合理性与可靠性。因此降水前推荐进行现场水文地质抽水试验，其类型与作用如表 12-67 所示，对于与承压水有关的工程，务必按抽水试验进行对应的基坑降水设计，在开挖和降压井运行时需要严格监测并控制承压水位，参考降水方案和抽水试验要求，不得低于限制水位，降低降水引起的四周地表沉降影响，坑内观测井可采用备用井，坑外观测井则需要额外打设。

现场水及地质抽水试验类型与作用　　　　　　表12-67

| 分类方式 | 试验类型 | 试验目的 | 适用范围 |
| --- | --- | --- | --- |
| 抽水孔数量 | 单孔抽水试验（无观测孔） | 测定含水层富水性、渗透性及流量与水位降深的关系 | 方案制定与优化阶段 |
| | 群孔抽水试验（观测孔数≥1） | 测定含水层富水性、渗透性和各向异性，漏斗影响范围和形态，补给带宽度，合理井距，流量与水位降深关系，含水层与地表水之间的联系，含水层之间的水力联系。进行流向、流速测定和含水层给水度的测定等 | 方案优化阶段，观测孔布置在抽水含水层和非抽水含水层中 |
| 降水层数量 | 分层抽水试验（开采段内为单一含水层） | 测定各含水层的水文地质参数，了解各含水层之间的水力联系 | 各含水层水文地质特征尚未查明的地区 |
| | 混合抽水试验（开采段内含水层数量＞1） | 测定含水层组的水文地质参数 | 各含水层水文地质特征已基本查明的地区 |
| 抽水孔完整性 | 完整孔抽水试验 | 测定含水层的水文地质参数 | 含水层厚度不大于25～30m |
| | 非完整孔抽水试验 | 测定含水层水文地质参数、各向异性渗透特征 | 含水层厚度较大的地区 |
| 抽水稳定性 | 稳定流抽水试验 | 测定含水层的渗透系数，井的特性曲线，井损失 | 单孔抽水，用于方案制定或优化阶段 |
| | 非稳定流抽水试验 | 测定含水层水文地质参数，了解含水层边界条件，顶底板弱透水层水文地质参数、地表水与地下水、含水层之间的水力联系等 | 一般需要1个以上的观测孔，用于方案优化阶段 |
| 阶梯抽水 | 阶梯抽水试验 | 测定孔的出水量曲线方程（井的特性曲线）和井损失 | 方案优化阶段 |
| 群孔（井）抽水 | 群孔（井）抽水试验 | 根据基坑施工工况，制定降水运行方案 | 制定降水运行方案阶段 |
| 含水层 | 冲击试验 | 测定无压含水层、承压含水层的水文地质参数 | 含水层渗透性相对较低，或无条件进行抽水试验 |

（4）开挖过程中既要参照《基坑工程手册（第二版）》和设计中的要求，又可灵活采用组合方式进行地下水控制，以减少施工难度、增加经济性、加快施工速度等，例如：结合管井井点降水和轻型井点进行降水，在浅层时采用轻型井点，在开挖深度大于6m后采用管井井点。

### 12.15.1.3　涌水量计算

1. 均质含水层潜水完整井基坑涌水量计算

（1）基坑远离地面水源时［图12-152（a）］，基坑涌水量可按式（12-49）估算：

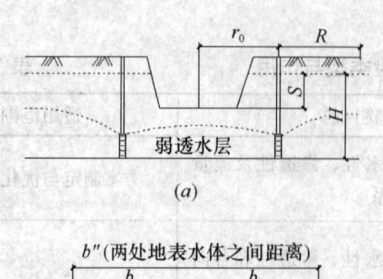 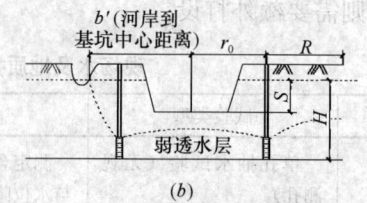

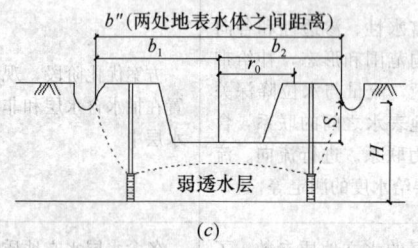 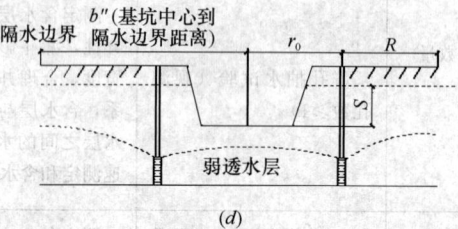

图 12-152　均质含水层潜水完整井基坑涌水量计算简图
(a) 基坑远离地面水源；(b) 基坑近河岸；(c) 基坑位于两地表水体
之间或位于补给区与排泄区之间；(d) 当基坑靠近隔水边界时

$$Q = 1.366K \frac{(2H-S)S}{\lg\left(\frac{R+r_0}{r_0}\right)} \tag{12-49}$$

式中　$Q$——基坑涌水量（m³/d）；
　　　$H$——潜水含水层初始厚度（m）；
　　　$S$——基坑水位降深（m）；
　　　$K$——土的渗透系数（m/d）；
　　　$R$——降水影响半径（m），宜通过试验或根据当地经验确定；
　　　$r_0$——假想半径（m），与基坑形状及开挖面积有关。

对于潜水含水层，$K$ 和 $R$ 可根据前面的稳定流抽水试验，通过 Dupuit 公式和 Thiem 公式计算得到。

（2）基坑近河岸［图 12-152（b）］，基坑涌水量可按式（12-50）估算：

$$Q = 1.366K \frac{(2H-S)S}{\lg\left(\frac{2b}{r_0}\right)} (b < 0.5R) \tag{12-50}$$

（3）基坑位于两地表水体之间或位于补给区与排泄区之间时［图 12-152（c）］，基坑涌水量可按式（12-51）估算：

$$Q = 1.366K \frac{(2H-S)S}{\lg\left[\frac{2(b_1-b_2)}{\pi r_0} \cos\frac{\pi}{2}\frac{(b_1-b_2)}{(b_1+b_2)}\right]} \tag{12-51}$$

（4）当基坑靠近隔水边界时［图 12-152（d）］，基坑涌水量可按式（12-52）估算：

$$Q = 1.366K \frac{(2H-S)S}{2\lg(R+r_0) - \lg r_0(2b+r_0)} \tag{12-52}$$

**2. 均质含水层潜水非完整井基坑涌水量计算**

（1）基坑远离地面水源［图 12-153（a）］，基坑涌水量可按式（12-53）估算：

$$Q = 1.366K \frac{H^2 - h_m^2}{\lg\left(\frac{R+r_0}{r_0}\right) + \frac{h_m - l}{l}\lg r\left(1 + 0.2\frac{h_m}{r_0}\right)} \left(h_m = \frac{H+h}{2}\right) \quad (12\text{-}53)$$

式中 $h$——潜水层底板至滤头有效工作末端的长度（m）；

$l'$——有效滤头长度（m），其他符号含义和计算如上。

(2) 基坑近河岸，含水层厚度不大时 [图 12-153 (b)]，基坑涌水量可按式 (12-54) 估算：

$$Q = 1.366KS\left[\frac{l+s}{\lg\frac{2b}{r_0}} + \frac{l}{\lg\frac{0.66l}{r_0} + 0.25\frac{l}{h'}\lg\frac{b^2}{h'^2 - 0.14l^2}}\right] (b > h'/2) \quad (12\text{-}54)$$

式中 $h'$——潜水层底板至滤头有效工作中点的长度。

(3) 基坑近河岸，含水层厚度很大时 [图 12-153 (c)]，基坑涌水量可按式 (12-55)、式 (12-56) 估算：

$$Q = 1.366KS\left[\frac{l+s}{\lg\frac{2b}{r_0}} + \frac{l}{\lg\frac{0.66l}{r_0} - 0.22\text{arsh}\frac{0.44l}{b}}\right] (b > l) \quad (12\text{-}55)$$

$$Q = 1.366KS\left[\frac{l+s}{\lg\frac{2b}{r_0}} + \frac{l}{\lg\frac{0.66l}{r_0} + 0.11\frac{l}{b}}\right] (b < l) \quad (12\text{-}56)$$

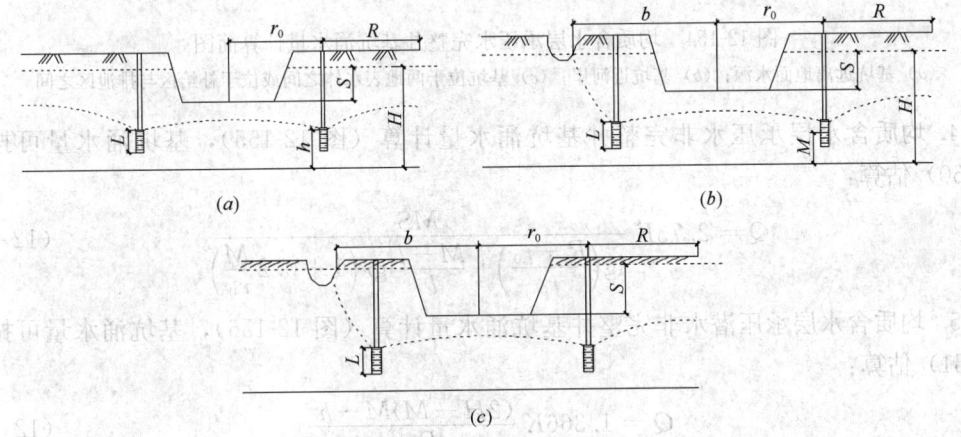

图 12-153 均质含水层潜水非完整井基坑涌水量计算简图
(a) 基坑远离地面水源；(b) 基坑近河岸且含水层厚度不大；(c) 基坑近河岸且含水层厚度很大

3. 均质含水层承压水完整井基坑涌水量计算

(1) 基坑远离地面水源 [图 12-154 (a)]，基坑涌水量可按式 (12-57) 估算：

$$Q = 2.73K\frac{MS}{\lg\left(\frac{R}{r_0}\right)} \quad (12\text{-}57)$$

式中 $M$——承压含水层厚度，其他符号含义不变。

对于承压含水层，$k$ 和 $R$ 可根据前面的稳定流抽水试验，通过 Dupuit 公式和 Thiem 公式可以计算得到。基坑近河岸 [图 12-154 (b)]，基坑涌水量可按式 (12-58) 估算：

$$Q = 2.73K \frac{MS}{\lg\left(\frac{2b}{r_0}\right)} (b < 0.5r_0) \tag{12-58}$$

（2）基坑位于两地表水体之间或位于补给区与排泄区之间［图12-154（c）］，基坑涌水量可按式（12-59）估算：

$$Q = 2.73K \frac{MS}{\lg\left[\frac{2(b_1-b_2)}{\pi r_0}\cos\frac{\pi}{2}\frac{(b_1-b_2)}{(b_1+b_2)}\right]} \tag{12-59}$$

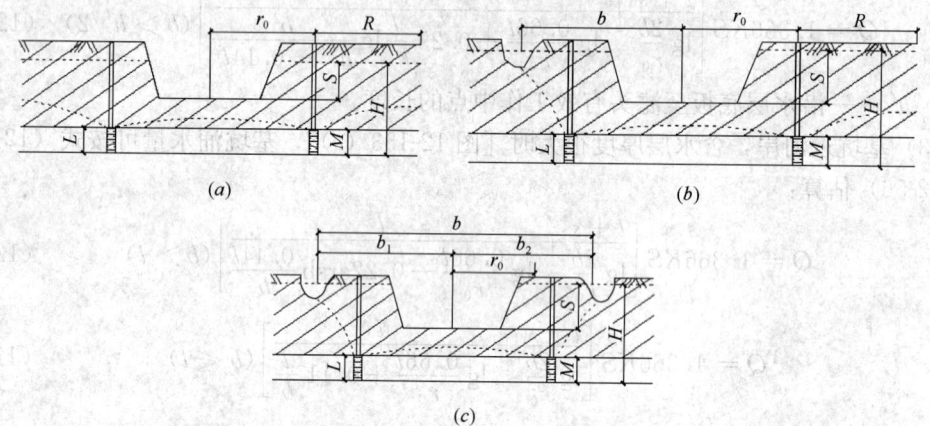

图 12-154　均质含水层承压水完整井基坑涌水量计算简图
（a）基坑远离地面水源；（b）基坑近河岸；（c）基坑位于两地表水体之间或位于补给区与排泄区之间

4. 均质含水层承压水非完整井基坑涌水量计算（图12-155），基坑涌水量可按式（12-60）估算：

$$Q = 2.73K \frac{MS}{\lg\left(\frac{R+r_0}{r_0}\right) + \frac{M-l}{l}\lg r\left(1 + 0.2\frac{M}{r_0}\right)} \tag{12-60}$$

5. 均质含水层承压潜水非完整井基坑涌水量计算（图12-156），基坑涌水量可按式（12-61）估算：

$$Q = 1.366K \frac{(2H-M)M - h^2}{\lg\left(\frac{R+r_0}{r_0}\right)} \tag{12-61}$$

式中　$h$——基坑底部标高（m）。

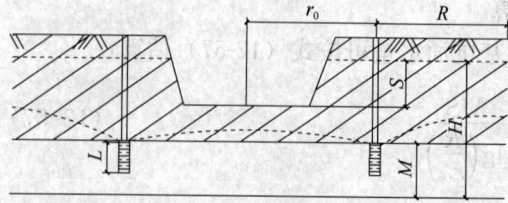

图 12-155　均质含水层承压水非完整井基坑涌水量计算简图

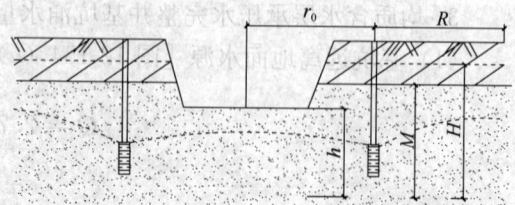

图 12-156　均质含水层承压潜水非完整井基坑涌水量计算简图

## 12.15.2 集水明排与导渗法

集水明排可分为基坑外侧集水明排和基坑内集水明排，主要通过集水井和排水沟导水，再通过抽水设备排出。而导渗法又称引渗法，即通过竖向排水通道、引渗井或导渗井，将基坑内的地面水、上层滞水、浅层孔隙潜水等，自行下渗至下部透水层中消纳或抽排出基坑。

### 12.15.2.1 集水明排

1. 集水明排适用范围

（1）地下水类型一般为上层滞水，含水土层渗透能力较弱。

（2）一般为浅基坑，降水深度不大，基坑或涵洞地下水位超出基础底板或洞底标高不大于2.0m。

（3）排水场区附近没有地表水体直接补给。

（4）含水层土质密实，坑壁稳定（细粒土边坡不易被冲刷而塌方），不会产生流砂、管涌等不良影响的地基土，否则应采取支护和防潜蚀措施。

2. 集水明排设计

（1）布局设计

1）基坑外侧集水明排

基坑外侧应设置由集水井和排水沟组成的地表排水系统，避免坑外地表明水流入基坑内，也可以用来排出降水井抽出的地下水。排水沟宜布置在基坑边净距0.5m以外，有止水帷幕时，基坑边从止水帷幕外边缘起计算；无止水帷幕时，基坑边从坡顶边缘起计算。

2）基坑内侧排水

基坑内宜设置排水沟、集水井和盲沟等，以疏导基坑内明水。一般每隔30~40m设置一个集水井。集水井中的水应采用抽水设备抽至地面。盲沟中宜回填级配砾石作为滤水层，具体如图12-157所示。

若基坑较深，采用多级放坡开挖时，在分级平台上设置2~3层明沟及相应的集水井，用以分级拦截地下水，其构造和设计与上相似，如图12-158所示。

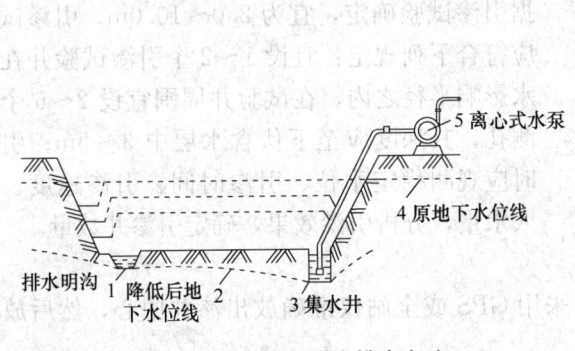

图12-157 普通明沟排水方法

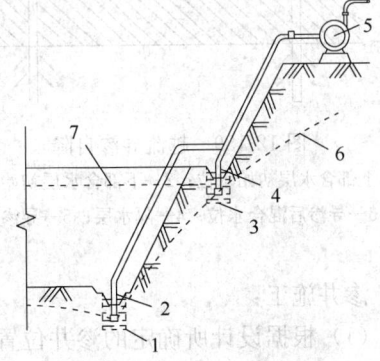

图12-158 多级排水沟
1—底层集水井；2—底层排水沟；
3—上层集水井；4—上层排水沟；
5—水泵；6—降低后水位线；7—原水位线

(2) 设备、构造设计

集水明排包括集水井、排水沟等构造及排水机具。

集水井常设置为 0.6m×0.6m～0.8m×0.8m 的界面，具体的尺寸和数量可以根据汇水量确定，集水井顶部以低于所处挖土面 0.8～1.0m 为宜，可采用砖砌、木板或钢筋笼等简易材料来加固井壁，布置尽可能设在基坑阴角附近。

排水明沟常设置为深 0.3～0.6m，宽＞0.3m。具体尺寸应当以场地实际情况、排水量、便捷性等来确定。

抽水设备应根据排水量大小及基坑深度确定，种类一般为离心泵、潜水泵和泥浆泵，排水量常为基坑涌水量的 1.5～2.0 倍。

(3) 施工和维护

在一些排水过程中，明沟和集水井可能会出现渗漏，为了防止出现渗漏，可在底部浇筑素混凝土层，在两侧使用水泥砂浆护壁。另外，土方施工过程中应注意定期清理排水沟中的淤泥，以防止排水沟堵塞。还要定期观测排水沟是否出现裂缝，及时进行修补，避免渗漏。

#### 12.15.2.2 导渗法

1. 适用范围

导渗法常在上部滞水分布广泛且不易排水的地区使用，通过导渗法排出的上部水量不宜过大，且应达到下层含水层的水质标准，避免造成地下水污染。其下部含水层水位可以通过自排或抽降的办法进行控制，不应高于施工要求控制水位。适用土质为低渗透性的粉质黏土、黏质粉土、砂质粉土、粉土、粉细砂等。由于导渗井易淤塞，不适用于长时间基坑工程降水，导渗井易淤塞。

2. 一般设计

导渗设施又称导渗井，一般为钻孔、砂（砾）渗井、管井等，通过导渗法排水，无需在基坑内另设集水明沟、集水井，可加速深基坑内地下水位下降、提高疏干降水效果，为基坑开挖创造快速干地施工条件，具体如图 12-159 所示。

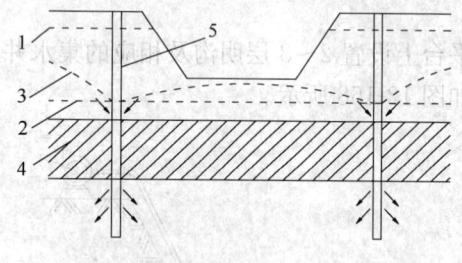

图 12-159 越流导渗自降
1—上部含水层初始水位；2—下部含水层初始水位；
3—导渗后混合水位；4—隔水层；5—导渗井

如果同一方向存在多个渗井，其间距应根据引渗试验确定，宜为 2.0～10.0m。引渗试验应符合下列规定：宜设 1～2 个引渗试验井在降水影响半径之内，在试验井周围宜设 2～6 个观测孔，其深度应至下伏含水层中 3～5m；引渗时应观测稳定水位、引渗时间、引渗速度、渗入水量，分析引渗效果，确定引渗井数量。

渗井施工：

(1) 根据设计所确定的渗井位置，采用 GPS 或全站仪准确放出渗井中心，然后放出渗井轮廓。

(2) 根据设计确定渗井护壁材料（混凝土或钢波纹管）结构厚度，对渗井轮廓适当扩大后，即可下挖渗井。

(3) 当采用钢筋混凝土护壁时，下挖一定深度后，现场浇筑钢筋混凝土，等达到一定强度后，采用沉井的方式，在渗井轮廓内进行下挖，逐渐下沉护壁，并不断接高护壁，不断下挖，依次循环直至达到设计的渗井深度。

(4) 当采用钢波纹管护壁时，可按渗井轮廓先下挖 4m 后，将组装完成的钢波纹管（高度 4m）整体吊入渗井，就位准确后，采用粉质黏土或砂质粉土将钢波纹管外侧的空隙填充密实，确保钢波纹管与土壁的紧密接触；其次，再将组装完成的钢波纹管（缩径，高度 3m），按照制作钢筋混凝土护壁的方法完成挖井和下沉钢波纹管后，再组装钢波纹管（缩径，高度 3m），再下挖，直至达到渗井的设计深度。

(5) 无论采用钢筋混凝土，还是采用钢波纹管护壁，均要求在施工中不断矫正渗井的垂直度。

(6) 在运营过程中，必须对下挖被交叉道路的边沟、集水井、排水管、渗井等，定期进行养护。

渗井的深度应该根据下伏透水层的性质和埋置深度确定，宜穿透被渗层，当被渗层特别厚的时候，宜至少穿透 2m。当采用渗井或多层含水层降水时，应采取措施防止下部含水层水质恶化，在降水完成后应及时进行分段封井，减少环境影响。

### 12.15.3 基坑降水

#### 12.15.3.1 基坑降水井点的选型

通常，降水井点的选型并不是固定不变的，同种类的降水井点通过改变其使用深度、数量、布局也可以适用不同的基坑环境，因此实际选择时，应根据场地的水文地质条件、基坑面积、开挖深度、各土层的渗透性等，选择合适且经济的降水井类型、设备、布置、施工方案。常用降水井类型和适用范围参考《基坑手册》（第二版）如表 12-68 所示，常见布局要求参照表 12-69，其他区域可参考相应区域技术规范。

常用降水井类型和适用范围　　　　　表 12-68

| 降水类型 | 渗透系数（cm/s） | 常用降水深度（m） |
| --- | --- | --- |
| 轻型井点 | $1\times10^{-7} \sim 2\times10^{-4}$ | <6 |
| 多级轻型井点 | $1\times10^{-7} \sim 2\times10^{-4}$ | 6~10 |
| 喷射井点 | $1\times10^{-7} \sim 2\times10^{-4}$ | 8~20 |
| 砂（砾）渗井 | $>5\times10^{-7}$ | 按下卧导水层性质确定 |
| 电渗井点 | $<1\times10^{-7}$ | 根据选定的井点确定 |
| 深井 | $>1\times10^{-6}$ | >6 |

常用布局要求　　　　　表 12-69

| 水位降深（m） | 适用井点 | 降水布置要求 |
| --- | --- | --- |
| <6 | 轻型井点 | 井点管排距不宜大于 20m，滤管顶端宜位于坑底以下 1~2m。井管内真空度应不小于 65kPa |
| 6~10 | 多级轻型井点 | 井点管排距不宜大于 20m，滤管顶端宜位于坡底和坑底以下 1~2m。井管内真空度应不小于 65kPa |
| 8~20 | 喷射井点 | 井点管排距不宜大于 40m，井点深度与井点管排距有关，应比基坑设计开挖深度大 3~5m |

续表

| 水位降深 (m) | 适用井点 | 降水布置要求 |
|---|---|---|
| 根据选定的井点确定 | 电渗井点 | 同轻型井点和喷射井点 |
| >6 | 降水管井 | 井管轴心间距不宜大于 25m，井径不宜小于 600mm，坑底以下的滤管长度不宜小于 5m，井底沉淀管长度不宜小于 1m |
| | 真空降水管井 | 利用降水管井采用真空降水，井管内真空度应不小于 65kPa |

#### 12.15.3.2 轻型井点降水

采用轻型井点降低地下水位，是按设计要求沿基坑周围埋设井点管（基坑面积较大时，需同时在基坑内布置），一般距基坑边 0.7～1.0m，铺设集水总管（并有一定坡度），将各井点与总管用软管（或钢管）连接，在总管中段适当位置安装抽水水泵或抽水装置。

1. 轻型井点设计

（1）布局设计

轻型井点的布局设计在满足工程需求的同时也要考虑经济性和便捷性，对于不同的基坑形状和降水深度可采用不同布局。

1）对于沟槽，沟槽宽度小于 6m，降水深度不大于 6m 时，可采用单侧井点布置，长度应大于沟槽开挖宽度，布置在地下水上游方向。

2）若单侧井点长度受特殊情况限制而不能大于沟槽 $b$，则应在两端加密。

3）对于开挖宽度大于 6m 的基坑，则采用两侧井点布置，对于土质不佳的情况，也可以采用双侧布置。

4）若基坑面积较大，应采用环状井点来保证降水效果，有时亦可布置成 U 形，以利于挖土机和运土车辆出入基坑。

5）井点管距离基坑壁一般可取 0.7～1.0m 以防局部发生漏气，井点管水平间距一般为 1.0～2.0m（可根据不同土质和预降水时间确定）。在确定井点管数量时应考虑在基坑四角部分适当加密。当基坑采用隔水帷幕时，为方便挖土，坑内也可采用轻型井点降水。

6）若采用多段井点系统，建议在四角进行分段，减少总管弯头使用，提高施工效率，分段时建议设置阀门，防止管内水流紊乱和降水效果减少。

不同侧井点布置如图 12-160 所示，多级井点布置图如图 12-161 所示。

（2）设备及细部构造设计

轻型井点的设备主要有井点管（包括过滤器）、集水总管、抽水泵、真空泵等，常用设备设计为：

1）井点管：常用直径为 38～50mm 的钢管，长度为 5.0～9.0m，允许最大出水量为 $q_{max}$，设计数量为 $n$，长度为 $L$。管下端配有滤管和管尖。

2）过滤器：采用与井点管相同规格的钢管制作，一般长度为 0.8～1.5m。管壁上渗水孔直径为 12～18mm，呈梅花状排列，孔隙率应大于 15%；管壁外应设两层滤网，内层滤网宜采用 30～80 目的金属网或尼龙网，外层滤网宜采用 3～10 目的金属网或尼龙网；管壁与滤网间应采用金属丝绕成螺旋形隔开，滤网外面应再绕一层粗金属丝。滤管下端装一个锥形铸铁头。

## 12.15 地下水控制

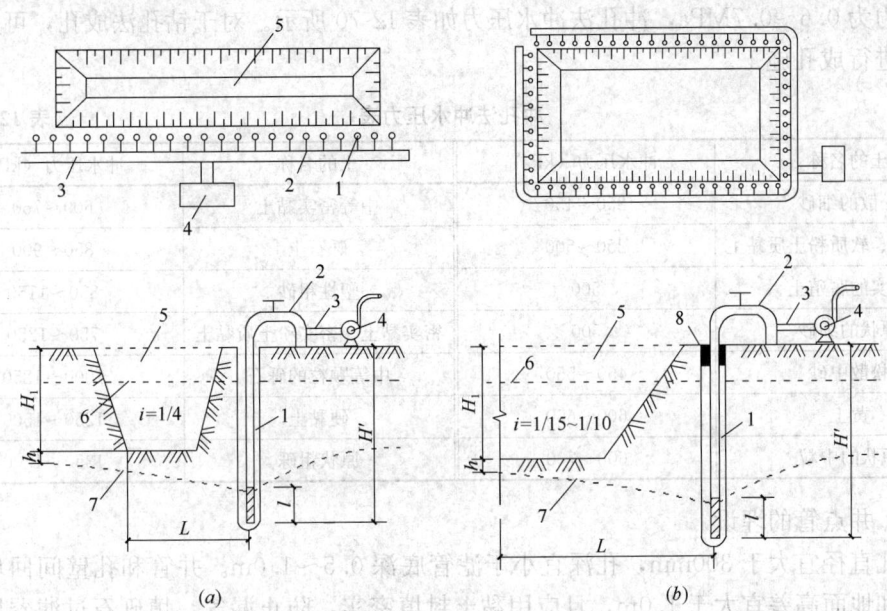

图 12-160 不同侧井点布置图
(a) 单排布置；(b) 环形布置
1—井点；2—弯联管；3—集水管；4—抽水设备；5—基坑；6—原水位线；7—降低后水位线；
8—填土；$H'$—管长；$H_1$—坑深；$l$—滤管长度；$h$—安全距离

3) 集水总管：井点管上端用弯管与总管相连。连接管常用透明塑料管。集水总管一般用直 75~110mm 的钢管分节连接，每节长 4m，每隔 0.8~1.6m 设一个连接井点管的接头。一套机组集水总管最大长度：真空泵不宜大于 100m；射流泵不宜大于 80m；当主管过长时，可分段采用多套抽水设备。

4) 抽水设备：根据抽水机组的不同，真空井点分为真空泵真空井点、射流泵真空井点和隔膜泵真空井点，常用者为前两种。如果一级井点不能满足降深要求，可以混合明排使用，总管则布置在原地下水位线下方，也可使用二级井点降水（7~10m），在一级井点排干的土下布置二级井点。抽水设备宜布置在地下水的上游，并设在总管的中部。

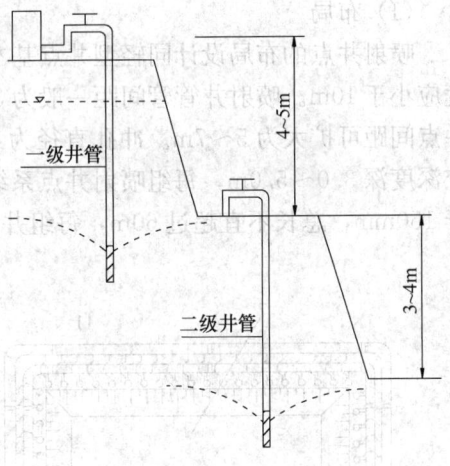

图 12-161 多级井点布置图

2. 轻型井点施工

(1) 轻型井点的施工工艺

轻型井点施工步骤为定位放线→挖井点沟槽，敷集水总管→冲孔（或钻孔）→安装井点管→灌填滤料、黏土封口→用弯联管连通井点管与总管→安装抽水设备并与总管连接→安装排水管→真空泵排气→离心水泵试抽水→观测井中地下水位变化。

其中对于水冲法成孔，砂土中冲孔所需水流压力为 0.4~0.5MPa，黏土中冲孔所需水流压力为 0.6~0.7MPa，冲孔法冲水压力如表 12-70 所示。对于钻孔法成孔，可用长螺旋钻机进行成孔施工。

冲孔法冲水压力表　　　　　　表 12-70

| 土的名称 | 冲水压力（kPa） | 土的名称 | 冲水压力（kPa） |
|---|---|---|---|
| 松散的细砂 | 250~450 | 中等密实黏土 | 600~750 |
| 软质黏土、软质粉土质黏土 | 250~500 | 砾石土 | 850~900 |
| 密实的腐殖土 | 500 | 塑性粗砂 | 850~1150 |
| 原状的细砂 | 500 | 密实黏土、密实粉土质黏土 | 750~1250 |
| 松散中砂 | 450~550 | 中等颗粒的砾石 | 1000~1250 |
| 黄土 | 600~650 | 硬黏土 | 1250~1500 |
| 原状的中粒 | 600~700 | 原状粗砾 | 1350~1500 |

（2）井点管的埋设

井孔直径宜大于 300mm，孔深宜小于滤管底深 0.5~1.0m。井管和孔壁间回填的滤料顶部和地面高差宜大于 1.0m，且应用黏土封填密实，防止漏气。填砾石过滤器周围的滤料应为磨圆度好、粒径均匀、含泥量小于 3% 的砂料，投入滤料数量应大于 85% 计算值。

#### 12.15.3.3 喷射井点降水

1. 喷射井点设计

（1）布局

喷射井点的布局设计同轻型井点基本一致，值得注意的是，采用单侧布置时，基坑宽度应小于 10m。喷射井管管间距一般为 3~5m。当采用环形布置时，进出口（道路）处的井点间距可扩大为 5~7m。冲孔直径为 400~600mm，深度应比滤管底深 1m，比设计开挖深度深 3.0~5.0m，每组喷射井点系统的井点数不宜超过 30 个，其中总管直径不宜小于 150mm，总长不宜超过 60m，每组井点应自成系统。具体布置如图 12-162 所示。

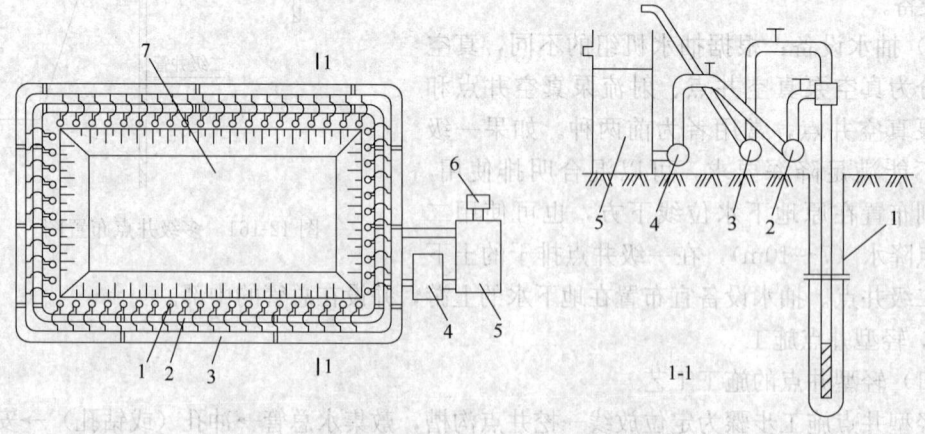

图 12-162　喷射井点常用布置示意图
1—井点；2—集水总管；3—排水总管；4—高压水泵；5—水箱；6—低压水泵；7—基坑

(2) 设备及细部构造

喷射井点采用双层井点管,喷射器在孔底部,两根主管与各井点管相连。喷射井点系统和轻型井点相似,由高压水泵、供水总管、井点管、排水总管及循环水箱等组成,底部细部结构如图12-163所示。

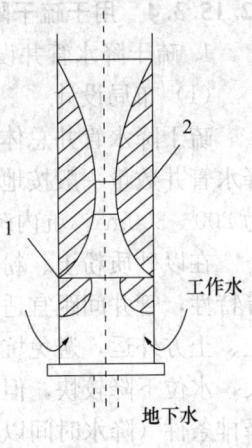

图 12-163 喷嘴和混合室示意图
1—喷嘴;2—混合室

井点的外管直径宜为73~108mm,内管直径宜为50~73mm。

过滤管管径应与井点管径一致,滤水段管长度应大于1.0m,管壁外设置滤水网时,内层滤水网可采用60~80目尼龙网或金属网,外层滤水网可采用3~10目尼龙网或金属网,采用金属丝绕螺旋形将之与管壁隔开。

喷射井点的喷射器应该由喷嘴、联管、混合室、负压室组成,喷射器应该连接在井管的下端;喷射器混合室直径宜为14mm,喷嘴直径宜为6.5mm,工作水箱容积不应小于10m³。

2. 喷射井点施工

(1) 工艺流程

喷射井点降水施工步骤一般可为:设置泵房,安装进排水总管→水冲法或钻孔法成井→安装喷射井点管、填滤料→接通过水、排水总管,与高压水泵或空气压缩机接通→各井点管外管与排水管接通,通到循环水箱→启动高压水泵或空气压缩机抽水→离心泵排除循环水箱中多余水→观测地下水位。

(2) 井管埋设及使用

同样,喷射井点和轻型井点埋设类似,用套管法冲孔加水及压缩空气排泥,当套管内含泥量经测定小于5%时下井管及灌砂,然后再拔套管。对于深度大于10m的喷射井点管,宜用起重机下管。为了使得每根井点管沉没完毕时能与总管接通(暂不接回水总管),需保持水泵运转,然后需要尽快对每个井点试抽排泥,待泥浆从水沟排出后,测定井管内真空度,待井管出水变清后地面测定真空度不宜小于93.3kPa。

在正式开始工作前,井点与回水总管连接后需进行试抽,且各套进水总管需用阀门隔开,回水管也应分开,喷射器在安装前需要冲洗干净,并且启动时压力最好不要大于0.3MPa,运行一段时间再逐渐增加泵压力。若运行工程中,附近有翻砂、冒水现象,则需要立刻采取措施检修并同时关闭井管。

在试抽2d之后需要更换工作水,之后应根据工作水浑浊程度间隔一段时间更换清洗,以保护喷嘴及水泵叶轮,减少磨损。

3. 施工和运行建议

(1) 喷射井点喷嘴直径应精确,特别注意不能偏大,喷嘴、混合室、扩散室需重合防止不必要磨损。

(2) 保持工作水干净。

(3) 及时监测真空度变化,也可通过在滤管下端设置逆止球阀来防止反灌,增强安全性。

(4) 及时监测地下水位、地下水量变化,对于例如喷嘴磨损、滤管堵塞等一些故障及时采用检查和排障方法,包括反冲法、反浆法等。

#### 12.15.3.4 用于疏干降水的管井井点

1. 疏干降水管井设计

(1) 布局设计

疏干降水管井总体布局设置可参考以上井点，在以黏土为主的松散弱透水层中，疏干降水管井数量一般按地区经验进行估算。如上海、天津地区的单井有效疏干降水面积一般为 $200\sim300m^2$，坑内疏干降水井总数约等于基坑开挖面积除以单井有效疏干降水面积。

在以砂质粉土、粉砂等为主的疏干降水含水层中，考虑砂土的易流动性以及触变液化等特性，管井间距宜适当减小，以加强抽排水力度、有效减小土体的含水量，便于机械挖土、土方外运，避免坑内流砂，提供坑内干作业施工条件等。尽管砂土的渗透系数相对较大，水位下降较快，但含水量的有效降低标准高于黏土层，重力水的释放需要较高要求的降排条件（降水时间以及抽水强度等），该类土层中的单井有效疏干降水面积一般以 $120\sim180m^2$ 为宜。

管井深度与基坑开挖深度、水文地质条件、基坑围护结构类型等密切相关。一般情况下，管井底部埋深应大于基坑开挖深度 6.0m。

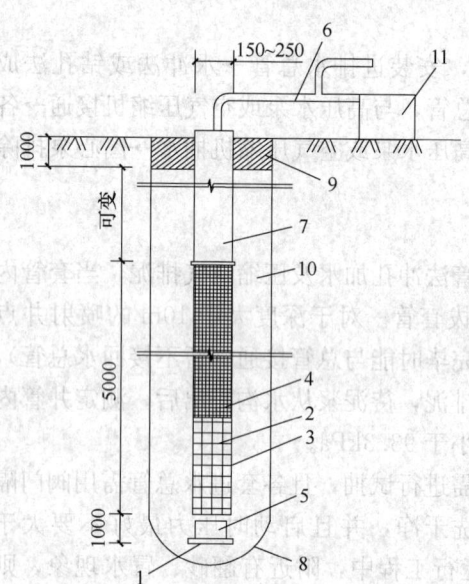

图 12-164 管井细部构造示意图
1—封底；2—钢筋焊接管架；3—铁环；
4—管架外包铁丝网；5—沉砂管；6—吸水管；
7—钢管；8—井孔；9—黏土封口；
10—填充砂砾；11—抽水设备

管井位置应避开支护结构、工程桩、立柱、加固区及坑内布设的监测点，当管井间地下分水岭的水位未达到设计降水深度时，应根据抽水试验的浸润曲线反算管井间距和数量并进行调整。

(2) 设备及构造设计

用于疏干降水的管井一般由井管、抽水泵、泵管、排水总管、排水设施等组成，如图 12-164 所示。

井管由滤水管、吸水管和沉砂管三部分组成。可用钢管、铸铁管、塑料管或混凝土管制成，管径一般为 300mm，内径宜大于潜水泵外径 50mm。

在降水过程中，含水层中的水通过滤网将土、砂过滤在网外，使地下清水流入管内。滤水管长度取决于含水层厚度、透水层的渗透速度和降水的快慢，一般为 $5\sim9m$。通常在钢管上分段抽条或开孔，在抽条或开孔后的管壁上焊垫筋与管壁点焊，在垫筋外以螺旋形缠绕铁丝，或外包两层镀锌铁丝网或尼龙网。当土质较好、深度在 15m 内时，亦可采用外径 $380\sim600mm$、壁厚 $50\sim60mm$、长 $1.2\sim1.5m$ 的无砂混凝土管作滤水管，或在外再包棕树皮两层作滤网。有时可根据土质特点，可在管井不同深度范围设置多滤头。沉砂管在降水过程中可起到沉淀作用，一般采用与滤水管同径钢管，下端用钢板封底。

抽水设备常用长轴深井泵或潜水泵。每井 1 台，并带吸水铸铁管或胶管，配置控制井内水位的自动开关，在井口安装阀门以便调节流量的大小，阀门用夹板固定，抽水设备出水量应大于单井设备出水量的30%。每个基坑井点群应有备用泵。管井井点抽出的水一般利用场内的排水系统排出。

2. 疏干降水管井施工

(1) 疏干降水管井施工工艺流程

疏干降水管井施工步骤一般可为：准备工作→钻机进场→定位安装→开孔→下护口管→钻进→终孔后冲孔换浆→下井管→稀释泥浆→填砂→止水封孔→洗井→下泵试抽→合理安排排水管路及电缆电路→抽水→正式抽水→水位与流量记录。

(2) 成孔工艺

成孔工艺又称为管井井身或者井壁施工工艺，包括了技术、设备和施工流程整套工艺，成孔中钻孔方法有：冲击钻进、回转钻进、潜孔锤钻进等，针对不同的地层条件、要求、自身条件等因素，可以选择性地采用不同的方法，例如：冲击钻进或潜孔锤钻进，常用于卵石和漂石为主地层；回转钻进，适用于除卵石和漂石外其他第四系地层。

需要注意的，钻孔过程中经常会发生井壁坍塌、掉块、漏失以及钻进高压含水、气层时可能产生的喷涌等井壁失稳事故，因此在钻进过程需采取相应的防护措施，例如：

1) 对井壁采用泥浆进行加护，钻进过程中保持泥浆密度为 $1.10\sim1.15\mathrm{g/cm^3}$，为了经济性，泥浆可在自然地层中制造。

2) 护孔管中心、磨盘中心、大钩最好形成自然垂线，且使得护孔管底端低于原状土表面200mm左右。

3) 钻进过程中可以使用减压钻进的方法，防止孔内钻具产生一次弯曲。

4) 保持钻孔孔斜在1‰以内，且保持孔壁光滑、圆正，终孔后应清孔，使得返回泥浆内不含泥块为宜。

(3) 成井工艺

管井成井发生在成孔之后，主要为井内装置施工，包括：安装井管、填砾、止水、洗井、试验抽水等工序。

安装井管又分为配管和安装。配管是需要根据井管结构、尺寸等选择合适的井管并进行质量检查；安装过程需要保证焊接无缝隙，安装位置准确，入孔过程平稳，以防止过滤结构受损。井管四周的填砾需均匀，滤水管上下部各加1组扶正器。过滤器应刷洗干净，过滤器缝隙应避免大小不一。

填砾的方法有静水填砾法、动水填砾法和抽水填砾法，填砾前应确保井内泥浆稀释至密度小于 $1.05\mathrm{g/cm^3}$；滤料应徐徐填入，并随填随测填砾顶面高度。在稀释泥浆时井管管口应密封，使泥浆从过滤器经井管与孔壁的环状空间返回地面。滤料需按设计规格和相应要求筛分，不应超过15%。

常用洗井方法有水泵洗井、活塞洗井、空压机洗井、化学洗井和二氧化碳洗井，也可以采用多种方法结合的联合洗井。洗井方法选择需要考虑含水层特性、管井结构及管井强度等条件，通常采用活塞和空气压缩机联合洗井，洗井需要在填砾完成后同时进行以防止泥皮硬化。

3. 真空疏干管井

真空疏干管井的存在是为了增加低渗透性黏土层为主弱含水层疏干降水的效果，原理上通过增加水力梯度来促进重力水释放。常用于上海等软土地基地区深基坑施工。

(1) 真空疏干管井设计

真空疏干管井布局、设备设计与普通管井疏干降水的方法基本相同，需要注意的是：

1) 井点系统采用真空泵抽气集水和长轴深井泵或井用潜水泵排水。

2) 孔径宜用 650mm，井管外径宜用 273mm。孔口在地面以下 1.5m 处需用黏土夯实。

3) 对于基坑内降水，如果有隔水帷幕存在，则可以对单个井点有效降水面积用 $250m^2$ 估算。由于挖土后井点管的悬空长度较长，在有内支撑的基坑内布置井点管时，宜使其尽可能靠近内支撑。在进行基坑挖土时，要采取保护管井的措施。

(2) 真空管井施工

真空降水管井施工方法与降水管井施工方法相同。特别地，需要注意施工细节为：

1) 在降水过程中，为保证疏干降水效果，一般要求真空管井内的真空度不小于 65.0kPa，并安装对应灵敏度压力表进行实时监测。

2) 井管应严密封闭，并与真空泵吸气管相连，对于分段设置滤管的真空降水管井，应对开挖后暴露的井管、滤管、填砾层等采取有效封闭措施。

3) 单井出水口与排水总管的连接管路中应设置单向阀。

### 12.15.3.5 用于减压降水的管井井点

**1. 设计原则**

上覆土层下的承压水压力应该小于土体自重应力，若基坑开挖到一定深度时，出现承压水压力大于上覆土层自重应力，则可能会出现承压水涌向基坑，发生突水、涌砂或涌土现象，形成基坑突涌。由于基坑突涌一旦发生可能会造成诸如基坑围护结构严重损坏或倒塌、坑外大面积地面下沉或坍塌、人员伤亡，并危害周边建筑物及地下管线的安全，因此，承压水压力的平衡及控制务必要引起重视。

**2. 减压降水管井设计**

(1) 布局设计

减压降水有坑内减压降水、坑外减压降水和联合减压降水三种，设计时基于特定的条件和要求选择。

1) 坑内减压降水

当布置在坑内时，在具体施工时应避开支撑、工程桩和坑底的抽条加固区（承压含水层如果位于深层且单独布置降压井的，滤头和加固土体在竖向不冲突，水平向可以不避让；承压含水层位于坑底被基坑揭露的，由于承压含水层一般为粉、砂土，降水的加固效果在于水泥土，故不用进行坑底被动区加固，更不用避让，另外，加固不限于抽条加固），同时尽量靠近支撑以便井口固定。减压井过滤器底端的深度不超过隔水帷幕底端的深度，帷幕宜超过滤头一定深度形成悬挂帷幕来避免坑内降水对坑外地下水产生较大影响，充分发挥隔水帷幕的效果，控制降水影响范围。通常隔水帷幕为以下情况采用坑内减压降水：

① 隔水帷幕在承压含水层中长度不低于承压含水层一半厚度，或者不低于 10m，如图 12-165 所示。

② 隔水帷幕在竖直方向上隔断承压含水层，如图 12-166 所示。

2) 坑外减压降水

与坑内减压降水相反，减压井布置在坑外时，隔水帷幕的底端深度应小于减压井过滤器

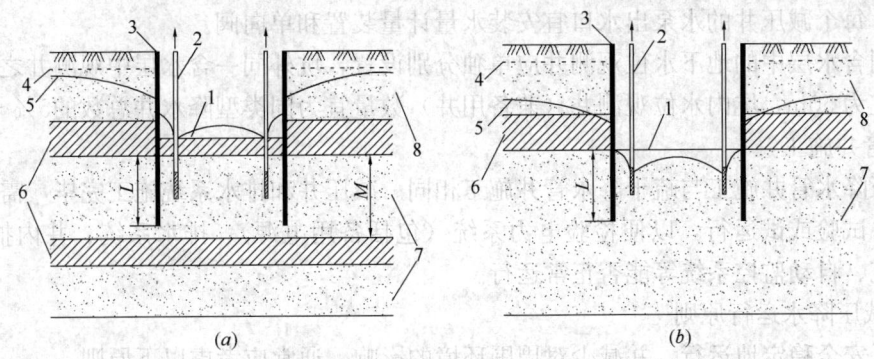

图 12-165　坑内减压降水条件示意图（一）
(a) 在承压含水层中长度≥承压含水层一半厚度；(b) 长度≥10m
1—基坑底面；2—减压井；3—隔水帷幕；4—潜水位；5—承压水位；
6—弱透水层；7—承压含水层；8—潜水含水层

底端深度，减少隔水帷幕反向挡水功效。通常隔水帷幕为以下情况优先考虑坑外减压降水。

① 隔水帷幕并未进入承压含水层，如图 12-167 所示。

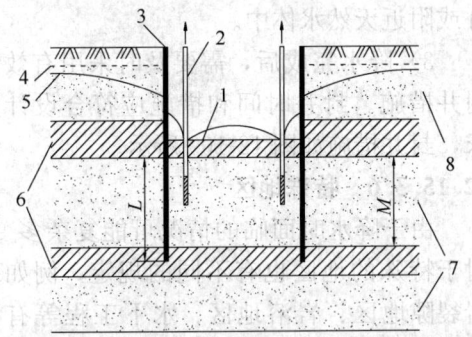 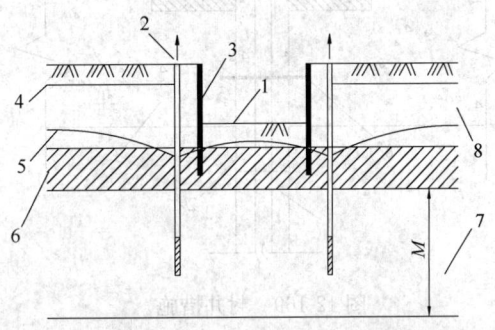

图 12-166　坑内减压降水条件示意图（二）
1—基坑底面；2—减压井；3—隔水帷幕；4—潜水位；
5—承压水位；6—弱透水层；7—承压含水层；
8—潜水含水层

图 12-167　坑外减压降水条件示意图（一）
1—基坑底面；2—减压井；3—隔水帷幕；
4—潜水位；5—承压水位；6—弱透水层（半隔水层）；
7—承压含水层；8—潜水含水层

② 隔水帷幕在承压含水层中长度远小于承压含水层一半厚度的，或者<5m，坑外减压降水条件如图 12-168 所示。

3）坑内外联合降水

坑内外联合降水通常情况下是隔水帷幕并没有处在前述两种情况，这时出于经济性、现场条件、水文地质条件等考虑，可采用坑内外联合降水。

(2) 设备及细部构造设计

设备及细部构造设计同前相似，现场的总排水能力为所有井管启用时的排水量，应计算

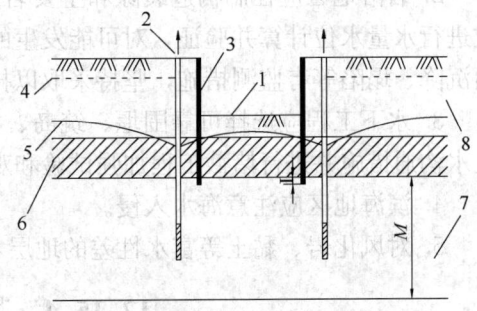

图 12-168　坑外减压降水条件示意图（二）
1—基坑底面；2—减压井；3—隔水帷幕；
4—潜水位；5—承压水位；6—弱透水层（半隔水层）；7—承压含水层；8—潜水含水层

备用井。每个减压井的水泵出水口宜安装水量计量装置和单向阀。

不同含水层中的地下水位观测井应单独分别设置,坑外同一含水层中观测井之间的水平间距宜为50m,坑内水位观测井(兼备用井)数量宜为同类型降水井总数的5%~10%。

3. 管井施工

减压降水管井施工与疏干降水管井施工相同。减压井和排水系统施工完毕,需要进行一次抽水试验或试运行,以便检验电力系统(包括备用电源)、排水系统、井内抽水泵、量测系统、自动监控系统等能否正常运行。

4. 减压降水运行原则

为了安全稳定地运行,并减少对周围环境的影响,通常应考虑以下原则:

1)需要按照减压降水、减少环境影响、保证承压水位埋深在当前施工工况下安全等原则确定不同施工区段的阶段性承压水位控制标准,制定减压降水方案并严格执行,如果遭遇突发情况或施工条件改变,则需要及时修改降水运行方案。

2)减压井抽水需排到基坑影响范围以外或附近天然水体中。

3)降水完成后,需要及时采用有效的封井措施。封井时间和措施应符合设计要求,封井措施如图12-169所示。

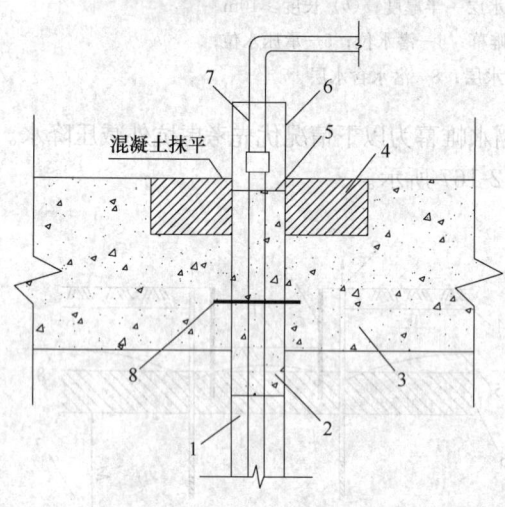

图12-169 封井措施

1—水泥注浆;2—管内上段浇筑混凝土;3—基础底板;
4—后浇混凝土;5—钢盖板与井管焊封;6—井管;
7—注浆管;8—管外止水板

#### 12.15.3.6 特殊地区

由于降水时面临的情况可能复杂多变,对于特殊的地区也有不同的规定,例如基岩裂隙地区、岩溶地区、水下工程等有不同的要求,下面列举一些特殊情况。

1. 基岩裂隙地区应控制风化层的厚度和裂隙带,根据不同性质的裂隙水采用相应公式进行水量水位计算并验证,应跟其内和含水层沟通情况制定防突涌措施和方案。

2. 岩溶地区应控制构造裂隙和主要岩溶发育带,根据不同性质的岩溶水采用相应公式进行水量水位计算并验证,对可能发生的突水有预防措施,对可能发生的泉水衰减、地面沉降、塌陷等有监测措施,坚持采取以排为主、排堵结合的处理措施。

3. 水下工程应选择可靠围堰、筑岛、栈桥等方法排除地表水,做好阻止地下水和地表水沟通措施并进行堵截工程加强试验和观测。

4. 滨海地区应注意海水入侵。

5. 对风化岩、黏土等富水性差的地层,可采用降、排、堵等多种地下水控制方法。

### 12.15.4 基 坑 隔 水

#### 12.15.4.1 一般要求和方法

基坑隔水一般在降水场地外侧有条件的情况下设置一圈隔水帷幕,切断降水漏斗曲线的外侧延伸部分,减小降水影响范围,将降水对周围的影响减小到最低程度,原则上在隔水帷幕的有效深度范围内,平面范围内应连续以保证隔水稳定性,而它的深度范围又可以根据其降水的情况、目的、要求和保证地基土抗渗流稳定性要求来确定。设计时其设计宜与支护结构设计结合,另外,隔水帷幕的自身强度应满足设计要求,抗渗性能应满足自防渗要求,通常渗透系数小于 $1 \times 10^{-6} \mathrm{cm/s}$,设置隔水帷幕如图 12-170 所示。

常用的隔水帷幕包括深层水泥搅拌桩、高压喷射注浆、钻孔咬合桩、钢板桩、地下连续墙等。有可靠工程经验时,可采用地层冻结技术(冻结法)阻隔地下水。如果工程的安全等级较高或者环境条件复杂时也可以采用多种隔水措施并用的办法,通常的有:搅拌桩结合旋喷桩、地下连续墙结合旋喷桩、咬合桩结合旋喷桩等。

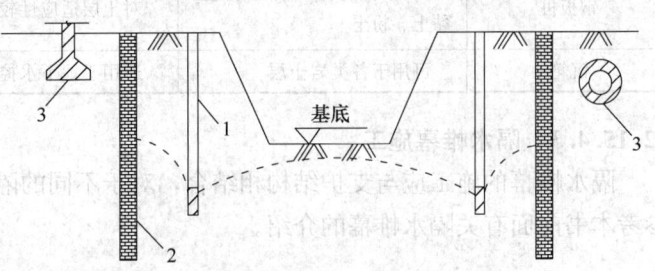

图 12-170 设置隔水帷幕
1—井点管;2—隔水帷幕;3—坑外浅基础、地下管线等保护对象

特别注意,降水期间应该保持对隔水帷幕效用的监测,通过观测内外水位,判断是否出现渗水,并及时采取措施。若情况不容乐观,应停止施工并回填,同时采取相应的应对措施。

#### 12.15.4.2 适用条件

通常地,隔水帷幕施工方法的选择应根据工程地质条件、水文地质条件、场地条件、支护结构形式、周边工程环境保护要求综合确定。可以按表 12-71 进行一定参考,数据来源于现行行业标准《建筑与市政工程地下水控制技术规范》JGJ 111 隔水帷幕施工方法及使用条件。

**隔水帷幕施工方法及使用条件** 表 12-71

| 隔水方法 | 适用条件 | |
|---|---|---|
| | 土质类别 | 注意事项和说明 |
| 水泥土搅拌法 | 可用于淤泥质土、淤泥、黏土、粉土、填土、黄土、软土,对砂、卵石等地层有条件使用 | 水泥土搅拌法(双轴、三轴、四轴、五轴);不适用于含大孤石或障碍物较多且不宜清除的杂填土、欠固结的淤泥、淤泥质土、硬塑、坚硬的黏土、密实的砂土以及地下水渗流影响成桩质量的地层 |
| 高压喷射注浆 | 可用于黏土、粉土、砂土、黄土、淤泥质土、淤泥、填土 | 包括常规高压喷射注浆和超高压喷射注浆(RJP 工法)、全方位超高压喷射注浆(MJS 工法)、超深超大直径超高压喷射注浆(N-jet 工法)、坚硬黏土、土层中含有较多的大粒径块石或有机质、地下水流速较大时,高压喷射注浆效果较差 |
| 注浆法 | 可用于除岩溶外各类岩土 | 用于竖向帷幕的补充,多用于水平帷幕 |
| 地下连续墙 | 可用于岩溶外的各类岩土 | 施工技术环节要求高,造价高,泥浆易造成现场污染、泥汀,墙体刚度大,整体性好,安全稳定 |
| 咬合式排桩 | 可用于黏土、粉土、砂土、黄土、卵石、填土 | 对施工精度、工艺和混凝土配合比均有严格要求 |

续表

| 隔水方法 | 适用条件 | |
| --- | --- | --- |
| | 土质类别 | 注意事项和说明 |
| 钢板桩 | 可用于淤泥、淤泥质土、黏土、粉土 | 对土层适应性较差,多应用于软土地区 |
| 沉箱 | 可用于各类岩土层 | 适用于地下水控制面积较小的工程,如竖井等 |

#### 12.15.4.3 隔水帷幕施工

隔水帷幕的施工应与支护结构相结合,对于不同的隔水帷幕有不同的施工细节,可以参考本书前面有关隔水帷幕的介绍。

### 12.15.5 回灌与环境保护

#### 12.15.5.1 回灌

当基坑降水引起的地下水位降幅过大,采取回灌措施可减少水位降幅,起到控制基坑周边环境变形的作用。需要注意的有:

(1) 工程实践表明,回灌效果与含水层性质密切相关,砂土中的回灌效果较好,黏质粉土或夹黏的粉砂回灌效果相对较差,因此采取回灌措施需要考虑土性条件。在黏质粉土或夹黏的粉砂中进行回灌时,通过减小回灌井的间距、增大滤管的长度,并严格控制成井质量,也可达到较好的回灌效果。

(2) 随着回灌深度的增加需要相应增加回灌压力,具体回灌压力应根据实际情况确定。当回灌压力较大时,井管外侧封闭层至地面之间要密实回填(采用混凝土回填或注浆密实),避免井管外侧的止水回填冒水。

(3) 为了提高回灌效率,需要采取有效措施减小回灌水流向含水层的渗流阻力,一般可通过增大过滤层的竖向和水平向厚度或采用双层过滤器达到上述目的。当回灌井过滤器采用普通单层过滤结构时,宜扩大过滤器部位的孔径以增大过滤层水平向厚度,扩孔孔径宜大于井身其他部位孔径200mm以上。当不采取扩孔措施时,回灌井过滤器宜采用双层过滤结构。

(4) 回灌水源一般是洁净的自来水或利用同一含水层中的地下水。由于如回灌水源含杂质易导致回灌井物理堵塞,所以回灌水源必须保持洁净;利用不同含水层中的地下水作为回灌水源时,由于不同含水层中的地下水化学成分不同,易导致回灌井的化学堵塞。

(5) 回灌井施工结束到回灌开始应有两到三周间隔时间并保证各止水密实。回灌过程中每天应进行1~2次回扬。

(6) 地下水回灌宜采用井灌法,回灌方法可按表12-72选择。

回灌方法选择 表12-72

| 回灌方法 | 适用条件 |
| --- | --- |
| 管井回灌 | 各种含水层 |
| 大口井回灌 | 埋藏不深、厚度不大、透水性条件较好的含水层 |

(7) 地下水回灌方式可按表12-73选择。

地下水回灌方式选择  表12-73

| 回灌方式 | 适用条件 |
| --- | --- |
| 常压回灌 | 地下水位较低，渗透性好的含水层 |
| 真空回灌 | 厚度较大，渗透性较好的含水层 |
| 高压回灌 | 地下水位高，渗透性差的含水层 |

#### 12.15.5.2 环境保护

1. 可能影响

基坑工程中因为地下水控制对环境的可能影响有：

（1）地下水降水引起的周围地面沉降，建筑物变形开裂等。

（2）地下水回灌引起的地下水污染，周围土层浮土管涌等。

（3）基坑隔水设施产生的挤土效应、土体损失引起的地面隆起沉降，对周围环境的污染等。

（4）其他环境改变和污染等影响。

2. 保护措施

为了减少或者避免进行地下水控制和施工的时候对周围环境造成不可承受的不利影响，通常可以使用以下控制方法：

（1）在地下水降水方面

井点降水前，必须掌握场地的工程地质与水文地质资料，包括地层分布、古河道、地下含水层、承压水等情况。查清邻近地下管线和建筑物的类型、基础形式、结构质量以及对差异沉降的承受能力，必要时对其事先采取加固、托换措施。

对承压水，需进行群井抽水试验，确定降压施工参数以及评价降压对周围环境的影响程度。

采用井点降水系统时，必须考虑降水对邻近建（构）筑物、地下管线等可能造成的影响。对于井点降水的影响范围 $R$，估算公式采用前面介绍的公式，此外对地下水位进行监测，使得实测地下水位在设计降深范围内。

除了上述硬性要求外，应考虑采用远点布置等方法尽量减少保护对象下地下水位变化的幅度，对于承压水满足基坑稳定性要求后可以减少抽取承压水的量以减少降承压水对邻近环境的影响。在降水井施工时，采用较环保或者对邻近设施影响较小的方法，如在相邻基础旁用钻孔法沉设井点等。

（2）在地下水回灌方面

应注意，合理设置回灌井与降水井的距离来减少过度降水的影响，保持回灌深度在长期降水深度线1m，并使回灌过滤长度大于抽水过滤长度，可以在重要邻近设施附近设置回灌水系统。

回灌水必须是清洁水，防止控制不严格对地下水、下层含水层的二次污染，并对定期对回灌设施进行清理。

对回灌水量、水压力应严格按设计执行进行实时的监控，防止过量回灌造成的浮土管涌。

### (3) 在基坑隔水措施方面

板桩（钢筋混凝土板桩或钢板桩）施工时，应减少沉桩时的挤土和扰动，拔出时可以边拔出边注浆来减少土体损失的影响。

粉土或砂土地基中地下连续墙施工时，可以对槽壁提前加固并调整泥浆的配比，缩短单幅槽段宽度。

灌注桩施工中可以控制成孔质量并防止其壁坍塌，通常采用套打、提高泥浆比重等方法。

搅拌桩施工中可以通过控制施工速度、改变施工流程来减少挤土效应的影响。

邻近保护古树、名木采用地下连续墙、搅拌桩、旋喷桩等施工工艺时，应采取钢板桩等有效隔离措施。避免由于水泥浆的侵蚀，使得土壤高度碱化，影响古树名木根系的生长。

等厚度水泥土搅拌墙施工厚度一般为 0.1~0.4m，其厚度的控制主要取决于实际工况，如超出设计厚度可能会影响墙体的使用寿命和力学强度，搅拌料应配制成稀浆状液体，且搅拌时间应坚持至少 20min，以保证料浆混合均匀，每次施工中间应加分层，做同量料浆剖面图，以防止构件不均匀。

超高压喷射注浆施工可调节浆液固结时间，使之缩短凝结时间或采用间歇灌浆的方法来减少浆液损失。

全方位超高压喷射注浆施工宜采用跳桩方式，跳桩间隔宜为 2~3 倍有效桩径，相邻桩施工间隔时间不应小于 24h，无条件跳桩施工时相邻桩体同一截面施工间隔时间不应小于 24h，水平方向群桩施工时宜由下往上依次进行。

超深超大直径超高压喷射注浆施工的浆液宜采用水泥浆液，主要材料为强度等级 P·O42.5 级及以上等级的普通硅酸盐水泥。外加剂及掺合料的种类、掺量应通过现场试验确定。施工前应计算返浆量，并做好排浆措施。

### 3. 实时监测

为了及时了解地下水控制的效果及影响，防止突发情况对施工和环境造成较大的影响，需要开展地下水控制过程中的实时监控，一般监测对象有地下水位、出水量、含砂量、水质、环境、变形等。这里主要列举一些对环境保护影响较大的措施和手段，如表 12-74 所示。

对环境保护影响较大地下水控制常用监测项目　　　表 12-74

| 监测项目 | 控制方法 | | | |
|---|---|---|---|---|
| | 降水 | 隔水帷幕 | 回灌 | 起止时间 |
| 地下水位 | 应测 | 应测 | 应测 | 降水量联网抽水前~降水完成<br>帷幕形成前~帷幕完成 |
| 总出水量 | 应测 | — | — | 降水开始~降水完成 |
| 含砂量 | 应测 | — | 宜测 | 降水开始~降水完成<br>回灌开始~回灌完成 |
| 地下水水质 | 宜测 | — | 宜测 | 降水开始~降水完成<br>回灌开始~回灌完成 |

续表

| 监测项目 | 控制方法 | | | 起止时间 |
|---|---|---|---|---|
| | 降水 | 隔水帷幕 | 回灌 | |
| 地面沉降、土体分层竖向位移 | 宜测 | — | 宜测 | 地下水控制开始前～地下水控制完成 |
| 保护目标建构筑物处竖向位移 | 应测 | — | 应测 | 地下水控制开始前～地下水控制完成 |
| 回灌水量 | — | — | 应测 | 回灌开始～回灌完成 |
| 回灌压力 | — | — | 应测 | 回灌开始～回灌完成 |
| 回灌水质 | — | — | 应测 | 回灌开始～回灌完成 |
| 工程环境 | 应测 | 应测 | 应测 | 地下水控制开始前～地下水控制完成 |

当基坑位于轨道交通设施、隧道等大型地下设施安全保护区范围内，以及邻近城市生命线工程或附近存在优秀历史建筑和有特殊使用要求的仪器设备厂房时，可以按相关管理部门的要求增加监测项目。

具体的监测细节可以查阅国家现行标准《建筑基坑支护技术规程》JGJ 120 和《建筑基坑工程监测技术标准》GB 50497。

## 12.16 基坑土方工程施工

### 12.16.1 施工准备

基坑土方工程是基坑工程重要组成部分，合理的土方开挖施工组织、开挖顺序和挖土方法，可以保证基坑本身和周边环境的安全。由于基坑工程的复杂性，所以开挖前必须要做好相关的施工准备工作。施工前应首先熟悉和掌握合同、勘察报告、设计图纸、法律法规和标准规范等文件；应对场内地下障碍物、不良土质、场内外地下管线、周边建（构）筑物状况、场地条件、场外交通状况及弃土点等做详细地调查；应编制基坑土方开挖施工方案，在对设计文件和周边环境进行分析的基础上，确定土方开挖的平面布置、机械选型、施工测量、挖土顺序和流程、场内交通组织、挖土方法及相关技术措施，并编制基坑开挖应急预案；应对施工场地进行必要的平整，做好测量放线工作；合理调配临时设施、物料、机具、劳动力等资源。

土方开挖前应完成围护结构、基坑土体加固施工，宜完成工程桩施工，且围护结构和基坑土体加固强度达到设计要求；应通过降水等措施，保证坑内水位低于基坑开挖面 0.5～1.0m，同时开挖前应完成排水系统的设置；应对相关的基坑监测数据进行必要的分析，以确定前期施工的基坑支护体系的变形情况及对周边环境的影响，并进一步复核相关监测点。

### 12.16.2 开挖方案的选择

基坑开挖施工方案应综合考虑工程地质与水文地质条件、环境保护要求、场地条件、基坑平面尺寸、开挖深度、支护形式、施工方法等因素，邻水基坑尚应考虑最高水位、潮位等因素。按照基坑分块开挖的顺序不同，基坑开挖的方式主要可以分为分段（块）退挖岛式开挖和盆式开挖等几种。在无内支撑或设置单道支撑的基坑工程中，常根据出土路线采用分段（块）退挖的方式。在有内支撑的基坑工程中，应根据支撑布置形式选择合理的开挖方式。基坑开挖应优先考虑能够及早形成内支撑的开挖方式。通常情况下，采用圆环形支撑体系的基坑工程宜采用岛式开挖，采用对撑体系或临时支撑与结构梁板相结合的基坑工程宜采用盆式开挖。基坑开挖方式的不同对周边环境的影响也有所不同，这两者相比，岛式开挖更有利于控制基坑开挖过程中的中部土体的隆起变形，盆式开挖则能够利用周边的被动区留土在一定程度上减少围护墙的侧向变形。

基坑开挖应按照分层、分段、分块、对称、平衡、限时的原则确定开挖顺序。基坑开挖在深度范围可分为分层开挖和不分层开挖，在平面上可分为分块开挖和不分块开挖，面积较大或周边环境保护要求较高的基坑，应采用分块开挖的方法。分块大小和开挖顺序应根据基坑工程环境保护等级、支撑形式、场地条件等因素确定，岛式开挖和盆式开挖是分块开挖的典型形式。

### 12.16.3 施 工 机 械

土方开挖施工中常用机械主要有反铲挖掘机、抓铲挖掘机、土方运输车等。反铲挖掘机分为普通挖掘机、接长臂或加长臂挖掘机，目前加长臂挖掘机的开挖深度已经超过20m，抓铲挖掘机分为钢丝绳索抓铲挖掘机和液压抓铲挖掘机，液压抓铲挖掘机的抓取力要比钢丝绳索抓铲挖掘机大，但挖掘深度较钢丝绳索抓铲挖掘机小，为增大挖掘深度可根据需要设置加长臂或伸缩臂，目前伸缩臂抓铲挖掘机的开挖深度已经超过30m。土方开挖施工的主要机械，一般根据土质条件、斗容量大小与工作面高度、土方工程量等条件进行选型。

### 12.16.4 土方开挖的基本原则

1. 放坡开挖

当场地允许并经验算能保证土坡稳定性时，可采用放坡开挖；基坑开挖深度不超过5m（软土地区不超过4m）时应采用分级放坡，分级处设过渡平台，平台宽度一般为1～1.5m。岩质边坡的分级平台宽度一般不小于0.5m，并采用上半坡稍陡、下半坡稍缓的放坡原则；放坡开挖的基坑边坡坡度应根据土层性质、开挖深度确定，对于土质边坡可按表12-75确定，对于岩质边坡可按表12-76确定。

土质基坑侧壁放坡坡度允许值（高宽比） 表12-75

| 岩土类别 | 岩土性状 | 坑深在5m之内 | 坑深5～10m |
|---|---|---|---|
| 杂填土 | 中密、密实 | 1:0.75～1:1.00 | — |
| 黄土 | 黄土状土 | 1:0.50～1:0.75 | 1:0.75～1:1.00 |
|  | 马兰黄土 | 1:0.30～1:0.50 | 1:0.50～1:0.75 |
|  | 离石黄土 | 1:0.20～1:0.30 | 1:0.30～1:0.50 |
|  | 午城黄土 | 1:0.10～1:0.20 | 1:0.20～1:0.30 |
| 粉土 | 稍湿 | 1:1.00～1:1.25 | 1:1.25～1:1.50 |
| 黏土 | 坚硬 | 1:0.75～1:1.00 | 1:1.00～1:1.25 |
|  | 硬塑 | 1:1.00～1:1.25 | 1:1.25～1:1.50 |
|  | 可塑 | 1:1.25～1:1.50 | 1:1.50～1:1.75 |

续表

| 岩土类别 | 岩土性状 | 坑深在5m之内 | 坑深5~10m |
|---|---|---|---|
| 碎石土（充填物为坚硬、硬塑状态的黏土、粉土） | 密实 | 1:0.35~1:0.50 | 1:0.50~1:0.75 |
| | 中密 | 1:0.50~1:0.75 | 1:0.50~1:0.75 |
| | 稍密 | 1:0.75~1:1.00 | 1:1.00~1:1.25 |
| 碎石土（充填物为砂土） | 密实 | 1:1.00 | |
| | 中密 | 1:1.40 | |
| | 稍密 | 1:1.60 | |

**岩质基坑侧壁放坡坡度允许值（高宽比）** 表12-76

| 土类型 | 风化程度 | 坑深在8m之内 | 坑深8~15m |
|---|---|---|---|
| Ⅰ | 微风化 | 1:0.00~1:0.10 | 1:0.10~1:0.15 |
| | 中等风化 | 1:0.10~1:0.15 | 1:0.15~1:0.25 |
| Ⅱ | 微风化 | 1:0.10~1:0.15 | 1:0.15~1:0.25 |
| | 中等风化 | 1:0.15~1:0.25 | 1:0.25~1:0.35 |
| Ⅲ | 微风化 | 1:0.25~1:0.35 | 1:0.35~1:0.50 |
| | 中等风化 | 1:0.35~1:0.50 | 1:0.50~1:0.75 |
| Ⅳ | 中等风化 | 1:0.50~1:0.75 | 1:0.75~1:1.00 |
| | 强风化 | 1:0.75~1:1.00 | — |

采用放坡开挖的基坑，应按照圆弧滑动简单条分法验算边坡整体稳定性；多级放坡时应同时验算各级和多级的边坡整体稳定性。基坑坡脚附近有局部深坑，且坡脚与局部深坑的距离小于2倍深坑的深度时，应按深坑的深度验算边坡稳定性。

放坡坡脚位于地下水位以下时，应采取降水或隔水帷幕措施。放坡坡顶、放坡平台和坡脚位置的明水应及时排除，排水系统与坡脚的距离宜大于1.0m。土质较差或留置时间较长的放坡坡体表面，宜采用钢丝网水泥砂浆、喷射混凝土、插筋挂网喷浆、土工布、聚合材料覆盖等方法进行护坡，护坡面层宜扩展至坡顶一定距离，也可与坡顶施工道路结合。坑顶不宜堆土或存在堆载（材料或设备），遇有不可避免的附加荷载时，在进行边坡稳定性验算时应计入附加荷载的影响。坡脚存在局部深坑时，宜采取坡度放缓、土体加固等措施。若放坡区域存在浜填土等不良土质，宜采用土体加固等措施对土体进行改善。机械挖土时严禁超挖或造成边坡松动。边坡宜采用人工进行清坡，其坡度控制应符合放坡设计要求。

2. 有围护无内支撑的基坑开挖

采用土钉墙、土层锚杆支护的基坑，开挖时应与土钉、锚杆施工相协调，应提供成孔施工的工作面宽度，开挖和支护施工应循环作业。开挖应分层分段进行，每层开挖深度宜为相应土钉、锚杆的竖向间距，对应土钉位置下200mm，每层分段长度不宜大于30m。每层每段开挖后应及时进行支护施工，尽量缩短无支护暴露时间。采用重力式水泥土墙、板墙悬臂围护的基坑开挖，面积大于1万m²时，应按照分块开挖，分块施工基础底板的原则进行施工，分块设置宜和结构后浇带对应，基坑周边8~10m的土方不宜一次性挖至坑底，坑底一次暴露面积不宜大于两个挖土分块。采用钢板桩拉锚的基坑开挖，应先开挖基坑边缘内2~3m范围的土方至拉锚腰梁底部200~300mm，进行拉锚施工，大面积开挖应在拉锚支护施工完毕且预应力施加符合设计要求后方可进行,大面积基坑开挖应分层、分块开挖,锚桩与锚筋在土方开挖过程中应采取保护措施。

3. 有内支撑的基坑开挖

开挖的方法和顺序应遵循"先撑后挖、限时支撑、分层开挖、严禁超挖"的原则,尽量减少基坑无支撑暴露的时间和空间。混凝土支撑应在达到设计要求的强度后进行下层土方开挖;钢支撑应在质量验收并施加预应力后进行下层土方开挖。应根据基坑工程环境保护等级、支撑形式、场内条件等因素,确定基坑开挖的分区及顺序,并及时设置支撑或基础底板。挖土机械和车辆不得直接在支撑上行走或作业,可在支撑上覆土并铺设路基箱。支撑系统设计未考虑施工机械作业荷载时,挖土机械和车辆严禁在底部已经挖空的支撑上行走或作业。土方开挖过程中应对临时边坡范围内的立柱与降水井管采取保护措施,应均匀挖去其周围土体。

4. 逆作法基坑开挖的原则

当采用逆作法、盖挖法进行暗挖施工时,基坑开挖方法的确定必须与主体结构设计、支护结构设计相协调,主体结构在施工期间的变形、不均匀沉降均应满足设计要求。应根据基坑设计工况、平面形状、结构特点、支护结构、土体加固、周边环境等情况设置取土口、分层、分块、对称开挖,并及时进行水平结构施工。以主体结构作为取土平台、土方车辆停放及运行路线的,应根据施工荷载要求对主体结构、支撑立柱等进行加固专项设计。施工设备应按照规定的线路行走。面积较大的基坑宜采用盆式开挖,先形成中部结构,再分块、对称、限时开挖周边土方和进行结构施工。取土平台、施工机械和土方车辆停放及行驶区域的结构平面尺寸和净空高度应满足施工机械及车辆的要求。

### 12.16.5 常用施工方法

由于基坑不同区域开挖的先后顺序会对基坑变形和周边环境产生不同程度的影响,基坑工程土方开挖通常采用分层分块开挖的方式。分层分块开挖是基坑土方工程中应用最为广泛的方法之一,为复杂环境条件下的超大超深基坑工程所普遍采用。通过对坑内待开挖土体划分区域,并确定各区域开挖顺序,以达到控制变形、减小周边环境影响的目的。分层分块土方开挖可用于大面积无内支撑的基坑,也可用于大面积有内支撑的基坑。盆式开挖和岛式开挖属于分层分块土方开挖中较为典型的方式。

#### 12.16.5.1 盆式开挖

先开挖基坑中部土方,过程中在基坑中部形成类似盆状土体,再开挖基坑周边土方,这种方式称为盆式土方开挖(图12-171)。盆式开挖由于保留基坑周边土方,减少了基坑

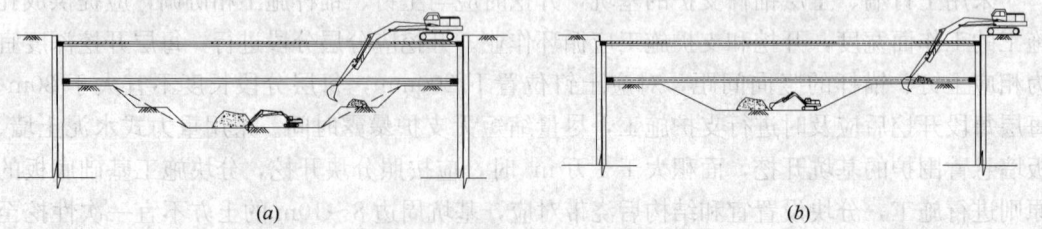

图12-171 盆式土方开挖典型剖面
(a) 盆状土体二级放坡;(b) 盆状土体一级放坡

围护暴露时间，对控制围护墙变形和减小周边环境影响较有利。盆式土方开挖适用于基坑中部支撑较为密集的大面积基坑。采用盆式土方开挖时，盆边土体高度、盆边宽度、土体坡度等应根据土质条件、基坑裙边土体加固宽度、基坑变形和环境保护等因素确定。基坑中部盆状土体形成的各级边坡和总边坡应验算边坡稳定性，以保证挖土过程中盆边土体的稳定。盆边土体应按照对称的原则进行开挖，并应结合支撑系统的平面布置，先行开挖与对撑相对应的盆边分块土体，以使支撑系统尽早形成。

#### 12.16.5.2 岛式开挖

先开挖基坑周边土方，过程中在基坑中部形成类似岛状的土体，再开挖基坑中部的土方，这种挖土方式称为岛式开挖（图12-172）。岛式开挖适用于支撑系统沿基坑周边布置且中部留有较大空间的基坑，边桁架与角撑相结合的支撑体系、圆环形桁架支撑体系、圆形腰梁体系的基坑采用岛式土方开挖较为典型，土钉支护、土层锚杆支护的基坑也可采用岛式开挖。基坑中部大面积无支撑空间的土方开挖较为方便，可在支撑养护阶段进行开挖。

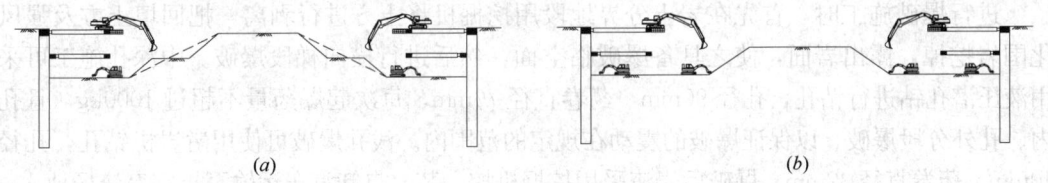

图 12-172　岛式开挖典型剖面
(a) 中心岛状土体二级放坡；(b) 中心岛状土体一级放坡

在开挖基坑中部岛状土方阶段，可先将土方挖出或驳运至基坑边，再由基坑边挖掘机取土外运；也可先将土方挖出或驳运至基坑中部，由基坑中部岛状土体顶面的挖掘机进行取土，再由基坑中部土方运输车通过内外相连的土坡或栈桥将土方外运。

采用岛式土方开挖时，基坑中部岛状土体大小、岛状土体高度、土体坡度应根据土质条件、支撑位置等因素确定，岛状土体的大小不应影响整个支撑系统的形成。基坑中部岛状土体形成的各级边坡和总边坡应验算边坡稳定性，以保证挖土过程中岛状土体的稳定。挖掘机、土方运输车在岛状土体顶部进行挖运作业，须在基坑中部与基坑边部之间设置栈桥或土坡用于土方运输。栈桥或土坡的坡度应严格控制，采用土坡作为内外联系通道时，一般可采用先开挖土坡区域的土方进行支撑系统施工，然后进行回填筑路再次形成土坡，作为后续土方外运行走通道。用于挖运作业的土坡，对自身的稳定性有较高的要求，一般可采取护坡、土体加固等措施，土坡路面的承载力还应满足土方运输车辆、挖掘机作业要求。

#### 12.16.5.3 分层分段开挖

采用钢支撑的狭长形基坑可采用纵向斜面分层分段开挖的方法，斜面应设置多级边坡；纵向斜面边坡总坡度和各级边坡坡度视土质情况而定，各级边坡平台宽度不应小于3.0m；多级边坡超过二级应设置加宽平台，加宽平台宽度不应小于9.0m，加宽平台之间的土方边坡不应超过二级；纵向斜面边坡长时间暴露时宜采取护坡措施；各级边坡、各阶段形成的多级边坡和纵向总边坡应做稳定性验算。

纵向斜面分层分段开挖至坑底时，应按照设计要求和基础底板施工缝设置要求限时进行垫层和基础底板的浇筑，基础底板分段浇筑的长度不宜大于25m，基础底板施工完毕后方可进行相邻纵向边坡的开挖。

狭长形基坑可采用从一端向另一端开挖的方法,也可采用从中间向两端开挖的方法。第一道支撑采用钢筋混凝土支撑时,钢筋混凝土支撑底以上的土方可采用不分段连续开挖的方法,其余土方可采用纵向斜面分层分段开挖的方法。

#### 12.16.5.4 岩质基坑开挖方法

基坑开挖过程中会遇到土岩结合的基坑或强、中、微风化岩层等深入基岩面以下的基坑,对于该类基坑,土质部分开挖可参照12.16.4和12.16.5相关内容。岩质部分开挖可利用炮机破碎,对炮机无法破碎的情形,则采用爆破开挖。

爆破施工总体方案应根据工程量大小以及工期,结合周围环境条件等综合考虑,局部开挖深度在5m以下的可用浅孔爆破,以便控制爆破震动速度,开挖深度在5m以上的地段可采用中深孔爆破。为确保结构附近边坡质量,在结构附近边坡处可采取光面爆破控制。基坑岩层爆破主要采用微振动低台阶控制爆破技术;在围护结构处,一般采用预裂爆破技术。参数的选取应在设计的基础上,经现场试爆确定。

进行爆破施工时,首先在岩土分界地段用挖掘机将土方进行剥离,把回填土方及强风化围岩挖掉,露出岩面,使之具备爆破临空面,然后进行横向梯段爆破。中深孔施工可采用液压潜孔钻进行钻孔,孔径90mm,药卷直径70mm,每次起爆药量不超过1000kg,且孔内、孔外分段爆破,以保证爆破的震动在规定的范围内。浅孔爆破可使用凿岩机钻孔,孔径40mm,药卷直径32mm。爆破后岩渣采用挖掘机挖、装,自卸汽车运输至指定弃渣场地。

### 12.16.6 基坑土方回填

1. 基底处理

基坑回填应先清除基底上垃圾,排除坑穴中积水、淤泥和杂物,并应采取措施防止地表滞水流入填方区,浸泡地基,造成基土下陷。回填前应确认基坑内结构外防水层、保护层等施工完毕,防止回填后地下水渗漏。

2. 肥槽回填

肥槽指的是地下室外墙、承台与基坑侧壁之间的空间,主要为留出施工作业面而多开挖的一部分基坑。肥槽回填前应检查墙结构强度、外墙防水层和保护层、盖板或其他构件安装强度,能承受回填土施工操作动荷载时方可施工。

放坡开挖和无内支撑基坑肥槽回填可采用素土、灰土、黏土、级配砂石、砂土,并符合下列要求:

(1) 回填材料应符合设计要求,并应确定含水量控制范围、铺土厚度、压实遍数等施工参数。

(2) 应确保回填材料的密实度,回填材料的压实系数不宜低于0.94。

(3) 黏土或排水不良的砂土作为回填材料时,其最优含水量与相应的最大干密度,宜通过击实试验测定或通过计算确定。

(4) 应根据回填料性质、设计要求、施工条件等合理选择压实工艺与机具。

(5) 施工中应检查排水系统、每层填筑厚度、含水量控制、回填土有质含量、压实系数等。

(6) 采用分层回填时,应在下层的压实系数试验合格后进行上层施工。当采用机械压实时,分层厚度宜为 250～350mm;当采用人工打夯时,分层厚度不宜大于 200mm。

(7) 在压填土的过程中,应分层取样检验土的干密度和含水量,根据检验结果确定压实系数。肥槽回填宜每层按 50m 取 1 个检验点,且总数不应少于 3 个。

有内支撑基坑肥槽回填材料宜采用预拌流态固化土或砂土,并符合下列要求:

1) 流态固化土的固化剂宜采用水泥或矿物复合胶凝材料,固化剂掺合量以每立方米所需的胶凝材料计算,所选用的固化剂应无重金属污染,固化后的土体长期处于地下水环境中且不应出现强度减弱。

2) 应调查选用的土、浆成分,有机质含量≤5%,不得使用污染土。

3) 流态固化土应具备较好的流动性,坍落度不宜小于 150mm,扩展度不宜小于 300mm,且满足泵送浇筑要求。固化土填筑前应检查坍落度,当坍落度小于 150mm 时,填筑后应进行振捣。

4) 流态固化土宜采用搅拌站制备,当现场具备条件时也可采用现场制备。

5) 流态固化土的填筑方式应根据现场条件确定,可采用泵送或溜槽方式。泵送施工时,宜采用汽车泵用布料杆浇筑,也可采用排泵管浇筑方式。

6) 肥槽填筑宜采用分层分段方式施工,分层厚度不宜大于 2m;固化土搅拌至填筑完成的时间不宜超过 6h。

7) 冬季填筑固化土时,固化土的入模温度不应低于 5℃。

8) 当肥槽底标高不一致时,应按先深后浅的顺序施工。

9) 每次固化土填筑完成后应进行保湿养护,养护时间不宜少于 7d。当气温较高或遇大风天气时,宜在初凝后进行喷洒养护;喷洒养护时,表面不应产生积水。也可采用塑料薄膜或麻袋覆盖养护,固化土表面应覆盖严实,并保持表面湿润。

10) 肥槽回填完成且固化土达到龄期后,应做取芯强度检测,取芯孔数量应沿肥槽长度方向,每 50m 不少于 1 个,且总数不应少于 3 个。每个取芯孔的取芯数量不宜少于 3 组,每组不宜少于 3 件试块。固化土 28d 的无侧限抗压强度 $q_u$ 应不低于 0.4MPa。

11) 采用砂土回填时,宜注水密实。

3. 基坑土方回填方法

基坑土方回填方法主要有人工回填和机械回填方法。人工回填一般适用于工作量较小的基坑回填,或机械回填无法实施的区域。机械回填一般适用于回填工作量较大且场地条件允许的基坑回填。

人工回填一般用铁锹等工具将回填料填至基坑。若基坑较深,可设置简易滑槽入坑。回填过程中应注意对防水层等已完工程的保护。一般从场地最低处开始,由一端向另一端自下而上分层铺填。基坑回填应在相对两侧或四周同时进行回填;对于设置混凝土或型钢换撑的基坑,在换撑下方的回填应采取人工对称回填的方式。

机械回填可采用推土机、铲运机、装载机、翻斗运输车等机械,回填均应由下而上分层回填,分层厚度一般控制在 300mm 以内。回填可采取纵向铺填顺序,推土机作业应分堆集中,一次运送,应选择合适的分段距离,一般可控制在 10m 左右。若存在机械回填不能实施的区域,应以人工回填配合。

4. 填土的压实

应严格控制分层厚度、每层压实遍数,其主要控制参数见表 12-77。

**填土施工时的分层厚度及压实遍数控制参数** 表12-77

| 压实机具 | 每层铺土厚度（mm） | 每层压实遍数 |
| --- | --- | --- |
| 平碾 | 200~300 | 6~8 |
| 羊足碾 | 200~350 | 8~16 |
| 蛙式打夯机 | 200~250 | 3~4 |
| 振动碾 | 60~130 | 6~8 |
| 振动压路机 | 120~150 | 10 |
| 推土机 | 200~300 | 6~8 |
| 人工打夯 | 不大于200 | 3~4 |

采用平板或冲击打夯机等小型机具压实时，打夯之前对填土初步平整，打夯机具应依次夯打，均匀分布，不留间隙。在打夯机具工作不到的地方应采用人力打夯，虚铺厚度不大于200mm，人力打夯前应将填土初步整平，打夯要按一定方向进行，一夯压半夯，夯夯相连，行行相连，两遍纵横交叉，分层夯打。行夯路线应由四边开始，然后夯向中间。

采用各种压路机械压实时，为保证回填土压实的均匀性及密实度，避免碾轮下陷，提高碾压效率，在碾压机械碾压之前，宜先用轻型推土机推平，低速预压4~5遍，使平面平实。碾压机械压实回填土时，应控制行驶速度，一般平碾和振动碾不超过2km/h，并要控制压实遍数。压实机械要与基础结构保持一定的距离，防止将基础结构压坏或使之产生位移。用平碾压路机进行回填压实，应采用"薄填、慢驶、多次"的方法，填土厚度均不应超过250~300mm，每层压实遍数6~8遍，碾压方向应从两边逐渐压向中间，碾轮每次重叠宽度约15~25cm，避免漏压。运行中碾轮边距填方边缘应大于500mm，以防发生溜坡倒角。边角、边坡边缘压实不到之处，应辅以人力夯实或小型夯实机具配合夯实。压实密实度除另有规定外，一般应压至轮子下沉量不超过10~20mm为宜。平碾碾压一层完后，应用人工或推土机将表面拉毛，土层表面太干时，应洒水湿润后继续回填，以保证上下层结合良好。

## 12.16.7 注 意 事 项

（1）施工道路布置、材料堆放、挖土顺序、挖土方法等应减少对周边环境、支护结构、工程桩等的不利影响。

（2）土方挖掘机、运输车辆等直接进入基坑进行施工作业时，应采取保证坡道稳定的措施，坡道坡度不宜大于1：6，坡道的宽度应满足车辆行驶要求。

（3）施工栈桥应根据周边场地环境条件、基坑形状、支撑布置、施工方法等进行专项设计；施工过程中应按照设计要求对施工栈桥的荷载进行控制。

（4）基坑周边、放坡平台的施工荷载应按设计要求进行控制；基坑开挖的土方不应在邻近建筑及基坑周边影响范围内堆放，并应及时外运。

（5）深基坑土方开挖施工应安排24h专人巡视；应采取信息化施工措施对附近已有建筑或构筑物、道路、管线、地下水位实施不间断监测。如监测数据超过报警值，应及时与设计和建设单位联系，采取应急措施。

（6）应制定应急预案，落实相关应急资源，包括人、材、物、机。

（7）开挖过程中应注意对降水井点、工程桩、监测点、支护结构的保护，控制坑边堆载。在群桩基础的桩打设后，宜停留一定时间，待土中应力有所释放，孔隙水压力有所降低，被扰动的土体重新固结后，再开挖基坑土方，且土方开挖宜均匀、分层，尽量减少开挖时的土压力差，以保证桩位正确和边坡稳定。

（8）对于两个深浅不一的邻近基坑，宜采用先深后浅的施工方法；对于设置分隔墙分区开挖的情况，应注意坑与坑之间开挖过程中的相互影响。

（9）深基坑土体开挖后，会使基坑底面产生一定的回弹变形（隆起）。施工中应采取减少基坑回弹变形的措施，在基坑开挖过程中和开挖后均应保证井点降水正常进行，并在挖至设计标高后，尽快浇筑垫层和底板。必要时可对基础结构下部土层进行加固。

（10）应严格控制开挖过程中形成的临时边坡，尤其是边坡坡度、坡顶堆载、坡脚排水等，避免造成边坡失稳。

### 12.16.8 基坑周边环境保护

基坑开挖施工中必须对基坑周围各类建（构）筑物、地下管道等进行有效的保护，使其免受或少受施工所引起的不利影响。可采取的保护措施如下：

（1）基坑开挖应按照环境敏感程度由低到高进行开挖，盆边土应分仓开挖；施工栈桥及施工道路应进行专项设计，栈桥设置应与现场施工出入口对应，并严格控制施工荷载，围护结构外侧不宜设置施工道路，紧邻保护对象围护结构外侧不应设置施工道路。

（2）加强施工监测，开挖前可根据管线的管节长度、建（构）筑物基础尺寸及其对差异沉降的承受力确定监测位置，开挖过程中可根据监测信息跟踪注浆，以控制其位移和变形。

（3）可在临近基坑的管线底部和建（构）筑物地基基础下采取注浆加固，无桩建（构）筑物还可采用锚杆静压桩基础托换技术。在建筑物及重要管线与基坑间打设隔离桩，并在隔离桩与基坑围护结构间跟踪注浆。

（4）对于特别重要的保护对象，可采取设置分隔墙的分坑围护施工方法，将大基坑分隔为紧邻保护对象的狭长型小基坑和远离保护对象的大基坑，先开挖远离保护对象的大基坑，待大基坑地下室结构完成后再开挖紧邻保护对象的狭长型小基坑。

（5）在无桩地下设施上方（如隧道）开挖时，可采取土方抽条开挖，底板抽条施工等措施防止地下结构上浮；基坑减压降水应按照坑内按需降水，坑外适时回灌的方法，避免坑外地下水位下降过多而造成对周边建筑物的影响。

（6）对相邻且同期或相继施工的工程（包括基坑开挖、降水、打桩、爆破等），宜事先协调施工进度，避免相互产生影响或危害。

（7）基坑周边、放坡平台的施工荷载应按设计要求进行控制；基坑开挖的土方不应在邻近建筑及基坑周边影响范围内堆放，并应及时外运。

（8）机械挖土应避免对工程桩产生不利影响，挖土机械不得直接在工程桩顶部移动；挖土机械严禁碰撞工程桩、围护墙、支撑、立柱和立柱桩、降水井管、监测点等，其周边200~300mm范围内的土方应采用人工挖除。重车应避免在基坑周围行驶，避免碾压对周围基础设施造成损坏。

### 12.16.9 质 量 控 制

应严格复核建筑物的定位桩、轴线、方位和几何尺寸。按设计平面对基坑、槽的灰线进行轴线和几何尺寸的复核，工程轴线控制桩设置离建筑物的距离一般应大于两倍的挖土深度；水准点标高可引测在已建成的沉降已稳定的建（构）筑物上并妥加保护。挖土过程中要定期进行复测。在接近设计坑底标高或边坡边界时应预留200～300mm厚的土层，用人工开挖和修整，边挖边修，以保证不扰动土且标高符合设计要求。挖土应做好地表和坑内排水、地面截水和地下降水，地下水位应保持低于开挖面500mm以下。

基坑开挖完毕应由施工单位、设计单位、勘察单位、监理单位或建设单位等有关人员共同到现场进行检查、鉴定验槽，核对地质资料，检查地基土与工程地质勘察报告、设计图纸要求是否相符合，有无破坏原状土结构或产生较大的扰动。

## 12.17 基坑工程现场施工设施

在基坑施工阶段，现场大部分场地已被开挖的基坑占去，周围可供施工的用地往往很小，这种情况在闹市区或建筑密集地区更为突出。因此施工时应根据现场条件、工程特点及施工方案，合理进行施工场地布置，以保证施工的顺利进行。

### 12.17.1 塔式起重机及其基础设置（利用基础底板）

基坑工程的塔式起重机可布置在基坑外或基坑内。塔式起重机基础可采用天然地基、桩基、混凝土或型钢基础，也可设在地下室底板上。

1. 基坑内塔式起重机的设置

基坑内塔式起重机的布置除满足基坑施工阶段的需求外，还应与上部结构施工需要相协调。附着式塔式起重机应避开地下室外墙、支护结构支撑、换撑等部位，布置在上部结构外墙外侧的合适位置；内爬式塔式起重机则布置在上部结构电梯井或预留通道等位置。基坑内塔式起重机的拆除时间可在地下室结构施工完毕后拆除，也可一直在上部结构施工阶段使用，与支撑或栈桥相结合的塔式起重机一般在支撑或栈桥拆除前予以拆除。

基坑内塔式起重机一般采用组合式基础，是由混凝土承台或型钢平台、格构式钢柱或钢管柱及灌注桩或钢管桩等组成。图12-173为常见的独立式塔式起重机基础示意图。

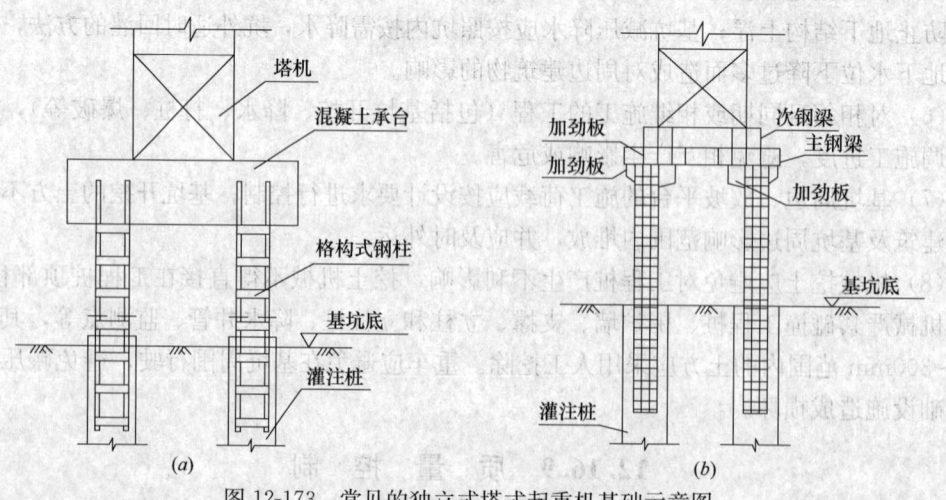

图12-173 常见的独立式塔式起重机基础示意图
(a) 混凝土承台、格构式钢柱、灌注桩组合式基础；(b) 型钢基础、格构式钢柱、灌注桩组合式基础

## 12.17 基坑工程现场施工设施

塔式起重机在基坑内的基桩宜避开底板的基础梁、承台、后浇带或加强带等区域。格构式钢柱的布置应与下端的基桩轴线重合且宜采用焊接四肢组合式对称构件，截面轮廓尺寸不宜小于400mm×400mm，主肢宜采用等边角钢，且不宜小于90mm×8mm；缀件宜采用缀板式，也可采用缀条（角钢）式。格构式钢柱上端伸入混凝土承台的锚固长度应满足抗拔要求。下端伸入灌注桩的锚固长度不宜小于2.0m，且应与基桩纵筋焊接，灌注桩在该部位的箍筋应加密。

随着基坑土方分层开挖，在格构式钢柱外侧四周应及时用型钢设置支撑，焊接于主肢，将承台基础下的格构式钢柱连接为整体，如图12-174所示。当格构式钢柱较高时，宜再设置型钢水平剪刀撑，以利于抵抗塔式起重机回转产生的扭矩。基坑开挖到设计标高后，应立即浇筑垫层，宜在组合式基础的混凝土承台投影范围加厚垫层并掺入早强剂。由于格构柱穿越基础底板，故格构柱在底板范围的中央位置，应在分肢型钢上焊接止水钢板。

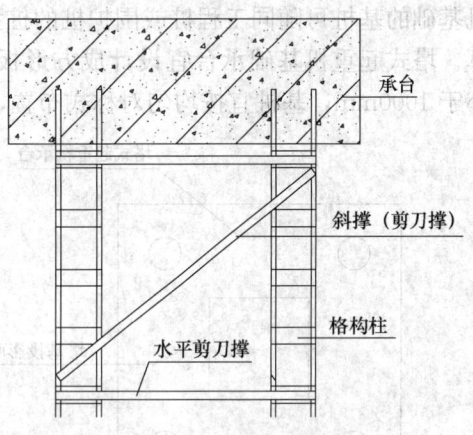

图12-174 型钢支撑加固

塔式起重机基础也可采用与结构底板相结合的形式，一般基坑挖深在5m以内的地下一层建筑物可采用这种形式的塔式起重机基础，主要是利用先施工的部分结构底板及其工程桩作为塔式起重机的基础承台和基桩，如图12-175所示。采用这种形式的塔式起重机基础，应通过计算确定塔式起重机基础承台的厚度及基桩的规格、数量、桩长，若原结构底板或工程桩不满足计算结果，应对结构底板做加厚处理或增设基桩，并取得结构设计单位的确认。结构底板加厚应在板底，不影响结构底板的面标高，增设基桩应不影响原工程桩的最小中心距离。这种形式的塔式起重机基础需要先开挖局部土方和施工部分结构底板，因此还应考虑到局部临时边坡稳定、坑内降排水、结构底板施工缝的止水钢板留设等。

**2. 基坑外塔式起重机的设置**

对于面积不大的基坑，考虑到后续结构的施工需要，在基坑土方开挖阶段的塔式起重

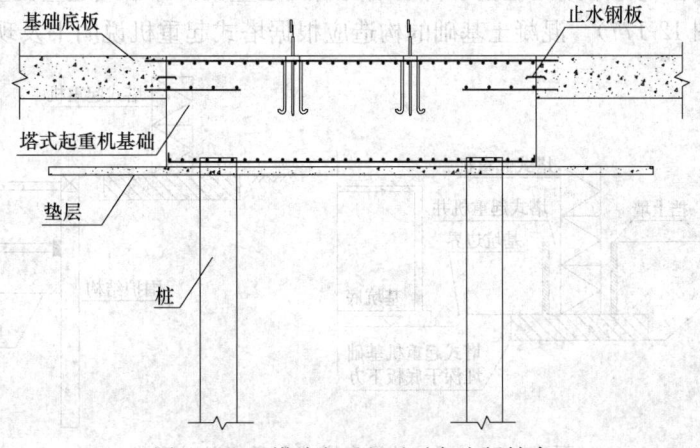

图12-175 塔式起重机基础与底板结合

机可设置在基坑外侧,其安装的时间较为灵活,可在基坑开挖前或开挖过程中,甚至开挖完毕后进行安装。按基础形式不同,可分为有桩基承台基础和无桩基承台基础形式。

(1) 有桩基承台基础的塔式起重机设置

当地基土为软弱土层,采用浅基础不能满足塔式起重机对地基承载力和变形要求;对基坑变形控制有较严格要求,周边环境保护要求较高,不允许基坑边有较大的附加荷载,可采用桩基础。基桩可选择预制钢筋混凝土桩、混凝土灌注桩或钢管桩等,一般塔式起重机基础的基桩可随同工程桩或围护桩的桩型,塔式起重机的桩基应根据要求进行设计和计算。塔式起重机基础承台宜设计成方形板式(图12-176)或十字形梁式,截面高度不宜小于1000mm,基桩宜按均匀对称式布置,且不宜少于4根。

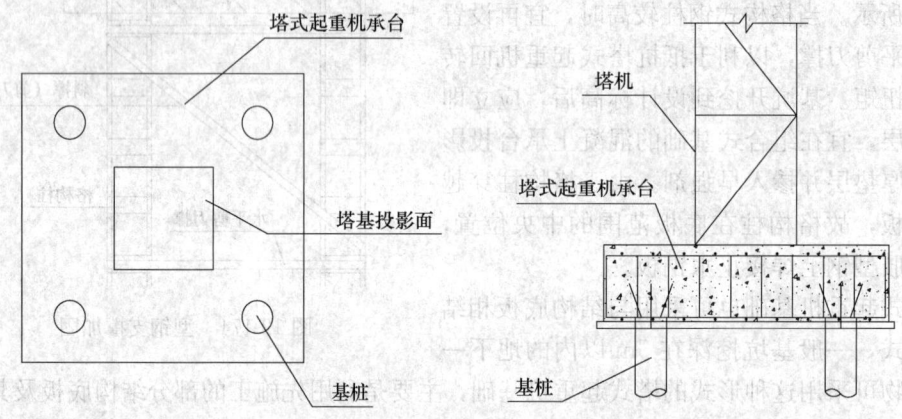

图12-176 塔式起重机基础和承台构造图

对于排桩式围护墙或地下连续墙,塔式起重机位置也可位于围护墙顶上,如直接设置塔式起重机基础,会造成基底软硬严重不均的现象,在塔式起重机工作时产生倾斜。故一般在支护墙外侧另行布置桩基,一般布置2根即可。该桩设计时应考虑与围护墙的沉降差异。

(2) 无桩基承台基础的塔式起重机设置

若地基土较好,能满足塔式起重机地基承载要求,且基坑开挖深度较浅,坑底标高与塔式起重机基础底标高基本一致;或周边环境较好且围护设计时已经考虑塔式起重机区域的附加荷载,可在坑外采用无桩基承台基础的塔式起重机,即塔式起重机基础位于天然或复合地基上(图12-177)。混凝土基础的构造应根据塔式起重机说明书及现场工程地质等

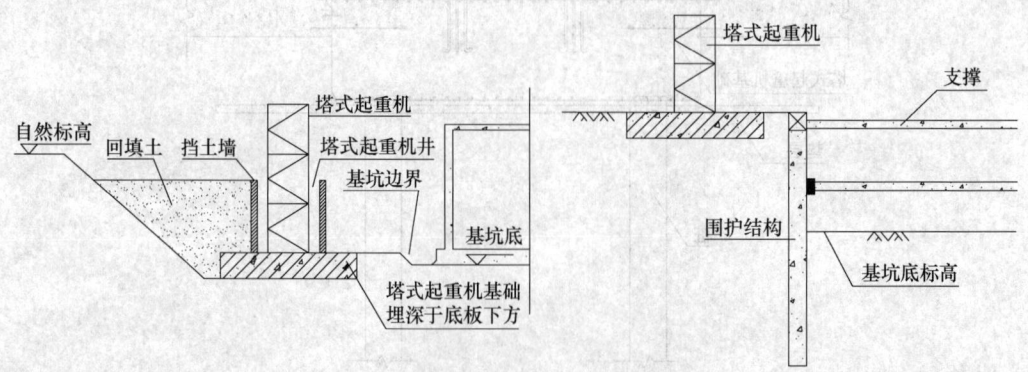

图12-177 无桩基承台塔式起重机基础形式

要求确定，宜选用板式或十字形式。基础埋置深度应综合考虑工程地质、塔式起重机荷载大小以及相邻环境条件等因素。采用重力式或悬臂式支护结构的基坑边不宜设置无桩基承台基础的塔式起重机。重力式支护结构的基坑可采用加宽水泥土墙与加大其入土深度，且宜在塔式起重机基础部位下方及塔式起重机基础对应的基坑内采取加固措施，以减小塔式起重机和基坑之间产生相互不利影响。同时在土方开挖时特别是开挖初期应加强对塔式起重机监测，包括位移、沉降及垂直度等。

若地基土较好，能满足塔式起重机地基承载要求，周边环境较好，且围护设计时已经考虑塔式起重机区域的附加荷载，可在坑外采用行走式塔式起重机。这种布置形式适用于长方形基坑，或与其他塔式起重机组合使用以减少吊运盲区。

### 12.17.2 运输车辆施工道路设置

1. 坑外道路的设置

坑外道路的设置一般沿基坑四周布置，其宽度应满足机械行走和作业要求。若条件允许，坑外道路应尽量环形布置。对于设置坑内栈桥的基坑，坑外道路的设置还应与栈桥相连接。由于施工道路上荷载较大，且属动荷载，坑外道路应进行必要的加强措施，如铺设路基箱或浇筑一定厚度的刚性路面，以分散荷载，减小对围护墙的不利影响。基坑工程中的施工道路设置应满足相应规范要求，其中单向车道的道路宽度不宜小于4m，双向车道的道路宽度不宜小于8m；施工道路厚度通常不宜小于200mm。

2. 坑内土坡道路的设置

坑内土坡道路的宽度应能满足机械行走的要求。由于坑内土坡道路行走频繁，土坡易受扰动，通常情况下土坡应进行必要的加固。土坡面层加强可采用浇筑钢筋混凝土和铺设路基箱等方法；土坡两侧坡面加强可采用护坡、降水等方法；土坡土体加固可采用高压旋喷、压密注浆等方法。

3. 坑内栈桥道路的设置

城市中心的基坑一般距离红线较近，场内交通组织较为困难，需结合支撑形式、场内道路、施工工期等设置施工栈桥道路。坑内栈桥道路的宽度应能满足机械行走和作业要求。一般第一道混凝土支撑梁及支撑下立柱进行加强后可兼作施工栈桥道路。逆作法施工基坑一般以取土作业层作为施工机械作业和行走道路，施工机械应严格按照规定区域进行作业。坑内栈桥道路也可采用在支撑系统上铺设路基箱或预制栈桥板，通过这种组合结构形成栈桥道路。坑内栈桥道路也可作为土方装车挖掘机的作业平台。

### 12.17.3 施工栈桥平台的设置

施工栈桥平台有钢筋混凝土栈桥平台、钢结构栈桥平台、钢结构与钢筋混凝土结构组合式栈桥平台。钢结构栈桥平台一般由立柱、型钢梁、箱形板等组成；钢结构与钢筋混凝土结构组合式栈桥平台一般可采用钢立柱、钢筋混凝土梁和钢结构面板组合而成，也可采用钢立柱、型钢梁和钢筋混凝土板组合而成，组合式挖土栈桥平台在实际应用中可根据具体情况进行选择。施工栈桥平台的平面尺寸应能满足施工机械作业要求，一般与支撑相结合，可设置在基坑边，也可设置在栈桥道路边。

当基坑外场地或道路偏小，需向基坑内拓宽，若拓宽的宽度不大时，可采用悬挑式平台。悬挑式平台可用钢结构或钢筋混凝土结构。悬挑梁宜与冠梁、路面等连成整体，以防止倾覆。由于施工堆载及车辆等荷载较大，悬挑平台外挑不宜过大，一般不宜大于1.5m。

### 12.17.4 降排水系统

基坑工程中的降排水系统在项目建设中具有重要的地位，目前主要的降排水方法主要有集水明排法、集水井排水、人工井点降水法及回灌排水法等。在基坑工程降排水系统设置中，排水沟的设置及抽水设备的选择尤其重要。

在建筑工程基坑排水施工的过程中，排水沟的设置需要关注排水沟和纵坡间的关系，不仅需要确保其渗水稳定性，还要联系渗水量和纵坡间的关系，确认其排水沟的横断面，在放样施工时应详细考虑排水效果，从而加大基坑排水范围。一般来讲，集水井范围的大小在很大程度上取决于水泵实际的出水量。为了有效保证基坑的施工作业能够顺利地进行，在进行集水井设置的时候，需要将井面高度设置为超过基坑排水的40cm左右，并且在集水井管径和井径间，需要留有环状的缝隙，以便于更好地填进过滤料，能够起到良好的防渗水效果。

在管井设置工作竣工之后，需要按照建筑工程基坑排水施工的有关的规定，科学合理地选择抽水设备。选择合适的抽水设备，不仅有利于管井抽水作业的顺利进行，还能够通过观察抽水量的多少，有效判断管出井水位高度。需要特别引起注意的是，在过滤器使用时需要根据施工规范标准使用，不可随意进行操作，避免因为操作存在错误，而出现氧化或者损坏的情况。

### 12.17.5 通风及照明系统

针对采用逆作法施工的基坑工程，应采取安全控制措施，根据柱网轴线、环境及施工方案要求设置通风及照明系统，包括通风口及地下通风、换气、照明和用电设备等。

1. 通风排气系统的设置

在浇筑地下室各层楼板时，挖土行进路线应预先留设通风口，随地下挖土工作面的推进，通风口露出部位应及时安装通风及排气设施。地下室空气成分应符合国家有关安全卫生标准；在楼板结构水平构件上留设的临时施工洞口位置宜上下对齐，应满足施工及自然通风等要求；风机表面应保持清洁，进出风口不得有杂物，应定期清除风机及管道内的灰尘等杂物；风管应敷设牢固、平顺，接头应严密、不漏风，且不应妨碍运输、影响挖土及结构施工，并应配有专人负责检查、养护；地下室施工时应采用送风作业，采用鼓风法从地面向地下送风到工作面，鼓风功率不应小于$1kW/1000m^3$。

2. 照明及电力设施的设置

当逆作法施工中自然采光不满足施工要求时，应编制照明用电专项方案；地下室应根据施工方案及相关规范要求设置足够的照明设备及电力插座；逆作法地下室施工应设一般照明、局部照明和混合照明。在一个工作场所内，不得仅设局部照明。

### 12.17.6 智能化监控系统

深基坑工程中采用智能化监控系统可实现对深基坑施工现场环境及施工质量的全方位监测与安全管控，为深基坑施工管理提供了强有力的支持和保障。通过智能化监控系统采集施工过程中的各种信息，并进行数据处理，达到信息化施工的目的。

1. 自动监测系统

近年来基坑工程自动化监测技术发展迅速，目前国内很多深大险难的基坑工程施工时开始选择自动连续监测。自动连续监测可以连续记录观测对象完整的变化过程，并且实时得到观测数据。借助于计算机网络系统，还可以将数据传送到网络覆盖范围内任何需要这些数据的部门和地点。特别在大雨、大风等恶劣气象条件下自动连续监测系统取得的数据尤其宝贵。采用自动连续监测系统不但可以保证监测数据正确、及时，而且一旦发现超出预警值范围的量测数据，系统马上报警，辅助工程技术人员做出正确的决策，及时采取相应的工程措施，整个反应过程不过几分钟，真正做到"未雨绸缪，防患于未然"。

采用自动连续监测后，整个工程的成本并不会有太大的提高。首先，大部分自动连续监测仪器除了传感器需埋入工程中不可回收之外，其余的数据采集装置等均可回收再利用，其成本会随着工程数量的增多而平摊，到每个工程的成本并不会很高。第二，与人工监测相比，自动监测由于不需要人员进行测量，因此对人力资源的节省是显而易见，当工地采用自动监测后，只需要一两个人对其进行维护即可达到完全实现监测目的。第三，采用自动监测后，即可以对全过程进行实时监控，出现工程事故的可能性就会非常小，其隐性的经济效益和社会效益巨大。

2. 远程监控系统

基坑工程在施工中具有较大的风险性，在施工过程中如果能有一套后台数据分析系统，结合地质条件、设计参数以及现场实际施工工况，对现场监测数据进行分析并预测下一步发展的趋势，并根据提前设定的警戒值评判出当前基坑的安全等级，然后根据这些评判，为相应的工程提供措施建议，指导施工，减小工程失事概率，确保工程安全、顺利地进行，则有较大实际应用价值。远程监控系统一般通过基础视频、自主飞行、智能三维和移动智能巡检等手段，与新型视频监测技术相结合，实现对基坑及周围实时情况进行全方位全天候的监测。

智能化监控系统可以提高基坑施工的安全性和工作效率，及时发现和预防潜在的安全风险，减少事故的发生。通过实时监测和数据分析，可以及时调整施工方案，提高施工质量和效率；此外，还可以提供科学依据和数据支持，指导设计和施工工作，确保基坑工程的质量和安全。

## 12.17.7 其他设施

1. 临时扶梯

基坑工程施工期间，现场施工人员必须通过基坑上下通道进入基坑施工作业，同时为满足消防要求，应设置安全规范的上下通道楼梯，以保证施工人员的安全。扶梯可采用钢管或型钢制作，宽度一般为1~1.2m，踏步可采用花纹钢板、钢管、木板等，踏步宽度宜为250~300mm。扶梯应具有足够的稳定性和刚度。扶梯边应设置临边栏杆；楼梯的坡度一般不超过60°；扶梯的一个楼梯段内踏步级数一般不超过15级。扶梯要做定期清洁保养，对油污等应及时进行清洗，以防滑跌，对损坏的栏杆要及时修复或更换。近年来，工具式梯笼得到推广，其具有采用模块化拼装、可周转使用、全封闭等优点。对于开挖深度超过30m的超深基坑，为提高施工人员上下坑效率，还出现了在基坑顶部安装钢结构作为基础，向下逆行的施工升降机。

2. 临边围栏

为防止基坑边作业人员、车辆或材料落入基坑内，通常沿基坑边一周、坑内支撑上的临时通道、施工栈桥等区域设置临边围栏。一般是先在围栏下的基础内预埋短钢管，再在其上搭设钢管围栏，围栏一般高1.2m，设置两道横杆，栏杆应布设防尘网，底部设踢脚板。目前各种形式的工具式围栏已得到广泛应用。

3. 冲洗设备

施工现场大门口设置冲洗设备是文明施工的需要，目前全国各地均有较严格的要求。采用高压水枪人工冲洗车辆是最常见的方式，一般须在门口设置高压水泵、高压水枪、排水沟槽、沉淀池及其他附属设施。近年来循环自动冲洗系统得到广泛应用。该系统通过优化冲洗排放沟槽布置，使废水能汇流收集；采用合适的路面构造，使泥浆水彻底及时回收，防止路面二次污染；建立循环储水装置和泵吸喷水再利用装置，使冲洗用水能重复利用。该系统具有水资源消耗较少、利用率高、冲洗效率高、冲洗用时短的优点。

## 12.18 基坑拆除工程

基坑工程施工中的主要支撑结构、围护分隔结构均为临时结构措施，这些临时结构措施在基坑开挖过程中起到支撑、保护作用。但是在结构施工阶段，这些临时结构又对施工过程造成干扰或占用建筑结构空间，应予以拆除。

基坑支撑、围护结构拆除时，可能会导致基坑内出现应力释放，因此应对基坑安全稳定性验算，并根据验算结果编制合理高效的施工组织计划，保证基坑在支护结构拆除及结构施工过程中的可靠性。支撑拆除前后，应加强对基坑及围护体的监测，同时还应尽量减少施工噪声、震动、粉尘飞石等对周边环境的影响。

### 12.18.1 混凝土支撑拆除

顺作法基坑工程中，在具有一定深度的基坑开挖阶段通常会布置一道或多道混凝土支撑，以提供围护体结构的水平支撑效果，满足基坑围护的受力和变形控制要求。为减少妨碍施工的因素，在地下结构回筑阶段，一般会进行换撑施工，拆除临时支撑结构并由回筑的永久地下结构作为支撑体系。

支撑拆除过程中，基坑支护结构的内力会发生变化，为了使支撑拆除后支撑体系不会产生过大、过快的应力释放，同一分块内一般先拆除角撑，其次拆除对撑，最后拆除围檩结构。根据拆除物的完整性，混凝土支撑常用拆除方法有三种：爆破拆除、原位破碎拆除和整体切割拆除。

#### 12.18.1.1 爆破拆除

爆破拆除通过在混凝土支撑上打孔爆破的方式实现拆除作业，特点是效率高、拆除快。但爆破拆除会对基坑的稳定性产生影响，且爆炸产生的振动和爆炸冲击坠落物易对下方永久结构造成损伤。爆破过程噪声巨大、震动明显，对环境影响较大；造成的碎渣碎屑四处崩飞，不利于后期的清障工作，因此基坑拆除工程中较少采用爆破拆除的方法。

支撑拆除的爆破一般采用预埋孔爆破和钻孔爆破两种形式，爆破施工前应对爆破的爆点位置、单孔药量、防护搭设等进行专门的设计和计算，对周围临时或永久结构进行安全校核，制定详细的爆破施工方案，并得到相关管理部门的审批和许可。爆破拆除施工应采取积极措施，有效控制爆破产生的地震波、冲击波、飞石和噪声。

#### 12.18.1.2 原位破碎拆除

原位破碎拆除是将混凝土支撑在原位进行结构破碎的拆除方法。原位破碎拆除在实际施工中主要有风镐凿除、混凝土逼裂拆除、静力液压钳拆除等方法。原位破碎拆除是一种较为传统的施工方法，这种方法是使用风镐破碎混凝土露出钢筋，并用气割切断钢筋。拆除过程中存在噪声大、震动大，粉尘污染大、垃圾清理及施工周期长等问题。

混凝土逼裂拆除一般是采用液压助力系统，在混凝土上钻孔，把逼裂杆深入混凝土内，将混凝土从内向外逼裂开，以达到拆除的目的。此种方法一般适用于素混凝土结构或两结构接缝位置，如果逼裂位置存在钢筋，则逼裂效果较差。

静力液压钳拆除同样采用液压助力系统，钢钳在油压动力作用下，将混凝土钳碎，再割断钢筋。这种方法一般适用于拆除厚度较小的混凝土结构。

总体来看，原位破碎拆除的方法施工简便快捷，但拆除破碎体众多，收集清运工作较为复杂。

#### 12.18.1.3 整体切割拆除

整体切割拆除一般是用链锯、碟片、钻孔机等切割工具，配合托架将混凝土支撑结构进行整体性切割，分割成多段混凝土块体，结合水平和垂直运输装备将混凝土块体运输吊运出基坑内。整体切割拆除的优势在于噪声、震动小、扬尘低、切割断面光滑、建筑垃圾清运方便，但对水平垂直运输要求高，且不适于格构柱四周节点的支撑及紧贴围护分隔墙体的围檩的拆除。

整体切割拆除一般应设置临时搁置结构，保证切割部分和未切割部分不会发生坠落，临时搁置结构一般采用小型木支架、钢支架或钢管脚手架搭设。

切割后的部分应采用叉车等水平驳运设备将其运输至预定位置，然后使用塔式起重机等设备吊离基坑。在拆除支撑前，还应对水平运输车辆行驶面及其下方结构进行验算，确认搁置和水平运输阶段车辆行驶面的结构稳定性和安全性。

### 12.18.2 钢支撑拆除

钢支撑拆除的一般施工流程为：搭设脚手平台及临时搁置结构→支撑轴力退压及基坑监测→分段拆卸钢支撑→吊离钢支撑。这一流程可分为两个部分：支撑轴力退压、支撑拆除和吊运。

脚手平台和临时搁置结构搭设属于前期准备工作，主要目的是为工人拆除支撑提供操作空间，同时保证支撑在退压释放后不会坠落对下方结构产生破坏。

支撑轴力退压阶段主要是释放支撑应力，通过预应力施放系统进行支撑轴力的退压。在钢支撑退压完成后，应经监测单位对基坑监测确定基坑安全的情况下，方可拆除钢支撑。

支撑拆除和吊运阶段是将钢支撑进行拆除并通过吊运设备将钢支撑吊出。支撑拆除过程中一般采用分段拆除的方法，分段拆除钢支撑时，分段重量应控制在汽车式起重机的起重能力之内。

### 12.18.3 围护分隔墙拆除

基坑分隔墙在基坑开挖阶段起到分块分区的作用，在时间和空间上分隔不同的施工区域。但永久基坑围护分隔墙会占用永久结构的使用空间，因此在两侧基坑完成后再对围护分隔墙进行拆除施工。

围护分隔墙拆除的基本要求是既要保证现有结构的安全及整体性，又要尽可能减小对周边环境的扰动。

围护分隔墙的拆除时应综合考虑拆除顺序、拆除范围和拆除工艺。通常在围护分隔墙位置，两侧均有换撑结构，因此拆除围护分隔墙应考虑结构的受力转换。

围护分隔墙拆除的原则为：平面分块、竖向分层。拆除一般采用分跨、分块、分段、分层、分批的抽条（跳仓）拆除方法，按照自上而下的顺序进行拆除。

在围护分隔墙的每个拆除层，平面上划分若干段，从中间向两侧对称拆除，并且相邻块之间跳仓拆除。

各拆除块内的围护分隔墙拆除方法与混凝土支撑类似，一般为爆破拆除、破碎拆除或切割拆除等方法。

由于地下结构已经完成，为避免对已建成结构产生影响，目前施工较少采用爆破拆除围护分隔墙。破碎拆除通常使用风镐等设备将目标区块内的混凝土进行破碎，其后对产生的混凝土碎裂体进行清运。切割拆除通常使用排钻或链锯，每次在围护分隔墙面上切割大小为1m×1m、厚度为围护分隔墙体厚度的混凝土块，方便将拆除块进行水平垂直运输。

围护分隔墙拆除过程中如果涉及两侧结构受力转换，应做好临时支撑加固，保证在拆除分隔墙及结构补缺过程中结构的安全性。

### 12.18.4 钢立柱拆除

钢立柱拆除前需收集相关的工程资料，制定合理的拆除方案。钢立柱拆除前，需对拆除现场进行详细的勘察，评估现场的环境条件、确定拆除作业的空间限制、检查周围的结构及设施是否会受到拆除作业的影响。

基于工程资料和现场勘察结果，制定详细的拆除方案，拆除方案应包括拆除顺序、所需工具及设备清单、人员配置、安全措施及应急预案等。确保参与拆除作业人员熟悉安全规定，接受相关培训。检查切割工具、起重机械、搬运设备等是否满足相关规范要求。

拆除过程中，应确保剩余的结构得到充分的支撑，防止因局部拆除而导致的结构失稳。在立柱拆除过程中及拆除完成后，需对周边结构进行持续监测，检查结构变形、位移及应力变化，确保结构的安全稳定。拆除完成后，将钢立柱构件安全移出现场，清理拆除作业产生的碎片、灰尘及杂物，确保工作区域整洁。

立柱穿地下室底板节点一般位于地下室埋深最深处，其钢筋施工困难、节点防水施工薄弱，应根据不同地下室基坑立柱类型采用不同施工方法，节点防水应采用刚柔结合、多道设防、精心施工，确保防水工程质量。钢立柱穿底板施工时，通过植筋、加强筋的方式将立柱内的混凝土与底板连成整体，通过焊接止水钢板解决新旧混凝土面渗水隐患。格构柱横板焊接止水钢板时，每根立柱由4片止水钢板焊接成回字形，每片焊接止水钢板宽度为常规双边折板止水钢板的一半，即沿中线切开半片，将止水钢板与立柱的横板满焊，确保焊缝饱满，达到止水作用。钢立柱拆除后，人工凿除立柱至底板标高以下，立柱顶部凿毛，并用细石混凝土修补找平，最后进行底板防水层收口。

## 12.19 基坑工程施工监测

基坑支护工程的实践性很强，岩土的复杂性使工程中的设计分析与现场实测存在一定差异。为准确掌握和预测基坑工程施工过程中的受力和变形状态及其对周边环境的影响，科学地组织基坑工程施工，必须进行施工监测。我国各地区近年来均相继编写并颁布实施了各种基坑设计和施工的规范标准，其中都特别强调了基坑监测与信息化施工的重要性，甚至有些城市专门颁布了基坑工程监测规范。

### 12.19.1 监测的目的和原则

**12.19.1.1 监测目的**

使参建各方能够完全客观真实地把握工程质量，掌握工程各部分的关键性指标，确保工程安全；在施工过程中通过实测数据检验工程设计所采取的各种假设和参数的正确性，及时改进施工技术或调整设计参数以取得良好的工程效果；对可能发生危及基坑工程本体和周围环境安全的隐患进行及时、准确地预报，确保基坑结构和相邻环境的安全；积累工程经验，为提高基坑工程的设计和施工整体水平提供基础数据支持。

**12.19.1.2 监测原则**

监测数据必须可靠真实，数据的可靠性由测试元件安装或埋设的可靠性、监测仪器的精度及监测人员的素质来保证；监测数据必须及时，且需在现场及时计算处理，发现有问题及时复测，做到当天测当天反馈；埋设于土层或结构中的监测元件应尽量减少对结构正常受力的影响，埋设监测元件时应注意与岩土介质的匹配；对所有监测项目，应按照工程具体情况预先设定预警值和报警制度，预警体系包括变形或内力累积值及其变化速率；监测应整理完整的监测记录、数据报表、图表和曲线，监测结束后整理出监测报告。

### 12.19.2 监测方案

建筑基坑工程监测应综合考虑基坑工程设计方案、建设场地的岩土工程条件、周边环境条件、施工方案等因素，制定合理的监测方案，精心组织并实施监测。监测方案根据不同需要会有不同内容，一般包括工程概况、工程设计要点、地质条件、周边环境概况、监测目的和依据、监测内容及项目、测点布置和保护措施、监测人员配置、监测方法及精度、数据整理方法、监测期及频率、监测报警值及异常情况下的监测措施、主要仪器设备及检定要求、拟提供的监测成果以及监测信息反馈、作业安全等，且基坑工程的现场监测应采用仪器监测与巡视检查相结合的方法。

### 12.19.3 监测项目和监测频率

**12.19.3.1 基坑工程监测的对象**

基坑工程监测对象包括：支护结构、地下水状况、基坑底部及周边土体、周边建（构）筑物、周边管线及设施、周边道路和其他应监测对象等。以基坑边缘外1~3倍基坑开挖深度范围内需要保护的周边环境应作为监测对象，必要时尚应扩大范围。监测项目应与基坑工程设计、施工方案相匹配，应抓住关键部位，做到重点观测、项目配套，形成有效和完整的监测系统。

#### 12.19.3.2 基坑工程仪器监测项目

基坑工程监测项目，可根据支护结构的重要程度、周围环境的复杂性和施工要求而定。要求严格则监测项目增多，否则可减少。应根据表12-78进行监测项目的选择。

基坑工程监测项目的选择　　　　　　　　表 12-78

| 监测项目 | 基坑类型 | | |
|---|---|---|---|
|  | 一级 | 二级 | 三级 |
| 围护墙（边坡）顶部水平位移 | 应测 | 应测 | 应测 |
| 围护墙（边坡）顶部竖向位移 | 应测 | 应测 | 应测 |
| 深层水平位移 | 应测 | 应测 | 宜测 |
| 立柱竖向位移 | 应测 | 应测 | 宜测 |
| 围护墙内力 | 宜测 | 可测 | 可测 |
| 支撑内力 | 应测 | 应测 | 宜测 |
| 立柱内力 | 可测 | 可测 | 可测 |
| 锚杆内力 | 应测 | 宜测 | 可测 |
| 土钉内力 | 宜测 | 可测 | 可测 |
| 坑底隆起（回弹） | 可测 | 可测 | 可测 |
| 围护墙侧向土压力 | 宜测 | 可测 | 可测 |
| 孔隙水压力 | 宜测 | 可测 | 可测 |
| 地下水位 | 应测 | 应测 | 应测 |
| 土体分层竖向位移 | 可测 | 可测 | 可测 |
| 周边地表竖向位移 | 应测 | 应测 | 宜测 |
| 周边建筑竖向位移 | 应测 | 应测 | 应测 |
| 周边建筑倾斜 | 应测 | 宜测 | 可测 |
| 周边建筑水平位移 | 宜测 | 可测 | 可测 |
| 周边建筑、地表裂缝 | 应测 | 应测 | 应测 |
| 周边管线变形 | 应测 | 应测 | 应测 |

当基坑周边有地铁、隧道或其他对位移有特殊要求的建筑及设施时，监测项目应与有关管理部门或单位协商确定。

#### 12.19.3.3 巡视检查

基坑工程施工和使用期内，每天均应由专人进行巡视检查。巡视检查一般包括支护结构、施工工况、周边环境、监测设施等。

对支护结构的巡视主要包括：支护结构成型质量、支撑及腰梁的裂缝情况、支撑及立柱变形情况、止水帷幕开裂或渗漏情况、墙后土体裂缝及变形情况、基坑流砂或管涌情况等。

对各施工工况的巡视检查包括：开挖后暴露的土质情况与岩土勘察报告有无差异，基坑开挖分段长度、分层厚度及支锚设置是否与设计要求一致，基坑侧壁开挖暴露面是否及时封闭，支撑、锚杆是否施工及时，场地地表水、地下水排放状况是否正常，基坑降水、回灌设施运转是否正常，基坑周边地面有无超载等。

对周边环境的巡视检查包括：周边管道有无破损、泄漏情况，围护墙后土体有无沉陷、裂缝及滑移现象，周边建筑有无新增裂缝出现，周边道路（地面）有无裂缝、沉陷，邻近基坑及建筑的施工变化情况，存在水力联系的邻近水体水位变化情况。

对监测设施的巡视检查包括：基准点、监测点完好状况，监测元件的完好及保护情况，有无影响观测工作的障碍物。

巡视检查宜以目测为主，可辅以锤、钎、量尺、放大镜等工具、器具以及摄像、摄影等设备进行。对自然条件、支护结构、施工工况、周边环境、监测设施等的巡视检查情况应做好记录。检查记录应及时整理，并与仪器监测数据进行综合分析。如发现异常和危险情况，应及时通知建设方及其他相关单位。

### 12.19.3.4 基坑工程监测频率

基坑工程监测频率应以能系统反映监测对象所测项目的重要变化过程，而又不遗漏其变化时刻为原则。基坑工程监测工作应贯穿于基坑工程和地下工程施工全过程。监测工作一般应从基坑工程施工前开始，直至地下工程完成为止。对有特殊要求的周边环境的监测应根据需要延续至变形趋于稳定后才能结束。对于应测项目，在无数据异常和事故征兆的情况下，开挖后仪器监测频率的确定可参照表12-79。

开挖后仪器监测频率　　　　表12-79

| 基坑类别 | 施工进程 | | 基坑设计开挖深度 | | | |
|---|---|---|---|---|---|---|
| | | | ≤5m | 5～10m | 10～15m | >15m |
| 一级 | 开挖深度（m） | ≤5 | | 1次/1d | 1次/2d | 1次/2d | 1次/2d |
| | | 5～10 | | | 1次/1d | 1次/1d | 1次/1d |
| | | >10 | | | | 2次/1d | 2次/1d |
| | 底板浇筑后时间（d） | ≤7 | | 1次/1d | 1次/1d | 2次/1d | 2次/1d |
| | | 7～14 | | 1次/3d | 1次/2d | 1次/1d | 1次/1d |
| | | 14～28 | | 1次/5d | 1次/3d | 1次/2d | 1次/1d |
| | | >28 | | 1次/7d | 1次/5d | 1次/3d | 1次/3d |
| 二级 | 开挖深度（m） | ≤5 | | 1次/2d | | | |
| | | 5～10 | | | 1次/1d | | |
| | 底板浇筑后时间（d） | ≤7 | | 1次/2d | 1次/2d | | |
| | | 7～14 | | 1次/3d | 1次/3d | | |
| | | 14～28 | | 1次/7d | 1次/5d | | |
| | | >28 | | 1次/10d | 1次/10d | | |

注：当基坑工程等级为二级时，监测频率可视具体情况要求适当降低；基坑工程施工至开挖前的监测频率视具体情况确定；宜测、可测项目的仪器监测频率可视具体情况要求适当降低；有支撑的支护结构各道支撑开始拆除到拆除完成后3d内监测频率应为1次/1d。

监测频率应综合考虑基坑类别、基坑及地下工程的不同施工阶段以及周边环境、自然条件的变化和当地经验，并可根据施工进程、施工工况、外部环境因素等的变化适时做出调整。一般在开挖阶段，土体处于卸载状态，支护结构处于逐步加荷状态，应适当加密监测；当监测值相对稳定时，可适当降低监测频率。当出现异常情况和数据、临近及达到报警值、存在勘察中未发现的不良地质、未按照设计和施工方案施工等情况时，应提高监测频率，并及时向委托方及相关单位报告监测结果。

### 12.19.4 监测点布置和监测主要方法

基坑监测点的布置应该能反映出监测对象的实际受力、变形状态及其变化趋势，监测点应布置在内力及变形关键特征点上，并应满足监控要求。同时监测点的布置应不妨碍监测对象的正常工作，并减少对施工作业的不利影响。

监测标志应稳固、明显、结构合理，监测点应避开障碍物，以保证量测通视。

监测方法的选择应根据基坑的类别、设计要求、场地条件、当地经验和方法适用性等因素综合确定，监测方法应合理易行。

#### 12.19.4.1 墙顶（边坡）位移

基坑围护墙（边坡）顶部的水平和竖向位移监测点应沿基坑周边布置，基坑周边中部、阳角处应布置监测点，监测点间距不宜大于20m，每边监测点数目不宜少于3个。为便于监测，水平位移监测点宜同时作为垂直位移监测点。监测点宜设置在基坑冠梁或边坡坡顶上（图12-178）。

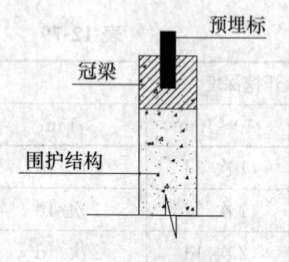

图12-178 墙顶位移点布设

测定特定方向上的水平位移时可采用视准线活动觇牌法、视准线测小角法、激光准直法等；测定监测点任意方向水平位移时，可视监测点的分布情况采用极坐标法、交会法、自由设站法等；当基准点距基坑较远时，可采用GPS测量法或二角、二边、边角测量与基准线法相结合的综合测量方法。水平位移监测基准点应埋设在基坑开挖深度3倍范围以外不受施工影响的稳定区域，或利用已有稳定的施工控制点，不应埋设在低洼积水、湿陷、冻胀、胀缩等影响范围内；宜设置有强制对中的观测墩上；采用精密光学对中装置，对中误差不宜大于0.5mm。

#### 12.19.4.2 围护（土体）水平位移

围护墙或土体深层水平位移监测点宜布置在基坑周边的中部、阳角处及有代表性的部位。监测点水平间距宜为20～60m，每边监测点数目不应少于1个。用测斜仪观测深层水平位移时，当测斜管埋设在围护墙体内，测斜管长度宜与围护墙的深度相同；当测斜管埋设在土体中，测斜管长度不宜小于基坑开挖深度的1.5倍，并应大于围护墙的深度。以测斜管底为固定起算点时，管底应嵌入到稳定的土体或岩体中。

测斜管宜采用塑料管或金属管，直径宜为45～90mm，管内应有两组相互垂直的纵向导槽。测斜管应在基坑开挖和预降水至少1周前埋设，当基坑周边变形要求严格时，应在支护结构施工前埋设。测斜管连接时应保证上下管段的导槽相互对准顺畅，接头处应密封处理，并注意保护管口的封盖；当以下部管端作为固定起算点时，应保证测斜管进入稳定土层2～3m；测斜管埋设主要采用钻孔埋设和绑扎埋设（图12-179），一般测围护墙挠曲采用绑扎埋设，测土体深层位移时采用钻孔埋设。测斜管与钻孔之间孔隙应填充密实；埋设时测斜管应保持竖直无扭转，其中一组导槽方向应与所需测量的方向一致。

#### 12.19.4.3 立柱竖向位移及内力

立柱竖向位移监测点宜布置在基坑中部、多根支撑交会处、施工栈桥下、地质条件复杂处的立柱上。监测点不应少于立柱总根数的10%，逆作法施工的基坑不应少于20%，且均不应少于5根。立柱的内力监测点宜布置在受力较大的立柱上，位置宜设在坑底以上各层立柱下部的1/3部位，每个截面传感器埋设不应少于4个。

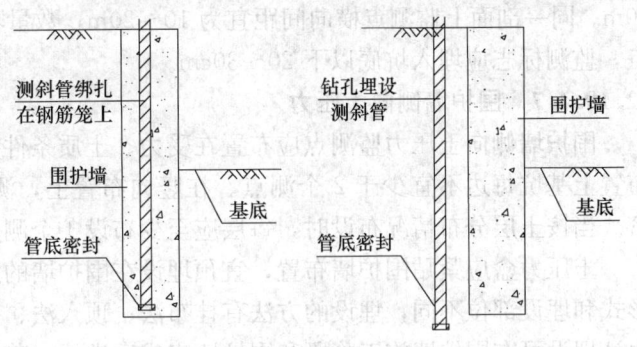

图12-179 测斜管埋设示意

#### 12.19.4.4 支护结构内力

围护墙内力监测点应布置在受力、变形较大且有代表性的部位，监测点数量和水平间距视具体情况而定，每一监测点沿垂直于围护墙方向对称放置的应力计不应少于1对。竖直方向监测点应布置在弯矩极值处，竖向间距宜为3～5m。

支撑轴力监测点宜设置在支撑轴力较大或在整个支撑系统中起关键作用的杆件上；每层支撑轴力监测点不应少于3个，各层支撑监测点位置宜在竖向保持一致。钢支撑的监测截面宜布置在支撑长度的1/3部位或支撑端头处；混凝土支撑监测截面宜布置在支撑长度的1/3部位，并避开节点位置。每个监测点截面内传感器的设置数量及布置应满足不同传感器测试要求。支护结构内力监测值应考虑温度变化的影响，对混凝土支撑尚应考虑混凝土收缩、徐变以及裂缝开展的影响。应力计或应变计的量程宜为最大设计值的1.2倍。围护墙等的内力监测元件宜在相应工序施工时埋设并在开挖前取得稳定初始值。

基坑开挖过程中支护结构内力变化可通过在结构内部或表面安装应变计或应力计进行量测。对于钢筋混凝土支撑，宜采用钢筋应力计（钢筋计）或混凝土应变计进行量测；对于钢结构支撑，宜采用轴力计进行量测。围护墙等内力宜在围护墙钢筋制作时，在主筋上焊接钢筋应力计的预埋方法进行量测。

#### 12.19.4.5 锚杆轴力（土钉内力）

锚杆内力监测点应选择在受力较大且有代表性的位置，基坑每边跨中部位、阳角处和地质条件复杂区域宜布置监测点。每层锚杆内力监测点数量应为该层锚杆总数的1%～3%，且基坑每边不应少于1根。各层监测点位置在竖向上宜保持一致。每根杆体上的测试点宜设置在锚头附近和受力有代表性的位置。

锚杆拉力测量宜采用专用的锚杆测力计，钢筋锚杆可采用钢筋应力计或应变计，当使用钢筋束时应分别监测每根钢筋的受力。

土钉的内力监测点应选择在受力较大且有代表性的位置，应沿基坑周边布置，基坑每边中部、阳角处和地质条件复杂的区段宜布置监测点。各层监测点在竖向上的位置宜保持一致，每根杆体上的测试点应设置在受力、变形有代表性的位置。

#### 12.19.4.6 坑底隆起（回弹）

坑底隆起监测点宜按纵向或横向剖面布置，剖面应选择在基坑中央以及其他能反映变形特征的位置，剖面数量不宜少于2个。纵横向有多个监测剖面时，其间距宜为20～

50m。同一剖面上监测点横向间距宜为10~20m，数量不宜少于3个，基坑中央宜设监测点，监测标志应埋入坑底以下20~30cm。

#### 12.19.4.7 围护墙侧向土压力

围护墙侧向土压力监测点应布置在受力、土质条件变化较大或有代表性的部位；平面布置上基坑每边不宜少于2个测点。在竖向布置上，测点间距宜为2~5m，测点下部宜密。当按土层分布情况布设时，每层应至少布设1个测点，且布置在各层土的中部。

土压力盒应紧贴围护墙布置，宜预埋设在围护墙的迎土面一侧。根据土压力计的结构形式和埋设部位不同，埋设的方法有挂布法、顶入法、弹入法、插入法、钻孔法等。土压力计埋设可在围护墙施工阶段和围护墙完成后进行。若在围护墙完成后埋设，由于土压力计无法紧贴围护墙，测得的数据与实际可能存在差异；若土压力计埋设与围护墙同时进行，则应采取措施妥善保护土压力计，防止其受损或失效。

#### 12.19.4.8 孔隙水压力

孔隙水压力监测点宜布置在基坑受力、变形较大或有代表性的部位。监测点竖向布置宜在水压力变化影响深度范围内按土层分布情况布设，监测点竖向间距一般为2~5m，并不宜少于3个。

孔隙水压力宜通过埋设钢弦式、应变式等孔隙水压力计，采用频率计或应变计测量。孔隙水压力计埋设可采用压入法、钻孔法等。孔隙水压力计应在事前2~3周埋设，应浸泡饱和。采用钻孔法埋设孔隙水压力计时，钻孔直径宜为110~130mm，不宜使用泥浆护壁成孔，钻孔应圆直、干净；封口材料宜采用直径10~20mm的干燥膨润土球。孔隙水压力计埋设后应测量初始值，且宜逐日量测1周以上并取得稳定初始值。应在孔隙水压力监测的同时测量孔隙水压力计埋设位置附近的地下水位。

#### 12.19.4.9 地下水位

当采用深井降水时，水位监测点宜布置在基坑中央和两相邻降水井的中间部位；当采用轻型井点、喷射井点降水时，水位监测点宜布置在基坑中央和周边拐角处，监测点数量视具体情况确定；水位监测管的埋置深度应在最低设计水位之下3~5m。对于需要降低承压水水位的基坑工程，水位监测管埋置深度应满足降水设计要求。

基坑外地下水位监测点应沿基坑周边、保护对象周边或在两者之间布置，监测点间距宜为20~50m。相邻建（构）筑物、重要地下管线或管线密集处应布置水位监测点；如有隔水帷幕，宜布置在其外侧约2m处。回灌井点观测井应设置在回灌井点与被保护对象之间。

地下水位监测宜采用通过孔内设置水位管、采用水位计等方法进行测量，监测精度不宜低于10mm。检验降水效果的水位观测井宜布置在降水区内，采用轻型井点管降水时可布置在总管的两侧，采用管井降水时应布置在两孔管井之间，水位孔深度宜在最低设计水位下2~3m。潜水水位管应在基坑施工前埋设，滤管长度应满足测量要求。水位管埋设后，应逐日连续观测水位并取得稳定初始值。

在降水深度内存在2个以上（含2个）含水层时，宜分层布设地下水观测孔。

#### 12.19.4.10 周边建（构）筑物监测

基坑工程的施工会引起周围地表的下沉，从而导致地面建筑物的沉降，这种沉降一般都是不均匀的，因此将造成地面建筑物的倾斜甚至开裂破坏，应严格控制。建筑物变形监测需进行沉降、倾斜、裂缝三种监测。在建筑物变形观测前，应掌握建筑物结构和基础设计资料，如受力体系、基础类型、基础尺寸和埋深、结构物平面布置及其与基坑围护的相对位置等；应掌握地质勘测资料，包括土层分布及各土层的物理力学性质、地下水分布等；应了解基坑工程的围护体系、施工计划、地基处理情况和坑内外降水方案等。

建筑物沉降监测采用精密水准仪监测。测出观测点高程，计算沉降量。建筑物倾斜监测采用经纬仪或全站仪测定监测对象顶部相对于底部的水平位移，结合建筑物沉降相对高差，计算监测对象的倾斜度、倾斜方向和倾斜速率。建筑物裂缝监测采用直接量测方法进行。将裂缝进行编号并画出测读位置，通过游标卡尺进行裂缝宽度测读。对裂缝深度量测，当裂缝深度较小时采用凿出法和单面接触超声波法监测；深度较大裂缝采用超声波法监测。

建筑物监测点直接用电锤在建筑物外侧桩体上打洞，并将膨胀螺栓或道钉打入，或利用其原有沉降监测点，建筑物沉降监测点如图12-180所示。

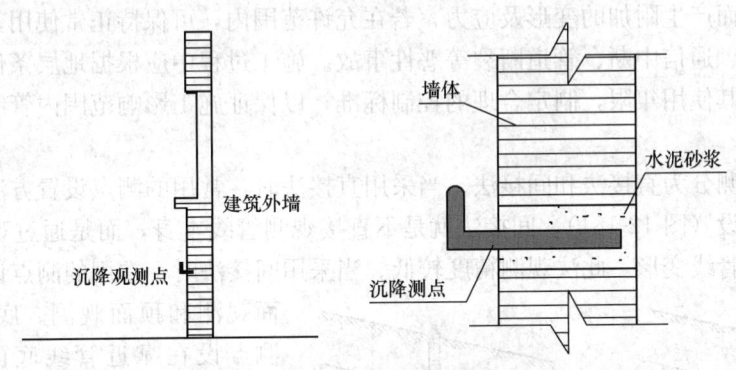

图12-180 建筑物沉降监测点示意图

建筑物竖向位移监测点应布置在建筑物四角、沿外墙每10～15m处或每隔2～3根柱基上，且每侧外墙不应少于3个监测点；不同地基或基础分界处，建筑物不同结构分界处，变形缝及抗震缝、严重开裂处两侧、新旧建筑物或高低建筑物交接处两侧等位置均应布置监测点，烟囱、水塔和大型储藏罐等高耸构筑物基础轴线的对称部位，每一构筑物不少于4点布置监测点。建筑水平位移监测点应布置在建筑的外墙墙角、外墙中间部位的墙上或柱上、裂缝两侧以及其他有代表性的部位，监测点间距视具体情况而定，每侧墙体的监测点不宜少于3点。

建筑物倾斜监测点宜布置在建筑物角点、变形缝或抗震缝两侧的承重柱或墙上；监测点应沿主体顶部、底部对应布设，上、下监测点布置在同一竖直线上。

裂缝监测点应选择有代表性的裂缝进行布置，在基坑施工期间当发现新裂缝或原有裂缝有增大趋势时，要及时增设监测点。每一条裂缝的测点至少设2个，裂缝的最宽处及裂缝末端宜设置测点。

可在裂缝两侧贴石膏饼、画平行线或贴埋金属标志等，采用千分尺或游标卡尺等直接量测裂缝宽度；也可采用裂缝计、粘贴安装千分表法、摄影量测等方法。当裂缝深度较小时宜采用凿出法和单面接触超声波法监测；深度较大裂缝宜采用超声波法监测。

基坑开挖引起建筑物沉降可以分为四个阶段，即围护施工阶段、开挖阶段、回筑阶段和后期沉降。围护施工阶段一般占总变形的10%~20%，沉降量在5~10mm，但如果不加以控制，也会造成较大的沉降。开挖阶段引起的沉降占总沉降量的80%左右，而且和围护侧向变形有较好的对应关系，所以注重开挖阶段的变形控制是减少周围建筑物沉降的一个重要因素。结构回筑阶段和后期沉降占总沉降的5%~10%，在结构封顶后，沉降基本稳定。

在饱和含水地层中，尤其在砂层、粉砂层、砂质粉土或其他透水性较好的夹层中，止水帷幕或围护墙有可能产生开裂、空洞等不良现象，造成围护结构的止水效果不佳或止水结构失效，致使大量的地下水夹带砂粒涌入基坑，坑外产生水土流失。严重的水土流失可能导致支护结构失稳以及在基坑外侧产生严重的地面沉陷，周边环境监测点（地表沉降、房屋沉降、管线沉降）也随即产生较大变形。

#### 12.19.4.11 周边管线监测

深基坑开挖引起周围地层移动，地下管线亦随之移动。如管线变位过大或不均，将使管线挠曲变形而产生附加的变形及应力，若在允许范围内，可保持正常使用，否则继续使用将导致泄漏、通信中断、管道断裂等恶性事故。施工过程中应根据地层条件和既有管线种类、形式及其使用年限，制定合理的控制标准，以保证施工影响范围内管线的安全和正常使用。

管线的监测分为直接法和间接法。当采用直接法时，常用的测点设置方法有抱箍式埋设和套管式埋设（图12-181）。间接法就是不直接观测管线本身，而是通过观测管线周边的土体，分析管线变形，此法观测精度较低。当采用间接法时，常用的测点设置方法有底面观测和顶面观测。底面观测是将测点设在靠近管线底面的土体中，观测底面的土体位移。此法常用于分析管道纵向弯曲受力状态或跟踪注浆、调整管道差异沉降。顶面观测是将测点设在管线轴线相对应的地表或管线的窨井盖上观测。由于

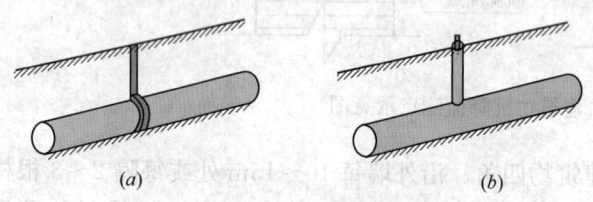

图12-181 直接法测管线变形方案
(a) 抱箍式埋设；(b) 套筒式埋设

测点与管线本身存在介质，因而观测精度较差，但可避免破土开挖，只有在设防标准较低的场合采用，一般情况下不宜采用。

应根据管线修建年份、类型、材料、尺寸及现状等情况，确定监测点设置情况；监测点宜布置在管线的节点、转角点和变形曲率较大的部位，监测点平面间距宜为15~25m，并宜延伸至基坑边缘以外1~3倍基坑开挖深度范围；供水、煤气、供热等压力管线宜设置直接监测点，也可利用窨井、阀门、抽气口以及检查井等管线设备作为监测点，在无法埋设直接监测点的部位，可设置间接监测点。

#### 12.19.4.12 周边地铁隧道监测

基坑工程中开挖、降水、堆载等各类卸载加载活动会引起周边土体发生位移变化，导致周边地铁隧道结构内部产生应力和位移，局部变形过大可能会导致地铁隧道结构开裂、渗漏及结构损伤，影响其正常运行和交通安全。因此在基坑施工过程中，应根据周围土体情况、基坑深度及影响范围、基坑与地铁隧道的位置关系和地铁隧道控制要求，对基坑周边的地铁隧道结构制定合理的监测方案。

地铁隧道的控制标准参数一般为其沉降量、水平位移量、收敛变形、外加荷载以及引发振动的峰值速度，监测对象主要为地铁、轨道结构及隧道结构。

目前常用的地铁隧道的监测方法一般有人工监测和远程自动化监测，既有地铁、隧道监测宜采用远程自动化监测方法。

人工垂直位移监测通常采用闭合水准路线的测量方法，一般应满足二等水准测量相关技术要求。人工侧墙倾斜监测常通过测量侧墙上下两端点的坐标，计算其绝对倾斜量。电水平尺自动化垂直位移监测是将可以测定自身水平倾角的电水平尺与地铁隧道结构物固定，通过接收电水平尺传输的水平倾角数据来计算地铁隧道的相对沉降情况。全站仪自动化监测则是在地铁隧道结构内布置固定的测点，利用自动化全站仪定时测量各测点的坐标信息从而确定位移情况。

地铁隧道的测点布置应该满足观测精度和长期稳定性的要求，并应考虑测点的保护需要，同时要尽可能具备简单、可靠、使用方便等特点。地铁隧道的测点一般布置在施工区域对应投影区段及其影响区间内的地下车站段和隧道段，基坑对应投影区段内一般按5m间距布置观测点，投影区段外可适当放宽间距。

## 12.20 基坑工程特殊问题的处理

### 12.20.1 特殊地质条件

**1. 暗浜、浜填土**

若基坑工程中遇暗浜、浜填土等极软弱土层，会对支护围护结构、土方开挖等施工造成不利影响。若暗浜、浜填土较浅且范围较小时，可采取土体置换的措施。若暗浜、浜填土较深或范围较大时，可采取土体改良（如土体加固）的措施。水泥土搅拌桩施工时可采取增加水泥掺量、调整施工参数的措施；地下连续墙施工时可采取槽壁加固、调整泥浆指标等措施；钻孔灌注桩施工时可采取在水泥土搅拌桩内套打的方式；混凝土支撑施工时应采取设置垫层等措施保证支撑的质量；放坡坡体区域若有暗浜、浜填土时，应采取设置临时围护墙或土体加固等保持边坡稳定的措施；基坑土方开挖时，应采取临时边坡稳定措施，同时应在开挖面设置路基箱等防止土方机械失稳的措施。

**2. 岩石基坑**

岩石基坑根据地层组成情况可分为纯岩石基坑和土岩组合基坑。基坑的稳定性主要受岩体的风化程度和岩体成因类型的影响。岩石基坑可根据工程地质与水文地质条件、周边环境保护要求、支护形式等情况，选择合理的开挖顺序和开挖方式。

岩石基坑应采取分层分段的开挖方法，遇不良地质、不稳定或欠稳定的基坑，应采取分层分段间隔开挖的方法，并限时完成支护。岩石的开挖一般采用爆破法，强风化的硬质岩石和中风化的软质岩石，在现场试验满足的条件下，也可采用机械开挖。施工中遇中风化、微风化的岩石部分，须进行爆破开挖，爆破开挖宜先在基坑中间进行开槽爆破，再向基坑周边进行台阶式爆破开挖；在接近支护结构或坡脚附近的爆破开挖，应采取减小对基坑边坡岩体和支护结构影响的措施；爆破后的岩石坡面或基底，应采用机械进行修整。周边环境保护要求较高的基坑，基坑爆破开挖应采取静力爆破等控制振动、冲击波、飞石的爆破方式。岩石基坑爆破参数可根据现场条件和当地经验确定，地质复杂或重要的基坑工程，宜通过试验确定爆破参数；单位体积耗药量一般取 0.3~0.8kg/m³，炮孔直径一般取 36~42mm。施工中应根据岩体条件和爆破效果，及时调整和优化爆破参数。

## 12.20.2 特殊环境条件下的处理

城市中心区域的基坑规模越来越大，开挖深度越来越深，且市区建筑物密集、管线繁多、地铁车站密布、地铁区间隧道纵横交错，在这种复杂城市环境条件下的深基坑工程，除了需关注基坑本身安全以外，尚需重点关注其实施对周边已有建（构）筑物及管线的影响。在这种情况下，基坑设计的稳定性及承载力仅是必要条件，变形往往成为主要的控制条件，从而使得基坑工程的设计从强度控制转向变形控制。基坑工程施工对环境的影响主要分如下三类：围护结构施工过程中产生的挤土效应或土体损失引起的相邻地面隆起或沉降；长时间、大幅度降低地下水可能引起地面沉降，从而引起邻近建（构）筑物及地下管线的变形及开裂；基坑开挖时产生的不平衡力、软黏土发生蠕变和坑外水土流失而导致周围土体及围护墙向开挖区发生侧向移动、地面沉降及坑底隆起，从而引起紧邻建（构）筑物及地下管线的侧移、沉降或倾斜。因此除从设计方面采取有关环境保护措施外，还应从围护结构施工、基坑降水及开挖三个方面分别采取相关措施保护周围环境。

1. 围护结构施工

围护墙施工时应采用适当的工艺和方法减少沉桩时的挤土与振动影响；板桩拔出时应采用边拔边注浆等措施；在粉土或砂土层中进行地下连续墙施工宜采用减小单幅槽段宽度、调整泥浆配合比、槽壁预加固及降水等措施；灌注排桩施工可选用在搅拌桩中套打、提高泥浆密度、采用优质泥浆护壁等措施提高灌注桩成孔质量以及控制孔壁坍塌；搅拌桩施工过程中应通过控制施工速度、优化施工流程，减少搅拌桩挤土效应对周围环境的影响；建（构）筑物工程桩有挤土效应时，应先施工工程桩，后施工围护结构搅拌桩。邻近古树名木进行有泥浆污染的围护墙施工时，宜采取钢板桩等有效隔离措施。

2. 基坑降水

应利用经验公式或通过抽水试验对降水的影响范围进行估算，并采取有效的控制措施；在降水系统的布置和施工方面，应考虑尽量减少保护对象下地下水位变化的幅度；井点降水系统宜远离保护对象，相距较近时应采取适当布置方式及措施减少降水深度；降水井施工时，应避免采用可能危害保护对象的施工方法；宜设置隔水帷幕减小降水对保护对象的影响；宜设置回灌水系统以保持保护对象的地下水位。

3. 基坑开挖

基坑工程开挖方法、支撑和拆撑顺序应与设计工况相一致，并遵循及时支撑、先撑后挖、分层开挖、严禁超挖的原则。对面积较大的基坑，土方宜采用分区、对称开挖和分区安装支撑的施工方法，尽量缩短基坑无支撑暴露时间。同时开工或相继开工的相邻基坑工程，施工前应事先协调双方的施工进度、流程等，避免或减少相互干扰与影响；相邻基坑宜先开挖较深基坑，后开挖较浅的基坑；相邻工程中出现打桩、开挖同时进行的情况时，应控制打桩至基坑的距离。相邻基坑应根据相应最不利工况，选择合适的支护结构形式。

必要时，应在基坑开挖前对周边建（构）筑物及地下管线等提前加固保护，对邻近基坑的建（构）筑物和地下设施等采用树根桩或锚杆静压桩进行基础托换，也可在基坑和保护对象之间设置隔离桩等隔离措施；对于基坑周围埋深较浅的管线，可采取暴露、架空等措施；可在保护对象的侧面和底部设置注浆管，对其土体注浆预加固。可在基坑与保护对象之间预先设置注浆管，基坑开挖期间根据监测情况采用跟踪注浆保护。跟踪注浆宜采用双液注浆。

### 12.20.3　特殊使用条件下的处理

基坑工程的辅助设施诸如坑边道路、坑内栈桥、机械停放点和材料堆场等，会对施工产生一定的影响，其主要特点是在基坑附近局部区域存在较大荷载，对围护结构或坑内支撑系统产生一定的作用，当荷载作用大于结构正常使用极限状态时，可能发生基坑安全事故。为此，首先应根据基坑施工各工况对机械、设备、材料堆放安置进行预安排，施工中动态调整以满足安全需要；施工中应严格控制大型机械设备的作业荷载；应对荷载较大区域的支护结构进行验算，如坑边重车道路，施工栈桥下支撑柱和支撑板等，并采取钢筋混凝土道路加强、加大竖向支撑柱截面等措施；应在荷载较大位置设置相应监测点，观测该位置的位移，一旦发生变形值过大或监测值报警的情况，应及时采取有效措施进行加固，必要时停工，待变形趋缓或受损结构修复后再施工。

### 12.20.4　基坑地下障碍物的处理

在地下施工工程中，经常会遇到障碍物，导致施工无法继续，如果障碍物埋深较浅或体积较小，即可采取人工清除或破碎机进行清除；相反，如果障碍物体积很大又比较深，就需要使用专业清障设备进行清除。

清障施工措施如下：

（1）对于混凝土基础、块石、古木桩等浅障碍物：如遇混凝土基础，用挖掘机将基础周围土体剥除，使其完全暴露，并用空压机带动风镐或配合人工将其破碎，与土方一道挖运出场外。基础面积较大或数量较多，风镐短期不能马上处理完的，如条件许可可用带钻头的挖掘机入坑对其进行破碎，然后继续开挖。对于深厚大块的混凝土基础，可用控制爆破法清除。如遇小型块石，可直接利用挖机清出场外。如遇较大块体材料，则用人工或风镐破碎后挖走。如遇古木桩之类，一般长2m以内的，直接挖除；长2m以上者挖去上部周围土方，锯去上段，再挖下段，分段处理。

（2）对于原有浅埋工程桩处理：挖土过程中遇到原有工程桩，应分段对称挖去桩周土或施工基坑支护，以避免土体侧压力产生推力使其倾斜，影响安全。一般每段长度不到3m，将其底部人工凿断破碎并清除，直到基底。

（3）对于地下埋深较深，普通开挖无法实施的地下障碍物或工程桩，主要采用的是全套管全回转旋切钻机，其设备是驱动钢套管进行360°回转，并将钢套管压入和拔除的施工机械。该设备在作业时产生下压力和扭矩，驱动钢套管转动，利用管口的高强度刀头对土体、岩层及钢筋混凝土等障碍物进行切削，利用套管的护壁作用，然后用液压冲抓斗将钢套管内物体抓出，在套管内进行清障拔桩作业。清障完成后，进行钢套筒内回填水泥土施工。全回转旋切钻机功率极大，可切碎钢筋、混凝土。与传统明挖清障方法不同，其不需要额外施工基坑支护，也不必进行基坑开挖，因此大幅降低了原材消耗并减少了对周边环境的影响。

(4) 遇其他地下障碍物的处理：当地下有人防通道时，常用基础梁跨越的处理方法，基础梁底离人防通道顶板应预留沉降高度。若跨越的基础梁跨度大或荷载大，可采用后张预应力基础梁。基坑开挖或打桩时应采取保护人防通道措施。在基坑开挖中遇到古井、洞穴等障碍时，通常采用砂卵石或塘渣回填处理，同时用加强的基础梁跨越。若是天然地基上的基础结构，则应请设计方修改加长或加宽基础结构。

## 12.21 基坑工程突发事件及预警机制

基坑工程施工中有时会引起围护墙或邻近建筑物、管线等产生一些异常现象。比较常见的突发事件及相应的应急预案如下：

1. 土方边坡位移过大

挖土速度过快会改变原状土的平衡状态，降低了土体的抗剪强度，呈流塑状态的软土对水平位移极为敏感，易造成滑坡。基坑开挖深度大、卸荷快速、土方边坡不加以控制，加上机械的振动和坑边的堆载，易于造成边坡失稳。为了防止边坡失稳，土方开挖应在降水达到要求后，采用分层开挖的方式施工，宜设置多级平台开挖，在坡顶和坑边不宜进行堆载，不可避免时，应在设计时予以考虑；工期较长的基坑，宜对边坡进行护面。挖土过程中如果出现边坡位移过大的现象，应及时对坑外土体进行卸载处理，同时视情况采取坑内加固或增设临时支撑等措施。必要时可在变化趋势变缓后再进行坡体加固处理。

2. 围护墙、围护桩、工法桩等渗水与漏水

土方开挖后支护墙出现渗水或漏水，对基坑施工带来不便，如渗漏严重时则往往会造成土颗粒流失，引起支护墙背地面沉陷甚至坍塌。在基坑开挖过程中，一旦出现渗水或漏水应及时处理，常用的方法如下：

（1）对渗水量较小，不影响施工也不影响周边环境的情况，可采用坑底设沟排水的方法。对渗水量较大，但没有泥砂带出，造成施工困难但对周围影响不大的情况下，可采用"引流—修补"方法，渗流量较小的情况，在引流的同时，结合坑外注浆措施。即在渗漏较严重部位先在围护墙上打入钢管或埋设PVC管，管径根据水流大小选择，一般为20～110mm，使其穿透围护墙进入墙背土体内，由此将水从该管引出，而后将管边围护墙薄弱处用防水混凝土或砂浆修补封堵，待封堵的混凝土或砂浆达到一定强度后，再将引流管出水口封住。如封住管口后出现二次渗漏，可继续进行"引流修补"。如果引流出的水为清水，周边环境较简单或出水量不大，只需将引入基坑的水设法排出即可。

（2）若渗漏水量很大，且漏水位置离地面不深处，可将围护墙背开挖至漏水位置下500～1000mm，在墙后用混凝土封堵。如漏水位置埋深较大，则可在墙后采用压密注浆等方法，浆液中应掺入水玻璃，使其能尽早凝结，也可采用高压喷射注浆方法。

3. 围护墙侧向位移过大

基坑开挖后，支护结构发生一定的位移是正常的，但如位移过大，或位移发展过快，则往往会造成较严重后果。如发生这种情况，应针对不同支护结构采取相应的应急措施。

（1）重力式支护结构

如果开挖后重力式支护结构位移超过预警值，首先应做好位移的监测，绘制位移—时

间曲线，掌握发展趋势，必要时进行坑外卸载、坑内反压的措施。一般在刚开始挖土阶段的位移发展迅速，以后仍会有所发展，但位移增长速率明显下降。如果位移超过预警值不太多且趋于稳定，一般不必采取特殊措施，但应注意尽量减小坑边堆载，严禁动荷载作用于围护墙或坑边区域，并加快垫层浇筑与地下室底板施工的速度，以减少基坑暴露时间；应将墙背裂缝用水泥砂浆或细石混凝土灌满，防止明水进入基坑及浸泡围护墙背土体。对位移超过预警值较多，且数天后仍无减缓趋势，或基坑周边环境较复杂的情况下，应采取围护结构背后卸荷、加快垫层施工速度、设置加强垫层、加设支撑等措施。

(2) 悬臂式支护结构

悬臂式支护结构发生位移主要是其上部向基坑内倾斜，也有一定的深层滑动。防止悬臂式支护结构上部位移过大的应急措施较简单，加设支撑或拉锚都是十分有效的，也可采用支护墙背卸土的方法。防止深层滑动也应及时浇筑垫层，必要时也可设置加强垫层。

(3) 支撑式支护结构

带有支撑的支护结构一般位移较小，其位移主要是插入坑底部分的支护桩墙向内变形。为了满足基础底板施工需要，最下一道支撑离坑底需有一定距离。因此对于支撑式支护结构，如发生墙背土体的沉陷，主要应设法控制围护墙嵌入部分的位移，着重加固坑底部位。一般可采取增设坑内降水设备（也可在坑外降水）、坑底加固、合理调整挖土分块及其施工顺序、设置加强垫层（加厚垫层、配筋垫层或垫层内设置型钢支撑等）。

对于周围环境保护要求很高的工程，若开挖后发生较大变形，可在坑底加厚垫层，并采用配筋垫层，使坑底形成可靠的支撑，同时加厚配筋垫层对抑制坑内土体隆起也非常有利。减少了坑内土体隆起，也就控制了支护墙下段位移。必要时还可在坑底设置支撑，如采用型钢，或在坑底浇筑钢筋混凝土暗支撑（其顶面与垫层面相同）以减少位移，此时在支护墙根处应设置围檩，否则单根支撑对整个围护墙的作用不大。

若由于围护墙刚度不够而产生较大侧向位移，则应加强支护墙体，如在其后加设树根桩或钢板桩，或在坑内增设支撑等。

4. 流砂及管涌

对轻微的流砂现象，在基坑开挖后可采用加快垫层浇筑或加厚垫层的方法"压注"流砂。对较严重的流砂应增加坑内降水措施，使地下水位降至坑底以下 0.5～1m。降水是防治流砂的最有效的方法。如果管涌十分严重，可在支护墙前再打设一排钢板桩，在钢板桩与支护墙间进行注浆，钢板桩底应与支护墙底标高相同，顶面与坑底标高相同，钢板桩的打设宽度应比管涌范围宽 3～5m。对于承压水突涌造成的管涌现象，处理办法是在坑内增设承压水降水井，通过降水将承压水位降至坑底标高以下 0.5～1m。

5. 坑底隆起的处理

坑底隆起是地基卸荷后，坑底土体产生向上的竖向变形。在开挖深度不大时，坑底为弹性隆起；随着开挖深度的增大，坑内外高差所形成的作用和地面各种超载的作用会使围护墙外侧土体向坑内移动，使坑底产生向上的塑性变形，同时引起基坑周边地面沉降。施工中减少坑底隆起的有效措施是设法减少土体中有效应力的变化，提高土的抗剪强度和刚度。在基坑开挖过程中和开挖后，应保证井点降水正常进行，减少坑底暴露时间，尽快浇筑垫层和底板，也可对坑底土层搅拌桩和旋喷桩进行加固。

6. 邻近建筑与管线位移的控制

基坑开挖后，土体平衡发生很大变化，对坑外建筑或地下管线往往也会引起较大的沉降或位移，有时还会造成建筑倾斜，并由此引起房屋裂缝，管线断裂、泄漏。基坑开挖时必须加强观察，当位移或沉降值达到报警值后，应立即采取措施。如果条件许可，在基坑开挖前对邻近建筑物下的地基或支护墙背土体先进行加固处理，如采用压密注浆、搅拌桩、静压锚杆桩等加固措施，此时施工较为方便，效果更佳。

对建筑的沉降控制一般可采用跟踪注浆的方法。根据基坑开挖进程，连续跟踪注浆。注浆孔布置可在围护墙背及建筑物前各布置一排，两排注浆孔间则适当布置。注浆深度应在地表至坑底以下2~4m范围，具体可根据工程条件确定。注浆压力控制不宜过大，否则不仅对围护墙会造成较大侧压力，对建筑本身也不利。注浆量可根据支护墙的估算位移量及土的空隙率来确定。采用跟踪注浆时应仔细观察建筑的沉降状况，防止由注浆引起土体搅动而加剧建筑物的沉降或将建筑物抬起。

对基坑周围管线保护一般可采取打设封闭桩或挖隔离沟、管线架空的方法。

若地下管线离开基坑较远，但开挖后引起的位移或沉降又较大，可在管线靠基坑一侧设置封闭桩，以减小打桩挤土。封闭桩宜选用树根桩，也可采用钢板桩、槽钢等，施打时应控制打桩速率，封闭板桩离管线应保持一致距离，以免影响管线。在管线边开挖隔离沟也对控制位移有一定作用，隔离沟应与管线有一定距离，其深度宜与管线埋深接近或略深，在靠管线一侧还应做出一定坡度。

若地下管线离基坑较近的情况下，设置隔离桩或隔离沟既不易行也无明显效果，此时可采用管线架空的方法。管线架空后与围护墙后的土体基本分离，土体的位移与沉降对它影响很小，即使产生一定位移或沉降后，还可对支撑架进行调整复位。管线架空前应先将管线周围的土挖空，在其上设置支撑架，支撑架的搁置点应可靠牢固，能防止产生过大位移与沉降，并应便于调整其搁置位置。然后将管线悬挂于支撑架上，如管线发生较大位移或沉降，可对支撑架进行调整复位，以保证管线的安全。

7. 支护结构失稳

基坑土方开挖过快、坑边堆载过大、支撑非正常作业等都会对支护结构产生影响，造成支护结构失稳，严重时支撑产生裂缝甚至损坏。一般可对支护结构变形过大处采取局部卸载并控制坑边道路大型机械设备的使用时间，避免局部区域集中作业的措施应合理安排土方开挖施工节奏，支撑结构未达设计要求时严禁开挖下一层土，减缓支撑位移速率；可对支撑采取加固措施，如采取在支撑下搭设临时支架等；当支撑产生裂缝时，通常是采用比原强度等级高一级的混凝土进行注浆修补。

8. 降水失效或效果不佳的处理

降水失效或效果不佳，主要是由于降水井或降水设备故障或损坏，围护结构止水帷幕深度不足或未封闭等。处理方法是先检查降水井及降水设备是否正常使用，确定降水井抽水量，及时修复损坏设备、打设新降水井、启用备用降水井等措施；在基坑渗漏水的围护结构外侧加打旋喷桩加固，对围护结构与旋喷桩之间缝隙压密注浆，保证止水效果。

## 12.22 沉井与沉箱

### 12.22.1 沉井施工

#### 12.22.1.1 原理和特点

沉井是修筑地下结构和深基础的一种结构形式。施工时先在地面或基坑内制作一个井筒状的钢筋混凝土结构物，待其达到规定强度后，在井身内部分层挖土运出，随着挖土和土面的降低，沉井井身在其自重及上部荷载或在其他措施协助下克服与土壁间的摩阻力和刃脚反力，不断下沉，直至设计标高就位，然后进行封底。

沉井施工工艺具有如下特点：沉井结构整体刚度大，整体性好，抗震性好；沉井施工法工艺成熟，与其他地下施工相比更优越；沉井施工地质适用范围广，对周围环境影响小；沉井结构本身兼作围护结构，不需另加设支撑和防水措施。

沉井由井壁、刃脚、内隔墙、井孔凹槽、底板、顶盖等组成。井壁是井体的主要受力部位，必须具备一定的强度以承受井壁周围的水、土压力。刃脚的作用为切土下沉，故必须有足够的强度，以免破损。内墙为井内纵横设置的内隔墙，井壁与内墙，或者内墙和内墙间所夹的空间即为井孔。凹槽位于刃脚内侧上方，目的在于更好地将井壁与底板混凝土连接。通常底板为两层浇筑的混凝土，下层为素混凝土，上层为钢筋混凝土。顶盖即为沉井封底后根据实际需要，井体顶端设置的板，通常为钢筋混凝土或钢结构。

#### 12.22.1.2 沉井类型

按沉井的横截面形状可分为：圆形、方形、矩形、椭圆形、端圆形、多边形及多孔井字形等，如图 12-182 所示。

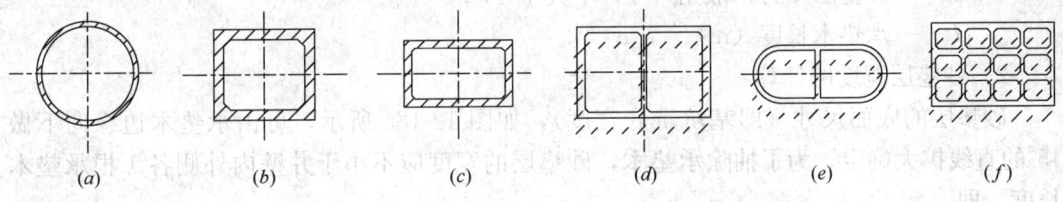

图 12-182 沉井平面图
(a) 圆形单孔沉井；(b) 方形单孔沉井；(c) 矩形单孔沉井；
(d) 矩形双孔沉井；(e) 椭圆形双孔沉井；(f) 矩形多孔沉井

沉井按竖向剖面形状分：圆柱形、阶梯形及锥形等，如图 12-183 所示。

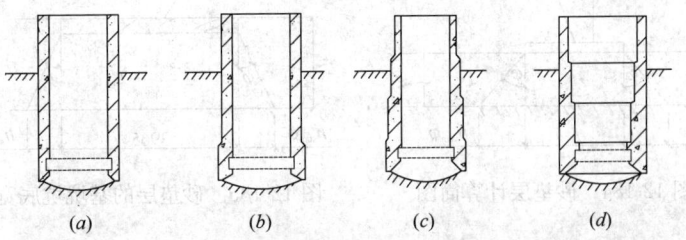

图 12-183 沉井剖面图
(a) 圆柱形；(b) 外壁单阶梯形；(c) 外壁多阶梯形；(d) 内壁多阶梯形

按构成材料可分为素混凝土沉井、钢筋混凝土沉井及钢沉井。

#### 12.22.1.3 沉井施工技术

1. 沉井施工的准备工作

应对施工场地进行勘察，查清和排除地面及地面3m内障碍物，提供土层变化、地下水位、地下障碍物及有无承压水等情况，对各土层要提供详细的物理力学指标。应编制技术上先进、经济上合理的切实可行的施工方案，在方案中要重点解决沉井制作、下沉、封底等技术措施及保证质量的技术措施。事先要设置测量控制网和水准基点，作为定位放线、沉井制作和下沉的依据。

2. 沉井刃脚垫层及垫木的设计

在松软地基上制作沉井应对地基进行处理，以防由于地基不均匀下沉引起井身开裂。处理方法一般采用砂垫层和垫木。

(1) 砂垫层

1) 砂垫层的厚度计算

当地基强度较低、经计算垫木需用量较多、铺设过密时，应在垫木下设砂垫层加固，以减少垫木数量。砂垫层计算简图如图12-184所示，砂垫层厚度应根据第一节沉井重量和垫层底部地基土的承载力进行计算，计算公式如式（12-62）：

$$P \geqslant \frac{G_s}{l + 2h_s \tan\varphi} + \gamma_s h_s \tag{12-62}$$

式中  $h_s$——砂垫层厚度（m）；
　　　$G_s$——沉井单位长度的重量（kN/m）；
　　　$P$——地基土的承载力（kPa）；
　　　$\gamma_s$——砂的密度，一般为1800kg/m³；
　　　$\varphi$——砂垫层压力扩散角（°），不大于45°；
　　　$l$——承垫木长度（m）。

2) 砂垫层宽度的计算

砂垫层的底面尺寸（即基坑坑底宽度），如图12-185所示，可由承垫木边缘向下做45°的直线扩大确定。为了抽除承垫木，砂垫层的宽度应不小于井壁内外侧各1根承垫木长度。即：

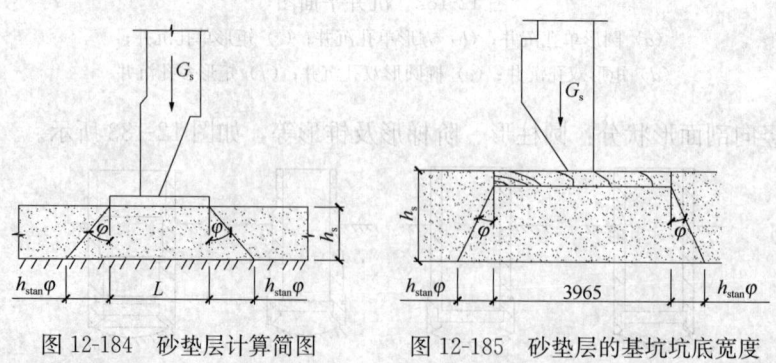

图12-184 砂垫层计算简图　　图12-185 砂垫层的基坑坑底宽度

$$B > b + 2l \tag{12-63}$$

式中  $B$——砂垫层的底面宽度（m）；

$b$——刃脚踏面或隔墙的宽度（m）；

$l$——承垫木的长度（m）。

(2) 刃脚下承垫木的计算

承垫木数量根据沉井第一节浇筑的重量及地基承载力而定，承垫木的根数按式12-64计算：

$$n = \frac{G}{A[f]} \qquad (12\text{-}64)$$

式中　$n$——承垫木的根数（根）；

$A$——一根垫木与地基（或砂垫层）的接触面积（m²）；

$G$——沉井第一节的浇筑重力（kN）；

$[f]$——地基土（或砂垫层）的容许承载力（kPa）。

垫木的间距一般为 0.5~1.0m。当沉井为分节浇筑一次下沉时，砂浆垫层的承载力可以提高，但不得超过木材强度。

3. 沉井制作

(1) 沉井制作方式

沉井的制作有一次制作和分节制作，地面制作及基坑制作等方案，如沉井高度不大时宜采用一次制作，可减少接高作业，加快施工进度；高度较大时可分节制作，但尽量减少分节节数。沉井制作可在修建构筑物的地面上进行，亦可在基坑中进行，如在水中施工还可在人工筑岛上进行。应用较多的是在基坑中制作。

采取在基坑中制作，基坑应比沉井宽 2~3m，四周设排水沟、集水井，使地下水位降至比基坑底面低 0.5m，挖出的土方在周围筑堤挡水，要求护堤宽不少于 2m，如图 12-186 所示。沉井过高，常常不够稳定，下沉时易倾斜，一般高度大于 12m 时，宜分节制作；在沉井下沉过程中或在井筒下沉各个阶段间歇时间，继续加高井筒。

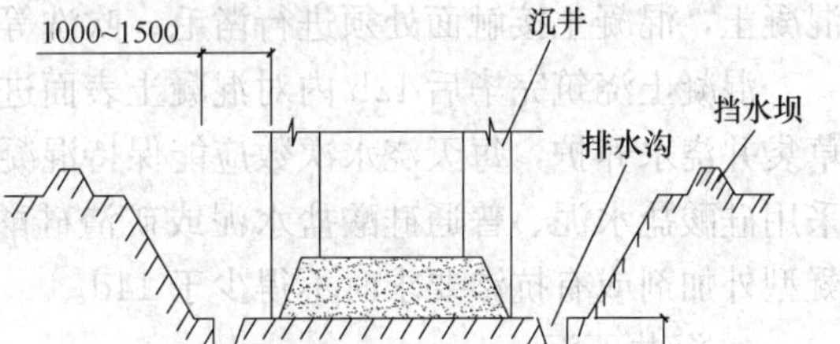

(2) 刃脚的支设

沉井下部为刃脚，其支设方式取决于

图 12-186　制作沉井的基坑

沉井重量、施工荷载和地基承载力。常用的方法有垫架法、砖砌垫座和土底模等。在软弱地基上浇筑较重的沉井，常用垫架法。沉井较小，直径或边长不超过 8m 且土质较好时可采用砖砌垫座。在土质较好时，对重量轻的小型沉井，甚至可用土底模。

(3) 模板支设

沉井模板与一般现浇混凝土结构的模板基本相同，应具有足够的强度、刚度、整体稳定性且缝隙严密不漏浆。井壁模板采用钢组合式定型模板或木定型模板组装而成。采用木模时，外模朝混凝土的一面应刨光，内外模均采取竖向分节支设，每节高 1.5~2.0m，用 $\phi12mm$~$\phi16mm$ 对拉螺栓拉槽钢圈固定，如图 12-187 所示。有抗渗要求的，在螺栓中间设止水板。第一节沉井筒壁应按设计尺寸周边加大 10~15mm，第二节相应缩小一些，以减少下沉摩阻力。对高度大的大型沉井，亦可采用滑模方法制作。用滑动模板浇筑混凝

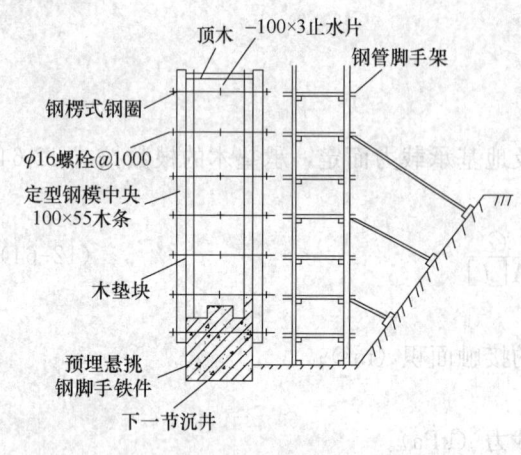

图 12-187 沉井井壁钢模板支设

土，可不必搭设脚手架，也可避免在高空进行模板安装及拆除工作。

(4) 钢筋绑扎

沉井钢筋可用起重机垂直吊装就位，用人工绑扎，或在沉井近旁预先绑扎钢筋骨架或网片，用起重机进行大块安装。竖筋可一次绑好，按井壁竖向钢筋的50%接头配置。水平筋分段绑扎。在分不清是受拉区或受压区时，应按照受拉区的规定留出钢筋的搭接长度。与前一节井壁连接处伸出的插筋采用焊接连接方法，接头错开1/4。沉井内隔墙可采取与井壁同时浇筑或在井壁与内隔墙连接部位预留插筋，下沉完后，再施工隔墙。

(5) 混凝土浇筑和养护

沉井混凝土浇筑，可根据沉井高度及下沉工艺的要求采用不同方法浇筑。高度在10m以内的沉井可一次浇筑完成，浇筑混凝土时应分层对称地进行施工，且应在混凝土初凝时间内浇筑完一层，避免出现冷缝。沉井拆模时对混凝土强度有一定要求，当达到设计强度的25%以上时，可拆除不承受混凝土重量的侧模；当达到设计强度的70%或设计强度的90%以上时，可拆除刃脚斜面的支撑及模板。分节浇筑时，第一节混凝土的浇筑与单节式混凝土的浇筑相同，第一节混凝土强度达到设计强度的70%以上，可浇筑第二节沉井的混凝土，混凝土接触面处须进行凿毛、吹洗等处理。

混凝土浇筑完毕后12h内对混凝土表面进行覆盖和浇水养护，井壁侧模拆除后应悬挂草袋并浇水养护，每天浇水次数应能保持混凝土处于湿润状态。浇水养护期间，当混凝土采用硅酸盐水泥、普通硅酸盐水泥或矿渣硅酸盐水泥时不得少于7d，当混凝土内掺用缓凝型外加剂或有抗渗要求时不得少于14d。

4. 沉井下沉

沉井下沉按其制作与下沉的顺序，有三种形式：①一次制作，一次下沉。一般中小型沉井，高度不大，地基很好或者经过人工加固后获得较大的地基承载力时，最好采用一次制作，一次下沉方式。②分节制作，多次下沉。将井墙沿高度分成几段，每段为一节，制作一节，下沉一节，循环进行。③分节制作，一次下沉。这种方式的优点是脚手架和模板可连续使用，下沉设备一次安装，有利于滑模。沉井下沉应具有一定的强度，第一节混凝土或砌体砂浆应达到设计强度的100%，其上各节达到70%以后，方可开始下沉。

(1) 凿除混凝土垫层

沉井下沉之前，应先凿除素混凝土垫层，使沉井刃脚均匀地落入土层中，凿除混凝土垫层时，应分区域对称按顺序凿除。凿断线应与刃脚底板齐平，凿断之后的碎渣应及时清除，空隙处应立即采用砂或砂石回填，回填时采用分层洒水夯实，每层20~30cm。

(2) 下沉方法选择

沉井下沉有排水下沉和不排水下沉两种方法。前者适用于渗水量不大（每平方米渗水不大于$1m^3$/min）、稳定的黏土或在砂砾层中渗水量虽很大，但排水并不困难时使用；后者适用于流砂严重的地层和渗水量大的砂砾地层，以及地下水无法排除或大量排水会影响附近建筑物的安全的情况。

1）排水下沉挖土方法

① 普通土层。从沉井中间开始逐渐挖向四周，每层挖土厚 0.4~0.5m，在刃脚处留 1~1.5m 的台阶，然后沿沉井壁每 2~3m 一段向刃脚方向逐层全面、对称、均匀地开挖土层，每次挖去 5~10cm，当土层经不住刃脚的挤压而破裂，沉井便在自重作用下均匀地破土下沉，如图 12-188（a）所示。当沉井下沉很少或不下沉时，可再从中间向下挖 0.4~0.5m，并继续按图 12-188（a）向四周均匀掏挖，使沉井平稳下沉。

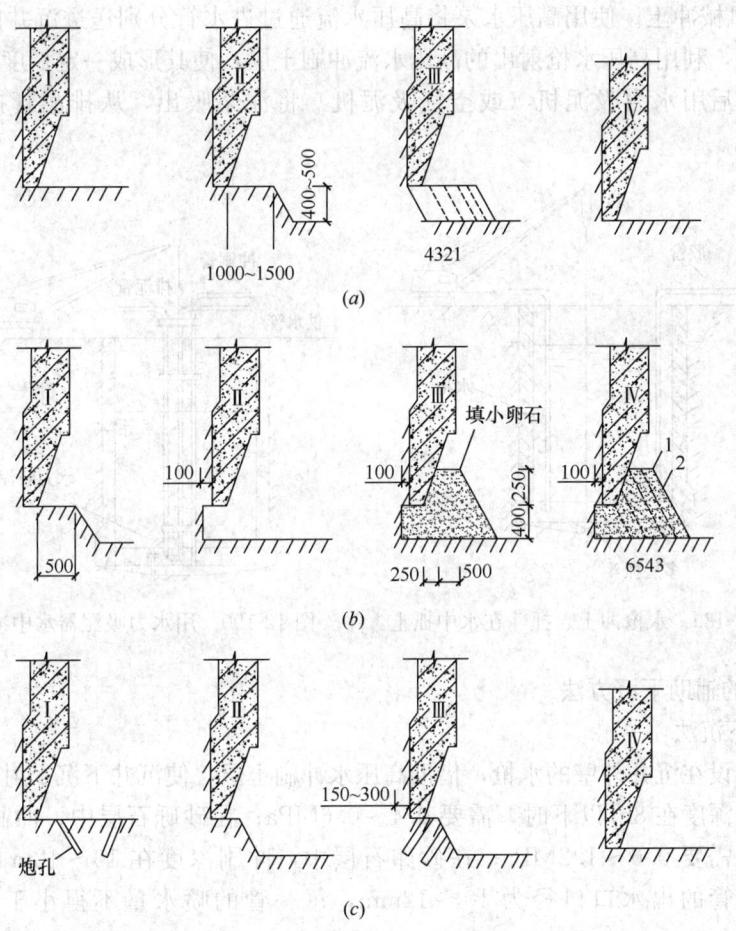

图 12-188　沉井下沉挖土方法
（a）普通挖土；（b）砂夹卵石或硬土层；（c）岩石放炮开挖

② 砂夹卵石或硬土层。可按图 12-188（a）所示的方法挖土，当土坡挖至刃脚，沉井仍不下沉或下沉不平稳，则须按平面布置分段的次序逐段对称地将刃脚下挖空，并挖出刃脚外壁约 10cm，每段挖完用小卵石填塞夯实，待全部挖空回填后，再分层去掉回填的小卵石，可使沉井均匀减少承压面而平衡下沉，如图 12-188（b）所示。

③ 岩层。风化或软质岩层可用风镐或风铲等按图 12-188（a）的次序开挖。较硬的岩层可按图 12-188（c）所示的顺序进行，在刃口打炮孔，进行松动爆破，炮孔深 1.3m，以

1m×1m梅花形交错排列，使炮孔伸出刃脚口外15～30cm，以便开挖宽度可超出刃口5～10cm。下沉时，顺刃脚分段顺序，每次挖1m宽即进行回填，如此逐段进行，至全部回填后，再去除土堆，使沉井平稳下沉。

2) 不排水下沉挖土方法

① 抓斗挖土。用起重机吊住抓斗挖掘井底中央部分的土，使沉井底形成锅底。在砂或砾石类土中，一般当锅底比刃脚低1～1.5m时，沉井即可靠自重下沉，而将刃脚下的土挤向中央锅底，再从井孔中继续抓土，沉井即可继续下沉。在黏质土或紧密土中，刃脚下的土不易向中央坍落，则应配以射水管松土，如图12-189所示。

② 水力机械冲土。使用高压水泵将高压水流通过进水管分别送进沉井内的高压水枪和水力吸泥机，利用高压水枪射出的高压水流冲刷土层，使其形成一定稠度的泥浆，汇流至集泥坑，然后用水力吸泥机（或空气吸泥机）将泥浆吸出，从排泥管排出井外，如图12-190所示。

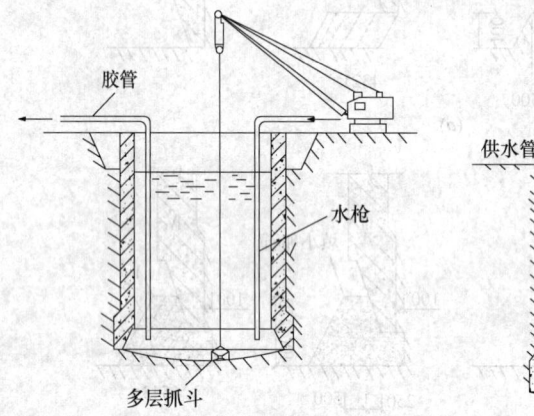

图12-189 水枪冲土、抓斗在水中抓土　　图12-190 用水力吸泥器水中冲土

3) 沉井的辅助下沉方法

① 射水下沉法

用预先安设在沉井外壁的水枪，借助高压水冲刷土层，使沉井下沉。射水所需水压在砂土中，冲刷深度在8m以下时，需要0.4～0.6MPa；在砂砾石层中，冲刷深度在10～12m以下时，需要0.6～1.2MPa；在砂卵石层中，冲刷深度在10～12m时，需要8～20MPa。冲刷管的出水口口径为10～12mm，每一管的喷水量不得小于$0.2 m^3/s$，如图12-191所示。

② 触变泥浆护壁下沉法

沉井外壁制成宽度为10～20cm的台阶作为泥浆槽。泥浆是用泥浆泵、砂浆泵或气压罐通过预埋在井壁体内或设在井内的垂直压浆管压入，如图12-192所示，使外井壁泥浆槽内充满触变泥浆，其液面接近于自然地面。

③ 抽水下沉法

不排水下沉的沉井，抽水降低井内水位，减少浮力，可使沉井下沉。

④ 井外挖土下沉法

若上层土中有砂砾或卵石层，井外挖土下沉较为有效。

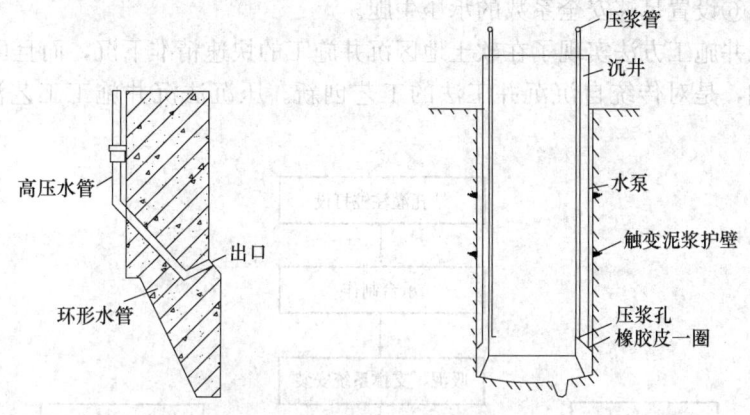

图 12-191 沉井预埋冲刷管组　　图 12-192 触变泥浆护壁下沉方法

⑤ 压重下沉法

可利用灌水、铁块或草袋装砂土以及接高混凝土筒壁等加压配重，使沉井下沉。

⑥ 炮震下沉法

当沉井内的土已经挖出掏空而沉井不下沉时，可在井中央的泥土面上放药起爆，一般用药量为 0.1～0.2kg。同一沉井，同一地层不宜多于 4 次。

⑦ 空气幕措施

沉井下沉深度越深，其侧壁摩阻力越大，采用空气幕可减少井壁与土层之间的摩阻力，使沉井顺利下沉到设计标高。该法是在沉井井壁内预设一定数量的管路，管路上预留小孔，之后向管内压入一定压力的压缩空气，通过小孔内向沉井井壁外喷射，形成一层空气帷幕，从而降低井壁与土层之间的摩阻力。

4) 压沉法下沉施工方法

压沉法沉井施工工艺是利用沉井结构顶部外侧的牛腿，借助地锚反力装置，通过穿心千斤顶提供一个对沉井牛腿向下的压力，在适当取土的同时，将沉井压入土体。整个反力系统由以下几个部分组成：穿心式千斤顶、承压牛腿、反力探杆、反力装置、承台、钻孔灌注桩，其构造如图 12-193 所示。通过对沉井施加一个足够的下压力，使沉井具有足够的下沉系数，该下压力足以消除土层对其产生的种种不利影响，即能够主导沉井的下沉，沉井在本身自重以及下压力的作用下下沉到指定深度，最后将沉井底部填充混凝土进行封底。

反力系统的设定需要确定以下几点：①设定适当的压入力，该压入力与自重之和应大于沉井下沉遇到的总阻力。②根据压入力确定沉井地锚的数量及布置形式。③地锚不得设置在顶管进出洞范围，并应保持足够的间距。④应结合沉井结构，布置成对称形式，方便沉井下沉过程中的纠偏。⑤地锚应与沉井保持足够的距离，一般设定为 0.5～1.5m

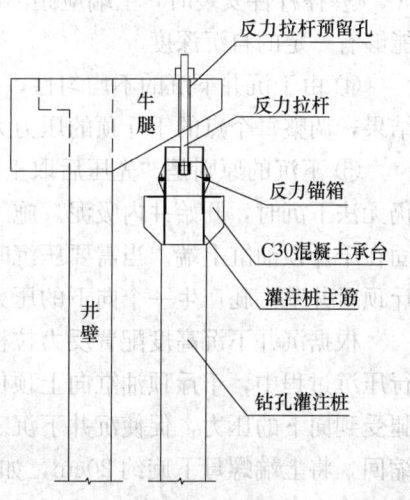

图 12-193 反力系统构造示意图

（边到边距）。⑥设置足够安全系数的承压牛腿。

压沉法沉井施工方法实现了在软土地区沉井施工的快速精准下沉，而且可以有效降低对环境的影响，是对传统自沉沉井工法的工艺创新。压沉法沉井施工工艺流程如图12-194所示。

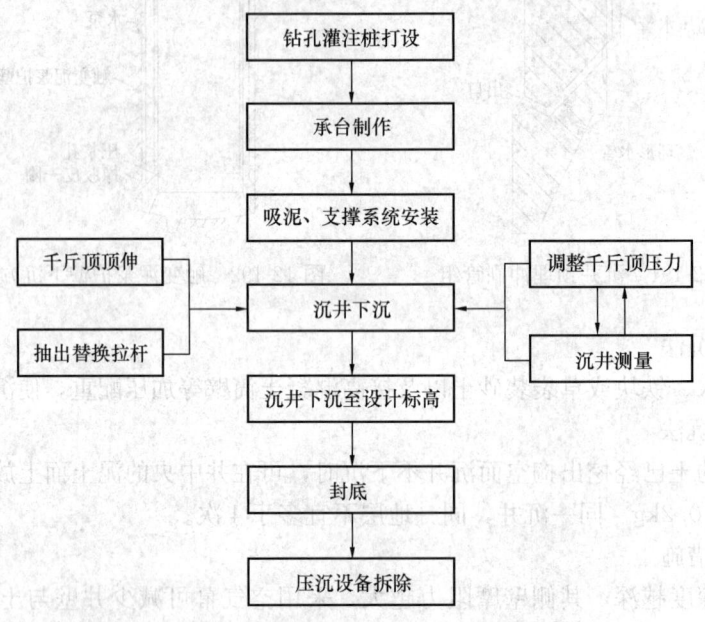

图 12-194 压沉法沉井施工工艺流程图

压沉施工工艺及流程：

① 打设钻孔灌注桩，反力地锚是由 2 根钻孔桩组成，必须对桩的垂直度进行严格控制，保证 2 根桩的合力的位置不出现大的偏差。

② 沉井开始下沉前，各个系统应安装到位，并对千斤顶液压系统进行相应的设备调试。

③ 撑杆件安装时，上端应距离沉井壁上钢牛腿 10cm 左右，使沉井在开始掏砖胎膜时能够有一定的自沉深度。

④ 由于沉井下沉的不均匀性，可能每次下沉均需调整。依据沉井高差和倾斜的测量结果，调整每个点的千斤顶的压力大小，慢慢对沉井进行纠偏作业。

⑤ 下沉的原则是"先压后取土"。千斤顶开始慢慢对沉井施加压力，在顶力至预定值仍无法下沉时，开始井内吸泥。施工时探杆穿过穿心千斤顶后在千斤顶上端利用大螺母锚固在千斤顶油缸上端。当需要压沉时，千斤顶油缸向上伸出顶住螺母，探杆拉紧后，使千斤顶对井壁牛腿产生一个向下的压力，促使沉井下沉。

根据沉井下沉高度配置反力拉杆，从地面钻孔灌注桩顶相接至沉井承压牛腿处。在进行压沉过程中，千斤顶油缸向上顶住上端锚固螺母，反力拉杆传递压力至抗拔桩。同时牛腿受到向下的压力，促使沉井下沉。当沉箱下沉一个油缸行程后（约20cm），千斤顶油缸缩回，将上端螺母下旋约20cm，如此往复。

由于上下探杆之间的连接螺母尺寸较大，不能穿过承压牛腿的拉杆预留孔，因此在下沉约 1.7m 深度后，需拆除一节替换拉杆（长度 1.7m），将上部工作拉杆（长度 3.7m）与下一段替换拉杆连接，开始下一个压沉循环，直至沉至设计标高。在下沉施工过程中，应注意观测测量的高度。

⑥ 最后拆除压沉设备，进行沉井后续施工。

(3) 降水措施

基坑底部四周应挖出一定坡度的排水沟与基坑四周的集水井相通。集水井比排水沟低 500mm 以上，将汇集的地面水和地下水及时用潜水泵、离心泵等抽除。基坑中应防止雨水积聚，保持排水通畅。基坑面积较小，坑底为渗透系数较大的砂质含水土层时可布置土井降水。土井一般布置在基坑周围，其间距根据土质而定。一般用 800~900mm 直径的渗水混凝土管，四周布置外大内小的孔眼，孔眼一般直径为 40mm，用木塞塞住，混凝土管下沉就位后由内向外敲去木塞，用旧麻袋布填塞。在井内填 150~200mm 厚的石料和 100~150mm 厚的砾石砂，使抽吸时细砂不被带走。

1) 明沟集水井排水

在沉井周围距离其刃脚 2~3m 处挖一圈排水明沟，设置 3~4 个集水井，深度比地下水深 1~1.5m，在井内或井壁上设水泵，将水抽出井外排走。为了不影响井内挖土操作和避免经常搬动水泵，采取在井壁上预埋铁件，焊接钢结构操作平台安设水泵，或设木吊架安设水泵，用草垫或橡皮承垫，避免震动，如图 12-195 所示，水泵抽吸高度控制在不大于 5m。

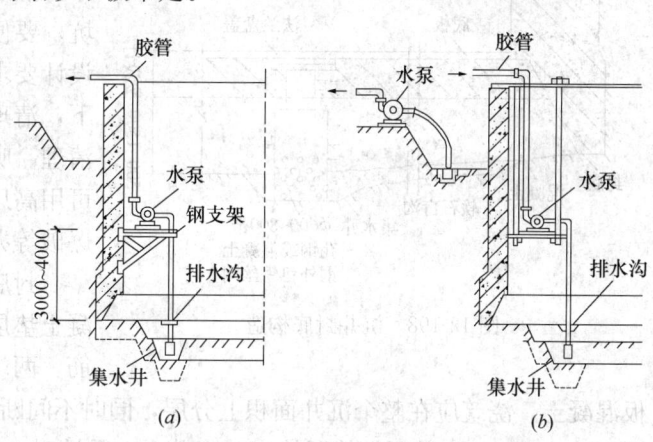

图 12-195 明沟直接排水法
(a) 钢支架上设水泵排水；(b) 吊架上设水泵排水

2) 井点排水

在沉井周围设置轻型井点、电渗井点或喷射井点以降低地下水位，如图 12-196 所示。

3) 井点与明沟排水相结合的方法

在沉井上部周围设置井点降水，下部挖明沟集水井设泵排水，如图 12-197 所示。

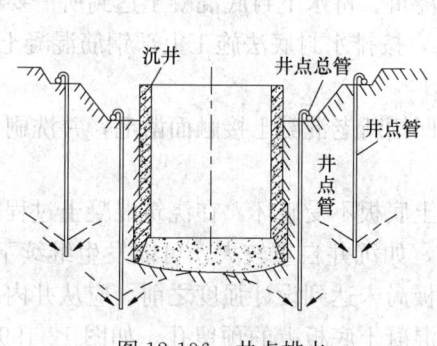

图 12-196 井点排水

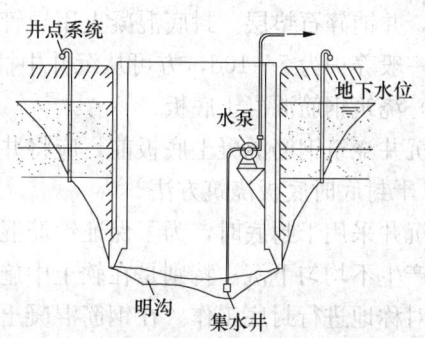

图 12-197 井点与明沟排水相结合的方法

5. 沉井封底

当沉井下沉到距设计标高 0.1m 时，应停止井内挖土和抽水，使其靠自重下沉至设计或接近设计标高，再经 2～3d 下沉稳定，经过观测在 8h 内累计下沉量不大于 10mm 或沉降率在允许范围内，沉井下沉已经稳定时，即可进行沉井封底。封底方法有排水封底和不排水封底两种，宜尽可能采用排水封底。

(1) 排水封底时的干封底

该方法是将新老混凝土接触面冲刷干净或打毛，对井底进行修整，使之成锅底形，由刃脚向中心挖成放射形排水沟，填以卵石做成滤水暗沟，在中部设 2～3 个集水井，深 1～2m，井间用盲沟相互连通，插入 $\phi600mm～\phi800mm$ 四周带孔眼的钢管或混凝土管，管周填以卵石，使井底的水流汇集在井中，用潜水泵排出，如图 12-198 所示。

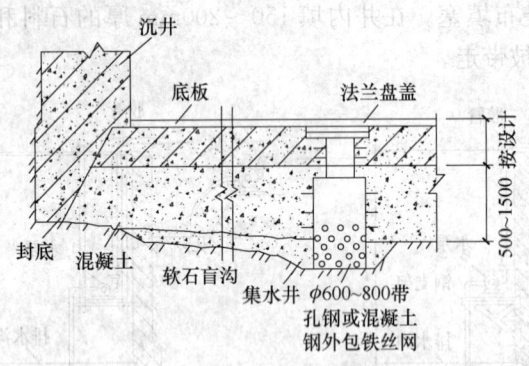

图 12-198 沉井封底构造

浇筑封底混凝土前应将基底清理干净。清理基底要求将基底土层做成锅底坑，要便于封底，各处清底深度均应满足设计要求。在不扰动刃脚下面土层的前提下，清理基底土层可采用人工清理、射水清理、吸泥或抓泥清理。清理基底风化岩可用高压射水、风动凿岩工具，以及小型爆破等办法，配合吸泥机清除。

封底一般先浇一层 0.5～1.5m 的素混凝土垫层，达到 50%设计强度后，绑扎钢筋，两端伸入刃脚或凹槽内，浇筑上层底板混凝土。浇筑应在整个沉井面积上分层，同时不间断地进行，由四周向中央推进，每层厚 300～500mm，并用振捣器捣实。当井内有隔墙时，应前后左右对称地逐孔浇筑。混凝土采用自然养护，养护期间应继续抽水。待底板混凝土强度达到 70%后，对集水井逐个停止抽水，逐个封堵。封堵方法是，将滤水井中的水抽干，在套筒内迅速用干硬性的高标号混凝土进行堵塞并捣实，然后上法兰盘盖，用螺栓拧紧或焊牢，上部用混凝土填实捣平。

(2) 不排水封底时的水下封底

不排水封底即在水下进行封底。要求将井底浮泥清除干净，新老混凝土接触面用水冲刷干净，并铺碎石垫层。封底混凝土用导管法浇筑。待水下封底混凝土达到所需要的强度后，即一般养护为 7～10d，方可从沉井中抽水，按排水封底法施工上部钢筋混凝土底板。

(3) 浇筑钢筋混凝土底板

在沉井浇筑钢筋混凝土底板前，应将井壁凹槽新老混凝土接触面凿毛，并洗刷干净。

1) 干封底时底板浇筑方法

当沉井采用干封底时，为了保证钢筋混凝土底板不受破坏，在浇筑混凝土过程中应防止沉井产生不均匀下沉。特别是在软土中施工，如沉井自重较大，可能发生继续下沉时，宜分格对称地进行封底工作。在钢筋混凝土底板尚未达到设计强度之前，应从井内底板以下的集水井中不间断地进行抽水。抽水时钢筋混凝土底板上的预留孔，如图 12-199 所示。待沉井钢筋混凝土底板达到设计强度，并停止抽水后，集水井用素混凝土填满。集水井的上口标高应比钢筋混凝土底板顶面标高低200～300mm，待集水井封口完毕后用混凝土找平。

2）水下封底时底板浇筑方法

当沉井采用水下混凝土封底时，从浇筑完最后一格混凝土至井内开始抽水的时间，须视水下混凝土的强度（配合比、水泥品种、井内水温等均有影响），并根据沉井结构（底板跨度、支撑情况）、底板荷载（地基反力、水压力）以及混凝土的抗裂计算决定。但为了缩短

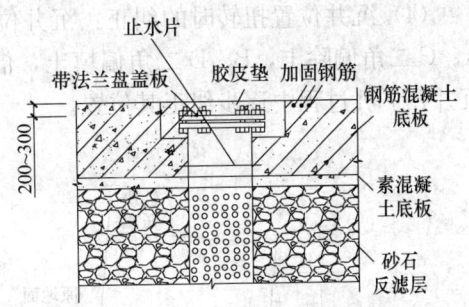

图 12-199 封底时底板的集水井

施工工期，一般约在混凝土达到设计强度的70%后开始抽水。

#### 12.22.1.4 沉井施工质量的控制措施

1. 沉井井位偏差及纠偏

沉井井位倾斜偏转的原因：人工筑捣被水流冲坏，或沉井一侧的土被水流冲空；沉井刃脚下土层软硬不均匀；没有对称地抽除承垫木，或没有及时回填夯实；没有均匀除土下沉，使井孔内土面高低相差很多；刃脚下掏空过多，沉井突然下沉，易于产生倾斜；刃脚一角或一侧被障碍物搁住，没有及时发现和处理；由于井外弃土或其他原因造成对沉井井壁的偏压；排水下沉时，井内产生大量流砂等。

根据沉井产生倾斜偏转的原因，可以用下述的一种或几种方法来进行纠偏。

(1) 偏除土纠偏：如系排水下沉，可在沉井刃脚高的一侧进行人工或机械除土，如图12-200所示。如系不排水下沉的沉井，一般可靠近刃脚高的一侧吸泥或抓土，必要时可由潜水员配合在刃脚下除土。

(2) 井外射水、井内偏除土纠偏：当沉井下沉深度较大时，纠正沉井的偏斜的关键是被坏土层的被动土压力，如图12-201所示。高压射水管沿沉井高的一侧井壁外面插入土中，破坏土层结构，使土层的被动土压力大为降低。这时再采用上述的偏除土纠偏方法，可使沉井的倾斜逐步得到纠正。

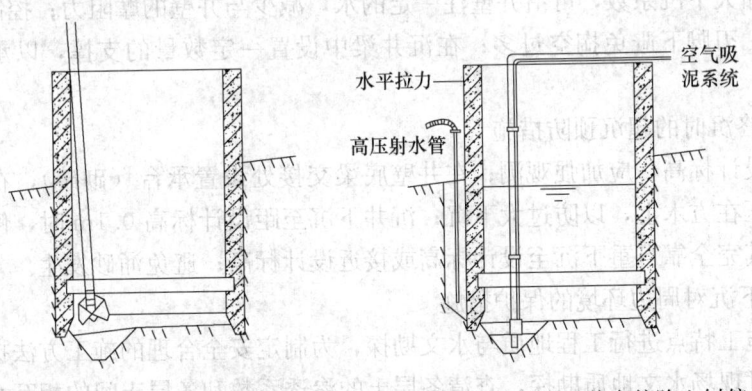

图 12-200 偏除土纠偏　　图 12-201 井外射水、井内偏除土纠偏

(3) 增加偏土压或偏心压重来纠偏：在沉井倾斜低的一侧回填砂或土，并进行夯实，使低的一侧产生土偏的作用。如在沉井高的一侧压重，最好使用钢锭或生铁块，如图12-202所示。

(4) 沉井位置扭转时的纠正：沉井位置如发生扭转，如图 12-203 所示。可在沉井的 A、C 二角偏除土，B、D 二角偏填土，借助于刃脚下不相等的土压力所形成的扭矩，使沉井在下沉过程中逐步纠正其位置。

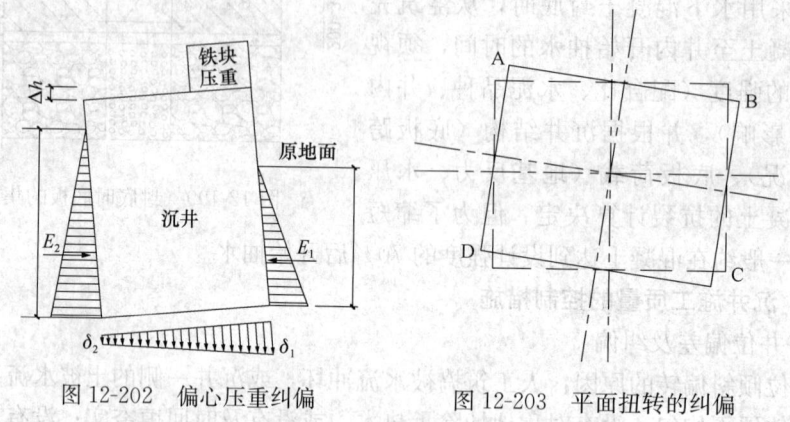

图 12-202　偏心压重纠偏　　　图 12-203　平面扭转的纠偏

## 2. 井内流砂及处理措施

沉井井内流砂出现的原因为是由于井内锅底开挖过深，井外松散土涌入井内；井内表面排水后，井外地下水动水压力把土压入井内；爆破处理障碍物，井外土受振进入井内；挖土深超过地下水位 0.5m。

一般采用排水法下沉，水头宜控制在 1.5~2.0m；挖土避免在刃脚下掏挖，以防流砂大量涌入，中间挖土也不宜挖成锅底形；穿过流砂层应快速，最好加荷，如抛大块石增加土的压重，使沉井刃脚切入土层；采用深井或井点降低地下水位，防止井内流淤；深井宜安置在井外，井点则可设置在井外或井内；采用不排水法下沉沉井，保持井内水位高于井外水位，以避免流砂涌入。

## 3. 沉井突沉淀预防措施

可适当加大下沉系数，可沿井壁注一定的水，减少与井壁的摩阻力；控制挖土，锅底不要挖太深；刃脚下避免掏空过多；在沉井梁中设置一定数量的支撑，以承受一部分土反力。

## 4. 沉井终沉时的超沉预防措施

沉井至设计标高，应加强观测；在井壁底梁交接处设置承台（砌砖），在其上面铺方木，使梁底压在方木上，以防过大下沉；沉井下沉至距设计标高 0.1m 时，停止挖土和井内抽水，使其完全靠自重下沉至设计标高或接近设计标高；避免涌砂发生。

## 5. 沉井下沉对周边环境的保护措施

按沉井施工特点进行工程地质与水文勘探，为制定安全合理的施工方法提供必需的地质资料。通过现场水文地质勘探，查清各层土的渗透系数和各层土间的相互水力联系、承压水压力，特别查清有无通向附近暗浜、河道和大体积水源的通道。大型沉井在建筑物和地下管线附近施工时，利用监控指导施工是十分必要的，依靠监控和数据的不断反馈可避免盲目施工、冒险施工，有利于对周边环境的保护。应查明周边环境条件，按保护周边环境的要求，确定井周地面沉降的控制要求和相应的施工方案。

#### 12.22.1.5 质量控制

沉井制作时的质量控制如表12-80所示。

沉井制作时的质量控 表12-80

| 项目 | 序号 | 检查项目 | 允许偏差或允许值 | |
|---|---|---|---|---|
| | | | 单位 | 数值 |
| 主控项目 | 1 | 混凝土强度 | | 满足设计要求（下沉前必须达到70%设计强度） |
| | 2 | 封底前，沉井（箱）的下沉稳定 | mm/8h | ≤10 |
| | 3 | 封底结束后的位置：<br>刃脚平均标高（与设计标高比）<br>刃脚平面中心线位置<br>四角中任何两角的底面高差 | mm | <100<br><1%H(H为下沉总深度)<br><1%L(L为两角距离) |
| 一般项目 | 1 | 钢材、对接钢筋、水泥、骨料等原材料检查 | | 符合设计要求 |
| | 2 | 结构体外观 | | 无裂缝，无蜂窝、空洞不漏筋 |
| | 3 | 平面尺寸：长与宽<br>曲线部分半径<br>两对角线差预埋件 | %<br>%<br>%<br>mm | ±0.5，且不得大于100<br>±0.5，且不得大于50<br>1.0<br>20 |
| | 4 | 沉井井壁厚度 | mm | ±15 |
| | 5 | 井壁、隔墙垂直度 | % | 1 |
| | 6 | 下沉过程中的偏差 高差<br>平面轴线 | —<br>— | 1.5%~2.0%<br><1.5%H(H为下沉深度) |
| | 7 | 封底混凝土坍落度 | cm | 18~22 |

沉井下沉结束，刃脚平均标高与设计标高的偏差不得超过100mm；沉井水平位移不得超过下沉总深度的1%，当下沉总深度小于10m时，其水平位移不得超过100mm。矩形沉降刃脚底面四角（圆形沉井为相互垂直两直径与圆周的交点）中的任何两角的高差，不得超过该两角间水平距离的1%，且最大不得超过300mm。如两角间水平距离小于10m，其刃脚底面高差允许为100mm。

### 12.22.2 气压沉箱施工

#### 12.22.2.1 原理和特点

1. 气压沉箱施工的原理

气压沉箱是在沉箱下部预先构筑底板，使沉箱下部形成一个气密性高的混凝土结构工作室，向工作室内注入压力与刃口处地下水压力相等的压缩空气，在无水的环境下进行取土排土，箱体在本身自重以及上部荷载的作用下下沉到指定深度，然后进行封底施工。由于工作室内的气压的气垫作用，可使沉箱平稳下沉；同时由于工作室气压可平衡外界水压力，因此沉箱下沉过程中可防止基坑隆起、涌水涌砂现象，尤其是在含承压水层中施工时工作室内气压可平衡水头压力，无需地面降水，从而可显著减轻施工对周边环境的影响。

2. 气压沉箱施工工艺与步骤（图 12-204）

场地平整→作业室构筑→运输出入口设置→下沉开挖与沉箱体的浇筑→基底混凝土浇筑与竖井的撤去。

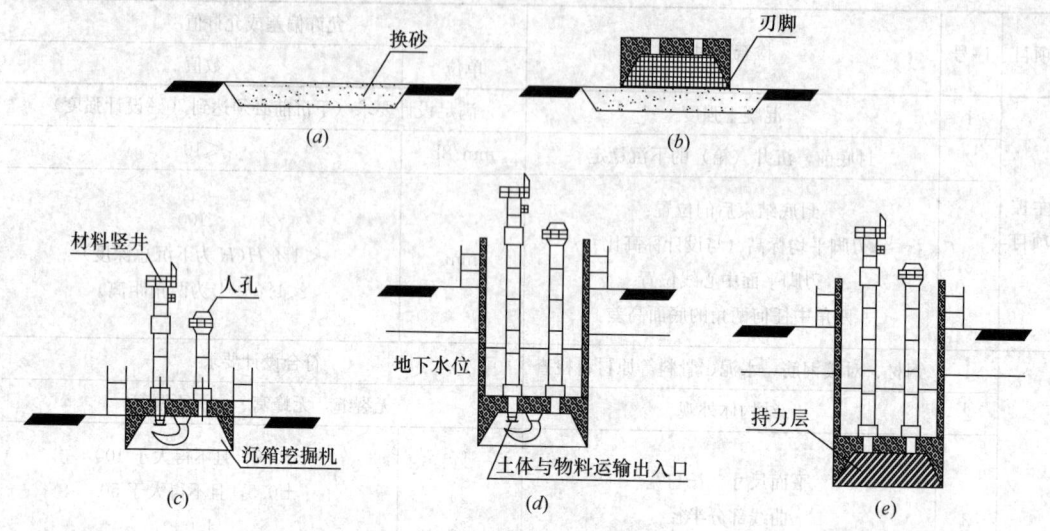

图 12-204　气压沉箱施工工艺与步骤
(a) 场地平整；(b) 作业室构筑；(c) 运输出入口设置；
(d) 下沉开挖与沉箱体的浇筑；(e) 基底混凝土浇筑与竖井撤去

3. 气压沉箱施工优点。气压沉箱施工方法与传统施工方法相比，气压沉箱施工在深基础（深基坑）等地下建（构）筑物施工中具有诸多的独特优点：

(1) 气压沉箱的侧壁可以兼作挡土结构，与地下连续墙明挖法相比，工程量少而结构刚度大，且用气压沉箱施工减少了临时设施用地，可以充分利用狭小的施工空间资源。

(2) 由于连续地向沉箱底部的工作室内注入与地下水压力相等的压缩空气，因而可以避免坑底隆起和流砂管涌现象从而控制周围地基的沉降。

(3) 现代化的气压沉箱技术可以在地面上通过远程控制系统，在无水的地下作业室内实现挖排土的无人机械自动化。

(4) 相比沉井施工，可以较快地处理地下障碍物，使工程能顺利进行。沉箱顶板封闭后，在下沉的同时可继续在顶板上往上施工内部结构，不需像沉井那样过多受地基承载力限制。

(5) 工作室内的压缩空气起到了气垫作用，可以消除急剧下沉的危险情况，同时容易纠偏和控制下沉速度及防止超沉，保证了安全和施工质量。

(6) 气压沉箱利用气压平衡箱外水压力，作业空间处于无水状态，不需要对箱外高水头地下水及承压水进行降水和降压处理。

(7) 由于沉箱以气压平衡高水头压力差，相比一般的板式围护体系如地下连续墙、排桩等，可显著减少插入深度，并能有效起到反压作用，对控制承压水破坏有利，性价比可观。

(8) 适用于各种地质条件，诸如软土、黏土、砂土和碎（卵）石类土及软硬岩等。

#### 12.22.2.2 施工机械与设备

气压沉箱的施工工艺有其特殊性,因此相应的施工机械设备也比较特殊,有些机械设备比较复杂,多种设备相互配合使用才能形成系统。这些设备与系统都需与工程实际相结合,满足工程结构的条件,因此所有的设备参数都应满足实际工程的实施。

(1) 沉箱遥控液压挖机。遥控液压挖机是气压沉箱施工中最关键的设备之一。该设备的挖土作业代替了以往的人力挖土,能在地面操作室内用遥控的方法进行机械挖掘作业。

(2) 远程遥控系统。在远控室内加一套远程控制阀、比例阀,分别控制挖机的行走油电机、回转油电机、斗铲油缸、斗杆油缸、动臂油缸的动作。

(3) 液压升降皮带出土机。可以配合螺旋出土机出土的要求;满足气压沉箱内设备布置的空间要求;符合遥控挖机的装土、卸土动作的空间尺寸的要求。

(4) 物料出入塔。物料出入塔由气闸门、塔身标准接高段、气密门、预埋段、上部的工作平台及其他附属装置,如液压启闭设备、放排气阀、消声器、压力表、电气控制设备等组成。

(5) 人员出入塔。人员出入塔由过渡舱段、气密门舱段、塔身准段接高段、工作平台及预埋舱段等组成。

(6) 螺旋出土机。螺旋出土机由螺旋机的活塞筒、螺旋机叶、杆、储土舱、出泥门、螺旋机旋转的驱动装置及螺旋机活塞筒上下运动的驱动装置等组成。

(7) 地下(挖掘操作)监视系统。地下监视系统由前端和监视端组成。

(8) 供排气系统。供排气系统主要用于气压沉箱下沉时的所需的平衡气压,同时也供给人员出入塔的过渡舱。

(9) 三维地貌显示系统。三维地貌显示系统主要功能:将激光扫描传感器送来的数据处理后,显示三维地貌;控制报警;显示挖掘机位置;查看高差和地貌高度。

#### 12.22.2.3 气压沉箱施工技术

气压沉箱施工技术是利用供气装置通过箱体内预置的送气管路向沉箱底部的工作室内持续压入压缩空气,使箱内气压与箱外地下水压力相等,起到排开水体作用,从而使工作室内的土体在无水干燥状态下进行挖排土作业,箱体在本身自重以及上部荷载的作用下下沉到指定深度,最后将沉箱作业室填充混凝土进行封底的一种施工方法。

1. 沉箱结构制作

(1) 刃脚制作

在软弱土层上进行沉井、沉箱结构制作时,一般需采用填砂置换法改善下部地基承载力,随后沉箱结构在地面制作。在基坑挖深后,沉箱结构在基坑内制作。在完成刃脚、底板制作后,在结构外围可回填黏土。

(2) 底板制作

结构底板在下沉前制作完毕是气压沉箱施工的一个特色,以便结构在下沉前可形成由刃脚和底板组成的下部密闭空间。因此该部分结构要求密闭性好,不得产生大量漏气现象,同时需考虑对后续工序的影响。

(3) 底板以上井壁制作

底板以上井壁制作时,内脚手可直接在底板上搭设,并随着井壁的接高而接高。井壁外脚手可采取直接在地面搭设方式。但由于沉箱需多次制作、多次下沉,为避免沉箱下沉对周边土体扰动较大，影响外脚手稳定性，外脚手须在每次下沉后重新搭设。该工艺的缺点是外脚手架需反复搭设，结构施工在沉箱下沉施工时无法进行。沉箱外脚手需采用外挑牛腿的方式解决外脚手搭设问题，从而可使结构施工与沉箱下沉交叉进行，提高施工效率。

2. 沉箱下沉出土施工

由于采用的是新型无人化遥控式气压沉箱工艺，因此正常状况下工作室内没有作业人员，沉箱出土依靠地面人员遥控操作工作室内设备进行。

(1) 正常出土流程

当进行挖土作业时，悬挂在工作室顶板上的挖机根据指令取土放入皮带运输机的皮带上，当皮带机装满后，地面操作人员遥控皮带机将土倾入螺旋出土机的底部储土筒内。待螺旋出土机的底部储土筒装满土后，地面操作人员启动螺旋机油泵，开动千斤顶将螺旋机螺杆（外设套筒）逐渐旋转并压入封底钢管内，保持螺杆头部有适度压力，通过螺杆转动使土在螺杆与外套筒之间的空隙内上升。最后从设置在外套筒上方的出土口涌出，落入出土箱内，土箱满后，由行车或起重机将出土箱提出，并运至井外。

(2) 备用出土措施

考虑到采用螺旋机出土，螺旋机体积大，维修不方便，因此实际施工工程中还可将物料塔作为备用出土方式。

(3) 沉箱挖土下沉

沉箱挖土下沉是一个多工种联合作业的过程，沉箱内挖土、出土由地面操作人员遥控完成。工作室内挖机挖土时按照分层取土的原则，按每层 30～40cm 在工作室内均匀取土。同时遵循由内向外，层层剥离的原则。开始取土时位置应集中在底板中心区域，逐步向外扩展，使工作室内均匀、对称地形成一个全刃脚支撑的锅底，使沉箱安全下沉，并应注意锅底不应过深。

3. 沉箱下沉控制措施

(1) 沉箱下沉施工过程的气压控制

气压沉箱施工时，由于底部气压的气垫作用，可使沉箱较平稳下沉，对周边土体的扰动较小。因此在沉箱下沉过程中，应首先保证工作室内气压的相对稳定。

工作室内气压的设定应根据沉箱下沉深度以及施工区域的地下水位、土质情况等因素来进行设定，以保证气压可与地下水头压力相平衡。在沉箱外侧设置水位观测井，根据地下水位情况、沉箱入土深度、承压水头大小、穿越土质情况等因素决定工作室气压的大小。

(2) 沉箱下沉施工的支撑及压沉系统

沉箱下沉初期因结构自重较重，而刃脚入土深度浅，工作室内气压反托力及沉箱周边摩阻力均较小，导致沉箱初期下沉系数较大。在沉箱下沉后期，随着下沉深度的增加，沉箱所受下沉阻力相应逐渐增大，导致沉箱下沉困难。在国内的沉箱施工中，如沉箱需调整下沉姿态或助沉时，常规往往通过偏挖土、地面局部堆载、加配重物等方式进行，施工繁琐，施工精度和时效性均较差。在沉箱外部设置方便调节的外加荷载系统，可较方便地对沉箱进行支撑（初沉时）及压沉（后期下沉时），可对沉箱下沉速度做到及时控制。

(3) 沉箱下沉施工其余助沉措施

1) 触变泥浆减阻

当沉井或沉箱外围设置泥浆套后,可显著减小侧壁摩阻力。沉箱外围泥浆套的存在,可填充沉箱外壁与周边土体之间的可能空隙,阻止气体沿此通道外泄,尤其在沉箱入土深度不深的情况下,由于沉箱下沉姿态不断变化,外井壁与周边土体之间可能不断出现地下水来不及补充的空隙,因此有必要采取泥浆套作为沉箱外壁的封闭挡气手段,如图12-205所示。

2) 灌水压沉

当沉箱下沉系数较小,下沉较困难时,除采取上述措施压沉,还可采取底板上灌水压重的方式进行助沉。可通过在底板上接高内隔墙的方式在底板两侧形成若干混凝土隔舱,需要时可通过向舱内灌水进行压重。采用水作为压重材料的主要原因,是考虑一定高度的压重水对底板上的预留孔处可起到平衡上下压力差,减小预留孔处漏气的可能(图12-206)。

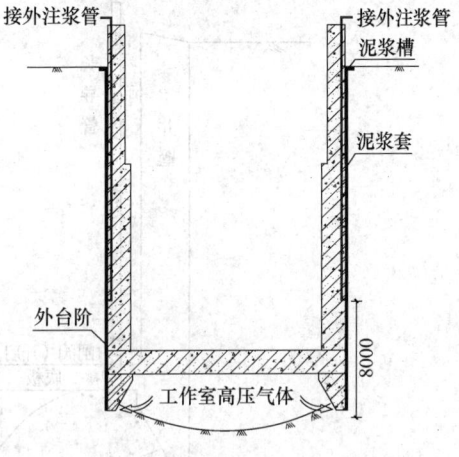

图12-205 触变泥浆减阻示意

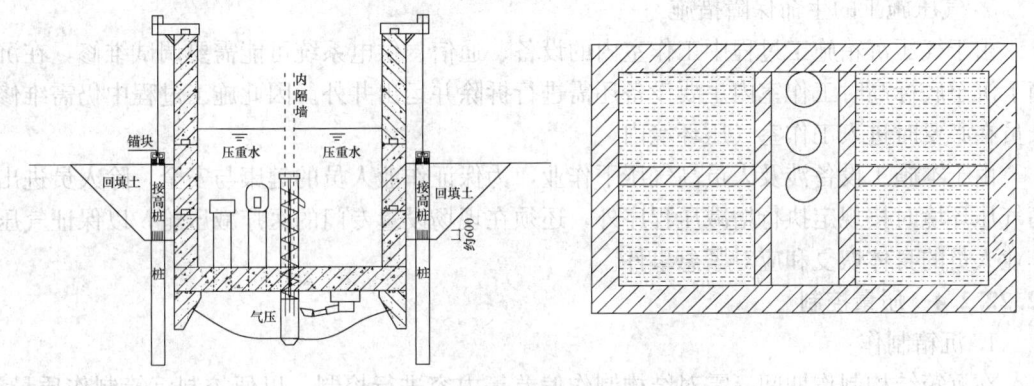

图12-206 灌水压沉示意

4. 沉箱封底措施

沉箱下沉到位后,其工作室内部空间需填充,即须进行封底施工。

以往国内的封底施工采用人工在工作室内进行封底作业,现今的气压沉箱考虑采取混凝土自动浇捣的工艺,无须人工进入工作室作业。沉箱封底施工借鉴水工工程中常用的水下封底施工形式,即在底板施工时按一定间距预埋与泵车导管口径相匹配的导管,在底板上端采用闸门封闭,上端并留有接头,便于以后的接高。

进行封底施工时将泵车导管与预埋管上口相连,打开闸门,利用泵车压力将混凝土压入工作室内。由于混凝土自重大,且从地面浇筑,可克服工作室内高压气体压力进入工作室内。当一处浇筑完毕后,将闸门关闭。然后将混凝土导管移至下一处进行浇筑。

施工时要求封底混凝土具有足够的流动性,以保证混凝土在工作室内均匀摊铺。施工中应利用多辆泵车连续浇筑,并须保证混凝土浇筑的连续性。向工作室内浇筑混凝土时,由于工作室内气体空间逐渐缩小，可通过底板上排气装置适当放气，以维持工作室内气压稳定，如图12-207所示。

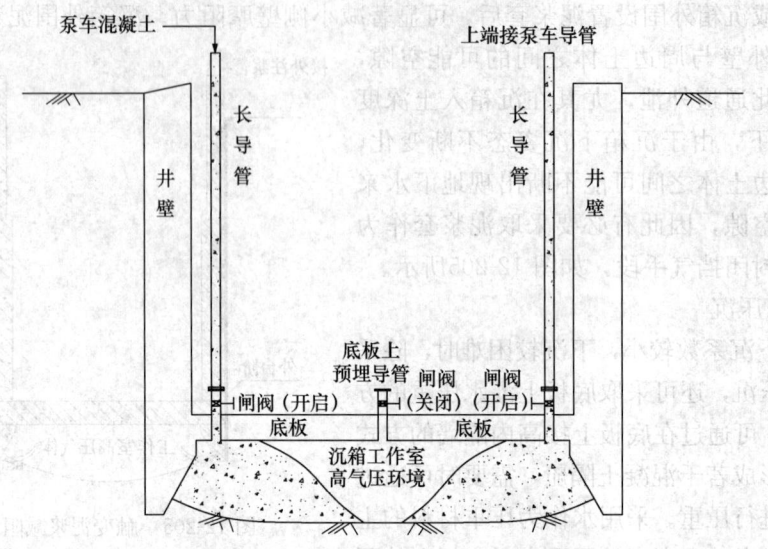

图 12-207 沉箱封底施工示意

**5. 气压施工的生命保障措施**

由于气压沉箱施工过程中工作室内的设备、通信、供电系统可能需要调试维修，在沉箱下沉至底标高时工作室内主要设备还需进行拆除并运出井外。因此施工过程中仍需维修人员在必要时进入工作室气压环境内。

由于本施工设备涉及人员高气压下作业，为保证作业人员的健康与安全，除人员进出高气压环境时按规定执行增减压程序外，还须在现场设置专门的医疗减压舱，以保证气压作业人员的身体恢复和应对紧急事件。

#### 12.22.2.4 质量控制

**1. 沉箱制作**

在沉箱结构制作期间，需对结构制作偏差等内容进行控制，以便控制沉箱制作质量。沉箱制作时的质量控制如表12-81所示。

沉箱制作时的质量控制　　　表12-81

| 序号 | 检查项目 | | 允许偏差或允许值 | 检查数量 | |
|---|---|---|---|---|---|
| | | | | 范围 | 点数 |
| 1 | 平面尺寸 | 长度（mm） | ±0.5%L 且≤50（L为设计沉箱长度） | 每边 | 1 |
| 2 | | 宽度（mm） | ±0.5%B 且≤50（B为设计沉箱宽度） | 每边 | 1 |
| 3 | | 高度（mm） | ±30 | 每边 | 1 |
| 4 | | 直径（圆形沉箱）（mm） | ±0.5%D 且≤100（D为设计沉箱直径） | 圆形沉箱4点 | 2 |
| 5 | | 对角线（mm） | ±0.5%线长且≤100 | | 2 |
| 6 | 箱壁厚度（mm） | | ±15 | 每边 | 3 |
| | | | | 圆形沉箱4点 | |

续表

| 序号 | 检查项目 | 允许偏差或允许值 | 检查数量 范围 | 检查数量 点数 |
|---|---|---|---|---|
| 7 | 箱壁隔墙垂直度（mm） | ≤1%H（H为设计沉箱高度） | 每边 | 3 |
| | | | 圆形沉箱4点 | |
| 8 | 预埋件中心线位置（mm） | ±20 | 每件 | 1 |
| 9 | 预留孔（洞）位移（mm） | ±20 | 每件 | 1 |
| | | | 每孔（洞） | 1 |

## 2. 沉箱下沉

在沉箱下沉期间，需对沉箱的下沉姿态进行控制，以便掌握沉箱下沉深度及偏差情况，便于及时调整各施工参数，确保沉箱最终下沉施工精度，对沉箱下沉质量进行控制。一般沉箱下沉时，在初期阶段由于插入土体深度浅，是容易出现下沉偏差的阶段，但也容易进行调整。因此在沉箱下沉初期应根据监测情况控制好沉箱姿态，以便形成良好下沉轨道。在沉箱下沉中期，沉箱下沉轨道已形成，应以保证施工效率为主。在沉箱下沉后期，应逐渐控制下沉速度，而根据监测情况以调整沉箱下沉姿态为主，使沉箱下沉至设计标高时能够满足施工精度要求。

当沉箱下沉至设计标高，准备封底施工时，一般应进行8h连续观察，如下沉量小于10mm，即可进行封底混凝土浇筑施工。沉箱下沉结束后，其质量控制指标如表12-82所示。

**沉箱下沉结束后质量控制指标** 表12-82

| 序号 | 检查项目 | | 允许偏差或允许值 | 检查数量 范围 | 检查数量 点数 |
|---|---|---|---|---|---|
| 1 | 刃脚平均标高（mm） | | ±50 | 每个 | 4 |
| 2 | 刃脚中心线位移（mm） | $H \geq 10m$（H为下沉总深度） | ≤0.5%H | 每边 | 1 |
| | | $H < 10m$ | ≤50 | 每边 | 1 |
| 3 | 四角中任何两角高差 | $L \geq 10m$ | <0.5%L，且≤150 | 每角 | 2 |
| | | $L < 10m$ | ≤50 | 每角 | 2 |

## 3. 封底

沉箱封底的质量控制标准如表12-83所示。

**沉箱封底的质量控制标准** 表12-83

| 检查项目 | 允许偏差或允许值 单位 | 允许偏差或允许值 数值 | 备注 |
|---|---|---|---|
| 封底前，沉井（箱）的下沉稳定性 | mm/8h | <10 | |
| 刃脚平均标高（与设计标高比） | | <100 | |
| 刃肢平面中心线位移 | mm | <1%H | H为下沉总深度，H<10m时控制在100mm之内 |
| 四角中任何两角的底面高差 | | <1%L | L为两角的距离，且不超过300mm时，L<10m时控制在100mm内 |
| 封底混凝土坍落度 | cm | 18～22 | |

#### 4. 沉箱监测

在沉箱施工的过程中，有必要对沉箱的结构内力、基坑周围土体和基坑周边的环境进行全面和系统的监测，一方面，通过监测对沉箱的变形及内力进行实时监控，从而确保结构本身的安全并保证周边的环境的变形在可控范围内；另一方面，监测的结果可以验证设计时所采取的假设和参数的正确性，评价相关的施工技术措施的效果，指导沉箱的施工。

在沉箱结构制作及下沉过程中，需对沉箱各施工阶段进行监测。主要内容包括：由于沉箱工艺是采取先在地面进行结构制作，随后进行下沉的施工工艺，在结构制作期间，需对结构制作偏差、制作阶段结构的地面沉降情况等内容进行监测。在沉箱下沉期间，需对沉箱的下沉姿态进行控制。

施工监测数据应具备概括性强、能及时反映施工进展情况的特点。结合相关施工经验，在沉箱下沉阶段主要包括沉箱姿态情况、沉箱下沉深度、工作室内气压大小等数据。

## 12.23 基坑工程的绿色施工

### 12.23.1 环境保护技术要点

#### 12.23.1.1 扬尘控制

运送土方、垃圾、设备及建筑材料等，不污损场外道路。运输容易散落、飞扬、流漏物料的车辆，必须采取措施封闭严密，保证车辆清洁。施工现场出口应设置洗车槽；土方作业阶段，采取洒水、覆盖等措施；对粉末状材料应封闭存放；机械剔凿作业时可用局部遮挡、掩盖、水淋等防护措施；清理垃圾应搭设封闭性临时专用道或采用容器吊运；对现场易飞扬物质采取有效措施，如洒水、地面硬化、围挡、密网覆盖、封闭等，防止扬尘产生；改进施工工艺，采用逆作法施工地下结构可以降低施工扬尘对大气环境的影响。

#### 12.23.1.2 噪声与振动控制

在施工场界对噪声进行实时监测与控制，降低基础施工阶段噪声对周边的干扰。使用低噪声、低振动的机具，采取隔声与隔振措施，避免或减少施工噪声和振动。近年来，部分地区对地处闹市中心的地铁车站基坑施工已要求采用轻钢大跨结构或移动式防护棚实施全封闭或半封闭施工。

#### 12.23.1.3 光污染控制

尽量避免或减少施工过程中的光污染。夜间室外照明灯加设灯罩，透光方向集中在施工范围，电焊作业采取遮挡措施。

#### 12.23.1.4 水污染控制

施工现场污水排放应达到相关标准；施工现场应针对不同的污水，设置相应的处理设施，如沉淀池、隔油池、化粪池等；污水排放应委托有资质的单位进行废水水质检测，提供相应的污水检测报告；回灌井所用的水不应污染地下水。

#### 12.23.1.5 土体保护

保护地表环境，防止土体侵蚀、流失。因施工造成的裸土，及时覆盖砂石或种植速生草种，以减少土体侵蚀；因施工造成容易发生地表径流土体流失的情况，应采取设置地表排水系统、稳定斜坡、植被覆盖等措施，以减少土体流失；对围护施工产生的泥浆采用泥水分离固化装置，清水回用，泥饼外运，减少泥浆外运处理产生的污染；沉淀池、隔油池、化粪池等不发生堵塞、渗漏、溢出等现象，及时清掏各类池内沉淀物，并委托有资质的单位清运；对于有毒有害废弃物如电池、墨盒、油漆、涂料等应回收后交有资质的单位处理，不能作为建筑垃圾外运，避免污染土体和地下水。

#### 12.23.1.6 建筑垃圾控制

碎石类、土石方类建筑垃圾可采用地基填埋、铺路等方式再利用；钢筋混凝土支撑拆除后形成的废混凝土经破碎、加工后，可作为生产混凝土的粗细骨料。

#### 12.23.1.7 地下设施、文物和资源保护

施工前应调查清楚地下各种设施，制定保护计划，保证施工场地周边的各类管道、管线、建筑物、构筑物的安全运行；施工过程中一旦发现文物，立即停止施工，保护现场并通报文物部门并协助做好工作；避让、保护施工场区及周边的古树名木。

### 12.23.2 节材与材料资源利用技术要点

#### 12.23.2.1 节材措施

材料运输工具适宜，装卸方法得当，防止损坏和遗撒，根据现场平面布置情况就近卸载，避免和减少二次搬运；采取技术和管理措施提高模板、脚手架等的周转次数；提倡就地取材。

#### 12.23.2.2 结构材料

尽量使用散装水泥；推广使用高强度钢筋和高性能混凝土，减少资源消耗；推广钢筋专业化加工和配送；优化钢筋配料和钢构件下料方案；优化钢结构制作和安装方法，钢支撑宜采用工厂制作，现场拼装；推广使用可回收支护技术，包括可回收组合钢支撑技术、可回收锚技术、SMW工法等。宜采用分段吊装安装方法，减少方案的措施用材量；基坑施工时，采用"两墙合一""桩墙合一"等基坑支护结构与主体地下结构相结合的做法，采用一柱一桩竖向支撑，地下水平结构兼作支撑等措施，通过一料多用的方法减少结构材料的投入。

#### 12.23.2.3 周转材料

应选用耐用、维护与拆卸方便的周转材料和机具；优先选用制作、安装、拆除一体化的专业队伍进行模板工程施工；模板应以节约自然资源为原则，推广使用定型铝模、定型钢模、钢框竹模、竹胶板；在施工过程中应注重钢构件材料的回收，包括围护工法桩等。

### 12.23.3 节水与水资源利用技术要点

#### 12.23.3.1 提高用水效率

施工现场喷洒路面、绿化浇灌不宜使用市政自来水。现场搅拌用水、养护用水应采取有效的节水措施，严禁无措施浇水养护混凝土；现场机具、设备、车辆冲洗用水必须设立循环用水装置。施工现场建立可再利用水的收集处理系统，使水资源得到梯级循环利用。

#### 12.23.3.2 非传统水源利用

处于基坑降水阶段的工地，宜优先采用地下水作为坑外回灌用水、混凝土搅拌用水、养护用水、冲洗用水和部分生活用水；现场机具、设备、车辆冲洗、喷洒路面、绿化浇灌等用水，优先采用非传统水源，尽量不使用市政自来水；大型施工现场，尤其是雨量充沛

地区的大型施工现场建立雨水收集利用系统，充分收集自然降水用于施工和生活中适宜的部位。

### 12.23.4　节能与能源利用的技术要点

#### 12.23.4.1　节能措施

优先使用国家、行业推荐的节能、高效、环保的施工设备和机具，如选用变频技术的节能施工设备等；在施工组织设计中，合理安排施工顺序、工作面，以减少作业区域的机具数量，相邻作业区充分利用共有的机具资源；安排施工工艺时，应优先考虑耗用电能的或其他能耗较少的施工工艺，避免设备额定功率远大于使用功率或超负荷使用设备的现象。

#### 12.23.4.2　机械设备与机具

选择功率与负载相匹配的施工机械设备，避免大功率施工机械设备低负载长时间运行。机电安装可采用节电型机械设备，如逆变式电焊机和能耗低、效率高的手持电动工具等，以利节电；机械设备宜使用节能型油料添加剂，在可能的情况下，考虑回收利用，节约油量；合理安排工序，提高各种机械的使用率和满载率，降低各种设备的单位耗能。

#### 12.23.4.3　施工用电及照明

临时用电优先选用节能电线和节能灯具，临电线路合理设计、布置，临电设备宜采用自动控制装置。采用声控、光控等节能照明灯具；照明设计以满足最低照度为原则。

### 12.23.5　节地与施工用地保护的技术要点

#### 12.23.5.1　临时用地指标

要求平面布置合理、紧凑，在满足环境、职业健康与安全及文明施工要求的前提下尽可能减少废弃地和死角。

#### 12.23.5.2　临时用地保护

应对深基坑施工方案进行优化，减少土方开挖和回填量，最大限度地减少对土地的扰动，保护周边自然生态环境；红线外临时占地应尽量使用荒地、废地，少占用农田和耕地；工程完工后，及时将红线外占地恢复原地形、地貌，使施工活动对周边环境的影响降至最低；利用和保护施工用地范围内原有绿色植被。对于施工周期较长的现场，可按建筑永久绿化的要求，安排场地新建绿化。

#### 12.23.5.3　施工总平面布置

施工总平面布置应做到科学、合理，充分利用原有建筑物、构筑物、道路、管线为施工服务；基坑土方施工组织时应合理布置土方堆场和进出土运输线路，科学控制出土方量，优化运距节省油耗；施工现场搅拌站、仓库、加工厂、作业棚、材料堆场等布置应尽量靠近已有交通线路或即将修建的正式或临时交通线路，缩短运输距离。

## 12.24　基坑工程施工管理

### 12.24.1　信息化施工

基坑工程由于地质条件复杂，变化因素多，开挖施工过程中往往会引起支护结构产生内力、位移以及基坑内外土体变形发生等种种意外变化，传统的设计方法难以事先设定或事后及时处理。鉴于此，人们不断总结实践经验，针对深基坑工程，萌发了信息化设计和动态设计的新思想，结合施工监测、信息反馈、临界报警、应急措施设计等一系列理论和技术，制定相应的设计标准、安全等级、计算图式、计算方法等，对开挖过程实施跟踪监测，并将信息及时反馈。总之，基坑工程施工总过程逐渐呈现出"动态设计、信息施工"的新局面。

建立完善的信息化施工监测体系。通过对基坑各阶段施工的跟踪监测，将监测信息及时反馈，不断完善设计，调整施工参数，确保施工顺利进行。根据监测信息，对基坑支护进行优化设计，动态调整施工参数。基坑开挖施工过程中通常会存在设计预期与现场实际的偏差，出现偏差的主要原因是设计和施工参数的选取，现场地质土的变化。

随着 BIM（Building Information Model，即建筑信息模型）技术的应用越来越广泛，BIM 技术也逐渐被应用于基坑工程，利用 BIM 可以对基坑施工过程的相关内容进行数字化信息处理与分析，并根据结果进行施工决策和部署，主要应用点包括方案模拟和实时监测。方案模拟是将 BIM 导入相关软件进行虚拟仿真，形成全过程的动态演示，此外，将 BIM 与有限元分析的技术融合，还能分析各类施工工况下的荷载分布、支护变形、周边环境等数据信息，借此优化完善施工方案；实时监测是通过将传统监测方法与二维码、移动通信、物联网等信息技术融合，实现监测数据共享与传递，并对其进行分析与统计，实时掌握基坑支护和周边环境的变形数据与发展趋势，通过临界报警、信息反馈等方式指导施工，动态调整施工参数、工艺流程，采取针对性的应急应变措施，确保施工顺利。

## 12.24.2 施工安全技术措施

### 12.24.2.1 土方开挖安全技术措施

（1）基坑开挖前，应在顶部四周设排水沟，并保持畅通，防止集水灌入而引发坍塌事故，基坑四周底部设置集水坑；放坡开挖时，应对坡顶、坡面、坡脚采取降排水措施。

（2）基坑开挖临边及栈桥两侧应设置防护栏杆，且坑边严禁超堆荷载。

（3）机械挖土严禁无关人员进入场地内，挖掘机工作半径范围内不得站人或进行其他作业。应采取措施防止机械碰撞支护结构、工程桩、降水设备等。

（4）采用人工挖土时，两人操作间距应大于 3m，不得对头挖土；挖土面积较大时，每人工作面积不小于 $6m^2$。

（5）土方开挖后，应及时设置支撑，并观察支撑的变形情况，发现异常及时处理。

（6）夜间土方开挖施工应配备足够的照明设施，主干道交通不留盲点。

（7）土方回填应按要求由深至浅分层进行，填好一层拆除一层支撑。

### 12.24.2.2 支撑施工安全技术措施

（1）吊装钢支撑时，严禁人员进入挖土机回转半径内。

（2）吊装长构件时必须加强指挥，避免因惯性等原因发生碰撞事故。

（3）经常检查起吊钢丝绳损坏情况，如断丝超出要求立即更换。

（4）起重机司机、指挥、电焊工、电工必须持证上岗。严格遵守吊装"十不吊"规定。

（5）拆除钢筋混凝土支撑下模板时，应搭设排架进行拆除作业，下方严禁站人。

(6) 钢筋混凝土支撑拆除时，应分段、分块逐步拆除，并注意对已有结构的保护。

#### 12.24.2.3 施工用电安全技术措施

(1) 施工现场的电气设备设施必须制定有效的安全管理制度，现场电线、电气设备设施必须应由专业电工定期检查整理，发现问题必须立即解决。夜班施工后，第二天及时整理和收集，凡是触及或接近带电体的地方，均应采取绝缘保护以及保持安全距离等措施。

(2) 现场施工用电采用三相五线制。照明与动力用电分开，插座上标明设备使用名称。配电箱设置总开关，同时做到一机一闸一漏一箱用电保护。

(3) 配电箱的电缆应有套管，电线进出不混乱。

(4) 照明导线应用绝缘子固定。严禁使用花线或塑料胶质线。导线不得随地拖拉或绑在脚手架上。照明灯具的金属外壳必须接地或接零。单相回路内的照明开关箱必须装设漏电保护器。

(5) 电箱内开关电器必须完整无损，接线正确。电箱内应设置漏电保护器，选用合理的额定漏电动作电流进行分级配合。配电箱应设总熔丝，分熔丝，分开关。

(6) 配电箱的开关电器应与配电或开关箱一一对应配合，做分路设置，以确保专路专控；总开关电器与分路开关电器的额定值相适应。熔丝应和用电设备的实际负荷相匹配。

(7) 现场移动的电动工具应具有良好的接地，使用前应检查其性能，长期不用的电动工具其绝缘性能应经过测试方可使用。

(8) 设备及临时电气线路接电应设置开关或插座，不得任意搭挂，露天设置的电气装置必须有可靠的防雨、防湿措施，电气箱内须设置漏电开关。

(9) 电线和设备安装完毕以后，由动力部门会同安全部门对施工现场进行验收，合格后方可使用。

#### 12.24.2.4 危大风险分析及应急预案

为预防和减少潜在安全事故，有效避免各类事故的发生，在面对重大突发事件时，能迅速反应、有效控制和妥善处理，确保各项工作能正常有序开展并可持续发展，需对危大风险进行分析并制定应急预案，危大风险辨识如表 12-84 所示。

危大风险辨识　　　　　　表 12-84

| 序号 | 危大风险类别 | 活动点/部位 | 职业健康安全影响 | 管理方式 |
|---|---|---|---|---|
| 1 | 坍塌 | 脚手架使用中擅自拆改 | 人身伤害、财产损失 作业环境破坏 | 加强脚手架搭拆安全管理 建立目标指标管理方案 |
| 2 | 坍塌 | 塔式起重机使用及拆除中违章操作 | 人身伤害、财产损失 作业环境破坏 | 制定专项方案，加强安全操作规程教育，制定应急与响应预案 |
| 3 | 高空坠落 | 未正确使用安全带 | 人身伤害、财产损失 作业环境破坏 | 制定"三宝"使用规定 |
| 4 | 高空坠落 | 洞口、邻边未设置安全防护措施 | 人身伤害、财产损失 作业环境破坏 | 加强"四口、五临边"围护检查，制定安全防护措施，设置警示牌 |
| 5 | 火灾 | 氧气、乙炔仓库、油漆和电气焊作业和管理 | 人身伤害、财产损失 作业环境破坏 | 制定易燃易爆等物品存储和使用管理；加强教育、检查；落实消防安全管理制度 |

续表

| 序号 | 危大风险类别 | 活动点/部位 | 职业健康安全影响 | 管理方式 |
|---|---|---|---|---|
| 6 | 火灾 | 电气线路老化 | 人身伤害、财产损失作业环境破坏 | 制定施工临时用电方案；加强人员教育；加强施工用电安全检查；制定应急预案 |
| 7 | 化学物理性爆炸 | 氧气、乙炔仓库 | 人身伤害、财产损失作业环境破坏 | 制定易燃易爆等物品存储和使用管理；加强安全教育 |
| 8 | 触电 | 电气焊作业不规范，电气线路老化 | 人身伤害、财产损失作业环境破坏 | 加强临时用电施工管理、安全检查；临时用电人员持证上岗 |

应急准备和响应措施应针对潜在的职业健康安全事故或紧急情况，保证在发生事故或紧急情况时，有响应的程序来应对，以减少事故或紧急情况的影响和降低损失。消防方案和消防预案应重点针对物资仓库、油库等易燃易爆区域及超高层施工的消防工作编制应急准备和响应措施。针对人身伤亡、中毒等事故，项目安全、文明施工及环保部负责编制人身伤亡事故应急计划，建立急救措施和管理制度。

### 12.24.3 文明施工与环境保护

#### 12.24.3.1 文明施工

（1）现场文明布置

施工现场四周设置施工围挡和进出口，在大门出入口处设洗车槽、沉淀池、高压冲水枪。工地的施工道路、出入口、材料堆放场、加工地、办公及仓库等施工临房地面均做地坪硬化处理。施工过程中产生的泥浆、废水和生活污水等进行沉淀过滤后再排入市政管网。施工现场的水准基点、轴线控制桩、埋地电缆、架空电线应有醒目的明显标志，并加以保护，任何人不得损坏、移动。施工现场的设备、材料、构件、机具必须按平面指定的位置摆放或堆放整齐并挂牌标识；材料标识包括名称、品种、规格等有关内容的标识。易燃、易爆物品进行分类堆放。现场施工垃圾采用专人管理，活完场清，层层清理，集中堆放，统一运输的方法。施工现场设置吸烟区，严禁在非吸烟区吸烟。施工现场和场内建筑物按面积或高度要求设置一定数量的灭火器或消防栓。

（2）施工现场防尘措施

运输车辆进出的主干道应定期洒水清扫，保持车辆出入口清洁，以减少由于车辆行驶引起的地面扬尘污染。运输车辆应控制载重量，不过分超载，车厢顶部应设盖封闭，以避免运输过程中的扬撒、颠落，污染运输沿线的环境。现场内的堆土、堆砂用帆布或密目网等进行重叠式覆盖。清理施工垃圾时，采用容器吊运的办法，严禁任何人随意凌空抛撒。采用封闭垃圾站存放垃圾，并将生活垃圾和建筑垃圾区分存放，及时清运。施工现场设专人清扫保洁，使用洒水设备定时洒水降尘。木工加工棚内产生的木屑由专人收集装袋，集中清理。对水泥、白灰等易扬尘材料，实行轻卸慢放，用封闭式库存的方法，以减少扬尘的产生。施工作业面做到及时清理，及时将建筑垃圾装入容器。

（3）噪声防护

为了减少和避免对周围居民、行人的干扰，从减低噪声源的发声强度、控制噪声源的发声时间段、采用隔声措施、减少噪声源等几个方面,将噪声控制在规定范围内。对混凝土振动机、混凝土固定泵、木工圆锯、型材切割机等噪声源进行噪声强度限制,优先选取低噪声设备,定期监测,发现超标设备及时更换或修复。要求施工班组拆钢板和清理、堆放时应小心轻放。如确有特殊原因必须夜间施工时,应事先向有关主管部门申办夜间施工许可证,并事先通过居委会征得当地居民和业主的同意。尽量采用外加工成型,场内加工时应采取搭设加工棚等隔声措施。施工现场不设砂石料堆场,减少车辆进出及卸料所发生的噪声。

**12.24.3.2 对建(构)筑物、地下管线的保护**

对有环境保护要求的基坑工程,不宜在围护墙外侧采用井点降水。必须设置时应采取地基加固、回灌和隔水帷幕等措施进行保护。开挖前发现围护墙体质量不符合要求时,应采用注浆等方法进行抗渗补强;开挖期发现墙体渗漏,应及时分析原因,堵塞渗漏通道。应按基坑工程等级确定地面沉降和墙体侧向位移的控制标准。考虑变形的时空效应,控制监测值的变化速率。当变化速率突然增加或连续保持高速率时,应及时分析原因,采取相应对策。相继或同时开工的相邻基坑工程,必须事先协调施工进度,以确定设计工况,避免相互产生危害。邻近建筑物或地下管线进行搅拌桩施工时,应严格控制喷浆时钻头提升速度和水灰比,并根据监测资料调节施工速度和合理安排工序,采取合适的技术措施进行事先的加固或隔离。

# 参 考 文 献

[1] 刘建航,侯学渊. 基坑工程手册[M]. 北京:中国建筑工业出版社,1997.
[2] 刘国彬,王卫东. 基坑工程手册[M]. 2版. 北京:中国建筑工业出版社,2009.
[3] 刘宗仁. 基坑工程[M]. 哈尔滨:哈尔滨工业大学出版社,2008.
[4] 肖捷. 地基与基础工程施工[M]. 北京:机械工业出版社,2006.
[5] 史佩栋,高大钊,桂业琨. 高层建筑基础工程手册[M]. 北京:中国建筑工业出版社,2000.
[6] 曾宪明,黄久松,王作民. 土钉支护设计与施工手册[M]. 北京:中国建筑工业出版社,2000.
[7] 徐至钧,赵锡宏. 逆作法设计与施工[M]. 北京:机械工业出版社,2002.
[8] 姚天强,石振华. 基坑降水手册[M]. 北京:中国建筑工业出版社,2006.
[9] 吴睿,夏才初. 软土水利基坑工程的设计与应用[M]. 北京:中国水利水电出版社,2002.
[10] 龚晓南. 地基处理手册[M]. 3版. 北京:中国建筑工业出版社,2008.
[11] 高振峰. 土木工程施工机械实用手册[M]. 山东:山东科学技术出版社,2005.
[12] 注册岩土工程师专业考试复习教程[M]. 5版. 北京:中国建筑工业出版社,2010.

# 13 地基与桩基工程

## 13.1 地 基

### 13.1.1 地基土的工程特性

地基是指建筑物下面支承基础承受上部结构荷载的土体或岩体。相对于岩体而言，土体构成的地基对上部结构的作用更加复杂，承受上部结构荷载的能力取决于地基土的工程特性：物理性质、压缩性、强度、稳定性、均匀性、动力特性和水理性等。

#### 13.1.1.1 地基土的物理性质

土是由固体颗粒、水和气体三部分组成的三相体系。土的固体颗粒，一般由矿物质组成，有时含有有机质，构成土的骨架。土颗粒间相互贯通的孔隙中充填着水和气体。当土中孔隙完全被水充满时，称为饱和土；一部分充填着水、一部分充填着气体时，称为非饱和土；完全被气体充满时，称为干土。这三种组成部分本身的性质和相互之间的比例关系决定了地基土的物理力学性质。

工程中常用的地基土物理性质指标有：密度 $\rho$、相对密度 $G_s/d_s$、含水量 $\omega$、孔隙比 $e$ 或孔隙度 $n$、饱和度 $S_r$，这些指标可以通过室内试验取得。

碎石土、砂土、粉土物理状态的指标是密实度，现行国家标准《岩土工程勘察规范》GB 50021 规定，碎石土的密实度可根据圆锥动力触探锤击数按表 13-1、表 13-2 确定；砂土密实度分类见表 13-5；粉土密实度分类见表 13-6。

黏性土通过稠度反映土的软硬程度，稠度指标液限 $\omega_s$、塑限 $\omega_p$、液性指数 $I_L$、塑性指数 $I_p$ 可通过室内试验取得。

**碎石土密实度按 $N_{63.5}$ 分类**　　　　　　　　　　　　　　　表 13-1

| 重型动力触探锤击数 $N_{63.5}$ | 密实度 | 重型动力触探锤击数 $N_{63.5}$ | 密实度 |
| --- | --- | --- | --- |
| $N_{63.5} \leqslant 5$ | 松散 | $10 < N_{63.5} \leqslant 20$ | 中密 |
| $5 < N_{63.5} \leqslant 10$ | 稍密 | $N_{63.5} > 20$ | 密实 |

注：本表适用于平均粒径等于或小于 50mm，且最大粒径小于 100mm 的碎石土。对于平均粒径大于 50mm 或最大粒径大于 100mm 的碎石土，可用超重型动力触探或用野外观察鉴别。

**碎石土密实度按 $N_{120}$ 分类**　　　　　　　　　　　　　　　表 13-2

| 超重型动力触探锤击数 $N_{120}$ | 密实度 | 超重型动力触探锤击数 $N_{120}$ | 密实度 |
| --- | --- | --- | --- |
| $N_{120} \leqslant 3$ | 松散 | $11 < N_{120} \leqslant 14$ | 密实 |
| $3 < N_{120} \leqslant 6$ | 稍密 | $N_{120} > 14$ | 很密 |
| $6 < N_{120} \leqslant 11$ | 中密 | | |

当采用重型圆锥动力触探确定碎石土密实度时,锤击数 $N_{63.5}$ 应按下式修正:
$$N_{63.5} = a_1 \cdot N'_{63.5} \tag{13-1}$$
式中 $N_{63.5}$——修正后的重型圆锥动力触探锤击数;
$a_1$——修正系数,按表 13-3 取值;
$N'_{63.5}$——实测重型圆锥动力触探锤击数。

**重型圆锥动力触探锤击数修正系数 $a_1$**  表 13-3

| $L$ (m) | $N'_{63.5}$ | | | | | | | | |
|---|---|---|---|---|---|---|---|---|---|
| | 5 | 10 | 15 | 20 | 25 | 30 | 35 | 40 | ≥50 |
| 2 | 1.00 | 1.00 | 1.00 | 1.00 | 1.00 | 1.00 | 1.00 | 1.00 | |
| 4 | 0.96 | 0.95 | 0.93 | 0.92 | 0.90 | 0.89 | 0.87 | 0.86 | 0.84 |
| 6 | 0.93 | 0.90 | 0.88 | 0.85 | 0.83 | 0.81 | 0.79 | 0.78 | 0.75 |
| 8 | 0.90 | 0.86 | 0.83 | 0.80 | 0.77 | 0.75 | 0.73 | 0.71 | 0.67 |
| 10 | 0.88 | 0.83 | 0.79 | 0.75 | 0.72 | 0.69 | 0.67 | 0.64 | 0.61 |
| 12 | 0.85 | 0.79 | 0.75 | 0.70 | 0.67 | 0.64 | 0.61 | 0.59 | 0.55 |
| 14 | 0.82 | 0.76 | 0.71 | 0.66 | 0.62 | 0.58 | 0.56 | 0.53 | 0.50 |
| 16 | 0.79 | 0.73 | 0.67 | 0.62 | 0.57 | 0.54 | 0.51 | 0.48 | 0.45 |
| 18 | 0.77 | 0.70 | 0.63 | 0.57 | 0.53 | 0.49 | 0.46 | 0.43 | 0.40 |
| 20 | 0.75 | 0.67 | 0.59 | 0.53 | 0.48 | 0.44 | 0.41 | 0.39 | 0.36 |

注:表中 $L$ 为杆长。

当采用超重型圆锥动力触探确定碎石土密实度时,锤击数 $N_{120}$ 应按下式修正:
$$N_{120} = a_2 \cdot N'_{120} \tag{13-2}$$
式中 $N_{120}$——修正后的超重型圆锥动力触探锤击数;
$a_2$——修正系数,按表 13-4 取值;
$N'_{120}$——实测超重型圆锥动力触探锤击数。

**超重型圆锥动力触探锤击数修正系数 $a_2$**  表 13-4

| $L$ (m) | $N'_{120}$ | | | | | | | | | | | |
|---|---|---|---|---|---|---|---|---|---|---|---|---|
| | 1 | 3 | 5 | 7 | 9 | 10 | 15 | 20 | 25 | 30 | 35 | 40 |
| 1 | 1.00 | 1.00 | 1.00 | 1.00 | 1.00 | 1.00 | 1.00 | 1.00 | 1.00 | 1.00 | 1.00 | 1.00 |
| 2 | 0.96 | 0.92 | 0.91 | 0.90 | 0.90 | 0.90 | 0.90 | 0.89 | 0.89 | 0.88 | 0.88 | 0.88 |
| 3 | 0.94 | 0.88 | 0.86 | 0.85 | 0.84 | 0.84 | 0.84 | 0.83 | 0.82 | 0.82 | 0.81 | 0.81 |
| 5 | 0.92 | 0.82 | 0.79 | 0.78 | 0.77 | 0.77 | 0.76 | 0.75 | 0.74 | 0.73 | 0.72 | 0.72 |
| 7 | 0.90 | 0.78 | 0.75 | 0.74 | 0.73 | 0.72 | 0.71 | 0.70 | 0.68 | 0.67 | 0.67 | 0.66 |
| 9 | 0.88 | 0.75 | 0.72 | 0.70 | 0.69 | 0.68 | 0.67 | 0.66 | 0.64 | 0.63 | 0.62 | 0.62 |
| 11 | 0.87 | 0.73 | 0.69 | 0.67 | 0.66 | 0.66 | 0.64 | 0.62 | 0.61 | 0.60 | 0.59 | 0.58 |
| 13 | 0.86 | 0.71 | 0.67 | 0.65 | 0.64 | 0.63 | 0.61 | 0.60 | 0.58 | 0.57 | 0.56 | 0.55 |
| 15 | 0.86 | 0.69 | 0.65 | 0.63 | 0.62 | 0.61 | 0.59 | 0.58 | 0.56 | 0.55 | 0.54 | 0.53 |
| 17 | 0.85 | 0.68 | 0.63 | 0.61 | 0.60 | 0.60 | 0.57 | 0.56 | 0.54 | 0.53 | 0.52 | 0.50 |
| 19 | 0.84 | 0.66 | 0.62 | 0.60 | 0.58 | 0.58 | 0.56 | 0.54 | 0.52 | 0.51 | 0.50 | 0.48 |

注:表中 $L$ 为杆长 (mm)。

砂土密实度分类  表 13-5

| 标准贯入锤击数 $N$ | 密实度 | 标准贯入锤击数 $N$ | 密实度 |
|---|---|---|---|
| $N \leqslant 10$ | 松散 | $15 < N \leqslant 30$ | 中密 |
| $10 < N \leqslant 15$ | 稍密 | $N > 30$ | 密实 |

粉土密实度分类  表 13-6

| 孔隙比 $e$ | 密实度 |
|---|---|
| $e < 0.75$ | 密实 |
| $0.75 \leqslant e \leqslant 0.9$ | 中密 |
| $e > 0.9$ | 稍密 |

注：当有经验时，也可用原位测试或其他方法划分粉土的密实度。

#### 13.1.1.2 地基土的压缩性

地基土的压缩性是指在压力作用下体积缩小的性能。从理论上，土的压缩变形可能是：土粒本身的压缩变形；孔隙中不同形态的水和气体等的压缩变形；孔隙中水和气体有一部分被挤出，土的颗粒相互靠拢使孔隙体积减小。

反映土的压缩性的参数，包括土体压缩模量 $E_s$、体积压缩系数 $m_v$、变形模量 $E_0$、切线模量 $E_t$、割线模量 $E_q$、回弹变形模量 $E_{ur}$。一般勘察成果中包括压缩模量、压缩系数和回弹模量。

压缩模量 $E_s$ 是土体在无侧向变形条件下，竖向应力 $\sigma_z$ 与竖向应变 $\varepsilon_z$ 之比，可通过压缩试验测定。体积压缩系数 $m_v$ 是土体在压缩时竖向应变与竖向应力之比，其数值等于压缩模量的倒数。

回弹模量 $E_e$ 为无侧向变形条件下，土体卸荷或重复加荷阶段，即土体处于超固结状态时，竖向应力 $\sigma_z$ 与竖向应变 $\varepsilon_z$ 之比值，通常可通过回弹试验测定。

变形模量 $E_0$ 是在固定的围压下侧向自由变形条件时，竖向应力增量 $\Delta\sigma_z$ 与竖向应变增量 $\Delta\varepsilon_z$ 之比值。变形模量可采用切线模量或割线模量形式表示。

回弹变形模量 $E_{ur}$ 是侧向自由变形条件下，土体卸荷回弹时或重复加荷时竖向应力与竖向回弹应变之比值。

#### 13.1.1.3 地基土的强度与承载力

地基土的强度问题，实质上就是土的抗剪强度问题。土的抗剪强度与法向压力 $\sigma_n$、土的内摩擦角 $\varphi$ 和土的内聚力 $c$ 三者有关。

无黏性土的抗剪强度来源于土粒之间的摩擦力。因为摩擦力存在于土体内部颗粒间的作用，故称内摩擦力。内摩擦力包含两部分：一部分是由于土颗粒粗糙产生的表面摩擦力；另一部分是粗颗粒之间互相镶嵌、连锁作用产生的咬合力。黏性土的抗剪强度，除内摩擦力外，还有内聚力。内聚力主要来源于：土颗粒之间的电分子吸引力和土中天然胶结物质（如硅、铁物质和碳酸盐等）对土粒的胶结作用。

地基承受荷载的能力称为地基承载力。地基承载力是地基土在基础的形状、尺寸、埋深及加载条件等外部因素确定下的固有属性，但在实际应用过程中，地基实际承载力的大小则与地基的变形相适应。地基承载力的确定可参照"13.2.1.3 天然地基的承载力计算与评价"。

#### 13.1.1.4 地基土的稳定性

广义的地基稳定性问题包括地基土承载力不足而失稳，作用有水平荷载和地震作用的建（构）筑物基础的倾覆和滑动失稳以及边坡失稳。地基土的稳定性评价可参照"13.2.1.1 天然地基的稳定性评价"。

#### 13.1.1.5 地基土的均匀性

地基土的均匀性即为基底以下分布地基土的物理力学性质的均匀性，这体现在两个方面，一是地基承载力差异较大；二是地基土的变形性质差异较大。地基土不均匀性评价可参照"13.2.1.2 天然地基的均匀性评价"。

由于不均匀地基在纵向和横向上物理力学性质均有不同程度的差异，地基反力的集中现象比均匀地基更为明显，基础设计若不采取某些结构措施易给建（构）筑物埋下安全隐患。

#### 13.1.1.6 地基土的动力特性

土体在动荷载作用下的力学特性称为地基土的动力特性。动荷载作用对土的力学性质的影响可以导致土的强度降低，产生附加沉降、土的液化和触变等结果。

影响土的动力变形特性的因素包括周期压力、孔隙比、颗粒组成、含水量等，最为显著是应变幅值的影响。应变幅值在 $10^{-6} \sim 10^{-4}$ 及以下的范围内时，土的变形特性可认为是属于弹性性质。一般由火车、汽车的行驶以及机器基础等所产生的振动的反应都属于这种弹性范围。应变幅值在 $10^{-4} \sim 10^{-2}$ 内时，土表现为弹塑性性质，在工程中，如打桩、地震等所产生的土体振动反应即属于此。当应变幅值超过 $10^{-2}$ 时，土将破坏或产生液化、压密等现象。

土在动荷载下的抗剪强度存在速度效应和循环效应，以及动静应力状态的组合问题。循环荷载作用下土的强度有可能高于或低于静强度，由土的类别、所处的应力状态以及加荷速度、循环次数等而定。对于一般的黏土，在地震或其他动荷载作用下，破坏时的应力与静强度比较，并无太大的变化。但是对于软弱的黏性土，如淤泥和淤泥质土等，则动强度会有明显降低，所以在路桥工程遇到此类地基土时，必须考虑地震作用下的强度降低问题。土的动强度亦可如静强度一样通过动强度指标 $c_d$、$\varphi_d$ 得到反映。

#### 13.1.1.7 地基土的水理性

地基土的水理性是指地基土在水的作用下工程特性发生改变的性质，施工过程中必须充分了解这种变化，避免地基土的破坏。黏性土的水理性主要包括三种性质，黏性土颗粒吸附水能力的强弱称为活性，由活性指标衡量；黏性土含水量的增减反映在体积上的变化称为胀缩性；黏性土由于浸水而发生崩解散体的特性称为崩解性，通常由崩解时间、崩解特征、崩解速度三项指标来评价。对于岩石的水理性，包括吸水性、软化性、可溶性、膨胀性等性质。

### 13.1.2 地基土的工程勘察

地基土的岩土工程勘察工作内容是要查明建设场地的岩土工程条件，提供地基土的物理力学性质指标，评价场地岩土工程问题，并提出针对该问题的方法与建议。岩土工程勘察可用技术手段，包括工程地质测绘和调查、勘探和取样、原位测试技术、室内土工试验、检验和现场监测等。

#### 13.1.2.1 井探、槽探与洞探

当钻探方法难以准确查明地下情况时，可采用探井、探槽进行勘探。在坝址、地下工程、大型边坡等勘察中，当需详细查明深部岩层性质、构造特征时，可采用竖井或平洞。探井的深度不宜超过地下水位。竖井和平洞的深度、长度、断面按工程要求确定。

对探井、探槽和探洞除文字描述记录外，尚应以剖面图、展示图等反映井、槽、洞壁和底部的岩性、地层分界、构造特征、取样和原位试验位置，并辅以代表性部位的彩色照片。

#### 13.1.2.2 工程钻探

工程钻探是工程地质勘察中最为常用且有效的手段，钻探方法种类及适用范围见表13-7。

**钻探方法种类及适用范围** 表13-7

| 钻探方法 | | 钻进地层 | | | | | 勘察要求 | |
|---|---|---|---|---|---|---|---|---|
| | | 黏性土 | 粉土 | 砂土 | 碎石土 | 岩石 | 直观鉴别，采取不扰动土样 | 直观鉴别，采取扰动土样 |
| 回转 | 螺旋钻探 | ++ | + | + | — | — | ++ | ++ |
| | 无岩芯钻探 | ++ | ++ | ++ | ++ | ++ | — | — |
| | 岩芯钻探 | ++ | ++ | ++ | ++ | ++ | ++ | ++ |
| 冲击 | 冲击钻探 | — | + | ++ | ++ | — | — | + |
| | 锤击钻探 | ++ | ++ | ++ | + | — | ++ | ++ |
| 振动钻探 | | ++ | ++ | ++ | + | — | + | ++ |
| 冲洗钻探 | | + | ++ | ++ | — | — | — | — |

注：++，适用；+，部分适用；—，不适用。

#### 13.1.2.3 原位测试

原位测试技术是在岩土工程勘察现场进行岩土体物理力学性质测试和岩土层划分的重要勘察技术。选择原位测试方法应根据岩土条件、设计对参数的要求、地区经验和测试方法的适用性等因素选用。原位测试的试验项目、测定参数、主要试验目的可参照表13-8的规定。

**原位测试项目** 表13-8

| 试验项目 | 适用范围 | 测定参数 | 主要试验目的 |
|---|---|---|---|
| 载荷试验 | 各类地基土 | 比例界限压力 $p_0$、极限压力 $p_u$ 和压力与变形关系 | 1. 评定岩土承载力；<br>2. 估算土的变形模量；<br>3. 计算土的基床系数 |
| 静力触探试验 | 软土、一般黏性土、粉土、砂土和含少量碎石的土 | 单桥比贯入阻力 $p_s$，双桥锥尖阻力 $q_c$、侧壁摩阻力 $f_s$、摩阻比 $R_f$、孔压静力触探的孔隙水压力 $u$ | 1. 判别土层均匀性和划分土层；<br>2. 估算地基土承载力和压缩模量；<br>3. 选择桩基持力层、估算单桩承载力；<br>4. 判断沉桩可能性；<br>5. 判别地基土液化可能性及等级 |

续表

| 试验项目 | 适用范围 | 测定参数 | 主要试验目的 |
|---|---|---|---|
| 标准贯入试验 | 砂土、粉土和一般黏性土 | 标准贯入击数 $N$ | 1. 判别土层均匀性和划分土层；<br>2. 判别地基液化可能性及等级；<br>3. 估算地基承载力和压缩模量；<br>4. 估算砂土密实度及内摩擦角；<br>5. 选择桩基持力层、估算单桩承载力；<br>6. 判断沉桩的可能性 |
| 圆锥动力触探试验 | 浅部填土、黏性土、粉土、砂土、碎石土、残积土、极软岩和软岩 | 动力触探击数 $N_{10}$、$N_{63.5}$、$N_{120}$ | 1. 判别土层均匀性和划分土层；<br>2. 估算地基承载力和压缩模量；<br>3. 选择桩基持力层、估算单桩承载力；<br>4. 地基检验 |
| 十字板剪切试验 | 饱和软黏性土 | 不排水抗剪强度峰值 $c_u$ 和残余值 $c'_u$ | 1. 测求饱和黏性土的不排水抗剪强度和灵敏度；<br>2. 估算地基土的承载力和单桩承载力；<br>3. 计算边坡稳定性；<br>4. 判断软黏性土的应力历史 |
| 现场渗透试验 | 粉土、砂土、碎石土等富水地层 | 岩土层渗透系数 $k$，必要时测定释水系数 $\mu$ 等 | 为重要工程或深基础工程的设计提供的渗透系数、影响半径、单井涌水量等 |
| 旁压试验 | 黏性土、粉土、砂土、碎石土、残积土、极软岩和软岩 | 初始压力 $p_0$、临塑压力 $p_f$、极限压力 $p_L$ 和旁压模量 $E_m$ | 1. 测求地基土的临塑荷载和极限荷载强度，从而估算地基土的承载力；<br>2. 测求地基土的变形模量，从而估算沉降量；<br>3. 估算桩基承载力；<br>4. 计算土的侧向基床系数；<br>5. 自钻式旁压试验可确定土的原位水平应力和静止侧压力系数 |
| 扁铲侧胀试验 | 软土、一般黏性土、粉土、黄土和松散~中密的砂土 | 侧胀模量 $E_D$、侧胀土性指数 $I_D$、侧胀水平应力指数 $K_D$ 和侧胀孔压指数 $U_D$ | 1. 划分土层和区分土类；<br>2. 计算土的侧向基床系数；<br>3. 判别地基土液化可能性 |
| 波速测试 | 各类岩土体 | 压缩波速 $v_P$、剪切波速 $v_S$ | 1. 划分场地类别；<br>2. 提供地震反应分析所需的场地土动力参数；<br>3. 评价岩体完整性；<br>4. 估算场地卓越周期 |
| 场地微振动测试 | | 场地卓越周期 $T$ 和脉动幅值 | 确定场地卓越周期 |

### 13.1.2.4 室内试验

岩土工程勘察室内试验主要目的是测定土的物理力学性质指标。室内土工试验项目、方法以及指标应用见表 13-9。

室内土工试验的主要项目、方法及指标应用　　　　表 13-9

| 试验项目 | 方　法 | 测得指标 | 应　用 |
|---|---|---|---|
| 含水量 | 烘干法，酒精燃烧法，比重瓶法，炒干法，实容积法 | 含水量 $w$ | 1. 计算孔隙比等其他指标；<br>2. 物理性质指标；<br>3. 评价土的承载力；<br>4. 评价土的冻胀性 |
| 密度 | 环刀法，蜡封法 | 密度 $\rho$<br>干密度 $\rho_d$ | 计算孔隙比、重度等其他物理性质指标 |
| 土的相对密度（比重） | 比重试验、比重瓶法、浮称法、虹吸筒法 | 相对密度 $G_s$ | 计算孔隙比等其他物理指标 |
| 界限含水率 | 圆锥式法、碟式法、联合测定法<br><br>滚搓法，联合测定法 | 液限 $w_L$<br>塑限 $w_p$<br>液性指数 $I_L$<br>塑性指数 $I_P$<br>含水比 $\alpha_w$<br>活动度 | 1. 黏性土的分类定名；<br>2. 划分黏性土状态；<br>3. 评价土的承载力；<br>4. 估计土的最优含水量；<br>5. 估算土的力学性质；<br>6. 评价黏土和红黏土的承载力（含水比）；<br>7. 评价含水量变化时的体积变化（活动度） |
| 颗粒级配 | 筛分法；比重计法；移液管法 | 有效粒径 $d_{10}$<br>平均粒径 $d_{50}$<br>不均匀系数 $C_u$<br>曲率系数 $C_c$ | 1. 砂土分类定名和级配情况；<br>2. 计算反滤层或计算过滤器孔径；<br>3. 评价砂土和粉土液化可能性；<br>4. 评价砂土和粉土液化的可能性 |
| 砂土的相对密度 | 最小干密度试验，最大干密度试验 | 最大孔隙比 $e_{max}$<br>最小孔隙比 $e_{min}$<br>相对密度 $D_r$ | 1. 评价砂土密度；<br>2. 估计砂土体积变化；<br>3. 评价砂土液化可能性 |
| 击实 | 轻型击实试验，重型击实试验 | 最大干密度 $\rho_{dmax}$<br>最优含水量 $w_{op}$ | 控制填土地基质量及夯实效果 |
| 压缩（固结） | 标准法，快速法，回弹试验，再压缩试验 | 压缩系数 $a_{1-2}$<br>压缩模量 $E_s$<br>压缩指数 $C_c$<br>体积压缩系数 $m_v$<br>固结系数 $C_v$<br>先期固结压力 $p_c$<br>超固结比 $OCR$ | 1. 计算地基变形；<br>2. 评价土的承载力；<br>3. 计算沉降时间及固结度；<br>4. 判断土的应力状态和压密状态 |
| 渗透 | 常水头，变水头 | 渗透系数 $K$ | 1. 计算基坑涌水量；<br>2. 设计排水构筑物；<br>3. 施工降水设计 |

续表

| 试验项目 | 方 法 | 测得指标 | 应 用 |
|---|---|---|---|
| 无侧限抗压强度 | 原状土试验，重塑土试验 | 无侧限抗压强度 $q_u$<br>灵敏度 $S_r$ | 1. 估计（算）土的承载力；<br>2. 估计（算）土的抗剪强度；<br>3. 评价土的结构性 |
| 直接剪切 | 慢剪，固结快剪，快剪，反复剪 | 黏聚力 $c$<br>内摩擦角 $\varphi$ | 1. 评价地基的稳定性、计算承载力；<br>2. 计算斜坡的稳定性；<br>3. 计算挡土墙的土压力 |
| 承载比 | 贯入法 | 承载比 CBR | 计算公路、机场跑道 |
| 水土化学试验 | 电测法，比色法 | 酸碱度 pH | 评价水土腐蚀性 |
| | 包括易溶盐、中溶盐、难溶盐，总量测定可用烘干法，各离子含量用化学分析法 | 易溶盐总量 $W$<br>中溶盐含量 $W_{csh}$<br>难溶盐含量 $W_{cc}$ | |
| | 重铬酸钾容量法，烧失法 | 有机含量 $W_u$ | |

#### 13.1.2.5 其他方法

岩土工程勘察中，当钻探方法难以准确查明地下情况时，可采用探井、探槽详细探明深部岩层性质、构造特征等。常见的还有地球物理勘探方法，是利用物探仪器探测地下天然的或人工的物理场变化，借以查明地层、构造，测定岩、土的物理力学性质及水文地质参数的一种勘探方法。

### 13.1.3 地 基 承 载 力

#### 13.1.3.1 地基承载力的基本概念

1. 定义

地基承载力是地基土单位面积上随荷载增加所发挥的承载潜力，是评价地基稳定性的综合性用词。

在荷载作用下，地基要产生变形。随着荷载的增大，地基变形逐渐增大，初始阶段地基土中应力处在弹性平衡状态，具有安全承载能力。当荷载增大到地基中开始出现某点或小区域内各点在其某一方向平面上的剪应力达到土的抗剪强度时，该点或小区域内各点就发生剪切破坏而处在极限平衡状态，土中应力将发生重分布。这种小范围的剪切破坏区，称为塑性区。地基小范围的极限平衡状态大多可以恢复到弹性平衡状态，地基尚能趋于稳定，仍具有安全的承载能力。但此时地基变形稍大，必须验算变形的计算值不允许超过允许值。当荷载继续增大，地基出现较大范围的塑性区时，将导致地基承载力不足而失去稳定。此时地基达到极限承载力。

地基承载力特征值，是指由载荷试验测定的地基土压力变形曲线线性变形段内规定的变形所对应的压力值，其最大值为比例界限值。

2. 确定地基承载力的基本方法

现行国家标准《建筑地基基础设计规范》GB 50007 规定，地基承载力特征值可由载荷试验或其他原位测试、公式计算，并结合工程实践经验等方法综合确定。

具体确定时，应结合当地建筑经验按下列方法综合确定。

(1) 对一级建筑物采用载荷试验、理论公式计算及原位试验方法综合确定。

(2) 对二级建筑物可按当地有关规范查表或原位试验确定，有些二级建筑物尚应结合理论公式计算确定。

(3) 对三级建筑物可根据邻近建筑物的经验确定。

#### 13.1.3.2 按现场试验确定地基承载力

现场静载荷试验

静载荷试验是通过一定垂直压力测定土在天然产状条件下的变形模量、土的变形随时间的延续性、地基承载力等。

载荷试验一般分为浅层平板载荷试验、深层平板载荷试验和螺旋板载荷试验。浅层平板载荷试验适用于浅层地基土，承压板面积不应小于 $0.25m^2$。对于软土不应小于 $0.5m^2$。深层平板载荷试验适用于深层地基土和大直径桩的桩端土，承压板采用直径为 0.8m 的刚性板，试验深度不小于 5m。紧靠承压板周围外侧的土层高度应不小于 0.8m。螺旋板载荷试验适用于深层地基土或地下水位以下的地基土。

### 13.1.4 地基变形

#### 13.1.4.1 地基变形分类

地基变形按其特征可分为沉降量、沉降差、倾斜、局部倾斜。在计算地基变形时，应符合下列规定：

(1) 由于建筑地基不均匀、荷载差异很大、体型复杂等因素引起的地基变形，对于砌体承重结构应由局部倾斜值控制；对于框架结构和单层排架结构应由相邻柱基的沉降差控制；对于多层或高层建筑和高耸结构应由倾斜值控制；必要时尚应控制平均沉降量。

(2) 在必要情况下，需要分别预估建筑物在施工期间和使用期间的地基变形值，以便预留建筑物有关部分之间的净空，选择连接方法和施工顺序。

#### 13.1.4.2 地基变形允许值

建筑物的地基变形允许值应按表 13-10 规定采用。对表中未包括的建筑物，其地基变形允许值应根据上部结构对地基变形的适应能力和使用上的要求确定。

建筑物的地基变形允许值　　　　表 13-10

| 变形特征 | | 地基土类别 | |
|---|---|---|---|
| | | 中、低压缩性土 | 高压缩性土 |
| 砌体承重结构基础的局部倾斜 | | 0.002 | 0.003 |
| 工业与民用建筑相邻柱基的沉降差 | 框架结构 | 0.002L | 0.003L |
| | 砌体墙填充的边排柱 | 0.0007L | 0.001L |
| | 当基础不均匀沉降时不产生附加应力的结构 | 0.005L | 0.005L |
| 单层排架结构（柱距为6m）柱基的沉降量（mm） | | (120) | 200 |
| 桥式吊车轨面的倾斜（按不调整轨道考虑） | 纵向 | 0.004 | |
| | 横向 | 0.003 | |

续表

| 变形特征 | | 地基土类别 | |
|---|---|---|---|
| | | 中、低压缩性土 | 高压缩性土 |
| 多层和高层建筑的整体倾斜 | $H_g \leqslant 24$ | 0.004 | |
| | $24 < H_g \leqslant 60$ | 0.003 | |
| | $60 < H_g \leqslant 100$ | 0.0025 | |
| | $H_g > 100$ | 0.002 | |
| 体型简单的高层建筑基础的平均沉降量（mm） | | 200 | |
| 高耸结构基础的倾斜 | $H_g \leqslant 20$ | 0.008 | |
| | $20 < H_g \leqslant 50$ | 0.006 | |
| | $50 < H_g \leqslant 100$ | 0.005 | |
| | $100 < H_g \leqslant 150$ | 0.004 | |
| | $150 < H_g \leqslant 200$ | 0.003 | |
| | $200 < H_g \leqslant 250$ | 0.002 | |
| 高耸结构基础的沉降量（mm） | $H_g \leqslant 100$ | 400 | |
| | $100 < H_g \leqslant 200$ | 300 | |
| | $200 < H_g \leqslant 250$ | 200 | |

注：1. 本表数值为建筑物地基实际最终变形允许值；
  2. 有括号者仅适用于中压缩性土；
  3. $L$ 为相邻柱基的中心距离（mm）；$H_g$ 为自室外地面起算的建筑物高度（m）；
  4. 倾斜指基础倾斜方向两端点的沉降差与其距离的比值；
  5. 局部倾斜指砌体承重结构沿纵向 6～10m 内基础两点的沉降差与其距离的比值。

### 13.1.5　施工对地基土的影响

施工容易对地基土产生影响，施工时，应采用适宜的施工技术和措施，尽量减少对地基土的影响。

#### 13.1.5.1　机械开挖土方时对地基土的影响

采用机械开挖土方时，由于机械的行走碾压和震动作用，会对土体产生一定的扰动作用，特别是临近基槽底时，土体又是含水量高的黏性土和粉土时，更容易产生扰动，形成"橡皮土"，造成土体强度和承载力降低。

因此，机械开挖基槽临近基底时，一般预留100～300mm厚度的土方，采用人工开挖。对于采用人工开挖仍存在扰动效应的土层，可采取分块开挖、晾晒、铺设木板等措施进行基底土的保护。

#### 13.1.5.2　挤土效应对地基土的影响

当采用具有挤土效应的复合地基或桩基进行施工时，如夯扩桩、预制桩、振动沉管灌注桩等，在施工过程中，会对基底和桩体周围的土体产生挤土效应，对于无黏粒含量的土，会产生挤密硬化作用，而对于含水量较高的粉土和黏性土，会产生挤土软化效应，造成地基土强度和承载力的降低，甚至会对已施工部位产生一定推移作用。

因此，在粉土和黏性土地基中，施工时应控制好施工间距，尽量避免或减少对地基土产生挤土效应。

#### 13.1.5.3 水对地基土的影响

施工时，对于透水性差的粉土和黏性土，当地基土的含水量增加时，会降低地基土的强度和承载力，而泥岩遇水则会发生软化，造成强度和承载力的大幅度降低。

因此，施工时，应采取措施控制地基土的含水量变化，特别是泥岩地基，应采取有效措施，避免地基被水浸泡软化。

#### 13.1.5.4 暴晒对地基土的影响

当开挖到基底时，基底土体在太阳的暴晒下，黏性土会发生失水开裂现象，粉土和砂土会发生失水松散现象，对强度和承载力均有不同程度的影响。当基底为岩石时，也会随着日晒而发生开裂、软化和剥落的现象。

因此，施工时，当挖到基底标高时，应及早进行验槽并进行垫层施工，当无法及时施工时，应经常洒水保湿或覆盖进行保护。

#### 13.1.5.5 冰冻对地基土的影响

当地基土受冻时，土中的水会发生膨胀，造成基底土的冻胀破坏。因此，在冬期施工时，在基底上方应预留足够厚度的土方，或采取覆盖草帘、棉被、加温等措施，避免地基土的冻胀。

## 13.2 天 然 地 基

### 13.2.1 天然地基的评价与防护

#### 13.2.1.1 天然地基的稳定性评价

天然地基稳定性问题包括地基承载力不足而失稳，以及地基变形过大造成建筑物失稳，还有经常作用有水平荷载的构筑物基础的倾覆和滑动失稳以及边坡失稳。地基土的稳定性评价是岩土工程问题分析与评价中的一项重要内容。

作为天然地基，应有足够的强度，即地基单位面积上允许承受最大的压力，相当于地基极限承载力值的1/2。

评价地基土变形量，是确定天然地基应用的条件。各级建（构）筑物按其结构特点和使用上的要求，允许地基适当下沉，称为允许变形值，可分为沉降量、沉降差、倾斜、局部倾斜。当地基基础下沉量超过允许变形值时，建（构）筑物将遭破坏或影响正常使用。

计算地基变形时，地基内的应力分布，可采用各向同性均质的直线变形体理论。

#### 13.2.1.2 天然地基的均匀性评价

天然地基均匀性评价标准：

（1）中—高压缩性地基，当地基持力层底面或相邻基底高程的坡度大于10%时，可视为不均匀地基时，可视为不均匀地基。

（2）中—高压缩性地基，持力层及其下卧层在基础宽度方向上的厚度差值大于$0.05b$（$b$为基础宽度）时，可视为不均匀地基。

（3）建筑物基础底面位于同一地貌单元或同一地质单元、但各处地基土的压缩性有较大差异时，可在计算各钻孔地基变形计算深度范围内当量模量的基础上，根据当量模量最大值和当量模量最小值的比值判定均匀性。即地基不均匀系数 $K$ 判定。当 $K$ 大于表 13-11 规定的数值时，为不均匀地基。

不均匀系数 $K$　　　　　　　　　　　　　　　表 13-11

| 同一建筑物下各钻孔压缩模量当量值 $\overline{E}_S$ 的平均值（MPa） | ≤4 | 7.5 | 15 | >20 |
|---|---|---|---|---|
| 地基不均匀系数界限值 $K$ | 1.3 | 1.5 | 1.8 | 2.5 |

注：1. 土压缩模量当量值 $\overline{E}_S$；
    2. 地基不均匀系数界限值 $K$ 为 $\overline{E}_{Smax}$ 与 $\overline{E}_{Smin}$ 之比；
    3. 土压缩模量按实际应力段取值。

（4）地基持力层和第一下卧层在基础宽度方向上，地层厚度的差值小于 $0.05b$（$b$ 为基础宽度）时，可视为均匀地基。

当按上述标准判定为不均匀地基时，应进行变形验算，并采取相应的结构和地基处理措施。

#### 13.2.1.3　天然地基的承载力计算与评价

确定地基承载力时，应结合当地建筑经验按下列方法综合考虑：

（1）对一级建筑物采用载荷试验、理论公式计算及原位测试方法综合确定。

（2）对二级建筑物可按有关规范查表，或原位测试确定，有些二级建筑物尚应结合理论公式计算确定。

（3）对三级建筑物可根据邻近建筑物的经验确定。

依据现行国家标准《建筑地基基础设计规范》GB 50007，地基承载力特征值可由载荷试验或其他原位测试、公式计算、并结合工程实践经验等方法综合确定。

当基础宽度大于 3m 或埋置深度大于 0.5m 时，从浅层载荷试验或其他原位测试、经验值等方法确定的地基承载力特征值，尚应进行修正。

#### 13.2.1.4　天然地基的防护

天然地基的防护主要是指在基槽施工时应保持地基土的天然状态，避免对地基土扰动、受水浸泡、冻胀等。具体做法如下：

（1）开槽时应预留 20～30cm 保护层，保护层应采用人工清除，防止对地基土扰动，禁止超挖。

（2）雨期施工时应有必要的排水设施，防止泡槽。

（3）冬期施工时应采取必要的防冻措施，现场应配置草垫、棉被、麻袋等材料，或采取加湿措施，防止对地基土冻胀。

### 13.2.2　地基局部处理

#### 13.2.2.1　松土坑、古墓、坑穴处理

松土坑、古墓、坑穴处理方法参见表 13-12。

13.2 天然地基　731

松土坑、古墓、坑穴处理方法　　　表 13-12

| 地基情况 | 处理简图 | 处理方法 |
|---|---|---|
| 松土坑在基槽中范围内 | | 将坑中松软土挖除，使坑底及四壁均见天然土为止，回填与天然土压缩性相近的材料。当天然土为砂土时，用砂或级配砂石回填；当天然土为较密实的黏性土，用 3∶7 灰土分层回填夯实；天然土为中密可塑的黏性土或新近沉积黏性土，可用 1∶9 或 2∶8 灰土分层回填夯实，每层厚度不大于 20cm |
| 松土坑在基槽中范围较大，且超过基槽边沿 | | 因条件限制，槽壁挖不到天然土层时，则应将该范围内的基槽适当加宽，加宽部分的宽度可按下述条件确定：当用砂土或砂石回填时，基槽壁边均应按 $l_1∶h_1=1∶1$ 坡度放宽；用 1∶9 或 2∶8 灰土回填时，基槽每边应按 $b∶h=0.5∶1$ 坡度放宽；用 3∶7 灰土回填时，如坑的长度≤2m，基槽可不放宽，但灰土与槽壁接触处应夯实 |
| 松土坑范围较大，且长度超过 5m | | 如坑底土质与一般槽底土质相同，可将此部分基础加深，做 1∶2 踏步与两端相接。每步高不大于 50cm，长度不小于 100cm，如深度较大，用灰土分层回填夯实至坑（槽）底齐平 |
| 松土坑较深，且大于槽宽或 1.5m | | 按以上要求处理挖到老土，槽底处理完毕后，还应适当考虑加强上部结构的强度，方法是在灰土基础上 1~2 皮砖处（或混凝土基础内）、防潮层下 1~2 皮砖处及首层顶板处，加配 4ϕ8~12mm 钢筋跨过该松土坑两端各 1m，以防产生过大的局部不均匀沉降 |
| 松土坑下水位较高 | | 当地下水位较高，坑内无法夯实时，可将坑（槽）中软弱的松土挖去后，再用砂土、砂石或混凝土代替灰土回填。<br>如坑底在地下水位以下时。回填前先用粗砂与碎石（比例为 1∶3）分层回填夯实；地下水位以上用 3∶7 灰土回填夯实至要求高度 |
| 基础下压缩土层范围内有古墓、地下坑穴 | | 1. 墓坑开挖时，应沿坑边四周每边加宽 50cm，加宽深入到自然地面下 50cm，重要建筑物应将开挖范围扩大，沿四周每边加宽 50cm；开挖深度：当墓坑深度小于基础压缩土层深度，应挖到坑底；如墓坑深度大于基层压缩土层深度，开挖深度应不小于基础压缩土层深度<br>2. 墓坑和坑穴用 3∶7 灰土回填夯实；回填前应先打 2~3 遍底夯，回填土料宜选用粉质黏土分层回填，每层厚 20~30cm，每层夯实后用环刀逐点取样检查，土的密度应不小于 1.55t/m³ |

续表

| 地基情况 | 处理简图 | 处理方法 |
|---|---|---|
| 基础外有古墓、地下坑穴 | (墓室, l, h) | 1. 将墓室、墓道内全部充填物清除,对侧壁和底部清理面要切入原土150mm左右,然后分别以纯素土或3:7灰土分层回填夯实<br>2. 墓室、坑穴位于墓坑平面轮廓外时,如 $l/h > 1.5$,则可不做专门处理 |
| 基础下有古墓、地下坑穴 | (回填土, 3:7灰土, 古墓墓穴, 3:7灰土) | 1. 墓穴中填充物如已恢复原状结构的可不处理<br>2. 墓穴中填充物如为松土,应将松土杂物挖出,分层回填素土或3:7灰土夯实到土的密度达到规定要求<br>3. 如古墓中有文物,应及时报主管部门或当地政府处理 |

#### 13.2.2.2 土井、砖井、废矿井处理

土井、砖井、废矿井处理方法见表13-13。

**土井、砖井、废矿井处理方法**　　　　　　　　　表13-13

| 井的部位 | 处理简图 | 处理方法 |
|---|---|---|
| 土井、砖井在室外,距基础边缘5m以内 | (室外, <5000, 土井或砖井) | 先用素土分层夯实,回填到室外地坪以下1.5m处,将井壁四周砖圈拆除或松软部分挖去,然后用素土分层回填并夯实 |
| 土井、砖井在室内基础附近 | (室内, 土井或砖井) | 将水位降到最低可能的限度,用中、粗砂及块石、卵石或碎砖等回填到地下水位以上50cm。并应将四周砖圈拆至坑(槽)底以下1m或更深些,然后再用素土分层回填并夯实,如井已回填,但不密实或有软土,可用大块石将下面软土挤紧,再分层回填素土夯实 |
| 土井、砖井在基础下或条形基础特定范围内 | (拆除旧砖井, 2:8灰土, 好土, 砖井, 2:8灰土, ≥1000) | 先用素土分层回填夯实,至基础底下2m处,将井壁四周松软部分挖去,有砖井时,将井圈拆至槽底以下1~1.5m。当井内有水,应用中、粗砂及块石、卵石或碎砖回填至水位以上50cm,然后再按上述方法处理;当井内已填有土,但不密实,且挖除困难时,可在部分拆除后的砖石井圈上加钢筋混凝土盖封口,上面用素土或2:8灰土分层回填、夯实至槽底 |

续表

| 井的部位 | 处理简图 | 处理方法 |
|---|---|---|
| 土井、砖井在房屋转角处，且基础部分或全部压在井上 | （图：基础延长部分，$F \leq F_1 + F_2$） | 除用以上办法回填处理外，还应对基础加固处理。当基础压在井上部分较少，可采用从基础中挑钢筋混凝土梁的办法处理。当基础压在井上部分较多，用挑梁的方法较困难或不经济时，则可将基础沿墙长方向向外延长出去，使延长部分落在天然土上，落在天然土上基础总面积等于或稍大于井圈范围内原有基础的面积，并在墙内配筋或用钢筋混凝土梁来加强 |
| 基础下存在采矿废井，基础部分或全部压在废矿井上 | （图：瓶塞、过梁，原井口，<2500） | 废矿井处理可用以下3种方法：<br>1. 瓶井法：将井口挖成倒圆台形的瓶塞状，通过计算可得出 $a$ 和 $h$，将井口上部的载荷分布到井壁四周。瓶塞用毛石混凝土浇筑而成或用3:7灰土分层夯成，应视井口的大小及计算而定，较大的井口还应配筋；<br>2. 过梁法：遇到建筑物轴线通过井口，在上部做钢筋混凝土过梁跨过井口，但应有适当的支撑长度 $a$；<br>3. 换填法：井深在3～5m可直接采用换填的方法，将井内的松土全部挖去，用3:7灰土分层夯实至设计基底标高 |
| 土井、砖井已淤填，但不密实 | （图：基础、构筑物、钢筋混凝土盖板、2:8灰土、土井、灰土挤密桩） | 可用大块石将下面软土挤密，再用上述办法回填处理。如井内不能夯填密实，而上部荷载又较大，可在井内设灰土挤密桩或石灰桩处理；如土井在大体积混凝土基础下，可在井圈上加钢筋混凝土盖板封口，上部再用素土或2:8灰土回填密实的办法处理，使基土内附加应力传布范围比较均匀，但要求盖板到基底的高差 $h > d$ |

### 13.2.2.3 软硬地基处理

软硬地基的处理方法见表13-14。

**软硬地基的处理方法**　　　　　　　　　　　　　　　表13-14

| 地基情况 | 处理简图 | 处理方法 |
|---|---|---|
| 基础下局部遇基岩、旧墙基、大孤石、老灰土或圬工构筑物 | （图：基础、沥青胶、原土层、基岩、褥垫、基岩1—1） | 尽可能挖去，以防建筑物由于局部落于坚硬地基上，造成不均匀沉降而使建筑物开裂；或将坚硬地基部分凿去30～50cm深，再回填土砂混合物或砂作柔性褥垫，使软硬部分可起到调整地基变形作用，避免裂缝 |

续表

| 地基情况 | 处理简图 | 处理方法 |
| --- | --- | --- |
| 基础一部分落于原土层上，一部分落于回填土地基上 | （结构物、填土、原土层、爆扩灌注桩） | 在填土部位用现场钻孔灌注桩或钻孔爆扩桩直至原土层，使该部位上部荷载直接传至原土层，以避免地基的不均匀沉降 |
| 基础一部分落于基岩或硬土层上，一部分落于软弱土层上，基岩表面坡度较大 | （基础、地梁、现浇混凝土短桩、软土层、基岩；基础、地梁、混凝土支承墙或墩、基岩） | 在软土层上采用现场钻孔灌注桩至基岩；或在软土部位作混凝土或砌块石支承墙（或支墩）至基岩；或将基础以下基岩凿去30～50cm，填以中粗砂或土砂混合物作软性褥垫，使之能调整岩土交界部位地基的相对变形，避免应力集中出现裂缝；或采取加强基础和上部结构的刚度，来克服软硬地基的不均匀变形 |
| 基础落于厚度不一的软土层上，下部有倾斜较大的岩层 | （基础、原土层、爆扩灌注桩、基岩；基础、砂卵石垫、原土层、基岩） | 如建（构）筑物处于稳定的单向倾斜的岩层上，基底离岩面不小于300mm，可不作变形验算，也可不进行地基处理。为了防止建（构）筑物倾斜，可在软土层采用现场钻孔灌注钢筋混凝土短桩直至基岩，或在基础底板下做砂石垫层处理，使应力扩散，减少地基变形；亦可调整基础的底宽和埋深，如将条形基础沿基岩倾斜方向分阶段加深，做成阶梯形基础，使其下部土层厚度基本一致，以使沉降均匀；<br>如建筑物下基岩呈八字形倾斜，地基变形将为两侧大，中间小，建（构）筑物较易在两个倾斜面交界部位出现开裂，此时在倾斜面交界处，建（构）筑物还宜设沉降缝分开 |

下卧基岩表面允许坡度值参见表13-15。

下卧基岩表面允许坡度值　　　　　　　表 13-15

| 上覆土层的承载力标准值 $f_k$ (kPa) | 四层和四层以下的砌体承重结构，三层和三层以下的框架结构 | 具有 15t 和 15t 以下吊车的一般单层排架结构 ||
|---|---|---|---|
| | | 带墙的边柱和山墙 | 无墙的中柱 |
| ≥150 | ≤15% | ≤15% | ≤30% |
| ≥200 | ≤25% | ≤30% | ≤50% |
| ≥300 | ≤40% | ≤50% | ≤70% |

注：本表适用于建筑地基处于稳定状态，基岩坡面为单向倾斜，且基岩表面距基础底面的土层厚度大于 0.3m 时。

## 13.3 地基处理技术

### 13.3.1 地基处理技术概述

1. 目的

地基处理的目的是采取各种地基处理方法改善地基条件，这些方法可以改善以下五方面内容：

（1）改善地基土剪切特性；（2）改善地基土压缩特性；（3）改善地基土透水特性；（4）改善地基土动力特性；（5）改善特殊土的不良地基的特性。

2. 处理方法分类及适用范围

地基处理方法，可以按地基处理原理、地基处理的目的、处理地基的性质、地基处理的时效、动机等不同角度进行分类。一般多采用根据地基处理原理进行分类方法，可分为换填垫层处理、预压（排水固结）处理、夯实（密实）法、深层挤密（密实）处理、化学加固处理、加筋处理、热学处理等。将地基处理方法进行严格分类是很困难的，不少地基处理方法具有几种不同的作用。例如：振冲法具有置换作用还有挤密作用；又如各种挤密法中，同时也有置换作用。此外，还有一些地基处理方法的加固机理、计算方法目前还不是十分明确，尚需进一步探讨。随着地基处理技术的不断发展，功能不断地扩大，也使分类变得更加困难。地基处理方法分类及适用范围见表 13-16。

地基处理方法分类及适用范围　　　　　　　表 13-16

| 分类 | 处理方法 | 原理及作用 | 适用范围 |
|---|---|---|---|
| 换填垫层法 | 灰土垫层 | 挖除浅层软弱土或不良土，回填灰土、砂、石等材料再分层碾压或夯实。它可提高持力层的承载力，减少变形量，消除或部分消除土的湿陷性和胀缩性，防止土的冻胀作用以及改善土的抗液化性，提高地基的稳定性 | 一般适用于处理浅层软弱地基、不均匀地基、湿陷性黄土地基、膨胀土地基、季节性冻土地基、素填土和杂填土地基 |
| | 砂和砂石垫层 | | |
| | 粉煤灰垫层 | | |

续表

| 分类 | 处理方法 | 原理及作用 | 适用范围 |
|---|---|---|---|
| 预压（排水固结）法 | 堆载预压法 | 通过布置垂直排水竖井、排水垫层等，改善地基的排水条件，采取加载、抽气等措施，以加速地基土的固结，增大地基土强度，提高地基土的稳定性，并使地基变形提前完成 | 适用于处理厚度较大的、透水性低的饱和淤泥质土、淤泥和软黏土地基，但堆载预压法需要有预压的荷载和时间的条件。对泥炭土等有机质沉积物地基不适用 |
| | 真空预压法 | | |
| 夯实法 | 强夯法 | 强夯法系利用强大的夯击能，迫使地基土压密，以提高地基承载力，降低其压缩性 | 适用于处理碎石土、砂土、低饱和度的粉土与黏性土、湿陷性黄土、素填土和杂填土等地基 |
| | 强夯置换法 | 采用边强夯、边填块石、砂砾、碎石、边挤淤的方法，在地基中形成块（碎）石墩体，以提高地基承载力和减小地基变形 | 适用于高饱和度的粉土与软塑～流塑的黏性土等地基上对变形控制要求不严的工程 |
| 深层挤密法 | 振冲法 | 挤密法系通过挤密或振动使深层土密实，并在振动挤密过程中，回填砂、砾石、灰土、土或石灰等形成砂、碎石灰土、二灰、土或石灰，与桩间土一起组成复合地基，减少沉降量，消除或部分消除土的湿陷性或液化性 | 适用于处理砂土、粉土、粉质黏土、素填土和杂填土等地基。对于处理不排水抗剪强度不小于20kPa的饱和黏性土和饱和黄土地基，应在施工前通过现场试验确定其适用性。不加填料振冲加密适用于处理黏粒含量不大于10%的中砂、粗砂地基 |
| | 砂石复合地基 | | 适用于挤密松散砂土、粉土、黏性土、素填土、杂填土等地基。对饱和黏土地基上对变形控制要求不严的工程也可采用砂石置换处理。砂石法也可用于处理可液化地基 |
| | 夯实水泥土法 | | 适用于处理地下水位以上的粉土、素填土、杂填土、黏性土等地基。处理深度不宜超过10m |
| | 石灰法 | | 适用于处理饱和黏性土、淤泥、淤泥质土、素填土和杂填土等地基；用于地下水位以上的土层时，宜增加掺合料的含水量并减少生石灰用量，或采取土层浸水等措施 |
| | 灰土挤密法和土挤密法 | | 适用于处理地下水位以上的湿陷性黄土、素填土和杂填土等地基，可处理地基的深度为5～15m。当以消除地基土的湿陷性为主要目的时，宜选用土挤密法。当以提高地基土的承载力或增强其水稳性为主要目的时，宜选用灰土挤密法。当地基土的含水量大于24%、饱和度大于65%时，不宜选用灰土挤密或土挤密法 |

续表

| 分类 | 处理方法 | 原理及作用 | 适用范围 |
|---|---|---|---|
| 化学（注浆）加固法 | 水泥土搅拌法 | 分湿法（亦称深层搅拌法）和干法（亦称粉体喷射搅拌法）两种。湿法是利用深层搅拌机。将水泥浆与地基土在原位拌合；干法是利用喷粉机，将水泥粉（或石灰粉）与地基土在原位拌合。搅拌后形成柱状水泥土体，可提高地基承载力，减小地基变形，防止渗透，增加稳定性 | 适用于处理正常固结的淤泥与淤泥质土、粉土、饱和黄土、素填土、黏性土以及无流动地下水的饱和松散砂土等地基。当地基土的天然含水量小于30%（黄土含水量小于25%）、大于70%或地下水的pH小于4时不宜采用干法 |
| | 旋喷法 | 将带有特殊喷嘴的注浆管通过钻孔置入要处理的土层的预定深度，然后将浆液（常用水泥浆）以高压冲切土体。在喷射浆液的同时，以一定速度旋转、提升，即形成水泥土圆柱体；若喷嘴提升不旋转，则形成墙状固化体可用以提高地基承载力，减小地基变形，防止砂土液化、管涌和基坑隆起，建成防渗帷幕 | 适用于处理淤泥、淤泥质土、流塑、软塑或可塑黏性土、粉土、砂土、黄土、素填土和碎石土等地基。当土中含有较多的大粒径块石、大量植物根茎或有较高的有机质时，以及地下水流速过大和已涌水的工程，应根据现场试验结果确定其适用性 |
| | 硅化法和碱液法 | 通过注入水泥浆液或化学浆液的措施。使土粒胶结。用以改善土的性质，提高地基承载力，增加稳定性减小地基变形，防止渗透 | 适用于处理地下水位以上渗透系数为0.10～2.00m/d的湿陷性黄土等地基。在自重湿陷性黄土场地，当采用碱液法时，应通过试验确定其适用性 |
| | 注浆法 | | 适用于处理砂土、粉土、黏性土和人工填土等地基 |
| 加筋法 | 土工合成材料加筋土 | 通过在土层中埋设强度较大的土工聚合物、拉筋、受力杆件等达到提高地基承载力，减小地基变形，或维持建筑物稳定的地基处理方法，使这种人工复合土体，可承受抗拉、抗压、抗剪和抗弯作用，借以提高地基承载力、增加地基稳定性和减小地基变形 | 适用于砂土、黏性土和软土 |
| | | | 适用于人工填土地基 |
| | 树根桩法 | | 适用于淤泥、淤泥质土、黏性土、粉土、砂土、碎石土、黄土和人工填土等地基 |
| 托换 | 锚杆静压法 | 在原建筑物基础下设置钢筋混凝土以提高承载力，减小地基变形达到加固目的，按设置的方法，可分为锚杆静压法和坑式静压法 | 适用于淤泥、淤泥质土、黏性土、粉土和人工填土等地基 |
| | 坑式静压法 | | 适用于淤泥、淤泥质土、黏性土、粉土、人工填土和湿陷性黄土等地基 |

续表

| 分类 | 处理方法 | 原理及作用 | 适用范围 |
| --- | --- | --- | --- |
| 其他 | 水泥粉煤灰碎石法 | 由碎石、石屑、砂、粉煤灰掺水泥加水拌合制成的一种低强度混凝土桩,充分利用桩间土的承载力共同作用,并将荷载传递到深层地基中 | 适用于处理黏性土、粉土、砂土和已自重固结的素填土等地基。对淤泥质土应按地区经验或通过现场试验确定其适用性 |

3. 地基处理方案确定步骤

(1) 在选择地基处理方案前应具备的资料

1) 选择地基处理方案应有必要的勘察资料,如果勘察资料不全,则必须根据可能采用的地基处理方法所需的勘察资料作必要的补充勘察;并须搜集地下管线和地下障碍物分布情况的资料;并对地基处理施工时可能对周围环境造成影响进行评估。

2) 地基处理设计时,必须满足设计要求,如承载力、变形、抗液化和抗渗等要求,同时应确定地基处理的范围。

3) 某一地区常用的地基处理方法往往是该地区的设计和施工经验的总结,它综合体现了材料来源、施工机具、工期、造价和加固效果,故应重视类似场地上同类工程的地基处理经验。

(2) 在确定地基处理方案时,可按下列步骤进行:

根据搜集的上述资料,初步选定可供考虑的几种地基处理方案。

1) 对初步选定的几种地基处理方案,应分别从预期处理效果、材料来源和消耗、施工机具和进度、对周围环境影响等各种因素,进行技术、经济、安全性分析和对比,从中选择最佳的地基处理方案。

2) 选择地基处理方案时,尚应同时考虑加强上部结构的整体性和刚度。

3) 对已选定的地基处理方案,根据建筑物的地基基础设计等级和场地复杂程度,可在有代表性的场地上进行相应的现场试验,以检验设计参数、选择合理的施工方法(目的是调试机械设备,确定施工工艺、用料及配比等各项施工参数)和评估(价)处理效果。

4. 地基处理效果检验

加固后地基必须满足有关工程对地基土的强度和变形要求,因此必须对地基处理效果进行检验。对地基处理效果检验,应在地基处理施工结束后经一定时间的休止恢复后进行。效果检验的方法有:钻孔取样、静力触探试验、轻便触探试验、标准贯入试验、载荷试验,取芯试验等措施。有时需要采用多种手段进行检验,以便综合评价地基处理效果。

## 13.3.2 换 填 垫 层

换填垫层法是将基础底面下一定范围内的软弱土层挖去,然后分层填入质地坚硬、强度较高、性能较稳定、具有抗腐蚀性的砂、碎石、素土、灰土、粉煤灰及其他性能稳定和无侵蚀性的材料,并同时以人工或机械方法夯实(或振实)使之达到要求的密实度,成为良好的人工地基。按换填材料的不同,将垫层分为砂垫层、碎石垫层、灰土垫层和粉煤灰垫层等。不同材料的垫层,其应力分布稍有差异,但根据试验资料,垫层地基的强度和变形特性基本相似,因此可将各种材料的垫层设计都近似地按砂垫层的设计方法进行计算。

#### 13.3.2.1 素土、灰土换填

1. 加固原理及适用范围

素土、灰土地基是将基础底面下要求范围内的软弱土层挖去，用素土或一定比例的石灰与土，在最优含水量情况下，充分拌合，分层回填夯实或压实而成。具有一定的强度、水稳性和抗渗性，施工工艺简单，费用较低，是一种应用广泛、经济、实用的地基处理方法。适于处理深度 1～3m 厚的软弱土、湿陷性黄土、填土等，还可用作结构的辅助防渗层。

2. 施工设计及验算

(1) 厚度确定

垫层厚度的确定与砂垫层相同，可参考相关内容。

对非自重湿陷性黄土地基上的垫层厚度应保证天然黄土层所受的压力小于其湿陷起始压力值。根据试验结果，当矩形基础的垫层厚度为 0.8～1.0 倍基底宽度，条形基础的垫层厚度为 1.0～1.5 倍基底宽度时，能消除部分至大部分非自重湿陷性黄土地基的湿陷性。当垫层厚度为 1.0～1.5 倍柱基基底宽度或 1.5～2.0 倍条基基底宽度时，可基本消除非自重湿陷性黄土地基的湿陷性。在自重湿陷性黄土地基上，垫层厚度应大于非自重湿陷性黄土地基上垫层的厚度，或控制剩余湿陷量不大于 20cm 才能取得好的效果。

(2) 宽度确定

灰土垫层的宽度的确定与砂垫层相同，可参考有关内容。压力扩散角 $\theta$ 可按表 13-17 确定。

压力扩散角 $\theta$ (°)　　　　表 13-17

| $z/b$ | 换填材料 | |
|---|---|---|
| | 粉质黏土、粉煤灰 | 灰土 |
| 0.25 | 6 | 28 |
| ≥0.50 | 23 | |

注：1. 当 $z/b<0.25$ 时，除灰土仍取 $\theta=28°$ 外，其余材料均取 $\theta=0°$；
　　2. 当 $0.25<z/b<0.5$ 时，$\theta$ 值可内插求得。

(3) 平面处理范围

素土、灰土垫层可分为局部垫层和整片垫层。

整片素土、灰土垫层宽度可取 $b'≥b+3.0$ (m)，当 $z>2.0$m 时，$b'$ 还可适当放宽。

在湿陷性黄土场地，宜采用局部或整片灰土垫层，以消除基底下处理土层的湿陷性、提高土的承载力或水稳定性。

局部垫层的平面处理范围，其宽度 $b'$ 可按下式计算：

$$b' = b + 2 \cdot z \cdot \tan\theta + c$$
$$b' \geqslant z/2 \tag{13-3}$$

式中　$c$——考虑施工机具影响而增加的附加宽度，宜为 200mm。

整片垫层的平面处理范围，每边超出建筑物外墙基础的外缘的宽度不应小于垫层的厚

度，也不应小于2m。

（4）垫层的承载力宜通过现场试验确定，当无试验资料时，可按表 13-18 选用，并验算下卧层的承载力。

素土、灰土的承载力　　　　　　　表 13-18

| 施工方法 | 换填材料 | 压实系数 $\lambda_c$ | 承载力 $f_k$ (kPa) |
| --- | --- | --- | --- |
| 碾压或振密 | 黏性土和粉土（$8<I_p<14$） | 0.94～0.97 | 130～180 |
| | 灰土 | 0.95 | 200～250 |
| 夯实 | 土或灰土 | 0.93～0.95 | 150～200 |

注：1. 压实系数小的垫层，承载力取低值，反之取高值；
　　2. 夯实土的承载力取低值，灰土取高值；
　　3. 压实系数 $\lambda_c$ 为土的控制干密度 $\rho_d$ 与最大干密度 $\rho_{max}$ 的比值；当采用轻型击实试验时，压实系数 $\lambda_c$ 应取高值，采用重型击实试验时，压实系数 $\lambda_c$ 可取低值；土的最大干密度宜采用击实试验确定。

3. 施工
（1）施工设备
一般采用平碾、振动碾或羊足碾，中小型工程也可采用蛙式夯、柴油夯。
（2）施工程序及注意事项
1）场地有积水应晾干；局部有软弱土层或孔洞，应及时挖除后用灰土分层回填夯实。
2）灰土体积配合比一般用 3∶7 或 2∶8，垫层强度随含灰量的增加而提高。但含灰量超过一定值后，灰土强度增加很慢。多用人工翻拌，不少于 3 遍，使达到均匀，颜色一致，并适当控制含水量，一般控制在最优含水量 $\omega_{op}\pm2\%$ 的范围内，最优含水量可通过击实试验确定，也可按当地经验取用。如含水过多或过少时，应稍晾干或洒水湿润，现场以手握成团，两指轻捏即散为宜；如有球团应打碎，要求随拌随用。
3）铺灰应分段分层夯筑，每层虚铺厚度可参见表 13-19，夯实机具可根据工程大小和现场机具条件用人力或机械夯打或碾压，遍数按设计要求的干密度由试夯（或碾压）确定，一般不少于 4 遍。

灰土最大虚铺厚度　　　　　　　表 13-19

| 夯实机具种类 | 重量（t） | 虚铺厚度(mm) | 备注 |
| --- | --- | --- | --- |
| 石夯、木夯 | 0.04～0.08 | 200～250 | 人力送夯，落距 400～500mm，一夯压半夯，夯实后约 80～100mm 厚 |
| 轻型夯实机械 | 0.12～0.4 | 200～250 | 蛙式夯机、柴油打夯机，夯实后 100～150mm 厚 |
| 压路机 | 6～10 | 200～300 | 双轮 |

4）灰土分段施工时，不得在墙角、柱基及承重窗间墙下接缝，上下两层的接缝距离不得小于 500mm，接缝处应夯压密实。当灰土地基高度不同时，应做成阶梯形，每阶宽不少于 500mm；对作辅助防渗层的灰土，应将地下水位以下结构包围，并处理好接缝，同时注意接缝质量，每层虚土从留缝处往前延伸 500mm，夯实时应夯过接缝 300mm 以上；接缝时，用铁锹在留缝处垂直切齐，再铺下段夯实。
5）灰土应当日铺填夯压，入槽（坑）灰土不得隔日夯打。夯实后的灰土 3d 内不得受水浸泡，并及时进行基础施工与基坑回填，或在灰土表面作临时性覆盖，避免日晒雨淋。

雨期施工时，应采取适当防雨、排水措施，以保证灰土在基槽（坑）内无积水的状态下进行。刚打完的灰土，如突然遇雨，应将松软灰土除去，并补填夯实；稍受湿的灰土可在晾干后补夯。

6）冬期施工，必须在基层不冻的状态下进行，土料应覆盖保温，冻土及夹有冻块的土料不得使用；已熟化的石灰应在次日用完，以充分利用石灰熟化时的热量，当日拌和灰土应当日铺填夯完，表面应用塑料膜及草袋覆盖保温，以防灰土垫层早期受冻降低强度。

### 13.3.2.2 砂和砂石换填

1. 加固原理及适用范围

砂和砂石地基（垫层）采用砂或砂砾石（碎石）混合物，经分层夯（压）实，作为地基的持力层，提高基础下部地基强度，并通过垫层的压力扩散作用，降低地基的承载力要求，减少变形量，同时垫层可起排水作用，地基土中孔隙水可通过垫层快速地排出，能加速下部土层的压缩和固结。适于处理 3.0m 以内的软弱、透水性强的地基土；不宜用于加固湿陷性黄土地基及渗透系数小的黏性土地基。

2. 施工设计及验算

砂垫层的设计原则是既要有足够的厚度以置换可能受剪切破坏的软弱土层，又要有足够的宽度以防止砂垫层向两侧挤出，见图 13-1。作为排水垫层还要求形成一个排水层面，有利于软土的排水固结。

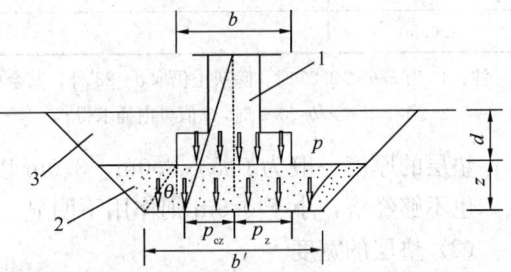

图 13-1　垫层内应力的分布
1—基础；2—砂垫层；3—回填土

（1）垫层的厚度

垫层的厚度应根据需置换软弱土的深度或下卧土层的承载力确定，并应符合下式要求：

$$p_z + p_{cz} \leqslant f_{az} \tag{13-4}$$

式中　$p_z$——垫层底面处的附加压力值（kPa）；
　　　$p_{cz}$——垫层底面处土的自重压力值（kPa）；
　　　$f_{az}$——经深度修正后垫层底面土层的地基承载力特征值（kPa）。

$$f_{az} = f_k + \eta_d \cdot \gamma_m (d - 0.5) \tag{13-5}$$

式中　$f_k$——软弱下卧层地基承载力特征值（kPa）；
　　　$\eta_d$——基础埋深的承载力修正系数；
　　　$\gamma_m$——垫层底面以上土的加权平均重度（kN/m³），位于地下水位以下的土层取有效重度；
　　　$d$——为基础埋置深度（m）。

$p_z$ 可根据基础不同形式按下式计算：

条形基础
$$p_z = \frac{b(p_k - p_c)}{b + 2z\tan\theta} \tag{13-6}$$

矩形基础 
$$p_z = \frac{bl(p_k - p_c)}{(b+2z\tan\theta)(l+2z\tan\theta)} \qquad (13-7)$$

式中　$b$——条形基础或矩形基础底面的宽度（m）；

　　　$l$——矩形基础底面的长度（m）；

　　　$p_k$——相应于荷载效应标准组合时，垫层底面处的平均压力值（kPa）；

　　　$p_c$——基础底面处土的自重压力值（kPa）；

　　　$z$——基础底面下垫层的厚度（m）；

　　　$\theta$——垫层的压力扩散角（°），宜通过试验确定，当无试验资料时，可按表13-20采用。

压力扩散角 $\theta$ (°)　　　　　　　　　　　　　　　　　表13-20

| $z/b$ | 换填材料 |
|---|---|
| | 中砂、粗砂、砾砂、圆砾、角砾、石屑、卵石、碎石、矿渣 |
| 0.25 | 20 |
| ≥0.50 | 30 |

注：1. 当 $z/b<0.25$ 时，除灰土仍取 $\theta=28°$ 外，其余材料均取 $\theta=0°$，必要时，宜由试验确定；

　　2. 当 $0.25<z/b<0.5$ 时，$\theta$ 值可内插求得。

垫层的厚度一般为 0.5～3.0m，3.0m 以内较为经济合理。垫层过厚，施工比较困难，也不够经济，小于 0.5m 则作用不明显。

（2）垫层的宽度

垫层的宽度应满足基础底面应力扩散的要求，可按下式计算：

$$b' = b + 2 \cdot z \cdot \tan\theta \qquad (13-8)$$

式中　$b'$——垫层底面宽度；

　　　$\theta$——垫层压力扩散角，可按表13-20采用；当 $z/b<0.25$ 时，仍按表中 $z/b=0.25$ 取值。

垫层顶面每边宜超出基础底边不小于 300mm，或从垫层底面两侧向上按当地基坑开挖经验的要求放坡，向上延伸至地表面。大面积整片垫层的底面宽度，常按自然倾斜角控制（图13-2）适当加宽。当垫层两侧土质较好时，垫层顶部与底部可以等宽，其宽度可沿基础两边各放出 300mm，侧面土质较差时，应增加垫层底部的宽度，具体计算时可根据侧面土的承载力按表13-21中的规定计算。

软土地基垫层加宽的规定　　　　　　　　　　　　　表13-21

| 垫层侧面土的承载力标准值（kPa） | 垫层底部宽度（m） | 备　注 |
|---|---|---|
| $f_k \geq 200$ | $b' = b + (0\sim0.36) \cdot z$ | $b$——基础宽度 |
| $120 \leq f_k < 200$ | $b' = b + (0.6\sim1.0) \cdot z$ | |
| $f_k < 120$ | $b' = b + (1.6\sim2.0) \cdot z$ | $z$——垫层厚度 |

垫层的承载力宜通过现场试验确定，当无试验资料时，可按表13-22选用，并验算下卧层的承载力。

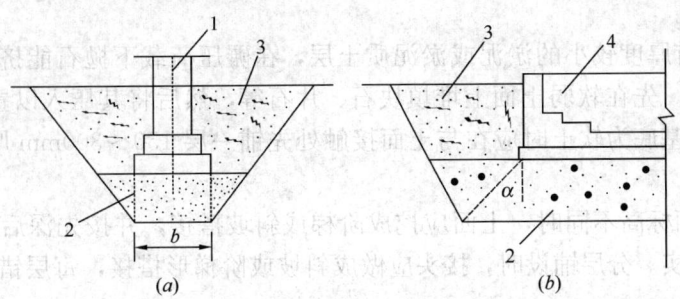

图 13-2 砂或砂石垫层
(a) 柱基础垫层；(b) 设备基础垫层
1—柱基础；2—砂或砂石垫层；3—回填土；4—设备基础；
$\alpha$—砂或砂石垫层自然倾斜角（休止角）；$b$—基础宽度

砂和砂石垫层的承载力　　　　表 13-22

| 施工方法 | 换填材料 | 压实系数 $\lambda_c$ | 承载力 $f_k$ (kPa) |
|---|---|---|---|
| 碾压振密夯实 | 碎石、卵石 | 0.94~0.97 | 200~300 |
| | 砂夹石（其中碎石、卵石占全重的 30%~50%） | | 200~250 |
| | 土夹石（其中碎石、卵石占全重的 30%~50%） | | 150~200 |
| | 中砂、粗砂、砾砂 | | 150~200 |

注：1. 压实系数小的垫层，承载力取低值，反之取高值。
　　2. 压实系数 $\lambda_c$ 为土的控制干密度 $\rho_d$ 与最大干密度 $\rho_{max}$ 的比值；土的最大干密度宜采用击实试验确定，碎石或卵石的最大干密度可取 $2.2t/m^3$；
　　3. 当采用轻型击实试验时，压实系数 $\lambda_c$ 应取高值，采用重型击实试验时，压实系数 $\lambda_c$ 可取低值。

砂石垫层断面确定后，对比较重要的建筑物还要验算基础的沉降，沉降值应小于建筑物的地基变形允许值。砂垫层地基的变形由垫层自身变形和下卧层变形组成。

砂垫层自身的沉降仅考虑其压缩变形，垫层的压缩模量，应由荷载试验确定，当无试验资料时，可选用 24~30MPa，碎石、卵石可选用 30~50MPa。下卧土层的变形值可由分层总和法求得。对于超出原地面标高的垫层或换填材料的密度高于天然土层的密度的垫层，宜早换填并应考虑附加的荷载对建筑物及邻近建筑沉降的影响。

3. 施工

（1）施工设备

砂垫层一般采用平板式振捣器、插入式振捣器等设备，砂石垫层一般采用振动碾、木夯或机械夯。

（2）施工程序及注意事项

1）基坑开挖时应避免坑底土层受扰动，可保留约 200mm 厚的土层暂不挖去，待铺填垫层前再挖至设计标高。

2）铺设垫层前应验槽，并清除基底表面浮土、杂物，两侧应设一定坡度，防止振捣时塌方。

3）垫层铺设时，严禁扰动垫层下卧层及侧壁的软弱土层，防止被践踏、受冻或受浸泡，降低其强度。

4）垫层下有厚度较小的淤泥或淤泥质土层，在碾压荷载下抛石能挤入该层底面时，可采取挤淤处理。先在软弱土面上堆填块石、片石等，然后将其压入以置换和挤出软弱土，再做垫层。基底为软土时应在与土面接触处先铺一层150～300mm厚的细砂层或铺一层土工织物。

5）垫层底面标高不同时，土面应挖成阶梯或斜坡搭接，并按先深后浅的顺序施工，搭接处应夯压密实。分层铺设时，接头应做成斜坡或阶梯形搭接，每层错开0.5～1.0m，并注意充分捣实。

6）人工级配的砂砾石，应先将砂砾石拌合均匀后，再铺夯压实。

7）垫层应分层铺设，分层夯或压实，控制每层砂垫层的铺设厚度。每层铺设厚度、砂石最优含水量控制及施工设备、方法的选用参见表13-23。夯实、碾压遍数、振实时间、碾压重叠量应通过试验确定。用细砂作垫层材料时，不宜使用振捣法或水撼法，以免产生液化现象。

**砂垫层和砂石垫层铺设厚度及施工最优含水量** 表13-23

| 捣实方法 | 每层铺设厚度（mm） | 施工时最优含水量（%） | 施工要点 | 备注 |
|---|---|---|---|---|
| 平振法 | 200～250 | 15～20 | 1. 用平板式振捣器往复振捣，往复次数以简易测定密实度合格为准<br>2. 振捣器移动时，每行应搭接三分之一，以防振动面积不搭接 | 不宜使用干细砂或含泥量较大的砂铺筑砂垫层 |
| 插振法 | 振捣器插入深度 | 饱和 | 1. 用插入式振捣器<br>2. 插入间距可根据机械振幅大小决定<br>3. 不应插至下卧黏性土层<br>4. 插入振捣完毕，所留的孔洞应用砂填实<br>5. 应有控制地注水和排水 | 不宜使用干细砂或含泥量较大砂铺筑砂垫层 |
| 水撼法 | 250 | 饱和 | 1. 注水高度略超过铺设面层<br>2. 用钢叉摇撼捣实，插入点间距100mm左右<br>3. 有控制地注水和排水<br>4. 钢叉分四齿，齿的间距30mm，长300mm，木柄长900mm | 湿陷性黄土、膨胀土、细砂地基上不得使用 |
| 夯实法 | 150～200 | 8～12 | 1. 用木夯或机械夯<br>2. 木夯重40kg，落距400～500mm<br>3. 一夯压半夯，全面夯实 | 适用于砂石垫层 |
| 碾压法 | 150～350 | 8～12 | 6～10t压路机往复碾压；碾压次数以达到要求密实度为准，一般不少于4遍，用振动压实机械，振动3～5min | 适用于大面积的砂石垫层，不宜用于地下水位以下的砂垫层 |

13.3 地基处理技术

8）地下水高于基坑底面时，宜采取排降水措施，注意边坡稳定，以防止塌土混入砂石垫层中。

9）当采用水撼法或插振法施工时，以振捣棒振幅半径的 1.75 倍为间距（一般为 400~500mm）插入振捣，依次振实，以不再冒气泡为准，直至完成；同时应采取措施做到有控制地注水和排水。垫层接头应重复振捣，插入式振动棒振完所留孔洞应用砂填实；在振动首层的垫层时，不得将振动棒插入原土层或基槽边部，以避免使软土混入砂垫层而降低砂垫层的强度。

10）垫层铺设完毕，应立即进行下道工序施工，严禁小车及人在砂层上面行走，必要时应在垫层上铺板行走。

### 13.3.3 预 压 地 基

#### 13.3.3.1 堆载预压

**1. 加固原理及适用范围**

堆载预压法就是对地基进行堆载，使土体中的水通过砂井或塑料排水带排出，土体孔隙比减小，使地基土固结的地基处理方法，这种方法可有效减少工后变形和提高地基稳定性。对于在持续荷载下体积发生很大压缩且强度会增长的土，而又有足够时间进行压缩时，这种方法特别适用。为了加速压缩过程，可采用比建筑物重量大的荷载进行预压。根据排水系统的不同又可以分为砂井堆载预压法、袋装砂井堆载预压法、塑料排水带堆载预压法。

不同排水系统的堆载预压法的特点及适用范围如表 13-24 所示。

堆载预压法的特点及使用范围一览表　　　　表 13-24

| 方法 | 特点 | 适用范围 |
|---|---|---|
| 1—砂井；2—砂垫层；3—堆载；4—临时超载砂井堆载预压 | 可加速饱和软黏土的排水固结，使变形及早完成和稳定（下沉速度可加快 2.0~2.5 倍），同时可大大提高地基的抗剪强度和承载力，防止基土滑动破坏；而且施工机具、方法简单，就地取材，不用三材，可缩短施工期限，降低造价 | 适用于处理淤泥质土、淤泥、充填土等饱和黏性土地基的加固；用于机场跑道、油罐、冷藏库、水池、水工结构、道路、路堤、堤坝、码头、岸坡等工程地基处理。对于泥炭等有机沉积地基则不适用 |
| 1—袋装砂井；2—砂垫层；3—堆载；4—临时超载袋装砂井堆载预压法 | 能保证砂井的连续性，不易混入泥砂，或使透水性减弱；打设砂井设备实现了轻型化，比较适应于在软弱地基上施工；采用小截面砂井，用砂量大为减少；施工速度快，每班能完成 70 根以上；工程造价降低，每 1m² 地基的袋装砂井费用仅为普通砂井的 50% 左右 | 适用范围同砂井堆载预压地基 |

| 方法 | 特点 | 适用范围 |
| --- | --- | --- |
| 1—塑料排水带；2—土工织物；3—堆载塑料排水带堆载预压法 | 1. 板单孔过水面积大，排水畅通；<br>2. 质量轻，强度高，耐久性好；其排水沟槽截面不易因受土压力作用而压缩变形；<br>3. 用机械埋设，效率高，运输省，管理简单；特别用于大面积超软弱地基土上进行机械化施工，可缩短地基加固周期；<br>4. 加固效果与袋装砂井相同，承载力可提高70%~100%，经100d，固结度可达到80%；加固费用比袋装砂井节省10%左右 | 适用范围与砂井堆载预压、袋装砂井堆载预压相同 |

注：对塑性指数大于25且含水量大于85%的淤泥，应通过现场试验确定其适应性。

2. 设计

堆载预压法的设计应符合下列规定：

(1) 竖向排水体尺寸

1) 砂井或塑料排水带直径

砂井直径主要取决于土的固结性和施工期限的要求。砂井分普通砂井和袋装砂井，普通砂井直径可取 300~500mm，袋装砂井直径可取 70~120mm。塑料排水带的当量换算直径可按下式计算：

$$d_p = \frac{2(b+\delta)}{\pi} \tag{13-9}$$

式中 $d_p$——塑料排水带当量换算直径；
$b$——塑料排水带宽度；
$\delta$——塑料排水带厚度。

2) 砂井或塑料排水带间距

砂井或塑料排水带的间距可根据地基土的固结特性和预定时间内所要求达到的固结度确定。通常砂井的间距可按井径比 $n$（$n=d_e/d_w$，$d_e$ 为砂井的有效排水圆柱体直径，$d_w$ 为砂井直径，对塑料排水带可取 $d_w=d_p$）确定。普通砂井的间距可按 $n=6~8$ 选用；袋装砂井或塑料排水带的间距可按 $n=15~22$ 选用。

3) 砂井排列方式

砂井的平面布置可采用等边三角形或正方形排列（图 13-3）。一根砂井的有效排水圆柱体的直径 $d_e$ 和砂井间距的关系按下列规定取用：

等边三角形布置 $d_e=1.05l$；正方形布置 $d_e=1.13l$。

4) 砂井深度

砂井的深度应根据建筑物对地基的稳定性和变形要求确定。对以地基抗滑稳定性控制的工程，砂井深度至少应超过最危险滑动面 2.0m。对以沉降控制的建筑物，如压缩土层

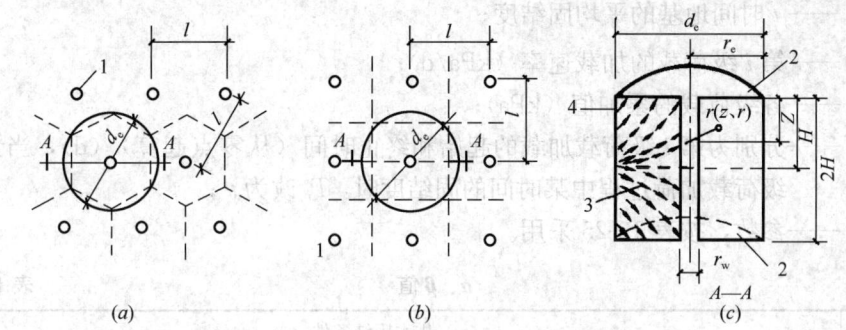

图 13-3 砂井平面布置及影响范围土柱体剖面
(a) 正三角形排列；(b) 正方形排列；(c) 土柱体剖面
1—砂井；2—排水面；3—水流途径；4—无水流经过此界线

厚度不大，砂井宜贯穿压缩土层；对深厚的压缩土层，砂井深度应根据在限定的预压时间内消除的变形量确定，若施工设备条件达不到设计深度，则可采用超载预压等方法来满足工程要求。

若软土层厚度不大或软土层含较多的薄粉砂夹层，预计固结速率能满足工期要求时，可不设置竖向排水体。

(2) 确定加载的数量、范围和速率

1) 加载数量

预压荷载的大小，应根据设计要求确定，通常可与建筑物的基底压力大小相同。对于沉降有严格限制的建筑，应采用超载预压法处理地基，超载数量应根据预定时间内要求消除的变形量通过计算确定，并宜使预压荷载下受压土层各点的有效竖向压力等于或大于建筑荷载所引起的相应点的附加压力。

2) 加载范围

预压荷载顶面的范围应等于或大于建筑物基础外缘所包围的范围，以保证建筑物范围内的地基得到均匀加固。

3) 加载速率

加载速率应根据地基土的强度确定。当天然地基土的强度满足预压荷载下地基的稳定性要求时，可一次性加载，否则应分级逐渐加载，待前期预压荷载下地基土的强度增长满足下一级荷载下地基的稳定性要求时方可加载。特别是在加荷后期，更需严格控制加荷速率。加荷速率应通过对地基抗滑稳定计算来确定，以确保工程安全。但更为直接而可靠的方法是通过各种现场观测来控制，对竖井地基，最大竖向变形量不应超过 15mm/d；对天然地基，最大竖向变形量不应超过 10mm/d；边缘处水平位移不应超过 5mm/d。

(3) 计算地基的固结度、强度增长、抗滑稳定和变形

1) 地基固结度

地基固结度一级或多级等速加载条件下，当固结时间为时，对应总荷载的地基平均固结度可按下式计算：

$$\overline{U}_t = \sum_{i=1}^{n} \frac{\dot{q}_i}{\sum \Delta p} \left[ (T_i - T_{i-1}) - \frac{\alpha}{\beta} e^{-\beta t} \left( e^{\beta T_i} - (e^{\beta T_{i-1}}) \right) \right] \qquad (13\text{-}10)$$

式中 $\overline{U}_t$ —— $t$ 时间地基的平均固结度；
$\dot{q}_i$ —— 第 $i$ 级荷载的加载速率（kPa/d）；
$\sum \Delta p$ —— 各级荷载的累加值（kPa）；
$T_{i-1}$、$T_i$ —— 分别为第 $i$ 级荷载加载的起始和终止时间（从零点起算）(d)，当计算第 $i$ 级荷载加荷过程中某时间的固结度时，$T_i$ 改为 $t$；
$\alpha$、$\beta$ —— 参数，按表 13-25 采用。

$\alpha$、$\beta$ 值　　　　　　表 13-25

| 参数 | 排水固结条件 | | | 说明 |
|---|---|---|---|---|
| | 竖向排水固结 $\overline{U}_z > 30\%$ | 向内径向排水固结 | 竖向和向内径向排水固结（竖井穿透受压土层） | |
| $\alpha$ | $\dfrac{8}{\pi^2}$ | 1 | $\dfrac{8}{\pi^2}$ | $F_n = \dfrac{n^2}{n^2-1}\ln(n) - \dfrac{3n^2-1}{4n^2}$ $C_h$——土的径向排水固结系数（cm²/s）； $C_v$——土的竖向排水固结系数（cm²/s）； $H$——土层竖向排水距离（cm） |
| $\beta$ | $\dfrac{\pi^2 C_v}{4H^2}$ | $\dfrac{8C_h}{F_n d_e^2}$ | $\dfrac{8C_h}{F_n d_e^2} + \dfrac{\pi^2 C_v}{4H^2}$ | |

注：对排水竖井未穿透受压土层之地基，应分别计算竖井范围土层的平均固结度和竖井底面以下受压土层的平均固结度，通过预压使该两部分固结度和所完成的变形量满足设计要求。

对竖井长径比（长度与直径之比）大、纵向通水量 $q_w$ 与天然土层水平向渗透系数 $k_h$ 的比值较小的袋装砂井或塑料排水带，应考虑井阻作用。当采用挤土方式施工时，尚应考虑土的涂抹和扰动影响。

瞬时加载条件下，考虑涂抹和井阻影响时，竖井地基径向排水平均固结度可按下式计算：

$$\overline{U}_r = 1 - e^{-\frac{8C_h}{Fd_e^2}t} \tag{13-11}$$

$$F = F_n + F_s + F_r \tag{13-12}$$

$$F_n = \ln(n) - 3/4 \quad n \geq 15 \tag{13-13}$$

$$F_s = (k_h/k_s - 1)\ln s \tag{13-14}$$

$$F_r = \frac{\pi^2 L^2}{4} \frac{k_h}{q_w} \tag{13-15}$$

式中 $\overline{U}_r$ —— 固结时间为 $t$ 时，竖井地基径向排水平均固结度；
$k_h$ —— 天然土层水平向渗透系数（cm/s）；
$k_s$ —— 涂抹区土的水平向渗透系数，可取 $k_s = (1/5 \sim 1/3)k_h$（cm/s）；

$s$——涂抹区直径 $d_s$ 与竖井直径 $d_w$ 的比值，可取 2.0～3.0，对中等灵敏黏性土取低值，对高灵敏黏性土取高值；

$L$——竖井深度（cm）；

$q_w$——竖井纵向通水量，为单位水力梯度下单位时间的排水量（cm³/s）。

2）抗滑稳定

预压荷载下，正常固结饱和黏性土地基中某点某一时间的抗剪强度可按下式计算：

$$\tau_{ft} = \tau_{f0} + \Delta\sigma_z \cdot U_t \tan\varphi_{cu} \tag{13-16}$$

式中　$\tau_{ft}$——$t$ 时刻，该点土的抗剪强度（kPa）；

$\tau_{f0}$——地基土的天然抗剪强度，由十字板剪切试验测定（kPa）；

$\Delta\sigma_z$——预压荷载引起的该点的附加竖向压力；

$U_t$——该点土的固结度；

$\varphi_{cu}$——三轴固结不排水试验求得的土的内摩擦角（°）。

3）竖向变形

预压荷载下地基的最终竖向变形量可按下式计算：

$$s_f = \xi \sum_{i=1}^{n} \frac{e_{oi} - e_{li}}{1 + e_{oi}} h_i \tag{13-17}$$

式中　$s_f$——最终竖向变形量；

$e_{oi}$——第 $i$ 层中点土自重应力所对应的孔隙比，由室内固结试验所得的孔隙比 $e$ 和固结压力 $p$（即 $e$-$p$）关系曲线查得；

$e_{li}$——第 $i$ 层中点土自重应力和附加应力之和所对应的孔隙比，由室内固结试验所得的 $e$-$p$ 关系曲线查得；

$h_i$——第 $i$ 层土层厚度；

$\xi$——经验系数可按地区经验确定，无经验时，对正常固结饱和黏性土地基可取 $\xi=1.1～1.4$，荷载较大或地基软弱土层厚度大时，应取较大值。

变形计算时，可取附加压力与自重压力的比值为 0.1 的深度作为受压层深度的界限。

4）水平排水垫层

预压法处理地基时，为了使砂井排水有良好的通道，必须在地表铺设排水砂垫层，其厚度不小于 500mm，以连通各砂井将水引到预压区以外。

砂垫层砂料宜用中粗砂，黏粒含量不宜大于 3%，砂料中可混有少量粒径小于 50mm 的石粒。砂垫层的干密度应大于 $1.5\times10^3$ kg/m³，其渗透系数宜大于 $1\times10^{-2}$ cm/s。

在预压区中宜设置与砂垫层相连的排水盲沟，并把地基中排出的水引出预压区。

3. 施工

(1) 施工设备

1）砂井施工机具可采用振动锤、射水钻机、螺旋钻机等机具或选用灌注桩的成孔机具。

2）袋装砂井施工机具可采用 EHZ-8 型袋装砂井打设机，也可采用各种导管式的振动打设机械。

3）塑料排水带施工主要设备为插带机，基本上可与袋装砂井打设机械共用，只需将圆形导管改为矩形导管，每次可同时插设塑料排水带两根。

(2) 施工程序及注意事项

1) 水平排水垫层施工

水平排水砂垫层施工目前有四种方法：

① 当地基表层有一定厚度的硬壳层，其承载力较好，能上一般运输机械时，一般采用机械分堆摊铺法，即先堆成若干砂堆，然后用机械或人工摊平。

② 当硬壳层承载力不足时，一般采用顺序推进摊铺法。

③ 当软土地基表面很软，如新沉积或新吹填不久的超软地基，首先要改善地基表面的持力条件，使其能上施工人员和轻型运输工具。

④ 尽管对超软地基表面采取了加强措施，但持力条件仍然很差，一般轻型机械上不去，在这种情况下，通常采用人工或轻便机械顺序推进铺设。

2) 竖向排水体施工

① 砂井施工

砂井施工一般先在地基中成孔，再在孔内灌砂形成砂井。砂井的灌砂量，应按井孔的体积和砂在中密时的干密度（应大于 $1.5 \times 10^3 \mathrm{kg/m^3}$）计算，其实际灌砂量不得小于计算值的95%。

砂井成孔施工方法有振动沉管法、射水法、螺旋钻成孔法和爆破法四种。

a. 振动沉管法，是以振动锤为动力，将套管沉到预定深度，灌砂后振动、提管形成砂井。

b. 射水法，是指利用高压水通过射水管形成高速水流的冲击和环刀的机械切削，使土体破坏，并形成一定直径和深度的砂井孔，然后灌砂而成砂井。射水法适用于土质较好且均匀的黏性土地基。

c. 螺旋钻成孔法，是用动力螺旋钻钻孔，属于干钻法施工，提钻后孔内灌砂成形。此法适用于砂井长度在 10m 以内，土质较好，不会出现缩颈和塌孔现象的软弱地基。

d. 爆破法，是先用直径 73mm 的螺纹钻钻成一个砂井所要求设计深度的孔，在孔中放置由传爆线和炸药组成的条形药包，爆破后将孔扩大，然后往孔内灌砂形成砂井。这种方法施工简易，不需要复杂的机具，适用于深度为 6~7m 的浅砂井。

以上各种成孔方法，必须保证砂井的施工质量，以防缩颈、断颈或错位现象，如图 13-4 所示。

② 袋装砂井施工

袋装砂井是用具有一定伸缩性和抗拉强度很高的聚丙烯或聚乙烯编织袋装满砂子，它基本上解决了大直径砂井中所存在的问题，使砂井的设计和施工更加科学化，保证了砂井的连续性；打设设备实现了轻型化，比较适应在软弱地基上施工；用砂量大为减少；施工速度加快，工程造价降低，是一种比较理想的竖向排水体。

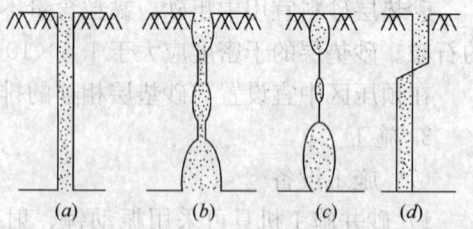

图 13-4 砂井可能产生的质量事故
(a) 理想的砂井形状；(b) 缩颈；
(c) 断颈；(d) 错位

a. 材料要求

装砂袋要满足排水要求，透水、透气性应良好，要具有一定的耐腐蚀、抗老化性能及足够的抗拉强度,能承受袋内装砂自重和弯曲所产生的拉力,装砂不易漏失。国内多采用聚丙烯编织布。

b. 袋装砂井施工工艺(图13-5)

施工工艺方法要点如下:

(a) 袋装砂井的施工程序是:定位、整理桩尖,沉入导管,将砂袋放入导管,往管内灌水(减少砂袋与管壁的摩擦力),拔管。

(b) 袋装砂井在施工过程中应注意以下几点:

a) 定位要准确,要确保砂井的垂直度,以确保排水距离与理论计算一致;

b) 袋中装砂宜用风干砂,不宜采用潮湿砂,以免干燥后,体积减小,造成袋装砂井缩短与排水垫层不搭接或缩颈、断颈等质量事故;

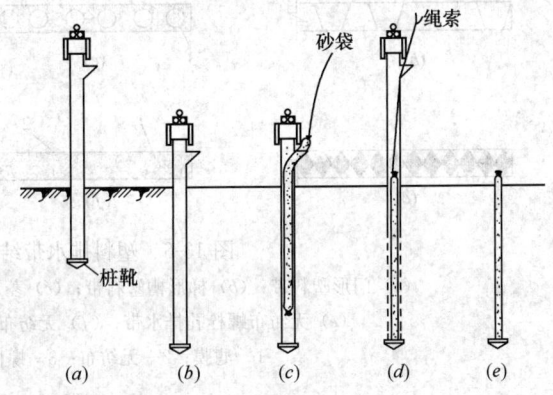

图13-5 袋装砂井的施工过程
(a) 打入成孔套管;(b) 套管到达规定标高;(c) 放下砂袋;
(d) 拔套管;(e) 袋装砂井施工完毕

c) 聚丙烯编织袋,在施工时应避免太阳暴晒老化。

d) 砂袋入口处的导管口应装设滚轮,下放砂袋要仔细,防止砂袋破损漏砂;

e) 施工中要经常检查桩尖与导管口的密封情况,避免管内进泥过多,造成井阻,影响加固深度;

f) 砂袋埋入砂垫层中的长度不应小于500mm。确定袋装砂井施工长度时,应考虑袋内砂体积减小、因饱水沉实而减少、袋装砂井在井内的弯曲、超深以及伸入水平排水垫层内的长度等因素,杜绝砂井全部沉入孔内,造成顶部与排水垫层不连接事故发生。

g) 拔管后带上砂袋的长度不应超过500mm,回带根数不应超过总根数的5%。

③ 塑料排水带施工

塑料排水带堆载预压地基,是将带状塑料排水带用插板机将其插入软弱土层中,组成垂直和水平排水体系,然后在地基表面堆载预压,土中孔隙水沿塑料排水带的沟槽上升溢出地面,从而加速了软弱地基的沉降过程,使地基得到压密加固。

a. 塑料排水带的性能和规格

塑料排水带由芯带和滤膜组成。芯带是由聚丙烯和聚乙烯塑料加工而成两面有间隔沟槽的带体,滤膜为化纤材料无纺胶黏而成,土层中的固结渗流水通过滤膜渗入到沟槽内,并通过沟槽从排水垫层中排出。根据塑料排水带的结构,要求滤网膜渗透性好,与黏土接触后,其渗透系数不低于中粗砂,排水沟槽输水畅通,不因受土压力作用而减小。塑料排水带的结构由所用材料不同,结构形式也各异,见图13-6。

滤膜材料一般是用耐腐蚀的涤纶衬布制作,含胶量适当(不小于35%),保证涤纶布泡水后的强度既满足要求,又有较好的透水性。

排水带的厚度应符合表13-26的要求,排水带的性能应符合表13-27的要求。

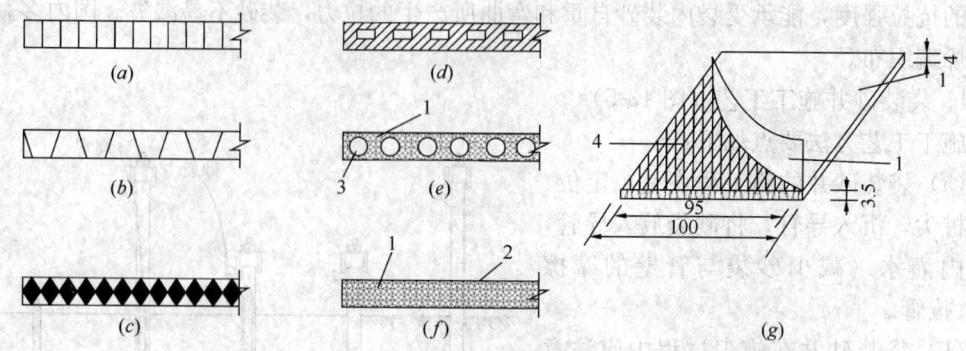

图 13-6 塑料排水带结构形式、构造

(a) 门形塑料带；(b) 梯形槽塑料带；(c) 菱形槽塑料带；(d) 硬透水膜塑料带；
(e) 无纺布螺栓孔排水带；(f) 无纺布柔性排水带；(g) 结构构造
1—滤膜；2—无纺布；3—螺栓排水孔；4—芯板

不同型号塑料排水带的厚度  表 13-26

| 型号 | A | B | C | D |
|---|---|---|---|---|
| 厚度（mm） | ≥3.5 | ≥4.0 | ≥4.5 | ≥6 |

塑料排水带的性能  表 13-27

| 项目 | | 单位 | A 型 | B 型 | C 型 | 条件 |
|---|---|---|---|---|---|---|
| 纵向通水量 | | $cm^3/s$ | ≥15 | ≥25 | ≥40 | 侧压力 |
| 滤膜渗透系数 | | cm/s | $≥15×10^{-4}$ | $≥15×10^{-4}$ | $≥15×10^{-4}$ | 试件在水中浸泡 24h |
| 滤膜等效孔径 | | μm | <75 | <75 | <75 | 以 $D_{98}$ 计，$D$ 为孔径 |
| 复合体抗拉强度（干态） | | kN/10cm | ≥1.0 | ≥1.3 | ≥1.5 | 延伸率 10%时 |
| 滤膜抗拉强度 | 干态 | N/cm | ≥15 | ≥25 | ≥30 | 延伸率 15%时试件在水中浸泡 24h |
| | 湿态 | N/cm | ≥10 | ≥20 | ≥25 | |
| 滤膜重度 | | $N/m^2$ | | 0.8 | | |

注：A 型排水带适用于插入深度小于 15m；B 型排水带适用于插入深度小于 25m；C 型排水带适用于插入深度小于 35m。

b. 工艺方法要点

(a) 打设塑料排水带的导管有圆形和矩形两种，其管靴也各异，一般采用桩尖与导管分离设置。桩尖主要作用是防止打设塑料带时淤泥进入管内，并对塑料带起锚固作用，同时避免淤泥进入导管内，增加管靴内壁与塑料带的摩阻力，提管时将塑料拔出。桩尖常用形式有圆形、倒梯形和倒梯楔形三种，如图 13-7 所示。

(b) 塑料排水带打入程序是：定位，将塑料排水带通过导管从管下端穿出，将塑料带与尖连接贴紧下端并对准位，打设管插入塑料排水带，拔管、剪断塑料排水带。工艺流程如图 13-8 所示。

(c) 塑料排水带在施工过程中应注意以下几点：

a) 塑料带滤水膜在搬运、开包和打设过程中应避免损坏，防止淤泥进入带芯堵塞输

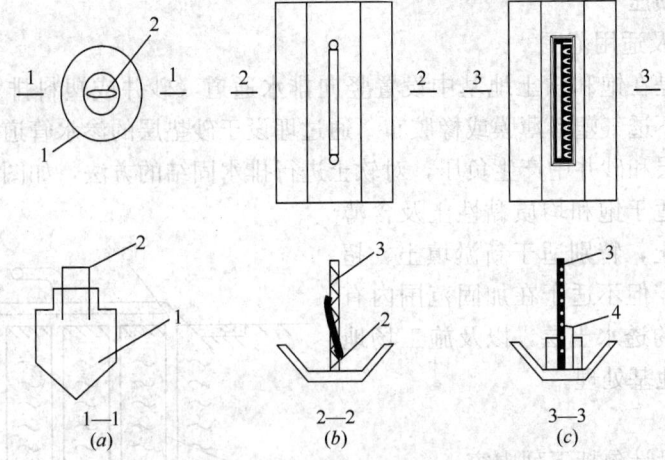

图 13-7　塑料排水带用桩尖形式
(a) 混凝土圆形桩尖；(b) 倒梯形桩尖；(c) 楔形固定桩尖
1—混凝土桩尖；2—塑料带固定架；3—塑料带；4—塑料楔

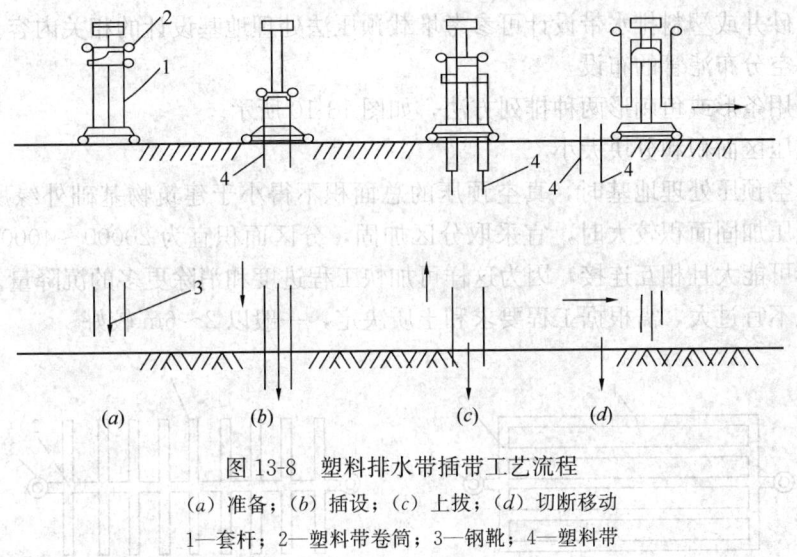

图 13-8　塑料排水带插带工艺流程
(a) 准备；(b) 插设；(c) 上拔；(d) 切断移动
1—套杆；2—塑料带卷筒；3—钢靴；4—塑料带

水孔，影响塑料带的排水效果。

b) 塑料带与桩尖锚旋要牢固，防止拔管时脱离，将塑料带拔出。

c) 桩尖平端与导管下端要连接紧密，防止错缝，使淤泥在打设过程中进入导管，增大对塑料带的阻力，或将塑料带拔出，如塑料排水带出超过 1m 以上，应立即查找原因并进行补打。

d) 当塑料排水带需接长时，应采用滤膜内芯带平搭接的连接方法，搭接长度宜大于 200mm，以减小带与导管的阻力，保证输水畅通和有足够的搭接强度。

e) 塑料排水带埋入砂垫层中的长度不应小于 500mm。

f) 拔管后带上塑料排水带的长度不应超过 500mm，回带根数不应超过总根数的 5%。

### 13.3.3.2 真空预压

**1. 加固原理及适用范围**

真空预压法是在饱和软土地基中设置竖向排水通道（砂井或塑料排水带等）和砂垫层，在其上覆盖不透气塑料薄膜或橡胶布。通过埋设于砂垫层的渗水管道与真空泵连通进行抽气，使砂垫层和砂井中产生负压，对软土进行排水固结的方法，如图 13-9 所示。

真空预压法适于饱和均质黏性土及含薄层砂夹层的黏性土，特别适于新淤填土、超软土地基的加固。但不适于在加固范围内有足够的水源补给的透水土层，以及施工场地狭窄的工程进行地基处理。

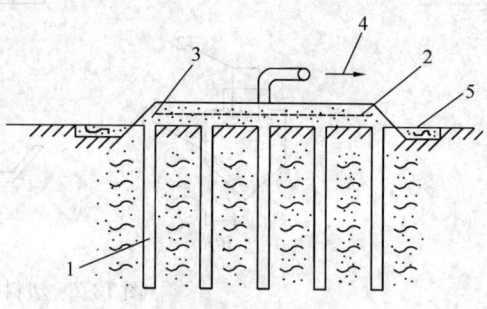

图 13-9 真空预压地基
1—砂井；2—薄膜；3—砂垫层；
4—抽水、气；5—黏土

**2. 设计**

真空预压法设计包括下列内容：

（1）竖向排水体尺寸

采用真空预压法处理地基必须设置砂井或塑料排水带。竖向排水体可采用直径为 700mm 的袋装砂井，也可采用普通砂井或塑料排水带。砂井或塑料排水带设计可参考堆载预压法处理地基设计的相关内容。

（2）真空分布滤管的布设

一般采用条形或鱼刺形两种排列方法，如图 13-10 所示。

（3）预压区面积和分块大小

采用真空预压处理地基时，真空预压的总面积不得小于建筑物基础外缘所包围的面积，真空预压加固面积较大时，宜采取分区加固，分区面积宜为 20000～40000m²。每块预压面积尽可能大且相互连接，因为这样可加快工程进度和消除更多的沉降量。两个预压区的间隔也不宜过大，需根据工程要求和土质决定，一般以 2～6m 较好。

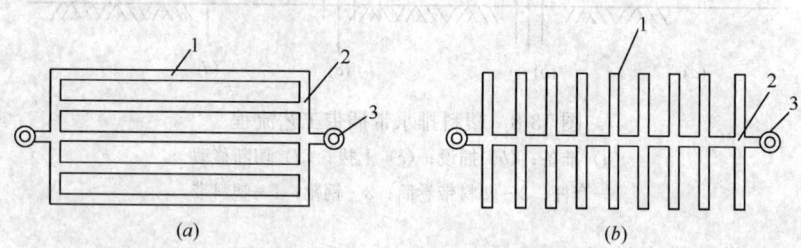

图 13-10 真空分布管排列示意图
(a) 条形排列；(b) 鱼刺形排列
1—真空压力分布管；2—集水管；3—出膜口

（4）膜内真空度

真空预压效果与密封膜下所能达到的真空度大小密切相关。当采用合理的施工工艺和设备时，真空预压的膜下真空度应保持在 650mmHg 以上，相当于 95kPa 以上的真空压力，此值可作为最小膜下设计真空度。真空预压所需抽真空设备的数量，可按加固面积的大小和形状、土层结构特点，以一套设备可抽真空的面积为 1000～1500m² 确定，且每块预压区至少应设置两台真空泵。

(5) 平均固结度

加固区压缩土层的平均固结度应大于 90%。

(6) 变形计算

先计算加固前建筑物荷载下天然地基的沉降量,再计算真空预压期间所完成的沉降量,两者之差即为预压后在建筑物使用荷载下可能发生的沉降。预压期间的沉降可根据设计所要求达到的固结度推算加固区所增加的平均有效应力,从固结度—有效应力曲线上查出相应的孔隙比进行计算。真空预压地基最终竖向变形可按式 (13-17) 计算,其中 $\xi$ 可按当地经验取值,无当地经验时,可取 1.0~1.3。

3. 施工

(1) 施工设备

真空预压主要设备为真空泵,一般宜用射流真空泵。排水通道的施工设备同堆载预压法施工。

(2) 施工程序及注意事项

1) 排水通道施工

首先在软基表面铺设砂垫层和在土体中埋设袋装砂井或塑料排水带,其施工工艺参见堆载预压法施工。

2) 膜下管道施工

真空滤水管一般设在排水砂垫中,其上宜有厚 100~200mm 砂覆盖层。滤水管可采用钢管或塑料管,外包尼龙纱或土工织物等滤水材料。滤水管在预压过程中应能适应地基的变形。水平向分布滤水管可采用条状、鱼刺状等形式,布置宜形成回路。薄膜周边密封方法如图 13-11 所示。

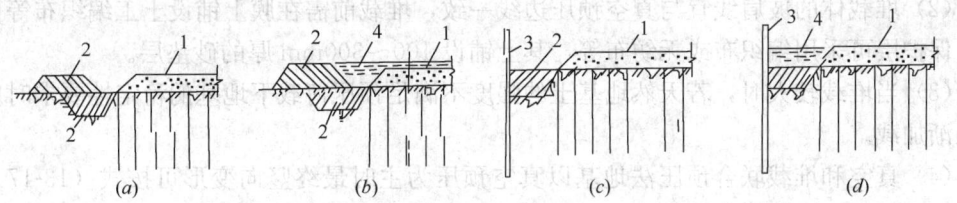

图 13-11 薄膜周边密封方法

(a) 挖沟折铺;(b) 钢板桩密封;(c) 围埝内面覆水密封;(d) 钢板桩墙加沟内覆水

1—密封膜;2—填土压实;3—钢板桩;4—覆水

3) 密封膜施工

① 密封膜材料

密封膜应采用抗老化性能好、韧性好、抗穿刺能力强的不透气材料,如线性聚乙烯等专用薄膜。

② 密封膜热合

密封膜热合时宜采用两条热合缝的平搭接,搭接长度应大于 15mm。在热合时,应根据密封膜材料、厚度,选择合适的热温度、刀的压力和热合时间,使热合缝粘结牢而不熔。

③ 密封膜铺设

由于密封膜系大面积施工，有可能出现局部热合不好、搭接不够等问题，影响膜的密封性。为确保在真空预压全过程的密封性，密封膜宜铺设3层，覆盖膜周边可采用挖沟折铺、平铺并用黏土压边，围埝沟内覆水以及膜上全面覆水等方法进行密封。

当处理区地基土渗透性强时应设置黏土密封墙。黏土密封墙宜采用双排水泥土搅拌桩，搅拌桩直径不宜小于700mm（当搅拌深度小于15m时，搭接宽度不宜小于200mm，当搅拌深度大于15m时，搭接宽度不宜小于300mm）；或采用封闭式板墙、封闭式板墙加沟内覆水或其他密封措施隔断透气层，如图13-11所示。

4）管路连接

真空管路的连接点应严格进行密封，以保证密封膜的气密性。由于射流真空泵的结构特点，射流真空泵经管路进入密封膜内，形成连接密封，但系敞开系统，真空泵工作时，膜内真空度很高，一旦由于某种原因，射流泵全部停止工作，膜内真空度随之全部卸除，这将直接影响地基加固效果，并延长预压时间。为避免膜内真空度在停泵后很快降低，在真空管路中应设置止回阀和截门。

### 13.3.3.3 真空和堆载联合预压

真空和堆载联合预压设计和施工可参考堆载预压和真空预压的有关内容，但还要注意下列事项：

（1）采用真空和堆载联合预压时，先进行抽真空，当真空压力达到设计要求并稳定后，再进行堆载，并继续抽真空。对于一般软黏土，当膜下真空度稳定地达到650mmHg后，抽真空10d左右可进行上部堆载施工，即边抽真空，边施加堆载。对于高含水量的淤泥类土，当膜下真空度稳定达到650mmHg后，一般抽真空20～30d可进行堆载施工。

（2）堆载体的坡肩线宜与真空预压边线一致，堆载前需在膜上铺设土工编织布等保护层。保护层可采用编织布或无纺布等，其上铺设100～300mm厚的砂垫层。

（3）当堆载较大时，若天然地基土的强度不满足预压荷载下地基的稳定性要求时应分级逐渐加载。

（4）真空和堆载联合预压法地基以真空预压为主时最终竖向变形可按式（13-17）计算，也可按当地经验取值，无当地经验时，可取1.0～1.3。

（5）堆载加载过程中地基向加固区外的侧移速率应不大于5mm/d；地基沉降速率应不大于30mm/d。

### 13.3.3.4 增压式真空预压

1. 加固原理及适用范围

在处理软土地基中插入防淤堵塑料排水板，利用手形接头、螺旋钢丝软管真空主管和不倒翁集水井进行连接，同时在指定位置插入增压管，再铺设土工布和密封膜密封，用真空输送管连接水环式真空泵和不倒翁集水井进行抽真空，表层土体达到一定固结度时，利用压缩气体扰动一定深度范围内的土体，打破抽真空时土体的相对平衡状态，使该范围内更多的孔隙水向周围排水板作定向移动，从而使土体固结的一种软土地基加固方法，称为增压式真空预压法（OVPS），标准断面图如图13-12所示。

增压式真空预压法（OVPS）适用范围如下：

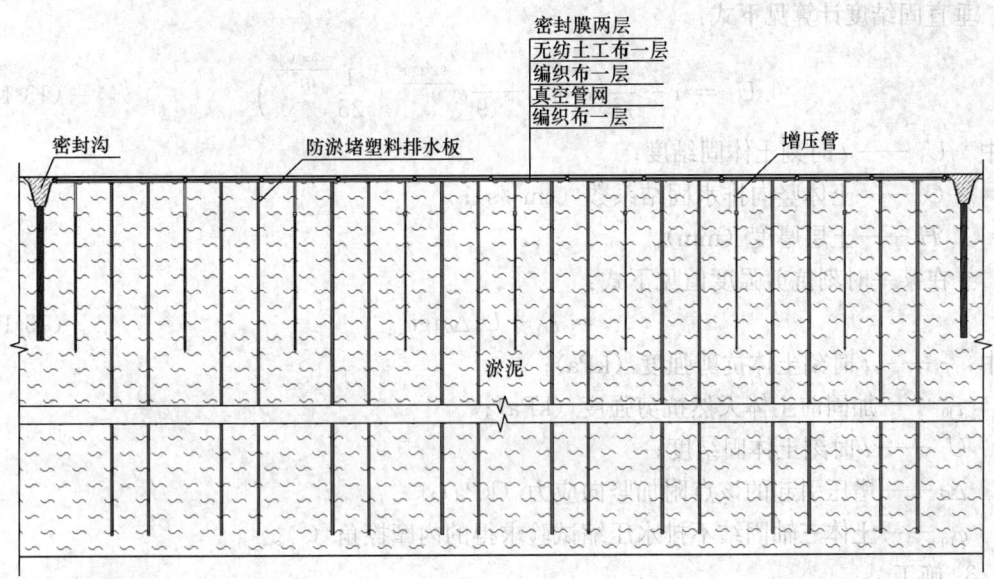

图 13-12　OVPS 增压式真空预压标准断面图

(1) 处理饱和均质淤泥及黏性土和含薄层砂夹层的黏性土,特别适用于软黏土、吹填土、淤泥质土地基的加固。

(2) 公路、铁路、码头堆场、淤泥造地,开发区建设等工程中的软基加固。

(3) 处置黑臭河湖淤泥,河流、湖泊淤泥固结后人造生态湿地。

(4) 生活污泥的减量化、稳定化、生态化。

2. 设计

绿色环保节能减排是我们工程建设的中必须重视的工作,OVPS 增压式真空预压法的设计要点包括以下几个方面:

(1) 无砂直连系统

包括手形接头、专用三通、专用四通、真空管网,该系统能够代替传统工艺中的砂垫层。

(2) 防淤堵排水板

横向刚度较强,保证施工过程中不扭曲变形;滤膜的特殊结构,使其具有较强的自吸功能,同时也使得小粒径的土体能够顺利通过滤膜而排出。

(3) 土体增压

土体增压技术是打破膜下长期保持土体的相对平衡状态,利用压缩气体对浅层土体内进行增压,使土中水在正压的作用下定向移动至附近的排水板而再次排出。

(4) 密封系统

密封系统的控制主要包括密封膜的质量、密封膜铺设质量和密封沟(踩膜)的质量三个部分。

(5) 膜下真空度

膜下真空度的高低,决定真空预压地基处理的效果,抽真空的设备选型必须符合设计要求。

垂直固结度计算见下式：

$$U_t = 1 - \frac{8}{\pi^2}\left(e^{\frac{-\pi^2 C_v t}{4H^2}} + \frac{1}{9}e^{\frac{-9\pi^2 C_v t}{4H^2}} + \frac{1}{25}e^{\frac{-25\pi^2 C_v t}{4H^2}}\right) \qquad (13\text{-}18)$$

式中　$U_t$——$t$时刻土体固结度；
　　　$C_v$——土体竖向排水固结系数（$cm^2/s$）；
　　　$H$——土层厚度（mm）。

土在某一时刻抗剪强度值见下式：

$$\tau_t = \tau_{f0} + U_t \Delta\sigma \mathrm{tg}\varphi_{cq} \qquad (13\text{-}19)$$

式中　$\tau_t$——$t$时刻土体抗剪强度（kPa）；
　　　$\tau_{f0}$——加固前土体天然抗剪强度（kPa）；
　　　$U_t$——$t$时刻土体固结度；
　　　$\Delta\sigma$——增压引起的该点附加竖向应力（kPa）；
　　　$\varphi_{cq}$——土体三轴固结不排水压缩试验求得的内摩擦角（°）。

3. 施工

(1) 施工设备

增压式真空预压法（OVPS）的施工机械及设备如表13-28所示。

主要机械、设备一览表　　　　表13-28

| 序号 | 设备名称 | 设备型号 | 用途 |
|---|---|---|---|
| 1 | 插板机 | 日立300-5<br>加藤1250-7<br>神钢320-5 | 排水板施工 |
| 2 | 水环式真空泵 | 55kW | 抽真空 |
| 3 | 射流泵 | 7.5kW | 抽真空 |
| 4 | 挖掘机 | 60型/120型 | 挖填密封沟 |
| 5 | 空压机 | 11kW | 增压施工 |
| 6 | 排水泵 | 7.5kW | 排水用 |
| 7 | 排水泵 | 7.5kW | 集水井里排水用 |

(2) 施工工艺要点和注意事项

1) 施工工艺（图13-13）

2) 施工要点

① 排水板、增压管施工

排水板施工可采用轨道式插板机、履带式插板机或静压式插板机，具体可根据场地条件进行选择施工设备，增压管一般采用人工进行插设。

② 连接手形接头及真空管路

a. 两相邻排水板之间采用手形接头连接（图13-14），手形接头之间采用真空支管连接，手形接头接管部分由圆台组成，圆台外侧必须有三角倒齿（图13-15）。

b. 排水板与手形接头连接时，板头应剪平整，严禁斜口板头插入手形接头。

c. 排水板板头应插入手形接头的底部。

13.3 地基处理技术

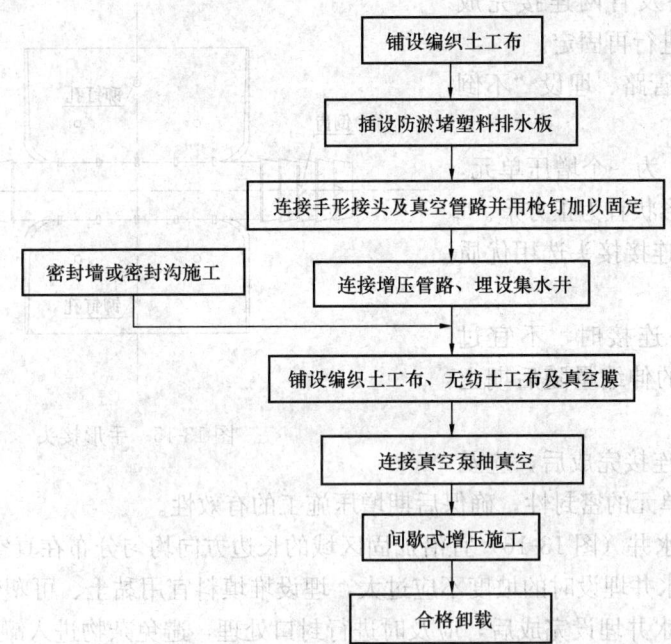

图 13-13 施工工艺程序图

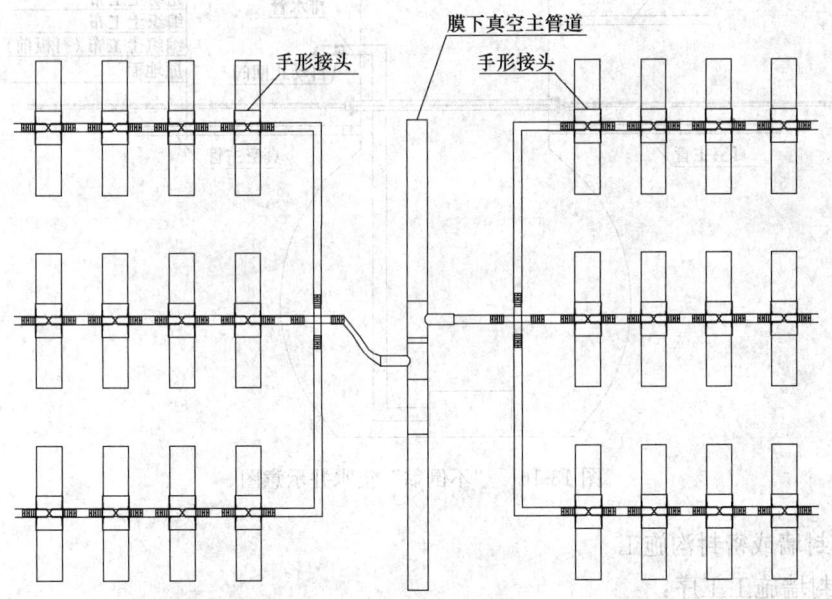

图 13-14 排水板连接图

d. 手形接头连接完成后，排水板、手形接头应贴近地面。
e. 真空支管宜沿加固区域的短边方向布置。
f. 真空支管与手形接头连接时，支管中的钢丝严禁剪断。
g. 真空主管宜沿加固区域的长边方向布置，且主管两侧的支管长度不应大于50m。

h. 所有接头及管网连接完成后,用木工枪钉进行再固定。

③ 连接增压管路、埋设"不倒翁"集水井

a. 每 $1000m^2$ 为一个增压单元,每一增压单元的形状宜为正方形。

b. 增压管路连接接头选用优质的快插三通。

c. 增压管路连接时,不宜过紧,应留有一定的伸缩量随后期土体变形而用。

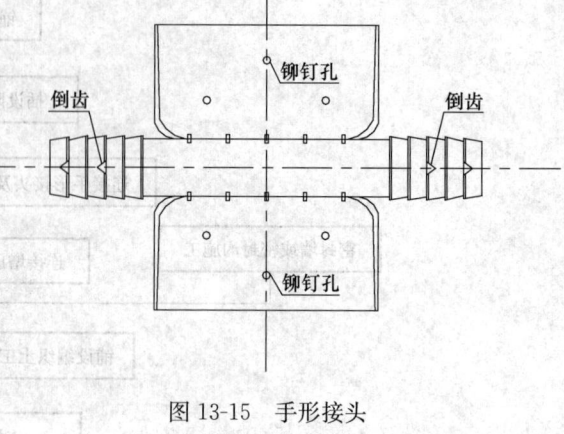

图 13-15 手形接头

d. 增压管路连接完成后,应及时检查每个增压单元的密封性,确保后期增压施工的有效性。

e. 不倒翁集水井(图 13-16)宜沿加固区域的长边方向均匀分布在真空主管之间。

f. 不倒翁集水井埋设时的坡度不应过大,埋设堆填料宜用黏土、可塑性淤泥。

g. 不倒翁集水井埋设完成后,应及时进行封口处理,避免杂物进入罐体。

h. 根据气平衡计算"不倒翁"集水井容积不小于 $2.5m^3$。

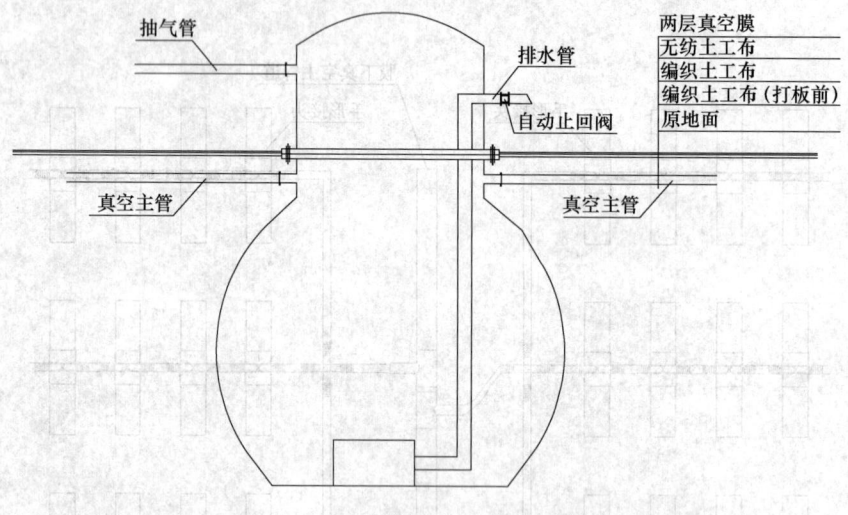

图 13-16 "不倒翁"集水井示意图

④ 密封墙或密封沟施工

a. 密封墙施工工序:

(a) 测量放线:开工前,根据真空预压加固区平面图及主要轴线画出桩位布置图,使用测量仪器准确放出中心控制位,然后用皮尺准确定位出各个打设位的位置,并插设排水板板芯作为标识,经项目部人员及监理确认无误后开始施工。

(b) 开挖泥浆沟:密封墙理论中心线为泥浆沟中心线,采用小型挖机或人工开挖沟槽,沟槽要求中心线两侧宽各为 0.6m,深度为 1m,在施工中随打随挖,保证浆液不外泄。

(c) 移机就位：施工前对密封墙中心线放线，使拌合机送浆管头正对中心线拌合，每隔10m布置一个控制位，搅拌机每次移机前根据轴线做好标记定位，误差在50mm以内。

b. 密封墙施工：

(a) 制浆：制浆黏土选取现场真空预压周围区域的淤泥，要求淤泥中黏粒（粒径＜0.005mm的颗粒）掺入量不低于25%泥浆制备采用圆筒式搅拌机完成，根据每罐拌合量先加入一定量水，按比例加膨润土，然后向搅拌桶内加黏土进行搅拌，根据泥浆相对密度要求添加水和黏土，泥浆相对密度达到1.3后方可使用。

(b) 搅拌喷浆：黏土密封墙采用双搅拌头深层搅拌机搅拌，搅头为两个直径为70cm快刀，施搅时形成宽70cm长120cm的"8"字形，施工双排密封墙按"8"形排列，桩与桩、排与排搭接20cm，打设过程中控制套管垂直度偏差不得大于±1.5%。拌合深度要求穿透透水层并进入下部不透水层1.5m为控制标准，拌合程序为4次喷浆4次搅拌，施工中严格控制喷搅工艺及提升速度。

c. 密封沟施工：

(a) 开挖：密封沟开始宽度，四周不小于1.0m，中间区域宜控制在1.2~1.5m。

(b) 深度：密封沟深度至少应挖至不透水、不透气层顶面以下0.5m，一般不应小于1.0m。

(c) 回填：回填土中不应夹杂草根、石块等尖锐物体，回填料宜用黏土、淤泥等不透气材料。

⑤ 铺设编织土工布、无纺土工布及真空膜：

a. 编织土工布、无纺土工布拼接采用手提工业缝纫机缝合，缝合搭接宽度≥10mm。

b. 铺设时宜超越加固区域边线0.4m。

c. 密封膜一般在工厂一次热合成型。

d. 铺膜应在白天进行，选择无风或风力较小的天气，分两层铺设密封膜。当风力大于5级时，不宜铺膜。

e. 上膜操作人员不得穿硬底鞋，以防划破密封膜。

⑥ 连接真空泵抽真空：

a. 真空泵可选用55kW的水环式真空泵或7.5kW的射流泵，真空管网内必须保证能产生不低于80kPa的真空度。

b. 选用直径75mmPVC管连接"不倒翁"集水井和水环式真空泵，连接时所有接头须做密封处理，避免抽真空时水进入管内，影响真空度。

c. 普通射流泵采用PVC钢丝管或黑色胶管连接出膜装置和射流泵，连接处须做密封处理。

⑦ 间歇式增压施工：

a. 增压时间的确定，一般在抽真空周期的中后期，周平均沉降量小于60mm时，开始增压施工。

b. 增压采用间歇式方式，每次增压时间控制在1.5~2.0h，增压时气压控制在0.2~0.4MPa。

c. 每次增压停止时间的确定，增压过程中观测真空表的压力，当真空度下降10~15MPa时，停止本次增压。

d. 增压施工一般往复循环 15 次左右，周平均沉降量小于 35mm 时，增压施工结束。

3) 施工注意事项

① 施工前应按要求设置观测点、观测断面，每一断面上的观测点布置数量、观测频率和观测精度应符合规范要求，观测基点必须置于不受施工影响的稳定地基内，并定期复核校正。

② 挖密封沟时，如果表层存在良好的透气层或在处理范围内有充足水源补给的透水层时，应采取有效措施隔断透气层或透水层。

③ 铺设密封膜时，要注意膜与软土接触要有足够的长度；膜周边密封处应有一定的压力，保证膜与软土紧密接触，使膜周边有良好的气密性。

④ 地基在加固过程中，加固区外的土层向着加固区移动，使地表产生裂缝，裂缝断面扩大并向下延伸，也逐渐由加固区边缘向外发展。将拌制一定稠度的黏土浆倒灌到裂缝中，泥浆会在重力和真空吸力的作用下向裂缝深处流动，泥浆会慢慢充填于裂缝中，堵住裂缝达到密封的效果。

### 13.3.4 压实地基和夯实地基

#### 13.3.4.1 压实地基

**1. 加固原理及适用范围**

压实地基系指利用平碾、振动碾、冲击碾或其他碾压设备将填土分层密实处理的地基。碾压法用于地下水位以上填土的压实；振动压实法用于振实非黏性土或黏粒含量少、透水性较好的松散填土地基。

压实过程实际上是排除空气降低孔隙度的过程，其强度会提高，压缩系数相应下降。试验表明，在一定的压（振）实能量作用下，不论是黏性还是砂性土类，其压实结果均与其颗粒和水的相对含量有关，当黏性土的含水量较小时，土粒表面的结合水膜很薄（主要是强结合水），颗粒间很大的分子力阻碍着土的压实，这时压实效果就比较差；当含水量增大时，结合水膜逐渐增厚，粒间联结力减弱，水起着润滑的作用，使土粒在相同压实功能条件下易于移动而挤密，所以压实效果较好；但当土样含水量增大到一定程度后，孔隙中就出现了自由水，压实时，孔隙水不易排出，形成较大的孔隙压力，势必阻止土粒的靠拢，所以压实效果又趋下降，这就是土的压实机理。

压实地基适用于处理大面积填土地基。浅层软弱地基以及局部不均匀地基的换填处理应符合 13.2.2 的有关规定。

**2. 压实地基处理注意事项**

压实地基处理应符合下列规定：

(1) 地下水位以上填土，可采用碾压法和振动压实法，非黏性土或黏粒含量少、透水性较好的松散填土地基宜采用振动压实法。

(2) 压实地基的设计和施工方法的选择，应根据建筑物体型结构与荷载特点、场地土层条件、变形要求及填料等因素确定。对大型、重要或场地地层条件复杂的工程，在正式施工前，应通过现场试验确定地基处理效果。

(3) 以压实填土作为建筑地基持力层时，应根据建筑结构类型、填料性能和现场条件等，对拟压实的填土提出质量要求。未经检验，且不符合质量要求的压实填土，不得作为建筑地基持力层。

(4) 对大面积填土的设计和施工,应验算并采取有效措施确保大面积填土自身稳定性、填土下原地基的稳定性、承载力和变形满足设计要求;应评估对邻近建筑物及重要市政设施、地下管线等的变形和稳定的影响;施工过程中,应对大面积填土和邻近建筑物、重要市政设施、地下管线等进行变形监测。

3. 设计

压实填土地基的设计应符合下列规定:

(1) 压实填土的填料可选用粉质黏土、灰土、粉煤灰、级配良好的砂土或碎石土,以及质地坚硬、性能稳定、无腐蚀性和无放射性危害的工业废料等,并应满足下列要求:

1) 以碎石土作填料时,其最大粒径不宜大于100mm。

2) 以粉质黏土、粉土作填料时,其含水量宜为最优含水量,可采用击实试验确定。

3) 不得使用淤泥、耕土、冻土、膨胀土以及有机质含量大于5%的土料。

4) 采用振动压实法时,宜降低地下水位到振实面下600mm。

(2) 碾压法和振动压实法施工时,应根据压实机械的压实性能、地基土性质、密实度、压实系数和施工含水量等,并结合现场试验确定碾压分层厚度、碾压遍数、碾压范围和有效加固深度等施工参数,可按表13-29选用。

**填土每层铺填厚度及压实遍数**  表13-29

| 施工设备 | 每层铺填厚度(mm) | 每层压实遍数 |
|---|---|---|
| 平碾(8~12t) | 200~300 | 6~8 |
| 羊足碾(5~16t) | 200~350 | 8~16 |
| 振动碾(8~15t) | 500~1200 | 6~8 |
| 冲击碾压(冲击势15~25kJ) | 600~1500 | 20~40 |

(3) 对已经回填完成且回填厚度超过表13-29中的铺填厚度,或粒径超过100mm的填料含量超过50%的填土地基,应采用较高性能的压实设备或采用夯实法进行加固。

(4) 压实填土的质量以压实系数 $\lambda_c$ 控制,并应根据结构类型和压实填土所在部位按表13-30要求确定。

**压实填土的质量控制**  表13-30

| 结构类型 | 填土部位 | 压实系数 $\lambda_c$ | 控制含水量(%) |
|---|---|---|---|
| 砌体承重结构和框架结构 | 在地基土主要受力层范围以内 | ≥0.97 | |
| | 在地基土主要受力层范围以下 | ≥0.95 | $w_{op}\pm 2$ |
| 排架结构 | 在地基土主要受力层范围以内 | ≥0.96 | |
| | 在地基土主要受力层范围以下 | ≥0.94 | |

注:地坪垫层以下及基础底面标高以上的压实填土,压实系数不应小于0.94。

(5) 压实填土的最大干密度和最优含水量,宜采用击实试验确定,当无试验资料时,最大干密度可按下式计算:

$$\rho_{dmax} = \eta \frac{\rho_w d_s}{1+0.01 w_{op} d_s} \tag{13-20}$$

式中 $\rho_{dmax}$ ——分层压实填土的最大干密度（t/m³）；
$\eta$ ——经验系数，粉质黏土取 0.96，粉土取 0.97；
$\rho_w$ ——水的密度（t/m³）；
$d_s$ ——土粒相对密度（t/m³）；
$w_{op}$ ——填料的最优含水量（%）。

当填料为碎石或卵石时，其最大干密度可取 2.1～2.2t/m³。

(6) 设置在斜坡上的压实填土，应验算其稳定性。当天然地面坡度大于20%时，应采取防止压实填土可能沿坡面滑动的措施，并应避免雨水沿斜坡排泄。当压实填土阻碍原地表水畅通排泄时，应根据地形修筑雨水截水沟，或设置其他排水设施。设置在压实填土区的上、下管道，应采取严格防渗、防漏措施。

(7) 压实填土的边坡坡度允许值，应根据其厚度、填料性质等因素，按照填土自身稳定性、填土下原地基的稳定性的验算结果确定，初步设计时可按表13-31的数值确定。

压实填土的边坡坡度允许值　　　表 13-31

| 填土类型 | 边坡坡度允许值（高宽比） | | 压实系数 $\lambda_c$ |
| --- | --- | --- | --- |
| | 坡高在 8m 以内 | 坡高在 8～15m | |
| 碎石、卵石 | 1：1.50～1：1.25 | 1：1.75～1：1.50 | 0.94～0.97 |
| 砂夹石（碎石卵石占全重 30%～50%） | 1：1.50～1：1.25 | 1：1.75～1：1.50 | |
| 土夹石（碎石卵石占全重 30%～50%） | 1：1.50～1：1.25 | 1：2.00～1：1.50 | |
| 粉质黏土，黏粒含量 $\rho_c \geq 10\%$ 的粉土 | 1：1.75～1：1.50 | 1：2.25～1：1.75 | |

(8) 冲击碾压法可用于地基冲击碾压、土石混填或填石路基分层碾压、路基冲击增强补压、旧砂石（沥青）路面冲压和旧水泥混凝土路面冲压等处理；其冲击设备、分层填料的虚铺厚度、分层压实的遍数等的设计应根据土质条件、工期要求等因素综合确定，其有效加固深度宜为 3.0～4.0m，施工前应进行试验段施工，确定施工参数。

(9) 压实填土地基承载力特征值，应根据现场静载荷试验确定，或可通过动力触探、静力触探等试验，并结合静载荷试验结果确定；其下卧层顶面的承载力应满足要求。

(10) 压实填土地基的变形，可按现行国家标准《建筑地基基础设计规范》GB 50007 的有关规定计算，压缩模量应通过处理后地基的原位测试或土工试验确定。

4. 施工

压实填土地基的施工应符合下列规定：

(1) 应根据使用要求、邻近结构类型和地质条件确定允许加载量和范围，并按设计要求均衡分步施加，避免大量快速集中填土。

(2) 填料前，应清除填土层底面以下的耕土、植被或软弱土层等。

(3) 压实填土施工过程中，应采取防雨、防冻措施，防止填料（粉质黏土、粉土）受雨水淋湿或冻结。

(4) 基槽内压实时，应先压实基槽两边，再压实中间。

(5) 冲击碾压法施工的冲击碾压宽度不宜小于 6m，工作面较窄时，需设置转弯车道，冲压最短直线距离不宜少于 100m，冲压边角及转弯区域应采用其他措施压实；施工时，地下水位应降低到碾压面以下 1.5m。

(6) 性质不同的填料，应采取水平分层、分段填筑，并分层压实；同一水平层，应采用同一填料，不得混合填筑；填方分段施工时，接头部位如不能交替填筑，应按1∶1坡度分层留台阶；如能交替填筑，则应分层相互交替搭接，搭接长度不小于2m；压实填土的施工缝，各层应错开搭接，在施工缝的搭接处，应适当增加压实遍数；边角及转弯区域应采取其他措施压实，以达到设计标准。

(7) 压实地基施工场地附近有对振动和噪声环境控制要求时，应合理安排施工工序和时间，减少噪声与振动对环境的影响，或采取挖减振沟等减振和隔振措施，并进行振动和噪声监测。

(8) 施工过程中，应避免扰动填土下卧的淤泥或淤泥质土层。压实填土施工结束检验合格后，应及时进行基础施工。

5. 质量检验

压实填土地基的质量检验应符合下列规定：

(1) 在施工过程中，应分层取样检验土的干密度和含水量；每50~100$m^2$面积内应设不少于1个检测点，每一个独立基础下，检测点不少于1个点，条形基础每20延米设检测点不少于1个点，压实系数不得低于表13-31的规定；采用灌水法或灌砂法检测的碎石土干密度不得低于2.0$t/m^3$。

(2) 有地区经验时，可采用动力触探、静力触探，标准贯入等原位测试试验，并结合干密度试验的对比结果进行质量检验。

(3) 冲击碾压法施工宜分层进行变形量、压实系数等土的物理力学指标监测和检测。

(4) 地基承载力验收检验，可通过静载荷试验并结合动力触探、静力触探、标准贯入等试验结果综合判定。每个单体工程静载荷试验不应少于3点，大型工程可按单体工程的数量或面积确定检验点数。

(5) 压实地基的施工质量检验应分层进行。每完成一道工序，应按设计要求进行验收，未经验收或验收不合格时，不得进行下一道工序施工。

#### 13.3.4.2 夯实地基

夯实地基处理应符合下列规定：①强夯和强夯置换施工前，应在施工现场有代表性的场地选取一个或几个试验区，进行试夯或试验性施工，每个试验区面积不宜小于20m×20m，试验区数量应根据建筑场地复杂程度、建筑规模及建筑类型确定；②场地地下水水位高，影响施工或夯实效果时，应采取降水或其他技术措施进行处理。

1. 强夯法

强夯法是反复将夯锤提到高处使其自由落下，给地基以冲击和振动能量，将地基土夯实的地基处理方法。强大的夯击能给地基一个冲击力，并在地基中产生冲击波，在冲击力作用下，夯锤对上部土体进行冲切，土体结构破坏，形成夯坑，并对周围土进行动力挤压。

根据地基土的类别和强夯施工工艺的不同，强夯法加固地基有两种不同的加固机理：动力密实和动力固结。

1) 动力密实机理

强夯加固多孔隙、粗颗粒，非饱和土是基于动力密实机理，即强大的冲击能强制压密地基，使土中气相体积大幅度减小。

2) 动力固结机理

强夯加固细粒饱和土是基于动力固结机理，即强大的冲击能，在土中产生很大的应力波，破坏土的结构，使土体局部液化并产生许多裂隙，作为孔隙的排水通道，加速土体固结，强度逐步恢复。

强夯法适用于处理碎石土、砂土、低饱和度的粉土与黏性土、湿陷性黄土、素填土和杂填土等地基。

2. 设计

(1) 有效加固深度

有效加固深度既是选择地基处理方法的重要依据，又是反映处理效果的重要参数。影响有效加固深度的因素很多，除了与锤重和落距有关外，还与地基土的性质、不同土层的厚度和埋置顺序、地下水位以及其他强夯的设计参数等都与有效加固深度有着密切的关系。因此，强夯的有效加固深度应根据现场试夯或地区经验确定。在缺少试验资料或经验时，可按表13-32进行预估。

强夯的有效加固深度 (m)　　　　　表 13-32

| 单击夯击能 $E$ (kN·m) | 碎石土、砂土等粗颗粒土 | 粉土、粉质黏土、湿陷性黄土等细颗粒土 |
|---|---|---|
| 1000 | 4.0~5.0 | 3.0~4.0 |
| 2000 | 5.0~6.0 | 4.0~5.0 |
| 3000 | 6.0~7.0 | 5.0~6.0 |
| 4000 | 7.0~8.0 | 6.0~7.0 |
| 5000 | 8.0~8.5 | 7.0~7.5 |
| 6000 | 8.5~9.0 | 7.5~8.0 |
| 8000 | 9.0~9.5 | 8.0~8.5 |
| 10000 | 9.5~10.0 | 8.5~9.0 |
| 12000 | 10.0~11.0 | 9.0~10.0 |

注：强夯法的有效加固深度应从最初起夯面算起；单击夯击能 $E$ 大于12000kN·m时，强夯的有效加固深度应通过试验确定。

(2) 单位夯击能

锤重 $M$ (t) 与落距 $h$ (m) 是影响夯击能和加固深度的重要因素，它直接决定每一击的夯击能量。锤重一般不宜小于8t，常用的有10t、12t、17t、18t、25t。落距一般不小于6m，多采用8m、10m、12m、13m、15m、17m、18m、20m、25m。

锤重 $M$ 与落距 $h$ 的乘积称为夯击能 $E$ ($E=M\times h$)。强夯的单位夯击能（指单位面积上所施加的总夯击能），应根据地基土类别、结构类型、载荷大小和要求处理的深度等综合考虑，并通过现场试夯确定。在一般情况下，对于粗颗粒土可取 1000~3000kN·m/m²；细颗粒土可取 1500~4000kN·m/m²。夯击能过小，加固效果差；夯击能过大，不仅浪费能源，相应也增加费用（图13-17），而且，对饱和黏性土还会破坏土体，形成橡皮土，降低强度。

(3) 夯击点布置及间距

夯击点位置可根据基础底面形状，采用等边三角形、等腰三角形或正方形布置

(图 13-18)。对条形基础，夯点可成行布置；对独立柱基础，可按柱网设置采取单点或成组布置，在基础下面必须布置夯点。强夯处理范围应大于建筑物基础范围，具体的放大范围，可根据建筑物类型和重要性等因素考虑决定。对一般建筑物，每边超出基础外缘的宽度宜为基底下设计处理深度的 1/2~2/3，且不应小于 3m；对可液化地基，基础边缘的处理宽度，不应小于 5m；对湿陷性黄土地基，应符合现行国家标准《湿陷性黄土地区建筑标准》GB 50025 的有关规定。

夯击点间距取决于基础布置、加固土层厚度和土质等条件。加固土层厚、土质差、透水性弱、含水率高的黏性土，夯点间距宜大，如果夯击点太密，相邻夯击点的加固效应将在浅处叠加而形成硬壳层，影响夯击能向深部传递；加固土层薄、透水性强、含水量低的砂质土，间距宜小些。通常第一遍夯击点间距可取夯锤直径的 2.5~3.5 倍（通常为 5~15m），第二遍夯击点位于第一遍夯击点之间，以后各遍夯击点间

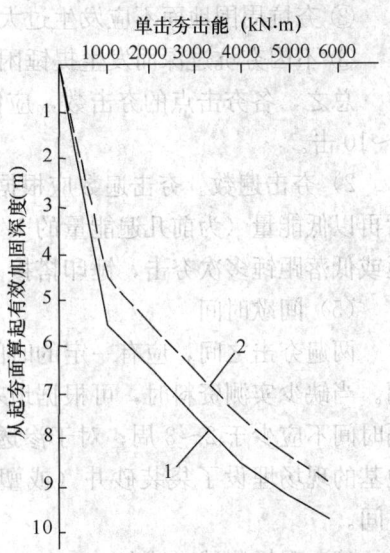

图 13-17 单击夯击能与有效加固深度的关系
1—碎石土、砂石等；
2—粉土、黏性土、湿陷性黄土

距可适当减小。对处理深度较深或单击夯击能较大的工程，第一遍夯击点间距宜适当增大。

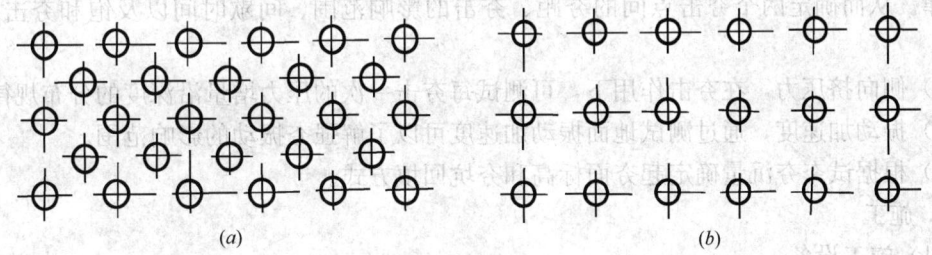

图 13-18 夯点布置
(a) 梅花形布置；(b) 方形布置

(4) 单点的夯击次数与夯击遍数

1) 夯击次数。每遍每夯点的夯击次数可通过试验确定，且应同时满足下列条件：

① 最后两击的平均夯沉量，宜满足表 13-33 的要求，当单击夯击能大于 12000kN·m 时，应通过试验确定。

**强夯法最后两击平均夯沉量**（mm） 表 13-33

| 单击夯击能 $E$（kN·m） | 最后两击平均夯沉量不大于（mm） |
|---|---|
| $E<4000$ | 50 |
| $4000 \leqslant E<6000$ | 100 |
| $6000 \leqslant E<8000$ | 150 |
| $8000 \leqslant E<12000$ | 200 |

② 夯坑周围地面不应发生过大的隆起。

③ 不因夯坑过深而发生提锤困难。

总之，各夯击点的夯击数，应使土体竖向压缩最大，而侧向位移最小为原则，一般为4～10击。

2) 夯击遍数。夯击遍数应根据地基土的性质确定，一般情况下，可采用2～4遍，最后再以低能量（为前几遍能量的1/5～1/4，锤击数为2～4击）满夯2遍，满夯可采用轻锤或低落距锤多次夯击，锤印搭接。对于渗透性较差的细颗粒土，应适当增加夯击遍数。

(5) 间歇时间

两遍夯击之间，应有一定的时间间隔，间隔时间取决于土中超静孔隙水压力的消散时间。当缺少实测资料时，可根据地基土的渗透性确定，对于渗透性较差的黏性土地基，间隔时间不应少于2～3周；对于渗透性好的地基可连续夯击。目前国内有的工程对黏性土地基的现场埋设了袋装砂井（或塑料排水带），以便加速孔隙水压力的消散，缩短间歇时间。

(6) 现场测试（试夯）

根据初步确定的强夯参数，提出强夯试验方案，进行现场试夯。应根据不同土质条件，待试夯结束一至数周后，对试夯场地进行检测，并与夯前测试数据进行对比，检验强夯效果，确定工程采用的各项强夯参数。测试工作一般有以下几个方面内容：

1) 地面及深层变形，主要是为了了解地表隆起的影响范围及垫层的密实度变化；通过研究夯击能与夯沉量的关系，确定单点最佳夯击能量。

2) 孔隙水压力，研究在夯击作用下孔隙水压力沿深度和水平距离的增长和消散的分布规律。从而确定两个夯击点间的夯距、夯击的影响范围、间歇时间以及饱和夯击能等参数。

3) 侧向挤压力，在夯击作用下，可测试每夯击一次的压力增量沿深度的分布规律。

4) 振动加速度，通过测试地面振动加速度可以了解强夯振动的影响范围。

5) 根据试夯夯沉量确定起夯面标高和夯坑回填方式。

3. 施工

(1) 施工设备

1) 夯锤

用钢板作外壳，内部焊接钢筋骨架后浇筑C30混凝土（图13-19），或用钢板做成组合成的夯锤（图13-20），以便于使用和运输。夯锤底面有圆形和方形两种，圆形定位方便，稳定性和重合性好，采用较广；锤底面积宜按土的性质确定，锤底静压力值宜为25～80kPa，单击夯击能高时，取高值，单击夯击能低时，取低值，对于细颗粒土锤底静接地压力宜取较小值。对于粗颗粒土（砂质土和碎石类土）选用较大值，一般锤底面积为3～4$m^2$；对于细颗粒土（黏性土或淤泥质土）宜取较小值，锤底面积不宜小于6$m^2$。锤重一般为10～60t。夯锤中宜设4～6个直径300～400mm上下贯通的排气孔，以利空气迅速排走，减少起锤时，锤底与土面间形成真空产生的强吸附力和夯锤下落时的空气阻力，以保证夯击能的有效性。

13.3 地基处理技术    769

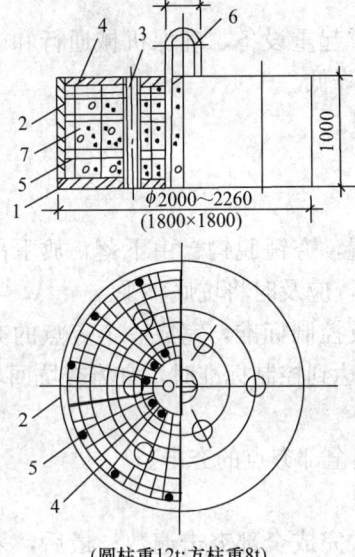

图 13-19　混凝土夯锤图
1—30mm 厚钢板底板；
2—18mm 厚钢板外壳；
3—6×φ159mm 钢管；
4—水平钢筋网片 φ16@200mm；
5—钢筋骨架 φ14@400mm；
6—φ50mm 吊环；7—C30 混凝土

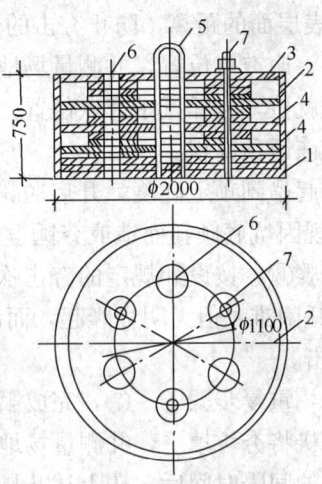

图 13-20　装配式钢夯锤
1—50mm 厚钢板底盘；2—15mm
厚钢板外壳；3—30mm 厚钢板顶板；
4—中间块（50mm 厚钢板）；
5—φ50mm 吊环；6—φ200mm
排气孔；7—M48mm 螺栓

2）起重设备

施工机械宜采用带有自动脱钩装置的履带式起重机或其他专用设备。采用履带式起重机时，可在臂杆端部设置辅助门架，或采取其他安全措施，防止落锤时机架倾覆。

3）脱钩装置

国内目前使用较多的是通过动滑轮组用脱钩装置来起落夯锤。脱钩装置要求有足够的强度，使用灵活，脱钩快速、安全。常用的工地自制自动脱钩器由吊环、耳板、销环、吊钩等组成（图 13-21），系由钢板焊接制成。拉动脱钩器的钢丝绳，其一端固定在销柄上，另一端穿过转向滑轮，固定在悬臂杆底部横轴上，以钢丝绳的长短控制夯锤的落距，夯锤挂在脱钩器的钩上，当吊钩提升到要求的高度时，张紧的钢丝绳将脱钩器的伸臂拉转一个角度，致使夯锤突然下落，同时可控制每次夯击落距一致，可自动复位，使用灵活方便，也较安全可靠。

(2) 施工程序及注意事项

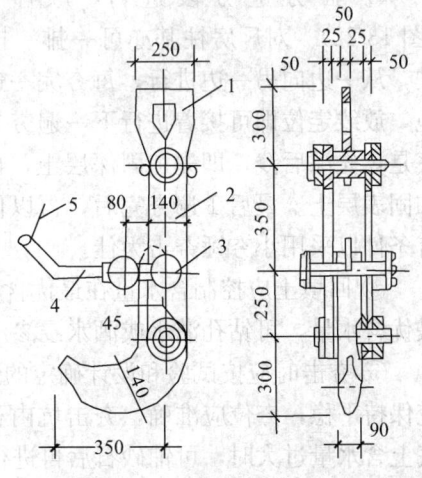

图 13-21　强夯自动脱钩器
1—吊环；2—耳板；3—销环；
4—销柄；5—拉绳

1) 施工程序

① 清理并平整施工场地。

② 铺设垫层,在地表形成硬层,用以支撑起重设备,确保机械通行和施工。同时可加大地下水和表层面的距离,防止夯击的效率降低。

③ 标出第一遍夯点位置,并测量场地高程。

④ 起重机就位,夯锤置于夯点位置。

⑤ 测量夯前锤顶高程。

⑥ 将夯锤起吊到预定高度,开启脱钩装置,夯锤脱钩自由下落,放下吊钩,测量锤顶高程;若发现因坑底倾斜而造成夯锤歪斜时,应及时将坑底整平。

⑦ 重复步骤⑥,按设计规定的夯击次数及控制标准,完成一个夯点的夯击;当夯坑过深,出现提锤困难,但无明显隆起,而尚未达到控制标准时,宜将夯坑回填至与坑顶齐平后,继续夯击。

⑧ 换夯点,重复步骤④~⑦,完成第一遍全部夯点的夯击。

⑨ 用推土机将夯坑填平,并测量场地高程。

⑩ 在规定的间隔时间后,按上述步骤逐次完成全部夯击遍数;最后,采用低能量满夯,将场地表层松土夯实,并测量夯后场地高程。

2) 施工中的注意事项

① 做好强夯地基的地质勘察,对不均匀土层适当增多钻孔和原位测试工作,掌握土质情况,作为制定强夯方案和对比夯前、夯后加固效果之用。必要时进行现场试验性强夯,确定强夯施工的各项参数。同时应查明强夯范围内的地下构筑物和各种地下管线的位置及标高,并采取必要的防护措施,以免因强夯施工而造成损坏。

② 强夯前应平整场地,周围做好排水沟,沟网最大间距不宜超过15m,按夯点布置测量放线确定夯位。地下水位较高时,应在表面铺0.5~2.0m中(粗)砂或砂砾石、碎石垫层,以防设备下陷和便于消散强夯产生的孔隙水压,或采取降低地下水位后再强夯。

③ 强夯应分段进行,顺序从边缘夯向中央(图13-22)。对厂房柱基亦可一排一排夯,起重机直线行驶,从一边向另一边进行,每夯完一遍,用推土机整平场地,放线定位即可接着进行下一遍夯击。强夯法的加固顺序是:先深后浅,即先加固深层土,再加固中层土,最后加固表层土。最后1遍夯完后,再以低能量满夯2遍,如有条件以采用小夯锤夯击为佳。

④ 回填土应控制含水量在最优含水量范围内,如低于最优含水量,可钻孔灌水或洒水浸渗。

⑤ 夯击时应按试验和设计确定的强夯参数进行,落锤应保持平稳,夯位应准确,夯击坑内积水应及时排除。坑底上含水量过大时,可铺砂石后再进行夯击。在每一遍夯击之后,要用新土或周围的土将夯击坑填平,再进行下一遍夯击。强夯后,基坑应及时修整,浇筑混凝土垫层封闭。

| 16 | 13 | 10 | 7 | 4 | 1 |
|----|----|----|----|----|----|
| 17 | 14 | 11 | 8 | 5 | 2 |
| 18 | 15 | 12 | 9 | 6 | 3 |
| 18′ | 15′ | 12′ | 9′ | 6′ | 3′ |
| 17′ | 14′ | 11′ | 8′ | 5′ | 2′ |
| 16′ | 13′ | 10′ | 7′ | 4′ | 1′ |

图13-22 强夯顺序

⑥ 雨季填土区强夯,应在场地四周设排水沟、截洪沟,防止雨水流入场内;填土应使中间稍高;土料含水率应符合要求;认真分层回填,分层推平、碾压,并使表面保持

1%～2%的排水坡度；当班填土当班推平压实；雨后抓紧排除积水，推掉表面稀泥和软土，再碾压；夯后夯坑立即推平、压实，使高于四周。

⑦ 冬期施工应清除地表的冻土层再强夯，当最低温度在-15℃以上、冻深在800mm以内时，夯击次数要适当增加，如有硬壳层，要适当增加夯次或提高夯击功能；冬季点夯处理的地基，满夯应在解冻后进行，满夯能级应适当增加；强夯施工完成的地基在冬季来临时，应设覆盖层保护，覆盖层厚度不应低于当地标准冻深。

⑧ 做好施工过程中的监测和记录工作，包括检查夯锤重和落距，对夯点放线进行复核，检查夯坑位置，按要求检查每个夯点的夯击次数和每击的夯沉量等，并对各项参数及施工情况进行详细记录，作为质量控制的根据。

⑨ 软土地区及地下水位埋深较浅地区可采用降水联合低能级强夯施工，施工前应先安设降排水系统，降水系统宜采用真空井点系统，在加固区以外3～4m处宜设置外围封闭井点；夯击区降水设备的拆除应待地下水位降至设计水位并稳定不少于2d后进行；低能级强夯原则为少击多遍、先轻后重；每遍强夯间歇时间宜根据超孔隙水压力消散不低于80%所需时间确定。

⑩ 当强夯施工时所产生的振动，对邻近建筑物或设备产生有害影响时，应采取防振或隔振措施。

**4. 强夯置换法**

(1) 加固原理及适用范围

强夯置换法是近年来从强夯加固法发展起来的一种新的地基处理方法，属于夯实地基，它主要适用于软弱黏性土地基的加固处理。加固机理为动力置换，即强夯将碎石整体挤入软弱黏性土成整式置换或间隔夯入淤泥成式碎石墩。

按强夯置换方式的不同，强夯置换法又可分为桩式置换和整式置换两种不同的形式。整式置换是采用强夯将碎石整体挤入软弱黏性土中，其作用机理类似于换土垫层。桩式置换是通过强夯将碎石填筑土体中，部分碎石桩（或墩）间隔地夯入软弱黏性土中，形成桩式（或墩式）的碎石墩（或桩）。其作用机理类似于振冲法等形成的碎石桩，它主要是靠碎石内摩擦角和墩间土的侧限来维持桩体的平衡，并与墩间土起复合地基的作用。

(2) 设计

强夯置换处理地基的设计，应符合下列规定：

1) 桩式置换施工设计参数

① 桩式置换中，置换深度的大小由土质条件决定，除厚层饱和粉土外，应穿透软土层，到达较硬土层上。深度不宜超过10m。

② 置换深度与强夯置换的夯击能量和夯锤的底面积密切相关。试验表明，单击夯击能量越大，强夯产生的有效加固深度越深，强夯挤密区域也越大，夯坑深度相应也较深。同时，在一定范围内，提高单点夯击能，能大大改善置换加固的效果。在夯击能量和地质条件一定的情况下，夯坑夯击深度同单位底面积的夯击能量与单位面积锤底静压力密切相关，也即与夯锤底面积有关。夯锤底面积越小，对地基的楔入效果和贯入力就越大，夯击后获得的置换深度就越深。因此，强夯置换与普通强夯相比，宜采用锤底面积较小的夯锤，一般夯锤底面直径宜控制在2m以内。

③ 夯点的夯击次数应通过现场试夯确定，且应同时满足下列条件：

a. 墩（桩）底穿透软弱土层，且达到设计墩（桩）长。
　　b. 累计夯沉量为设计墩（桩）长的1.5～2.0倍。
　　c. 最后两击的平均夯沉量参见强夯法的要求。
　④桩式置换的夯点布置宜采用等边三角形或正方形。夯点的间距应视被置换土体的性质（承载力）和上部结构的荷载大小而定，当满堂布置时可取夯锤直径的2.0～3.0倍。对独立基础或条形基础可取夯锤直径的1.5～2.0倍。墩（桩）的计算直径可取夯锤直径的1.1～1.2倍。当土质较差、要求置换深度较深及承载力要求较高时，夯点间距宜适当加密。对独立基础或条形基础可根据基础形状与宽度相应布置。对于办公楼、住宅楼等，可根据承重墙位置布置较密的置换点，一般可采用等腰三角形布点，这样可保证承重墙以及纵、横墙交接处墙基下有夯击点，对于一般堆场、水池、仓库、储罐等地基，夯点间距可适当加大些。

　　为防止夯击时吸锤现象，强夯置换前，可在软土表面铺设1～2m的砂石垫层，同时也利于强夯机械在软土表面上的行走。
　⑤桩式置换材料要求
　　桩式置换形成的桩（墩）体，主要依靠自身骨料的内摩擦角和桩间土的侧限来维持身的平衡。桩（墩）体材料，必须选择具有较高抗剪性能，级配良好的石渣等粗颗粒骨料。可采用级配良好的块石、碎石、矿渣、建筑垃圾等坚硬粗颗粒材料，粒径大于300mm的颗粒含量不宜超过全重的30%，含泥量不得超过10%。
　　2）整式置换法施工设计参数
　　① 单击夯击能
　　整式置换由于需要将淤泥挤向四周而将填筑材料挤至淤泥底层，因而其单击能量应大于普通的强夯加固能量。单击夯击能可采用下式估算。

$$H = \sqrt{M \cdot h} \tag{13-21}$$

式中　$H$——有效加固深度（m）；
　　　$M$——夯锤重（t）；
　　　$h$——落距（m）。

　　国内外大量工程实测结果表明，按 Menard 公式计算加固深度偏大很多，需经修正才能符合实际加固深度，见下式：

$$H = \alpha\sqrt{M \cdot h} \tag{13-22}$$

式中　$\alpha$——修正系数。

　　王成华收集整理了我国40项强夯工程和试验实测的 Menard 公式修正系数的值，$\alpha$值范围为0.2～0.95，$\alpha$在0.40～0.70的频数约为80%。
　　② 单位面积的单击能
　　强夯时，强夯动应力的扩散随夯锤底面积的变化而变化，夯锤底面积小时，动应力扩散小，应力等值线呈柱状分布，有利于挤淤；夯锤底面积大时，应力等值线呈灯泡状分布，有利于压实而不利于挤淤。杨光煦等通过现场原位对比试验也揭示出，单位面积单击夯击能越大挤淤效果越显著，单位面积单击夯击能或锤底静压力过小，挤淤效果就较差。因此，强夯挤淤应提高夯锤锤底单位面积的静压力和单位面积的单击夯击能，单位面积单

击夯击能不宜小于 $1500\mathrm{kN \cdot m/m^2}$。

③ 夯击次数

强夯挤淤与强夯加固的目的不同,因此,夯击时宜利用淤泥的触变性连续夯击挤淤,不宜间歇,一般宜一遍接底。夯击次数宜控制在最后一击下沉量不超过 5cm。夯坑深度超过 2.5m 后,挂钩会发生困难,因此,当夯坑深度超过 2.5m 时,如仍击接底,可推平后再进行夯击。

④ 夯点间距

整式置换挤淤的间距可根据强夯抛填体实测应力扩散角,按下式计算,并参照强夯试验结果,要求夯坑顶部连成一片,且夯坑间夹壁应比周围未强夯部位低 0.5m 以上。

$$S = D + 2H\tan\alpha \tag{13-23}$$

式中　$S$——夯点间距;
　　　$D$——夯锤直径;
　　　$H$——抛填体厚度;
　　　$\alpha$——应力扩散角,块石可取 $8°\sim 11°$。

⑤ 加固宽度

整式挤淤置换除了要满足建筑物基础应力扩散要求和建筑施工期间车辆往来的宽度要求外,还要满足整式挤淤沉堤的整体稳定性和局部稳定性。整式挤淤沉堤的宽度 $L$ 应满足下式的要求:

$$L \geq \frac{\gamma H^2}{C_u}\tan\left(45° - \frac{\varphi}{2}\right) + 2H\tan\left(45° - \frac{\varphi}{2}\right) \tag{13-24}$$

式中　$L$——整式置换的宽度;
　　　$\gamma$、$\varphi$——沉堤填料的重度及内摩擦角;
　　　$H$——施工期间沉堤厚度;
　　　$C_u$——淤泥的不排水抗剪强度。

式中第一项为整体稳定的宽度要求,第二项为局部稳定的安全储备。

$$B' = B + 2z\tan\theta \tag{13-25}$$

式中　$B'$——接底宽度;
　　　$B$——基础底面宽度;
　　　$z$——强夯置换地基深度。

(3) 施工

1) 施工设备

施工机具参考强夯法。锤底静压力值宜大于 100kPa。

2) 施工程序及注意事项

① 施工程序

a. 清理并平整施工场地,当表土松软时可铺设一层厚度为 $1.0\sim 2.0\mathrm{m}$ 的砂石施工垫层。

b. 标出夯点位置,并测量场地高程。

c. 起重机就位,夯锤置于夯点位置。

d. 测量夯前锤顶高程。

e. 夯击并逐击记录夯坑深度。当夯坑过深而发生起锤困难时停夯，向坑内填料直至与坑顶平，记录填料数量，如此重复直至满足规定的夯击次数及控制标准完成一个墩体的夯击。当夯点周围软土挤出影响施工时，可随时清理并在夯点周围铺垫碎石，继续施工。

f. 按由内而外，隔行跳打原则完成全部夯点的施工。

g. 整式挤淤置换宜采用一排施打方式，如图13-23所示，排夯击顺序必须由抛填体中心向两侧逐点夯击。采用50t夯机时，为避免形成扇形布点，分二序施工；先夯击一侧，再夯击另一侧。采用100t夯机时，可一序施工。如两边孔夯击一遍有残夯淤泥，须进行第二遍夯填。

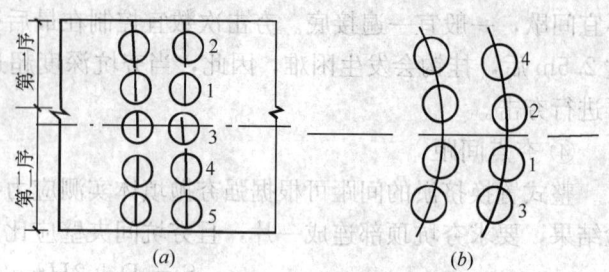

图13-23 整式挤淤置换的强夯顺序
(a) 二序施工法；(b) 一序施工法

h. 推平场地，用低能量满夯，将场地表层松土夯实，并测量夯后场地高程。

i. 铺设垫层，并分层碾压密实。

② 施工注意事项

施工中的注意事项参见强夯法。

### 13.3.5 水泥土搅拌桩复合地基

#### 13.3.5.1 加固原理及适用范围

适用于处理正常固结的淤泥、淤泥质土、素填土、软可塑黏性土、松散中密粉细砂、稍密-中密粉土、松散-稍密中粗砂、饱和黄土等土层。不适用于含大孤石或障碍物较多且不易清除的杂填土、欠固结的淤泥和淤泥质土、硬塑及坚硬的黏性土、密实的砂类土以及地下水渗流影响成桩质量的土层。当地基土的天然含水量小于30%（黄土含水量小于25%）时不宜采用干法。冬期施工时，应考虑负温对处理效果的影响。

水泥土搅拌桩法用于处理泥炭土、有机质含量较高或pH小于4的酸性土、塑性指数大于25的黏土或在腐蚀性环境中以及无工程经验的地区采用水泥土搅拌桩法时，必须通过现场和室内试验确定其适用性。

#### 13.3.5.2 设计

根据现行行业标准《建筑地基处理技术规范》JGJ 79 水泥土搅拌桩的设计应符合下列规定：

（1）拟采用水泥土搅拌桩法处理地基的工程，除按现行规范规定进行岩土工程详细勘察外，尚应查明拟处理土层的pH、塑性指数、有机质含量、地下障碍物及软土分布情况、地下水位及其运动规律等。

（2）设计前应进行拟处理土的室内配比试验。针对现场拟处理土层的性质，选择合适的固化剂、外掺剂及其掺量，为设计提供不同龄期、不同配比的强度参数。对竖向承载的水泥土强度宜取90d龄期试块的立方体抗压强度平均值。

（3）增强体的水泥掺量不应小于加固天然土质量的12%，块状加固时水泥掺量不应小于加固天然土质量的7%；湿法的水泥浆水灰比可选用0.5～0.6，可根据工程需要和土质条件选用具有早强、缓凝、减水等作用的外掺剂。

(4) 搅拌桩的长度应根据上部结构对承载力和变形的要求确定，并应穿透软弱土层到达承载力相对较高的土层；设置的搅拌桩同时为提高地基抗滑稳定性时，其桩长超过危险滑弧以下不应少于2.0m；干法的加固深度不宜大于15m，湿法的加固深度应考虑机械性能的限制，不宜超过20m。

(5) 单桩竖向承载力特征值应通过现场载荷试验确定。初步设计时也可按式(13-26)估算，并应同时满足式(13-27)的要求，应使由桩身材料强度确定的单桩承载力大于(或等于)由桩周土和桩端土的抗力所提供的单桩承载力。

$$R_a = u_p \sum_{i=1}^{n} q_{si} l_i + \alpha q_p A_p \tag{13-26}$$

$$R_a = \eta f_{cu} A_p \tag{13-27}$$

式中 $f_{cu}$——与搅拌桩桩身水泥土配合比相同的室内加固土试块(边长为70.7mm立方体)，在标准养护条件下90d龄期的立方体抗压强度平均值(kPa)；

$\eta$——桩身强度折减系数，干法可取0.2～0.25，湿法可取0.25；

$u_p$——桩的周长(m)；

$n$——桩长范围内所划分的土层；

$q_{si}$——桩周第$i$层土的侧阻力特征值(kPa)，对淤泥可取4～7kPa；对淤泥质土可取6～12kPa；对软塑状态的黏性土可取10～15kPa；对可塑状态的黏性土可取12～18kPa；

$l_i$——第$i$层土的厚度(m)；

$q_p$——桩端地基土未经修正的承载力特征值(kPa)，可按现行国家标准《建筑地基基础设计规范》GB 50007的有关规定确定；

$\alpha$——桩端天然地基土的承载力折减系数，可取0.4～0.6，承载力高时取低值。

(6) 水泥土搅拌桩复合地基宜在基础和之间设置褥垫层，基础下褥垫层厚度可取200～300mm。褥垫层材料可选用中砂、粗砂、级配砂石等，最大粒径不宜大于20mm。褥垫层的夯填度不应大于0.9。

(7) 竖向承载搅拌桩复合地基中的桩长超过10m时，可采用变掺量设计。在全水泥总掺量不变的前提下，桩身上部三分之一长范围内可适当增加水泥掺量及搅拌次数；桩身下部三分之一长范围内可适当减少水泥掺量。

(8) 竖向承载搅拌桩的平面布置可根据上部结构特点及对地基承载力和变形的要求，采用柱状、壁状、格栅状或块状等加固形式。可只在基础平面范围内布置，独立基础下的桩数不宜少于3根。柱状加固可采用正方形、等边三角形等布桩型式。

(9) 当搅拌桩处理范围以下存在软弱下卧层时，应按现行国家标准《建筑地基基础设计规范》GB 50007的有关规定进行下卧层承载力验算。

(10) 竖向承载搅拌桩复合地基的变形包括搅拌桩复合土层的平均压缩变形$s_1$与桩端下未加固土层的压缩变形$s_2$：

1) 搅拌桩复合土层的压缩变形$s_1$可按下式计算：

$$s_1 = (p_z + p_{zl})l/2E_{sp} \tag{13-28}$$

$$E_{sp} = mE_p + (1-m)E_s \tag{13-29}$$

式中 $p_z$——搅拌桩复合土层顶面的附加压力值（kPa）；

$p_{zl}$——搅拌桩复合土层底面的附加压力值（kPa）；

$E_{sp}$——搅拌桩复合土层的压缩模量（kPa）；

$E_p$——搅拌桩的压缩模量（kPa），可取（100～120）$f_{cu}$。对桩较短或桩身强度较低者可取低值，反之可取高值；

$E_s$——桩间土的压缩模量（kPa）；

$l$——桩长；

$m$——置换率。

2) 桩端以下未加固土层的压缩变形可按现行国家标准《建筑地基基础设计规范》GB 50007 的有关规定进行计算。

#### 13.3.5.3 施工机具设备

水泥土搅拌桩施工机械种类繁多，图 13-24 为常见深层搅拌机的构造，主要机具设备根据其施工方法的不同分为以下三类：

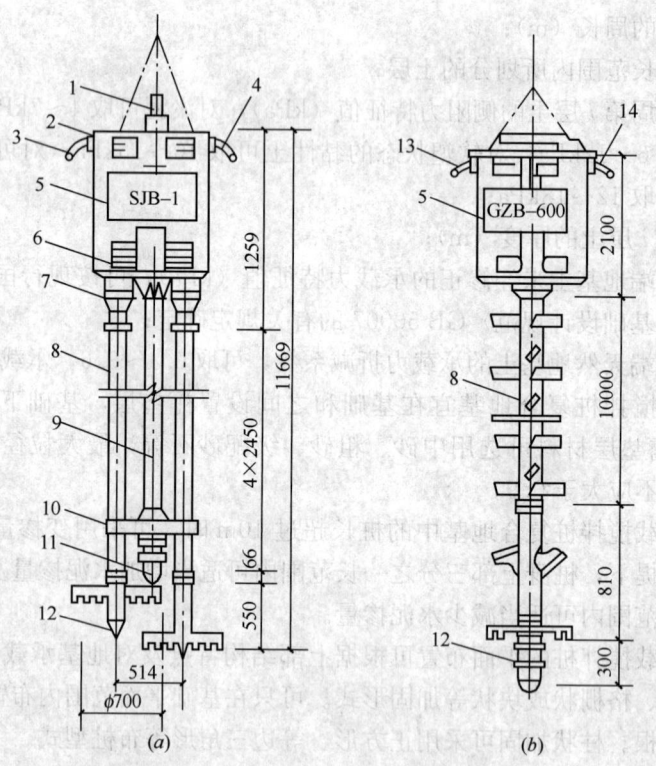

图 13-24 常见深层搅拌机构造

(a) SJB-1 型深层搅拌机；(b) GZB-600 型深层搅拌机

1—输浆管；2—外壳；3—出水口；4—进水口；5—电动机；6—导向滑块；7—减速器；8—搅拌轴；9—中心管；10—横向系板；11—球形阀；12—搅拌头；13—电缆接头；14—进浆口

1. 水泥土浆液搅拌法（CDM法）

日本陆上标准施工方式双轴搅拌机械组成见表13-34。

**日本陆上标准施工方式双轴搅拌机机械组合**     表 13-34

| 最大贯入长<br>机械名称 | 10m | 20m | 30m | 40m |
|---|---|---|---|---|
| 深层拌和处理机<br>（含施工控制仪器） | 履带式起重机：25～27t，导架长：20m，处理机功率：45kW×2台 | 履带式起重机：35～37t，导架长：30m，处理机功率：55～60kW×2台 | 履带式起重机：50～55t，导架长：40m，处理机功率：75～90kW×2台 | 履带式起重机：50～55t(特殊履带式装置)，导架长：50m，处理机功率：75～90kW×2台 |
| 发电机组 | 250kVA | 300kVA | 400kVA | 450kVA |
| 反铲挖土机 | $0.8m^3$ | $0.8m^3$ | $0.8m^3$ | $0.8m^3$ |
| 灰浆搅拌设备 | $10m^3/h$ | $10\sim20m^3/h$ | $20m^3/h$ | $20m^3/h$ |
| 水泥筒仓 | 30t | 30t | 30t | 30t |
| 水槽 | $10m^3$ | $10m^3$ | $10m^3$ | $10m^3$ |
| 潜水泵 | 100mm×2台 | 100mm×2台 | 100mm×2台 | 100mm×2台 |
| 灰浆泵 | 200L/min×2台 | (200～300)L/min×2台 | 300L/min×2台 | 300L/min×2台 |
| 灰浆搅动梢 | $2m^3$ | $2\sim5m^3$ | $5m^3$ | $5m^3$ |

双轴搅拌机均为履带式走行，搅拌直径可达1000～1200mm，长达30m。通过多个传感器实现搅拌的自动化操作，质量有保障。

国内的单轴、双轴搅拌机为步履式走行，机型轻便，但穿透能力差。

国内机械采用定量泵输送水泥浆，转速又是恒定，因此灌入地基中的水泥量完全取决于搅拌机钻头的提升速度和复搅次数，质量控制系统不完善，目前已研发了一些自动记录装置，但效果不尽如人意。

2. 粉体搅拌法（DJM法）

粉体喷射搅拌法（DJM）采用压缩空气连续通过钻杆向土中喷射水泥粉。

日本生产的粉喷机性能、适用性及机械组成见表13-35、表13-36。

**粉体喷射搅拌工法的粉喷机及其适用性**     表 13-35

| | 型号 | DJM-1070 | DJM-2070 DJM-2070L | DJM-2090 DJM-2090L |
|---|---|---|---|---|
| | 机械的适用性 | 小规模工程、小型建筑物基础地基加固、围绕建筑物周围的地基加固 | 一般工程适用 | 加固范围特别大、加固深度也大的情况适用 |
| 粉喷机主机标准规格 | 搅拌轴数（根） | 1 | 2 | 2 |
| | 标准搅拌其直径（mm） | 1000 | 1000 | 1000 |
| | 搅拌轴转数（r/min） | 5～50 | 24、48（50Hz） | 32、64（50Hz） |
| | 最大施工深度（m） | 20 | 23 \| 26 | 30 \| 33 |
| | 钻进、提升速度（m/min） | 0～7.0 | 0.5～3.0 | 0.5～3.0 |
| | 轴间距离（m） | | 1000、1200、1500 | 1000、1200、1500 |
| | 粉喷机尺寸（长×宽×高）（mm） | 7150×3080×2000 | 6400×4600×4485 | 9227×4920×6800 |
| | 粉喷机总重（kg） | 24000 | 67000 \| 69200 | 85500 \| 87600 |
| | 加固材料输送机重量（含贮存仓，kg） | 10500 | 13100 | 13600 |

施工机械的组成　　　　　　　　　　　　　　　　表13-36

| 粉喷机型号 | DJM-1070 | DJM-2070 | DJM-2070L | DJM-2090 | DJM-2090L |
|---|---|---|---|---|---|
| 轴数 | 单轴 | 双轴 | 单轴 | 双轴 | 单轴 |
| 最大施工深度 | 20m | 23m | 26m | 30m | 33m |
| 粉喷机功率 | 70kW×1 | 55kW×2 | | 90kW×2 | |
| 发电机 | 125kVA×1 | 300kVA×1 | | 350WA×1 | |
| 发电机 | 60kVA×1 | 60kVA×1 | | 60kVA×1 | |
| 空压机 | 10.5m³/min×1 | 10.5m³/min×2 | | 10.5m³/min×2 | |
| 挖土机 | 0.6m³ | 0.6m³ | | 0.6m³ | |

注：粉喷机包含加固材料输送机、加固材料贮存缺罐、空气除湿机、空气罐、施工监测计、控制盘等。

日本的粉喷机主要有5种型号，最大施工深度已达33m。当场地狭窄时，还有DJM-1037型可以使用，当钻架高度受限制时，可用DJM-1070E型。除轻型机外，都是履带式。

3. 多轴浆液搅拌法

近几年国内三轴、多轴搅拌法发展迅速，三一重工等公司相继研发多个型号的多轴搅拌机；搅拌深度可达35m，表13-37、表13-38分别列出三一重工和湖北金宝公司生产的单轴和多轴搅拌机参数，两家公司的产品代表了我国重型和轻型搅拌机的概况，可供参考。

三一重工多轴搅拌机主要参数表　　　　　　　　表13-37

| 产品型号 | 输入功率 | 单根钻杆额定扭矩 | 输出转速 | 钻孔直径 | 钻孔深度 |
|---|---|---|---|---|---|
| SYD653 | 55kW×2 | 19kN·m | 18r/min | 3×φ650mm | 27m |
| SYD853 | 90kW×2 | 40kN·m | 14r/min | 3×φ850mm | 35m |
| SYD1003 | 90kW×3 | 55kN·m | 14r/min | 3×φ1000mm | 35m |

武汉天宝公司单轴、多轴搅拌机及配套设备参数表　　　　表13-38

| 序号 | 设备型号 | 功率 (kW) | 直径 (mm) | 深度 (m) | 重量 (t) | 用途 |
|---|---|---|---|---|---|---|
| 1 | SPM-Ⅲ大直径三轴搅拌机 | 170 | 650～1000 | 18～32 | 60 | 型钢水泥土墙施工 |
| 2 | SPM-Ⅲ小直径三轴搅拌机 | 90 | 350～500 | 18～25 | 45 | 止水帷幕墙施工 |
| 3 | SP-10B大直径中轴搅拌机 | 55 | 600～1200 | 18～32 | 30 | 软土、被动区加固 |
| 4 | SP-5A单轴搅拌机 | 45 | 350～600 | 14.5～22 | 20 | 干法、湿法施工 |

| 序号 | 设备型号 | 功率 (kW) | 流量 (L/min) | | | 用途 |
|---|---|---|---|---|---|---|
| | | | 400r/min | 600r/min | 800r/min | |
| 1 | PJ-5A泥浆泵 | 4.5 | 35 | 48 | 80 | 小直径用 |
| 2 | PJ-5B泥浆泵 | 7.5 | 46 | 76 | 120 | 大直径用 |

| 序号 | 设备型号 | 功串 (kW) | 输灰量 (h/kg) | 压力 (MPa) | 容积 (t) | 用途 |
|---|---|---|---|---|---|---|
| 1 | 立锥式输灰罐 | 1.1 | >800 | <0.60 | 0.85 | 干喷法用 |

| 序号 | 设备型号 | 功率 (kW) | 输气方式 | 压力 (MPa) | 排量 (W) | 用途 |
|---|---|---|---|---|---|---|
| 1 | 气体压缩机 | 15 | 活塞式 | 0.6～1.0 | 1.6～2.8 | 干喷法用 |

#### 13.3.5.4 施工工艺

1. 水泥土搅拌桩施工前准备工作

水泥土搅拌桩施工前应做好以下准备工作：

(1) 建筑物场地工程地质资料和必要的水文地质资料；建筑场地地下管线与地下障碍物等资料；水泥土搅拌桩地基施工图纸；水泥土搅拌桩地基工程的施工组织设计或施工方案。

(2) 在制定水泥土搅拌桩施工方案前，应做水泥土的配比试验，测定各水泥土的不同龄期，不同水泥土配比试块强度，确定施工时的水泥土配比。

(3) 施工前根据水泥土搅拌桩施工方案，在施工现场进行工艺性试验，数量不少于3根，多轴搅拌桩施工不得少于3组，以确定水泥土搅拌桩施工参数及工艺。即水泥浆的水灰比、喷浆压力、喷浆量、旋转速度、提升速度、搅拌次数等。

(4) 清理平整施工场地，清除地上和地下障碍物，布置水泥土搅拌桩的桩位。

(5) 组装水泥土搅拌桩施工设备。为准确控制成孔桩深度，在钻机架上应设置控制深度的标尺，以便在施工中进行观察记录。

2. 水泥土搅拌桩的施工（湿法）

(1) 搅拌机械就位，为保证桩位准确使用定位卡，桩位对中偏差不大于20mm，导向架和搅拌轴应与地面垂直，垂直度的偏差不大于1%。

(2) 预搅下沉至设计加固深度。如果遇到较硬土层下沉速度太慢，可从输浆系统补给适量清水以利钻进，但应考虑冲水对桩身强度的影响。

(3) 深层搅拌机下沉达到设计深度后，开启灰浆泵将水泥浆压入地基中。当水泥浆到达出浆口后，应喷浆搅拌30s，在水泥浆与桩端土充分搅拌后，再提升搅拌头。

(4) 边喷浆、边搅拌并提升搅拌头，直至预定的停浆面。喷浆提升速度应参照现行行业标准《建筑地基处理技术规范》JGJ 79条文说明中第7.3.5条式（13）计算确定。

(5) 重复钻进搅拌，按前述操作要求进行，如喷浆量已达到设计要求时，只需复搅不再送浆。

(6) 加固体内任意一点的水泥土均能经过20次以上的搅拌，按《建筑地基处理技术规范》JGJ 79条文说明中第7.3.5条式（12）计算出每遍搅拌次数 $N$，再确定搅拌遍数。

(7) 每根搅拌遍数不应少于3遍。

3. 水泥土搅拌桩的施工（干法）

(1) 搅拌机械就位，为保证桩位准确使用定位卡，桩位对中偏差不大于20mm，导向架和搅拌轴应与地面垂直，垂直度的偏差不大于1%。

(2) 预搅下沉至设计加固深度。当搅拌头下沉至设计桩底以上1.5m时，应立即开启喷粉机提前进行喷粉作业。

(3) 当水泥到达出粉口后，应喷粉搅拌30s，在水泥与桩端土充分搅拌后，再提升搅拌头。

(4) 搅拌头每旋转一周，其提升高度不得大于15mm。

(5) 边喷粉、边搅拌并提升搅拌头，直至地面下500mm时，喷粉机停止喷粉作业。

(6) 重复钻进搅拌，按前述操作要求进行，如喷粉量已达到设计要求时，只需复搅不再送粉。

(7) 加固体内任意一点的水泥土均能经过 20 次以上的搅拌，通过现行行业标准《建筑地基处理技术规范》JGJ 79 条文说明中第 7.3.5 条式（12）计算出每遍搅拌次数，再确定搅拌遍数。

(8) 每根搅拌遍数不应少于 3 遍。禁止使用受潮和过期水泥。

#### 13.3.5.5　施工注意事项

1. 湿法施工应符合下列要求：

(1) 施工前应确定灰浆泵输浆量、灰浆经输浆管到达搅拌机喷浆口的时间和起吊设备提升速度等施工参数，并根据设计要求通过工艺生成试验确定施工工艺。

(2) 水泥土搅拌施工中宜用流量泵控制输浆速度，使注浆泵出口压力保持在 0.4～0.6MPa，并应使提升速度与输浆速度同步。控制喷浆和提升速度的误差不大于 10cm/min。

(3) 所使用的水泥都应过筛，制备好的浆液不得离析，泵送必须连续。拌制水泥浆液的罐数、水泥和外掺剂用量以及泵送浆液的时间等应有记录；喷浆量及搅拌深度必须采用经国家计量部门认证的监测仪器进行自动记录。

(4) 搅拌机喷浆提升的速度和次数必须符合施工工艺的要求，并应有记录。

(5) 搅拌机预搅下沉不到设计深度，但电流不高，可能是土质黏性大，搅拌机自重不够造成的。应采取增加搅拌机自重或开动加压装置。

(6) 喷浆未到设计桩顶标高（或底部桩端标高），集料斗中浆液已排空时，应检查投料量、有无漏浆、灰浆泵输送浆液流量。处理方法重新标定投料量，或者检修设备，或者重新标定灰浆泵输送流量。

(7) 喷浆到设计桩顶标高（或底部桩端标高），集料斗中浆液剩浆过多时，应检查投料量、输浆管路部分堵塞、灰浆泵输送浆液流量。处理方法重新标定投料量，或者清洗输浆管路，或者重新标定灰浆泵输送流量。

(8) 当水泥浆液到达出浆口后，应喷浆搅拌 30s，在水泥浆与桩端土充分搅拌后，再开始提升搅拌头；搅拌钻头与混合土同步旋转，是由于灰浆浓度过大或者搅拌叶片角度不适宜造成的。可重新确定浆液的水灰比，或者调整叶片角度、更换钻头等措施。

(9) 水泥土搅拌桩施工时，停浆灰面应高于桩顶设计标高 300～500mm。

(10) 搅拌机预搅下沉时不宜冲水，当遇到硬土层下沉太慢时，方可适量冲水，但应考虑冲水对桩身强度的影响。

(11) 施工时如因故停浆，应将搅拌头下沉至停浆点以下 0.5m 处，待恢复供浆时再喷浆搅拌提升。若停机超过 3h，宜先拆卸输浆管路，并妥加清洗。

(12) 壁状加固时，相邻的施工时间间隔不宜超过 12h。如间隔时间过长，与相邻无法搭接时，应采取局部补或注浆等补强措施。

2. 干法施工应符合下列要求：

(1) 喷粉施工前应仔细检查搅拌机械、供粉泵、送气（粉）管路、接头和阀门的密封性、可靠性。送气（粉）管路的长度不宜大于 60m。

(2) 搅拌头每旋转一周，其提升高度不得超过 15mm。

(3) 搅拌头的直径应定期复核检查，其磨耗量不得大于 10mm。

（4）当搅拌头到达设计桩底以上1.5m时，应即开启喷粉机提前进行喷粉作业。当搅拌头提升至地面下500mm时，喷粉机应停止喷粉；

（5）水泥土搅拌施工时，停灰面应高于桩顶设计标高300～500mm。成桩过程中因故停止喷粉，应将搅拌头下沉至停灰面以下1m处，待恢复喷粉时再喷粉搅拌提升。

### 13.3.6 旋喷桩复合地基

#### 13.3.6.1 加固原理及适用范围

旋喷桩复合地基是利用钻机成孔，再把带有喷嘴的注浆管钻进至土体预定位置后，用高压设备使浆液或水（空气）成为20～40MPa的高压射流从喷嘴中喷射出来，冲切、扰动、破坏土体，同时钻杆以一定速度逐渐提升，将浆液与土粒强制搅拌混合，浆液凝固后，在土中形成一个圆柱状固结体（即旋喷桩），以达到加固地基或止水防渗的目的。

旋喷法根据使用机具设备的不同又分为单管法、二重管法和三重管法。

（1）单管法

用一根单管喷射高压水泥浆液作为喷射流，由于高压浆液射流在土中衰减大，破碎土的射程较短，成桩直径较小，一般为0.3～0.8m。

（2）二重管法

用二重注浆管同时将高压水泥浆和空气两种介质喷射流横向喷射出，冲击破坏土体。在高压浆液和它外圈环绕气流的共同作用下，破坏土体的能量显著增大，最后在土中形成较大的固结体。成桩直径1.0m左右。

（3）三重管法

是一种浆液、水、气喷射法，使用分别输送水、气、浆液三种介质的三重注浆管，在以高压泵等高压发生装置产生高压水流的周围环绕一股圆筒状气流，进行高压水流喷射和气流同轴喷射冲切土体，形成较大的空隙，再由泥浆泵将水泥浆注入被切割、破碎的地基中，喷嘴作旋转和提升运动，使水泥浆与土混合，在土中凝固，形成较大的固结体。成桩直径较大，一般有1.0～2.0m，但成桩强度较低（0.9～1.2MPa）。

旋喷桩复合地基适用于处理淤泥、淤泥质土、黏性土（流塑、软塑和可塑）、粉土、砂土、黄土、素填土、碎石土等地基。当土中含有较多的大直径块石、大量植物根茎和高含量的有机质，以及地下水流速较大的工程，应根据现场试验结果确定其适应性。

高压喷射注浆法可用于新建筑物地基加固，也可用于既有建筑地基、深基坑、地铁等工程的土层加固或防水。

#### 13.3.6.2 设计

根据现行行业标准《建筑地基处理技术规范》JGJ 79旋喷桩复合地基的设计应符合下列规定：

（1）旋喷桩施工分旋喷、定喷和摆喷三种类别。根据工程需要和土质条件，可分别采用单管法、双管法和三管法。加固形状可分为柱状、壁状、条状和块状。

（2）对既有建筑物在制定高压喷射注浆方案时应搜集有关的历史和现状资料、邻近建筑物和地下埋设物等资料。

（3）旋喷桩复合地基方案确定后，应结合工程情况进行现场试验、试验性施工或根据工程经验确定施工参数及工艺。

(4) 旋喷桩形成的加固体强度和直径，应通过现场试验确定。当无现场试验资料时，可参照相似土质条件的工程经验进行初步设计，见表13-39。

旋喷桩的设计直径（m） 表13-39

| 土质 | | 方法 | | |
|---|---|---|---|---|
| | | 单管法 | 双管法 | 三管法 |
| 黏性土 | 0<N<5 | 0.5~0.8 | 0.8~1.2 | 1.2~1.8 |
| | 6<N<10 | 0.4~0.7 | 0.7~1.1 | 1.0~1.6 |
| 砂土 | 0<N<10 | 0.6~1.0 | 1.0~1.4 | 1.5~2.0 |
| | 11<N<20 | 0.5~0.9 | 0.9~1.3 | 1.2~1.8 |
| | 21<N<30 | 0.4~0.8 | 0.8~1.2 | 0.9~1.5 |

注：表中 $N$ 为标准贯入击数。

(5) 竖向承载旋喷桩复合地基承载力特征值应通过现场复合地基载荷试验确定。初步设计时，可分别按下式估算，其桩身材料强度尚应满足下式要求。

复合地基承载力按下式估算：

$$f_{spk} = \lambda m \frac{R_a}{A_p} + \beta(1-m) f_{sk} \tag{13-30}$$

式中 $\lambda$ ——单桩承载力发挥系数，应按地区经验取值；
  $m$ ——面积置换率；
  $R_a$ ——单桩承载力特征值（kN）；
  $A_p$ ——桩的截面积（m²）；
  $\beta$ ——桩间土承载力发挥系数，应按地区经验取值。

旋喷桩单桩竖向承载力特征值可按下式估算：

$$R_a = u_p \sum_{i=1}^{n} q_{si} l_{pi} + \alpha_p q_p A_p \tag{13-31}$$

式中 $u_p$ ——桩的周长（m）；
  $q_{si}$ ——桩周第 $i$ 层土的侧阻力特征值（kPa），应按地区经验确定；
  $l_{pi}$ ——桩长范围内第 $i$ 层土的厚度（m）；
  $\alpha_p$ ——桩端阻力发挥系数，应按地区经验确定；
  $q_p$ ——桩端阻力特征值（kPa），应按地区经验确定；旋喷桩应取未经修正的桩端地基土承载力特征值。

旋喷桩桩身强度应满足下式的要求：

$$f_{cu} \geq 4 \frac{\lambda R_a}{A_p} \tag{13-32}$$

$$f_{cu} \geq 4 \frac{\lambda R_a}{A_p} \left[ 1 + \frac{\gamma_m (d-0.5)}{f_{spa}} \right] \tag{13-33}$$

式中 $f_{cu}$ ——桩体试块（边长150mm立方体）标准养护28d的立方体抗压强度平均值（kPa）；
  $\gamma_m$ ——基础底面以上土的加权平均重度（kN/m³），地下水位以下取浮重度；
  $d$ ——基础埋置深度（m）；
  $f_{spa}$ ——深度修正后的复合地基承载力特征值（kPa）。

(6) 当旋喷桩处理范围以下存在软弱下卧层时，应按现行国家标准《建筑地基基础设计规范》GB 50007 的有关规定进行下卧层承载力验算。

（7）竖向承载旋喷桩复合地基宜在基础和桩顶之间设置褥垫层。褥垫层厚度可取 150～300mm，其材料可选用中砂、粗砂、级配砂石等，最大粒径不宜大于 20mm。褥垫层的夯填度不应大于 0.9。

（8）竖向承载旋喷桩的平面布置可根据上部结构和基础特点确定。独立基础下的桩数一般不应少于 4 根。

（9）桩长范围内复合土层以及下卧层地基变形值应按现行国家标准《建筑地基基础设计规范》GB 50007 有关规定计算，其中，复合土层的压缩模量可根据地区经验确定。

（10）旋喷桩用于深基坑、地铁等工程形成连续体时，相邻搭接不宜小于 300mm，并应符合设计要求和国家现行的有关规范的规定。

### 13.3.6.3 施工机具设备

高压喷射注浆法主要机具设备包括：高压泵、钻机、浆液搅拌器等；辅助设备包括操纵控制系统、高压管路系统、材料储存系统以及各种管材、阀门、接头安全设施等。

高压喷射注浆法施工常用主要机具设备规格、技术性能要求见表 13-40。

旋喷桩施工常用主要机具设备参考表　　　表 13-40

| 设备名称 | | 规格性能 | 用途 |
|---|---|---|---|
| 单管法 | 高压泥浆泵 | 1. SNC-H300 型压浆车<br>2. ACF-700 型压浆车，柱塞式、带压力流量仪表 | 旋喷注浆 |
| | 钻机 | 1. GXP-30 型钻机<br>2. XJ100 型振动钻机 | 旋喷用 |
| | 旋喷管 | 单管，42mm 地质钻杆，旋喷直径 3.2～4.0mm | 注浆成桩 |
| | 高压胶管 | 工作压力 31MPa、9MPa，内径 19mm | 高压水泥浆用 |
| 三重管法 | 高压泵 | 1. 3W-TB，高压柱塞泵，带压力流量仪表<br>2. SNC-H300 型压浆车<br>3. ACF-700 型压浆车 | 高压水助喷 |
| | 泥浆泵 | 1. BW250/50 型，压力 3～5MPa，排量 150～250L/min<br>2. 200/40 型，压力 4MPa，排量 120～200L/min<br>3. ACF-700 型压浆车 | 旋喷注浆 |
| | 空压机 | 压力 0.55～0.70MPa，排量 6～9m³/min | 旋喷用气 |
| | 钻机 | 1. GXP-30 型钻机<br>2. XJ100 型振动钻机 | 旋喷用、成孔用 |
| | 旋喷管 | 三重管，泥浆压力 2MPa，水压 20MPa，气压 0.5MPa | 水、气、浆成桩 |
| | 高压胶管 | 工作压力 31MPa、9MPa，内径 19mm | 高压水泥浆用 |
| | 其他 | 搅拌管，各种压力、流量仪表等 | 控制压力流量用 |

注：1. 钻机的转速和提升速度，根据需要应附设调速装置，或增设慢速卷扬机；
　　2. 二重管法选用高压泥浆泵、空压机和高压胶管可参照上列规格选用；
　　3. 三重管法尚需配备搅拌罐（一次搅拌量 3.5m³），旋转及提升装置、起重机、集泥箱、指挥信号装置等；
　　4. 其他尚需配备各种压力、流量仪表等。

三重管系以三根互不相通的管子，按直径大小在同一轴线上重合套在一起，用于向土体内分别压入水、气、浆液。内管由泥浆泵压送 2MPa 左右的浆液；中管由高压泵压送 20MPa 左右的高压水；外管由空压机压送 0.5MPa 以上的压缩空气。空气喷嘴套在高压水喷嘴外，在同一圆心上。三重管由回转器、连接管和喷头三部分组成。回转器指三重管的上段，内安有支承轴承，当钻机转盘带动三重管旋转时，回转器外部不转内部转；连接管是指三重管的中段，为连接水、气、浆液的通道，旋转是由钻机转盘直接带动连接管使整根三重管旋转，根据旋喷深度可将多节连接管接长；喷头是指三重管的下段，其上装有喷嘴（图 13-25），是旋喷时向土层中喷射水、气、浆液的装置，也随连接管一起转动。喷嘴制造材料为硬质合金管，$D_0 \approx 2mm$。

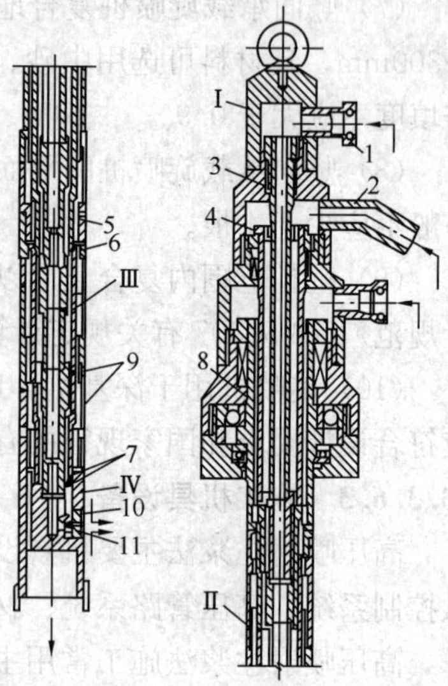

浆液搅拌可采用污水泵自循环式的搅拌罐或水力混合器。

辅助设备包括操纵控制系统、高压管路系统、材料储存、运输系统以及各种管件、阀门、接头、压力流量仪表、安全设施等。

图 13-25 三重管构造
Ⅰ—头部；Ⅱ—主杆；
Ⅲ—钻杆；Ⅳ—喷头；
1—快速接头；2—锯齿形接头；
3—高压密封装置；4—鸡心形零件；
5—凸接头；6—凹接头；7—圆柱面加"○"形圈；8—转轴；9—半圆环；10—螺栓塞；11—喷嘴

#### 13.3.6.4 施工工艺

施工前，应对照设计图纸核实设计孔位处有无妨碍施工和影响安全的障碍物。如遇有上水管、下水管、电缆线、煤气管、人防工程、旧建筑基础和其他地下埋设物等障碍物影响施工时，则应与有关单位协商清除或搬移障碍物或更改设计孔位。

高压旋喷桩的施工参数应根据土质条件、加固要求通过试验或根据工程经验确定，加固土体每立方的水泥掺入量不宜少于 300kg。旋喷注浆的压力大，处理地基的效果好。根据国内实际工程中应用实例，单管法、双管法及三管法的高压水泥浆液流或高压水射流的压力应大于 20MPa，流量大于 30L/min，气流的压力以空气压缩机的最大压力为限，通常在 0.7MPa 左右，提升速度可取 0.1～0.2m/min，旋转速度宜取 20r/min。

具体施工工艺流程如下：

（1）旋喷桩施工工艺流程如图 13-26、图 13-27 所示。

（2）施工前先进行场地平整，挖好排浆沟，做好钻机定位。要求钻机安放保持水平，钻杆保持垂直，其倾斜度不得大于 1%。

（3）旋喷桩施工程序为：机具就位→贯入注浆管→试喷射→喷射注浆→拔管及冲洗等。

（4）单管法和二重管法可用注浆管射水成孔至设计深度后，再一边提升一边进行喷射注浆。三重管法施工须预先用钻机或振动打机钻成直径 150～200mm 的孔，然后将三重注浆管插入孔内，按旋喷、定喷或摆喷的工艺要求，由下而上进行喷射注浆，注浆管分段提升的搭接长度不得小于 100mm。喷嘴形式如图 13-28 所示。

（5）在插入旋喷管前先检查高压水与空气喷射情况，各部位密封圈是否封闭，插入后先作高压射水试验，合格后方可喷射浆液。如因塌孔插入困难时，可用低压（0.1～

2MPa)水冲孔喷射,但须把高压水喷嘴用塑料布包裹,以免泥土堵塞。

(6)喷嘴直径、提升速度、旋喷速度、喷射压力、排量等旋喷参数见表13-41或根据现场试验确定。

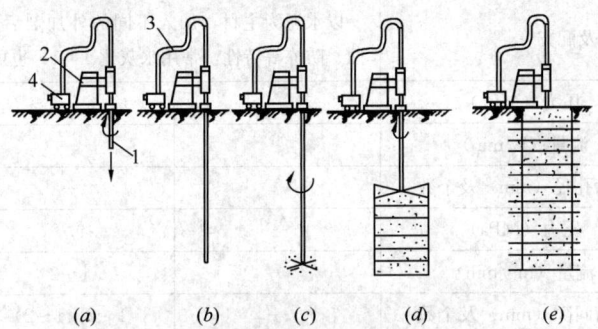

图 13-26 单管旋喷法施工工艺流程
(a)钻机就位钻孔;(b)钻孔至设计标高;(c)旋喷开始;
(d)边旋喷边提升;(e)旋喷结束成孔
1—旋喷管;2—钻孔机械;3—高压胶管;4—超高压脉冲泵

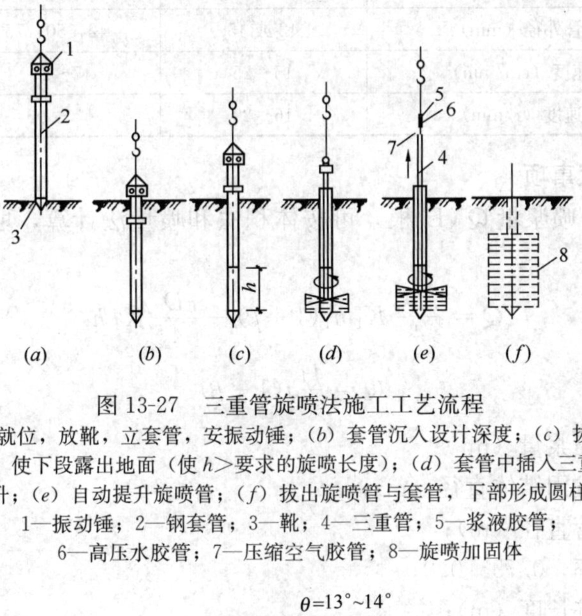

图 13-27 三重管旋喷法施工工艺流程
(a)振动沉机就位,放靴,立套管,安振动锤;(b)套管沉入设计深度;(c)拔起一段套管,卸上段套管,使下段露出地面(使h>要求的旋喷长度);(d)套管中插入三重管,边旋、边喷、边提升;(e)自动提升旋喷管;(f)拔出旋喷管与套管,下部形成圆柱喷射加固体
1—振动锤;2—钢套管;3—靴;4—三重管;5—浆液胶管;
6—高压水胶管;7—压缩空气胶管;8—旋喷加固体

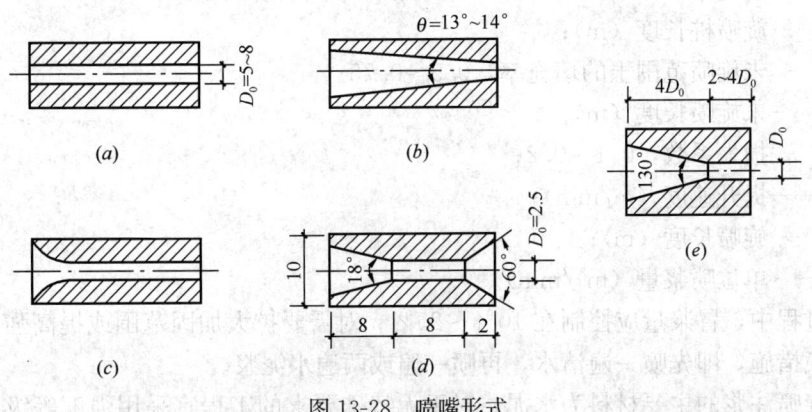

图 13-28 喷嘴形式
(a)圆柱式;(b)收敛圆锥形;(c)流线形;(d)双喷嘴;(e)三重管用喷嘴

旋喷桩的施工参数一览表　　　　　　　　　　表 13-41

| 旋喷桩施工方法 | | | 单管法 | 双管法 | 三管法 |
|---|---|---|---|---|---|
| 适用土质 | | | | 砂土、黏性土、黄土、杂填土、小粒径砂砾 | |
| 浆液材料及配方 | | | | 以水泥为主材，加入不同的外加剂后具有速凝、早强、抗腐蚀、防冻等特性，常用水灰比1∶1，也可使用化学材料 | |
| 旋喷桩施工参数 | 水 | 压力（MPa） | — | — | 25 |
| | | 流量（L/min） | — | — | 80～120 |
| | | 喷嘴孔径（mm）及个数 | — | — | 2～3（1～2） |
| | 空气 | 压力（MPa） | — | 0.7 | 0.7 |
| | | 流量（m³/min） | — | 1～2 | 1～2 |
| | | 喷嘴间隙（mm）及个数 | — | 1～2（1～2） | 1～2（1～2） |
| | 浆液 | 压力（MPa） | 25 | 25 | 25 |
| | | 流量（L/min） | 80～120 | 80～120 | 80～150 |
| | | 喷嘴孔径（mm）及个数 | 2～3（2） | 2～3（1～2） | 10～2（1～2） |
| | 灌浆管外径（mm） | | 42 或 45 | 42，50，75 | 75 或 90 |
| | 提升速度（cm/min） | | 15～25 | 7～20 | 5～20 |
| | 旋转速度（r/min） | | 16～20 | 5～16 | 5～16 |

#### 13.3.6.5　施工注意事项

（1）浆量计算。喷浆量 $Q$（L/根）可按体积法和喷量法计算，取大者为设计值，见下式：

体积法
$$Q = \frac{\pi D_e^2}{4} K_1 h_1 (1+\beta) + \frac{\pi D_0}{4} K_2 h_2 \tag{13-34}$$

喷量法
$$Q = \frac{H}{v} q (1+\beta) \tag{13-35}$$

式中　$Q$——所需喷浆量（m³）；
　　　$D_e$——旋喷桩固结体直径（m）；
　　　$D_0$——注浆管直径（m）；
　　　$K_1$——填充率，0.75～0.9；
　　　$h_1$——旋喷桩长度（m）；
　　　$K_2$——未旋喷范围土的填充率，0.5～0.75；
　　　$h_2$——未旋喷长度（m）；
　　　$\beta$——损失系数，0.1～0.2；
　　　$v$——提升速度（m/min）；
　　　$H$——旋喷长度（m）；
　　　$q$——单位喷浆量（m³/min）。

旋喷过程中，冒浆量应控制在 10%～25%。对需要扩大加固范围或提高强度的工程，可采取复喷措施，即先喷一遍清水，再喷一遍或两遍水泥浆。

（2）旋喷注浆的主要材料为水泥，对于无特殊要求的工程宜采用强度等级为 42.5 级及以上普通硅酸盐水泥。根据需要，可在水泥浆中分别加入适量的外加剂和掺和料，以改善水泥浆液的性能，如早强剂、悬浮剂等。旋喷注浆的材料还可选用化学浆液。因费用昂贵，只有少数工程应用。

（3）水泥浆液的水灰比越小，旋喷注浆处理地基的强度越高。在施工中因注浆设备的原因，水灰比太小时，喷射有困难，故水灰比通常取 0.8～1.2，生产实践中常用 0.9。

（4）钻机与高压泵的距离不宜大于 50m。

（5）孔位偏差值应小于 50mm，并且必须保持钻孔的垂直度。

（6）旋喷注浆均自下而上进行。当注浆管不能一次提升完成而需分数次卸管时，卸管后喷射的搭接长度不得小于 100mm。

（7）在不改变喷射参数的条件下，对同一标高的土层作重复喷射时，能加大有效加固范围和提高固结体强度。复喷的方法根据工程要求决定。在实际工作中，旋喷通常在底部和顶部进行复喷，以增大承载力和确保处理质量。

（8）当采用三重管法旋喷法，开始时，先送高压水，再送水泥浆和压缩空气，在一般情况下，压缩空气可晚送 30s。在底部边旋转边喷射 1min 后，再进行边旋转、边提升、边喷射。

（9）喷射时，先应达到预定的喷射压力、喷浆量后再逐渐提升注浆管。中间发生故障时，应停止提升和旋喷，以防断桩，同时立即进行检查排除故障；如发现有浆液喷射不足，影响桩体的设计直径时，应进行复核。

（10）当处理既有建筑地基时，应采取速凝浆液或大间隔孔旋喷和冒浆回灌等措施，以防旋喷过程中地基产生附加变形和地基与基础间出现脱空现象，影响被加固建筑及邻近建筑。

（11）当旋喷注浆过程中出现下列异常情况时，需查明原因并采取相应措施：

1）流量不变而压力突然下降时，应检查各部位的泄漏情况，必要时拔出注浆管，检查密封性能。

2）出现不冒浆或断续冒浆时，若系土质松软则视为正常现象，可适当进行复喷；若系附近有空洞、通道，则应不提升注浆管继续注浆直至冒浆为止或拔出注浆管待浆液凝固后重新注浆。

3）压力稍有下降时，可能系注浆管被击穿或有孔洞，使喷射能力降低。此时应拔出注浆管进行检查。

4）压力陡增超过最高限值、流量为零、停机后压力仍不变动时，则可能系喷嘴堵塞。应拔管疏通喷嘴。

（12）喷浆结束后应迅速拔出注浆管，用清水冲洗管路，防止凝固堵塞。相邻两桩施工间隔时间应不小于 48h，桩间距应不小于 4～6m。

### 13.3.7 灰土挤密桩和土挤密桩复合地基

#### 13.3.7.1 加固原理及适用范围

灰土挤密法或土挤密法通过成孔过程的横向挤压作用，孔内的土被挤向周围，使桩间土得以密实，然后将准备好的灰土或素土（黏土）分层填入孔内，并分层捣实至设计标高，用灰土分层夯实的桩体，称为灰土挤密桩；用素土夯实的桩体称为土挤密桩。

灰土挤密法和土挤密法适用于处理地下水位以上的粉土、黏性土、素填土、杂填土和湿陷性黄土等地基，可处理地基的厚度宜为 3～15m。当以消除地基土的湿陷性为主要目的时，可选用土挤密桩；当以提高地基土的承载力或增强其水稳性为主要目的时，宜选用灰土挤密桩。当地基土的含水量大于 24%、饱和度大于 65% 时，应通过试验确定其适用性。对重要工程或在缺乏经验的地区，施工前应按设计要求，在有代表性的地段进行现场试验。

### 13.3.7.2 设计

根据现行行业标准《建筑地基处理技术规范》JGJ 79 灰土挤密桩和土挤密桩的设计应符合下列规定：

（1）地基处理的面积：当采用整片处理时，应大于基础或建筑物底层平面的面积，超出建筑物外墙基础底面外缘的宽度，每边不宜小于处理土层厚度的 1/2，且不应小于 2m；当采用局部处理时，对非自重湿陷性黄土、素填土和杂填土等地基，每边不应小于基础底面宽度的 25%，且不应小于 0.5m；对自重湿陷性黄土地基，每边不应小于基础底面宽度的 75%，且不应小于 1.0m。

（2）处理地基的深度，应根据建筑场地的土质情况、工程要求和成孔及夯实设备等综合因素确定。对湿陷性黄土地基，应符合现行国家标准《湿陷性黄土地区建筑标准》GB 50025 的有关规定。

（3）桩孔直径宜为 300~600mm。桩孔宜按等边三角形布置，桩孔之间的中心距离，可为桩孔直径的（2.0~3.0）倍，也可按下式估算：

$$s = 0.95d\sqrt{\frac{\bar{\eta}_c \rho_{dmax}}{\bar{\eta}_c \rho d_{dmax} - \bar{\rho}_d}} \quad (13-36)$$

式中  $s$ ——桩孔之间的中心距离（m）；
　　　$d$ ——桩孔直径（m）；
　　　$\rho_{dmax}$ ——桩间土的最大干密度（t/m³）；
　　　$\bar{\rho}_d$ ——地基处理前土的平均干密度（t/m³）；
　　　$\bar{\eta}_c$ ——桩间土经成孔挤密后的平均挤密系数，不宜小于 0.93。

（4）桩间土的平均挤密系数 $\bar{\eta}_c$，应按下式计算：

$$\bar{\eta}_c = \bar{\rho}_{d1} / \rho_{dmax} \quad (13-37)$$

式中  $\bar{\rho}_{d1}$ ——在成孔挤密深度内，桩间土的平均干密度（t/m³），平均试样数量不少于 6 组。

（5）桩孔的数量可按下式估算：

$$n = A / A_e \quad (13-38)$$

式中  $n$ ——桩孔的数量；
　　　$A$ ——拟处理地基的面积（m²）；
　　　$A_e$ ——单根土桩或灰土挤密桩所承担的处理地基面积（m²），见下式：

$$A_e = \pi d_e^2 / 4 \quad (13-39)$$

式中  $d_e$ ——单根桩分担的处理地基面积的等效圆直径（m）。

（6）孔内的灰土填料，其消石灰与土的体积配合比，宜为 2∶8 或 3∶7。土料宜选用粉质黏土，土料中的有机质含量不应超过 5%，且不得含有冻土，渣土垃圾粒径不应超过 15mm。石灰可选用新鲜的消石灰或生石灰粉，粒径不应大于 5mm。消石灰的质量应合格，有效 CaO+MgO 含量不得低于 60%。

(7) 孔内填料应分层回填夯实，填料的平均压实系数 $\bar{\lambda}_c$ 不应低于 0.97，其中压实系数最小值不应低于 0.93。

(8) 桩顶标高以上应设置 300~600mm 厚的褥垫层。垫层材料可根据工程要求采用 2∶8 或 3∶7 灰土、水泥土等。其压实系数均不应低于 0.95。

(9) 复合地基承载力特征值，应通过现场单桩或多桩复合地基载荷试验确定。初步设计时，可按下式估算。桩土应力比应按试验或地区经验确定。灰土挤密桩复合地基承载力特征值，不宜大于处理前天然地基承载力特征值的 2.0 倍，且不宜大于 250kPa；对土挤密桩复合地基承载力特征值，不宜大于处理前天然地基承载力特征值的 1.4 倍，且不宜大于 180kPa。

$$f_{spk} = [1+m(n-1)] f_{sk} \tag{13-40}$$

式中 $f_{spk}$——复合地基承载力特征值（kPa）；

$f_{sk}$——处理后桩间土承载力特征值（kPa），可按地区经验确定；

$n$——复合地基桩土应力比，可按地区经验确定；

$m$——面积置换率。

(10) 复合地基的变形计算应符合有关设计规定。

#### 13.3.7.3 施工机具设备

施工机具包括成孔设备和夯实机具。

土中成孔的施工方法有：沉管法、冲击法、爆扩法和钻孔法等。沉管法成孔是利用柴油或振动沉机，冲击法成孔是利用冲击钻机或其他起重设备将重 1.0t 以上的特制冲击锤头提升一定高度后自由下落，反复冲击。钻孔法成孔可采用螺旋钻、机动洛阳铲、钻斗等多种类型的钻机。

常用夯实机具有偏心轮夹杆式夯实机和卷扬机提升式夯实机两种。前者通常是安装在翻斗车或小型拖拉机上行走定位，夯锤重一般为 1.0kN 左右，每分钟夯击次数 20~30 次，较少超过 40~50 次。后者工程中应用较多，夯锤用铸钢制成，重量一般选用 100~300kg，其竖向投影面积的静压力不小于 20kPa。夯锤最大部分的直径应较桩孔直径小 100~150mm，以便填料顺利通过夯锤四周。夯锤形状下端应为抛物线形锥体或尖锥形锥体，上段成弧形。

#### 13.3.7.4 施工工艺及注意事项

土、灰土挤密法的桩孔填料不同，但二者施工工艺和程序是相同的。挤密法施工的主要工序为：施工准备、土中成孔、孔夯填以及垫层施工等项。

1. 土和灰土挤密桩复合地基的材料质量要求

土和灰土挤密桩复合地基的材料质量，应满足下列要求：

(1) 桩孔填料的种类分为素土、灰土、二灰和水泥土等，施工应按设计要求配制。各种填料的材质及配合比应符合设计要求，且应拌和均匀，及时夯填。灰土、二灰拌和后堆放时间不宜超过 24h；水泥土拌和后不宜超过水泥的终凝时间。

(2) 土和灰土挤密桩复合地基的土料中有机质含量不应大于 5%，且不得含有冻土和膨胀土，使用时应过 10~20mm 的筛。石灰宜用消解（闷透）3~4d 的新鲜生石灰块，使用前过筛，粒径不得大于5mm，熟石灰中不得夹有未熟的生石灰块。

(3) 灰土料应按设计体积比要求拌和均匀，颜色一致。施工时使用的土或灰土含水量应接近最优含水量。最优含水量应通过击实试验确定。一般控制土的含水量为16%左右，灰土的含水量为10%左右，施工现场检验的方法是用手将土或灰土紧握成团，轻捏即碎为宜，如果含水量过多或不足时，应晒干或洒水湿润。拌和后的土或灰土料应当日使用。

(4) 施工时地基土的含水量也应接近土的最优含水量，当地基土的含水量小于12%时，应进行增湿处理。增湿处理宜在地基处理前4～6d进行，将需增湿的水通过一定数量和一定深度的渗水孔，均匀地浸入拟处理范围的土层中。

2. 土和灰土挤密桩复合地基施工

土和灰土挤密桩复合地基施工技术，应符合下列要求：

(1) 施工准备。应根据设计要求、现场土质、周围环境等情况选择适宜的成桩设备和施工工艺。施工前，应清除地面上下影响施工的管线、砌体、树根等所有障碍物；对有碍于机械运行、作业的松软地段及浅层洞穴要进行必要的处理，并将场地平整到预定标高。设计标高上的预留土层应满足下列要求。沉管（锤击、振动）成孔，不宜小于0.5m；用洛阳铲成孔，宜为0.50～0.70m，冲击成孔或钻孔夯扩法成孔，不宜小于1.2m。

(2) 土或灰土的铺设厚度应根据不同的施工方法按表13-42选用。夯击遍数应根据设计要求，通过现场干密度试验确定。

采用不同施工方法虚铺土或灰土的厚度控制  表13-42

| 夯实机械 | 机具重量（t） | 虚铺厚度（cm） | 备注 |
| --- | --- | --- | --- |
| 石夯、木夯（人工） | 0.04～0.08 | 20～25 | 人工，落距40～50cm |
| 轻型夯实机 | 1～1.5 | 25～30 | 夯实机或孔内夯实机 |
| 沉管机 |  | 30 | 40～90kW振动锤 |
| 冲击钻机 | 0.6～3.2 | 30 |  |

(3) 成孔和孔内回填夯实的施工顺序。当整片处理时，宜从里（或中间）向外间隔1～2孔进行，对大型工程可采用分段施工；当局部处理时，宜从外向里间隔1～2孔进行。向孔内填料前，孔底应夯实，并应检查孔的直径、深度和垂直度。铺设灰土垫层前，应按设计要求将桩顶标高以上的预留松动土层挖除或夯（压）密实。

(4) 土料和灰土受雨水淋湿或冻结，容易出现"橡皮土"，且不易夯实。当雨期或冬期施工时，应采取防雨或防冻措施，保护填料不受雨水淋湿或冻结，以确保施工质量。

### 13.3.8 夯实水泥土桩复合地基

#### 13.3.8.1 加固原理及适用范围

夯实水泥土桩是指利用机械成孔或人工挖孔，然后将土与不同比例的水泥拌和，将它们夯入孔内而形成的。由于夯实中形成的高密度及水泥土本身的强度，夯实水泥土体有较高强度。在机械挤土成孔与夯实的同时可将桩周土挤密，提高桩间土的密度和承载力。夯实水泥土法适用于处理地下水位以上的粉土、素填土、杂填土、黏性土等地基。处理地基的深度不宜大于15m。当采用洛阳铲成孔，不宜大于6m。

### 13.3.8.2 设计

根据现行行业标准《建筑地基处理技术规范》JGJ 79，夯实水泥土桩的设计应符合下列规定：

(1) 岩土工程勘察应查明土层厚度、含水量、有机质含量等。

(2) 对重要工程或在缺乏经验的地区，施工前应按设计要求，选择地质条件有代表性的地段进行试验性施工。

(3) 夯实水泥土桩宜在建筑物基础范围内布置；基础边缘距离最外一排桩中心的距离不宜小于1.0倍桩径。

(4) 桩长的确定：当相对硬土层埋藏较浅时，应按相对硬土层的埋藏深度确定；当相对硬土层的埋藏较深时，可按建筑物地基的变形允许值确定。

(5) 桩孔直径宜为300～600mm；桩孔宜按等边三角形或方形布置，桩间距可为孔直径的(2～4)倍。

(6) 桩孔内的填料，应根据工程要求进行配比试验，并应符合上文10.4.7.2中第9条的规定；水泥与土的体积配合比宜为1∶8～1∶5。

(7) 桩孔内填料应分层回填夯实，填料的平均压实系数 $\bar{\lambda}_c$ 不应低于0.97，压实系数最小值不应低于0.93。

(8) 桩顶标高以上应设置厚度为100～300mm的褥垫层；垫层材料可采用粗砂、中砂或碎石等，垫层材料最大粒径不宜大于20mm；褥垫层的夯填度不应大于0.9。

(9) 复合地基承载力特征值应按13.3.10.2中第6条规定确定；初步设计时可按式(13-86)进行估算；桩间土承载力发挥系数 $\beta$ 可取0.9～1.0；单桩承载力发挥系数可取1.0。

(10) 复合地基的变形计算应符合有关设计规定。

### 13.3.8.3 施工机具设备

成孔机具采用洛阳铲、螺旋钻机或沉管打桩机，夯实机具用偏心轮夹杆式夯实机或吊锤式夯实机。

### 13.3.8.4 施工工艺及注意事项

1. 施工工艺

夯实水泥土桩施工的顺序为：成孔、制备水泥土、夯填浅桩。

(1) 成孔应根据设计要求、成孔设备、现场土质和周围环境等，选用钻孔、洛阳铲成孔等方法。当采用人工洛阳铲成孔工艺时，处理深度不宜大于6.0m。桩顶设计标高以上的预留覆盖土层厚度不宜小于0.3m，垫层施工时将多余桩头凿除，顶面应水平。

(2) 夯实水泥土桩混合料的拌和。夯实水泥土混合料的拌和可采用人工和机械两种。人工拌和不得少于3遍；机械拌和宜采用强制式搅拌机，搅拌时间不得少于1min。

(3) 宜选用机械成孔和夯实；成孔达到设计深度后要进行孔底虚土的夯实；土料有机质含量不应大于5%，且不得含有冻土和膨胀土，混合料含水量应满足最优含水量要求，允许偏差应为±2%，土料和水泥应拌和均匀。

(4) 夯实水泥土桩复合地基施工。成孔经检验合格后，按设计要求，向孔内分层填入拌和好的水泥土，并应分层夯实至设计标高。分段夯填时，夯锤落距和填料厚度应满足夯填密实度的要求，水泥土的铺设厚度应根据不同的施工方法按表13-43选用。夯击遍数应根据设计要求，通过现场干密度试验确定。

**采用不同施工方法虚铺水泥土的厚度控制** 表13-43

| 夯实机械 | 机具重量（t） | 虚铺厚度（cm） | 备注 |
|---|---|---|---|
| 石夯、木夯（人工） | 0.04～0.08 | 20～25 | 人工，落距60cm |
| 轻型夯实机 | 1～1.5 | 25～30 | 夯实机或孔内夯实机 |
| 沉管机 |  | 30 | 40～90kW振动锤 |
| 冲击钻机 | 0.6～3.2 | 30 |  |

(5) 铺设垫层前，应按设计要求将桩顶标高以上的预留土层挖除。垫层施工应避免扰动基底土层。

2. 施工注意事项

(1) 水泥土料应按设计体积比要求拌合均匀，颜色一致。施工时使用的混合料含水量应接近最优含水量。最优含水量应通过配合比试验确定。一般控制土的含水量为16%左右，施工现场检验的方法是用手将土或灰土紧握成团，轻捏即碎为宜，如果含水量过多或不足时，应晒干或洒水湿润。拌合后的混合料不宜超过2h使用。

(2) 雨期施工时，应采取防雨及排水措施，刚夯实完的水泥土，如受水浸泡，应将积水及松软的土挖除，进行补夯；受浸泡的混合料不得使用。

(3) 夯实水泥土桩在冬期施工时，应对混合料采取有效的防冻措施，确保其不受冻害。

(4) 采用人工洛阳铲或螺旋钻机成孔时，按梅花形布置进行并及时成孔。

### 13.3.9 水泥粉煤灰碎石桩复合地基（CFG）

#### 13.3.9.1 加固原理及适用范围

水泥粉煤灰碎石桩（简称CFG）是由水泥、粉煤灰、碎石、石屑或砂加水拌合形成的高粘结强度增强体，其和桩间土、褥垫层一起形成复合地基，共同承担上部结构荷载。

CFG桩复合地基适用于处理黏性土、粉土、砂土和自重固结已完成的素填土地基。对淤泥质土应按地区经验或通过现场试验确定其适用性。就基础形式而言，既可用于扩展基础和无筋扩展基础，又可用于箱形基础、筏形基础。

#### 13.3.9.2 设计

CFG桩的设计应考虑下列因素：

1. 桩径

长螺旋钻中心压灌桩、干成孔桩和振动沉管成桩桩径宜为350～600mm，泥浆护壁钻孔成桩桩径宜为600～800mm；钢筋混凝土预制桩桩径宜为300～600mm。

2. 桩间距

桩间距应根据基础形式、设计要求的复合地基承载力和变形、土性及施工工艺确定：

(1) 采用非挤土成桩工艺和部分挤土成桩工艺，间距宜为3～5倍径。

(2) 采用挤土成桩工艺和墙下条形基础单排布桩的间距宜为3～6倍径。

(3) 桩长范围内有饱和粉土、粉细砂、淤泥、淤泥质土层，采用长螺旋钻中心压灌成桩施工中可能发生窜孔时宜采用较大桩距。

3. 桩端持力层

应根据结构形式、荷载、变形、地质和施工设备条件，选择承载力和压缩模量相对较高的土层作为桩端持力层。

4. 布桩

CFG桩可只在基础范围内布，并可根据建筑物荷载分布、基础形式和地基土性状、变形计算结果，合理确定布参数：

(1) 内筒外框结构内筒部位可采用减小距桩、增大桩长或桩径布桩，一般优先采用增大桩长。

(2) 对相邻柱荷载水平相差较大的独立基础，可考虑增大桩长。

(3) 筏板厚度与跨距之比小于1/6的平板式筏基、梁的高跨比大于1/6且板的厚跨比（筏板厚度与梁的中心距之比）小于1/6的梁板式筏基，应在柱（平板式筏基）和梁（梁板式筏基）边缘每边外扩2.5倍板厚的面积范围内布桩。

(4) 对荷载水平不高的墙下条形基础可采用墙下单排布桩。

5. 褥垫层

桩顶和基础之间应设置褥垫层，褥垫层厚度宜为桩径的40%～60%。褥垫材料宜采用中砂、粗砂、级配砂石和碎石等，最大粒径不宜大于30mm。

6. 复合地基承载力特征值

复合地基承载力特征值应通过复合地基静载荷试验或采用增强体静载荷试验结果和其周边土的承载力特征值结合经验确定。初步设计时，复合地基承载力特征值可按下式估算：

$$f_{spk} = \lambda m \frac{R_a}{A_P} + \beta(1-m) f_{sk} \tag{13-41}$$

式中 $f_{spk}$——复合地基承载力特征值（kPa）；

　　　$\lambda$——单桩承载力发挥系数，可按地区经验取值，无经验时$\lambda$可取0.8～0.9；

　　　$m$——面积置换率；

　　　$R_a$——单桩竖向承载力特征值（kN）；

　　　$A_P$——桩的截面积（m²）；

　　　$\beta$——桩间土承载力发挥系数，可按地区经验取值，无经验时可取0.9～1.0；

　　　$f_{sk}$——处理后桩间土承载力特征值（kPa），可按当地经验取值。无经验时，对非挤土成桩工艺，可取天然地基承载力特征值；对挤土成桩工艺，一般黏性土可取天然地基承载力特征值；松散砂土、粉土可取天然地基承载力特征值的1.2～1.5倍，原土强度低的取大值。

7. 单桩竖向承载力特征值

单桩竖向承载力特征值$R_a$的取值，应符合下列规定：

(1) 当采用单桩载荷试验时，应将单桩竖向极限承载力除以安全系数2。

(2) 当无单桩载荷试验资料时，CFG单桩承载力特征值可按下式估算：

$$R_a = u_p \sum_{i=1}^{n} q_{si} l_{pi} + a_p q_p A_p \tag{13-42}$$

式中 $u_p$——桩身周长（m）；

　　　$q_{si}$——桩周第$i$层土的侧阻力特征值（kPa），可按地区经验确定；

$l_{pi}$——桩长范围内第 $i$ 层土的厚度（m）；

$a_p$——桩端阻力发挥系数，应按地区经验确定；

$q_p$——桩端阻力特征值（kPa），可按地区经验确定。

8. 桩身强度

CFG 桩身强度应满足下式的要求。当复合地基承载力进行基础埋深的深度修正时，应满足下式要求。

$$f_{cu} \geqslant 4\frac{\lambda R_a}{A_p} \tag{13-43}$$

$$f_{cu} \geqslant 4\frac{\lambda R_a}{A_p}\left[1 + \frac{r_m(d-0.5)}{f_{spa}}\right] \tag{13-44}$$

式中 $f_{cu}$——桩体试块（边长 150mm 立方体）标准养护 28d 的立方体抗压强度平均值（kPa）；

$r_m$——基础底面以上土的加权平均重度（kN/m³），地下水位以下取有效重度；

$d$——基础埋置深度（m）；

$f_{spa}$——深度修正后的复合地基承载力特征值（kPa）。

9. 地基变形计算方法

复合地基变形计算应符合现行国家标准《建筑地基基础设计规范》GB 50007 的有关规定，地基变形计算深度应大于复合土层的深度。复合土层的分层与天然地基相同，各复合土层的压缩模量等于该层天然地基压缩模量的 $\xi$ 倍，$\xi$ 值可按下式确定：

$$\xi = \frac{f_{spk}}{f_{ak}} \tag{13-45}$$

式中 $f_{ak}$——基础底面下天然地基承载力特征值（kPa）。

复合地基的沉降计算经验系数 $\psi_s$ 可根据地区沉降观测资料统计值确定，无经验取值时，可采用表 13-44 数值。

变形计算经验系数 $\psi_s$     表 13-44

| $\overline{E}_s$ (MPa) | 4.0 | 7.0 | 15.0 | 20.0 | 35.0 |
| --- | --- | --- | --- | --- | --- |
| $\psi_s$ | 1.0 | 0.7 | 0.4 | 0.25 | 0.2 |

注：$\overline{E}_s$ 为变形计算深度范围内压缩模量的当量值，应按式（13-46）计算。

$$\overline{E}_s = \frac{\sum_{i=1}^{n} A_i + \sum_{j=1}^{m} A_j}{\sum_{i=1}^{n}\frac{A_i}{E_{spi}} + \sum_{j=1}^{m}\frac{A_j}{E_{sj}}} \tag{13-46}$$

式中 $A_i$——加固土层第 $i$ 层土附加应力系数沿土层厚度的积分值；

$A_j$——加固土层下第 $j$ 层土附加应力系数沿土层厚度的积分值。

### 13.3.9.3 施工机具设备

CFG 桩常用的施工设备为振动沉管桩机和长螺旋钻机。其中长螺旋钻机的主要技术参数见表 13-45，现场照片如图 13-29 所示。

图 13-29 长螺旋钻孔机

常用长螺旋钻机的主要技术参数　　　　　　　　　表 13-45

| 型号 | 动力头功率 (kW) | 钻孔直径 (mm) | 输出扭矩 (kN·m) | 钻孔深度 (m) | 钻杆转速 (r/min) | 架形式 |
|---|---|---|---|---|---|---|
| CFG20 | 37×2 | 300～600 | 25.4 | 20 | 30.5 | 履带式、步履式 |
| CFG25 | 45×2 | 300～600 | 35.9 | 25 | 21.3 | 履带式、步履式 |
| CFG30 | 55×2 | 300～800 | 44.3 | 29 | 21.3 | 步履式 |
| CFG-28 | 55×2 | 400～800 | 35.5 | 23～28 | 31 | 步履式 |
| SWCFG32B | 145 | 400～1200 | 120 | 23～32 | 8～28 | 步履式 |
| ZLB30-D48 | 55×2 | 400～800 | 48 | 20～30 | 14.5 | 步履式 |
| ZLB30-Y110 | 37×5 | 400～1200 | 110 | 26～30 | 3～11 | 步履式 |
| JZL120 | 2×75/2×75 | ≤1000 | 84.1/180 | ≤31 | 14/8.1 | 履带式 |
| JZB90A | 150 | ≤800 | 84.1 | ≤31 | 14 | 步履式 |
| FYJB220 | 180 | ≤1200 | 216 | ≤40 | 8.1 | 步履式 |

常用的长螺旋钻机的钻头可分为四类：尖底钻头、平底钻头、耙式钻头及筒式钻头，各类钻头的适用地层见表 13-46。

钻头适用地层　　　　　　　　　表 13-46

| 钻头类型 | 适用地层 |
|---|---|
| 尖底钻头 | 黏性土层，在刃口上镶焊硬质合金刀头，可钻硬土及冻土层 |
| 平底钻头 | 松散土层 |
| 耙式钻头 | 含有大量砖瓦块的杂填土层 |
| 筒式钻头 | 混凝土块、条石等障碍物 |

长螺旋钻头直径与钻孔直径的匹配关系见表 13-47。

钻头直径与钻孔直径匹配关系　　　　　　　　　表 13-47

| 成孔直径 (mm) | 300 | 400 | 500 | 600 | 700 | 800 | 1000 |
|---|---|---|---|---|---|---|---|
| 钻头直径 (mm) | 296 | 396 | 495 | 594 | 693 | 792 | 990 |

### 13.3.9.4 施工工艺及注意事项

1. 施工方法

（1）长螺旋钻孔、管内泵压混合料灌注成桩，适用于黏性土、粉土、砂土、粒径不大于 60mm，土层厚度不大于 4m 的卵石（卵石含量不大于 30%），以及对噪声或泥浆污染要求严格的场地。其施工工艺为：施工准备→桩机就位→钻孔至设计标高→边提钻边压送混合料→成桩移机。在无地下水的情况下，本方法可改为长螺旋钻孔灌注成桩。

（2）振动沉管灌注成桩：适用于粉土、黏性土及素填土地基。施工工艺为：施工准备→桩机组装就位→沉管到预定标高→管内投料→振动捣实后拔管→成桩。挤土造成地面隆起量大时，应采用较大距施工；施工中应监测已施工完成的桩顶位移，挤土造成地面隆起量大时，应采用较大桩距施工。桩尖采用钢筋混凝土预制桩尖或钢制活瓣桩尖。

**2. 施工注意事项**

(1) 施工前，应按设计要求在试验室进行配合比试验；施工时，按配合比配制混合料；长螺旋钻中心压灌成桩施工的混凝土坍落度宜为160～200mm，振动沉管灌注成桩施工的混凝土坍落度宜为30～50mm；振动沉管灌注成桩后桩顶浮浆厚度不宜超过200mm。

(2) 桩位施放。根据桩位平面布置图及总包提供的测量基准点，由专职测量人员进行桩位施放工作。桩位施放结束并自检合格后，会同总承包方、监理共同检验并签字认可。桩位定位点应明显且不易破坏。桩位施放允许偏差：群桩20mm，单排10mm。

(3) 桩机就位，调整钻杆（沉管）与地面垂直，保证垂直度偏差不大于1%，桩位偏差符合(2)条的有关规定。控制钻孔或沉管入土深度，保证桩长偏差在±100mm内。

(4) 当钻杆达到设计深度后（泵送混凝土前不得提钻），应先泵送混凝土至钻杆管内一半以上，然后一边压灌混凝土，一边提钻。提钻速率由混凝土泵送量决定，且必须保证钻杆内混凝土液面高于钻杆底出料口。不得边提钻边旋转钻杆，不得在饱和砂土或饱和粉土层内停泵待料。沉管灌注成桩施工拔管速度宜为1.2～1.5m/min，如遇淤泥质土，拔管速度应适当减慢。当遇有松散饱和粉土、粉细砂或淤泥质土，当桩距较小时，宜采取隔跳打措施。

(5) 施工桩顶标高宜高出设计桩顶标高不少于0.5m，当施工作业面高出桩顶设计标高较大时，宜增加混凝土灌注量。

(6) 成桩过程中，应抽样做混合料试块，每台机械每台班不应少于一组（3块）试块（边长150mm立方体），标准养护，测定其立方体28d抗压强度。施工中应抽样检查混合料坍落度。

(7) 冬期施工时，混合料入孔温度不得低于5℃，对桩头和桩间土应采取保温措施。

(8) 清土和截桩时，应采用小型机械或人工剔除等措施，不得造成桩顶标高以下桩身断裂或桩间土被扰动。

(9) 褥垫层施工时，当厚度大于200mm，宜分层铺设，每层虚铺厚度$H=h/\lambda$，其中，$h$为褥垫层设计厚度，$\lambda$为夯填度，一般取0.87～0.9。虚铺完成后宜采用静力压实至设计厚度。当基础底面下桩间土的含水量较低时，也可以采用动力夯实。对较干的砂石材料，虚铺后可适当洒水再进行碾压或夯实。

**3. 施工顺序**

(1) CFG桩施工时，应合理安排打桩顺序，宜从一侧向另一侧或由中心向两边顺序施打，避免桩机碾压已施工完成的桩，或使地面隆起造成断桩。

(2) CFG桩施工完成后，待桩体达到一定强度后（一般为桩体设计强度的70%），方可开挖。开挖时，宜采用人工开挖，也可采用小型机械和人工联合开挖，但应有专人指挥，保证小型机械不碰撞桩头，同时应避免扰动桩间土。

(3) 挖至设计标高后，应剔除多余的桩头。

(4) 桩头剔至设计标高以下，没有施工到设计桩顶标高，或发现浅部断桩时，应剔除上部断桩并采取补救措施，同时保护好桩间土不受扰动。

**4. 施工中容易出现的质量问题**

施工常见问题有：断桩、缩颈、桩靴进水进泥、吊脚、桩身不连续、地基土强度降低、桩体强度不均匀。

长螺旋钻管内泵压CFG桩施工常遇的问题有：堵管、窜孔、钻头阀门打不开、桩体上部存气、先提钻后泵料等。

### 13.3.10 柱锤冲扩桩复合地基

#### 13.3.10.1 工作原理和适用范围

柱锤冲扩桩复合地基是采用起吊设备将长细柱锤（质量1～8t，长2～6m）提高到一定高度自由下落冲孔，然后在孔内分层填料分层冲扩夯实形成竖向增强体与桩间土共同形成复合地基。

1. 工作原理

冲孔时侧向挤密：对于非饱和黏性土、松散粉土、砂土挤密效果最佳。桩间土坚硬时，有效挤密区较小。当含水量高，排水困难时，挤密过程中易引起超孔隙水压力，难以挤密，提锤后易发生缩颈和塌孔。

填料冲扩对桩间土的二次挤密作用及咬合作用：桩间土挤密主要发生在成孔过程中。当被加固的地基软硬不均时，相同夯击能和填料情况下，软土部分成桩直径大，使桩身和桩间土咬合，共同受力。

孔内填料夯实作用。

2. 适用范围

1994年以前，在柱锤冲扩桩复合地基使用初期，桩身填料主要是渣土或2:8灰土，多应用于4～6层砖混住宅的地基处理工程，其加固机理主要是通过柱锤冲孔动力挤密原土；通过采用复打成孔及套管成孔工艺解决塌孔问题后，又借鉴生石灰加固机理，在桩身填料中加入碎砖三合土后，又逐渐用于处理软弱土或杂填土地基。

2000年之后，柱锤冲扩的桩身填料除采用渣土、灰土及碎砖三合土外，也开始使用级配砂石、水泥土、干硬性水泥砂石料、低强度等级混凝土等。

经过多年的工程实践，柱锤冲扩的应用范围更加广泛，如柱锤冲扩挤密灰土桩处理湿陷性黄土；柱锤冲扩挤密砂石桩消除砂土液化；山区不均匀地基处理。

另外，对于不同的土质，柱锤冲扩桩加固效果有明显区别。对于地下水位以上的杂填土、素填土、粉土及可塑黏性土、黄土等，成孔及成桩过程中能有效挤密桩底及桩间土，挤密土影响范围能达到2～3倍径。对于地下水位以下的饱和土层，挤密效果不明显，桩身质量也较难保证，因此应慎用。

#### 13.3.10.2 设计

1. 处理范围和深度

作为柔性桩复合地基，其处理范围应大于基底面积：对一般地基，在基础外缘应扩大1～3排桩，且不应小于基底下处理土层厚度的1/2；对可液化地基，在基础外缘扩大的宽度，不应小于基底下可液化土层厚度的1/2，且不应小于5m。地基处理深度不宜超过10m。

北京周边采用柱锤冲扩挤密砂石桩处理砂土液化，深度达6～8m；西北地区采用柱锤冲扩灰土桩挤密桩间土，消除黄土湿陷性，深度达15～20m；河北地区利用干硬性水泥砂石料及干硬性水泥土柱锤冲扩桩也取得了成功，桩长可达10～20m。

2. 桩径及间距

桩径宜为500~800mm。桩位布置宜为正方形和等边三角形，桩距宜为1.2~2.5m或取桩径的2~3倍。

**3. 褥垫层**

桩顶应铺设200~300mm厚砂石垫层，垫层的夯填度不应大于0.9；对湿陷性黄土，垫层材料应采用灰土。

**4. 桩身填料**

碎砖三合土、级配砂石、矿渣、灰土、水泥土、土夹石或干硬性混凝土已成为常用桩身填料。表13-48为部分桩身填料参考配合比。

柱锤冲扩桩身填料参考配合比　　　　　　　　　　表13-48

| 填料 | 碎砖三合土 | 级配砂石 | 灰土 | 水泥土 | 水泥砂石料（干硬性混凝土） | 土夹石 | 二灰 |
|---|---|---|---|---|---|---|---|
| 配合比 | 生石灰：碎砖：黏性土=1：2：4（体积比） | 石子：砂=1：(0.6~0.9)或土石屑($d<2$mm不宜超过总重的50%，$C_u>5$) | 消石灰：土=1：(3~4)（体积比） | 水泥：土=1：(5~9)（体积比） | 水泥：骨料=1：(5~10)（重量）；骨料：砂：碎石=1：(2~3)（重量）；骨料也可用土石屑 | 其中碎石含量不小于50%（重量比） | 生石灰：粉煤灰=1：2~1.5：1（体积比） |

5. 复合地基承载力特征值应通过现场复合地基静载荷试验确定；初步设计时，可按现行行业标准《建筑地基处理技术规范》JGJ 79估算地基承载力。

#### 13.3.10.3 施工

**1. 施工设备**

（1）柱锤

目前生产上采用的柱锤质量已由1~8t锤增加至10~15t，处理深度也超过了6m。柱锤形式包括适用于较硬土层或有局部硬夹层的尖锤形柱锤、适用于软土地基中的圆形凹底杆状柱锤。常用柱锤类型见表13-49。

常用柱锤类型　　　　　　　　　　表13-49

| 序号 | 规格 | | | 锤底形状 | 锤底静压力（kPa） |
|---|---|---|---|---|---|
| | 直径（mm） | 长度（m） | 质量（t） | | |
| 1 | 325 | 2~6 | 1.0~4.0 | 凹底或平底 | 120~480 |
| 2 | 377 | 2~6 | 1.5~5.0 | 凹底或平底 | 134~447 |
| 3 | 500 | 2~6 | 3.0~9.0 | 凹底或平底 | 153~459 |

柱锤可用钢材制作或用钢板作外壳内部浇筑混凝土制成，也可用钢管作外壳内部浇铸铁制成。锤形应按土质软硬、处理深度和成桩直径经试桩后加以确定。

（2）起吊机具

当起重量较小时可采用轮胎式起重机。但由于柱锤质量和落距的增加，对起重机的起吊能力的要求也在不断增加。由于履带式起重机重心低、稳定性好、起重能力大，已广泛应用于柱锤冲扩桩施工。此外，为增加机械的起重能力、提升高度、防止柱锤自动脱钩时臂杆回弹，可增加钢辅助人字桅杆或龙门架。

(3) 多功能柱锤冲扩桩机

多功能柱锤冲扩桩机可完成柱锤冲扩、沉管及螺旋钻取土等作业。在冲孔过程中塌孔不严重时，可利用卷扬机牵引钢丝绳起吊柱锤进行冲孔及填料夯扩。在地下水位以下或冲孔过程中塌孔严重的情况下，可进行跟管成孔。冲扩成桩时，边提护筒边填料冲扩。当遇局部硬夹层或防止冲孔产生挤土造成地面隆起时，也可改换螺旋钻头引孔后再冲扩成桩。

2. 工艺流程

清理平整施工场地、布置桩位→施工机具就位、柱锤对准桩位→柱锤冲扩→填料冲击成孔→二次复打成孔→成桩→机具移位

柱锤冲孔有三种成孔方式：冲击成孔是指柱锤提升到一定高度后自动脱钩下落冲击土层，反复冲击成孔。当接近设计桩底标高时，在孔内填入粗骨料继续冲击，直至孔底被夯实；填料冲击成孔是指当成孔过程中出现缩颈或塌孔时，可分次填入碎砖和生石灰块，随着柱锤的冲击将填料挤入孔壁及孔底，起到护壁作用，当接近设计桩底标高时，夯入碎砖挤密桩端土；复打成孔是指塌孔严重时，可提锤反复冲击土层至孔底设计标高，然后分次填入碎砖和生石灰，待桩间土改善稳定后，再进行二次复打成孔。当上述方法均难以成孔时，应采用跟管成孔。

成桩时将填料分层填入孔内夯实。采用跟管施工工艺时，边提套管边分层填料夯实。

3. 施工注意事项

(1) 柱锤冲扩冲击能量较大，为避免发生地面隆起，成孔及冲扩填料过程中挤压邻桩，可采用隔行跳打，并在施工中做好观测工作，若发现邻桩位移或桩顶上浮较大时，应调整设计施工参数。

(2) 由于本方法处理的地基主要是松散填土地基，柱锤冲扩夯击能量大，且本工法的特点是冲孔后自下而上成桩，即自下而上加固地基，由于表层土上覆压力小，造成作为直接持力层的地表土不仅没有夯实，反而使桩顶及桩间土被振松。一般可以通过预留较厚的保护土而后挖除解决这个问题，如保护土预留厚度为500mm，则宜在地基处理施工结束后采用振动压路机进行碾压。

## 13.3.11 注浆加固

### 13.3.11.1 加固原理及适用范围

1. 加固原理

注浆法是将含有固化剂的浆液通过注浆泵、注浆管注入岩土体中，以填充、渗透和挤密等方式，驱走岩石裂隙中或土颗粒间的水分和气体，并填充其位置，硬化后将岩土胶结成一个整体，使其强度提高、压缩性降低，是抗渗性能好和稳定性增强的新的岩土体，从而使地基得到加固，防止或减少渗透和不均匀的沉降。注浆法按加固机理可分为下列四类：

(1) 渗入性注浆

在注浆压力下，浆液克服各种阻力而渗入孔隙和裂隙，压力越大，吸浆量及浆液扩散距离就越大。这种理论假定在注浆过程中地层结构不受扰动和破坏，所用的注浆压力相对

较小。

(2) 劈裂注浆

在注浆压力作用下，浆液克服地层的初始应力和抗压强度，引起岩体或土体结构的破坏，使地层中原有的孔隙或裂隙扩张，或形成新的裂缝或孔隙，从而使低透水性地层的可灌性和浆液扩散距离增大，这种注浆法所用的注浆压力相对较高。

(3) 压密注浆

通过钻孔向土层中压入浓浆，随着土体的压密和浆液的挤入，将在压浆点周围形成灯泡形空间，并因浆液的挤压作用而产生辐射状上抬力，从而引起地层局部隆起。

(4) 电化学注浆

当在黏性土中插入金属电极并通过直流电后，就在土中引起电渗、电脉和离子交换作用，促使在通电区域中的含水率显著降低，从而在土内形成浆液"通道"。若在通电的同时向土中灌入浆液，就能在"通道"上形成硅胶，并与土粒胶结成具有一定力学强度的加固体。

2. 适用范围

注浆法可在砂土、粉土、黏性土和填土地基处理中应用，一般用于地基的局部加固、提高抗渗能力、岩石裂隙胶结等。当对地基承载力和变形有特殊要求的地基，注浆法可与其他地基处理方法联合使用。

### 13.3.11.2 设计

1. 一般规定

注浆设计应满足以下要求：

(1) 注浆加固设计应明确加固的对象、目的和任务要求。

(2) 取得相应的工程资料、岩土勘察资料，收集类似工程资料。

(3) 分析技术难点，施工中可能存在的问题。

(4) 主要的设计内容，包括注浆材料的选择、注浆钻孔布置设计、施工方法的选择、注浆参数设计、注浆技术要求以及质量检测要求。

(5) 注浆加固设计前，应进行室内浆液配比试验和现场注浆试验，是确定设计参数，检验施工方法和设备，检测注浆效果是否满足目标要求。

2. 注浆材料

(1) 固化剂

注浆加固材料可选用水泥浆液、硅化浆液和碱液等固化剂。其中，水泥为主剂的浆液主要包括水泥浆、水泥砂浆和水泥水玻璃浆。水泥浆液是地基治理、基础加固工程中常用的一种胶结性好、结石强度高的注浆材料。在砂土地基中，砂浆的初凝时间宜为5~20min；在黏性土地基中，浆液的初凝时间宜为1~2h；对渗透系数大的地基还需尽可能缩短初、终凝时间，对有地下水流动的软弱地基，不应采用单液水泥浆液。

砂土、黏性土宜采用压力双液硅化注浆，渗透系数为0.1~2.0m/d的地下水位以上的湿陷性黄土，可采用无压或压力单液硅化注浆，自重湿陷性黄土宜采用无压单液硅化注浆。双液硅化注浆用的氧化钙溶液中的杂质含量不得超过0.06%，悬浮颗粒含量不得超过1%，溶液的pH值不得小于5.5。

碱液注浆加固适用于处理地下水位以上渗透系数为0.1~2.0m/d的湿陷性黄土地基，

对自重湿陷性黄土地基的适应性应通过试验确定。当100g干土中可溶性和交换性钙镁离子含量大于100mg·eq时，可采用灌注氢氧化钠一种溶液的单液法；其他情况可采用灌注氢氧化钠和氯化钙双液灌注加固。

(2) 水

用一般饮用淡水，但不应采用含硫酸盐大于0.1%、氯化钠大于0.5%以及含过量糖、悬浮物质、碱类的水。

一般用净水泥浆，水灰比变化为0.6～2.0，常用水灰比从1:1～8:1；要求快凝时，可采用快硬水泥或在水中掺入水泥用量1%～2%的氯化钙；如要求缓凝时，可掺加水泥用量0.1%～0.5%的木质素磺酸钙；亦可掺加其他外加剂以调节水泥浆性能。在裂隙或孔隙较大、可灌性好的地层，可在浆液中掺入适量细砂或粉煤灰（比例为1:0.5～1:3），以节约水泥，更好地充填，减少收缩。对不以提高固结强度为主的松散土层，亦可在水泥浆中掺加细粉质黏土配成水泥黏土浆，灰泥比为1:3～1:8（水泥:土，体积比），可以提高浆液的稳定性，防止沉淀和析水，使填充更加密实。

(3) 注浆量

注浆量因受注浆对象的地基土性质、浆液渗透性的影响，故必须在充分掌握地基条件的基础上才能决定。进行大量注浆施工时，宜进行试验性注浆以决定注浆量。一般情况下，黏性土地基中的浆液充填率为15%～20%。

(4) 注浆压力

在浆液注浆的范围内应尽量减少注浆压力。注浆压力的选用应根据土层的性质和其埋深确定。在砂性土中的经验数值是0.2～0.5MPa；在粉土中的经验数值一般要比砂土为大；在软黏土中的经验数值是0.2～0.3MPa。注浆压力因地基条件、环境影响、施工目的等不同而不能确定时，也可参考类似条件下成功的工程实例来决定。

(5) 注浆孔布置

注浆孔的布置原则，应能使被加固土体在平面和深度范围内连成一个整体。注浆孔间距可按1～2m设计。

(6) 注浆顺序

注浆顺序必须采用适合于地基条件、现场环境及注浆目的的方法进行，一般不宜采用自注浆地带一端开始单向推进压注方式的施工工艺，应按隔孔注浆，以防止窜浆，提高注浆孔与时俱增的约束性。注浆时应采用先外围、后内部的注浆施工方式，以防止浆液流失。如注浆范围外，有边界约束条件时，也可采用自内侧开始顺次往外侧注浆的方法。

### 13.3.11.3 施工

1. 一般规定

在注浆加固施工前，须根据注浆试验资料和设计文件，做好施工组织设计，主要包括工程概况、施工总布置、进度安排、注浆施工主要技术方案、设备配置、施工管理、技术质量和保证措施等。注浆加固施工一般包括以下步骤内容：注浆孔的布置、钻孔和孔口管埋设、制备浆液、压浆、封孔。

2. 施工设备

注浆设备主要是压浆泵，其选用原则是：能满足注浆压力的要求，一般为注浆实际压力的1.2～1.5倍；应能满足岩土吸浆量的要求；压力稳定，能保证安全可靠地运转；机身轻便，结构简单，易于组装、拆卸、搬运。

水泥压浆泵多用泥浆泵或砂浆泵代替。国产泥浆泵、砂浆泵类型较多，常用于注浆的有 BW-250/50 型、TBW-200/40 型、TBW-250/40 型、NSB-100/30 型泥浆泵以及 100/15（C-232）型砂浆泵等。配套机具有搅拌机、注浆管、阀门、压力表等，此外还有钻孔机等机具设备。

3. 施工方法

在工程实践中，注浆法在地基处理中应用较多，以下为工程中常用的单管注浆和套管注浆：

(1) 单管注浆

1) 单管注浆（或花管注浆）施工必须根据设计要求并考虑周围环境条件进行。施工前，设计单位应向施工单位提交注浆设计文件并负责技术交底。

2) 施工单位应对设计文件、地质情况和施工条件等进行实地了解和研究，制订施工计划。如发现设计情况与实际情况有出入时，提请设计单位修改。

3) 单管注浆法施工的场地事先应被平整，并沿钻孔位置开挖沟槽与集水坑，保持场地的整洁干燥。

4) 单管注浆工程系隐蔽工程，对其施工情况必须如实和准确地记录，尚应对资料及时进行整理分析，便于指导工程的顺利进行，并为验收作好准备。

5) 单管注浆法施工可按下列步骤进行：

① 钻机与注浆设备就位。

② 钻孔。

③ 插入注浆花管进行注浆。

④ 注浆完毕后，应用清水冲洗花管中的残留浆液，以利下次再行重复注浆。

6) 注浆孔的钻孔宜用旋转式机械，孔径一般为 70～110mm，垂直偏差应小于 1%，注浆孔有设计角度时就预先调节钻杆角度，此时机械必须用足够的锚栓等特别牢固地固定。

7) 注浆开始前应充分做好准备工作，包括机械器具、仪表、管路、注浆材料、水和电等的检查及必要的试验，注浆一开始应连续进行，避免中断。

8) 注浆流量一般为 7～10L/s。对充填型注浆，流量可适当加快，但也不宜大于 20L/s。

9) 注浆用水应是可饮用的河水、井水及其他清洁水，不宜采用 pH 值小于 4 的酸性水和工业废水。

10) 注浆所用的水泥宜采用普通硅酸盐水泥，一般不得超过出厂日期三个月，受潮结块者不得使用，水泥的各项技术指标应符合现行国家标准，并应有出厂试验单。不宜采用矿渣硅酸盐水泥（简称矿渣水泥）或火山灰质硅酸盐水泥（简称火山灰水泥）注浆。

11) 在满足强度要求的前提下，可用磨细粉煤灰或粗灰部分替代水泥，掺入量应通过试验确定。

12) 注浆使用的原材料及制成的浆体应符合下列要求：

① 注入浆体应能在适宜的时间内凝固成具有一定强度的结石，其本身的防渗性和耐久性应能满足设计要求。

② 浆体在硬结时，体积不应有较大的收缩。

③ 所注入的浆体短时间内不应发生离析现象。

13）为了改善浆液性能，应在浆液拌制时加入如下外加剂：

① 加速浆体凝固的水玻璃，模数应为 3.0～3.3。当为 3.0 时，不溶于水的杂质含量应不超过 2%，水玻璃掺量应通过试验确定。

② 提高浆液扩散能力和可泵性的表面活性剂（或减水剂），其掺量为水泥用量的 0.3%～0.5%。

③ 提高浆液均匀性和稳定性，防止固体颗粒离析和沉淀而掺加的膨润土，掺加量不宜大于水泥用量的 5%。

14）浆体必须经过高速搅拌机搅拌均匀后，才能开始压注，并应在注浆过程中不停顿地缓慢搅拌，浆体在泵送前应经过筛网过滤。

15）在冬季，当日平均温度低于 5℃ 或最低温度低于 -3℃ 注浆时，应在施工现场采取适当措施，保证浆体不冻结。

16）在夏季炎热条件下注浆时，用水温度不得超过 30～35℃，并应避免将盛浆桶和注浆管路在注浆体静止状态下暴露于阳光下，以免浆体凝固。

(2) 套管注浆

1）套管注浆法施工可按下列步骤进行（图 13-30、图 13-31）：

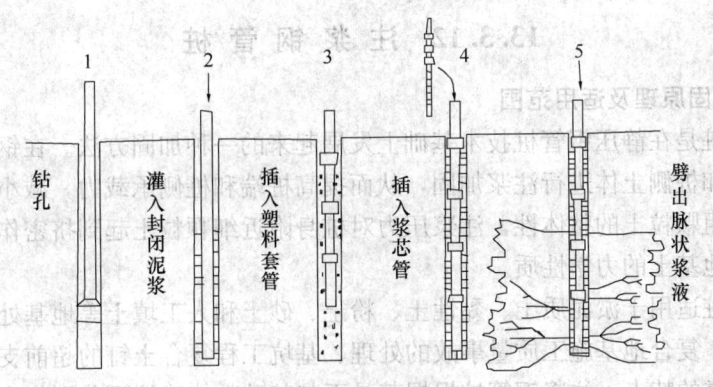

图 13-30　塑料阀管注浆法施工步骤

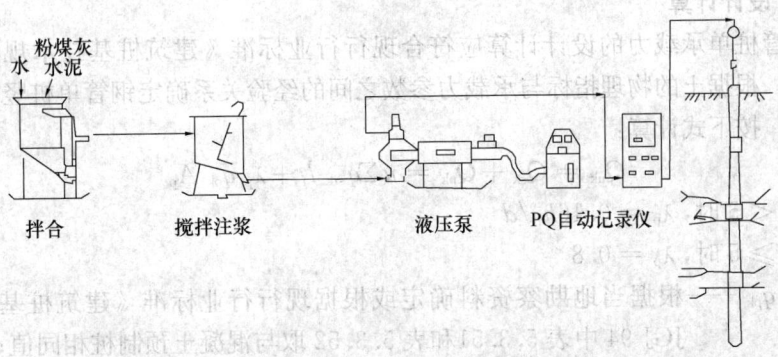

图 13-31　注浆工艺流程图

① 钻机与注浆设备就位。
② 钻孔。
③ 当钻孔到设计深度后，从钻杆内灌入封闭泥浆。
④ 插入塑料单向阀管到设计深度。当注浆孔较深时，阀管中应加入水，以减少阀管插入土层时的弯曲。
⑤ 待封闭泥浆凝固后，在塑料阀管中插入双向密封注浆芯管再进行注浆。
⑥ 注浆完毕后，应用清水冲洗塑料阀管中的残留浆液，以利下次再行重复注浆。对于不宜用清水冲洗的场地，可考虑用纯水玻璃浆或陶土浆灌满阀管内。

2）为了保证浆液分层效果，当钻到设计深度后，必须通过钻杆注入封闭泥浆，直到孔口溢出泥浆方可提杆，当提杆至中间深度时，应再次注入封闭泥浆，最后完全提出钻杆。

3）封闭泥浆的7d无侧限抗压强度宜为0.3～0.5MPa，浆液黏度80″～90″。

4）塑料单向阀管每一节均应检查，要求管口平整无收缩，内壁光滑。事先将每六节塑料阀管对接成2m长度作备用，准备插入钻孔时应再复查一遍，必须旋紧每一节螺纹。

5）注浆芯管的聚氨酯密封圈使用前要进行检查，应无残缺和大量气泡现象。上部密封圈裙边向下，下部密封圈裙边向上，且都应抹上黄油。所有注浆管接头螺纹均应保持有充分的油脂，这样既可保证丝牙寿命，又可避免浆液凝固在丝牙上，造成拆卸困难。

6）其他工艺要求同单管注浆。

## 13.3.12 注浆钢管桩

### 13.3.12.1 加固原理及适用范围

注浆钢管桩是在静压钢管桩技术基础上发展起来的一种加固方法。在钢管桩基础成桩后，对其桩端和桩侧土体进行注浆加固，从而提高桩端和桩侧承载力，减小基础沉降。注浆施工可提高粗颗粒土的整体性，注浆压力对桩身附近细颗粒土起到挤密作用，从而提高桩侧及其附近地基土的力学性质。

注浆钢管桩适用于淤泥质土、黏性土、粉土、砂土和人工填土等地基处理。常用于新建工程的基础、复合地基施工质量事故的处理、基坑工程复合土钉的超前支护。具有施工灵活、质量可靠的特点。注浆钢管桩根据其是否与基础整体连接可分别作为桩基和复合地基使用。

### 13.3.12.2 设计计算

注浆钢管桩单承载力的设计计算应符合现行行业标准《建筑桩基技术规范》JGJ 94的有关规定。根据土的物理指标与承载力参数之间的经验关系确定钢管单桩竖向极限承载力标准值时，按下式计算：

$$Q_{uk} = Q_{sk} + Q_{pk} = u \sum q_{sik} l_i + \lambda_p q_{pk} A_p \tag{13-47}$$

当 $h_b/d < 5$ 时，$\lambda_p = 0.16 h_b/d$ （13-48）

当 $h_b/d \geqslant 5$ 时，$\lambda_p = 0.8$ （13-49）

式中 $q_{sik}$、$q_{pk}$——根据当地勘察资料确定或根据现行行业标准《建筑桩基技术规范》JGJ 94 中表 5.3.51 和表 5.3.52 取与混凝土预制桩相同值；

$\lambda_p$——桩端土塞效应系数，对于闭口钢管桩 $\lambda_p = 1$，对于敞口钢管桩按式

(13-48) 和式 (13-49) 取值；

$h_b$——桩端进入持力层深度；

$d$——钢管桩外径。

根据现行行业标准《建筑地基处理技术规范》JGJ 79 的规定，当采用二次注浆工艺时，桩侧摩阻力特征值取值可乘以 1.3 的系数，也可根据试验结果或经验确定。

可根据现行行业标准《静压桩施工技术规程》JGJ/T 394 中有关内容计算压桩阻力并选择压桩设备。

钢管防腐构造应符合耐久性设计要求。钢管桩砂浆保护层厚度不应小于 35mm。钢管防腐处理应符合现行行业标准《建筑桩基技术规范》JGJ 94 相关规定。

根据现行行业标准《建筑地基处理技术规范》JGJ 79 的规定，对于软土地基，桩端应进入力学性质较好的持力层，不小于 5 倍桩径；对不排水抗剪强度小于 10kPa 的土层，应进行试验性施工；应采取间隔施工、控制压浆压力和速度等措施减小微型桩施工期间的地基附加变形。

### 13.3.12.3 施工

1. 施工设备

(1) 钢管焊接、切割设备及供电、抛光、钻孔等辅助设备。

(2) 沉桩设备

1) 植入

钻机（地质钻、螺旋钻、潜孔锤等）或洛阳铲。振动锤、跟管护壁等辅助沉桩设备。

2) 锚杆静压

压桩设备主要由反力架、活动横梁、油压千斤顶、高压油泵、捯链、锚杆等部件组成，一般由施工单位根据压力要求自行设计制造。

风镐、钻机等辅助设备。

3) 坑式静压

坑式静压压桩设备同锚杆静压。

根据竖坑挖掘需要，配置适当的机械或人力挖掘设备。

根据地下水埋藏深度和持力层透水条件，配置水泵等排水设备。

(3) 注浆设备

采用水泥搅拌机根据设计参数拌和浆液；高压注浆泵、注浆管等注浆施工机具等进行注浆施工。

2. 施工程序、工艺

注浆钢管桩施工流程如图 13-32 所示：

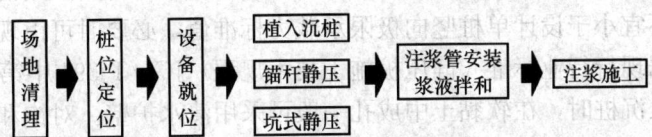

图 13-32 注浆钢管施工流程

(1) 平整场地、放线定位、拌合设备和成桩机械就位。

(2) 钢管桩施工

1) 采用植入法成桩：

方法一：①采用钻机或洛阳铲成孔；②清孔并检验孔深；③钢管沉桩。

方法二：①采用钻机成孔；②孔底注浆置换出泥浆；③植入钢管；④孔底补注浆。

2) 采用锚杆静压成桩时按如下程序施工：①采用风镐或钻机在既有承台开凿压桩孔；②施工锚杆孔和锚固螺栓；③安装反力架等压桩机具；④将第一节钢管压入，每压入一节后续接下一节，直到达到设计深度和压力；⑤拆除压桩设备。

3) 采用坑式静压成桩时按如下程序施工：①贴近施工建筑基础的外侧开挖竖坑，竖坑尺寸应保证压桩机具以及施工人员的正常工作；②安装千斤顶等压桩机具；③将第一节钢管压入，每压入一节后续接下一节，直到达到设计深度和压桩力；④拆除压桩机具；⑤回填竖坑。

(3) 安装注浆管

注浆管可采用1～2根外径20～25mm的铁管。注浆管与注浆泵连接处须进行密封处理。注浆管与钢管间隙塞填橡胶密封块以保证注浆压力。

当先进行孔内灌浆后植入钢管时，注浆管宜先安装于钢管底，后随钢管一同植入钻孔。

(4) 钢管注浆

1) 根据设计规定拌制水泥浆，应保证水泥浆的均匀性。

2) 采用桩身钢管进行注浆时，可通过底部一次或多次灌浆；也可将桩身钢管加工成花管进行多次灌浆。

3) 采用花管灌浆时，可通过花管进行全长多次灌浆，也可通过花管及阀门进行分段灌浆，或通过互相交错的后注浆管进行分布灌浆。

4) 应在搅拌槽和注浆泵之间设置存储池，注浆前应进行搅拌以防止浆液离析和凝固，应缩短桩孔成孔和注浆之间的时间间隔。

5) 注浆泵与注浆孔口距离不宜大于30m，封孔注浆时，应具有足够的封孔长度以保证注浆压力形成。

3. 施工注意事项

(1) 采用锚杆静压沉桩时，压桩孔的开凿应形成上小下大的锥形体，以利于承台承受钢管冲剪。

(2) 采用坑式静压沉桩时，根据地基条件对坑壁进行支护，根据地下水条件设置导水、排水措施。

(3) 采用静压沉桩时，沉桩过程中如遇漂石等硬质物阻碍时，宜用锤破碎或冲击钻头冲击。最大压力不宜小于设计单桩竖向极限承载力标准值，必要时可由现场试验确定。其他施工要点应依据现行行业标准《静压桩施工技术规程》JGJ/T 394中第5章内容执行。

(4) 采用植入沉桩时，在软黏土中成孔一般可采用清水护壁。对饱和软土地层、粉砂层，应采用泥浆护壁。在饱和软土层中，钻进时一般不用套管护孔，仅在孔口处设置一段1m以上套管，套管应高出地面10cm，以防钻具碰压损坏孔口。垂直孔钻进时，除地表有较厚的杂填土层，一般不用套管护壁，或仅在孔口下设套管，孔口套管应高出地面10cm，以防止孔口坍塌。当穿过杂填土地层时，应设置护壁套管。钻进斜孔时，套管应随钻跟进。钻孔至设计标高以下 10～20cm 时停止钻进，进行清孔。

（5）不采用封闭式桩尖时，沉桩后注浆前应将管中土取出。取土方法应避免对桩端及桩周土造成过大扰动，避免过量取土造成桩端土流失。

（6）钢管的连接应采用套管焊接。

（7）采用静压法沉桩时，压桩机具应注意反力架尺寸与千斤顶行程、钢管单段程度匹配。

（8）注浆浆液应搅拌均匀，随拌随用，停放时间不得超过浆液的初凝时间；石块、杂物等不得混入浆液。

（9）灌浆过程应连续，间断时应立即处理。

（10）灌浆时应根据灌浆压力、初凝时间、水灰比、土层特征等，严格控制注浆管上拔速度。

（11）二次注浆应在初次灌浆液达到初凝后进行。

### 13.3.13 振动水冲法

#### 13.3.13.1 工作原理及使用范围

振冲法加固地基的基本原理是对原地基土进行挤密和置换。分为振冲置换法和振冲密实法两类。前者是在地基土中借振冲器成孔，振密填料置换，形成以碎石、砂砾、卵石等散粒材料组成的密实体，与挤密和振密的桩间土一起构成复合地基，使地基承载力提高，减少地基变形，此方法又称为振冲置换碎石法。振冲密实法主要是利用振动和压力水使砂层液化，砂颗粒相互挤密，重新排列，孔隙减少，从而提高砂层的承载力和抗液化能力，又名振冲挤密砂法。根据砂土性质的不同，又有加填料和不加填料两种。

振冲法适用于处理砂土、粉土、粉质黏土、素填土和杂填土等地基，以砂性土为主。

在砂性土中，振冲起挤密作用，称振冲挤密，凡小于 0.005mm 黏粒含量不超过 10% 都可达到显著的挤密效果。不加填料的振冲挤密仅适用于处理黏粒含量小于 10% 的中、粗砂地基，因周围砂料能自行塌入孔内，故可不加填料进行原地振冲加密，施工更加简便。不加填料的振冲密实法宜在初步设计阶段进行现场工艺试验，确定处理的可行性。用 30kW 振冲器振密深度不宜超过 7m，75kW 振冲器振密深度不宜超过 15m。

在黏性土中，振冲主要起置换作用，称振冲置换。主要适用于处理不排水抗剪强度不小于 20kPa 的黏性土、粉土、饱和黄土和人工填土等地基。对大型的、重要的或场地地层复杂的工程以及采用振冲法处理不排水强度小于 20kPa 的饱和黏性土和饱和黄土地基，应在施工前通过现场试验确定其适用性。

适用于振冲挤密的颗粒级配曲线范围见图 13-33。被加固砂土级配曲线全部位于 B 区，挤密效果最好，砂层中夹有黏土薄层或含有机质或细颗粒较多则挤密效果降低。级配曲线全部位于 C 区，用振冲挤密法有困难；如曲线部分位于 C 区，主要位于 B 区，振冲挤密法加固可行。级配曲线位于 A 区的砾、密实砂、胶结砂或地下水位过深，将大大降低振冲器的贯入速率，用振冲密实法加固在经济上是不合算的。

填料级配可根据下式判断：

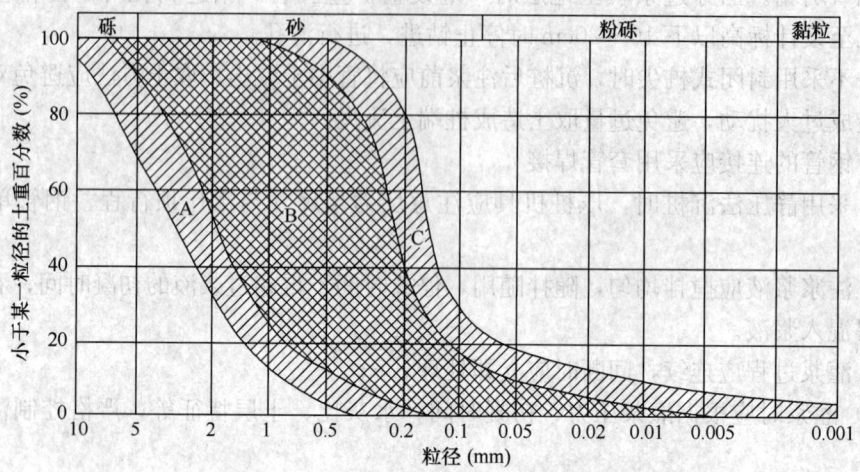

图 13-33 振冲挤密的颗粒级配曲线范围

$$S_n = 1.7\sqrt{3/D_{50}^2 + 1/D_{20}^2 + 1/D_{10}^2} \tag{13-50}$$

式中 $S_n$——适宜数,其评价标准见表 13-50;

$D_{50}$、$D_{20}$、$D_{10}$——级配曲线上对应于 50%、20%、10% 的颗粒直径 (mm)。

填料级配按适宜数的评价　　　　　表 13-50

| $S_n$ | 0~10 | 10~20 | 20~30 | 30~50 | >50 |
|---|---|---|---|---|---|
| 评价 | 很好 | 好 | 一般 | 不好 | 不适用 |

#### 13.3.13.2 设计

振冲法的设计应符合下列规定:

1. 振冲桩处理范围

振冲桩处理范围应根据建筑物的重要性和场地条件确定。宜在基础外缘扩大 1~3 排。对可液化地基,在基础外缘扩大宽度不应小于基底下可液化土层厚度的 1/2,且不应小于 5m。当用于多层建筑和高层建筑时,宜在基础外缘扩大 1~2 排。当要求消除地基液化时,在基础外缘扩大宽度不应小于基底下可液化土层厚度的 1/2。

2. 桩位布置方式

不加填料与加填料的振冲碎石桩,对大面积满堂处理,可用等边三角形布置。对独立基础,可用正方形、矩形布置。对条形基础,可用单排、等腰三角形或对称轴线多排布置。振冲加密宜用等边三角形布孔。

3. 振冲桩间距

振冲桩的间距应根据上部结构荷载大小和场地土层情况,并结合所采用的振冲器功率大小综合考虑。30kW 振冲器布桩间距可采用 1.3~2.0m,55kW 振冲器布桩间距可采用 1.4~2.5m,75kW 振冲器布桩间距可采用 1.5~3.0m。荷载大或对黏性土宜采用较小的桩间距,荷载小或对砂土宜采用较大的桩间距。设计大面积砂层挤密处理时,振冲桩孔间距也可用下式计算:

$$d = \alpha\sqrt{V_P/V} \tag{13-51}$$

$$V = \frac{(1+e_{\mathrm{p}})(e_0-e_1)}{(1+e_0)(1+e_1)} \tag{13-52}$$

式中　　$d$——振冲桩孔间距（m）；

　　　　$\alpha$——系数，正方形布置为1，等边三角形布置为1.075；

　　　　$V_{\mathrm{P}}$——单位桩长的平均填料量，一般为0.3～0.5m³；

　　　　$V$——原地基为达到规定密实度单位体积所需的填料量；

　　　　$e_0$——振冲前砂层的原始孔隙比；

　　　　$e_{\mathrm{p}}$——桩体孔隙比；

　　　　$e_1$——振冲后要达到的孔隙比。

不加填料振冲加密孔桩距可为2～3m。

4. 桩长的确定

当相对硬层埋深不大时，应按相对硬层埋深确定；当相对硬层埋深较大时，按建筑物地基变形允许值确定。对按稳定性控制的工程，桩长应不小于最危险滑动面以下2m的深度；在可液化地基中，桩长应按要求的抗震处理深度确定。桩长不宜小于4m。

5. 振冲桩直径的确定

桩直径可根据地基土质情况、成桩方式和成桩设备等因素确定，其平均直径可按每根桩所用填料量计算。振冲桩直径通常为0.8～1.2m。对采用振冲法成孔的碎石桩，桩直径可采用800～1200mm；当采用振动沉管法成孔时，桩直径可采用300～800mm。

6. 桩体所用材料

桩体材料可用含泥量不大于5%的碎石、卵石、矿渣或其他性能稳定的硬质材料，不宜使用风化易碎的石料。常用的填料粒径为：30kW振冲器20～80mm；55kW振冲器30～100mm；75kW振冲器40～150mm。填料的作用，一方面是填充在振冲器上拔后在土中留下的孔洞，另一方面是利用其作为传力介质，在振冲器的水平振动下通过连续加填料将桩间土进一步振挤加密。

7. 碎石垫层的铺设

在桩顶和基础之间宜铺设一层300～500mm厚的碎石垫层，材料宜用中砂、粗砂、级配砂石和碎石等，最大粒径不宜大于30mm，其夯填度（夯实后的厚度与虚铺厚度的比值）不应大于0.9。碎石垫层起水平排水的作用，有利于施工后土层加快固结，更大的作用在碎石桩顶部，采用碎石垫层可以起到明显的应力扩散作用，降低碎石和周围土的附加应力，减少碎石侧向变形，从而提高复合地基承载力，减少地基变形量。在大面积振冲处理的地基中，如局部基础下有较薄的软土，应考虑加大垫层厚度。

8. 桩承载力的确定

振冲桩复合地基承载力特征值应通过现场复合地基载荷试验确定，初步设计时也可用单桩和处理后桩间土承载力特征值按下式估算：

$$f_{\mathrm{spk}} = mf_{\mathrm{pk}} + (1-m)f_{\mathrm{sk}} \tag{13-53}$$

式中　　$f_{\mathrm{spk}}$——振冲桩复合地基承载力特征值（kPa）；

　　　　$f_{\mathrm{pk}}$——桩体承载力特征值（kPa），宜通过单桩静载荷试验确定；

　　　　$f_{\mathrm{sk}}$——处理后桩间土承载力特征值（kPa），宜按当地经验取值，如无经验时，可取天然地基承载力特征值。

$$m = d^2 / d_e^2 \tag{13-54}$$

式中 $m$——面积置换率;

$d$——桩身平均直径(m);

$d_e$——每根桩分担的处理地基面积的等效圆直径。

等边三角形布桩 $d_e=1.05s$,正方形布桩 $d_e=1.13s$,长方形布桩 $d_e=1.13\sqrt{s_1 s_2}$,$s$、$s_1$、$s_2$ 分别为桩间距、纵向桩间距和横向桩间距。

对于小型工程的黏性土地基如无现场载荷试验资料,初步设计时复合地基的承载力特征值,也可按下式估算。

$$f_{spk} = [1+m(n-1)]f_{sk} \tag{13-55}$$

式中 $n$——桩土应力比,在无实测资料时,可取 2~4,原土强度低取大值,原土强度高取小值。

#### 9. 地基变形计算

振冲桩处理地基的变形计算应符合现行国家标准《建筑地基基础设计规范》GB 50007 有关规定。复合土层的压缩模量可按下式计算:

$$E_{sp} = [1+m(n-1)]E_s \tag{13-56}$$

式中 $E_{sp}$——复合土层压缩模量(MPa);

$E_s$——桩间土压缩模量(MPa),宜按当地经验取值,如无经验时,可取天然地基压缩模量。

复合地基变形计算应符合现行国家标准《建筑地基基础设计规范》GB 50007 的有关规定,地基变形计算深度必须大于复合土层的深度。复合土层的分层与天然地基相同,各复合土层的压缩模量等于该层天然地基压缩模量的 $\zeta$ 倍,$\zeta$ 值可按下式确定:

$$\zeta = \frac{f_{spk}}{f_{ak}} \tag{13-57}$$

式中 $f_{ak}$——基础底面下天然地基承载力特征值(kPa)。

用于处理场地堆载地基时,应进行稳定性验算。

#### 10. 不加填料振冲桩法设计

(1) 不加填料振冲桩加密宜在初步设计阶段进行现场工艺试验,确定不加填料振密的可能性、孔距、振密电流值、振冲水压力、振后砂层的物理力学指标等。

(2) 不加填料振冲加密桩地基承载力特征值应通过现场载荷试验确定,初步设计时也可根据加密后原位测试指标按现行国家标准《建筑地基基础设计规范》GB 50007 有关规定确定。

(3) 不加填料振冲加密桩地基变形计算应符合现行国家标准《建筑地基基础设计规范》GB 50007 有关规定。加密桩深度内土层的压缩模量应通过原位测试确定。

### 13.3.13.3 施工

#### 1. 施工设备

振冲桩法施工设备主要有振冲器、起吊装置、泵送输水系统、加料机具和控制操作台等。

(1) 振冲器

1) 工作原理

振冲器是一种利用自激振动，配合水力冲击进行作业的设备。潜水电动机通过弹性连轴器带动振动体内安装偏心块的传动轴旋转，产生水平方向激振力，同时高压水泵通过高压胶管向射水管压送高压水，由振冲器头部射出。高压水流及水平激振力冲刷，振挤地基土成孔，在投入填料后，在水平激振力的振挤下，形成碎石桩复合地基。振冲器是关键设备，选用振冲器要考虑设计荷载的大小、工期、工地电源容量、设计桩长及地基土天然强度的高低等因素。

2) 主要技术参数

目前，国内振冲器定型产品主要技术指标见表13-51，可根据设计要求、地质条件和现场情况选用，75kW及以下的振冲器为常规振冲器，市场应用较多；100kW以上振冲器为大功率振冲器，主要应用于穿透硬质土层或处理深度有较高要求的工程，施工前应在现场进行试验，以确定水压、振密电流和留振时间等各种施工参数。

振冲器主要技术指标  表13-51

| 项目 | 型号 | | | | | | | |
|---|---|---|---|---|---|---|---|---|
| | ZCQ13 | ZCQ30 | ZCQ55 | ZCQ75C | ZCQ75Ⅱ | ZCQ100 | ZCQ132 | ZCQ180 |
| 电机功率(kW) | 13 | 30 | 55 | 75 | 75 | 100 | 132 | 180 |
| 电动机转速(r/min) | 1450 | 1450 | 1460 | 1460 | 1460 | 1460 | 1480 | 1480 |
| 偏心力矩(N·m) | 14.89 | 38.5 | 55.4 | 68.3 | 68.3 | 83.9 | 102 | 120 |
| 激振力(kN) | 35 | 90 | 130 | 160 | 160 | 190 | 220 | 300 |
| 头部振幅(mm) | 3 | 4.2 | 5.6 | 5 | 6 | 8 | 10 | 8 |
| 外形尺寸(mm) | $\phi$273×1965 | $\phi$351×2440 | $\phi$351×2642 | $\phi$426×3162 | $\phi$402×3047 | $\phi$402×3100 | $\phi$402×3315 | $\phi$402×4470 |

30kW功率的振冲器每台机组约需电源容量75kW，其制成的碎石桩径约0.8m，桩长不宜超过8m，因其振动力小，桩长超过8m加密效果明显降低；75kW振冲器每台机组需要电源容量100kW，桩径可达0.9~1.5m，振冲深度可达20m。

升降振冲器的机械一般采用起重机、汽车式起重机、自行井架式专用吊机或其他合适的设备，施工设备应配有电流、电压和留振时间自动信号仪表。

(2) 行走式起吊装置

行走式起吊装置可采用履带式起重机、汽车式起重机或者振冲器施工架（自制起重机具）等。

2. 施工程序、工艺

(1) 振冲法施工准备

振冲法施工前应做好以下准备工作：

1) 建筑物场地工程地质资料和必要的水文地质资料，建筑场地地下管线与地下障碍物等资料。

2) 振冲施工图纸，振冲桩工程的施工组织设计或施工方案。

3) 施工前应根据复合地基承载力的大小，设计桩长，原状土强度的高低与设计桩径等条件,选用不同功率的振冲器。施工前,在施工现场(处理范围以外)进行两三个孔的试验,确定振冲桩施工参数,水压、清孔次数、填料方式、振密电流和留振时间等。

4) 清理平整施工场地,在施工场地四周用土筑起 0.5~0.8m 高的围堰,修排泥浆沟及泥浆存放池,布置振冲的桩位。

5) 成孔设备组装完成后,为准确控制成孔深度,在桩管上应设置控制深度的标尺,以便在施工中进行观察记录。

(2) 振冲桩的施工

1) 施工机具就位,振冲器对准桩位,即振冲器喷水中心与孔径中心偏差小于 50mm。启动水泵和振冲器,水压宜为 200~600kPa,水量宜为 200~400L/min,将振冲器徐徐沉入土中,成孔速度宜为 0.5~2.0m/min,直至达到设计深度。记录振冲器经各深度的水压、电流和留振时间。

2) 清孔。当成孔达到设计深度,以 1m/min 的速度边提振冲器边冲水(水压 0.2~0.3MPa),将振冲器提至孔口,再以 5~6m/min 的速度边下沉振冲器边冲水至孔底。如此重复 2~3 次,最后将振冲器停留在设计加固深度以上 30~50cm 处,用循环水将孔中比较稠的泥浆排出,清孔时间 1~2min。

3) 填料振密。清孔后开始填料,每次倒入孔中的填料 0.2~0.5m³(即填料厚度不宜大于 0.5m),然后将振冲器沉入到填料中进行振密。振密直至达到密实电流并留振(保持密实电流) 10~20s。将振冲器提升 0.3~0.5m,重复填料、振密以上步骤,自下而上逐段制作桩体直至完成整个桩体。上述这种不提出振冲器,在孔口投料的方法称之为连续下料法。另一种间断下料法是将振冲器提出孔口,直接往孔中倒一定量的填料,再将振冲器沉入到填料中进行振密,如此反复进行,也是自下而上逐段制作桩体直至完成整个桩体。

4) 每根桩每倒一次料,都必须记录桩体深度、填料量、密实电流和留振时间等。

5) 密实电流:30kW 振冲器密实电流一般为 45~55A;55kW 振冲器密实电流一般为 75~85A;75kW 振冲器密实电流一般为 95~105A。

具体施工工艺流程见图 13-34。

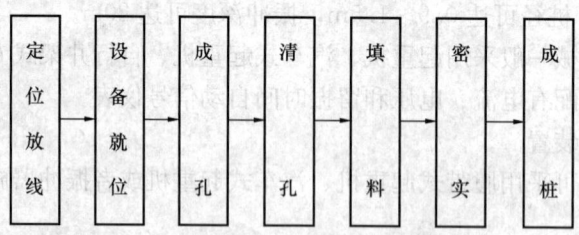

图 13-34 振动水冲法施工流程

3. 施工注意事项

振冲法施工应注意以下几方面问题

(1) 振冲施工时,要特别注意清孔问题。如果孔内黏土颗粒较多,不仅影响振冲的强度,而且桩体透水性差,尤其是对于处理液化地基,振冲起不到排水通道的作用,因此在施工中注意以下几点:

1) 成孔后应及时清孔，否则孔内泥浆沉淀在桩体下部，对振冲强度有较大的影响。
2) 清孔必须清到底，否则桩体底部将充满成孔时带下来的小颗粒土。
3) 清孔时上提振冲器的速度不宜过快，否则小颗粒土还没有清除孔外，振冲器的振冲水流又将它们冲回孔内。
4) 上下反复清孔 2~3 次，并保证最后振冲器在孔底清孔时间不少于 1min。

(2) 监控台至振冲器的电缆不宜太长，过长电缆的电压降使振冲器的工作电压达不到设计要求，影响振冲器正常工作，影响振冲施工质量。

(3) 一般成孔时的水压应根据土质情况而定，对强度低的土，水压要小一些；强度高的土，水压要大一些。成孔时的水压与水量要比加料振密过程中的大，当成孔接近设计加固深度时，要降低水压，避免破坏桩底以下的土。

(4) 在填料振密施工时，不要把振冲器刚接触填料瞬间的电流值作为密实电流。只有振冲器在某个固定深度上达到并保持密实电流持续一段时间（称为留振时间），才能保证该段桩体的密实，一般留振时间为 10~20s。为确保桩体的密实，每制成 300~500mm 的桩，留振 30~50s。为保证施工质量，电源电压低于 350V 则应停止施工。

(5) 控制填料量。施工中加填料不宜"过猛"，原则上要"少吃多餐"，即要勤加料，每批不宜加得太多。值得注意的是在制作最深处桩体时，为达到规定密实电流所需的填料远比制作其他部分桩体多。有时这段桩体的填料量可占整根总填料量的 1/4~1/3。这是因为最初阶段加的料有相当一部分从孔口向孔底下落过程中被粘在某些深度的孔壁上，只有少量能落到孔底。另一个原因是如果控制不当，压力水有可能造成超深，从而使孔底填料量剧增。第三个原因是孔底遇到了事先不知的局部软弱土层，这也使填料数量超过正常用量。

(6) 对于抗剪强度低的黏性土地基，为防止串孔并减少制桩时对原状土的扰动，应采用间隔施工方法。

(7) 中粗砂层施工可尝试采用加大水量或加快成孔速度的方法减小振冲器贯入难度，实际效果应在正式施工前进行现场试验验证。

(8) 振冲碎石桩可采取由里向外或由一边推向另一边的施工顺序。对抗剪强度很低的软黏土地基，为防止串孔并减少制桩时对原土的扰动，宜用间隔跳打的方式施工。对砂土、粉土以挤密为主的振冲碎石桩施工时，宜由外侧向中间推进。对黏性土地基，碎石主要起置换作用，为了保证设计的置换率，宜从中间向外围或隔排施工。在邻近既有建（构）筑物施工时，为了减少对邻近既有建（构）筑物的影响，应背离建（构）筑物方向进行。

(9) 施工保护土层预留和垫层铺设。为了保证顶部的密实，振冲前应在桩顶高程以上预留一定厚度的土层。一般 30kW 振冲器应留 0.7~1.0m，75kW 应留 1.0~1.5m。当基槽不深时可振冲后开挖。桩体施工完毕后，将顶部预留的松散桩体挖除，铺设 300~500mm 垫层并压实。

(10) 应将振冲器在固定深度上留振一定时间后的稳定电流作为密实电流。不可将接触填料瞬间的电流作为密实电流。

### 13.3.14 潜孔冲击高压喷射注浆复合地基

#### 13.3.14.1 加固原理及适用范围

潜孔冲击高压喷射注浆工法（以下简称 DJP 工法）将潜孔锤的施工工艺、旋喷桩施工工艺、植桩工艺等有机的组合在一起（图 13-35）。

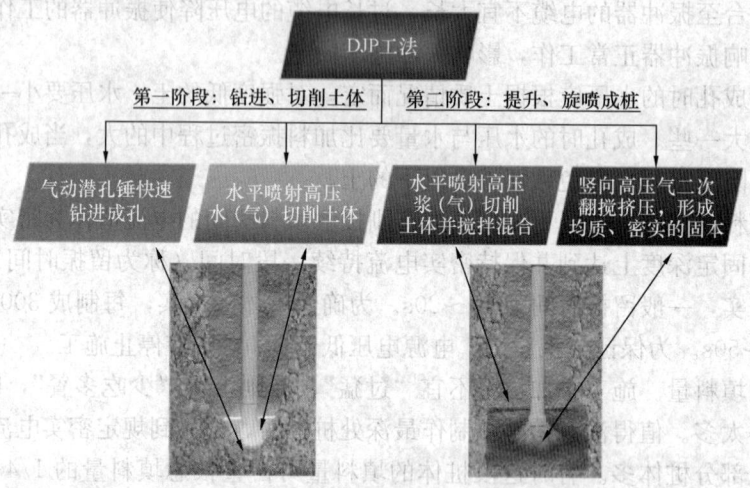

图 13-35 DJP 旋喷桩成桩示意图

DJP 工法技术特点如下：
(1) 钻进喷浆一体化，工序简化一半，工效提升一倍以上。
(2) 较大地拓展了旋喷桩的适用范围。
(3) 旋喷桩成桩质量具有显著优势。
(4) 节约材料、减少环境影响。

DJP 工法适用范围：

DJP 工法可实现在抛填石、卵石层等粗颗粒地层中一次性成孔、旋喷成桩，大大提高了在粗颗粒地层中的喷桩质量和施工进度，降低了施工成本。当采用大直径潜孔锤时，可在岩溶地区、基岩、抛填石地层、卵石层等中植入预制桩，形成刚性复合地基或桩基础，填补了该类施工技术空白，经建设部科技成果评估为"国际先进"水平。

#### 13.3.14.2 设计

1. 潜孔冲击高压喷射注浆桩设计

潜孔冲击高压喷射注浆增强体复合地基，应根据工程地质条件、荷载、基础形式、建（构）筑物的复合地基承载力及沉降要求选择柔性桩（如水泥土桩、灰土桩和石灰桩等）或刚性桩[如钢筋混凝土桩、素混凝土桩、预应力管桩、大直径薄壁筒桩、水泥粉煤灰碎石桩（CFG 桩）、二灰混凝土桩和钢管桩等]。柔性桩复合地基承载力特征值不宜大于 250kPa，刚性桩复合地基承载力特征值不宜大于 550kPa，且均应满足建（构）筑物的变形要求，计算及沉降计算的经验系数，可按现行国家标准《复合地基技术规范》GB/T 50783 的有关规定取值。

当无可靠地区经验时，复合地基施工图设计前，应按规范要求进行室内及现场试验。

潜孔冲击高压旋喷桩复合地基应选择具有代表性的场地施工试桩，并在28d龄期后对试桩进行单桩静载荷试验和复合地基承载力静载荷试验。初步设计时复合地基承载力和单桩承载力应按下式进行估算：

$$f_{\text{spk}} = \lambda m \frac{R_\text{a}}{A_\text{p}} + \beta(1-m) f_{\text{sk}} \tag{13-58}$$

$$R_\text{a} = U \sum_{i=1}^{n} q_{\text{si}} l_{\text{pi}} + \alpha q_\text{p} A_\text{p} \tag{13-59}$$

$$R_\text{a} = \eta f_{\text{cu}} A_\text{p} \tag{13-60}$$

式中 $f_{\text{spk}}$——复合地基承载力特征值（kPa）；

$\lambda$——单桩承载力发挥系数，宜按地区经验取值；当无地区经验进行估算，桩体为柔性桩时，$\lambda$可取1.0；桩体为刚性桩时，$\lambda$可取0.7~0.9；

$m$——复合地基中面积置换率，$m = \dfrac{A_\text{p}}{A_\text{e}}$；

$R_\text{a}$——柔性桩单桩竖向承载力特征值（kN）；

$A_\text{p}$——单桩截面积（m²）；

$A_\text{e}$——在复合地基中单桩分担的处理地基面积（m²）；

$\beta$——复合地基中桩间土承载力发挥系数，宜按地区经验取值；当无地区经验进行估算，桩体为柔性桩时，$\beta$可取0.1~0.5；桩体为刚性桩时，$\beta$可取0.95~1.0；

$f_{\text{sk}}$——复合地基中地基处理后桩间土承载力特征值（kPa），宜按地区经验确定。

$U$——水泥土桩周长（m）；

$q_{\text{si}}$——桩周第$i$层土的侧阻力特征值（kPa），宜按现行国家标准《复合地基技术规范》GB/T 50783的有关规定取值；

$l_{\text{pi}}$——桩长范围内第$i$层土的厚度（m）；

$\alpha$——桩端土地基承载力折减系数，经验取值0.4~0.6；

$q_\text{p}$——桩端土阻力特征值（kPa），宜按现行国家标准《复合地基技术规范》GB/T 50783的有关规定取值；

$\eta$——桩身水泥土、水泥碎石土强度折减系数，抛石填土、不含生活垃圾的杂填土、碎石土填土、全风化岩、强风化岩土体取0.5，其他岩性土体取0.3；

$f_{\text{cu}}$——与桩身水泥土配比相同的、边长为70.7mm的立方体室内水泥土试块，在标准养护条件下28d龄期的立方体抗压强度平均值，不应小于4.0MPa；对于抛石填土、不含生活垃圾的杂填土、碎石土、全风化岩、强风化岩土体，其桩身水泥碎石土现场载荷试验的28d龄期极限抗压强度平均值，在极软岩、软岩条件下不应小于2.0MPa；较硬岩、坚硬岩不应小于2.5MPa。

潜孔冲击高压喷射注浆增强体复合地基，应在基础和桩之间设置褥垫层。褥垫层厚度宜取0.4~0.6$D$。褥垫层材料可选用中砂、粗砂级配砂石或碎石，且最大粒径不宜大于30mm，褥垫层的夯填度不应大于0.9。柔性桩或刚性桩的桩径（$D$）宜取600~1500mm。

桩间距应根据建（构）物基础对复合地基承载力和变形的要求确定，宜取 2.5～5.0D。

2. 潜孔冲击高压喷射注浆复合桩设计

对于潜孔冲击高压喷射注浆复合桩的岩土工程勘察应符合现行国家标准《岩土工程勘察规范》GB 50021 及现行行业标准《建筑桩基技术规范》JGJ 94 的有关规定。当无可靠的工程经验时，潜孔冲击高压喷射注浆复合桩施工图设计前应按规范要求选择加固材料和进行浆液的室内配比试验，并进行现场工艺性试桩及静载荷试验。当桩身为水泥碎石土时，应通过现场载荷试验测定桩身水泥碎石土 28d 龄期极限抗压强度平均值。

潜孔冲击高压喷射注浆复合桩的芯桩，宜根据单桩承载力、桩身材料强度、地层条件、施工条件、地区经验及便利性等条件，选用预应力混凝土管桩或预应力混凝土空心方桩、预制实心方桩、钢管桩等。当芯桩选用预应力混凝土管桩或混凝土预制方桩时，水泥土桩直径与管桩直径之差应根据环境类别、承载力要求、桩侧土性质等综合确定，且不应小于 300mm；当采用混凝土预制方桩时，其角部外侧水泥土的最小厚度不应小于 100mm。

潜孔冲击高压喷射注浆复合桩布置见表 13-52。

潜孔冲击高压喷射注浆复合桩布置　　　　　　　　　表 13-52

| 桩型 | 不少于 3 排且桩数不少于 9 根的桩基 | 其他情况 |
| --- | --- | --- |
| 摩擦桩 | 2.5D 和 3.5d（4.0d）中的大值 | 2.2D |
| 摩擦端承桩 | 2.0D 和 3.0d（3.5d）中的大值 | 2.0D |
| 端承桩 | 1.5D 和 2.5d（3.0d）中的大值 | 1.5D |

注：1. $D$ 为复合桩直径，$d$ 为预制管桩直径或为方桩边长；当采用长芯桩时应不小于括号内数值；
　　2. 当纵横向桩距不相等时，其最小中心距应满足"其他情况"一栏的规定。

潜孔冲击高压喷射注浆复合桩应选择中、低压缩性土层作为桩端持力层，桩端全断面进入持力层的深度可按现行行业标准《建筑桩基技术规范》JGJ 94 的有关规定执行。当存在软弱下卧层时，桩端以下持力层厚度不应小于 2.5D。

对于嵌岩复合桩，嵌岩深度应综合桩顶荷载、持力层岩面的倾角、上覆土层地质条件、基岩强度及完整性、桩径、桩长等因素确定。嵌入岩面平整、完整的坚硬岩或较硬岩的深度不应小于 $0.2d$ 且不应小于 0.2m；嵌入岩面倾斜度大于 30% 的中风化岩，应根据倾斜度及岩石完整性适当加大嵌岩深度，全断面深度不应小于 $2.0d$ 且不应小于 1.0m；嵌入岩面倾角介于上述两者之间完整岩和较完整岩，全断面深度不应小于 $1.0d$ 且不应小于 0.5m；对于嵌入破碎、较破碎的岩体，入岩深度应根据桩的侧阻力和端阻力计算确定。

芯桩与水泥土桩组合形式分为：等芯复合桩型、长芯复合桩型、嵌岩复合桩型（图 13-36）。潜孔冲击高压喷射注浆复合桩单桩承载力应通过现场静载荷试验确定。初步设计时应根据工程的具体条件选用相应的组合形式。

(1) 对于等芯复合桩型，初步设计时单桩竖向抗压极限承载力标准值见下式，并取式中的较小值：

$$Q_{uk} = U \sum_{i=1}^{n} \beta_{si} q_{sik} l_i + q_{pk} A_D \tag{13-61}$$

$$Q_{uk} = \mu_d q_{sk} l + q_{pk} A_d \tag{13-62}$$

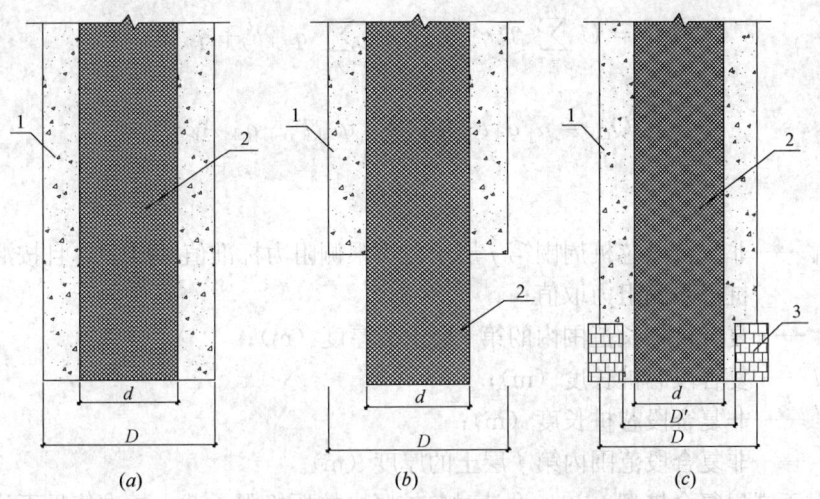

图 13-36 潜孔冲击高压旋喷复合桩构造示意图
(a) 等芯复合桩型；(b) 长芯复合桩型；(c) 嵌岩复合桩型
1—水泥土桩；2—芯桩；3—基岩（中风化或微风化）；d—芯桩直径（mm）；
D—水泥土桩直径（mm）；D'—潜孔冲击高压喷射注浆成孔直径（mm）

$$q_{sk} = \eta f_{cu} \xi \tag{13-63}$$

式中 $Q_{uk}$ ——单桩竖向抗压极限承载力标准值（kPa）；

$U$ ——复合桩周长（m）；

$q_{sik}$ ——桩的第 $i$ 层土的极限侧阻力标准值（kPa），无当地经验时，宜取现行行业标准《建筑桩基技术规范》JGJ 94 规定的泥浆护壁钻孔灌注桩极限侧阻力标准值；

$l_i$ ——桩长范围内的第 $i$ 层土的厚度（m）；

$q_{pk}$ ——桩的极限端阻力标准值（kPa），无当地经验时，宜取现行行业标准《建筑桩基技术规范》JGJ 94 规定的干作业钻孔灌注桩极限端阻力标准值；

$A_d$ ——单桩的芯桩截面积（m²）；

$A_D$ ——单根复合桩截面积（m²）；

$\mu_d$ ——芯桩周长（m）；

$q_{sk}$ ——芯桩—水泥土界面极限侧阻力标准值（kPa）；

$l$ ——芯桩长度（m）；

$\xi$ ——芯桩—水泥土界面极限侧阻力标准值与对应位置水泥土抗压强度平均值之比，可取 0.16；

$\beta_{si}$ ——潜孔冲击高压喷射注浆桩侧阻力增强系数，无当地经验时，宜取现行行业标准《建筑桩基技术规范》JGJ 94 规定的泥浆护壁钻孔灌注桩极限侧阻力标准值的 1.5～1.6 倍。

(2) 对于长芯复合桩型，初步设计时单桩竖向抗压极限承载力标准值宜按下式估算，并取其中的较小值：

$$Q_{uk} = U\sum_{i=1}^{m}\beta_{si}q_{sik}l_i + \mu_d\sum_{j=m+1}^{n}q'_{sjk}l'_j + q_{pk}A_d \quad (13\text{-}64)$$

$$Q_{uk} = \mu_d q_{sk}l + \mu_d\sum_{j=m+1}^{n}q'_{sjk}l'_j + q_{pk}A_d \quad (13\text{-}65)$$

$$q_{sk} = \eta f_{cu}\xi \quad (13\text{-}66)$$

式中 $q'_{sjk}$——非复合段芯桩周围第 $j$ 层土的极限侧阻力标准值（kPa），且按混凝土预制桩极限侧阻力取值；

$l_i$——复合桩桩长范围内的第 $i$ 层土的厚度（m）；

$l$——复合段芯桩长度（m）；

$l'$——非复合段芯桩长度（m）；

$l'_j$——非复合段范围内第 $j$ 层土的厚度（m）。

（3）对于嵌岩复合桩型，初步设计时单桩竖向抗压极限承载力标准值见下式，并取其中的较小值：

$$Q_{uk} = U\sum_{i=1}^{n}\beta_{si}q_{sik}l_i + \zeta_r f_{rk}A_d \quad (13\text{-}67)$$

$$Q_{uk} = \mu_d q_{sk}\sum_{i=1}^{n}l_i + \zeta_r f_{rk}A_d \quad (13\text{-}68)$$

$$q_{sk} = \eta f_{cu}\xi \quad (13\text{-}69)$$

式中 $f_{rk}$——岩石饱和单轴抗压强度标准值，黏土岩取天然湿度单轴抗压强度标准值（kPa）；

$\zeta_r$——芯桩嵌岩段侧阻和端阻综合系数，与嵌岩深径比 $h_r/d$、岩石软硬程度和成桩工艺有关，在嵌岩段潜孔冲击高压旋喷注浆，宜取表 13-53 中数值的 1.2 倍。

芯桩嵌岩段侧阻和端阻综合系数 $\zeta_r$   表 13-53

| 嵌岩深径比 $h_r/d$ | | 0 | 0.5 | 1.0 | 2.0 | 3.0 | 4.0 | 5.0 | 6.0 | 7.0 | 8.0 |
|---|---|---|---|---|---|---|---|---|---|---|---|
| 极软岩、软岩 | ≤15MPa | 0.60 | 0.80 | 0.95 | 1.18 | 1.35 | 1.48 | 1.57 | 1.63 | 1.66 | 1.67 |
| 较硬岩、坚硬岩 | >30MPa | 0.45 | 0.65 | 0.81 | 0.90 | 1.00 | | | | | |

注：1. 介于二者之间的较软岩可内插取值；
2. $h_r/d$ 为非列表数值时，$\zeta_r$ 可内插取值；
3. 当 $f_{rk}$≤5.0MPa 时，$h_r/d$ 不宜小于 3.0。

### 13.3.14.3 施工设备

DJP 工法设备机械部分包括钻机机架、钻杆组合结构、喷浆系统、钻头（冲击器）、空压机和供气管路、高压泵和高压管路、自动化制浆系统等。

DJP 工法施工常用主要机具设备规格、技术性能要求见表 13-54。

**DJP 工法施工常用主要机具设备参考表**　　　　　表 13-54

| 设备名称 | 规格性能 | 用途 |
| --- | --- | --- |
| 钻机 | 1. DJP-90 型钻机<br>2. DJP-120 型钻机<br>3. DJP-180 型钻机<br>4. DJP-280s 型低净空钻机 | 成孔成桩 |
| 高压泵 | 1. 3e-160 型<br>2. BW-600，低压大流量泵 | 喷射高压水、高压浆 |
| 空压机 | 风压 0.8~2.1MPa，风量 8.5~25m³/min | 喷射高压气 |
| 送桩器 | 直径 400mm、500mm、600mm | 芯桩送至指定深度 |
| 自动化后台 | BZ-30 | 制备浆液 |
| 其他 | 北斗导航定位系统，各种压力、流量仪表等 | 定位及监测 |

以上各组件通过有机结合，形成一套完整的钻进喷浆系统。施工设备组成见图 13-37。

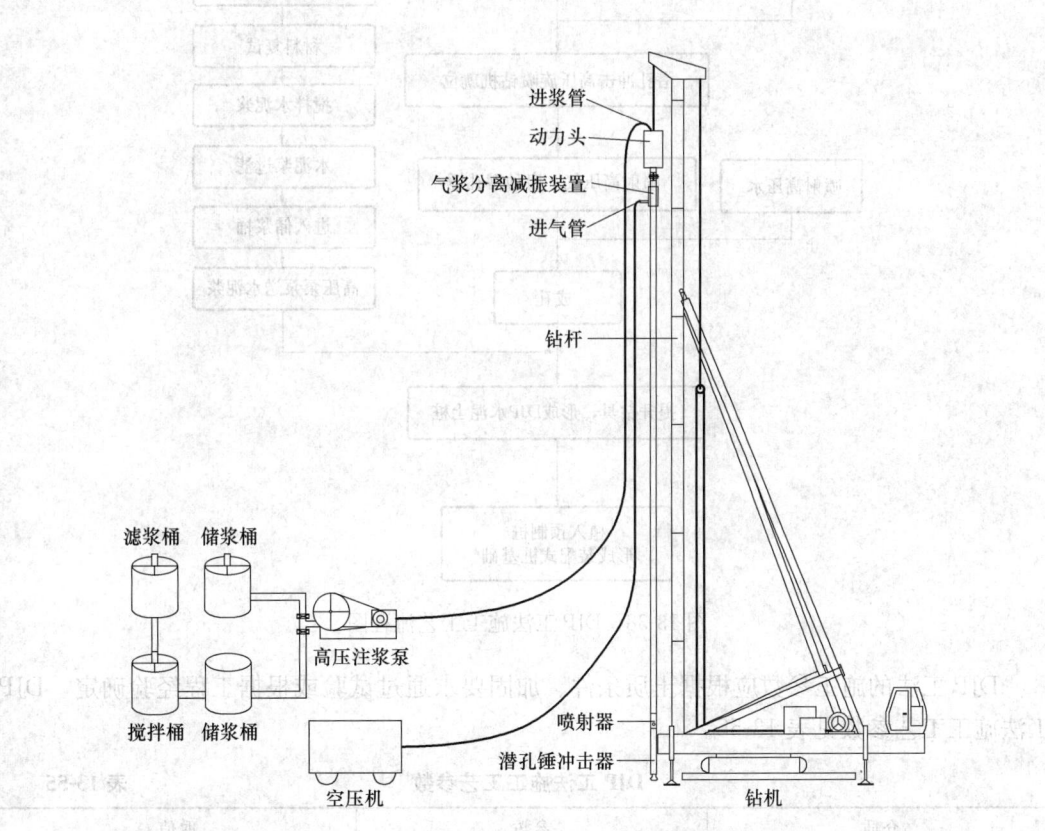

图 13-37　DJP 工法施工设备示意图

### 13.3.14.4　施工工艺及参数

DJP 工法施工前应清除地下和空中障碍物并完成三通一平。平整后的场地标高高于设计桩顶标高的值不应小于 0.5m。基桩轴线的控制点和水准点应设在不受施工影响处。开工前,经复核后应妥善保护,施工中应经常复测。施工机械必须经鉴定合格,并应满足成桩工艺要求。潜孔冲击高压旋喷水泥土桩、芯桩植入的施工参数应根据成桩工艺性试验确定,并在施工中进行控制。

施工组织设计应结合工程特点,有针对性地制定相应的质量管理措施,应包括下列内容:施工桩位平面图和施工平面布置图,图中应标明桩位、编号、施工顺序、水电线路、浆液制备设施和临时设施的位置;主要施工机械、配套设备以及合理施工工艺的有关资料;施工工艺流程及技术参数;施工作业计划和劳动力组织计划;机械设备、材料供应计划;桩基施工时,对安全、劳动保护、防火、防雨、防台风、爆破作业、文物和环境保护等方面应按有关规定执行;保护工程质量、安全生产和季节性施工的技术措施。

DJP工法施工工艺流程图见图13-38。

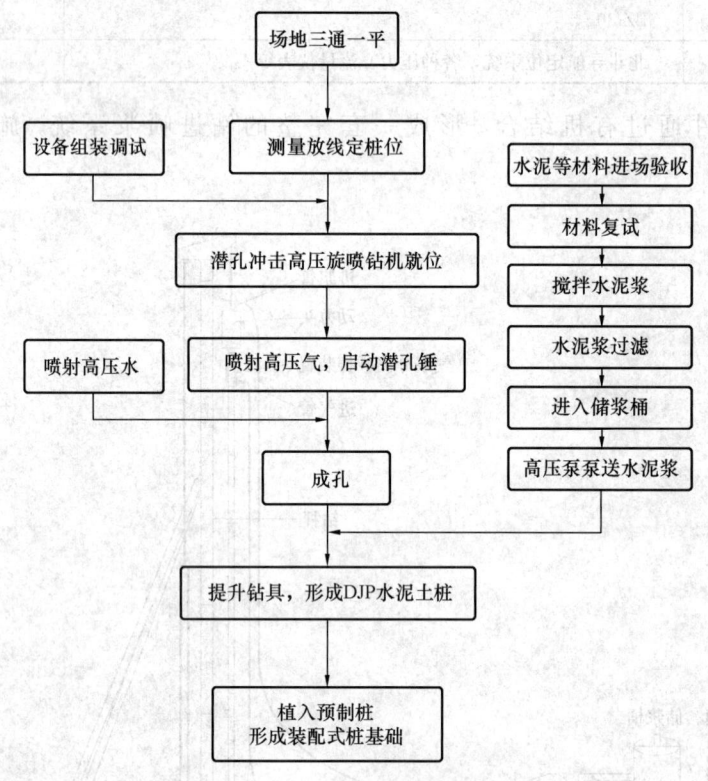

图13-38 DJP工法施工工艺流程图

DJP工法的施工参数应根据土质条件、加固要求通过试验或根据工程经验确定,DJP工法施工工艺参数见表13-55。

DJP工法施工工艺参数　　　　　　表13-55

| 介质 | 参数 | 取值 |
| --- | --- | --- |
| 水 | 压力(MPa) | 5~30 |
| | 喷嘴数量(个) | 1~2 |
| | 喷嘴直径(mm) | 1.5~4.5 |

续表

| 介质 | 参数 | 取值 |
|---|---|---|
| 气 | 压力（MPa） | 0.7~2.3 |
| | 流量（m³/min） | 6~30 |
| | 喷气方式 | 水平及锤底竖向喷气 |
| 浆 | 压力（MPa） | 5~40 |
| | 流量（L/min） | 80~300 |
| | 密度（g/cm³） | 1.4~1.7 |

注：DJP工法止水帷幕桩施工应符合下列规定：
1. 钻具喷射注浆时的提升速度不宜大于800mm/min，转速宜为16~18r/min；
2. 喷射水泥浆的水灰比应为0.7~1.4；
3. 水泥土桩的水泥掺量应≥15%，水泥土桩桩身强度等级宜≥1.0MPa。

#### 13.3.14.5 施工质量控制标准

（1）DJP桩桩位定位：采用安装在钻机上的载波相位差分技术北斗定位系统，根据设计图纸提供的坐标确定桩位，钻机操作员调整机位，使定位精度控制在20mm以内。

（2）管桩桩位定位：采用安装在静压机上的载波相位差分技术北斗定位系统，根据DJP成孔后的实际桩位坐标确定桩位，静压机操作员调整机位，使定位精度控制在20mm以内。

（3）DJP成桩垂直度控制：采用倾角传感器垂直度监控系统测量钻塔垂直度，操作员通过调整钻机支腿油缸，使钻塔垂直度控制在0.5%以内。

（4）管桩施工垂直度控制：采用倾角传感器垂直度监控系统测量静压机垂直度，使管桩垂直度控制在0.5%以内。

（5）同心度偏差控制：在确保DJP水泥土桩和管桩垂直度满足0.5%的精度前提下，为确保管桩与水泥土外桩同心，管桩植桩中心点以DJP钻机成桩后的实际坐标进行植桩。

（6）DJP成桩深度控制：按照施工前测量完成的钻具长度确定成孔深度偏差控制应在100mm以内。

（7）提升速度控制：利用测量钻具提升已知高度的时间间隔，计算钻具提升速度。并根据现场实测提速控制在0.5m/min。

（8）植桩时间控制：确保DJP水泥土桩施工后12h内将管桩同心植入。

（9）植桩标高控制：按照施工前测量完成的钻具长度确定成孔深度偏差应在100mm以内。

（10）压桩力值控制：为确保水泥土桩与管桩等长，管桩植入深度应以标高控制为主，压力值控制为辅。

（11）耗材用量控制：按照技术方案规定的复合浆液配比，把所需的水泥、膨润土、水等原材的每盘用量输入自动化后台系统，经过自动化后台电子秤称重后开始搅拌制浆。

（12）喷浆压力及流量控制：采用电子流量计对复合浆液流量进行实时监控，精度偏差≤1.0L/min，电子流量计在标定有效期内使用。

### 13.3.15 特殊性岩土和不良地质地基

#### 13.3.15.1 湿陷性土地基

湿陷性土主要分为常见的湿陷性黄土,以及在我国干旱和半干旱地区,特别是在山前洪、坡积扇(裙)地带常遇到湿陷性碎石土、湿陷性砂土等其他湿陷性土。

1. 湿陷性黄土

(1) 黄土地基的承载力

1) 影响黄土地基承载力的主要因素

影响黄土地基承载力的因素主要为黄土的堆积年代、含水量(或饱和度)、孔隙比(或密度)、粒度(黏粒含量、液限或塑性指数)等,见表13-56。

对黄土地基承载力影响的一般规律　　　　　　表13-56

| 因素 | 对承载力的影响 |
| --- | --- |
| 堆积年代越早 | 越高 |
| 含水量(或饱和度)增加 | 降低 |
| 孔隙比增大(或干密度减小) | 降低 |
| 液限(或黏粒含量、塑性指数)增大 | 增高 |

2) 黄土地基承载力的确定方法

① 确定承载力的基本原则

a. 黄土地基承载力特征值,应保证地基在稳定的条件下,使建筑物的沉降量不超过允许值。

b. 黄土地基承载力特征值,可根据静载荷试验或其他原位测试、公式计算,并结合工程实践经验综合确定。

② 按载荷试验

a. 当压力—变形曲线有明显拐点时,黄土地基承载力特征值取压力变形曲线线性变形段内规定的变形所对应的压力值,其最大值为比例界限值。

b. 当压力—变形曲线上的拐点不明显时,黄土地基承载力特征值,可取 $s/b=0.015$ 所对应的压力值,但其值不应大于最大加载压力的一半。

c. 当压力—变形曲线比较平缓,比例界限值较小(50~150kPa),相应的沉降量也很小($s/b<0.01$),在比例界限荷载与极限荷载之间需经历较长的局部剪切破坏阶段,可按变形和强度双控制的方法确定黄土地基承载力特征值,满足条件为:(a) $s/b \leqslant 0.02$;(b) 取值小于极限荷载或最大加载压力的一半。

③ 按理论公式计算

④ 按原位测试确定

⑤ 根据黄土的物理性质指标的经验方法

现行国家标准《湿陷性黄土地区建筑标准》GB 50025 列出黄土地基承载力基本值,可根据土的液限 $\omega_l$、孔隙比 $e$ 和含水量 $\omega$ 的平均值或建议值按表13-57确定。

$Q_3$ 湿陷性黄土承载力基本值 $f_0$ （kPa） 表 13-57

| $\omega_L/e$ | $\omega$ (%) | | | | |
|---|---|---|---|---|---|
| | ≤13 | 16 | 19 | 22 | 25 |
| 22 | 180 | 170 | 150 | 130 | 110 |
| 25 | 190 | 180 | 160 | 140 | 120 |
| 28 | 210 | 190 | 170 | 150 | 130 |
| 31 | 230 | 210 | 190 | 170 | 150 |
| 34 | 250 | 230 | 210 | 190 | 170 |
| 37 | | 250 | 230 | 210 | 190 |

注：对天然含水量小于塑限含水量的土，可按塑限含水量确定土的承载力。

3) 黄土地基承载力的宽度、深度修正

当基础宽度大于 3m 或埋置深度大于 1.5m 时，地基承载力特征值见下式：

$$f_a = f_{ak} + \eta_b \gamma (b-3) + \eta_d \gamma_m (d-1.50) \tag{13-70}$$

式中 $f_a$——修正后的地基承载力特征值（kPa）；

$f_{ak}$——相应于 $b=3$m 和 $d=1.5$m 的地基承载力特征值（kPa）；

$\eta_b$、$\eta_d$——分别为基础宽度和基础埋深的地基承载力修正系数，可按基底下土的类别由表 13-58 查得；

$\gamma$——基础底面以下土的重度（kN/m³），地下水位以下取浮重度；

$\gamma_m$——基础底面以上土的加权平均重度（kN/m³），地下水位以下取浮重度；

$b$——基础底面宽度（m），当基础宽度小于 3m 或大于 6m 时，可分别按 3m 或 6m 取值；

$d$——基础埋置深度（m），一般可自室外地面标高算起，当为填方时，可自填土地面标高算起，但填方在上部结构施工后完成时，应自天然地面标高算起。

对于地下室，如采用箱形基础或筏形基础时，基础埋置深度可自室外地面标高算起；在其他情况下，应自室内地面标高算起。

基础宽度和埋置深度的黄土地基承载力修正系数 表 13-58

| 土的类别 | 有关物理指标 | 承载力修正系数 | |
|---|---|---|---|
| | | $\eta_b$ | $\eta_d$ |
| 晚更新世（$Q_3$） 全新世 $Q_4^1$ 湿陷性黄土 | $\omega \leq 24\%$ | 0.20 | 1.25 |
| | $\omega > 24\%$ | 0 | 1.10 |
| 饱和黄土* | $e$ 及 $I_L$ 都小于 0.85 | 0.20 | 1.25 |
| | $e$ 或 $I_L$ 大于等于 0.85 | 0 | 1.10 |
| | $e$ 或 $I_L$ 都不小于 1.00 | 0 | 1.10 |
| $Q_4^2$ 新近堆积黄土 | | 0 | 1.00 |

注：* 只适用于 $I_p > 10$，饱和度 $S_r \geq 80\%$ 的晚更新世（$Q_3$）、全新世（$Q_4^1$）饱和黄土。

4) 湿陷性黄土场地的桩基承载力

① 对桩端土层的要求

在湿陷性黄土场地采用桩基础，宜穿透湿陷性黄土层，选择压缩性较低的岩土层作为桩端持力层。

② 单桩竖向承载力特征值的确定

a. 基底下湿陷性黄土层厚度等于或大于10m时，单桩竖向承载力特征值应通过单桩竖向静载荷浸水试验确定。

b. 基底下湿陷性黄土厚度小于10m或单桩竖向静载荷试验进行浸水确有困难时，单桩竖向承载力特征值，可按有关经验公式和下列规定估算：

（a）在非自重湿陷性黄土场地，单桩竖向承载力应计入湿陷性土层内的按饱和状态下的正侧阻力。饱和状态下土的液性指数，可按下式计算：

$$I_L = \frac{\frac{S_r e}{d_s} - \omega_p}{\omega_L - \omega_p} \tag{13-71}$$

式中　$I_L$——土的液性指数；
　　　$S_r$——土的饱和度，可取0.85；
　　　$e$——土的天然孔隙比；
　　　$d_s$——土粒相对密度；
$\omega_L$、$\omega_p$——分别为土的液限和塑限含水量，以小数计。

（b）在自重湿陷性黄土场地，单桩竖向承载力的计算除不计中性点深度以上黄土层的正侧阻力外，尚应扣除桩侧的负摩阻力。负摩阻力值宜通过现场浸水试验测定，无场地负摩阻力实测资料时，可按表13-59中的数值估算。

桩侧平均负摩阻力特征值（kPa）　　　　表13-59

| 自重湿陷量的计算值或实测值（mm） | 钻孔、挖孔灌注桩 | 打（压）入式预制桩 |
|---|---|---|
| 70~200 | 10 | 15 |
| ≥200 | 15 | 20 |

注：当自重湿陷量的计算值和实测值矛盾时，应以实测值为准。

中性点深度可通过下列方式之一确定：

a）通过单桩竖向静载荷浸水试验实测。
b）浸水饱和条件下，取桩周黄土沉降与桩身沉降相等的深度。
c）取自重湿陷性黄土层底面深度。
d）根据建筑使用年限内场地水环境变化研究结果结合场地黄土湿陷性条件综合确定。
e）有经验的地区，可根据当地经验结合场地黄土湿陷性条件综合确定。

为提高桩基的竖向承载力，在自重湿陷性黄土场地可采取减小桩侧负摩擦力的措施。

（2）黄土地基的变形

1）黄土地基的变形性质

湿陷性黄土地基变形包括压缩变形和湿陷变形。

湿陷性黄土在荷载作用下产生压缩变形，其大小取决于荷载的大小和土的压缩性。在天然湿度和天然结构情况下，一般近似线性变形。湿陷性黄土在外荷不变的条件下，由于浸水使土的结构连续被破坏（或软化）产生湿陷变形，其大小取决于浸水的作用压力和土的湿陷性，属于一种特殊的塑性变形。

湿陷性黄土在增湿时（含水量增大），其湿陷性降低，而压缩性增高。当达到饱和后，在荷载作用下土的湿陷性退化而全部转化为压缩性。

2) 黄土地基的压缩变形计算

① 按现行国家标准《建筑地基基础设计规范》GB 50007 公式计算。

计算时，黄土地基的沉降计算经验系数 $\psi_s$ 可按表 13-60 确定。

**黄土地基沉降计算经验系数 $\psi_s$**　　　　　　　　　　　　　　　表 13-60

| 压缩模量当量值 $\overline{E}_s$ (MPa) | 3.0 | 5.0 | 7.5 | 10.0 | 12.5 | 15.0 | 17.5 | 20.0 |
|---|---|---|---|---|---|---|---|---|
| $\psi_s$ | 1.80 | 1.22 | 0.82 | 0.62 | 0.50 | 0.40 | 0.35 | 0.30 |

② 按地基固结沉降公式计算

在一定程度上考虑了黄土的结构强度，按正常固结、超固结和欠固结三种情况分别用不同公式进行计算。

#### 13.3.15.2　冻土地基

**1. 冻土的地基评价**

(1) 冻土地基承载力设计值

冻土地基承载力设计值，可根据建筑物安全等级，区别保持冻结地基或容许融化地基，结合当地经验用载荷试验或其他原位测试方法综合确定。不能进行原位试验时，可按冻结地基土的土质、物理力学指标查表 13-61 确定。

**冻土承载力设计值（kPa）**　　　　　　　　　　　　　　　表 13-61

| 土名 | 地温（℃） | | | | | |
|---|---|---|---|---|---|---|
| | -0.5 | -1.0 | -1.5 | -2.0 | -2.5 | -3.0 |
| 碎石土 | 800 | 1000 | 1200 | 1400 | 1600 | 1800 |
| 砾砂、粗砂 | 650 | 800 | 950 | 1100 | 1250 | 1400 |
| 中砂、细砂、粉砂 | 500 | 650 | 800 | 950 | 1100 | 1250 |
| 黏土、粉质黏土、粉土 | 400 | 500 | 600 | 700 | 800 | 900 |
| 含土冰层 | 100 | 150 | 200 | 250 | 300 | 350 |

注：1. 冻土"极限承载力"按表中数值乘 2 取值；
2. 表中数值适用于多年冻土的融沉性分级《工程地质手册》（第五版）表 5-6-12 中Ⅰ、Ⅱ、Ⅲ类土；
3. 冻土含水量属于分级属于《工程地质手册》（第五版）表 5-6-12 中Ⅳ类时，黏性土取值乘以 0.8～0.6（含水量接近Ⅲ类土时取 0.8，接近Ⅴ类土时取 0.6，中间取中值）。碎石土和砂土取值乘以 0.6～0.4（含水量接近Ⅲ类土时取 0.6，接近Ⅴ类土时取 0.4，中间取中值）；
4. 含土冰层指包裹冰含量为 0.4～0.6；
5. 当含水量小于等于未冻水量时，按不冻土取值；
6. 表中温度是使用期间基础底面下的最高地温；
7. 本表不适用于盐渍化冻土、冻结泥炭化土。

(2) 冻土的地基评价

冻土作为建筑物地基，在冻结状态时，具有较高的强度和较低的压缩性或不具压缩性。但冻土融化后则承载力大为降低，压缩性急剧增高，使地基产生融沉；相反，在冻结过程中又产生冻胀，对地基均不利。冻土的冻胀和融沉与土的颗粒大小及含水量有关，一般土颗粒愈粗，含水量愈小，土的冻胀和融沉性愈小，反之则愈大。

1) 季节性冻土

季节冻土受季节性的影响，冬季冻结，夏季全部融化。因其周期性的冻结、融化，对地基的稳定性影响较大。应对季节冻土和季节融化层土的冻胀性进行分级。

2) 多年冻土

多年冻土常在地面下的一定深度，其上部接近地表部分，往往亦受季节性影响，冬冻夏融，此冬冻夏融的部分常称为季节融化层。因此，多年冻土地区常伴有季节性冻结现象。

根据多年冻土的融沉性分级对多年冻土进行评价。

Ⅰ类土：为不融沉土，除基岩之外为最好的地基土。一般建筑物可不考虑冻融问题。

Ⅱ类土：为弱融沉土，为多年冻土良好的地基土。融化下沉量不大，一般当基底最大融深控制在 3.0m 之内时，建筑物均未遭受明显破坏。

Ⅲ类土：为融沉土，作为建筑物地基时，一般基底融沉不得大于 1.0m。因这类土不但有较大的融沉量和压缩量，而且冬天回冻时，有较大的冻胀量。应采取深基础、保温、防止基底融化等专门措施。

Ⅳ类土：为强融沉土，往往会造成建筑物的破坏。因此，原则上不容许地基土发生融化，宜采用保持冻结的原则设计或采用桩基等。

Ⅴ类土：为融陷土，含大量的冰，不但不允许基底融化，还应考虑它的长期流变作用，需进行专门处理，如采用砂垫层等。

3) 建筑场地的选择

设计等级为甲级、乙级的建筑物宜避开饱冰冻土、含土冰层地段和冰锥、冰丘、热融湖、厚层地下冰，融区与多年冻土区之间的过渡带，宜选择坚硬岩层、少冰冻土和多冰冻土地段以及地下水位或冻土层上水位低的地段和地形平缓的高地。

2. 冻土地基的设计与防冻害措施

(1) 季节冻土地基的设计

1) 场地冻结深度

季节性冻土地基的场地冻结深度 $z_d$ 应按下式计算：

$$z_d = z_0 \psi_{zs} \psi_{zw} \psi_{ze} \tag{13-72}$$

式中 $z_d$——场地冻结深度 (m)。当地有实测资料时，按 $z_d = h' - \Delta z$ 计算；

$h'$——最大冻深出现时场地最大冻土层厚度 (m)；

$\Delta z$——最大冻深出现时场地地表冻胀量 (m)；

$z_0$——标准冻结深度 (m)。系地下水位与冻结锋面之间的距离大于 2m，非冻胀黏性土，地表平坦、裸露、城市之外的空旷场地中，不少于 10 年实测最大冻深的平均值；

$\psi_{zs}$——土的类别对冻结深度的影响系数，按表 13-62 采用；

$\psi_{zw}$——土的冻胀性对冻结深度的影响系数，按表 13-63 采用；

$\psi_{ze}$——环境对冻结深度的影响系数，按表 13-64 采用。

土的类别对冻结深度的影响系数　　　　表 13-62

| 土的类别 | 影响系数 $\psi_{zs}$ | 土的类别 | 影响系数 $\psi_{zs}$ |
|---|---|---|---|
| 黏性土 | 1.00 | 中、粗、砾砂 | 1.30 |
| 细砂、粉砂、粉土 | 1.20 | 大块碎石土 | 1.40 |

土的冻胀性对冻结深度的影响系数　　　　表 13-63

| 冻胀性 | 影响系数 $\psi_{zw}$ | 冻胀性 | 影响系数 $\psi_{zw}$ |
|---|---|---|---|
| 不冻胀 | 1.00 | 强冻胀 | 0.85 |
| 弱冻胀 | 0.95 | 特强冻胀 | 0.80 |
| 冻胀 | 0.90 | — | — |

环境对冻结深度的影响系数　　　　表 13-64

| 周围环境 | 影响系数 $\psi_{ze}$ | 周围环境 | 影响系数 $\psi_{ze}$ |
|---|---|---|---|
| 村、镇、旷野 | 1.00 | 城市市区 | 0.90 |
| 城市近郊 | 0.95 | | |

注：环境影响系数，当城市市区人口为 20 万～50 万时，按城市近郊取值；当城市市区人口大于 50 万小于或等于 100 万时，按城市市区取值；当城市市区人口超过 100 万时，按城市市区取值，5km 以内的郊区按城市近郊取值。

2）基础最小埋深

基础埋置深度宜大于场地冻结深度。对于深厚季节冻土地区，当建筑基础底面为不冻胀、弱冻胀、冻胀土时，基础埋置深度可以小于场地冻结深度，基础底面下允许冻土层最大厚度应根据当地经验确定，没有地区经验时可按表 13-65 查取。此时，基础最小埋置深度 $d_{min}$ 可按下式计算：

$$d_{min} = z_d - h_{max} \tag{13-73}$$

式中　$h_{max}$——基础底面下允许冻土层最大厚度（m）。

建筑基础底面下允许冻土层最大厚度 $h_{max}$（m）　　　　表 13-65

| 冻胀性 | 基础形式 | 采暖情况 | 基底平均压力（kPa） | | | | | |
|---|---|---|---|---|---|---|---|---|
| | | | 110 | 130 | 150 | 170 | 190 | 210 |
| 弱冻胀土 | 方形基础 | 采暖 | 0.90 | 0.95 | 1.00 | 1.10 | 1.15 | 1.20 |
| | | 不采暖 | 0.70 | 0.80 | 0.95 | 1.00 | 1.05 | 1.10 |
| | 条形基础 | 采暖 | >2.50 | >2.50 | >2.50 | >2.50 | >2.50 | >2.50 |
| | | 不采暖 | 2.20 | 2.50 | >2.50 | >2.50 | >2.50 | >2.50 |
| 冻胀土 | 方形基础 | 采暖 | 0.65 | 0.70 | 0.75 | 0.80 | 0.85 | — |
| | | 不采暖 | 0.55 | 0.60 | 0.65 | 0.70 | 0.75 | — |
| | 条形基础 | 采暖 | 1.55 | 1.80 | 2.00 | 2.20 | 2.50 | — |
| | | 不采暖 | 1.15 | 1.35 | 1.55 | 1.75 | 1.95 | — |

注：1. 本表只计算法向冻胀力，如基础存在切向冻胀力，应采取防切向力措施；
　　2. 本表不适用于宽度小于 0.6m 的基础，矩形基础可取短边尺寸按方形基础计算；
　　3. 表中数据不适用于淤泥、淤泥质土和欠固结土；
　　4. 计算基底平均压力数值为永久作用的标准组合乘以 0.9，可以内插。

(2) 季节冻土地基的防冻害措施在冻胀、强冻胀，特强冻胀地基上采用防冻害措施时应符合下列规定：

1) 对在地下水位以上的基础，基础侧表面应回填不冻胀的中、粗砂，其厚度不应小于 200mm。对在地下水位以下的基础，可采用桩基础、保温性基础、自锚式基础（冻土层下有扩大板或扩底短桩），也可将独立基础或条形基础做成正梯形的斜面基础。

2) 宜选择地势高、地下水位低、地表排水条件好的建筑场地。对低洼场地，建筑物的室外地坪标高应至少高出地面 300～500mm，其范围不宜小于建筑四周向外各一倍冻结深度的距离。

3) 应做好排水设施，施工期间和使用期间防止水浸入建筑地基。在山区应设截水沟或在建筑物下设置暗沟，以排走地表水和潜水。

4) 在强冻胀性和特强冻胀性地基上，其基础结构应设置钢筋混凝土圈梁和基础梁，并控制建筑的长高比。

5) 当独立基础连系梁下或基础承台下有冻土时，应在梁或承台下留有相当于该土层冻胀量的空隙。

6) 外门斗、室外台阶和散水坡等部位宜与主体结构断开，散水坡分段不宜超过 1.5m，坡度不宜小于 3%，其下宜填入非冻胀性材料。

7) 对跨年度施工的建筑，入冬前应对地基采取相应的防护措施；按采暖设计的建筑物，当冬季不能正常采暖，也应对地基采取保温措施。

(3) 多年冻土地基的设计

将多年冻土用作建筑地基时，可采用下列三种状态之一进行设计。对一栋整体建筑物地基应采用同一种设计状态；对同一建筑场地的地基宜采用同一种设计状态。

1) 保持冻结状态的设计

多年冻土以冻结状态用作地基。在建筑物施工和使用期间，地基土始终保持冻结状态。存在下列情况之一时可采用：

① 多年冻土的年平均地温低于 $-1.0$℃的场地。

② 持力层范围内的土层处于坚硬冻结状态的地基。

③ 地基最大融化深度范围内，存在融沉、强融沉、融陷性土及其夹层的地基。

④ 非采暖建筑或采暖温度偏低，占地面积不大的建筑物地基。

2) 逐渐融化状态的设计

多年冻土以逐渐融化状态用作地基。在建筑物施工和使用期间，地基土处于逐渐融化状态。存在下列情况之一时可采用：

① 多年冻土的年平均地温为 $-1.0$～$-0.5$℃的地基。

② 持力层范围内的土层处于塑性冻结状态的地基。

③ 在最大融化深度范围内为不融沉和弱融沉性土的地基。

④ 室温较高、占地面积较大的建筑，或热载体管道及给水排水系统对冻层产生热影响的地基。

3) 预先融化状态的设计

多年冻土以预先融化状态用作地基。在建筑物施工之前，使多年冻土融化至计算深度或全部融化。适用于下列之一的情况：

① 多年冻土的年平均地温高于 -0.5℃ 的场地。

② 持力层范围内土层处于塑性冻结状态的地基。

③ 在最大融化深度范围内，存在变形量为不允许的融沉、强融沉和融陷性土及其夹层的地基。

④ 室温较高、占地面积不大的建筑物地基。

#### 13.3.15.3 膨胀土地基

1. 膨胀土的地基评价

(1) 膨胀土场地的分类

按场地的地形地貌条件，可将膨胀土建筑场地分为两类：

1) 平坦场地：地形坡度小于 5°，或地形坡度为 5°～14° 且距坡肩水平距离大于 10m 的坡顶地带。

2) 坡地场地：地形坡度大于或等于 5°，或地形坡度小于 5° 且同一座建筑物范围内局部地形高差大于 1m 的场地。

(2) 膨胀潜势

膨胀土的膨胀潜势可按其自由膨胀率分为三类（表 13-66）。

(3) 膨胀土地基的胀缩等级

根据地基的膨胀、收缩变形对低层砖混房屋的影响程度，地基土的膨胀等级可按分级变形量分为三级（表 13-67）。

膨胀土的膨胀潜势  表 13-66

| 自由膨胀率（%） | 膨胀潜势 |
| --- | --- |
| $40 \leqslant \delta_{ef} < 65$ | 弱 |
| $65 \leqslant \delta_{ef} < 90$ | 中 |
| $\delta_{ef} \geqslant 90$ | 强 |

膨胀土地基的胀缩等级  表 13-67

| 分级变形量（mm） | 级别 |
| --- | --- |
| $15 \leqslant s_c < 35$ | Ⅰ |
| $35 \leqslant s_c < 70$ | Ⅱ |
| $s_c \geqslant 70$ | Ⅲ |

由于各地区的膨胀土的特征不同，性质各有差异，有的地区对本地区的膨胀土有深入的研究，因此，膨胀土的分级，亦可按地区经验划分。

(4) 膨胀土地基的变形量

1) 膨胀土地基的计算变形量见下式：

$$s_j \leqslant [s_j] \qquad (13-74)$$

式中  $s_j$ ——天然地基或人工地基及采取其他处理措施后的地基变形量计算值（mm）；

$[s_j]$ ——建筑物的地基容许变形值（mm），见表 13-68。

2) 膨胀土地基变形量的取值应符合下列规定：

① 膨胀变形量应取基础某点的最大膨胀上升量。

② 收缩变形量应取基础某点的最大收缩下沉量。
③ 胀缩变形量应取基础某点的最大膨胀上升量与最大收缩下沉量之和。
④ 变形差应取相邻两基础的变形量之差。
⑤ 局部倾斜应取砌体承重结构沿纵墙 $6\sim10m$ 内基础两点的变形量之差与其距离的比值。

3) 膨胀土地基变形计算，可按以下三种情况进行（图 13-39）

① 当离地表 1m 处地基土的天然含水量等于或接近最小值时或地面有覆盖且无蒸发可能性，以及建筑物在使用期间，经常有水浸湿地基，可按下式计算膨胀变形量：

建筑物的地基容许变形值 表 13-68

| 结构类型 | 相对变形 | | 变形量（mm） |
|---|---|---|---|
| | 种类 | 数量 | |
| 砌体结构 | 局部倾斜 | 0.001 | 15 |
| 房屋长度三到四开间及四角有构造柱或配筋砌体承重结构 | 局部倾斜 | 0.0015 | 30 |
| 工业与民用建筑相邻柱基<br>1. 框架结构无填充墙 | 变形差 | $0.001l$ | 30 |
| 2. 框架结构有填充墙 | 变形差 | $0.0005l$ | 20 |
| 3. 当基础不均匀升降时不产生附加应力的结构 | 变形差 | $0.003l$ | 40 |

注：$l$ 为相邻柱基的中心距离（m）。

$$s_e = \psi_e \sum_{i=1}^{n} \delta_{epi} h_i \quad (13-75)$$

式中 $s_e$——地基土的膨胀变形量（mm）；

$\psi_e$——计算膨胀变形量的经验系数，宜根据当地经验确定，无经验时，3 层及 3 层以下建筑物，可采用 0.6；

$\delta_{epi}$——基础底面下第 $i$ 层土在该土的平均自重压力与平均附加压力之和作用下的膨胀率，由室内试验确定；

$h_i$——第 $i$ 层土的计算厚度（mm）；

$n$——自基础底面至计算深度内所划分的土层数（图 13-39），计算深度应根据大气影响深度确定；有浸水可能时，可按浸水影响深度确定。

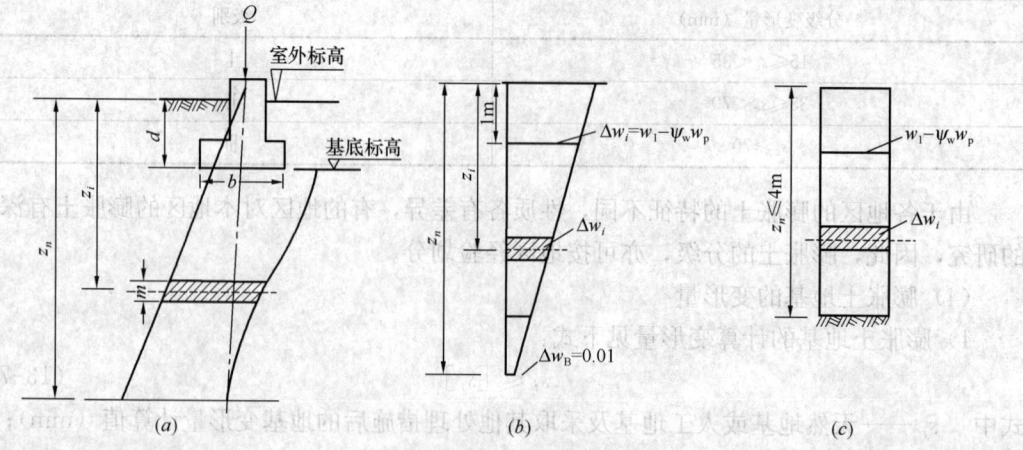

图 13-39 地基土变形计算示意
(a) 地基土的膨胀变形计算示意图；(b) 收缩变形计算深度内各土层的含水量变化值（一般情况）；
(c) 收缩变形计算深度内各土层的含水量变化值（地表下 4m 深度内存在不透水基岩）

② 当离地表 1m 处地基土的天然含水量大于 1.2 倍塑限含水量时，或直接受高温作用的地基，可按下式计算收缩变形量：

$$s_s = \psi_s \sum_{i=1}^{n} \lambda_{si} \Delta \omega_i h_i \tag{13-76}$$

式中　$s_s$——地基土收缩变形量（mm）；

　　　$\psi_s$——计算收缩变形量的经验系数，宜根据当地经验确定，无经验时，3 层及 3 层以下建筑物可采用 0.8；

　　　$\lambda_{si}$——第 $i$ 层土的收缩系数，应由室内试验确定；

　　　$\Delta\omega_i$——地基土收缩过程中，第 $i$ 层土可能发生的含水量变化的平均值（以小数计），按式（13-77）计算；

　　　$n$——自基础底面至计算深度内所划分的土层数，计算深度应根据大气影响深度确定；当有热源影响时，可按热源影响深度确定；在计算深度内有稳定地下水位时，可计算至水位以上 3m。

在计算深度内，各土层的含水量变化值，应按下式计算：

$$\Delta\omega_i = \Delta\omega_1 - (\Delta\omega_1 + 0.01)\frac{z_i - 1}{z_n - 1} \tag{13-77}$$

$$\Delta\omega_1 = \omega_1 - \psi_w \omega_p \tag{13-78}$$

式中　$\omega_1$、$\omega_p$——为地表下 1m 处土的天然含水量和塑限含水量（小数）；

　　　$\psi_w$——土的湿度系数，在自然气候影响下，地表下 1m 处土层含水量可能达到的最小值与其塑限之比；

　　　$z_i$——第 $i$ 层土的深度（m）；

　　　$z_n$——计算深度，可取大气影响深度（m），在地表下 4m 土层深度内存在不透水基岩时，可假定含水量变化值为常数，在计算深度内有稳定地下水位时，可计算至水位以上 3m。

在其他情况下，可按下式计算地基土胀缩变形量：

$$s = \psi \sum_{i=1}^{n} (\delta_{epi} + \lambda_{si}\Delta\omega_i) h_i \tag{13-79}$$

式中　$s$——地基土胀缩变形量（mm）；

　　　$\psi$——计算胀缩变形量的经验系数，宜根据当地经验确定，无可依据经验时，3 层及 3 层以下的建筑物可取 0.7。

(5) 膨胀土地基承载力确定

1) 载荷试验法

对荷载较大或没有建筑经验的地区，宜采用浸水载荷试验方法确定地基的承载力。

2) 计算法

采用饱和三轴不排水快剪试验确定土的抗剪强度，再根据建筑地基基础设计规范或岩土工程勘察规范的有关规定计算地基承载力。

3) 经验法

对已有建筑经验的地区，可根据成功的建筑经验或地区经验确定地基承载力。

① 现行国家标准《膨胀土地区建筑技术规范》GB 50112 规定对于初步设计时，可参

考表 13-69 确定地基承载力。

② 中国建筑科学研究院《中国膨胀土地基承载力的选用》一文的方法：

a. 将膨胀土按其承载力作工程地质分类，见表 13-70。

b. 列出膨胀土基本承载力 $f_0$ 与含水量 $\omega$、旁压试验值、标准贯入试验值和室内剪切试验值的关系表（表 13-71～表 13-74）。

地基承载力 $f_k$ (kPa)　　　　　　　　　　　　　　　　表 13-69

| 含水比 ($\alpha_w$) | 孔隙比 ($e$) | | |
|---|---|---|---|
| | 0.6 | 0.9 | 1.1 |
| <0.5 | 350 | 280 | 200 |
| 0.5～0.6 | 300 | 220 | 170 |
| 0.6～0.7 | 250 | 200 | 150 |

注：1. 含水比为天然含水量与液限的比值；
　　2. 此表适用于基坑开挖时土的天然含水量等于或小于勘察时的天然含水量；
　　3. 使用此表时应结合建筑物的容许变形值考虑。

中国膨胀土的工程地质分类　　　　　　　　　　　　表 13-70

| 类别 | 时代 | 成因 | 地质特征 岩性 | 含水量（%） | | 重度（kN/m³） | | 孔隙比 | | 液限（%） | | 自由膨胀率（%） | |
|---|---|---|---|---|---|---|---|---|---|---|---|---|---|
| | | | | 范围值 | 平均值 | 范围值 | 平均值 | 范围值 | 平均值 | 范围值 | 平均值 | 范围值 | 平均值 |
| Ⅰ | N | 湖积 | 以灰黄、灰白色黏土为主，其中夹有粉质黏土、粉土夹层或透镜体，裂隙很发育，且有滑动擦痕 | 15.0～28.0 | 11.0 | 19.2～21.6 | 20.6 | 0.42～0.85 | 0.62 | 31.0～51.0 | 45.0 | 49～76 | 59 |
| Ⅱ | $Q_1$ | 与冰川有关的湖积 | 以杏黄、棕红、灰绿、灰白等杂色黏土为主，其中含砂量不同，夹有不连续的砂、砾的薄层，裂隙很发育，且有擦痕 | 13.4～24.5 | 18.3 | 19.8～21.7 | 20.7 | 0.41～0.69 | 0.54 | 32.1～62.6 | 44.6 | 41～125 | 77 |
| Ⅲ | $Q_2$ | 湖积 | 以黄夹灰、黄夹灰白、黄夹紫红色黏土为主，其中含铁锰结核，有时富集成层或透镜体，裂隙发育，裂隙面上有灰白色黏土 | 30.0～42.0 | 37.0 | 17.6～19.0 | 18.2 | 0.96～1.25 | 1.11 | 67.0～88.0 | 79.0 | 54～124 | 85 |

续表

| 类别 | 地质特征 | | | 物理性质 | | | | | | | | |
|---|---|---|---|---|---|---|---|---|---|---|---|---|
| | 时代 | 成因 | 岩性 | 含水量(%) | | 重度(kN/m³) | | 孔隙比 | | 液限(%) | | 自由膨胀率(%) | |
| | | | | 范围值 | 平均值 | 范围值 | 平均值 | 范围值 | 平均值 | 范围值 | 平均值 | 范围值 | 平均值 |
| Ⅳ | Q₃ | 冲洪积 | 以褐黄、棕黄色黏土为主,其中含有较多的铁锰结核和少量的钙质结核,裂隙面上有时有灰白色黏土 | 19.3~29.3 | 24.1 | 17.1~20.8 | 19.6 | 0.51~0.83 | 0.65 | 37.4~60.8 | 47.6 | 45~105 | 68 |
| Ⅴ | Q | 坡残积 | 以棕红色黏土为主,上部裂隙少,下部裂隙多,在上部有时含有小的岩石碎片 | 19.7~40.5 | 29.0 | 18.2~20.0 | 19.2 | 0.79~0.93 | 0.87 | 37.0~83.6 | 62.0 | 38~65 | 47 |

**膨胀土承载力 $f_0$ 与含水量 $\omega$ 关系**　　　　　　　　　　　　　　表 13-71

| $\omega$(%) | | 16 | 18 | 20 | 22 | 24 | 26 | 28 | 30 | 32 | 34 | 35 | 38 | 40 | 42 |
|---|---|---|---|---|---|---|---|---|---|---|---|---|---|---|---|
| $f_0$ (kPa) | Ⅰ | 600 | 530 | 450 | 380 | 300 | 230 | 150 | 70 | — | — | — | — | — | — |
| | Ⅱ | 480 | 400 | 330 | 250 | 170 | 90 | — | — | — | — | — | — | — | — |
| | Ⅲ | — | — | — | — | — | — | — | 310 | 270 | 240 | 200 | 170 | 130 | 90 |
| | Ⅳ | 410 | 360 | 310 | 260 | 210 | 150 | 110 | — | — | — | — | — | — | — |
| | Ⅴ | — | — | 450 | 420 | 360 | 360 | 330 | 300 | 270 | 240 | 210 | 180 | 150 | |

**用旁压试验确定膨胀土承载力 $f_0$**　　　　　　　　　　　　　　表 13-72

| $P_f$(kPa) | | 100 | 150 | 200 | 250 | 300 | 350 | 400 | 450 | 500 | 550 | 600 | 650 |
|---|---|---|---|---|---|---|---|---|---|---|---|---|---|
| $f_0$ (kPa) | Ⅰ | 260 | 290 | 320 | 340 | 370 | 390 | 420 | 450 | 470 | 500 | 520 | 550 |
| | Ⅱ | 110 | 160 | 210 | 270 | 320 | 380 | 430 | — | — | — | — | — |
| | Ⅲ | — | 100 | 180 | 260 | 330 | — | — | — | — | — | — | — |
| | Ⅳ | 70 | 130 | 190 | 240 | — | — | — | — | — | — | — | — |
| | Ⅴ | 150 | 200 | 250 | 290 | 340 | 390 | 440 | — | — | — | — | — |

**用标准贯入试验确定膨胀土承载力 $f_0$**　　　　　　　　　　　　　表 13-73

| $N$ | | 4 | 6 | 8 | 10 | 12 | 14 | 16 | 18 | 20 | 22 | 24 |
|---|---|---|---|---|---|---|---|---|---|---|---|---|
| $f_0$ (kPa) | Ⅰ | 200 | 250 | 290 | 340 | 380 | 430 | 470 | 520 | 560 | 610 | — |
| | Ⅱ | 120 | 150 | 170 | 200 | 230 | 260 | 290 | 310 | 340 | 370 | 400 |
| | Ⅲ | — | — | 130 | 230 | 320 | — | — | — | — | — | — |
| | Ⅳ | — | 110 | 130 | 160 | 180 | 210 | 230 | — | — | — | — |

室内剪切试验确定膨胀土承载力 $f_0$    表 13-74

| $f_v$ (kPa) | | 200 | 300 | 400 | 500 | 600 | 700 | 800 | 900 | 1000 | 1100 | 1200 |
|---|---|---|---|---|---|---|---|---|---|---|---|---|
| $f_0$ (kPa) | Ⅰ | — | 100 | 140 | 180 | 220 | 270 | 310 | 350 | 400 | 440 | 480 |
| | Ⅱ | 160 | 230 | 300 | 360 | 430 | — | — | — | — | — | — |
| | Ⅲ | 110 | 160 | 210 | 270 | — | — | — | — | — | — | — |
| | Ⅳ | — | — | 120 | 130 | 140 | 150 | — | 160 | 170 | 180 | 190 | 220 |

注：$f_v$ 为用直剪法求得土的 $c$、$\varphi$ 值后按现行国家标准《建筑地基基础设计规范》GB 50007 中地基承载力公式计算。

③ 对于一般房屋和构筑物，当基础的宽度小于或等于 3m，埋置深度为 1.0～1.5m，可根据土的工程地质分类和天然含水量指标按表 13-69 查得承载力，再根据局部浸水的可能性引起含水量的增高值，再按表 13-71 进行调整，确定承载力特征值。

④ 对于重要的或结构特殊的房屋和构筑物以及工程地质条件复杂的情况，土的承载力应用野外试验指标按表 13-72、表 13-73 确定。承载力确定后，再根据局部浸水的可能性引起含水量的增高值，再按表 13-71 进行调整，确定承载力特征值。

(6) 膨胀岩土地基的稳定性

位于坡地场地上的建筑物的地基稳定性按下列几种情况验算：

1) 土质较均匀时，可按圆弧滑动法验算。

2) 岩土层较薄，层间存在软弱层时，取软弱层面为潜在滑动面进行验算。

3) 层状构造的膨胀岩土，如层面与坡面斜交且交角小于 45°时，验算层面的稳定性。

地基稳定安全系数可取 1.2。验算时，应计算建筑物和堆料的荷载、水平膨胀力，并应根据试验数据或当地经验及削坡卸荷应力释放、土体吸水膨胀后强度衰减的影响。

2. 膨胀岩土地区的工程措施

(1) 场址选择

场址选择时应选具有排水通畅、坡度小于 14°并有可能采用分级低挡土墙治理、胀缩性较弱的地段；避开地形复杂、地裂、冲沟、浅层滑坡发育或可能发育、地下溶沟、溶槽发育、地下水位变化剧烈的地段。

(2) 总平面设计

总平面设计时宜使用同一建筑物地基土的分级变形差不大于 35mm，竖向设计宜保持自然地形和植被，并宜避免大挖大填；应考虑场地内排水系统的管道渗水对建筑物升降变形的影响。地基设计等级为甲级的建筑物应布置在膨胀土埋藏较深，胀缩等级较低或地形较平坦的地段，基础外缘 5m 内不得有积水。

(3) 坡地建筑

在坡地上建筑时要验算坡体的稳定性，考虑坡体的水平移动和坡体内土的含水量变化对建筑物的影响。

(4) 斜坡滑动防治

对不稳定或可能产生滑动的斜坡必须采取可靠的防治滑坡措施，如设置支挡结构、排除地面及地下水、设置护坡等措施。

(5) 基础埋置深度

膨胀土地基上建筑物的基础埋置深度不应小于 1m。当以基础埋深为主要防治措施时，基础埋深应取大气影响急剧层深度或通过变形验算确定。当坡地坡角为 5°～14° 时,基础外边缘至坡肩的水平距离为 5～10m 时,基础埋深可按图 13-40 和式（13-80）确定。

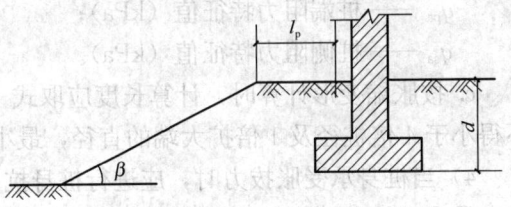

图 13-40 坡地上基础埋深计算示意

$$d = 0.45d_a + (10 - l_p)\tan\beta + 0.30 \quad (13\text{-}80)$$

式中　$d_a$——大气影响深度（m）;
　　　$d$——基础埋置深度（m）;
　　　$\beta$——设计斜坡的坡角;
　　　$l_p$——基础外边缘至坡肩的水平距离（m）。

（6）地基处理

膨胀土地基处理可采用换填、土性改良等方法,亦可采用桩基或墩基。膨胀土性改良可采用掺和水泥、石灰等材料,掺和比和施工工艺应通过试验确定。

采用桩基础时,设计应符合下列要求:

1) 桩基和承台的构造和设计计算应符合现行国家标准《建筑地基基础设计规范》GB 50007。

2) 桩顶标高低于大气影响急剧层深度的高、重建筑物,可按一般基础进行设计。

3) 桩顶标高位于大气影响急剧层深度内的三层及三层以下的轻型建筑物,基础设计应符合下列要求:

① 按承载力计算时,单桩承载力特征值可根据当地经验确定。无资料时,应通过现场载荷试验确定;

② 按变形设计时,桩基础升降位移应符合膨胀土地基上建筑物的地基容许变形值,桩端进入大气影响急剧层深度以下或非膨胀土层中的长度应符合下列规定:

a. 按膨胀变形计算时

$$l_a \geqslant \frac{v_e - Q_k}{u_p \cdot \lambda \cdot q_{sa}} \quad (13\text{-}81)$$

b. 按收缩变形计算时

$$l_a \geqslant \frac{Q_k - A_p \cdot q_{pa}}{u_p \cdot q_{sa}} \quad (13\text{-}82)$$

式中　$l_a$——桩端进入大气影响急剧层以下或非膨胀土层中的长度（m）;
　　　$v_e$——在大气影响急剧层内桩侧土的最大胀拔力标准值,应由当地经验或试验确定（kN）;
　　　$Q_k$——对应于荷载效应标准组合,最不利工况下作用于桩顶的竖向力,包括承台和承台上土的自重（kN）;
　　　$u_p$——桩身周长（m）;
　　　$\lambda$——桩侧土的抗拔系数,应由试验或当地经验确定;当无此资料时,可按现行行业标准《建筑桩基技术规范》JGJ 94 的相关规定取值;
　　　$A_p$——桩端截面积（m²）;

$q_{pa}$——桩端阻力特征值（kPa）；

$q_{sa}$——桩侧阻力特征值（kPa）。

c. 按胀缩变形计算时，计算长度应取式（13-81）和式（13-82）两式中的较大值，且不得小于4倍桩径及1倍扩大端的直径，最小长度应大于1.5m。

4）当桩身承受胀拔力时，应进行桩身抗拉强度和裂缝宽度控制验算，并应采取通长筋，最小配筋率应符合现行国家标准《建筑地基基础设计规范》GB 50007的规定。

5）承台梁下应留有空隙，其值应大于土层浸水后的最大膨胀量，且不应小于100mm。承台梁两侧应采取防止空隙堵塞的措施。

（7）宽散水

以宽散水为主要防治措施，散水宽度在Ⅰ级膨胀土地基不应小于2m，在Ⅱ级膨胀土地基上不应小于3m，坡度宜为3‰～5‰，建筑物基础埋深可为1m。

（8）建筑体型

建筑体型力求简单，在下列情况下应设沉降缝

1）挖方与填方交界处或地基土显著不均匀处。

2）建筑物平面转折部位或高度（或荷重）有显著差异部位。

3）建筑结构（或基础）类型不同部位。

（9）膨胀土地区建筑物的室内地面设计，应根据使用要求分别对待，对Ⅲ级膨胀土地基和使用要求特别严格的地面，可采取地面配筋或地面架空等措施。

（10）建筑物应根据地基土胀缩等级采取下列结构措施：

1）较均匀且胀缩等级为Ⅰ级的膨胀土地基，可采用条形基础；基础埋深较大或条基基底压力较小时，宜采用墩基；对胀缩等级为Ⅲ级或设计等级为甲级的膨胀土地基，宜采用桩基础。

2）承重墙体应采用实心墙，墙厚不应小于240mm，砌体强度等级不应低于MU10，砌筑砂浆强度等级不宜低于M5；不应采用空斗墙、砖拱、无砂大孔混凝土和无筋中型砌块。

3）砌体结构除应在基础顶部和屋盖处各设置一道钢筋混凝土圈梁外，对于Ⅰ级、Ⅱ级膨胀土地基上的多层房屋，其他楼层可隔层设置圈梁；对于Ⅲ级膨胀土地基上的多层房屋，应每层设置圈梁。

4）砌体结构应设置构造柱，构造柱应设置在房屋的外墙拐角、楼（电）梯间、内外墙交接处、开间大于4.2m的房间纵、横墙交接处或隔开间横墙与内纵墙交接处。

5）外廊式房屋应采用悬挑结构。

（11）膨胀岩地区的地下工程

膨胀岩地区的地下工程设计除应符合现行国家标准《岩土锚杆与喷射混凝土支护工程技术规范》GB 50086的规定外，尚需满足下列要求：

1）开挖断面及导坑断面宜选用圆形，分部开挖时，各开挖断面形状应光滑，不能满足施工要求时，宜采用超前支护。

2）全断面开挖、导坑及分部开挖时，应根据施工监控的收敛量和收敛率安设锚杆，分层喷射混凝土，必要时分层布筋，应使各层适时形成封闭型支护，并考虑各断面之间的相互影响。开挖时适当预留收敛裕量。早期变形过大时，宜采用可伸缩支护。

3) 设置封闭型永久支护,设置时间由施工监控的收敛量及收敛率决定。

(12) 施工开挖

膨胀岩土场地上进行开挖工程时,在基底设计标高以上预留150~300mm土层,并应待下一工序开始前继续挖除,验槽后,应及时浇筑混凝土垫层或采取其他封闭措施。

(13) 维护

应定期检查管线阻塞、漏水情况,挡土结构及建筑物的位移、变形、裂缝等。必要时应进行变形、地温、岩土的含水量和岩土压力的观测工作。

### 13.3.15.4 红黏土地基

1. 红黏土的岩土工程评价

(1) 地基承载力评价

1) 地基承载力评价方法

红黏土的地基承载力特征值,可采用静载荷试验和其他原位测试(如静力触探、旁压试验等)、理论公式计算并结合工程实践经验等方法综合确定。

过去积累的确定红黏土承载力的地区性成熟经验应充分利用。

当按照现行国家标准《建筑地基基础设计规范》GB 50007 第5.2.4条对红黏土地基承载力特征值$f_{ak}$进行基础宽度和埋置深度修正时,修正系数应根据含水比取值:

当含水比$a_w > 0.8$时,$\eta_b = 0$,$\eta_d = 1.2$;

当含水比$a_w \leqslant 0.8$时,$\eta_b = 0.15$,$\eta_d = 1.4$。

2) 地基承载力影响因素

当基础浅埋、外侧地面倾斜、有临空面或承受较大水平荷载时,应结合以下因素综合考虑确定其承载力。

① 土体结构和裂隙对承载力的影响。

② 开挖面长时间暴露,裂隙发展和复浸水对土质的影响。

③ 地表水体下渗的影响。

④ 有不良地质作用的场地,建在坡上或坡顶的建筑物,以及基础侧旁开挖的建筑物,应评价其稳定性。

(2) 地基均匀性评价

1) 当地基属表13-75中的均匀地基时,可不考虑地基不均匀变形的影响。

**红黏土的地基均匀性分类** 表13-75

| 地基均匀性 | 地基压缩层$z$范围内岩土组成 |
| --- | --- |
| 均匀地基 | 全部由红黏土组成 |
| 不均匀地基 | 由红黏土和岩石组成 |

2) 当地基属表13-75中的不均匀地基时,可进行如下分析:

假设分析对象为一般建筑物,检验段长度为6m,相邻点基础形式和荷载都相近。如图13-41中所示曲线为基岩面以上土层厚度$h$与地基沉降量$s$关系曲线。左上角图(a)为:一端$A_1$基岩外露,另一端$A_2$有厚度为$h_2$的土层,$h_{a2}$小于$h_a$;右下角图(b)为:一端$B_1$土层厚度$h_{b1}$大于地基变形计算深度,另一端$B_2$土层厚度$h_{b2}$小于此深度,但都大于$h_b$时,可认为地基均匀性满足容许变形要求。其中,$h_a$、$h_b$值见表13-76。

不均匀地基评价中 $h_a$、$h_b$ 值表　　　　　　　　　　　　　　　　表 13-76

| 基岩面以上土层厚度 | | $h_a$(m) | $h_b$(m) | | |
|---|---|---|---|---|---|
| 地基土状态 | | — | 坚硬、硬塑* | 坚硬—可塑** | 坚硬—软塑*** |
| 基础形式 | 独立基础 | 1.10 | $0.00123p_1$ | $0.00186p_1+1.0$ | $0.003p_1+3.0$ |
| | 条形基础 | 1.20 | $0.0127(p_2-100)$ | $0.032(p_2-100)$ | $0.05p_2-4.5$ |

注：1. $p_1$、$p_2$ 为基础荷载。独立基础适用于 $p_1<3000$kN，条形基础适用于 $p_2<250$kPa，基底荷载为 200kPa；
　　2. 地基模型：* 基底下全为坚硬、硬塑土；** 可塑土在基底下 3.0m 深度以下；*** 可塑土在基底下 3.0～6.0m 深度，以下为软塑土；
　　3. 变形计算按现行国家标准《建筑地基基础设计规范》GB 50007 第 5.3 节要求进行。

当不符合图 13-41 规定时，须通过变形计算确定是否属均匀地基。

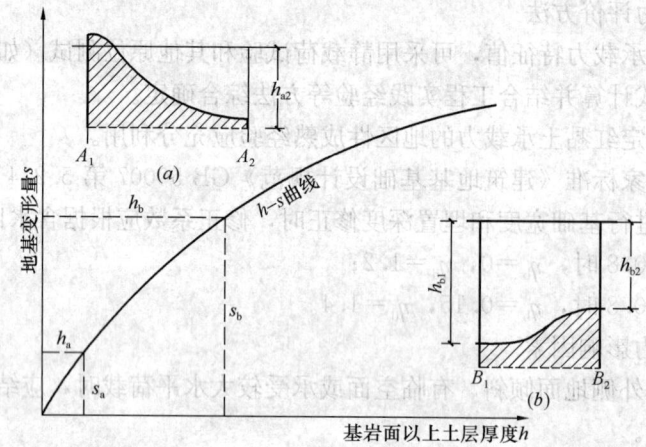

图 13-41　不均匀地基中土层厚度 $h$ 与变形量 $s$ 关系示意图

(3) 基础埋置深度的确定

为充分利用红黏土上硬下软的特性，充分发挥浅部硬层的承载能力，减轻下卧软层受到的压力，基础应尽量浅埋；但为避免地面不利因素的影响，又必须深于大气影响急剧层的深度。评价时应充分权衡利弊，提出合理建议。如果采用天然地基难以解决上述矛盾，则应采用桩基。

(4) 对土中裂隙的评价

1) 分布于红黏土中的深长地裂对工程危害极大，最长时可按公里计，深度可达 8m。所经之处地面建筑物无一不受损坏。评价时应建议建筑物绕避地裂。

2) 土中细微网状裂隙使土体整体性遭受破坏，大大削弱了土体强度。故而，当承受较大水平荷载、基础浅埋、外侧地面倾斜或有临空面等情况时，裂隙将构成对土体稳定和受力条件的不利因素，土的抗剪强度值和地基承载力都应做相应折减。

3) 土体结构为巨块状、碎块状的红黏土，由于裂隙的存在，构成含水性差异很大的"裂隙含水层"，影响着工程的活动和使用。

4) 对一些低矮边坡，裂隙可使土体失去固有的连续性，尽管实际坡高小于计算的容许直立高度，仍可能因失稳而垮塌。较高边坡土体破坏时，将沿上部竖向裂隙及土体中的不利方向的裂面形成弧形滑动面。

(5) 胀缩性评价

红黏土在天然状态时一般膨胀性较弱，胀缩性能以收缩为主；当复浸水时，经过胀缩循环，一部分胀量逐次积累，一部分缩量逐次积累。为此，应注意下列问题：

1) 轻型建筑物的基础埋置深度应大于大气影响急剧层深度。
2) 炉窑等高温设备的基础应考虑地基土不均匀收缩变形的影响。
3) 开挖明渠时，应考虑土体干湿循环中胀缩的影响。
4) 石芽出露地段应考虑地表水下渗、冲蚀形成地面变形的可能性。
5) 基坑开挖时宜采取保湿措施，边坡应及时维护，防止失水干缩。

(6) 地表水、地下水的评价

1) 水渗入并长期活动于土中，使裂隙面附近土体软化，可塑与软塑土的分层界面往往与裂隙水水位接近；在地表水体浸润范围内，坚硬、硬塑土的湿度明显增大，致使承载力降低、压缩性增高。
2) 水的存在和运动，影响着土体中的施工作业和建、构筑物水下部分的正常使用；在水的影响与作用下，土体抗剪强度降低，重度增大，动水压力增大，使支挡结构物墙背土压力增大，这是雨后一些墙背为红黏土的挡墙坍塌的原因之一。
3) 人工削坡使原来的埋藏于深处含水量高的土体外露于地表，失水收缩，裂隙发育，一旦雨水浸润便湿化、崩解，造成边坡失稳。
4) 红黏土的表层裂隙比深度发育，裂隙水水量也表现为浅部大于深度。
5) 研究地下水埋藏、运动条件与土体裂隙特征的关系，地表水、上层滞水、岩溶水之间的连通性，根据赋存于土中宽大裂隙的地下水流分布的不均匀性、季节性，评价其对建筑物的影响。

(7) 对土洞影响的评价

下伏基岩中岩溶发育地区，其上覆红黏土中常有土洞发育。土洞的存在和发展对建筑物地基的稳定性极为不利，必须查明其分布、规模、成因，并予以处理。

2. 红黏土的地基处理

(1) 土岩组合地基的定义

建筑地基（或被沉降缝分隔区段的建筑地基）的主要受力层范围内，如遇下列情况之一者，即属于土岩组合地基：

1) 下卧基岩表面坡度较大的地基。
2) 石芽密布并有出露的地基。
3) 大块孤石或个别石芽出露的地基。

(2) 地基处理的原则和方法

1) 对于石芽密布并有出露的地基，当石芽间距小于2m，其间为硬塑或坚硬状态的红黏土时，对于房屋为六层和六层以下的砌体承重结构、三层和三层以下的框架结构或具有150kN和150kN以下吊车的单层排架结构，其基底压力小于200kPa时，可不作地基处理。如不能满足上述要求时，可利用经验证明稳定性可靠的石芽作支墩式基础，也可在石芽出露部位作褥垫。当石芽间有较厚的软弱土层时，可用碎石、土夹石等进行置换。

2) 对于大块孤石或个别石芽出露的地基，当土层的承载力特征值大于150kPa、房屋为单层排架结构或一、二层砌体承重结构时，宜在基础与岩石接触的部位采用褥垫进行处理。对于多层砌体承重结构，应根据土质情况，结合下面第 4 款、第 5 款的规定综合处理。

3）褥垫可采用炉渣、中砂、粗砂、土夹石等材料，其厚度宜取 300～500mm，夯填度应根据试验确定。当无资料时，可参考下列数值进行设计：

中砂、粗砂，0.87±0.05；

土夹石（其中碎石含量为 20%～30%），0.70±0.05。

注：夯填度为褥垫夯实后的厚度与虚铺厚度的比值。

4）当建筑物对地基变形要求较高或地质条件比较复杂不宜按上述第 1 款、第 2 款有关规定进行地基处理时，可适当调整建筑物平面位置，或采用桩基或梁、拱跨越等处理措施。

5）在地基压缩性相差较大的部位，宜结合建筑物平面形状、荷载条件设置沉降缝，宽度宜取 30～50mm，在特殊情况下可适当加宽。

6）在石芽密布地段，当不宽的溶槽中分布有红黏土，且其厚度小于表 13-76 中 $h_a$ 值时，可不处理；当大于 $h_a$ 值时，可全部或部分挖除溶槽的土，使之小于 $h_a$。当槽宽较大时，可将基底做成台阶状，使相邻段上可压缩土层厚度呈渐变过渡，也可在槽中设置若干短桩（墩）。

7）对基础底面下有一定厚度、但厚度变化较大的红黏土地基，可调整各段地基的沉降差，如挖除土层较厚地段的部分土层，把基底做成阶梯状；当遇到挖除一定厚度土层后，使下部可塑土更接近基底，承载力和变形检验都难以满足要求时，可在挖除后做换填处理，换填材料可选用压缩性低的材料，如碎石、粗砂、砾石等。

8）当红黏土地基承载力或变形不能满足设计要求时，可采用水泥粉煤灰碎石（CFG）复合地基进行地基处理。

（3）土岩组合地基的变形计算

土岩组合地基是山区常见的地基形式之一，其主要特点是不均匀变形。当地基受力范围内存在刚性下卧层时，会使上覆土体中产生应力集中现象，从而引起土层变形增大。

当土岩组合地基中下卧基岩面为单向倾斜、岩面坡度大于 10%、基底下的土层厚度大于 1.5m 时，可按下列规定进行评价：

1）当结构类型和地质条件符合表 13-77 的要求时，可不做地基变形验算。

**下卧基岩表面允许坡度值** 表 13-77

| 地基土承载力特征值 $f_{ak}$（kPa） | 4 层及 4 层以下的砌体承重结构，3 层及 3 层以下的框架结构 | 具有 150kN 和 150kN 以下吊车的一般单层排架结构 | |
|---|---|---|---|
| | | 带墙的边柱和山墙 | 无墙的中柱 |
| ≥150 | ≤15% | ≤15% | ≤30% |
| ≥200 | ≤25% | ≤30% | ≤50% |
| ≥300 | ≤40% | ≤50% | ≤70% |

2）不满足上述条件时，应考虑刚性下卧层的影响，按下式计算地基的变形。

$$s_{gz} = \beta_{gz} \cdot s_z \quad (13-83)$$

式中　$s_{gz}$——具有刚性下卧层时，地基土的变形计算值（mm）；

$\beta_{gz}$ ——刚性下卧层对上覆土层的变形增大系数,按表 13-78 采用;
$s_z$ ——变形计算深度相当于实际土层厚度按规范现行国家标准《建筑地基基础设计规范》GB 50007 第 5.3.5 条计算确定的地基最终变形计算值 (mm)。

具有刚性下卧层时地基变形增大系数 $\beta_{gz}$　　表 13-78

| $h/b$ | 0.5 | 1.0 | 1.5 | 2.0 | 2.5 |
|---|---|---|---|---|---|
| $\beta_{gz}$ | 1.26 | 1.17 | 1.12 | 1.09 | 1.00 |

注：$h$ ——基底下的土层厚度；$b$ ——基础底面宽度。

3) 在岩土界面上存在软弱层（如泥化带）时，应验算地基的整体稳定性。

4) 当土岩组合地基位于山间坡地、山麓洼地或冲沟地带，存在局部软弱土层时，应验算软弱下卧层的强度及不均匀变形。

(4) 防止地基土收缩和缩后膨胀的方法

1) 在基础主要部分浅埋的同时，可适当局部加大建筑物中失水界面较大部位（如角端、转角等处）基础的埋置深度，一般应大于大气影响急剧层；对基底下土层较薄、基岩浅埋的失水后不易补充地段，对场地横剖面上起始含水率较高而易失水的挖方地段，都可采用加大基础埋深或基底下作一定厚度砂垫层等措施，以延缓地基土收缩。

2) 改善排水措施，加宽散水坡，以代替明沟排水，防止水的下渗。

3) 对热工构筑物、工业窑炉，在基底下设置一定厚度隔热层。

4) 加快开挖作业进度，减少土体表面暴露时间。

5) 做好边坡坡面土体保护工作。

6) 遇土洞必须查明其分布，予以处理。

#### 13.3.15.5 岩溶地基

在碳酸盐为主的可溶性岩石地区，当存在岩溶（溶洞、溶蚀裂隙等）、土洞等现象时，应考虑其对地基稳定地影响。地基基础设计等级为甲级、乙级的建筑物主体宜避开岩溶强发育地段。

1. 地基稳定性评价

(1) 岩溶对地基稳定性的影响

1) 在地基主要受力层范围内，若有溶洞、暗河等，在附加荷载或振动荷载作用下，溶洞顶板坍塌，使地基突然下沉。

2) 溶洞、溶槽、石芽、漏斗等岩溶形态造成基岩面起伏较大，或者有软土分布，使地基不均匀下沉。

3) 基础埋置在基岩上，其附近有溶沟、竖向溶蚀裂隙、落水洞等，有可能使基础下岩层沿倾向于上述临空面的软弱结构面产生滑动。

4) 基岩和上覆土层内，由于岩溶地区较复杂的水文地质条件，易产生新的岩土工程问题，造成地基恶化。

(2) 地基稳定性的定性评价

1) 对于存在下列情况之一且未经处理的场地，不应作为建筑物地基：

① 浅层溶洞成群分布，洞径大，且不稳定的地段。

② 漏斗、溶槽等埋藏浅，其中充填物为软弱土体。

③ 岩溶水排泄不畅，有可能造成场地暂时淹没的地段。

2) 对于完整、较完整的坚硬岩、较硬岩地基，当符合下列条件之一时，可不考虑岩溶对地基稳定性的影响：

① 洞体较小，基础底面尺寸大于洞的平面尺寸，并有足够的支承长度。

② 顶板岩石厚度大于或等于洞的跨度。

3) 地基基础设计等级为丙级且荷载较小的建筑物，当符合下列条件之一时，可不考虑岩溶对地基稳定性的影响：

① 基础底面以下的土层厚度大于独立基础宽度的 3 倍或条形基础宽度的 6 倍，且不具备形成土洞或其他地面变形的条件时。

② 基础底面与洞体顶板间土层厚度虽小于独立基础宽度的 3 倍或条形基础宽度的 6 倍，洞隙或岩溶漏斗被沉积物填满，其承载力特征值超过 150kPa，且无被水冲蚀的可能性时。

③ 基础底面存在面积小于基础底面积 25% 的垂直洞隙，但基底岩石面积满足上部荷载要求时。

4) 当不符合上述可不考虑岩溶对地基稳定性影响的条件时，应进行洞体稳定性分析；基础附近有临空面时，应验算向临空面倾覆和沿岩体结构面滑移稳定性，并符合下列规定：

① 顶板不稳定，但洞内为密实堆积物充填且无流水活动时，可认为堆填物能受力，作为不均匀地基进行评价。

② 当能取得计算参数时，可将洞体顶板视为结构自承重体系进行力学分析。

③ 有工程经验的地区，可按类比法进行稳定性评价。

④ 当地基为石膏、岩盐等易溶岩时，应考虑溶蚀继续作用的不利影响。

⑤ 对不稳定的岩溶洞隙可建议采取地基处理措施或基础。

⑥ 常用的地基稳定性评价方法是一种经验比拟方法，仅适用于一般工程。其特点是根据已查明的地质条件，结合基底荷载情况，对影响溶洞稳定性的各种因素进行分析比较，做出稳定性评价。岩溶地基稳定性评价见表 13-79。

岩溶地基稳定性评价　　　　　　　　　　表 13-79

| 评价因素 | 对稳定有利 | 对稳定不利 |
| --- | --- | --- |
| 地质构造 | 无断裂、褶曲，裂隙不发育或胶结良好 | 有断裂、褶曲，裂隙发育，有两组以上张开裂隙切割岩体，呈干砌状 |
| 岩层产状 | 走向与洞轴线正交或斜交，倾角平缓 | 走向与洞轴线平行，倾角陡 |
| 岩性和层厚 | 厚层块状，纯质灰岩，强度高 | 薄层石灰岩、泥灰岩、白云质灰岩，有互层，岩体强度低 |
| 洞体形态及埋藏条件 | 埋藏深，覆盖层厚，洞体小（与基础尺寸比较），溶洞呈竖井状或裂隙状，单体分布 | 埋藏浅，在基底附近，洞径大，呈扁平状，复体相连 |
| 顶板情况 | 顶板厚度与洞跨比值大，平板状，或呈拱状，有钙质胶结 | 顶板厚度与洞跨比值小，有切割的悬挂岩块，未胶结 |
| 充填情况 | 为密实沉积物填满，且无被水冲蚀的可能性 | 未充填，半充填或水流冲蚀充填物 |
| 地下水 | 无地下水 | 有水流或间歇性水流 |
| 地震基本烈度 | 地震设防烈度小于 7 度 | 地震设防烈度等于或大于 7 度 |
| 建筑物荷重及重要性 | 建筑物荷重小，为一般建筑物 | 建筑物荷重大，为重要建筑物 |

现行广西壮族自治区地方标准《广西岩溶地区建筑地基基础技术规范》DBJ/T 45规定：

对钻探深度范围内的溶洞，查明其平面形态后，遇到下列情况时应评价其顶板在建筑荷载作用下的稳定性：

1) 当基底面积大于溶洞平面尺寸并满足支承长度要求时，对于基本质量等级为Ⅰ级岩体中的溶洞，其基底以下的溶洞顶板厚度大于 $0.3d$（$d$ 为溶洞直径），Ⅱ级岩体中的溶洞，其溶洞顶板厚度大于 $0.4d$，Ⅲ级岩体中的溶洞，其溶洞顶板厚度大于 $0.5d$ 时，可不考虑溶洞的影响。

2) 当基底面积小于溶洞平面尺寸时，对基本质量等级为Ⅰ级或Ⅱ级的岩体，可按冲切锥体模式验算溶洞顶板的抗冲切承载力。岩石极限抗拉强度标准值宜由试验确定，初步确定时，可取 0.05 倍岩石饱和单轴抗压强度。基础底面以下的溶洞顶板厚度大于 $1.7d$（$d$ 为溶洞直径）时，可不考虑溶洞的影响。

3) 对基本质量等级为Ⅲ或Ⅳ的岩体，可作原位实体基础静载荷试验评价溶洞顶板的强度与稳定性，最大加载量应不小于地基设计要求的 2 倍。

(3) 地基稳定性的定量评价

目前主要是按经验公式对溶洞顶板的稳定性进行验算。

1) 溶洞顶板坍塌自行填塞洞体所需厚度的计算

① 原理和方法

顶板坍塌后，塌落体积增大，当塌落至一定高度 $H$ 时，溶洞空间自行填满，无须考虑对地基的影响。所需塌落高度 $H$ 按下式计算：

$$H = \frac{H_0}{K-1} \tag{13-84}$$

式中　$H_0$——塌落前洞体最大高度（m）；

　　　$K$——岩石松散（胀余）系数，石灰岩 $K$ 取 1.2，黏土 $K$ 取 1.05。

② 适用范围

适用于顶板为中厚层、薄层，裂隙发育，易风化的岩层，顶板有坍塌可能的溶洞或仅知洞体高度时。

2) 根据抗弯、抗剪验算结果，评价洞室顶板稳定性

① 原理和方法

当顶板具有一定厚度，岩体抗弯强度大于弯矩、抗剪强度大于其所受的剪力时，洞室顶板稳定。满足这些条件的岩层最小厚度 $H$ 计算如下：

顶板按梁板受力计算，受力弯矩按下式计算：

a. 当顶板跨中有裂缝，顶板两端支座处岩石坚固完整时，按悬臂梁计算：

$$M = (1/2)pl^2 \tag{13-85}$$

b. 若裂隙位于支座处，而顶板较完整时，按简支梁计算：

$$M = (1/8)pl^2 \tag{13-86}$$

c. 若支座和顶板岩层均较完整时，按两端固定梁计算：

$$M = (1/12)pl^2 \tag{13-87}$$

抗弯验算：

$$\frac{6M}{bH^2} \leqslant \sigma \tag{13-88}$$

$$H \geqslant \sqrt{\frac{6M}{b\sigma}} \tag{13-89}$$

抗剪验算：

$$\frac{4f_s}{H^2} \leqslant S \tag{13-90}$$

$$H \geqslant \sqrt{\frac{4f_s}{S}} \tag{13-91}$$

式中　　$M$——弯矩（kN·m）；

　　　　$p$——顶板所受总荷载（kN/m），为顶板厚 $H$ 的岩体自重、顶板上覆土体自重和顶板上附加荷载之和；

　　　　$l$——溶洞跨度（m）；

　　　　$\sigma$——岩体计算抗弯强度（石灰岩一般为允许抗压强度的 1/8）（kPa）；

　　　　$f_s$——支座处的剪力（kN）；

　　　　$S$——岩体计算抗剪强度（石灰岩一般为允许抗压强度的 1/12）（kPa）；

　　　　$b$——梁板的宽度（m）；

　　　　$H$——顶板岩层厚度（m）。

② 适用范围：顶板岩层比较完整，强度较高，层厚，而且已知顶板厚度和裂隙切割情况。

3）顶板能抵抗受荷载剪切的厚度计算

按极限平衡条件的公式计算：

$$\begin{aligned} T &\geqslant P \\ T &= HSL \\ H &= T/SL \end{aligned} \tag{13-92}$$

式中　　$P$——溶洞顶板所受总荷载（kN）；

　　　　$T$——溶洞顶板的总抗剪力（kN）；

　　　　$L$——溶洞平面的周长（m）。

其余符号意义同前。

2. 工程处理措施

对地基稳定性有影响的岩溶洞隙，应根据其位置、大小、埋深、围岩稳定性和水文地质条件综合分析，因地制宜地采取下列处理措施：

（1）换填、镶补与嵌塞等

对于较小的岩溶洞隙，挖除其中的软弱充填物，回填碎石、块石、素混凝土或灰土等，以增强地基的强度和完整性。

（2）梁、板、拱等结构跨越

对于较大的岩溶洞隙，采用这些跨越结构，应有可靠的支承面。梁式结构在岩石上的支承长度应大于梁高的 1.5 倍。也可辅以浆砌块石等堵塞措施处理。

（3）洞底支撑或调整柱距

对于规模较大的洞隙，可采用这种方法。必要时可采用桩基。当采用洞底支撑（穿越）方法处理时，桩的设计应考虑下列因素，并根据不同条件选择。

1）桩底以下 3～5 倍桩径或不小于 5m 深度范围内无影响地基稳定性的洞隙存在，岩体稳定性良好，桩端嵌入中等风化～微风化岩体不宜小于 0.5m，并低于应力扩散范围内的不稳定洞隙底板，或经验算桩端埋置深度已可保证不向临空面滑移。

2）基坑涌水易于抽排、成孔条件良好，宜设计人工挖孔桩。

3）基坑涌水量较大，抽排将对环境及相邻建筑物产生不良影响，或成孔条件不好，宜设计钻孔桩。

4）当采用小直径桩时，应设置承台。对地基基础设计等级为甲级、乙级的建筑物，桩的承载力特征值应由静载试验确定，对地基基础设计等级为丙级的建筑物，可借鉴类似工程确定。

5）桩身穿越溶洞顶板岩体时，由于岩溶发育的复杂性和不均匀性，顶板情况一般难以查明，通常情况下不计算顶板岩体的侧阻力。

（4）钢筋混凝土底板跨盖

基底有不超过 25% 基底面积的溶洞（隙）且充填物难以挖出时，宜在洞隙部位设置钢筋混凝土底板，底板宽度应大于洞隙，并采取措施保证底板不向洞隙方向滑移。也可在洞隙部位设置钻孔桩进行穿越处理。

（5）按悬臂梁设计基础

对于荷载不大的低层和多层建筑，围岩稳定，如溶洞位于条形基础末端，跨越工程量大，可按悬臂梁设计基础，并应对悬臂梁不同工况进行验算。若溶洞位于单独基础重心一侧，可按偏心荷载设计基础。

（6）灌浆加固、清填塞

用于处理围岩不稳定、裂隙发育、风化破碎的岩体。

（7）钻孔灌浆

对于基础下埋藏较深的洞隙，可通过钻孔向洞隙中灌注水泥砂浆、混凝土、沥青及硅液等，以堵填洞隙。

（8）设置"褥垫"

在压缩性不均匀的土岩组合地基上，凿去局部突出的基岩（如石芽或大块孤石），在基础与岩石接触的部位设置"褥垫"（可采用炉渣、中砂、粗砂、土夹石等材料），以调整地基的变形量。

（9）调整基础底面面积

对有平片状层间夹泥或整个基底岩体都受到较强烈的溶蚀时，可进行地基变形验算，必要时可适当调整基础底面面积，降低基底压力。

当基底蚀余石基分布不均匀时，可适当扩大基础底面面积，以防止地基不均匀沉降造成基础倾斜。

（10）地下水排导

对建筑物地基内或附近的地下水宜疏不宜堵。可采用排水管道、排水隧洞等进行疏导，以防止水流通道堵塞，造成场地和地基季节性淹没。

（11）现行广西壮族自治区地方标准《广西岩溶地区建筑地基基础技术规范》DBJ/T 45 规定：

当基底下遇竖向溶槽、溶洞或串珠状溶洞地基时,地基基础设计应符合下列规定:

1)可采用梁、板跨越,梁式结构在可靠岩石上的支承长度应大于梁高的1.5倍,梁、板在溶槽或溶洞平面投影范围外的支承面积上的基底承载力应等于或略大于基础设计荷载的1.25倍,并采取措施保证梁板不向洞隙方向滑移。

2)对于荷载不大的低层或多层建筑,如溶洞位于条形基础端头,跨越工程量大时,可按悬臂梁设计;溶洞位于单独基础重心一侧,可按偏心荷载设计基础。

3)如设计桩径大于溶槽宽度或溶洞直径,可按悬挂式嵌岩进行计算,如嵌岩段的岩体基本质量等级为Ⅰ级或Ⅱ级时,嵌岩深度应大于2倍桩径,如嵌岩段的岩体基本质量等级为Ⅲ级或Ⅳ级岩体(除破碎岩体)时,嵌岩深度应大于5倍桩径,且桩侧阻力应大于设计荷载的1.25倍,并于基岩面上加做适当尺寸的承台。

4)岩溶洞隙发育深度较大、地下水位较高、涌水量大或不宜作降水施工的岩溶地基,可采用钻孔灌注桩嵌岩桩基础,将桩端嵌入洞隙底部稳定岩体内。单桩承载力根据洞隙底部的岩质、岩体完整程度按嵌岩桩基设计。桩基竖向承载力计算时,不宜计入溶洞顶(隔)板和洞内天然充填物产生的桩身侧阻力;当溶洞顶(隔)板岩体的基本质量等级为Ⅰ级或Ⅱ级且厚度大于2m时,可将溶洞顶(隔)板产生桩身侧阻力乘以0.75的系数。

## 13.4 桩基工程

### 13.4.1 桩的分类与桩型选择

#### 13.4.1.1 桩的分类

1. 按承载性状分类

(1)摩擦型

摩擦桩,在极限承载力状态下,桩顶竖向荷载全部或主要由桩侧阻力承担;根据桩侧阻力承担荷载的份额,或桩端有无较好的持力层,摩擦桩又分为摩擦桩和端承摩擦桩。

(2)端承型

端承桩,在极限承载力状态下,桩顶竖向荷载全部或主要由桩端阻力承担;根据端阻力承担荷载的份额,端承桩又分为端承桩和摩擦端承桩。

2. 按成桩方法与工艺分类

(1)非挤土桩:成桩过程中,将桩与体积相同的土挖出,因而桩周围的土体较少受到扰动,但有应力松弛现象。如干作业法、泥浆护壁法、套管护壁法、人工挖孔桩。

(2)部分挤土桩:成桩过程中,桩周围的土仅受到轻微的扰动。如部分挤土灌注桩、预钻孔打入式预制桩、打入式开口钢管桩、H型钢桩、螺旋成孔桩等。

(3)挤土桩:成桩过程中,桩周围的土被压密或挤开,因而使桩周围土层受到严重扰动。如挤土灌注桩、挤土预制混凝土桩(打入式、振入式、压入式)。

3. 按桩的使用功能分类

(1)竖向抗压桩:承受荷载以竖向荷载为主,由桩端阻力和桩侧摩阻力共同承受。

(2)竖向抗拔桩:承受荷载以上拔荷载为主,其桩侧摩阻力的方向与竖向抗压的情况相反。

(3) 水平受荷桩:承受荷载以水平荷载为主,或用于防止土体或岩体滑动的抗滑桩,桩的作用主要是抵抗水平力。

(4) 复合受荷桩:同时承受竖向荷载和水平荷载之间共同作用的桩。

### 13.4.1.2 桩型选择

桩的类型的选择应从技术经济多方面入手,综合考虑多方面的因素,包括建筑结构类型、荷载性质、桩的使用功能、穿越土层、桩端持力层土类、地下水位、施工设备、施工环境、施工经验、制材料供应条件等,概括为以下几方面:

(1) 建筑物特点及荷载要求,选择桩型必须考虑将要承受的荷载性质和大小。

(2) 工程地质和水文地质条件,各种类型的桩均有其适用的土层条件。因此,应查明场地的地层分布,持力层的深度,不良的地质现象,地面水和地下水的流速和腐蚀性等。

(3) 施工对周围环境的影响,应对场地周围的环境污染的限制、污水处理、施工和周围建筑物的相互影响等进行分析。

(4) 设备、材料和运输条件,打入桩和机械成孔桩都需要采用大中型施工设备,必须先做好临时道路等设施,同时,应考虑桩体材料、设备供应的可能性。

(5) 施工安全,施工安全是评价设计施工方案的一个至关重要的因素。人工挖孔桩在施工过程中常会产生有毒气体或硅尘、或通风不良、孔底隆起、涌水,须特别审慎。

(6) 经济分析与施工工期,在满足上述条件的基础上确定可供选择桩型,最终应从经济及工期要求确定桩型。

下面介绍几种我国应用的几种主要桩型,见表13-80。

常用桩型  表13-80

| 成桩方法 | 制桩材料或工艺 | 桩身与桩尖形状 | | 施工工艺 |
|---|---|---|---|---|
| 预制桩 | 钢筋混凝土桩 | 方桩 | 传统桩尖<br>桩尖型钢加强 | 锤击沉桩<br>振动沉桩<br>静力压桩 |
| | | 三角形桩 | | |
| | | 空心方桩 | 传统桩尖<br>平底桩 | 三角形桩<br>传统尖桩<br>平底桩 |
| | | 管桩 | | |
| | | 预应力管桩 | 尖底桩<br>平底桩 | |
| | 钢桩 | 钢管桩 | 开口桩<br>闭口桩 | |
| | | H型钢桩 | | |
| 灌注桩 | 沉管灌注桩 | 直身桩、预制锥形桩 | | |
| | | 扩底桩 | 内击式扩底桩 | |
| | | | 无靴端夯扩桩 | |
| | | | 预制平底人工扩底桩 | |
| | 钻(冲、挖)孔灌注桩 | 直身桩<br>扩底桩<br>多节挤扩桩<br>嵌岩桩 | 钻孔桩<br>冲孔桩<br>人工挖孔桩 | 后压浆钻孔灌注桩<br>普通钻孔灌注桩 |

## 13.4.2 桩基构造

### 13.4.2.1 桩基构造

根据成桩方法并考虑材料性质,工程中的常用桩型可分成灌注桩、预制混凝土桩和钢桩等三种主要类型。

灌注桩构造与预制桩一致,均需按照配筋率及混凝土保护层厚度设计确定基桩构造。灌注桩只是配筋问题,不需考虑运输、吊运、锤击沉桩等因素。灌注桩身直径为 200～300mm 时,正截面配筋率可取 0.65%～0.2%(小直径取高值),箍筋直径不应小于 6mm,采用螺旋式,间距宜为 200～300mm。桩身混凝土强度等级不得低于 C25,混凝土预制桩尖强度等级不得低于 C30。

钢筋混凝土预制桩的截面边长不小于 200mm,其中预应力混凝土预制桩的截面边长不小于 350mm。预制桩的主筋直径不宜小于 $\phi 14$,箍筋一般采用Ⅰ级钢筋,采用封闭式;混凝土强度等级不宜低于 C30,预应力混凝土实心桩的混凝土强度等级不宜低于 C40。

钢桩在我国过去很少采用,仅从 20 世纪 70 年代末起,对海洋平台基础和建造在深厚软土地基上少量的高重建筑物,才开始采用大直径开口钢管桩,在个别工程中也有采用宽翼板 H 型钢桩或其他异型桩。使用钢桩时,需根据环境条件考虑防腐蚀问题,防腐蚀的措施有:①外壁加覆防腐蚀涂层或其他覆盖层;②增加管壁的腐蚀厚度;③水下采用阴极保护;④选用耐腐蚀钢种。

### 13.4.2.2 承台构造

桩基承台的构造,应满足抗冲切、抗剪切、抗弯承载力和上部结构要求外,承台的最小尺寸、混凝土、钢筋配置的设计的具体要求参照现行行业标准《建筑桩基技术规范》JGJ 94 执行。

桩基与承台的连接应满足下列要求:

(1) 嵌入承台内的长度,对中等直径桩不宜小于 50mm;对大直径桩不宜小于 100mm。

(2) 混凝土桩顶纵向主筋应锚入承台内,其锚入长度不宜小于 35 倍纵向主筋直径。对于抗拔桩,桩顶纵向主筋的锚固长度应按现行国家标准《混凝土结构设计标准》GB/T 50010 确定。

(3) 对于大直径灌注桩,当采用一柱一桩时可设置承台或将桩与柱直接连接。

## 13.4.3 桩基承载力的确定

### 13.4.3.1 桩基竖向受压承载力

1. 单桩竖向承载力

单桩竖向承载力特征值以 $R_a$ 表示,可按下式确定:

$$R_a = \frac{1}{K} Q_{uk} \tag{13-93}$$

式中 $Q_{uk}$ ——单桩竖向极限承载力标准值,由总极限侧摩阻力 $Q_{sk}$ 和总极限端阻力 $Q_{pk}$ 组成;

$K$ ——安全系数,取 $K = 2$。

现行行业标准《建筑桩基技术规范》JGJ 94 规定，设计采用的单桩竖向极限承载力标准值应符合下列规定：

（1）设计等级为甲级的建筑基桩，应通过单桩静载试验确定；

（2）设计等级为乙级的建筑基桩，当地质条件简单时，可参照地质条件相同的试桩资料，结合静力触探等原位测试和经验参数综合确定；其余均应通过单桩静载试验确定；

（3）设计等级为丙级的建筑基桩，可根据原位测试和经验参数确定。

《建筑桩基技术规范》JGJ 94 中列出单桩竖向极限承载力的标准值计算方法如下：

（1）常规桩基单桩极限承载力

1）原位测试法

① 根据单桥探头静力触探资料确定：

$$Q_{uk} = Q_{sk} + Q_{pk} = u\sum q_{sik} l_i + \alpha p_{sk} A_p \tag{13-94}$$

当 $p_{sk1} \leqslant p_{sk2}$ 时，
$$p_{sk} = \frac{1}{2}(p_{sk1} + \beta \cdot p_{sk2}) \tag{13-95}$$

当 $p_{sk1} > p_{sk2}$ 时，
$$p_{sk} = p_{sk2} \tag{13-96}$$

式中　$Q_{sk}$、$Q_{pk}$ ——单桩的总极限侧阻力标准值和总极限端阻力标准值；

　　　　$u$ ——桩身周长；

　　　　$q_{sik}$ ——用静力触探比贯入阻力值估算的桩周第 $i$ 层土的极限侧阻力；

　　　　$l_i$ ——桩周第 $i$ 层土的厚度；

　　　　$\alpha$ ——桩端阻力修正系数，可按表 13-81 取值；

　　　　$p_{sk}$ ——桩端附近的静力触探比贯入阻力标准值（平均值）；

　　　　$A_p$ ——桩端面积；

　　　　$p_{sk1}$ ——桩端全截面以上 8 倍桩径范围内的比贯入阻力平均值；

　　　　$p_{sk2}$ ——桩端全截面以下 4 倍桩径范围内的比贯入阻力平均值，如桩端持力层为密实的砂土层，其比贯入阻力平均值 $p_s$ 超过 20MPa 时，则需乘以表 13-82 中系数 $C$ 予以折减后，再计算 $p_{sk2}$ 及 $p_{sk1}$ 值；

　　　　$\beta$ ——折减系数，按表 13-83 选用。

桩端阻力修正系数 $\alpha$ 值　　表 13-81

| 长 (m) | $l < 15$ | $15 \leqslant l \leqslant 30$ | $30 < l \leqslant 60$ |
|---|---|---|---|
| $\alpha$ | 0.75 | 0.75～0.90 | 0.90 |

系数 $C$ 值　　表 13-82

| $p_s$ (MPa) | 20～30 | 35 | >40 |
|---|---|---|---|
| 系数 $C$ | 5/6 | 2/3 | 1/2 |

折减系数 $\beta$ 值　　表 13-83

| $p_{sk2}/p_{sk1}$ | $\leqslant 5$ | 7.5 | 12.5 | $\geqslant 15$ |
|---|---|---|---|---|
| $\beta$ | 1 | 5/6 | 2/3 | 1/2 |

注：桩长 $15 \leqslant l \leqslant 30$m，$\alpha$ 值按 $l$ 值直线内插；$l$ 为长（不包括桩尖高度）。

系数 $\eta_s$ 值　　　　　表 13-84

| $p_{sk}/p_{sl}$ | ≤5 | 7.5 | ≥10 |
|---|---|---|---|
| $\eta_s$ | 1.00 | 0.50 | 0.33 |

注：1. $q_{sik}$ 值应结合土工试验资料，依据土的类别、埋藏深度、排列次序，按图 13-42 折线取值；图 13-42 中，直线 A（线段 gh）适用于地表下 6m 范围内的土层；折线 B（oabc）适用于粉土及砂土土层以上（或无粉土及砂土土层地区）的黏性土；折线 C（线段 odef）适用于粉土及砂土土层以下的黏性土；折线 D（线段 oef）适用于粉土、粉砂、细砂及中砂。
2. $p_{sk}$ 为桩端穿过的中密～密实砂土、粉土的比贯入阻力平均值；$p_{sl}$ 为砂土、粉土的下卧软土层的比贯入阻力平均值。
3. 采用的单桥探头，圆锥底面积为 15cm²，底部带 7cm 高滑套，锥角 60°。
4. 当桩端穿过粉土、粉砂、细砂及中砂层底面时，折线 D 估算的 $q_{sik}$ 值（表 13-85）需乘以表 13-84 中系数 $\eta_s$ 值。

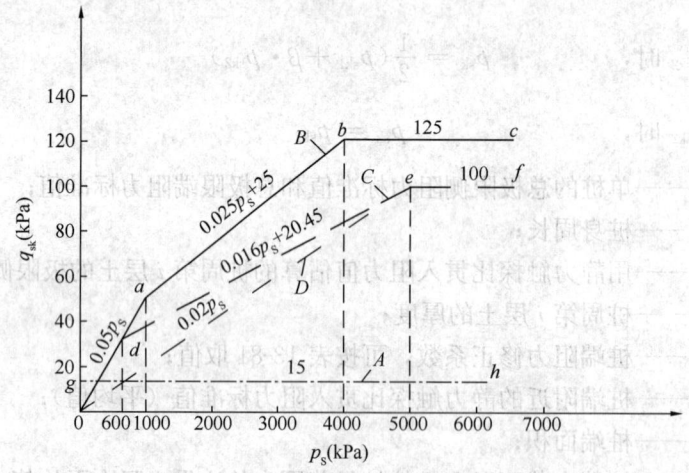

图 13-42 　$Q_{sk}$—$p_s$ 曲线

桩的极限侧阻力标准值 $q_{sik}$ (kPa)　　　　　表 13-85

| 土的名称 | 土的状态 | | 混凝土预制桩 | 泥浆护壁钻（冲）孔桩 | 干作业钻孔桩 |
|---|---|---|---|---|---|
| 填土 | | | 22～30 | 20～28 | 20～28 |
| 淤泥 | | | 14～20 | 12～18 | 12～18 |
| 淤泥质土 | | | 22～30 | 20～28 | 20～28 |
| 黏性土 | 流塑 | $I_L>1$ | 24～40 | 21～38 | 21～38 |
| | 软塑 | $0.75<I_L≤1$ | 40～55 | 38～53 | 38～53 |
| | 可塑 | $0.50<I_L≤0.75$ | 55～70 | 53～68 | 53～66 |
| | 硬可塑 | $0.25<I_L≤0.50$ | 70～86 | 68～84 | 66～82 |
| | 硬塑 | $0<I_L≤0.25$ | 86～98 | 84～96 | 82～94 |
| | 坚硬 | $I_L≤0$ | 98～105 | 96～102 | 94～104 |
| 红黏土 | $0.7<\alpha_w≤1$ | | 13～32 | 12～30 | 12～30 |
| | $0.5<\alpha_w≤0.7$ | | 32～74 | 30～70 | 30～70 |

续表

| 土的名称 | 土的状态 | | 混凝土预制桩 | 泥浆护壁钻（冲）孔桩 | 干作业钻孔桩 |
|---|---|---|---|---|---|
| 粉土 | 稍密 | $e>0.9$ | 26~46 | 24~42 | 24~42 |
| | 中密 | $0.75 \leqslant e \leqslant 0.9$ | 46~66 | 42~62 | 42~62 |
| | 密实 | $e<0.75$ | 66~88 | 62~82 | 62~82 |
| 粉细砂 | 稍密 | $10<N \leqslant 15$ | 24~48 | 22~46 | 22~46 |
| | 中密 | $15<N \leqslant 30$ | 48~66 | 46~64 | 46~64 |
| | 密实 | $N>30$ | 66~88 | 64~86 | 64~86 |
| 中砂 | 中密 | $15<N \leqslant 30$ | 54~74 | 53~72 | 53~72 |
| | 密实 | $N>30$ | 74~95 | 72~94 | 72~94 |
| 粗砂 | 中密 | $15<N \leqslant 30$ | 74~95 | 74~95 | 76~98 |
| | 密实 | $N>30$ | 95~116 | 95~116 | 98~120 |
| 砾砂 | 稍密 | $5<N_{63.5} \leqslant 15$ | 70~110 | 50~90 | 60~100 |
| | 中密（密实） | $N_{63.5}>15$ | 116~138 | 116~130 | 112~130 |
| 圆砾、角砾 | 中密、密实 | $N_{63.5}>10$ | 160~200 | 135~150 | 135~150 |
| 碎石、卵石 | 中密、密实 | $N_{63.5}>10$ | 200~300 | 140~170 | 150~170 |
| 全风化软质岩 | | $30<N \leqslant 50$ | 100~120 | 80~100 | 80~100 |
| 全风化硬质岩 | | $30<N \leqslant 50$ | 140~160 | 120~140 | 120~150 |
| 强风化软质岩 | | $N_{63.5}>10$ | 160~240 | 140~200 | 140~220 |
| 强风化硬质岩 | | $N_{63.5}>10$ | 220~300 | 160~240 | 160~260 |

注：1. 对于尚未完成自重固结的填土和以生活垃圾为主的杂填土，不计算其侧阻力；
   2. $a_w$ 为含水比，$a_w=w/w_l$，$w$ 为土的天然含水量，$w_l$ 为土的液限；
   3. $N$ 为标准贯入击数；$N_{63.5}$ 为重型圆锥动力触探击数；
   4. 全风化、强风化软质岩和全风化、强风化硬质岩系指其母岩分别为 $f_{rk} \leqslant 15MPa$、$f_{rk}>30MPa$ 的岩石。

② 根据双桥探头静力触探资料可按下式计算：

$$Q_{uk} = Q_{sk} + Q_{pk} = u \sum l_i \cdot \beta_i \cdot f_{si} + \alpha \cdot q_c \cdot A_p \tag{13-97}$$

式中 $f_{si}$——第 $i$ 层土的探头平均侧阻力（kPa）；

$q_c$——桩端平面上、下探头阻力，取桩端平面以上 $4d$（$d$ 为桩的直径或边长）范围内按土层厚度的探头阻力加权平均值（kPa），再和桩端平面以下 $1d$ 范围内的探头阻力进行平均；

$\alpha$——桩端阻力修正系数，对于黏性土、粉土取 2/3，饱和砂土取 1/2；

$\beta_i$——第 $i$ 层土桩侧阻力综合修正系数：

黏性土、粉土：
$$\beta_i = 10.04(f_{si})^{-0.55} \tag{13-98}$$

砂土：
$$\beta_i = 5.05(f_{si})^{-0.45} \tag{13-99}$$

注：双桥探头的圆锥底面积为 15cm²，锥角 60°，摩擦套筒高 21.85cm，侧面积 300cm²。

2）经验法确定单极限承载力

当根据土的物理指标与承载力参数之间的经验关系确定单桩竖向极限承载力标准值时，宜按下式估算：

$$Q_{uk} = Q_{sk} + Q_{pk} = u \sum q_{sik} l_i + q_{pk} A_p \tag{13-100}$$

式中 $q_{sik}$——桩侧第 $i$ 层土的极限侧阻力标准值，如无当地经验时，可按表 13-85 取值；

$q_{pk}$——桩极限端阻力标准值，如无当地经验时，可按表 13-86 取值。

表 13-86 桩的极限端阻力标准值 $q_{pk}$ (kPa)

| 土名称 | 土的状态 | | 桩型 | | | | | | | | | |
|---|---|---|---|---|---|---|---|---|---|---|---|---|
| | | | 混凝土预制桩长 $l$ (m) | | | | 泥浆护壁钻(冲)孔桩长 $l$ (m) | | | | 干作业钻孔桩长 $l$ (m) | | |
| | | | $l\leq9$ | $9<l\leq16$ | $16<l\leq30$ | $l>30$ | $5\leq l<10$ | $10\leq l<15$ | $15\leq l<30$ | $30\leq l$ | $5\leq l<10$ | $10\leq l<15$ | $15\leq l$ |
| 黏性土 | 软塑 | $0.75<I_L\leq1$ | 210~850 | 650~1400 | 1200~1800 | 1300~1900 | 150~250 | 250~300 | 300~450 | 300~450 | 200~400 | 400~700 | 700~950 |
| | 可塑 | $0.50<I_L\leq0.75$ | 850~1700 | 1400~2200 | 1900~2800 | 2300~3600 | 350~450 | 450~600 | 600~750 | 750~800 | 500~700 | 800~1100 | 1000~1600 |
| | 硬可塑 | $0.25<I_L\leq0.50$ | 1500~2300 | 2300~3300 | 2700~3600 | 3600~4400 | 800~900 | 900~1000 | 1000~1200 | 1200~1400 | 850~1100 | 1500~1700 | 1700~1900 |
| | 硬塑 | $0<I_L\leq0.25$ | 2500~3800 | 3800~5500 | 5500~6000 | 6000~6800 | 1100~1200 | 1200~1400 | 1400~1600 | 1600~1800 | 1600~1800 | 2200~2400 | 2600~2800 |
| 粉土 | 中密 | $0.75<I_L<0.9$ | 950~1700 | 1400~2100 | 1900~2700 | 2500~3400 | 300~500 | 500~650 | 650~750 | 750~850 | 800~1200 | 1200~1400 | 1400~1600 |
| | 密实 | $e<0.75$ | 1500~2600 | 2100~3000 | 2700~3600 | 3600~4400 | 650~900 | 750~950 | 900~1100 | 1100~1200 | 1200~1700 | 1400~1900 | 1600~2100 |
| 粉砂 | 稍密 | $10<N\leq15$ | 1000~1600 | 1500~2300 | 1900~2700 | 2100~3000 | 350~500 | 450~600 | 600~700 | 650~750 | 500~950 | 1300~1600 | 1500~1700 |
| | 中密、密实 | $N>15$ | 1400~2200 | 2100~3000 | 3000~4500 | 3800~5500 | 600~750 | 750~900 | 900~1100 | 1100~1200 | 900~1000 | 1700~1900 | 1700~1900 |
| 细砂 | | | 2500~4000 | 3600~5000 | 4400~6000 | 5300~7000 | 650~850 | 900~1200 | 1200~1500 | 1500~1800 | 1200~1600 | 2000~2400 | 2400~2700 |
| 中砂 | 中密、密实 | $N>15$ | 4000~6000 | 5500~7000 | 6500~8000 | 7500~9000 | 850~1050 | 1100~1500 | 1500~1900 | 1900~2100 | 1800~2400 | 2800~3800 | 3600~4400 |
| 粗砂 | | | 5700~7500 | 7500~8500 | 8500~10000 | 9500~11000 | 1500~1800 | 2100~2400 | 2400~2600 | 2600~2800 | 2900~3600 | 4000~4600 | 4600~5200 |
| 砾砂 | | $N>15$ | 6000~9500 | | 9000~10500 | | 1400~2000 | | 2000~3200 | | 3500~5000 | | |
| 角砾、圆砾 | 中密、密实 | $N_{63.5}>10$ | 7000~10000 | | 9500~11500 | | 1800~2200 | | 2200~3600 | | 4000~5500 | | |
| 碎石、卵石 | | $N_{63.5}>10$ | 8000~11000 | | 10500~13000 | | 2000~3000 | | 3000~4000 | | 4500~6500 | | |
| 全风化软质岩 | | $30<N\leq50$ | 4000~6000 | | | | 1000~1600 | | | | 1200~2000 | | |
| 全风化硬质岩 | | $30<N\leq50$ | 5000~8000 | | | | 1200~2000 | | | | 1400~2400 | | |
| 强风化软质岩 | | $N_{63.5}>10$ | 6000~9000 | | | | 1400~2200 | | | | 1600~2600 | | |
| 强风化硬质岩 | | $N_{63.5}>10$ | 7000~11000 | | | | 1800~2800 | | | | 2000~3000 | | |

注: 1. 砂土和碎石类土中的极限桩端阻力取值,宜综合考虑土的密实度,桩端进入持力层的深径比 $h_b/d$, 土愈密实, $h_b/d$ 愈大,取值愈高。
2. 预制桩的岩石极限桩端阻力指桩端支承于中、微风化基岩表面或进入强风化岩、软质岩一定深度条件下极限桩端阻力;
3. 全风化、强风化软质岩和全风化、强风化硬质岩是指其母岩分别为 $f_{rk}\leq15MPa$, $f_{rk}>30MPa$ 的岩石。

(2) 非常规桩基单桩极限承载力

1) 大直径桩

根据土的物理指标与承载力参数之间的经验关系,确定大直径桩单桩极限承载力标准值时,可按下式计算:

$$Q_{uk} = Q_{sk} + Q_{pk} = u \sum \psi_{si} q_{sik} l_i + \psi_p q_{pk} A_p \quad (13\text{-}101)$$

式中 $q_{sik}$——桩侧第 $i$ 层土极限侧阻力标准值,如无当地经验值时,可按表 13-85 取值,对于扩底桩的扩大头斜面及变截面以上 $2d$ 长度范围不计桩侧阻力;

$q_{pk}$——桩径为 800mm 的极限端阻力标准值,对于干作业挖孔桩(清底干净)可采用深层载荷板试验确定;当不能进行深层载荷板试验时,可按表 13-87 取值;

$\psi_{si}$、$\psi_p$——大直径桩侧阻、端阻尺寸效应系数,按表 13-88 取值;

$u$——桩身周长,当人工挖孔桩周护壁为振捣密实的混凝土时,桩身周长可按护壁外直径计算。

**干作业挖孔(清底干净,$D=800$mm)桩极限端阻力标准值 $q_{pk}$(kPa)** 表 13-87

| 土名称 | | 状态 | | |
|---|---|---|---|---|
| 黏性土 | | $0.25 < I_L \leqslant 0.75$ | $0 < I_L \leqslant 0.25$ | $I_L \leqslant 0$ |
| | | 800~1800 | 1800~2400 | 2400~3000 |
| 粉土 | | | $0.75 \leqslant e \leqslant 0.9$ | $e < 0.75$ |
| | | | 1000~1500 | 1500~2000 |
| 砂土碎石类土 | | 稍密 | 中密 | 密实 |
| | 粉砂 | 500~700 | 800~1100 | 1200~2000 |
| | 细砂 | 700~1100 | 1200~1800 | 2000~2500 |
| | 中砂 | 1000~2000 | 2200~3200 | 3500~5000 |
| | 粗砂 | 1200~2200 | 2500~3500 | 4000~5500 |
| | 砾砂 | 1400~2400 | 2600~4000 | 5000~7000 |
| | 圆砾、角砾 | 1600~3000 | 3200~5000 | 6000~9000 |
| | 卵石、碎石 | 2000~3000 | 3300~5000 | 7000~11000 |

注:1. 当进入持力层的深度 $h_b$ 分别为:$h_b \leqslant D$,$D < h_b \leqslant 4D$,$h_b > 4D$ 时,$q_{pk}$ 可相应取低、中、高值;
2. 砂土密实度可根据标贯击数判定,$N \leqslant 10$ 为松散,$10 < N \leqslant 15$ 为稍密,$15 < N \leqslant 30$ 为中密,$N > 30$ 为密实;
3. 当桩的长径比 $l/d \leqslant 8$ 时,$q_{pk}$ 宜取较低值;
4. 当对沉降要求不严时,$q_{pk}$ 可取高值。

**大直径灌注桩侧阻尺寸效应系数 $\psi_{si}$、端阻尺寸效应系数 $\psi_p$** 表 13-88

| 土类型 | 黏性土、粉土 | 砂土、碎石类土 |
|---|---|---|
| $\psi_{si}$ | $(0.8d)^{1/5}$ | $(0.8d)^{1/3}$ |
| $\psi_p$ | $(0.8D)^{1/4}$ | $(0.8D)^{1/3}$ |

注:当为等直径桩时,表中 $D=d$。

2) 钢管桩单桩极限承载力

当根据土的物理指标与承载力参数之间的经验关系确定钢管桩单桩竖向极限承载力标准值时，可按下式计算：

$$Q_{uk} = Q_{sk} + Q_{pk} = u\sum q_{sik}l_i + \lambda_p q_{pk} A_p \tag{13-102}$$

式中 $\lambda_p$ ——桩端土塞效应系数，对于闭口钢管桩 $\lambda_p=1$，对于敞口钢管桩：当 $h_b/d<5$ 时，$\lambda_p=0.16h_b/d$，当 $h_b/d \geqslant 5$ 时，$\lambda_p=0.8$；

$h_b$ ——桩端进入持力层深度；

$d$ ——钢管桩外径。

对于带隔板的半敞口钢管桩，应以等效直径 $d_e$ 代替 $d$ 确定 $\lambda_p$；$d_e = d\sqrt{n}$；其中 $n$ 为桩端隔板分割数。

3) 混凝土空心桩单桩极限承载力

当根据土的物理指标与承载力参数之间的经验关系确定敞口预应力混凝土空心桩单桩竖向极限承载力标准值时，可按下式计算：

$$Q_{uk} = Q_{sk} + Q_{pk} = u\sum q_{sik}l_i + q_{pk}(A_j + \lambda_p A_{p1}) \tag{13-103}$$

当 $h_b/d_1 < 5$ 时，$\lambda_p = 0.16 h_b/d_1$

当 $h_b/d_1 \geqslant 5$ 时，$\lambda_p = 0.8$

式中 $A_j$ ——空心桩桩端净面积：管桩：$A_j = \frac{\pi}{4}(d^2 - d_1^2)$；空心方桩：$A_j = b^2 - \frac{\pi}{4}d_1^2$；

$A_{p1}$ ——空心桩敞口面积：$A_{p1} = \pi d_1^2/4$；

$\lambda_p$ ——桩端土塞效应系数；

$d$、$b$ ——空心桩外径、边长；

$d_1$ ——空心桩内径。

4) 嵌岩桩单极限承载力

桩端置于完整、较完整基岩的嵌岩单桩竖向极限承载力，可按下式计算：

$$Q_{uk} = Q_{sk} + Q_{rk} = u\sum q_{sik}l_i + \zeta_r f_{rk} A_p \tag{13-104}$$

式中 $Q_{sk}$、$Q_{rk}$ ——分别为土的总极限侧阻力标准值、嵌岩段总极限阻力标准值；

$q_{sik}$ ——桩周第 $i$ 层土的极限侧阻力标准值，无地区经验时，可根据成桩工艺按表 13-85 取值；

$f_{rk}$ ——岩石饱和单轴抗压强度标准值，黏土岩取天然湿度单轴抗压强度标准值；

$\zeta_r$ ——桩嵌岩段侧阻和端阻综合系数，可按表 13-89 采用；表中数值适用于泥浆护壁成桩，对于干作业成（清底干净）桩和泥浆护壁成桩后注浆，$\zeta_r$ 应取表列数值的 1.2 倍。

**桩嵌岩段侧阻和端阻综合系数 $\zeta_r$** 表13-89

| 嵌岩深径比 $h_r/d$ | 0 | 0.5 | 1.0 | 2.0 | 3.0 | 4.0 | 5.0 | 6.0 | 7.0 | 8.0 |
|---|---|---|---|---|---|---|---|---|---|---|
| 极软岩、软岩 | 0.60 | 0.80 | 0.95 | 1.18 | 1.35 | 1.48 | 1.57 | 1.63 | 1.66 | 1.70 |
| 较硬岩、坚硬岩 | 0.45 | 0.65 | 0.81 | 0.90 | 1.00 | 1.04 | — | — | — | — |

注：1. 极软岩、软岩指 $f_{rk} \leqslant 15\text{MPa}$，较硬岩、坚硬岩指 $f_{rk} > 30\text{MPa}$，介于二者之间可内插取值；
2. $h_r$ 为桩身嵌岩深度，当岩面倾斜时，以坡下方嵌岩深度为准；当 $h_r/d$ 为非表列值时，$\zeta_r$ 可内插取值。

5）后注浆灌注桩单桩极限承载力

后注浆灌注桩的单桩极限承载力，应通过静载试验确定。在后注浆技术实施规定的条件下，其后注浆单桩极限承载力标准值可按下式估算：

$$Q_{uk} = Q_{sk} + Q_{gsk} + Q_{gpk} = u\sum q_{sjk}l_j + u\sum \beta_{si}q_{sik}l_{gi} + \beta_p q_{pk} A_p \quad (13\text{-}105)$$

式中  $Q_{sk}$——后注浆非竖向增强段的总极限侧阻力标准值；
$Q_{gsk}$——后注浆竖向增强段的总极限侧阻力标准值；
$Q_{gpk}$——后注浆总极限端阻力标准值；
$u$——桩身周长；
$l_j$——后注浆非竖向增强段第 $j$ 层土厚度；
$l_{gi}$——后注浆竖向增强段内第 $i$ 层土厚度；对于泥浆护壁成孔灌注桩，当为单一桩端后注浆时，竖向增强段为桩端以上12m；当为桩端、桩侧复式注浆时，竖向增强段为桩端以上12m及各桩侧注浆断面以上12m，重叠部分应扣除；对于干作业灌注桩，竖向增强段为桩端以上、桩侧注浆断面上下各6m；
$q_{sik}$、$q_{sjk}$、$q_{pk}$——分别为后注浆竖向增强段第 $i$ 土层初始极限侧阻力标准值、非竖向增强段第 $j$ 土层初始极限侧阻力标准值、初始极限端阻力标准值；
$\beta_{si}$、$\beta_p$——分别为后注浆侧阻力、端阻力增强系数，无地区经验时，可按表13-90取值。

**后注浆侧阻力增强系数 $\beta_{si}$、端阻力增强系数 $\beta_p$** 表13-90

| 土层名称 | 淤泥、淤泥质土 | 黏性土、粉土 | 粉砂、细砂 | 中砂 | 粗砂、砾砂 | 砾石、卵石 | 全风化岩、强风化岩 |
|---|---|---|---|---|---|---|---|
| $\beta_{si}$ | 1.2~1.3 | 1.4~1.8 | 1.6~2.0 | 1.7~2.1 | 2.0~2.5 | 2.4~3.0 | 1.4~1.8 |
| $\beta_p$ | — | 2.2~2.5 | 2.4~2.8 | 2.6~3.0 | 3.0~3.5 | 3.2~4.0 | 2.0~2.4 |

注：干作业钻、挖孔桩，$\beta_p$ 按表列值乘以小于1.0的折减系数。当桩端持力层为黏性土或粉土时，折减系数取0.6；为砂土或碎石土时，取0.8。

后注浆钢导管注浆后可替代等截面、等强度的纵向主筋。

**2. 基桩竖向受压承载力**

现行行业标准《建筑桩基技术规范》JGJ 94规定，对于端承型桩基、桩数少于4根的摩擦型柱下独立桩基、或由于地层土性、使用条件等因素不宜考虑承台效应时，基桩竖向承载力特征值应取单桩竖向承载力特征值。

对于符合下列条件之一的摩擦型桩基，宜考虑承台效应确定其复合基桩竖向受压承载力特征值：

(1) 上部结构整体刚度较好、体型简单的建(构)筑物；
(2) 对差异沉降适应性较强的排架结构和柔性构筑物；
(3) 按变刚度调平原则设计的桩基刚度相对弱化区；
(4) 软土地基的减沉复合疏桩基础。

考虑承台效应的复合基桩竖向受压承载力特征值可按下式确定：

不考虑地震作用时

$$R = R_a + \eta_c f_{ak} A_c \qquad (13\text{-}106)$$

考虑地震作用时

$$R = R_a + \frac{\zeta_a}{1.25} \eta_c f_{ak} A_c \qquad (13\text{-}107)$$

$$A_c = (A - nA_{ps})/n \qquad (13\text{-}108)$$

式中 $\eta_c$ ——承台效应系数，可按表 13-91 取值，当承台底为可液化土、湿陷性土、高灵敏度土、欠固结土、新填土时，沉桩引起超孔隙水压力和土体隆起时，不考虑承台效应，取 $\eta_c = 0$；

$f_{ak}$ ——承台下 1/2 承台宽度且不超过 5m 深度范围内各层土的地基承载力特征值按厚度加权的平均值；

$A_c$ ——计算基桩所对应的承台底净面积；

$A_{ps}$ ——桩身截面面积；

$A$ ——承台计算域面积，对于柱下独立桩基，$A$ 为承台总面积；对于桩筏基础，$A$ 为柱、墙筏板的 1/2 跨距和悬臂边 2.5 倍筏板厚度所围成的面积；桩集中布置于单片墙下的筏形基础，取墙两边各 1/2 跨距围成的面积，按单排桩条形承台计算 $\eta_c$；

$\zeta_a$ ——地基抗震承载力调整系数，按现行国家标准《建筑抗震设计标准》GB/T 50011 采用；

$n$ ——桩总数。

承台效应系数 $\eta_c$       表 13-91

| $B_c/l$ | $s_a/d$ | | | | |
|---|---|---|---|---|---|
| | 3 | 4 | 5 | 6 | >6 |
| ≤0.4 | 0.06~0.08 | 0.14~0.17 | 0.22~0.26 | 0.32~0.38 | 0.50~0.80 |
| 0.4~0.8 | 0.08~0.10 | 0.17~0.20 | 0.26~0.30 | 0.38~0.44 | |
| >0.8 | 0.10~0.12 | 0.20~0.22 | 0.30~0.34 | 0.44~0.50 | |
| 单排桩条形承台 | 0.15~0.18 | 0.25~0.30 | 0.38~0.45 | 0.50~0.60 | |

注：1. 表中 $s_a/d$ 为桩中心距与桩径之比；$B_c/l$ 为承台宽度与长之比。当计算基桩为非正方形排列时，$s_a = \sqrt{A/n}$，$A$ 为承台计算域面积，$n$ 为总桩数；
2. 对于桩布置于墙下的箱、筏承台，$\eta_c$ 可按单排桩条形承台取值；
3. 对于单排桩条形承台，当承台宽度小于 $1.5d$ 时，$\eta_c$ 按非条形承台取值；
4. 对于采用后注浆灌注桩的承台，$\eta_c$ 宜取低值；
5. 对于饱和黏性土中的挤土桩基、软土地基上的桩基承台，$\eta_c$ 宜取低值的 0.8 倍。

#### 13.4.3.2 桩基水平承载力

1. 单桩水平承载力

现行行业标准《建筑桩基技术规范》JGJ 94 中规定，确定单桩的水平承载力特征值应符合下列规定：

（1）对于受水平荷载较大的设计等级为甲级、乙级的建筑桩基，单桩水平承载力特征值应通过单桩水平静载试验确定，试验方法可按现行行业标准《建筑桩基检测技术规范》JGJ 106 执行。

（2）对于钢筋混凝土预制桩、钢桩、桩身配筋率不小于 0.65% 的灌注桩，可根据静载试验结果取地面处水平位移为 10mm（对于水平位移敏感的建筑物取水平位移 6mm）所对应的荷载的 75% 为单桩水平承载力特征值。

（3）对于桩身配筋率小于 0.65% 的灌注桩，可取单桩水平静载试验的临界荷载的 75% 为单桩水平承载力特征值。

（4）当缺少单桩水平静载试验资料时，可按下列公式估算桩身配筋率小于 0.65% 的灌注桩的单桩水平承载力特征值：

$$R_{ha} = \frac{0.75\alpha\gamma_m f_t W_0}{v_M}(1.25 + 22\rho_g)\left(1 \pm \frac{\xi_N \cdot N_k}{\gamma_m f_t A_n}\right) \quad (13\text{-}109)$$

式中 $\alpha$ ——桩的水平变形系数，$\alpha = \sqrt[5]{\dfrac{mb_0}{EI}}$，$m$ 为桩侧土水平抗力系数的比例系数，$b_0$ 为桩身的计算宽度；

$EI$ ——桩身抗弯刚度，对于钢筋混凝土桩，$EI = 0.85 E_c I_0$；其中 $I_0$ 为桩身换算截面惯性矩；圆形截面为 $I_0 = W_0 d_0/2$；矩形截面为 $I_0 = W_0 b_0/2$；

$R_{ha}$ ——单桩水平承载力特征值，±号根据桩顶竖向力性质确定，压力取"+"，拉力取"−"；

$\gamma_m$ ——截面模量塑性系数，圆形桩截面 $\gamma_m = 2$，矩形桩截面 $\gamma_m = 1.75$；

$f_t$ ——桩身混凝土抗拉强度设计值；

$W_0$ ——桩身换算截面受拉边缘的截面模量，圆形截面为：$W_0 = \dfrac{\pi d}{32}[d^2 + 2(\alpha_E - 1)\rho_g d_0^2]$；方形截面为：$W_0 = \dfrac{b}{6}[b^2 + 2(\alpha_E - 1)\rho_g b_0^2]$，其中，$d$ 为直径，$d_0$ 为扣除保护层厚度的桩直径；$b$ 为方形截面边长，$b_0$ 为扣除保护层厚度的桩截面宽度；$\alpha_E$ 为钢筋弹性模量与混凝土弹性模量的比值；

$v_M$ ——桩身最大弯矩系数，按表 13-92 取值，当单桩基础和单排桩基纵向轴线与水平力方向相垂直时，按桩顶铰接考虑。

**桩顶（身）最大弯矩系数 $v_M$ 和桩顶水平位移系数 $v_x$**　　表 13-92

| 桩顶约束情况 | 桩的换算埋深（$\alpha h$） | $v_M$ | $v_x$ |
| --- | --- | --- | --- |
| 铰接、自由 | 4.0 | 0.768 | 2.441 |
| | 3.5 | 0.750 | 2.502 |
| | 3.0 | 0.703 | 2.727 |
| | 2.8 | 0.675 | 2.905 |
| | 2.6 | 0.639 | 3.163 |
| | 2.4 | 0.601 | 3.526 |

续表

| 桩顶约束情况 | 桩的换算埋深（$\alpha h$） | $v_M$ | $v_x$ |
|---|---|---|---|
| 固接 | 4.0 | 0.926 | 0.940 |
| | 3.5 | 0.934 | 0.970 |
| | 3.0 | 0.967 | 1.028 |
| | 2.8 | 0.990 | 1.055 |
| | 2.6 | 1.018 | 1.079 |
| | 2.4 | 1.045 | 1.095 |

注：1. 铰接（自由）的 $v_M$ 系桩身的最大弯矩系数，固接的 $v_M$ 系桩顶的最大弯矩系数；
2. 当 $\alpha h > 4$ 时取 $\alpha h = 4.0$。

$\rho_g$ ——桩身配筋率；

$A_n$ ——桩身换算截面积；圆形截面为：$A_n = \dfrac{\pi d^2}{4}[1+(\alpha_E-1)\rho_g]$；方形截面为：$A_n = b^2[1+(\alpha_E-1)\rho_g]$；

$\zeta_N$ ——桩顶竖向力影响系数，竖向压力取 0.5；竖向拉力取 1.0；

$N_k$ ——在荷载效应标准组合下桩顶的竖向力（kN）。

(5) 当桩的水平承载力由水平位移控制，且缺少单桩水平静载试验资料时，可按下式估算预制桩、钢桩、桩身配筋率不小于 0.65% 的灌注桩单桩水平承载力特征值：

$$R_{ha} = 0.75 \frac{\alpha^3 EI}{v_x} x_{0a} \tag{13-110}$$

式中　$EI$ ——桩身抗弯刚度，对于钢筋混凝土桩，$EI = 0.85 E_c I_0$；其中，$E_c$ 为混凝土弹性模量，$I_0$ 为桩身换算截面惯性矩：圆形截面为 $I_0 = W_0 d_0/2$；矩形截面为 $I_0 = W_0 d_0/2$；

$x_{0a}$ ——桩顶允许水平位移；

$v_x$ ——桩顶水平位移系数，按表 13-92 取值，取值方法同 $v_M$。

2. 桩基水平承载力

现行行业标准《建筑桩基技术规范》JGJ 94 规定，桩基水平承载力特征值应考虑由承台、桩群、土相互作用产生的群桩效应，可按下式确定：

$$R_h = \eta_h R_{ha} \tag{13-111}$$

考虑地震作用且 $(s_a)/d \leqslant 6$ 时：$\eta_h = \eta_i \eta_r + \eta_l \tag{13-112}$

$$\eta_i = \frac{\left(\dfrac{s_a}{d}\right)^{0.015 n_2 + 0.45}}{0.15 n_1 + 0.10 n_2 + 1.9} \tag{13-113}$$

$$\eta_l = \frac{m \cdot x_{0a} \cdot B'_c \cdot h_c^2}{2 \cdot n_1 \cdot n_2 \cdot R_{ha}} \tag{13-114}$$

其他情况：$\eta_h = \eta_i \eta_r + \eta_l + \eta_b \tag{13-115}$

$$\eta_b = \frac{\mu \cdot P_c}{n_1 \cdot n_2 \cdot R_h} \tag{13-116}$$

$$B'_c = B_c + 1(m) \tag{13-117}$$

$$P_c = \eta_c f_{ak}(A - nA_{ps}) \tag{13-118}$$

式中 $\eta_h$ ——群桩效应综合系数；
$\eta_i$ ——桩的相互影响效应系数；
$\eta_r$ ——桩顶约束效应系数（桩顶嵌入承台长度 50～100mm 时），按表 13-93 取值；
$\eta_l$ ——承台侧向土抗力效应系数（承台外围回填土为松散状态时取 $\eta_l = 0$）；
$\eta_b$ ——承台底摩阻效应系数；
$s_a/d$ ——沿水平荷载方向的距径比；
$n_1$、$n_2$ ——分别为沿水平荷载方向与垂直水平荷载方向每排中的桩数和总桩数；
$n$ ——总桩数；
$m$ ——承台侧向土水平抗力系数的比例系数，当无试验资料时可按表 13-94 取值；
$x_{oa}$ ——桩顶（承台）的水平位移允许值，当以位移控制时，可取 $x_{0a} = 10mm$（对水平位移敏感的结构物取 $x_{oa} = 6mm$）；当以桩身强度控制（低配筋率灌注桩）时，可近似 $x_{oa} = \dfrac{R_{ha} \cdot v_x}{\alpha^3 \cdot EI}$ 确定；
$B'_c$ ——承台受侧向土抗力一边的计算宽度（m）；
$B_c$ ——承台宽度（m）；
$h_c$ ——承台高度（m）；
$\mu$ ——承台底与地基土间的摩擦系数，可按表 13-95 取值；
$P_c$ ——承台底地基土分担的竖向总荷载标准值；
$\eta_c$ ——按表 13-91 确定；
$A$ ——承台总面积；
$A_{ps}$ ——桩身截面面积。

**桩顶约束效应系数 $\eta_r$**  表 13-93

| 换算深度 $\alpha h$ | 2.4 | 2.6 | 2.8 | 3.0 | 3.5 | ≥4.0 |
|---|---|---|---|---|---|---|
| 位移控制 | 2.58 | 2.34 | 2.20 | 2.13 | 2.07 | 2.05 |
| 强度控制 | 1.44 | 1.57 | 1.71 | 1.82 | 2.00 | 2.07 |

注：$\alpha = \sqrt[5]{mb_0/(EI)}$，$h$ 为桩的入土长度。

**地基土水平抗力系数的比例系数 $m$ 值**  表 13-94

| 序号 | 地基土类别 | 预制桩、钢桩 $m$ (MN/m⁴) | 相应单桩在地面处水平位移（mm） | 灌注桩 $m$ (MN/m⁴) | 相应单桩在地面处水平位移（mm） |
|---|---|---|---|---|---|
| 1 | 淤泥；淤泥质土；饱和湿陷性黄土 | 2～4.5 | 10 | 2.5～6 | 6～12 |
| 2 | 流塑（$I_L>1$）、软塑（$0.75<I_L≤1$）状黏性土；$e>0.9$ 粉土；松散粉细砂；松散、稍密填土 | 4.5～6.0 | 10 | 6～14 | 4～8 |

续表

| 序号 | 地基土类别 | 预制桩、钢桩 | | 灌注桩 | |
|---|---|---|---|---|---|
| | | $m$ (MN/m$^4$) | 相应单桩在地面处水平位移（mm） | $m$ (MN/m$^4$) | 相应单桩在地面处水平位移（mm） |
| 3 | 可塑（$0.25<I_L\leqslant0.75$）状黏性土、湿陷性黄土；$e=0.75\sim0.9$粉土；中密填土；稍密细砂 | 6.0～10 | 10 | 14～35 | 3～6 |
| 4 | 硬塑（$0<I_L\leqslant0.25$）、坚硬（$I_L\leqslant0$）状黏性土、湿陷性黄土；$e<0.75$粉土；中密的中粗砂；密实老填土 | 10～22 | 10 | 35～100 | 2～5 |
| 5 | 中密、密实的砾砂、碎石类土 | | | 100～300 | 1.5～3 |

注：1. 当桩顶水平位移大于表列数值或灌注桩配筋率较高（≥0.65%）时，$m$值应适当降低；当预制桩的水平向位移小于10mm时，$m$值可适当提高。
2. 当水平荷载为长期或经常出现的荷载时，应将表列数值乘以0.4降低采用；
3. 当地基为可液化土层时，应将表列数值乘以表13-96中相应的系数$\psi_l$。

**承台底与地基土间的摩擦系数 $\mu$**　　　　表13-95

| 土的类别 | | 摩擦系数 $\mu$ |
|---|---|---|
| 黏性土 | 可塑 | 0.25～0.30 |
| | 硬塑 | 0.30～0.35 |
| | 坚硬 | 0.35～0.45 |
| 粉土 | 密实、中密（稍湿） | 0.30～0.40 |
| 中砂、粗砂、砾砂 | | 0.40～0.50 |
| 碎石土 | | 0.40～0.60 |
| 软岩、软质岩 | | 0.40～0.60 |
| 表面粗糙的较硬岩、坚硬岩 | | 0.65～0.75 |

**土层液化折减系数 $\psi_l$**　　　　表13-96

| $\lambda_N=\dfrac{N}{N_{cr}}$ | 自地面算起的液化土层深度 $d_L$（m） | $\psi_l$ |
|---|---|---|
| $\lambda_N\leqslant0.6$ | $d_L\leqslant10$ | 0 |
| | $10<d_L\leqslant20$ | 1/3 |
| $0.6<\lambda_N\leqslant0.8$ | $d_L\leqslant10$ | 1/3 |
| | $10<d_L\leqslant20$ | 2/3 |
| $0.8<\lambda_N\leqslant1.0$ | $d_L\leqslant10$ | 2/3 |
| | $10<d_L\leqslant20$ | 1.0 |

注：1. $N$为饱和土标贯击数实测值；$N_{cr}$为液化判别标贯击数临界值；$\lambda_N$为土层液化指数；
2. 对于挤土桩当桩距小于$4d$，且桩的排数不少于5排，总数不少于25根时，土层液化系数可取2/3～1；桩间土标贯击数达到$N_{cr}$时，取$\psi_l=1$。

### 13.4.3.3 桩的抗拔承载力

桩基的抗拔极限承载力值可以通过现场单桩抗拔静载荷试验测定。设计等级为丙级建筑桩基，采用下面的静力计算公式先算出侧壁摩阻力计算值，然后乘以抗拔折减系数，即得等截面的抗拔承载力。对于一般性工程桩基，可按下列规定计算桩基抗拔极限承载力标准值。

群桩呈非整体破坏时，基桩的抗拔极限承载力标准值可按下式计算：

$$T_{uk} = \sum \lambda_i q_{sik} u_i l_i \tag{13-119}$$

式中 $T_{uk}$——基桩抗拔极限承载力标准值；
　　$u_i$——桩身周长，对于等直径取 $u = \pi d$；对于扩底按表 13-97 取值；
　　$q_{sik}$——桩侧表面第 $i$ 层土的抗拔极限侧阻力标准值，可按表 13-85 取值；
　　$\lambda_i$——抗拔系数，可按表 13-98 取值。

扩底桩破坏表面周长 $u_i$　　　　　　　表 13-97

| 自底起算的长度 $l_i$ | $\leqslant (4 \sim 10)d$ | $> (4 \sim 10)d$ |
|---|---|---|
| $u_i$ | $\pi D$ | $\pi d$ |

注：$l_i$ 对于软土取低值，对于卵石、砾石取高值；$l_i$ 取值按内摩擦角增大而增加。

抗拔系数 $\lambda_i$　　　　　　　表 13-98

| 土类 | $\lambda$ 值 |
|---|---|
| 砂土 | 0.50~0.70 |
| 黏性土、粉土 | 0.70~0.80 |

注：桩长 $l$ 与桩径 $d$ 之比小于 20 时，$\lambda$ 取小值。

群桩呈整体破坏时，基桩的抗拔极限承载力标准值可按下式计算：

$$T_{gk} = \frac{1}{n} u_1 \sum \lambda_i q_{sik} l_i \tag{13-120}$$

式中 $u_1$——群桩外围周长；
　　$n$——总桩数。

等截面桩依据桩周土体破裂面的形状，桩的抗拔承载力计算见下式：

(1) 圆柱状剪切破坏面时的抗拔承载力：

$$P_u = W + \pi d \int_0^L K \bar{\gamma} \tan\varphi \, dz \tag{13-121}$$

式中 $P_u$——桩的极限抗拔承载力；
　　$W$——钻孔的有效重量；
　　$d$——钻孔直径；
　　$L$——钻孔长度（入土深度）；
　　$K$——土的侧压力系数，破坏时 $K = K_u$；
　　$\gamma$——土的有效重度平均值；
　　$\varphi$——桩周土的平均有效内摩擦角。

(2) 对于锥形破坏面的抗拔桩承载力计算见下式：

$$P_u = \pi \bar{\gamma} L \left[ \frac{d^2}{4} + \frac{dL \tan\theta}{2} + \frac{L^2 \tan\theta}{3} \right] + W_c \tag{13-122}$$

对于曲线倒锥滑动面的抗拔桩承载力计算见下式：

$$P_u = \pi \gamma d \frac{L^2}{2} SK \tan\varphi + W_c \tag{13-123}$$

式中　$\gamma$——土的有效重度；
　　　$S$——形状系数；
　　　$\varphi$——桩周土的有效内摩擦角。

扩底部分的抗拔承载力 $Q_B$ 可分两大不同性质的土类（黏性土和砂性土）分别求得：

黏性土（按不排水状态考虑）　$Q_B = \dfrac{\pi}{4}(d_B^2 - d_S^2) N_C \cdot \omega \cdot C_u$ 　　　(13-124)

砂性土（按排水状态考虑）　$Q_B = \dfrac{\pi}{4}(d_B^2 - d_S^2) \bar{\sigma} N_q$ 　　　(13-125)

式中　$d_B$——扩大头直径；
　　　$d_s$——桩杆直径；
　　　$\omega$——扩底扰动引起的抗剪强度折减系数；
　　$N_C$、$N_q$——承载力因素；
　　　$C_u$——不排水抗剪强度；
　　　$\bar{\sigma}$——有效上覆压力。

### 13.4.3.4　桩的负摩阻力

当桩周土层产生的沉降超过桩基的沉降时，在计算基桩承载力时应计入桩侧负摩阻力：

(1) 穿越较厚松散填土、自重湿陷性黄土、欠固结土、液化土层进入相对较硬土层时。

(2) 桩周存在软弱土层，邻近侧地面承受局部较大的长期荷载，或地面大面积堆载（包括填土）时。

(3) 由于降低地下水位，使桩周土有效应力增大，并产生显著压缩沉降时。

桩侧负摩阻力及其引起的下拉荷载，当无实测资料时可按下列规定计算。

1) 中性点以上单桩桩周第 $i$ 层土负摩阻力标准值，可按下式计算：

$$q_{si}^n = \xi_{ni} \sigma_i' \tag{13-126}$$

当填土、自重湿陷性黄土湿陷、欠固结土层产生固结和地下水降低时：$\sigma_i' = \sigma_{\gamma i}'$
当地面满布荷载时：$\sigma_i' = p + \sigma_{\gamma i}'$

$$\sigma_{\gamma i}' = \sum_{m=1}^{i-1} \gamma_m \Delta z_m + \frac{1}{2} \gamma_i \Delta z_i \tag{13-127}$$

式中　$q_{si}^n$——第 $i$ 层土桩侧负摩阻力标准值；当按上式计算值大于正摩阻力标准值时，取正摩阻力标准值进行设计；
　　　$\xi_{ni}$——桩周第 $i$ 层土负摩阻力系数，可按表 13-99 取值；
　　　$\sigma_{\gamma i}'$——由土自重引起的桩周第 $i$ 层土平均竖向有效应力；桩群外围自地面算起，桩群内部自承台底算起；
　　　$\sigma_i'$——桩周第 $i$ 层土平均竖向有效应力；

$\gamma_i$、$\gamma_m$ ——分别为第 $i$ 计算土层和其上第 $m$ 土层的重度,地下水位以下取浮重度;

$\Delta z_i$、$\Delta z_m$ ——第 $i$ 层土、第 $m$ 层土的厚度;

$p$ ——地面均布荷载。

负摩阻力系数 $\zeta_n$     表 13-99

| 土类 | $\zeta_n$ | 土类 | $\zeta_n$ |
|---|---|---|---|
| 饱和软土 | 0.15～0.25 | 砂土 | 0.35～0.50 |
| 黏性土、粉土 | 0.25～0.40 | 自重湿陷性黄土 | 0.20～0.35 |

注:1. 在同一类土中,对于挤土桩,取表中较大值,对于非挤土桩,取表中较小值;
   2. 填土按其组成取表中同类土的较大值。

2) 考虑群桩效应的基桩下拉荷载可按下式计算:

$$Q_g^n = \eta_n \cdot u \sum_{i=1}^{n} q_{si}^n l_i \tag{13-128}$$

$$\eta_n = s_{ax} \cdot s_{ay} / \left[ \pi d \left( \frac{q_s^n}{\gamma_m} + \frac{d}{4} \right) \right] \tag{13-129}$$

式中  $n$ ——中性点以上土层数;

$l_i$ ——中性点以上第 $i$ 土层的厚度;

$\eta_n$ ——负摩阻力群桩效应系数;

$s_{ax}$、$s_{ay}$ ——分别为纵、横向桩的中心距;

$q_s^n$ ——中性点以上桩周土层厚度加权平均负摩阻力标准值;

$\gamma_m$ ——中性点以上桩周土层厚度加权平均重度(地下水位以下取浮重度)。

对于单桩基础或按上式计算的群桩效应系数 $\eta_n > 1$ 时,取 $\eta_n = 1$。

3) 中性点深度 $l_n$ 应按桩周土层沉降与沉降相等的条件计算确定,也可参照表 13-100 确定。

中性点深度 $l_n$     表 13-100

| 持力层性质 | 黏性土、粉土 | 中密以上砂 | 砾石、卵石 | 基岩 |
|---|---|---|---|---|
| 中性点深度比 $l_n/l_0$ | 0.5～0.6 | 0.7～0.8 | 0.9 | 1.0 |

注:1. $l_n$、$l_0$ ——分别为自桩顶算起的中性点深度和桩周软弱土层下限深度;
   2. 穿过自重湿陷性黄土层时,$l_n$ 可按表列值增大 10%(持力层为基岩除外);
   3. 当桩周土层固结与桩基固结沉降同时完成时,取 $l_n = 0$;
   4. 当桩周土层计算沉降量小于 20mm 时,$l_n$ 应按表列值乘以 0.4～0.8 折减。

### 13.4.4 桩基成桩工艺的选择

桩型与成桩工艺应根据建筑结构类型、荷载性质、桩的使用功能、穿越地层、桩端持力层性质、地下水位、工程环境、施工设备、施工经验、制桩材料、供应条件等,按安全适用、经济合理的原则选择,施工时可参考表 13-101 选用。

表 13-101 桩型与成桩工艺选择表

| 桩类 | | 桩径 桩身(mm) | 桩径 扩大头(mm) | 最大桩长(m) | 穿越地层 一般黏性土及其填土 | 淤泥和淤泥质土 | 粉土 | 砂土 | 碎石土 | 季节性冻土膨胀土 | 黄土 非自重湿陷性黄土 | 黄土 自重湿陷性黄土 | 中间有硬夹层 | 中间有砂夹层 | 中间有砾石夹层 | 桩端进入持力层 硬黏性土 | 密实砂土 | 碎石土 | 软质岩石和风化岩石 | 地下水位 以上 | 地下水位 以下 | 对环境影响 振动和噪声 | 排浆 | 孔底有无挤密 |
|---|---|---|---|---|---|---|---|---|---|---|---|---|---|---|---|---|---|---|---|---|---|---|---|---|
| 非挤土成桩 | 干作业法 长螺旋钻孔灌注桩 | 300~800 | — | 28 | ○ | × | ○ | △ | × | ○ | ○ | × | △ | △ | × | ○ | ○ | △ | × | ○ | × | 无 | 无 | 无 |
| | 短螺旋钻孔灌注桩 | 300~800 | — | 20 | ○ | × | ○ | △ | × | ○ | ○ | × | △ | △ | × | ○ | ○ | △ | × | ○ | × | 无 | 无 | 无 |
| | 钻孔扩底灌注桩 | 300~600 | 800~1200 | 30 | ○ | × | ○ | △ | × | ○ | ○ | × | △ | △ | × | ○ | ○ | △ | × | ○ | × | 无 | 无 | 无 |
| | 机动洛阳铲成孔灌注桩 | 300~500 | — | 20 | ○ | × | ○ | × | × | ○ | ○ | × | × | × | × | ○ | △ | × | × | ○ | × | 无 | 无 | 无 |
| | 人工挖孔扩底灌注桩 | 800~2000 | 1600~3000 | 30 | ○ | △ | ○ | △ | ○ | ○ | ○ | △ | △ | △ | △ | ○ | ○ | ○ | ○ | ○ | △ | 无 | 有 | 无 |
| | 泥浆护壁法 潜水钻成孔灌注桩 | 500~800 | — | 50 | ○ | ○ | ○ | ○ | × | △ | △ | × | △ | △ | × | ○ | ○ | △ | × | ○ | ○ | 无 | 有 | 无 |
| | 反循环钻成孔灌注桩 | 600~1200 | — | 80 | ○ | ○ | ○ | ○ | △ | △ | △ | × | △ | △ | △ | ○ | ○ | ○ | △ | ○ | ○ | 无 | 有 | 无 |
| | 正循环钻成孔灌注桩 | 600~1200 | — | 80 | ○ | ○ | ○ | ○ | △ | △ | △ | × | △ | △ | △ | ○ | ○ | ○ | △ | ○ | ○ | 无 | 有 | 无 |
| | 旋挖成孔灌注桩 | 600~1200 | — | 60 | ○ | ○ | ○ | ○ | ○ | △ | △ | × | ○ | ○ | △ | ○ | ○ | ○ | ○ | ○ | ○ | 无 | 有 | 无 |
| | 钻孔扩底灌注桩 | 600~1200 | 1000~1600 | 30 | ○ | ○ | ○ | ○ | × | △ | △ | × | △ | △ | × | ○ | ○ | △ | × | ○ | ○ | 无 | 有 | 无 |
| | 套管护壁 贝诺托灌注桩 | 800~1600 | — | 50 | ○ | ○ | ○ | ○ | ○ | △ | △ | × | ○ | ○ | △ | ○ | ○ | ○ | ○ | ○ | ○ | 无 | 无 | 无 |
| | 短螺旋钻孔灌注桩 | 300~800 | — | 20 | ○ | × | ○ | △ | × | ○ | ○ | × | △ | △ | × | ○ | ○ | △ | × | ○ | × | 无 | 无 | 无 |
| | 灌注桩 冲击成孔灌注桩 | 600~1200 | — | 50 | ○ | △ | ○ | ○ | ○ | △ | △ | × | ○ | ○ | △ | ○ | ○ | ○ | ○ | ○ | ○ | 有 | 有 | 无 |
| | 长螺旋钻孔压灌桩 | 300~800 | — | 25 | ○ | △ | ○ | △ | × | ○ | ○ | × | △ | △ | × | ○ | ○ | △ | × | ○ | ○ | 无 | 无 | 无 |
| | 钻孔挤扩多支盘桩 | 700~900 | 1200~1600 | 40 | ○ | △ | ○ | ○ | △ | △ | △ | × | △ | △ | △ | ○ | ○ | ○ | △ | ○ | ○ | 有 | 有 | 无 |
| 部分挤土成桩 | 预制 预钻孔打入式预制桩 | 500 | — | 50 | ○ | △ | ○ | △ | × | ○ | △ | × | △ | △ | × | ○ | ○ | △ | × | ○ | ○ | 有 | 无 | 有 |
| | 静压混凝土(预应力)混凝土、敞口管桩 | 800 | — | 60 | ○ | ○ | ○ | △ | × | ○ | △ | × | △ | △ | × | ○ | ○ | △ | × | ○ | ○ | 无 | 无 | 有 |
| | H型钢桩 | 规格 | — | 80 | ○ | ○ | ○ | △ | × | ○ | △ | × | △ | △ | × | ○ | ○ | △ | × | ○ | ○ | 有 | 无 | 有 |
| | 敞口钢管桩 | 600~900 | — | 80 | ○ | ○ | ○ | ○ | △ | ○ | △ | × | △ | △ | △ | ○ | ○ | ○ | △ | ○ | ○ | 有 | 无 | 有 |
| 挤土成桩 | 灌注桩 内夯沉管灌注桩 | 325,377 | 460~700 | 25 | ○ | ○ | ○ | △ | × | ○ | △ | × | △ | △ | × | ○ | ○ | △ | × | ○ | ○ | 有 | 无 | 有 |
| | 预制桩 打入式混凝土预制桩闭口 | 500×500 | — | 60 | ○ | ○ | ○ | △ | × | ○ | △ | × | △ | △ | × | ○ | ○ | △ | × | ○ | ○ | 有 | 无 | 有 |
| | 钢管桩、混凝土管桩 | 1000 | — | 60 | ○ | ○ | ○ | △ | × | ○ | △ | × | △ | △ | × | ○ | ○ | △ | × | ○ | ○ | 有 | 无 | 有 |
| | 静压桩 | 1000 | — | 60 | ○ | ○ | ○ | △ | × | ○ | △ | × | △ | △ | × | ○ | ○ | △ | × | ○ | ○ | 无 | 无 | 有 |

注：表中符号○表示比较合适；△表示可能采用；×表示不宜采用。

## 13.4.5 灌注桩施工

**13.4.5.1 施工准备**

(1) 应有建筑场地岩土工程勘察报告。

(2) 施工前应组织对桩基工程施工图进行设计交底及图纸会审,设计交底及图纸会审记录连同施工图等应作为施工依据,并应列入工程档案。

(3) 应对建筑场地和邻近区域内的地下管线、地下构筑物、地面建筑物等进行调查。

(4) 应有主要施工机械及其配套设备的技术性能资料;成桩机械必须经鉴定合格,不得使用不合格机械。

(5) 钻孔机具及工艺的选择,应根据桩型、钻孔深度、土层情况、泥浆排放及处理条件综合确定。

(6) 应有桩基工程的施工组织设计,施工组织设计应结合工程特点,有针对性地制定相应质量管理措施,以及保证工程质量、安全和季节性施工的技术措施。

(7) 应有水泥、砂、石、钢筋等原材料及其制品的质检报告。

(8) 应有有关荷载、施工工艺的试验参考资料。

(9) 桩基施工用的供水、供电、道路、排水、临时房屋等临时设施,必须在开工前准备就绪,施工场地应进行平整处理,保证施工机械正常作业。

(10) 桩基轴线的控制点和水准点应设在不受施工影响的地方。开工前,经复核后应妥善保护,施工中应经常复测。

(11) 用于施工质量检验的仪表、器具的性能指标,应符合国家现行相关标准的规定。

**13.4.5.2 常用机械设备**

钻孔灌注桩按成孔方式的不同可划分为干作业与湿作业成孔两大类。干作业施工的成孔机械主要有螺旋钻机、旋挖钻机等;湿作业施工的成孔机械主要有正反循环钻机、旋挖钻机、冲(抓)成孔钻机等,常用灌注桩钻孔机械型号及技术性能见本手册中相应内容。

**13.4.5.3 泥浆护壁成孔灌注桩**

1. 护壁泥浆

(1) 泥浆的功能

1) 泥浆有防止孔壁坍塌的功能

在天然状态下,竖直向下挖掘处于稳定状态的地基土,就会破坏土体的平衡状态,孔壁往往有发生坍塌的危险,泥浆则有防止发生这种坍塌的作用。主要表现在:

① 泥浆的静侧压力可抵抗作用在壁上的土压力和水压力,并防止地下水的渗入。

② 泥浆在孔壁上形成不透水的泥皮,从而使泥浆的静压力有效地作用在孔壁上,同时,防止孔壁的剥落。

③ 泥浆从孔壁表面向地层内渗透到一定的范围就黏附在土颗粒上,通过这种黏附作用可降低孔壁坍塌性和透水性。

2) 泥浆有悬浮排出土渣的功能

在成孔过程中,土渣混在泥浆中,合理的泥浆密度能够将悬浮于泥浆当中的土渣,通过泥浆循环排出至泥浆池沉淀。

3) 泥浆有冷却施工机械的功能

钻进成孔时，钻具会同地基土作用产生很大热量，泥浆循环能够携带排出热量、冷却钻具，从而延长施工机具的使用寿命。

(2) 护壁泥浆的性能要求

泥浆可采用原土造浆，不适于采用原土造浆的土层均应制备泥浆，泥浆制备应选用高塑性黏土或膨润土，泥浆应根据施工机械、工艺及穿越土层情况进行配合比设计。制备泥浆的性能指标应符合表 13-102 要求。

制备泥浆的性能指标　　　　　　　表 13-102

| 项目 | 性能指标 | | 检验方法 |
|---|---|---|---|
| 相对密度 | 1.10～1.15 | | 泥浆比重计 |
| 黏度 | 黏性土 | 18～25s | 漏斗法 |
| | 砂土 | 25～30s | |
| 含砂率 | <6% | | 洗砂瓶 |
| 胶体率 | >95% | | 量杯法 |
| 失水量 | <30mL/30min | | 失水量仪 |
| 泥皮厚度 | 1mm/30min～3mm/30min | | 失水量仪 |
| 静切力 | 1min: 20mg/cm²～30mg/cm² 10min: 50mg/cm²～100mg/cm² | | 静切力计 |
| pH | 7～9 | | pH 试纸 |

施工期间护筒内的泥浆面应高出地下水位 1.0m 以上，受水位涨落影响时，泥浆液面应高于最高水位 1.5m 以上；成孔时应根据土层情况调整泥浆指标，排除孔口的循环泥浆的性能指标应符合表 13-103 的要求；在清孔过程中，应不断置换泥浆，直至浇筑水下混凝土；废弃的泥浆、废渣应另行处理，不应污染环境。

循环泥浆的性能指标　　　　　　　表 13-103

| 项目 | 性能指标 | | 检验方法 |
|---|---|---|---|
| 相对密度 | 黏性土 | 1.10～1.20 | 泥浆比重计 |
| | 砂土 | 1.10～1.30 | |
| | 砂夹卵石 | 1.20～1.40 | |
| 黏度 | 黏性土 | 18～30s | 漏斗法 |
| | 砂土 | 25～35s | |
| 含砂率 | <8% | | 洗砂瓶 |
| 胶体率 | >90% | | 量杯法 |

2. 正、反循环钻孔灌注桩的适用范围

正、反循环钻孔灌注桩宜用于地下水位以下的黏性土、粉土、砂土、填土、碎石土及风化岩层；对孔深较大的端承型桩和粗粒土层中的摩擦型桩，宜采用反循环工艺成孔或清孔，也可根据土层情况采用正循环钻进，反循环清孔。

3. 正、反循环钻孔灌注桩的工艺原理

使用钻头或切削刀具成孔属于泥浆循环方式,在孔内充满泥浆的同时,用泵使泥浆在孔底与地面之间进行循环,把渣土排出地面,即泥浆除了起稳定孔壁的作用外还被用作排渣的手段。通过管道把泥浆压送到孔底,浆液在管道与孔壁之间上升,把土渣携出地面,为正循环方式。泥浆从管道与孔壁之间自然流入或泵入孔内,然后和土渣一起被吸到地面上来,即反循环方式。

4. 施工工艺

(1) 材料要求

1) 混凝土配合比设计应符合现行行业标准《普通混凝土配合比设计规程》JGJ 55 的规定;水下混凝土强度应按配比设计强度提高等级配置;混凝土应具有良好的和易性,坍落度宜为 180~220mm,坍落度损失应满足灌注要求。

2) 水泥强度等级不应低于 P·O42.5 级,质量应符合现行国家标准《通用硅酸盐水泥》GB 175 的规定,并具有出厂合格证明文件和检测报告。

3) 砂应选用洁净中砂,含泥量不大于 3%,质量应符合现行行业标准《普通混凝土用砂、石质量及检验方法标准》JGJ 52 的规定。

4) 石子宜优先选用质地坚硬的粒径不宜大于 30mm 的豆石或碎石,含泥量不大于 2%,质量应符合现行行业标准《普通混凝土用砂、石质量及检验方法标准》JGJ 52 的规定。

5) 煤灰宜选用Ⅰ级或Ⅱ级粉煤灰,细度分别不大于 12% 和 20%,质量检验合格,掺量通过配比试验确定。

6) 外加剂宜选用液体速凝剂,质量符合相关标准要求,掺量和种类根据施工季节通过配比试验确定。

7) 搅拌用水应符合现行行业标准《混凝土用水标准》JGJ 63 的规定。

8) 钢筋品种、规格、性能符合现行国家产品标准和设计要求,并有出厂合格证明文件及检测报告。主筋及加强筋规格不宜低于 HRB400 钢筋,箍筋可选用 HPB300 钢筋。

(2) 机具设备

主要机具设备为回转钻机,多用转盘式。钻架多用龙门式(高 6~9m),钻头常用三翼或四翼式钻头、牙轮合金钻头或钢粒钻头,以前者使用较多;配套机具有钻杆、卷扬机、泥浆泵(或离心式水泵)、空气压缩机(69~9m³/h)、测量仪器以及混凝土配制、钢筋加工系统设备等。

(3) 工艺流程(图 13-43)

(4) 主要施工方法

1) 测量放线。要由专业测量人员根据给定的控制点用"双控法"测量桩位,并用桩标标定准确。

2) 埋设护筒。泥浆护壁成孔时,宜采用孔口护筒,护筒设置应符合下列规定:

① 护筒埋设应准确、稳定,护筒上应标出桩位,护筒中心与孔位中心偏差不应大于 50mm。

② 护筒可用 4~8mm 厚钢板制作,应有足够的刚度和强度,上部应设置 1~2 溢流孔;护筒内径应比钻头外径大 100mm,垂直度偏差不宜大于 1/100。

③ 护筒的埋设深度:护筒埋设应进入稳定土层,在黏性土中不宜小于 1.0m,砂土中

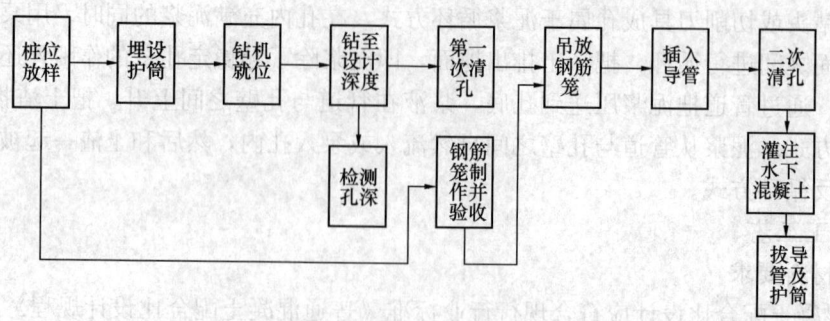

图 13-43　泥浆护壁成孔灌注桩工艺流程图

不宜小于 1.5m；护筒下端外侧应采用黏土填实，护筒高度应满足孔内泥浆面高度的要求。

④ 受水位涨落影响或水下施工的钻孔灌注桩，护筒应加高加深，必要时应打入不透水层。

3）钻机就位。钻机就位前，先平整场地，铺好枕木并用水平尺校正，保证钻机平稳、牢固。成孔设备就位后，必须平正、稳固，确保在施工过程中不发生倾斜、移动。使用双向吊锤球校正调整钻杆垂直度，必要时可使用经纬仪校正钻杆垂直度。为准确控制钻孔深度，应在桩架上做出控制深度的标尺，以便在施工中进行观测、记录。

4）钻进。钻进参数应根据地层、桩径、砂石泵的合理排量和钻机的经济钻速等因素加以选择和调整。

① 正循环钻进

a. 常用正循环回转钻机的规格、型号及技术性能见有关章节。

b. 钻头的选择

正循环钻机钻头有鱼尾钻头、笼式刮刀钻头、四翼阶梯式定心钻头、刺猬钻头、牙轮、滚刀钻头等。

(a) 鱼尾钻头结构简单，与孔底接触面积小，以较小的钻压即能获得较高的钻进效率。但该钻头导向性差，遇局部阻力或侧向挤压力易偏斜。可在鱼尾钻头翼板上方加焊导向笼，形成笼式鱼尾钻头。

(b) 笼式刮刀式钻头适用于黏土、粉砂、细砂、中粗砂和含少量砾石（不多于10%）的土层，钻孔的垂直精度较高、钻头工作平稳，摆动小，扩孔率也小，破岩效率高，应用最为广泛。

(c) 四翼阶梯式定心钻头在翼板上用螺丝固定镶有硬合金片，提高了钻头的寿命和钻进效率。适用于中等风化基岩或硬土层钻进。

(d) 刺猬钻头阻力很大，只适用于孔深在 50m 以内的黏性土、砂类土和夹有砾径在 25mm 以下的砾石土层。

(e) 牙轮、滚刀钻头可用于大直径桩、风化、中风化基岩中钻进。

c. 成孔施工要点

(a) 钻头回转中心对准护筒中心，偏差不大于允许值；成孔直径不应小于设计桩径，钻头宜设置保径装置。首先开动泥浆泵使冲洗液循环 2~3min，然后再开动钻机，慢慢将钻头放置孔底。在护筒刃脚处应低压慢速钻进，使刃脚处的地层能稳固地支撑护筒，待钻至刃脚以下 1m 以后，可根据土质情况以正常速度钻进。钻机转速应根据钻头形式、土层情况、扭矩及钻头切削具磨损情况进行调整，硬质合金钻头的转速宜为 40~80r/min，钢粒钻头的转速宜为 50~120r/min，牙轮钻头的转速宜为 60~180r/min。

(b) 在黏土地层钻进时，由于土层本身的造浆能力强，钻屑成泥块状，易出现钻头包泥、憋泵现象，因此要选用尖底且翼片较少的钻头，采用低钻压、快转速、大泵量的钻进工艺。

(c) 在砂层钻进时，应采用较大密度、黏度和静切力的泥浆，以提高泥浆悬浮、携带砂粒的能力。在坍塌段，必要时可向孔内投入适量黏土球，以帮助形成泥壁，避免再次坍塌。要控制钻具的升降速度和适当降低回转速度，减轻钻头上下运动对孔壁的冲刷。

(d) 在碎石土层钻进时，易引起钻具跳动、憋车、憋泵、钻头切削具崩刃、钻孔偏斜等现象，宜用低档慢速、优质泥浆、慢进尺钻进。

(e) 为保证冲洗液（泥浆）在外环空间的上返流速在 0.25~0.3m/s，以能够携带出孔底泥砂和岩屑，要有足够的冲洗液量。

已知钻孔和钻具的直径，可按下式计算冲洗液量：

$$Q = 4.71 \times 10^4 (D^2 - d^2) v \tag{13-130}$$

式中 $Q$——冲洗液量（L/min）；
　　　$D$——钻孔直径，通常按钻头直径计算（m）；
　　　$d$——钻具外径（m）；
　　　$v$——冲洗液（泥浆）上返流速（m/s）。

(f) 钻速的选择除了满足破碎岩土的扭矩的需要，还要考虑钻头不同部位的磨耗情况，按下式计算：

$$n = 60V/\pi D \tag{13-131}$$

式中 $n$——转速（rpm）；
　　　$D$——钻头直径（m）；
　　　$V$——钻头线速度，0.8~2.5m/s。

式中钻头线速度的取值如下：在松散的第四系地层和软土中钻进时取大值；在硬岩中钻进时取小值；钻头直径大时取小值，钻头直径小时取大值。

根据经验数据，一般地层钻进时，转速为 40~80r/min，钻孔直径小、黏性土层取高值，钻孔直径大、砂性土层取低值；较硬或非均质土层转速可相应减少 20~40r/min。

(g) 钻压的确定原则：
a) 在土层中钻进时，钻进压力以保证冲洗液畅通、钻渣清除及时为前提，灵活掌握。
b) 在基岩钻进时，要保证每颗（或每组）硬质合金切削具上具有足够的压力。在此压力下，硬质合金钻头能有效地切入并破碎岩石，同时又不会过快地磨钝、损坏。应根据钻头上硬质合金片的数量和每颗硬质合金片的允许压力计算出总压力。

② 反循环钻进
a. 常用反循环回转钻机的规格、型号及技术性能见有关章节。
b. 钻头的选择

反循环钻机钻头有锥形三翼钻头、筒式捞石钻头、牙轮钻头等。

(a) 锥形三翼钻头结构简单，回转稳定，聚渣作用好，适用于土层、砂层、砂砾层，是大口径反循环孔施工中最广泛使用的一种钻头。同时还可以根据需要，适当加以改进。

(b) 筒式捞石钻头适用于砂砾、砂卵石层。细小的砂砾在冲洗液的作用下，沿活动棚进入筒内上升排往地面；大块的卵石则被暂时积存在筒内，最后随钻头一起提至地面倒出。

(c) 牙轮钻头适用于硬岩层或非均质地层。

c. 成孔施工要点

(a) 钻头回转中心对准护筒中心，偏差不大于允许值；成孔直径不应小于设计桩径，钻头宜设置保径装置。先启动砂石泵，待泥浆循环正常后，开动钻机慢速回转下放钻头至孔底。开始钻进时应轻压慢转，待钻头正常工作后，逐渐加大转速，调整压力，并使钻头不产生堵水。在护筒刃脚处应低压慢速钻进，使刃脚处的地层能稳固地支撑护筒，待钻至刃脚以下1m以后，可根据土质情况以正常速度钻进。钻机转速应根据钻头形式、土层情况、扭矩及钻头切削具磨损情况进行调整，硬质合金钻头的转速宜为40～80r/min，钢粒钻头的转速宜为50～120r/min，牙轮钻头的转速宜为60～180r/min。

(b) 在钻进时，要仔细观察进尺情况和砂石泵排水出渣的情况，排量减少或出水中含钻渣量较多时，要控制钻进速度，防止因循环液相对密度过大而中断循环。

(c) 采用反循环在砂砾、砂卵地层中钻进时，为防止钻渣过多，卵砾石堵塞管路，可采用间断钻进、间断回转的方法来控制钻进速度。

(d) 加接钻杆时，应先停止钻进，将机具提离孔底80～100mm，维持冲洗液循环1～2min，以清洗孔底并将管道内的钻渣携出排净，然后停泵加接钻杆。

(e) 钻杆连接应拧紧上牢，防止螺栓、螺母、扳卸工具等掉入孔内。

(f) 钻进时如孔内出现坍孔、涌砂等异常情况，应立即将钻具提离孔底，控制泵量，保持冲洗液循环，吸除坍落物和涌砂，同时向孔内补充性能符合要求的泥浆，保持水头压力以抑制涌砂和塌孔，恢复钻进后，泵排量不宜过大，以防吸塌孔壁。

(g) 钻进达到要求孔深停钻时，仍要维持冲洗液正常循环，直到返出冲洗液的钻渣含量小于4%时为止。起钻时应注意操作轻稳，防止钻头拖刮孔壁，并向孔内补入适量冲洗液，稳定孔内水头高度。

5) 清孔

钻孔达到设计深度，应对孔深、孔径进行检查，符合设计要求后方可清孔；清孔方法应根据设计要求、钻进方法、机具设备条件和地层情况决定；在清孔排渣时，应注意保持孔内水头高度，防止塌孔。

① 正循环清孔

a. 抽浆法：

(a) 空气吸泥机清孔（空气升液排渣法）是利用灌注水下混凝土的导管作为吸泥管，高压风作动力将孔内泥浆抽排走。高压风管可设在导管内也可设在导管外。将送风管通过导管插入到孔底，管子的底部插入水下至少10m，气管与导管底部的最小距高为2m左右。压缩空气从气管底部喷出，搅起沉渣，沿导管排出孔外，直到达到清孔要求。为不降低孔内水位，必须不断地向孔内补充清水。

(b) 砂石泵或射流泵清孔。利用灌注水下混凝土的导管作为吸泥管，砂石泵或射流泵作动力将孔内泥浆抽排走。

b. 换浆法：

(a) 第一次沉渣处理：在终孔时停止钻具回转。将钻头提离孔底 10～20cm，维持冲洗液的循环，并向孔中注入含砂量小于 4% (相对密度 1.05～1.15) 的新泥浆或清水，令钻头在原位空转 10～30min，直至达到清孔要求为止。

(b) 第二次沉渣处理：在钢筋笼和下料导管放入孔内至灌注混凝土以前进行第二次沉渣处理，通常利用混凝土导管向孔内压入相对密度为 1.15 左右的泥浆，把孔底在下钢筋笼和导管的过程中再次沉淀的钻渣置换出。

② 反循环清孔

a. 同换浆法 (a) 内容。

b. 第二次沉渣处理：(空气升液排清法) 是利用灌注水下混凝土的导管作为吸泥管；高压风作动力将孔内泥浆抽排走。基本要求与正循环法清孔相同。

③ 孔底沉渣厚度

灌注桩在浇筑混凝土之前，清孔后孔底沉渣厚度指标应符合下列规定：

a. 对端承型桩，不应大于 50mm。

b. 对摩擦型桩，不应大于 100mm。

c. 对抗拔桩、抗水平荷载桩，不应大于 200mm。

6) 钢筋笼加工及安放

① 钢筋笼制作

a. 钢筋笼的加工场地应选择在运输和就位比较方便的场所，最好设置在现场内。

b. 钢筋的种类、型号及规格尺寸要符合设计要求。

c. 钢筋进场后应按钢筋的不同型号、直径、长度分别堆放。

d. 钢筋笼绑扎顺序应先在架立筋（加强箍筋）上将主筋等间距布置好，再按规定的间距绑扎箍筋。箍筋、架立筋和主筋之间的接点可用电焊焊接等方法固定。在直径大于 2m 的大直径钢筋笼中，可使用角钢或扁钢作为架立筋，以增大钢筋笼刚度。

e. 钢筋笼宜分段制作，分段长度应根据钢筋笼整体刚度、钢筋长度以及起重设备的有效高度等因素确定。钢筋笼接头宜采用焊接或机械式接头，接头应相互错开。

f. 钢筋笼下端部的加工应适应钻孔情况。

g. 钢筋笼主筋混凝土保护层允许偏差应为±20mm，一般应在主筋外侧安设钢筋定位器或滚轴垫块，每节钢筋笼不应少于 2 组，每组不应少于 3 块，且应均匀分布于同一截面上。

h. 钢筋笼堆放应考虑安装顺序，钢筋笼变形和防止事故等因素，以堆放两层为好，如果采取措施可堆放三层。

② 钢筋笼安放

a. 钢筋笼安放要对准孔位、扶稳、缓慢，避免碰撞孔壁，到位后立即固定。

b. 大直径桩的钢筋笼应使用吨位适应的吊车将钢筋笼吊入孔内，在吊装过程中，要防止钢筋笼发生变形。钢筋笼吊装可采用空中回直法，根据钢筋笼长度设计起吊点数量，由一台吊机，主、副双吊钩（或两台吊机主、副双吊钩）同时由同一平面起吊。待钢筋笼

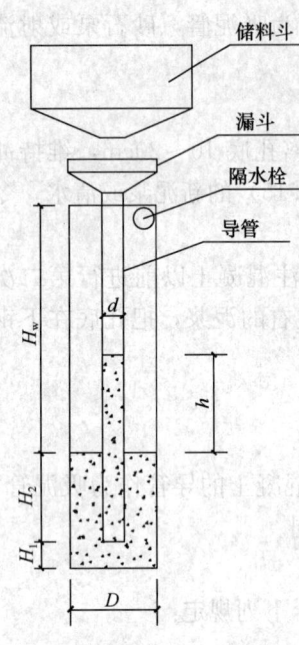

图 13-44 灌注装置和数量

吊离地面后,主吊钩继续提升铁扁担,使钢筋笼不断上升,同时慢慢放松吊机的副吊钩,直到钢筋笼与平台垂直。

c. 当钢筋笼需要接长时,下节钢筋笼宜露出操作平台 1m;上下节钢筋笼主筋连接时,应保证主筋部位对正,且保持上下节钢筋笼垂直,焊接时应对称进行;钢筋笼全部安装入孔后应固定于孔口,安装标高应符合设计要求,允许偏差应为 ±100mm。

7)混凝土灌注

① 水下混凝土灌注的方法很多,目前最常用的是导管法。导管法采用的主要装置有导管、隔水栓、漏斗、储料斗,见图 13-44。

混凝土从灌注装置向下灌注时由势能而产生冲击力,从导管底口流翻出来向上升起时,向下的冲击力转变为向上的顶托力并顶托隔水层不断上升从而形成混凝土桩身,这就是钻孔灌注桩水下混凝土形成机理。首灌混凝土的数量决定了顶托力的大小,首灌量应使导管埋深 >1.0m,并由式下式决定:

$$V \geqslant \frac{D^2}{4}\pi \cdot (H_1 + H_2) + \frac{d^2}{4}\pi \cdot H_w \frac{\gamma_w}{\gamma_C} \tag{13-132}$$

式中 $V$——为首灌量(m³);

$D$——为孔直径(m);

$H_1$——为孔底至导管底端间距,一般为 0.3~0.5m;

$H_2$——为导管初次埋置深度,一般不应少于 0.8m;

$d$——为导管内径(m);

$H_w$——为孔内水或泥浆的深度(m);

$\gamma_w$——为孔内水或泥浆的重度,10~12kN/m³;

$\gamma_C$——为混凝土拌和物的重度,24kN/m³。

② 灌注混凝土的导管直径宜为 200~250mm,壁厚不小于 3mm,导管的分节长度应根据工艺要求确定,底管长度不宜小于 4m,标准节宜为 2.5~3.0m,并可设置短导管。导管使用前应试拼装,以水压力 0.6~1.0MPa 进行试压,使用完毕后应及时进行清洗。导管接头宜采用法兰或双螺纹方扣,应保证导管连接可靠且具有良好的水密性。混凝土在浇筑过程中,导管埋置深度宜为 2~6m,严禁将导管提出混凝土灌注面,并应控制提拔导管速度,应有专人测量导管埋深及管内外混凝土灌注面的高差,填写水下混凝土灌注记录。灌注水下混凝土必须连续施工,每根桩的灌注时间应按初盘混凝土的初凝时间控制,对灌注过程中的故障应记录备案。

③ 隔水栓应安放在导管上口的位置,一般采用皮球,目的是防止混凝土进入导管后与导管中的泥浆或水混合,影响混凝土的质量。准备灌注混凝土前将隔水栓(皮球)吊在导管口,等混凝土满足首灌量要求时,割断吊绳,隔水栓就会在混凝土的压力下通过导管将导管里的泥浆或水挤出,保证混凝土不与导管中的泥浆或水混合在一起。隔水栓的直径

要比导管内径小1cm，在下导管前，应对导管进行通球试验，保证隔水栓能顺利通过导管。

④ 应控制最后一次灌注量，超灌高度宜为0.8～1.0m，充盈系数不应小于1.0，凿除泛浆高度后必须保证暴露的桩顶混凝土强度达到设计等级。

#### 13.4.5.4 旋挖成孔灌注桩

1. 适用范围

适用于黏性土、粉土、砂土、填土、碎石土及风化岩层。旋挖成孔灌注桩应根据不同的地层情况及地下水位埋深，采用干作业成孔和泥浆护壁成孔工艺，本节主要介绍泥浆护壁旋挖钻机成孔。

2. 工艺原理

利用钻杆和钻头的旋转及重力使土屑进入钻斗，土屑装满钻斗后，提升钻斗出土，通过钻斗的旋转、削土、提升和出土，多次反复成孔。

3. 施工工艺

(1) 材料要求

1) 混凝土配合比设计应符合现行行业标准《普通混凝土配合比设计规程》JGJ 55的规定；水下混凝土强度应按比设计强度提高等级配置；混凝土应具有良好的和易性，坍落度宜为180～220mm，坍落度损失应满足灌注要求。

2) 水泥强度等级不应低于P·O42.5级，质量应符合现行国家标准《通用硅酸盐水泥》GB 175的规定，并具有出厂合格证明文件和检测报告。

3) 砂应选用洁净中砂，含泥量不大于3%，质量应符合现行行业标准《普通混凝土用砂、石质量及检验方法标准》JGJ 52的规定。

4) 石子宜优先选用质地坚硬的粒径不大于30mm的豆石或碎石，含泥量不大于2%，质量应符合现行行业标准《普通混凝土用砂、石质量及检验方法标准》JGJ 52的规定。

5) 煤灰宜选用Ⅰ级或Ⅱ级粉煤灰，细度不大于12%和20%，质量检验合格，掺量通过配比试验确定。

6) 外加剂宜选用液体速凝剂，质量符合相关标准要求，掺量和种类根据施工季节通过配比试验确定。

7) 搅拌用水应符合现行行业标准《混凝土用水标准》JGJ 63的规定。

8) 钢筋品种、规格、性能符合现行国家产品标准和设计要求，并有出厂合格证明文件及检测报告。主筋及加强筋规格不宜低于HRB400钢筋，箍筋可选用HPB300钢筋。

(2) 施工机具

旋挖钻机由主机、钻杆和钻头三部分组成。主机有履带式、步履式和车装式底盘。常用旋挖钻机的规格、型号及技术性能见有关章节。

旋挖钻头的种类很多，主要有以下几大类：短螺旋钻头、旋挖钻斗、筒式钻头、扩底钻头、冲击钻头、液压抓斗等。其中最常用的为短螺旋钻头、旋挖钻斗。

1) 短螺旋钻头（图13-45）

短螺旋钻头以镶嵌在钻头底部的钻齿切削土体，并以螺旋叶片之间的间隙容纳切削下来的土体，进而达到钻孔成孔的目的的一种钻头。钻进过程中，首先，在钻压下位于芯轴管底端的中心齿在孔底中心"掏槽"，形成破碎自由面；其次，位于螺旋锥片上的切削具

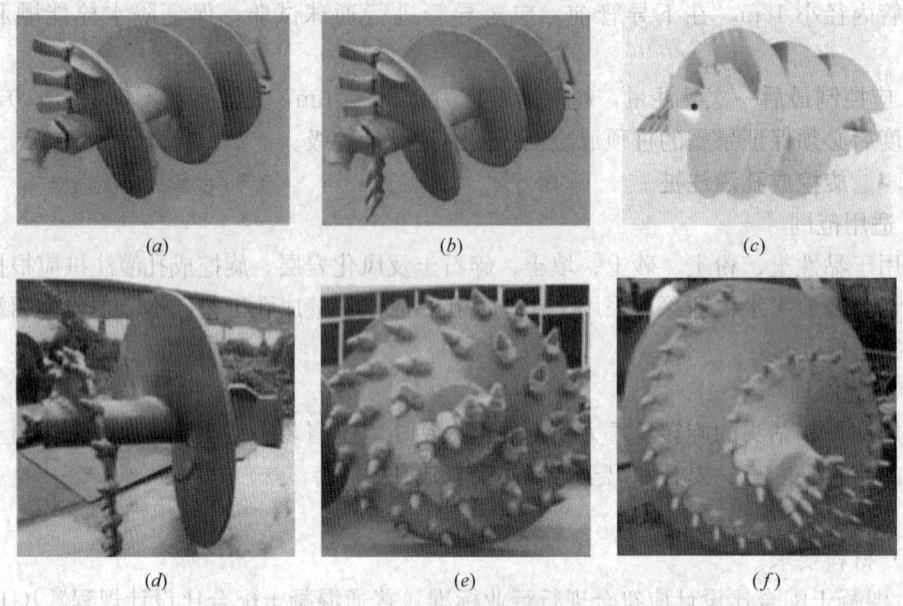

图 13-45 短螺旋钻头类型
(a) 土层单头单螺旋钻头；(b) 土层双层单螺旋钻头；(c) 土层双头双螺旋钻头；
(d) 岩层单头单螺旋钻头；(e) 岩层双头单螺旋钻头；(f) 岩层双头双螺旋钻头

跟进，形成锥形的钻孔。钻进中钻齿形成的轨迹线在孔底的投影是一组同心圆。岩屑和土、石等沿螺旋叶片反向上升，充满螺旋叶片后，被提钻带出孔，或落入孔中后用捞砂钻斗捞出。

短螺旋钻头分为嵌岩短螺旋钻头和土层短螺旋钻头两类。按其头部结构形式分，短螺旋钻头又可分为锥头短螺旋钻头和平头短螺旋钻头。一般情况下，嵌岩短螺旋钻头多为锥头，土层短螺旋钻头多为平头。锥头短螺旋钻头根据锥头结构形式的不同和钻头导程的多少又可分为单锥单螺旋钻头、双锥单螺旋钻头以及双锥双螺旋钻头。嵌岩短螺旋钻头所用切削具为头部镶焊有钨钴硬质合金的截齿，土层短螺旋钻头所用切削具为耐磨合金钢斗齿或斗齿加截齿。

2) 旋挖钻斗（图 13-46）

旋挖钻斗由连接座、开合机构、斗体、斗底、扩孔机构等几部分组成。旋挖钻斗主要用来钻进较软的地层以及钻孔清渣。

旋挖钻斗按所装齿可分为截齿钻斗和斗齿钻斗；按底板数量可分为双层底斗和单层底斗；按开门数量可分为双开门斗和单开门斗；按桶的锥度可分为锥桶钻斗和直桶钻斗；按底板形状可分为锅底钻斗和平底钻斗。以上结构形式相互组合，再加上是否带通气孔、开门机构的变化，可以组合出几十种旋挖钻斗。一般来说，双层底斗适用地层范围较宽，单层底钻斗适用于黏性较强的土层，双门钻斗适用地层范围较宽，单门钻斗适用于大直径的卵石及硬胶泥。

3) 筒式钻头（图 13-47）

对于硬度较大的基岩地层、大的漂石层以及硬质永冻土层。直接用短螺旋钻头或旋挖钻斗钻进都比较困难，需要岩石筒钻配合短螺旋钻头和双底板捞砂钻斗钻进。

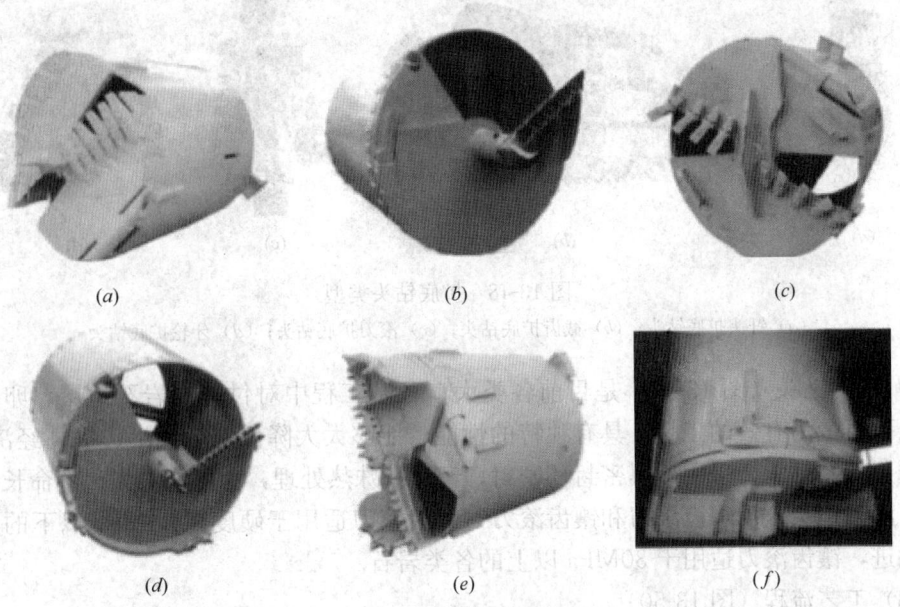

图 13-46 旋挖钻斗类型

(a) 单底双开门斗齿钻斗；(b) 双底单开门斗齿钻斗；(c) 双底双开门斗齿钻斗；
(d) 双底单开门截齿钻斗；(e) 双底双开门截齿钻斗；(f) 双底双开门清孔钻斗

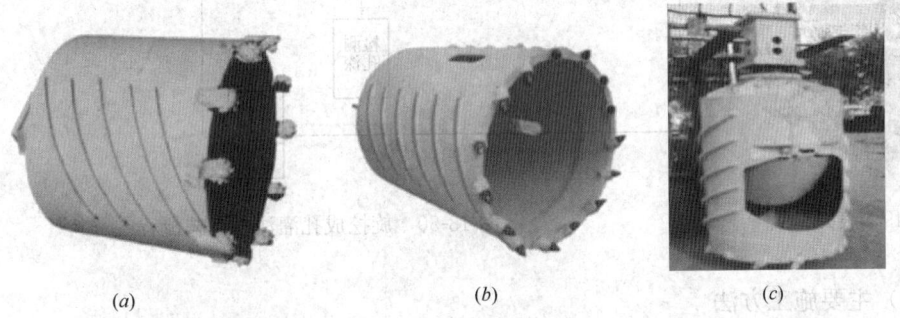

图 13-47 筒式钻头类型

(a) 截齿钻筒；(b) 牙轮钻筒；(c) 截齿取芯钻筒

筒式钻头分为取芯筒钻和不取芯筒钻两种，根据底部钻齿的不同又分为截齿筒式钻头与牙轮筒式钻头。

筒式钻头为直筒状结构，无底板，切削具为子弹头形截齿或牙轮（焊于筒体下缘），切削面小，用于套取岩石或形成自由面，适合于坚硬基岩或大漂石地层。

4) 扩底钻头（图 13-48）

在不增大桩径、不增加桩深的基础上，为了提高单桩承载力，设计部门往往通过扩底来实现，旋挖钻机施工扩底无需任何改动就可施工，只需选用扩底钻头即可。

扩底钻头根据切削头不同可分为钎头扩底钻头、截齿扩底钻头、滚刀扩底钻头以及牙轮扩底钻头。钎头扩底钻头一般用于土层扩底钻进，截齿扩底钻头一般用于软岩及强风化岩石地层，牙轮和滚刀主要用于中硬岩、硬岩地层的扩底桩施工。

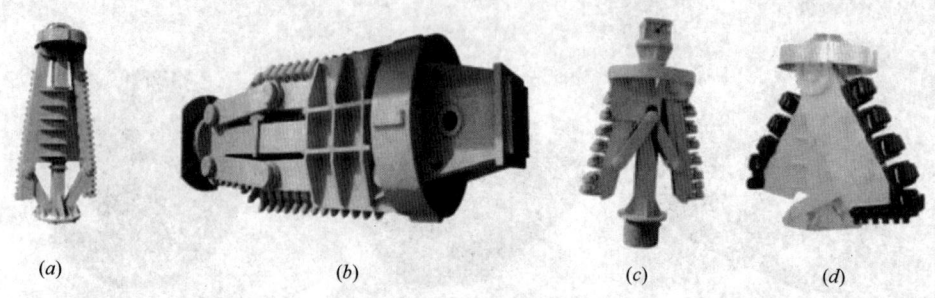

图 13-48 扩底钻头类型
(a) 钎头扩底钻头；(b) 截齿扩底钻头；(c) 滚刀扩底钻头；(d) 牙轮扩底钻头

5) 滚刀钻头（图 13-49）是目前各类大口径基工程中对付坚硬岩石地层、卵砾石地层以及孤石最为有效的工具，具有独特的性能，能够大大降低施工成本、提高经济效益。滚刀选用特制轴承，采用金属密封环密封，经过特殊热处理，承压能力大、寿命长、不易磨损。滚刀钻头分为焊齿滚刀和镶齿滚刀，焊齿滚刀适用于硬度在 40MPa 以下的各类基岩的钻进，镶齿滚刀适用于 30MPa 以上的各类岩石。

(3) 工艺流程（图 13-50）

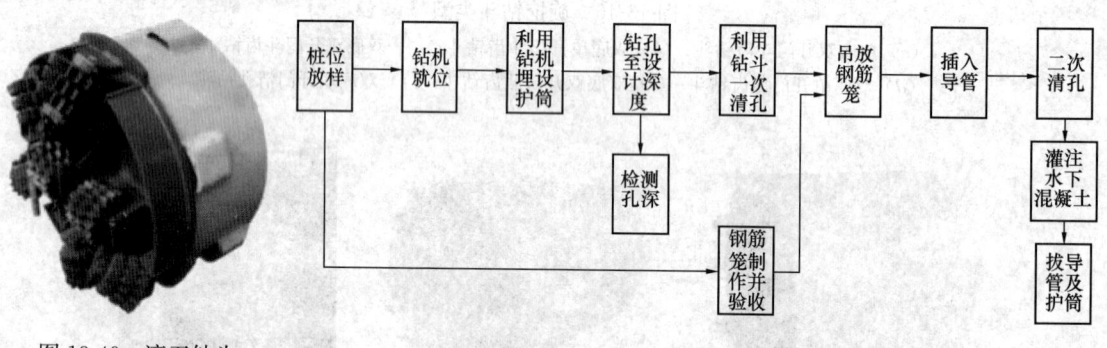

图 13-49 滚刀钻头　　图 13-50 旋挖成孔灌注桩工艺流程图

(4) 主要施工方法

1) 测量放线。要由专业测量人员根据给定的控制点用"双控法"测量位置，并用桩标标定准确。

2) 钻机就位。安装旋挖钻机，成孔设备就位后，必须平正、稳固，确保在施工过程中不发生倾斜、移动。使用双向吊锤球校正调整钻杆垂直度，必要时可使用经纬仪校正钻杆垂直度。为准确控制钻孔深度，应及时用测绳量测孔深以校核钻机操作室内所显示成孔深度，同时也便于在施工中进行观测、记录。旋挖钻机施工时，应保证机械稳定、安全作业，必要时可在场地铺设能保证其安全行走和操作的钢板或垫层（路基板）。

3) 钻头着地，旋转，开孔。以钻头自重并加液压作为钻进压力。

4) 当钻头内装满土、砂后，将其提升上来，开始灌水。

5) 旋转钻机，将钻头中的土倾卸到翻斗车上。

6) 关闭钻头的活门。将钻头转回钻进地点，并将旋转体的上部固定住。

7) 降落钻头。

8) 埋设护筒。采用旋挖钻机成孔时，必须设置护筒。护筒埋设应准确、稳定，护筒中心与桩位中心偏差不应大于 50mm；护筒可用 4~8mm 厚钢板制作，应有足够的刚度和强度，上部应设置 1~2 溢流孔；旋挖成孔的护筒内径应比钻头外径大 200mm，垂直度偏差不宜大于 1/100；护筒的埋设深度：护筒埋设应进入稳定土层，在黏性土中不宜小于 1.0m，砂土中不宜小于 1.5m；护筒下端外侧应采用黏土填实，护筒高度应满足孔内泥浆面高度的要求；受水位涨落影响或水下施工的钻孔灌注桩，护筒应加高加深，必要时应打入不透水层。在埋设过程中，一般采用十字拴法确保护筒中心与桩位中心重合。

9) 泥浆制备。泥浆护壁旋挖钻机成孔应配备成孔和清孔用泥浆及泥浆池（箱），在容易产生泥浆渗漏的土层中可采取提高泥浆相对密度、掺入锯末、增黏剂提高泥浆黏度等维持孔壁稳定的措施。泥浆制备的能力应大于钻孔时的泥浆需求量。

10) 将侧面绞刀安装在钻头内侧，开始钻进。旋挖钻机成孔应采用跳挖方式，钻斗倒出的土距孔口的最小距离应大于 6m，并应及时清除。应根据钻进速度同步补充泥浆，保持所需的泥浆面高度不变。成孔前和每次提出钻斗时，应检查钻斗和钻杆连接销子、钻斗门连接销子以及钢丝绳的状况，并应清除钻斗上的渣土。

11) 清孔。钻孔达到设计深度时，采用清孔钻头进行清孔，将钻斗留在原处继续旋转数圈，将孔底虚土尽量装入斗内，起钻后仍需对孔底虚土进行清理。

12) 测定孔壁。

13) 插入钢筋笼。

14) 插入导管。

15) 二次清孔。

16) 水下灌注混凝土。

#### 13.4.5.5 长螺旋钻孔压灌桩

1. 适用范围

长螺旋钻孔压灌桩宜用于黏性土、粉土、砂土、填土、非密实的碎石类土、强风化岩。长螺旋钻孔压灌桩应进行试钻孔，数量不应少于 2 根。

2. 工艺原理

利用长螺旋钻机钻孔至设计深度，在提钻的同时利用混凝土泵通过钻杆中心通道，以一定压力将混凝土压至孔中，混凝土灌注到设定桩标高后，再借助钢筋笼自重或专用振动设备将钢筋笼插入混凝土中至设计标高，形成的钢筋混凝土灌注桩。

3. 施工工艺

(1) 材料要求

1) 混凝土配合比设计应符合现行行业标准《普通混凝土配合比设计规程》JGJ 55 的规定；水下混凝土强度应按比设计强度提高等级配置；混凝土应具有良好的和易性，坍落度宜为 180~220mm，坍落度损失应满足灌注要求。

2) 水泥强度等级不应低于 P·O42.5 级，质量应符合现行国家标准《通用硅酸盐水泥》GB 175 的规定，并具有出厂合格证明文件和检测报告。

3) 砂应选用洁净中砂，含泥量不大于 3%，质量应符合现行行业标准《普通混凝土用砂、石质量及检验方法标准》JGJ 52 的规定。

4) 石子宜优先选用质地坚硬的粒径不宜大于30mm的豆石或碎石，含泥量不大于2%；质量应符合现行行业标准《普通混凝土用砂、石质量及检验方法标准》JGJ 52 的规定。

5) 煤灰宜选用Ⅰ级或Ⅱ级粉煤灰，细度分别不大于12%和20%，质量检验合格，掺量通过配比试验确定。

6) 外加剂宜选用液体速凝剂，质量应符合相关标准要求，掺量和种类根据施工季节通过配比试验确定。

7) 搅拌用水应符合现行行业标准《混凝土用水标准》JGJ 63 的规定。

8) 钢筋品种、规格、性能符合现行国家产品标准和设计要求，并有出厂合格证明文件及检测报告。主筋及加强筋规格不宜低于HRB400钢筋，箍筋可选用HPB300钢筋。

(2) 施工机具

1) 成孔设备：长螺旋钻机，动力性能满足工程地质水文地质情况、成孔直径、成孔深度要求。

2) 灌注设备：混凝土泵应根据桩径选型，混凝土输送泵管布置宜减少弯道，混凝土泵与钻机的距离不宜大于60m；连接混凝土输送泵与钻机的钢管、高强柔性管，内径不宜小于150mm。

3) 钢筋笼加工设备：电焊机、钢筋切断机、直螺纹机、钢筋弯曲机等。

4) 钢筋笼置入设备：振动锤、导入管、吊车等。

5) 其他满足工程需要的辅助工具。

(3) 工艺流程（图13-51）

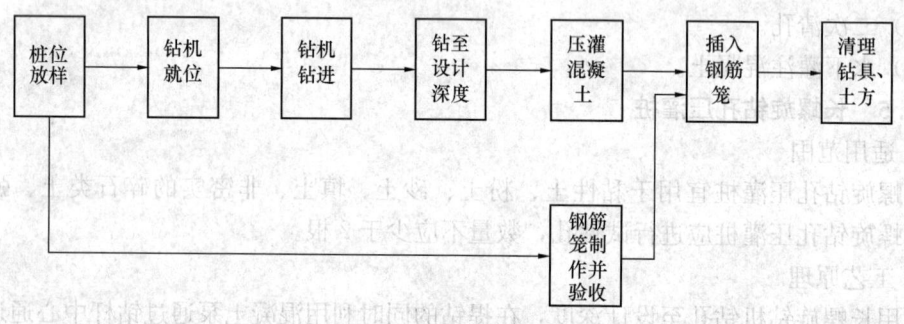

图13-51 长螺旋钻孔压灌桩工艺流程图

(4) 主要施工方法

1) 放线定位：按桩位设计图纸要求，测设桩位轴线、定位桩点，并做好标记。

2) 钻机就位：钻机就位后，保持钻机平稳、调整钻塔垂直，钻杆的连接应牢固。钻机定位后，应进行复检，钻头与桩位偏差不应大于20mm，开孔时下钻速度应缓慢。钻机启动前应将钻杆、钻尖内的土块、残留的混凝土等清理干净。

3) 钻进成孔：钻进速度根据地层情况按照成工艺试验确定的参数进行控制。钻机钻进过程中，不宜反转或提升钻杆，如需提升钻杆或反转应将钻杆提至地面，对钻尖开启门须重新清洗、调试，封口。间距小于1.3m的饱和粉细砂及软土层部位，宜采取跳打的方法，防止发生串孔。钻进过程中，当遇到卡钻、钻机摇晃、偏斜或发生异常声响时，应立即停钻,查明原因,采取相应措施后方可继续作业。

4）压灌混凝土:达到设计桩底标高终孔验收后,应先泵入混凝土并停顿10～20s,再缓慢提升钻杆。桩身混凝土的泵送压灌应连续进行,边泵送混凝土边提钻,提钻速度应根据土层情况确定,且应与混凝土泵送量相匹配,保证管内有一定高度的混凝土,保持料斗内混凝土的高度不低于400mm,并保证钻头始终埋在混凝土面以下不小于1000mm。

5）冬期施工应采取有效的冬施方案。压灌混凝土时,混凝土的入孔温度不得低于5℃。气温高于30℃时,宜在输送泵管上覆盖隔热材料,每隔一段时间应洒水降温。

6）钢筋笼制作:按设计要求的规格、尺寸制作钢筋笼,刚度应满足振插钢筋笼的要求,钢筋笼底部应有加强构造,保证振动力有效传递至钢筋笼底部。

7）插入钢筋笼:混凝土压灌结束后,应立即将钢筋笼插至设计深度。钢筋笼插设宜采用专用插筋器。将振动用钢管在地面水平穿入钢筋笼内,并与振动装置可靠连接,钢筋笼顶部与振动装置应进行连接。钢筋笼吊装时,应采取措施,防止变形,安放时对准孔位,并保证垂直、居中,在插入钢筋笼时,先依靠钢筋笼与导管的自重缓慢插入,当依靠自重不能继续插入时,开启振动装置,使钢筋笼下沉到设计深度,断开振动装置与钢筋笼的连接,缓慢连续振动拔出钢管。钢筋笼应连续下放,不宜停顿,下放时禁止采用直接脱钩的方法。

8）压灌桩的充盈系数宜为1.0～1.2,桩顶混凝土超灌高度不宜小于0.3～0.5m。

9）成桩后,应及时清除钻杆及泵(软)管内残留混凝土。长时间停置时,应采用清水将钻杆、泵管、混凝土泵清洗干净。

#### 13.4.5.6 岩石锚杆

岩石锚杆见图13-52。

1. 适用范围

岩石锚杆适用于直接建在基岩上的基础,以及承受拉力或水平力较大的建筑物基础。

2. 工艺原理

岩石锚杆是将锚杆直接固定于灌浆混凝土的岩石孔洞内,将结构物或构筑物基础与基岩连成整体,借助岩石本体、岩石与混凝土、混凝土与锚杆间的粘结力来抵抗上部结构传来的外力,能承受较大的水平力及拉拔力。

3. 施工工艺

（1）材料要求

1）岩石锚杆胶结材料宜采用水泥砂浆或细石混凝土。

2）水泥砂浆宜采用中细砂,粒径不应大于2.5mm,使用前应过筛。配合比宜为1:1～1:2,水灰比宜为0.38～0.45。

3）细石混凝土强度等级不应低于C30,

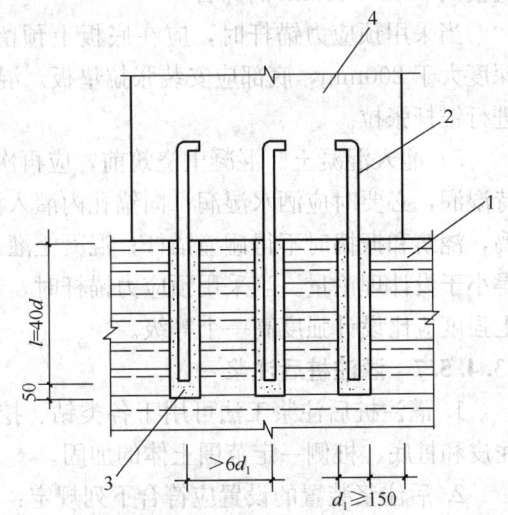

图13-52 岩石锚杆
1—基岩;2—锚杆;3—细石混凝土;4—上部基础

水泥采用强度等级不低于42.5级的硅酸盐水泥或普通硅酸盐水泥；粗骨料选择连续级配碎石，粒径5～10mm；细骨料选用中、粗砂。

(2) 机具设备

根据岩石锚杆设计参数及工程地质条件确定施工工艺，选择钻机型号及配套设备，常用的钻机为风动钻和潜孔钻。施工机具一般比较简单。

(3) 工艺流程

测量定位→钻进成孔→清渣洗孔→安放锚杆→灌入混凝土→结束至下一孔。

(4) 主要施工方法

1) 测量定位。

2) 钻进成孔。利用经纬仪或垂球控制、调整钻机，使钻机的钻杆垂直于地面，钻头中心对准孔中心标记，固定钻机。钻孔过程中，钻杆要始终保持垂直，保证岩石孔洞正常，并随时观察、检查钻孔进尺情况，如果钻进速度较慢或出现岩芯，可加金刚砂配合钻孔。

岩石锚杆成孔允许偏差应符合表13-104规定。

**岩石锚杆成孔允许偏差** 表13-104

| 项目 | 允许偏差 | 项目 | 允许偏差 |
| --- | --- | --- | --- |
| 锚杆孔距 | ±100mm | 钻孔深度 | ≤100mm |
| 成孔直径 | ±10mm | 安放锚筋，孔底残余岩土沉渣 | ≤100mm |
| 钻孔偏斜率 | ≤1% | | |

3) 清渣洗孔。在打凿钻孔完成后，应彻底清除孔内的石渣和孔洞周围的泥水、石屑等；采用压力气冲击方法将孔内的石屑、石粉冲清干净；孔洞内不得有贯通的裂缝，并应及时清除活动的碎石。

4) 锚杆安装。应将锚杆逐根放入孔内，并使用对中支架，顺直下放，置于岩孔定位中心，不应损坏防腐层及应力量测元件。锚杆底部应悬空100mm，并在下放锚杆后向孔底投入100～200mm的碎石。

当采用预应力锚杆时，应在底板上预留锚杆张拉孔，张拉孔的直径应大于300mm，深度大于200mm，底部应安装张拉垫板。混凝土底板浇筑后达到设计强度的90%时方可进行锚杆张拉。

5) 灌入混凝土。混凝土浇筑前，应再次检查孔内有无残渣或杂物等，孔洞周壁应保持湿润，必要时应洒水湿润；向锚孔内灌入混凝土时应分层用小振动棒振捣或分层人工振捣，浇筑和振捣时不得碰撞锚杆；混凝土灌入量应进行严格计算，单根总灌入的混凝土不得小于设计理论量。当采用预应力锚杆时，在锚杆张拉锁定后，应进行二次浇筑，且混凝土强度应比设计强度高一个等级。

### 13.4.5.7 灌注桩后注浆

1. 灌注桩后注浆工法可用于各类钻、挖、冲孔灌注桩及地下连续墙的沉渣（虚土）、泥皮和桩底、桩侧一定范围土体的加固。

2. 后注浆装置的设置应符合下列规定：

(1) 后注浆导管应采用钢管，且应与钢筋笼加劲筋绑扎固定或焊接。

(2) 桩端后注浆导管及注浆阀数量宜根据桩径大小设置。对于直径不大于1200mm

的桩，宜沿钢筋笼圆周对称设置2根；对于直径大于1200mm而不大于2500mm的桩，宜对称设置3根。

(3) 对于桩长超过15m且承载力增幅要求较高者，宜采用桩端桩侧复式注浆。桩侧后注浆管阀设置数量应综合地层情况、桩长和承载力增幅要求等因素确定，可在离桩底5～15m以上、桩顶8m以下，每隔6～12m设置一道桩侧注浆阀，当有粗粒土时，宜将注浆阀设置于粗粒土层下部，对于干作业成孔灌注桩宜设于粗粒土层中部。

(4) 对于非通长配筋，下部应有不少于2根与注浆管等长的主筋组成的钢筋笼通底。

(5) 钢筋笼应沉放到底，不得悬吊，下笼受阻时不得撞笼、摵笼、扭笼。

3. 后注浆阀应具备下列性能：

(1) 注浆阀应能承受1MPa以上静水压力；注浆阀外部保护层应能抵抗砂石等硬质物的剐撞而不致使管阀受损。

(2) 注浆阀应具备逆止功能。

4. 浆液配比、终止注浆压力、流量、注浆量等参数设计应符合下列规定：

(1) 浆液的水灰比应根据土的饱和度、渗透性确定，对于饱和土水灰比宜为0.45～0.65，对于非饱和土水灰比宜为0.7～0.9（松散碎石土、砂砾宜为0.5～0.6）；低水灰比浆液宜掺入减水剂。

(2) 桩端中止注浆压力应根据土层性质及注浆点深度确定，对于风化岩、非饱和黏性土及粉土，注浆压力宜为3～10MPa；对于饱和土层注浆压力宜为1.2～4MPa，软土宜取低值，密实黏性土宜取高值。

(3) 注浆流量不宜超过75L/min。

(4) 单桩注浆量的设计应根据桩径、桩长、桩端桩侧土层性质、单桩承载力增幅及是否复式注浆等因素确定，可按式估算：

$$G_c = \alpha_p d + \alpha_s nd \tag{13-133}$$

式中 $\alpha_p$、$\alpha_s$——分别为桩端、桩侧注浆量经验系数，$\alpha_p = 1.5 \sim 1.8$，$\alpha_s = 0.5 \sim 0.7$；对于卵、砾石、中粗砂取较高值；

$n$——桩侧注浆断面数；

$d$——基桩设计直径（m）；

$G_c$——注浆量，以水泥质量计（t）。

对独立单桩、桩距大于6$d$的群桩和群桩初始注浆的基桩的注浆量应按上述估算值乘以1.2的系数。

(5) 后注浆作业开始前，宜进行注浆试验，优化并最终确定注浆参数。

5. 后注浆作业起始时间、顺序和速率应符合下列规定：

(1) 注浆作业宜于成桩2d后开始。

(2) 注浆作业与成孔作业点的距离不宜小于8～10m。

(3) 对于饱和土中的复式注浆顺序宜先桩侧后桩端；对于非饱和土宜先桩端后桩侧；多断面桩侧注浆应先上后下；桩侧、桩端注浆间隔时间不宜少于2h。

(4) 桩端注浆应对同一根的各注浆导管依次实施等量注浆。

(5) 对于群桩注浆宜先外围、后内部。

6. 当满足下列条件之一时可终止注浆：
(1) 注浆总量和注浆压力均达到设计要求。
(2) 注浆总量已达到设计值的 75%，且注浆压力超过设计值。

7. 当注浆压力长时间低于正常值或地面出现冒浆或周围桩孔串浆，应改为间歇注浆，间歇时间宜为 30~60min，或调低浆液水灰比。

8. 后注浆施工过程中，应经常对后注浆的各项工艺参数进行检查，发现异常应采取相应处理措施。当注浆量等主要参数达不到设计值时，应根据工程具体情况采取相应措施。

9. 后注浆桩基工程质量检查和验收应符合下列要求：
(1) 后注浆施工前应提供水泥材质检验报告、压力表检定证书、试注浆记录、设计工艺参数、后注浆作业记录、特殊情况处理记录等资料；
(2) 在桩身混凝土强度达到设计要求的条件下，承载力检验应在注浆完成 20d 后进行，浆液中掺入早强剂时可于注浆完成 15d 后进行。

### 13.4.5.8 沉井与沉箱

1. 沉井（图 13-53）

沉井是修筑地下结构和深基础的一种结构形式，技术上比较稳妥可靠，挖土量少，对邻近建筑物的影响比较小，沉井基础埋置较深，稳定性好，能支承较大的荷载。

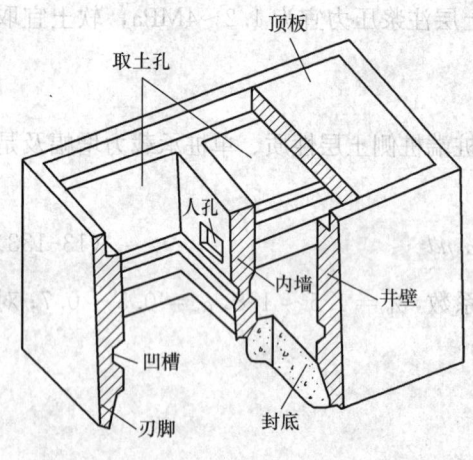

图 13-53 沉井构造

(1) 适用范围

适用于工业建筑的深坑、地下室、水泵房、设备深基础、桥墩、水力发电站、码头等工程，可在松软、不稳定含水土层、人工填土、黏性土、砂土、砂卵石等地基中应用。在施工场地复杂，邻近有铁路、房屋、地下构筑物等障碍物，加固、拆迁有困难或大开口施工会影响周围邻近建筑物安全时，应用最为合理、经济。

(2) 工艺原理

沉井是将位于地下一定深度的建筑物或建筑物基础，先在地表制作成一个开口的钢筋混凝土井筒状结构物，然后在井壁的围护下通过从井内不断挖土，使沉井在自重作用下逐渐下沉，达到预定设计标高后，再进行封底。沉井由刃脚、井壁、内隔墙、取土井、凹槽、封底、顶板组成。

(3) 施工工艺

1) 材料要求

① 严格控制混凝土坍落度，混凝土配合比要和施工季节相适应。混凝土应按照国家现行标准《普通混凝土配合比设计规程》JGJ 55 的有关规定。

② 钢筋品种、规格、性能符合现行国家产品标准和设计要求，并有出厂合格证明文件及检测报告。主筋及加强筋规格不宜低于 HRB335 级，箍筋可选用 HPB300 级钢筋。

③ 混凝土原材料砂、石、水泥等应符合现行标准《普通混凝土用砂、质量及检验方

法标准》JGJ 52、《通用硅酸盐水泥》GB 175 等标准的规定。

④ 拌制混凝土宜采用饮用水；当采用其他水源时，水质应符合国家现行标准《混凝土用水标准》JGJ 63 的规定。

2）机具设备

沉井施工机具主要有：混凝土搅拌机、砂浆搅拌机、钢筋加工机械、小型反铲挖土机、抓斗挖土机、水力冲射器、空气吸泥机、水泵、风镐或风铲、塔式或门式起重机或履带式起重机、卷扬机及土方运输车辆等。

3）工艺流程

测量放样→基坑开挖→制作钢筋混凝土刃脚及井壁→挖土、下沉→浇筑封底混凝土→浇筑结构底板→施工沉井内部及上部结构。

4）主要施工工艺

① 测量放线。根据业主、监理所交工程控制网的基准点，布置各井位的控制。根据各井位的中心点，先将基坑开挖边线放出，基坑开挖到合适高程后，放出井筒刃脚内、外沿边线，以小木标记。

② 基坑开挖。沉井在地面上施工时，为减少下沉的深度，一般在沉井井筒制作前先开挖基坑，基坑底的平面尺寸比刃脚外壁每侧各大 0.5m 以上。基坑开挖的深度，可根据土质、地下水位、现场施工条件而定，一般高于地下水位 0.5m 以上。

③ 制作钢筋混凝土刃脚及井壁。沉井分节制作时，应进行接高稳定性验算。分节水平缝做成凸形，并应清理干净，混凝土浇筑前施工缝应充分湿润。

④ 沉井下沉。小型沉井挖土多采用人工或风动工具，大型沉井在沉井内用小型反铲挖土机挖掘。沉井下沉时，按平面轴线的中央位置逐层沿外边四周挖去土台，在刃脚处留 1~1.5m 台阶，之后，沿井壁每 2~3m 一段向刃脚方向逐层对称、均匀地削落台阶，当土台经不住沉井刃脚的挤压时土体破坏坍落，沉井便均匀地下沉，每次下沉宜控制在 20cm 左右。在挖除刃脚附近和刃脚下部的土时，要求对称、均衡，挖土的速度要相同，土面的高程要保持一致（纠偏时除外）。要加强施工力量，争取在最短的时间挖完，以保持沉井的均匀下沉，下沉时要掌握土层情况，做好下沉测量记录，随时分析和检验土的阻力与井筒重量的关系，初沉和终沉阶段要增加观测次数，必要时要连续观测。沉井在沉入基底以上 2m 时，要控制井内出土量和位置，并注意正位和调平井筒。

⑤ 沉井纠偏。沉井下沉应及时测量并纠偏，每 8h 应至少测量 2 次。若出现井筒倾斜、沉井位置偏移等情况，应立即分析原因，进行纠偏。

对于井筒倾斜产生的原因及纠偏措施有：

a. 沉井四周土质软硬不均及挖土不当引起井筒倾斜，可用以下 3 种方法纠偏。

挖土纠偏：通过调整挖土的高差，及调整沉井刃脚处保留土台的宽度，进行纠偏。在下沉较慢的一侧多挖土，逐步挖掉刃脚处的土台使刃脚悬空，其高度宜为 20cm，促使该侧下沉。同时在下沉较快的一侧多保留刃脚处土台的宽度；若该处土体松软时，应夯实或填碎石作为加固处理，并在该处井筒外部地面上堆土夯实，以增加其抗力和摩阻力。如果一次不能全部纠正偏斜，可多次重复进行，直至误差在规定范围内为止，而后按正常下沉挖土。

射水纠偏：沉井在下沉进程中发生偏斜而用挖土纠偏仍不见效时，采用向下沉较慢一侧的沉井井筒外部沿外壁四周注射压力水，使该处的土成泥浆，以减小土的抗力，同时减小沉井外壁与土之间的摩阻力，促使沉井较高的一侧迅速下沉。当纠偏到接近正常位置时应停止射水，并应将沉井外壁与土之间的空隙用细土或砂填充。

局部增加荷载纠偏：当井筒在下沉进程中出现倾斜时，可在井筒较高的一侧增加荷载（一般采用铁块、砂石袋加压），或用振动机振动，促使井筒较高侧较快下沉，一般讲，该方法适用于小型沉井的情况。

b. 因刃脚一侧被障碍物挡住，引起井筒倾斜，可采取的措施为：

如遇较小孤石，可将四周土掏空后将孤石取出；较大孤石可用风动工具或松动爆破方法将大孤石破碎成小块取出。

c. 排水开挖时井内涌砂，可采用的措施有：

降水，使井内外水头差控制在1.5~2.0m；挖土时避免在刃脚下掏挖，以防流砂大量涌入，中间挖土也不宜挖成锅底；穿过流砂层应快速，最好加荷，使沉井刃脚切入土层。

当井筒发生倾斜和纠正倾斜时，也常常会发生沉井位置的偏移，位移的大小随土质情况及向一侧倾斜的次数而定。对于沉井位置发生偏移，可采取的纠偏措施有：

a. 控制沉井不再向偏移的方向倾斜，可通过两侧挖土量控制。

b. 有意使沉井向偏移的相反方向倾斜，经几次纠偏后，即可恢复到正确位置。

c. 终沉或其他阶段的偏斜，可用井外射水或喷气破坏高一侧土层进行纠偏。

⑥沉井封底。当沉井下沉到设计标高，再观测8h，累计下沉量不大于10mm时，即应进行沉井封底工序。

2. 沉箱

沉箱基础又称为气压沉箱基础，它是以气压沉箱来修筑结（构）筑物的一种基础形式。

(1) 适用范围

沉箱基础可适用于软土、黏土、砂性土和碎（卵）石类土及软硬岩等各种地质条件，适合在城市建筑密集区，周边环境复杂，地表沉降要求高，对周边建筑保护力度大的区域进行深基坑建设，以及旧城改造区域障碍物较多时采用。沉箱入水深度一般控制在35m以内。

(2) 工艺原理

沉箱是将沉井底节作为一个有顶盖的施工作业工作室，在顶盖上装设特制的井管和气阀，并向工作室内注入压力与刃口处地下水压力相等的压缩空气，工人在工作室内挖土或采用无人化远程遥控挖土，使沉箱在自重以及上部荷载作用下沉入指定深度，再在沉箱结构面底部浇筑混凝土底板。

(3) 施工工艺

1) 机具设备

自动挖掘机，皮带运输机，螺旋出土机，人员进出塔，物料进出塔，以及工作室内照明、通信、摄像等。

2) 工艺流程

测量放样→基坑开挖→制作钢筋混凝土沉箱结构→设置塔式起重机、人员塔、物料塔→注入压缩空气→挖土、下沉→沉箱封底→施工沉箱内部及上部结构。

3）主要施工工艺

① 测量放线。

② 基坑开挖。

③ 制作钢筋混凝土沉箱结构。

④ 设置塔式起重机、人员塔、物料塔。

⑤ 沉箱第一次下沉。在设备安装完毕后进行沉箱第一次下沉，待沉箱刃脚插入原状土2~3m后，向工作室充入气压，进行气压下沉施工。沉箱工作室内气压大小应以平衡开挖面处外界水压力大小为限，不应过高或过低。

沉箱出土采用遥控出土形式，其中出土采取螺旋出土机形式自动出土，使出土过程不需经过烦琐的充、放气过程，提高了施工效率，同时可将物料塔式起重机斗出土形式作为备用措施。

为防止沉箱初期下沉速度太快，在沉箱外围设置多个支撑砂，作为辅助支撑，控制沉箱下沉速度，砂可根据沉箱下沉需要通过适当泄砂来自由调节支撑点的高度，并可分别调节各支撑点高度起到控制沉箱姿态的作用。

⑥ 沉箱接高。由于沉箱分为多次制作，多次下沉，在下沉时需进行结构接高。为提高施工效率，上节井壁的接高可与下沉同时进行，此时脚手体系可采取在外井壁上悬挑牛腿的方式搭设外脚手架，内脚手可直接在沉箱底板上搭设，随后上节井壁的接高与下沉同时进行施工。

⑦ 沉箱后期下沉。强制压沉沉箱下沉到后期，由于气压反力等因素的作用，沉箱下沉系数会减小，使沉箱下沉困难，此时可利用外加多个压沉系统进行强制压沉。

⑧ 封底施工。沉箱下沉到最终标高后进行封底施工。预先在沉箱底板制作时即按一定间距预埋导管，在准备封底施工前，在沉箱底板上采用长导管一端与底板预埋导管连接，另一端与地面泵车导管连接，并采用泵车直接向工作室内浇筑混凝土。封底混凝土要求采用自流平混凝土，以保证混凝土可以在工作室内在一定范围内自然摊铺。当封底混凝土充满整个工作室空间且达到强度后，再对其与底板之间的空隙处进行压注水泥浆处理。

#### 13.4.5.9 载体桩

载体桩是由混凝土桩身和载体构成的，是一种选择下部层位稳定、土性较好的土层作为被加固土层，以桩端加强体为"载体"的桩。

载体桩可作为基础的桩基和复合地基的竖向增强体。

1. 工作机理

载体桩的机理是土体的密实理论，载体施工的目的是有效挤密桩端土体。载体的承载力主要来自载体，载体通过反复填入建筑垃圾再以重锤自由落体夯实，通过最终三击贯入度等指标控制密实度，随后再夯填一定量的水泥砂浆拌合物，从而由内向外形成干硬性混凝土、填充料和挤密土体形成的载体，使桩端土体得到最优的密实，将上部荷载有效传递给下面的持力土层，达到提高承载力的目的。

2. 适用范围

广泛用于黏性土、粉土、砂土、碎石土、残积土、全风化岩、强风化岩及中风化岩等。当选用软塑-可塑状态的黏性土、素填土、杂填土、湿陷性土作为被加固土层时，应通过试桩试验、载荷试验确定其适用性。

3. 施工准备

（1）通过查阅建筑场地和邻近区域内原有构筑物和地下管线分布资料、现场踏勘等进行施工环境调查，对存在影响施工的建筑、管线、地下构筑物等应进行勘察，并应会同有关单位采取相应保护措施。

（2）依据审查合格的岩土工程勘察报告、地基基础设计文件及现场施工条件等，结合工程经验，确定施工工艺和设备，并编制施工方案。

（3）进行施工图会审和设计交底。

（4）对主要施工机械及其配套设备进行性能和运行安全检查。

（5）对拟用的混凝土、钢筋、构件等原材料进行见证检验。

（6）进行工艺试验施工，并根据施工结果调整工程的施工工艺。

4. 打桩顺序

成桩过程中应结合地质情况、桩间距及桩长，合理安排施工顺序。施工顺序应本着减少影响邻桩质量的原则，并应符合下列规定：

（1）有利于保护已施工桩不受损坏。

（2）采取退打的方式自中间向两端或自一侧向另一侧进行；当一侧毗邻建筑物时，应由毗邻建筑物一侧向另一侧施工。

（3）持力层埋深不一致时，应按先浅后深的顺序进行施工。

5. 施工工艺

（1）载体桩施工可分为成孔、载体施工和桩身施工三部分。

1) 成孔可采用锤击跟管、振动锤、液压锤、柴油锤、潜孔锤等沉管方式，也可采用旋挖、长螺旋等辅助引孔方式成孔。每一种施工工艺适用于不同的土层，根据工程地质和水文地质条件，选择适合的施工工艺。

2) 载体施工填料应采用水泥砂拌和物。桩径为 300～500mm 的载体，填料量不宜大于 $0.8m^3$；桩径为 500～800mm 的载体，填料量不宜大于 $1.2m^3$。当填料量超过限值时，应调整被加固土层。

3) 桩身可采用现浇混凝土和混凝土预制桩，当地下水或土对混凝土或混凝土中的钢筋有腐蚀性时，桩身材料应满足抗腐蚀要求。

（2）载体桩施工宜采用计算机自动控制系统，通过输入施工参数自动控制每次夯击时锤的提升高度，自动记录每次夯击的贯入度和最终三击贯入度。

（3）当在饱和黏土中施工时，应满足下列要求：

1) 柱锤锤底出护筒的距离不应超过 5cm。

2) 施工中测完三击贯入度后，应检查桩端土体是否回弹。当土体回弹量超过 5cm 时，应分析原因，处理后重新测量。

（4）在地下水位以下施工时，应采取有效的封堵措施。

（5）抗拔载体桩施工时，经测量三击贯入度满足要求后，应再次沉放护筒至载体内，深度应满足抗拔构造要求且不得小于 50cm，随后方可放置钢筋笼，浇筑混凝土成桩。

（6）载体桩施工时，应控制相邻桩的上浮量。对于桩身混凝土已达到终凝的相邻桩，其上浮量不应大于 20mm；对于桩身混凝土处于流动状态的相邻，其上浮量不应大于 50mm。

载体桩基沉降变形指标应包括沉降量、沉降差、整体倾斜和局部倾斜。

6. 构造

（1）载体桩桩间距不宜小于 3 倍桩身直径，当被加固土层为含水量大于 20% 的黏性土时，间距不宜小于 4 倍桩身直径；施工时不得影响相邻桩的施工质量；当被加固土层为粉土、砂土或碎石土时，间距尚不宜小于 1.6m，当被加固土层为含水量大于 20% 的黏性土时，间距不宜小于 2.0m。

（2）现场灌注载体桩，桩身混凝土强度等级不应低于 C25，预制桩身载体桩，桩身混凝土强度等级不应低于 C30。

（3）载体桩主筋混凝土保护层厚度不应小于 35mm，且应满足耐久性要求。

（4）载体桩桩身配筋应符合下列规定：

1）桩身应通长配筋。

2）桩身配筋率宜取 0.2%～0.5%，小直径取大值，大直径取小值。对于承受荷载特别大的载体桩、抗拔载体桩，桩身配筋尚应满足设计要求。

3）抗拔桩的主筋应伸入载体内，进入载体长度不应小于 20 倍纵向主筋直径，且不应小于 50cm。

（5）承台构造除应满足受冲切、受剪、受弯承载力和上部结构要求外，尚应符合下列规定：

1）柱下独立载体桩基承台边桩中心至承台边缘的距离不应小于桩的直径，且桩的边缘至承台边缘的距离不应小于 150mm。对于墙下条形承台梁，载体桩基的边缘至承台梁边缘的距离不应小于 75mm。承台的最小厚度不应小于 300mm。

2）高层建筑平板式和梁板式筏形承台的最小厚度不应小于 400mm，墙下的剪力墙结构筏形承台的最小厚度不应小于 200mm。

3）高层建筑箱形承台的构造应符合现行行业标准《高层建筑筏形与箱形基础技术规范》JGJ 6 的规定。

（6）承台混凝土的强度等级不应低于 C25，并应满足混凝土耐久性要求。承台的钢筋配置应符合下列规定：

1）当无混凝土垫层时，承台底面纵向钢筋的混凝土保护层厚度不应小于 70mm；有混凝土垫层时，不应小于 50mm。

2）柱下桩基独立承台的钢筋应通长配置，对四桩以上（含四）承台宜按双向均匀布置，柱下三桩的三角形承台应按三向板带均匀布置，且最里面的三根钢筋围成的三角形应在柱截面范围内。承台纵向受力钢筋的直径不应小于 12mm，间距不宜大于 200mm。柱下独立载体桩基承台的最小配筋率不应小于 0.15%。

3）对于条形承台梁纵向主筋的最小配筋率应符合现行国家标准《混凝土结构设计标准》GB/T 50010 的规定。主筋直径不应小于 12mm，架立筋直径不应小于 10mm，箍筋直径不应小于 6mm。

### 13.4.6　混凝土预制桩与钢桩施工

#### 13.4.6.1　混凝土预制桩的制作

1. 预制桩的制作流程

现场布置→场地整平与处理→场地地坪作三七灰土或浇筑混凝土→支模→绑扎钢筋骨

架、安设吊环→浇筑混凝土→养护至30％强度拆模,再支上层模,涂刷隔离层→重叠生产浇筑第二层混凝土→养护至70％强度起吊→达100％强度后运输、堆放→成桩。

2. 预制桩的制作

(1) 混凝土预制桩可在工厂或施工现场预制,预制场地必须平整、坚实。工厂预制利用成组拉模生产且不小于截面高度的槽钢安装在一起组成。现场预制宜采用钢模板,模板应具有足够刚度,并应平整,尺寸应准确。

(2) 混凝土预制桩的截面边长不应小于200mm;预应力混凝土预制实心桩的截面边长不宜小于350mm。

(3) 预制桩的混凝土强度等级不宜低于C30;预应力混凝土实心桩的混凝土强度等级不应低于C40;预制纵向钢筋的混凝土保护层厚度不宜小于30mm。

(4) 预制桩的桩身配筋应按吊运、打桩及在使用中的受力等条件计算确定。采用锤击法沉桩时,预制桩的最小配筋率不宜小于0.8％。静压法沉桩时,最小配筋率不宜小于0.6％,主筋直径不宜小于14mm,打入桩顶以下4～5倍桩身直径长度范围内箍筋应加密,并设置钢筋网片。

(5) 长桩可分节制作,预制桩的分节长度应根据施工条件及运输条件确定;每根桩的接头数量不宜超过3个。

(6) 预制桩的桩尖可将主筋合拢焊在桩尖辅助钢筋上,对于持力层为密实砂和碎石类土时,宜在桩尖处包以钢板靴,加强桩尖。

(7) 钢筋骨架的主筋连接宜采用对焊和电弧焊,当钢筋直径不小于20mm时,宜采用机械接头连接。主筋接头配置在同一截面内的数量,应符合下列规定:

1) 当采用对焊或电弧焊时,对于受拉钢筋,不得超过50％;

2) 相邻两根主筋接头截面的距离应大于$35d_g$(主筋直径),并不应小于500mm;

3) 必须符合现行行业标准《钢筋焊接及验收规程》JGJ 18和《钢筋机械连接技术规程》JGJ 107的规定。

(8) 预制桩钢筋骨架的允许偏差应符合表13-105的规定。

预制桩钢筋骨架的允许偏差  表13-105

| 项目 | 项目 | 允许偏差(mm) |
|---|---|---|
| 主控项目 | 桩顶预埋件位置 | ±3 |
| | 多节锚固钢筋位置 | 5 |
| | 主筋距桩顶距离 | ±5 |
| | 主筋保护层厚度 | ±5 |
| | 主筋间距 | ±5 |
| 一般项目 | 桩尖中心线 | 10 |
| | 桩顶钢筋网片位置 | ±10 |

(9) 确定单节桩长度应符合下列规定:

1) 满足桩架的有效高度、制作场地条件、运输与装卸能力。

2) 避免在桩尖接近或处于硬持力层中接桩。

(10) 灌注混凝土预制桩时,宜从桩顶开始灌注,并应防止另一端的砂浆积聚过多。

(11) 锤击预制桩的骨料粒径宜为5～40mm。

(12) 锤击预制桩,应在强度与龄期均达到要求后,方可锤击。

(13) 重叠法制作预制桩时,应符合下列规定:

1) 与邻桩及底模之间的接触面不得粘连。

2) 上层或邻桩的浇筑,必须在下层或邻桩的混凝土达到设计强度的30%以上时,方可进行。

3) 桩的重叠层数不应超过4层。

(14) 预应力混凝土桩的其他要求及离心混凝土强度等级评定方法,应符合现行标准《先张法预应力混凝土管桩》GB/T 13476、《预应力混凝土空心方桩》JG/T 197的规定。

### 13.4.6.2 混凝土预制桩的起吊、运输和堆放

1. 混凝土预制桩的起吊

混凝土预制桩出厂前应作出厂检查,其规格、批号、制作日期应符合所属的验收批号内容。混凝土设计强度达到70%及以上方可起吊,起吊时应采取相应措施,保证安全平稳,保护桩身质量,在吊运过程中应轻吊轻放,避免剧烈碰撞。吊点位置和数目应符合设计规定。单节桩长在20m以下可以采用2点起吊,20~30m时可采用3点起吊。当吊点多于3个时,其位置应该按照反力相等的原则计算确定,见图13-54。

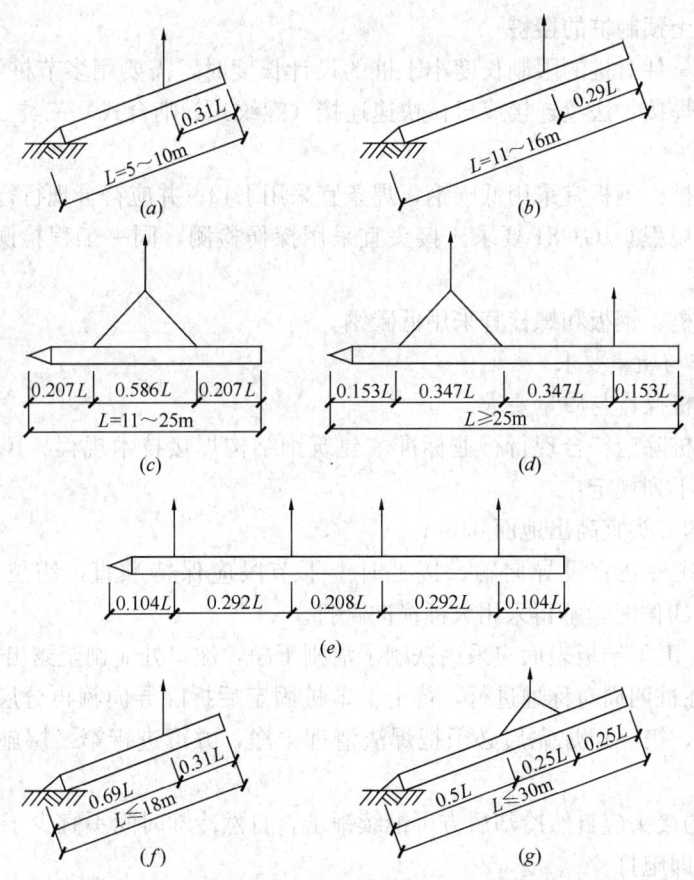

图13-54 预制桩吊点位置
(a)、(b) 一点吊法;(c) 二点吊法;(d) 三点吊法;
(e) 四点吊法;(f) 预应力管桩一点吊法;(g) 预应力管桩两点吊法

## 2. 混凝土预制桩的运输

桩的运输通常可分为预制厂运输、场外运输、施工现场运输。

预制桩达到设计强度的100%方可运输。运前，应按照验收规范要求，检查桩的混凝土质量、尺寸、预埋件、桩靴或桩帽的牢固性以及打桩中使用的标志是否齐全等。水平运输时，应做到桩身平稳放置，严禁在场地上直接拖拉桩体。运至施工现场时应进行检查验收，严禁使用质量不合格桩及在吊运过程中产生裂缝的桩。

## 3. 混凝土预制桩的堆放

堆放场地应平整坚实，不得产生过大的或不均匀沉陷，最下层与地面接触的垫木应有足够的宽度和高度。

堆放时桩应稳固，不得滚动，并应按不同规格、长度及施工流水顺序分别堆放。

当场地条件许可时，宜单层堆放；当叠层堆放时，外径为500～600mm的桩不宜超过4层，外径为300～400mm的桩不宜超过5层。

叠层堆放时，应在垂直于长度方向的地面上设置2道垫木，垫木应分别位于距桩端0.2倍桩长处；底层最外缘的桩应在垫木处用木楔塞紧。

垫木宜选用耐压的长木枋或枕木，不得使用有棱角的金属构件。

### 13.4.6.3 混凝土预制桩的接桩

当施工设备条件对桩的限制长度小于桩的设计长度时，需要用多节桩组成设计桩长。接头的构造分为焊接、法兰连接或机械快速连接（螺纹式、啮合式）三类。

#### 1. 接桩材料

（1）焊接接桩：钢板宜采用低碳钢，焊条宜采用E43；并应符合现行行业标准《建筑钢结构焊接技术规程》JGJ 81要求。接头宜采用探伤检测，同一工程检测量不得少于3个接头。

（2）法兰接桩：钢板和螺栓宜采用低碳钢。

#### 2. 接桩操作与质量要求

（1）焊接接桩操作与质量要求

采用焊接接桩除应符合现行行业标准《建筑钢结构焊接技术规程》JGJ 81的有关规定外，尚应符合下列规定：

1）下节段的桩头宜高出地面0.5m。

2）下节的桩头处宜设导向箍。接桩时上下节段应保持顺直，错位偏差不宜大于2mm。接桩就位纠偏时，不得采用大锤横向敲打。

3）对接前，上下端板表面应采用铁刷子清刷干净，坡口处应刷至露出金属光泽。

4）焊接宜在桩四周对称地进行，待上下节桩固定后拆除导向箍再分层施焊；焊接层数不得少于2层，第一层焊完后必须把焊渣清理干净，方可进行第二层施焊，焊缝应连续、饱满。

5）焊好后的接头应自然冷却后方可继续锤击，自然冷却时间不宜少于8min；严禁采用水冷却或焊好即施打。

6）雨天焊接时，应采取可靠的防雨措施。

7）焊接接头的质量检查宜采用探伤检测，对于同一工程探伤抽样检验不得少于3个接头。

(2) 机械快速螺纹接桩操作与质量要求

1) 接桩前应检查两端制作的尺寸偏差及连接件，无受损后方可起吊施工，其下接桩端宜高出地面 0.8m。

2) 接桩时，卸下上下节两端的保护装置后，应清理接头残物，涂上润滑脂。

3) 应采用专用接头锥度对中，对准上下节桩进行旋紧连接。

4) 可采用专用链条式扳手进行旋紧（臂长 1m，卡紧后人工旋紧再用铁锤敲击板臂），锁紧后两端板尚应有 1~2mm 的间隙。

(3) 机械啮合接头接桩操作与质量要求

1) 将上下接头板清理干净，用扳手将已涂抹沥青涂料的连接销逐根旋入上节 I 型端头板的螺栓孔内，并用钢模板调整好连接销的方位。

2) 剔除下节 II 型端头板连接槽内泡沫塑料保护块，在连接槽内注入沥青涂料，并在端头板面周边抹上宽度 20mm、厚度 3mm 的沥青涂料；当地基土、地下水含中等以上腐蚀介质时，桩端板板面应满涂沥青涂料。

3) 将上节吊起，使连接销与 II 型端头板上各连接口对准，将连接销插入连接槽内。

4) 加压使上下节的头板接触，接桩完成。

### 13.4.6.4 施工准备

(1) 选择沉桩机具设备，进行改装、返修、保养，并准备运输。

(2) 现场预制或订购构件、加工件的验收。

(3) 组织现场作业班组的劳动力进场。

(4) 进入施工现场的运输道路的拓宽、加固、平整。

(5) 检查桩质量，将需用的桩按平面布置图堆放在打桩机附近，不合格的桩不能运至打桩现场。

(6) 沉桩前处理空中和地下障碍物，场地应平整，排水应畅通，并应满足打桩所需的地面承载力。采用静压沉桩时，场地地基承载力不应小于压桩机接地压强的 1.2 倍。

(7) 学习、熟悉桩基施工图纸，并进行图纸会审；做好技术交底，特别是地质情况、设计要求、操作规程和安全措施的交底。

(8) 布置测量控制网、水准基点，按平面图进行测量放线，定出基准轴线，先定出桩中心，再引出两侧。设置的控制点和水准点的数量不少于 2 个，并应设在受打桩影响范围以外，以便随时检查桩位。

(9) 准备好桩基工程沉桩记录和隐蔽工程验收记录表格，并安排好记录和监理人员等。

### 13.4.6.5 锤击法施工

1. 锤击的工作机理

工作机理是利用锤自由下落时的瞬时冲击力锤击桩头所产生的冲击机械能，克服土体对桩的侧摩阻力和桩端阻力，其静力平衡状态遭受破坏，导致桩体下沉，达到新的静力平衡状态。

2. 锤击的施工设备

打桩设备包括桩锤、桩架、动力装置、送桩器及衬垫。

(1) 桩锤

桩锤是锤击沉桩的主要设备,有落锤、蒸汽锤、柴油锤和液压锤等类型。目前,应用最多的是柴油锤。用锤击沉桩时,力求采用"重锤轻击"。

(2) 桩架

桩架由支架、导向架、起吊设备、动力设备、移动设备等组成。其主要功能包括起吊锤、吊桩和插桩、导向沉桩。桩架支持桩身和桩锤,在打桩过程中引导方向,并保证桩锤能沿着所要求方向冲击的打桩设备。

常用的桩架:多功能桩架和履带式桩架。

① 多功能桩架:沿轨道行驶,可作360°回转。

优点:可适应各种预制桩,也可用于灌注桩施工。

缺点:机构较庞大,现场组装和拆迁比较麻烦。

② 履带式桩架:以履带式起重机为底盘,增加立柱和斜撑用以打桩。

优点:性能比多功能桩架灵活,移动方便,可适应各种预制桩施工,目前应用最多。

(3) 动力装置

动力装置的配置取决于所选的桩锤,包括起动桩锤用的动力设施。当选用蒸汽锤时,则需配备蒸汽锅炉和卷扬机。

(4) 送桩器及衬垫

送桩器及衬垫设置应符合下列规定:

1) 送桩器宜做成圆筒形,并应有足够的强度、刚度和耐打性。送桩器长度应满足送桩深度的要求,弯曲度不得大于1/1000。

2) 送桩器上下两端面应平整,且与送桩器中心轴线相垂直。

3) 送桩器下端面应开孔,使空心桩内腔与外界连通。

4) 送桩器应与桩匹配。套筒式送桩器下端的套筒深度宜取250~350mm,套管内径应比桩外径大20~30mm,插销式送桩器下端的插销长度宜取200~300mm,杆销外径应比桩(管)内径小20~30mm。对于腔内存有余浆的管桩,不宜采用插销式送桩器。

5) 送桩作业时,送桩器与桩头之间应设置1~2层麻袋或硬纸板等衬垫。内填弹性衬垫压实后的厚度不宜小于60mm。

### 3. 打桩顺序

制定打桩顺序时,应先研究现场条件和环境、桩区面积和桩位置、邻近建筑物和地下管线的状况、地基土质性质、桩型、桩布置、桩间距、桩长和桩数、堆放场地、采用的施工机械、台数及使用要求、施工工艺和施工方法等,然后结合施工条件选用打桩效率高、对环境污染小的合理打桩顺序,打桩顺序要求应符合下列规定:

(1) 对于密集群桩,自中间向两个方向或四周对称施打。

(2) 当一侧毗邻建筑物时,由毗邻建筑物处向另一方向施打。

(3) 根据基础的设计标高,宜先深后浅。

(4) 根据桩的规格,宜先大后小,先长后短。

(5) 施打大面积密集群桩时,可采取下列辅助措施:

1) 对预钻孔沉桩,预钻孔孔径可比桩径(或方对角线)小50~100mm,深度可根据桩距和土的密实度、渗透性确定,宜为桩长的1/3~1/2;施工时应随钻随打;桩架宜具备钻孔锤击双重性能。

2) 对饱和黏性土地基，应设置袋装砂井或塑料排水板。袋装砂井直径宜为70～80mm，间距宜为1.0～1.5m，深度宜为10～12m；塑料排水板的深度、间距与袋装砂井相同。

3) 应设置隔离板或地下连续墙。

4) 可开挖地面防震沟，并可与其他措施结合使用。防震沟沟宽可取0.5～0.8m，深度按土质情况决定。

5) 应限制打桩速率。

6) 沉桩结束后，宜普遍实施一次复打。

7) 沉桩过程中应加强邻近建筑物、地下管线等的观测、监护。

8) 应对不少于总数10%的桩顶上涌和水平位移进行监测。

**4. 打桩与送桩**

(1) 打桩

1) 将桩锤控制箱的各种油管及导线与动力装置连接好。

2) 启动动力装置，并逐渐加速。

3) 打开控制板上的开关，并把行程开关调节到适当的位置。

4) 当人工控制时，只须按动手控阀按钮，即可提起冲击块，松掉按钮，冲击下落。

5) 当进行连续作业时，须将"提升"和"停止"控制装置调整到所要求位置，并把"输出"开关扳到"自动控制"位置。

6) 对首次使用的液压锤，需添加液压油。

7) 停锤时，把"输出开关"扳回关闭位置。

8) 打入时应符合下列规定：

① 桩帽或送桩帽与周围的间隙应为5～10mm。

② 桩锤与桩帽之间应加设硬木、麻袋、草垫等弹性衬垫。

③ 桩锤、桩帽或送桩器应和桩身在同一中心线上。

④ 桩插入时的垂直度偏差不得超过0.5%。

(2) 送桩

当桩顶设计标高在地面以下，或由于桩架导杆结构及桩机平台高程等原因而无法直接打桩至设计标高时，需要送桩。锤击沉送桩应符合下列规定：

1) 送桩深度不宜大于2.0m。

2) 当桩顶打至接近地面，应测出桩的垂直度并检查桩顶质量，合格后应及时送桩。

3) 送桩的最后贯入度应参考相同条件下不送桩时的最后贯入度并修正。

4) 送桩后遗留的孔应立即回填或覆盖。

5) 当送桩深度超过2.0m且不大于6.0m时，打桩机应为三点支撑履带自行式或步履式柴油打桩机；桩帽和桩锤之间应用竖纹硬木或盘圆层叠的钢丝绳作为"锤垫"，厚度宜取150～200mm。

**5. 桩位允许偏差**

打入桩（预制混凝土方桩、预应力混凝土空心桩、钢桩）的桩位偏差，应符合表13-106的规定。倾斜度的偏差不得大于倾斜角正切值的15%（倾斜角系桩的纵向中心线与铅垂线间夹角）。

打入桩桩位的允许偏差（mm）  表 13-106

| 项目 | | 允许偏差 |
| --- | --- | --- |
| 带有基础梁的桩 | 垂直基础梁的中心线 | 100+0.01H |
| | 沿基础梁的中心线 | 150+0.01H |
| 桩数为 1～3 根桩基中的桩 | | 100 |
| 桩数为 4～16 根桩基中的桩 | | 1/2 桩径或边长 |
| 桩数大于 16 根桩基中的桩 | 最外边的桩 | 1/3 桩径或边长 |
| | 中间桩 | 1/2 桩径或边长 |

注：$H$ 为施工现场地面标高与桩顶设计标高的距离（m）。

6. 终止锤击控制标准

在锤击法沉桩施工过程中，如何确定沉桩已符合设计要求可以停止施打是施工中必须解决的首要问题，在沉桩施工中，确定最后停打标准有两种控制指标，即设计预定的"桩尖标高控制"和"最后贯入度控制"，采用单一的桩的"最后贯入度控制"或"预定桩尖标高控制"是不恰当的，也是不合理的，有时甚至是不可能的。终止锤击的控制应符合下列规定：

（1）当桩端位于一般土层时，应以控制桩端设计标高为主，贯入度为辅。

（2）桩端达到坚硬、硬塑的黏性土、中密以上粉土、砂土、碎石类土及风化岩时，应以贯入度控制为主，桩端标高为辅。

（3）贯入度已达到设计要求而桩端标高未达到时，应继续锤击 3 阵，并按每阵 10 击的贯入度不应大于设计规定的数值确认，必要时，施工控制贯入度应通过试验确定。

（4）当遇到贯入度剧变，桩身突然发生倾斜、位移或有严重回弹、桩顶或桩身出现严重裂缝、破碎等情况时，应暂停打桩，并分析原因，采取相应措施。

### 13.4.6.6 静压法施工

1. 静压桩的施工机理

在压入过程中，以桩机本身的重量（包括配重）作为反作用力，克服压入过程中的桩侧摩阻力和桩端阻力。当预制桩在竖向静压力作用下沉入土中时，桩周土体发生急速而激烈的挤压，土中孔隙水压力急剧上升，土的抗剪强度大大降低，桩身很容易下沉。

2. 适用范围

通常应用于高压缩性黏土层或砂性较轻的软黏土地层。当需贯穿有一定厚度的砂性土夹层时，必须根据桩机的压力与终压力及土层的性状、厚度、密度、组合变化特点与上下土层的力学指标，桩型、桩的构造、强度、截面规格大小与布桩形式，地下水位高低，以及终压前的稳压时间与稳压次数等综合考虑其适用性。

3. 静压机具设备

（1）静力压桩宜选择液压式和绳索式压桩工艺；宜根据单节的长度选用顶压式液压压桩机和抱压式液压压桩机。选择压桩机的参数应包括下列内容：

1）压桩机型号、桩机质量（不含配重）、最大压桩力等。

2）压桩机的外形尺寸及拖运尺寸。

3）压桩机的最小边桩距及最大压桩力。

4) 长、短船形履靴的接地压强。
5) 夹持机构的型式。
6) 液压油缸的数量、直径，率定后的压力表读数与压桩力的对应关系。
7) 吊桩机构的性能及吊桩能力。

(2) 压桩机的每件配重必须用量具核实，并将其质量标记在该件配重的外露表面；液压式压桩机的最大压力应取压桩机的机架重量和配重之和乘以 0.9。

(3) 当边桩空位不能满足中置式压桩机施压条件时，宜利用压边桩机构或选用前置式液压压桩机进行压桩，但此时应估计最大压桩能力减少造成的影响。

(4) 当设计要求或施工需要采用引孔法压桩时，应配备螺旋钻孔机，或在压桩机上配备专用的螺旋钻。当桩端持力层需进入较坚硬的岩层时，应配备可入岩的钻孔桩机或冲孔桩机。

(5) 最大压桩力不宜小于设计的单桩竖向极限承载力标准值，必要时可由现场试验确定。

常用静力压桩机参数及设备选择见表 13-107~表 13-110。

**YZY 系列液压静力压桩机主要技术参数**　　　表 13-107

| 参数 | | | 型号 | | | | | |
|---|---|---|---|---|---|---|---|---|
| | | | 200 | 280 | 400 | 500 | 600 | 650 |
| 最大压入力（kN） | | | 2000 | 2800 | 4000 | 5000 | 6000 | 6500 |
| 边桩距离（m） | | | 3.9 | 3.5 | 3.5 | 4.5 | 4.2 | 4.2 |
| 接地压强（长船/短船）(MPa) | | | 0.08/0.09 | 0.094/0.120 | 0.097/0.125 | 0.090/0.137 | 0.100/0.136 | 0.108/0.147 |
| 适用截面 | 方 | 最小（m×m） | 0.35×0.35 | 0.35×0.35 | 0.35×0.35 | 0.40×0.40 | 0.35×0.35 | 0.35×0.35 |
| | | 最大（m×m） | 0.50×0.50 | 0.50×0.50 | 0.50×0.50 | 0.60×0.60 | 0.50×0.50 | 0.50×0.50 |
| | 圆桩最大直径（m） | | 0.50 | 0.50 | 0.60 | 0.60 | 0.60 | 0.50 |
| | 配电功率（kW） | | 96 | 112 | 112 | 132 | 132 | 132 |
| 工作吊机 | 起重力矩（kN·m） | | 460 | 460 | 480 | 720 | 720 | 720 |
| | 用长度（m） | | 13 | 13 | 13 | 13 | 13 | 13 |
| 整机重量 | 自重（kg） | | 80000 | 90000 | 130000 | 150000 | 158000 | 165000 |
| | 配重（kg） | | 130000 | 210000 | 290000 | 350000 | 462000 | 505000 |
| 拖运尺寸（宽×高）(m×m) | | | 3.38×4.20 | 3.38×4.30 | 3.39×4.40 | 3.38×4.40 | 3.38×4.40 | 3.38×4.40 |

**ZYJ 系列之一液压静力压桩机主要技术参数**　　　表 13-108

| 名称 | ZYJ180-Ⅱ | ZYJ120 | ZYJ150 | ZYJ200 |
|---|---|---|---|---|
| 压桩力（kN） | 800 | 1200 | 1500 | 2000 |
| 压方桩规格（mm） | 300×300×600 | 350×350 | 400×400 | 450×450 |
| 压圆桩规格（mm） | $\phi$250，$\phi$300 | $\phi$250，$\phi$300，$\phi$350 | $\phi$300，$\phi$350，$\phi$400 | $\phi$450 |
| 压柱最大行程（mm） | 800 | 1200 | 1200 | 1200 |
| 压桩速度（m/min） | 0.8（满载） | 1.2（满载） | 1.2（满载） | 1.2（满载） |
| 边桩距离（m） | 25 | 3 | 3 | 3 |

续表

| 名称 | ZYJ180-Ⅱ | ZYJ120 | ZYJ150 | ZYJ200 |
|---|---|---|---|---|
| 接地比大船/小船（t/m²） | 7.2/6.8 | 9.2/8.8 | 10.3/10.5 | 10.5/11.2 |
| 横向步履行程（mm） | 500 | 600 | 600 | 600 |
| 行程速度（m/min） | 1.5 | 2.8 | 2.5 | 2.1 |
| 纵向步履行程（mm） | 1500 | 1500 | 2000 | 2000 |
| 行程速度（m/min） | 1.5 | 2.2 | 2.5 | 2.5 |
| 工作吊机起重力矩（kN·m） | 限吊1.5t | 360 | 460 | 460 |
| 电机总功率（kW） | 42 | 56 | 92 | 96 |
| 外形尺寸（长×宽×高）（mm） | 8×5.2×10.2 | 10.2×5.1×6.2 | 10.8×5.7×6.4 | 10.8×5.7×6.5 |
| 整机质量+配重（kg） | 25500+5500 | 5200+7000 | 5800+9500 | 7000+13000 |
| 压桩方式 | 顶压式 | 夹式 | 夹式 | 夹式 |

**ZYJ系列液压静力压桩机主要技术参数**　　　　表13-109

| 参数 | | 型号 | | | | | | |
|---|---|---|---|---|---|---|---|---|
| | | ZYJ240 | ZYJ320 | ZYJ380 | ZYJ420 | ZYJ500 | ZYJ600 | ZYJ680 |
| 额定压桩力（kN） | | 2400 | 3200 | 3800 | 4200 | 5000 | 6000 | 6800 |
| 压桩速度（m/min） | 高速 | 2.76 | 2.76 | 2.3 | 2.8 | 2.2 | 1.8 | 1.8 |
| | 低速 | 0.9 | 1.0 | 0.9 | 0.95 | 0.75 | 0.65 | 0.6 |
| 一次压桩行程（m） | | 2.0 | 2.0 | 2.0 | 2.0 | 2.0 | 1.8 | 1.8 |
| 适用方桩（mm） | 最小 | 300 | 350 | | 400 | | 400 | |
| | 最大 | 500 | 500 | | 550 | | 600 | |
| 最大圆桩（mm） | | 500 | 500 | | 550 | | 600 | |
| 边桩距离（mm） | | 600 | 600 | | 650 | | 680 | |
| 角桩距离（mm） | | 920 | 935 | | 1000 | | 1100 | |
| 起吊重量（kN） | | 120 | 120 | | 120 | | 120 | |
| 变幅力矩（kN·m） | | 600 | 600 | | 600 | | 600 | |
| 功率（kW） | 压桩 | 44 | 60 | | 74 | | 74 | |
| | 起重 | 30 | 37 | | 37 | | 37 | |
| 主要尺寸（mm） | 长 | 11000 | 12000 | | 13000 | | 13800 | |
| | 宽 | 6630 | 6900 | 6950 | 7100 | 7200 | 7600 | 7700 |
| | 运输高 | 2920 | 2940 | | 2940 | | 3020 | |
| 总重量（kg） | | 245000 | 325000 | 383000 | 425000 | 500000 | 602000 | 680000 |

注：静力压桩机的选择应综合考虑桩的截面、穿越土层长度和桩端土的特性、单桩极限承载力及布桩密度等因素，表13-110可供参考。

**静力压桩机选择参考**　　　　表13-110

| 压桩机型号 | 160～180 | 240～280 | 300～360 | 400～460 | 500～600 |
|---|---|---|---|---|---|
| 最大压桩力（kN） | 1600～1800 | 2400～2800 | 3000～3600 | 4000～4600 | 5000～6000 |

续表

| 压桩机型号 | | 160~180 | 240~280 | 300~360 | 400~460 | 500~600 |
|---|---|---|---|---|---|---|
| 适用桩径 (mm) | 最小 | 300 | 300 | 350 | 400 | 400 |
| | 最大 | 400 | 450 | 500 | 550 | 600 |
| 单桩极限承载力（kN） | | 1000~2000 | 1700~3000 | 2100~3800 | 2800~4600 | 3500~5500 |
| 桩端持力层 | | 中密~密实，砂层，硬塑~坚硬黏土层，残积土层 | 密实砂层，坚硬黏土层，全风化岩层 | 密实砂层，坚硬黏土层，全风化岩层 | 密实砂层，坚硬黏土层，全风化岩层，强风化岩层 | 密实砂层，坚硬黏土层，全风化岩层，强风化岩层 |
| 桩端持力层标准值 | | 20~25 | 20~35 | 30~40 | 30~50 | 30~55 |
| 穿透中密~密实砂层厚度（m） | | 约2 | 2~3 | 3~4 | 5~6 | 5~8 |

4．压桩顺序与压桩程序

(1) 压桩顺序

压桩顺序宜根据场地工程地质条件确定，并应符合下列规定：

1) 对于场地地层中局部含砂、碎石、卵石时，宜先对该区域进行试压桩。

2) 当持力层埋深或桩的入土深度差别较大时，宜先施压长桩后施压短桩。

(2) 压桩程序

静压法沉桩一般都采取分段压入，逐段接长的方法。其程序为：

测量定位→压桩机就位、对中、调直→压桩→接桩→送桩→终止压桩。

压桩的工艺程序见图13-55。

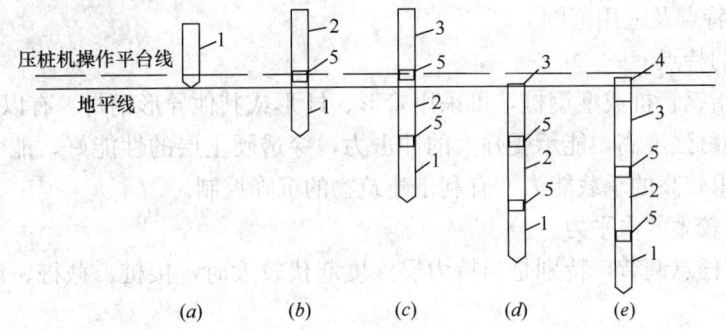

图13-55 压桩程序图

(a) 准备压第一段；(b) 接第二段；(c) 接第三段；(d) 整根桩压平至地面；(e) 送桩压桩完毕

1—第一段；2—第二段；3—第三段；4—送桩；5—接桩处

1) 测量定位

通常在桩位中心打1根短钢筋，如在较软的场地施工，由于桩机的行走会挤走预钉短钢筋，故当桩机大体就位之后要重新测量定位。

2) 压桩机就位、对中、调直

对于YZY型压机，通过启动纵向和横向行走油缸，将桩尖对准桩位；开动压桩油缸将桩压入土中1m左右后停止压桩，调整桩在两个方向的垂直度。第一节桩是否垂直，是保证桩身质量的关键。

3) 压桩

通过夹持油缸将桩夹紧，然后使压桩油缸压桩。在压桩过程中要认真记录桩入土深度和压力表读数的关系，判断桩的质量及承载力。

4) 接桩

桩的单节长度应根据设备条件和施工工艺确定。当贯穿的土层中夹有薄层砂土时，确定单节的长度时应避免桩端停在砂土层中进行接桩。当下一节桩压到露出地面 0.8～1.0m，便可接上一节桩。

5) 送桩

如果桩顶接近地面，而压桩力尚未达到规定值，可以送桩。如果桩顶高出地面一段距离，而压桩力已达到规定值时则要截桩，以便压桩机移位。

6) 终止压桩

当压力表读数达到预先规定值时，便可停止压桩。

5. 终止压桩的控制原则

静压法沉桩时，终止压桩的控制原则与压桩机大小、桩型、桩长、桩周土灵敏性、桩端土特性、布桩密度、复压次数以及单桩竖向设计极限承载力等因素有关。终压条件应符合下列规定：

1) 应根据现场试压的试验结果确定终压力标准；

2) 终压连续复压次数应根据桩长及地质条件等因素确定。对于入土深度大于或等于 8m 的桩，复压次数可为 2～3 次；对于入土深度小于 8m 的桩，复压次数可为 3～5 次；

3) 稳压压桩力不得小于终压力，稳定压桩的时间宜为 5～10s。

### 13.4.6.7 钢桩施工

1. 钢桩的特点及适用范围

(1) 钢桩的特点

钢桩通常指钢管桩或型钢桩，可采用管形、H 形或其他异形钢材。有以下特点：

1) 由于钢材强度高，能承受强大的冲击力，穿透硬土层的性能好，能有效地打入坚硬的地层，获得较高的承载能力，有利于建筑物的沉降控制。

2) 能承受较大的水平力。

3) 桩长可任意调节，特别是当持力层深度起伏较大时，接桩、截桩、调整桩的长度比较容易。

4) 重量轻、刚性好，装卸运输方便。

5) 桩顶端与上部承台、板结构连接简便。

6) 钢桩截面小，打入时挤土量少，对土的扰动小，对邻近建筑物的影响亦小。

7) 在干湿经常变化的情况下，钢桩须采取防腐处理。

(2) 钢桩的适用范围

钢桩一般适用于码头、水中结构的高承台、桥梁基础、超高层公共与住宅建筑基础、特重型工业厂房等基础工程。

2. 钢桩的制作

(1) 制作钢桩的材料应符合设计要求，并应有出厂合格证和试验报告。

(2) 现场制作钢桩应有平整的场地及挡风防雨措施。

(3) 钢桩的分段长度应满足桩架的有效高度、制作场地条件、运输与装卸能力,避免在桩尖接近或处于硬持力层中时接桩,且不宜大于15m。钢桩制作的允许偏差应符合表13-111的规定。

钢桩制作的允许偏差 表13-111

| 项目 | | 允许偏差(mm) |
|---|---|---|
| 外径或断面尺寸 | 桩端部 | ±0.5%外径或边长 |
| | 桩身 | ±0.1%外径或边长 |
| 长度 | | >0 |
| 矢高 | | ≤1‰桩长 |
| 桩端部平整度 | | ≤2(H形桩≤1) |
| 桩端部平面与桩身中心线的倾斜值 | | ≤2 |

(4) 钢管桩制作,钢管一般用普通碳素钢,抗拉强度为402MPa,屈服强度为235.2MPa,或按设计要求选用。按加工工艺区分,有螺旋缝钢管和直缝钢管两种,由于螺旋缝钢管刚度大,工程上使用较多。为便于运输和受桩架高度所限,钢管常分别由一根上节、一根下节和若干根中节组合而成,每节的长度一般为13m或15m,钢管桩的下口有开口和闭口之分。

钢管桩的外径为406.4~2032.0mm,壁厚6~25mm,常用钢管桩的规格、性能见表13-112。应根据工程地质、荷载、基础平面、上部荷载以及施工条件综合考虑后加以选择。一般上、中、下节常采用同一壁厚。有时,为了使桩顶能承受巨大的锤击应力,防止径向失稳,可把上节桩的壁厚适当增大,或在桩管外圈加焊一条宽200~300mm、厚6~12mm的扁钢加强箍。为减少桩管下沉的摩阻力,防止贯入硬土层时端部因变形而破损,在钢管桩的下端亦设置加强箍。

常用钢管桩规格 表13-112

| 钢管桩尺寸 | | | 重量 | | 面积 | | | 断面特性 | | |
|---|---|---|---|---|---|---|---|---|---|---|
| 外径 (mm) | 厚度 (mm) | 内径 (mm) | (kg/m) | (m/t) | 断面积 ($cm^2$) | 外包面积 ($m^2$) | 外表面积 ($m^2/m$) | 断面系数 ($cm^3$) | 惯性矩 ($cm^4$) | 惯性半径 (cm) |
| 406.4 | 9 | 388.4 | 88.2 | 11.34 | 112.4 | 0.130 | 1.28 | 109×10 | 222×10² | 14.1 |
| | 12 | 382.4 | 117 | 8.55 | 148.7 | | | 142×10 | 289×10² | 14.0 |
| 508 | 9 | 490 | 111 | 9.01 | 141 | 0.203 | 1.60 | 173×10 | 439×10² | 17.6 |
| | 12 | 484 | 147 | 6.8 | 187.0 | | | 226×10 | 575×10² | 17.5 |
| | 14 | 480 | 171 | 5.85 | 217.3 | | | 261×10 | 663×10² | 17.5 |
| 609.6 | 9 | 591.6 | 133 | 7.52 | 169.8 | 0.292 | 1.92 | 251×10 | 766×10² | 21.2 |
| | 12 | 585.6 | 177 | 5.65 | 225.3 | | | 330×10 | 101×10³ | 21.1 |
| | 14 | 581.6 | 206 | 4.85 | 262.0 | | | 381×10 | 116×10³ | 21.0 |
| | 16 | 577.6 | 234 | 4.27 | 298.4 | | | 432×10 | 132×10³ | 21.0 |

续表

| 钢管桩尺寸 | | | 重量 | | 面积 | | | 断面特性 | | |
|---|---|---|---|---|---|---|---|---|---|---|
| 外径 (mm) | 厚度 (mm) | 内径 (mm) | (kg/m) | (m/t) | 断面积 (cm²) | 外包面积 (m²) | 外表面积 (m²/m) | 断面系数 (cm³) | 惯性矩 (cm⁴) | 惯性半径 (cm) |
| 711.2 | 9 | 693.2 | 156 | 6.41 | 198.5 | 0.397 | 2.23 | 344×10 | 122×10³ | 24.8 |
| | 12 | 687.2 | 207 | 4.83 | 263.6 | | | 453×10 | 161×10³ | 24.7 |
| | 14 | 683.2 | 241 | 4.15 | 306.6 | | | 524×10 | 186×10³ | 24.7 |
| | 16 | 679.2 | 274 | 3.65 | 349.4 | | | 594×10 | 212×10³ | 24.6 |
| 812.8 | 9 | 794.8 | 178 | 5.62 | 227.3 | 0.519 | 2.55 | 452×10 | 184×10³ | 28.4 |
| | 12 | 788.8 | 237 | 4.22 | 301.9 | | | 596×10 | 242×10³ | 28.3 |
| | 14 | 784.8 | 276 | 3.62 | 351.3 | | | 690×10 | 280×10³ | 28.2 |
| | 16 | 780.8 | 314 | 3.18 | 400.5 | | | 782×10 | 318×10³ | 28.2 |
| 914.4 | 12 | 890.4 | 311 | 3.75 | 340.2 | 0.567 | 2.87 | 758×10 | 346×10³ | 31.9 |
| | 14 | 886.4 | 351 | 3.22 | 396.0 | | | 878×10 | 401×10³ | 31.8 |
| | 16 | 882.4 | 420 | 2.85 | 451.6 | | | 997×10 | 456×10³ | 31.8 |
| | 19 | 876.4 | 297 | 2.38 | 534.5 | | | 117×10² | 536×10³ | 31.7 |
| 1016 | 12 | 992 | 346 | 3.37 | 378.5 | 0.811 | 3.19 | 939×10 | 477×10³ | 35.5 |
| | 14 | 988 | 395 | 2.89 | 440.7 | | | 109×10² | 553×10³ | 35.4 |
| | 16 | 984 | 467 | 2.53 | 502.7 | | | 124×10² | 628×10³ | 35.4 |
| | 19 | 978 | 311 | 2.14 | 595.4 | | | 146×10² | 740×10³ | 35.2 |

(5) H 型钢桩制作，H 型钢桩采用钢厂生产的热轧 H 型钢打（沉）入土中成桩。这种在南方较软的土层中应用较多，除用于建筑物桩基外，还可用作基坑支护的立柱，而且还可拼成组合以承受更大的荷载。H 型钢桩常用规格如表 13-113 所示。

H 型钢桩常用规格表　　表 13-113

| H 型钢桩规格 $h \times b$ (mm×mm) | 每米重量 (kg/m) | 尺寸 | | | | |
|---|---|---|---|---|---|---|
| | | $h$ (mm) | $b$ (mm) | $a$ (mm) | $e$ (mm) | $R$ (mm) |
| HP200×200 HP250×250 | 43 | 200 | 205 | 9 | 9 | 10 |
| | 53 | 204 | 207 | 11.3 | 11.3 | 10 |
| | 53 | 243 | 254 | 9 | 9 | 13 |
| | 62 | 246 | 256 | 10.5 | 10.7 | 13 |
| | 85 | 254 | 260 | 14.4 | 14.4 | 13 |
| HP310×310 | 64 | 295 | 304 | 9 | 9 | 15 |
| | 79 | 299 | 306 | 11 | 11 | 15 |
| | 93 | 303 | 308 | 13.1 | 13.1 | 15 |
| | 110 | 308 | 310 | 15.4 | 15.5 | 15 |
| | 125 | 312 | 312 | 17.4 | 17.4 | 15 |

续表

| H型钢桩规格 $h \times b$ (mm×mm) | 每米重量 (kg/m) | 尺寸 | | | | |
|---|---|---|---|---|---|---|
| | | $h$ (mm) | $b$ (mm) | $a$ (mm) | $e$ (mm) | $R$ (mm) |
| HP360×370 | 84 | 340 | 367 | 10 | 10 | 15 |
| | 108 | 346 | 370 | 12.8 | 12.8 | 15 |
| | 132 | 351 | 373 | 15.6 | 15.6 | 15 |
| | 152 | 356 | 376 | 17.9 | 17.9 | 15 |
| | 174 | 361 | 378 | 20.4 | 20.4 | 15 |
| HP360×410 | 105 | 344 | 384 | 12 | 12 | 15 |
| | 122 | 348 | 390 | 14 | 14 | 15 |
| | 140 | 352 | 392 | 16 | 16 | 15 |
| | 158 | 356 | 394 | 18 | 18 | 15 |
| | 176 | 360 | 396 | 20 | 20 | 15 |
| | 194 | 364 | 398 | 22 | 22 | 15 |
| | 213 | 368 | 400 | 24 | 24 | 15 |
| | 231 | 372 | 402 | 26 | 26 | 15 |

3. 钢桩的焊接

钢桩的焊接应符合下列规定：

（1）必须清除端部的浮锈、油污等脏物，保持干燥；下节桩顶经锤击后变形的部分应割除。

（2）上下节桩焊接时应校正垂直度，对口的间隙宜为2～3mm。

（3）焊丝（自动焊）或焊条应烘干。

（4）焊接应对称进行。

（5）应采用多层焊，钢管桩各层焊缝的接头应错开，焊渣应清除。

（6）当气温低于0℃或雨雪天、无可靠措施确保焊接质量时，不得焊接。

（7）每个接头焊接完毕，应冷却1min后方可锤击；

（8）焊接质量应符合现行标准《钢结构工程施工质量验收规范》GB 50205和《建筑钢结构焊接技术规程》JGJ 81的规定，每个接头除应按表13-114规定进行外观检查外，还应按接头总数的5%进行超声或2%进行X射线拍片检查，对于同一工程，探伤抽样检验不得少于3个接头。

接桩焊缝外观允许偏差　　　　　　　　　　　表13-114

| 项目 | | 允许偏差（mm） |
|---|---|---|
| 上下节桩错口 | 钢管桩外径≥700mm | 3 |
| | 钢管桩外径<700mm | 2 |
| | H型钢桩 | 1 |
| 焊缝 | 咬边深度 | 0.5 |
| | 加强层高度 | 2 |
| | 加强层宽度（焊缝） | 3 |

### 4. 钢桩的运输和堆放

钢桩的运输与堆放应符合下列规定：

（1）堆放场地应平整、坚实、排水通畅。

（2）桩的两端应有适当保护措施，钢管桩应设保护圈。

（3）搬运时应防止桩体撞击而造成桩端、桩体损坏或弯曲。

（4）钢桩应按规格、材质分别堆放，堆放层数：$\phi 900mm$ 的钢桩，不宜大于3层；$\phi 600mm$ 的钢桩，不宜大于4层；$\phi 400mm$ 的钢桩，不宜大于5层；H型钢桩不宜大于6层。支点设置应合理，钢桩的两侧应采用木楔塞住。

### 5. 钢桩的沉桩

（1）当钢桩采用锤击沉时，可参照混凝土桩。当采用静压沉桩时，可按有关条文实施。

（2）对敞口钢管桩，当锤击沉桩有困难时，可在管内取土助沉。

（3）锤击H型钢桩时，锤重不宜大于4.5t级（柴油锤），且在锤击过程中桩架前应有横向约束装置。

（4）当持力层较硬时，H型钢桩不宜送桩。

（5）当地表层遇有大块石、混凝土块等回填物时，应在插入H型钢桩前进行触探，并应清除桩位上的障碍物。

#### 13.4.6.8 钢桩的防腐

用于地下水有侵蚀性的地区或腐蚀性土层的钢桩，应按设计要求作防腐处理。钢桩的防腐处理应符合下列规定：

（1）钢桩的腐蚀速率当无实测资料时可按表13-115确定。

（2）钢桩防腐处理可采用外表面涂防腐层、增加腐蚀余量及阴极保护；当钢管桩内壁同外界隔绝时，可不考虑内壁防腐。

钢桩年腐蚀速率  表 13-115

| 钢桩所处环境 | | 单面腐蚀率（mm/a） |
| --- | --- | --- |
| 地面以上 | 无腐蚀性气体或腐蚀性挥发介质 | 0.05～0.1 |
| 地面以下 | 水位以上 | 0.05 |
| | 水位以下 | 0.03 |
| | 水位波动区 | 0.1～0.3 |

## 13.5 承台施工

承台指的是为承受、分布由墩身传递的荷载，在基桩顶部设置的联结各桩顶的钢筋混凝土平台。主要施工工序为：基坑开挖、桩头凿除、桩身检测、钢筋和混凝土施工。

### 1. 基坑开挖

（1）桩基承台施工顺序宜先深后浅。

（2）当承台埋置较深时，应对邻近建筑物及市政设施采取必要的保护措施，在施工期间应进行监测。

(3) 基坑开挖前应对边坡支护形式、降水措施、挖土方案、运土路线及堆土位置编制施工方案，若桩基施工引起超孔隙水压力，宜待超孔隙水压力大部分消散后开挖。

(4) 当地下水位较高需降水时，可根据周围环境情况采用内降水或外降水措施。

(5) 挖土应均衡分层进行，对流塑状软土的基坑开挖，高差不应超过1m。

(6) 挖出的土方不得堆置在基坑附近。

(7) 机械挖土时必须确保基坑内的桩体不受损坏。

(8) 基坑开挖结束后，应在基坑底做出排水盲沟及集水井，如有降水设施仍应维持运转。

2. 桩头凿除

基坑开挖后需对桩头进行凿除，凿除直至露出新鲜混凝土面。标高以设计图要求控制。桩头凿除完成后，用手动砂轮机打磨平整，并用水冲洗干净。

当采用声波透射法的检测方式时，在桩头凿除过程中应注意对声测管的覆盖和保护，以免泥土和碎渣堵塞声测管，影响检测。

3. 桩身检测

桩身检测准备工作完成后要及时通知桩检测单位进行无损检测，检测合格后才能进行下一步工序。

4. 钢筋和混凝土施工

(1) 绑扎钢筋前应将灌注桩桩头浮浆部分和预制桩顶锤击面破碎部分去除，桩体及其主筋埋入承台的长度应符合设计要求，钢管桩尚应焊好桩顶连接件，并应按设计施作桩头和垫层防水。

(2) 承台混凝土应一次浇筑完成，混凝土入槽宜采用平铺法。对大体积混凝土施工，应采取有效措施防止温度应力引起的裂缝。

5. 承台工程验收

(1) 承台钢筋、混凝土的施工与检查记录。

(2) 桩头与承台的锚筋、边桩离承台边缘距离、承台钢筋保护层记录。

(3) 桩头与承台防水构造及施工质量。

(4) 承台厚度、长度和宽度的量测记录及外观情况描述等。

(5) 承台工程验收除符合本节规定外，尚应符合现行国家标准《混凝土结构工程施工质量验收规范》GB 50204 的规定。

## 13.6 检验与验收

地基基础工程涉及砌体、混凝土、钢结构、地下防水工程以及地基检测等有关内容，通过在施工前、施工中、施工后对地基基础工程进行质量管控与检测，达到加强建筑地基基础工程施工质量管理、统一建筑地基基础工程施工质量的验收标准、保证工程施工质量的目的。

由于我国幅员辽阔，地质条件复杂多样，施工技术水平发展不平衡，且基础工程具有高度的隐蔽性，从而使得基础工程的设计、施工、检测和验收比上部建筑结构更为复杂，更容易存在质量隐患。因此，地基基础检测工作是整个地基基础工程中不可缺少的重要环节,只有提高地基基础检测工作的质量和检测结果评价的可靠性,才能真正做到确保地基基础工程质量与安全。

质量管控重点包括施工前期准备、施工过程监控与检查、施工后的检测与工程验收每个环节。

检验是对检验项目的特种、性能进行量测、检查、试验等,并将结果与标准规定的要求进行比较,以确定项目每项性能是否合格的活动。验收是建筑工程质量在施工单位自行检查合格的基础上,由工程质量验收责任方组织,工程建设相关单位参加,对检验批、分项、分部、单位工程及其隐蔽工程的质量进行抽样检验,对技术文件进行审核,并根据设计文件和相关标准以书面形式对工程质量是否达到合格做出确认。以上两个环节是施工质量控制的关键,相应的国家现行标准主要有《建筑工程施工质量验收统一标准》GB 50300、《建筑地基基础工程施工质量验收标准》GB 50202 及各项检测技术规范、规程等。

### 13.6.1 地基基础检测现场试验

地基基础工程涉及砌体、混凝土、钢结构、地下防水工程以及地基检测等有关内容。对地基基础工程进行现场检测的目的是加强建筑地基基础工程施工质量管理,统一建筑地基基础工程施工质量的验收,保证工程施工质量。

#### 13.6.1.1 基本规定

1. 一般规定

(1) 建筑地基检测应包括施工前为设计提供依据的试验检测、施工过程的质量检验以及施工后为验收提供依据的工程检测。需要验证承载力及变形参数的地基应按设计要求或采用载荷试验进行检测。

(2) 人工地基应进行施工验收检测。

(3) 检测前应进行现场调查。现场调查应根据检测目的和具体要求对岩土工程情况和现场环境条件进行收集和分析。

(4) 检测单位应根据现场调查结果,编制检测方案。

2. 检测方法

(1) 建筑地基检测应根据检测对象情况,选择深浅结合、点面结合、载荷试验和其他原位测试相结合的多种试验方法综合检测,可根据试验目的、试验方法的适用性根据表13-116 选择合理的检测方法。

试验方法的目的及其适用性表　　　　表 13-116

| 试验方法 | 试验目的 | 适用地基类型 |
| --- | --- | --- |
| 土(岩)地基载荷试验 | 确定地基土的承载力、弹性模量及基床反力系数,估算不排水抗剪强度 | 天然土质地基、岩石地基及采用换填、预压、压实、挤密、强夯、注浆处理后的人工地基 |
| 复合地基载荷试验 | 确定复合地基的承载力特征值 | 水泥土搅拌桩、砂石桩、旋喷桩、夯实水泥土桩、水泥粉煤灰碎石桩、混凝土桩、树根桩、灰土桩、柱锤冲扩桩及强夯置换墩等竖向增强体和周边地基土组成的复合地基 |

续表

| 试验方法 | 试验目的 | 适用地基类型 |
| --- | --- | --- |
| 竖向增强体载荷试验 | 确定复合地基竖向增强体的竖向承载力 | 水泥土搅拌桩、旋喷桩、夯实水泥土桩、水泥粉煤灰碎石桩、混凝土桩、树根桩、强夯置换墩 |
| 标准贯入试验 | 判定地基承载力、变形参数；<br>评价加固效果；<br>砂土液化判别；<br>评价施工质量 | 砂土、粉土、黏性土天然地基及其采用换填垫层、压实、挤密、夯实、注浆加固等处理后的地基；砂和初凝状态的水泥搅拌桩、旋喷桩、灰土桩、夯实水泥桩等竖向增强体 |
| 圆锥动力触探试验 | 判定地基承载力；<br>评价地基土性状、地基处理效果；<br>检验成质量、处理效果；<br>评价强夯置换效果及置换墩着底情况 | 黏性土、粉土、砂土、碎石土及其人工地基，极软岩和软岩等地基土；砂石和初凝状态的水泥搅拌桩、旋喷桩、灰土桩、夯实水泥土桩、注浆加固地基 |
| 静力触探试验 | 判定地基承载力、变形参数；<br>评价地基处理效果 | 软土、一般黏性土、粉土和砂土的天然地基及采用换填垫层、预压、压实、挤密、夯实处理的人工地基 |
| 十字板剪切试验 | 确定不排水抗剪强度和灵敏度；<br>评价地基加固效果和强度变化规律；<br>测定地基滑动位置；<br>计算地基容许承载力、单桩（墩）承载力； | 饱和软黏性土天然地基及其人工地基 |
| 水泥土钻芯法试验 | 检测桩长、桩身强度和均匀性；<br>判定或鉴别桩底持力层岩土性状 | 水泥土桩 |
| 扁铲侧胀试验 | 判定地基承载力和变形参数；<br>评价液化特性和地基加固前后效果对比 | 黏性土、粉土和松散～中密的砂土、预压地基和注浆加固地基 |
| 多道瞬态面波试验 | 评价地基均匀性；<br>判定砂土地基液化；<br>提供动弹性模量等动力参数 | 天然地基及换填、预压、压实、夯实、挤密、注浆等方法处理的人工地基 |

(2) 人工地基承载力检测应符合下列规定：

1) 换填、预压、压实、挤密、强夯、注浆等方法处理后的地基应进行土（岩）地基载荷试验。

2) 水泥土搅拌桩、砂石桩、旋喷桩、夯实水泥土桩、水泥粉煤灰碎石桩、混凝土桩、树根桩、灰土桩、柱锤冲扩桩等方法处理后的地基应进行复合地基载荷试验。

3) 水泥土搅拌桩、旋喷桩、夯实水泥土桩、水泥粉煤灰碎石桩、混凝土桩、树根桩等有粘结强度的增强体应进行竖向增强体载荷试验。

4) 强夯置换墩地基，应根据不同的加固情况，选择单墩竖向增强体载荷试验或单墩复合地基载荷试验。

(3) 天然地基岩土性状、地基处理均匀性及增强体施工质量检测，可根据各种检测方法的特点和适用范围，考虑地质条件及施工质量可靠性、使用要求等因素，应选择标准贯入试验、静力触探试验、圆锥动力触探试验、十字板剪切试验、扁铲侧胀试验、多道瞬态面波试验等一种或多种的方法进行检测，检测结果结合静载荷试验成果进行评价。

（4）采用标准贯入试验、静力触探试验、圆锥动力触探试验、十字板剪切试验、扁铲侧胀试验、多道瞬态面波试验方法判定地基承载力和变形参数时，应结合地区经验以及单位工程载荷试验比对结果进行。

（5）水泥土搅拌桩、旋喷桩、夯实水泥土桩的桩长、桩身强度和均匀性，判定或鉴别桩底持力层岩土性状检测，可选用水泥土钻芯法。有粘结强度、截面规则的水泥粉煤灰碎石桩、混凝土等桩身强度为8MPa以上的竖向增强体的完整性检测可选择低应变法试验。

（6）换填地基的施工质量检验必须分层进行，预压、夯实地基可采用室内土工试验进行检测，检测方法应符合现行国家标准《土工试验方法标准》GB/T 50123的规定。

（7）人工地基检测应在竖向增强体满足龄期要求及地基施工后周围土体达到休止稳定后进行，并应符合下列规定：

1）稳定时间对黏性土地基不宜少于28d，对粉土地基不宜少于14d，其他地基不应少于7d。

2）有粘结强度增强体的复合地基承载力检测宜在施工结束28d后进行。

3）当设计对龄期有明确要求时，应满足设计要求。

（8）验收检验时地基测试点位置的确定，应符合下列规定：

1）同地基基础类型随机均匀分布。

2）局部岩土条件复杂可能影响施工质量的部位。

3）施工出现异常情况或对质量有异议的部位。

4）设计认为重要的部位。

5）当采取两种或两种以上检测方法时，应根据前一种方法的检测结果确定后一种方法的抽检位置。

### 13.6.1.2 土（岩）地基载荷试验

（1）土（岩）地基载荷试验适用于检测天然土质地基、岩石地基及采用换填、预压、压实、挤密、强夯、注浆处理后的人工地基的承压板下应力影响范围内的承载力和变形参数。

（2）土（岩）地基载荷试验分为浅层平板载荷试验、深层平板载荷试验和岩基载荷试验。浅层平板载荷试验适用于确定浅层地基土、破碎、极破碎岩石地基的承载力和变形参数；深层平板载荷试验适用于确定深层地基土和大直径桩的桩端土的承载力和变形参数，深层平板载荷试验的试验深度不应小于5m；岩基载荷试验适用于确定完整、较完整、较破碎岩石地基的承载力和变形参数。

（3）工程验收检测的平板载荷试验最大加载量不应小于设计承载力特征值的2倍，岩石地基载荷试验最大加载量不应小于设计承载力特征值的3倍；为设计提供依据的载荷试验应加载至极限状态。

（4）土（岩）地基载荷试验的检测数量应符合下列规定：

1）单位工程检测数量为每500m² 不应少于1点，且总点数不应少于3点；

2）复杂场地或重要建筑地基应增加检测数量。

(5) 地基土载荷试验的加载方式应采用慢速维持荷载法。

### 13.6.1.3 复合地基载荷试验

(1) 复合地基载荷试验适用于水泥土搅拌桩、砂石桩、旋喷桩、夯实水泥土桩、水泥粉煤灰碎石桩、混凝土桩、树根桩、灰土桩、柱锤冲扩桩及强夯置换墩等竖向增强体和周边地基土组成的复合地基的单桩复合地基和多桩复合地基载荷试验，用于测定承压板下应力影响范围内的复合地基的承载力特征值。当存在多层软弱地基时，应考虑到载荷板应力影响范围，选择大承压板多桩复合地基试验并结合其他检测方法进行。

(2) 复合地基载荷试验承压板底面标高应与设计要求标高相一致。

(3) 工程验收检测载荷试验最大加载量不应小于设计承载力特征值的2倍，为设计提供依据的载荷试验应加载至复合地基达到本节第4条检测数据分析与判定中第(2)条规定的破坏状态。

(4) 复合地基载荷试验的检测数量应符合下列规定：

1) 单位工程检测数量不应少于总数的0.5%，且不应少于3点。

2) 单位工程复合地基载荷试验可根据所采用的处理方法及地基土层情况，选择多桩复合地基载荷试验或单桩复合地基载荷试验。

(5) 复合地基载荷试验的加载方式应采用慢速维持荷载法。

### 13.6.1.4 竖向增强体载荷试验

(1) 竖向增强体载荷试验适用于确定水泥土搅拌桩、旋喷桩、夯实水泥土桩、水泥粉煤灰碎石桩、混凝土桩、树根桩、强夯置换墩等复合地基竖向增强体的竖向承载力。

(2) 工程验收检测载荷试验最大加载量不应小于设计承载力特征值的2倍；为设计提供依据的载荷试验应加载至极限状态。

(3) 竖向增强体载荷试验的单位工程检测数量不应少于总数的0.5%，且不得少于3根。

(4) 竖向增强体载荷试验的加载方式应采用慢速维持荷载法。

### 13.6.1.5 标准贯入试验

(1) 标准贯入试验适用于判定砂土、粉土、黏性土天然地基及其采用换填垫层、压实、挤密、夯实、注浆加固等处理后的地基承载力、变形参数，评价加固效果以及砂土液化判别。也可用于砂和初凝状态的水泥搅拌桩、旋喷桩、灰土桩、夯实水泥桩等竖向增强体的施工质量评价。

(2) 采用标准贯入试验对处理地基土质量进行验收检测时，单位工程检测数量不应少于10点，当面积超过3000$m^2$应每500$m^2$增加1点。检测同一土层的试验有效数据不应少于6个。

### 13.6.1.6 圆锥动力触探试验

(1) 圆锥动力触探试验应根据地质条件，按下列原则合理选择试验类型：

1) 轻型动力触探试验适用于评价黏性土、粉土、粉砂、细砂地基及其人工地基的地基土性状、地基处理效果和判定地基承载力。

2) 重型动力触探试验适用于评价黏性土、粉土、砂土、中密以下的碎石土及其人工地基以及极软岩的地基土性状、地基处理效果和判定地基承载力；也可用于检验砂石和初凝状态的水泥搅拌桩、旋喷桩、灰土桩、夯实水泥土桩、注浆加固地基的成质量、处理效果以及评价强夯置换效果及置换墩着底情况；

3) 超重型动力触探试验适用于评价密实碎石土、极软岩和软岩等地基土性状和判定地基承载力，也可用于评价强夯置换效果及置换墩着底情况。

(2) 采用圆锥动力触探试验对处理地基土质量进行验收检测时，单位工程检测数量不应少于 10 点，当面积超过 3000m² 应每 500m² 增加 1 点。检测同一土层的试验有效数据不应少于 6 个。

### 13.6.1.7 静力触探试验

(1) 静力触探试验适用于判定软土、一般黏性土、粉土和砂土的天然地基及采用换填垫层、预压、压实、挤密、夯实处理的人工地基的地基承载力、变形参数和评价地基处理效果。

(2) 对处理地基土质量进行验收检测时，单位工程检测数量不应少于 10 点，检测同一土层的试验有效数据不应少于 6 个。

### 13.6.1.8 十字板剪切试验

(1) 十字板剪切试验适用于饱和软黏性土天然地基及其人工地基的不排水抗剪强度和灵敏度试验。

(2) 对处理地基土质量进行验收检测时，单位工程检测数量不应少于 10 点，检测同一土层的试验有效数据不应少于 6 个。

### 13.6.1.9 水泥土钻芯法试验

(1) 水泥土钻芯法适用于检测水泥土桩的桩长、桩身强度和均匀性，判定或鉴别底持力层岩土性状。

(2) 水泥土钻芯法试验数量单位工程不应少于 0.5%，且不应少于 3 根。当桩长大于等于 10m 时，桩身抗压强度芯样试件按每孔不少于 9 个截取，桩体三等分段各取 3 个；当桩长小于 10m 时，桩身抗压强度芯样试件按每桩孔不少于 6 个截取，桩体二等分段各取 3 个。

(3) 水泥土取芯时龄期应满足设计的要求。

### 13.6.1.10 扁铲侧胀试验

(1) 扁铲侧胀试验适用于判定黏性土、粉土和松散~中密的砂土、预压地基和注浆加固地基的承载力和变形参数，评价液化特性和地基加固前后效果对比。在密实的砂土、杂填土和含砾土层中不宜采用。

(2) 对处理地基土质量进行验收检测时，单位工程检测数量不应少于 10 点，检测同一土层的试验有效数据不应少于 6 个。

(3) 采用扁铲侧胀试验判定地基承载力和变形参数，应结合单位工程载荷试验比对结果进行。

### 13.6.1.11 多道瞬态面波试验

(1) 多道瞬态面波试验适用于天然地基及换填、预压、压实、夯实、挤密、注浆等方法处理的人工地基的波速测试。通过测试获得地基的瑞利波速度和反演剪切波速，评价地基均匀性，判定砂土地基液化，提供动弹性模量等动力参数。

(2) 多道瞬态面波试验宜与钻探、动力触探等测试方法密切配合，正确使用。

(3) 采用多道瞬态面波试验判定地基承载力和变形参数时，应结合单位工程地质资料和载荷试验比对结果进行。

（4）当采用多种方法进行场地综合判断时，宜先进行瑞利波试验，再根据其试验结果有针对性地布置载荷试验、动力触探等测点。

（5）现场测试前应制定满足测试目的和精度要求的采集方案，以及拟采用的采集参数、激振方式、测点和测线布置图及数据处理方法等。测试应避开各种干扰震源，先进行场地及其邻近的干扰震源调查。

### 13.6.2 桩基检测现场试验

#### 13.6.2.1 基本规定

（1）建筑桩基检测可分为施工前为设计提供依据的试验检测、施工过程的质量检验以及施工后为验收提供依据的工程检测。桩基检测应根据检测目的、检测方法的适应性、基的设计条件、成工艺等合理选择检测方法。当通过两种或两种以上检测方法的相互补充、验证，能有效提高桩基检测结果判定的可靠性时，应选择两种或两种以上的检测方法。

（2）当设计有要求或有下列情况之一时，施工前应进行试验检测并确定单桩极限承载力：

1）设计等级为甲级的桩基。
2）无相关试桩资料可参考的设计等级为乙级的桩基。
3）地基条件复杂、桩基施工质量可靠性低。
4）本地区采用新型桩或新工艺成桩的桩基。

（3）施工完成后的工程桩应进行单桩承载力和桩身完整性检测。

（4）除应在工程施工前和施工后进行桩基检测外，尚应根据工程需要在施工过程中进行质量检测与监测。

#### 13.6.2.2 桩基静载试验

静载试验是获得桩的竖向抗压、抗拔桩以及水平承载力的最基本而可靠的基桩检测方法，用来确定单桩竖向极限承载力，作为设计依据或对工程桩的承载力进行抽样检验和评价。

桩的静载试验是模拟实际荷载情况，通过静载加压，得出一系列关系曲线，综合评定确定其极限承载力，它能较好地反映单桩的实际承载力。荷载试验有多种类型，通常采用的是单桩竖向抗压静载试验、单桩竖向抗拔静载试验和单桩水平静载试验；当传统静载试验条件受限时，可采用自平衡静载试验。

受检桩的混凝土龄期达到28d或预留同条件养护试块强度达到设计强度。当无成熟的地区经验时，尚不应少于表13-117规定的休止时间。

不同土类型的休止时间　　　　表13-117

| 土的类型 | | 休止时间（d） |
| --- | --- | --- |
| 砂土 | | 7 |
| 粉土 | | 10 |
| 黏性土 | 非饱和 | 15 |
| | 饱和 | 25 |

注：对于泥浆护壁灌注桩，宜延长休止时间。

检测数量：在同一条件下不应少于 3 根，且不少于总数的 1%；当工程桩总数小于 50 根时，不应少于 2 根。

1. 单桩竖向抗压静载试验

1) 本方法适用于检测桩基的竖向抗压承载力。

2) 当桩身埋设有应变、位移传感器或位移杆时，可按桩身内力测试要求测定桩身应变或桩身截面位移，计算桩的分层侧阻力和端阻力。

3) 为设计提供依据的试验，应加载至桩侧与端阻力达到极限状态；当桩的承载力由桩身强度控制时，可按设计要求的加载量进行加载。

4) 工程验收检测时，加载量不应小于设计要求单桩竖向抗压承载力特征值的 2.0 倍。

2. 单桩竖向抗拔静载试验

1) 本方法适用于检测桩基的竖向抗拔承载力。

2) 当桩身埋设有应变、位移传感器或桩端埋设有位移杆时，可按桩身内力测试要求测定桩身应变或桩端上拔量，计算桩的分层抗拔阻力。

3) 为设计提供依据的试验，应加载至桩侧岩土阻力达到极限状态或桩身材料达到设计强度。

4) 工程桩验收检测时，施加的上拔荷载不得小于单桩竖向抗拔承载力特征值的 2.0 倍或使桩顶产生的上拔量达到设计要求的限值。

5) 当抗拔桩承载力受抗裂条件控制时，可按设计要求确定最大加载值。

3. 自平衡静载试验

1) 自平衡静载试验最大加载值应满足设计对单桩极限承载力的检测与评价要求。

2) 大直径灌注桩自平衡检测前，应先进行桩身声波透射法完整性检测，后进行承载力检测。

3) 工程桩承载力试验完毕后应在荷载箱位置处进行注浆处理。

### 13.6.2.3 低应变法

（1）本方法适用于检测混凝土桩的桩身完整性，判定桩身缺陷的程度及位置。

（2）桩检测数量与检测比例根据检测目的确定。场外试桩、市政桥梁桩应 100% 检测，工程桩验收检测按照设计要求、规范及相关规定执行，若发现桩身完整性有问题的应扩大检测比例。

### 13.6.2.4 高应变法

（1）本方法适用于检测基桩的竖向抗压承载力和桩身完整性；监测预制桩打入时的桩身应力和锤击能量传递比，为沉桩工艺参数及桩长选择提供依据。对于大直径扩底桩和 $Q$-$s$ 曲线具有缓变型特征的大直径灌注桩，不宜采用本方法进行竖向抗压承载力检测。

（2）进行灌注桩的竖向抗压承载力检测时，应具有现场实测经验和本地区相近条件下的可靠对比验证资料。

### 13.6.2.5 声波透射法

声波透射法适用于检测混凝土灌注桩的桩身完整性、地下连续墙的墙身完整性，判定桩身或墙身缺陷的位置、范围和程度。对于桩径小于 0.6m 的，不宜采用本方法进行桩身完整性检测。此外，声测管未沿桩身通长配置或发生堵管，声测管埋设数量不符合现行行业标准《建筑基桩检测技术规范》JGJ 106 第 10.3.2 条规定的,不得采用本方法对桩身完整性进行评定。

主控技术参数及检测数量。主要检测技术参数有声时、声速、波幅及主频。

关于检测数量的基本规定如下:

(1) 市政桥梁工程大直径工程桩检测数量不得少于 50%;大直径嵌岩桩或设计等级为甲级的大直径灌注桩按不少于总数 10% 的比例采用声波透射法或钻芯法检测。

(2) 地下连续墙成槽

地下连续墙检测数量以单元槽段为基本检测单元,检测比例应为 20%。

#### 13.6.2.6 基础锚杆检测

锚杆检测与监测内容应根据岩土锚杆工程阶段的具体情况和检测目的确定,锚杆试验种类见表 13-118。基础锚杆的检测一般选择基本试验、蠕变试验、验收试验等,按照现行标准《建筑边坡工程技术规范》GB 50330、《岩土锚杆与喷射混凝土支护工程技术规范》GB 50086、《建筑基坑支护技术规程》JGJ 120 及《锚杆检测与监测技术规程》JGJ/T 401 等规范执行。

检测方法与检测目的关系表　　　　表 13-118

| 检测方法 | 检测目的 |
| --- | --- |
| 基本试验 | 确定锚杆、土钉极限抗拔承载力,提供设计参数和验证施工工艺 |
| 蠕变试验 | 确定预应力锚杆的蠕变特性 |
| 验收试验 | 确定锚杆、土钉抗拔承载力检测值,判定其是否满足设计要求 |
| 粘结强度试验 | 确定锚固段注浆体与岩土层之间的粘结强度 |
| 持有荷载试验 | 确定锚杆持有荷载 |
| 锁定力测试 | 确定预应力锚杆的初始预拉力,为锚杆张拉锁定工艺提供依据 |

#### 13.6.2.7 钻芯法检测

(1) 钻芯法适用于混凝土桩、地下连续墙、混凝土结构(构件)、复合地基增强体等的成桩(墙)质量检测。

(2) 质量管控目标

1) 检测混凝土桩身、地下连续墙墙体、混凝土构件质量,如混凝土胶结情况、有无气孔、松散、断桩、夹泥、离析等缺陷及其位置,混凝土、水泥土强度是否满足设计要求;

2) 核查桩长是否满足设计要求:端承型大直径灌注桩及地下连续墙持力层核验,测定桩底(墙下)沉渣厚度,钻取桩端(墙下)持力层岩土芯样,检验桩端持力层。

#### 13.6.2.8 内力测试

(1) 内力测试适用于桩身横截面尺寸基本恒定或已知的。

(2) 内力测试宜根据测试目的、试验类型及施工工艺选用电阻应变式传感器、振弦式传感器、滑动测微计或光纤式应变传感器。

#### 13.6.2.9 管波法

1. 概述

(1) 基本原理

管波法也称管波探测法,最早的发现与应用是在声波测井领域,其利用管的中心孔、

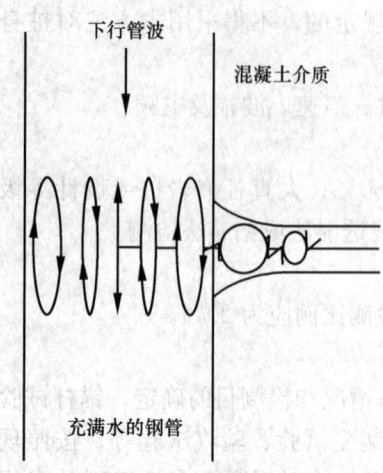

图 13-56 管波传播过程中质点
运动轨迹图

灌注桩的钻芯孔以及声测管作为测试孔,在孔内注入清水,激发并接收管波,可较全面准确地对管和混凝土灌注桩的缺陷类型、严重程度,桩身完整性作出评判。

根据研究,管波能量集中在以测试孔中心为中心,半径为 1.5 个波长的圆柱形范围内。斯通莱波沿测试孔的轴向传播过程中,能量衰减慢、频率变化小。经历一定距离的传播,管波能量依然很强。经历一定距离的传播,管波的频谱与管波源的频谱基本一致。与其他的弹性波一样,在波阻抗差异界面处,管波也会产生反射。管波法正是利用其中的孔壁波阻抗差异界面的反射,来探测孔旁桩身的完整性(包括混凝土松散破碎、空洞、软弱夹层、缩径等)。图 13-56 为管波传播过程中质点运动轨迹图。

(2) 适用范围

管波探测法可用于探测钻孔旁一定范围内的溶洞、溶蚀裂隙、软弱夹层等不良地质体,也可用于灌注桩、预应力管桩的桩身质量检测和灌注桩的持力层质量检测。

(3) 应用条件

1) 管波探测法应在单个钻孔中进行。

2) 测试钻孔井壁应光滑,不坍塌、不掉块。

3) 测试孔段应无金属套管,破碎地层的孔段可放置塑料套管。

4) 测试孔段应有井液,且井液相对密度不应大于 $1.2 \text{g/cm}^3$。

#### 13.6.2.10 成孔、成槽检测

概述

(1) 适用范围

钻孔灌注桩成孔质量、地下连续墙成槽质量检测。

(2) 质量管控目标

有效控制钻孔灌注桩成孔、地下连续墙成槽施工质量;通过检测辅助指导施工;规范检测行为,保证检测质量。

(3) 主控技术参数及检测数量

主要检测技术参数有孔(槽)壁垂直度、孔径(槽宽)、孔(槽)深度及沉渣厚度。

检测数量的基本规定参考各地方相应检测规范。上海、天津等地规范一般规定如下:

1) 钻孔灌注桩成孔

等直径钻孔灌注桩的成孔检测数量不应少于总孔数的 10%～20%,且不少于 10 个孔,柱下三桩或三桩以下承台的检测数量应不少于 1 孔;非等直径钻孔灌注桩的成孔检测数量不应少于总孔数的 30%～40%,且不少于 20 个孔,柱下三桩或三桩以下承台的检测数量应不少于 1 孔;试成孔、场外试桩、工程桩中的静载试验、市政桥梁的钻孔灌注桩成孔 100% 检测,见表 13-119。

**灌注桩的桩径、垂直度、沉渣厚度、桩位允许偏差检测要求及检测方法** 表 13-119

| 成孔方式 | | 桩(孔)径允许偏差(mm) | 垂直度允许偏差(mm) | 桩位允许偏差(mm) | 沉渣厚度(mm) |
|---|---|---|---|---|---|
| 泥浆护壁钻孔桩 | $D<1000mm$ | ≥0 | ≤1/100 | ≤70+0.01H | 端承桩 ≤50 摩擦桩 ≤150 |
| | $D≥1000mm$ | ≥0 | ≤1/100 | ≤100+0.01H | |
| 套管成孔灌注桩 | $D<500mm$ | ≥0 | ≤1/100 | ≤70+0.01H | |
| | $D≥500mm$ | ≥0 | ≤1/100 | ≤100+0.01H | |
| 干成孔灌注桩 | | ≥0 | ≤1/100 | ≤70+0.01H | |
| 人工挖孔桩 | | ≥0 | ≤1/200 | ≤50+0.005H | |
| 检测方法 | | 超声波井径仪 | 超声波井径仪 | 全站仪钢尺 | 沉渣仪、重锤 |

注:$D$ 为设计桩径(mm),$H$ 为桩基施工面至设计桩顶的距离(mm)。

2) 地下连续墙成槽

地下连续墙作为永久结构的一部分时成槽应 100% 检测;地下连续墙作为临时结构时,成槽检测比例应为 20%,且不少于 15 个槽段,每槽段检测至少 3 个断面;试成槽 100% 检测。

其中每槽段的检测断面要求比现行国家标准《建筑地基基础工程质量验收标准》GB 50202 要求严格。现行国家标准《建筑地基基础工程质量验收标准》GB 50202 关于地下连续墙成槽检测技术要求见表 13-120。

**地下连续墙浅槽检测技术要求** 表 13-120

| 检测项目 | 临时/永久 | 允许值 | 检测数量 | 检测方法 |
|---|---|---|---|---|
| 槽壁垂直度 | 临时结构 | ≤1/200 | 总幅数 20%,2 点/幅 | 超声波 |
| | 永久结构 | ≤1/300 | 总幅数 100%,2 点/幅 | 超声波 |
| 槽段宽度 | 临时结构 | 不小于设计值 | 总幅数 20%,2 点/幅 | 超声波 |
| | 永久结构 | 不小于设计值 | 总幅数 100%,2 点/幅 | 超声波 |
| 沉渣厚度 | 临时结构 | ≤150mm | 总幅数 100%,2 点/幅 | 测绳 |
| | 永久结构 | ≤100mm | 总幅数 100%,2 点/幅 | 测绳 |

3) 重复检测与扩大检测

当检测结果不满足检验标准时应立即通知相关单位,经处理后进行复测,直至符合要求。

当等直径钻孔灌注桩的成孔及临时结构地下连续墙成槽检测结果不满足检验标准时,尚应按 1:2 的比例扩大检测;当非等直径钻孔灌注桩的成孔检测结果不满足检验标准时,尚应按 1:3 的比例扩大检测。

### 13.6.3 地基基础工程质量检查与验收

#### 13.6.3.1 基本规定

1. 一般规定

质量验收应按主控项目和一般项目验收,检查数量应按检验批抽样。建筑地基基础工程的施工质量对整个工程的安全稳定具有十分重要的意义，验收的合格与否主要取决于主控项目和一般项目的检验结果。主控项目是对检验批的基本质量起决定性影响的关键项目，这种项目的检验结果具有否决权，需要特别控制，因此要求主控项目必须全部符合规定，意味着主控项目不允许有不符合要求的检验结果。

一般项目是较关键项目，相对于主控项目可以允许在抽查的数量里有20%的不合格率。对采用计数检验的一般项目，要求其合格率为80%及以上，且在允许存在的20%以下的不合格点中不得有严重缺陷。严重缺陷是指对结构构件的受力性能、耐久性能或安装要求、使用功能有决定性影响的缺陷。具体的缺陷严重程度一般很难量化确定，通常需要现场监理、施工单位根据专业知识和经验分析判断。

地基基础标准试件强度评定不满足要求或对试件的代表性有怀疑时，应对实体进行强度检测，当检测结果符合设计要求时，可按合格验收。

2. 地基基础工程质量检查与检验

（1）资料

① 岩土工程勘察资料、邻近建筑物和地下设施类型、分布及结构质量情况。

② 工程设计文件、设计变更、洽商资料，设计要求和所需达到的质量标准、检测方法等。

③ 施工技术交底记录。当地建设主管部门或规范要求的其他资料。

④ 竣工资料。

⑤ 质量事故处理资料。

⑥ 原材料及配合比是否符合设计和规范要求等。

⑦ 原材料出厂合格证、性能试验报告、抽样检测报告、检验批质量验收记录等。

施工过程质量监控

按照各种施工工艺质量控制要求，全面管控各环节的控制要素，按照质量标准严格管理，不留死角和盲区，做好质量记录。

试验和检验

按照规范和设计要求完成材料、分部工程（子项工程）的现场检查检测和抽样检测，进行承载力试验和结构完整性检测，保证各项检测合格后方可进行后续施工。

测量测绘检查

工程定位测量记录，复验放线、标高、垂直度等允许偏差，并做好记录。

（2）地基基础工程验收所需条件

1）地基与基础分部工程验收前，基础墙面上的施工孔洞须按规定镶堵密实，并做隐蔽工程验收记录。未经验收不得进行回填土分项工程的施工，对确需分阶段进行地基与基础分部工程质量验收时，建设单位项目负责人在质监交底会上向质监人员提交书面申请，并及时向质监站备案。

2）混凝土结构工程模板应拆除并对其表面清理干净，混凝土结构存在缺陷处应整改完成。

3）楼层标高控制线应清楚弹出，竖向结构主控轴线应弹出墨线，并做醒目标志。

4）工程技术资料存在的问题均已整改完成。

5）施工合同和设计文件规定的地基与基础分部工程施工的内容已完成，检验、检测报告（包括环境检测报告）应符合现行验收规范和标准的要求。

6）安装工程中各类管道预埋结束，相应测试工作已完成，其结果符合规定要求。

7）地基基础分部工程施工中，质监站发出整改（停工）通知书要求整改的质量问题都已整改完成，完成报告书已送质监站归档。

（3）地基基础工程验收组织及验收人员

1）由建设单位项目负责人（或总监理工程师）组织地基与基础分部工程验收工作，该工程的施工、监理（建设）、设计、勘察等单位参加。

2）验收人员：由建设单位（监理单位）负责组成验收小组。验收小组组长由建设单位项目负责人（总监理工程师）担任，验收组应至少有一名由工程技术人员担任的副组长。验收组成员由总监理工程师（建设单位项目负责人）、勘察、设计、施工单位项目负责人，施工单位项目技术、质量负责人，以及施工单位技术、质量部门负责人组成。工程质量的验收应在施工单位自行检查评定合格的基础上进行。

（4）地基基础工程验收的程序

建设工程地基与基础工程验收按施工企业自评、设计认可、监理核定、业主验收、政府监督的程序进行。

1）地基基础分部（子分部）施工完成后，施工单位应组织相关人员检查，在自检合格的基础上报监理机构项目总监理工程师（建设单位项目负责人）。

2）地基基础分部工程验收前，施工单位应将分部工程的质量控制资料整理成册报送项目监理机构审查，监理核查符合要求后由总监理工程师签署审查意见，并于验收前三个工作日通知质监站。

3）总监理工程师（建设单位项目负责人）收到上报的验收报告应及时组织参建方对地基与基础分部工程进行验收，验收合格后应填写地基与基础分部工程质量验收记录，并签注验收结论和意见。相关责任人签字加盖单位公章，并附分部工程观感质量检查记录。

4）总监理工程师（建设单位项目负责人）组织对地基基础分部工程验收时，必须有以下人员参加：总监理工程师、建设单位项目负责人、设计单位项目负责人、勘察单位项目负责人、施工单位技术质量负责人及项目经理等。

（5）地基基础工程验收的内容

应对所有子分部工程实体及工程资料进行检查。工程实体检查主要针对是否按照设计图纸、工程洽商进行施工，有无重大质量缺陷等；工程资料检查主要针对子分部工程验收记录、原材料各项报告、隐蔽工程验收记录等。

（6）地基基础工程验收的结论

1）由地基基础工程验收小组组长主持验收会议。

2）建设、施工、监理、设计、勘察单位分别书面汇报工程合同履约状况和在工程建设各环节执行国家法律、法规和工程建设强制性标准情况。

3）验收组听取各参验单位意见，形成经验收小组人员分别签字的验收意见。

4）参建责任方签署的地基与基础工程质量验收记录，应在签字盖章后3个工作日内由项目监理人员报送质监站存档。

5）当在验收过程参与工程结构验收的建设、施工、监理、设计、勘察单位各方不能形成一致意见时，应当协商提出解决的方法，得到各方认可后，重新组织工程验收。

6) 地基基础工程未经验收或验收不合格，不得进行下步施工。

3. 强制规定

(1) 现行国家标准《建筑工程施工质量验收统一标准》GB 50300 第 5 章 5.0.8 条规定经返修或加固处理仍不能满足安全或重要使用要求的分部工程及单位工程，严禁验收。

(2) 现行国家标准《建筑工程施工质量验收统一标准》GB 50300 第 6 章 6.0.6 条规定建设单位收到工程竣工报告后，应由建设单位项目负责人组织监理、施工、设计、勘察等单位项目负责人进行单位工程验收。

(3) 现行国家标准《建筑地基基础工程施工质量验收标准》GB 50202 第 5 章 5.1.3 条规定灌注桩混凝土强度检验的试件应在施工现场随机抽取。来自同一搅拌站的混凝土，每浇筑 $50m^3$ 必须至少留置 1 组试件；当混凝土浇筑量不足 $50m^3$ 时，每连续浇筑 12h 必须至少留置 1 组试件。对单柱单桩，每根桩应至少留置 1 组试件。

(4) 现行国家标准《岩土工程勘察规范》GB 50021 第 4 章 4.1.20 条第三款规定在地基主要受力层内，对厚度大于 0.5m 的夹层或透镜体，应采取土试样或进行原位测试。

(5) 现行行业标准《建筑地基处理技术规范》JGJ 79 第 4 章 4.4.2 条规定换填垫层的施工质量检验应分层进行，应在每层的压实系数符合设计要求后铺填上层。第 5 章 5.4.2 条第二款规定应对预压的地基土进行原位试验和室内土工试验。第 6 章 6.2.5 条规定压实地基的施工质量检验应分层进行。每完成一道工序，应按设计要求进行验收，未经验收或验收不合格时，不得进行下一道工序施工。第 6 章 6.3.2 条规定强夯置换处理地基，必须通过现场试验确定其适用性和处理效果。第 6 章 6.3.13 条规定强夯处理后的地基竣工验收，承载力检验应根据静载荷试验、其他原位测试和室内土工试验等方法综合确定。强夯置换后的地基竣工验收，除应采用单墩静载荷试验进行承载力检验外，尚应采用动力触探等查明置换墩着底情况及密度随深度的变化情况。第 7 章 7.1.2 条规定对散体材料复合地基增强体应进行密度检验；对有粘结强度复合地基增强体应进行强度及身完整性检验。第 7 章 7.1.3 条规定复合地基承载力的验收检验应采用复合地基静载荷试验，对有粘结强度的复合地基增强体尚应进行单静载荷试验。第 7 章 7.3.6 条第二款规定水泥土搅拌桩干法施工机械必须配置经国家计量部门确认的具有能瞬时检测并记录出粉体计量装置及搅拌深度自动记录仪。第 8 章 8.4.4 条规定注浆加固处理后地基的承载力应进行静载荷试验检验。第 10 章 10.2.7 条规定处理地基后的建筑物应在施工期间及使用期间进行沉降观测，直至沉降达到稳定为止。

(6) 现行行业标准《建筑地基检测技术规范》JGJ 340 第 5 章 5.1.5 条规定复合地基静载荷试验的加载方式应采用慢速维持荷载法。

(7) 现行行业标准《建筑基检测技术规范》JGJ 106 第 4 章 4.3.4 条规定为设计提供依据的单桩竖向抗压静载试验应采用慢速维持荷载法。第 9 章 9.2.3 条规定高应变检测专用锤击设备应具有稳固的导向装置。重锤应形状对称，高径（宽）比不得小于 1。第 9 章 9.2.5 条规定采用高应变法进行承载力检测时，锤的重量与单桩竖向抗压承载力特征值的比值不得小于 0.02。第 9 章 9.4.5 条规定高应变实测的力和速度信号第一峰起始段不成比例时，不得对实测力或速度信号进行调整。

### 13.6.3.2 天然地基的检验与验收

1. 天然地基的检验方法

(1) 基坑(基槽)的土质检验,应采用以下方法进行:

1) 基坑(基槽)开挖后,对新鲜的未扰动的岩土直接观察,并与勘察报告核对,注意坑(槽)内是否有填土、坑穴、古墓、古井等分布,是否有因施工不当使土质扰动、因排水不及时而使土质软化、因保护不当而使土体冰冻等现象。

2) 在进行直接观察时,可用袖珍贯入仪作为辅助手段。

3) 应在坑(槽)底普遍进行以下内容查验:①地基持力土层的强度和均匀性;②是否有浅部埋藏的软弱下卧层;③是否有浅部埋藏直接观察难以发现的坑穴、古墓、古井等。

轻型动力触探有人工与机械两种形式,采用直径为22~25mm钢筋制成的钢钎,钎头呈60°尖锥形状,钎长1.8~2.0m,8~10磅大锤。轻型动力触探孔布置方式见表13-121。

轻型动力触探孔布置形式    表 13-121

| 排列方式 | 基槽宽度 (m) | 检验深度 (m) | 检验间距 (m) |
|---|---|---|---|
| 中心一排 | <0.8 | 1.2 | 1.5 |
| 两排错开 | 0.8~2.0 | 1.5 | 1.5 |
| 梅花形 | >2.0 | 2.0 | 2.0 |
| 梅花形 | 柱基 | 1.5~2.0 | 1.5,且不小于基础宽度 |

轻型动力触探操作工艺如图 13-57 所示。

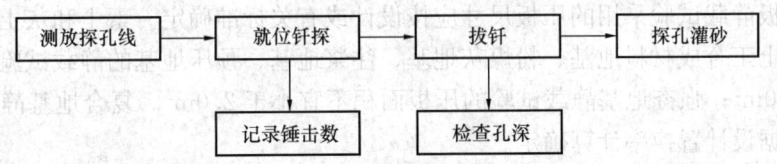

图 13-57 轻型动力触探操作工艺流程图

4) 基坑(基槽)底部深处有承压水层,轻型动力触探可能造成冒水涌砂时,不宜进行轻型动力触探;持力层为砾石或卵石时,且厚度符合设计要求时,一般不需进行轻型动力触探。

(2) 在观察基坑(基槽)内是否有填土、坑穴、古墓、古井时,除了采用观察土的结构、构造、含有机物等常规勘察的鉴别手段,还应注意以下情况:

1) 局部岩土的颜色与周围土质颜色不同或有深浅变化。

2) 局部含水量与其他部位有差异。

3) 坑(槽)内是否有条带状、圆形等异常带。

(3) 基坑(基槽)开挖后,为防止地基土的松动或软化,应采取下列保护措施:

1) 严防基坑(基槽)积水。

2) 用机械开挖时,应在设计基坑(基槽)底标高以上保留 300~500mm 厚的保护层,保护层用人工开挖清理,严禁局部超挖后用虚土回填。

3) 地基土为干砂时,在基坑施工前应适当洒水夯实。

4) 很湿及饱和的黏性土不宜拍打,不宜将砖石等材料直接抛入基坑,如地基土因践踏、积水而软化,应将软化和扰动部分清除。

(4) 基坑(基槽)内有房基、压实路面等局部硬土时,宜全部挖除,如厚度很大,全部挖除有困难时,一般情况下可挖除 0.6m,做软垫层,使地基沉降均匀。

(5) 基坑(基槽)内原有的上下水管道,宜予拆除,妥善处理,防止因漏水而浸湿地基。

(6) 基坑(基槽)内有坑穴、古墓、古井或局部分布填土等松软土时,处理方法详见本手册地基处理相关章节。

2. 天然地基的验收内容

(1) 核对工程性质,基础的施工位置、平面形状、平面尺寸及基础埋深。

(2) 检验槽底土质,可配合使用轻便触探等简单工具。

(3) 注意防止基底土质的扰动,注意防冻,防积水。

(4) 根据检验结果,提出对勘察成果的修改意见,对设计和施工处理提出建议,检验结果与勘察报告出入较大时应进行补充勘察测试工作。

(5) 基坑检验后,应填写验收报告。对用轻型动力触探检验的工程,应将触探检验位置标在图上,注明编号,将检验击数填入相应的表内备查。

### 13.6.3.3 地基处理工程质量检验与验收

1. 一般规定

(1) 地基工程的质量验收宜在施工完成并在间歇期后进行,间歇期应符合国家现行标准的有关规定和设计要求。

(2) 平板静载试验采用的压板尺寸应按设计或有关标准确定。素土和灰土地基、砂和砂石地基、土工合成材料地基、粉煤灰地基、注浆地基、预压地基的静载试验的压板面积不宜小于 $1.0m^2$;强夯地基静载试验的压板面积不宜小于 $2.0m^2$。复合地基静载试验的压板尺寸应根据设计置换率计算确定。

(3) 地基承载力检验时,静载试验最大加载量不应小于设计要求的承载力特征值的 2 倍。

(4) 素土和灰土地基、砂和砂石地基、土工合成材料地基、粉煤灰地基、强夯地基、注浆地基、预压地基的承载力必须达到设计要求。地基承载力的检验数量每 $300m^2$ 不应少于 1 点,超过 $3000m^2$ 部分每 $500m^2$ 不应少于 1 点。每单位工程不应少于 3 点。

(5) 砂石桩、高压喷射注浆桩、水泥土搅拌桩、土和灰土挤密桩、水泥粉煤灰碎石桩、夯实水泥土桩等复合地基的承载力必须达到设计要求。复合地基承载力的检验数量不应少于总数的 0.5%,且不应少于 3 点。有单桩承载力或桩身强度检验要求时,检验数量不应少于总数的 0.5%,且不应少于 3 根。

(6) 除上述第 4 条和第 5 条指定的项目外,其他项目可按检验批抽样。复合地基中增强体的检验数量不应少于总数的 20%。

(7) 地基处理工程的验收,当采用一种检验方法检测结果存在不确定性时,应结合其他检验方法进行综合判断。

2. 素土、灰土地基

(1) 施工前应检查素土、灰土土料、石灰或水泥等配合比及灰土的拌合均匀性;对基槽清底状况、地质条件予以检验。

(2) 施工中应检查分层铺设的厚度、夯实时的加水量、夯压遍数及压实系数。
(3) 施工结束后,应进行地基承载力检验。
(4) 素土、灰土地基的质量检验标准应符合表13-122的规定。

**素土、灰土地基质量检验标准**　　　　　　　　　　表13-122

| 项目 | 序号 | 检查项目 | 允许值或允许偏差 | | 检查方法 |
|---|---|---|---|---|---|
| | | | 单位 | 数值 | |
| 主控项目 | 1 | 地基承载力 | | 不小于设计值 | 静载试验 |
| | 2 | 配合比 | | 设计值 | 检查拌合时体积比 |
| | 3 | 压实系数 | | 不小于设计值 | 环刀法 |
| 一般项目 | 1 | 石灰粒径 | mm | ≤5 | 筛析法 |
| | 2 | 土料有机质含量 | % | ≤5 | 灼烧减量法 |
| | 3 | 土颗粒粒径 | mm | ≥15 | 筛析法 |
| | 4 | 含水量 | | 最优含水量±2% | 烘干法 |
| | 5 | 分层厚度 | mm | ±50 | 水准测量 |

3. 强夯地基

(1) 施工前应检查夯锤质量和尺寸、落距控制方法、排水设施及被夯地基的土质;在每一遍夯击前,应对夯点放线进行复核,夯完后检查夯坑位置;发现偏差和漏夯应及时纠正。
(2) 施工中应检查夯锤落距、夯点位置、夯击范围、夯击击数、夯击遍数、每击夯沉量、最后两击的平均夯沉量、总夯沉量和夯点施工起止时间等。
(3) 施工结束后,应进行地基承载力、地基土的强度、变形指标及其他设计要求指标检验。
(4) 强夯地基质量检验标准应符合表13-123的规定。

**强夯地基质量检验标准**　　　　　　　　　　表13-123

| 项目 | 序号 | 检查项目 | 允许值或允许偏差 | | 检查方法 |
|---|---|---|---|---|---|
| | | | 单位 | 数值 | |
| 主控项目 | 1 | 地基承载力 | | 不小于设计值 | 静载试验 |
| | 2 | 处理后地基土的强度 | | 不小于设计值 | 原位测试 |
| | 3 | 变形指标 | | 设计值 | 原位测试 |
| 一般项目 | 1 | 夯锤落距 | mm | ±300 | 钢索设标志 |
| | 2 | 夯锤质量 | kg | ±100 | 称量 |
| | 3 | 夯击遍数 | | 不小于设计值 | 计数法 |
| | 4 | 夯击顺序 | | 设计要求 | 检查施工记录 |
| | 5 | 夯击击数 | | 不小于设计值 | 计数法 |
| | 6 | 夯点位置 | mm | ±500 | 用钢尺量 |
| | 7 | 夯击范围(超出基础范围距离) | | 设计要求 | 用钢尺量 |
| | 8 | 前后两遍间歇时间 | | 设计值 | 检查施工记录 |
| | 9 | 最后两击平均夯沉量 | | 设计值 | 水准测量 |
| | 10 | 场地平整度 | mm | ±100 | 水准测量 |

(5) 强夯置换墩施工中应随时检查施工记录和填料计量记录,并应对照规定的施工工艺对每个墩进行质量评定。不符合设计要求时应补夯或采取其他有效措施。

(6) 强夯置换施工中和结束后宜采用开挖检查、钻探、动力触探等方法,检验墩体直径和墩长。

(7) 强夯置换墩复合地基工程验收时,承载力检验除应采用单墩或单墩复合地基竖向抗压载荷试验外,尚应采用动力触探、多道瞬态面波法等检测地层承载力与密度随深度的变化。单墩竖向抗压载荷试验和单墩复合地基竖向抗压载荷试验应符合现行国家标准《复合地基技术规范》GB/T 50783 附录 A 的有关规定,对缓变形 $p$-$s$ 曲线承载力特征值应按相对变形值 $s/b=0.010$ 确定。

(8) 强夯处理后的地基承载力检验,应在施工结束后间隔一定时间进行,对于碎石土和砂土地基,间隔时间宜为 7~14d;粉土和黏性土地基,间隔时间宜为 14~28d;强夯置换墩复合地基的承载力检验,应在施工结束并间隔一定时间后进行,对粉土不宜少于 21d,黏性土不宜少于 28d。检验数量应由设计单位根据场地复杂程度和建筑物的重要性提出具体要求,检测点应在墩间和墩体均有布置。

4. 预压地基

(1) 施工前应检查施工监测措施和监测初始数据、排水设施和竖向排水体等。

(2) 施工中应检查堆载高度、变形速率,真空预压施工时应检查密封膜的密封性能、真空表读数等。施工过程中,质量检验和监测应包括下列内容:

1) 对塑料排水带应进行纵向通水量、复合体抗拉强度、滤膜抗拉强度、滤膜渗透系数和等效孔径等性能指标现场随机抽样测试。

2) 对不同来源的砂井和砂垫层砂料,应取样进行颗粒分析和渗透性试验。

3) 对以地基抗滑稳定性控制的工程,应在预压区内预留孔位,在加载不同阶段进行原位十字板剪切试验和取土进行室内土工试验;加固前的地基土检测,应在打设塑料排水带之前进行。

4) 对预压工程,应进行地基竖向变形、侧向位移和孔隙水压力等监测。

5) 真空预压、真空和堆载联合预压工程,除应进行地基变形、孔隙水压力监测外,尚应进行膜下真空度和地下水位监测。

(3) 施工结束后,应通过原位试验和室内土工试验进行地基承载力与地基土强度和变形指标检验。原位试验可采用十字板剪切试验或静力触探,检验深度不应小于设计处理深度。原位试验和室内土工试验,应在卸载 3~5d 后进行。检验数量按每个处理分区不少于 6 点进行检测,对于堆载斜坡处应增加检验数量。

(4) 预压地基质量检验标准应符合表 13-124 的规定。

预压地基质量检验标准 表 13-124

| 项目 | 序号 | 检查项目 | 允许值或允许偏差 | | 检查方法 |
|---|---|---|---|---|---|
| | | | 单位 | 数值 | |
| 主控项目 | 1 | 地基承载力 | | 不小于设计值 | 静载试验 |
| | 2 | 处理后地基土的强度 | | 不小于设计值 | 原位测试 |
| | 3 | 变形指标 | | 设计值 | 原位测试 |

续表

| 项目 | 序号 | 检查项目 | 允许值或允许偏差 单位 | 允许值或允许偏差 数值 | 检查方法 |
|---|---|---|---|---|---|
| 一般项目 | 1 | 预压荷载（真空度） | % | ≥-2 | 高度测量（压力表） |
| 一般项目 | 2 | 固结度 | % | ≥-2 | 原位测试（与设计要求比） |
| 一般项目 | 3 | 沉降速率 | % | ±10 | 水准测量（与控制值比） |
| 一般项目 | 4 | 水平位移 | % | ±10 | 用测斜仪、全站仪测量 |
| 一般项目 | 5 | 竖向排水体位置 | mm | ≤100 | 用钢尺量 |
| 一般项目 | 6 | 竖向排水体插入深度 | mm | +2000 | 经纬仪测量 |
| 一般项目 | 7 | 插入塑料排水带时的回带长度 | mm | ≤500 | 用钢尺量 |
| 一般项目 | 8 | 竖向排水体高出砂垫层距离 | mm | ≥100 | 用钢尺量 |
| 一般项目 | 9 | 插入塑料排水带的回带根数 | % | <5 | 统计 |
| 一般项目 | 10 | 砂垫层材料的含泥量 | % | ≤5 | 水洗法 |

5. 高压喷射注浆复合地基

（1）施工前应检验水泥、外掺剂等的质量，注浆点桩位，浆液配比，高压喷射设备的性能等，并应对压力表、流量表进行检定或校准。

（2）施工中应检查压力、水泥浆量、提升速度、旋转速度等施工参数及施工程序。高压旋喷桩施工过程中应随时检查施工记录和计量记录，并应对照规定的施工工艺对每根桩进行质量评定。

（3）施工结束后，应检验桩体的强度和平均直径，以及单桩与复合地基的承载力等。承载力检验宜在成桩28d后进行。检验点应布置在有代表性的桩位、施工中出现异常情况的部位和地基情况复杂可能对高压喷射注浆桩质量产生影响的部位。

（4）高压喷射注浆桩复合地基质量检验标准应符合表13-125的规定。

高压喷射注浆桩复合地基质量检验标准　　　表13-125

| 项目 | 序号 | 检查项目 | 允许值或允许偏差 单位 | 允许值或允许偏差 数值 | 检查方法 |
|---|---|---|---|---|---|
| 主控项目 | 1 | 复合地基承载力 | | 不小于设计值 | 静载试验 |
| 主控项目 | 2 | 单桩承载力 | | 不小于设计值 | 静载试验 |
| 主控项目 | 3 | 水泥用量 | | 不小于设计值 | 查看流量表 |
| 主控项目 | 4 | 桩长 | | 不小于设计值 | 测钻杆长度 |
| 主控项目 | 5 | 桩身强度 | | 不小于设计值 | 28d试块强度或钻芯法 |
| 一般项目 | 1 | 水胶比 | | 设计值 | 实际用水量与水泥等胶凝材料的重量比 |
| 一般项目 | 2 | 钻孔位置 | mm | ≤50 | 用钢尺量 |
| 一般项目 | 3 | 钻孔垂直度 | | ≤1/100 | 经纬仪测钻杆 |
| 一般项目 | 4 | 桩位 | mm | ≤0.2D | 开挖后用钢尺量 |
| 一般项目 | 5 | 桩径 | mm | ≥-50 | 用钢尺量 |

续表

| 项目 | 序号 | 检查项目 | 允许值或允许偏差 | | 检查方法 |
| --- | --- | --- | --- | --- | --- |
| | | | 单位 | 数值 | |
| 一般项目 | 6 | 桩顶标高 | 不小于设计值 | | 水准测量,最上部500mm浮浆层及劣质体不计入 |
| | 7 | 喷射压力 | 设计值 | | 检查压力表读数 |
| | 8 | 提高速度 | 设计值 | | 测机头上升距离及时间 |
| | 9 | 旋转速度 | 设计值 | | 现场测定 |
| | 10 | 褥垫层夯填度 | ≤0.9 | | 水准测量 |

注：$D$为设计桩径（mm）。

6. 潜孔冲击高压喷射注浆复合地基

潜孔冲击高压喷射注浆桩及复合桩质量检验按时间顺序可分为施工前检验、施工中检验和施工后检验三个阶段。

潜孔冲击高压喷射注浆桩所形成的截水帷幕或封底截水层的质量检验应符合现行行业标准《建筑基坑支护技术规程》JGJ 120的有关规定。复合桩基础工程的质量检验应符合现行行业标准《建筑基桩检测技术规程》JGJ 106的有关规定。增强体复合地基的质量检验应符合现行行业标准《建筑地基检测技术规范》JGJ 340的有关规定。

（1）施工前检验

潜孔冲击高压喷射注浆桩及复合桩施工前应对水泥、添加剂及芯桩的质量、施工机械设备及性能、桩位放样偏差等进行检验，见表13-126。

施工前质量检验　　　　　　　　　表13-126

| 项目 | 序号 | 检查项目 | 允许偏差或允许值 | 检查方法 |
| --- | --- | --- | --- | --- |
| 主控项目 | 1 | 水泥及外掺剂质量 | 符合出厂及设计要求 | 查产品合格证和抽样送检 |
| 一般项目 | 1 | 施工机械设备及性能 | 符合出厂及设计要求 | 查设备标定记录 |
| | 2 | 桩位（mm） | 10 | 查放线记录 |
| | 3 | 芯桩外观质量 | 无蜂窝、漏筋、裂缝，色感均匀，桩顶处无空隙 | 观察 |
| | 4 | 芯桩桩径或边长（mm） | +5 −2 | 用钢尺量 |
| | 5 | 空心芯桩壁厚（mm） | +5 0 | 用钢尺量 |
| | 6 | 芯桩桩长 | 按设计要求 | 用钢尺量 |
| | 7 | 桩尖中心线（mm） | 2 | 用钢尺量 |
| | 8 | 端部倾斜（mm） | 0.5%$D$ | 用水平尺量 |
| | 9 | 芯桩体弯曲（mm） | 1/1000桩长 | 用钢尺量 |
| | 10 | 空心芯桩内壁浮浆 | 不得有浮浆 | 观察 |
| | 11 | 接桩用材料 | 符合出厂及设计要求 | 查产品合格证或抽样送检 |

注：$D$为水泥土复合桩直径（mm）。

(2) 施工中检验

潜孔冲击高压喷射注浆桩及复合桩成桩工艺性试验应对水泥土固化体的形态大小、垂直度、固化胶结情况、桩身均匀程度及水泥土强度进行检验。施工过程中应对桩位偏差、水压、气压、垂直度、桩底标高、水灰比、浆液密度、浆液流量、浆液压力、钻杆提升速度及钻杆旋转速度进行检验。

潜孔冲击高压喷射注浆桩及复合桩的水泥土桩体宜采用软取芯法检验水泥土强度，检验数量不宜小于总桩数的1‰，且不宜少于3根桩。

潜孔冲击高压喷射注浆复合桩植入芯桩施工时应检查芯桩的植入长度、植桩垂直度、接桩质量、接桩停歇时间、芯桩的桩顶标高、芯桩静压桩终值或最后锤击3阵的贯入度进行检验，见表13-127。

施工中质量检验　　　　　　　　　　表 13-127

| 项目 | 序号 | 检查项目 | 允许偏差或允许值 | 检查方法 |
| --- | --- | --- | --- | --- |
| 主控项目 | 1 | 水泥用量 | 按设计要求 | 电子秤计量 |
| 一般项目 | 1 | 浆液压力 | 按设计要求 | 压力表测量 |
| | 2 | 水压 | | 压力表测量 |
| | 3 | 气压 | | |
| | 4 | 水灰比 | | 电子秤或比重计测量 |
| | 5 | 钻杆提升速度 | | 秒表、钢尺测量 |
| | 6 | 钻杆旋转速度 | | 设备显示 |
| | 7 | 水泥土桩垂直度（%） | 1 | 经纬仪测量 |
| | 8 | 水泥土桩的桩底标高 | 按设计要求 | 水准仪测量 |
| | 9 | 芯桩垂直度（%） | 0.5 | 经纬仪测量 |
| | 10 | 芯桩的桩顶标高（mm） | ±50 | 水准仪测量 |
| | 11 | 接桩质量 | 按设计或规范要求 | 满足设计或规范要求 |
| | 12 | 接桩停歇时间（min） | >5 | 秒表测量 |
| | 13 | 接桩上下节平面偏差（mm） | 10 | 钢尺测量 |
| | 14 | 接桩节点弯曲矢高（mm） | 1/1000桩长 | 钢尺量 |
| | 15 | 芯桩静压力终值（kN） | 按设计要求 | 压力表测量 |
| | 16 | 芯桩每米锤击数及最后锤击3阵的贯入度 | 按设计要求 | 钢尺测量 |

(3) 施工后检验

对于开挖暴露后的潜孔冲击高压喷射注浆桩或复合桩，应对其桩位偏差、桩径偏差、桩顶标高偏差、芯桩与水泥土桩同心度偏差、水泥土强度及渗透性、桩身完整性、单桩承载力进行检验。

工程桩施工完成3d后应进行水泥土桩身完整性检验，28d后进行桩身强度及单桩竖向承载力检验。竖向承载力的检验应采用单桩竖向静载荷试验，复合桩桩身完整性检验应采用低应变反射波法，检验方法及数量均应满足现行行业标准《建筑基桩检测技术规范》JGJ 106的要求。

水泥土质量检验可按现行行业标准《建筑地基处理技术规范》JGJ 79 的有关规定执行，采用浅部开挖和轻型动力触探方法进行水泥土的质量检验。水泥土强度可采用钻芯法检测。

复合桩水平承载力检测时，水平推力应施加在芯桩上，检验方法及数量应满足现行行业标准《建筑基桩检测技术规范》JGJ 106 的要求。单桩水平承载力特征值应按水平临界荷载的 0.6 倍取值，且不应大于单桩水平极限承载力的 50%。

对于承受拔力的复合桩，应按现行行业标准《建筑基桩检测技术规程》JGJ 106 的有关规定，进行单桩竖向抗拔静载荷试验。检测桩数不应少于同条件下总桩数的 1%，且不应少于 3 根。

施工后质量检验见表 13-128。

施工后质量检验　　　　　　　　　　　　　　表 13-128

| 项目 | 序号 | 检查项目 | 允许偏差或允许值 | 检查方法 |
| --- | --- | --- | --- | --- |
| 主控项目 | 1 | 承载力 | 按设计要求 | 单桩竖向、水平及抗拔静载试验 |
|  | 2 | 桩位偏差（mm） | $100+0.005H$ | 全站仪及钢尺测量 |
|  | 3 | 桩身完整性 | 按设计要求 | 低应变法 |
|  | 4 | 桩数 | 按设计要求 | 现场清点 |
| 一般项目 | 1 | 水泥土复合桩直径 | 按设计要求 | 钢尺测量 |
|  | 2 | 桩顶标高（mm） | ±50 | 水准仪测量 |

注：$H$ 为施工现场地面标高与桩顶设计标高的距离（mm）。

（4）质量验收

基坑开挖至设计标高后，建设单位应会同施工、监理、设计等单位进行潜孔冲击高压喷射注浆桩及复合桩验收。潜孔冲击高压喷射注浆桩及复合桩验收应在施工自检合格的基础上进行，且应具备下列资料：

① 岩土工程勘察报告、桩基施工图、图纸会审纪要、设计变更。
② 经审定的施工组织设计、施工方案、技术交底记录及执行中的设计变更单。
③ 桩位测量放线图，包括桩位线复核签证单。
④ 水泥等原材料的质量合格证和进场验收记录等。
⑤ 芯桩产品合格证、相关技术参数说明和进场验收记录。
⑥ 施工记录、褥垫层及隐蔽工程验收文件。
⑦ 工程桩质量事故及事故调查处理资料。
⑧ 单桩承载力、增强体单桩复合地基承载力及桩身完整性检测报告。
⑨ 基坑挖至设计标高时基桩竣工平面图及桩顶标高图。
⑩ 其他必须提供的文件或记录。

7. 水泥土搅拌桩复合地基

（1）施工前应检查水泥及外掺剂的质量、桩位、搅拌机工作性能，并应对各种计量设备进行检定或校准。

（2）施工中应检查机头提升速度、水泥浆或水泥注入量、搅拌桩的长度及标高。水泥土搅拌湿法施工过程中应随时检查施工记录和计量记录,并应对照规定的施工工艺对每根桩进行质量评定,应对固化剂用量、桩长、搅拌头转数、提升速度、复搅次数、复搅深度以及停浆处理方法等进行重点检查。

(3) 施工结束后,应检验桩体的强度和直径,以及单桩与复合地基的承载力。成桩7d后,应采用浅部开挖桩头,深度宜超过停浆(灰)面下0.5m,应目测检查搅拌的均匀性,并应量测成桩直径。成桩28d后,应用双管单动取样器钻取芯样做抗压强度检验和土体标准贯入检验。成桩28d后,可进行单桩竖向抗压载荷试验。基槽开挖后,应检验桩位、桩数与桩顶质量,不符合设计要求时,应采取有效补强措施。

(4) 水泥土搅拌桩地基质量检验标准应符合表13-129的规定。

**水泥土搅拌桩地基质量检验标准** 表13-129

| 项目 | 序号 | 检查项目 | 允许值或允许偏差 | | 检查方法 |
|---|---|---|---|---|---|
| | | | 单位 | 数值 | |
| 主控项目 | 1 | 复合地基承载力 | | 不小于设计值 | 静载试验 |
| | 2 | 单桩承载力 | | 不小于设计值 | 静载试验 |
| | 3 | 水泥用量 | | 不小于设计值 | 查看流量表 |
| | 4 | 搅拌叶回转直径 | mm | ±20 | 用钢尺量 |
| | 5 | 桩长 | | 不小于设计值 | 测钻杆长度 |
| | 6 | 桩身强度 | | 不小于设计值 | 28d试块强度或钻芯法 |
| 一般项目 | 1 | 水胶比 | | 设计值 | 实际用水量与水泥等胶凝材料的重量比 |
| | 2 | 提升速度 | | 设计值 | 测机头上升距离及时间 |
| | 3 | 下沉速度 | | 设计值 | 测机头下沉距离及时间 |
| | 4 | 桩位 | 条基边沿轴线 | ≤1/4D | 全站仪或用钢尺量 |
| | | | 垂直轴线 | ≤1/6D | |
| | | | 其他情况 | ≤2/5D | |
| | 5 | 桩顶标高 | mm | ±200 | 水准测量,最上部500mm浮浆层及劣质体不计入 |
| | 6 | 导向架垂直度 | | ≤1/150 | 经纬仪测量 |
| | 7 | 褥垫层夯填度 | | ≤0.9 | 水准测量 |

注:D为设计桩径(mm)。

8. 土和灰土挤密桩复合地基

(1) 施工前应对石灰及土的质量、桩位等进行检查。

(2) 施工中应对桩孔直径、桩孔深度、夯击次数、填料的含水量及压实系数等进行检查。过程中应随时检查施工记录和计量记录,并应对照规定的施工工艺对每根桩进行质量评定。施工人员应及时抽样检查桩孔内填料的夯实质量,检查数量应由设计单位根据工程情况提出具体要求。对重要工程尚应分层取样测定挤密土及桩孔内填料的湿陷性及压缩性。

(3) 施工结束后,应检验成桩的质量及复合地基承载力,应在成桩后14~28d后进行。在湿陷性土地区，对特别重要的项目尚应进行现场浸水载荷试验。

（4）土和灰土挤密桩复合地基质量检验标准应符合表13-130的规定。

土和灰土挤密桩复合地基质量检验标准　　表13-130

| 项目 | 序号 | 检查项目 | 允许值或允许偏差 | | 检查方法 |
|---|---|---|---|---|---|
| | | | 单位 | 数值 | |
| 主控项目 | 1 | 复合地基承载力 | 不小于设计值 | | 静载试验 |
| | 2 | 桩体填料平均压实系数 | ≥0.97 | | 环刀法 |
| | 3 | 桩长 | 不小于设计值 | | 测管长度或用测绳测孔深 |
| 一般项目 | 1 | 土料有机质含量 | ≤5% | | 灼烧减量法 |
| | 2 | 含水量 | 最优含水量±2% | | 烘干法 |
| | 3 | 石灰粒径 | mm | ≤5 | 筛析法 |
| | 4 | 桩位 | 条基边沿轴线桩 | ≤1/4D | 全站仪或用钢尺量 |
| | | | 垂直轴线桩 | ≤1/6D | |
| | | | 其他情况 | ≤2/5D | |
| | 5 | 桩径 | mm | +50 | 用钢尺量 |
| | 6 | 桩顶标高 | mm | ±200 | 水准测量，最上部500mm浮浆层及劣质体不计入 |
| | 7 | 垂直度 | ≤1/100 | | 经纬仪测管 |
| | 8 | 砂、碎石褥垫层夯填度 | ≤0.9 | | 水准测量 |
| | 9 | 灰土垫层压实系数 | ≥0.95 | | 环刀法 |

注：$D$为设计桩径（mm）。

9. 水泥粉煤灰碎石桩复合地基

（1）施工前应对入场的水泥、粉煤灰、砂及碎石等原材料进行检验。

（2）施工中应检查桩身混合料的配合比、坍落度和成孔深度、混合料充盈系数等。

（3）施工结束后，应对桩体质量、单桩及复合地基承载力进行检验。宜在施工结束28d后进行，竣工验收时，检验应采用复合地基静载荷试验和单桩静载荷试验。

（4）水泥粉煤灰碎石桩复合地基的质量检验标准应符合表13-131的规定。

水泥粉煤灰碎石桩复合地基质量检验标准　　表13-131

| 项目 | 序号 | 检查项目 | 允许值或允许偏差 | | 检查方法 |
|---|---|---|---|---|---|
| | | | 单位 | 数值 | |
| 主控项目 | 1 | 复合地基承载力 | 不小于设计值 | | 静载试验 |
| | 2 | 单桩承载力 | 不小于设计值 | | 静载试验 |
| | 3 | 桩长 | 不小于设计值 | | 测管长度或用测绳测孔深 |
| | 4 | 桩径 | mm | +500 | 用钢尺量 |
| | 5 | 桩身完整性 | — | | 低应变检测 |
| | 6 | 桩身强度 | 不小于设计要求 | | 28d试块强度 |

续表

| 项目 | 序号 | 检查项目 | 允许值或允许偏差 | | 检查方法 |
|---|---|---|---|---|---|
| | | | 单位 | 数值 | |
| 一般项目 | 1 | 桩位 | 条基边沿轴线 | ≤1/4D | 全站仪或用钢尺量 |
| | | | 垂直轴线 | ≤1/6D | |
| | | | 其他情况 | ≤2/5D | |
| | 2 | 桩顶标高 | mm | ±200 | 水准测量,最上部500mm浮浆层及劣质体不计入 |
| | 3 | 垂直度 | | ≤1/100 | 经纬仪测管 |
| | 4 | 混合料坍落度 | mm | 160~220 | 坍落度仪 |
| | 5 | 混合料充盈系数 | | ≥1.0 | 实际灌注量与理论灌注量的比 |
| | 6 | 褥垫层夯填度 | | ≤0.9 | 水准测量 |

注:D为设计桩径(mm)。

**10. 夯实水泥土桩复合地基**

(1) 施工前应对进场的水泥及夯实用土料的质量进行检验。

(2) 施工中应检查孔位、孔深、孔径、水泥和土的配比及混合料含水量等。施工过程中,应有专人监理成孔及回填夯实的质量,并做好施工记录。如发现地基土质与勘察资料不符,应立即停止施工,待查明情况或采取有效措施处理后,方可继续施工。夯实水泥土桩施工过程中应随时检查施工记录和计量记录,并应对照规定的施工工艺对每根桩进行质量评定。成桩后,应及时抽样检验水泥土的质量。

(3) 施工结束后,应对桩体质量、复合地基承载力及褥垫层夯填度进行检验。

(4) 夯实水泥土桩的质量检验标准应符合表13-132的规定。

**夯实水泥土桩复合地基质量检验标准** 表13-132

| 项目 | 序号 | 检查项目 | 允许值或允许偏差 | | 检查方法 |
|---|---|---|---|---|---|
| | | | 单位 | 数值 | |
| 主控项目 | 1 | 复合地基承载力 | | 不小于设计值 | 静载试验 |
| | 2 | 体填料平均压实系数 | | ≥0.97 | 环刀法 |
| | 3 | 桩长 | | 不小于设计值 | 用测绳测孔深 |
| | 4 | 桩身强度 | | 不小于设计值 | 28d试块强度 |
| 一般项目 | 1 | 土料有机质含量 | | ≤5% | 灼烧减量法 |
| | 2 | 含水量 | | 最优含水量±2% | 烘干法 |
| | 3 | 土料粒径 | mm | ≤20 | 筛析法 |
| | 4 | 桩位 | 条基边沿轴线 | ≤1/4D | 全站仪或用钢尺量 |
| | | | 垂直轴线 | ≤1/6D | |
| | | | 其他情况 | ≤2/5D | |
| | 5 | 桩径 | mm | +500 | 用钢尺量 |
| | 6 | 桩顶标高 | mm | ±200 | 水准测量,最上部500mm浮浆层及劣质体不计入 |
| | 7 | 桩孔垂直度 | | ≤1/100 | 经纬仪测管 |
| | 8 | 褥垫层夯填度 | | ≤0.9 | 水准测量 |

注:D为设计桩径(mm)。

### 13.6.3.4 桩基工程质量检测与验收

1. 一般规定

（1）桩位的放样允许偏差

群桩，20mm；

单排桩，10mm。

（2）桩位验收

1）当桩顶设计标高与施工场地标高相同时，或桩基施工结束后有可能对桩位进行检查时，桩基工程的验收应在施工结束后进行。

2）当桩顶设计标高低于施工场地标高，送桩后无法对位进行检查时，对打入桩可在每根桩顶沉至场地标高时进行中间验收，待全部施工结束，承台或底板开挖到设计标高后再做最终验收。灌注桩可对护筒位置进行中间验收。

3）打（压）入桩（预制混凝土方桩、先张法预应力管桩、钢桩）的桩位偏差必须符合表13-133的规定。斜桩倾斜度的偏差不得大于倾斜正切值的15%（倾斜角系桩的纵向中心线与铅垂线夹角）。

预制（钢）桩桩位允许偏差　　　　　　　　　表13-133

| 序号 | 检查项目 | | 允许偏差（mm） |
|---|---|---|---|
| 1 | 带有基础梁的桩 | 垂直基础梁的中心线 | ≤100+0.01H |
| | | 沿基础梁的中心线 | ≤150+0.01H |
| 2 | 承台 | 桩数为1~3根基桩中的桩 | ≤100+0.01H |
| | | 桩数大于或等于4根基桩中的桩 | ≤1/2径+0.01H 或 1/2边长+0.01H |

注：$H$ 为基施工面至设计桩顶的距离（mm）。

4）灌注桩的桩径、垂直度及桩位允许偏差应符合表13-134的规定，桩顶标高至少要比设计桩标高高出0.5m。

灌注桩的桩径、垂直度及桩位允许偏差　　　　　　　表13-134

| 序号 | 成孔方法 | | 桩径允许偏差（mm） | 垂直度允许偏差 | 桩位允许偏差（mm） |
|---|---|---|---|---|---|
| 1 | 泥浆护壁钻孔桩 | $D<1000mm$ | ≥0 | ≤1/100 | ≤70+0.01H |
| | | $D≥1000mm$ | | | ≤100+0.01H |
| 2 | 套管成孔灌注桩 | $D<500mm$ | ≥0 | ≤1/100 | ≤70+0.01H |
| | | $D≥500mm$ | | | ≤100+0.01H |
| 3 | 干成孔灌注桩 | | ≥0 | ≤1/100 | ≤70+0.01H |
| 4 | 人工挖孔桩 | | ≥0 | ≤1/200 | ≤50+0.05H |

注：1. $H$ 为桩基施工面至设计桩顶的距离（mm）；
　　2. $D$ 为设计桩径（mm）。

5）灌注桩混凝土强度试验的试件应在施工现场随机抽取。来自同一搅拌站的混凝土每浇筑 $50m^3$ 必须至少留置1组试件；当混凝土浇筑量不足 $50m^3$ 时，每连续浇筑12h必须至少留置1组试件。对单柱单桩，每根桩应至少留置1组试件。

6）工程桩应进行承载力和桩身完整性检验。

7）基桩检测应按照相关国家、行业、地方规范及规定执行。根据实际情况选择相应的完整性检测方法，工程桩的桩身完整性的抽检数量不应少于总数的20%，且不应少于10根，每根柱子承台下桩的抽检数量不应少于1根。

8）对砂、石子、钢材、水泥等原材料的质量、检验项目、批量和检验方法应符合国家现行标准的规定。

9）对主控项目应全部检查，对一般项目除已明确规定外，可按20%抽查，混凝土灌注桩应全部检查。

2. 钢筋混凝土预制桩

(1) 施工前应检验成品构造尺寸、外观质量及钢筋骨架的质量。

(2) 施工中应检验接桩质量、锤击及静压桩的技术指标、垂直度以及桩顶标高等。

(3) 施工结束后应对桩承载力及桩身完整性进行检验。钢筋桩、混凝土预制桩质量检验标准应符合表13-135、表13-136的规定。

**锤击预制桩质量检验标准** 表13-135

| 项目 | 序号 | 检查项目 | 允许值或允许偏差 | | 检查方法 |
|---|---|---|---|---|---|
| | | | 单位 | 数值 | |
| 主控项目 | 1 | 承载力 | 不小于设计值 | | 静载试验、高应变法等 |
| | 2 | 桩身完整性 | — | | 低应变法等 |
| 一般项目 | 1 | 成品质量 | 表面平整，颜色均匀，掉角深度小于10mm，蜂窝面积小于总面积的0.5% | | 查产品合格证 |
| | 2 | 桩位 | — | | 全站仪或用钢尺量 |
| | 3 | 电焊条质量 | 设计要求 | | 查产品合格证 |
| | 4 | 接桩：焊缝质量 | | | 用钢尺量、焊缝检查仪 |
| | | 电焊结束后停歇时间 | min | ≥8(3) | 用表计时 |
| | | 上下节平面偏差 | mm | ≤10 | 用钢尺量 |
| | 5 | 节点弯曲矢量 | 同体弯曲要求 | | |
| | 6 | 收锤标准 | 设计要求 | | 用钢尺量或查沉记录 |
| | 7 | 桩顶标高 | mm | ±50 | 水准测量 |
| | | 垂直度 | ≤1/100 | | 经纬仪测量 |

注：电焊结束后停歇时间项括号中为采用二氧化碳气体保护焊时的数值。

**静压预制桩质量检验标准** 表13-136

| 项目 | 序号 | 检查项目 | 允许值或允许偏差 | | 检查方法 |
|---|---|---|---|---|---|
| | | | 单位 | 数值 | |
| 主控项目 | 1 | 承载力 | 不小于设计值 | | 静载试验、高应变法等 |
| | 2 | 桩身完整性 | — | | 低应变法等 |
| 一般项目 | 1 | 成品质量 | | | 查产品合格证 |
| | 2 | 桩位 | | | 全站仪或用钢尺量 |
| | 3 | 电焊条质量 | 设计要求 | | 查产品合格证 |

续表

| 项目 | 序号 | 检查项目 | 允许值或允许偏差 | | 检查方法 |
|---|---|---|---|---|---|
| | | | 单位 | 数值 | |
| 一般项目 | 4 | 接桩：焊缝质量 | — | | 用钢尺量、焊缝检查仪 |
| | | 电焊结束后停歇时间 | min | ≥6(3) | 用表计时 |
| | | 上下节平面偏差 | mm | ≤10 | 用钢尺量 |
| | | 节点弯曲矢量 | 同体弯曲要求 | | |
| | 5 | 终压标准 | 设计要求 | | 现场实测或查沉记录 |
| | 6 | 桩顶标高 | mm | ±50 | 水准测量 |
| | 7 | 垂直度 | | ≤1/100 | 经纬仪测量 |
| | 8 | 混凝土灌芯 | 设计要求 | | 查灌注量 |

注：电焊结束后停歇时间项括号中为采用二氧化碳气体保护焊时的数值。

3. 混凝土灌注桩

1) 施工前应检验灌注桩的原材料及放线后的桩位及桩位处的地下障碍物处理资料、施工组织设计中制定的施工顺序、主要成孔设备性能指标、监测仪器、监测方法、保证人员安全的措施或安全专项施工方案等进行检查验收。

2) 施工中应对成孔、钢筋笼制作与安装、混凝土坍落度、桩位、孔深、垂直度、桩顶标高等各项质量指标进行全过程检查验收，沉渣厚度应在钢筋笼放入后混凝土浇筑前测定；嵌岩桩应对桩端的岩性和入岩深度进行检验；人工挖孔桩应复验孔底持力层土（岩）性；沉管灌注桩应控制拔管速度。

3) 施工后应对桩身完整性、混凝土强度及承载力进行检验。泥浆护壁成孔灌注桩、干作业成孔灌注桩、长螺旋钻孔灌注桩、沉管灌注桩质量检验标准应分别符合表13-137～表13-139的规定。

**泥浆护壁成孔灌注桩质量检验标准** 表13-137

| 项目 | 序号 | 检查项目 | 允许值或允许偏差 | | 检查方法 |
|---|---|---|---|---|---|
| | | | 单位 | 数值 | |
| 主控项目 | 1 | 承载力 | 不小于设计值 | | 静载试验 |
| | 2 | 孔深 | 不小于设计值 | | 用测绳或井径仪测量 |
| | 3 | 桩身完整性 | — | | 钻芯法、低应变法、声波透射法 |
| | 4 | 混凝土强度 | 不小于设计值 | | 28d试块强度或钻芯法 |
| | 5 | 嵌岩深度 | 不小于设计值 | | 取岩样或超前钻孔取样 |
| 一般项目 | 1 | 垂直度 | 表13-134 | | 超声波或井径仪测量 |
| | 2 | 孔径 | 表13-134 | | |
| | 3 | 桩位 | 表13-134 | | 全站仪或用钢尺量，开挖前量护筒，开挖后量中心 |

13.6 检验与验收

续表

| 项目 | 序号 | 检查项目 | | 允许值或允许偏差 | | 检查方法 |
|---|---|---|---|---|---|---|
| | | | | 单位 | 数值 | |
| 一般项目 | 4 | 泥浆指标 | 相对密度（黏土或砂性土中） | | 1.10～1.25 | 用比重计测，清孔后在距离孔底500mm处取样 |
| | | | 含砂率 | % | ≤8 | 洗砂瓶 |
| | | | 黏度 | s | 18～28 | 黏度计 |
| | 5 | 泥浆面标高（高于地下水位） | | m | 0.5～1.0 | 目测法 |
| | 6 | 钢筋笼质量 | 主筋间距 | mm | ±10 | 用钢尺量 |
| | | | 长度 | mm | ±100 | 用钢尺量 |
| | | | 钢筋材质检验 | | 设计要求 | 抽样送检 |
| | | | 箍筋间距 | mm | ±20 | 用钢尺量 |
| | | | 笼直径 | mm | ±10 | |
| | 7 | 沉渣厚度 | 端承桩 | mm | ≤50 | 用沉渣仪或重锤 |
| | | | 摩擦桩 | mm | ≤150 | |
| | 8 | 混凝土坍落度 | | mm | 180～220 | 坍落度仪 |
| | 9 | 钢筋笼安装深度 | | mm | +1000 | 用钢尺量 |
| | 10 | 混凝土充盈系数 | | | ≥1.0 | 实际灌注量与计算灌注量的比 |
| | 11 | 桩顶标高 | | mm | +30 -50 | 水准测量，需扣除桩顶浮浆层及劣质体 |
| | 12 | 后注浆 | 注浆终止条件 | | 注浆量不小于设计要求 | 查看流量表 |
| | | | | | 注浆量不小于设计要求80%，且注浆压力达到设计值 | 查看流量表，检查压力表读数 |
| | | | 水胶比 | | 设计值 | 实际用水量与水泥等胶凝材料的重量比 |
| | 13 | 扩底桩 | 扩底直径 | | 不小于设计值 | 井径仪 |
| | | | 扩底高度 | | | |

**干作业成孔灌注桩质量检验标准**　　　　表13-138

| 项目 | 序号 | 检查项目 | 允许值或允许偏差 | | 检查方法 |
|---|---|---|---|---|---|
| | | | 单位 | 数值 | |
| 主控项目 | 1 | 承载力 | | 不小于设计值 | 静载试验 |
| | 2 | 孔深及孔底土岩性 | | 不小于设计值 | 测钻探管套管长度或用测绳测量、查看孔底土岩性报告 |
| | 3 | 桩身完整性 | | — | 钻芯法（大直径嵌岩应钻至桩尖下500mm）、低应变法、声波透射法 |
| | 4 | 混凝土强度 | | 不小于设计值 | 28d试块强度或钻芯法 |
| | 5 | 桩径 | | ≥0 | 井径仪或超声波检测，干作业时用钢尺量，不包括护壁厚 |

续表

| 项目 | 序号 | 检查项目 | | 允许值或允许偏差 | | 检查方法 |
|---|---|---|---|---|---|---|
| | | | | 单位 | 数值 | |
| 一般项目 | 1 | 垂直度 | | | ≤1/100 | 经纬仪或线坠测量 |
| | 2 | 桩位 | | | ≤70+0.01H | 全站仪或用钢尺量,开挖前量护筒,开挖后量中心 |
| | 3 | 钢筋笼质量 | 主筋间距 | mm | ±10 | 用钢尺量 |
| | | | 长度 | mm | ±100 | |
| | | | 钢筋材质检验 | 设计要求 | | 抽样送检 |
| | | | 箍筋间距 | mm | ±20 | 用钢尺量 |
| | | | 笼直径 | mm | ±10 | |
| | 4 | 混凝土坍落度 | | mm | 90~150 | 坍落度仪 |
| | 5 | 桩顶标高 | | mm | +30 −50 | 水准测量 |

**长螺旋钻孔灌注桩质量检验标准**　　　　表13-139

| 项目 | 序号 | 检查项目 | 允许值或允许偏差 | | 检查方法 |
|---|---|---|---|---|---|
| | | | 单位 | 数值 | |
| 主控项目 | 1 | 承载力 | | 不小于设计值 | 静载试验 |
| | 2 | 混凝土强度 | | 不小于设计值 | 28d试块强度或钻芯法 |
| | 3 | 桩长 | | 不小于设计值 | 施工中量钻杆长度,施工后钻芯法或低应变法检测 |
| | 4 | 桩径 | | 不小于设计值 | 用钢尺量 |
| | 5 | 桩身完整性 | | — | 低应变法等 |
| 一般项目 | 1 | 混凝土充盈系数 | | ≥1.0 | 实际灌注量与计算灌注量的比 |
| | 2 | 混凝土坍落度 | mm | 160~220 | 坍落度仪 |
| | 3 | 桩顶标高 | mm | +30 −50 | 水准测量 |
| | 4 | 钢筋笼笼顶标高 | mm | ±100 | |
| | 5 | 垂直度 | | ≤1/100 | 经纬仪或线坠测量 |
| | 6 | 桩位 | | — | 全站仪或用钢尺量 |

4. 钢桩

(1) 施工前应对桩位、成品的外观质量进行检验。

(2) 施工中检验

1) 打入(静压)深度、收锤标准、终压标准及桩身(架)垂直度检查;

2) 接桩质量、接桩间歇时间及桩顶完整状况;电焊质量除应进行常规检查外,应做10%的焊缝探伤检查;

3) 每层土每米进尺锤击数、最后1m进尺锤击数、总锤击数、最后三阵贯入度、桩顶标高、桩尖标高等；

4）施工结束后应进行桩承载力和桩身完整性检验。

钢桩施工质量检验标准见表13-140。

钢桩施工质量检验标准　　　　　　　　表13-140

| 项目 | 序号 | 检查项目 | | 允许值或允许偏差 | | 检查方法 |
|---|---|---|---|---|---|---|
| | | | | 单位 | 数值 | |
| 主控项目 | 1 | 承载力 | | | 不小于设计值 | 静载试验、高应变法等 |
| | 2 | 桩身完整性 | 桩端 | mm | ≤0.5%D | 用钢尺量 |
| | | | 桩身 | mm | ≤0.1%D | |
| | 3 | 桩长 | | | 不小于设计值 | |
| | 4 | 矢高 | | mm | ≤1‰$l$ | |
| 一般项目 | 1 | 垂直度 | | | ≤1/100 | 经纬仪测量 |
| | 2 | 端部平整度 | | mm | ≤2（H型≤1） | 用水平尺量 |
| | 3 | 桩位 | | | 表13-140 | 全站仪或用钢尺量 |
| | 4 | H型钢桩的方正度 | | mm | $h \geq 300$；$T+T' \leq 8$ | 用表计时 |
| | | | | | $h < 300$；$T+T' \leq 6$ | 用钢尺量 |
| | 5 | 桩端部平面与桩身中心线的倾斜值 | | mm | ≤2 | 用水平尺量 |
| | 6 | 上下节错口 | 钢管桩外径≥700mm | mm | ≤3 | 用钢尺量 |
| | | | 钢管桩外径<700mm | mm | ≤2 | |
| | | | H型钢桩 | mm | ≤1 | |
| | 7 | 焊缝 | 咬边深度 | mm | ≤0.5 | 焊缝检查仪 |
| | | | 加强层高度 | mm | ≤2 | |
| | | | 加强层宽度 | mm | ≤3 | |
| | 8 | 焊缝电焊质量外观 | | | 无气孔、无焊瘤、无裂缝 | 目测 |
| | 9 | 焊缝探伤检验 | | | 设计要求 | 超声波或射线探伤 |
| | 10 | 焊接结束后停歇时间 | | min | ±50 | 用表计时 |
| | 11 | 节点弯曲矢高 | | mm | <1‰$l$ | 用钢尺量 |
| | 12 | 桩顶标高 | | mm | ±50 | 水准测量 |
| | 13 | 收锤标准 | | | 设计要求 | 用钢尺量或查沉桩记录 |

## 5. 锚杆静压桩

(1) 施工前应对成品做外观及强度检验，接桩用焊条应有产品合格证书，或送有关部门检验；压桩用压力表、锚杆规格及质量应进行检查。

(2) 施工中应检查压力、桩垂直度、接桩间歇时间、桩的连接质量及压入深度。重要工程应对电焊接桩的接头进行探伤检查。对承受反力的结构应加强观测。

(3) 施工结束后应进行的承载力检验。

锚杆静压桩质量检验标准见表13-141。

**锚杆静压桩质量检验标准**　　表13-141

| 项目 | 序号 | 检查项目 | | 允许值或允许偏差 | | 检查方法 |
|---|---|---|---|---|---|---|
| | | | | 单位 | 数值 | |
| 主控项目 | 1 | 承载力 | | | 不小于设计值 | 静载试验 |
| | 2 | 桩长 | | | 不小于设计值 | 用钢尺量 |
| 一般项目 | 1 | 桩位 | | | 表13-134 | 全站仪或用钢尺量 |
| | 2 | 垂直度 | | | ≤1/100 | 经纬仪测量 |
| | 3 | 成品质量 | 外观外形尺寸 钢桩 | | 表13-140 | 目测法 |
| | | | 钢筋混凝土预制桩 | | 表13-135 | |
| | | | 强度 | | 不小于设计要求 | 查产品合格证书或钻芯法 |
| | 4 | 接桩 | 电焊接桩焊缝质量 | | — | 用钢尺量、焊缝检查仪 |
| | | | 焊接结束后停歇时间 | min | 钢 ≥1 | 用表计时 |
| | | | | | 钢筋混凝土预制桩 ≥6(3) | |
| | 5 | 电焊条质量 | | | 设计要求 | 查产品合格证书 |
| | 6 | 压桩压力设计有要求时 | | ％ | ±5 | 检查压力表读数 |
| | 7 | 接桩时上下节平面偏差 | | mm | ≤10 | 用钢尺量 |
| | | 接桩时节点弯曲矢量 | | mm | ≤1‰ | |
| | 8 | 桩顶标高 | | mm | ±50 | 水准测量 |

## 6. 岩石锚杆基础

(1) 施工前应检验原材料质量、水泥砂浆或混凝土配合比。

(2) 施工中应对孔位、孔径、孔深、注浆压力等进行检验。

(3) 施工结束后应对抗拔承载力和锚固体强度进行检验。

岩石锚杆质量检验标准见表13-142。

**岩石锚杆质量检验标准**　　表13-142

| 项目 | 序号 | 检查项目 | 允许值或允许偏差 | | 检查方法 |
|---|---|---|---|---|---|
| | | | 单位 | 数值 | |
| 主控项目 | 1 | 抗拔承载力 | | 不小于设计值 | 抗拔试验 |
| | 2 | 孔深 | | 不小于设计值 | 测钻杆套管长度 |
| | 3 | 锚固体强度 | | 不小于设计值 | 28d试块强度 |

续表

| 项目 | 序号 | 检查项目 | 允许值或允许偏差 | | 检查方法 |
|---|---|---|---|---|---|
| | | | 单位 | 数值 | |
| 一般项目 | 1 | 垂直度 | 表 13-134 | | 经纬仪测量 |
| | 2 | 孔位 | | | 开挖前量护筒，开挖后量孔中心 |
| | 3 | 孔径 | mm | ±10 | 用钢尺量 |
| | 4 | 杆体标高 | mm | +30<br>−50 | 水准测量 |
| | 5 | 锚固长度 | mm | +100<br>0 | 用钢尺量 |
| | 6 | 注浆压力 | 设计要求 | | 检查压力表读数 |

**13.6.3.5 基础工程质量检验与验收**

1. 一般规定

(1) 分项工程、分部（子分部）工程质量的验收均应在施工单位自检合格的基础上进行。由施工单位确认自检合格后提出验收申请，并应提供下列技术文件和记录：

1) 原材料的质量合格证和质量鉴定文件。

2) 半成品如预制桩、钢桩、钢筋笼等产品的合格证书。

3) 施工记录及隐蔽工程验收文件。

4) 检测试验及见证取样文件。

5) 其他必须通过的文件或记录。

(2) 对隐蔽工程应进行中间验收。

(3) 分部（子分部）工程验收应由总监理工程师或建设单位项目负责人组织勘察、设计单位及施工单位的项目负责人、技术质量负责人共同按设计要求和相关规定进行。

(4) 验收工作应按下列规定进行：

1) 分项工程的质量应分别按主控项目和一般项目验收。

2) 隐蔽工程应在施工单位自检合格后于隐蔽前通知相关人员检查验收，并形成中间验收文件。

3) 分部（子分部）工程的验收应在分项工程通过验收的基础上，对必要的部位进行见证检验。

4) 质量验收的程序与组织应按现行国家标准《建筑工程施工质量验收统一标准》GB 50300的规定执行。

5) 主控项目必须符合验收标准规定，发现问题应立即处理直至符合要求，一般项目应有80%合格。混凝土试件强度评定不合格或试样的代表性有怀疑时，应采用钻芯取样，检测结果符合设计要求可按合格验收。

2. 无筋扩展基础

(1) 施工前应对放线尺寸进行检验。

(2) 施工中应对砌筑质量、砂浆强度、轴线及标高等进行检验。

(3) 施工结束后，应对混凝土强度、轴线位置、基础顶面标高等进行检验。

无筋扩展基础质量检验标准见表13-143。

**无筋扩展基础质量检验标准** 表 13-143

| 项目 | 序号 | 检查项目 | | 允许偏差 | | | | 检查方法 |
|---|---|---|---|---|---|---|---|---|
| | | | | 单位 | 数值 | | | |
| 主控项目 | 1 | 轴线位置 | 砖基础 | mm | ≤10 | | | 经纬仪或用钢尺量 |
| | | | 毛石基础 | mm | 毛石砌体 | 料石砌体 | | |
| | | | | | | 毛料石 | 粗料石 | |
| | | | | | ≤20 | ≤20 | ≤15 | |
| | | | 混凝土基础 | mm | ≤15 | | | |
| | 2 | 混凝土强度 | | | 不小于设计值 | | | 28d试块强度 |
| | 3 | 砂浆强度 | | | 不小于设计值 | | | 28d试块强度 |
| 一般项目 | 1 | L（或B）≤30 | | mm | ±5 | | | 用钢尺量 |
| | | 30<L（或B）≤60 | | mm | ±10 | | | |
| | | 60<L（或B）≤90 | | mm | ±15 | | | |
| | | L（或B）>90 | | mm | ±15 | | | |
| | 2 | 基础顶面标高 | 砖基础 | mm | ±15 | | | 水准测量 |
| | | | 毛石基础 | mm | 毛石砌体 | 料石砌体 | | |
| | | | | mm | | 毛料石 | 粗料石 | |
| | | | | mm | ±25 | ±25 | ±15 | |
| | | | 混凝土基础 | mm | ±15 | | | |
| | 3 | 毛石砌体厚度 | | mm | +300 | +300 | +300 | 用钢尺量 |

注：L为长度（m）；B为宽度（m）。

3. 钢筋混凝土扩展基础

(1) 施工前应对放线尺寸进行检验。

(2) 施工中应对钢筋、模板、混凝土、轴线等进行检验。

(3) 施工结束后，应对混凝土强度、轴线位置、基础顶面标高等进行检验。

钢筋混凝土扩展基础质量检验标准见表 13-144。

**钢筋混凝土扩展基础质量检验标准** 表 13-144

| 项目 | 序号 | 检测项目 | 允许偏差 | | 检查方法 |
|---|---|---|---|---|---|
| | | | 单位 | 数值 | |
| 主控项目 | 1 | 混凝土强度 | | 不小于设计值 | 28d试块强度 |
| | 2 | 轴线位置 | mm | ≤15 | 经纬仪或用钢尺量 |
| 一般项目 | 1 | L（或B）≤30 | mm | ±5 | 用钢尺量 |
| | 2 | 30<L（或B）≤60 | mm | ±10 | |
| | 3 | 60<L（或B）≤90 | mm | ±15 | |
| | | L（或B）>90 | mm | ±20 | |
| | | 基础顶面标高 | mm | ±15 | 水准测量 |

注：L为长度（m）；B为宽度（m）。

### 4. 筏形与箱形基础

（1）施工前应对放线尺寸进行检验。

（2）施工中应对轴线、预埋件、预留洞中心线位置、钢筋位置及钢筋保护层厚度等进行检验。

（3）施工结束后，应对混凝土强度、轴线位置、基础顶面标高及平整度进行验收。

（4）大体积混凝土施工过程中应检查混凝土的坍落度、配合比、浇筑的分层厚度、坡度以及测温点的位置，上下两层的浇筑搭接时间不应超过混凝土的初凝时间。养护时混凝土结构构件内部的温度差值不宜大于25℃，且与混凝土结构构件表面温度的差值不宜大于25℃。

筏形与箱形基础质量与检验标准见表13-145。

**筏形与箱形基础质量检验标准**　　　　　　　　表 13-145

| 项目 | 序号 | 检测项目 | 允许偏差 单位 | 允许偏差 数值 | 检查方法 |
|---|---|---|---|---|---|
| 主控项目 | 1 | 混凝土强度 | 不小于设计值 | | 28d 试块强度 |
| 主控项目 | 2 | 轴线位置 | mm | ≤15 | 经纬仪或用钢尺量 |
| 一般项目 | 1 | 基础顶面标高 | mm | ±15 | 水准测量 |
| 一般项目 | 2 | 平整度 | mm | ±10 | 用2m靠尺 |
| 一般项目 | 3 | 尺寸 | mm | +15 / −10 | 用钢尺量 |
| 一般项目 | 4 | 预埋件中心位置 | mm | ≤10 | 用钢尺量 |
| 一般项目 | 5 | 预留洞中心线位置 | mm | ≤15 | 用钢尺量 |

### 5. 沉井与沉箱

（1）施工前检查

1）必须掌握确凿的地质资料。

① 面积在 200m² 以下（包括 200m²）的沉井（箱），应有1个钻孔（可布置在中心位置）。

② 面积在 200m² 以上的沉井（箱），在四角（圆形为相互垂直的两直径端点）应各布置1个钻孔。

③ 特大沉井（箱）可根据具体情况增加钻孔。

④ 钻孔底标高应深于沉井（箱）的终沉标高。

⑤ 每座沉井（箱）应有1个钻孔提供土的各项物理力学指标、地下水位和地下水含量资料。

2）施工前应对砂垫层的地基承载力进行检验。沉箱施工尚应对施工设备、备用电源和供气设备进行检验。

3）施工前应对钢筋、电焊条及焊接形成的钢筋半成品进行检验。

（2）沉井与沉箱施工中的验收规定：

1）混凝土浇筑前应对模板尺寸、预埋件位置、模板的密封性进行检验。

2）拆模后应检查混凝土浇筑质量。

3) 下沉过程中应对下沉偏差进行检验。

4) 下沉后的接高应对地基强度、接高稳定性进行检验。

5) 封底结束后应对底板的结构及渗漏情况检测进行,并应符合现行国家标准《混凝土结构工程质量验收规范》GB 50204 及《地下防水工程质量验收规范》GB 50208 的规定。

6) 浮运沉井应进行起浮可能性检验。

(3) 施工结束后,应对平面位置、尺寸、终沉标高、结构完整性、渗漏情况进行综合检验。

沉井与沉箱质量检验标准见表 13-146。

沉井与沉箱质量检验标准　　　　表 13-146

| 项目 | 序号 | 检测项目 | | | 允许偏差 | | 检查方法 |
|---|---|---|---|---|---|---|---|
| | | | | | 单位 | 数值 | |
| 主控项目 | 1 | 混凝土强度 | | | | 不小于设计值 | 28d 试块强度或钻芯法 |
| | 2 | 井(箱)壁厚度 | | | mm | ±15 | 用钢尺量 |
| | 3 | 封底前下沉速率 | | | mm/8h | ≤10 | 水准测量 |
| | 4 | 终沉后 | 刃脚平均标高 | 沉井 | mm | ±100 | 测量计算 |
| | | | | 沉箱 | mm | ±50 | |
| | 5 | | 刃脚中心线位移 | 沉井 $H_3 \geq 10m$ | mm | $\leq 1\% H_1$ | |
| | | | | 沉井 $H_3 < 10m$ | mm | ≤100 | |
| | | | | 沉箱 $H_3 \geq 10m$ | mm | $\leq 0.5\% H_1$ | |
| | | | | 沉箱 $H_3 < 10m$ | mm | ≤50 | |
| | 6 | | 四角中任何两角高差 | 沉井 $L_2 \geq 10m$ | mm | $\leq 1\% L_2$ 且 ≤300 | |
| | | | | 沉井 $L_2 < 10m$ | mm | ≤100 | |
| | | | | 沉箱 $L_2 \geq 10m$ | mm | $\leq 0.5\% L_2$ 且 ≤150 | |
| | | | | 沉箱 $L_2 < 10m$ | mm | ≤50 | |
| 一般项目 | 1 | 平面尺寸 | 长度 | | mm | $\pm 0.5\% L_1$ 且 ≤50 | 用钢尺量 |
| | | | 宽度 | | mm | $\pm 0.5\% B$ 且 ≤50 | 用钢尺量 |
| | | | 高度 | | mm | ±30 | |
| | | | 直径(圆形沉箱) | | mm | $\pm 0.5\% D_1$ 且 ≤100 | 用钢尺量(互相垂直) |
| | | | 对角线 | | mm | ≤0.5%线长且 ≤100 | 用钢尺量(两端中间各取一点) |
| | 2 | 垂直度 | | | | ≤1/100 | 经纬仪测量 |
| | 3 | 预埋件中心线位置 | | | mm | ≤20 | 用钢尺量 |
| | 4 | 预留孔(洞)位移 | | | mm | ≤20 | |

续表

| 项目 | 序号 | 检测项目 | | 允许偏差 | | 检查方法 |
|---|---|---|---|---|---|---|
| | | | | 单位 | 数值 | |
| 一般项目 | 5 | 下沉过程中 | 四角高差 沉井 | | ≤1.5%$L_1$～2.0%$L_1$ 且≤500mm | 水准测量 |
| | | | 四角高差 沉箱 | | ≤1.0%$L_1$～1.5%$L_1$ 且≤450mm | |
| | 6 | | 中心位移 沉井 | | ≤1.5%$H_2$且≤300mm | 经纬仪测量 |
| | | | 中心位移 沉箱 | | ≤1%$H_2$且≤150mm | |

注：$L_1$为设计沉井与沉箱长度（mm）；$L_2$矩形沉井两角的距离，圆形沉井为互相垂直度两条直径（mm）；$B$为设计沉井（箱）宽度（mm）；$H_1$为设计沉井与沉箱高度（mm）；$H_2$为下沉深度（mm）；$H_3$为下沉总深度，系指下沉前后刃脚之高差（mm）；$D_1$为设计沉井与沉箱直径（mm）；检查中心线位置时应纵、横两个方向测量，并取其中较大值。

6. 多年冻土地区架空通风基础

（1）施工前应对使用的保温隔热材料及换填材料送检与抽检，并应对场地地温进行监测。

（2）施工中应检查通风空间顶棚与地面的最小距离；采用隐蔽式通风孔施工的应检查通风孔位置、单孔大小及通风总面积。

（3）施工结束后应对基础周围回填土质量进行检验，并对通风空间顶板的保温层质量与保温层厚度进行检验。

架空通风基础质量检验标准见表13-147。

架空通风基础质量检验标准　　　　表13-147

| 项目 | 序号 | 检查项目 | 允许值或允许偏差 | | 检查方法 |
|---|---|---|---|---|---|
| | | | 单位 | 数值 | |
| 主控项目 | 1 | 地基承载力或单承载力 | | 不小于设计值 | 静载试验 |
| | 2 | 场地地温 | ℃ | ±0.05 | 热敏电阻测量 |
| 一般项目 | 1 | 保温材料性能 | | | 室内试验 |
| | 2 | 地基活动层内防冻胀措施 | 设计要求 | | 目测法 |
| | 3 | 架空通风空间地面排水 | | | |
| | 4 | 架空采暖水管线与架空下排水管保温 | | | |
| | 5 | 架空层高度 | mm | ±10 | 现场尺量 |
| | 6 | 隐蔽式通风孔面积 | % | ±5 | 尺量计算 |
| | 7 | 通风空间顶板底保温厚度 | mm | ±10 | 现场尺量 |

### 13.6.3.6　工程验收资料

工程在施工过程中所形成的资料应按现行行业标准《建筑工程资料管理规程》JGJ/T 185的要求进行整理，如果地方标准要求高于本规程要求，也可使用地方标准，但必须满足以下基本要求：

1. 工程资料的管理

(1) 工程资料应与建筑工程建设过程同步形成,并应真实反映建筑工程的建设情况和实体质量。

(2) 工程资料管理应制度健全、岗位责任明确,并应纳入工程建设管理的各个环节和各级相关人员的职责范围。

(3) 工程资料的套数、费用、移交时间应在合同中明确。

(4) 工程资料的收集、整理、组卷、移交及归档应及时。

2. 工程资料的形成

(1) 工程资料形成单位应对资料内容的真实性、完整性、有效性负责;由多方形成的资料,应各负其责。

(2) 工程资料的填写、编制、审核、审批、签认应及时进行,其内容应符合相关规定。

(3) 工程资料不得随意修改;当需修改时,应实行划改,并由划改人签署。

(4) 工程资料的文字、图表、印章应清晰。

(5) 工程资料应为原件;当为复印件时,提供单位应在复印件上加盖单位印章,并应有经办人签字及日期;提供单位应对资料的真实性负责。

(6) 工程资料应内容完整、结论明确、签认手续齐全。

(7) 工程资料宜采用信息化技术进行辅助管理。

3. 工程验收资料

(1) 施工单位在地基与基础工程完工之后对工程进行自检,确认工程质量符合有关法律、法规和工程建设强制性标准提供的地基基础施工质量自评报告,该报告应由项目经理和施工单位负责人审核、签字、盖章。

(2) 监理单位在地基与基础工程完工后对工程全过程监理情况进行质量评价,提供地基基础工程质量评估报告,该报告应当由总监和监理单位有关负责人审核。

(3) 勘察、设计单位对勘察、设计文件及设计变更进行检查,对工程地基与基础实体是否与设计图纸及变更一致,进行认可。

(4) 有完整的地基与基础工程档案资料,见证试验档案,施工质量保证资料;管理资料和评定资料。

4. 工程资料移交与归档

工程资料移交归档应符合国家现行有关法规和标准的规定,当无规定时应按合同约定移交归档。

(1) 工程资料移交

1) 施工单位应向建设单位移交施工资料。

2) 实行施工总承包的,各专业承包单位应向施工总承包单位移交施工资料。

3) 工程资料移交时应及时办理相关移交手续,填写工程资料移交书、移交目录。

4) 建设单位应按国家有关法规和标准的规定向城建档案管理部门移交工程档案,并办理相关手续。有条件时,向城建档案管理部门移交的工程档案应为原件。

(2) 工程资料归档保存期限

1) 工程资料归档保存期限应符合国家现行有关标准的规定。当无规定时,不宜少于5年。

2) 建设单位工程资料归档保存期限应满足工程维护、修缮、改造、加固的需要。
3) 施工单位工程资料归档保存期限应满足工程质量保修及质量追溯的需要。

## 13.7 基槽开挖和回填

### 13.7.1 基槽开挖技术要求

(1) 基础承台施工顺序宜先深后浅。

(2) 当承台埋置较深时，应对邻近建筑物及市政设施采取必要的保护措施，在施工期间应进行监测。

(3) 开挖前应检查支护结构质量、定位放线、排水和地下水控制系统，以及对周边影响范围内的地下管线和建（构）筑物保护措施的落实，并应合理安排土方运输车辆的行走路线及弃土场。若基础施工引起超孔隙水压力，宜待超孔隙水压力大部分消散后开挖。

(4) 挖土应均衡分层进行，对流塑状软土的基坑开挖，高差不应超过 1m。

(5) 机械挖土时必须确保基坑内的桩体不受损坏。

(6) 在地下水位以下挖土，应在基槽四侧或两侧挖好临时排水沟和集水井，或采用井点降水，将水位降低至坑、槽底以下 500mm，降水工作应持续至基础施工完成。

(7) 土方开挖尽量防止对地基土的扰动。人工挖土，基坑挖好后不能立即进行下道工序时，应预留 15～30cm 土不挖，待下道工序开始再挖至设计标高。采用机械开挖基坑时，应在基底标高以上预留 20～30cm，由人工挖掘修整。

(8) 雨期施工时，基坑槽应分段开挖，挖好一段浇筑一段垫层，并在基槽两侧围以土堤或挖排水沟，以防地面雨水流入基槽，同时应经常检查边坡和支撑情况，以防止坑壁受水浸泡造成塌方。

(9) 基槽开挖时，应对平面控制、水准点、基坑平面位置、标高、边坡坡度等经常复测检查，并随时观测周围环境变化。

(10) 施工结束应进行验槽，做好记录，发现地基土质与勘探、设计不符，应与有关人员研究、处理。

### 13.7.2 基槽回填技术要求

(1) 回填土料应符合设计要求，分层夯实，对称进行，填料如设计无要求时应符合以下规定：

1) 碎石类土、砂土和爆破石渣（粒径不大于每层铺土厚度的 2/3），可用于表层下的填料。

2) 含水量符合压实要求的黏性土，可作各层填料。

3) 淤泥和淤泥质土，一般不作填料。在软土层区，经处理符合要求的，可填筑次要部位。

4) 填土土料含水量的大小，直接影响到压实质量，在压实前应先试验，以得到符合密实度要求条件下的最优含水量和最少夯实遍数。黏性土料施工含水量与最优含水量之差，可控制在±2%范围内。

5)土料含水量以手握成团,落地开花为宜。含水量过大,应翻松、晾干、风干、换土回填、掺入干土或其他吸水性材料;土料过干,预先洒水润湿。

6)当含水量小时,亦可采取增加压实遍数或使用大功率压实机械等措施,在气候干燥时,须加快施工速度,减少土的水分散失,当填料为碎石类土时,碾压前应充分洒水湿透,以提高压实效果。

(2)基槽回填应先清除基底上垃圾,排除坑穴中积水、淤泥和杂物,并应采取措施防止地表滞水流入填方区,浸泡地基,造成地基土下陷。回填前应确认基坑内结构外防水层、保护层等施工完毕,防止回填后地下水渗漏。

(3)基槽土方回填方法主要有人工填土和机械回填方法。人工回填一般适用于工作量较小的基坑回填,或机械回填无法实施的区域。机械回填一般适用于回填工作量较大且场地条件允许的基坑回填。

(4)回填过程中应注意对防水层等已完工程的保护。一般从场地最低处开始,由一端向另一端自下而上分层铺填。

### 13.7.3 流态固化土回填技术

#### 13.7.3.1 技术概述

预拌流态固化土是一种新型建筑材料,其充分利用肥槽、基坑开挖后或者废弃的地基土,在掺入一定比例的固化剂、水之后,通过定制工艺和专业机械充分拌合均匀,形成具有可泵送的流动性的加固材料,用于各类肥槽、基坑、矿坑的回填浇筑,还可广泛用于道路路基、建筑物地基等加固处理领域。拌合均匀后的预拌流态固化土坍落度为8~20cm。预拌流态固化土硬化后强度为0.5~10MPa。拌合时根据土质和设计要求加入外加剂。预拌流态固化土可以根据使用的要求调整配合比,来调整其强度及流动性。

预拌流态固化土具有强度高和适于泵送施工的流动性,其施工速度快,质量易于控制,成本低,适用范围广泛,环境友好。

采用预拌流态固化土进行基槽回填具有以下优点:

1. **预拌流态固化土早期强度较高,固化时间短,工期快**

按照目前的回填要求,只需12h即可达到上人进行下一步施工的强度。这种特性可保证回填的连续进行,同时可以保证基坑内支撑的随回填随拆除。预拌流态固化土回填基槽所需工作面较小,可多段同时施工,施工速度工艺环节少,工期短。

2. **预拌流态固化土具有极强的流动性和自密性,施工质量可控**

预拌流态固化土的流动性可以将狭窄空间和异形结构空间的所有空隙填实。预拌流态固化土具有自密性的特点,施工时不用采用大型夯实和碾压设备,减少了施工对结构层的影响和破坏。预拌流态固化土浇筑时不对防水层造成破坏,因此在回填时不用对回填基槽的地下结构外墙防水进行保护,既节省了建设成本又解决了有些狭小空间时无法进行保护施工的问题。同时预拌流态固化土采用机械预拌、集中搅拌、现场浇筑的施工方法,预拌流态固化土搅拌均匀、质量稳定,现场浇筑受现场条件及施工人员因素影响较小。批量预拌流态固化土材料具有抽样代表性。

3. **预拌流态固化土具有抗渗性**

固化土是利用固化剂对土颗粒进行填充固结等机理,因此固化土具有抗渗性。该特性既可防止地下水对固化土本身的破坏，同时还可以与基础结构紧密结合，防止地表水沿结构与回填土的界面下渗。

4. 预拌流态固化土具有经济、环保的特点

预拌流态固化土回填基槽可以解决采用灰土回填时存在的对土要求高、作业面较小夯实难度大、夯实质量不稳定、与基础结构界面结合不好、干法施工无法保证遇水后不发生沉陷等问题，其在基槽回填的效果可以达到素混凝土的效果，但其造价低于混凝土。同时施工时采用集中搅拌，现场浇筑时材料为液态，不产生扬尘污染，绿色环保。

### 13.7.3.2 施工准备

1. 技术准备

（1）组织对施工规范及相关标准的学习，做好审图工作，确定基槽回填施工的质量控制重点和难点，并制定相应的措施。

（2）根据图纸、方案结合工程的实际情况制定详细的有针对性和可操作性的技术交底，做好技术交底工作。

（3）施工前由技术负责人组织技术人员、工长、质检员及班组长进行施工交底，使每位管理人员都能掌握工程的重点、难点，在施工中能正确操作。

（4）工长在施工前认真学习图纸、规范、施工方案及施工工艺，对劳务专业技术工人进行具有针对性的技术、质量、安全、消防、文明施工及环保交底。

（5）专业技术工人按工长下达的交底及质量标准及其他要求进行施工。

2. 施工现场准备

（1）基槽回填前，必须对基础、基础墙或地下防水层、保护层进行检查，并办完隐检手续。

（2）回填前将沟槽、地坪上的积水和有机杂物清除干净，并对基槽周围墙体及护坡进行润湿。

（3）施工前，测量放线工应做好水平高程的标志。如在基坑（槽）或沟的边坡上每隔3m设置标高控制点。

（4）分部浇筑时，模板和支撑的强度、刚度及稳定性应满足受力要求，做好端部封堵。

### 13.7.3.3 施工工艺

1. 工艺流程（图13-58）

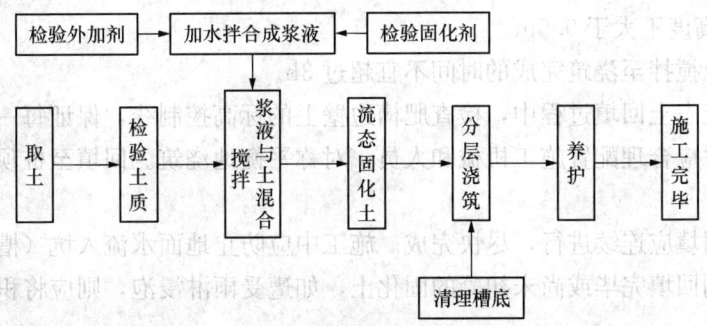

图13-58 流态固化回填工艺流程

2. 预拌流态固化土制备

预拌流态固化土采用拌合站集中搅拌。拌合过程：首先将固化剂各组分、外加剂（必要时掺入）等与水按配合比投入浆液拌合器混合成浆液，再将固化剂浆液与土投入搅拌器拌合成固化土混合料。

（1）拌合站组成及计量

固化土拌合站包括以下几个系统：

1) 固化剂各组分存储输送及计量系统。本系统主要完成固化剂各组分的存储、输送及计量。将固化剂输送至浆液搅拌器采用螺旋机输送，计量控制采用电子秤计量。

2) 水输送及计量系统。拌合水输送采用清水泵，采用流量计计量。

3) 浆液拌合及输送计量系统。本系统将投入固化剂及水拌合成固化剂浆液，原材料多为细粉颗粒，搅拌设备应具有密闭性。浆液输送采用运输车输送至现场搅拌站浆桶，固化剂浆液采用电磁流量计计量，按照配合比投入固化土搅拌器。

4) 土输送及计量系统。本系统采用配料机及输送带将土送至固化土搅拌器。计量控制采用称重计量。

5) 固化土拌合系统。本系统采用专用固化土搅拌器，将投入的固化剂浆液和土拌合成固化土。

（2）拌合要求

1) 拌制混合料时，各种衡器应保持准确，对材料的含水率，应经常地进行检测，据以调整固化剂和水的用量。

2) 配料数量允许偏差（质量计）固化剂各组分：±2%，外加剂：±1%。

3) 固化土流动性状检查采用坍落度指标控制，坍落度检测办法参照混凝土坍落度检测执行。

4) 由于配合比试验时土的重量是按干重度计算的，因此拌合时土的含水量会影响固化土的坍落度，拌合用水量应根据实际的坍落度及时进行调整。

5) 混合料应使用专门机械搅拌，搅拌时间不少于 2min，以搅拌均匀、和易性流动性满足要求为准。

3. 浇筑

（1）预拌流态固化土宜采用分层分块方式进行浇筑。固化土的初凝和终凝时间分别为 6h、12h，上层浇筑作业应在下层终凝后进行。浇筑作业应对称进行，浇筑高差不大于 1m，首次浇筑高度不大于 0.5m。

（2）固化土搅拌至浇筑完成的时间不宜超过 3h。

（3）预拌流态土回填过程中，检查肥槽边壁上的标高控制线，保证每一浇筑层基本水平进行，浇筑时应合理配置施工机械和人员，对称平衡地浇筑。回填至桩顶标高处，应人工辅助刮平。

（4）基槽回填应连续进行，尽快完成。施工中应防止地面水流入坑（槽）内。应有防雨排水措施。刚回填完毕或尚未初凝的固化土，如遭受雨淋浸泡，则应将积水及松软土除去，并补填。

（5）浇筑遇大雨或持续小雨天气时，应对未硬化的填筑体表层进行覆盖。

4. 养护

(1) 每一层浇筑完成后，应立即进行覆盖养护，严禁机械行人通过，养护时间根据强度确定。

(2) 填筑体顶层浇筑完后，应对填筑体表面覆盖塑料薄膜或土工布保湿养护，养护时间不少于7d。

5. 冬期施工措施

(1) 冬期施工固化土时，固化土搅拌视施工场地温度添加防冻剂，避免固化土受冻。

(2) 非连续浇筑时在固化土达到终凝后及时进行覆盖塑料薄膜，并在塑料薄膜上覆盖保温棉。

(3) 固化土搅拌水不得采用含有冰碴的水，根据现场实际情况可将水加热后再进行搅拌。

(4) 控制搅拌土源质量，不得采用含有冻土的土源。

## 13.8 常见施工问题及处理

### 13.8.1 地基基础施工顺序

地基基础施工顺序不当可能引起地基基础工程事故、影响施工质量，应给予足够重视，具体施工中应注意以下几点。

(1) 地基基础施工场地周围有重要且对地基变形敏感的建（构）筑物或基及地基处理施工对变形影响较大时，应先进行基坑支护施工，后进行桩基、地基处理施工。

(2) 存在挤土效应的桩，如预制桩、沉管灌注桩，基桩施工顺序应有利于减小挤土效应，避免对基桩施工和周围环境造成严重影响。

(3) 对于存在挤土效应的地基处理和加固施工，如注浆、砂石桩等，施工顺序对处理加固效果有影响，应综合考虑施工顺序，提高加固效果。

(4) 土方开挖顺序应严格按照规范和设计要求进行，考虑基坑时空效应的影响，不得超挖，开挖过程中对场地堆载和车辆运输线路综合规划，确保工程安全。

(5) 场地回填土、房心土、肥槽回填土对基础来说是外荷载，能增大基础沉降，引起不均匀沉降，应及早回填，减小沉降对上部结构的影响。

(6) 大范围场地回填土宜在基础施工前完成，并分析填土对拟建建筑物沉降的影响；房心土、肥槽宜在主体结构施工前进行回填。

(7) 主裙楼连体建筑施工顺序应考虑裙楼对主楼沉降的影响，特别是单侧裙楼沉降后浇带浇筑时间。当沉降实测值和计算确定的后期沉降差满足设计要求后，方可进行后浇带混凝土浇筑。

### 13.8.2 地基处理工程常见问题及处理

#### 13.8.2.1 换填垫层

接茬错位，接茬处不密实

产生原因：分段施工时未分层留槎，位置未按规范要求或上下两层接茬错开500mm

以上，并做成直槎。

处理措施：接槎位置的留设应符合规范的有关规定；分层分段施工时，不允许留在墙角、柱基及承重窗间墙下接缝，上下两层的接缝处应夯压密实，做成台阶形，上下两层接缝应错开0.5m以上，每层虚铺应从接槎处往前延伸0.5m，夯实时夯达0.3m以上，接槎时再切齐，再铺下段夯实。

#### 13.8.2.2 夯实地基

1. 地面隆起、翻浆

产生原因：夯点选择不合适、夯击后间隔时间短或土质含水量超过定量等。

处理措施：适当调整夯点间距、落距、夯击数。施工前通过试夯确定：各夯点相互干扰的数据，各夯点压缩变形的扩散角，各夯点达到要求效果的遍数以及每遍夯击间隔时间等。在易翻浆的饱和黏性土上，铺设砂石垫层，以便于孔隙水压的消散。雨期施工要做好现场排水，减少夯击数，延长两遍夯击间歇时间。

2. 强夯影响深度不够

产生原因：地质情况与地勘不符。

处理措施：强夯前，勘探地质情况，对存在砂卵石夹层适当提高夯击能量。锤重、落距、击数、夯击遍数等工艺参数通过试夯、测试确定；两遍强夯间应间隔一定时间，对黏性土和冲积土，通常为3~4周，无地下水的砂类土层，可只间隔1~2周。增加夯击遍数或调节锤击功的大小（如调整落距）。

#### 13.8.2.3 水泥土搅拌桩复合地基

1. 喷浆阻塞

产生原因：

（1）水泥受潮结块。

（2）制浆池滤网破损以及清渣不及时。

处理措施：

（1）改善现场临时仓库的防雨防潮条件。

（2）加强设备器具的检查及维修保养工作，定期更换易损件。

2. 喷浆不足

产生原因：

（1）输浆管有弯折、外压或漏浆情况。

（2）输浆管道过长，沿程压力损失增大。

处理措施：

（1）及时检查、理顺管道，清除外压，发现漏浆点应进行补漏，严重时可停机换管。

（2）制浆池尽量布置靠近位，以缩短送浆管道。当场地条件不具备时，可适当调增泵送压力。

3. 进尺受阻

产生原因：地下存在尚未清除的孤石、树根及其他障碍物等。

处理措施：及时停机移位，排除障碍物后重新复位开机。当障碍物较深又难以清除时，应及时与设计及有关方联系，结合实地情况共同协商处理措施。

#### 13.8.2.4 旋喷桩复合地基

1. 不冒浆或冒浆量少

产生原因：加固土层粒径过大，孔隙较多，土质松软。

处理措施：降低水灰比，加大浆液浓度；水泥浆内掺入速凝剂；灌注黏土浆或加细砂、中砂，待孔隙填满后再继续正常喷射。

2. 冒浆量过大

产生原因：有效喷射范围与喷浆量不匹配，注浆量超过旋喷固结所需的浆量。

处理措施：提高喷射压力；适当缩小喷嘴直径；适当加快提升和旋转速度。

3. 加固体强度不均、缩颈

产生原因：加固体成桩直径不一致、桩身强度不均匀等。

处理措施：

(1) 应按照设计要求和地质条件，选用合适的旋喷方法。

(2) 为防止沉淀，配浆时应用筛过滤，搅拌池（槽）中的浆液要经常翻拌。中断喷浆时，应及时压入清水，使泵、注浆管和喷嘴内无残液。

(3) 严格控制喷嘴的加工精度、位置、形状、直径等，以确保喷浆效果良好。

(4) 按照旋喷固结体的形状及强度要求，调整控制好喷嘴的旋转速度、提升速度、喷射压力、喷浆量以及浆液的水灰比和稠度。

(5) 对易产生缩颈部位及底部不易检查处，采用定位旋转喷射（不提升）或复喷的扩大径办法。

#### 13.8.2.5 夯实水泥土桩复合地基

1. 桩身缩颈或塌孔

产生原因：

(1) 地基土的含水量过大或过小。

(2) 不按规定的施工顺序施工。

(3) 对已成的孔没有及时回填夯实。

处理措施：

(1) 在黏性土层成孔时，应及时填灌填料并夯实，借自重和填夯侧向挤压力抵消孔隙水压力；若土含水量过小，应预先浸湿加固区范围内的土层。

(2) 打拔管应遵守孔与孔的挤密顺序，应先外圈后里圈并间隔进行。对已成的孔，应避免受水浸泡，应当天回填夯实。

(3) 为减轻桩的互相挤压影响，桩距过小，宜用跳打法，或打一孔，跳一孔。

(4) 拔管应采用"慢抽密击"，拔管速度不应大于 $0.8 \sim 1.0 \text{m/min}$。

(5) 成孔后，若发现桩孔缩颈比较严重，可在桩孔内填入干散砂土、生石灰块或砖渣，稍停一段时间后再将桩管沉入土中，重新成孔。

2. 桩体出现松填或松散夹层

产生原因：

(1) 回填后漏夯、欠夯或回填高度过大，夯击能影响深度不够。

(2) 不按要求夯锤落距、锤击数施夯，或未连续填夯、接缝处未夯实等。

处理措施:
(1) 孔内填夯必须按试验确定的分层回填高度、锤落距、锤击遍数夯打密实,并做好记录,定时检查,防止松填漏夯或欠夯,接缝处薄填夯打。
(2) 做到连续施工,每根桩要一气呵成,不得中断,防止出现软弱松散夹层。

#### 13.8.2.6 CFG 桩复合地基

1. 堵管

产生原因:混合料配合比不合理;混合料搅拌质量有缺陷;设备缺陷;施工操作不当;冬期施工措施不当。

处理措施:
(1) 混合料配合比要注意粉煤灰的掺入量,一般宜控制在 $60\sim80 kg/m^3$。
(2) 施工坍落度宜控制在 $16\sim20cm$。必要时,可加入适量泵送剂。
(3) 施工时,要仔细检查施工设施的运用。不管是刚性还是柔性输送管,施工结束后应及时清洗。
(4) 在将混合料泵入时,一定要钻到设计深度后才能进行。另外,在混合料全部填进输送管以及芯管后,就要立即提钻,为在某种压力下混合料可以灌注成桩提供保障。
(5) 冬期施工时,混合料输送管及弯头均需做防冻处理。

2. 窜孔

产生原因:当粉细砂、粉细土以及饱和粉土混入加固土层中,钻杆钻进中剪切叶片的功能会影响到土体。当足够使土体液化时,就会出现窜孔。

处理措施:
(1) 针对发生窜孔概率高的被加固地基,最好选择大桩距的方案,使已成桩尽可能远离扰动区。
(2) 为减少单位桩长内的施工扰动时间,选用适当高钻头,提高钻进速度。
(3) 尽量避免在窜孔周围打桩推进,在最短时间内离开已打桩,防止对已打桩干扰能量的积累。
(4) 必要时可采用隔桩、隔排跳打法。

3. 桩身横向折断或桩身有裂缝

产生原因:早成桩桩身强度没有达到足以抵挡后成桩产生的土体挤压作用,严重者发生断桩,一般发生桩身局部开裂。

处理措施:
(1) 对砂性土地基应从外围或两侧向中间进行,以挤压为主的水泥粉煤灰碎石桩宜间隔成桩。
(2) 对淤泥质黏性土地基宜从中间向外围或隔排桩施工。
(3) 在既有建(构)筑物邻近施工,应背离建(构)筑物方向进行。
(4) 在路堤或岸坡上施工应背离岸坡向坡顶方向进行。

4. 桩身夹泥

产生原因:
(1) 桩身出现裂缝,并被隆起的场地土拉开,土中的水和少量泥浆浸入裂缝。

(2) 采用活瓣靴成桩时，桩靴开口打开程度不够或只有部分打开，混合料下落不畅。

处理措施："跑桩"施工，即逐快速静压。采用带活瓣桩尖的沉管法施工不宜采用反插工艺。

### 13.8.3 桩基工程常见问题及处理

#### 13.8.3.1 灌注桩

1. 成孔过程中出现的问题

(1) 塌孔、漏浆、流砂

产生原因：

1) 护筒周围黏土封填不紧密或者护筒搁置深度不够。
2) 泥浆质量不符合地层特性和施工要求；孔内泥浆面低于或过高于孔外水位。
3) 在易塌孔地层内钻进，进尺太快或停在一处空转时间太长。
4) 遇到透水性强或地下水流动地层。

处理措施：护筒周围必须用黏土封填紧密；钻进时及时添加泥浆，使泥浆面高于地下水位；当遇到松散地层时，依据现场试验调整泥浆密度；进尺适宜，不快不慢；如遇轻度塌孔，加大泥浆密度和提高水位。严重塌孔，用黏土泥浆投入，待孔壁稳定后采用低速钻进。

(2) 钻孔偏移倾斜

产生原因：

1) 桩架不稳，钻杆导架不垂直，钻杆弯曲接头不直。
2) 土层软硬不均，或有孤石或大颗粒存在。

处理措施：安装钻机时，对导杆进行水平和垂直校正，检修钻进设备，如有钻杆弯曲，及时更换。遇软硬地层时降低进尺，低速掘进。偏斜过大时，填入黏土、碎石重新掘进，慢速上下提升，往复扫孔。如有孤石，可使用钻机钻透或击碎。如遇倾斜基岩，可投入块石，用锤高频低幅击打。

(3) 缩颈

产生原因：由于黏性土层有较强的造浆能力和遇水膨胀的特性，使钻孔易于缩颈。

处理措施：除严格控制泥浆的黏度增大外，还应适当向孔内投入部分砂砾，钻头宜采用肋骨的钻头，边钻进边上下反复扩孔，防止缩颈。

2. 钢筋笼安装过程中的问题

(1) 钢筋笼偏位、变形、上浮

产生原因：

1) 钢筋笼过长，未设加筋箍，刚度过低。
2) 钢筋笼上未设垫块或耳环控制保护层厚度。
3) 钢筋笼未垂直吊放缓慢入底。
4) 孔底沉渣未清除干净。
5) 混凝土导管埋深不够，当混凝土面至钢筋笼底时，造成钢筋笼上浮。

处理措施：
1) 钢筋笼过长，应分2~3节制作，分段吊放，分段焊接或加设箍筋加强。
2) 每隔一定距离设置垫块控制灌注混凝土保护层厚度。
3) 孔底沉渣应置换清水或适当密度泥浆清除。
4) 浇灌混凝土时，应将钢筋笼固定在孔壁上或者压住，使混凝土导管埋入钢筋笼底面以下1.5m以上。

（2）吊脚
产生原因：
1) 清孔后泥浆密度过小，孔壁坍塌或孔底涌进泥浆或未立即灌注混凝土。
2) 沉渣未清净，残留钻渣过厚。
3) 吊放钢筋骨架、导管等物碰撞孔壁，使泥土塌落。

处理措施：做好清孔工作，达到要求立即灌注混凝土，注意泥浆密度并使孔内水位经常保持高于孔外水位0.5m以上，施工注意保护孔壁，不让重物碰撞，造成孔壁坍塌。

3. 浇筑成过程中发生的问题
断桩产生原因：
1) 因混凝土多次浇灌不成功，出现泥质夹层而造成断桩。
2) 孔壁塌方将导管卡住，强力拔管时，使泥水混入混凝土内或导管接头不良，泥水进入管内。
3) 施工时因雨水等原因造成泥浆冲入管内。

处理措施：力争混凝土一次浇灌成功，钻孔选用较大密度和黏度、胶体率好的泥浆护壁，控制进尺速度，保持孔壁稳定；导管接头应用方丝扣连接，并设橡皮圈密封严密；孔口护筒不宜埋置太浅，下钢筋笼骨架过程中，不宜碰撞孔壁；施工时如遇下雨，争取一次性浇筑完毕，灌注时严重塌方或导管无法拔出形成断桩，可在一侧补桩；深部不大可挖出；对断桩处做适当处理后，支模重新浇筑混凝土。如桩体实际情况较好，可采取在断或夹渣部位进行注浆加固的处理措施。

### 13.8.3.2 混凝土预制桩

1. 锤击法施工
（1）桩顶移位及倾斜
产生原因：
1) 桩入土后，由于桩身不正、钻孔倾斜过大、群桩沉桩次序不当引起土体受到挤压，造成邻近产生横向位移或桩身上涌。
2) 桩入土后，遇到大块孤石或坚硬障碍物，或遇流砂等不良地质情况。

处理措施：
1) 施工前探明地下障碍物情况，预先采取排出、钻透或爆碎进行处理。
2) 钻孔插桩成孔过程要严格执行规程保证钻孔垂直，插桩时吊线保证桩身垂直。
3) 对于软土地基尤其注意桩间距并按照设计打桩顺序进行施工，如位移过大，应拔出，移位再打，位移不大，可用木架顶正，再慢锤打入；障碍物不深，可挖去回填后再打；浮起量大的应重新打入。

(2) 桩头击碎

产生原因：

1）桩顶的混凝土强度等级设计偏低，钢筋网片不足，造成强度不够。预制混凝土配合比不准确、养护不好，未达到设计要求。外形制作未达到设计要求。

2）施工机具选择不当，桩锤选用过大或过小；桩顶与桩帽接触不平，造成应力集中；沉桩时未加缓冲或桩垫不合要求，失去缓冲作用，使桩直接承受冲击荷载。

3）遇到砂层或者大块石等不良地质情况。

处理措施：

1）设计应根据工程地质条件和施工机具性能合理设计桩头，保证有足够的强度。

2）制作桩时混凝土配合比要正确，振捣密实，充分养护。

3）沉桩前，应复核所选桩锤，必要时进行试桩。

4）如桩顶不平或不垂直于轴线，应修补后才能使用，桩顶应加草垫、纸袋或胶皮等缓冲垫，如发现损坏，应及时更换；如桩顶已破碎，应更换或加桩垫；如破碎严重，可把桩顶剔平补强，必要时加钢板箍，再重新沉。

5）遇砂夹层或大块石，可采用小钻孔再插预制桩的办法施打。

(3) 断桩

产生原因：

1）桩细长比过大。

2）制作质量差，局部强度过低；弯曲度过大；吊运过程产生裂缝或断裂。

3）在反复施打时，桩身受拉力大于混凝土的抗拉强度时，产生裂缝，剥落而导致断裂。

处理措施：

1）桩长细比应控制不大于40。

2）制作时，应保证混凝土配合比正确，振捣密实，强度均匀。

3）在堆放、起吊、运输过程中，应严格按操作规程，发现超过有关验收规定控制标准，不得使用。

4）施工前查清地下障碍物并清除，检查外形尺寸，发现弯曲超过规定或桩尖不在纵轴线上时，不得使用。

5）已断桩，可采取在一旁补桩的办法处理。

(4) 沉桩达不到设计控制要求

产生原因：

1）地质勘察资料不明，致使设计桩尖标高与实际不符；或持力层过高。

2）沉桩遇地下障碍物，如大块石、混凝土块等，或遇坚硬土夹层、砂夹层。

3）桩锤选择太小或太大，使桩沉不到或超过设计要求的控制标高。

4）桩顶打碎或桩身打断，致使不能继续打入，打桩间歇时间过长，摩阻力增大。

处理措施：

1）详细探明工程地质情况，必要时应作补勘。

2）探明地下障碍物，并清除掉，或钻透或爆碎。

3) 正确选择持力层或标高，根据地质情况和桩长，合理选择施工机械、锤大小、施工方法和混凝土强度。

4) 在新砂层沉桩，注意打桩次序，减少向一侧挤密的现象。

5) 打桩应连续打入，不宜间隔时间过长。

6) 防止桩顶打碎和桩身打断。

(5) 急剧下沉或回弹

产生原因：

1) 遇软土层或土洞、断桩；

2) 桩尖遇树根、坚硬土层。

处理措施：

1) 遇软土层或土洞应进行补桩或填洞处理。

2) 沉桩前检查垂直度和有无裂缝情况，发现弯曲或裂缝，处理后再沉。

3) 落锤不要过高，将桩拔起检查，改正后重打，或靠近原桩位作补处理。

2. 静压法施工

(1) 桩压不下去

产生原因：

1) 桩端停在砂层中接桩，中途间断时间过长。

2) 压桩机部分设备工作失灵，压桩停歇时间过长。

处理措施：

1) 避免桩端停在砂层中接桩。

2) 及时检查压桩设备、做好设备维护保养，维修。

(2) 达不到设计标高

产生原因：

1) 勘察报告不明确或有错误。

2) 压桩至接近设计标高时过早停压，在补压时压不下去。

处理措施：

1) 变更设计桩长。

2) 改变过早停压的做法。

### 13.8.3.3 钢桩

1. 达不到设计标高或沉桩困难

产生原因：

(1) 桩锤大小与锤的形状、断面和地层不匹配。

(2) 或遇到坚硬土夹层；或桩端持力层深度与勘察报告不符。

处理措施：需更换合适的桩锤，依据重新勘察结果变更设计和施工方法。

2. 破损

产生原因：

(1) 桩制作瑕疵或运输问题。

(2) 地质情况，如遇到孤石和局部硬质地层造成桩身屈曲破损。

(3) 桩锤、桩帽还有锤垫不匹配造成沉桩过程出现破损。

处理措施：需更换桩，依据重新勘察结果变更设计和施工方法。检查部件匹配性，及时调整。

3. 贯入度突然增大

产生原因：在土中失稳；发生倾斜；截面刚度过小，锤击时自由度较大；下有空洞。

处理措施：搞好测量控制，做到垂直地插入钢桩；预先对不良地质情况作处理。

4. 钢桩加工质量问题，夹渣、漏焊、裂纹等

产生原因：焊接电流不匹配，焊接速度过快或者过慢，焊接工序工艺存在问题。

处理措施：严格按照加工工艺说明进行焊接施工。

#### 13.8.3.4　锚杆静压桩

1. 预制混凝土桩身断裂，沉桩时突然错位或桩身出现裂缝

产生原因：桩身强度达不到设计要求；桩身制作弯曲或桩身长细比过大；遇地下障碍物；上下节接桩不在同一轴线上钢筋触及桩顶，压桩时产生纵向裂缝等。

处理措施：清除浅层地下坚硬障碍物；制桩、养护应符合强度、平直度要求；接桩面平整，使上下节在同一轴线上；沉倾斜桩时，不能用移动架来校正等。

2. 预制沉桩达不到设计标高要求

产生原因：勘察资料与实际土层情况不符；压桩时压力过小或接桩间隙时间过长，摩阻力增大，或群桩施工时，后沉桩的因挤土造成沉桩困难等。

处理措施：探明地质条件，试沉桩发现异常时作补勘；合理选择施工方法、施工顺序和机械设备；减少接桩时间，做到沉桩基本连续进行。

3. 预制桩桩身倾斜，偏离设计位

产生原因：场地不平整，桩架不水平；插桩时偏斜，桩未到位；接桩不在同一轴线上；群桩施工时，距桩过近，沉桩时上层挤出，产生侧向力，使已沉桩位移；桩顶桩帽接触面不平，桩身受偏心荷载作用，沉桩后桩身倾斜等。

处理措施：应规范作业，做到场地平整，桩架要平直，桩位对中，控制钻孔垂直度，上下节接桩保证在同一轴线上，检查桩顶与桩帽接触面，保证平整，沉桩期间不宜同步开挖基坑。

4. 预制沉桩时，接处松脱开裂

产生原因：两节桩连接处表面未清理干净；焊接质量不好；连接铁件、法兰面不平整。

处理措施：接桩前将接表面杂质、油污清洗干净，填平接桩面；法兰面或连接铁件要求平整，焊接牢固。

5. 预制桩浮起

产生原因：遇流砂或软土。

处理措施：将浮起量大的桩重新打入，静荷载试验不符合要求的进行复打或重打。

6. 沉桩过程中，挤土效应对周围环境的影响

产生原因：虽为微型桩，但根数多，其沉桩过程中易产生挤土效应，影响周边建筑物。

处理措施：基桩施工时，优化施工程序，合理安排成流水线，严格控制施工工艺和施工进度，合理控制成桩速率，使挤土效应产生的影响降低。对周边环境进行变形监测，并采取一定的保护措施，做到信息化施工。

### 13.8.4 土方工程常见问题及处理

1. 场地积水

产生原因：

(1) 场地平整面积过大、填土过深、未分层夯实。

(2) 场地周围未设排水沟、截水沟等排水设施，或者排水设施设置不合理，排水坡度不能满足要求等。

处理措施：

(1) 在施工前结合当地水文地质情况，合理设置场地排水坡（要求坑内不积水、沟内排水畅通）、排水沟等设施，并尽量与永久性排水设施相结合，雨期施工须做好现场的雨期排水措施。

(2) 场地回填土按规定分层回填夯实，要使土的相对密度不低于85%。

2. 土方塌陷或滑塌

产生原因：基槽开挖较深、放坡不够、边坡顶部堆载过大或土质松软、开挖次序及方法不对等。

处理措施：

(1) 土方开挖前，应检查定位放线、降低地下水位系统和排水，合理安排土方运输车的行走路线及弃土场。

(2) 当开挖范围内有地下水时，应做好地面排水措施，采取降、排水措施，将水位降至离基底0.5m以下方可开挖，并持续到回填完毕。

(3) 土方开挖应自上而下分段分层，依次进行。

(4) 对永久性边坡局部塌方，可将塌方清除，用块石填砌或回填2:8、3:7灰土嵌补，与土接触部位做成台阶搭接，避免滑动；或将坡顶线后移；或将坡度改缓。

3. 出现橡皮土现象

产生原因：在现场局部场地填土施工过程中，使用了含水量比较大的腐殖土、泥炭土或者黏土、粉质黏土等原状土土料回填。

处理措施：进行现场鉴别，要求回填土料手握成团、落地开花；回填前，不允许基坑内有垃圾、树根等杂物，清除基坑内积水、淤泥。

4. 压实度不理想

产生原因：

(1) 土料的含水量不大，严重影响了夯实的效果，压实不密实。

(2) 未进行分层回填，影响了夯实的效果。

处理措施：选择符合要求的回填土，确保其含水量符合规定的要求。若出现压实不合格现象，需进行换土回填或者是晾晒加入吸水材料等方法处理。

## 13.9 施工安全技术措施

### 13.9.1 安全操作要求

(1) 进入施工现场必须佩戴安全帽,并系下颌带,戴安全帽不系下颌带视同违章。

(2) 凡从事2m以上无法采用可靠防护设施的高处作业人员必须系安全带。安全带应高挂低用,不得低挂高用,操作中应防止摆动碰撞,避免意外事故发生。

(3) 冬、雨期施工时必须有必要的劳保用品。

(4) 特殊工种包括钻机司机、装载司机、电工、信号工等必须持证上岗。

(5) 施工现场的临时用电必须严格遵守现行行业标准《施工现场临时用电安全技术规范》JGJ 46要求。

(6) 遇有大雨、雪、雾和6级以上大风等恶劣气候,应停止作业。

(7) 登高检查时挺杆下严禁站人。

(8) 不能改移的地下障碍物应在地面做出标识。

### 13.9.2 安全技术措施

**13.9.2.1 地基处理工程**

(1) 强夯作业必须针对具体作业环境进行分析,制定有效预防措施并有效落实。强夯作业前,对作业面容易溅射的物质材料等进行清理。

(2) 工程现场周围必须设立明显的警戒标识、专人警戒,禁止无关人员进入强夯作业区。

(3) 强夯施工设备,采用带有自动脱钩装置的履带式起重机。为保证施工安全,在臂杆端部设置辅助门架,或采取其他安全措施,防止落锤时机架倾覆。选用组装起吊设备及辅助框架时,应关注起重机的自身稳定性,以保证施工安全。

(4) 夯锤上有通气孔,如遇堵塞,应立即打通。保证夯锤表面清洁、气孔通畅、脱钩器及钢丝绳的工作可靠。

(5) 强夯时有土块、石子等飞击,作业现场人员个人防护用品佩戴齐全、有效,夜间作业照明充足,个人劳保用品至少应有安全帽、护目镜、工作服和工作鞋,夜间作业另需增佩戴反光背心。冬期施工,必须考虑作业人员的保暖措施,劳保用品增加棉衣、棉鞋等。

(6) 合理规划好输浆管路线,并沿线设置警戒标识,避免车辆碾轧和人员反复跨越。输浆管与压浆机器、注浆管的连接要可靠牢固,施工前要仔细检查以免高压注浆时软管脱落伤人。还应定期检查注浆软管及压浆机械有无破损情况,严禁带伤作业。

**13.9.2.2 桩基工程**

1. 机械成孔灌注桩

(1) 进场前应对参施人员作好技术、安全、环保等方面的书面交底。

(2) 钻机周围5m以内应无高压线路,作业区应有明显标志或围栏,严禁闲人入内。

(3) 电缆尽量架空设置；钻机行走时一定要有专人提起电缆同行；不能架起的绝缘电缆通过道路时应采取保护措施，以免机械车辆压坏电缆，发生事故。

(4) 施工场地应按坡度不大于1‰，地基承载力小于80kPa的要求时应进行整平压实。

(5) 钻机所配置的电动机、卷扬机、内燃机、液压装置等应按有关安全操作规定执行。

(6) 钻机应安装漏电保护器，并保持完好状态。

(7) 钻机要站在平整坚实的平面上，其平坦度和承载力要满足钻机施工的要求。

(8) 启动前应将操纵杆放在空档位置，启动后应空档运转试验，检查仪表、制动等各项工作正常，方可作业。

(9) 在成孔施工前，认真查清邻近建（构）筑物情况，采取有效的防振安全措施，以避免成孔施工时，振坏邻近建（构）筑物，造成裂缝、倾斜，甚至倒塌事故。

(10) 成孔机械操作时安放平稳，防止作业时突然倾倒，造成人员伤亡或机械设备损坏。

(11) 钻孔时若遇卡钻，应立即切断电源，停止进钻，未查明原因前不得强行启动。

(12) 钻孔时若遇机架晃动、移动、偏斜或钻头内发生有节奏声响时，应立即停钻，经处理后方可继续下钻。

(13) 钻机作业中，电缆应由专人负责收放，如遇停电，应将控制器放置零位，切断电源，将钻头接触地面。

(14) 灌注桩成孔后在不灌注混凝土之前，用盖板封严，以免掉土或发生人身安全事故。

(15) 加工好的钢筋笼堆放整齐，禁止在骨架上攀登和行走。

(16) 恶劣气候停止成孔作业，休息或作业结束时，应切断电源总开关。

2. 人工挖孔灌注桩

(1) 孔内必须设置应急软爬梯供人员上下；使用的捯链、吊笼等应安全可靠，并配有自动卡紧保险装置，不得使用麻绳和尼龙绳吊挂或脚踏井壁凸缘上下；电动捯链宜用按钮式开关，使用前必须检验其安全起吊能力。

(2) 每日开工前必须检测井下的有毒、有害气体，并应有相应的安全防范措施；当桩孔开挖深度超过10m时，应有专门向井下送风的设备，风量不宜少于25L/s。

(3) 孔口四周必须设置护栏，护栏高度宜为0.8m。

(4) 挖出的土石方应及时运离孔口，不得堆放在孔口周边1m范围内，机动车辆的通行不得对井壁的安全造成影响。

(5) 施工现场的一切电源、电路的安装和拆除必须遵守现行行业标准《施工现场临时用电安全技术规范》JGJ 46的规定。

3. 混凝土预制桩与钢桩

(1) 打桩前，应对邻近施工范围内的原有建筑物、地下管线等进行检查，对有影响的工程，应采取有效的加固措施或隔振措施，以确保施工安全。

(2) 机具进场要注意危桥、陡坡、陷地和防止碰撞电杆、房屋等，以免造成事故。

(3) 打桩机行走道路必须平整、坚实，必要时宜铺设道碴，经压路机碾压密实。场地四周应挖排水沟以利排水，保证移动桩机时的安全。

(4) 在施工前应先全面检查机械，发现有问题时及时解决，检查后要进行试运转，严禁带病作业。机械操作必须遵守安全技术操作要求，由专人操作，并加强机械的维护保养，保证机械各项设备和部件、零件的正常使用。

(5) 吊装就位时，起吊要慢，拉住溜绳，防止桩头冲击桩架，撞坏桩身；加强检查，发现不安全情况，及时处理。

(6) 在打桩过程中遇有地坪隆起或下陷时，应随时对桩机架及路轨调平或垫平。

(7) 机械司机，在施工操作时要集中精力，服从指挥信号，不得随便离开岗位，并经常注意机械运转情况，发现异常情况要及时纠正。要防止机械倾斜、倾倒，桩锤不工作时，突然下落等事故的发生。

(8) 打桩时严禁用手拨正桩垫，不要在桩锤未打到桩顶即起锤或过早刹车，以免损坏设备。

(9) 钢管桩打桩后必须及时加盖临时帽；预制混凝土桩送入土后的桩孔，必须及时用砂子或其他材料填灌，以免发生人身事故。

(10) 冲抓锥或冲孔锤操作时，不准任何人进入落锤区施工范围内，以防砸伤。

(11) 成孔钻机操作时，注意钻机安定平稳，以防止钻架突然倾倒或钻具突然下落。

(12) 施工现场的一切电源、电路的安装和拆除必须由持证电工操作；电器必须严格接地、接零和使用漏电保护器。

#### 13.9.2.3 土方工程

(1) 在土方施工阶段，在开挖基槽四周1m范围内搭设1.5m围挡，密目网满布，严禁人员攀越。

(2) 现场所有电气设备均作漏电保护装置，配电线采用三相五线制。施工中，应定期检查电源线路和设备的电器部件，确保用电安全。施工时，注意临电的使用及设置位置，严禁因使用不当或野蛮施工破坏临电设施造成安全事故。

(3) 基坑内应设置上下人行安全通道。

(4) 已挖完的基槽，在雨雪后要仔细观察边坡情况，如发现边坡有鼓包、滑动等现象，要及时排除险情后方可施工。

(5) 在挖土机工作范围内，不允许其他作业。

(6) 在基坑护栏、马道等危险处悬挂明显的、符合国家标准要求的安全警示标志牌。

(7) 场地内交通要由管理人员协调指挥。行车路线上禁止设置作业区或有人员长时间停留。

(8) 挖土机作业时，大臂范围内不得站人。

(9) 回填时派人检查边坡有无异常现象，严格按边坡位移观测交底进行观测，并每天检查一次，发现有异常现象时及时通知人员疏散，并及时采取安全措施。

## 13.10 文明施工与环境保护

### 13.10.1 文明施工措施

#### 13.10.1.1 文明施工管理目标
做到"五化"：亮化、硬化、绿化、美化、净化。

#### 13.10.1.2 文明施工管理措施
（1）成立由项目经理部管理负责人为首的现场文明施工领导小组，组织领导施工现场的文明施工管理工作。

（2）根据要求设立围墙和大门，同时对现场办公区、施工区、生活区进行统一标识，做到标识书写规范、美观，现场各类标识齐全、清楚。施工现场钢筋笼加工棚等临时设施要合理布置使之符合整体布局要求，做到既有利于现场施工，又有利于现场的文明整洁。

（3）现场设置五板二图（即：施工现场安全生产管理制度板、施工现场消防保卫管理制度板、施工现场管理制度板、施工现场环境保护管理制度板、施工现场行政卫生管理制度板、施工现场总平布置图、施工现场卫生区域划分图）。

（4）现场各种料具按照施工现场总平面布置图指定位置存放，做到分类规范存放、干净整洁。施工现场所有机械设备和建筑设备应做到定位并归类码放整齐，现场道路应平整畅通。

（5）施工现场内的各种材料，根据材料性能妥善保管，采取有效的防雨、防晒、防潮、防火、防冻、防损坏等措施，易燃、易爆危险品和贵重物品要专库专管。

（6）车辆进出场地前要清好车辆轮胎，每天作业后工人将工地清扫干净。

（7）施工现场严禁不文明现象发生，严禁泥浆沿地面外流。

（8）严禁施工期间钻机碾压破坏和泥浆污染路面。

（9）夜间灯具集中照射，避免灯光扰民。

（10）强化企业职工敬业精神并进行预防教育，做到内外协作友善，保证企业的良好形象，所有施工人员应严格要求自己，讲文明，讲礼貌，工地上严禁发生打架斗殴，酗酒闹事等不良现象，争做文明的施工人员。

（11）做好施工的宣传工作，要求施工中悬挂一定数量的文明施工宣传标语标牌。

（12）施工过程，现场安排劳务工专门负责清扫现场，保持工地环境整洁。

（13）钢筋加工场地应清洁无污水；搬运时要轻拿轻放，减少噪声扰民。

（14）施工现场严禁随地大小便，严禁吸烟，应保持清洁。

（15）施工现场严禁打架斗殴，大声喧哗。

### 13.10.2 环境保护管理

#### 13.10.2.1 环保目标
（1）噪声排放达标：昼间<70dB，夜间<55dB。

（2）防大气污染达标：施工现场扬尘、生活用锅炉烟尘的排放符合要求（扬尘达到国家二级排放规定，场界空气质量指数 PM2.5、PM10 不超过当地气象部门公布数据值）。

(3) 生活及生产污水达标：污水排放符合国家、省、市的有关规定。
(4) 施工垃圾分类处理，尽量回收利用。
(5) 节约水、电、纸张等资源消耗，节约资源，保护环境。

**13.10.2.2　环境保护的教育与监督**

(1) 加强对现场人员的培训与教育，提高现场人员的环保意识。

根据环境管理体系运行的要求，结合环境管理方案，对所有可能对环境产生影响的人员进行相应的培训。

①符合环境方针与程序和符合环境管理体系要求的重要性。
②个人工作对环境可能生产的影响。
③在实现环境保护要求方面的作用与职责。
④违反规定的运行程序和规定产生的不良后果。

(2) 加强信息交流与传送，实施有力监督。

①建立项目内部环境保护信息的传递与沟通渠道，以便确认环境保护方案是否被实施，以及环境保护工作中存在的问题，从而对下一步工作及时作出决策。
②建立项目与企业总部，项目与外部主管部门的信息交流与传递渠道。按规定要求接收、传递、发放有关文件，对需回复的文件，按规定要求审核后予以回复。

(3) 加强文件控制，不断了解有关环保知识与法律法规。

①文件要有专人负责保管，并设置专门的有效工具。
②对文件定期进行评审，与现行法律和规定不符时，及时修改。
③确保与环保有关的人员，都能得到有关文件的现行版本。
④失效文件要从所有发放和使用场所撤回或采取其他有效措施。

(4) 监测和测量：组织有关人员，通过定期或不定期的安全文明施工大检查来落实环境管理方案的执行情况，对环境管理体系的运行实施监督检查。

(5) 不符合项的纠正与预防：对安全文明施工大检查中发现的环境管理的不符合项，由安全环境管理部门开出不符合报告，技术部门根据不符合项分析产生的原因，制定纠正措施，交专业工程师负责落实实施，安全环境管理部负责跟踪检查，对实施结果要加以确认。

**13.10.2.3　噪声污染控制措施**

(1) 选用符合环保标准的施工机械。
(2) 加强施工机械的保养维修，尽可能地降低施工噪声的排放。
(3) 强噪声作业时间的控制。合理配备施工机械，在保证施工进度的同时，减少多台设备的集中使用。多机械作业的时间尽量安排在每日 8：00～12：00、14：00～18：00，严格控制作业时间，特殊情况需连续作业（或夜间作业）的，应尽量采取降噪措施。

**13.10.2.4　大气污染控制措施**

对扬尘控制要求严格，为了避免大气污染，制定措施如下：

(1) 对施工现场实行封闭管理，施工工地的封闭围挡应坚固、稳定、整洁、美观。现场临时道路和加工场地进行硬化。对临时道路设专人负责每日洒水和清扫，保持道路清洁湿润。
(2) 对于现场其他土壤裸露场地，进行覆盖、固化或绿化。

(3) 施工全部采用商品混凝土，不在现场搅拌混凝土。

(4) 搅拌砂浆时，为防止水泥在搅拌过程中的掉落扬尘，现场设封闭的水泥库，并采取封闭措施将搅拌机封闭处理。

(5) 水泥和其他易飞扬颗粒建筑材料应密闭存放或采取覆盖等措施，工地必须设置降尘设备，尽量采取湿式作业，现场空气尘埃含量不得超过当地环保要求规定。

(6) 施工现场出入口应设置车辆冲洗设施，并对驶出车辆进行清洗。土方和建筑垃圾的运输应采用封闭式运输车辆或采取覆盖措施。

#### 13.10.2.5 固体废弃物控制措施

(1) 建筑垃圾的控制

① 建筑垃圾可分为可利用建筑垃圾和不可利用建筑垃圾。

② 按现场平面布置图确定的建筑垃圾存放点分类堆放建筑垃圾。

③ 施工过程中产生的渣土、弃土、弃料、余泥、泥浆等垃圾按"可利用""不可利用""有毒害"等字样分开堆放，并进行标识。

④ 不可用建筑垃圾应设置垃圾池存放，稀料类垃圾采用桶类容器存放；可利用的建筑垃圾分类存放并按平面布置图中规定存放。

⑤ 建筑垃圾在施工现场内装卸运输时，将用水喷洒，卸到堆放场地后及时覆盖或用水喷洒，以防扬尘。遵照当地有关规定将建筑垃圾运出施工现场。

⑥ 有毒有害垃圾严禁任意排放，单独存放，由项目经理部与焚烧处置单位签订协议书，按协议处理。

(2) 生活垃圾的控制

① 生活垃圾存放在桶类容器内，不随意抛弃垃圾；有毒害垃圾将单独存放在容器内。

② 生活垃圾的清运将委托合法单位承运并签订清运协议，自运时将取得外运手续如《生活弃物处置证》，按指定路线、地点倾倒。出现场前覆盖严实，不出现遗撒。

#### 13.10.2.6 水污染控制措施

(1) 开工前，在做现场总平面规划时，设计现场排水管网，并将其与市政雨水管网连接。

(2) 设计现场污水管网时，确保不得与雨水管网连接。由环保管理员通知进入现场的所有单位和人员，不得将非雨水类污水排入雨水管网。

(3) 污水管理：施工现场的所有施工污水经过沉淀后，再排入市政污水管网。

(4) 施工前制定技术先进、安全有效的施工方案，制定防坍塌污染环境的措施，加强监察施工过程，及时处理隐患。施工现场泥浆和污水未经处理不得直接排入城市排水设施。

(5) 现场设置沉淀池，门口设置洗车槽，避免污水外流和车辆带泥上路。

#### 13.10.2.7 节约水电、纸张措施

(1) 节水

① 施工现场安装水表，现场使用的所有水阀门均为节水型。

② 对现场人员进行节水教育。

③ 办公区、施工区均明确一名责任人员，杜绝长流水现象。

④ 施工养护用水及现场道路喷洒等用水，在降水期间，一律使用地下水；在非降水

期间，喷洒者注意节约用水。

（2）节电

① 施工现场安装总电表，施工区及生活区安装分电表，并设专人定期抄表。

② 对现场人员进行节电教育。

③ 在保证正常施工及安全的前提下，尽量减少夜间不必要的照明。

④ 办公区使用节能型照明器具，下班前，做到人走灯灭。

⑤ 夏季控制使用空调，在无人办公或气候适宜的情况下，不开空调。

⑥ 现场照明禁止使用碘钨灯，生活区严禁使用电炉。

⑦ 施工机械操作人员，尽量控制机械操作，减少设备的空转。

（3）节约纸张

① 要制定办公用品（纸张）的节约措施，通过减少浪费，节约能源达到保护环境的目的。

② 推广无纸化和网上办公，须打印的文件采用双面打印。

# 参 考 文 献

[1] 中华人民共和国建设部. 岩土工程勘察规范：GB 50021—2001（2009 年版）[S]. 北京：中国建筑工业出版社，2009.

[2] 中华人民共和国建设部. 建筑桩基技术规范：JGJ 94—2008[S]. 北京：中国建筑工业出版社，2008.

[3] 中华人民共和国住房和城乡建设部. 建筑地基基础设计规范：GB 50007—2011[S]. 北京：中国计划出版社，2011.

[4] 中华人民共和国住房和城乡建设部. 吹填土地基处理技术规范：GB/T 51064—2015[S]. 北京：中国计划出版社，2015.

[5] 中华人民共和国住房和城乡建设部. 土工试验方法标准：GB/T 50123—2019[S]. 北京：中国计划出版社，2019.

[6] 中华人民共和国住房和城乡建设部，国家市场监督总局. 湿陷性黄土地区建筑标准：GB 50025—2019[S]. 北京：中国建筑工业出版社，2019.

[7] 中华人民共和国住房和城乡建设部. 建筑地基基础工程施工质量验收标准：GB 50202—2018[S]. 北京：中国计划出版社，2018.

[8] 中华人民共和国住房和城乡建设部. 建筑工程施工质量验收统一标准：GB 50300—2013[S]. 北京：中国建筑工业出版社，2014.

[9] 中华人民共和国住房和城乡建设部. 建筑装饰装修工程质量验收标准：GB 50210—2018[S]. 北京：中国建筑工业出版社，2018.

[10] 中华人民共和国住房和城乡建设部，国家质量监督检验检疫总局. 建筑抗震设计标准：GB/T 50011—2010（2024 年版）[S]. 北京：中国建筑工业出版社，2010.

[11] 中华人民共和国住房和城乡建设部. 建筑地基处理技术规范：JGJ 79—2012[S]. 北京：中国建筑工业出版社，2013.

[12] 中华人民共和国住房和城乡建设部. 复合地基技术规范：GB/T 50783—2012[S]. 北京：中国计划出版社，2012.

[13] 中华人民共和国住房和城乡建设部. 高层建筑岩土工程勘察标准：JGJ/T 72—2017[S]. 北京：中

国建筑工业出版社，2017.
[14] 中华人民共和国住房和城乡建设部. 劲性复合桩技术规程：JGJ/T 327—2014[S]. 北京：中国建筑工业出版社，2014.
[15] 中华人民共和国住房和城乡建设部. 既有建筑地基基础加固技术规范：JGJ 123—2012[S]. 北京：中国建筑工业出版社，2014.
[16] 中华人民共和国住房和城乡建设部. 建筑基桩检测技术规范：JGJ 106—2014[S]. 北京：中国建筑工业出版社，2014.
[17] 中华人民共和国住房和城乡建设部. 建筑与市政工程抗震通用规范：GB 55002—2021[S]. 北京：中国建筑工业出版社，2021.
[18] 中华人民共和国住房和城乡建设部. 建筑与市政地基基础通用规范：GB 55003—2021[S]. 北京：中国建筑工业出版社，2021.
[19] 中华人民共和国住房和城乡建设部. 工程勘察通用规范：GB 55017—2021[S]. 北京：中国建筑工业出版社，2021.

# 14 脚手架及支撑架工程

## 14.1 脚手架的分类

脚手架是指由杆件或结构单元、配件通过可靠连接而组成，能承受相应荷载，具有安全防护功能，为建筑施工提供作业条件的各种结构架体。脚手架的种类较多，可按照用途、构架方式、设置形式、支固方式、脚手架杆件连接方式以及材料来划分种类。

### 14.1.1 按用途分类

脚手架按用途划分主要划分为作业脚手架和支撑脚手架。

（1）作业脚手架：由杆件或结构单元、配件通过可靠连接而组成，支承于地面、建筑物上或附着于工程结构上，为建筑施工提供作业平台和安全防护的脚手架；包括以各类不同杆件（构件）和节点形式构成的落地式作业脚手架、悬挑式脚手架、附着式升降脚手架等。该类脚手架可简称作业架。

（2）支撑脚手架：由杆件或结构单元、配件通过可靠连接而组成，支承于地面或结构上，可承受各种荷载，具有安全防护功能，为建筑施工提供支撑和作业平台的脚手架；包括以各类不同杆件（构件）和节点形式构成的结构安装支撑脚手架、混凝土施工用模板支撑脚手架以及物料平台支撑等。该类脚手架可简称支撑架。

### 14.1.2 按脚手架杆件连接方式分类

（1）承插式脚手架：在平杆与立杆之间采用承插连接的脚手架。如承插型盘扣式钢管脚手架、榫卯（或插槽）式钢管脚手架、碗扣式钢管脚手架等。

（2）扣接式脚手架：使用扣件箍紧连接的脚手架，即靠拧紧扣件螺栓所产生的摩擦作用构架和承载的脚手架。如常用的扣件式钢管搭设的脚手架。

（3）销栓式脚手架：采用对穿螺栓或销杆连接的脚手架，此种形式已很少使用。

### 14.1.3 按构架方式分类

#### 14.1.3.1 作业脚手架构架方式分类

（1）杆件组合式脚手架。即由杆件、配件通过可靠连接组成的脚手架。

（2）框架组合式脚手架（简称"框组式脚手架"）。即由简单的平面框架（如门架、梯架、"日"字架和"目"字架等）与连接杆件、撑拉杆件组合而成的脚手架，如门式钢管脚手架、梯式钢管脚手架和其他各种形式框式构件组装的鹰架等。

（3）格构件组合式脚手架，即由桁架梁和格构柱组合而成的脚手架，如桥式脚手架

［又有提升（降）式和沿齿条爬升（降）式两种］。

（4）台架。它是具有一定高度和操作平面的平台架，多为定型产品，其本身是具有稳定的空间结构。可单独使用或拼装连接成满足使用要求的一定高度与宽度的架体，并常带有移动装置。

#### 14.1.3.2 支撑架构架方式分类

（1）框架式支撑架。由立杆与水平杆等构配件通过可靠连接组成，节点具有一定转动刚度的支撑架，包括无剪刀撑框架式支撑结构和有剪刀撑式框架结构。如扣件式或碗扣式钢管搭设的支撑架。

（2）桁架式支撑架。由4根立杆、水平杆及竖向斜杆等组成几何稳定的矩形单元形成单元桁架，并通过连系杆连成整体的支撑架。如设置竖向斜杆的承插型盘扣式钢管支撑架。

### 14.1.4 按脚手架设置形式分类

（1）单排脚手架：只搭设一排立杆，横向平杆的一端搁置在墙体上的脚手架。

（2）双排脚手架：由内外两排立杆和水平杆构成的脚手架。

（3）满堂脚手架（支撑架）：按施工作业范围满设的，纵、横两个方向各有三排以上立杆的脚手架。

（4）封圈型脚手架：沿建筑物或作业范围周边设置并相互交圈连接的脚手架。

（5）开口型脚手架：沿建筑周边非交圈设置的脚手架为开口型脚手架；其中呈直线形的脚手架为一字形脚手架。

（6）异型脚手架：具有特殊平面和空间造型的脚手架，如用于烟囱、水塔、冷却塔以及其他平面为圆形、环形、"外方内圆"形、多边形和上扩、上缩等特殊形式的建筑施工脚手架。

### 14.1.5 按脚手架支固方式分类

（1）落地式脚手架：搭设在地面、楼面、墙面或其他平台结构之上的脚手架。

（2）悬挑式脚手架（简称"挑脚手架"）：采用悬挑方式支固搭设的脚手架。

（3）附墙悬挂脚手架（简称"挂脚手架"）：在上部或（和）中部挂设于墙体挂件上的定型脚手架。

（4）悬吊脚手架（简称"吊脚手架"）：悬吊于悬挑梁或工程结构之下的脚手架。当采用篮式作业架时，称为"吊篮"。

（5）附着式升降脚手架（简称"爬架"）：搭设一定高度附着于工程结构上，依靠自身的升降设备和装置，可随工程结构逐层爬升或下降，具有防倾覆、防坠落装置的悬空外脚手架。

（6）电动桥式脚手架（也称电动施工升降平台）：采用桁架形式搭设成桥式工作平台，安装在附着于建筑物的导架主立柱上，通过齿轮、齿条传动方式带动平台升降，是可在任意高度停靠或满足施工作业要求的脚手架。

（7）移动脚手架：带行走装置（带脚轮或导轨）的脚手架或操作平台架。

此外，还按脚手架主要杆件材料划分为传统的木、竹脚手架、钢管脚手架或其他金属脚手架等。

根据住房和城乡建设部2021年12月14日印发的《房屋建筑和市政基础设施工程危及生产安全施工工艺、设备和材料淘汰目录(第一批)》(中华人民共和国住房和城乡建设部公告2021年第214号),明确在2022年6月15日后,作为限制类施工工艺、设备和材料,新开工项目不得采用门式钢管脚手架用于搭设满堂承重支撑架体系,2022年9月15日后,作为禁止类施工工艺、设备和材料,全面停止在新开工项目中使用竹(木)脚手架。

## 14.2 脚手架工程的一般规定

### 14.2.1 脚手架安全等级和安全系数

#### 14.2.1.1 脚手架安全等级

按照现行国家标准《建筑施工脚手架安全技术统一标准》GB 51210的规定,脚手架工程应根据不同类型、搭设高度和荷载大小采用不同的安全等级。脚手架安全等级的划分应符合表14-1的规定。

脚手架的安全等级    表14-1

| 落地作业脚手架 | | 悬挑脚手架 | | 满堂支撑脚手架(作业) | | 支撑架 | | 安全等级 |
| --- | --- | --- | --- | --- | --- | --- | --- | --- |
| 搭设高度 (m) | 荷载标准值 (kN) | 搭设高度 (m) | 荷载标准值 (kN) | 搭设高度 (m) | 荷载标准值 (kN) | 搭设高度 (m) | 荷载标准值 (kN) | |
| ≤40 | — | ≤20 | — | ≤16 | — | ≤8 | ≤15kN/m² 或≤20kN/m 或≤7kN/点 | Ⅱ |
| >40 | — | >20 | — | >16 | — | >8 | >15kN/m² 或>20kN/m 或>7kN/点 | Ⅰ |

注:1. 支撑脚手架的搭设高度、荷载中任一项不满足安全等级为Ⅱ级的条件时,其安全等级应划为Ⅰ级;
2. 承插型盘扣式钢管作业脚手架搭设高度H≥24m时,安全等级为Ⅰ级,H<24m时,安全等级为Ⅱ级;
3. 附着式升降脚手架安全等级均为Ⅰ级。

脚手架安全等级的划分界限是在总结我国脚手架应用技术及施工经验的基础上,参考住房和城乡建设部《关于印发〈危险性较大的分部分项工程安全管理办法〉的通知》(建质〔2009〕87号)文件的规定划分的,目前该文件已被住房和城乡建设部于2018年颁布实施的37号令所替代。根据《危险性较大的分部分项工程安全管理规定》(中华人民共和国住建部第37号)与《住房城乡建设部办公厅关于实施〈危险性较大的分部分项工程安全管理规定〉有关问题的通知》(建办质〔2018〕31号),分别属于危险性较大的分部分项工程与超过一定规模的危险性较大的分部分项工程的脚手架工程范围如下:

(1)属于危险性较大的分部分项工程的脚手架工程范围包括:
1)模板工程及支撑体系
① 各类工具式模板工程:包括滑模、爬模、飞模、隧道模等工程。
② 混凝土模板支撑工程:搭设高度5m及以上,或搭设跨度10m及以上,或施工总

荷载（荷载效应基本组合的设计值，以下简称设计值）10kN/m² 及以上，或集中线荷载（设计值）15kN/m 及以上，或高度大于支撑水平投影宽度且相对独立无联系构件的混凝土模板支撑工程。

③ 承重支撑体系：用于钢结构安装等满堂支撑体系。

2）脚手架工程

① 搭设高度 24m 及以上的落地式钢管脚手架工程（包括采光井、电梯井脚手架）。

② 附着式升降脚手架工程。

③ 悬挑式脚手架工程。

④ 高处作业吊篮。

⑤ 卸料平台、操作平台工程。

⑥ 异型脚手架工程。

(2) 属于超过一定规模的危险性较大的分部分项工程的脚手架工程范围包括：

1）模板工程及支撑体系

① 各类工具式模板工程：包括滑模、爬模、飞模、隧道模等工程。

② 混凝土模板支撑工程：搭设高度 8m 及以上，或搭设跨度 18m 及以上，或施工总荷载（设计值）15kN/m² 及以上，或集中线荷载（设计值）20kN/m 及以上。

③ 承重支撑体系：用于钢结构安装等满堂支撑体系，承受单点集中荷载 7kN 及以上。

2）脚手架工程

① 搭设高度 50m 及以上的落地式钢管脚手架工程。

② 提升高度在 150m 及以上的附着式升降脚手架工程或附着式升降操作平台工程。

③ 分段架体搭设高度 20m 及以上的悬挑式脚手架工程。

### 14.2.1.2 脚手架安全系数

为确保脚手架结构、构配件的承载力必须要有足够的安全储备，在脚手架结构或构配件抗力设计值确定时，应考虑综合安全系数 $\beta$，其指标应满足下列要求：

$$\beta = \gamma_0 \times \gamma_u \times \gamma_m \times \gamma'_m \tag{14-1}$$

强度： $\beta \geqslant 1.5$ (14-2)

稳定：

作业脚手架： $\beta \geqslant 2.0$ (14-3)

支撑脚手架、新研制的脚手架： $\beta \geqslant 2.2$ (14-4)

式中 $\beta$——脚手架结构、构配件综合安全系数；

$\gamma_0$——结构重要性系数，按表 14-2 的规定取值；

$\gamma_u$——荷载分项系数加权平均值，取 1.254（由可变荷载起控制作用的荷载基本组合）、1.363（由永久荷载起控制作用的荷载基本组合）；

$\gamma_m$——材料抗力分项系数；对于钢管脚手架应按现行国家标准《冷弯薄壁型钢结构技术规范》GB 50018 的规定取 1.165；

$\gamma'_m$——材料强度附加系数；构配件及节点连接强度取 1.05；作业脚手架稳定承载力取 1.40，支撑脚手架稳定承载力及新研制的脚手架稳定承载力取 1.50。

综合安全系数 $\beta$ 值的计算公式明确了综合安全系数与结构重要性系数、荷载分项系数(加权平均值)、材料抗力分项系数、材料强度附加系数之间的关系。

#### 14.2.1.3 脚手架结构重要性系数

脚手架结构重要性系数是根据脚手架种类、搭设高度、荷载所划分的脚手架安全等级而确定的,是为了保证脚手架具有足够的安全储备。

脚手架结构重要性系数 $\gamma_0$ 可按表14-2的规定取值。

脚手架结构重要性系数　　　　表14-2

| 结构重要性系数 | 承载力极限状态设计 | |
|---|---|---|
| | 安全等级 | |
| | Ⅰ | Ⅱ |
| $\gamma_0$ | 1.1 | 1.0 |

#### 14.2.1.4 脚手架使用钢丝绳的安全系数 $K_s$

脚手架工程中较多应用钢丝绳,钢丝绳在应用时应按规定调紧、锁定。其中,重要结构用钢丝绳是指施工平台、物料平台等在施工过程中载人,并以钢丝绳作为受力件用的钢丝绳。一般结构用钢丝绳是指悬挑脚手架及其他结构按构造设置的钢丝绳。

脚手架所使用的钢丝绳承载力应具有足够的安全储备,钢丝绳安全系数 $K_s$ 取值应符合下列规定:

(1) 重要结构用的钢丝绳取 $K_s \geqslant 9$。
(2) 一般结构用的钢丝绳取 $K_s = 6.0$。
(3) 用于手动起重设备的钢丝绳取 $K_s = 4.5$;用于机动起重设备的钢丝绳取 $K_s \geqslant 6.0$。
(4) 用做吊索,无弯曲时的钢丝绳取 $K_s \geqslant 6.0$;有弯曲时的钢丝绳取 $K_s \geqslant 8.0$。
(5) 缆风绳用的钢丝绳取 $K_s = 3.5$。

### 14.2.2 脚手架构配件

#### 14.2.2.1 脚手架杆件

(1) 搭设钢管脚手架所用钢管宜采用现行国家标准《直缝电焊钢管》GB/T 13793 或《低压流体输送用焊接钢管》GB/T 3091 中规定的普通钢管,其材质应符合现行国家标准《碳素结构钢》GB/T 700 中 Q235 级钢或《低合金高强度结构钢》GB/T 1591 中 Q345 级钢的规定。钢管外径、壁厚、外形允许偏差应符合表14-3的规定。

钢管外径、壁厚、外形允许偏差　　　　表14-3

| 钢管直径(mm) 偏差项目 | 外径(mm) | 壁厚(mm) | 外形偏差 | | |
|---|---|---|---|---|---|
| | | | 弯曲度(mm/m) | 椭圆度(mm) | 管段截面 |
| ≤20 | ±0.3 | ±10%·S | | 0.23 | 与轴线垂直、无毛刺 |
| 21～30 | | | 1.5 | | |
| 31～40 | ±0.5 | | | 0.38 | |
| 41～50 | | | 2 | | |
| 51～70 | ±1.0% | | | 7.5/1000·D | |

注:S 为钢管壁厚,D 为钢管直径。

(2) 一般情况下，结构件受力较复杂或超重脚手架钢管选择 Q345 级钢，一般脚手架钢管均选择 Q235 级钢，这是因为脚手架破坏均为稳定破坏，选择 Q235 级钢较为适宜，如选择 Q345 级钢，其钢材的潜力不能充分发挥利用。

**14.2.2.2 脚手架连接件等配件**

（1）搭设扣件式钢管脚手架的扣件、碗扣式钢管脚手架上碗扣、下碗扣、横杆接头与斜杆接头、承插型盘扣式钢管支架的连接盘、扣接头、插销以及脚手架或支撑架立杆的可调底座及可调托撑等连接件、配件应采用铸铁或铸钢制作，相应材质应符合现行国家标准《可锻铸铁件》GB/T 9440 中 KTH-330-08 或《一般工程用铸造碳钢件》GB/T 11352 中关于 ZG2705-00 的规定。

（2）碗扣式钢管采用钢板热冲压整体成型的下碗扣，钢板应符合现行国家标准《碳素结构钢》GB/T 700 中 Q235A 级钢的要求，板材厚度不得小于 6mm，并应经 600～650℃ 的时效处理，且严禁利用废旧锈蚀钢板改制。

（3）承插型盘扣式钢管的连接盘、扣接头、插销以及可调螺母的调节手柄采用碳素钢制造时，其材料机械性能不得低于现行国家标准《一般工程用铸造碳钢件》GB/T 11352 中牌号为 ZG230-450 的屈服强度、抗拉强度与延伸率的要求。

（4）金属类脚手架的结构连接材料应符合下列规定：

1）手工焊接所采用的焊条应符合现行国家标准《非合金钢及细晶粒钢焊条》GB/T 5117 或《热强钢焊条》GB/T 5118 的规定，选择的焊条型号应与所焊接金属物理性能相适应。

2）自动焊接或半自动焊接所采用的焊丝应符合现行国家标准《熔化焊用钢丝》GB/T 14957、《熔化极气体保护电弧焊用非合金钢及细晶粒钢实心焊丝》GB/T 8110、《非合金钢及细晶粒钢药芯焊丝》GB/T 10045、《热强钢药芯焊丝》GB/T 17493 的要求，选择的焊丝和焊剂应与被焊金属物理性能相适应。

3）普通螺栓应符合现行国家标准《六角头螺栓 C 级》GB/T 5780 的规定，其机械性能应符合现行国家标准《紧固件机械性能 螺栓、螺钉和螺柱》GB/T 3098.1 的规定。

（5）底座和托座应经设计计算后加工制作，其材质应符合现行国家标准《碳素结构钢》GB/T 700 中 Q235 级钢或《低合金高强度结构钢》GB/T 1591 中 Q345 级钢的规定，并应符合下列要求：

1）底座的钢板厚度不得小于 6mm，托座 U 形钢板厚度不得小于 5mm，钢板与螺杆应采用环焊，焊缝高度不应小于钢板厚度，并宜设置加劲板。

2）可调底座和可调托座螺杆插入脚手架立杆钢管的配合公差应小于 2.5mm。

3）可调底座和可调托座螺杆与可调螺母啮合的承载力应高于可调底座和可调托座的承载力，应通过计算确定螺杆与调节螺母啮合的齿数，螺母厚度不得小于 30mm。

**14.2.2.3 脚手板**

脚手板（又称脚手架踏板）是在脚手架、操作架上铺设，便于工人在其上方行走、转运材料和施工作业的一种临时周转使用的构件。建筑施工现场常用的脚手板有木脚手板、竹脚手板（包括竹串片板、竹笆板）、各种型式的钢脚手板、铝合金脚手板等，为便于工人操作，不论哪种脚手板，单块质量不宜大于 30kg，性能应符合设计使用要求，且表面应具有防滑、防积水构造。脚手板应满足强度、耐久性和重复使用要求。

1. 木脚手板

木脚手板是最常见的一种脚手板,其材质常为杉木或松木,其材质应符合现行国家标准《木结构设计标准》GB 50005 中 Ⅱ$_a$ 级材质的规定。木脚手板的板厚应不小于 50mm,板宽为 200~250mm,板长为 3~6m。为防止使用过程中脚手板端头损坏,可在距脚手板两端各 80mm 处设置直径不小于 4mm 的镀锌钢丝箍两道,或用厚度 0.4~0.6mm 薄钢板包箍。木脚手板常用于扣件式钢管脚手架和荷载较大的独立式斜道,较少用于移动式脚手架、各类工具式脚手架以及门式脚手架。木脚手板的特点为使用范围广、铺设方法简单、拆卸方便,使用时施工人员的脚感较好。因目前国家大力推行环境保护政策,材源相对减少,其使用量已呈逐年递减趋势。

2. 竹笆片(串片)脚手板

竹笆片脚手板是南方地区最常见的脚手板,常用两年以上生长期的成年毛竹或楠竹纵劈成宽度 30mm 的竹片编制成。竹笆片脚手板的纵筋不少于 5 道,并且每道为双片,横筋则反正相间,四边端部纵、横筋交点用钢丝穿过钻孔扎牢。每张竹笆片脚手板沿纵向用钢丝扎两道宽 40mm 的双面夹筋,不得用圆钉固定。竹笆板长为 1.5~2.5m,宽 0.8~1.2m。竹笆片脚手板用于斜道板时,应将横筋作纵筋,作为防滑措施。竹笆片脚手板常用于竹、木脚手架、扣件式钢管脚手架及斜道铺设,其优点为材源广、价格低廉、装拆便利,但缺点为承托杆件间距较密、容易附着建筑垃圾、强度较差、周转次数少。

3. 钢脚手板

钢脚手板材质应符合现行国家标准《碳素结构钢》GB/T 700 中 Q235 级钢的规定。冲压钢板脚手板的钢板厚度不宜小于 1.5mm,板面冲孔内切圆直径应小于 25mm。钢脚手板包括各种冲压钢板脚手板、焊接钢脚手板、钢框镶板脚手板等各种型式金属脚手板。钢脚手板作为定型化产品,抗拉、压性能好,表面防滑、耐磨损、周转使用率高,特别是相对传统木、竹质脚手板,不易燃烧、阻燃性强,因此,成为目前各型脚手架工程中常见的一种脚手板。其中,冲压钢脚手板采用 1.5~2.0mm 厚钢板冲压而成,宽度 250mm,长度有 3000mm、2500mm、2000mm、1500mm 等多种规格。其表面冲有防滑圆孔,连接方式有挂扣式、插孔式、U 形卡式等。

### 14.2.3 脚手架组架和构造

#### 14.2.3.1 脚手架组架尺寸

1. 作业脚手架构架尺寸

(1) 双排作业脚手架的立杆纵距不宜大于 2.1m,水平杆步距不应大于 2.0m。

(2) 搭设在建筑结构外围的作业架的宽度不应小于 0.8m,搭设在建筑结构内部的里作业脚手架宽度不应小于 0.6m,且不宜大于 1.2m。脚手架上方作业层高度不应小于 1.7m,且不宜大于 2.0m。

(3) 单排作业脚手架搭设的高度不应超过 24m,双排作业脚手架搭设高度不宜超过 50m。

2. 支撑脚手架构架尺寸规定

(1) 支撑脚手架的立杆间距不宜大于 1.5m,水平杆步距不应大于 2.0m。

(2) 框架式支撑脚手架的搭设高度一般不宜大于40m，桁架式支撑脚手架的搭设高度不宜大于50m。

(3) 独立搭设的支撑脚手架结构的高宽比不应大于3。

#### 14.2.3.2　杆件连接构造

脚手架的杆件连接构造应符合以下规定：

(1) 脚手架杆件连接节点应满足其强度和转动刚度要求，应确保架体在使用期内安全，节点无松动。

(2) 脚手架所用杆件、节点连接件、构配件等应能配套使用，并应能满足各种组架方法和构造要求。

(3) 多立杆式脚手架左右相邻立杆和上下相邻水平杆的接头应相互错开并置于不同的构架框格内。

(4) 扣件式钢管脚手架各部位杆件连接应符合下列规定：

1) 纵向水平杆宜采用对接扣件连接，也可采用搭接。

2) 立杆接长除顶层顶步可采用搭接外，其余各层各步接头必须采用对接扣件连接。

3) 剪刀撑斜杆接长应采用搭接。

4) 搭接杆件接头长度应≥1m；搭接部分的固定点应不少于2道，且固定点间距应≤0.6m。

5) 杆件在固定点处的端头伸出长度应不小于0.1m。

(5) 承插型盘扣式钢管搭设脚手架立杆应通过立杆连接套管连接，水平杆扣接头与连接盘的插销应用铁锤击紧至规定插入深度的刻度线。

(6) 一般情况下，不同材料和连接方式的脚手架杆配件不宜混用。

#### 14.2.3.3　脚手架剪刀撑构造

剪刀撑是确保脚手架整体稳定性的重要构造措施，主要包括竖向、水平剪刀撑、斜撑杆或其他有相应作用的加强整体性拉结杆件的构造。

在各类脚手架专门的技术标准中对剪刀撑的构造设置都作了明确的规定。

1. 作业脚手架剪刀撑设置构造

(1) 在作业脚手架的纵向外侧立面上应设置竖向剪刀撑，并应符合下列要求：

1) 每道剪刀撑的宽度应为4~6跨，且不应小于6m，也不应大于9m；剪刀撑斜杆与水平面的倾角应在45°~60°。

2) 当架体搭设高度在24m以下时，应在架体两端、转角及中间每隔不超过15m各设置一道剪刀撑，并由底至顶连续设置；搭设高度在24m及以上时，应在全外侧立面上由底至顶连续设置。

3) 悬挑脚手架、附着式升降脚手架应在全外侧立面上由底至顶连续设置。

(2) 当采用竖向斜撑杆、竖向交叉拉杆替代作业脚手架竖向剪刀撑时，应符合下列规定：

1) 在作业脚手架的端部、转角处应各设置一道。

2) 搭设高度在24m以下时，应每隔5~7跨设置一道；搭设高度在24m及以上时，应每隔1~3跨设置一道；相临竖向斜撑杆应朝向对称呈八字形设置。

3) 每道竖向斜撑杆、竖向交叉拉杆应在作业脚手架外侧相临纵向立杆间由底至顶按步连续设置。

(3) 作业脚手架底部立杆上应设置纵向和横向扫地杆。

(4) 悬挑脚手架立杆底部应与悬挑支承结构可靠连接；在立杆底部应设置纵向扫地杆，并应间断设置水平剪刀撑或水平斜撑杆。

2. 支撑脚手架剪刀撑设置构造

(1) 支撑脚手架应设置竖向剪刀撑，并应符合下列规定：

1) 安全等级为Ⅱ级的支撑脚手架应在架体周边、内部纵向和横向每隔不大于 9m 设置一道。

2) 安全等级为Ⅰ级的支撑脚手架应在架体周边、内部纵向和横向每隔不大于 6m 设置一道。

3) 每道竖向剪刀撑的宽度宜为 6~9m，剪刀撑斜杆与水平面的倾角应为 45°~60°。

(2) 当采用竖向斜撑杆、竖向交叉拉杆代替支撑脚手架竖向剪刀撑时，应符合下列规定：

1) 安全等级为Ⅱ级的支撑脚手架应在架体周边、内部纵向和横向每隔 6~9m 设置一道；安全等级为Ⅰ级的支撑脚手架应在架体周边、内部纵向和横向每隔 4~6m 设置一道。

2) 被支撑荷载标准值大于 $30kN/m^2$ 的支撑脚手架可采用塔形桁架矩阵式布置，塔形桁架的水平截面形状及布局，可根据荷载等因素选择。

(3) 支撑脚手架应设置水平剪刀撑，并应符合下列规定：

1) 安全等级为Ⅱ级的支撑脚手架宜在架顶处设置一道水平剪刀撑。

2) 安全等级为Ⅰ级的支撑脚手架应在架顶、竖向每隔不大于 8m 各设置一道水平剪刀撑。

3) 每道水平剪刀撑应连续设置，剪刀撑的宽度宜为 6~9m。

(4) 当采用水平斜撑杆、水平交叉拉杆代替支撑脚手架每层的水平剪刀撑时，应符合下列规定：

1) 安全等级为Ⅱ级的支撑脚手架应在架体水平面的周边、内部纵向和横向每隔不大于 12m 设置一道。

2) 安全等级为Ⅰ级的支撑脚手架宜在架体水平面的周边、内部纵向和横向每隔不大于 8m 设置一道。

3) 水平斜撑杆、水平交叉拉杆应在相临立杆间连续设置。

(5) 支撑脚手架剪刀撑或斜撑杆、交叉拉杆的布置应均匀、对称。

(6) 支撑脚手架的水平杆应按步距沿纵向和横向通长连续设置，不得缺失。在支撑脚手架立杆底部应设置纵向和横向扫地杆，水平杆和扫地杆应与相临立杆连接牢固。

(7) 安全等级为Ⅰ级的支撑脚手架顶层两步距范围内架体的纵向和横向水平杆宜按减小步距加密设置。

(8) 当支撑脚手架周边有既有建筑结构时，支撑脚手架应与既有建筑结构可靠连接，连接点至架体主节点的距离不宜大于 300mm，应与水平杆同层设置，并应符合下列规定：

1) 连接点竖向间距不宜超过 2 步。

2) 连接点水平向间距不宜大于 8m。

(9) 当支撑脚手架同时满足下列条件时，可不设置竖向、水平剪刀撑：

1) 搭设高度小于 5m，架体高宽比小于 1.5。

2) 被支承结构自重面荷载不大于 $5kN/m^2$；线荷载不大于 $8kN/m$。

3) 杆件连接节点的转动刚度应符合相关规定。

4）架体结构与既有建筑结构进行了可靠连接。

5）立杆基础均匀，满足承载力要求。

（10）满堂支撑脚手架应在外侧立面、内部纵向和横向每隔6~9m由底至顶连续设置一道竖向剪刀撑，在顶层和竖向间隔不超过8m处设置一道水平剪刀撑，并应在底层立杆上设置纵向和横向扫地杆。

（11）可移动的满堂支撑脚手架搭设高度不应超过12m，高宽比不应大于1.5，并且应在外侧立面、内部纵向和横向间隔不大于4m由底至顶连续设置一道竖向剪刀撑。同时，应在顶层、扫地杆设置层和竖向间隔不超过2步分别设置一道水平剪刀撑，并且应在底层立杆上设置纵向和横向扫地杆。

（12）可移动的满堂支撑脚手架应有同步移动控制措施。

（13）当支撑脚手架局部所承受的荷载较大，立杆需加密设置时，加密区的水平杆应向非加密区延伸不少于一跨；非加密区立杆的水平间距应与加密区立杆的水平间距互为倍数。

（14）支撑脚手架的可调底座和可调托座插入立杆的长度不应小于150mm，其可调螺杆的外伸长度不宜大于300mm。当可调托座调节螺杆的外伸长度较大时，宜在水平方向设有限位措施，其可调螺杆的外伸长度应按计算确定。

#### 14.2.3.4 连墙件构造

当架高≥6m时，必须设置均匀分布的连墙点，其设置应符合以下规定：

（1）架体高度≤20m时，连墙件必须采用可同时承受拉力和压力的构造，采用拉筋必须配用顶撑；架体高度>20m时，连墙件必须采用刚性构造形式。

（2）连墙点的水平间距不得超过3跨，竖向间距不得超过3步，连墙点之上架体的悬臂高度不应超过2步。

（3）在架体的转角处、开口型作业脚手架端部应增设连墙件，连墙件的垂直间距不应大于建筑物层高，且不应大于4.0m。

（4）根据现行行业标准《建筑施工门式钢管脚手架安全技术标准》JGJ/T 128的有关规定，门式钢管脚手架连墙件的设置除进行计算确定外，尚应满足表14-4要求。

连墙件最大间距或最大覆盖面积  表14-4

| 序号 | 脚手架搭设方式 | 脚手架高度（m） | 连墙件间距（m） | | 每根连墙件覆盖面积（m²） |
|---|---|---|---|---|---|
| | | | 竖向 | 水平向 | |
| 1 | 落地、密目式安全网全封闭 | ≤40 | $3h$ | $3l$ | ≤33 |
| 2 | | | | | |
| 3 | | >40 | $2h$ | $3l$ | ≤22 |
| 4 | 悬挑、密目式安全网全封闭 | ≤40 | $3h$ | $3l$ | ≤33 |
| 5 | | 40~60 | $2h$ | $3l$ | ≤22 |
| 6 | | >60 | $2h$ | $2l$ | ≤15 |

注：1. 序号4~6为架体位于地面上高度；

2. 按每根连墙件覆盖面积选择连墙件设置时，连墙件的竖向间距不应大于6m；

3. 表中$h$为步距，$l$为跨距。

(5) 其他落地（或底支托）式脚手架：当架高≤20m时，不大于40m²一个连墙点，且连墙点的竖向间距应≤6m；当架高＞20m时，不大于30m²一个连墙点，且连墙点的竖向间距应≤4m。

(6) 单片或非连续的脚手架两端连墙点应加密设置。

(7) 当设计位置及其附近不能设置连墙件时，应采取其他可行的刚性拉结措施。

#### 14.2.3.5 单排脚手架的构架

单排扣件式钢管脚手架的横向水平杆支撑在建筑物的外墙上，外墙需要具有一定的宽度和强度，因为单排架的整体刚度较差，承载能力较低，因而在下列条件下不应使用：

(1) 单排脚手架不得用于以下砌体工程中：

1) 墙体厚度小于或等于180mm。
2) 空斗砖墙、加气块墙等轻质墙体。
3) 砌筑砂浆强度等级小于或等于M2.5的砖墙。

(2) 在砌体结构墙体的以下部位不得留脚手眼：

1) 设计上不允许留脚手眼的部位。
2) 过梁上与过梁两端成60°的三角形范围内及过梁净跨度1/2的高度范围内。
3) 宽度小于1m的窗间墙。
4) 梁或梁垫下及其两侧各500mm的范围内。
5) 砖砌体的门窗洞口两侧200mm和转角处450mm的范围内，其他砌体的门窗洞口两侧300mm和转角处600mm的范围内。
6) 墙体厚度小于或等于180mm。
7) 独立或附墙砖柱，空斗砖墙、加气块墙等轻质墙体。
8) 砌筑砂浆强度等级小于或等于M2.5的砖墙。

#### 14.2.3.6 脚手架安全防（围）护

脚手架必须按以下规定设置安全防（围）护措施，以确保架上作业和作业影响区域内的安全：

(1) 作业层距地（楼）面高度≥2.0m时，在其外侧边缘必须设置挡护高度≥1.2m的栏杆和挡脚板，且栏杆间的净空高度应不大于0.5m。

(2) 临街脚手架，架高≥25m的外脚手架以及在脚手架高空落物影响范围内同时进行其他施工作业或有行人通过的脚手架，应视需要采用外立面全封闭、半封闭以及搭设通道防护棚等适合的防护措施。封闭围护材料应采用阻燃式密目安全立网、竹笆或其他板网。

(3) 架高9～24m的外脚手架，除执行（1）规定外，可视需要加设安全立网围护。

(4) 悬挑脚手架、吊篮和悬挂脚手架的外侧面应按防护需要采用立网围护或执行（2）的规定；悬挑脚手架、附着升降脚手架和悬挂脚手架，其底部应采用密目安全网加小眼网或板材封闭；附着升降脚手架应采用可折起的翻板将脚手架体和建筑物之间的空隙封闭。

(5) 当架高≥9m，未做外侧面封闭、半封闭或立网封护的脚手架，应设置首层安全（平）网和层间（平）网。首层网应距地面4m设置，悬挑出宽度应≥3.0m；层间网自首层网每隔3层设一道，悬出高度应≥3.0m。

(6) 门洞、通道口构造和防护要求。

脚手架遇电梯、井架或其他进出洞口时，洞口和临时通道周边均应设置封闭防护措施，脚手架体构造应符合下列要求：

1) 扣件式单、双排钢管脚手架和木脚手架门洞宜采用上升斜杆、平行弦杆桁架结构型式，斜杆与地面的倾角 $\alpha$ 应在 $45°\sim60°$。

2) 门式脚手架洞口构造规定：通道洞口高不宜大于2个门架，宽不宜大于1个门架跨距；当通道洞口高大于2个门架跨距时，在通道口上方应设置经专门设计和制作的托架梁。

3) 双排碗扣式钢管脚手架通道设置时，应在通道上部架设专用梁，通道两侧脚手架应加设斜杆，通道宽度应 $\leqslant 4.8m$。

（7）上下脚手架的梯道、坡道、栈桥、斜梯、爬梯等均应设置扶手、栏杆、防滑措施或其他安全防（围）护措施并清除通道中的障碍，确保人员上下的安全。采用定型的脚手架产品时，其安全防护配件的配备和设置应符合以上要求；当无相应安全防护配件时，应按上述要求增配和设置。

#### 14.2.3.7 脚手架搭设高度

脚手架的搭设高度一般不应超过表14-5的限值。

脚手架搭设高度的限值　　　　表14-5

| 序次 | 类别 | 型式 | 高度限值（m） | 备注 |
|---|---|---|---|---|
| 1 | 扣件式钢管脚手架 | 单排 | 24 | 视构架尺寸、连墙件间距有所不同 |
|   |   | 双排 | 50 |   |
| 2 | 承插型盘扣式钢管脚手架 | 双排 | 30 | 视构架尺寸、连墙件间距有所不同 |
| 3 | 碗扣式钢管脚手架 | 双排 | 60 | 视构架尺寸、连墙件间距有所不同 |
| 4 | 门式钢管脚手架 | 落地 | 60 | 施工荷载标准值 $\leqslant 2.0kN/m^2$ |
|   |   |   | 45 | $4.0kN/m^2 \geqslant$ 施工荷载标准值 $> 2.0kN/m^2$ |
|   |   | 悬挑 | 30 | 施工荷载标准值 $\leqslant 2.0kN/m^2$ |
|   |   |   | 24 | $4.0kN/m^2 \geqslant$ 施工荷载标准值 $> 2.0kN/m^2$ |
| 5 | 榫卯式钢管脚手架 | 双排 | 50 | 视构架尺寸、连墙件间距有所不同 |
| 6 | 附着式升降脚手架 | 双排整体 | 20m 或不超过 5 倍层高 | — |

当需要搭设超过表14-5规定高度的脚手架时，可采取下述方式及其相应的规定解决：

（1）扣件式钢管搭设双排脚手架，高度超过50m的，可在架高的2/3范围采用双立杆搭设和在架高30m以上采用部分卸载措施。

（2）架高50m以上采用分段或全部卸载措施。

（3）采用挑、挂、吊型式或附着式升降脚手架。

（4）框架式结构支撑脚手架搭设高度一般不宜超过40m，桁架式结构支撑脚手架搭设高度不宜超过50m。

### 14.2.4 脚手架搭设、使用和拆除

脚手架搭设和拆除作业前，应根据工程特点编制专项施工方案，并应经审批后组织

实施。

#### 14.2.4.1 脚手架的搭设

脚手架的搭设作业应遵守以下规定：

（1）脚手架搭设应按专项施工方案施工。脚手架搭设作业前，应向作业人员进行安全技术交底。

（2）脚手架的搭设场地应平整、坚实，场地排水应顺畅，不应有积水。脚手架附着于建筑结构处混凝土强度应满足安全承载要求。

（3）立于夯实整平的原状土或回填土上的立杆底部，应铺设长度不少于2跨、宽度≥200m、厚度50~60mm的木垫板或木脚手板。

（4）底端埋入土中的木立杆，其埋置深度不得小于500mm，且应在坑底加垫后填土夯实。使用期较长时，埋入部分应做防腐处理。

（5）在搭设之前，必须对进场的脚手架杆配件进行严格的检查，禁止使用规格和质量不合格的杆配件。

（6）落地作业脚手架、悬挑脚手架的搭设应与工程施工同步，一次搭设高度不应超过最上层连墙件两步，且自由高度不应大于4m。

（7）脚手架的搭设作业，必须在统一指挥下，严格按照以下规定程序进行：

1）按施工设计放线、铺垫板、设置底座或标定立杆位置。

2）周边脚手架应从一个角部开始并向两边延伸交圈搭设；"一"字形脚手架应从一端开始并向另一端延伸搭设。

3）应按定位依次竖起立杆，将立杆与纵、横向扫地杆连接固定，然后装设第1步的纵向和横向平杆，随校正立杆垂直之后予以固定，并按此要求继续向上搭设。

4）在设置第一排连墙件前，"一"字形脚手架应设置必要数量的抛撑；以确保构架稳定和架上作业人员的安全。边长＞20m的周边脚手架，亦应适量设置抛撑。

5）支撑脚手架应逐排、逐层进行搭设。

6）剪刀撑、斜撑杆等加固杆件应随架体同步搭设，不得滞后安装。

7）构件组装类脚手架的搭设应自一端向另一端延伸，自下而上按步架设，并应逐层改变搭设方向。

8）每搭设完一步架体后，应按规定校正立杆间距、步距、垂直度及水平杆的水平度。

（8）作业脚手架连墙件的安装必须符合下列规定：

1）连墙件的安装必须随作业脚手架搭设同步进行，严禁滞后安装。

2）当作业脚手架操作层高出相邻连墙件以上2步时，在上层连墙件安装完毕前，必须采取临时拉结措施。

（9）脚手板或其他作业层铺板的铺设应符合以下规定：

1）脚手架作业层的脚手板或其他铺板应铺满、铺稳、铺实，必要时应予绑扎固定。

2）作业层距地（楼）面高度＞2.0m的脚手架，作业层铺板的宽度不应小于：外脚手架为750mm，里脚手架为550mm。铺板边缘与墙面的间隙应≤300mm、与挡脚板的间隙应≤100mm。当边侧脚手板不贴靠立杆时，应予可靠固定。

3）脚手板采用对接平铺时，在对接处，与其两侧支承横杆的距离应控制在100~

200mm 之间；采用挂扣式定型脚手板时，其两端挂扣必须可靠地接触支承横杆并与其扣紧。

4）脚手板采用搭设铺放时，其搭接长度不得小于 200mm，且应在搭接段的中部设有支承横杆。铺板严禁出现端头超出支承横杆 250mm 以上未做固定的探头板。

5）长脚手板采用纵向铺设时，其下支承横杆的间距不得大于：竹串片脚手板为 0.75m；木脚手板为 1.0m；冲压钢脚手板和钢框组合脚手板为 1.5m（挂扣式定型脚手板除外）。纵铺脚手板应按以下规定部位与其下支承横杆绑扎固定：脚手架的两端和拐角处；坡道的两端；其他可能发生滑动和翘起的部位。

6）采用以下板材铺设架面时，其支承杆件的间距不得大于：竹笆板为 400mm，七夹板为 500mm。

(10) 当脚手架下部采用双立杆时，主立杆应沿其竖轴线搭设到顶，辅立杆与主立杆之间的中心距不得大于 200mm，且主辅立杆必须与相交的全部平杆进行可靠连接。

(11) 悬挑脚手架、附着式升降脚手架在搭设时，其悬挑支承结构、附着支座的锚固和固定应牢固可靠。

(12) 装设连墙件或其他撑拉杆件时，应注意掌握撑拉的松紧程度，避免引起杆件和架体的显著变形。

(13) 工人在架上进行搭设作业时，作业面上宜铺设必要数量的脚手板并予临时固定。工人必须戴安全帽和佩挂安全带。不得单人进行装设较重杆配件和其他易发生失衡、脱手、碰撞、滑跌等不安全的作业。

(14) 搭设中不得随意改变构架设计、减少杆配件设置和对立杆纵距做 ≥100mm 的构架尺寸放大。确有实际情况，需要对构架做调整和改变时，应提交或请示技术主管人员解决。

(15) 附着式升降脚手架组装就位后，应按规定进行检验和升降调试，符合要求后方可投入使用。

### 14.2.4.2 脚手架搭设质量的检查验收

脚手架搭设质量的检查验收工作应遵守以下规定：

(1) 脚手架的验收标准

1）构架结构符合前述的规定和设计要求，个别部位的尺寸变化应在允许的调整范围之内。

2）节点连接应可靠。其中扣件的拧紧程度应控制在扭力矩达到 40～60N·m；碗扣应盖扣牢固（将上碗扣拧紧）；8 号钢丝十字交叉扎点应拧 1.5～2 圈后箍紧，不得有明显扭伤，钢丝在扎点外露的长度应 ≥80mm。

3）金属脚手架立杆的垂直度偏差应 ≤$h/300$，且应同时控制其最大垂直偏差值：当架高 ≤20m 时为不大于 50mm；当架高 >20m 时为不大于 75mm。

4）纵向水平杆的水平偏差应 ≤$l/250$，且全架长的水平偏差值应不大于 50mm。木脚手架的搭接平杆按全长的上皮走向线（即各杆上皮线的折中位置）检查，其水平偏差应控制在 2 倍钢平杆的允许范围内。

5）作业层铺板、安全防护措施等均应符合前述要求。

(2) 脚手架及其地基基础应在下列阶段进行检查与验收，检查合格后，方允许投入使用或继续使用：1）基础完工后及脚手架搭设前；2）作业层上施加荷载前；3）每搭设完10～13m高度后；4）达到设计高度后；5）停用超过一个月；6）连续使用达到6个月；7）在遭受暴风、六级大风、大雨、大雪、地震等强力因素作用之后；寒冷地区开冻后；8）在使用过程中，发现有显著的变形、沉降、拆除杆件和拉结以及安全隐患存在的情况时。

#### 14.2.4.3 脚手架的使用

脚手架的使用应遵守以下规定：

（1）作业层每 $1m^2$ 架面上实际的施工荷载（人员、材料和机具重量）不得超过以下的规定值或施工设计值：

1）施工荷载（作业层上人员、器具、材料的重量）的标准值，结构脚手架取 $3kN/m^2$。

2）装修脚手架取 $2kN/m^2$。

3）吊篮、桥式脚手架等工具式脚手架按实际值取用，但不得低于 $1kN/m^2$。

（2）在架板上堆放的砂浆和容器总重不得大于150kg；施工设备单重不得大于100kg；使用人力在架上搬运和安装的构件的自重不得大于250kg。

（3）在架面上设置的材料应码放整齐稳固，不得影响施工操作和人员通行。按通行手推车要求搭设的脚手架应确保车道畅通。严禁上架人员在架面上奔跑、退行或倒退拉车。

（4）作业人员在架上的最大作业高度应以可进行正常操作为度，禁止在架板上加垫器物或单块脚手板以增加操作高度。

（5）在作业中，禁止随意拆除脚手架的基本构架杆件、整体性杆件、连接紧固件和连墙件。确因操作要求需要临时拆除时，必须经主管人员同意，采取相应弥补措施，并在作业完毕后及时予以恢复。

（6）人员上下脚手架必须走设安全防护的出入通（梯）道，严禁攀缘脚手架上下。

（7）在每步架的作业完成之后，必须将架上剩余材料物品移至上（下）步架或室内；每日收工前应清理架面，将架面上的材料物品堆放整齐，垃圾清运出去；在作业期间，应及时清理落入安全网内的材料和物品。在任何情况下，严禁自架上向下抛掷材料物品和倾倒垃圾。

#### 14.2.4.4 脚手架的拆除

脚手架拆除应按专项施工方案施工，并在拆除作业前向作业人员进行安全技术交底。脚手架的拆除作业应按确定的拆除程序进行。连墙件应在位于其上的全部可拆杆件都拆除之后才能拆除。

在拆除过程中，凡已松开连接的杆配件应及时拆除运走，避免误扶和误靠已松脱连接的杆件。拆下的杆配件应以安全的方式运出和吊下，严禁向下抛掷。在拆除过程中，应作好配合、协调动作，禁止单人进行拆除较重杆件等危险性的作业。

#### 14.2.4.5 特种脚手架的使用

凡不能按一般要求搭设的高耸、大悬挑、曲线形和移动式等特种脚手架，应遵守下列规定：

（1）特种脚手架只有在满足以下各项规定要求时，才能按所需高度和形式进行搭设：

1) 按确保承载可靠和使用安全的要求经过严格的设计计算，在设计时必须考虑风荷载的作用。
2) 有确保达到构架要求质量的可靠措施。
3) 脚手架的基础或支撑结构物必须具有足够的承受能力。
4) 有严格确保安全使用的实施措施和规定。

(2) 特种脚手架中用于挂扣、张紧、固定、升降的机具和专用加工件，必须完好无损和无故障，且应有适量的备用品，在使用前和使用中应加强检查，以确保其工作安全可靠。

#### 14.2.4.6 脚手架地基基础

1. 一般要求

(1) 脚手架地基应平整夯实。

(2) 脚手架的立杆不能直接立于土地面上，应加设底座和垫板（或垫木），垫板（木）厚度不小于50mm。

(3) 遇有坑槽时，立杆应下到槽底或在坑槽上加设底梁（一般可用枕木或型钢梁）。

(4) 脚手架地基应有可靠的排水措施，防止积水浸泡地基。

(5) 脚手架旁有开挖的沟槽时，应控制外立杆距沟槽边的距离：当架高在30m以内时，不小于1.5m；架高为30~50m时，不小于2.0m；架高在50m以上时，不小于2.5m。当不能满足上述距离时，应核算边坡承受脚手架的能力，不足时可加设挡土墙或其他可靠支护，避免槽壁坍塌危及脚手架安全。

2. 一般做法

(1) 30m以下的脚手架、其内立杆大多处在基坑回填土之上。回填土必须严格分层夯实。垫木宜采用长2.0~2.5m，宽不小于200mm、厚50~60mm的木板，垂直于墙面放置（垫木长4.0m左右，亦可平行于墙面放置），并应在脚手架外侧开挖排水沟排除积水。

(2) 架高超过30m的高层脚手架的基础做法为：

1) 采用枕木支垫。

2) 在地基上加铺20cm厚道砟后铺混凝土预制块或硅酸盐砌块，在其上沿纵向铺放12~16号槽钢，将脚手架立杆坐于槽钢上。

(3) 若脚手架地基为回填土，应按规定分层夯实，达到密实度要求；并自地面以下1m深度采用三七灰土加固。

## 14.3 脚手架的设计和计算

### 14.3.1 脚手架的设计

#### 14.3.1.1 脚手架设计的基本要求

(1) 设置高度、作业面、防围护和跟进施工配合等满足施工作业要求。

(2) 应能承受设计荷载。脚手架能承受设计荷载是指在搭设和使用期内的预期荷载，将哪些荷载作为预期荷载应在设计时考虑。

(3) 结构应稳固，不得发生影响正常使用的变形。不发生影响正常使用的变形，是指使架体承载力明显降低的变形；根据某些研究机构单位多年研究，在荷载作用下，架体初期的变形对脚手架承载力没有明显的影响，只有当变形发展到一定程度时，脚手架的承载力才会明显下降。

(4) 应满足使用要求，具有安全防护功能。

(5) 在使用中，脚手架结构性能不得发生明显改变。这是对脚手架使用过程中保持基本性能的要求。脚手架是采用工具式周转材料搭设的，且作为施工设施使用的时间较长，在使用期间，节点及杆件受荷载反复作用，极易松动、滑移而影响脚手架的承载性能。

(6) 当遇意外作用和偶然超载时，不得发生整体破坏，包括连续倒塌、整体坍塌、坠落破坏。

(7) 脚手架所依附、承受的工程结构不应受到损害。

#### 14.3.1.2 脚手架设计的内容

建筑施工脚手架的设计包含以下内容：

(1) 脚手架设置方案的选择，包括：1) 脚手架的类别；2) 脚手架构架的形式和尺寸；3) 相应的设置措施［基础、支承、整体拉结和附墙连接、进出（或上下）措施等］。

(2) 承载可靠性的验算，包括：1) 构架结构验算；2) 地基、基础和其他支承结构的验算；3) 专用加工件验算。

(3) 安全使用措施，包括：1) 作业面的防（围）护；2) 整架和作业区域（涉及的空间环境）的防（围）护；3) 进行安全搭设、移动（升降）和拆除的措施；4) 安全使用措施。

(4) 脚手架的施工图。

(5) 必要的设计计算资料。

### 14.3.2 脚手架设计计算的内容、方法和基本模式

#### 14.3.2.1 脚手架设计计算的内容

作业脚手架和支撑脚手架计算应包括下列内容：

1. 落地作业脚手架

(1) 水平杆件抗弯强度、挠度，节点连接强度；

(2) 立杆稳定承载力；

(3) 地基承载力；

(4) 连墙件强度、稳定承载力、连接强度；

(5) 缆风绳承载力及连接强度。

2. 支撑脚手架

(1) 水平杆件抗弯强度、挠度，节点连接强度；

(2) 立杆稳定承载力；

(3) 架体抗倾覆能力；

(4) 地基承载力；

(5) 连墙件强度、稳定承载力、连接强度；

(6) 缆风绳承载力及连接强度。

当脚手架的结构和设置设计都符合相应规范的不必计算的要求时，可不进行计算；当作业层施工荷载和构架尺寸不超过规范的限定时，一般可不进行水平杆件的计算。

#### 14.3.2.2 脚手架设计计算的方法

(1) 脚手架设计应采用以概率理论为基础的极限状态设计方法，以分项系数设计表达式进行计算。根据现行国家标准《建筑结构可靠性设计统一标准》GB 50068、《建筑结构荷载规范》GB 50009 的规定，脚手架结构设计采用以概率理论为基础的极限状态设计法进行设计，设计表达式采用分项系数法进行表达。

(2) 脚手架承重结构应按承载能力极限状态和正常使用极限状态进行设计，并应符合下列规定：

1) 当脚手架出现下列状态之一时，应判定为超过承载能力极限状态：

① 结构件或连接件因超过材料强度而破坏，或因连接节点产生滑移而失效，或因过度变形而不适于继续承载。

② 整个脚手架结构或其一部分失去平衡。

③ 脚手架结构转变为机动体系。

④ 脚手架结构整体或局部杆件失稳。

⑤ 地基失去继续承载的能力。

2) 当脚手架出现下列状态之一时，应判定为超过正常使用极限状态：

① 影响正常使用的变形。

② 影响正常使用的其他状态。

(3) 脚手架是施工过程中使用周期较长的临时结构，应按正常搭设和正常使用条件进行设计，可不计入短暂作用、偶然作用、地震荷载作用。

(4) 对于脚手架的设计步骤，一般是根据工程概况和有关技术要求先进行初步方案设计，之后，是对初步方案进行验算、调整、再验算、再调整，直至满足技术要求后而最终确定架体搭设方案。因此，脚手架结构设计时，应先对脚手架结构进行受力分析，明确荷载传递路径，选择具有代表性的最不利杆件或构配件作为计算单元。计算单元的选取应符合下列要求：

1) 应选取受力最大的杆件、构配件。

2) 应选取跨距、间距增大和几何形状、承力特性改变部位的杆件、构配件。

3) 应选取架体构造变化处或薄弱处的杆件、构配件。

4) 当脚手架上有集中荷载作用时，尚应选取集中荷载作用范围内受力最大的杆件、构配件。

#### 14.3.2.3 脚手架基本计算模式

根据概率极限状态设计法的规定，脚手架结构设计的基本计算模式如下：

$$\gamma_0 S \leqslant R \tag{14-5}$$

式中　荷载效应
$$S = \gamma_G S_{Gk} + \gamma_Q \psi (S_{Qk} + S_{Wk}) \tag{14-6}$$

结构抗力
$$R = R\left(\frac{f_{mk}}{\gamma_m \cdot \gamma'_m}, a_k, \cdots\cdots\right)$$
$$= R\left(\frac{f_{md}}{\gamma'_m}, a_k, \cdots\cdots\right) \tag{14-7}$$

总的荷载效应 $S$（即荷载作用下所产生的内力——轴力、弯矩、剪力扭矩等）等于所有恒载作用效应 $S_{Gk}$ 和活荷载作用效应 $S_{Qk}$ 的组合。组合时分别乘以相应的荷载分项系数 $\gamma_G$、$\gamma_Q$ 和荷载效应组合系数 $\psi$。

荷载分项系数根据《建筑结构可靠性设计统一标准》GB 50068 规定：对永久作用（荷载）一般情况下取 $\gamma_G=1.3$；但抗倾覆验算时取 $\gamma_G=0.9$；对施工荷载和风荷载等可变作用（荷载），则取 $\gamma_Q=1.5$。

对于荷载效应组合系数 $\psi$，当不考虑风荷载而仅考虑施工荷载时，取 $\psi=1.0$；当同时考虑风荷载与施工荷载时，取 $\psi=0.85$。

结构抗力 $R$ 为结构材料的强度设计值 $f_{md}=\frac{f_{mk}}{\gamma_m}$（$f_{mk}$ 是材料强度的标准值，$\gamma_m$ 是相应的抗力分项系数。其脚标 m，相应于钢材和竹材分别取 a 和 b）。

对用于脚手架的钢管，其强度设计值 $f_{ad}=\frac{f_{ak}}{\gamma_a}$ 按现行国家标准《冷弯薄壁型钢结构技术规范》GB 50018 采用；对于竹材，其强度设计值 $f_{bd}=\frac{f_{bk}}{\gamma_b}$ 按试验资料经统计并参照国外标准确定（相应安全技术规范颁布后，按规范的规定）。

材料强度附加分项系数 $\gamma'_m$ 考虑脚手架露天重复使用的不利条件并满足上述可靠度的要求，因此，亦可称为"脚手架的可靠度系数"。$\gamma'_m$ 可从两种设计方法的系数比较中加以确定。

如，钢管脚手架 $\gamma'_m$ 的取值或计算式列于表 14-6 中。

钢管脚手架 $\gamma'_m$ 的取值或计算式列表 表 14-6

| 构件类别 | 荷载组合情况为 | |
|---|---|---|
| | 不组合风荷载 | 组合风荷载 |
| 受弯构件 | $\gamma'_m = 1.19\dfrac{1+\eta}{1+1.17\eta}$ | $\gamma'_m = 1.19\dfrac{1+0.9(\eta+\lambda)}{1+\eta+\lambda}$ |
| 轴心受压构件 | $\gamma'_m = 1.59\dfrac{1+\eta}{1+1.17\eta}$ | $\gamma'_m = 1.59\dfrac{1+0.9(\eta+\lambda)}{1+\eta+\lambda}$ |

注：表中 $\eta$、$\lambda$ 分别为活载、风载标准值作用效应与恒载标准值作用效应的比值。

### 14.3.3 脚手架荷载与效应组合

#### 14.3.3.1 荷载的分类

脚手架的荷载划分为永久荷载（恒荷载）和可变荷载（活荷载）两大类。

（1）永久荷载（恒荷载）：在结构使用期间，其值不随时间变化，或其变化与平均值相比可以忽略不计的荷载，例如结构自重、土压力、预应力等。自重是指材料自身重量产生的荷载（重力）。脚手架的永久荷载可分为：

1) 脚手架结构件自重。
2) 脚手板、安全网、栏杆等附件的自重。
3) 支撑脚手架之上的支承体系自重。
4) 支撑脚手架之上的建筑结构材料及堆放物的自重。
5) 其他可按永久荷载计算的荷载。

其中，建筑材料及堆放物含钢筋、模板、混凝土、钢结构件等，将其划分为永久荷载，是因为其荷载在架体上的位置和数量是相对固定的，但对于超过浇筑面高度的堆积混凝土建议按可变荷载计算。

（2）可变荷载（活荷载）是在结构使用期间，其值随时间变化，且其变化值与平均值相比不可忽略的荷载。例如楼面活荷载、屋面活荷载和积灰荷载、吊车荷载、风荷载、雪荷载等。脚手架的可变荷载可分为施工荷载、风荷载与其他可变荷载。计算时不考虑雪荷载、地震作用等其他活荷载。

其中，施工荷载是指人及随身携带的小型机具自重荷载；其他可变荷载是指除施工荷载、风荷载以外的其他所有可变荷载，包括振动荷载、冲击荷载、架体上移动的机具荷载等，应根据实际情况累计计算。

另外，还应考虑偶然荷载，偶然荷载是在结构使用期间不一定出现，一旦出现，其值很大且持续时间很短的荷载。例如爆炸力、撞击力等。

（3）在进行脚手架设计时，应根据施工要求，在施工组织设计文件中明确规定构配件的设置数量，且在施工过程中不能随意增加。具体设计时应注意以下问题：

1) 脚手板、安全网、栏杆等划为永久荷载，是因为这些附件的设置虽然随施工进度变化，但对用途确定的脚手架来说，它们的重量、数量也是确定的。

2) 对于钢结构安装支撑脚手架及其他非模板支架，支撑脚手架上的建筑结构材料及堆放物等的自重按实际计算，如在钢结构安装过程中，存在大型重载钢构件及分配梁。

其他可变荷载是指除施工荷载、风荷载以外的其他所有可变荷载，包括架体上移动的机具荷载（或按施工荷载考虑；按实际计算的设备荷载）、振动荷载、冲击荷载等。

3) 模板支撑架上超过浇筑构件厚度的混凝土料堆的自重因其位置和数值不固定，变异性大，因此，该部分荷载应作为施工荷载考虑。

### 14.3.3.2 荷载标准值

1. 永久荷载标准值 $G_k$

（1）脚手架永久荷载标准值的取值应符合下列规定：

1) 材料和构配件可按现行国家标准《建筑结构荷载规范》GB 50009 规定的自重值取为荷载标准值。

2) 工具和机械设备等产品可按通用的理论重量及相关标准的规定取其荷载标准值。

3) 可采取有代表性的抽样实测，并进行数理统计分析，可将实测平均值加上 2 倍的均方差作为其荷载标准值。

（2）脚手架结构自重标准值 $g_{k1}$

1) 扣件式钢管脚手架立杆承受的每米结构自重标准值 $g_{k1}$

① 单、双排脚手架立杆承受的每米结构自重标准值 $g_{k1}$，可按表 14-7 采用。

单、双排脚手架立杆承受的每米结构自重荷载标准值 $g_{k1}$ (kN/m)　　　　表 14-7

| 步距 (m) | 脚手架类型 | 纵距 (m) | | | | |
|---|---|---|---|---|---|---|
| | | 1.2 | 1.5 | 1.8 | 2.0 | 2.1 |
| 1.20 | 单排 | 0.1642 | 0.1793 | 0.1945 | 0.2046 | 0.2097 |
| | 双排 | 0.1538 | 0.1667 | 0.1796 | 0.1882 | 0.1925 |
| 1.35 | 单排 | 0.1530 | 0.1670 | 0.1809 | 0.1903 | 0.1949 |
| | 双排 | 0.1426 | 0.1543 | 0.1660 | 0.1739 | 0.1778 |
| 1.50 | 单排 | 0.1440 | 0.1570 | 0.1701 | 0.1788 | 0.1831 |
| | 双排 | 0.1336 | 0.1444 | 0.1552 | 0.1624 | 0.1660 |
| 1.80 | 单排 | 0.1305 | 0.1422 | 0.1538 | 0.1615 | 0.1654 |
| | 双排 | 0.1202 | 0.1295 | 0.1389 | 0.1451 | 0.1482 |
| 2.00 | 单排 | 0.1238 | 0.1347 | 0.1456 | 0.1529 | 0.1565 |
| | 双排 | 0.1134 | 0.1221 | 0.1307 | 0.1365 | 0.1394 |

注：由钢管外径或壁厚偏差引起钢管截面尺寸小于 $\phi 48.3 \times 3.6$mm，脚手架立杆承受的每米结构自重标准值，也可按表 14-7 取值计算，计算结果偏安全，步距、纵距中间值可按线性插入计算。

表 14-7 中立杆承受的每米结构自重标准值的计算条件如下：

a. 构配件取值：

直角扣件：按每个主节点处两个，每个自重：13.2N/个；

旋转扣件：按剪刀撑每个扣接点一个，每个自重：14.6N/个；

对接扣件：按每 6.5m 长的钢管一个，每个自重：18.4N/个；

横向水平杆每个主节点一根，取 2.2m 长；

钢管尺寸：$\phi 48.3 \times 3.6$mm，每米自重：39.7N/m。

b. 计算图形如图 14-1 所示。

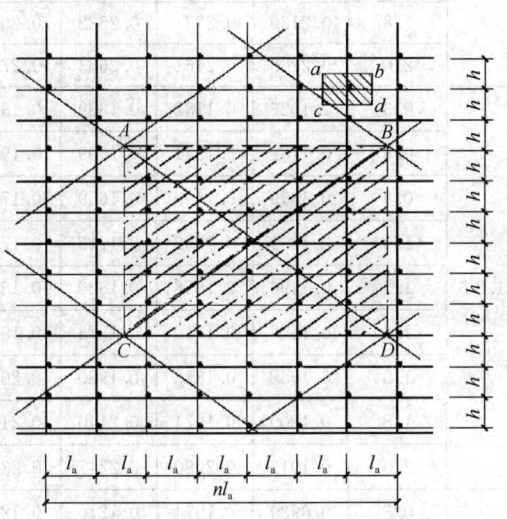

图 14-1　立杆承受的每米结构自重标准值计算图

c. 由于单排脚手架立杆的构造与双排的外立杆相同，故立杆承受的每米结构自重标准值可按双排的外立杆等值采用。

d. 为简化计算，双排脚手架立杆承受的每米结构自重标准值是采用内、外立杆的平均值。

② 满堂脚手架立杆承受的每米结构自重标准值与满堂支撑架立杆承受的每米结构自重标准值，可按表 14-8 采用。

满堂脚手架与支撑架立杆承受的每米结构自重荷载标准值 $g_{k1}$ (kN/m)　　表 14-8

| 步距 $h$ (m) | 横距 $l_b$ (m) | 纵距 $l_a$ (m) | | | | | | | | |
|---|---|---|---|---|---|---|---|---|---|---|
| | | 0.3 | 0.6 | 0.9 | (1.0) | 1.2 | (1.3) | 1.5 | 1.8 | 2.0 |
| 0.60 | 0.3 | 0.1458 | 0.1721 | 0.1984 | 0.2072 | 0.2247 | 0.2335 | 0.2510 | 0.2773 | 0.2948 |
| | 0.6 | 0.1721 | 0.1986 | 0.2251 | 0.2339 | 0.2516 | 0.2604 | 0.2780 | 0.3045 | 0.3222 |
| | 0.9 | 0.1984 | 0.2251 | 0.2517 | 0.2606 | 0.2784 | 0.2873 | 0.3050 | 0.3317 | 0.3495 |
| | 1.2 | 0.2247 | 0.2516 | 0.2784 | 0.2873 | 0.3052 | 0.3142 | 0.3321 | 0.3589 | 0.3768 |
| | 1.5 | 0.2510 | 0.2780 | 0.3050 | 0.3141 | 0.3321 | 0.3411 | 0.3591 | 0.3861 | 0.4041 |
| | 1.8 | 0.2773 | 0.3045 | 0.3317 | 0.3408 | 0.3589 | 0.3680 | 0.3861 | 0.4133 | 0.4314 |
| | 2.0 | 0.2948 | 0.3222 | 0.3495 | 0.3586 | 0.3768 | 0.3859 | 0.4041 | 0.4314 | 0.4496 |
| 0.90 | 0.3 | 0.1170 | 0.1362 | 0.1554 | 0.1618 | 0.1746 | 0.1810 | 0.1938 | 0.2130 | 0.2258 |
| | 0.6 | 0.1362 | 0.1556 | 0.1750 | 0.1814 | 0.1944 | 0.2008 | 0.2137 | 0.2331 | 0.2461 |
| | 0.9 | 0.1554 | 0.1750 | 0.1945 | 0.2011 | 0.2141 | 0.2206 | 0.2337 | 0.2532 | 0.2663 |
| | (1.0) | 0.1618 | 0.1814 | 0.2011 | 0.2076 | 0.2207 | 0.2272 | 0.2403 | 0.2599 | 0.2730 |
| | 1.2 | 0.1746 | 0.1944 | 0.2141 | 0.2207 | 0.2339 | 0.2404 | 0.2536 | 0.2733 | 0.2865 |
| | (1.3) | 0.1810 | 0.2008 | 0.2206 | 0.2272 | 0.2404 | 0.2470 | 0.2602 | 0.2800 | 0.2933 |
| | 1.5 | 0.1938 | 0.2137 | 0.2337 | 0.2403 | 0.2536 | 0.2602 | 0.2735 | 0.2935 | 0.3067 |
| | 1.8 | 0.2130 | 0.2331 | 0.2532 | 0.2599 | 0.2733 | 0.2800 | 0.2935 | 0.3136 | 0.3270 |
| | 2.0 | 0.2258 | 0.2461 | 0.2663 | 0.2730 | 0.2865 | 0.2933 | 0.3067 | 0.3270 | 0.3404 |
| 1.2 | 0.3 | 0.1026 | 0.1182 | 0.1339 | 0.1391 | 0.1496 | 0.1548 | 0.1652 | 0.1809 | 0.1913 |
| | 0.6 | 0.1182 | 0.1341 | 0.1499 | 0.1552 | 0.1658 | 0.1710 | 0.1816 | 0.1974 | 0.2080 |
| | 0.9 | 0.1339 | 0.1499 | 0.1659 | 0.1713 | 0.1820 | 0.1873 | 0.1980 | 0.2140 | 0.2247 |
| | (1.0) | 0.1391 | 0.1552 | 0.1713 | 0.1766 | 0.1874 | 0.1927 | 0.2034 | 0.2195 | 0.2303 |
| | 1.2 | 0.1496 | 0.1658 | 0.1820 | 0.1874 | 0.1982 | 0.2036 | 0.2144 | 0.2306 | 0.2414 |
| | (1.3) | 0.1548 | 0.1710 | 0.1873 | 0.1927 | 0.2036 | 0.2090 | 0.2198 | 0.2361 | 0.2469 |
| | 1.5 | 0.1652 | 0.1816 | 0.1980 | 0.2034 | 0.2144 | 0.2198 | 0.2307 | 0.2471 | 0.2581 |
| | 1.8 | 0.1809 | 0.1974 | 0.2140 | 0.2195 | 0.2306 | 0.2361 | 0.2471 | 0.2637 | 0.2747 |
| | 2.0 | 0.1913 | 0.2080 | 0.2247 | 0.2303 | 0.2414 | 0.2469 | 0.2581 | 0.2747 | 0.2859 |
| 1.50 | 0.3 | 0.0939 | 0.1074 | 0.1210 | 0.1255 | 0.1345 | 0.1390 | 0.1481 | 0.1616 | 0.1706 |
| | 0.6 | 0.1074 | 0.1212 | 0.1349 | 0.1395 | 0.1486 | 0.1532 | 0.1623 | 0.1760 | 0.1852 |
| | 0.9 | 0.1210 | 0.1349 | 0.1488 | 0.1534 | 0.1627 | 0.1673 | 0.1766 | 0.1905 | 0.1997 |
| | (1.0) | 0.1255 | 0.1395 | 0.1534 | 0.1581 | 0.1674 | 0.1720 | 0.1813 | 0.1953 | 0.2046 |
| | 1.2 | 0.1345 | 0.1486 | 0.1627 | 0.1674 | 0.1768 | 0.1814 | 0.1908 | 0.2049 | 0.2143 |
| | (1.3) | 0.1390 | 0.1532 | 0.1673 | 0.1720 | 0.1814 | 0.1862 | 0.1956 | 0.2097 | 0.2191 |
| | 1.5 | 0.1481 | 0.1623 | 0.1766 | 0.1813 | 0.1908 | 0.1956 | 0.2051 | 0.2193 | 0.2288 |
| | 1.8 | 0.1616 | 0.1760 | 0.1905 | 0.1953 | 0.2049 | 0.2097 | 0.2193 | 0.2338 | 0.2434 |
| | 2.0 | 0.1706 | 0.1852 | 0.1997 | 0.2046 | 0.2143 | 0.2191 | 0.2288 | 0.2434 | 0.2531 |

14.3 脚手架的设计和计算　985

续表

| 步距 $h$ (m) | 横距 $l_b$ (m) | 纵距 $l_a$ (m) | | | | | | | | |
|---|---|---|---|---|---|---|---|---|---|---|
| | | 0.3 | 0.6 | 0.9 | (1.0) | 1.2 | (1.3) | 1.5 | 1.8 | 2.0 |
| 1.80 | 0.3 | 0.0881 | 0.1003 | 0.1124 | 0.1164 | 0.1245 | 0.1285 | 0.1366 | 0.1487 | 0.1568 |
| | 0.6 | 0.1003 | 0.1126 | 0.1249 | 0.1290 | 0.1372 | 0.1413 | 0.1495 | 0.1618 | 0.1700 |
| | 0.9 | 0.1124 | 0.1249 | 0.1373 | 0.1415 | 0.1498 | 0.1540 | 0.1623 | 0.1748 | 0.1831 |
| | (1.0) | 0.1164 | 0.1290 | 0.1415 | 0.1457 | 0.1540 | 0.1582 | 0.1666 | 0.1791 | 0.1875 |
| | 1.2 | 0.1245 | 0.1372 | 0.1498 | 0.1540 | 0.1625 | 0.1667 | 0.1751 | 0.1878 | 0.1962 |
| | (1.3) | 0.1285 | 0.1413 | 0.1540 | 0.1582 | 0.1667 | 0.1709 | 0.1794 | 0.1921 | 0.2006 |
| | 1.5 | 0.1366 | 0.1495 | 0.1623 | 0.1666 | 0.1751 | 0.1794 | 0.1880 | 0.2008 | 0.2094 |
| | 1.8 | 0.1487 | 0.1618 | 0.1748 | 0.1791 | 0.1878 | 0.1921 | 0.2008 | 0.2138 | 0.2225 |
| | 2.0 | 0.1568 | 0.1700 | 0.1831 | 0.1875 | 0.1962 | 0.2006 | 0.2094 | 0.2225 | 0.2313 |
| 2.0 | 0.3 | 0.0853 | 0.0967 | 0.1081 | 0.1195 | 0.1309 | 0.1423 | 0.1499 | 0.3 | 0.0853 |
| | 0.6 | 0.0967 | 0.1083 | 0.1198 | 0.1314 | 0.1430 | 0.1546 | 0.1623 | 0.6 | 0.0967 |
| | 0.9 | 0.1081 | 0.1198 | 0.1316 | 0.1434 | 0.1552 | 0.1669 | 0.1748 | 0.9 | 0.1081 |
| | 1.2 | 0.1195 | 0.1314 | 0.1434 | 0.1553 | 0.1673 | 0.1792 | 0.1872 | 1.2 | 0.1195 |
| | 1.5 | 0.1309 | 0.1430 | 0.1552 | 0.1673 | 0.1794 | 0.1915 | 0.1996 | 1.5 | 0.1309 |
| | 1.8 | 0.1423 | 0.1546 | 0.1669 | 0.1792 | 0.1915 | 0.2039 | 0.2121 | 1.8 | 0.1423 |
| | 2.0 | 0.1499 | 0.1623 | 0.1748 | 0.1872 | 0.1996 | 0.2121 | 0.2203 | 2.0 | 0.1499 |

注：$\phi 48.3 \times 3.6mm$ 钢管，表内中间值可按线性插入计算。

满堂脚手架与满堂支撑架竖向剪刀撑，一个计算单元（一个纵距、一个横距）计入纵向剪刀撑、水平剪刀撑。满堂脚手架与满堂支撑架立杆承受的每米结构自重标准值计算图形如图 14-2 所示。

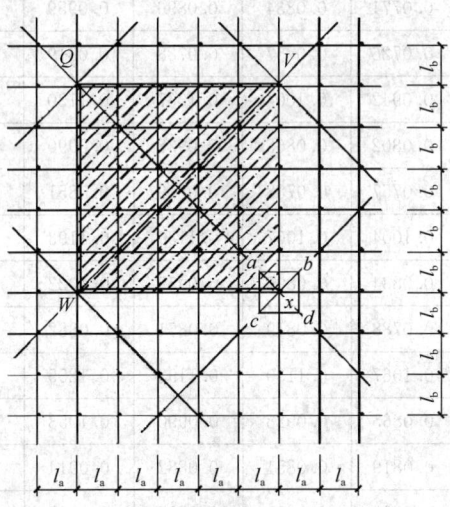

图 14-2　立杆承受的每米结构自重标准值计算图（平面图）

2）碗扣式钢管脚手架立杆承受的每米结构自重标准值，可按表 14-9 采用。

碗扣式钢管脚手架的 $g_{k1}$ 值  表 14-9

| 步距 $h$ (m) | 立杆横距 $l_b$ (m) | 立杆类别 | $g_{k1}$ (kN/m)，当 $l_a$ (m) 为 | | | | | | |
|---|---|---|---|---|---|---|---|---|---|
| | | | 0.3 | 0.6 | 0.9 | 1.2 | 1.5 | 1.8 | 2.4 |
| 0.9 | 0.3 | 角 | 0.0845 | 0.0939 | 0.1033 | 0.1127 | 0.1221 | 0.1315 | 0.1503 |
| | 0.6 | 中 | 0.1305 | 0.1493 | 0.1681 | 0.1869 | 0.2057 | 0.2246 | 0.2622 |
| | | 边 | 0.1075 | 0.1263 | 0.1451 | 0.1639 | 0.1827 | 0.2015 | 0.2392 |
| | | 角 | 0.0939 | 0.1033 | 0.1127 | 0.1220 | 0.1315 | 0.1409 | 0.1597 |
| | 0.9 | 中 | 0.1493 | 0.1681 | 0.1869 | 0.2057 | 0.2246 | 0.2434 | 0.2622 |
| | | 边 | 0.1169 | 0.1357 | 0.1545 | 0.1732 | 0.1922 | 0.2110 | 0.2485 |
| | | 角 | 0.1033 | 0.1127 | 0.1220 | 0.1314 | 0.1409 | 0.1503 | 0.1691 |
| 1.2 | 0.6 | 中 | 0.0939 | 0.1033 | 0.1127 | 0.1220 | 0.1315 | 0.1409 | 0.1597 |
| | | 边 | 0.0824 | 0.0917 | 0.1011 | 0.1105 | 0.1200 | 0.1294 | 0.1482 |
| | | 角 | 0.0755 | 0.0802 | 0.0849 | 0.0896 | 0.0944 | 0.0991 | 0.1084 |
| | 0.9 | 中 | 0.1033 | 0.1127 | 0.1220 | 0.1315 | 0.1409 | 0.1503 | 0.1691 |
| | | 边 | 0.0870 | 0.0964 | 0.1058 | 0.1152 | 0.1247 | 0.1341 | 0.1529 |
| | | 角 | 0.0802 | 0.0849 | 0.0896 | 0.0944 | 0.0991 | 0.1038 | 0.1131 |
| | 1.2 | 中 | 0.1127 | 0.1220 | 0.1315 | 0.1409 | 0.1503 | 0.1597 | 0.1785 |
| | | 边 | 0.0917 | 0.1011 | 0.1105 | 0.1200 | 0.1294 | 0.1388 | 0.1576 |
| | | 角 | 0.0849 | 0.0896 | 0.0944 | 0.0991 | 0.1038 | 0.1084 | 0.1178 |
| | 1.5 | 中 | 0.1220 | 0.1315 | 0.1409 | 0.1503 | 0.1597 | 0.1691 | 0.1879 |
| | | 边 | 0.0965 | 0.1059 | 0.1153 | 0.1248 | 0.1342 | 0.1435 | 0.1623 |
| | | 角 | 0.0896 | 0.0944 | 0.0991 | 0.1038 | 0.1084 | 0.1131 | 0.1226 |
| 1.8 | 0.9 | 中 | 0.0879 | 0.0942 | 0.1004 | 0.1067 | 0.1130 | 0.1193 | 0.1318 |
| | | 边 | 0.0771 | 0.0834 | 0.0896 | 0.0959 | 0.1022 | 0.1085 | 0.1210 |
| | | 角 | 0.0726 | 0.0757 | 0.0788 | 0.0819 | 0.0851 | 0.0882 | 0.0945 |
| | 1.2 | 中 | 0.0942 | 0.1004 | 0.1067 | 0.1130 | 0.1193 | 0.1255 | 0.1381 |
| | | 边 | 0.0802 | 0.0865 | 0.0928 | 0.0990 | 0.1053 | 0.1116 | 0.1241 |
| | | 角 | 0.0757 | 0.0788 | 0.0819 | 0.0851 | 0.0882 | 0.0914 | 0.0976 |
| | 1.5 | 中 | 0.1004 | 0.1067 | 0.1130 | 0.1193 | 0.1255 | 0.1318 | 0.1444 |
| | | 边 | 0.0834 | 0.0896 | 0.0959 | 0.1022 | 0.1085 | 0.1147 | 0.1273 |
| | | 角 | 0.0788 | 0.0819 | 0.0851 | 0.0882 | 0.0914 | 0.0945 | 0.1008 |
| | 1.8 | 中 | 0.1067 | 0.1130 | 0.1193 | 0.1255 | 0.1318 | 0.1381 | 0.1506 |
| | | 边 | 0.0865 | 0.0928 | 0.0990 | 0.1053 | 0.1116 | 0.1179 | 0.1304 |
| | | 角 | 0.0819 | 0.0851 | 0.0882 | 0.0914 | 0.0945 | 0.0976 | 0.1039 |
| 2.4 | 0.9 | 中 | 0.0802 | 0.0849 | 0.0896 | 0.0943 | 0.0991 | 0.1038 | 0.1131 |
| | | 边 | 0.0721 | 0.0768 | 0.0815 | 0.0862 | 0.0909 | 0.0956 | 0.1050 |
| | | 角 | 0.0687 | 0.0711 | 0.0734 | 0.0758 | 0.0781 | 0.0805 | 0.0852 |

续表

| 步距 $h$ (m) | 立杆横距 $l_b$ (m) | 立杆类别 | $g_{kl}$ (kN/m),当 $l_a$ (m) 为 | | | | | | |
|---|---|---|---|---|---|---|---|---|---|
| | | | 0.3 | 0.6 | 0.9 | 1.2 | 1.5 | 1.8 | 2.4 |
| 2.4 | 1.2 | 中 | 0.0849 | 0.0896 | 0.0943 | 0.0991 | 0.1038 | 0.1084 | 0.1178 |
| | | 边 | 0.0745 | 0.0792 | 0.0839 | 0.0886 | 0.0933 | 0.0980 | 0.1074 |
| | | 角 | 0.0711 | 0.0734 | 0.0758 | 0.0781 | 0.0805 | 0.0828 | 0.0875 |
| | 1.5 | 中 | 0.0896 | 0.0943 | 0.0991 | 0.1038 | 0.1084 | 0.1131 | 0.1226 |
| | | 边 | 0.0768 | 0.0815 | 0.0862 | 0.0909 | 0.0956 | 0.1004 | 0.1098 |
| | | 角 | 0.0734 | 0.0758 | 0.0781 | 0.0805 | 0.0828 | 0.0852 | 0.0899 |
| | 1.8 | 中 | 0.0943 | 0.0991 | 0.1038 | 0.1084 | 0.1131 | 0.1178 | 0.1273 |
| | | 边 | 0.0792 | 0.0839 | 0.0886 | 0.0933 | 0.0980 | 0.1027 | 0.1121 |
| | | 角 | 0.0758 | 0.0781 | 0.0805 | 0.0828 | 0.0875 | 0.0875 | 0.0922 |

注:1. 立杆重量按 57.17N/m 取,纵、横杆重量 $g_{1a}$、$g_{1b}$ 按实际取。
2. $g_{kl}$ 算式:
中立柱 $g_{kl} = 1/h(0.0572h + g_{1a} + g_{1b})$
边立柱 $g_{kl} = 1/h(0.0572h + g_{1a} + g_{1b}/2)$
角立柱 $g_{kl} = 1/h[0.0572h + (g_{1a} + g_{1b})/2]$

3) 门式钢管脚手架立杆承受的每米结构自重标准值 $g_{kl}$ 见表 14-10。

门式钢管脚手架的 $g_{kl}$ 值 表 14-10

| 门架高度 $h$ (m) | 门架宽度 $l_b$ (m) | 水平架重 $g_p$ (N) | 门架重 $g_m$ (N) | $g_{kl}$ (kN/m),当 $n'_2$ 为 | |
|---|---|---|---|---|---|
| | | | | 0.5 | 1.0 |
| 1.7 | 0.9 | 118 | 136 | 0.0563 | 0.0733 |
| | | 141 | 168 | 0.0688 | 0.0891 |
| | 1.2 | 128 | 146 | 0.0606 | 0.0790 |
| | | | 159 | 0.0643 | 0.0828 |
| | | 162 | 192 | 0.0788 | 0.1021 |
| | | | 198 | 0.0805 | 0.1039 |
| 1.8 | | | 200 | 0.0765 | 0.0986 |
| 1.9 | | | 203 | 0.0733 | 0.0942 |
| | | 128 | 215 | 0.0720 | 0.0885 |

注:表中仅为几种门架和水平架组合的 $g_{kl}$,当实用构件与表中不一致时,可直接用式 (14-8) 计算。

标准型门架宽 1.2m,高 1.7 或 1.9m,门架间距 1.8m。另有窄型门架,宽 0.9m。通常单排单层或多层叠高架设,在设置形式上相当于双排脚手架。

普通构造门式钢管脚手架 $g_{kl}$ 的计算涉及相应的门架高度 $h$、门架宽度 $l_b$、门架的单位重量 $g_m$(kN)、水平架的单位重量 $g_p$ 及其设置数量系数 $n'_2$。$n'_2$ 的取值为:水平架每层设置时,$n'_2 = 1.0$;隔层设置的 $n'_2 = 0.5$。$g_{kl}$ 的计算式为:

$$g_{kl} = \frac{1}{2h}(g_m + n'_2 g_p) \qquad (14-8)$$

(3) 作业层面材料自重标准值 $g_{k2}$ 见表 14-11。

**作业层面材料自重计算基数 $g_{k2}$ 值**　　　　　　表 14-11

| 序次 | 脚手架类别 | 脚手板种类 | 板底支承间距 (m) | 拦护设置 | $g_{k2}$ (kN/m)，当立杆横距 $l_b$ (m) 为 | | | |
|---|---|---|---|---|---|---|---|---|
| | | | | | 0.9 | 1.2 | 1.5 | 1.8 |
| 1 | 扣件式钢管脚手架 | 竹串片 | 0.75 | 有 | 0.3587 | 0.4112 | 0.4637 | 0.5162 |
| 2 | | | | 无 | 0.2087 | 0.2612 | 0.3137 | 0.3662 |
| 3 | | 木，其他 | 1.0 | 有 | 0.3459 | 0.3484 | 0.4509 | 0.5034 |
| | | | | 无 | 0.1959 | 0.2984 | 0.3009 | 0.3534 |
| 4 | | 冲压钢 | 1.5 | 有 | 0.3331 | 0.3856 | 0.4381 | 0.4906 |
| | | | | 无 | 0.1831 | 0.2356 | 0.2881 | 0.3406 |
| 5 | 碗扣式钢管脚手架 | 挂扣式 | $l_a$ | 有 | 0.2625 | 0.3000 | 0.3375 | 0.3750 |
| | 无间横杆 | | | 无 | 0.1125 | 0.1500 | 0.1875 | 0.2250 |
| 6 | | 其他 | | 有 | 0.3075 | 0.3600 | 0.4125 | 0.4650 |
| | | | | 无 | 0.1575 | 0.2100 | 0.2625 | 0.3150 |
| 7 | 设间横杆 | 竹串片 | 0.75 | 有 | 0.3608 | 0.4133 | 0.4658 | 0.4183 |
| 8 | | | | 无 | 0.2108 | 0.2633 | 0.3158 | 0.3683 |
| 9 | | 木，其他 | 1.0 | 有 | 0.3475 | 0.4000 | 0.4525 | 0.5050 |
| | | | | 无 | 0.1975 | 0.2500 | 0.3025 | 0.3550 |
| 10 | | 冲压钢 | 1.5 | 有 | 0.3117 | 0.3567 | 0.4017 | 0.4467 |
| | | | | 无 | 0.1617 | 0.2067 | 0.2517 | 0.2967 |
| 11 | 门式钢管脚手架 | 挂扣式 | 1.8 | 木挡板无钢网 | 0.2025 0.1325 0.1125 | 0.2700 0.1767 0.1500 | — | — |

注：1. 拦护设置按二道栏杆和一块挡脚板（以及随作业层的安全立网）计。
2. 间横杆是钢管两端焊有插卡装置的横杆，为在构架结构横杆之外增加的支撑杆。
3. 单件自重分别取：挂扣式钢管脚手板 $0.25kN/m^2$；木脚手板、竹串片脚手板和其他脚手板 $0.35kN/m^2$；钢、木间横杆 $0.08kN/m$；竹间横杆 $0.04kN/m$；钢、木栏杆和挡脚板拦护取 $0.15kN/m$，竹栏杆和挡脚板拦护取 $0.10kN/m$；钢网栏板取 $0.02kN/m$。
4. 门式脚手架按不设栏杆，只有挡脚板计。

(4) 整体拉结和防护材料自重计算基数 $g_{k3}$

$g_{k3}$ 按满高连续设置于脚手架外立面上的整体拉结杆件（剪刀撑、斜杆、水平加强杆）和封闭杆件、材料的自重计算，见表 14-12。

**整体拉结和防护材料自重计算基数 $g_{k3}$ 值**　　　　　　表 14-12

| 序次 | 脚手架类别 | 整体拉结杆件设置情况 | 围护材料 | 封闭类型 | $g_{k3}$ (kN/m²)，当 $l_a$ (m) 为 | | | |
|---|---|---|---|---|---|---|---|---|
| | | | | | 1.2 | 1.5 | 1.8 | 2.1 |
| 1 | 扣件式钢管脚手架 | 剪刀撑，增加一道横杆固定封闭材料 | 安全网，塑料编织布 | 半 | 0.0602 | 0.0753 | 0.0904 | 0.1054 |
| | | | | 全 | 0.0614 | 0.0768 | 0.0922 | 0.1075 |
| 2 | | | 席子 | 半 | 0.0638 | 0.0798 | 0.0958 | 0.1117 |
| | | | | 全 | 0.0686 | 0.0858 | 0.1030 | 0.1201 |
| 3 | | | 竹笆 | 半 | 0.0890 | 0.1113 | 0.1336 | 0.1558 |
| | | | | 全 | 0.1190 | 0.1988 | 0.1786 | 0.2083 |

续表

| 序次 | 脚手架类别 | 整体拉结杆件设置情况 | 围护材料 | 封闭类型 | $g_{k3}$(kN/m²),当 $l_a$(m) 为 | | | |
|---|---|---|---|---|---|---|---|---|
| | | | | | 1.2 | 1.5 | 1.8 | 2.1 |
| 4 | 碗扣式钢管脚手架 | 不设斜杆,增加一道横杆固定封闭材料 | 安全网,编织布 | 半 | 0.0281 | 0.0351 | 0.0421 | 0.0491 |
| | | | | 全 | 0.0293 | 0.0366 | 0.0439 | 0.0512 |
| 5 | | | 席子 | 半 | 0.0137 | 0.0396 | 0.0475 | 0.0554 |
| | | | | 全 | 0.0365 | 0.0456 | 0.0547 | 0.0638 |
| 6 | | | 竹笆 | 半 | 0.0569 | 0.0711 | 0.0853 | 0.0995 |
| | | | | 全 | 0.0869 | 0.1086 | 0.1303 | 0.1520 |
| 7 | | 1/3 框格设斜杆,增加一道横杆固定封闭材料 | 安全网,编织布 | 半 | 0.0423 | 0.0531 | 0.0637 | 0.0743 |
| | | | | 全 | 0.0437 | 0.0546 | 0.0655 | 0.0764 |
| 8 | | | 席子 | 半 | 0.0461 | 0.0576 | 0.0691 | 0.0806 |
| | | | | 全 | 0.0509 | 0.0636 | 0.0763 | 0.0890 |
| 9 | | | 竹笆 | 半 | 0.0713 | 0.0891 | 0.1096 | 0.1247 |
| | | | | 全 | 0.1013 | 0.1266 | 0.1519 | 0.1772 |
| 10 | 门式钢管脚手架 | 交叉支撑,6步一道水平加强杆 | 安全网,编织布 | 半 | | | 0.0342 | |
| | | | | 全 | | | 0.0360 | |
| 11 | | | 席子 | 半 | | | 0.0396 | |
| | | | | 全 | | | 0.0468 | |
| 12 | | | 保护网板 | 半 | | | 0.1224 | |
| | | | | 全 | | | 0.2124 | |
| 13 | | | 竹笆 | 半 | | | 0.0774 | |
| | | | | 全 | | | 0.1224 | |

注:1. 材料的自重分别取:安全网、塑料编织布 0.002kN/m²;席子 0.008kN/m²;竹笆 0.05kN/m²;交叉支撑取 0.021kN/m²。
2. 剪刀撑或斜杆的覆盖率取:扣件式钢管脚手架,0.67m/m²(即 1m² 架立面上有 0.67m 长剪刀撑);竹笆手架 0.67m/m²;碗扣式钢管脚手架,当 1/3 框格时取 0.3m/m²,当 1/2 框格时取 0.45m/m²;门式脚手架的交叉支撑取 0.68m/m²;设一道横杆另计 0.56m/m²。

**2. 施工荷载标准值 $Q_k$**

(1) 根据现行国家标准《建筑施工脚手架安全技术统一标准》GB 51210 的规定,作业脚手架作业层上的施工荷载标准值应根据实际情况确定,且不应低于表 14-13 的规定。

**作业脚手架施工荷载标准值**　　　　　　　　　　　　　表 14-13

| 序号 | 作业脚手架用途 | 施工荷载标准值(kN/m²) |
|---|---|---|
| 1 | 砌筑工程作业 | 3.0 |
| 2 | 其他主体结构工程作业 | 2.0 |
| 3 | 装饰装修作业 | 2.0 |
| 4 | 防护 | 1.0 |

注:斜梯施工荷载标准值按其水平投影面积计算,取值不应低于 2.0kN/m²。

(2) 当作业脚手架上同时存在 2 个及以上作业层作业时,在同一跨距内各操作层的施工荷载标准值总和取值不得小于 $4.0kN/m^2$。

(3) 根据现行国家标准《建筑施工脚手架安全技术统一标准》GB 51210 的规定，支撑脚手架作业层上的施工荷载标准值应根据实际情况确定，且不应低于表 14-14 的规定。

支撑脚手架施工荷载标准值  表 14-14

| 类别 | | 施工荷载标准值（$kN/m^2$） |
|---|---|---|
| 混凝土结构模板支撑脚手架 | 一般浇筑工艺 | 2.0 |
| | 有水平泵管或布料机 | 4.0 |
| | 桥梁结构 | 4.0 |
| 钢结构安装支撑脚手架 | 轻钢结构、轻钢空间网架结构 | 2.0 |
| | 普通钢结构 | 3.0 |
| | 重型钢结构 | 3.5 |
| 其他 | | ≥2.0 |

支撑脚手架施工荷载标准值的取值大小，与施工方法相关。如空间网架或空间桁架结构安装施工，当采用高空散装法施工时，施工荷载是均匀分布的；当采用地面组拼后分段整体吊装法施工时，分段吊装组拼安装节点处支撑架所承受的施工荷载是点荷载，应单独计算，并对支撑架局部采取加强措施。

(4) 支撑脚手架上移动的设备、工具等物品应按其自重计算可变荷载标准值。

(5) 脚手架上振动、冲击物体应按物体自重乘以动力系数取值计入可变荷载标准值，动力系数可取值为 1.35。

(6) 脚手架施工荷载标准值的取值要根据实际情况确定，对于特殊用途的脚手架，应根据架上的作业人员、工具、设备、堆放材料等因素综合确定施工荷载标准值的取值。

3. 风荷载标准值 $\omega_k$

(1) 作用于脚手架上的水平风荷载标准值，可按下式计算：

$$\omega_k = \mu_Z \mu_s \omega_0 \quad (14-9)$$

式中 $\omega_k$——风荷载标准值（$kN/m^2$）；

$\omega_0$——基本风压值（$kN/m^2$），应按现行国家标准《建筑结构荷载规范》GB 50009 的规定取重现期 $n=10$ 对应的风压值；

$\mu_Z$——风压高度变化系数，应按现行国家标准《建筑结构荷载规范》GB 50009 的规定取用；

$\mu_s$——风荷载体型系数，应按表 14-15 的规定取用。

脚手架风荷载体型系数 $\mu_s$  表 14-15

| 背靠建筑物的状况 | | 全封闭墙 | 敞开、框架和开洞墙 |
|---|---|---|---|
| 脚手架状况 | 全封闭、半封闭 | $1.0\varphi$ | $1.3\varphi$ |
| | 敞开 | | $\mu_{stw}$ |

注：1. $\varphi$ 为脚手架挡风系数，$\varphi = 1.2A_n/A_w$。其中：$A_n$ 为脚手架迎风面挡风面积（$m^2$），$A_w$ 为脚手架迎风面面积（$m^2$）。
2. 当采用密目安全网全封闭时，取 $\varphi=0.8$，$\mu_s$ 最大值取 1.0。
3. $\mu_{stw}$ 为按多榀桁架确定的脚手架整体风荷载体形系数，按现行国家标准《建筑结构荷载规范》GB 50009 的规定计算。

由于建筑施工脚手架使用期较短，一般为2~5年，遇到强劲风的概率相对要小得多；所以基本风压 $\omega_0$ 值，按现行国家标准《建筑结构荷载规范》GB 50009 附表 E.4 取重现期 $R=10$ 年对应的风压。

(2) 高耸塔式结构、悬臂结构等特殊脚手架结构在水平风荷载标准值计算时，应计入风振系数。

#### 14.3.3.3 荷载组合

(1) 脚手架结构及构配件承载能力极限状态设计时，应按下列规定采用荷载的基本组合：

1) 作业脚手架荷载的基本组合可按表 14-16 的规定采用。

作业脚手架荷载的基本组合　　　　　　　表 14-16

| 计算项目 | 荷载的基本组合 |
| --- | --- |
| 水平杆强度；附着式升降脚手架的水平支承桁架及固定吊拉杆强度；悬挑脚手架悬挑支承结构强度、稳定承载力 | 永久荷载＋施工荷载 |
| 立杆稳定承载力；附着式升降脚手架竖向主框架及附墙支座强度、稳定承载力 | 永久荷载＋施工荷载＋$\psi_w$ 风荷载 |
| 连墙件强度、稳定承载力 | 风荷载＋$N_0$ |
| 立杆地基承载力 | 永久荷载＋施工荷载 |

注：1. $N_0$ 为连墙件约束架体平面外变形所产生的轴向力设计值。
　　2. $\psi_w$ 为风荷载组合值系数。

对作业脚手架荷载基本组合的列出，其主要依据有以下几点：

① 对于落地作业脚手架，主要是计算水平杆抗弯强度及连接强度、立杆稳定承载力、连墙件强度及稳定承载力、立杆地基承载力；对于悬挑脚手架，除上述架体计算内容外，主要是计算悬挑支承结构强度、稳定承载力及锚固。对附着式升降脚手架，除架体计算与落地作业脚手架相同外，主要是计算水平支承桁架及固定吊拉杆强度、竖向主框架及附墙支座强度、稳定承载力。

② 水平杆件一般只进行抗弯强度和连接强度计算，可不组合风荷载。

③ 理论分析和试验结果表明，在连墙件正常设置的条件下，落地作业脚手架破坏均属于立杆稳定破坏，故只计算作业脚手架立杆稳定项目。悬挑脚手架除架体的悬挑支承结构外，其他计算都与落地作业脚手架相同，作用在悬挑支承结构上的荷载即为作业脚手架底部立杆的轴向力。

④ 根据理论分析表明，悬挑脚手架悬挑支承结构的强度满足要求且稳定才能达到安全承载。当采用型钢作为悬挑梁时，只要型钢梁的抗弯强度和稳定承载力满足，即可满足安全承载要求。其抗剪强度、弯剪强度不起控制作用。

⑤ 连墙件荷载组合中除风荷载外，还包括附加水平力 $N_0$，这是考虑到连墙件除受风荷载作用外，还受到其他水平力作用。

根据以往经验，表 14-16 中给出固定值 $N_0$。

2) 支撑脚手架荷载的基本组合应可表 14-17 的规定采用。

支撑脚手架荷载的基本组合　　　　　　　　　　表 14-17

| 计算项目 | 荷载的基本组合 | |
|---|---|---|
| 水平杆强度 | 由永久荷载控制的组合 | 永久荷载＋$\psi_c$ 施工荷载 |
| | 由可变荷载控制的组合 | 永久荷载＋施工荷载 |
| 立杆稳定承载力 | 由永久荷载控制的组合 | 永久荷载＋$\psi_c$ 施工荷载及其他可变荷载＋$\psi_w$ 风荷载 |
| | 由可变荷载控制的组合 | 永久荷载＋施工荷载＋$\psi_c$ 其他可变荷载＋$\psi_w$ 风荷载 |
| 支撑脚手架倾覆 | 永久荷载＋施工荷载及其他可变荷载＋风荷载 | |
| 立杆地基承载力 | 永久荷载＋施工荷载及其他可变荷载＋风荷载 | |

注：1. 表中的"＋"仅表示各项荷载参与组合，而不表示代数相加。
　　2. $\psi_c$ 为施工荷载及其他可变荷载组合值系数。
　　3. 强度计算项目包括连接强度计算。
　　4. 立杆稳定承载力计算在室内或无风环境不组合风荷载。
　　5. 倾覆计算时，抗倾覆荷载组合计算可不计入可变荷载。

支撑脚手架荷载基本组合的列出，其主要依据有以下几点：

① 对于支撑脚手架的设计计算主要是水平杆抗弯强度及连接强度、立杆稳定承载力、架体抗倾覆、立杆地基承载力，理论分析和试验结果表明，在搭设材料、构配件质量合格，架体构造符合脚手架相关的国家现行标准的要求，包括剪刀撑或斜撑杆等加固杆件按要求设置的情况下，上述 4 项计算满足安全承载要求，则架体也满足安全承载要求。

② 根据现行国家标准《建筑结构荷载规范》GB 50009 的规定，在支撑脚手架荷载的基本组合中，应有由永久荷载控制的组合项，而且在永久荷载值较大的情况下（如混凝土模板支撑脚手架上混凝土板的厚度或梁的截面较大），由永久荷载控制的组合值项起控制作用。根据有关分析，当 $\dfrac{永久荷载效应}{可变荷载效应} \geqslant 2.8$ 时，应按永久荷载控制组合进行荷载组合；当 $\dfrac{永久荷载效应}{可变荷载效应} < 2.8$ 时，应按可变荷载控制组合进行荷载组合。

③ 规定模板支撑脚手架立杆地基承载力计算时不组合风荷载，是因为在混凝土浇筑前，风荷载对地基承载力不起控制作用，当混凝土浇筑后，风荷载所产生的作用力已通过模板及混凝土构件传给了建筑结构。

④ 支撑脚手架整体稳定只考虑风荷载作用的一种情况，这是因为对于如混凝土模板支撑脚手架，因施工等不可预见因素所产生的水平力与风荷载产生的水平力相比，前者不起控制作用。如果混凝土模板支撑脚手架上安放有混凝土输送泵管，或支撑脚手架上有较大集中水平力作用时，架体整体稳定应单独计算。

3) 未规定计算的构配件、加固杆件等只要其规格、性能、质量符合脚手架相关的国家现行标准的要求，架体搭设时按其性能选用，并按标准规定的构造要求设置，其强度、刚度等性能指标均会满足要求，可不必另行计算。

（2）脚手架结构及构配件正常使用极限状态设计时，应按下列规定采用荷载的标准组合：

作业脚手架荷载的标准组合可按表 14-18 采用。

14.3 脚手架的设计和计算　　993

**作业脚手架荷载的标准组合**　　　　　　　　　表 14-18

| 计算项目 | 荷载标准组合 |
| --- | --- |
| 水平杆挠度 | 永久荷载 |
| 悬挑脚手架水平型钢悬挑梁挠度 | 永久荷载 |

支撑脚手架荷载的标准组合可按表 14-19 采用。

**支撑脚手架荷载的标准组合**　　　　　　　　　表 14-19

| 计算项目 | 荷载标准组合 |
| --- | --- |
| 水平杆挠度 | 永久荷载 |

### 14.3.3.4　荷载基本组合计算

根据现行国家标准《建筑结构荷载规范》GB 50009 的规定，荷载的基本组合按下列公式进行计算：

由可变荷载控制的组合：

$$S_d = \sum_{j=1}^{m} \gamma_{Gj} S_{Gkj} + \gamma_{Q1} \gamma_{l1} S_{Qk1} + \sum_{i=2}^{n} \gamma_{Qi} \gamma_{li} \psi_{Ci} S_{Qki} \tag{14-10}$$

由永久荷载控制的组合：

$$S_d = \sum_{j=1}^{m} \gamma_{Gj} S_{Gkj} + \sum_{i=1}^{n} \gamma_{Qi} \gamma_{li} \psi_{Ci} S_{Qki} \tag{14-11}$$

式中　$\gamma_{Gj}$——第 $j$ 个永久荷载的分项系数。对于脚手架结构取 1.3；在整体稳定计算时，永久荷载对结构有利时，取值不应大于 1.0；

　　　$\gamma_{Qi}$——第 $i$ 个可变荷载的分项系数，其中 $\gamma_{Qi}$ 为主导可变荷载 $S_{Qk1}$ 的分项系数，对于脚手架结构 $\gamma_{Qi}$ 取 1.5；

　　　$S_{Gkj}$——第 $j$ 个永久荷载标准值（N）；

　　　$S_{Qki}$——第 $i$ 个可变荷载标准值（N），其中 $S_{Qk1}$ 为所有可变荷载中起控制作用的，对于作业脚手架取施工荷载为 $S_{Qk1}$；对于支撑脚手架一般情况时取施工荷载为 $S_{Qk1}$；当其他可变荷载大于施工荷载时，取其他可变荷载为 $S_{Qk1}$；

　　　$\psi_{Ci}$——第 $i$ 个可变荷载的组合值系数，对于起控制作用的可变荷载取 1.0；对于不起控制作用的可变荷载取 0.7，对于风荷载取 0.6；

　　　$m$——参与组合的永久荷载数；

　　　$n$——参与组合的可变荷载数；

　　　$\gamma_{lj}$——可变荷载考虑设计使用年限调整系数，取 1.0。

根据上述规定，可以得出脚手架的荷载组合式如下：

由可变荷载控制的组合：

$$S_d = 1.3 \sum_{j=1}^{m} S_{Gkj} + 1.5 S_{Qk1} + 1.5 \left( 0.7 \sum_{i=2}^{n} S_{Qki} + 0.6 S_{Wk} \right) \tag{14-12}$$

由永久荷载控制的组合：

$$S_d = 1.3\sum_{j=1}^{m}S_{Gkj} + 1.5(0.7\sum_{i=1}^{n}S_{Qki} + 0.6S_{Wk}) \qquad (14\text{-}13)$$

对于作业脚手架而言，是可变荷载控制的组合起控制作用，一般架上无其他可变荷载，只有施工荷载和风荷载；因此，在计算水平杆和立杆承载力时，按下式进行荷载组合计算：

$$S_d = 1.3\sum_{j=1}^{m}S_{Gkj} + 1.5S_{Qk} \qquad (14\text{-}14)$$

对于支撑脚手架而言，可能是由可变荷载控制的组合起控制作用，也可能是由永久荷载控制的组合起控制作用，应分别进行组合计算并取较大值。

在支撑脚手架水平杆强度计算时，按下列公式进行荷载组合计算：

$$S_d = 1.3\sum_{j=1}^{m}S_{Gkj} + 1.5(\Sigma S_{Qk} + 0.7\sum_{i=2}^{n}S_{Qki}) \qquad (14\text{-}15)$$

$$S_d = 1.3\sum_{j=1}^{m}S_{Gkj} + 1.5\times 0.7(\Sigma S_{Qk} + \sum_{i=2}^{n}S_{Qki}) \qquad (14\text{-}16)$$

在支撑脚手架立杆稳定承载力计算时，按式（14-12）、式（14-13）进行荷载组合计算。

式中 $S_{Qk}$——施工荷载标准值（N）；

$S_{Wk}$——风荷载标准值（N）。

应说明的是，式（14-12）、式（14-14）、式（14-15）组合计算的是脚手架立杆轴向力设计值，对于由风荷载引起的立杆弯矩设计值应单独计算，并应分别乘以可变荷载分项系数 1.5 和风荷载组合值系数 0.6。

### 14.3.4 脚手架架体结构设计计算

#### 14.3.4.1 计算参数取值

（1）脚手架杆件连接节点的承载力设计值

1）立杆与水平杆连接节点的承载力设计值不应小于表 14-20 的规定。

脚手架立杆与水平杆连接节点承载力设计值 表 14-20

| 节点类型 | 承载力设计值 | | | | | |
|---|---|---|---|---|---|---|
| | 转动刚度（kN·m/rad） | 水平向抗拉（压）（kN） | 竖向抗压（kN） | | 抗滑移（kN） | |
| 扣件式 | 30 | 8 | 单扣件 | 8 | 单扣件 | 8 |
| | | | 双扣件 | 12 | 双扣件 | 12 |
| 碗扣式 | 20 | 30 | 25 | | — | |
| 承插式 | 20 | 30 | 40 | | — | |
| 其他 | | 根据试验确定 | | | | |

注：表中数据是根据 $\phi 48\times 3.5$mm 钢管和标准节点连接件经试验确定。

2）立杆与立杆连接节点的承载力设计值不应小于表 14-21 的规定。

**脚手架立杆与立杆连接节点承载力设计值**　　　　　　　　表 14-21

| 节点连接形式 | 节点受力形式 | | 承载力设计值（kN） |
|---|---|---|---|
| 承插式连接 | 压力 | 强度 | 与立杆抗压强度相同 |
| | | 稳定 | 大于 1.5 倍立杆稳定承载力设计值 |
| | 拉力 | | 15 |
| 对接扣件连接 | 压力 | 强度 | 大于 1.5 倍立杆稳定承载力设计值 |
| | | 稳定 | |
| | 拉力 | | 4 |

注：承插式连接锁销宜采用 $\phi 10$ 以上圆钢。

目前，脚手架立杆接长是采用两种方式对接，一种是采用对接扣件连接；另一种是采用内套筒或外套筒对接连接，即承插式连接。立杆主要是承受压力荷载，但在某种特定情况下个别立杆有时也会出现一定的拉力，因此，规定立杆对接连接节点不但要承受压力，也要承受一定的拉力，避免个别立杆在承受拉力荷载时脱开。立杆对接连接节点抗压稳定承载力设计值不应小于立杆抗压稳定承载力设计值的 1.5 倍，以保证脚手架稳定承载。

(2) 钢管脚手架钢材强度设计值等技术参数

1) 型钢、一般钢构件的原材料都是经热轧生产的，在使用过程中也未经冷加工处理，应按现行国家标准《钢结构设计标准》GB 50017 的规定取用。

2) 脚手架结构所用的焊接钢管、焊接方钢管、卷边槽钢等材料均是采用热轧钢板经冷加工成型工艺制作的，材料的厚度（壁厚）一般均不大于 6mm，因此，应根据现行国家标准《冷弯薄壁型钢结构技术规范》GB 50018 的规定取用。

(3) 脚手架构配件强度应按构配件净截面计算；构配件稳定性和变形应按构配件毛截面计算。

(4) 有关荷载分项系数取值应符合表 14-22 的规定。

**荷载分项系数**　　　　　　　　　　　　　　　表 14-22

| 脚手架种类 | 验算项目 | | 荷载分项系数 | |
|---|---|---|---|---|
| | | | 永久荷载分项系数 $\gamma_G$ | 可变荷载分项系数 $\gamma_Q$ |
| 作业脚手架 | 强度、稳定承载力 | | 1.3 | 1.5 |
| | 地基承载力 | | 1.0 | 1.0 |
| | 挠度 | | 1.0 | 0 |
| 支撑脚手架 | 强度、稳定承载力 | | 1.3 | 1.5 |
| | 地基承载力 | | 1.0 | 1.0 |
| | 挠度 | | 1.0 | 0 |
| | 倾覆 | 有利 | 0.9 | 有利　0 |
| | | 不利 | 1.3 | 不利　1.5 |

#### 14.3.4.2　脚手架承载能力极限状态设计计算

1. 承载能力极限状态设计

(1) 脚手架结构或构配件的承载能力极限状态设计，应满足式 (14-17) 的要求：

$$\gamma_0 N_{ad} \leqslant R_d \qquad (14-17)$$

式中 $\gamma_0$ ——结构重要性系数,按表14-2的规定取用;

$N_{ad}$ ——脚手架结构或构配件的荷载设计值(kN);

$R_d$ ——脚手架结构或构配件的抗力设计值(kN)。

(2) 脚手架抗倾覆承载能力极限状态设计,应满足式(14-18)的要求:

$$\gamma_0 M_O \leqslant M_r \qquad (14-18)$$

式中 $M_O$ ——脚手架的倾覆力矩设计值(kN·m);

$M_r$ ——脚手架的抗倾覆力矩设计值(kN·m)。

(3) 地基承载能力极限状态可采用分项系数法进行设计,地基承载力值应取特征值,并应满足式(14-19)的要求:

$$p_k \leqslant f_a \qquad (14-19)$$

式中 $p_k$ ——脚手架立杆基础底面的平均压力标准值(N/mm²);

$f_a$ ——修正后的地基承载力特征值(N/mm²)。

(4) 脚手架杆件连接节点承载力应满足式(14-20)的要求:

$$\gamma_0 F_{Jd} \leqslant N_{RJd} \qquad (14-20)$$

式中 $F_{Jd}$ ——作用于脚手架杆件连接节点的荷载设计值(kN);

$N_{RJd}$ ——脚手架杆件连接节点的承载力设计值(kN),按表14-20、表14-21的规定取用。

2. 作业脚手架受弯杆件强度与立杆(门架立杆)稳定承载力计算

(1) 作业脚手架受弯杆件的强度应按下列公式计算:

$$\frac{\gamma_0 M_d}{W} \leqslant f_d \qquad (14-21)$$

$$M_d = \gamma_G \sum M_{Gk} + \gamma_Q \sum M_{Qk} \qquad (14-22)$$

式中 $M_d$ ——作业脚手架受弯杆件弯矩设计值(kN·m);

$W$ ——受弯杆件截面模量(mm³);

$f_d$ ——杆件抗弯强度设计值(N/mm²);

$\gamma_G$ ——永久荷载分项系数,按表14-22的规定取值;

$\gamma_Q$ ——可变荷载分项系数,按表14-22的规定取值;

$\sum M_{Gk}$ ——作业脚手架受弯杆件由永久荷载产生的弯矩标准值总和(kN·m);

$\sum M_{Qk}$ ——作业脚手架受弯杆件由可变荷载产生的弯矩标准值总和(kN·m)。

(2) 作业脚手架立杆(门架立杆)稳定承载力计算,应符合下列规定:

1) 室内或无风环境搭设的作业脚手架立杆稳定承载力应按下式计算:

$$\frac{\gamma_0 N_d}{\varphi A} \leqslant f_d \qquad (14-23)$$

2) 室外搭设的作业脚手架立杆稳定承载力应按下式计算:

$$\frac{\gamma_0 N_d}{\varphi A} + \gamma_0 \frac{M_{wd}}{W} \leqslant f_d \qquad (14-24)$$

式中 $N_d$ ——作业脚手架立杆的轴向力设计值(N),按式(14-25)计算;

$\varphi$——立杆的轴心受压构件的稳定系数,应根据反映作业脚手架整体稳定因素的立杆长细比$\lambda$(门架应根据立杆换算长细比)按现行国家标准《冷弯薄壁型钢结构技术规范》GB 50018 的规定取用;

$A$——作业脚手架立杆的毛截面面积($mm^2$),门架取双立杆的毛截面面积;

$M_{Wd}$——作业脚手架立杆由风荷载产生的弯距设计值(kN·m),可按式(14-26)计算;

$W$——作业脚手架立杆截面模量($mm^3$),门架取主立杆截面模量;

$f_d$——立杆抗压强度设计值($N/mm^2$)。

(3) 作业脚手架立杆(门架为双立杆)的轴向力设计值,应按式(14-25)计算:

$$N_d = \gamma_G \Sigma N_{Gk1} + \gamma_Q \Sigma N_{Qk1} \tag{14-25}$$

式中 $\Sigma N_{Gk1}$——作业脚手架立杆由结构件及附件自重产生的轴向力标准值总合(N);

$\Sigma N_{Qk1}$——作业脚手架立杆由作业层施工荷载产生的轴向力标准值总和(N)。

(4) 作业脚手架立杆由风荷载产生的弯矩设计值应按下列公式计算:

$$M_{Wd} = \psi_W \gamma_Q M_{Wk} \tag{14-26}$$

$$M_{Wk} = 0.05\xi_k w_k l_a H_1^2 \tag{14-27}$$

式中 $M_{Wk}$——作业脚手架立杆由风荷载产生的弯矩标准值(kN·mm);

$\psi_W$——风荷载组合值系数,应按现行国家标准《建筑结构荷载规范》GB 50009 的规定取值;

$l_a$——立杆(门架)纵距(mm);

$H_1$——连墙件竖向间距(mm);

$\xi_1$——作业脚手架立杆由风荷载产生的弯矩折减系数,应按表14-23取用。

**作业脚手架立杆由风荷载产生的弯矩折减系数** 表 14-23

| 连墙件步距 | 扣件式 | 碗扣式 | 盘扣式 | 门式 |
|---|---|---|---|---|
| 二步距 | 0.6 | 0.6 | 0.6 | 0.3 |
| 三步距 | 0.4 | 0.4 | 0.4 | 0.2 |

3. 支撑脚手架受弯杆件强度与立杆(门架立杆)稳定承载力计算

(1) 支撑脚手架受弯杆件的强度计算

支撑脚手架受弯杆件的强度应按式(14-21)计算,但弯矩设计值应按下列公式计算,并应取较大值:

由可变荷载控制的组合:

$$M_d = \gamma_G \Sigma M_{Gk} + \gamma_Q \Sigma Q_k \tag{14-28}$$

由永久荷载控制的组合:

$$M_d = \gamma_G \Sigma M_{Gk} + \psi_C \gamma_Q \Sigma Q_k \tag{14-29}$$

式中 $M_d$——支撑脚手架受弯杆件弯矩设计值(kN·m);

$\Sigma M_{Gk}$——支撑脚手架受弯杆件由永久荷载产生的弯矩标准值总和(kN·m);

$\Sigma M_{Qk}$——支撑脚手架受弯杆件由可变荷载产生的弯矩标准值总和(kN·m);

$\psi_C$——可变荷载组合值系数,按现行国家标准《建筑结构荷载规范》GB 50009 的规定取值,对于起控制作用的可变荷载取 1.0,不起控制作用的可变荷载,如雪荷载取 0.7,对于风荷载取 0.6。

(2) 支撑脚手架立杆（门架立杆）稳定承载力计算，应符合下列规定：

1) 室内或无风环境搭设的支撑脚手架立杆稳定承载力，应按前述式（14-23）计算，立杆的轴向力设计值应按式（14-30）、式（14-31）分别计算，并应取较大值。

2) 室外搭设的支撑脚手架立杆稳定承载力，应分别按前述式（14-23）、式（14-24）计算，并应同时满足稳定承载力要求。立杆轴向力和弯矩计算应符合下列规定：

① 当按式（14-23）计算时，立杆的轴向力设计值应分别按式（14-32）、式（14-33）计算，并应取较大值。

② 当按式（14-24）计算时，立杆的轴向力设计值应分别按式（14-30）、式（14-31）计算，并应取较大值；立杆由风荷载产生的弯矩标准值应按式（14-34）计算。

③ 支撑脚手架立杆轴心受压构件的稳定系数 $j$，应根据反映支撑脚手架整体稳定因素的立杆长细比 $\lambda$（门架应根据立杆换算长细比）按现行国家标准《冷弯薄壁型钢结构技术规范》GB 50018 的规定取用；立杆长细比 $\lambda$ 值应按脚手架相关的国家现行标准计算。

(3) 支撑脚手架立杆（门架立杆）轴向力设计值计算，应符合下列规定：

1) 不组合由风荷载产生的立杆附加轴向力时，应按下列公式计算：

由可变荷载控制的组合：

$$N_d = \gamma_G(\Sigma N_{Gk1} + \Sigma N_{Gk2}) + \gamma_Q(\Sigma N_{Qk1} + \psi_C \Sigma N_{Qk2}) \quad (14\text{-}30)$$

由永久荷载控制的组合：

$$N_d = \gamma_G(\Sigma N_{Gk1} + \Sigma N_{Gk2}) + \psi_C \gamma_Q(\Sigma N_{Qk1} + \Sigma N_{Qk2}) \quad (14\text{-}31)$$

2) 组合由风荷载产生的立杆附加轴向力时，应按下列公式计算：

由可变荷载控制的组合：

$$N_d = \gamma_G(\Sigma N_{Gk1} + \Sigma N_{Gk2}) + \gamma_Q(\psi_{C1}\Sigma N_{Qk1} + \psi_{C2}\Sigma N_{Qk2} + \psi_W N_{Wfk}) \quad (14\text{-}32)$$

由永久荷载控制的组合：

$$N_d = \gamma_G(\Sigma N_{Gk1} + \Sigma N_{Gk2}) + \gamma_Q[\psi_C(\Sigma N_{Qk1} + \psi_{C2}\Sigma N_{Qk2}) + \psi_W N_{Wfk}] \quad (14\text{-}33)$$

式中 $N_d$ ——支撑脚手架立杆的轴向力设计值（kN）；

$\Sigma N_{Gk1}$ ——支撑脚手架立杆由结构件和附件的自重产生的轴向力标准值总和（N）；

$\Sigma N_{Gk2}$ ——支撑脚手架立杆由 $N_{Gk1}$ 以外的其他永久荷载产生的轴向力标准值总和；

$\Sigma N_{Qk1}$ ——支撑脚手架立杆由施工荷载产生的轴向力标准值总和（N）；

$\Sigma N_{Qk2}$ ——支撑脚手架立杆由其他可变荷载产生的轴向力标准值总和（N）；

$N_{Wfk}$ ——支撑脚手架立杆由风荷载产生的最大附加轴向力标准值（N），应按式（14-38）计算；

$\psi_C$ ——可变荷载组合值系数，按现行国家标准《建筑结构荷载规范》GB 50009 的规定取值，对于起控制作用的可变荷载 $\psi_{C1}$ 取 1.0，不起控制作用的可变荷载，如雪荷载 $\psi_{C2}$ 取 0.7，对于风荷载 $\psi_W$ 取 0.6。

(4) 支撑脚手架立杆由风荷载产生的弯矩设计值可按式（14-26）计算，弯矩标准值按式（14-34）计算。

$$M_{Wk} = \frac{\xi_2 l_a \omega_k h^2}{10} \quad (14\text{-}34)$$

式中 $M_{Wk}$——支撑脚手架立杆由风荷载产生的弯矩标准值（N·mm）；

$\omega_k$——支撑脚手架风荷载标准值（N/mm²），应以单榀桁架体型系数 $\mu_{st}$ 按前述式（14-9）计算；

$\xi_2$——支撑脚手架立杆由风荷载产生的弯矩折减系数，对于门架取 0.6，其他取 1.0；

$l_a$——立杆（门架）纵距（mm）；

$h$——架体步距（mm）。

（5）除混凝土模板支撑脚手架以外，室外搭设的支撑脚手架在立杆轴向力设计值计算时，应计入由风荷载产生的立杆附加轴向力，但当同时满足表 14-24 中某一序号条件时，可不计入由风荷载产生的立杆附加轴向力。

支撑脚手架可不计算由风荷载产生的立杆附加轴向力条件　　　表14-24

| 序号 | 基本风压 $w_0$（kN/m²） | 架体高宽比（H/B） | 作业层上竖向封闭栏杆（模板）高度（m） |
|---|---|---|---|
| 1 | ≤0.2 | ≤2.5 | ≤1.2 |
| 2 | ≤0.3 | ≤2.0 | ≤1.2 |
| 3 | ≤0.4 | ≤1.7 | ≤1.2 |
| 4 | ≤0.5 | ≤1.5 | ≤1.2 |
| 5 | ≤0.6 | ≤1.3 | ≤1.2 |
| 6 | ≤0.7 | ≤1.2 | ≤1.2 |
| 7 | ≤0.8 | ≤1.0 | ≤1.2 |
| 8 | 按构造要求设置了连墙件或采取了其他防倾覆措施 | | |

（6）风荷载作用在支撑脚手架上的倾覆力矩计算（图 14-3），可取支撑脚手架的一列横向（取短边方向）立杆作为计算单元，作用于计算单元架体的倾覆力矩宜按下列公式计算：

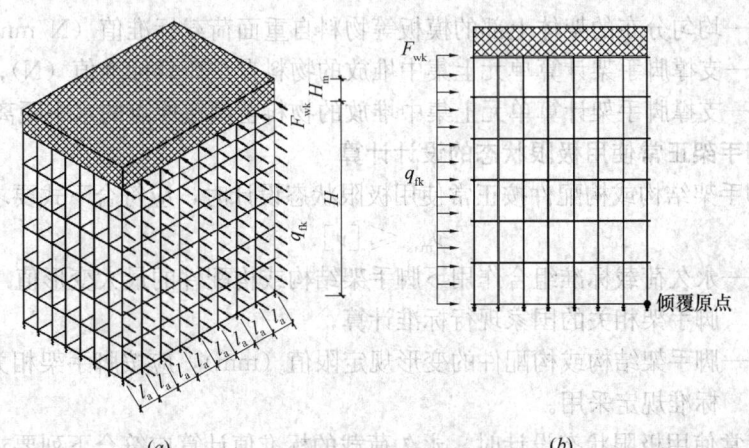

图 14-3　风荷载作用示意图
(a) 风荷载整体作用；(b) 计算单元风荷载作用

$$M_{Qk} = \frac{1}{2}H^2 q_{Wk} + HF_{Wk} \quad (14-35)$$

$$q_{Wk} = l_a w_{fk} \quad (14-36)$$

$$F_{Wk} = l_a H_m w_{mk} \quad (14-37)$$

式中 $M_{Qk}$——支撑脚手架计算单元在风荷载作用下的倾覆力矩标准值（N·mm）；

$H$——支撑脚手架高度（mm）；

$H_m$——作业层竖向封闭栏杆（模板）高度（mm）；

$q_{Wk}$——风荷载标准值（N/mm）；

$F_{Wk}$——风荷载作用在作业层栏杆（模板）上产生的水平力标准值（N）；

$w_{fk}$——支撑脚手架风荷载标准值（N/mm²），应以多榀桁架整体风荷载体型系数 $\mu_{stw}$ 按式（14-9）计算；

$w_{mk}$——竖向封闭栏杆（模板）的风荷载标准值（N/mm²），按式（14-9）计算。封闭栏杆（含安全网）$\mu_s$ 宜取 1.0；模板 $\mu_s$ 应取 1.3。

(7) 支撑脚手架在风荷载作用下，计算单元立杆产生的附加轴向力可近似按线性分布确定，并可按下式计算立杆最大附加轴向力（图 14-4）：

$$N_{Wfk} = \frac{6n}{(n+1)(n+2)} \times \frac{M_{Qk}}{B} \quad (14-38)$$

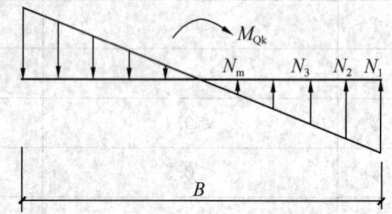

图 14-4 风荷载作用下立杆附加轴向力分布示意图

式中 $N_{Wfk}$——支撑脚手架立杆在风荷载作用下的最大附加轴向力标准值（N）；

$n$——计算单元跨数；

$B$——支撑脚手架横向宽度（mm）。

(8) 在水平风荷载的作用下，支撑脚手架抗倾覆承载力应满足下式要求：

$$B^2 l_a (g_{k1} + g_{k2}) + 2 \sum_{j=1}^{n} G_{jk} b_j \geqslant 3\gamma_0 M_{Ok} \quad (14-39)$$

式中 $g_{k1}$——均匀分布的架体自重面荷载标准值（N/mm²）；

$g_{k2}$——均匀分布的架体上部的模板等物料自重面荷载标准值（N/mm²）；

$G_{jk}$——支撑脚手架计算单元上集中堆放的物料自重荷载标准值（N）；

$b_j$——支撑脚手架计算单元上集中堆放的物料至倾覆原点的水平距离。

### 14.3.4.3 脚手架正常使用极限状态的设计计算

(1) 当脚手架结构或构配件按正常使用极限状态设计时，应符合下式要求：

$$\nu_{max} \leqslant [\nu] \quad (14-40)$$

式中 $\nu_{max}$——永久荷载标准组合作用下脚手架结构或构配件的最大变形值（mm），应按脚手架相关的国家现行标准计算；

$[\nu]$——脚手架结构或构配件的变形规定限值（mm），应按脚手架相关的国家现行标准规定采用。

(2) 按正常使用极限状态设计时，永久荷载的标准值计算应符合下列要求：

1) 受弯杆件由永久荷载产生的弯矩标准值应按下式计算：

$$M_{Gk} = \Sigma M_{Gk} \quad (14-41)$$

式中 $M_{Gk}$——受弯杆件由永久荷载产生的弯矩标准值（N·mm）。

2）作业脚手架立杆由永久荷载产生的轴向力标准值应按下式计算：

$$N_{Gk} = \Sigma N_{Gkl} \tag{14-42}$$

式中 $N_{Gk}$——作业脚手架立杆由永久荷载产生的轴向力标准值（N）。

#### 14.3.4.4 脚手架连墙件杆件的设计计算

1. 作业脚手架连墙件杆件的设计计算

(1) 作业脚手架连墙件杆件的强度及稳定应按下列公式计算：

1) 强度计算：

$$\sigma = \frac{N_{Ld}}{A_c} \leqslant 0.85 f_d \tag{14-43}$$

2) 稳定计算：

$$\frac{N_{Ld}}{\varphi A} \leqslant 0.85 f_d \tag{14-44}$$

$$N_{Ld} = N_{WLd} + N_0 \tag{14-45}$$

$$N_{WLd} = \gamma_Q \omega_k L_1 H_1 \tag{14-46}$$

式中 $\sigma$——连墙件杆件应力值（N/mm²）；
$A_c$——连墙件杆件的净截面面积（mm²）；
$A$——连墙件杆件的毛截面面积（mm²）；
$N_{Ld}$——连墙件杆件由风荷载及其他作用产生的轴向力设计值（N）；
$N_{WLd}$——连墙件杆件由风荷载产生的轴向力设计值（N）；
$\varphi$——连墙件杆件的轴心受压构件的稳定系数，应根据其长细比$\lambda$按现行国家标准《冷弯薄壁型钢结构技术规范》GB 50018 的规定取用；
$L_1$——连墙件水平间距（mm）；
$N_0$——由于连墙件约束作业脚手架的平面外变形所产生的轴向力设计值，单排作业脚手架取 2kN；双排作业脚手架取 3kN。

(2) 作业脚手架连墙件与架体、连墙件与建筑结构连接的连接强度应符合下式要求：

$$N_{Ld} \leqslant N_{RLd} \tag{14-47}$$

式中 $N_{RLd}$——连墙件与作业脚手架、连墙件与建筑结构连接的抗拉（压）承载力设计值（N），应根据国家现行相关标准规定计算。

2. 支撑脚手架连墙件杆件的设计计算

支撑脚手架连墙件杆件的强度及稳定设计计算可参照作业脚手架的相关规定进行计算，$N_0$ 应取 3kN，并应符合下列规定：

(1) 当连墙件用来抵抗水平风荷载时，应按式（14-46）计算连墙件所承受的水平风荷载标准值 $N_{WLd}$，并应按多榀桁架整体风荷载体型系数 $\mu_{stw}$ 计算支撑脚手架风荷载标准值 $w_{fk}$。

(2) 当连墙件用来抵抗其他水平荷载时，$N_{WLd}$ 应取其他水平荷载标准值。

(3) 当采用钢管抱箍等连接方式与建筑结构固定时，尚应对连接节点进行连接强度计算。

#### 14.3.4.5 脚手架立杆底座和地基承载力验算

立杆底座验算

$$N \leqslant R_b \tag{14-48}$$

立杆地基承载力验算

$$\frac{N}{A_d} \leqslant K \cdot f_k \tag{14-49}$$

式中　$N$——上部结构传至立杆底部的轴心力设计值；
　　　$R_d$——底座承载力（抗压）设计值，一般取 40kN；
　　　$A_d$——立杆基础的底面积，可按以下情况确定：

(1) 仅有立杆支座（支座直接放于地面上）时，$A$ 取支座板的底面积。

(2) 在支座下设厚度为 50～60mm 的木垫板（或木脚手板），则 $A = a \times b$（$a$ 和 $b$ 为垫板的两个边长，且不小于 200mm），当 $A$ 的计算值大于 $0.25m^2$ 时，则按 $0.25m^2$ 计算。

(3) 在支座下采用枕木作垫木时，$A$ 按枕木的底面积计算。

(4) 当一块垫板或垫木上支承 2 根以上立杆时，$A = \frac{1}{n} a \times b$（$n$ 为立杆数）。且用木垫板时应符合（2）的取值规定。

(5) 当承压面积 $A$ 不足而需要做适当基础以扩大其承压面积时，应按式（14-50）的要求确定基础或垫层的宽度和厚度：

$$b \leqslant b_0 + 2H_0 \text{tg}\alpha \tag{14-50}$$

式中　$b_0$——立杆支座或垫板（木）的宽度；
　　　$b$——基础或垫层的宽度；
　　　$H_0$——基础或垫层的厚（高）度；
　　　$\text{tg}\alpha$——基础台阶高宽比的允许值，按表 14-25 选用。

$$\tau \leqslant 0.7 f_c A \tag{14-51}$$

式中　$\tau$——剪力设计值；
　　　$f_c$——混凝土轴心抗压强度设计值；
　　　$A$——台阶高度变化处的剪切断面。

刚性基础台阶高宽比的允许值　　　　　表 14-25

| 基础材料 | 质量要求 | | 台阶高宽比的允许值 | | |
| --- | --- | --- | --- | --- | --- |
| | | | $P \leqslant 1000$ | $100 < P \leqslant 200$ | $200 < P \leqslant 300$ |
| 混凝土基础 | C10 混凝土 | | 1 : 1.00 | 1 : 1.10 | 1 : 1.25 |
| | C7.5 混凝土 | | 1 : 1.00 | 1 : 1.25 | 1 : 1.50 |
| 毛石混凝土基础 | C7.5～C10 混凝土 | | 1 : 1.00 | 1 : 1.25 | 1 : 1.50 |
| 砖基础 | 砖不低于 MU7.5 | M5 砂浆 | 1 : 1.50 | 1 : 1.50 | 1 : 1.50 |
| | | M2.5 砂浆 | 1 : 1.50 | 1 : 1.50 | — |

续表

| 基础材料 | 质量要求 | 台阶高宽比的允许值 | | |
|---|---|---|---|---|
| | | $P \leqslant 1000$ | $100 < P \leqslant 200$ | $200 < P \leqslant 300$ |
| 毛石基础 | M2.5~M5 砂浆 | 1:1.25 | 1:1.50 | — |
| | M1 砂浆 | 1:1.50 | | |
| 灰土基础 | 体积比为 3:7 或 2:8 的灰土，其最小干密度：粉土 1.55t/m³；粉质黏土 1.50t/m³；黏土 1.45t/m³ | 1:1.25 | 1:1.50 | — |
| 三合土基础 | 体积比 1:2:4~1:3:6（石灰:砂:骨料），每层约虚铺 220mm，夯至 150mm | 1:1.50 | 1:2.00 | — |

注：1. $P$ 为基础底面处的平均应力（$kN/m^2$）。
    2. 阶梯形毛石基础的每阶伸出宽度，不宜大于 200mm。
    3. 当基础由不同材料叠合组成时，应对接触部分作抗压验算。
    4. 对混凝土基础，当基础底面处的平均应力超过 $300kN/m^2$ 时，尚应按式（14-51）进行抗剪验算。
      $f_k$——地基承载力标准值，按现行国家标准《建筑地基基础设计规范》GB 50007 的规定确定；
      $K$——调整系数，按以下规定采用：碎石土、砂土、回填土取 0.4；黏土取 0.5；岩石、混凝土取 1.0。

## 14.4 常用落地式脚手架的设计和施工

目前我国在建筑工程施工中常用的落地式脚手架，主要有扣件式钢管脚手架、盘扣式钢管脚手架、门式钢管脚手架、碗扣式钢管脚手架、榫卯（插槽）式钢管脚手架五种形式。

本节将介绍几种常用落地式脚手架的材料与构配件、荷载与设计计算、构造要求和搭拆、检查与验收等。

### 14.4.1 扣件式钢管脚手架

#### 14.4.1.1 材料与构配件

1. 钢管杆件

（1）脚手架钢管宜采用 $\phi 48.3 \times 3.6$ mm 钢管，每根钢管的最大质量不应大于 25.8kg，尺寸应按表 14-26 采用。

脚手架钢管尺寸（mm） 表 14-26

| 钢管类别 | 截面尺寸 | | 最大长度 | |
|---|---|---|---|---|
| | 外径 $\phi, d$ | 壁厚 $t$ | 横向水平杆 | 其他杆 |
| 直缝电焊钢管<br>低压流体输送用焊接钢管 | 48.3 | 3.6 | 2200 | 6500 |

（2）钢管用途

按钢管在脚手架上所处的部位和起的作用，可分为：

1）立杆，又称冲天、立柱和竖杆等，是脚手架主要传递荷载的杆件。

2）纵向水平杆，又称牵杆、大横杆等，是保持脚手架纵向稳定的主要杆件。

3) 横向水平杆,又称小横杆、横楞、横担、楞木等,是脚手架直接承受荷载的杆件。

4) 栏杆,又分为扶手栏杆与防护栏杆,是脚手架的安全防护设施,又起着脚手架的纵向稳定作用。

5) 剪刀撑,又称十字撑、斜撑,是防止脚手架产生纵向位移的主要杆件。

6) 抛撑,用脚手架外侧与地面呈斜角的斜撑,一般在开始搭设脚手架时做临时固定之用。

以上脚手架杆件如图 14-5 所示。

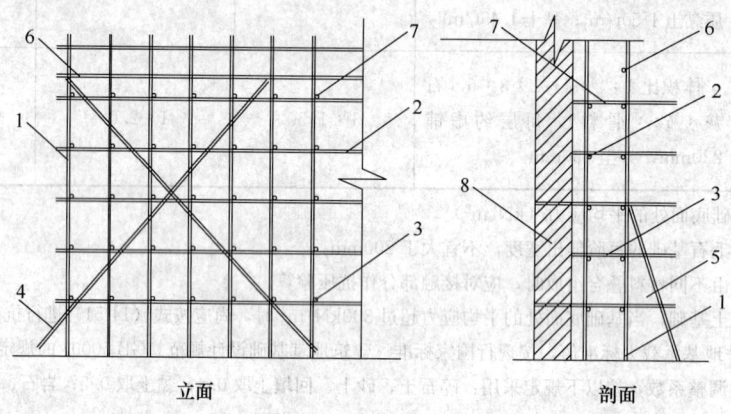

图 14-5 外脚手架示意图
1—立柱;2—大横杆;3—小横杆;4—剪刀撑;5—抛撑;6—栏杆;7—脚手架;8—墙身

(3) 钢管的技术要求

有关钢管的截面特性见表 14-27。

**钢管截面特性** 表 14-27

| 外径 $\phi$, $d$ (mm) | 壁厚 $t$ (mm) | 截面面积 $A$ (cm²) | 惯性矩 $I$ (cm⁴) | 截面模量 $W$ (cm³) | 回转半径 $i$ (cm) | 每米长质量 (kg/m) |
|---|---|---|---|---|---|---|
| 48.3 | 3.6 | 5.06 | 12.71 | 5.26 | 1.59 | 3.97 |
| 48.3 | 3.5 | 4.93 | 12.43 | 5.15 | 1.59 | 3.87 |
| 48.3 | 3.4 | 4.80 | 12.16 | 5.03 | 1.59 | 3.76 |
| 48.3 | 3.3 | 4.67 | 11.87 | 4.92 | 1.60 | 3.66 |
| 48.3 | 3.24 | 4.59 | 11.70 | 4.85 | 1.60 | 3.60 |
| 48.3 | 3.2 | 4.53 | 11.58 | 4.8 | 1.60 | 3.56 |
| 48.3 | 3.1 | 4.40 | 11.29 | 4.68 | 1.60 | 3.46 |
| 48.3 | 3.0 | 4.27 | 10.99 | 4.55 | 1.61 | 3.35 |
| 48 | 3.5 | 4.89 | 12.19 | 5.08 | 1.58 | 3.84 |
| 48 | 3.1 | 4.37 | 11.07 | 4.61 | 1.59 | 3.43 |
| 48 | 3.0 | 4.24 | 10.78 | 4.49 | 1.60 | 3.33 |

计算说明:公称外径 $D$,壁厚 $t$,内径 $d$,管截面面积 $A$。

$$A = (D^2 - d^2)\pi/4; \quad I = \pi(D^4 - d^4)/64$$
$$W = \pi(D^4 - d^4/D)/32; \quad i = (D^2 + d^2)^{1/2}/4$$

(4) 低合金钢管技术指标

近年来，强度较高、耐腐蚀性较好的低合金钢管在钢管脚手架中已有试点应用，与普通碳钢管的技术经济指标列于表14-28中。其与扣件连接的性能（扣件抗滑力等）要符合要求。当脚手架的使用要求仅按其强度条件控制时，$\phi 48 \times 2.5$mm的低合金钢管的强度承载能力大致相当于$\phi 48.3 \times 3.6$mm普通碳钢管，但钢管截面积之比为0.71：1.00，可使单位重量降低29%，相同重量的长度增加41%，但其失稳承载能力却只有后者的80%，其应用需经验算合格才行。

低合金钢管与普通碳钢管技术经济参数比较　　表14-28

| 序号 | 钢材类别 | | 低合金钢管 | 普碳钢管 | 比值 (1)/(2) |
|---|---|---|---|---|---|
| 1 | 钢号 | | Q345 | Q235 | |
| | 代号 | | (1) | (2) | |
| 2 | 外径（mm）×壁厚（mm） | | $\phi 48 \times 2.5$ | $\phi 48.3 \times 3.6$ | |
| 3 | 屈服点 $\sigma_s$ (N/mm²) | | 345 | 235 | 1.47 |
| 4 | 抗拉强度 $\sigma_b$ (N/mm²) | | 490 | 400 | 1.23 |
| 5 | 截面面积 $A$ (mm²) | | 357.2 | 506 | 0.71 |
| 6 | 截面特性 | 惯性矩 $I$ (cm⁴) | 9.278 | 12.19 | 0.76 |
| 7 | | 回转半径（cm） | 1.645 | 1.59 | 1.03 |
| 8 | 按强度计的受压承载能力 $P_N$ (kN) | | ≤87.52 | ≤84.79 | 1.03 |
| 9 | 可承受的最大弯矩 $M$ (kN·m) | | ≤0.94 | ≤0.88 | 1.1 |
| 10 | 耐大气腐蚀性 | | 1.20~1.38 | 1 | 1.2~1.38 |
| 11 | 每吨长度（m/t） | | 357 | 252 | 1.42 |

**2. 扣件和底座**

(1) 扣件和底座的基本形式

1) 直角扣件（十字扣）：用于两根呈垂直交叉钢管的连接（图14-6a）。

2) 旋转扣件（回转扣）：用于两根呈任意角度交叉钢管的连接（图14-6b）。

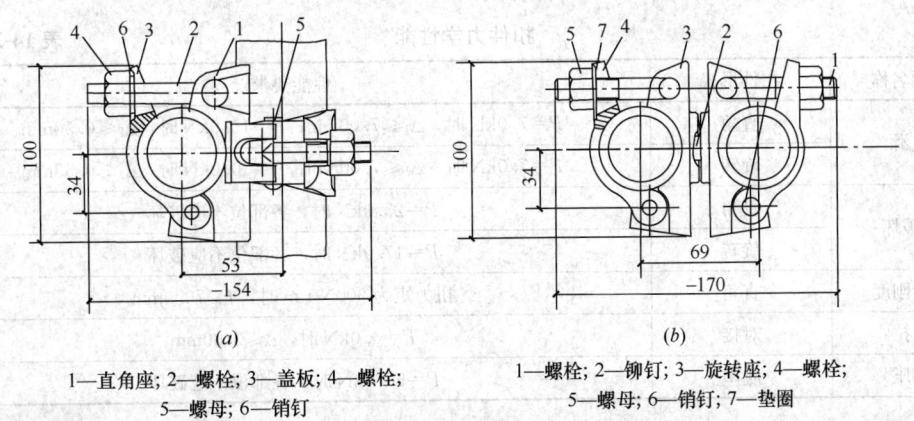

(a)          (b)

1—直角座；2—螺栓；3—盖板；4—螺栓；5—螺母；6—销钉      1—螺栓；2—铆钉；3—旋转座；4—螺栓；5—螺母；6—销钉；7—垫圈

图14-6　扣件
(a) 直角扣件；(b) 旋转扣件

3) 对接扣件（筒扣、一字扣）：用于两根钢管对接连接（图14-7）。

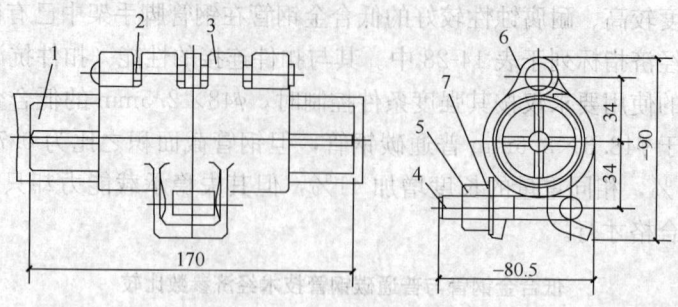

图 14-7　对接扣件
1—杆芯；2—铆钉；3—对接座；4—螺栓；5—螺母；6—对接盖；7—垫圈

4) 底座：扣件式钢管脚手架的底座用于承受脚手架立杆传递下来的荷载，用可锻铸铁制造的标准底座的构造如图 14-8(a) 所示。底座亦可用厚 8mm、边长 150mm 的钢板作底板，外径 60mm，壁厚 3.5mm、长 150mm 的钢管作套筒焊接而成，如图 14-8(b) 所示。

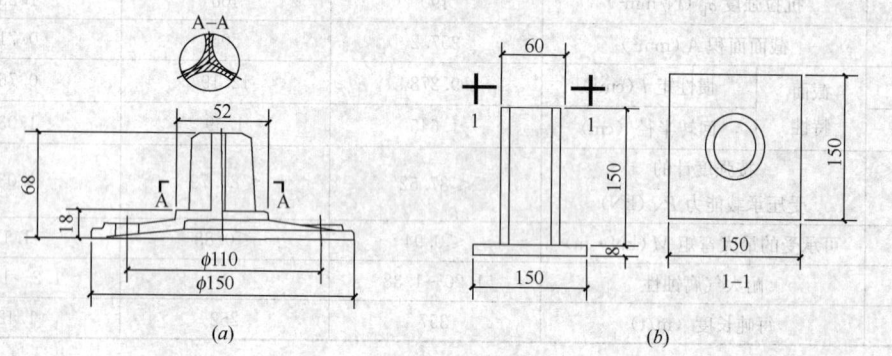

图 14-8　底座
(a) 标准底座；(b) 焊接底座

(2) 扣件和底座的技术要求

扣件的抗滑、抗破坏、扭转刚度、抗拉（对接扣件）性能应符合表 14-29 的要求。

扣件力学性能　　　　　　　表 14-29

| 性能名称 | 扣件形式 | 性能要求 |
|---|---|---|
| 抗滑 | 直角 | $P=7.0$kN 时，$\Delta_1 \leqslant 7.00$mm；$P=10.0$kN 时，$\Delta_2 \leqslant 0.50$mm |
| | 旋转 | $P=7.0$kN 时，$\Delta_1 \leqslant 7.00$mm；$P=10.0$kN 时，$\Delta_2 \leqslant 0.50$mm |
| 抗破坏 | 直角 | $P=25.0$kN 时，各部位不应破坏 |
| | 旋转 | $P=17.0$kN 时，各部位不应破坏 |
| 扭转刚度 | 直角 | 扭力矩为 900N·m 时，$f \leqslant 70.0$mm |
| 抗拉 | 对接 | $P=4.0$kN 时，$\Delta \leqslant 2.00$mm |
| 抗压 | 底座 | $P=50.0$kN 时，各部位不应破坏 |

1) 扣件应经过 60N·m 扭力矩试压，扣件各部位不应有裂纹，在螺栓拧紧扭力矩达 65N·m 时，不得发生破坏。

2) 外观和配件质量要求

① 扣件各部位不应有裂纹。

② 盖板与底座的张开距离不小于50mm；当钢管公称外径为51mm时，不得小于55mm。

③ 扣件表面大小10mm²的砂眼不应超过3处，且累计面积不应大于50mm²。

④ 扣件表面粘砂累计不应大于150mm²。

⑤ 错缝不应大于1mm。

⑥ 扣件表面凹（或凸）的高（或深）值不应大于1mm。

⑦ 扣件与钢管接触部位不应有氧化皮，其他部位氧化皮面积累计不应大于150mm²。

⑧ 铆接处应牢固，不应有裂纹。

⑨ T形螺栓和螺母应符合现行国家标准《紧固件机械性能 螺栓、螺钉和螺柱》GB/T 3098.1和《紧固件机械性能 第2部分：螺母》GB/T 3098.2的规定。

⑩ 活动部位应灵活转动，旋转扣件两旋转面间隙应小于1mm。

⑪ 产品的型号、商标、生产年号应在醒目处铸出，字迹、图案应清晰完整。

⑫ 扣件表面应进行防锈处理（不应采用沥青漆），应均匀美观，不应有堆漆或露铁。

3. 脚手板

对各类脚手板的要求见14.2.2.3节相关内容。其中，竹笆板与竹串片脚手板是扣件式钢管脚手架主要采用的脚手板。

竹笆脚手板长可为1.5～2.5m，宽可为0.8～1.2m（图14-9a）。

板的厚度不得小于50mm，宽度应为250～300mm，长度应为2～3.5m（图14-9b）。

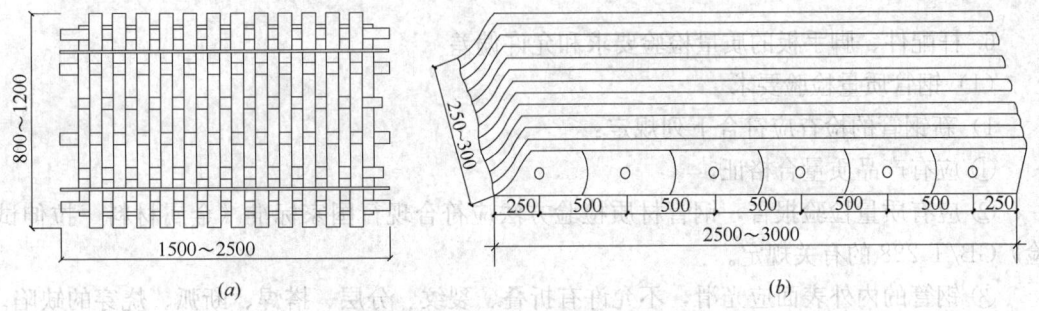

图14-9 竹脚手板
(a) 竹笆脚手板；(b) 竹串片脚手板

4. 可调托撑

可调托撑是支撑架直接传递荷载的主要构件，大量可调托撑试验证明：可调托撑支托板截面尺寸、支托板弯曲变形程度、螺杆与支托板焊接质量、螺杆外径等影响可调托撑的临界承载力，最终影响满堂支撑架临界承载力。对可调托撑质量要求如下：

(1) 可调托撑螺杆外径不得小于36mm，螺杆直径与螺距应符合现行国家标准《梯形螺纹 第2部分：直径与螺距系列》GB/T 5796.2和《梯形螺纹 第3部分：基本尺寸》GB/T 5796.3的规定。

(2) 可调托撑的螺杆与支托板焊接应牢固，焊缝高度不得小于6mm；可调托撑螺杆与螺母旋合长度不得少于5扣，螺母厚度不得小于30mm。

(3) 可调托撑抗压承载力设计值不应小于40kN，支托板厚不应小于5mm。

**5. 连墙件**

连接一般有软连接与硬连接之分。软连接是用8号或10号镀锌钢丝将脚手架与建筑物结构连接起来，软连接的脚手架在受荷载后有一定程度的晃动，其可靠性较硬连接差，故规定24m以上脚手架应采用硬拉结，24m以下可采用软硬结合拉结。硬连接一般是用钢管将脚手架与建筑物结构连接起来，安全可靠，已为全国各地工程中普遍采用。采用钢管硬连接的示意如图14-10所示。也有根据特殊设计采用型钢等非钢管的连墙件。

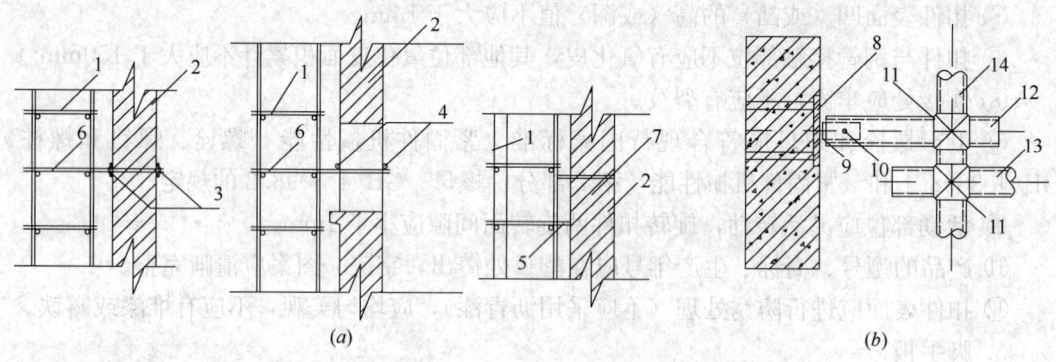

图14-10 连接杆剖面示意
(a) 用扣件钢管做的硬连接；(b) 预埋件式硬连接
1—脚手架；2—墙体；3—两只扣件；4—两根短管用扣件连接；5—小横杆顶墙；
6—小横杆进墙；7—连接用镀锌钢丝，埋入墙内；8—埋件；9—连接角铁；
10—螺栓；11—直角扣件；12—连接用短钢管；13—小横杆；14—立柱

**6. 杆配件、脚手板的质量检验要求和允许偏差**

(1) 钢管质量检验要求

1) 新钢管的检查应符合下列规定：

① 应有产品质量合格证。

② 应有质量检验报告，钢管材质检验方法应符合现行国家标准《金属材料 拉伸试验》GB/T 228的有关规定。

③ 钢管的内外表面应光滑，不允许有折叠、裂纹、分层、搭焊、断弧、烧穿的缺陷。

④ 钢管外径、壁厚、端面等的偏差，应分别符合表14-30的规定。

⑤ 钢管应涂有防锈漆。

2) 旧钢管的检查应符合下列规定：

① 表面锈蚀深度应符合表14-30中的规定。锈蚀检查应每年一次。检查时，应在锈蚀严重的钢管中抽取三根，在每根锈蚀严重的部位横向截断取样检查，当锈蚀深度超过规定值时不得使用。

② 钢管弯曲变形应符合表14-30中的规定。

(2) 扣件的验收应符合下列规定：

1) 新扣件应有生产许可证、法定检测单位的测试报告和产品质量合格证。当对扣件质量有怀疑时，应按现行国家标准《钢管脚手架扣件》GB/T 15831的规定抽样检测。

2) 扣件进入施工现场应检查产品合格证，并应进行抽样复试，技术性能应符合现行国家标准《钢管脚手架扣件》GB/T 15831 的规定。扣件在使用前应逐个挑选,有裂缝、变形、螺栓出现滑丝的严禁使用。

3)扣件活动部位应能灵活转动,旋转扣件的两旋转面间隙应小于 1mm。

4)当扣件夹紧钢管时,开口处的最小距离应不小于 5mm。

5)新、旧扣件均应进行防锈处理。

(3)脚手板的检查应符合下列规定:

冲压钢脚手板的检查应符合下列规定:

① 新脚手板应有产品质量合格证。

② 尺寸偏差应符合表 14-30 中的规定,且不得有裂纹、开焊与硬弯。

③ 未镀锌的新、旧脚手板均应涂防锈漆。

④ 应有防滑措施(如带有凹槽与反边圆孔、梅花长孔、圆形凸鼓等)。

(4)可调托撑的检查应符合下列规定:

1)应有产品质量合格证。

2)应有质量检验报告,可调托撑抗压承载力应符合规定。

3)可调托撑支托板厚不小于 5mm,变形不大于 1mm,且宜设置加劲板或加劲拱。

4)支托板、螺母有裂缝的严禁使用。

5)可调托座的表面宜浸漆或冷镀锌,涂层应均匀、牢固。

(5)扣件式钢管脚手架的杆配件的质量检验要求分别列于表 14-30 中。

**构配件的允许偏差**　　　　　　　　　　　　　　　　表 14-30

| 序号 | 项目 | | 允许偏差(mm) | 示意图 | 检查工具 |
|---|---|---|---|---|---|
| 1 | 焊接钢管尺寸(mm) | 外径 48.3<br>壁厚 3.6 | ±0.5<br>±0.36 | — | 游标卡尺 |
| 2 | 钢管两端面切斜偏差 | | 1.70 | | 塞尺、拐角尺 |
| 3 | 钢管外表面锈蚀深度 | | ≤0.18 | | 游标卡尺 |
| 4 | 钢管弯曲 | ① 各种杆件钢管的端部弯曲 $l \leq 1.5m$ | ≤5 | | 钢板尺 |
| | | ② 立杆钢管弯曲<br>$3m < l \leq 4m$<br>$4m < l \leq 6.5m$ | ≤12<br>≤20 | | |
| | | ③ 水平杆、斜杆的钢管弯曲 $l \leq 6.5m$ | ≤30 | — | |

续表

| 序号 | 项目 | | 允许偏差（mm） | 示意图 | 检查工具 |
|---|---|---|---|---|---|
| 5 | 冲压钢脚手板 | ① 板面挠曲 $l \leqslant 4m$ $l > 4m$ | ≤12 ≤16 | | 钢板尺 |
| | | ② 板面扭曲（任一角翘起） | ≤5 | — | |
| 6 | 可调托撑支托板变形 | | 1.0 | | 钢板尺 塞尺 |

#### 14.4.1.2 荷载与设计计算

1. 脚手架荷载计算

(1) 脚手架永久荷载

1) 单排、双排脚手架与满堂脚手架（作业）永久荷载应包含下列各项：

① 架体结构自重：包括立杆、纵向水平杆、横向水平杆、剪刀撑、扣件等的自重。

② 构、配件自重：包括脚手板、栏杆、挡脚板、安全网等防护设施的自重。

2) 满堂脚手架（支撑）永久荷载应包含下列各项：

① 用于模板支撑结构架体：

a. 架体结构自重，包括：立杆、水平杆、剪刀撑和构配件等的自重。

b. 模板及支撑梁等的自重。

c. 作用在模板上的混凝土和钢筋的自重。

② 用于钢结构安装支撑结构架体及其他非模板支撑结构架体：

a. 架体结构自重，包括：立杆、水平杆、剪刀撑和构配件等的自重。

b. 架体施工层水平杆上主梁、次梁、支撑板等的自重。

c. 架体上的建筑结构材料及堆放物等的自重。

(2) 脚手架可变荷载

1) 单排架、双排架与满堂脚手架：

① 施工荷载：包括作业层上的人员、器具和材料等的自重。

② 风荷载。

2) 支撑架（用于钢结构、大型设备安装、混凝土预制构件等非模板支撑架）：

① 作业层上的人员、设备等的自重。

② 结构构件、施工材料等的自重。

③ 风荷载。

3) 模板支撑架：

① 施工荷载，包括施工人员、材料、施工设备荷载、浇筑及振捣混凝土时产生的荷载。

② 风荷载。

③ 其他可变荷载。

(3) 荷载标准值计算

1) 单、双排脚手架立杆承受的每米结构自重荷载标准值见表 14-7。

2) 满堂脚手架与满堂支撑架立杆承受的每米结构自重荷载标准值见表 14-8。

3) 冲压钢脚手板、木脚手板、竹串片脚手板与竹芭脚手板自重荷载标准值，脚手板的自重按分别抽样 12～50 块的平均值加两倍标准差求得，见表 14-31。

脚手板自重荷载标准值　　　　　表 14-31

| 类别 | 标准值（kN/m²） |
| --- | --- |
| 冲压钢脚手板 | 0.30 |
| 竹串片脚手板 | 0.35 |
| 木脚手板 | 0.35 |
| 竹芭脚手板 | 0.10 |

4) 栏杆与挡脚板自重荷载标准值

栏杆、挡脚板自重标准值见表 14-32。

栏杆、挡脚板自重荷载标准值　　　　　表 14-32

| 类别 | 标准值（kN/m） |
| --- | --- |
| 栏杆、冲压钢脚手板挡板 | 0.16 |
| 栏杆、竹串片脚手板挡板 | 0.17 |
| 栏杆、木脚手板挡板 | 0.17 |

5) 脚手架上吊挂的安全设施自重荷载标准值

脚手架上吊挂的安全设施（安全网）的自重标准值应按实际情况采用，密目式安全立网自重荷载标准值不应低于 0.01kN/m²。

6) 模板支撑架永久荷载标准值的取值应符合下列规定：

① 模板及支架自重标准值，应根据模板设计与支架设计确定。架体自重可按实际计算确定，也可按表 14-8 采用。对一般梁板结构和无梁楼板结构模板的自重标准值，可按表 14-33 采用。

楼板模板自重荷载标准值（kN/m²）　　　　　表 14-33

| 模板类别 | 木模板 | 定型钢模板 |
| --- | --- | --- |
| 梁板模板（其中包括梁模板） | 0.50 | 0.75 |
| 无梁楼板模板（其中包括次楞） | 0.30 | 0.50 |
| 楼板模板及支架（楼层高度为 4m 以下） | 0.75 | 1.10 |

② 混凝土和钢筋的自重荷载标准值应根据混凝土和钢筋实际重力密度确定，对普通梁的钢筋混凝土自重荷载标准值可采用 25.5kN/m³，对普通板的钢筋混凝土自重荷载标准值可采用 25.1kN/m³。

7) 用于钢结构安装支撑结构架体及其他非模板支撑结构架体永久荷载标准值的取值应符合下列规定：

① 满堂脚手架与支撑架脚手架立杆承受的每米结构自重荷载标准值,可按表14-8采用。
② 主梁、次梁、支撑板等的自重。

8) 支撑架上可调托撑上(或架体施工层水平杆上)主梁、次梁、支撑板等自重应按实际计算。对于下列情况可按表14-34采用:

① 普通木质主梁(含 $\phi 48.3 \times 3.6$ mm 双钢管)、次梁,木支撑板。
② 型钢次梁自重不超过10号工字钢自重,型钢主梁自重不超过 $H100 \times 100 \times 6 \times 8$ 型钢自重,支撑板自重不超过木脚手板自重。

主梁、次梁及支撑板自重荷载标准值($kN/m^2$) 表14-34

| 类别 | 立杆间距(m) | |
|---|---|---|
| | $>0.75 \times 0.75$ | $\leqslant 0.75 \times 0.75$ |
| 木质主梁(含 $\phi 48.3 \times 3.6$ mm 双钢管)、次梁,木支撑板 | 0.6 | 0.85 |
| 型钢主梁、次梁,木支撑板 | 1.0 | 1.2 |

注:立杆间距 $l_a \times l_b$,其中 $l_a$(或 $l_b$)$>0.75$m, $l_b$(或 $l_a$)$\leqslant 0.75$m,取对应荷载大值。

9) 支撑脚手架上的建筑结构材料及堆放物等的自重应按实际计算。

10) 单、双排脚手架与一般满堂脚手架(作业)的作业层施工荷载标准值应根据实际情况确定,且不应低于表14-13的规定。

11) 用于支撑结构架体,支撑架的作业层上的施工荷载标准值应根据实际情况确定,且不应低于表14-14的规定。

12) 脚手架上振动、冲击物体应按物体自重乘以动力系数取值计入可变荷载标准值,动力系数可取值为1.35。

13) 风荷载

① 有关风荷载标准值按14.3.3.2-3-(1)的规定进行计算。
② 扣件式钢管脚手架的风荷载体型系数 $\mu_S$ 按式(14-52)计算:

$$\mu_S = 1.2\varphi(1-\eta^n)/(1-\eta) = 1.2\varphi(1+\eta+\eta^2+\eta^3+\cdots\cdots+\eta^{n-1}) \quad (14-52)$$

式中 $\mu_S$ ——风荷载体型系数;
$\varphi$ ——脚手架挡风系数;
$\eta$ ——修正系数,按表14-35采用。

对于敞开式双排脚手架风荷载体型系数 $\mu_S$ 按式(14-53-1)计算:

$$\mu_S = \mu_{stw} = 1.2\varphi(1+\eta) \quad (14-53-1)$$

对于敞开式单排脚手架风荷载体型系数 $\mu_S$ 按式(14-53-2)计算:

$$\mu_S = 1.2\varphi \quad (14-53-2)$$

系数 $\eta$ 表 表14-35

| $\varphi$ | $l_b/H \leqslant 1$ |
|---|---|
| $\leqslant 0.1$ | 1.00 |
| 0.2 | 0.85 |
| 0.3 | 0.66 |

注:$l_b$ 为脚手架立杆横距或宽度;$H$ 为脚手架高度。$\varphi$ 为挡风系数,$\varphi = 1.2A_n/A_w$,其中 $A_n$ 为挡风面积;$A_w$ 为迎风面积(轮廓面积)。

③ 敞开式单排、双排、满堂扣件式钢管脚手架与支撑架的挡风系数 $\varphi$ 按式（14-54）计算确定：

$$\varphi = \frac{1.2 A_n}{l_a \cdot h} \quad (14-54)$$

式中　1.2——节点面积增大系数；
　　　$A_n$——一步一纵距（跨）内钢管的总挡风面积 $A_n = (l_a + h + 0.325 l_a h) d$；
　　　$l_a$——立杆纵距（m）；
　　　$h$——步距（m）；
　　　0.325——脚手架立面每平方米内剪刀撑的平均长度；
　　　$d$——钢管外径（m）。

敞开式单排、双排、满堂脚手架与满堂支撑架的挡风系数 $\varphi$ 值，也可按表 14-36 取用。

敞开式单排、双排、满堂脚手架与满堂支撑架的挡风系数 $\varphi$ 值　　表 14-36

| 步距 (m) | 纵距（m） | | | | | | | | | | |
|---|---|---|---|---|---|---|---|---|---|---|---|
| | 0.4 | 0.6 | 0.75 | 0.9 | 1.0 | 1.2 | 1.3 | 1.35 | 1.5 | 1.8 | 2.0 |
| 0.6 | 0.260 | 0.212 | 0.193 | 0.180 | 0.173 | 0.164 | 0.160 | 0.158 | 0.154 | 0.148 | 0.144 |
| 0.75 | 0.241 | 0.192 | 0.173 | 0.161 | 0.154 | 0.144 | 0.141 | 0.139 | 0.135 | 0.128 | 0.125 |
| 0.90 | 0.228 | 0.180 | 0.161 | 0.148 | 0.141 | 0.132 | 0.128 | 0.126 | 0.122 | 0.115 | 0.112 |
| 1.05 | 0.219 | 0.171 | 0.151 | 0.138 | 0.132 | 0.122 | 0.119 | 0.117 | 0.113 | 0.106 | 0.103 |
| 1.20 | 0.212 | 0.164 | 0.144 | 0.132 | 0.125 | 0.115 | 0.112 | 0.110 | 0.106 | 0.099 | 0.096 |
| 1.35 | 0.207 | 0.158 | 0.139 | 0.126 | 0.120 | 0.110 | 0.106 | 0.105 | 0.100 | 0.094 | 0.091 |
| 1.50 | 0.202 | 0.154 | 0.135 | 0.122 | 0.115 | 0.106 | 0.102 | 0.100 | 0.096 | 0.090 | 0.086 |
| 1.6 | 0.200 | 0.152 | 0.132 | 0.119 | 0.113 | 0.103 | 0.100 | 0.098 | 0.094 | 0.087 | 0.084 |
| 1.80 | 0.1959 | 0.148 | 0.128 | 0.115 | 0.109 | 0.099 | 0.096 | 0.095 | 0.090 | 0.083 | 0.080 |
| 2.0 | 0.1927 | 0.144 | 0.125 | 0.112 | 0.106 | 0.096 | 0.092 | 0.091 | 0.086 | 0.080 | 0.077 |

④ 密目式安全立网全封闭脚手架挡风系数 $\varphi$ 不宜小于 0.8。这也是根据密目式安全立网网目密度不小于 2000 目/100cm² 计算而得。

（4）荷载设计值计算

荷载分项系数的取值应符合表 14-37 的规定。

荷载分项系数　　表 14-37

| 脚手架种类 | 验算项目 | 荷载分项系数 | |
|---|---|---|---|
| | | 永久荷载分项系数 $\gamma_G$ | 可变荷载分项系数 $\gamma_Q$ |
| 单、双排脚手架 | 强度、稳定性 | 1.3 | 1.5 |
| | 地基承载力 | 1.0 | 1.0 |
| | 挠度 | 1.0 | 0 |

续表

| 脚手架种类 | 验算项目 | 荷载分项系数 | | | |
|---|---|---|---|---|---|
| | | 永久荷载分项系数 $\gamma_G$ | | 可变荷载分项系数 $\gamma_Q$ | |
| 满堂脚手架 支撑架 | 强度、稳定性 | 1.3 | | 1.5 | |
| | 地基承载力 | 1.0 | | 1.0 | |
| | 挠度 | 1.0 | | 满堂脚手架（作业）取 1.0 | |
| | | | | 1.0（模板支撑系统取 0） | |
| | 倾覆 | 有利 | 0.9 | 有利 | 0 |
| | | 不利 | 1.3 | 不利 | 1.5 |

（5）荷载效应组合

1）对承载能力极限状态，应按荷载的基本组合计算荷载组合的效应设计值，并应按式（14-55）进行设计：

$$\gamma_0 S_d \leqslant R_d \tag{14-55}$$

式中　$\gamma_0$——结构重要性系数，对安全等级为Ⅰ级的脚手架按 1.1 采用，对安全等级为Ⅱ级的脚手架按 1.0 采用；

　　　$S_d$——荷载组合的效应设计值；

　　　$R_d$——架体结构或构件的抗力设计值。

2）脚手架结构及构配件承载能力极限状态设计时，应按下列规定采用荷载的基本组合：

① 双排脚手架荷载的基本组合应按表 14-38 的规定采用。

双排脚手架荷载的基本组合　　　　　　　　　表 14-38

| 计算项目 | 荷载的基本组合 |
|---|---|
| 水平杆及节点连接强度 | 永久荷载+施工荷载 |
| 立杆稳定承载力 | 永久荷载+施工荷载+$\psi_w$风荷载 |
| 连墙件强度、稳定承载力和连接强度 | 风荷载+$N_0$ |
| 立杆地基承载力 | 永久荷载+施工荷载 |

注：1. 表中的"+"仅表示各项荷载参与组合，而不表示代数相加；
2. 立杆稳定承载力计算在室内或无风环境不组合风荷载；
3. 强度计算项目包括连接强度计算；
4. $\psi_w$ 为风荷载组合值系数，取 0.6；
5. $N_0$ 为连墙件约束脚手架平面外变形所产生的轴力设计值。

② 满堂脚手架荷载的基本组合应按表 14-39 的规定采用。

满堂脚手架荷载的基本组合　　　　　　　　　表 14-39

| 计算项目 | 荷载的基本组合 |
|---|---|
| 满堂脚手架（构造一节点，用于作业）水平杆强度 | 永久荷载+施工荷载 |

续表

| 计算项目 | 荷载的基本组合 |
|---|---|
| 满堂脚手架（构造二节点、构造三节点，用于支撑系统）水平杆强度 | 永久荷载＋施工荷载＋$\psi_c$其他可变荷载 |
| 满堂脚手架（构造一节点，用于作业）立杆稳定承载力 | 永久荷载＋施工荷载＋$\psi_w$风荷载 |
| 满堂脚手架（构造二节点、构造三节点，用于支撑系统）立杆稳定承载力 | 永久荷载＋施工荷载＋$\psi_c$其他可变荷载＋$\psi_w$风荷载 |
| 立杆地基承载力 | 永久荷载＋施工荷载＋$\psi_c$其他可变荷载＋$\psi_w$风荷载 |
| 倾覆 | 永久荷载＋施工荷载及其他可变荷载＋风荷载 |

注：1. 同表14-38注1、注2、注3、注4；
  2. $\psi_c$为施工荷载及其他可变荷载组合值系数，取0.7；
  3. 立杆地基承载力计算在室内或无风环境不组合风荷载；
  4. 倾覆计算时，当可变荷载对抗倾覆有利时，抗倾覆荷载组合计算不计入可变荷载。

③ 支撑脚手架荷载的基本组合应按表14-40采用。

**支撑脚手架荷载的基本组合**            表14-40

| 计算项目 | 荷载的基本组合 |
|---|---|
| 水平杆强度 | 永久荷载＋施工荷载＋$\psi_c$其他可变荷载 |
| 立杆稳定承载力 | 永久荷载＋施工荷载＋$\psi_c$其他可变荷载＋$\psi_w$风荷载 |
| 立杆地基承载力 | 永久荷载＋施工荷载＋$\psi_c$其他可变荷载＋$\psi_w$风荷载 |
| 支撑脚手架倾覆 | 永久荷载＋施工荷载及其他可变荷载＋风荷载 |

注：同表14-39注。

3）脚手架结构及构配件正常使用极限状态设计时，应按表14-41的规定采用荷载的标准组合。

**脚手架荷载的标准组合**            表14-41

| 计算项目 | 荷载标准组合 |
|---|---|
| 双排脚手架水平杆挠度<br>满堂脚手架（作业）水平杆挠度 | 永久荷载＋施工荷载 |
| 悬挑脚手架水平型钢悬挑梁挠度 | 永久荷载 |
| 满堂脚手架（构造二节点、构造三节点，用于支撑系统）水平杆挠度<br>支撑架脚手架水平杆挠度 | 永久荷载 |

**2. 脚手架设计计算**

(1) 基本设计规定

1）脚手架的承载能力应按概率极限状态设计法的要求，采用分项系数设计表达式进行设计。

2）计算构件的强度、稳定性与连接强度时，应采用荷载效应基本组合的设计值。

3）脚手架中的受弯构件，尚应根据正常使用极限状态的要求验算变形。验算构件变形时，应采用荷载效应的标准组合的设计值，各类荷载分项系数均应取1.0。

4) 当纵向或横向水平杆的轴线对立杆轴线的偏心距不大于 55mm 时，立杆稳定性计算中可不考虑此偏心距的影响。

5) 钢材的强度设计值与弹性模量应按表 14-42 采用。

钢材的强度设计值与弹性模量（N/mm²）　　　　表 14-42

| 项目 | 数值 |
| --- | --- |
| Q235 钢抗拉、抗压和抗弯强度设计值 $f$ | 205 |
| 弹性模量 $E$ | $2.06×10^5$ |

6) 扣件、底座、可调托撑的承载力设计值应按表 14-43 采用。

扣件、底座、可调托撑的承载力设计值（kN）　　　　表 14-43

| 项目 | 承载力设计值 |
| --- | --- |
| 对接扣件（抗滑） | 3.20 |
| 直角扣件、旋转扣件（单扣件抗滑） | 8.00 |
| 直角扣件双扣件抗滑 | 12.00 |
| 直角扣件三扣件抗滑 | 18.00 |
| 直角扣件（单扣件抗破坏） | 20.00 |
| 构造三节点扣件（双扣件）抗破坏 | 33.00 |
| 底座（抗压）、可调托撑（抗压） | 40.00 |

注：加强型节点（构造）为加强型满堂脚手架节点（构造）。

7) 受弯构件的挠度不应超过表 14-44 中规定的容许值。

受弯构件的容许挠度　　　　表 14-44

| 构件类别 | 容许挠度 [$v$] |
| --- | --- |
| 脚手板，脚手架纵向、横向水平杆 | $l/150$ 与 10mm 取较小值 |
| 脚手架悬挑受弯杆件 | $l/400$ |
| 型钢悬挑脚手架悬挑钢梁 | $l/250$ |
| 模板支架受弯构件 | $l/400$ |

注：$l$ 为受弯构件的跨度，对悬挑杆件为其悬伸长度的 2 倍。

8) 受压、受拉构件的长细比不应超过表 14-45 中规定的容许值。

受压、受拉构件的容许长细比　　　　表 14-45

| 构件类别 | | 容许长细比 [$\lambda$] |
| --- | --- | --- |
| 立杆 | 双排架<br>满堂脚手架（构造二、三节点）<br>满堂支撑架 | 210 |
| | 单排架 | 230 |
| | 满堂脚手架（构造一节点） | 250 |
| 横向斜撑、剪刀撑中的压杆 | | 250 |
| 拉杆 | | 350 |

9) 脚手架应按正常搭设和正常使用条件进行设计，可不计入短暂作用、偶然作用、地震荷载作用。

(2) 单、双排脚手架计算

1) 纵向、横向水平杆的抗弯强度应按式 (14-56) 计算：

$$\sigma = \frac{M}{W} \leqslant f \tag{14-56}$$

式中　$\sigma$——弯曲正应力；

$M$——弯矩设计值（N·mm），按式 (14-57) 计算；

$W$——截面模量（mm³），应按表 14-27 采用；

$f$——钢材的抗弯强度设计值（N/mm²），应按表 14-12 采用。

2) 纵向、横向水平杆弯矩设计值，应按式 (14-57) 计算：

$$M = 1.3 M_{Gk} + 1.5 M_{Qk} \tag{14-57}$$

式中　$M_{Gk}$——脚手板自重产生的弯矩标准值（kN·m）；

$M_{Qk}$——施工荷载产生的弯矩标准值（kN·m）。

3) 纵向、横向水平杆（或受弯构件）的挠度应符合下式规定：

$$v \leqslant [v] \tag{14-58}$$

式中　$v$——挠度（mm）；

$[v]$——容许挠度，应按表 14-44 采用。

4) 计算纵向、横向水平杆的内力与挠度时，纵向水平杆宜按三跨连续梁计算，计算跨度取立杆纵距 $l_a$；横向水平杆宜按简支梁计算，计算跨度 $l_0$ 可按图 14-11 采用。

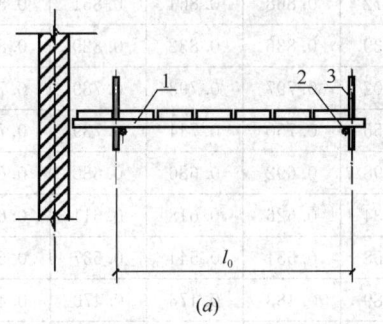
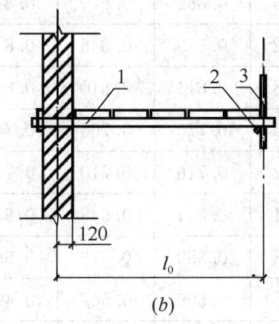

图 14-11　横向水平杆计算跨度
(a) 双排脚手架；(b) 单排脚手架
1—横向水平杆；2—纵向水平杆；3—立杆

5) 纵向或横向水平杆与立杆连接时，其扣件的抗滑承载力应符合下式规定；扣件的抗滑承载力按式 (14-59) 计算：

$$R \leqslant R_C \tag{14-59}$$

式中　$R$——纵向或横向水平杆传给立杆的竖向作用力设计值；

$R_C$——扣件抗滑承载力设计值，应按表 14-43 采用。

6) 立杆的稳定性应按式 (14-60)、式 (14-61) 计算：

不组合风荷载时：
$$\frac{\gamma_0 N}{\varphi A} \leqslant f \quad (14\text{-}60)$$

组合风荷载时：
$$\frac{\gamma_0 N}{\varphi A} + \frac{\gamma_0 M_w}{W} \leqslant f \quad (14\text{-}61)$$

式中 $N$——计算立杆段的轴向力设计值（N），应按式（14-62）计算；

$\varphi$——轴心受压构件的稳定系数，应根据长细比 $\lambda$ 由表 14-46 取值；

$\lambda$——长细比，$\lambda = \dfrac{l_o}{i}$；

$l_o$——计算长度（mm），应按式（14-63）计算；

$i$——截面回转半径（mm），可按表 14-27 采用；

$A$——立杆的截面面积（$mm^2$），可按表 14-27 采用；

$M_w$——计算立杆段由风荷载设计值产生的弯矩（N·mm），可按式（14-64）、式（14-65）进行计算；

$f$——钢材的抗压强度设计值（$N/mm^2$），应按表 14-42 采用。

**轴心受压构件的稳定系数 $\varphi$（Q235 钢）**　　　表 14-46

| $\lambda$ | 0 | 1 | 2 | 3 | 4 | 5 | 6 | 7 | 8 | 9 |
|---|---|---|---|---|---|---|---|---|---|---|
| 0 | 1.000 | 0.997 | 0.995 | 0.992 | 0.989 | 0.987 | 0.984 | 0.981 | 0.979 | 0.976 |
| 10 | 0.974 | 0.971 | 0.968 | 0.966 | 0.963 | 0.960 | 0.958 | 0.955 | 0.952 | 0.949 |
| 20 | 0.947 | 0.944 | 0.941 | 0.938 | 0.936 | 0.933 | 0.930 | 0.927 | 0.924 | 0.921 |
| 30 | 0.918 | 0.915 | 0.912 | 0.909 | 0.906 | 0.903 | 0.899 | 0.896 | 0.893 | 0.889 |
| 40 | 0.886 | 0.882 | 0.879 | 0.875 | 0.872 | 0.868 | 0.864 | 0.861 | 0.858 | 0.855 |
| 50 | 0.852 | 0.849 | 0.846 | 0.843 | 0.839 | 0.836 | 0.832 | 0.829 | 0.825 | 0.822 |
| 60 | 0.818 | 0.814 | 0.810 | 0.806 | 0.802 | 0.797 | 0.793 | 0.789 | 0.784 | 0.779 |
| 70 | 0.775 | 0.770 | 0.765 | 0.760 | 0.755 | 0.750 | 0.744 | 0.739 | 0.733 | 0.728 |
| 80 | 0.722 | 0.716 | 0.710 | 0.704 | 0.698 | 0.692 | 0.686 | 0.680 | 0.673 | 0.667 |
| 90 | 0.661 | 0.654 | 0.648 | 0.641 | 0.634 | 0.626 | 0.618 | 0.611 | 0.603 | 0.595 |
| 100 | 0.588 | 0.580 | 0.573 | 0.566 | 0.558 | 0.551 | 0.544 | 0.537 | 0.530 | 0.523 |
| 110 | 0.516 | 0.509 | 0.502 | 0.496 | 0.489 | 0.483 | 0.476 | 0.470 | 0.464 | 0.458 |
| 120 | 0.452 | 0.446 | 0.440 | 0.434 | 0.428 | 0.423 | 0.417 | 0.412 | 0.406 | 0.401 |
| 130 | 0.396 | 0.391 | 0.386 | 0.381 | 0.376 | 0.371 | 0.367 | 0.362 | 0.357 | 0.353 |
| 140 | 0.349 | 0.344 | 0.340 | 0.336 | 0.332 | 0.328 | 0.324 | 0.320 | 0.316 | 0.312 |
| 150 | 0.308 | 0.305 | 0.301 | 0.298 | 0.294 | 0.291 | 0.287 | 0.284 | 0.281 | 0.277 |
| 160 | 0.274 | 0.271 | 0.268 | 0.265 | 0.262 | 0.259 | 0.256 | 0.253 | 0.251 | 0.248 |
| 170 | 0.245 | 0.243 | 0.240 | 0.237 | 0.235 | 0.232 | 0.230 | 0.227 | 0.225 | 0.223 |
| 180 | 0.220 | 0.218 | 0.216 | 0.214 | 0.211 | 0.209 | 0.207 | 0.205 | 0.203 | 0.201 |
| 190 | 0.199 | 0.197 | 0.195 | 0.193 | 0.191 | 0.189 | 0.188 | 0.186 | 0.184 | 0.182 |
| 200 | 0.180 | 0.179 | 0.177 | 0.175 | 0.174 | 0.172 | 0.171 | 0.169 | 0.167 | 0.166 |
| 210 | 0.164 | 0.163 | 0.161 | 0.160 | 0.159 | 0.157 | 0.156 | 0.154 | 0.153 | 0.152 |

续表

| λ | 0 | 1 | 2 | 3 | 4 | 5 | 6 | 7 | 8 | 9 |
|---|---|---|---|---|---|---|---|---|---|---|
| 220 | 0.150 | 0.149 | 0.148 | 0.146 | 0.145 | 0.144 | 0.143 | 0.141 | 0.140 | 0.139 |
| 230 | 0.138 | 0.137 | 0.136 | 0.135 | 0.133 | 0.132 | 0.131 | 0.130 | 0.129 | 0.128 |
| 240 | 0.127 | 0.126 | 0.125 | 0.124 | 0.123 | 0.122 | 0.121 | 0.120 | 0.119 | 0.118 |
| 250 | 0.117 | — | — | — | — | — | — | — | — | — |

注：当 $\lambda > 250$ 时，$\varphi = \dfrac{7320}{\lambda^2}$。

另外，高度超过 50m 的脚手架，采用双管立杆（或双管高取架高的 2/3）搭设的，则双管立杆变截面处主立杆上部单根立杆的稳定性，也可按式（14-60）或式（14-61）进行计算。双管底部也应进行稳定性计算。

7) 计算立杆段的轴向力设计值 $N$，应按下列公式计算：

$$N = 1.3\sum N_{G1k} + 1.5\sum N_{Q1k} \tag{14-62}$$

式中 $\sum N_{G1k}$ ——立杆由架体结构及构配件自重产生的轴向力标准值总和；

$\sum N_{Q1k}$ ——立杆由施工荷载产生的轴向力标准值总和，内、外立杆各按一纵距内施工荷载总和的 1/2 取值。

8) 立杆计算长度 $l_0$ 应按下式计算：

$$l_0 = k\mu h \tag{14-63}$$

式中 $k$ ——立杆计算长度附加系数，其值取 1.155，当验算立杆允许长细比时，取 $k = 1$；

$\mu$ ——考虑单、双排脚手架整体稳定因素的单杆计算长度系数，按表 14-47 采用；

$h$ ——步距。

**单、双排脚手架立杆的计算长度系数 $\mu$** 　　　　表 14-47

| 类别 | 立杆横距（m） | 连墙件布置 | |
|---|---|---|---|
| | | 二步三跨 | 三步三跨 |
| 双排架 | 1.05 | 1.50 | 1.70 |
| | 1.30 | 1.55 | 1.75 |
| | 1.55 | 1.60 | 1.80 |
| 单排架 | ≤1.50 | 1.80 | 2.00 |

9) 单、双排脚手架立杆由风荷载产生的弯矩设计值可按式（14-64）计算：

$$M_W = 1.5 \times 0.6 M_{Wk} \tag{14-64}$$

$$M_{Wk} = 0.05\xi w_k l_a H_c^2 \tag{14-65}$$

式中 $M_W$ ——立杆由风荷载产生的弯矩设计值（N·mm）；

$M_{Wk}$ ——立杆由风荷载产生的弯矩标准值（N·mm）；

$\xi$ ——弯矩折减系数，当连墙件设置为二步距时，取 0.6；当连墙件设置为三步距时，取 0.4；

$w_k$ ——风荷载标准值（N/mm²），按 14.4.1.2-1-(3)-11) 的规定计算；

$l_a$ ——立杆纵距（mm）；

$H_c$——连墙件间竖向垂直距离（mm）。

10) 单、双排脚手架立杆稳定性计算部位应为最不利杆件部位。

11) 单、双排脚手架允许搭设高度 $[H]$ 应按下列公式计算，并应取较小值。

不组合风荷载时：

$$[H] = \frac{\varphi A f/\gamma_0 - (1.3 N_{Gk2} + 1.5 \Sigma N_{Q1k})}{1.3 g_k} \quad (14\text{-}66)$$

组合风荷载时：

$$[H] = \frac{\varphi A f/\gamma_0 - (1.3 N_{Gk2} + 1.5 \Sigma N_{Q1k} + \varphi A M_w/W)}{1.3 g_k} \quad (14\text{-}67)$$

式中　$[H]$——脚手架允许搭设高度（m）；
　　　$N_{Gk2}$——构配件自重产生的轴向力标准值；
　　　$g_k$——立杆承受的每米结构自重标准值（kN/m），可按表 14-8 采用。

12) 连墙件杆件的强度及稳定按 14.3.4.4-1 的有关规定进行计算。

其中，由风荷载产生的连墙件的轴向力设计值可按式（14-68）计算：

$$N_{lw} = 1.5 \cdot w_k \cdot A_w \quad (14\text{-}68)$$

式中　$A_w$——单个连墙件所覆盖的脚手架外侧面的迎风面积，等于连墙件竖向间距与水平间距乘积。

当采用钢管扣件做连墙件时，扣件抗滑承载力的验算，应满足下式要求：

$$N_l \leqslant R_c \quad (14\text{-}69)$$

式中　$R_c$——扣件抗滑承载力设计值。

(3) 满堂脚手架计算

1) 满堂脚手架顶部施工层荷载通过水平杆传递给立杆。满堂脚手架根据节点不同设置分为构造一节点（图 14-26）、构造二节点（图 14-27）及构造三节点（图 14-28）三种形式，其节点构造设置应符合 14.4.1.3-9-(1) 的相应构造要求。

2) 满堂脚手架立杆稳定性验算的规定：

① 当无风荷载时，应按式（14-60）进行验算，立杆的轴力设计值可按式（14-70）、式（14-71）计算；对于构造一节点满堂脚手架（作业），立杆的轴力设计值可按式（14-70）计算，不考虑 $\Sigma N_{G2k}$、$\Sigma N_{Q2k}$ 项。

② 当有风荷载时，应分别按式（14-60）、式（14-61）验算，并应同时满足稳定性要求。立杆的轴力设计值和弯矩设计值应符合下列规定：

a. 当按式（14-60）计算时，立杆的轴力设计值应按式（14-71）计算。对于构造一节点满堂脚手架（作业），立杆的轴力设计值应按式（14-71）计算，不考虑 $\Sigma N_{G2k}$、$\Sigma N_{Q2k}$ 项。

b. 当按式（14-61）计算时，立杆的轴力设计值应按式（14-70）计算；立杆由风荷载产生的弯矩设计值，可按式（14-34）进行计算。对于构造一节点满堂脚手架（作业），立杆的轴力设计值按式（14-70）计算，不考虑 $\Sigma N_{G2k}$、$\Sigma N_{Q2k}$ 项。

③ 立杆轴心受压稳定系数，应根据立杆计算长度确定的长细比，按表 14-46 取值。

3) 满堂脚手架立杆的轴力设计值计算，应符合下列规定：

① 不组合由风荷载产生的附加轴力时，应按下列公式计算：

$$N = 1.3(\sum N_{G1k} + \sum N_{G2k}) + 1.5(\sum N_{Q1k} + 0.7\sum N_{Q2k}) \tag{14-70}$$

② 组合由风荷载产生的附加轴力时，应按下列公式计算：

$$N = 1.3(\sum N_{G1k} + \sum N_{G2k}) + 1.5(\sum N_{Q1k} + 0.7\sum N_{Q2k} + 0.6 N_{Wk}) \tag{14-71}$$

式中 $\sum N_{G1k}$ ——立杆由架体结构及构配件自重产生的轴力标准值总和；

$\sum N_{G2k}$ ——用于模板支撑结构架体（或模板支撑架）：架体立杆由模板及支撑梁自重和混凝土及钢筋自重产生的轴力标准值总和；用于钢结构安装支撑结构架体及其他非模板支撑结构架体：架体立杆由架体上主梁、次梁、支撑板等的自重，架体上的建筑结构材料及堆放物等的自重产生的轴力标准值总和；

$\sum N_{Q1k}$ ——立杆由施工荷载产生的轴向力标准值总和，可按所选取计算部位立杆负荷面积计算；

$\sum N_{Q2k}$ ——立杆由其他可变荷载产生的轴向力标准值总和；

$N_{Wk}$ ——满堂脚手架（或满堂支撑架）立杆由风荷载产生的最大附加轴力标准值，按式（14-38）进行计算。

4）除满堂脚手架用于模板支撑结构架体以外，室外搭设的满堂脚手架在立杆轴向力设计值计算时，应计入由风荷载产生的立杆附加轴向力，但当同时满足表 14-24 中某一序号条件时，可不计入由风荷载产生的立杆附加轴向力。

5）立杆稳定性计算部位应为最不利杆件部位，且应符合下列规定：

① 当满堂脚手架采用相同的步距、立杆纵距、立杆横距时，应计算底层立杆段。

② 当架体的步距、立杆纵距、立杆横距有变化时，除计算底层立杆段外，还必须对出现最大步距、最大立杆纵距、立杆横距等部位的立杆段进行验算。

③ 当架体上有集中荷载作用时，尚应计算集中荷载作用范围内受力最大的立杆段。

6）满堂脚手架立杆的计算长度可按下式进行计算：

$$l_o = k\mu h \tag{14-72}$$

式中 $k$ ——满堂脚手架立杆计算长度附加系数，应按表 14-48、表 14-49 采用；

$h$ ——步距；

$\mu$ ——考虑满堂脚手整体稳定因素的单杆计算长度系数，应按表 14-50、表 14-51、表 14-52 采用。

构造一节点满堂脚手架（作业）计算长度附加系数 $k$　　　表 14-48

| 高度 $H$（m） | $H \leqslant 20$ | $20 < H \leqslant 30$ | $30 < H \leqslant 36$ |
|---|---|---|---|
| $k$ | 1.155 | 1.191 | 1.204 |

注：当验算立杆允许长细比时，取 $k=1$。

构造二节点、构造三节点满堂脚手架（用于支撑结构的架体）计算长度附加系数 $k$　　　表 14-49

| 高度 $H$（m） | $H \leqslant 8$ | $8 < H \leqslant 10$ | $10 < H \leqslant 20$ | $20 < H \leqslant 30$ |
|---|---|---|---|---|
| $k$ | 1.155 | 1.185 | 1.217 | 1.291 |

注：当验算立杆允许长细比时，取 $k=1$。

构造一节点满堂脚手架（作业）立杆计算长度系数 μ    表 14-50

| 步距（m） | 高宽比不大于 2 |
|---|---|
| 1.8 | 1.98 |
| 1.5 | 2.208 |
| 1.2 | 2.627 |
| 0.9 | 3.324 |

注：1. 步距两级之间计算长度系数按线性插入值。
2. 满堂脚手架高宽比大于 2 且不大于 3 时，应采用设置连墙件与建筑结构拉结措施，且应符合 14.4.1.3 相应构造规定，或立杆的稳定性计算时，对承载力乘以 0.85 折减系数。
3. 立杆间距不大于 0.9m×0.9m，最少跨数不应小于 5；立杆间距大于 0.9m×0.9m，最少跨数不应小于 4。

构造二节点满堂脚手架（用于支撑结构架体）的单杆计算长度系数 μ    表 14-51

| 步距（m） | 高宽比不大于 2 |
|---|---|
| 1.8 | 1.804 |
| 1.5 | 2.027 |
| 1.2 | 2.387 |
| 0.9 | 2.987 |
| 0.6 | 4.24 |

注：同表 14-50 注。

构造三节点满堂脚手架（用于支撑结构的架体）单杆计算长度系数 μ    表 14-52

| 步距（m） | 高宽比不大于 2 |
|---|---|
| 1.8 | 1.636 |
| 1.5 | 1.835 |
| 1.2 | 2.147 |
| 0.9 | 2.684 |
| 0.6 | 3.813 |

注：同表 14-50 注。

7）构造节点一满堂脚手架（作业）纵、横水平杆计算按 14.4.1.2-2-(2)-1)～4) 的规定。一般型满堂脚手架与加强型满堂脚手架纵、横水平杆等受弯杆件计算应符合前述 14.4.1.2-2-(2)-1)、14.4.1.2-2-(2)-3)、4) 的规定。

8）构造节点二满堂脚手架与构造节点三满堂脚手架受弯杆件的强度按式（14-56）计算，但弯矩设计值应按下式计算：

$$M = 1.3\sum M_{Gk} + 1.5\sum M_{Qk} \tag{14-73}$$

式中　$M$——满堂脚手架（或支撑架）受弯杆件弯矩设计值（N·mm）；

$\sum M_{Gk}$——满堂脚手架（或支撑架）受弯杆件由永久荷载产生的弯矩标准值总和（N·mm）；

$\sum M_{Qk}$——满堂脚手架（或支撑架）受弯杆件可变荷载产生的弯矩标准值总和（N·mm）。

9) 当构造节点—满堂脚手架（作业）立杆间距不大于 1.5m×1.5m，架体四周及中间与建筑物结构进行刚性连接，并且刚性连接点的水平间距不大于 4.5m，竖向间距不大于 3.6m 时，可按本节双排脚手架的规定进行计算。

10) 在水平风荷载作用下，满堂脚手架（或支撑架）的抗倾覆承载力应符合式（14-39）的要求。

(4) 满堂支撑架计算

1) 满堂支撑架顶部施工层荷载应通过立杆顶部设置的可调托撑传递给立杆。

2) 满堂支撑架根据剪刀撑的不同设置分为普通型构造与加强型构造，其构造设置应符合 14.4.1.3-10-(3) 的有关规定。

3) 满堂支撑架立杆稳定性验算，计算立杆段的轴向力设计值 $N$，满堂支撑架在风荷载作用下计算单元立杆产生的附加轴力，以及风荷载作用在满堂支撑架上产生的倾覆力矩标准值计算应符合 14.4.1.2-2-(3) 的相应规定。

4) 除混凝土模板支撑脚手架以外，室外搭设的满堂支撑架在立杆轴向力设计值计算时，应计入由风荷载产生的立杆附加轴向力，但当同时满足表 14-24 中某一序号条件时，可不计入由风荷载产生的立杆附加轴向力。

5) 立杆稳定性计算部位应为最不利杆件部位，且应符合下列规定：

① 当满堂支撑架采用相同的步距、立杆纵距、立杆横距时，应计算底层与顶层立杆段；

② 当架体的步距、立杆纵距、立杆横距有变化时，除计算底层立杆段外，还必须对出现最大步距、最大立杆纵距、立杆横距等部位的立杆段进行验算；

③ 当架体上有集中荷载作用时，尚应计算集中荷载作用范围内受力最大的立杆段。

6) 满堂支撑架立杆的计算长度应按下式计算，取整体稳定计算结果最不利值：

顶部立杆段：
$$l_0 = k\mu_1(h + 2a) \tag{14-74}$$

非顶部立杆段：
$$l_0 = k\mu_2 h \tag{14-75}$$

式中 $k$——满堂支撑架计算长度附加系数，应按表 14-53 采用；

$h$——步距；

$a$——立杆伸出顶层水平杆中心线至支撑点的长度，应不大于 0.5m，当 0.2m<$a$<0.5m 时，承载力可按线性插入值；

$\mu_1$、$\mu_2$——考虑满堂支撑架整体稳定因素的单杆计算长度系数，普通型构造应按表 14-54、表 14-56 采用；加强型构造应按表 14-55、表 14-57 采用。

7) 满堂支撑架受弯杆件的强度可按本章 14.4.1.2-2-(3)-8) 的公式计算；纵、横水平杆等受弯杆件可按本章 14.4.1.2-2-(2)-3)、14.4.1.2-2-(2)-4) 进行计算。

满堂支撑架计算长度附加系数 $k$ 表 14-53

| 高度 $H$ (m) | $H \leqslant 8$ | $8 < H \leqslant 10$ | $10 < H \leqslant 20$ | $20 < H \leqslant 30$ |
|---|---|---|---|---|
| $k$ | 1.155 | 1.185 | 1.217 | 1.291 |

注：当验算立杆允许长细比时，取 $k=1$。

满堂支撑架（剪刀撑设置普通型）立杆计算长度系数 $\mu_1$    表 14-54

| 步距 (m) | 立杆间距 (m) | | | | | | | | | | | |
|---|---|---|---|---|---|---|---|---|---|---|---|---|
| | 1.2×1.2 | | 1.0×1.0 | | 0.9×0.9 | | 0.75×0.75 | | 0.6×0.6 | | ≤0.4×0.4 | |
| | 高宽比不大于2 | | 高宽比不大于2 | | 高宽比不大于2 | | 高宽比不大于2 | | 高宽比不大于2 | | 高宽比不大于2 | |
| | 最少跨数4 | | 最少跨数4 | | 最少跨数5 | | 最少跨数5 | | 最少跨数5 | | 最少跨数8 | |
| | $a=0.5$ (m) | $a=0.2$ (m) | $a=0.5$ (m) | $a=0.2$ (m) | $a=0.5$ (m) | $a=0.2$ (m) | $a=0.5$ (m) | $a=0.2$ (m) | $a=0.5$ (m) | $a=0.2$ (m) | $a=0.5$ (m) | $a=0.2$ (m) |
| 1.8 | 1.165 | 1.432 | 1.165 | 1.432 | 1.131 | 1.388 | 1.131 | 1.388 | 1.131 | 1.388 | 1.131 | 1.388 |
| 1.5 | 1.298 | 1.649 | 1.241 | 1.574 | 1.215 | 1.540 | 1.215 | 1.540 | 1.215 | 1.540 | 1.215 | 1.540 |
| 1.2 | 1.403 | 1.869 | 1.352 | 1.799 | 1.301 | 1.719 | 1.257 | 1.669 | 1.257 | 1.669 | 1.257 | 1.669 |
| 0.9 | 1.532 | 2.153 | 1.532 | 2.153 | 1.473 | 2.066 | 1.422 | 2.005 | 1.422 | 2.005 | 1.422 | 2.005 |
| 0.6 | 1.699 | 2.622 | 1.699 | 2.622 | 1.699 | 2.622 | 1.629 | 2.526 | 1.629 | 2.526 | 1.629 | 2.526 |

注：1. 步距两级之间计算长度系数按线性插入值。
2. 立杆间距两级之间，纵向间距与横向间距不同时，计算长度系数按较大间距对应的计算长度系数取值。立杆间距两级之间值，计算长度系数取两级对应的较大的 $\mu$ 值。要求步距、高宽比相同。
3. 立杆间距 0.9m×0.6m 计算长度系数，同立杆间距 0.75m×0.75m 计算长度系数，高宽比不变，最小宽度 4.2m。
4. 高宽比大于2且不大于3时应符合 14.4.1.3 相应构造规定，或立杆的稳定性计算时，对承载力乘以 0.85 的折减系数。

满堂支撑架（剪刀撑设置加强型）立杆计算长度系数 $\mu_1$    表 14-55

| 步距 (m) | 立杆间距 (m) | | | | | | | | | | | |
|---|---|---|---|---|---|---|---|---|---|---|---|---|
| | 1.2×1.2 | | 1.0×1.0 | | 0.9×0.9 | | 0.75×0.75 | | 0.6×0.6 | | ≤0.4×0.4 | |
| | 高宽比不大于2 | | 高宽比不大于2 | | 高宽比不大于2 | | 高宽比不大于2 | | 高宽比不大于2 | | 高宽比不大于2 | |
| | 最少跨数4 | | 最少跨数4 | | 最少跨数5 | | 最少跨数5 | | 最少跨数5 | | 最少跨数8 | |
| | $a=0.5$ (m) | $a=0.2$ (m) | $a=0.5$ (m) | $a=0.2$ (m) | $a=0.5$ (m) | $a=0.2$ (m) | $a=0.5$ (m) | $a=0.2$ (m) | $a=0.5$ (m) | $a=0.2$ (m) | $a=0.5$ (m) | $a=0.2$ (m) |
| 1.8 | 1.099 | 1.355 | 1.059 | 1.305 | 1.031 | 1.269 | 1.031 | 1.269 | 1.031 | 1.269 | 1.031 | 1.269 |
| 1.5 | 1.174 | 1.494 | 1.123 | 1.427 | 1.091 | 1.386 | 1.091 | 1.386 | 1.091 | 1.386 | 1.091 | 1.386 |
| 1.2 | 1.269 | 1.685 | 1.233 | 1.636 | 1.204 | 1.596 | 1.168 | 1.546 | 1.168 | 1.546 | 1.168 | 1.546 |
| 0.9 | 1.377 | 1.940 | 1.377 | 1.940 | 1.352 | 1.903 | 1.285 | 1.806 | 1.285 | 1.806 | 1.285 | 1.806 |
| 0.6 | 1.556 | 2.395 | 1.556 | 2.395 | 1.556 | 2.395 | 1.477 | 2.284 | 1.477 | 2.284 | 1.477 | 2.284 |

注：同表 14-54。

满堂支撑架（剪刀撑设置普通型）立杆计算长度系数 $\mu_2$    表 14-56

| 步距 (m) | 立杆间距 (m) | | | | | |
|---|---|---|---|---|---|---|
| | 1.2×1.2 | 1.0×1.0 | 0.9×0.9 | 0.75×0.75 | 0.6×0.6 | ≤0.4×0.4 |
| | 高宽比不大于2 | 高宽比不大于2 | 高宽比不大于2 | 高宽比不大于2 | 高宽比不大于2 | 高宽比不大于2 |
| | 最少跨数4 | 最少跨数4 | 最少跨数5 | 最少跨数5 | 最少跨数5 | 最少跨数8 |
| 1.8 | 1.750 | 1.750 | 1.697 | 1.697 | 1.697 | 1.697 |
| 1.5 | 2.089 | 1.993 | 1.951 | 1.951 | 1.951 | 1.951 |

续表

| 步距<br>(m) | 立杆间距 (m) | | | | | |
|---|---|---|---|---|---|---|
| | 1.2×1.2<br>高宽比不大于2<br>最少跨数4 | 1.0×1.0<br>高宽比不大于2<br>最少跨数4 | 0.9×0.9<br>高宽比不大于2<br>最少跨数5 | 0.75×0.75<br>高宽比不大于2<br>最少跨数5 | 0.6×0.6<br>高宽比不大于2<br>最少跨数5 | ≤0.4×0.4<br>高宽比不大于2<br>最少跨数8 |
| 1.2 | 2.492 | 2.399 | 2.292 | 2.225 | 2.225 | 2.225 |
| 0.9 | 3.109 | 3.109 | 2.985 | 2.896 | 2.896 | 2.896 |
| 0.6 | 4.371 | 4.371 | 4.371 | 4.211 | 4.211 | 4.211 |

注：同表14-54。

**满堂支撑架（剪刀撑设置加强型）立杆计算长度系数 $\mu_2$**　　　　表14-57

| 步距<br>(m) | 立杆间距 (m) | | | | | |
|---|---|---|---|---|---|---|
| | 1.2×1.2<br>高宽比不大于2<br>最少跨数4 | 1.0×1.0<br>高宽比不大于2<br>最少跨数4 | 0.9×0.9<br>高宽比不大于2<br>最少跨数5 | 0.75×0.75<br>高宽比不大于2<br>最少跨数5 | 0.6×0.6<br>高宽比不大于2<br>最少跨数5 | ≤0.4×0.4<br>高宽比不大于2<br>最少跨数8 |
| 1.8 | 1.656 | 1.595 | 1.551 | 1.551 | 1.551 | 1.551 |
| 1.5 | 1.893 | 1.808 | 1.755 | 1.755 | 1.755 | 1.755 |
| 1.2 | 2.247 | 2.181 | 2.128 | 2.062 | 2.062 | 2.062 |
| 0.9 | 2.802 | 2.802 | 2.749 | 2.608 | 2.608 | 2.608 |
| 0.6 | 3.991 | 3.991 | 3.991 | 3.806 | 3.806 | 3.806 |

注：同表14-54。

8) 当满堂支撑架小于4跨时，宜设置连墙件将架体与建筑结构刚性连接。当架体未设置连墙件与建筑结构刚性连接，立杆计算长度系数 $\mu$ 按表14-54～表14-57采用时，应符合如下规定：

① 支撑架高度不应超过一个建筑楼层高度，且不应超过5.2m。

② 架体上永久荷载与可变荷载（不含风荷载）总和标准值不应大于7.5kN/m²。

③ 架体上永久荷载与可变荷载（不含风荷载）总和的均布线荷载标准值不应大于7kN/m。

9) 在水平风荷载作用下，满堂支撑架的抗倾覆承载力按式（14-39）进行验算。

(5) 脚手架地基承载力计算

1) 立杆基础底面的平均压力应满足下式的要求：

$$P_k = \frac{N_k}{A} \leq f_g \tag{14-76}$$

式中　$P_k$——立杆基础底面处的平均压力标准值（kPa）；

　　　$N_k$——上部结构传至立杆基础顶面的轴向力标准值（kN）；

　　　$A$——基础底面面积（m²）；

　　　$f_g$——地基承载力特征值（kPa）。

2) 地基承载力特征值的取值应符合下列规定：

① 当为天然地基时，应按地质勘察报告选用；当为回填土地基时，应对地质勘察报

告提供的回填土地基承载力特征值乘以折减系数 0.4。

② 由载荷试验或工程经验确定。

③ 对搭设在楼面等建筑结构上的脚手架,应对支撑架体的建筑结构进行承载力验算,当不能满足承载力要求时应采取可靠的加固措施。

#### 14.4.1.3 构造要求

1. 常用单、双排脚手架设计尺寸

(1) 常用密目式安全网全封闭单、双排脚手架结构的设计尺寸,可按表 14-58、表 14-59 采用。双排脚手架的构造情况示于图 14-12 中。

常用密目式安全立网全封闭式双排脚手架的设计尺寸 (m)　　表 14-58

| 连墙件设置 | 立杆横距 $l_b$ (m) | 步距 $h$ (m) | 下列荷载时的立杆纵距 $l_a$ (m) | | | 脚手架允许搭设高度 [H] |
|---|---|---|---|---|---|---|
| | | | 2+0.35 (kN/m²) | 3+0.35 (kN/m²) | 2+2+2×0.35 (kN/m²) | |
| 二步三跨 | 1.05 | 1.5 | 2.0 | 1.5 | 1.5 | 50 |
| | | 1.80 | 1.8 | 1.5 | 1.5 | 32 |
| | 1.30 | 1.5 | 1.8 | 1.5 | 1.5 | 50 |
| | | 1.80 | 1.8 | 1.5 | 1.2 | 30 |
| | 1.55 | 1.5 | 1.8 | 1.5 | 1.5 | 38 |
| | | 1.80 | 1.8 | 1.5 | 1.2 | 22 |
| 三步三跨 | 1.05 | 1.5 | 1.8 | 1.5 | 1.5 | 37 |
| | | 1.80 | 1.8 | 1.5 | 1.5 | 24 |
| | 1.30 | 1.5 | 1.8 | 1.5 | 1.5 | 30 |
| | | 1.80 | 1.5 | 1.5 | 1.2 | 16 |

注: 1. 表中所示 2+2+2×0.35 (kN/m²),包括下列荷载: 2+2 (kN/m²) 为二层装修作业层施工荷载标准值; 2×0.35 (kN/m²) 为二层作业层脚手板自重荷载标准值。
2. 作业层横向水平杆间距,应按不大于 $l_a/2$ 设置。
3. 地面粗糙度为 B 类,基本风压 $W_0 = 0.4 \text{kN/m}^2$。

常用密目式安全立网全封闭式单排脚手架的设计尺寸 (m)　　表 14-59

| 连墙件设置 | 立杆横距 $l_b$ (m) | 步距 $h$ (m) | 下列荷载时的立杆纵距 $l_a$ (m) | | 脚手架允许搭设高度 [H] |
|---|---|---|---|---|---|
| | | | 2+0.35 (kN/m²) | 3+0.35 (kN/m²) | |
| 二步三跨 | 1.20 | 1.5 | 2.0 | 1.8 | 24 |
| | | 1.80 | 1.5 | 1.2 | 24 |
| | 1.40 | 1.5 | 1.8 | 1.5 | 24 |
| | | 1.80 | 1.5 | 1.2 | 24 |
| 三步三跨 | 1.20 | 1.5 | 2.0 | 1.8 | 24 |
| | | 1.80 | 1.2 | 1.2 | 24 |
| | 1.40 | 1.5 | 1.8 | 1.5 | 24 |
| | | 1.80 | 1.2 | 1.2 | 24 |

14.4 常用落地式脚手架的设计和施工　1027

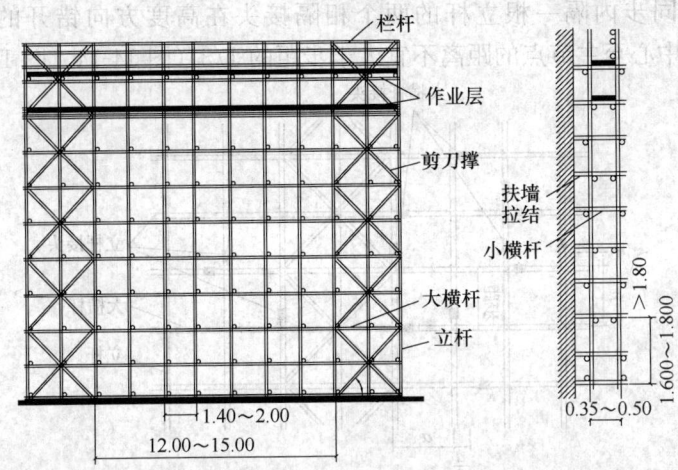

图 14-12　扣件式钢管外脚手架（m）

（2）单排脚手架搭设高度不应超过 24m；双排脚手架搭设高度不宜超过 50m，高度超过 50m 的双排脚手架，应采用分段搭设等措施。

高度超过 50m 的脚手架，采用双管立杆（或双管高取架高的 2/3）搭设或分段卸荷等有效措施，应根据现场实际工况条件，进行专门设计及论证。

2. 立杆构造要求

（1）每根立杆底部应设置底座或垫板。

（2）脚手架必须设置纵、横向扫地杆。纵向扫地杆应采用直角扣件固定在距钢管底端不大于 200mm 处的立杆上。横向扫地杆应采用直角扣件固定在紧靠纵向扫地杆下方的立杆上。

（3）脚手架立杆基础不在同一高度上时，必须将高处的纵向扫地杆向低处延长两跨与立杆固定，与低处横杆步距不应大于 1m。靠边坡上方的立杆轴线到边坡的距离不应小于 500mm（图 14-13）。

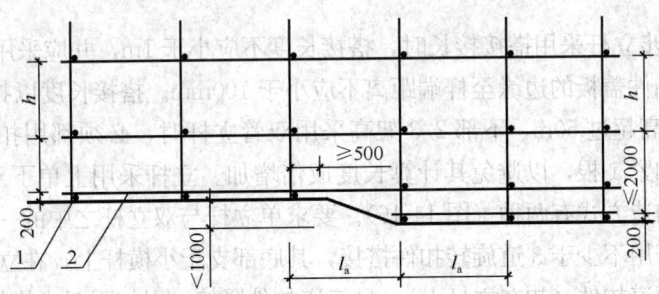

图 14-13　纵、横向扫地杆构造
1—横向扫地杆；2—纵向扫地杆

（4）单、双排脚手架底层步距均不应大于 2m。

（5）单排、双排与满堂脚手架立杆接长除顶层顶步外，其余各层各步接头必须采用对接扣件连接。

（6）脚手架立杆的对接、搭接应符合下列规定：

1）当立杆采用对接接长时，立杆的对接扣件应交错布置，两根相邻立杆的接头不应设置在同步内,同步内隔一根立杆的两个相隔接头在高度方向错开的距离不宜小于500mm;各接头中心至主节点的距离不宜大于步距的1/3(图14-14、图14-15)。

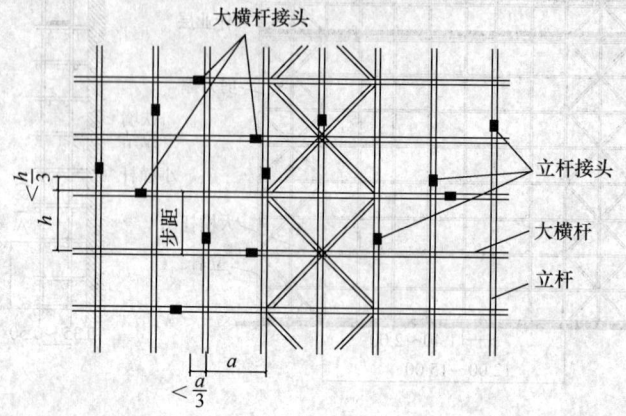

图14-14 立杆、大横杆的接头位置

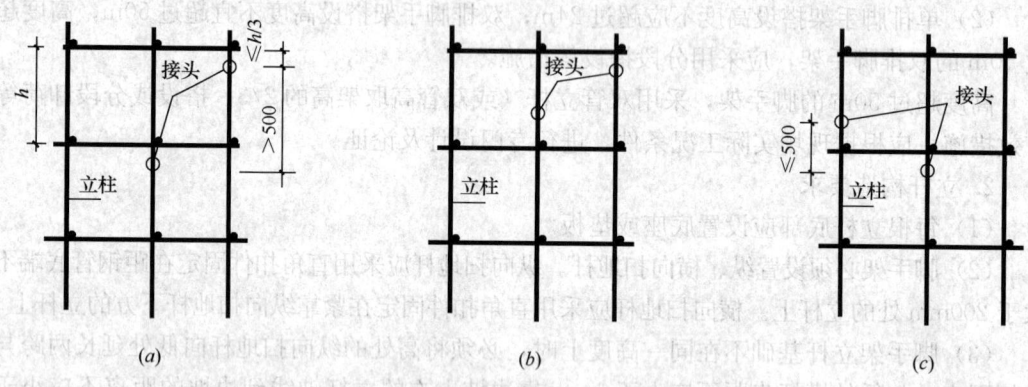

图14-15 立柱接头的构造示意图
(a)正确做法;(b)错误做法一;(c)错误做法二

2)当顶层顶步立杆采用搭接接长时,搭接长度不应小于1m,并应采用不少于2个旋转扣件固定。端部扣件盖板的边缘至杆端距离不应小于100mm。搭接长度以扣件中心计算。

3)当脚手架高超过50m,下部2/3架高采用双管立杆时,必须都用扣件与同一根大横杆扣紧,不得只扣紧1根,以避免其计算长度成倍增加。立杆采用上单下双的高层脚手架,单双立杆的连接构造方式有两种(图14-16)。要求单立杆与双立杆之中的一根对接;单立杆同时与两根双立杆用不少于3道旋转扣件搭接,其底部支于小横杆上,在立杆与大横杆的连接扣件之下加设两道扣件(扣在立杆上),且三道扣件紧接,以加强对大横杆的支持力。

(7)脚手架立杆顶端栏杆宜高出女儿墙顶端1m,宜高出檐口上端1.5m。

3. 脚手架纵向水平杆、横向水平杆、脚手板设置构造要求

(1)纵向水平杆的构造应符合下列规定:

1)纵向水平杆应设置在立杆内侧,单根杆长度不应小于3跨。

2)纵向水平杆接长应采用对接扣件连接或搭接,并应符合下列规定:

① 两根相邻纵向水平杆的接头不应设置在同步或同跨内;不同步或不同跨两个相邻接头在水平方向错开的距离不应小于500mm;各接头中心至最近主节点的距离不应大于

纵距的 1/3。

② 搭接长度不应小于 1m，应等间距设置 3 个旋转扣件固定；端部扣件盖板边缘至搭接纵向水平杆杆端的距离不应小于 100mm。

3）当使用冲压钢脚手板、木脚手板、竹串片脚手板时，纵向水平杆应作为横向水平杆的支座，用直角扣件固定在立杆上；当使用竹笆脚手板时，纵向水平杆应采用直角扣件固定在横向水平杆上，并应等间距设置，间距不应大于 400mm（图 14-17）。

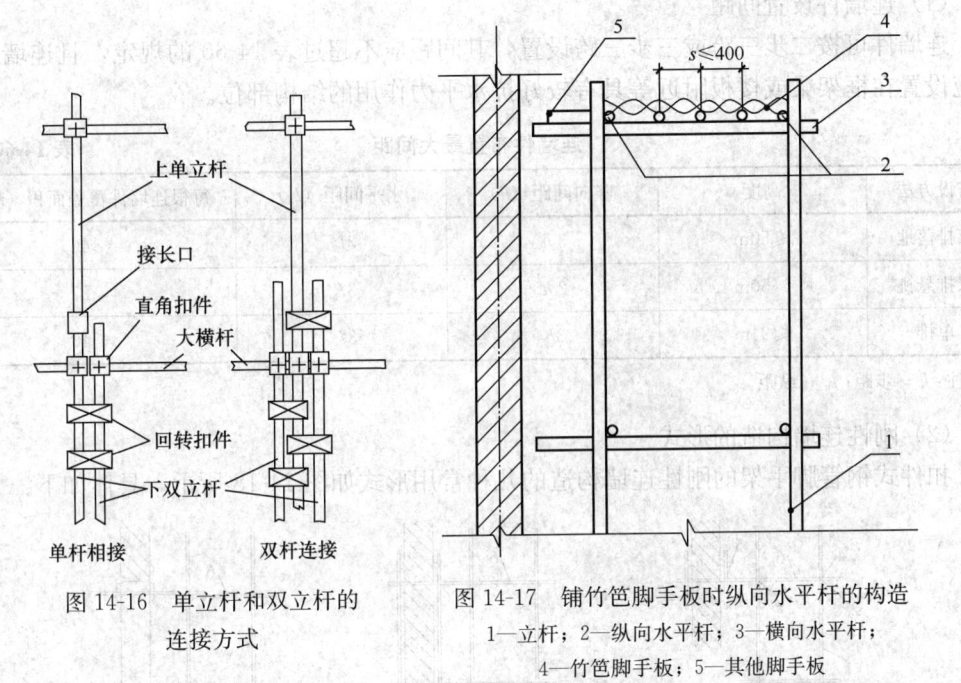

图 14-16 单立杆和双立杆的连接方式

图 14-17 铺竹笆脚手板时纵向水平杆的构造
1—立杆；2—纵向水平杆；3—横向水平杆；
4—竹笆脚手板；5—其他脚手板

（2）横向水平杆的构造应符合下列要求：

1）作业层上非主节点处的横向水平杆，宜根据支承脚手板的需要等间距设置，最大间距不应大于纵距的 1/2。

2）当使用冲压钢脚手板、木脚手板、竹串片脚手板时，双排脚手架的横向水平杆两端均应采用直角扣件固定在纵向水平杆上；单排脚手架的横向水平杆的一端应用直角扣件固定在纵向水平杆上，另一端应插入墙内，插入长度不应小于 180mm。

3）当使用竹笆脚手板时，双排脚手架的横向水平杆的两端，应用直角扣件固定在立杆上；单排脚手架的横向水平杆的一端，应用直角扣件固定在立杆上，另一端插入墙内，插入长度不应小于 180mm。

（3）主节点处必须设置一根横向水平杆，用直角扣件扣接且严禁拆除。

（4）脚手板的设置应符合下列规定：

1）作业层脚手板应铺满、铺稳、铺实。

2）冲压钢脚手板、木脚手板、竹串片脚手板等，应设置在不少于 3 根横向水平杆上。当脚手板长度小于 2m 时，可采用两根横向水平杆支承，但应将脚手板两端与横向水平杆可靠固定，严防倾翻。脚手板的铺设应采用对接平铺或搭接铺设。脚手板对接平铺时，接头处应设两根横向水平杆，脚手板外伸长度应取 130～150mm，两块脚手板外伸长度的和不应大于300mm；脚手板搭接铺设时，接头应支在横向水平杆上，搭接长度不应小于200mm，其伸出横向水平杆的长度不应小于100mm。

3）竹笆脚手板应按其主竹筋垂直于纵向水平杆方向铺设，且应对接平铺，四个角应用直径不小于1.2mm的镀锌钢丝固定在纵向水平杆上。

4）作业层端部脚手板探头长度应取150mm，其板的两端均应固定于支承杆件上。

4. 连墙件

（1）连墙件设置间距

连墙件可按二步三跨或三步三跨设置，其间距应不超过表14-60的规定，且连墙件一般应设置在框架梁或楼板附近等具有较好抗水平力作用的结构部位。

连墙件布置最大间距　　　　　　　　　　　表14-60

| 搭设方法 | 高度 | 竖向间距（$h$） | 水平间距（$l_a$） | 每根连墙件覆盖面积（m²） |
|---|---|---|---|---|
| 双排落地 | ≤50m | $3h$ | $3l_a$ | ≤40 |
| 双排悬挑 | >50m | $2h$ | $3l_a$ | ≤27 |
| 单排 | ≤24m | $3h$ | $3l_a$ | ≤40 |

注：$h$—步距；$l_a$—纵距。

（2）刚性连墙构造的形式

扣件式钢管脚手架的刚性连墙构造的几种常用形式如图14-18所示，具体如下：

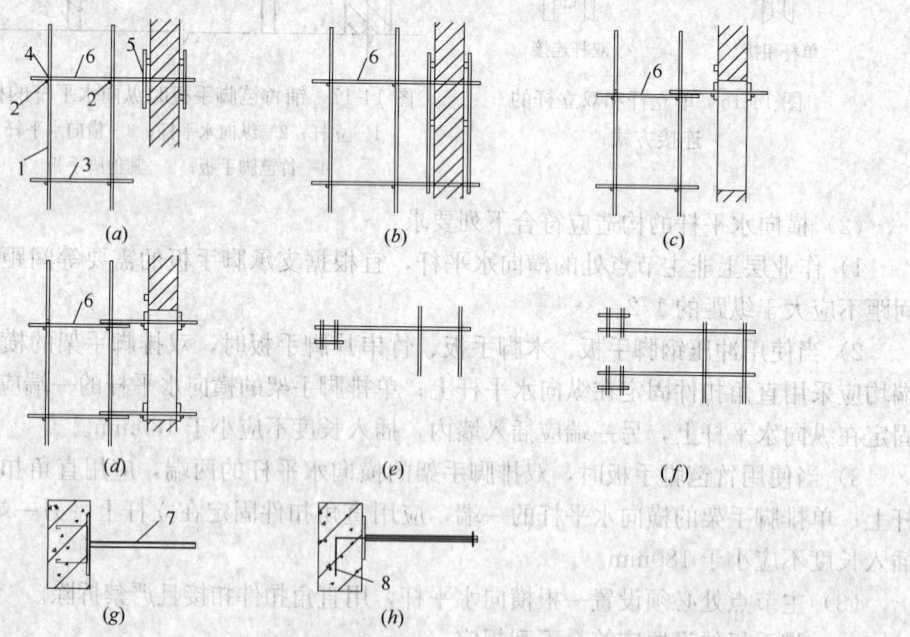

图14-18　刚性连墙构造形式

(a) 单杆穿墙夹固式；(b) 双杆穿墙夹固式；(c) 单杆窗口夹固式；(d) 双杆窗口夹固式；
(e) 单杆箍柱式；(f) 双杆箍柱式；(g) 埋件连固式（一）；(h) 埋件连固式（二）
1—立杆；2—纵向平杆（大横杆）；3—横向平杆（小横杆）；4—直角扣件；
5—短钢管；6—适长钢管（或用小横杆）；7—带短钢管预埋件；8—带长弯头的预埋螺栓

1) 单杆穿墙夹固式——单根小横杆穿过墙体,在墙体两侧用短钢管(长度≥0.6m,立放或平放)塞以垫木(6cm×9cm 或 5cm×10cm 木方)固定。

2) 双杆穿墙夹固式——一对上下或左右相邻的小横杆穿过墙体,在墙体的两侧用小横杆塞以垫木固定。

3) 单杆窗口夹固式——单杆小横杆通过门窗洞口,在洞口墙体两侧用适长的钢管(立放或平放)塞以垫木固定。

4) 双杆窗口夹固式——一对上下或左右相邻的小横杆通过门窗洞口,在洞口墙体两侧用适长的钢管塞以垫木固定。

5) 单杆箍柱式——单杆适长的横向平杆紧贴结构的柱子,用 3 根短横杆将其固定于柱侧。

6) 双杆箍柱式——用适长的横向平杆和短钢管各 2 根抱紧柱子固定。

7) 埋件连固式——在混凝土墙体(或框架的柱、梁)中埋设连墙件,用扣件与脚手架立杆或纵向水平杆连接固定。预埋的连墙件有以下两种形式:

① 带短钢管埋件:在普通埋件的钢板上焊以适长的短钢管,钢管长度以能与立杆或大横杆可靠连接为度。拆除时需用气割从钢管焊接处割开。

② 预埋螺栓和套管:将一端带适长弯头的 M12~M16 螺栓垂直埋入混凝土墙体结构中,套入底端带中心孔支承板的套管,在另一端加垫板并以螺母拧紧固定。

(3) 柔性连墙构造

扣件式钢管脚手架的柔性连墙构造有以下形式(图 14-19):

1) 单拉式——只设置抵抗拉力作用的拉杆或拉绳。前述采用单杆(或双杆)穿墙(或通过窗口)的夹固构造,如果只在墙的里侧设置挡杆时,则就成为单拉式。

2) 拉顶式——将脚手架的小横杆顶于外墙面(亦可根据外墙装修施工操作的需要,加适厚的垫板,抹灰时可撤去),同时设双股 8 号钢丝拉结。

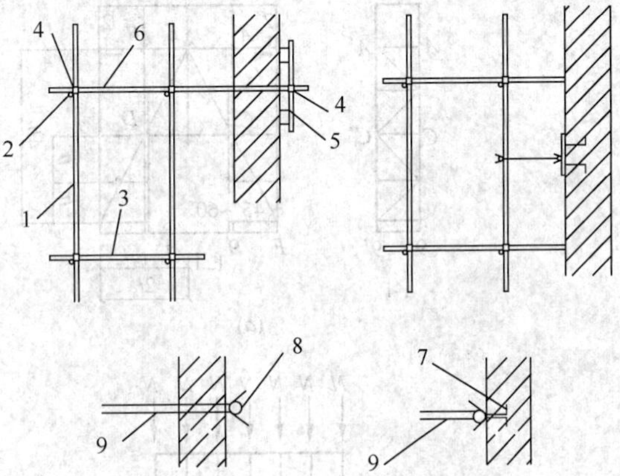

图 14-19 柔性连墙构造形式
1—立杆;2—纵向平杆(大横杆);3—横向平杆(小横杆);
4—直角扣件;5—短钢管;6—适长钢管(或用小横杆);
7—预埋件;8—短钢筋;9—双股 8 号钢丝

(4) 连墙件设置技术要求

1) 连墙件的布置应符合下列规定:

① 应靠近主节点设置,偏离主节点的距离不应大于 300mm。

② 应从底层第一步纵向水平杆处开始设置,当该处设置有困难时,应采用其他可靠措施固定。

③ 应优先采用菱形布置,或采用方形、矩形布置。

2) 开口型脚手架的两端必须设置连墙件,连墙件的垂直间距不应大于建筑物的层高,并且不应大于 4m。

3) 连墙件中的连墙杆应呈水平设置,当不能水平设置时,应向脚手架一端下斜连接。

4) 连墙件必须采用可承受拉力和压力的构造。对高度24m以上的双排脚手架,应采用刚性连墙件与建筑物连接。

5) 当脚手架下部暂不能设连墙件时应采取防倾覆措施。当搭设抛撑时,抛撑应采用通长杆件,并用旋转扣件固定在脚手架上,与地面的倾角应在45°~60°之间;连接点中心至主节点的距离不应大于300mm。抛撑应在连墙件搭设后再拆除。

6) 架高超过40m且有风涡流作用时,应采取抗上升翻流作用的连墙措施。

5. 门洞构造

单、双排脚手架门洞宜采用上升斜杆、平行弦杆桁架结构型式(图14-20),斜杆与地面的倾角 $a$ 应在 $45°\sim60°$ 之间。门洞桁架的型式宜按下列要求确定:

1) 当步距($h$)小于纵距($l_a$)时,应采用 A 型。
2) 当步距($h$)大于纵距($l_a$)时,应采用 B 型,并应符合下列规定:
① $h=1.8m$ 时,纵距不应大于 1.5m;
② $h=2.0m$ 时,纵距不应大于 1.2m。

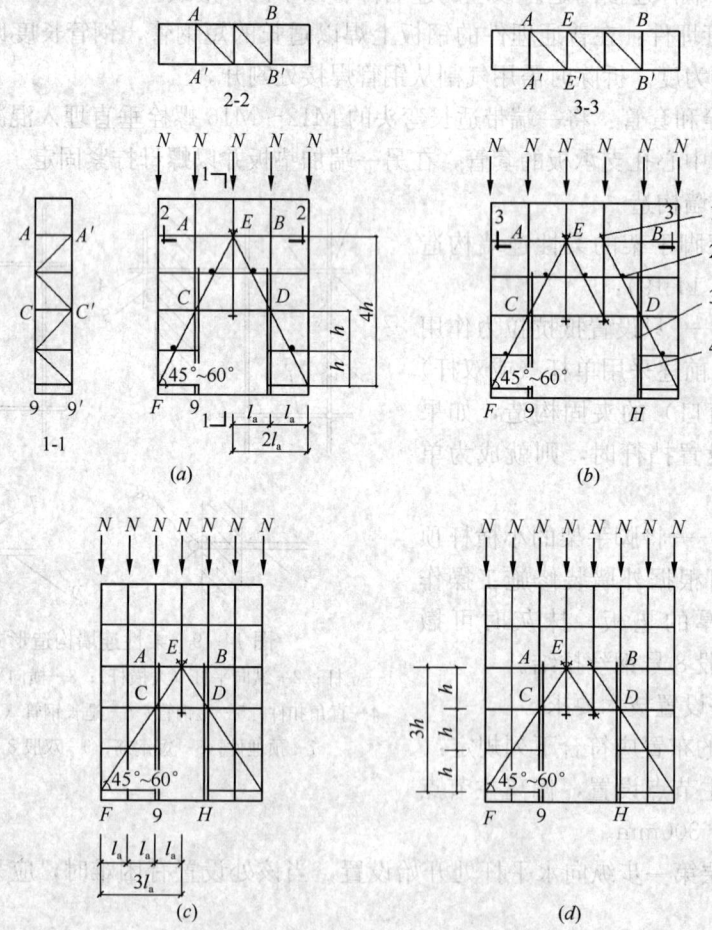

图 14-20 门洞处上升斜杆、平行弦杆桁架
($a$)挑空一根立杆 A 型;($b$)挑空两根立杆 A 型;
($c$)挑空一根立杆 B 型;($d$)挑空两根立杆 B 型
1—防滑扣件;2—增设的横向水平杆;3—副立杆;4—主立杆

6. 剪刀撑与横向斜撑

单、双排脚手架剪刀撑的设置应符合下列规定：

1) 每道剪刀撑跨越立杆的根数应按表14-61的规定确定。每道剪刀撑宽度不应小于4跨，且不应小于6m，斜杆与地面的倾角应在45°～60°之间。

剪刀撑跨越立杆的最多根数　　　　　　　　　表14-61

| 剪刀撑斜杆与地面的倾角 $a$ | 45° | 50° | 60° |
|---|---|---|---|
| 剪刀撑跨越立杆的最多根数 $n$ | 7 | 6 | 5 |

2) 剪刀撑斜杆的接长应采用搭接或对接，剪刀撑斜杆应用旋转扣件固定在与之相交的横向水平杆的伸出端或立杆上，旋转扣件中心线至主节点的距离不应大于150mm。

3) 高度在24m及以上的双排脚手架应在外侧全立面连续设置剪刀撑；高度在24m以下的单、双排脚手架，均必须在外侧两端、转角及中间间隔不超过15m的立面上，各设置一道剪刀撑，并应由底至顶连续设置（图14-21）。

7. 斜道和人梯

(1) 斜道

1) 斜道分人行、运料兼用斜道（简称"斜道"、"坡道"）和专用运料斜道（简称"运料斜道"，"运料坡道"）。前者的设计荷载可取3kN/m²（以斜道面计，即取$q=3\sec\theta$，见图14-22），后者多作为拖拉重载运料推车或抬运较重构件、设备之用，荷载应按实际取用。

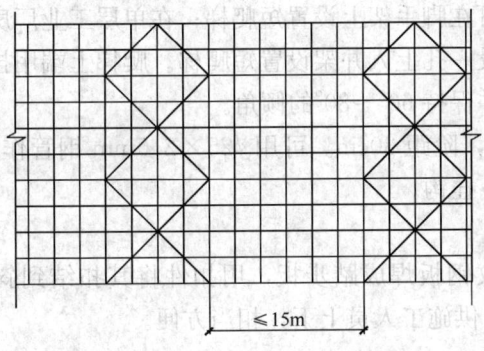
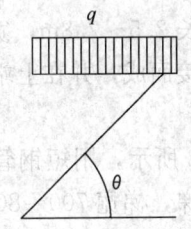

图14-21　高度24m以下剪刀撑布置　　　图14-22　斜道计算简图

2) 斜道宜附着于双排以上的脚手架或建筑物设置。单独设置的斜道（例如基坑运输坡道），应视需要设置抛撑或拉杆、缆绳固定。

3) 人行并兼作材料运输的斜道的形式宜按下列要求确定：

① 高度不大于6m的脚手架，宜采用"一"字形斜道。

② 高度大于6m的脚手架，宜采用"之"字形斜道。

4) "一"字形普通斜道的里排立杆可以与脚手架的外排立杆共用，"之"字形普通斜道和运料斜道因架板自重和施工荷载较大，其构架应单独设计和验算，以确保使用安全。

5) 普通斜道宽度应不小于1.0m，坡度宜采用1:3（高:长）；运料斜道宽度不应小于1.5m，坡道宜采用1:5～1:6。

6) 运料斜道立杆间距不宜大于1.5m，且需设置足够的剪刀撑或斜杆，确保构架稳定、承载可靠。

7) "之"字形斜道部位必须自下至上设置连墙件，连墙件应设置在斜道转向节点处或斜道的中部竖线上，连墙点竖向间距取不大于楼层高度。

8) 拐弯处应设置平台，其宽度不应小于斜道宽度。斜道两侧和平台外围均按规定设置挡脚板和栏杆，栏杆高度应为1.2m，挡脚板高度不应小于180mm。

9) 斜道脚手板构造应符合下列规定：

① 脚手板横铺时，应在横向水平杆下增设纵向支托杆，纵向支托杆间距不应大于500mm。

② 脚手板顺铺时，接头应采用搭接，下面的板头应压住上面的板头，板头的凸棱处应采用三角木填顺。

③ 斜道面上应每隔250～300mm设置防滑木条一道，木条厚度应为20～30mm。

(2) 人梯

1) 高梯

高度6m以内的脚手架可用高梯上下。梯子要坚实，不得有缺层，梯阶高度不大于40cm，梯子架设的坡度以60°为宜，底端应支设稳固，上端用绳绑在架子上。两梯连接使用时，连接处要绑扎牢固，必要时可设支撑加固。

2) 短梯

当脚手架为多立杆式、框式时，可在脚手架上设置短爬梯；在单层工业厂房上采用吊脚手架或挂脚手架时，也可以专门搭设一孔上人井架设置短爬梯。爬梯上端用挂钩挂在脚手架的横杆上，底部支在脚手架上，并保持60°～80°的倾角。

爬梯一般长2.5～2.8m，宽40cm，阶距30cm。可用$\phi 25 \times 2.5$mm钢管作梯帮，$\phi 14$钢筋作梯步焊接而成，并在上端焊$\phi 16$挂钩。

3) 踏步梯

如图14-23所示，用短钢管和花纹钢板焊成踏步板，用扣件将其扣结到斜放的钢管上，构成踏步梯，梯宽700～800mm。供施工人员上下，相当方便。

8. 里脚手架

里脚手架为室内作业架。里脚手架根据作业要求和场地条件搭设，常为"一"字形的分段脚手架，可采用双排或单排架。为装修作业架时，铺板宽度不少于2块板或0.6m；为砌筑作业架时，铺板3～4块，宽度应不小于0.9m。当作业层高≥2.0m时，应按高处作业规定，在架子外侧设栏杆防护；用于高大厂房和厅堂的高度大于等于4.0m的里脚手架应参照外脚手架的要求搭设。用于一般层高墙体的砌筑作业架，亦应设置必要的抛撑，以确保架子稳定。单层抹灰脚手架的构架要求虽较砌筑架为低，但必须保证稳定、安全和操作的需要。砌筑用里脚手架的构架形式示于图14-24中。

9. 满堂脚手架

满堂脚手架的一般构造形式如图14-25所示。满堂脚手架也需设置一定数量的剪刀撑或斜杆，以确保在施工荷载偏于一边时，整个架子不会出现变形。

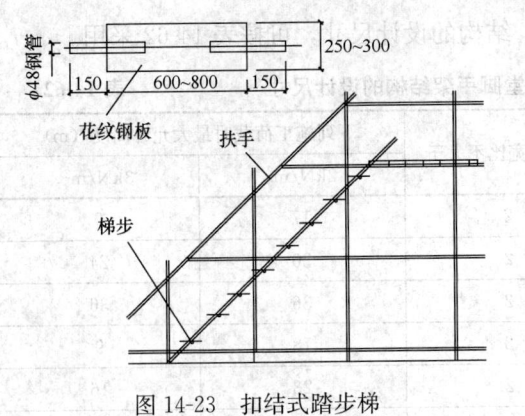

图 14-23 扣结式踏步梯

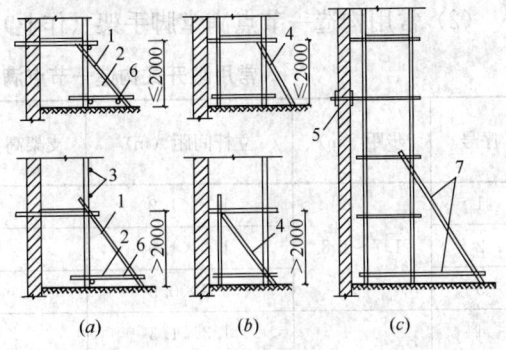

图 14-24 砌筑用里脚手架形式
（a）单层单排架；（b）单层双排架；（c）多层双排架
1—抛撑；2—扫地杆；3—栏杆；4—视需要设置的斜杆和抛撑；5—连墙点；6—纵向连接杆；7—无连墙件的设置的抛撑

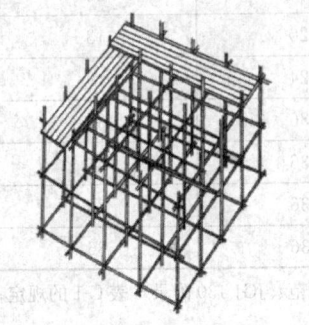

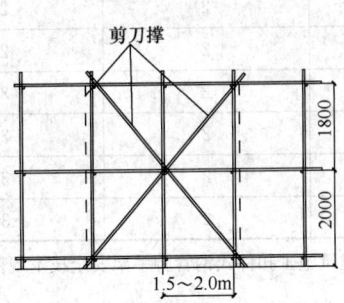

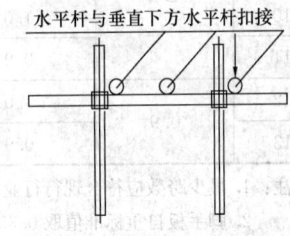

图 14-25 满堂脚手架　　　　　图 14-26 构造一节点简图

（1）满堂脚手架根据架体节点的类型不同分为构造一节点、构造二节点与构造三节点满堂脚手架，并应符合下列规定：

1）构造一节点为节点处受力水平杆与垂直下方水平杆扣接，下方水平杆与立杆扣接（图 14-26），用于作业脚手架。

2）构造二节点为节点处受力水平杆与立杆扣接，其垂直下方水平杆与立杆扣接，且扣件顶紧上方扣件（图 14-27），形成可靠的双扣件承力形式。应用于安全等级Ⅱ级的支撑结构架体，也可用于作业脚手架。用于作业脚手架时，应按作业脚手架规定的荷载取值计算。

3）构造三节点为施工层受力节点处立杆一侧与水平杆扣接，立杆另一侧水平杆与下方垂直水平杆扣接，下方水平杆与立杆扣接，且扣件与上方扣件顶紧，立杆增设一个防滑扣件并与上方扣件顶紧（图 14-28），架体其余节点为构造二节点满堂脚手架的节点，可用于安全等级Ⅰ级的支撑结构架体。

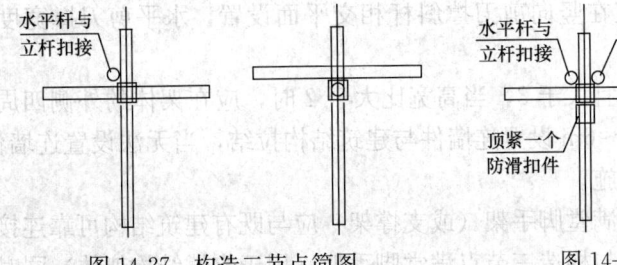

图 14-27 构造二节点简图　　　　图 14-28 构造三节点简图

(2) 常用构造一节点满堂脚手架（作业）结构的设计尺寸，可按表14-62采用。

常用敞开式构造一节点满堂脚手架结构的设计尺寸　　　　表14-62

| 序号 | 步距（m） | 立杆间距（m） | 支架高宽比不大于 | 下列施工荷载时最大允许高度（m） | |
|---|---|---|---|---|---|
| | | | | $2kN/m^2$ | $3kN/m^2$ |
| 1 | 1.7～1.8 | 1.2×1.2 | 2 | 17 | 9 |
| 2 | | 1.0×1.0 | 2 | 30 | 24 |
| 3 | | 0.9×0.9 | 2 | 36 | 36 |
| 4 | 1.5 | 1.3×1.3 | 2 | 18 | 9 |
| 5 | | 1.2×1.2 | 2 | 23 | 16 |
| 6 | | 1.0×1.0 | 2 | 36 | 31 |
| 7 | | 0.9×0.9 | 2 | 36 | 36 |
| 8 | 1.2 | 1.3×1.3 | 2 | 20 | 13 |
| 9 | | 1.2×1.2 | 2 | 24 | 19 |
| 10 | | 1.0×1.0 | 2 | 36 | 32 |
| 11 | | 0.9×0.9 | 2 | 36 | 36 |
| 12 | 0.9 | 1.0×1.0 | 2 | 36 | 33 |
| 13 | | 0.9×0.9 | 2 | 36 | 36 |

注：1. 最少跨数应符合现行行业标准《建筑施工扣件式钢管脚手架安全技术规范》JGJ 130 附录C表C-1的规定；
　　2. 脚手板自重标准值取 $0.35kN/m^2$；
　　3. 地面粗糙度为B类，基本风压 $W_0=0.35kN/m^2$；
　　4. 立杆间距不小于1.2m×1.2m，施工荷载标准值不小于 $3kN/m^2$ 时，立杆上应增设防滑扣件，防滑扣件应安装牢固，且顶紧立杆与水平杆连接的扣件。

(3) 构造一节点满堂脚手架（作业）搭设高度不宜超过36m，施工层不得超过1层；构造二节点满堂脚手架与加强型满堂脚手架，用于支撑结构架体时搭设高度不宜超过30m，立杆间距不宜大于1.2m×1.2m，立杆步距不宜大于1.8m。

(4) 满堂脚手架立杆的接长接头必须采用对接扣件连接。水平杆长度不宜小于3跨。

(5) 构造一节点满堂脚手架（作业）应在架体外侧四周及内部纵、横向每6～8m由底至顶设置连续竖向剪刀撑，剪刀撑宽度应为6～8m；构造二节点满堂脚手架与构造三节点满堂脚手架应在架体外侧四周及内部纵、横向不大于6m由底至顶设置连续竖向剪刀撑，剪刀撑宽度应为6m。当架体搭设高度在8m以下时，应在架顶部设置连续水平剪刀撑；当架体搭设高度在8m及以上时，应在架体底部、顶部及竖向间隔不超过8m分别设置连续水平剪刀撑。水平刀撑宜在竖向剪刀撑斜杆相交平面设置，水平剪刀撑宽度应为6～8m。

(6) 满堂脚手架的高宽比不宜大于3，当高宽比大于2时，应在架体的外侧四周和内部水平间隔6～9m、竖向间隔4～6m设置连墙件与建筑结构拉结，当无法设置连墙件时，应采取设置钢丝绳张拉固定等措施。

(7) 当有既有建筑结构时，满堂脚手架（或支撑架）应与既有建筑结构可靠连接。

(8) 构造二节点满堂脚手架与构造三节点满堂脚手架（用于支撑结构架体）同时满足

下列条件时,可不设置竖向、水平剪刀撑:

1) 搭设高度小于 5m,架体高宽比小于 1.5。
2) 被支承结构自重面荷载不大于 $5kN/m^2$;线荷载不大于 $8kN/m$。
3) 架体结构与既有建筑结构进行了可靠连接。
4) 场地地基坚实、均匀,满足承载力要求。

(9) 当满堂脚手架局部承受集中荷载时,应按实际荷载计算并应局部加固,立杆需加密设置时,加密区的水平杆应向非加密区延伸不少于一跨;非加密区立杆间距应与加密区立杆间距互为倍数。

(10) 构造一节点满堂脚手架操作层支撑脚手板的水平杆间距不应大于 1/2 跨距。

10. 满堂支撑架

(1) 满堂支撑架立杆步距不宜超过 1.8m,立杆间距不宜超过 $1.2m \times 1.2m$,立杆伸出顶层水平杆中心线至支撑点的长度 $a$ 不应超过 0.5m(图 14-29)。满堂支撑架搭设高度不宜超过 30m。

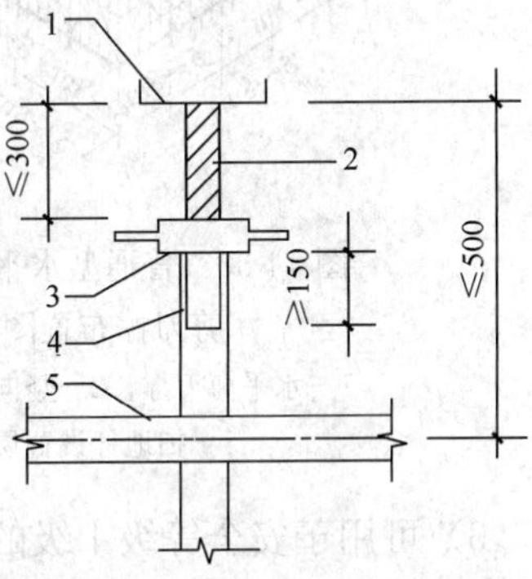

(2) 满堂支撑架应根据架体的类型设置剪刀撑,并应符合下列规定:

1) 普通型

① 在架体外侧周边及内部纵、横向每 5~8m,应由底至顶设置连续竖向剪刀撑,剪刀撑宽度应为 5~8m(图 14-30)。

图 14-29 立杆顶端可调托撑伸出顶层水平杆的悬臂长度
1—U 形托板;2—螺杆;3—调节螺母;4—立杆;5—顶层水平杆

② 在竖向剪刀撑顶部交点平面应设置连续水平剪刀撑。当支撑高度超过 8m,或遇施工总荷载大于 $15kN/m^2$,或集中线荷载大于 $20kN/m$ 的支撑架,扫地杆的设置层应设置水平剪刀撑。水平剪刀撑至架体底平面距离与水平剪刀撑间距不宜超过 8m(图 14-30)。

③ 宜用于安全等级 Ⅱ 级的支撑脚手架。

2) 加强型

① 当立杆纵、横间距为 $0.9m \times 0.9m \sim 1.2m \times 1.2m$ 时,在架体外侧周边及内部纵、横向每 4 跨(且不大于 5m),应由底至顶设置连续竖向剪刀撑,剪刀撑宽度应为 4 跨。

② 当立杆纵、横间距为 $0.6m \times 0.6m \sim 0.9m \times 0.9m$(含 $0.6m \times 0.6m$,$0.9m \times 0.9m$)时,在架体外侧周边及内部纵、横向每 5 跨(且不小于 3m),应由底至顶设置连续竖向剪刀撑,剪刀撑宽度应为 5 跨。

③ 当立杆纵、横间距为 $0.4m \times 0.4m \sim 0.6m \times 0.6m$(含 $0.4m \times 0.4m$)时,在架体外侧周边及内部纵、横向每 3~3.2m 应由底至顶设置连续竖向剪刀撑,剪刀撑宽度应为 3~3.2m。

④ 在竖向剪刀撑顶部交点平面应设置水平剪刀撑;安全等级为 Ⅰ 级的支撑脚手架,扫地杆的设置层应设置水平剪刀撑。水平剪刀撑至架体底平面距离与水平剪刀撑间距不宜超过 6m,剪刀撑宽度应为 3~5m(图 14-31)。

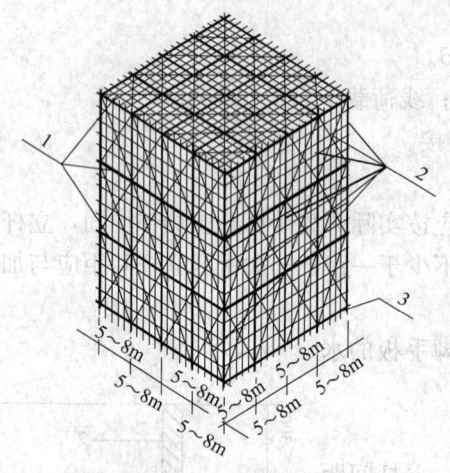 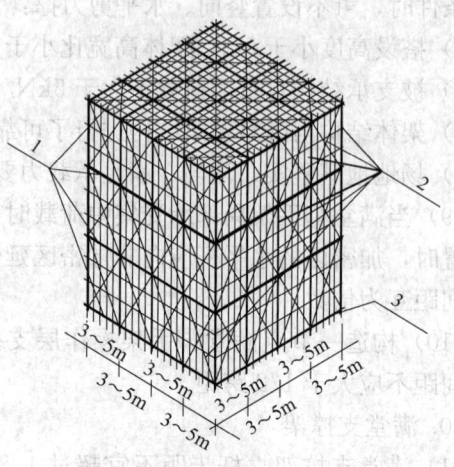

图 14-30 普通型水平、竖向
剪刀撑布置图
1—水平剪刀撑；2—竖向剪刀撑；
3—扫地杆设置层

图 14-31 加强型水平、竖向
剪刀撑构造布置图
1—水平剪刀撑；2—竖向剪刀撑；
3—扫地杆设置层

　　3) 可用于安全等级Ⅰ级的支撑脚手架。

　　(3) 竖向剪刀撑斜杆与地面的倾角应为 45°～60°，水平剪刀撑与支架纵（或横）向夹角应为 45°～60°。

　　(4) 满堂支撑架的可调底座、可调托撑螺杆伸出长度不宜超过 300mm，插入立杆内的长度不得小于 150mm。

　　(5) 当满堂支撑架高宽比大于 2 时，满堂支撑架应在支架的四周和中部与结构柱进行刚性连接，连墙件水平间距应为 6～9m，竖向间距应为 2～3m。在无结构柱部位应采取预埋钢管等措施与建筑结构进行刚性连接，在有空间部位，满堂支撑架宜超出顶部加载区投影范围向外延伸布置 2～3 跨。支撑架高宽比不应大于 3。

　　(6) 当有既有建筑结构时，支撑架与既有建筑结构应可靠连接。

　　(7) 满堂支撑架同时满足 14.4.1.3-9-(8) 规定的条件，可不设置竖向、水平剪刀撑。

　　(8) 当满堂支撑架局部承受集中荷载时，应按实际荷载计算并应局部加固，且符合 14.4.1.3-9-(8) 的规定。

### 14.4.1.4　搭拆、检查与验收

1. 搭设作业

(1) 搭设作业程序

　　放置纵向扫地杆应自角部起依次向两边竖立底（第 1 根）立杆，底端与纵向扫地杆扣接固定后，装设横向扫地杆并也与立杆固定（固定立杆底端前，应吊线确保立杆垂直），每边竖起 3～4 根立杆后，随即装设第一步纵向平杆（与立杆扣接固定）和横向平杆（小横杆，靠近立杆并与纵向平杆扣接固定），校正立杆垂直和平杆水平使其符合要求后，按 40～60N·m 力矩拧紧扣件螺栓，形成构架的起始段→按上述要求依次向前延伸搭设，直至第一步架交圈完成→交圈后，再全面检查一遍构架质量和地基情况，严格确保设计要求和构架质量→设置连墙件（或加抛撑）→按第一步架的作业程序和要求搭设第二步、第三

步→随搭设进程及时装设连墙件和剪刀撑→装设作业层间横杆（在构架横向平杆之间加设的、用于缩小铺板支承跨度的横杆），铺设脚手板和装设作业层栏杆、挡脚板或围护、封闭措施。

（2）搭设作业注意事项

1）严禁不同规格钢管及其相应扣件混用。

2）底立杆应按立杆接长要求选择不同长度的钢管交错设置，至少应有两种适合的不同长度的钢管作立杆。

3）在设置第一排连墙件前，应约每隔6跨设一道抛撑，以确保架子稳定。

4）连墙件和剪刀撑应及时设置，不得滞后超过2步。

5）杆件端部伸出扣件之外的长度不得小于100mm。

6）在顶排连墙件之上的架高（以纵向平杆计）不得多于3步，否则应每隔6跨加设1道撑拉措施。

7）剪刀撑的斜杆与基本构架结构杆件之间至少有3道连接，其中斜杆的对接或搭接接头部位至少有1道连接。

8）周边脚手架的纵向水平杆必须在角部交圈并与立杆连接固定，因此，东西两面和南北两面的作业层（步）有一交汇搭接固定所形成的小错台，铺板时应处理好交接处的构造。当要求周边铺板高度一致时，角部应增设立杆和纵向平杆（至少与3根立杆连接）。

9）作业层、斜道的栏杆和挡脚板的搭设应符合下列规定：

① 栏杆和挡脚板均应搭设在外立杆的内侧。

② 上栏杆上皮高度应为1.2m。

③ 挡脚板高度不应小于180mm。

④ 中栏杆应居中设置。

10）脚手板的铺设应符合下列规定：

① 脚手板应铺满、铺稳，离墙面的距离不应大于150mm。

② 脚手板探头应用直径3.2mm的镀锌钢丝固定在支承杆件上。

③ 在拐角、斜道平台口处的脚手板，应用镀锌钢丝固定在横向水平杆上，防止滑动。

2. 拆除作业

（1）脚手架拆除应按专项方案施工，拆除前应做好下列准备工作：

1）应全面检查脚手架的扣件连接、连墙件、支撑体系等是否符合构造要求。

2）拆除前应对施工人员进行交底。

3）应清除脚手架上杂物及地面障碍物。

4）地面应设围栏和警戒标志，并应派专人看守。

（2）单、双排脚手架拆除作业必须由上而下逐层进行，严禁上下同时作业；连墙件必须随脚手架逐层拆除，严禁先将连墙件整层或数层拆除后再拆脚手架；分段拆除高差大于两步时，应增设连墙件加固。

（3）当脚手架拆至下部最后一根长立杆的高度（约6.5m）时，应先在适当位置搭设临时抛撑加固后，再拆除连墙件。当单、双排脚手架采取分段、分立面拆除时，对不拆除的脚手架两端，应先按有关规定设置连墙件和横向斜撑加固。

（4）拆下的各构配件严禁抛掷至地面。

(5) 运至地面的构配件应按品种、规格分别码放。

(6) 支撑架拆除应按专项施工方案施工，并应符合下列规定：

1) 拆除作业前，应先对支撑架的稳定性进行检查确认。

2) 拆除作业应分层、分段，应从上而下逐层进行，严禁上下同时作业，分段拆除的高度不应大于两层。

3) 同层杆件和构配件必须按先外后内的顺序拆除；剪刀撑等加固杆件必须在拆卸至该部位杆件时再拆除。

4) 当只拆除部分支撑架结构时，拆除前应对不拆除支撑架结构进行加固，确保稳定。

5) 对多层支撑架结构，当楼层结构不能满足承载要求时，严禁拆除下层支撑架。

6) 严禁抛掷拆除的构配件。

7) 对设有缆风绳的支撑架结构，缆风绳应对称拆除。

8) 有六级及以上风或雨、雪时，应停止作业。

9) 模板支撑架拆除应符合现行国家标准《混凝土结构工程施工规范》GB 50666 中混凝土强度的规定，拆除前应填写拆模申请单。

10) 预应力混凝土构件的架体拆除应在预应力施工完成后进行。

3. 脚手架工程的检查与验收

（1）构配件检查与验收

有关构配件的允许偏差与检验方法见表 14-30，主要构配件检查验收项目、抽检数量以及检查方法见表 14-63。

主要构配件检查验收表　　　　　　　　　　　　表 14-63

| 项目 | 要求 | 抽检数量 | 检查方法 |
| --- | --- | --- | --- |
| 钢管 | 应有产品质量合格证、质量检验报告 | 750 根为一批，每批抽取 1 根 | 检查资料 |
| | 钢管的内外表面应光滑，不允许有折叠、裂纹、分层、搭焊、断弧、烧穿及其他修磨后深度超过壁厚下偏差的缺陷。这些缺陷应完全清除，清除处的剩余厚度应不小于壁厚偏差所允许的最小值。允许有深度不超过壁厚下偏差的其他局部缺陷存在 | 全数 | 目测 |
| 钢管外径及壁厚 | 外径 48.3mm，允许偏差±0.5mm；壁厚 3.6mm，允许偏差±0.36，最小壁厚 3.24mm | 3% | 游标卡尺测量 |
| 扣件 | 应有生产许可证、质量检测报告、产品质量合格证、复试报告 | 《钢管脚手架扣件》GB/T 15831 规定 | 检查资料 |
| | 不允许有裂缝、变形、螺栓滑丝；扣件与钢管接触部位不应有氧化皮；活动部位应能灵活转动，旋转扣件两旋转面间隙应小于 1mm；扣件表面应进行防锈处理 | 全数 | 目测 |
| 扣件螺栓拧紧扭力矩 | 扣件螺栓拧紧扭力矩值不应小于 40N·m，且不应大于 65N·m | 表 14-64 | 扭力扳手 |

续表

| 项目 | 要求 | 抽检数量 | 检查方法 |
|---|---|---|---|
| 可调托撑 | 可调托撑抗压承载力设计值不应小于40kN。应有产品质量合格证、质量检验报告 | 3‰ | 检查资料 |
| | 可调托撑螺杆外径不得小于36mm，可调托撑螺杆与螺母旋合长度不得少于5扣，螺母厚度不小于30mm。插入立杆内的长度不得小于150mm。支托板厚不小于5mm，变形不大于1mm。螺杆与支托板焊接要牢固，焊缝高度不小于6mm | 3‰ | 游标卡尺、钢板尺测量 |
| | 支托板、螺母有裂缝的严禁使用 | 全数 | 目测 |
| 脚手板 | 新冲压钢脚手板应有产品质量合格证 | | 检查资料 |
| | 冲压钢脚手板板面挠曲≤12mm（$l$≤4m）或≤16mm（$l$>4m）；板面扭曲≤5mm（任一角翘起） | 3‰ | 钢板尺 |
| | 不得有裂纹、开焊与硬弯；新、旧脚手板均应涂防锈漆 | 全数 | 目测 |
| | 木脚手板材质应符合现行国家标准《木结构设计标准》GB 50005中Ⅱ$_a$级材质的规定。扭曲变形、劈裂、腐朽的脚手板不得使用 | 全数 | 目测 |
| | 木脚手板的宽度不宜小于200mm，厚度不应小于50mm；板厚允许偏差−2mm | 3‰ | 钢板尺 |
| | 竹脚手板宜采用由毛竹或楠竹制作的竹串片板、竹笆板 | 全数 | 目测 |
| | 竹串片脚手板宜采用螺栓将并列的竹片串连而成。螺栓直径宜为3~10mm，螺栓间距宜为500~600mm，螺栓离板端宜为200~250mm，板宽250mm，板长2000mm、2500mm、3000mm | 3‰ | 钢板尺 |

(2) 脚手架搭设阶段检查与验收

1) 根据施工进度，脚手架应在下列阶段进行检查与验收：

① 施工准备阶段，构配件进场时。
② 地基与基础施工完后，架体搭设前。
③ 首层水平杆搭设安装后。
④ 落地作业脚手架和悬挑作业脚手架每搭设一个楼层高度，阶段使用前。
⑤ 支撑脚手架每搭设2~4步或不大于6m高度。
⑥ 作业层上施加荷载前。
⑦ 搭设达到设计高度或安装就位后。
⑧ 遇有六级强风及以上风或大雨后，冻结地区解冻后。
⑨ 停用超过一个月。
⑩ 冻结的地基土解冻后。
⑪ 架体遭受外力撞击作业后。

2) 脚手架搭设的技术要求、允许偏差与检验方法，应符合表14-64的规定。

脚手架搭设技术要求、允许偏差与检验方法　　　　表14-64

| 项次 | 项目 | | 技术要求 | 允许偏差 Δ(mm) | 示意图 | | | 检查方法与工具 |
|---|---|---|---|---|---|---|---|---|
| 1 | 地基基础 | 表面 | 坚实平整 | — | — | | | 观察 |
| | | 排水 | 不积水 | | | | | |
| | | 垫板 | 不晃动 | | | | | |
| | | 底座 | 不滑动 | | | | | |
| | | | 不沉降 | −10 | | | | |
| 2 | 单、双排与满堂脚手架立杆垂直度 | 最后验收立杆垂直度 20~50m | — | ±100 | | | | 用经纬仪或吊线和卷尺 |
| | | 下列脚手架允许水平偏差（mm） | | | | | | |
| | | 搭设中检查偏差的高度(m) | 总高度 | | | | | |
| | | | 50m | 40m | 20m | | | |
| | | H=2 | ±7 | ±7 | ±7 | | | |
| | | H=10 | ±20 | ±25 | ±50 | | | |
| | | H=20 | ±40 | ±50 | ±100 | | | |
| | | H=30 | ±60 | ±75 | | | | |
| | | H=40 | ±80 | ±100 | | | | |
| | | H=50 | ±100 | | | | | |
| | | 中间档次用插入法 | | | | | | |
| 3 | 满堂支撑架立杆垂直度 | 最后验收垂直度30m | — | ±90 | | | | 用经纬仪或吊线和卷尺 |
| | | 下列满堂支撑架允许水平偏差（mm） | | | | | | |
| | | 搭设中检查偏差的高度(m) | 总高度 | | | | | |
| | | | 30m | | | | | |
| | | H=2 | ±7 | | | | | |
| | | H=10 | ±30 | | | | | |
| | | H=20 | ±60 | | | | | |
| | | H=30 | ±90 | | | | | |
| | | 中间档次用插入法 | | | | | | |
| 4 | 单双排、满堂脚手架间距 | 步距 | — | ±20 | — | | | 钢板尺 |
| | | 纵距 | | ±30 | | | | |
| | | 横距 | | ±20 | | | | |

续表

| 项次 | 项目 | | 技术要求 | 允许偏差 $\Delta$ (mm) | 示意图 | 检查方法与工具 |
|---|---|---|---|---|---|---|
| 5 | 满堂支撑架间距 | 步距 | — | ±20 | — | 钢板尺 |
|   |   | 立杆间距 | — | ±30 |   |   |
| 6 | 纵向水平杆高差 | 一根杆的两端 | — | ±20 |   | 水平仪或水平尺 |
|   |   | 同跨内两根纵向水平杆高差 | — | ±10 |   |   |
| 7 | 剪刀撑斜杆与地面的倾角 | | $45°\sim60°$ | | | 角尺 |
| 8 | 脚手板外伸长度 | 对接 | $a=130\sim150mm$ $l\leqslant300mm$ | — | | 卷尺 |
|   |   | 搭接 | $a\geqslant100mm$ $l\geqslant200mm$ | — | | 卷尺 |
| 9 | 扣件安装 | 主节点处各扣件中心点相互距离 | $a\leqslant150mm$ | — | | 钢板尺 |
|   |   | 同步立杆上两个相隔对接扣件的高差 | $a\geqslant500mm$ | — | | |
|   |   | 立杆上的对接扣件至主节点的距离 | $a\leqslant h/3$ | — | | 钢卷尺 |

续表

| 项次 | 项目 | | 技术要求 | 允许偏差 Δ(mm) | 示意图 | 检查方法与工具 |
|---|---|---|---|---|---|---|
| 9 | 扣件安装 | 纵向水平杆上的对接扣件至主节点的距离 | $a \leqslant l_a/3$ | — | | 钢卷尺 |
| | | 扣件螺栓拧紧扭力矩 | 40～65N·m | — | — | 扭力扳手 |

注：图中 1-立杆；2-纵向水平杆；3-横向水平杆；4-剪刀撑。

3）脚手架搭设完成后的扣件螺栓拧紧扭力矩应采用扭力扳手检查，抽样方法应按随机分布原则进行。抽样检查数目与质量判定标准，应按表14-65的规定确定。不合格的应重新拧紧至合格。

**扣件紧固质量、抽样数量及判定标准** 表14-65

| 项次 | 检查项目 | 安装扣件数（个） | 抽检数量（个） | 允许不合格数（个） |
|---|---|---|---|---|
| 1 | 连接立杆与纵（横）向水平杆或剪刀撑的扣件；接长立杆、纵向水平杆或剪刀撑的扣件 | 51～90 | 5 | 0 |
| | | 91～150 | 8 | 1 |
| | | 151～280 | 13 | 1 |
| | | 281～500 | 20 | 2 |
| | | 501～1200 | 32 | 3 |
| | | 1201～3200 | 50 | 5 |
| 2 | 连接横向水平杆与纵向水平杆的扣件（非主节点处） | 51～90 | 5 | 1 |
| | | 91～150 | 8 | 2 |
| | | 151～280 | 13 | 3 |
| | | 281～500 | 20 | 5 |
| | | 501～1200 | 32 | 7 |
| | | 1201～3200 | 50 | 10 |

4）脚手架搭设至设计高度后，在投入使用前，应在搭设阶段检查验收的基础上形成完工验收记录，验收记录见表14-66。

**脚手架施工验收记录表** 表14-66

| 项目名称 | | | 架体类型 | | | |
|---|---|---|---|---|---|---|
| 搭设部位 | | 搭设高度 | | 搭设跨度 | | 施工荷载 | |
| 检查与验收情况记录 ||||||||
| 序号 | 检查项目 | 检查内容及要求 ||| 实际情况 | 符合性 |
| 1 | 专项施工方案 | 搭设前应编制专项施工方案，进行架体结构布置和计算，专项施工方案应经审核、批准 ||| | |

续表

| 序号 | 检查项目 | 检查内容及要求 | 实际情况 | 符合性 |
|---|---|---|---|---|
| 2 | 构配件 | 进场的主要构配件应有产品质量合格证、产品性能检验报告，构配件观感质量、规格尺寸应按规定的抽检数量进行抽检 | | |
| 3 | 地基基础 | 地基处理和承载力应符合方案设计要求，地基应坚实、平整；垫板的尺寸及铺设方式应符合方案设计要求；立杆与基础应接触紧密；地基排水设施应完善，并符合方案设计要求，排水应畅通；施工记录和试验资料应完整 | | |
| 4 | 架体搭设 | 立杆纵、横间距及水平杆步距应符合方案设计要求；架体水平度和垂直度应符合规范要求；水平杆应纵、横向贯通，不得缺失 | | |
| 5 | 杆件连接 | 扣件螺栓拧紧扭力矩值 40~65N·m；立杆接头采用对接，相邻立杆接头不应设置在同步内；两根相邻水平杆的接头不应设置在同步或同跨内 | | |
| 6 | 架体构造 | 扫地杆离地间距、立杆伸出顶层水平杆长度（支撑架）、剪刀撑、横向斜撑设置位置和间距、连墙件（单、双排脚手架）或架体与既有建筑结构连接点（满堂架、支撑架）的竖向和水平间距应符合方案设计和规程要求；<br>满堂脚手架施工层节点设置、水平杆设置应符合方案设计和规程要求；型钢悬挑脚手架高度、型钢悬挑梁设置应符合方案设计和规程要求 | | |
| 7 | 可调托撑与底座 | 螺杆垂直度、插入立杆长度应符合规程要求 | | |
| 8 | 安全防护设施 | 应按方案设计和规范要求设置作业层脚手板、挡脚板、安全网、防护栏杆和专用梯道或坡道；门洞设置应符合方案设计和规程要求 | | |
| 施工单位检查结论 | | 结论：<br>检查人员：　　　　　　项目技术负责人：　　　　　　项目经理： | 检查日期：　年　月　日 | |
| 监理单位验收结论 | | 结论：<br>专业监理工程师：　　　　　　　　　　　总监理工程师： | 验收日期：　年　月　日 | |

5) 脚手架检查、验收的相关技术文件包括：
① 专项施工方案及变更文件。
② 技术交底文件。
③ 脚手架施工验收记录，见表 14-66。
④ 脚手架其他专项检查验收表，见表 14-67～表 14-69。

**地基基础检查验收表**　　　　　　　　　　　　　　　　表 14-67

| 序号 | 检查项目 | 质量要求 | 抽检数量 | 检查方法 |
|---|---|---|---|---|
| 1 | 地基处理、承载力 | 符合方案设计要求 | 每 $100m^2$ 不少于 3 个点 | 触探 |
| 2 | 地基顶面平整度 | 20mm | 每 $100m^2$ 不少于 3 个点 | 2m 直尺 |

续表

| 序号 | 检查项目 | 质量要求 | 抽检数量 | 检查方法 |
|---|---|---|---|---|
| 3 | 垫板铺设 | 土层地基上的立杆应设置垫板,垫板长度不少于2跨,并符合方案设计要求 | 全数 | 目测 |
| 4 | 垫板尺寸 | 垫板厚度不小于50mm,宽度不小于200mm,并符合方案设计要求 | 不少于3处 | 游标卡尺、钢板尺 |
| 5 | 底座设置情况 | 符合方案设计要求 | 全数 | 目测 |
| 6 | 立杆与基础的接触紧密度 | 立杆与基础间应无松动、悬空现象 | 全数 | 目测 |
| 7 | 排水设施 | 完善,并符合方案设计要求 | 全数 | 目测 |
| 8 | 施工记录、试验资料 | 完整 | 全数 | 查阅记录 |

脚手架架体检查验收表　　　　　　表 14-68

| 序号 | 检查项目 | | 质量要求 | 抽检数量 | 检查方法 |
|---|---|---|---|---|---|
| 1 | 可调底座 | 垂直度 | ±5mm | 全部 | 经纬仪或吊线和卷尺 |
| | | 插入立杆长度 | ≥150mm | | 钢板尺 |
| 2 | 支撑架可调托撑 | 螺杆垂直度 | ±5mm | 全部 | 经纬仪或吊线和卷尺 |
| | | 插入立杆长度 | ≥150mm | | 钢板尺 |
| 3 | 扣件节点 | 扣件螺栓拧紧扭力矩 | 40~65N·m | | 扭力扳手 |
| 4 | 立杆 | 间距 | 符合方案设计要求 | 全部 | 目测、钢板尺 |
| | | 接头 | 除顶层栏杆立杆外,其余各层各步接头必须采用对接扣件连接 相邻立杆接头不应设置在同步内,同步内隔一根立杆的两个相隔接头在高度方向错开的距离≥500mm;接头中心至主节点的距离≤1/3步距 | 全部 | 目测 |
| | | 支撑架立杆伸出顶层水平杆长度 | 符合方案设计要求,且≤500mm | 全部 | 钢板尺 |
| 5 | 水平杆 | 设置、完整性 | 符合方案设计要求;纵、横向贯通,不缺失 | 全部 | 目测 |
| | | 步距 | 符合方案设计要求 | 全部 | 目测 |
| | | 接头 | 两根相邻水平杆的接头不应设置在同步或同跨内;接头错开距离≥500mm;各接头中心至最近主节点的距离≤1/3纵距 | 全部 | 目测 |

续表

| 序号 | 检查项目 | | | 质量要求 | 抽检数量 | 检查方法 |
|---|---|---|---|---|---|---|
| 5 | 水平杆 | 水平高差 | | 表14-64第6项 | 全部 | 水平仪或水平尺 |
| | | 扫地杆距离地面高度 | | 符合方案设计要求,且≤200mm | 全部 | 钢板尺 |
| 6 | 剪刀撑、横向斜撑 | 斜撑杆位置和间距 | | 符合方案设计要求 | 全部 | 目测 |
| | | 剪刀撑 | 间距、跨度 | 符合方案设计要求 | 全部 | 目测、钢卷尺 |
| | | | 与地面夹角 | 45°~60° | 全部 | 目测、钢板尺 |
| | | | 搭接长度及扣件数量 | 搭接长度≥1m,搭接扣件不少于2个 | 全部 | 目测、钢板尺 |
| | | | 与立杆(水平杆)扣接情况 | 每步扣接,与节点距≤150mm | 全部 | 目测、钢板尺 |
| 7 | 单、双排脚手架与型钢悬挑脚手架连墙件的竖向和水平间距 | | | 符合方案设计要求,且不得超过3步3跨 | 全部 | 目测、钢卷尺 |
| 8 | 满堂架、支撑架与既有建筑结构连接点的竖向和水平间距 | | | 符合方案设计要求以及本章14.4.1.3-9-(7) | 全部 | 目测、钢卷尺 |
| 9 | 满堂架、支撑架高宽比 | | | 符合方案设计要求,且≤3 | 全部 | 目测 |
| 10 | 架体全高垂直度 | | | 表14-64第2、第3项 | 每段内外立面均不少于4根立杆 | 经纬仪或吊线和卷尺 |
| 11 | 满堂脚手架施工层节点设置、水平杆设置 | | | 符合方案设计要求以及本章14.4.1.3-9-(1) | 全部 | 目测 |
| 12 | 门洞 | 单、双排脚手架门洞结构 | | 符合方案设计要求以及本章14.4.1.3-5 | 全部 | 目测、钢卷尺 |
| | | 支撑架门洞结构(立杆间距、横梁及分配梁型号、间距、扩大基础尺寸等) | | 符合方案设计要求以及本章14.4.1.3-10 | 全部 | 目测、钢卷尺 |

**安全防护设施检查验收表**　　　　表14-69

| 序号 | 检查项目 | | 质量要求 | 抽检数量 | 检查方法 |
|---|---|---|---|---|---|
| 1 | 作业层、作业平台 | 宽度 | 符合方案设计要求 | 全部 | 钢板尺 |
| | | 脚手板材质、规格和安装 | 符合方案设计要求,铺满、铺稳、铺实 | 全部 | 目测、钢板尺 |
| | | 挡脚板位置和安装 | 立杆内侧、牢固,高度≥180mm | 全部 | 目测、钢板尺 |
| | | 安全网 | 外侧安全网牢固、连续,阻燃产品 | 全部 | 目测 |
| | | 防护栏杆高度 | 立杆内侧、离地高度分别为0.6m、1.2m | 全部 | 目测 |
| | | 层间防护 | 脚手板下采用安全平网兜底,水平网竖向间距≤10m;脚手板离墙面的距离≤150mm | 全部 | 目测、钢卷尺 |

续表

| 序号 | 检查项目 | | 质量要求 | 抽检数量 | 检查方法 |
|---|---|---|---|---|---|
| 2 | 梯道、坡道 | 斜道型式 | 符合方案设计要求 | 全部 | 目测 |
| | | 宽度 | 运料斜道宽度≥1.5m；人行斜道宽度≥1m；拐弯平台宽度≥斜道宽度 | 全部 | 钢板尺 |
| | | 坡度 | 运料斜道坡度≥1:6；人行斜道坡度≥1:3 | 全部 | 钢板尺 |
| | | 坡道防滑装置 | 符合方案设计要求，并完善、有效 | 全部 | 目测 |
| | | 转角平台脚手板材质、规格和安装 | 符合方案设计要求，铺满、铺稳、铺实 | 全部 | 目测 |
| | | 安全网 | 牢固、连续、阻燃产品 | 全部 | 目测 |
| | | 通道、转角平台防护栏杆高度 | 立杆内侧，离地高度分别为0.6m、1.2m | 全部 | 目测 |
| 3 | 支撑架门洞安全防护 | 车行通道导向、限高、限宽、减速、防撞等设施及标识、标志 | 符合方案设计要求，并完善、有效 | 全部 | 目测 |
| | | 顶部封闭、两侧防护栏杆及安全网 | 符合方案设计要求，并完善、有效 | 全部 | 目测 |

（3）脚手架使用阶段应定期检查下列要求内容：

1）杆件的设置和连接，连墙件、支撑、型钢挑梁、门洞桁架等的构造应符合现行国家标准《建筑施工脚手架安全技术统一标准》GB 51210—2016和专项施工方案的要求。

2）地基应无积水，底座应无松动，立杆应无悬空。

3）扣件螺栓应无松动。

4）高度在24m以上的双排、构造一节点满堂脚手架（作业），其立杆的沉降与垂直度的偏差应符合表14-64项次1、2的规定；高度在8m以上的满堂支撑架，其立杆的沉降与垂直度的偏差应符合表14-64项次1、3的规定；高度在8m以上的构造二节点满堂脚手架、构造三节点满堂脚手架，其立杆的沉降与垂直度的偏差应符合表14-64项次1、2的规定。

5）安全防护措施应符合现行国家标准《建筑施工脚手架安全技术统一标准》GB 51210—2016要求。

6）应无超载使用。

## 14.4.2 盘扣式钢管脚手架

承插型盘扣式钢管支架由立杆、水平杆、斜杆、可调底座及可调托座等构配件构成。立杆采用套管插销连接，水平杆和斜杆采用杆端和接头卡入立杆连接盘，用楔形插销连接方式快速连接，形成结构几何不变体系的钢管支架，能承受相应的荷载，并具有作业安全和防护功能的结构架体。根据具体施工要求，能组成多种组架尺寸的单排、双排脚手架、满堂脚手架、支撑架、支撑柱、型钢悬挑脚手架和物料提升架施工装备。尤其在户外大型临时舞台、体育场、大型观看台、大型广告架、会展等曲线布置，更突显出模块式拼装、灵活多变。

#### 14.4.2.1 材料与构配件

1. 主要组成构件

(1) 承插型盘扣式钢管脚手架根据用途可分为作业脚手架和支撑脚手架。

1) 承插型盘扣钢管作业脚手架可分为落地双排钢管作业脚手架、满堂作业脚手架。其中，落地双排钢管作业脚手架主要由立杆、水平杆、斜杆、可调底座、脚手板、钢板密目网、楼梯等配件组成（图14-32）。满堂钢管作业脚手架主要由立杆、水平杆、斜杆、可调底座、可调托撑、脚手板、挡脚板、楼梯、三脚架等配件组成。

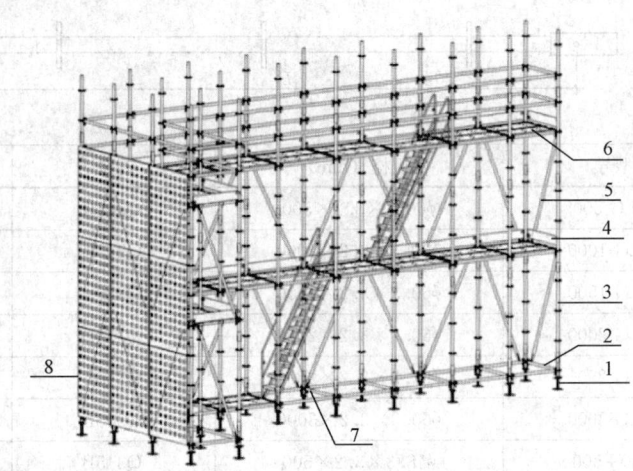

图 14-32 承插型盘扣式钢管双排脚手架示意图
1—可调底座；2—立杆；3—挡脚板；4—竖向斜杆；5—水平杆；6—脚手板；7—楼梯；8—钢板网

2) 支撑架主要由立杆、水平杆、斜杆、可调底座和可调托撑等配件组成（图14-33）。

(2) 盘扣节点由焊接于立杆上的圆盘（或八角盘）、水平杆杆端扣接头和斜杆杆端扣接头组成（图14-34）。

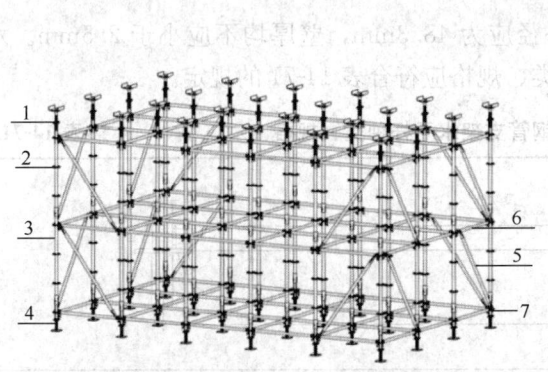

图 14-33 承插型盘扣式钢管支撑架示意图
1—可调托撑；2—盘扣节点；3—立杆；
4—可调底座；5—水平斜杆；
6—竖向斜杆；7—水平杆

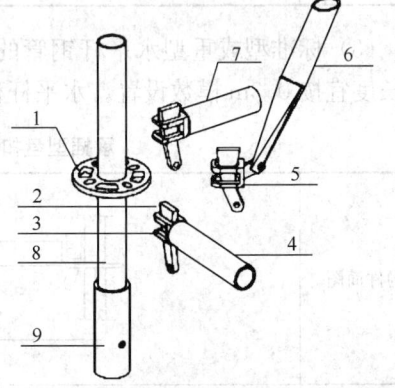

图 14-34 盘扣节点
1—连接盘（圆盘或八角盘）；2—扣接头插销；
3—水平杆杆端扣接头；4—水平杆；5—斜杆杆端扣接头；6—竖向斜杆；7—水平斜杆；
8—立杆；9—连接套管

2. 主要构配件

(1) 承插型盘扣式钢管脚手架根据立杆外径大小可分为标准型和重型,其中标准型简称为 B 型,重型简称为 Z 型。

(2) 标准型立杆钢管的外径为 48.3mm,重型立杆钢管的外径应为 60.3mm,壁厚均不应小于 3.2mm。立杆盘扣宜按 0.5m 模数设置,长度 $L=500mm$、1000mm、1500mm、2000mm、2500mm、3000mm、4000mm,立杆种类、规格应符合表 14-70 的规定。

承插型盘扣式钢管支架立杆种类、规格　　　　表 14-70

| 构件简图 | | | | |
|---|---|---|---|---|
| 类型 | 型号 | 规格(mm) | 材质 | 理论重量(kg) |
| Z 型 | Z-LG-500 | $\phi 60.3 \times 3.2 \times 500$ | Q345B | 3.75 |
| | Z-LG-1000 | $\phi 60.3 \times 3.2 \times 1000$ | Q345B | 6.65 |
| | Z-LG-1500 | $\phi 60.3 \times 3.2 \times 1500$ | Q345B | 9.60 |
| | Z-LG-2000 | $\phi 60.3 \times 3.2 \times 2000$ | Q345B | 12.50 |
| | Z-LG-2500 | $\phi 60.3 \times 3.2 \times 2500$ | Q345B | 15.50 |
| | Z-LG-3000 | $\phi 60.3 \times 3.2 \times 3000$ | Q345B | 18.40 |
| B 型 | B-LG-500 | $\phi 48.3 \times 3.2 \times 500$ | Q345B | 2.95 |
| | B-LG-1000 | $\phi 48.3 \times 3.2 \times 1000$ | Q345B | 5.30 |
| | B-LG-1500 | $\phi 48.3 \times 3.2 \times 1500$ | Q345B | 7.64 |
| | B-LG-2000 | $\phi 48.3 \times 3.2 \times 2000$ | Q345B | 9.90 |
| | B-LG-2500 | $\phi 48.3 \times 3.2 \times 2500$ | Q345B | 12.30 |
| | B-LG-3000 | $\phi 48.3 \times 3.2 \times 3000$ | Q345B | 14.65 |
| | B-LG-4000 | $\phi 48.3 \times 3.2 \times 4000$ | Q345B | 19.60 |

(3) 标准型或重型水平杆钢管的外径应为 48.3mm,壁厚均不应小于 2.5mm。水平杆长度宜按 0.3m 模数设置。水平杆种类、规格应符合表 14-71 的规定。

承插型盘扣式钢管支架水平杆种类、规格　　　　表 14-71

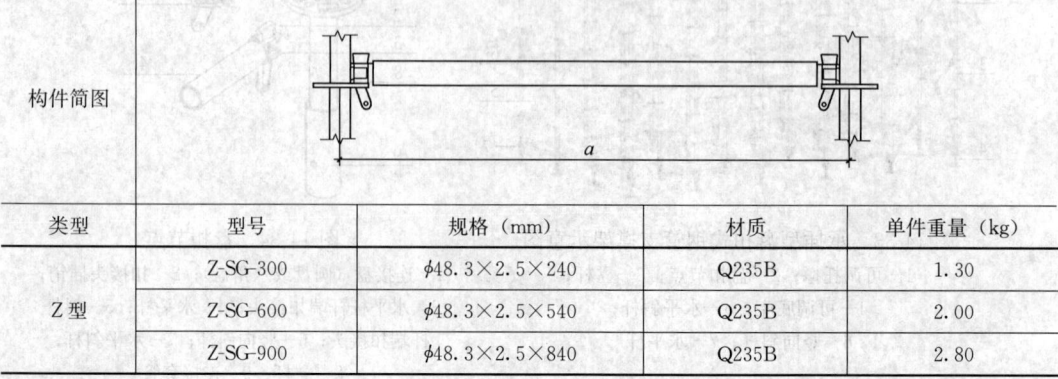

| 构件简图 | | | | |
|---|---|---|---|---|
| 类型 | 型号 | 规格(mm) | 材质 | 单件重量(kg) |
| Z 型 | Z-SG-300 | $\phi 48.3 \times 2.5 \times 240$ | Q235B | 1.30 |
| | Z-SG-600 | $\phi 48.3 \times 2.5 \times 540$ | Q235B | 2.00 |
| | Z-SG-900 | $\phi 48.3 \times 2.5 \times 840$ | Q235B | 2.80 |

续表

| 类型 | 型号 | 规格（mm） | 材质 | 单件重量（kg） |
|---|---|---|---|---|
| Z型 | Z-SG-1200 | φ48.3×2.5×1140 | Q235B | 3.60 |
| | Z-SG-1500 | φ48.3×2.5×1440 | Q235B | 4.30 |
| | Z-SG-1800 | φ48.3×2.5×1740 | Q235B | 5.10 |
| | Z-SG-2100 | φ48.3×2.5×2040 | Q235B | 6.00 |
| | Z-SG-2400 | φ48.3×2.5×2340 | Q235B | 6.80 |
| | Z-SG-2700 | φ48.3×2.5×2640 | Q235B | 7.70 |
| | Z-SG-3000 | φ48.3×2.5×2940 | Q235B | 8.60 |
| B型 | B-SG-300 | φ48.3×2.5×240 | Q235B | 1.30 |
| | B-SG-600 | φ48.3×2.5×540 | Q235B | 2.00 |
| | B-SG-900 | φ48.3×2.5×840 | Q235B | 2.80 |
| | B-SG-1200 | φ48.3×2.5×1140 | Q235B | 3.60 |
| | B-SG-1500 | φ48.3×2.5×1440 | Q235B | 4.30 |
| | B-SG-1800 | φ48.3×2.5×1740 | Q235B | 5.10 |
| | B-SG-2100 | φ48.3×2.5×2040 | Q235B | 6.00 |
| | B-SG-2400 | φ48.3×2.5×2340 | Q235B | 6.80 |
| | B-SG-2500 | φ48.3×2.5×2640 | Q235B | 7.70 |
| | B-SG-3000 | φ48.3×2.5×2940 | Q235B | 8.60 |

（4）标准型或重型竖向斜杆种类、规格应符合表14-72的规定。

承插型盘扣式钢管支架竖向斜杆种类、规格　　表14-72

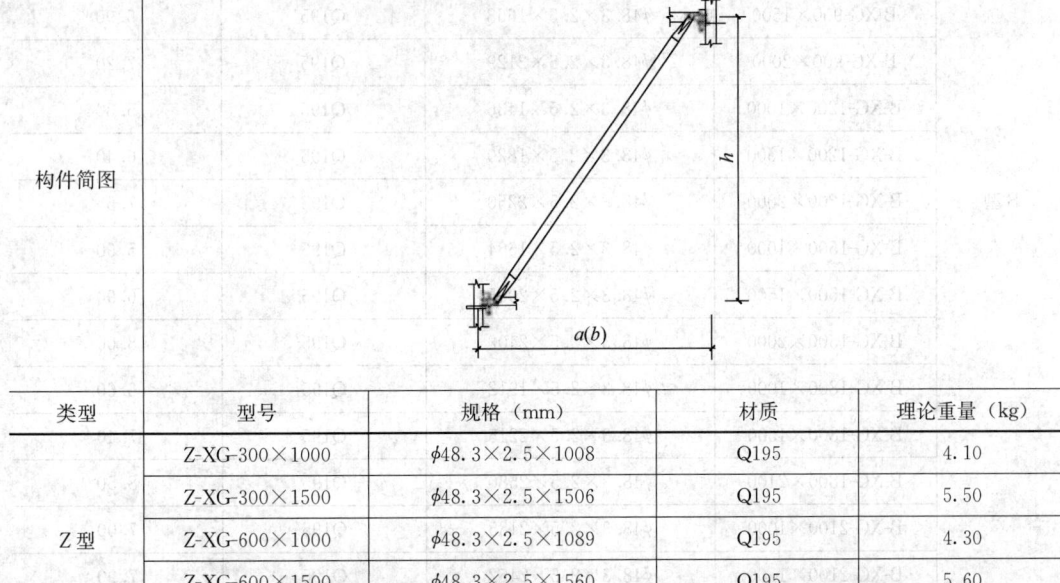

| 类型 | 型号 | 规格（mm） | 材质 | 理论重量（kg） |
|---|---|---|---|---|
| Z型 | Z-XG-300×1000 | φ48.3×2.5×1008 | Q195 | 4.10 |
| | Z-XG-300×1500 | φ48.3×2.5×1506 | Q195 | 5.50 |
| | Z-XG-600×1000 | φ48.3×2.5×1089 | Q195 | 4.30 |
| | Z-XG-600×1500 | φ48.3×2.5×1560 | Q195 | 5.60 |
| | Z-XG-900×1000 | φ48.3×2.5×1238 | Q195 | 4.70 |

续表

| 类型 | 型号 | 规格（mm） | 材质 | 理论重量（kg） |
|---|---|---|---|---|
| Z型 | Z-XG-900×1500 | φ48.3×2.5×1668 | Q195 | 5.90 |
| | Z-XG-900×2000 | φ48.3×2.5×2129 | Q195 | 7.20 |
| | Z-XG-1200×1000 | φ48.3×2.5×1436 | Q195 | 5.30 |
| | Z-XG-1200×1500 | φ48.3×2.5×1820 | Q195 | 6.40 |
| | Z-XG-1200×2000 | φ48.3×2.5×2250 | Q195 | 7.55 |
| | Z-XG-1500×1000 | φ48.3×2.5×1664 | Q195 | 5.90 |
| | Z-XG-1500×1500 | φ48.3×2.5×2005 | Q195 | 6.90 |
| | Z-XG-1500×2000 | φ48.3×2.5×2402 | Q195 | 8.00 |
| | Z-XG-1800×1000 | φ48.3×2.5×1912 | Q195 | 6.60 |
| | Z-XG-1800×1500 | φ48.3×2.5×2215 | Q195 | 7.40 |
| | Z-XG-1800×2100 | φ48.3×2.5×2580 | Q195 | 8.50 |
| | Z-XG-2100×1000 | φ48.3×2.5×2185 | Q195 | 7.00 |
| | Z-XG-2100×1500 | φ48.3×2.5×2452 | Q195 | 7.90 |
| | Z-XG-2100×2100 | φ4.38×2.5×2842 | Q195 | 8.80 |
| B型 | B-XG-300×1000 | φ48.3×2.5×1008 | Q195 | 4.10 |
| | B-XG-300×1500 | φ48.3×2.5×1506 | Q195 | 5.50 |
| | B-XG-600×1000 | φ48.3×2.5×1089 | Q195 | 4.30 |
| | B-XG-600×1500 | φ48.3×2.5×1560 | Q195 | 5.60 |
| | B-XG-900×1000 | φ48.3×2.5×1238 | Q195 | 4.70 |
| | B-XG-900×1500 | φ48.3×2.5×1668 | Q195 | 5.90 |
| | B-XG-900×2000 | φ48.3×2.5×2129 | Q195 | 7.20 |
| | B-XG-1200×1000 | φ48.3×2.5×1436 | Q195 | 5.30 |
| | B-XG-1200×1500 | φ48.3×2.5×1820 | Q195 | 6.40 |
| | B-XG-1200×2000 | φ48.3×2.5×2250 | Q195 | 7.55 |
| | B-XG-1500×1000 | φ48.3×2.5×1664 | Q195 | 5.90 |
| | B-XG-1500×1500 | φ48.3×2.5×2005 | Q195 | 6.90 |
| | B-XG-1500×2000 | φ48.3×2.5×2402 | Q195 | 8.00 |
| | B-XG-1800×1000 | φ48.3×2.5×1912 | Q195 | 6.60 |
| | B-XG-1800×1500 | φ48.3×2.5×2215 | Q195 | 7.40 |
| | B-XG-1800×2100 | φ48.3×2.5×2580 | Q195 | 8.50 |
| | B-XG-2100×1000 | φ48.3×2.5×2185 | Q195 | 7.00 |
| | B-XG-2100×1500 | φ48.3×2.5×2452 | Q195 | 7.90 |
| | B-XG-2100×2100 | φ4.38×2.5×2842 | Q195 | 8.80 |

(5）标准型或重型支架的水平斜杆种类、规格应符合表14-73的规定。

承插型盘扣式钢管支架水平斜杆种类、规格　　　　表14-73

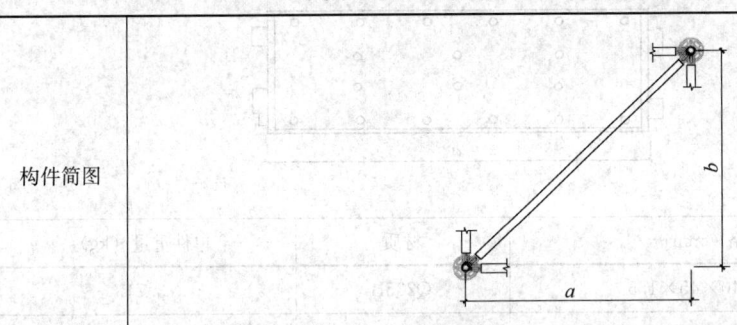

| 类型 | 型号 | 规格（mm） | 材质 | 理论重量（kg） |
| --- | --- | --- | --- | --- |
| Z型 | Z-SXG-900×900 | φ48.3×2.5×1273 | Q235B | 4.30 |
| | Z-SXG-900×1200 | φ48.3×2.5×1500 | Q235B | 5.00 |
| | Z-SXG-900×1500 | φ48.3×2.5×1749 | Q235B | 5.70 |
| | Z-SXG-1200×1200 | φ48.3×2.5×1697 | Q235B | 5.55 |
| | Z-SXG-1200×1500 | φ48.3×2.5×1921 | Q235B | 6.20 |
| | Z-SXG-1500×1500 | φ48.3×2.5×2121 | Q235B | 6.80 |
| B型 | B-SXG-900×900 | φ48.3×2.5×1273 | Q235B | 4.30 |
| | B-SXG-900×1200 | φ48.3×2.5×1500 | Q235B | 5.00 |
| | B-SXG-900×1500 | φ48.3×2.5×1749 | Q235B | 5.70 |
| | B-SXG-1200×1200 | φ48.3×2.5×1697 | Q235B | 5.55 |
| | B-SXG-1200×1500 | φ48.3×2.5×1921 | Q235B | 6.20 |
| | B-SXG-1500×1500 | φ48.3×2.5×2121 | Q235B | 6.80 |

（6）可调托撑和可调底座种类、规格应符合表14-74的规定。

可调托撑和可调底座种类、规格　　　　表14-74

| 名称 | 类别 | 型号 | 规格（mm） | 材质 | 理论重量（kg） |
| --- | --- | --- | --- | --- | --- |
| 可调托撑 | 重型 | A-KTC-500 | φ48×6.5×500 | Q235B | 7.12 |
| | | A-KTC-600 | φ48×6.5×600 | Q235B | 7.60 |
| | 标准型 | B-KTC-500 | φ38×5.0×500 | Q235B | 4.38 |
| | | B-KTC-600 | φ38×5.0×600 | Q235B | 4.74 |
| 可调底座 | 重型 | A-KDZ-500 | φ48×6.5×500 | Q235B | 5.67 |
| | | A-KDZ-600 | φ48×6.5×600 | Q235B | 6.15 |
| | 标准型 | B-KDZ-500 | φ38×5.0×500 | Q235B | 3.53 |
| | | B-KDZ-600 | φ38×5.0×600 | Q235B | 3.89 |

（7）冲压钢脚手板种类、规格应符合表14-75的规定。

冲压钢脚手板种类、规格　　　　　表 14-75

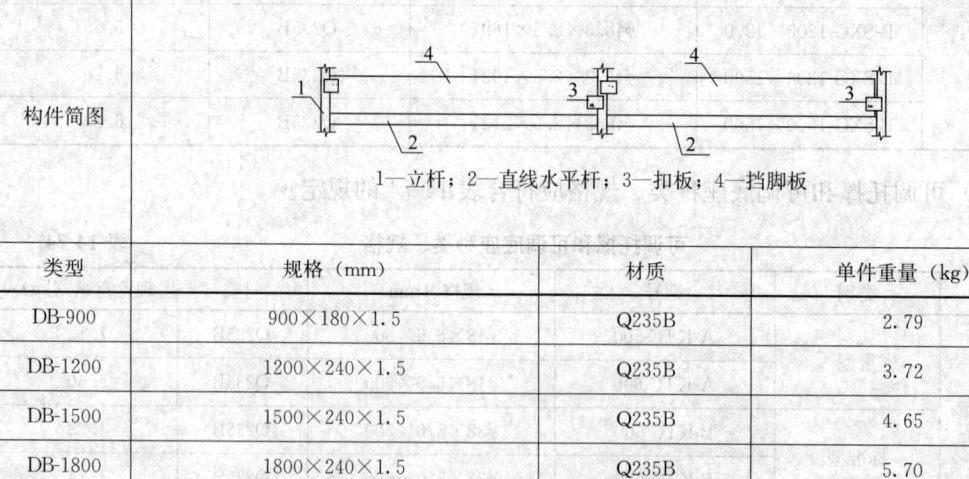

| 类型 | 规格（mm） | 材质 | 单件重量（kg） |
|---|---|---|---|
| TB-900 | 900×240×45×1.5 | Q235B | 3.71 |
| TB-1200 | 1200×240×45×1.5 | Q235B | 4.08 |
| TB-1500 | 1500×240×45×1.5 | Q235B | 7.49 |
| TB-1800 | 1800×240×45×1.5 | Q235B | 8.83 |
| TB-2100 | 2100×240×45×1.5 | Q235B | 10.45 |
| TB-2400 | 2400×240×45×1.5 | Q235B | 12.50 |
| TB-2700 | 2700×240×45×1.5 | Q235B | 14.00 |
| TB-3000 | 3000×240×45×1.5 | Q235B | 15.50 |

（8）挡脚板种类、规格应符合表 14-76 的规定。

挡脚板种类、规格　　　　　表 14-76

构件简图

1—立杆；2—直线水平杆；3—扣板；4—挡脚板

| 类型 | 规格（mm） | 材质 | 单件重量（kg） |
|---|---|---|---|
| DB-900 | 900×180×1.5 | Q235B | 2.79 |
| DB-1200 | 1200×240×1.5 | Q235B | 3.72 |
| DB-1500 | 1500×240×1.5 | Q235B | 4.65 |
| DB-1800 | 1800×240×1.5 | Q235B | 5.70 |
| DB-2100 | 2100×240×1.5 | Q235B | 6.65 |
| DB-2400 | 2400×240×1.5 | Q235B | 7.60 |
| DB-2700 | 2700×240×1.5 | Q235B | 8.55 |
| DB-3000 | 3000×240×1.5 | Q235B | 9.50 |

（9）挂扣式楼梯规格、质量应符合表 14-77 的规定。

14.4 常用落地式脚手架的设计和施工　　1055

钢制楼梯种类、规格　　　　　　　　　　表 14-77

| 型号 | 规格（mm） | 材质 | 单件重量（kg） |
|---|---|---|---|
| GT-500 | 500×1500 | Q235B | 26 |
|  | 500×2000 | Q235B | 35 |
| GT-800 | 800×1500 | Q235B | 32 |
|  | 800×2000 | Q235B | 42 |
| GT-1100 | 1100×1500 | Q235B | 44 |
|  | 1100×2000 | Q235B | 56 |

3. 质量要求

（1）承插型盘扣式钢管支架的构配件除有特殊要求外，其材质应符合现行国家标准《低合金高强度结构钢》GB/T 1591、《碳素结构钢》GB/T 700 以及《一般工程用铸造碳钢件》GB/T 11352 的规定。

（2）连接盘、扣接头、插销以及调节手柄采用碳素铸钢制造，其材料机械性能不得低于现行国家标准《一般工程用铸造碳钢件》GB/T 11352 中牌号为 ZG230-450 的屈服强度、抗拉强度、延伸率的要求。连接盘的厚度不得小于 8mm，允许尺寸偏差 ±0.5mm。铸钢件应符合现行国家标准《一般工程用铸造碳钢件》GB/T 11352 规定要求。

（3）连接盘、连接套管应与立杆焊接连接，横杆扣接头以及水平斜杆扣接头应与水平杆焊接连接，竖向斜杆扣接头应与立杆连接盘扣接连接。杆件焊接制作应在专用工装上进行，各焊接部位应牢固可靠。

（4）立杆连接套管可有铸钢套管和无缝钢管套管两种形式。对于铸钢套管形式，立杆连接套长度不应小于 90mm，外伸长度不应小于 75mm；对于无缝钢管套管形式，立杆连接套长度不应小于 160mm，外伸长度不应小于 110mm。套管内径与立杆钢管外径间隙不应大于 2mm。

（5）立杆与立杆连接的连接套上应设置立杆防退出销孔，承插型盘扣式钢管支架销孔为 $\phi 14$，立杆连接销直径为 $\phi 12$。

**14.4.2.2　荷载与设计计算**

1. 基本设计规定

（1）承插型盘扣式钢管支架的架体结构设计应保证整体结构形成几何不变体系。

（2）当杆件变形量有控制要求时，应按照正常使用极限状态验算其变形量。受弯构件的挠度不应超过表 14-78 中规定的容许值。

受弯构件的容许挠度   表 14-78

| 构件类别 | 容许挠度 [ν] |
|---|---|
| 受弯构件 | $l/150$ 和 10mm |

注：$l$ 为受弯构件跨度。

(3) 支撑架立杆立杆几何长细比不得大于 150，作业架立杆几何长细比不得大于 210；其他杆件中的受压杆件几何长细比不得大于 230；受拉杆件几何长细比不应大于 350。

(4) 双排脚手架搭设高度不宜大于 24m。

(5) 双排脚手架不考虑风荷载时，立杆应按承受垂直荷载杆件计算，当考虑风荷载作用时应按压弯杆件计算。

(6) 脚手架不挂密目网或帆布时，可不进行风荷载计算；当脚手架采用密目安全网、帆布或其他方法封闭时，应按挡风面积进行计算。

2. 专项施工方案设计

(1) 专项施工方案设计应包括以下内容：

1) 工程概况：应说明所应用对象的主要情况。作业脚手架应说明所建主体结构形式及高度、平面形状和尺寸；支撑脚手架应按结构设计平面图说明需支模的结构情况以及支架需要搭设的高度。

2) 架体结构设计和计算应按以下步骤进行：

第一步：制定架体方案。

第二步：荷载计算及架体验算。架体验算应包括立杆稳定性验算、脚手架连墙件承载力验算以及基础承载力验算。

第三步：绘制架体结构布置的平面图、立面图、剖面图，模板支撑架应绘制支架顶部梁、板模板支撑架节点构造详图及支撑架与已建结构的拉结或水平支撑构造详图。脚手架应绘制连墙件构造详图。

3) 说明混凝土浇筑程序及方法。

4) 说明结构施工流水步骤，并编制构配件用料表及供应计划。

5) 说明架体搭设、使用和拆除方法。

6) 保证质量安全的技术措施。高大支模架另应通过专家组论证和编制相应的应急预案。

(2) 架体的构造设计尚应符合有关规定。

3. 地基承载力计算

地基承载力可按本章 14.4.1.2-2-(5) 的要求进行计算。

4. 作业脚手架计算

(1) 无风荷载时，立杆承载验算应按下列公式计算：

1) 立杆轴向力设计值应按下式计算：

$$N = \gamma_G \Sigma N_{GK} + \gamma_Q \Sigma N_{QK} \tag{14-77}$$

式中　$\gamma_G$——永久荷载分项系数；

$\gamma_Q$——可变荷载分项系数；

$N$——立杆轴向力设计值（kN）；

$\Sigma N_{GK}$ —— 永久荷载标准值产生的立杆轴向力总和（kN）；

$\Sigma N_{QK}$ —— 可变荷载标准值产生的轴向力总和（kN），内外立杆可按一纵距（跨）内施工荷载总和的1/2取值。

2）立杆计算长度 $l_0$ 应按下式计算：

$$l_0 = \mu h \tag{14-78}$$

式中　$h$ —— 脚手架立杆步距；

$\mu$ —— 考虑脚手架整体稳定因素的单杆计算长度系数，应按表14-79的规定确定。

**脚手架立杆计算长度系数**　　　　　表 14-79

| 类别 | 连墙件布置 | |
|---|---|---|
| | 二步三跨 | 三步三跨 |
| 双排架 | 1.45 | 1.70 |

3）立杆稳定性按下式计算：

$$\frac{N}{\varphi A} \leqslant f \tag{14-79}$$

式中　$\varphi$ —— 轴心受压构件的稳定系数，Q235钢轴心受压构件的稳定系数 $\varphi$ 见表14-46，Q345钢轴心受压构件的稳定系数 $\varphi$ 按表14-80取值；

$f$ —— 钢材的抗拉、抗压和抗弯强度设计值（N/mm²），可按表14-81取值；

$A$ —— 立杆截面积（cm²），按表14-82采用。

**轴心受压构件的稳定系数 $\varphi$（Q345钢）**　　　　　表 14-80

| λ | 0 | 1 | 2 | 3 | 4 | 5 | 6 | 7 | 8 | 9 |
|---|---|---|---|---|---|---|---|---|---|---|
| 0 | 1.000 | 0.997 | 0.994 | 0.991 | 0.988 | 0.985 | 0.982 | 0.979 | 0.976 | 0.973 |
| 10 | 0.971 | 0.968 | 0.965 | 0.962 | 0.959 | 0.956 | 0.952 | 0.949 | 0.946 | 0.943 |
| 20 | 0.940 | 0.937 | 0.934 | 0.930 | 0.927 | 0.924 | 0.920 | 0.917 | 0.913 | 0.909 |
| 30 | 0.906 | 0.902 | 0.898 | 0.894 | 0.890 | 0.886 | 0.882 | 0.878 | 0.874 | 0.870 |
| 40 | 0.867 | 0.864 | 0.860 | 0.857 | 0.853 | 0.849 | 0.845 | 0.841 | 0.837 | 0.833 |
| 50 | 0.829 | 0.824 | 0.819 | 0.815 | 0.810 | 0.805 | 0.800 | 0.794 | 0.789 | 0.783 |
| 60 | 0.777 | 0.771 | 0.765 | 0.759 | 0.752 | 0.746 | 0.739 | 0.732 | 0.725 | 0.718 |
| 70 | 0.710 | 0.703 | 0.695 | 0.688 | 0.680 | 0.672 | 0.664 | 0.656 | 0.648 | 0.640 |
| 80 | 0.632 | 0.623 | 0.615 | 0.607 | 0.599 | 0.591 | 0.583 | 0.574 | 0.566 | 0.558 |
| 90 | 0550 | 0.542 | 0.535 | 0.527 | 0.519 | 0.512 | 0.504 | 0.497 | 0.489 | 0.482 |
| 100 | 0.475 | 0.467 | 0.460 | 0.452 | 0.445 | 0.438 | 0.431 | 0.424 | 0.418 | 0.411 |
| 110 | 0.405 | 0.398 | 0.392 | 0.386 | 0.380 | 0.375 | 0.369 | 0.363 | 0.358 | 0.352 |
| 120 | 0.347 | 0.342 | 0.337 | 0.332 | 0.327 | 0.322 | 0.318 | 0.313 | 0.309 | 0.304 |
| 130 | 0.300 | 0.296 | 0.292 | 0.288 | 0.284 | 0.280 | 0.276 | 0.272 | 0.269 | 0.265 |
| 140 | 0.261 | 0.258 | 0.255 | 0.251 | 0.248 | 0.245 | 0.242 | 0.238 | 0.235 | 0.232 |
| 150 | 0.229 | 0.227 | 0.224 | 0.221 | 0.218 | 0.216 | 0.213 | 0.210 | 0.208 | 0.205 |
| 160 | 0.203 | 0.201 | 0.198 | 0.196 | 0.194 | 0.191 | 0.189 | 0.187 | 0.185 | 0.183 |

续表

| λ | 0 | 1 | 2 | 3 | 4 | 5 | 6 | 7 | 8 | 9 |
|---|---|---|---|---|---|---|---|---|---|---|
| 170 | 0.181 | 0.179 | 0.177 | 0.175 | 0.173 | 0.171 | 0.169 | 0.167 | 0.165 | 0.163 |
| 180 | 0.162 | 0.160 | 0.158 | 0.157 | 0.155 | 0.158 | 0.152 | 0.150 | 0.149 | 0.147 |
| 190 | 0.146 | 0.144 | 0.143 | 0.141 | 0.140 | 0.138 | 0.137 | 0.136 | 0.134 | 0.133 |
| 200 | 0.132 | 0.130 | 0.129 | 0.128 | 0.127 | 0.126 | 0.124 | 0.123 | 0.122 | 0.121 |
| 210 | 0.120 | 0.119 | 0.118 | 0.116 | 0.115 | 0.114 | 0.113 | 0.112 | 0.111 | 0.110 |
| 220 | 0.109 | 0.108 | 0.107 | 0.106 | 0.106 | 0.105 | 0.104 | 0.103 | 0.101 | 0.101 |
| 230 | 0.100 | 0.099 | 0.098 | 0.098 | 0.097 | 0.096 | 0.095 | 0.094 | 0.094 | 0.093 |
| 240 | 0.092 | 0.091 | 0.091 | 0.090 | 0.089 | 0.088 | 0.088 | 0.087 | 0.086 | 0.086 |
| 250 | 0.085 | — | — | — | — | — | — | — | — | — |

钢材强度设计值与弹性模量（N/mm²） 表 14-81

| | |
|---|---|
| Q195 钢抗拉、抗压和抗弯强度设计值 | 175 |
| Q235 钢抗拉、抗压和抗弯强度设计值 | 205 |
| Q355 钢抗拉、抗压和抗弯强度设计值 | 300 |
| 弹性模量 E | $2.06 \times 10^5$ |

钢管截面特性 表 14-82

| 外径 $\phi$ (mm) | 壁厚 $t$ (mm) | 截面积 $A$ (cm²) | 惯性矩 $I$ (cm⁴) | 截面模量 $W$ (cm³) | 回转半径 $i$ (cm) |
|---|---|---|---|---|---|
| 60.3 | 3.2 | 5.74 | 23.4682 | 7.784 | 2.02 |
| 48.3 | 3.2 | 4.53 | 11.5857 | 4.797 | 1.60 |
| 48.3 | 2.5 | 3.60 | 9.4599 | 3.917 | 1.62 |
| 42 | 2.5 | 3.10 | 6.0747 | 2.893 | 1.40 |
| 38 | 2.5 | 2.79 | 4.4140 | 2.323 | 1.26 |

(2) 组合风荷载时立杆承载力应按下列公式计算：

1) 立杆轴向力设计值：

$$N = \gamma_G \Sigma N_{GK} + 0.9 \times \gamma_Q \Sigma N_{QK} \tag{14-80}$$

2) 立杆段风荷载弯矩设计值：

$$M_w = 0.9 \times 1.5 M_{wk} = \frac{0.9 \times 1.5 \omega_k l_a h^2}{10} \tag{14-81}$$

3) 立杆稳定性按下式计算：

$$\frac{N}{\varphi A} + \frac{M_w}{W} \leqslant f \tag{14-82}$$

式中 $\Sigma N_{GK}$——永久荷载标准值产生的立杆轴向力总和（kN）；

$\Sigma N_{QK}$——可变荷载标准值产生的轴向力总和，内、外立杆各按一纵距内施工荷载总和的 1/2 取值；

$M_w$ ——计算立杆由风荷载设计值产生的弯矩（kN·m），可按式（14-81）计算；

$M_{wk}$ ——由风荷载设计值产生的立杆段弯矩（kN·m）；

$l_a$ ——立杆纵距（m）；

$W$ ——立杆截面模量（cm³），按表 14-82 采用。

(3) 连墙件计算

连墙件的计算详见 14.3.4.4 相关内容。

5. 支撑脚手架计算

(1) 支架立杆轴向力设计值应按下列公式计算：

不组合风荷载时：

$$N = \gamma_G \Sigma N_{GK} + \gamma_Q \Sigma N_{QK} \tag{14-83}$$

组合风荷载时：

$$N = \gamma_G \Sigma N_{GK} + 0.9 \times \gamma_Q \Sigma N_{QK} \tag{14-84}$$

式中　$N$ ——立杆轴向力设计值（kN）；

$\Sigma N_{GK}$ ——模板及支架、新浇混凝土和钢筋自重标准值产生的立杆轴向力总和（kN）；

$\Sigma N_{QK}$ ——施工人员及施工设备荷载和风荷载标准值产生的立杆轴向力总和（kN）。

(2) 立杆计算长度 $l_0$ 应按下式计算：

$$l_0 = \beta_H \eta h \tag{14-85}$$

$$l_0 = \beta_H \gamma h' + 2ka \tag{14-86}$$

式中　$l_0$ ——支架立杆计算长度（m）；

$a$ ——支架可调托撑支撑点至顶层水平杆中心线的距离（m），满堂作业架取 0；

$h$ ——支架立杆中间层水平杆步距（m）；

$h'$ ——支架立杆顶层水平杆步距（m），宜比最大步距减少一个盘扣距离；

$\eta$ ——支架立杆计算长度修正系数，水平杆步距为 0.5m 或 1m 时，可取 1.50；水平杆步距为 1.5m 时，可取 1.05；

$\gamma$ ——架体顶层步距修正系数，$h'=1.0$m 或 1.5m 时，取值 0.9；$h'=0.5$m 时，取值 1.5；

$\beta_H$ ——支架搭设高度调整系数，按表 14-83 采用；

$k$ ——支撑架悬臂端计算长度折减系数，可取 0.6。

**支撑脚手架搭设高度调整系数**　　　　　表 14-83

| 搭设高度 $H$（m） | $H \leqslant 8$ | $8 < H \leqslant 16$ | $16 < H \leqslant 24$ | $H > 24$ |
|---|---|---|---|---|
| $\beta_H$ | 1.00 | 1.05 | 1.10 | 1.20 |

(3) 立杆稳定性按式（14-79）、式（14-80）计算。

(4) 支撑架应按混凝土浇筑前和混凝土浇筑时两种工况进行整体抗倾覆计算，整体抗倾覆稳定性可按下式计算：

$$M_R \leqslant \gamma_0 M_T \tag{14-87}$$

式中　$M_R$ ——设计荷载下模板支架抗倾覆力矩（kN·m）；

$M_T$——设计荷载下模板支架倾覆力矩（kN·m）；

$\gamma_0$——脚手架（支撑）结构重要性系数。

6. 盘扣节点连接盘的抗剪承载力

$$F_R \leqslant Q_b \tag{14-88}$$

式中　$F_R$——作用在盘口节点连接盘上的竖向力设计值（kN）；

$Q_b$——连接盘抗剪承载力设计值（kN），可取 40kN。

### 14.4.2.3　构造要求

1. 基本构造规定

（1）脚手架应根据施工方案计算得出的立杆纵横间距选用定长的水平杆和斜杆，并根据支撑搭设高度组合立杆、基座、可调托撑和可调底座。

（2）脚手架搭设步距不应超过 2m，搭设模板支撑架的水平杆步距不得大于 1.5m。

（3）当搭设双排外作业脚手架时或搭设高度 24m 及以上时，应根据使用要求选择架体几何尺寸，相邻水平杆步距不宜大于 2m。

（4）脚手架的竖向斜杆不应采用钢管扣件。

（5）当标准型（B 型）立杆荷载设计值大于 40kN，或重型（Z 型）立杆荷载设计值大于 65kN 时，脚手架顶层步距应比标准步距缩小 0.5m。

2. 作业脚手架

（1）底座设置

1）架体底部应设置可调节底座，底座安装位置依照放线交点依次布置。

2）架体底部底座底至扫地杆中心距离不大于 550mm，底座外露丝杆不大于 300mm。

3）除混凝土基础外，落地架体可调底座下应铺设木垫板，木垫板厚度应一致且不得小于 50mm、宽度不小于 200mm、长度不小于 2 跨。

4）脚手架坐落于后浇带、采光井等孔洞上时，立杆底部宜采用型钢横梁支承并经计算确定。架体坐落于后浇带上时，后浇带下支撑体系不应拆除。

（2）立杆设置

1）立杆纵距宜选用 1.5m 或 1.8m，且不应大于 2.1m；立杆横距宜选用 0.9m 或 1.2m。

2）脚手架首步立杆高度按 2500mm、1500mm 相邻交错布置，第二步开始统一采用 2000mm 长度立杆接长，内外立杆顶部应超出顶层作业面不小于 1500mm，且高度一致。

3）立杆须定位准确，并配合施工进度搭设，一次搭设高度，相邻立杆高度不大于 2 倍步距；当立杆基础不在同一高度上时，可利用立杆节点位差配合可调底座进行调整。

4）立杆朝向应套筒端向上，且上下立杆连接处应设销栓。

（3）水平杆设置

1）脚手架应设置纵向和横向水平杆，底步水平杆距地高度（$h_1$）不应超过 550mm；水平杆必须按步纵横向通长满布设置，不得缺失。相邻水平杆的步距不宜大于 2m。

2）水平杆两端插销应销入立杆圆盘小孔。水平杆扣接头插销应锤击紧固，插销面刻度线不应高于水平杆扣接头上表面。

(4) 竖向斜杆设置

1) 竖向斜杆应设置在外立杆内侧,两端插销应销入立杆圆盘大孔。

2) 竖向斜杆扣接头插销应锤击紧固,且插销面所示刻度线不应高于斜杆扣接头上表面。

3) 斜杆设置范围为扫地杆至顶部操作层面之间,纵向设置在 2100mm×2000mm、1200mm×2000mm、900mm×2000mm 单元跨内。

4) 沿架体标准段外侧纵向每 4 跨应上下连续设置,且最大间距不应大于 4 跨,相邻斜杆应反向设置。竖向斜杆应在双排作业架外侧相邻立杆间由底至顶连续设置。

5) 阳角处两侧均应上下连续设置斜杆,一侧紧靠转角,另一侧隔跨设置,倾斜方向均对准转角,呈正三角设置。

6) 阴角处两侧均应上下连续设置斜杆,倾斜方向均对准转角,呈正三角设置。

7) 端跨处两侧均应上下连续设置斜杆,横向侧紧靠转角,纵向侧隔跨设置,倾斜方向均对准转角,呈正三角设置。

(5) 水平斜杆设置

1) 对脚手架的每步水平杆层,挂扣钢脚手架板可不设水平斜杆。

2) 当无挂扣钢脚手板时,应每隔不大于 4 跨设置水平斜杆。

(6) 硬隔离设置

1) 脚手架与结构间每一结构层设一层硬隔离。硬隔离分 300mm、600mm 两种宽度模数;非标准间距硬隔离设置由钢管、木方、踏板补缺组合。

2) 硬隔离设置标准构件包括硬隔离外挑杆、标准段隔离板、阴阳角补板、挂钩(表 14-84)。

硬隔离形式　　　　　　　　　　　　　　　表 14-84

| 隔离形式 | 图例 |
|---|---|
| 300mm 标准硬隔离 | 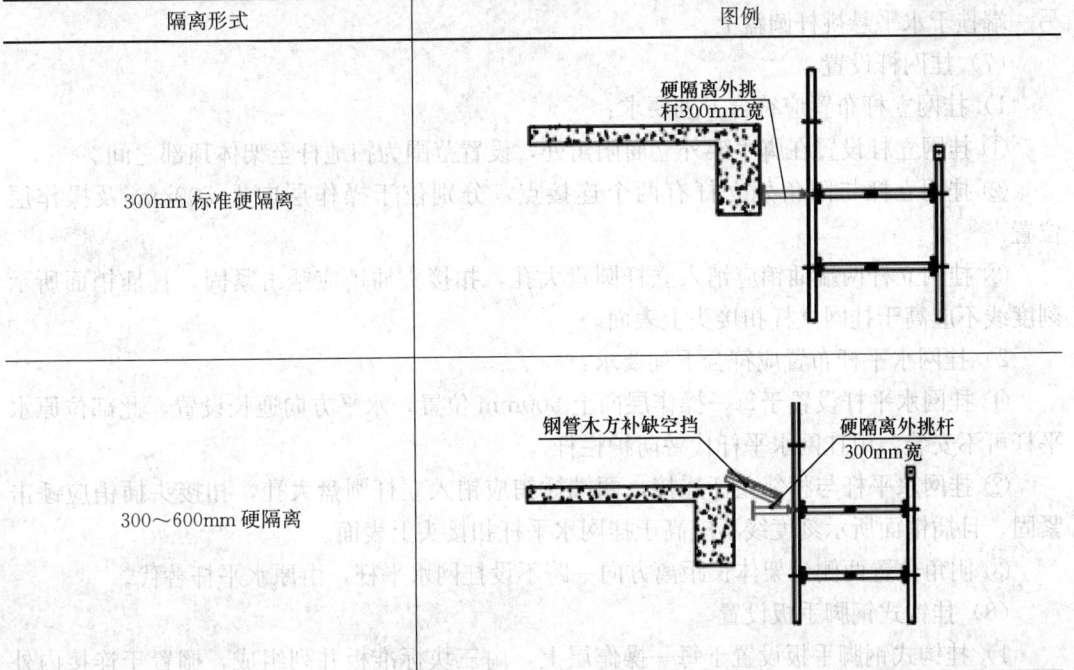 |
| 300~600mm 硬隔离 | |

续表

| 隔离形式 | 图例 |
| --- | --- |
| 600mm 标准硬隔离 | 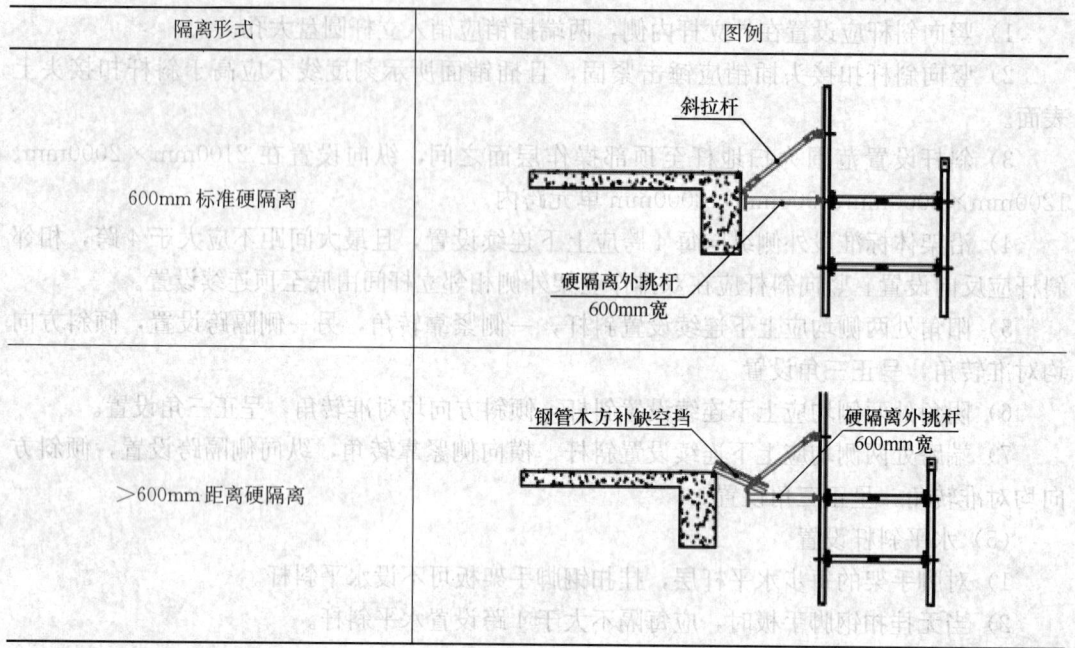 |
| >600mm 距离硬隔离 | |

3) 水平悬挑杆一端插销应销入立杆圆盘小孔，扣接头插销应锤击紧固，且插销面所示刻度线不应高于挂网立杆扣接头上表面。

4) 标准段隔离板搁置于相邻水平悬挑杆上。

5) 阳角补板搁置于阳角两侧水平悬挑杆上；阴角补板一端搁置于水平悬挑杆上，另一端搁置于阴角处标准隔离板上。

6) 600mm 宽标准隔离板上需设置斜拉杆，一端固定于硬隔离层上部内立杆圆盘处，另一端挂于水平悬挑杆圆盘上。

(7) 挂网杆设置

1) 挂网立杆布置应符合下列要求：

① 挂网立杆设置在脚手架外立面阳角处，设置范围为扫地杆至架体顶部之间。

② 挂网立杆与阳角处立杆有两个连接点，分别位于操作层向上 500mm 及操作层位置。

③ 挂网立杆两端插销应销入立杆圆盘大孔，扣接头插销应锤击紧固，且插销面所示刻度线不应高于挂网立杆扣接头上表面。

2) 挂网水平杆布置应符合下列要求：

① 挂网水平杆设置于每一操作层向上 500mm 位置，水平方向通长设置，此部位原水平杆可不安装，由挂网水平杆代替防护栏杆。

② 挂网水平杆与相邻立杆连接，两端插销应销入立杆圆盘大孔，扣接头插销应锤击紧固，且插销面所示刻度线不应高于挂网水平杆扣接头上表面。

③ 阴角位置两侧延架体长距离方向一跨不设挂网水平杆，由原水平杆替代。

(8) 挂钩式钢脚手板设置

1) 挂钩式钢脚手板设置于每一操作层上，由三块标准板并列组成，搁置于连接内外立杆的水平杆上，操作层脚手板应满铺。

2) 挂钩式钢脚手板挂钩必须完全扣在水平杆上，挂钩必须处于锁紧状态。

(9) 挡脚板设置

挡脚板设置于每一操作层面架体外侧，扣接于架体外侧立杆之间，底部搁置于水平杆上，正面朝架体外立面。

(10) 密目网设置

1) 密目网设置于架体外立面，水平方向通长设置，竖向为扫地杆向上 500mm 到架体顶部操作层向上 500mm 之间。

2) 网与架体杆件或网与网连接时，采用自锁尼龙扎带绑扎，间距为 300～330mm（满扣）。

3) 上下相邻密目网竖向接缝宜有规则错开布置。

(11) 连墙件设置

1) 连墙件设置不应大于两步三跨，连墙件应从底层第一步纵向水平杆处开始设置。

2) 连墙件应垂直于架体与结构面设置，两端应可靠拉结。

3) 连墙件与盘扣主节点距离不应大于 300mm，与主体结构连接点至主体结构外侧面距离不宜大于 500mm。

4) 连墙件应与脚手架内侧立杆相连（当采用钢管扣件做连墙杆时，预埋钢管与脚手架内立杆用直角扣件连接，并在内立杆扣件连接处设置内外两道扣件）。

5) 开口型脚手架的两端必须设置连墙件，连墙件的垂直间距不应大于建筑物层高，并且不应大于 4m。

6) 当脚手架下部暂不能搭设连墙件时，宜外扩搭设多排脚手架并设置斜杆形成外侧斜面状附加梯形架，待上部连墙件搭设后方可拆除附加梯形架。

(12) 直线段架体构造

1) 直线段标准架体立体几何尺寸为步距 2000mm，立杆纵距 2100mm（标准纵距），脚手架横距 900mm。

2) 非标准段立杆纵距按 300mm 模数递减，最小纵距为 900mm，并设置于标准架体中间部位。

(13) 直角形阴、阳角架体构造

直角形阴、阳角部位标准架体立体几何尺寸为步距 2000mm，立杆纵距 900mm，立杆横距 900mm。平面几何尺寸为三个 900mm×900mm 方格组合成"L"形架体。

(14) 非直角转角与弧形架体构造

1) 非直角转角（锐、钝角）架体构造

非直角转角（锐、钝角）的架体沿外立面贴合转角角度布置，紧邻转角架体的两侧边架体按 900mm（纵距）×900mm（横距）布置，与转角架体组合成"V"形架体。其中，转角架体的外侧立杆间应按标准纵距排布，并采用 300～2100mm 标准盘扣式钢管水平杆连接，内侧立杆间距若符合盘扣式钢管 300mm 标准模数间距的，则优先选用标准水平杆连接，不符合的可采用扣件式钢管连接。以下是非直角转角几种布架构造做法：

① 内锐角组架单元如图 14-35 所示。

② 外锐角组架单元如图 14-36 所示。

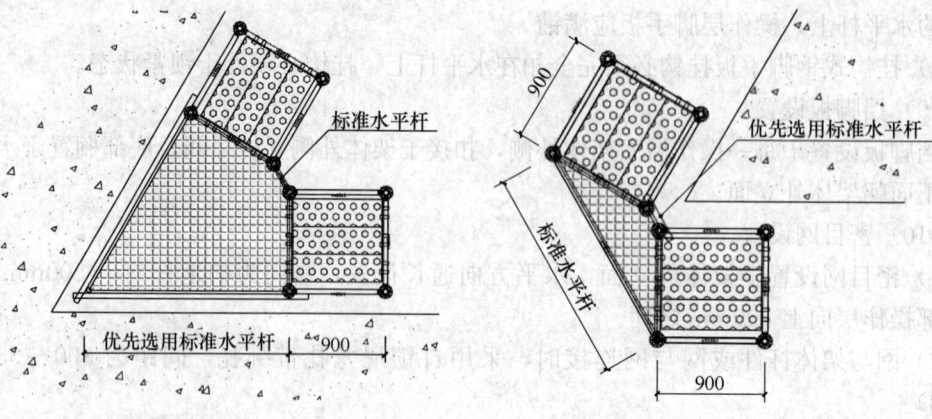

图 14-35 内锐角组架单元　　　　图 14-36 外锐角组架单元

③ 内钝角组架单元如图 14-37 所示。
④ 外钝角组架单元如图 14-38 所示。

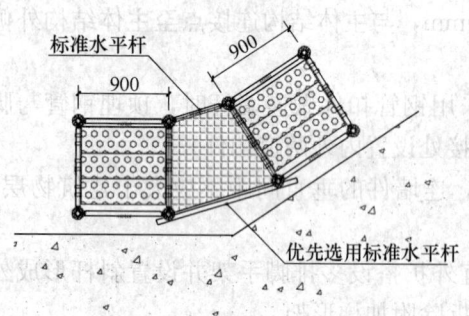
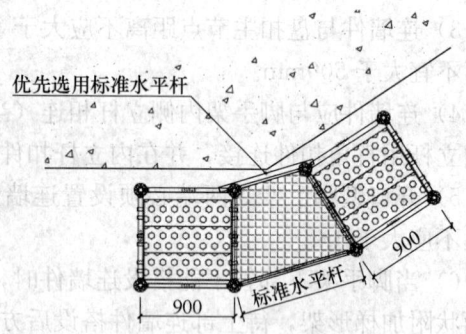

图 14-37 内钝角组架单元　　　　图 14-38 外钝角组架单元

2）弧形架体构造

弧面结构外脚手架标准架体步距 2000mm，立杆纵距按控制不大于 1800mm 设置，架体横距均按 900mm 设置。架体平面贴合结构立面近似弧形。其中，弧形架体的外侧立杆间应按标准纵距排布，并采用 600～1800mm 标准盘扣式钢管水平杆连接，内侧立杆间距若符合盘扣式钢管 300mm 标准模数间距的，则优先选用标准水平杆连接，不符合的可采用扣件式钢管连接。以下是弧形布架构造做法：

① 内弧组架单元如图 14-39 所示。
② 外弧组架单元如图 14-40 所示。

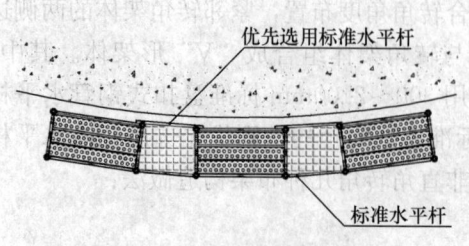
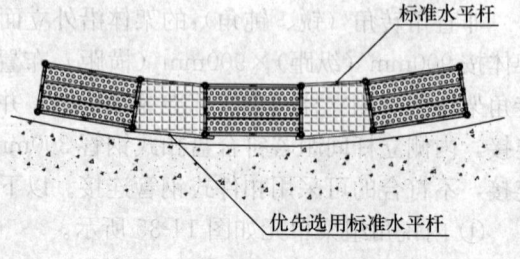

图 14-39 内弧组架单元　　　　图 14-40 外弧组架单元

(15) 架体端部构造

架体始、末端立体几何尺寸为步距2000mm，立杆纵距900mm，脚手架宽度900mm，平面几何尺寸为900mm×900mm方格组合成"口"字形架体。

(16) 楼梯及配套安全通道

1) 外置楼梯及配套安全通道

楼梯平面几何尺寸为一个"T"形架体，步距2000mm。楼梯在一个框架高度内梯段呈斜面平行上升，楼梯拐弯处设900mm×900mm休息平台。

脚手架进楼梯处应设置安全通道，立面几何尺寸为高度2000mm，宽度2100mm，长度方向根据脚手架搭设高度进行调整，顶部加设双层硬防护，硬防护上下间距500mm，硬防护顶层外侧周边设置挡脚板封闭。

2) 内置楼梯

楼梯平面几何尺寸为一个长方形架体，步距2000mm。楼梯在一个框架高度内梯段呈斜面平行上升，梯段两侧设900mm×900mm休息平台。

3) 进入楼层安全通道

进入楼层安全通道，立面几何尺寸为高度4000mm，宽度2100mm，长度方向根据脚手架搭设高度进行调整，顶部加设双层硬防护，硬防护上下间距500mm，硬防护顶层外侧周边设置挡脚板封闭。

设置脚手架车行通道时，应在通道上部架设支撑横梁，通道处洞口构造应根据实际荷载及搭设情况另行专项设计；洞口顶部应铺设封闭的防护板，两侧应设置安全围护网；通行机动车的洞口，必须设置安全警示和防撞设施。

(17) 护栏

1) 标准层段外侧防护栏杆设置两道，分别位于操作层向上500mm、1000mm处；内侧防护栏杆设置一道，位于操作层向上1000mm处。

2) 收尾顶层外部防护栏杆应设置三道，分别位于操作层向上500mm、1000mm、1500mm处；内侧防护栏杆设置两道，分别位于操作层向上1000mm、1500mm处。

3) 端部防护栏杆设置一道，位于操作层向上1000mm处。

4) 楼梯斜坡段内外侧各设置两道扶手栏杆，分别位于操作层向上500mm、1000mm处。

(18) 防雷接地

架体底部应预留防雷接地短接头，接头为两端开有圆孔的矩形金属条，其中一端用螺栓与盘扣立杆扣盘孔相连，另一端作为预留接地端供避雷使用。

3. 支撑脚手架

(1) 支撑架的高宽比宜控制在3以内，高宽比大于3的支撑架应采取与既有结构进行刚性连接等抗倾覆措施。

(2) 立杆布置应符合下列规定：

1) 立杆间距不应大于1.8m。

2) 立杆接头应采用带专用外套管的立杆对接，外套管开口朝下。

3) 模板支架首层立杆宜采用不同长度的立杆交错布置，错开立杆竖向距离不应小于500mm，立杆底部宜配置可调底座。

4) 当立杆基础不在同一高度上时，可利用立杆节点位差配合可调底座进行调整，并将高处的扫地杆与低处水平杆拉通。

5) 现浇混凝土结构的上、下楼层模板支撑架的立杆应对位设置。

(3) 水平杆布置应符合下列规定：

1) 支撑架水平杆必须按步纵横向通长满布设置，不得缺失。

2) 支撑架应设置纵向和横向水平杆，作为扫地杆的最底层水平杆中心线高度离可调底座的底板高度不应超过550mm。

3) 相邻水平杆的步距不得大于1.5m。

4) 当被支撑建筑结构底面存在坡度时，应随坡度增设顶部水平杆。

5) 当梁下立杆顶部自由外伸长度超限时，应增设顶部水平杆，并应向两侧非加密区延伸不小于1跨。

6) 梁与两侧楼板横向水平杆步距不同时，梁下横向水平杆应伸入两侧楼板的模板支撑架内不少于两根立杆，并与立杆扣接。

7) 高大模板支架最顶层的水平杆步距应比标准步距缩小一个盘扣间距。

(4) 可调托撑的设置应符合下列要求：

1) 支撑架可调托撑伸出顶层水平杆或双槽托梁中心线的悬臂长度严禁超过650mm，且丝杆外露长度严禁超过400mm，可调托撑插入立杆或双槽钢托梁长度不得小于150mm（图14-41）。

2) 可调托撑上主楞支撑梁应居中设置，其间隙每边不大于2mm，接头宜设置在U形托板上，同一断面上主楞支撑梁接头数量不应超过50%，支撑梁与顶托板间的间隙宜通过木楔楔紧，也可采用可调托撑旋转适当角度。

(5) 支撑架可调底座丝杆插入立杆长度不得小于150mm，丝杆外露长度不宜大于300mm。

(6) 对标准步距为1.5m的支撑架，应根据支撑架搭设高度、支撑架型号及立杆轴向力设计值进行斜杆布置，竖向斜杆布置形式可按表14-85、表14-86选用。

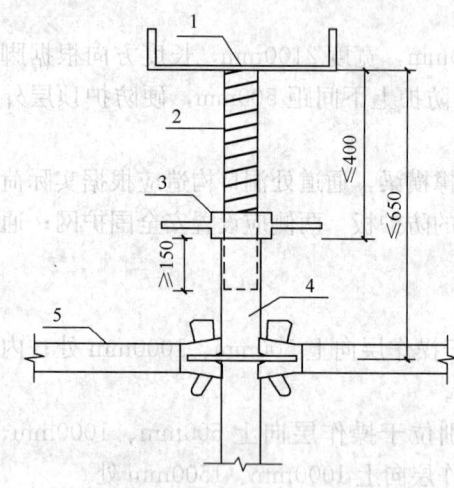

图 14-41　可调托撑伸出顶层水平杆构造
1—可调托撑；2—螺杆；3—调节螺母；
4—立杆；5—水平杆

标准型（B型）支撑架竖向斜杆布置形式　　　　表 14-85

| 立杆轴力设计值 N（kN） | 搭设高度 H（m） | | | |
|---|---|---|---|---|
| | H≤8 | 8<H≤16 | 16<H≤24 | H>24 |
| N≤25 | 间隔3跨 | 间隔3跨 | 间隔2跨 | 间隔1跨 |
| 25<N≤40 | 间隔2跨 | 间隔1跨 | 间隔1跨 | 间隔1跨 |
| N>40 | 间隔1跨 | 间隔1跨 | 间隔1跨 | 每跨 |

**标准型（Z型）支撑架竖向斜杆布置形式**　　　　表 14-86

| 立杆轴力设计值 $N$ (kN) | 搭设高度 $H$ (m) | | | |
|---|---|---|---|---|
| | $H \leqslant 8$ | $8 < H \leqslant 16$ | $16 < H \leqslant 24$ | $H > 24$ |
| $N \leqslant 40$ | 间隔3跨 | 间隔3跨 | 间隔2跨 | 间隔1跨 |
| $40 < N \leqslant 65$ | 间隔2跨 | 间隔1跨 | 间隔1跨 | 间隔1跨 |
| $N > 65$ | 间隔1跨 | 间隔1跨 | 间隔1跨 | 每跨 |

注：1. 立杆轴力设计值和脚手架搭设高度为同一独立架体内的最大值；
　　2. 每跨表示竖向斜杆沿纵横向每跨搭设（图 14-42）；间隔 1 跨表示竖向斜杆沿纵横向每间隔 1 跨搭设（图 14-43）；每间隔 2 跨表示竖向斜杆沿纵横向每间隔 2 跨搭设（图 14-44）；间隔 3 跨表示竖向斜杆沿纵横向每间隔 3 跨搭设（图 14-45）。

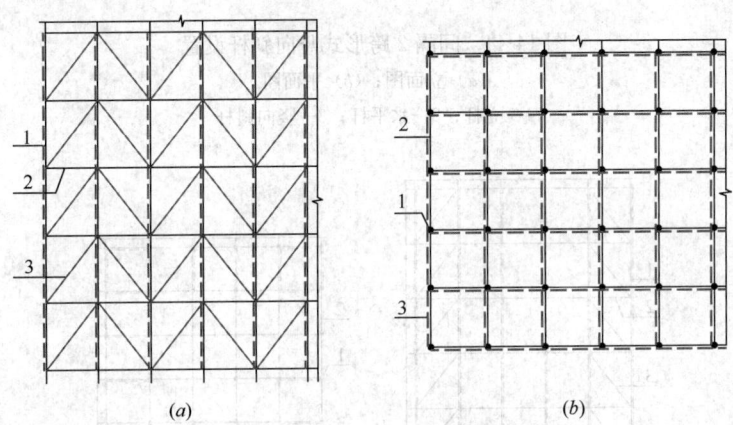

图 14-42　每跨形式竖向斜杆设置
(a) 立面图；(b) 平面图
1—立杆；2—水平杆；3—竖向斜杆

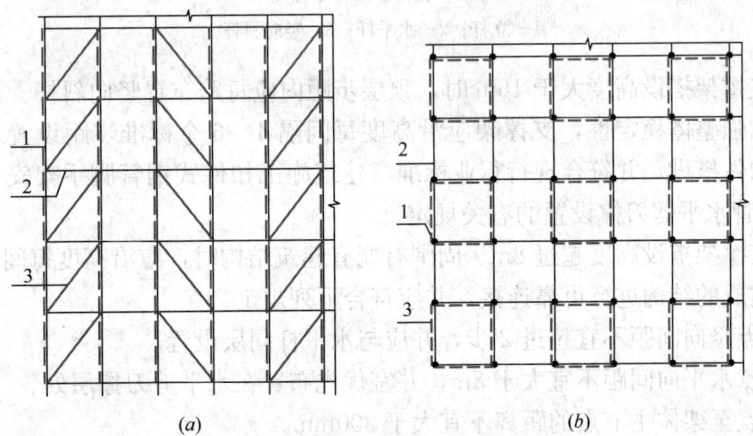

图 14-43　间隔 1 跨形式竖向斜杆设置
(a) 立面图；(b) 平面图
1—立杆；2—水平杆；3—竖向斜杆

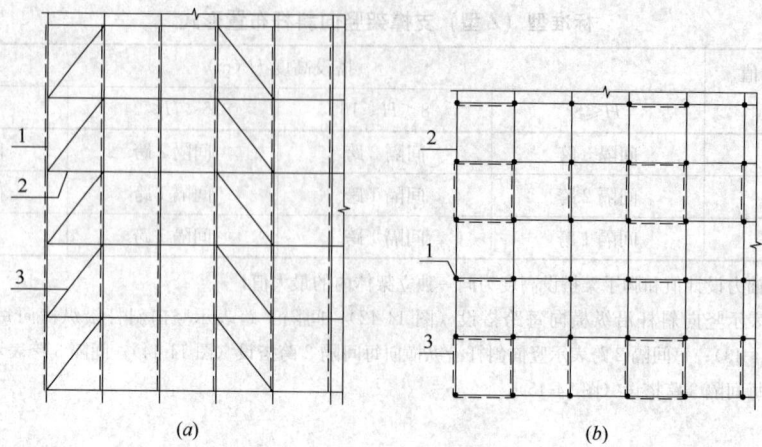

图 14-44 间隔 2 跨形式竖向斜杆设置
(a) 立面图；(b) 平面图
1—立杆；2—水平杆；3—竖向斜杆

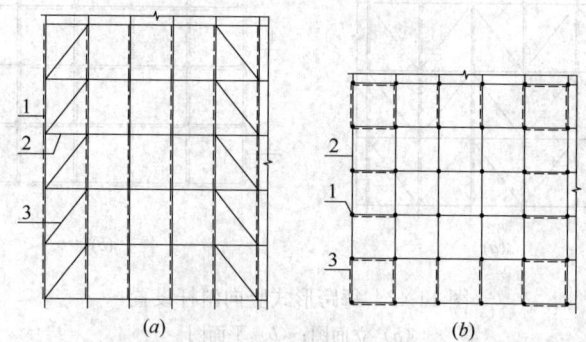

图 14-45 间隔 3 跨形式竖向斜杆设置
(a) 立面图；(b) 平面图
1—立杆；2—水平杆；3—竖向斜杆

（7）当支撑架搭设高度大于 16m 时，顶层步距内应每跨布置竖向斜杆。

（8）为加强整体稳定性，支撑架应沿高度每间隔 4~6 个标准步距设置水平剪刀撑，可采用钢管扣件搭设，并符合现行行业标准《建筑施工扣件式钢管脚手架安全技术规范》JGJ 130 中钢管水平剪刀撑设置的有关规定。

（9）当支撑架搭设高度超过 8m、周围有既有建筑结构时，应沿高度每间隔 4~6 个步距与周围已建成的结构进行可靠连接，并应符合下列规定：

1）连接点竖向间距不宜超过 2 步，并应与水平杆同层设置。

2）连接点水平向间距不宜大于 8m，并宜优先布置在水平剪刀撑层处。

3）连接点至架体主节点的距离不宜大于 300mm。

4）当遇柱时，宜采用抱箍式连接措施。

5）当架体两端均有墙体或边梁时，可设置水平杆与墙或梁顶紧。

（10）当支撑架立杆承受荷载较大需加密时，加密区的水平杆应向非加密区延伸至少两跨；非加密区立杆、水平杆间距应与加密区间距互为倍数（图 14-46）。

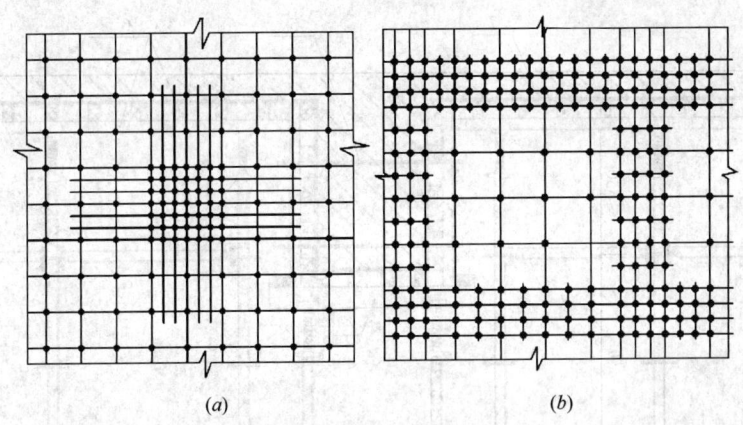

图 14-46 模板支撑架加密区立杆布置平面图
(a) 局部面荷载较大；(b) 局部线荷载较大

(11) 混凝土楼（屋）面结构中，梁模板支撑架的立杆纵向应沿梁长方向布置；立杆横向应沿梁截面中心线两侧对称布置。梁两侧板下立杆距离梁边距离不应大于300mm，且不宜小于200mm，并应根据梁下立杆数量不同分别符合以下三种情况构造要求：

1) 梁下设置 1 排立杆时，梁下立杆应居中设置，梁下立杆横向间距应为梁两侧立杆横距的一半，梁下立杆顶部可调托撑上部应设置两级主楞（图 14-47）。

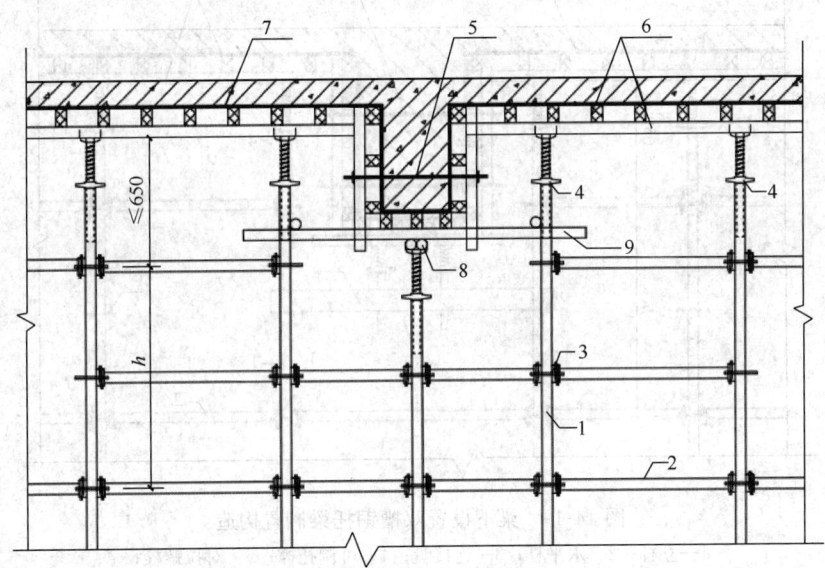

图 14-47 梁下设置 1 排立杆时的模板支撑架构造
1—立杆；2—水平杆；3—连接盘；4—可调托撑；5—对拉螺栓；
6—板下主次楞；7—面板；8—梁下一级主楞；9—梁下二级主楞

2) 梁下设置 2 排及以上立杆时，也可采用梁下立杆根据水平杆模数调整两侧板下杆之间的间距，梁下立杆横向间距应为该等分间距（图 14-48）。

3) 梁模板支撑可采用双槽托梁搁置在连接盘上作为支撑模板面板及楞木的托梁（图 14-49）。

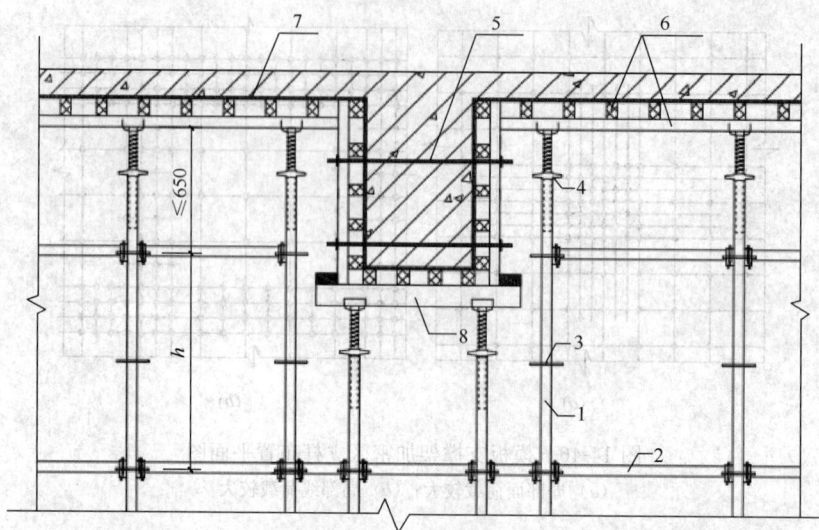

图 14-48 梁下设置 2 排及以上立杆时的模板支撑架构造
1—立杆；2—水平杆；3—连接盘；4—可调托撑；5—对拉螺栓；
6—板下主次楞；7—面板；8—梁下主楞

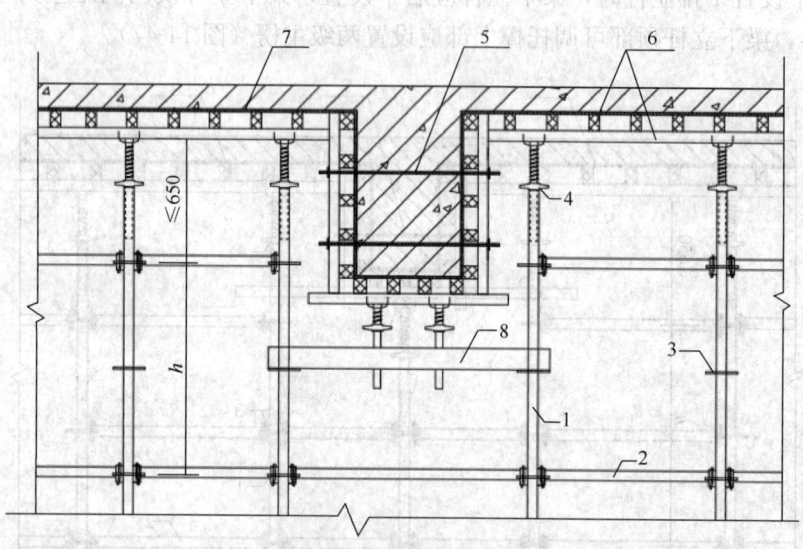

图 14-49 梁下设置双槽钢托梁搁置构造
1—立杆；2—水平杆；3—连接盘；4—可调托撑；5—对拉螺栓；
6—板下主次楞；7—面板；8—双槽钢托梁

(12) 当支撑架架体内设置与单支水平杆同宽的人行通道时，可间隔抽除第一层水平杆和斜杆形成施工人员进出通道，与通道正交的两侧立杆间应设置竖向斜杆；当支撑架架体内设置与单支水平杆不同宽人行通道时，应在通道上部架设支撑横梁（图 14-50），横梁的型号及间距应依据荷载确定。通道相邻跨支撑横梁的立杆间距应根据计算设置，通道四周的支撑架应连成整体。洞口顶部应铺设封闭的防护板，相邻跨应设置安全网。通行机动车的洞口，必须设置安全警示和防撞设施。

#### 14.4.2.4 搭拆、检查与验收

1. 施工准备

（1）模板支撑架及脚手架搭设前工程技术负责人应按专项施工方案的要求对搭设作业人员进行技术和安全作业交底。

（2）应对进入施工现场的钢管支架及构配件进行验收，使用前应对其外观进行检查，并核验其检验报告以及出厂合格证，严禁使用不合格的产品。

（3）经验收合格的构配件应按品种、规格分类码放，宜标挂数量规格铭牌备用。构配件堆放场地排水应畅通，无积水。

（4）采用预埋方式设置脚手架连墙件时，应确保预埋件在混凝土浇筑前埋入。

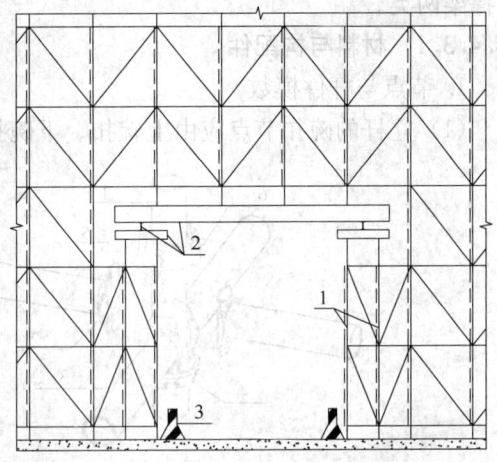

图 14-50 支撑架人行（车行）通道设置构造
1—立杆；2—支撑横梁；3—防撞设施

2. 地基与基础

（1）脚手架及支撑架搭设场地必须平整，且必须坚实、排水措施得当。

（2）直接支承在土体上的模板支撑架及脚手架，立杆底部应设置可调底座，土体应采取压实、铺设块石或浇筑混凝土垫层等加固措施防止不均匀沉陷；也可在立杆底部垫设垫板，垫板宜采用长度不少于2跨，厚度不小于50mm的木垫板，也可采用槽钢、工字钢等型钢。

（3）地基高低差较大时，可利用立杆连接盘盘位差配合可调底座进行调整，使相邻立杆上安装同一根水平杆的八角盘在同一水平面。

3. 双排外脚手架搭设与拆除

（1）脚手架立杆应定位准确，搭设必须配合施工进度，一次搭设高度不应超过相邻连墙件以上两步。

（2）连墙件必须随架子高度上升在规定位置处设置，严禁任意拆除。

（3）作业层设置应符合下列要求：

1）必须满铺脚手板，脚手架外侧应设挡脚板及护身栏杆；护身栏杆可用水平杆在立杆的0.5m和1.0m的盘扣接头处搭设两道并在外侧满挂密目安全网。

2）作业层与主体结构间的空隙应设置硬隔离。

（4）架体搭设至顶层时，立杆要高出搭设架体平台面或混凝土楼面不应小于1000mm，用做顶层的防护立杆。

（5）脚手架拆除必须按照后装先拆、先装后拆的原则进行，严禁上下同时作业。连墙件必须随脚手架逐层拆除，严禁先将连墙件整层或数层拆除后再拆脚手架，分段拆除高度差应不大于两步，如高度差大于两步，必须增设连墙件加固。

（6）拆除的脚手架构件应保证安全地传递至地面，严禁抛掷。

### 14.4.3 碗扣式钢管脚手架

碗扣式钢管脚手架节点采用碗扣方式连接，根据其用途主要可分为双排脚手架和模板

支撑架两类。

#### 14.4.3.1 材料与构配件

1. 节点与杆件模数

(1) 立杆的碗扣节点应由上碗扣、下碗扣、水平杆接头和限位销等构成（图14-51）。

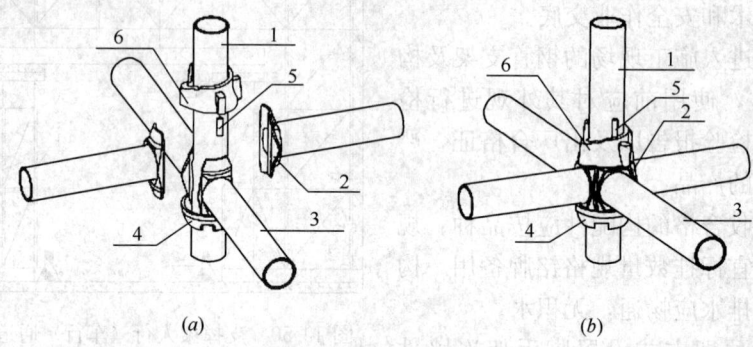

图 14-51 碗扣节点构造图
(a) 组装前；(b) 组装后
1—立杆；2—水平杆接头；3—水平杆；4—下碗扣；5—限位销；6—上碗扣

(2) 立杆碗扣节点间距，对 Q235 级材质钢管立杆宜按 0.6m 模数设置；对 Q345 级材质钢管立杆宜按 0.5m 模数设置。水平杆长度宜按 0.3m 模数设置。

2. 碗扣式钢管脚手架主要构配件种类和规格（表14-87）

碗扣式钢管脚手架构件种类与规格　　表 14-87

| 名称 | 常用型号 | 主要规格（mm） | 材质 | 理论重量（kg） |
|---|---|---|---|---|
| 立杆 | LG-A-120 | φ48.3×3.5×1200 | Q235 | 7.05 |
|  | LG-A-180 | φ48.3×3.5×1800 | Q235 | 10.19 |
|  | LG-A-240 | φ48.3×3.5×2400 | Q235 | 13.34 |
|  | LG-A-300 | φ48.3×3.5×3000 | Q235 | 16.48 |
|  | LG-B-80 | φ48.3×3.5×800 | Q345 | 4.30 |
|  | LG-B-100 | φ48.3×3.5×1000 | Q345 | 5.50 |
|  | LG-B-130 | φ48.3×3.5×1300 | Q345 | 6.90 |
|  | LG-B-150 | φ48.3×3.5×1500 | Q345 | 8.10 |
|  | LG-B-180 | φ48.3×3.5×1800 | Q345 | 9.30 |
|  | LG-B-200 | φ48.3×3.5×2000 | Q345 | 10.50 |
|  | LG-B-230 | φ48.3×3.5×2300 | Q345 | 11.80 |
|  | LG-B-250 | φ48.3×3.5×2500 | Q345 | 13.40 |
|  | LG-B-280 | φ48.3×3.5×2800 | Q345 | 15.40 |
|  | LG-B-300 | φ48.3×3.5×3000 | Q345 | 17.60 |
| 水平杆 | SPG-30 | φ48.3×3.5×300 | Q235 | 1.32 |
|  | SPG-60 | φ48.3×3.5×600 | Q235 | 2.47 |
|  | SPG-90 | φ48.3×3.5×900 | Q235 | 3.69 |

续表

| 名称 | 常用型号 | 主要规格（mm） | 材质 | 理论重量（kg） |
|---|---|---|---|---|
| 水平杆 | SPG-120 | φ48.3×3.5×1200 | Q235 | 4.84 |
| | SPG-150 | φ48.3×3.5×1500 | Q235 | 5.93 |
| | SPG-180 | φ48.3×3.5×1800 | Q235 | 7.14 |
| 间水平杆 | JSPG-90 | φ48.3×3.5×900 | Q235 | 4.37 |
| | JSPG-120 | φ48.3×3.5×1200 | Q235 | 5.52 |
| | JSPG-120+30 | φ48.3×3.5×(1200+300) 用于窄挑梁 | Q235 | 6.85 |
| | JSPG-120+60 | φ48.3×3.5×(1200+600) 用于宽挑梁 | Q235 | 8.16 |
| 专用外斜杆 | WXG-0912 | φ48.3×3.5×1500 | Q235 | 6.33 |
| | WXG-1212 | φ48.3×3.5×1700 | Q235 | 7.03 |
| | WXG-1218 | φ48.3×3.5×2160 | Q235 | 8.66 |
| | WXG-1518 | φ48.3×3.5×2340 | Q235 | 9.30 |
| | WXG-1818 | φ48.3×3.5×2550 | Q235 | 10.04 |
| 窄挑梁 | TL-30 | φ48.3×3.5×300 | Q235 | 1.53 |
| 宽挑梁 | TL-60 | φ48.3×3.5×600 | Q235 | 8.60 |
| 立杆连接销 | LJX | φ10 | Q235 | 0.18 |
| 可调底座 | KTZ-45 | T38×5.0，可调范围≤300 | Q235 | 5.82 |
| | KTZ-60 | T38×5.0，可调范围≤450 | Q235 | 7.12 |
| | KTZ-75 | T38×5.0，可调范围≤600 | Q235 | 8.50 |
| 可调托撑 | KTC-45 | T38×5.0，可调范围≤300 | Q235 | 7.01 |
| | KTC-60 | T38×5.0，可调范围≤450 | Q235 | 8.31 |
| | KTC-75 | T38×5.0，可调范围≤600 | Q235 | 9.69 |

3. 材质要求

（1）碗扣式脚手架钢管材质应符合下列规定：

1）水平杆和斜杆钢管材质应符合现行国家标准《碳素结构钢》GB/T 700 中 Q235 级钢的规定。

2）当碗扣节点间距采取 0.5m 模数设置时，立杆钢管材质应符合现行国家标准《碳素结构钢》GB/T 700 及《低合金高强度结构钢》GB/T 1591 中 Q345 级钢的规定。

（2）当上碗扣采用碳素铸钢或可锻铸铁铸造时，其材质应分别符合现行国家标准《一般工程用铸造碳钢件》GB/T 11352 中 ZG270-500 牌号和《可锻铸铁件》GB/T 9440 中 KTH350-10 牌号的规定；采用锻造成型时，其材质不应低于现行国家标准《碳素结构钢》GB/T 700 中 Q235 级钢的规定。

（3）当水平杆接头和斜杆接头采用碳素铸钢铸造时，其材质应符合现行国家标准《一般工程用铸造碳钢件》GB/T 11352 中 ZG270-500 牌号的规定。当水平杆接头采用锻造成型时，其材质不应低于现行国家标准《碳素结构钢》GB/T 700 中 Q235 级钢的规定。

（4）上碗扣和水平杆接头不得采用钢板冲压成型。当下碗扣采用钢板冲压成型时，其材质不得低于现行国家标准《碳素结构钢》GB/T 700 中 Q235 级钢的规定,板材厚度不得小于 4mm,并应经 600～650℃的时效处理;严禁利用废旧锈蚀钢板改制。

4. 质量要求

(1) 钢管宜采用公称尺寸为 $\phi48.3\times3.5$mm 的钢管,外径允许偏差应为±0.5mm,壁厚偏差不应为负偏差。

(2) 立杆接长当采用外插套时,外插套管壁厚不应小于 3.5mm;当采用内插套时,内插套管壁厚不应小于 3.0mm。插套长度不应小于 160mm,焊接端插入长度不应小于 60mm,外伸长度不应小于 110mm,插套与立杆钢管间的间隙不应大于 2mm。

(3) 钢管弯曲度允许偏差应为 2mm/m。

(4) 立杆碗扣节点间距允许偏差应为±1.0mm。

(5) 水平杆曲板接头弧面轴心线与水平杆轴心线的垂直度允许偏差应为 1.0mm。

(6) 下碗扣碗口平面与立杆轴线的垂直度允许偏差应为 1.0mm。

(7) 主要构配件极限承载力性能指标应符合下列规定:

1) 上碗扣沿水平杆方向受拉承载力不应小于 30kN。

2) 下碗扣组焊后沿立杆方向剪切承载力不应小于 60kN。

3) 水平杆接头沿水平杆方向剪切承载力不应小于 50kN。

4) 平杆接头焊接剪切承载力不应小于 25kN。

5) 可调底座与可调托撑的受压承载力不应小于 100kN。

### 14.4.3.2 荷载与设计计算

1. 脚手架荷载计算

(1) 荷载标准值计算

1) 双排脚手架和模板支撑架架体结构自重标准值,宜根据架体方案设计和工程实际使用的架体构配件自重,取样称重取值确定。构配件自重可按表 14-87 或表 14-9 取用。

2) 双排脚手架脚手板以及栏杆与挡脚板自重标准值可按表 14-31 取用。

3) 脚手架上吊挂的密目式安全立网自重标准值不应低于 $0.01\text{kN/m}^2$。

4) 双排脚手架与一般型满堂脚手架(作业)的作业层施工荷载标准值应根据实际情况确定,且不应低于表 14-13 的规定。

5) 模板支撑架的施工荷载标准值应根据实际情况确定,且不应低于表 14-14 的规定。

6) 作用于脚手架上的水平风荷载标准值的计算见 14.3.3.2-3 的相关规定。

(2) 荷载设计值计算

有关荷载分项系数取值可按表 14-22 的规定取用。

(3) 荷载效应组合

1) 双排脚手架荷载的基本组合按表 14-38 的规定采用。

2) 模板支撑架荷载的基本组合按表 14-88 的规定采用。

模板支撑架荷载的基本组合　　　　表 14-88

| 计算项目 | 荷载的基本组合 | |
|---|---|---|
| 立杆稳定承载力 | 由永久荷载控制的组合 | 永久荷载＋$\psi_c$ 施工荷载＋$\psi_w$ 风荷载 |
| | 由可变荷载控制的组合 | 永久荷载＋施工荷载＋$\psi_w$ 风荷载 |

续表

| 计算项目 | 荷载的基本组合 | |
|---|---|---|
| 立杆地基承载力 | 由永久荷载控制的组合 | 永久荷载＋$\psi_c$施工荷载＋$\psi_w$风荷载 |
| | 由可变荷载控制的组合 | 永久荷载＋施工荷载＋$\psi_w$风荷载 |
| 门洞转换横梁强度 | 由永久荷载控制的组合 | 永久荷载＋$\psi_c$施工荷载 |
| | 由可变荷载控制的组合 | 永久荷载＋施工荷载 |
| 倾覆 | 永久荷载＋风荷载 | |

注：1. 表中的"＋"仅表示各项荷载参与组合，而不表示代数相加；
2. 立杆稳定承载力计算在室内或无风环境不组合风荷载；
3. 强度计算项目包括连接强度计算；
4. $\psi_c$为施工荷载及其他可变荷载组合值系数，取 0.7；
5. 立杆地基承载力计算在室内或无风环境不组合风荷载；
6. 倾覆计算时，当可变荷载对抗倾覆有利时，抗倾覆荷载组合计算可不计入可变荷载。

3）脚手架结构及构配件正常使用极限状态设计时，应按表 14-89 的规定采用荷载的标准组合。

**脚手架荷载的标准组合**  表 14-89

| 计算项目 | 荷载标准组合 |
|---|---|
| 双排脚手架水平杆挠度 | 永久荷载＋施工荷载 |
| 模板支撑架门洞转换横梁挠度 | 永久荷载 |

2. 脚手架设计计算
(1) 基本设计规定
1) 双排脚手架设计计算应包括下列内容：
① 水平杆及节点连接强度和挠度。
② 立杆稳定承载力。
③ 连墙件强度、稳定承载力和连接强度。
④ 立杆地基承载力。
2) 模板支撑架设计计算应包括下列内容：
① 立杆稳定承载力。
② 立杆地基承载力。
③ 当设置门洞时，进行门洞转换横梁强度和挠度计算。
④ 必要时进行架体抗倾覆能力计算。
3) 当无风荷载作用时，脚手架立杆宜按轴心受压杆件计算；当有风荷载作用时，脚手架立杆宜按压弯构件计算。
4) 当采用 14.4.3.3 节规定的架体构造尺寸时，双排脚手架架体可不进行设计计算，但连墙件和立杆地基承载力应根据实际情况进行设计计算。
5) 脚手架杆件长细比应符合表 14-45 中的规定。
6) 受弯构件的挠度不应超过表 14-44 中规定的容许值。
7) 钢管的截面特性可按表 14-27 采用。

8) 钢材的强度设计值与弹性模量按表 14-81 采用。
9) 脚手架杆件连接点及可调托撑、底座的承载力设计值应按表 14-90 采用。

**脚手架杆件连接点及可调托撑、底座的承载力设计值（kN）** 表 14-90

| 项目 | | 承载力设计值 |
|---|---|---|
| 碗扣节点 | 水平向抗拉（压） | 30 |
| | 竖向抗压（抗剪） | 25 |
| 立杆插套连接抗拉 | | 15 |
| 可调托撑抗压 | | 80 |
| 可调底座抗压 | | 80 |

注：立杆插套连接宜采用 $\phi 10$ 连接销。

10) 当对模板支撑架结构进行整体计算分析时，碗扣节点应视为半刚性节点，其转动刚度可按下列规定采用：

① 对采用碳素铸钢或可锻铸铁铸造的上碗扣，节点转动刚度 $R_k$ 宜取为 25kN·m/rad。

② 对采用碳素钢锻造的上碗扣，节点转动刚度 $R_k$ 宜取为 40kN·m/rad。

(2) 双排脚手架的结构计算

1) 双排脚手架作业层水平杆抗弯强度可按式 (14-21)、式 (14-22) 计算。
2) 双排脚手架作业层水平杆的挠度按式 (14-40) 计算。
3) 当计算双排脚手架水平杆的内力和挠度时，水平杆宜按简支梁计算，计算跨度应取对应方向的立杆间距。
4) 双排脚手架立杆稳定性可按式 (14-23)、式 (14-24) 进行计算。
5) 双排脚手架立杆的轴力设计值按下式计算：

$$N = 1.3\sum N_{Gk1} + 1.5 N_{Qk} \tag{14-89}$$

式中　$\sum N_{Gk1}$——立杆由架体结构及附件自重产生的轴力标准值总和；
　　　$N_{Qk}$——立杆由施工荷载产生的轴力标准值。

6) 双排脚手架立杆由风荷载产生的弯矩设计值应按下列公式计算：

$$M_W = 1.5 \times 1.6 M_{Wk} \tag{14-90}$$

$$M_{Wk} = 0.05 \xi w_k l_a H_c^2 \tag{14-91}$$

式中　$M_W$——立杆由风荷载产生的弯矩设计值（N·mm）；
　　　$M_{Wk}$——立杆由风荷载产生的弯矩标准值（N·mm）；
　　　$\xi$——弯矩折减系数，当连墙件设置为二步距时，取 0.6；当连墙件设置为三步距时，取 0.4；
　　　$w_k$——风荷载标准值（kN/m²）；
　　　$l_a$——立杆纵距（mm）；
　　　$H_c$——连墙件间竖向垂直距离（mm）。

7) 双排脚手架立杆计算长度 $l_o$ 应按下式计算：

$$l_o = k\mu h \tag{14-92}$$

式中　$k$——立杆计算长度附加系数，其值取 1.155，当验算立杆允许长细比时，取 1.0；

$\mu$——立杆计算长度系数,当连墙件设置为二步三跨时,取 1.55;当连墙件设置为三步三跨时,取 1.75;

$h$——步距。

8) 双排脚手架杆件连接节点承载力应符合下式要求:

$$\gamma_0 F_J \leqslant F_{JR} \tag{14-93}$$

式中 $F_J$——作用于脚手架杆件连接节点的荷载设计值;

$F_{JR}$——脚手架杆件连接节点的承载力设计值,按表 14-90 采用;

$\gamma_0$——结构重要性系数。

9) 双排脚手架连墙件杆件的强度及稳定按 14.3.4.4-1 的有关规定进行计算。

(3) 模板支撑架设计计算

1) 模板支撑架顶部施工层荷载应通过可调托撑轴心传递给立杆。

2) 模板支撑架立杆稳定性验算应符合下列规定:

① 当无风荷载时,应按式 (14-23) 验算,立杆的轴力设计值应按式 (14-94)、式 (14-95) 分别计算,并应取较大值。

② 当有风荷载时,应分别按式 (14-23)、式 (14-24) 验算,并应同时满足稳定性要求。立杆的轴力设计值和弯矩设计值应符合下列规定:

a. 当按式 (14-23) 计算时,立杆的轴力设计值应按式 (14-96)、式 (14-97) 分别计算,并应取较大值。

b. 当按式 (14-24) 计算时,立杆的轴力设计值应按式 (14-94)、式 (14-95) 分别计算,并应取较大值;立杆由风荷载产生的弯矩设计值,应按式 (14-102) 计算。

c. 立杆轴心受压稳定系数,应根据立杆计算长度确定的长细比,按表 14-80 取值;立杆计算长度应按式 (14-103) 计算。

3) 模板支撑架立杆的轴力设计值计算,应符合下列规定:

① 不组合由风荷载产生的附加轴力时,应按下列公式计算:

由可变荷载控制的组合:

$$N = 1.3(+\sum N_{GK1} + \sum N_{GK2}) + 1.5 N_{Qk} \tag{14-94}$$

由永久荷载控制的组合:

$$N = 1.3(\sum N_{GK1} + \sum N_{GK2}) + 1.5 \times 0.7 N_{Qk} \tag{14-95}$$

② 组合由风荷载产生的附加轴力时,应按下列公式计算:

由可变荷载控制的组合:

$$N = 1.3(\sum N_{GK1} + \sum N_{GK2}) + 1.5(N_{Qk} + 0.6 N_{Wk}) \tag{14-96}$$

由永久荷载控制的组合:

$$N = 1.3(\sum N_{GK1} + \sum N_{GK2}) + 1.5(0.7 N_{Qk} + 0.6 N_{Wk}) \tag{14-97}$$

式中 $\sum N_{GK1}$——立杆由架体结构及附件自重产生的轴力标准值总和;

$\sum N_{GK2}$——模板支撑架立杆由模板及支撑梁自重和混凝土及钢筋自重产生的轴力标准值总和;

$N_{Qk}$——立杆由施工荷载产生的轴力标准值;

$N_{Wk}$——模板支撑架立杆由风荷载产生的最大附加轴力标准值。

4) 模板排架在风荷载作用下,计算单元立杆产生的附加轴力可按线性分布确定,并可按下式计算立杆最大附加轴力标准值：

$$N_{wk} = \frac{6n}{(n+1)(n+2)} \cdot \frac{M_{TK}}{8} \qquad (14\text{-}98)$$

式中　$N_{wk}$——模板支撑架立杆由风荷载产生的最大附加轴力标准值（N）；
　　　$n$——模板支撑架计算单元立杆跨数；
　　　$M_{TK}$——模板支撑架计算单元在风荷载作用下的倾覆力矩标准值（N·mm）；
　　　$B$——模板支撑架横向宽度（mm）。

5) 风荷载作用在模板支撑架上产生的倾覆力矩标准值计算，可取架体横向（短边方向）的一榀架及对应范围内的顶部竖向栏杆围挡（模板）作为计算单元（图 14-52），并宜按下列公式计算：

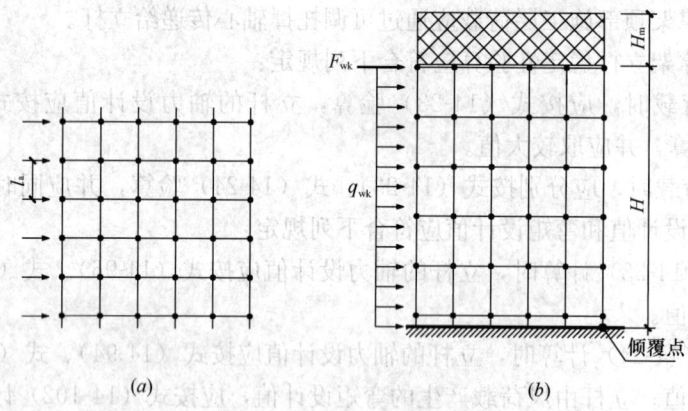

图 14-52　风荷载沿架体横向作用示意图
(a) 平面图；(b) 立面图

$$M_{Tk} = \frac{1}{2}H^2 \cdot q_{wk} + H \cdot F_{wk} \qquad (14\text{-}99)$$

$$q_{wk} = l_a \cdot \omega_{fk} \qquad (14\text{-}100)$$

$$F_{wk} = l_a \cdot H_m \cdot \omega_{mk} \qquad (14\text{-}101)$$

式中　$M_{Tk}$——模板支撑架计算单元在风荷载作用下的倾覆力矩标准值（N·mm）；
　　　$q_{wk}$——风荷载作用在模板支撑架计算单元的架体范围内的均布线荷载标准值（N/mm）；
　　　$F_{wk}$——风荷载作用在模板支撑架计算单元的竖向栏杆围挡（模板）范围内产生的水平集中力标准值（N），作用在架体顶部；
　　　$H$——架体搭设高度（mm）；
　　　$l_a$——立杆纵向间距（mm）；
　　　$\omega_{fk}$——模板支撑架架体风荷载标准值（N/mm²），以多榀平行桁架整体风荷载体型系数 $\mu_{stw}$ 按本章 14.3.3.2-3-(1) 的规定进行计算；
　　　$\omega_{mk}$——模板支撑架竖向栏杆围挡（模板）的风荷载标准值（N/mm²），按本章 14.3.3.2-3-(1) 的规定进行计算。封闭栏杆（含安全网）体型系数 $\mu_s$ 宜取 1.0；模板体型系数 $\mu_s$ 宜取 1.3；

$H_m$——模板支撑架顶部竖向栏杆围挡（模板）的高度（mm），当钢筋未绑扎时，顶部只计算安全网的挡风面积；当钢筋绑扎完毕，已安装完梁板模板后，应将安全立网和侧模两个挡风面积分别计算，取大值。

6）当符合下列条件之一时，模板支撑架立杆可不计入由风荷载产生的附加轴力标准值：

① 独立架体高宽比不大于3，且作业层上竖向栏杆围挡（模板）高度不大于1.2m；

② 架体按本章14.4.3.3节的构造要求与既有建筑结构进行了可靠连接；

③ 采取了其他防倾覆措施。

7）模板支撑架单根立杆轴力设计值应满足立杆稳定性计算要求，且当立杆采用Q235级材质钢管时，单根立杆轴力设计值不应大于30kN。

8）模板支撑架立杆由风荷载产生的弯矩标准值应按下式计算：

$$M_{Wk} = \frac{l_a \omega_k h^2}{10} \tag{14-102}$$

式中 $M_{Wk}$——立杆由风荷载产生的弯矩标准值（N·mm）；

　　$l_a$——立杆纵向间距（mm）；

　　$\omega_k$——风荷载标准值（N/mm²），以单桁架风荷载体型系数 $\mu_{st}$ 按14.3.3.2-3-(1) 的规定进行计算；

　　$h$——步距（mm）。

9）模板支撑架立杆计算长度应按下式计算：

$$l_a = k\mu(h + 2a) \tag{14-103}$$

式中 $h$——步距；

　　$a$——立杆伸出顶层水平杆长度，可按650mm取值；当 $\mu=200$mm 时，取 $a=650$mm 对应承载力的1.2倍；当 $200$mm$<a<650$mm 时，承载力可按线性插入；

　　$\mu$——立杆计算长度系数，步距为0.6m、1.0m、1.2m、1.5m时，取1.1；步距为1.8m、2.0m时，取1.0；

　　$k$——立杆计算长度附加系数，按表14-49采用。

10）在水平风荷载作用下，模板支撑架的抗倾覆承载力应符合下式要求：

$$B^2 l_a (g_{1k} + g_{2k}) + 2 \sum_{j=1}^{n} G_{jk} b_j \geqslant 3\gamma_0 M_{Tk} \tag{14-104}$$

式中 $B$——模板支撑架横向宽度（mm）；

　　$l_a$——立杆纵向间距（mm）；

　　$g_{1k}$——模板支撑架均匀分布的架体及附件自重面荷载标准值（N/mm²）；

　　$g_{2k}$——模板支撑架均匀分布的架体上部的模板等物料自重面荷载标准值（N/mm²）；

　　$G_{jk}$——模板支撑架计算单元上集中堆放的物料自重标准值（N）；

　　$b_j$——模板支撑架计算单元上集中堆放的物料至倾覆原点的水平距离（mm）；

　　$\gamma_0$——模板支撑架结构重要性系数；

　　$M_{Tk}$——模板支撑架计算单元在风荷载作用下的倾覆力矩标准值（N·mm）。

3. 地基承载力计算

脚手架地基承载力具体计算见14.4.1.2-2-(5)相关内容。

### 14.4.3.3 构造要求

1. 一般构造要求

(1) 脚手架地基应符合下列规定：

1) 脚手架地基应坚实、平整，场地应有排水措施，不应有积水。

2) 混凝土结构层上的立杆底部应设置底座或垫板。

3) 对承载力不足的地基土或混凝土结构层，应进行加固处理。

(2) 双排脚手架起步立杆应采用不同型号的杆件交错布置，架体相邻立杆接头应错开设置，不应设置在同步内。

(3) 脚手架的水平杆应按步距沿纵向和横向连续设置，不得缺失。在立杆的底部碗扣处应设置一道纵向水平杆、横向水平杆作为扫地杆，扫地杆距离地面高度不应超过400mm。

(4) 立杆碗扣节点间距按0.6m模数设置时，外侧应在立杆0.5m及1.2m高的碗扣节点处搭设两道防护栏杆；立杆碗扣节点间距按0.5m模数设置时，外侧应在立杆0.5m及1.0m高的碗扣节点处搭设两道防护栏杆，并应在外立杆的内侧设置高度不低于180mm的挡脚板。

2. 双排脚手架构造要求

当设置二层装修作业层、二层作业脚手板、外挂密目安全网封闭时，常用双排脚手架结构的设计尺寸和架体允许搭设高度宜符合表14-91的规定。

双排脚手架设计尺寸（m） 表14-91

| 连墙件设置 | 步距 h | 横距 $l_b$ | 纵距 $l_a$ | 脚手架允许搭设高度 [H] 基本风压 $\omega_0$ (kN/m²) | | |
|---|---|---|---|---|---|---|
| | | | | 0.4 | 0.5 | 0.6 |
| 二步三跨 | 1.8 | 0.9 | 1.5 | 48 | 40 | 34 |
| | | 1.2 | 1.2 | 50 | 44 | 40 |
| | 2.0 | 0.9 | 1.5 | 50 | 45 | 42 |
| | | 1.2 | 1.2 | 50 | 45 | 42 |
| 三步三跨 | 1.8 | 0.9 | 1.2 | 30 | 23 | 18 |
| | | 1.2 | 1.2 | 26 | 21 | 17 |

注：表中架体允许搭设高度的取值基于下列条件：
1. 计算风压高度变化系数时，按地面粗糙度为C类采用；
2. 装修作业层施工荷载标准值按2.0kN/m²采用，脚手板自重标准值按0.35kN/m²采用；
3. 作业层横向水平杆间距按不大于立杆纵距的1/2设置；
4. 当基本风压值、地面粗糙度、架体设计尺寸和脚手架用途及作业层数与上述条件不相符时，架体允许搭设高度应另行计算确定。

(1) 双排脚手架的搭设高度不宜超过50m；当搭设高度超过50m时，应采用分段搭设等措施。

(2) 当双排脚手架按曲线布置进行组架时，应按曲率要求使用不同长度的内外水平杆组架，曲率半径应大于2.4m。

(3) 当双排脚手架拐角为直角时，宜采用水平杆直接组架（图14-53a）；当双排脚手架拐角为非直角时，可采用钢管扣件组架（图14-53b）。

(4) 双排脚手架立杆顶端防护栏杆宜高出作业层 1.5m。

(5) 双排脚手架应设置竖向斜撑杆 (图 14-54)，并应符合下列规定：

1) 竖向斜撑杆应采用专用外斜杆，并应设置在有纵向及横向水平杆的碗扣节点上。

2) 在双排脚手架的转角处、开口型双排脚手架的端部应各设置一道竖向斜撑杆。

3) 当架体搭设高度在 24m 以下时，应每隔不大于 5 跨设置一道竖向斜撑杆；当架体搭设高度在 24m 及以上时，应每隔不大于 3 跨设置一道竖向斜撑杆；相邻斜撑杆宜对称八字形设置。

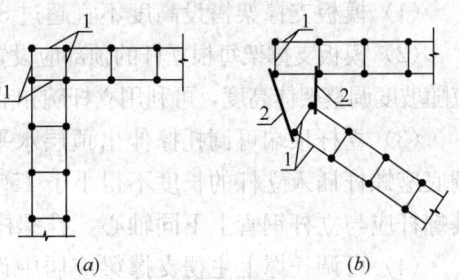

图 14-53 双排脚手架组架示意图
(a) 水平杆组架；(b) 钢管扣件拐角组架
1—水平杆；2—钢管扣件

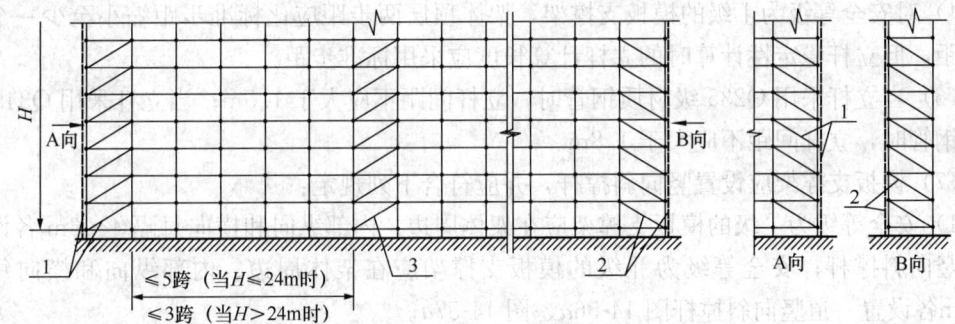

图 14-54 双排脚手架斜撑杆设置示意
1—拐角竖向斜撑杆；2—端部竖向斜撑杆；3—中间竖向斜撑杆

4) 每道竖向斜撑杆应在双排脚手架外侧相邻立杆间由底至顶按步连续设置。

5) 当斜撑杆临时拆除时，拆除前应在相邻立杆间设置相同数量的斜撑杆。

(6) 当采用钢管扣件剪刀撑代替竖向斜撑杆时，应符合下列规定：

当架体搭设高度在 24m 以下时，应在架体两端、转角及中间间隔不超过 15m，各设置一道竖向剪刀撑；当架体搭设高度在 24m 及以上时，应在架体外侧全立面连续设置竖向剪刀撑。

(7) 当双排脚手架高度在 24m 以上时，顶部 24m 以下所有的连墙件设置层应连续设置"之"字形水平斜撑杆，水平斜撑杆应设置在纵向水平杆之下 (图 14-55)。

(8) 双排脚手架内立杆与建筑物距离不宜大于 150mm；当双排脚手架内立杆与建筑物距离大于 150mm 时，应采用脚手板或安全平网封闭。当选用窄挑梁或宽挑梁设置作业平台时，挑梁应单层挑出，严禁增加层数。

(9) 当双排脚手架设置门洞时，应在门洞上部架设桁架托梁，门洞两侧立杆应对称加设竖向斜撑杆或剪刀撑。

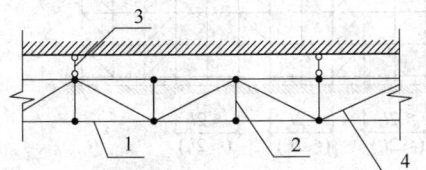

图 14-55 水平斜撑杆设置示意
1—纵向水平杆；2—横向水平杆；
3—连墙件；4—水平斜撑杆

3. 模板支撑架构造要求

(1) 模板支撑架搭设高度不宜超过30m。

(2) 模板支撑架每根立杆的顶部应设置可调托撑。当被支撑的建筑结构底面存在坡度时，应随坡度调整架体高度，可利用立杆碗扣节点拉差增设水平杆，并应配合可调托撑进行调整。

(3) 立杆顶端可调托撑伸出顶层水平杆的悬臂长度不应超过650mm。可调托撑和可调底座螺杆插入立杆的长度不得小于150mm，伸出立杆的长度不宜大于300mm，安装时其螺杆应与立杆钢管上下同轴心，且螺杆外径与立杆钢管内径的间隙不应大于3mm。

(4) 可调托撑上主楞支撑梁应居中设置，接头宜设置在U形托板上，同一断面上主楞支撑梁接头数量不应超过50%。

(5) 水平杆步距应通过设计计算确定，并符合以下规定：

1) 步距应通过立杆碗扣节点间距均匀设置。

2) 当立杆采用Q235级材质钢管时步距不应大于1.8m。

3) 当立杆采用Q345级材质钢管时步距不应大于2.0m。

4) 对安全等级为Ⅰ级的模板支撑架，架体顶层两步距应比标准步距缩小至少一个节点间距，但立杆稳定性计算时的立杆计算长度应采用标准步距。

(6) 当立杆采用Q235级材质钢管时，立杆间距不应大于1.5m；当立杆采用Q345级材质钢管时，立杆间距不应大于1.8m。

(7) 模板支撑架应设置竖向斜撑杆，并应符合下列规定：

1) 安全等级为Ⅰ级的模板支撑架应在架体周边、内部纵向和横向每隔4～6m各设置一道竖向斜撑杆；安全等级为Ⅱ级的模板支撑架应在架体周边、内部纵向和横向每隔6～9m各设置一道竖向斜撑杆图14-56a、图14-57a。

2) 每道竖向斜撑杆可沿架体纵向和横向每隔不大于两跨在相邻立杆间由底至顶连续设置（图14-56b）；也可沿架体竖向间隔不大于两步距采用八字形对称设置（图14-57b），或采用等覆盖率其他设置方式。

(8) 当采用钢管扣件剪刀撑代替竖向斜撑杆时，应符合下列规定：

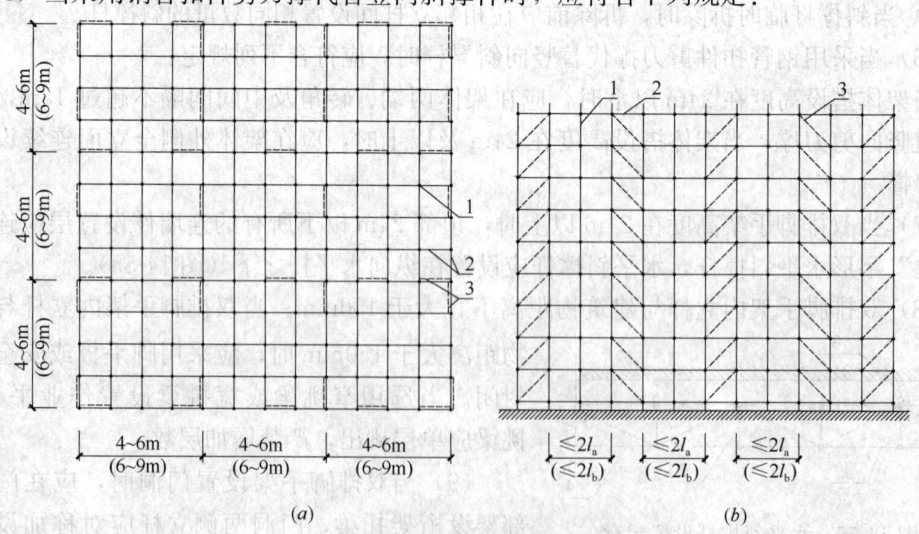

图14-56 竖向斜撑杆布置示意图（一）

(a)平面图；(b)立面图

1—立杆；2—水平杆；3—竖向斜撑杆

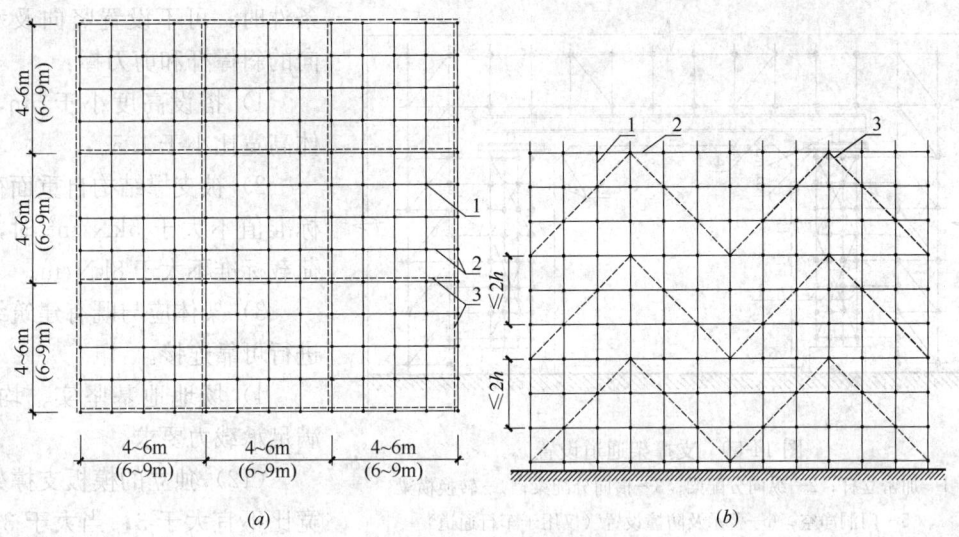

图 14-57 竖向斜撑杆布置示意图（二）
(a) 平面图；(b) 立面图
1—立杆；2—水平杆；3—竖向斜撑杆

1) 安全等级为Ⅰ级的模板支撑架应在架体周边、内部纵向和横向每隔不大于 6m 设置一道竖向钢管扣件剪刀撑。

2) 安全等级为Ⅱ级的模板支撑架应在架体周边、内部纵向和横向每隔不大于 9m 设置一道竖向钢管扣件剪刀撑。

(9) 模板支撑架应设置水平斜撑杆（图 14-58），并按以下规定设置：

1) 安全等级为Ⅰ级的模板支撑架应在架体顶层水平杆设置层、竖向每隔不大于 8m 设置一层水平斜撑杆；每层水平斜撑杆应在架体水平面的周边、内部纵向和横向每隔不大于 8m 设置一道。

2) 安全等级为Ⅱ级的模板支撑架宜在架体顶层水平杆设置层设置水平剪刀撑；水平斜撑杆应在架体水平面的周边、内部纵向和横向每隔不大于 12m 设置一道。

3) 水平斜撑杆应在相邻立杆间连续设置。

(10) 当采用钢管扣件剪刀撑代替水平斜撑杆时，应符合下列规定：

1) 安全等级为Ⅰ级的模板支撑架应在架体顶层水平杆设置层、竖向每隔不大于 8m 设置一道水平剪刀撑。

2) 安全等级为Ⅱ级的模板支撑架宜在架体顶层水平杆设置层设置一道水平剪刀撑。

(11) 当模板支撑架同时满足下列

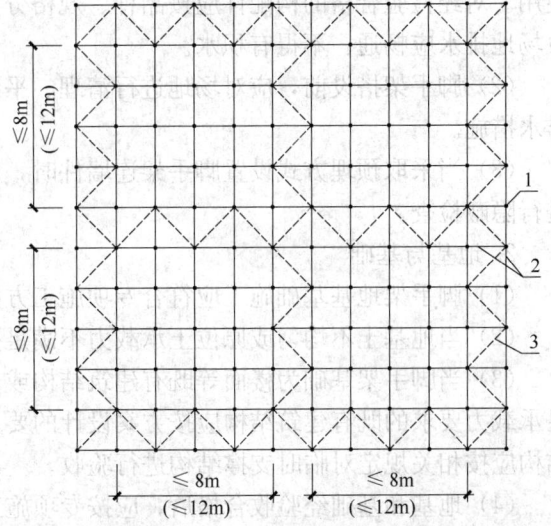

图 14-58 水平斜撑杆布置图
1—立杆；2—水平杆；3—水平斜撑杆

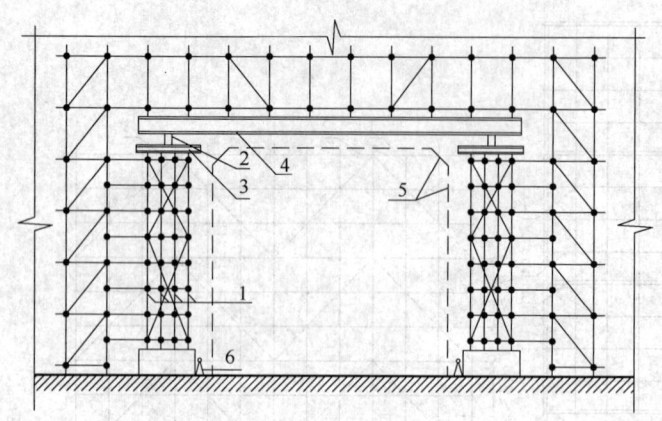

图 14-59 支撑架通道设置
1—加密立杆；2—纵向分配梁；3—横向分配梁；4—转换横梁；
5—门洞净空；6—警示及防撞设置（仅用于车行通道）

条件时，可不设置竖向及水平向的斜撑杆和剪刀撑：

1) 搭设高度小于 5m，架体高宽比小于 1.5。

2) 被支撑结构自重面荷载标准值不大于 $5kN/m^2$ 时，线荷载标准不大于 8kN/m。

3) 架体应与既有建筑结构进行可靠连接。

4) 场地地基坚实、均匀，满足承载力要求。

(12) 独立的模板支撑架高宽比不宜大于 3；当大于 3 时，应采取以下加强措施：

1) 将架体超出顶部加载区投影范围向外延伸布置 2～3 跨，将下部架体尺寸扩大。

2) 将架体与既有建筑结构进行可靠连接。

3) 当无建筑结构进行可靠连接时，宜在架体上对称设置缆风绳或采取其他防倾覆措施。

(13) 桥梁模板支撑架顶面四周应设置作业平台，作业层宽度不应小于 900mm。

(14) 当根据施工需要再在支撑架内部设置通道时，可按图 14-59 形式搭设，通道净高不宜大于 5.5m，净宽不宜大于 4.0m；当需设置的机动车道净宽大于 4.0m 或与上部支撑的混凝土梁体中心线斜交时，应采用梁柱式结构。

#### 14.4.3.4 搭拆、检查与验收

1. 施工准备

(1) 进入施工现场的脚手架构配件，在使用前应对其质量进行复检，不合格产品不得使用。对经检验合格的构配件应按品种、规格分类码放，并应标识数量和规格。构配件堆放场地排水应畅通，不得有积水。

(2) 脚手架搭设前，应对场地进行清理、平整，地基应坚实、均匀，并应采取可靠的排水措施。

(3) 当采取预埋方式设置脚手架连墙件时，应按设计要求预埋；在混凝土浇筑前，应进行隐蔽检查。

2. 地基与基础

(1) 脚手架地基基础施工应符合专项施工方案要求。

(2) 当地基土不均匀或原位土承载力不满足要求或基础为软弱地基时，应进行处理。

(3) 当脚手架基础为楼面等既有建筑结构或贝雷梁、型钢等临时支撑结构时，对不满足承载力要求的既有建筑结构应按方案设计的要求进行加固，对贝雷梁、型钢等临时支撑结构应按相关规定对临时支撑结构进行验收。

(4) 地基和基础经验收合格后，应按专项施工方案的要求放线定位。

3. 搭设

(1) 脚手架应按顺序搭设，并应符合下列规定：

1）双排脚手架搭设应按立杆、水平杆、斜杆、连墙件的顺序配合施工进度逐层搭设。一次搭设高度不应超过最上层连墙件两步，且自由长度不应大于4m。

2）模板支撑架应按先立杆、后水平杆、再斜杆的顺序搭设形成基本架体单元，并应以基本架体单元逐排、逐层扩展搭设成整体支撑架体系，每层搭设高度不宜大于3m。

3）斜撑杆、剪刀撑等加固件应随架体同步搭设，不得滞后安装。

（2）碗扣节点组装时，应通过限位销将上碗扣锁紧水平杆。

（3）脚手架每搭完一步架体后，应校正水平杆步距、立杆间距、立杆垂直度和水平杆水平度。架体立杆在1.8m高度内的垂直度偏差不得大于5mm，架体全高的垂直度偏差应小于架体搭设高度的1/600，且不得大于35mm；相邻水平杆的高差不应大于5mm。

4. 拆除

（1）当脚手架拆除时，应按专项施工方案中规定的顺序拆除。

（2）当脚手架分段、分立面拆除时，应确定分界处的技术处理措施，分段后的架体应稳定。

（3）拆除作业过程中，当架体的自由端高度大于两步时，必须增设临时拉结件。

（4）双排脚手架的斜撑杆、剪刀撑等加固件应在架体拆除至该部位时，才能拆除。

（5）模板支撑架的拆除应符合下列规定：

1）架体拆除应符合现行国家标准《混凝土结构工程施工质量验收规范》GB 50204、《混凝土结构工程施工规范》GB 50666中混凝土强度的规定，拆除前应填写拆模申请单。

2）架体的拆除顺序、工艺应符合专项施工方案的要求。

5. 检查与验收

可参照本章14.4.1.4-3的要求进行检查与验收。

### 14.4.4 榫卯（插槽）式钢管脚手架

榫卯式钢管脚手架是由杆件或结构单元、配件通过榫卯节点连接而组成，能承受相应荷载，具有安全防护功能，为建筑施工提供作业条件的结构架体，包括榫卯作业脚手架和榫卯支撑脚手架，如采用榫卯式钢管搭设的模板支撑架（图14-60）。

#### 14.4.4.1 材料与构配件

1. 榫卯（插槽）节点

（1）榫卯（插槽）节点Ⅰ型，为楔形凸出部分（榫头）与水平杆焊接；楔形凹进部分（卯槽）与立杆焊接形成的榫卯连接构造（图14-61）。

（2）榫卯（插槽）节点Ⅱ型，为楔形凸出部分（榫头）与立杆焊接；楔形凹进部分（卯槽）与水平杆焊接形成的榫卯连接构造（图14-62）。

（3）榫卯（插槽）节点Ⅰ型，构件榫头、卯槽插座材料应采用低碳合金钢制造，其质量应符合现行国家标准《低合金高强度结构钢》GB/T 1591的规定。

（4）榫卯（插槽）节点Ⅱ型，构件榫头、卯槽插座材料应采用碳素铸钢制造，铸钢制作

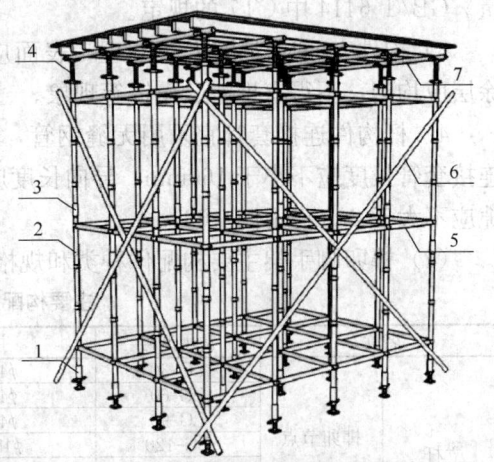

图14-60 插槽式支架各杆件位置
1—可调底座；2—立杆；3—立杆套管；
4—可调托座；5—水平杆；6—剪刀撑；7—托梁

的榫头厚度不应小于15mm，卯槽插座厚度不应小于12mm。

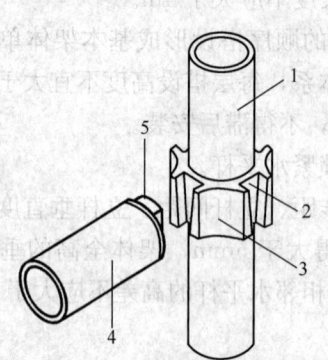
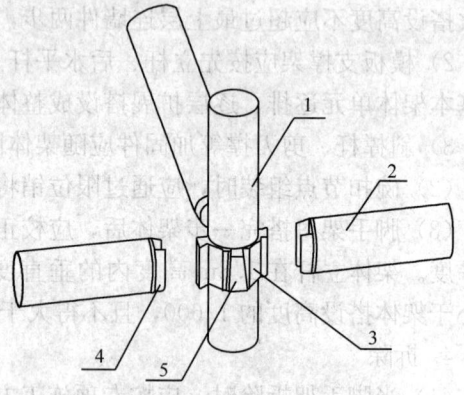

图14-61 榫卯节点（或插槽）Ⅰ型构造示意图
1—立杆钢管；2—卯槽；3—卯槽插座；
4—水平杆；5—水平杆榫头

图14-62 榫卯节点（插槽）Ⅱ型构造示意图
1—立杆钢管；2—水平杆；3—榫头插座；
4—水平杆卯槽；5—榫头

（5）立杆榫卯节点间距可按0.6m模数或0.5m模数设置，水平杆长度可按0.3m模数设置。其他特殊规格，可根据工程需要确定。

2. 榫卯（插槽）构件

（1）榫卯构件按规定程序批准的图样和技术文件制造，并符合下列规定：

1）构件焊接制作应在专用工装上进行，各焊接部位应牢固可靠。焊缝应平整光滑，不得有漏焊、焊穿、夹渣、裂纹等缺陷。

2）榫卯节点楔形凸出部分与楔形凹进部分对称度允许偏差应不大于1.5mm。构件表面凸（或凹）的高（或深）值偏差不得大于1mm。铸件尺寸公差应符合现行国家标准《铸件 尺寸公差、几何公差与机械加工余量》GB/T 6414中CT7的规定。

3）构件表面应进行防锈处理，表面应光洁平整，涂层应均匀，不得有堆漆、露铁等现象。

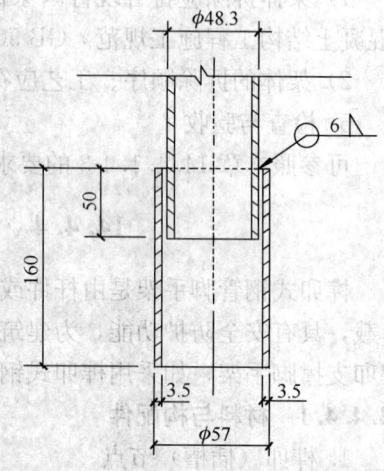

图14-63 连接套管和底座细部构造图

4）杆构件连接套管宜采用无缝钢管，套管围焊在脚手架立杆底端，焊缝高度6mm。连接套管长度应不小于160mm，导向长度应不小于100mm。套管内径与立杆钢管外径间隙应不大于2mm（图14-63）。

（2）榫卯脚手架主要构配件种类和规格宜符合表14-92的规定。

主要构配件种类和规格  表14-92

| 名称 | | 常用型号 | 主要规格（mm） | 材质 | 理论重量（kg） |
|---|---|---|---|---|---|
| 立杆 | 榫卯节点Ⅰ型 | LG-30 | φ48.3×3.5×300 | Q235 | 2.95 |
| | | LG-60 | φ48.3×3.5×600 | Q235 | 4.11 |
| | | LG-90 | φ48.3×3.5×900 | Q235 | 5.89 |
| | | LG-120 | φ48.3×3.5×1200 | Q235 | 7.05 |
| | | LG-180 | φ48.3×3.5×1800 | Q235 | 9.91 |
| | | LG-210 | φ48.3×3.5×2100 | Q235 | 11.56 |
| | | LG-240 | φ48.3×3.5×2400 | Q235 | 12.72 |
| | | LG-300 | φ48.3×3.5×3000 | Q235 | 16.25 |

续表

| 名称 | | 常用型号 | 主要规格（mm） | 材质 | 理论重量（kg） |
|---|---|---|---|---|---|
| 立杆 | 榫卯节点 Ⅱ型 | LG-60 | $\phi 48.3 \times 3.5 \times 610$ | Q235 | 3.95 |
| | | LG-110 | $\phi 48.3 \times 3.5 \times 1110$ | Q235 | 6.30 |
| | | LG-160 | $\phi 48.3 \times 3.5 \times 1610$ | Q235 | 8.64 |
| | | LG-210 | $\phi 48.3 \times 3.5 \times 2110$ | Q235 | 10.90 |
| | | LG-260 | $\phi 48.3 \times 3.5 \times 2610$ | Q235 | 13.30 |
| | | LG-310 | $\phi 48.3 \times 3.5 \times 3110$ | Q235 | 15.65 |
| 水平杆 | 榫卯节点 Ⅰ型 | SPG-30 | $\phi 48.3 \times 3.5 \times 300$ | Q235 | 1.61 |
| | | SPG-45 | $\phi 48.3 \times 3.5 \times 450$ | Q235 | 2.23 |
| | | SPG-60 | $\phi 48.3 \times 3.5 \times 600$ | Q235 | 2.86 |
| | | SPG-90 | $\phi 48.3 \times 3.5 \times 900$ | Q235 | 4.12 |
| | | SPG-120 | $\phi 48.3 \times 3.5 \times 1200$ | Q235 | 5.37 |
| | | SPG-150 | $\phi 48.3 \times 3.5 \times 1500$ | Q235 | 6.12 |
| | | SPG-180 | $\phi 48.3 \times 3.5 \times 1800$ | Q235 | 7.78 |
| | 榫卯节点 Ⅱ型 | SPG-30 | $\phi 48.3 \times 3.5 \times 245$ | Q235 | 1.32 |
| | | SPG-45 | $\phi 48.3 \times 3.5 \times 295$ | Q235 | 1.89 |
| | | SPG-60 | $\phi 48.3 \times 3.5 \times 545$ | Q235 | 2.47 |
| | | SPG-90 | $\phi 48.3 \times 3.5 \times 845$ | Q235 | 3.63 |
| | | SPG-120 | $\phi 48.3 \times 3.5 \times 1145$ | Q235 | 4.78 |
| | | SPG-150 | $\phi 48.3 \times 3.5 \times 1445$ | Q235 | 5.93 |
| 可调底座 | | KTZ-45 | $T38 \times 5.0$，可调范围≤300 | Q235 | 5.82 |
| | | KTZ-60 | $T38 \times 5.0$，可调范围≤450 | Q235 | 7.12 |
| | | KTZ-75 | $T38 \times 5.0$，可调范围≤600 | Q235 | 8.50 |
| 可调托撑 | | KTC-45 | $T38 \times 5.0$，可调范围≤300 | Q235 | 7.01 |
| | | KTC-60 | $T38 \times 5.0$，可调范围≤450 | Q235 | 8.31 |
| | | KTC-75 | $T38 \times 5.0$，可调范围≤600 | Q235 | 9.69 |

**14.4.4.2 荷载与设计计算**

1. 荷载

（1）荷载分类

可参考本章 14.4.1.2-1 的有关内容。

（2）荷载标准值

永久荷载标准值的取值应符合下列规定：

① 双排脚手架立杆承受的每米结构自重标准值，可按表 14-93 采用。

双排脚手架立杆承受的每米结构自重荷载标准值 $g_k$（kN/m） 表 14-93

| 步距 $h$（m） | 横距 $l_b$（m） | 纵距 $l_a$（m） | | | | | | |
|---|---|---|---|---|---|---|---|---|
| | | 0.3 | 0.6 | 0.9 | 1.2 | 1.5 | 1.8 | 2.0 |
| 0.6 | 0.9 | 0.1147 | 0.1362 | 0.1578 | 0.1794 | 0.2009 | 0.2225 | 0.2465 |
| | 1.2 | 0.1243 | 0.1459 | 0.1675 | 0.1890 | 0.2106 | 0.2322 | 0.2813 |
| 1.2 | 0.9 | 0.0796 | 0.091 | 0.1034 | 0.1153 | 0.1272 | 0.1391 | 0.1470 |
| | 1.2 | 0.0845 | 0.0964 | 0.1083 | 0.1201 | 0.1320 | 0.1439 | 0.1518 |
| (1.5) | 0.9 | 0.0726 | 0.0826 | 0.0925 | 0.1025 | 0.1125 | 0.1224 | 0.1290 |
| | 1.2 | 0.0765 | 0.0865 | 0.0964 | 0.1064 | 0.1163 | 0.1263 | 0.1329 |
| 1.8 | 0.9 | 0.0680 | 0.0766 | 0.0853 | 0.0940 | 0.1026 | 0.1113 | 0.1171 |
| | 1.2 | 0.0712 | 0.0799 | 0.0885 | 0.0972 | 0.1058 | 0.1145 | 0.1203 |
| (2.0) | 0.9 | 0.0656 | 0.0737 | 0.0817 | 0.0897 | 0.0977 | 0.1057 | 0.1111 |
| | 1.2 | 0.0685 | 0.0766 | 0.0846 | 0.0926 | 0.1006 | 0.1086 | 0.1140 |

注：$\phi 48.3 \times 3.5$mm 钢管。表内中间值可按线性插入计算。

② 双排脚手架脚手板以及栏杆与挡脚板自重标准值可按表 14-31、表 14-32 取用。

③ 外侧安全网自重标准值应根据实际情况确定,且不应低于 $0.01 kN/m^2$。

④ 模板支撑架永久荷载标准值的取值应符合下列规定:模板及支架自重标准值,应根据模板设计与支架设计确定。架体自重可按实际计算确定,也可按表 14-94 采用。

支撑脚手架立杆承受的每米结构自重荷载标准值 $g_k$ (kN/m)　　表 14-94

| 步距 h (m) | 横距 $l_b$ (m) | 纵距 $l_a$ (m) | | | | | | |
|---|---|---|---|---|---|---|---|---|
| | | 0.3 | 0.6 | 0.9 | 1.2 | 1.5 | 1.8 | 2.0 |
| (0.5) | 0.3 | 0.1277 | 0.1558 | 0.1840 | 0.2121 | 0.2402 | 0.2684 | 0.2871 |
| | 0.6 | 0.1558 | 0.1841 | 0.2125 | 0.2408 | 0.2691 | 0.2974 | 0.3163 |
| | 0.9 | 0.1840 | 0.2125 | 0.2409 | 0.2694 | 0.2979 | 0.3264 | 0.3454 |
| | 1.2 | 0.2121 | 0.2408 | 0.2694 | 0.2981 | 0.3268 | 0.3554 | 0.3745 |
| | 1.5 | 0.2402 | 0.2691 | 0.2979 | 0.3268 | 0.3556 | 0.3844 | 0.4037 |
| | 1.8 | 0.2684 | 0.2974 | 0.3264 | 0.3554 | 0.3844 | 0.4135 | 0.4328 |
| | 2.0 | 0.2871 | 0.3163 | 0.3454 | 0.3745 | 0.4037 | 0.4328 | 0.4522 |
| 0.60 | 0.3 | 0.1156 | 0.1399 | 0.1642 | 0.1884 | 0.2127 | 0.2370 | 0.2531 |
| | 0.6 | 0.1399 | 0.1643 | 0.1888 | 0.2132 | 0.2377 | 0.2621 | 0.2784 |
| | 0.9 | 0.1642 | 0.1888 | 0.2134 | 0.2380 | 0.2626 | 0.2873 | 0.3037 |
| | 1.2 | 0.1884 | 0.2132 | 0.2380 | 0.2628 | 0.2876 | 0.3124 | 0.3289 |
| | 1.5 | 0.2127 | 0.2377 | 0.2626 | 0.2876 | 0.3126 | 0.3375 | 0.3542 |
| | 1.8 | 0.2370 | 0.2621 | 0.2873 | 0.3124 | 0.3375 | 0.3627 | 0.3795 |
| | 2.0 | 0.2531 | 0.2784 | 0.3037 | 0.3289 | 0.3542 | 0.3795 | 0.3963 |
| (1.0) | 0.3 | 0.0915 | 0.1080 | 0.1245 | 0.1411 | 0.1576 | 0.1741 | 0.1851 |
| | 0.6 | 0.1080 | 0.1247 | 0.1414 | 0.1581 | 0.1748 | 0.1915 | 0.2027 |
| | 0.9 | 0.1245 | 0.1414 | 0.1583 | 0.1752 | 0.1920 | 0.2089 | 0.2202 |
| | 1.2 | 0.1411 | 0.1581 | 0.1752 | 0.1922 | 0.2093 | 0.2263 | 0.2377 |
| | 1.5 | 0.1576 | 0.1748 | 0.1920 | 0.2093 | 0.2265 | 0.2437 | 0.2552 |
| | 1.8 | 0.1741 | 0.1915 | 0.2089 | 0.2263 | 0.2437 | 0.2611 | 0.2727 |
| | 2.0 | 0.1851 | 0.2027 | 0.2202 | 0.2377 | 0.2552 | 0.2727 | 0.2844 |
| 1.2 | 0.3 | 0.0854 | 0.1000 | 0.1146 | 0.1292 | 0.1438 | 0.1584 | 0.1681 |
| | 0.6 | 0.1000 | 0.1148 | 0.1296 | 0.1443 | 0.1591 | 0.1739 | 0.1837 |
| | 0.9 | 0.1146 | 0.1296 | 0.1445 | 0.1595 | 0.1744 | 0.1893 | 0.1993 |
| | 1.2 | 0.1292 | 0.1443 | 0.1595 | 0.1746 | 0.1897 | 0.2048 | 0.2149 |
| | 1.5 | 0.1438 | 0.1591 | 0.1744 | 0.1897 | 0.2050 | 0.2203 | 0.2305 |
| | 1.8 | 0.1584 | 0.1739 | 0.1893 | 0.2048 | 0.2203 | 0.2358 | 0.2461 |
| | 2.0 | 0.1681 | 0.1837 | 0.1993 | 0.2149 | 0.2305 | 0.2461 | 0.2565 |
| (1.5) | 0.3 | 0.0794 | 0.0921 | 0.1047 | 0.1174 | 0.1300 | 0.1427 | 0.1511 |
| | 0.6 | 0.0921 | 0.1049 | 0.1177 | 0.1306 | 0.1434 | 0.1562 | 0.1648 |
| | 0.9 | 0.1047 | 0.1177 | 0.1307 | 0.1437 | 0.1568 | 0.1698 | 0.1784 |

续表

| 步距 h (m) | 横距 $l_b$ (m) | 纵距 $l_a$ (m) | | | | | | |
|---|---|---|---|---|---|---|---|---|
| | | 0.3 | 0.6 | 0.9 | 1.2 | 1.5 | 1.8 | 2.0 |
| (1.5) | 1.2 | 0.1174 | 0.1306 | 0.1437 | 0.1569 | 0.1701 | 0.1833 | 0.1921 |
| | 1.5 | 0.1300 | 0.1434 | 0.1568 | 0.1701 | 0.1835 | 0.1968 | 0.2057 |
| | 1.8 | 0.1427 | 0.1562 | 0.1698 | 0.1833 | 0.1968 | 0.2104 | 0.2194 |
| | 2.0 | 0.1511 | 0.1648 | 0.1784 | 0.1921 | 0.2057 | 0.2194 | 0.2285 |
| 1.80 | 0.3 | 0.0754 | 0.0867 | 0.0981 | 0.1095 | 0.1208 | 0.1322 | 0.1398 |
| | 0.6 | 0.0867 | 0.0983 | 0.1098 | 0.1214 | 0.1329 | 0.1445 | 0.1522 |
| | 0.9 | 0.0981 | 0.1098 | 0.1215 | 0.1333 | 0.1450 | 0.1567 | 0.1645 |
| | 1.2 | 0.1095 | 0.1214 | 0.1333 | 0.1452 | 0.1571 | 0.1690 | 0.1769 |
| | 1.5 | 0.1208 | 0.1329 | 0.1450 | 0.1571 | 0.1691 | 0.1812 | 0.1892 |
| | 1.8 | 0.1322 | 0.1445 | 0.1567 | 0.1690 | 0.1812 | 0.1934 | 0.2016 |
| | 2.0 | 0.1398 | 0.1522 | 0.1645 | 0.1769 | 0.1892 | 0.2016 | 0.2099 |
| (2.0) | 0.3 | 0.0734 | 0.0841 | 0.0948 | 0.1055 | 0.1163 | 0.1270 | 0.1341 |
| | 0.6 | 0.0841 | 0.0950 | 0.1059 | 0.1168 | 0.1277 | 0.1386 | 0.1458 |
| | 0.9 | 0.0948 | 0.1059 | 0.1170 | 0.1280 | 0.1391 | 0.1502 | 0.1576 |
| | 1.2 | 0.1055 | 0.1168 | 0.1280 | 0.1393 | 0.1505 | 0.1618 | 0.1693 |
| | 1.5 | 0.1163 | 0.1277 | 0.1391 | 0.1505 | 0.1620 | 0.1734 | 0.1810 |
| | 1.8 | 0.1270 | 0.1386 | 0.1502 | 0.1618 | 0.1734 | 0.1850 | 0.1927 |
| | 2.0 | 0.1341 | 0.1458 | 0.1576 | 0.1693 | 0.1810 | 0.1927 | 0.2005 |

注：$\phi 48.3 \times 3.5$mm钢管。表内中间值可按线性插入计算。

对一般梁板结构和无梁楼板结构模板的自重标准值，可按表14-33采用。

⑤ 钢结构支撑脚手架及其他非模板支架永久荷载标准值的取值应符合下列规定：

a. 支撑架脚手架立杆承受的每米结构自重标准值，可按表14-94采用。

b. 支撑架上可调托撑上主梁、次梁、支撑板等自重应按实际计算。

(3) 荷载设计值计算

有关荷载分项系数取值可按表14-22的规定取用。

(4) 荷载效应组合

1) 脚手架安全等级的划分应符合表14-1的规定。

2) 双排脚手架荷载的基本组合按表14-38的规定采用。

3) 支撑脚手架荷载的基本组合按表14-40的规定采用。

4) 脚手架结构及构配件正常使用极限状态设计时，按表14-41的规定采用荷载的标准组合。

2. 设计计算

(1) 基本设计规定

1) 设计计算方法与计算内容可参考本章14.4.1.2-2内容。

2) 当采用14.4.4.3节规定的架体构造尺寸时，双排脚手架架体可不进行设计计算，但连墙件和立杆地基承载力应根据实际情况进行设计计算。

3) 脚手架杆件连接点及可调托撑、底座的承载力设计值应按表 14-95 采用。

脚手架杆件连接点及可调托撑、底座的承载力设计值（kN）　　表 14-95

| 项目 | | 承载力设计值 |
|---|---|---|
| 榫卯节点 | 水平向抗拉（压） | 30 |
| | 竖向抗压（抗剪） | 25 |
| 立杆插套连接抗拉 | | 15 |
| 可调托撑抗压 | | 80 |
| 可调底座抗压 | | 80 |

注：立杆插套连接宜采用 $\phi 10$ 连接销。

4) 当对榫卯脚手架结构进行整体计算分析时，节点应视为半刚性节点，其节点转动刚度 $R_k$ 可取值为 28kN·m/rad。

5) 双排脚手架节点不宜采用榫卯节点（或插槽）Ⅱ型。

(2) 双排脚手架的结构计算

1) 双排脚手架作业层水平杆抗弯强度可按式（14-21）、式（14-22）计算。

2) 双排脚手架作业层水平杆的挠度按式（14-40）计算。

3) 当计算双排脚手架水平杆的内力和挠度时，水平杆宜按简支梁计算，计算跨度应取对应方向的立杆间距。

4) 双排脚手架立杆稳定性可按式（14-23）、式（14-24）进行计算。

5) 双排脚手架立杆的轴向力设计值可按式（14-25）进行计算。

6) 双排脚手架立杆由风荷载产生的弯矩设计值可按式（14-26）、式（14-27）进行计算。

7) 双排脚手架立杆计算长度应按下式计算：

$$l_0 = k\mu h \tag{14-105}$$

式中　$k$——立杆计算长度附加系数，取 1.155，当验算立杆允许长细比时，取 1.0；

　　　$\mu$——立杆计算长度系数，当连墙件设置为二步三跨时，取 1.6；当连墙件设置为三步三跨时，取 1.8；

　　　$h$——步距（mm）。

8) 双排脚手架立杆稳定性计算部位应为最不利杆件部位。

9) 双排脚手架允许搭设高度 [H] 应按式（14-66）、式（14-67）计算，并应取较小值。

10) 双排脚手架杆件连接节点承载力应符合式（14-93）的规定，其中脚手架杆件连接节点的承载力设计值，按表 14-95 采用。

11) 双排脚手架连墙件杆件的强度及稳定按 14.3.4.4-1 的有关规定进行计算。

(3) 满堂支撑脚手架计算

1) 支撑脚手架顶部施工层荷载应通过可调托撑轴心传递给立杆。

2) 满堂支撑架立杆的轴力设计值计算：

① 不组合由风荷载产生的附加轴力时，应按下列公式计算：

$$N = 1.3(\Sigma N_{G1k} + \Sigma N_{G2k}) + 1.5(\Sigma N_{Q1k} + 0.7\Sigma N_{Q2k}) \tag{14-106}$$

② 组合由风荷载产生的附加轴力时，应按下列公式计算：

$$N = 1.3(\Sigma N_{G1k} + \Sigma N_{G2k}) + 1.5(\Sigma N_{Q1k} + 0.7\Sigma N_{Q2k} + 0.6N_{wk}) \tag{14-107}$$

式中 $\sum N_{G1k}$ ——立杆由架体结构及附件自重产生的轴向力标准值总和；

$\sum N_{G2k}$ ——模板支撑架：模板支撑架立杆由模板及支撑梁自重和混凝土及钢筋自重产生的轴力标准值总和；钢结构安装支撑架及其他非模板支架：支撑架立杆由可调托撑上主梁、次梁、支撑板等的自重，支撑架上的建筑结构材料及堆放物等的自重产生的轴力标准值总和；

$\sum N_{Q1k}$ ——立杆由施工荷载产生的轴向力标准值总和；

$\sum N_{Q2k}$ ——支撑脚手架立杆由其他可变荷载产生的轴向力标准值总和；

$N_{wk}$ ——支撑脚手架立杆由风荷载产生的最大附加轴力标准值。

3) 支撑架在风荷载作用下，计算单元立杆产生的附加轴力标准值 $N_{wk}$ 可按式(14-38)进行计算。

4) 风荷载作用在支撑脚手架上产生的倾覆力矩标准值可参照 14.4.3.2-2-（3）-5) 的要求进行计算。

5) 支撑脚手架立杆由风荷载产生的弯矩设计值可按 14.4.3.2-2-（3）-8) 的要求进行计算。

6) 满堂支撑脚手架立杆的计算长度应按下式计算，取整体稳定计算结果最不利值：

顶部立杆段： $$l_0 = k\mu_1(h+2a) \tag{14-108}$$

非顶部立杆段： $$l_0 = k\mu_2 h \tag{14-109}$$

式中 $k$ ——支撑脚手架计算长度附加系数，可按表14-96采用；

$h$ ——步距；

$a$ ——立杆伸出顶层水平杆中心线至支撑点的长度，应不大于 0.5m，当 $0.2m<a<0.5m$ 时，承载力可按线性插入值；

$\mu_1$、$\mu_2$ ——考虑支撑脚手架整体稳定因素的单杆计算长度系数，按表14-97、表14-98采用。

**支撑脚手架计算长度附加系数取值**　　　　　　表 14-96

| 高度 $H$（m） | $H \leqslant 5$ | $5 < H \leqslant 10$ | $10 < H \leqslant 20$ | $20 < H \leqslant 30$ |
|---|---|---|---|---|
| $k$ | 1.427 | 1.464 | 1.504 | 1.595 |

注：当验算立杆允许长细比时，取 $k=1$。

**满堂支撑脚手架立杆计算长度系数 $\mu_1$**　　　　　　表 14-97

| 步距 (m) | 立杆间距（m） | | | |
|---|---|---|---|---|
| | 1.5×1.5～0.9×0.9（不含 0.9×0.9） | | 不大于 0.9×0.9 | |
| | 高宽比不大于 2 | | 高宽比不大于 2 | |
| | 最少跨数 3 | | 最少跨数 4 | |
| | $a=0.5$ (m) | $a=0.2$ (m) | $a=0.5$ (m) | $a=0.2$ (m) |
| (0.5) | 1.176 | 1.871 | 1.059 | 1.677 |
| 0.6 | 1.102 | 1.684 | 0.993 | 1.510 |
| (1.0) | 0.969 | 1.328 | 0.882 | 1.203 |
| 1.2 | 0.925 | 1.222 | 0.852 | 1.122 |
| (1.5) | 0.864 | 1.096 | 0.795 | 1.004 |
| 1.8 | 0.817 | 1.004 | 0.755 | 0.925 |

注：1. 步距两级之间计算长度系数按线性插入值。
　　2. 立杆间距两级之间，纵向间距与横向间距不同时，计算长度系数按较大间距对应的计算长度系数取值。
　　3. 支撑脚手架高宽比大于 2 且不大于 3 时，立杆的稳定性计算时，抗压强度设计值乘以 0.85 折减系数。

**满堂支撑脚手架立杆计算长度系数 $\mu_2$** 表 14-98

| 步距 (m) | 立杆间距（m） | |
|---|---|---|
| | 1.5×1.5～0.9×0.9（不含 0.9×0.9） | 不大于 0.9×0.9 |
| | 高宽比不大于 2 | 高宽比不大于 2 |
| | 最少跨数 3 | 最少跨数 4 |
| (0.5) | 3.369 | 3.019 |
| 0.6 | 2.807 | 2.516 |
| (1.0) | 1.859 | 1.684 |
| 1.2 | 1.629 | 1.496 |
| (1.5) | 1.388 | 1.271 |
| 1.8 | 1.227 | 1.130 |

注：同表 14-97。

7）立杆稳定性计算部位应为最不利杆件部位。

8）支撑脚手架最少跨数不符合表 14-97 规定时，宜设置连墙件将架体与建筑结构刚性连接。当架体未设置连墙件与建筑结构刚性连接，立杆计算长度系数 $\mu$ 按表 14-97 采用时，应符合如下规定：

① 支撑架高度不应超过一个建筑楼层高度，且不应超过 5m。

② 被支承结构自重面荷载和线荷载标准值应分别小于 $5kN/m^2$ 和 $6kN/m$。

9）支撑脚手架受弯杆件的强度可按式（14-21）进行计算，但弯矩设计值按式（14-22）进行计算。

10）当支撑脚手架设置门洞时，门洞转换横梁的抗弯和受剪承载力、稳定性和挠曲变形验算应符合现行国家标准《钢结构设计标准》GB 50017 的规定。

11）在水平风荷载作用下，支撑脚手架的抗倾覆承载力按式（14-104）进行验算。

（4）地基基础计算

脚手架地基承载力具体计算见 14.4.1.2-2-（5）相关内容。

### 14.4.4.3 构造要求

**1. 一般构造要求**

（1）脚手架杆件连接节点应满足其强度和转动刚度要求，节点无松动。当脚手架局部承受集中荷载时，应按实际荷载计算并应局部加固。

（2）双排脚手架起步立杆应采用不同型号（不同长度）的杆件交错布置，架体相邻立杆接头应错开设置，不应设置在同步内，相邻立杆接头错开距离不宜小于 500mm。

（3）脚手架的水平杆应按步距沿纵向和横向连续设置，不得缺失。在立杆的底部节点处应设置一道纵向水平杆、横向水平杆作为扫地杆，扫地杆轴心距离地面高度不应超过 400mm，水平杆和扫地杆应与相邻立杆连接牢固。

**2. 双排脚手架构造要求**

（1）常用密目式安全网全封双排脚手架结构的设计尺寸，可按表 14-99 采用。

常用密目式安全立网全封闭式双排脚手架的设计尺寸（m） 表14-99

| 连墙件设置 | 步距 h | 横距 $l_b$ | 纵距 $l_a$ | 脚手架允许搭设高度 [H] | |
|---|---|---|---|---|---|
| | | | | $2+2+2\times0.35$（kN/m²） | |
| | | | | 基本风压值 $w_0$（kN/m²） | |
| | | | | 0.4 | 0.5 |
| 二步三跨 | 1.8 | 0.9 | 1.5 | 44 | 37 |
| | | 1.2 | 1.2 | 48 | 43 |
| | 2.0 | 0.9 | 1.5 | 24 | 17 |
| | | 1.2 | 1.2 | 28 | 22 |
| 三步三跨 | 1.8 | 0.9 | 1.5 | 30 | 24 |
| | | 1.2 | 1.2 | 20 | 13 |

注：1. 表中所示 $2+2+2\times0.35$（kN/m²），包括下列荷载：$2+2$（kN/m²）为二层装修作业层施工荷载标准值；$2\times0.35$（kN/m²）为二层作业层脚手板自重荷载标准值。
2. 作业层横向水平杆间距按不大于立杆纵距的1/2设置。
3. 计算风压高度变化系数时，按地面粗糙度按B类采用。
4. 当基本风压值、地面粗糙度、架体设计尺寸和脚手架用途及作业层数与上述条件不相符时，架体允许搭设高度应另行计算确定。

(2) 双排脚手架的宽度不应小于0.9m，且不宜大于1.2m。作业层高度不应小于1.8m，且不宜大于2.0m。

(3) 双排脚手架的搭设高度不宜超过50m；当搭设高度超过50m时，应采用分段搭设等措施。

(4) 当双排脚手架按曲线布置进行组架时，应按曲率要求使用不同长度的内外水平杆组架，曲率半径应大于2.4m。

(5) 当双排脚手架拐角为直角时，宜采用水平杆直接组架；当双排脚手架拐角为非直角时，可采用钢管扣件组架。

(6) 双排脚手架立杆顶端防护栏杆宜高出作业层1.5m。

(7) 当双排脚手架搭设高度在24m以下时，应在架体外侧两端、转角及中间间隔不超过15m，各设置一道竖向剪刀撑，并应由底至顶连续设置；当架体搭设高度在24m及以上时，应在架体外侧全立面连续设置竖向剪刀撑。

(8) 双排脚手架采用钢管与扣件设置横向斜撑时，应符合下列规定：

1) 横向斜撑应在同一节间，由底至顶层呈"之"字形连续布置，斜撑宜采用旋转扣件固定在与之相交的杆件上，旋转扣件中心线至榫卯节点中心的距离不宜大于150mm。

2) 高度在24m以下的封闭型双排脚手架可不设横向斜撑，高度在24m以上的封闭型脚手架，除拐角应设置横向斜撑外，中间应每隔6跨距设置一道。

3) 开口型双排脚手架的两端均必须设置横向斜撑。

(9) 当双排脚手架高度在24m以上时，顶部24m以下所有的连墙件设置层应连续设置"之"字形水平斜撑杆，水平斜撑杆应设置在纵向水平杆之下。水平斜撑杆可采用钢管、扣件与节点处杆件连接牢固。

(10) 双排脚手架连墙件的设置应符合本章14.4.1.3-4的规定。

3. 满堂支撑脚手架

(1) 满堂支撑脚手架的立杆间距和步距应按设计计算确定，且间距不宜大于1.5m，步距不宜大于1.8m，支撑脚手架搭设高度不宜超过30m。

(2) 对安全等级为Ⅰ级的满堂支撑脚手架，架体顶层二步距应比标准步距缩小至少一个节点间距，但立杆稳定性计算时的立杆计算长度应采用标准步距。

(3) 满堂支撑脚手架每根立杆的顶部应设置可调托撑。当被支撑的建筑结构底面存在坡度时，应随坡度调整架体高度，可利用立杆节点位差增设水平杆，并应配合可调托撑进行调整。

(4) 立杆顶端可调托撑伸出顶层水平杆的悬臂长度不宜超过500mm。可调托撑和可调底座螺杆插入立杆的长度不应小于150mm，伸出立杆的长度不宜大于300mm，安装时其螺杆应与立杆钢管上下同心，且螺杆外径与立杆钢管内径的间隙不应大于3mm。

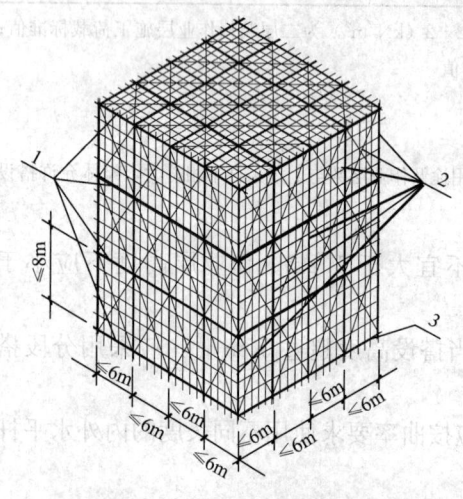

图14-64 支撑脚手架竖向、
水平剪刀撑布置图
1—水平剪刀撑；2—竖向剪刀撑；
3—扫地杆设置层

(5) 模板下方应放置次梁与主梁，次梁与主梁应按受弯杆件设计计算。支架立杆上端应采用U形托撑，U形托撑支撑在主梁底部。

(6) 可调托撑上主梁应居中设置，接头宜设置在U形托板上，同一断面上主梁接头数量不应超过50%。

(7) 当有既有建筑结构时，支撑脚手架应与既有建筑结构可靠连接。

(8) 满堂支撑脚手架应采用钢管与扣件设置竖向剪刀撑，并应符合下列规定：

1) 安全等级为Ⅱ级的满堂支撑脚手架应在架体周边、内部纵向和横向每隔不大于9m设置一道竖向剪刀撑。

2) 安全等级为Ⅰ级的满堂支撑脚手架应在架体周边、内部纵向和横向每隔不大于6m设置一道竖向剪刀撑（图14-64）。

3) 每道竖向剪刀撑的宽度宜为6~9m，剪刀撑斜杆与水平面的倾角应为45°~60°。

(9) 满堂支撑脚手架应采用钢管与扣件设置水平剪刀撑，并应符合下列规定：

1) 安全等级为Ⅱ级的满堂支撑脚手架宜在架顶处设置一道水平剪刀撑。

2) 安全等级为Ⅰ级的支撑脚手架应在架顶、竖向每隔不大于8m各设置一道水平剪刀撑（图14-64）。

(10) 当满足本章相应的条件时，可不设置竖向、水平剪刀撑。

(11) 独立的支撑脚手架高宽比不宜大于3，不应大于4。当大于3时，应采取下列加强措施：

1) 将架体超出顶部加载区投影范围向外延伸布置，将下部架体尺寸扩大。

2) 按构造要求将架体与既有建筑结构进行可靠连接。

3) 当无建筑结构进行可靠连接时，宜在架体上对称设置缆风绳或采取其他防倾覆的措施。

（12）当满堂支撑脚手架局部所承受的荷载较大，立杆需加密设置时，加密区的水平杆应向非加密区延伸不少于一跨；非加密区立杆的水平间距应与加密区立杆的水平间距互为倍数。

#### 14.4.4.4 搭拆、检查与验收

1. 施工准备

（1）对进入施工现场的插槽式脚手架构配件应附有产品合格证，并进行现场验收，严禁使用不合格的产品。经检验合格的构配件按品种、规格分类放置在堆料区内或码放在专用架上，标挂质量规格铭牌备用。

（2）脚手架应在底部的地基验收合格或确认下部支承结构的承载力满足设计要求后再进行搭设。

2. 搭设

（1）脚手架立杆垫板、底座应准确放置在定位线上，垫板应平整、无翘曲，不得采用已开裂的垫板，底座的轴心线应与地面垂直。

（2）脚手架搭设顺序要求：

1）双排脚手架搭设应按立杆、水平杆、斜杆、连墙件的顺序配合施工进度逐层搭设。一次搭设高度不应超过最上层连墙件两步，且自由长度不应大于4m。

2）支撑脚手架应按先立杆、后水平杆、再斜杆的顺序搭设形成基本架体单元，并应以基本架体单元逐排、逐层扩展搭设成整体支撑架体系，每层搭设高度不宜大于3m。

3）斜撑杆、剪刀撑等加固件应随架体同步搭设，不得滞后安装。

（3）榫卯节点安装应牢固。

3. 拆除

（1）双排脚手架的拆除作业应符合下列规定：

1）架体拆除应自上而下逐层进行，严禁上下层同时拆除。

2）连墙件应随脚手架逐层拆除，严禁先将连墙件整层或数层拆除后再拆除架体。

3）拆除作业过程中，当架体的自由端高度大于两步时，必须增设临时拉结件。

4）双排脚手架的斜撑杆、剪刀撑等加固件应在架体拆除至该部位时，才能拆除。

5）在暂停拆除施工时，应采取临时固定措施，已拆除和松开的构配件应放置安全位置。

（2）支撑架拆除应按专项施工方案施工，并符合下列规定：

1）拆除作业前，应先对支撑架的稳定性进行检查确认。

2）拆除作业应分层、分段，应从上而下逐层进行，严禁上下同时作业，分段拆除的高度不应大于两层。

3）同层杆件和构配件必须按先外后内的顺序拆除；剪刀撑等加固杆件必须在拆卸至该部位杆件时再拆除。

4）当只拆除部分支撑架结构时，拆除前应对不拆除支撑架结构进行加固，确保稳定。

5）对多层支撑架结构，当楼层结构不能满足承载要求时，严禁拆除下层支撑架。

6）对设有缆风绳的支撑架结构，缆风绳应对称拆除。

7）有六级及以上风或雨、雪时，应停止作业。

8) 模板支撑架拆除应符合现行国家标准《混凝土结构工程施工质量验收规范》GB 50204、《混凝土结构工程施工规范》GB 50666中混凝土强度的规定，拆除前应填写拆模申请单。

9) 预应力混凝土构件的架体拆除应在预应力施工完成后进行。

4. 检查与验收

可参照本章14.4.1.4-3的要求进行检查与验收。

### 14.4.5 门（框组）式钢管作业脚手架

门式钢管脚手架由门架（门式框架）、交叉支撑（十字拉杆）、连接棒、水平架、锁臂、底座等组成基本结构单元（图14-65），再以水平加固杆、剪刀撑、扫地杆将基本单元相互连接起来，并增加梯子、栏杆等部件构成整片脚手架（图14-66），具有安全防护功能，为建筑施工提供作业条件的一种定型化钢管脚手架，包括门式作业脚手架和门式支撑脚手架。

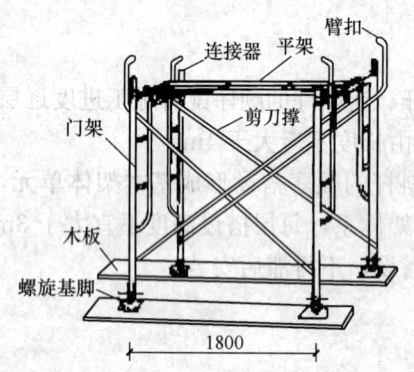

图14-65 门式脚手架的基本组成单元

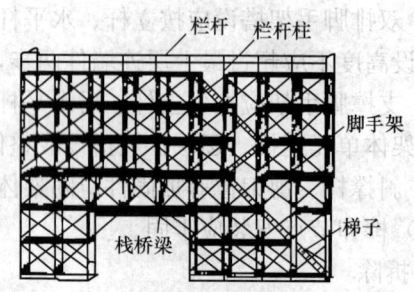

图14-66 门式钢管外脚手架

根据住房和城乡建设部2021年12月14日印发的《房屋建筑和市政基础设施工程危及生产安全施工工艺、设备和材料淘汰目录（第一批）》明确，2022年6月15日后，作为限制类施工工艺、设备和材料，新开工项目不得采用门式钢管脚手架用于搭设满堂承重支撑架体系，因此，本节仅介绍门式钢管作业脚手架相关内容。

#### 14.4.5.1 材料与构配件

1. 基本单元

门式钢管脚手架的部件大致分为三类：

(1) 基本单元部件包括门架、交叉支撑和水平架等（图14-67）。

门架是门式脚手架的主要部件，有多种不同形式。标准型是最基本的形式，主要用于构成脚手架的基本单元，一般常用的标准型门架的宽度为1.219m，高度有1.9m和1.7m。门架的重量，当使用高强薄壁钢管时为13～16kg；使用普通钢管时为20～25kg。

梯形框架（梯架）可以承受较大的荷载，多用于满堂作业脚手架、活动操作平台和砌筑里脚手架，架子的梯步可供操作人员上下平台之用。简易门架的宽度较窄，用于窄脚手板。还有一种调节架，用于调节作业层高度，以适应层高变化时的需要。

门架之间的连接，在垂直方向使用连接棒和锁臂，在脚手架纵向使用交叉支撑，在架顶水平面使用水平架或脚手板。交叉支撑和水平架的规格根据门架的间距来选择，一般多采用1.8m。

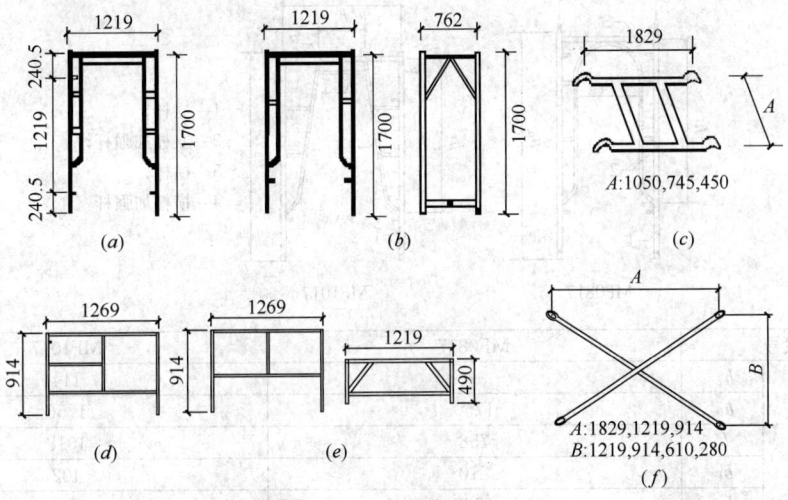

图 14-67 基本单元控制
(a) 标准门架；(b) 简易门架；(c) 轻型梯形门架；(d) 接高门架；(e) 水平架；(f) 交叉支撑

将现行行业标准《建筑施工门式钢管脚手架安全技术标准》JGJ/T 128（以下简称《门架规范》）附录 B 中给出的典型的门架几何尺寸及杆件规格列入表 14-100、表 14-101 中。

**MF1219 系列门架的几何尺寸及杆件规格** 表 14-100

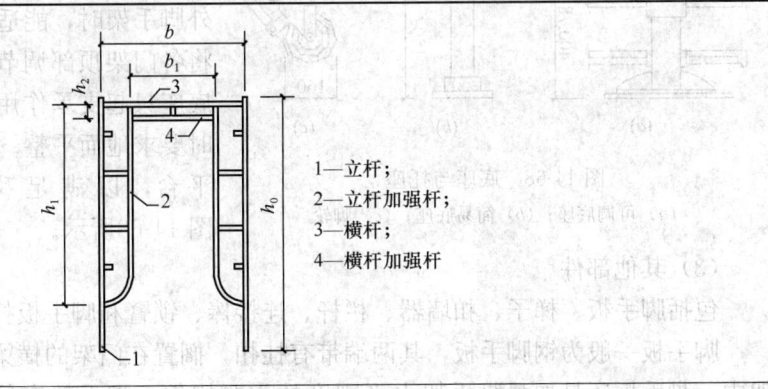

1—立杆；
2—立杆加强杆；
3—横杆；
4—横杆加强杆

| 门架代号 | | MF1219 | |
|---|---|---|---|
| 门架几何尺寸（mm） | $h_2$ | 80 | 100 |
| | $h_0$ | 1930 | 1900 |
| | $b$ | 1219 | 1200 |
| | $b_1$ | 750 | 800 |
| | $h_1$ | 1536 | 1550 |
| 杆件外径壁厚（mm） | 1 | $\phi 42.0 \times 2.5$ | $\phi 48.0 \times 3.5$ |
| | 2 | $\phi 26.8 \times 2.5$ | $\phi 26.8 \times 2.5$ |
| | 3 | $\phi 42.0 \times 2.5$ | $\phi 48.0 \times 3.5$ |
| | 4 | $\phi 26.8 \times 2.5$ | $\phi 26.8 \times 2.5$ |

注：表中门架代号含义同现行行业标准《门式钢管脚手架》JG/T 13。

MF0817、MF1017 系列门架的几何尺寸及杆件规格　　　　表 14-101

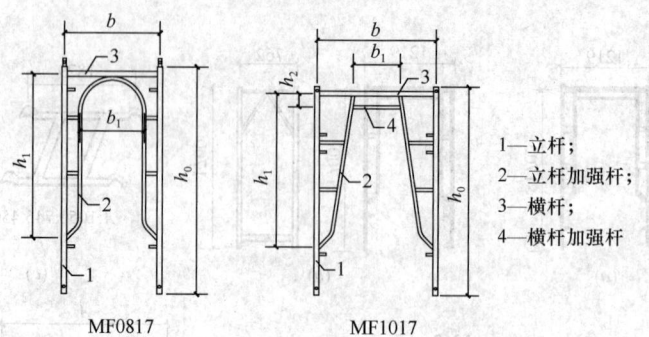

| 门架代号 | | MF0817 | MF1017 |
|---|---|---|---|
| 门架几何尺寸<br>(mm) | $h_2$ | — | 114 |
| | $h_0$ | 1750 | 1750 |
| | $b$ | 758 | 1018 |
| | $b_1$ | 510 | 402 |
| | $h_1$ | 1260 | 1291 |
| 杆件外径壁厚<br>(mm) | 1 | $\phi 42.0 \times 2.5$ | |
| | 2 | $\phi 26.8 \times 2.2$ | |
| | 3 | $\phi 42.0 \times 2.5$ | |
| | 4 | $\phi 26.8 \times 2.2$ | |

注：表中门架代号含义同现行行业标准《门式钢管脚手架》JG/T 13。

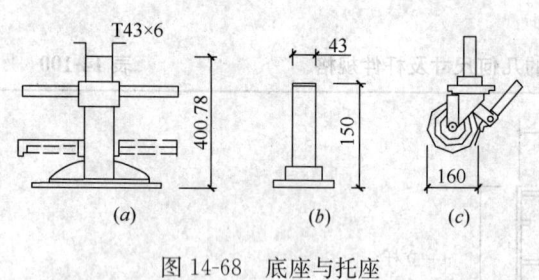

图 14-68　底座与托座
(a) 可调底座；(b) 简易底座；(c) 脚轮

(2) 底座

可调底座可调高 200～550mm，用于外脚手架时，能适应不平的地面，可用其将各门架顶部调节到同一水平面上。简易底座只起支承作用，无调高功能，使用它时要求地面平整。带脚轮底座多用于操作平台，以满足移动的需要。底座如图 14-68 所示。

(3) 其他部件

包括脚手板、梯子、扣墙器、栏杆、连接棒、锁臂和脚手板托架等（图 14-69）。

脚手板一般为钢脚手板，其两端带有挂扣，搁置在门架的横梁上并扣紧。在这种脚手架中，脚手板还是加强脚手架水平刚度的主要构件，脚手架应每隔 3～5 层设置一层脚手板。

梯子为设有踏步的斜梯，分别扣挂在上下两层门架的横梁上。

扣墙器和扣墙管都是确保脚手架整体稳定的拉结件。扣墙器为花篮螺栓构造，一端带有扣件与门架竖管扣紧，另一端有螺杆锚入墙中，旋紧花篮螺栓，即可把扣墙器拉紧；扣墙管为管式构造，一端的扣环与门架拉紧，另一端为埋墙螺栓或夹墙螺栓，锚入或夹紧墙壁。托架分定长臂和伸缩臂两种形式，可伸出宽度 0.5～1.0m，以适应脚手架距墙面较远时的需要。小桁架（栈桥梁）用来构成通道。连接扣件亦分三种类型：回转扣、直角扣和筒扣，相同管径或不同管径杆件之间的连接，具体构造应符合现行国家标准《钢管脚手架

14.4 常用落地式脚手架的设计和施工　1099

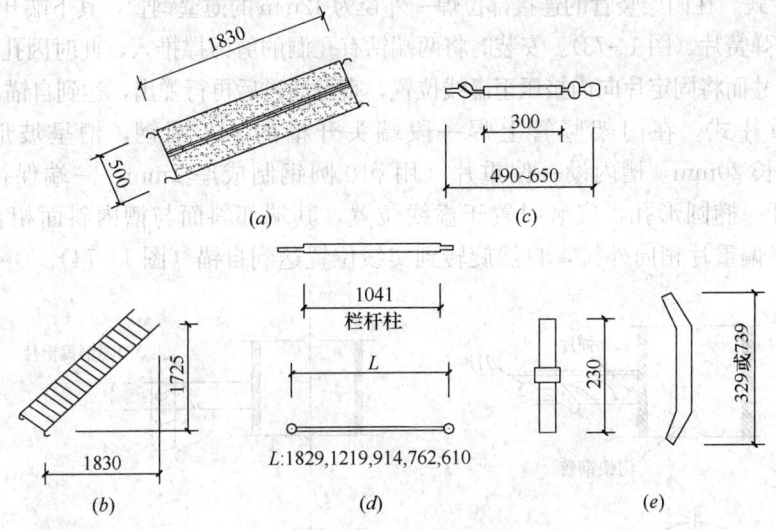

图 14-69　其他部件
(a) 钢脚手板；(b) 梯子；(c) 扣墙管；(d) 栏杆和栏杆柱；(e) 连接棒和锁臂

扣件》GB/T 15831 的规定。

2. 自锚连接构造

门式钢管脚手架部件之间的连接基本不用螺栓结构，而是采用方便可靠的自锚结构。主要形式包括：

(1) 制动片式。在作为挂扣的固定片上，铆上主制动片和被制动片，安装前使二者居于脱开位置，开口尺寸大于门架横梁直径，就位后，将被制动片推至实线位置，主

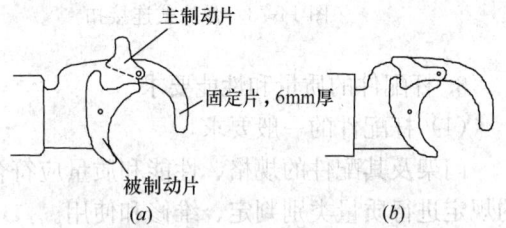

图 14-70　制动片式挂扣
(a) 安装前；(b) 就位后

制动片即自行落下，将被制动片卡住，使脚手板（或水平梁架）自锚于门架上（图 14-70）。

(2) 滑动片式。在固定片上设一滑动片，安装前使滑动片位于虚线位置，就位后利用滑动片的自重，将其推下（图 14-71）开口尺寸缩小以锚住横梁。

另一种滑动片式构造示于图 14-72 中。挂钩式连接片上设一限位片，安装前置于虚线位置，就位后顺槽滑至实线位置，因限位片受力方向异于滑槽方向达到自锚。这种构造多用于梯子与门架横梁的连接上。

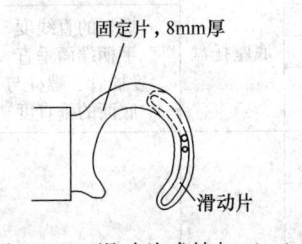

图 14-71　滑动片式挂扣（一）

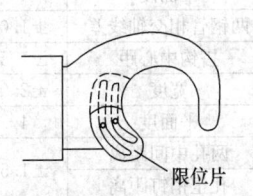

图 14-72　动片式挂扣（二）

（3）弹片式。在门架竖管的连接部位焊一外径为12mm的薄壁钢管，其下端开槽，内设刀片式固定片和弹簧片（图14-73）。安装时将两端钻有孔洞的剪刀撑推入，此时因孔的直径小于固定片外突尺寸而将固定片向内挤压至虚线位置，直至通过后再行弹出，达到自锚。

（4）偏重片式。在门架竖管上焊一段端头开槽的 $\phi 12$ 圆钢，槽呈坡形，上口长23mm，下口长20mm，槽内设一偏重片（用 $\phi 10$ 圆钢制成厚2mm、一端保持原直径），在其近端处开一椭圆形孔，安装时置于虚线位置，其端部斜面与槽内斜面相合，不会转动，就位后将偏重片稍向外拉，自然旋转到实线位置达到自锚（图14-74）。

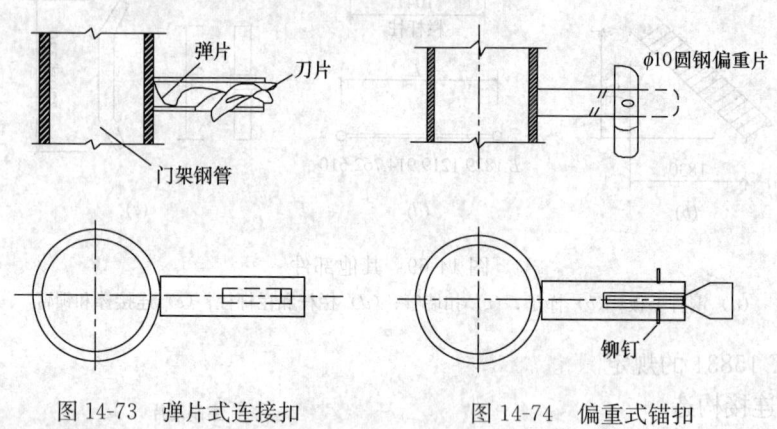

图14-73　弹片式连接扣　　　　　图14-74　偏重式锚扣

**3. 杆配件的质量和性能要求**

（1）杆配件的一般要求

门架及其配件的规格、性能和质量应符合现行行业标准《门式钢管脚手架》JG/T 13 的规定进行质量类别判定、维修和使用。

（2）构配件基本尺寸的允许偏差（表14-102）

门架、配件基本尺寸的允许偏差　　　　　　表14-102

| 序次 | 构配件 | 项目 | 允许偏差（mm） 优良 | 允许偏差（mm） 合格 | 序次 | 构配件 | 项目 | 允许偏差（mm） 优良 | 允许偏差（mm） 合格 |
|---|---|---|---|---|---|---|---|---|---|
| 1 | 门架 | 高度 h | ±1.0 | ±1.5 | 17 | 连接棒 | 长度 | ±3.0 | ±5.0 |
| 2 | 门架 | 高度 b（封闭端） | | | 18 | 连接棒 | 套环高度 | ±1.0 | ±1.5 |
| 3 | 门架 | 立杆端面垂直度 | 0.3 | 0.3 | 19 | 连接棒 | 套环端面垂直度 | 0.3 | 0.3 |
| 4 | 门架 | 钢锁垂直度 | ±1.0 | ±1.5 | 20 | 锁臂 | 两孔中心距 | ±1.5 | ±2.0 |
| 5 | 门架 | 钢锁间距 | ±1.0 | ±1.5 | 21 | 锁臂 | 宽度 | ±1.5 | ±2.0 |
| 6 | 门架 | 销锁直径 | ±0.3 | ±0.3 | 22 | 锁臂 | 孔径 | ±0.3 | ±0.5 |
| 7 | 门架 | 对角线差 | 4 | 6 | 23 | 底座托盘 | 长度 | ±3.0 | ±5.0 |
| 8 | 门架 | 平面度 | 4 | 6 | 24 | 底座托盘 | 螺杆的直线度 手柄端面垂直度插管、螺杆与底面的垂直度 | ±1.0 | ±1.0 |
| 9 | 水平架脚手板钢梯 | 两钢管相交轴线差 | ±1.0 | ±2.0 | 25 | 底座托盘 | | L/200 | L/200 |
| 10 | 水平架脚手板钢梯 | 搭钩中心距 | ±1.5 | ±2.0 | 26 | | | | |
| 11 | 水平架脚手板钢梯 | 宽度 | ±2.0 | ±3.0 | | | | | |
| 12 | 水平架脚手板钢梯 | 平面度 | 4 | 6 | | | | | |
| 13 | 交叉支撑 | 两孔中间距离 | ±1.5 | ±2.0 | | | | | |
| 14 | 交叉支撑 | 孔至销钉距离 | ±1.5 | ±2.0 | | | | | |
| 15 | 交叉支撑 | 孔直径 | ±0.3 | ±0.5 | | | | | |
| 16 | 交叉支撑 | 孔与钢管轴线 | ±1.0 | ±1.5 | | | | | |

(3) 门架及配件的性能要求（表14-103）

门架及配件的性能要求　　　　表14-103

| 项次 | 名称 | 项目 | | 规定值 | |
|---|---|---|---|---|---|
| | | | | 平均值 | 最小值 |
| 1 | 门架 | 立杆抗压承载能力（kN） | 高度 h=1900mm | 70 | 65 |
| 2 | | | 高度 h=1700mm | 75 | 70 |
| 3 | | | 高度 h=1500mm | 80 | 75 |
| 4 | | 横杆跨中挠度（mm） | | 10 | |
| 5 | | 锁销承载能力（kN） | | 6.3 | 6 |
| 6 | 配件 | 水平架、脚手板 | 抗弯承载能力（kN） | 4.5 | 5 |
| 7 | | | 跨中挠度（mm） | 10 | |
| 8 | | | 搭钩（4个）承载能力（kN） | 20 | 18 |
| 9 | | | 挡板（4个）抗脱承载能力（kN） | 3.2 | 3 |
| 10 | | 交叉支撑抗压承载能力（kN） | | 7.5 | 7 |
| 11 | | 连接棒抗拉承载能力（kN） | | 10 | 10 |
| 12 | | 锁臂 | 抗拉承载能力（kN） | 6.3 | 6 |
| 13 | | | 拉伸变形（mm） | 2 | |
| 14 | | 连墙杆抗拉和抗压承载能力（kN） | | 10 | 9 |
| 15 | | 可调底座抗压承载能力（kN） | $l_1 \leqslant 200$mm | 45 | 40 |
| 16 | | | $200 < l_1 \leqslant 250$mm | 42 | 38 |
| 17 | | | $250 < l_1 \leqslant 300$mm | 40 | 36 |
| 18 | | | $l_1 > 300$mm | 38 | 34 |

#### 14.4.5.2 荷载与设计计算

1. 受力特点和计算要求

(1) 主要构件的受力特点

1) 脚手板。受自重和施工荷载作用，为受弯构件（按简支梁计算），并传力给门架横梁。

2) 门架。门架横梁受脚手板挂扣传来的集中荷载作用，为受弯构件；门架立杆受横梁及其上门架传下来的荷载以及风荷载作用，是压弯构件，但以受轴心压力作用为主。由于门架本身的框架结构，其实际内力情况较为复杂。

3) 连墙件。承受风荷载（水平力）、由于施工荷载偏心作用的倾覆力以及门架平面内整体失稳时的屈曲剪力，后两者不易确定，按3kN水平力计算。

4) 交叉支撑。是确保形成稳定构架的支撑件，其设置情况直接影响脚手架的破坏形式和承载能力，必须按构造要求满设，但不必计算。

5) 水平架、加固件等。均有其重要作用，按规定设置，也不必计算。

(2) 设计指标和计算用表

1) 钢材的力学性能及设计指标见表14-104，国产门架的材质、杆件单重和几何特性见表14-105。

国产门架钢材的力学性能及设计指标　　　　　　　表 14-104

| 钢材牌号 | 力学性能 | | | 设计指标 | | |
|---|---|---|---|---|---|---|
| | 抗拉强度 (N/mm²) | 屈服点 (N/mm²) | 伸长率 (%) | 抗拉、抗压抗弯强度设计值 (N/mm²) | 抗剪强度设计值 (N/mm²) | 端面承压强度设计值 (N/mm²) |
| Q235（3号钢） | 370～460 | 235 | ≥26 | 205 | 120 | 310 |
| STK41 | ≥410 | ≥235 | ≥23 | 205 | 120 | 310 |
| STK51 | ≥510 | ≥350 | ≥15 | 300 | 175 | 425 |

注：STK41、STK51钢系引入日本钢材的牌号，在我国有的厂家采用，故列入本表。STK41钢的强度等级与Q235相当，STK51钢的强度等级与我国的16Mn（16锰）钢相当。

国产门架用钢材牌号、钢管单重及钢管截面几何特性　　　　　　表 14-105

| 钢管外径 $d$ (mm) | 壁厚 $t$ (mm) | 截面面积 $A$ (cm²) | 截面惯性矩 $I$ (cm⁴) | 截面模量 $W$ (cm³) | 截面回转半径 $i$ (cm) | 每米长重量（标准值）(N/m) |
|---|---|---|---|---|---|---|
| 48.0 | 3.5 | 4.89 | 12.19 | 5.08 | 1.58 | 38.40 |
| 42.7 | 2.4 | 3.04 | 6.19 | 2.90 | 1.43 | 23.86 |
| 42.4 | 2.6 | 3.25 | 6.40 | 3.05 | 1.41 | 25.52 |
| 42.4 | 2.4 | 3.02 | 6.05 | 2.86 | 1.42 | 23.68 |
| 42.0 | 2.5 | 3.10 | 6.08 | 2.83 | 1.40 | 24.34 |
| 34.0 | 2.2 | 2.20 | 2.79 | 1.64 | 1.13 | 17.25 |
| 27.2 | 1.9 | 1.51 | 1.22 | 0.89 | 0.90 | 11.85 |
| 26.9 | 2.6 | 1.98 | 1.48 | 1.10 | 0.86 | 15.58 |
| 26.9 | 2.4 | 1.88 | 1.40 | 1.04 | 0.87 | 14.50 |
| 26.8 | 2.5 | 1.91 | 1.42 | 1.06 | 0.86 | 14.99 |
| 26.8 | 2.2 | 1.70 | 1.30 | 0.97 | 0.87 | 13.55 |

2) 常用系列门架、配件重量见表 14-106、表 14-107。

MF1219系列门架、配件的重量　　　　　　表 14-106

| 名称 | 单位 | 代号 | 重量（标准值）(kN) |
|---|---|---|---|
| 门架（φ42） | 榀 | MF1219 | 0.224 |
| 门架（φ48） | 榀 | MF1219 | 0.27 |
| 交叉支撑 | 副 | G1812 | 0.040 |
| 水平架 | 榀 | H1810 | 0.165 |
| 脚手板 | 块 | P1805 | 0.184 |
| 连接棒 | 个 | J220 | 0.006 |
| 锁臂 | 副 | L700 | 0.0085 |
| 固定底座 | 个 | FS100 | 0.010 |
| 可调底座 | 个 | AS400 | 0.035 |
| 可调托座 | 个 | AU400 | 0.045 |
| 梯形架 | 榀 | LF1212 | 0.133 |
| 窄型架 | 榀 | NF617 | 0.122 |
| 承托架 | 榀 | BF617 | 0.209 |
| 梯子 | 副 | S1819 | 0.272 |

注：表中门架与配件的代号同现行行业标准《门式钢管脚手架》JG/T 13。

MF0817、MF1017 系列门架、配件的重量　　　　　　　　　　表 14-107

| 名称 | 单位 | 代号 | 重量（标准值）(kN) |
|---|---|---|---|
| 门架 | 榀 | MF0817 | 0.153 |
| 门架 | 榀 | MF1017 | 0.165 |
| 交叉支撑 | 副 | G1812、G1512 | 0.040 |
| 水平架 | 榀 | H1809、H1507 | 0.140、0.130 |
| 脚手板 | 块 | P1806、P1804、P1803 | 0.195、0.168、0.148 |
| 连接棒 | 个 | J220 | 0.006 |
| 安全插销 | 个 | C080 | 0.001 |
| 固定底座 | 个 | FS100 | 0.010 |
| 可调底座 | 个 | AS400 | 0.035 |
| 可调托座 | 个 | AU400 | 0.045 |
| 梯形架 | 榀 | LF1012、LF1009、LF1006 | 0.111、0.096、0.082 |
| 三角托 | 个 | T0404 | 0.209 |
| 梯子 | 副 | S1817 | 0.250 |

注：表中门架与配件的代号同现行行业标准《门式钢管脚手架》JG/T 13。

**2. 门式作业脚手架设计计算**

(1) 门式作业脚手架的稳定承载力应满足下列条件：

$$\gamma_0 N \leqslant N_d \tag{14-110}$$

$$N^d = \varphi A f \tag{14-111}$$

式中　$\gamma_0$ ——脚手架结构重要性系数；

　　　$N$ ——门式脚手架作用于一榀门架立杆的轴向力设计值 (N)；

　　　$N^d$ ——一榀门架的稳定承载力设计值 (N)；

　　　$\varphi$ ——门架立杆的稳定系数，根据门架立杆换算长细比 $\lambda$ 值，可按表 14-45 取值，也可按表 14-108、表 14-109 取值；

　　　$A$ ——一榀门架立杆的毛截面面积 ($mm^2$)，$A = 2A_1$；

　　　$A_1$ ——门架单根立杆的毛截面面积 ($mm^2$)；

　　　$f$ ——门架立杆钢材的抗压强度设计值 ($N/mm^2$)。

MF1219 系列门架的稳定承载力设计值的计算参数　　　　　　　　表 14-108

| 门架代号 | | | | | | | | |
|---|---|---|---|---|---|---|---|---|
| | \multicolumn{8}{c}{MF1219} | | | | | | | | |
| | $\phi 42.0$ | | | | $\phi 48.0$ | | | |
| 门架高度 $h_0$ (mm) | 1930 | | | | 1900 | | | |
| 立杆加强杆高度 $h_1$ (mm) | 1536 | | | | 1550 | | | |
| 搭设高度 (m) | 壁厚 $t$ (mm) | $i$ (cm) | $\lambda$ | $\varphi$ | 壁厚 $t$ (mm) | $i$ (cm) | $\lambda$ | $\varphi$ |
| $H \leqslant 30$ | 2.5 | 1.524 | 143 | 0.336 | 3.5 | 1.652 | 130 | 0.396 |
| | 2.4 | 1.530 | 143 | 0.336 | 3.4 | 1.657 | 130 | 0.396 |
| | 2.3 | 1.539 | 142 | 0.340 | 3.3 | 1.663 | 129 | 0.401 |
| $30 < H \leqslant 45$ | 2.5 | 1.524 | 148 | 0.316 | 3.5 | 1.652 | 135 | 0.371 |
| | 2.4 | 1.530 | 148 | 0.316 | 3.4 | 1.657 | 134 | 0.376 |
| | 2.3 | 1.539 | 147 | 0.320 | 3.3 | 1.663 | 134 | 0.376 |
| $45 < H \leqslant 60$ | 2.5 | 1.524 | 154 | 0.294 | 3.5 | 1.652 | 140 | 0.349 |
| | 2.4 | 1.530 | 154 | 0.294 | 3.4 | 1.657 | 140 | 0.349 |
| | 2.3 | 1.539 | 153 | 0.298 | 3.3 | 1.663 | 139 | 0.353 |

注：$i$ 为门架立杆换算截面回转半径 (cm)；$\lambda$ 为门架立杆换算长细比；$\varphi$ 为门架立杆稳定系数。

MF0817、MF1017 系列门架的稳定承载力设计值的计算参数　　表 14-109

| 门架代号 | | MF1017 | | | | MF0817 | | |
|---|---|---|---|---|---|---|---|---|
| | | $\phi 42.0$ | | | | $\phi 42.0$ | | |
| 门架高度 $h_0$ (mm) | | 1930 | | | | 1900 | | |
| 立杆加强杆高度 $h_1$ (mm) | | 1536 | | | | 1550 | | |
| 搭设高度 (m) | 壁厚 $t$ (mm) | $i$ (cm) | $\lambda$ | $\varphi$ | 壁厚 $t$ (mm) | $i$ (cm) | $\lambda$ | $\varphi$ |
| $H \leqslant 30$ | 2.5 | 1.506 | 131 | 0.391 | 2.5 | 1.476 | 134 | 0.376 |
| | 2.4 | 1.511 | 131 | 0.391 | 2.4 | 1.493 | 132 | 0.386 |
| | 2.3 | 1.520 | 130 | 0.396 | 2.3 | 1.513 | 131 | 0.391 |
| $30 < H \leqslant 45$ | 2.5 | 1.509 | 136 | 0.367 | 2.5 | 1.476 | 139 | 0.353 |
| | 2.4 | 1.511 | 135 | 0.371 | 2.4 | 1.493 | 137 | 0.362 |
| | 2.3 | 1.520 | 135 | 0.371 | 2.3 | 1.513 | 135 | 0.371 |
| $45 < H \leqslant 60$ | 2.5 | 1.506 | 142 | 0.340 | 2.5 | 1.476 | 145 | 0.328 |
| | 2.4 | 1.511 | 141 | 0.344 | 2.4 | 1.493 | 143 | 0.336 |
| | 2.3 | 1.520 | 140 | 0.349 | 2.3 | 1.513 | 141 | 0.344 |

(2) 当进行门式作业脚手架设计时，门架的稳定承载力应按式 (14-112)、式 (14-113) 计算：

无风环境时：
$$\frac{\gamma_0 N}{\varphi A} \leqslant f \tag{14-112}$$

有风环境时：
$$\frac{\gamma_0 N}{\varphi A} + \frac{\gamma_0 M_w}{W} \leqslant f \tag{14-113}$$

式中　$N$——作用于一榀门架的轴向力设计值 (N)，按式 (14-114) 计算；
　　　$M_w$——风荷载作用于门架引起的立杆弯矩设计值 (N·mm)，按式 (14-115)、式 (14-116) 计算；
　　　$W$——门架单根立杆毛截面模量 (mm³)。

(3) 门式作业脚手架作用于一榀门架立杆的轴向力设计值按下式计算：
$$N = 1.3(N_{G1k} + N_{G2k})H + 1.5 \sum N_{Qik} \tag{14-114}$$

式中　$N_{G1k}$——每米高度架体构配件自重产生的轴向力标准值 (N/m)；
　　　$N_{G2k}$——每米高度架体附件自重产生的轴向力标准值 (N/m)；
　　　$H$——门式作业脚手架搭设高度 (m)；
　　　$\sum N_{Qik}$——作用于一榀门架的各层施工荷载标准值总和 (N)。

(4) 风荷载作用于门式作业脚手架引起的门架主立杆弯矩设计值按下列公式计算：
$$M_w = 1.5 \times 0.6 M_{wk} \tag{14-115}$$
$$M_{wk} = 0.05 \xi_1 \omega_k l H_1^2 \tag{14-116}$$

式中　$M_w$——风荷载作用于门式作业脚手架引起的门架主立杆弯矩设计值 (N·mm)；
　　　$M_{wk}$——风荷载作用于门架立杆引起的立杆弯矩标准值 (N·mm)；
　　　$\xi_1$——门式脚手架风荷载弯矩折减系数，当连墙件设置按 2 步设置时取 0.25；按 3 步设置时，取 0.15；

$\omega_k$——风荷载标准值（N/mm²），按本章 14.3.3.2-3-（1）的规定计算；

$l$——立杆跨距（mm）；

$H_1$——连墙件间竖向间距（mm）。

风荷载作用在作业脚手架门架立杆上引起的立杆弯矩值计算，是选取一个有代表性的门架跨距进行计算，弯矩折减系数值是经过理论分析研究得出的（图 14-75）。

(5) 门架立杆的换算长细比可按下列公式计算：

1) 门架立杆的换算长细比 $\lambda$ 值，应按下列公式计算：

$$\lambda = k \frac{h_0}{i} \quad (14-117)$$

$$i = \sqrt{\frac{I}{A_1}} \quad (14-118)$$

2) 对于 MF1219、MF1017 门架：

$$I = I_0 + I_1 \frac{h_1}{h_0} \quad (14-119)$$

3) 对于 MF0817 门架：

$$I = \frac{1}{9}\left[A_1\left(\frac{A_2 b_2}{A_1 + A_2}\right)^2 + A_2\left(\frac{A_1 b_2}{A_1 + A_2}\right)^2\right] \times \frac{0.5 h_1}{h_0} \quad (14-120)$$

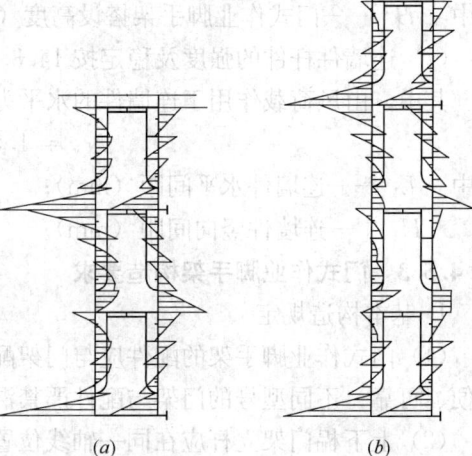

图 14-75 风荷载作用于门式作业脚手架引起的门架主立杆弯矩设计值
(a) 连墙件按两步布置；(b) 连墙件按三步布置

式中 $k$——调整系数，应按表 14-110 取值；
　　$\lambda$——门架立杆换算长细比；
　　$i$——门架立杆换算截面回转半径（mm）；
　　$I$——门架立杆换算截面惯性矩（mm⁴）；
　　$h_0$——门架高度（mm）；
　　$h_1$——门架立杆加强杆的高度（mm）；
　　$I_0$——门架立杆的毛截面惯性矩（mm⁴）；
　　$I_1$——门架立杆加强杆的毛截面惯性矩（mm⁴）；
　　$A_1$——门架单根立杆的毛截面面积（mm²）；
　　$A_2$——门架立杆加强杆的毛截面面积（mm²）；
　　$b_2$——门架立杆和立杆加强杆的中心距（mm）。

门架立杆 $\varphi$ 值计算中的调整系数 $k$　　　　　表 14-110

| 脚手架高度（m） | ≤30 | >30且≤45 | >45且≤60 |
|---|---|---|---|
| $k$ | 1.13 | 1.17 | 1.22 |

(6) 门式作业脚手架的搭设高度应按下列公式计算，并应取其计算结果的较小者：

无风环境时：

$$H^d = \frac{\varphi A f - 1.5\gamma_0 \sum N_{Qk}}{1.3\gamma_0 (N_{G1k} + N_{G1k})} \quad (14-121)$$

有风环境时：

$$H^d = \frac{\varphi A\left(f - \dfrac{\gamma_0 M_w}{w}\right) - 1.5\gamma_0 \sum\limits_{i=1}^{n} N_{Qik}}{1.3\gamma_0 (N_{G1k} + N_{G2k})} \qquad (14\text{-}122)$$

式中　$H^d$——门式作业脚手架搭设高度（m）。

（7）连墙件杆件的强度及稳定按 14.3.4.4-1 的有关规定进行计算。

其中，由风荷载作用于连墙件的水平力设计值应按下式计算：

$$N_w = 1.5\omega_k \cdot L_1 \cdot H_1 \qquad (14\text{-}123)$$

式中　$L_1$——连墙件水平间距（mm）；

　　　$H_1$——连墙件竖向间距（mm）。

#### 14.4.5.3　门式作业脚手架构造要求

1. 基本构造规定

（1）门式作业脚手架的配件应与门架配套，在不同架体组合工况下，均应使门架连接方便、可靠；不同型号的门架与配件严禁混合使用。

（2）上下榀门架立杆应在同一轴线位置上，门架立杆轴线的对接偏差不应大于 3mm。

（3）门式作业脚手架的外侧应按步满设交叉支撑，内侧宜设置交叉支撑，设置的交叉支撑应与门架立杆上的锁销锁牢。当内侧不设置交叉支撑时，应在内侧按步设置水平加固杆。当门式作业脚手架按步设置挂扣式脚手板或水平架时，可在内侧的门架立杆上每 2 步设置一道水平加固杆。

（4）上下榀门架的组装必须设置连接棒，连接棒插入立杆的深度不应小于 30mm，与门架立杆配合间隙不应大于 2mm。

（5）上下榀门架间应设置锁臂。当采用插销式或弹销式连接棒时，可不设锁臂。

（6）底部门架的立杆下端可设置固定底座或可调底座。可调底座插入立杆的长度不应小于 150mm，调节螺杆伸出长度不应大于 200mm。

（7）门式作业脚手架应设置水平加固杆，水平加固杆的构造应符合下列要求：

1）每道水平加固杆均应通长连续设置。

2）水平加固杆应靠门架横杆设置，采用扣件与相关门架扣紧。

3）水平加固杆应采用搭接，搭接长度不宜小于 1000mm，搭接处宜采用 2 个及以上的旋转扣件扣紧。

（8）门式作业脚手架应设置剪刀撑，并符合下列要求：

1）剪刀撑斜杆的倾角应为 45°～60°。

2）应采用旋转扣件和门架立杆与相关杆件扣紧。

3）每道剪刀撑的跨距不应大于 6 个跨距，且不应大于 9m，也不宜小于 4 个跨距，且不宜小于 6m。

4）每道竖向剪刀撑均应由底至顶连续设置。

5）剪刀撑斜杆的接长应采用搭接，搭接长度不宜小于 1000mm，搭接处宜采用 2 个及以上的旋转扣件扣紧。

（9）作业人员上下门式脚手架的斜梯宜采用挂扣式钢梯，并宜采用 Z 形设置，一个梯段宜跨越两步或三步门架再行转折。当采用垂直挂梯时，应采用护圈式挂梯，并应设置安全锁。

(10) 钢梯规格应与门架规格配套，并应与门架挂扣牢固。钢梯应设栏杆扶手和挡脚板。

(11) 水平架可由挂扣式脚手板或在门架两侧立杆上设置的水平加固杆代替。

2. 里脚手架

采用门式钢管搭设砌筑用里脚手架，一般只需搭设一层。采用高度为1.7m的标准型门架，能适应3.3m以下层高的墙体砌筑；当层高大于3.3m时，可加设可调底座。使用DZ-40可调底座时，可调高0.25m，能满足3.6m层高的砌筑作业；使用DZ-78可调底座时，可调高0.6m，能满足4.2m层高作业要求。当层高大于4.2m时，可再接一层高0.9~1.5m的梯形门架（图14-76）由于房间墙壁的长度不一定是门架标准间距1.83m的整倍数，一般不能使用交叉支撑，可使用脚手钢管作横杆，其门架间距为1.2~1.5m，且需铺一般的脚手板。

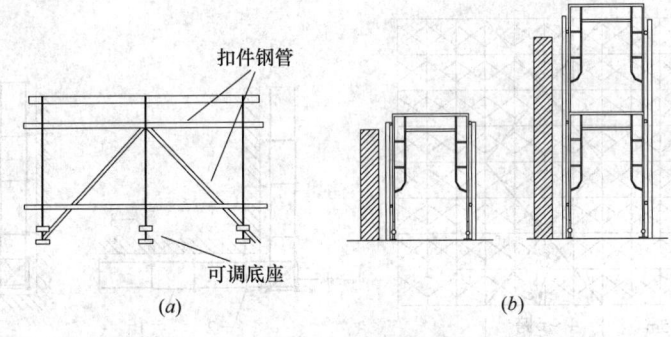

图 14-76 里脚手架
(a) 普通里脚手架；(b) 高里脚手架

3. 外脚手架

(1) 外脚手架的搭设高度除应满足设计计算条件外，尚不宜超过表14-5的规定。

(2) 当内侧立杆离墙面净距大于150mm时，应采取内设挑架板或其他隔离防护的安全措施。

(3) 脚手架顶端防护栏杆宜高出女儿墙上端或檐口上端1.5m。

(4) 脚手架应在门架的横杆上扣挂水平架，水平架设置应符合下列规定：

1) 在作业脚手架的顶层、连墙件设置层和洞口处顶部设置。

2) 当作业脚手架安全等级为Ⅰ级时，应沿作业脚手架高度每步设置一道水平架；当作业脚手架安全等级为Ⅱ级时，应沿作业脚手架高度每两步设置一道水平架。

3) 每道水平架均应连续设置。

(5) 脚手架应在架体外侧的门架立杆上设置纵向水平加固杆，并符合下列规定：

1) 在架体的顶层、沿架体高度方向不超过4步设置一道，宜在有连墙件的水平层设置。

2) 在作业脚手架的转角处、开口型作业脚手架端部的两个跨距内，按步设置。

(6) 脚手架的作业层应连续满铺挂扣式脚手板，并应有防止脚手板松动或脱落的措施。当脚手板上有孔洞时，孔洞的内切圆直径不应大于25mm。

(7) 脚手架外侧立面上剪刀撑的设置应符合下列规定：

1) 当作业脚手架安全等级为Ⅰ级时，剪刀撑设置应符合下列要求：

① 在作业脚手架的转角处、开口型端部及中间间隔不超过15m的外侧立面上各设置一道剪刀撑（图14-77）。

② 当在作业脚手架的外侧立面上不设剪刀撑时，应沿架体高度方向每间隔2~3步在门架内外立杆上分别设置一道水平加固杆。

2) 当作业脚手架安全等级为Ⅱ级时，门式作业脚手架外侧立面可不设剪刀撑。

(8) 脚手架的底层门架下端应设置纵横向扫地杆。纵向通长扫地杆应固定在距门架立杆底端不大于200mm处的门架立杆上，横向扫地杆宜固定在紧靠纵向扫地杆下方的门架立杆上。

(9) 在建筑物的转角处，门式作业脚手架内外两侧立杆上应按步水平设置连接杆和斜撑杆，应将转角处的两相门架连成一体（图14-78），并应符合下列要求：

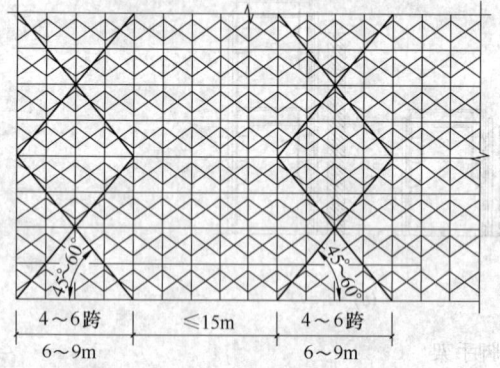

图14-77 安全等级为Ⅰ级的门式
作业脚手架构造要求

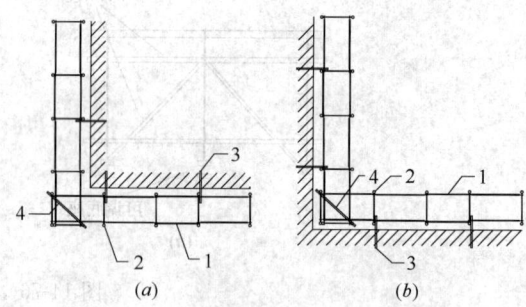

图14-78 转角处脚手架连接构造要求
(a) 阳角转角处脚手架连接；(b) 阴角转角处脚手架连接
1—连接杆；2—门架；3—连墙件；4—斜撑杆

1) 连接杆和斜撑杆应采用钢管，其规格应与水平加固杆相同。

2) 连接杆和斜撑杆应采用扣件与门架立杆或水平加固杆扣紧。

3) 当连接杆与水平加固杆平行时，连接杆的一端应采用不少于2个旋转扣件与平行的水平加固杆扣紧，另一端应采用扣件与垂直的水平加固杆扣紧。

(10) 门式作业脚手架应按设计计算和构造要求设置连墙件与建筑结构拉结，连墙件设置的位置和数量应按专项施工方案确定，并按确定的位置设置预埋件。连墙件的设置除满足设计计算要求外，尚应满足表14-4的要求。

(11) 连墙件应靠近门架的横杆设置（图14-79），并应固定在门架的立杆上。

(12) 连墙件宜水平设置；当不能水平设

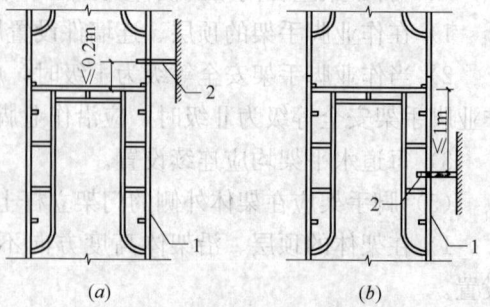

图14-79 连墙件与门架连接示意
(a) 连墙件在横杆之上；(b) 连墙件在横杆之下
1—门架；2—连墙件

置时，与门式作业脚手架连接的一端，应低于与建筑结构连接的一端，连墙杆的坡度宜小于1∶3。

（13）门式作业脚手架通道口高度不宜大于2个门架高度，对门式作业脚手架通道口应采取加固措施（图14-80），并应符合下列规定：

1）通道口宽度为一个门架跨距时，在通道口上方的内外侧应设置水平加固杆，水平加固杆应延伸至通道口两侧各一个门架跨距。

2）通道口宽度为多个门架跨距时，在通道口上方应设置托架梁，并应加强洞口两侧的门架立杆，托架梁及洞口两侧的加强杆应经专门设计和制作。

3）应在通道口内上角设置斜撑杆。

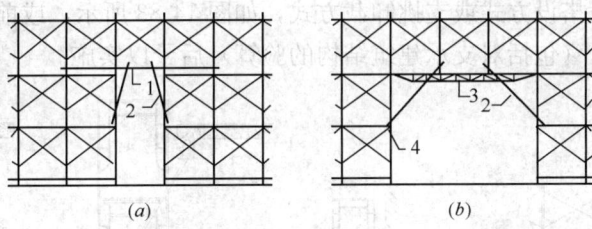

图14-80 通道口加固示意图
(a) 通道口宽度为一个门架跨距；(b) 通道口宽度为多个门架跨距
1—水平加固杆；2—斜撑杆；3—托架梁；4—加强杆

4. 满堂脚手架

将门架按纵排和横排均匀排开，门架间的间距在一个方向上为1.83m，用剪刀撑连接；另一个方向为1.5～2.0m，用脚手钢管连接，其上满铺脚手板，其高度的调节方法同里脚手架。当层高大于5.2m时，可使用2层以上的标准门架搭起，用于宾馆、饭店、展览馆等建筑物的高大的厅堂顶棚装修，非常方便（图14-81）。

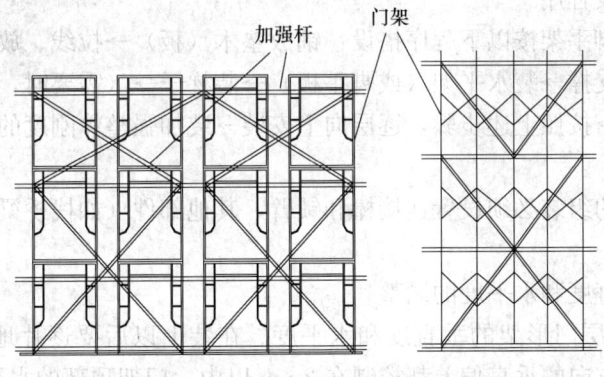

图14-81 满堂脚手架

5. 搭设技术要求和注意事项

（1）基底处理

应确保地基具有足够的承载力，在脚手架荷载作用下不发生塌陷和显著的不均匀沉降。当采用可调底座时，其地基处理和加设垫板（木）的要求同扣件式钢管脚手架。当不采用可调底座时，必须采取以下三项措施，以确保脚手架的构造和使用要求：

1) 基底必须严格夯实抄平。当基底处于较深的填土层之上或者架高超过 40m 时，应加做厚度不小于 400mm 的灰土层或厚度不小于 200mm 的钢筋混凝土基础梁（沿纵向），其上再加设垫板或垫木。

2) 严格控制第一步门架顶面的标高，其水平误差不得大于 5mm（超出时，应塞垫钢板予以调整）。

3) 在脚手架的下部加设通常的大横杆（φ48 脚手钢管，用异径扣件与门架连接），并不少于 3 步（图 14-82），且内外侧均需设置。

(2) 分段搭设与卸载构造的做法

当不能落地搭设或搭设高度超过规定（45m 或轻载的 60m）时，可分别采取从楼板伸出支挑构造的分段搭设方式或支挑卸载方式，如图 14-83 所示，或前述相适合的挑支方式，并经过严格设计（包括对支承建筑结构的验算）后予以实施。

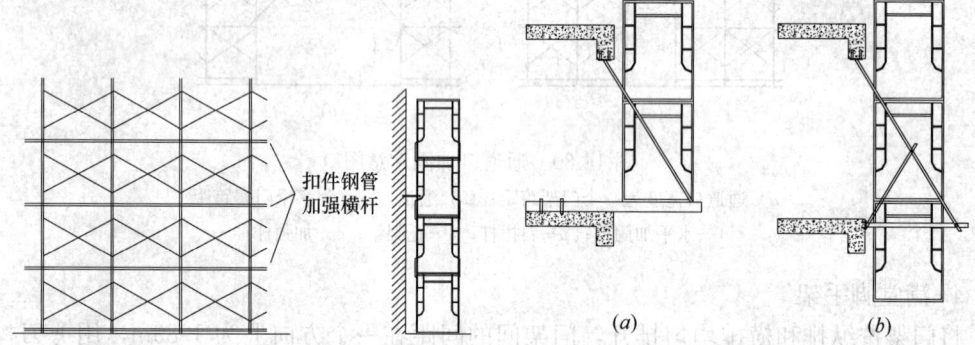

图 14-82　防止不均匀沉降的整体加固做法

图 14-83　架设的非落地支承形式
(a) 分段搭设构造；(b) 分段卸载构造

(3) 脚手架搭设程序

一般门式钢管脚手架按以下程序搭设：铺放垫木（板）→拉线、放底座→自一端起立门架并随即装交叉支撑→装水平架（或脚手板）→装梯子→（需要时，装设作加强用的大横杆）装设连墙杆→按照上述步骤，逐层向上安装→装加强整体刚度的长剪刀撑→装设顶部栏杆。

上、下榀门架的组装必须设置连接棒和锁臂，其他部件（如栈桥梁等）则按其所处部位相应装上。

(4) 脚手架垂直度和水平度的调整

1) 严格控制首层门形架的垂直度和水平度。在装上以后要逐片地、仔细地调整好，使门架竖杆在两个方向的垂直偏差都控制在 2mm 以内，门架顶部的水平偏差控制在 5mm 以内。随后在门架的顶部和底部用大横杆和扫地杆加以固定。

2) 接门架时上下门架竖杆之间要对齐，对中的偏差不宜大于 3mm。同时，注意调整门架的垂直度和水平度。

3) 及时装设连墙杆，以避免在架子横向发生偏斜。

(5) 确保脚手架的整体刚度

1) 门架之间必须满设交叉支撑。当架高≤45m 时，水平架应至少两步设一道；当架高>45m 时，水平架必须每步设置（水平架可用挂扣式脚手板和水平加固杆替代），其间连接应可靠。

2）因进行作业需要临时拆除脚手架内侧交叉拉杆时，应先在该层里侧上部加设大横杆，以后再拆除交叉拉杆。作业完毕后应立即将交叉拉杆重新装上，并将大横杆移到下一或上一作业层上。

3）整片脚手架必须适量设置水平加固杆（即大横杆），前三层宜隔层设置，三层以上则每隔 3~5 层设置一道。

4）在架子外侧面设置长剪刀撑（φ48 脚手钢管，长 6~8m），其高度和宽度为 3~4 个步距（或架距），与地面夹角为 45°~60°，相邻长剪刀撑之间相隔 3~5 个架距。

5）使用连墙管或连墙器将脚手架和建筑结构紧密连接，连墙点的最大间距，在垂直方向为 6m，在水平方向为 8m。一般情况下，在垂直方向每隔 3 个步距和在水平方向每隔 4 个架距设一点，高层脚手架应增加布设密度，低层脚手架可适当减少布设密度。连墙点应与水平加固杆同步设置。连墙点的一般做法示于图 14-84 中。

6）做好脚手架的转角处理。脚手架在转角之处必须做好连接和与墙拉结，以确保脚手架的整体性，处理方法为：

① 利用回转扣直接把两片门架的竖管扣接起来。

② 利用钢管（φ48 或 φ43 均可）和扣件把处于角部两边的门架连接起来，连接杆可沿边长方向或斜向（图 14-85）设置。

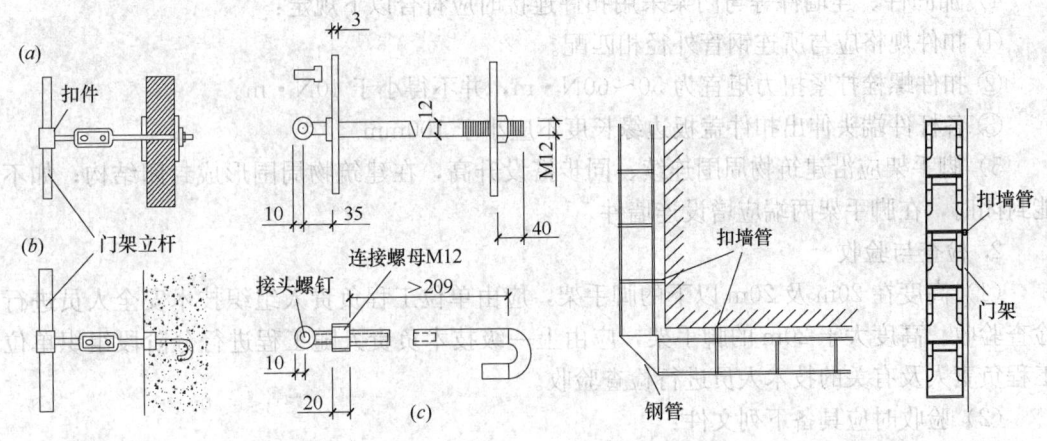

图 14-84 连墙点的一般做法　　图 14-85 框组式脚手架的转角连接
(a) 夹固式；(b) 锚固式；(c) 预埋连墙件

另外，在转角处适当增加连墙点的布设密度。

#### 14.4.5.4 搭拆、检查与验收

1. 搭设与拆除

(1) 施工准备

1）对门架、配件、加固件应按要求进行检查、验收；严禁使用不合格的门架、配件。

2）对脚手架的搭设场地应进行清理、平整，并做好排水措施。

3）地基基础施工应按规定和施工组织设计要求进行。基础上应先弹出门架立杆位置

线、垫板、底座安放位置应准确。

(2) 搭设

1) 搭设门架及配件应符合下列规定：

① 交叉支撑、水平架、脚手板、连接棒和锁臂的设置应符合要求。

② 不配套的门架与配件不得混合使用。

③ 门架安装应自一端向另一端延伸，并逐层改变搭设方向，不得相对进行。搭完一步架后，应按要求检查并调整其水平度与垂直度。

④ 交叉支撑、水平架或脚手板应紧随门架的安装及时设置。

⑤ 连接门架与配件的锁臂、搭钩必须处于锁住状态。

⑥ 水平架或脚手板应在同一步内连续设置，脚手板应满铺。

⑦ 底层钢梯的底部应加设钢管并用扣件扣紧在门架的立杆上，钢梯的两侧均应设置扶手，每段梯可跨越两步或三步门架再行转折。

⑧ 栏板（杆）、挡脚板应设置在脚手架操作层外侧、门架立杆的内侧。

2) 加固杆剪刀撑必须与脚手架同步搭设。水平加固杆应设于门架立杆内侧，剪刀撑应设于门架立杆外侧并连牢。

3) 连墙件的搭设必须随脚手架搭设同步进行，严禁滞后设置或搭设完毕后补做。当脚手架操作层高出相邻连墙件以上两步时，应采用确保脚手架稳定的临时拉结措施，直到连墙件搭设完毕后方可拆除。

4) 加固件、连墙件等与门架采用扣件连接时应符合以下规定：

① 扣件规格应与所连钢管外径相匹配。

② 扣件螺栓拧紧扭力矩宜为 50~60N·m，并不得小于 40N·m。

③ 各杆件端头伸出扣件盖板边缘长度不应小于 100mm。

5) 脚手架应沿建筑物周围连续、同步搭设升高，在建筑物周围形成封闭结构；如不能封闭时，在脚手架两端应增设连墙件。

2. 检查与验收

(1) 高度在 20m 及 20m 以下的脚手架，应由单位工程负责人组织技术安全人员进行检查验收。高度大于 20m 的脚手架，应由上一级技术负责人随工程进行分阶段组织单位工程负责人及有关的技术人员进行检查验收。

(2) 验收时应具备下列文件：

1) 根据要求所形成的施工组织设计文件。

2) 脚手架构配件的出厂合格证或质量分类合格标志。

3) 脚手架工程的施工记录及质量检查记录。

4) 脚手架搭设过程中出现的重要问题及处理记录。

5) 脚手架工程的施工验收报告。

(3) 脚手架工程的验收，除查验有关文件外，还应进行现场检查，检查应着重以下各项，并记入施工验收报告。

1) 构配件和加固件是否齐全，质量是否合格，连接和挂扣是否紧固可靠。

2) 安全网的张挂及扶手的设置是否齐全。

3) 基础是否平整坚实、支垫是否符合规定。

4) 连墙件的数量、位置和设置是否符合要求。
5) 垂直度及水平度是否合格。

(4) 脚手架搭设的垂直度与水平度允许偏差应符合表 14-111 的要求。

**脚手架搭设垂直度与水平度允许偏差** 表 14-111

| 项目 | | 允许偏差（mm） |
| --- | --- | --- |
| 垂直度 | 每步架 | $h/300$ 及 $±6.0$ |
| | 整体 | $H/300$ 及 $±100$ |
| 水平度 | 一跨距内两榀门架高差 | $±5.0$ |
| | 整体 | $±100$ |

注：$h$——步距；$H$——脚手架高度。

**3. 拆除**

脚手架的拆除应在统一指挥下，按后装先拆、先装后拆的顺序及下列安全作业的要求进行：

1) 脚手架的拆除应从一端走向另一端、自上而下逐层地进行。
2) 同一层的构配件和加固件应按先上后下、先外后里的顺序进行，最后拆除连墙件。
3) 脚手架拆除过程中的自由悬臂高度不得超过两步，当超过两步时，应加设临时拉结。
4) 连墙杆、通长水平杆和剪刀撑等，必须在脚手架拆卸到相关的门架时方可拆除。
5) 工人必须站在临时设置的脚手板上进行拆卸作业，并按规定使用安全防护用品。
6) 拆除工作中，严禁使用榔头等硬物击打、撬挖，拆下的连接棒应放入袋内，锁臂应先传递至地面并放室内堆存。
7) 拆卸连接部件时，应先将锁座上的锁板与卡钩上的锁片旋转至开启位置，然后开始拆除，不得硬拉，严禁敲击。
8) 拆下的门架、钢管与配件，应成捆用机械吊运或由井架传送至地面，防止碰撞，严禁抛掷。

### 14.4.6 移动式脚手架

移动式脚手架是工业与民用建筑装饰装修、机电安装等工程用于高处施工作业的可移动的操作平台，为工人操作并解决垂直和水平运输而搭设的各种支架。此外在广告业、市政、交通路桥、矿山等行业涉及的高处作业中也广泛被使用。

#### 14.4.6.1 材料与构配件

目前建筑市场使用的移动脚手架，多采用钢管或铝合金管材制作，主要有扣件式钢管移动脚手架、门式移动脚手架、盘扣式移动脚手架、碗扣式钢管移动脚手架等形式。有关移动式脚手架的设计、搭、拆及使用无直接施工标准，可按相应种类脚手架的安全技术规范以及现行行业标准《建筑施工高处作业安全技术规范》JGJ 80 的有关规定执行。

**1. 扣件式钢管移动式脚手架**

（1）构造：由钢管、扣件、滚轮组合而成，立杆间距@1800，水平连杆跨距1800mm，操作面均布荷载一般为 $250kg/m^2$，如图 14-86 所示。

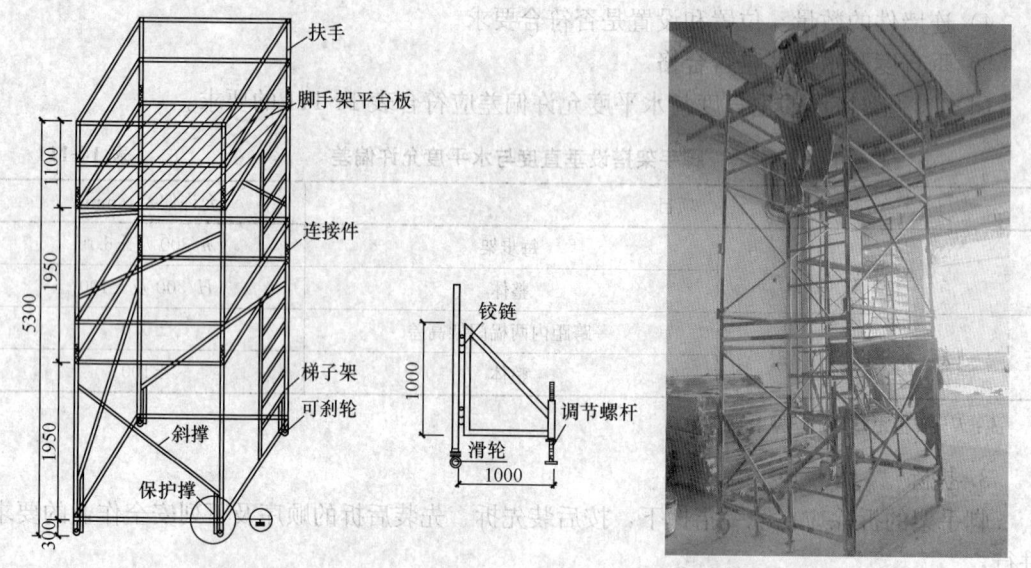

图 14-86 扣件式钢管移动式脚手架

(2) 一般适用高度在 5m 以下。

(3) 现场作业要求：施工区域不可有大面积堆物；施工场地需平整，移动过程中的沟渠、地坑等留孔要有临时便桥等铺垫措施。

2. 门架式移动脚手架

(1) 构造：由门架、交叉支撑、可调底座、可调托座、调节杆、链销以及滚轮组合成工具式操作平台（图 14-87），架体自重一般为 12.5kg/m³，操作面均布荷载 1.5kN/m²。

(2) 在控制高宽比不大于 2:1，且采取确保整体稳定的构造措施后，搭设使用高度可达 10m。

(3) 现场作业要求：地面与空中施工项目要求交替进行；施工区域不可有大面积堆物；施工场地需平整，移动过程中的沟渠、地坑等留孔要有临时便桥等铺垫措施。

3. 承插型盘扣式钢管移动脚手架

(1) 构造：由固定模数钢管、固定销、定型楼梯、三角撑、立杆上的扣盘、顶盘、滚轮等组合而成的移动式脚手架（图 14-88）。其立杆间距@1800，水平连杆跨距 1800mm，架体自重 13.5kg/m³，操作面均布荷载 1.5kN/m²。

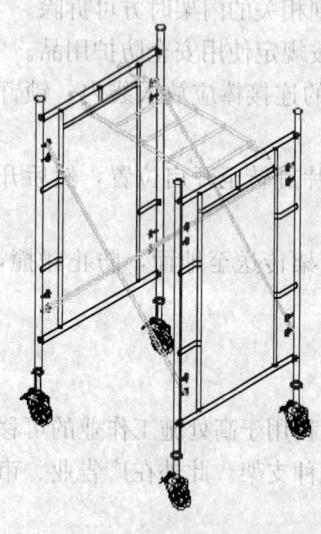

图 14-87 门架式移动脚手架

插口设计，插孔对称分布于盘面，连接横杆的孔较窄，因为横杆是主受力部件，能获得更大的约束；连接斜杆的孔较宽，这在连接斜杆的时候能比较灵活。

插销采用自锁设计，即使插销未被敲紧，插销因自锁与重力，也不会松弛与脱落。

(2) 在采取确保整体稳定的构造措施后，搭设使用高度可达 20m。

(3) 现场作业要求：地面与空中施工项目要求交替进行；施工区域不可有大面积堆物；施工场地需平整，移动过程中的沟渠、地坑等留孔要有临时便桥等铺垫措施。

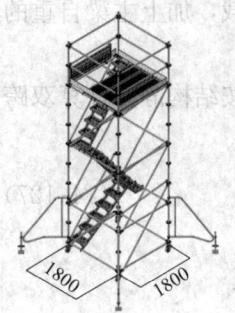

图 14-88　承插型盘扣式钢管移动脚手架立面示意图

#### 14.4.6.2　荷载与设计计算

1. 计算项目

(1) 次梁、主梁的横杆抗弯承载力计算；

(2) 立杆强度及稳定性验算。

2. 次梁计算

(1) 荷载

1) 恒荷载（永久荷载）中的自重，钢管以 0.04kN/m 计，铺板以 0.22kN/m² 计。

2) 施工荷载（可变荷载）以 1kN/m² 计。

(2) 次梁承受的可变荷载为均布荷载时，可按下式计算最大弯矩设计值：

$$M_C = \gamma_G \frac{1}{8} q_{ch} L_{0c}^2 + \gamma_Q \frac{1}{8} q_{ck} L_{0c}^2 \qquad (14-124)$$

式中　$M_C$——最大弯矩设计值（N·mm）；

　　　$q_{ch}$——次梁上等效均布恒荷载标准值（N/mm）；

　　　$q_{ck}$——次梁上等效均布可变荷载标准值（N/mm）；

　　　$\gamma_G$——恒荷载分项系数；

　　　$\gamma_Q$——可变荷载分项系数；

　　　$L_{0c}$——次梁计算跨度（mm）。

(3) 次梁承受的可变荷载为集中荷载时，可按下式计算最大弯矩设计值：

$$M_C = \gamma_G \frac{1}{8} q_{ch} L_{0c}^2 + \gamma_Q \frac{1}{4} F_{ck} L_{0c}^2 \qquad (14-125)$$

式中　$F_{ck}$——次梁上的集中可变荷载标准值（N），可按 1kN 计。

(4) 取以上两项弯矩设计值中的较大值，并按下式计算次梁抗弯强度：

$$\sigma_1 = \frac{\gamma_0 M}{W_n} \leqslant f_1 \qquad (14-126)$$

式中　$\sigma_1$——杆件受弯应力（N/mm²）；

　　　$\gamma_0$——结构重要性系数；

　　　$M$——上横杆的最大弯矩设计值（N·mm）；

　　　$W_n$——上横杆的净截面抵抗矩（mm³）；

　　　$f_1$——杆件的抗弯强度设计值（N/mm²）。

3. 主梁计算

(1) 荷载。主梁以立柱为支承点,将次梁传递的恒荷载和施工荷载,加上主梁自重的恒荷载,按等效均布荷载计算。

(2) 当立杆为3根时,位于中间立杆支点处的弯矩值较大,故可按结构静力计算双跨简支梁公式,按下式计算中间立杆上部的主梁负弯矩设计值:

$$M_y = -\frac{1}{8}qL_{0y}^2 \tag{14-127}$$

式中 $M_y$——主梁最大弯矩设计值(N·mm);
$q$——主梁上的等效均布荷载设计值(N/m);
$L_{0y}$——主梁计算跨度(m)。

(3) 强度计算。按式(14-126)计算。

4. 立杆计算

(1) 强度。由于双跨梁的中间立杆受力较大,取中间立杆计算,可按照轴心受压杆件用下式计算:

$$\sigma_2 = \frac{N_2}{A_n} \leqslant f_2 \tag{14-128}$$

式中 $\sigma_2$——立杆的受压正应力(N/mm²);
$N_2$——立杆的轴心压力设计值(N);
$A_n$——立杆净截面面积(mm²);
$f_2$——抗压强度设计值(N/mm²)。

(2) 稳定性。按下式计算:

$$\frac{N_2}{\varphi A} \leqslant f_2 \tag{14-129}$$

式中 $\varphi$——受压构件的稳定系数;
$A$——立柱的毛截面面积(mm²)。

在计算荷载设计值时,恒荷载应按标准值乘以荷载分项系数1.3;可变荷载应按标准值乘以可变荷载分项系数1.5。

### 14.4.6.3 构造要求

(1) 移动式脚手架操作平台的面积不宜超过10m²,高度不宜超过5m,高宽比不应大于2:1,荷载不宜超过1.5kN/m²。还应进行稳定验算,并应采取措施减少立柱的长细比。

(2) 移动式脚手架的构造一般采用梁板结构形式。以$\phi22\sim\phi48\times(1.5\sim3.5)$mm钢管作立杆、主梁和次梁形成框架,立杆间距不宜大于1.5m,采用扣件连接进行制作,也可采用门式钢管脚手架或碗扣式钢管脚手架的部件,按其适应要求进行组装。上铺厚度不小于30mm的木板作铺板,也可用竹笆以镀锌钢丝绑扎,扎结点位于板下。

(3) 移动式脚手架操作平台的轮子与平台的连接必须牢固可靠,行走脚轮和导向脚轮应配有制动器或刹车闸等使脚轮切实固定的措施,如无固定措施,架体立柱底部离地面不得超过80mm,且平台就位后,平台四角底部与地面应设置垫衬,防止平台滑移。对于行走轮宜采用钢脚轮配橡胶实心轮胎并附制动装置。脚轮应选用合格厂家生产的产品,应附合格证和检定证书。在斜坡上作业时,可在脚轮与平台架体之间设伸缩螺杆调节,并应保证工作平台的水平承载，防止平台架体滑移。

（4）移动式操作平台脚轮的承载力不应小于5kN，脚轮的制动器应不小于$2.5N \cdot m$的制动力矩，移动式操作平台架体必须保持直正，不得弯曲变形，平台脚轮的制动器除在移动情况外，均应保持在制动状态。

（5）立杆底部和平台立面应分别设置扫地杆、剪刀撑或斜撑，平台铺板应满铺，并设置防护栏杆和登高扶梯。

（6）移动式操作平台高度超过平台架体立柱主轴间距3倍时，为防止架体结构部件水平结构平面内变形等，可采用型钢结构、加宽操作平台底脚的间距等措施。

### 14.4.7 电动桥式脚手架

电动桥式脚手架是一种导架爬升式工作平台，沿附着在建筑物上的三角立柱支架通过齿轮齿条传动方式实现平台升降（图14-89）。电动升降平台主要用于各种建筑结构外立面装修作业，已建工程的外饰面翻新，为工人提供稳定舒适的施工作业面，二次结构施工中围护结构砌体砌筑、饰面石材和预制构件安装，施工安全防护，玻璃幕墙施工、清洁、维护等，也适用桥梁高墩、特种结构高耸构筑物施工的外脚手架。随着国家限禁使用竹、木脚手架之后，这种电动桥式脚手架技术将会得到更为广泛的应用。

电动升降平台根据导轨立柱数量可分为单柱式（图14-90）和双柱式（图14-91），而根据导轨立柱形式，有三角立柱和四方立柱。在工程应用中，根据建筑形状和尺寸选择单柱式或双柱式，与单立柱相比，双立柱可以架设较大长度的工作平台和获得更好的整体稳定性，从而提高工作效率，降低运行成本。另外，根据外墙施工内容与工艺需要，

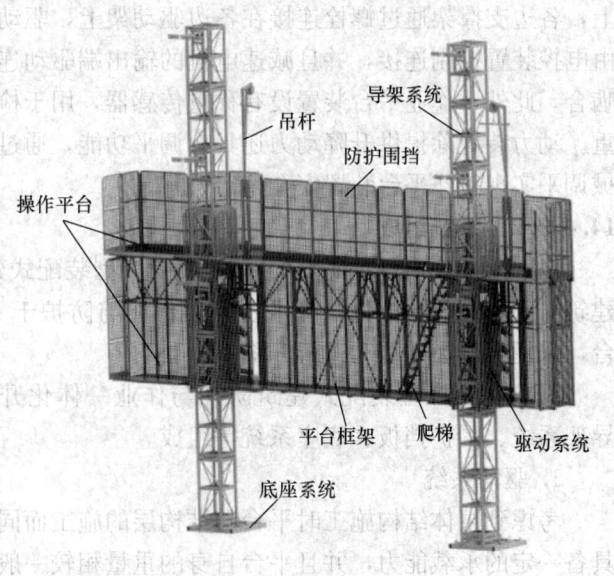

图14-89 电动升降平台

主要用于外立面装饰施工可采用单层操作平台的桥式脚手架，目前这种单层升降工作平台应用较多；随着装配式建筑的发展，可同时用于装配式建筑结构安装与外立面装饰施工的双层操作平台的桥式脚手架（图14-89），是在单层升降工作平台的基础上进一步发展而来，其适用性更强，施工效率更高，特别是近年来在一些老旧小区品质提升设施改造项目中的住宅外立面修缮工程中得到较好的应用。

#### 14.4.7.1 构配件

常规电动升降平台装置主要分为三大部分：导架装置、工作平台装置和动力装置。其中，导架装置包括竖向标准节、爬升导轨、底座、作业平台固定框架、附墙装置等；工作平台装置包括水平标准节、栏杆、连接件等；动力装置是控制水平工作平台升降的动力系统，底座根据施工要求可设置为固定式和移动式。导架装置和建筑物之间设置附着装置，

上下2组附着装置按一定距离设置。工作平台装置通过固定框架和动力装置固定于导架装置的爬升导轨。

 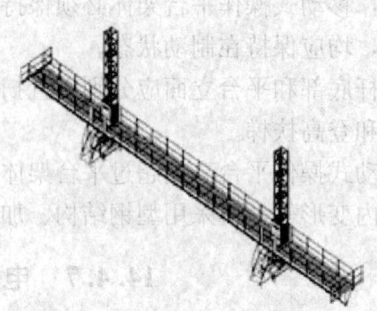

图 14-90　单柱式操作平台　　　　图 14-91　双柱式操作平台

导架装置的结构强度、刚度和稳定性决定着爬升式工作平台的整体可靠性。导架装置上固定连接有齿条，工作平台装置通过固定铰支座支撑或滚动铰支座支撑连接在支撑架上，各边支撑架通过螺栓连接在各边驱动架上，驱动架上固定连接有减速电机，减速电机由电控装置控制连接，并且减速电机的输出端驱动连接有齿轮，齿轮与导架装置齿条轨道啮合。此外，作业平台装置设有称重传感器，用于检测作业平台工作同步性并进行载荷称重。动力装置除提供升降动力还具有调平功能，通过通电状态下电气调平和断电状态下机械调平实现工作平台装置安全稳定升降。

#### 14.4.7.2　系统组成

以上海某公司自主研发的 SPC200×2 型装配式建筑防护为例。SPC200×2 型装配式建筑防护与作业一体化升降平台是集作业与防护于一体的大承载力自升降式高空工作平台，采用齿轮齿条传动进行升降。

SPC200×2 型装配式建筑防护与作业一体化升降平台主要由驱动系统、操作平台、导架系统、围护挡板、底座系统等组成。

1. 驱动系统

考虑到主体结构施工时平台随结构层的施工而同步上升，除了起到围护作用外还需要具备一定的承载能力，并且平台自身的重量相较一般的单层升降平台大许多，因此单个机位采用了 3kW×3 组电动机及斜齿轮伞齿轮减速机的动力布局。电动机与减速机斜向安装于机位架的面板上，布置在上、下两层操作平台之间，方便动力系统的养护与维修。电动机下方的连接板上设置有安全防坠器。机位架是驱动系统的承载框架，由型钢焊接而成，左右两侧设置有连接头，可连接操作平台标准节。机位架通过附着滚轮紧扣导轨架，可将平台承受的水平荷载直接传递给导轨架立柱，从而较好地抵抗水平风荷载及施工荷载。

2. 操作平台

操作平台沿附着在建筑物上的导架通过齿轮齿条传动方式实现升降，使施工人员在作业平台上对建筑外墙进行各种施工，操作平台也可以将各种施工所需材料、工具运送到所需的位置。操作平台由若干平台标准节通过螺栓相互连接组成，平台标准节为矩形框架结构，框架顶面铺设冲孔板，底面铺设 3mm 花纹板作为底部硬封闭层，外围安装围挡板及栏杆，采用 0.5mm 冲孔铝板作为全封闭防护网，形成双层作业平台，操作平台与机位架之间通过销轴相连。操作平台采用标准模块设计，标准模块的长宽高尺寸为 2.0m×1.0m×3.0m，其上下两层靠近墙面的水平杆为可伸缩挑杆，挑杆上可固定安装钢挑板，通过伸缩挑杆及增减钢挑板实现平台的扩展，可以按照建筑体型拼出各种形状的平台，以满足形式多样化的建筑施工围护需求。

3. 导架系统

导轨架标准节由型钢组合焊接形成格构式钢框架结构，采用 Q345 钢材，依靠工装进行焊接，具有互换性。每个标准节高 1508mm，截面主立管中心距一般为 650mm×650mm，齿条模数为 8mm。

标准节之间用 M24 螺栓相连组成导轨架，通过底盘与预埋基础座连接和通过附墙架与建筑物固定。标准节采用热浸锌处理，具有相对较高的强度和防腐性能。

对于导轨架安装高度低于 100m 的，标准节立管壁厚为 4mm，高于 100m 的必须增加标准节立管壁厚。

4. 底座系统

底座系统由一个焊接钢框架做成的底盘与 5 个支撑腿组成，焊接钢框架采用□200mm×100mm×6mm 镀锌方钢管；底盘上的 5 个支腿用于分散导轨架传过来的荷载，支腿底部法兰盘通过预埋螺栓固定在混凝土基础上，保证平台施工的稳定性。

5. 电动吊杆

电动吊杆主要由支撑架、小车组件、吊杆、电动捯链、吊钩组成，高度约 4500mm。电动吊杆通过支撑架安装在驱动台上，可变幅调节，适应不同的起吊位置。在安装或拆卸标准节时，以电动捯链为动力，牵引钢丝绳带动吊钩吊起标准节，进行拆装作业。在动力系统进行维修或更换时，也可以利用电动吊杆进行吊装作业。电动吊杆的额定起重量为 300kg。

### 14.4.7.3 技术特点

电动桥式脚手架具有构件标准化、劳动强度低、装拆方便、施工效率高等优点，在施工时操作平台可停靠在任意需要的位置，使操作人员以舒适的工作姿态进行施工，同时能够满足任何位置的施工需求，可代替搭设脚手架节约大量钢材，并能同时兼作材料和人员运输，减少塔吊和施工电梯的运输压力，显著提高综合功效。

以 SPC200×2 型装配式建筑防护与作业一体化升降平台为例，相较于传统高空作业中使用钢管脚手架及吊篮，电动升降平台具有如下技术特点：

（1）电动升降平台是靠电机驱动采用齿轮齿条传动方式使工作平台升降的大型施工装备，升降平稳，安全可靠。

（2）电动升降平台可停于立柱上任何位置，工作高度可达 150m 以上，施工人员可以根据需要以最舒适的姿势进行工作，提高了施工效率，降低了劳动强度。

（3）根据不同建筑规则，可灵活调节工作平台的长度和宽度，能适应于不规则的楼面。

（4）防坠落、防倾覆、限高行程自动控制、自动调平控制等多种安全保险设计保障了安装和使用安全。

（5）平台电控箱提供两相工作电源，方便施工作业人员施工，设备操作简单、自动化程度高，工人只需按钮操作即可实现升降作业。

(6) 可以运输材料与工具，而无需其他的施工设备，提升和作业合二为一，减轻了工程施工中垂直运输的压力。

(7) 同传统落地式脚手架或悬挑脚手架相比，使用材料少，安装、拆卸快速，可降低脚手架工程施工成本；比电动吊篮更安全、更稳定、更高效。

此外，该平台作为装配式建筑施工的专用装备，可跟随主体结构的每一结构段的施工进度同步上升，发挥提供作业空间与充当防护围挡的双重作用，在主体结构封顶进入装饰装修阶段后，还可以通过平台的反复升降进行材料运输及墙面涂刷等作业。

## 14.5 常用非落地式脚手架的设计与施工

在建筑施工过程中，一般的落地脚手架受搭设高度限制及脚手架地基基础问题往往不能满足复杂多变的施工现场需求，为了解决一些落地脚手架难以实现的状况，非落地脚手架应运而生。常用的非落地脚手架的形式多种多样，包括悬挑式脚手架、附着式升降脚手架、吊挂式脚手架、吊篮等，这些脚手架大多采用悬挑、附着、吊挂等方式，避免了落地脚手架对搭设场地的限制，适用于高层、超高层及不便落地搭设脚手架的建筑工程，并节省了大量的材料和人工量。

### 14.5.1 悬挑式脚手架

#### 14.5.1.1 悬挑式脚手架的型式、特点和构造要求

1. 悬挑式脚手架的形式与特点

悬挑式脚手架的形式构造，主要分为四类：

(1) 钢管式悬挑脚手架

采用钢管在每层楼搭设外伸钢管架施工上部结构，包括支模、绑钢筋、浇筑混凝土，并且可用于外墙砌筑以及外墙装修作业。图14-92为钢管搭设悬挑脚手架的三种型式。其图14-92（a）系在已完结构楼层上设悬挑钢管，下层设钢管斜撑形成外伸的悬挑架以施工上层结构的形式，可挑设1~2层向上周转施工；图14-92（b）系利用支模钢管架将横

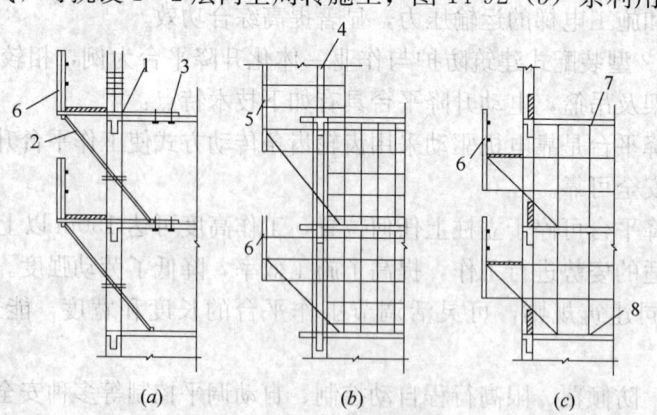

图14-92　钢管式悬挑脚手架
1—悬挑脚手架钢管；2—钢管斜撑；3—锚固用U形螺栓或钢筋拉环；
4—现浇钢筋混凝土；5—悬挑管架；6—安全网；7—木垫板；8—木楔

杆外挑出柱外，下部加设钢管斜撑，组成挑架形成双排外架，进行边梁及边柱的支模和现浇混凝土，可挑设2～3层并周转向上；图14-92（c）系在建筑物边部门窗洞口位置搭设钢管悬挑架，主要用做外装饰施工使用。

(2) 悬臂钢梁式悬挑脚手架

系用一根型钢（工字钢、槽钢）作悬挑梁，向内伸入建筑结构的端部通过连接件与楼面预埋件固定，形成锚固段。向外伸出的钢梁悬挑段上搭设双排外脚手架，以保证上部结构施工的进行，上部的脚手架搭设方法与一般扣件式钢管脚手架搭设方法一致，并按照要求设置连墙件（图14-93）。为方便上部脚手架架体的搭设，型钢挑梁的布置可按照立杆的纵距布置，也可在挑钢梁上立杆位置设置连梁，再搭设上部脚手架。脚手架的高度（或分段搭设高度）不宜超过20m。

(3) 下撑式钢梁悬挑脚手架

系采用型钢（工字钢、槽钢）焊接三脚椅架作为悬挑支承架，支架的上下支点与建筑主体结构连接固定，整体形成悬挑支承结构。在支承架的上部搭设双排外脚手架（图14-94），脚手架搭设方法与一般扣件式钢管外脚手架相同，并按要求设置连墙点，脚手架的高度（或分段搭设高度）不宜超过20m。支架水平钢梁的锚固方式有多种，可按照悬臂钢梁式悬挑脚手架的钢梁伸入结构楼板的锚固方式，也可在结构边缘预埋钢板将钢梁端部与之点焊连接，也可随结构混凝土浇筑直接将钢梁浇进结构柱、墙内锚固。

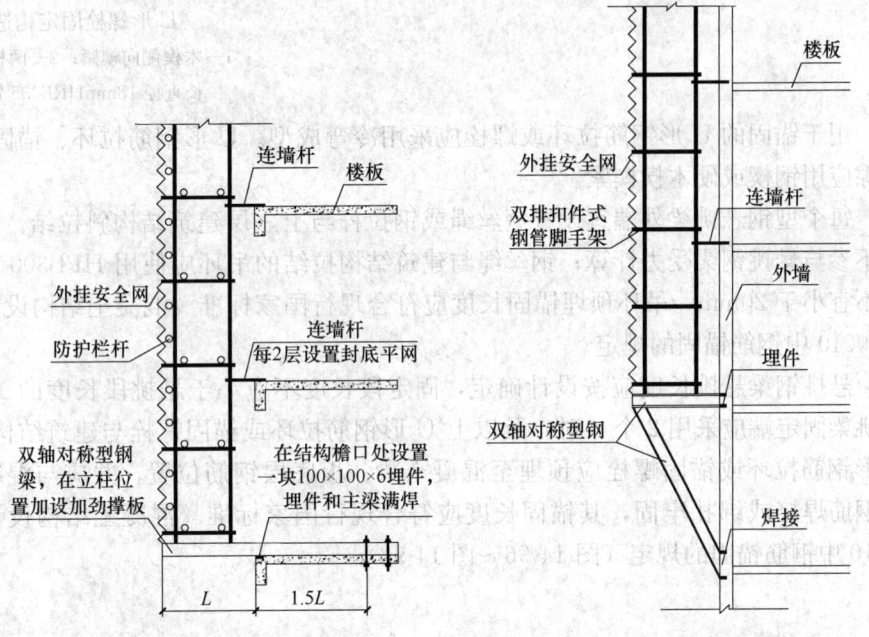

图14-93 悬臂钢梁式悬挑脚手架　　图14-94 下撑式钢梁悬挑脚手架

(4) 斜拉式钢梁悬挑脚手架

斜拉式钢梁悬挑脚手架系采用型钢（工字钢、槽钢）作梁挑出，外挑端部加设钢丝绳或硬拉杆（钢筋法兰螺栓拉杆或型钢）斜拉，组成悬挑支承结构，上方搭设双排扣件式钢管脚手架（图14-95），脚手架搭设方法与一般扣件式钢管外脚手架相同，并按要求设置连墙点，脚手架的高度（或分段搭设高度）不宜超过20m。这种脚手架搭设简便，搭设时间短。

## 2. 悬挑脚手架的构造要求

（1）型钢悬挑梁宜采用双轴对称截面的型钢。悬挑钢梁型号及锚固件应按设计确定，钢梁截面高度不应小于160mm。悬挑梁尾端应在两处及以上固定于钢筋混凝土梁板结构上。锚固型钢悬挑梁的U形钢筋拉环或锚固螺栓直径不宜小于16mm。

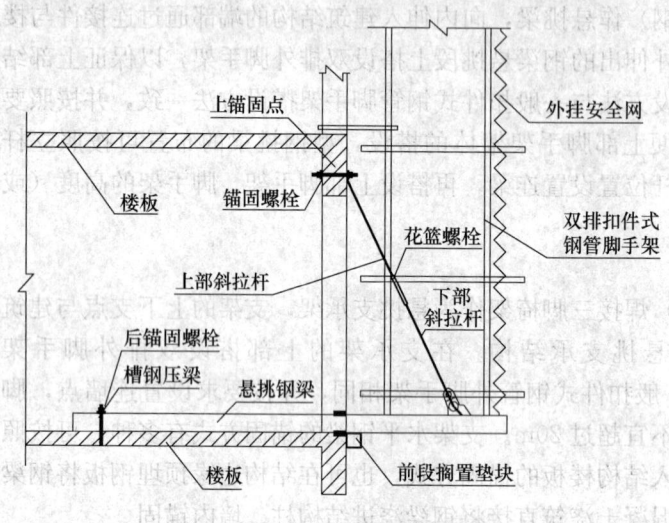

图14-95 斜拉式钢梁悬挑脚手架

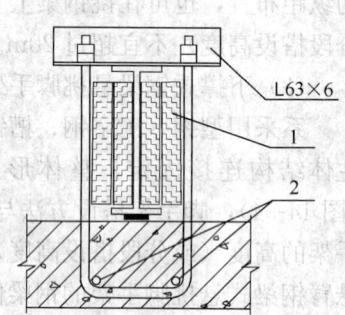

图14-96 悬挑钢梁
U形螺栓固定构造
1—木楔侧向楔紧；2—两根1.5m
长直径18mmHRB335钢筋

（2）用于锚固的U形钢筋拉环或螺栓应采用冷弯成型。U形钢筋拉环、锚固螺栓与型钢间隙应用钢楔或硬木楔楔紧。

（3）每个型钢悬挑梁外端宜设置钢丝绳或钢拉杆与上一层建筑结构斜拉结。钢丝绳、钢拉杆不参与悬挑钢梁受力计算；钢丝绳与建筑结构拉结的吊环应使用HPB300级钢筋，其直径不宜小于20mm，吊环预埋锚固长度应符合现行国家标准《混凝土结构设计标准》GB/T 50010中钢筋锚固的规定。

（4）悬挑钢梁悬挑长度应按设计确定，固定段长度不应小于悬挑段长度的1.25倍。型钢悬挑梁固定端应采用2个（对）及以上U形钢筋拉环或锚固螺栓与建筑结构梁板固定，U形钢筋拉环或锚固螺栓应预埋至混凝土梁、板底层钢筋位置，并应与混凝土梁、板底层钢筋焊接或绑扎牢固，其锚固长度应符合现行国家标准《混凝土结构设计规范》GB 50010中钢筋锚固的规定（图14-96～图14-98）。

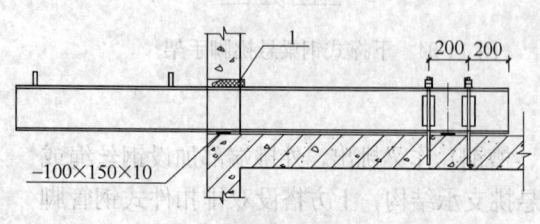

图14-97 悬挑钢梁穿墙构造
1—木楔楔紧

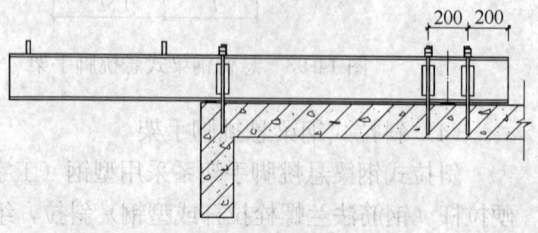

图14-98 悬挑钢梁楼面构造

(5) 当型钢悬挑梁与建筑结构采用螺栓钢压板连接固定时，钢压板尺寸不应小于100mm×10mm（宽×厚）；当采用螺栓角钢压板连接时，角钢的规格不应小于63mm×63mm×6mm。

(6) 型钢悬挑梁悬挑端应设置能使脚手架立杆与钢梁可靠固定的定位点，定位点离悬挑梁端部不应小于100mm。

(7) 悬挑钢梁锚固位置设置在楼板上时，楼板的厚度不得小于120mm；如果楼板的厚度小于120mm应采取加固措施。楼板上应预先配置用于承受悬挑梁锚固端作用引起负弯矩的受力钢筋，否则应采取支顶卸载措施，平面转角处悬挑梁末端锚固位置应相互错开。

(8) 锚固型钢的主体结构混凝土强度等级不得低于C20。

(9) 钢梁悬挑脚手架的型钢支承架与主体混凝土结构连接可采用预埋件焊接固定、预埋螺栓固定两种方式。其中预埋螺栓固定由不少于两道的预埋U形螺栓与压板采用双螺母固定，螺杆露出螺母应不少于3扣，并且连接强度要经过计算确定，保证连接处结实可靠。预埋U形螺栓宜采用冷弯成型，螺栓丝扣应采用机床加工并冷弯成型，不得使用板牙套丝或挤压滚丝，长度不小于120mm。

(10) 悬挑钢梁采用焊接接长时，应按等强标准连接，焊缝质量满足一级焊缝的要求。

(11) 悬挑钢梁宜按上部脚手架架体立杆位置对应设置，每一纵距设置一根。若型钢支承架纵向间距与立杆纵距不相等时，可在支承架上方设置纵向钢梁（连梁）将支承架连成整体，以确保立杆上的荷载通过连梁传递到型钢支承架及主体结构。

(12) 斜拉式钢梁悬挑脚手架的斜拉杆宜采用钢筋法兰螺栓拉杆或型钢等硬拉杆。

(13) 钢梁悬挑脚手架的型钢支承架间应设置保证水平向稳定的构造措施。可以采用型钢支承架间设置横杆斜杆的方式，也可以采用在型钢支承架上部扫地杆位置设置水平斜撑的办法。

(14) 悬挑式脚手架架体立杆的底部必须支托在牢靠的地方，并有固定措施确保底部不发生位移。架体底部应设置纵向和横向扫地杆，扫地杆应贴近悬挑梁（架），纵向扫地杆距悬挑梁（架）不得大于20cm；首步架纵向水平杆步距不得大于1.5m。

#### 14.5.1.2 悬挑式脚手架的搭设要求

(1) 悬挑脚手架依附的建筑结构应是钢筋混凝土结构或者钢结构，不得在砖混结构或者石结构上。在悬挑脚手架搭设时，连墙件、型钢支承架对应的主体结构混凝土必须达到设计计算要求的强度，上部脚手架搭设时型钢支承架对应的混凝土强度等级不应低于C15。

(2) 钢梁悬挑式脚手架立杆接长应采用对接扣件连接。两根相邻立杆接头不应设置在同步内，且错开距离不应小于500mm，与最近主节点的距离不宜大于步距的1/3。

(3) 悬挑架架体应采用刚性连墙件与建筑物牢靠连接，并应设置在与悬挑梁相对应的建筑物结构上，并宜靠近主节点设置，偏离主节点的距离不应大于300mm；连墙件应从脚手架底部第一步纵向水平杆开始设置，遇到设置困难的时候，应采用其他可靠措施固定。主体结构阳角或阴角部位，两个方向均应设置连墙件。

(4) 连墙件一般采取二步二跨设置，竖向间距3.6m，水平间距3.0m。具体设置点宜优先采用菱形布置，也可采用方形、矩形布置。连墙件中的连墙杆宜与主体结构面垂直设置，当不能垂直设置时，连墙杆与脚手架连接的一端不应高于与主体结构连接的一端。在一字形、开口形脚手架的端部应增设连墙件。

(5) 脚手架应在外侧立面沿整个长度和高度上设置连续剪刀撑，每道剪刀撑跨越立杆根数为5~7根，最小距离不得小于6m，剪刀撑水平夹角为45°~60°，将构架与悬挑梁（架）连成一体。

(6) 在建筑结构角部，钢梁宜扇形布置；如果结构角部钢筋较多不能留洞，可采用设置预埋件焊接型钢三脚架等措施。

(7) 一字形、开口形脚手架的端部必须设置横向斜撑；中间应每隔6根立杆纵距设置一道，同时该位置应设置连墙件；转角位置可设置横向斜撑予以加固。横向斜撑应由底至顶层呈"之"字形连续布置。

(8) 悬挑式脚手架架体结构在平面转角处应采取加强措施。

(9) 钢管式悬挑架体的单层搭设高度不得超过4.5m，双层不得超过7.2m，一次悬挑脚手架高度不宜超过20m。搭设应符合下列要求：

1) 斜撑杆及其顶支稳固杆件不得与模板支架连接。

2) 斜撑杆必须与内外立杆及水平挑杆用扣件连接牢固，每一连接点均应为双向约束；斜撑杆按每一纵距设置，斜撑杆上相邻两扣件节点之间的长度不得大于1.8m，底部应设置扫地杆；斜撑杆应为整根钢管，不得接长。

3) 斜撑杆的底部应支撑在楼板上，其与架体立杆的夹角不应大于30°。

4) 水平挑杆应通过扣件与焊于楼面上的短管牢固连接，出结构面处应垫实，与斜撑杆、内外立杆均应通过扣件连接牢固。

5) 立杆接长必须采用搭接。

6) 外立杆距主体结构面的距离不应大于1.0m。

(10) 悬挑架宜采取钢丝绳保险体系；钢丝绳不得参与架体的受力计算。

(11) 悬挑式脚手架的防护：

1) 沿架体外围必须用密目式安全网全封闭，密目式安全网宜设置在脚手架外立杆的内侧，并顺环扣逐个与架体绑扎牢固。安装时，密目网上的每个环扣都必须穿入符合规定的纤维绳，允许使用强力及其他性能不低于标准规定的其他绳索（如钢丝绳或金属线）代替。

2) 架体底层的脚手板必须铺设牢靠、严实，且应用平网及密目式安全网双层兜底。

3) 在每一个作业层架体外立杆内侧应设置上下两道防护栏杆和挡脚板（挡脚笆），上道栏杆高度为1.2m，下道栏杆高度为0.6m，挡脚板高度为0.18m（挡脚笆高度不小于0.5m）。塔式起重机处或开口的位置应密封严实。

4) 在施工现场暂时停工时，应采取相应的安全防护措施。

#### 14.5.1.3 设计计算方法

1. 荷载

(1) 脚手架永久荷载应包含下列内容：

1) 架体结构自重：包括立杆、纵向水平杆、横向水平杆、剪刀撑、扣件自重；

2) 构、配件自重：包括脚手板、栏杆、挡脚板、安全网等防护设施的自重。

(2) 脚手架可变荷载应包含下列内容：

1) 施工荷载：包括作业层上的人员、器具和材料等的自重；

2) 风荷载。
2. 设计指标

(1) 钢材采用 Q235 钢，钢材强度设计值与弹性模量按表 14-112 采用。

钢材强度设计值与弹性模量　　　　　　　　表 14-112

| 厚度或直径 (mm) | 抗拉、抗弯、抗压 $f$ (N/mm²) | 抗剪 $f_v$ (N/mm²) | 端面承压（刨平顶紧） $f_{ce}$ (N/mm²) | 弹性模量 $E$ (N/mm²) |
| --- | --- | --- | --- | --- |
| ≤16 | 215 | 125 | 320 | 2.06×10⁵ |
| 17～40 | 200 | 115 | | |

(2) 扣件承载力设计值可按表 14-113 采用。

单个扣件抗滑力 $N_v^c$ 设计值 (kN)　　　　　　表 14-113

| 项目 | 承载力设计值 |
| --- | --- |
| 对接扣件抗滑力 | 3.2 |
| 直角扣件、旋转扣件抗滑力 | 8 |

注：扣件螺栓紧扭力矩值不应小于 40N·m，且不应大于 65N·m。

(3) 焊缝强度设计值按表 14-114 采用。

焊缝强度设计值 (N/mm²)　　　　　　　　表 14-114

| 焊接方法、焊条型号 | 钢号 | 厚度或直径 (mm) | 对接焊缝 | | | 角焊缝 |
| --- | --- | --- | --- | --- | --- | --- |
| | | | 抗拉和抗弯 $f_t^w$ | 抗压 $f_c^w$ | 抗剪 $f_v^w$ | 抗拉、抗压、抗剪 $f_f^w$ |
| 自动焊、半自动焊和 E43 型焊条的手工焊 | Q235 | ≤16 | 185 | 215 | 125 | 160 |
| | | 17～40 | 175 | 205 | 120 | |

(4) 螺栓连接强度设计值按表 14-115 采用。

螺栓连接强度设计值 (N/mm²)　　　　　　　表 14-115

| 钢号 | 抗拉 | 抗剪 |
| --- | --- | --- |
| Q235 | 170 | 130 |

(5) 型钢支承架受压构件的长细比不应超过表 14-116 规定的容许值。

型钢支承架受压构件的容许长细比 [λ]　　　　表 14-116

| 构件类型 | 容许长细比 [λ] |
| --- | --- |
| 受压构件 | 150 |

(6) 型钢支承受弯构件的容许挠度不应超过表 14-117 规定的容许值。

型钢支承受弯构件的容许挠度值 [v]　　　　　表 14-117

| 构件类型 | | 容许挠度 |
| --- | --- | --- |
| 型钢支撑 | 悬臂式 | L/400 |
| | 非悬臂式 | L/250 |

注：L 为受弯构件的跨度（对悬臂式为悬伸长度的 2 倍）。

3. 计算模型

(1) 悬挑式脚手架的架体和型钢支承架结构设计计算主要包括：

1) 纵向、横向水平钢杆等受弯构件的强度和连接扣件的抗滑承载力计算。
2) 连墙杆受力计算。
3) 立杆的稳定性。
4) 型钢支承架的承载力、变形和稳定性计算。

(2) 悬挑式脚手架的形式及其力学模型，如图 14-99 及图 14-100 所示。

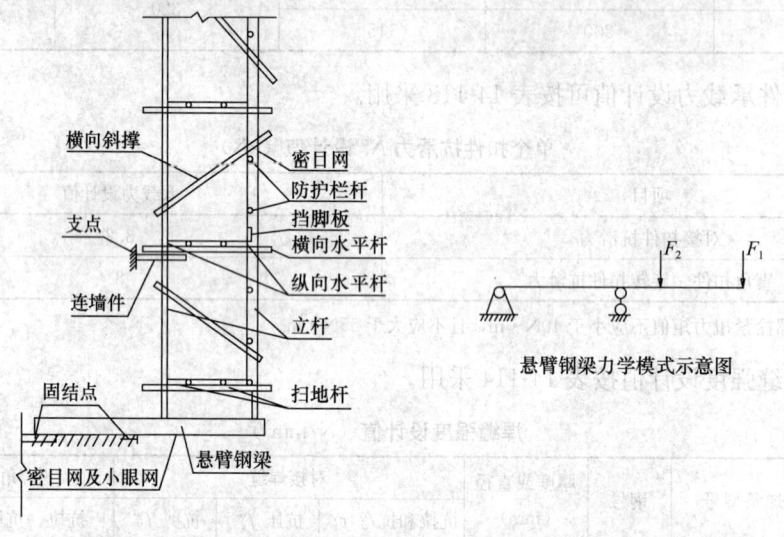

图 14-99 悬挑式脚手架剖面图（悬臂钢梁式）

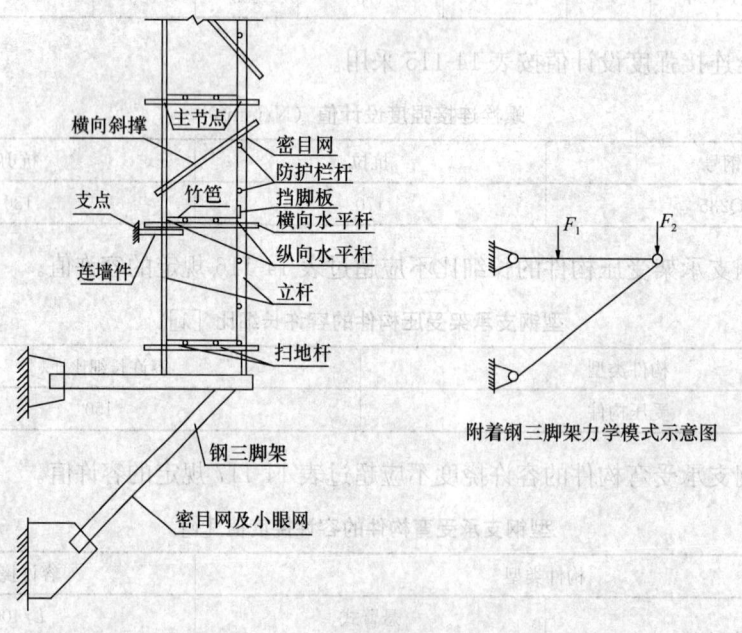

图 14-100 悬挑式脚手架剖面图（附着钢三脚架式）

4. 型钢支承架的设计计算

(1) 型钢支撑架上方搭设的各型脚手架的设计计算可参考 14.3 节与 14.5 节的有关内容进行计算。

(2) 有关型钢支承架的计算，可根据不同形式，按现行国家标准《钢结构设计标准》GB 50017 对其主要受力构件和连接件分别进行以下验算：

1) 抗弯构件应验算抗弯强度、抗剪强度、挠度和稳定性。

2) 抗压构件应验算抗压强度、局部承压强度和稳定性。

3) 抗拉构件应验算抗拉强度。

4) 当立杆纵距与型钢支承架纵向间距不相等时，应在型钢支承架间设置纵向钢梁，同时计算纵向钢梁的挠度和强度。

5) 型钢支承架采用焊接或螺栓连接时，应计算焊接或螺栓的连接强度。

6) 预埋件的抗拉、抗压、抗剪强度。

7) 型钢支承架对主体结构相关位置的承载能力验算。

(3) 对传递到型钢支承架上的立杆轴向力设计值 $N$，可按下列公式计算：

1) 不组合风荷载时：

$$N = 1.3(N_{G_1k} + N_{G_2k}) + 1.5 \sum N_{Qk} \tag{14-130}$$

2) 组合风荷载时：

$$N = 1.3(N_{G_1k} + N_{G_2k}) + 0.8 \times 1.5(\sum N_{Qk} + N_W) \tag{14-131}$$

式中 $N_{G_1k}$——脚手架结构自重标准值产生的轴向力；

$N_{G_2k}$——构配件自重标准值产生的轴向力；

$N_{Qk}$——施工荷载标准值产生的轴向力总和，内、外立杆可分别按一纵距（跨）内施工荷载总和的 1/2 取值；

$N_W$——风荷载标准值作用下产生的轴向力。

(4) 型钢支承架的抗弯强度可按下式计算：

$$\sigma = \frac{M_{max}}{W} \leqslant f \tag{14-132}$$

式中 $M_{max}$——计算截面弯矩最大设计值；

$W$——截面模量，按实际采用型钢型号取值；

$f$——钢材的抗弯强度设计值。

(5) 型钢支承架的抗剪强度可按下式计算：

$$\tau = \frac{V_{max}S}{It_w} \leqslant f_v \tag{14-133}$$

式中 $V_{max}$——计算截面沿腹板平面作用的剪力最大值；

$S$——计算剪应力处毛截面面积矩；

$I$——毛截面惯性矩；

$t_w$——型钢腹板厚度；

$f_v$——钢材的抗剪强度设计值。

(6) 当型钢支承架同时受到较大的正应力及剪应力时，应根据最大剪应力理论进行折算应力验算：

$$\sqrt{\sigma^2 + 3\tau^2} \leqslant \beta_1 f \tag{14-134}$$

式中 $\sigma$、$\tau$——腹板计算高度边缘同一点上同时产生的正应力、剪应力；
　　　$\beta_1$——取 1.1 值；
　　　$\tau$——按式（14-133）计算。
　　　$\sigma$——应按下式计算：

$$\sigma = \frac{M}{I_n} \leqslant y_1 \qquad (14\text{-}135)$$

式中 $I_n$——梁净截面惯性矩；
　　　$y_1$——计算点至型钢中和轴的距离。

（7）型钢支承架受压构件的稳定性可按下式计算：

$$\sigma = \frac{N}{\varphi A} \leqslant f \qquad (14\text{-}136)$$

式中 $N$——计算截面轴向压力最大设计值；
　　　$\varphi$——稳定系数，按现行国家标准《钢结构设计标准》GB 50017 规定采用；
　　　$A$——计算截面面积。

### 14.5.2 附着式升降脚手架

附着式升降脚手架是指搭设一定高度并附着于工程结构上，依靠自身的升降设备和装置，可随工程结构逐层爬升或下降，具有防倾覆、防坠落装置的外脚手架；附着升降脚手架主要由附着升降脚手架架体结构、附着支座、防倾装置、防坠落装置、升降机构及控制装置等构成。45m 以上的建筑主体均适用。楼层越高经济性越明显，同落地脚手架相比每栋楼可综合节约 30%～60%成本，当建筑物高度在 80m 以上时，其经济性则更为显著。附着式升降脚手架采用全自动同步控制系统和遥控控制系统，可主动预防不安全状态，设置的防坠落装置能够确保架体始终处于安全状态。实现低搭高用功能。在建筑主体底部一次性组装完成，附着在建筑物上，随楼层高度的增加而不断提升，整个作业过程不占用其他起重机械，大大提高施工效率，且现场环境更人性化，管理维护更轻松，文明作业效果更突出。

#### 14.5.2.1 附着式脚手架的形式、特点和构造要求

1. 附着式升降脚手架的形式

（1）按附着支承方式划分

附着支承式升降脚手架附着于工程结构墙体或结构框架的边侧，并通过支承传递脚手架荷载，按附着支承方式可划分为 7 种，如图 14-101 所示。

1）套框（管）式附着升降脚手架，如图 14-101（a）所示。即由固定和滑动框架（可沿固定框架滑动）交替附着于墙体结构，从而达到提升目的。

2）导轨式附着升降脚手架，如图 14-101（b）所示。即架体通过附着于墙体结构的导轨完成升降的脚手架。

3）导座式附着升降脚手架，如图 14-101（c）所示。即带导轨架体沿附着于墙体结构的导座升降的脚手架。

4）挑轨式附着升降脚手架，如图 14-101（d）所示。即架体悬吊于带防倾导轨且固定于工程结构的挑梁架下并沿导轨升降的脚手架。

5）套轨式附着升降脚手架，如图 14-101（e）所示。即架体与固定支座相连并沿套轨支座升降、固定支座与套轨支座交替和工程结构附着的升降脚手架。

6) 吊套式附着升降脚手架，如图 14-101（f）所示。即采用吊拉式附着支承的、架体可沿套框升降的脚手架。

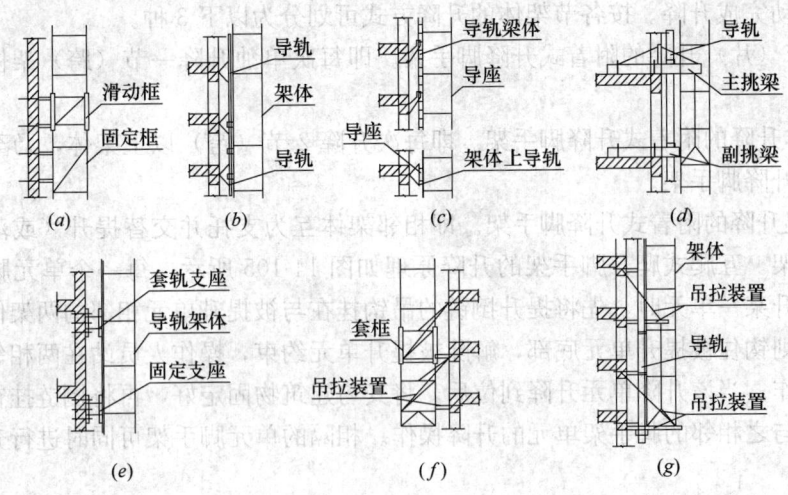

图 14-101 附着支承结构的 7 种形式

7) 吊轨式附着升降脚手架，如图 14-101（g）所示。即采用设导轨的吊拉式附着支承、架体沿导轨升降的脚手架。

图 14-102～图 14-104 分别示出了导轨式、导座式和套轨式附着升降脚手架的基本构造情况。

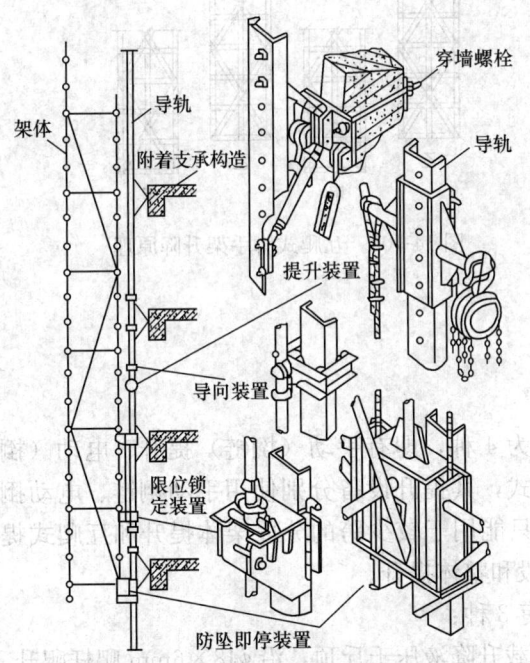

图 14-102 导轨式附着升降脚手架

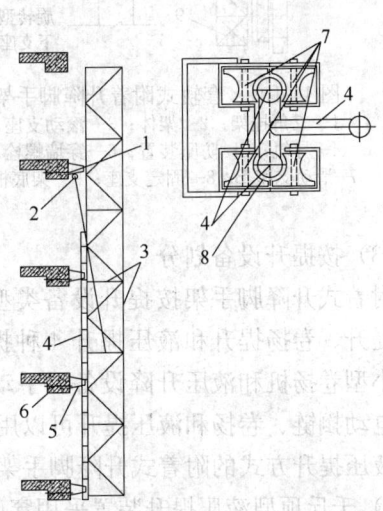

图 14-103 导座式附着升降脚手架
1—吊挂支座；2—提升设备；3—架体；4—导轨；
5—导座；6—固定螺栓；7—滚轴；8—导轨立杆

(2) 按升降方式划分

附着式升降脚手架都是由固定或者悬挂、吊挂在附着支承上的架体构成，通过架体在支承上的滑动完成升降。按各节架体的升降方式可划分为以下 3 种。

1) 单跨（片）升降的附着式升降脚手架。即每次单独升降一节（跨）架体的附着升降脚手架。

2) 整体升降的附着式升降脚手架。即每次升降 2 节（跨）以上架体，乃至四周全部架体的附着升降脚手架。

3) 互爬升降的附着式升降脚手架。即相邻架体互为支托并交替提升（或落下）的附着升降脚手架。互爬式爬升脚手架的升降原理如图 14-105 所示。每一个单元脚手架单独提升，在提升某一单元时，先将提升捯链的吊钩挂在与被提升单元相邻的两架体上，提升捯链的挂钩则钩住被提升单元底部，解除被提升单元约束，操作人员站在两相邻的架体上进行升降操作；当该升降单元升降到位后，将其与建筑物固定好，再将捯链挂在该单元横梁上，进行与之相邻的脚手架单元的升降操作。相隔的单元脚手架可同时进行升降操作。

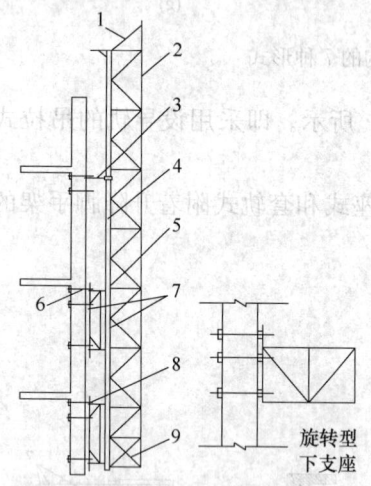

图 14-104　套轨式附着升降脚手架
1—三角挂架；2—架体；3—滚动支座；
4—导轨；5—防坠装置；6—穿墙螺栓；
7—滑动支座 B；8—固定支座；9—架底框架

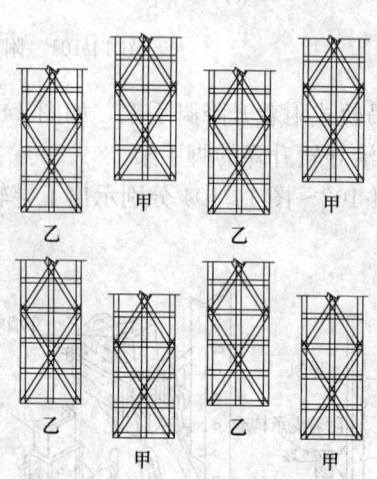

图 14-105　互爬式脚手架升降原理

(3) 按提升设备划分

附着式升降脚手架按提升设备类型划分为 4 种，即有手动（捯链）提升、电动（捯链）提升、卷扬提升和液压提升 4 种提升方式，其提升设备分别使用手动捯链、电动捯链、小型卷扬机和液压升降设备。手动捯链只能用于较少跨的分段架体提升和互爬式提升；电动捯链、卷扬和液压提升可以用于分段和整体提升。

液压提升方式的附着式升降脚手架主要有 3 种：

1) 千斤顶型液压提升装置采用穿心式带载升降液压千斤顶，沿 $\phi 48 \times 6mm$ 爬杆爬升，爬杆也是架体的导杆的防倾装置，其附着支承构造为吊拉式（图 14-106）。

2) 液压升降装置依据塔式起重机液压千斤顶的原理进行设计，液压缸活塞杆与设于架体上的导轨以锁销相连，采用单跨提升方式，一套液压提升装置（泵站、高压软管和 2

个液压缸）在完成一跨提升后，转移到另一跨进行提升（图14-107）。

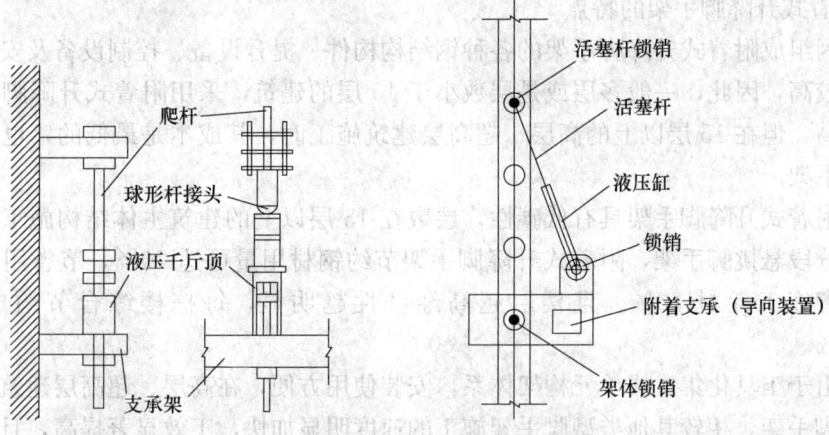

图14-106 千斤顶型液压提升装置　　图14-107 临时型液压提升装置

3) 升降机构通过升降踏步块和导向板的导轨上下移动，整体附着在上下爬杆箱上通过液压缸完成提升。爬升箱内设有能自动导向的凸轮摆块和联动式导向轮，其上端的连接轴则与爬架的主连接架连接。油泵启动后，通过油缸的伸缩，上下爬升箱内的凸轮摆块和导向轮就自动沿着H形导轨的导向板和踏步块实现升降，并实现自动导向、自动复位和自动锁定，这种液压升降装置用于图14-108所示的导轨式带模板的附着升降脚手架。

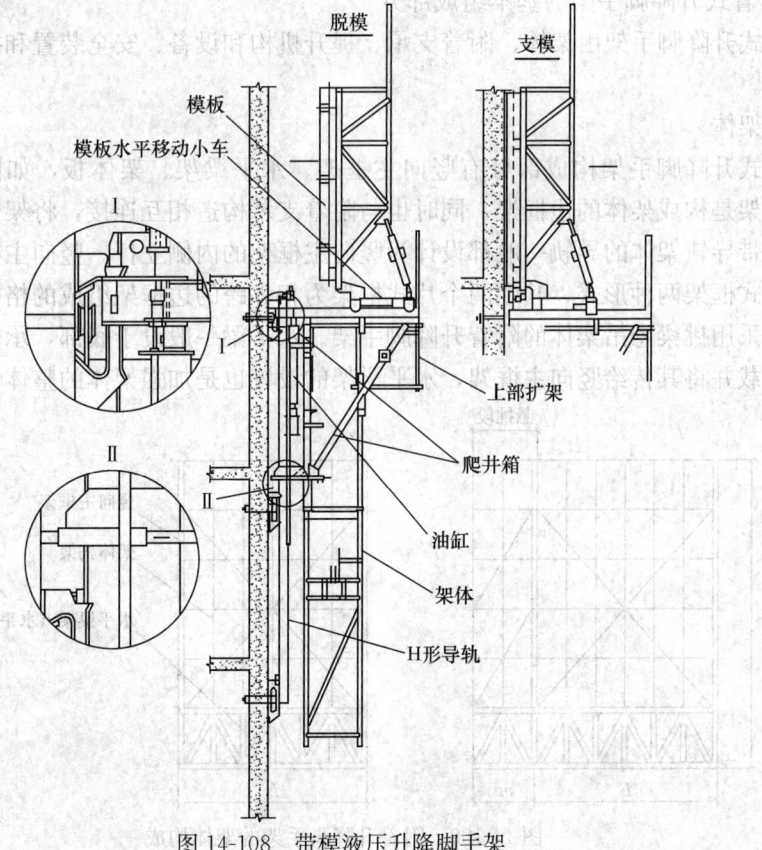

图14-108 带模液压升降脚手架

此外，还有可带模板爬升的附着式升降脚手架（也称爬模）。

2. 附着式升降脚手架的特点

（1）因组成附着式升降脚手架的各种钢结构构件、提升设备、控制设备及安全防护系统的成本较高，因此，一般多层或是层数小于 15 层的建筑，采用附着式升降脚手架的施工成本较高，但在 15 层以上的高层、超高层建筑施工时，其成本是最低的，也是最安全的一种脚手架。

（2）附着式升降脚手架具有低碳性，层数在 15 层以上的建筑主体结构施工，相比较落地或是分段悬挑脚手架，附着式升降脚手架节约钢材用量可达 70%，节省用电量可达 95%，节省施工耗材 30%。且楼层越高经济性越明显，每栋楼综合节约成本可达 30%～60%。

（3）由于工具化集成式单元构架体系，安装使用方便，在高层、超高层建筑施工中附着式升降脚手架，相较其他类型脚手架施工的速度明显加快，工效显著提高，且由于自行升降，除架体装拆以外无需利用塔吊。

（4）附着式升降脚手架是围绕建筑物整体提升，也可分段提升。施工简单且快捷，从准备到提升一层到就位固定大约只需要 3～4h 就完成了主体结构的安全围护，与主体结构的施工配合比较紧密。

（5）除架体装拆外，在施工过程中无需搭拆脚手架，在严密的施工顺序下，附着式升降脚手架与其他类型脚手架相比更安全可靠。

3. 附着式升降脚手架的基本组成部分

附着式升降脚手架由架体、附着支承、提升机构和设备、安全装置和控制系统等基本部分构成。

（1）架体

附着式升降脚手架构成部分有竖向主框架、水平梁架、架体板，如图 14-109 所示。竖向主框架是构成架体的边框架，同时也与附着支承构造相互连接，将架体荷载传递给工程结构。带导轨架体的导轨一般都设计为竖向主框架的内侧立杆。竖向主框架有单片框架和两个片式框架两种形式，其中两个片式框架为相邻跨的边框架组成的格构柱式框架，后者多用于采用挑梁悬吊架体的附着升降脚手架。水平梁一般设于底部，承受架体板传下来的架体荷载并将其传给竖向主框架，水平梁架的设置也是加强架体的整体性和刚度的重要

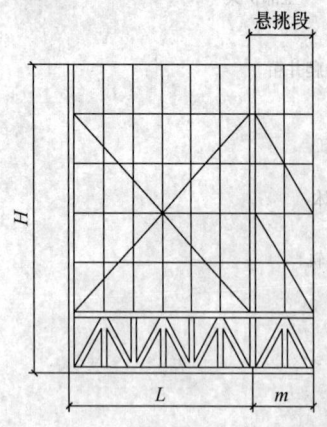
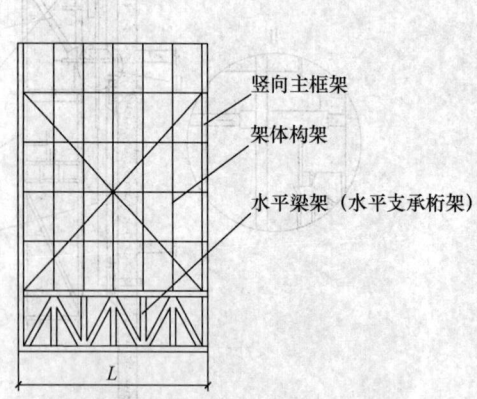

图 14-109 附着升降脚手架的架体构成

措施，因而要求采用定型焊接或组装的型钢结构。除竖向主框架和水平梁架的其余架体部分为架体构架，即采用钢管件搭设的位于相邻两竖向主框架之间和水平支承及架之上的架体，是附着式升降脚手架架体结构的组成部分。近年来，随着附着升降脚手架装备化水平的不断提升，定性整体化设计的全钢结构附着升降脚手架发展迅速，架体由钢结构代替，全封闭密目式安全网被钢丝网、钢板网或冲孔铝板网等取代，使之刚度更大、整体性更强，外观也更加整洁、美观。

在对附着脚手架架体的设计过程中，需要按照竖向荷载传递给水平梁架，再传递给竖向主框架和水平荷载直接由架体板、水平梁架传给竖向主框架的顺序进行验算，这是偏于安全的保守算法。实际上，部分架体构架上的竖向荷载可以直接传给竖向主框架，而水平梁架的竖杆如亦为架体板的立杆时将会提高其承载能力，例如水平梁亦采用脚手架杆件搭设且与立杆共用时会提高其承载能力，相关试验表明，可提高 30% 左右。因此，当水平梁架采用焊接桁架片组装时，其竖杆宜采用 $\phi 48 \times 3.5$mm 钢管并伸出其上弦杆，相邻杆的伸出长度应相差不小于 500mm，以便向上接架体板的立杆，使水平梁和架体板形成整体。

（2）附着支承

附着支承有图 14-101 所示的 7 种形式，基本构造有挑梁、拉杆、导轨、导座（或支座、锚固件）和套框（管）等 5 种，并视需要组合使用。为了确保架体在升降时处于稳定状态，避免晃动和抵抗倾覆作用，要求达到以下两项要求：

1）架体在使用、上升、下降过程中，与工程结构之间必须有不少于 2 处的附着支承点。

2）架体必须设置防倾装置。在采用非导轨或非导座附着方式（其导轨或导座既起支承和导向作用，也起防倾作用）时，必须另外附设防倾导杆。而挑梁式和吊拉式附着支承构造，在加设防倾导轨后，就变成挑轨式和吊轨式。

即使在附着支承构造完全满足以上两项要求的情况下，架体在提升阶段多会出现上部自由高度过大的问题，解决的途径有以下两个：①采用刚度大的防倾导轨，使其增加支承点以上的设置高度（即悬臂高度），以减少架体在接近每次提升最大高度时的自由高度；②在外墙模板顶部外侧设置支、拉座构造，利用模板及其支撑体系建立上部附着支承点，这需要进行严格的设计和验算，包括增加或加强模板体系的撑拉杆件。

（3）提升机构和设备

附着式升降脚手架提升机构的设计取决于提升设备，一共有三种形式，分别为吊升、顶升和爬升。

1）吊升。在梁架（或导轨、导座、套管架等）挂置电动捯链，以链条（竖向或斜向）吊着架体，实际为沿导轨滑动的吊升。提升设备为小型卷扬机时，则采用钢丝绳，经导向滑轮实现对架体的吊升。

2）顶升。通过液压缸活塞杆的伸长，使导轨上升并带动架体上升。

3）爬升。其上下爬升箱带着架体沿导轨自动向上爬升。

（4）安全装置和控制系统

附着式升降脚手架在施工过程中大多为高空作业，为保证施工的安全可靠，必须设有防倾、防坠、超载、失载、同步升降控制装置，各类装置应灵敏可靠。

一般情况下附着式升降脚手架的防倾覆装置采用防倾导轨装置，也可以采取其他适合控制架体水平位移的构造进行防倾覆。防坠装置则为防止架体坠落的装置，即一旦因断链（绳）等造成架体坠落时，能立即动作，及时将架体制停在防坠杆等支持构造上。防坠落装置与升降设备的附着固定应分别设置，不得固定在同一附着支座上。

防坠装置的制动有棘轮棘爪、楔块斜面自锁、摩擦轮斜面自锁、楔块套管、偏心凸轮、摆针等多种类型（图14-110），一般都能达到制停的要求。如有单位研制出的采用凸轮构造的限载连动防坠器（图14-111）、采用楔块套管构造的爬架防坠器（图14-112）。

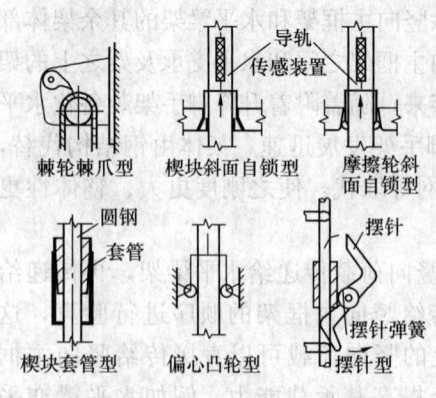

图14-110 防坠装置的制动类型分类

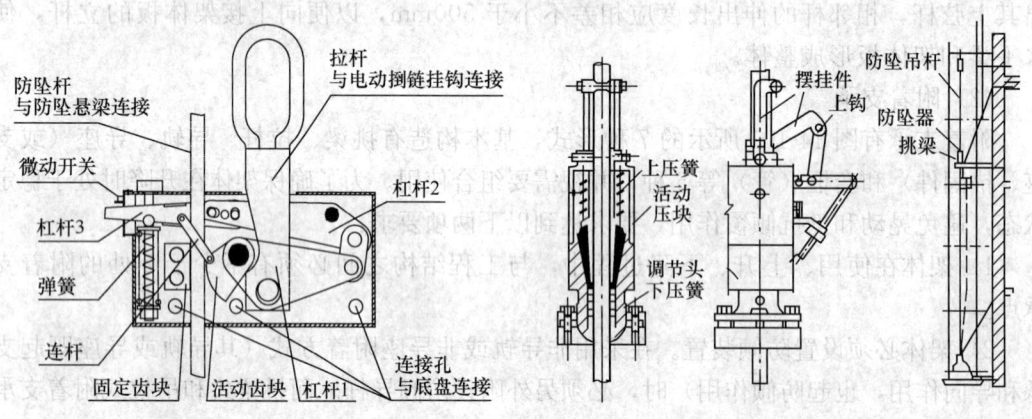

图14-111 凸轮式防坠器构造　　图14-112 采用楔块套管构造的防坠器

附着式升降脚手架采用整体提升方式时，其控制系统应确保实现同步提升和限载保安全的要求。由于同步和限载要求之间有密切的内在联系，不同步时则荷载的差别亦大，因此，也常用限载来实现同步升降的控制要求。对升降同步性的控制应实现自动显示、自动调整和遇故障自停的要求。

4. 附着升降脚手架构造要求

（1）附着式升降脚手架应由竖向主框架、水平支承桁架、架体构架、附着支承结构、防倾装置、防坠装置等组成。

（2）附着式升降脚手架结构构造的尺寸应符合下列规定：

1) 架体高度不得大于5倍楼层高。

2) 架体宽度不得大于1.2m。

3) 直线布置的架体支承跨度不得大于7m，折线或曲线布置的架体，相邻两主框架支撑点处的架体外侧距离不得大于5.4m。

4) 架体的水平悬挑长度不得大于2m，且不得大于跨度的1/2。

5) 架体的全高与支承跨度的乘积不得大于110$m^2$。

（3）附着式升降脚手架应在附着支承结构部位设置与架体高度相等的、与墙面垂直的定型的竖向主框架，竖向主框架应是桁架或刚架结构，其杆件连接的节点应采用焊接或螺栓连接，并应与水平支承桁架和架体构架构成有足够强度和支撑刚度的空间几何不可变体系的稳定结构。竖向主框架结构构造应符合以下规定：

1) 竖向主框架可采用整体结构或分段对接式结构。结构形式应为竖向桁架或门形刚架形式等。各杆件的轴线应交汇于一点，各杆件轴线不交于一点时，应进行附加弯矩验算。

2) 当架体升降采用中心吊时，在悬臂梁行程范围内竖向主框架内侧水平杆去掉部分的断面，应采取可靠的加固措施。

3) 主框架内侧应设有导轨，或与导轨相连（导轨在建筑物上时）。

4) 竖向主框架宜采用单片式主框架或空间桁架式主框架。

(4) 在竖向主框架的底部应设置水平支承桁架，其宽度应与主框架相同，平行于墙面，其高度不宜小于1.8m。水平支承桁架结构构造应符合下列规定：

1) 桁架各杆件的轴线应相交于节点上，并宜采用节点板构造连接，节点板的厚度不得小于6mm。

2) 桁架上下弦应采用整根通长杆件或设置刚性接头。腹杆上下弦连接应采用焊接或螺栓连接。

3) 桁架与主框架连接处的斜腹杆宜设计成拉杆。

4) 架体构架的立杆底端应放置在上弦节点各轴线的交汇处。

5) 内外两片水平桁架的上弦和下弦之间应设置水平支撑杆件，各节点应采用焊接或螺栓连接。

6) 水平支承桁架的两端与主框架的连接，可采用杆件轴线交汇于一点，且为能活动的铰接点；或可将水平支承桁架放在竖向主框架的底端的桁架底框中。

(5) 附着支承结构应包括附墙支座、悬臂梁及斜拉杆，其构造应符合下列规定：

1) 竖向主框架所覆盖的每个楼层处应设置一道附墙支座。每道附墙支座应能承担该机位的全部荷载。

2) 在使用工况时，应将竖向主框架固定于附墙支座上。

3) 在升降工况时，附墙支座上应设有防倾、导向的结构装置。

4) 附墙支座应采用锚固螺栓与建筑物连接，受拉螺栓的螺母不得少于两个或应采用弹簧垫圈加单螺母，螺杆露出螺母端部的长度不应少于3扣，并不得小于10mm，垫板尺寸应由设计确定，且不得小于100mm×100mm×10mm。

5) 附墙支座支承在建筑物上连接处混凝土的强度应按设计要求确定，且不得小于C10。

(6) 架体的悬臂高度不得大于架体高度的2/5，且不得大于6m。

(7) 当水平支承桁架不能连续设置时，局部可采用脚手架杆件进行连接，但其长度不得大于2.0m，且应采取加强措施，确保其强度和刚度不得低于原有的桁架。

(8) 物料平台不得与附着式升降脚手架各部位和各结构构件相连，其荷载应直接传递给建筑工程结构。

(9) 当架体遇到塔吊、施工升降机、物料平台需断开或开洞时，断开处应加设栏杆和封闭，开口处应由可靠的防止人员及物料坠落的措施。

(10) 架体结构应在以下部位采取可靠的加强构造措施：
1) 与附墙支座的连接处。
2) 架体上提升机构的设置处。
3) 架体上防坠、防倾装置的设置处。
4) 架体吊拉点设置处。
5) 架体平面的转角处。
6) 架体因碰到塔吊、施工升降机、物料平台等设施而需要断开或开洞处。
7) 其他有加强要求的部位。

(11) 附着式升降脚手架应在每个竖向主框架处设置升降设备，升降设备应采用电动捯链或电动液压设备，单跨升降时可采用手动捯链。

#### 14.5.2.2 附着式脚手架的安全规定和注意事项

1. 对附着式升降脚手架设计要求

如表 14-118 所示，对实现设计安全要求的注意事项如下：

附着式升降脚手架设计要求的主要规定　　　　表 14-118

| 序次 | 项目 | 主要规定 |||||
|---|---|---|---|---|---|---|
| 1 | 执行标准及规定 | 建设部《建筑施工附着式升降脚手架管理暂行规定》（建建 [2000] 230 号）；国家现行标准《建筑施工工具式脚手架安全技术规范》JGJ 202、《建筑施工用附着式升降作业安全防护平台》JG/T 546 以及《建筑结构荷载规范》GB 50009、《冷弯薄壁型钢结构技术规范》GB 50018 和《混凝土结构设计标准》GB/T 50010 等相关标准 |||||
| 2 | 设计计算方法 | 1) 架体结构和附着支承结构采用"概率极限状态法"设计；<br>2) 动力设备、吊具、索具按"容许应力法"设计 |||||
| 3 | 计算简图和验算要求 | 按使用、升降和坠落三种状态确定计算简图，按最不利受力情况进行计（验）算，必要时通过实架试验确定其设计承载能力 |||||
| 4 | 永久荷载标准值 $G_k$ | 应包括整个架体结构，围护设施、作业层设施以及固定于加体结构上的升降机构和其他设备、装置的自重，应按实际计算 |||||
| 5 | 活载标准值 $Q_k$ | 应包括施工人员、材料及施工机具，应根据施工具体情况，按使用、升降及坠落三种工况确定控制荷载标准值 |||||
| | | 工况类别 | | 同时作业层数 | 每层活荷载标准值（kN/m²） | 注 |
| | | 使用工况 | 结构施工 | 2 | 3.0 | |
| | | | 装饰施工 | 3 | 2.0 | |
| | | 升降工况 | 结构和装饰施工 | 2 | 0.5 | 施工人员、材料、机具全部撤离 |
| | | 坠落工况 | 结构施工 | 2 | 0.5；3.0 | 在使用工况下坠落时其瞬间标准荷载应为 3.0kN/m²；升降工况下坠落其标准值应为 0.5kN/m² |
| | | | 装饰施工 | 3 | 0.5；2.0 | 在使用工况下坠落时，其标准荷载为 2.0kN/m²；升降工况下坠落其标准值应为 0.5kN/m² |

续表

| 序次 | 项目 | 主要规定 ||||
|---|---|---|---|---|---|
| 6 | 荷载计算系数 | 设计方法 | 设计项目 || 计入的计算系数 ||
| | | | || 使用工况 | 升降、坠落工况 |
| | | 概率极限状态设计法 | 架体结构 | 构架 | $\gamma_G$、$\gamma_Q$、$\varphi$、$\gamma_m$ | — |
| | | | | 竖向主框架 | $\gamma_1 \times (\gamma_G, \gamma_Q, \varphi)$ | $\gamma_2 \times (\gamma_G, \gamma_Q, \varphi)$ |
| | | | | 水平梁架 | | |
| | | | 附着支承结构 || | |
| | | | 防倾、防坠装置 | 工程结构 | — | |
| | | | | 机械设备 | | |
| | | 容许应力设计法 | 动力设备 || — | $\gamma_2$ |
| | | | 吊具、索具 || $\gamma_1$ | |

注：1) $\gamma_G$、$\gamma_Q$、$\varphi$、$\gamma_m$ 执行统一规定；
2) $\gamma_1$、$\gamma_2$ 为荷载变化系数，取 $\gamma_1 = 1.3$、$\gamma_2 = 2.0$

| 序次 | 项目 | 主要规定 |
|---|---|---|
| 7 | 容许应力法中安全系数和容许荷载的取值 | 1) 荷载值应小于升降动力设备的额定值；2) 吊具安全系数 $K$ 应取 5；3) 钢丝绳索具安全系数 $K=6\sim8$，当建筑物层高 3m（含）以下时应取 6，3m 以上时应取 8 |
| 8 | 受压杆件的长细比 $\lambda$ 和受弯杆件的容许挠度 | 1) $\lambda \leq 150$；2) 容许挠度：水平杆 $\dfrac{L}{150}$；水平支撑结构 $\dfrac{L}{250}$；其他受弯构件 $\dfrac{L}{400}$（$L$ 为受弯杆件跨度） |
| 9 | 支承（机位）的平面布置 | 控制跨度和悬挑长度，避免超过其设计（或实验）承载力 |
| 10 | 架体尺寸 | 1) 高度≤5 倍楼层高；2) 宽度≤1.2m；3) 支撑跨度≤7m（直线架体）或 5.4m（曲线、折线）架体；4) 架体的全高×跨度≤110m²；5) 架体的水平悬挑长度≤1/2 跨度，且≤2m |
| 11 | 设计应达到安全可靠（有效） | 1) 架体结构；2) 附着支承结构；3) 防倾、防坠装置；4) 监控荷载和确保同步升降的控制系统；5) 动力设备；6) 安全防护设施 |
| 12 | 架体结构和构造设计 | 1) 竖向主框架应为定型加强的、并采用焊接或螺栓连接结构，不得使用脚手架杆件组装；2) 竖向主框架与附着支承的导向构造之间不得采用扣接等脚手架连接方式；3) 水平梁架应采用焊接或螺栓连接的桁架梁式结构，局部可采用脚手架杆连接，但其长度不得大于 2m；4) 架体外立面沿全高设置剪刀撑，其跨度不得大于 6.0m；5) 悬挑端应以竖向主框架为中心设对称的斜拉杆；6) 分段提升的架体必须为直线形架体 |
| 13 | 架体应采取加强构造措施的部位 | 1) 与附墙支座的连接处；2) 架体上提升机构的设置处；3) 架体上防倾、防坠装置的设置处；4) 架体吊拉点设置处；5) 架体平面的转角处；6) 架体因碰塔式起重机、施工升降机、物料平台等设施而需要断开或开洞处；7) 其他需要加强的部位 |
| 14 | 物料平台布置 | 1) 必须将荷载独立地传递给工程结构；2) 平台所在跨的架段应单独升降；3) 在使用工况下，确保平台荷载不传递给架体 |

| 序次 | 项目 | 主要规定 |
|---|---|---|
| 15 | 附着支承的设置和构造要求 | 1) 在升降和使用工况下，确保设于每一竖向主框架并可单独承受该跨全部设计荷载和倾覆作用的附着支承构件均不得小于2套；2) 穿墙螺栓应采用双螺母固定。螺母外螺杆长度不得小于3扣，垫板尺寸应由设计确定，且不得小于100mm×100mm×10mm，采用单根螺栓锚固时，应有防扭转措施；3) 附着构造应具有适应误工误差的调整功能，避免出现过大的安装应力和变形；4) 位于建筑物凸出或凹进处的附着支承构造应单独设计；5) 对连接处工程结构混凝土强度等级的要求，应按计算确定，且不小于C10 |
| 16 | 防倾装置设置 | 1) 防倾覆装置中应包括导轨和两个以上与导轨连接的可滑动的导向件；2) 在防倾导向件的范围内应设置防倾覆导轨，且应与竖向主框架可靠连接；3) 在升降和使用两种工况下，最上和最下两个导向件之间的最小间距不得小于2.8m或架体高度的1/4；4) 应具有防止竖向主框架倾斜的功能；5) 应采用螺栓与附墙制作连接。其装置与导轨之间的间隙应小于5mm |
| 17 | 防坠装置设置 | 1) 防坠落装置应设置在竖向主框架处并附着在建筑结构上，每一升降点不得少于一个防坠落装置。防坠落装置在使用和升降工况下都必须起作用；2) 防坠落装置必须采用机械式的全自动装置。严禁使用每次升降需要重组的手动装置；3) 防坠落装置应具有防尘、防污染的措施，并应灵敏可靠运转自如；其制动距离应不大于80mm（整体提升）或150mm（分段提升）；4) 防坠落装置与升降设备必须分别独立固定在建筑结构上；5) 采用钢吊杆式防坠落装置，钢吊杆规格应由计算确定，且不应小于φ25 |
| 18 | 动力设备 | 1) 应满足升降工作的性能要求；2) 手拉捯链只能用于单跨升降（即升降点不超过2个）；3) 升降设备应与建筑结构和架体有可靠连接；4) 固定电动升降动力设备的建筑结构应安全可靠；5) 设置电动液压设备的架体部位应有加强措施 |
| 19 | 控制系统 | 1) 确保达到同步和荷载的控制要求；2) 具有超载报警、停机和负载报警的功能 |
| 20 | 安全保护措施 | 1) 架体外侧必须用2000目/100cm² 密目安全网围挡，并可靠固定；2) 底层脚手架铺设严密，并用密目网兜底；3) 设置防止物料坠落，在升降时可折起的底层翻板构造；4) 每一作业层的外侧应设置高1.2m和0.6m的两道防护栏杆和180mm高挡脚板 |
| 21 | 加工制作 | 1) 必须具有完整的设计图纸、工艺文件、产品标准和产品质量检测规则；2) 制作单位有完善的质量管理体系，确保产品质量；3) 对材料、辅料的材质、性能进行验证、检验；4) 构配件按工艺要求和检验标准进行检验，附着支承构造、防倾防坠装置等重要加工件必须100%进行检验，并可有追溯性标志 |

1) 按规定确定设置、构造和连接的设计要求。
2) 全面确定对安全保险（防倾、防坠）装置和保护设施的设置与设计要求。
3) 确定对实架试验和其他试验、检测、检查及其监控管理的要求。

2. 附着式升降脚手架施工安全管理的规定

对附着式升降脚手架施工安全管理要求的主要规定列入表14-119中。

**对附着式升降脚手架施工安全管理要求的主要规定** 表14-119

| 序次 | 项目 | 主要规定 |
|---|---|---|
| 1 | 施工准备工作 | 1) 编制施工组织设计，备齐材料，按规定办理使用手续；2) 配备合格人员、进行专业培训、明确岗位职责；3) 检查材料、构件和设备质量，严禁使用不合格品；4) 设置安装平台，确保水平精度和承载要求 |

14.5 常用非落地式脚手架的设计与施工    1139

续表

| 序次 | 项目 | 主要规定 |
|---|---|---|
| 2 | 安装要求 | 1）相邻架体竖向主框架和水平梁架的高差≤20mm；2）竖向主框架、导轨、防倾和导向装置的垂直偏差应≤5‰和60mm；3）穿墙螺栓预留孔应垂直结构外表面，其中心误差应≤15mm；4）连接处所需要的建筑结构混凝土强度等级应由计算确定，但不应小于C10 |
| 3 | 检查要求 | 组装完毕后进行以下检查，合格后方可进行升降操作：1）工程结构混凝土的强度达到承载要求；2）全部附着支承点的设置符合要求（严禁少装固定螺栓或使用不合格螺栓）；3）各项安全保险装置合格；4）电气控制系统的设置符合用电安全规定；5）动力设备工作正常；6）同步和限载控制系统的设置和试运效果符合设计要求；7）架体中用脚手架杆件搭设的部分符合质量要求；8）安全防护设施齐备；9）岗位人员落实；10）在相应施工区域应有防雷、消防和照明设施；11）同时使用的动力、防坠与控制设备应分别采用同一厂家同规定型产品，其应有防雨、防尘和防砸措施；12）其他 |
| 4 | 升降操作要求 | 1）严格执行作业的程序规定和技术要求；2）严格控制架体上的荷载符合设计规定；3）按设计规定拆除影响架体升降的障碍物和约束；4）严禁操作人员停留在架体上。确属需要上人时，必须采取可靠防护措施，并由建筑安全监管部门审查认可；5）设置安全警戒线和专人监护；6）严格按设计规定进行同步提升，相邻提升点的高差应≤30mm，整架最大升降差应≤80mm；7）规范指令，统一指挥。有异常情况时，任何人均可发生停止指令；8）严密监视环链捯链运行情况，及时发现和排除可能出现的翻链、铰链和其他故障；9）升降到位后及时按设计要求进行附着固定。未完成固定工作者，施工人员不得擅离岗位或下班；未办交付使用手续者，不得投入使用 |
| 5 | 交付使用的检查项目 | 1）附着支承、架体按设计要求进行固定及螺栓拧紧和承力件预紧程度情况；2）碗扣和扣件接头的紧固情况（无松动）；3）安全防护设施齐备与否；4）其他 |
| 6 | 使用规定 | 1）遵守其设计性指标，不得随意扩大使用范围（架体超高、超跨度等）；2）严禁超载；3）严禁在架上集中堆放施工材料、机具；4）及时清除架上垃圾和杂物 |
| 7 | 使用中严禁进行的作业和出现的情况 | 1）利用架体吊运物料；2）在架体上拉结吊缆绳（索）；3）在架体上推车；4）任意拆除结构件和松动连接件；5）拆除或减少架体上的安全防护措施；6）吊运物料碰撞或扯动架体；7）利用架体支顶模板；8）使用中的物料平台与架体仍连接在一起；9）其他影响架体安全的作业 |
| 8 | 检查和加固规定 | 1）按次序3的检查要求每月进行一次全面检查；2）预计停用超过一个月时，停用前进行加固；3）停用超过一个月或遇六级大风后复工时，按次序4的要求进行检查；4）连接件（螺栓）、动力设备、安全保险装置和控制设备至少每月维护保养一次 |
| 9 | 禁止进行作业规定 | 1）遇五级（含五级）以上大风和大雨、大雷、雷雨等恶劣天气时，禁止进行升降和拆卸作业，并对架体进行加固；2）夜间禁止升降作业 |
| 10 | 拆除作业规定 | 1）按专项措施和安全操作规程的有关要求进行；2）对施工人员进行安全技术交底；3）有可靠防止人员和物料掉落的措施；4）严禁抛扔物料 |
| 11 | 材料、设备报废规定 | 1）焊接件严重变形（无法修复）或严重锈蚀；2）导轨、构件严重弯曲；3）螺栓连接件变形、磨损、锈蚀或损坏；4）弹簧件变形、失效；5）钢丝绳扭曲、打结、断股、磨损达到报废程度；6）其他不符合设计要求的情况 |

### 14.5.3 吊挂式脚手架

本节选取了吊挂式脚手架的三种类型（工具式外挂脚手架、高空悬挂移动脚手架、移动式升降平台），详细介绍吊挂式脚手架在建筑施工过程中的选型、安装、提升、拆除等关键技术。

#### 14.5.3.1 吊挂式脚手架的形式、特点和构造要求

**1. 工具式外挂脚手架**

工具式外挂脚手架主要用于预制装配式建筑施工，架体沿外墙周圈布设，如遇空调板处无法做工具式外挂脚手架，采取搭设片架外挑只做立面防护的方式。主体施工至预制楼层时，在预制外墙墙体上安装工具式外挂脚手架。工具式外挂脚手架现场每栋楼配备两套架体，随楼层主体结构施工向上循环安装使用。

以某项目为例，工具式外挂脚手架三脚架一般采用10号槽钢及60mm×60mm×5mm型钢焊制而成（图14-113～图14-115），三脚架宽度为670mm，附墙端腰型孔孔距为850mm，腰型孔尺寸32mm×100mm（特殊情况：空调板位置三脚架宽度1280mm，跨窗台位置三脚架孔距1780mm，楼梯位置孔距1150mm）；脚手板长度随单片架体长度，四周型钢焊接，中间加焊纵向型钢（间隔1m）；防护栏杆高度1800mm，采用50mm×50mm×5mm方钢与架体焊接连接，水平防护杆采用50mm×50mm×5mm角钢与架体焊接连接，防护网采用40mm×40mm×3mm方格铁网与架体点焊连接。每榀工具式外挂脚手架的吊点设置于防护栏顶部，吊点不能少于2处，吊环圆钢直径不小于14mm。

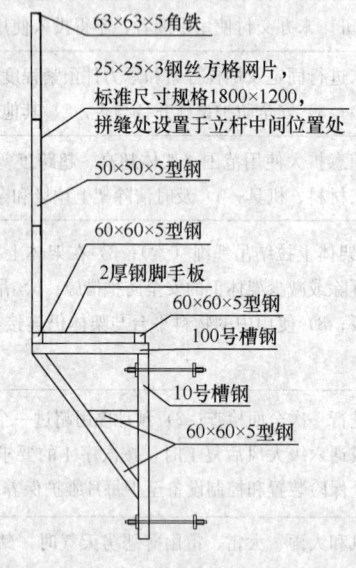

图 14-113　工具式外挂脚手架剖面设计　　图 14-114　工具式外挂脚手架模型

工具式外挂脚手架沿外墙周圈布设，外挂于既有预制剪力墙上，采用穿墙螺杆固定。每栋楼配备2套架体，随楼层主体结构施工向上循环安装使用，提升采用人工配合塔吊安装。工具式外挂脚手架由2～3片三脚架与1块定型化脚手板组成，其自带防护栏杆。设计荷载不小于3kN/m²，按照1.5倍施工荷载考虑。

**2. 高空悬挂移动脚手架**

高空悬挂移动脚手架适用于 20m 以上高度，或是地面难以搭设满堂脚手架的高空吊平顶及机电设备安装作业。高空悬挂移动脚手架为桥式脚手架，悬挂于顶棚结构，操作人员站在脚手架内进行操作，架体可利用顶棚结构进行移动。该类型操作平台，无直接施工标准，可参阅国家及地方相关标准。

1) 结构形式：高空悬挂移动脚手架的结构形式采用桥式，由桥面与两边护栏组成，桥面采用纵、横梁形式，护栏采用平面桁架结构。为适应不同工况，架体平面尺寸与结构有所调整，单榀架体规格宽度为 2.5m、3m、4m 不等，长度为 6m，一般三跨连续设置，总的拼接长度按实际需要（宜控制在 20m 以内），如图 14-116 所示。

图 14-115 工具式外挂脚手架实体样板

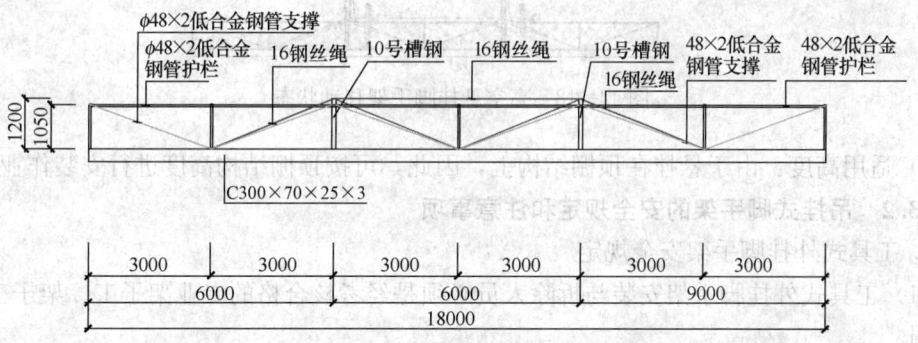

图 14-116 高空悬挂移动式脚手架（2.5m×18m）架体示意图

考虑到顶棚架构边缘部位的施工以及部分区域因结构阻挡无法安装脚手架，则可在架体的两侧采用 3m 两联活页翻板向外悬挑 1.5m 操作平台，在脚手架移动状态下，翻板向上折叠作为护栏使用，工作状态时一联翻板翻下来作为操作平台使用，二联翻板翻上来作为护栏使用。

2) 材料：架体一般采用轻型薄钢结构制作成工具式操作平台，其中由 C 形槽钢、钢管护栏、起吊钢丝绳、毛竹走道筋、上人竹笆等组合而成。

为满足结构强度，架体所有 C 形槽钢和节点连接板均采用 Q345 钢板加工制作，其中纵、横梁槽钢可选用 300mm×70mm×25mm×3mm 和 160mm×50mm×20mm×2mm 的冷拔或冷弯卷边薄板材料。其各种铁件和螺栓均必须符合国家标准，采购的材料要求有出厂合格证，并抽样进行力学性能试验，对不合格的材料严禁使用。

护栏采用 $\phi48\times2mm$ 低合金钢管；钢丝绳选用镀锌 6mm×37mm×16mm 钢丝绳；节点连接螺栓采用 12mm 镀锌六角螺栓；806mm×2200mm 型花篮螺栓。

3) 吊点设置：在工作状态下，三跨都要受力，在每跨的端部利用顶棚结构悬挂钢丝绳吊住脚手架架体，共八个吊点（图 14-117）；在高空移动状态下，只有中间一跨的端部设置的4个吊点受力,其余两跨处于悬臂状态(图14-118)。

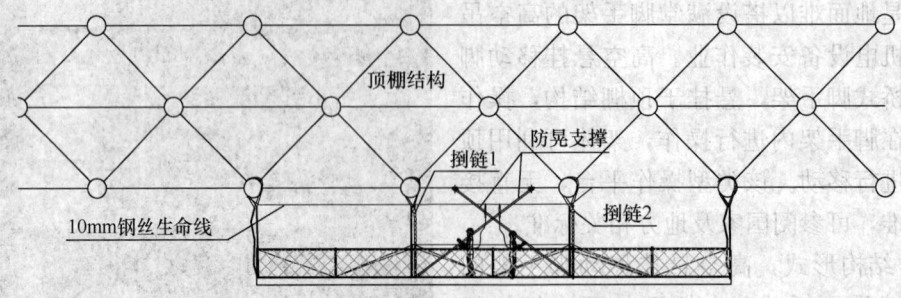

图 14-117 高空悬挂脚手架工作状态吊点设置示意图

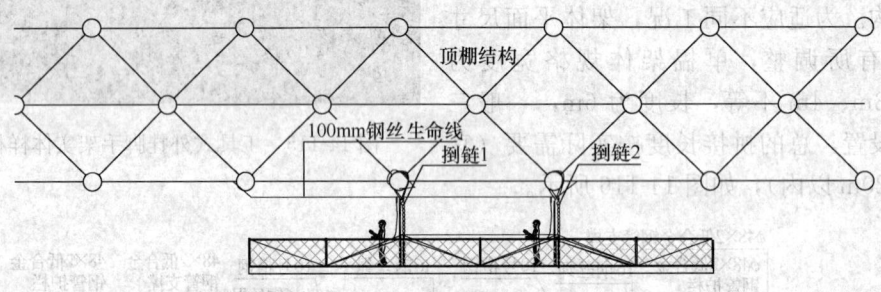

图 14-118 高空悬挂脚手架移动状态

4) 适用高度:由于悬挂在顶棚结构上,因此,可按顶棚结构高度进行安装作业。

### 14.5.3.2 吊挂式脚手架的安全规定和注意事项

1. 工具式外挂脚手架安全规定

(1) 工具式外挂脚手架安装与拆除人员必须是经考核合格的专业架子工。架子工应持证上岗。

(2) 安装及拆除脚手架人员必须戴安全帽、系安全带、穿防滑鞋。

(3) 工具式外挂脚手架的构配件质量与搭设质量,应按规范及专项方案的规定进行检查验收,并应确认合格后使用。

(4) 作业层上的施工荷载应符合设计要求,不得超载。不得将模板支架、缆风绳、泵送混凝土和砂浆的输送管等固定在架体上;严禁悬挂起重设备,严禁拆除或移动架体上安全防护设施。

(5) 当有六级强风及以上风、浓雾、雨或雪天气时应停止脚手架搭设与拆除作业。雨、雪后上架作业应有防滑措施,并应扫除积雪。

(6) 夜间不宜进行吊挂式脚手架的安装与拆除作业。

(7) 工具式外挂脚手架的安全检查与维护,应按规范及专项方案的有关规定进行。

(8) 脚手板应铺设牢靠、严实,且封闭防止高处坠物。

(9) 工地临时用电线路的架设及脚手架接地、避雷措施等,应按现行行业标准《建筑与市政工程施工现场临时用电安全技术标准》JGJ/T 46 的有关规定执行。

(10) 安装拆除工具式外挂脚手架时,地面应设围栏和警戒标志,并应派专人看守,严禁非操作人员入内。

2. 高空悬挂移动脚手架的安全要求

(1) 用于制作悬挂移动脚手架的各种铁件和螺栓必须符合国家标准，采购的材料要求有出厂合格证。

(2) 吊装前应对吊点位置的包覆 5mm 橡皮防护的高强度尼龙吊带按规定高度安装好，并将保险绳按要求扣牢，以便吊装时作临时固定。

(3) 为避免钢丝绳对吊点构件造成磨损，施工中吊带及橡皮防护作为一个重点检查部位，每天进行检查，发现磨损立即更换。

(4) 在架子前两段工作区（18m）范围内通长设置一根 10mm 的钢丝绳生命线，生命线两端固定在支座位置的工字梁上，穿过矩形支座梁底而紧绷，生命线与工字梁和矩形梁接触处均加设橡皮保护。

(5) 无论架子是在移动状态还是工作状态，在架子上的工作人员始终必须将安全带高挂在生命线上。

(6) 脚手架移动时应派两人在下面作安全监护和脚手动态观察，如发现问题及时吹哨停止移动，施工区域设置警戒线。

(7) 操作人员在临边搬运时要系好安全带，采用传递的方式搬运，吊物结束后要及时用密网封闭。

(8) 平台的操作台面不宜过大，一般在 $10m^2$ 以内；操作台面的周边都要按照临边操作的要求设置护栏，配置高扶梯。

(9) 为保证架体的稳定性，在平台架体外侧立面整个长度和高度上连续设置剪刀撑。每道剪刀撑跨越门架不应少于 3 层，剪刀撑斜杆与地面的倾角宜在 $45°\sim 60°$。

(10) 剪刀撑应用旋转扣固定在与相交的横向水平杆的伸出端或立杆上，旋转扣件中心线至主节点的距离不宜大于 150mm。

(11) 剪刀撑杆设置时杆与杆之间不得用对接接头扣接，并应随立杆、纵向和横向水平杆等同步搭设。

(12) 登高车使用时，严格按照该设备的使用手册操作，送人（送物）荷载不超过该设备的最大使用荷载。

(13) 施工人员进出平台通道，在桁架两端混凝土结构上用钢管搭设临时通道。

(14) 六级以上大风时，平台严禁升、降作业。

(15) 工作工况屋面檩条安全系数：1.8，提升工况屋面檩条安全系数：1.2。

## 14.5.4 吊　　篮

吊篮是建筑工程高空作业的建筑机械，用于幕墙安装、外墙清洗。悬挑机构架设于建筑物或构筑物上，利用提升机构驱动悬吊平台，通过钢丝绳沿建筑物或构筑物立面上下运行的施工设施，也是为操作人员设置的作业平台。

### 14.5.4.1 吊篮的形式、特点和构造要求

吊篮是一种能够替代传统脚手架，可减轻劳动强度，提高工作效率，并能够重复使用的高处作业设备。建筑吊篮的使用已经逐渐成为一种趋势，在高层多层建筑的外墙施工、幕墙安装、保温施工和维修清洗外墙等高处作业中得到广泛认可，同时可用于大型罐体、桥梁和大坝等工程的作业。使用本产品，可免搭脚手架，使施工成本大幅降低，而且工作

效率大幅提高。吊篮操作灵活，移位容易，方便实用，安全可靠。

**1. 吊篮的分类**

(1) 根据施工对象不同有烟囱用环形吊篮、船用挂式吊篮、炉内检测吊篮、桥用超长吊篮、电梯安装吊篮、轨道式滑移吊篮等各种吊篮，根据材质分可分为钢架电动吊篮、铝合金电动吊篮，根据起吊的动力来源不同分为手动吊篮和电动吊篮等。

(2) 按用途划分：可分为维修吊篮和装修吊篮。前者为篮长≤4m、载重量≤5kN的小型吊篮，一般为单层；后者的篮长可达8m左右，载重量5～10kN，并有单层、双层、三层等多种形式，可满足装修施工的需要。

(3) 按驱动形式划分：主要可分为手动和电动两种，也有配置气动提升装置的吊篮。

(4) 按提升方式划分：可分为卷扬式（又有提升机设于吊箱或悬挂机构之分）和爬升式（又有α式卷绳和S式卷绳之分）两种。

**2. 吊篮的型号和性能**

吊篮的型号按图14-119所示规定顺序编排。表14-120和表14-121则分别列出了LGZ-300-3.6A型高层维修吊篮（图14-120）和其他几种常用吊篮的性能参数。

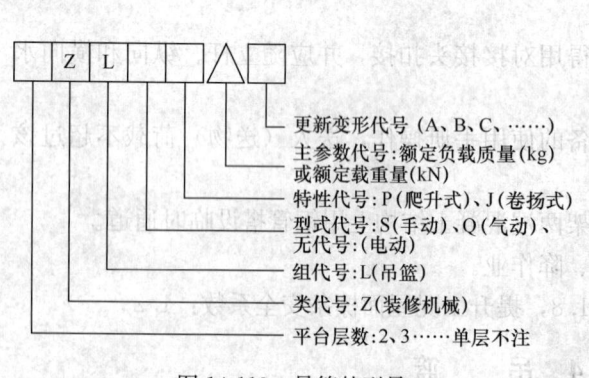

图 14-119　吊篮的型号

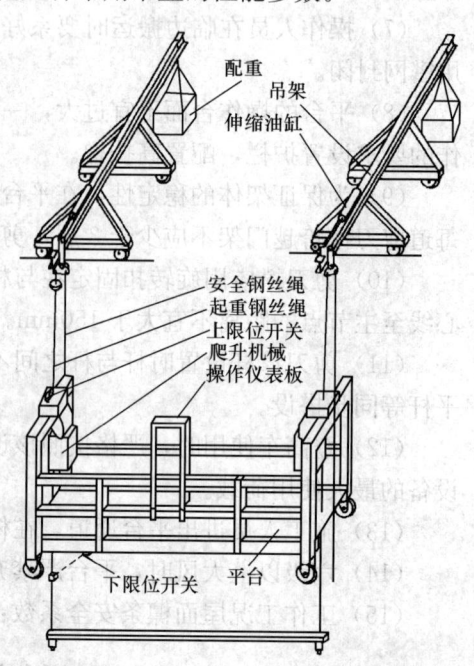

图 14-120　LGZ300-3.6A型高层维修吊篮

LGZ-300-3.6A型吊篮的主要技术参数　　　　　表 14-120

| 机构名称 | 项目名称 | 单位 | 规格性能 |
|---|---|---|---|
| 吊篮 | 额定荷载 | kN | 3.0 |
| | 自重 | kg | 450 |
| | 升降速度 | m/min | 5 |
| | 吊篮面积 | m×m | 3.6×0.7 |
| | 操作方式 | | 电动或手动 |

续表

| 机构名称 | 项目名称 | 单位 | 规格性能 |
| --- | --- | --- | --- |
| 吊架 | 自重 | kg | 690 |
| | 占地面积 | m×m | 4.8×3.9 |
| | 油缸工作压力 | kN/cm² | 0.16 |
| | 油缸流量 | L/min | 2.94 |
| | 油缸行程 | mm | 600 |
| 升降机构 | 钢丝绳绕法 | | "S"式回绕 |
| | 载荷 | kN | 4.0 |
| | 电机功率 | kW | 0.8 |
| | 电压（三相交流） | V | 380 |
| | 额定转速 | r/min | 1400 |
| | 频率 | Hz | 50 |
| | 温度 | ℃ | 40 |
| 其他 | 配重 | kg | 470 |
| | 钢丝绳规格 | mm | YB261-73A8.25航空钢丝绳 |
| | 钢丝绳断力 | kN | 44.60 |

**几种常见吊篮的性能参数**　　　　　　　　　　　　表 14-121

| 型号 | ZLP800 | ZLP630 | ZLP500 | ZLP300 | ZLS300 |
| --- | --- | --- | --- | --- | --- |
| 额定负载质量（kg） | 800 | 630 | 500 | 300 | 300 |
| 升降速度（m/min） | 8～11 | 8～11 | 6～11 | 6～11 | 3 |
| 作业平台尺寸（长度，m） | 2.5～7.5 | 2～6 | 2～6 | 2～4 | 2 |
| 钢丝绳直径（mm） | φ8.6 | φ8.3 | φ8.3 | φ7 | φ7 |
| 电机功率（kW） | 2.2 | 1.5 | 1.1 | 0.55 | （手动） |
| 安全锁 锁绳速度（离式）（m/min） | 18～22 | | | | （手动断绳保护锁） |
| 安全锁 锁绳角度（楼臂式）（°） | 3～8 | | | | |
| 整机自重（kg） | 2010 | 1715 | 1525 | 1160 | 950 |

**3. 吊篮的结构组成**

(1) 悬吊平台

悬吊平台由高低栏杆、篮底和提升机安装架四个部分用螺栓连接组合而成。

工作平台有 1.5m、2m、2.5m 三个类型的标准节，根据现场施工的实际需要可拼成 1.5～6m 不同长度的工作平台，它的宽度约为 700mm，外侧高度约为 1185mm 及内侧高度约为 1150mm。平台两端由侧栏与高低护栏连接，平台底板的两端装有挡板，可确保平台内的工具或物件不易滑出，工作平台的吊点设计在两端为双吊点平台，设计在中间的为单吊点平台，如图 14-121～图 14-123 所示。

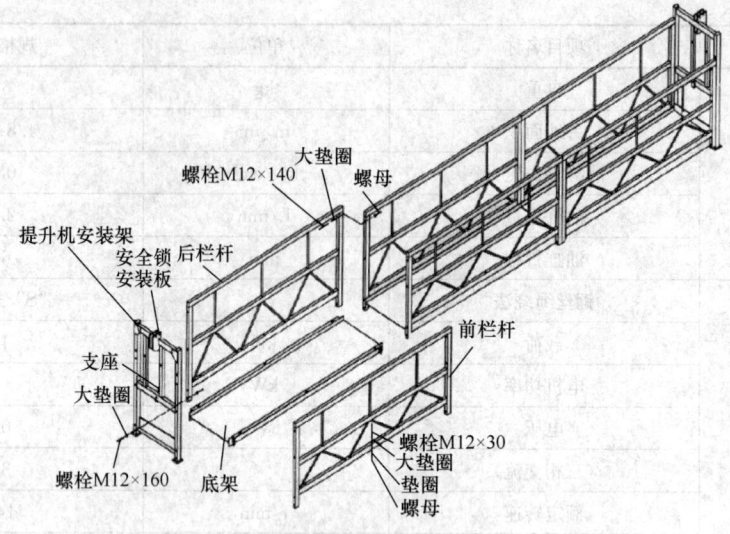

图 14-121 悬吊平台的安装图示

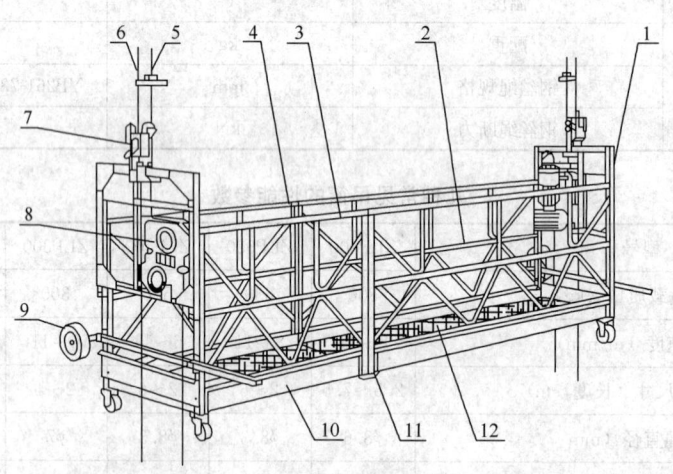

图 14-122 双吊点平台

1—安装架；2—护栏横梁；3—前部护栏；4—后部护栏；5—工作钢丝绳；6—安全钢丝绳；
7—防坠落装置；8—爬升式起升机构；9—靠墙轮；10—踢脚板；11—垂直构件；12—底板

还有一种悬吊座椅形式的操作设施，如图 14-124 所示。

(2) 提升机

提升机是悬吊平台的动力部件，采用电动爬升式结构。由电磁制动三相异步电机驱动，经涡轮蜗杆和一对齿轮减速后带动钢丝绳输送机构使提升机沿着工作钢丝绳上下运动，从而带动悬吊平台上升或者下降。

LTD63 提升机采用电磁制动三相异步电动机驱动，经涡轮蜗杆和一对齿轮减速后带动钢丝绳输送的机构，钢丝绳输送机构主要是一对驱动轮和带槽内齿轮组成，工作钢丝绳呈"α"形盘绕在带槽的内齿轮"V"形槽内，依靠"V"形两侧的摩擦力使提升机沿着钢丝绳上下运动，从而带动工作平台上升或下降。电磁电机具有机电双重制动功能，或一制动—限速功能。它的电磁制动器上装有手动释放装置，当施工突然停电时只需将两端的手动释放手柄压下，工作平台即能自动匀速滑降。

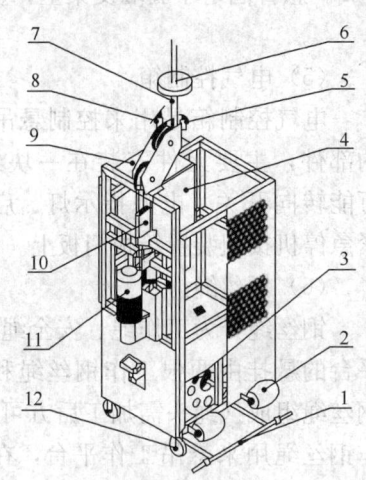 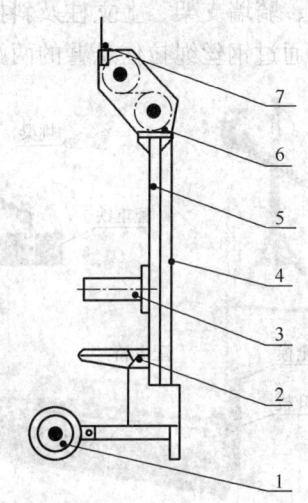

图 14-123　单吊点平台　　　　　　　　　图 14-124　悬吊座椅

1—防撞杆；2—靠墙轮；3—收绳器；4—电气控制系统；　　1—靠墙轮；2—座椅；3—靠背；4—钢丝绳；
5—终端极限位开关；6—安全钢丝绳；7—工作钢丝绳；　　　5—吊架；6—滑轮架；7—顶部限位开关
8—顶部限位开关；9—电缆箱；10—防坠落装置；
11—爬升式起升机构；12—脚轮

（3）安全锁

安全锁是悬吊平台的安全保护装置，当工作钢丝绳突然发生断裂或者悬吊平台倾斜到一定角度时，能自动快速地锁牢安全钢丝绳，保证悬吊平台不坠落或者继续倾斜。

LSG20型安全锁为摆臂防倾斜式（图14-125），主要零件有绳夹、套板、弹簧、拉板和滚轮。其动作原理是拉板上端的滚轮靠紧工作钢丝绳，此时与拉板连接的主轴迫使绳夹打开，安全钢丝绳可顺畅的通过。当工作钢丝绳断裂或工作平台发生倾斜时，滚轮与工作钢丝绳不再靠紧，拉板在弹簧力的作用下，转到某一角度，安全锁内套板在弹簧力和绳夹与钢丝绳之间摩擦力的先后作用下，使绳夹迅速合拢夹紧并锁牢钢丝绳。

LSG20型安全锁　　　　　　　锁绳状态　　　　　　　　工作状态

图 14-125　安全锁工作状态

(4) 悬挂机构

悬挂机构是吊篮的"根",它架设于建筑物上部,通过钢丝绳来悬挂工作平台的装置。它有悬臂、骑墙支架、上立柱及斜拉钢丝绳等组成。悬臂固定于骑墙支架上,上立柱固定于悬臂上通过钢丝绳拉住悬臂的两端。

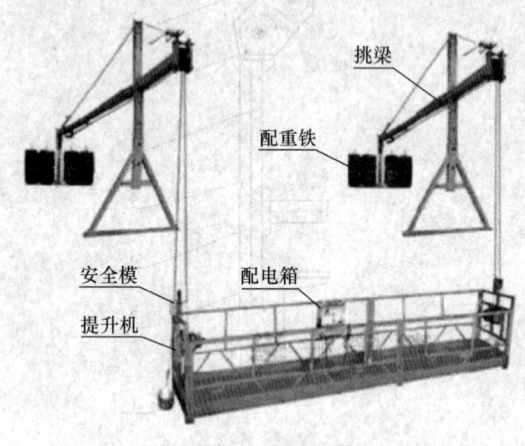

图14-126 吊篮的设置全貌

(5) 电气控制箱

电气控制箱是用来控制悬吊平台运动的部件,主要元件安装在一块绝缘板上,万能转向开关、电源指示灯、启动按钮和紧急停机按钮装置箱板门板上。

(6) 钢丝绳

钢丝绳分为工作绳、安全绳和加强绳。平台的悬挂由两根工作钢丝绳和两根安全钢丝绳组成(绳头需加工后方可使用),工作钢丝绳用来悬吊工作平台,在台式机的驱动下使工作平台沿着钢丝绳上下运行;安全钢丝绳穿入安全锁,平时顺畅通过,但当吊篮工作平台倾斜或工作绳断绳时,安全锁迅速将安全绳锁住,防止事故的发生;加强绳为悬挂机构预紧绳。

4. 吊篮的设置和升降方法

吊篮吊挂设置于屋面的悬挂机构上,图14-126所示为吊篮的常见设置情况。

吊篮的升降方式有以下3种:

(1) 手扳捯链升降

手扳捯链携带方便、操作灵活。牵引方向和距离不受限制,水平、垂直、倾斜均可使用。

用手扳捯链升降时,在每根悬吊钢丝绳上各装一个手扳捯链。将钢丝绳通过手扳捯链的导向孔向吊钩方向穿入、压紧。往复扳动前进手柄,即可进行起吊和牵引;而往复扳动倒退手柄时,即可下落或放松,但必须增设1根φ12.5保险钢丝绳以确保捯链出现打滑或断绳时的安全。为避免钢丝绳打滑脱出,可将钢丝绳头弯起,与导绳孔上部的钢丝绳合在一起用轧头夹紧,同时在导绳孔上口增设1个压片,捯链停止升降时,用止动螺栓通过压片压紧钢丝绳(图14-127)。

(2) 卷扬升降

卷扬升降采用的卷扬提升机与常用的

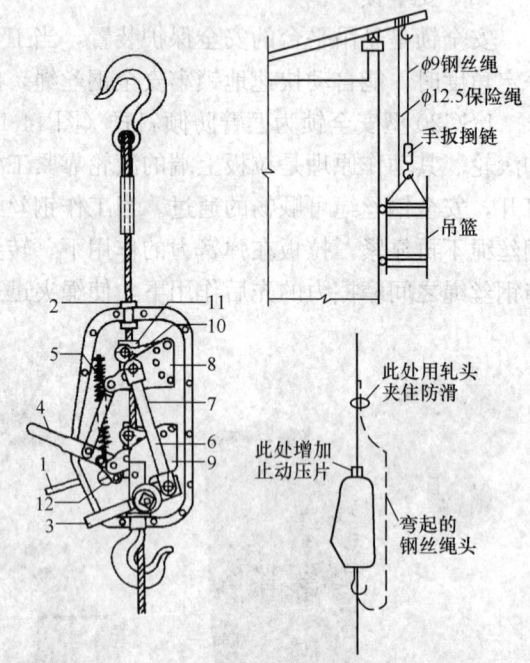

图14-127 手扳捯链构造及升降示意图
1—松卸手柄;2—导绳孔;3—前进手柄;4—倒退手柄;
5—拉伸弹簧;6—左连杆;7—右连杆;8—前夹钳;
9—后平钳;10—偏心板;11—夹子;12—松卸曲柄

卷扬机属同一类型,通过钢丝绳的收卷和释放,带动吊箱升降。其体积小,重量轻,并带有多重安全装置。卷扬提升机可设于悬吊平台的两侧(图 14-128)或屋顶之上(图 14-129)。后者常需增设移动装置,成为电动吊篮传动车(图 14-130)。在此基础上又出现了一种带有旋转臂杆,并在轨道上行走的移动式吊篮(图 14-131),其技术性能列于表 14-122 中。

移动式吊篮的技术性能　　　　表 14-122

| 项目 | 甲型 | 乙型 |
|---|---|---|
| 载重量(kg) | 250 | 300 |
| 提升高度(m) | 80 | 100 |
| 提升速度(m/min) | 10 | 10 |
| 沿轨道行驶速度(m²/min) | 12 | 12 |
| 轨距(mm) | 800 | 1000 |
| 电动机总功率(kW) | 3 | 3 |
| 吊篮重(kN) | 1200 | 1200 |
| 总重(不计轨道)(kN) | 3250 | 2860 |

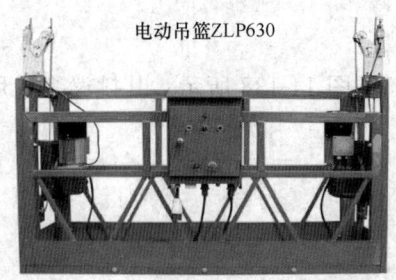

图 14-128　提升机设于吊箱的卷扬式吊篮

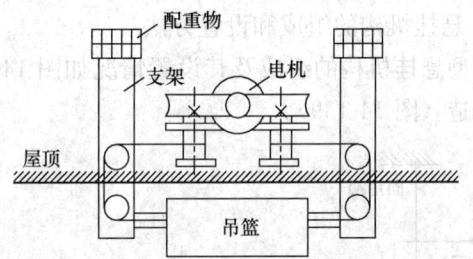

图 14-129　提升机设于屋顶的卷扬式吊篮

(3) 爬升升降

爬升提升机为沿钢丝绳爬升的提升机。其与卷扬提升机的区别在于提升机不是收卷或释放钢丝绳,而是靠绳轮与钢丝绳的特形缠绕所产生的摩擦力提升吊篮。

由不同的钢丝绳缠绕方式形成了"S"形卷绕机构(图 14-132)、"3"形卷绕机构(图 14-133)和"α"形卷绕机构(图 14-134)。"S"形机构为一对靠齿轮啮合的槽轮,靠摩擦带动其槽中的钢丝绳

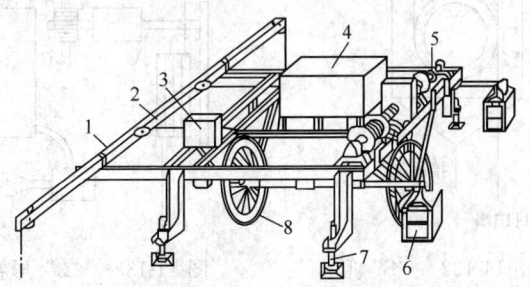

图 14-130　电动吊篮传动车示意图
1—钢丝绳;2—活动横担;3—电闸箱;4—电动机防护罩;
5—钢丝绳卷筒;6—配重箱;7—丝杠支脚;8—行走车

一起旋转,并依旋转方向的改变实现提升或下降;"3"形机构只有 1 个轮子,钢丝绳在卷筒上缠绕 4 圈后从两端伸出,分别接至吊篮和排挂支架上;"α"形机构采用行星齿轮机构驱动绳轮旋转,带动吊篮沿钢丝绳升降。

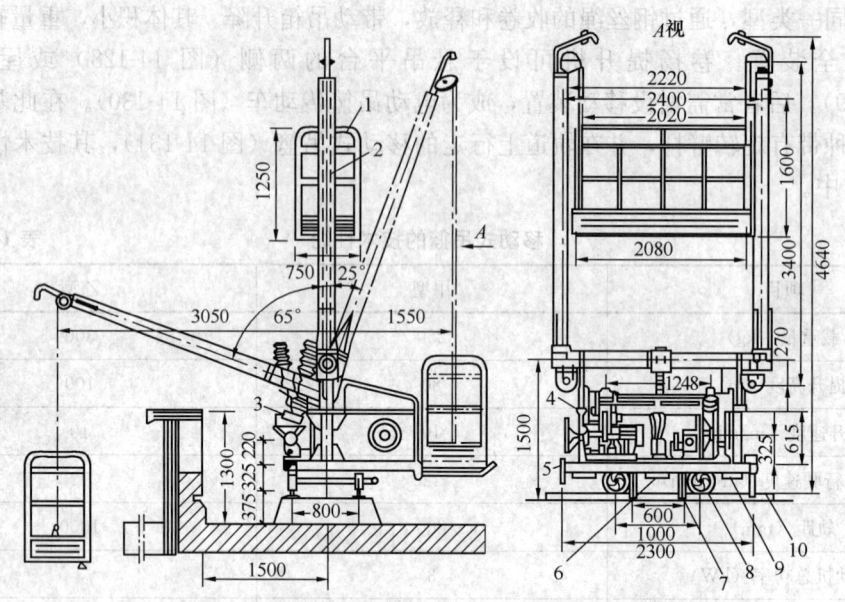

图 14-131 带旋转臂杆的移动式吊篮
1—吊篮；2—臂杆；3—调臂装置；4—卷扬机；5—制动器；
6—配重；7—夹具；8—行走机构；9—车架；10—轨道

**5. 悬挂机构的组成和设置方法**

典型悬挂机构的组成及其设置情况如图 14-135～图 14-138 所示，其挑梁多采用长度可调构造（图 14-139）。

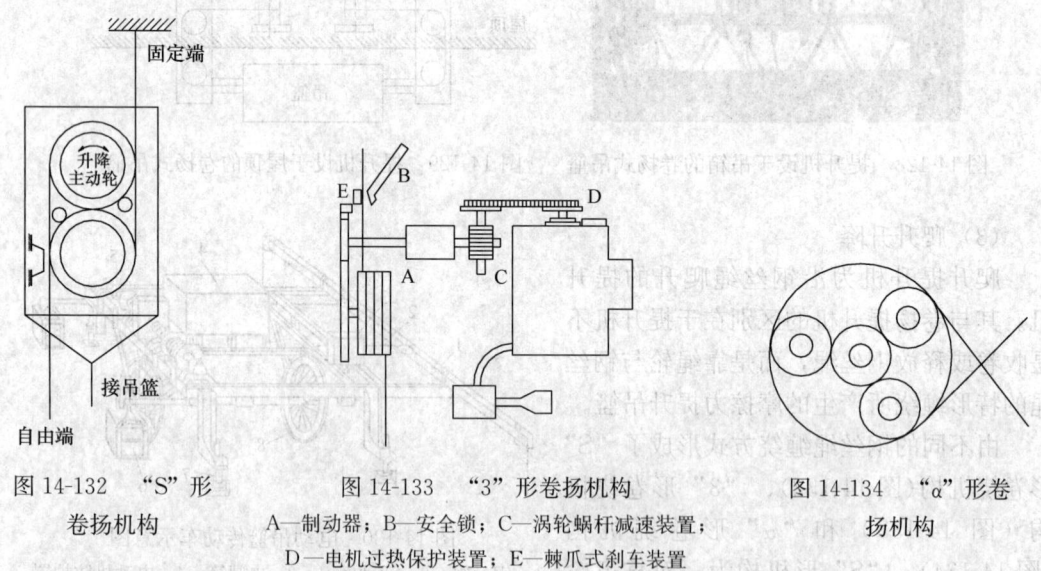

图 14-132 "S"形　　　图 14-133 "3"形卷扬机构　　　图 14-134 "α"形卷
卷扬机构　　　A—制动器；B—安全锁；C—涡轮蜗杆减速装置；　　扬机构
　　　　　　D—电机过热保护装置；E—棘爪式刹车装置

**6. 安全锁**

安全锁是吊篮的防坠装置。当提升机构的钢丝绳突然折断或吊篮因其他故障出现超速下滑时，安全锁立即动作，并在瞬间将吊箱锁定在安全钢丝绳上。

14.5 常用非落地式脚手架的设计与施工　1151

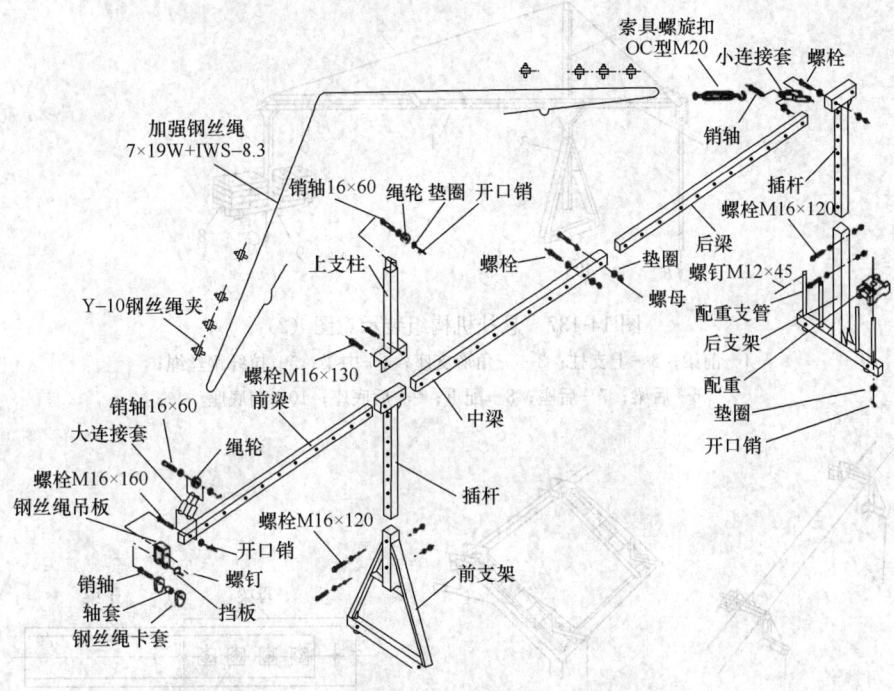

图 14-135　悬挂机构构成图示

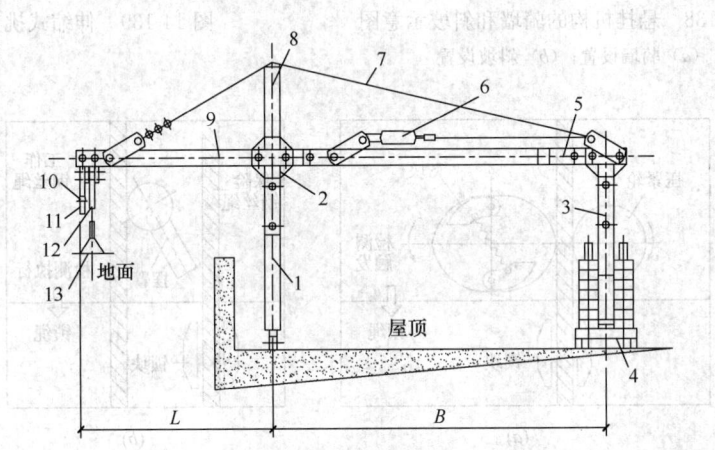

图 14-136　悬挂机构组装示意图（1）
1—前导向支柱；2—前后支柱；3—后导向支柱；4—配重小车；5—中间连接梁；
6—开式索具螺旋扣；7—拉纤钢丝绳；8—拉纤立柱；9—悬臂挑梁；10—上限位块；
11—安全钢丝绳；12—工作钢丝绳；13—绳坠铁

安全锁按其工作原理，可分为离心触发式（简称"离心式"）和摆臂防倾式（简称"摆臂式"）两类。前者具有绳速检测和离心触发机构（图 14-140a），当吊篮的下降速度超过一定数值，飞块产生的离心力克服弹簧的约束力向外甩到一定程度时，触动等待中的执行元件，带动锁绳机构动作，将锁块锁紧在安全钢丝绳上；后者具有锁绳角度探测机构，当吊篮发生倾斜或工作绳断裂、松弛时，其锁绳角度探测机构即发生角度位置变化，带动执行元件使锁绳机构动作，将吊篮锁住（图 14-140b）。

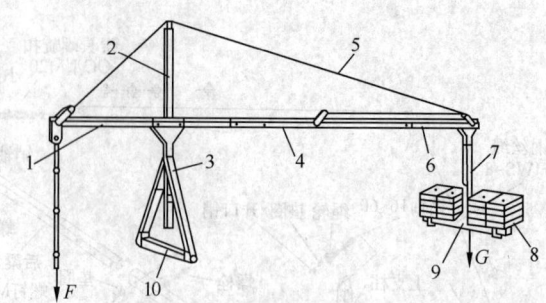

图 14-137 悬挂机构组装示意图（2）
1—前梁；2—上支柱；3—三角形支座；4—中梁；5—拉纤钢丝绳；
6—后梁；7—后座；8—配重；9—后底座；10—前底座

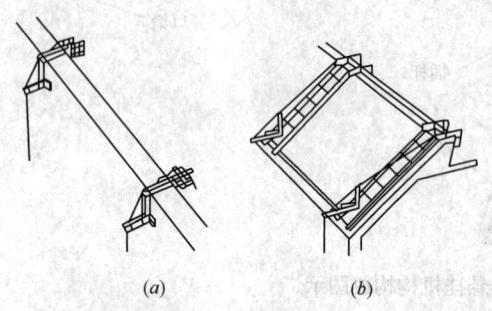

图 14-138 悬挂机构的骑墙和斜坡示意图
(a) 骑墙设置；(b) 斜坡设置

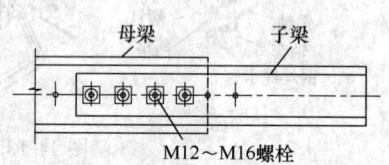

图 14-139 伸缩式挑梁

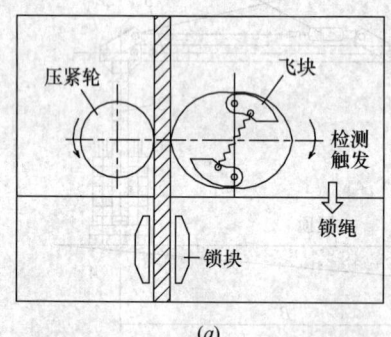
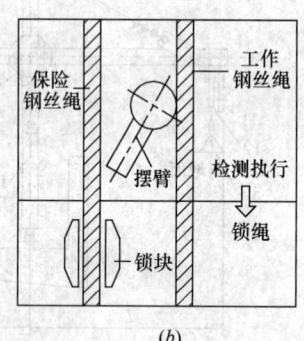

图 14-140 安全锁的工作原理示意图
(a) 离心式；(b) 摆臂式

### 7. 非标吊篮

除标准吊篮外，某些高度超高或是造型独特、构造复杂的建（构）筑物的外立面装饰或维护，如广州电视塔异型外筒钢结构的涂装作业（图 14-141）、浙江宁海电厂海水冷却塔双曲面内壁的清洗（图 14-142）等高危作业，难以使用标准吊篮进行施工操作，因此，需要根据建（构）筑物的构造特点专门设计制作一些非标准的吊篮。以江苏某建筑机械有限公司和上海某建筑机械厂为代表的一批高处作业吊篮行业的龙头企业，以雄厚的技术实力为基础，以快速反应的应变能力为手段，逐步将吊篮推广应用到建桥、筑坝、造船、电厂、电站和高塔等高大构筑物施工领域。

图 14-141 非标吊篮在外筒钢结构进行涂装作业　　图 14-142 冷却塔内沿双曲面做强制内倾牵引施工的非标吊篮

(1) 烟囱维护专用吊篮

烟囱维护专用吊篮主要是采用国内外先进技术，结构合理，与其他结构的吊篮相比较具有加高方便、操作简单、安全可靠、规格多种、投资省、效率高等特点。主要适用于高层建筑物的外墙施工等电动吊篮的上下动力来自于电动吊篮专用提升机。

电厂烟囱内筒壁防腐维护施工过程中，可选用 ZLP（F）2000 型高处作业圆弧复式烟囱、井道施工吊篮（图 14-143），已在近千个电厂烟囱脱硫改造工程中发挥了重要作用。其与搭设脚手架施工方式相比较，可以缩短施工工期 2～4 倍，减少钢材占用量 90% 以上，降低施工成本 30% 以上，符合节能减排的产业政策。

 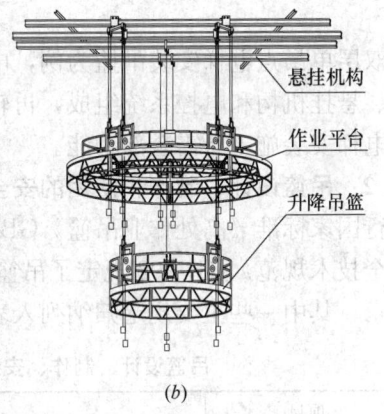

(a) (b)

图 14-143 圆弧复式烟囱、井道专用吊篮外形及结构
(a) 外形；(b) 结构简图

如图 14-143 (b) 所示，圆弧复式烟囱、井道专用吊篮由作业平台、升降吊篮、筒顶悬挂机构三大部件组成。作业平台底板呈环形，外圈因靠近筒壁，设有高 300mm 的盘边；内圈设有高 800mm 的护栏。整个作业平台依靠三吊点悬吊，每吊点各配备两台 LTD8 型提升机作为上下移动的动力。其主要功能是载人、载物接近作业面进行施工。

(2) 电梯安装专用吊篮

目前在建筑行业，大都采用在电梯井道中搭建脚手架的方法来实现电梯的安装。采用脚手架虽然可以实现电梯的安装，但搭建脚手架比较麻烦，费时较多，工作效率不高。而且还很不安全。

电梯安装专用吊篮结构如图 14-144、图 14-145 所示。该吊篮取代脚手架用于电梯安装，高效、省时、安全、便捷，优点十分突出，被越来越多的专业电梯安装公司认可，已批量用于电梯安装工程施工。电梯安装专用吊篮按照平台结构不同，有单层和双层之分；按照吊点设置不同，有单吊点和双吊点之分，以满足电梯安装施工的不同需求。

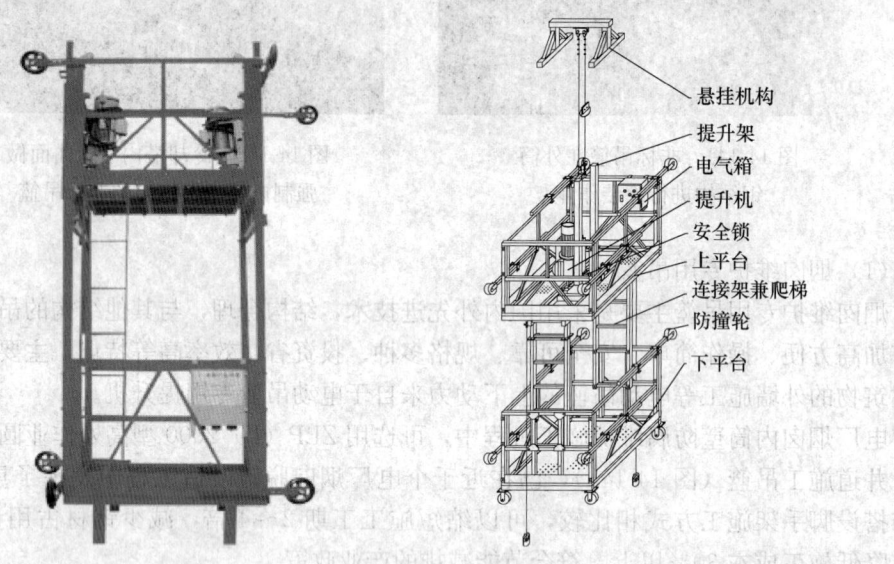

图 14-144　双层电梯安装专用吊篮外形图　　图 14-145　双层单吊点电梯安装吊篮结构简图

以双层单吊点电梯安装吊篮为例，电梯安装专用吊篮主要由平台（上、下）、提升机、安全锁、悬挂机构和电控系统组成，再辅以提升架、连接架和防撞导向轮等功能性构件，来实现电梯安装施工所需全部功能。

#### 14.5.4.2　吊篮设计、制作和使用的安全要求

现行国家标准《高处作业吊篮》GB/T 19155 以及现行行业标准《建筑施工工具式脚手架安全技术规范》JGJ 202 规定了吊篮在设计、制作、安装、使用、维修保养等方面的安全要求，其中一些主要规定归纳列入表 14-123 中。

吊篮设计、制作、安装、使用、维修保养的安全要求　　表 14-123

| 序次 | 项目 | 安全要求和规定 |
| --- | --- | --- |
| 1 | 一般要求 | 1）工作环境温度为 −10~55℃，安装吊篮的建筑结构有足够的强度以承受预期的荷载；2）质量一般要求不合格的产品不得出厂和使用；3）产品必须有符合要求的标牌和齐全的技术文件（合格证、说明书、有关图纸等）；4）吊篮作业人员必须适合高处作业并培训、考核合格；5）不适用诸如石棉的有害材料 |
| 2 | 对安装吊篮的建筑物要求 | 1）建筑物结构能承受吊篮工作时对结构施加的最大作用力；2）楼面上设置安全锚固环和/或安装吊篮用的预埋螺栓公称直径不小于 16mm；3）在建筑物适当位置，应设置供吊篮使用的电源配电箱。改配电箱应防雨、安全、可靠，在紧急情况时能方便切断电源 |

14.5 常用非落地式脚手架的设计与施工　　1155

续表

| 序次 | 项目 | 安全要求和规定 |
|---|---|---|
| 3 | 技术性能要求 | 1) 吊篮的各机构作业时应保证：a) 电气系统与控制系统能正常，动作灵敏、可靠；b) 安全保护装置与限位装置动作准确，安全可靠；c) 各传动机构运转平稳，不得有过热、异常声响或振动，起升机构等无渗漏油现象；2) 平台升降速度应不大于18m/min，其误差不大于设计值的±5%；3) 吊篮在额定重量工作时，在距离噪声源1m处的噪声值应不大于79dB（A） |
| 4 | 结构安全系数 | 1) 承载结构件为塑性材料时，按材料的屈服点计算，其安全系数不应小于2；2) 承载结构件为非塑性材料时，按材料的强度极限计算，其安全系数不应小于5；3) 结构安全系数 $K$，按下式确定：$k_1 = \dfrac{\sigma}{(\sigma_1+\sigma_2)f_1 f_2}$，式中 $\sigma$ 为材料的屈服点或强度极限；$\sigma_1$、$\sigma_2$ 分别为结构质量和额定载荷引起的应力；应力集中系数 $f_1$ 取$\geqslant$1.0，动载系数 $f_2$ 取$\geqslant$1.25 |
| 5 | 吊篮平台的要求 | 1) 平台在不计控制箱的影响时，平台内部宽度应不小于500mm，每个人员的工作面积应不小于0.25m²；2) 底板应为坚固、防滑表面，并固定可靠，地板上的任何开孔应设计成能防止直径为15mm的球体通过，并有足够的排水措施；3) 平台四周应安装护栏、中间护栏和踢脚板，护栏高度应不小于1000mm，中间护栏与护栏和踢脚板间的距离应不大于500mm；4) 踢脚板应高于平台底板表面15mm |
| 6 | 提升机构的要求 | 1) 卷扬式提升机的卷筒必须设挡线盘，吊篮提升至最大高度时，挡线盘高出钢丝绳上表面不小于2倍绳径。卷筒的最小名义直径 $D$ 与钢丝绳名义直径 $d$ 之比应不小于20；2) 爬升式提升机滑轮的名义直径 $D$ 与钢丝绳名义直径 $d$ 之比应不小于12，当 $D/d=12\sim18$ 时应采用航空用钢丝绳；3) 提升传动机构禁止采用摩擦装置、离合器和皮带传动，其外露部分必须装机动或保护装置；4) 应备有在电气失效时，不超过两个人就可以操作的手驱动装置；5) 制动器必须使带有动力试验载荷的吊篮平台，在不大于100mm制动距离内停止运行；6) 卷扬提升机的卷筒设于屋面小车上时，必须配备制动器；7) 提升机构额定速度不大于18m/min |
| 7 | 安全保护装置的要求 | 1) 必须配制动器、行程限位和安全锁等，检验合格才能安装；2) 吊篮必须装有上下限位开关，并以吊篮平台自身去触动；3) 每根安全钢丝绳上必须装有不能自动复位的安全锁；4) 安全锁应在吊篮平台下滑速度大于25m/min时动作，在不超过100mm的距离内停住；5) 安全锁必须在其有效期内使用，超期者必须由专业厂检测合格后方可使用；6) 吊篮上须有防倾装置，并宜设超载保护装置 |
| 8 | 钢丝绳的要求 | 1) 钢丝绳的直径不应小于6mm；2) 钢丝绳安全系数 $n$ 按下式确定，且不应小于9：$n = \dfrac{5s}{W}$，式中 $s$ 为单根钢丝绳的额定破断拉力（kN），$a$ 为钢丝绳根数，$W$ 为吊篮的全部荷载（含自重）；3) 不允许以连接两根或多根钢丝绳的方法去加长或修补；4) 除随时对钢丝绳可见的部分、与设备连接部位、绳端固定装置等进行检查外，每月至少按现行国家标准《起重机　钢丝绳　保养、维护、检验和报废》GB/T 5972中第2.4.1条的规定检查两次，检查部位应符合第2.4.2条的规定，报废执行第2.5条的规定 |
| 9 | 悬挂机构的要求 | 1) 必须使用钢材或其他适合的金属材料制作，可采用焊接、销接或螺栓连接，结构应具有足够的强度和刚度；2) 受力件必须进行质量检查并达到设计要求；3) 悬技吊篮支架支撑点部位结构的承载能力应大于所选择吊篮各工况的荷载最大值；4) 悬挂机构前支架严禁支撑在女儿墙上、女儿墙外或建筑物挑檐边缘，并且应与支撑面保持垂直，脚轮不得受力 |

续表

| 序次 | 项目 | 安全要求和规定 |
|---|---|---|
| 10 | 配重的要求 | 1）配重应准确，并经安全检查员核实后才能使用；2）抗倾覆系数（＝配重矩/前倾力矩）不得小于3，按下式计算：$K = \dfrac{G \cdot b}{F \cdot a} \geqslant 3$，式中$G$、$F$分别为配重和吊缆的总荷载，$b$和$a$分别为配重中心和承重钢丝绳中心到支点的距离；3）配重件应稳定可靠地安放在配重架上，并有防止随意移动的措施。严禁使用破损的配重件或其他替代物。配重件的重盘应符合设计规定 |
| 11 | 电气系统的要求 | 1）电气控制系统供电应采用三相五线制。接地、接零线应始终分开，接地线采用黄绿相间线，在接地处有明显的接地标志；2）电机外壳及所有电气设备的金属外壳、金属保护套都应可靠接地，接地电阻不应大于4Ω；3）主电路相间绝缘电阻应不小于0.5MΩ，电气线路绝缘电阻应不小于2MΩ；4）吊篮的电源和电缆应单设，并有保护措施；5）电器控制箱应有防水、防振、防尘措施；6）电气系统应有可靠接零并配备过热、短路、漏电保护等装置，电气元件必须灵敏可靠；7）在吊篮上使用的便携式电动工具的额定电压不得超过220V；8）必须设置紧急状态下切断主电源控制回路的急停按钮，该电路独立于各控制电路。急停按钮为红色，并有明显的"急停"标记、不能自动回位 |
| 12 | 其他要求 | 1）作业人员应配置独立于悬吊平台的安全绳及安全带或其他安全装置；2）应严格遵守操作规程，严禁超载使用；3）作业时，作业人员不得悬空俯身；4）在作业区域内设围栏防护 |

## 14.6 卸料平台的设计与施工

### 14.6.1 卸料平台形式与用途

卸料平台是指在建筑施工过程中，一些物料或施工器具需要由存料场地运送到建筑施工的作业区，或建筑物内的物料要运出，在倒运过程中，需要在建筑物外侧搭设一个临时存料的转运台，这个平台称为卸料平台。

目前常用的卸料平台分为落地式卸料平台、悬挑式卸料平台和自升式卸料平台。根据住房和城乡建设部颁布的《房屋建筑和市政基础设施工程禁止和限制使用技术目录（第二批）》（住建部［2024］186号）的规定，针对采用扣件式钢管脚手架搭设的卸料平台，明确不得用于三层（或10m）及以上建筑工程施工；不得用做悬挑卸料平台。

落地式卸料平台如图14-146所示。

### 14.6.2 落地式卸料平台

#### 14.6.2.1 落地式卸料平台的构造要求

（1）落地式卸料平台高度不应超过15m，高宽比不应大于3∶1。

（2）卸料平台的施工荷载不应超过$2.0kN/m^2$，卸料平台的施工荷载大于$2.0kN/m^2$时，应进行专项设计。

（3）用脚手架搭设落地式卸料平台时，其立杆间距和步距等结构要符合国家现行相关

14.6 卸料平台的设计与施工　1157

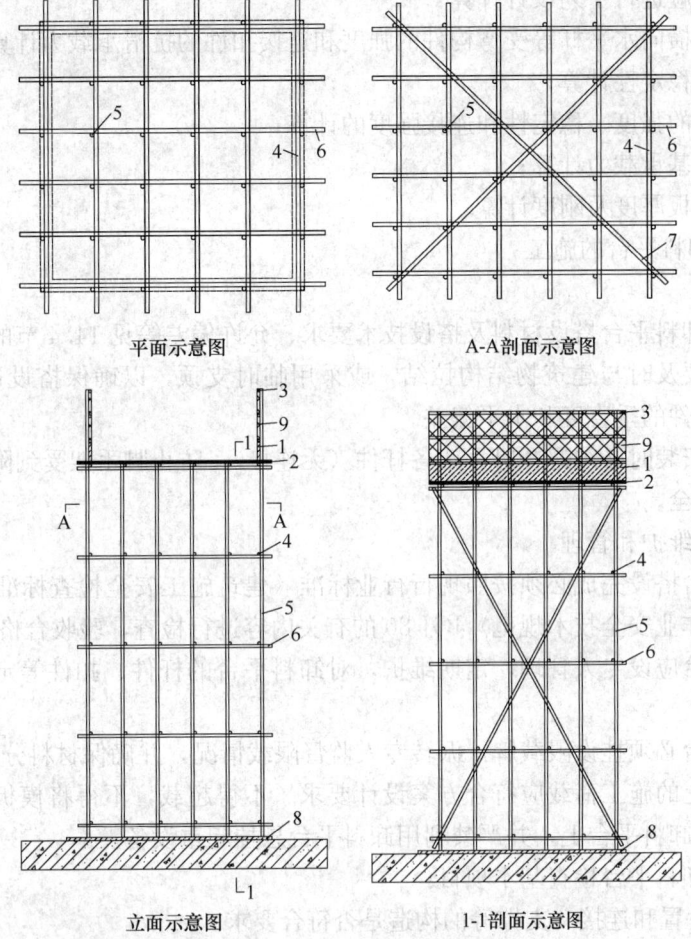

图 14-146　落地式卸料平台示意图
1—挡脚板；2—满铺脚手板；3—防护栏杆；4—纵向水平杆；
5—立杆；6—横向水平杆；7—水平剪刀撑；8—垫木；9—防护挡板

脚手架规范的规定；应在立杆下部设置底座或垫板、纵向与横向扫地杆，并应在外立面设置剪刀撑或斜撑。

(4) 若具备条件，落地式操作平台应从底层第一步水平杆起逐层设置连墙件，且间隔不应大于 4m，同时应设置水平剪刀撑。连墙件应采用可承受拉力和压力的构件，并应与建筑结构可靠连接。

(5) 立杆的间距宜为 600～900mm，步高宜在 1.5～1.8m。

(6) 落地式卸料平台应独立设置，并应与建筑物进行刚性连接或加设防倾措施，不得与脚手架连接；形式可选用埋件、钢管直接抱箍。钢管抱箍与结构柱之间需用防滑垫木顶紧，避免抱箍因受力不均产生滑动。拉结杆必须与平台立杆牢固扣接。

### 14.6.2.2　落地式卸料平台的设计与施工

1. 落地式卸料平台的设计

落地式卸料平台，其承载能力应按概率极限状态设计法的要求，采用分项系数设计表

达式进行设计。应进行下列设计计算:
(1) 纵向、横向水平杆等受弯构件的强度和连接扣件的抗滑承载力计算;
(2) 立杆的稳定性计算;
(3) 连墙件的强度、稳定性和连接强度的计算;
(4) 立杆地基承载力计算;
(5) 平台面板厚度及刚度计算。

2. 落地式卸料平台的施工
(1) 搭设

1) 落地式卸料平台搭设材料及搭设技术要求、允许偏差等见 14.4 节的相关内容。

2) 搭设时要及时与建筑物结构拉结,或采用临时支顶,以确保搭设过程中的安全,并随搭随校正杆件的垂直度和水平偏差。

3) 拉结杆安装时必须避开脚手架各杆件(无连接),防止脚手架受到附加外力,影响脚手架体系的安全。

(2) 验收、维护和管理

1) 卸料平台搭设完成必须按照现行行业标准《建筑施工安全检查标准》JGJ 59 以及《建筑施工高处作业安全技术规范》JGJ 80 的有关内容进行检查,验收合格后方可使用。

2) 卸料平台应设专人管理,定期维护,对卸料平台的杆件、扣件等定期检测,发现松动及时加固。

3) 卸料平台必须挂设限载牌,派转专人监督限载情况,并确保材料分散堆放。

4) 作业层上的施工荷载应符合方案设计要求,不得超载,不得将模板、泵送混凝土输送管等固定在卸料平台上,并严禁利用卸料平台悬挂起重设备。

5) 落地式卸料平台检查基本项目:
① 杆件的设置和连接、支撑等的构造是否符合要求。
② 地基是否积水,立杆是否悬空。
③ 应对扣件用测力扳手进行螺栓紧固强度的测试。
④ 校正杆的垂直度和大、小横杆的标高和水平度,使落地卸料平台的步、横、纵距上下始终保持一致。

### 14.6.3 悬挑式卸料平台

#### 14.6.3.1 悬挑式卸料平台的构造要求

按其悬挑方式可分为斜拉方式和下斜撑式两种,目前主要以悬挂式为主。

1. 卸料平台的形式
(1) 悬挑式卸料平台可根据不同需要设置,常见的长宽尺寸有 4.5m×2.4m、4.8m×2.4m、5m×1.6m 等;斜拉方式悬挑卸料平台结构如图 14-147 所示。

(2) 平台的悬挑长度不宜大于 5m,均布荷载不应大于 5.5kN/$m^2$,集中荷载不应大于 15kN,悬挑梁应锚固固定。

2. 构造要求
(1) 悬挑式卸料平台的设置应符合下列规定:

1) 悬挑式卸料平台的搁置点、拉结点、支撑点应设置在稳定的主体结构上,且应可

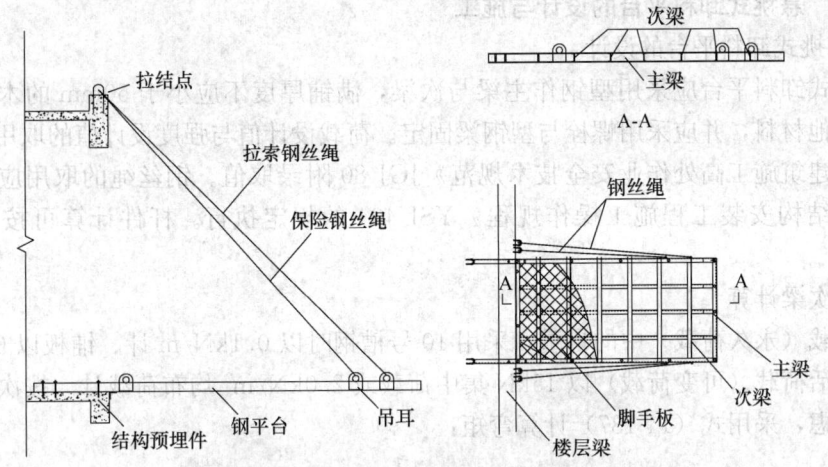

图 14-147　斜拉方式的悬挑卸料平台示意图

靠连接。

2）严禁将卸料平台设置在临时设施上。

3）卸料平台的结构应稳定可靠，承载力应符合设计要求。

4）悬挑式卸料平台的外侧应略高于内侧，应设置 4 个经过验算的吊环，吊运平台时应使用卡环，不得使吊钩直接钩挂吊环。吊环应用甲类 3 号沸腾钢制作。吊耳如图 14-148 所示。

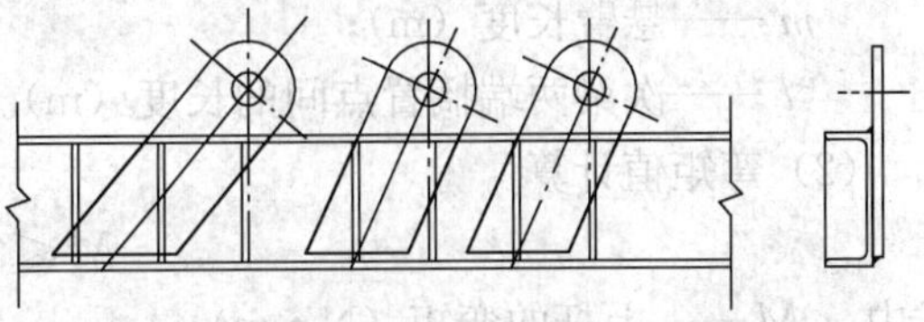

（2）拉索钢丝绳或斜撑要求

采用斜拉方式的悬挑式卸料平台，平

图 14-148　斜拉方式的悬挑卸料平台吊耳详图

台两侧的连接吊环应与前后两道斜拉钢丝绳连接，每一道钢丝绳应能承载该侧所有荷载。钢丝绳应采用专用的卡环连接，钢丝绳卡型号应与钢丝绳直径相匹配，且不得少于 4 个，钢丝绳卡的连接方法应满足规范要求。建筑物锐角、利口周围系钢丝绳处应加衬软垫物。

采用下支承方式的悬挑式操作平台，应在钢平台下方设置不少于两道斜撑，斜撑的一端应支承在钢平台主结构钢梁下，另一端应支承在建筑物主体结构上。下支承方式悬挑卸料平台结构如图 14-149 所示。

（3）围护栏杆要求

平台三面均应设置防护栏杆并设置防护挡板全封闭，当需要吊运长度超过卸料平台的材料时，其端部护栏可做成格栅门。人员上卸料平台时，必须采取可靠的安全防护措施。

3. 制作要求

制作卸料平台的钢材应采用国家标准材料，制作应严格按图施工，尺寸正确，组成部件焊接牢固。

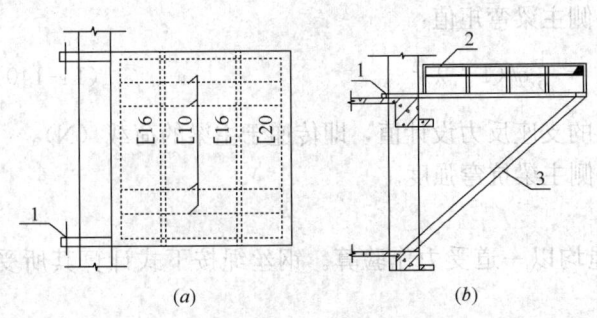

图 14-149　下支承方式的悬挑卸料平台示意图
(a) 平面图；(b) 侧面图
1—侧面预埋件；2—栏杆与槽钢焊接；3—斜撑杆

### 14.6.3.2 悬挑式卸料平台的设计与施工

**1. 悬挑式卸料平台的设计**

悬挑式卸料平台应采用型钢作主梁与次梁，满铺厚度不应小于50mm的木板或同等强度的其他材料，并应采用螺栓与型钢梁固定。荷载设计值与强度设计值的取用按现行行业标准《建筑施工高处作业安全技术规范》JGJ 80 附录取值。钢丝绳的取用应按现行行业标准《结构安装工程施工操作规程》YSJ 404 的规定执行。杆件计算可按下列步骤进行。

（1）次梁计算

恒荷载（永久荷载）中的自重，采用10号槽钢时以0.1kN/m计、铺板以0.4kN/m²计；施工活荷载（可变荷载）以15kN集中荷载或2.0kN/m²均布荷载计。按次梁承受均布荷载考虑，采用式（14-137）计算弯矩：

$$M = \frac{1}{8}ql^2 \tag{14-137}$$

当次梁带悬臂时，按下式计算弯矩：

$$M = \frac{1}{8}ql^2(1-\lambda^2)^2 \tag{14-138}$$

式中 $\lambda$——悬臂比值，$\lambda = ml$；
  $m$——悬臂长度（m）；
  $l$——次梁两端搁置点间的长度（m）。

（2）弯矩值计算

$$M \leqslant W_n f \tag{14-139}$$

式中 $M$——上杆的弯矩（N·m）；
  $W_n$——上杆净截面抵抗矩（cm³）；
  $f$——上杆抗弯强度设计值（N/mm²）。

（3）主梁计算

按外侧主梁以钢丝绳吊点作支承点计算。为安全计，里侧第二道钢丝绳不起作用。将次梁传递的恒荷载和施工活荷载，加上主梁自重的恒荷载，按式（14-137）计算外侧主梁弯矩值。主梁采用20号槽钢时，自重以0.26kN/m计。当次梁带悬臂时，先按式（14-140）计算次梁所传递的荷载；再将此荷载换算为等效均布荷载设计值，加上主梁自重的荷载设计值，按式（14-139）计算外侧主梁弯矩值：

$$R_{外} = \frac{1}{2}ql(1+\lambda)^2 \tag{14-140}$$

式中 $R_{外}$——次梁搁置于外侧主梁上的支座反力设计值，即传递于主梁的荷载（N）。

将上面弯矩按式（14-139）计算外侧主梁抗弯强度。

（4）钢丝绳验算

为安全计，钢平台每侧两道钢丝绳均以一道受力作验算。钢丝绳按下式计算其所受拉力：

$$T = \frac{ql}{2\sin\alpha} \tag{14-141}$$

式中 $T$——钢丝绳所受拉力标准值（N）；

$q$ —— 主梁上的均布荷载标准值（N/m）；

$l$ —— 主梁计算长度（m）；

$\alpha$ —— 钢丝绳与平台面的夹角；当夹角为45°时，$\sin\alpha=0.707$；当为60°时，$\sin\alpha=0.866$。

以钢丝绳拉力按下式验算钢丝绳的安全系数 $K$：

$$K = \frac{F}{T} \geqslant [K] \tag{14-142}$$

式中 $F$ —— 钢丝绳的破断拉力，取钢丝绳的破断拉力总和乘以换算系数（N）；

$[K]$ —— 吊索用钢丝绳的规范规定安全系数，取值为≥9。

(5) 下支承斜撑的验算

$$\frac{N}{\varphi A_c} \leqslant f \tag{14-143}$$

式中 $N$ —— 斜撑的轴心压力设计值（N）；

$\varphi$ —— 轴心受压杆件的稳定系数，按现行国家标准《钢结构设计标准》GB 50017 规定采用；

$A_c$ —— 斜撑毛截面面积（mm²）；

$f$ —— 斜撑抗压强度设计值（N/mm²）。

2. 悬挑式卸料平台的施工

(1) 卸料平台应设置在主体结构有大开洞的部位，台面与楼板取平或搁置在楼板上。

(2) 悬挑搭设的卸料平台在建筑物的垂直方向应错开设置，不得设在同一平面位置上，以避免上层的卸料平台阻碍其下层卸料平台吊运物品材料。

(3) 卸料平台搭设完成，必须经过安全验收，挂牌后才能正式使用。

(4) 卸料平台搭设

1) 卸料平台加工制作完成，必须经过验收合格，方可安装。

2) 卸料平台搁置点与上部拉结点，必须位于建筑物上，不得设置在脚手架等施工设备上。

3) 卸料平台安装时，钢丝绳应采用四角四根拉设，每根的承载力不小于设计计算值；卸夹和夹具应采用定型的专业产品。建筑物锐角利口围系钢丝绳处应加衬软垫物，钢平台外口应略高于内口。

4) 卸料平台外侧应安装防护栏杆并应设置防护挡板全封闭。卸料平台的台面应满铺脚手板。

5) 搭设完成必须按照现行行业标准《建筑施工高处作业安全技术规范》JGJ 80 的有关内容进行检查，验收合格后方可使用。

(5) 验收、周转使用、维护

1) 卸料平台吊装时，需待横梁支撑点电焊固定，接好钢丝绳，调整完毕，经过检查验收，方可松卸起重吊钩，上下操作。

2) 每次安装完毕必须经过安全验收合格方可使用。使用过程中必须挂设限载牌，严格按照其要求限载堆放，应配备专人加以监督。

3) 卸料平台应设专人管理，定期维护，发现问题及时整改加固。

4) 卸料平台使用时，应有专人进行检查，发现钢丝绳有锈蚀损坏应及时调换，焊缝脱焊应及时修复。

5) 卸料平台上装料不得超过荷载并限载，不得超长超过平台50cm，超高堆放材料不得超过防护栏杆。

6) 放物料时必须按规格品种堆放整齐，长短分开，不得混吊，并且不得在平台上组装和清理模板。

(6) 使用后拆除

1) 卸料平台的拆除过程与安装过程相反。

2) 卸料平台拆除前，必须查看施工现场环境，包括架空线路、外脚手架、地面的设施等各类障碍物、地锚、缆风绳、连墙杆及被拆卸料平台架体各吊点、附件情况，凡能提前拆除的尽量提前拆除。

3) 卸料平台拆除前必须将卸料平台上物料清除干净，同时拆除时在吊车未吊住钢平台前不允许松卸钢丝绳。采用吊车将卸料平台吊紧后方可松卸钢丝绳，并拆除卸料平台与预埋钢管的连接。

4) 拆除时，地面应设围栏和警戒标志，并派专人看守，严禁非操作人员入内。

### 14.6.4 自升式卸料平台

#### 14.6.4.1 自升式卸料平台的构造要求

自升式卸料平台是通过设置在工程结构上的附着支座，依靠自身的升降设备，随着工程的施工进展，沿建筑物升降的卸料平台。

自升式卸料平台可分为斜拉式和斜撑式，如图14-150、图14-151所示。升降设备可以采用液压千斤顶，设置在附着支座部位，同步向上顶升，也可采用电动捯链提升，如图14-152所示。

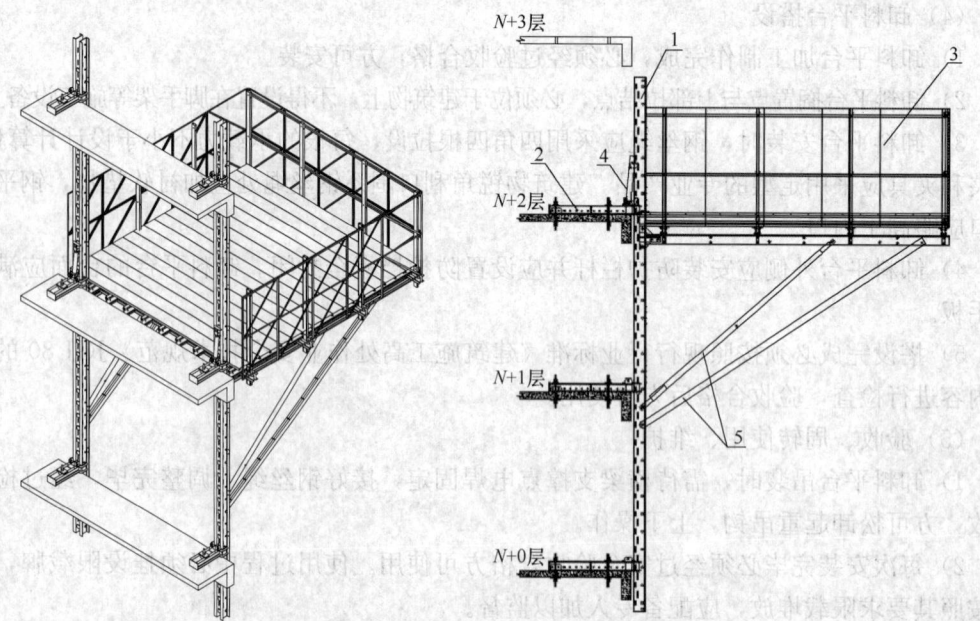

图14-150 斜撑式卸料平台立面图
1—导轨；2—附着支座；3—钢料台；4—升降设备；5—斜撑杆

14.6 卸料平台的设计与施工　　1163

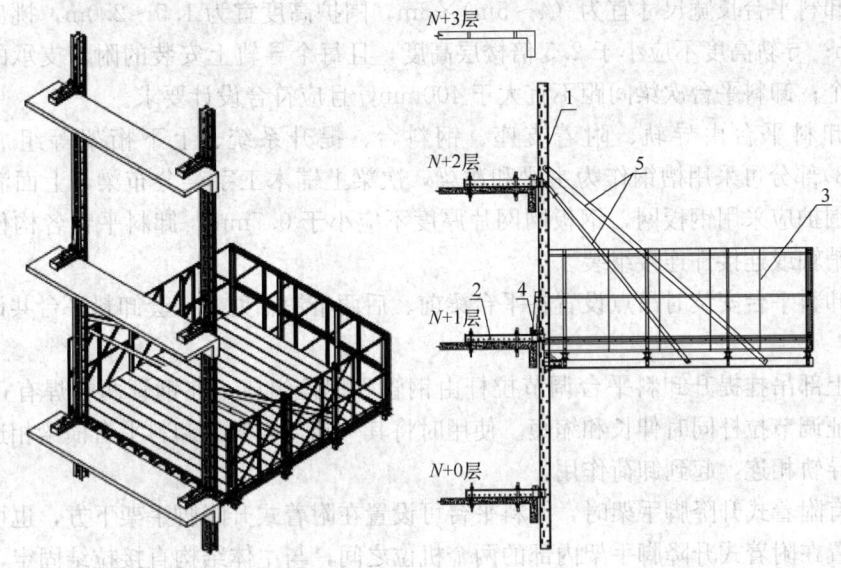

图 14-151　斜拉式卸料平台立面图
1—导轨；2—附着支座；3—钢料台；4—升降设备；5—斜拉杆

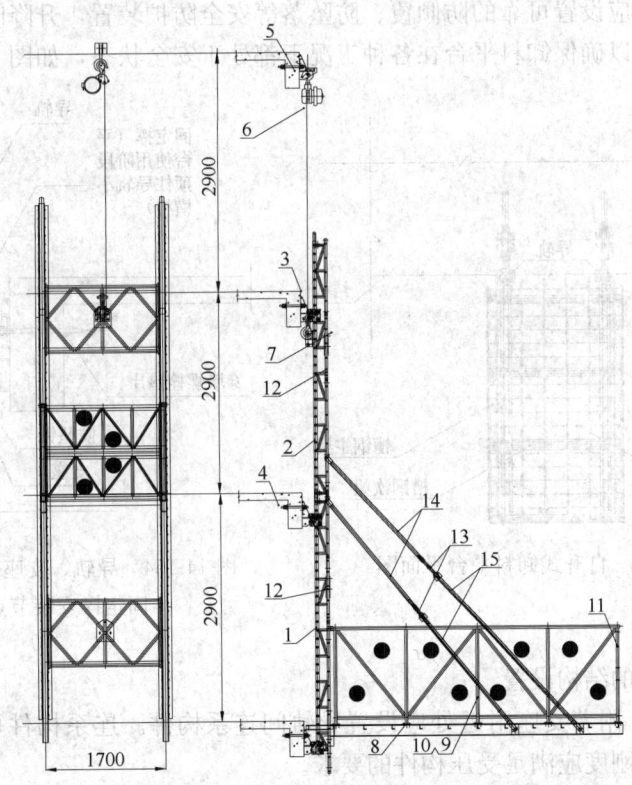

图 14-152　电动提升卸料平台构造示意图
1—导轨下节；2—导轨标准节；3—附墙支座；4—下桁架；5—吊点固定螺栓副；6—电动捯链；
7—下吊点；8—料台底板；9—料台左侧栏；10—料台右侧栏；11—料台前栏；12—上桁架；
13—调节螺杆；14—上调节杆；15—下调节杆

(1) 卸料平台长宽尺寸宜为（4～5m）×3m，围护高度宜为1.5～2.0m，挑出长度不应大于5m；导轨高度不应小于2.5倍楼层高度，且每个导轨上安装的附着支承的数量不应小于3个；卸料平台次梁间距不宜大于400mm，且应符合设计要求。

(2) 卸料平台由导轨、附着支座、钢料台、提升系统、上下桁架等组成。料台（图14-153）部分可采用槽钢作为主梁和次梁，次梁上铺木工字梁分布梁，上面满铺设钢跳板；外围护应采用钢板网，钢板网网片厚度不应小于0.7mm，卸料平台各构件间均通过螺栓、销轴或连接件连接组装。

(3) 卸料平台安装时吊点设置在平台梁前、后两个销轴处，一套卸料平台共设置4个吊点。

(4) 上部吊挂提升卸料平台调节拉杆由钢管和螺栓组成，在钢管两端焊有正反扣螺母，可保证调节拉杆同时伸长和缩短。使用时将其一端与自升式卸料平台横梁相连，另一端与竖向导轨相连，起到卸荷作用。

(5) 有附着式升降脚手架时，卸料平台可设置在附着式升降脚手架下方，也可根据施工需要设置在附着式升降脚手架内部的两个机位之间，与主体结构直接拉结固定，不与脚手架系统的部位拉结，脚手架提升时与卸料平台互不干涉。卸料平台与建筑结构间应设置安全可靠的硬质水平防护，不留间隙。

(6) 卸料平台应设置可靠的防倾覆、防坠落等安全防护装置，升降时应具备同步控制和荷载控制功能，以确保卸料平台在各种工况下都处于安全状态，如图14-154所示。

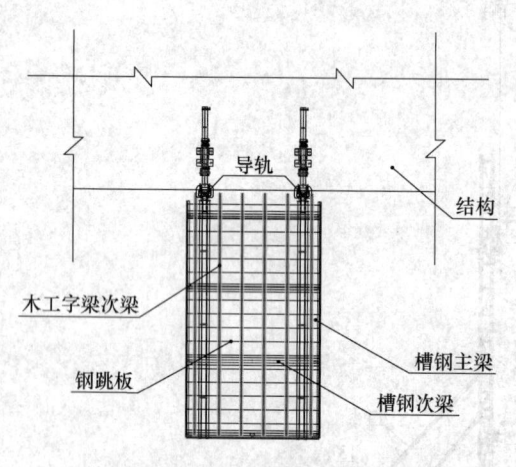

图14-153 自升式卸料平台平面图

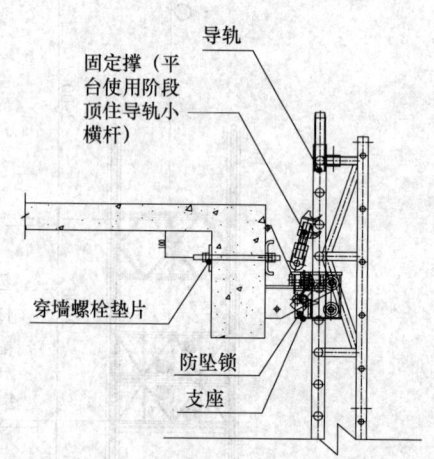

图14-154 导轨、支座、防坠装置、固定撑安装节点图

(7) 导轨之间的结构设置

1) 导轨两端、附着支座附近处应设置导轨间连系构件。连系构件可采用桁架形式，也可采用系杆，其刚度应满足受压构件的要求。

2) 导轨两端处应设置竖向剪刀撑，剪刀撑的倾角可在30°～60°。

3) 当导轨两端处采用桁架形式的连系构件，且桁架上、下弦杆与导轨可靠连接时，可以兼作剪刀撑。

(8) 卸料料台的位置需避开附着式升降脚手架机位和塔吊附臂位置，在高层建筑施工中，卸料平台与附着式升降脚手架分别单独提升，料台两侧及上部使用钢板网封闭。

### 14.6.4.2 自升式卸料平台的设计与施工

1. 自升式卸料平台的设计

自升式卸料平台的设计计算应包括下列内容：

（1）平台梁、板的强度、刚度和连接强度。

（2）侧围护结构的强度、刚度和连接强度。

（3）拉杆、张紧器的强度和连接强度。

（4）斜撑结构的强度、刚度、稳定性和连接强度。

（5）平台与导轨的连接强度。

（6）导轨的强度、刚度、稳定性和连接。

（7）附着支承的强度、刚度和连接强度。

（8）附着支座处的建筑结构承载力强度。

（9）升降机构的强度和连接强度。

（10）防倾导向装置和防坠器的强度。

（11）提升钢丝绳、索具、吊具的强度。

（12）动力设备提升能力的计算。

2. 自升式卸料平台的施工

（1）安装

1）安装前应检查构配件的焊接质量、几何尺寸，合格后方可安装。

2）附着支座锚固预埋点应定位准确，确保卸料平台导轨中心距离。

3）安装附着支座：将附着支座用锚固螺栓与建筑结构进行固定。

4）卸料平台安装应待梁、柱结构强度达到100%后方可进行。

5）电动提升卸料平台安装

① 重力摆块式防坠器由附墙固定座、滑动防坠座、导向滚轮、防坠摆块、摆块触发条等五部分组成，具体如图14-155所示。

② 电动提升卸料平台安装竖向导轨时，将导轨上节与导轨下节对接好放在空地上，

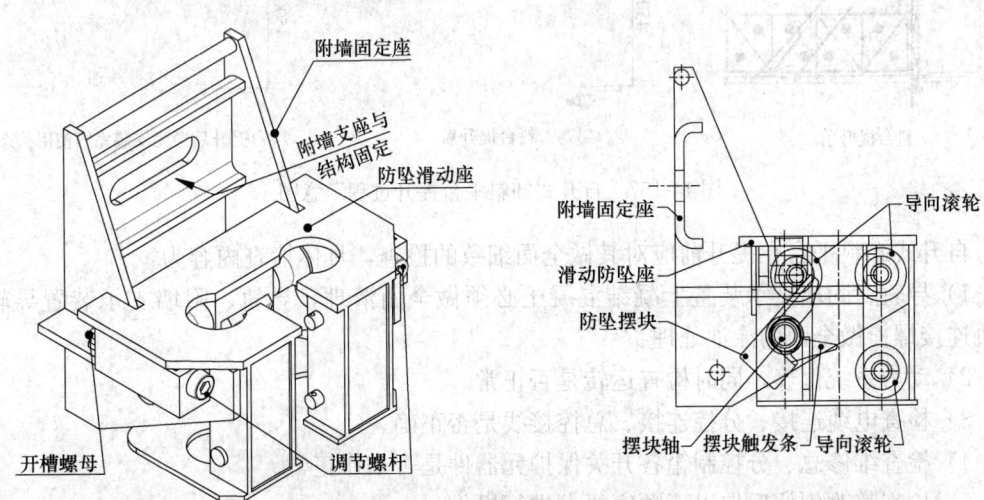

图 14-155 导轨支座示意图

两根导轨中心水平间距为 1750mm，然后可利用塔吊吊起竖向导轨往下落，选取合适的位置后安装插耳防止下滑。导轨连接处如图 14-156 所示。

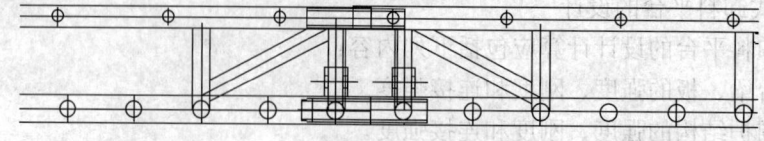

图 14-156 导轨对接示意图

③ 平台的安装：安装防护栏时操作平台拐角处用六角螺栓固定。将防护栏安装好后用扳手将平台底部的螺栓固定防止护栏松动。组装到位后，利用塔吊吊装到导轨高度位置，用螺栓连接导轨和平台，安装调节拉杆并调节其长度，保证平台水平。

④ 斜拉杆或斜撑的安装：平台斜拉杆或斜撑，是与轨道一体，通过丝杠调节定型。将组装好的操作平台与竖向导轨及建筑物连接完成后，再将料台利用斜拉杆与导轨进行固定。

（2）提升

卸料平台提升作业应以附着支座或是捯链吊挂层的结构混凝土同条件试块为指导依据，混凝土强度达到 15MPa 方可进行爬升，并应有专业操作人员进行操作。图 14-157 为电动提升卸料平台提升示意图。

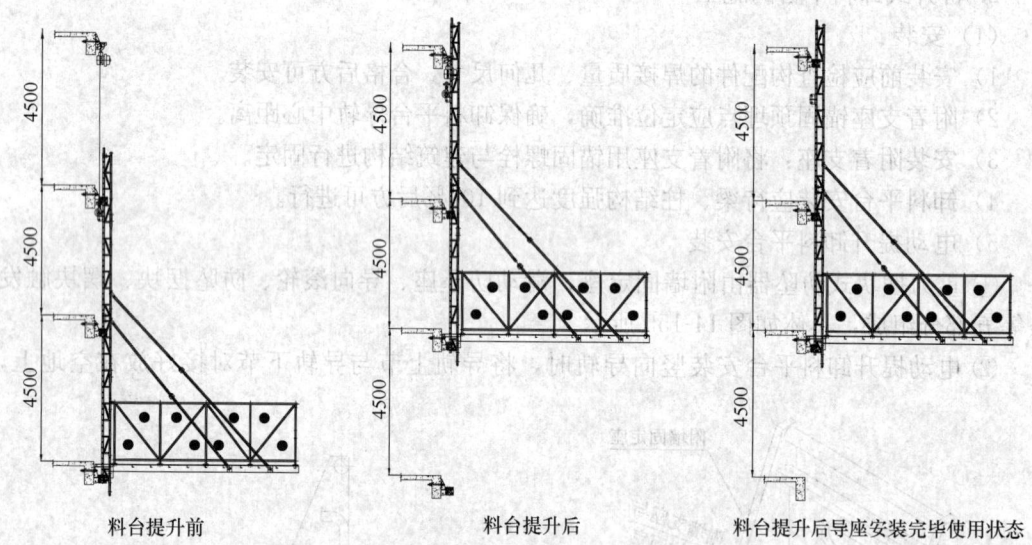

料台提升前　　　　　　料台提升后　　　　料台提升后导座安装完毕使用状态

图 14-157 自升式卸料平台提升过程示意图

自升式卸料平台在提升前应对其做全面细致的检查，具体检查内容为：

1）导轨、附墙支承装置上凝结混凝土必须做全面清理，导轨、附墙支承装置导轮、导轨连接螺栓做全面的涂油处理。

2）动力系统保养，同时检查运转是否正常。

3）检查电缆连接、分控连接、总控接线是否正确。

4）检查维修总、分控制箱各开关保护元器件是否工作正常。

5）检查整改到位后按以下顺序要求进行操作：

① 检查总控分控操作指令是否一致，同时检查控制系统是否正常。

② 检查所有支座、动力系统、翻板及障碍物清理情况，完成后组织检查和提升观察分工，准备提升。提升中，在自升式卸料平台与相邻附着式升降脚手架爬升过程有专人看守，保证提升安全。并且完善自升式卸料平台处与附着式升降脚手架接缝处临时防护措施，防止掉人落物。

③ 提升到位后，总控箱空开置于断开状态，同时将升降架体的总线插头拔出。

④ 撤除地面警戒。

(3) 特殊节点处理：当卸料平台位置确定以后，可在外立面附着式升降脚手架相应位置预留卸料平台洞口，确保自动升降料台可以顺利提升，同时确保附着式升降脚手架所有构件能可靠避让料台使用的卸载钢管，施工时洞口顶部使用钢结构板连接，保证料台施工时，顶部不发生坠物现象，断口两侧使用立网框全密封连接。

(4) 使用、维护、保养

1) 必须按设计性能指标进行使用，不得随意扩大使用范围（不得超过限载标识牌标定的载荷）。

2) 卸料平台上的施工荷载应符合设计规定，不得超载。

3) 卸料平台内的建筑垃圾应及时清理干净。

4) 卸料平台内物料长、宽、高不得超过防护栏所限范围，任何物料严禁放在防护栏上进行吊运。材料堆放应对称分散，严禁集中于一侧堆放，模板、架料、木方等需沿次梁堆放，材料应尽快吊运下楼或运至楼内，严禁物料在周转过程中放置停留超过2h。

5) 螺栓连接件、升降设备、防倾装置、放坠落装置、电控设备、同步控制设备等应每月进行维护保养。

6) 从卸料平台上起吊物体时，塔吊绳与吊点基本在同一垂线上，有专人指挥，先垂直起吊，有人扶好物料，防止碰撞栏杆，经信号员检查，与平台栏杆不碰时方可水平移动后提升。起吊物体一定要捆绑结实。

7) 在卸料平台上堆放材料时应轻拿轻放，不得用力扔掷，不得对卸料平台产生冲击荷载。

8) 平台使用受自然环境影响要满足现行行业标准《建筑施工高处作业安全技术规范》JGJ 80要求，在特殊天气条件下，如5级（含5级）以上大风、大雾、雷雨天气等，不允许使用。

(5) 拆除

1) 拆除前应检查主构件、连接点等，发现隐患应及时排除后方可进行拆除作业。

2) 拆除顺序应参照安装顺序，遵循先装后拆、后装先拆的原则。拆除作业如需动力设备辅助时，应使动力设备受力后方可作业。拆除后的构、配件等妥善安放在楼层上，集中吊运至地面。

## 14.7 高处作业安全防护

### 14.7.1 安 全 网

安全网用于各种建筑工地，是在进行建筑施工作业时，设置的起保护作用的网，能有效地防止人身、物体的坠落伤害，是建筑工地上最重要的安全防护设施之一。

#### 14.7.1.1 安全网的分类

根据使用功能与设置方式，安全网分为安全平网、安全立网和密目式安全立网三类。

(1) 安全平网：安装平面不垂直于水平面，用来防止人、物坠落，或用来避免、减轻坠落及物击伤害的安全网。

(2) 安全立网：安装平面垂直于水平面，用来防止人、物坠落，或用来避免、减轻坠落及物击伤害的安全网。

(3) 密目式安全立网（简称密目网）：网眼孔径不大于12mm，垂直于水平面安装，用于阻挡人员、视线、自然风、飞溅及失控小物体的网。一般由网体、开眼环扣、边绳和附加系绳组成。

#### 14.7.1.2 安全网使用注意事项

1. 安全网的选用

(1) 安全网可采用锦纶、维纶、涤纶或其他材料制成，其材质、规格、物理性能、耐火性、阻燃性、耐候性应符合现行国家标准《安全网》GB 5725 的规定。

(2) 单张平（立）网的质量不宜超过15kg。

(3) 平（立）网上所用的网绳、边绳、系绳、筋绳均应由不小于3股单绳制成，绳头部分应经过编花、燎烫等处理，不应散开。

(4) 平网宽度不应小于3m，立网宽（高）度不应小于1.2m。平（立）网的规格尺寸与其标称规格尺寸的允许偏差为±4%。

(5) 密目式安全立网的选用要求：

1) 密目网的网目密度应为10cm×10cm 面积上大于或等于2000目。

2) 每张密目网允许有一个缝接，缝接部位应当端正牢固。

3) 缝线不应有跳针、漏缝，缝边应均匀。

4) 网体上不应有断纱、破洞、变形及有碍使用的编织缺陷。

5) 密目网各边缘部位的开眼环扣应牢固可靠。

6) 密目网的宽度应介于1.2~2m，长度由合同双方协议条款指定，但最低不应小于2m。

7) 密目网需按照《安全网》GB 5725 规定的方法进行测试，网目、网宽度的允许偏差为±5%。

8) 开眼环扣孔径不应小于8mm。

9) 密目网需按照《安全网》GB 5725 的 6.2.3 条规定的方法进行测试，网眼孔径不应大于12mm。

2. 安全网搭设技术要求

(1) 安全网搭设应绑扎牢固、网间严密。安全网的支撑架应具有足够的强度与稳定性。

(2) 平（立）网上的所有节点应固定。

(3) 平（立）网的系绳与网体应牢固连接，各系绳沿网边均匀分布，相邻两系绳间距不应大于75cm，系绳长度不小于80cm。当筋绳加长用做系绳时，其系绳部分必须加长，且与边绳系紧后，再折回边绳系紧，至少形成双根。

(4) 平(立)网如有筋绳,则筋绳分布应合理,平网上两根相邻筋绳的距离不应小于30cm。

(5) 采用平网防护时,严禁使用密目式安全立网代替平网使用。

(6) 密目式安全立网使用前,应检查产品分类标记、产品合格证、网目数及网体重量,确认合格方可使用。

(7) 密目式安全立网搭设时,每个开眼环扣应穿入系绳,系绳应绑扎在支撑架上,间距不得大于450mm。相邻密目网间应紧密结合或重叠。

(8) 当立网用于龙门架、物料提升架及井架的封闭防护时,四周边绳应与支撑架贴紧,边绳的断裂张力不得小于3kN,系绳应绑在支撑架上,间距不得大于750mm。

(9) 用于电梯井、钢结构和框架结构及构筑物封闭防护的平网,应符合下列规定:

1) 平网每个系结点上的边绳应与支撑架靠紧,边绳的断裂张力不得小于7kN,系绳沿网边应均匀分布,间距不得大于750nm。

2) 电梯井内平网网体与井壁的空隙不得大于25mm,安全网拉结应牢固。

(10) 对不搭设脚手架和设置安全防护棚时的交叉作业,应在作业面下方或是外侧设置安全防护网。当在多层、高层建筑外立面施工时,应在二层及每隔四层设一道固定的安全防护网,同时设一道随施工高度提升的安全防护网。

### 14.7.2 安全防护棚

建筑工程施工中,施工人员大部分时间处于未完成的建(构)筑物各层各部位或构件的边缘或洞口处作业,包括施工组织需要形成的交叉作业工况,可能造成人员或是物体坠落的事故,对施工现场造成安全隐患,为防止高空坠物,需在坠落半径设置安全防护棚或安全防护网等安全隔离措施,将易发生高空坠落事故的不同作业面相互遮拦隔离开,以保证处于上部坠落半径范围内施工人员的人身安全及设备的安全。

#### 14.7.2.1 交叉作业与坠落半径

1. 交叉作业

在施工中垂直贯通状态下,可能造成人员或物体坠落,并处于坠落半径范围内、上下左右不同层面的立体作业。施工过程中存在交叉作业、通道口处等应根据具体情况设置安全防护棚。

2. 坠落半径

高处作业坠落半径是指在坠落高度基准面上,坠落着落点至经坠落点的垂线和坠落高度基准面的交点之间的距离。依据上层高度确定的可能坠落半径应符合现行国家标准《高处作业分级》GB/T 3608之规定。交叉作业时,下层作业位置应处于上层作业的坠落半径之外,高空作业坠落半径应按表14-124确定。安全防护棚和警戒隔离范围区范围的设置应视上层作业高度确定,并大于坠落半径。

坠落半径  表14-124

| 序号 | 上层作业高度（$h_b$） | 坠落半径（m） |
| --- | --- | --- |
| 1 | $2 \leq h_b \leq 5$ | 3 |
| 2 | $5 < h_b \leq 15$ | 4 |
| 3 | $15 < h_b \leq 30$ | 5 |
| 4 | $h_b > 30$ | 6 |

#### 14.7.2.2 安全防护棚设置规定

(1) 凡必须在可能坠落范围半径之内进行交叉作业的,坠落半径内应设置安全防护棚或安全防护网。

(2) 处于起重机臂架回转范围内的通道,应搭设安全防护棚。

(3) 施工现场人员进出的通道口,应搭设安全防护棚。

(4) 不得在安全防护棚棚顶堆放物料。

(5) 当采用脚手架搭设安全防护棚架构时,应符合相关脚手架的规定。

#### 14.7.2.3 安全防护棚的构造要求

(1) 结构施工自二层起,凡人员进出的通道口(包括井架、施工电梯的进出通道口),均应搭设安全防护棚,棚宽大于通道口宽度,棚顶满铺木板或竹笆,高层施工时,应采取双层棚顶。

(2) 当安全防护棚为非机动车辆通行时,棚底至地面高度不应小于3m;当安全防护棚为机动车辆通行时,棚底至地面高度不应小于4m。

(3) 当建筑物高度大于24m并采用木质板搭设时,应搭设双层安全防护棚。两层防护的间距不应小于700mm,安全防护棚的高度不应小于4m。

(4) 当安全防护棚的顶棚采用竹笆或木质板搭设时,应采用双层搭设,间距不应小于700mm;当采用木质板或与其等强度的其他材料搭设时,可采用单层搭设,木板厚度不应小于50mm。防护棚的长度应根据建筑物高度与可能坠落半径确定。

(5) 悬挑式安全防护棚

悬挑式安全防护棚搭设在建筑结构外立面,以隔离上下层施工作业。根据搭设材料的不同分为钢管扣件式悬挑硬隔离和型钢悬挑两种形式。其中,钢管扣件悬挑式安全防护棚(图14-158),搭设要求如下:

1) 钢管及扣件必须附有该产品的生产许可证和产品合格证,并对进场产品进行抽样

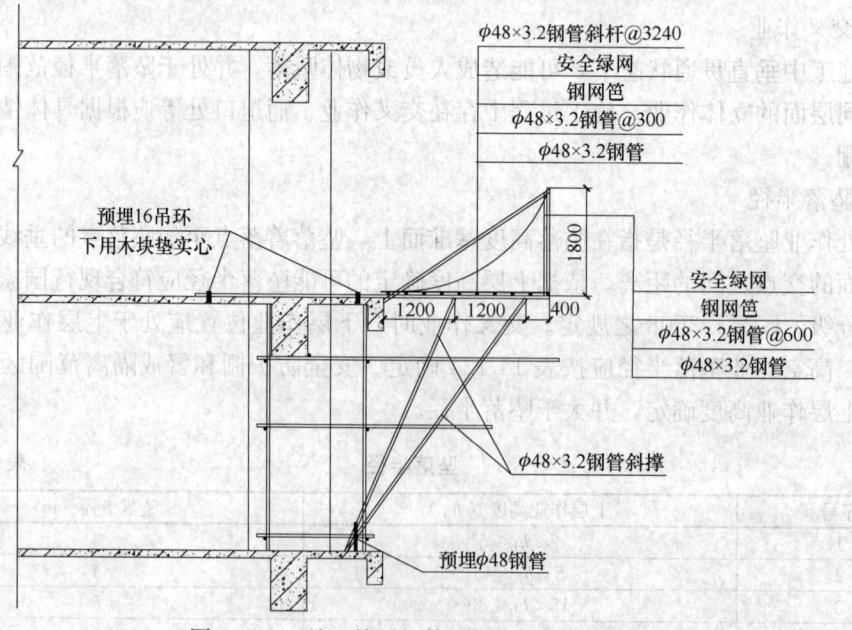

图 14-158 施工楼层钢管悬挑硬隔离剖面图

检验，取得合格检验单后方可使用。禁止使用有裂缝、滑丝、变形的扣件。

2）安装扣件时，所有扣件的开口必须向外，以防止闭口缝的螺栓钩挂操作者的衣裤，影响操作安全。

3）搭设时，及时校正预埋钢管、立杆、斜撑杆及外伸杆在统一垂直面。

4）硬隔离上钢竹笆应铺满铺稳，两边用12号钢丝绑扎在钢管上，防止滑动。

型钢悬挑安全防护棚搭设要求如下：

以某超高层项目外立面幕墙分段施工间采用的型钢悬挑硬隔离（图14-159）为例：

① 采用[18槽钢悬挑搁置，固定端长度2m，在楼板上设置2处固定点，预埋直径18mm的U形钢筋拉环固定，U形拉环与楼面形成的内净尺寸大于钢梁外包尺寸，以保证槽钢穿过。槽钢间隔1.5~2m布置。悬挑段4m，横向采用L50×4角钢焊接槽钢上。从最外端开始共设置6道横梁，每道间距600mm。每6m间距设置一道保险绳，保险绳采用φ16钢丝绳。在需要设置保险绳的槽钢最外端上面焊接吊耳，连接钢丝绳，钢丝绳另一端连接在上层结构主梁上预埋的U形钢筋拉环上。使用手拉捯链将钢丝绳拉紧。

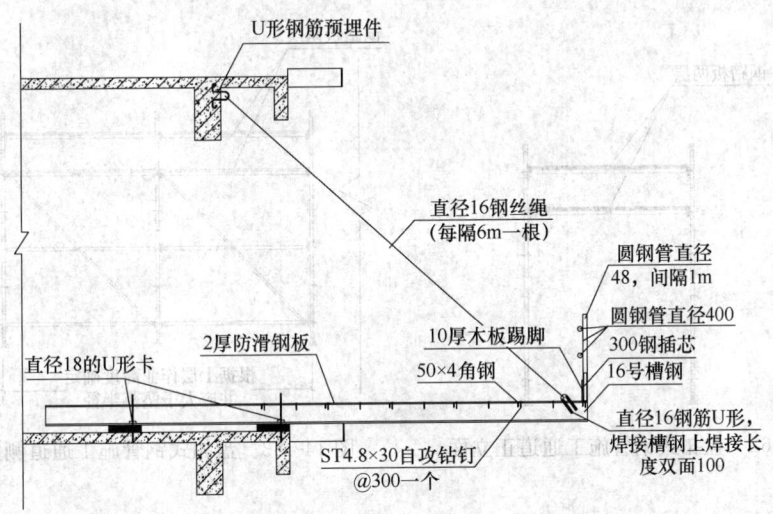

图14-159 楼层型钢悬挑硬隔离剖面图

② 悬挑段骨架上方铺设2mm防滑钢板，钢板与骨架使用ST4.8自攻自钻钉固定，钉长度按现场选用，每隔300mm间距布置一个。外边缘设置1.2m高护栏满布安全网，防止物体坠落。护栏立柱使用300mm钢筋满焊在龙骨上，上面插φ48×3mm圆管，高度1.2m，圆管点焊龙骨上，每隔1m间距1道，落点在工字钢最外端上面和50mm×4mm角钢中点，设置扶手2道，材料为φ48×3mm钢管，使用脚手架扣件与立杆连接，第一道距工字钢上表面500mm，第2道工字槽钢上表面1.1m，设置250mm高踢脚板，材料为10mm厚木板，使用18号扎丝牢固捆绑在立杆上，每半月检查一次，防止扎丝锈蚀或脱落。

③ 在悬挑槽钢伸出楼面的下部焊接一段（200mm长）100mm×100mm方钢，以防止槽钢受力后向室内滑动。

（6）施工通道防护棚

现场施工通道部位安全防护棚可采用扣件式钢管、盘扣式钢管等钢管脚手架构架形式，也可采用钢结构构架形式，如图 14-160～图 14-166 所示。

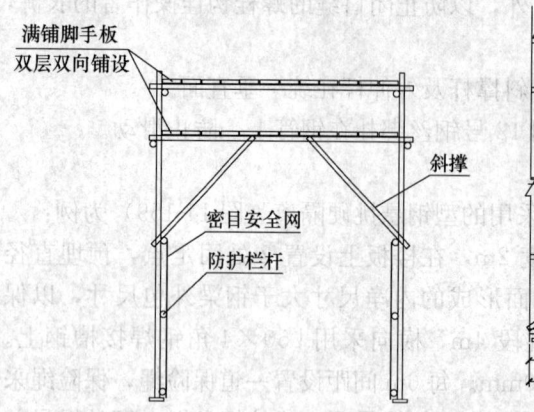

图 14-160 钢管扣件式施工通道正立面

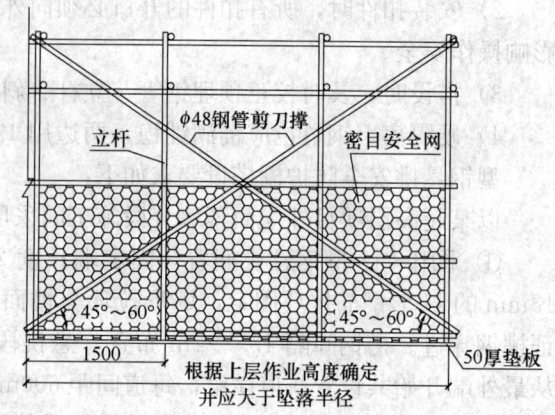

图 14-161 钢管扣件式施工通道侧立面

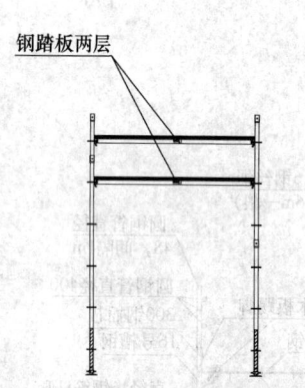

图 14-162 盘扣式钢管施工通道正立面

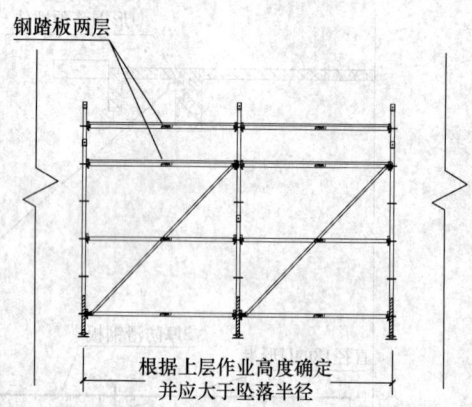

图 14-163 盘扣式钢管施工通道侧立面

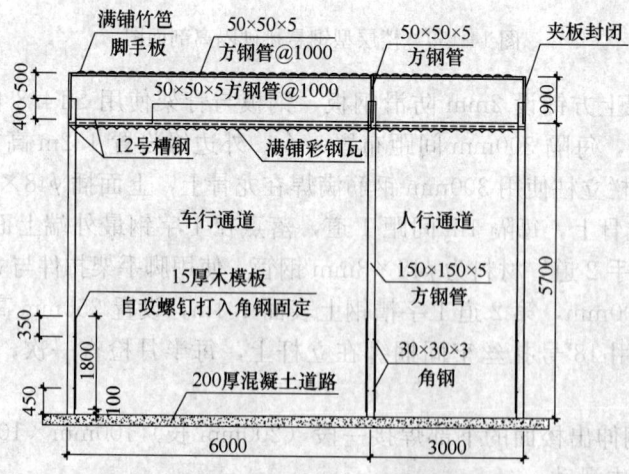

图 14-164 钢结构施工通道剖面图

14.7 高处作业安全防护 1173

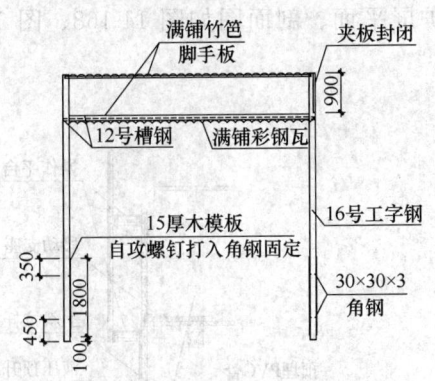
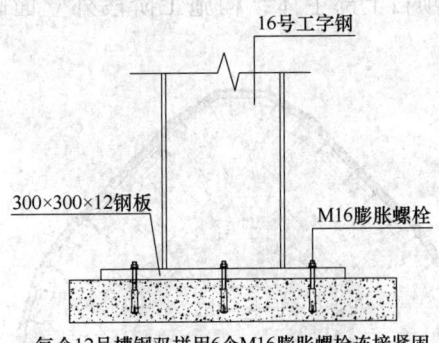

图 14-165 钢结构防护棚入口通道剖面图　　图 14-166 防护棚钢立柱与地坪连接节点

### 14.7.3 防护屏

附着于建筑结构上，利用自身或外部设备作为动力，随施工进度逐层提升的防护脚手架，简称防护屏。

#### 14.7.3.1 防护屏的构造要求

防护屏由导轨、附着支座、停层装置、升降系统、平台和围护系统等组成，根据平台数量配置可分为全平台防护屏、主操作平台防护屏和纯防护防护屏三类，如图 14-167 所示。

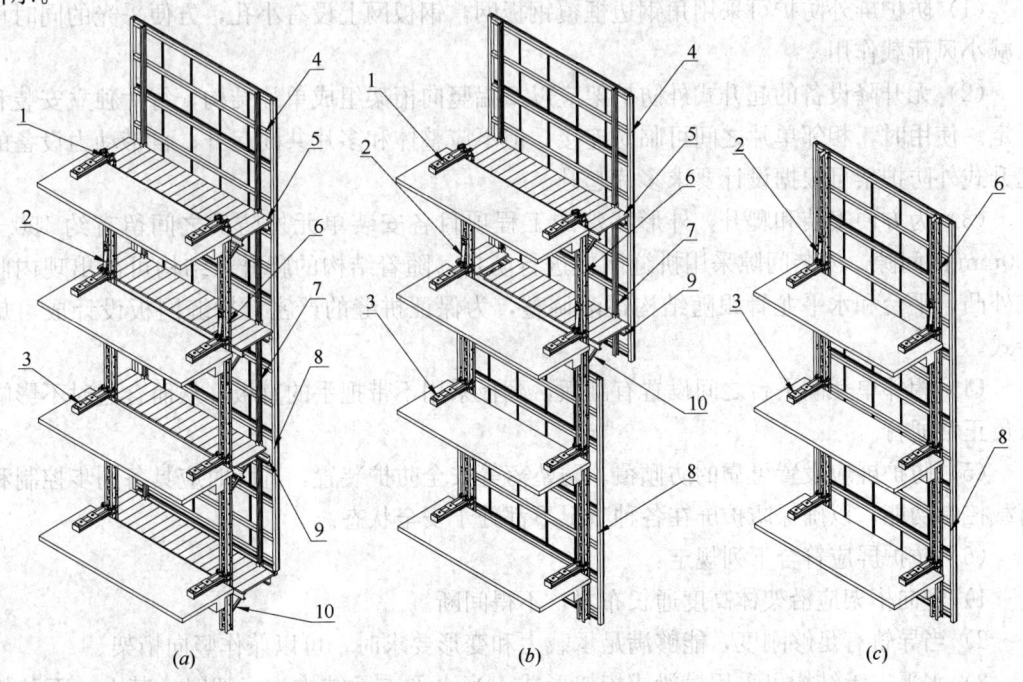

图 14-167 起防护屏构造示意图
(a) 全平台防护屏；(b) 施工操作平台防护屏；(c) 纯防护防护屏
1—附着支座；2—升降系统；3—埋件系统；4—围护系统横梁；5—操作平台；
6—导轨；7—桁架立杆；8—围护网板；9—平台；10—桁架托架

某项目上部主体结构施工阶段外立面防护屏平面、剖面图如图14-168、图14-169所示。

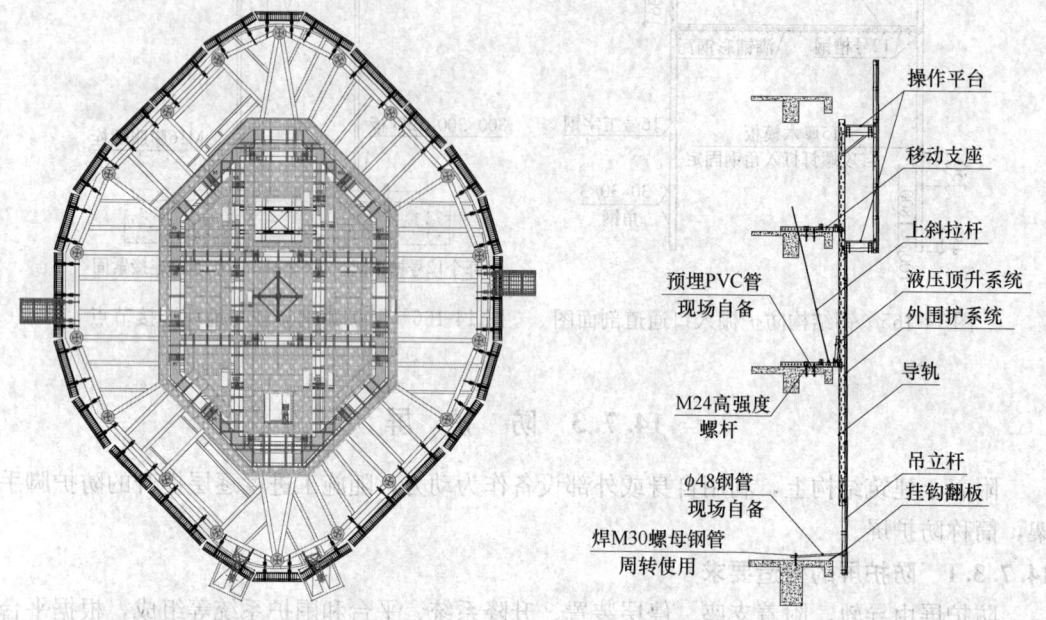

图14-168 某项目防护屏平面布置　　图14-169 防护屏结构剖面示意图

（1）防护屏外防护可采用角钢边框覆钢板网，钢板网上设有小孔，方便采光的同时可以减小风荷载作用。

（2）无升降设备的起升式外防护架应以2榀竖向桁架组成单片结构，每片独立安装和固定。使用时，相邻单片之间可临时连接，但不应整体和多片共同起升；自带动力设备的起升式外防护架可根据设计要求多片起升。

（3）为方便安装和爬升，外形特殊的工程项目各安装单元外防护之间留有约150～300mm的间隙。安装间隙采用拼缝网板进行防护。随着结构的爬升，结构可能出现内收或外凸，平台和水平龙骨跟随结构逐渐调整，为保证拼缝的严密，拼缝网板设计成可旋转式。

（4）相邻单元间平台之间设置有翻板，翻板采用不带把手的直板，从而合起时不影响人员正常通行。

（5）防护屏应设置可靠的防倾覆、防坠落等安全防护装置，升降时应具备同步控制和荷载控制功能，以确保防护屏在各种工况下都处于安全状态。

（6）防护屏应符合下列规定：

1）竖向桁架应沿架体高度通长布置，不得间断。

2）当导轨有足够刚度，能够满足承载力和变形要求时，可以兼作竖向桁架。

3）水平支承结构可采用横梁或桁架形式。当水平支承结构为桁架时，其上、下弦均应和竖向桁架连接；当水平支承结构为梁时，应和竖向桁架或导轨连接，并能支承立杆传递的荷载。

4）竖向桁架应为焊接或螺栓连接的定型构件，不应采用钢管扣件等临时组合。

5) 作业和走道平台可采用架体构架形式，也可为平台形式。当采用架体构架形式时，立杆应有水平支承结构支承。

6) 架体高度不应大于5倍楼层高。

7) 单片架体的长度不应大于9m。

8) 架体的宽度不应大于1.2m。

9) 架体构架的步距不应大于2m。

10) 单片架体伸出竖向桁架的悬挑长度应不大于2m。

11) 除顶部作业层外，架体所覆盖的每个楼层上都应布置附着支承装置或连墙件，竖向桁架应和每个附着支承装置固定。

12) 防护屏可采用自备动力设备升降，其升降速度应不大于200mm/min；也可利用外部动力设备升降，提升速度应采用外部动力设备的最低速度。

#### 14.7.3.2 防护屏的安全注意事项

(1) 脚手防护屏体系的施工，必须严格按照管理制度及安全技术操作规程进行管理和验收。

(2) 安装或拆除时，操作人必须系好安全带，指挥与吊装人员应和架工密切配合，以防意外发生。

(3) 防护屏体系提升时，平台上不得有非工作人员，同时应清除架体上的杂物。

(4) 防护屏体系操作人员必须经过专门的培训，取得合格证后方可上岗。

(5) 每日工作完毕后应及时清理架体、设备及其他构件上的建筑垃圾和杂物。

(6) 为防脚手防护屏体系爬升过程中意外发生，脚手防护屏体系爬升前应检查防坠器的摆针是否灵活，摆针弹簧是否正常。

(7) 在安装、爬升、拆除前应在脚手防护屏体系下方设立警戒隔离区，并指派专人看管，严禁其他人员进入警戒隔离区。夜间、大风、大雨等异常天气不得进行升降作业。

(8) 脚手防护屏体系与建筑物之间的护栏和支撑物，不得任意拆除，以防意外发生。

(9) 施工过程中，应经常对架体、配件等承重构件进行检查，如出现锈蚀严重、焊缝异常情况，应及时处理。

## 14.8 脚手架工程的绿色施工

脚手架总的趋势是向着轻质高强结构、标准化、装配化和多功能方向发展。材料由木、竹发展为金属制品；搭设工艺将逐步采用组装方法，尽量减少或不用扣件、螺栓等零件；脚手架的主要杆件，不宜采用木、竹材料，其材质宜采用强度高、重量轻的薄壁型钢、铝合金制品等。

随着我国大量现代化大型建筑体系的出现，应大力开发和推广应用新型脚手架。其中新型脚手架是指承插型盘扣式钢管脚手架；在桥梁施工中推广应用方塔式支撑架；在高层建筑施工中推广附着式升降脚手架和悬挑式脚手架；在装饰装修及既有建筑改造施工中推广使用电动桥式脚手架。

各地有关部门首先应制订政策鼓励施工企业采用新型脚手架，尤其是高大空间的脚手架应尽量采用新型脚手架，保证施工安全，避免使用扣件式钢管脚手架，特别是在住房和城乡建设部2021年12月14日印发的《房屋建筑和市政基础设施工程危及生产安全施工工艺、设备和材料淘汰目录（第一批）》（住建部［2021］第214号）中明确，自2022年9月15日后，作为禁止类施工工艺、设备和材料，全面停止在新开工项目中使用竹（木）脚手架。同时对扣件式钢管脚手架和碗扣式脚手架的产品质量及使用安全问题，应大力开展整治工作，引导施工企业采用安全可靠的新型脚手架。

脚手架工程的绿色施工应扩大其使用功能，以及提高其应用的灵活程度。各种先进的脚手架系列已不仅是局限于满足搭设几种常用的脚手架的要求，而是作为一种常备的多功能的施工工具设备，力求适应现代施工各个领域不同项目和要求的需要。

努力提升脚手架的专业化程度，促进设计、制作、安装、拆除一体化与专业化的脚手架承包公司的发展，住房和城乡建设部已经实施脚手架工程专项承包资质管理。